2021 注册结构工程师考试用书

一级注册结构工程师
基础考试应试指南

（第十三版）

（上　册）

兰定筠　杨利容　主编

中国建筑工业出版社

图书在版编目(CIP)数据

一级注册结构工程师基础考试应试指南：上、下册 / 兰定筠，杨利容主编. — 13版. — 北京：中国建筑工业出版社，2021.1
(2021注册结构工程师考试用书)
ISBN 978-7-112-25663-1

Ⅰ. ①一… Ⅱ. ①兰… ②杨… Ⅲ. ①建筑结构－资格考试－自学参考资料 Ⅳ. ①TU3

中国版本图书馆CIP数据核字（2020）第237793号

本书是依据2009年新《考试大纲》的规定和《建筑结构可靠性设计统一标准》GB 50068—2018、《钢结构设计标准》GB 50017—2017等编写而成的，本书全面系统、简明扼要地复习了基础考试大纲要求的考试科目的重点内容，讲述了如何复习、理解各考试科目的基础理论、新规范，并准确地应用于考试题目的解答，阐述了考试题目的详细解答过程、解题规律和计算技巧。全书共二十一章，第一章至第十九章包括基础考试各科目的考试大纲规定、重点内容、解题指导、应试题解；第二十章和第二十一章为历年真题和模拟试题、答案与详细解答过程。

本书可供参加一级注册结构工程师基础考试的考生考前复习使用，也可供高校土建专业学生学习、参考。

* * *

责任编辑：刘瑞霞　辛海丽
责任校对：姜小莲

2021注册结构工程师考试用书
一级注册结构工程师基础考试应试指南（第十三版）
兰定筠　杨利容　主编
*
中国建筑工业出版社出版、发行（北京海淀三里河路9号）
各地新华书店、建筑书店经销
北京红光制版公司制版
北京市密东印刷有限公司印刷
*
开本：787毫米×1092毫米　1/16　印张：95½　字数：2320千字
2021年1月第十三版　2021年1月第十七次印刷
定价：**268.00**元（上、下册）
ISBN 978-7-112-25663-1
(36692)

版权所有　翻印必究
如有印装质量问题，可寄本社图书出版中心退换
（邮政编码　100037）

前　　言

　　本书的编写依据是2009年新《考试大纲》和《建筑结构可靠性设计统一标准》GB 50068—2018、《钢结构设计标准》GB 50017—2017、《建筑抗震设计规范》GB 50011—2010（2016年版）等新标准，本书全面系统、简明扼要地复习了基础考试大纲要求的考试科目的主要内容和重点内容，基本覆盖了"考试大纲"规定所要考核的内容。讲述了如何复习、理解各考试科目的基础理论、新标准规范，并准确地应用于考试题目的解答，阐述了考试题目的详细解答过程、解题规律和计算技巧。本书第一章至第十九章的每章内容按新《考试大纲》的规定、重点内容、解题指导、应试题解进行编写，对上一版中的错误或不足进行了修订。

　　本书编写特色如下：

　　1. 各章的重点内容，是根据新《考试大纲》的规定，对各考试科目的内容进行简明扼要的重点复习，对各考试科目的基本概念、基础理论、计算公式等进行了分析、归纳和总结，特别讲解了应用它们解题时应注意事项。

　　2. 各章的解题指导，是结合考试题目，分析复习与解题之间相互关系，讲述如何准确地应用各科知识点进行解题，对解题规律与解题技巧进行归纳，以提高解题能力。

　　3. 各章的应试题解，是结合一级注册结构工程师基础考试历年真题而编写的复习题目，对涉及计算求解的复习题目，如高等数学、普通物理、普通化学、理论力学、材料力学、流体力学、电工电子技术、结构力学、土力学与地基基础、钢筋混凝土结构、钢结构、砌体结构等，详细地讲述了具体的求解过程，以全面提高运用各科知识点的解题能力。

　　4. 第二十章和第二十一章为历年真题和模拟试题、答案与详细解答过程，通过模拟考试现场，检测考生的复习水平与解题能力，以全面提高应试能力。

　　黄小莉、罗刚、蓝润生、聂中文、刘福聪、聂洪、杨莉琼、王德兵、梁怀庆、黄利芬、黄静、刘禄惠、王洁、肖婷、蓝亮、胡鸿鹤、谢应坤、王龙参加了本书的编写。

　　研究生李创举、陈佐球、龚谨参与了本书复习题目的编制、计算、绘制等工作。

　　本书编写中参阅了全国一级注册结构工程师基础考试历年真题和有关文献资料，在此一并致谢。

　　由于本书编者水平有限，难免存在不妥或错误之处，恳请广大读者及专家批评指正。

目　录

（上　册）

第一章　高等数学 ... 1
 第一节　空间解析几何 ... 1
 第二节　微分学 ... 8
 第三节　积分学 ... 19
 第四节　无穷级数 ... 29
 第五节　常微分方程 ... 34
 第六节　概率与数理统计 ... 37
 第七节　线性代数 ... 45
 第八节　答案与解答 ... 51

第二章　普通物理 ... 78
 第一节　热学 ... 78
 第二节　波动学 ... 89
 第三节　光学 ... 95
 第四节　答案与解答 ... 103

第三章　普通化学 ... 112
 第一节　化学反应速率与化学平衡 ... 112
 第二节　溶液 ... 118
 第三节　氧化还原反应与电化学 ... 125
 第四节　物质的结构和物质状态 ... 130
 第五节　有机化学 ... 136
 第六节　答案与解答 ... 140

第四章　理论力学 ... 150
 第一节　静力学 ... 150
 第二节　运动学 ... 163
 第三节　动力学 ... 172
 第四节　答案与解答 ... 187

第五章　材料力学 ... 205
 第一节　拉伸、压缩、剪切和挤压 ... 205

第二节　扭转和截面几何性质 ·· 212
　　第三节　弯曲 ·· 218
　　第四节　应力状态 ·· 231
　　第五节　组合变形和压杆稳定 ·· 237
　　第六节　答案与解答 ··· 244

第六章　流体力学 ··· 261
　　第一节　流体的主要物理性质 ·· 261
　　第二节　流体静力学 ··· 263
　　第三节　流体动力学基础 ·· 268
　　第四节　流动阻力和能量损失 ·· 274
　　第五节　孔口、管嘴和管道流动 ··· 279
　　第六节　明渠恒定流 ··· 283
　　第七节　渗流、相似原理和量纲分析 ·· 285
　　第八节　答案与解答 ··· 289

第七章　信号与信息和计算机基础 ··· 300
　　第一节　信号与信息 ··· 300
　　第二节　模拟信号 ·· 304
　　第三节　数字信号 ·· 311
　　第四节　计算机系统 ··· 319
　　第五节　信息表示 ·· 325
　　第六节　常用操作系统和计算机网络 ·· 329
　　第七节　答案与解答 ··· 339

第八章　电工电子技术 ··· 341
　　第一节　电磁学概念与电路知识 ··· 341
　　第二节　正弦交流电路、变压器和电动机 ·································· 349
　　第三节　R-C 和 R-L 电路频率特性 ································ 361
　　第四节　模拟电子技术 ··· 365
　　第五节　数字电子技术 ··· 373
　　第六节　答案与解答 ··· 381

第九章　工程经济 ··· 396
　　第一节　资金的时间价值和财务效益与费用估算 ························· 396
　　第二节　财务分析和经济费用效益分析 ····································· 403
　　第三节　不确定性分析 ··· 415
　　第四节　方案经济比选 ··· 419
　　第五节　价值工程 ·· 423
　　第六节　答案与解答 ··· 426

第十章　土木工程材料 ··· 432

	第一节	材料科学与物质结构基础知识	432
	第二节	无机胶凝材料	439
	第三节	混凝土	449
	第四节	沥青及改性沥青	462
	第五节	建筑钢材	465
	第六节	木材	470
	第七节	石材和黏土	471
	第八节	答案与解答	473

第十一章 结构力学 476

第一节	平面体系的几何组成分析	476
第二节	静定结构受力分析和特性	480
第三节	静定结构位移计算	487
第四节	超静定结构（力法）	495
第五节	超静定结构（位移法）	503
第六节	影响线	514
第七节	结构动力特性及动力反应	519
第八节	答案与解答	523

第十二章 土力学与地基基础 540

第一节	土的物理性质及工程分类	540
第二节	土中应力与地基变形	548
第三节	土的抗剪强度	554
第四节	土压力、地基承载力和边坡稳定	558
第五节	地基勘察、浅基础和深基础	565
第六节	地基处理	584
第七节	计算型选择题	586
第八节	答案与解答	591

第十三章 工程测量 599

第一节	测量基本概念	599
第二节	水准测量	601
第三节	角度测量	605
第四节	距离测量	607
第五节	测量误差基本知识	610
第六节	控制测量	614
第七节	地形图测绘	618
第八节	地形图应用与建筑工程测量	620
第九节	答案与解答	624

（下　册）

第十四章　钢筋混凝土结构 ... 629
- 第一节　材料性能与基本设计原则 ... 629
- 第二节　承载能力极限状态计算 ... 644
- 第三节　正常使用极限状态验算 ... 683
- 第四节　预应力混凝土 ... 691
- 第五节　构造要求 ... 710
- 第六节　梁板结构与单层厂房 ... 715
- 第七节　多层及高层房屋 ... 732
- 第八节　抗震设计要点 ... 743
- 第九节　答案与解答 ... 763

第十五章　钢结构 ... 766
- 第一节　基本设计规定和材料 ... 766
- 第二节　轴心受力构件 ... 773
- 第三节　受弯构件、拉弯和压弯构件 ... 783
- 第四节　连接 ... 796
- 第五节　钢屋盖 ... 811
- 第六节　答案与解答 ... 816

第十六章　砌体结构 ... 823
- 第一节　材料性能与设计表达式 ... 823
- 第二节　砌体结构房屋静力计算和构造要求 ... 830
- 第三节　构件受压承载力计算 ... 841
- 第四节　砌体结构房屋部件设计 ... 855
- 第五节　抗震设计要点 ... 868
- 第六节　答案与解答 ... 881

第十七章　土木工程施工与管理 ... 883
- 第一节　土石方工程与桩基工程 ... 883
- 第二节　混凝土工程与预应力混凝土工程 ... 890
- 第三节　砌体工程与结构吊装工程 ... 901
- 第四节　施工组织设计、网络计划技术及施工管理 ... 905
- 第五节　答案与解答 ... 911

第十八章　结构试验 ... 914
- 第一节　结构试验的试件设计、荷载设计与观测设计 ... 914
- 第二节　结构试验的加载设备和量测仪器 ... 920
- 第三节　结构单调加载静力试验 ... 927

第四节	结构低周反复加载试验	931
第五节	结构动力试验	935
第六节	结构试验的非破损检测技术	938
第七节	结构模型试验	943
第八节	答案与解答	946

第十九章 法律法规和职业法规 …………………………………… 948

第一节	《建筑法》、《建设工程勘察设计管理条例》和《建设工程质量管理条例》	948
第二节	《安全生产法》和《建设工程安全生产管理条例》	968
第三节	《招标投标法》	982
第四节	《民法典》中合同	991
第五节	《环境保护法》和《节约能源法》	1005
第六节	《行政许可法》	1014
第七节	职业法规	1022
第八节	答案与解答	1028

第二十章 一级注册结构工程师基础考试历年真题和模拟试题 …………… 1030

2010 年真题（上、下午卷）	1030
2011 年真题（上午卷）	1054
2012 年真题（上午卷）	1072
2013 年真题（上午卷）	1089
2014 年真题（上午卷）	1105
2016 年真题（上、下午卷）	1122
2017 年真题（上、下午卷）	1149
2018 年真题（上、下午卷）	1174
2019 年真题（上、下午卷）	1200
模拟试题（一）	1228
模拟试题（二）	1250
模拟试题（三）	1272
模拟试题（四）	1295

第二十一章 一级注册结构工程师基础考试历年真题和模拟试题答案与解答 ……… 1317

2010 年真题（上、下午卷）答案与解答	1317
2011 年真题（上午卷）答案与解答	1328
2012 年真题（上午卷）答案与解答	1334
2013 年真题（上午卷）答案与解答	1340
2014 年真题（上午卷）答案与解答	1352
2016 年真题（上、下午卷）答案与解答	1363
2017 年真题（上、下午卷）答案与解答	1383
2018 年真题（上、下午卷）答案与解答	1401

2019 年真题（上、下午卷）答案与解答 ·· 1419
模拟试题（一）答案与解答 ··· 1438
模拟试题（二）答案与解答 ··· 1452
模拟试题（三）答案与解答 ··· 1466
模拟试题（四）答案与解答 ··· 1481
附录一：一级注册结构工程师执业资格考试基础考试大纲 ······················· 1495
附录二：一级注册结构工程师执业资格考试基础试题配置说明 ·················· 1505
参考文献 ··· 1506
增值服务 ··· 1508

第一章 高 等 数 学

第一节 空间解析几何

一、《考试大纲》的规定

向量的线性运算；向量的数量积、向量积及混合积；两向量垂直、平行的条件；直线方程；平面方程；平面与平面、直线与直线、平面与直线之间的位置关系；点到平面、直线的距离；球面、母线平行于坐标轴的柱面、旋转轴为坐标轴的旋转曲面的方程；常用的二次曲面方程；空间曲线在坐标面上的投影曲线方程。

二、重点内容

1. 向量代数

掌握向量的概念、向量的加减法、向量与数量的乘积、向量的坐标、向量的数量积与向量积。

（1）向量的加减法运算规律

$$a+b=b+a;\ (a+b)+c=a+(b+c);$$
$$a-b=a+(-b)$$

（2）向量与数量的乘积运算规律

$$\lambda(\mu a)=\mu(\lambda a)=(\lambda\mu)a;\ (\lambda+\mu)a=\lambda a+\mu a;$$
$$\lambda(a+b)=\lambda a+\lambda b$$

（3）向量的坐标

向量 $a=\overrightarrow{M_1M_2}$ 是以 $M_1(x_1,\ y_1,\ z_1)$ 为起点，$M_2(x_2,\ y_2,\ z_2)$ 为终点的向量，则向量 a 用坐标表达式为：

$$a=\overrightarrow{M_1M_2}=(x_2-x_1)i+(y_2-y_1)j+(z_2-z_1)k$$

或

$$a=(x_2-x_1,\ y_2-y_1,\ z_2-z_1)$$

向量的模。设非零向量 $a=(a_x,\ a_y,\ a_z)$，a 与三条坐标轴正向的夹角分别为 α、β、γ，即方向角，则有：

$$|a|=\sqrt{a_x^2+a_y^2+a_z^2}$$

$$\cos\alpha=\frac{a_x}{\sqrt{a_x^2+a_y^2+a_z^2}}=\frac{a_x}{|a|};\ \cos\beta=\frac{a_y}{\sqrt{a_x^2+a_y^2+a_z^2}}=\frac{a_y}{|a|}$$

$$\cos\gamma=\frac{a_z}{\sqrt{a_x^2+a_y^2+a_z^2}}=\frac{a_z}{|a|}$$

$$\cos^2\alpha+\cos^2\beta+\cos^2\gamma=1$$

向量在轴上的投影，向量 a 在轴 u 上的投影（记作 $prj_u a$）等于向量 a 的模乘以轴与向量 a 的夹角 φ 的余弦，即：

$$prj_u a=|a|\cos\varphi$$

有限个向量的和在轴上的投影等于各个向量在该轴上的投影的和，即：

$$prj_u(\boldsymbol{a}_1+\boldsymbol{a}_2+\cdots+\boldsymbol{a}_n)=prj_u\boldsymbol{a}_1+prj_u\boldsymbol{a}_2+\cdots+prj_u\boldsymbol{a}_n$$

(4) 向量的数量积与向量积

设向量 $\boldsymbol{a}=(a_x, a_y, a_z)$，$\boldsymbol{b}=(b_x, b_y, b_z)$，向量 $\boldsymbol{a}$ 与 $\boldsymbol{b}$ 的夹角为 $\theta(0\leqslant\theta\leqslant\pi)$，则有：

$$\boldsymbol{a}\cdot\boldsymbol{b}=|\boldsymbol{a}||\boldsymbol{b}|\cos\theta=|\boldsymbol{a}|prj_a\boldsymbol{b}=|\boldsymbol{b}|prj_b\boldsymbol{a}$$

$$\boldsymbol{a}\cdot\boldsymbol{b}=a_xb_x+a_yb_y+a_zb_z$$

$$\boldsymbol{a}\times\boldsymbol{b}=(a_yb_z-a_zb_y, a_zb_x-a_xb_z, a_xb_y-a_yb_x)$$

或

$$\boldsymbol{a}\times\boldsymbol{b}=\begin{vmatrix} \boldsymbol{i} & \boldsymbol{j} & \boldsymbol{k} \\ a_x & a_y & a_z \\ b_x & b_y & b_z \end{vmatrix}$$

$$|\boldsymbol{a}\times\boldsymbol{b}|=|\boldsymbol{a}||\boldsymbol{b}|\sin\theta$$

2. 平面

掌握平面的点法式方程、平面的一般方程、平面的截距式方程、两平面的夹角、空间一点到某平面的距离。

(1) 平面的点法式方程

设 $M_0(x_0, y_0, z_0)$ 是平面 π 上的任一点，平面 π 的法向量 $\boldsymbol{n}=(A, B, C)$，则平面 π 的方程为：

$$A(x-x_0)+B(y-y_0)+C(z-z_0)=0$$

(2) 平面的一般方程

设平面 π 的法向量 $\boldsymbol{n}=(A, B, C)$，则平面 π 的一般方程为：

$$Ax+By+Cz+D=0$$

(3) 平面的截距式方程

设平面 π 与 x，y，z 轴分别交于 $P(a, 0, 0)$、$Q(0, b, 0)$ 和 $R(0, 0, c)$ 三点（其中 $a\neq 0$，$b\neq 0$，$c\neq 0$），则平面 π 的截距式方程为：

$$\frac{x}{a}+\frac{y}{b}+\frac{z}{c}=1$$

(4) 两平面的夹角

平面 π_1：$A_1x+B_1y+C_1z+D_1=0$ 和平面 π_2：$A_2x+B_2y+C_2z+D_2=0$，则平面 π_1 和 π_2 的夹角 θ（通常指锐角）为：

$$\cos\theta=\frac{|\boldsymbol{n}_1\cdot\boldsymbol{n}_2|}{|\boldsymbol{n}_1||\boldsymbol{n}_2|}=\frac{|A_1A_2+B_1B_2+C_1C_2|}{\sqrt{A_1^2+B_1^2+C_1^2}\sqrt{A_2^2+B_2^2+C_2^2}}$$

π_1 与 π_2 互相垂直相当于 $A_1A_2+B_1B_2+C_1C_2=0$

π_1 与 π_2 互相平行相当于 $\frac{A_1}{A_2}=\frac{B_1}{B_2}=\frac{C_1}{C_2}$

(5) 点到平面的距离

空间一点 $P_0(x_0, y_0, z_0)$ 到平面 $Ax+By+Cz+D=0$ 的距离 d 为：

$$d=\frac{|Ax_0+By_0+Cz_0+D|}{\sqrt{A^2+B^2+C^2}}$$

3. 直线

掌握空间直线的一般方程、空间直线的对称式方程与参数方程、两直线的夹角、直线与平面的夹角。

(1) 空间直线的一般方程

设空间直线 L 是平面 π_1：$A_1x+B_1y+C_1z+D_1=0$ 和平面 π_2：$A_2x+B_2y+C_2z+D_2$

=0 的交线，则 L 的一般方程为：
$$\begin{cases} A_1x+B_1y+C_1z+D_1=0 \\ A_2x+B_2y+C_2z+D_2=0 \end{cases}$$

(2) 空间直线的对称式方程与参数方程

设空间直线 L 过点 $M_0(x_0, y_0, z_0)$，它的一方向向量 $\boldsymbol{s}=(m, n, p)$，则直线 L 的对称式方程为：
$$\frac{x-x_0}{m}=\frac{y-y_0}{n}=\frac{z-z_0}{p}$$

直线 L 上点的坐标 x, y, z 用另一变量 t（称为参数）的函数来表达，如设：
$$\frac{x-x_0}{m}=\frac{y-y_0}{n}=\frac{z-z_0}{p}=t$$

则
$$\begin{cases} x=x_0+mt \\ y=y_0+nt \\ z=z_0+pt \end{cases}$$

上述方程组称为直线 L 的参数方程。

(3) 两直线的夹角

设有直线 $L_1: \frac{x-x_1}{m_1}=\frac{y-y_1}{n_1}=\frac{z-z_1}{p_1}$ 和直线 $L_2: \frac{x-x_2}{m_2}=\frac{y-y_2}{n_2}=\frac{z-z_2}{p_2}$，则直线 L_1 和 L_2 的夹角 φ（通常指锐角）为：
$$\cos\varphi=\frac{|\boldsymbol{s}_1 \cdot \boldsymbol{s}_2|}{|\boldsymbol{s}_1||\boldsymbol{s}_2|}=\frac{|m_1m_2+n_1n_2+p_1p_2|}{\sqrt{m_1^2+n_1^2+p_1^2} \cdot \sqrt{m_2^2+n_2^2+p_2^2}}$$

直线 L_1 和 L_2 互相垂直相当于 $m_1m_2+n_1n_2+p_1p_2=0$

直线 L_1 和 L_2 互相平行相当于 $\frac{m_1}{m_2}=\frac{n_1}{n_2}=\frac{p_1}{p_2}$

(4) 直线与平面的夹角

设有直线 $L: \frac{x-x_0}{m}=\frac{y-y_0}{n}=\frac{z-z_0}{p}$ 和平面 $\pi: Ax+By+Cz+D=0$，则直线 L 与平面 π 的夹角 φ（通常指锐角）为：
$$\sin\varphi=\frac{|Am+Bn+Cp|}{\sqrt{A^2+B^2+C^2}\sqrt{m^2+n^2+p^2}}$$

直线与平面垂直相当于 $\frac{A}{m}=\frac{B}{n}=\frac{C}{p}$

直线与平面平行或直线在平面上相当于 $Am+Bn+Cp=0$

4. 旋转曲面

一般地，一条平面曲线绕其平面上的一条定直线旋转一周所成的曲面称为旋转曲面，旋转曲线和定直线分别称为旋转曲面的母线和轴。

掌握圆锥面方程。顶点在坐标原点 O，旋转轴为 z 轴，半顶角为 α 的圆锥面方程：
$$z^2=a^2(x^2+y^2) \quad (a=\cot\alpha)$$
或
$$z=\pm\sqrt{x^2+y^2} \cdot \cot\alpha$$

掌握旋转双曲面方程。将双曲线 $\frac{x^2}{a^2}-\frac{z^2}{c^2}=1$ 绕 x 轴旋转所成的旋转双曲面方程为：
$$\frac{x^2}{a^2}-\frac{y^2+z^2}{c^2}=1$$

一般地，若已知旋转曲面的母线 C 的方程：$\begin{cases} f(y, z)=0 \\ x=0 \end{cases}$

将该母线绕 z 轴旋转，只要将母线的方程 $f(y, z)=0$ 中的 y 换成 $\pm\sqrt{x^2+y^2}$，即得该曲线 C 绕 z 轴旋转所成的旋转曲面的方程，即：
$$f(\pm\sqrt{x^2+y^2}, z)=0$$
同理，该曲线 C 绕 y 轴旋转所成的旋转曲面的方程为：
$$f(y, \pm\sqrt{x^2+z^2})=0$$

5. 柱面

一般地，平行于定直线并沿定曲线 C 移动的直线 L 形成的轨迹称为柱面，定曲线 C 称为柱面的准线，动直线 L 称为柱面的母线。掌握圆柱面方程。以 xoy 平面上的圆 $x^2+y^2=R^2$ 为准线，平行于 z 轴的直线为母线的圆柱面方程为：
$$x^2+y^2=R^2$$
掌握抛物柱面方程。以 xoy 平面上的抛物线 $y^2=4x$ 为准线，平行于 z 轴的直线为母线的抛物柱面方程为：
$$y^2=4x$$
一般地，如果曲线方程 $F(x, y, z)=0$ 中，缺少某个变量，那么该方程一般表示一个柱面。如方程 $F(x, y)=0$ 一般表示一个母线平行于 z 轴的柱面。同样，如方程 $x-z=0$ 表示过 y 轴的柱面。

6. 二次曲面

三元二次方程所表示的曲面称为二次曲面。熟悉标准的二次曲面方程如下：

(1) 椭球面：$\dfrac{x^2}{a^2}+\dfrac{y^2}{b^2}+\dfrac{z^2}{c^2}=1$

(2) 球面：$(x-x_0)^2+(y-y_0)^2+(z-z_0)^2=R^2$

(3) 椭圆抛物面：$\dfrac{x^2}{a^2}+\dfrac{y^2}{b^2}=z$

(4) 双曲抛物面：$\dfrac{x^2}{a^2}-\dfrac{y^2}{b^2}=z$

(5) 单叶双曲面：$\dfrac{x^2}{a^2}+\dfrac{y^2}{b^2}-\dfrac{z^2}{c^2}=1$

(6) 双叶双曲面：$\dfrac{x^2}{a^2}-\dfrac{y^2}{b^2}-\dfrac{z^2}{c^2}=1$

7. 空间曲线

空间曲线可以视为两个曲面的交线。设曲面 $F(x, y, z)=0$ 和 $G(x, y, z)=0$ 的交线为 C，则曲线 C 的一般方程为：
$$\begin{cases} F(x, y, z)=0 \\ G(x, y, z)=0 \end{cases}$$
若空间曲线 C 上动点的坐标 x，y，z 表示为参数 t 的函数：
$$\begin{cases} x=x(t) \\ y=y(t) \\ z=z(t) \end{cases}$$

该方程组称为空间曲线 C 的参数方程。

三、解题指导

历年一级注册结构工程师基础考试的高等数学部分试题有 24 道，计算型选择题较多，计算量较大，而基本概念、分析型题目偏少，所以，应熟练掌握高等数学中的基本计算方法和技巧。同时，注意单项选择题解题技巧的训练。

【排除法】 求解单项选择题时，由于只有一个正确答案，故可以采用排除法，去掉三个错误答案，便可得正确答案。

【例 1-1-1】 下列结论中，正确的是（ ）。

A. 方程 $2x^2-3y^2-z^2=1$ 表示单叶双曲面
B. 方程 $2x^2+3y^2-z^2=1$ 表示双叶双曲面
C. 方程 $2x^2+3y^2-z=1$ 表示椭圆抛物面
D. 方程 $2x^2+2y^2-z^2=1$ 表示圆锥面

【解】 因为 A 项表示双叶双曲面，故 A 项不对，排除；

B 项表示单叶双曲面，故 B 项不对，排除；

D 项不是表示圆锥面，故 D 项不对，排除；

所以，正确答案只能是 C 项。

【检验法】 求解单项选择题时，四个选择项中有一个是正确答案，当直接求解结果较困难时，可将四个选择项分别代入题目条件中进行一一验证，若不满足题目条件，便排除它；反之，满足题目条件，便为正确答案。

【例 1-1-2】 过点 $A(2, 0, 3)$ 且与直线 $L:\begin{cases} x+2y-7=0 \\ 3x-2z+1=0 \end{cases}$ 垂直的平面方程为（ ）。

A. $2x-y+3z=-13$ B. $2x-y+3z=13$
C. $2x+y+3z=-12$ D. $2x+y+3z=12$

【解】 将点 $A(2, 0, 3)$ 分别代入 A、B、C、D 项进行一一检验，只有 B 项满足，所以，正确答案为 B。

【直解法】 依据题目条件，由基本概念、定义、定理的相关知识，直接求解答案，再在四个选择项中找出与求解答案一致的选择项。

【例 1-1-3】 点 $A(1, 2, 2)$ 到平面 $\pi: x+2y+2z-10=0$ 的距离是（ ）。

A. 1 B. $\dfrac{1}{3}$ C. $\dfrac{2}{3}$ D. $\dfrac{19}{3}$

【解】 由点到平面的距离公式，可得：

$$d=\dfrac{|1\times 1+2\times 2+2\times 2+(-10)|}{\sqrt{1^2+2^2+2^2}}=\dfrac{1}{3}$$

所以，正确答案为 B 项。

【逆向法】 当题中直接求解结果很困难时，可借助逆向思维分析，将命题变化为某些常见的公式、结论等，再求解原命题。如本章第三节解题指导例 1-3-2。

【其他解题技巧】 在解答选择题时，由于考试中不要求写出解题过程，所以，为提高解题速度、解答正确率，应综合运用上述几种解题技巧。

【例 1-1-4】 平行于 x 轴且经过点 $(4, 0, -2)$ 和点 $(2, 1, 1)$ 的平面方程是（ ）。

A. $x-4y+2z=0$ B. $3x+2z-8=0$
C. $3y-z-2=0$ D. $3y+z-4=0$

【解】 由平面平行于 x 轴，故平面方程中 x 的系数为 0，所以 A 项、B 项不对，应排除。又平面经过两已知点，将点 $(4，0，-2)$ 代入 C、D 项进行检验，D 项不满足，所以 D 项应排除。

综上可知，C 项为正确答案。

四、应试题解

1. 已知四点 $A(1，-2，3)$，$B(4，-4，-3)$，$C(2，4，3)$ 和 $D(8，6，6)$，则向量 $\vec{AB}$ 在向量 $\vec{CD}$ 上的投影是(　　)。

   A. $-\dfrac{4}{7}$ B. $-\dfrac{2}{7}$ C. $\dfrac{4}{7}$ D. $\dfrac{2}{7}$

2. 向量 $\boldsymbol{a}=(4，-7，4)$ 在向量 $\boldsymbol{b}=(2，1，2)$ 上的投影是(　　)。

   A. $(2，1，3)$ B. $(3，-1，2)$ C. 3   D. 1

3. 已知两点 $A(1，0，\sqrt{2})$ 和 $B(3，\sqrt{2}，-\sqrt{2})$，则方向和 $\vec{AB}$ 一致的单位向量是(　　)。

   A. $\left(\dfrac{\sqrt{14}}{7}，-\dfrac{\sqrt{7}}{7}，\dfrac{2\sqrt{7}}{7}\right)$ B. $\left(\dfrac{\sqrt{14}}{7}，\dfrac{\sqrt{7}}{7}，\dfrac{\sqrt{7}}{7}\right)$

   C. $\left(\dfrac{\sqrt{14}}{7}，-\dfrac{\sqrt{7}}{7}，-\dfrac{2\sqrt{7}}{7}\right)$ D. $\left(\dfrac{\sqrt{14}}{7}，\dfrac{\sqrt{7}}{7}，-\dfrac{2\sqrt{7}}{7}\right)$

4. 已知两点 $A(-5，2，5)$ 和 $B(3，5，10)$，过点 B 且垂直于 AB 的平面是(　　)。

   A. $8x+3y+5z-98=0$ B. $8x+3y+5z-89=0$
   C. $8x+3y+5z+98=0$ D. $8x+3y+5z+89=0$

5. 点 $A(1，2，2)$ 到平面 $\pi: x+2y+2z-10=0$ 的距离是(　　)。

   A. 1   B. $\dfrac{1}{3}$ C. $\dfrac{2}{3}$ D. $\dfrac{19}{3}$

6. 过两点 $M_1(3，-2，1)$ 和 $M_2(-1，0，2)$ 的直线方程是(　　)。

   A. $\dfrac{x-3}{4}=\dfrac{y+2}{-2}=\dfrac{z-1}{-1}$ B. $\dfrac{x-3}{4}=\dfrac{y+2}{-2}=z-1$

   C. $\dfrac{x+1}{2}=\dfrac{y}{-2}=\dfrac{z-2}{-1}$ D. $\dfrac{x+1}{2}=\dfrac{y}{2}=z-2$

7. 过点 $A(2，0，3)$ 且与直线 $L:\begin{cases}x+2y-7=0\\3x-2z+1=0\end{cases}$ 垂直的平面方程为(　　)。

   A. $2x-y+3z=-13$ B. $2x-y+3z=13$
   C. $2x+y+3z=-12$ D. $2x+y+3z=12$

8. 直线 $L:\begin{cases}2x-y+5=0\\x+3z+1=0\end{cases}$，则 L 的一个方向向量是(　　)。

   A. $(-3，6，1)$ B. $(-3，6，-1)$
   C. $(-3，-6，1)$ D. $(-3，-6，-1)$

9. 已知两条空间直线 $L_1:\begin{cases}x+2y=8\\x+z=8\end{cases}$ 和 $L_2:\begin{cases}3x+6y=4\\2x+2z=5\end{cases}$，则这两条直线的关系为(　　)。

A. 重合　　　　　　　　　　B. 垂直
C. 平行但不重合　　　　　　D. 相交但不垂直

10. 过点 $A(1,-2,-2)$ 与平面 $\pi: 2x-3y+z-4=0$ 垂直的直线方程为(　　)。

　　A. $\dfrac{x-1}{2}=\dfrac{y+2}{-3}=z+2$　　　B. $\dfrac{x+1}{2}=\dfrac{y+2}{-3}=z+2$

　　C. $\dfrac{x-1}{2}=\dfrac{y-2}{-3}=z+2$　　　D. $\dfrac{x-1}{2}=\dfrac{y+2}{3}=z+2$

11. 平面 $\pi_1: x+2y-3z-1=0$ 与平面 $\pi_2: 2x-y+z=0$ 的位置关系是(　　)。

　　A. 平行　　　B. 垂直　　　C. 重合　　　D. 相交但不垂直且不重合

12. 过点 $(1,3,-1)$ 且平行于向量 $\boldsymbol{a}=(2,-1,3)$ 和 $\boldsymbol{b}=(-1,1,-2)$ 的平面方程是(　　)。

　　A. $-x+y+z+3=0$　　　B. $x-y-z+1=0$
　　C. $x+y+z-3=0$　　　D. $x+y-z+3=0$

13. 设平面 π 通过球面 $x^2+y^2+z^2=4(x-2y-2z)$ 的中心，且垂直于直线 $\begin{cases}x=0\\y+z=0\end{cases}$，则平面的方程是(　　)。

　　A. $y+z=0$　　　B. $4x+y+z=0$
　　C. $y-z=0$　　　D. $2x+2y-z=0$

14. 过点 $A(2,4,-3)$ 且与连接坐标原点及点 A 的线段 OA 垂直的平面方程为(　　)。

　　A. $2x+4y-3z=-29$　　　B. $2x+4y-3z=29$
　　C. $2x+4y-3z=-11$　　　D. $2x+4y-3z=11$

15. 以点 $(1,2,-2)$ 为球心，且通过坐标原点的球面方程是(　　)。

　　A. $x^2+y^2+z^2=9$　　　B. $x^2+y^2+z^2=3$
　　C. $x^2+y^2+z^2-2x-4y+4z+9=0$　　　D. $x^2+y^2+z^2-2x-4y+4z=0$

16. 球面 $x^2+y^2+(z+2)^2=25$ 与平面 $z=2$ 的交线方程是(　　)。

　　A. $x^2+y^2=9$　　　B. $x^2+y^2+(z-2)^2=9$

　　C. $\begin{cases}x=3\cos t\\y=3\sin t\end{cases}$　　　D. $\begin{cases}x^2+y^2=9\\z=2\end{cases}$

17. 已知两球面的方程为 $x^2+y^2+z^2=1$ 和 $x^2+(y-1)^2+(z-1)^2=1$，则它们的交线在 xoy 坐标面上的投影曲线方程是(　　)。

　　A. $x^2+y^2=1$　　　B. $x^2+y^2-2y+1=0$

　　C. $\begin{cases}x^2+2y^2-2y=0\\z=0\end{cases}$　　　D. $\begin{cases}x^2+2y^2+2y=0\\z=0\end{cases}$

18. 方程 $\begin{cases}x^2+4y^2+9z^2=40\\y=1\end{cases}$ 所表示的曲线为(　　)。

　　A. 圆　　　B. 椭圆　　　C. 抛物线　　　D. 双曲线

19. 方程 $z=\dfrac{x^2}{4}+\dfrac{y^2}{9}$ 所表示的曲面为(　　)。

　　A. 椭球面　　　B. 双曲面　　　C. 椭圆抛物面　　　D. 柱面

20. 曲线 $C: \begin{cases} z^2 = 8x \\ y = 0 \end{cases}$ 绕 x 轴旋转一周所生成的旋转曲面的方程是( )。

A. $x^2 + y^2 = 8x$　　　　　　　B. $y^2 + z^2 = 8x$

C. $x^2 + z^2 = 8x$　　　　　　　D. $z^2 = 8\sqrt{x^2 + y^2}$

21. 下列结论中，错误的是( )。

A. 方程 $2x^2 + 3y^2 - z = 1$ 表示椭圆抛物面
B. 方程 $2x^2 + 3y^2 - z^2 = 1$ 表示单叶双曲面
C. 方程 $2x^2 - 3y^2 - z = 1$ 表示双叶双曲面
D. 方程 $2x^2 + 2y^2 - z^2 = 0$ 表示圆锥面

22. 下列结论中，正确的是( )。

A. 方程 $2x^2 - 3y^2 - z^2 = 1$ 表示单叶双曲面
B. 方程 $2x^2 + 3y^2 - z^2 = 1$ 表示双叶双曲面
C. 方程 $2x^2 + 3y^2 - z = 1$ 表示椭圆抛物面
D. 方程 $2x^2 + 2y^2 - z^2 = 1$ 表示圆锥面

第二节　微　分　学

一、《考试大纲》的规定

函数的有界性、单调性、周期性和奇偶性；数列极限与函数极限的定义及其性质；无穷小和无穷大的概念及其关系；无穷小的性质及无穷小的比较极限的四则运算；函数连续的概念；函数间断点及其类型；导数与微分的概念；导数的几何意义和物理意义；平面曲线的切线和法线；导数和微分的四则运算；高阶导数；微分中值定理；洛必达法则；函数的切线及法平面和切平面及切法线；函数单调性的判别；函数的极值；函数曲线的凹凸性、拐点；偏导数与全微分的概念；二阶偏导数；多元函数的极值和条件极值；多元函数的最大、最小值及其简单应用。

二、重点内容

1. 极限

掌握函数极限的概念，左、右极限，极限运算法则，极限存在准则，常见的两个重要极限，无穷小的比较。

(1) 极限运算法则

若 $\lim f(x) = A$，$\lim g(x) = B$，则：

$\lim[f(x) \pm g(x)] = \lim f(x) \pm \lim g(x)$

$\lim[f(x) \cdot g(x)] = \lim f(x) \cdot \lim g(x)$

$\lim \dfrac{f(x)}{g(x)} = \dfrac{\lim f(x)}{\lim g(x)}$　（当 $\lim g(x) = B \neq 0$ 时）

$\lim\limits_{x \to x_0} f[g(x)] = \lim\limits_{u \to u_0} f(u) = A$　（复合函数极限运算）

若 $\varphi(x) \geqslant \psi(x)$，且 $\lim \varphi(x) = a$，$\lim \psi(x) = b$，则有 $a \geqslant b$

(2) 极限存在准则

准则Ⅰ（夹逼准则）。若数列 x_n、y_n 及 z_n 满足条件：$y_n \leqslant x_n \leqslant z_n (n = 1, 2, 3, \cdots)$，

且 $\lim_{n\to\infty} y_n = \lim_{n\to\infty} z_n = a$，则数列 x_n 的极限存在且 $\lim_{n\to\infty} x_n = a$。

准则Ⅱ（单调有界准则）。单调有界的数列（或函数）必有极限。

（3）常见的两个重要极限

$$\lim_{x\to 0} \frac{\sin x}{x} = 1$$

$$\lim_{x\to\infty} \left(1 + \frac{1}{x}\right)^x = e, \quad \lim_{x\to 0}(1+x)^{\frac{1}{x}} = e$$

（4）无穷小的比较

若 $\lim \frac{\beta}{\alpha} = 0$，就称 β 是比 α 高阶的无穷小，记作 $\beta = o(\alpha)$；

若 $\lim \frac{\beta}{\alpha} = c \neq 0$，就称 β 是与 α 同阶的无穷小；

若 $\lim \frac{\beta}{\alpha} = 1$，就称 β 是与 α 等阶的无穷小，记作 $\alpha \sim \beta$。

2. 连续

掌握函数的连续性与间断点，初等函数的连续性，闭区间上连续函数的性质。

（1）函数的连续性与间断点

函数 $f(x)$ 在一点 x_0 处连续的条件是：① $f(x_0)$ 有定义；② $\lim_{x\to x_0} f(x)$ 存在；③ $\lim_{x\to x_0} f(x) = f(x_0)$。

若上述条件中任何一条不满足，则 $f(x)$ 在 x_0 处就不连续，不连续的点称为函数的间断点。间断点分为如下两类：

第一类间断点：x_0 是 $f(x)$ 的间断点，但 $f(x_0^-)$ 及 $f(x_0^+)$ 均存在。它进一步又分为跳跃间断点（指 $f(x_0^-)$、$f(x_0^+)$ 均存在但不相等）和可去间断点（指 $f(x_0^-)$、$f(x_0^+)$ 均存在且相等）。

第二类间断点：不是第一类的间断点。

（2）闭区间上连续函数的性质

设函数 $f(x)$ 在闭区间 $[a,b]$ 上连续，则：

① （**最大值最小值定理**）$f(x)$ 在 $[a,b]$ 上必有最大值和最小值；

② （**介值定理**）对介于 $f(a) = A$ 及 $f(b) = B$ 之间的任一数值 C，在 (a,b) 内至少有一点 ξ，使得 $f(\xi) = C$；

③ （**零点定理**）当 $f(a)f(b) < 0$ 时，在 (a,b) 内至少有一点 ξ，使得 $f(\xi) = 0$。

3. 导数

掌握导数的定义与几何意义，求导基本公式与求导法则，高阶导数的求导法则。

（1）求导基本公式

① $(C)' = 0$　　　　　　　　　② $(x^u)' = ux^{u-1}$

③ $(\sin x)' = \cos x$　　　　　　④ $(\cos x)' = -\sin x$

⑤ $(\tan x)' = \sec^2 x$　　　　　⑥ $(\cot x)' = -\csc^2 x$

⑦ $(\sec x)' = \sec x \tan x$　　　⑧ $(\csc x)' = -\csc x \cot x$

⑨ $(a^x)' = a^x \ln a$　　　　　　⑩ $(e^x)' = e^x$

⑪ $(\log_a x)' = \frac{1}{x \ln a}$　　　　　⑫ $(\ln x)' = \frac{1}{x}$

⑬ $(\arcsin x)' = \dfrac{1}{\sqrt{1-x^2}}$ 　　⑭ $(\arccos x)' = -\dfrac{1}{\sqrt{1-x^2}}$

⑮ $(\arctan x)' = \dfrac{1}{1+x^2}$　　⑯ $(\operatorname{arccot} x)' = -\dfrac{1}{1+x^2}$

(2) 函数的和、差、积、商的求导法则

设 $u=u(x)$、$v=v(x)$ 均可导，则：

① $(u \pm v)' = u' \pm v'$　　② $(Cu)' = Cu'$（C 为常数）

③ $(uv)' = u'v + uv'$　　④ $\left(\dfrac{u}{v}\right)' = \dfrac{u'v - uv'}{v^2}$

(3) 反函数的求导法则

若 $x=\varphi(y)$ 在区间 I_y 内单调、可导且 $\varphi'(y) \neq 0$，则它的反函数 $y=f(x)$ 在对应的区间 I_x 内也可导，并且有：$f'(x) = \dfrac{1}{\varphi'(y)}$。

(4) 复合函数求导法则

设 $y=f(u)$，$u=\varphi(x)$ 均可导，则复合函数 $y=f[\varphi(x)]$ 也可导，有：

$$y'(x) = f'(u) \cdot \varphi'(x) \text{ 或 } \dfrac{\mathrm{d}y}{\mathrm{d}x} = \dfrac{\mathrm{d}y}{\mathrm{d}u} \cdot \dfrac{\mathrm{d}u}{\mathrm{d}x}$$

(5) 隐函数的求导法则

设方程 $F(x, y) = 0$ 确定一个隐函数 $y=y(x)$，F_x、F_y 连续且 $F_y \neq 0$，则隐函数 $y=y(x)$ 可导，且有：$\dfrac{\mathrm{d}y}{\mathrm{d}x} = -\dfrac{F_x}{F_y}$。

(6) 参数方程的求导法则

若函数 $y=y(x)$ 由参数方程：$\begin{cases} x=\varphi(t) \\ y=\psi(t) \end{cases}$ 所确定，且 $x=\varphi(t)$、$y=\psi(t)$ 都可导，$\varphi'(t) \neq 0$，则：$\dfrac{\mathrm{d}y}{\mathrm{d}x} = \dfrac{\mathrm{d}y/\mathrm{d}t}{\mathrm{d}x/\mathrm{d}t} = \dfrac{\psi'(t)}{\varphi'(t)}$。

(7) 高阶导数

若 $u=u(x)$ 及 $v=v(x)$ 都在点 x 处有 n 阶导数，则：

$$(u \pm v)^{(n)} = u^{(n)} \pm v^{(n)}$$

$$(uv)^{(n)} = \sum_{k=0}^{n} C_n^k u^{(n-k)} v^{(k)} \text{（莱布尼兹公式）}$$

4. 微分

掌握微分的概念、基本微分公式与微分法则、微分的应用。

(1) 函数可微分的充分必要条件：函数 $y=f(x)$ 在点 x_0 可微分的充分必要条件是 $f(x)$ 在点 x_0 可导。

(2) 函数和、差、积、商的微分法则

设函数 $u=u(x)$、$v=v(x)$ 均可微分，则：

$$\mathrm{d}(u \pm v) = \mathrm{d}u \pm \mathrm{d}v；\mathrm{d}(Cu) = C\mathrm{d}u（C \text{ 为常数}）$$

$$\mathrm{d}(uv) = v\mathrm{d}u + u\mathrm{d}v；\mathrm{d}\left(\dfrac{u}{v}\right) = \dfrac{v\mathrm{d}u - u\mathrm{d}v}{v^2}$$

(3) 复合函数的微分法则：

设 $y=f(u)$、$u=\varphi(x)$ 均可微，则 $y=f[\varphi(x)]$ 也可微，且有：
$$dy=f'(u)du=f'(u)\cdot\varphi'(x)dx$$

（4）微分的应用

当 $f'(x_0)\neq 0$ 且 $|\Delta x|$ 很小时，则有：$f(x_0+\Delta x)\approx f(x_0)+f'(x_0)\Delta x$。

常用的近似公式，如：$\sqrt[n]{1+x}\approx 1+\frac{1}{n}\cdot x$；$e^x\approx 1+x$；$\ln(1+x)\approx x$；$\sin x\approx x$（$x$ 为弧度）。

5. 导数的应用与中值定理

掌握罗尔定理与拉格朗日中值定理，罗必塔法则求极限，函数单调性、极值与拐点的判定，函数的最大值最小值问题，曲线的弧微分与曲率。

（1）中值定理

①（**罗尔定理**）若函数 $f(x)$ 在闭区间 $[a,b]$ 上连续，在开区间 (a,b) 内可导，且 $f(a)=f(b)$，则至少有一点 $\xi\in(a,b)$，使得 $f'(\xi)=0$。

②（**拉格朗日中值定理**）若函数 $f(x)$ 在闭区间 $[a,b]$ 上连续，在开区间 (a,b) 内可导，则至少有一点 $\xi\in(a,b)$，使得下式成立：
$$f(b)-f(a)=f'(\xi)(b-a)$$

（2）罗必塔法则

未定式 $\frac{0}{0}$ 的情形，设：

① 当 $x\to a$（或 $x\to\infty$）时，$f(x)\to 0$ 且 $F(x)\to 0$；

② 在点 a 的某去心邻域内（或当 $|x|>N$ 时），$f'(x)$ 及 $F'(x)$ 都存在且 $F'(x)\neq 0$；

③ $\lim\limits_{x\to\infty}\frac{f'(x)}{F'(x)}$ 存在（或为无穷大）；

则：
$$\lim\limits_{x\to\infty}\frac{f(x)}{F(x)}=\lim\limits_{x\to\infty}\frac{f'(x)}{F'(x)}$$

对其他尚有 $0\cdot\infty$，$\infty-\infty$，0^0，1^∞，∞^0 型的未定式，可通过变形为 $\frac{0}{0}$ 或 $\frac{\infty}{\infty}$ 型的未定式进行计算。如 $0\cdot\infty$ 型变形为 $\frac{0}{\frac{1}{\infty}}$，$0^0$、$1^\infty$、$\infty^0$ 通过取对数变形。

（3）函数单调性、极值与拐点

函数 $f(x)$ 在 $[a,b]$ 上连续，在 (a,b) 内可导，若 $f'(x)>0$，则 $f(x)$ 在 $[a,b]$ 上单调增加；若 $f'(x)<0$，则 $f(x)$ 在 $[a,b]$ 上单调减少。

函数的极值的判定见表 1-2-1、表 1-2-2。

用一阶导数判定极值　表 1-2-1

x	x_0 左侧	x_0	x_0 右侧
$f'(x)$	$-$	0	$+$
$f(x)$		极小值	
$f'(x)$	$+$	0	$-$
$f(x)$		极大值	

用二阶导数判定极值　表 1-2-2

x	x_0	x_0
$f'(x)$	0	0
$f''(x)$	$-$	$+$
$f(x)$	极大值	极小值

曲线凹凸判定可利用二阶函数的符号判定，即：当 $f''(x)$ 在区间上为正，$f(x)$ 的图形为凹；当 $f''(x)$ 在区间上为负，$f(x)$ 的图形为凸。曲线的拐点：若 $f''(x_0)=0$，且 $f''(x)$ 在 x_0 的左右两侧邻近异号，则点 $(x_0, f(x_0))$ 就是一个拐点。

(4) 曲线的弧微分与曲率

弧微分公式： $ds=\sqrt{1+y'^2}\,dx$

曲率公式： $K=\dfrac{|y''|}{(1+y')^{3/2}}$

6. 偏导数和全微分

掌握偏导数的概念，多元复合函数求导，高阶偏导数，全微分概念，多元函数可偏导与可微分的关系，偏导数的运用。

(1) 多元复合函数求导法则

设 $u=\varphi(x, y)$，$v=\psi(x, y)$ 均具有偏导数，$z=f(u, v)$ 是有连续偏导数，则复合函数 $z=f[\varphi(x, y), \psi(x, y)]$ 的偏导数存在，且：

$$\frac{\partial z}{\partial x}=\frac{\partial z}{\partial u}\frac{\partial u}{\partial x}+\frac{\partial z}{\partial v}\frac{\partial v}{\partial x}, \quad \frac{\partial z}{\partial y}=\frac{\partial z}{\partial u}\frac{\partial u}{\partial y}+\frac{\partial z}{\partial v}\frac{\partial v}{\partial y}$$

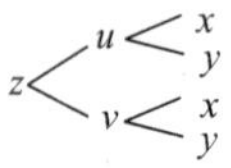

在求解多元复合函数的偏导数时，关键是辨清函数的复合结构，可借助结构图来表示出因变量经过中间变量，再通向自变量的途径。如上述函数的结构图如图 1-2-1 所示。

图 1-2-1

(2) 函数可微分的条件

若函数 $z=f(x, y)$ 在点 (x, y) 可微分，则偏导数 $\dfrac{\partial z}{\partial x}$，$\dfrac{\partial z}{\partial y}$ 必定存在。

函数可微分的充分条件是函数具有连续偏导数。

(3) 多元函数连续、可偏导、可微分的关系

多元函数连续与可偏导没有必然的联系；多元函数可微分必定可偏导，但反之不成立；当偏导数存在且连续时，函数必定可微分，但反之不成立；多元函数可微分，则函数必定连续，但反之不成立。

(4) 偏导数的应用

掌握运用偏导数求空间曲线的切线与法平面、曲面的切平面与法线、方向导数与梯度、多元函数的极值。

多元函数的极值判定。设 $z=f(x, y)$ 在点 (x_0, y_0) 具有偏导数，则它在点 (x_0, y_0) 取得极值的必要条件是：$f_x(x_0, y_0)=0$，$f_y(x_0, y_0)=0$。

设 $z=f(x, y)$ 在点 (x_0, y_0) 的某邻域内具有二阶连续偏导数，且

$$f_x(x_0, y_0)=f_y(x_0, y_0)=0, \quad f_{xx}(x_0, y_0)=A, \quad f_{xy}(x_0, y_0)=B,$$
$$f_{yy}(x_0, y_0)=C, \quad \text{则有：}$$

① 当 $AC-B^2>0$ 时，具有极值 $f(x_0, y_0)$，且当 $A<0$ 时，$f(x_0, y_0)$ 为极大值，当 $A>0$ 时，$f(x_0, y_0)$ 为极小值；

② 当 $AC-B^2<0$ 时，$f(x_0, y_0)$ 不是极值。

三、解题指导

本节是历年考试中题目数量较多的部分，应通过做题提高解题能力，熟练掌握本节知

识点的运用。

【例1-2-1】 极限 $\lim\limits_{x\to 1}\dfrac{x^2-1}{x-1}e^{\frac{1}{x-1}}$ 的值等于( )。

A. 0   B. 1   C. ∞   D. 不存在且不为∞

【解】 本题只能采用直接法求解。

$$\lim_{x\to 1^+}\frac{x^2-1}{x-1}e^{\frac{1}{x-1}}=\lim_{x\to 1^+}(x+1)e^{\frac{1}{x-1}}=+\infty$$

$$\lim_{x\to 1^-}\frac{x^2-1}{x-1}e^{\frac{1}{x-1}}=\lim_{x\to 1^-}(x+1)e^{\frac{1}{x-1}}=0$$

所以左、右极限不等，故选 D 项。

【例1-2-2】 设函数 $z=xy+xF(u)$，$u=\dfrac{y}{x}$，$F(u)$ 为可导函数，则 $x\cdot\dfrac{\partial z}{\partial x}+y\cdot\dfrac{\partial z}{\partial y}$ 等于( )。

A. $z-xy$ B. $-z+xy$ C. $-z+xy$ D. $z+xy$

【解】 本题只能采用直接法求解。

$$\frac{\partial z}{\partial x}=y+F(u)+xF'(u)\cdot\left(-\frac{y}{x^2}\right)$$

$$\frac{\partial z}{\partial y}=x+xF'(u)\cdot\frac{1}{x}$$

$$x\frac{\partial z}{\partial x}+y\frac{\partial z}{\partial y}=[xy+xF(u)-yF'(u)]+[xy+yF(u)]=z+xy$$

所以应选 D 项。

四、应试题解

1. $\lim\limits_{n\to\infty}(1+4^n)^{\frac{1}{n}}$ 的值等于( )。

A. 4   B. e   C. 1   D. ∞

2. $\lim\limits_{x\to 0}\dfrac{\cos 2x-1}{x\tan x}$ 的值等于( )。

A. 1   B. −1   C. 2   D. −2

3. 极限 $\lim\limits_{x\to 0}\dfrac{\sin x}{\sqrt{1+x}-\sqrt{1-x}}$ 的值等于( )。

A. 2   B. 1   C. $\dfrac{1}{3}$ D. 0

4. 极限 $\lim\limits_{x\to 0}x^2\sin\dfrac{1}{x^2}$ 的值等于( )。

A. 0   B. 1   C. 2   D. ∞

5. 极限 $\lim\limits_{x\to\infty}x^2\cdot\sin\dfrac{1}{x^2}$ 的值等于( )。

A. 0   B. 1   C. 2   D. ∞

6. 极限 $\lim\limits_{x\to 1}\dfrac{x^2-1}{x-1}\cdot e^{\frac{1}{x-1}}$ 的值等于( )。

A. 0   B. 1   C. ∞   D. 不存在且不为∞

7. 极限 $\lim\limits_{n\to\infty}2\sin(\pi\sqrt{n^2+1})$ 的值等于（   ）。

A. 0   B. 1   C. ∞   D. 不存在

8. 极限 $\lim\limits_{x\to 0}\left[\cot x\cdot\left(\dfrac{1}{\sin x}-\dfrac{1}{x}\right)\right]$ 的值等于（   ）。

A. $\dfrac{1}{8}$ B. $\dfrac{1}{6}$ C. $\dfrac{1}{4}$ D. $\dfrac{1}{2}$

9. 当 $x\to 0$ 时，$\alpha(x)=\sin 2x$ 和 $\beta(x)=x^3+5x$ 都是无穷小，则 $\alpha(x)$ 是 $\beta(x)$ 的（   ）。

A. 高阶无穷小   B. 低阶无穷小
C. 同阶且非等价的无穷小   D. 等价无穷小

10. 设函数 $f(x)=e^x+e^{-x}-2$，当 $x\to 0$ 时，则（   ）。

A. $f(x)$ 是比 x^2 较低阶的无穷小

B. $f(x)$ 是比 x^2 较高阶的无穷小

C. $f(x)$ 是 x^2 的等价无穷小

D. $f(x)$ 与 x^2 是同阶但非等价的无穷小

11. 若函数 $f(x)=\begin{cases}e^{\frac{1}{x}} & (x<0)\\ x^2+a & (x\geq 0)\end{cases}$ 在区间 $(-\infty,+\infty)$ 上连续，则 a 的值应当是（   ）。

A. e   B. −1   C. 0   D. 1

12. 若 $f(x)=\begin{cases}x^2\sin\dfrac{1}{x} & (x>0)\\ ax+b & (x\leq 0)\end{cases}$ 在 $x=0$ 处可导，则 a、b 之值为（   ）。

A. $a=1$，$b=0$ B. $a=0$，b 为任意常数
C. $a=0$，$b=0$ D. $a=1$，b 为任意常数

13. 设函数 $f(x)=\begin{cases}e^{-2x} & (x\leq 0)\\ \lambda\ln(1+x)+1 & (x>0)\end{cases}$，若 $f(x)$ 在 $x=0$ 处可导，则 λ 的值是（   ）。

A. 2   B. −2   C. 1   D. −1

14. 设函数 $f(x)=\begin{cases}x^2 & (x\leq 1)\\ ax+b & (x>1)\end{cases}$，它在 $x=1$ 处连续且可导，则 a、b 之值等于（   ）。

A. $a=1$，$b=0$ B. $a=0$，$b=1$ C. $a=2$，$b=-1$ D. $a=-1$，$b=2$

15. 设 $f(x)=\dfrac{e^{\frac{1}{x}}-1}{e^{\frac{1}{x}}+1}$，则 $x=0$ 是 $f(x)$ 的（   ）。

A. 可去间断点   B. 跳跃间断点
C. 第二类间断点   D. 上述 A、B、C 均不对

16. 设函数 $f(x)=\begin{cases}x^2\sin\dfrac{1}{x} & (x\neq 0)\\ 0 & (x=0)\end{cases}$，则 $f(x)$ 在 $x=0$ 处（   ）。

A. 不连续，不可导   B. 连续，可导
C. 连续，不可导   D. 可导，不连续

17. 函数 $f(x)=\begin{cases}x-1 & (0<x\leq 1)\\ 2-x & (1<x\leq 3)\end{cases}$ 在 $x=1$ 处间断是因为（   ）。

14

A. $f(1)$ 不存在　　B. $\lim\limits_{x\to 1^-} f(x)$ 不存在　C. $\lim\limits_{x\to 1} f(x)$ 不存在　D. $\lim\limits_{x\to 1^+} f(x)$ 不存在

18. 设函数 $f(x)=\begin{cases} 1+e^{\frac{1}{x}} & (x\neq 0) \\ 1 & (x=0) \end{cases}$，则点 $x=0$ 是 $f(x)$ 的（　　）。

A. 连续点　　　　　　　　　　　　B. 第二类间断点
C. 可去间断点　　　　　　　　　　D. 跳跃间断点

19. 函数 $f(x)=\dfrac{x-3}{x^3-2x^2-3x}$ 的间断点为（　　）。

A. $x=0$，$x=1$　　　　　　　　　B. $x=0$，$x=-1$，$x=3$
C. $x=-1$，$x=3$　　　　　　　　D. $x=0$，$x=3$

20. 一元函数在某点有极限是函数在该点连续的（　　）。

A. 充分条件　　　　　　　　　　　B. 必要条件
C. 充分必要条件　　　　　　　　　D. 既非充分条件，也非必要条件

21. 方程 $x\cdot 2^x-1=0$ 在下列（　　）项区间内至少有一个实根。

A. $(-1, 0)$　　B. $(0, 1)$　　C. $(1, 2)$　　D. $(2, +\infty)$

22. 方程 $x-\sin x-1=0$ 在下列（　　）项区间内至少有一个实根。

A. $(-\infty, 0)$　　B. $(0, \pi)$　　C. $(\pi, 4)$　　D. $(4, +\infty)$

23. 函数 $y=x+x|x|$ 在 $x=0$ 处为（　　）。

A. 连续且可导　　　　　　　　　　B. 连续，不可导
C. 不连续　　　　　　　　　　　　D. 上述 A、B、C 均不对

24. 设 $f(x)$ 的一个原函数为 $\cos x$，则 $f'(x)$ 为（　　）。

A. $\sin x$　　B. $-\cos x$　　C. $-\sin x$　　D. $\cos x$

25. 已知 $y=f\left(\dfrac{3x-2}{3x+2}\right)$，$f'(x)=\arctan x^2$，则 $y'(0)$ 的值等于（　　）。

A. $\dfrac{3}{4}\pi$　　B. $\dfrac{\pi}{2}$　　C. π　　D. $\dfrac{\pi}{4}$

26. 若 $f'(x)=\dfrac{\sin x}{x}$，则 $\dfrac{d[f(\sqrt{x})]}{dx}$ 为（　　）。

A. $\dfrac{\sin\sqrt{x}}{\sqrt{x}}$　　B. $\dfrac{\sin\sqrt{x}}{2x}$　　C. $\dfrac{\sin x}{\sqrt{x}}$　　D. $\dfrac{2\sin x}{\sqrt{x}}$

27. 设有函数 $y=f(x)$，由 $\dfrac{dx}{dy}=\dfrac{1}{f'(x)}$ 可导出 $\dfrac{d^2 x}{dy^2}$ 为（　　）。

A. $\dfrac{1}{f''(x)}$　　B. $\dfrac{1}{[f'(x)]^2}$　　C. $\dfrac{-f''(x)}{[f'(x)]^2}$　　D. $\dfrac{-f''(x)}{[f'(x)]^3}$

28. 设 $\lim\limits_{\Delta x\to 0}\dfrac{f(x_0+k\Delta x)-f(x_0)}{\Delta x}=\dfrac{1}{4}f'(x_0)$，则 k 为（　　）。

A. $\dfrac{1}{8}$　　B. $\dfrac{1}{6}$　　C. $\dfrac{1}{4}$　　D. $\dfrac{1}{3}$

29. 若函数 $f(x)$ 具有连续的一阶导数，且 $f'(1)=-4$，则 $\lim\limits_{x\to 0^+}\dfrac{d[f(\cos\sqrt{x})]}{dx}$ 的值等于（　　）。

A. -2 B. -1 C. 1 D. 2

30. 曲线 $L:\begin{cases}x=2\sin t\\y=\cos^2 t\end{cases}$，在与参数 $t=\dfrac{\pi}{4}$ 相应的点 p_0 处的切线斜率是（　　）。

A. $-\sqrt{2}/2$ B. $\sqrt{2}$ C. $-2\sqrt{2}$ D. $2\sqrt{2}$

31. 设抛物体运动的轨迹方程为 $\begin{cases}x=6t+1\\y=1+18t-5t^2\end{cases}$，则抛物体在 $t=1$ 时刻的运动速度大小为（　　）。

A. 6 B. 8 C. 10 D. 12

32. $y=f(x)$ 的参数方程为：$\begin{cases}x=f'(t)\\y=tf'(t)-f(t)\end{cases}$，$f''(t)$ 存在且不为零，则 $\dfrac{d^2y}{dx^2}$ 为（　　）。

A. $\dfrac{-1}{f''(t)}$ B. $\dfrac{-1}{[f''(t)]^2}$ C. $\dfrac{1}{f''(t)}$ D. $\dfrac{1}{[f''(t)]^2}$

33. 设函数 $f(x)$ 可导，且 $y=f(e^{-x})$，则 dy 为（　　）。

A. $f'(e^{-x})dx$ B. $f'(e^{-x})e^{-x}dx$

C. $-f'(e^{-x})dx$ D. $-f'(e^{-x})e^{-x}dx$

34. 下列命题中，正确的是（　　）。

A. 若在区间 (a,b) 内有 $f(x)>g(x)$，则 $f'(x)>g'(x)$，其中 $x\in(a,b)$

B. 若在区间 (a,b) 内有 $f'(x)>g'(x)$，则 $f(x)>g(x)$，其中 $x\in(a,b)$

C. 若在区间 (a,b) 内有 $f'(x)>g'(x)$，且 $f(a)=g(a)$，则 $f(x)>g(x)$，其中 $x\in(a,b)$

D. 若在区间 (a,b) 内 $f'(x)$ 单调，则 $f(x)$ 在 (a,b) 内也单调

35. 函数 $f(x)=x^2-\ln x^2$ 的单调减区间为（　　）。

A. $(0,1)$ B. $(-\infty,-1)$ 及 $(0,1]$

C. $[1,+\infty)$ D. $[-1,0)$ 及 $[1,+\infty)$

36. 曲线 $y=\dfrac{x}{1+x^2}$ 在 $(\sqrt{3},+\infty)$ 内的单调情况是（　　）。

A. 单调增向上凹   B. 单调减向上凹

C. 单调增向下凹   D. 单调减向下凹

37. 若函数 $f(x)=a\sin x+\dfrac{1}{3}\sin 3x$ 在 $x=\dfrac{\pi}{3}$ 处取得极值，则 a 的值是（　　）。

A. -2 B. 2 C. $-\sqrt{3}$ D. $\sqrt{3}$

38. 函数 $f(x)=\sqrt[3]{x^2(3-x)}$ 的极值点为（　　）。

A. $x_1=0$，$x_2=3$ B. $x_1=0$，$x_2=2$

C. $x_1=2$，$x_2=3$ D. $x_1=0$，$x_2=2$，$x_3=3$

39. 函数 $y=f(x)$ 在 $x=x_0$ 处取得极大值，则（　　）。

A. $f'(x_0)=0$ B. $f''(x_0)<0$

C. $f'(x_0)=0$ 且 $f''(x_0)<0$ D. $f'(x_0)=0$ 或不存在

40. 已知函数 $f(x)=x^3-3x^2+m$（m 为常数）在 $[-2,2]$ 上有最大值 4，则该函数在

[−2，2]上的最小值为（　　）。
　　A. −32　　　　B. −16　　　　C. −8　　　　D. 0

41. 曲线 $y=x^3-6x^2+6$ 的拐点的坐标为（　　）。
　　A. $x=-2, y=-22$　　　　　　B. $x=2, y=-16$
　　C. $x=2, y=-10$　　　　　　D. 上述 A、B、C 均不对

42. 函数 $f(x)=\frac{1}{3}x^3+\frac{1}{2}x^2+4x+1$ 的图形在点(0, 1)处的切线与 x 轴交点的坐标为（　　）。
　　A. $(-\frac{1}{4}, 0)$　　B. $(-1, 0)$　　C. $(\frac{1}{4}, 0)$　　D. $(1, 0)$

43. 曲线 $y=2\sqrt{x}$ 在点(0, 0)处的切线方程是（　　）。
　　A. $x=0$　　　　　　　　　　B. $y=x$
　　C. $y=0$　　　　　　　　　　D. 上述 A、B、C 均不对

44. 设 $f(x)$ 为可导函数，且满足条件 $\lim\limits_{x\to 0}\frac{f(1)-f(1-x)}{2x}=-1$，则曲线 $y=f(x)$ 在点$(1, f(1))$处的切线斜率为（　　）。
　　A. −2　　　　B. −1　　　　C. 1　　　　D. $\frac{1}{2}$

45. 函数 $y=\arctan x$ 在 $x=1$ 处的法线方程为（　　）。
　　A. $y+2x+\frac{\pi}{2}-2=0$　　　　B. $y+2x-\frac{\pi}{4}-2=0$
　　C. $y+2x-\frac{\pi}{2}-2=0$　　　　D. $y+2x+\frac{\pi}{4}-2=0$

46. 曲线 $\begin{cases}x=t-\sin t\\ y=1-\cos t\end{cases}$ 上对应于 $t=\frac{\pi}{2}$ 点处的切线方程是（　　）。
　　A. $y+x+\frac{\pi}{2}-2=0$　　　　B. $y+x-\frac{\pi}{2}-2=0$
　　C. $y-x-\frac{\pi}{2}-2=0$　　　　D. $y-x+\frac{\pi}{2}-2=0$

47. 函数 $z=f(x, y)$ 的偏导数 $\frac{\partial z}{\partial x}$、$\frac{\partial z}{\partial y}$ 存在是该函数可微分的（　　）。
　　A. 必要条件　　　　　　　　B. 充分条件
　　C. 充分必要条件　　　　　　D. 既非充分条件，又非必要条件

48. 函数 $z=f(x, y)$ 在点(x_0, y_0)处的两个偏导数存在是该函数在点(x_0, y_0)处连续的（　　）。
　　A. 必要条件　　　　　　　　B. 充分条件
　　C. 充分必要条件　　　　　　D. 既非充分条件，又非必要条件

49. 极限 $\lim\limits_{(x,y)\to(2,0)}\frac{\sin(xy)}{2y}$ 的值等于（　　）。
　　A. 0　　　　B. 1　　　　C. 2　　　　D. ∞

50. 设 $u=e^{x^2+y^2+z^2}$，$z=x^2\sin y$，则 $\frac{\partial u}{\partial x}$ 等于（　　）。

A. $2ze^{x^2+y^2+z^2} \cdot 2x\sin y$ B. $2xe^{x^2+y^2+z^2}$

C. $2xe^{x^2+y^2+z^2} \cdot (1+2z\sin y)$ D. $2(x+z)e^{x^2+y^2+z^2}$

51. 设 $f(u, v)$ 具有一阶连续导数，$z=f(xy, \dfrac{x}{y})$，则 $\dfrac{\partial z}{\partial y}$ 等于（ ）。

A. $xf'(xy, \dfrac{x}{y})+\dfrac{x}{y^2}f'(xy, \dfrac{x}{y})$ B. $xf'(xy, \dfrac{x}{y})-\dfrac{x}{y^2}f'(xy, \dfrac{x}{y})$

C. $xf'(xy, \dfrac{x}{y})+\dfrac{x}{y}f'(xy, \dfrac{x}{y})$ D. $xf'(xy, \dfrac{x}{y})-\dfrac{x}{y}f'(xy, \dfrac{x}{y})$

52. 设函数 $y=f(x)$ 由方程 $e^{x+y}+\cos(xy)=0$ 所确定，则 y' 为（ ）。

A. $\dfrac{y\sin(xy)+e^{x+y}}{e^{x+y}-x\sin(xy)}$ B. $\dfrac{y\sin(xy)+e^{x+y}}{e^{x+y}-x\sin(xy)}$

C. $\dfrac{y\sin(xy)-e^{x+y}}{e^{x+y}-x\sin(xy)}$ D. $\dfrac{e^{x+y}-y\sin(xy)}{e^{x+y}-x\sin(xy)}$

53. 设有函数 $z=x^2+\varphi(xy)$，其中 φ 可微，则 $x \cdot \dfrac{\partial z}{\partial x}-y \cdot \dfrac{\partial z}{\partial y}$ 为（ ）。

A. 0   B. 1   C. 2   D. $2x^2$

54. 设函数 $z=xy+xF(u)$，$u=\dfrac{y}{x}$，$F(u)$ 为可导函数，则 $x \cdot \dfrac{\partial z}{\partial x}+y \cdot \dfrac{\partial z}{\partial y}$ 等于（ ）。

A. $z-xy$ B. $-z+xy$ C. $-z-xy$ D. $z+xy$

55. 设 $z=e^{\frac{y}{x}}$，当 $x=1$，$y=2$ 时，全微分 dz 等于（ ）。

A. $e^2(dx-dy)$ B. $-e^2(2dx-dy)$

C. $e^2(dx+dy)$ D. $-e^2(2dx+dy)$

56. 设 $z=e^{-\frac{y^2}{x}}$，当 $x=-1$，$y=1$ 时，全微分 dz 等于（ ）。

A. $edx+2edy$ B. $edx-2edy$

C. $-edx+2edy$ D. $-edx-2edy$

57. 设函数 $u=f(r)$，$r=\sqrt{x^2+y^2+z^2}$，则 $\dfrac{\partial^2 u}{\partial x^2}+\dfrac{\partial^2 u}{\partial y^2}+\dfrac{\partial^2 u}{\partial z^2}$ 等于（ ）。

A. $f''(r)\dfrac{x}{r}$ B. $f''(r)+\dfrac{2f'(r)}{r}$

C. $f''(r) \cdot \dfrac{(x+y+z)}{r}$ D. $\dfrac{f''(r)}{r}+\dfrac{2f'(r)}{r}$

58. 函数 $z=\dfrac{x^2}{a^2}+\dfrac{y^2}{b^2}$ 在点 $p(x, y)$ 处沿向径 $\boldsymbol{r}=x\boldsymbol{i}+y\boldsymbol{j}$（$|\boldsymbol{r}|=\sqrt{x^2+y^2}$）的方向导数 $\dfrac{\partial z}{\partial r}$ 等于（ ）。

A. $-\dfrac{2}{r}z$ B. $\dfrac{2}{r}z$ C. $-\dfrac{z}{r^2}$ D. $\dfrac{z}{r^2}$

59. 函数 $z=xe^{2y}$ 在点 $P(1, 0)$ 处沿从点 $P(1, 0)$ 到点 $Q(2, -1)$ 方向的方向导数为（ ）。

A. $\sqrt{2}$ B. $-\sqrt{2}$ C. $\dfrac{\sqrt{2}}{2}$ D. $-\dfrac{\sqrt{2}}{2}$

60. 函数 $f(x, y) = xy(6-x-y)$ 的极值点是( )。
   A. $(0, 0)$　　　B. $(6, 0)$　　　C. $(0, 6)$　　　D. $(2, 2)$

61. 曲线 $x=-t$，$y=t^2$，$z=t^3$ 在点 $(-1, 1, 1)$ 处的切线方程为( )。
   A. $\dfrac{x+1}{1} = \dfrac{y-1}{2} = \dfrac{z-1}{3}$　　B. $\dfrac{x+1}{-1} = \dfrac{y-1}{2} = \dfrac{z-1}{3}$
   C. $\dfrac{x-1}{1} = \dfrac{y-1}{-2} = \dfrac{z-1}{3}$　　D. $\dfrac{x+1}{-1} = \dfrac{y-1}{-2} = \dfrac{z-1}{3}$

62. 抛物面 $z=x^2+y^2-2$ 上点 $(2, 1, 3)$ 处的法线方程为( )。
   A. $\dfrac{x-2}{-4} = \dfrac{y-1}{2} = \dfrac{z-3}{1}$　　B. $\dfrac{x-2}{4} = \dfrac{y-1}{-2} = \dfrac{z-3}{-1}$
   C. $\dfrac{x-2}{4} = \dfrac{y-1}{2} = \dfrac{z-3}{1}$　　D. $\dfrac{x-2}{4} = \dfrac{y-1}{2} = \dfrac{z-3}{-1}$

63. 曲线 $x=\dfrac{t}{1+t}$，$y=\dfrac{-(1+t)}{t}$，$z=t^2$，在对应于 $t=1$ 的点处的法平面方程为( )。
   A. $2x-8y-16z-1=0$　　B. $2x+8y-16z-1=0$
   C. $2x-8y+16z-1=0$　　D. $2x+8y+16z-1=0$

第三节　积　分　学

一、《考试大纲》的规定

原函数与不定积分的概念；不定积分的基本性质；基本积分公式；定积分的基本概念和性质(包括定积分中值定理)；积分上限的函数及其导数；牛顿-莱布尼兹公式；不定积分和定积分的换元积分法与分部积分法；有理函数、三角函数的有理式和简单无理函数的积分；广义积分；二重积分与三重积分的概念、性质、计算和应用；两类曲线积分的概念、性质和计算；求平面图形的面积、平面曲线的弧长和旋转体的体积。

二、重点内容

1. 不定积分与定积分

掌握不定积分与定积分的性质，基本积分公式，换元积分法与分部积分法，微积分基本公式。

(1) 不定积分性质

① $\int [f(x) \pm g(x)] \mathrm{d}x = \int f(x) \mathrm{d}x \pm \int g(x) \mathrm{d}x$

② $\int kf(x) \mathrm{d}x = k \int f(x) \mathrm{d}x$（$k$ 为非零常数）

(2) 定积分性质

① $\int_a^b [f(x) \pm g(x)] \mathrm{d}x = \int_a^b f(x) \mathrm{d}x \pm \int_a^b g(x) \mathrm{d}x$

② $\int_a^b kf(x) \mathrm{d}x = k \int_a^b f(x) \mathrm{d}x$（$k$ 为非零常数）

③ $\int_a^b f(x) \mathrm{d}x = \int_a^c f(x) \mathrm{d}x + \int_c^b f(x) \mathrm{d}x$

④ $\int_a^b \mathrm{d}x = b - a$

⑤ 若在区间$[a, b]$上，$f(x) \leqslant g(x)$，则：$\int_a^b f(x)\mathrm{d}x \leqslant \int_a^b g(x)\mathrm{d}x$ $(a < b)$

⑥ $\left|\int_a^b f(x)\mathrm{d}x\right| \leqslant \int_a^b |f(x)|\mathrm{d}x$

⑦ 设 M、m 分别是 $f(x)$ 在 $[a, b]$ 上的最大、最小值，则 $m(b-a) \leqslant \int_a^b f(x)\mathrm{d}x \leqslant M(b-a)$ $(a < b)$

⑧ 设 $f(x)$ 在闭区间 $[a, b]$ 上连续，则存在 $\xi \in [a, b]$，使得：

$$\int_a^b f(x)\mathrm{d}x = f(\xi)(b-a)$$

此外，还规定：

当 $a = b$ 时，$\int_a^b f(x)\mathrm{d}x = 0$

当 $a > b$ 时，$\int_a^b f(x)\mathrm{d}x = -\int_b^a f(x)\mathrm{d}x$

(3) 基本积分公式

① $\int k\mathrm{d}x = kx + C$（$k$ 是常数）   ② $\int x^u \mathrm{d}x = \dfrac{x^{u+1}}{u+1} + C (u \neq -1)$

③ $\int \dfrac{\mathrm{d}x}{x} = \ln|x| + C$ ④ $\int \dfrac{\mathrm{d}x}{1+x^2} = \arctan x + C$

⑤ $\int \dfrac{\mathrm{d}x}{\sqrt{1-x^2}} = \arcsin x + C$ ⑥ $\int \cos x \mathrm{d}x = \sin x + C$

⑦ $\int \sin x \mathrm{d}x = -\cos x + C$ ⑧ $\int \dfrac{\mathrm{d}x}{\cos^2 x} = \int \sec^2 x \mathrm{d}x = \tan x + C$

⑨ $\int \dfrac{\mathrm{d}x}{\sin^2 x} = \int \csc^2 x \mathrm{d}x = -\cot x + C$ ⑩ $\int \sec x \tan x \mathrm{d}x = \sec x + C$

⑪ $\int \csc x \cot x \mathrm{d}x = -\csc x + C$ ⑫ $\int e^x \mathrm{d}x = e^x + C$

⑬ $\int a^x \mathrm{d}x = \dfrac{a^x}{\ln a} + C$ ⑭ $\int \tan x = -\ln|\cos x| + C$

⑮ $\int \cot x = \ln|\sin x| + C$ ⑯ $\int \mathrm{sh}x \mathrm{d}x = \mathrm{ch}x + C$

(4) 换元积分法与分部积分法

第一类换元法：$\int f[\varphi(x)]\varphi'(x)\mathrm{d}x \xrightarrow{\text{令}\varphi(x) = u} \left[\int f(u)\mathrm{d}u\right]_{u = \varphi(x)}$

第二类换元法：$\int f(x)\mathrm{d}x \xrightarrow{\text{令}x = \psi(t)} \left[\int f[\psi(t)]\psi'(t)\mathrm{d}t\right]_{t = \psi^{-1}(x)}$

$$\int_a^b f(x)\mathrm{d}x \xrightarrow{\text{令}x = \varphi(t)} \int_\alpha^\beta f[\varphi(t)]\varphi'(t)\mathrm{d}t$$

$(\varphi(\alpha) = a,\ \varphi(\beta) = b)$

分部积分法：$\int u\mathrm{d}v = uv - \int v\mathrm{d}u$

$$\int_a^b u\,\mathrm{d}v = [uv]_a^b - \int_a^b v\,\mathrm{d}u$$

(5) 微积分基本公式

若 $f(x)$ 在 $[a,b]$ 上连续，$F'(x)=f(x)$，则：

$$\int_a^b f(x)\,\mathrm{d}x = F(b) - F(a)$$

2. 广义积分（反常积分）

(1) 若极限 $\lim\limits_{t\to+\infty}\int_a^t f(x)\mathrm{d}x$ 存在，则 $\int_a^{+\infty} f(x)\mathrm{d}x = \lim\limits_{t\to\infty}\int_a^t f(x)\mathrm{d}x$

(2) 若反常积分 $\int_{-\infty}^0 f(x)\mathrm{d}x$ 与 $\int_0^{+\infty} f(x)\mathrm{d}x$ 均收敛，则 $\int_{-\infty}^{+\infty} f(x)\mathrm{d}x = \int_{-\infty}^0 f(x)\mathrm{d}x + \int_0^{+\infty} f(x)\mathrm{d}x$

(3) 若 $f(x)$ 在 $(a,b]$ 上连续，而在点 a 的右邻域内无界，极限 $\lim\limits_{t\to a^+}\int_t^b f(x)\mathrm{d}x$ 存在，则 $\int_a^b f(x)\mathrm{d}x = \lim\limits_{t\to a^+}\int_t^b f(x)\mathrm{d}x$，且反常积分 $\int_a^b f(x)\mathrm{d}x$ 称为收敛。

3. 二重积分

(1) 二重积分的性质

① $\iint\limits_D [f(x,y) \pm g(x,y)]\mathrm{d}\sigma = \iint\limits_D f(x,y)\mathrm{d}\sigma \pm \iint\limits_D g(x,y)\mathrm{d}\sigma$

② $\iint\limits_D kf(x,y)\mathrm{d}\sigma = k\iint\limits_D f(x,y)\mathrm{d}\sigma$（$k$ 为常数）

③ $\iint\limits_D f(x,y)\mathrm{d}\sigma = \iint\limits_{D_1} f(x,y)\mathrm{d}\sigma + \iint\limits_{D_2} f(x,y)\mathrm{d}\sigma$（$D = D_1 \cup D_2$，且 $D_1 \cap D_2$ 无内点）

④ $\iint\limits_D 1\mathrm{d}\sigma = \sigma$（$\sigma$ 为 D 的面积）

⑤ 若在 D 上，$f(x,y) \leqslant g(x,y)$，则：$\iint\limits_D f(x,y)\mathrm{d}\sigma \leqslant \iint\limits_D g(x,y)\mathrm{d}\sigma$

⑥ $\left|\iint\limits_D f(x,y)\mathrm{d}\sigma\right| \leqslant \iint\limits_D |f(x,y)|\mathrm{d}\sigma$

⑦ 设 M、m 分别是 $f(x,y)$ 在 D 上的最大、最小值，σ 是 D 的面积，则：

$$m\sigma \leqslant \iint\limits_D f(x,y)\mathrm{d}\sigma \leqslant M\sigma$$

⑧ 设 $f(x,y)$ 在闭区域 D 上连续，σ 是 D 的面积，则存在点 $(\xi,\eta) \in D$，使得：

$$\iint\limits_D f(x,y)\mathrm{d}\sigma = f(\xi,\eta)\sigma$$

(2) 二重积分的计算法

方法 1（直角坐标法），将二重积分转化为先对 x，后对 y，或先对 y，后对 x 的二次积分，即：

$$\iint\limits_D f(x,y)\mathrm{d}x\mathrm{d}y = \int_c^d \mathrm{d}y \int_{\psi_1(y)}^{\psi_2(y)} f(x,y)\mathrm{d}x$$

方法2（极坐标法），将 $x=\rho\cos\theta$，$y=\rho\sin\theta$ 代入二重积分中，则：
$$\iint\limits_{D}f(x,y)\mathrm{d}x\mathrm{d}y=\iint\limits_{D}f(\rho\cos\theta,\rho\sin\theta)\rho\mathrm{d}\rho\mathrm{d}\theta$$

4. 三重积分

三重积分具有与二重积分类似的性质，其计算法如下：

方法1（直角坐标法），将三重积分转化为三次积分计算。如若空间闭区域 Ω 可表示为 $\Omega=\{(x,y,z)\mid z_1(x,y)\leqslant z\leqslant z_2(x,y),(x,y)\in D\}$，则三重积分可化成先对 z 的积分，再在 D 上求解二重积分，即：
$$\iiint\limits_{\Omega}f(x,y,z)\mathrm{d}x\mathrm{d}y\mathrm{d}z=\iint\limits_{D}\left[\int_{z_1(x,y)}^{z_2(x,y)}f(x,y,z)\mathrm{d}z\right]\mathrm{d}x\mathrm{d}y$$

方法2（柱面坐标法），将 $x=\rho\cos\theta$，$y=\rho\sin\theta$，$z=z$ 代入三重积分中，则：
$$\iiint\limits_{\Omega}f(x,y,z)\mathrm{d}x\mathrm{d}y\mathrm{d}z=\iiint\limits_{\Omega}F(\rho,\theta,z)\rho\mathrm{d}\rho\mathrm{d}\theta\mathrm{d}z$$

其中 $F(\rho,\theta,z)=f(\rho\cos\theta,\rho\sin\theta,z)$

方法3（球面坐标法），将 $x=r\sin\varphi\cos\theta$，$y=r\sin\varphi\sin\theta$，$z=r\cos\varphi$ 代入三重积分中，则：
$$\iiint\limits_{\Omega}f(x,y,z)\mathrm{d}x\mathrm{d}y\mathrm{d}z=\iiint\limits_{\Omega}F(r,\varphi,\theta)r^2\sin\varphi\mathrm{d}r\mathrm{d}\varphi\mathrm{d}\theta$$

其中 $F(r,\varphi,\theta)=f(r\sin\varphi\cos\theta,r\sin\varphi\sin\theta,r\cos\varphi)$

5. 平面曲线积分

(1) 对弧长的曲线积分的性质
$$\int_L[f(x,y)\pm g(x,y)]\mathrm{d}s=\int_L f(x,y)\mathrm{d}s\pm\int_L g(x,y)\mathrm{d}s$$
$$\int_L kf(x,y)\mathrm{d}s=k\int_L f(x,y)\mathrm{d}s\quad(k\text{ 为常数})$$
$$\int_L f(x,y)\mathrm{d}s=\int_{L_1}f(x,y)\mathrm{d}s+\int_{L_2}f(x,y)\mathrm{d}s\quad(L=L_1+L_2)$$

(2) 对坐标的曲线积分的性质
$$\int_L P\mathrm{d}x+Q\mathrm{d}y=\int_{L_1}P\mathrm{d}x+Q\mathrm{d}y+\int_{L_2}P\mathrm{d}x+Q\mathrm{d}y\quad(L=L_1+L_2)$$
$$\int_L P(x,y)\mathrm{d}x=-\int_{L^-}P(x,y)\mathrm{d}x\quad(L^-\text{ 表示与 }L\text{ 反向})$$
$$\int_L P(x,y)\mathrm{d}y=-\int_{L^-}Q(x,y)\mathrm{d}y\quad(L^-\text{ 表示与 }L\text{ 反向})$$
$$\int_L \alpha P(x,y)\mathrm{d}x+\beta Q(x,y)\mathrm{d}y=\alpha\int_L P(x,y)\mathrm{d}x+\beta\int_L Q(x,y)\mathrm{d}y\quad(\alpha\text{、}\beta\text{ 为常数})$$

(3) 对弧长的曲线积分的计算法

设 $f(x,y)$ 在曲线弧 L 上连续，L 的参数方程为：$\begin{cases}x=\varphi(t)\\y=\psi(t)\end{cases}(\alpha\leqslant t\leqslant\beta)$，其中 $\varphi(t)$、$\psi(t)$ 具有一阶连续导数，且 $\varphi'^2(t)+\psi'^2(t)\neq 0$，则：
$$\int_L f(x,y)\mathrm{d}s=\int_\alpha^\beta f[\varphi(t),\psi(t)]\sqrt{\varphi'^2(t)+\psi'^2(t)}\mathrm{d}t(\alpha<\beta)$$

(4) 对坐标的曲线积分的计算法

设 $P(x,y)$、$Q(x,y)$ 在有向曲线弧 L 上连续，L 的参数方程为：$\begin{cases} x=\varphi(t) \\ y=\psi(t) \end{cases}$，当参数 t 单调地由 α 变到 β 时，对应的动点从 L 的起点 A 运动到终点 B。$\varphi(t)$、$\psi(t)$ 具有一阶连续导数，且

$$\varphi'^2(t)+\psi'^2(t)\neq 0，则：\int_L P(x,y)\mathrm{d}x+Q(x,y)\mathrm{d}y=$$

$$\int_\alpha^\beta\{P[\varphi(t),\psi(t)]\varphi'(t)+Q[\varphi(t),\psi(t)]\psi'(t)\}\mathrm{d}t$$

其中 α 对应起点 A，β 对应终点 B。

(5) 格林公式

设闭区域 D 由分段光滑的曲线 L 围成，函数 $P(x,y)$ 及 $Q(x,y)$ 在 D 上具有一阶连续偏导数，则有：

$$\iint_D\left(\frac{\partial Q}{\partial x}-\frac{\partial P}{\partial y}\right)\mathrm{d}x\mathrm{d}y=\oint_L P\mathrm{d}x+Q\mathrm{d}y$$

其中 L 是 D 的取正向的边界曲线。

6. 积分应用

(1) 定积分求平面图形的面积

直角坐标系下，设平面图形由曲线 $y=f(x)$，$y=g(x)(f(x)\geqslant g(x))$ 和直线 $x=a$，$x=b(a<b)$ 所围成，则面积 A 为：

$$A=\int_a^b[f(x)-g(x)]\mathrm{d}x$$

极坐标系下，设平面图形由曲线 $\rho=\varphi(\theta)$，及射线 $\theta=\alpha$、$\theta=\beta(\alpha<\beta)$ 所围成，见图 1-3-1，则其面积 A 为：

$$A=\frac{1}{2}\int_\alpha^\beta[\varphi(\theta)]^2\mathrm{d}\theta$$

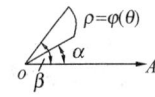

图 1-3-1

(2) 定积分求体积

旋转体的体积公式： $$V=\int_a^b\pi[f(x)]^2\mathrm{d}x$$

平行截面面积为已知的立体体积公式：$V=\int_a^b A(x)\mathrm{d}x$

(3) 定积分求平面曲线的弧长

直角坐标系下： $$s=\int_a^b\sqrt{1+y'^2}\mathrm{d}x$$

参数方程下，$x=\varphi(t)$，$y=\psi(t)(\alpha\leqslant t\leqslant\beta)$，则：

$$s=\int_\alpha^\beta\sqrt{[\varphi'(t)]^2+[\psi'(t)]^2}\mathrm{d}t$$

极坐标系下，$\rho=\rho(\theta)(\alpha\leqslant\theta\leqslant\beta)$，则：

$$s=\int_\alpha^\beta\sqrt{[\rho(\theta)]^2+[\rho'(\theta)]^2}\mathrm{d}\theta$$

(4) 二重积分求曲面的面积

设曲面 Σ 的方程为 $z=f(x,y)$，Σ 在 xoy 面上的投影区域为 D，$f(x,y)$ 在 D 上具有一阶连续偏导数，则曲面 Σ 的面积 A 为：

$$A = \iint\limits_{D} \sqrt{1 + \left(\frac{\partial z}{\partial x}\right)^2 + \left(\frac{\partial z}{\partial y}\right)^2} \,\mathrm{d}x\mathrm{d}y$$

（5）二重积分求平面薄片的质量、重心及转动惯量

设平面薄片在 xoy 面上的区域为 D，在 D 上任一点 $p(x,y)$ 处的面密度为 $u(x,y)$，则：

薄片的质量 $\qquad\qquad\qquad M = \iint\limits_{D} u(x,y)\mathrm{d}\sigma$

薄片的重心坐标 $\quad \overline{x} = \dfrac{1}{M}\iint\limits_{D} xu(x,y)\mathrm{d}\sigma;\ \overline{y} = \dfrac{1}{M}\iint\limits_{D} yu(x,y)\mathrm{d}\sigma$

薄片的转动惯量 $\quad I_x = \iint\limits_{D} y^2 u(x,y)\mathrm{d}\sigma;\ I_y = \iint\limits_{D} x^2 u(x,y)\mathrm{d}\sigma$

三、解题指导

本节是历年考试中题目数量较多的部分，应通过系统复习、做题，熟练掌握本节知识点，提高解题能力。在求二重积分时，注意积分的次序，会把二重积分化为极坐标系下求得；在求三重积分时，掌握直角坐标系、柱面坐标系、球面坐标系三者的转换。

【例 1-3-1】 设函数 $f(x) = \dfrac{1}{1-x}$，则 $\int f[f(x)]\mathrm{d}x$ 等于（　　）。

A. $\ln|1-x|+C$　　B. $-\ln|1-x|+C$　　C. $x-\ln|x|+C$　　D. $\ln|x|-x+C$

【解】 采用直接法求解

$$\int f[f(x)]\mathrm{d}x = \int f\left(\frac{1}{1-x}\right)\mathrm{d}x = \int \frac{x-1}{x}\mathrm{d}x = \int \mathrm{d}x - \int \frac{1}{x}\mathrm{d}x = x - \ln|x| + C$$

所以应选 C 项。

【例 1-3-2】 设 L 为正向椭圆 $\dfrac{x^2}{a^2} + \dfrac{y^2}{b^2} = 1$，则曲线积分 $I = \oint_L (x^3 y - 2y)\mathrm{d}x + \left(\dfrac{1}{4}x^4 - x\right)\mathrm{d}y$ 的值等于（　　）。

A. $2\pi ab$　　　　B. πab　　　　C. $\dfrac{\pi}{2}ab$　　　　D. $\dfrac{\pi}{4}ab$

【解】 分析所求曲线积分较复杂，逆向思维分析，用格林公式求解。

$$\text{令}\ P = x^3 y - 2y,\ Q = \frac{1}{4}x^4 - 1$$

$$\frac{\partial Q}{\partial x} = x^3 - 1,\ \frac{\partial P}{\partial y} = x^3 - 2$$

$$I = \iint\limits_{D} \left(\frac{\partial Q}{\partial x} - \frac{\partial P}{\partial y}\right)\mathrm{d}\sigma = \iint\limits_{D} \mathrm{d}\sigma = \pi ab$$

可见用格林公式求解很方便，故选 B 项。

思考：由于考试时间有限，故在考题中很多考题的求解必定有一些技巧，这些解题技巧可以通过训练获得。每种类型的题目，也必定有其特殊的解题规律，在本书各节的题解中有大量的解题技巧，应注意积累。

四、应试题解

1. $\int_0^{\frac{1}{2}} \arcsin x\,\mathrm{d}x$ 等于（　　）。

A. $\frac{\pi}{12}-\frac{\sqrt{3}}{2}+1$ B. $\frac{\pi}{12}-\frac{\sqrt{3}}{2}-1$

C. $\frac{\pi}{12}+\frac{\sqrt{3}}{2}-1$ D. $\frac{\pi}{12}+\frac{\sqrt{3}}{2}-1$

2. 已知 $f'(x)=\tan^2 x$，且 $f(0)=1$，则 $f(x)$ 等于（　　）。

A. $\tan x+x+1$ B. $\tan x-x+1$

C. $-\tan x-x+1$ D. $-\tan x+x+1$

3. 若 $f'(\sin^2 x)=\cos^2 x$，且 $f(0)=0$，则 $f(x)$ 等于（　　）。

A. $\cos x-\frac{1}{2}\cos^2 x$ B. $x^2-\frac{1}{2}x$

C. $x+\frac{1}{2}x^2$ D. $x-\frac{1}{2}x^2$

4. 设函数 $f(x)=\frac{1}{1-x}$，则 $\int f[f(x)]dx$ 等于（　　）。

A. $\ln|1-x|+C$ B. $-\ln|1-x|+C$

C. $x-\ln|x|+C$ D. $\ln|x|-x+C$

5. 极限 $\lim\limits_{x\to\infty}\dfrac{e^{-x^2}\int_0^x t^2 e^{t^2}dt}{x}$ 的值等于（　　）。

A. 1 B. $\frac{1}{2}$ C. $\frac{1}{3}$ D. $\frac{1}{4}$

6. 极限 $\lim\limits_{x\to+\infty}\dfrac{1}{x}\int_0^x t\sin\dfrac{2}{t}dt$ 等于（　　）。

A. 2 B. 1 C. -1 D. -2

7. 若连续函数 $f(x)$ 满足关系式 $f(x)=\int_0^{2x}f\left(\dfrac{t}{2}\right)dt+\ln 2$，则 $f(x)$ 等于（　　）。

A. $e^x\cdot\ln 2$ B. $e^{2x}\cdot\ln 2$

C. $e^x+\ln 2$ D. $e^{2x}+\ln 2$

8. 设函数 $y=f(x)=\int_0^{x^2}te^t dt$ （$x<0$），则 y' 等于（　　）。

A. $2x^3 e^{-x}$ B. $2x^3 e^x$

C. $2x^2 e^{-x}$ D. $2x^2 e^x$

9. 广义积分 $\int_1^e \dfrac{dx}{x\sqrt{1-(\ln x)^2}}$ 等于（　　）。

A. $\frac{2}{3}$ B. $\frac{\pi}{4}$ C. $\frac{\pi}{2}$ D. 0

10. 下列结论中，错误的是（　　）。

A. $\int_{-\infty}^{+\infty}\dfrac{2x}{1+x^2}dx$ 收敛 B. $\int_{-1}^{1}\dfrac{dx}{\sqrt[3]{x^2}}$ 收敛

C. $\int_{e}^{+\infty}\dfrac{dx}{x(\ln x)^2}$ 收敛 D. $\int_0^{+\infty}\dfrac{dx}{x^2}$ 发散

11. 若广义积分 $\int_a^{+\infty}f(x)dx$ 和 $\int_a^{+\infty}g(x)dx$ （$a>0$）都收敛，下列结论中，错误的

是( )。

A. $\int_a^{+\infty} kf(x)\mathrm{d}x$ 收敛(k 为常数)   B. $\int_a^{+\infty}[f(x)\pm g(x)]\mathrm{d}x$ 收敛

C. $\int_a^{+\infty} f(x)\cdot g(x)\mathrm{d}x$ 收敛   D. $\int_b^{+\infty} f(x)\mathrm{d}x$ 收敛($b>a$)

12. 广义积分 $\int_0^1 \dfrac{x}{\sqrt{1-x^2}}\mathrm{d}x$ 的值等于( )。

A. 1   B. -1 C. -2 D. 2

13. 广义积分 $\int_2^{+\infty}\dfrac{1}{x(\ln x)^p}\mathrm{d}x$ 收敛，则 p 等于( )。

A. >1 B. $\geqslant 1$ C. $0<p<1$ D. $p>0$

14. 下列广义积分中，发散的是( )。

A. $\int_1^{+\infty}\dfrac{1}{x\sqrt{x}}\mathrm{d}x$ B. $\int_0^{+\infty} e^{-x}\mathrm{d}x$ C. $\int_0^1\dfrac{1}{x^2}\mathrm{d}x$ D. $\int_0^1\dfrac{1}{\sqrt{1-x}}\mathrm{d}x$

15. 交换积分次序，二次积分 $\int_{-1}^0 \mathrm{d}x\int_{\sqrt{1-x^2}}^{1-x} f(x,y)\mathrm{d}y$ 化为( )。

A. $\int_0^1\mathrm{d}y\int_{\sqrt{1-y^2}}^{-1} f(x,y)\mathrm{d}x+\int_1^2\mathrm{d}y\int_{1-y}^{-1} f(x,y)\mathrm{d}x$

B. $\int_0^1\mathrm{d}y\int_{\sqrt{1-y^2}}^{-1} f(x,y)\mathrm{d}x+\int_1^2\mathrm{d}y\int_{1-y}^{1} f(x,y)\mathrm{d}x$

C. $\int_0^1\mathrm{d}y\int_{-1}^{-\sqrt{1-y^2}} f(x,y)\mathrm{d}x+\int_1^2\mathrm{d}y\int_{-1}^{1-y} f(x,y)\mathrm{d}x$

D. $\int_0^1\mathrm{d}y\int_{-\sqrt{1-y^2}}^{-1} f(x,y)\mathrm{d}x+\int_1^2\mathrm{d}y\int_{1-y}^{-1} f(x,y)\mathrm{d}x$

16. 设 $f(x)$ 在积分区间上连续，则 $\int_{-a}^a \sin x[f(x)+f(-x)]\mathrm{d}x$ 等于( )。

A. -1 B. 0   C. 1   D. 2

17. 积分 $\int_{-1}^1 |x^2-4x|\mathrm{d}x$ 等于( )。

A. 1   B. 3   C. 4   D. 6

18. 曲线 $y=\dfrac{x^2}{4}$ 与直线 $y=2x$ 所围成的平面图形的面积是( )。

A. $\dfrac{16}{3}$ B. $\dfrac{32}{3}$ C. $\dfrac{64}{3}$ D. $\dfrac{128}{3}$

19. 两条曲线 $y^2=x$ 和 $x^2=y$ 所围成的图形的面积是( )。

A. 1   B. $\dfrac{2}{3}$ C. $\dfrac{1}{3}$ D. $\dfrac{1}{4}$

20. 直线 $x=a$，$x=b$ ($a<b$)，x 轴及连续曲线 $y=f(x)$ 所围成的图形的面积为( )。

A. $\int_a^b f(x)\mathrm{d}x$ B. $\left|\int_a^b f(x)\mathrm{d}x\right|$

C. $\dfrac{1}{b-a}\int_a^b f(x)\mathrm{d}x$ D. $\int_a^b |f(x)|\mathrm{d}x$

21. 由曲线 $y^2=2x$，直线 $y=2$ 及坐标轴所围成的图形绕 y 轴旋转所生成的旋转体的体积是（　　）。

   A. $\dfrac{32}{5}\pi$　　　　B. $\dfrac{16\pi}{5}$　　　　C. $\dfrac{8\pi}{5}$　　　　D. $\dfrac{4\pi}{5}$

22. 曲线 $y=\cos x\left(-\dfrac{\pi}{2}\leqslant x\leqslant\dfrac{\pi}{2}\right)$ 与 x 轴所围成的图形绕 x 轴旋转一周所成的旋转体体积是（　　）。

   A. π^2　　　　B. π　　　　C. $\dfrac{\pi}{2}$　　　　D. $\dfrac{\pi^2}{2}$

23. 设 G 为 $2\leqslant x^2+y^2\leqslant 2x$ 所确定的区域，则二重积分 $\iint\limits_{G}x\sqrt{x^2+y^2}\,dxdy$ 化为极坐标下的累次积分为（　　）。

   A. $\int_{-\frac{\pi}{2}}^{\frac{\pi}{2}}d\theta\int_{\sqrt{2}}^{2\cos\theta}\cos\theta\cdot r^3 dr$　　　　B. $\int_{-\frac{\pi}{4}}^{\frac{\pi}{4}}\cos\theta d\theta\int_{\sqrt{2}}^{2\cos\theta}r^3 dr$

   C. $\int_{-\frac{\pi}{4}}^{\frac{\pi}{4}}\cos\theta d\theta\int_{\sqrt{2}}^{2\cos\theta}r^2 dr$　　　　D. $\int_{-\frac{\pi}{4}}^{\frac{\pi}{4}}\cos\theta d\theta\int_{\sqrt{2}}^{2}r^3 dr$

24. 设 G 为圆域：$x^2+y^2\leqslant 4$，则下列式子中，正确的是（　　）。

   A. $\iint\limits_{G}\sin(x^2+y^2)dxdy=\int_{0}^{2\pi}d\theta\int_{0}^{4}\sin r^2 dr$

   B. $\iint\limits_{G}\sin(x^2+y^2)dxdy=\int_{0}^{2\pi}d\theta\int_{0}^{4}r\sin r^2 dr$

   C. $\iint\limits_{G}\sin(x^2+y^2)dxdy=\int_{0}^{2\pi}d\theta\int_{0}^{2}\sin r^2 dr$

   D. $\iint\limits_{G}\sin(x^2+y^2)dxdy=\int_{0}^{2\pi}d\theta\int_{0}^{2}r\sin r^2 dr$

25. 设 $D=\{(x,y)\mid |x|\leqslant 2,|y|\leqslant 1\}$，则二重积分 $I=\iint\limits_{D}(x^2+y^2)d\sigma$ 的值等于（　　）。

   A. $\dfrac{40}{3}$　　　　B. $\dfrac{20}{3}$　　　　C. $\dfrac{10}{3}$　　　　D. $\dfrac{2}{3}$

26. 设区域 D_1：$-2\leqslant x\leqslant 2$，$-4\leqslant y\leqslant 4$；D_2：$0\leqslant x\leqslant 2$，$0\leqslant y\leqslant 4$，又 $I_1=\iint\limits_{D_1}(x^2+y^2)^3 d\sigma$，$I_2=\iint\limits_{D_2}(x^2+y^2)^3 d\sigma$，则（　　）。

   A. $I_1>4I_2$　　　　B. $I_1<4I_2$　　　　C. $I_1=4I_2$　　　　D. $I_1=2I_2$

27. 交换积分次序，二次积分 $\int_{0}^{2}dy\int_{y^2}^{2y}f(x,y)dx$ 化为（　　）。

   A. $\int_{0}^{4}dx\int_{\sqrt{x}}^{\frac{x}{2}}f(x,y)dy$　　　　B. $\int_{0}^{2}dx\int_{\frac{x}{2}}^{\sqrt{x}}f(x,y)dy$

   C. $\int_{0}^{4}dx\int_{\frac{x}{2}}^{\sqrt{x}}f(x,y)dy$　　　　D. $\int_{0}^{2}dx\int_{\sqrt{x}}^{\frac{x}{2}}f(x,y)dy$

28. 设 Ω 为曲面 $xy=z$，平面 $x+y=1$ 及 $z=0$ 所围成的空间闭区域，则三重积分 $\iiint\limits_{\Omega} xy\,\mathrm{d}V$ 等于（　　）。

　　A. $\dfrac{1}{360}$　　　　B. $\dfrac{1}{270}$　　　　C. $\dfrac{1}{180}$　　　　D. $\dfrac{1}{90}$

29. 某物体的空间闭区域 $D=\{(x,y,z)\mid 0\leqslant x\leqslant 1,\ 0\leqslant y\leqslant 1,\ 0\leqslant z\leqslant 2\}$，其在点 (x,y,z) 处的体积密度 $\rho(x,y,z)=2(x+y+z)$，则该物体的质量为（　　）。

　　A. 16　　　　B. 8　　　　C. 4　　　　D. 2

30. 曲面 $x^2+y^2=z$ 与平面 $z=1$ 围成一立体图形，它的体积记作 V，则下列结论中错误的是（　　）。

　　A. $V=\int_0^{2\pi}\mathrm{d}\theta\int_0^1 r\,\mathrm{d}r\int_{r^2}^1 \mathrm{d}z$

　　B. $V=\int_0^{2\pi}\mathrm{d}\theta\int_0^1 r^2\,\mathrm{d}r$

　　C. $V=\int_0^{2\pi}\mathrm{d}\theta\int_0^1 r(1-r^2)\,\mathrm{d}r$

　　D. $V=\pi-\int_0^{2\pi}\mathrm{d}\theta\int_0^1 r^3\,\mathrm{d}r$

31. 已知闭区域 Ω 为三个坐标面及平面 $x+2y+z=1$ 所围成，则 $\iiint\limits_{\Omega} x\,\mathrm{d}x\mathrm{d}y\mathrm{d}z$ 的值等于（　　）。

　　A. $\dfrac{1}{96}$　　　　B. $\dfrac{1}{48}$　　　　C. $\dfrac{1}{24}$　　　　D. $\dfrac{1}{12}$

32. 已知曲线 $y=f(x)$ 上各点处的切线斜率为 $y'=\sqrt{\sin x}$，则曲线从 $x=0$ 到 $x=\dfrac{\pi}{2}$ 的长度 s 可表达为（　　）。

　　A. $\int_0^{\frac{\pi}{2}}(1+\sin x)\,\mathrm{d}x$

　　B. $\int_0^{\frac{\pi}{2}}\sqrt{1+\sin x}\,\mathrm{d}x$

　　C. $\int_0^{\frac{\pi}{2}}(1+\sin^2 x)\,\mathrm{d}x$

　　D. $\int_0^{\frac{\pi}{2}}\sqrt{1+\sin^2 x}\,\mathrm{d}x$

33. 设 L 为双曲线 $xy=1$ 上从点 $(\dfrac{1}{2},2)$ 到点 $(1,1)$ 的一段弧，则 $\int_L y\,\mathrm{d}s$ 等于（　　）。

　　A. $\int_{\frac{1}{2}}^1 y\sqrt{1+y^{-4}}\,\mathrm{d}y$

　　B. $\int_1^2 y\sqrt{1+y^{-4}}\,\mathrm{d}y$

　　C. $\int_{\frac{1}{2}}^1 y\sqrt{1+y^{-2}}\,\mathrm{d}y$

　　D. $\int_1^2 y\sqrt{1+y^{-2}}\,\mathrm{d}y$

34. 设 L 是任意一条分段光滑的闭曲线，则 $\oint_L 4xy\,\mathrm{d}x+2x^2\,\mathrm{d}y$ 等于（　　）。

　　A. 0　　　　B. 1　　　　C. -1　　　　D. $\dfrac{1}{2}$

35. 设 L_1 为圆周：$x^2+y^2=r^2$，L 的方向为逆时针方向，则积分 $\oint_L \dfrac{x\,\mathrm{d}y}{x^2+y^2}-\dfrac{y\,\mathrm{d}x}{x^2+y^2}$ 的值等于（　　）。

　　A. $2\pi r$　　　　B. 2π　　　　C. πr　　　　D. 0

36. 设 L 是顶点为 $0(0,0)$、$A(1,0)$、$B(1,1)$ 及 $C(0,1)$ 的正方形边界，L 的方向为逆时针方向，则积分 $\oint_L y\,\mathrm{d}x-(e^{y^2}+x)\,\mathrm{d}y$ 的值等于（　　）。

A. 0   B. -2 C. 2   D. -1

37. 设 L 为正向椭圆 $\dfrac{x^2}{a^2}+\dfrac{y^2}{b^2}=1$，则曲线积分 $I=\oint_L(x^3y-2y)\mathrm{d}x+\left(\dfrac{1}{4}x^4-x\right)\mathrm{d}y$ 的值等于（　　）。

A. $2\pi ab$ B. πab C. $\dfrac{\pi}{2}ab$ D. $\dfrac{\pi}{4}ab$

第四节　无　穷　级　数

一、《考试大纲》的规定

数项级数的敛散性概念；收敛级数的和；级数的基本性质与级数收敛的必要条件；几何级数与 p 级数及其收敛性；正项级数敛散性的判别法；任意项级数的绝对收敛与条件收敛；幂级数及其收敛半径、收敛区间和收敛域；幂级数的和函数；函数的泰勒级数展开；函数的傅里叶系数与傅里叶级数。

二、重点内容

1. 数项级数

掌握常数项级数的概念与性质，常数项级数的审敛法。

（1）常数项级数的性质

① 若 $\sum\limits_{n=1}^{\infty}u_n=s$，则 $\sum\limits_{n=1}^{\infty}ku_n=k\sum\limits_{n=1}^{\infty}u_n=ks$（$k$ 为常数）；

② 若 $\sum\limits_{n=1}^{\infty}u_n=s_1$，则 $\sum\limits_{n=1}^{\infty}v_n=s_2$，则 $\sum\limits_{n=1}^{\infty}(u_n\pm v_n)=\sum\limits_{n=1}^{\infty}u_n\pm\sum\limits_{n=1}^{\infty}v_n=s_1\pm s_2$；

③ 在级数中改变有限项，不影响其收敛性；

④ 收敛级数加括号后所成的级数仍收敛于原来的和；

⑤ 若级数 $\sum\limits_{n=1}^{\infty}u_n$ 收敛，则 $\lim\limits_{n\to\infty}u_n=0$；反之，不一定成立。

（2）典型级数的敛散性

① 几何级数 $\sum\limits_{n=1}^{\infty}aq^{n-1}$，当 $|q|<1$ 时，收敛于 $\dfrac{a}{1-q}$；当 $|q|\geqslant 1$ 时，级数发散；

② p — 级数 $\sum\limits_{n=1}^{\infty}\dfrac{1}{n^p}(p>0)$，当 $p>1$ 时，级数收敛；当 $0<p\leqslant 1$ 时，级数发散。

（3）正项级数审敛法

正项级数收敛的充分必要条件是其部分和有界。正项级数审敛法：

① 比较审敛法：设 $\sum\limits_{n=1}^{\infty}u_n$、$\sum\limits_{n=1}^{\infty}v_n$ 为正项级数，对某个 $N>0$，当 $n>N$ 时，$0\leqslant u_n\leqslant cv_n$（$c>0$ 的常数）。若 $\sum\limits_{n=1}^{\infty}v_n$ 收敛，则 $\sum\limits_{n=1}^{\infty}u_n$ 收敛；若 $\sum\limits_{n=1}^{\infty}u_n$ 发散，则 $\sum\limits_{n=1}^{\infty}v_n$ 发散。

比较审敛法的极限形式。若 $\lim\limits_{n\to\infty}\dfrac{u_n}{v_n}=\rho$，当 $0<\rho<+\infty$ 时，$\sum\limits_{n=1}^{\infty}u_n$ 和 $\sum\limits_{n=1}^{\infty}v_n$ 同时收敛或同时发散。

② 比值审敛法：设 $\sum\limits_{n=1}^{\infty}u_n$ 为正项级数，若 $\lim\limits_{n\to\infty}\dfrac{u_{n+1}}{u_n}=\rho$，当 $\rho<1$ 时，级数收敛；当 $\rho>1$ 或 $\rho=+\infty$ 时，级数发散；当 $\rho=1$ 时，级数可能收敛也可能发散。

③ 根值审敛法：设 $\sum\limits_{n=1}^{\infty}u_n$ 为正项级数，若 $\lim\limits_{n\to\infty}\sqrt[n]{u_n}=\rho$，当 $\rho<1$ 时，级数收敛；当 $\rho>1$ 或 $\rho=+\infty$ 时，级数发散；当 $\rho=1$ 时，级数可能收敛也可能发散。

(4) 交错级数与任意项级数的审敛法

若级数 $\sum\limits_{n=1}^{\infty}u_n$ 为任意项级数，而级数 $\sum\limits_{n=1}^{\infty}|u_n|$ 收敛，则称级数 $\sum\limits_{n=1}^{\infty}u_n$ 绝对收敛；若 $\sum\limits_{n=1}^{\infty}u_n$ 收敛，而 $\sum\limits_{n=1}^{\infty}|u_n|$ 发散，则称级数 $\sum\limits_{n=1}^{\infty}u_n$ 条件收敛。

交错级数的审敛法（莱布尼兹判别法）：若交错级数 $\sum\limits_{n=1}^{\infty}(-1)^n u_n (u_n>0)$ 满足条件：$u_n\geqslant u_{n+1}(n=1,2,\cdots)$；$\lim\limits_{n\to\infty}u_n=0$，则该级数收敛，且有余项 $|r_n|\leqslant u_{n+1}(n=1,2,\cdots)$。

设 $\sum\limits_{n=1}^{\infty}u_n$ 为任意项级数，若 $\lim\limits_{n\to\infty}\left|\dfrac{u_{n+1}}{u_n}\right|=\rho$（或 $\lim\limits_{n\to\infty}\sqrt[n]{|u_n|}=\rho$），当 $\rho<1$ 时，级数绝对收敛；当 $\rho>1$ 或 $\rho=+\infty$ 时，级数发散；当 $\rho=1$ 时，级数可能收敛也可能发散。

2. 幂级数与泰勒级数

掌握幂级数的收敛性判定，收敛半径求法，幂级数的性质，泰勒级数的概念，常用函数的幂级数展开式。

(1) 幂级数的收敛性与收敛半径

若级数 $\sum\limits_{n=0}^{\infty}a_n x^n$，当 $x=x_0(x_0\neq 0)$ 时收敛，则对适合 $|x|<|x_0|$ 的一切 x，该级数绝对收敛；当 $x=x_0$ 时发散，则对适合 $|x|>|x_0|$ 的一切 x，该级数发散。

对幂级数 $\sum\limits_{n=0}^{\infty}a_n x^n$，若 $\lim\limits_{n\to\infty}\left|\dfrac{a_{n+1}}{a_n}\right|=\rho$（或 $\lim\limits_{n\to\infty}\sqrt[n]{|a_n|}=\rho$），则该级数的收敛半径 R 为：

$$R=\begin{cases}\dfrac{1}{\rho}（当\rho\neq 0）\\ +\infty（当\rho=0）\\ 0（当\rho=+\infty）\end{cases}$$

(2) 幂级数的性质

幂级数的收敛区间是指开区间 $(-R,R)$，它的收敛域是四个区间：$(-R,R)$、$[-R,R)$、$(-R,R]$、$[-R,R]$ 之一。

幂级数的性质 1：幂级数 $\sum\limits_{n=0}^{\infty}a_n x^n$ 的和函数在其收敛域上连续；

幂级数的性质 2：幂级数 $\sum\limits_{n=0}^{\infty}a_n x^n$ 的和函数在其收敛区间内可导，且有逐项求导、逐项积分公式

$$s'(x) = \left(\sum_{n=0}^{\infty} a_n x^n\right)' = \sum_{n=0}^{\infty} (a_n x^n)' = \sum_{n=0}^{\infty} a_n n x^{n-1}$$

$$\int_0^x s(x)\mathrm{d}x = \int_0^x \left(\sum_{n=0}^{\infty} a_n x^n\right)\mathrm{d}x = \sum_{n=0}^{\infty} \int_0^x a_n x^n \mathrm{d}x = \sum_{n=0}^{\infty} \frac{a_n}{n+1} x^{n+1}$$

逐项求导、逐项积分后得到的幂级数和原级数有相同的半径。

（3）泰勒级数

常用函数的幂级数展开式：

$$e^x = 1 + x + \frac{1}{2!}x^2 + \cdots + \frac{1}{n!}x^n + \cdots \quad (-\infty < x < +\infty)$$

$$\sin x = x - \frac{1}{3!}x^3 + \frac{1}{5!}x^5 + \cdots + (-1)^n \frac{x^{2n+1}}{(2n+1)!} + \cdots \quad (-\infty < x < +\infty)$$

$$\ln(1+x) = x - \frac{1}{2}x^2 + \frac{1}{3}x^3 + \cdots + (-1)^n \frac{1}{n+1}x^{n+1} + \cdots \quad (-1 < x \leqslant 1)$$

$$\frac{1}{1+x} = 1 - x + x^2 - x^3 + \cdots + (-1)^n x^n + \cdots \quad (-1 < x < 1)$$

$$(1+x)^u = 1 + ux + \frac{u(u-1)}{2!}x^2 + \cdots + \frac{u(u-1)\cdots(u-n+1)}{n!}x^n + \cdots \quad (-1 < x < 1)$$

3. 傅里叶级数

（1）狄利克雷收敛定理

设 $f(x)$ 是周期为 2π 的周期函数，如果它满足条件：① 在一个周期内连续，或只有有限个第一类间断点；② 在一个周期内至多只有有限个极值点，则 $f(x)$ 的傅里叶级数收敛，当 x 是 $f(x)$ 的连续点时，级数收敛于 $f(x)$；当 x 是 $f(x)$ 的间断点，级数收敛于 $\frac{1}{2}[f(x^+) + f(x^-)]$。

（2）正弦级数与余弦级数

若 $f(x)$ 是周期为 2π 的奇函数，则它的傅里叶系数为

$$a_n = 0 \quad (n = 0, 1, 2, \cdots)$$

$$b_n = \frac{2}{\pi}\int_0^\pi f(x)\sin nx \mathrm{d}x \quad (n = 1, 2, \cdots)$$

它的傅里叶级数是只含有正弦项的正弦级数：$\sum_{n=1}^{\infty} b_n \sin nx$。

若 $f(x)$ 是周期为 2π 的偶函数，则它的傅里叶系数为

$$a_n = \frac{2}{\pi}\int_0^\pi f(x)\cos nx \mathrm{d}x \quad (n = 0, 1, 2, \cdots)$$

$$b_n = 0 \quad (n = 1, 2, \cdots)$$

它的傅里叶级数是只含有常数项和余弦项的余弦级数：$\frac{a_0}{2} + \sum_{n=1}^{\infty} a_n \cos nx$。

（3）周期为 $2l$ 的周期函数的傅里叶级数

若 $f(x)$ 是周期为 $2l$ 的周期函数，则它的傅里叶系数为：

$$a_n = \frac{1}{l}\int_{-l}^{l} f(x)\cos\frac{n\pi x}{l}\mathrm{d}x \quad (n = 0, 1, 2, \cdots)$$

$$b_n = \frac{1}{l}\int_{-l}^{l} f(x)\sin\frac{n\pi x}{l}dx \quad (n=1,2,\cdots)$$

它的傅里叶级数为：$\dfrac{a_0}{2}+\sum\limits_{n=1}^{\infty}\left(a_n\cos\dfrac{n\pi x}{l}+b_n\sin\dfrac{n\pi x}{l}\right)$

三、解题指导

本节题目较难，难点在于敛散性判据规则较多，对常见的级数应熟悉其敛散性，便于用排除法求解问题；注意用间接法把函数展开成幂级数。

【例 1-4-1】 将函数 $\dfrac{1}{x}$ 展开为 $(x-3)$ 的幂级数为（　　）。

A. $\sum\limits_{n=0}^{\infty}(-1)^n\dfrac{(x-3)^n}{3^{n+1}}(0<x<6)$　　B. $\sum\limits_{n=0}^{\infty}(-1)^n\dfrac{(x-3)^n}{3^n}(0<x<6)$

C. $\sum\limits_{n=0}^{\infty}(-1)^{n+1}\dfrac{(x-3)^n}{3^{n+1}}(0<x<6)$　　D. $\sum\limits_{n=0}^{\infty}(-1)^{n+1}\dfrac{(x-3)^n}{3^n}(0<x<6)$

【解】

$$\frac{1}{x}=\frac{1}{3+(x-3)}=\frac{1}{3}\cdot\frac{1}{1+\dfrac{x-3}{3}}$$

又

$$\frac{1}{1+\dfrac{x-3}{3}}=\sum_{n=0}^{\infty}(-1)^n\left(\frac{x-3}{3}\right)^n\left(-1<\frac{x-3}{3}<1\right)$$

所以 $\dfrac{1}{x}=\sum\limits_{n=0}^{\infty}(-1)^n\dfrac{(x-3)^n}{3^{n+1}}(0<x<6)$，故选 A 项。

四、应试题解

1. 极限 $\lim\limits_{n\to\infty}a_n=0$ 是级数 $\sum\limits_{n=1}^{\infty}a_n$ 收敛的（　　）。

A. 充分条件　　B. 必要但非充分条件

C. 充分但非必要条件　　D. 既非必要又非充分条件

2. 下列命题中正确的是（　　）。

A. 若 $\sum\limits_{n=1}^{\infty}u_n$ 收敛，则 $\sum\limits_{n=1}^{\infty}(-1)^{n-1}u_n$ 条件收敛

B. 若 $\sum\limits_{n=1}^{\infty}(u_{2n-1}+u_{2n})$ 收敛，则 $\sum\limits_{n=1}^{\infty}u_n$ 收敛

C. 若 $\lim\limits_{n\to\infty}\dfrac{u_{n+1}}{u_n}<1$，则 $\sum\limits_{n=1}^{\infty}u_n$ 收敛

D. 若 $\sum\limits_{n=1}^{\infty}(-1)^{n-1}u_n(u_n>0, n=1,2,\cdots)$ 条件收敛，则 $\sum\limits_{n=1}^{\infty}u_n$ 发散

3. 前 n 项部分和数列 $\{s_n\}$ 有界是正项级数 $\sum\limits_{n=1}^{\infty}u_n$ 收敛的（　　）。

A. 充分条件　　B. 充分必要条件

C. 必要条件但非充分条件　　D. 既非充分条件，也非必要条件

4. 若级数 $\sum\limits_{n=1}^{\infty}u_n$ 发散，则 $\sum\limits_{n=1}^{\infty}ku_n(k\neq0)$ 的收敛性是（　　）。

A. 一定发散   B. 可能收敛，也可能发散
C. $|k|<1$ 时收敛，$|k|>1$ 时发散   D. $k>0$ 时收敛，$k<0$ 时发散

5. 下列级数中，条件收敛的级数是( )。

A. $\sum\limits_{n=1}^{\infty}(-1)^n\dfrac{1}{\sqrt{n}}$ B. $\sum\limits_{n=1}^{\infty}(-1)^n\dfrac{1}{n^2}$

C. $\sum\limits_{n=1}^{\infty}(-1)^n\dfrac{n}{n+1}$ D. $\sum\limits_{n=1}^{\infty}(-1)^n\dfrac{1}{n(n+1)}$

6. 前 n 项部分和数列 $\{s_n\}$ 有界是该级数收敛的( )。

A. 充分条件   B. 必要条件
C. 充分必要条件   D. 既非充分条件又非必要条件

7. 下列级数中，发散的级数是( )。

A. $\sum\limits_{n=1}^{\infty}\dfrac{n}{2^n}$ B. $\sum\limits_{n=1}^{\infty}(-1)^n\dfrac{1}{\sqrt{n}}$

C. $\sum\limits_{n=1}^{\infty}\sin\dfrac{n\pi}{3}$ D. $\sum\limits_{n=1}^{\infty}\dfrac{1}{n(n+1)}$

8. 下列级数中，绝对收敛的级数是( )。

A. $\sum\limits_{n=1}^{\infty}(-1)^{n-1}\cdot\dfrac{1}{\sqrt{n}}$ B. $\sum\limits_{n=1}^{\infty}(-1)^{n+1}\cdot\dfrac{2n^2}{n!}$

C. $\sum\limits_{n=1}^{\infty}\dfrac{\sin na}{n^2}$ ($a\neq k\pi$, $k=0,\pm 1,\cdots$)   D. $\sum\limits_{n=1}^{\infty}\dfrac{1}{n\cdot\sqrt[n]{n}}$

9. 若 $0\leqslant u_n\leqslant\dfrac{1}{n}$ ($n=1,2,\cdots$)，下列级数中必定收敛的是( )。

A. $\sum\limits_{n=1}^{\infty}u_n$ B. $\sum\limits_{n=1}^{\infty}u_n^{\frac{1}{2}}$

C. $\sum\limits_{n=1}^{\infty}(-1)^n u_n^2$ D. $\sum\limits_{n=1}^{\infty}(-1)^n u_n$

10. 幂级数 $\sum\limits_{n=1}^{\infty}\dfrac{2n-1}{3^n}x^{2n-2}$ 的收敛半径 R 等于( )。

A. 3   B. $\dfrac{1}{3}$ C. $\dfrac{1}{\sqrt{3}}$ D. $\sqrt{3}$

11. 幂级数 $\sum\limits_{n=1}^{\infty}\dfrac{(-1)^n x^n}{n}$ 的收敛区域是( )。

A. $[-1,1]$ B. $(-1,1]$ C. $[-1,1)$ D. $(-1,1)$

12. 幂级数 $\sum\limits_{n=1}^{\infty}\dfrac{(x-3)^{n-1}}{\sqrt{n}}$ 的收敛区域为( )。

A. $[-1,1)$ B. $[-4,-2]$ C. $[-4,0]$ D. $[2,4)$

13. 幂级数 $\sum\limits_{n=1}^{\infty}\dfrac{(x-1)^n}{n\cdot 2^n}$ 的收敛区域为( )。

A. $(\dfrac{1}{2},\dfrac{3}{2}]$ B. $[\dfrac{1}{2},\dfrac{3}{2})$ C. $[-1,3)$ D. $(-1,3)$

14. 若级数 $\sum_{n=1}^{\infty} a_n(x-1)^n$ 在 $x=-2$ 处收敛，则此级数在 $x=3$ 处为（　　）。

　　A. 条件收敛　　　　B. 发散　　　　　C. 绝对收敛　　　D. 无法确定

15. 若级数 $\sum_{n=1}^{\infty} a_n(x-2)^n$ 在 $x=1$ 处收敛，则此级数在 $x=3$ 处为（　　）。

　　A. 条件收敛　　　　B. 发散　　　　　C. 绝对收敛　　　D. 无法确定

16. 级数 $x^2 + \dfrac{x^2}{1+x^2} + \dfrac{x^2}{(1+x^2)^2} + \cdots + \dfrac{x^2}{(1+x^2)^n} + \cdots$ 的和函数为（　　）。

　　A. $1+x^2$　　　　　　　　　　　　　　B. $1-x^2$

　　C. $s(x)=\begin{cases} 1+x^2, & x\neq 0 \\ 0, & x=0 \end{cases}$　　　　D. $s(x)=\begin{cases} 1-x^2, & x\neq 0 \\ 0, & x=0 \end{cases}$

17. 幂级数 $-x^2 + \dfrac{1}{2}x^3 - \dfrac{1}{3}x^4 + \cdots + \dfrac{(-1)^n}{n}x^{n+1} + \cdots (-1<x\leqslant 1)$ 的和是（　　）。

　　A. $\dfrac{-x}{(1+x^2)}$　　　　B. $\dfrac{-x^2}{1+x^2}$　　　　C. $-x\ln(1+x)$　　　D. $x\ln(1-x)$

18. 设 $f(x)$ 是以 2π 为周期的周期函数，在 $[-\pi, \pi)$ 上的表达式为 $f(x)=|x|$，则 $f(x)$ 的傅里叶级数是（　　）。

　　A. $-\dfrac{\pi}{2} + \dfrac{4}{\pi}\sum_{n=1}^{\infty}\dfrac{1}{(2n-1)^2}\cos(2n-1)x$

　　B. $\dfrac{\pi}{2} - \dfrac{4}{\pi}\sum_{n=1}^{\infty}\dfrac{1}{(2n-1)^2}\cos(2n-1)x$

　　C. $\dfrac{\pi}{2} + \dfrac{4}{\pi}\sum_{n=1}^{\infty}\dfrac{1}{(2n-1)^2}\cos(2n-1)x$

　　D. $-\dfrac{\pi}{2} - \dfrac{4}{\pi}\sum_{n=1}^{\infty}\dfrac{1}{(2n-1)^2}\cos(2n-1)x$

19. 设 $f(x)$ 是以 2π 为周期的周期函数，在 $[-\pi, \pi)$ 上的表达式为 $f(x)=\begin{cases} x, & -\pi\leqslant x<0 \\ 0, & 0\leqslant x<\pi \end{cases}$，则 $f(x)$ 的傅里叶级数在 $x=\pi$ 处收敛于（　　）。

　　A. $\dfrac{\pi}{4}$　　　　B. $-\dfrac{\pi}{4}$　　　　C. $\dfrac{\pi}{2}$　　　　D. $-\dfrac{\pi}{2}$

20. 设 $f(x)=\begin{cases} -2 & (-\pi<x\leqslant 0) \\ 2+x^2 & (0<x\leqslant \pi) \end{cases}$，则其以 2π 为周期的傅里叶级数在点 $x=\pi$ 处收敛于（　　）。

　　A. π^2　　　　B. $-\pi^2$　　　　C. $\dfrac{\pi^2}{2}$　　　　D. $-\dfrac{\pi^2}{2}$

第五节　常微分方程

一、《考试大纲》的规定

常微分方程的基本概念；变量可分离的微分方程；齐次微分方程；一阶线性微分方程；全微分方程；可降阶的高阶微分方程；线性微分方程解的性质及解的结构定理；二阶

常系数齐次线性微分方程。

二、重点内容

1. 可分离变量方程

一阶可分离变量方程：$\dfrac{dy}{dx} = \dfrac{f(x)}{g(y)}$，可分离变量为：$\int g(y)dy = \int f(x)dx$，设 $g(y)$、$f(x)$ 的原函数分别为 $G(y)$、$F(x)$，则可解出方程的通解：

$$G(y) = F(x) + c$$

2. 一阶线性方程

一阶线性方程：$\qquad\qquad y' + p(x)y = Q(x)$

当 $Q(x) = 0$ 时，上式称为线性齐次方程；当 $Q(x) \neq 0$，则称为线性非齐次方程。

线性齐次方程的通解为：$\ln|y| = -\int p(x)dx + c$，或 $y = ce^{-\int p(x)dx}$

线性非齐次方程的通解为：$y = e^{-\int p(x)dx}\left[\int Q(x)e^{\int p(x)dx}dx + c\right]$

3. 可降阶方程

(1) $y^{(n)} = f(x)$：多次直接积分，其通解为：

$$y = \int \cdots \int f(x)dx \cdots dx + c_1 x^{n-1} + c_2 x^{n-2} + \cdots + c_n$$

(2) $y'' = f(x, y')$：不显含 y 的二阶方程，令 $y' = p$，则 $y'' = p'$，代入得 $p' = f(x, p)$，该一阶方程可求解。

(3) $y'' = f(y, y')$：不显含 x 的二阶方程，令 $y' = p$，则 $y'' = p\dfrac{dp}{dy}$，代入得 $p\dfrac{dp}{dy} = f(y, p)$，该一阶方程可求解。

4. 常系数线性方程

(1) 常系数线性齐次方程

二阶常系数线性齐次方程的一般形式为：$y'' + py' + qy = 0$，其中 p、q 为常数，它的特征方程为：$r^2 + pr + q = 0$，其中 r 为特征根。根据 r 的情况，二阶常系数齐次方程的通解为：

r_1、r_2 为两个不等实根时，$y = c_1 e^{r_1 x} + c_2 e^{r_2 x}$

$r_1 = r_2 = r$ 时，$y = (c_1 + c_2 x)e^{rx}$

r 为一对共轭复根 $\alpha \pm i\beta$ 时，$y = e^{\alpha x}(c_1 \cos\beta x + c_2 \sin\beta x)$

(2) 常系数线性非齐次方程

设 $y = y^*(x)$ 是非齐次方程 $y'' + py' + qy = f(x)$ 的一个解，$y = \bar{y}(x)$ 是对应的齐次方程 $y'' + py' + qy = 0$ 的通解，则该非齐次方程的通解为：$y = \bar{y}(x) + y^*(x)$

① 当 $f(x) = P_m(x)e^{\lambda x}$，求 $y'' + py' + qy = f(x)$ 的一个特解 $y^*(x)$，可设 $y^*(x) = x^k Q_m(x)e^{\lambda x}$，其中 k 为数 λ 作为特征根的重数 (即当 λ 不是特征根时，k 取 0；当 λ 是特征单根时，k 取 1；当 λ 是特征重根时，k 取 2)，且

$$Q_m(x) = A_0 x^m + A_1 x^{m-1} + \cdots + A_{m-1} x + A_m$$

将 $y^*(x)$ 的上述表达式代入非齐次方程中，比较同类项的系数，即可确定出 A_0、A_1、$\cdots$、A_m 系数。

② 当 $f(x) = p_l(x)\cos\omega x + p_n(x)\sin\omega x$，其中 $p_l(x)$ 为 l 次多项式，$p_n(x)$ 为 n 次多

项式，求 $y''+py'+qy=f(x)$ 的一个特解 $y^*(x)$。

可设 $y^*(x)=x^k[Q_m(x)\cos wx+R_m(x)\sin wx]$

其中 k 是复数 iw 作为特征根的重数，$m=\max\{l,n\}$，$Q_m(x)$、$R_m(x)$ 都是 m 次多项式，各含 $m+1$ 个待定系数（A_0、A_1、$\cdots$、A_m；B_0、B_1、$\cdots$、B_m）。

三、解题指导

历年考题中该部分题目数量为1~2题。通过掌握每类常微分方程的求解规律，结合题目中给定的条件，运用综合法求解较多。

【例 1-5-1】 方程 $y'\sin x=y\ln y$ 满足 $y\left(\dfrac{\pi}{2}\right)=e$ 的解是（　　）。

A. $e^{\cot x}$ B. $e^{\sin x}$ C. $e^{\csc x}$ D. $e^{\tan\frac{x}{2}}$

【解】 将四个选项代入初始条件验证，A、C不满足，故 A、C 项不对，排除。

对 B 项，$y=e^{\sin x}$ 代入方程，左边 $=e^{\sin x}\cos x\sin x$，

右边 $=e^{\sin x}\sin x$，故左边≠右边，B 项不对。

所以选 D 项。

四、应试题解

1. 方程 $xy'-y\ln y=0$ 满足 $y|_{x=1}=e^2$ 的解是（　　）。

A. $y=e^{2x}$ B. $y=e^{3-x}$
C. $y=e^{x+1}$ D. $y=e^{\tan\left(\frac{\pi}{4}x\right)}$

2. 具有特解 $y_1=1$，$y_2=x$，$y_3=e^x$，$y_4=xe^x$ 的四阶常系数齐次线性微分方程是（　　）。

A. $y^{(4)}-4y'''+y''=0$ B. $y^{(4)}-2y'''+y''=0$
C. $y^{(4)}+2y'''+y''=0$ D. $y^{(4)}-2y'''-y''=0$

3. 方程 $y'\sin x=y\ln y$ 满足 $y\left(\dfrac{\pi}{2}\right)=e$ 的解是（　　）。

A. $e\cdot\cot\dfrac{x}{2}$ B. $e^{\sin x}$ C. $e\cdot\csc x$ D. $e^{\tan\frac{x}{2}}$

4. 已知齐次方程 $xy''+y'=0$ 有一个特解 $\ln x$，则该方程的通解为（　　）。

A. $y=c_1\ln x+c_2$ B. $y=c_1\ln x+c_2 x$
C. $y=c(\ln x+1)$ D. $y=c(\ln x+x)$

5. 方程 $y''-2y'+y=x+1$ 的一个特解是 $x+8$，则它的通解为（　　）。

A. $y=(c_1+c_2 x)e^x+x+8$ B. $y=c_1 e^x+c_2+x$
C. $y=(c_1+c_2 x)e^{-x}+x+8$ D. $y=c_1 xe^x+c_2+x$

6. 微分方程 $y''-5y'+6y=xe^{2x}$ 的特解 y^* 的形式为（　　）。

A. $y^*=(a_0 x+a_1)e^{2x}$ B. $y^*=(a_0 x+a_1)x^2 e^{2x}$
C. $y^*=(a_0 x^2+a_1)e^{2x}$ D. $y^*=(a_0 x+a_1)xe^{2x}$

7. 微分方程 $y''-y=e^x+1$ 的一个特解为（　　）。

A. $c_1 e^x+c_2$ B. $c_1 xe^x+c_2$
C. $(c_1 x+c_2)e^x$ D. $c_1 xe^x+c_2 x$

8. 已知方程 $y''+y=3\sin^2 x$ 有一个特解 $y=-\sin^2 x$，则其通解为（　　）。

A. $y=c_1\sin^2 x+c_2\cos^2 x-\sin^2 x$ B. $y=c_1\sin x+c_2\cos x-\sin^2 x$
C. $y=c_1\sin^2 x+c_2\cos x-\sin^2 x$ D. $y=c_1\sin^2 x+c_2\cos^2 x-\sin^2 x$

9. 求方程 $3yy''-2(y')^2=0$ 的通解时，若令 $y'=p$，则有（　　）。

A. $y''=p$ B. $y''=p\cdot\dfrac{dp}{dx}$

C. $y''=p\cdot\dfrac{dp}{dy}$ D. $y''=p'\cdot\dfrac{dp}{dy}$

10. 求方程 $(x+1)y''+y'=x$ 的通解时，若令 $y'=p$，则有（　　）。

A. $y''=p'$ B. $y''=p\cdot\dfrac{dp}{dx}$

C. $y''=p\cdot\dfrac{dp}{dy}$ D. $y''=p'\cdot\dfrac{dp}{dy}$

11. 方程 $xy'-y=0$ 的通解为（　　）。

A. $y=\dfrac{c}{x}$　　B. $y=cx$　　C. $y=\dfrac{1}{x}+c$　　D. $y=x+c$

12. 方程 $y''+2y'+5y=0$ 的通解是（　　）。

A. $c_1 e^{-x}\cos 2x+c_2$ B. $c_1\cos 2x+c_2\sin 2x$
C. $(c_1\cos 2x+c_2\sin 2x)e^{-x}$ D. $c_1 e^{-x}\sin 2x+c_2$

13. 设线性无关的函数 y_1，y_2，y_3 都是二阶非齐次线性方程 $y''+p(x)y'+q(x)y=f(x)$ 的解，c_1、c_2 为任意常数，则该非齐次方程的通解是（　　）。

A. $c_1 y_1+c_2 y_2-(1-c_1-c_2)y_3$ B. $c_1 y_1+c_2 y_2+y_3$
C. $c_1 y_1+c_2 y_2+(1-c_1-c_2)y_3$ D. $c_1 y_1+c_2 y_2-(c_1+c_2)y_3$

14. 方程 $y^{(4)}-2y'''+5y''=0$ 的通解是（　　）。

A. $y=c_1+c_2 x+c_3\cos 2x+c_4\sin 2x$
B. $y=c_1+c_2 x+e^{-x}(c_3\cos 2x+c_4\sin 2x)$
C. $y=c_1+c_2 x+e^{x}(c_3\cos 2x+c_4\sin 2x)$
D. $y=c_1+c_2 x+e^{2x}(c_3\cos x+c_4\sin x)$

15. 已知方程 $x^2 y''+xy'-y=0$ 的一个特解为 x，则方程的通解为（　　）。

A. $y=c_1 x+c_2 e^{x^2}$ B. $y=c_1 x+c_2\dfrac{1}{x}$
C. $y=c_1 x+c_2 e^x$ D. $y=c_1 x+c_2 e^{-x}$

16. 已知曲线 $y=y(x)$ 上点 $M(0,4)$ 处的切线垂直于直线 $x-2y+5=0$，且 $y(x)$ 满足微分方程 $y''+2y'+y=0$，则此曲线的方程是（　　）。

A. $y=2(2+x)e^{-x}$ B. $y=2(2+x)e^{x}$
C. $y=(2+x)e^{-x}$ D. $y=(2+x)e^{x}$

第六节　概率与数理统计

一、《考试大纲》的规定

随机事件与样本空间；事件的关系与运算；概率的基本性质；古典型概率；条件概

率；概率的基本公式；事件的独立性；独立重复试验；随机变量；随机变量的分布函数；离散型随机变量的概率分布；连续型随机变量的概率密度；常见随机变量的分布；随机变量的数学期望、方差、标准差及其性质；随机变量函数的数学期望；矩、协方差、相关系数及其性质；总体；个性；简单随机样本；统计量；样本均值；样本方差和样本矩；χ^2 分布；t 分布；F 分布；点估计的概念；估计量与估计值；矩估计法；最大似然估计法；估计量的评选标准；区间估计的概念；单个正态总体的均值和方差的区间估计；两个正态总体的均值差和方差比的区间估计；显著性检验；单个正态总体的均值和方差的假设检验。

二、重点内容

1. 随机事件与概率及古典概型

掌握随机事件之间的关系(包含、相等、互斥)，随机事件之间的运算(和事件、积事件、对立事件、差事件)，概率的计算公式，条件概率与相互独立性，古典概型。

(1) 概率的计算公式

① $P(\overline{A})=1-P(A)$ (求逆公式)

② $P(A+B)=P(A)+P(B)-P(AB)$。当 A、B 互不相容时，$P(A+B)=P(A)+P(B)$

③ $P(B-A)=P(B)-P(AB)$。当 $A \subset B$ 时，$P(A) \leqslant P(B)$，且
$$P(B-A)=P(B)-P(A)$$

④ $P(AB)=P(A|B)P(B)=P(B|A)P(A)$。当 A、B 相互独立时，
$$P(AB)=P(A)P(B)$$

⑤ (全概率公式) 如果事件 $A_1, \cdots, A_n$ 构成一个完备事件组，即 $A_1, \cdots, A_n$ 两两互不相容，$A_1+A_2+\cdots+A_n=U$，且 $P(Ai)>0$，则有：
$$P(B) = \sum_{i=1}^{n} P(B|Ai)P(Ai) \quad (i=1, 2, \cdots, n)$$

⑥ (贝叶斯公式) 如果事件 $A_1, \cdots, A_n$ 构成一个完备事件组，当 $P(B)>0$ 时，则有：
$$P(A_k|B) = \frac{P(B|A_k)P(A_k)}{\sum_{i=1}^{n} P(B|Ai)P(Ai)} \quad (k=1, 2, \cdots, n)$$

(2) 条件概率与相互独立性

在事件 A 发生的前提下事件 B 发生的概率称为条件概率，记作 $P(B|A)$，其计算公式为：
$$P(B|A)=\frac{P(AB)}{P(A)}$$

事件 A 与 B 相互独立的充分必要条件是：$P(AB)=P(A)P(B)$。

事件 A 与 B 相互独立时，$P(B|A)=P(B)$，$P(A|B)=P(A)$。

2. 一维随机变量的分布和数字特征

(1) 离散型随机变量的概率分布表

离散型随机变量 X 的概率分布表为：

X	x_1	x_2	$\cdots$	x_k	$\cdots$
p_r	p_1	p_2	$\cdots$	p_k	$\cdots$

其中 $\sum_k p_k = 1$，$p_k > 0$，$k=1, 2, \cdots$。由此表可计算概率：$P(X \in I) = \sum_{k: x_k \in I} p_k$

(2) 连续型随机变量的概率密度函数

连续型随机变量 X 的概率密度函数 $p(x)$ 应满足条件：$p(x) \geqslant 0$，$(-\infty < x < +\infty)$；$\int_{-\infty}^{+\infty} p(x) \mathrm{d}x = 1$。

由上述 $p(x)$ 可计算概率：

$$P(a < X \leqslant b) = P(a \leqslant X \leqslant b) = P(a \leqslant X < b) = P(a < X < b) = \int_a^b p(x) \mathrm{d}x$$

(3) 随机变量的分布函数

随机变量 X 的分布函数 $F(x)$ 的性质：

① $0 \leqslant F(x) \leqslant 1$，$-\infty < x < +\infty$；

② 当 $x_1 < x_2$ 时，$F(x_1) \leqslant F(x_2)$；

③ $\lim_{x \to -\infty} F(x) = 0$，$\lim_{x \to +\infty} F(x) = 1$

设 X 为连续型随机变量，其概率密度函数为 $p(x)$，则有：

① 在 $p(x)$ 的连续点处，$F'(x) = p(x)$；

② $F(x) = \int_{-\infty}^{x} p(t) \mathrm{d}t$，$-\infty < x < +\infty$

(4) 随机变量函数的分布

设 X 为连续型随机变量，其概率密度函数为 $p(x)$，$Y = f(x)$ 的分布函数：

$$F_Y(y) = P(Y \leqslant y) = P(f(x) \leqslant y) = P(X \in I_y) = \int_{I_y} p(x) \mathrm{d}x$$

其中 $I_y = \{x \mid f(x) \leqslant y\}$ 是实数轴上的某个集合。再对 $F_Y(y)$ 求导可得 $Y = f(x)$ 的概率密度函数 $p_Y(y)$。

(5) 随机变量的期望 ($E(X)$)

$$E(X) = \sum_k x_k p_k \quad (X \text{ 为离散型随机变量})$$

$$E(X) = \int_{-\infty}^{+\infty} x p(x) \mathrm{d}x \quad (X \text{ 为连续型随机变量})$$

期望的性质如下：

① $E(c) = c$ (c 为常数)　　② $E(kX) = kE(X)$ (k 为常数)

③ $E(X+c) = E(X) + c$　　④ $E(kX + lY + c) = kE(X) + lE(Y) + c$

设 $Y = f(X)$，当 X 为离散型随机变量时，有：

$$E(Y) = E[f(X)] = \sum_k f(x_k) p_k$$

当 X 为连续型随机变量时，有：

$$E(Y) = E[f(X)] = \int_{-\infty}^{+\infty} f(x) p(x) \mathrm{d}x$$

(6) 随机变量的方差 ($D(X)$)

$$D(X)=E[X-E(X)]^2=E(X^2)-[E(X)]^2$$

方差的性质如下：

① $D(c)=0$（c 为常数）

② $D(kX)=k^2D(X)$（k 为常数）

③ $D(X+c)=D(X)$

④ 当 X 与 Y 相互独立时，$D(kX+lY+c)=k^2D(X)+l^2D(Y)$

(7) 常用随机变量的分布和数字特征

① 二点分布（或伯努利分布）。参数为 p，$0<p<1$，它的概率分布为：$X=0$，$P_{r1}=1-p$；$X=1$，$P_{r2}=p$，且 $E(X)=p$，$D(X)=p(1-p)$。

② 二项分布。参数为 n、p，$0<p<1$，它的概率分布为：

$$P(X=k)=c_n^k p^k(1-p)^{n-k} \quad (k=0, 1, \cdots, n)$$

且 $E(X)=np$，$D(X)=np(1-p)$。

③ 泊松分布。参数为 λ，$\lambda>0$，它的概率分布为：

$$P(X=k)=e^{-\lambda}\frac{\lambda^k}{k!} \quad (k=0, 1, 2, \cdots)$$

且 $E(X)=D(X)=\lambda$

④ 均匀分布。参数为 a、b，$a<b$，它的概率密度函数为：

$$p(x)=\begin{cases}\dfrac{1}{b-a} & (a<x<b) \\ 0 & \text{（其余）}\end{cases}$$

且 $E(X)=\dfrac{1}{2}(a+b)$，$D(X)=\dfrac{1}{12}(b-a)^2$

⑤ 指数分布。参数为 λ，$\lambda>0$，它的概率密度函数为：

$$p(x)=\begin{cases}\lambda e^{-\lambda x} & (x>0) \\ 0 & \text{（其余）}\end{cases}$$

且 $E(X)=\dfrac{1}{\lambda}$，$D(X)=\dfrac{1}{\lambda^2}$

⑥ 正态分布 $N(\mu, \sigma^2)$。参数为 μ、σ^2，它的概率密度函数为：

$$p(x)=\frac{1}{\sqrt{2\pi}\sigma}e^{-\frac{(x-\mu)^2}{2\sigma^2}} \quad (-\infty<x<+\infty)$$

且 $E(X)=\mu$，$D(X)=\sigma^2$

(8) 正态分布的概率计算

当 $X\sim N(0,1)$ 时，$P(a<X\leq b)=\Phi(b)-\Phi(a)$，其中 $\Phi(x)$ 为标准正态分布的分布函数，且满足：$\Phi(0)=\dfrac{1}{2}$；$\Phi(-x)=1-\Phi(x)$。

当 $X\sim N(\mu, \sigma^2)$ 时，X 的分布函数：

$$F(X)=\Phi\left(\frac{X-\mu}{\sigma}\right)$$

$$P(a<X\leqslant b)=\Phi\left(\frac{b-\mu}{\sigma}\right)-\Phi\left(\frac{a-\mu}{\sigma}\right)$$

3. 数理统计

样本均值：$\overline{X}=\dfrac{1}{n}\sum_{i=1}^{n}X_i$

样本方差：$S^2=\dfrac{1}{n-1}\sum_{i=1}^{n}(X_i-\overline{X})^2$

样本标准差：$S=\sqrt{S^2}$

设 $E(X)=\mu$，$D(X)=\sigma^2$，则：$E(\overline{X})=\mu$，$D(\overline{X})=\dfrac{\sigma^2}{n}$，$E(S^2)=\sigma^2$

4. 参数估计

(1) 正态总体 $N(\mu,\sigma^2)$ 中，均值 μ 的置信区间：

① 当 σ^2 已知为 σ_0^2 时，在置信度 $1-\alpha$ 下 μ 的置信区间是 $\left[\overline{x}-\lambda\cdot\dfrac{\sigma_0}{\sqrt{n}},\ \overline{x}+\lambda\cdot\dfrac{\sigma_0}{\sqrt{n}}\right]$，其中 λ 满足 $P(|U|\leqslant\lambda)=1-\alpha$，$U\sim N(0,1)$。

② 当 σ^2 未知时，在置信度 $1-\alpha$ 下 μ 的置信区间是 $\left[\overline{x}-\lambda\dfrac{s}{\sqrt{n}},\ \overline{x}+\lambda\dfrac{s}{\sqrt{n}}\right]$，其中 λ 满足 $P(|T|\leqslant\lambda)=1-\alpha$，$T$ 服从自由度为 $n-1$ 的 t 分布。

(2) 正态总体 $N(\mu,\sigma^2)$ 中，方差 σ^2 的置信区间

当 μ 未知，在置信度 $1-\alpha$ 下 σ^2 的置信区间是 $\left[\dfrac{1}{\lambda_2}\sum_{i=1}^{n}(x_i-\overline{x})^2,\dfrac{1}{\lambda_1}\sum_{i=1}^{n}(x_i-\overline{x})^2\right]$。

σ 的置信区间是 $\left[\dfrac{1}{\sqrt{\lambda_2}}\sqrt{\sum_{i=1}^{n}(x_i-\overline{x})^2},\dfrac{1}{\sqrt{\lambda_1}}\sqrt{\sum_{i=1}^{n}(x_i-\overline{x})^2}\right]$，其中 λ_1、λ_2 满足 $P(\chi^2<\lambda_1)=P(\chi^2>\lambda^2)=\dfrac{\alpha}{2}$，$\chi^2$ 服从自由度为 $n-1$ 的 χ^2 分布。

三、解题指导

本节内容与下一节线性代数的考题在历年考试中一般是 1～4 题，因知识点较多，得分不容易，加强训练，通过本节及下一节的题解中学会如何运用知识点去解题，提高解题能力。

【例 1-6-1】 设连续型随机变量 X 的概率函数为：$p(x)=\begin{cases}-ke^{-4x}&(x>0)\\0&(x\leqslant 0)\end{cases}$，则 k 的值等于（ ）。

A. 4   B. -4 C. $\dfrac{1}{4}$ D. $-\dfrac{1}{4}$

【解】 直接法求解。

因为：$\int_{-\infty}^{+\infty}p(x)\mathrm{d}x=1$

又 $\int_{-\infty}^{+\infty}p(x)\mathrm{d}x=\int_{0}^{+\infty}-ke^{-4x}\mathrm{d}x=\dfrac{k}{4}[e^{-4x}]_0^{+\infty}=-\dfrac{k}{4}$

所以 $k=-4$，故应选 B 项。

【例 1-6-2】 设随机变量 X 服从正态分布 $N(\mu, 16)$，Y 服从正态分布 $N(\mu, 25)$。记 $p = P(X \leqslant \mu - 4)$，$q = P(Y \geqslant \mu + 5)$，则 p 与 q 的大小关系是( )。

A. $p > q$ B. $p < q$ C. $p = q$ D. 无法确定

【解】 直接法求解。

$$p = P(X \leqslant \mu - 4) = F(\mu - 4) = \Phi\left(\frac{\mu - 4 - \mu}{4}\right) = \Phi(-1)$$

$$q = P(Y \geqslant \mu + 5) = 1 - P(Y < \mu + 5) = 1 - F(\mu + 5)$$

$$= 1 - \Phi\left(\frac{\mu + 5 - \mu}{5}\right) = 1 - \Phi(1) = \Phi(-1)$$

所以 $p = q = \Phi(-1)$，故选 C 项。

四、应试题解

1. 设随机事件 A 与 B 相互独立，$P(A) = 0.2$，$P(A+B) = 0.6$，则 $P(B)$ 等于( )。

A. 0.2 B. 0.4 C. 0.5 D. 0.6

2. 设随机事件 A、B 满足 $P(AB) = P(\overline{A}\overline{B})$，且 $P(A) = \frac{2}{3}$，则 $P(B)$ 等于( )。

A. $\frac{2}{3}$ B. $\frac{1}{3}$ C. $\frac{1}{2}$ D. $\frac{3}{4}$

3. 事件 A、B 相互独立，则( )。

A. A、B 互不相容 B. A、B 互逆
C. $P(A+B) = P(A) + P(B)$ D. $P(AB) = P(A) \cdot P(B)$

4. 若事件 A、B 为任意两个事件，则( )。

A. $(A+B) - B = A$ B. $(A-B) + B = A + B$
C. $(A-B) + B = A$ D. $(A+B) - B = A + B$

5. 每次试验的成功率为 0.8，则在 2 次重复试验中至少失败一次的概率为( )。

A. 0.2 B. 0.36 C. 0.4 D. 0.6

6. 某批产品共有 8 个正品和 2 个次品，任意抽取两次，每次抽一个，抽出后不再放回，则第二次抽出的是次品的概率是( )。

A. $\frac{1}{5}$ B. $\frac{1}{6}$ C. $\frac{2}{9}$ D. $\frac{4}{9}$

7. n 张奖券中含有 m 张有奖的，k 个人购买，每人一张，其中至少有一个人中奖的概率是( )。

A. $\dfrac{m}{c_n^k}$ B. $\dfrac{c_m^1 \cdot c_{n-m}^{k-1}}{c_n^k}$

C. $1 - \dfrac{c_{n-m}^k}{c_n^k}$ D. $\sum\limits_{r=1}^{k} \dfrac{c_m^k}{c_n^k}$

8. 某射手向目标射击，每次击中目标的概率为 0.8，现射击 4 次，至少击中 3 次的概率为( )。

A. 0.642 B. 0.682 C. 0.802 D. 0.819

9. 某口袋内装有 4 只红球、6 只白球，从袋中任意取出 2 只，它们均为白球的概率

是( )。

A. $\dfrac{1}{6}$ B. $\dfrac{1}{3}$ C. $\dfrac{1}{2}$ D. $\dfrac{3}{4}$

10. 甲袋中装有 4 只红球，3 只黑球；乙袋中装有 2 只红球，4 只黑球。随机地抽取一只袋，并随机地从袋中抽取 2 只球，这 2 只球都是黑球的概率为( )。

A. $\dfrac{13}{70}$ B. $\dfrac{19}{70}$ C. $\dfrac{3}{14}$ D. $\dfrac{5}{14}$

11. 设离散型随机变量 X 的概率分布表为：

x	-2	-1	1	2	3
P_r	0.15	0.15	0.1	0.3	0.3

则 X 的分布函数 $F(x)$ 在 $x=\sqrt{2}$ 处的值等于( )。

A. 0.15   B. 0.3   C. 0.35   D. 0.4

12. 设连续型随机变量 X 在区间 $[1,5]$ 上服从均匀分布，一元二次方程 $t^2+xt+1=0$ 无实根的概率等于( )。

A. $\dfrac{3}{4}$ B. $\dfrac{1}{2}$ C. $\dfrac{1}{4}$ D. $\dfrac{1}{8}$

13. 设随机变量 X 与 Y 相互独立，$D(X)=2$，$D(Y)=4$，则 $D(4X-Y)$ 等于( )。

A. 4   B. 8   C. 20   D. 36

14. 设连续型随机变量 X 的分布函数为：$F(x)=\begin{cases} 0, & x<0 \\ x^2, & 0\leq x\leq 2 \\ 1, & x>2 \end{cases}$ 则 $E(x)$ 等于( )。

A. $\dfrac{10}{3}$ B. $\dfrac{13}{3}$ C. $\dfrac{16}{3}$ D. $\dfrac{19}{3}$

15. 设随机变量 X 的分布函数为：$F(x)=\begin{cases} 0, & x<0 \\ x^3, & 0\leq x\leq 1 \\ 1, & x>1 \end{cases}$，则 $E(x)$ 等于( )。

A. $\int_{0}^{+\infty} 3x^3 \mathrm{d}x$ B. $\int_{0}^{1} 3x^3 \mathrm{d}x$

C. $\int_{0}^{+\infty} x^4 \mathrm{d}x$ D. $\int_{0}^{1} x^4 \mathrm{d}x + \int_{1}^{+\infty} x \mathrm{d}x$

16. 连续型随机变量 X 的概率密度 $p(x)$ 一定满足( )。

A. $0\leq p(x)\leq 1$ B. 当 $x_1<x_2$ 时，$p(x_1)\leq p(x_2)$

C. $\int_{-\infty}^{+\infty} p(x)\mathrm{d}x=1$ D. $\lim_{x\to +\infty} p(x)=1$

17. 设连续型随机变量 X 的概率函数为：$P(x)=\begin{cases} -k\mathrm{e}^{-4x} & (x>0) \\ 0 & (x\leq 0) \end{cases}$ 则 k 的值等于( )。

A. 4   B. -4 C. $\dfrac{1}{4}$ D. $-\dfrac{1}{4}$

18. 设随机变量 X 的密度函数为 $p(x)$，且 $p(x)$ 为偶函数，$F(x)$ 是 X 的分布函数，则对任意实数 a 有（   ）。

  A. $F(-a)=1-\int_0^a p(x)\mathrm{d}x$ B. $F(-a)=2F(a)-1$

  C. $F(-a)=\dfrac{1}{2}-\int_0^a p(x)\mathrm{d}x$ D. $F(-a)=F(a)$

19. 已知随机变量 X 满足 $P(|X-E(X)|\geqslant 4)=\dfrac{1}{8}$，$X$ 的方差记为 $D(X)$，则有（   ）。

  A. $D(X)=\dfrac{1}{4}$ B. $D(X)>\dfrac{1}{4}$

  C. $D(X)<\dfrac{1}{4}$ D. $P(|X-E(X)|<4)=\dfrac{7}{8}$

20. 若随机变量 X 服从参数 $\lambda=2$ 的指数分布，则 $D(-3X+1)$ 等于（   ）。

  A. 2   B. 6   C. $\dfrac{3}{4}$ D. $\dfrac{9}{4}$

21. 已知随机变量 X 服从二项分布，且 $E(X)=2.4$，$D(X)=1.44$，则二项分布的参数为（   ）。

  A. $n=4$，$p=0.6$ B. $n=6$，$p=0.4$
  C. $n=4$，$p=0.4$ D. $n=6$，$p=0.6$

22. 设随机变量 X 服从正态分布 $N(\mu, 16)$，Y 服从正态分布 $N(\mu, 25)$。记 $p=P(X\leqslant\mu-4)$，$q=P(Y\geqslant\mu+5)$，则 p 与 q 的大小关系是（   ）。

  A. $p>q$ B. $p<q$
  C. $p=q$ D. 无法确定

23. 设随机变量 X 服从正态分布 $N(\mu, \sigma^2)$，则 $P(X\leqslant 4\sigma+\mu)$ 的值为（   ）。

  A. 随 μ 增大、σ 增大而增大   B. 随 μ 增大、σ 增大而不变
  C. 随 μ 减小、σ 增大而减小   D. 随 μ 增大、σ 减小而减少

24. 设 $X_1, X_2, \cdots, X_5$ 是取自正态分布 $N(200, 10^2)$ 的简单随机样本，则 $\overline{X}$ 服从（   ）。

  A. $N(200, 10^2)$ B. $N(200, 10)$
  C. $N(200, 20)$ D. $N(200, 2)$

25. 设 $X_1, X_2, \cdots, X_n$ 为正态总体 $N(\mu, \sigma^2)$ 的一个样本，则 $\dfrac{(\overline{X}-\mu)\sqrt{n}}{S}$ 服从（   ）。

  A. $\chi^2(n-1)$ B. $\chi^2(n)$ C. $t(n-1)$ D. $t(n)$

26. 设 $(X_1, X_2, \cdots, X_n)$ 是抽自正态总体 $N(0, 1)$ 的一个样本，记 $\overline{X}=\dfrac{1}{n}\sum\limits_{i=1}^n x_i$，则（   ）。

  A. $\overline{X}$ 服从正态分布 $N(0, 1)$
  B. $n\overline{X}$ 服从正态分布 $N(0, 1)$
  C. $\sum\limits_{i=1}^n X_i^2$ 服从自由度为 n 的 χ^2 分布

D. $\sum_{i=1}^{n} X_i^2$ 服从自由度为 n 的 t 分布

27. $E\left(\dfrac{1}{n}\sum_{i=1}^{n}(X_i-\overline{X})^2\right)$ 等于（　　）。

A. $\dfrac{n-1}{n}\mu$　　B. μ　　C. σ^2　　D. $\dfrac{n-1}{n}\sigma^2$

28. 设 X_1，X_2，…，X_n 是取自正态总体 $(2,5)$ 的一个样本，则样本方程 $S^2=\dfrac{1}{n-1}\sum_{i=1}^{n}(X_i-\overline{X})^2$ 的期望 $E(S^2)$ 等于（　　）。

A. 2　　B. 3　　C. 5　　D. 7

第七节　线　性　代　数

一、《考试大纲》的规定

行列式的性质及计算；行列式按行展开定理的应用；矩阵的运算；逆矩阵的概念、性质及求法；矩阵的初等变换和初等矩阵；矩阵的秩；等价矩阵的概念和性质；向量的线性表示；向量组的线性相关和线性无关；线性方程组有解的判定；线性方程组求解；矩阵的特征值和特征向量的概念与性质；相似矩阵的概念和性质；矩阵的相似对角化；二次型及其矩阵表示；合同矩阵的概念和性质；二次型的秩；惯性定理；二次型及其矩阵的正定性。

二、重点内容

1. 行列式

掌握行列式的性质，计算行列式的值。

行列式的性质如下：

(1) 设 $D=\begin{vmatrix} a_{11} & a_{12} & \cdots & a_{1n} \\ a_{21} & a_{22} & \cdots & a_{2n} \\ \cdots & \cdots & \cdots & \cdots \\ a_{n1} & a_{n2} & \cdots & a_{nn} \end{vmatrix}$，记 $D^{\mathrm{T}}=\begin{vmatrix} a_{11} & a_{21} & \cdots & a_{n1} \\ a_{12} & a_{22} & \cdots & a_{n2} \\ \cdots & \cdots & \cdots & \cdots \\ a_{1n} & a_{2n} & \cdots & a_{nn} \end{vmatrix}$

则 $D^{\mathrm{T}}=D$，D^{T} 称为 D 的转置行列式。

(2) 互换行列式中的两行（列），则行列式的值变号。

(3) 行列式中若有两行（列）的元素相同，则行列式的值为零。

(4) 以数 k 乘以行列式的某一行（列）的所有元素，则等于 k 乘该行列式。

(5) 行列式中若有两行（列）的元素对应成比例，则行列式的值为零。

(6) 将行列式的某一行（列）的各元素乘以同一数，然后加到另一行（列）的对应元素上，行列式的值不变。

(7) 行列式中任一行（列）的元素与它对应的代数余子式的乘积之和等于行列式的值。

(8) 行列式中任一行（列）的元素与另一行（列）对应元素的代数余子式乘积之和等于零。

行列式的计算方法：

（1）对 2 阶和 3 阶行列式的值常用对角线法则；

（2）对 n 阶（$n \geqslant 4$）行列式的值常用降阶的方法求解，即：

①应用行列式性质（6），把主对角线以下的元素全化为 0；其值为主对角线上各元素之积。

②选定一行（列），把该行（列）除一个非零元素外其余元素全化为 0，即将 n 阶行列式降为 $n-1$ 阶行列式。

2. 矩阵

（1）矩阵的运算

①设 $A=(a_{ij})$ 与 $B=(b_{ij})$ 是同型矩阵，矩阵 A 与 B 的和记作 $A+B$，规定：$A+B=(a_{ij}+b_{ij})$。

矩阵加法：$A+B=B+A$；$(A+B)+C=A+(B+C)$

数乘矩阵：$\lambda(uA)=(\lambda u)A$；$(\lambda+u)A=\lambda A+uA$；

$\lambda(A+B)=\lambda A+\lambda B$

②矩阵与矩阵相乘，设 $A=(a_{ij})_{m\times s}$，$B=(b_{ij})_{s\times n}$，则 A 与 B 的乘积 $AB=(c_{ij})_{m\times n}$ 是一个 $m\times n$ 矩阵，且：

$$c_{ij}=a_{i1}b_{1j}+a_{i2}b_{2j}+\cdots+a_{is}b_{sj} \quad (i=1,\cdots,m;\ j=1,\cdots,n)$$

$(AB)C=A(BC)$，$(\lambda A)B=A(\lambda B)=\lambda(AB)$，

$(A+B)C=AC+BC$，$A(B+C)=AB+AC$

需注意矩阵相乘不满足交换律，一般 $AB\neq BA$。

③单位阵(E)的运算：

$$E_m A_{m\times n}=A_{m\times n}E_n=A_{m\times n}$$

④方阵的幂。设 A 为 n 阶方阵，规定，$A^1=A$、$A^{n+1}=A^n A$，

方阵的幂满足：$A^k A^l=A^{k+l}$；$(A^k)^l=A^{kl}$

⑤矩阵的转置。设 $A=(a_{ij})_{m\times n}$，$B=(b_{ij})_{n\times m}$，如果 $b_{ij}=a_{ji}$，则称 B 为 A 的转置矩阵，记作 $B=A^T$。

矩阵的转置满足：$(A^T)^T=A$，$(A+B)^T=A^T+B^T$，$(\lambda A)^T=\lambda A^T$，$(AB)^T=B^T A^T$。

特别地，当方阵 $A=(a_{ij})$ 满足 $A^T=A$，则称 A 为对称阵，对称阵的元素按主对角线对称相等，即有：$a_{ij}=a_{ji}$。

⑥方阵的行列式。由 n 阶方阵 A 的元素所构成的 n 阶行列式称为方阵 A 的行列式，记作 $|A|$，且有：

$$|A^T|=|A|,\ |\lambda A|=\lambda^n|A|\ (n\ 为\ A\ 的阶数);$$

$$|AB|=|A||B|\ (当\ A、B\ 均为\ n\ 阶方阵时)。$$

特别地，$|A|=0$ 时称 A 为奇异阵；$|A|\neq 0$ 时称 A 为非奇异阵。

（2）逆阵

①对 n 阵方阵 A，若存在 n 阶方阵 B，使 $AB=E$ 或 $BA=E$，则称方阵 A 是可逆的，B 是 A 的逆阵，记作 A^{-1}。

当 A 可逆时，规定 $A^0=E$，$A^{-k}=(A^{-1})^k$。

可逆矩阵的性质：$(A^{-1})^{-1}=A$，$(\lambda A)^{-1}=\dfrac{1}{\lambda}A^{-1}$

$$(A^T)^{-1}=(A^{-1})^T，(AB)^{-1}=B^{-1}A^{-1}$$

②由$|A|$的代数余子式A_{ij}所构成的n阶方阵：

$$A^*=\begin{vmatrix} A_{11} & A_{21} & \cdots & A_{n1} \\ A_{12} & A_{22} & \cdots & A_{n2} \\ \cdots & \cdots & \cdots & \cdots \\ A_{1n} & A_{2n} & \cdots & A_{nn} \end{vmatrix}$$

称为方阵A的伴随阵，且有：$AA^*=A^*A=|A|E$。

③n阶方阵A可逆的充分必要条件是$|A|\neq 0$。当$|A|\neq 0$时，则：

$$A^{-1}=\dfrac{1}{|A|}A^*$$

(3) 矩阵的初等变换

①若矩阵A经初等变换变为B，则称矩阵A与B等价，记作$A\sim B$。

②$A_{m\times n}\sim B_{m\times n}$的充分必要条件是：存在$m$阶可逆阵$P$和$n$阶可逆阵$Q$，使$PAQ=B$。

③方阵A可逆的充分必要条件是$A\sim E$。

④矩阵经初等变换可变为行阶梯形和行最简形，再经初等变换可变为标准形，然后，可求矩阵的秩和解线性方程组。

⑤用初等变换求逆阵。对$(A\mid E)$施行行变换，当A化为E时，E就化为A^{-1}。

(4) 矩阵的秩

如果在矩阵A中有一个r阶非零子式D_r，而所有$r+1$阶子式全为0，则D_r称为矩阵A的最高阶非零子式，数r称为A的秩，记作$R(A)$。若$A\sim B$，则$R(A)=R(B)$。

3. n维向量

①（定义）设有向量组A：$\pmb{\alpha}_1$，$\pmb{\alpha}_2$，$\cdots$，$\pmb{\alpha}_m$，如果有一组不全为0的数k_1，k_2，$\cdots$，k_m，使：$k_1\pmb{\alpha}_1+k_2\pmb{\alpha}_2+\cdots+k_m\pmb{\alpha}_m=0$，则向量组$A$是线性相关的，否则$A$是线性无关的。

②（定理）设向量组$\pmb{\alpha}_1$，$\pmb{\alpha}_2$，$\cdots$，$\pmb{\alpha}_m$线性无关，而向量组$\pmb{\alpha}_1$，$\pmb{\alpha}_2$，$\cdots$，$\pmb{\alpha}_m$，$\pmb{\beta}$线性相关，则$\pmb{\beta}$可由$\pmb{\alpha}_1$，$\pmb{\alpha}_2$，$\cdots$，$\pmb{\alpha}_m$线性表示，且表示式惟一。

③（定义）设有向量组A，如果在A中能选出r个向量$\pmb{\alpha}_1$，$\pmb{\alpha}_2$，$\cdots$，$\pmb{\alpha}_r$，满足：$\pmb{\alpha}_1$，$\pmb{\alpha}_2$，$\cdots$，$\pmb{\alpha}_r$线性无关；A中任意$r+1$个向量组都线性相关，则向量组$\pmb{\alpha}_1$，$\pmb{\alpha}_2$，$\cdots$，$\pmb{\alpha}_r$称为向量组A的最大线性无关向量组，或简称最大无关组，数r称为向量组A的秩。

由上述定义推知：向量组A线性相关的充分必要条件是A的秩小于A所含向量的个数；线性无关的充分必要条件是A的秩等于A所含向量的个数。

④（定理）若向量组A能由向量组B线性表示，则向量组A的秩不大于向量组B的秩。若向量组A与B等价，则它们的秩相等。

⑤（定理）若矩阵A经行变换变为矩阵B，则A的行向量组与B的行向量组等价；若矩阵A经列变换变为B，则A的列向量组与B的列向量组等价；矩阵A的行向量组的秩及列向量组的秩都等于矩阵A的秩。

由上述定理可推知：

设n个n维向量构成方阵A，则此n个向量线性相关的充分必要条件是$|A|=0$。

设 $C=AB$，则 $R(C) \leqslant R(A)$，$R(C) \leqslant R(B)$。当 B 可逆时，$R(C)=R(A)$；当 A 可逆时，$R(C)=R(B)$。

⑥（定义）当 $[x, y]=0$ 时，称向量 x 与 y 正交。一组两两相交的非零向量称为正交向量组。

⑦（定理）设 a_1，a_2，…，a_r 为一个正交向量组，则 a_1，a_2，…，a_r 线性无关。若方阵 A 满足 $AA^T=E$，则 A 称为正交矩阵。正交矩阵的行向量组及列向量组都是正交向量组，且每个向量都是单位向量。

4. 线性方程组

(1) 齐次线性方程组。

$$\begin{cases} a_{11}x_1+a_{12}x_2+\cdots+a_{1n}x_n=0 \\ \cdots\cdots\cdots\cdots\cdots\cdots\cdots\cdots \\ a_{m1}x_1+a_{m2}x_2+\cdots+a_{mn}x_n=0 \end{cases} \tag{1-7-1}$$

其系数矩阵记为 A，则式(1-7-1)可记为：$Ax=0$ (1-7-2)

设 $x=\xi_1$，$x=\xi_2$ 是方程(1-7-2)的两个解，则其线性组合 $k_1\xi_1+k_2\xi_2$ 满足方程(1-7-2)的解。

（定理）设齐次线性方程组(1-7-1)的系数矩阵 A 的秩 $R(A)=r$，则其解集 S 的秩为 $n-r$，即它的基础解系含 $n-r$ 个线性无关的解向量。

设方程组(1-7-1)的一个基础解系为 ξ_1，ξ_2，…，ξ_{n-r}，则方程组(1-7-1)的通解为：

$$x=k_1\xi_1+k_2\xi_2+\cdots+k_m\xi_{n-r}$$

其中 k_1，k_2，…，k_m 为任意实数。

(2) 非齐次线性方程组

$$\begin{cases} a_{11}x_1+a_{12}x_2+\cdots+a_{1n}x_n=b_1 \\ \cdots\cdots\cdots\cdots\cdots\cdots\cdots\cdots \\ a_{m1}x_1+a_{m2}x_2+\cdots+a_{mn}x_n=b_2 \end{cases} \tag{1-7-3}$$

其系数矩阵记为 A，则上式可记为：$Ax=b$ (1-7-4)

$$记\ B=\begin{bmatrix} a_{11} & a_{12} & \cdots & a_{1n} & b_1 \\ a_{21} & a_{22} & \cdots & a_{2n} & b_2 \\ \cdots & \cdots & \cdots & \cdots & \cdots \\ a_{m1} & a_{m2} & \cdots & a_{mn} & b_m \end{bmatrix}$$

B 称为方程组(1-7-3)的增广矩阵。

（定理）非齐次线性方程组 (1-7-3) 有解的充分必要条件是其系数矩阵和增广矩阵有相同的秩，即 $R(A)=R(B)$。当 $R(A)=R(B)=n$ 时，方程组(1-7-3)有惟一解；当 $R(A)=R(B)<n$ 时，方程组(1-7-3)有无限多个解。

设 $x=\eta$ 是非齐次方程(1-7-3)的一个解，$x=k_1\xi_1+k_2\xi_2+\cdots+k_{n-r}\xi_{n-r}$ 是对应的齐次方程(1-7-1)的通解，则非齐次方程(1-7-3)的通解为：

$$x=k_1\xi_1+k_2\xi_2+\cdots+k_{n-r}\xi_{n-r}+\eta$$

5. 特征值与特征向量

(1)（定义）设 A 为 n 阶方阵，若数 λ 与非零向量 x 使 $Ax=\lambda x$，则数 λ 称为方阵 A 的特征值，非零向量 x 称为 A 的对应特征值 λ 的特征向量。令 $f(\lambda)=|A-\lambda E|=0$ 为特征

方程，它的根就是 A 的特征值。

(2) (定理) 设方阵 A 有特征值 λ_0，则 $\varphi(A)$ 有特征值 $\varphi(\lambda_0)$，其中多项式 $\varphi(\lambda) = a_0 + a_1\lambda + \cdots + a_m\lambda^m$。

6. 二次型

二次齐次函数 $f(x_1, \cdots, x_n) = a_{11}x_1^2 + a_{22}x_2^2 + \cdots + a_{nn}x_n^2 + 2a_{12}x_1x_2 + \cdots + 2a_{n-1,n}x_{n-1}x_n$ 称为二次型。只含平方项的二次型称为二次型的标准形。

(定理) 对于对称阵 A，必有正交阵 P，使 $P^{-1}AP = \Lambda$ (即 $P^{\mathrm{T}}AP = \Lambda$)

其中 $\Lambda = \begin{bmatrix} \lambda_1 & & & \\ & \lambda_2 & & \\ & & \ddots & \\ & & & \lambda_n \end{bmatrix}$ 是一个对角阵，$\lambda_1, \lambda_2, \cdots, \lambda_n$ 为对称阵 A 的 n 个特征值，

正交阵 P 的 n 个列向量是 A 的两两正交的单位特征向量。

对于二次型 $f = \boldsymbol{x}^{\mathrm{T}}\boldsymbol{A}\boldsymbol{x}$，有正交变换 $\boldsymbol{x} = \boldsymbol{P}\boldsymbol{y}$，使：
$$f = \boldsymbol{y}^{\mathrm{T}}\boldsymbol{P}^{\mathrm{T}}\boldsymbol{A}\boldsymbol{P}\boldsymbol{y} = \boldsymbol{y}^{\mathrm{T}}\Lambda\boldsymbol{y} = \lambda_1 y_1^2 + \lambda_2 y_2^2 + \cdots + \lambda_n y_n^2$$

三、解题指导

本节知识点较多，应注意掌握重点内容中的基本知识，即考试大纲规定的基本内容。太复杂的题目也不可能在考题中出现，掌握基本题目的求解，确保正确率。本节的应试题解内容，应掌握其解题规律。

【例 1-7-1】 设 3 是方程 A 的一个特征值，则 $A^2 - 2A + E$ 必定有特征值 ( )。

A. 3　　　　　B. 2　　　　　C. 4　　　　　D. 7

【解】 因为 $\varphi(\lambda) = \lambda^2 - 2\lambda + 1$，故 $A^2 - 2A + E = \varphi(A)$ 必定有特征值 $\varphi(3) = 3^2 - 2 \times 3 + 1 = 4$　故选 C 项。

【例 1-7-2】 设 $A = \begin{bmatrix} 2 & 0 & 0 \\ 0 & 3 & 1 \\ 0 & 1 & x \end{bmatrix}$，$\Lambda = \begin{bmatrix} 4 & 0 & 0 \\ 0 & 2 & 0 \\ 0 & 0 & 2 \end{bmatrix}$，且 A 与 Λ 相似，则 x 为 ( )。

A. 4　　　　　B. 3　　　　　C. 2　　　　　D. 0

【解】 因为 A 与 Λ 相似，所以 4，2，2 为它的特征值。

又因为 $|A - \lambda E| = \begin{vmatrix} 2-\lambda & 0 & 0 \\ 0 & 3-\lambda & 1 \\ 0 & 1 & x-\lambda \end{vmatrix} = (2-\lambda)[(3-\lambda)(x-\lambda) - 1] = 0$

将 $\lambda = 4$ 代入解之：$(-2)(-x+3) = 0$，$x = 3$

故应选 B 项。

四、应试题解

1. 设 A 是一个 4 阶方阵，已知 $|A| = 2$，则 $|-2A|$ 等于 ( )。

A. -2^5　　　　　B. -2^2　　　　　C. 2^2　　　　　D. 2^5

2. 设 A、B 都是 n 阶方阵，已知 $AB = 0$，则 ( )。

A. A、B 中至少有一个奇异阵　　　　　B. $A = 0$ 或 $B = 0$

C. A、B 都是奇异阵　　　　　D. $BA = 0$

3. 设 A 是 n 阶方阵，下列 ( ) 项不是方阵 A 可逆的充分必要条件。

A. $|A|\neq 0$ B. A 的行向量组线性无关
C. A 的特征值全是 0 D. A 的列向量组线性无关

4. 设 3 是方阵 A 的一个特征值，则 A^2-2A+E 必定有特征值（　　）。
A. 3 B. 2 C. 4 D. 7

5. 设 A 是 5 阶方阵，且 $|A|=-2$，则下列（　　）项的值等于 32。
A. $2|A^{-1}|$ B. $2|A^*|$ C. $|A^2|$ D. $|-8A|$

6. 设 E 为 n 阶单位方阵，A、B、C 都是 n 阶方阵，且 $ABC=E$，则有（　　）。
A. $ACB=E$ B. $CBA=E$ C. $CAB=E$ D. $BAC=E$

7. 设 A 为 n 阶可逆矩阵，则 $(-A)$ 的伴随矩阵 $(-A)^*$ 等于（　　）。
A. $-A^*$ B. A^* C. $(-1)^n A^*$ D. $(-1)^{n-1} A^*$

8. 若 $\begin{bmatrix} 2 & 5 \\ 1 & 3 \end{bmatrix} A = \begin{bmatrix} 4 & -6 \\ 2 & 1 \end{bmatrix}$，则未知矩阵 A 为（　　）。

A. $\begin{bmatrix} 22 & -13 \\ 8 & -4 \end{bmatrix}$ B. $\begin{bmatrix} 2 & -23 \\ 0 & 8 \end{bmatrix}$ C. $\begin{bmatrix} 2 & 23 \\ 0 & -8 \end{bmatrix}$ D. $\begin{bmatrix} 22 & 13 \\ 8 & -4 \end{bmatrix}$

9. 设 A 为 n 阶实方阵，E 为 n 阶单位矩阵，则 A 为正交矩阵的充分必要条件是（　　）。
A. $A^{-1}=A^T$ B. $A=A^T$ C. $AA^{-1}=E$ D. $A^2=E$

10. 设 $a_1=(t,1,1)$，$a_2=(1,t,1)$，$a_3=(1,1,t)$，已知向量组 a_1、a_2、a_3 的秩为 2，则 t 的值等于（　　）。
A. 1 或 -2 B. 1 C. -2 D. 任意数

11. 设 $P^{-1}AP=\Lambda$，其中 P 为 2 阶可逆方阵，$\Lambda=\begin{bmatrix} -1 & 0 \\ 0 & 4 \end{bmatrix}$，则 $|A^5|$ 的值等于（　　）。
A. -2^{10} B. 2^{10} C. -2^9 D. 2^9

12. 设 $A=\begin{bmatrix} 2 & 0 & 0 \\ 0 & 3 & 1 \\ 0 & 1 & x \end{bmatrix}$，$\Lambda=\begin{bmatrix} 4 & 0 & 0 \\ 0 & 2 & 0 \\ 0 & 0 & 2 \end{bmatrix}$，且 A 与 Λ 相似，则 x 为（　　）。
A. 4 B. 3 C. 2 D. 0

13. 已知矩阵 $A=\begin{bmatrix} 1 & 12 & 3 \\ 2 & 1 & 3 \\ 3 & 3 & 6 \end{bmatrix}$，则其特征值为（　　）。
A. 9，-1，0 B. -9，-1，0 C. 9，-1，0 D. -9，1，0

14. 设 A 是 $n\times m$ 矩阵，B 是 $m\times n$ 矩阵，其中 $n<m$。若 $AB=E$，则下列结论中，正确的是（　　）。
A. B 的行向量组线性无关 B. B 的行向量组线性相关
C. B 的列向量组线性无关 D. B 的列向量组线性相关

15. 设 α、β、γ、ξ 均为四维列向量，以这四个向量为列构成的 4 阶方阵记为 A，即 $A=(\alpha,\beta,\gamma,\xi)$，若 α、β、γ、ξ 所组成的向量组线性相关，则 $|A|$ 的值为（　　）。
A. >0 B. <0 C. 等于 0 D. 无法确定

16. 设 ξ_1、ξ_2 是齐次线性方程组 $AX=0$ (1)的解，而 η_1、η_2 是非齐次线性方程组 $AX=b$ (2)的解，则下列结论中错误的是( )。

A. $\xi_1+\xi_2$ 是(1)的解 B. $\eta_1+\eta_2$ 是(2)的解
C. $\xi_1+\eta_1$ 是(2)的解 D. $\eta_1-\eta_2$ 是(1)的解

17. 已知方程组 $\begin{cases} x_1+2(\lambda+1)x_2+2x_3=2 \\ \lambda x_1+\lambda x_2+(2\lambda+1)x_3=0 \\ x_1+(\lambda^2+1)x_2+2x_3=\lambda \end{cases}$ 有惟一解，则系数 λ 为( )。

A. 0 B. 1 C. 2 D. 1 或 3

第八节 答 案 与 解 答

一、第一节 空间解析几何

1. A   2. C   3. D   4. B   5. B   6. A   7. B   8. C   9. C   10. A
11. D 12. B 13. C 14. B 15. D 16. D 17. C 18. B 19. C 20. B
21. C 22. C

1. A. 解答如下：
$\vec{AB}=(3,-2,-6)$，$\vec{CD}=(6,2,3)$，$\vec{AB}$ 与 $\vec{CD}$ 的夹角为 φ，则

$$\cos\varphi=\frac{3\times6+(-2)\times2+(-6)\times3}{\sqrt{3^2+(-2)^2+(-6)^2}\cdot\sqrt{6^2+2^2+3^2}}=-\frac{4}{49}$$

$$prj_{\vec{CD}}\vec{AB}=|\vec{AB}|\cdot\cos\varphi=7\times\left(-\frac{4}{49}\right)=-\frac{4}{7}$$

2. C. 解答如下：
首先排除 A、B 不对。
a 与 b 的夹角为 φ，则 $\cos\varphi=\dfrac{a\cdot b}{|a||b|}=\dfrac{4\times2+(-7)\times1+4\times2}{\sqrt{81}\cdot\sqrt{9}}=\dfrac{1}{3}$

$$prj_b a=|a|\cdot\cos\varphi=9\times\frac{1}{3}=3$$

3. D. 解答如下：
$$\vec{AB}=(3-1,\sqrt{2}-0,-\sqrt{2}-\sqrt{2})=(2,\sqrt{2},-2\sqrt{2})$$
所以与 $\vec{AB}$ 一致的单位向量 r 为：

$$r=\frac{\vec{AB}}{|\vec{AB}|}=\frac{(2,\sqrt{2},-2\sqrt{2})}{\sqrt{2^2+(\sqrt{2})^2+(-2\sqrt{2})^2}}=\left(\frac{2}{\sqrt{14}},\frac{\sqrt{2}}{\sqrt{14}},\frac{-2\sqrt{2}}{\sqrt{14}}\right)$$

$$=\left(\frac{\sqrt{14}}{7},\frac{\sqrt{7}}{7},-\frac{2\sqrt{7}}{7}\right)$$

4. B. 解答如下：
$\vec{AB}=(8,3,5)$，由点法式方程知：
$$8(x-3)+3(y-5)+5(z-10)=0$$

51

即： $8x+3y+5z-89=0$

5. B. 解答如下：

由距离公式得：$d=\dfrac{|1\times1+2\times2+2\times2+(-10)|}{\sqrt{1^2+2^2+2^2}}=\dfrac{1}{3}$

6. A. 解答如下：

$\overrightarrow{M_2M_1}=(3+1,-2-0,1-2)=(4,-2,-1)$，则过点 M_1 的方程为：
$$\dfrac{x-3}{4}=\dfrac{y+2}{-2}=\dfrac{z-1}{-1}$$

7. B. 解答如下：

将点 $A(2,0,3)$ 代入 A、B、C、D 项检验，只有 B 满足。

8. C. 解答如下：

直线 L 的方向向量 s 为：$s=n_1\times n_2=\begin{vmatrix} i & j & k \\ 2 & -1 & 0 \\ 1 & 0 & 3 \end{vmatrix}=-3i-6j+k$

9. C. 解答如下：

直线 L_1、L_2 的方向向量分别为 s_1，s_2，则 $s_1=2i-j-2k$，
$$s_2=12i-6j-12k.$$

又因为 $\dfrac{2}{12}=\dfrac{-1}{-6}=\dfrac{-2}{-12}$，故直线 L_1、L_2 平行，

但 $\dfrac{1}{3}=\dfrac{2}{6}\neq\dfrac{8}{4}$，故直线 L_1、L_2 平行但不重合。

10. A. 解答如下：

该平面的法向量为 $(2,-3,1)$，即为所求直线的方向向量，所以有，$\dfrac{x-1}{2}=\dfrac{y+2}{-3}=\dfrac{z+2}{1}=z+2$

11. D. 解答如下：

平面 π_1 的法向量 $(A_1,B_1,C_1)=(1,2,-3)$

平面 π_2 的法向量 $(A_2,B_2,C_2)=(2,-1,1)$

$A_1A_2+B_1B_2+C_1C_2=1\times2+2\times(-1)+(-3)\times1\neq0$

且 $\dfrac{A_1}{A_2}\neq\dfrac{B_1}{B_2}\neq\dfrac{C_1}{C_2}$

所以，该两个平面相交，但不垂直且不重合。

12. B. 解答如下：

该平面的法向量 $s=a\times b=\begin{vmatrix} i & j & k \\ 2 & -1 & 3 \\ -1 & 1 & -2 \end{vmatrix}=-i+j+k$

由点法式可得该平面的方程：$-(x-1)+(y-3)+(z+1)=0$

即：$x-y-z+3=0$

13. C. 解答如下：

由直线方程得：$\begin{cases} x=0+0t \\ y=0+t \\ z=0-t \end{cases}$，其方向向量为$\{0,1,-1\}$

又该球心坐标为$(2,-4,-4)$，故所求平面的方程为：
$$0\times(x-2)+(y+4)-(z+4)=0$$
即：$y-z=0$

14. B. 解答如下：
该平面与$\overrightarrow{OA}$垂直，故其法向量为$\overrightarrow{OA}=(2-0,4-0,-3-0)=(2,4,-3)$
所求平面的方程为：$2(x-2)+4(y-4)-3(z+3)=0$
即：$2x+4y-3z=29$

15. D. 解答如下：
该球半径$R=|\overrightarrow{OA}|=\sqrt{1^2+2^2+(-2)^2}=3$
所以球面方程为：$(x-1)^2+(y-2)+(z+2)^2=3^2=9$
即：$x^2+y^2+z^2-2x-4y+4z=0$

16. D. 解答如下：
由两个曲面的方程联立即为它们的交线方程。

17. C. 解答如下：
对两球面方程联解，可得：$y+z=1$，即$z=1-y$
代入$x^2+y^2+z^2=1$，可得：$x^2+2y^2-2y=0$且$z=0$

18. B. 解答如下：
将$y=1$代入已知方程，得：$x^2+9z^2=36$
即：$\dfrac{x^2}{36}+\dfrac{z^2}{4}=1$，表示一个椭圆。

19. C. 解答如下：
已知方程是形如$z=\dfrac{x^2}{a^2}+\dfrac{y^2}{b^2}$的方程，它表示的是椭圆抛物面。

20. B. 解答如下：
曲线$f(x,z)=0$绕x轴旋转一周所生成的旋转曲面方程为$f(x,\pm\sqrt{y^2+z^2})=0$。
所以$(\pm\sqrt{y^2+z^2})^2=8x$，即$y^2+z^2=8x$

21. C. 解答如下：
因为双叶双曲面的一般方程为：$\dfrac{x^2}{a^2}-\dfrac{y^2}{b^2}-\dfrac{z^2}{c^2}=1$，故C不对。

22. C. 解答如下：
因为A表示双叶双曲面，A不对；B表示单叶双曲面，B不对，又D项不是表示圆锥面，D不对。

二、第二节　微分学
1. A　2. D　3. B　4. A　5. B　6. D　7. A　8. B　9. C　10. C
11. C　12. C　13. B　14. C　15. B　16. B　17. C　18. B　19. B　20. B

21. B 22. B 23. A 24. B 25. A 26. B 27. D 28. C 29. D 30. A
31. C 32. C 33. D 34. C 35. B 36. B 37. B 38. B 39. C 40. B
41. C 42. A 43. A 44. A 45. B 46. D 47. A 48. D 49. B 50. C
51. B 52. C 53. D 54. D 55. B 56. A 57. B 58. B 59. D 60. D
61. B 62. D 63. D

1. A. 解答如下：

因为 $(4^n)^{\frac{1}{n}} < (1+4^n)^{\frac{1}{n}} < (4^n+4^n)^{\frac{1}{n}}$ （$n=1, 2, \cdots$）

又因为 $\lim\limits_{n\to\infty}(4^n)^{\frac{1}{n}}=4$，$\lim\limits_{n\to\infty}(4^n+4^n)^{\frac{1}{n}}=\lim\limits_{n\to\infty}2^{\frac{1}{n}}\cdot 4=4$

所以 $\lim\limits_{n\to\infty}(1+4^n)^{\frac{1}{n}}=4$

2. D. 解答如下：

$$\lim_{x\to 0}\frac{\cos 2x-1}{x\tan x}=\lim_{x\to 0}\frac{-2\sin^2 x}{x\tan x}=\lim_{x\to 0}\frac{-2\sin^2 x}{x\cdot x}=-2$$

3. B. 解答如下：

$$原式=\lim_{x\to 0}\frac{\sin x(\sqrt{1+x}+\sqrt{1-x})}{(\sqrt{1+x}-\sqrt{1-x})(\sqrt{1+x}+\sqrt{1-x})}=\lim_{x\to 0}\frac{\sin x}{2x}\cdot(\sqrt{1+x}+\sqrt{1-x})=\frac{1}{2}\times 2=1$$

4. A. 解答如下：

$$\lim_{x\to 0}x^2\cdot\sin\frac{1}{x^2}=\lim_{x\to 0}x^2\cdot\lim_{x\to 0}\sin\frac{1}{x^2}=0$$

5. B. 解答如下：

$$\lim_{x\to\infty}x^2\cdot\sin\frac{1}{x^2}=\lim_{x\to\infty}\frac{\sin\frac{1}{x^2}}{\frac{1}{x^2}}=\lim_{t\to 0}\frac{\sin t}{t}=1$$

6. D. 解答如下：

因为 $\lim\limits_{x\to 1^+}\frac{x^2-1}{x-1}\cdot e^{\frac{1}{x-1}}=\lim\limits_{x\to 1^+}(x+1)e^{\frac{1}{x-1}}=+\infty$

又 $\lim\limits_{x\to 1^-}\frac{x^2-1}{x-1}\cdot e^{\frac{1}{x-1}}=\lim\limits_{x\to 1^-}(x+1)e^{\frac{1}{x-1}}=0$

所以左右极限不等，故极限不存在，且不为∞。

7. A. 解答如下：

$$原式=\lim_{n\to\infty}2\sin[\pi(\sqrt{n^2+1}-n)+n\pi]$$

$$=\lim_{n\to\infty}2\sin\left[\frac{\pi(\sqrt{n^2+1}-n)(\sqrt{n^2+1}+n)}{\sqrt{n^2+1}+n}+n\pi\right]$$

$$=\lim_{n\to\infty}2\sin\left[\frac{\pi}{\sqrt{n^2+1}+n}+n\pi\right]=2\sin n\pi=0$$

8. B. 解答如下：

$$原式=\lim_{x\to 0}\frac{\cos x}{\sin x}\cdot\frac{x-\sin x}{x\sin x}=\lim_{x\to 0}\frac{\cos x(x-\sin x)}{x\sin^2 x}$$

54

$$=\lim_{x\to 0}\frac{x-\sin x}{x^3}=\lim_{x\to 0}\frac{1-\cos x}{3x^2}=\lim_{x\to\infty}\frac{\sin x}{6x}=\frac{1}{6}$$

9. C. 解答如下：

因为 $\lim_{x\to 0}\frac{\alpha(x)}{\beta(x)}=\lim_{x\to 0}\frac{\sin 2x}{x^3+5x}=\lim_{x\to 0}\frac{2\sin x\cdot\cos x}{x^3+5x}$

$$=\lim_{x\to 0}\frac{2x}{x^3+5x}=\frac{2}{5}$$

所以应选 C。

10. C. 解答如下：

因为 $\lim_{x\to 0}\frac{f(x)}{x^2}=\lim_{x\to 0}\frac{e^x+e^{-x}-4}{x^2}=\lim_{x\to 0}\frac{e^x-e^{-x}}{2x}$

$$=\lim_{x\to 0}\frac{e^x+e^{-x}}{2}=\frac{1+1}{2}=1$$

11. C. 解答如下：

因为函数在 $(-\infty,+\infty)$ 上连续，$\lim_{x\to 0^+}f(x)=\lim_{x\to 0^-}f(x)=f(0)$

即：$a=e^{-\infty}=0$

12. C. 解答如下：

由条件知 $f(x)$ 在 $x=0$ 处可导，则在 $x=0$ 处必连续。

$$\lim_{x\to 0^+}x\sin\frac{1}{x}=0,\ \lim_{x\to 0^-}(ax+b)=b,\ f(0)=b,\ \text{所以 }b=0$$

$$f'_+(0)=\lim_{x\to 0^+}\frac{x^2\sin\frac{1}{x}-b}{x-0}=\lim_{x\to 0^+}\frac{x^2\sin\frac{1}{x}-0}{x}=\lim_{x\to 0^+}x\sin\frac{1}{x}=0$$

$$f'_-(0)=\lim_{x\to 0^-}\frac{ax+b-b}{x-0}=a,\ \text{所以 }a=0$$

13. B. 解答如下：

$f(x)$ 在 $x=0$ 处可导，$f'_+(0)=f'_-(0)$

$$f'_+(0)=\lim_{x\to 0^+}\frac{\lambda\ln(1+x)+1-1}{x-0}=\lim_{x\to 0^+}\frac{\lambda\ln(1+x)}{x}=\lambda$$

$$f'_-(0)=\lim_{x\to 0^-}\frac{e^{-2x}-1}{x-0}=-2,\ \text{所以 }\lambda=-2$$

14. C. 解答如下：

$$\lim_{x\to 1^-}f(x)=\lim_{x\to 1^+}f(x),\ \text{则有 }1=a+b$$

又 $f'_-(1)=f'_+(1)$，则有 $2\times 1=a$

所以 $a=2$，$b=-1$

15. B. 解答如下：

因为 $\lim_{x\to 0^-}f(x)=\frac{e^{-\infty}-1}{e^{-\infty}+1}=\frac{0-1}{0+1}=-1$

而 $\lim_{x\to 0^+}f(x)=\frac{e^{+\infty}-1}{e^{+\infty}+1}=1$

所以应选 B。

16. B. 解答如下：

首先选项 D 不对，因为函数可导，则必连续。

$\lim\limits_{x \to 0} f(x) = \lim\limits_{x \to 0} x^2 \cdot \sin\dfrac{1}{x} = 0 = f(0)$，故连续。

又 $\lim\limits_{x \to 0} \dfrac{f(x) - f(0)}{x - 0} = \lim\limits_{x \to 0} \dfrac{x^2 \sin\dfrac{1}{x} - 0}{x} = \lim\limits_{x \to 0} x \cdot \sin\dfrac{1}{x} = 0$

即 $f'(0) = 0$，$f(x)$ 在 $x = 0$ 处可导。

17. C. 解答如下：

因为 $\lim\limits_{x \to 1^-} f(x) = 1 - 1 = 0$，而 $\lim\limits_{x \to 1^+} f(x) = 2 - 1 = 1$

在 $x = 1$ 处，左右极限不等，所以 $\lim\limits_{x \to 1} f(x)$ 不存在。

18. B. 解答如下：

因为 $\lim\limits_{x \to 0^+} f(x) = \lim\limits_{x \to 0^+} (1 + e^{\frac{1}{x}}) = +\infty$

又 $\lim\limits_{x \to 0^-} f(x) = \lim\limits_{x \to 0^-} (1 + e^{\frac{1}{x}}) = 1$

所以在 $x = 0$ 处 $f(x)$ 的左右极限不等，为第二类间断点。

19. B. 解答如下：

由 $f(x)$ 的定义域可知，$x \neq 0$，$x \neq -1$，$x \neq 3$，故其间断点

为：$x = 0$，$x = -1$，$x = 3$。

20. B. 解答如下：

因为一元函数在某点有极限，且该极限值等于该点的函数值时，函数才在该点连续。反之，函数在某点连续，在该点必有极限。

21. B. 解答如下：

设 $f(x) = x \cdot 2^x - 1$，又 $f(0) = -1 < 0$，$f(1) = 1 > 0$

由零点定理，在 $(0, 1)$ 内至少有一点 ξ，使得：$f(\xi) = 0$。

故 $f(x) = x \cdot 2^x - 1 = 0$ 在 $(0, 1)$ 内至少有一个实根。

22. B. 解答如下：

设 $f(x) = x - \sin x - 1$，又 $f(0) = -1 < 0$，$f(\pi) = \pi - 1 > 0$

由零点定理，$f(x) = x - \sin x - 1$ 在 $(0, \pi)$ 内至少有一个实根。

23. A. 解答如下：

$$y = \begin{cases} x + x^2 & (x > 0) \\ x - x^2 & (x \leqslant 0) \end{cases}$$

因为 $\lim\limits_{x \to 0^+} y = \lim\limits_{x \to 0^+} x + x^2 = 0$，$\lim\limits_{x \to 0^-} y = \lim\limits_{x \to 0^-} x - x^2 = 0$，故连续。

又因为 $\lim\limits_{x \to 0^+} \dfrac{(x + x^2) - f(0)}{x - 0} = \lim\limits_{x \to 0^+} \dfrac{x + x^2}{x} = 1$

$\lim\limits_{x \to 0^-} \dfrac{(x - x^2) - f(0)}{x - 0} = \lim\limits_{x \to 0^-} \dfrac{x - x^2}{x} = 1$

所以 y 在 $x = 0$ 处可导。

24. B. 解答如下：

由条件知，$f(x)=(\cos x)'=-\sin x$

所以，$f'(x)=(-\sin x)'=-\cos x$

25. A. 解答如下：
$$y'=f'\left(\frac{3x-2}{3x+2}\right)\left(\frac{3x-2}{3x+2}\right)'=f'\left(\frac{3x-2}{3x+2}\right)\cdot\frac{12}{(3x+2)^2}$$

所以 $y'(0)=f'(-1)\cdot\frac{12}{4}=3\arctan(-1)^2=\frac{3\pi}{4}$

26. B. 解答如下：

原式 $=f'(\sqrt{x})(\sqrt{x})'=\frac{\sin\sqrt{x}}{\sqrt{x}}\cdot\frac{1}{2\sqrt{x}}=\frac{\sin\sqrt{x}}{2x}$

27. D. 解答如下：
$$\frac{d^2x}{dy^2}=\frac{d\left(\frac{dx}{dy}\right)}{dy}=\frac{d\left[\frac{1}{f'(x)}\right]}{dy}=\frac{d\left[\frac{1}{f'(x)}\right]}{dx}\cdot\frac{dx}{dy}=\frac{f''(x)}{-[f'(x)]^2}\cdot\frac{1}{f'(x)}=\frac{-f''(x)}{[f'(x)]^3}$$

28. C. 解答如下：

原式 $=\lim\limits_{k\Delta x\to 0}\left[\frac{f(x_0+k\Delta x)-f(x_0)}{k\Delta x}\cdot k\right]=f'(x_0)\cdot k=\frac{1}{4}f'(x_0)$

所以 $k=\frac{1}{4}$

29. D. 解答如下：
$$\lim_{x\to 0^+}\frac{d[f(\cos\sqrt{x})]}{dx}=\lim_{x\to 0^+}\left[f'(\cos\sqrt{x})\cdot(-\sin\sqrt{x})\cdot\frac{1}{2\sqrt{x}}\right]$$

$$=\lim_{x\to 0^+}f'(\cos\sqrt{x})\cdot\lim_{x\to 0^+}\frac{-\sin\sqrt{x}}{2\sqrt{x}}$$

$$=f'(1)\cdot\left(-\frac{1}{2}\right)=(-4)\times\left(-\frac{1}{2}\right)=2$$

30. A. 解答如下：
$$k=\frac{dy}{dx}=\frac{\frac{dy}{dt}}{\frac{dx}{dt}}=\frac{-2\cos t\sin t}{2\cos t}=-\sin t$$

$t=\frac{\pi}{4}$ 时，$k=-\sin\frac{\pi}{4}=-\sqrt{2}/2$

31. C. 解答如下：

$v_x=\frac{dx}{dt}=6$，$v_y=\frac{dy}{dt}=18-10t=8$

所以 $v=\sqrt{v_x^2+v_y^2}=10$

32. C. 解答如下：
$$\frac{dy}{dt}=tf''(t)+f'(t)-f'(t)=tf''(t)$$

$$\frac{dx}{dt}=f''(t)，则\frac{dy}{dx}=\frac{dy/dt}{dx/dt}=t$$

则 $$\frac{d^2y}{dx^2}=\frac{d\left(\frac{dy}{dx}\right)}{dx}=\frac{dt}{dx}=\frac{1}{\frac{dx}{dt}}=\frac{1}{f''(t)}$$

33. D. 解答如下：
$$dy=f'(e^{-x})d(e^{-x})=f'(e^{-x})\cdot[-e^{-x}]dx=-f'(e^{-x})e^{-x}dx$$

34. C. 解答如下：

令 $p(x)=f(x)-g(x)$，则当 $p'(x)=f'(x)-g'(x)>0$ $[x\in(a,b)]$
又 $p(a)=f(a)-g(a)=0$，故 $x\in(a,b)$ 时，$p(x)>p(a)=0$
所以 $p(x)=f(x)-g(x)>0$，即 $f(x)>g(x)$。

35. B. 解答如下：

由条件知，$f'(x)=2x-\dfrac{2}{x}<0$，

解之得：$x\in(-\infty,-1)$；$x\in(0,1)$

36. B. 解答如下：

$y'=\dfrac{1-x^2}{(1+x^2)^2}$，则 $x\in(\sqrt{3},+\infty)$ 时，$y'<0$，为单调减。

$y''=\dfrac{-2x(1+x^2)^2-(1-x^2)\cdot 4x(1+x^2)}{(1+x^2)^4}=\dfrac{-2x(3-x^2)}{(1+x^2)^3}$

则 $x\in(\sqrt{3},+\infty)$ 时，$y''>0$，即曲线向上凹。

37. B. 解答如下：

由条件知，$f'\left(\dfrac{\pi}{3}\right)=0$，即：

$$a\cos x+\cos 3x=a\cos\dfrac{\pi}{3}+\cos\left(3\times\dfrac{\pi}{3}\right)=0，故 a=2。$$

38. B. 解答如下：

$$f'(x)=\dfrac{3x(2-x)}{[x^2(3-x)]^{\frac{2}{3}}} \quad (x\neq 0, x\neq 3)$$

令 $f'(x)=0$，$x=2$。
在 $(-\infty,0)$ 内 $f'(x)<0$，在 $(0,2)$ 内 $f'(x)>0$，故 $x=0$ 为极值点；
在 $(2,3)$ 内 $f'(x)<0$，故 $x=2$ 也为极值点；
在 $(3,+\infty)$ 内 $f'(x)<0$，故 $x=3$ 不为极值点。

39. C. 解答如下：

由函数求极大值的判别方法，应选 C。

40. B. 解答如下：

令 $f'(x)=3x^2-6x=3x(x-2)=0$，故 $x=0$ 或 $x=2$
在 $(-2,0]$ 内，$f'(x)>0$；在 $[0,2]$ 内，$f'(x)<0$，故在 $x=0$ 处，$f(x)$ 取得极大值 4，即：$0^3-3\cdot 0^2+m=4$，$m=4$，所以 $f(x)=x^3-3x^2+4$。

$x=-2$ 时，$f(x)=(-2)^3-3(-2)^2+4=-16$

$x=0$ 时，$f(x)=4$

$x=2$ 时，$f(x)=2^3-3\times 2^2+4=0$

41. C. 解答如下：

令 $y''=6x-12=0$，$x=2$，$y=-10$。

又 $x<2$ 时，$y''<0$；$x>2$ 时，$y''>0$，故点 $(2,-10)$ 是拐点。

42. A. 解答如下：

因 $f'(0)=4$，故 $f(x)$ 在点 $(0,1)$ 处的斜率为 4，切线方程为 $y-1=4(x-0)=4x$，令 $y=0$，$x=-\frac{1}{4}$，所以交点坐标为 $\left(-\frac{1}{4},0\right)$。

43. A. 解答如下：

$y'=\frac{1}{\sqrt{x}}$，所以 $x=0$ 处的右导数为无穷大，故曲线 $y=2\sqrt{x}$ 在点 $(0,0)$ 处的切线方程为 $x=0$。

44. A. 解答如下：

$$\lim_{x\to 0}\frac{f(1)-f(1-x)}{2x}=\lim_{-x\to 0}\frac{f[1+(-x)]-f(1)}{-2x}=\frac{1}{2}\lim_{-x\to 0}\frac{f[1+(-x)]-f(1)}{-x}$$
$$=\frac{1}{2}f'(1)=-1$$

所以 $f'(1)=-2$，故 $y=f(x)$ 在点 $(1,f(1))$ 处切线斜率为 -2。

45. B. 解答如下：

因为 $f'(1)=\frac{1}{2}$，故 $x=1$ 处切线斜率为 $\frac{1}{2}$，则法线斜率为 -2，又法线经过点 $(1,\arctan 1)$，即 $\left(1,\frac{\pi}{4}\right)$，则法线方程为：

$$y-\frac{\pi}{4}=-2(x-1)$$

即：$y+2x-\frac{\pi}{4}-2=0$

46. D. 解答如下：

因为 $\frac{dy}{dx}=\frac{dy/dt}{dx/dt}=\frac{\sin t}{1-\cos t}$，故 $t=\frac{\pi}{2}$ 点处的切线斜率为 1，所以切线方程为：$y-1=1\times\left[x-\left(\frac{\pi}{2}-1\right)\right]$

即：$y-x+\frac{\pi}{2}-2=0$

47. A. 解答如下：

多元函数的各偏导数存在是可微分存在的必要条件，即偏导数存在，其不一定可微分，但是多元函数可微分，则其偏导数一定存在，即：可偏导 $\Longleftarrow$ 可微分。

48. D. 解答如下：

多元函数的各偏导数在某点都存在不能保证函数在该点连续；反之，函数在某点连续不能保证各偏导数在该点存在，即：连续 $\not\Longleftrightarrow$ 可偏导。

49. B. 解答如下：

原式 $=\lim_{(x,y)\to(2,0)}\left[\frac{\sin(xy)}{xy}\cdot\frac{x}{2}\right]=1\times\frac{2}{2}=1$

50. C. 解答如下：

$$\frac{\partial u}{\partial x} = e^{x^2+y^2+z^2}(2x+2z \cdot 2x\sin y) = 2xe^{x^2+y^2+z^2}(1+2z\sin y)$$

51. B. 解答如下：

设 $u=xy$，$v=\dfrac{x}{y}$。

$$\frac{\partial z}{\partial y} = \frac{\partial z}{\partial u} \cdot \frac{\partial u}{\partial y} + \frac{\partial z}{\partial v} \cdot \frac{\partial v}{\partial y} = f'\left(xy, \frac{x}{y}\right) \cdot x + f'\left(xy, \frac{x}{y}\right)\left[-\frac{x}{y^2}\right]$$

$$= xf'\left(xy, \frac{x}{y}\right) - \frac{x}{y^2}f'\left(xy, \frac{x}{y}\right)$$

52. C. 解答如下：

对方程两边求导，有：$e^{x+y}(1+y') - \sin(xy)[y+xy'] = 0$

$$e^{x+y} - y\sin(xy) = [x\sin(xy) - e^{x+y}] \cdot y'$$

$$y' = \frac{y\sin(xy) - e^{x+y}}{e^{x+y} - x\sin(xy)}$$

53. D. 解答如下：

$$\frac{\partial z}{\partial x} = 2x + \frac{\partial \phi(xy)}{\partial(xy)} \cdot y; \quad \frac{\partial z}{\partial y} = \frac{\partial \phi(xy)}{\partial(xy)} \cdot x$$

代入 $x \cdot \dfrac{\partial z}{\partial x} - y \cdot \dfrac{\partial z}{\partial y} = 2x^2$

54. D. 解答如下：

$$\frac{\partial z}{\partial x} = y + F(u) + xF'(u) \cdot \left(\frac{y}{x^2}\right)$$

$$\frac{\partial z}{\partial y} = x + xF'(u) \cdot \frac{1}{x}$$

所以 $x\dfrac{\partial z}{\partial x} + y\dfrac{\partial z}{\partial y} = [xy + xF(u) - yF'(u)] + [xy + yF'(u)] = xy + xF(u) + xy$
$= z + xy$

55. B. 解答如下：

$$dz = e^{\frac{x}{x}} d\left(\frac{y}{x}\right) = e^{\frac{x}{x}} \cdot \frac{xdy - ydx}{x^2}$$

$x=1$，$y=2$ 时，$dz = e^2(dy - 2dx) = -e^2(2dx - dy)$

56. A. 解答如下：

$$\frac{\partial z}{\partial x} = e^{-\frac{y^2}{x}} \cdot \left(\frac{y^2}{x^2}\right), \quad \frac{\partial z}{\partial y} = e^{-\frac{y^2}{x}} \cdot \left(\frac{-2y}{x}\right)$$

$x=-1$，$y=1$ 时，$\dfrac{\partial z}{\partial x} = e$，$\dfrac{\partial z}{\partial y} = 2e$，所以 $dz = \dfrac{\partial z}{\partial x}dx + \dfrac{\partial z}{\partial y}dy = edx + 2edy$

57. B. 解答如下：

$$\frac{\partial^2 u}{\partial x^2} = \frac{\partial\left(\dfrac{\partial u}{\partial x}\right)}{\partial x} = \frac{\partial}{\partial x}\left(f'(r) \cdot \frac{\partial r}{\partial x}\right) = \frac{\partial}{\partial x}\left[\frac{f'(r) \cdot x}{r}\right]$$

$$= f''(r)\frac{\partial r}{\partial x} \cdot \frac{x}{r} + f'(r)\frac{\partial \left(\frac{x}{r}\right)}{\partial x} = \frac{f''(r)x^2}{r^2} + \frac{f'(r)(r^2-x^2)}{r^3}$$

同理，$\dfrac{\partial^2 u}{\partial y^2} = \dfrac{f''(r) \cdot y^2}{r^2} + \dfrac{f'(r)(r^2-y^2)}{r^3}$

$$\frac{\partial^2 u}{\partial z^2} = \frac{f''(r) \cdot z^2}{r^2} + \frac{f'(r)(r^2-z^2)}{r^3}$$

所以原式 $= f''(r) + \dfrac{2f'(r)}{r}$

58. B. 解答如下：

$$\frac{\partial z}{\partial x} = \frac{2x}{a^2}, \quad \frac{\partial z}{\partial y} = \frac{2y}{b^2},$$

与向径 r 同方向的单位向量为 $\left(\dfrac{x}{r}, \dfrac{y}{r}\right)$

所求方向导数 $\dfrac{\partial z}{\partial r} = \dfrac{2x}{a^2} \cdot \dfrac{x}{r} + \dfrac{2y}{b^2} \cdot \dfrac{y}{r} = \dfrac{2}{r}\left(\dfrac{x^2}{a^2} + \dfrac{y^2}{b^2}\right) = \dfrac{2z}{r}$

59. D. 解答如下：

点 P 到点 Q 的方向的单位向量为 $\left(\dfrac{1}{\sqrt{2}}, -\dfrac{1}{\sqrt{2}}\right)$

又因为 $\dfrac{\partial z}{\partial x} = e^{2y} = 1$，$\dfrac{\partial z}{\partial y} = 2xe^{2y} = 2$

所求方向导数为：$\dfrac{\partial z}{\partial l} = \dfrac{\partial z}{\partial x} \cdot \dfrac{1}{\sqrt{2}} + \dfrac{\partial z}{\partial y}\left(-\dfrac{1}{\sqrt{2}}\right) = 1 \cdot \dfrac{1}{\sqrt{2}} + 2 \cdot \left(-\dfrac{1}{\sqrt{2}}\right) = -\dfrac{\sqrt{2}}{2}$

60. D. 解答如下：
$f_x(x, y) = 0$，$f_y(x, y) = 0$，$f_{xx}(x, y) = A$，
$f_{xy}(x, y) = B$，$f_{yy}(x, y) = C$，
当 $AC - B^2 > 0$ 时，有极值点。

61. B. 解答如下：

因为 $x'_t = -1$，$y'_t = 2t$，$z'_t = 3t^2$，故在点 $(-1, 1, 1)$ 处的切线方程为，$\dfrac{x+1}{-1} = \dfrac{y-1}{2}$
$= \dfrac{z-1}{3}$

62. D. 解答如下：

$f(x, y, z) = x^2 + y^2 - z - 2$，则 $\boldsymbol{n} = (f_x, f_y, f_z) = (2x, 2y, -1)$
在点 $(2, 1, 3)$ 处，$\boldsymbol{n} = (4, 2, -1)$

所求法线方程为：$\dfrac{x-2}{4} = \dfrac{y-1}{2} = \dfrac{z-3}{-1}$

63. D. 解答如下：

$$x'_t = \frac{1}{(1+t)^2}, \quad y'_t = \frac{1}{t^2}, \quad z'_t = 2t$$

$t = 1$ 时，该点坐标为 $\left(\dfrac{1}{2}, -2, 1\right)$，$\boldsymbol{n} = \left(\dfrac{1}{4}, 1, 2\right)$

所求法平面方程为：$\frac{1}{4}\left(x-\frac{1}{2}\right)+(y+2)+2(z-1)=0$

即：$2x+8y+16z-1=0$

三、第三节　积分学

1. C	2. B	3. D	4. C	5. B	6. A	7. B	8. A	9. C	10. A
11. C	12. A	13. A	14. C	15. C	16. B	17. C	18. C	19. C	20. D
21. C	22. D	23. B	24. D	25. A	26. C	27. C	28. C	29. B	30. B
31. B	32. B	33. B	34. A	35. B	36. B	37. B			

1. C. 解答如下：

令 $\arcsin x=t$，则 $x=\sin t$

原积分变形为：$\int_0^{\frac{\pi}{6}} t\mathrm{d}(\sin t) = [t\sin t]_0^{\frac{\pi}{6}} - \int_0^{\frac{\pi}{6}} \sin t\mathrm{d}t = [t\sin t]_0^{\frac{\pi}{6}} + [\cos t]_0^{\frac{\pi}{6}} = \frac{\pi}{12} + \frac{\sqrt{3}}{2} - 1$

2. B. 解答如下：

$$f(x) = \int \tan^2 x\mathrm{d}x = \int(\sec^2 x - 1)\mathrm{d}x = \tan x - x + C$$

又 $f(0)=1$，则有 $\tan 0 - 0 + C = 1$，$C=1$

所以 $f(x) = \tan x - x + 1$

3. D. 解答如下：

$f'(\sin^2 x) = \cos^2 x = 1 - \sin^2 x$，令 $t = \sin^2 x$，有 $f'(t) = 1 - t$

两边积分有：$f(t) = t - \frac{1}{2}t^2 + C$

即：$f(x) = x - \frac{1}{2}x^2 + C$

又 $f(0)=0$，故求出 $C=0$，所以 $f(x) = x - \frac{1}{2}x^2$

4. C. 解答如下：

$$\int f[f(x)]\mathrm{d}x = \int f\left(\frac{1}{1-x}\right)\mathrm{d}x = \int \frac{x-1}{x}\mathrm{d}x = \int \mathrm{d}x - \int \frac{1}{x}\mathrm{d}x = x - \ln|x| + C$$

5. B. 解答如下：

$$原式 = \lim_{x \to \infty} \frac{\left[\int_0^x t^2 \mathrm{e}^{t^2}\mathrm{d}t\right]'}{[x\mathrm{e}^{x^2}]'} = \lim_{x \to \infty} \frac{x^2 \mathrm{e}^{x^2}}{2x^2 \mathrm{e}^{x^2} + \mathrm{e}^{x^2}} = \lim_{x \to \infty} \frac{x^2}{1+2x^2} = \frac{1}{2}$$

6. A. 解答如下：

$$原式 = \lim_{x \to +\infty} x \cdot \sin\frac{2}{x} = \lim_{x \to +\infty} \frac{2 \cdot \sin\frac{2}{x}}{\frac{2}{x}} = 2$$

7. B. 解答如下：

$$f'(x) = 2f(x), \frac{\mathrm{d}f(x)}{\mathrm{d}x} = 2f(x), \int \frac{\mathrm{d}f(x)}{f(x)} = \int 2\mathrm{d}x$$

所以 $\ln[f(x)] = 2x + C$

$f(x) = \mathrm{e}^{2x+C} = \mathrm{e}^C \cdot \mathrm{e}^{2x} = k \cdot \mathrm{e}^{2x} (k>0)$

8. A. 解答如下：

$$y' = x^2 e^{\sqrt{x^2}} (x^2)' = x^2 e^{-x} \cdot (2x) = 2x^3 e^{-x}$$

（因为 $x<0$，所以 $\sqrt{x^2}=-x$）

9. C. 解答如下：

令 $\ln x = t$，则 $x = e^t (0 \leqslant t \leqslant 1)$

原式 $= \int_0^1 \dfrac{\mathrm{d}(e^t)}{e^t\sqrt{1-t^2}} = \int_0^1 \dfrac{\mathrm{d}t}{\sqrt{1-t^2}} = [\arcsin t]_0^1 = \dfrac{\pi}{2}$

10. A. 解答如下：

因为 $\lim\limits_{x \to \infty} x \cdot \dfrac{2x}{1+x^2} = \lim\limits_{x \to \infty} \dfrac{2}{1+\dfrac{1}{x^2}} = 2 > 0$

所以 $\int_{-\infty}^{+\infty} \dfrac{2x}{1+x^2} \mathrm{d}x$ 发散。

11. C. 解答如下：

$\int_a^{+\infty} kf(x)\mathrm{d}x = k\int_a^{+\infty} f(x)\mathrm{d}x$，故 A 正确，

$\int_a^{+\infty} [f(x) \pm g(x)]\mathrm{d}x = \int_a^{+\infty} f(x)\mathrm{d}x \pm \int_a^{+\infty} g(x)\mathrm{d}x$，故 B 正确，

$\int_b^{+\infty} f(x)\mathrm{d}x = \int_a^{+\infty} f(x)\mathrm{d}x - \int_a^b f(x)\mathrm{d}x$，故 D 正确。所以应选 C 项。

12. A. 解答如下：

$\int_0^1 \dfrac{x}{\sqrt{1-x^2}} \mathrm{d}x = \lim\limits_{t \to 1^-} \int_0^t \dfrac{x}{\sqrt{1-x^2}} \mathrm{d}x = \lim\limits_{t \to 1^-} [-\sqrt{1-x^2}]_0^t = \lim\limits_{t \to 1^-} [-\sqrt{1-1^2} + \sqrt{1-0}] = 1$

13. A. 解答如下：

原式 $= \int_2^{+\infty} \dfrac{1}{(\ln x)^p} \mathrm{d}(\ln x) = \int_2^{+\infty} \dfrac{1}{x^p} \mathrm{d}x$ 收敛

即存在常数 $k > 1$，使得 $\lim\limits_{x \to +\infty} x^k \cdot \dfrac{1}{x^p}$ 存在，所以 $k-p \leqslant 0$，即有 $p \geqslant k > 1$。

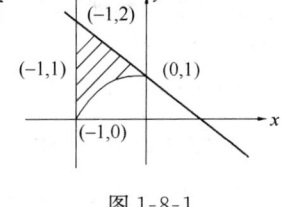

图 1-8-1

14. C. 解答如下：

$$\int_0^1 \dfrac{1}{x^2} \mathrm{d}x = \left[-\dfrac{1}{x}\right]_0^1, 发散。$$

15. C. 解答如下：

积分区域如图 1-8-1 所示，分段积分，$I = \int_0^1 \mathrm{d}y \int_{-1}^{-\sqrt{1-y^2}} f(x,y)\mathrm{d}x + \int_1^2 \mathrm{d}y \int_{-1}^{1-y} f(x,y)\mathrm{d}x$

16. B. 解答如下：

$g(x) = \sin x[f(x)+f(-x)]$，则 $g(-x) = \sin(-x)[f(-x)+f(x)] = -g(x)$

所以 $g(x)$ 为奇函数，故 $\int_{-a}^a g(x)\mathrm{d}x$ 为 0。

17. C. 解答如下：

$\int_{-1}^1 |x^2-4x| \mathrm{d}x = \int_{-1}^0 (x^2-4x)\mathrm{d}x + \int_0^1 (4x-x^2)\mathrm{d}x$

$$= \left[\frac{x^3}{3} - 2x^2\right]_{-1}^{0} + \left[2x^2 - \frac{x^3}{3}\right]_{0}^{1} = 4$$

18. C. 解答如下：

平面图形面积 $S: S = \int_{0}^{8}\left(2x - \frac{x^2}{4}\right)\mathrm{d}x = \left[x^2 - \frac{x^3}{12}\right]_{0}^{8} = \frac{64}{3}$

19. C. 解答如下：

图形的面积 $S: S = \int_{0}^{1}(\sqrt{x} - x^2)\mathrm{d}x = \left[\frac{2}{3}x^{\frac{3}{2}} - \frac{1}{3}x^3\right]_{0}^{1} = \frac{1}{3}$

20. D. 解答如下：

由定积分的性质及 $g(x) = |f(x)| \geqslant 0$。

21. C. 解答如下：

$$V = \int_{0}^{2}\pi\left(\frac{1}{2}y^2\right)^2\mathrm{d}y = \int_{0}^{2}\frac{1}{4}\pi y^4 \mathrm{d}y = \left[\frac{1}{20}\pi y^5\right]_{0}^{2} = \frac{8\pi}{5}$$

22. D. 解答如下：

$$V = \int_{a}^{b}\pi[f(x)]^2\mathrm{d}x = \int_{-\frac{\pi}{2}}^{\frac{\pi}{2}}\pi\cos^2 x\,\mathrm{d}x = \int_{-\frac{\pi}{2}}^{\frac{\pi}{2}}\left(\frac{\pi}{2} + \frac{\pi}{2}\cos 2x\right)\mathrm{d}x$$

$$= \frac{\pi}{2} \times \left(\frac{\pi}{2} + \frac{\pi}{2}\right) + \int_{-\frac{\pi}{2}}^{\frac{\pi}{2}}\frac{\pi}{2}\cos 2x\,\mathrm{d}x = \frac{\pi^2}{2} + \left[\frac{\pi}{4}\sin 2x\right]_{-\frac{\pi}{2}}^{\frac{\pi}{2}} = \frac{\pi^2}{2}$$

23. B. 解答如下：

G 区域如图 1-8-2 阴影部分所示。

$$\iint_{G} x\sqrt{x^2 + y^2}\,\mathrm{d}x\mathrm{d}y = \int_{-\frac{\pi}{4}}^{\frac{\pi}{4}}\mathrm{d}\theta\int_{\sqrt{2}}^{2\cos\theta}r^2\cos\theta\,r\,\mathrm{d}r$$

$$= \int_{-\frac{\pi}{4}}^{\frac{\pi}{4}}\cos\theta\,\mathrm{d}\theta\int_{\sqrt{2}}^{2\cos\theta}r^3\,\mathrm{d}r$$

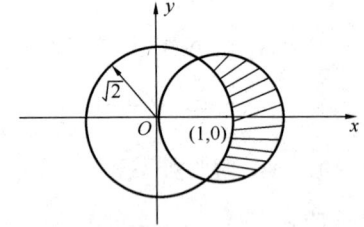

图 1-8-2

24. D. 解答如下：

在极坐标系下，$\theta \in [0, 2\pi]$，$r \in [0, 2]$，故 A、B 不对。

$x = r\cos\theta$，$y = r\sin\theta$

原式 $= \int_{0}^{2\pi}\mathrm{d}\theta\int_{0}^{2}(\sin r^2) \cdot r\,\mathrm{d}r = \int_{0}^{2\pi}\mathrm{d}\theta\int_{0}^{2}r\sin r^2\,\mathrm{d}r$

25. A. 解答如下：

$$I = \int_{-2}^{2}\mathrm{d}x\int_{-1}^{1}(x^2 + y^2)\mathrm{d}y = \int_{-2}^{2}\mathrm{d}x\left[x^2 y + \frac{y^3}{3}\right]_{-1}^{1}$$

$$= \int_{-2}^{2}\left(2x^2 + \frac{2}{3}\right)\mathrm{d}x = \left[\frac{2}{3}x^3 + \frac{2}{3}x\right]_{-2}^{2} = \frac{40}{3}$$

26. C. 解答如下：

因区域 D_1 是关于原点对称的区域，为区域 D_2 的 4 倍，又 $f(x, y) = (x^2 + y^2)^3$ 是偶函数，所以 $I_1 = 4I_2$。

27. C. 解答如下：

积分区域 D 如图 1-8-3 所示，交换积分次序后变为：

$$\int_{0}^{4}\mathrm{d}x\int_{\frac{x}{2}}^{\sqrt{x}}f(x, y)\mathrm{d}y$$

28. C. 解答如下：

$$\iiint_\Omega xy\,dv = \int_0^1 dx \int_0^{1-x} dy \int_0^{xy} xy\,dz = \int_0^1 dx \int_0^{1-x} dy \cdot xy(xy-0)$$

$$= \int_0^1 dx \int_0^{1-x} x^2 y^2\,dy = \int_0^1 dx \left[\frac{x^2 y^3}{3}\right]_0^{1-x}$$

$$= \int_0^1 \frac{x^2(1-x)^3}{3}dx = \frac{1}{180}$$

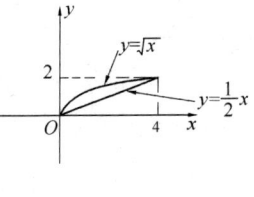

图 1-8-3

29. B. 解答如下：

该物体的质量 M：$M = \iiint_\Omega f(x,y,z)\,dv$

$$M = \int_0^2 dz \int_0^1 dy \int_0^1 2(x+y+z)\,dx = \int_0^2 dz \int_0^1 dy[2(y+z)x+x^2]_0^1$$

$$= \int_0^2 dz \int_0^1 (2y+2z+1)\,dy = \int_0^2 dz[y^2+2zy+y]_0^1$$

$$= \int_0^2 (2z+2)\,dz = [z^2+2z]_0^2 = 8$$

30. B. 解答如下：

由条件知所求体积的 Ω 为：$\{(x,y,z) \mid x^2+y^2 \leqslant 1, 0 \leqslant x, 0 \leqslant y, 0 \leqslant z \leqslant 1\}$

$$V = \int_0^{2\pi} d\theta \int_0^1 (1-r^2) \cdot r\,dr = \int_0^{2\pi} d\theta \int_0^1 r\,dr \int_{r^2}^1 dz$$

$$= \int_0^{2\pi} d\theta \int_0^1 (r-r^3)\,dr = \int_0^{2\pi} d\theta\left(\frac{1}{2} - \int_0^1 r^3\,dr\right) = \pi - \int_0^{2\pi} d\theta \int_0^1 r^3\,dr$$

所以 A、C、D 项均正确，故应选 B。

31. B. 解答如下：

Ω 的区域为：$Q\left\{(x,y,z) \mid 0 \leqslant z = 1-x-2y \leqslant 1, 0 \leqslant x \leqslant 1, 0 \leqslant y \leqslant \dfrac{1-x}{2}\right\}$

$$\iiint_\Omega x\,dx\,dy\,dz = \int_0^1 dx \int_0^{\frac{1-x}{2}} dy \int_0^{1-x-2y} x\,dz = \int_0^1 x\,dx \int_0^{\frac{1-x}{2}} (1-x-2y)\,dy$$

$$= \frac{1}{4}\int_0^1 (x-2x^2+x^3)\,dx = \frac{1}{48}$$

32. B. 解答如下：

依据 $ds = \sqrt{1+(y')^2}\,dx$，则有：

$$s = \int ds = \int_0^{\frac{\pi}{2}} \sqrt{1+\sin x}\,dx$$

33. B. 解答如下：

由 $xy = 1$，则 $x = \dfrac{1}{y} = y^{-1}$

$$\int_L y\,ds = \int_1^2 y\sqrt{1+[(y^{-1})']^2}\,dy = \int_1^2 y\sqrt{1+y^{-4}}\,dy$$

34. A. 解答如下：

令 $P = 4xy$，$Q = 2x^2$，则 $\dfrac{\partial Q}{\partial x} = 4x$，$\dfrac{\partial P}{\partial y} = 4x$

65

所以 $\varphi_2 4xy\mathrm{d}x + 2x^2\mathrm{d}y = \varphi_2\left(\dfrac{\partial Q}{\partial x} - \dfrac{\partial P}{\partial y}\right)\mathrm{d}\sigma = 0$

35. B. 解答如下：

$x = r\cos\theta, y = r\sin\theta$

原积分 $= \displaystyle\int_0^{2\pi} \dfrac{r\cos\theta}{r^2}\mathrm{d}(r\sin\theta) - \dfrac{r\sin\theta}{r^2}\mathrm{d}(r\cos\theta) = \int_0^{2\pi}\dfrac{r^2\cos^2\theta + r^2\sin^2\theta}{r^2}\mathrm{d}\theta = \int_0^{2\pi}\mathrm{d}\theta = 2\pi$

36. B. 解答如下：

积分曲线如图 1-8-4 所示。

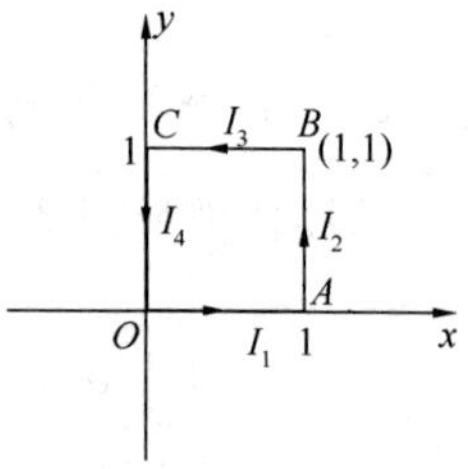

$I_1 = 0$

$I_2 = \displaystyle\int_0^1 -(e^{y2}+1)\mathrm{d}y = -\int_0^1 e^{y2}\mathrm{d}y - 1$

$I_3 = \displaystyle\int_1^0 1\mathrm{d}x = -1$

$I_4 = \displaystyle\int_1^0 -(e^{y2}+0)\mathrm{d}y = -\int_1^0 e^{y2}\mathrm{d}y = \int_0^1 e^{y2}\mathrm{d}y$

$I = I_1 + I_2 + I_3 + I_4 = -2$

图 1-8-4

37. B. 解答如下：

令 $P = x^3 y - 2y,\ Q = \dfrac{1}{4}x^4 - x$

则 $\dfrac{\partial Q}{\partial x} = x^3 - 1,\ \dfrac{\partial P}{\partial y} = x^3 - 2$

$$I = \iint_D \left(\dfrac{\partial Q}{\partial x} - \dfrac{\partial P}{\partial y}\right)\mathrm{d}\sigma = \iint_D \mathrm{d}\sigma = \pi ab$$

四、第四节　无穷级数

1. B　2. D　3. B　4. A　5. A　6. B　7. C　8. C　9. C　10. D
11. B　12. D　13. C　14. C　15. D　16. C　17. C　18. B　19. D　20. C

1. B. 解答如下：

因为当级数 $\displaystyle\sum_{n=1}^{\infty}a_n$ 收敛时，其部分和为 S_n，有 $\lim\limits_{n\to\infty}S_n = b$，则 $\lim\limits_{n\to\infty}a_n = \lim\limits_{n\to\infty}(S_n - S_{n-1}) = b - b = 0$，故 $\lim\limits_{n\to\infty}a_n$ 是级数 $\displaystyle\sum_{n=1}^{\infty}a_n$ 收敛的必要条件。

但是 $\lim\limits_{n\to\infty}a_n = 0$，$\displaystyle\sum_{n=1}^{\infty}a_n$ 不一定收敛，如 $\displaystyle\sum_{n=1}^{\infty}\dfrac{1}{n}$。

2. D. 解答如下：

因为 $\displaystyle\sum_{n=1}^{\infty}(-1)^{n-1}u_n$ 条件收敛，则 $\displaystyle\sum_{n=1}^{\infty}|(-1)^{n-1}u_n|$ 发散，又 $u_n > 0$，即有 $\displaystyle\sum_{n=1}^{\infty}|(-1)^{n-1}u_n| = \sum_{n=1}^{\infty}u_n$ 发散。

3. B. 解答如下：

若 $\{S_n\}$ 有界，根据单调有界的数列必有极限的准则，$\lim\limits_{n\to\infty}S_n = a$，正项级数 $\displaystyle\sum_{n=1}^{\infty}u_n$ 必收敛于和 a。

反之，若正项级数 $\sum_{n=1}^{\infty} u_n$ 收敛于 a，即 $\lim_{n\to\infty} S_n = a$，则根据有极限的数列是有界数列，即 $\{S_n\}$ 有界。

4. A. 解答如下：

假设 $\sum_{n=1}^{\infty} k u_n$ 收敛，则 $\sum_{n=1}^{\infty} u_n = \sum_{n=1}^{\infty} \frac{1}{k} \cdot (k u_n)$ 也收敛，这与前提 $\sum_{n=1}^{\infty} u_n$ 发散矛盾，故选 A。

5. A. 解答如下：

因为 $\sum_{n=1}^{\infty} |(-1)^n \frac{1}{\sqrt{n}}| = \sum_{n=1}^{\infty} \frac{1}{\sqrt{n}}$ 发散

又 $\sum_{n=1}^{\infty} (-1)^n \frac{1}{\sqrt{n}}$ 满足莱布尼兹条件，级数收敛，故选 A。

6. B. 解答如下：

依据数项级数收敛的定义，级数收敛即级数的部分和数列有极限，而部分和数列有界是部分和数列有极限的必要条件。故应选 B。

7. C. 解答如下：

因为 B 项，$\sum_{n=1}^{\infty} (-1)^n \frac{1}{\sqrt{n}}$ 由莱布尼兹判别法知它为收敛；A 项，$\lim_{n\to\infty} \frac{u_n+1}{u_n} = \lim_{n\to\infty} \frac{n+1}{2n} = \frac{1}{2} < 1$，故 A 收敛，

D 项，$S_n = 1 - \frac{1}{n+1}$，$\lim_{n\to\infty} S_n = 1$，故 D 收敛。

所以，选 C。

8. C. 解答如下：

对 C 项，因为 $\left|\frac{\sin na}{n^2}\right| \leq \frac{1}{n^2}$，由 p 级数知，当 $p=2$ 时其是收敛的；故由比较审敛法知，级数 $\sum_{n=1}^{\infty} \left|\frac{\sin na}{n^2}\right|$ 收敛，

所以，级数 $\sum_{n=1}^{\infty} \frac{\sin na}{n^2}$ 绝对收敛。

其他项，A 项为条件收敛；B、D 项均为发散。

9. C. 解答如下：

对 C 项：当 $u_n = 0$，$\sum_{n=1}^{\infty} (-1)^n u_n^2 = 0$，显然收敛；

当 $0 < u_n < \frac{1}{n}$，有：$0 < u_n^2 < \frac{1}{n^2}$，显然 $\sum_{n=1}^{\infty} \frac{1}{n^2}$ 收敛，故 $\sum_{n=1}^{\infty} u_n^2$ 也收敛，所以 $\sum_{n=1}^{\infty} |(-n^n u_n^2)|$ 收敛，即有：

$\sum_{n=1}^{\infty} (-1)^n u_n^2$ 收敛。

10. D. 解答如下：

$$\lim_{n\to\infty} \left| \frac{2(n+1)-1}{3^{n+1}} \cdot x^{2(n+1)-2} \cdot \frac{3n}{2n-1} \cdot \frac{1}{x^{2n-2}} \right| = \frac{1}{3} |x|^2$$

当 $\frac{1}{3}|x^2|<1$，即：$|x|<\sqrt{3}$ 时，级数收敛，所以 $R=\sqrt{3}$。

11. B. 解答如下：

当 $x=1$ 时，$\sum_{n=1}^{\infty}\frac{(-1)^{n-1}\cdot x^n}{n}=\sum_{n=1}^{\infty}\frac{(-1)^{n-1}}{n}$ 收敛，

$x=-1$ 时，$\sum_{n=1}^{\infty}\frac{(-1)^{n-1}\cdot x^n}{n}=\sum_{n=1}^{\infty}\frac{(-1)^{2n-1}}{n}=\sum_{n=1}^{\infty}\frac{-1}{n}$ 发散，

所以，该级数收敛域为 $(-1,1]$。

12. D. 解答如下：

令 $x-3=t$，则所求级数变为 $\sum_{n=1}^{\infty}\frac{t^{n-1}}{\sqrt{n}}$，可知其收敛半径 R 为 1。

当 $t=1$ 时，$\sum_{n=1}^{\infty}\frac{t^{n-1}}{\sqrt{n}}=\sum_{n=1}^{\infty}\frac{1}{\sqrt{n}}$ 发散，

当 $t=-1$ 时，$\sum_{n=1}^{\infty}\frac{t^{n-1}}{\sqrt{n}}=\sum_{n=1}^{\infty}(-1)^{n-1}\cdot\frac{1}{\sqrt{n}}$，由莱布尼兹法知其收敛。

所以 $\sum_{n=1}^{\infty}\frac{t^{n-1}}{\sqrt{n}}$ 的收敛区域为 $[-1,1)$，则 $\sum_{n=1}^{\infty}\frac{(x-3)^{n-1}}{\sqrt{n}}$ 的收敛区域为 $[2,4)$。

13. C. 解答如下：

令 $x-1=t$，原级数 $=\sum_{n=1}^{\infty}\frac{t^n}{n\cdot 2^n}$

又 $\rho=\lim_{n\to\infty}\left|\frac{a_{n+1}}{a_n}\right|=\lim_{n\to\infty}\left|\frac{n}{2(n+1)}\right|=\frac{1}{2}$，$R=\frac{1}{\rho}=2$

当 $t=2$ 时，原级数 $=\sum_{n=1}^{\infty}\frac{2^n}{n\cdot 2^n}=\sum_{n=1}^{\infty}\frac{1}{n}$，发散

$t=-2$ 时，原级数 $=\sum_{n=1}^{\infty}\frac{(-2)^n}{n\cdot 2^n}=\sum_{n=1}^{\infty}(-1)^n\cdot\frac{1}{n}$ 收敛

所以 $\sum_{n=1}^{\infty}\frac{t^n}{n\cdot 2^n}$ 的收敛区域为：$[-2,2)$；

则原级数的收敛区域为：$[-1,3)$。

14. C. 解答如下：

令 $t=x-1$，级数 $\sum_{n=1}^{\infty}a_n t^n$ 在 $t=-3$ 处收敛，由阿贝尔定理知，对 $|t|<|-3|$ 的一切 t，该级数绝对收敛，故当 $x=3$，即 $t=3-1=2$ 时，该级数为绝对收敛。

15. D. 解答如下：

令 $t=x-2$，原级数变为：$\sum_{n=1}^{\infty}a_n t^n$，在 $t=-1$ 处收敛，即有 $\sum_{n=1}^{\infty}a_n(-1)^n$ 收敛，但 $\sum_{n=1}^{\infty}a_n$ 不一定收敛$\left(\text{如}\sum_{n=1}^{\infty}(-1)^n\cdot\frac{1}{n}\right)$，所以 $\sum_{n=1}^{\infty}a_n\cdot 1^n$ 不一定收敛，即当 $t=1$ 或 $x=3$ 时，级数的收敛性无法确定。

16. C. 解答如下：

当 $x=0$ 时，级数的和函数为 0，故 A、B 不对。

当 $x\neq 0$ 时，级数是公比为 $\dfrac{1}{1+x^2}$ 的等比数列，即由等比数列求和，再取极限可得，选 C。

17. C. 解答如下：

$$s(x)=\sum_{n=0}^{\infty}\dfrac{(-1)^{n+1}\cdot x^{n+2}}{n+1}, \dfrac{s(x)}{x}=\sum_{n=1}^{\infty}\dfrac{(-1)^{n+1}\cdot x^{n+1}}{n+1}$$

两边求导：$\left[\dfrac{s(x)}{x}\right]'=\sum_{n=0}^{\infty}\left[(-1)^{n+1}x^n\right]$

又 $\dfrac{1}{1+x}=\sum_{n=0}^{\infty}(-1)\cdot(-1)^{n+1}x^n=1-x+x^2-x^3+\cdots$

所以 $\left[\dfrac{s(x)}{x}\right]'=-\dfrac{1}{1+x}$

两边取积分：$\dfrac{s(x)}{x}=\int_0^x-\dfrac{\mathrm{d}x}{1+x}=-\ln(1+x)$

所以：$s(x)=-x\ln(1+x)$

18. B. 解答如下：

$f(x)$ 为偶函数，故 $b_n=0(n=1,2,\cdots)$

$a_0=\dfrac{2}{\pi}\int_0^\pi x\mathrm{d}x=\dfrac{2}{\pi}\left[\dfrac{x^2}{2}\right]_0^\pi=\pi$，故 A、D 项不对；

$a_n=\dfrac{2}{\pi}\int_0^\pi x\cos nx\mathrm{d}x=\dfrac{2}{\pi}\int_0^\pi x\cdot\dfrac{1}{n}\mathrm{d}(\sin x)=\dfrac{2}{\pi n}\left\{\left[x\sin nx\right]_0^\pi-\int_0^\pi\sin nx\mathrm{d}x\right\}$

$=-\dfrac{2}{\pi n}\int_0^\pi\sin nx\mathrm{d}x=-\dfrac{4}{\pi}\sum_{n=1}^{\infty}\dfrac{1}{(2n-1)^2}$

所以应选 B。

19. D. 解答如下：

$x=\pi$ 处 $f(x)$ 收敛于：$\dfrac{1}{2}[f(\pi^-)+f(\pi^+)]=\dfrac{1}{2}[-\pi+0]=-\dfrac{\pi}{2}$

20. C. 解答如下：

$x=\pi$ 处 $f(x)$ 收敛于：$\dfrac{1}{2}[f(\pi^-)+f(\pi^+)]=\dfrac{1}{2}[2+\pi^2-2]=\dfrac{\pi^2}{2}$

五、第五节 常微分方程

1. A   2. B   3. D   4. A   5. A   6. D   7. B   8. B   9. C   10. A
11. B   12. C   13. C   14. C   15. B   16. A

1. A. 解答如下：

将 $x=1$ 代入选项验算，可知 D 项不对。

令 $x=e^t$，$t=\ln x$，则原微分方程为：$e^t\dfrac{\dfrac{\mathrm{d}y}{\mathrm{d}t}}{\dfrac{\mathrm{d}x}{\mathrm{d}t}}-y\ln y=0$

即 $\frac{dy}{y\ln y}=dt$，两边积分则有：$\int \frac{d(\ln y)}{\ln y}=\int dt$

$\ln(\ln y)=t+\ln c=\ln x+\ln c$，即 $y=e^{cx}$

又 $y|_{x=1}=e^2$，所以 $c=2$

所以解是 $y=e^{2x}$

2. B. 解答如下：

由条件知 $r=0$，0，1，1 为所求齐次线性微分方程对应的特征方程的 4 个根，而 $(r-1)^2 \cdot r^2 = r^4-2r^3+r^2$，故选 B。

3. D. 解答如下：

将初始条件代入四个选项验算，A、C 不满足方程，故 A、C 不对。

对 B 项，$y=e^{\sin x}$ 代入方程，左边 $=e^{\sin x}\cos x\sin x$，右边 $=e^{\sin x}\sin x$，左边 $\neq$ 右边，故 B 不对。所以选 D。

4. A. 解答如下：

令 $y'=p$，原方程变为：$xp'+p=0$，$\frac{xdp}{dx}=-p$，$\frac{dp}{p}=-\frac{dx}{x}$ 两边积分得：$\ln|p|=-\ln(x)+\ln(c_1)$

即 $p=\frac{c_1}{x}$，$\frac{dy}{dx}=\frac{c_1}{x}$，所以有：

$$\int dy=\int \frac{c_1}{x}dx, \quad y=c_1\ln x+c_2$$

5. A. 解答如下：

方程对应的特征根方程为：$r^2-2r+1=0$，$r_1=r_2=1$

所以，齐次线性方程的通解为 $y=(c_1+c_2x)e^x$

故所给方程的通解为：$y=(c_1+c_2x)e^x+x+8$

6. D. 解答如下：

方程对应的齐次方程特征根方程：$r^2-5r+6=0$，$r_1=2$，$r_2=3$，又由于 $\lambda=2$ 是单根，故特解 $y^*=(a_0x+a_1)xe^{2x}$

7. B. 解答如下：

方程对应齐次方程的特征根方程为：$r^2-1=0$，$r=\pm 1$，该微分方程视为 $\begin{cases} y''-y=e^x \cdots\cdots(1) \\ y''-y=1 \cdots\cdots(2) \end{cases}$ 的线性叠加，

对于(1)有：$y_1^*=Q_m(x)\cdot x^k\cdot e^{\lambda x}$

因 $\lambda=1$，对应的 $k=1$，由条件知 $y_1^*=c_1xe^x$

对于(2)有：$y_2^*=Q_m(x)\cdot x^k e^{\lambda x}$

因 $\lambda=0$，对应的 $k=0$，由条件知 $y_2^*=C_2x^0e^{0x}=C_2$

所以 $y^*=y_1^*+y_2^*=c_1xe^x+c_2$

8. B. 解答如下：

齐次方程的特征根方程为：$r^2+1=0$，$r=\pm i$，即 $\alpha=0$，$\beta=1$

所以齐次方程的通解为：$y=(c_1\sin x+c_2\cos x)e^{0x}=c_1\sin x+c_2\cos x$

故非齐次方程的通解为：$y=c_1\sin x+c_2\cos x-\sin^2 x$

9. C. 解答如下：
$$y'' = \frac{dy'}{dx} = \frac{dp}{dx} = \frac{dp}{dy} \cdot \frac{dy}{dx} = p \cdot \frac{dp}{dy}$$

10. A. 解答如下：
$$y'' = \frac{dy'}{dx} = \frac{dp}{dx} = p'$$

11. B. 解答如下：

原方程变形为：$\frac{dy}{y} = \frac{dx}{x}$。两边积分有：$\ln|y| = \ln|x| + \ln|c|$

即 $y = cx$

12. C. 解答如下：

齐次方程的特征根方程为：$r^2 + 2r + 5 = 0$，$r_{1,2} = 1 \pm 2i$

所以 $\alpha = -1$，$\beta = 2$，该齐次线性微分方程的通解为：
$$y = (c_1 \cos 2x + c_2 \sin 2x) e^{-x}。$$

13. C. 解答如下：

由条件知：$y_1 - y_3$、$y_2 - y_3$ 为二阶齐次线性方程的一个特解。

又因为 y_1、y_2、y_3 线性无关，故 $y_1 - y_3$ 与 $y_2 - y_3$ 也线性无关。

所以 $y'' + p(x)y' + q(x)y = 0$ 的通解为：$y = c_1(y_1 - y_3) + c_2(y_2 - y_3)$

则非齐次线性方程的通解为 $y = c_1(y_1 - y_3) + c_2(y_2 - y_3) + y^*$

又 $y^* = y_3$，所以有：$y = c_1(y_1 - y_3) + c_2(y_2 - y_3) + y_3$

即：$y = c_1 y_1 + c_2 y_2 + (1 - c_1 - c_2) y_3$

14. C. 解答如下：

令 $y'' = p$，原方程变形为：$p'' - 2p' + 5p = 0$

其特征方程为：$r^2 - 2r + 5 = 0$，$r = 1 \pm 2i$，$\alpha = 1$，$\beta = 2$

故该方程的通解为：$p(y) = e^x(c_3 \cos 2x + c_4 \sin 2x)$

所以原方程的通解为：$y = c_1 + c_2 x + e^x(c_3 \cos 2x + c_4 \sin 2x)$

15. B. 解答如下：

令 $x = e^t$，$t = \ln x$，则 $y' = \frac{dy}{dx} = \frac{1}{x} \cdot \frac{dy}{dt}$，$y'' = \frac{d(y')}{dx} = \frac{d\left(\frac{1}{x}\frac{dy}{dt}\right)}{dx} = \frac{1}{x^2}\left(\frac{d^2 y}{dt^2} - \frac{dy}{dt}\right)$

原方程变形为：$\frac{d^2 y}{dt^2} - \frac{dy}{dt} + \frac{dy}{dt} - y = 0$

即 $\frac{d^2 y}{dt^2} - y = 0$

其对应的特征根方程为：$r^2 - 1 = 0$，$r_{1,2} = \pm 1$

该方程的通解为：$y = c_1 e^t + c_2 e^{-t}$

代入 $x = e^t$；即有：$y = c_1 x + c_2 \frac{1}{x}$

16. A. 解答如下：

齐次方程对应的特征根方程为：$r^2 + 2r + 1 = 0$，$r_1 = -1$，$r_2 = -1$

该齐次方程的通解为：$y=(c_1+c_2x)e^{-x}$

由条件，将点 $M(0,4)$ 代入上式，$c_1=4$，即 $y=(4+c_2x)e^{-x}$

对上式求导：$y'=(c_2-4-c_2x)e^{-x}$ 且 $y'(0)=-2$

解之得：$c_2=2$

所以曲线 $y=(4+2x)e^{-x}=2(2+x)e^{-x}$。

六、第六节 概率与数理统计

1. C 2. B 3. D 4. B 5. B 6. A 7. C 8. D 9. B 10. B
11. D 12. C 13. D 14. C 15. B 16. C 17. B 18. C 19. D 20. D
21. B 22. C 23. B 24. C 25. C 26. C 27. D 28. C

1. C. 解答如下：
$$P(A+B)=P(A)+P(B)-P(AB)=P(A)+P(B)-P(A)P(B)$$

即 $0.6=0.2+P(B)-0.2 \cdot P(B)$

所以 $P(B)=0.5$

2. B. 解答如下：
$$P(\bar{A}\bar{B})=P(\overline{A\cup B})=1-P(A\cup B)=1-[P(A)+P(B)-P(AB)]$$

整理得：$P(A)+P(B)=1$，故 $P(B)=1-P(A)=\dfrac{1}{3}$

3. D. 解答如下：

由事件独立性的定义，有：$P(AB)=P(A) \cdot P(B)$。

4. B. 解答如下：

因为 $(A-B)+B=A\bar{B}\cup B=(A\cup B)(\bar{B}\cup B)=(A\cup B)\Omega=A+B$

5. B. 解答如下：

设 A 为"2次重复试验中至少失败一次"；

则 $\bar{A}$ 为"2次重复试验中均成功"，

所以 $P(A)=1-P(\bar{A})=1-C_2^2(0.8)^2(1-0.8)^{2-2}=1-0.8^2=0.36$

6. A. 解答如下：

设 $A_i=$"第 i 次抽得次品"，则由全概率公式，得：
$$P(A_2)=P(A_1) \cdot P(A_2|A_1)+P(\bar{A}_1) \cdot P(A_2|\bar{A}_1)=\dfrac{2}{10} \cdot \dfrac{1}{9}+\dfrac{8}{10} \cdot \dfrac{2}{9}=\dfrac{1}{5}$$

7. C. 解答如下：

一个人也未能中奖的概率为：$P(\bar{A})=\dfrac{C_{n-m}^k}{C_n^k}$

则：$P(A)=1-P(\bar{A})=1-\dfrac{C_{n-m}^k}{C_n^k}$

8. D. 解答如下：

设 $A=$"至少击中3次"，由二项概率公式有：
$$P(A)=P(3)+P(4)=C_4^3(0.8)^3(1-0.8)^1+C_4^4(0.8)^4(1-0.8)^0=0.8192$$

9. B. 解答如下：
$$P(A)=\dfrac{C_6^2}{C_{10}^2}=\dfrac{15}{45}=\dfrac{1}{3}$$

10. B. 解答如下：

设 A ＝"抽到甲袋"，B ＝"抽取的 2 只球都是黑球"，由全概率公式：

$$P(B)=P(A)P(B\mid A)+P(\overline{A})P(B\mid \overline{A})=\frac{1}{2}\cdot\frac{C_3^2}{C_7^2}+\frac{1}{2}\cdot\frac{C_4^2}{C_6^2}=\frac{3}{42}+\frac{1}{5}=\frac{19}{70}$$

11. D. 解答如下：

$$F(\sqrt{2})=P(x<\sqrt{2})=0.15+0.15+0.1=0.4$$

12. C. 解答如下：

要使 $t^2+xt+1=0$ 无实根，则：$x^2-4<0$，$-2<x<2$。

又 x 在[1，5]上服从均匀分布，$F(x)=\begin{cases}0, & x\leqslant 1\\ \dfrac{x-1}{4}, & 1<x\leqslant 5\\ 1 & x>5\end{cases}$

所以 $P(-2<x<2)=\dfrac{2-1}{4}-0=\dfrac{1}{4}$

13. D. 解答如下：

$$D(4X-Y)=D(4X)+D(Y)=4^2D(X)+D(Y)=16\times 2+4=36$$

14. C. 解答如下：

$$p(x)=F'(x)=\begin{cases}0, & x<0\\ 2x, & 0\leqslant x<2\\ 0, & x>2\end{cases}$$

则 $$E(X)=\int_{-\infty}^{+\infty}xp(x)\mathrm{d}x=\int_0^2 x\cdot 2x\mathrm{d}x=\left[\dfrac{2}{3}x^3\right]_0^2=\dfrac{16}{3}$$

15. B. 解答如下：

$$p(x)=F'(x)=\begin{cases}0, & x<0\\ 3x^2, & 0\leqslant x\leqslant 1\\ 0, & x>1\end{cases}$$

所以 $$E(X)=\int_{-\infty}^{+\infty}xp(x)\mathrm{d}x=\int_0^1 x\cdot 3x^2\mathrm{d}x=\int_0^1 3x^3\mathrm{d}x$$

16. C. 解答如下：

因为 $\int_{-\infty}^{+\infty}p(x)\mathrm{d}x=\lim\limits_{y\to+\infty}\int_{-\infty}^y p(x)\mathrm{d}x=\lim\limits_{y\to+\infty}F(y)=1$；或由定义直接得到。

17. B. 解答如下：

由于 $\int_{-\infty}^{+\infty}p(x)\mathrm{d}x=\int_0^{+\infty}-k\mathrm{e}^{-4x}\mathrm{d}x=\dfrac{k}{4}[\mathrm{e}^{-4x}]_0^{+\infty}=-\dfrac{k}{4}=1$

所以 $k=-4$

18. C. 解答如下：

因为 $p(x)$ 为偶函数，$\int_{-\infty}^0 p(x)\mathrm{d}x=\int_0^{+\infty}p(x)\mathrm{d}x$

故 $\int_{-\infty}^{+\infty}p(x)\mathrm{d}x=2\int_0^{+\infty}p(x)\mathrm{d}x=1$，即 $\int_0^{+\infty}p(x)\mathrm{d}x=\int_{-\infty}^0 p(x)\mathrm{d}x=\dfrac{1}{2}$

又 $F(-a)=\int_{-\infty}^{-a}p(x)\mathrm{d}x=\int_{-\infty}^0 p(x)\mathrm{d}x-\int_{-a}^0 p(x)\mathrm{d}x$

$$= \frac{1}{2} - \int_{-a}^{0} p(x) \mathrm{d}x \xrightarrow{\diamondsuit x = -t} \frac{1}{2} - \int_{a}^{0} p(-t) d(-t)$$

$$= \frac{1}{2} - \int_{0}^{a} p(x) \mathrm{d}x$$

19. D. 解答如下：
由概率定义：
$$P(|X-E(X)|<4) = 1 - P(|X-E(X)| \geqslant 4) = 1 - \frac{1}{8} = \frac{7}{8}$$

20. D. 解答如下：
$$D(-3X+1) = (-3)^2 D(X)$$

又 x 服从指数分布，故 $D(X) = \frac{1}{\lambda^2} = \frac{1}{4}$

所以 $D(-3X+1) = 9D(X) = 9 \times \frac{1}{4} = \frac{9}{4}$

21. B. 解答如下：
因 x 服从二项分布，故 $E(X) = np$，$D(X) = npq = np(1-q)$
即：$np = 2.4$，$np(1-q) = 1.44$
所以 $n = 6$，$p = 0.4$

22. C. 解答如下：
因为 $p = P(x \leqslant u - 4) = F(u-4) = \Phi\left(\frac{u-4-u}{4}\right) = \Phi(-1)$

$q = P(y \geqslant u+5) = 1 - P(y < u+5) = 1 - F(u+5)$

$= 1 - \Phi\left(\frac{u+5-u}{5}\right) = 1 - \Phi(1) = \Phi(-1)$

所以 $p = q = \Phi(-1)$

23. B. 解答如下：
$$P(x \leqslant 4\sigma + u) = F(4\sigma + u) = \Phi\left(\frac{4\sigma + u - u}{\sigma}\right) = \Phi(4) = 常数$$

24. C. 解答如下：

由正态分布的性质，$X \sim N(\mu, \sigma^2)$，则 $\overline{X} \sim N\left(\mu, \frac{\sigma^2}{n}\right)$

故 $\overline{X} \sim N(200, 20)$。

25. C. 解答如下：

由 t 分布性质有：$\dfrac{\overline{x} - u}{\dfrac{s}{\sqrt{n}}} \sim t(n-1)$，

所以选 C。

26. C. 解答如下：

由 χ^2 分布的定义，$X^2 = \sum\limits_{i=1}^{n} x_i^2$ 服从自由度为 n 的 χ^2 分布。

27. D. 解答如下：

$$E\left(\frac{1}{n}\sum_{i=1}^{n}(x_i-\overline{x})^2\right)=E\left(\frac{n-1}{n}\cdot\frac{1}{n-1}\sum_{i=1}^{n}(x_i-\overline{x})^2\right)$$
$$=E\left(\frac{n-1}{n}\cdot S^2\right)=\frac{n-1}{n}E(S^2)=\frac{n-1}{n}\sigma^2$$

28. C. 解答如下：

因为 $E\left[\frac{1}{n}\sum_{i=1}^{n}(x_i-\overline{x})^2\right]=\frac{n-1}{n}\sigma^2$

则 $E\left[\frac{1}{n-1}\cdot\frac{n-1}{n}\sum_{i=1}^{n}(x_i-\overline{x})^2\right]=\frac{n-1}{n}E\left[\frac{1}{n-1}\sum_{i=1}^{n}(x_i-\overline{x})^2\right]=\frac{n-1}{n}\sigma^2$

即 $\frac{n-1}{n}\cdot E(S^2)=\frac{n-1}{n}\cdot\sigma^2$，$E(S^2)=\sigma^2=5$

七、第七节　线性代数

1. D　2. A　3. C　4. C　5. B　6. C　7. D　8. B　9. A　10. C
11. A　12. B　13. A　14. C　15. C　16. B　17. D

1. D. 解答如下：
$$|-2A|=(-2)^4|A|=2^4\cdot 2=2^5$$

2. A. 解答如下：
因为 $|AB|=|A||B|=0$，所以 $|A|=0$ 或 $|B|=0$，
即有 A、B 中至少有一个为奇异阵，故选 A。

3. C. 解答如下：
因为方阵 A 可逆的充分必要条件是 A 的特征值全不为 0，故选 C。

4. C. 解答如下：
因为 $\varphi(\lambda)=\lambda^2-2\lambda+1$，因此 $A^2-2A+E=\varphi(A)$ 必有特征值 $\varphi(3)=3^2-2\times 3+1=4$

5. B. 解答如下：
因为 $A^{-1}=\frac{1}{|A|}\cdot A^*$，$A^*=|A|A^{-1}=-2A^{-1}$

又 $|A|=-2$，故 $|A^{-1}|=(-2)^{-1}=-\frac{1}{2}$，所以 $|A^*|=(-2)^5|A^{-1}|=16$

故选 B。

6. C. 解答如下：
因为 $ABC=E$，故 $AB=C^{-1}$
则：$CAB=C(AB)=C\cdot C^{-1}=E$，故选 C。

7. D. 解答如下：
由于 A 为可逆矩阵，$AA^*=|A|E$，则 $A^{-1}(AA^*)=A^{-1}(|A|E)$
$(A^{-1}A)A^*=|A|(A^{-1}E)$　　所以 $A^*=|A|A^{-1}$
而 $(-A)^*=|-A|(-A)^{-1}=(-1)^n|A|\frac{1}{(-1)}A^{-1}=(-1)^{n-1}|A|A^{-1}$
所以 $(-A)^*=(-1)^{n-1}\cdot A^*$

8. B. 解答如下：
令 $B=\begin{bmatrix}2&5\\1&3\end{bmatrix}$，$C=\begin{bmatrix}4&-6\\2&1\end{bmatrix}$

$(BC) = \begin{bmatrix} 2 & 5 & 4 & -6 \\ 1 & 3 & 2 & 1 \end{bmatrix} \underbrace{r_2 \times 2}_{} \begin{bmatrix} 2 & 5 & 4 & -6 \\ 2 & 6 & 4 & 2 \end{bmatrix} \underbrace{r_2 - r_1}_{} \begin{bmatrix} 2 & 5 & 4 & -6 \\ 0 & 1 & 0 & 8 \end{bmatrix}$

$\underbrace{r_1 - 5r_2}_{} \begin{bmatrix} 2 & 0 & 4 & -46 \\ 0 & 1 & 0 & 8 \end{bmatrix} \underbrace{r_1 \times \frac{1}{2}}_{} \begin{bmatrix} 1 & 0 & 2 & -23 \\ 0 & 1 & 0 & 8 \end{bmatrix}$

9. A. 解答如下:

由正交矩阵有: $AA'=E$, $|AA'|=|A|\cdot|A'|=|A|^2=|E|=1$, 即 $|A|=\pm1$。故 $|A|\neq0$, A 有可逆阵 A^{-1}, 所以 $A^{-1}(AA')=A^{-1}E$

即 $(A^{-1}A)A'=A^{-1}$, $A'=A^{-1}$, 故选 A。

10. C. 解答如下:

由条件知, $\begin{bmatrix} t & 1 & 1 \\ 1 & t & 1 \\ 1 & 1 & t \end{bmatrix}$ 的秩为 2,

则 $\begin{vmatrix} t & 1 & 1 \\ 1 & t & 1 \\ 1 & 1 & t \end{vmatrix} = (t-1)^2(t+2) = 0$, 解之得: $t=1$ 或 -2

又当 $t=1$ 时, $\begin{bmatrix} 1 & 1 & 1 \\ 1 & 1 & 1 \\ 1 & 1 & 1 \end{bmatrix}$ 的秩为 1, 不满足要求, 舍去, 故 $t=-2$。

11. A. 解答如下:

因为 $A^k = P\Lambda^k P^{-1}$, 且 $P^{-1} = P = E$

所以 $A^5 = E\Lambda^5 E^{-1} = \Lambda^5$, $|A^5| = \begin{vmatrix} (-1)^5 & 0 \\ 0 & 4^5 \end{vmatrix} = -2^{10}$

12. B. 解答如下:

因为 A 与 Λ 相似, 所以 4, 2, 已为它的特征值。

又因 $|A-\lambda E| = \begin{vmatrix} 2-\lambda & 0 & 0 \\ 0 & 3-\lambda & 1 \\ 0 & 1 & x-\lambda \end{vmatrix} = (2-\lambda)[(3-\lambda)\cdot(x-\lambda)-1] = 0$

将 $\lambda=4$ 代入, $(-2)\cdot(-x+3)=0$, $x=3$

13. A. 解答如下:

$|A-\lambda E| = \begin{vmatrix} 1-\lambda & 2 & 3 \\ 2 & 1-\lambda & 3 \\ 3 & 3 & 6-\lambda \end{vmatrix} = -(1+\lambda)(\lambda^2-9\lambda) = 0$

解之得: $\lambda=9, -1, 0$。

14. C. 解答如下:

因 B 为 $m\times n$ 矩阵, 且 $n<m$, 由 $AB=E$ 及矩阵秩的定义知, $r(B)\leq n$, 又 $r(B)\geq r(AB)=r(E)=n$

所以, $r(B)=n$, 即列向量组线性无关。

15. C. 解答如下：

因为 $\pmb{\alpha}$、$\pmb{\beta}$、$\pmb{\gamma}$、$\pmb{\xi}$ 线性相关，故 $|A|=0$。

16. B. 解答如下：

将 A、C、D 代入(1)或(2)验证，均正确。如 C 项，
$$A(\pmb{\xi}_1+\pmb{\eta}_1)=A\pmb{\xi}_1+A\pmb{\eta}_1=0+b=b。$$

17. D. 解答如下：

$$B=\begin{bmatrix} 0 & 2\lambda+1 & 2 & 2 \\ \lambda & \lambda & 2\lambda+1 & 0 \\ 1 & \lambda^2+1 & 2 & \lambda \end{bmatrix} \xrightarrow[r_3-r_1]{r_2-r_1\cdot\lambda} \begin{bmatrix} 1 & 2\lambda+1 & 2 & 2 \\ 0 & -2\lambda^2 & 1 & -2\lambda \\ 0 & \lambda^2-2\lambda & 0 & \lambda-2 \end{bmatrix}$$

所以当 $\lambda=1$，$\lambda=3$ 时，$R(A)=3$，方程组有惟一解。

第二章 普 通 物 理

第一节 热 学

一、《考试大纲》的规定

气体状态参量；平衡态；理想气体状态方程；理想气体的压强和温度的统计解释；自由度；能量按自由度均分原理；理想气体内能；平均碰撞频率和平均自由程；麦克斯韦速率分布律；方均根速率；平均速率；最概然速率；功；热量；内能；热力学第一定律及其对理想气体等值过程的应用；绝热过程；气体的摩尔热容量；循环过程；卡诺循环；热机效率；净功；制冷系数；热力学第二定律及其统计意义；可逆过程和不可逆过程。

二、重点内容

1. 气体状态参量与平衡态

热力学系统在条件不变的情况下，宏观性质(指压强、温度、体积)不随时间变化的那个状态称为气体处于平衡状态。如果在状态变化过程(简称过程)所经历的所有中间状态都无限接近平衡状态，这个过程称为准静态过程(或平衡过程)。

气体状态参量，如体积 V、温度 T、压强 p。状态量(如 p、V、T)的函数称为状态函数(如内能 E、熵 S 等)。

2. 理想气体状态方程

$$\frac{p_1 V_1}{T_1} = \frac{p_2 V_2}{T_2} = 恒量$$

$$pV = \frac{m}{M} RT$$

$$p = nKT$$

$$n = \frac{N}{V}$$

其中 $R = 8.31 \text{J} \cdot \text{K}^{-1} \cdot \text{mol}^{-1}$ 称为摩尔气体普适常数；n 表示单位体积中分子数(或称分子数密度)；$K = \frac{R}{N_A} = 1.38 \times 10^{-23} \text{J} \cdot \text{K}^{-1}$ 称为玻耳兹曼常数；$N_A = 6.022 \times 10^{23} \text{mol}^{-1}$ 表示一摩尔气体的分子数，称为阿伏伽德罗常数。

3. 理想气体的压强和温度的统计解释

(1)压强

$$p = \frac{2}{3} n \bar{\varepsilon}_{kt}$$

其中 n 为单位体积中分子数，$\bar{\varepsilon}_{kt} = \frac{1}{2} \mu \bar{v}^2$ 为一个分子的平均平动动能。气体压强 p 是

一个统计平均值，是对时间、对大量气体分子、对面积统计平均的结果。

(2)温度

$$\bar{\varepsilon}_{kt} = \frac{3}{2}KT$$

气体温度 T 的统计意义，温度是气体分子平均平动动能的量度。

4. 能量按自由度均分原理与气体内能

气体分子作无规则热运动时，向各个方向运动的机会是均等的，则可认为分子的平均平动动能 $\frac{3}{2}KT$ 是均匀地分配在每一个平动自由度上，即每个平动自由度的能量为 $\frac{1}{2}KT$，将此推广到分子的转动和振动，并且相应于每一个自由度的平均动能都应相等，其值等于 $\frac{1}{2}KT$。气体分子能量按此分配的原理，称之为能量按自由度均分原理。

每一个分子的总平均动能 ε：$\varepsilon = \frac{i}{2}KT$

一摩尔理想气体分子的内能为：$E = N_A \cdot \frac{i}{2}KT = \frac{i}{2}RT$

$\frac{m}{M}$ 摩尔理想气体分子的内能为：$E = \frac{m}{M}\frac{i}{2}RT$

需注意的是气体的内能是一个宏观量，内能完全取决于系统的绝对温度 T，而与体积和压强无关。

5. 平均碰撞次数和平均自由程

平均碰撞次数 $\bar{Z}$：$\bar{Z} = \sqrt{2}\pi d^2 \bar{v} n$

其中 n 为单位体积内气体分子数(或分子数密度)。

平均自由程 $\bar{\lambda}$：$\bar{\lambda} = \frac{\bar{v}}{\bar{Z}} = \frac{1}{\sqrt{2}\pi d^2 n} = \frac{KT}{\sqrt{2}\pi d^2 p}$

由上式可知，分子的平均自由程与压强 p 成反比。

6. 麦克斯韦速率分布律

(1)麦克斯韦速率分布函数：$f(v) = \lim\limits_{\Delta v \to 0}\frac{\Delta N}{N_0 \Delta v} = \frac{\mathrm{d}N}{N_0 \mathrm{d}v}$

$f(v)$ 的物理意义是在速率 v 附近的单位速率区间内的分子分布的几率。

需注意下列各量的意义：

N_0：一定质量的理想气体当处于温度为 T 的平衡态时的分子总数；

$\Delta N_i = N_0 f(v) \Delta v$：表示速率分布在区间 $v \to v + \Delta v$ 内的分子数；

$\frac{\Delta N_i}{N_0} = f(v)\Delta v$：表示分子速率分布在 $v_i \to v_i + \Delta v$ 区间内的分子数占总分子数的百分数，或一个分子速率分布在 $v_i \to v_i + \Delta v$ 区间的几率。

$\frac{\Delta N_i}{N_0 \Delta v} = f(v)$：表示分子速率分布在 v_i 附近单位速率区间内的分子数占总分子数的百分数，或一个分子速率分布的几率密度。

(2)麦克斯韦速率分布曲线

分布函数 $f(v)$ 用图线表示，见图 2-1-1。

$$\int_0^\infty f(v)\mathrm{d}v = \int_0^{N_0} \frac{\mathrm{d}N}{N_0} = 1 \quad \text{（归一化条件）}$$

$$f(v)\cdot \mathrm{d}v = \frac{\mathrm{d}N}{N_0\mathrm{d}v}\cdot \mathrm{d}v = \frac{\mathrm{d}N}{N_0} \quad \text{（小矩形面积）}$$

$$\Delta N = \int_{v_1}^{v_2} N_0 f(v)\mathrm{d}N \quad \text{（速率在 } v_1 \to v_2 \text{ 区间的分子数）}$$

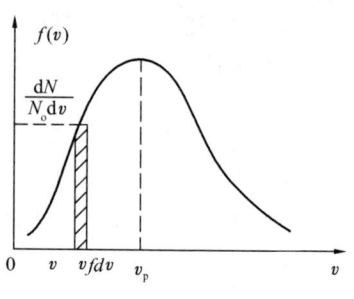

图 2-1-1

在图 2-1-1 中，v_p 为最可几速率，对应于 $f(v)$ 曲线极大值处。v_p 表示在相同的速率区间内，气体分子速率在 v_p 附近的几率最大。需注意的是 v_p 不是速率的极大值。

最可几速率 v_p：$v_p = \sqrt{\dfrac{2KT}{\mu}} = \sqrt{\dfrac{2RT}{M}}$

算术平均速率 $\bar{v}$：$\bar{v} = \int_0^\infty vf(v)\mathrm{d}v$

$$\bar{v} = \sqrt{\frac{8KT}{\pi\mu}} = \sqrt{\frac{8RT}{\pi M}}$$

方均根速率 $\sqrt{\overline{v^2}}$：$\overline{v^2} = \int_0^\infty v^2 f(v)\mathrm{d}v$

$$\sqrt{\overline{v^2}} = \sqrt{\frac{3KT}{\mu}} = \sqrt{\frac{3RT}{M}}$$

显然当同种气体处于同一温度时，有 $\sqrt{\overline{v^2}} > \bar{v} > v_p$。

7. 功、热量与内能

(1) 内能及其变化

$$\Delta E = E_2 - E_1 = \frac{m}{M}\frac{i}{2}R(T_2 - T_1)$$

显然内能增量与所经历的过程无关，只与温度有关。

(2) 功和热量

功和热量是过程量，是系统内能变化的量度。两者的区别是，做功是通过物体作宏观位移来完成的，而传递热量则是通过分子杂乱无章运动和碰撞来实现的；功可以全部变化为热量，但热却不能通过一个循环全部转变为功。

8. 热力学第一定律及其应用

对有限过程：$Q = (E_2 - E_1) + A$

对微小变化过程：$\mathrm{d}Q = \mathrm{d}E + A$

其中，系统吸热，Q 为正值；系统放热，Q 为负值；

系统对外做功，A 为正值；外界对系统做功，A 为负值；

系统内能增加，内能增量 ΔE 为正值；反之为负值。

平衡过程的内能增量计算：$\Delta E = \dfrac{m}{M}\dfrac{i}{2}R\Delta T$

平衡过程的气体压力做功计算：$A = \displaystyle\int_{V_1}^{V_2} p\mathrm{d}V$

平衡过程的热量计算：$Q = (E_2 - E_1) + \displaystyle\int_{V_1}^{V_2} p\mathrm{d}V$

(1)等容过程与定容摩尔热容量

等容过程的特征：$dV=0$，则 $A=\int_{V_1}^{V_2}dV=0$。

$$Q_V=E_2-E_1=\frac{m}{M}\frac{i}{2}R\Delta T=\frac{m}{M}C_V\Delta T$$

其中 $C_V=\frac{i}{2}R$ 称为定容摩尔热容量。

(2)等压过程与定压摩尔热容量

等压过程中的功 A：$A=\int_{V_1}^{V_2}pdV=p(V_2-V_1)=\frac{m}{M}R(T_2-T_1)$

等压过程中的内能增量 ΔE：$\Delta E=\frac{m}{M}C_V(T_2-T_1)$

$$Q_p=\Delta E+A=\frac{m}{M}C_V(T_2-T_1)+\frac{m}{M}R(T_2-T_1)=\frac{m}{M}C_p\Delta T$$

其中 $C_p=C_V+R$ 称为定压摩尔热容量；

$$\gamma=\frac{C_p}{C_V}=\frac{i+2}{i} \text{称为比热容比。}$$

(3)等温过程

等温过程中的内能增量 ΔE：$\Delta E=0$

等温过程中的功 A：$A=\int_{V_1}^{V_2}pdV=\frac{m}{M}RT\int_{V_1}^{V_2}\frac{dV}{V}=\frac{m}{M}RT\ln\frac{V_2}{V_1}$

$$Q_T=\Delta E+A=\frac{m}{M}RT\ln\frac{V_2}{V_1}=\frac{m}{M}RT\ln\frac{p_1}{p_2}$$

(4)绝热过程

$pV^\gamma=$恒量1，$V^{\gamma-1}T=$恒量2，$p^{\gamma-1}T^{-1}=$恒量3，绝热过程中的 dQ 为零，则：$0=\Delta E+A=\Delta E+\int_{V_1}^{V_2}pdV$

绝热过程中的功 A：$\qquad A=-\Delta E=-\frac{m}{M}C_V(T_2-T_1)$

或 $\qquad A=\int_{V_1}^{V_2}pdV$

当取 $pV^\gamma=C$(恒量) 时，$A=\int_{V_1}^{V_2}\frac{C}{V^\gamma}dV=\frac{p_1V_1-p_2V_2}{\gamma-1}$

9. 循环过程和热机效率

循环过程在 $p-V$ 图上是一条封闭曲线。正循环为一顺时针绕向的封闭曲线，即不断将吸收的热量通过工作物质转变为功的过程。如热机属于正循环。

$$Q_{净}=A_{净}$$
$$Q_{净}=\Sigma Q=\text{总吸热}-\text{总放热}$$

其中 $Q_{净}$ 表示循环过程中净吸收的热量；$A_{净}$，在 $p-V$ 图上，其值等于循环曲线所包围的面积。

热机效率 η：$\qquad \eta=\frac{A_{净}}{Q_1}=\frac{Q_{净}}{Q_1}=\frac{Q_1-|Q_2|}{Q_1}$

其中 Q_1 表示循环过程中系统在各分过程中吸热的总和；

$|Q_2|$ 表示循环过程中系统在各分过程中放热的总和。

卡诺循环，它是一个理想循环，由两个绝热过程和两个等温过程所组成，其 $\eta_卡$ 为：

$$\eta_卡 = 1 - \frac{Q_2}{Q_1} = 1 - \frac{T_2}{T_1}$$

其中 T_2 表示低温热源的温度；T_1 表示高温热源的温度。

10. 热力学第二定律及其统计意义

(1) 热力学第二定律的表述

开尔文表述：不可能制成一种循环动作的热机，只从单一热源吸取热量，使之完全变为有用功，而其他物体不发生任何变化。克劳修斯表述：热量不可能自动地从低温物体传向高温物体。

(2) 热力学第二定律的统计意义：一般地，一个不受外界影响的封闭系统，其内部发生的过程，总是由几率小的状态向几率大的状态进行；由包含微观状态数目少的宏观状态向包含微观状态数目多的宏观状态进行。

热力学第二定律的实质就是指出一切自发过程进行的不可逆性，即自发过程进行的单向性。

此外，需注意可逆过程都是平衡过程，但平衡过程不一定是可逆过程。

11. 熵

熵是状态量，也是相对量。了解熵差的计算和熵增原理。

(1) 熵差计算。对可逆过程，有：$dS = \dfrac{dQ_{可逆}}{T}$

或

$$S_2 - S_1 = \int_1^2 \frac{dQ_{可逆}}{T}$$

(2) 熵增原理。当系统和外界有能量交换（$dQ \neq 0$）时，熵的变化为：

$$S_2 - S_1 \geqslant \int_1^2 \frac{dQ}{T}$$

其中等号对应可逆过程，大于号对应不可逆过程。

如果系统是封闭系统，此时系统与外界无能量交换（$dQ=0$），则：

$$S_2 \geqslant S_1$$

其中等号对应于可逆过程，大于号对应不可逆过程。

因此，在封闭系统中发生任何不可逆过程导致熵的增加，熵只有对可逆过程才是不变的。这一结论称为熵增原理。它仅适用于封闭系统。

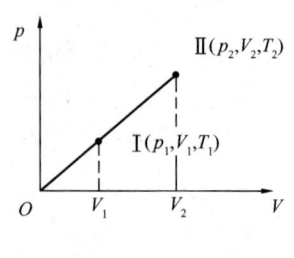

图 2-1-2

三、解题指导

对本节重点内容所列公式和方程，首先注意理解其物理现象，分析其适用条件，然后会灵活运用。如公式和方程之间的变换；其次，注意对比学习各公式和方程。

【例 2-1-1】 1mol 的单原子理想气体，从状态 I（p_1、V_1、T_1）变到状态 II（p_2、V_2、T_2），如图 2-1-2 所示，则此过程中气体对外做功及吸收的热量为（ ）。

A. $A=\frac{1}{2}(p_1+p_2)V_2$, $Q=\frac{3}{2}R(T_2-T_1)+A$

B. $A=\frac{1}{2}(p_1+p_2)(V_2-V_1)$, $Q=\frac{3}{2}R(T_2-T_1)+A$

C. $A=\frac{1}{2}p_2V_2$, $Q=\frac{5}{2}R(T_2-T_1)+A$

D. $A=\frac{1}{2}(p_1+p_2)(V_2-V_1)$, $Q=\frac{1}{2}RT_2+A$

【解】 根据 $A=\int_{V_1}^{V_2}p\mathrm{d}V=S(面积)=\frac{1}{2}(p_1+p_2)(V_2-V_1)$，故 A、C 不对。

又 $\Delta E=\frac{i}{2}R\Delta T=\frac{3}{2}R(T_2-T_1)$

所以 $Q=\Delta E+A=\frac{3}{2}R(T_2-T_1)+A$，故选 B。

【例 2-1-2】 一定量的双原子理想气体，经如图 2-1-3 所示的过程，从状态 $A\to$ 状态 $B\to$ 状态 $C\to$ 状态 A。已知 p_A、p_B、p_C，V_A、V_B、V_C，则由状态 $A\to$ 状态 B 时，其内能的增量及状态 A 时 $\frac{\sqrt{\overline{v^2}}}{v_\mathrm{p}}$ 的比值各应为（　　）。

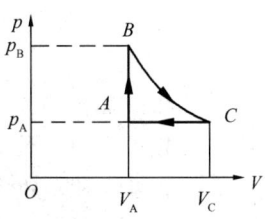

图 2-1-3

A. $\Delta E_{BA}=\frac{3}{2}(p_BV_B-p_AV_A)$，$\frac{\sqrt{\overline{v^2}}}{v_\mathrm{p}}=\sqrt{\frac{2}{3}}$

B. $\Delta E_{BA}=\frac{3}{2}(p_BV_B-p_AV_A)$，$\frac{\sqrt{\overline{v^2}}}{v_\mathrm{p}}=\frac{2}{3}$

C. $\Delta E_{BA}=\frac{5}{2}(p_BV_B-p_AV_A)$，$\frac{\sqrt{\overline{v^2}}}{v_\mathrm{p}}=\sqrt{\frac{3}{2}}$

D. $\Delta E_{BA}=\frac{5}{2}(p_BV_B-p_AV_A)$，$\frac{\sqrt{\overline{v^2}}}{v_\mathrm{p}}=\frac{3}{2}$

【解】 根据 $E=\frac{m}{M}\frac{i}{2}RT$，则 $\Delta E_{BA}=\frac{m}{M}\frac{i}{2}R(T_B-T_A)$

又 $pV=\frac{m}{M}RT$，则 $\Delta E_{BA}=\frac{i}{2}(p_BV_B-p_AV_A)=\frac{5}{2}(p_BV_B-p_AV_A)$

故 A、B 不对，应排除。

又 $\frac{\sqrt{\overline{v^2}}}{v_\mathrm{p}}=\frac{\sqrt{\frac{3RT_A}{M}}}{\sqrt{\frac{2RT_A}{M}}}=\sqrt{\frac{3}{2}}$，故应选 C。

【例 2-1-3】 用下列两种方法：
(1)使高温热源的温度 T_1 升高 ΔT；
(2)使低温热源的温度 T_2 降低同样的 ΔT；
分别可使卡诺循环的效率升高 $\Delta\eta_1$ 和 $\Delta\eta_2$，则两者相比（　　）。
A. $\Delta\eta_1>\Delta\eta_2$ B. $\Delta\eta_2>\Delta\eta_1$
C. $\Delta\eta_1=\Delta\eta_2$ D. 无法确定

【解】 由卡诺循环热机效率公式：$\eta = 1 - \dfrac{T_2}{T_1}$

$$\Delta\eta_1 = \left(1 - \dfrac{T_2}{T_1 + \Delta T}\right) - \left(1 - \dfrac{T_2}{T_1}\right) = \dfrac{\Delta T \cdot T_2}{T_1(T_1 + \Delta T)}$$

因为 $T_2 < T_1$，故 $\Delta\eta_1 < \dfrac{\Delta T}{T_1}$

$$\Delta\eta_2 = \left(1 - \dfrac{T_2 - \Delta T}{T_1}\right) - \left(1 - \dfrac{T_2}{T_1}\right) = \dfrac{\Delta T}{T_1}$$

所以 $\Delta\eta_1 < \Delta\eta_2$，故应选 B。

四、应试题解

1. 分子的平均平动动能，分子的平均动能，分子的平均能量，在一定温度时（　　）。
   A. 三者一定相等　　　　　　　B. 前者相等
   C. 后两者相等　　　　　　　　D. 对单原子理想气体三者相等

2. 温度相同的氦气和氮气，它们的分子平均动能 $\bar{\varepsilon}$ 和平均平动动能 $\bar{\omega}$ 的关系是（　　）。
   A. $\bar{\varepsilon}$ 和 $\bar{\omega}$ 都相等　　　　　B. $\bar{\varepsilon}$ 相等，而 $\bar{\omega}$ 不相等
   C. $\bar{\omega}$ 相等，而 $\bar{\varepsilon}$ 不相等　　　　D. $\bar{\varepsilon}$ 和 $\bar{\omega}$ 都不相等

3. 一瓶氢气和一瓶氧气的密度相同，都处于平衡状态，分子平均平动动能相等，则它们（　　）。
   A. 温度和压强都不相同
   B. 温度相同，压强相等
   C. 温度相同，但氢气的压强大于氧气的压强
   D. 温度相同，但氢气的压强小于氧气的压强

4. 两瓶不同种类的气体，分子平均平动动能相等，但气体密度不同，则（　　）。
   A. 温度相同，压强不等　　　　B. 温度和压强都不相同
   C. 温度和压强都相同　　　　　D. 温度不同，压强相等

5. 体积 $V = 1 \times 10^{-3}$ m³，压强 $p = 1 \times 10^6$ Pa 的气体分子平均平动动能的总和为（　　）J。
   A. 15　　　　B. 15000　　　　C. 1.5×10^{-3}　　　　D. 1.5

6. 若理想气体的体积为 V，压强为 p，温度为 T，一个分子的质量为 m，K 为波耳兹曼常量，R 为摩尔气体常量，则该理想气体的分子数为（　　）。
   A. pV/m　　　　B. $pV/(KT)$　　　　C. $pV/(RT)$　　　　D. $pV/(mT)$

7. 在一密闭器中，储有 A、B、C 三种理想气体，处于平衡态。A 种气体的分子数密度为 n_1，它产生压强 p_1，B 种气体的分子数密度为 $3n_1$，C 种气体的分子数密度为 $4n_1$，则混合气体的压强 p 为（　　）。
   A. $4p_1$　　　　B. $5p_1$　　　　C. $7p_1$　　　　D. $8p_1$

8. 两瓶不同种类的理想气体，它们的温度和压强都相等，但体积不同，则它们的单位体积内的气体分子数 n，单位体积内的气体质量 ρ 之间的关系是（　　）。
   A. n 和 ρ 都不同　　　　　B. n 相同 ρ 不同
   C. n 和 ρ 都相同　　　　　D. n 不同 ρ 相同

9. $f(v)$ 是麦克斯韦分布函数，则 $\int_0^\infty v f(v) \mathrm{d}v$ 表示（　　）。

　　A. 方均根速率　　　　　　　　B. 最可几速率

　　C. 算术平均速率　　　　　　　D. 与速率无关

10. 分布函数 $f(v)$ 的物理意义为（　　）。

　　A. 具有速率 v 的分子数

　　B. 具有速率 v 的分子数占总分子数的百分比

　　C. 速率分布在 v 附近的单位速率间区间内的分子数

　　D. 速率分布在 v 附近的单位速率区间内的分子数占总分子数的百分比

11. 容器中储有氧气，温度为 27℃，则氧分子的均方根速率为（　　）m/s。

　　A. 7.4　　　　B. 15.3　　　　C. 48.4　　　　D. 51.7

12. 气体分子运动的平均速率为 $\bar{v}$，气体分子运动的最可几速率为 v_p，气体分子运动的均方根速率为 $\sqrt{\overline{v^2}}$，处于平衡状态下的理想气体，三种速率的关系为（　　）。

　　A. $\bar{v}=v_p=\sqrt{\overline{v^2}}$　　　　　　B. $\bar{v}=v_p<\sqrt{\overline{v^2}}$

　　C. $v_p<\bar{v}<\sqrt{\overline{v^2}}$　　　　　　D. $\bar{v}<v_p<\sqrt{\overline{v^2}}$

13. 对一定质量的理想气体，在温度 T_1 与 T_2 下所测得的速率分布曲线见图 2-1-4，则 T_1 与 T_2 的关系为（　　）。

　　A. $T_1=T_2$　　　　　　　　　B. $T_1>T_2$

　　C. $T_1<T_2$　　　　　　　　　D. 无法确定

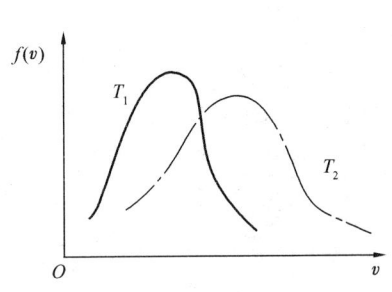

图 2-1-4

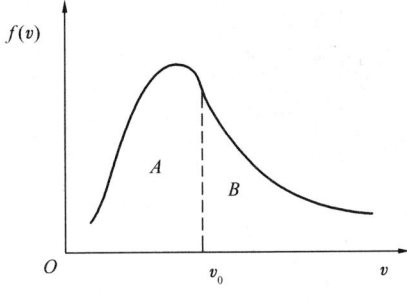

图 2-1-5

14. 图 2-1-5 表示分子速率分布曲线，图中 A、B 两部分面积相等（以 $f(v_0)$ 为界），则它们表示的物理意义是（　　）。

　　A. v_0 为最可几速率

　　B. 速率大于 v_0 的分子数大于速率小于 v_0 的分子数

　　C. v_0 为均方根速率

　　D. 速率大于 v_0 和小于 v_0 的分子数各占总分子数的一半

15. 一定量的理想气体，在温度不变的条件下，当压强降低时，分子的平均碰撞次数 $\bar{Z}$ 和平均自由程 $\bar{\lambda}$ 的变化情况是（　　）。

　　A. $\bar{Z}$ 和 $\bar{\lambda}$ 都增大　　　　　　B. $\bar{Z}$ 和 $\bar{\lambda}$ 都减小

C. $\bar{\lambda}$ 减小而 $\bar{Z}$ 增大　　　　　　D. $\bar{\lambda}$ 增大而 $\bar{Z}$ 减小

16. 一定量的理想气体，在容积不变的条件下，当温度升高时，分子的平均碰撞次数 $\bar{Z}$ 和平均自由程 $\bar{\lambda}$ 的变化情况是（　　）。

A. $\bar{Z}$ 增大，但 $\bar{\lambda}$ 不变　　　　　B. $\bar{Z}$ 不变，但 $\bar{\lambda}$ 减小

C. $\bar{Z}$ 和 $\bar{\lambda}$ 都减小　　　　　　　D. $\bar{Z}$ 和 $\bar{\lambda}$ 都不变

17. 按照 $pV^2 = $ 恒量的规律膨胀的一定量理想气体，在膨胀后理想气体的温度（　　）。

A. 升高　　　　B. 降低　　　　C. 不变　　　　D. 无法确定

18. 1 mol 的单原子分子理想气体从状态 A 变为状态 B，如果不知是什么气体，变化的过程也不知道，但 A、B 两态的压强、体积都知道，则可求出（　　）。

A. 气体所做的功　　　　　　B. 气体内能的变化

C. 气体传给外界的热量　　　　D. 气体的质量

19. 一定量的理想气体向真空做绝热膨胀，在此过程中气体的（　　）。

A. 内能不变，熵减小　　　　　B. 内能不变，熵增加

C. 内能不变，熵不变　　　　　D. 内能增加，熵增加

20. 对于室温下的单原子分子理想气体，在等压膨胀的情况下，系统对外所做的功与从外界吸收的热量之比为（　　）。

A. 1/4　　　　B. 2/7　　　　C. 1/3　　　　D. 2/5

21. 如图 2-1-6 所示，一定量的理想气体，由平衡态 A 变化到平衡态 B($p_A = p_B$)，则无论经过什么过程，系统必然有下列（　　）项变化。

A. 对外做正功　　　　　　　B. 从外界吸热

C. 向外界放热　　　　　　　D. 内能增加

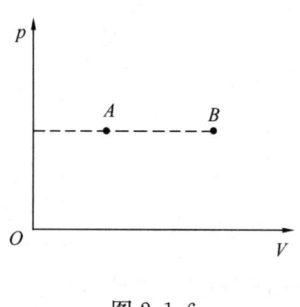

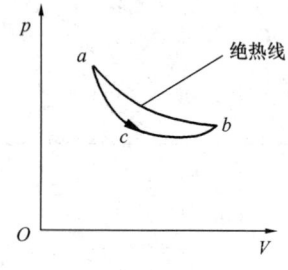

图 2-1-6　　　　　　　　　　　　图 2-1-7

22. 如图 2-1-7 所示的一定量的理想气体，由初态 a 经过 acb 过程到达终态 b，已知 a、b 两态处于同一条绝热线上，下列叙述正确的是（　　）。

A. 内能增量为正，对外做功为正，系统吸热为正

B. 内能增量为负，对外做功为正，系统吸热为正

C. 内能增量为负，对外做功为正，系统吸热为负

D. 不能判断

23. 理想气体经历如图 2-1-8 所示的 abc 平衡过程，则该系统对外做功 A、从外界吸

收的热量 Q 和内能的增量 ΔE 的正负情况是（　　）。

A. $\Delta E>0$，$Q>0$，$A<0$；　　　　B. $\Delta E>0$，$Q>0$，$A>0$；

C. $\Delta E>0$，$Q<0$，$A<0$；　　　　D. $\Delta E<0$，$Q<0$，$A>0$。

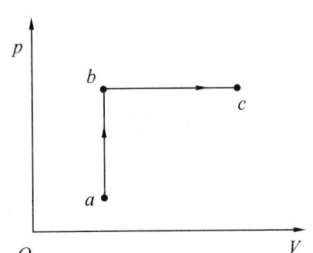

图 2-1-8

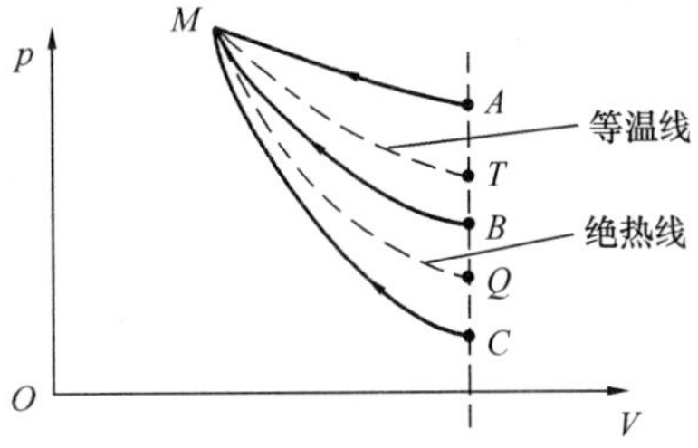

图 2-1-9

24. 图 2-1-9 表示一理想气体几种状态变化过程的 $p-V$ 图，其中 $M-T$ 为等温线，$M-Q$ 为绝热线，在 AM、BM、CM 三种准静态过程中，气体放热的是（　　）。

A. AM 过程　　　　　　　　B. BM 过程

C. CM 过程　　　　　　　　D. AM、BM 过程

25. 一定的理想气体，其状态改变如图 2-1-10 所示，在 $p-V$ 图上沿一直线从平衡态 a 到平衡态 b（直线过原点），这一过程是（　　）。

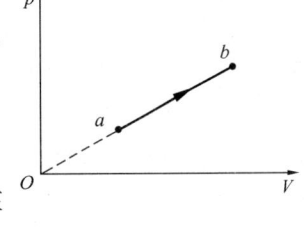

图 2-1-10

A. 等温吸热过程　　　　　　B. 等温放热过程

C. 吸热压缩过程　　　　　　D. 吸热膨胀过程

26. 一定量的理想气体，从状态 A 开始，分别经历等压、等温、绝热三种过程，其体积由 V_1 膨胀到 $2V_1$，其中（　　）。

A. 气体内能增加的是等压过程，气体内能减少的是等温过程

B. 气体内能增加的是绝热过程，气体内能减少的是等压过程

C. 气体内能增加的是等压过程，气体内能减少的是绝热过程

D. 气体内能增加的是绝热过程，气体内能减少的是等温过程

27. 同一种气体定压摩尔热容大于定容摩尔热容，其原因是（　　）。

A. 气体压强不同　　　　　　B. 气体温度变化不同

C. 气体膨胀要做功　　　　　D. 气体质量不同

28. 在相同的低温热源与高温热源之间工作的卡诺循环，循环 1 所包围的面积 S_1 比循环 2 所包围的面积 S_2 小，则其净功 A 与效率 η 的关系是（　　）。

A. $A_1<A_2$，$\eta_1<\eta_2$　　　　　B. $A_1>A_2$，$\eta_1>\eta_2$

C. $A_1<A_2$，$\eta_1=\eta_2$　　　　　D. $A_1>A_2$，$\eta_1=\eta_2$

29. 图 2-1-11 中表示卡诺循环的曲线所包围的面积代表热机在一循环中所做的净功，如果体积膨胀得大些，面积就大，所做的净功就多了，则该热机的效率将（　　）。

A. 降低　　　　B. 提高　　　　C. 不变　　　　D. 无法确定

30. 有两个可逆机分别使用不同的热源作卡诺循环,在 p-V 图上(图 2-1-12)它们的循环曲线所包围的面积相等,但形状不同,则它们对外所做的净功及效率(　　)。

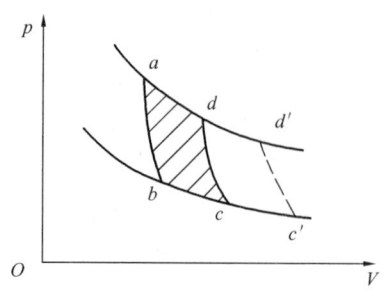

图 2-1-11

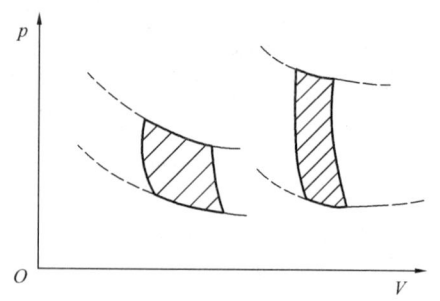

图 2-1-12

A. 相同 　　　　　　　　　　　　B. 不相同
C. 净功相同效率不相同　　　　　　D. 无法确定

31. 两个卡诺热机的循环曲线如图 2-1-13 所示:一个工作在温度为 T_1 与 T_3 的两个热源之间,另一个工作在温度为 T_2 与 T_3 的两个热源之间,已知这个循环曲线所包围的面积相等,由此可知(　　)。

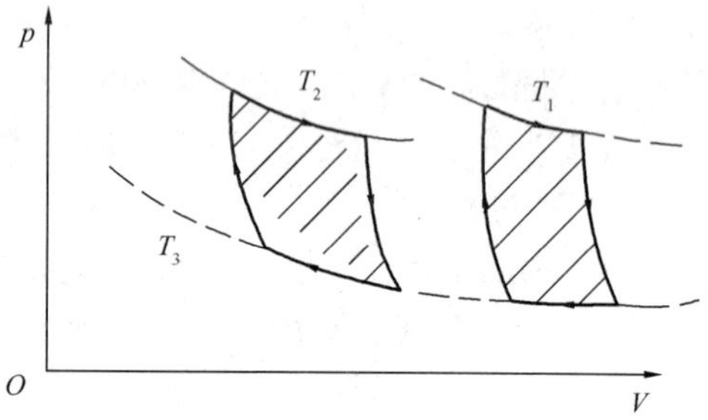

A. 两个热机的效率一定相等
B. 两个热机从高温热源吸收的热量一定相等
C. 两个热机从低温热源吸收的热量一定相等
D. 两个热机吸收的热量与放出的热量的差值一定相等

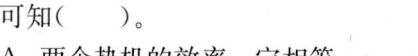

图 2-1-13

32. 用下列两种方法:
(1)使高温热源的温度 T_1 升高 ΔT;
(2)使低温热源的温度 T_2 降低同样的 ΔT 值;
分别可使卡诺循环的效率升高 $\Delta \eta_1$ 和 $\Delta \eta_2$,两者相比(　　)。

A. $\Delta \eta_1 > \Delta \eta_2$ 　　　　　　　　B. $\Delta \eta_2 > \Delta \eta_1$
C. $\Delta \eta_1 = \Delta \eta_2$ 　　　　　　　　D. 无法确定

33. 在热学中,下列说法正确的是(　　)。

A. 内能的改变只决定于始、末两个状态,与所经历的过程无关
B. 摩尔热容量的大小与所经历的过程无关
C. 在物体内,若单位体积内所含热量越多,则其温度越高
D. 以上说法都不对

34. 下列关于可逆过程的判断,正确的是(　　)。

A. 可逆热力学过程一定是准静态过程
B. 准静态过程一定是可逆过程

C. 可逆过程就是能向相反方向进行的过程

D. 凡无摩擦的过程，一定是可逆过程

35. 当气缸中的活塞迅速向外移动从而使气体膨胀时，气体所经历的过程（　　）。

A. 是准静态过程，它能用 p-V 图上一条曲线表示

B. 不是准静态过程，但它能用 p-V 图上一条曲线表示

C. 不是准静态过程，它不能用 p-V 图上一条曲线表示

D. 是准静态过程，但它不能用 p-V 图上一条曲线表示

36. 把 0.5kg 0℃ 的冰放在 20℃ 的热源中，使冰正好全部融化，已知冰的熔解热（C）为 $3.35×10^5$ J/kg，则冰融化成水的熵变以及热源的熵变为（　　）。

A. 613J/K　　　　　　　　　B. 500J/K

C. 683J/K　　　　　　　　　D. 585J/K

37. 设有以下几种过程：

(1) 两种不同气体在等温下相互混合；(2) 理想气体在等容下温度下降；

(3) 液体在等温下压缩；(4) 理想气体在等温下压缩；

(5) 理想气体在绝热下自由膨胀。

以上这些过程中，使系统熵增加的过程是：

A. (1)(2)(3)　　　　　　　　B. (2)(3)(4)

C. (3)(4)(5)　　　　　　　　D. (1)(3)(5)

38. 根据热力学第二定律判断，下列（　　）说法是正确的。

A. 热量能从高温物体传到低温物体，但不能从低温物体传到高温物体

B. 功可以全部变为热，但热不能全部变为功

C. 气体能自由膨胀，但不能自动收缩

D. 有规则运动的能量能够变为无规则运动的能量，但无规则运动的能量不能变为有规则运动的能量

39. 一个系统经历的过程是不可逆的，则该系统（　　）。

A. 不可能再回到原来的状态

B. 可以回到原来的状态，而且可以同时消除原过程对外界的影响

C. 可以回到原来状态，但是不能同时消除原过程对外界的影响

D. 所经历的过程一定不是准静态过程

第二节　波　动　学

一、《考试大纲》的规定

机械波的产生和传播；一维简谐波表达式；描述波的特征量；阵面，波前，波线；波的能量、能流、能流密度；波的衍射；波的干涉；驻波；自由端反射与固定端反射；声波；声强级；多普勒效应。

二、重点内容

1. 机械波的产生和传播

(1) 机械波产生的条件：①必须要有引起振动的波源；②有能够传播机械振动的弹性

介质。

(2) 波的传播：由弹性介质中的质点的振动，带动相邻质点的振动，由此，振动状态就传播开去，形成波。需注意的是：

①介质质点并不随波移动，只是在平衡位置附近作振动；

②介质质点的振动方向与波的传播不一定一致；

③介质质点的振动是波源振动的重复，但在波的传播方向上，质点的位相依次比波源落后。

(3) 波的分类

机械波按介质质点的振动方向和波的传播方向之间的关系分为：横波和纵波。机械波按波阵面形状分为：平面波和球面波。

(4) 波的物理量

描述介质质点振动的物理量：振幅、周期、频率、初相、位相、位移、速度、加速度等。

描述波传播的物理量：波长、周期、频率、波速。

波长(λ)、频率(ν)和波速(u)之间的关系为：

$$u = \lambda\nu = \frac{\lambda}{T}$$

其中，波速 u 取决于介质的性质，频率取决于波源，而波长取决于介质和波源振动频率。

2. 平面简谐波表达式

设有一平面简谐波在无限大、均匀、对波无吸收的介质中沿 x 轴正向以速度 u 传播，设处于坐标原点 O 处的质点振动初位相 φ 为 0，则振动表达式为：

$$y_0 = A\cos\omega t$$

则平面简谐波表达式为：

$$y = A\cos\omega\left(t - \frac{x}{u}\right) = A\cos\left(\omega t - \frac{2\pi x}{\lambda}\right) = A\cos 2\pi\left(\nu t - \frac{x}{\lambda}\right) = A\cos 2\pi\left(\frac{t}{T} - \frac{x}{\lambda}\right) \quad (2\text{-}2\text{-}1)$$

其中 $\left(-\omega\frac{x}{u}\right)$ 项表示该质点的位相比坐标原点 O 处质点的位相落后值。

若该平面简谐波沿 x 轴负向以波速 u 传播，则公式(2-2-1)中的负号变为正号。

当坐标原点 O 处振动初位相 φ 不为 0 时，原点 O 处质点的振动表达式：

$$y_0 = A\cos(\omega t + \varphi)$$

需注意的是：①平面简谐波表达式应根据波速的方向、x 轴的方向、沿波传播方向质点的振动位相依次落后的原则进行确定；②坐标原点的选取可以是任意的。

3. 波的能量

波传到介质中某处，该处质量元(或称体积元)开始振动，具有动能、势能，两者位相相同，最大值也相同。

(1) 波的能量密度，指介质中单位体积所贮存的能量。它随时间周期性变化，一般取其一个周期内的平均值称为波的平均能量密度，即：

$$\overline{w} = \frac{1}{T}\int_0^T w\mathrm{d}t = \frac{1}{2}\rho A^2\omega^2$$

(2)波的平均能流,指波在单位时间内通过介质中某一面积 S 的平均能量,亦称为波的功率,以 $\overline{P}$ 表示,即:

$$\overline{P} = \overline{w}uS$$

(3)波的强度或能流密度,指单位时间内通过垂直于波的传播方向的单位面积的平均能流,即:

$$I = \frac{1}{2}\rho A^2 \omega^2 u$$

(4)波的能量与振动能量的区别

两者的区别:①波传播过程中任一体积元的动能、势能的位相相同、其量值相等;谐振系统的动能、势能的位相差为 $\frac{\pi}{2}$,即动能达最大值时,势能最小为零,反之亦然。②波在传播过程中,任一体积元的总能量(动能+势能)随时间作周期性变化;而谐振系统的总能量 $W = \frac{1}{2}kA^2$ 不随时间变化,是一个恒量。

4. 波的干涉、驻波

两列振动方向相同、频率相同、位相差恒定的波,在同一介质中传播,在相遇时产生质点的振动始终加强或减弱现象,该现象称为波的干涉。

如图 2-2-1 所示,设 S_1 和 S_2 处是两个相干波源,其振动表达式分别为:

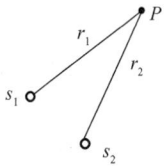

图 2-2-1

$$y_1 = A_1 \cos(\omega t + \varphi_1)$$
$$y_2 = A_2 \cos(\omega t + \varphi_2)$$

设 r_1、r_2 分别为 P 点与两相干波源 S_1、S_2 之间的距离,则两相干波在介质中 P 点所引起的振动的位相差为:

$$\Delta\varphi = \varphi_2 - \varphi_1 - \frac{2\pi}{\lambda}(r_2 - r_1)$$
$$= \begin{cases} \pm 2k\pi & (k = 0, 1, \cdots), A = A_1 + A_2, \text{干涉加强} \\ \pm(2k+1)\pi & (k = 0, 1, \cdots), A = |A_1 - A_2|, \text{干涉减弱} \end{cases}$$

特别地,$\varphi_2 = \varphi_1$,上述简化为:

$$\delta = r_1 - r_2 = \begin{cases} \pm 2k\frac{\lambda}{2} & (k=0, 1, \cdots), A = A_1 + A_2, \text{干涉加强} \\ \pm(2k+1)\frac{\lambda}{2} & (k=0, 1, \cdots), A = |A_1 - A_2|, \text{干涉减弱} \end{cases}$$

其中 δ 为波程差。

驻波,指两列振幅相同的相干波,在同一直线上沿相反方向传播叠加而成的波。

驻波的特征:波节和波腹。相邻两波节之间各质点的振动是同位相的;在一个波节两侧的各质点的振动是反相的。

相邻两波节或波腹间距离等于半波长。

5. 多普勒效应

多普勒效应,是指当波源或观测者或两者皆相对介质运动时,使观测者接收到的波的频率有所改变的现象。

设观测者、波源的运动在二者连线上，则有：

(1) $v_B \neq 0$，$v_s = 0$，则 $\nu' = 1 \pm \left(\dfrac{v_B}{u}\right)\nu$

(2) $v_B = 0$，$v_s \neq 0$，则 $\nu' = \dfrac{u}{u \mp v_s}\nu$

(3) $v_B \neq 0$，$v_s \neq 0$，则 $\nu' = \dfrac{u \pm v_B}{u \mp v_s}\nu$

其中，v_B 为观测者相对于介质的运动速度，接近波源为正，反之为负；

v_s 为波源相对于介质的运动速度，接近观测者为正，反之为负；

ν' 为观测者接收到的频率。

需注意的是，当观测者与波源的运动不是沿两者的连线时，则分别将其速度在连线上的分量作为 v_B、v_s 的值代入上式。

6. 声波、超声波、次声波

频率在 20～20000Hz 之间的振动称为声振动，由声振动所激起的纵波称为声波。

频率高于 20000Hz 的机械波称为超声波；频率低于 20Hz 的机械波称为次声波。

三、解题指导

【例 2-2-1】 已知一平面简谐波沿 x 轴正方向传播，波速为 c，并知 $x = x_0$ 处质点振动方程为 $y = A\cos\omega t$，则此波的表达式为（　　）。

A. $y = A\cos\omega\left(t - \dfrac{x}{c}\right)$　　　　B. $y = A\cos\omega\left(t + \dfrac{x}{c}\right)$

C. $y = A\cos\omega\left(t - \dfrac{x - x_0}{c}\right)$　　　　D. $y = A\cos\omega\left(t + \dfrac{x - x_0}{c}\right)$

【解】 将 $x = x_0$ 代入四个选项，则 A、B 项不对，应排除。

波沿 x 轴正方向，在 $x = x_0$ 处的正向的前方，且距离 x_0 处的距离为 $x - x_0$ 处有 P 点，则 P 点落后于 x 处点的振动时间为：$\dfrac{x - x_0}{c}$，所以波的振动方程为：$y = A\cos\omega\left(t - \dfrac{x - x_0}{c}\right)$，故选 C 项。

【例 2-2-2】 一平面简谐波在媒质中沿 x 轴正向传播，传播速度 $u = 15\text{cm/s}$，波的周期 $T = 2\text{s}$，则当沿波线上 A、B 两点间的距离为 5cm 时，B 点的位相比 A 点落后（　　）。

A. $\dfrac{\pi}{2}$　　　　B. $\dfrac{\pi}{3}$

C. $\dfrac{\pi}{6}$　　　　D. $\dfrac{3\pi}{2}$

【解】 $\Delta\varphi = \dfrac{\omega\Delta x}{u} = \dfrac{2\pi\Delta x}{Tu} = \dfrac{2\pi \times 5}{2 \times 15} = \dfrac{\pi}{3}$

所以应选 B。

四、应试题解

1. 波传播所经过的媒质中各质点运动具有（　　）。

A. 相同的位相　　　　B. 相同的振幅
C. 相同的机械能　　　　D. 相同的频率

2. 当机械波在介质中传播时，一介质质元的最大形变发生在(　　)。

A. 介质质元离开其平衡位置的最大位移处

B. 介质质元离开平衡位置$-A/2$处

C. 介质质元在其平衡位置处

D. 介质质元离开平衡位置$A/2$处

3. 一平面简谐波在弹性介质中传播，介质质元从平衡位置运动到最大位移的过程中，下列描述正确的是(　　)。

A. 它的动能转化为势能

B. 它的势能转化为动能

C. 它从相邻的一段质元获得能量，使其能量逐渐增大

D. 它把自己的能量传给相邻的一段质元，其能量逐渐减小

4. 声音从声波发出，在空中传播过程中(设空气均匀的)，则(　　)。

A. 声波波速不断减小　　　　　B. 声波频率不断减小

C. 声波振幅不断减小　　　　　D. 声波波长不断减小

5. 机械波波动方程为$y=0.03\cos6\pi(t+0.01x)$(SI)，则(　　)。

A. 其振幅为3m　　　　　B. 其周期为1/3s

C. 其波速为10m/s　　　　D. 波沿x轴正向传播

6. 若一平面简谐波的波动方程为$y=A\cos(Bt-Cx)$，式中A、B、C为正值恒量，则(　　)。

A. 波速为C　　　　　　B. 周期为$\dfrac{1}{B}$

C. 波长为$\dfrac{2\pi}{C}$　　　　　　D. 圆频率为$\dfrac{2\pi}{B}$

7. 一平面简谐波动方程为$y=A\cos\omega\left(t-\dfrac{x}{u}\right)$(SI)，则$-\dfrac{x}{u}$表示(　　)。

A. x处质点比原点振动落后的一段时间

B. 波源质点振动位相

C. x处质点振动位相

D. x处质点振动初位相

8. 一平面简谐波沿x轴正方向传播，波速$u=100$m/s，$t=0$时刻的波形曲线如图2-2-2所示，则该波的波动方程是(　　)。

A. $y=0.2\cos2\pi\left(125t-\dfrac{x}{0.8}\right)$　　　　B. $y=0.2\cos2\pi\left(125t+\dfrac{x}{0.8}\right)$

C. $y=0.2\cos\left[2\pi\left(125t-\dfrac{x}{0.8}\right)+\pi\right]$　　D. $y=0.2\cos\left[2\pi\left(125t+\dfrac{x}{0.8}\right)+\pi\right]$

9. 图2-2-3为平面简谐波在t时刻的波形曲线，若此时D点处介质质点的振动动能在减小，则(　　)。

A. D点处质元的弹性势能在增大

B. 波沿x轴正方向传播

C. P点处质元的振动动能在增大

D. 各点波的能量密度都不随时间变

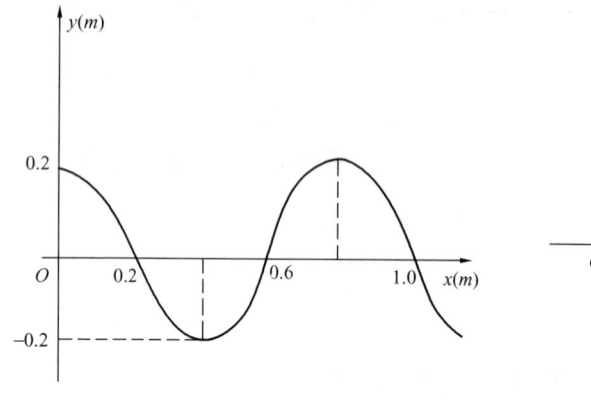

图 2-2-2

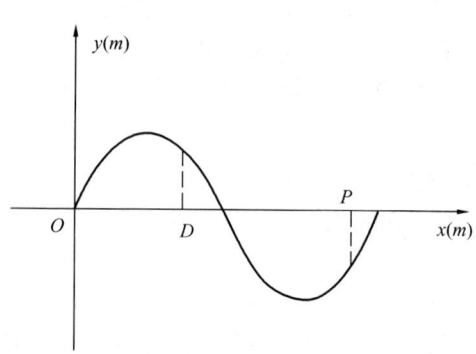

图 2-2-3

10. 平面简谐波的波动方程为 $y=A\cos2\pi(\nu t-x/\lambda)$ 在 $t=1/\nu$ 时刻，$x_1=7\lambda/8$ 与 $x_2=3\lambda/8$ 两点处介质质点速度之比是（　　）。

A. 1　　　　　B. -1　　　　　C. 3　　　　　D. $1/3$

11. 频率为 4Hz 沿 x 轴正向传播的简谐波，波线上有两点 a 和 b，若它们开始振动的时间差为 0.25s，则它们的位相差为（　　）。

A. $\pi/2$　　　　B. π　　　　C. $3\pi/2$　　　　D. 2π

12. 如图 2-2-4 所示两相干波源 S_1 与 S_2 相距 $3\lambda/4$（λ 为波长），设两波在 S_1、S_2 连线上传播时，它们的振幅都是 A，且不随距离变化，已知在该直线上在 S_1 左侧各点的合成波的强度为其中一个波强度的 4 倍，则两波源应满足的位相条件是（　　）。

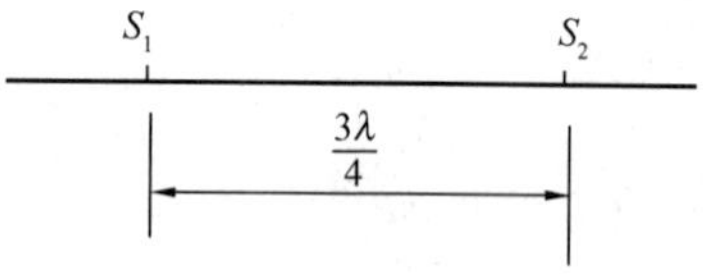

A. S_1 比 S_2 超前 $\pi/2$
B. S_1 比 S_2 超前 2π
C. S_2 比 S_1 超前 $3\pi/2$
D. S_2 比 S_1 超前 2π

图 2-2-4

13. 在同一介质中两列相干的平面简谐波的强度之比是 $I_1/I_2=4$，则两列波的振幅之比是（　　）。

A. $A_1/A_2=4$　　　　　　B. $A_1/A_2=2$
C. $A_1/A_2=16$　　　　　D. $A_1/A_2=1/4$

14. 一细绳固接于墙壁的 A 点，一列波沿细绳传播，并在 A 点反射，已知绳中 D 点到 A 点距离为 $\lambda/4$，则 D 点处入射波比反射波的位相（　　）。

A. 超前 $5\pi/2$　　　　　　B. 超前 $\pi/2$
C. 超前 $3\pi/2$　　　　　　D. 超前 $2\pi/3$

15. 波长为 λ 的驻波中，相邻波节之间的距离为（　　）。

A. $\lambda/4$　　　　B. $\lambda/2$　　　　C. $3\lambda/4$　　　　D. λ

16. 在驻波中，两个相邻波节中间各质点的振动（　　）。

A. 振幅相同，相位相同　　　　　　B. 振幅不同，相位相同

C. 振幅相同，相位不同　　　　　　D. 振幅不同，相位不同

17. 声波在介质中的传播速度为 u 声源的频率为 ν_s，若声源 S 不动而接收器 R 相对于介质以速度 u_R 沿着 S、R 连线向着声源 S 运动；则位于 S、R 连线中点的质点 P 的振动频率为(　　)。

A. ν_s　　　　B. $\dfrac{u+u_R}{u}\nu_s$　　　　C. $\dfrac{u}{u+u_R}\nu_s$　　　　D. $\dfrac{u}{u-u_R}\nu_s$

第三节　光　学

一、《考试大纲》的规定

相干光的获得；杨氏双缝干涉；光程和光程差；薄膜干涉；光疏介质；光密介质；迈克尔逊干涉仪；惠更斯—菲涅尔原理；单缝衍射；光学仪器分辨本领；衍射光栅与光谱分析；X 射线衍射；布喇格公式；自然光和偏振光；布儒斯特定律；马吕斯定律；双折射现象。

二、重点内容

1. 相干光的获得与杨氏双缝干涉

（1）相干光必须同时满足：频率相同；光振动的方向相同；相遇点位相差恒定。获得相干光的方法：杨氏双缝、菲涅耳双镜、双棱镜、洛埃镜。

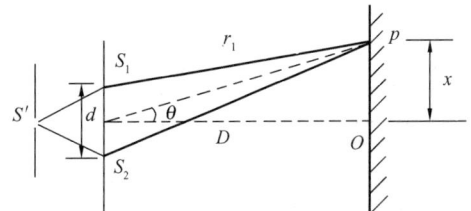

图 2-3-1

（2）杨氏双缝的干涉条件

如图 2-3-1 所示，两相干光线在 P 处相遇，它们的位相差为：

$$\Delta\varphi = \varphi_1 - \varphi_2 - 2\pi\frac{r_1-r_2}{\lambda} = \begin{cases} \pm 2k\pi & (k=0,1,\cdots),\text{明纹} \\ \pm(2k-1)\pi & (k=1,2,\cdots),\text{暗纹} \end{cases}$$

当双缝 S_1、S_2 对称于缝 S 时，$\varphi_1 = \varphi_2$，两相干光的波程差(δ)为：

$$\delta = r_2 - r_1 = d\sin\theta = d\frac{x}{D} = \begin{cases} \pm 2k\cdot\dfrac{\lambda}{2} & (k=0,1,\cdots),\text{明纹} \\ \pm(2k-1)\dfrac{\lambda}{2} & (k=1,2,\cdots),\text{暗纹} \end{cases}$$

则有明纹中心的位置为：$x = \pm k\dfrac{D}{d}\lambda$　$(k=0,1,2,\cdots)$

暗纹中心的位置为：$x = \pm(2k-1)\dfrac{D}{d}\lambda$　$(k=1,2,3,\cdots)$

条纹间距(相邻明纹或相邻暗纹的距离)：

$$\Delta x = \frac{D}{d}\lambda$$

需注意的是：① 当用白光照射缝 S，则在屏上除中央明纹呈白色外，某余各级明纹均为彩色条纹，同一级明纹为从紫到红的彩带。

② 洛埃镜的干涉条件与杨氏双缝干涉条件刚好相反，这是因为在洛埃镜中有一束光需

考虑半波损失。

2. 薄膜干涉与迈克耳逊干涉仪

(1) 光程

光程,指将光在折射率为 n 的介质中经过的几何路程 x 等效地折算成在真空中经过的路程 X,即有:
$$X = nx$$

半波损失,指光从光疏介质射向光密介质而在界面上反射时,反射光存在着位相 π 的突变,这相当于增加(或减少)半个波长 $\frac{\lambda}{2}$ 的附加光程差。

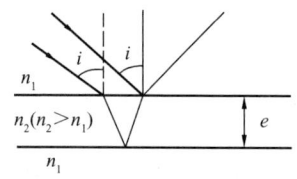

图 2-3-2

(2) 匀厚薄膜的干涉(等倾干涉)

如图 2-3-2 所示,薄膜厚度为 e,反射光的光程差为($n_2 > n_1$):

$$\delta = 2e\sqrt{n_2^2 - n_1^2 \sin^2 i} + \frac{\lambda}{2} = \begin{cases} 2k \cdot \frac{\lambda}{2} & (k=1, 2, 3, \cdots), \text{明纹} \\ (2k+1)\frac{\lambda}{2} & (k=0, 1, 2, \cdots), \text{暗纹} \end{cases}$$

需注意的是:①明纹中,k 原值只能从 1 开始取;
②上述公式,是当 $n_2 > n_1$ 时推导出的;其他情况应视其反射时是否存在半波损失。

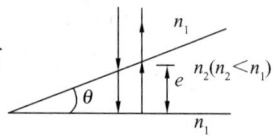

图 2-3-3

(3) 劈尖干涉

如图 2-3-3 所示,在劈尖上、下表面反射的反射光的光程差为($n_2 < n_1$):

$$\delta = 2n_2 e + \frac{\lambda}{2} = \begin{cases} 2k \cdot \frac{\lambda}{2} & (k=1, 2, \cdots), \text{明纹} \\ (2k+1)\frac{\lambda}{2} & (k=0, 1, 2, \cdots), \text{暗纹} \end{cases}$$

相邻两明(或暗)纹对应的劈尖厚度差(Δe):
$$\Delta e = \frac{\lambda}{2n_2}$$

每相邻两明纹对应的劈尖厚度差(Δe):
$$\Delta e = \frac{1}{2} \cdot \frac{\lambda}{2n_2} = \frac{\lambda}{4n_2}$$

相邻明纹(或暗纹)中心间距离(称为条纹宽度)l 为:
$$l \sin\theta = \frac{\lambda}{2n_2}$$

(4) 牛顿环

牛顿环的平凸透镜和平板玻璃的折射率为 n_1,它们之间形成的空气层折射率为 n_2,取 $n_2 = 1$,$n_2 < n_1$,反射光的光程差为:

$$\delta = 2e + \frac{\lambda}{2} = \begin{cases} 2k \cdot \frac{\lambda}{2} & (k=1, 2, \cdots), \text{明纹} \\ (2k+1)\frac{\lambda}{2} & (k=0, 1, \cdots), \text{暗纹} \end{cases}$$

牛顿环的明环和暗环半径分别为：

$$\begin{cases} r=\sqrt{\left(k-\dfrac{1}{2}\right)R\lambda} & (k=1,2,\cdots),\text{明环} \\ r=\sqrt{kR\lambda} & (k=0,1,2,\cdots),\text{暗环} \end{cases}$$

其中 R 为平凸透镜的曲率半径。

(5)迈克耳逊干涉仪

在迈克耳逊干涉仪的视场中有 N 条明纹移过，则平面镜(m_2)平移的距离(Δd)为：

$$\Delta d = N\frac{\lambda}{2}$$

3. 光的衍射

(1)惠更斯-菲涅耳原理，指从同一波阵面上各点所发出的子波，经传播而在空间某点相遇时，也可相互叠加而产生干涉现象。它揭示了在衍射波场中出现衍射条纹的明暗实质是子波干涉的结果。

(2)夫琅和费单缝衍射

"波带"法，即将波阵面（即宽度为 a 的单缝平面）分成若干个等分的发光带，而相邻两个发光带对应位置发出的光的光程差为 $\dfrac{\lambda}{2}$，这样被等分的每一个发光带称为一个"半波带"。

单缝两条边缘光线的光程差为：

$$\delta = a\sin\varphi = \begin{cases} \pm(2k+1)\dfrac{\lambda}{2} & (k=1,2,\cdots),\text{明纹} \\ \pm 2k\cdot\dfrac{\lambda}{2} & (k=1,2,\cdots),\text{暗纹} \end{cases}$$

特别地，当单缝两条边缘光线的光程差在 $-\lambda$ 到 $+\lambda$ 之间，则屏上相应区间为中央明纹，即：

$$-\lambda < a\sin\varphi < \lambda$$

除中央明纹外，其余各级的明纹宽度为：

$$l = \frac{f\lambda}{a}$$

其中 f 为透镜焦距，a 为单缝的宽度。中央明纹的宽度为其他各级明纹宽度的两倍。

(3)衍射光栅

光栅常数($a+b$)，指缝宽（单缝的透光部分）a 与缝间距（两相邻单缝之间不透光部分）b 之和。光栅常数越小，光栅越精致。

光栅衍射条纹的明、暗是单缝衍射和光栅各缝间干涉的总效果。

①当每一单缝两条边缘光线到达屏上 P 点的光程差满足明条纹，即：

$$a\sin\varphi = \pm(2k'+1)\frac{\lambda}{2} \quad (k'=1,2,\cdots)$$

并且光栅相邻两缝对应光线到达屏上 P 点的光程差满足明条纹，即：

$$(a+b)\sin\varphi = \pm k\lambda \quad (k=0,1,\cdots) \qquad \text{（光栅公式）}$$

则屏上 P 点出现明条纹。

②若每一单缝两条边缘光线到达屏上 P 点的光程差满足明条纹条件，但光栅相邻两缝的对应光线到达屏上 P 点的光程差满足：

$$(a+b)\sin\varphi=\pm m\frac{\lambda}{N} \quad (N \text{ 为光栅的缝数})$$

$$m=1,2,\cdots,(N-1),(N+1),\cdots,(2N-1),(2N+1),\cdots$$

则 P 点为暗条纹，且在光栅两条明条纹间出现 $N-1$ 条暗条纹。

③若光栅相邻两缝对应光线到达屏上的 P 点的光程差满足明条纹条件，即：

$$(a+b)\sin\varphi=\pm k\lambda \quad (k=0,1,2,\cdots)$$

而每一单缝两条边缘光线到达该点的光程差恰好满足暗条纹条件，即：

$$a\sin\varphi=\pm k'\lambda \quad (k'=1,2,\cdots)$$

此时，这条光栅衍射明条纹在屏上不再出现，这种现象称为缺级。由此可知，缺级的条件是：$\frac{a+b}{a}=\frac{k}{k'}$（为整数比）

(4) 光学仪器分辨率与 X 射线衍射

光学仪器分辨率 $=\frac{1}{\delta\varphi}=\frac{D}{1.22\lambda}$

其中 $\delta\varphi$ 为最小分辨角，D 为仪器的孔径。

设晶体各原子层之间的距离为 d（称为晶格常数），则被相邻的上、下层晶面散射的 X 射线干涉加强的光程差为：

$$2d\sin\varphi=\pm k\lambda \quad (k=0,1,2,\cdots)$$

4. 光的偏振

(1) 自然光和偏振光

偏振是横波所具有的特性。

(2) 布儒斯特定律。当入射角 i_0 满足：

$$\tan i_0=\frac{n_2}{n_1}$$

在分界面上反射光为光振动垂直于入射面的全偏振光，折射光仍为平行于入射面的光振动较强的部分偏振光。入射角 i_0 称为布儒斯特角或起偏振角。此时，反射线与折射光相互垂直。

(3) 马吕斯定律。若起偏振器的偏振化方向与检偏振器的偏振化方向之间的夹角为 α，通过起偏振器后的偏振光的强度为 I_0，通过检偏振器后的偏振光的张度为 I，则：

$$I=I_0\cos^2\alpha$$

(4) 光的双折射现象。光通过各向异性晶体，出现两束折射光线，这种现象称为双折射现象。其中一束光线遵从折射定律，称为寻常光线（或 o 光）；另一束光线不遵从折射定律，称为非常光线（或 e 光）。双折射现象产生的原因是由于 o、e 光在晶体中沿各个方向的传播速度不同，故折射率也不同。

三、解题指导

掌握每一个实验现象的装置、特点及装置中的几何关系。如有无半波损失；每一个实验现象的物理原理。如干涉、衍射、偏振等。再将上述两者联系起来，求解的关键是光程、光程差。对于单缝、光栅衍射的方程和公式，运用"波带"进行理解。

【例 2-3-1】 一束波长为 λ 的单色光由空气入射到折射率为 n 的透明薄膜上,透明薄膜放在空气中,要使反射光得到干涉加强,则薄膜的最小厚度为(   )。

A. $\dfrac{\lambda}{4}$ B. $\dfrac{\lambda}{4n}$

C. $\dfrac{\lambda}{2}$ D. $\dfrac{\lambda}{2n}$

【解】 由薄膜干涉条件:$\delta = 2ne + \dfrac{\lambda}{2} = k\lambda$ $(k=1,\ 2,\ \cdots)$

$$e = \dfrac{k\lambda - \dfrac{\lambda}{2}}{2n},\ \text{取}\ k=1,\ \text{则}\ e = \dfrac{\lambda}{4n}$$

所以选 B 项。

【例 2-3-2】 一束波长为 λ 的平行光线垂直射于一宽为 a 的狭缝,若在缝的后面有一焦距为 f 的薄透镜,使光线聚集于一屏幕上,则第四级暗纹到衍射图形中心点的距离为(   )。

A. $\dfrac{4\lambda a}{f}$ B. $\dfrac{4f\lambda}{a}$

C. $\dfrac{2\lambda a}{f}$ D. $\dfrac{2f\lambda}{a}$

【解】 由单缝衍射暗纹条件:$\delta = a\sin\varphi = \pm k\lambda\ (k=1,\ 2,\ \cdots)$

第四级暗纹到中心点距离 x_4:$x_4 = f\tan\varphi = f\sin\varphi = f \cdot \dfrac{4\lambda}{a}$

所以应选 B 项。

【例 2-3-3】 一束自然光和线偏振光组成混合光,垂直通过一偏振片,以此入射光束为轴旋转偏振片,测得透射光强度的最大值是最小值的 5 倍,则入射光束中自然光与线偏振光的强度之比最接近于(   )。

A. $\dfrac{2}{3}$ B. $\dfrac{1}{3}$ C. $\dfrac{1}{5}$ D. $\dfrac{1}{2}$

【解】 设自然光强度为 I_0,线偏振光强度为 $I_{线}$,则由条件知:

$$I_{\max} = \dfrac{I_0}{2} + I_{线},\ I_{\min} = \dfrac{I_0}{2}$$

$$\dfrac{I_{\max}}{I_{\min}} = 5 = \dfrac{\dfrac{I_0}{2} + I_{线}}{\dfrac{I_0}{2}},\ \text{解之得}:\dfrac{I_0}{I_{线}} = \dfrac{1}{2}$$

所以应选 D 项。

四、应试题解

1. 相同的时间内,一束波长为 λ 的单色光在空气和在水中(   )。

A. 传播的路程相等,走过的光程相等

B. 传播的路程相等,走过的光程不相等

C. 传播的路程不相等,走过的光程相等

D. 传播的路程不相等,走过的光程也不相等

2. 单色光从空气射入水中，下列说法正确的是（　　）。
   A. 波长变短，光速变慢　　　　　　　　B. 波长变短，频率变慢
   C. 波长不变，频率变快　　　　　　　　D. 波长变短，频率不变

3. 在双缝干涉实验中，用钠光作光源（$\lambda=589.3$ nm），双缝距屏 $D=500$ mm，双缝间距为 $d=1.2$ mm，则相邻明条纹或相邻暗条纹间距 Δx 为（　　）mm。
   A. 1.00　　　　B. 0.50　　　　C. 0.25　　　　D. 0.45

4. 在杨氏双缝实验中，若用白光作光源，干涉条纹的情况为（　　）。
   A. 中央明纹是白色的　　　　　　　　B. 红光条纹较密
   C. 紫光条纹间距较大　　　　　　　　D. 干涉条纹为白色

5. 在双缝干涉实验中，要使其屏上的干涉条纹间距变小，可采取的方法为（　　）。
   A. 使两缝间距变小　　　　　　　　　B. 使屏与双缝间距变小
   C. 把两缝的宽度稍微调小　　　　　　D. 改用波长较大的单色光源

6. 把双缝干涉实验装置放在折射度率为 n 的水中，两缝间距离为 d，双缝到屏的距离为 D（$D\gg d$），所有单色光在真空中的波长为 λ，则屏上干涉条纹中相邻的明纹间的距离为（　　）。

   A. $\lambda D/(nd)$　　　B. $\lambda d/(2nd)$　　　C. $\lambda d/(nd)$　　　D. $\lambda D/(2nd)$

7. 若用一片透明的云母片将杨氏双缝装置中的上缝盖住，则（　　）。
   A. 干涉图样不变　　　　　　　　　　B. 干涉图样反相减少
   C. 干涉条纹上移　　　　　　　　　　D. 干涉条纹下移

8. 两块平板玻璃构成空气劈尖，左边为棱边，用单色光垂直入射，若上面的平板玻璃慢慢向上移动，则干涉条纹（　　）。
   A. 向棱边方向平移，条纹间距变小　　B. 向棱边方向平移，条纹间距变大
   C. 向棱边方向平移，条纹间距不变　　D. 向远离棱边方向平移，条纹间距不变

9. 用波长为 λ 的单色光垂直照射到空气劈尖上，从反射光中观察干涉条纹，距顶点为 l 处是暗条纹，使劈尖角 θ 连续变大，直到该点处再次出现暗条纹为止，则劈尖角的 $\Delta\theta$ 改变量为（　　）。
   A. $\lambda/(2l)$　　　　B. λ/l　　　　C. $2\lambda/l$　　　　D. $\lambda/(4l)$

10. 利用玻璃表面上的 M_gF_2（$n=1.38$）透射薄膜层可以减少玻璃（$n=1.60$）表面的反射，当波长为 5000Å 的光垂直入射时，为了产生最小的反射，此透明层需要的最小厚度为（　　）。
    A. 3000Å　　　　B. 1815Å　　　　C. 1050Å　　　　D. 910Å

11. 如图 2-3-4 所示，折射率为 n_2，厚度为 e 的透明介质薄膜的上方和下方的透明介质折射率为 n_1 和 n_3，已知 $n_1>n_2>n_3$。若用波长为 λ 的单色平行光垂直入射到该薄膜上，则从薄膜上下表面反射的光束(1)和(2)的光程差是（　　）。

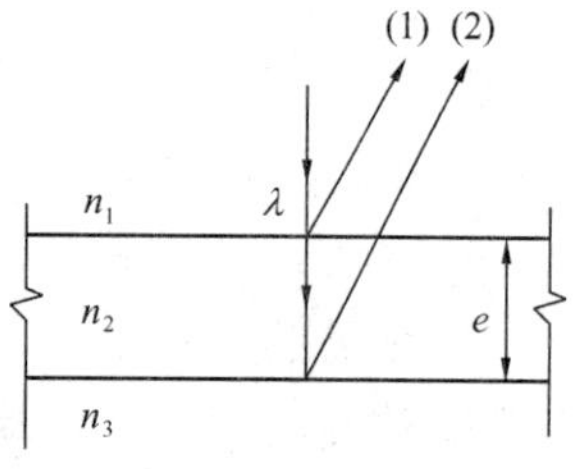

    A. $2n_2e$　　　　　　　　　　　　B. $2n_2e-\dfrac{1}{2}\lambda$

    C. $2n_2e-\lambda$　　　　　　　　D. $2n_2e-\dfrac{1}{2n_2}\lambda$

图 2-3-4

12. 用单色光来观察牛顿环，测得第 20 级暗纹的半径为

3mm，所用凸透镜的曲率为 1m，则此单色光的波长为（　　）mm。

　　A. 1.8×10^{-3}　　B. 1.0×10^{-3}　　C. 9.0×10^{-4}　　D. 4.5×10^{-4}

13. 在迈克耳逊干涉仪的一条光路中插入一块折射率为 n，厚度为 d 的透明薄片，插入这块薄片使这条光路的光程改变了（　　）。

　　A. $(n-1)d$　　B. $2(n-1)d$　　C. $2nd$　　D. nd

14. 在迈克耳逊干涉仪的一支光路中，放入一片折射率为 n 的薄膜后，测出两束光的光程差的改变量为两个波长，则薄膜厚度是（　　）。

　　A. λ　　B. $\dfrac{\lambda}{n-1}$　　C. $\dfrac{\lambda}{2}$　　D. $\dfrac{\lambda}{n}$

15. 光波的衍射现象没有声波显著，这是由于（　　）。

　　A. 光可见而声可听　　　　　　　　B. 光速比声速快
　　C. 光有颜色　　　　　　　　　　　D. 光波波长比声波的波长短

16. 在单缝夫琅和费衍射实验中，波长为 λ 的单色光垂直入射到宽度为 $a=4\lambda$ 的单缝上，对应于衍射角为 $30°$ 的方向，单缝波阵面可分成的半波带数目为（　　）。

　　A. 2个　　B. 4个　　C. 6个　　D. 8个

17. 如果单缝夫琅和费衍射实验的第一级暗纹发生的射角为 $\varphi=30°$ 的方位上，所用单色光波长为 5500Å，则单缝宽度为（　　）m。

　　A. 1.1×10^{-7}　　B. 1.1×10^{-6}　　C. 2.2×10^{-6}　　D. 2.2×10^{-5}

18. 波长 $\lambda=5000$Å 的单色光垂直照射在一缝宽 $a=0.25$mm 的单缝处，在衍射图样中，中央明条一侧第三条暗条纹和另一侧第三条暗条纹之间的距离为 12mm，则透镜焦距为（　　）。

　　A. 1.2m　　B. 2.0m　　C. 1.0m　　D. 0.5m

19. 在光栅光谐中，如果所有的偶数级次的主极大恰好在每缝衍射的暗纹方向上，那么此光栅的每个透光缝宽度 a 和相邻两缝间不透光的部分宽度 b 之间的关系为（　　）。

　　A. $a=b$　　B. $a=2b$　　C. $a=3b$　　D. $a=4b$

20. 一束平行单色光垂直入射到光栅上，当（$a+b$）为下列（　　）时，$k=3、6、9$ 等级次的主极大不出现。

　　A. $(a+b)=2a$　　　　　　　　　B. $(a+b)=3a$
　　C. $(a+b)=4a$　　　　　　　　　D. $(a+b)=6a$

21. 波长为 λ 的单色光垂直入射到光栅常数为 d，缝宽为 b，总缝数为 N 的光栅上，取 $k=0，1，2，\cdots$，则决定出现主极大的衍角 φ 的公式可写为（　　）。

　　A. $Nb\sin\varphi=k\lambda$　　B. $b\sin\varphi=k\lambda$　　C. $Nd\sin\varphi=k\lambda$　　D. $d\sin\varphi=k\lambda$

22. 用 $\lambda=500$nm 的光垂直入射在 2500 条/cm 刻痕的平面光栅上，则第四级主极大的衍射角为（　　）。

　　A. $30°$　　B. $45°$　　C. $60°$　　D. $90°$

23. 波长为 λ 的单色光垂直入射到一衍射光栅上，当光栅常数为（$a+b$）时，第一级衍射条纹对应的衍射角为 φ，当换成光栅常数 $\dfrac{1}{\sqrt{2}}(a+b)$ 的光栅时，第一级衍射条纹对应的衍射角为 2φ，则 $\lambda/(a+b)$ 为（　　）。

A. $\dfrac{\sqrt{2}}{2}$ B. $\sqrt{2}$ C. 1   D. 2

24. 某元素的特征光谱中含有小波长分别为 $\lambda_1=400$nm 和 $\lambda_2=600$nm 的光谱线,在光栅光谱中,这两种波长的谱线有重叠现象,重叠处 λ_2 的谱线级数是(   )。

A. 2,3,4,5…   B. 2,4,6,8…
C. 3,5,7,9…   D. 3,6,9,12…

25. 当自然光以 58°角从空气入射到玻璃表面上时,若反射光为线偏振光,则透射光的折射角为(   )。

A. 32°   B. 46°   C. 58°   D. 72°

26. 如图 2-3-5 所示,一束自然光自空气射向一块平板玻璃,设入射角等于布儒斯特角 i_0,则在界面 2 的反射光(   )。

A. 是自然光

B. 是部分偏振光

C. 是完全偏振光且光矢量的振动方向垂直于入射面

D. 是完全偏振光且光矢量的振动方向平行于入射面

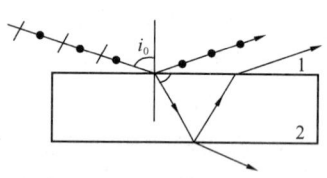

图 2-3-5

27. 如果两个偏振片堆叠在一起,且偏振化方向的夹角为 60°,假设二者对光无吸收,光强为 I_0 的自然光垂直入射到偏振片上,则出射光强为(   )。

A. $\dfrac{1}{8}I_0$ B. $\dfrac{3}{8}I_0$ C. $\dfrac{1}{4}I_0$ D. $\dfrac{3}{4}I_0$

28. 从起偏器 A 获得光强为 I_0 的线偏振光后,再入射到检偏器 B 上,若透射光的强度为 $I_0/4$(无吸收),则两偏振片方向的夹角为(   )。

A. 0°   B. 30°   C. 45°   D. 60°

29. 今测得釉质的起偏振角 $i_0=58.0°$,它的折射率为(   )。

A. 1.60   B. 1.50   C. 1.40   D. 1.70

30. 单色光通过两个偏振化方向正交的偏振片,在两偏振片之间放入一双折射晶片,在下述两种情形中叙述正确的是(   )。

①晶片的主截面与第一偏振片的偏振化方向平行;

②晶片的主截面与第一偏振片的偏振化方向垂直。

A. ①能,②不能   B. ①不能,②能
C. ①②都能   D. ①②都不能

31. 两偏振片堆叠在一起,一束自然光垂直入射其上时没有光线通过,当其中一偏振片慢慢移动 180°时,透射光强度发生的变化是(   )。

A. 光强单调增加

B. 光强先增加,后又减小至零

C. 光强先增加,后又减,再增加

D. 光强先增加,后又减,再增加,最后减小为零

32. 以衍射光栅对某一定波长的垂直入射光,在屏幕上只能出现零级和一级主极大,欲使屏幕上出现更高级次的主极大,则应该(   )。

A. 换一个光栅常数较小的光栅 B. 换一个光栅常数较大的光栅
C. 将光栅向靠近屏幕的方向移动 D. 将光栅向远离屏幕的方向移动

第四节 答案与解答

一、第一节 热学

1. D 2. C 3. C 4. A 5. B 6. B 7. D 8. B 9. C 10. D
11. B 12. C 13. C 14. D 15. D 16. A 17. B 18. B 19. B 20. D
21. D 22. C 23. B 24. D 25. D 26. C 27. C 28. C 29. C 30. C
31. D 32. B 33. A 34. A 35. B 36. A 37. D 38. B 39. C

1. D. 解答如下：

对于理想气体，分子之间相互作用的势能可忽略不计，则分子的平均能量等于分子的平均动能；当理想气体为单原子分子，则只有平动，所以理想气体分子的平均动能等于分子的平均平动动能。

2. C. 解答如下：

$\overline{\omega} = \frac{3}{2}KT$，故两者的 $\overline{\omega}$ 相等；

$\overline{\varepsilon} = \frac{i}{2}KT$，因为 He 的 $i=3$，N_2 的 $i=5$，故两者的 $\overline{\varepsilon}$ 不相等。

3. C. 解答如下：

由于 $\overline{\varepsilon}_{kt} = \frac{3}{2}KT$，则两者的温度相同；

又因为 $pV = \frac{m}{M}RT$，则 $p = \frac{m}{V} \cdot \frac{RT}{M} = \frac{\rho RT}{M}$

当 ρ、T 相同时，M 越小则 p 越大，故 $p_{H_2} > p_{O_2}$。

4. A. 解答如下：

由于 $\overline{\varepsilon}_{kt} = \frac{3}{2}KT$，则两者的温度相同；

又因为 $pV = \frac{m}{M}RT$，则 $p = \frac{m}{V}\frac{RT}{M} = \rho\frac{RT}{M}$

当 ρ、T 相同，M 不相同时，两者的 p 不相同。

5. B. 解答如下：

$$\overline{E}_k = (nV) \cdot \frac{3}{2}KT = \frac{p}{KT} \cdot V \cdot \frac{3}{2}KT = \frac{3}{2}pV$$

$$= \frac{3}{2} \times 1.0 \times 10^6 \times 1 \times 10^{-3} = 1.5 \times 10^3 \text{J}$$

6. B. 解答如下：

$$n = \frac{p}{KT}, N = nV = \frac{pV}{KT}$$

7. D. 解答如下：

因为 $p = nKT$，$p_1 = n_1 KT$，则：$\Sigma p = (n_1 + 3n_1 + 4n_1) \cdot KT = 8n_1 KT = 8p_1$

8. B. 解答如下：

因为：$n=\dfrac{p}{KT}$，则两者的 n 相同；又 $pV=\dfrac{m}{M}RT$，则：

$$\rho=\dfrac{m}{V}=\dfrac{pM}{RT}$$，故两者的 ρ 不相同。

9. C. 解答如下：

依据算求平均速率 $\bar{v}$ 的定义。

10. D. 解答如下：

$f(v)=\dfrac{\Delta N_i}{N_0\Delta v}$ 表示速率分布在 v 附近的单位速率区间内的分子数占总分子数的百分比。

11. B. 解答如下：

$$\sqrt{\overline{v^2}}=\sqrt{\dfrac{3RT}{M}}=\sqrt{\dfrac{3\times 8.31\times 300}{32}}=15.3\text{m/s}$$

12. C. 解答如下：

$$v_p=\sqrt{\dfrac{2RT}{M}},\bar{v}=\sqrt{\dfrac{8RT}{\pi M}},\sqrt{\overline{v^2}}=\sqrt{\dfrac{3RT}{M}}$$

13. C. 解答如下：

根据麦克斯韦速率分布曲线，温度越高，v_p 向速率增大的方向偏移，故 $T_2>T_1$。

14. 解答如下：

由归一化条件，知 A、B 两部分面积相等，则 $A=B=1/2$，即：

$A=\displaystyle\int_0^{v_0}f(v)\mathrm{d}v=\dfrac{1}{2}$，表示速率小于 v_0 的分子数占总分子数的百分数为 50%。

15. D. 解答如下：

$$\overline{Z}=\sqrt{2}\pi d^2 n\bar{v}=\sqrt{2}\pi d^2\cdot\dfrac{p}{KT}\sqrt{\dfrac{8RT}{\pi M}}$$

则当 T 不变时，p 降低，则 $\overline{Z}$ 减小；

$$\bar{\lambda}=\dfrac{KT}{\sqrt{2}\pi d^2 p}$$

当 T 不变时，p 降低，则 $\bar{\lambda}$ 增大。

16. A. 解答如下：

$\bar{\lambda}=\dfrac{1}{\sqrt{2}\pi d^2 n}$，当 v 不变，则 $\bar{\lambda}$ 不变。

$$\overline{Z}=\sqrt{2}\pi d^2 n\bar{v}=\sqrt{2}\pi d^2 n\sqrt{\dfrac{8RT}{\pi M}}$$

当温度升高时，$\overline{Z}$ 增大。

17. B. 解答如下：

由于 $pV^2=$ 恒量，V 增大，则 p 减小；

又由于 $\dfrac{1}{V^2}\cdot T=$ 恒量，V 增大，则 T 减小。

18. B. 解答如下：

因为 $\Delta E = \frac{m}{M}\frac{i}{2}R\Delta T, pV = \frac{m}{M}RT$

所以 $$\Delta E = \frac{i}{2}(p_2V_2 - p_1V_1)$$

19. B. 解答如下：

绝热膨胀时，$A > 0$，$Q = A + \Delta E$，则 $\Delta E < 0$

20. D. 解答如下：

等压膨胀，$A = \frac{m}{M}R\Delta T, Q = \frac{m}{M}C_p\Delta T$

$$\frac{A}{Q} = \frac{R}{C_p} = \frac{R}{\frac{i+2}{2} \cdot R} = \frac{2}{i+2} = \frac{2}{5}$$

21. D. 解答如下：

由图可知：$T_B > T_A$，则 $\Delta E = \frac{m}{M}\frac{i}{2}R(T_B - T_A) > 0$

22. C. 解答如下：

$a \to c \to b$ 过程，体积膨胀，$A_{acb} > 0$，$Q_{acb} = \Delta E_{acb} + A_{acb}$

$a \to b$ 过程为绝热过程，体积膨胀，$A_{ab} > 0$ 且 $A_{ab} > A_{acb}$

$$Q_{ab} = \Delta E_{ab} + A_{ab} = 0，则 \Delta E_{ab} = \Delta E_{acb} < 0$$

所以 $Q_{acb} = \Delta E_{acb} + A_{acb} < \Delta E_{acb} + A_{ab} = 0$

23. B. 解答如下：

$a \to b$ 为等压膨胀过程，$\Delta E_1 > 0$，$Q_1 > 0$，$A_1 > 0$

$b \to c$ 为等容升温过程，$\Delta E_2 > 0$，$Q_2 > 0$，$A_2 = 0$

$$\Delta E = \Delta E_1 + \Delta E_2 > 0, Q = Q_1 + Q_2 > 0, A = A_1 + A_2 > 0$$

24. D. 解答如下：

(1) AM 过程：因为 $A \to M$，V 减小，所以 $A < 0$；又因为 $T \to M$ 为等温线即 $T_T = T_M$，则 $T_A > T_T = T_M$，故温度下降，$\Delta E < 0$；又 $Q = \Delta E + A < 0$，所以 AM 过程放热。

(2) BM 过程：$\Delta E = \frac{m}{M}\frac{i}{2}R\Delta T$

则：$\Delta E_{BM} = \frac{m}{M}\frac{i}{2}R(T_T - T_B), \Delta E_{QM} = \frac{m}{M}\frac{i}{2}R(T_T - T_Q)$

因为 $T_B > T_Q$，所以 $\Delta E_{BM} < \Delta E_{QM}$

又 $B \to M$，A_{BM} 为负功，且 $|A_{BM}| > |A_{QM}|$，$A_{BM} < A_{QM}$

又 $Q \to M$ 为绝热过程：$Q_{QM} = \Delta E_{QM} + A_{QM} = 0$

所以：$Q_{BM} = \Delta E_{BM} + A_{BM} < \Delta E_{QM} + A_{QM} = 0$

即 BM 过程为放热过程。

25. D. 解答如下：

$a \to b$ 过程，体积膨胀，$A > 0$，又 $\frac{pV}{T} = $ 恒量，

当 $T_a < T_b$ 时，$\Delta E > 0$；又 $Q = \Delta E + A > 0$，即为吸热过程。

26. C. 解答如下：

绝热过程时，$Q=0$，体积膨胀时，$A>0$，故 $\Delta E<0$，所以 B、D 项不对。等温过程，$\Delta E=0$，故 A 项不对，所以选 C 项。

此外，等压过程，体积膨胀时，温度增大，则 ΔE 增加。故选 C 项。

27. C. 解答如下：

定压过程，气体膨胀要做功；定容过程中的功为零。

28. C. 解答如下：

$A_{净}$ 等于循环曲线所包围的面积，故 $A_1<A_2$；

$\eta=1-\dfrac{T_2}{T_1}$，因 T_2 与 T_1 相同，则 $\eta_1=\eta_2$。

29. C. 解答如下：

因为：$\eta=1-\dfrac{T_2}{T_1}$，可知 η 只与两条等温线的温度有关。

30. C. 解答如下：

$A_{净}$ 等于循环曲线所包围的面积。

$\eta=1-\dfrac{T_2}{T_1}$，T_2 与 T_1 不同，则 η 不相同。

31. D. 解答如下：

$Q_{净}=$ 总吸热 $-$ 总放热，$Q_{净}=A_{净}$，

又 $A_{净1}=A_{净2}$，所以 $Q_{净1}=Q_{净2}$

32. B. 解答如下：

由卡诺循环公式：$\eta=1-\dfrac{T_2}{T_1}$

$$\Delta\eta_1 = \left(1-\dfrac{T_2}{T_1+\Delta T}\right)-\left(1-\dfrac{T_2}{T_1}\right)=\dfrac{\Delta T\cdot T_2}{T_1(T_1+\Delta T)}<\dfrac{\Delta T}{T_1}$$

$$\Delta\eta_2 = \left(1-\dfrac{T_2-\Delta T}{T_1}\right)-\left(1-\dfrac{T_2}{T_1}\right)=\dfrac{\Delta T}{T_1}$$

所以 $\Delta\eta_1<\Delta\eta_2$

33. A. 解答如下：

因内能是状态量，只是状态的单位函数。

34. A. 解答如下：

可逆热力学过程一定是准静态过程，但准静态过程不一定是可逆过程。

35. B. 解答如下：

由于不是无限缓慢地进行，所以不是准静态过程；但气体在整个过程中温度不变，故能用 p-V 图上的曲线表示。

36. A. 解答如下：

$ds=\dfrac{dQ_{可逆}}{T}$，则：$\Delta s=\dfrac{Cm\Delta T}{T}$

37. D. 解答如下：

（1）项混合为不可逆过程，且温度不变，则熵增；

(3)项等温压缩为不可逆过程,且温度不变,则熵增。
(5)项绝热为不可逆过程,则熵增;
39. C. 解答如下:
若系统里发生一个不可逆过程,则系统和环境不能同时都复原。

二、第二节 波动学

1. D 2. C 3. D 4. C 5. B 6. C 7. A 8. A 9. B 10. B
11. D 12. C 13. B 14. C 15. B 16. B 17. A

1. D. 解答如下:
f 是波固有的特性值,它不随波的传波而改变。

2. C. 解答如下:
质元发生最大变形时,其势能、动能最大,故在其平衡位置处。

3. D. 解答如下:
在平衡位置处,介质质元的动能、势能最大,即能量最大,并将自己的能量传经相邻的一质元。

4. C. 解答如下:
在空气中传播时,波的能量有损失,而振幅是能量的量度。

5. B. 解答如下:
$$\omega t = 6\pi t,\ 则\ \omega = 6\pi,\ T = \frac{2\pi}{\omega} = \frac{1}{3}s$$

6. C. 解答如下:
依据平面简谐波方程:$y = A\cos\left(\omega t - \frac{2\pi x}{\lambda}\right)$

可知:$\omega = B$,则 $T = \frac{2\pi}{B}$;$C = \frac{2\pi}{\lambda}$,则 $\lambda = \frac{2\pi}{C}$

8. A. 解答如下:
由图 2-2-1 可知:$\lambda = 0.8\text{m}$,$A = 0.2$,$\nu = \frac{\mu}{\lambda} = \frac{100}{0.8} = 125\text{Hz}$

则:$y = 0.2\cos 2\pi\left(\frac{t}{T} - \frac{x}{\lambda}\right) = 0.2\cos 2\pi\left(125t - \frac{x}{0.8}\right)$

9. B. 解答如下:
因为 D 点质元振动动能正在减小,则 D 点此刻向上运动,所以波沿 x 轴正方向传播。

10. B. 解答如下:
$$v = y' = -2\pi\nu A\sin 2\pi\left(\nu t - \frac{x}{\lambda}\right)$$

$$\frac{v_1}{v_2} = \frac{\sin 2\pi\left(\nu \cdot \frac{1}{\nu} - \frac{7\lambda}{8\lambda}\right)}{\sin 2\pi\left(\nu \cdot \frac{1}{\nu} - \frac{3\lambda}{8\lambda}\right)} = \frac{\sin\left(2\pi \cdot \frac{1}{8}\right)}{\sin\left(2\pi \cdot \frac{5}{8}\right)} = -1$$

11. D. 解答如下:
$$\nu = 4, T = \frac{1}{\nu} = \frac{1}{4} = 0.25\text{s}$$

$$\Delta\varphi = \frac{2\pi\Delta t}{T} = \frac{2\pi \times 0.25}{0.25} = 2\pi$$

12. C. 解答如下：

在 S_1 左侧某点的位相差为：

$$\Delta\varphi = \varphi_2 - \varphi_1 - \frac{2\pi}{\lambda} \cdot (r_2 - r_1) = \varphi_2 - \varphi_1 - \frac{2\pi}{\lambda} \cdot \frac{3}{4}\lambda = \varphi_2 - \varphi_1 - \frac{3\pi}{2}$$

又 $I = \frac{1}{2}\rho A^2 \omega^2 u$，即 $I \propto A^2$，$A_合 = 2A = A_1 + A_2$

故：$\Delta\varphi = \varphi_2 - \varphi_1 - \frac{3\pi}{2} = \pm 2k\pi$

$\varphi_2 - \varphi_1 = \frac{3}{2}\pi \pm 2k\pi (k = 0, 1, 2, \cdots)$

所以 S_2 比 S_1 超前 $\frac{3}{2}\pi$。

13. B. 解答如下：

依据 $I \propto A^2$，$\frac{I_1}{I_2} = \frac{A_1^2}{A_2^2}$，则：$\frac{A_1}{A_2} = 2$

14. C. 解答如下：

在 A 点发生了半波损失，故：$\Delta\varphi = \frac{2\pi\delta}{\lambda} + \Delta\varphi_0 = \frac{2\pi \cdot \frac{\lambda}{4}}{\lambda} + \pi = \frac{3\pi}{2}$

15. B. 解答如下：
相邻两波节的距离等于半波长。

16. B. 解答如下：
驻波中，相邻两波节之间的各质点的振幅不同，但相位相同。

17. A. 解答如下：
因声源 S 未动，而接收器在动，故质点 P 的振动频率不变，仍为声源频率 ν_s。

三、第三节　光学

1. C　2. D　3. C　4. A　5. B　6. A　7. C　8. A　9. A　10. B
11. A　12. D　13. B　14. B　15. D　16. B　17. B　18. C　19. A　20. B
21. D　22. A　23. A　24. B　25. A　26. C　27. A　28. D　29. A　30. D
31. B　32. B

1. C. 解答如下：

光在空气和水中的波速不同，$v = \frac{c}{n}$

又光程 $X = nx = nvt = n \frac{c}{n} \cdot t = ct$，即光程相同。

2. D. 解答如下：

波的频率与传播的媒质无关，不改变，但光在水中的传播速度减小，为 c/n，故波长 $\lambda = \frac{c}{nv}$ 变短。

3. C. 解答如下：

由公式： $\Delta x = \dfrac{D\lambda}{d} = \dfrac{0.5 \times 589.3 \times 10^{-9}}{1.2 \times 10^{-3}} = 2.5 \times 10^{-4} \text{m} = 0.25 \text{mm}$

4. A. 解答如下：

由 $\delta = d\dfrac{x}{D} = \pm 2k \cdot \dfrac{\lambda}{2}$，对于中央明纹，$k=0$，则：

$d\dfrac{x}{D} = 0$，$x = 0$，即 $x = 0$ 时均为干涉加强，故中央明纹为白色。

5. B. 解答如下：

由公式：$\Delta x = \dfrac{D\lambda}{d}$，若 Δx 变小，可使 D 变小。

6. A. 解答如下：

由公式：$\Delta x = \dfrac{D}{d}\lambda_水$；$\lambda_水 = \dfrac{\lambda}{n}$

则：
$$\Delta x = \dfrac{D}{d} \cdot \dfrac{\lambda}{n} = \dfrac{\lambda D}{nd}$$

8. A. 解答如下：

由公式：
$$l = \dfrac{\lambda}{2n_2 \sin\theta}$$

当 θ 增大时，$\sin\theta$ 增大，l 变小。

9. A. 解答如下：

由劈尖干涉公式： $2n_2 e + \dfrac{\lambda}{2} = (2k+1)\dfrac{\lambda}{2}$ $(k=0,1,2\cdots)$，暗纹

$$2n_2 e = k\lambda, \quad 2n_2 e' = (k+1)\lambda$$

$2n_2(e' - e) = \lambda$，即：$2n_2(l\theta' - l\theta) = \lambda$

所以：$\Delta\theta = \theta' - \theta = \dfrac{\lambda}{2n_2 l} = \dfrac{\lambda}{2l}$ (空气的 $n_2 = 1.0$)

10. B. 解答如下：

$$2n_2 e + \dfrac{\lambda}{2} = (2k+1)\dfrac{\lambda}{2}(k=0,1,2,\cdots)$$

$e = \dfrac{k\lambda}{2n_2}$，当 $k=1$ 时，e 为最薄。

$$e = \dfrac{\lambda}{2n_2} = \dfrac{5 \times 10^3}{2 \times 1.38} = 1812\text{Å}$$

11. A. 解答如下：

由光程差和半波损失可得。

12. D. 解答如下：

由牛顿环暗纹公式：$r = \sqrt{kR\lambda}$，$\lambda = \dfrac{r^2}{kR} = \dfrac{3^2}{20 \times 1 \times 10^3} = 4.5 \times 10^{-4}\text{mm}$

13. B. 解答如下：

$$\Delta x = x' - x = 2nd - 2d = 2(n-1)d$$

14. B. 解答如下：

由光程差定义：$\Delta x = 2ne - 2e = 2\lambda$，$e = \dfrac{\lambda}{n-1}$

15. D. 解答如下：

当障碍物的线度与波长数量级相当，则衍射现象比较明显；而声音的波长与所碰到的障碍物大小差不多，故声波的衍射较显著。

16. B. 解答如下：

$$a\sin\varphi = 4\lambda\sin 30° = 2\lambda = 4 \cdot \dfrac{\lambda}{2}$$

所以，半波带的数目为 4 个。

17. B. 解答如下：

由公式：$a\sin\varphi = \pm k\lambda$，则 $k=1$ 时，$a\sin\varphi = \lambda$

即：$$a = \dfrac{\lambda}{\sin\varphi} = \dfrac{5.5\times 10^{-7}}{\sin 30°} = 1.1\times 10^{-6}\,\text{m}$$

18. C. 解答如下：

由条件知，$a\sin\varphi = 3\lambda$，又第三级暗纹间的间距 d 远远小于 f，

则：$\sin\varphi = \dfrac{d/2}{f}$，即：$a \cdot \dfrac{d}{2f} = 3\lambda$

$$f = \dfrac{ad}{6\lambda} = \dfrac{0.25\times 10^{-3} \times 12\times 10^{-3}}{6\times 5\times 10^3 \times 10^{-10}} = 1.0\,\text{m}$$

19. A. 解答如下：

由条件知：$(a+b)\sin\varphi = \pm 2k'\lambda\ (k'=1,2,\cdots)$

$$a\sin\varphi = \pm k'\lambda\ (k'=1,2,\cdots)$$

所以：$\dfrac{a+b}{a} = 2$，即 $a=b$

20. B. 解答如下：

由缺级条件：$\dfrac{a+b}{a} = \dfrac{k}{k'} =$ 整数比

又当 $k=3,6,9$ 时，主极大不出现；$k'=1,2,\cdots$

则：$\dfrac{a+b}{a} = 3$

21. D. 解答如下：

由光栅公式：$d\sin\varphi = k\lambda$

22. A. 解答如下：

光栅常数：$a+b = \dfrac{10^{-2}}{2500} = 4.0\times 10^{-6}\,\text{m}$

$$(a+b)\sin\varphi = k\lambda,\ (k=0,1,\cdots)$$

$$\sin\varphi = \dfrac{k\lambda}{a+b} = \dfrac{4\times 500\times 10^{-9}}{4.0\times 10^{-6}} = 0.5$$

$$\varphi = 30°$$

23. A. 解答如下：

由光栅公式：$(a+b)\sin\varphi = k\lambda$，则：

$$(a+b)\sin\varphi = 1\cdot\lambda; \quad \frac{1}{\sqrt{2}}(a+b)\sin2\varphi = 1\cdot\lambda$$

解之得：$\cos\varphi = \frac{\sqrt{2}}{2}$，$\varphi = 45°$

则：$\frac{\lambda}{a+b} = \sin\varphi = \frac{\sqrt{2}}{2}$

24. B. 解答如下：

由光栅公式：$(a+b)\sin\varphi = \pm k_1\lambda_1 = \pm k_2\lambda_2$

所以：$k_1 = \frac{\lambda_2}{\lambda_1}\cdot k_2 = \frac{600}{400}\cdot k_2 = \frac{3}{2}k_2$

又 k_1 为整数，则 k_2 必定为 2，4，6，8，…。

25. A. 解答如下：

由布儒斯特定律知：$i_折 + i_入 = 90°$

所以，$i_折 = 32°$

26. C. 解答如下：

依据布儒斯特角的概念。

27. A. 解答如下：

$$I = \frac{I_0}{2}\cos^2 60° = \frac{I_0}{8}$$

28. D. 解答如下：

$$I = I_0\cos^2\alpha, \frac{I_0}{4} = I_0\cos^2\alpha$$

所以
$$\cos\alpha = \frac{1}{2}, \alpha = 60°$$

29. A. 解答如下：

由公式：$\tan i_0 = \frac{n_2}{n_1}$，则：$n_2 = n_1\tan i_0 = 1\times\tan 58° = 1.6$

31. B. 解答如下：

由公式：$I = I_0\cos^2\alpha$，可知：$\alpha = 90°$，$I = 0$；$\alpha = 180°$，$I = I_0$

第三章 普通化学

第一节 化学反应速率与化学平衡

一、《考试大纲》的规定

反应热与热化学方程式；化学反应速率；温度和反应物浓度对反应速率的影响；活化能的物理意义；催化剂；化学反应方向的判断；化学平衡的特征；化学平衡移动原理。

二、重点内容

1. 化学反应速率

（1）化学反应进度与化学反应速率

化学反应进度（ξ）的定义：在反应某一阶段内化学反应中任何一种反应物或生成物的量的变化 Δn（dn）与其化学计量数 ν 之商为该化学反应的反应进度 ξ，其单位是 mol。

例如反应：$3H_2(g)+N_2(g) \Longrightarrow 2NH_3(g)$

$$\xi = \frac{\Delta n_{H_2}}{-3} = \frac{\Delta n_{N_2}}{-1} = \frac{\Delta n_{NH_3}}{2}$$

化学反应速率（$\dot{\xi}$）一般用化学反应进度随时间的变化率来表示，即：

$$\dot{\xi} = \Delta \xi / \Delta t，或 \dot{\xi} = d\xi/dt$$

（2）浓度、温度、催化剂对反应速率的影响

①质量作用定律：化学反应的速率与反应物浓度一定方次的幂成正比。

化学反应速率方程式（或称质量作用定律表达式）。如对反应 $aA+bB \longrightarrow dD+eE$，则有：

$$v = kC_A^x \cdot C_B^y$$

式中 k 为反应速率常数，C_A、C_B 分别为反应物 A、B 的浓度，$(x+y)$ 的值为反应的级数，一般不等于 $(a+b)$ 之值。

反应速率常数（k）与反应物浓度无关，与温度、催化剂等因素有关。

基元反应，指反应为一步完成的简单反应。只有基元反应，其反应速率方程式中浓度项的指数才等于相应的化学计量数。例如基元反应 $aA+bB \longrightarrow dD+eE$，则有：$v = kC_A^a \cdot C_B^b$。

大多数反应都是由多步基元反应组成的复杂反应。

②温度对反应速率的影响：反应速率常数（k）一般随温度升高而变大。

阿仑尼乌斯公式：$\lg k = A - \dfrac{B}{T}$

$$\lg k = A - \frac{E_a}{2.303RT}$$

式中 A、B 为常数；E_a 为活化能；R 为气体常数。

活化能：指活化分子所具有的最低能量与反应物分子的平均能量之差。其中，活化分子为那些具有足够高能量、能发生有效碰撞及化学变化的分子。

③催化剂对反应速率的影响：催化剂（指能增加反应速率而本身的组成、数量及化学性质在反应前后保持不变的物质）的实质是改变了反应的途径，生成了新的活性中间体，降低了反应的活化能。

2. 化学反应的方向

(1) 化学反应的热效应与焓 H 及焓变 ΔH

许多化学反应都伴随着放热或吸热，称为化学反应的热效应，或称为化学反应的反应热。

盖斯定律：在恒压条件下，不管化学反应是一步完成，还是分几步完成，其反应的热效应总是相同的。

根据盖斯定律，可以利用已知的反应热去求解一些未知或难以直接测定的反应热。

化学反应的标准焓变（$\Delta_r H^\ominus$），是指对于一个化学反应而言，当参与反应的各种物质，包括反应物和生成物，都处于标准状态时，化学反应的焓变。

化学反应的标准摩尔焓变（$\Delta_r H_m^\ominus$），指当化学反应进度为 $\xi=1\mathrm{mol}$ 时，化学反应的标准焓变。$\Delta_r H_m^\ominus$ 的单位是 $\mathrm{kJ \cdot mol^{-1}}$。

物质的标准生成焓（$\Delta_f H_m^\ominus$），指由稳定的单质生成单位量（如 1mol）的某种物质的反应的标准焓变，被定义为该种物质的标准生成焓。$\Delta_f H_m^\ominus$ 中左下标 f 表示生成焓，其单位是 $\mathrm{kJ \cdot mol^{-1}}$。

稳定单质本身的标准生成焓必然为零。需注意的是，物质的标准生成焓是一种相对值。

根据物质的标准生成焓，可求某指定反应的标准摩尔焓变（$\Delta_r H_m^\ominus$）之值。如反应：$aA + bB \xrightarrow{\Delta_r H_m^\ominus} dD$，已查表知 A、B、D 的标准生成焓值，则该反应的 $\Delta_r H_m^\ominus$ 为：

$$\Delta_r H_m^\ominus = d \cdot \Delta_f H_m^\ominus (D) - [a \cdot \Delta_f H_m^\ominus (A) + b \cdot \Delta_f H_m^\ominus (B)]$$

(2) 熵 S 与熵变 ΔS

熵是体系混乱度的量度。熵是一种状态函数。

熵变 ΔS 仅取决于指定的始态和终态，而与变化的实际过程、经过的途径无关。

在标准状态下，1mol 纯物质的规定熵，定义为该物质的标准摩尔规定熵，简称物质的标准熵，以 $S_m^\ominus (T)$ 表示，单位是 $\mathrm{J \cdot K^{-1} \cdot mol^{-1}}$。需注意的是，任一稳定单质的规定熵与标准熵都不为零。

反应的标准摩尔熵变（$\Delta_r S_m^\ominus$），指若反应物和生成物都处于标准状态下，当反应的进度为 1mol 时，反应的标准熵变。它的单位为 $\mathrm{J \cdot K^{-1} \cdot mol^{-1}}$。

根据反应物、生成物的标准熵（$S_m^\ominus$），可计算指定反应的标准摩尔熵变（$\Delta_r S_m^\ominus$）。如反应 $aA + bB = dD$，则有：

$$\Delta_r S_m^{\ominus}(298K) = d \cdot S_m^{\ominus}(D) - [a \cdot S_m^{\ominus}(A) + b \cdot S_m^{\ominus}(B)]$$

(3) 吉布斯自由能

在标准状态下，由最稳定的单质生成单位量（如1mol）的纯物质的反应的标准吉布斯自由能变，定义为该物质的标准生成吉布斯自由能，以 $\Delta_f G_m^{\ominus}(T)$ 表示，单位为 kJ·mol^{-1}。需注意的是，任一种稳定单质的 $\Delta_f G_m^{\ominus}$ 为零。

当一个反应体系的所有物质都处于标准状态时，反应的吉布斯自由能变化，即为该反应的标准吉布斯自由能变。当反应进度为1mol，反应的标准吉布斯自由能即定义为该反应的标准摩尔吉布斯自由能变，以 $\Delta_r G_m^{\ominus}(T)$ 表示，单位为 kJ·mol^{-1}。

根据 $\Delta_f G_m^{\ominus}(T)$ 值可计算出反应的 $\Delta_r G_m^{\ominus}(T)$ 值。如某反应：

$$aA + bB \xrightarrow{\Delta_r G_m^{\ominus}} dD，则有：$$

$$\Delta_r G_m^{\ominus}(298K) = d \cdot \Delta_f G_m^{\ominus}(D) - [a \cdot \Delta_f G_m^{\ominus}(A) + b \cdot \Delta_f G_m^{\ominus}(B)]$$

需注意的是，上述公式只能是298K时的 $\Delta_r G_m^{\ominus}$。而同一反应，在不同温度下，$\Delta_r G_m^{\ominus}(T)$ 值是不同的。

(4) 化学反应方向的判别

①熵变判据：在孤立体系中发生的任何变化或化学反应，总是向着熵值增大的方向进行，即 $\Delta S_{孤立} > 0$ 的方向进行的。

②吉布斯自由能判据：在等温、等压、不作非膨胀功的条件下，自发的化学反应总是向着体系吉布斯自由能降低的方向进行的。

即：$\Delta_r G_m = G_{终态} - G_{始态} \begin{cases} <0, & \text{正反应可自发进行；} \\ >0, & \text{正反应不能自发进行。} \end{cases}$

3. 化学平衡

化学平衡状态时，$v_{正} = v_{逆}$。

某指定反应 $aA + bB = dD + eE$，达到平衡时，各组分的平衡浓度 C_A、C_B、C_D、C_E 或平衡分压 p_A、p_B、p_D、p_E 都是确定的值，则

$$K_c = \frac{(C_D/C^{\ominus})^d \cdot (C_E/C^{\ominus})^e}{(C_A/C^{\ominus})^a \cdot (C_B/C^{\ominus})^b}, \quad K_p = \frac{(p_D/p^{\ominus})^d \cdot (p_E/p^{\ominus})^e}{(p_A/p^{\ominus})^a \cdot (p_B/p^{\ominus})^b}$$

K_c 或 K_p 为常数，称为化学反应的平衡常数，不再随时间而变化。

K_c 称为浓度平衡常数，K_p 称为压力平衡常数。需注意的是，平衡常数是会随反应温度变化而变化的条件常数。

化学反应的吉布斯自由能变与标准平衡常数的关系为：

$$\lg K^{\ominus}(T) = \frac{-\Delta_r G_m^{\ominus}(T)}{2.303RT}$$

上式中 $K^{\ominus}(T)$ 为反应的标准常数。一个指定反应，在指定温度 T 下，只有一个 $K^{\ominus}(T)$ 值。

化学平衡的移动规律，即吕·查德理原理：当体系达到平衡后，若因外部原因使平衡条件发生了变化，将打破平衡而使平衡移动，平衡移动的方向是使平衡向减弱外因所引起的变化的方向移动。

在平衡移动过程中，只要反应温度不变，则平衡常数值保持不变。

三、解题指导

历年考题中偏重于考核浓度、温度、压力、催化剂对速率、速率常数、平衡常数、平衡移动的影响。本节中复杂的公式应理解公式的意义，反映的客观规律。

【例 3-1-1】 20℃时，反应 $N_2(g)+3H_2(g)=2NH_3(g)$ 的 $\Delta_r H_m^{\ominus} = -85.68$ kJ·mol^{-1}，若温度升高，则（　　）。

A. $v_正$ 增大，$v_逆$ 减小　　　　　　　　B. $v_正$ 减小，$v_逆$ 增大

C. $v_正$ 增大，$v_逆$ 增大　　　　　　　　D. $v_正$ 减小，$v_逆$ 减小

【解】 温度升高时，正逆反应速率均增大，只是增大的倍数不同，故选 C 项。

【例 3-1-2】 已知反应 $NO(g)+CO(g)=\frac{1}{2}N_2(g)+CO_2(g)$ 的 $\Delta_r H_m^{\ominus} = -37$ kJ·mol^{-1}，有利于 NO 和 CO 最大转化率的措施是（　　）。

A. 低温低压　　　B. 低温高压　　　C. 高温高压　　　D. 高温低压

【解】 由于 $\Delta_r H_m < 0$，故正反应为放热反应，当 T 下降，平衡向放热反应方向移动，即向正反应方向移动，转化率增大；又正反应是气体分子数减小的反应，所以 p 增大，平衡向正反应方向移动，转化率增大。

所以应选 B 项。

四、应试题解

1. 在等温等压下，一个化学反应能自发进行的充分必要条件是：在该温度时，该反应的（　　）。

A. $\Delta_r G_m^{\ominus}(T)=0$　　　　　　　　B. $\Delta_r G_m(T)=0$

C. $\Delta_r G_m^{\ominus}(T)<0$　　　　　　　　D. $\Delta_r G_m(T)<0$

2. 化学反应的标准摩尔焓变 $\Delta_r H_m^{\ominus}$ 的单位是 kJ·mol^{-1}，其中 mol^{-1} 的物理意义是（　　）。

A. 化学反应消耗了 1 摩尔的原料　　　B. 化学反应生成了 1 摩尔的产物

C. 化学反应的进度为 1 摩尔　　　　　D. 化学反应物质的总量为 1 摩尔

3. 对于反应 $N_2+3H_2 \rightleftharpoons 2NH_3$ 的平均速率的表示方法，下列不正确的是（　　）。

A. $\dfrac{-\Delta C_{H_2}}{\Delta t}$　　　B. $\dfrac{-\Delta C_{N_2}}{\Delta t}$　　　C. $\dfrac{\Delta C_{NH_3}}{\Delta t}$　　　D. $\dfrac{-\Delta C_{NH_3}}{\Delta t}$

4. 若化学反应 $aA+bB \rightleftharpoons dD+eE$ 的反应级数可直接用 $(a+b)$ 表示，则其充分必要条件是（　　）。

A. 该反应为基元反应　　　　　　　　B. 该反应为可逆反应

C. 该反应为不可逆反应　　　　　　　D. 该反应为分步反应

5. 某化学反应的速率常数的单位是（时间）$^{-1}$，则反应是（　　）。

A. 零级反应　　　B. 三级反应　　　C. 二级反应　　　D. 一级反应

6. 已知：反应 $2NO+Cl_2 \rightleftharpoons 2NOCl$ 为基元反应，下面表述不正确的是（　　）。

A. 反应的速率方程 $v=k[NO]^2[Cl_2]$

B. 反应的级数＝3

C. 增加反应物浓度以提高反应速度

115

D. 增高温度是否能提高反应速率不能确定

7. 某反应的速率方程为：$v=kc_A^2 \cdot c_B$ 若使密闭的反应容积增大一倍，则反应速率为原来速率的（　　）。

   A. 1/6　　　　　　B. 1/8　　　　　　C. 1/4　　　　　　D. 8

8. 某反应的速率方程式是 $v=kc_A^x c_B^y$，当 A 物质的浓度减少 50% 时，v 降低为原来的 1/4，当 B 物质的浓度增大 2 倍时，v 增大 2 倍，则 x、y 分别为（　　）。

   A. $x=1$、$y=1$　　B. $x=2$、$y=1$　　C. $x=1$、$y=2$　　D. $x=2$、$y=2$

9. 一般来说，某反应在其他条件一定时，温度升高，其反应速率会明显增加，主要原因是（　　）。

   A. 分子碰撞机会增加　　　　　　　　B. 反应物压力增加
   C. 活化分子百分率增加　　　　　　　D. 反应的活化能降低

10. 下列说法中正确的是（　　）。

    A. 某种催化剂能加快所有反应的速率
    B. 催化剂可以提高化学反应的平衡产率
    C. 催化剂只能缩短反应到达平衡的时间，而不能改变平衡状态
    D. 催化反应的热效应升高

11. 某放热反应的正反应活化能是 $20kJ \cdot mol^{-1}$，则逆反应的活化能是（　　）。

    A. 等于 $20kJ \cdot mol^{-1}$　　　　　　B. 大于 $20kJ \cdot mol^{-1}$
    C. 小于 $20kJ \cdot mol^{-1}$　　　　　　D. 无法确定

12. 20℃时，反应 $N_2(g)+3H_2(g)=2NH_3(g)$ 的 $\Delta_r H_m^{\ominus}=-85.68kJ \cdot mol^{-1}$，若温度升高，则（　　）。

    A. $v_正$ 增大，$v_逆$ 减小　　　　　　B. $v_正$ 减小，$v_逆$ 增大
    C. $v_正$ 增大，$v_逆$ 增大　　　　　　D. $v_正$ 减小，$v_逆$ 减小

13. 在一定条件下，已建立化学平衡的某可逆反应，当改变反应条件使化学平衡向正反应方向移动时，下列有关叙述正确的是（　　）。

    A. 生成物的体积分数一定增加　　　　B. 生成物的产量一定增加
    C. 反应物浓度一定降低　　　　　　　D. 使用了合适催化剂

14. 可使任何反应达到平衡时增加产率的措施是（　　）。

    A. 升温　　　　　　　　　　　　　　B. 加压
    C. 增加反应物浓度　　　　　　　　　D. 加催化剂

15. 在一容器中，反应 $2SO_2(g)+O_2(g) \rightleftharpoons 2SO_3(g)$，达到平衡，加一定量 N_2 气体保持总压力不变，平衡将会（　　）。

    A. 向正方向移动　　　　　　　　　　B. 向逆方向移动
    C. 无明显变化　　　　　　　　　　　D. 不能判断

16. 某指定的化学反应，在恒温条件下达到平衡，当体系的其他状态函数（如压力、体积、物质浓度等）发生变化时，反应的平衡常数 $K^{\ominus}(T)$ 是（　　）。

    A. 将随之而变　　　　　　　　　　　B. 保持不变
    C. 恒大于零　　　　　　　　　　　　D. 恒等于零

17. 下列叙述中正确的是（　　）。

A. 反应物的转化率不随起始浓度而变

B. 一种反应物的转化率随另一种反应物的起始浓度不同而变

C. 平衡常数随起始浓度不同而变

D. 平衡常数不随温度变化

18. 反应 $N_2(g)+3H_2(g)=2NH_3(g)$，$\Delta_r H_m^\ominus = -90 kJ \cdot mol^{-1}$，从热力学观点看，要使达到最大转化率，反应的条件应该是(　　)。

  A. 低温高压　　　　　　　　　　B. 低温低压

  C. 高温高压　　　　　　　　　　D. 高温低压

19. 已知反应 $NO(g)+CO(g)=\frac{1}{2}N_2(g)+CO_2(g)$ 的 $\Delta_r H_m^\ominus = -371 kJ \cdot mol^{-1}$，有利于 NO 和 CO 最大转化率的措施是（　　）

  A. 低温低压　　　B. 低温高压　　　C. 高温高压　　　D. 高温低压

20. 反应 $2SO_3(g)=2SO_2(g)+O_2(g)$ 平衡时的总压力是 $P(Pa)$，SO_3 的离解率是 50%，该反应的平衡常数 K_p 是（　　）。

  A. $P/2$　　　　　B. P　　　　　C. $P/4$　　　　　D. $P/5$

21. 已知：$H_2(g)+S(s) \rightleftharpoons H_2S(g)$ K_1，$S(s)+O_2(g) \rightleftharpoons SO_2(g)$ K_2，则反应 $H_2(g)+SO_2(g) \rightleftharpoons O_2(g)+H_2S(g)$ 的平衡常数是（　　）。

  A. K_1+K_2　　　B. K_1-K_2　　　C. $K_1 \times K_2$　　　D. K_1/K_2

22. 在一定条件下，一个反应达到平衡的标志是（　　）。

  A. 各反应物和生成物的浓度相等

  B. 各物质浓度不随时间改变而改变

  C. $\Delta_r G_m^\ominus = 0$

  D. 正逆反应速率常数相等

23. 在一定温度下，可逆反应 $N_2(g)+3H_2(g) \rightleftharpoons 2NH_3(g)$ 达到平衡的标志是(　　)。

  A. $NH_3(g)$ 生成的速率与分解的速率相等

  B. 单位时间内生成 $n mol N_2$，同时生成 $n mol H_2$

  C. 反应已经停止

  D. 生成物的分压等于反应物的分压

24. 对于一个确定的化学反应来说，下列说法中正确的是(　　)。

  A. $\Delta_r G_m^\ominus$ 越负，反应速度越快

  B. $\Delta_r H_m^\ominus$ 越负，反应速度越快

  C. 活化能越大，反应速度越快

  D. 活化能越小，反应速度越快

25. 已知：$Mg(s)+Cl_2(g)=MgCl_2(s)$，$\Delta_r H_m^\ominus = -602 kJ \cdot mol^{-1}$，则（　　）。

  A. 在任何温度下，正向反应是自发的

  B. 在任何温度下，正向反应是不自发的

  C. 高温下，正向反应是自发的；低温下，正向反应不自发

  D. 高温下，正向反应是不自发的；低温下，正向反应自发

26. 对于可逆反应 2A(s)＋B(g)⇌2C(g)＋D(s)　$\Delta H^{\ominus}<0$，下列说法正确的是（　　）。

　　A. 升高温度，可使正、逆反应速率都增大，平衡向逆反应方向移动

　　B. 升高温度，可使逆反应速率增大，正反应速率减小，而使平衡向逆反应方向移动

　　C. 由于反应前后分子总数相等，所以增加压力对平衡没有影响

　　D. 加入催化剂可使正反应速率增加，平衡将向正反应方向移动

27. 增加反应物的浓度，可改变（　　）。

　　A. 反应的速率　　　　　　　　　　B. 反应的平衡常数

　　C. 反应速率常数　　　　　　　　　D. 反应的活化能

28. 已知 2NH$_3$(g)＝N$_2$(g)＋3H$_2$(g)的 $\Delta_r H_m^{\ominus}$(298.15K)＝90.22kJ·mol^{-1}，则 NH$_3$(g)的标准摩尔生成焓为（　　）kJ·mol^{-1}。

　　A. －45.11　　　B. －90.22　　　C. 45.11　　　D. 90.22

29. 下列两个反应在某温度、100kPa 时都能生成 C$_6$H$_6$(g)：

①C$_2$H$_4$(g)＋H$_2$(g)⟶C$_6$H$_6$(g)；

②2C(石墨)＋3H$_2$(g)⟶C$_6$H$_6$(g)；

则代表 C$_6$H$_6$(g)标准摩尔生成焓的反应是（　　）。

　　A. 反应①　　　　　　　　　　　　B. 反应①的逆反应

　　C. 反应②　　　　　　　　　　　　D. 反应②的逆反应

30. 若 CH$_4$(g)、CO$_2$(g)、H$_2$O(l)的 $\Delta_f G_m^{\ominus}$ 分别为－42.2kJ·mol^{-1}、－392kJ·mol^{-1}和－215.4kJ·mol^{-1}，则 298K 时，CH$_4$(g)＋2O$_2$(g)⟶CO$_2$(g)＋2H$_2$O(l)的 $\Delta_r G_m^{\ominus}$(kJ·mol^{-1})为（　　）。

　　A. －780.6　　　B. －691.8　　　C. －649.6　　　D. －580.8

31. 已知某反应升温时 $\Delta_r G_m^{\ominus}$ 值减小，则下列情况与其相符的是（　　）。

A. $\Delta_r G_m^{\ominus}<0$　　B. $\Delta_r G_m^{\ominus}>0$　　C. $\Delta_r H_m^{\ominus}>0$　　D. $\Delta_r H_m^{\ominus}<0$

32. 298K 时，反应 2SO$_2$(g)＋O$_2$(g)＝2SO$_3$(g)的标准平衡数 $K^{\ominus}=4.5\times10^{24}$，若在此温度时，该反应熵 $Q=1.4$，则该反应进行的方向是（　　）。

　　A. 处于平衡状态　　B. 逆反应向进行　　C. 正反应向进行　　D. 无法判断

33. 已知某反应的 $\Delta_r G_m^{\ominus}>0$，则该反应的平衡常数 $K^{\ominus}$ 值（　　）。

　　A. $K^{\ominus}>0$　　　B. $K^{\ominus}<0$　　　C. $K^{\ominus}>1$　　　D. $K^{\ominus}<1$

第二节　溶　　液

一、《考试大纲》的规定

溶液的浓度；非电解质稀溶液通性；渗透压；弱电解质溶液的解离平衡；分压定律；解离常数；同离子效应；缓冲溶液；水的离子积及溶液的 pH 值；盐类的水解及溶液的酸碱性；溶度积常数；溶度积规则。

二、重点内容

1. 溶液的浓度及计算

体积摩尔浓度（简称摩尔浓度），指用 1L 溶液中所含溶质的量来表示的浓度，其单位

为 mol·L^{-1} 或 mol·dm^{-3}。

质量摩尔浓度，指用 1kg 溶剂中溶质的量表示的浓度，其单位为 mol·kg^{-1}。

摩尔分数浓度，指用溶质的量占溶液总量的摩尔分数来表示。如 $x_A = \dfrac{n_A}{n_A + n_B}$，$x_A$ 则为溶质 A 的摩尔分数。

2. 稀溶液的依数性（或通性）及计算

(1) 溶液的饱和蒸汽压下降。拉乌尔定律：任何溶液的蒸汽压下降是该溶液中溶质的摩尔分数 x_A 的函数，即：$\Delta p = x_A p^0$

式中 p^0 为纯溶剂的蒸汽压。

溶液的其他依数性都可解释为是由溶液的蒸汽压下降所引起的。

(2) 溶液的沸点升高和凝固点下降。拉乌尔定律：稀溶液的沸点升高和冰点下降与溶液的质量摩尔浓度成正比，即：

$$\Delta T_{b,p} = K_{bp} m$$

$$\Delta T_{f,p} = K_{fp} m$$

式中 m 为溶液的质量摩尔浓度；K_{bp} 为溶剂的沸点升高常数；K_{fp} 为溶剂的凝固点下降常数。

水的 $K_{bp} = 0.5 K \cdot kg \cdot mol^{-1}$，$K_{fp} = 1.86 K \cdot kg \cdot mol^{-1}$

3. 溶液的渗透压

一定温度时，溶液的渗透压与溶液的体积摩尔浓度成正比；在一定温度时，溶液的渗透压与绝对温度成正比，即：

$$\Pi = CRT$$

式中 Π 为溶液的渗透压；R 为气体常数；C 为溶液的体积摩尔浓度；T 为绝对温度。

需注意的是：溶液的蒸汽压下降、沸点升高、凝固点下降和渗透压等特性仅与一定量溶剂或溶液中所含溶质的量成正比，而与溶质的本性无关。

4. 电解质溶液的电离平衡

(1) 一元弱酸、弱碱的电离平衡

在指定温度下，弱酸电离常数（$K_a^\ominus$）或弱碱电离常数（$K_b^\ominus$）都是定值，并不随任何平衡组分的浓度而改变。

电离度 α 是表示电离程度大小的量度，它随弱酸或弱碱的初始浓度不同而变化。起始浓度越大，其电离度 α 越小。需注意的是，当电离度越小时，溶液中电离出的离子浓度却越大。

一元弱酸或弱碱的电离常数与电离度 α 之间的关系为：

$$K_i^\ominus = C\alpha^2$$

或

$$\alpha = \sqrt{\dfrac{K_i^\ominus}{C}}$$

(2) 多元弱酸的电离平衡

如 H_2S 分为二级电离：

一级电离时：$H_2S \rightleftharpoons H^+ + HS^-$，$K_{a1}^\ominus = \dfrac{[H^+][HS^-]}{[H_2S]}$

二级电离时：$HS^- \rightleftharpoons H^+ + S^{2-}$，$K_{a2}^\ominus = \dfrac{[H^+][S^{2-}]}{[HS^-]}$

一般地，$K_{a1}^\ominus \gg K_{a2}^\ominus$，所以 H_2S 溶液中 H^+ 离子浓度近似等于：

$$[H^+] = \sqrt{K_{a1}^\ominus \cdot [H_2S]}$$

对于平衡体系中 $[S^{2-}]$ 为：$[S^{2-}] = K_{a2}^\ominus \cdot \dfrac{[HS^-]}{[H^+]} \doteq K_{a2}^\ominus$。

(3) 水的离子积和溶液的 pH 值

$$K_w^\ominus = [H^+] \cdot [OH^-] = 10^{-7} \cdot 10^{-7} = 10^{-14} \quad (T = 22℃)$$
$$pH = -\lg[H^+]$$
$$pOH = -\lg[OH^-] = 14 - pH$$

其中 $K_w^\ominus$ 为水的离子积常数；pH=7，溶液呈中性；pH<7，溶液呈酸性；pH>7，溶液呈碱性。

5. 同离子效应和缓冲溶液

同离子效应，指在弱电解质溶液中，加入具有相同离子的强电解质，使弱电解质的电离度降低的现象。

缓冲溶液，指由弱酸及其盐（如 HAc－NaAc）、或弱碱及其盐（如 $NH_3 \cdot H_2O$－NH_4Cl)组成的混合溶液，能在一定程度上抵消、减轻外加少量强酸或强碱对溶液酸度的影响，从而保持溶液的 pH 值相对稳定。

组成缓冲液的弱酸（或弱碱）与其盐组成了一个缓冲对。缓冲溶液的 pH 值计算公式为：

弱酸及其盐组成的缓冲溶液：$pH = pK_a^\ominus - \lg \dfrac{C_{酸}}{C_{盐}}$；

弱碱及其盐组成的缓冲溶液：$pOH = pK_b^\ominus - \lg \dfrac{C_{碱}}{C_{盐}}$；

或 $$pH = 14 - pK_b^\ominus + \lg \dfrac{C_{碱}}{C_{盐}}$$

其中 $C_{酸}$、$C_{碱}$、$C_{盐}$ 分别为组成缓冲液的弱酸、弱碱、相应的盐的起始浓度。

6. 盐类的水解平衡

水解常数一般用 $K_h^\ominus$ 表示。盐类水解反应是酸碱中和反应的逆过程，反应的终点即达到平衡，即水解平衡。

一元弱酸强碱盐的水解平衡：$K_h^\ominus = \dfrac{K_w^\ominus}{K_a^\ominus}$

一元强酸弱碱盐的水解平衡：$K_h^\ominus = \dfrac{K_w^\ominus}{K_b^\ominus}$

显然，组成盐的弱酸的酸性越弱，即 $K_a^\ominus$ 越小，则由它组成的盐的 $K_h^\ominus$ 就越大；同样，$K_b^\ominus$ 越小，$K_h^\ominus$ 就越大。

多元弱酸弱碱盐的水解是分级进行的。同样，一级水解常数 $K_{h1}^\ominus$ 远远大于二级水解常

数 $K_{h2}^{\ominus}$；二级水解常数远远大于三级水解常数等等。

水解度 h 与水解常数的关系为：$h = \sqrt{\dfrac{K_h^{\ominus}}{C_{盐}}}$

7. 溶液的酸碱性与酸碱质子理论

凡能给出质子的物质是酸(质子酸)，能接受质子的物质是碱(质子碱)。酸失去质子变成了碱，碱得到质子就变成酸，这对酸和碱具有共轭关系，称为共轭酸碱对。如 HCl/Cl^-；HAc/Ac^-；H_2O/OH^-；H_3O^+/H_2O；NH_4^+/NH_3；H_2CO_3/HCO_3^-。

8. 多相离子平衡

多相离子平衡(或称沉淀溶解平衡)，指在一定温度下难溶电解质晶体与溶解在溶液中的离子之间存在溶解和结晶平衡。

每个多相离子平衡都具有一个特征的平衡常数，称为化合物的溶度积常数，用 $K_{sp}^{\ominus}$ 表示。如下列溶液 $K_{sp}^{\ominus}$ 为：

$$Mg(OH)_2(s) \rightleftharpoons Mg^{2+} + 2OH^-，K_{sp}^{\ominus} = [Mg^{2+}] \cdot [OH^-]^2$$

$$Ca_3(PO_4)_2(s) \rightleftharpoons 3Ca^{2+} + 2PO_4^{3-}，K_{sp}^{\ominus} = [Ca^{2+}]^3 \cdot [PO_4^{3-}]^2$$

溶解度一般用体积摩尔浓度 S 表示。溶解度 S 和溶度积常数 $K_{sp}^{\ominus}$ 的关系，对 AB 型难溶电解质：$K_{sp}^{\ominus} = S^2$，或 $S = \sqrt{K_{sp}^{\ominus}}$；对 AB_2 型难溶电解质：$K_{sp}^{\ominus} = 4S^3$，或 $S = \sqrt[3]{\dfrac{K_{sp}^{\ominus}}{4}}$。

需注意的是，不同类型难溶电解质要用溶度积常数计算出溶解度 S 后才能进行比较。

溶度积规则：在溶液中，有关离子能否生成难溶晶体析出，可用相应离子的实际浓度积与其溶度积常数相比较，从而作出判断。当实际浓度积 $Q_c > K_{sp}^{\ominus}$ 时，有晶体析出。

运用溶度积规则，可以实施分步沉淀、沉淀转化及沉淀溶解。

三、解题指导

本节知识点涉及一些简单的计算，关键是对基本概念、理论的理解，掌握常见的计算类型题目的解题规律，可分为电离平衡计算、电离平衡移动中 pH 值计算、溶解平衡中溶度积、溶解度的计算，溶度积规则应用的计算。

【例 3-2-1】 将 pH=2 和 pH=11 的强酸和强碱溶液等量混合，所得溶液的 pH 值为（ ）。

A. 1.35 B. 3.35 C. 2.35 D. 6.50

【解】 设强酸和强碱的体积均为 1L，则：

$$n_{H^+} = 0.01\,mol，n_{OH^-} = 0.001\,mol$$

过剩的 H^+ 为：$n_{H^+} = 0.009\,mol$，

混合后溶液中 H^+ 的浓度为：$\dfrac{0.009}{2} = 0.0045\,mol/L$

$$pH = -\lg(0.0045) = 3 - \lg 4.5 = 2.35$$

所以应选 C 项。

【例 3-2-2】 已知在室温下 AgCl 的 $K_{sp} = 1.8 \times 10^{-10}$，$Ag_2CrO_4$ 的 $K_{sp} = 1.1 \times 10^{-12}$，$Mg(OH)_2$ 的 $K_{sp} = 7.04 \times 10^{-11}$，$Al(OH)_3$ 的 $K_{sp} = 2 \times 10^{-32}$，不考虑水解，则溶解度最大的是（ ）。

A. AgCl　　　　　　B. Ag_2CrO_4　　　　　C. $Mg(OH)_2$　　　　D. $Al(OH)_3$

【解】 设 AgCl、Ag_2CrO_4、$Mg(OH)_2$、$Al(OH)_3$ 的溶解度分别为 S_1、S_2、S_3、S_4，则由溶度积公式：

$$S_1^2 = 1.8 \times 10^{-10}，则 S_1 = 1.34 \times 10^{-5}；$$
$$4S_2^3 = 1.1 \times 10^{-12}，则 S_2 = 6.5 \times 10^{-5}；$$
$$4S_3^3 = 7.04 \times 10^{-11}，则 S_3 = 2.6 \times 10^{-4}；$$
$$27S_4^4 = 2 \times 10^{-32}，则 S_4 = 5.2 \times 10^{-9}$$

所以 $Mg(OH)_2$ 的溶解度最大，故应选 C 项。

四、应试题解

1. 在 200mL 的溶液中含糖 25.0g，溶液的密度为 1.047g/mL。该溶液的质量百分比浓度为（　　）。

A. 10.0%　　　　　B. 11.0%　　　　　C. 11.9%　　　　　D. 12.0%

2. 已知 10% 盐酸溶液的密度 1.47g/cm³，HCl 的摩尔质量为 36.5g/mol，该溶液的体积摩尔浓度是（　　）。

A. $2.87 mol/dm^3$　　　　　　　　　　B. $2.50 mol/dm^3$
C. $3.10 mol/dm^3$　　　　　　　　　　D. $2.60 mol/dm^3$

3. 在同步降温过程中，下述溶液中最先结冰的是（　　）。

A. 浓度为 0.01mol/L 的 NaAc 溶液　　　B. 浓度为 0.01mol/L 的 HAc 溶液
C. 浓度为 0.01mol/L 的蔗糖溶液　　　　D. 浓度为 0.01mol/L 的 $MgCl_2$ 溶液

4. 某难挥发非电解质稀溶液的沸点为 100.8℃，则其凝固点为（　　）。（已知水的 $K_{bp} = 0.48 K \cdot kg \cdot mol^{-1}$，$K_{fp} = 1.82 K \cdot kg \cdot mol^{-1}$）

A. $-0.180℃$　　　B. $-0.800℃$　　　C. $-2.03℃$　　　D. $-3.03℃$

5. 下列各物质的水溶液，浓度为 0.1mol/L，按其蒸汽压增加的顺序排列，正确的是（　　）。

A. $C_6H_{12}O_6$，NaCl，H_2SO_4，Na_3PO_4
B. Na_3PO_4，H_2SO_4，NaCl，$C_6H_{12}O_6$
C. NaCl，H_2SO_4，Na_3PO_4，$C_6H_{12}O_6$
D. H_2SO_4，Na_3PO_4，$C_6H_{12}O_6$，NaCl

6. 0.1mol/L 的糖水溶液在室温 25℃时的渗透压为（　　）kPa。

A. 25　　　　　　B. 101.3　　　　　C. 248　　　　　D. 227

7. 每 1dm³ 含甘油(分子量 92.0)46.0g 的水溶液，在 27℃时的渗透压为（　　）kPa。

A. 112　　　　B. 1.13×10^3　　　C. 1.25×10^3　　　D. 2.49×10^3

8. 2.76g 甘油溶于 200g 水中得到一种溶液，测得该溶液的凝固点为 $-0.279℃$，水的 $K_{fp} = 1.86 K \cdot kg \cdot mol^{-1}$。据此求出该甘油的摩尔质量是（　　）。

A. 86.0g/mol　　　B. 92.0g/mol　　　C. 90.0g/mol　　　D. 94.0g/mol

9. 在 0.1mol/L 的醋酸溶液中，下列叙述不正确的是（　　）。

A. 加入少量的 NaOH 溶液，醋酸的电离平衡向右移动
B. 加水稀释后，醋酸的电离度增加
C. 加入浓醋酸，由于增加反应物浓度，使醋酸的电离平衡向右移动，使醋酸电离度

增加

D. 加入少量的 HCl，使醋酸的电离度减小

10. 已知 HAc 的 $K_a = 1.8 \times 10^{-5}$，$0.50 \text{mol} \cdot \text{dm}^{-3}$ HAc 的电离度是（　　）。

A. 0.30%　　　　B. 1.30%　　　　C. 0.60%　　　　D. 0.90%

11. 在 H_2S 水溶液中，加入一些 Na_2S 固体，将使（　　）。

A. 溶液 pH 值减小　　　　　　　　B. 溶液 pH 值增大

C. H_2S 平衡常数值减小　　　　　D. H_2S 电离度增大

12. 某溶液的 pH 值为 5.5，则其 H^+ 的浓度为（　　）。

A. 3.0×10^{-6} mol/L　　　　　　B. 3.5×10^{-5} mol/L

C. 5.5×10^{-5} mol/L　　　　　　D. 5.5×10^{-7} mol/L

13. 将 pH＝2 和 pH＝11 的强酸和强碱溶液等量混合，所得溶液的 pH 值为（　　）。

A. 1.35　　　　B. 3.35　　　　C. 2.35　　　　D. 6.50

14. 将 0.2mol/L 的醋酸与 0.2mol/L 醋酸钠溶液混合，已知 $K_a = 1.76 \times 10^{-5}$，为使溶液的 pH 值维持在 4.05，则酸和盐的比例应为（　　）。

A. 6∶1　　　　B. 4∶1　　　　C. 5∶1　　　　D. 10∶1

15. 下列溶液中具有缓冲能力的缓冲液是（　　）。

A. 0.01mol/L 的 HAc 溶液与 0.005mol/L 的 NaOH 溶液等体积混合

B. 0.01mol/L 的 HAc 溶液与 0.01mol/L 的 NaOH 溶液等体积混合

C. 0.01mol/L 的 HAc 溶液与 0.01mol/L 的 HCl 溶液等体积混合

D. 0.01mol/L 的 HAc 溶液与 0.01mol/L 的 NaCl 溶液等体积混合

16. 在含有 0.1mol/L 的氨水和 0.1mol/L 的 NH_4Ac 的混合溶液中加入少量的强酸后，溶液 pH 值的变化为（　　）。

A. 不变　　　　　　　　　　　　　B. 显著增加

C. 显著降低　　　　　　　　　　　D. 保持相对稳定

17. 用 0.2mol/L HAc 和 0.2mol/L NaAc 溶液直接混合（不加水），配制 1000cm^3 的 pH＝5.00 的缓冲溶液，需取 0.2mol/L 的 HAc 溶液（$pK_a(HAc) = 4.75$）为（　　）。

A. $6.4 \times 10^2 \text{cm}^3$　　　　　　B. $6.5 \times 10^2 \text{cm}^3$

C. $3.5 \times 10^2 \text{cm}^3$　　　　　　D. $3.6 \times 10^2 \text{cm}^3$

18. 为测定某一元弱酸的电离常数，将待测弱酸溶于水得 50cm^3 溶液，把此溶液分成两等份。一份用 NaOH 中和，然后与另一份未被中和的弱酸混合，测得此溶液 pH 为 5.00，则此弱酸的 K_a 为（　　）。

A. 5.0×10^{-5}　　　　　　　　B. 2.0×10^{-4}

C. 1.0×10^{-5}　　　　　　　　D. 上述 A、B、C 均不对

19. 对于溶液：$0.1 \text{mol} \cdot \text{dm}^{-3}$ NaOH，$0.1 \text{mol} \cdot \text{dm}^{-3}$ NH_3，$0.01 \text{mol} \cdot \text{dm}^{-3}$ NH_3，下列说法正确的是（　　）。

A. 电离度最小的为 $0.1 \text{mol} \cdot \text{dm}^{-3}$ NH_3

B. 电离度最小的为 $0.01 \text{mol} \cdot \text{dm}^{-3}$ NH_3

C. pH 最小的为 $0.1 \text{mol} \cdot \text{dm}^{-3}$ NH_3

D. $0.1 \text{mol} \cdot \text{dm}^{-3}$ NaOH 与 $0.1 \text{mol} \cdot \text{dm}^{-3}$ NH_3 的 pH 相等

20. 下列盐的水溶液其 pH 由大到小的顺序，正确的是(　　)。(已知：$K_{HAc}=1.76\times10^{-5}$，$K_{HCN}=4.93\times10^{-10}$，$K_{NH_3}=1.77\times10^{-5}$)

　　A. NaAc，NaCN，NH_4Cl，$NaNO_3$　　　　B. NaCN，NaAc，NH_4Cl，$NaNO_3$
　　C. NaCN，NaAc，$NaNO_3$，NH_4Cl　　　　D. NaAc，NaCN，$NaNO_3$，NH_4Cl

21. 下列论述正确的是(　　)。
　　A. 饱和溶液一定是浓溶液
　　B. 甲醇是易挥发性液体，溶于水后水溶液凝固点不能降低
　　C. 强电解质溶液的活度系数皆小于 1
　　D. 质量摩尔浓度数值不受温度变化影响

22. 按照酸碱质子理论，下列物质中既可作酸又可作碱的物质是(　　)。
　　A. HF　　　　　B. CO_3^{2-}　　　　　C. H_2S　　　　　D. NaHS

23. 用质子论判断，下列(　　)物质既是酸又是碱。
　　A. $NaHCO_3$　　B. NaOH　　　　C. Na_2S　　　　D. H_3PO_4

24. (　　)不是共轭酸碱对。
　　A. NH_3、Na^+　　B. NaOH、Na^+　　C. A、B 都不是　　D. A、B 都是

25. 在 $NH_3\cdot H_2O$ 中加入一些 NH_4Cl 晶体，则下列描述正确的是(　　)。
　　A. $NH_3\cdot H_2O$ 的电离常数 K_b 增大　　　B. $NH_3\cdot H_2O$ 的电离增加
　　C. 溶液的 pH 值增加　　　　　　　　　　D. 溶液的 pH 值减小

26. H_2S 水溶液中粒子数除 H_2O 之外最多的是(　　)。
　　A. H^+　　　　　B. H_2S　　　　　C. HS^-　　　　　D. S^{2-}

27. 某难溶盐化学式 MX_2，其溶度积 K_{sp} 和溶解度 S 的关系为(　　)。
　　A. $K_{sp}=S$　　B. $K_{sp}=S^2$　　C. $K_{sp}=2S^2$　　D. $K_{sp}=4S^3$

28. $Mg(OH)_2$ 在(　　)项中的溶解度最大。
　　A. 纯水　　　　　　　　　　　　　B. 0.01mol/L 的 $MgCl_2$ 溶液
　　C. 0.01mol/L 的 $Ba(OH)_2$ 溶液　　D. 0.01mol/L 的 NaOH 溶液

29. 已知在室温下 AgCl 的 $K_{sp}=1.8\times10^{-10}$，Ag_2CrO_4 的 $K_{sp}=1.1\times10^{-12}$，$Mg(OH)_2$ 的 $K_{sp}=7.04\times10^{-11}$，$Al(OH)_2$ 的 $K_{sp}=2\times10^{-32}$，不考虑水解，则溶解度最大的是(　　)。

　　A. AgCl　　　　B. Ag_2CrO_4　　　C. $Mg(OH)_2$　　　D. $Al(OH)_2$

30. 已知 $K_{sp}(Mg(OH)_2)=1.2\times10^{-11}$，$K_b(NH_3)=1.76\times10^{-5}$，要使 0.80mol/$dm^3$ $MgCl_2$ 与 0.40mol/dm^3 氨水等体积混合后不产生沉淀，其混合液中需 NH_4Cl 最小的浓度为(　　)mol/dm^3。

　　A. 6.4　　　　　B. 0.64　　　　　C. 4.6　　　　　D. 0.46

31. 在相同浓度的下列溶液中逐滴加入 $AgNO_3$ 溶液，最先生成沉淀的是(　　)。(已知 $K_{sp,AgCl}=1.56\times10^{-5}$；$K_{sp,AgBr}=7.7\times10^{-13}$；$K_{sp,AgI}=1.5\times10^{-16}$；$K_{sp,Ag_2CrO_4}=9\times10^{-12}$)

　　A. KCl 溶液　　　　　　　　　　　B. KBr 溶液
　　C. KI 溶液　　　　　　　　　　　　D. K_2CrO_4 溶液

32. 已知 AgCl、AgBr、Ag_2CrO_4 的溶度积分别为 1.8×10^{-10}、5.2×10^{-10}、3.4×10^{-11}，某溶液中含有 Cl^-、Br^-、CrO_4^{2-} 的浓度均为 0.01mol/dm^3，向该项溶液逐滴加入

$0.01 mol/dm^3$ $AgNO_3$ 溶液时，最先和最后产生沉淀的分别是(　　)。

A. AgBr 和 Ag_2CrO_4　　　　　　B. AgBr 和 AgCl

C. Ag_2CrO_4 和 AgCl　　　　　　D. Ag_2CrO_4 和 AgBr

33. 下列有关分步沉淀的叙述中，正确的是(　　)。

A. 溶度积小者一定先沉淀

B. 沉淀时所需沉淀试剂浓度小的先沉淀

C. 溶解度离子浓度大的先沉淀

D. 被沉淀离子浓度大的先沉淀

第三节　氧化还原反应与电化学

一、《考试大纲》的规定

氧化还原的概念；氧化剂与还原剂；氧化还原电对；氧化还原反应方程式的配平；原电池的组成和符号；电极反应与电池反应；标准电极电势；电极电势的影响因素及应用；金属腐蚀与防护。

二、重点内容

1. 氧化剂与还原剂及氧化还原反应方程式

氧化还原反应的本质是发生了电子转移。失电子过程叫氧化，失电子的物质叫还原剂；得电子过程叫还原，得电子的物质叫氧化剂。

氧化还原反应方程式配平的基本规则：①得失电子数必须相等；②等号左右两边元素数和原子数必须相等。

用离子法配平氧化还原反应方程式时，应注意应用 H_2O 的电离平衡参与氧化还原平衡。如在酸性条件下，用 H^+ 和 H_2O 来平衡，一般在含 O 原子多的一边加入 H^+，而另一边加相应数量 H_2O。例如 $SO_3^{2-} \rightleftharpoons SO_4^{2-} + 2e$ 可配平为：$SO_3^{2-} + H_2O \rightleftharpoons SO_4^{2-} + 2e + 2H^+$。

又如在碱性条件下，用 OH^- 和 H_2O 来平衡，一般在含 O 原子多的一边加上 H_2O 分子，而另一边加两倍的 OH^-。例如 $Mn^{2+} \rightleftharpoons MnO_4^{2-} + 4e$ 可配平为：$Mn^{2+} + 8OH^- \rightleftharpoons MnO_4^{2-} + 4e + 4H_2O$。

2. 原电池组成及符号

原电池由两个半电池(电极)组成，原电池中原子流出的电极叫负极，电子流入的电极叫正极。负极发生氧化反应；正极发生还原反应。

在原电池中，氧化还原电对(简称电对)中高价态为氧化态，低价态为还原态。电对书写为氧化态/还原态。

原电池符号，对典型的铜锌原电池，其符号为：

$$(-)Zn/Zn^{2+}(C_{Zn^{2+}})//Cu^{2+}(C_{Cu^{2+}})/Cu(+)$$

原电池符号书写规则是：

①氧化反应写在左边，作为电池负极，用(－)号表示，还原反应写在右边，用(＋)号表示。两条平行斜线代表盐桥。

②在半电池的电对中若有不同的相，应用单斜线分开，表示相界面，若同为溶相，则

用逗号分开。

③半电池的电对中若有金属板,则直接用作电极板,反之若无金属固体,必须外加一惰性电极(如 Pt、石墨等)。

3. 能斯特方程与电极电势的应用

标准电极电势用 $E^{\ominus}$ 表示,单位是伏特(V)。规定 298K 时,标准氢电极作为测量其他电极电势的基准,其电极电势等于 0V,记作 $E^{\ominus}_{H^+/H_2}=0V$。

能斯特方程,在 298K 时,电极反应相关物质的浓度对电极电势影响的定量关系式。对任一电极反应,氧化态$+ne \rightleftharpoons$还原态,其能斯特方程为:

$$E_{氧化态/还原态}=E^{\ominus}_{氧化态/还原态}+\frac{0.059V}{n}\lg\frac{[氧化态]}{[还原态]}$$

$$=E^{\ominus}_{氧化态/还原态}-\frac{0.059V}{n}\lg\frac{[还原态]}{[氧化态]}$$

式中 n 为电极反应式中得失电子数。

书写能斯特方程式应注意几点:

①[氧化态]为指定状态下,氧化态物质的相对浓度,即应以电极反应式中相应的化学计量数为指数。同样,[还原态]类似处理。

②若电极反应中有难溶固体或液体参与反应,则这些物质不写入方程式。

③若电极反应中有气体,则应以其相对压力 $p_B(=p^0_B/p^{\ominus})$ 代入式中。

④电极反应中涉及 H^+、OH^- 或其他与固相沉淀相关的离子,它们的浓度应列入式中。一般地,若该物质项是写在氧化态一边,就作氧化态物质处理;反之,若写在还原态一边,则作还原态物质处理。

例如: $AgCl(s)+e \rightleftharpoons Ag(s)+Cl^-$

$$E_{AgCl/Ag}=E^{\ominus}_{AgCl/Ag}+\frac{0.059V}{1}\lg\frac{1}{[Cl^-]}$$

$$MnO_4^-+5e+8H^+ \rightleftharpoons Mn^{2+}+4H_2O$$

$$E_{MnO_4^-/Mn^{2+}}=E^{\ominus}_{MnO_4^-/Mn^{2+}}+\frac{0.059V}{5}\lg\frac{[MnO_4^-]\cdot[H^+]^8}{[Mn^{2+}]}$$

电极电势的运用:①判断氧化剂(或还原剂)的相对强弱。即电极电势代数值越大,表示电对中氧化态物质越易得到电子,其氧化性越强;反之,电极电势代数值越小,表示电对中还原态物质越易失去电子,其还原性越强。

②判断氧化还原反应进行方向,即反应进行方向是电极电势代数值最大的电对中氧化态物质作为氧化剂,电极电对代数值最小的电对中还原态物质作为还原剂。

③计算原电池的电动势 $E_{电池}=(E_{(+)}-E_{(-)})$。

④计算氧化还原反应的平衡常数。在 298K 时,$E^{\ominus}_{电池}$ 和氧化还原反应平衡常数 $K^{\ominus}$ 之间的关系为:

$$\lg K^{\ominus}=\frac{nE^{\ominus}_{电池}}{0.059V}$$

需注意的是,$K^{\ominus}$ 与反应物实际浓度无关。

4. 电解

在电解池中,与直流电源负极相连的电极称为阴极,与直流电源正极相连的电极称为阳极。电解时,阴极发生还原反应,阳极发生氧化反应。

电解产物的确定,阳极产物的析出次序:①若用金属如 Cu、Ag 等作阳极材料,电解时,金属变成金属离子,即阳极溶解;②若用惰性金属(如 Pt、Au)和石墨,则溶液中简单负离子(如 I^-、Br^-、Cl^-)将先于 OH^- 离子失去电子形成单质析出,若溶液只有含氧酸根离子(如 SO_4^{2-}),则 OH^- 离子将放电,析出 O_2。

阴极产物析出的次序:①电极电势代数值大的金属离子(如 Ag^+、Cu^{2+})形成单质析出;②若溶液中只有电极电势代数值小的金属离子(如 Na^+、K^+),则 H^+ 离子得到电子,析出 H_2。

5. 金属腐蚀与防护

腐蚀电池中发生氧化还原反应的极叫阳极(对应原电池的负极),发生还原反应的极为阴极(对应原电池的正极)。

(1) 析氢腐蚀(如钢铁制品在酸性较强的环境中,易发生)

阳极:$Fe(s) = Fe^{2+} + 2e$;阴极:$2H^+ + 2e = H_2(g)$

(2) 吸氧腐蚀(如钢铁制品在中性环境中,易发生)

阳极:$Fe(s) = Fe^{2+} + 2e$;阴极:$O_2(g) + 2H_2O + 4e = 4OH^-$

差异充气腐蚀为吸氧腐蚀的一种,其反应同上。如埋在土中的钢铁部件常发生差异充气腐蚀。

金属防护包括:改善金属的性质;在金属表面形成保护层;在腐蚀介质中加缓蚀剂;电化学保护法(牺牲阳极法和外加电池阴极保护法)。

三、解题指导

本节重点内容中已经归纳出各知识点理解与运用应注意的问题,应认真掌握。能斯特方程式应掌握其应用;注意区分原电池、电解的不同点。

【例 3-3-1】 已知电极反应 $MnO_4^- + 8H^+ + 5e^- = Mn^{2+} + 4H_2O$ 的标准电动势为 +1.51V,则当 pH=1.0,其余物质浓度为 1.0mol/L 时的电动势为( )。

A. +1.56V   B. +1.50V   C. +1.42V   D. +1.60V

【解】 由能斯特方程式:

$$E_{MnO_4^-/Mn^{2+}} = E^{\ominus}_{MnO_4^-/Mn^{2+}} + \frac{0.059V}{5} \lg \frac{[MnO_4^-][H^+]^8}{[Mn^{2+}]}$$

$$= 1.51 + \frac{0.059}{5} \lg 10^{-8} = 1.42V$$

所以应选 C 项。

【例 3-3-2】 已知电极电势值:$E^{\ominus}_{Sn^{4+}/Sn^{2+}} = 0.15V$,$E^{\ominus}_{Pb^{2+}/Pb} = -0.126V$,$E^{\ominus}_{Ag^+/Ag} = 0.8V$,则在标准状态下,组成上述电对的六种物质中,最强的还原剂是( )。

A. Pb   B. Sn^{2+} C. Ag   D. Pb^{2+}

【解】 氧化还原电对的电极电势代数值越小,该电对中的还原态物质还原性就越强。故 Pb 为最强的还原剂,所以应选 A 项。

四、应试题解

1. 对于化学反应:$3Cl_2 + 6NaOH = NaClO_3 + 5NaCl + 3H_2O$

下列评述中，对 Cl_2 在该反应中所起的作用的正确评述是（　　）。

  A. Cl_2 既是氧化剂，又是还原剂　　　　B. Cl_2 是氧化剂，不是还原剂

  C. Cl_2 是还原剂，不是氧化剂　　　　D. Cl_2 既不是氧化剂，又不是还原剂

2. 在 $Cr_2O_7^{2-}+I^-+H^+\longrightarrow Cr^{3+}+I_2+H_2O$ 反应式中，配平后各物质的化学计量数从左至右依次为（　　）。

  A. 1，3，14，2，$1\frac{1}{2}$，7　　　　　　B. 2，6，28，4，3，14

  C. 1，6，14，2，3，7　　　　　　　D. 2，3，28，4，$1\frac{1}{2}$，14

3. 有一原电池：

Pt｜Fe^{3+}（1mol/dm^3）；Fe^{2+}（1mol/dm^3）‖Ce^{4+}（1mol/dm^3）；Ce^{3+}（1mol/dm^3）｜Pt；则该原电池的电池反应是（　　）。

  A. $Ce^{3+}+Fe^{3+}=Ce^{4+}+Fe^{2+}$　　　　B. $Ce^{4+}+Fe^{2+}=Ce^{3+}+Fe^{3+}$

  C. $Ce^{3+}+Fe^{2+}=Ce^{4+}+Fe$　　　　　D. $Ce^{4+}+Fe^{3+}=Ce^{3+}+Fe^{2+}$

4. 由 $M^{n+}/M(s)$ 电对构成的电极（$M(s)=M^{n+}+ne$），其标准电极电势值 $E^{\ominus}(M^{n+}/M(s))$ 的高低取决于（　　）。

  A. 组成电极的电对物质的氧化还原性

  B. 组成电极的电对物质的量之比

  C. 电极溶液中 M^{n+} 离子的实际浓度

  D. 电极反应中 n 数值的大小

5. 甘汞电极的电极反应为：$2Hg(l)+2Cl^-\rightleftharpoons Hg_2Cl_2(s)+2e$，由此可知，任何一个甘汞电极，其实际电极电位 $E(Hg_2Cl_2/Hg)$ 值的大小变化主要取决于（　　）。

  A. 甘汞（Hg_2Cl_2）与汞的摩尔比　　　　B. 得失电子数 n 的大小

  C. 甘汞电极的标准电极电位　　　　　D. 甘汞电极中 Cl^- 离子的浓度

6. 用能斯特方程式，$E=E^{\ominus}+\dfrac{0.059V}{n}\lg\dfrac{[氧化剂]}{[还原剂]}$ 计算 MnO_4^-/Mn^{2+} 的电极电势 E，下列叙述不正确的是（　　）。

  A. 温度应为298K　　　　　　　　　B. Mn^{2+} 浓度增大，则 E 减小

  C. H^+ 浓度的变化对 E 无影响　　　　　D. MnO_4^- 浓度增大，则 E 增大

7. 用反应 $Zn+2Ag^+=2Ag+Zn^{2+}$ 组成原电池，当$[Zn^{2+}]$ 和 $[Ag^+]$ 均为 1mol/dm^3，在 298.515K 时，该电池的标准电动势 $E^{\ominus}$ 为（　　）。

  A. $E^{\ominus}=2E^{\ominus}_{Ag^+/Ag}-E^{\ominus}_{Zn^{2+}/Zn}$　　　　B. $E^{\ominus}=2E^{\ominus}_{Zn^{2+}/Zn}-E^{\ominus}_{Ag^+/Ag}$

  C. $E^{\ominus}=E^{\ominus}_{Ag^+/Ag}-E^{\ominus}_{Zn^{2+}/Zn}$　　　　　D. $E^{\ominus}=E^{\ominus}_{Zn^{2+}/Zn}-E^{\ominus}_{Ag^+/Ag}$

8. 已知，$Cu^{2+}+2e=Cu$ 的标准电极电势 $E^{\ominus}=0.337V$，则 $1/2Cu^{2+}+e=1/2Cu$ 的标准电极电势为（　　）。

  A. $2\times0.337V$　　　B. $0.337V$　　　C. $1/2\times0.337V$　　　D. $-0.337V$

9. 已知电极反应：$CrO_7^{2-}+14H^++6e=2Cr^{3+}+7H_2O$，$E^{\ominus}=1.23V$，设 $[CrO_7^{2-}]=[Cr^{3+}]=1.0mol/L$，当 pH=1 时，其电极电势为（　　）。

  A. 1.23V　　　　　B. 1.37V　　　　　C. 1.09V　　　　　D. 0.95V

10. 电极反应 $MnO_4^- + 8H^+ + 5e = Mn^{2+} + 4H_2O$ 的标准电动势为 +1.51V，则当 pH =1.0 时，其余物质浓度均为 1.0mol/dm³ 时的电动势为(   )。
    A. +1.561V   B. +1.50V   C. +1.42V   D. +1.60V

11. 电极反应 $Zn^{2+} + 2e = Zn(s)$ 的 $E = -0.763V$，298.15K 时将金属锌放在 0.0100mol/dm³ 的 Zn^{2+} 溶液中，此时测定其电动势值应为(   )V。
    A. −0.822   B. −0.763   C. +0.763   D. −0.793

12. 在铜锌原电池的铜电极一端的电解质溶液中加入氨水后，其电动势将(   )。
    A. 减小   B. 增大   C. 不变   D. 无法判断

13. 在 Cu-Zn 原电池中，在 $CuSO_4$ 溶液中加少量 NaOH 溶液，电池的电动势将(   )。
    A. 变大   B. 变小   C. 不变   D. 无法确定

14. 由反应 $Fe(s) + 2Ag^+ = Fe^{2+} + 2Ag(s)$ 组成的原电池，若将 Ag^+ 浓度减少到原来浓度的 1/10，则电池电动势的变化为(   )。
    A. 增加 0.059V   B. 降低 0.059V
    C. 降低 0.118V   D. 增加 0.118V

15. 下列电极电势不随酸度变化的是(   )。
    A. O_2/OH^- B. Cl_2/Cl^-
    C. O_2/H_2O D. MnO_4^-/Mn^{2+}

16. 某氧化还原反应组装成原电池，下列说法正确的是(   )。
    A. 氧化还原反应达到平衡时平衡常数 K 为零
    B. 氧化还原反应达到平衡时标准电动势 E 为零
    C. 负极发生还原反应，正极发生氧化反应
    D. 负极是还原态物质失电子，正极是氧化态物质得电子

17. 对于下面两个反应方程式，说法完全正确的是(   )。
$$2Fe^{3+} + Sn^{2+} = Sn^{4+} + 2Fe^{2+}$$
$$2Fe^{3+} + \frac{1}{2}Sn^{2+} = \frac{1}{2}Sn^{4+} + 2Fe^{2+}$$

   A. 两式的 $E^\ominus$，$\Delta_r G_m^\ominus$，K_C 都相等
   B. 两式的 $E^\ominus$，$\Delta_r G_m^\ominus$，K_C 不等
   C. 两式的 $\Delta_r G_m^\ominus$ 相等，$E^\ominus$，K_C 不等
   D. 两式的 $E^\ominus$ 相等，$\Delta_r G_m^\ominus$，K_C 不等

18. 已知下列电极电位值：$E_{Sn^{4+}/Sn^{2+}}^\ominus = 0.15V$，$E_{Pb^{2+}/Pb}^\ominus = -0.126V$，$E_{Ag^+/Ag}^\ominus = 0.8V$，则在标准状态下，组成上述电对的六种物质中，最强的还原剂是(   )。
    A. Pb   B. Sn^{2+} C. Ag   D. Pb^{2+}

19. 已知 V^{3+}/V^{2+} 的 $E^\ominus = -0.26V$ 中，O_2/H_2O 的 $E^\ominus = 1.23V$，V^{2+} 离子在下述溶液中能放出氢的是(   )。
    A. pH=0 的水溶液   B. 无氧的 pH=7 的水溶液
    C. pH=10 的水溶液   D. 无氧的 pH=0 的水溶液

20. 在 $ZnSO_4$ 和 $CuSO_4$ 的混合溶液中放入一枚铁钉得到的产物是(   )。
    A. Zn，Fe^{2+} B. Zn，Fe^{2+} 和 Cu
    C. Zn，Fe^{2+} 和 H_2 D. Fe^{2+} 和 Cu

21. 电解熔融的 $MgCl_2$，以铂作电极，阴极产物是( )。
   A. O_2　　　　　B. Cl_2　　　　　C. Mg　　　　　D. H_2

22. 金属腐蚀分为( )。
   A. 化学腐蚀和电化学腐蚀　　　　　B. 析氢腐蚀和吸氧腐蚀
   C. 化学腐蚀和析氢腐蚀　　　　　　D. 电化学腐蚀和吸氧腐蚀

23. 钢铁在大气中发生的电化学腐蚀主要是吸氧腐蚀，在吸氧腐蚀中阴极发生的反应是( )。
   A. $Fe-2e=Fe^{2+}$　　　　　　　B. $Fe-3e=Fe^{3+}$
   C. $2H^++2e=H_2\uparrow$　　　　　D. $O_2+2H_2O+4e=4OH^-$

24. 钢铁在酸性介质中发生的另一类电化学腐蚀叫析氢腐蚀，在析氢腐蚀中阴极发生的反应是( )。
   A. $Fe-2e=Fe^{2+}$　　　　　　　B. $Fe-3e=Fe^{3+}$
   C. $2H^++2e=H_2$　　　　　　　D. $O_2+2H_2O+4e=4OH^-$

25. 下列说法错误的是( )。
   A. 在金属表面涂刷油漆，可以防止腐蚀
   B. 金属在潮湿的空气中主要发生吸氧反应
   C. 牺牲阳极保护法中，被保护金属作为腐蚀电池的阳极
   D. 在外加电流保护法中，被保护金属接外加直流电源的负极

26. 将钢管一部分埋在沙土中，另一部分埋在黏土中，埋在沙土中的钢管成为腐蚀电池的( )。
   A. 正极　　　　　B. 负极　　　　　C. 阴极　　　　　D. 阳极

第四节　物质的结构和物质状态

一、《考试大纲》的规定

原子结构的近代概念；原子轨道和电子云；原子核外电子分布；原子和离子的电子结构；原子结构和元素周期律；元素周期表；周期族；元素性质及氧化物及其酸碱性。离子键的特征；共价键的特征和类型；杂化轨道与分子空间构型；分子结构式；键的极性和分子的极性；分子间力与氢键；晶体与非晶体；晶体类型与物质性质。

二、重点内容

1. 原子核外电子分布

波函数是量子力学描述微观粒子(电子)波动性质的一种数学形式，用符号 ψ 表示。四个量子数是指主量子数 n、副量子数 l、磁量子数 m 和自旋量子数 m_s。

①主量子数 n(亦称能量量子数)。它是决定电子能量大小的主要量子数，其取值为 1，2，3 等正整数。n 不同的原子轨道称为不同的电子层，用符号 K，L，M，N 等分别表示 $n=1$，2，3，4 等电子层。

②副量子数 l(亦称角量子数)。它是决定电子运动角动量的量子数。l 的取值受 n 所限，$l=0$，1，2，…，$(n-1)$，也是决定电子运动能量的次要量子数。

$l=0$，ψ 的空间形状是球形，用符号 s 表示；

$l=1$，ϕ 的空间形状是无柄哑铃形，用符号 p 表示；

$l=2$，ϕ 的空间形状是四瓣梅花形，用符号 d 表示；

$l=3$，ϕ 的空间形状更复杂，用符号 f 表示。

③磁量子数 m。它是决定电子运动的角动量在外磁场方向上分量的大小的量子数。m 取值受 l 的限制，即对应每一个 l，m 可取 $m=0$，± 1，± 2，…，$\pm l$，它和波函数 ϕ 在空间的取向有关。

④自旋量子数 m_s。它是因考虑电子自旋运动方向不同，造成电子能级的微小差别而引出的，其取值为 $+\frac{1}{2}$ 或 $-\frac{1}{2}$。

四个量子数允许的取值和相应的波函数及核外电子运动可能的状态数见表 3-4-1。

核外电子运动的可能状态数　　　　　表 3-4-1

主量子数	电子层符号	角量子数	原子轨道符号	磁量子数	电子层中轨道总数	自旋量子数	状态数 各类轨道	状态数 各电子层
1	K	0	$1s$	0	1	$\pm\frac{1}{2}$	2	2
2	L	0	$2s$	0	1	$\pm\frac{1}{2}$	2	8
		1	$2p$	-1, 0, $+1$	3	$\pm\frac{1}{2}$	6	
3	M	0	$3s$	0	1	$\pm\frac{1}{2}$	2	18
		1	$3p$	-1, 0, $+1$	3	$\pm\frac{1}{2}$	6	
		2	$3d$	-2, -1, 0, $+1$, $+2$	5	$\pm\frac{1}{2}$	10	
4	N	0	$4s$	0	1	$\pm\frac{1}{2}$	2	32
		1	$4p$	-1, 0, $+1$	3	$\pm\frac{1}{2}$	6	
		2	$4d$	-2, -1, 0, $+1$, $+2$	5	$\pm\frac{1}{2}$	10	
		3	$4f$	-3, -2, -1, 0, $+1$, $+2$, $+3$	7	$\pm\frac{1}{2}$	14	

电子云是核外电子在空间出现的几率密度形象化表示。电子出现几率密度大的地方，电子云浓密一些。

多电子原子的核外电子分布情况遵循三个基本原则：①能量最低原理；②泡利(Pauli)不相容原理；③洪特(Hund)规则。

能量最低原理，指电子总是尽量优先占据能量最低的原子轨道。即基本的轨道能级组为：$1s\rightarrow 2s2p\rightarrow 3s3p\rightarrow 4s3d4p\rightarrow 5s4d5p\rightarrow 6s4f5d6p$。

泡利不相容原理，指每个原子中，不可能有 2 个电子具有完全相同的四个量子数，因此，每一个轨道最多只可能容纳 2 个电子，且自旋方向相反。

洪特规则，指量子数 n 和 l 相同的轨道(即等价轨道)，电子将优先占据不同的等价轨道,并保持自旋相同。洪特规则实际是能量最低原理的特例。

原子的核外电子排布式的书写应根据上述三个基本原则和近似能级的顺序进行。价层电子指外层电子对元素的化学性质有显著影响,并将描述电子在价层轨道上分布的式子称为价层电子排布式。如 K 的核外电子排布式为:$1s^22s^22p^63s^23p^64s^1$;它的价层电子排布式为:$4s^1$。

2. 化学键

化学键分为离子键、共价键和金属键等。其中,共价键按原子轨道重叠方式不同,又分为 σ 键和 π 键。

离子键的特点是没有饱和性也没有方向性,相反,共价键具有饱和性和方向性。共价键的饱和性,是指成键原子有多少未成对电子,最多就可形成几个共价键。共价键的方向性是因为电子配对时,原子轨道必须发生重叠,而且要求是最大程度的重叠。

3. 杂化轨道理论

原子轨道混合、重组的过程称为杂化,杂化后的原子轨道叫杂化轨道。有多少个原子轨道参加杂化,就形成多少个杂化轨道。

(1) sp 杂化,即 1 个 ns 轨道和 1 个 np 轨道杂化成 2 个 sp 杂化轨道。每个 sp 杂化轨道都含有 $\frac{1}{2}s$ 轨道成分和 $\frac{1}{2}p$ 轨道成分,每个 sp 杂化轨道间的夹角为 180°,呈直线型。如 $BeCl_2$、$HgCl_2$、CO_2、CH≡CH 等。

(2) sp^2 杂化,3 个 sp^2 杂化轨道位于同一平面,互成 120°夹角。如 BF_3、BCl_3 等。

(3) sp^3 杂化,4 个 sp^3 杂化轨道分别指向正四面体的 4 个顶角,轨道间的夹角互成 109°28′。如 CH_4、$SiCl_4$ 等。

(4) sp^3 不等性杂化,如果在杂化轨道上含有不成键的孤对电子,则形成的 4 个 sp^3 杂化轨道是不完全等同的,此杂化称为不等性杂化。如 NH_3、PCl_3 分子的空间构型为三角锥形,H_2O、H_2S、SO_2 分子的空间构型为 V 字形。

4. 极性分子和非极性分子

对双原子分子,分子的极性是由键的极性决定的。即键是非极性键,则分子是非极性分子;键是极性键,分子是极性分子。

对多原子分子,分子的极性不仅取决于键的极性,还与分子的空间构型有关。

常见物质分子的极性和分子的空间构型见表 3-4-2。

物质分子的极性和分子的空间构型 表 3-4-2

分子式	键的极性	分子的极性	分子的空间构型
N_2、H_2	非极性	非极性	直线型
CO、HCl、HCN	极性	极性	直线型
CS_2、CO_2	极性	非极性	直线型
H_2O、SO_2	极性	极性	V 字形
BF_3	极性	非极性	平面三角形
NH_3	极性	极性	三角锥形
CH_4	极性	非极性	正四面体

(1) 分子间力。它包括取向力、诱导力和色散力。

取向力,在两个极性分子靠近时所产生的作用力;诱导力,极性分子接近非极性分子所产生的作用力;色散力,非极性分子间产生的作用力,并且它存在于所有分子之中。

(2) 氢键。如 NH_3、H_2O、HF 等分子间都存在氢键。在 X—H···Y 中 H 与 Y 之间形成氢键,X 与 H 之间形成极性共价键。氢键有类似共价键的方向性和饱和性。

5. 晶体的内部结构

晶体可分为离子晶体、原子晶体、分子晶体和金属晶体四种类型。原子晶体如金刚石、Si、Ge、SiO_2、SiC 等,其微粒间的作用力是共价键。

6. 周期律

周期表中共有 7 个周期。第 1 周期只有 2 个元素;第 2、3 周期各有 8 个元素;第 4、5 周期各有 18 个元素;第 6 周期有 32 个元素;第 7 周期是个未完全周期。根据元素的外层电子分布的特点,周期表又分为 5 个区,即:s 区、p 区、d 区、ds 区和 f 区。

(1) s 区,包括ⅠA、ⅡA族,外层电子分布 ns^{1-2};

(2) p 区,包括ⅢA—O族,外层电子分布 ns^2np^{1-6};

(3) d 区,包括ⅢB—Ⅷ族,外层电子分布一般为 $(n-1)d^{1-8}ns^2$;

(4) ds 区,包括ⅠB、ⅡB族,外层电子分布 $(n-1)d^{10}ns^{1-2}$;

(5) f 区,包括镧系、锕系,外层电子分布 $(n-2)f^{1-14}(n-1)d^{0-1}ns^2$。

d 区、ds 区为过渡元素,f 区为内过渡元素。

7. 元素及其化合物性质的周期性变化

(1) 第一电离能。同一周期中自左至右,第一电离能(I_1)增大,原子越难失去电子。

(2) 电子亲合能。同一族元素从上向下,电子亲合能递减;同一周期中自左向右,电子亲合能增加。

(3) 氧化物及其水合物的酸碱性

①同一周期从左到右各主族元素的最高价氧化物及其水合物的酸性递增(碱性递减)。长周期副族元素的氧化物及其水合物的酸碱性递变情况类似。

②同一族中从上向下各元素相同价态的氧化物及其水合物的酸性递减(碱性递增)。

③同一元素的高价氧化物或水合物的酸性比低价的酸性更强。如 $HClO_4$>$HClO_3$>$HClO_2$>HClO。

两性氧化物如 Al、Sn、Pb 等元素的氧化物。

三、解题指导

本节知识点需要记忆的较多,特别是元素周期表的周期律、物质分子的极性、空间构型。

【例 3-4-1】 p_z 波函数的空间形状是( )

A. 双球形　　　　　　B. 球形　　　　　C. 四瓣梅花形　　　　D. 橄榄形

【解】 该考核点需要记忆,几种波函数的空间形状,本题应选 A 项。

【例 3-4-2】 H_2S 分子的空间构型和中心离子的杂化方式分别为( )。

A. 直线型,sp 杂化　　　　　　　　　　B. V 形,sp^2 杂化

C. V 形,sp^3 杂化　　　　　　　　　　D. 直线型,sp^2 杂化

【解】 该考核点需要记忆常见的几种分子的杂化方式和空间构型，而杂化方式与空间构型存在一定关系，也直接影响了分子的极性。本题应选 C 项。

四、应试题解

1. 量子数 $n=4$，$l=2$ 对应的轨道的名称是（　　）。
   A. $2p$　　　　　　　B. $4d$　　　　　　　C. $3d$　　　　　　　D. $4p$

2. 量子力学理论中的一个原子轨道是指（　　）。
   A. 与玻尔理论的原子轨道相同
   B. 主量子数 n 具有一定数值时的波函数
   C. 主量子数 n、副量子数 l、磁量子数 m 具有合理组合数值时的一个波函数
   D. 主量子数 n、副量子数 l、磁量子数 m、自旋量子数 m_s 具有合理组合数值时的一个波函数

3. 下列各组量子数不合理的是（　　）。
   A. $n=4$，$l=3$，$m=1$　　　　　　B. $n=5$，$l=1$，$m=0$
   C. $n=3$，$l=2$，$m=-2$　　　　　D. $n=2$，$l=0$，$m=1$

4. p_z 波函数角度分布的形状是（　　）。
   A. 双球形　　　　　　B. 球形　　　　　　C. 四瓣梅花形　　　　　　D. 橄榄形

5. 下列电子构型中，原子不属于基态的是（　　）。
   A. $1s^2 2s^2$　　　　B. $1s^2 2p^2$　　　　C. $1s^2 2s^2 2p^5 3d^1$　　　　D. $1s^2 2s^1 2p^1$

6. 在下列原子的电子结构式中，不能正确表示基态原子的电子结构式的有（　　）。
   A. $[He]2s^2$　　　B. $[Ne]3s^2 3p^2$　　　C. $[Ne]3s^2 3p^4$　　　D. $[Ar]3d^6 4s^3$

7. 24 号元素 Cr 的基本原子价层电子分布正确的是（　　）。
   A. $3d^6 4s^0$　　　B. $3d^4 4s^1$　　　C. $3d^4 4s^2$　　　D. $3d^4 4s^2 4p^1$

8. Fe^{2+} 离子的价层电子排布式应为（　　）。
   A. $3d^5 4s^1$　　　B. $3d^4 4s^2$　　　C. $3d^6$　　　D. $3d^4 4s^1 4p^1$

9. 原子序数为 29 的元素其价电子排布式为（　　）。
   A. $3d^9 4s^2$　　　B. $3d^8 4s^2$　　　C. $3d^{10} 4s^1$　　　D. $4s^2 3d^9$

10. 下列有关电子排布的叙述中，正确的是（　　）。
    A. 价电子层有 ns 电子的元素是碱金属元素
    B. ⅧB 族元素的价电子排布为 $(n-1)d^6 ns^2$
    C. ⅦB 族元素的价电子排布均为 $(n-1)d^6 ns^2$
    D. 29 号元素的价电子排布为 $3d^{10} ns^1$

11. 石墨晶体在常温下有优良的导电性和传热性，这是因为（　　）。
    A. 石墨在高温下能分解成碳正离子和碳负离子
    B. 石墨具有半导体性质
    C. 石墨具有金属特性
    D. 石墨晶体中含有一层层的共轭大 π 键

12. 下列说法不正确的是（　　）。
    A. 离子晶体在熔融时能导电
    B. 离子晶体的水溶液能导电

C. 离子晶体中,晶格能越大通常熔点越高,硬度越大

D. 离子晶体中离子的电荷数越多,核间距越大,晶格能越大

13. 下列元素中各基态原子的第一电离能最大的是(　　)。

　A. Be　　　　　　B. B　　　　　　C. C　　　　　　D. N

14. 下列叙述正确的是(　　)。

　A. 同一主族元素从上至下元素的原子半径增大,其电离能增大

　B. 元素的原子半径愈大,其电子亲合能愈大

　C. 同一主族元素从上至下元素的原子半径增大,其电离能减小

　D. 同一主族元素从上至下元素的电负性增大

15. 下列元素中电负性最大的是(　　)。

　A. O　　　　　　B. F　　　　　　C. C　　　　　　D. N

16. 下列原子半径大小顺序中正确的是(　　)。

　A. Be<Na<Mg　　　　　　　　B. Be<Mg<Na

　C. Be>Na>Mg　　　　　　　　D. Na<Be<Mg

17. 下列氢氧化物碱性最强的是(　　)。

　A. $Sn(OH)_4$　　B. $Sn(OH)_2$　　C. $Pb(OH)_4$　　D. $Pb(OH)_2$

18. 下列含氧酸中酸性最强的是(　　)。

　A. $HClO_3$　　B. $HBrO_3$　　C. H_2SeO_4　　D. H_2TeO_6

19. 下列几种固体物质晶格中,由独立分子占据晶格结点的是(　　)。

　A. 石墨　　　　B. 干冰　　　　C. SiC　　　　D. NaCl

20. 下列化合物中既有离子键又有共价键的是(　　)。

　A. BaO　　　　B. H_2O　　　　C. CO_2　　　　D. NaOH

21. 通过测定 AB_2 型分子的偶极矩,总能判断(　　)。

　A. 分子的几何形状　　　　　　B. 元素的电负性差值

　C. A—B 键的极性　　　　　　D. 三种都可以

22. 中心原子采用 sp^3d^2 杂化轨道成键的分子,其空间构型可能是(　　)。

　A. 八面体　　　　　　　　　　B. 平面正方形

　C. 四方锥　　　　　　　　　　D. 以上三种均有

23. H_2S 分子的空间构型和杂化方式分别为(　　)。

　A. 直线型, sp 杂化　　　　　　B. V 形, sp^2 杂化

　C. V 形, sp^3 杂化　　　　　　D. 直线型, sp^2 杂化

24. 下列物质分中,中心原子以 sp 杂化轨道成健,分子的空间构型是直线型的是(　　)。

　A. $BeCl_2$　　B. BF_3　　C. H_2S　　D. NH_3

25. 下列各组判断中,不正确的是(　　)。

　A. CH_4, CO_2, BCl_3 非极性分子　　B. $CHCl_3$, HCl, H_2S 极性分子

　C. CH_4, CO_2, BCl_3, H_2S 非极性分子　　D. $CHCl_3$, HCl 极性分子

26. 下列分子中键有极性,分子也有极性的是(　　)。

　A. CCl_4　　B. CO　　C. BF_3　　D. N_2

27. 下列物质中，具有极性键的非极性分子是（　　）。
   A. NH_3　　　　　B. O_2　　　　　C. H_2O　　　　　D. CCl_4
28. 下列化合物中键的极性最大的是（　　）。
   A. $MgCl_2$　　　　B. BCl_3　　　　C. $CaCl_2$　　　　D. PCl_3
29. 在 CH_4 分子间存在的作用力主要是（　　）。
   A. 色散力　　　　B. 诱导力　　　　C. 取向力　　　　D. 氢键
30. 乙醇与水分子之间存在的作用力为（　　）。
   A. 色散力、诱导力　　　　　　　　B. 诱导力、取向力
   C. 色散力、诱导力、取向力　　　　D. 色散力、诱导力、取向力、氢键
31. 下列各物质中，分子间只存在色散力的是（　　）。
   A. HBr　　　　　B. NH_3　　　　C. H_2O　　　　D. CO_2
32. 下列每组物质中不同物质分子间既存在范德华力又存在氢键的是（　　）。
   A. 苯与甲烷　　　B. 碘与甲烷　　　C. 甲醇与水　　　D. 氯气与乙烯
33. 下列说法正确的是（　　）。
   A. 色散力仅存在于非极性分子中
   B. 极性分子之间的作用力称为取向力
   C. 诱导力仅存在于极性分子与非极分子之间
   D. 分子量小的物质，其熔点、沸点有时也会高于分子量大的物质
34. 下列化合物中熔点最高的是（　　）。
   A. CF_4　　　　　B. CCl_4　　　　C. CBr_4　　　　D. Cl_2
35. 下列化合物中沸点最低的是（　　）。
   A. NH_3　　　　　B. PH_3　　　　C. AsH_3　　　　D. SbH_3
36. 下列物质中熔点最高的应是（　　）。
   A. NaCl　　　　　B. MgO　　　　　C. CaO　　　　　D. Cr_2O_3
37. 下列物质的熔点由高到低排列，其顺序正确的是（　　）。
   A. HI>HBr>HCl>HF　　　　　　　B. HF>HI>HBr>HCl
   C. $SiC>SiCl_4>CaO>MgO$　　　　　D. $SiC>CaO>MgO>SiCl_4$
38. 下列气态卤化氢中，分子偶极矩变小的顺序为（　　）。
   A. HCl，HBr，HI，HF　　　　　　B. HI，HBr，HCl，HF
   C. HF，HCl，HBr，HI　　　　　　D. HBr，HCl，HF，HI
39. 下列氧化物中，既可和稀 H_2SO_4 溶液作用，又可和稀 NaOH 溶液作用的是（　　）。
   A. Al_2O_3　　　　B. Cu_2O　　　　C. SiO_2　　　　D. CO

第五节　有　机　化　学

一、《考试大纲》的规定

有机物特点、分类及命名；官能团及分子构造式；同分异构；有机物的重要反应：加成、取代、消除、氧化、催化加氢、聚合反应、加聚与缩聚；基本有机物的结构、基本性

质及用途：烷烃、烯烃、炔烃、芳烃、卤代烃、醇、苯酚、醛和酮、羧酸、酯；合成材料：高分子化合物、塑料、合成橡胶、合成纤维、工程塑料。

二、重点内容

1. 有机物特点、分类及命名

(1) 有机物的特点是：①多数有机物的晶体为分子晶体，故熔点低、硬度小；②易燃烧；③有机物的分子多为非极性分子或极性较小的分子，在水中溶解度小；④有机物的反应较慢，常需要加热、加催化剂等，并伴随副反应；⑤常有同分异构现象，即存在化学组成相同但结构不相同的同分异构体。如乙醇和二甲醚。

(2) 有机物的分类。①以分子量大小分类为低分子有机物(摩尔分子量小于 1000g·mol^{-1})和大分子有机物(摩尔分子量大于 1000g·mol^{-1})。

②按碳键骨架分类为开键化合物(亦称为脂肪族化合物)、碳环化合物(又分为脂环族化合物和芳香族化合物)、杂环化合物。

③按官能团分类。

(3) 官能团及分子结构式

官能团，是指一些原子或原子团(还包括重键)，它们是决定有机物的主要性质的基团。有机物中最基本的化合物是烃。烃根据其分子中 C 原子与 C 原子之间是否有重键，可分为烷烃(无重键)、烯烃(有双键 —C=C—)、炔烃(有三键—C≡C—)。常见的重要官能团，如醇（—C—OH），酚（⌬—OH），醛（—C—H），酮（—C—），羧酸（—C—OH），酯（—C—OR），胺（—N—H），腈（—C≡N）。

(4) 有机物的命名

采用系统命名法，其主要原则是：

①根据有机物中主要官能团确定母体，用含该官能团的特定名称命名之，次要官能团作取代基；

②主链选含主要官能团的最长的碳键。当主链上 C 原子数不超过 10 个时，C 原子数目用甲、乙、丙等表示，并且对主链编号，编号应使主要官能团所在碳原子的序号为最小。支链作为取代基，其位置用主链上与其相连的 C 原子的序号表示。如 —CH_3—CH—COOH 为 2-氨基丙酸。
　　　　　　　　　　|
　　　　　　　　　NH_2

2. 有机物的重要化学反应

(1) 取代反应，指有机物中 H 原子被其他原子或原子团取代的反应。如 $CH_4+Cl_2 \xrightarrow{光} CH_3Cl+HCl$。

(2) 加成反应，指含重键的有机物与其他原子或原子团结合，形成两个新的单键。

如 $CH_3-CH=CH_2+Br_2 \longrightarrow CH_3-\underset{Br}{\underset{|}{CH}}-\underset{Br}{\underset{|}{CH_2}}$。

(3) 消去反应，指从有机物分子中消去一个小分子(如 H_2O、HCl 等)，生成双键的反应。如 $CH_2-CH_2 \xrightarrow{浓 H_2SO_4} H_2C=CH_2+H_2O$。（H 和 OH 标注消去）

(4) 氧化反应，指有机物与 O 结合或分子中失去 H 的反应。氧化反应使有机物中 C 原子的氧化数升高。如 $CH_4+2O_2 \longrightarrow CO_2+H_2O$。

(5) 缩合反应，进一步分为如下几种：

酯化反应，指酸和醇在催化剂作用下，失去水生成酯；

醚化反应，指二个醇分子在浓硫酸作用下，失去水，生成醚；

置换反应，指 $R-X$ 卤化物和 NaCN、NaOH，或 NaOR 缩去 NaX，生成腈、醇和醚；

酰胺反应，指酸、酰卤、酸酐与含有 H 原子的胺或氨作用，失去一些水分子生成酰胺。

3. 有机高分子化合物

合成高分子化合物的原料称为单体，其反应主要有两类：加成聚合反应(简称加聚反应)和缩合聚合反应(简称缩聚反应)。

(1) 通用塑料，如聚氯乙烯(PVC)、聚苯乙烯(PS)、聚乙烯(PE)、聚丙烯(PP)、酚醛树脂。

(2) 工程塑料，如聚酰胺 PA(尼龙)、ABS 塑料(由丙烯腈、丁二烯和苯乙烯共聚而成)、聚碳酸酯(PC)。

(3) 合成橡胶，包括通用橡胶和特种橡胶。通用橡胶如丁苯橡胶、氯丁橡胶、丁腈橡胶；特种橡胶如硅橡胶、氟橡胶。

(4) 合成纤维，包括涤纶(聚酯)、锦纶(聚酰胺—尼龙)、腈纶(聚丙烯腈)、丙纶(聚丙烯)等。

三、解题指导

历年考试中有机化学考题数量为 1~2 题，而总的化学考题数量为 12 题。掌握有机化合物的关键是官能团；其次，需要记忆常见的有机高分子化合物。

【例 3-5-1】 下列化合物属于酯类的是(　　)。

A. CH_3CH_2COOH　　　　　　　　　B. $C_2H_5OC_2H_5$

C. CH_3CONH_2　　　　　　　　　　D. $CH_3COOC_2H_5$

【解】 因为酯的官能团为 $-\overset{O}{\overset{\|}{C}}-OR$；而酸的官能团为 $-\overset{O}{\overset{\|}{C}}-OH$ 故应选 D 项。

【例 3-5-2】 苯与氯在光的催化作用下，生成氯苯的反应是(　　)反应。

A. 加成　　　　　B. 消去　　　　　C. 氧化　　　　　D. 取代

【解】 熟悉有机化合物常见的反应类型，则可知本题应选 D 项。

【例 3-5-3】 聚氯乙烯(PVC)的类型是(　　)。

A. 合成纤维　　　　B. 橡胶　　　　C. 工程塑料　　　　D. 通用塑料

【解】 熟悉常见高分子化合物的分类、组成及代号，可知本题应选 D 项。

四、应试题解

1. 已知柠檬醛的结构简式为：

$$CH_3-\underset{\underset{CH_3}{|}}{C}=CHCH_2CH_2-\underset{\underset{CH_3}{|}}{C}=CH-\overset{H}{\underset{\|}{C}}=O$$

下列说法不正确的是(　　)。

A. 它可使 $KMnO_4$ 溶液褪色
B. 它可与银氨溶液发生银镜反应
C. 它可使溴水褪色
D. 它在催化剂的作用下加氢，最后产物的分子式是 $C_{10}H_{20}O$

2. 类似 $H_2N-CH_2CH_2-\overset{O}{\overset{\|}{C}}-OH$ 这样的有机化合物的分类名称为(　　)。

A. 胺　　　　　　　　B. 酸　　　　　　　　C. 氨基酸　　　　　　D. 酰胺

3. $CH_3NH_2CHCOOH$ 的正确命名是(　　)。

A. 2-氨基丙酸
B. 2、2-氨基，乙基乙酸
C. 2-羧基丁氨
D. 2-氨基丁醇

4. 下列化合物中，属于酮类的化合物是(　　)。

A. $CH_3CH_2-OH(B)$
B. CH_3-O-CH_3
C. $CH_3\overset{O}{\overset{\|}{C}}-OH$
D. $(CH_3)C_2=O$

5. 下列化合物中，最易溶于水的化合物是(　　)。

A. CH_3-CH_3
B. CH_3OCH_3
C. $CH_3\overset{O}{\overset{\|}{C}}-OH$
D. $CH_3\overset{O}{\overset{\|}{C}}-OCH_3$

6. 下列有机化合物中具有同分异构体的是(　　)。

A. 2、3-二甲基-1-丁烯
B. 2-戊烯
C. 2-甲基-2 丁烯
D. 丙烯

7. 下列物质分别与溴水反应时，既能使溴水褪色又能产生沉淀的是(　　)。

A. 丁烯　　　　　　　B. 乙醇　　　　　　　C. 苯酚　　　　　　　D. 乙烷

8. 下列物质中只能生成一种一氯取代物的是(　　)。

A. CH_4
B. C_3H_8
C. $CH_3CH_2CH_2CH_3$
D. $CH_3CH_2CH(CH_3)_2$

9. 下列化合物中不能起加聚反应的是(　　)。

A. $CH_2=CH-CH=CH_2$
B. CH_3CH_2-OH
C. CH_2-CH_2
D. $HN-(CH_3)_5-CO$

10. 下列醇类物质在脱水剂存在下能发生分子内消去反应的是(　　)。

A. 甲醇
B. 1-丙醇
C. 2、2-二甲基-1-丙醇
D. 2、2-二甲基-1-丁醇

11. 苯与Cl_2在光的催化作用下，生成氯苯的反应属于(　　)。
   A. 加成　　　　　B. 消去　　　　　C. 氧化　　　　　D. 取代
12. 尼龙在常温下可溶于(　　)。
   A. CCl_4　　　　B. 甲酸　　　　　C. 二甲苯　　　　D. 苯
13. 在室温下处于玻璃态的高分子材料称为(　　)。
   A. 陶瓷　　　　　B. 玻璃　　　　　C. 塑料　　　　　D. 橡胶
14. 聚异戊二烯作为材料属于(　　)。
   A. 橡胶　　　　　B. 塑料　　　　　C. 陶瓷　　　　　D. 化纤
15. 腈纶(聚丙烯腈)的类型是(　　)。
   A. 特种橡胶　　　B. 通用橡胶　　　C. 合成纤维　　　D. 工程塑料
16. 涤纶的化学组成为(　　)。
   A. 对苯二甲酸乙二酯　B. 聚酰胺　　　C. 聚氯乙烯　　　D. 聚丙烯
17. 天然橡胶的主要化学组成是(　　)。
   A. 聚异戊二烯　　　　　　　　　　　B. 1、4-聚丁二烯
   C. 1、3-聚丁二烯　　　　　　　　　D. 聚乙烯

第六节　答案与解答

一、第一节　化学反应速率与化学平衡

1. D　2. C　3. D　4. A　5. D　6. D　7. B　8. B　9. C　10. C
11. B　12. C　13. B　14. C　15. B　16. B　17. B　18. A　19. B　20. D
21. D　22. B　23. A　24. D　25. D　26. A　27. A　28. A　29. C　30. A
31. A　32. C　33. D

1. D. 解答如下：

对于一个多组分单相封闭系统来说，过程的自发即$\Delta_r G_m(T) < 0$。

2. C. 解答如下：

根据化学反应的进度的概念。

3. D. 解答如下：

生成物的化学计量数应取正值。

4. A. 解答如下：

根据质量作用定律，基元反应的级数为各反应物分子数之和。

5. D. 解答如下：

因为反应速率常数k的单位为：(浓度)$^{1-n}$(时间)$^{-1}$，所以$1-n=0$，$1-n=0$，故为一级反应。

6. D. 解答如下：

根据阿仑尼乌斯公式：$\lg k = A - \dfrac{E_a}{2.303RT}$

当$T\uparrow$，则$k\uparrow$，反应速率$v\uparrow$。

7. B. 解答如下：

体积变为原来的 2 倍,则 c_A、c_B 分别都变为原来的 1/2,

$$v'=k \cdot (c_A \times 1/2)^2 \cdot (c_B \times 1/2) = \frac{1}{8}kc_A^2 c_B = \frac{1}{8}v$$

8. B. 解答如下:

设 A、B 物质的初始浓度分别为 c_{A0}、c_{B0},初始速率为 v_0,则:

$v_0 = kc_{A0}^x \cdot c_{B0}^y$,

$\frac{1}{4}v_0 = k\left(\frac{c_{A0}}{2}\right)^x c_{B0}^y$,

$2v_0 = kc_{A0}^x c_{B0}^y$,

解之得:$x=2$,$y=1$。

9. C. 解答如下:

温度升高,分子的动能增大,活化分子在总分子中所占比例增大,即活化分子的百分率增加。

10. C. 解答如下:

因为催化剂同等倍数地增加了正逆反应速率,故只能缩短反应到达平衡的时间,而不能改变平衡时的状态。

11. B. 解答如下:

$$E_{正} - E_{逆} = \Delta_r H_m, \quad E_{逆} = E_{正} - \Delta_r H_m = 20 - \Delta_r H_m$$

对放热反应有 $\Delta_r H_m < 0$,所以 $E_{逆} > 20$。

12. C. 解答如下:

温度升高时,正逆反应速率都增大,只是增大的倍数不同。

13. B. 解答如下:

化学平衡向正反应移动时,有更多的反应物转化为生成物。

14. C. 解答如下:

增加反应物的浓度,化学平衡向正反应移动。

15. B. 解答如下:

加入一定量的惰性气体,保持总压力不变,相当于降低各物质的分压,所以平衡向气体分子数增大的方向移动,即向逆反应方向移动。

16. B. 解答如下:

因 $\Delta_r G_m^\ominus$ 只与温度有关,$\lg K^\ominus(T) = \dfrac{-\Delta_r G_m^\ominus(T)}{2.303RT}$

所以恒温时,$K^\ominus(T)$ 不变。

17. B. 解答如下:

$$转化率 = \frac{该反应物消耗的量}{该反应物的起始量}$$

当一种反应物的量越大,该反应物消耗的量就越大,故转化率越高。

18. A. 解答如下:

因为该反应气体分子数减小,则压力 $P\uparrow$,平衡向正反应方向转动,又因为 $\Delta_r H_m^\ominus < 0$,则温度 $T\downarrow$,平衡向正反应方向转动。

19. B. 解答如下:

因为正反应为放热反应,而 $T\downarrow$ 时,平衡向放热反应方向移动,

所以,$T\downarrow$,平衡向正反应方向移动,转化率增大。

又因为正反应是气体分子数减小的反应,所以 $P\uparrow$,平衡向正反应方向移动,转化率增大。

20. D. 解答如下:

体系中发生如下反应,设 SO_3 的初始分压为 a,则:

$$2SO_3(g)=2SO_2(g)+O_2(g)$$

起始: a 0   0

转化: $50\%a$ $50\%a$ $25\%a$

平衡: $50\%a$ $50\%a$ $25\%a$

故平衡时: $P_{SO_3}=50\%a$,$P_{SO_2}=50\%a$,$P_{O_2}=25\%a$

由 $P=P_{SO_3}+P_{SO_2}+P_{O_2}$ 得:$P=50\%a+50\%a+25\%a=1.25a$,$a=0.8P$

$$K_p=\frac{(P_{SO_2})^2 \cdot P_{O_2}}{(P_{SO_3})^2}=\frac{(0.5\times 0.8P)^2\times(0.25\times 0.8P)}{(0.5\times 0.8P)^2}=\frac{1}{5}P$$

21. D. 解答如下:

反应③即由①-②生成,由 $\Delta_r G_m^\ominus(3)=\Delta_r G_m^\ominus(1)-\Delta_r G_m^\ominus(2)$,

所以 $K_3=K_1/K_2$

22. B. 解答如下:

到达平衡后,因正、逆反应速率相等,故各物质浓度不随时间改变而改变。

23. A. 解答如下:

化学平衡是动态平衡,到达平衡时,正、逆反应速率相等。

24. D. 解答如下:

根据阿仑尼乌斯公式:$\lg k=A-\dfrac{E_a}{2.303RT}$

则当 E_a 变小,则有:k 变大,反应速度变快。

25. D. 解答如下:

该反应为气体分子数减小的反应,故 $\Delta_r G_m^\ominus<0$

在低温时,$\Delta_r G_m^\ominus(T)=\Delta_r H_m^\ominus(T)-T\cdot\Delta_r S_m^\ominus<0$,正反应自发;

在高温时,$\Delta_r G_m^\ominus(T)=\Delta_r H_m^\ominus(T)-T\cdot\Delta_r S_m^\ominus>0$,正反应不自发。

26. A. 解答如下:

根据阿仑尼乌斯公式:

$$\lg k=A-\frac{E_a}{2.303RT},\text{知}:T\uparrow,k\uparrow$$

故 $v_\text{正}$,$v_\text{逆}$ 均 $\uparrow$

又因正反应为放热反应,$T\uparrow$,平衡向吸热方向移动,即平衡向逆反应方向移动。

27. A. 解答如下:

根据表观速率方程,反应物浓度$\uparrow$,则反应速率$\uparrow$。

28. A. 解答如下:

由条件可知,$N_2(g)+3H_2(g)=2NH_3(g)$ 的 $\Delta_r H_m^\ominus$ 的值为:$-90.22\text{kJ}\cdot\text{mol}^{-1}$

则：$\Delta_f H_m^\ominus = -\dfrac{90.22}{2} = -45.11 \text{kJ} \cdot \text{mol}^{-1}$

29. C. 解答如下：

根据标准摩尔生成焓的定义。

30. A. 解答如下：
$$\Delta_r G_m^\ominus(T) = -392 + 2 \times (-215.4) - (-42.2) = -780.6 \text{kJ} \cdot \text{mol}^{-1}$$

31. A. 解答如下：
$$\Delta_r G_m^\ominus(T) = -2.303RT \cdot \lg K^\ominus(T)$$

当温度上升时，已知 $\Delta_r G_m^\ominus(T)$ 减小，$\lg K^\ominus(T) > 0$，所以 $\Delta_r G_m^\ominus(T) < 0$。

32. C. 解答如下：

因为反应熵 $Q < K^\ominus$，所以 $\Delta_r G_m(T) < 0$，反应向正反应方向进行。

33. D. 解答如下：

根据标准平衡常数公式：
$$\lg K^\ominus(T) = \dfrac{-\Delta_r G_m^\ominus(T)}{2.303RT}$$

因 $\Delta_r G_m^\ominus(T) > 0$，所以 $\lg K^\ominus(T) < 0$，即 $K^\ominus(T) < 1$。

二、第二节　溶液

1. C　2. A　3. C　4. D　5. B　6. C　7. C　8. B　9. C　10. C
11. B　12. A　13. C　14. C　15. A　16. D　17. D　18. C　19. A　20. C
21. D　22. D　23. A　24. B　25. D　26. B　27. D　28. A　29. C　30. D
31. C　32. A　33. B

1. C. 解答如下：
$$W_B = \dfrac{m_B}{m_{总}} = \dfrac{m_B}{\rho \cdot V} = \dfrac{25}{200 \times 1.047} = 11.9\%$$

2. A. 解答如下：
$$C_B = \dfrac{n_B}{V_{总}} = \dfrac{m_B/M_B}{m_{总}/\rho} = \dfrac{m_B \cdot \rho}{M_B \cdot m_{总}}$$

解之得：$C_B = 2.87 \text{mol/dm}^3$

3. C. 解答如下：

因 A、B、D 项均为电解度溶液，溶液中微粒数浓度均大于 C 项，又 $\Delta T_{fp} = K_{fp} \cdot m$，所以 ΔT_{fp} 与 m 成正比。

4. D. 解答如下：
$$\Delta T_{bp} = K_{bp} \cdot m, \quad \Delta T_{fp} = K_{fp} \cdot m$$

则有：$\Delta T_{fp} = \dfrac{K_{fp}}{K_{bp}} \cdot \Delta T_{bp} = \dfrac{1.82}{0.48} \times (100.8 - 100.0) = 3.03$

所以：$T_f = 0 - \Delta T_{fp} = -3.03°C$

5. B. 解答如下：

根据拉乌尔定律：$\Delta p = X_A p^0$

可知溶液中溶质浓度越大，蒸汽压下降越多。

故 $C_6H_{12}O_6$、$NaCl$、H_2SO_4、Na_3PO_4 的蒸汽压下降依次增大；所以，Na_3PO_4、H_2SO_4、$NaCl$、$C_6H_{12}O_6$ 的蒸汽压依次增大。

6. C. 解答如下：
$$\Pi = CRT = 0.1 \times 8.31 \times (273+25) = 248 \text{kPa}$$

7. C. 解答如下：
$$\Pi = CRT = \frac{m_B RT}{MV} = \frac{46 \times 8.31 \times (273+27)}{92 \times 1} = 1.25 \times 10^3 \text{kPa}$$

8. B. 解答如下：

设甘油的摩尔质量为 M，又 $\Delta T_{fp} = 0.279K$，甘油的质量摩尔浓度为：
$$m = \frac{2.76/M}{200/1000} = 13.8/M (\text{g/kg})$$

由 $\Delta T_{fp} = K_{fp} \cdot m$，得：$0.279 = 1.86 \times \frac{13.8}{M}$ 解之得：$M = 92.0 \text{g/mol}$。

9. C. 解答如下：

加入浓 CH_3COOH 后，醋酸的电离平衡向右移动，但由于醋酸分子的浓度大大增加，所以其电离度降小。

10. C. 解答如下：
$$\alpha = \sqrt{K_a/c} = \sqrt{1.8 \times 10^{-5}/0.5} = 0.60\%$$

11. B. 解答如下：

H_2S 水溶液中，$H_2S \rightleftharpoons 2H^+ + S^{2-}$

加入固体 Na_2S 后，$[S^{2-}]$ 上升，所以平衡左移，$[H^+]$ 下降，pH 增大。

12. A. 解答如下：
$$pH = -\lg[H^+]，所以 [H^+] = 10^{-5.5} = 3.0 \times 10^{-6}$$

13. C. 解答如下：

设强酸和强碱的体积均为 1L，则：
$$n_{H^+} = 0.01 \text{mol}，n_{OH^-} = 0.001 \text{mol}$$

过剩的 H^+ 为：$n_{H^+} = 0.009 \text{mol}$，

混合后的溶液中 H^+ 的浓度为：$\frac{0.009}{2} = 0.0045 \text{mol/L}$

所以，$pH = -\lg(0.0045) = 3 - \lg4.5 = 2.35$

14. C. 解答如下：
$$[H^+] = K_a \frac{C_{酸}}{C_{盐}}$$
$$\frac{C_{酸}}{C_{盐}} = \frac{[H^+]}{K_a} = \frac{10^{-4.05}}{1.76 \times 10^{-5}} = \frac{5.06}{1} \approx \frac{5}{1}$$

15. A. 解答如下：

0.01mol/L 的 HAc 与 0.005mol/L 等体积(均可视为 1L)混合后，生成 0.005mol 的 NaAc，过剩的 0.005mol 的 HAc，则 HAc 与 NaAc 形成缓冲对。

16. D. 解答如下：

因为 NH_4Ac 与 $NH_3 \cdot H_2O$ 组成了缓冲溶液，故加少量的强酸后，溶液 pH 值基本不变。

17. D. 解答如下：

$$\mathrm{pH}=pK_a-\lg\frac{C_{酸}}{C_{盐}}，所以\frac{C_{盐}}{C_{酸}}=10^{0.25}$$

设取 HAc 溶液 $x\mathrm{cm}^3$，则：

$$C_{酸}=\frac{0.2x}{1000}，C_{盐}=\frac{0.2\times(1000-x)}{1000}$$

$$\frac{(1000-x)/1000}{0.2x/1000}=10^{0.25}$$

解之得：$x=360\mathrm{cm}^3$

18. C. 解答如下：

由条件知，混合后为缓冲溶液，$C_{弱酸}=C_{弱酸盐}$

$$\mathrm{pH}=pK_a-\lg\frac{C_{酸}}{C_{盐}}，所以，K_a=1.0\times10^{-5}$$

19. A. 解答如下：

对于 NaOH，因为是强电解质，则 $\alpha\approx100\%$，最大。

对于弱电解质 $\mathrm{NH_3}$，$\alpha=\sqrt{K_i/C}$，则 $C\uparrow$，$\alpha\uparrow$，所以 $0.1\mathrm{mol\cdot dm^{-3}}$ 的 $\mathrm{NH_3}$ 的电离度最小。

20. C. 解答如下：

$K_{\mathrm{HAc}}>K_{\mathrm{HCN}}$，根据水解常数公式可知：$K_h^{\ominus}(\mathrm{NaAc})<K_h^{\ominus}(\mathrm{NaCN})$，所以碱性：NaAc<NaCN，则：$7<\mathrm{pH(NaAc)}<\mathrm{pH(NaCN)}$，

又 $\mathrm{NaNO_3}$ 为强碱强酸盐，pH=7；$\mathrm{NH_4Cl}$ 为强酸弱碱盐，pH<7，

所以顺序为：NaCN、NaAc、$\mathrm{NaNO_3}$、$\mathrm{NH_4Cl}$。

21. D. 解答如下：

依据质量摩尔浓度的定义，其数值不受温度影响。

22. D. 解答如下：

NaHS 中 $\mathrm{HS^-}$ 既可接受 $\mathrm{H^+}$，又可给出 $\mathrm{H^+}$。

23. A. 解答如下：

$\mathrm{NaHCO_3}$ 中 $\mathrm{HCO_3^-}$ 既可接受 $\mathrm{H^+}$，又可给出 $\mathrm{H^+}$。

24. B. 解答如下：

由共轭酸碱对的定义：酸=碱+$\mathrm{H^+}$

25. D. 解答如下：

加入一些 $\mathrm{NH_4Cl}$ 后，$\mathrm{NH_3\cdot H_2O}\rightleftharpoons\mathrm{NH_4^+}+\mathrm{OH^-}$

平衡左移，$[\mathrm{OH^-}]$下降，$[\mathrm{H^+}]$上升，故 pH 值减小。

26. B. 解答如下：

$\mathrm{H_2S}$ 为弱电解质。

27. D. 解答如下：

$$MX_2\rightleftharpoons M^{2+}+2X^-，则 K_{sp}=S\cdot(2S)^2=4S^3$$

28. A. 解答如下：

B、C、D 项均存在着同离子效应，使 $Mg(OH)_2$ 在其中的溶解度减小。

29. C. 解答如下：

设 $AgCl$、Ag_2CrO_4、$Mg(OH)_2$、$Al(OH)_3$ 的溶解度分别为 S_1、S_2、S_3、S_4，则由溶度积公式：

$$S_1^2 = 1.8 \times 10^{-10}，则 S_1 = 1.34 \times 10^{-5}$$
$$4S_2^3 = 1.1 \times 10^{-12}，则 S_2 = 6.5 \times 10^{-5}$$
$$4S_3^3 = 7.04 \times 10^{-11}，则 S_3 = 2.6 \times 10^{-4}$$
$$27S_4^4 = 2 \times 10^{-32}，则 S_4 = 5.2 \times 10^{-9}$$

所以，$Mg(OH)_2$ 的溶解度最大。

30. D. 解答如下：

$$混合后 [Mg^{2+}] = 0.40，[NH_3 \cdot H_2O] = 0.2$$

设所需 NH_4Cl 的最小浓度为 $x\, mol/dm^3$：

$$[OH^-] = \sqrt{K_{sp}/[Mg^{2+}]}$$

$$[OH^-] = \frac{K_b \cdot [NH_3 \cdot H_2O]}{[NH_4^+]}$$

解之得：
$$[NH_4^+] = 0.46$$

31. C. 解答如下：

设 KCl，KBr，KI，K_2CrO_4 的浓度为 C_0，则由溶度积公式：

$$[Ag^+]_1 = \frac{K_{sp}(AgCl)}{[Cl^-]} = \frac{1.56 \times 10^{-5}}{C_0}，\quad [Ag^+]_2 = \frac{K_{sp}(AgBr)}{[Br^-]} = \frac{7.7 \times 10^{-13}}{C_0}$$

$$[Ag^+]_3 = \frac{K_{sp}(AgI)}{[I^-]} = \frac{1.5 \times 10^{-16}}{C_0}$$

$$[Ag^+]_4 = \sqrt{K_{sp}(Ag_2CrO_4)/[CrO_4^{2-}]} = \frac{3 \times 10^{-6}}{\sqrt{C_0}}$$

所以，应选择 C。

32. A. 解答如下：

由溶度积公式，分别计算出 $AgCl$，$AgBr$，Ag_2CrO_4 沉淀析出时，所需最低 $[Ag^+]$ 分别为：

$$[Ag^+]_1 = \frac{K_{sp1}}{[Cl^-]} = 1.8 \times 10^{-8}，\quad [Ag^+]_2 = \frac{K_{sp2}}{[Br^-]} = 5.2 \times 10^{-8}$$

$$[Ag^+]_3 = \sqrt{\frac{K_{sp3}}{[CrO_4^{2-}]}} = 5.8 \times 10^{-5}$$

33. B. 解答如下：

由溶度积公式，$[M^+][A^-] > K_{sp}$，则产生沉淀所需沉淀试剂浓度小的先沉淀。

三、第三节 氧化还原反应与电化学

1. A   2. C   3. B   4. A   5. D   6. C   7. C   8. B   9. C   10. C
11. A 12. A 13. B 14. B 15. B 16. D 17. D 18. A 19. D 20. D
21. C 22. A 23. D 24. C 25. C 26. C

1. A. 解答如下：

在化学反应式中标出 Cl 元素的氧化数，则部分氧化数降低，另一部分氧化数升高，所以 Cl_2 既是氧化剂又是还原剂。

2. C. 解答如下：

正极： $Cr_2O_7^{2-} + 14H^+ + 6e = 2Cr^{3+} + 7H_2O$

负极： $6I^- - 6e = 3I_2$

合并后则： $Cr_2O_7^{2-} + 6I^- + 14H^+ = 2Cr^{3+} + 3I_2 + 7H_2O$

3. B. 解答如下：

负极反应： $Fe^{2+} - e = Fe^{3+}$

正极反应： $Ce^{4+} + e = Ce^{3+}$

总的电池反应为： $Ce^{4+} + Fe^{2+} = Ce^{3+} + Fe^{3+}$

4. A. 解答如下：

电极电势的高低取决于电对中氧化态物质得电子能力和还原态物质失电子的能力，即组成电极的电对物质的氧化还原性。

5. D. 解答如下：

根据能斯特方程式：

$$E_{Hg_2Cl_2/Hg} = E^{\ominus}_{Hg_2Cl_2/Hg} + \frac{0.059V}{2}\lg\frac{1}{[Cl^-]^2}$$

所以，$E_{Hg_2Cl_2/Hg}$ 主要取决于 $[Cl^-]$。

6. C. 解答如下：

电对 MnO_4^-/Mn^{2+} 的电极反应为：

$$MnO_4^- + 8H^+ + 5e \rightleftharpoons Mn^{2+} + 4H_2O$$

根据能斯特方程：

$$E_{MnO_4^-/Mn^{2+}} = E^{\ominus}_{MnO_4^-/Mn^{2+}} + \frac{0.059V}{5}\lg\frac{[MnO_4^-][H^+]^8}{[Mn^{2+}]}$$

当 $[H^+]$ 增大，则 $E_{MnO_4^-/Mn^{2+}}$ 增大。

7. C. 解答如下：

负极反应： $Zn - e = Zn^{2+}$

正极反应： $Ag^+ + e = Ag$

总的电池反应为： $E^{\ominus} = E^{\ominus}_{Ag^+/Ag} - E^{\ominus}_{Zn^{2+}/Zn}$

8. B. 解答如下：

标准电极电势的值与电极反应式的写法无关。

9. C. 解答如下：

由能斯特方程式：

$$E_{Cr_2O_7^{2-}/Cr^{3+}} = E^{\ominus}_{Cr_2O_7^{2-}/Cr^{3+}} + \frac{0.059V}{6}\lg\frac{[Cr_2O_7^{2-}][H^+]^{14}}{[Cr^{3+}]^2}$$

$$= 1.23V + \frac{0.059V}{6}\lg 10^{-14} = 1.09V$$

10. C. 解答如下：

根据能斯特方程：

$$E_{MnO_4^-/Mn^{2+}} = E^{\ominus}_{MnO_4^-/Mn^{2+}} + \frac{0.059V}{5}\lg\frac{[MnO_4^-][H^+]^8}{[Mn^{2+}]}$$
$$= 1.51V + \frac{0.059V}{5}\lg 10^{-8} = 1.42V$$

11. A. 解答如下：
根据能斯特方程式：
$$E_{Zn^{2+}/Zn} = E^{\ominus}_{Zn^{2+}/Zn} + \frac{0.059V}{2}\lg[Zn^{2+}]$$
$$= -0.763V + \frac{0.059V}{2}\lg 10^{-2} = -0.822V$$

12. A. 解答如下：
加入 $NH_3 \cdot H_2O$ 后，溶液中发生反应：
$$Cu^{2+} + 4NH_3 \cdot H_2O = [Cu(NH_3)_4]^{2+} + 4H_2O$$
造成 $[Cu^{2+}]$ 减小，根据能斯特方程：
$$E_{Cu^{2+}/Cu} = E^{\ominus}_{Cu^{2+}/Cu} + \frac{0.059V}{2}\lg[Cu^{2+}]$$
则：$E_{Cu^{2+}/Cu}$ 减小；所以，$E_{电池} = E_{Cu^{2+}/Cu} - E_{Zn^{2+}/Zn}$ 减小。

13. B. 解答如下：
加入少量 NaOH 后，Cu^{2+} 的浓度减小，则 $E_{Cu^{2+}/Cu}$ 下降。
$E = E^{\ominus}_{Cu^{2+}/Cu} - E^{\ominus}_{Zn^{2+}/Zn}$，故 E 也下降。

14. B. 解答如下：
$$E_{电池} = E_{Ag^+/Ag} - E_{Fe^{2+}/Fe}$$
$$E_{Ag^+/Ag} = E^{\ominus}_{Ag^+/Ag} + \frac{0.059V}{1}\lg[Ag^+]$$
$$\Delta E = \frac{0.059V}{1}\lg 10^{-1} = -0.059V$$

15. B. 解答如下：
根据能斯特方程式：
$$E_{O_2/OH^-} = E^{\ominus}_{O_2/OH^-} + \frac{0.059V}{4}\lg\frac{(P_{O_2}/P^{\ominus})}{[OH^-]^4}$$
$$E_{O_2/H_2O} = E^{\ominus}_{O_2/H_2O} + \frac{0.059V}{4}\lg\{(P_{O_2}/P^{\ominus})[H^+]^4\}$$
$$E_{MnO_4^-/Mn^{2+}} = E^{\ominus}_{MnO_4^-/Mn^{2+}} + \frac{0.059V}{5}\lg\frac{[MnO_4^-][H^+]^8}{[Mn^{2+}]}$$

所以，应选 B。

16. D. 解答如下：
原电池的负极发生氧化反应，是还原态物质失去电子；
原电池的正极发生还原反应，是氧化态物质得到电子。

17. D. 解答如下：
电极电势的值不随电极反应所选取的化学计量数的不同而改变。
而 $\lg K^{\ominus} = \frac{nE^{\ominus}_{电池}}{0.059V}$ 则 $K^{\ominus}$ 随 n 的变化而变化。

又 $\lg K^{\ominus}(T) = \dfrac{-\Delta_r G_m^{\ominus}(T)}{2.303RT}$，可得：$\Delta_r G_m^{\ominus}(T) = -2.303RT \lg K^{\ominus}(T)$

所以当 $K^{\ominus}(T)$ 不同时，$\Delta_r G_m^{\ominus}(T)$ 也不同。

18. A. 解答如下：

氧化还原电对的电极电势代数值越小，该电对中的还原态物质还原性越强，即 Pb 为最强的还原剂。

19. D. 解答如下：

根据能斯特方程式：

$$E_{H^+/H_2} = E^{\ominus}_{H^+/H_2} + \dfrac{0.059\text{V}}{2} \lg \dfrac{[H^+]^2}{(P_{H_2}/P^{\ominus})} = E^{\ominus}_{H^+/H_2} = 0\text{V}$$

$$E_{V^{3+}/V^{2+}} = E^{\ominus}_{V^{3+}/V^{2+}} + \dfrac{0.059\text{V}}{1} \lg \dfrac{[V^{3+}]}{[V^{2+}]} = E^{\ominus}_{V^{3+}/V^{2+}} = -0.26\text{V}$$

因 $E_{H^+/H_2} > E_{V^{3+}/V^{2+}}$，所以有下述反应发生：

$$2V^{2+} + 2H^+ = 2V^{3+} + H_2\uparrow$$

20. D. 解答如下：

$$Fe + CuSO_4 = Cu + FeSO_4$$

21. C. 解答如下：

阴极上发生还原反应： $Mg^{2+} + 2e = Mg$

22. A. 解答如下：

金属腐蚀分为化学腐蚀与电化学腐蚀。

23. D. 解答如下：

阴极上 O_2 得到电子。

24. C. 解答如下：

阴极上 H^+ 得到电子。

25. C. 解答如下：

牺牲阳极保护法即以被保护金属作为腐蚀电池的阴极。

26. C. 解答如下：

沙土中 O_2 的浓度大，则电极电势高，为阴极。

四、第四节 物质的结构和物质状态

1. B 2. C 3. D 4. A 5. A 6. D 7. B 8. C 9. C 10. D
11. D 12. D 13. D 14. C 15. B 16. B 17. D 18. A 19. B 20. D
21. A 22. A 23. C 24. A 25. C 26. C 27. D 28. C 29. A 30. D
31. D 32. C 33. D 34. D 35. B 36. D 37. B 38. C 39. A

五、第五节 有机化学

1. D 2. C 3. A 4. D 5. C 6. B 7. C 8. A 9. B 10. B
11. D 12. B 13. C 14. A 15. C 16. A 17. A

第四章 理 论 力 学

第一节 静 力 学

一、《考试大纲》的规定

平衡；刚体；力；约束及约束力；受力图；力矩；力偶及力偶矩；力系的等效和简化；力的平移定理；平面力系的简化；主矢；主矩；平面力系的平衡条件和平衡方程式；物体系统（含平面静定桁架）的平衡；摩擦力；摩擦定律；摩擦角；摩擦自锁。

二、重点内容

1. 平衡与静力学公理

（1）二力平衡原理：作用在同一刚体上的两个力，使刚体平衡的充分必要条件是此二力等值、反向、共线。受二力作用而平衡的物体称为二力构件或二力杆。

（2）加减平衡力系原理：在作用于刚体上的任意一个力系中，增加或去掉任何一个平衡力系，不改变原力系对刚体的作用效果，以此可得如下两个推论：

推论1（力的可传性原理）作用于刚体上的力，可沿其作用线移至体内任意点，而不改变该力对刚体的作用。故力对刚体作用的三要素为大小、方向、作用线，力对刚体是滑动矢量，但力对变形体是定位矢量。

推论2（三力平衡定理）若作用于一刚体上共面而不平行的三个力使刚体平衡，则此三力必汇交于一点。

（3）作用与反作用定律。两物体间相互的作用力与反作用力总是等值、反向、共线，并分别作用在这两个物体上。

2. 力对点之矩与力对轴之矩

力对点之矩（简称力矩）其单位为 N·m（牛·米）或 kN·m（千牛·米），在平面中，力矩是个代数量，即：

$$m_o(F) = \pm Fd$$

在空间中，力矩是个定位矢量，即：

$$\boldsymbol{m}_o(\boldsymbol{F}) = \boldsymbol{r} \times \boldsymbol{F} = (yZ-zY)\boldsymbol{i} + (zX-xZ)\boldsymbol{j} + (xY-yX)\boldsymbol{k}$$

力对轴之矩，力对任一 z 轴之矩是一个代数量，即：

$$m_z(F) = m_o(F_{xy}) = \pm F_{xy}d$$

力矩与力对轴之矩，在直角坐标系下的关系为：

$$\boldsymbol{m}_o(\boldsymbol{F}) = m_x(F)\boldsymbol{i} + m_y(F)\boldsymbol{j} + m_z(F)\boldsymbol{k}$$

3. 力偶理论

力偶指两个等值、反向、不共线的平行力组成的力系。力偶只能与力偶等效或相平衡。两个力偶等效条件是该两力偶矩矢量相等。

力偶矩的计算，在平面中，力偶矩是一代数量，其单位为 N·m 或 kN·m，$m=\pm Fd$，逆时针转向为正；

在空间中，力偶矩是一自由矢量，$\boldsymbol{M}=\boldsymbol{F}d$，方位垂直于力偶作用平面，指向由右手法则确定。

力偶系合成结果有两种可能：一个合力偶或为平衡。

4. 力系的简化与合成

以 O 点为简化中心，任意力系合成的一般结果为：

$$\begin{cases} \text{一个力} \quad \boldsymbol{R}'=\Sigma \boldsymbol{F}_i \text{ 作用线通过 } O \text{ 点} \\ \text{一个力偶} \begin{cases} \text{平面：} \boldsymbol{M}_\text{o}=\Sigma m_\text{o}(\boldsymbol{F}_i) \text{ 是一代数量} \\ \text{空间：} \boldsymbol{M}_\text{o}=\Sigma m_\text{o}(\boldsymbol{F}_i) \text{ 是一矢量} \end{cases} \end{cases}$$

$\boldsymbol{R}'$ 称为原力系的主矢，其大小、方向与简化中心位置无关；$\boldsymbol{M}_\text{o}$ 称为原力系对简化中心 O 点的主矩，一般地它与简化中心位置有关。

任意力系向一点简化后，其最终合成结果可能为：

$$\begin{cases} \boldsymbol{R}'=0 \begin{cases} \boldsymbol{M}_\text{o}=0 \text{，平衡，为任意力系平衡的充分必要条件} \\ \boldsymbol{M}_\text{o}\neq 0 \text{，合力偶，主矩与简化中心的位置无关} \end{cases} \\ \boldsymbol{R}'\neq 0 \begin{cases} \boldsymbol{M}_\text{o}=0 \text{，合力，合力作用线过简化中心} \\ \boldsymbol{M}_\text{o}\neq 0,\ \boldsymbol{R}'\perp \boldsymbol{M}_\text{o} \text{，合力，合力作用线离简化中心的距离 } d=\left|\dfrac{M_\text{o}}{R'}\right| \\ \boldsymbol{M}_\text{o}\neq 0,\ \boldsymbol{R}'/\!/\boldsymbol{M}_\text{o} \text{，力螺旋，力螺旋中心轴通过简化中心} \\ \boldsymbol{M}_\text{o}\neq 0, \boldsymbol{R}' \text{ 与 } \boldsymbol{M}_\text{o} \text{ 成 } \alpha \text{ 角，力螺旋，力螺旋中心轴离简化中心距离 } d=\left|\dfrac{M_\text{o}\sin\alpha}{R'}\right| \end{cases} \end{cases}$$

合力矩定理：合力对任一点（或任一轴如 z 轴）之矩，等于力系中各力对同一点（或同一轴）之矩的矢量和（或代数和）。

5. **力系的平衡**

任意力系平衡的充分必要条件是主矢 $\boldsymbol{R}'$ 和主矩 $\boldsymbol{M}_\text{o}$ 均为零。

在平面中，任意力系的独立的平衡方程数为 3，例如 x 轴与 AB 连线不垂直时，其平衡方程为：$\Sigma X_i=0$，$\Sigma Y_i=0$，$\Sigma m_\text{o}(F_i)=0$；或 $\Sigma X_i=0$，$\Sigma m_\text{A}(F_i)=0$，$\Sigma m_\text{B}(F_i)=0$。又如 A、B、C 三点不共线，其平衡方程为：$\Sigma m_\text{A}(F_i)=0$，$\Sigma m_\text{B}(F_i)=0$，$\Sigma m_\text{C}(F_i)=0$。

在平面中，平行力系的独立的平衡方程数为 2。

在空间中，任意力系的独立的平衡方程数目为 6，即：$\Sigma X_i=0$，$\Sigma Y_i=0$，$\Sigma Z_i=0$，$\Sigma m_\text{x}(F_i)=0, \Sigma m_\text{y}(F_i)=0, \Sigma m_\text{z}(F_i)=0$。

在空间中，平行力系的独立的平衡方程数目为 3。

6. 物体系（含平面静定桁架）的平衡

物体系的平衡问题求解，首先应判定该物体系是否属于静定系统。物体系是否静定仅取决于系统内各物体所具有的独立平衡方程的个数以及系统未知量的总数。

由 n 个物体组成的静定系统，且在平面任意力系作用下平衡，则该系统总共可列出 $3n$ 个独立平衡方程以解出 $3n$ 个未知量。

平面静定桁架问题，桁架中各杆件都是二力杆，即只受到轴向力作用，受拉或受压。求解平面静定桁架内力的计算方法为：节点法和截面法。一般地，在计算时，首先要判定桁架中的零杆。

7. 滑动摩擦

静滑动摩擦力的方向与物体相对滑动趋势的方向相反，其大小为：$0 \leqslant F \leqslant F_m$；
$$F_m = fN$$

其中 f 为静摩擦系数，N 为接触处的法向反力的大小，F_m 为最大静摩擦力。

动滑动摩擦力的方向与物体相对滑动方向相反，其大小为：$F' = f'N$

其中 f' 为动摩擦系数。一般地 f' 略小于 f。

摩擦角（见图 4-1-1），指当静摩擦力达到最大值时，全反力（F 与 N 的合力）与支承面法线间的夹角 ϕ_m。
$$\tan\phi_m = \frac{F_m}{N} = f$$

自锁，指当主动力的合力作用线在摩擦角的范围内，物体依靠摩擦总能静止，而与主动力大小无关的现象。

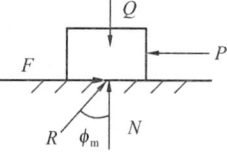

图 4-1-1

考虑滑动摩擦时，物体的平衡问题应注意的是：①摩擦力的大小在一定范围内变化，即 $0 \leqslant F \leqslant F_m$，其大小由平衡条件确定；②摩擦力的方向总是与物体的相对滑动或相对滑动的趋势方向相反。

三、解题指导

本节知识点理解较容易，关键是如何运用求解题目。在确定铰链或固定铰支座约束力的方向时，要灵活地运用二力平衡原理、三力汇交平衡定理、力偶的性质等，提高解题速度、正确率。在求解力系的平衡问题（或求某一反力）时，列平衡方程时要选取未知数量少的投影轴和矩心。在解平面静定桁架问题时，要首先判定出零杆，再用节点法或截面法，特别是灵活运用截面法。

【**例 4-1-1**】 平面桁架中的 AF、BE、CG 三杆铅直，DE、FG 两杆水平，在节点 D 作用一铅直向下的力 P，如图 4-1-2 所示，则 BE 杆的内力 S_{BE} 为（　　）。

A. P　　　　　　B. $-P$　　　　　　C. $\sqrt{2}P$　　　　　　D. $-\sqrt{2}P$

【**解**】 过 AF、AD、BE、CG 作截面，取 $DEGF$ 为对象，$\Sigma X = 0$，则 $S_{AD} = 0$，即 AD 杆为零杆。

对铰 D 分析，则 $S_{DE} = P$；

再对铰 E 分析，则 $S_{BE} = P$，故应选 A 项。

【**例 4-1-2**】 图 4-1-3 所示结构在 C 点作用一水平力 P，其大小为 150kN，设 AC 杆与铅直线的夹角为 α，该杆最多只能承受 75kN，若要使结构不至破坏，角度 α 的大小应为（　　）。

A. $\alpha = 0°$　　　　B. $\alpha = 30°$　　　　C. $\alpha = 45°$　　　　D. $\alpha = 60°$

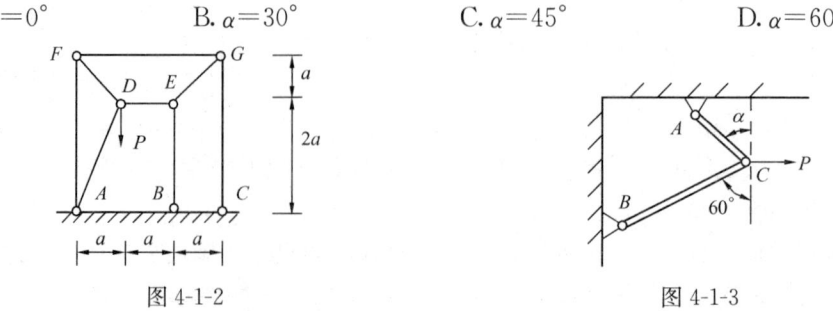

图 4-1-2　　　　　　　　　　　图 4-1-3

【解】 过点 C 垂直于 BC 的直线为 X 轴，则 P、S_{CA} 在 X 轴上的投影相等：

$$P\cos 60°=S_{CA}\cdot\cos(\alpha-30°)$$

$$150\times\frac{1}{2}=75\cdot\cos(\alpha-30°)$$

解之得：$\alpha=30°$，故应选 B 项。

四、应试题解

1. 由一个力和一个力偶组成的平面力系（   ）。
   A. 可与另一个力等效
   B. 可与另一个力偶等效
   C. 只能与另一个力和力偶等效
   D. 可与两个力偶等效

2. 一平面力系向点 1 简化时，主矢 $\boldsymbol{R}'\neq 0$，主矩 $\boldsymbol{M}_1\neq 0$，如将该力系向另一点 2 简化，其主矢和主矩是（   ）。
   A. 可能为 $\boldsymbol{R}'=0$，$\boldsymbol{M}_2\neq 0$
   B. 可能为 $\boldsymbol{R}'\neq 0$，$\boldsymbol{M}_2=0$
   C. 不可能为 $\boldsymbol{R}'\neq 0$，$\boldsymbol{M}_2\neq \boldsymbol{M}_1$
   D. 不可能为 $\boldsymbol{R}'\neq 0$；$\boldsymbol{M}_2\neq \boldsymbol{M}_1$

3. 平面力系向点 1 简化时，主矢 $\boldsymbol{R}'=0$，主矩 $\boldsymbol{M}_1\neq 0$，如将该力系向另一点 2 简化，则 $\boldsymbol{R}'$ 和 $\boldsymbol{M}_2$ 分别等于（   ）。
   A. $\boldsymbol{R}'\neq 0$，$\boldsymbol{M}_2\neq 0$
   B. $\boldsymbol{R}'\neq 0$，$\boldsymbol{M}_2=\boldsymbol{M}_1$
   C. $\boldsymbol{R}'=0$，$\boldsymbol{M}_2=\boldsymbol{M}_1$
   D. $\boldsymbol{R}'=0$，$\boldsymbol{M}_2\neq \boldsymbol{M}_1$

4. 一空间力系，若向 O 点简化的主矢 $\boldsymbol{R}'\neq 0$，主矩 $\boldsymbol{M}_O\neq 0$，且 $\boldsymbol{R}'$ 与 $\boldsymbol{M}_O$ 既不平行，也不垂直，则其简化的最后结果应是（   ）。
   A. 合力　　　B. 力偶　　　C. 力螺旋　　　D. 平衡

5. 一空间平行力系，各力平行于 y 轴，则此力系的独立平衡方程组为（   ）。
   A. $\sum F_x=0$，$\sum M_y(F)=0$，$\sum M_z(F)=0$
   B. $\sum F_y=0$，$\sum M_x(F)=0$，$\sum M_z(F)=0$
   C. $\sum F_z=0$，$\sum M_x(F)=0$，$\sum M_y(F)=0$
   D. $\sum M_x(F)=0$，$\sum M_y(F)=0$，$\sum M_z(F)=0$

6. 如图 4-1-4 所示，力 $\boldsymbol{F}_1$、$\boldsymbol{F}_2$、$\boldsymbol{F}_3$、$\boldsymbol{F}_4$ 分别作用在刚体上同一平面内的 A、B、C、D 四点，各力矢首尾相连形成一矩形，则该力系的简化结果为（   ）。
   A. 一合力
   B. 一合力偶
   C. 一合力和一力偶
   D. 平衡

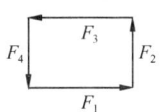

图 4-1-4

7. 一绞盘有三个等长的柄，长度为 L，夹角为 $120°$，如图 4-1-5 所示，每个柄端作用一垂直于柄的力 $\boldsymbol{P}$，若将该力系向 BC 连线的中点 D 简化，则其力 $\boldsymbol{R}$ 和力偶 $\boldsymbol{M}$ 的大小为（   ）。
   A. $R=P$，$M=3PL$
   B. $R=0$，$M=3PL$
   C. $R=2P$，$M=3PL$
   D. $R=0$，$M=2PL$

8. 图 4-1-6 所示三铰刚架，受力 $\boldsymbol{P}$ 作用，则 A、B 支座反力方向一定通过（   ）。
   A. C 点　　　B. D 点　　　C. E 点　　　D. F 点

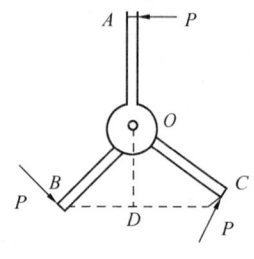

图 4-1-5

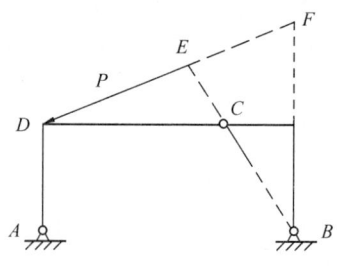

图 4-1-6

9. 图 4-1-7 所示结构受一水平向右的力 **P** 作用，自重不计，A 支座的反力 R_A 为（　　）。

    A. $R_A=P$，其方向水平向左　　　　B. $R_A=\sqrt{2}P$，其方向铅直向上

    C. $R_A=\dfrac{\sqrt{2}}{2}P$，其方向沿 E、A 连线　　D. $R_A=\dfrac{1}{2}P$，其方向沿 A、E 连线

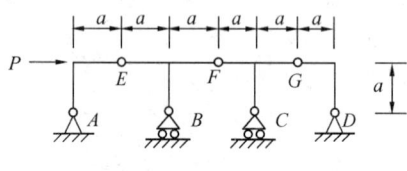

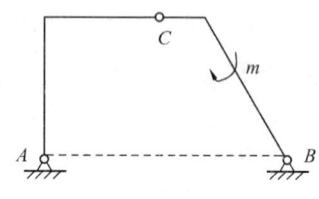

图 4-1-7　　　　　　　　　　　　　　　　图 4-1-8

10. 图 4-1-8 所示三铰刚架右侧作用一顺时针的力偶，刚架自重不计，C 点位于 AB 直线的垂直平分线上。若将该力偶移到刚架的左侧上，两支座 A、B 的反力 R_A、R_B 的情况是（　　）。

    A. R_A、R_B 的大小和方向都会变　　B. R_A、R_B 的方向会变，但大小不变
    C. R_A、R_B 的大小会变，但方向不变　　D. R_A、R_B 的大小和方向都不变

11. 图 4-1-9 所示结构在水平杆 AB 的 B 端作用一铅直向下的力 **P**，各杆自重不计，铰支座 A 的反力 R_A 方向为（　　）。

    A. 沿铅直线　　　　　　　　　　　　B. 沿水平线
    C. 沿 A、D 连线　　　　　　　　　　D. 与水平杆 AB 间的夹角为 15°

12. 如图 4-1-10 所示，电动机重 **P**，在梁 AC 的中央，不计梁和支撑杆的重量，支座 A 的反力 R_A 为（　　）。

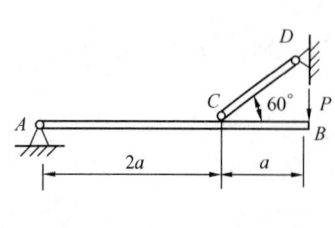

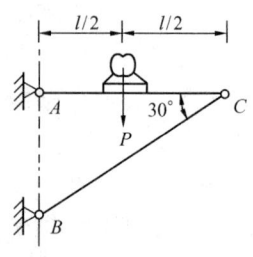

图 4-1-9　　　　　　　　　　　　　　　　图 4-1-10

A. $R_A = \dfrac{P}{2}$,其方向铅直向上 B. $R_A = P$,方向水平向左

C. $R_A = P$,其与水平线所夹锐角为 30° D. $R_A = 2P$,方向指向右下方

13. 如图 4-1-11 所示结构受一力偶矩为 M 的力偶作用,铰支座 A 的反力 R_A 的方向是(   )。

   A. 沿水平线 B. 沿铅垂线

   C. R_A 与水平杆 AG 的夹角为 45° D. 无法确定

14. 两直角刚杆 AC、CB 支承如图 4-1-12 所示,在铰 C 处受力 P 作用,则 A、B 两处约束反力与 X 轴正向所成的夹角分别为(   )。

   A. 30°,45° B. 45°,30° C. 45°,135° D. 60°,135°

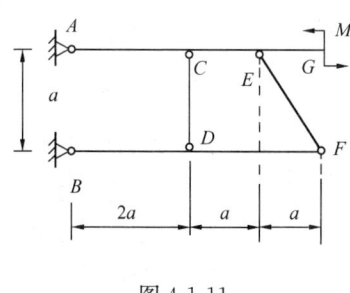

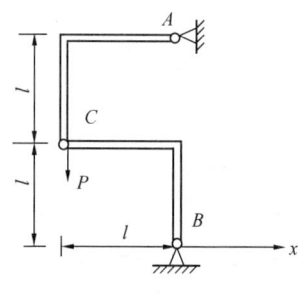

图 4-1-11

图 4-1-12

15. 如图 4-1-13 所示,力 P 作用在 BC 杆的中点,且垂直于 BC 杆,若 $P=\sqrt{2}$kN,杆自重不计,则杆 AB 内力 S_{AB} 的大小为(   )kN。

   A. 1 B. 0.5 C. $\sqrt{2}$ D. 2

16. 如图 4-1-14 所示,力 P 作用于点 A,已知 a、b、α,则该力对 O 点的矩为(   )。

   A. $M_o(P) = P(b\sin\alpha - a\cos\alpha)$ B. $M_o(P) = -P\sqrt{a^2+b^2}\sin\alpha$

   C. $M_o(P) = P\sqrt{a^2+b^2}$ D. $M_o(P) = P\sqrt{a^2+b^2}\cos\alpha$

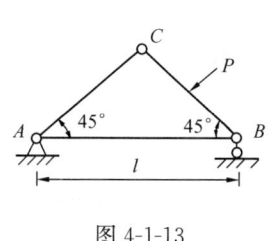

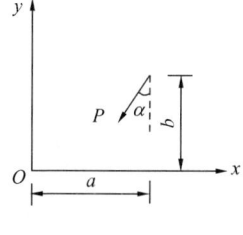

图 4-1-13

图 4-1-14

17. 图 4-1-15 所示的结构受到一对等值、反向、共线的力作用,结构自重不计,铰支座 B 的反力 R_B 的作用线应该是(   )。

   A. 沿 B、C 连线 B. 沿铅直线

   C. 沿 B、D 连线 D. 与 B、C 连线的夹角为 60°

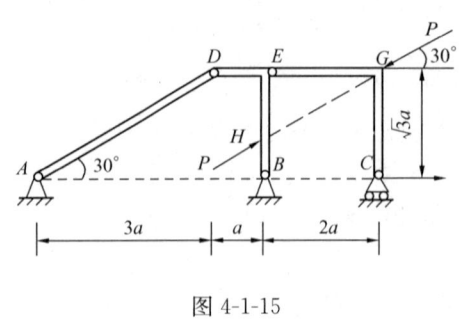
图 4-1-15

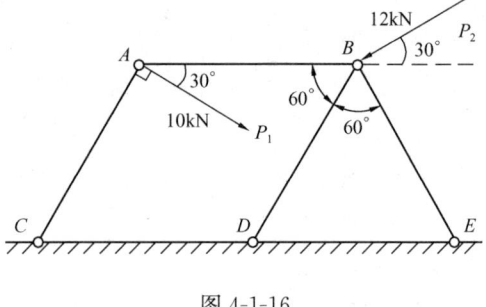
图 4-1-16

18. 图 4-1-16 所示结构中 AB 杆水平，各杆的自重不计，则其中构件 AB 的内力为（　　）kN。

A. $S_{AB}=-\dfrac{40\sqrt{3}}{3}$　　　　　　B. $S_{AB}=-\dfrac{20\sqrt{3}}{3}$

C. $S_{AB}=-6\sqrt{3}$　　　　　　D. $S_{AB}=-8\sqrt{3}$

19. 图 4-1-17 所示杆件 AB 为 2m，B 端受一顺时针向的力偶作用，其力偶矩大小为 50N·m，杆重不计，杆的中点 C 为光滑支承，支座 A 的反力 R_A 为（　　）。

A. $R_A=100N$，方向铅直向下　　　　　B. $R_A=100N$，方向水平向右

C. $R_A=86.6N$，方向沿 AB 杆轴线　　　D. $R_A=50N$，其作用线垂直 AB 杆

20. 图 4-1-18 所示三铰支架上作用两个大小相等、转向相反的力偶 m_1 和 m_2，支架重量不计，m_1、m_2 的值均为 40kN·m，则支座 B 的反力 R_B 为（　　）。

A. $R_B=0$

B. $R_B=40kN$，方向铅直向上

C. $R_B=20\sqrt{2}kN$，其作用线沿 A、B 连线

D. $R_B=20\sqrt{2}kN$，其作用线沿 B、C 连线

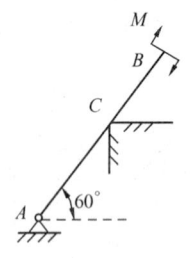
图 4-1-17

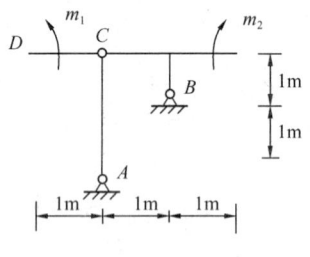
图 4-1-18

21. 图 4-1-19 所示结构固定端 B 的反力为（　　）。

A. $X_B=25kN$（向右），$Y_B=0$，$M_B=50kN·m$（逆时针向）

B. $X_B=25kN$（向左），$Y_B=0$，$M_B=50kN·m$（逆时针向）

C. $X_B=25kN$（向右），$Y_B=0$，$M_B=50kN·m$（顺时针向）

D. $X_B=25kN$（向左），$Y_B=0$，$M_B=50kN·m$（顺时针向）

22. 图 4-1-20 所示一等边三角形板 ABC 的边长为 a，沿其边缘作用有大小均为 P 的三个力。该力系向 A 点简化的主矢 R' 和主矩 M_A 为（　　）。

A. $R'=2P$, $M_A=\frac{\sqrt{3}}{2}Pa$（逆时针向） B. $R'=2P$, $M_A=\frac{\sqrt{3}}{2}Pa$（顺时针向）

C. $R'=\frac{3P}{2}$, $M_A=\frac{2+\sqrt{3}}{4}Pa$（逆时针向） D. $R'=\frac{3P}{2}$, $M_A=\frac{2+\sqrt{3}}{4}Pa$（顺时针向）

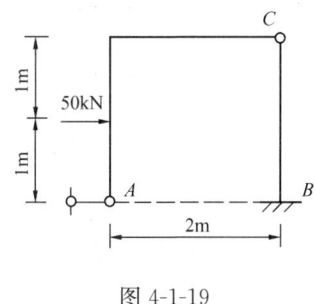

图 4-1-19

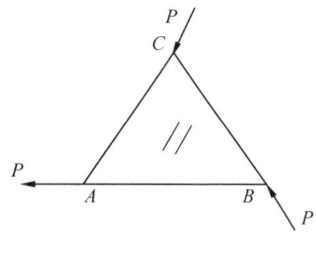

图 4-1-20

23. 如图 4-1-21 所示结构中各构件的自重不计，已知 $m=60$kN·m，其转向为顺时针向，$Q=60$kN，方向铅直向下；$P=20\sqrt{3}$kN。支座 A 的反力沿水平和铅直方向的分力 X_A、Y_A 的大小分别为（   ）。

A. $X_A=0$，$Y_A=0$ B. $X_A=30$kN，$Y_A=30$kN

C. $X_A=0$，$Y_A=30$kN   D. $X_A=30$kN，$Y_A=0$

24. 如图 4-1-22 所示组合结构，其荷载及尺寸如图所示，则杆 1 的内力为（   ）。

A. $S_1=2P$ B. $S_1=\frac{P}{2}$ C. $S_1=P$ D. $S_1=-P$

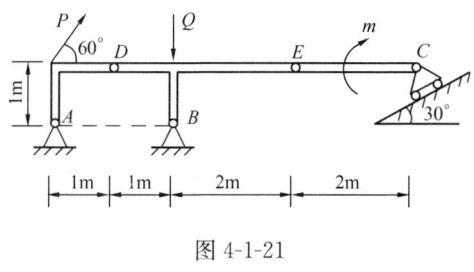

图 4-1-21

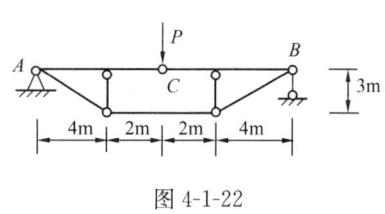

图 4-1-22

25. 如图 4-1-23 所示一桁架的 B、C 两节点上分别作用有一铅直向下的力 P，其值为 60kN，其中 AE 杆的内力 S_{AE} 为（   ）kN。

A. $S_{AE}=10\sqrt{2}$ B. $S_{AE}=-10\sqrt{2}$

C. $S_{AE}=20\sqrt{2}$ D. $S_{AE}=-20\sqrt{2}$

26. 如图 4-1-24 所示平面桁架的节点 C 受铅直力 $P=60$N，节点 D 受铅直力 $Q=180$N 作用，支承情况及尺寸如图所示，此时杆件 AC 的内力 S_{AC} 为（   ）N。

A. 50   B. -50 C. $\frac{200}{3}$ D. $-\frac{200}{3}$

27. 平面桁架的荷载及尺寸如图 4-1-25 所示，则杆 2 和杆 3 的内力为（   ）。

A. $S_2=0$，$S_3=-\frac{2}{3}F$ B. $S_2=-\frac{2}{3}F$，$S_3=0$

C. $S_2=0$, $S_3=\dfrac{2}{3}F$ D. $S_2=\dfrac{2}{3}F$, $S_3=0$

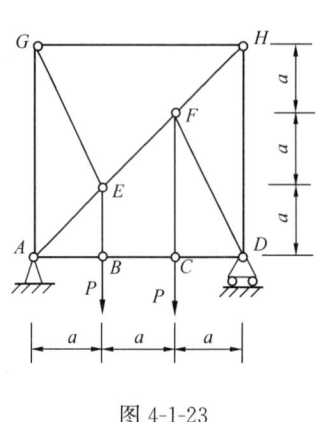

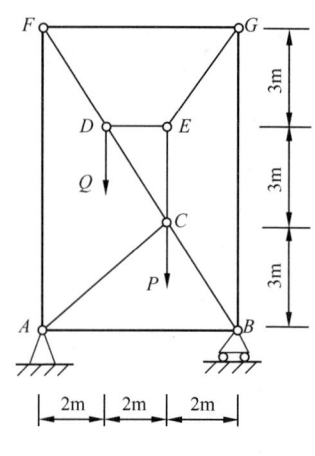

图 4-1-23 图 4-1-24

28. 如图 4-1-26 所示机构中，AB 和 CD 杆在 E 点用铰链相连，它们相互垂直，水平杆 AH 的 A 端与 AB 杆铰接，而其中点 D 点 CD 杆的 D 端为光滑接触。滑块 B 置于水平光滑面上，各构件的重量不计。当机构在图示铅直力和水平力 Q 作用下处于平衡时，P、Q 两力的大小之间的关系是（   ）。

A. $Q=\dfrac{3}{2}P$ B. $Q=\dfrac{1}{2}P$ C. $Q=P$ D. $Q=2P$

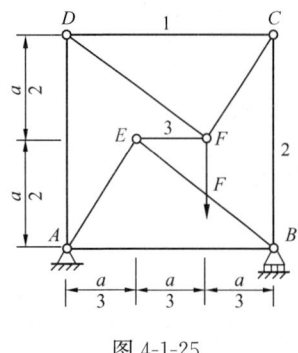

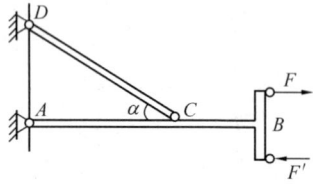

图 4-1-25   图 4-1-26   图 4-1-27

29. T 字形杆 AB 由铰链支座 A 及 CD 杆支撑，如图 4-1-27 所示，在 AB 杆的一端 B 作用一力偶，其力偶矩的大小为 50kN·m，$\overline{AC}=2\overline{CB}=0.2$m，$\alpha=30°$，不计杆自重，则杆 CD 及支座 A 的反力为（   ）。

A. $R_A=S_{CD}=300$kN   B. $R_A=S_{CD}=400$kN
C. $R_A=S_{CD}=500$kN   D. $R_A=S_{CD}=600$kN

30. 图 4-1-28 所示机构中各杆的自重不计，BC 杆水平，$\alpha=30°$，在 C 点悬挂重物的重量 $W=1500$kN，在 B 点作用一力 P，其大小 $P=500$kN，设它与铅直线的夹角为 θ，则当机构平衡时，θ 角为（   ）。

A. $\theta=30°$或$\theta=45°$ B. $\theta=45°$或$\theta=90°$

C. $\theta=0°$ 或 $\theta=60°$ D. $\theta=30°$ 或 $\theta=90°$

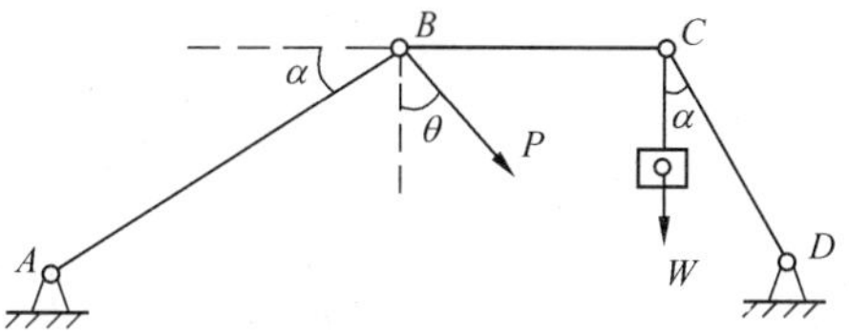

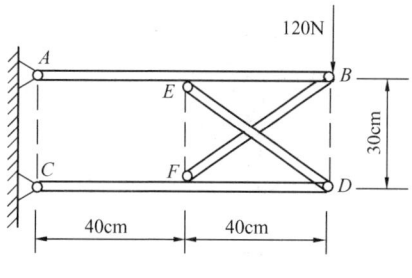

图 4-1-28

图 4-1-29

31. 两水平杆 AB 和 CD 用两根交叉链杆 BF 和 DE 相连，荷载及尺寸如图 4-1-29 所示，如果不计各杆自重，则链杆 DE 的内力 S_{DE} 为（　　）。

A. $S_{DE}=133.3N$ B. $S_{DE}=-133.3N$
C. $S_{DE}=100N$ D. $S_{DE}=-100N$

32. 图 4-1-30 所示桁架在节点 D 上作用一铅直向下的力 $3P$，其中 DF 杆的内力 S_{DF} 为（　　）。

A. $S_{DF}=P$ B. $S_{DF}=-P$
C. $S_{DF}=2P$ D. $S_{DF}=-2P$

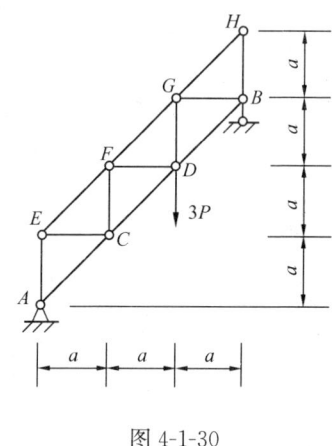

图 4-1-30

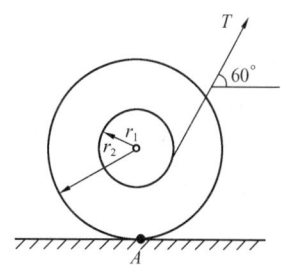

图 4-1-31

33. 如图 4-1-31 所示，已知绕在鼓轮上的绳索的拉力大小 $T=100N$，其作用线的倾角为 $60°$，$r_1=20cm$，$r_2=50cm$，则力 T 对鼓轮与水平面的接触点 A 之矩为（　　）。

A. $m_A=-5N·m$，顺时针向 B. $m_A=5N·m$，顺时针向
C. $m_A=-10N·m$，顺时针向 D. $m_A=10N·m$，逆时针向

34. 如图 4-1-32 所示，钢楔劈物，若楔和被劈物间摩擦角为 φ，欲使劈入后钢楔不滑出，则钢楔顶角 α 应不大于（　　）。

A. 0.5φ B. φ C. 1.5φ D. 2φ

35. 如图 4-1-33 所示，重量分别为 G_A 和 G_B 的物体重叠地放置在粗糙水平面上，水平力 P 作用于物体 A 上，设 A、B 间的摩擦力的最大值为 F_{Amax}，B 与水平面间的摩擦力的最大值为 F_{Bmax}，若 A、B 能各自保持平衡，则各力之间的关系为（　　）。

A. $P>F_{Amax}>F_{Bmax}$ B. $P \leqslant F_{Amax} \leqslant F_{Bmax}$
C. $F_{Bmax}<P<F_{Amax}$ D. $F_{Amax}<P<F_{Bmax}$

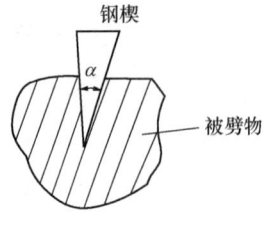

图 4-1-32

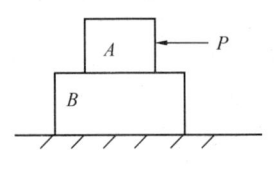

图 4-1-33

36. 已知 $F_1=30$kN，$F_2=20$kN，物体与水平面间的静摩擦系数 $f=0.3$，动摩擦系数 $f'=0.25$，如图 4-1-34 所示，则物体受到摩擦力的大小等于（   ）kN。
A. 5   B. 6   C. 9   D. 17.3

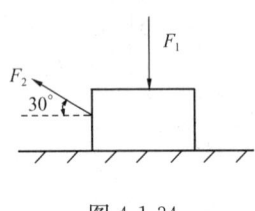

图 4-1-34

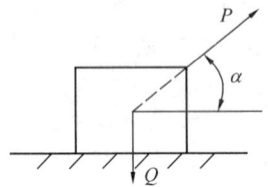

图 4-1-35

37. 物块重 Q，置于粗糙水平面上，接触处的摩擦系数为 f，拉力 P 与水平线的夹角为 α，如图 4-1-35 所示，已知 $Q>P\sin\alpha$，不致使物块滑动的拉力 P 的大小应为（   ）。

A. $P \leqslant \dfrac{fQ}{\cos\alpha+f\sin\alpha}$ B. $P \leqslant \dfrac{Q}{\cos\alpha+f\sin\alpha}$

C. $P \geqslant \dfrac{fQ}{\cos\alpha+f\sin\alpha}$ D. $P \geqslant \dfrac{Q}{\cos\alpha+f\sin\alpha}$

38. 重为 W 的物块置于倾角为 30°的斜面上，如图 4-1-36 所示。若物块与斜面间的静摩擦系数 $f=0.6$，则该物块（   ）。
A. 向下滑动   B. 静止
C. 处于临界下滑状态   D. 无法确定

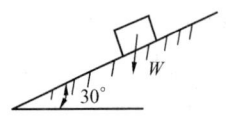

图 4-1-36

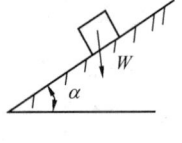

图 4-1-37

39. 物块重为 W，置于倾角为 α 的斜面上如图 4-1-37 所示。已知摩擦角 $\varphi_m>\alpha$，则物块受到摩擦力的大小是（   ）。
A. $W\tan\varphi_m \cdot \cos\alpha$ B. $W\sin\alpha$ C. $W\cos\alpha$ D. $W\tan\varphi_m \cdot \sin\alpha$

40. 重力 $W=80$kN 的物体自由地放在倾角为 30°的斜面上，如图 4-1-38 所示。若物体与斜面间的静摩擦系数 $f=\dfrac{\sqrt{3}}{4}$，动摩擦系数 $f'=0.4$，则作用在物体上的摩擦力的大小为（　　）。

A. 30kN　　　　B. 27.7kN　　　　C. 40kN　　　　D. 0

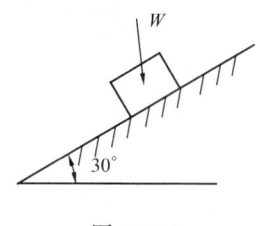

图 4-1-38

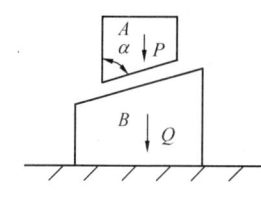

图 4-1-39

41. 重 P 的物块 A 与重 Q 的物块 B 接触面间的摩擦角为 φ_m，物块 B 置于水平光滑面上，如图 4-1-39 所示。如果要使该物体系处于静止，则图示物块 A 的倾斜面与其铅直面之间的夹角 α 必须满足（　　）。

A. $\alpha \leqslant \varphi_m$　　B. $\alpha > \varphi_m$　　C. $\alpha < 90° - \varphi_m$　　D. $\alpha \geqslant 90° - \varphi_m$

42. 图 4-1-40 所示一半圆柱重 P，重心 C 到圆心 O 的距离 $a = \dfrac{4R}{3\pi}$，其中 R 为圆柱体半径，若它与水平面间的摩擦系数为 f，则半圆柱被拉动时所偏过的角度 θ 为（　　）。

A. $\theta = \arcsin \dfrac{\pi f}{4 + 3\pi f}$　　　　B. $\theta = \arcsin \dfrac{2\pi f}{4 + 3\pi f}$

C. $\theta = \arcsin \dfrac{3\pi f}{4 + 3\pi f}$　　　　D. $\theta = \arcsin \dfrac{4\pi f}{4 + 3\pi f}$

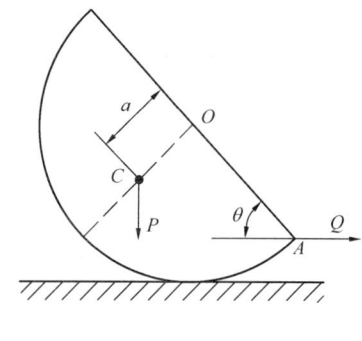

图 4-1-40

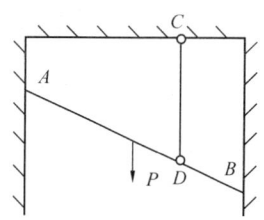

图 4-1-41

43. 如图 4-1-41 所示，匀质杆 AB 重力为 P，用铅垂绳 CD 吊在天花板上，A、B 端分别靠在光滑的铅垂墙面上，则 A、B 两端反力大小的比较是（　　）。

A. A 点反力大于 B 点反力　　　　B. B 点反力大于 A 点反力
C. A、B 两点反力相等　　　　D. 无法确定

44. 由长度均为 L，重量均为 P 的三根匀质杆铰接成一等边三角形 ABC，如图 4-1-42 所示，则其重心坐标为（　　）。

A. $x_C = \dfrac{L}{2}$，$y_C = \dfrac{L}{3}$　　　　B. $x_C = \dfrac{L}{2}$，$y_C = \dfrac{\sqrt{3}}{3}L$

C. $x_C = \frac{1}{2}$, $y_C = \frac{\sqrt{3}}{4}L$
D. $x_C = \frac{L}{2}$, $y_C = \frac{\sqrt{3}}{6}L$

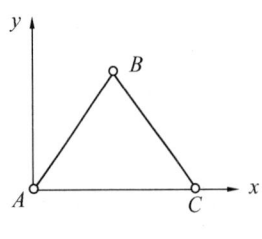

图 4-1-42

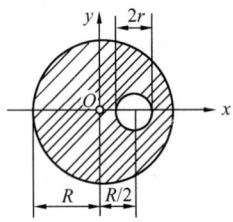

图 4-1-43

45. 在半径为 R 的圆内挖一半径为 r 的圆孔，如图 4-1-43 所示，则剩余面积的重心为（　　）。

A. $x_C = -\frac{rR}{2(R^2-r^2)}$，$y_C = 0$
B. $x_C = -\frac{r^2R}{2(R^2-r^2)}$，$y_C = 0$

C. $x_C = -\frac{rR}{2(R^2+r^2)}$，$y_C = 0$
D. $x_C = -\frac{rR}{2(R^2+r^2)}$，$y_C = 0$

46. 在边长为 a 的正方体的顶面内沿对角线 DB 作用一大小为 F 的力，如图 4-1-44 所示，则该力在 x 轴的投影 X 及对 x 轴之矩 $m_x(F)$ 分别是（　　）。

A. $X=0$，$m_x(F)=0$
B. $X=0$，$m_x(F)=\frac{\sqrt{2}}{2}Fa$

C. $X=\frac{\sqrt{2}}{2}F$，$m_x(F)=0$
D. $X=\frac{\sqrt{2}}{2}F$，$m_x(F)=-\frac{\sqrt{2}}{2}Fa$

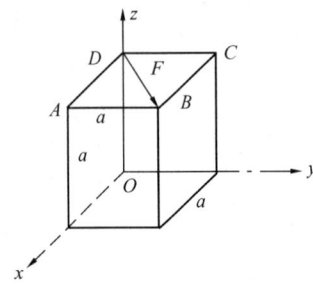

图 4-1-44

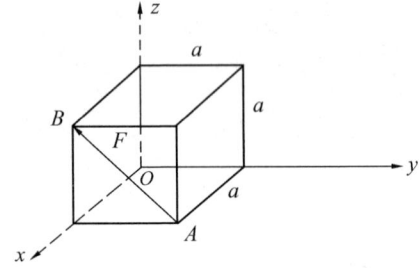

图 4-1-45

47. 如图 4-1-45 所示，在边长为 a 的正方体的前侧沿 AB 方向作用一个力 F，则该力对各轴之矩分别用 m_x、m_y、m_z 表示，则（　　）。

A. $m_x = m_y = m_z$
B. $m_x \neq m_y \neq m_z$

C. $m_x = m_y \neq m_z$
D. $m_y = m_z \neq m_x$

48. 已知空间力 F 对 O 点之矩矢 $m_O(F)$ 位于 Oxy 平面内，如图 4-1-46 所示，则力 F 对 Oy 轴之矩 $m_y(F)$ 为（　　）。

A. $\frac{1}{2}m_O(F)$
B. $-\frac{1}{2}m_O(F)$

C. $\frac{\sqrt{3}}{2}m_O(F)$
D. $-\frac{\sqrt{3}}{2}m_O(F)$

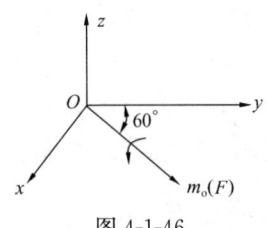

图 4-1-46

第二节 运 动 学

一、《考试大纲》的规定
点的运动方程、轨迹、速度、加速度、切向加速度和法向加速度、平动和绕定轴转动、角速度、角加速度、刚体内任一点的速度和加速度。

二、重点内容
1. 点的运动方程

描述点的运动有矢量法、直角坐标法和自然法等。通常具体计算时一般采用直角坐标法和自然法。

(1) 直角坐标法

设动点 M 在瞬时 t 的坐标为 x，y，z，其矢径为 r，则点的运动方程、速度和加速度表示见表 4-2-1。

直角坐标法表示 表 4-2-1

运动方程	速 度	加速度
$r=x\boldsymbol{i}+y\boldsymbol{j}+z\boldsymbol{k}$	$\boldsymbol{v}=v_x\boldsymbol{i}+v_y\boldsymbol{j}+v_z\boldsymbol{k}$	$\boldsymbol{a}=a_x\boldsymbol{i}+a_y\boldsymbol{j}+a_z\boldsymbol{k}$
$x=f_1(t)$	$v_x=\dot{x}$	$a_x=\ddot{x}$
$y=f_2(t)$	$v_y=\dot{y}$	$a_y=\ddot{y}$
$z=f_1(t)$	$v_z=\dot{z}$	$a_z=\ddot{z}$

(2) 自然法

以自然法表示点的运动方程为：$s=f(t)$；

速度为：$\boldsymbol{v}=v\boldsymbol{\tau}$，$v=\dfrac{\mathrm{d}s}{\mathrm{d}t}=\dot{s}$；

加速度为：$\boldsymbol{a}=a_\tau\boldsymbol{\tau}+a_n\boldsymbol{n}+a_b\boldsymbol{b}$；$a_\tau=\dfrac{\mathrm{d}v}{\mathrm{d}t}=\ddot{s}$，$a_n=\dfrac{v^2}{\rho}$，$a_b=0$。

其中法向加速度 a_n 的方向指向轨迹曲线的曲率中心；切向加速度 a_τ 的方向为沿着动点在轨迹上的切线方向。

(3) 匀速和匀变速曲线运动

速度 $v=$ 常量的曲线运动称为匀速曲线运动。设 $t=0$，动点的初速度和初弧坐标分别为 v_0 和 s_0，则动点的运动量为：

$$a_\tau=0,\ a_n=\frac{v^2}{\rho},\ s=s_0+vt$$

当切向加速度 $a_\tau=$ 常量，曲线运动为匀变速曲线运动。同样，设 $t=0$ 时，动点的初速度和初弧坐标分别为 v_0 和 s_0，则动点的运动量为：

$$a_n=\frac{v^2}{\rho},\ v=v_0+a_\tau t,\ s=s_0+v_0t+\frac{1}{2}a_\tau t^2$$
$$v^2-v_0^2=2a_\tau(s-s_0)$$

特别地，当动点沿 x 轴作匀速直线运动或匀变速直线运动时，对上述式子分别用 a，x_0，x 代替 a_τ，s_0，s。

2. 刚体的平动和定轴转动

刚体的平动,是指刚体运动过程中,其上任一直线始终与它原来的位置保持平行。显然,刚体作平动时,在任一瞬时,各点具有相同的速度和加速度。

刚体的定轴转动,指刚体运动时,体内(或其延展部分)有一直线始终保持不动。转动刚体的运动学公式见表 4-2-2。

刚体定轴转动公式 表 4-2-2

	变速转动	匀变速转动	匀速转动
转动方程	$\varphi = f(t)$	$\varphi = \varphi_0 + \omega_0 t + \frac{1}{2}\varepsilon t^2$ $\varphi = \varphi_0 + \frac{1}{2}(\omega_0 + \omega)t$	$\varphi = \varphi_0 + \omega t$
角速度	$\boldsymbol{w} = \omega \boldsymbol{k}$ $\omega = \frac{d\varphi}{dt} = \dot{\varphi}$	$\omega = \omega_0 + \varepsilon t$ $\omega^2 = \omega_0^2 + 2\varepsilon(\varphi - \varphi_0)$	$\omega = $ 常数
角加速度	$\boldsymbol{\varepsilon} = \varepsilon \boldsymbol{k}$ $\varepsilon = \frac{d^2\varphi}{dt^2} = \frac{d\omega}{dt}$ $\varepsilon = \ddot{\varphi} = \omega \frac{d\omega}{d\varphi}$	$\varepsilon = $ 常数	$\varepsilon = 0$

表中,φ 称为刚体的转角,单位为 rad(弧度);角速度 ω 的单位为 rad/s。工程上常用转速 n 表示转动快慢,其单位为 rpm 或 r/min,转速与角速度的关系为 $\omega = \frac{2\pi n}{60}$。

角速度和角加速度可用沿着转轴的一个滑动矢量来表示,角速度矢 ω 和角加速度矢 ε 的指向可根据它们代数量的正负号按右手法则确定。

转动刚体上各点的速度和加速度,见表 4-2-3。

转动刚体任一点运动学公式 表 4-2-3

运动方程	速度	加速度
$S = R\varphi$	$\boldsymbol{v} = v\boldsymbol{\tau}$ $v = R\omega$ $\boldsymbol{v} = \boldsymbol{\omega} \times \boldsymbol{r}$	$\boldsymbol{a} = a_\tau \boldsymbol{\tau} + a_n \boldsymbol{n}$ $a_\tau = R\varepsilon; a_n = R\omega^2$ $a = R\sqrt{\varepsilon^2 + \omega^4}$ $\tan\alpha = \frac{|\varepsilon|}{\omega^2}$

表中,α 为加速度矢 $\boldsymbol{a}$ 与转动半径 OM 之间的夹角,见图 4-2-1。

3. 点的合成运动和刚体的平面运动

(1) 静系与动系

静坐标系(简称静系)指固结于某一参考体上的坐标系。一般地以固结于地球表面上的坐标系作为静系。

动坐标系(简称动系)指固结于相对静止运动的参考体上的坐标系。

三种运动、三种速度、三种加速度的关系见表 4-2-4。

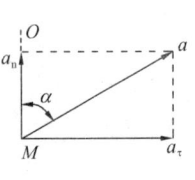

图 4-2-1

三种运动、速度和加速度关系　　　　　　表 4-2-4

分 类	概 念	表 达 式
绝对运动	动点相对于静系的运动	v_a（绝对速度）；a_a（绝对加速度）
相对运动	动点相对于动系的运动	v_r（相对速度）a_r（相对加速度）
牵连运动	动系相对静系的运动	v_e（牵连速度）；a_e（牵连加速度）
三者关系	动点的绝对运动视为相对运动与牵连运动的合成运动	

（2）点的速度合成定理

$$v_a = v_e + v_r$$

（3）点的加速度合成定理

牵连运动为平动：$a_a = a_e + a_r$

牵连运动为转动：$a_a = a_e + a_r + a_k$

$$a_k = 2\boldsymbol{\omega} \times v_r, \quad a_k = 2\omega v_r \sin\theta$$

式中 a_k 为科氏加速度；θ 为 $\boldsymbol{\omega}$ 与 v_r 之间的夹角，见图 4-2-2。

此外，用合矢量投影定理进行计算时，牵连运动为转动，有：

$$a_{a\tau} + a_{an} = a_{e\tau} + a_{en} + a_{r\tau} + a_{rn} + a_k$$

（4）刚体的平面运动

刚体的平面运动可分解为平动和转动。

刚体内各点的速度计算方法如下：

①合成法（基点法），$v_M = v_{O'} + v_{MO'}$，而 $v_{MO'} = O'M \cdot \omega$，其方向垂直 $O'M$，并顺着 ω 的转向指向前方。

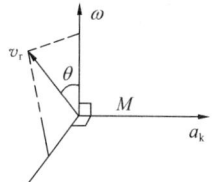

图 4-2-2

②投影法（速度投影定理），$(v_M)_{O'M} = (v_{O'})_{O'M}$，$O'$ 与 M 为刚体上任意两个点。

③瞬心法，$v_M = v_{MC}$，而 $v_{MC} = CM \cdot \omega$，方向垂直 MC，并顺着 ω 的转向指向前方。速度瞬心的速度 $v_C = 0$。

在运用瞬心法时，关键是确定刚体（或简化为平面图形）在每一瞬时的瞬心位置。在不同瞬时，平面图形具有不同的速度瞬心。如圆柱刚体沿固定面作纯滚动，其速度瞬心为圆柱刚体与固定面的接触点。求速度瞬心（C）的方法见图 4-2-3。

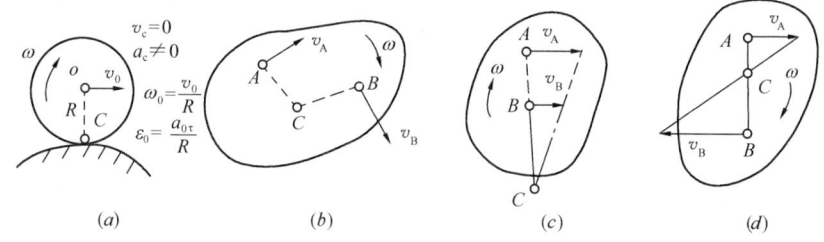

图 4-2-3

需注意的是，刚体作瞬时平动时，其各点的速度 v 均相等，角速度 ω 为零，各点的加速度 a 并不相同，角加速度 ε 不为零。

刚体内各点的加速度计算为：

$$a_M = a_{O'} + a_{MO'}^{\tau} + a_{MO'}^{n}$$
$$a_{MO'}^{\tau} = O'M \cdot \varepsilon$$
$$a_{MO'}^{n} = O'M \cdot \omega^2 = \frac{v_{MO'}^2}{O'M}$$

式中 $a_{O'}$ 为基点 O' 的加速度；$a_{MO'}^{\tau}$ 为相对切向加速度，方位垂直 $O'M$，指向顺着 ε 的转向；$a_{MO'}^{n}$ 为相对法向加速度，方位沿着 $O'M$ 连线，并总是指向基点 O'。

三、解题指导

本节重点内容中的刚体的定轴转动公式（变速转动、匀变速转动、匀速转动）应认真掌握，求解题目时，首先应分析其运动特征，才能正确选用计算公式。

点的合成运动是本节的难点，关键在于合理选择动点、动系，其选择原则是相对运动轨迹要易于判断。关于牵连点，要把动系看成是 $O'x'y'$ 平面，在此平面上与所选动点相重合的点即为牵连点，则该点相对于定系 Oxy 的速度、加速度分别称为牵连速度、牵连加速度。同时，注意科氏加速度存在的前提条件。

刚体平面运动问题，要灵活运用投影法（速度投影定理）、瞬心法，注意瞬时平动的运动特征。

【例 4-2-1】 如图 4-2-4 所示机构，曲柄 OA 以匀角速度 ω 绕 O 轴转动，滚轮 B 沿水平面做纯滚动。已知 $OA=l$，$AB=2l$，滚轮半径为 R，在图示位置，滚轮 B 的角速度 ω_B 为（　　）。

A. $\dfrac{l\omega}{R}$ B. $\dfrac{R\omega}{l}$ C. $\dfrac{\sqrt{3}l\omega}{R}$ D. $\dfrac{2l\omega}{R}$

【解】 图示位置，AB 杆为瞬时平动：

$v_B = v_A = \omega l$

又 $v_B = \omega_B R$

则：$\omega_B = \dfrac{\omega l}{R}$，应选 A 项。

【例 4-2-2】 曲杆 OBC 绕 O 轴朝顺时针方向转动，使套在其上的小环 M 沿固定水平直杆 OA 滑动，如图 4-2-5 所示。已知 OB 为 L cm，$OB \perp BC$，曲杆的角速度 $\omega=0.5$ rad/s，当 $\varphi=60°$ 时，小环 M 的速度 v_m 为（　　）。

A. $2\sqrt{3}L$ cm/s，方向水平向左   B. $2\sqrt{3}L$ cm/s，方向水平向右

C. $\sqrt{3}L$ cm/s，方向水平向左   D. $\sqrt{3}L$ cm/s，方向水平向右

图 4-2-4   图 4-2-5

【解】 以小环 M 为动点，动系固结在曲杆 OBC 上，小环 M 的速度分析见图 4-2-6：

$v_e = \omega \cdot \overline{OA} = \omega \cdot 2L$

$v_a = v_e \tan\varphi = \omega \cdot 2L \cdot \sqrt{3} = 0.5 \cdot 2L \cdot \sqrt{3} = \sqrt{3}L \text{ cm/s}$

方向水平向右，应选 D 项。

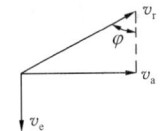

四、应试题解

1. 若某点按 $s = 8 - 2t^2$（s 以 m 计，t 以 s 计）的规律运动，则 $t = 4$ s 时点经过的路程为（　　）。

   A. 32 m　　　　　B. 16　　　　　C. 8　　　　　D. 20

2. 平面运动刚体在某瞬时为瞬时平动，其角速度和角加速度分别是（　　）。

   A. $\omega = 0$，$\varepsilon = 0$　　B. $\omega = 0$，$\varepsilon \neq 0$　　C. $\omega \neq 0$，$\varepsilon = 0$　　D. $\omega \neq 0$，$\varepsilon \neq 0$

3. 刚体作定轴转动时，其角速度 ω 和角加速度 ε 都是代数量。判定刚体是加速或减速转动的条件是（　　）。

   A. $\varepsilon > 0$ 为加速转动

   B. $\omega < 0$ 为减速转动

   C. $\omega > 0$、$\varepsilon > 0$ 或 $\omega < 0$、$\varepsilon < 0$ 为加速转动

   D. $\omega < 0$ 且 $\varepsilon < 0$ 为减速转动

4. 质点 A、B、C 分别作曲线运动，如图 4-2-7 所示。若各个质点受力 F 与其速度 v 的夹角均保持不变，则作匀速运动的质点是（　　）。

   A. A 点　　　　　　　　　　B. B 点

   C. C 点　　　　　　　　　　D. 上述 A、B、C 均不对

5. 某质点做直线运动，其运动方程 $x = t^2 - 12t + 2$，在前 5s 内，该点作（　　）运动。

   A. 匀速　　　　　B. 匀加速　　　　　C. 匀减速　　　　　D. 无法确定

6. 图 4-2-8 所示，杆 OB 以 ω 的匀角速度绕 O 转动，并带动杆 AD；杆 AD 上的 A 点沿水平轴 Ox 运动，C 点沿铅垂轴 Oy 运动。已知 $AB = OB = BC = DC = 12$ cm，则当 $\varphi = 45°$ 时，杆上 D 点的速度大小为（　　）cm/s。

   A. 26.83ω　　　　B. 18ω　　　　C. 24ω　　　　D. 18.63ω

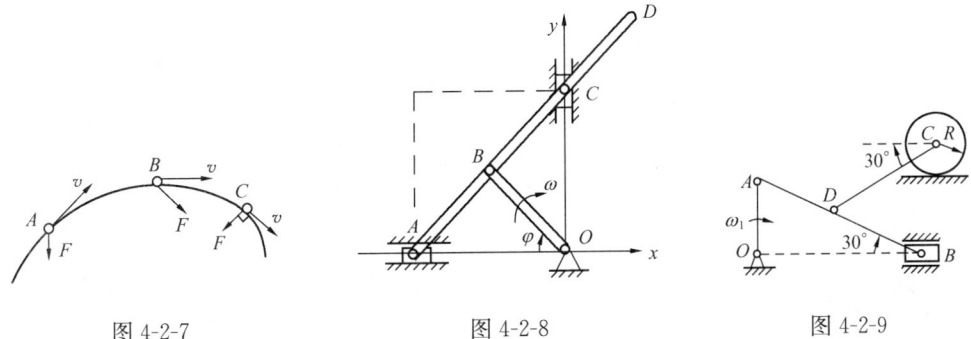

图 4-2-7　　　　　　　　图 4-2-8　　　　　　　　图 4-2-9

7. 如图 4-2-9 所示的平面机构中，半径为 R 的圆轮在水平粗糙面上滚动而不滑动，滑块 B 在水平槽内滑动。已知曲柄 OA 在图示铅直位置时的角速度为 ω_1，角加速度为零，

$OA=AD=DB=\frac{1}{2}DC=2R$,此时圆轮的角速度用 ω_2 表示,则(   )。

A. $\omega_2=0$ B. $\omega_2=\omega_1$ C. $\omega_2<\omega_1$ D. $\omega_2>\omega_1$

8. 图 4-2-10 所示凸轮机构,凸轮以匀角速度 ω 绕通过 O 点且垂直于图示平面的轴转动,从而推动杆 AB 运动。已知偏心圆弧凸轮的偏心距 $OC=e$,凸轮的半径为 r,动系固结在凸轮上,静系固结在地球上,则在图示位置($OC \perp AC$)杆 AB 上的 A 点牵连速度的大小等于(   )。

A. $r\omega$ B. $e\omega$ C. $\sqrt{e^2+r^2}\omega$ D. O

9. 图 4-2-11 所示机构中杆 OA 长 L,以角速度 ω_0 绕 O 轴转动,叶片 BC 以相对角速度 ω_r 绕 OA 直杆的 A 端转动,$AB=R$,取动参考系与 OA 杆固结,当 AB 垂直 OA 时,B 点的牵连速度 v_e 为(   )。

A. $v_e=L\omega_0$,方向沿 B、A 连线

B. $v_e=R\omega_0$,方向垂直于 B、A 连线

C. $v_e=L(\omega_0-\omega_r)$,方向沿 B、A 连线

D. $v_e=\sqrt{L^2+R^2}\omega_0$,方向垂直于 O、B 连线

10. 图 4-2-12 所示曲柄机构在其连杆 AB 的中心 C 与 CD 杆铰接,而 CD 杆又与 DE 杆铰接,DE 杆可绕 E 点转动。曲柄 OA 以角速度 $\omega=16\text{rad/s}$ 绕 O 点逆时针向转动,且 $OA=25\text{cm}$,$DE=100\text{cm}$,在图示瞬时,O、A、B 三点在一水平线上,B、E 两点在同一铅直线上,CD 垂直 DE,则此时 DE 杆的角速度 ω_{DE} 为(   )。

A. $\omega_{DE}=\sqrt{3}\text{rad/s}$,顺时针向   B. $\omega_{DE}=\sqrt{3}\text{rad/s}$,逆时针向

C. $\omega_{DE}=1\text{rad/s}$,顺时针向   D. $\omega_{DE}=1\text{rad/s}$,逆时针向

11. 图 4-2-13 所示四连杆机构的 $OABO_1$ 中,$OA=O_1B=\frac{1}{2}AB=L$,曲柄 OA 以角速度 ω 逆时针向转动。当 $\varphi=90°$,曲柄 O_1B 重合于 O_1O 的延长线上时,曲柄 O_1B 上 B 点的速度 v_B 为(   )。

A. $\frac{\sqrt{3}}{2}L\omega$,铅直向下   B. $\frac{\sqrt{3}}{2}L\omega$,铅直向上

C. $\sqrt{3}L\omega$,铅直向下   D. $\sqrt{3}L\omega$,铅直向上

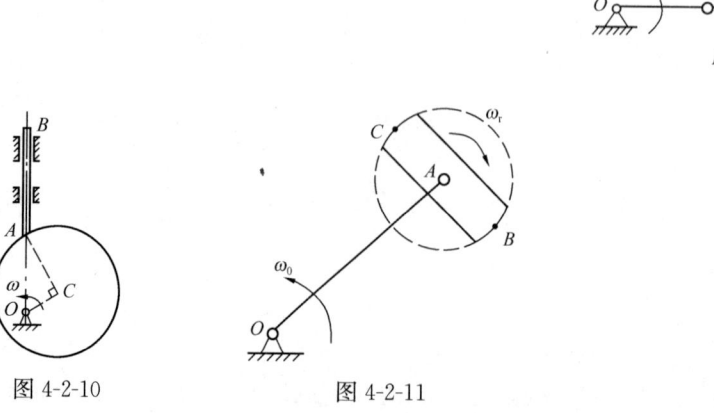

图 4-2-10   图 4-2-11   图 4-2-12

12. 一平面结构曲柄长 $OA=r$，以角速度 ω_0 绕 O 轴逆时针向转动，在图 4-2-14 所示瞬时，杆 O_1N 水平，连杆 NK 铅直。连杆上有一点 D，其位置为 $\overline{OK}=\frac{1}{3}\overline{NK}$，则此时 D 点的速度大小为（　　）。

    A. $\frac{1}{3}r\omega_0$　　　　B. $\frac{2}{3}r\omega_0$　　　　C. $r\omega_0$　　　　D. $\frac{4}{3}r\omega_0$

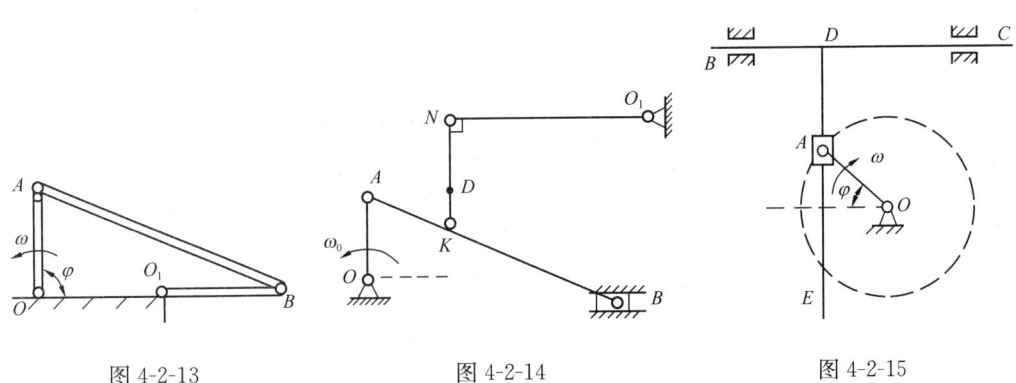

图 4-2-13　　　　　　　　图 4-2-14　　　　　　　　图 4-2-15

13. 图 4-2-15 所示曲柄机构中，杆 BC 水平，而杆 DE 保持铅直。曲柄长 $OA=10$cm，并以匀角速度 $\omega=40$rad/s，绕 O 轴朝顺时针向转动，则当 $\varphi=30°$ 时，杆 BC 的速度 v_{BC} 为（　　）。

    A. 200cm/s，方向水平向右　　　　B. 200cm/s，方向水平向左
    C. 100cm/s，方向水平向右　　　　D. 100cm/s，方向水平向左

14. 图 4-2-16 所示机构中，曲柄 OA 以匀角速度 ω 绕 O 轴朝顺时针向转动，$OA=r$，在图示位置 $\alpha=30°$，构件 $BCDE$ 的 BC 段铅直、CD 段水平、DE 段在倾角为 $30°$ 的滑道内滑动，此时该构件上 B 点的速度大小为（　　）。

    A. $\frac{1}{2}r\omega$　　　　B. $\frac{\sqrt{3}}{3}r\omega$　　　　C. $\frac{\sqrt{3}}{2}r\omega$　　　　D. $\sqrt{3}r\omega$

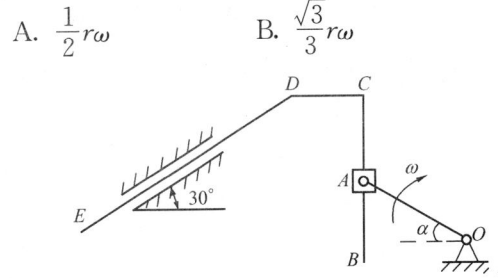 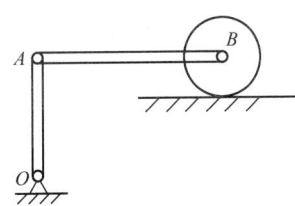

图 4-2-16　　　　　　　　　　　图 4-2-17

15. 图 4-2-17 所示平面机构，AB 杆水平而 OA 杆铅直。若 B 点的速度 $v_B\neq 0$，加速度 $a_B=0$，则图示瞬时 OA 杆的角速度、角加速度分别为（　　）。

    A. $\omega=0$，$\varepsilon\neq 0$　　B. $\omega=0$，$\varepsilon=0$　　C. $\omega\neq 0$，$\varepsilon\neq 0$　　D. $\omega\neq 0$，$\varepsilon=0$

16. 如图 4-2-18 所示两个绕线轮，在绳的拉力下沿直线轨道作纯滚动，设绳端的速度均为 v，在图（a）、（b）中，轮的角速度及轮心的速度分别用 ω_1、v_{c1} 与 ω_2、v_{c2} 表示，则 ω_1 与 ω_2、v_{c1} 与 v_{c2} 的相互关系分别是（　　）。

    A. $\omega_1=\omega_2$ 转向相同，$v_{c1}=v_{c2}$　　　　B. $\omega_1<\omega_2$ 转向相同，$v_{c1}<v_{c2}$

C. $\omega_1 > \omega_2$ 转向相反，$v_{c1} > v_{c2}$ D. $\omega_1 < \omega_2$ 转向相反，$v_{c1} < v_{c2}$

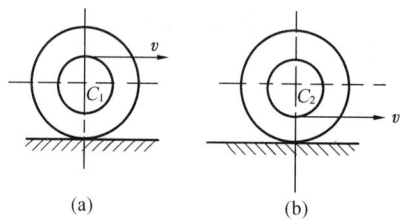

图 4-2-18

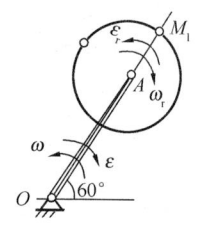

图 4-2-19

17. 杆 OA 绕固定轴 O 转动，圆盘绕动轴 A 转动，已知杆长 $l=20$cm，圆盘 $r=10$cm，在图示位置时，杆的角速度及角加速度分别为 $\omega=4$rad/s，$\varepsilon=3$rad/s^2；圆盘相对于 OA 的角速度和角加速度分别为 $\omega_r=6$rad/s，$\varepsilon_r=6$rad/s^2，如图 4-2-19 所示，则圆盘上 M_1 点绝对加速度为（　　）cm/s^2。

A. 260.21　　　　B. 261.24　　　　C. 360.21　　　　D. 361.24

18. 如图 4-2-20 所示小车沿水平方向向右作加速运动，其加速度 a_0 为 40cm/s^2，在小车上有一轮绕 O 轴转动，转动规律为 $\varphi=t^2$（t 以秒计）。当 $t=1$s 时，轮缘上点 A 的位置如图所示，已知轮的半径 $r=20$cm，求此时点 A 的绝对加速度为（　　）cm/s^2。

A. 47.2　　　　B. 57.2　　　　C. 65.2　　　　D. 75.2

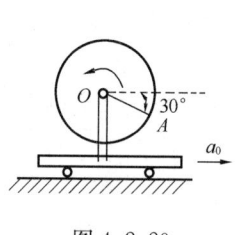

图 4-2-20

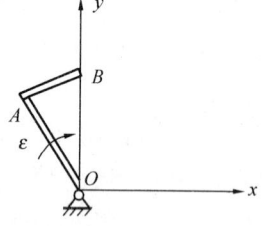

图 4-2-21

19. 直角刚杆 OAB 可绕固定轴 O 在图 4-2-21 所示平面内转动，已知 $OA=40$cm，$AB=30$cm，$\omega=4$rad/s，$\varepsilon=2$rad/s^2，则在图示瞬时，B 点加速度在 y 方向的投影为（　　）cm/s^2。

A. 200　　　　B. 800　　　　C. −200　　　　D. −800

20. 图 4-2-22 所示铰接四边形机构中，$\overline{O_1A}=\overline{O_2B}=10$cm，$\overline{O_1O_2}=\overline{AB}$，杆 O_1A 以匀角速度 $\omega=6$rad/s 绕 O_1 轴转动，杆 AB 上有一套筒 C，此筒与杆 CD 铰接，当 $\varphi=60°$ 时，杆 CD 的速度和加速度大小分别为（　　）。

A. $v_{CD}=30$cm/s，$a_{CD}=30\sqrt{3}$cm/s^2　　　　B. $v_{CD}=30\sqrt{3}$cm/s，$a_{CD}=30\sqrt{3}$cm/s^2
C. $v_{CD}=30$cm/s，$a_{CD}=180\sqrt{3}$cm/s^2　　　　D. $v_{CD}=30\sqrt{3}$cm/s，$a_{CD}=180\sqrt{3}$cm/s^2

21. 图 4-2-23 所示机构中，曲柄 OA 长 40cm，以匀角速度 $\omega=2$rad/s 绕 O 轴逆时针向转动，从而推动构件 BC。当曲柄与水平线间的夹角 $\theta=30°$ 时，滑杆 C 的速度和加速度大小分别是（　　）。

A. $v_C=40$cm/s，$a_C=80$cm/s^2　　　　B. $v_C=40\sqrt{3}$cm/s，$a_C=80$cm/s^2
C. $v_C=40$cm/s，$a_C=80\sqrt{3}$cm/s^2　　　　D. $v_C=40\sqrt{3}$cm/s，$a_C=80\sqrt{3}$cm/s^2

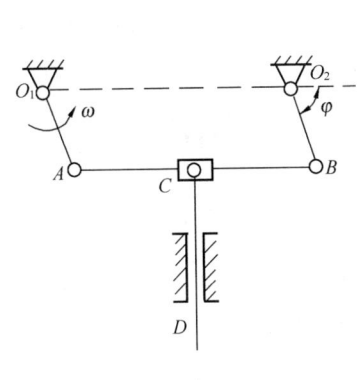

图 4-2-22   图 4-2-23

22. 如图 4-2-24 半径为 R 的圆盘以匀角速 ω 沿水平面滚动而无滑动，AB 杆的 A 端与圆盘边缘铰接，其 B 端在水平面上滑动，在图示位置时，AB 杆 B 端的加速度大小 a_B 为（ ）。

   A. $2R\omega^2$　　　　B. $R\omega^2$　　　　C. $\dfrac{\sqrt{3}}{3}R\omega^2$　　　　D. $\dfrac{2\sqrt{3}}{3}R\omega^2$

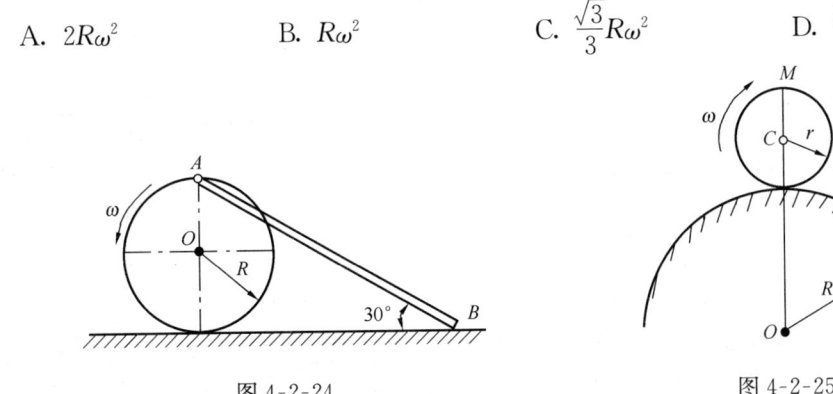

图 4-2-24   图 4-2-25

23. 一半径为 r 的圆盘以匀角速 ω 在半径为 R 的圆形曲面上作纯滚动，如图 4-2-25 所示，则圆盘边缘上图示 M 点的加速度大小为（ ）。

   A. $\dfrac{R(R+2r)\omega^2}{R+r}$　　B. $\dfrac{r(2r+R)\omega^2}{R+r}$　　C. $(R+2r)\omega^2$　　D. $2r\omega^2$

24. 滑块 A 以匀加速度 $a_A=3\text{cm/s}^2$ 沿水平面向左滑动，从而使 OB 杆绕 O 轴转动，如图 4-2-26 所示，OB 杆长 $L=100\text{cm}$，在图示位置时，设滑块的速度 $v_A=40\text{cm/s}$，滑块上的 C 点与 OB 杆的中点接触，OB 杆与水平线的夹角为 $30°$，则此时 OB 杆的角加速度 ε 为（ ）。

   A. 1.08rad/s^2，逆时针向　　　　　　B. 1.08rad/s^2，顺时针向
   C. 1.14rad/s^2，逆时针向　　　　　　D. 1.14rad/s^2，顺时针向

25. 半径 $R=10\text{cm}$ 的鼓轮，由挂在其上的重物带动而绕 O 轴转动，如图 4-2-27 所示，重物的运动方程为 $x=200t^2$（x 以 m 计，t 以 s 计），则鼓轮的角加速度 ε 为（ ）。

   A. 4000rad/s^2，顺时针向　　　　　　B. 4000rad/s^2，逆时针向
   C. 400rad/s^2，顺时针向　　　　　　　D. 400rad/s^2，逆时针向

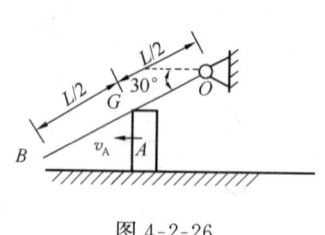

图 4-2-26

图 4-2-27

26. 汽轮机叶轮由静止开始作匀加速转动，轮上 M 点离轴心为 0.4m，在某瞬时其加速度的大小为 80m/s^2，方向与 M 点和轴心连线成 $\alpha=30°$，如图 4-2-28 所示，则叶轮的转动方程 $\varphi=f(t)$ 为（　　）。

A. $50t^2$ B. $25t^2$ C. $50\sqrt{3}t^2$ D. $25\sqrt{3}t^2$

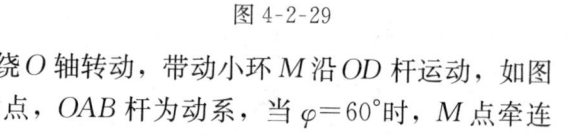

图 4-2-28

图 4-2-29

27. 已知直角弯杆 OAB 以匀角速度 ω 绕 O 轴转动，带动小环 M 沿 OD 杆运动，如图 4-2-29 所示，已知 $OA=l$，取小环 M 为动点，OAB 杆为动系，当 $\varphi=60°$ 时，M 点牵连加速度 a_e 的大小为（　　）。

A. $0.5l\omega^2$ B. $l\omega^2$ C. $\sqrt{3}l\omega^2$ D. $2l\omega^2$

28. 细管 OB 以角速度 ω，角加速度 ε 绕 O 轴转动，一小球 A 在管内以相对速度 v_r 由 O 向 B 运动，动参考系固结在 OB 管上，如图 4-2-30 所示瞬时，小球 A 的牵连加速度为（　　）。

A. $a_e^{\tau}=0$，$a_e^n=r\omega^2$

B. $a_e^{\tau}=r\varepsilon$，$a_e^n=0$

C. $a_e^{\tau}=0$，$a_e^n=0$

D. $a_e^{\tau}=r\varepsilon$，$a_e^n=r\omega^2$

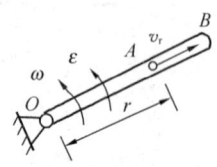

图 4-2-30

第三节　动　力　学

一、《考试大纲》的规定

牛顿定律；质点的直线振动；自由振动微分方程；固有频率；周期；振幅；衰减振动；阻尼对自由振动振幅的影响—振幅衰减曲线；受迫振动；受迫振动频率；幅频特性；共振；动力学普遍定理；动量；质心；动量定理及质心运动定理；动量及质心运动守恒；动量矩；动量矩定理；动量矩守恒；刚体定轴转动微分方程；转动惯量；回转半径；平行轴定理；功；动能；势能；动能定理及机械能守恒；达朗贝尔原理；惯性力；刚体作平动

和绕定轴转动（转轴垂直于刚体的对称面）时惯性力系的简化；动静法。

二、重点内容

1. 动力学基本定律

第一定律（惯性定律），指任何质点如不受力的作用，则将保持静止或匀速直线运动状态。

第二定律（力与加速度的关系定律），即：$m\boldsymbol{a}=\boldsymbol{F}$；$m\boldsymbol{a}=\sum \boldsymbol{F}_i$，其中加速度的方向与作用力方向相同。

第三定律（作用与反作用定律），指两质点相互作用的力总是大小相等，方向相反，沿同一直线，并分别作用在两质点上。

2. 质点运动微分方程

质点运动微分方程的三种形式分别为：

（1）矢量形式：$m\dfrac{\mathrm{d}^2 \boldsymbol{r}}{\mathrm{d}t^2}=\sum \boldsymbol{F}_i$

（2）直角坐标形式：$m\dfrac{\mathrm{d}^2 x}{\mathrm{d}t^2}=\sum X_i$，$m\dfrac{\mathrm{d}^2 y}{\mathrm{d}t^2}=\sum Y_i$，$m\dfrac{\mathrm{d}^2 z}{\mathrm{d}t^2}=\sum Z_i$

（3）自然轴形式：$m\dfrac{\mathrm{d}^2 s}{\mathrm{d}t^2}=\sum F_{i\tau}$，$m\dfrac{v^2}{\rho}=\sum F_{in}$，$O=\sum F_{ib}$

需注意的是，质点动力学基本方程只适用于惯性坐标系，其中各项加速度必须为绝对加速度；力和加速度在坐标轴上的投影的正负号。

3. 动量定律

动量（$\boldsymbol{K}$）的表达式为：质点的动量 $\boldsymbol{K}=m\boldsymbol{v}$；质点系的动量 $\boldsymbol{K}=\sum m_i \boldsymbol{v}_i=M\boldsymbol{v}_c$，其中 $\boldsymbol{v}_c$ 为质点系质心 C 的速度。

冲量（$\boldsymbol{S}$）的表达式为：常力的冲量 $\boldsymbol{S}=\boldsymbol{F}t$；变力的冲量 $\boldsymbol{S}=\int_{t_1}^{t_2}\boldsymbol{F}\mathrm{d}t$

动量定律的表达式，微分形式：$\dfrac{\mathrm{d}k_x}{\mathrm{d}t}=\sum X_i^e$，$\dfrac{\mathrm{d}k_y}{\mathrm{d}t}=\sum Y_i^e$，$\dfrac{\mathrm{d}k_z}{\mathrm{d}t}=\sum Z_i^e$

积分形式：$K_{2x}-K_{1x}=\sum S_{ix}^e$，$K_{2y}-K_{1y}=\sum S_{iy}^e$，$K_{2z}-K_{1z}=\sum S_{iz}^e$

动量守恒的条件：$\sum X_i^e=0$，$K_x=$ 常量。

上述式子中，K_2、K_1 分别为 t_1、t_2 时刻的动量；$\sum S_{ix}^e$ 为外力系在时间（t_2-t_1）内的冲量在 x 轴的矢量和；X_i^e 为作用在质点系上的所有处力在 x 轴的矢量和。

4. 质心运动定律

在直角坐标系下，$M\boldsymbol{a}_{cx}=R_x^e$，$M\boldsymbol{a}_{cy}=R_y^e$，$M\boldsymbol{a}_{cz}=R_z^e$

在自然坐标系下，$M\boldsymbol{a}_{c\tau}=R_\tau^e$，$M\boldsymbol{a}_{cn}=R_n^e$，$O=R_b^e$

质心运动守恒的条件：$R_x^e=0$，$a_{cx}=0$，$v_{cx}=$ 常数；$v_{cx}=0$，$x_{cx}=C$。

5. 动量矩与动量矩定理

（1）动量矩（$\boldsymbol{H}$）

质点对固定点 O 的动量矩为：$\boldsymbol{H}_0=\boldsymbol{m}_0(m\boldsymbol{v})=\boldsymbol{r}\times m\boldsymbol{v}$；

质点系对固定点 O 的动量矩为：$\boldsymbol{H}_0=\sum \boldsymbol{m}_0(m_i \boldsymbol{v}_i)$

或
$$H_x=\sum m_x(m_i \boldsymbol{v}_i),\ H_y=\sum m_y(m_i \boldsymbol{v}_i),$$
$$H_z=\sum m_z(m_i \boldsymbol{v}_i)$$

定轴转动的刚体对转轴 z 的动量矩为：$H_z = J_z \omega$

(2) 转动惯量及其平行轴定理

转动惯量：$J_z = \sum m_i r_i^2$，$J_z = M\rho_z^2$

式中，r_i 是 i 质点到 z 轴之矩；ρ_z 为回转半径。

转动惯量的平行轴定理：$J_{z'} = J_z + Md^2$

式中，z 轴为通过质心 C 且与 z' 轴平行；d 为 z' 与 z 轴之间的距离；M 为刚体的质量。

(3) 动量矩定律

对定点 O：$\dfrac{dH_x}{dt} = \sum m_x(F_i^e)$，$\dfrac{dH_y}{dt} = \sum m_y(F_i^e)$，$\dfrac{dH_z}{dt} = \sum m_z(F_i^e)$

对定轴 z：$J_z \varepsilon = M_z^e$，$J_z \ddot{\varphi} = M_z^e$（刚体定轴转动微分方程）

动量矩守恒的条件：若 $\sum m_x(F_i^e) = 0$，则 $H_x = $ 常数

(4) 刚体平面运动微分方程

$$M\ddot{x}_c = \sum X_i,$$
$$M\ddot{y}_c = \sum Y_i,$$
$$J_c \ddot{\varphi} = \sum m_c(F_i^e)$$

6. 动能定理与机械能守恒定律

(1) 力的功（W）

力的功：$W = FS\cos\alpha$（常力）；$W = \int_{s_1}^{s_2}(xdx + ydy + zdz)$（变力）

重力的功：$W = \pm mgh$（重心由高到低取 $+$，反之取 $-$）

弹性力的功：$W = \dfrac{1}{2}k(\delta_1^2 - \delta_2^2)$（$\delta_1$、$\delta_2$ 为弹簧的始末变形）

力矩的功：$W = \int_{\varphi_1}^{\varphi_2} M_z d\varphi$

力偶的功：$W = \int_{\varphi_1}^{\varphi_2} M_z d\varphi$

(2) 动能（T）

质点（系）：$T = \dfrac{1}{2}mv^2$，$T = \sum \dfrac{1}{2}m_i v_i^2$

平动刚体：$T = \dfrac{1}{2}mv_c^2$

定轴转动刚体：$T = \dfrac{1}{2}J_z \omega^2$

平面运动的刚体：$T = \dfrac{1}{2}Mv_c^2 + \dfrac{1}{2}J_c \omega^2$

式中 J_c 为刚体对通过质心且垂直于运动平面的轴的转动惯量。

(3) 势能（V）

重力场中，$V = W(z_c - z_{c0})$（零势能位置 z_{c0}）

弹性力场中，$V = \dfrac{k}{2}(\delta^2 - \delta_0^2)$（零势能位置 δ_0）

(4) 动能定理

质点时：
$$d\left(\frac{1}{2}mv^2\right)=d'W \text{（微分形式）};$$
$$\frac{1}{2}mv_2^2-\frac{1}{2}mv_1^2=W \text{（积分形式）}$$

质点系时：$dT=\sum d'W_i^e+\sum d'W_i^i$，$dT=\sum d'W_i^A+\sum d'W_i^N$（微分形式）；
$T_2-T_1=\sum W_i^e+\sum W_i^i$，$T_2-T_1=\sum W_i^A+\sum W_i^N$（积分形式）；
$$T_2-T_1=\sum W_i^A \text{（理想约束）}$$

上述式子中，e、i 分别表示外力、内力之功，一般内力的功不为零；A、N 分别表示主外力、约束力之功。

7. 达朗贝尔原理

达朗贝尔原理，指在非自由质点 M 运动中的每一瞬时，作用于质点的主动力 F、约束反力 N 和该质点的惯性力 $\boldsymbol{F}^\mathrm{I}$（$=-\boldsymbol{Ma}$）构成一假想的平衡力系。其表达式为：

质点时：$\quad\boldsymbol{F}+\boldsymbol{N}+\boldsymbol{F}^\mathrm{I}=0$

质点系时：$\quad\boldsymbol{F}_i+\boldsymbol{N}_i+\boldsymbol{F}_i^\mathrm{I}=0$

刚体运动的惯性力系简化结果为：

(1) 平动，向质心 C 简化，则：$\boldsymbol{R}^\mathrm{I}=-\boldsymbol{Ma}_C$；

(2) 定轴转动，向转轴 O 简化，则：$\boldsymbol{R}^\mathrm{I}=-\boldsymbol{Ma}_C$，$M_O^\mathrm{I}=-J_O\varepsilon$；

向质心 C 简化，则：$\boldsymbol{R}^\mathrm{I}=-\boldsymbol{Ma}_C$，$M_C^\mathrm{I}=-J_C\varepsilon$；

(3) 平面运动，向质心 C 简化，则：$\boldsymbol{R}^\mathrm{I}=-\boldsymbol{Ma}_C$，$M_C^\mathrm{I}=-J_C\varepsilon$

动静法，指根据达朗贝尔原理，在质点或质点系上，假想地加上惯性力或惯性力系的简化结果，再用静力学建立平衡方程求解动力学问题的方法。

8. 虚位移原理

虚位移，在不破坏约束的条件下，质点（系）在给定瞬时可能发生的任何微小位移。它用变分符号 δx，δy，δz，$\delta \boldsymbol{r}$ 表示。

虚位移原理的表达式为：

矢量形式：$\sum \boldsymbol{F}_i \cdot \delta \boldsymbol{r}_i = 0$

直角坐标形式：$\sum (X_i\delta x_i+Y_i\delta y_i+Z_i\delta z_i)=0$

广义坐标形式：$\sum Q_j\delta q_j=0$

式中 $\delta \boldsymbol{r}_i$、δq_j 分别表示虚位移、广义虚位移；F_i 及 x_i、y_i、z_i 为主动力及其投影；Q_j 为对应于广义坐标 q_j 的广义力。

9. 单自由度系统的振动

设一悬挂质量 m 的弹簧系统（其刚性系数为 k），取系统静平衡位置为坐标原点 O，建立坐标轴 x，则该系统自由振动的振动方程及特性参数如下：

振动方程：$\quad x=A\sin(pt+\alpha)$，

运动微分方程为：$\quad \ddot{x}+px=0$；$p=\sqrt{\dfrac{k}{m}}$

振幅：$\quad A=\sqrt{x_0^2+\dfrac{v_0^2}{p^2}}$；

初位相：$\quad \alpha=\arctan\dfrac{px_0}{v_0}$

周期：$T=\dfrac{2\pi}{p}$；$T=\dfrac{1}{f}$（f 为固有频率）

固有圆频率：$$p=2\pi f=\sqrt{\dfrac{k}{m}}$$

振动系统固有圆频率 p 的计算方法：①直接法，$p=\sqrt{\dfrac{k}{m}}$；②平衡法；③建立运动微分方程，再化为标准形式求解。

此外，并联弹簧的当量刚性系数为 $k=\sum\limits_{i=1}^{n}k_i$；串联弹簧则为 $\dfrac{1}{k}=\sum\limits_{i=1}^{n}\dfrac{1}{k_i}$。

三、解题指导

本节知识点较多，注意掌握各种定理的特点，适用范围和条件；考试时间有限，不会出太复杂的题目，但应能熟练地找到求解题目的适用定理，以简化计算。复习时，应特别注意动量矩定理、动能定理、定轴转动微分方程、质心运动定理、达朗贝尔原理、虚位移原理。

【例 4-3-1】 均匀圆板 C 质量为 M，半径为 R，铰接于 O 点，在盘边 A 点固接一质量为 m 的质点，如图 4-3-1 所示。当系统绕 O 点以角速度 ω 转动时，则系统对轴 O 的动量矩大小为（　　）。

A. $\dfrac{7}{2}mR^2\omega$　　B. $\dfrac{11}{2}mR^2\omega$　　C. $\dfrac{13}{2}mR^2\omega$　　D. $\dfrac{15}{2}mR^2\omega$

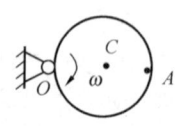

图 4-3-1

【解】 圆盘对 O 点的 H_{O1}：$H_{O1}=J_O\omega=(J_C+mR^2)\omega=\dfrac{3}{2}mR^2\omega$

质点 A 对 O 点的 H_{O2}：$H_{O2}=2R\cdot m(2R\omega)=4mR^2\omega$

所以 $H_O=H_{O1}+H_{O2}=\dfrac{11}{2}mR^2\omega$，故应选 B 项。

【例 4-3-2】 均质圆轮重 P，其半径为 r，轮上绕以细绳，绳的一端固定于 A 点，如图 4-3-2 所示。当圆轮下降时，轮心的加速度 a_c 和绳子的拉力 T 的大小分别为（　　）。

A. $a_c=\dfrac{2}{3}g$，$T=\dfrac{1}{3}P$　　　　B. $a_c=\dfrac{4}{5}g$，$T=\dfrac{1}{3}P$

C. $a_c=\dfrac{2}{3}g$，$T=\dfrac{1}{5}P$　　　　D. $a_c=\dfrac{4}{5}g$，$T=\dfrac{1}{5}P$

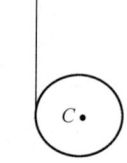

图 4-3-2

【解】 取圆轮为研究对象：
$$mg-T=ma_c=m\cdot\varepsilon R$$
$$TR=J\cdot\varepsilon=\dfrac{1}{2}mR^2\varepsilon$$

联解可得：$$a_c=\dfrac{2}{3}g,\quad T=\dfrac{1}{3}P$$

所以应选 A 项。

四、应试题解

1. 单摆重 P，摆长 l，从偏角 φ_0 位置无初速释放，如图 4-3-3 所示，设摆至最低位置时速度为 v_1，则摆动过程中摆绳拉力的最小值为（　　）。

A. P B. $P\left(1-\dfrac{v_1^2}{gl}\right)$ C. $P\left(1+\dfrac{v_1^2}{gl}\right)$ D. $P\cos\varphi_0$

2. 如图 4-3-4 所示汽车以匀速 v 行驶, 其重量为 P, 道路凸、凹面处的曲率半径均为 ρ, 则汽车在最高处时、最低处时地面对车的竖向反力 N_1、N_2 的大小分别为（　　）。

A. $N_1=P$, $N_2=P$

B. $N_1=P+\dfrac{P}{g}\cdot\dfrac{v^3}{\rho}$, $N_2=P-\dfrac{P}{g}\cdot\dfrac{v^3}{\rho}$

C. $N_1=P+\dfrac{P}{g}\cdot\dfrac{v^2}{\rho}$, $N_2=P-\dfrac{P}{g}\cdot\dfrac{v^2}{\rho}$

D. $N_1=P-\dfrac{P}{g}\cdot\dfrac{v^2}{\rho}$, $N_2=P+\dfrac{P}{g}\cdot\dfrac{v^2}{\rho}$

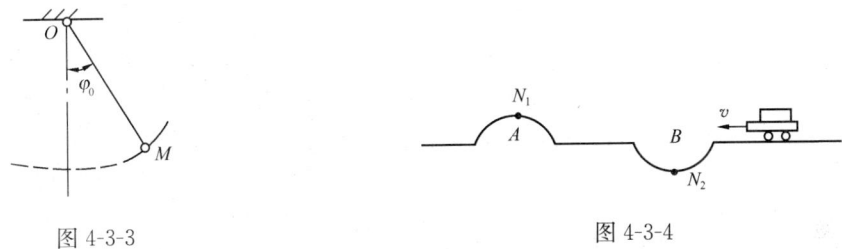

图 4-3-3　　　　　　　　图 4-3-4

3. 汽车重 W, 以匀加速度 a 沿水平直线道路向右运动, 其重心 C 离地面的高度为 h, 汽车的前、后轮到通过其重心 C 的垂线的距离为 $2L$、L, 如图 4-3-5 所示。已知 $h=\dfrac{L}{4}$, 则地面对汽车前轮的反力 N_1 与对后轮的反力 N_2 的大小分别为（　　）。

A. $N_1=\dfrac{W(4g-1)}{12g}$, $N_2=\dfrac{W(8g-1)}{12g}$　　B. $N_1=\dfrac{W(4g-1)}{12g}$, $N_2=\dfrac{W(8g+1)}{12g}$

C. $N_1=\dfrac{W(4g+1)}{12g}$, $N_2=\dfrac{W(8g-1)}{12g}$　　D. $N_1=\dfrac{W(4g+1)}{12g}$, $N_2=\dfrac{W(8g+1)}{12g}$

4. 如图 4-3-6 两小球 C 和 D 各重 W, 用细绳固结于轴上, 轴以匀角速度 ω 转动, 两小球与轴在同一平面内, 转轴和细杆自重不计。已知 $r\omega^2=g$, 当两小球与轴位于图示同一铅垂平面时, 轴承 A 和 B 的反力 N_A 和 N_B 的大小分别为（　　）。

A. $\dfrac{1}{3}W$, $\dfrac{5}{3}W$ B. $\dfrac{5}{3}W$, $\dfrac{1}{3}W$ C. $\dfrac{2}{3}W$, $\dfrac{4}{3}W$ D. $\dfrac{4}{3}W$, $\dfrac{2}{3}W$

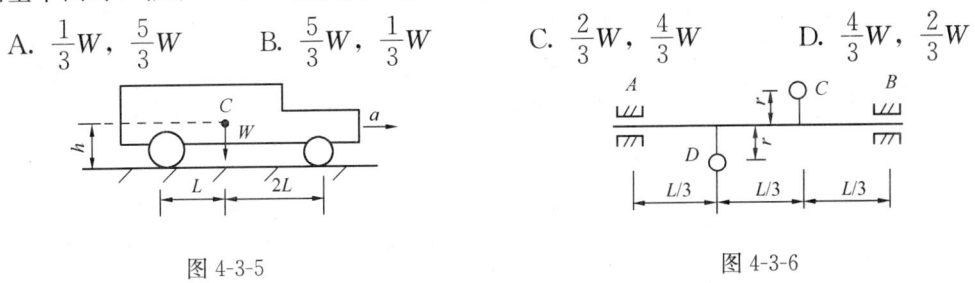

图 4-3-5　　　　　　　　图 4-3-6

5. 如图 4-3-7 所示质量均为 m 的物体 A 和 B 系于刚性系数为 K 的弹簧两端, 用细绳连接于倾角为 φ 的固定光滑斜面上的 O 点, 使其静止。不计细绳和弹簧质量, 则把细绳剪断的瞬时, 物体 A 的加速度大小为（　　）。

A. 0 B. $\dfrac{g\sin\varphi}{2}$ C. $g\sin\varphi$ D. $2g\sin\varphi$

6. 如图 4-3-8 所示，已知物体质心为 C，且质心 C 到相互平行的两轴 z_1、z_2 的距离分别为 a_1、a_2，刚体质量为 m，则刚体对 z_1 轴的转动惯量 J_{z_1} 与对 z_2 轴的转动惯量 J_{z_2} 的关系应为（   ）。

A. $J_{z_1}=J_{z_2}+m(a_1+a_2)^2$　　　　B. $J_{z_1}=J_{z_2}+m(a_1-a_2)^2$
C. $J_{z_1}=J_{z_2}+m(a_2^2-a_1^2)$　　　　D. $J_{z_1}=J_{z_2}-m(a_2^2-a_1^2)$

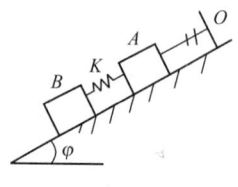

图 4-3-7　　　　　　　　　　　　　　图 4-3-8

7. 如图 4-3-9 所示，椭圆规的尺 AB 重 $2P_1$，曲杆 OC 重 P_1，两套管 A 和 B 均重 P_2，$\overline{OC}=\overline{AC}=\overline{CB}=L$，曲柄和尺的重心分别在其中点上。现曲柄绕 O 轴以匀角速度 ω 逆时针向转动，开始时曲柄水平在右，则该质点系的动量 K 在 x，y 轴上的投影 K_x、K_y 分别为（   ）。

A. $K_x=\dfrac{5P_1+4P_2}{2g}L\omega\sin\omega t$，　$K_y=-\dfrac{5P_1+4P_2}{2g}L\omega\cos\omega t$

B. $K_x=-\dfrac{5P_1+4P_2}{2g}L\omega\sin\omega t$，　$K_y=\dfrac{5P_1+4P_2}{2g}L\omega\cos\omega t$

C. $K_x=\dfrac{4P_1+3P_2}{2g}L\omega\sin\omega t$，　$K_y=-\dfrac{4P_1+3P_2}{2g}L\omega\cos\omega t$

D. $K_x=-\dfrac{4P_1+3P_2}{2g}L\omega\sin\omega t$，　$K_y=\dfrac{4P_1+3P_2}{2g}L\omega\cos\omega t$

8. 如图 4-3-10 所示，炮弹由 O 点射出，其最高点为 M，已知炮弹质量 m、v_0、α、v_1，则炮弹由最初位置 O 至最高位置 M 的一段时间中，作用于其上外力的总冲量在 x、y 轴上的投影分别为：

A. $S_x=m(v_1-v_0\cos\alpha)$，$S_y=mv_0\sin\alpha$
B. $S_x=m(v_0\cos\alpha-v_1)$，$S_y=-mv_0\sin\alpha$
C. $S_x=m(v_1-v_0\cos\alpha)$，$S_y=-mv_0\sin\alpha$
D. $S_x=m(v_0\cos\alpha-v_1)$，$S_y=mv_0\sin\alpha$

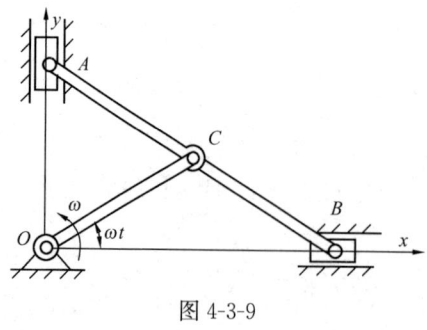 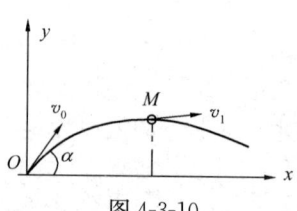

图 4-3-9　　　　　　　　　　　　　　图 4-3-10

9. 质量为 m、半径为 R 的均匀圆板，在边缘 A 点固接一质量为 m 的质点，当圆板以角速度 ω 绕 O 转动时，如图 4-3-11 所示，系统动量的大小为（   ）。

A. $\dfrac{1}{4}mR\omega$ B. $\dfrac{1}{2}mR\omega$ C. $mR\omega$ D. $\dfrac{3}{2}mR\omega$

10. 如图 4-3-12 所示，长为 l、质量为 m_1 的均质杆 OA 的 A 端上焊接一个半径为 r、质量为 m_2 的均质圆盘，已知 $r=l$，该组合物体绕 O 点转动的角速度为 ω，则对 O 点的动量矩为（   ）。

A. $\dfrac{1}{2}m_1 l^2 \omega + 2m_2 l^2 \omega$
B. $\dfrac{1}{4}m_1 l^2 \omega + 4m_2 l^2 \omega$
C. $\dfrac{1}{3}m_1 l^2 \omega + \dfrac{1}{2}m_2 r^2 \omega$
D. $\dfrac{1}{3}m_1 l^2 \omega + \dfrac{9}{2}m_2 l^2 \omega$

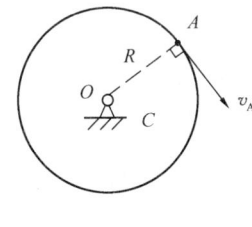
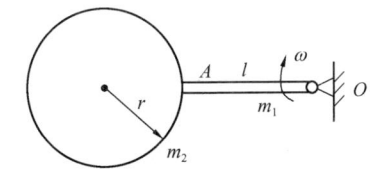

图 4-3-11　　　　　　　　　图 4-3-12

11. 图 4-3-13 所示质量为 m_1 的小车以速度 v_1 在水平路面上缓慢行驶，若在小车上将一质量为 $\dfrac{m_1}{4}$ 的货物以相对于小车的速度 v_2 水平抛出，不计地面阻力，则此时小车速度的大小 v 为（   ）。

A. $v=v_1+\dfrac{v_2}{5}$ B. $v=v_1+\dfrac{v_2}{4}$ C. $v=v_1-\dfrac{v_2}{5}$ D. $v=v_1-\dfrac{v_2}{4}$

12. 三个重物 m_1、m_2、m_3 用一绕过两个定滑轮 M 和 N 的绳子相连，如图 4-3-14 所示。当 m_1 下降时，m_2 在四棱柱 $ABCD$ 的上面向右移动，m_3 则沿 AB 斜面上升。若三个重物的质量均为 M，四棱柱的质量为 $8M$，并且置于光滑面上，开始时物系静止。当重物 m_1 下降 h 时，四棱柱的位移 Δx 为（   ）。

A. $\dfrac{3h}{22}$ B. $\dfrac{5h}{22}$ C. $\dfrac{4h}{22}$ D. $\dfrac{7h}{22}$

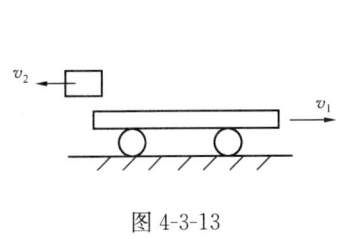
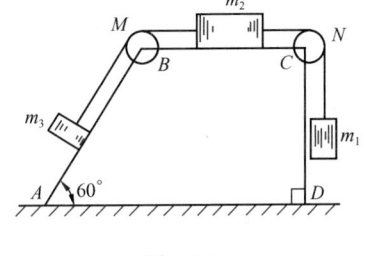

图 4-3-13　　　　　　　　　图 4-3-14

13. 如图 4-3-15 所示绕 z 轴转动的转子上有一导槽，在初瞬时，导槽内的小球用细绳固定在图示位置，转子角速度为 ω_0，当绳子被拉断后，小球沿导槽向外运动。若转子转动惯量为 J，其半径为 r，小球质量为 m，则当绳拉断后小球运动到转子边缘时，转子的

角速度 ω 为（　　）。

A. $\dfrac{J+mx^2}{J+mr^2}\omega_0$ B. $\dfrac{J-mx^2}{J}\omega_0$ C. $\dfrac{J+mx^2}{J}\omega_0$ D. $\dfrac{J-mx^2}{J-mr^2}\omega_0$

14. 均质细杆长 l、重 W，在水平位置用铰链支座 A 和铅直绳连接，如图 4-3-16 所示。若绳突然被拉断，则在拉断的瞬时，杆绕支座 A 转动的角加速度 ε 和支座 A 的反力大小 R_A 分别为（　　）。

A. $\varepsilon=\dfrac{6g}{l}$，$R_A=\dfrac{1}{2}\omega$

B. $\varepsilon=\dfrac{3g}{2l}$，$R_A=\dfrac{1}{4}\omega$

C. $\varepsilon=\dfrac{2g}{3l}$，$R_A=\dfrac{2}{3}\omega$

D. $\varepsilon=0$，$R_A=\omega$

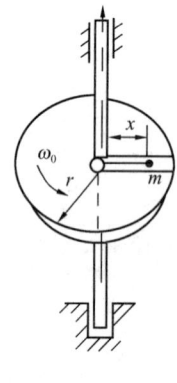

图 4-3-15

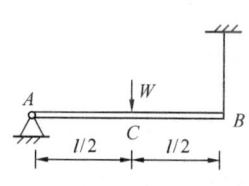

图 4-3-16

15. 物体重力的大小为 Q，用细绳 BA、CA 悬挂，如图 4-3-17 所示，$\alpha=60°$，若将 BA 绳剪断，则该瞬时 CA 绳的张力为（　　）。

A. O B. Q C. $\dfrac{Q}{2}$ D. $2Q$

16. 均质细直杆 OA 长为 l，质量为 m，A 端固结一质量为 m 的小球，如图 4-3-18 所示，当 OA 杆以匀角速度 ω 绕 O 轴转动时，该系统对 O 轴的动量矩为（　　）。

A. $\dfrac{1}{3}ml^2\omega$ B. $\dfrac{2}{3}ml^2\omega$ C. $ml^2\omega$ D. $\dfrac{4}{3}ml^2\omega$

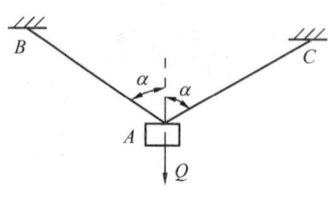

图 4-3-17

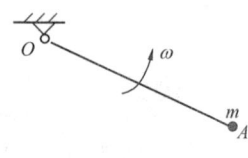

图 4-3-18

17. 如图 4-3-19 所示，OA 段质量为 $2m$，BC 段质量为 m，T 形杆在该位置对 O 轴的动量矩为（　　）。

A. $\dfrac{20}{3}ml^2\omega$ B. $\dfrac{40}{3}ml^2\omega$ C. $\dfrac{27}{4}ml^2\omega$ D. $\dfrac{15}{2}ml^2\omega$

18. 如图 4-3-20 所示，OA 杆绕 O 轴朝逆时针向转动，匀质圆盘沿 OA 杆滚动而无滑动，圆盘质量为 40kg，半径 R 为 10cm。在图示位置时，OA 杆的倾角为 30°，其转动的角速度 $\omega_1=1$rad/s，圆盘相对于 OA 杆转动的角速度 $\omega_2=4$rad/s，$\overline{OB}=10\sqrt{3}$cm，此时圆盘的动量大小为（　　）N·s。

A. 4　　　　　　B. 8　　　　　　C. $4\sqrt{3}$　　　　　　D. $8\sqrt{3}$

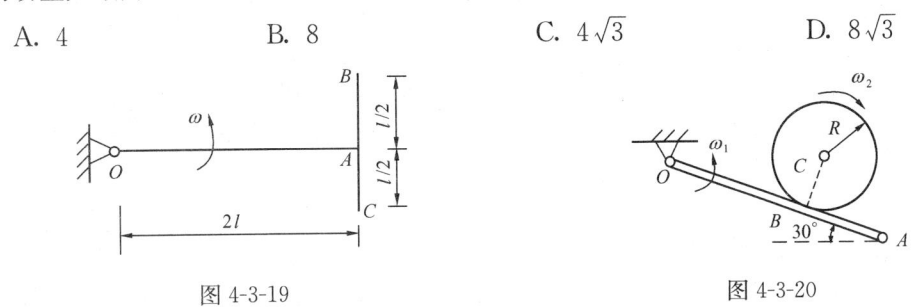

图 4-3-19　　　　　　　　　图 4-3-20

19. 匀质细长杆 AB 长为 l，B 端与光滑水平面接触如图 4-3-21 所示，当 AB 杆与水平面成 θ 角时，无初速度下落，到全部着地时，B 点向左移动的距离为（　　）。

A. 0　　　B. $\dfrac{l}{4}$　　　C. $\dfrac{1}{2}l\cos\theta$　　　D. $\dfrac{1}{2}l(1-\cos\theta)$

20. 小车以加速度 a 向右运动，其上放一半径为 r、质量为 m 的钢管，如图 4-3-22 所示，钢管在小车上滚动而不滑动，不计滚动摩擦和钢管厚度，则小车对钢管的摩擦力 F 和钢管中心 O 的加速度 a_O 的大小分别为（　　）。

A. $a_O=\dfrac{1}{2}a$，$F=\dfrac{1}{3}ma$　　　　　B. $a_O=\dfrac{1}{3}a$，$F=\dfrac{1}{2}ma$

C. $a_O=\dfrac{1}{2}a$，$F=\dfrac{1}{2}ma$　　　　　D. $a_O=\dfrac{1}{3}a$，$F=\dfrac{1}{3}ma$

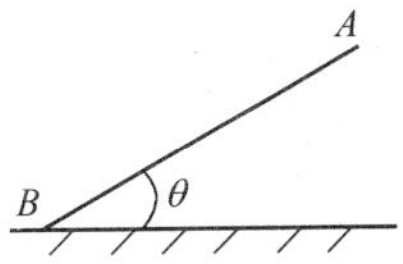

图 4-3-21 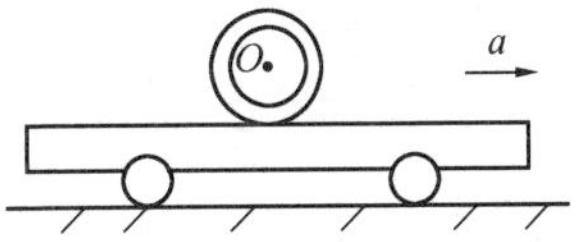　　　　　　　　　图 4-3-22

21. 链条传动机构的大齿轮以角速度 ω 转动，如图 4-3-23 所示，已知大齿轮的半径是 R，对 O_1 轴的转动惯量是 J_1，小齿轮的半径是 r，对 O_2 轴的转动惯量是 J_2。套在齿轮上的链条质量为 m，则该系统的动能 T 为（　　）。

A. $\dfrac{1}{2}\left(J_1+\dfrac{r^2}{R^2}J_2+mR^2\right)\omega^2$　　　　B. $\dfrac{1}{2}\left(J_1+\dfrac{R^2}{r^2}J_2+mR^2\right)\omega^2$

C. $\dfrac{1}{2}\left(J_1+\dfrac{R^2}{r^2}J_2\right)\omega^2$　　　　　　D. $\dfrac{1}{2}\left(J_1+\dfrac{r^2}{R^2}J_2\right)\omega^2$

22. 如图 4-3-24 转轮Ⅱ由带轮Ⅰ带动，已知带轮Ⅰ的半径为 r，其转动惯量为 J_1；转轮Ⅱ的半径为 R，其转动惯量为 J_2。设在带轮上作用一常转矩 M，不计轴承处摩擦，则转轮Ⅱ的角加速度 ε 为（　　）。

A. $\dfrac{MR^2}{J_1R^2+J_2r^2}$　　B. $\dfrac{Mr^2}{J_1r^2+J_2R^2}$　　C. $\dfrac{MRr}{J_1r^2+J_2R^2}$　　D. $\dfrac{MRr}{J_1R^2+J_2r^2}$

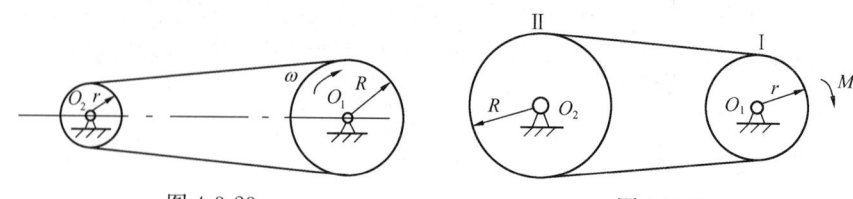

图 4-3-23　　　　　　　　　　　图 4-3-24

23. 质量为 m_1 的匀质杆 OA，一端铰接在质量为 m_2 的圆盘中心，另一端放在水平面上，圆盘在地面上做纯滚动，如图 4-3-25 所示，圆心速度为 v，则系统的动能为（　　）。

A. $\frac{1}{2}m_1v^2+\frac{1}{2}m_2v^2$　　　　　　B. $\frac{1}{2}m_1v^2+\frac{1}{2}m_2v^2$

C. $\frac{1}{2}m_1v^2+\frac{1}{4}m_2v^2$　　　　　　D. $\frac{1}{2}m_1v^2+\frac{3}{4}m_2v^2$

24. 如图 4-3-26 所示鼓轮半径 $r=1\mathrm{m}$，对转轴 O 的转动惯量 $J_0=0.82\mathrm{kg\cdot m^2}$，物体 A 质量为 30kg，不计系统质量与摩擦。欲使鼓轮以角加速度 $\varepsilon=40\mathrm{rad/s^2}$ 转动来提升重物，需对鼓轮作用的转矩 M 是（　　）N·m。

A. 1360　　　B. 1412　　　C. 1527　　　D. 1636

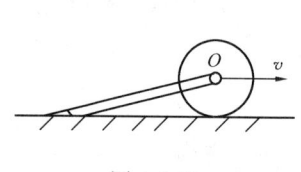
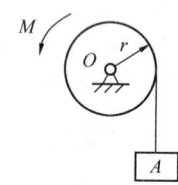

图 4-3-25　　　　　　　　　　　图 4-3-26

25. 滑轮的质量为 m_2，半径为 R，可视为均质圆盘，一绳绕在滑轮上，绳的另一端系一质量为 m_1 的物块 A，滑轮上作用一不变转矩 M，如图 4-3-27 所示，不计绳的质量，开始时物系静止，则物块 A 上升距离 S 时的速度为（　　）。

A. $\sqrt{\dfrac{2(M-m_1gR)S}{(m_1+m_2)R}}$　　　　B. $\sqrt{\dfrac{4(M-m_1gR)S}{(2m_1+m_2)R}}$

C. $\sqrt{\dfrac{2(m_1gR-M)S}{(m_1+m_2)R}}$　　　　D. $\sqrt{\dfrac{4(m_1gR-M)S}{(2m_1+m_2)R}}$

26. 均质圆柱 A 的质量为 m_1，在其中部绕以细绳，绳的一端 B 固定不动，如图 4-3-28

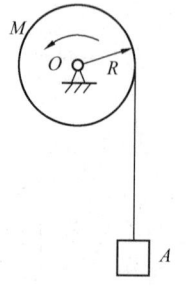
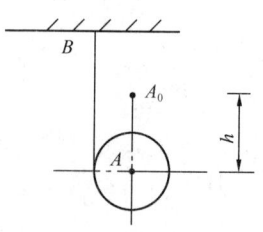

图 4-3-27　　　　　　　　　　　图 4-3-28

所示。圆柱由初始位置 A_0 无初速度地下降,当圆柱的质心降落高度 h 时,其质心 A 的速度大小为(   )。

A. $\sqrt{\dfrac{4}{5}gh}$ B. $\sqrt{\dfrac{4}{3}gh}$ C. $\sqrt{2gh}$ D. $\sqrt{4gh}$

27. 均质圆柱 A 和 B 的重量均为 Q,半径均为 r。一绳绕于可绕固定转 O 轴动的圆柱 A 上,绳的另一端绕在圆柱 B 上,如图 4-3-29 所示,不计摩擦,圆柱 B 下落时其质心的加速度 a 为(   )。

A. $\dfrac{2}{3}g$ B. $\dfrac{4}{3}g$ C. $\dfrac{2}{5}g$ D. $\dfrac{4}{5}g$

28. 小物块重为 P,自图 4-3-30 所示 A 点在铅直面内无初速地沿半径为 r 的半圆 ACB 下滑,不计摩擦,则物块在图示位置所受的反力 N 的大小为(   )。

A. $4P\sin\varphi$ B. $3P\sin\varphi$ C. $2P\sin\varphi$ D. $P\sin\varphi$

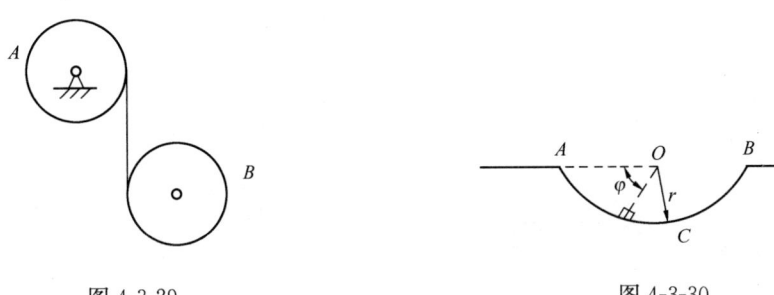

图 4-3-29   图 4-3-30

29. 如图 4-3-31 均质细杆长 L、重 P,从静止开始绕 O 轴转动,当杆转到与原水平位置成 α 角,即图示位置时,其角速度 $\omega=\sqrt{\dfrac{4g}{L}\sin\alpha}$,角加速度 $\varepsilon=\dfrac{4g}{2L}\cos\alpha$,此时支座 O 的水平反力 X_O 为(   )。

A. $\dfrac{3}{2}P\sin 2\alpha$ B. $3P\sin 2\alpha$ C. $-\dfrac{3}{2}P\sin 2\alpha$ D. $-3P\sin 2\alpha$

30. 在图 4-3-32 机构中,沿斜面滚动而不滑动的圆柱和鼓轮 O 为均质物体,它们的重量均为 P、半径均为 R,在鼓轮上作用一常力偶矩 M,斜面的倾角为 α。现已求得鼓轮的角加速度 $\varepsilon=\dfrac{2M}{R^2}$,则轴承 O 的水平反力 X_O 为(   )。

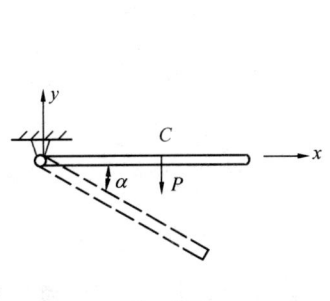

图 4-3-31

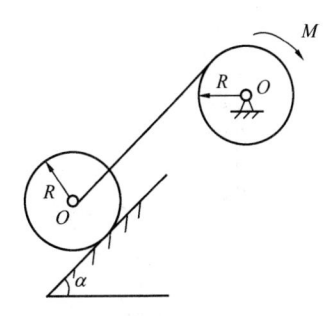

图 4-3-32

A. $\dfrac{M}{R}(m-1)\cos\alpha$ B. $\dfrac{M}{R}(1-m)\cos\alpha$

C. $-\dfrac{M}{R}(-m+1)\cos\alpha$ D. $\dfrac{M}{R}(1+m)\cos\alpha$

31. 重量为 Q、半径为 r 的卷筒 A 上，作用一力偶矩 $m=a\phi$ 的力偶，其中 ϕ 为转角，a 为常数。卷筒的绳索拉动水平面上的重物 B，如图 4-3-33 所示，设重物 B 的重量为 P，它与水平面之间的动滑动摩擦系数为 f'，绳重量不计。当卷筒转过四圈时，作用于系统上的力偶的功 W_1 和摩擦力的功 W_2 分别为（　　）。

A. $W_1=16a\pi^2$, $W_2=-8\pi rf'P$ B. $W_1=32a\pi^2$, $W_2=-8\pi rf'P$

C. $W_1=16a\pi^2$, $W_2=8\pi rf'P$ D. $W_1=32a\pi^2$, $W_2=8\pi rf'P$

32. 如图 4-3-34 所示弹簧 OA 的一端固定在 O 点，另一端 A 沿着半径为 R 的圆弧滑动。若弹簧的原长为 $\sqrt{2}R$，刚性系数为 K，则由 A 到 B 所做的功 W_{AB} 为（　　）。

A. $-\dfrac{1}{2}KR^2\left(2\cos\dfrac{45°}{2}-\sqrt{2}\right)^2$ B. $-\dfrac{1}{2}KR^2\left(2\cos 45°-\sqrt{2}\right)^2$

C. $\dfrac{1}{2}KR^2\left(2\cos\dfrac{45°}{2}-\sqrt{2}\right)^2$ D. $\dfrac{1}{2}KR^2\left(2\cos 45°-\sqrt{2}\right)^2$

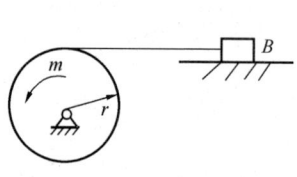

图 4-3-33

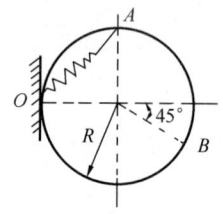

图 4-3-34

33. 如图 4-3-35 所示，匀质细杆 AB 长 l、重量为 P，与铅垂轴固结成 $\alpha=30°$ 角，并以匀角速度 ω 转动，则惯性力系的合力大小等于（　　）。

A. $\dfrac{P\omega^2 l}{4g}$　　B. $\dfrac{P\omega^2 l}{8g}$　　C. $\dfrac{\sqrt{3}P\omega^2 l}{4g}$　　D. $\dfrac{\sqrt{3}P\omega^2 l}{8g}$

34. 已知 A 物重量为 20kN，B 物重量为 30kN，滑轮 C、D 质量不计，并忽略各处摩擦，如图 4-3-36 所示，则绳子水平段的拉力为（　　）kN。

A. 20　　B. 24　　C. 30　　D. 28

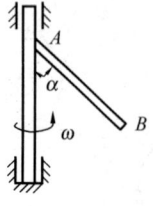

图 4-3-35

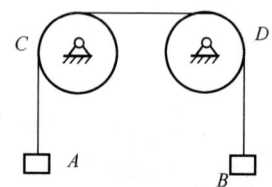

图 4-3-36

35. 如图 4-3-37 所示，圆轮的惯性力系向轮心 C 点简化时，其主矢 $\boldsymbol{R}^I$ 和主矩 $\boldsymbol{M}^I$ 的大小分别为（　　）。

A. $R^I=0$，$M_C^I=0$　　　　　　　B. $R^I=ma$，$M_C^I=\frac{1}{2}mRa$

C. $R^I=ma$，$M_C^I=\frac{3}{4}mRa$　　　D. $R^I=ma$，$M_C^I=\frac{1}{4}mRa$

36. 偏心轮为均质圆盘，其质量为 m，半径为 R，偏心矩 $\overline{OC}=\frac{R}{2}$，若在图 4-3-38 所示位置时，轮绕 O 轴转动的角速度为 ω，角加速度为 ε，则该轮的惯性力系向 O 点简化的主矢 R^I、主矩 $\boldsymbol{M}_O^I$ 的大小为（　　）。

A. $R^I=\frac{1}{2}mR\sqrt{\varepsilon^2+\omega^4}$，$M_O^I=\frac{3}{4}mR^2\varepsilon$　　B. $R^I=\frac{1}{2}mR\sqrt{\varepsilon^2+\omega^4}$，$M_O^I=\frac{1}{2}mR^2\varepsilon$

C. $R^I=\frac{1}{2}mR\omega^2$，$M_O^I=\frac{1}{2}mR^2\varepsilon$　　D. $R^I=\frac{1}{2}mR\varepsilon$，$M_O^I=\frac{3}{4}mR^2\varepsilon$

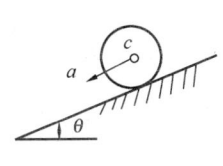

图 4-3-37

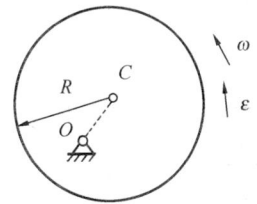

图 4-3-38

37. 图 4-3-39 所示均匀杆 AB 的质量为 m，长度为 L，且 $\overline{O_1A}=\overline{O_2B}=R$，$\overline{O_1O_2}=\overline{AB}=L$。当 $\varphi=60°$，O_1A 杆绕 O_1 轴转动的角速度为 ω，角加速度为 ε，此时均质杆 AB 的惯性力系向其质心 C 简化的主矢 R^I 和主矩 M_C^I 的大小分别为（　　）。

A. $R^I=mR\varepsilon$，$M_C^I=\frac{1}{3}mL^2\varepsilon$　　B. $R^I=mR\omega^2$，$M_C^I=0$

C. $R^I=mR\sqrt{\varepsilon^2+\omega^4}$，$M_C^I=0$　　D. $R^I=mR\sqrt{\varepsilon^2+\omega^4}$，$M_C^I=\frac{1}{3}mL^2\varepsilon$

38. 如图 4-3-40 所示机构中曲柄 OA 长为 r，以匀角速度 ω 转动，圆盘半径为 R，质量为 m，在水平面上做纯滚动，则图示瞬时圆盘的动能为（　　）。

A. $\frac{1}{3}mr^2\omega^2$　　B. $\frac{2}{3}mr^2\omega^2$　　C. $\frac{4}{3}mr^2\omega^2$　　D. $mr^2\omega^2$

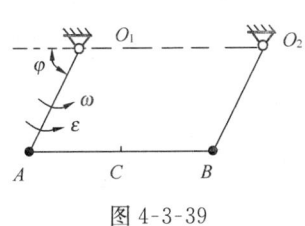

图 4-3-39

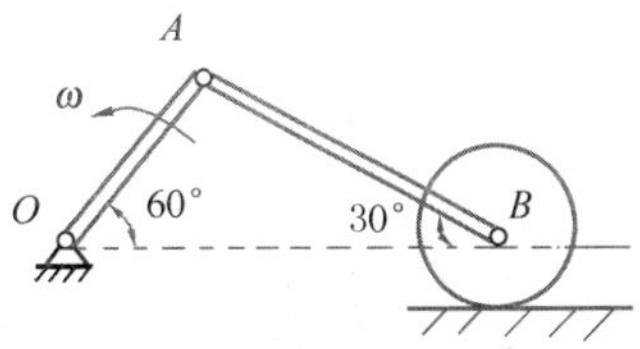

图 4-3-40

39. 用虚位移原理求图 4-3-41 所示静定多跨梁支座 B 的反力时，将支座 B 解除，代以反力 R_B，此时 B、E 两点虚位移大小 δ_{rB} 与 δ_{rE} 的关系为（　　）。

A. $\delta_{rB}=\frac{1}{2}\delta_{rE}$　　B. $\delta_{rB}=\frac{2}{3}\delta_{rE}$

C. $\delta_{rB}=\frac{1}{3}\delta_{rE}$　　D. $\delta_{rB}=\frac{3}{2}\delta_{rE}$

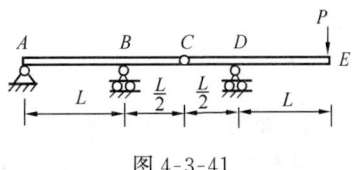

图 4-3-41

40. 用虚位移原理求图 4-3-42 所示桁架中杆件 3 的内力时,将杆件 3 解除,代以内力 S_3,此时 D、B 两点虚位移大小 δ_{rD} 与 δ_{rB} 的关系为(　　)。

A. $\delta_{rD}=\sqrt{2}\delta_{rB}$ B. $\delta_{rD}=\dfrac{\sqrt{5}}{2}\delta_{rB}$ C. $\delta_{rD}=\delta_{rB}$ D. $\delta_{rD}=2\delta_{rB}$

41. 在图 4-3-43 中 D 点上作用水平力 P,已知 $AC=BC=EC=FC=DE=DF=l$,为保持机构平衡,在滑块 A 处所作用的铅直力 Q 的大小是(　　)。

A. $\dfrac{3}{2}P\tan\theta$ B. $\dfrac{2}{3}P\cot\theta$ C. $\dfrac{2}{3}P\tan\theta$ D. $\dfrac{3}{2}P\cot\theta$

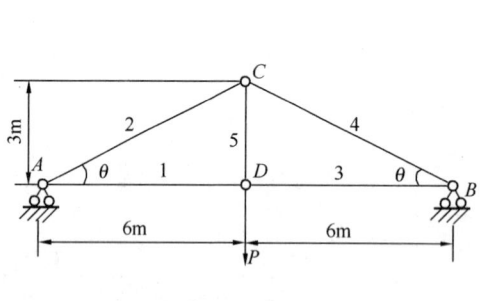

图 4-3-42

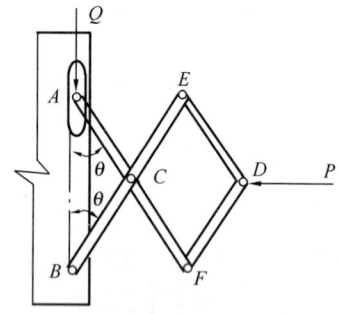

图 4-3-43

42. 图 4-3-44 中,杆重力为 P,重心在 C 点,弹簧弹性系数为 k,当杆处于铅直位置时,弹簧无变形,已知杆对 O 点的转动惯量为 J,则杆绕 O 点作微小摆动时的微分方程为(　　)。

A. $J\ddot{\varphi}=-ka^2\varphi-Pb\varphi$ B. $J\ddot{\varphi}=ka^2\varphi+Pb\varphi$

C. $-J\ddot{\varphi}=-ka^2\varphi+Pb\varphi$ D. $-J\ddot{\varphi}=ka^2\varphi-Pb\varphi$

43. 如图 4-3-45 所示,杆长为 l,一端与重 P 的小球刚接,另一端用铰支座支承于 B 点,在杆的中点 A 的两边各连接一刚性系数为 k 的弹簧。若杆和弹簧的质量不计,小球可视为一质点,则该系统作微小摆动时的运动微分方程为(　　)。

A. $\dfrac{P}{g}l^2\ddot{\varphi}=(Pl+\dfrac{1}{2}kl^2)\varphi$ B. $\dfrac{P}{g}l^2\ddot{\varphi}=-(Pl+\dfrac{1}{2}kl^2)\varphi$

C. $\dfrac{P}{g}l^2\ddot{\varphi}=(Pl-\dfrac{1}{2}kl^2)\varphi$ D. $\dfrac{P}{g}l^2\ddot{\varphi}=(-Pl+\dfrac{1}{2}kl^2)\varphi$

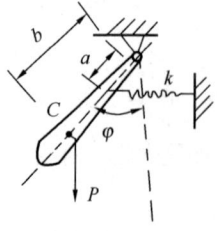

图 4-3-44

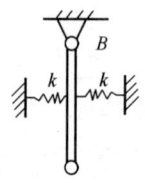

图 4-3-45

44. 如图 4-3-46 所示,单摆由无重刚杆 OA 和质量为 m 的小球 A 构成,杆 OA 长为 l,小球上连有两个刚性系数为 k 的弹簧,则摆微小振动的固有圆频率为(　　)。

A. $\sqrt{\dfrac{2k}{m}}$ B. $\sqrt{\dfrac{k}{m}}$ C. $\sqrt{\dfrac{2k}{m}-\dfrac{g}{l}}$ D. $\sqrt{\dfrac{2k}{m}+\dfrac{g}{l}}$

45. 如图 4-3-47 所示,其他条件同题 44,则摆微小振动的固有圆频率为( )。

A. $\sqrt{\dfrac{2k}{m}}$ B. $\sqrt{\dfrac{k}{m}}$ C. $\sqrt{\dfrac{2k}{m}-\dfrac{g}{l}}$ D. $\sqrt{\dfrac{2k}{m}+\dfrac{g}{l}}$

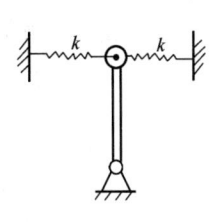
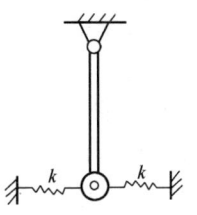

图 4-3-46   图 4-3-47

46. 均质细直杆 OA 的质量为 m,长为 l,以匀角速度 ω 绕 O 轴转动,如图 4-3-48 所示,此时将 OA 杆的惯性力系向 O 点简化,其惯性力主矢 $\boldsymbol{R}^{\mathrm{I}}$ 和主矩 $\boldsymbol{M}_O^{\mathrm{I}}$ 的大小分别为( )。

A. $R^{\mathrm{I}}=0$,$M_O^{\mathrm{I}}=0$

B. $R^{\mathrm{I}}=\dfrac{1}{2}ml\omega^2$,$M_O^{\mathrm{I}}=\dfrac{1}{3}ml^2\omega^2$

C. $R^{\mathrm{I}}=ml\omega^2$,$M_O^{\mathrm{I}}=\dfrac{1}{2}ml^2\omega^2$

D. $R^{\mathrm{I}}=\dfrac{1}{2}ml\omega^2$,$M_O^{\mathrm{I}}=0$

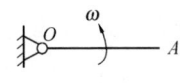

图 4-3-48

第四节 答案与解答

一、第一节 静力学

1. A   2. B   3. C   4. C   5. B   6. B   7. B   8. C   9. C   10. B
11. C   12. C   13. C   14. C   15. B   16. A   17. D   18. B   19. D   20. C
21. B   22. A   23. D   24. C   25. D   26. C   27. B   28. C   29. C   30. C
31. A   32. A   33. B   34. D   35. B   36. A   37. A   38. B   39. B   40. B
41. D   42. C   43. C   44. D   45. B   46. D   47. D   48. A

2. B. 解答如下:

无论向何点简化,主矢 $\boldsymbol{R}'$ 都是大小相等的,故 A 项不对;

当点 2 在对点 1 简化的主矢 $\boldsymbol{R}'$ 的作用线上时,$\boldsymbol{M}_2=\boldsymbol{M}_1$,故 C 不对;反之,当点 2 不在其作用线上时,$\boldsymbol{M}_2\neq\boldsymbol{M}_1$,故 D 项不对。

3. C. 解答如下:

由平面力系合成法则,$\boldsymbol{R}'=0$,$\boldsymbol{M}_2=\boldsymbol{M}_1$

5. B. 解答如下:

由于力平行于 y 轴,则:$\sum F_x=0$,$\sum F_z=0$,$\sum M_y(F)=0$

恒成立,即不是独立平衡方程。

7. B. 解答如下：

$R = F_1 + F_2 + F_3 = 0$，

$M = P\left(L + \dfrac{L}{2}\right) + P \cdot \dfrac{\sqrt{3}}{2} \cdot \dfrac{\sqrt{3}}{2} L + P \cdot \dfrac{\sqrt{3}}{2} \cdot \dfrac{\sqrt{3}}{2} L = 3PL$

8. C. 解答如下：

BC 杆为二力构件，R_B 一定沿 B、E 连线；ADC 折杆为三力汇交平衡，R_A 一定在 A、E 连线上，所以 R_A、R_B 反力方向一定通过 E 点。

9. C. 解答如下：

GD 杆为二力构件，R_D 一定沿 G、D 连线；又 AE、EFB、FCG 部分为三力汇交平衡，故 AE 部分平衡条件有：

$P\cos 45° = R_A$，$R_A = \dfrac{\sqrt{2}}{2} P$，方向沿 E、A 连线。

10. B. 解答如下：

R_A、R_B 形成一力偶与外力偶平衡；

外力偶在右侧时，AC 杆为二力杆，R_A 沿 A、C 连线，R_B 平行于 R_A；当外力偶在左侧时，BC 杆为二力杆，R_B 沿 B、C 连线，R_A 平行于 R_B，但大小不变。

11. C. 解答如下：

CD 杆为二力构件，C 处受力沿 C、D 连线；又 ACB 为三力汇交平衡，故 R_A 的方向必指向 CD 线与力 P 作用线的交点 D，即沿 A、D 连线，其夹角为 $30°$。

12. C. 解答如下：

BC 杆为二力构件，AC 杆为三力汇交平衡，则：

$R_A = S_{CB}$，$(R_A + S_{CB}) \cos 60° = P$

所以 $R_A = S_{CB} = P$，其与水平线所夹锐角为 $30°$。

13. C. 解答如下：

BDF 构件为三力汇交平衡，故 R_B 的方向必与 CD 连线、EF 连线的交点相交。

又整个机构受外力偶作用，则 R_A 与 R_B 形成一力偶，故 R_A 的方向平行 R_B 的方向，即与水平杆 AG 夹角为 $45°$。

14. C. 解答如下：

AC 杆、BC 杆均为二力构件，R_A、R_B 的方向分别为 AC 连线、CB 连线，所以，R_A 与 X 轴正向夹角为 $45°$；R_B 与 X 轴正向夹角为 $135°$。

15. B. 解答如下：

取整体为对象，$\sum M_A(F) = 0$，则：$Y_B = \dfrac{P \dfrac{l}{2} \cdot \cos 45°}{l} = \dfrac{P}{2} \cos 45°$

对铰 B，三力汇交平衡，则：$S_{BA} = Y_B = \dfrac{P}{2} \cos 45° = \dfrac{1}{2}$

16. A. 解答如下：

力 P 分解为 P_x、P_y，则：$m_o(P) = P_x b + P_y a$

$m_o(P) = bP\sin\alpha - aP\cos\alpha$

17. D. 解答如下：

AD 构件为二力构件，R_A 的方向沿 AD 连线；R_C 的方向沿 CG 连线；又外力的合力为零，则整个机构约束反力 R_A、R_B、R_C 必三力汇交平衡，所以 R_B 的作用线必与 AD 连线、CG 连线的交点相交，故 R_B 作用线方向可确定。

18. B. 解答如下：

对铰 A 分析，合力在 P_1 作用线上的投影为 O，则：

$$P_1 = -S_{AB} \cdot \cos 30°,$$

$$S_{AB} = -\frac{P_1}{\cos 30°} = -\frac{20\sqrt{3}}{3}$$

19. D. 解答如下：

由条件知，R_A、R_C 形成一力偶与外力偶平衡，则：

$$R_A = R_C = \frac{m}{AC} = \frac{50}{1} = 50\text{N}，方向垂直于 AB 杆。$$

20. C. 解答如下：

取整体分析，$\sum M_A(F) = 0$，则：$M_A(F) = m_1 - m_2 = 0$，

故 R_B 的作用线必为 A、B 连线；

取 CBE 部分分析，$\sum M_C(F) = 0$，则：$R_B = \frac{m_2}{BC} = \frac{40}{\sqrt{2}} = 20\sqrt{2}\text{kN}$

21. B. 解答如下：

取 AC 部分分析，$\sum M_C(F) = 0$，则：$R_A = 25\text{kN}$

取整体分析，$\sum X = 0$，则：$X_B = R_A = 25\text{kN}$，方向向左。

$\sum Y = 0$，则：$Y_B = 0$

$\sum M_B(F) = 0$，则：$m = 50\text{kN} \cdot \text{m}$

22. A. 解答如下：

$R' = P + 2P\cos 60° = 2P$

$M_A = Pa\sin 60° = \frac{\sqrt{3}}{2}Pa$，逆时针向

23. D. 解答如下：

取 EC 部分分析，$\sum M_E(F) = 0$，则：$R_C = 20\sqrt{3}\text{kN}$

取整体分析，$\sum M_B(F) = 0$，则：$Y_A = 0$，则 B、C 项不对；

取 AD 部分分析，$\sum M_D(F) = 0$，则：$X_A = 30\text{kN}$

24. C. 解答如下：

取整体分析，$\sum Y = 0$，则：$Y_B = \frac{P}{2}$，方向向上

过 C、杆 1 取截面，$\sum M_C(F) = 0$，则 $S_1 = \frac{\frac{P}{2} \times 6}{3} = P$

25. D. 解答如下：

取整体分析可得：$Y_A = Y_D = P$，$X_A = 0$，

过 GH、EF、BC 取截面：$\sum Y = 0$，可知：$S_{EF} = 0$，即 EF 杆为零杆，

$\sum M_A(F) = 0$，则：$S_{GH} = -\frac{P}{3}$，故 $S_{BC} = \frac{P}{3}$ 所以 $S_{AB} = S_{BC} = \frac{P}{3}$，

取铰 A 分析，$\sum X=0$，则：$S_{AE} \cdot \cos 45°=-S_{AB}=-\dfrac{P}{3}$

所以 $\qquad S_{AE}=-\dfrac{\sqrt{2}}{3}P=-20\sqrt{2}\text{kN}$

26．C．解答如下：

取整体分析可得：$Y_A=\dfrac{180\times 4+60\times 2}{6}=140$

过 FA、EC、GB 取截面，$\sum X=0$，则：$S_{DC}=0$，DC 杆为零杆，又过 FG、DE、AC、AB 取截面，$\sum Y=0$，则：

$S_{AC} \cdot \sin\angle CAB = Q - Y_A = 180-140 = 40$

所以 $\qquad S_{AC}=\dfrac{40}{3/5}=\dfrac{200}{3}$

27．B．解答如下：

取 CDF 部分分析，$\sum X=0$，则 $S_3=0$

过 DC、EF、AB 取截面，$\sum M_B(F)=0$，则：$S_2=\dfrac{-F\cdot \dfrac{2}{3}a}{a}=-\dfrac{2}{3}F$

28．C．解答如下：

取整体分析，$\sum M_C(F)=0$，则：$Y_B=2P$

取 AH 部分分析，$\sum M_D(F)=0$，则：$R_A=P$，方向铅直向下

取 AB 部分分析，$\sum M_E(F)=0$，则：$R'_A=R_A=P$

$\qquad\qquad Y_B\cdot a-Q\cdot a-R'_A\cdot a=0$，

整理得：$Q=P$

29．C．解答如下：

R_A、R_D 形成一力偶与外力偶平衡，则：$R_A=R_D=\dfrac{m}{AC\sin 30°}=10m$

又 CD 杆为二力构件，则：$S_{CD}=R_D=R_A=10m=10\times 50=500\text{kN}$

30．C．解答如下：

取铰 B 分析如图 4-4-1 (a) 所示：

$\qquad S_{CB}=S_{AB}\cos\alpha+P\sin\theta$

$S_{AB}\sin\alpha=P\cos\theta$，则：$S_{CB}=2P\sin(\theta+60°)$

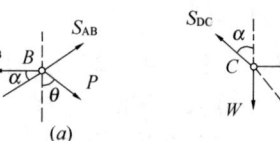

图 4-4-1

取铰 C 分析如图 4-4-1 (b) 所示：$S_{BC}-S_{DC}\sin\alpha=0$
$\qquad\qquad S_{DC}\cdot\cos\alpha-W=0$

则：$\qquad\qquad S_{BC}=\dfrac{\sqrt{3}}{3}W$

取 BC 杆分析，则：$\qquad 2P\sin(\theta+60°)=\dfrac{\sqrt{3}}{3}W$

即：$\qquad\qquad \sin(\theta+60°)=\dfrac{\sqrt{3}}{2}$，所以 $\theta=0°$ 或 $60°$

31．A．解答如下：

取整体分析：$\sum M_A(F)=0$，则：$X_C=\dfrac{120\times 80}{30}=320\mathrm{N}$

取 CFD 杆分析，其处于三力汇交平衡中，故 R_C 的方向可确定，即 R_A 的作用线与 CD 连线的夹角为 θ，且 $\tan\theta=\dfrac{15}{60}$，则：

$$Y_C=X_C\tan\theta=320\times\dfrac{15}{60}=80\mathrm{N}$$

再取整体分析，$\sum Y=0$，则：$Y_A=120-80=40\mathrm{N}$

取 AB 杆分析，$\sum M_B(F)=0$，则：$Y_A\cdot\overline{AB}-S_{ED}\cdot\overline{BD}\cdot\sin\alpha=0$

所以：$S_{ED}=\dfrac{Y_A\cdot\overline{AB}}{\sin\alpha\cdot\overline{BD}}=\dfrac{40\times 80}{\dfrac{4}{5}\times 30}=133.3\mathrm{N}$

32. A. 解答如下：

取整体分析可得：$Y_A=P$，$Y_B=2P$，$X_A=0$

过 FG、FD、CD 取截面，$\sum M_F(F)=0$，则：$S_{CD}=\dfrac{Y_A\cdot a}{a\cdot\cos 45°}=\dfrac{P}{\cos 45°}$

$\sum M_D(F)=0$，则：$S_{FG}=\dfrac{-Y_B\cdot a}{a\cos 45°}=\dfrac{-2P}{\cos 45°}$

$\sum X=0$，则：$S_{DF}+S_{CD}\cdot\cos 45°+S_{FG}\cdot\cos 45°=0$

整理可得：$S_{DF}+P-2P=0$，$S_{DF}=P$

33. B. 解答如下：

$$\begin{aligned}m_A&=m_A(T_x)+m_A(T_y)=T_x(r_2-r_1\cos 60°)-T_y\cdot r_1\sin 60°\\&=T\cos 60°(r_2-r_1\cos 60°)-T\sin 60°\cdot r_1\sin 60°\\&=100\times\dfrac{1}{2}\times(0.50-0.2\times\dfrac{1}{2})-100\times\dfrac{\sqrt{3}}{2}\times 0.2\times\dfrac{\sqrt{3}}{2}\\&=20-15=5\mathrm{N\cdot m}，顺时针向\end{aligned}$$

34. D. 解答如下：

由自锁原理：$\tan\dfrac{\alpha}{2}\leqslant\tan\varphi$，故：$\alpha\leqslant 2\varphi$

35. B. 解答如下：

取 A 块分析，$P=F_A\leqslant F_{A\max}$，故 A、D 不对。

取整体分析，$P=F_B\leqslant F_{B\max}$，故 C 项不对，所以应选 B 项。

36. A. 解答如下：

设地面对物体的支持力为 N，则：$N=F_1-F_2\sin 30°=20\mathrm{kN}$

$$F_{f\max}=N\cdot f=6\mathrm{kN}<F_2\cos 30°=5\sqrt{3}\mathrm{kN}$$

故物块处于滑动状态，则：$F_f=N\cdot f'=20\times 0.25=5\mathrm{kN}$

37. A. 解答如下：

设地面对物体的支持力为 N，则：$N=Q-P\sin\alpha>0$。

$$P\cos\alpha\leqslant F_f=fN=f(Q-P\sin\alpha)$$

解之得：$P\leqslant\dfrac{fQ}{\cos\alpha+f\sin\alpha}$

38. B. 解答如下：

$F_f = N \cdot f = mg\cos30° \cdot f = 0.3\sqrt{3}mg > mg\sin30° = 0.5mg$

所以，物块处于静止状态。

39. B. 解答如下：

$F_{f,\max} = mg\cos\alpha \cdot f = mg\cos\alpha \cdot \tan\varphi_m$，$F_W = mg\sin\alpha$

$\dfrac{F_{f,\max}}{F_W} = \dfrac{\tan\varphi_m}{\tan\alpha} > 1$，故物块处于静止，

所以　　　　$F_f = mg\sin\alpha = W\sin\alpha$

40. B. 解答如下：

设斜面对物块的支持力为 N；$N = W\cos30° = 40\sqrt{3}$ kN

$F_f = N \cdot f = 40\sqrt{3} \times \dfrac{\sqrt{3}}{4} = 30$ kN $< W\sin30° = 40$ kN，物块处于下滑状态

$$F_f = N \cdot f' = 40\sqrt{3} \times 0.4 = 27.71 \text{ kN}$$

41. D. 解答如下：

取 A 块分析，设 B 块对 A 块的支持力为 N，则：

$N = P\sin\alpha$，$F_{f,\max} = N \cdot f = P\sin\alpha \cdot \tan\varphi_m$

由 A 块静止的条件：$F_{f,\max} \geq P\cos\alpha$。

所以：　　　　　　$P\sin\alpha \cdot \tan\varphi_m \geq P\cos\alpha$

$$\tan\varphi_m \geq \cot\alpha = \tan(90°-\alpha)$$

$$\varphi_m \geq 90°-\alpha，即：\alpha \geq 90°-\varphi_m$$

42. C. 解答如下：

设半圆柱体与水平面的接触点为 B，$\sum M_B(F) = 0$，则：

$$Pa\sin\theta - QR(1-\sin\theta) = 0$$

又 $\sum X = 0$，则：$Q = P \cdot f$

所以　　$Pa\sin\theta - PfR(1-\sin\theta) = 0$

$$\sin\theta = \dfrac{fR}{a+fR} = \dfrac{fR}{\dfrac{4R}{3\pi}+fR} = \dfrac{3\pi f}{4+3\pi f}$$

$$\theta = \arcsin\dfrac{3\pi f}{4+3\pi f}$$

43. C. 解答如下：

由 $\sum X = 0$，则：$R_A = R_B$。

44. D. 解答如下：

由对称性，$X_C = \dfrac{L}{2}$

$$y_C = \dfrac{\left(P \times \dfrac{1}{2} \times \dfrac{\sqrt{3}}{2}L\right) \times 2 + P \times 0}{3P} = \dfrac{\sqrt{3}L}{6}$$

45. B. 解答如下：

设大圆面积为 A_1，小圆孔面积 A_2，$x_1 = 0$，$x_2 = \dfrac{R}{2}$

$$X_C = \frac{A_1 \cdot x_1 - A_2 x_2}{A_1 - A_2} = -\frac{\pi r^2 \cdot \frac{R}{2}}{\pi (R^2 - r^2)} = -\frac{r^2 R}{2(R^2 - r^2)}$$

46. D. 解答如下：

$$X = F\cos 45° = \frac{\sqrt{2}}{2}F, \quad m_x(F) = -F_y a = -\frac{\sqrt{2}}{2}Fa$$

47. D. 解答如下：

$$m_y = -F_z a = -\frac{\sqrt{2}}{2}Fa, \quad m_z = -F_y a = -\frac{\sqrt{2}}{2}Fa$$

$$m_x = F_z a = \frac{\sqrt{2}}{2}Fa$$

所以 $m_y = m_z \neq m_x$

48. A. 解答如下：

$$m_y(F) = m_0(F)\cos 60° = \frac{1}{2}m_0(F)$$

二、第二节 运动学

1. A 2. B 3. C 4. C 5. C 6. A 7. D 8. C 9. D 10. C
11. D 12. B 13. A 14. D 15. D 16. B 17. D 18. B 19. D 20. C
21. B 22. D 23. B 24. A 25. B 26. A 27. D 28. D

1. A. 解答如下：

$t=0$ 时，$S_0=8$；$t=4$ 时，$S_4=8-2\times 4^2=-24$m

$S=S_0-S_4=8-(-24)=32$m

4. C 解答如下：

A、B 点在速度方向有力的作用，故不是匀速运动。

5. C. 解答如下：

$v=\dot{x}=2t-12$，$a=\ddot{x}=2$，

$t=5$ 时，$a=2>0$，$v=5\times 2-12=-2<0$，故作匀减速运动

6. A. 解答如下：

根据 A、C 块的速度方向找到杆 AD 的速度瞬心 O_1，则：

$$\omega_0 = \frac{v_B}{\overline{O_1 B}} = \frac{v_D}{\overline{O_1 D}}, \quad v_B = \omega \overline{OB}$$

所以 $v_D = \frac{\overline{O_1 D}}{\overline{O_1 B}} \cdot v_B = \frac{\sqrt{\overline{O_1 B}^2 + \overline{BD}^2}}{\overline{O_1 B}} \cdot (\omega \overline{OB})$

$= \sqrt{12^2 + 24^2}\omega = 26.83\omega$

7. D. 解答如下：

图示位置，杆 AB、CD 均作瞬时平动，则：$v_C=v_D=v_A=2R\omega_1$

又对于圆轮：$v_C=\omega_2 R$，所以 $\omega_2=2\omega_1$

8. C. 解答如下：

杆 AB 上的 A 点的 v_C 等于凸轮上与 A 重合的 A' 点的速度：

$$v_e = v_{A'} = R\omega = \sqrt{e^2 + r^2}\,\omega$$

9. D. 解答如下：

牵连速度为在动系中与动点重合的点的速度，则以点 B 为动点，杆 OA 为动系：$v_e = \omega_0 \sqrt{L^2 + R^2}$，垂直 O、B 连线。

10. C. 解答如下：

在图示瞬时，$v_A = \omega \cdot \overline{OA}$，垂直向上；

B 点速度为 O，为 AB 杆的速度瞬心，则：$v_C = \dfrac{1}{2} v_A$

又 $CD \perp DE$，由速度投影定理，则：$v_D = v_C \cdot \cos 60°$

所以 $\qquad v_D = \omega_{DE} \cdot \overline{DE} = \dfrac{1}{2} \cdot \omega \overline{OA} \cdot \cos 60°$

$$\omega_{DE} = \dfrac{1}{2} \times \omega \times \dfrac{25}{100} \times \dfrac{1}{2} = \dfrac{\omega}{16} = 1 \text{rad/s}，顺时针向$$

11. D. 解答如下：

由速度投影定理，则：$v_B \cos 60° = v_A \cos 30° = \omega L \cos 30°$

$$v_B = \sqrt{3} L \omega，铅直向上。$$

12. B. 解答如下：

图示瞬时，AB 杆作瞬时平动，N 点速度为零。

$$v_K = v_A = \omega_0 r$$

又 N 点为 NK 杆的速度瞬心，则：$v_0 = \dfrac{2}{3} v_K = \dfrac{2}{3} \omega_0 r$

13. A. 解答如下：

以 OA 杆的 A 端为动点，动系固结在杆 BC 上，则 A 点的牵连速度即为杆 BC 的速度 v_{BC}：$v_e = v_{BC}$。

$v_a = \omega \cdot \overline{OA}$，$v_e = v_a \sin \alpha = \omega \cdot \overline{OA} \sin(90° - \varphi) = 40 \times 10 \times \dfrac{1}{2}$

所以 $\qquad v_{BC} = v_e = 200 \text{cm/s}$，方向向右。

14. D. 解答如下：

以 B 端为动点，动系固结在 OA 杆上，则对 B 点速度分析见图 4-4-2：

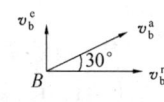

图 4-4-2

$$v_b = v_b^a = v_b^e / \sin 30°$$

又因为 $\qquad v_b^e = \omega \cdot r \cos \alpha$

所以 $\qquad v_b = \omega r \cos 30° / \sin 30° = \sqrt{3} \omega r$

15. D. 解答如下：

图示瞬时，AB 杆作瞬时平动，$v_A = v_B \neq 0$，则：$\omega = \dfrac{v_A}{OA} \neq 0$

$$\varepsilon_{OA} = \dfrac{a_A}{OA} = 0$$

16. B. 解答如下：

根据速度瞬心，$\omega_1 = \dfrac{v}{R+r}$，$\omega_2 = \dfrac{v}{R-r}$，则：$\omega_1 < \omega_2$

$v_{c1}=\omega_1 \cdot R$，$v_{c2}=\omega_2 \cdot R$，则：$v_{c1}<v_{c2}$，转向相同

17. D. 解答如下：

以 M_1 点为动点，OA 杆为动系，动系转动，故有科氏加速度。对 M 点的加速度分析如图 4-4-3 所示：

$$a_r^n=\omega_r^2 \cdot r=6^2\times 10=360\text{cm/s}^2$$
$$a_e^n=\omega^2(r+l)=4^2\times(20+10)=480\text{cm/s}^2$$
$$a_r^\tau=\varepsilon_r \cdot r=6\times 10=60\text{cm/s}^2$$
$$a_e^\tau=\varepsilon(r+l)=3\times 30=90\text{cm/s}^2$$
$$a_k=2\omega \cdot v_r=2\omega \cdot (\omega_r \cdot r)=2\times 4\times 6\times 10=480\text{cm/s}^2$$

所以
$$a_M=\sqrt{(a_k-a_r^n-a_e^n)^2+(a_r^\tau-a_e^\tau)^2}$$
$$=\sqrt{(480-360-480)^2+(60-90)^2}=361.24\text{cm/s}^2$$

18. D. 解答如下：

以 A 为动点，车为动系，牵连运动为平动，故无科氏加速度，对 A 点加速度分析见图 4-4-4。

$\varphi=t^2$，则：$\omega=2t$，$\varepsilon=2$，

$t=1$ 时，$\omega=2$，$\varepsilon=2$

$$a_r^\tau=\varepsilon \cdot r=2\times 20=40\text{cm/s}^2,$$
$$a_r^n=\omega^2 \cdot r=2^2\times 20=80\text{cm/s}^2$$
$$a_e=a_0=40$$
$$\boldsymbol{a}_a=\boldsymbol{a}_r^n+\boldsymbol{a}_r^\tau+\boldsymbol{a}_e$$
$$a_a=\sqrt{(40+40\sin 30°)^2+(40\cos 30°-80)^2}=75.215\text{cm/s}^2$$

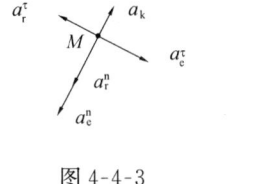

图 4-4-3　　　　　　　　　图 4-4-4

19. D. 解答如下：

刚杆 OAB 绕 O 轴动，B 点的 a_B^n 指向 O，重合于 y 轴，a_B^τ 垂直于 y 轴，故其在 y 轴上的投影为零，则：

$a_{By}=-a_B^n=-\omega^2 \cdot \overline{OB}=-4^2\times 50=-800\text{cm/s}^2$

20. C. 解答如下：

以 AB 杆上与套筒重合的点 C' 为动点，动系固结在杆 CD 上。

(1) 对 C' 点速度分析见图 4-4-5(a)

$$v_{CD}=v_e=v_a\cos 60°$$
$$v_a=\omega \cdot \overline{O_1A}=6\times 10=60\text{cm/s}$$

$$v_{CD}=60\times\frac{1}{2}=30\text{cm/s}$$

(2) 对 C' 点加速度分析见图 4-4-5(b)。

$a_{CD}=a_e=a_A^n\cdot\cos30°$，$a_A^n=\omega^2\cdot\overline{O_1A}$

所以 $\qquad a_{CD}=a_e=(6^2\times10)\times\dfrac{\sqrt{3}}{2}=180\sqrt{3}\text{cm/s}^2$

21．B．解答如下：

以杆 OA 的 A 端为动点，动系固结在 BC 上。

(1) 对 A 点速度分析见图 4-4-6(a)。

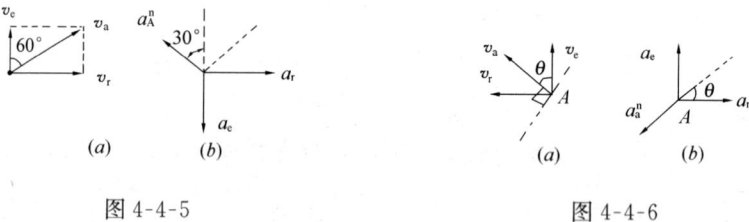

图 4-4-5　　　　　　　　　图 4-4-6

杆 C 的速度：$v_c=v_e=v_a\cos\theta$

$$v_a=\omega\cdot\overline{OA}$$

所以 $\qquad v_c=\omega\cdot\overline{OA}\cos\theta=2\times40\times\dfrac{\sqrt{3}}{2}=40\sqrt{3}\text{cm/s}$

(2) 对 A 点加速度分析见图 4-4-6(b)。

杆 C 的加速度：$a_c=a_e=a_a^n\sin\theta=\omega^2\cdot\overline{OA}\cdot\sin\theta$

所以 $\qquad a_c=2^2\times40\times\dfrac{1}{2}=80\text{cm/s}^2$

22．D．解答如下：

接触点为速度瞬心，a_B 分析见图 4-4-7。

$$\boldsymbol{a}_B=\boldsymbol{a}_A+\boldsymbol{a}_{BA}$$

$$a_A=\frac{(2\omega R)^2}{2R}=2\omega^2R$$

$$a_B=a_A\tan30°=\frac{2\sqrt{3}}{3}\omega^2R$$

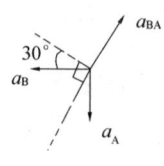

图 4-4-7

23．B．解答如下：

接触点为速度瞬心，又 $\boldsymbol{a}_M=\boldsymbol{a}_c+\boldsymbol{a}_{mc}$

$$a_c=\frac{(\omega r)^2}{R+r}=\frac{r^2}{R+r}\cdot\omega^2$$

$$a_{mc}=\frac{(2\omega r-\omega r)^2}{r}=r\omega^2$$

所以 $\qquad a_M=\dfrac{r^2}{R+r}\omega^2+\omega^2r=\dfrac{r(2r+R)\omega^2}{R+r}$

24．A．解答如下：

以 C 点为动点，动系固结在 OB 杆上，则动系为转动，有科氏加速度 a_k。

(1) 对 C 点速度分析见图 4-4-8(a)：
$$v_a = v_A = 40\text{cm/s}$$
$$v_e = v_a \sin 30° = 40 \times \frac{1}{2} = 20\text{cm/s}, \quad \omega_e = \frac{v_e}{OC} = \frac{40}{50} = 0.8\text{rad/s}$$
$$v_r = v_a \cos 30° = 40 \times \frac{\sqrt{3}}{2} = 20\sqrt{3}\text{cm/s}$$

(2) 对 C 点加速度分析见图 4-4-8(b)。

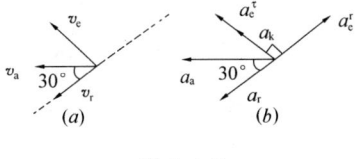

图 4-4-8

$$a_a = a_A = 3\text{cm/s}^2$$
$$a_e^\tau = a_a \cdot \cos 60° - a_K = a_a \cdot \frac{1}{2} - 2\omega_e \cdot v_r$$
$$= 1.5 - 2 \times 0.8 \times 20\sqrt{3} = -53.925\text{cm/s}^2$$

$\varepsilon = \dfrac{a_e^\tau}{L/2} = -1.0785\text{rad/s}^2$，逆时针方向。

25. B. 解答如下：

$a = \ddot{x} = \varepsilon R$，则：$\varepsilon = \dfrac{\ddot{x}}{R} = \dfrac{400}{0.1} = 4000\text{rad/s}^2$，逆时针方向

26. A. 解答如下：

由条件知：$\varphi = f(t) = \dfrac{1}{2}\varepsilon t^2$，又 $a_\tau = a\sin 30° = \varepsilon r$

则：$\varepsilon = \dfrac{a\sin 30°}{r} = \dfrac{80 \times \dfrac{1}{2}}{0.4} = 100\text{rad/s}^2$

所以：$\varphi = f(t) = \dfrac{1}{2} \times 100t^2 = 50t^2$

27. D. 解答如下：

OAB 杆绕 O 轴动，$a_{Me}^n = \dfrac{(\omega \cdot 2l)^2}{2l} = 2l\omega^2$，$a_{Me}^\tau = 0$。

28. D. 解答如下：

OAB 杆绕 O 转动，$a_e^\tau = r\varepsilon$，$a_e^n = r\omega^2$。

三、第三节　动力学

1. D	2. D	3. B	4. D	5. D	6. D	7. B	8. C	9. C	10. D
11. A	12. A	13. A	14. B	15. C	16. D	17. C	18. D	19. D	20. C
21. B	22. D	23. D	24. C	25. B	26. B	27. D	28. B	29. C	30. B
31. B	32. A	33. A	34. B	35. B	36. A	37. C	38. D	39. C	40. C
41. D	42. B	43. B	44. C	45. D	46. D				

1. D. 解答如下：

摆绳拉力 S：$S = P\cos\varphi + m\dfrac{v^2}{l}$

当 φ 减小，$\cos\varphi$ 增大，v 增大，S 增大；当 $\varphi = \varphi_0$ 时，$v = 0$，$S_{\min} = P\cos\varphi_0$。

2. D. 解答如下：

$P - N_1 = m \cdot a_n = m \cdot \dfrac{v^2}{\rho}$　　则：$N_1 = P - m\dfrac{v^2}{\rho}$

$$N_2 - P = m\frac{v^2}{\rho} \quad \text{则}: N_2 = P + m\frac{v^2}{\rho}$$

3. B. 解答如下：

由达朗贝尔原理得：$F = ma = \dfrac{W}{g}a$

对后轮接触地面点取矩：$WL - F \cdot h = (L + 2L) \cdot N_1$

$$N_1 = \frac{WL - F \cdot \dfrac{L}{4}}{3L} = \frac{4Wg - W}{12g} = \frac{W(4g-1)}{12g}$$

对前轮接触地面点取矩：$W \cdot 2L + F \cdot h = 3L \cdot N_2$

$$N_2 = \frac{W2L + F \cdot \dfrac{L}{4}}{3L} = \frac{W(8g+1)}{12g}$$

4. D. 解答如下：

小球 C、D 的离心力：$F'_C = F'_D = m\omega^2 r = \dfrac{W}{g}\omega^2 r$

小球 C 受力：$F_C = F'_C - W = \dfrac{W}{g}\omega^2 r - W$

小球 D 受力：$F_D = F'_D + W = \dfrac{W}{g}\omega^2 r + W$

对 A 点取矩：$N_B = \dfrac{1}{L}\left(F_D \cdot \dfrac{L}{3} - F_C \cdot \dfrac{2L}{3}\right)$

$$= \frac{1}{3}\left(\frac{W}{g}\omega^2 r + W\right) - \frac{2}{3}\left(\frac{W}{g}\omega^2 r - W\right)$$

$$= W - \frac{W}{3g}r\omega^2 = W - \frac{W}{3g} \cdot g = \frac{2}{3}W$$

对 B 点取矩：$N_A = \dfrac{1}{L}\left(F_D \cdot \dfrac{2L}{3} - F_C \cdot \dfrac{L}{3}\right)$

$$= W + \frac{W}{3g}\omega^2 r = W + \frac{W}{3} = \frac{4}{3}W$$

5. D. 解答如下：

绳剪断瞬间，物块 A、B 间弹簧力为 T，则：

$$T = mg\sin\varphi, \quad ma_A = T + mg\sin\varphi$$

所以 $\qquad a_A = 2g\sin\varphi$

6. D. 解答如下：

由平行轴定理知：$J_{z1} = J_c + ma_1^2$，$J_{z2} = J_c + ma_2^2$

所以：$\qquad J_{z1} = J_{z2} - m(a_2^2 - a_1^2)$

7. B. 解答如下：

根据 K_x、K_y 与 x、y 轴方向，可排除 A、C 项。

曲柄 OC 的 $K_{x_1} = \dfrac{-P_1}{g} \cdot \omega \cdot \dfrac{L}{2}\sin\omega t = \dfrac{-P_1\omega L}{2g}\sin\omega t$

尺 AB 的 $K_{x_2} = \dfrac{-2P_1}{g} \cdot \omega L\sin\omega t = \dfrac{-4P_1\omega L}{2g}\sin\omega t$

$$v_B\cos\omega t = v_C \cdot \cos(90°-2\omega t)$$
$$v_B = 2v_C\sin\omega t = 2\omega L\sin\omega t$$

套管 B 的 $K_{x_3} = \dfrac{-P_2}{g}2\omega L\sin\omega t$

套管 A 的 $K_{x_4} = 0$

质点系的动量 $K_x = K_{x_1} + K_{x_2} + K_{x_3} + K_{x_4} = -\dfrac{5P_1+4P_2}{2g} \cdot L\omega\sin\omega t$

8. C. 解答如下：

由动量定理知，$K_2 - K_1 = S$，则：

$S_x = mv_1 - mv_0\cos\alpha$，$S_y = 0 - mv_0\sin\alpha$

9. C. 解答如下：

$$K = K_{圆板} + K_{质点} = 0 + mR\omega = mR\omega$$

10. D. 解答如下：

$$J_{m_2} = J_C + m_2(l+r)^2 = \dfrac{1}{2}m_2 r + m_2(l+r)^2 = \dfrac{9}{2}m_2 l^2$$

$$H_0 = J_{m_2} \cdot \omega + \dfrac{1}{3}m_1 l^2 \omega$$

$$= \dfrac{1}{3}m_1 l^2 \omega + \dfrac{9}{2}m_2 l^2 \omega$$

11. A. 解答如下：

由动量守恒定理得：$\left(m_1 + \dfrac{m_1}{4}\right)v_1 = m_1 v - \dfrac{m_1}{4} \cdot (v_2 - v)$

则：
$$v = v_1 + \dfrac{v_2}{5}$$

12. A. 解答如下：

设初始各重物、四棱柱的质心位置分别为：x_1、x_2、x_3、x_4，则 m_1 下降 h 后变为：

$x_1 + \Delta x$，$x_2 + h + \Delta x$，$x_3 + h \cdot \cos30° + \Delta x$，$x_4 + \Delta x$，由质心运动守恒定理：

$$m_1 x_1 + m_2 x_2 + m_3 x_3 + m_4 x_4 = m_1(x_1 + \Delta x) + m_2(x_2 + h + \Delta x)$$
$$+ m_3\left(x_3 + h \cdot \dfrac{1}{2} + \Delta x\right) + m_4(x_4 + \Delta x)$$

且 $m_1 = m_2 = m_3 = M$，$m_4 = 8M$

解之得：$\Delta x = -\dfrac{3h}{22}$，方向向左

13. A. 解答如下：

外力对 z 轴的力矩为零，用动量矩定理得：
$$J_0\omega_0 = J\omega$$

即：$(J + mx^2)\omega_0 = (J + mr^2)\omega$

所以 $\omega = \dfrac{J + mx^2}{J + mr^2}\omega_0$

14. B. 解答如下：

对 A 点用动量矩定理：

$$J\varepsilon = \omega \cdot \frac{l}{2}$$

即：$\frac{1}{3}ml^2 \cdot \varepsilon = W \cdot \frac{l}{2} = mg\frac{l}{2}$，$\varepsilon = \frac{3g}{2l}$

15. C. 解答如下：

设 CA 绳的张力为 T，则：$T - Q\cos60° = m\frac{v^2}{l} = 0$

所以 $T = Q\cos60° = \frac{Q}{2}$

16. D. 解答如下：

$$H_o = J_o\omega = \left(\frac{1}{3}ml^2 + ml^2\right) \cdot \omega = \frac{4}{3}ml^2\omega$$

17. C. 解答如下：

$$J_o = J_{OA} + J_{BC} = \frac{1}{3} \cdot 2m \cdot (2l)^2 + \left[\frac{1}{12} \cdot m \cdot l^2 + m \cdot (2l)^2\right]$$

$$= \frac{8}{3}ml^2 + \frac{49}{12}ml^2 = \frac{27}{4}ml^2$$

$$H_o = J_o\omega = \frac{27}{4}ml^2\omega$$

18. D. 解答如下：

由条件，分析 C 点速度合成，则：

$$v_r = \omega_2 \cdot R,\quad v_c = v_r\cos30°$$

$$v_c = \omega_2 R \cdot \cos30° = 4 \times 0.10 \times \frac{\sqrt{3}}{2} = 0.2\sqrt{3}\,\text{m/s}$$

$$K = m \cdot v_c = 40 \times 0.2\sqrt{3} = 8\sqrt{3}\,\text{N} \cdot \text{s}$$

19. D. 解答如下：

由质心运动守恒定理得，细杆的质心水平坐标保持不变，所以 B 点向左移动 Δx：
$\Delta x = \frac{1}{2}l - \frac{1}{2}l\cos\theta$

20. C. 解答如下：

设滑动摩擦力为 F，则：$F = ma_O$，$F \cdot r = mr^2 \cdot \varepsilon$
又钢管中心 O 点的加速度：$a_O = a - r\varepsilon$

联解上式得：$a_O = \frac{1}{2}a$，$F = m \cdot \frac{1}{2}a = \frac{1}{2}ma$

21. B. 解答如下：

小轮 $\omega_2 = \frac{\omega R}{r}$，$v = \omega R$，则：

$$T = T_{01} + T_{02} + T_m = \frac{1}{2}J_1\omega^2 + \frac{1}{2}J_2\omega_2^2 + \frac{1}{2}mv^2$$

$$= \frac{1}{2}J_1\omega^2 + \frac{1}{2}J_2\left(\frac{\omega R}{r}\right)^2 + \frac{1}{2}m(\omega R)^2$$

22. D. 解答如下：

将皮带分为左右两部分，下皮带拉力为 T_2，上皮带拉力为 T_1，则
由 $J_z\varepsilon = \sum M_z(F)$ 得：

$$\varepsilon_1 = \frac{(T_2-T_1)r+M}{J_1}, \quad \varepsilon_2 = \frac{(T_1-T_2)R}{J_2}$$

又 $\varepsilon_1 \cdot r = \varepsilon_2 \cdot R$，则：$T_1 - T_2 = \frac{MrJ_2}{J_1R^2+J_2r^2}$

所以 $\varepsilon_2 = \frac{(T_1-T_2)R}{J_2} = \frac{MrR}{J_1R^2+J_2r^2}$

23. D. 解答如下：

杆作平动其动能 T_1：$T_1 = \frac{1}{2}m_1v^2$

圆轮的动能 T_2：$T_2 = \frac{1}{2}m_2v^2 + \frac{1}{2}J_c\omega^2$

$$= \frac{1}{2}m_2v^2 + \frac{1}{2} \cdot \frac{1}{2}m_2R^2 \cdot \omega^2 = \frac{3}{4}m_2v^2$$

系统动能 T：$T = T_1 + T_2 = \frac{1}{2}m_1v^2 + \frac{3}{4}m_2v^2$

24. C. 解答如下：

对物块 A：$ma = T - mg$

对轮：$J_0\varepsilon = M - Tr$，且 $a = \varepsilon \cdot r$

解之得：$M = mgr + m\varepsilon r^2 + J_0\varepsilon$

$\qquad = 30 \times 9.8 \times 1 + 30 \times 40 \times 1^2 + 0.82 \times 40 = 1526.8 \text{N} \cdot \text{m}$

25. B. 解答如下：

由动能定理：$\frac{1}{2}J_0\omega^2 + \frac{1}{2}m_1v^2 - 0 = M \cdot \frac{S}{R} - m_1gS$

式中：$J_0 = \frac{1}{2}m_2R^2$，$\omega = \frac{v}{R}$

解之得：$r = \sqrt{\frac{4(M-m_1gR)S}{(2m_1+m_2)R}}$

26. B. 解答如下：
由机械能守恒定理得：

$$\frac{1}{2}mv_A^2 + \frac{1}{2}J_A\omega^2 = mgh$$

$$\frac{1}{2}mv_A^2 + \frac{1}{2} \cdot \frac{mr^2}{2} \cdot \left(\frac{v_A}{r}\right)^2 = mgh$$

解之得：$\qquad v_A = \sqrt{\frac{4gh}{3}}$

27. D. 解答如下：
设绳的拉力为 T，A、B 轮的角加速度分别为 ε_A、ε_B，则：

$v_A = v_B$，$r\varepsilon_A = \frac{dv_A}{dt}$，$r\varepsilon_B = \frac{dv_B}{dt}$，故：$\varepsilon_A = \varepsilon_B$

由转动微分方程得：

$$Tr=J_0\varepsilon_A，Q-T=Ma_C$$

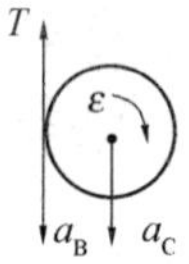

图 4-4-9

轮 A 的加速度分析见图 4-4-9，则：$a_C=a_B+r\varepsilon_A=r\varepsilon_B+r\varepsilon_A=2r\varepsilon_A$

$$Tr=J_0\varepsilon_A=J_0\cdot\frac{a_C}{2r}=\frac{1}{2}mr^2\cdot\frac{a_C}{2r}，故：T=\frac{m}{4}a_C$$

$ma_C=Q-T=Q-\frac{ma_C}{4}$　所以：$a_C=\frac{4}{5}g$

28. B. 解答如下：

由机械能守恒定理：$mgh=\frac{1}{2}mv^2$，$v^2=2gh$

当下滑为 φ 角时：$a_n=\frac{v^2}{r}=\frac{2gh}{r}=\frac{2g\cdot r\sin\varphi}{r}=2g\sin\varphi$

$$N-P\sin\varphi=ma_n=m\times(2g\sin\varphi)=2P\sin\varphi$$

所以：$N=3P\sin\varphi$

29. C. 解答如下：

由达朗贝尔原理得：$R_\tau=m\cdot\left(\frac{L}{2}\varepsilon\right)=m\cdot\frac{L}{2}\cdot\frac{4g}{2L}\cos\alpha=mg\cos\alpha$

$$R_n=m\cdot\left(\frac{L}{2}\omega^2\right)=m\cdot\frac{L}{2}\cdot\frac{4g}{L}\sin\alpha=2mg\sin\alpha$$

所以：

$$\begin{aligned}X_0&=-mg\cos\alpha\sin\alpha-2mg\sin\alpha\cos\alpha\\&=-3P\cos\alpha\sin\alpha=-\frac{3}{2}P\sin2\alpha\end{aligned}$$

30. B. 解答如下：

设绳子的拉力为 T，对鼓轮运用动量矩定理：

$$M-TR=J_0\varepsilon=\frac{1}{2}mR^2\varepsilon=\frac{1}{2}mR^2\cdot\frac{2M}{R^2}=M\cdot m$$

$$T=\frac{1}{R}(M-M\cdot m)=\frac{M}{R}(1-m)$$

力平衡知：$X_0=T\cos\alpha=\frac{M(1-m)}{R}\cdot\cos\alpha$

31. B. 解答如下：

$$W_1=\int_0^{8\pi}m\mathrm{d}\phi=\int_0^{8\pi}a\phi\mathrm{d}\phi=\left[\frac{a\phi^2}{2}\right]_0^{8\pi}=32\pi^2a$$

$$W_2=-Pf'\cdot(4\times2\pi r)=-8\pi rf'P$$

32. A. 解答如下：

$$\begin{aligned}W_{AB}&=\frac{1}{2}K(\delta_1^2-\delta_2^2)=\frac{1}{2}K\left[0-\left(2R\cos\frac{45^\circ}{2}-\sqrt{2}R\right)^2\right]\\&=-\frac{1}{2}K\cdot R^2\left(2\cos\frac{45^\circ}{2}-\sqrt{2}\right)^2\end{aligned}$$

33. A. 解答如下：

$$R_{AB}^{I}=\int_0^l x\sin\alpha\cdot\omega^2\cdot\left(\frac{P}{gl}\mathrm{d}x\right)=\int_0^l\frac{P\omega^2}{2gl}\cdot x\mathrm{d}x=\frac{P\omega^2l}{4g}$$

34. B. 解答如下：

设绳子拉力为 T；A、B 物体的加速度相等，方向相反，则：
$$T=30-\frac{30}{10}\cdot a,\quad T=20+\frac{20}{10}\cdot a$$
解之得：
$$T=24\text{kN}$$

35. B. 解答如下：
$$R^I=ma,\quad M_C^I=J\varepsilon=\frac{1}{2}mR^2\cdot\frac{a}{R}=\frac{1}{2}mRa$$

36. A. 解答如下：

对于 C 点加速度：$a_n=\omega^2\cdot\overline{OC}=\frac{1}{2}R\omega^2$
$$a_\tau=\varepsilon\cdot\overline{OC}=\frac{1}{2}R\varepsilon$$

则：$a_c=\sqrt{a_n^2+a_\tau^2}=\frac{1}{2}R\sqrt{\varepsilon^2+\omega^4}$

所以主矢：$R^I=\frac{1}{2}mR\sqrt{\varepsilon^2+\omega^4}$
$$J_0=J_C+m\left(\frac{1}{2}R\right)^2=\frac{1}{2}mR^2+\frac{1}{4}mR^2=\frac{3}{4}mR^2$$

所以主矩为：
$$M_0^I=\frac{3}{4}mR^2\varepsilon$$

37. C. 解答如下：

AB 杆作平动，$a_A=a_C$，$\varepsilon_{AB}=0$

点 A 的加速度：$a_n=\omega^2R$，$a_\tau=\varepsilon\cdot R$
$$a_A=\sqrt{a_n^2+a_\tau^2}=R\sqrt{\varepsilon^2+\omega^4}$$

所以：$R^I=mR\sqrt{\varepsilon^2+\omega^4}$，$M_C^I=0$。

38. D. 解答如下：
$$T=\frac{1}{2}m\cdot v_B^2+\frac{1}{2}J_B\omega_B^2$$
$$=\frac{1}{2}mv_B^2+\frac{1}{2}\cdot\frac{1}{2}mR^2\cdot\omega_B^2=\frac{3}{4}mv_B^2$$

又由速度投影定理：$v_B\cos30°=v_A=\omega r$，$v_B=\frac{\omega r}{\cos30°}$

所以
$$T=\frac{3}{4}m\cdot\left(\frac{\omega r}{\cos30°}\right)^2=m\omega^2 r^2$$

39. C. 解答如下：
$$\delta_{rE}=2\delta_{rC},\quad \delta_{rB}=\frac{2}{3}\delta_{rC}$$

所以
$$\delta_{rB}=\frac{2}{3}\delta_{rC}=\frac{2}{3}\cdot\frac{1}{2}\delta_{rE}=\frac{1}{3}\delta_{rE}$$

40. C. 解答如下：

BC 杆作平动，ACD 部分作绕 A 点转动，B、C 两点在 BC 杆连线上的投影相等，则：
$$\delta_{rB}\cdot\cos\theta=\delta_{rC}\cdot\cos(190°-90°-2\theta)=\delta_{rC}\cdot\sin2\theta=2\delta_{rC}\cdot\sin\theta\cos\theta$$

即： $\delta_{rB}=2\delta_{rC}\cdot\sin\theta=\delta_{rC}\cdot\dfrac{2\cdot 3}{\sqrt{45}}=\dfrac{6\delta_{rC}}{\sqrt{45}}$

又 $\delta_{rC}=\sqrt{45}\cdot\delta_\theta$， $\delta_{rD}=6\delta_\theta$，即： $\delta_{rD}=\dfrac{6\delta_{rC}}{\sqrt{45}}$

所以： $\delta_{rB}=\delta_{rD}$。

41. D. 解答如下：

取 BA 方向为 Y 轴正方向，BF 连线方向为 x 轴正向。

$$x_D=3l\sin\theta,\ 则：\delta_{rD}=3l\cos\theta d\theta$$
$$y_A=2l\cos\theta,\ 则：\delta_{rD}=-2l\sin\theta d\theta$$

由虚位移原理： $Q\delta_{rA}+P\delta_{rD}=0$

解之得： $Q=\dfrac{3P}{2}\cot\theta$

42. B. 解答如下：

由定轴转动微分方程：
$$J\varepsilon=ka\sin\varphi\cdot a+P\cdot b\sin\varphi$$

又 $\varepsilon=\ddot\varphi$，$\sin\varphi\approx\varphi$
$$J\ddot\varphi=ka^2\varphi+Pb\varphi$$

43. B. 解答如下：

由定轴转动微分方程： $J\varepsilon=-Pl\sin\varphi-2k\dfrac{l\sin\varphi}{2}\cdot\dfrac{l}{2}$

$\sin\varphi=\varphi$，则： $\dfrac{P}{g}l^2\ddot\varphi=-Pl\varphi-\dfrac{1}{2}kl^2\varphi=-(pL+\dfrac{1}{2}kl^2)\varphi$

44. C. 解答如下：

由定轴转动微分方程： $J_0\ddot\varphi=-2k(l\varphi)\cdot l+mgl\varphi$

又 $J_0=ml^2$，则： $\ddot\varphi+\left(\dfrac{2k}{m}-\dfrac{g}{l}\right)\varphi=0$

所以： $\omega=\sqrt{\dfrac{2k}{m}-\dfrac{g}{l}}$

45. D. 解答如下：

$J_0\ddot\varphi=-2k(l\varphi)\cdot l-mgl\varphi$，且 $J_0=ml^2$

则有： $\ddot\varphi+\left(\dfrac{2k}{m}+\dfrac{g}{l}\right)\varphi=0$

所以： $\omega=\sqrt{\dfrac{2k}{m}+\dfrac{g}{l}}$

46. D. 解答如下：

$$R^1=\int_0^l x\omega^2\left(\dfrac{m}{l}dx\right)=\dfrac{1}{2}ml\omega^2$$

OA 上受到的惯性力沿 OA 杆方向，故 $M_0^1=0$

第五章 材 料 力 学

第一节 拉伸、压缩、剪切和挤压

一、《考试大纲》的规定

低碳钢、铸铁拉伸、压缩实验的应力-应变曲线，力学性能指标。

轴力和轴力图、杆件横截面和斜截面上的应力、强度条件、虎克定律变形计算。

剪切和挤压的实用计算、剪切面、挤压面、剪切强度、挤压强度、切应力互等定理、剪切虎克定律。

二、重点内容

1. 杆件横截面和斜截面上的应力（图 5-1-1 所示）

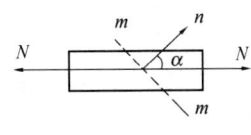

图 5-1-1

横截面正应力：$\sigma = \dfrac{N}{A}$

斜截面上总应力：$p_\alpha = \dfrac{N}{A_\alpha} = \sigma_0 \cos\alpha$

斜截面上正应力：$\sigma_\alpha = p_\alpha \cos\alpha = \sigma_0 \cos^2\alpha$

斜截面上切应力：$\tau_\alpha = p_\alpha \sin\alpha = \dfrac{\sigma_0}{2}\sin 2\alpha$

其中，N 为轴力；A 为横截面面积；α 为由横截面外法线至斜截面外法线的夹角，（见图 5-1-1），以逆时针转动为正；A_α 斜截面 mm 的截面积；σ_0 为横截面上的正应力。正应力 σ、σ_α 以拉应力为正，压应力为负。

2. 强度条件

（1）许用应力

塑性材料：$[\sigma] = \dfrac{\sigma_s}{n_s}$；

脆性材料：$[\sigma] = \dfrac{\sigma_b}{n_b}$

式中 σ_s 为屈服极限；σ_b 为抗拉强度；n_s、n_b 为安全系数。

（2）强度条件

轴向拉压杆的强度条件：$\sigma_{\max} = \dfrac{N_{\max}}{A} \leqslant [\sigma]$

3. 虎克定律和应变能计算

轴向变形，$\Delta L = L' - L$；轴向线应变，$\varepsilon = \dfrac{\Delta L}{L}$；

横向变形，$\Delta a = a' - a$；横向线应变，$\varepsilon = \dfrac{\Delta a}{a}$。

虎克定律，指当应力不超过材料比例极限时，应力与应变成正比，即：

$$\sigma = E\varepsilon$$

或

$$\Delta L = \frac{NL}{EA}$$

泊松比(ν)，指当应力不超过材料比例极限时，横向线应变 ε' 与纵向线应变 ε 之比的绝对值为一常数，即：

$$\nu = \left|\frac{\varepsilon'}{E}\right|$$

变形能，轴向拉压杆的弹性变形能为：

$$U = \frac{1}{2}N \cdot \Delta L = \frac{N^2 L}{2EA} = \frac{EA(\Delta L)^2}{2L}$$

比能，指单位体积内贮存的变形能。轴向拉压杆的弹性变形比能为：

$$u = \frac{1}{2}\sigma\varepsilon = \frac{\sigma^2}{2E} = \frac{E\varepsilon^2}{2}$$

4. 剪切和挤压的实用计算

剪切计算：$\tau = \dfrac{V}{A_v} \leqslant [\tau]$

式中，A_v 为剪切面面积；V 为剪力；τ 为名义切应力；$[\tau]$ 为许用切应力。

挤压计算：$\sigma_{bs} = \dfrac{P_{bs}}{A_{bs}} \leqslant [\sigma_{bs}]$

式中，A_{bs} 为名义挤压面积；P_{bs} 为承压接触面上的总压力；σ_{bs} 为名义挤压应力；$[\sigma_{bs}]$ 为许用挤压应力。

5. 切应力互等定理和剪切虎克定律

切应力互等定理，指在互相垂直的两个平面上，垂直于两平面交线的切应力总是大小相等，且共同指向或背离这一交线，即：

$$\tau = -\tau'$$

剪切虎克定律，当切应力不超过材料的剪切比例极限时，切应力 τ 与剪应变 γ 成正比，即：

$$\tau = G\gamma$$

式中 G 称为材料的剪变模量。对各向同性材性 $G = \dfrac{E}{2(1+\nu)}$。

三、解题指导

材料力学考题总数目为12题，比较容易得分。

本节难点是正确计算剪切面和挤压面面积，同时应注意拉、压杆斜截面上的应力计算。

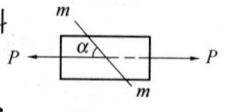

图 5-1-2

【例 5-1-1】 如图 5-1-2 所示杆件受 P 作用，其横截面面积为 A，则横截面上的正应力和斜截面上的正应力分别为(　　)。

A. $\dfrac{P}{A}$，$\dfrac{P\cos^2\alpha}{A}$　　B. $\dfrac{P}{A}$，$\dfrac{P\cos\alpha}{A}$　　C. $\dfrac{P}{A}$，$\dfrac{P\sin^2\alpha}{A}$　　D. $\dfrac{P}{A}$，$\dfrac{P\sin\alpha}{A}$

【解】 横截面上的正应力为：$\dfrac{P}{A}$

斜截面上的正应力为：$\dfrac{P\cos^2(90°-\alpha)}{A} = \dfrac{P\sin^2\alpha}{A}$

所以应选 C 项。

【例 5-1-2】 两根受拉杆件，若材料相同，杆长 $l_2=2l_1$，横截面面积 $A_2=2A_1$，拉力 $P_1=\frac{1}{2}P_2$，则两杆的伸长变形量 Δl 和轴向线应变 ε 之间的关系为(　　)。

A. $\Delta l_2=\Delta l_1$，$\varepsilon_2=\varepsilon_1$　　　　B. $\Delta l_2=2\Delta l_1$，$\varepsilon_2=\varepsilon_1$

C. $\Delta l_2=2\Delta l_1$，$\varepsilon_2=2\varepsilon_1$　　　D. $\Delta l_2=\frac{1}{2}\Delta l_1$，$\varepsilon_2=\frac{1}{2}\varepsilon_1$

【解】 因为 $\Delta l=\frac{Pl}{EA}$，则：

$$\frac{\Delta l_1}{\Delta l_2}=\frac{P_1 l_1}{EA_1}\cdot\frac{EA_2}{P_2 l_2}=\frac{1}{2}\cdot\frac{1}{2}\cdot 2=\frac{1}{2}$$

又 $\varepsilon=\frac{\Delta l}{l}=\frac{P}{EA}$，则：

$$\frac{\varepsilon_1}{\varepsilon_2}=\frac{P_1}{EA_1}\cdot\frac{EA_2}{P_2}=\frac{1}{2}\cdot 2=1$$

所以应选 B 项。

【例 5-1-3】 如图 5-1-3 所示销钉受力及尺寸，则销钉的挤压应力为(　　)。

A. $\sigma_{bs}=\dfrac{4P}{\pi(R^2-D^2)}$　　　　B. $\sigma_{bs}=\dfrac{4P}{\pi(D^2-d^2)}$

C. $\sigma_{bs}=\dfrac{P}{\pi dH}$　　　　　　　D. $\sigma_{bs}=\dfrac{P}{\pi DH}$

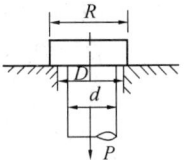

图 5-1-3

【解】 挤压面面积为：$\dfrac{\pi}{4}(R^2-D^2)$

则挤压应力为：$\sigma_{bs}=\dfrac{P}{\dfrac{\pi}{4}(R^2-D^2)}=\dfrac{4P}{\pi(R^2-D^2)}$

所以应选 A 项。

四、应试题解

1. 图 5-1-4 所示三种金属材料拉伸的 σ-ε 曲线，下列叙述正确的是(　　)。

A. a 强度高，b 刚度大，c 塑性差　　B. a 强度高，b 刚度大，c 塑性好

C. a 强度高，b 刚度小，c 塑性差　　D. 上述 A、B、C 均不对

2. 两根长度、横截面相同的钢杆和木杆，受同样的轴向拉力，则两杆具有相同的(　　)。

A. 线应变　　　　B. 强度　　　　C. 内力和应力　　　D. 伸长量

3. 如图 5-1-5 所示两杆 AB、BC 的横截面面积均为 A，弹性模量均为 E，夹角 $\alpha=60°$，在外力 P 作用下，变形微小，B 点的位移为(　　)。

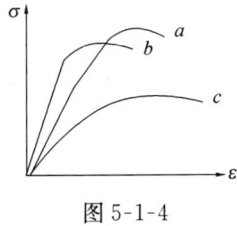

图 5-1-4

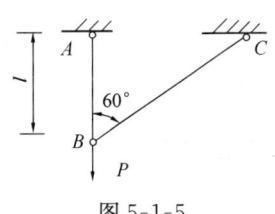

图 5-1-5

A. $\dfrac{Pl}{2EA}$ B. $\dfrac{\sqrt{3}Pl}{3EA}$ C. $\dfrac{2Pl}{EA}$ D. $\dfrac{2\sqrt{3}Pl}{3EA}$

4. 如图 5-1-6 所示结构中，AB 为刚性梁，拉杆 1、2、3 的长度相等，抗拉刚度 $EA_1 = EA_2 < EA_3$，则主杆轴力的关系为（　　）。

  A. $N_1 = N_2 < N_3$ B. $N_1 = N_2 = N_3$

  C. $N_1 = N_2 > N_3$ D. 上述 A、B、C 均不对

5. 如图 5-1-7 所示杆件，其正确的轴力图是（　　）。

  A. 图(a)   B. 图(b)   C. 图(c)   D. 图(d)

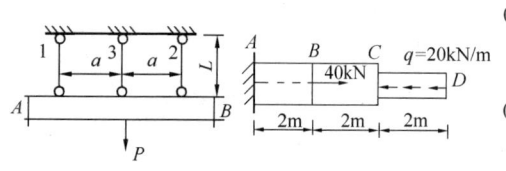

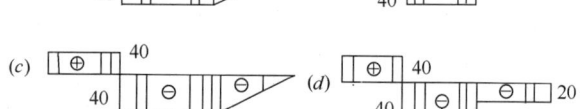

图 5-1-6   图 5-1-7

6. 如图 5-1-8 所示杆件受力 P 作用，其横截面面积为 A，则横截面上的正应力和斜截面上的正应力分别为（　　）。

  A. $\dfrac{P}{A}$，$\dfrac{P\cos^2\alpha}{A}$ B. $\dfrac{P}{A}$，$\dfrac{P\cos\alpha}{A}$ C. $\dfrac{P}{A}$，$\dfrac{P\sin^2\alpha}{A}$ D. $\dfrac{P}{A}$，$\dfrac{P\sin\alpha}{A}$

7. 有两根受同样的轴向拉力的杆件，其长度相同，抗拉刚度相同，但材料不同，则两杆内各点（　　）。

  A. 应力相同，应变也相同   B. 应力相同，应变不同

  C. 应力不同，应变相同   D. 应力不同，应变也不同

8. 用冲床在厚度为 t 的钢板上冲出一圆孔，则冲力大小为（　　）。

  A. 与圆孔直径的平方成正比   B. 与圆孔直径的三次方成正比

  C. 与圆孔直径成正比   D. 上述 A、B、C 均不对

9. 如图 5-1-9 组合三角架，刚杆 AB 的直径 d 为 30mm，弹性模量 E_1 为 2×10^5MPa；木杆 BC 的横截面为正方形，边长为 100mm，弹性模量 E_2 为 1×10^4MPa。现在 B 点作用一垂直荷载 P=40kN，Δl_1、Δl_2 分别表示 AB 杆和 BC 杆的变形，则 Δl_1、Δl_2 分别为（　　）mm。

  A. 1.012，0.912   B. 1.179，0.912   C. 1.012，1.067   D. 1.179，1.067

10. 如图 5-1-10 所示为单位宽度的薄壁圆环受力图，p 为径向压强，则 m-m 截面上的内力 N 为（　　）。

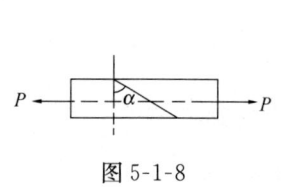   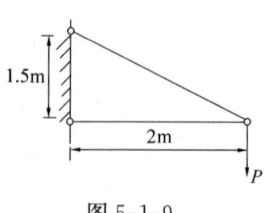   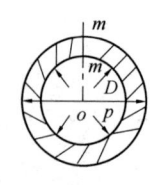

图 5-1-8   图 5-1-9   图 5-1-10

A. pD B. $\dfrac{pD}{2}$ C. $\dfrac{pD}{4}$ D. $\dfrac{pD}{8}$

11. 如图 5-1-11 所示结构中，AB 为刚性梁，Δl_1、Δl_2 分别代表杆 1、杆 2 的变形量，则杆 1 和杆 2 的变形协调条件是（   ）。

  A. $\Delta l_1 \sin\alpha = 2\Delta l_2 \sin\beta$ B. $\Delta l_1 \sin\beta = 2\Delta l_2 \sin\alpha$

  C. $\Delta l_1 \cos\alpha = 2\Delta l_2 \cos\beta$ D. $\Delta l_1 \cos\beta = 2\Delta l_2 \cos\alpha$

12. 如图 5-1-12 所示平行杆系 1、2、3 悬吊刚性梁 AB，在梁上作用着荷载 P，杆 1、2、3 的横截面面积、长度和弹性模量均相同，则杆 1、2、3 的轴力 N_1、N_2、N_3 分别为（   ）。

  A. $N_1=\dfrac{P}{3}$，$N_2=\dfrac{P}{3}$，$N_3=\dfrac{P}{3}$ B. $N_1=\dfrac{5P}{6}$，$N_2=\dfrac{P}{3}$，$N_3=-\dfrac{P}{3}$

  C. $N_1=\dfrac{5P}{6}$，$N_2=\dfrac{P}{3}$，$N_3=-\dfrac{P}{6}$ D. $N_1=\dfrac{5P}{6}$，$N_2=\dfrac{2P}{3}$，$N_3=-\dfrac{2P}{3}$

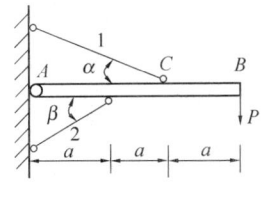
图 5-1-11

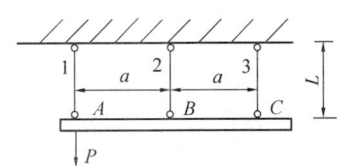
图 5-1-12

13. 如图 5-1-13 所示结构，若 N_1、N_2、N_3 分别代表杆 1、2、3 的轴力，Δl_1、Δl_2、Δl_3 分别代表杆 1、2、3 的变形量，ΔA_x、ΔA_y 表示点 A 的水平位移和竖直位移，则（   ）。

  A. $\Delta l_2=0$，$\Delta A_x=\Delta l_1$，$\Delta A_y=0$ B. $\Delta A_x=0$，$\Delta A_y=\Delta l_1$

  C. $\Delta l_2=0$，$\Delta A_x=\dfrac{Pl}{2EA}$ D. $\Delta A_x\neq 0$，$\Delta A_y=\dfrac{\sqrt{2}Pl}{EA}$

14. 杆件受力如图 5-1-14 所示，杆内的最大轴力和最小轴力分别为（   ）。

  A. 40kN，−5kN   B. 40kN，−10kN   C. 35kN，−5kN   D. 35kN，−10kN

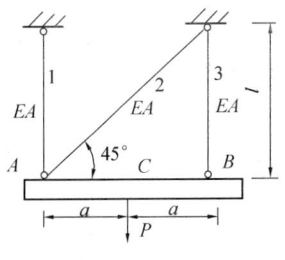
图 5-1-13

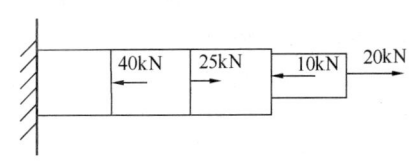
图 5-1-14

15. 低碳钢试件受拉时，下列（   ）项是正确的。

  A. $\sigma<\sigma_s$ 时，$\sigma=E\varepsilon$ 成立   B. $\sigma<\sigma_b$ 时，$\sigma=E\varepsilon$ 成立

  C. $\sigma<\sigma_p$ 时，$\sigma=E\varepsilon$ 成立   D. $\sigma<\sigma_{0.2}$ 时，$\sigma=E\varepsilon$ 成立

16. 已知 Q235 钢的 $\sigma_p=200\text{MPa}$，$\sigma_s=235\text{MPa}$，$\sigma_b=450\text{MPa}$，弹性模量 $E=2\times 10^5\text{MPa}$。单向拉伸时，测得拉伸方向的线应变 $\varepsilon=1.8\times 10^{-3}$，则此时钢杆横截面上的正应力约为（　　）。

A. 200MPa　　　B. 235MPa　　　C. 360MPa　　　D. 450MPa

17. 如图 5-1-15 所示两根材料相同的圆杆，一根为等截面杆，另一根为变截面杆。Δl_1、Δl_2 分别代表杆 1、杆 2 的伸长量，则（　　）。

A. $\Delta l_1=\Delta l_2$　　B. $\Delta l_1=2\Delta l_2$　　C. $\Delta l_1=2.5\Delta l_2$　　D. $\Delta l_1=1.5\Delta l_2$

18. 如图 5-1-16 所示，等截面直杆，杆长为 $3a$，其抗拉刚度为 EA，则杆中点横截面的垂直位移为（　　）。

A. 0　　　B. $\dfrac{Pa}{EA}$　　　C. $\dfrac{2Pa}{EA}$　　　D. $\dfrac{3Pa}{EA}$

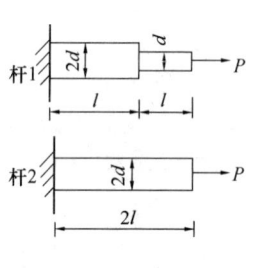

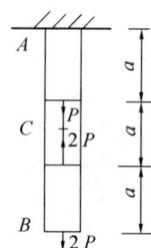

图 5-1-15　　　　　　　　　　　　　　图 5-1-16

19. 如图 5-1-17 所示受轴力的拉杆，其拉力为 P，横截面面积为 A，其斜截面上的切应力为（　　）。

A. $\dfrac{\sqrt{3}P}{4A}$　　B. $\dfrac{P}{4A}$　　C. $\dfrac{\sqrt{3}P}{2A}$　　D. $\dfrac{P}{2A}$

20. 如图 5-1-18 所示，用夹剪剪直径 3mm 的钢丝，设钢丝的剪切强度极限 τ_0 为 100MPa，剪子销钉的剪切容许应力为 $[\tau]=80\text{MPa}$，要求剪断钢丝，销钉满足剪切强度条件，则销钉的最小直径应为（　　）mm。

A. 3.55　　　B. 3.75　　　C. 2.55　　　D. 2.75

21. 图 5-1-19 所示一螺钉受拉力 F 作用，螺钉头的直径 D 为 34mm，$h=12\text{mm}$，螺钉杆的直径 d 为 22mm，$[\tau]=120\text{MPa}$，螺钉头和螺钉杆的容许挤压应力分别为 $[\sigma_{bs}]=300\text{MPa}$，$[\sigma]=160\text{MPa}$，则螺钉可承受的最大拉力为（　　）kN。

A. 50.8　　　B. 56.5　　　C. 60.8　　　D. 99.5

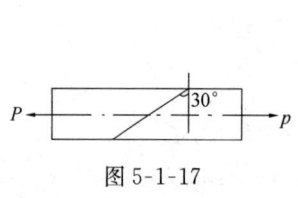

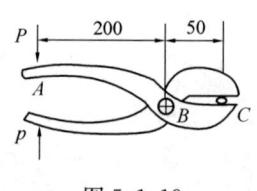

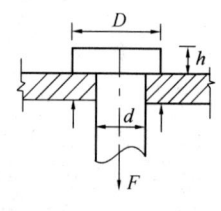

图 5-1-17　　　　　　　　图 5-1-18　　　　　　　　图 5-1-19

22. 连接件挤压实用计算的强度条件：$\sigma_{bs} = \dfrac{P_{bs}}{A_{bs}} \leqslant [\sigma_{bs}]$，其中 A_{bs} 是指连接件的（　　）。
   A. 横截面面积　　　　　　　　　　B. 实际挤压部分面积
   C. 名义挤压面积　　　　　　　　　D. 最大挤压力所在的横截面面积

23. 切应力互等定理只适用于（　　）。
   A. 线弹性范围
   B. 纯剪切应力状态
   C. 受剪切的构件
   D. 单元体上两个相互垂直平面上的切应力分析

24. 如图 5-1-20 所示一托架，铆钉受单剪，则是危险的铆钉为（　　）。
   A. A　　　　　B. B、C　　　　　C. A、D　　　　　D. C

25. 如图 5-1-21 所示连接件中，螺栓为 4 个，材料剪切容许应力为 $[\tau]$，则螺栓的剪切强度条件为（　　）。

   A. $\tau = \dfrac{P}{\pi d^2} \leqslant [\tau]$　　　　　　　　B. $\tau = \dfrac{2P}{\pi d^2} \leqslant [\tau]$

   C. $\tau = \dfrac{4P}{3\pi d^2} \leqslant [\tau]$　　　　　　　D. $\tau = \dfrac{4P}{\pi d^2} \leqslant [\tau]$

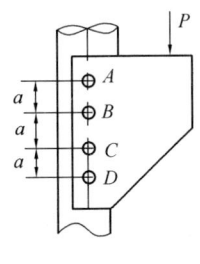

图 5-1-20

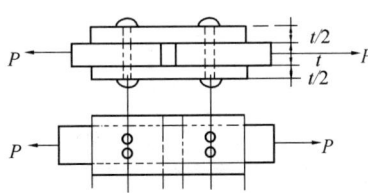

图 5-1-21

26. 如图 5-1-22 所示结构，若 $t_1 = 4\text{mm}$，$t = 10\text{mm}$，当进行剪切强度和挤压强度计算时，应采用（　　）。

   A. $\tau = \dfrac{\frac{P}{8}}{\frac{\pi d^2}{4}} \leqslant [\tau]$，$\sigma_c = \dfrac{\frac{P}{4}}{dt} \leqslant [\sigma_c]$　　　　B. $\tau = \dfrac{\frac{P}{8}}{\frac{\pi d^2}{4}} \leqslant [\tau]$，$\sigma_c = \dfrac{\frac{P}{4}}{2dt_1} \leqslant [\sigma_c]$

   C. $\tau = \dfrac{\frac{P}{4}}{\frac{\pi d^2}{4}} \leqslant [\tau]$，$\sigma_c = \dfrac{\frac{P}{4}}{dt} \leqslant [\sigma_c]$　　　　D. $\tau = \dfrac{\frac{P}{4}}{\frac{\pi d^2}{4}} \leqslant [\tau]$，$\sigma_c = \dfrac{\frac{P}{4}}{2dt_1} \leqslant [\sigma_c]$

27. 图 5-1-23 所示销钉的挤压应力 σ_{bs1}、σ_{bs2} 分别为（　　）。

   A. $\sigma_{bs1} = \dfrac{4P}{\pi(D^2 - d^2)}$，$\sigma_{bs2} = \dfrac{4P}{\pi(D^2 - d^2)}$　　　　B. $\sigma_{bs1} = \dfrac{4P}{\pi d^2}$，$\sigma_{bs2} = \dfrac{4P}{\pi d_0^2}$

   C. $\sigma_{bs1} = \dfrac{4P}{\pi(D^2 - d^2)}$，$\sigma_{bs2} = \dfrac{4P}{\pi(D^2 - d_0^2)}$　　　D. $\sigma_{bs1} = \dfrac{4P}{\pi dh}$，$\sigma_{bs2} = \dfrac{4P}{\pi dbh}$

28. 如图 5-1-24 所示，受拉螺栓和平板之间垫上一个垫圈，则可提高（   ）。
   A. 螺栓的拉伸强度　　　　　　　　B. 螺栓的剪切强度
   C. 螺栓的挤压强度　　　　　　　　D. 平板的挤压强度

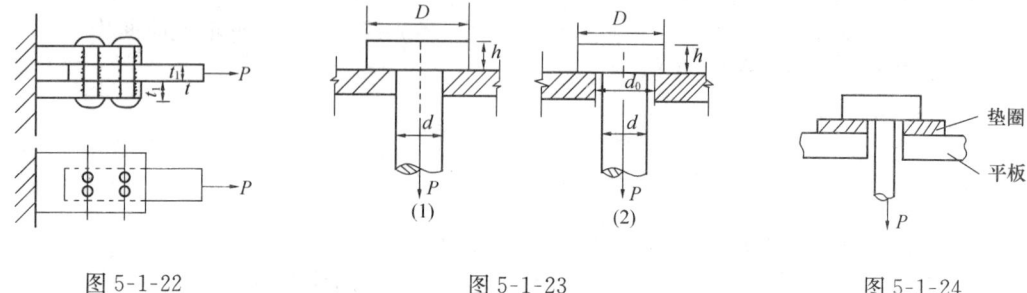

图 5-1-22　　　　　　　　图 5-1-23　　　　　　　　图 5-1-24

第二节　扭转和截面几何性质

一、《考试大纲》的规定
扭矩和扭矩图；圆轴扭转切应力；圆轴扭转的强度条件；扭转角计算及刚度条件。
静矩和形心；惯性矩和惯性积；平行轴公式；形心主轴及形心主惯性矩概念。

二、重点内容
1. 扭矩和扭矩图

外力偶矩计算公式：$T=9.55\dfrac{N(\text{kW})}{n}$，或 $T=7.02\dfrac{N(\text{Ps})}{n}$

式中，N 为传递功率，其单位为 kW 千瓦，或 Ps 公制马力（1Ps=735.5Nm/s）；n 为转速，单位为 rpm（转每分钟）。

扭矩 M_T，其正负号规定为，以右手法则表示扭矩矢量，若矢量的指向与截面外向法线的指向一致则扭矩为正，反之为负，见图 5-2-1。

2. 圆轴扭转剪应力与强度条件

圆轴扭转剪应力分布规律见图 5-2-2，线弹性范围内（$\tau_{\max}\leqslant\tau_p$），其计算公式为：

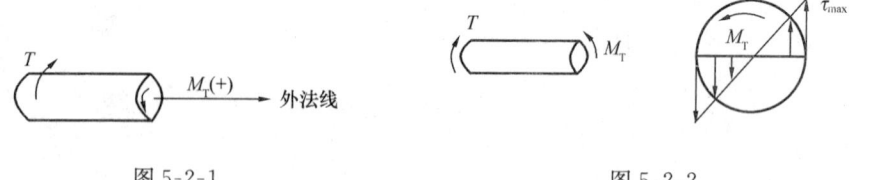

图 5-2-1　　　　　　　　　　图 5-2-2

$$\tau_p=\frac{M_T}{I_p}\cdot\rho$$

$$\tau_{\max}=\frac{M_T}{I_p}\cdot R=\frac{M_T}{W_t}$$

式中 I_p 为极惯性矩，W_t 为抗扭截面系数。

实心圆截面：$I_p=\dfrac{\pi d^4}{32}$；$W_t=\dfrac{\pi d^3}{16}$

空心圆截面：$I_p = \dfrac{\pi D^4}{32}(1-\alpha^4)$；$W_t = \dfrac{\pi D^3}{16}(1-\alpha^4)$

上式中：$\alpha = \dfrac{d}{D}$

圆轴扭转强度条件：$\tau_{max} = \dfrac{M_{Tmax}}{W_t} \leqslant [\tau]$

3. 扭转角计算及刚度条件

单位长度扭转角：$\theta = \dfrac{d\varphi}{dx} = \dfrac{M_T}{GI_p}(rad/m)$

扭转角：$\varphi = \displaystyle\int_L \dfrac{M_T}{GI_p} dx (rad)$

或 $\varphi = \dfrac{M_T L}{GI_p}$（在 L 范围内，M_T、G、I_p 为常量）

其中 GI_p 称为抗扭刚度。

刚度条件：$\theta_{max} = \dfrac{MT_{max}}{GI_p} \cdot \dfrac{180°}{\pi} \leqslant [\theta](°/m)$

4. 扭转变形能计算

当为等直杆，扭矩为常数时，变形能、比能分别为：

$$v = \dfrac{1}{2} M_T \varphi = \dfrac{M_T^2 L}{2GI_p} = \dfrac{GI_p \cdot \varphi^2}{2L}$$

$$u = \dfrac{1}{2}\tau\gamma = \dfrac{\tau^2}{2G} = \dfrac{G\gamma^2}{2}$$

5. 截面图形的几何性质

(1) 静矩与形心

静矩的计算，对 z 轴：$S_z = \displaystyle\int_A y dA = y_c A$（逆向可求 y_c）

对 y 轴：$S_y = \displaystyle\int_A z dA = z_c A$（逆向可求 z_c）

静矩的特征：①静矩的值可能为正、负，或零；②图形对任一形心轴的静矩为零，反之，若图形对某一轴的静矩为零，则该轴必通过图形的形心；③若图形有对称轴，则图形对该对称轴的静矩必为零，图形的形心一定在该对称轴上。

组合图形的静矩计算，对 z 轴：$S_z = \displaystyle\sum_{i=1}^n S_{zi} = \sum_{i=1}^n y_{ci} A_i$

对 y 轴：$S_y = \displaystyle\sum_{i=1}^n S_{yi} = \sum_{i=1}^n z_{ci} A_i$

(2) 惯性矩与惯性积（图 5-2-3）

对 y 轴的惯性矩：$I_y = \displaystyle\int_A z^2 dA$

对 z 轴的惯性矩：$I_z = \displaystyle\int_A y^2 dA$

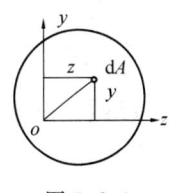

图 5-2-3

对 O 点的极惯性矩：$\qquad I_p = \int_A \rho^2 dA; I_p = I_y + I_z$

对 y、z 轴的惯性积：$\qquad I_{yz} = \int_A yz\, dA$

需注意的是，惯性积的数值可为正、负或零。若一对坐标轴中有一轴为图形的对称轴，则图形对这一对坐标轴的惯性积为零；反之则不成立。

矩形：$\qquad I_z = \dfrac{bh^3}{12}, \quad I_y = \dfrac{hb^3}{12}$

圆形：$\qquad I_z = \dfrac{\pi d^4}{64}$

空心圆截面：$\qquad I_z = \dfrac{\pi D^4}{64}(1-\alpha^4), \quad \alpha = \dfrac{d}{D}$

（3）平行移轴公式

$$I_y = I_{y_c} + b^2 A$$
$$I_z = I_{z_c} + a^2 A$$
$$I_{yz} = I_{y_c z_c} + abA$$

式中，I_{y_c}、I_{z_c}、$I_{y_c z_c}$ 为对形心轴 y_c、z_c 的轴惯性矩、惯性积。

（4）形心主轴和形心主惯性矩

主惯性轴（简称主轴），指图形对某一对正交坐标轴的惯性积为零，则这对轴称为主轴。主惯性矩，指图形对主轴的惯性矩。它是图形对过同一点的所有坐标轴的惯性矩中的最大、最小值，即：

$$\begin{matrix} I_{\max} \\ I_{\min} \end{matrix} = \dfrac{I_z + I_y}{2} \pm \sqrt{\left(\dfrac{I_z - I_y}{2}\right)^2 + I_{yz}^2}$$

$$I_{\max} + I_{\min} = I_z + I_y$$

形心主轴，指通过图形形心的一对主轴；形心主惯性矩，指图形对形心主轴的惯性矩。

需注意的是，①若图形有一根对称轴，则此轴为形心主轴之一，而另一形心主轴为通过图形形心并与该对称轴垂直；②若图形有两根对称轴，则此两轴即为形心主轴；若图形有三根以上对称轴，则通过形心的任一轴均为形心主轴。

三、解题指导

正确区分实心圆截面、空心圆截面的剪应力分布；极惯性矩与抗扭截面系数，抗弯截面系数的区别。

在运用平行移轴公式时，必须从形心轴出发进行推导、计算。

【例 5-2-1】 已知实心圆轴和空心圆轴的材料、扭转力偶矩和长度均相同，最大剪应力也相等，若空心圆轴截面内外径之比为 0.8，则实心圆轴截面直径与空心圆轴截面的外径之比为（　　）。

A. 0.84　　　　　B. 1.20　　　　　C. 0.89　　　　　D. 1.40

【解】 根据 $\tau = \dfrac{M_t}{W_t}$，则有 $W_{t1} = W_{t2}$

$$\dfrac{\pi}{16} D_1^3 = \dfrac{\pi}{16} D_2^3 (1 - 0.8^4)$$

$$\frac{D_1}{D_2}=(1-0.8^4)^{\frac{1}{3}}=0.839 \quad \text{所以应选 A 项。}$$

【例 5-2-2】 图 5-2-4 所示正方形截面对 y_1 轴的惯性矩应为( )。

A. $I_{y1}=\dfrac{5a^4}{12}$ 　　　　　　　　B. $I_{y1}=\dfrac{7a^4}{12}$

C. $I_{y1}=\dfrac{9a^4}{12}$ 　　　　　　　　D. $I_{y1}=\dfrac{7\sqrt{2}a^4}{12}$

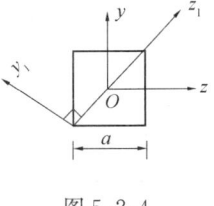

图 5-2-4

【解】 根据平行移轴公式：

$$I_{y1}=I_y+A\cdot\left(\frac{\sqrt{2}}{2}a\right)^2=\frac{a^4}{12}+a^2\cdot\frac{a^2}{2}=\frac{7a^4}{12}$$

所以应选 B 项。

四、应试题解

1. 如图 5-2-5 所示受扭阶梯轴，其正确的扭矩为( )。

A. 图(a) 　　B. 图(b) 　　C. 图(c) 　　D. 图(d)

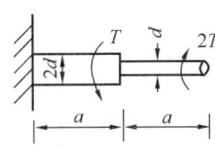 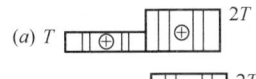

图 5-2-5

2. 等截面传动轴，轴上安装 a、b、c 三个齿轮，其上的外力偶矩的大小和转向一定，如图 5-2-6 所示，但齿轮的位置可以调换。从受力的角度，齿轮 a 的位置应放置在( )。

A. 轴的最左端　　　　　　　B. 轴的最右端

C. 轴的任意处　　　　　　　D. 齿轮 b 与 c 之间

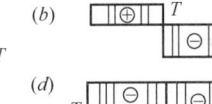

图 5-2-6

3. 空心圆截面的内径为 d，外径为 D，$d/D=\alpha$，其抗扭截面系数为( )。

A. $\dfrac{\pi D^3}{16}$ 　　B. $\dfrac{\pi D^3}{16}(1-\alpha^3)$ 　　C. $\dfrac{\pi D^3}{32}(1-\alpha^3)$ 　　D. $\dfrac{\pi D^3}{16}(1-\alpha^4)$

4. 空心圆轴的内外径之比为 α，扭转时轴内边缘的剪应力为 τ，则横截面上的最大剪应力为( )。

A. τ 　　　　B. $\alpha\tau$ 　　　　C. τ/α 　　　　D. $(1-\alpha^4)\tau$

5. 一直径为 D_1 的实心圆轴，另一内外直径之比为 $d_2/D_2=\alpha$ 的空心圆轴，若两轴横截面上的扭矩和最大剪应力分别相等，则两轴的横截面面积之比 A_1/A_2 为( )。

A. $\dfrac{(1-\alpha^4)^{\frac{2}{3}}}{1-\alpha^2}$ 　　B. $(1-\alpha^4)^{\frac{2}{3}}$ 　　C. $1-\alpha^2$ 　　D. $(1-\alpha^2)(1-\alpha^4)^{\frac{2}{3}}$

6. 两根长度相等、直径不等的圆轴承受相同的扭矩，其轴表面上母线转过相同的角度，$\tau_{1\max}$ 和 $\tau_{2\max}$ 分别代表直径大的、直径小的轴的横截面上的最大剪应力，剪切模量分别为 G_1 和 G_2，下列结论中正确的是( )。

A. $\tau_{1\max}>\tau_{2\max}$ 　　　　　　　　B. $\tau_{1\max}<\tau_{2\max}$

215

C. 若 $G_1>G_2$，则 $\tau_{1max}>\tau_{2max}$ D. 若 $G_1>G_2$，则 $\tau_{1max}<\tau_{2max}$

7. 已知实心圆轴和空心圆轴的材料、扭转力偶矩和长度均相同，最大剪应力也相等，若空心圆轴截面内外径之比为 0.8，则实心圆轴截面直径与空心圆轴截面的外径之比为（   ）。

   A. 0.84   B. 1.20   C. 0.89   D. 1.40

8. 受扭实心等直圆轴，当直径增大一倍时，其最大剪应力和两端相对扭转角与原来的最大剪应力、相对扭转角的比值分别为（   ）。

   A. 1∶2；1∶4   B. 1∶4；1∶8   C. 1∶8；1∶16   D. 1∶8；1∶8

9. 如图 5-2-7 所示空心圆轴的内外径之比为 0.8，若受扭时 a 点的剪应变为 γ_a，则 b 点的剪应变 γ_b 为（   ）。

   A. $\gamma_b=0.8\gamma_a$ B. $\gamma_b=\gamma_a$ C. $\gamma_b=1.25\gamma_a$ D. $\gamma_b=2.5\gamma_a$

10. 如图 5-2-8 所示，圆轴的抗扭刚度为 GI_p，受扭转时，表面的纵向倾斜 γ 角，在小变形情况下，该轴横截面上的扭矩 T 及两端的相对扭转角 φ 为（   ）。

    A. $\dfrac{lR}{\gamma}$，$\dfrac{GI_pR}{\gamma}$ B. $\dfrac{l\gamma}{R}$，$\dfrac{GI_pR}{\gamma}$

    C. $\dfrac{lR}{\gamma}$，$\dfrac{GI_p\gamma}{R}$ D. $\dfrac{l\gamma}{R}$，$\dfrac{GI_p\gamma}{R}$

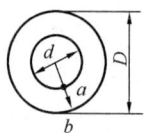
图 5-2-7

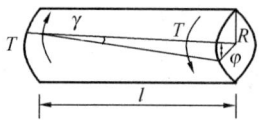
图 5-2-8

11. 图 5-2-9 所示两段空心圆柱，已知 $d_1=30$mm，$d_2=40$mm，$D=50$mm，欲使两圆轴的扭转角相等，则 l_2 的长度为（   ）mm。

    A. 312   B. 323   C. 416   D. 432

12. 如图 5-2-10 所示一传动轴，$n=300$rpm，A 轮为主动轮，输入功率为 10kW，B、C、D 轮为从动轮，输出功率分别为 4.5kW、3.5kW、2kW。传动轴的材料为 Q235 钢，$G=80\times10^3$MPa，$[\tau]=40$MPa，则传动轴的直径至少应为（   ）mm。

    A. 30   B. 25   C. 20   D. 15

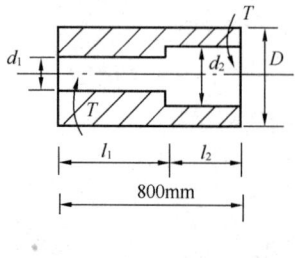
图 5-2-9

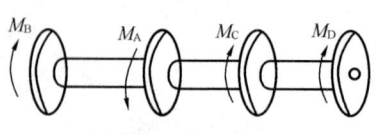
图 5-2-10

13. 受扭圆轴，若断口发生在与轴线成 45°的斜截面上，则该轴可能用的材料是（   ）。

    A. 钢材   B. 木材   C. 铸铁   D. 铝材

14. 两根相同材料的圆轴，一根是实心轴，另一根是空心轴，两者的长度、横截面积、扭矩均相同，若用 $\varphi_\text{实}$、$\varphi_\text{空}$ 分别代表实心轴和空心轴的扭转角，则（　　）。

　　A. $\varphi_\text{实}>\varphi_\text{空}$　　　　B. $\varphi_\text{实}=\varphi_\text{空}$　　　　C. $\varphi_\text{实}<\varphi_\text{空}$　　　　D. 无法确定

15. 图 5-2-11 所示带阴影部分的面积对 Z 轴的静矩 S_z 和惯性矩 I_z 分别为（　　）。

　　A. $S_z=\dfrac{a^3}{8}$，$I_z=\dfrac{7a^4}{24}$　　　　B. $S_z=\dfrac{3a^3}{8}$，$I_z=\dfrac{7a^4}{24}$

　　C. $S_z=\dfrac{a^3}{8}$，$I_z=\dfrac{a^4}{96}$　　　　D. $S_z=\dfrac{3a^3}{8}$，$I_z=\dfrac{a^4}{96}$

16. 如图 5-2-12 正方形截面，其中 C 点为形心，K 为边界上任一点，则过 C 点和 K 点主轴的对数为（　　）。

　　A. 过 C 点有两对正交的形心主轴，过 K 点有一对正交主轴

　　B. 过 C 点有无数对，过 K 点有两对

　　C. 过 C 点有无数对，过 K 点有一对

　　D. 过 C 点和 K 点均有一对主轴

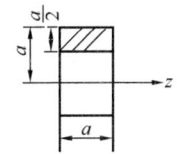
　　图 5-2-11

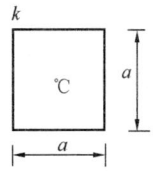
　　图 5-2-12

17. 如图 5-2-13 所示截面的惯性矩的关系为（　　）。

　　A. $I_{z1}=I_{z2}$　　　　B. $I_{z1}>I_{z2}$　　　　C. $I_{z1}<I_{z2}$　　　　D. 不能确定

18. 如图 5-2-14 所示截面，其轴惯性矩的关系为（　　）。

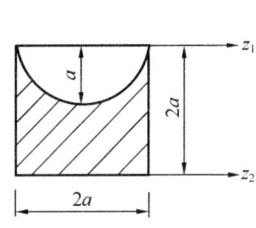
　　图 5-2-13

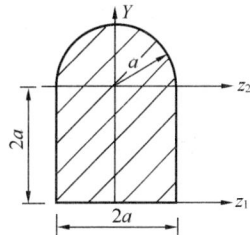
　　图 5-2-14

　　A. $I_{z1}=I_{z2}$　　　　B. $I_{z1}>I_{z2}$　　　　C. $I_{z1}<I_{z2}$　　　　D. 不能确定

19. 如图 5-2-15 所示两种截面，其惯性矩的关系为（　　）。

　　A. $(I_y)_1>(I_y)_2$，$(I_z)_1>(I_z)_2$

　　B. $(I_y)_1>(I_y)_2$，$(I_z)_1=(I_z)_2$

　　C. $(I_y)_1=(I_y)_2$，$(I_z)_1>(I_z)_2$

　　D. $(I_y)_1=(I_y)_2$，$(I_z)_1=(I_z)_2$

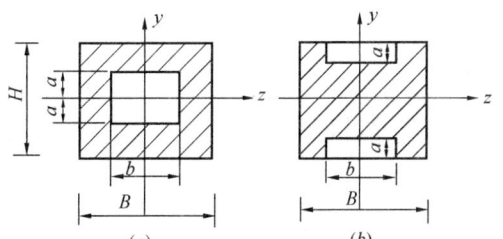
　　图 5-2-15

20. 图 5-2-16 所示截面对 z 轴和 y 轴的惯性矩 I_z、I_y 和惯性积 I_{yz} 分别为（　　）。

A. $I_z = I_y = \dfrac{\pi}{32}R^4$，$I_{yz} = \dfrac{\pi}{8}R^4$　　　　B. $I_z = I_y = \dfrac{\pi R^4}{16}$，$I_{yz} = 0$

C. $I_z = I_y = \dfrac{\pi}{8}R^4$，$I_{yz} = 0$　　　　D. $I_z = \dfrac{\pi R^4}{16}$，$I_y = \dfrac{\pi R^4}{8}$，$I_{yz} = \dfrac{\pi R^2}{4}$

21. 如图 5-2-17 所示，正方形截面对 y_1 轴的惯性矩应为（　　）。

A. $I_{y1} = \dfrac{5a^4}{12}$　　B. $I_{y1} = \dfrac{7a^4}{12}$　　C. $I_{y1} = \dfrac{9a^4}{12}$　　D. $I_{y1} = \dfrac{7\sqrt{2}a^4}{12}$

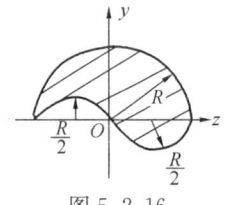
图 5-2-16

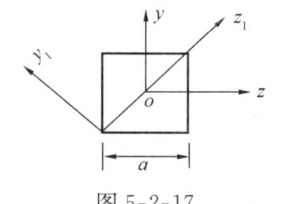
图 5-2-17

22. 图 5-2-18 所示 1/4 圆截面，C 点为形心，则（　　）。

A. y_1、z_1 是主惯性轴，而 y、z 不足

B. y、z 是主惯性轴，而 y_1、z_1 不足

C. 两对轴都是主惯性轴

D. 两对轴都不是主惯性轴

23. 对于截面的形心主惯性轴 y、z，下列正确的是（　　）。

A. $S_y = S_z = 0$　　　　　　　　　　B. $I_{yz} = 0$

C. $I_y = I_z = 0$　　　　　　　　　　D. $S_y = S_z = 0$，$I_{yz} = 0$

24. 任意形状截面图形及其坐标如图 5-2-19 所示，则对 y 轴和 y' 轴的轴惯性矩之间的关系为（　　）。

A. $I_{y'} = I_y + (a+b)^2 A$　　　　B. $I_{y'} = I_y + (a^2 + b^2) A$

C. $I_{y'} = I_y + (a^2 - b^2) A$　　　　D. $I_{y'} = I_y + (b^2 - a^2) A$

25. 如图 5-2-20 所示两图形截面，其惯性矩的关系是（　　）。

A. $(I_y)_a = (I_y)_b$，$(I_z)_a = (I_z)_b$　　　　B. $(I_y)_a = (I_y)_b$，$(I_z)_a > (I_z)_b$

C. $(I_y)_a > (I_y)_b$，$(I_z)_a = (I_z)_b$　　　　D. $(I_y)_a > (I_y)_b$，$(I_z)_a > (I_z)_b$

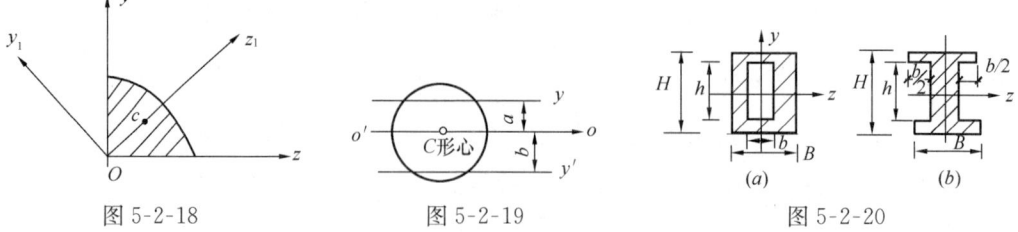

图 5-2-18　　　　　　图 5-2-19　　　　　　图 5-2-20

第三节　弯　　曲

一、《考试大纲》的规定

梁的内力方程、剪力图和弯矩图、分布荷载、剪力、弯矩之间的微分关系、正应力强

度条件、切应力强度条件、梁的合理截面、弯曲中心概念、求梁变形的积分法、叠加法。

二、重点内容

1. 梁的内力方程

平面弯曲,指荷载作用面(外力偶作用面或横向力与梁轴线组成的平面)与弯曲平面相平行或重合的弯曲。它包括纯弯曲、横力弯曲等。

非对称截面梁,产生横力弯曲时,横向力必须通过横截面的弯曲中心,并在与梁的形心主惯性平面平行的平面内。

梁的剪力、弯矩的符号与计算:

剪力的符号,剪力使梁微段右侧截面对左侧截面产生向下相对错动的,其符号为正;反之为负。

弯矩的符号,弯矩使微段产生凹向上的弯曲变形的,其符号为正;反之为负。

计算公式: $V=\sum Y_i$; $M=\sum M_{ci}$

剪力方程: $V=V(x)$

弯矩方程: $M=M(x)$

2. 荷载集度与剪力、弯矩间的关系。

设荷载集度 $q(x)$ 为截面位置 x 的函数,且规定以向上为正,则 q、V、M 之间的关系见表 5-3-1。

荷载集度与剪力、弯矩之间的关系　　　　表 5-3-1

微分关系	积分关系	说　明
$\dfrac{dV(x)}{dx}=q(x)$	$\int_A^B dV(x)=\int_A^B q(x)dx$ 或 $V_B-V_A=w_{AB}$	截面 B 上的剪力与截面 A 上的剪力之差等于梁 AB 间荷载集度 $q(x)$ 图形的面积,但两截面之间无集中外力
$\dfrac{dM(x)}{dx}=V(x)$	$\int_A^B dM(x)=\int_A^B V(x)dx$ 或 $M_B-M_A=\Omega_{AB}$	截面 B 上的弯矩与截面 A 上的弯矩之差等于梁上 AB 间剪力图的面积,但两截面之间无集中力偶

表中微分关系表明,剪力图上某点的切线斜率等于梁上相应点处的荷载集度;弯矩图上某点的切线斜率等于梁上相应截面上的剪力。

3. 正应力强度条件

纯弯曲是指梁的横截面上只有弯矩而无剪力时的弯曲。杆件中性层(或杆轴)的曲率与弯矩之间的关系为:

$$\frac{1}{\rho}=\frac{M}{EI_z}$$

式中 ρ 为变形后中性层的曲率半径;EI_z 为杆的抗弯刚度。

平面弯曲正应力的计算公式:

$$\sigma=\frac{M}{I_z}\cdot y$$

$$\sigma_{max}=\frac{M}{I_z}y_{max}=\frac{M}{W_z}$$

式中 I_z 为截面对中性轴的惯性矩;W_z 为抗弯截面系数,$W_z = \dfrac{I_z}{y_{max}}$。

弯曲正应力强度条件: $$\sigma_{max} = \dfrac{M_{max}}{W_z} \leqslant [\sigma]$$

需注意的是,当梁的 $\sigma_{tmax} \neq \sigma_{cmax}$,且材料的 $[\sigma_t] \neq [\sigma_c]$ 时,梁的拉伸与压缩强度均应得到满足。

矩形截面:$I_z = \dfrac{bh^3}{12}$,$W_z = \dfrac{bh^2}{6}$

圆形截面:$I_z = \dfrac{\pi d^4}{64}$,$W_z = \dfrac{\pi d^3}{32}$

4. 切应力强度条件

(1) 矩形截面梁弯曲切应力,计算公式:
$$\tau = \dfrac{VS^*}{bI_z}\ ;\ \tau_{max} = \dfrac{3V}{2bh} = \dfrac{3V}{2A}$$

式中 S^* 为横截面上距中性轴为 y 处横线一侧的部分截面对中性轴的静矩;b 为横截面的宽度。

其他常用截面图形的最大弯曲切应力计算公式:

圆形截面: $$\tau_{max} = \dfrac{4V}{3A}$$

环形截面: $$\tau_{max} = \dfrac{2V}{A}$$

工字形截面: $$\tau_{zmax} = \dfrac{VS^*_{zmax}}{dI_z}(d\text{ 为腹板厚度})$$

需注意的是,最大弯曲切应力均发生在中性轴上。

(2) 切应力强度条件为:
$$\tau_{max} = \dfrac{V_{max} \cdot S^*_{zmax}}{bI_z} \leqslant [\tau]$$

式中 S^*_{zmax} 为中性轴一边的横截面面积对中性轴的静矩。

5. 弯曲中心的概念

梁截面弯曲中心(亦称为剪切中心),是指横向力作用下,梁分别在两个形心主惯性平面内弯曲时,横截面上剪力 V_y 和 V_z 作用线的交点。

当截面具有一对称轴,则弯曲中心必在截面的对称轴上。当截面具有两个对称轴,其交点即为弯曲中心。

需注意的是,当梁上的横向力不通过截面的弯曲中心时,除了发生弯曲变形外,还要发生扭转变形。

6. 弯曲变形和叠加法求梁的位移

在线弹性范围、小变形条件下,梁(见图 5-3-1)的挠曲线近似微分方程为:
$$\dfrac{d^2 v}{dx^2} = -\dfrac{M(x)}{EI_z}$$

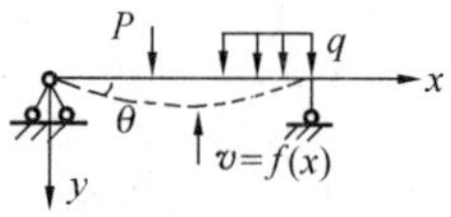

转角: $$\theta = \dfrac{dv}{dx} = -\int \dfrac{M(x)}{EI_z} dx + C$$

图 5-3-1

挠度：
$$v = -\iint \frac{M(x)}{EI_z} \mathrm{d}x\mathrm{d}x + CX + D$$

式中积分常数 C、D 由梁的边界条件确定。

需注意的是，当梁的弯矩方程需分段列出时，挠曲线微分方程需分段建立，分段积分。凡是荷载有突变处、有中间支承处、中间铰处、截面有变化处，或材料有变化处，均应作为分段点。全梁的积分常数的数目是分段数目的两倍。全部积分常数的确定，利用边界条件和分段处挠曲线的连续条件，即在分界点处左、右两段梁的转角和挠度均应相等。

叠加原理：几个荷载同时作用下，梁的任一截面的挠度或转角等于各个荷载单独作用下同一截面挠度或转角的总和。

叠加原理仅适用于线性函数，这要求挠度、转角为梁上荷载的线性函数，则必须满足：①材料为线弹性材料；②梁的变形为小变形；③结构几何线性。

常用的梁在简单荷载作用下的变形见表 5-3-2。

梁在简单荷载作用下的变形 表 5-3-2

序号	支承和荷载作用情况	梁端转角	最大挠度
1		$\theta_B = \dfrac{ml}{EI}$	$f_B = \dfrac{ml^2}{2EI}$
2		$\theta_B = \dfrac{Pl^2}{2EI}$	$f_B = \dfrac{Pl^3}{3EI}$
3		$\theta_B = \dfrac{ql^3}{6EI}$	$f_B = \dfrac{ql^4}{8EI}$
4		$\theta_A = \dfrac{Ml}{3EI}$ $\theta_B = -\dfrac{Ml}{6EI}$	$x = \dfrac{l}{2}$ 处 $f_C = \dfrac{Ml^2}{16EI}$
5		$\theta_A = -\theta_B = \dfrac{Pl^2}{16EI}$	$x = \dfrac{l}{2}$ 处 $f_C = \dfrac{Pl^3}{48EI}$
6		$\theta_A = -\theta_B = \dfrac{ql^3}{24EI}$	$x = \dfrac{l}{2}$ 处 $f_C = \dfrac{5ql^4}{384EI}$

7. 变形能计算

(1) 平面弯曲时的变形能

纯弯曲：
$$U = \frac{M^2 L}{2EI} = \frac{EI\theta^2}{2L} \quad (M \text{ 为常量})$$

横力弯曲：
$$U = \int_L dU = \int_L \frac{M^2(x)}{2EI} dx = \int_L \frac{EI}{2}(v'')^2 dx$$

(2) 组合变形时的变形能
$$U = \int_L \frac{N^2(x)}{2EA} dx + \int_L \frac{M_T^2(x)}{2GI_p} dx + \int_L \frac{M^2(x)}{2EI} dx$$

需注意的是，计算变形能不能用叠加原理。

8. 卡氏第二定理及其应用

卡氏第二定理：
$$\delta_i = \frac{\partial U}{\partial P_i}$$

式中，δ_i 为广义力 P_i 作用点沿 p_i 方向、与 p_i 相应的广义位移。

拉压杆系的位移：$\delta_i = \sum \frac{N_j L_j}{EA_j} \cdot \frac{\partial N_j}{\partial P_i}$

梁的位移：
$$\delta_i = \int_L \frac{M(x)}{EI} \cdot \frac{\partial M(x)}{\partial P_i} dx$$

刚架的位移：
$$\delta_i = \sum \frac{N_j l_j}{EA_j} \cdot \frac{\partial N_j}{\partial P_i} + \sum \int_L \frac{M_T(x)}{GI_p} \cdot \frac{\partial M_T(x)}{\partial P_i} dx + \sum \int_L \frac{M(x)}{EI} \cdot \frac{\partial M(x)}{\partial P_i} dx$$

需注意的是，在运用卡氏定理求某截面的位移时，若该处没有相应的广义力作用，可在该处加一虚拟的与所求位移相应的广义力 P_i，在求得偏导数后，再令 P_i 为零。

三、解题指导

对本节重点内容应熟练掌握，也是考试的重点，关键是运用知识点来解题，对本节的需注意的事项应认真理解，避免解题出错。

【例 5-3-1】 图 5-3-2 所示圆形截面梁由 A、B 两种材料套装而成，AB 层间摩擦力不计，材料的弹性模量 $E_B = 2E_A$，则在外力偶 m 的作用下，A、B 中最大正应力的比值 $(\sigma_{max})_A / (\sigma_{max})_B$ 为（　）。

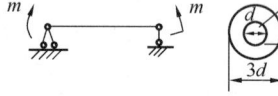

图 5-3-2

A. $\frac{1}{6}$　　B. $\frac{1}{4}$　　C. $\frac{1}{8}$　　D. $\frac{1}{2}$

【解】 根据曲率与弯矩间的关系为：
$$\frac{1}{\rho} = \frac{M}{EI_z}, \quad \text{则} \quad \frac{1}{\rho} = \frac{M_A}{E_A I_A} = \frac{M_B}{E_B I_B}$$

则
$$\frac{\sigma_A}{\sigma_B} = \frac{M_A \cdot \frac{d}{2}}{I_A} \cdot \frac{I_B}{M_B \cdot \frac{3d}{2}} = \frac{E_A}{E_B} \cdot \frac{1}{3} = \frac{1}{6}$$

所以应选 A 项。

【例 5-3-2】 图 5-3-3 所示外伸梁荷载及尺寸，则该梁正应力强度计算的结果是（　）。

A. $\sigma_{tmax}=30\text{MPa}$, $\sigma_{cmax}=35\text{MPa}$ B. $\sigma_{tmax}=35\text{MPa}$, $\sigma_{cmax}=35\text{MPa}$
C. $\sigma_{tmax}=30\text{MPa}$, $\sigma_{cmax}=70\text{MPa}$ D. $\sigma_{tmax}=35\text{MPa}$, $\sigma_{cmax}=70\text{MPa}$

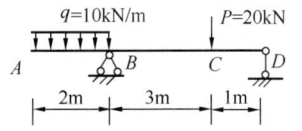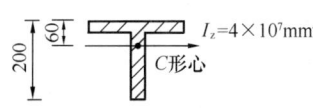

图 5-3-3

【解】 求出 B、C 点处的弯矩后，求其应力。

B 点：
$$\sigma_{Bt}=\frac{20\times10^6}{4.0\times10^7}\times60=30\text{MPa}$$

$$\sigma_{Bc}=\frac{20\times10^6}{4.0\times10^7}\times(200-60)=70\text{MPa}$$

C 点：
$$\sigma_{Ct}=\frac{10\times10^6}{4.0\times10^7}\times(200-60)=35\text{MPa}$$

$$\sigma_{Cc}=\frac{10\times10^6}{4\times10^7}\times60=15\text{MPa}$$

所以 $\sigma_{tmax}=35\text{MPa}$, $\sigma_{cmax}=70\text{MPa}$。
所以应选 D 项。

【例 5-3-3】 图 5-3-4 所示悬臂梁，用卡氏定理求得 A 端的挠度为（   ）。

A. $f_A=-\dfrac{Pa^3}{3EI}(\uparrow)$ B. $f_A=\dfrac{3Pa^3}{2EI}(\downarrow)$

C. $f_A=\dfrac{5Pa^3}{6EI}(\downarrow)$ D. $f_A=\dfrac{Pa^3}{6EI}(\downarrow)$

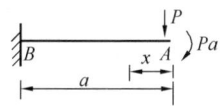

图 5-3-4

【解】 建立如图所示坐标系，设竖向力 $P_1=P$, $P_2a=Pa$，
则：$M(x)=-(P_1x+P_2a)$

$$v=\int_0^a\frac{1}{2EI}M^2(x)dx$$
$$=\frac{1}{2EI}\int_0^a(P_1x+P_2a)^2dx=\frac{1}{2EI}\left(\frac{1}{3}P_1^2a^3+P_2^2a^3+P_1P_2\cdot a^3\right)$$

$$f_A=\frac{\partial U}{\partial P_1}=\frac{1}{2EI}\left(\frac{2}{3}P_1a^3+P_2a^3\right)=\frac{5Pa^3}{6EI}(\downarrow)$$

所以应选 C 项。

四、应试题解

1. 如图 5-3-5 所示悬臂梁，其弯矩图正确的是（   ）。
A. 图(a)   B. 图(b)   C. 图(c)   D. 图(d)

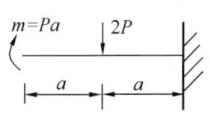  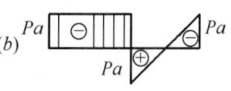

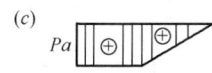 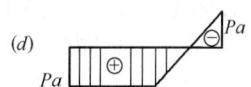

图 5-3-5

2. 如图 5-3-6 所示伸臂梁，其弯矩图正确的是（   ）。
A. 图(a)   B. 图(b)   C. 图(c)   D. 图(d)

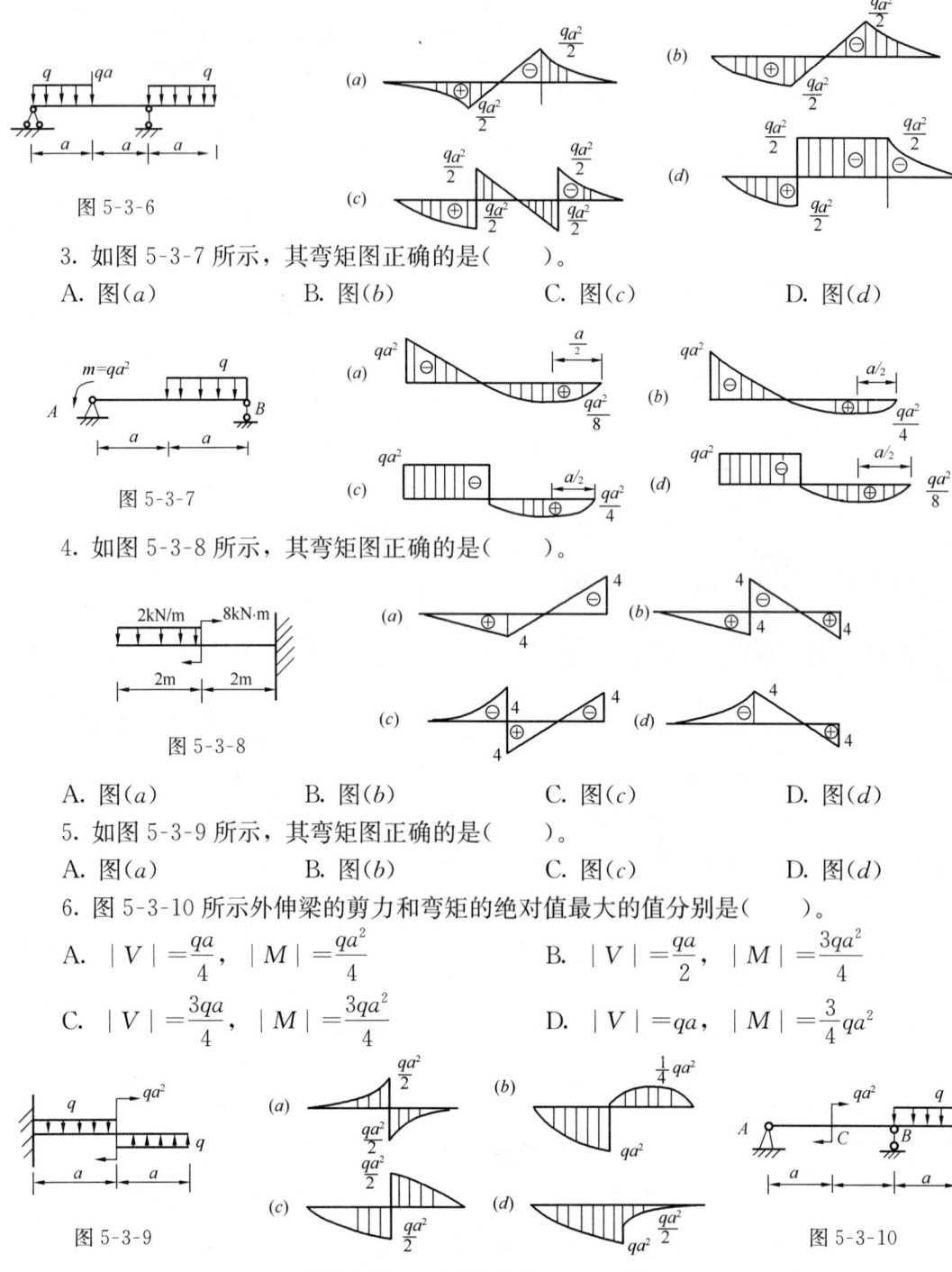

图 5-3-6

3. 如图 5-3-7 所示，其弯矩图正确的是（　　）。
   A. 图(a)　　B. 图(b)　　C. 图(c)　　D. 图(d)

图 5-3-7

4. 如图 5-3-8 所示，其弯矩图正确的是（　　）。

图 5-3-8

   A. 图(a)　　B. 图(b)　　C. 图(c)　　D. 图(d)

5. 如图 5-3-9 所示，其弯矩图正确的是（　　）。
   A. 图(a)　　B. 图(b)　　C. 图(c)　　D. 图(d)

6. 图 5-3-10 所示外伸梁的剪力和弯矩的绝对值最大的值分别是（　　）。
   A. $|V|=\dfrac{qa}{4}$，$|M|=\dfrac{qa^2}{4}$
   B. $|V|=\dfrac{qa}{2}$，$|M|=\dfrac{3qa^2}{4}$
   C. $|V|=\dfrac{3qa}{4}$，$|M|=\dfrac{3qa^2}{4}$
   D. $|V|=qa$，$|M|=\dfrac{3}{4}qa^2$

图 5-3-9

图 5-3-10

7. 如图 5-3-11 所示两跨静定梁在两种荷载作用下，其 V 图和 M 图的关系是（　　）。
   A. 两者的 V 图、M 图均相同　　B. 两者的 V 图、M 图均不同
   C. 两者的 M 图相同，但 V 图不同　　D. 两者的 V 图相同，但 M 图不同

8. 悬臂梁及其弯矩图如图 5-3-12 所示，z 轴为截面中性轴，$I_z=2\times10^7\text{mm}^4$，则梁上最大拉应力 σ_{tmax} 为（　　）。
   A. 50MPa　　B. 150MPa　　C. 25MPa　　D. 75MPa

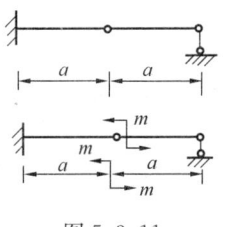
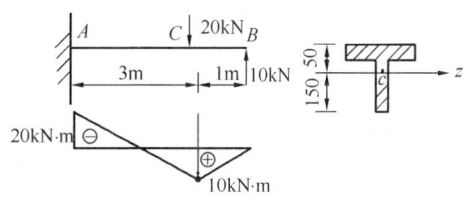

图 5-3-11 　　　　　　　　　　　图 5-3-12

9. 将直径为 2mm 的钢丝绕在直径为 2m 的卷筒上,钢丝中产生的最大弯曲正应力为(　　),其中钢丝的弹性模量 E 为 2×10^5MPa。

A. 100MPa　　　　B. 200MPa　　　　C. 150MPa　　　　D. 250MPa

10. 将钢丝绕在直径为 2m 的卷筒上,钢丝的容许应力 $[\sigma]$ 为 300MPa,其弹性模量为 2×10^5MPa,则所绕钢丝直径最大为(　　)。

A. 1mm　　　　　B. 2mm　　　　　C. 2.5mm　　　　D. 3mm

11. 如图 5-3-13 所示两根梁材料相同,当两梁各对应截面转角相等时,则两梁横截面上最大弯曲正应力之比为(　　)。

A. $\dfrac{1}{3}$　　　　B. $\dfrac{1}{2}$　　　　C. $\dfrac{1}{9}$　　　　D. $\dfrac{1}{4}$

12. 材料和尺寸完全相同的两根矩形截面梁叠在一起承受荷载,如图 5-3-14(a) 所示,设材料的容许应力为 $[\sigma]$,其容许荷载为 $[P_1]$。若将两根梁用一根螺栓连接成一个整体,见图 5-3-14(b),设螺栓的强度足够,其容许荷载为 $[P_2]$,则有(　　)。

A. $[P_1]=\dfrac{bh^2[\sigma]}{12l}$,$[P_2]=\dfrac{bh^2[\sigma]}{12l}$ 　　　　B. $[P_1]=\dfrac{bh^2[\sigma]}{12l}$,$[P_2]=\dfrac{bh^2[\sigma]}{6l}$

C. $[P_1]=\dfrac{bh^2[\sigma]}{6l}$,$[P_2]=\dfrac{bh^2[\sigma]}{6l}$ 　　　　D. $[P_1]=\dfrac{bh^2[\sigma]}{24l}$,$[P_2]=\dfrac{bh^2[\sigma]}{6l}$

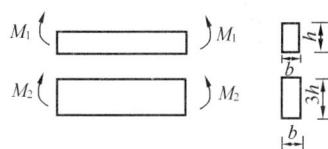
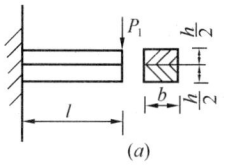
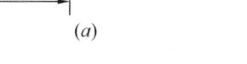

图 5-3-13　　　　　　　　　　　图 5-3-14

13. 如图 5-3-15 所示,一截面为 $b\times t$ 的钢条,长为 l,重量为 P,放在刚性平面上。若钢条 A 端作用 $\dfrac{P}{4}$ 的拉力,未提起部分保持与平面密合,则钢条脱开刚性平面的距离 d 及钢条内的最大弯曲正应力 σ 分别为(　　)。

A. $d=\dfrac{l}{3}$,$\sigma_{\max}=\dfrac{Pl}{16bt^3}$ 　　　　B. $d=\dfrac{l}{2}$,$\sigma_{\max}=\dfrac{3Pl}{16bt^3}$

C. $d=\dfrac{l}{3}$,$\sigma_{\max}=\dfrac{5Pl}{16bt^3}$ 　　　　D. $d=\dfrac{l}{2}$,$\sigma_{\max}=\dfrac{7Pl}{16bt^3}$

14. 外伸梁荷载及尺寸如图 5-3-16 所示,则该梁弯曲正应力强度计算的结果是(　　)。

A. $\sigma_{tmax}=30$MPa,$\sigma_{cmax}=35$MPa 　　　　B. $\sigma_{tmax}=35$MPa,$\sigma_{cmax}=35$MPa

C. $\sigma_{tmax}=30$MPa,$\sigma_{cmax}=70$MPa 　　　　D. $\sigma_{tmax}=35$MPa,$\sigma_{cmax}=70$MPa

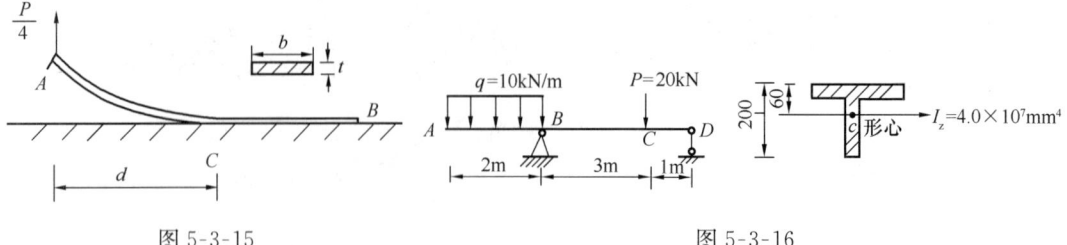

图 5-3-15　　　　　　　　　　　图 5-3-16

15. 如图 5-3-17 所示为倒 T 形截面的铸铁悬臂梁，其荷载如图，材料的容许拉应力 $[\sigma_t]=40$MPa，容许压应力 $[\sigma_c]=80$MPa，则该梁可承受的最大荷载 P 为(　　)kN。

A. 41.4　　　　B. 44.4　　　　C. 62.4　　　　D. 66.7

16. 图 5-3-18 所示悬臂梁由三块木板胶合而成，$l=1$m，若胶合面上的容许剪应力 $[\tau_1]=0.34$MPa，木材的容许应力 $[\sigma]=10$MPa，$[\tau_2]=1$MPa，则该梁的容许荷载 $[P]$ 为(　　)kN。

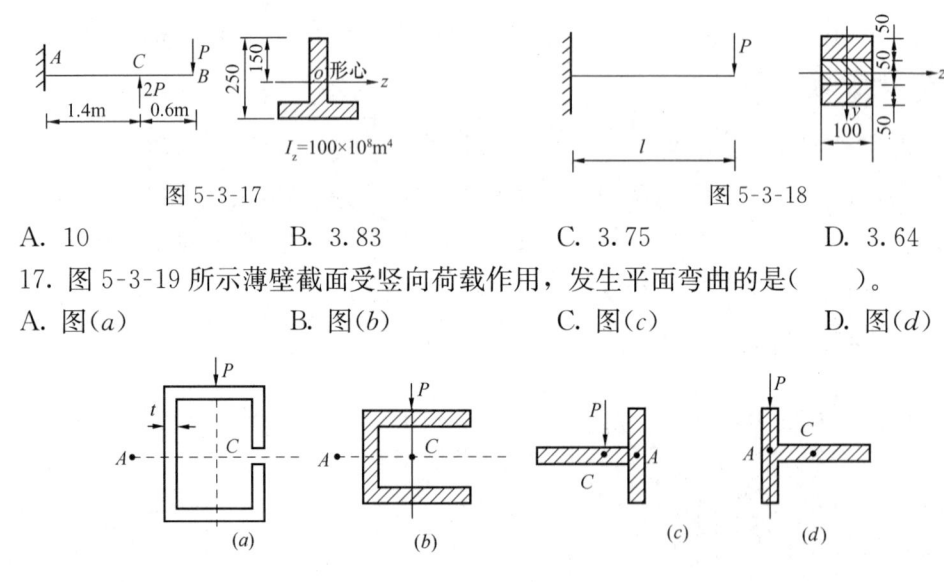

图 5-3-17　　　　　　　　　　　图 5-3-18

A. 10　　　　B. 3.83　　　　C. 3.75　　　　D. 3.64

17. 图 5-3-19 所示薄壁截面受竖向荷载作用，发生平面弯曲的是(　　)。

A. 图(a)　　B. 图(b)　　C. 图(c)　　D. 图(d)

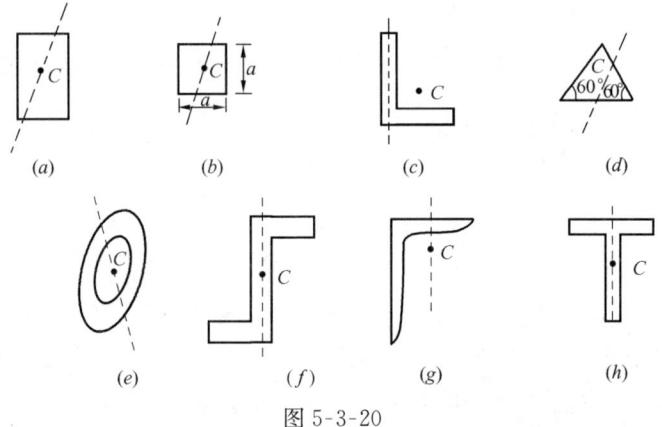

图 5-3-19

18. 悬臂梁的自由端作用横向力 P，若各梁的横截面分别如图 5-3-20(a)～(h)所示，该力 P 的作用线为各图中的虚线，则梁发生平面弯曲的是(　　)。

A. 图(a)、(g)所示截面梁 B. 图(c)、(e)所示截面梁
C. 图(b)、(d)、(h)所示截面梁 D. 图(b)、(f)、(h)所示截面梁

19. 对于图 5-3-21 所示结构，当用卡氏定理 $\delta_c = \dfrac{\partial U}{\partial P_c}$ 求 C 点位移时，应变能 U 应为( )。

   A. 梁的变形能 B. 弹簧的变形能
   C. 梁和弹簧的总变形能 D. 梁的变形能减去弹簧的变形能

20. 图 5-3-22 所示简支梁中支座 B 的弹簧刚度为 $K(\mathrm{N/m})$，该梁的边界条件和连续条件是( )。

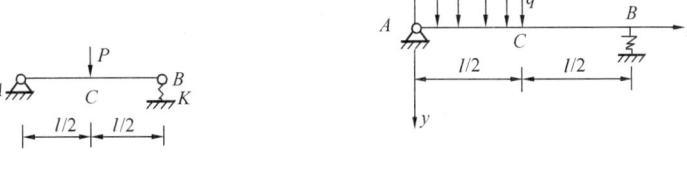

图 5-3-21　　　　　　图 5-3-22

A. 边界条件　$x_1=0$，$v_A=0$
$$x_2=l,\ v_B=\dfrac{ql}{4K}$$

   连续条件　$x_1=x_2=\dfrac{l}{2}$，$\theta_{C1}=\theta_{C2}=\theta_C$
$$v_{C1}=v_{C2}=v_C$$

B. 边界条件　$x_1=0$，$v_A=0$
$$x_2=l,\ v_B=\dfrac{ql}{8K}$$

   连续条件　$x_1=x_2=\dfrac{l}{2}$，$\theta_{C1}=\theta_{C2}=\theta_C$
$$v_{C1}=v_{C2}=v_C$$

C. 边界条件　$x_1=0$，$v_A=0$
$$x_2=l,\ v_B=\dfrac{ql}{4K}$$

   连续条件　$x_1=x_2=\dfrac{l}{2}$，$\theta_{C1}=\theta_{C2}=\theta_C$

D. 边界条件　$x_1=0$，$v_A=0$
$$x_2=l,\ v_B=\dfrac{ql}{8K}$$

   连续条件　$x_2=l$，$v_{C1}=v_{C2}=v_C$

21. 如图 5-3-23 所示静定梁，其挠曲线方程的段数及积分常数为( )。

   A. 挠曲线方程为两段，两个积分常数
   B. 挠曲线方程为两段，四个积分常数
   C. 挠曲线方程为三段，四个积分常数
   D. 挠曲线方程为三段，六个积分常数

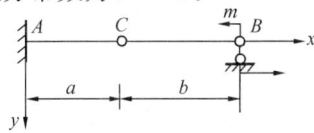

图 5-3-23

22. 关于杆件应变能的叠加问题，下列说法中正确的是（　　）。

A. 在小变形情况下，应变能可以叠加

B. 因为杆件的内力可以叠加，所以应变能也可以叠加

C. 小变形情况下，当一种外力在另一种外力引起的位移上不做功，则这两种外力单独作用时的应变能可以叠加

D. 任何受力情况下，应变能均不能叠加

23. 如图 5-3-24 所示两根梁，其弹性变形能分别为 U_1 和 U_2，则（　　）。

A. $U_2=2U_1$　　　B. $U_2=4U_1$　　　C. $U_2=6U_1$　　　D. $U_2=8U_1$

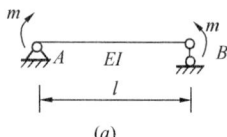
(a)
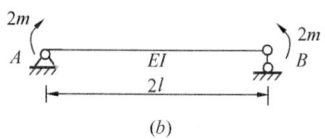
(b)

图 5-3-24

24. 如图 5-3-25 所示悬臂梁，其自由端 B 的挠度 f_B 和转角 θ_B 为（　　）。

A. $f_B=\dfrac{3Pl^3}{2EI}$, $\theta_B=\dfrac{5Pl^2}{4EI}$　　B. $f_B=\dfrac{13Pl^3}{12EI}$, $\theta_B=\dfrac{5Pl^2}{4EI}$

C. $f_B=\dfrac{7Pl^3}{6EI}$, $\theta_B=\dfrac{3Pl^2}{4EI}$　　D. $f_B=\dfrac{3Pl^3}{4EI}$, $\theta_B=\dfrac{Pl^2}{2EI}$

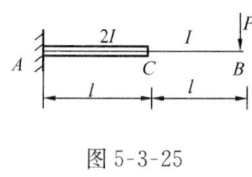

图 5-3-25

25. 如图 5-3-26 所示外伸梁，其 C 点的转角 θ_C 为（　　）。

A. $\dfrac{5qa^3}{24EI}$　　　B. $\dfrac{5qa^3}{12EI}$　　　C. $\dfrac{7qa^3}{24EI}$　　　D. $\dfrac{7qa^3}{12EI}$

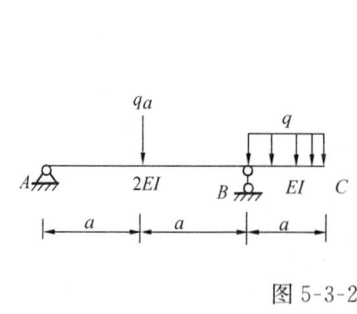

图 5-3-26

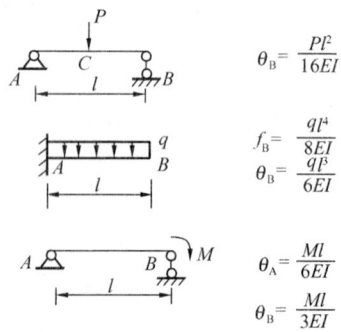

26. 题目条件同 25 题，求 C 点的挠度 f_C 为（　　）。

A. $\dfrac{qa^4}{6EI}$　　　B. $\dfrac{qa^4}{3}$　　　C. $\dfrac{5qa^4}{6EI}$　　　D. $\dfrac{2qa^4}{3}$

27. 如图 5-3-27 所示悬臂梁，抗弯刚度为 EI，求 A 点的挠度 f_A 为( )。

A. $\dfrac{7Pa^3}{2EI}$ B. $\dfrac{5Pa^3}{2EI}$ C. $\dfrac{7Pa^3}{4EI}$ D. $\dfrac{3Pa^3}{4EI}$

图 5-3-27

28. 图 5-3-28 所示悬臂梁，抗弯刚度为 EI，受两个力 P 作用，则自由端 A 的挠度为( )。

A. $\dfrac{5Pa^3}{2EI}$ B. $\dfrac{11Pa^3}{3}$ C. $\dfrac{7Pa^3}{2EI}$ D. $\dfrac{14Pa^3}{3}$

29. 图 5-3-29 所示 (a)、(b) 两梁强度和刚度情况，其中 (b) 梁由两根高为 $0.5h$，宽度仍为 b 的矩形截面梁叠合而成，且相互间摩擦不计，则( )。

A. 两者强度相同，刚度不同   B. 两者强度不同，刚度相同
C. 两者强度刚度均相同   D. 两者强度和刚度均不同

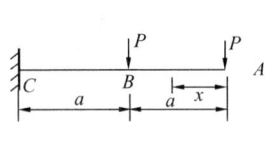
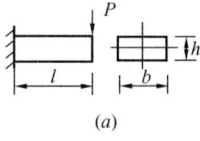
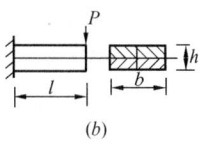

图 5-3-28   图 5-3-29

30. 如图 5-3-30 所示悬臂梁，自由端受力偶 M 的作用，梁中性层上正应力 σ 及切应力 τ 为( )。

A. $\sigma=0$，$\tau=0$ B. $\sigma=0$，$\tau\neq0$ C. $\sigma\neq0$，$\tau=0$ D. $\sigma\neq0$，$\tau\neq0$

31. 如图 5-3-31 所示简支梁，则其剪力和弯矩为( )。

A. $V_C=-\dfrac{qa}{2}$，$M_C=0$ B. $V_C=0$，$M_C\neq0$

C. $V_C=\dfrac{qa}{2}$，$M_C=0$ D. $V_C=0$，$M_C\neq0$

32. 图 5-3-32 所示外伸梁，剪力为零的截面位置 x 之值为( )。

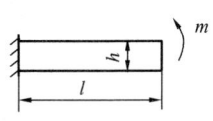
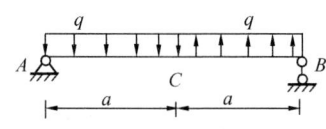
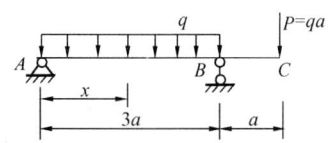

图 5-3-30   图 5-3-31   图 5-3-32

A. $\dfrac{5a}{6}$ B. $\dfrac{6a}{5}$ C. $\dfrac{6a}{7}$ D. $\dfrac{7a}{6}$

33. 图 5-3-33 所示悬臂梁，若梁 B 端的转角 $\theta_B=0$，则力偶矩 m 等于( )。

A. Pl B. $\dfrac{Pl}{2}$ C. $\dfrac{Pl}{4}$ D. $\dfrac{Pl}{8}$

34. 用卡氏定理计算如图 5-3-34 所示梁 C 截面的挠度为（   ）。

A. $\dfrac{5Pa^3}{6EI}$ B. $\dfrac{6Pa^3}{7EI}$ C. $\dfrac{7Pa^3}{6EI}$ D. $\dfrac{4Pa^3}{7EI}$

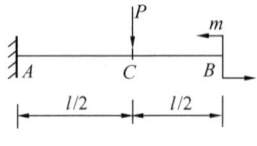

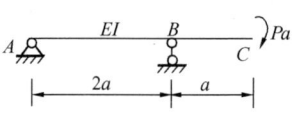

图 5-3-33   图 5-3-34

35. 图 5-3-35 所示简支梁，欲使中点是挠曲线的拐点，则（   ）。

A. $m_2=m_1$ B. $m_2=2m_1$ C. $m_2=3m_1$ D. $m_2=\dfrac{1}{3}m_1$

36. 如图 5-3-36 所示抗弯刚度为 EI 的简支梁，其梁中点 C 的挠度 f_C 为（   ）。

A. $f_C=\dfrac{5ql^4}{384EI}-\dfrac{ml^2}{8EI}$ B. $f_C=\dfrac{ql^4}{384EI}-\dfrac{ml^2}{8EI}$

C. $f_C=\dfrac{5ql^4}{384EI}-\dfrac{ml^2}{16EI}$ D. $f_C=\dfrac{ql^4}{384EI}-\dfrac{ml^2}{16EI}$

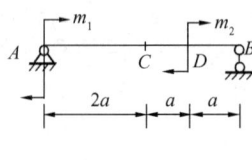

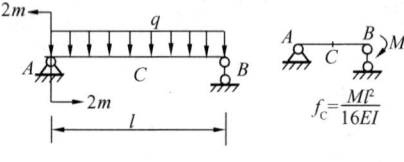

图 5-3-35   图 5-3-36

37. 如图 5-3-37 所示两根梁，其材料不同，$E_1=2E_2$，p 均作用在各梁中央，但横截面相同，则两根梁的挠度 f_1/f_2 为（   ）。

A. 1∶1   B. 1∶2   C. 1∶4   D. 1∶8

38. 如图 5-3-38 所示，梁的荷载及支承情况对称于梁的中央截面 C，则（   ）。

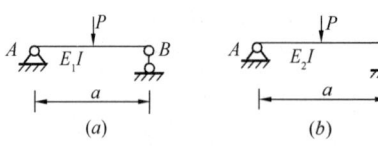

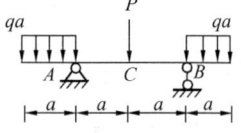

图 5-3-37   图 5-3-38

A. V 图对称，M 图对称，且 $V_C=0$ B. V 图对称，M 图反对称，且 $M_C=0$
C. V 图反对称，M 图对称，且 $V_C=0$ D. V 图反对称，M 图反对称，且 $M_C=0$

39. 如图 5-3-39 所示，图中各梁抗弯刚度 EI 为常数，则跨中中点 C 的挠度分别为（   ）。

A. $\dfrac{5ql^4}{384EI}$；$\dfrac{5ql^4}{384EI}$ B. $\dfrac{5ql^4}{768EI}$；$\dfrac{5ql^4}{384EI}$

C. $\dfrac{5ql^4}{384EI}$；$\dfrac{5ql^4}{768EI}$ D. $\dfrac{5ql^4}{768EI}$；$\dfrac{5ql^4}{768EI}$

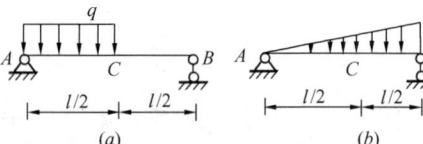

图 5-3-39

40. 如图 5-3-40 所示结构,已知 EI、EA、q、l,则杆 CD 的内力为( )。

A. $\dfrac{5ql^3}{8l^2+384I/A}$　　B. $\dfrac{5ql^3}{8l^2-384I/A}$　　C. $\dfrac{5ql^3}{16l^2+192I/A}$　　D. $\dfrac{5ql^3}{8l^2-192I/A}$

41. 如图 5-3-41 所示外伸梁的挠曲线方程应分为( )段表达。
A. 3　　　　　　　B. 4　　　　　　　C. 5　　　　　　　D. 6

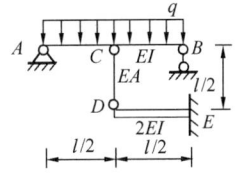

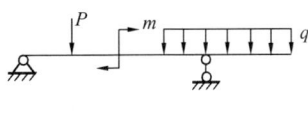

图 5-3-40　　　　　　　　　　　　　　　　图 5-3-41

第四节　应　力　状　态

一、《考试大纲》的规定

平面应力状态分析的解析法和应力圆法、主应力和最大切应力、广义虎克定律、四个常用的强度理论

二、重点内容

1. 平面应力状态

主平面,指单元体中切应力等于零的平面。在主平面上的正应力,即主应力。受力杆件内任一点的三个主应力 σ_1、σ_2、σ_3 按代数值排列:$\sigma_1 > \sigma_2 > \sigma_3$。

(1) 任意斜截面上的应力(见图 5-4-1a)

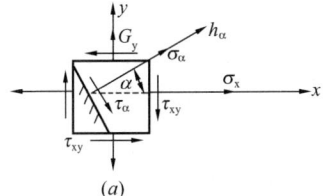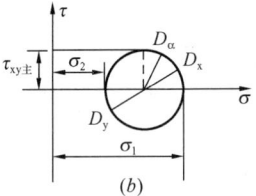

图 5-4-1

$$\sigma_\alpha = \frac{\sigma_x + \sigma_y}{2} + \frac{\sigma_x - \sigma_y}{2}\cos2\alpha - \tau_{xy}\sin2\alpha$$

$$\tau_\alpha = \frac{\sigma_x - \sigma_y}{2}\sin2\alpha + \tau_{xy}\cos2\alpha$$

式中,α 角以逆时针为正;σ_x 以拉应力为正;τ_{xy} 以对单元体产生顺时针矩为正;

(2) 主平面与主应力

主应力:$\begin{matrix}\sigma_{\max}\\\sigma_{\min}\end{matrix} = \dfrac{\sigma_x+\sigma_y}{2} \pm \sqrt{\left(\dfrac{\sigma_x-\sigma_y}{2}\right)^2+\tau_{xy}^2}$

主平面的方位角 α_0:$\tan2\alpha_0 = \dfrac{-\tau_{xy}}{\dfrac{\sigma_x-\sigma_y}{2}}$

$$\beta = \alpha + 90° \text{时：} \sigma_x + \sigma_y = \sigma_{max} + \sigma_{min} = \sigma_\alpha + \sigma_\beta$$

当 $\sigma_{max} > \sigma_{min} > 0$，则 $\sigma_1 = \sigma_{max}$，$\sigma_2 = \sigma_{min}$，$\sigma_3 = 0$

当 $\sigma_{max} > 0$，$\sigma_{min} < 0$，则 $\sigma_1 = \sigma_{max}$，$\sigma_2 = 0$，$\sigma_3 = \sigma_{min}$

当 $\sigma_{max} < 0$，$\sigma_{min} < 0$，则 $\sigma_1 = 0$，$\sigma_2 = \sigma_{max}$，$\sigma_3 = \sigma_{min}$

(3) 主切应力及其作用面

主切应力：
$$\tau_{xy主} = \pm \sqrt{\left(\frac{\sigma_x - \sigma_y}{2}\right)^2 + \tau_{xy}^2}$$

主切面方位角 α_1：
$$\tan 2\alpha_1 = \frac{\sigma_x - \sigma_y}{2\tau_{xy}}$$

主切面与主平面成 $45°$ 角：
$$\alpha_1 = \alpha_0 \pm 45°$$

需注意的是，$\tau_{xy主}$ 是单元体上垂直于零应力面所有截面上切应力的极大值和极小值，不一定是该点的最大切应力，或最小切应力。

(4) 应力圆方程（见图 5-4-1b）

$$\left(\sigma_\alpha - \frac{\sigma_x + \sigma_y}{2}\right)^2 + \tau_\alpha^2 = \left(\frac{\sigma_x + \sigma_y}{2}\right)^2 + \tau_{xy}^2$$

圆心：$\left(\dfrac{\sigma_x + \sigma_y}{2},\ 0\right)$

圆半径：$R = \sqrt{\left(\dfrac{\sigma_x - \sigma_y}{2}\right)^2 + \tau_{xy}^2}$

2. 一点的最大正应力、最大切应力

$$\sigma_{max} = \sigma_1$$

$$\tau_{max} = \frac{\sigma_1 - \sigma_3}{2}$$

τ_{max} 的作用平面与 σ_2 平行，且与 σ_1、σ_3 的作用面分别成 $45°$。

3. 广义虎克定律

对各面同性材料，小变形条件下，正应力仅引起线应变，切应力仅引起相应的切应变，应力与应变关系见表 5-4-1。

应力与应变关系　　　　　表 5-4-1

广义虎克定律	三向主应力状态下	平面应力状态下
$\varepsilon_x = \dfrac{1}{E}[\sigma_x - \nu(\sigma_y + \sigma_z)]$，$\gamma_{xy} = \dfrac{\tau_{xy}}{G}$	$\varepsilon_1 = \dfrac{1}{E}[\sigma_1 - \nu(\sigma_2 + \sigma_3)]$	$\varepsilon_x = \dfrac{1}{E}[\sigma_x - \nu\sigma_y]$
$\varepsilon_y = \dfrac{1}{E}[\sigma_y - \nu(\sigma_z + \sigma_x)]$，$\gamma_{yz} = \dfrac{\tau_{yz}}{G}$	$\varepsilon_2 = \dfrac{1}{E}[\sigma_2 - \nu(\sigma_3 + \sigma_1)]$	$\varepsilon_y = \dfrac{1}{E}[\sigma_y - \nu\sigma_x]$
$\varepsilon_z = \dfrac{1}{E}[\sigma_z - \nu(\sigma_x + \sigma_y)]$，$\gamma_{xz} = \dfrac{\tau_{xz}}{G}$	$\varepsilon_3 = \dfrac{1}{E}[\sigma_3 - \nu(\sigma_1 + \sigma_2)]$	$\varepsilon_z = -\dfrac{\nu}{E}[\sigma_x + \sigma_y]$ $\gamma_{xy} = \dfrac{1}{G}\tau_{xy}$

4. 四个常用的强度理论(表5-4-2)

四个常用强度理论　　　　　　表 5-4-2

第一强度理论(最大拉应力理论)	$\sigma_{r1}=\sigma_1$	适用脆性断裂
第二强度理论(最大拉应变理论)	$\sigma_{r2}=\sigma_1-\nu(\sigma_2+\sigma_3)$	适用脆性断裂
第三强度理论(最大剪应力理论)	$\sigma_{r3}=\sigma_1-\sigma_3$；二向应力状态时：$\sigma_{r3}=\sqrt{\sigma_x^2+4\tau_{xy}^2}$	适用塑性屈服
第四强度理论 (形状改变比能理论)	$\sigma_{r4}=\sqrt{\dfrac{1}{2}[(\sigma_1-\sigma_2)^2+(\sigma_2-\sigma_3)^2+(\sigma_1-\sigma_3)^2]}$； 二向应力状态：$\sigma_{r4}=\sqrt{\sigma_x^2+3\tau_{xy}^2}$	适用塑性屈服

表中，σ_{r1}、σ_{r2}、σ_{r3}、σ_{r4} 称为相当应力。在三向拉应力作用下，材料均产生脆性断裂，故宜用第一强度理论；三向压缩应力作用下，宜用第三或第四强度理论。在二向应力作用下，脆性材料宜用第一或第二强度理论；塑性材料宜用第三或第四强度理论。

三、解题指导

掌握主应力、最大切应力的计算，根据材料性质，运用相应的材料强度理论进行分析、计算，特别是焊接工字形截面梁，在腹板与翼缘交界处的点的复杂应力分析，并结合强度理论进行计算。

【例 5-4-1】 从结构构件中不同点取出的应力单元体如图 5-4-2 所示，构件材料 Q235 钢材，若以第三强度理论校核时，则相当应力最大者为(　　)。

A. 图(a)　　　B. 图(b)　　　C. 图(c)　　　D. 图(d)

【解】 对于图(a)：$\sigma_{r3}=\sigma_1-\sigma_3=80-0=80$

图(b)：$\sigma_{r3}=60-(-10)=70$

图(c)：$\sigma_{r3}=80-(-80)=160$

图(d)：$\sigma_{r3}=60-(-20)=80$

所以应选 C 项。

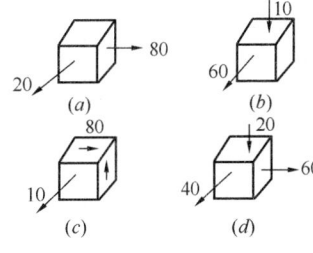

图 5-4-2

【例 5-4-2】 一直径为 d 的钢质受扭圆轴，如图 5-4-3 所示。现由应变仪测得圆轴表面上与母线成 45°方向的线应变为 ε，并已知钢轴的 E、ν。该圆轴所承受的力偶矩 T 为(　　)。

A. $\dfrac{\varepsilon \pi d^3 E}{32\nu}$　　　B. $\dfrac{\varepsilon \pi d^3 E}{32(1+\nu)}$

C. $\dfrac{\varepsilon \pi d^3 E}{16\nu}$　　　D. $\dfrac{\varepsilon \pi d^3 E}{16(1+\nu)}$

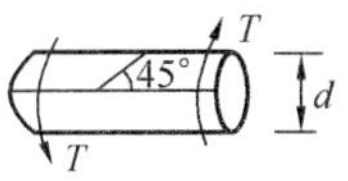

图 5-4-3

【解】 圆轴表面上任一点的应力状态为纯切应力状态，则

$$\sigma_1=\tau,\ \sigma_2=0,\ \sigma_3=-\tau,$$

$$\tau=\dfrac{T}{W_t}=\dfrac{16T}{\pi d^3}$$

由广义虎克定律：$\varepsilon_1=\dfrac{1}{E}[\sigma_1-\nu(\sigma_2+\sigma_3)]=\dfrac{1+\nu}{E}\cdot\tau=\dfrac{1+\nu}{E}\cdot\dfrac{16T}{\pi d^3}$

$$T = \frac{\varepsilon \pi d^3 E}{16(1+\nu)}$$

所以应选 D 项。

四、应试题解

1. 如图 5-4-4 所示构件上 a 点处，原始单元体的应力状态应为(　　)。

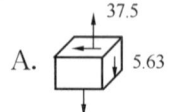  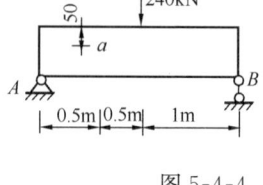

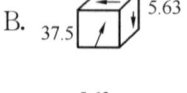 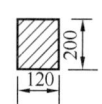

图 5-4-4

2. 如图 5-4-5 所示单元体主应力的大小及主平面位置是(　　)。

A. $\sigma_1 = 71.23$，$\sigma_2 = 0$，$\sigma_3 = -11.23$，$\alpha_0 = 52°06'$
B. $\sigma_1 = 71.23$，$\sigma_2 = 0$，$\sigma_3 = -11.23$，$\alpha_0 = -37°58'$
C. $\sigma_1 = 70.12$，$\sigma_2 = 0$，$\sigma_3 = -10.35$，$\alpha_0 = 52°06'$
D. $\sigma_1 = 70.12$，$\sigma_2 = 0$，$\sigma_3 = -10.35$，$\alpha_0 = -37°58'$

3. 如图 5-4-6 所示单元体的最大切应力为(　　)。

A. $\tau_{max} = 0$　　　B. $\tau_{max} = 40\text{MPa}$　　　C. $\tau_{max} = 50\text{MPa}$　　　D. $\tau_{max} = 80\text{MPa}$

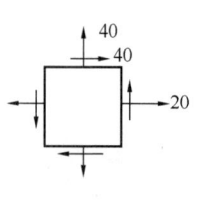 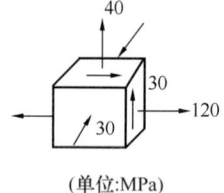

图 5-4-5　　　　　　　　　　　图 5-4-6

4. 如图 5-4-7 所示两单元体的应力状态，则两者的主应力大小和方向(　　)。

A. 主应力大小和方向均相同　　　B. 主应力大小和方向均不同
C. 主应力大小不同，但方向相同　　　D. 主应力大小相同，但方向不同

5. 如图 5-4-8 所示单元体的应力状态，则最大切应力为(　　)。

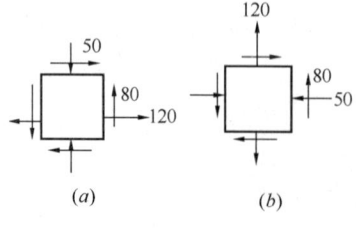 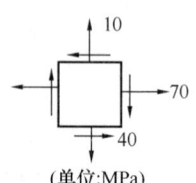

图 5-4-7　　　　　　　　　　　图 5-4-8

A. $\tau_{max} = 40\text{MPa}$　　B. $\tau_{max} = 70\text{MPa}$　　C. $\tau_{max} = 50\text{MPa}$　　D. $\tau_{max} = 90\text{MPa}$

6. 若单元体的应力状态为 $\sigma_x = \sigma_y = \tau_{xy}$，$\sigma_z = \sigma_{yz} = \tau_{zx} = 0$，则该单元体处于(　　)。

A. 单向应力状态　　B. 二向应力状态　　C. 三向应力状态　　D. 无法确定

7. 如图 5-4-9 所示四种应力状态,单位为 MPa,按第三强度理论,其相当应力最大的是（　　）。

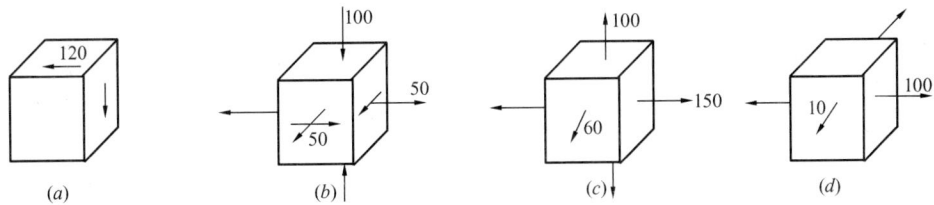

图 5-4-9

A. 图(a)　　　B. 图(b)　　　C. 图(c)　　　D. 图(d)

8. 如图 5-4-10 所示半径为 r,壁厚为 t 的两端封闭的薄壁钢圆筒,其内压力为 p,则薄壁圆筒表面一点的最大切应力为（　　）。

A. $\dfrac{pr}{2t\pi}$　　　B. $\dfrac{pr}{2t}$　　　C. $\dfrac{pr}{t\pi}$　　　D. $\dfrac{pr}{t}$

9. 一直径为 d 的钢质受扭圆轴,如图 5-4-11 所示,现由应变仪测得圆轴表面上与母线成 45°方向的线应变为 ε,已知钢轴的弹性模量 E、泊松比 ν,则该圆轴所承受的力偶矩 T 为（　　）。

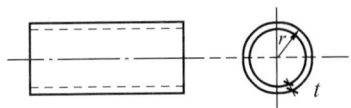

图 5-4-10　　　　　　　图 5-4-11

A. $\dfrac{\varepsilon\pi d^3 E}{32\nu}$　　　B. $\dfrac{\varepsilon\pi d^3 E}{32(1+\nu)}$　　　C. $\dfrac{\varepsilon\pi d^3 E}{16\nu}$　　　D. $\dfrac{\varepsilon\pi d^3 E}{16(1+\nu)}$

10. 如图 5-4-12 所示三种应力状态 $\sigma>\tau$,按第三强度理论,其相当应力表达式正确的是（　　）。

A. 对于图(a)、(b),$\sigma_{r3}=\sqrt{\sigma^2+4\tau^2}$;图(c),$\sigma_{r3}=\sigma+\tau$

B. 对于图(a)、(b),$\sigma_{r3}=\sqrt{\sigma^2+4\tau^2}$;图(c),$\sigma_{r3}=\sigma-\tau$

C. 对于图(a)、(b)、(c),$\sigma_{r3}=\sqrt{\sigma^2+4\tau^2}$

D. 对于图(a)、(b)、(c),$\sigma\leqslant[\sigma]$,$\tau\leqslant[\tau]$

11. 如图 5-4-13 所示两种应力状态,单位为 MPa,按第三强度理论,其危险程度的论述为（　　）。

A. 图(a)更危险　　　　　　　　B. 图(b)更危险
C. 两者相同　　　　　　　　　　D. 须根据材料判断

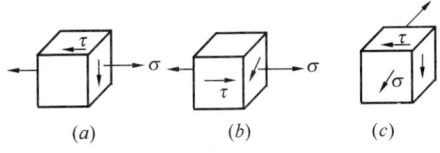　　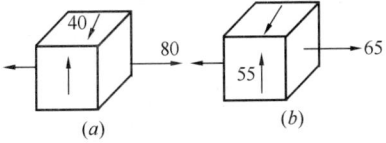

图 5-4-12　　　　　　　图 5-4-13

12. 对于平面应力状态，下列说法正确的是（　　）。

A. 主应力就是最大正应力

B. 主平面上无切应力

C. 最大切应力作用的平面上正应力为零

D. 主应力必不为零

13. 如图 5-4-14 所示梁的各点中，纯切应力状态的点是（　　）。

A. A　　　　　B. B　　　　　C. C、D　　　　　D. D

14. 受力物体内一点处，其最大切应力所在平面上的正应力（　　）。

A. 一定为最大　　B. 一定为零　　C. 不定为零　　D. 一定不为零

15. 如图 5-4-15 所示两种应力状态，单位为 MPa，按第三强度理论，更为危险的是（　　）。

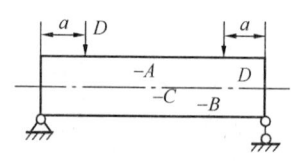

图 5-4-14

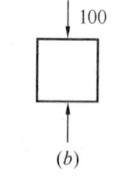

图 5-4-15

A. 图(a)更危险　　B. 图(b)更危险　　C. 两者相同　　D. 不能确定

16. 如图 5-4-16 所示两种应力状态，且 $\sigma=\tau$，由第四强度理论比较其危险程度，则（　　）。

A. 图(a)较危险　　　　　　　B. 图(b)较危险

C. 两者危险程度相同　　　　　D. 不能判断

17. 如图 5-4-17 所示，一弹性块体放入刚性槽内，受均匀荷载 q，已知块体弹性模量为 E，泊松比 ν，不计块体与刚性槽之间的摩擦力及忽略刚性槽的变形，则块体上的应力 σ_x 为（　　）。

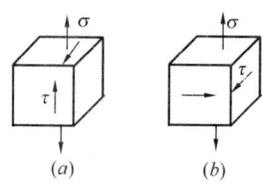

图 5-4-16

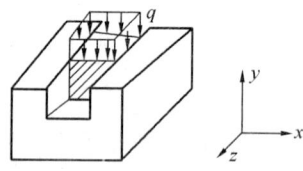

图 5-4-17

A. $-q$　　　　　B. $(1+\nu)q$　　　　　C. $-\nu q$　　　　　D. $-(1+\nu)q$

18. 如图 5-4-18 所示某点平面应力状态，则该点的应力图为（　　）。

A. 一个点圆

B. 圆心在原点的点圆

C. 圆心在(5MPa，0)点的点圆

D. 圆心在原点，半径为 5MPa 的圆

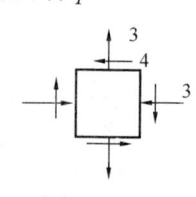

图 5-4-18

19. 单元体处于纯切应力状态，其主应力特点为（　　）。

A. $\sigma_1=\sigma_2>0$，$\sigma_3=0$
B. $\sigma_1=0$，$\sigma_2=\sigma_3<0$
C. $\sigma_1>0$，$\sigma_2=0$，$\sigma_3<0$，$|\sigma_1|=|\sigma_3|$
D. $\sigma_1>0$，$\sigma_2=0$，$\sigma_3<0$，$|\sigma_1|>|\sigma_3|$

第五节　组合变形和压杆稳定

一、《考试大纲》的规定
拉/压—弯组合、弯—扭组合情况下杆件的强度校核、斜弯曲
压杆的临界荷载、欧拉公式、柔度、临界应力总图、压杆的稳定校核

二、重点内容
1. 斜弯曲

当横向力(或力偶)的作用线(作用面)通过横截面的弯曲中心，但不平行于梁的形心主惯性平面时，梁发生斜弯曲，其变形特征是弯曲平面与荷载作用平面不平行。梁斜弯曲的计算公式(见图 5-5-1)：

应力：$\sigma=\dfrac{M_z y}{I_z}+\dfrac{M_y z}{I_y}$

中位轴位置：$\tan\alpha=\dfrac{y_0}{z_0}=-\dfrac{M_y}{M_z}\cdot\dfrac{I_z}{I_y}=-\dfrac{I_z}{I_y}\tan\varphi$

式中 φ 为外力作用线与 y 轴的夹角。

强度条件：$\sigma_{\max}=\dfrac{M_{z\max}}{W_z}+\dfrac{M_{y\max}}{W_y}\leqslant[\sigma]$

变形：$v=\sqrt{v_y^2+v_z^2}$

总挠度与 y 轴的夹角：$\tan\beta=\dfrac{v_z}{v_y}=\tan\varphi\cdot\dfrac{I_z}{I_y}$

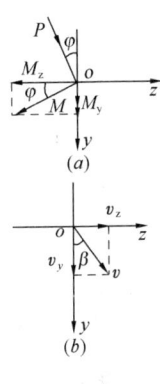

图 5-5-1

2. 拉—弯

$$\sigma=\dfrac{N}{A}+\dfrac{M_z y}{I_z}$$

$$\sigma_{\max}=\dfrac{N}{A}+\dfrac{M_{z\max}}{W_z}\leqslant[\sigma]$$

3. 偏心压缩(或拉伸)

如图 5-5-2，在 A 点作用压力 P，任意一点的应力为：

$$\sigma=-\dfrac{P}{A}-\dfrac{P z_p\cdot z}{I_y}-\dfrac{P y_p\cdot y}{I_z}$$

令 $i_z=\sqrt{\dfrac{I_z}{A}}$，$i_y=\sqrt{\dfrac{I_y}{A}}$，则上式变为：

$$\sigma=-\dfrac{P}{A}\left(1+\dfrac{z_p}{i_y^2}\cdot z+\dfrac{y_p}{i_z^2}\cdot y\right)$$

中位轴位置，令 $\sigma=0$，即中性轴为一条不超过截面形心的直线与外力作用点分别处于形心的两侧：

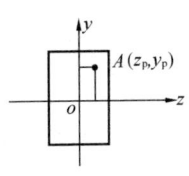

图 5-5-2

$$1+\frac{z_p \cdot z_0}{i_y^2}+\frac{y_p \cdot y_0}{i_z^2}=0$$

式中(z_0, y_0)为中性轴上任一点的坐标。

中性轴在y、z轴上的截距分别为：$a_y=-\dfrac{i_z^2}{y_p}$，$a_z=-\dfrac{i_y^2}{z_p}$

截面核心由与截面周边相切的中性轴截距进行确定，它的计算公式为：$y_p=-\dfrac{i_z^2}{a_y}$，$z_p=-\dfrac{i_y^2}{a_z}$

4. 扭转—弯曲组合

圆形或空心圆截面的合成弯矩：$M_h=\sqrt{M_y^2+M_z^2}$

任意一点的应力：$\sigma=\dfrac{M_h \cdot y}{I_z}$，$\tau=\dfrac{M_T \cdot \rho}{I_p}$

强度条件，对塑性材料：$\sigma_{r3}=\sqrt{\sigma^2+4\tau^2}=\dfrac{\sqrt{M_h^2+M_T^2}}{W}\leqslant[\sigma]$

$$\sigma_{r4}=\sqrt{\sigma^2+3\tau^2}=\dfrac{\sqrt{M_h^2+0.75M_T^2}}{W}\leqslant[\sigma]$$

其中$\sigma=\dfrac{M_h}{W}$，$\tau=\dfrac{M_T}{W_t}$

$W=\dfrac{\pi d^3}{32}$，$W_t=\dfrac{\pi d^3}{16}$（圆形截面）

5. 压杆稳定

（1）细长压杆临界力的欧拉公式为：

$$P_{cr}=\frac{\pi^2 EI}{(\mu L)^2}; \quad \sigma_{cr}=\frac{P_{cr}}{A}=\frac{\pi^2 E}{\lambda^2}$$

式中μ为长度系数，与杆的两端的约束条件有关。两端铰支，$\mu=1$；一端自由、一端固定，$\mu=2$；两端固定，$\mu=0.5$；一端铰支，一端固定，$\mu=0.7$。

λ为柔度或长细比，$\lambda=\dfrac{\mu L}{i}$，$i=\sqrt{\dfrac{I}{A}}$。

（2）欧拉公式适用范围：

$$\sigma_{cr}=\frac{\pi^2 E}{\lambda^2}\leqslant\sigma_p$$

或

$$\lambda\geqslant\pi\sqrt{\frac{E}{\sigma_p}}=\lambda_p$$

式中σ_p为材料的比例极限；λ_p为压杆能应用欧拉公式的最小柔度。

（3）压杆计算与临界应力总图

临界应力总图，表示压杆临界应力随不同柔度λ的变化规律的图形，见图5-5-3。

$\lambda\geqslant\lambda_p$（细长杆）：$\sigma_{cr}=\dfrac{\pi^2 E}{\lambda^2}$

$\lambda_0\leqslant\lambda<\lambda_p$（中长杆）：$\sigma_{cr}=a-b\lambda$（经验公式）

$$\lambda_0 = \frac{a - \sigma^0}{b}$$

$\lambda \leqslant \lambda_0$（粗短杆）：$\sigma_{cr} = \sigma^0$

式中塑性材料，$\sigma^0 = \sigma_s$；脆性材料，$\sigma^0 = \sigma_b$。

6. 压杆的稳定校核

安全系数法：$n = \dfrac{P_{cr}}{P} \geqslant n_{st}$

式中 n 为压杆的工作安全系数；n_{st} 为规定的稳定安全系数。

折减系数法：$\sigma = \dfrac{P}{A} \leqslant \varphi[\sigma]$

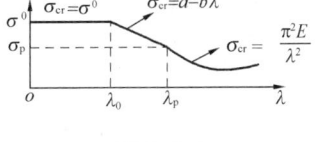

图 5-5-3

式中 φ 为折减系数，其值小于 1。

三、解题指导

运用欧拉公式计算压杆临界应力时，首先应判断 λ 是否大于 λ_p；若 $\lambda_0 \leqslant \lambda \leqslant \lambda_p$，则应运用经验公式计算。

【例 5-5-1】 图 5-5-4 所示圆杆受外荷载情况，按第三强度理论，其危险点的相当应力为（　）。$\left(已知 W = \dfrac{\pi d^3}{32} \right)$

A. $\dfrac{\sqrt{M^2 + T^2}}{W} + \dfrac{P}{A}$

B. $\dfrac{M}{W} + \dfrac{M_T}{W} + \dfrac{P}{A}$

C. $\sqrt{\left(\dfrac{P}{A} + \dfrac{Pl}{W} \right)^2 + 4 \left(\dfrac{T}{W} \right)^2}$

D. $\sqrt{\left(\dfrac{P}{A} + \dfrac{Pl}{W} \right)^2 + \left(\dfrac{T}{W} \right)^2}$

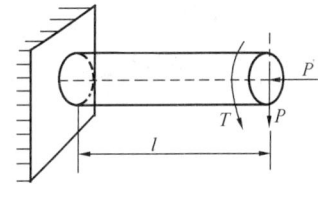

图 5-5-4

【解】 危险点为固端圆截面下边缘点，其应力为：

$$\sigma_x = -\left(\dfrac{P}{A} + \dfrac{Pl}{W} \right), \quad \sigma_y = 0, \quad \tau_{xy} = \dfrac{T}{W_t} = \dfrac{T}{2W}$$

$$\sigma_{r3} = \sqrt{\sigma_x^2 + 4\tau_{xy}^2} = \sqrt{\left(\dfrac{P}{A} + \dfrac{Pl}{W} \right)^2 + 4 \left(\dfrac{T}{2W} \right)^2}$$

所以应选 D 项。

【例 5-5-2】 图 5-5-5 所示桁架由材质、截面形状尺寸均相同的细长杆组成，承受荷载 P，则 P 的临界值为（　）。

A. $\dfrac{\pi^2 EI}{l^2}$　　　　B. $\dfrac{\pi^2 EI}{2l^2}$

C. $\dfrac{\sqrt{2}\pi^2 EI}{4l^2}$　　　　D. $\dfrac{\sqrt{2}\pi^2 EI}{l^2}$

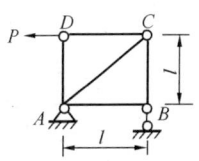

图 5-5-5

【解】 图中 AD 杆、AB 杆为零杆；BC、DC 杆受拉，AC 杆受压。

$$N_{AC} = \sqrt{2} P$$

$$N_{AC}=P_{cr}=\frac{\pi^2 EI}{(\sqrt{2}l)^2}$$

则
$$P=\frac{\pi^2 EI}{2l^2}\cdot\frac{1}{\sqrt{2}}=\frac{\sqrt{2}\pi^2 EI}{4l^2}$$

所以应选 C 项。

四、应试题解

1. 如图 5-5-6 所示，构件Ⅰ-Ⅰ截面上的内力为（　　）。

    A. $M_x=ql^2$，$M_y=ql^2$，$M_z=-\frac{ql^2}{2}$

    B. $M_x=ql^2$，$M_y=ql^2$，$M_z=\frac{ql^2}{2}$

    C. $M_x=ql^2$，$M_y=-ql^2$，$M_z=-\frac{ql^2}{2}$

    D. $M_x=ql^2$，$M_y=-ql^2$，$M_z=\frac{ql^2}{2}$

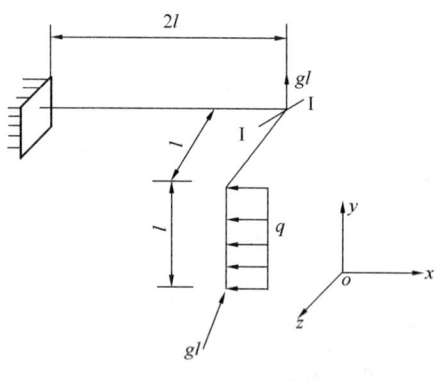

图 5-5-6

2. 矩形截面梁在形心主惯性平面（xy 平面、xz 平面）内分别发生平面弯曲，若梁中某截面上的弯矩分别为 M_z 和 M_y，则该截面上的最大正应力为（　　）。

    A. $\sigma_{max}=\left|\frac{M_y}{W_y}\right|+\left|\frac{M_z}{W_z}\right|$
    　　B. $\sigma_{max}=\left|\frac{M_y}{W_y}+\frac{M_z}{W_z}\right|$

    C. $\sigma_{max}=\frac{M_y+M_z}{W}$
    　　D. $\sigma_{max}=\frac{\sqrt{M_y^2+M_z^2}}{W}$

3. 由塑性材料制成的直角拐杆，截面为直径 d 的图形，如图 5-5-7 所示，已知材料的容许应力为 $[\sigma]$、$[\tau]$，则该拐杆的强度条件是（　　）。

    A. $\frac{60Pa}{\pi d^3}\leqslant[\sigma]$，$\frac{16Pa}{\pi d^3}\leqslant[\tau]$
    　　B. $\frac{32Pa}{\pi d^3}\leqslant[\sigma]$，$\frac{16Pa}{\pi d^3}\leqslant[\tau]$

    C. $\sqrt{\left(\frac{32Pa}{\pi d^3}\right)^2+4\left(\frac{16Pa}{\pi d^3}\right)^2}\leqslant[\sigma]$
    　　D. $\sqrt{\left(\frac{64Pa}{\pi d^3}\right)^2+4\left(\frac{16Pa}{\pi d^3}\right)^2}\leqslant[\sigma]$

4. 图 5-5-8 所示梁同时受到扭矩 T、弯曲力偶 M 和轴力 N 作用，下列强度条件中正确的是（　　），其中 $W=\frac{\pi d^3}{32}$。

    A. $\frac{N}{A}+\frac{\sqrt{M^2+T^2}}{W}\leqslant[\sigma]$
    　　B. $\sqrt{\left(\frac{N}{A}+\frac{M}{W}\right)^2+\left(\frac{T}{W}\right)^2}\leqslant[\sigma]$

    C. $\sqrt{\left(\frac{N}{A}\right)^2+\left(\frac{M}{W}\right)^2+\left(\frac{T}{2W}\right)^2}\leqslant[\sigma]$
    　　D. $\sqrt{\left(\frac{N}{A}+\frac{M}{W}\right)^2+\left(\frac{2T}{W}\right)^2}\leqslant[\sigma]$

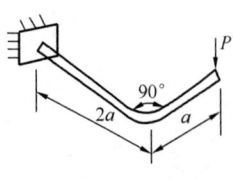

图 5-5-7

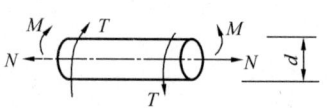

图 5-5-8

5. 如图 5-5-9 所示木杆受拉力 P 作用,横截面为 a 的正方形,拉力 P 与轴线重合,现在杆的某一段内开口,宽为 $\dfrac{a}{2}$,长为 a,则 Ⅰ-Ⅰ 截面上的最大拉应力是未削弱前的拉应力的( )倍。

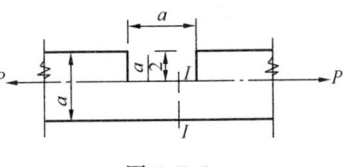

图 5-5-9

A. 2   B. 4   C. 8   D. 10

6. 如图 5-5-10 所示悬臂梁,其横截面形状见图,若力 P 垂直作用于梁的轴线,作用方向如图中虚线所示,下列说法正确的是( )。

A. 图(b)、(c)发生平面弯曲   B. 图(a)、(d)发生斜弯曲
C. 图(e)、(f)发生斜弯曲   D. 图(b)、(e)发生斜弯曲

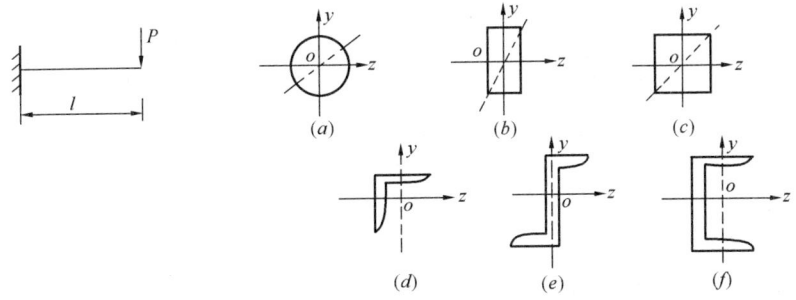

图 5-5-10

7. 如图 5-5-11 所示悬臂梁,其横截面为正方形,其最大正应力为( )。

A. $\dfrac{6Pl}{a^3}$ B. $\dfrac{6\sqrt{2}Pl}{a^3}$ C. $\dfrac{9Pl}{a^3}$ D. $\dfrac{9\sqrt{2}Pl}{a^3}$

8. 如图 5-5-12 所示圆杆受载情况,按第三强度理论,其危险点的相当应力为( ),其中 $W=\dfrac{\pi d^3}{32}$。

A. $\dfrac{\sqrt{M^2+T^2}}{W}+\dfrac{P}{A}$ B. $\dfrac{M}{W}+\dfrac{M_T}{W}+\dfrac{P}{A}$

C. $\sqrt{\left(\dfrac{P}{A}+\dfrac{Pl}{W}\right)^2+4\left(\dfrac{T}{W}\right)^2}$ D. $\sqrt{\left(\dfrac{P}{A}+\dfrac{Pl}{W}\right)^2+\left(\dfrac{T}{W}\right)^2}$

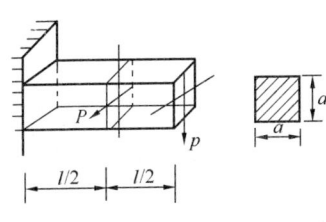

图 5-5-11

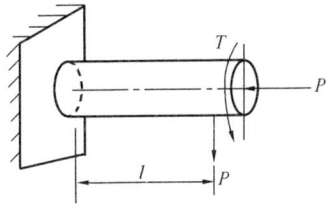

图 5-5-12

9. 如图 5-5-13 所示简支梁,其最大正应力为( )。

A. $\dfrac{3Pl\cos\varphi}{2a^2}$ B. $\dfrac{P\sin\varphi}{a^2}+\dfrac{3Pl\cos\varphi}{a^3}$

C. $\dfrac{3Pl\sin\varphi}{2a^2}$ D. $\dfrac{P\cos\varphi}{a^2}+\dfrac{3Pl\sin\varphi}{2a^3}$

10. 如图 5-5-14 所示简支梁，其最大正应力为（　　）。

A. $\dfrac{PL}{2a^3}(\cos\varphi+\sin\varphi)$ B. $\dfrac{PL}{3a^3}(\cos\varphi+\sin\varphi)$

C. $\dfrac{3PL}{2a^3}(\cos\varphi+\sin\varphi)$ D. $\dfrac{2PL}{3a^3}(\cos\varphi+\sin\varphi)$

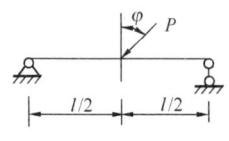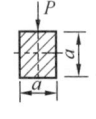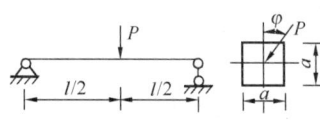

图 5-5-13　　　　　　　　　　　　图 5-5-14

11. 如图 5-5-15 所示两根简支梁，对其变形，下列说法正确的是（　　）。

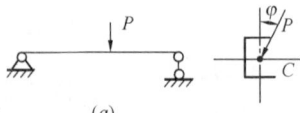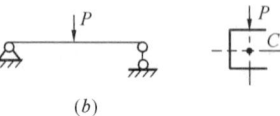

图 5-5-15

A. 图(a)发生斜弯曲，图(b)发生平面弯曲
B. 图(a)发生扭转和平面弯曲，图(b)发生平面弯曲
C. 图(a)发生斜弯曲和扭转，图(b)发生扭转
D. 图(a)发生斜弯曲和扭转，图(b)发生平面弯曲和扭转

12. 如图 5-5-16 所示悬臂梁受力 P 作用，其最大正应力不能用公式 $\sigma_{\max}=\dfrac{M_y}{W_y}+\dfrac{M_z}{W_z}$ 计算的是（　　）。

A. 图(a)　　B. 图(b)　　C. 图(c)　　D. 图(d)

13. 如图 5-5-17 所示，矩形截面拉杆两端受线性荷载作用，最大线荷载为 $q(\mathrm{N/m})$，中间开一深为 a 的缺口，则该杆的最大拉应力为（　　）。

A. $\dfrac{q}{a}$　　B. $\dfrac{q}{2a}$　　C. $\dfrac{3q}{4a}$　　D. $\dfrac{5q}{8a}$

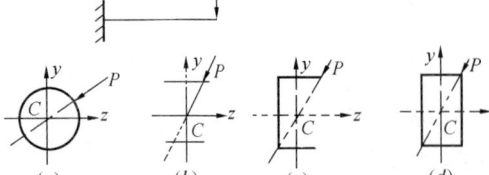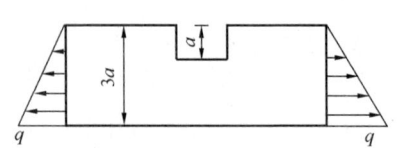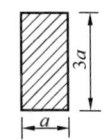

图 5-5-16　　　　　　　　　　　　图 5-5-17

14. 在压杆稳定性计算中，若用欧拉公式计算得压杆的临界压力为 P_{cr}，而实际上压杆属于中长杆，则（　　）。

A. 实际的临界压力＞P_{cr}，是偏于安全的
B. 实际的临界压力＞P_{cr}，是偏于不安全的
C. 实际的临界压力＜P_{cr}，是偏于不安全的
D. 上述 A、B、C 均不对

15. 如图 5-5-18 所示各杆材料相同，均为圆截面压杆，若两杆的 $d_1/d_2=1/2$，则两杆的临界力之比 P_{cr1}/P_{cr2} 为（ ）。

A. 1/4　　　　B. 1/8　　　　C. 1/16　　　　D. 1/32

16. 如图 5-5-19 所示压杆，其横截面为矩形 $b×h$，则该杆临界力 P_{cr} 为（ ）。

A. $1.68\dfrac{Ebh^3}{l^2}$　　B. $0.82\dfrac{Ebh^3}{l^2}$　　C. $1.68\dfrac{Ehb^3}{l^2}$　　D. $0.82\dfrac{Ehb^3}{l^2}$

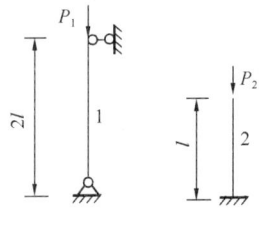

图 5-5-18

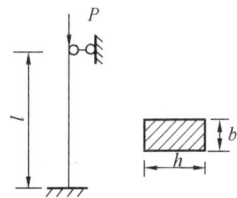

图 5-5-19

17. 细长压杆，若其长度系数 μ 减小一半，则压杆的临界应力、临界力的变化为（ ）。

A. 临界应力不变，临界力增大一倍　　B. 临界应力增大，临界力增大两倍
C. 临界应力不变，临界力增大三倍　　D. 临界应力增大，临界力增大三倍

18. 一正方形截面压杆，其横截面边长 a 和杆长 l 成比例增加，其他条件不变，则其长细比的变化为（ ）。

A. 保持不变　　B. 成正比增加　　C. 按 $(l/a)^2$ 变化　　D. 按 $(a/l)^2$ 变化

19. 如图 5-5-20 所示长方形截面细长压杆，$b/h=1/2$，若将 b 改为 h 后仍为细长杆。则临界力 P_{cr} 是原来的（ ）倍。

A. 2　　　　B. 4　　　　C. 8　　　　D. 16

20. 图 5-5-21 所示结构中，AB 段为圆截面杆，直径 $d=80$mm，A 端固定，B 端为球铰连接，BC 段为正方形截面杆，边长 $a=70$mm，C 端亦为球铰连接，两杆材料相同，$E=206×10^3$MPa，比例极限 $\sigma_p=200$MPa，$l=3$m，稳定安全系数 $n_{st}=2.5$，则结构的容许荷载 $[P]$ 为（ ）kN。

A. 165　　　　B. 180　　　　C. 185　　　　D. 194

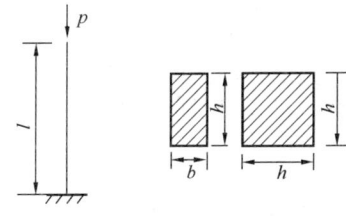

图 5-5-20

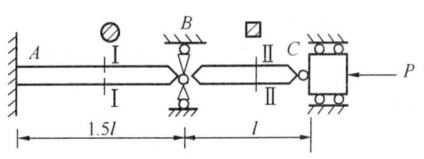

图 5-5-21

21. 如图 5-5-22 所示机构，压杆 BD 为 Q235 钢，截面为 20a 槽钢，已知其面积为 28.837cm², $i_y=2.11$cm, $i_x=7.86$cm, $E=200\times10^3$MPa, $\sigma_p=200$MPa, $\sigma_s=240$MPa。重物 P 为 40kN，则压杆的安全系数为（　　）。

　　A. $n_{st}=6.5$　　　B. $n_{st}=6.9$　　　C. $n_{st}=7.3$　　　D. $n_{st}=7.8$

22. 若用 σ_{cr} 表示细长压杆的临界应力，下列结论中正确的是（　　）。

　　A. σ_{cr} 与压杆的长度、横截面面积有关

　　B. σ_{cr} 与压杆的长度、长细比 λ 有关

　　C. σ_{cr} 与长细比 λ、横截面面积有关

　　D. σ_{cr} 与压杆的材料、长细比 λ 有关

23. 如图 5-5-23 所示结构，由细长压杆组成，各杆的刚度均为 EI，则 P 的临界值为（　　）。

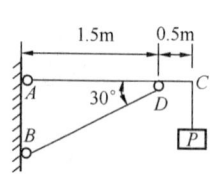
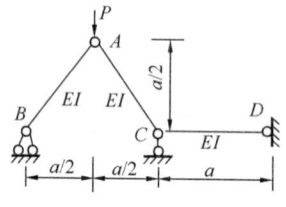

图 5-5-22　　　　　　　　　　　图 5-5-23

　　A. $\dfrac{\sqrt{2}\pi^2 EI}{a^2}$　　B. $\dfrac{2\pi^2 EI}{a^2}$　　C. $\dfrac{2\sqrt{2}\pi^2 EI}{a^2}$　　D. $\dfrac{4\pi^2 EI}{a^2}$

24. 如图 5-5-24 所示某木压杆为细长压杆，长度为 3m，横截面直径为 50mm，木材容许应力 $[\sigma]=10$MPa，其折减系数 φ 可内插，当 $\lambda=100$ 时，$\varphi=0.300$；$\lambda=140$ 时，$\varphi=0.156$，则该木杆的临界力为（　　）。

　　A. 4.5kN　　　　　　　　　B. 4.8kN
　　C. 5.2kN　　　　　　　　　D. 5.6kN

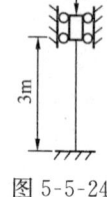

图 5-5-24

第六节　答案与解答

一、第一节　拉伸、压缩、剪切和挤压

1. B　2. C　3. D　4. A　5. A　6. A　7. C　8. C　9. D　10. B
11. B　12. C　13. C　14. C　15. C　16. B　17. C　18. B　19. A　20. B
21. C　22. C　23. D　24. C　25. A　26. B　27. C　28. D

1. B. 解答如下：
σ 坐标值最大者强度高，σ-ε 轴线的斜率大者则刚度大，ε 坐标值最大者塑性好。

2. C. 解答如下：
$\sigma=\dfrac{P}{A}$，故内力和应力相同；$\Delta l=\dfrac{Pl}{EA}$，$\varepsilon=\dfrac{P}{EA}$，及强度 EA 均不同。

3. D. 解答如下：

作出 B 点的变形图，$\Delta l_{AB}=\dfrac{Pl}{EA}$，$\Delta l_{BC}=0$，但变形协调，用切线代替圆弧的方法找出变形后的 B'，则 $\overline{BB'}=\dfrac{\Delta l}{\sin 60°}=\dfrac{2\sqrt{3}Pl}{3EA}$

4. A. 解答如下：

因为 $\Delta l_1=\Delta l_2=\Delta l_3$，$EA_1=EA_2<EA_3$，则：

$$\Delta l=\dfrac{N_1 l}{EA_1}=\dfrac{N_2 l}{EA_2}=\dfrac{N_3 l}{EA_3}，故 N_1=N_2<N_3$$

6. A. 解答如下：

斜截面上正应力：$\dfrac{P\cos^2\alpha}{A}$

7. C. 解答如下：

$\sigma=\dfrac{P}{A}$，$\varepsilon=\dfrac{P}{EA}$，则两者的应力不同，应变相同。

8. C. 解答如下：

$F=\tau\cdot\pi D\cdot t$

9. D. 解答如下：

$N_{BC}=\dfrac{4P}{3}$，$N_{BA}=\dfrac{5P}{3}$，则：

$$\Delta l_1=\dfrac{N_{BA}\cdot l_{AB}}{E_1 A_1}=\dfrac{\dfrac{5}{3}\times 40\times 10^3\times 2.5}{2\times 10^{11}\times\dfrac{\pi}{4}\times 30^2\times 10^{-6}}=1.179\text{mm}$$

$$\Delta l_2=\dfrac{\dfrac{4}{3}\times 40\times 10^3\times 2}{1\times 10^{10}\times 100^2\times 10^{-6}}=1.067\text{mm}$$

10. B. 解答如下：

取截面一半进行受力分析，则：$2N=p\cdot(D\times 1)$，$N=\dfrac{pD}{2}$

11. B. 解答如下：

分别作出杆 1、杆 2 的变形图，则：$\dfrac{\Delta l_1}{\sin\alpha}=2\cdot\dfrac{\Delta l_2}{\sin\beta}$

12. C. 解答如下：

将力 P 向杆 2 简化为一个力 P 和力偶矩 Pa，则杆 1、杆 3 的部分为 P'形成一个力偶与 Pa 平衡，即：$P'=\dfrac{Pa}{2a}=\dfrac{P}{2}$，

所以：$N_1=\dfrac{P}{2}+\dfrac{P}{3}=\dfrac{5P}{6}$，$N_2=\dfrac{P}{3}$，

$$N_3=\dfrac{-P}{2}+\dfrac{P}{3}=-\dfrac{P}{6}(受压)$$

13. C. 解答如下：

杆 2 为零杆，$\Delta l_2=0$，但变形协调条件知，$\Delta A_y\neq 0$，且 $\Delta A_x\neq 0$，故 A、B 项不对。

$\Delta l_1 = \dfrac{Pl}{2EA}$,作出 A 点变形协调图,则:$\Delta A_x = \Delta l_1 = \dfrac{Pl}{2EA}$

16. B. 解答如下:

$\varepsilon_{测} = 1.8 \times 10^{-3} > \varepsilon_p = \dfrac{\sigma_p}{E} = \dfrac{200}{2 \times 10^5} = 1.0 \times 10^{-3}$,即虎克定律不适用,钢杆已进入屈服阶段,正应力约等于 σ_s,$\sigma_s = 235\text{MPa}$。

17. C. 解答如下:

$$\Delta l_1 = \dfrac{Pl}{E \cdot \dfrac{1}{4}\pi d^2} + \dfrac{P \cdot l}{E \cdot \dfrac{1}{4}\pi \cdot (2d)^2} = \dfrac{5PL}{\pi d^2 E}$$

$$\Delta l_2 = \dfrac{P \cdot 2l}{E \cdot \dfrac{1}{4}\pi(2d)^2} = \dfrac{2Pl}{\pi d^2 E}$$

所以 $\Delta l_1 = 2.5 \Delta l_2$

18. B. 解答如下:

$$\Delta_{AC} = \dfrac{Pa}{EA} + 0 = \dfrac{Pa}{EA}$$

19. A. 解答如下:

$$\tau = \dfrac{P}{2A}\sin^2(90° - 30°) = \dfrac{\sqrt{3}P}{4A}$$

20. B. 解答如下:

取夹剪一半为对象,$\sum M_B(F) = 0$,$N_C = 4P$;$\sum M_C(F) = 0$,$N_B = 5P$

剪断钢丝:$\dfrac{N_C}{A_1} \geqslant \tau_0$,$\dfrac{4P}{\dfrac{1}{4}\pi \times 3^2 \times 10^{-6}} \geqslant 100 \times 10^6$,$P \geqslant 176.625\text{N}$

对销钉:$\dfrac{N_B}{A_2} \leqslant [\tau]$,$\dfrac{5P}{\dfrac{1}{4}\pi \times d_0^2 \times 10^{-6}} \leqslant 80 \times 10^6$,

将 $P = 56.25\text{N}$ 代入上式解之得:

$$d_0 \geqslant \sqrt{\dfrac{176.625}{\dfrac{\pi}{4}}} = 3.75\text{mm}$$

21. C. 解答如下:

螺钉杆受力:$\sigma = \dfrac{F}{\dfrac{1}{4}\pi d^2} \leqslant [\sigma]$,$F \leqslant 160 \times 10^6 \times \dfrac{\pi}{4} \times 2.2^2 \times 10^{-6} = 60.79\text{kN}$

螺钉头挤压面受力:$\sigma_{bs} = \dfrac{F}{A} \leqslant [\sigma_{bs}]$,

$$F \leqslant 300 \times 10^6 \times \dfrac{\pi}{4} \times (34^2 - 22^2) \times 10^{-6} = 158.26\text{kN}$$

螺钉头剪切面受力:$\tau = \dfrac{F}{A_0} \leqslant [\tau]$

$$F \leqslant 120 \times 10^6 \times \pi \times 22 \times 12 \times 10^{-6} = 99.48\text{kN}$$

所以,F 最大控力为 60.79kN。

24. C. 解答如下：

P 向铆钉群简化为一个力和一个力偶 m，则 A、D 形成的力偶矩最大，A、D 的合力最大。

25. A. 解答如下：

螺栓为 4 个，则每侧每个螺栓承担剪力为 $\frac{P}{2}$，又为两个剪切面，

则：
$$\tau=\frac{P/2}{2\cdot A}=\frac{P}{\pi d^2}$$

26. B. 解答如下：

由图可知，螺栓双剪，剪力为 $\frac{P}{8}$；螺栓挤压受力 $\frac{P}{4}$，又 $2t_1=2\times4=8\text{mm}<t=10\text{mm}$，故挤压面取为 $2t_1d$。

27. C. 解答如下：

图(1)的挤压面积为：$\frac{\pi}{4}(D^2-d^2)$，

图(2)的挤压面积为：$\frac{\pi}{4}(D^2-d_0^2)$。

二、第二节 扭转和截面几何性质

1. D	2. D	3. D	4. C	5. A	6. C	7. A	8. C	9. C	10. D
11. B	12. A	13. C	14. A	15. B	16. C	17. B	18. B	19. C	20. C
21. B	22. A	23. D	24. D	25. C					

3. D. 解答如下：

$$I_p=\frac{\pi D^4}{32}(1-\alpha^4)，W_t=\frac{I_p}{\frac{D}{2}}=\frac{\pi D^3}{16}(1-\alpha^4)$$

4. C. 解答如下：

$$\tau=\frac{M_t\cdot\rho}{I_p}，\frac{\tau_{max}}{\tau}=\frac{D}{d}=\frac{1}{\alpha}，\tau_{max}=\frac{\tau}{\alpha}$$

5. A. 解答如下：

因为：$\tau=\frac{M_t}{W_t}$，由条件知，$W_{t1}=W_{t2}$，则：

$$\frac{\pi D_1^2}{16}=\frac{\pi D_2^3}{16}(1-\alpha^4)，\left(\frac{D_1}{D_2}\right)=(1-\alpha^4)^{\frac{1}{3}}$$

所以：$\frac{A_1}{A_2}=\frac{\frac{\pi}{4}D_1^2}{\frac{\pi}{4}(D_2^2-d_2^2)}=\left(\frac{D_1}{D_2}\right)^2\cdot\frac{1}{1-\alpha^2}=(1-\alpha^4)^{\frac{2}{3}}\cdot\frac{1}{1-\alpha^2}$

6. C. 解答如下：

$$\tau=\frac{M_t}{I_p}\cdot\frac{D}{2}=\frac{M_tl}{GI_p}\cdot\frac{G}{l}\cdot\frac{D}{2}=\frac{\varphi GD}{2l}$$

$$\frac{\tau_{1max}}{\tau_{2max}}=\frac{G_1D_1}{G_2D_2}$$

当 $G_1 > G_2$ 时，又 $D_1 > D_2$，则有：$\tau_{1max} > \tau_{2max}$

7. A. 解答如下：

$$\tau = \frac{M_t}{W_t}，则：W_{t1} = W_{t2}$$

$$\frac{\pi}{16}D_1^3 = \frac{\pi}{16}D_2^3(1-0.8^4)$$

所以
$$\frac{D_1}{D_2} = (1-0.8^4)^{\frac{1}{3}} = 0.839$$

8. C. 解答如下：

$$\frac{\tau_{2max}}{\tau_{1max}} = \frac{M_t \cdot \frac{D_2}{2}}{I_{p2}} \cdot \frac{I_{p1}}{M_t \cdot \frac{D_1}{2}} = \left(\frac{D_1}{D_2}\right)^3 = \frac{1}{8}$$

$$\frac{\varphi_2}{\varphi_1} = \frac{M_t \cdot l}{GI_{p2}} \cdot \frac{GI_{p1}}{M_t \cdot l} = \left(\frac{D_1}{D_2}\right)^4 = \frac{1}{16}$$

9. C. 解答如下：

$\gamma = \frac{\tau}{G}，\tau = \frac{M_t}{I_p} \cdot \rho$，则：

$$\frac{\gamma_b G}{\gamma_a G} = \frac{D}{d} = \frac{1}{0.8}，\gamma_b = 1.25\gamma_a$$

10. D. 解答如下：

$$\varphi = \frac{l\gamma}{R}，\varphi = \frac{Tl}{GI_p}$$

所以
$$T = \frac{GI_p\gamma}{R}$$

11. B. 解答如下：

$\varphi = \frac{Tl}{GI_p}，\varphi_1 = \varphi_2$，则：$\frac{l_1}{I_{p1}} = \frac{l_2}{I_{p2}}$

$$\frac{800-l_2}{1-\alpha_1^4} = \frac{l_2}{1-\alpha_2^4},$$

$$\alpha_1 = \frac{30}{50} = 0.6，\alpha_2 = \frac{40}{50} = 0.8$$

代入上式解之得：$l_2 = 323.33 \text{mm}$

12. A. 解答如下：

$M_t = 9.55\frac{N}{n}$，则传动轮最大扭矩：$M_t = 9.55 \cdot \frac{5.5}{300} = 0.175 \text{kN} \cdot \text{m}$

$$\tau = \frac{M_t}{W_t} \leqslant [\tau]，\frac{0.175 \times 10^3}{\frac{1}{16}\pi d^3 \times 10^{-9}} \leqslant 40 \times 10^6$$

解之得：$d \geqslant 28.14 \text{mm}$

13. C. 解答如下：

受扭圆轴中各点为纯剪切应力状态，在45°斜截面上存在最大拉应力，而铸铁的抗拉强度远远小于其抗压强度，容易在此发生断裂。

14. A. 解答如下：

当 $A_\text{空}=A_\text{实}$，则：$I_\text{P空}>I_\text{P实}$

$\varphi=\dfrac{M_\text{t}\cdot l}{GI_\text{p}}$，所以，$\varphi_\text{实}>\varphi_\text{空}$。

15. B. 解答如下：

$$S_z=\left(\dfrac{a}{2}\cdot a\right)\dfrac{3}{4}a=\dfrac{3}{8}a^3,$$

$$I_z=\dfrac{1}{12}\cdot a\cdot\left(\dfrac{a}{2}\right)^3+\left(\dfrac{a}{2}\cdot a\right)\cdot\left(\dfrac{3}{4}a\right)^2=\dfrac{7a^4}{24}$$

17. B. 解答如下：

$I_{z1}=I_\text{正方形}-I_\text{半圆}$

$I_{z2}=I_\text{正方形}-(I_\text{半圆}+A_\text{半圆}\cdot L^2)$

所以 $I_{z1}>I_{z2}$

18. B. 解答如下：

$I_{z1}=I_\text{正方形}+I_\text{半圆}+A_\text{半圆}\cdot L^2$

$I_{z2}=I_\text{正方形}+I_\text{半圆}$

所以 $I_{z1}>I_{z2}$

19. C. 解答如下：

$(I_y)_1=I_\text{大矩形}-I_\text{空心矩形}$

$(I_y)_2=I_\text{大矩形}-2I'_\text{空心矩形}$，且 $2I'_\text{空心矩形}=I_\text{空心矩形}$

所以 $(I_y)_1=(I_y)_2$

图(2)中空心矩形形心远离 Z 轴，故 $(I_z)_1>(I_z)_2$。

20. C. 解答如下：

$$I_z=I_y=I_\text{半圆}=\dfrac{1}{2}\cdot\dfrac{\pi}{64}\cdot(2R)^4=\dfrac{\pi R^4}{8}$$

$$I_{yz}=0$$

21. B. 解答如下：

$$I_{y1}=I_y+A\cdot\left(\dfrac{\sqrt{2}}{2}a\right)^2=\dfrac{a^4}{12}+a^2\cdot\dfrac{a^2}{2}=\dfrac{7a^4}{12}$$

24. D. 解答如下：

$$I_y=I_0+a^2\cdot A,\quad I'_y=I_0+b^2\cdot A$$

则：$I'_y=I_y+(b^2-a^2)A$

三、第三节　弯曲

1. D	2. B	3. A	4. C	5. A	6. D	7. B	8. D	9. B	10. D
11. A	12. B	13. B	14. D	15. B	16. C	17. D	18. C	19. C	20. B
21. B	22. C	23. D	24. A	25. A	26. A	27. A	28. C	29. D	30. A
31. A	32. D	33. D	34. C	35. A	36. A	37. B	38. C	39. D	40. C
41. C									

3. A. 解答如下：

$$\sum M_A(F)=0,\text{ 则：}R_B=\dfrac{2a}{2},$$

位于 B 点左侧 $\dfrac{a}{2}$ 处的弯矩：$M=\dfrac{qa}{2}\cdot\dfrac{a}{2}-\dfrac{1}{2}qa\cdot\dfrac{a}{4}=\dfrac{qa^2}{8}$

6. D. 解答如下：

$$\sum M_{\mathrm{B}}(F)=0,\ R_{\mathrm{A}}=\dfrac{3qa}{4}(\downarrow);\ \sum M_{\mathrm{A}}(F)=0,\ R_{\mathrm{B}}=\dfrac{7qa}{4}(\uparrow)$$

分别作出剪力图、弯矩图，可知：$|V|_{\max}=qa$，$|M|_{\max}=\dfrac{3}{4}qa^2$。

7. B. 解答如下：

外力偶 m 在铰的左右侧时，铰支座反力值不等，故 V、M 图均不同。

8. D. 解答如下：

$$\sigma_{\mathrm{Bt}}=\dfrac{M}{I_z}\times 150=\dfrac{10\times 10^6}{2\times 10^7}\times 150=75\mathrm{MPa}$$

$$\sigma_{\mathrm{At}}=\dfrac{20\times 10^6}{2\times 10^7}\times 50=50\mathrm{MPa}$$

9. B. 解答如下：

由 $\dfrac{1}{\rho}=\dfrac{M}{EI_z}$，$\sigma=\dfrac{M}{W_z}=\dfrac{M}{I_z}\cdot y=\dfrac{M\cdot Ey}{EI_z}$

所以：$\sigma=\dfrac{Ey}{\rho}=\dfrac{E\cdot\dfrac{d}{2}}{\dfrac{D}{2}}=\dfrac{2\times 10^5\times 2\times 10^{-3}/2}{2/2}=200\mathrm{MPa}$

10. D. 解答如下：

由 9 题可知：$\sigma=\dfrac{Ey}{\rho}=\dfrac{E\cdot d/2}{D/2}=\dfrac{Ed}{b}\leqslant[\sigma]$

所以 $d\leqslant\dfrac{[\sigma]\cdot D}{E}=\dfrac{300\times 10^6\times 2}{200\times 10^6}=3\mathrm{mm}$

11. A. 解答如下：

由条件知，$\dfrac{1}{\rho}=\dfrac{M_1}{EI_{z1}}=\dfrac{M_2}{EI_{z2}}$，且 E 相同，

$$\dfrac{\sigma_{1\max}}{\sigma_{2\max}}=\dfrac{M_1\cdot\dfrac{h}{2}\cdot I_{z2}}{I_{z1}\cdot M_2\cdot\dfrac{3h}{2}}=\dfrac{1}{3}$$

12. B. 解答如下：

图(a)中各根梁承担弯矩的一半，则：

$$\sigma=\dfrac{Pl/2}{\dfrac{1}{6}\cdot b\cdot\left(\dfrac{h}{2}\right)^2}\leqslant[\sigma],\ \text{所以}[P_1]=\dfrac{bh^2[\sigma]}{12l}$$

图(b)中两梁形成整根梁，则：

$$\sigma=\dfrac{Pl}{\dfrac{1}{6}\cdot b\cdot h^2}\leqslant[\sigma],\ \text{所以}[P_2]=\dfrac{bh^2[\sigma]}{6l}$$

13. B. 解答如下：

$\sum M_C(F)=0$，则：$\dfrac{P}{4} \cdot d = \dfrac{P}{l} \cdot d \cdot \dfrac{d}{2}$，$d=\dfrac{l}{2}$

$$\sigma_{max}=\dfrac{M_{max}}{\dfrac{1}{6}bt^2}=\dfrac{\dfrac{1}{8}\cdot\dfrac{P}{l}\cdot\left(\dfrac{l}{2}\right)^2}{\dfrac{1}{6}bt^2}=\dfrac{3Pl}{16bt^2}$$

14. D. 解答如下：

B 点 $\qquad \sigma_{Bt}=\dfrac{20\times10^6}{4.0\times10^7}\times60=30\text{MPa}$

$\qquad\qquad \sigma_{Bc}=\dfrac{20\times10^6}{4.0\times10^7}\times(200-60)=70\text{MPa}$

C 点 $\qquad \sigma_{Ct}=\dfrac{10\times10^6}{4.0\times10^7}\times(200-60)=35\text{MPa}$

$\qquad\qquad \sigma_{Cc}=\dfrac{10\times10^6}{4.0\times10^7}\times60=15\text{MPa}$

所以，$\sigma_{tmax}=35\text{MPa}$，$\sigma_{cmax}=70\text{MPa}$

15. B. 解答如下：

作出弯矩图，$M_C=-0.6P$、$M_A=0.8P$

经比较，最大拉应力发生在截面 C 处：

$$\sigma_t=\dfrac{0.6P}{1.0\times10^8\times10^{-12}}\times150\times10^{-3}\leqslant 40\times10^3，故\ P\leqslant 44.44\text{kN}$$

最大压应力发生在截面 A 处：

$$\sigma_c=\dfrac{0.8P}{1.0\times10^8\times10^{-12}}\times150\times10^{-3}\leqslant 80\times10^3，故\ P\leqslant 66.67\text{kN}$$

所以 P 取为 44.44kN。

16. C. 解答如下：

(1) 正应力强度条件：$\sigma=\dfrac{M}{W_z}\leqslant[\sigma]$，

$$P\leqslant[\sigma]\cdot\dfrac{1}{6}\cdot bh^2=10\times10^6\times\dfrac{1}{6}\times100\times150^2\times10^{-9}=3.75\text{kN}$$

(2) 剪应力强度条件：$\tau=\dfrac{3P}{2bh}\leqslant[\tau_2]$

$$P\leqslant1\times10^4\times\dfrac{2}{3}\times100\times150\times10^{-6}=10\text{kN}$$

(3) 胶合面处剪应力强度条件：

$$\tau=\dfrac{V\cdot S_z}{bI_z}\leqslant[\tau_1]，$$

$$P\times(50\times100)\times50\times10^{-9}\leqslant0.1\times\dfrac{100\times150^3}{12}\times10^{-12}\times0.34\times10^6$$

$$P\leqslant3.83\text{kN}$$

所以梁的容许荷载$[P]$为 3.75kN。

17. D. 解答如下：

发生平面弯曲时，竖向荷载必须过弯心 A。

18. C. 解答如下：

图(b)、(d)的任一形心轴均为形心主轴，图(h)的轴为形心主轴，故 P 作用线过形心即可产生平面弯曲。

23. D. 解答如下：

纯弯曲时，$U=\dfrac{M^2 l}{2EI}$，

$$\dfrac{U_1}{U_2}=\left(\dfrac{M_1}{M_2}\right)^2 \cdot \left(\dfrac{l_1}{l_2}\right)^2 =\left(\dfrac{1}{2}\right)^2 \cdot \dfrac{1}{2}=\dfrac{1}{8}$$

24. A. 解答如下：

$$\theta_B=\dfrac{Pl^2}{2EI}+\dfrac{Pl^2}{2E \cdot 2I}+\dfrac{Pl \cdot l}{E \cdot 2I}=\dfrac{5Pl^2}{4EI}$$

$$f_B=\dfrac{Pl^3}{3E \cdot 2I}+\dfrac{Pl^3}{3EI}+\dfrac{Pl \cdot l^2}{2E \cdot 2I}+\left(\dfrac{Pl^2}{2E \cdot 2I}+\dfrac{Pl \cdot l}{E \cdot 2I}\right) \cdot l=\dfrac{3Pl^3}{2EI}$$

25. A. 解答如下：

$$\theta_C=-\dfrac{qa(2a)^2}{16 \cdot 2EI}+\dfrac{qa^3}{6EI}+\dfrac{\dfrac{qa^2}{2} \cdot 2a}{3 \cdot 2EI}=\dfrac{5qa^3}{24EI}$$

26. A. 解答如下：

$$f_C=-\dfrac{qa \cdot (2a)^2}{16 \cdot 2EI} \cdot a+\dfrac{qa^4}{8EI}+\dfrac{\dfrac{qa^2}{2} \cdot 2a}{3 \cdot 2EI} \cdot a$$

$$=-\dfrac{qa^4}{8EI}+\dfrac{qa^4}{8EI}+\dfrac{qa^4}{6EI}=\dfrac{qa^4}{6EI}(\downarrow)$$

27. A. 解答如下：

$$f_A=\dfrac{P \cdot (2a)^3}{3EI}+\dfrac{P \cdot a^3}{3EI}+\dfrac{Pa^2}{2EI} \cdot a=\left(\dfrac{8}{3}+\dfrac{1}{3}+\dfrac{1}{2}\right)\dfrac{Pa^3}{EI}=\dfrac{7Pa^3}{2EI}$$

28. C. 解答如下：

A 点力 P 标为 P_1，B 点力 P 标为 P_2，则：

AB 段，$M=-P_1 x$，$\dfrac{\partial M}{\partial P_1}=-x$

BC 段，$M=-P_1 x-P_2(x-a)$，$\dfrac{\partial M}{\partial P_1}=-x$

令 $P_1=P, P_2=P$，则：$f_A=\int_0^a \dfrac{Px^2}{EI}\mathrm{d}x+\int_a^{2a}\dfrac{Px+P(x-a)}{EI}x\mathrm{d}x$

$$=\dfrac{Pa^3}{3EI}+\dfrac{19Pa^3}{6EI}=\dfrac{7Pa^3}{2EI}(\downarrow)$$

29. D. 解答如下：

图(a)，$\sigma_a=\dfrac{M}{\dfrac{1}{6}bh^2}$；图$(b)$，$\sigma_b=\dfrac{\dfrac{M}{2}}{\dfrac{1}{6} \cdot b\left(\dfrac{h}{2}\right)^2}=\dfrac{2M}{\dfrac{1}{6}bh^2}>\sigma_a$

图(a)，$EI_a=E \cdot \dfrac{1}{12}b \cdot h^3$；图$(b)$，$EI_b=E \cdot \dfrac{1}{12} \cdot b\left(\dfrac{h}{2}\right)^3 \neq EI_a$

30. A. 解答如下：

梁中剪力为零，故 $\tau=0$；又中性层，故 $\sigma=0$。

31. A. 解答如下：

对称结构反对称荷载作用下，$V_C \neq 0$，故 B、D 项不对。

求出支座应力，则 $V_C = -\dfrac{qa}{2}$，且 $M_C = 0$

32. D. 解答如下：

$\sum M_B(F) = 0$，则：$R_A = \dfrac{7}{6}qa$，

$$x = \dfrac{R_A}{q} = \dfrac{7}{6}a$$

33. D. 解答如下：

$$\theta_B = -\dfrac{ml}{EI} + \dfrac{P \cdot \left(\dfrac{l}{2}\right)^2}{2EI} = 0$$

解之得：$M = \dfrac{Pl}{8}$

34. C. 解答如下：

在 C 截面上需加一力 F，建立如图 5-6-1 所示的坐标系，$R_A = \dfrac{1}{2}(F + P)$

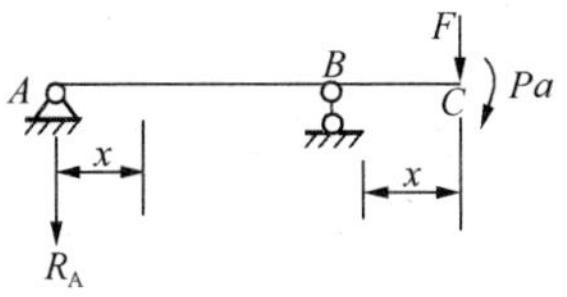

AB 段：$M = \dfrac{1}{2}(F + P)x$，$\dfrac{\partial M}{\partial F} = \dfrac{x}{2}$

CB 段：$M = Fx + Pa$，$\dfrac{\partial M}{\partial F} = x$

图 5-6-1

令 $F = 0$，则：
$$\delta_C = \int_L \dfrac{M}{EI} \cdot \dfrac{\partial M}{\partial F} dx$$
$$= \dfrac{1}{EI}\int_0^{2a} \dfrac{Px}{2} \cdot \dfrac{x}{2} dx + \dfrac{1}{EI}\int_0^a Pa \cdot x dx$$
$$= \dfrac{2Pa^3}{3EI} + \dfrac{Pa^3}{2EI} = \dfrac{7Pa^3}{6EI}(\downarrow)$$

35. A. 解答如下：

$\ddot{v} = -\dfrac{M(x)}{EI_z} = 0$，则：$M(x) = 0$

$$\sum M_B(F) = 0,\ R_A = -\dfrac{m_1 + m_2}{4a}(\downarrow),$$

$$M(x) = m_1 - \dfrac{m_1 + m_2}{4a} \cdot 2a = 0$$

所以 $m_2 = m_1$

36. A. 解答如下：

$f_C = \dfrac{5ql^4}{384EI} - \dfrac{2ml^2}{16EI} = \dfrac{5ql^4}{384EI} - \dfrac{ml^2}{8EI}$

37. B. 解答如下：

$f = -\iint \dfrac{M(x)}{EI} dx dx$，则：

$$\dfrac{f_1}{f_2} = \dfrac{E_2}{E_1} = \dfrac{1}{2}$$

38. C. 解答如下：

结构对称，当荷载对称时，则剪力图反对称，弯矩图对称，中央截面处 $V_C=0$，$M_C\neq 0$。

39. D. 解答如下：

图 (a)、(b) 分别为均布满跨荷载的一半，则两者的挠度为：$f=\dfrac{1}{2}\cdot\dfrac{5ql^4}{384EI}$

40. C. 解答如下：

因为：$f_C=\dfrac{5ql^4}{384EI}-\dfrac{N_{CD}\cdot l^3}{48EI}$，$f_D=\dfrac{N_{CD}\cdot\left(\dfrac{l}{2}\right)^3}{3\times 2EI}=\dfrac{N_{CD}\cdot l^3}{48EI}$

$$\Delta_{CD}=\dfrac{N_{CD}\cdot\dfrac{l}{2}}{EA}$$

由变形协调方程：$f_C-f_D=\Delta_{CD}$，则：

$$\dfrac{5ql^4}{384EI}-\dfrac{2N_{CD}\cdot l^3}{48EI}=\dfrac{N_{CD}\cdot l}{2EA}$$

解之得：$N_{CD}=\dfrac{\dfrac{5ql^3}{384I}}{\dfrac{l^2}{24I}+\dfrac{1}{2A}}=\dfrac{5ql^3}{16l^2+192I/A}$

四、第四节 应力状态

1. C   2. A   3. D   4. D   5. C   6. A   7. A   8. B   9. D   10. A
11. C   12. B   13. D   14. C   15. C   16. C   17. C   18. D   19. C

1. C. 解答如下：

求出支座 A 反力为 120kN，方向向上，故 a 点剪力为正，弯矩也为正，又 a 点在中性轴上方，故受压力，所以 a 点单元体上 σ 为压应力，τ 为顺时针向。

2. A. 解答如下：

由主应力方向的定性判断，即切应力箭头方向的连线与 $\sigma_y=45$ 的方向，知 B、D 项不对。

$$\sigma_x=20,\ \sigma_y=40,\ \tau_{xy}=-40$$

$$\genfrac{}{}{0pt}{}{\sigma_{max}}{\sigma_{min}}=\dfrac{\sigma_x+\sigma_y}{2}\pm\sqrt{\left(\dfrac{\sigma_x-\sigma_y}{2}\right)^2+\tau_{xy}^2}$$

$$=\dfrac{20+40}{2}\pm\sqrt{\left(\dfrac{20-40}{2}\right)^2+(-40)^2}$$

$$=\genfrac{}{}{0pt}{}{71.23}{-11.23}$$

$\sigma_1=71.23,\ \sigma_2=0,\ \sigma_3=-11.23$

$$\tan2\alpha_0=-\dfrac{2\tau_{xy}}{\sigma_x-\sigma_y}=-\dfrac{2\times(-40)}{20-40}=-4$$

$$\alpha_0=52°06'$$

3. D. 解答如下：

$\sigma_x=120\text{MPa},\ \sigma_y=40\text{MPa},\ \tau=-30\text{MPa}$，则：

$$\begin{matrix}\sigma_{\max}\\ \sigma_{\min}\end{matrix}=\frac{\sigma_x+\sigma_y}{2}\pm\sqrt{\left(\frac{\sigma_x-\sigma_y}{2}\right)^2+\tau_{xy}^2}$$

$$=\frac{120+40}{2}\pm\sqrt{\left(\frac{120-40}{2}\right)^2+(-30)^2}$$

$$=\begin{matrix}130\\ 30\end{matrix}$$

则有：$\sigma_1=130\text{MPa}$，$\sigma_2=30\text{MPa}$，$\sigma_3=-30\text{MPa}$

所以 $\tau_{\max}=\dfrac{\sigma_1-\sigma_3}{2}=80\text{MPa}$

4．D．解答如下：

由公式：$\begin{matrix}\sigma_{\max}\\ \sigma_{\min}\end{matrix}=\dfrac{\sigma_x+\sigma_y}{2}\pm\sqrt{\left(\dfrac{\sigma_x-\sigma_y}{2}\right)^2+\tau_{xy}^2}$，知两者的主应力大小相等；又依据主应力方向的定性判断，图(a)中主应力方向靠水平的120MPa方向，图(b)中主应力方向靠垂直的120MPa方向，故方向不同。

5．C．解答如下：

$$\begin{matrix}\sigma_{\max}\\ \sigma_{\min}\end{matrix}=\frac{70+10}{2}\pm\sqrt{\left(\frac{70-10}{2}\right)^2+40^2}=\begin{matrix}90\\ -10\end{matrix}\text{MPa}$$

$\sigma_1=90\text{MPa}$，$\sigma_2=0\text{MPa}$，$\sigma_3=-10\text{MPa}$。

所以 $\tau_{\max}=\dfrac{\sigma_1-\sigma_3}{2}=50\text{MPa}$

6．A．解答如下：

$$\begin{matrix}\sigma_{\max}\\ \sigma_{\min}\end{matrix}=\frac{\sigma_x+\sigma_y}{2}\pm\sqrt{\left(\frac{\sigma_x-\sigma_y}{2}\right)^2+\tau_{xy}^2}=\begin{matrix}2\sigma_x\\ 0\end{matrix}$$

则 $\sigma_1=2\sigma_x$，$\sigma_2=\sigma_3=0$，故选 A。

7．A．解答如下：

图(a)，$\sigma_{r3}=120-(-120)=240\text{MPa}$

图(b)，$\sigma_1=100\text{MPa}$，$\sigma_2=0\text{MPa}$，$\sigma_3=-100\text{MPa}$，$\sigma_{r3}=100-(-100)=200\text{MPa}$

图(c)，$\sigma_{r3}=\sigma_1-\sigma_3=150-60=90\text{MPa}$

图(d)，$\sigma_{r3}=\sigma_1-\sigma_3=100-0=100\text{MPa}$

8．B．解答如下：

表面一点的周边向 σ_1：$\sigma_1=\dfrac{P\cdot 2r\cdot 1}{2t\cdot 1}=\dfrac{Pr}{t}$

轴向 σ_2：$\sigma_2=\dfrac{P\cdot \pi r^2}{2\pi r\cdot t}=\dfrac{Pr}{2t}$

径向 σ_3：$\sigma_3=0$

$\tau_{\max}=\dfrac{\sigma_1-\sigma_3}{2}=\dfrac{Pr}{2t}$

9．D．解答如下：

圆轴表面上任一点的应力状态为纯切应力状态，则：

$$\sigma_1=\tau,\ \sigma_2=0,\ \sigma_3=-\tau,\ \tau=\frac{T}{wt}=\frac{16T}{\pi d^3}$$

又由广义虎克定律：$\varepsilon_1 = \dfrac{1}{E}[\sigma_1 - \nu(\sigma_2 + \sigma_3)]$，则：

$$\varepsilon = \dfrac{1+\nu}{E}\tau = \dfrac{1+\nu}{E} \cdot \dfrac{16T}{\pi d^3}$$

所以
$$T = \dfrac{\varepsilon \pi d^3}{16} \dfrac{E}{(1+\nu)}$$

10. A. 解答如下：

由于图（a）、（b）为平面应力状态，$\sigma_y = 0$，$\sigma_{r3} = \sqrt{\sigma^2 + 4\tau^2}$

图（c）：$\sigma_{max} = \tau$，$\sigma_{min} = -\tau$，则：$\sigma_1 = \sigma$，$\sigma_2 = \tau$，$\sigma_3 = -\tau$，所以，$\sigma_{r3} = \sigma_1 - \sigma_3 = \sigma - (-\tau) = \sigma + \tau$

11. C. 解答如下：

图（a），$\sigma_1 = 80$，$\sigma_2 = 40$，$\sigma_3 = -40$，$\sigma_{r3} = 120$MPa

图（b），$\sigma_1 = 65$，$\sigma_2 = 55$，$\sigma_3 = -55$，$\sigma_{r3} = 120$MPa

12. B. 解答如下：

切应力为零的截面为主平面。

15. C. 解答如下：

图（a），$\sigma_{r3} = 100 - 0 = 100$MPa

图（b），$\sigma_{r3} = 0 - (-100) = 100$MPa

16. C. 解答如下：

图（a），$\sigma_{r4} = \sqrt{\sigma^2 + 3\tau^2} = \sqrt{\sigma^2 + 3\sigma^2} = 2\sigma$

图（b），$\sigma_1 = \sigma$，$\sigma_2 = \tau = \sigma$，$\sigma_3 = -\tau = -\sigma$

$$\sigma_{r4} = \sqrt{\dfrac{1}{2}[(\sigma_1 - \sigma_2)^2 + (\sigma_2 - \sigma_3)^2 + (\sigma_3 - \sigma_1)^2]}$$

$$= \sqrt{\dfrac{1}{2}[0 + 4\sigma^2 + 4\sigma^2]} = 2\sigma$$

17. C. 解答如下：

$\sigma_z = 0$，$\sigma_y = -q$

由广义虎克定律：$\varepsilon_x = \dfrac{1}{E}[\sigma_x - \nu(\sigma_y + \sigma_z)] = 0$

解之得：$\sigma_x = -\nu q$

18. D. 解答如下：

由图可知两个基点坐标为（−3，4）和（3，−4），其连线中点为（0，0），半径为5MPa。

19. C. 解答如下：

纯切应力状态其切应力为τ，则：$\dfrac{\sigma_{max}}{\sigma_{min}} = \pm\tau$，

所以 $\sigma_1 = \tau$，$\sigma_2 = 0$，$\sigma_3 = -\tau$

五、第五节 组合变形和压杆稳定

1. C 2. A 3. D 4. B 5. C 6. D 7. C 8. D 9. B 10. C
11. D 12. A 13. A 14. A 15. C 16. C 17. D 18. A 19. C 20. A

21. A　22. D　23. B　24. A

2. A. 解答如下：

截面发生双弯：$\sigma_{max}=\sigma_y+\sigma_z$

3. D. 解答如下：

$$\sigma=\frac{M}{W_z}=\frac{P\cdot 2a}{\frac{1}{32}\pi d^3}=\frac{64Pa}{\pi d^3}$$

$$\tau=\frac{T}{W_p}=\frac{Pa}{\frac{1}{16}\pi d^3}=\frac{16Pa}{\pi d^3}$$

$\sigma_{r3}=\sqrt{\sigma^2+4\tau^2}$，故应选 D。

4. B. 解答如下：

$$\sigma_{r3}=\sqrt{\sigma^2+4\tau^2},\quad \sigma=\frac{N}{A}+\frac{M}{W},$$

$$\tau=\frac{T}{W_t}=\frac{T}{2W}$$

所以，$\sigma_{r3}=\sqrt{\left(\frac{N}{A}+\frac{M}{W}\right)^2+4\left(\frac{T}{2W}\right)^2}\leqslant[\sigma]$

5. C. 解答如下：

$$\sigma_0=\frac{P}{a^2},\quad \sigma_1=\frac{P}{\frac{a}{2}\cdot a}+\frac{P\cdot\frac{a}{4}}{\frac{1}{6}a\cdot\left(\frac{a}{2}\right)^2}=\frac{8P}{a^2}$$

所以　$\sigma_1=8\sigma_0$

7. C. 解答如下：

$$\sigma=\sigma_y+\sigma_z=\frac{P\cdot l}{\frac{1}{6}a^3}+\frac{P\cdot\frac{l}{2}}{\frac{1}{6}a^3}=\frac{9Pl}{a^3}$$

8. D. 解答如下：

危险点为固端圆截面下边缘点，其应力：

$$\sigma_x=-\left(\frac{P}{A}+\frac{Pl}{W}\right),\quad \sigma_y=0,\quad \tau_{xy}=\frac{T}{W_t}=\frac{T}{2W}$$

$$\sigma_{r3}=\sqrt{\sigma_x^2+4\tau_{xy}^2}=\sqrt{\left(\frac{P}{A}+\frac{Pl}{W}\right)^2+4\left(\frac{T}{2W}\right)^2}$$

9. B. 解答如下：

梁发生平面弯曲与轴向压缩组合，则：

$$\sigma_{cmax}=\frac{P\sin\varphi}{a^2}+\frac{\frac{1}{4}\cdot P\cos\varphi\cdot l}{\frac{1}{6}a^3}=\frac{P\sin\varphi}{a^2}+\frac{3Pl\cos\varphi}{2a^3}$$

10. C. 解答如下：

梁发生斜弯曲，则：

$$\sigma=\sigma_{y}+\sigma_{z}=\frac{\frac{1}{4}P\cos\varphi \cdot L}{\frac{1}{6}a^3}+\frac{\frac{1}{4}P\sin\varphi \cdot L}{\frac{1}{6}a^3}=\frac{3PL}{2a^3}(\cos\varphi+\sin\varphi)$$

11. D. 解答如下：

图（a）中，力未通过弯心，未与形心主轴平行，发生斜弯曲和扭转；

图（b）中，力未通过弯心，通过形心主轴，发生平面弯曲和扭转。

12. A. 解答如下：

图（a）发生纯弯曲，$\sigma_{\max}=\dfrac{\sqrt{M_y^2+M_z^2}}{W}$

13. A. 解答如下：

(1) 未削弱部分最大拉应力：$\sigma_1=\dfrac{P_{合}}{a \cdot 3a}+\dfrac{P_{合} \cdot e}{\frac{1}{6}a(3a)^2}$

$P_{合}=\dfrac{1}{2}q \cdot 3a=\dfrac{3}{2}qa,\ e=\dfrac{3a}{2}-a=\dfrac{a}{2}$

所以 $\sigma_1=\dfrac{q}{2a}+\dfrac{q}{2a}=\dfrac{q}{a}$

(2) 削弱部分受轴心拉力：$\sigma_2=\dfrac{P_{合}}{a \cdot 2a}=\dfrac{q}{4a}$

所以 $\sigma_{tmax}=\dfrac{q}{a}$

14. A. 解答如下：

中长杆 $\sigma>\sigma_{cr.}$，故 $P>P_{cr.}$。

15. C. 解答如下：

$P_{cr}=\dfrac{\pi^2 EI}{(\mu l)^2}$，则：$\dfrac{P_{cr1}}{P_{cr2}}=\dfrac{I_1}{(\mu_1 l_1)^2} \cdot \dfrac{(\mu_2 l_2)^2}{I_2}=\left(\dfrac{d_1}{d_2}\right)^4 \cdot \left(\dfrac{2l}{2l}\right)^2=\dfrac{1}{16}$

16. C. 解答如下：

$P_{cr}=\dfrac{\pi^2 EI}{(\mu l)^2}=\dfrac{\pi^2 E \cdot \frac{1}{12} \cdot hb^3}{(0.7l)^2}=1.677\dfrac{Ehb^3}{l^2}$

17. D. 解答如下：

$\sigma_{cr}=\dfrac{\pi^2 E}{\lambda^2},\ \lambda=\dfrac{\mu l}{i}$，故临界应力增大为原来的4倍，即增大3倍，

$P=\sigma_{cr}A$，故临界力增大3倍。

18. A. 解答如下：

$$i=\sqrt{I/A}=\dfrac{a}{\sqrt{12}},\ \lambda=\dfrac{\mu l}{i}=\dfrac{\sqrt{12}\mu l}{a}$$

19. C. 解答如下：

$P_{cr}=\dfrac{\pi^2 EI}{(\mu l)^2}$，则：$\dfrac{P_{cr2}}{P_{cr1}}=\dfrac{I_2}{I_1}=\dfrac{\frac{1}{12}h^4}{\frac{1}{12} \cdot h \cdot \left(\frac{h}{2}\right)^3}=8$

20. A. 解答如下：

AB 段：$i=\dfrac{d}{4}$，$\lambda_{AB}=\dfrac{\mu L}{i}=\dfrac{0.7\times 1.5\times 3}{\dfrac{80}{4}\times 10^{-3}}=157.5$

BC 段：$i=\dfrac{a}{\sqrt{12}}$，$\lambda_{BC}=\dfrac{\mu L}{i}=\dfrac{1\times 3}{\dfrac{70}{\sqrt{12}}\times 10^{-3}}=148.46$

$\lambda_p=\pi\sqrt{\dfrac{E}{\sigma_p}}=\pi\sqrt{\dfrac{206\times 10^3\times 10^6}{200\times 10^6}}=100.8$

故为细长压杆：$P_{cr1}=\dfrac{\pi^2 E}{\lambda^2}\cdot A_1=\dfrac{\pi^2\times 206\times 10^9}{157.5^2}\times\dfrac{\pi}{4}\times 80^2\times 10^{-6}$

$\qquad\qquad\quad =411.3\text{kN}$

$P_{cr2}=\dfrac{\pi^2 E}{\lambda^2}\cdot A_2=\dfrac{\pi^2\times 206\times 10^9}{148.46^2}\times 70^2\times 10^{-6}=451.5\text{kN}$

故取较小者 P_{cr1} 计算，则 $[P]=\dfrac{P_{cr1}}{n_{st}}=164.52\text{kN}$

21. A. 解答如下：

由平衡条件：$\sum M_A(F)=0$，则：$N_{BD}=\dfrac{2P}{1.5\sin 30°}=107\text{kN}$

压杆 BD 的 λ：$\lambda=\dfrac{\mu L}{i_y}=\dfrac{1\times 1.5\times 10^3}{\cos 30°\times 21.1}=82.088$

又 $\lambda_p=\pi\sqrt{\dfrac{E}{\sigma_p}}=\pi\sqrt{\dfrac{200\times 10^9}{200\times 10^6}}=99.3$

$\lambda_s=\pi\sqrt{\dfrac{E}{\sigma_s}}=\pi\sqrt{\dfrac{200\times 10^9}{240\times 10^6}}=90.64$

$\lambda<\lambda_s$，故 $\sigma_{cr}=\sigma_s=240\text{MPa}$，

$P_{cr}=A\cdot\sigma_{cr}=28.837\times 10^{-4}\times 240\times 10^6=692.08\text{kN}$

$n_{st}=\dfrac{P_{cr}}{[P]}=\dfrac{692.08}{107}=6.468$

23. B. 解答如下：

由节点 A 平衡条件：$N_{AB}=N_{AC}=\dfrac{P}{2\cos 45°}$

由节点 C 平衡条件：$N_{CD}=N_{AC}\cdot\cos 45°=\dfrac{P}{2\cos 45°}\cdot\cos 45°=\dfrac{P}{2}$

又欧拉临界应力计算公式：$N_{AB}=\dfrac{\pi^2 EI}{(\mu L)^2}=\dfrac{2\pi^2 EI}{a^2}$

$\qquad\qquad\qquad\qquad N_{CD}=\dfrac{\pi^2 EI}{a^2}$

则：$\qquad P_1=N_{AB}\cdot 2\cos 45°=\dfrac{2\pi^2 EI}{a^2}\cdot 2\cdot\dfrac{\sqrt{2}}{2}=\dfrac{2\sqrt{2}\pi^2 EI}{a^2}$

$\qquad\qquad P_2=2N_{CD}=\dfrac{2\pi^2 EI}{a^2}$

取
$$P_{\min}=\frac{2\pi^2 EI}{a^2}$$

24. A. 解答如下：

$$\lambda=\frac{\mu L}{\dfrac{d}{4}}=\frac{0.5\times 3\times 10^3}{50/4}=120$$

$$\varphi=0.3-\frac{120-100}{140-100}\times(0.300-0.156)=0.228$$

$$N\leqslant\varphi A\ [\sigma]=0.228\times\frac{\pi}{4}\times 50^2\times 10^{-6}\times 10\times 10^6=4.47\text{kN}$$

第六章 流 体 力 学

第一节 流体的主要物理性质

一、《考试大纲》的规定
流体的压缩性与膨胀性；流体的黏性与牛顿内摩擦定律。

二、重点内容
掌握流体、连续介质模型、流体密度、黏性、流体压缩性、作用在流体上的力。

1. 流体、连续介质模型和流体密度

流体包括液体和气体。连续介质模型，是将流体视为由连续分布的流体质点所组成。这样，描述流体运动的宏观物理量（如密度、速度、压力、温度等）可以表示为空间和时间的连续函数。

流体的密度，对均匀流体有：

$$\rho = \frac{M}{V}$$

式中，ρ 的单位为 kg/m^3；密度 ρ 与温度、压强有关。

此外，了解容重（重度）和比重（相对密度）的概念，容重 $\gamma = \rho g$；比重 $d_s = \rho/\rho_水$（$\rho_水$ 指在 4℃时水的密度）。

2. 黏性

流体的黏性指流体具有内摩擦力的特性；黏性是流体具有抵抗剪切变形的能力。根据牛顿内摩擦定律，任意两薄层间流体的切应力为（见图 6-1-1）：

$$\tau = \mu \frac{du}{dy}$$

式中，μ 为黏性系数或黏度，单位为帕·秒（Pa·s）；du 为两薄层间的速度差；dy 为两薄层间的距离。

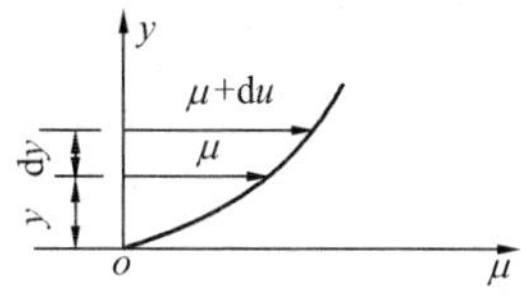

图 6-1-1

上式中 $\frac{du}{dy}$ 也称为速度梯度，它代表了角变形速度，因此，流体的切应力与角变形速度成正比。

运动黏性系数（运动黏度）ν：$\nu = \frac{\mu}{\rho}$，其单位为 m^2/s 或 cm^2/s。同种流体的 μ、ν 随温度的变化情况：（1）液体的 μ、ν 随温度升高而减小；（2）气体的 μ、ν 随温度升高而增大。

需注意的是，并不是所有流体都符合牛顿内摩擦定律。如泥浆、油漆、接近凝固的石油等，它们被称为非牛顿流体。

理想流体，指没有黏性的流体，即 $\mu = 0$。

3. 流体压缩性

$$\beta = -\frac{\frac{dV}{V}}{dp}; K = \frac{1}{\beta} = -\frac{dp}{\frac{dV}{V}}$$

或

$$\beta = \frac{\frac{d\rho}{\rho}}{dp}$$

式中，β 为液体的压缩性系数，单位为 m^2/N；K 为体积弹性系数，单位为 N/m^2；$\frac{dV}{V}$ 为液体体积的相对减小量；dp 为压强的增量；$\frac{d\rho}{\rho}$ 为液体密度的相对增加量。

4. 作用在流体上的力

$$\begin{cases} 质量力 \longrightarrow \begin{cases} 重力 \\ 惯性力 \end{cases} \\ 表面力 \longrightarrow \begin{cases} 压力（垂直于作用面）\\ 切力（平行于作用面） \end{cases} \end{cases}$$

单位质量力，指单位质量流体上所受到的质量力，其单位为米/秒² （m/s^2）。

三、解题指导

流体力学考题总数目为 8 题，考核知识点较多，一般不会涉及复杂的计算题，复习时应注重基本概念、理论、定理的理解、运用。

本节掌握流体的主要性质的概念、物理意义以及简单计算。

【例 6-1-1】 牛顿内摩擦定律中的摩擦力的大小与流体的（　　）成正比。

A. 速度　　　　B. 角变形　　　　C. 压力　　　　D. 角变形速度

【解】 由牛顿内摩擦定律表达式知，摩擦力的大小与流体的角变形速度 $\frac{du}{dy}$ 成正比，所以选 D 项。

【例 6-1-2】 单位质量力的单位是（　　）。

A. 米/秒　　　　B. 牛顿/平方米　　　　C. 米/秒²　　　　D. 牛顿/米

【解】 由单位质量力的定义，可知应选 C 项，与加速度的单位相同。

四、应试题解

1. 牛顿流体是指（　　）。

A. 黏性力与黏性成正比　　　　　　B. 黏性力与速度大小成线性关系
C. 黏性力与速度梯度成抛物线关系　　D. 黏性力与速度梯度成线性关系

2. 与牛顿内摩擦定律直接有关的因素是（　　）。

A. 压强、速度和黏度　　　　　　　B. 压强、速度和剪切变形
C. 切应力、温度和速度　　　　　　D. 黏度、切应力和剪切变形速度

3. 黏度的国际单位是（　　）。

A. N/m^2　　　　B. kg/m　　　　C. m^2/s　　　　D. $Pa \cdot s$

4. 已知空气的密度 ρ 为 $1.105 kg/m^3$，黏度（黏性系数）μ 为 $1.86 \times 10^{-5} Pa \cdot s$，则其运动黏度（运动黏性系数）$\nu$ 为（　　）。

A. $2.06 \times 10^{-5} m^2/s$　　　　　　B. $2.06 \times 10^{-5} s/m^2$

C. $1.68\times10^{-5}\,\mathrm{m^2/s}$ D. $1.68\times10^{-5}\,\mathrm{s/m^2}$

5. 水的黏度 μ 随温度升高将（　　）。

   A. 增大　　　B. 减小　　　C. 不变　　　D. 不一定

6. 作用在液体上的力按其作用的特点一般可分为（　　）。

   A. 重力、压力　　　　　　B. 惯性力、表面力
   C. 摩擦力、弹性力　　　　D. 质量力、表面力

7. 水的弹性模量 $K=2.16\times10^9\,\mathrm{Pa}$，若使水的体积减少 3‰，所需要的压强增量为（　　）Pa。

   A. 7.2×10^7　　　　　　B. 6.48×10^7
   C. 6.48×10^9　　　　　　D. 7.2×10^9

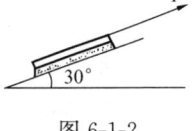

8. 如图 6-1-2 所示，一平板重 8N，板底面积 $0.1\mathrm{m^2}$，板沿 30°角斜面以匀速 1.0m/s 上行，板与斜面有 0.5mm 厚的润滑油，板的沿斜面向上牵引力为 4.5N，则油的黏性系数为（　　）Pa·s。

图 6-1-2

A. 1.25×10^{-3}　　B. 2.5×10^{-3}　　C. 1.25×10^{-4}　　D. 2.5×10^{-4}

第二节　流体静力学

一、《考试大纲》的规定

流体静压强及其特性；重力作用下静水压强的分布规律；作用于平面的液体总压力的计算。

二、重点内容

1. 流体静压强的特性

静止流体只能承受压力。流体静压强的特性如下：

（1）流体静压强垂直于作用面，方向与该作用面的内法线方向相同。

（2）流体中任意点静压强的大小与作用面的方位无关，即同一点处各方向静压强大小均相等。

2. 重力作用下静压强的基本方程

$$p = p_0 + \rho g h$$

式中 p_0 为自由表面压强；h 为自由表面深度。

3. 绝对压强、相对压强、真空值

绝对压强 p_{abs}，指以绝对真空为零点算起的压强；相对压强 p，指以当地大气压（以工程大气压 p_a）为零点算起的压强。当某处的绝对压强小于大气压，其相对压强为负值，则称该点存在真空。真空的大小以真空值 p_v 或真空度 $\dfrac{p_v}{\rho g}$ 表示；即：

$$p_v = p_a - p_{abs}$$

它们之间的关系见图 6-2-1。

一个标准大气压（以 atm 表示）相当于 760mm 水银柱对柱底所产生的压强，即为 $1.013\times10^5\,\mathrm{Pa}$（或 $\mathrm{N/m^2}$）。

一个工程大气压（以 at 表示）相当于 735mm 水银柱或

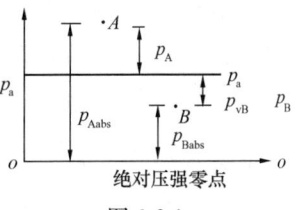

图 6-2-1

10m水柱对柱底所产生的压强，即为1at=98kPa；1at=0.1MPa。

4. 压强的量测

（1）基本概念

由流体静力学基本方程可得：$z+\dfrac{p}{\rho g}=C$（常数）

在工程中常用"水头"代表高度，z称为位置水头，$\dfrac{p}{\rho g}$称为压强水头，$z+\dfrac{p}{\rho g}$称为测压管水头。位置水头z表示单位重量液体所具有的位能，压强水头$\dfrac{p}{\rho g}$表示单位重量液体所具有的压能；因此，在重力作用下单位能量（包括位能和压能）应保持守恒。

等压面，指压强相等各点组成的面。

（2）压强的量测

压强量测方法有：测压管、U形管测压计、水银压差计、金属压力表及真空表。

5. 作用在平面上的流体静压力

计算平面上流体静压力关键是确定静压力的大小、方向、作用点。分析方法可用图解法和解析法。图解法就是作出静水压强分布图，利用图形求解。解析法就是运用数学分析的方法，确定其计算公式（见图6-2-2）：

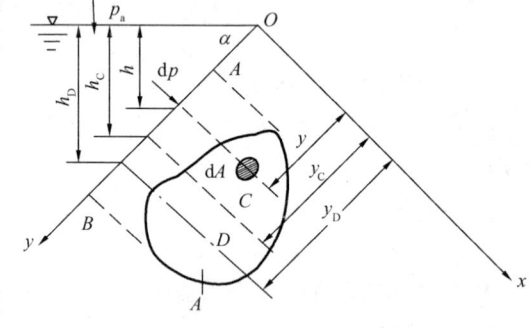

图 6-2-2

静压力：$P=\displaystyle\int_A P\mathrm{d}A=\int_A \rho gh\mathrm{d}A=\rho g\sin\alpha\int_A y\mathrm{d}A=\rho g\sin\alpha\cdot y_C A=\rho g h_C A$

式中，h_C为受压面形心在水面下的深度；α为受压面与水平面的夹角；A为受压面面积。

静力压力的作用点（或称压力中心）必然低于形心位置，即：

$$y_D = y_C + \dfrac{I_C}{y_C A}$$

或

$$h_D = h_C + \dfrac{I_C}{h_C A}$$ （当平面壁为铅直平面时）

式中，y_C为受压面形心沿y轴方向至液面交线的距离；y_D为压力中心沿y轴至液面交线的距离；h_D为压力中心至液面的距离。

6. 作用在曲面上的流体静压力

作用在曲面上的流体静压力可分为水平方向力P_x和铅直方向力P_z，分别进行计算。如图6-2-3所示，二向曲面AB上的流体总压力：

水平力：$P_x=\rho g h_C A_z$

铅直力：$P_z=\rho g\displaystyle\int_{A_x} h\mathrm{d}A_x=\rho g V$

合力：$P=\sqrt{P_x^2+P_y^2}$

合力的作用线与水平线的夹角：$\tan\alpha=\dfrac{P_z}{P_x}$

式中，A_z 为曲面 AB 在铅直平面上的投影面积；h_C 为 A_z 的形心在水面下的深度；V 为压力体（图6-2-3中压力体为受压曲面 AB 与其自由面上的投影面 DC 之间的柱体体积 $ABCD$）。

P_z 的方向取决于受压曲面和液体的相对位置。压力体体内有水时，P_z 方向向下；压力体体内无水时，P_z 方向向上。故图 6-2-3 中 P_z 方向向上。

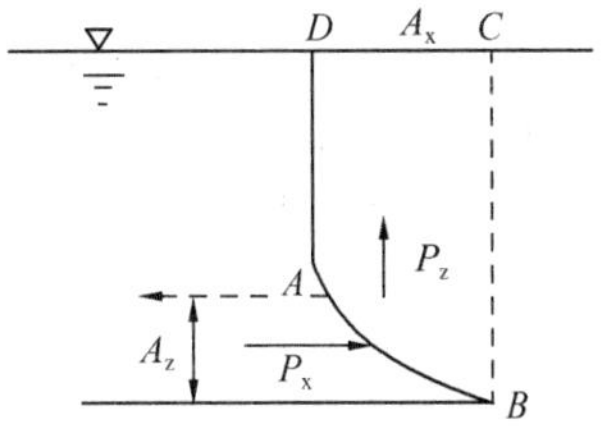

图 6-2-3

三、解题指导

注意区分受压面形心、压力中心；压力体的大小、方向的确定。

【例 6-2-1】 已知油的密度 ρ 为 850kg/m^3，在露天油池油面下 4m 处的相对压强为（　　）。

A. 3.33Pa　　　B. 3.92Pa　　　C. 33.32kPa　　　D. 39.2Pa

【解】 $p=\rho_{油}gh=850\times 9.8\times 4=33.32\times 10^3\text{Pa}$

所以应选 C 项。

【例 6-2-2】 一封闭容器，水表面上气体的真空值为 9.8kPa，则水深 1m 处的相对压强是（　　）。

A. 9.8kPa　　　B. 19.6kPa　　　C. 0　　　D. -9.8kPa

【解】 $p_1=p_{水面}+\rho gh=-p_v+\rho gh=-9.8+9.8\times 1=0$

所以选 C 项。

【例 6-2-3】 如图 6-2-4 所示圆弧形闸门，半径 $R=2\text{m}$，门宽为 2m，其受到的静水总压力的大小为（　　）kN。

A. 72.91　　　B. 63.15

C. 58.85　　　D. 42.69

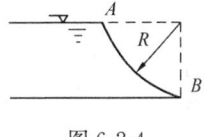

图 6-2-4

【解】 水平方向力 P_x：$P_x=p_0A_x=\dfrac{1}{2}R\cdot\rho g\cdot(2R)=\rho gR^2$

铅直方向力 P_z：$P_z=\rho gV=\rho g\dfrac{\pi R^2}{4}\times 2=1.57\rho gR^2$

合力 P：$P=\sqrt{P_x^2+P_z^2}=1.86\rho gR^2=72.91\times 10^3\text{N}$

所以应选 A 项。

四、应试题解

1. 静止流体中，可能存在的应力有（　　）。

 A. 切应力和压应力　　　　　　B. 压应力
 C. 压应力和拉应力　　　　　　D. 切应力和拉应力

2. 静止流体中的切应力 τ 等于（　　）。

 A. $\mu\dfrac{\mathrm{d}u}{\mathrm{d}y}$　　　B. 0　　　C. $\rho l^2\left(\dfrac{\mathrm{d}u}{\mathrm{d}y}\right)^2$　　　D. $\mu\dfrac{\mathrm{d}u}{\mathrm{d}y}+\rho l^2\left(\dfrac{\mathrm{d}u}{\mathrm{d}y}\right)^2$

3. 金属压力表的读值是（　　）。

 A. 相对压强　　　　　　　　　B. 相对压强加当地大气压

C. 绝对压强 D. 绝对压强加当地大气压

4. 绝对压强 p_{abs} 与相对压强 p，真空度 p_v，当地大气压 p_a 之间的关系是（　　）。

A. $p_{abs}=p+p_v$ B. $p=p_{abs}+p_a$

C. $p_v=p_a-p_{abs}$ D. $p=p_v+p_a$

5. 某点的相对压强为 -49.0 kPa，则该点的真空值与真空高度分别为（　　）。

A. 49.0 kPa，5m 水柱 B. 58.8 kPa，6m 水柱

C. 39.2 kPa，4m 水柱 D. 19.6 kPa，2m 水柱

6. 密闭容器内自由表面压强 $p_0=9.8$ kPa，液面下水深 3m 处的绝对压强为（　　）kPa。

A. 19.6 B. 39.2 C. 29.4 D. 49.0

7. 由图 6-2-5 中可知（　　）。

A. $p_A-p_B=\rho_水 g(h_B-h_A)+(\rho_水-\rho')g\Delta h$

B. $p_A-p_B=\rho_水 g(h_A-h_B)+(\rho_水-\rho')g\Delta h$

C. $p_A-p_B=(\rho_水-\rho')g\Delta h$

D. $p_A-p_B=\rho'g\Delta h$

8. 如图 6-2-6 封闭水容器安装两个压力表，上压力表的读数为 0.2 kPa，下压力表的读数为 6 kPa，A 点测压管高度 h 应为（　　）m。

A. 0.432 B. 0.392 C. 0.510 D. 0.412

9. 在只受重力作用下的静止流体中，等压面指的是（　　）。

A. 充满流体的水平面 B. 测压管水头相等的平面

C. 充满流体且连通的水平面 D. 充满密度不变的流体且连通的水平面

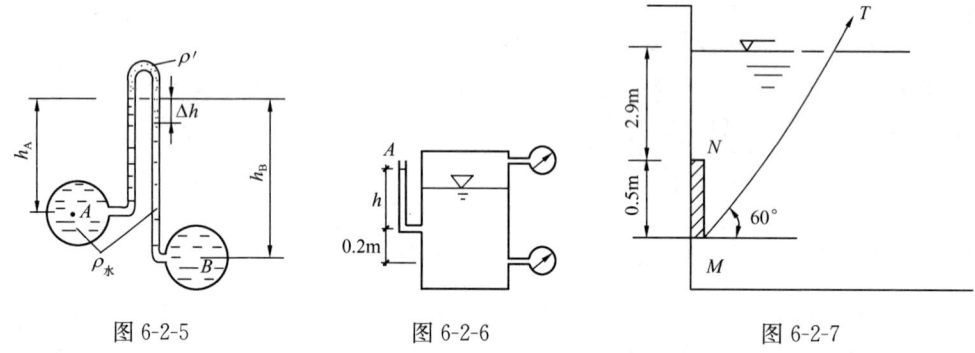

图 6-2-5　　　　图 6-2-6　　　　图 6-2-7

10. 如图 6-2-7 所示一泻水孔，在 N 点用铰链将闸门连接于挡水墙上，并在 M 点连接开启闸门的铁链，已知 MN 的尺寸 $b\times h=1m\times0.5m$，若开启闸门的铁链与水平面成 60°角，则铁链拉力至少应为（　　）N。

A. 13846 B. 15842

C. 16082 D. 16463

11. 圆形压力水管直径 $d=200$ mm，管壁材料的允许拉应力 $[\sigma]=147$ kPa，管内压强 $p=9.56$ kPa，管内水重不计，壁厚 t 为（　　）mm。

A. 10.5 B. 8.5 C. 6.5 D. 7.5

12. AB 为一水下矩形闸门，高 1m，宽 1m，水深如图 6-2-8 所示，闸门上的总压力为

( )。

A. $2\rho g$ B. $2.5\rho g$ C. $4\rho g$ D. $5\rho g$

13. 如图 6-2-9 矩形闸板 AB，A 点为铰，闸门均匀自重 8kN，闸门与水平面的夹角 $\alpha=60°$，闸宽为 3.0m，不计轴承摩擦，则在 B 端铅垂提起闸门 AB 所需的力 T 为( )kN。

A. 98 B. 85 C. 73 D. 61

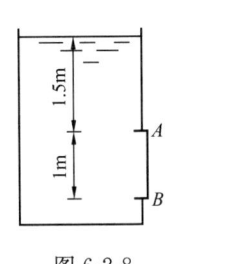
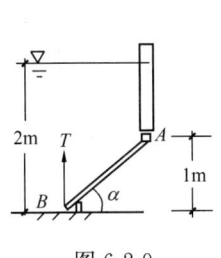
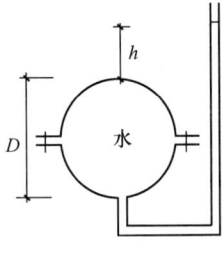

图 6-2-8　　　　　　　图 6-2-9　　　　　　　图 6-2-10

14. 球形容器由两个半球铆接而成，容器内盛满水如图 6-2-10 所示，容器直径为 2.0m，水深 $h=0.5$m，由 10 个螺栓连接半球，则每个螺栓承受的力为( )kN。

A. 1.28 B. 1.68 C. 2.57 D. 2.86

15. 如图 6-2-11 所示，1/4 圆弧面的静水总压力 P 方向为( )。

A. $\alpha=45°$ B. $\alpha=60°$ C. $\alpha=\tan^{-1}\dfrac{\pi}{2}$ D. $\alpha=\tan^{-1}\left(\dfrac{4-\pi}{2}\right)$

16. 如图 6-2-12 所示水下一半球形侧盖，半径 $R=1.0$m，水深 $h=2.0$m，作用在半球的静水总压力大小是( )kN。

A. 92.32 B. 95.28 C. 61.54 D. 68.48

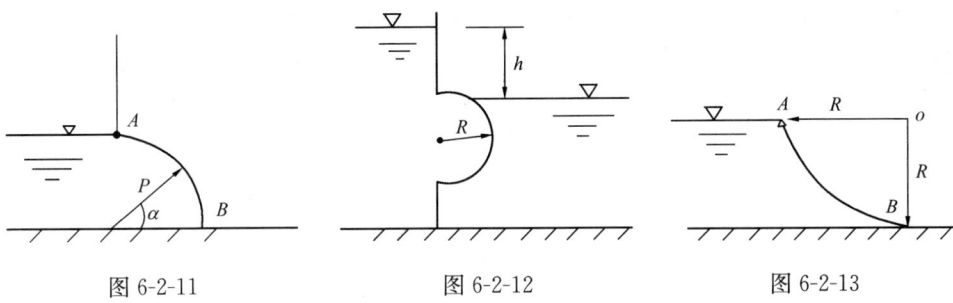

图 6-2-11　　　　　　　图 6-2-12　　　　　　　图 6-2-13

17. 如图 6-2-13 所示圆弧形闸门，半径 $R=2$m，门宽 3m，其所受到的静水总压力的大小为( )kN。

A. $2.79\rho gR^2$ B. $2.96\rho gR^2$ C. $1.63\rho gR^2$ D. $1.58\rho gR^2$

18. 图示 6-2-14 一封闭的薄壁圆筒，沉没在水深 2m 处，圆筒长 l m（垂直于纸面），直径 1m，筒内一半有水，表面为大气压，则圆筒所受到的力 P_z 为( )。

A. $P_z=\rho g(\pi\times 0.5^2)l$，方向向下　　B. $P_z=\rho g(\pi\times 0.5^2)l$，方向向上

C. $P_z=\dfrac{1}{2}\rho g(\pi\times 0.5^2)l$，方向向下　　D. $P_z=\dfrac{1}{2}\rho g(\pi\times 0.5^2)l$，方向向上

19. 图示 6-2-15 有两个单面承受水压力的挡水板，M 处的铰可转动，挡水板为矩形，

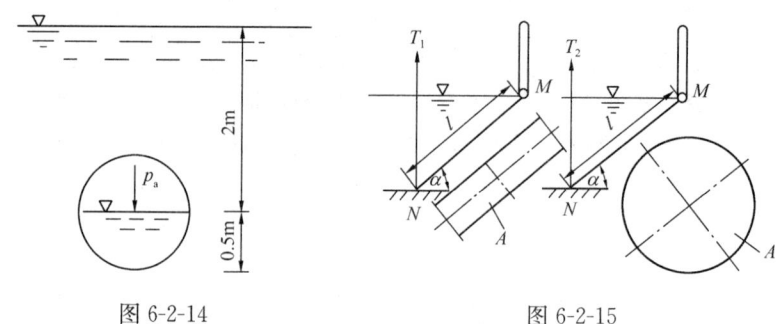

图 6-2-14   图 6-2-15

另外一块为圆形,两板面积相等均为 A,设两挡水板重量相同为 G,其开启挡水板的拉力( )。

A. $T_1=T_2$ B. $T_1>T_2$ C. $T_1<T_2$ D. 以上都不对

第三节 流体动力学基础

一、《考试大纲》的规定

以流场为对象描述流动的概念;流体运动的总流分析;恒定总流连续性方程;能量方程和动量方程的运用。

二、重点内容

1. 流体运动的基本概念

迹线是流体质点运动的轨迹线。流线是指这样的曲线,在某时刻 t,位于该曲线上各点的速度矢量应是这条曲线的切线。不同的时刻,流线是不同的。流线和迹线在非恒定流时不会重合,而在恒定流时,流线和迹线相重合。

流管,指在流场中任取一微小封闭曲线,通过曲线上的每一点均可作出一根流线,这些流线形成一管状封闭曲面。当流管断面趋向无穷小时,其管内流动的流线的总和为流束,流束的极限称为元流。无数元流的总和称为总流。与元流或总流的流线相垂直的截面称为过流断面(A)。

单位时间内流过某一过流断面流体的体积称为流量(Q),单位为 m³/s。重量流量($G=\rho g Q$),单位为 kN/s。质量流量($M=\rho Q$),单位为 kg/s。断面平均流速 v 为:

$$v = \frac{Q}{A} = \frac{1}{A}\int_A u\, dA$$

式中 u 为流体质点的流速。

需注意过流断面上平均流速与某点流速是不同概念。

流体运动的分类,见表 6-3-1。

流体运动的分类   表 6-3-1

按运动要素	恒定流	流场中各处所有的运动要素不随时间变化,仅与空间位置有关
与流动时间分	非恒定流	流体各质点的运动要素随时间而变化的运动
按流速	均匀流	流速的大小、方向不随路程而改变的流动
变化分	非均匀流	包括:①渐变流(流线几乎是平行的且接近直线);②急变流

续表

按接触壁面分	有压流	过流断面的周界为壁面包围，流体在压力下滚动，无自由表面
	无压流	过流断面的壁和底为壁面包围，有自由表面
	射流	经孔口或管嘴喷射到某一空间的流动

2. 恒定总流连续性方程

总流一元流动连续性方程为：

$$A_1 v_1 = A_2 v_2 = Q$$

式中，v_1、v_2 分别为断面1、2的平均流速；A_1、A_2 分别为断面1、2的断面面积。

3. 恒定总流能量方程

（1）元流能量方程：

$$Z_1 + \frac{p_1}{\rho g} + \frac{u_1^2}{2g} = Z_2 + \frac{p_2}{\rho g} + \frac{u_2^2}{2g} + h'_w$$

（2）总流能量方程：

$$Z_1 + \frac{p_1}{\rho g} + \frac{\alpha_1 v_1^2}{2g} = Z_2 + \frac{p_2}{\rho g} + \frac{\alpha_2 v_2^2}{2g} + h'_{w1-2} \tag{6-3-1}$$

式中，Z_1、Z_2 称为位置水头，表示位能；$\frac{p_1}{\rho g}$、$\frac{p_2}{\rho g}$ 称为压强水头，表示压能；$\frac{u^2}{2g}$、$\frac{\alpha_1 v_1^2}{2g}$、$\frac{\alpha_2 v_2^2}{2g}$ 称为流速水头，表示动能；

h'_w、h_{w1-2} 表示水头损失。

水用坡度（J），指总水头线沿流程下降的坡度，即：

$$J = \frac{dh_w}{dl} = -\frac{dH}{dl}$$

式中总水头 H 为：

$$H = z + \frac{p}{\rho g} + \frac{\alpha v^2}{2g}$$

需注意总流能量方程的应用条件：①流动必须是恒定流，流体受重力作用、不可压缩；②所选取的两个计算用的过流断面必须符合渐变流条件；③两断面间无流量和能量输入和输出。若有能量输入 $H_{输入}$，则 $H_{输入}$ 加在式（6-3-1）等号的左侧；若有能量输出 $H_{输出}$，则 $H_{输出}$ 加在式（6-3-1）等号右侧；④若流量有流出或汇入情况，如图6-3-1所示。则有：

对于图 6-3-1（a）：$z_1 + \frac{p_1}{r} + \frac{\alpha_1 v_1^2}{2g} = z_2 + \frac{p_2}{r} + \frac{\alpha_2 v_2^2}{2g} + h_{w1-2}$

$$z_1 + \frac{p_1}{r} + \frac{\alpha_1 v_1^2}{2g} = z_3 + \frac{p_3}{r} + \frac{\alpha_3 v_3^2}{2g} + h_{w1-3}$$

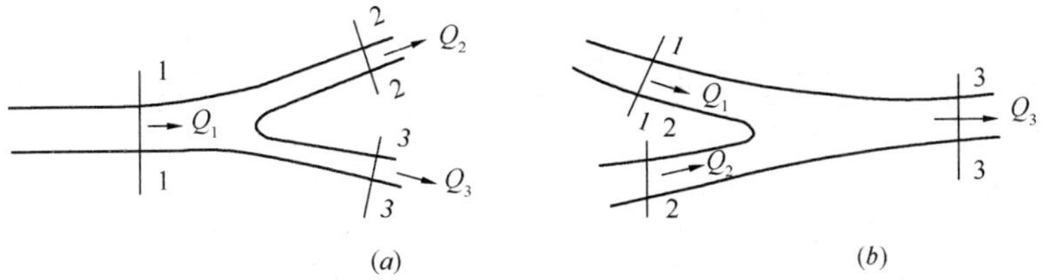

图 6-3-1

$$Q_1 = Q_2 + Q_3$$

对于图 6-3-1 （b）：$z_1 + \dfrac{p_1}{r} + \dfrac{\alpha_1 v_1^2}{2g} = z_3 + \dfrac{p_3}{r} + \dfrac{\alpha_3 v_3^2}{2g} + h_{w1-3}$

$$z_2 + \dfrac{p_2}{r} + \dfrac{\alpha_2 v_2^2}{2g} = z_3 + \dfrac{p_3}{r} + \dfrac{\alpha_3 v_3^2}{2g} + h_{w2-3}$$

$$Q_1 + Q_2 = Q_3$$

4. 恒定总流动量方程

$$\Sigma F = \rho Q(v_2 - v_1)$$

式中，v_1、v_2 为断面 1、2 的平均流速；ΣF 为 dt 内作用在流体段 1—2 上外力的合力。

当考虑流速不均匀分布，恒定总流动量方程为：

$$\Sigma F = \beta_2 \rho Q v_2 - \beta_1 \rho Q v_1$$

式中，β_2、β_1 为动量修正系数，一般均取为 1。

5. 毕托管与文丘里流量计

（1）毕托管用于测量流体的点速度

测量液体时：$u = \phi \sqrt{2gh}$

式中 ϕ 为经实验校正的流速系数，取 $0.95 \sim 0.98$；h 为毕托管的 a、b 端液面差。

测量气体时：$u = \phi \sqrt{2g \dfrac{\rho}{\rho'} h}$

式中，ρ 为压差计所用液体的密度；ρ' 为气体的密度。

（2）文丘里流量计用于测量管道流量

$$Q = \mu K \sqrt{\Delta h}$$

$$K = \dfrac{\pi}{4} d_1^2 \sqrt{\dfrac{2g}{\left(\dfrac{d_1}{d_2}\right)^4 - 1}}$$

式中 μ 为流量系数，取 $0.95 \sim 0.98$；d_1、d_2 分别为上游进口断面 1—1 和收缩管断面 2—2 的直径；Δh 为测压管的水头差。

当 U 形压差计中装有水银，则：

$$Q = \mu K \sqrt{\dfrac{\rho_{Hg} - \rho}{\rho} \Delta h'} = \mu K \sqrt{12.6 \Delta h'}$$

三、解题指导

1. 求解流体动力学问题时，要善于将连续性方程、能量方程、动量方程联系起来分析问题，并具体计算。

2. 建立能量方程时，应注意：

①断面的划分，一般应选取在压强已知或流速已知的渐变流段上，以减少未知量；

②基准面的选择，一般将两个断面中较低的断面的中心作为基准面；

③压强 p_1、p_2 可以采用相对压强或绝对压强，但方程两端必须统一。

3. 建立动量方程，应注意：

①作用力的方向及投影的正负号，流速的方向及投影的正负号，一般是与选定坐标方向相同者为正，反之为负；

②作用在断面上的压力应统一；
③能量方程的物理意义表明ΣF是外力的矢量和，应注意所求力的大小，特别是方向。

【例6-3-1】 有一垂直放置的渐缩管（见图6-3-2），内径由$d_1=300$mm渐缩至$d_2=150$mm，水从下面自粗管流向细管，测得水在粗管1—1断面和细管2—2断面处的相对压强分别为98kPa和49kPa，两断面垂直距离为1.5m，若忽略摩擦阻力，则通过渐缩管的流量为(   )m³/s。

A. 0.15　　　　B. 0.18　　　　C. 0.30　　　　D. 0.36

【解】 由连续性方程：$Q_1=Q_2$，则$A_1v_1=A_2v_2$，$\frac{\pi}{4}d_1^2v_1=\frac{\pi}{4}d_2^2v_2$，得$v_2=4v_1$

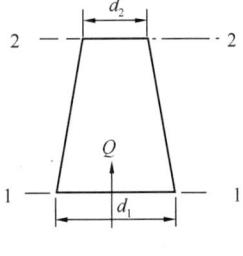

图6-3-2

列能量方程，取1—1为基准面：

$$z_1+\frac{p_1}{\rho g}+\frac{v_1^2}{2g}=z_2+\frac{p_2}{\rho g}+\frac{v_2^2}{2g}$$

将$z_1=0$，$z_2=1.5$，$p_1=98$kPa，$p_2=49$kPa，$v_2=4v_1$代入，则

$v_1=2.139$m/s

$Q=A_1v_1=\frac{\pi}{4}\times0.3^2\times2.139=0.151$m³/s

所以应选A项。

四、应试题解

1. 由流体流动分类可知(　　)。

A. 层流中流线是平行直线　　　　B. 恒定流中流速沿流不变

C. 渐变流可以是恒定流　　　　　　D. 急变流必是非恒定流

2. 恒定流是指(　　)。

A. 物理量不变的流动　　　　　　　B. 空间各点物理量相同的流动

C. 无黏性的流动　　　　　　　　　D. 各空间点上物理量不随时间变化的流动

3. 均匀流是指(　　)。

A. 流线夹角很小，曲率也很小的流动　B. 流线为平行直线的流动

C. 流线夹角很小的直线流动　　　　　D. 流线为平行曲线的流动

4. 理想流体是指下列(　　)项性质的流体。

A. 密度为常数　　B. 黏度不变　　C. 无黏性　　D. 不可压缩

5. 一维流动符合下述(　　)项说法。

A. 均匀流

B. 速度分布按直线变化

C. 运动参数是一个空间坐标和时间变量的函数

D. 限于直线流动

6. 连续介质模型除了可摆脱研究流体分子运动的复杂性外，还有(　　)作用。

A. 不考虑流体的压缩性

B. 不考虑流体的黏性

C. 运用流体力学中连续函数理论分析流体运动
D. 不计及流体的内摩擦力

7. 图 6-3-3 中所示水箱水面不变，则水在渐扩管 AB 中的流动应是（   ）。

A. 非恒定的均匀流　　　　　　　B. 恒定的非均匀流
C. 非恒定的非均匀流　　　　　　D. 以上都不是

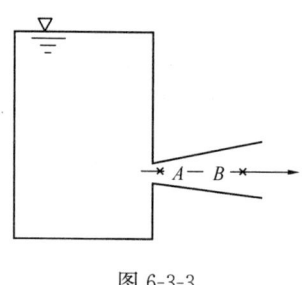

图 6-3-3　　　　　　　　图 6-3-4

8. 图 6-3-4 所示一等直径水管，AA 为过流断面，BB 为水平面，1、2、3、4 为面上各点，各点的运动物理量关系是（   ）。

A. $p_1 = p_2$　　　　　　　　　　B. $p_3 = p_4$
C. $Z_1 + \dfrac{p_1}{\rho g} = Z_2 + \dfrac{p_2}{\rho g}$　　　　D. $Z_3 + \dfrac{p_3}{\rho g} = Z_4 + \dfrac{p_4}{\rho g}$

9. 用总流能量方程时，上、下游两过流断面的压强（   ）。

A. 必须用绝对压强
B. 必须用相对压强
C. 必须用相对压强水头
D. 相对压强和绝对压强均可用，但等号前后应统一使用同一种压强

10. 流体机械能损失的影响因素有（   ）。

A. 流体的重力、流动速度分布、边界几何条件
B. 流体的重力、流运速度分布、流体介质的物性
C. 流体介质的物性、流动速度分布、边界几何条件
D. 流体介质的物性、流动的压力、边界几何条件

11. 流体一维总流中，判别流动方向的正确表述是（   ）。

A. 流体从高处向低处流动
B. 流体从压力大的地方向压力小的地方流动
C. 流体从速度快的地方向速度慢的地方流动
D. 流体从单位机械能大的地方向单位机械能小的地方流动

12. 如图 6-3-5 所示水箱自由出流，水已注满水箱，$Q_0 > Q$，则管道出流动模型可视作（   ）。

A. 恒定流　　　　　　　　　B. 理想流
C. 均匀流　　　　　　　　　D. 无压流

13. 下列对恒定总流场能量方程物理意义的叙述，不正确的是（   ）。

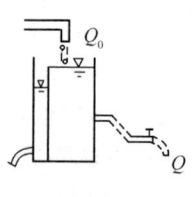

图 6-3-5

A. z 是过水断面计算单位水体重量的势能

B. $\dfrac{p}{\rho g}$ 是过水断面计算点单位水体重量的压能

C. $\dfrac{\alpha v^2}{2g}$ 是过水断面单位水体重量的动能

D. h_{w12} 是过水断面 1 流至过水断面 2 单位水体重量的机械能损失

14. 下列论述正确的是(　　)。

A. 动量定理仅适用于层流运动　　　B. 动量定理仅适用于紊流运动

C. 动量定理仅适于理想流体运动　　D. 动量定理适用于以上任何流动

15. 如图 6-3-6 所示进口直径 $d=200$mm，平均速度 $v=1$m/s，主管出口直径 $d_1=150$mm，支管直径 $d_2=50$mm，流量 $Q_2=5$L/s，则主管出口平均速度为(　　)m/s。

A. 1.29　　　　B. 1.49　　　　C. 1.62　　　　D. 2.14

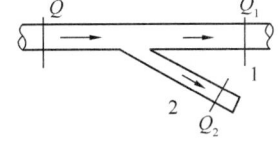

图 6-3-6

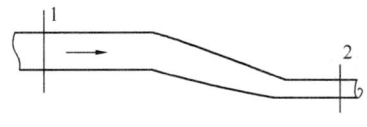

图 6-3-7

16. 气流通过图 6-3-7 所示管道，1 断面气流密度 1.0kg/m³，平均速度 10m/s，直径 $d_1=50$mm，2 断面气流密度 1.2kg/m³，直径 $d_2=20$mm，则 2 断面的平均速度为(　　)m/s。

A. 50.42　　　B. 52.08　　　C. 20.83　　　D. 25.64

17. 有一垂直放置的渐缩管（粗管端在下），内径由 $d_1=300$mm 渐缩至 $d_2=150$mm，水从下面自粗管流入细管，测得水在粗管 1—1 断面和细管 2—2 断面处的相对压强分别为 98kPa 和 49kPa，两断面间垂直距离为 1.5m，若忽略摩擦阻力，则通过渐缩管的流量为(　　)m³/s。

A. 0.15　　　　B. 0.18　　　　C. 0.30　　　　D. 0.36

18. 利用图 6-3-8 所示水银压差计测量水泵运行工况，测得 $h=800$mm，水泵进出口测点管径相同，通过的流量为 50L/s，则水泵输送液体的功率为(　　)kW。

A. 5.13　　　　B. 5.33　　　　C. 5.86　　　　D. 0.39

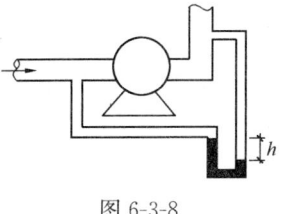

图 6-3-8

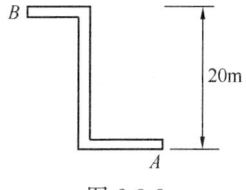

图 6-3-9

19. 某煤气管道如图 6-3-9 所示，直径 $d=20$mm，A 点压强为 10Pa，煤气密度为 0.7kg/m³，当时空气密度为 1.2kg/m³，B 点至 A 点的高差为 20m，管道压力损失为 $5.0\rho v_A^2$，则 B 点流向大气的质量流量为(　　)kg/s。

A. 0.00129　　B. 0.00209　　C. 0.00175　　D. 0.00064

20. 如图 6-3-10 所示文丘里流量计，直接用水银压差计测出水管与喉部压差 $h=15$cm，

水管直径 $d_1=10$cm，喉部直径 $d_1=5$cm，流量系数为 0.95，则通过的流量为（　　）L/s。

A. 11.72　　　　B. 12.94　　　　C. 13.85　　　　D. 10.78

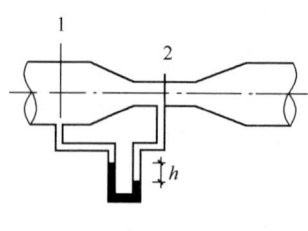
图 6-3-10

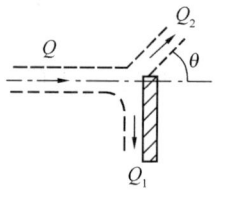
图 6-3-11

21. 平板放置在水平面上如图 6-3-11 所示，垂直平板受水冲击，平板截去一部分流量 Q_1，而引起其余部分产生偏转角 θ，水流速度 30m/s，Q 为 36L/s，Q_2 为 24L/s，不计摩擦，则产生的偏转角 θ 为（　　）。

A. $\pi/6$　　　　B. $\pi/3$　　　　C. $\pi/4$　　　　D. $\pi/2$

22. 一股射流以速度 v 水平射到倾斜的光滑平板上（倾斜角为 θ），体积流量为 Q，流体密度为 ρ，流体对板面的作用力大小为（　　）。

A. $\rho Qv\sin\theta$　　B. $\rho Qv\cos\theta$　　C. $\rho Qv(1+\cos\theta)$　　D. $\rho Qv(1-\cos\theta)$

23. 图 6-3-12 所示一倾斜的变直径水管，已测得 A、B 两断面高差为 20cm，测压管水头差为 15cm，$v_B=1$m/s，$v_A=2v_B$，则可知（　　）。

A. $p_A>p_B$，流向 $A\to B$　　　　B. $p_A<p_B$，流向 $B\to A$

C. $p_A>p_B$，流向 $B\to A$　　　　D. $p_A<p_B$，流向 $A\to B$

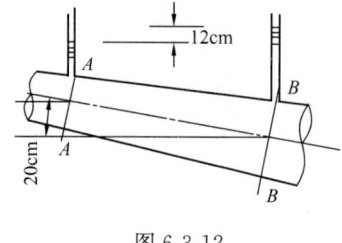
图 6-3-12

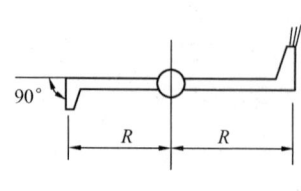
图 6-3-13

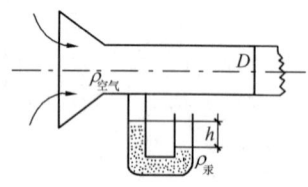
图 6-3-14

24. 如图 6-3-13 所示一对称臂的洒水喷嘴，偏转半径 $R=200$mm，每一个喷嘴的射流流量 $Q=0.68$L/s，流速 $v=5.57$m/s，旋转角速度 $\omega=10.75$rad/s，为克服摩擦阻力，保持转速不变，其对转轴需要施加的力矩 M 为（　　）N·m。

A. 0.930　　　　B. 0.912　　　　C. 0.465　　　　D. 0.456

25. 如图 6-3-14 所示压气机进气管直径 $D=200$mm，水银测压计读数 $h=30$mm，设密度 $\rho_{空气}=11.9$kg/m³，$\rho_汞=13.6\times10^3$kg/m³，不计损失，则压气机的空气流量为（　　）m³/s。

A. 0.40　　　　B. 0.46　　　　C. 0.81　　　　D. 0.85

第四节　流动阻力和能量损失

一、《考试大纲》的规定

实际流体的两种流态——层流和紊流；圆管中层流运动；紊流运动的特征；沿程阻力

损失和局部阻力损失；减小阻力的措施。

二、重点内容

1. 层流和紊流

层流，指流体有规则的分层流动的流态；紊流，指流体的各质点流动轨迹混乱的流态。判定层流、紊流的判别数，即雷诺数：

$$Re = \frac{vd}{\nu}$$

式中，v、d、ν 分别为流速、管径和流体的运动黏性系数。

当 $Re \leqslant 2300$ 是层流状态；$Re > 2300$ 是紊流状态。

水力半径 R 或当量直径 $d_{当}$ 为：

$$R = \frac{A}{\chi}$$
$$d_{当} = 4R$$

式中，A 为过流断面面积，χ 为湿周（指过流断面上与流体相接触的那部分固体边界的长度）。

2. 圆管中层流运动

圆管中层流运动，其断面上流速分布是旋转抛物面，$u = \frac{\rho g J}{4\mu}(r_0^2 - r^2)$；平均流速 v 是最大流速 $u_{\max}$ 的一半。

圆管中层流的阻力损失 h_f 为：

$$h_f = \lambda \frac{l}{d} \frac{v^2}{2g}$$

式中，λ 为沿程阻力系数，$\lambda = \frac{64}{Re}$。

需注意的是，阻力损失 h_f 是与雷诺数有关，与管壁条件无关，且与流速的一次方成正比。

3. 紊流运动的特征

紊流视为两个流动的叠加，即时间平均流动和脉动的叠加。紊流过水断面上流速按对数曲线分布。

4. 沿程阻力损失

(1) 莫迪图

在莫迪图中，曲线可分为五个阻力区，不同区阻力系数的规律：

层流区：$Re \leqslant 2300$ 时，$\lambda = \frac{64}{Re}$，即 λ 仅与 Re 有关；

临界区：指层流—紊流的过渡区，$2300 < Re < 4000$；

光滑区：λ 仅与 Re 有关；

紊流过渡区：λ 与 Re、Δ/d 都有关；

粗糙区：λ 仅与 Δ/d 有关，与 Re 无关。

(2) 沿程阻力损失计算公式：

$$h_f = \lambda \frac{l}{d} \frac{v^2}{2g}$$

(3) 明渠水流计算

谢才公式：$v=C\sqrt{RJ}$

谢才系数：$C=\sqrt{8g/\lambda}$

紊流粗糙区时，曼宁公式：$C=\dfrac{1}{n}R^{1/6}$

式中 R 为水力半径，以米计；n 为粗糙系数。

5. 局部阻力损失

$$h_j=\zeta\dfrac{v^2}{2g}$$

式中，h_j 为局部阻力损失；ζ 为局部阻力系数。常见的几种局部阻力系数见表 6-4-1。

常见的局部阻力系数 ζ 值　　　　　　表 6-4-1

名称	简图	ζ 值	名称	简图	ζ 值
断面突然扩大		$\left(1-\dfrac{A_1}{A_2}\right)^2$	断面突然缩小		$\dfrac{1}{2}\left(1-\dfrac{A_2}{A_1}\right)$
出口		1.0	管道进口	直角进口 内插进口	0.5 1.0

6. 边界层基本概念和绕流阻力

在黏性流体绕固体的流动中，当雷诺数相当大时，紧贴固体表面的流体与壁面之间没有相对运动，稍微离开壁面的流体受其影响速度也较小。在壁面的外法线方向上，流体的流速由零开始迅速增大，在壁面附近形成了一层流速梯度很大的区域，称为边界层。在边界层中，黏性力是不可忽略的。

对于弯曲壁面，存在边界层的分离现象和旋涡区，这些因素是造成局部水头损失的主要原因。

绕流阻力，指在外部流动中，黏性流体绕物体流动或物体在流体中运动，物体受到的阻力。绕流阻力的计算式为：

$$D=C_\mathrm{d}A\dfrac{\rho u_0^2}{2}$$

式中 A 为绕流物体在垂直于来流速度方向的最大投影面积；ρ 为流体密度；u_0 为来流速度（相对于绕流物体的速度）；C_d 为绕流阻力系数。

三、解题指导

掌握层流、紊流的特征，其判别条件；莫迪图的规律；会计算局部水头损失；对复杂的公式，熟悉其表达的内涵。

【例 6-4-1】 梯形渠道底宽为 2m，水深为 0.8m，边坡系数为 1.0m，渠道粗糙率 n 为 0.02，底坡为 0.001，若按曼宁公式计算，则通过的均匀流流量为（　　）m^3/s。

　　A. 2.32　　　　B. 2.63　　　　C. 3.15　　　　D. 3.56

【解】 $A(b+mh)h=(2+1\times0.8)\times0.8=2.24\mathrm{m}^2$

$\chi=b+2h\sqrt{1+m^2}=2+2\times0.8\times\sqrt{1+1^2}=4.26\mathrm{m}$

$$R=\frac{A}{\chi}=0.53\text{m}, J=i,$$

$$Q=AC\sqrt{Ri}=A\frac{1}{n}\cdot R^{\frac{2}{3}}\cdot i^{\frac{1}{2}}=\frac{1}{0.02}\times 2.24\times 0.53^{\frac{2}{3}}\times 0.001^{\frac{1}{2}}$$

$$=2.32\text{m}^3/\text{s}$$

所以应选 A 项。

四、应试题解

1. 雷诺数的物理意义是(　　)。
   A. 压力和黏滞力之比　　　　　　B. 惯性力和黏滞力之比
   C. 重力和黏滞力之比　　　　　　D. 惯性力和重力之比

2. 工程上判别层流与紊流采用(　　)。
   A. 上临界流速　　　　　　　　　B. 下临界流速
   C. 上临界雷诺数　　　　　　　　D. 下临界雷诺数

3. 在渠道粗糙度、底坡和面积不变的情况下，最佳水力断面的定义不正确的是(　　)。
   A. 通过流量最大的断面　　　　　B. 过水断面水力半径最大的断面
   C. 过水断面湿周最小的断面　　　D. 水力半径为水深一半的断面

4. 半径为 R 的圆管层流中流速为断面平均流速的位置为(　　)。
   A. 管轴上　　B. 管壁上　　C. $\frac{\sqrt{2}}{2}R$ 处　　D. $\frac{1}{2}R$ 处

5. 一圆断面风道，直径为 300mm，输送 10℃ 的空气，其运动黏度为 14.7×10^{-6} m²/s，若临界雷诺数为 2300，则保持层流流态的最大流量为(　　)m³/h。
   A. 12　　　　B. 18　　　　C. 24　　　　D. 29

6. 如图 6-4-1 所示水在垂直管内由上向下流动，相距 l 的两断面间，测压管水头差 h，两断面间阻力损失 h_f 应为(　　)。
   A. $h_f=h$　　B. $h_f=h+l$　　C. $h_f=l-h$　　D. $h_f=l$

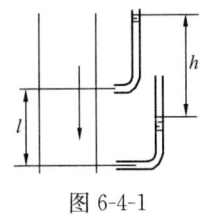
图 6-4-1

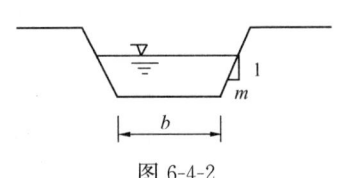
图 6-4-2

7. 如图 6-4-2 所示等腰梯形渠道底宽为 1m，边坡 $m=1.0$，水深从 0.5m 上升到 0.8m 时，水温、渠道平均速度不变，雷诺数增加了(　　)。
   A. 20.9%　　B. 21.4%　　C. 41.8%　　D. 42.8%

8. 圆管中层流的流量是(　　)。
   A. 与直径平方成正比　　　　　　B. 与黏性系数成反比
   C. 与黏性系数成正比　　　　　　D. 与水力坡度成反比

9. 圆管层流流动中，沿程阻力损失与速度大小 v 的关系是(　　)。
   A. 与 v 成正比　　　　　　　　B. 与 v^2 成正比

277

C. 与 v 成反比 D. 上述 A、B、C 均不对

10. 液流在紊流区里流动，沿程阻力损失的大小随流动速度的变化是（　　）。
   A. 沿程阻力损失的大小与流动速度的 1.0～2.0 次方成正比
   B. 沿程阻力损失的大小与流动速度的 1.75～2.0 次方成正比
   C. 沿程阻力损失的大小与流动速度的 1.0～1.75 次方成正比
   D. 都不正确

11. 若一管道绝对粗糙，不改变管中流动参数，也能使其水力粗糙管变成水力光滑管，这是因为（　　）。
   A. 加大流速后，黏性底层就薄了
   B. 减小管中雷诺数，黏性底层变厚遮住了绝对粗糙度
   C. 流速加大后，把管壁冲得光滑了
   D. 其他原因

12. 输送石油的圆管直径 $d=200$mm，已知石油的运动黏度 $\nu=1.8\text{cm}^2/\text{s}$，若输送石油的流量 $Q=35$L/s，则管长 $L=1600$m 的沿程阻力损失约为（　　）m。
   A. 11.3 B. 13.1 C. 22.5 D. 26.1

13. 测定突然扩大管道的局部阻力系数实验如图 6-4-3 所示，直径 $d_1=4$mm，$d_2=10$mm，大管长 $L=300$mm，小管不计，沿程阻力系数 $\lambda=0.03$，水银柱差 $h=20$mm，20s 测得水体体积 1034mL，则局部阻力系数 ζ_1 为（　　）。
   A. 0.64 B. 0.68 C. 0.75 D. 0.78

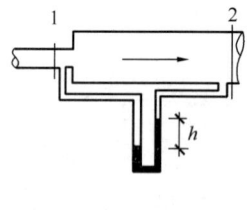
图 6-4-3

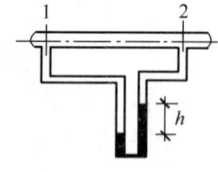
图 6-4-4

14. 如图 6-4-4 所示测定沿程阻力系数实验，直径 $d=7.5$mm，管长 $L=850$mm，水银柱差 $h=120$mm，10s 测得水体体积 1400mL，则沿程阻力系数 λ 为（　　）。
   A. 0.028 B. 0.030 C. 0.035 D. 0.038

15. 下列对层流和紊流性质的叙述中，正确的是（　　）。
   A. 在相同的外部条件下，紊流的摩擦阻力损失肯定比层流大
   B. 在相同的外部条件下，紊流的摩擦阻力损失肯定比层流小
   C. 在同一管道流动中，紊流平均速度与管道流动最大速度之比大于层流平均速度与管道流动最大速度之比
   D. 在同一管道流动中，紊流平均速度与管道流动最大速度之比小于层流平均速度与管道流动最大速度之比

16. A、B 两点之间并联了三根管道，则 AB 之间的阻力损失 h_{fAB} 等于（　　）。
   A. $h_{f1}+h_{f2}$ B. $h_{f2}+h_{f3}$
   C. $h_{f1}+h_{f2}+h_{f3}$ D. $h_{f1}=h_{f2}=h_{f3}$

17. 如图 6-4-5 所示某半开的阀门，阀门前后测压管水头差 Δh =0.5m 水柱，管径不变，管中平均流速 v=1.5m/s，则该阀门的局部阻力系数 ζ 为（　　）。

　　A. 4.4　　　　　B. 6.1

　　C. 3.4　　　　　D. 4.2

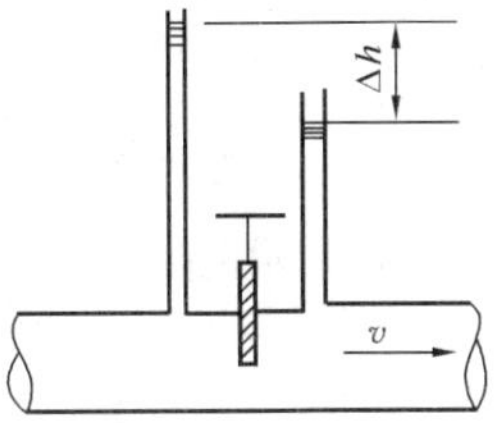

18. 谢才公式仅适用于（　　）。

　　A. 水力光滑区　　　B. 水力粗糙区或阻力平方区

　　C. 紊流过渡区　　　D. 第一过渡区

图 6-4-5

19. 工业管道管径不变时，沿程阻力系数 λ 在光滑区随粗糙度的增加而（　　）。

　　A. 增大　　　B. 减小　　　C. 不变　　　D. 不定

20. 圆形、正方形、矩形管道断面如图 6-4-6 所示，过水断面面积相等，阻力系数相等，水力坡度相等，则均匀流时的流量关系为（　　）。

　　A. $Q_1 : Q_2 : Q_3 = 1 : 0.785 : 0.699$　　　B. $Q_1 : Q_2 : Q_3 = 1 : 0.942 : 0.915$

　　C. $Q_1 : Q_2 : Q_3 = 1 : 0.0886 : 0.836$　　D. $Q_1 : Q_2 : Q_3 = 1 : 0.970 : 0.956$

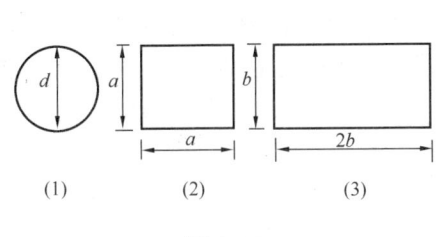

图 6-4-6

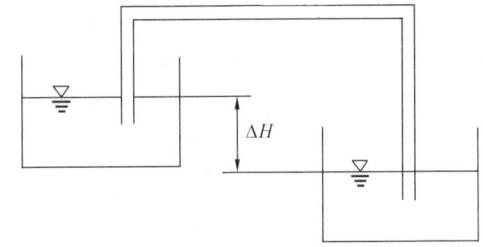

图 6-4-7

21. 如图 6-4-7 所示一虹吸管，管径 d=100mm，管长 l=20m，沿程阻力系数 λ=0.021，局部阻力系数 $\zeta_{进口}$=0.5，$\zeta_{弯头}$=0.15，若两水箱液面差 ΔH=4m，则虹吸管可通过的流量为（　　）L/s。

　　A. 26.4　　　B. 28.4　　　C. 30.2　　　D. 32.4

22. 流体绕物体（如圆柱、圆球等）流动时，产生（　　）。

　　A. 绕流阻力即物体表面上所作用的摩擦阻力

　　B. 绕流阻力由流体黏性产生，也称黏性阻力

　　C. 绕流阻力的大小与物体受到的浮力有关

　　D. 物体尾部无旋涡区则绕流阻力为零

23. 某河道中有一圆柱形桥墩，圆柱直径 d=1m，水深 h=2m，河中流速 v=2m/s，绕流阻力系数为 0.85，则桥墩受到的作用力为（　　）kN。

　　A. 3.2　　　B. 3.4　　　C. 3.6　　　D. 3.8

第五节　孔口、管嘴和管道流动

一、《考试大纲》的规定

孔口自由出流、孔口淹没出流；管嘴出流；有压管道恒定流；管道的串联和并联。

二、重点内容

1. 薄壁小孔口恒定出流

(1) 自由出流（孔口液流流入大气）

孔口流速：$v_c = \dfrac{1}{\sqrt{1+\zeta_c}}\sqrt{2gH_0} = \phi\sqrt{2gH_0}$

$$H_0 = (1+\zeta_c)\dfrac{v_c^2}{2g}$$

$$\phi = \dfrac{1}{\sqrt{1+\zeta_c}}$$

式中，H_0 为作用水头（包括流速水头在内）；ζ_c 为孔口局部阻力系数；ϕ 为流速系数。

孔口流量：$Q = v_c A_c = \varepsilon\phi A\sqrt{2gH_0} = \mu A\sqrt{2gH_0}$

式中，$\mu = \varepsilon\phi$ 称为孔口的流量系数。圆形小孔口 ϕ 为 0.97～0.98，μ 为 0.60～0.62。

(2) 淹没出流（流体经孔口流入同一流体中）

$$v_c = \phi\sqrt{2gH_0}$$

$$Q = \phi\varepsilon A\sqrt{2gH_0} = \mu A\sqrt{2gH_0}$$

需注意的是，淹没出流 H_0 的含义与自由出流 H_0 是不同的。当容器相当大，$v_0 \approx 0$、$v_1 \approx v_2 \approx 0$，则 $H_0 = H$，此时，自由出流的 H_0 为液面至孔口中心的深度；淹没出流的 H_0 为两液面的高差。

2. 管嘴的恒定出流

圆柱形外管嘴正常工作条件：管嘴长 $l = 3 \sim 4d$；作用水头 $H_0 \leqslant 9\text{m}$。管嘴的恒定出流计算为：

$$v = \dfrac{1}{\sqrt{\alpha + \zeta_n}}\sqrt{2gH_0}$$

$$Q = vA = \phi_n A\sqrt{2gH_0} = \mu_n A\sqrt{2gH_0}$$

式中 ϕ_n、μ_n 分别为管嘴的流速系数、流量系数，$\phi_n = \mu_n$；圆柱形外管嘴流量系数 $\mu_n = 0.82$。

3. 有压管道恒定流

(1) 简单管道（管径不变，没有分支的管道）

$$h_w = \left(\lambda\dfrac{l}{d} + \Sigma\zeta\right)\dfrac{v^2}{2g}$$

式中 v 为管中流速；λ 为管道沿程阻力系数；l 为管道总长度；$\Sigma\zeta$ 为管道中各个局部阻力系数之和。

(2) 串联管道

$$h_w = \sum_{i=1}^{n} h_{wi} = \sum_{i=1}^{n}\left(\lambda_i\dfrac{l_i}{d_i} + \Sigma\zeta_i\right)\dfrac{v_i^2}{2g}$$

例如由 2 根不同管径的管段串联，则 h_w 为：

$$h_w = \left(\lambda_1\dfrac{l_1}{d_1} + \Sigma\zeta_1\right)\dfrac{v_1^2}{2g} + \left(\lambda_2\dfrac{l_2}{d_2} + \Sigma\zeta_2\right)\dfrac{v_2^2}{2g}$$

其中 λ_1、λ_2 分别为各管段的沿程阻力系数；$\Sigma\zeta_1$、$\Sigma\zeta_2$ 分别为各管段的局部阻力系数之和，特别需注意的是，管段连接处的局部损失视其阻力系数对应于哪段的流速水头则计入该管段损失内。

(3) 并联管道

如图 6-5-1 所示三根并联管道，则：

$$h_{wAB} = S_1 Q_1^2 = S_2 Q_2^2 = S_3 Q_3^2$$

$$\frac{Q_1}{Q_2} = \sqrt{\frac{S_2}{S_1}} ; \frac{Q_1}{Q_3} = \sqrt{\frac{S_3}{S_1}}$$

式中 S_1、S_2、S_3 为管段 1、2、3 的总阻抗，$S_1 = \left(\lambda_1 \frac{l_1}{d_1} + \Sigma \zeta_1\right) \frac{1}{2gA_1^2}$；$S_2 = \left(\lambda_2 \frac{l_2}{d_2} + \Sigma \zeta_2\right) \frac{1}{2gA_2^2}$，$S_3 = \left(\lambda_3 \frac{l_3}{d_3} + \Sigma \zeta_3\right) \frac{1}{2gA_3^2}$。

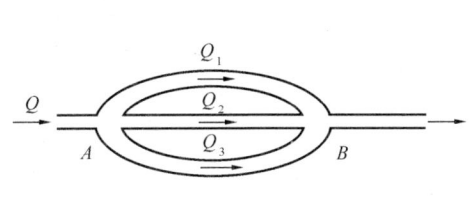

图 6-5-1

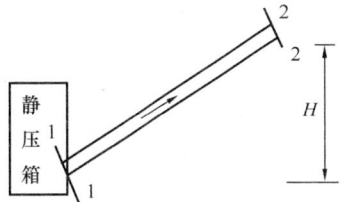

图 6-5-2 气体管道计算示意图

(4) 气体管道（图 6-5-2）

$$p_1 + (\rho_a - \rho) g (Z_2 - Z_1) + \frac{\rho v_1^2}{2} = p_2 + \frac{\rho v_2^2}{2} + \Delta p_w$$

式中 ρ_a 为大气密度；$(\rho_a - \rho) g (Z_2 - Z_1)$ 称为位压；p_1、p_2 称为断面 1、2 的静压，$\frac{\rho v_1^2}{2}$、$\frac{\rho v_2^2}{2}$ 称为断面 1、2 的动压，Δp_w 为局部损失压强，$\Delta p_w = \rho g h_w$。

特别地，当 $\rho_a = \rho$（如通风管道）或 $Z_2 = Z_1$（如水平管道）时，上式简化为：

$$p_1 + \frac{\rho v_1^2}{2} = p_2 + \frac{\rho v_2^2}{2} + \Delta p_w$$

三、解题指导

选用计算公式时，注意其系数的取值；串联管道注意局部阻力损失的归并问题。

【例 6-5-1】 直径和作用水头相等的圆柱形外伸管嘴（μ 取为 0.82）。与薄壁圆形小孔口（μ 取为 0.62），其出流量之比 $Q_{管嘴}/Q_{孔口}$ 等于（   ）。

A. 0.76 B. 0.82 C. 1.0 D. 1.32

【解】 $Q = \mu A \sqrt{2gH}$，又 A、H 均相同，则：

$$\frac{Q_{管嘴}}{Q_{孔口}} = \frac{\mu_{管嘴}}{\mu_{孔口}} = \frac{0.82}{0.62} = 1.323$$

所以选 D 项。

【例 6-5-2】 主干管在 A、B 间是由两条支管组成的一个并联管路，两支管的长度和管径分别为 $l_1 = 1500$mm，$d_1 = 150$mm，$l_2 = 3000$mm，$d_2 = 300$mm，两支管的沿程阻力系数 λ 均等于 0.03。若测得主干管流量 $Q = 50$L/s，则两支管流量分别为（   ）。

A. $Q_1=13\text{L/s}$,$Q_2=37\text{L/s}$ B. $Q_1=10\text{L/s}$,$Q_2=40\text{L/s}$
C. $Q_1=37\text{L/s}$,$Q_2=13\text{L/s}$ D. $Q_1=40\text{L/s}$,$Q_2=10\text{L/s}$

【解】 当忽略局部阻力,阻抗:$S=\dfrac{\lambda l}{d}\cdot\dfrac{1}{2gA^2}=\dfrac{8\lambda l}{\pi^2 g d^5}$

$$\frac{Q_1}{Q_2}=\sqrt{\frac{S_2}{S_1}}=\sqrt{\frac{l_2}{l_1}\cdot\left(\frac{d_1}{d_2}\right)^5}=\sqrt{2\cdot\left(\frac{1}{2}\right)^5}=0.25$$

$$Q=Q_1+Q_2=50$$

解得:$Q_1=10\text{L/s}$,$Q_2=40\text{L/s}$,所以应选 B 项。

四、应试题解

1. 在管路系统里,自由出流和淹没出流使用的是同一管路系统,下列说法正确的是( )。
   A. 两种出流有效作用水头相同的情况下,淹没出流流量比自由出流流量大
   B. 两种出流有效作用水头相同的情况下,淹没出流流量比自由出流流量小
   C. 两种出流有效作用水头相同的情况下,淹没出流流量等于自由出流流量
   D. 上述 A、B、C 均不对

2. 孔口出流收缩断面流速为( )。
   A. $v_c=\phi\sqrt{2gH_0}$ B. $v_c=\varepsilon\sqrt{2gH_0}$
   C. $v_c=\mu\sqrt{2gH_0}$ D. $v_c=\sqrt{2gH_0}$

3. 孔口出流实验中测得孔口出流的局部阻力系数 $\zeta=0.05$,则其流速系数 ϕ 为( )。
   A. 0.94   B. 0.95   C. 0.96   D. 0.98

4. 一圆形水源孔口,直径 $d=0.1\text{m}$,作用水头 $H=3.5\text{m}$,出口流量为( )m^3/s。
   A. 0.065   B. 0.068   C. 0.65   D. 0.68

5. 直径和作用水头相等的圆柱形外伸管嘴($\mu_{嘴}$ 取为 0.82)与薄壁圆形小孔口($\mu_{孔}$ 取为 0.62),其出流量之比 $Q_{嘴}/Q_{孔}$ 等于( )。
   A. 0.76   B. 0.82   C. 1.0   D. 1.32

6. 如图 6-5-3 所示恒定流水箱,水头 $H=6\text{m}$,直径 $d_1=200\text{mm}$,$d_2=100\text{mm}$,不计水头损失,则粗管中断面平均流速 v_1 为( )m/s。
   A. 2.71   B. 2.86   C. 4.32   D. 4.38

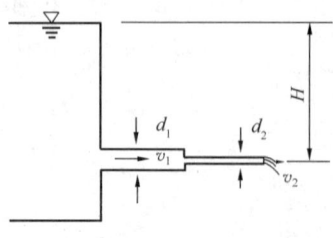
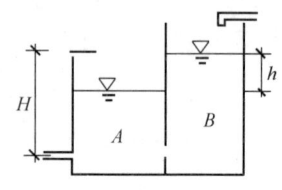

图 6-5-3   图 6-5-4

7. 两水箱用分隔板 A、B 分为两室如图 6-5-4 所示,已知孔口直径 d 为 30mm,流量系数 0.62,A 水箱管嘴出流直径为 40mm,流量系数 0.82。水箱 B 水面至管嘴出口高差 $H=4\text{m}$,两水箱恒定出流,则水箱水位差 h 为( )m。
   A. 3.56   B. 3.39   C. 4.21   D. 4.62

8. 流体侧压管水头线的沿程变化是（　　）。
   A. 沿程上升　　　　　　　　　B. 沿程下降
   C. 保持水平　　　　　　　　　D. 上述 A、B、C 均有可能

9. 有压恒定流水管直径 $d=50$mm，末端阀门关闭时压力表读数为 25kPa，阀门打开后读数降至 5.0kPa，如不计水头损失，则该管的通过流量 Q 为（　　）L/s。
   A. 10.2　　　B. 11.8　　　C. 12.4　　　D. 13.4

10. 如图 6-5-5 所示水泵装置，通过的流量为 20m³/h，管子直径为 80mm，淹没进水，总水头损失为 25.0 的速度水头，水泵输水净高 $H=20$m，水泵的效率为 0.75，则水泵的运行功率为（　　）kW。
    A. 1.57　　　B. 1.46　　　C. 1.24　　　D. 1.06

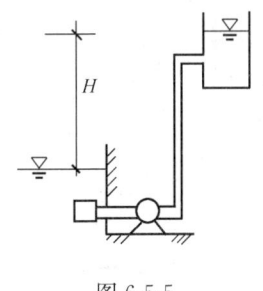

图 6-5-5

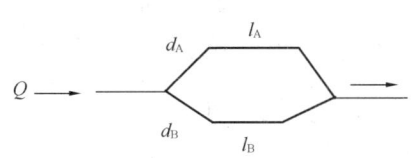

图 6-5-6

11. 图 6-5-6 所示一管道，中间并联一根长度相同的管路，即 $l_A=l_B$，已知 $d_A=2d_B$，沿程阻力系数 λ 相同，两管路的流量 $Q_A：Q_B$ 为（　　）。
    A. 1　　　　　　　　　B. $\sqrt{2}$
    C. 2　　　　　　　　　D. $4\sqrt{2}$

12. 某输水管道系统如图 6-5-7 所示，由 a 处用四条并联管道供水至 b 处，已知各管段的管长 $l_1=200$m，$l_2=400$m，$l_3=200$m，$l_4=300$m，阻抗 $S_1=1.0$s²/m⁵，$S_2=S_3=0.50$s²/m⁵，$S_4=2.0$s²/m⁵。若总流量为 $Q=900$L/s，各管道的流量为（　　）。

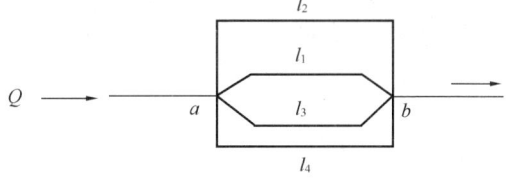

图 6-5-7

   A. $Q_1=198.5$L/s，$Q_2=280.7$L/s，$Q_3=280.71$L/s，$Q_4=140.3$L/s
   B. $Q_1=198.5$L/s，$Q_2=374.3$L/s，$Q_3=187.11$L/s，$Q_4=140.3$L/s
   C. $Q_1=140.1$L/s，$Q_2=280.7$L/s，$Q_3=280.71$L/s，$Q_4=198.5$L/s
   D. $Q_1=140.1$L/s，$Q_2=374.3$L/s，$Q_3=187.1$L/s，$Q_4=198.5$L/s

第六节　明渠恒定流

一、《考试大纲》的规定

明渠均匀水流特性；产生均匀流的条件；明渠恒定非均匀流的流动状态；明渠恒定均匀流的水平力计算。

二、重点内容

1. 明渠恒定均匀流的形成条件及水力计算

形成明渠恒定均匀流的条件是：①水流为恒定流，且沿程流量不变；②长而直的棱柱形渠道；③底坡 i 大于零，且保持不变；④渠道的粗糙情况沿程没有变化。

明渠均匀流流线为平行直线，过水断面的形状、尺寸、水深、流量、断面流速及流速分布沿程不变。它的水力坡度与底坡、测压管坡度均相等，即 $J=J_p=i$，其水力计算为：

$$v = C\sqrt{RJ} = C\sqrt{Ri}$$

$$Q = vA = AC\sqrt{Ri}$$

式中 C 为谢才系数，按曼宁公式计算时，$C=\dfrac{1}{n}R^{1/6}$。

2. 水力最优断面

当过水断面 A 一定，使湿周 χ 为最小，才能得到最大的流量。这种湿周最小的断面被称为水力最优断面。反之，当流量 Q 一定，采用水力最优断面可使过水断面面积最小。

如图 6-6-1 所示，当 A 一定，矩形截面：$R=\dfrac{h}{2}$，$\dfrac{b}{h}=2$。当 A 一定时，梯形断面：$R=\dfrac{h}{2}$，$\dfrac{b}{h}=2(\sqrt{1+m^2}-m)$

其中 m 为边坡系数。

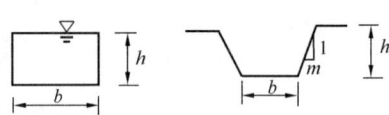

图 6-6-1

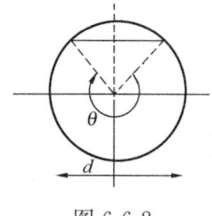

图 6-6-2

3. 无压圆管均匀流的水力计算

无压圆管指不满流的圆管。如图 6-6-2，水力参数为：

过水断面：$A=\dfrac{d^2}{8}(\theta-\sin\theta)$

湿周：$\chi=\dfrac{1}{2}\theta d$

水力半径：$R=\dfrac{d}{4}\left(1-\dfrac{\sin\theta}{\theta}\right)$

无压圆管均匀流水力计算的基本公式同明渠恒定均匀流的计算公式。

三、解题指导

掌握水力最优断面的计算，见本节应试题解部分。

【**例 6-6-1**】 明渠均匀流只可能发生在（ ）。

A. 顺坡渠道 B. 平坡渠道
C. 逆坡渠道 D. 顺坡渠道、逆坡渠道

【**解**】 根据形成明渠均匀流的条件，坡度大于零，故选 A 项。

四、应试题解

1. 明渠中均匀流动和管道中的均匀流动区别在于（ ）。

A. 明渠中总水头线和水面线及底坡线之间相互平行，管道中三者亦相互平行
B. 明渠中总水头线和底坡线相互不平行，管道中总水头线和底坡线亦不平行
C. 明渠中总水头线、水面线和底坡线之间相互平行，而管道中底坡线和总水头线之间一般不平行
D. 明渠中总水头线、水面线、底坡线之间不平行，而管道中底坡线和总水头线之间相互平行

2. 明渠均匀流可形成于(   )。

A. 棱柱形平坡渠道　　　　　　B. 底坡大于零的长直渠道
C. 非棱柱形顺坡渠道　　　　　D. 流量不变的逆坡渠道

3. 明渠均匀流的水力坡度等于(   )。

A. 水深　　　B. 渠底高　　　C. 渠底坡度　　　D. 渠底高差

4. 矩形木槽宽度为 1m，水深 0.8m，木槽粗糙率 $n=0.015$，通过的流量为 $2.5m^3/s$，按曼宁公式计算，则均匀流底坡为(   )。

A. 0.0106　　B. 0.0116　　C. 0.0122　　D. 0.0134

5. 图 6-6-3 梯形渠道底宽度为 2m，水深为 0.8 m，边坡 m 为 1.0m，渠道粗糙率 $n=0.02$，底坡为 0.0018，按曼宁公式计算，则通过的均匀流流量为(   )m^3/s。

A. 2.67　　　B. 2.86
C. 3.10　　　D. 3.56

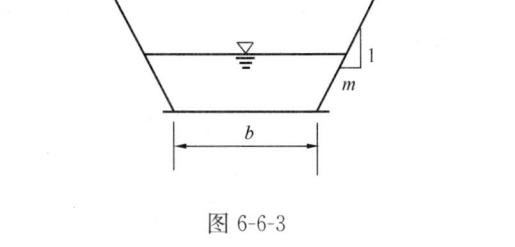

图 6-6-3

6. 矩形断面的输水渠道，底宽 $b=12m$，流量 $Q=40m^3/s$，若断面平均流速 $v=2.0m/s$，则该断面的水深为(   )m。

A. 1.57　　　B. 1.67　　　C. 1.78　　　D. 1.82

第七节　渗流、相似原理和量纲分析

一、《考试大纲》的规定

土壤的渗流特性、达西定律、井和集水廊道、力学相似原理、相似准则、量纲分析法。

二、重点内容

1. 渗流基本定律

(1) 达西定律：$v=kJ$；$J=\dfrac{H}{l}$

式中 k 为渗透系数；J 为渗流的水力坡度；H 为上下游水位差。

达西定律适用 $Re<1$ 的渗流（即层流）。渗透系数 k 的确定方法：经验公式法、实验室方法、现场方法等。

(2) 裘布依公式：$v=k\dfrac{\mathrm{d}z}{\mathrm{d}l}=k\tan\theta$

式中 θ 为水平线和水面坡度线的夹角。

裘布依假设：①在任一竖直线上，各点渗透方向水平；②在同一竖直线上，各点渗流流速相等。

2. 单井

(1) 潜水井涌水量

完全潜水井涌水量计算公式：

$$Q = \frac{\pi k(H^2 - h_0^2)}{\ln R - \ln r_0} = \frac{3.14k(H^2 - h_0^2)}{\ln \dfrac{R}{r_0}}$$

式中 R 为井的影响半径；r_0 为井的半径；k 为渗透系数；H 为地下水天然水面高度；h_0 为抽水后井的水面高度。

(2) 自流井涌水量

完全自流井涌水量计算公式：$Q = \dfrac{2\pi kt(H - h_0)}{\ln \dfrac{R}{r_0}}$

式中 t 为两不透水层之间的距离；其他符号意义同前。

3. 相似原理

(1) 流动相似的基本概念

模型和原型相似的条件：几何相似、运动相似、动力相似，及两者的初始条件和边界条件保持一致。

几何相似：$\lambda_l = \dfrac{l_p}{l_m}$，$\lambda_l^2 = \dfrac{A_p}{A_m}$

运动相似：$\lambda_v = \dfrac{v_p}{v_m} = \dfrac{\lambda_l}{\lambda_t}$，$\lambda_a = \dfrac{a_p}{a_m} = \dfrac{\lambda_l}{\lambda_t^2}$

动力相似：$\lambda_F = \lambda_\rho \lambda_l^2 \cdot \lambda_v^2$

几何相似是流动相似的前提，才能确保运动和动力相似。运动相似是动力相似的必要条件，也即动力相似是运动相似的保证。

(2) 相似准则与模型律

黏性力作用为主的动力相似准则：$(Re)_p = (Re)_m$ 或 $\dfrac{v_p l_p}{\nu_p} = \dfrac{v_m l_m}{\nu_m}$

重力作用为主的动力相似准则：$(Fr)_p = (Fr)_m$ 或 $\dfrac{v_p^2}{g_p l_p} = \dfrac{v_m^2}{g_m l_m}$

式中 Fr 为弗劳德数，它反映了惯性力与重力的比值。

压力作用流动的动力相似准则：$(Eu)_p = (Eu)_m$ 或 $\dfrac{p_p}{\rho_p v_p^2} = \dfrac{p_m}{\rho_m v_m^2}$

式中 Eu 为欧拉数，它反映了压力与惯性力的比值，但 Eu 不是独立的相似准则。

①雷诺模型律，指原型和模型流动雷诺数相等的相似条件。

②弗劳德模型律，指原型和模型流动弗劳德数相等的相似条件。

需注意的是，要同时满足上述两模型律来设计模型基本上是不可能的。这是因为：雷诺模型律满足时，$v = 1/l$，而弗劳德模型律满足时，$v = \sqrt{l}$，显然流速比例尺不能同时满足上述两式。

4. 量纲分析

基本量纲指具有独立性的量纲。如长度 [L]、时间 [T]、质量 [M] 属基本量纲。

π 定律，指如果在一个量纲统一的方程中，有 n 个量纲变量，其中 m 个变量（基本量）在量纲上是独立的，其余 $n-m$ 个变量的量纲是非独立的，即 $n-m$ 个无量纲，这些无量纲数叫 π 数。

在力学上任何有物理意义的方程或关系式，其各物理量及量纲关系的规律是：一是式中各项量纲必须和谐；二是任何有量纲方程可化为无量纲方程；改变后的方程函数关系不变。

三、解题指导

单井涌水量公式，熟悉其表达的内涵；相似原理的内容应理解基本概念，会简单计算。

【例 6-7-1】 设计梯形水槽的流动模型。原型底宽为 10m，边坡为 1.0，水深 2m，流量为 48m³/s，流动在粗糙区，断面满足几何相似和弗鲁特数相似，模型底宽设计为 1m，则模型速度为（　　）m/s。

A. 0.632　　　B. 0.783　　　C. 0.846　　　D. 0.928

【解】 由 Fr 准则：$\dfrac{v_p^2}{g_p l_p} = \dfrac{v_m^2}{g_m l_m}$，$g_p = g_m$，则

$$v_m = \dfrac{v_p}{\sqrt{\lambda_l}} = \dfrac{v_p}{\sqrt{\dfrac{l_p}{l_m}}}$$

又 $v_p = \dfrac{Q}{A} = 2.0 \text{m/s}$ 代入上式，解之得：$v_m = \dfrac{2}{\sqrt{10}} = 0.632 \text{m/s}$

所以应选 A 项。

四、应试题解

1. 在渗流模型中假定（　　）。

A. 土壤颗粒大小均匀　　　　B. 土壤颗粒排列整齐
C. 土壤颗粒均为球形　　　　D. 土壤颗粒不存在

2. 在均匀各向同性的土壤中，渗流系数 k 应为（　　）。

A. 在各点处数值不同　　　　B. 是个常数
C. 数值随方向变化　　　　　D. 以上都不是

3. 在裘布依假设里的过水断面渐变流是指（　　）。

A. 不同的过水断面上的速度分布相同　B. 过水断面上的速度分布为线性分布
C. 过水断面上的速度分布为均匀分布　D. 上述都不正确

4. 裘布依假设条件主要是指（　　）。

A. 在任一竖直线上，各点的渗流方向平行指向渗流井，且在同一竖直线上，各点渗流流速相等

B. 在任一断面上，各点的渗流方向平行指向渗流井，且在同一竖直线上，各点渗流流速相等

C. 在任一竖直线上，各点的渗流方向水平，且在同一竖直线上各点渗流流速相等

D. 在任一竖直线上，各点的渗流方向平行指向渗流井

5. 潜水井是指（　　）。
   A. 全部潜没在地下水中的井
   B. 从有自由表面潜水含水层中开凿的井
   C. 井底直达不透水层的井
   D. 从两不透水层之间汲取有压地下水的井，井底未达不透水层或者可以直达不透水层

6. 如图 6-7-1 所示，某地下工程水位在地面下 2m，有一完整井不渗水层距地面 18m，土壤平均渗透系数 $k=20\text{m/d}$，降水面在地下 10m，井半径为 50cm，影响半径为 500m，则渗流流量为（　　）L/s。
   A. 23.6　　　　B. 21.7
   C. 20.2　　　　D. 18.2

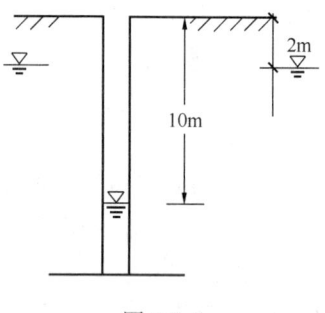

图 6-7-1

7. 对自流井进行抽水实验以确定土壤的渗透系数 k 值，在距井轴 $r_1=10\text{m}$ 和 $r_2=20\text{m}$ 处分别钻一个观测孔，当自流井抽水后，实测两个观测孔中水面稳定下降 $s_1=2.0\text{m}$ 和 $s_2=1.2\text{m}$，承压含水层厚度 $t=8\text{m}$，稳定的抽水流量 $Q=28\text{L/s}$，则土壤的渗透系数 k 值为（　　）m/d。
   A. 43.2　　　B. 41.7　　　C. 38.6　　　D. 36.4

8. 量纲分析的基本原理是（　　）。
   A. 量纲和谐性原理　　　B. 几何相似原理
   C. 量纲同一原理　　　　D. 运动相似原理

9. 相似原理的相似未包括（　　）相似。
   A. 几何相似　　B. 运动相似　　C. 动力相似　　D. 边界相似

10. 弗劳德数（Fr）的物理意义为（　　）。
    A. 惯性力与重力之比　　　B. 惯性力与黏性力之比
    C. 压力与惯性力之比　　　D. 黏性力与重力之比

11. 某一桥墩长 24m，桥墩宽为 4.4m，两桥台的距离为 80m，水深为 8.2m，平均流速为 2.4m/s，如实验供水量仅为 $0.2\text{m}^3/\text{s}$，该模型应选取几何比例尺及平均流速为（　　）。
    A. 35，0.406m/s　　　　B. 50，0.339m/s
    C. 55，0.323m/s　　　　D. 60，0.310m/s

12. 毕托管可以用来测量管道内或河道、明渠中某点的（　　）。
    A. 瞬时流速　　B. 脉动流速　　C. 时均流速　　D. 时均流量

13. 文丘里管用于测量（　　）。
    A. 点流速　　B. 点压强　　C. 密度　　D. 流量

14. 文丘里流量计喉管断面的压强减小，从能量观点来看，主要是（　　）。
    A. 面积减小后能量损失加大造成的
    B. 管臂粗糙，摩擦力增加造成的

C. 位置向下倾斜，位能降低造成的

D. 断面收缩流速加大，压能转化成动能造成的，能量损失不是主要的

第八节　答　案　与　解　答

一、第一节　流体的主要物理性质

1. D　2. D　3. D　4. C　5. B　6. D　7. B　8. B

4. C. 解答如下：

$$\nu = \frac{\mu}{\rho} = \frac{1.86 \times 10^{-5}}{1.105} = 1.68 \times 10^{-5} \text{ m}^2/\text{s}$$

7. B. 解答如下：

$$\beta = \frac{1}{K} = \frac{-\frac{dV}{V}}{dp}，则 \ dp = -\frac{dV}{V} \cdot K = 3\% \times 2.16 \times 10^9 = 6.48 \times 10^7 \text{ Pa}$$

8. B. 解答如下：

作出平板的受力分析图，则切力 T' 为：$T' = T - G\sin 30°$，

又 $T' = \mu A \dfrac{du}{dy}$，故有：$T - G\sin 30° = \mu A \dfrac{du}{dy}$

$$\mu = \frac{T - G\sin 30°}{A \cdot \dfrac{du}{dy}} = \frac{4.5 - 8 \times \dfrac{1}{2}}{0.1 \times \dfrac{1}{0.5 \times 10^{-3}}} = 2.5 \times 10^{-3}$$

二、第二节　流体静力学

1. B　2. B　3. A　4. C　5. A　6. B　7. B　8. D　9. D　10. B
11. C　12. A　13. D　14. C　15. D　16. C　17. A　18. D　19. B

5. A. 解答如下：

真空值：$p_v = |p| = 49.0 \text{ kPa}$

真空高度：$H = \dfrac{p_v}{\rho g} = \dfrac{49.0 \times 10^3}{9.8 \times 10^3} = 5 \text{ m}$

6. B. 解答如下：

$p = p_0 + \rho g h = 9.8 \times 10^3 + 9.8 \times 10^3 \times 3 = 39.2 \times 10^3 \text{ Pa}$

7. B. 解答如下：

由图可知：$p_A - \rho_水 g h_A = p_B - \rho_水 g (h_B - \Delta h) - \rho' g \Delta h$

整理得：$p_A - p_B = \rho_水 g (h_A - h_B) + (\rho_水 - \rho') g \cdot \Delta h$

8. D. 解答如下：

$H_{下表} = \dfrac{p_{下表} - p_{上表}}{\rho g}$，$H_{上表} = \dfrac{p_{上表}}{\rho g}$，

$h = H_{下表} + H_{上表} - 0.2$

$= \dfrac{p_{下表}}{\rho g} - 0.2 = \dfrac{6 \times 10^3}{9.8 \times 10^3} - 0.2 = 0.412 \text{ m}$

10. B. 解答如下：

确定闸门承受的总压力 P：$P = \rho g h_c \cdot A = 9.8 \times 10^3 \times 3.15 \times 1 \times 0.5 = 15435\text{N}$

P 距铰链 N 的距离 d：$d = \dfrac{\overline{MN}}{2} + \dfrac{I_c}{h_c A} = \dfrac{0.5}{2} + \dfrac{1 \times 0.5^3/12}{3.15 \times 1 \times 0.5} = 0.2566\text{m}$

力 T 和 P 对 N 取矩：$T\cos 60° \cdot \overline{MN} = P \cdot d$

$$T = \dfrac{P \cdot d}{\cos 60° \cdot \overline{MN}} = \dfrac{15435 \times 0.2566}{\dfrac{1}{2} \times 0.5} = 15842\text{N}$$

11. C. 解答如下：

如图 6-8-1 所示，$P_x = pA = p \cdot (d \times 1) = pd$

$P_x = 2T = 2t \, [\sigma]$，所以：

$$t = \dfrac{P_x}{2[\sigma]} = \dfrac{pd}{2[\sigma]} = \dfrac{9.56 \times 10^3 \times 0.2}{2 \times 147 \times 10^3} = 0.00650\text{m}$$

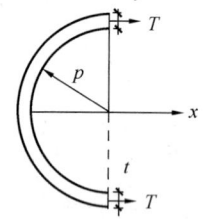

图 6-8-1

12. A. 解答如下：

$P = \dfrac{1}{2} \times (1.5\rho g + 2.5\rho g) \times 1 \times (1 \times 1) = 2\rho g$

13. D. 解答如下：

取闸门为研究对象，受拉力 T、水压力 P、自重 G，各力对 A 点取矩，则：$T\cos 60° \cdot \overline{AB} - P \cdot e - G\cos 60° \cdot \dfrac{1}{2}\overline{AB} = 0$

又由于 $p_A = 9.8 \times 10^3 \text{Pa}, p_B = 2 \times 9.8 \times 10^3 = 19.6 \times 10^3 \text{Pa}$

$e = \dfrac{p_A + 2p_B}{3(p_A + p_B)} \cdot \overline{AB} = \dfrac{(9.8 + 2 \times 19.6) \times 10^3}{3 \times (9.8 + 19.6) \times 10^3} \cdot \overline{AB} = 0.56 \overline{AB}$

$P = \dfrac{1}{2} \times (9.8 \times 10^3 + 19.6 \times 10^3) \cdot \overline{AB} \cdot 3 = \dfrac{1}{2} \times 29.4 \times 10^3 \times \dfrac{1}{\sin 60°} \cdot 3 = 50.92 \times 10^3 \text{N}$

代入前式，则：

$$\begin{aligned} T &= 2 \cdot \left(0.56P + \dfrac{1}{4}G\right) \\ &= 2 \times \left(0.56 \times 50.92 \times 10^3 + \dfrac{1}{4} \times 8 \times 10^3\right) \\ &= 61.03 \times 10^3 \text{N} \end{aligned}$$

注意：本题目求 e 时，其按梯形的形心位置的计算公式。

14. C. 解答如下：

取下半球为研究对象，其受水压力 P、螺栓拉力 T、水重 G，则：

$T + G - P = 0$

$P = pA = \rho g h \cdot \pi \dfrac{D^2}{4} = 9.8 \times 10^3 \times (0.5 + 1) \cdot \pi \cdot \dfrac{2^2}{4} = 4.62 \times 10^4 \text{N}$

$G = \rho g V = 9.8 \times 10^3 \times \dfrac{4}{3}\pi \cdot 1^3 \cdot \dfrac{1}{2} = 2.051 \times 10^4 \text{N}$

一个螺栓受力 T_0：$T_0 = \dfrac{1}{10} \cdot (P - G) = 2.57 \times 10^3 \text{N}$

15. D. 解答如下：

取单位长度1m的圆弧面为研究对象，

水平分力 P_x：$P_x = p_c \cdot A_x = \rho g \cdot \dfrac{R}{2} \cdot (R \times 1) = \dfrac{\rho g R^2}{2}$

垂直分力 P_z：$P_z = R \times 1 \times R \cdot \rho g - \dfrac{1}{4}\pi R^2 \cdot 1 \cdot \rho g = \rho g \left(R^2 - \dfrac{\pi R^2}{4}\right)$

所以：$\alpha = \tan^{-1}\left(\dfrac{P_z}{P_x}\right) = \tan^{-1}\left(\dfrac{4-\pi}{2}\right)$

16. C. 解答如下：

半球形盖左侧 P_{x1}：$P_{x1} = p_{c1} \cdot A = \rho g (h+R) \cdot A$

半球形盖右侧 P_{x2}：$P_{x2} = p_{c2} \cdot A = \rho g R \cdot A$

半球形盖的水压力 P：$P = P_{x1} - P_{x2} = \rho g h \cdot A = \rho g h \cdot \pi R^2$

即：$P = 9.8 \times 10^3 \times 2 \times \pi \times 1^2 = 61.544 \times 10^3 \text{N}$

17. A. 解答如下：

水平方向受力 P_x：$P_x = p_c \cdot A = \dfrac{1}{2} R \cdot \rho g \cdot (R \times 3) = \dfrac{3}{2}\rho g R^2$

铅直方向受力 P_z：$P_z = \rho g \dfrac{\pi R^2}{4} \cdot 3 = 2.355 \rho g R^2$

合力 P：$P = \sqrt{P_x^2 + P_z^2} = \sqrt{1.5^2 + 2.355^2}\rho g R^2$
$= 2.79 \rho g R^2$

18. D. 解答如下：

(1) 如图 6-8-2 所示分析其受力，圆筒外表面受力 $P_{z1} = 0.5^2 \pi \rho g l$，方向向上；

(2) 圆筒内液体的压力，因为圆筒内液体液面的压强为大气压，故圆筒内壁所受压力也等于里面液体的重量，方向向下

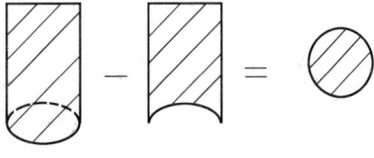

图 6-8-2

$$P_{z2} = \dfrac{1}{2} \times 0.5^2 \pi \rho g \cdot l$$

(3) 所以圆筒受力 P_z：$P_z = P_{z1} - P_{z2} = \dfrac{1}{2} \times 0.5^2 \cdot \pi \rho g l$，方向向上。

19. B. 解答如下：

(1) 由压力 P：$P = \rho g h_c \cdot A = \rho g \cdot \dfrac{l}{2} \sin\alpha \cdot A$，可知两者的压力相等，$P_1 = P_2$；

(2) 又由 e：$e = h_c + \dfrac{I_c}{h_c \cdot A}$，并且 $I_{c1} = \dfrac{1}{12} b \cdot l^3$，$I_{c2} = \dfrac{1}{64}\pi l^4$，可知，$e_1 > e_2$；

(3) 由力矩平衡得：$T_1 l_1 = P_1 e_1$，$T_2 l_2 = P_2 e_2$，并且 $l_1 = l_2 = l$，$P_1 = P_2$，$e_1 > e_2$，所以 $T_1 > T_2$，故应选 B。

三、第三节　流体动力学基础

1. C   2. D   3. B   4. C   5. C   6. C   7. B   8. C   9. D   10. C
11. D   12. A   13. D   14. C   15. B   16. B   17. A   18. B   19. A   20. A
21. A   22. C   23. D   24. A   25. C

8. C. 解答如下：

根据同一过流断面上处于对称位置上的质点的总水头、测压管水头均相等,故应选C项。

12. A. 解答如下:

$Q_0 > Q$ 保证水箱处于溢满状态,故管中压力、速率参数均恒定,但管中沿流向方向流速是变化的,故不均匀流动。

15. B. 解答如下:

$Q_1 = Q - Q_2$,$v_1 = \dfrac{Q_1}{A_1}$,则,$v_1 = \dfrac{4(Q-Q_2)}{\pi d_1^2}$

所以 $v_1 = \dfrac{4 \cdot \left(\dfrac{\pi}{4}d^2 \cdot v - Q_2\right)}{\pi \cdot d_1^2} = \dfrac{\pi \cdot 0.2^2 \times 1 - 4 \times 5 \times 10^{-3}}{\pi \cdot 0.15^2} = 1.49 \text{m/s}$

16. B. 解答如下:

由管中气流的质量守恒知,$Q_{m1} = Q_{m2}$,

即:$\rho_1 A_1 v_1 = \rho_2 A_2 v_2$,$v_2 = \dfrac{\rho_1 A_1 v_1}{\rho_2 A_2} = \dfrac{\rho_1 v_1}{\rho_2} \cdot \left(\dfrac{d_1}{d_2}\right)^2$

所以:$v_2 = \dfrac{1.0 \times 10}{1.2} \cdot \left(\dfrac{5}{2}\right)^2 = 52.08 \text{m/s}$

17. A. 解答如下:

(1)$Q_1 = Q_2$,即:$A_1 v_1 = A_2 v_2$,$\dfrac{\pi}{4}d_1^2 \cdot v_1 = \dfrac{\pi}{4}d_2^2 \cdot v_2$,所以,$v_2 = 4v_1$

(2)由能量方程有:$z_1 + \dfrac{p_1}{\rho g} + \dfrac{v_1^2}{2g} = z_2 + \dfrac{p_2}{\rho g} + \dfrac{v_2^2}{2g}$

式中 $z_1 = 0$,$z_2 = 1.5$,$p_1 = 98 \text{kPa}$,$p_2 = 49 \text{kPa}$,$v_2 = 4v_1$

代入式中解得:$v_1 = 2.139 \text{m/s}$

所以 $Q = A_1 \cdot v_1 = \dfrac{\pi}{4} \times 0.3^2 \times 2.139 = 0.151 \text{m}^3/\text{s}$

18. B. 解答如下:

$P = \rho g h Q = 13.6 \times 10^3 \times 9.8 \times 0.8 \times 50 \times 10^{-3} = 5.33 \times 10^3 \text{W}$

19. A. 解答如下:

列出两断面能量方程:$z_A + \dfrac{p'_A}{\rho g} + \dfrac{v_A^2}{2g} = z_B + \dfrac{p'_B}{\rho g} + \dfrac{v_B^2}{2g} + h_{lAB}$

即:$\rho g z_A + p'_A + \dfrac{\rho v_A^2}{2} = \rho g z_B + p'_B + \dfrac{\rho v_B^2}{2} + \rho g \cdot h_{lAB}$

式中:p'_A、p'_B 为绝对压强:$p'_A = p_a + p_A$,$p'_B = p_a - \rho_a g(z_B - z_A) + p_B$,

整理即:$p_A + \dfrac{\rho v_A^2}{2} + (\rho_a - \rho) \cdot g \cdot (z_B - z_A) = p_B + \dfrac{\rho v_B^2}{2} + \rho g h_{lAB}$

式中:$p_A = 10 \text{Pa}$,$v_B = 0$,$p_B = 0$,$h_{lAB} = 5.0 \rho v_A^2$

解之得:$v_A = 5.855 \text{m/s}$

所以:$Q_m = Q_v \cdot \rho = A v_A \cdot \rho = \dfrac{\pi}{4} \times 0.02^2 \times 5.855 \times 0.7$

$= 0.001287 \text{kg/s}$

20. A. 解答如下：

由公式得：$Q = \mu K \sqrt{\dfrac{\rho_{Hg}-\rho}{\rho} \cdot \Delta h'} = \mu K \sqrt{12.6\Delta h'}$

又 $K = \dfrac{\pi}{4}d_1^2 \sqrt{\dfrac{2g}{\left(\dfrac{d_1}{d_2}\right)^4 - 1}}$ 所以 $K = \dfrac{\pi}{4} \cdot 0.1^2 \cdot \sqrt{\dfrac{2 \times 9.8}{\left(\dfrac{0.1}{0.05}\right)^4 - 1}} = 0.008978$

$Q = 0.95 \times 0.008978 \times \sqrt{12.6 \times 0.15} = 0.01172 \text{m}^3/\text{s} = 11.72\text{L/s}$

21. A. 解答如下：

取水平方向为 x 轴，垂直方向为 y 轴，则 y 轴方向列动量守恒公式：$Q_1 v_1 = Q_2 v_2 \sin\theta$，且 $v_1 = v_2$

又 $Q = Q_1 + Q_2$，即 $Q_1 = 12\text{L/s}$，$Q_2 = 24\text{L/s}$，

所以 $12 \cdot v_1 = 24 \cdot v_1 \sin\theta$，$\sin\theta = \dfrac{1}{2}$，$\theta = \dfrac{\pi}{6}$

22. C. 解答如下：

取水平方向为 x 轴，则 x 轴方向向左为正，列动量守恒公式：

$F = \rho Q \cdot \Delta v = \rho Q[v\cos\theta - (-v)] = \rho Q v(1+\cos\theta)$

23. D. 解答如下：

由条件知 B 处液面柱比 A 处高，所以 $p_A < p_B$，故 A、C 项不对。

断面 A 处：$H_A = 0.2 + \dfrac{p_A}{\rho g} + \dfrac{v_A^2}{2g}$

断面 B 处：$H_B = 0 + \dfrac{p_B}{\rho g} + \dfrac{v_B^2}{2g}$

$H_A - H_B = 0.2 + \dfrac{p_A - p_B}{\rho g} + \dfrac{v_A^2 - v_B^2}{2g} = 0.2 - 0.15 + \dfrac{3}{2g} > 0$

$H_A > H_B$，所以水流流向 A→B，应选 D 项。

24. A. 解答如下：

取刚出管的微元流体为研究对象，在转动的切线方向动量变化等于摩擦力 $\sum f_y$，即：

$\sum f_y = \rho Q(v - wR)$

又转轴所受到的力矩 M：$M = \sum f_y \cdot 2R = \rho Q(v - wR) \cdot 2R$

所以 $M = 10^3 \times 0.68 \times 10^{-3} \times (5.57 - 10.75 \times 0.2) \times 2 \times 0.2$
$= 0.930 \text{N} \cdot \text{m}$

25. C. 解答如下：

列两断面能量方程，在距喇叭口一定距离处取为 1—1 断面，在接测压管的地方取为 2—2 断面：

$$0 + 0 + 0 = 0 + \dfrac{p_2}{\rho g} + \dfrac{v_2^2}{2g}$$

又 $p_2 = 0 - \rho_{Hg} \cdot gh = -\rho_{Hg} \cdot gh$

则： $v_2 = \sqrt{\dfrac{2gh \cdot \rho_{Hg}}{\rho}}$

$Q = A \cdot v_2 = \dfrac{\pi}{4}d^2 \cdot v_2 = \dfrac{\pi}{4}d^2 \cdot \sqrt{\dfrac{2gh \cdot \rho_{Hg}}{\rho}}$

$$=\frac{\pi}{4}\times 0.2^2\sqrt{\frac{2\times 9.8\times 0.03\times 13.6\times 10^3}{11.9}}$$
$$=0.814\mathrm{m^3/s}$$

四、第四节 流动阻力和能量损失

1. B 2. D 3. D 4. C 5. D 6. A 7. C 8. B 9. A 10. B
11. B 12. D 13. A 14. A 15. B 16. D 17. A 18. B 19. C 20. B
21. B 22. B 23. B

4. C. 解答如下：

由流速分布公式：$v=\frac{\rho g J}{4\mu}(r_0^2-r^2)$，$v_平=\frac{1}{2}v_{\max}=\frac{\rho g J r_0^2}{8\mu}$

则令：$v=v_平$，解之得：$r=\frac{\sqrt{2}}{2}r_0$

5. D. 解答如下：

$$Q=A\cdot v_c=\frac{\pi}{4}d^2\cdot\frac{Re\cdot\nu}{d}=\frac{\pi}{4}d\cdot Re\cdot\nu$$
$$=\frac{\pi}{4}\times 0.3\times 2300\times 14.7\times 10^{-6}=7.96\times 10^{-3}\mathrm{m^3/s}=28.656\mathrm{m^3/L}$$

6. A. 解答如下：

h_f 只与水头差有关，与两断面的距离无关。

7. C. 解答如下：

由 $Re=\frac{vd}{\nu}$，$\Delta=\frac{Re_2-Re_1}{Re_1}=\frac{Re_2}{Re_1}-1=\frac{\frac{v_2 d_2}{\nu_2}}{\frac{v_1 d_1}{\nu_1}}-1=\frac{d_2}{d_1}-1$

又 $d_2=\frac{A_2}{\chi_2}=\frac{1\times 0.8+2\times 0.8\times 0.8\times\frac{1}{2}}{1+2\times 0.8\sqrt{2}}=0.441$

$d_1=\frac{A_1}{\chi_1}=\frac{1\times 0.5+2\times 0.5\times 0.5\times\frac{1}{2}}{1+2\times 0.5\sqrt{2}}=0.311$

所以 $\Delta=\frac{d_2}{d_1}-1=\frac{0.441}{0.311}-1=0.418$

8. B. 解答如下：

$Q=\frac{\pi}{4}d^2\cdot v$，$v=\frac{\rho g J}{8\mu}\cdot\left(\frac{d}{2}\right)^2$，则 $Q=\frac{\pi}{4}d^4\cdot\frac{\rho g J}{8\mu}\cdot\frac{1}{4}$

所以 Q 与 μ 成反比。

9. A. 解答如下：

$$h_f=\lambda\cdot\frac{l}{d}\cdot\frac{v^2}{2g}=\frac{64}{Re}\cdot\frac{l}{d}\frac{v^2}{2g}=\frac{64\cdot\nu}{vd}\cdot\frac{l}{d}\cdot\frac{v^2}{2g}=\frac{64\nu lv}{2gd^2}$$

所以 h_f 与 v 的一次方成正比。

12. D. 解答如下：

$$v = \frac{Q}{A} = \frac{35 \times 10^{-3}}{\frac{\pi}{4} \times 0.2^2} = 1.11 \text{m/s}$$

$$h_f = \lambda \cdot \frac{l}{d} \cdot \frac{v^2}{2g} = \frac{64}{Re} \cdot \frac{l}{d} \cdot \frac{v^2}{2g} = \frac{64\nu}{vd} \cdot \frac{l}{d} \cdot \frac{v^2}{2g} = \frac{64\nu l v}{2gd^2}$$

所以 $h_f = \frac{64 \times 1.8 \times 10^{-4} \times 1600 \times 1.11}{2 \times 9.8 \times 0.2^2} = 26.096 \text{m}$

13. A. 解答如下：

$$Q = \frac{V}{T} = 5.17 \times 10^{-5} \text{m}^3/\text{s}$$

$$v_1 = \frac{Q}{A_1} = 4.12 \text{m/s}, \quad v_2 = \frac{Q}{A_2} = 0.66 \text{m/s}$$

列能量方程： $z_1 + \frac{p_1}{\rho g} + \frac{v_1^2}{2g} = z_2 + \frac{p_2}{\rho g} + \frac{v_2^2}{2g} + h_f + h_m$

又 $p_2 - p_1 = \rho_{Hg} \cdot gh$, $h_f = \lambda \cdot \frac{l}{d} \cdot \frac{v_2^2}{2g}$

代入上式：

$$\frac{4.12^2}{2g} = \frac{\rho_{Hg}}{\rho} \cdot h + \frac{0.66^2}{2g} + 0.03 \cdot \frac{0.3}{0.01} \cdot \frac{0.66^2}{2g} + h_m$$

$h_m = 0.866 - (0.272 + 0.0222 + 0.01998) = 0.5518$

又 $h_m = \zeta_1 \cdot \frac{v_1^2}{2g}$, 故： $\zeta_1 = \frac{2gh_m}{v_1^2} = \frac{2 \times 9.8 \times 0.5518}{4.12^2} = 0.637$

14. A. 解答如下：

列出能量方程： $z_1 + \frac{p_1}{\rho g} + \frac{v_1^2}{2g} = z_2 + \frac{p_2}{\rho g} + \frac{v_2^2}{2g} + h_f$

式中 $z_1 = z_2$, $v_1 = v_2$, 则： $h_f = \frac{p_1 - p_2}{\rho g} = \frac{\rho_{Hg} \cdot gh}{\rho g}$

又 $h_f = \lambda \cdot \frac{l}{d} \cdot \frac{v^2}{2g}$

$$v = \frac{Q}{\frac{\pi}{4}d^2} = \frac{V/T}{\frac{\pi}{4}d^2} = \frac{1400 \times 10^{-6}/10}{\frac{\pi}{4} \times 0.0075^2} = 3.17 \text{m/s}$$

所以 $\frac{13.6 \times 10^3}{1 \times 10^3} \times 0.12 = \lambda \cdot \frac{0.85}{0.0075} \cdot \frac{3.17^2}{2 \times 9.8}$

$1.632 = \lambda \cdot 58.1$
$\lambda = 0.028$

17. A. 解答如下：

$h_j = \zeta \cdot \frac{v^2}{2g}$, $h_j = \Delta h$,

所以， $\zeta = \frac{2gh_j}{v^2} = \frac{2g \cdot \Delta h}{v^2} = \frac{2 \times 9.8 \times 0.5}{1.5^2} = 4.356$

20. B. 解答如下：

$Q = A \cdot v$, 则 $Q_1 : Q_2 : Q_3 = Av_1 : Av_2 : Av_3 = v_1 : v_2 : v_3$ 又 $v = C\sqrt{RJ}$, $C = \sqrt{8g/\lambda}$,

由条件知 J、λ 均相同，则：

$$Q_1:Q_2:Q_3=\sqrt{R_1}:\sqrt{R_2}:\sqrt{R_3}$$

又 $R_1=\dfrac{d}{4}=\dfrac{2}{4}\sqrt{\dfrac{A}{\pi}}=\dfrac{1}{2}\sqrt{\dfrac{A}{\pi}}=0.282\sqrt{A}$，$\sqrt{R_1}=0.531A^{\frac{1}{4}}$

$R_2=\dfrac{A}{\chi}=\dfrac{A}{4a}=\dfrac{\sqrt{A}}{4}=0.25\sqrt{A}$，$\sqrt{R_2}=0.5A^{\frac{1}{4}}$

$R_3=\dfrac{A}{\chi}=\dfrac{A}{6b}=\dfrac{\sqrt{2A}}{6}=0.236\sqrt{A}$，$\sqrt{R_3}=0.486A^{\frac{1}{4}}$

所以：$Q_1:Q_2:Q_3=0.531:0.5:0.486=1:0.942:0.915$

21. B. 解答如下：

列出能量方程：$H+0+0=0+0+0+h_w$

$$4=\left(\lambda\cdot\dfrac{l}{d}+\zeta_{进}+2\zeta_{弯}+\zeta_{出}\right)\cdot\dfrac{v^2}{2g}$$

$$=\left(\dfrac{0.021\times 20}{0.1}+0.5+2\times 0.15+1.0\right)\cdot\dfrac{v^2}{2\times 9.8}$$

解之得：$v=3.615\text{m/s}$

$Q=A\cdot v=\dfrac{\pi}{4}\times 0.1^2\times 3.615=0.0284\text{m}^3/\text{s}=28.4\text{L/s}$

23. B. 解答如下：

由绕流阻力计算公式：$D=C_D A\dfrac{\rho v^2}{2}=0.85\times(1\times 2)\times\dfrac{10^3\times 2^2}{2}$

$$=3.4\times 10^3\text{N}$$

五、第五节 孔口、管嘴和管道流动

1. C 2. A 3. D 4. A 5. D 6. A 7. B 8. D 9. C 10. A 11. D 12. A

3. D. 解答如下：

$$\phi=\dfrac{1}{\sqrt{1+\zeta}}=\dfrac{1}{\sqrt{1+0.05}}=0.976$$

4. A. 解答如下：

$$Q=\mu A\sqrt{2gH_0}=1\times\dfrac{\pi}{4}\times 0.1^2\times\sqrt{2\times 9.8\times 3.5}=0.065\text{m}^3/\text{s}$$

5. D. 解答如下：

$Q=\mu A\cdot\sqrt{2gH}$，则：

$\dfrac{Q_{嘴}}{Q_{孔}}=\dfrac{\mu_{嘴}}{\mu_{孔}}=\dfrac{0.82}{0.62}=1.323$

6. A. 解答如下：

列出能量方程：$H+\dfrac{p_1}{\rho g}+0=0+\dfrac{p_2}{\rho g}+\dfrac{v_2^2}{2g}$，

又 $p_1=p_2$，则有：$H=\dfrac{v_2^2}{2g}$，$v_2=\sqrt{2gH}=\sqrt{2\times 9.8\times 6}=10.844\text{m/s}$

又 $Q=A_1 v_1=A_2 v_2$，则：$v_1=\left(\dfrac{d_2}{d_1}\right)^2 v_2=\dfrac{v_2}{4}=2.711\text{m/s}$

7. B. 解答如下：

(1) 对 A 水箱：$H_{0A}=H-h+0+0=H-h$

(2) 对 B 水箱：$H_{0B}=h+0+0=h$

(3) 求 Q_A、Q_B：$Q_A=\mu_A \cdot A_1\sqrt{2gH_{0A}}=0.82 \cdot \dfrac{\pi}{4} \cdot d_A^2 \cdot \sqrt{2g(H-h)}$

$$Q_B=\mu_B \cdot A_2\sqrt{2gH_{0B}}=0.62 \cdot \dfrac{\pi}{4} \cdot d_B^2 \cdot \sqrt{2gh}$$

又 $Q_A=Q_B$，则：

$$0.82 \cdot \dfrac{\pi}{4} \cdot d_A^2 \cdot \sqrt{2g(H-h)}=0.62 \cdot \dfrac{\pi}{4} \cdot d_B^2 \cdot \sqrt{2gh}$$

$$\dfrac{0.82}{0.62} \cdot \left(\dfrac{40}{30}\right)^2=\dfrac{\sqrt{h}}{\sqrt{H-h}}$$

解之得：$h=3.387\text{m}$

9. C. 解答如下：

对阀门开启的前后列能量方程：

$$0+\dfrac{p_1}{\rho g}+0=0+\dfrac{p_2}{\rho g}+\dfrac{v_2^2}{2g}$$

则：$v_2=\sqrt{\dfrac{2(p_1-p_2)}{\rho}}$

$$Q=A_2v_2=\dfrac{\pi}{4}d^2 \cdot v_2=\dfrac{\pi}{4}d^2\sqrt{\dfrac{2(p_1-p_2)}{\rho}}$$

$$=\dfrac{\pi}{4}\times 0.05^2 \times \sqrt{\dfrac{2\times(25\times 10^3-5.0\times 10^3)}{10^3}}$$

$$=0.0124\text{m}^3/\text{s}=12.4\text{L/s}$$

10. A. 解答如下：

$$0.75P=\rho g(H+H_f) \cdot Q=\rho g\left(20+25 \cdot \dfrac{v^2}{2g}\right) \cdot Q$$

$$v=\dfrac{Q}{\frac{1}{4}\pi d^2}=\dfrac{\frac{20}{60\times 60}}{\frac{1}{4}\times \pi \times 0.08^2}=1.106\text{m/s}$$

所以 $P=\dfrac{1}{0.75}\times 9.8\times 10^3\times\left(20+\dfrac{25\times 1.106^2}{2\times 9.8}\right)\times\dfrac{20}{60\times 60}$

$=1.565\times 10^3\text{W}$

11. D. 解答如下：

$\dfrac{Q_A}{Q_B}=\sqrt{\dfrac{S_B}{S_A}}$

$S=\lambda \cdot \dfrac{l}{d} \cdot \dfrac{8}{\pi g d^4}=\dfrac{8\lambda l}{\pi g d^5}$，且 λ、l 均相等

所以 $\dfrac{Q_A}{Q_B}=\sqrt{\left(\dfrac{d_A}{d_B}\right)^5}=\sqrt{2^5}=4\sqrt{2}$

12. A. 解答如下：

$Q_1^2 \cdot S_1 = Q_2^2 \cdot S_2 = Q_3^2 \cdot S_3 = Q_4^2 \cdot S_4 = h_{ab}$，则有：

$Q_2 = Q_1\sqrt{\dfrac{S_1}{S_2}} = 1.414Q_1$，$Q_3 = Q_1\sqrt{\dfrac{S_1}{S_3}} = 1.414Q_1$

$Q_4 = Q_1\sqrt{\dfrac{S_1}{S_4}} = 0.707Q_1$

又 $Q = Q_1 + Q_2 + Q_3 + Q_4 = 4.535Q_1 = 900$L/s

所以 $Q_1 = 198.5$L/s，$Q_2 = 280.7$L/s，$Q_3 = 280.7$L/s，$Q_4 = 140.3$L/s

六、第六节 明渠恒定流

1. C 2. B 3. C 4. A 5. C 6. B

4. A 解答如下：

$Q = A \cdot v = A \cdot C\sqrt{Ri} = A \cdot \dfrac{1}{n}R^{\frac{1}{6}}\sqrt{Ri} = A \cdot \dfrac{1}{n}R^{\frac{2}{3}} \cdot i^{\frac{1}{2}}$

又 $R = \dfrac{A}{\chi} = \dfrac{1 \times 0.8}{1 + 0.8 \times 2} = \dfrac{4}{13}$

所以 $2.5 = (1 \times 0.8) \times \dfrac{1}{0.015} \times \left(\dfrac{4}{13}\right)^{\frac{2}{3}} \cdot i^{\frac{1}{2}}$

解之得：$i = 0.01058$

5. C. 解答如下：

$A = (b + mh)h = (2 + 1 \times 0.8) \times 0.8 = 2.24 \text{m}^2$，

$\chi = b + 2h\sqrt{1+m^2} = 2 + 2 \times 0.8\sqrt{1+1^2} = 4.26\text{m}$

则：$R = \dfrac{A}{\chi} = 0.526$m

$Q = Av = A \cdot C\sqrt{Ri} = A \cdot \dfrac{1}{n}R^{\frac{1}{6}} \cdot \sqrt{Ri} = \dfrac{1}{n} \cdot AR^{\frac{2}{3}} \cdot i^{\frac{1}{2}}$

$= \dfrac{1}{0.02} \times 2.24 \times 0.526^{\frac{2}{3}} \times 0.0018^{\frac{1}{2}} = 3.096 \text{m}^3/\text{s}$

6. B. 解答如下：

$h = \dfrac{A}{b} = \dfrac{Q}{v \cdot b} = \dfrac{40}{2 \times 12} = 1.667$m

七、第七节 渗流、相似原理和量纲分析

1. D 2. B 3. C 4. A 5. B 6. C 7. B 8. A 9. D 10. A
11. A 12. C 13. D 14. D

6. C. 解答如下：

根据完全潜水井涌水量计算公式：

$$Q = \dfrac{\pi k(H^2 - h_0^2)}{\ln\dfrac{R}{r_0}}$$

其中，$H = 18 - 2 = 16$m，$h_0 = 16 - (10 - 2) = 8$m，代入上式中，则：

$$Q = \dfrac{\pi \times 20 \times (16^2 - 8^2)}{24 \times 60 \times 60 \times \ln\dfrac{500}{0.5}} = 0.0202 \text{m}^3/\text{s} = 20.2\text{L/s}$$

7. B. 解答如下：

根据自流井计算公式：

$$S_1 = H - h_1 = \frac{Q}{2\pi kt} \cdot \ln\frac{R}{r_1}$$

$$S_2 = H - h_2 = \frac{Q}{2\pi kt} \cdot \ln\frac{R}{r_2}$$

上述两式相减，则：$S_1 - S_2 = h_2 - h_1 = \frac{Q}{2\pi kt} \cdot \ln\frac{r_2}{r_1}$

$$k = \frac{Q}{2\pi t (S_1 - S_2)} \cdot \ln\frac{r_2}{r_1}$$

$$= \frac{28 \times 10^{-3}}{2\pi \times 8 \times (2-1.2)} \cdot \ln\frac{20}{10}$$

$$= 0.483 \times 10^{-3} \text{m/s} = 41.73 \text{m/d}$$

11. A. 解答如下：

由条件知，$(Fr)_p = (Fr)_m$，即：$\frac{v_p^2}{g_p l_p} = \frac{v_m^2}{g_m \cdot l_m}$，且 $g_p = g_m$，

则有：$\frac{v_p}{v_m} = \left(\frac{l_p}{l_m}\right)^{\frac{1}{2}}$，即有：$\lambda_v = (\lambda_l)^{\frac{1}{2}}$

又 $Q = Av$，则：

$$\frac{Q_p}{Q_m} = \frac{v_p}{v_m} \cdot \left(\frac{l_p}{l_m}\right)^2 = \left(\frac{l_p}{l_m}\right)^{\frac{5}{2}}$$

其中，$Q_p = v_p(B_p - b_p) \cdot h_p = 2.4 \times (80 - 4.4) \times 8.2 = 1487.81 \text{m}^3/\text{s}$

所以模型的几何比例尺为：$\lambda_l = \frac{l_p}{l_m} = \left(\frac{Q_p}{Q_m}\right)^{\frac{2}{5}} = 35.368$，取为 35。

模型的平均流速为：$v_m = \frac{v_p}{\lambda_v} = \frac{v_p}{(\lambda_l)^{\frac{1}{2}}} = 0.406 \text{m/s}$

第七章 信号与信息和计算机基础

第一节 信号与信息

一、《考试大纲》的规定

信号；信息；信号的分类；模拟信号与信息；数字信号与信息。

二、重点内容

1. 信号与信息概述

信息，一般地指人的大脑通过感官所直接感受或间接获取的关于外部世界中事物的存在形式及其运动变化的状况。信号，是指物理对象上可被观测到的现象，如光、电、声、热、力等物理现象。信号是信息的载体，并经由媒体传送至人的感官并被人所获取。可见，信号是"车"，媒体是"路"，信息是"货"，车经路送货。

人们通过两种渠道从信号获取信息：一是直接观测对象；二是通过人与人之间的交流，即用符号对信息进行编码后再以信号的形式传送出去，人们在收到这种编码信号并对它进行必要的翻译处理之后间接获取信息，如书籍、报刊用的文字符号编码、数字通信系统中使用的数字信号编码等。

此外，信号是具体的，可对它进行加工、处理和传输；信息和数据是抽象的，它们都必须借助信号才能得以加工、处理和传输。

2. 信号的分类

根据信息自身的形态及其承载信息的方式不同，信号可分为多种类型。

(1) 时间信号与代码信号

直接观测对象所获取的信号，因观测是在现实世界的时间域里进行的，故是随时间变化的，称之为时间信号。时间信号可以用时间函数、时间曲线或时间序列加以描述。

代码信号是指人为生成并按照既定的编码规则用来对信息进行编码的信号。代码信号只能用它的序列式波形图或自身所代表的符号代码序列来表示。

(2) 连续时间信号与离散时间信号

时间信号包括两大类型：连续时间信号和离散时间序号。

连续时间信号是指可以用连续时间函数或连续时间曲线表述的信号。

离散时间信号是指只能用离散时间函数或离散时间曲线描述的信号。它是一种只有在特定的时间点上才出现的信号，因此，在它的描述中，时间轴上是不能连续取值的。

信号的时间曲线表述形式称为信号的波形图。

此外，在信号分析中，把时间离散，或数值离散，或时间数值都离散的信号称为离散信号，而把时间和数值都连续的信号称为连续信号。

(3) 模拟信号与数字信号

由于电气与信息工程中只处理电信号，因此，对于经观测所得到的各种原始形态的时间信号都必须转换成电信号（电压或电流信号）之后才能加以处理。这种转换称为"模拟"，相应地，由原始时间信号转换而来的电信号被称为模拟信号。

在电气与信息工程中，为了保证模拟转换不丢失信息，模拟信号的幅值范围为 0～5V（电压信号）或 0～20mA（电流信号）。在电气与信息工程中实际所处理的模拟信号都是连续时间信号，故模拟信号实际上是连续时间信号；而离散时间信号通常是运用模拟（A/O）转换技术变换为数字信号之后再加以处理的。数字信号是指以二进制数字符号"0"或"1"为代码对信息进行编码的信号。在实际应用中，数字信号是一种电压信号，它通常取 0V 和 +5V 两个离散值，这两个具体的离散值分别用来表示两个抽象的代码"0"和"1"。数字信号也称为代码信号。

模拟信号的特点是具体、直观，便于人的理解和运用；数字信号则便于计算机处理。

(4) 确定性信号和不确定性信号

在任何指定的时刻都有确定数值的信号是确定性信号，否则称为不确定性信号。一般地，确定性信号来自确定性的对象；不确定性信号（或称为随机信号）则源于不确定性对象。

(5) 采样信号与采样保持信号

采样是指按等时间间隔读取连续信号的瞬间值。采样所得到的信号称为采样信号。可见，采样信号是一种离散信号，是连续信号的离散化形式。

按照著名的采样定理，取采样频率 $f(f=1/T)$ 为信号中最高谐波频率的 2 倍以上时，采样信号即可保留原始信号的全部信息。

在实际应用中，常将采样得到的每一个瞬间信号在其采样周期内予以保持，生成所谓的采样保持信号，它兼有离散和连续的双重性质。

3. 模拟信号与信息

模拟信号是通过观测直接从对象获取的信号，它提供对象原始形态的信息。在时间域里，它的瞬间量值表示对象的状态信息，它随时间的变化情况提供对象的过程信息。

在频率域里，模拟信号是由诸多频率不同、大小不同、相位不同的信号叠加组成的，是有自身特定的频谱结构。由此可见，信息被装载于模拟信号的频谱结构之中，故通过频率域分析可以从中提取更加丰富、更加细微的信息。模拟信号的频率域内容在本章第二节作进一步阐述。

4. 数字信号与信息

数字信号是现代信息技术中最常用的一种代码信号。数字信号是信息的物理代码。数字信号可以用来对"数"进行编码，实现数值信息的表示、运算、传送和处理；它可以用来对文字和其他符号进行编码，实现符号信息的表达、传送和处理；它还可以用来表示逻辑关系，实现逻辑演变、逻辑控制等。数字信号的逻辑编码、数值编码等内容的阐述，见本章第三节。

三、解题指导

本节内容关键是理解各概念的内涵，区分信号与信息、数字信号与模拟信号等的异同点。需注意的是，本节与后面的第二节、第三节内容，共考题 6 道，所以应重视基本概念的理解、记忆。

【例 7-1-1】 下列关于信号的表述中，正确的是（　　）。

A. 模拟信号是从对象发出的原始信号

B. 模拟信号是从对象发出的采样信号

C. 模拟信号属于代码信号

D. 模拟信号是时间信号

【解】 根据模拟信号的定义及特点，A、B、C项均不正确，模拟信号是时间信号，而数字信号才是代码信号，故应选D项。

四、应试题解

1. 信号、信息和媒体三者的关系可以比喻为（　　）。

   A. 信息是货，信号是路，媒体是车

   B. 信息是货，信号是车，媒体是路

   C. 信息是车，信号是货，媒体是路

   D. 信息是车，信号是路，媒体是货

2. 下列信号中属于代码信号的是（　　）。

   A. 模拟信号　　　　　　　B. 模拟信号的采样信号

   C. 数字信号　　　　　　　D. 采样保持信号

3. 模拟信号是（　　）。

   A. 从对象发出的原始信号

   B. 从对象发出并由人的感官所接收的信号

   C. 从对象发出的原始信号的电模拟信号

   D. 从对象发出的原始信号的采样信号

4. 下列关于信息、信号和数据的叙述中，正确的是（　　）。

   A. 信息是信号的表现形式

   B. 信息就是数据

   C. 信息是客观记录事物的数据

   D. 信号是信息的物理载体

5. 在信号分析中，属于连续信号的是（　　）。

   A. 时间连续而数据离散的信号

   B. 数值连续而时间离散的信号

   C. 时间连续数值连续的信号

   D. 上述A、B、C均不对

6. 在电气与信息工程中，关于模拟信号的表述，不正确的是（　　）。

   A. 模拟信号的幅值范围为0～5V电压信号

   B. 模拟信号是连续时间信号和离散时间信号

   C. 模拟信号是电信号

   D. 模拟信号的变化规律必须与原始信号相同

7. 下列信号中，属于不确定性信号的是（　　）。

   A. 交流电信号　　　　　　B. 阶跃电信号

   C. 温度信号　　　　　　　D. 电报信号

8. 某信号中最高谐波频率 $f=500\mathrm{Hz}$，为保留原始信号的全部信息，采样频率至少应取（　　）。

A. 500Hz　　　　　　　　B. 1000Hz
C. 250Hz　　　　　　　　D. 1500Hz

9. 下列关于模拟信号与信息的叙述，不正确的是（　　）。

A. 在时间域里，信息装载于模拟信号的大小和变化中
B. 在频率域里，信息装载于模拟信号特定的频谱结构之中
C. 模拟信号即可描述为时间的函数，又可描述为频率的函数
D. 在频率域里，模拟信号是由诸多频率不同、大小不同、相位相同的信号叠加组成的

10. 下列信号中，（　　）是同时兼有离散和连续的双重性质，在数字控制系统中广泛得到应用。

A. 采样信号　　　　　　　B. 模拟信号
C. 采样保持信号　　　　　D. 数字信号

11. 下列叙述中，正确的是（　　）。

A. 连续时间信号与模拟信号是同一概念
B. 连续时间信号与模拟信号完全不同
C. 通常所说的模拟信号是连续时间信号
D. 通常所说的模拟信号是指时间信号

12. 下列信号中，属于模拟信号的是（　　）。

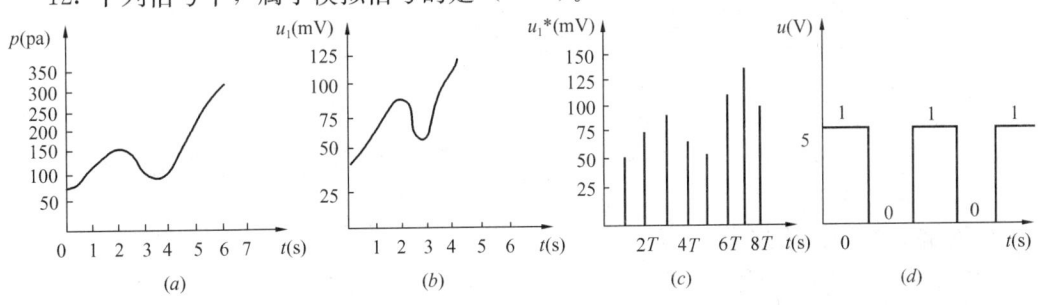

图 7-1-1

A. 图（a）　　B. 图（b）　　C. 图（c）　　D. 图（d）

13. 图 7-1-2 所示信号属于（　　）。

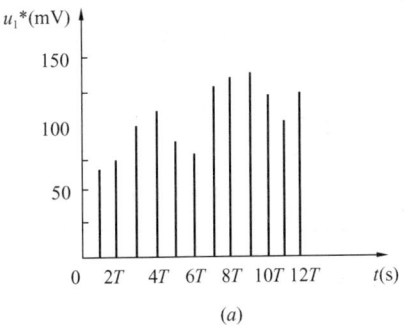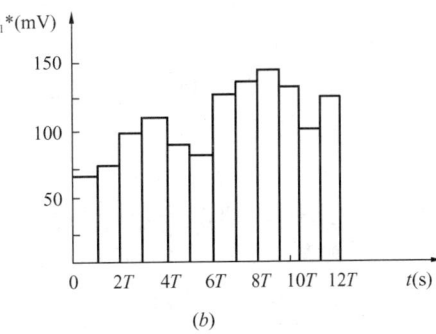

图 7-1-2

A. 图（a）是模拟信号，图（b）是离散信号
B. 图（a）、（b）均是离散信号
C. 图（a）是采样信号，图（b）是采样保持信号
D. 图（a）是模拟信号，图（b）是采样信号

14. 下列说法中，正确的是（   ）。

A. 信息是信号的载体
B. 书籍上的文字符号是信息而不是信号
C. 化学反应器中的温度是原始的物理信号
D. 信息是可以直接观测到的

15. 下列说法中，不正确的是（   ）。

A. 模拟信号是电信号
B. 模拟信号与原始信号的变化规律相同
C. 数字信号与采样信号都是离散信号
D. 数字信号与模拟信号都是连续信号

16. 逻辑信息借助数字信号来描述，其形式为（   ）。

A. BCD 编码形式　　　　　　B. "0"、"1" 构成的符号串
C. ASCⅡ编码形式　　　　　　D. "0" 或 "1"

第二节　模　拟　信　号

一、《考试大纲》的规定

模拟信号描述方法；模拟信号的频谱；模拟信号增强；模拟信号滤波；模拟信号变换。

二、重点内容

1. 模拟信号的描述方法

模拟信号是连续时间信号，它可分为周期性信号和非周期性信号两种类型。它们都是由一系列频率、幅度和相位各不相同的正弦交流信号，即所谓的谐波信号叠加而成的，故模拟信号可以描述为频率函数的形式。可见，模拟信号既是时间信号又是频率信号，在模拟信号分析中总是从时间域和频率域两个角度加以描述、分析和处理。从这个意义讲，正弦信号在模拟信号分析中具有特别重要的意义。

2. 模拟信号的时间域描述

模拟信号在时间域中可以用连续的时间函数加以描述，即：周期信号用周期时间函数描述；非周期信号用非周期时间函数描述。

如交流电压信号是一种周期信号，在时间域中它描述为：

$$u(t) = u_m \sin(wt + \psi)$$

阶跃信号是一种非周期信号，它可以借助所谓的单位阶跃函数（如图 7-2-1b 所示）：

$$\mathbf{1}(t) = \begin{cases} 1, & \text{当 } t > 0 \\ 0, & \text{当 } t < 0 \end{cases}$$

加以描述为：$\mu(t) = R \cdot \mathbf{1}(t)$

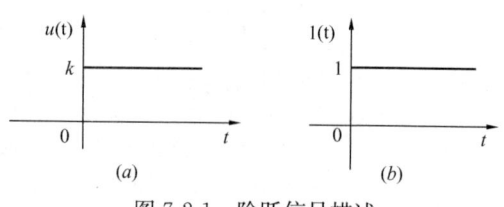

图 7-2-1　阶跃信号描述

3. 模拟信号的频率域描述

模拟信号的频率域描述是建立在模拟信号分析的基础之上的。

(1) 周期信号分析与频谱

在高等数学中，任何满足狄里赫利条件（函数在一个周期内包含有限个第一类间断点和有限个极大值与极小值）的周期函数：

$$f(t) = f(t+nT) \quad (T 为周期, n = 1, 2, \cdots)$$

都可以分解为傅里叶级数形式，即：

$$f(t) = f(t+nT) = a_0 + \sum_{k=1}^{\infty}(a_k \cos k\omega t + b_k \sin k\omega t)$$

$$= a_0 + \sum_{k=1}^{\infty} A_{km} \sin(k\omega t + \psi_k) \tag{7-2-1}$$

其中，$a_0 = \dfrac{1}{T}\int_0^T f(t)\mathrm{d}t$，称为恒定分量或称直流分量；

$A_{km}\sin(k\omega t + \psi_k)$ 称为谐波分量；k 称为谐波次数，$k=1, 2, \cdots, \infty$；

$A_{km} = \sqrt{a_k^2 + b_k^2}$ 是谐波分量的幅值；$\psi_k = \arctan\dfrac{a_k}{b_k}$ 是谐波分量的初相位。

从式（7-2-1）可知：在时间域中，周期函数可分解为一个恒定分量和一系列正弦函数的叠加形式，这些正弦函数称为谐波分量。又由于恒定分量（或称直流分量）也可称之为零次谐波。由此可见，模拟信号是一系列谐波信号叠加而成的。

需注意的是，不同周期信号的谐波构成情况是不相同的；周期信号的波形不同，其谐波组成情况也就不同。因此，信息是表现在周期信号的谐波组成方式之中的，而信号的谐波组成情况通常用频谱的形式来描述。

为了分析周期信号的频谱特性，如图 7-2-2 所示方波信号的描述为：

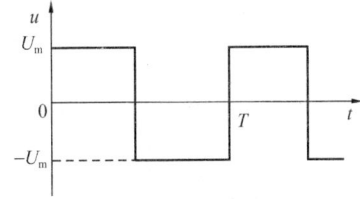

图 7-2-2 方波信号

$$u(t) = \frac{4U_\mathrm{m}}{\pi}\left(\sin\omega t + \frac{1}{3}\sin 3\omega t + \frac{1}{5}\sin 5\omega t + \cdots\right)$$

从上式可知：随着谐波次数 k 的增加，方波信号各个谐波的幅值按照 $\dfrac{1}{k}\dfrac{4}{\pi}$（$k=1$, 3，5，7，$\cdots$）的规律衰减，但它们的初相位即保持为 0°不变。将方波信号谐波成分的这种特性用图形的形式描述，就形成了如图 7-2-3（a）、（b）所示的谱线形式。这种表示方波信号性质的谱线称为频谱。图 7-2-3（a）所表示的谐波幅值谱线随频率的分布状况称为幅度频谱；图 7-2-3（b）则称为相位频谱，它表示谐波的初相与频率的关系。谱线顶点的连线称为频谱的包络线，如图 7-2-3（a）中虚线，它形象地表示了频谱的分布状况。

从上述分析，可以发现：

①周期信号的频谱是离散的频谱，其谱线只出现在周期信号频率 ω 整数倍的地方。

②周期信号的幅度频谱随着谐波次数的增大而迅速衰减。模拟信号的最低次谐波频率 f_L 和最高次谐波频率 f_H 之差定义为频带宽度，简称带宽：

$$B_\mathrm{w} = f_\mathrm{H} - f_\mathrm{L}$$

③任何周期信号都有自己的离散形式的频谱。不同的周期信号，它们的频谱分布即包

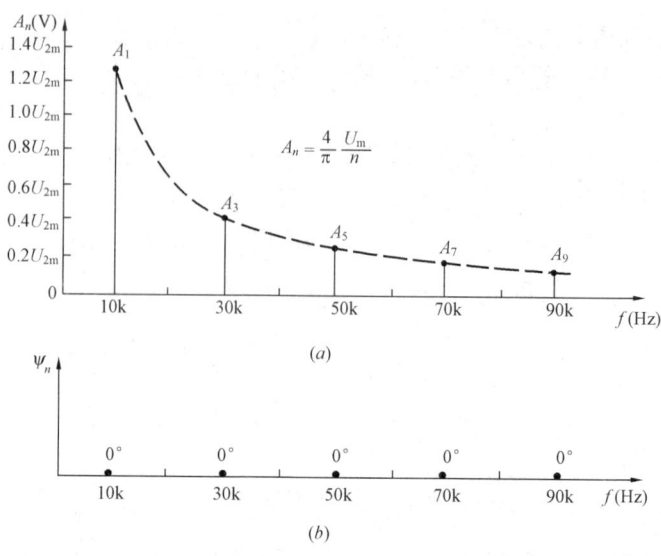

图 7-2-3 方波信号的频谱

络线的形状也不相同。

④随着信号周期的加长,各次谐波之间的距离在缩短,它的谱线也变得越加密集。

(2) 非周期信号分析与频谱

模拟信号的普遍形式是非周期信号,因此,对非周期信号描述是模拟信号描述的一般性问题。对于非周期信号,可以定义为周期 $T\to\infty$(或 $f=0$)的周期信号。当周期趋于无穷大时,由上述④知,各次谐波之间的谱线距离趋于消失,信号的频谱从离散形式变成了连续形式。相应地,式(7-2-1)转化为积分形式,称为傅里叶积分或傅里叶变换,即:

$$f(t) = \frac{1}{2\pi}\int_{-\infty}^{+\infty} F(j\omega) e^{j\omega t} d\omega \tag{7-2-2}$$

其中,$F(j\omega) = \int_{-\infty}^{+\infty} f(t) e^{-j\omega t} dt$ 是一个复数。

可见,傅里叶积分将实数域中的时间函数 $f(t)$ 变换为复数域中的频率函数 $F(j\omega)$。

需注意的是,非周期信号的幅值频谱和相位频谱都是连续的。由于频谱是连续的,故可用它的包络线的形状来表示。

(3) 模拟信号的频率域描述

从上述(1)、(2)分析中,可知:频率域是一个复数域,时间域是一个实数域。在实数域中,模拟信号可描述为时间函数;在复数域中,模拟信号可描述为频率的函数。因此,模拟信号既是时间的信号又是频率的信号。

4. 模拟信号的处理

在系统中,对信号的处理服从于信息处理的需要。如信号增强服务于信息的增强,信号的滤波、整形则服务于信息的识别和提取,信号之间的算术运算、微分积分运算则服务于信息的处理。

(1) 模拟信号增强

模拟信号放大的核心问题是保证放大前后的信号是同一信号,即经过放大处理后的信号的波形或频谱结构保持不变,也即信号所携带的信息保持不变。这一目标的实现受较多因素的影响，如：①电子器件的非线性问题；②电子电路的频率特性问题；③电路内部电子噪声和外部的干扰信号问题等。

（2）模拟信号滤波

从模拟信号中滤除部分谐波信号称为滤波。滤波有三种类型：低通滤波、高通滤波和带通滤波。

①低通滤波，指从模拟信号中滤除所有频率高于某一特定值（f_H）的谐波信号。它通过低通滤波器实现。低通滤波器的通带和阻带分别为（0，f_H）和（f_H，∞）。

②高通滤波，指从模拟信号中滤除所有频率低于某一特定值（f_L）的谐波信号。它通过高通滤波器实现。高通滤波器的通带和阻带分别为（f_L，∞）和（0，f_L）。

③带通滤波，指从模拟信号中滤除一定频率区间（$f<f_L$，$f>f_H$）内的谐波信号。它通过带通滤波器实现。如图 7-2-4 所示，对于落入通带 $f_L<f<f_H$ 的谐波信号可畅通无阻；U_{2k}/U_{1k} 表示带通滤波器对不同频率谐波信号的通过能力。

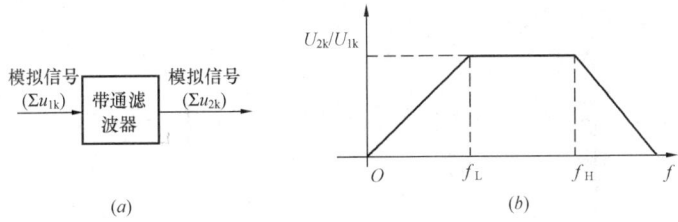

图 7-2-4　带通滤波示意图

（3）模拟信号变换

从信息处理的角度，信号变换是从信号中提取信息的重要手段。如通过信号相加提取求和信息，从相减提取差异信息，通过比例变换提取增强后的信息，从微分变换提取信号时间变化率信息，从积分变换提取信号对时间的累积信息等。

（4）模拟信号识别

信号识别是从一种夹杂着许多其他信号的信号中把所需要的信号提取出来。它是信息提取的一种前期处理过程。

信号识别的主要方法是利用频率差异，采用滤波器滤除夹杂信号。但由于滤波器并非理想的，故对于与信号频率相通的夹杂信号，滤波器无能为力。其次，通过增强信号自身强度进行信号识别，但对于微弱信号，这种方法也有其局限性。

三、解题指导

本节理解的难点是模拟信号的频率域描述内容，不必记忆本节所列公式。注意区分周期信号频谱与非周期信号频谱的异同点。

【例 7-2-1】　周期信号中的谐波信号频率是（　　）。

A．固定不变的

B．按周期信号频率的偶数倍变化

C．按周期信号频率的奇数倍变化

D．按周期信号频率的整数倍变化

【解】　根据周期信号的傅里叶级数形式，谐波信号频率是按整数倍变化的，故应选 D 项。

【例7-2-2】 图 7-2-5 所示非周信号的时间域描述形式是（   ）。

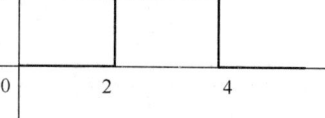

图 7-2-5

A. $u(t)=5 \cdot \mathbf{1}(t-2)-5 \cdot \mathbf{1}(t-4)$
B. $u(t)=5 \cdot \mathbf{1}(t)-5 \cdot \mathbf{1}(t-2)$
C. $u(t)=5 \cdot \mathbf{1}(t-2)-1 \cdot \mathbf{1}(t-4)$
D. $u(t)=5 \cdot \mathbf{1}(t)-1 \cdot \mathbf{1}(t-2)$

【解】 将图 7-2-5 中信号分解为两个信号：$u_1(t)=5 \cdot \mathbf{1}(t-2)$ 和 $u_2(t)=-5 \cdot \mathbf{1}(t-4)$，则 $u(t)=u_1(t)+u_2(t)=5 \cdot \mathbf{1}(t-2)-5 \cdot \mathbf{1}(t-4)$，所以应选 A 项。

四、应试题解

1. 周期信号的谐波信号是（   ）。

A. 采样信号　　　　　　　B. 数字信号
C. 连续时间信号　　　　　D. 离散时间信号

2. 下列图形中，属于非周期信号的是（   ）。

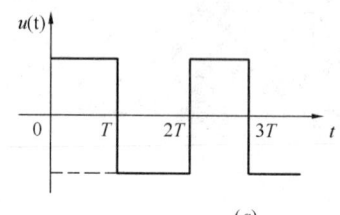

(a)

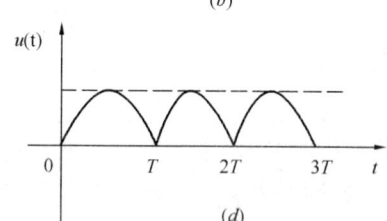

(b)

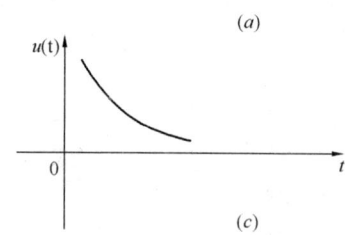

(c)

(d)

图 7-2-6

A. 图 (a)(b)　　　　　　　B. 图 (a)(d)
C. 图 (a)(b)(d)　　　　　　D. 图 (b)(d)

3. 周期信号的频谱是（   ）。

A. 离散的

B. 连续的

C. 幅度频谱有离散的也有连续的

D. 幅度频谱是离散的，相应频谱是连续的

4. 下列关于周期信号的频谱的表述中，不正确的是（   ）。

A. 周期信号的频谱是离散的

B. 周期信号的幅度频谱随着谐波次数的减小而迅速减小或衰减

C. 任何周期信号都有自己的频谱

D. 不同的周期信号，其频谱分布状况是不相同

5. 下列关于周期信号的频谱的表述中，正确的是（   ）。

A. 随着信号周期的加长，各次谐波之间的距离变狭，其谱线变密

B. 随着信号周期的加长，各次谐波之间的距离变狭，其谱线变疏
C. 随着信号周期的加长，各次谐波之间的距离变宽，其谱线变密
D. 随着信号周期的加长，各次谐波之间的距离变宽，其谱线变疏

6. 非周期信号的频谱是（   ）。
   A. 离散的　　　　　　　　B. 连续的
   C. 有离散的，也有连续的　　D. 幅值频谱是离散的

7. 下列对模拟信号的描述中，不正确的是（   ）。
   A. 实数域里模拟信号为时间函数
   B. 复数域里模拟信号为频率函数
   C. 周期的模拟信号既是时间信号又是频率信号
   D. 非周期的模拟信号又是频率的信号

8. 非周期信号的频谱的说法中，正确的是（   ）。
   A. 幅值频谱是离散的，相位频谱是离散的
   B. 幅值频谱是离散的，相位频谱是连续的
   C. 幅值频谱是连续的，相位频谱是离散的
   D. 幅值频谱是连续的，相位频谱是连续的

9. 下列属于信息变换的是（   ）。
   A. 信号之间的微分积分运算　　B. 信号的滤波
   C. 信号的增加　　　　　　　　D. 信号的整形

10. 模拟信号的滤波类型不包括（   ）。
    A. 低通滤波　　　　　　　　B. 高通滤波
    C. 带通滤波　　　　　　　　D. 通带滤波

11. 低通滤波器的通带是指（   ）。
    A. 频率范围（0，f_H）　　　　B. 频率范围（f_H，∞）
    C. 频率范围（0，f_L）　　　　D. 频率范围（f_L，∞）

12. 高通滤波器的阻带是指（   ）。
    A. 频率范围（0，f_H）　　　　B. 频率范围（f_H，∞）
    C. 频率范围（0，f_L）　　　　D. 频率范围（f_L，∞）

13. 模拟信号处理的核心技术问题是（   ）。
    A. 信号的放大　　　　　　　B. 信号的滤波
    C. 信号的整形　　　　　　　D. 信号的变换

14. 在模拟信号变换中，当提取信号时间变化率信息应采用（   ）。
    A. 信号比例变换　　　　　　B. 信号相减变换
    C. 信号微分变换　　　　　　D. 信号积分变换

15. 在模拟信号变换中，当提取差异信息应采用（   ）。
    A. 信号相加变换　　　　　　B. 信号相减变换
    C. 信号微分变换　　　　　　D. 信号积分变换

16. 带通滤波器的阻带是指（   ）。
    A. 频率范围 $f < f_H$ 和 $f > f_L$

B. 频率范围 $f>f_H$ 或 $f<f_L$

C. 频率范围 $f_L<f<f_H$

D. 频率范围 $f>f_H$ 和 $f<f_L$

17. 图 7-2-7 所示曲线描述的是（　　）。

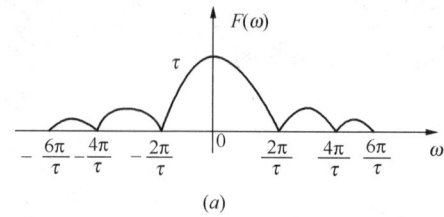
(a)

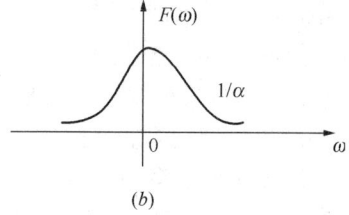
(b)

图 7-2-7

A. 图（a）周期信号的幅值频谱，图（b）非周期信号的幅值频谱

B. 图（a）周期信号的频谱，图（b）非周期信号的频谱

C. 图（a）、(b) 均为非周期信号的幅值频谱

D. 图（a）、(b) 均为周期信号的幅值频谱

18. 下列说法中，不正确的是（　　）。

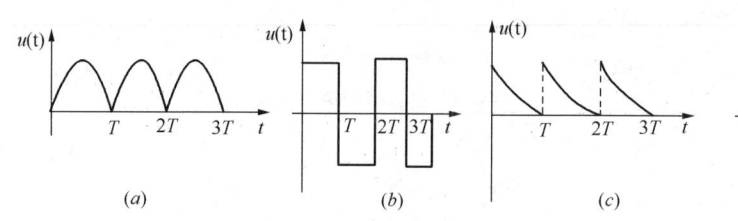

图 7-2-8

A. 图（a）为周期信号　　　　B. 图（b）为周期信号

C. 图（c）为非周期信号　　　D. 图（d）为非周期信号

19. 下列表述中，不正确的是（　　）。

A. 非周期模拟信号的频谱是连续的

B. 周期模拟信号的频谱是离散的

C. 周期或非周期模拟信号的频谱都可表示为频率的连续函数

D. 周期模拟信号的幅度频谱随谐波次数的增大而减小

20. 某模拟信号放大环节的输入 u_i 与输出 u_o 的关系如图 7-2-9（a）所示，若输入信号 $u_i=0.05\sin\omega t$ (V)，如图 7-2-9（b）所示，则输出信号应为（　　）。

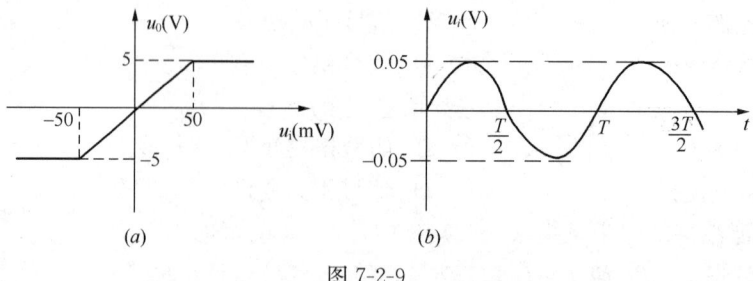

图 7-2-9

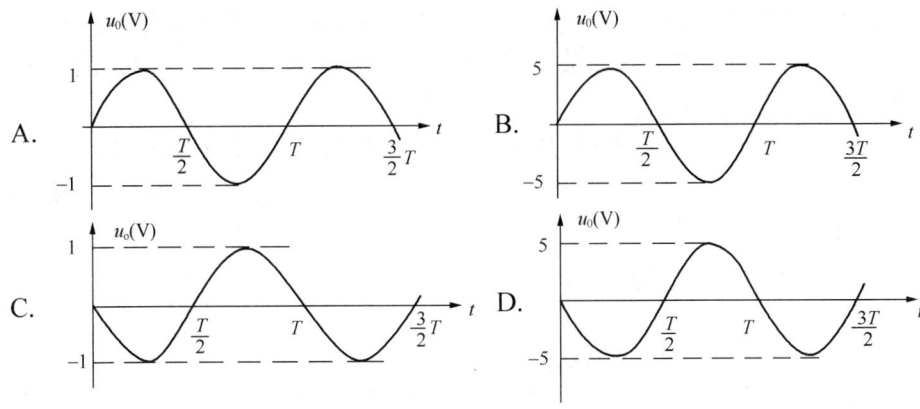

21. 某模拟信号放大环节的输入 u_i 与输出 u_0 的关系如图 7-2-10（a）所示，若输入信号 $u_i=0.1\sin\omega t$（V），如图 7-2-10（b）所示，则输出信号应为（　　）。

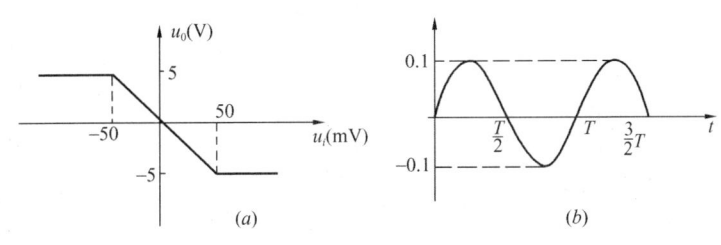

图 7-2-10

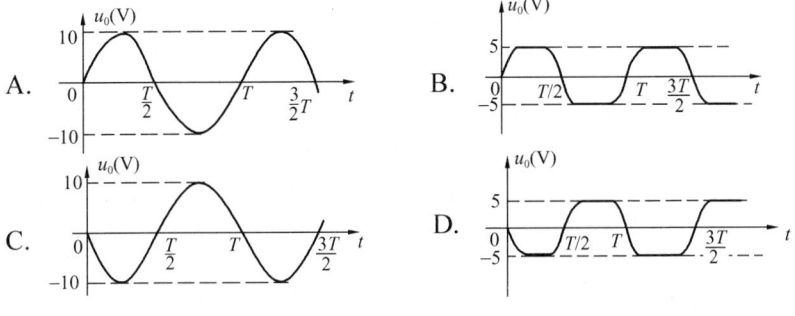

第三节　数　字　信　号

一、《考试大纲》的规定
数字信号的逻辑编码与逻辑演算；数字信号的数值编码与数值运算。

二、重点内容
1. 数字信号的数值编码

数字信号是二进制数字符号"0"和"1"的物理实现形式，用它来表示数值并进行数值运算，就必须采取二进制形式表示数。二进制数的位按从右向左的顺序排列，分别记为第 0 位，第 1 位，第 2 位，……。最右边的位称为最低位，记为 LSB（List Significant

311

Bit）；最左边的位称为最高位，记为 MSB（Most Significant Bit）。每一位称为一个比特（bit），二进制数的每一位对应于数字信号的一个脉动位置，故一个 n bit 的二进制数可以用一个 n bit 的数字信号来表示。

在数字系统中，通常以 4bit 代码为基本单元来编码数，基本单元组可以表示 $2^4=16$ 个数，故从技术的角度，以 16 为基数按十六进制来表示数较为合理，所以计算机技术中使用十六进制数或十六进制代码进行数的运算和信息的处理。表 7-3-1 列出的是二进制、十进制、十六进制数的对照表，为便于区别，在十六进制数代码后面加上一个字母 H 作为标记。

二进制、十进制、十六进制数对照表 表 7-3-1

十 进 制 数	二 进 制 数	十六进制数
0	0000	0H
1	0001	1H
2	0010	2H
3	0011	3H
4	0100	4H
5	0101	5H
6	0110	6H
7	0111	7H
8	1000	8H
9	1001	9H
10	1010	AH
11	1011	BH
12	1100	CH
13	1101	DH
14	1110	EH
15	1111	FH

二进制数、十进制数、十六进制数，以及八进制数等，统称 R 进制数。R 进制数需注意的是：①R 进制数中的最大数符为 $R-1$，而不是 R；②每一数符只能用一个字符来表示。

不同计数制之间的转换，具体如下：

(1) R 进制数转换为十进制数

基数为 R 的数字，在将其转换为十进制数时，只要将各位数字与它的位权相乘的积相加，其和数就是十进制数。如下列：

二进制数 $(1101101.01)_2$ 转换为十进制数，则：

$$(1101101.01)_2 = 1\times2^6+1\times2^5+0\times2^4+1\times2^3+1\times2^2$$
$$+0\times2^1+1\times2^0+0\times2^{-1}+1\times2^{-2}$$
$$=(109.25)_{10}$$

$(3AF.2)_{16}=3\times16^2+10\times16^1+15\times16^0+2\times16^{-1}=(943.125)_{10}$

(2) 十进制数转换为 R 进制数

将十进制数转换为基数为 R 的等效数值,可将此十进制数分成整数和小数两部分分别进行各自的转换,然后再拼接起来即可。

对于十进制数的整数部分,采用"除 R 记余"法,即用十进制数的整数连续地除以 R,其余数即为 R 进制的各位系数。如下列:

```
              余数
    2 | 17
    2 |  8  ………  1      低位
    2 |  4  ………  0
    2 |  2  ………  0
         1  ………  1      高位
```

所以,$(17)_{10} = (1001)_2$

对于十进制数的小数部分,可采用"乘 R 取整"法,即小数部分连续地乘以 R,直到小数部分为 0 或达到所要求的精度为止(小数部分可能永不会为 0),得到的整数即组成 R 进制的小数部分。如下例:

```
       0.125
        ×2
       ─────
       0.250  ………  取出整数0      高位
        ×2
       ─────
       0.50   ………  取出整数0
        ×2
       ─────
       1.0    ………  取出整数1      低位
```

所以,$(0.125)_{10} = (0.001)_2$

需注意的是,十进制小数常常不能完整准确地转换成等值的二进制小数(或其他 R 进制数),通常会有转换误差存在。

将十进制数 17.125 转换成二进制数,即为:

$$(17.125)_{10} = (1001.001)_2$$

同理,将十进制数 987 转换成十六进制,如下:

```
               余数
   16 | 987
      16 | 61  ………  11   (十六进制) B     低位
            3  ………  13   (十六进制) D
               ………   3   (十六进制) 3     高位
```

所以,$(987)_{10} = (3DB)_{16}$

(3) 二、八、十六进制数之间的转换

由于二、八、十六进制数的权之间有内在的联系,即 $2^3 = 8$,$2^4 = 16$,即每位八进制数相当于三位二进制数,每位十六进制数相当于四位二进制数,反之亦然。在转换时,位组的划分是以小数点为中心向左、右两边分别进行,中间的 0 不能省略,两头不够时可以补 0。如下例：

将 $(10110001.00101)_2$ 转换为十六进制数，则：

$$
\begin{array}{cccc}
1011 & 0001 & . & 0010 & 1000 \\
\downarrow & \downarrow & & \downarrow & \downarrow \\
B & 1 & . & 2 & 8
\end{array}
$$

所以，$(10110001.00101)_2 = (B1.28)_{16}$

将 $(3AFB.4B)_{16}$ 转换为二进制数，则：

$$
\begin{array}{cccccc}
3 & A & F & B & . & 4 & B \\
\downarrow & \downarrow & \downarrow & \downarrow & . & \downarrow & \downarrow \\
0011 & 1010 & 1111 & 1011 & . & 0100 & 1011
\end{array}
$$

所以，$(3AFB.4B)_{16} = (0011101011111011.01001011)_2$

同样，将 $(10101001.00101)_2$ 转换为八进制数，则：

$$
\begin{array}{ccccc}
010 & 101 & 001 & . & 001 & 010 \\
\downarrow & \downarrow & \downarrow & . & \downarrow & \downarrow \\
2 & 5 & 1 & . & 1 & 2
\end{array}
$$

所以，$(10101001.00101)_2 = (251.12)_8$

将 $(26.53)_8$ 转换成二进制数，则：

$$
\begin{array}{cccc}
2 & 6 & . & 5 & 3 \\
\downarrow & \downarrow & . & \downarrow & \downarrow \\
010 & 110 & . & 101 & 011
\end{array}
$$

所以，$(26.53)_8 = (10110.101011)_2$

2. 数字信号的数值运算

除了进位规则不同外，二进制数的算术运算法则与十进制数相同。

（1）加法，它是以最低位开始逐位完成两数相加和进位操作。

（2）减法，先引入反码、补码的概念，反码是一个二进制数按位取反，即 0 变 1，1 变 0 后组成的代码。如数 1010 的反码是 0101；补码是一个数的反码加 1 后所得的代码。如数 1010 的反码是 0101，其补码为：0101＋1＝0110。补码原理是：一个数和另一个数相加等于零，则这个数和另一个数的大小相等符号相反，则其中一个数的代码就是另一个数的补码。如数 1010 与它的补码 0110 之和：1010＋0110＝（1）000，舍去进位后正好是 0。

因此，在二进制数减法运算中，将减法运算转化为被减数代码和减数补码之间的加法运算。

此外，为了区分正数和负数，在计算机系统内，把二进制代码的最高位作为符号位，0 表示正数，1 表示负数。由此，一组 4bit 代码所能表示的正数、负数如表 7-3-2 所示。

表 7-3-2　带符号位的二进制数表示

十 进 制 数	二 进 制 数	十 进 制 数	二 进 制 数
−8	1000	7	0111
−7	1001	6	0110
−6	1010	5	0101
−5	1011	4	0100
−4	1100	3	0011
−3	1101	2	0010
−2	1110	1	0001
−1	1111	0	0000

（3）乘法，二进制的乘法也是从右向左逐位操作的，如图 7-3-1（a）所示。

从图 7-3-1（a）可发现：它实际上是由一系列"移动"和"相加"操作组成，即被乘数逐步左移并逐步相加即可完成乘法计算。

（4）除法，二进制数除法运算也是从左向右操作的，如图 7-3-1（b）所示。

从图 7-3-1（b）可发现：它实际上是由一系列"移动"和"相减"操作组成，即以被除数逐步右移并逐步与被减数相减的方式完成除法运算。

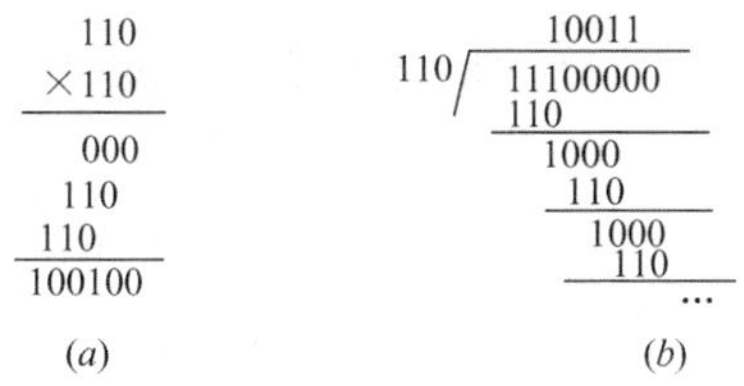

可见，二进制数的运算都可以用它的代码"移位"和"相加"（相减转换为补码后相加）两种操作来实现。由此，它们可以用数字信号的"移位"和"相加"来实现，即在数字系数中，数字信号的"移位"操作由移位寄存器电路来实现，其"相加"操作则由加法器电路来实现。

图 7-3-1　二进制数算术运算示例

3. 数字信号的逻辑编码和逻辑运算

在逻辑体系中，对逻辑命题只做"真"或"假"、"是"或"非"、"有"和"无"等的简单判断，即逻辑命题只取两个值，用代码形式可表示为"0"或"1"两种状态。对逻辑函数则只做"与"、"或"、"非"三种基本的运算。

数字逻辑体系是指用数字信号表示并采用数字信号处理方法实现演算的一种逻辑体系。数字逻辑是二值的，即"0"、"1"表示逻辑变量的取值，"0"表示"假"（F）；"1"表示"真"（T）。

逻辑运算法则，它表述的是一些逻辑等价关系。在逻辑问题中，两个真值完全相同的逻辑命题或表达或相互等价。常用的等价关系见表 7-3-3。表中，反演率也称为摩根定理。

逻辑函数的化简，其目的是简化其表达式，凸显其内在逻辑关系，并简化逻辑运算电路的组成。但是，在逻辑运算电路中要考虑逻辑系统组建的技术因素，故逻辑表达式的简化形式并非"越简越好"。

常用的等价关系			表 7-3-3
交换率	A+B=B+A AB=BA	结合率	(A+B)+C=A+(B+C) A(BC)=(AB)C
分配率	A(B+C)=AB+AC A+BC=(A+B)(A+C)	自等率	A+0=A A×1=A
0-1 率	A×0=0 A+1=1	互补率	$A+\overline{A}=1$ $A\overline{A}=0$
重叠率	A+A=A AA=A	反演率	$\overline{ABC}=\overline{A}+\overline{B}+\overline{C}$ $\overline{A+B+C}=\overline{A}\,\overline{B}\,\overline{C}$
吸收率	A+AB=A A(A+B)=A $A+\overline{A}B=A+B$	还原率	$\overline{\overline{A}}=A$

当用数字信号表示逻辑变化的取值情况，逻辑函数的演算即可以通过数字信号处理的方法来实现。在数字系统中，使用专门制作的各种逻辑门电路来自动地完成数字信号之间按位的逻辑运算，并将这些基本的逻辑门电路组合起来组建成组合逻辑系统，就可以完成任意复杂的逻辑函数的运算。

4. 模-数（A/D）转换和数-模（D/A）转换

（1）模-数（A/D）转换

A/D 转换是对采样信号进行幅值量化处理，即用二进制代码来表示采样瞬间信号的值，也即用"0"、"1"代码对采样信号的值进行编码，从而将采样信号进一步转换为数字信号。可见，A/D 转换是对模拟信号进行编码，变为数字信号。

由于系统误差和外界干扰的影响，A/D 转换中会产生测量误差。如一个 8 位的逐次比较型 A/D 转换器组成一个 5V 量程的直流数字电压表，该直流数字电压表存在一个字的误差，即一个量化单位的误差。一个 8 位逐次比较型 A/D 转换器可以完成 255（2^8-1）个阶梯形逐次增长的电压，并与被测电压进行比较。而 5V 量程，则需经过 255 次的比较才完成对 5V 电压的测量，所以，每一个阶梯的电压值即一个量化单位为：

$$\Delta u = \frac{5V}{255} = 0.01960784V = 19.60784mV \approx 19.61mV$$

所以它的一个字的误差为 19.61mV，相应的满量程测量精度为：19.6078mV/5V =0.392%。

（2）数-模（D/A）转换

D/A 转换则是对数字信号进行解码，将数字信号转换为模拟信号。从工程技术的角度，D/A 转换只需用简单的电阻网络即可实现。

三、解题指导

本节要重点掌握数字信号的数值运算。需注意的是二进制代码是带符号位的。如数字 4 的补码是由原码 0100，先得到反码 1011，再加上 0001：1011+0001=1100。

【例 7-3-1】 计算机使用二进制代码运算，6－3=? 的运算式是（   ）。

A. 0110+1100=? B. 0110+0011=?
C. 0110+1001=? D. 0110+1101=?

【解】 6－3=6＋（－3），数 6 的二进制代码是 0110；－3 的二进制代码是 1101，故有：0110＋1101＝?，应选 D 项。

【例 7-3-2】 八进制数 (12321.2)$_8$ 转换为十进制数是（　　）。

A. (5329.25)$_{10}$　　　　　　　　B. (5326.25)$_{10}$

C. (5321.25)$_{10}$　　　　　　　　D. (5324.25)$_{10}$

【解】 (12321.2)$_8$＝$1×8^4+2×8^3+3×8^2+2×8^1+1×8^0+2×8^{-1}$＝(5329.25)$_{10}$
所以应选 A 项。

四、应试题解

1. 把二进制的 1101010 转换成十进制数为（　　）。
   A. 105　　　　　　　　　　　B. 106
   C. 107　　　　　　　　　　　D. 108

2. 把 (105)$_{10}$ 转换成二进制数为（　　）。
   A. 1101001　　　　　　　　　B. 1001011
   C. 1101101　　　　　　　　　D. 1001001

3. 把 (0.4375)$_{10}$ 转换成二进制数为（　　）。
   A. 0.1001　　　　　　　　　　B. 0.0101
   C. 0.1011　　　　　　　　　　D. 0.0111

4. 十进制的 101 转换为八进制数为（　　）。
   A. 144　　　　B. 145　　　　C. 142　　　　D. 151

5. 二进制的 1011 转换成十进制数为（　　）。
   A. 13　　　　　B. 14　　　　　C. 12　　　　　D. 11

6. 与十六进制数 BB 等值的十进制数为（　　）。
   A. 187　　　　B. 188　　　　C. 185　　　　D. 186

7. 将二进制 10010010.011 转换成十六进制数为（　　）。
   A. A2.4　　　B. A2.25　　　C. 92.6　　　D. 92.25

8. 与十进制数 254 等值的二进制数为（　　）。
   A. 11111110　B. 11011111　C. 11110111　D. 11011101

9. 二进制数值运算式，1001＋101 等于（　　）。
   A. 1110　　　B. 1011　　　C. 1111　　　D. 1010

10. 二进制数值运算式，1011－111 等于（　　）。
    A. 0101　　　B. 0010　　　C. 0100　　　D. 0011

11. 二进制数值运算式，1101×101 等于（　　）。
    A. 1000001　B. 1000101　C. 1000011　D. 1000111

12. 二进制数值运算式，110010÷101 等于（　　）。
    A. 1001　　　B. 1011　　　C. 1100　　　D. 1010

13. 二进制逻辑运算式，11011001・11110000 等于（　　）。
    A. 11010000　B. 11010010
    C. 11001000　D. 11010100

14. 二进制逻辑运算式，11011001＋00001111 等于（　　）。
    A. 11111111　B. 11011011　C. 11011111　D. 11011001

15. 二进制逻辑运算式，$\overline{1011}$ 等于（　　）。
   A. 0100　　　　B. 0101　　　　C. 1100　　　　D. 1110
16. 二进制逻辑运算式，11011001+10111001 等于（　　）。
   A. 01100000　　B. 01101000　　C. 01100100　　D. 01100010
17. 逻辑函数 F=AC+ACD+$\overline{D}$+$\overline{A}$BC$\overline{D}$ 简化结果为（　　）。
   A. AC+$\overline{B}$　　B. AD+$\overline{B}$　　C. AB+$\overline{D}$　　D. AC+$\overline{D}$
18. 逻辑函数 F=AB+A$\overline{B}$+$\overline{A}$B 简化结果为（　　）。
   A. A+$\overline{B}$　　B. A$\overline{B}$　　C. A+B　　D. AB
19. 用一个8位逐次比较型 A/D 转换器组成一个10V量程的直流数字电压表，该电压表测量误差是（　　）mV。
   A. 9.81　　　　B. 19.61　　　C. 39.06　　　　D. 39.22
20. 用一个16位逐次比较型 A/D 转换器组成一个100V量程直流数字电压表，该电压表测量误差及满量程测量精度为（　　）。
   A. 1.53mV，0.00153％　　　　B. 15.3mV，0.0153％
   C. 0.153mV，0.000153％　　　D. 153mV，0.153％
21. 逻辑函数 F=A($\overline{A}$+B)+B(B+C)+B 的化简结果为（　　）。
   A. F=B　　　　B. F=AB+B　　C. F=AB　　　D. F=A+B
22. 逻辑函数 F=（A+B）C+$\overline{A}$C+AB 的化简结果为（　　）。
   A. F=AB+BC+C　　　　　　　B. F=AB+C
   C. F=B+C　　　　　　　　　D. F=A+C
23. 逻辑变量 X、Y 的波形如图 7-3-2 所示，F=X+Y 的波形是图 7-3-3 中的（　　）。

图 7-3-2

   A. 图（a）　　B. 图（b）　　C. 图（c）　　D. 图（d）
24. 逻辑变量 X、Y 的波形如图 7-3-2 所示，F=XY 的波形是图 7-3-3 中的（　　）。
   A. 图（a）　　B. 图（b）　　C. 图（c）　　D. 图（d）

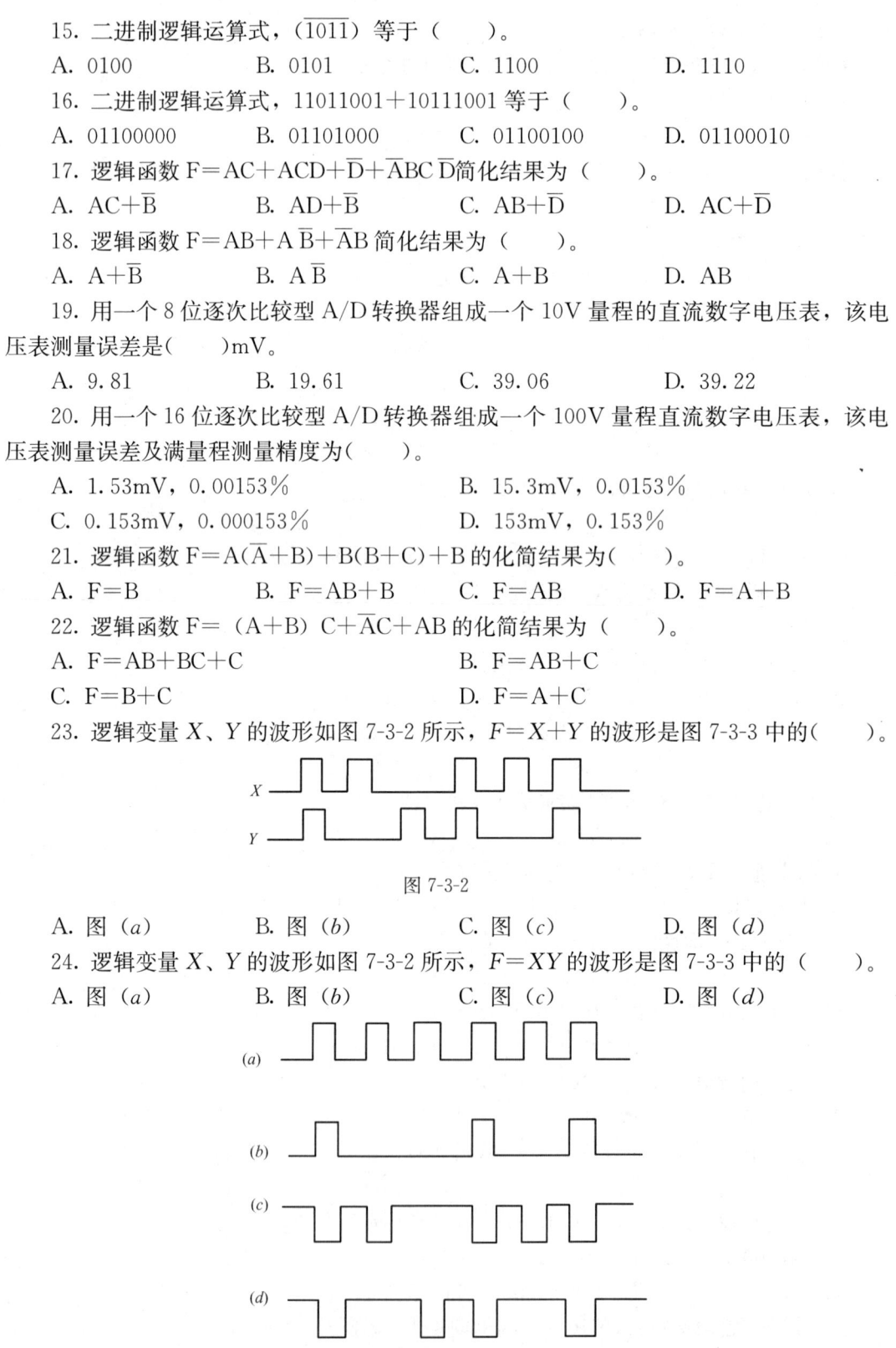

图 7-3-3

25. 逻辑变量 X、Y 的波形如图 7-3-2 所示，$F=\overline{X}$ 的波形是图 7-3-3 中的（　　）。
A. 图 (a)　　　　B. 图 (b)　　　　C. 图 (c)　　　　D. 图 (d)

第四节　计算机系统

一、《考试大纲》的规定

计算机系统组成；计算机的发展；计算机的分类；计算机系统特点；计算机硬件系统组成；CPU；存储器；输入/输出设备及控制系统；总线；数模/模数转换；计算机软件系统组成；系统软件；操作系统；操作系统定义；操作系统特征；操作系统功能；操作系统分类；支撑软件；应用软件；计算机程序设计语言。

二、重点内容

1. 计算机的发展

自 1946 年 2 月美国宾夕法尼亚大学诞生世界上第一台电子数字积分计算机 ENIAC 以来，计算机的发展随着其主要部件的演变经历了如下几代历程：

(1) 第一代计算机（1946～1956 年），其主要基本特征是其主要部件为电子管；

(2) 第二代计算机（1956～1962 年），其主要特征是其主要部件为晶体管；

(3) 第三代计算机（1962～1970 年），其主要特征是其主要部件为中、小规模集成电路；

(4) 第四代计算机（1971 年至今），其主要特征是其主要部件为大规模、超大规模集成电路。如 1971 年英特尔公司（Intel）推出了第一代微处理器芯片 Intel4004。

未来的计算机发展趋势是：高性能、人性化、网络化、多媒体、多极化和智能化。

2. 计算机的分类

计算机的分类方法有多种，具体为：

(1) 按计算机所处理的量值不同，可分为模拟计算机和数字计算机。

(2) 按数字计算机用途，可分为专用计算机和通用计算机。

(3) 按计算机内部逻辑结构，可分为复杂指令系统计算机和精简指令系统计算机。

(4) 按计算机的字长不同，可分为 8 位机、16 位机、32 位机和 64 位机。

随着计算机技术的不断发展，计算机分类方法也会发生变化。

3. 计算机系统组成及其特点

一个完整的计算机系统是由计算机硬件系统和软件系统组合而成的，如图 7-4-1 所示。

计算机系统的特点是：具有计算、判断、存储、快速操作能力，精确计算能力，通用性好，通俗易用和联网功能。

4. 计算机硬件系统组成。

按照冯·诺依曼结构原理，计算机至少应由运算器、控制器、存储器、输入设备和输出设备五部分组成。

通常将运算器和控制器统称为中央处理器，简称 CPU。由中央处理器和内存储器构成主机。CPU 是分析指令和执行指令的部件，是计算机的核心，它主要由运算器、控制器和通用寄存器组成。

存储器，其主要功能是存放程序和数据，可分为内存储器（主存）和外存储器（辅助）。目前内存储器多数是半导体存储器，外存储器通常是磁盘、磁带、光盘等。

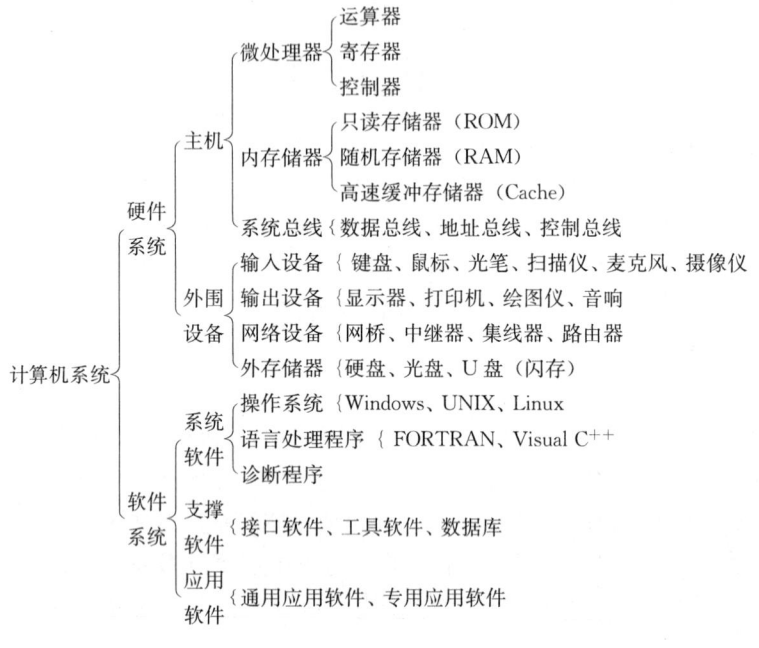

图 7-4-1 计算机系统组成

输入/输出设备（I/O），如图 7-4-1 所示。输入/输出设备控制系统，其主要功能是控制输入/输出设备的工作过程，它包括控制输入/输出操作的通道、输入/输出处理器、输入/输出设备控制器等。

（1）总线

在计算机中，各部件之间传递的信息可分为：地址信息、数据信息（包括指令）和控制信息三种类型。

总线是计算机内部传输各种信息的通道，是一组公共信息传输线路，并能为多个部件服务，可分时地发送和接收各部件的信息。根据总线传送信息的类别，总线可分为数据总线、地址总线和控制总线。

总线工作方式通常是由发送信息的部件分时地将信息发往总线，再由总线将这些信息同时发往各个接收信息的部件。对于由哪个部件接收信息，则由输入脉冲控制决定。总线的数据通路宽度是指能够一次并行传送的数据位数。

（2）数模/模数转换设备

计算机硬件系统中的新成员包括辅助存储器和数模/模数转换设备。其中，数模/模数转换设备，其功能是在实时控制系统或过程控制系统中，将模拟量变换为相应的数字量，输入计算机；或将计算机中数字量变换为相应的模拟量，输出到被测试对象。

5. 计算机软件系统组成

根据软件的功能和特点，一般将计算机软件分为两大类：系统软件和应用软件。

按照应用和虚拟机的观点，计算机软件又可分为三大类：系统软件、支撑软件和应用软件。

没有软件支持的计算机称之为"裸机"。

(1) 系统软件

一般地，系统软件包括操作系统、语言处理程序、诊断程序等。

操作系统是计算机硬件和各种用户程序之间的接口程序，位于各种软件的最底层。操作系统的特征是：并发性、共享性、随机性。操作系统有两个主要功能：资源管理和提供友好的界面。

操作系统的分类，具体为：

① 按系统功能分：批处理操作系统、分时操作系统、实时操作系统；

② 按计算机配置分：单机配置（又分为大、小、微型和多媒体操作系统）、多机配置（又分为网络、分布式操作系统）；

③ 按用户数目分：单用户操作系统（如 MS DOS、Windows 2000、XP）、多用户操作系统（如 UNIX）；

④ 按任务数量分：单任务操作系统、多任务操作系统。

批处理操作系统的特点是：批处理、多道程序操作系统。

分时操作系统的特点是：同时性、交互性、独占性。

实时操作系统的特点是：及时性，即及时接收来自现场的数据，及时对其进行分析处理，及时作出相应的响应。实时操作系统通常包括实时控制系统和实时处理系统。

分布式操作系统的特征是：统一性、共享性、透明性和自治性。它与网络操作系统相比，具有更短的响应时间，高容量和高可靠性。两者的主要区别在于资源管理、通信和系统结构。

网络操作系统，如 Windows NT、Windows 2000。对网络操作系统的要求是保证信息传输的准确性、安全性和保密性。

(2) 支撑软件与应用软件

目前，支撑软件主要包括：各种接口软件、工具软件和数据库。其中，常见的数据库系统有：Microsoft Access、Foxpro、Oracle、SQL Server。

应用软件，如文字处理软件、表格处理软件、辅助设计软件、实时控制软件（像 FIX、InTouch、Lookout）等。

6. 计算机程序设计语言

计算机程序设计语言的发展历程为：①第一代语言——机器语言；②第二代语言——汇编语言；③第三代语言——高级语言、算法语言；④第四代语言——面向问题的语言，如 SQL 的数据库查询语言，⑤第五代语言——智能性语言，如 PROLOG 语言。

(1) 汇编程序与编译程序

汇编程序是指把由汇编语言编写的源程序，翻译成目标程序（即计算机可执行程序）的软件。

编译程序是指把由高级语言编写的源程序，翻译成计算机可执行程序的软件。

计算机能执行高级语言编写的程序，实际上是先将用高级语言编写的程序（称为源程序），用解释或编译的方法，变为计算机可执行程序（或称为机器语言程序），再由计算机执行这个机器语言程序。所以，一个计算机程序的执行过程可分为编程、编译、连接和运行四个过程。

上述解释或编译的方法，可用编译程序和解释程序，两者的本质区别是：在翻译的过程中，编译程序是在整体理解源程序的基础上进行翻译的，而解释程序对源程序采取的是根据程序语句执行的，顺利进行逐条语句翻译的方法。其次，编译程序有保存的目标程序，而解释程序无保存的目标程序；第三，编译代码比解释代码运行的速度要快。

使用编译程序的高级语言有 FORTRAN、COBOL、PASCAL、C++、Visual C++ 等。

使用解释程序的高级语言有 BASIC。

（2）常用的程序设计语言

FORTRAN 语言，主要用于科学计算，广泛用于数学、科学和工程计算。

BASIC 语言，主要为初学者设计的小型高级语言；Visual BASIC(VB) 是 Windows 下的可视化编程语言环境，支持面向对象的程序设计。

C 语言，适用于系统软件和大量应用软件。C 语言是结构化、模块化的语言，是面向过程的。C++ 语言，是增加了面向对象的程序设计的"类"（class）的机制，其功能比 C 语言更强大。

PASCAL 语言，适用于教学，用于帮助学生学习计算机编程。

LISP 语言，人工智能程序，主要用于构建人工智能程序。

Java 语言，是完全面向对象的语言，是因特网应用的主要开发语言之一，并且它的运行与操作系统平台无关。

三、解题指导

本节内容应紧密结合平时对计算机的运用进行理解、记记。

【例 7-4-1】 微型计算机的硬件系统包括(   )。

A. 控制器、主机、键盘和显示器 B. 主机、电源、CPU 和输入/输出设备
C. CPU、键盘、显示器和打印机 D. 控制器、运算器、存储器和输入/输出设备

【解】 根据本节图 7-4-1 所示，应选 D 项。

【例 7-4-2】 在一台计算机系统中可以同时连接多个近程或远程终端，把 CPU 时间划分为若干个时间片，由 CPU 轮流为每个终端服务的操作系统是指(   )。

A. 批处理操作系统 B. 多道程序操作系统
C. 分时操作系统 D. 实时操作系统

【解】 根据题目条件，符合分时操作系统的特性，故应选 C 项。

四、应试题解

1. 在计算机的发展历程中，第三代计算机（1962～1910 年），其主要部件的特征是(   )。

A. 电子管 B. 晶体管
C. 中、小规模集成电路 D. 大规模、超大规模集成电路

2. 当前计算机的发展趋势向多个方向发展，下述表述中，不正确的是(   )。

A. 高性能、人性化、智能化 B. 高性能、多媒体、智能化
C. 多极化、多媒体、网络化 D. 网络化、集成化、低噪声

3. 一般应用在军事、科研、气象等领域的计算机是(   )。

A. 大型计算机 B. 中型计算机
C. 巨型计算机 D. 微型计算机

4. 一个完整的计算机系统的组成包括（　　）。
   A. 主机及外围设备　　　　　　　B. 硬件系统和软件系统
   C. 系统软件和应用软件　　　　　D. 操作系统和应用系统
5. 计算机主存即主存储器包括（　　）。
   A. RAM 和磁盘　　　　　　　　B. ROM、RAM 和 Cache
   C. ROM 和 Cache　　　　　　　D. CPU、RAM 和 ROM
6. 虚拟内存的空间是在（　　）之中。
   A. CPU　　　B. 内存　　　C. 硬盘　　　D. 软盘
7. 微型计算机的运算部件包含在（　　）之中。
   A. CPU　　　B. I/O 接口　　　C. I/O 设备　　　D. 内存储器
8. CPU 主要是由（　　）组成。
   A. 运算器、控制器、存储器　　　B. 运算器、通用寄存器
   C. 运算器、控制器、通用寄存器　D. 控制器、存储器
9. CPU 的功能是（　　）。
   A. 完成输入输出操作　　　　　　B. 进行数据处理
   C. 协调计算机各种操作　　　　　D. 分析指令和执行指令
10. 主机是由（　　）组成。
    A. 中央处理器、外围设备　　　　B. 中央处理器、外存储器
    C. 中央处理器、总线　　　　　　D. 中央处理器、内存储器
11. 微型计算机中，操作器的基本功能是（　　）。
    A. 进行算术运算和逻辑运算　　　B. 存储各种控制信息
    C. 保持各种控制状态　　　　　　D. 控制机器各个功能部件协调一致地工作
12. 微型计算机中，用来存放当前要执行指令的地址的部件是（　　）。
    A. 程序计数器（PC）　　　　　　B. 指令寄存器（IR）
    C. 数据寄存器（DR）　　　　　　D. 地址寄存器
13. 下列设备中，属于输出设备的是（　　）。
    A. 扫描仪　　　B. 显示器　　　C. 光笔　　　D. 键盘
14. 下列设备只能作为输入设备的是（　　）。
    A. 磁盘驱动器　　B. 鼠标器　　C. 存储器　　D. 显示器
15. 微机中使用的鼠标器是直接连接在（　　）。
    A. 串行接口　　B. 并行接口　　C. 显示器接口　　D. 打印机接口
16. 当发生突然断电事故时，存储在（　　）中的信息将会丢失。
    A. RAM 和 ROM　　B. RAM　　C. ROM　　D. 磁带
17. 计算机中，各部件之间相互传递的信息类型不包括（　　）。
    A. 地址信息　　B. 数据信息　　C. 控制信息　　D. 程序信息
18. 目前大部分计算机各部件之间的信息是由总线实现的，总线不包括（　　）。
    A. 数据总线　　B. 地址总线　　C. 存储总线　　D. 控制总线
19. 微型计算机中，CPU 和内存储器之间的信息传送是由（　　）实现的。
    A. 数据总线　　B. 存储总线　　C. 地址总线　　D. 控制总线

20. 所谓"裸机"是指(   )。
    A. 单片机   B. 单板机
    C. 不装备任何软件的计算机   D. 只装备操作系统的计算机
21. 按照应用和虚拟机的观点，软件可分为(   )。
    A. 系统软件、应用软件   B. 系统软件、应用软件、支撑软件
    C. 操作系统软件、应用软件   D. 系统软件、应用软件、工具软件
22. 操作系统软件的特征，不包括(   )。
    A. 并发性   B. 共享性   C. 随机性   D. 独占性
23. 操作系统软件的功能是(   )。
    A. 资源管理和提供友好界面   B. 资源监控和提供各种服务
    C. 资源管理和界面管理   D. 资源监控和界面管理
24. 能对来自外部的请求和信号，在限定的时间范围内做出及时响应的操作系统是(   )。
    A. 批处理操作系统   B. 多道程序操作系统
    C. 分时操作系统   D. 实时操作系统
25. 分时操作系统的特点，不包括(   )。
    A. 同时性   B. 交互性   C. 独占性   D. 透明性
26. 分布式操作系统的特点，不包括(   )。
    A. 统一性   B. 透明性   C. 自治性   D. 等级性
27. 下列软件中，处于系统软件最低层（或最内层）的是(   )。
    A. 操作系统软件   B. 语言处理程序软件
    C. 接口软件   D. 通用应用软件
28. 计算机能直接识别并运行的程序是(   )。
    A. 高级语言程序   B. 汇编语言程序
    C. 机器语言程序   D. 自然语言程序
29. 数据库管理系统属于(   )。
    A. 系统软件   B. 支持软件   C. 应用软件   D. B与C都对
30. 下列属于系统软件的是(   )。
    A. C语言源程序   B. Word软件
    C. 汇编语言   D. Excel软件
31. 常用的实时控制软件中，不包括(   )。
    A. FIX   B. InTouch   C. Lookout   D. Foxpro
32. 下列高级语言中，属于面向对象语言的是(   )。
    A. FORTRAN   B. BASIC   C. PASCAL   D. C++
33. 一般地，一个计算机程序的执行过程可分为(   )。
    A. 编译、连接、运行   B. 编辑、编译、连接、运行
    C. 翻译、连接、运行   D. 编辑、解释、连接、运行
34. 根据计算机语言的发展历程，它们出现的顺序是(   )。
    A. 机器语言、汇编语言、高级语言、面向问题的语言

B. 面向问题的语言、机器语言、汇编语言、高级语言

C. 面向问题的语言、汇编语言、机器语言、高级语言

D. 汇编语言、高级语言、机器语言、面向问题的语言

35. 下列关于 Java 语言的叙述，不正确的是（　　）。

A. 它是一种完全面向对象的语言

B. 它是因特网应用的主要开发语言之一

C. 它的运行与操作平台有关

D. 它是高级程序设计语言

第五节　信　息　表　示

一、《考试大纲》的规定

信息在计算机内的表示；二进制编码；数据译位；计算机内数值数据的表示；计算机内非数值数据的表示；信息及其主要特征。

二、重点内容

1. 信息及其主要特征

信息是由数据产生的，是数据经加工后的结果，是反映客观事物规律的一些数据。数据是客观地记录事物的性质、形态、数量特征的抽象符号，如文字、数字、图形、曲线等。

可见，数据是信息的符号，信息的载体；信息是数据的内涵，是对数据语义的解释。通过数据这种形式来表示信息，便于理解和接受。在计算机内部，信息也是采用数据形式进行表示的。

信息的主要特征是：可识别性、可变性、可流动性、可存储性、可处理性、可再生性、有效性与无效性、属性，以及使用性等。

2. 信息在计算机内的表示

比特（bit）是计算机用来表示二进制中一位信息的，是计算机内表示数据的最小单位，它仅有两个可能的值："0"或"1"，表示事件的两个不同状态。所有信息（如数字、文字、图像、视频、音频等信息）在计算机内都是用不同位数的 bit 表示，即均是用二进制数据的形式表示并存储。由此，计算机才能够对上述各种信息进行计算、处理、存储和传输。

3. 数据单位

计算机的信息单位常采用位、字节、字、机器字长等。

（1）位（bit），是度量数据的最小单位，表示一位二进制信息，其缩写为小写 b。

（2）字节（Byte），一个字节是由 8 位二进制数字组成（1Byte＝8bit）；字节是信息存储中常用的基本单位，如计算机的存储器（包括内存储器和外存储器）通常以多少字节来表示其容量。

（3）字（Word），又称为计算机字，是位的组合，并作为一个独立的信息单位处理。字取决于计算机的类型、字长以及使用者的要求，常用的固定字长有 8 位、16 位、32 位等。在微机系统内有一个约定，即：一个字大小规定成是两个字节（1Word＝2Byte）。

(4) 双字 (Double Word)，是由两个 16 位的二进制数据组成，即由 32 位二进制数据组成。1 双字＝2 个字＝4 个字节＝32 个 bit。

(5) 机器字长，是指参加运算的寄存器所拥有的二进制数的位数。它代表了机器的精度，机器的功能设计决定了机器的字长。可见，机器字长是一个与机器硬件指标有关的单位。

由于信息存储容量的增加，计算机存储容量的单位也在变多、变大：

(1) 千字节 (KB)，其中 K 表示千，B 表示字节，1K＝1024。用二进制表示，2^{10}＝1024，要用 10 位二进制数表示。

(2) 兆字节 (MB)，1M＝1024K＝1024×1024，用二进制表示，2^{20}＝1M，要用 20 位二进制数表示。目前 32 位微型计算机的内存储器通常为 128MB，或 256MB，或 512MB，或 1.0GB 等。

(3) 吉字节 (GB)，1G＝1024M，用二进制表示，2^{30}＝1024M，要用 30 位二进制数来表示。目前硬盘存储器常用 GB 量度。

(4) 太拉字节 (TB)，1T＝1024G，用二进制表示，2^{40}＝1024G，要用 40 位二进制数来表示。

4. 计算机内数值数据的表示及二进制编码

计算机中的数值数据分成整数和实数两大类。

(1) 整数的表示

计算机中的整数分为无符号整数和有符号整数。由于整数的小数点隐含在个位数的右面，也称为定点数。

1) 无符号整数，这类整数一定是正整数，故无符号整数的所有二进位都用来表示数值，它们可以是 8 位、16 位、32 位或 64 位。8 位二进制无符号整数，其十进制取值范围为 0～255(2^8－1)，同理，16 位二进制无符号整数，其十进制取值范围为 0～65535(2^{16}－1)。

在计算机中，无符号整数除了表示数据以外，也常用于表示地址。

2) 有符号整数，有符号整数必须使用一个二进位表示符号，称为符号位。通常符号位放在二进制数的最左面的一位，即最高位，一般规定 0 表法"＋"(正数)，1 表示"－"(负数)。

在计算机中有符号数的表示是将符号位和数值位一起编码。为此引入两个基本概念：机器数和真值，机器数是指数在计算机中的二进制表示形式，其值（或称计算数的真值）是指带符号位的机器数所对应的数值。

有符号整数在计算机内有三种编码方法：原码、补码和反码。

① 原码表示法，此时计算数的最高一位表示符号，0 表示正数，1 表示负数，其余各位则表示数值的大小（绝对值）。如：

X＝＋0101010　　$[X]_{原}$＝00101010（不变）

X＝－0101010　　$[X]_{原}$＝10101010（负号"－"用 1 表示）

② 反码表示法，对于正数，反码表示和原码表示相同；对于负数，其反码是除符号位外，原码的每位求反（即 0 变为 1，1 变为 0），如：

X＝＋0101010　　$[X]_{原}$＝00101010　　$[X]_{反}$＝00101010

X＝－0101010　　$[X]_{原}$＝10101010　　$[X]_{反}$＝11010101

③ 补码表示法，对于正数，补码表示和原码表示相同；对于负数，其补码是将原码除符号位外，原始的每位求反（即 0 变 1，1 变 0），末位加 1，如：

$X=+0101010$　　$[X]_{原}=00101010$　　$[X]_{补}=00101010$

$X=-0101010$　　$[X]_{原}=10101010$　　$[X]_{补}=11010110$

在计算机中的整数常采用补码表示。

3）二进制编码的十进制数即 BCD 整数。在计算机内常使用 BCD 整数，它使用 4 位二进制表示一位十进制数，符号的表示与上面相同，如：

$$(+67)_{10}=(0011 0\quad 0111)_{BCD}$$

需注意，采用 BCD 整数，计算机内整数采用原码表示；采用 16 位整数、32 位短整数、64 位长整数，计算机内整数采用补码表示。

（2）实数的表示

任何一个实数都可以用一个指数（整数）和一个纯小数来表示。如：

十进制数：　　　　　　　　$15.815=10^2\times(0.15815)$

二进制数：　　　　　　　　$111.011=2^{011}\times(0.111011)$

由于实数的小数点的位置是不固定的，所以也称为浮点数。整数称为浮点数的阶码，纯小数称为浮点数的尾数。这种用阶码和尾数来表示实数的方法，称为浮点表示式。浮点数的长度可以是 32 位、64 位等，位数越多，可表示的数值的范围就越大，精度也越高。为了统一、标准化计算机的浮点数表示方法，1985 年美国 IEEE（电气及电子工程师协会）提出了 IEEE754 标准，目前计算机系统内几乎都采用了该标准。

5. 计算机内非数值数据的表示

在计算机内部，非数值信息也是采用 0 和 1 两个符号来进行编码表示的。非数值数据又可划分为文字、多媒体两大类。

（1）文字

① 西文文符的编码，ASCII 码是"美国信息交换标准代码"的简称，在这种编码中，每个字符用 7 个二进制位表示，即从 0000000 到 1111111 可以给出 128 种编码，可用来表示 128 个不同的字符。一个字符的 ASCII 码通常占用一个字节，由七位二进制数编码组成，故 ASCII 码最多可表示 128 个不同的符号。由于 ASCII 码采用七位编码，来用到字节的最高位，故在计算机中一般保持为"0"，在数据传输时可用作奇偶校验位。

② 汉字的编码

目前，我国使用的是"国家标准信息交换用汉字编码"（GB 2312—1980 标准），该标准码是二字节码，用二个七位二进制数编码表示一个汉字，并收入了 6763 个汉字。

汉字在计算机内的表示，有多种编码，如汉字输入码，输入码进入计算机后，必须转换成汉字内码，才能进行信息处理。为了最终显示、打印汉字，再由内码转换成汉字字形码。此外，为使不同的汉字处理系统之间能够交换信息，还必须设有汉字交换码。

（2）多媒体数据

① 图像数据

位图是指存储在计算机中的由图像中许多点构成的点阵图。构成位图的这些点称为像素，用以描述图像中各图像点的亮度与颜色。

图像分辨率是指图像点阵中行数和列数的乘积。

屏幕分辨率是指计算机显示器屏幕上的最大显示区域以水平和垂直方向的像素个数的乘积。

像素分辨率是指一个像素的长和宽的比例。

图像的颜色深度是指图像中可能出现的不同颜色的最大数目。颜色深度值越大,图像的色彩越丰富。位图中每个像素都用一位或多位二进制位来描述其颜色的信息。

图像文件的大小是指存储整幅图像所需的磁盘字节数,计算式为:

$$图像文件大小 = 图像分辨率 \times 颜色深度 \div 8$$

② 视频数据

视频信号经数字化处理之后,以视频文件格式存储在计算机内。视频信号也可视为图像数据中的一种,由若干有联系的图像数据连续播放而形成。计算机所播放的视频信号是数字信号,与电视上翻放的模拟视频信号是不一样的。由于视频信号的数据量很大,所以在存储和传输数字视频过程中要采用压缩编码技术。

③ 音频数据

音频数据在计算中可分为数字音频文件和 MIDI 文件。

数字音频文件是将声音信号数字化处理后的数据文件。

MIDI 文件是通过一串时序命令,用于记录电子乐器键盘弹奏的信息,包括键名、力度和时值长短等,是对乐谱的一种数字式描述。

三、解题指导

本节阐述了信息与数据的联系,应注意理解。掌握原码、反码和补码的关系及其计算。

【例 7-5-1】 负数 -0101011 的补码是( )。
A. 11010111   B. 11010001   C. 11010101   D. 11011111

【解】 $X = -0101011$,其原码:$[X]_原 = 10101011$,$[X]_反 = 11010100$,则:$[X]_补 = 11010100 + 00000001 = 11010101$,所以应选 C 项。

四、应试题解

1. 信息与数据之间存在着固有的内在联系,信息是( )。
   A. 由数据产生的   B. 信息就是数据
   C. 没有加工过的数据   C. 客观地记录事物的数据

2. 信息的主要特征,不包括( )。
   A. 可识别性、可变性、可流动性   B. 可变性、可存储性、可处理性
   C. 使用性、可再生性、抽象性   D. 可再生性、有效性和无效性、属性

3. 二进制数 $X = 0101011$,它的反码是( )。
   A. 00101011   B. 10101011   C. 00101001   D. 10101001

4. 二进制数 $X = -0101011$,它的反码是( )。
   A. 11010101   B. 01010101   C. 11010100   D. 01010100

5. 二进制数 $X = 0101011$,它的补码是( )。
   A. 00101011   B. 10101011   C. 00101111   D. 10101111

6. 十进制数 $(+68)_{10}$ 的 BCD 整数为( )。
   A. $(101101010)_{BCD}$ B. $(001101010)_{BCD}$

C. (101101000)$_{BCD}$　　　　　　D. (001101000)$_{BCD}$

7. 十进制数（-2357）$_{10}$ 的 BCD 整数为（　　）。

A. (10010 0011 0101 0111)$_{BCD}$　　B. (00010 0011 0101 0111)$_{BCD}$

C. (10010 0011 0111 0101)$_{BCD}$　　D. (00010 0011 0111 0101)$_{BCD}$

8. 一个字符的 ASCII 码通常占用（　　）字节。

A. 一个　　　　B. 两个　　　　C. 三个　　　　D. 四个

9. 目前我国汉字编码标准，一个汉字的编码占用（　　）字节。

A. 一个　　　　B. 两个　　　　C. 三个　　　　D. 四个

10. 一个字符的 ASCII 码是由（　　）位二进制数编码组成。

A. 六　　　　　B. 四　　　　　C. 八　　　　　D. 七

11. 一幅 640×480 像素的 256 色图像文件大小为（　　）KB。

A. 153.61　　　B. 307.22　　　C. 370.22　　　D. 614.44

12. 65536 色的图像中每个像素需要（　　）二进制数表示颜色数据信息。

A. 4 位　　　　B. 8 位　　　　C. 16 位　　　　D. 24 位

13. 计算机中，一个字节由（　　）个二进制位组成。

A. 2　　　　　B. 4　　　　　C. 8　　　　　D. 16

14. 计算机中，一个双字由（　　）个二进制位组成。

A. 8　　　　　B. 16　　　　　C. 32　　　　　D. 40

15. 目前以 Pentium 为平台的 32 位微型计算机中，它的高速缓冲存储器 Cache 的容量常用（　　）量度。

A. KB　　　　B. MB　　　　C. GB　　　　D. TB

第六节　常用操作系统和计算机网络

一、《考试大纲》的规定

常用操作系统：Windows 发展；进程和处理器管理；存储管理；文件管理；输入/输出管理；设备管理；网络服务；

计算机网络：计算机与计算机网络；网络概念；网络功能；网络组成；网络分类；局域网；广域网；因特网；网络管理；Windows 系统中的网络应用；信息安全；信息保密。

二、重点内容

1. Windows 发展

1983 年 Microsoft（微软）推出 PC 机上的 Windows 操作系统；2001 年 1 月微软正式宣告 Windows9x 内核系列操作系统终止，推出 WindowsNT 内核系统操作系统。目前，Windows2000 操作系统为一个产品家族，它包括 Windows 2000 Professional（个人办公及家庭用）、Windows 2000server（小型电子商务、应用服务器用）、Windows 2000 Advance server（企业应用）、Windows 2000 Datacenter server（大型企业数据处理、联机交易用）四个版本的操作系统，它是一个多任务的操作系统，支持 FAT、FAT32、NTFS 等多种文件系统格式，并支持虚拟存储管理。

2. 操作系统的管理功能

通常，操作系统由进程与处理器管理、作业管理、存储管理、设备管理、文件管理五大管理功能组成。

(1) 进程和处理器管理

进程，可以说是一段运行的程序，是现代分时系统的一个工作单元。进程可分为操作系统进程和用户进程两类，这两类进程都是并发执行，CPU则在这些进程之间转换进行，并且进程运行需要各种资源的支撑。进程具有的特征是：①动态性；②并发性；③独立性；④异步性。而程序则不具备这些特征。

线程，或称为轻量级进程，是被系统独立调度和CPU的基本运行单位。它不拥有系统资源，只拥有一点运行中必不可少的资源。引入线程，是为了使多个程序并发执行，以改善系统资源的利用率和系统的吞吐量；线程则是为了减少程序并发执行时所付出的开销。如许多在PC机上的软件包都是多线程的，这是因为多线程编程具有四大优点：①响应；②资源共享；③经济；④利用应用多处理器结构。

线程的实现方式有两种：①用户线程，即不依赖于内核；②内核线程。注意，用户线程的创建和管理的速度比内核线程快。

处理器的功能是执行程序中的各条指令的基本操作，即取指令、分析指令（译码）、执行指令等操作，并通过计算机的主要传输线路传输到其他设备。

操作系统的处理器管理主要是解决对处理器的资源分配策略、资源分配实施、资源回收等问题。正因如此，使其提供的作业处理方式也就不同，如批处理操作系统、分时操作系统、实时操作系统。

可见，进程与处理器调度是负责把CPU的运行时间合理地分配给各个程序，以使处理器的软硬件资源得以充分的利用。

在Windows中，对于进程管理，进程是拥有应用程序所有资源的对象，而线程是进程中一个独立的执行路径。一个进程的线程越多，该进程获得的CPU时间就越多，进程的运行时间就越快。同时，线程运行时共享其对应进程所拥有的资源，但线程并不拥有其他资源。

(2) 存储管理

存储管理主要解决对存储器的分配、保护以及扩充问题。

在Windows中，一个存储器段可以小至一个字节，也可大至4G字节；一个页的大小则规定为4K字节。

操作系统的存储管理技术主要有：①分段存储管理；②分页存储管理；③分段分页存储管理；④虚拟存储管理。

在分页存储管理中，为了能在内存储器中找到每个页面所对应的物理块，系统为每个进程建立一张页面映射表，简称页表。该页表记录了每一页在内存中所对应的物理块，以实现从进程的逻辑页号到内存的物理块号的地址映射。

在虚拟存储管理中，实际是在一个较小的物理内存储器空间上运行一个较大的用户程序。它利用大容量的外存储器来扩充内存储器的容量，形成逻辑上的虚拟存储空间。

(3) 设备管理

操作系统的设备管理是指计算机系统中对除CPU和内存储器以外的所有输入/输出设备的管理。它主要是对这些设备提供相应的设备驱动程序、初始化程序和设备控制程序等。

外设，是指计算机系统配置的显示器、键盘、鼠标、硬盘驱动器、光盘驱动器等设备。外设可以从不同的角度进行分类，如按设备的从属关系分为：系统设备、用户设备；按分配方式分为：独享设备、共享设备、虚拟设备；按使用特性分为存储设备、输入/输出设备。

Windows 的设备管理的特点是：①支持即插即用功能；②具有动态设备驱动程序机制；③采用缓冲技术；④可通过控制面板调整系统设置。在 Windows 中，对硬件、软件的管理都可利用注册表来进行，注册表是 Windows XP 中的核心数据库。

（4）文件管理

Windows 中的文件名采用的是"文件名．扩展名"的形式，并支持长文文件名，即文件名最多可使用 256 个字符。扩展名有利于识别文件的类型，例如：bat 表示批处理文件；obj 表示目标文件；zip 表示压缩文件；bmp 表示图像文件。

文件按不同的角度有不同的分类：

①按性质和用途分为：系统文件、库文件和用户文件；

②按文件的保护方式分为：只读文件、读写文件、可执行文件和无保护文件；

③按文件的存取方式分为：顺序文件和随机文件；

④按文件的逻辑结构分为：流式文件和记录式文件；

⑤按文件的物理结构分为：顺序文件、链接文件、索引文件、索引顺序文件和 Hash 文件；

⑥按信息的保护期限分为：临时文件、永久文件和档案文件。

上述文件的逻辑结构是根据用户使用文件的目的而组织起来的文件结构。操作系统将外存储器上的所有文件的目录结构组织，这方便用户对文件的快捷访问，以保证当多个用户访问外存储器上的文件时的安全性和正确性。

Windows 支持 FAT、FAT32、NTFS 文件系统。其中 NTFS 是一个用于网络的文件系统，它支持远程存储、文件系统加密、稀疏文件、卷装配点、磁盘限额等诸多存储功能。

Windows XP 提供的文件管理工具是："我的电脑"和"资源管理器"。

（5）作业管理

作业，是指用户请求计算机系统去完成一个独立任务所做工作的集合。作业管理是负责对作业进行组织并控制作业的运行和进行作业调度。操作系统提供了两类接口与用户发生联系：①作业一级的接口；②程序一级的接口，称为系统调用。

3. 计算机和计算机网络

信息化社会是一个以网络为核心，以数字化、网络化和信息化为典型特征的社会。构成信息化社会的主要技术支柱是：计算机技术、通信技术和网络技术。

计算机网络是指通过通信路线和通信设备将分布在不同地域的具有独立功能的多个计算机系统互相连接起来，在网络软件支持下实现彼此之间的数据通信和资源共享的系统。

（1）计算机网络的功能与分类

计算机网络的功能包括：①资源共享；②数据通信；③提高可靠性；④增强系统处理功能。

计算网络的分类，根据不同的分类原则，可分为：

①按网络的作用范围分类，分为：局域网 LAN、城域网 WAN 和广域网 MAN；

②按网络的使用范围分类，分为：公用网（Public Network）和专用网（Private Network）；

③按网络的交换功能分类，分为：电路交换、报文交换和分组交换；

④按采用的传输介质分类，分为：双绞线网、同轴电缆网、光纤网和无线网；

⑤按网络传输技术分类，分为：广播式网络和点到点式网络；

⑥按线路上所传输信号不同分类，分为：基带网和宽带网。

(2) 计算机网络组成

一个计算机网络主要由网络硬件系统和网络软件系统两大部分组成。

网络硬件包括：主机、传输介质、网络互联设备（如网卡、交换机、路由器、网关等）。

网络软件包括：网络协议（如 TCP、IP、HTTP、FTP 等）、网络操作系统（如 Windows XP、UNIX、Linux 等）。

网络体系结构，1978 年国际标准化组织提出并研究开放系统互连参考模型 OSI/RM，它利用分层描述的方法，将整个网络的通信功能划分为七个层次，由低层变高层依次为：物理层、数据链路层、网络层、传输层、会话层、表示层和应用层。

(3) 局域网 LAN

局域网从应用的角度，其技术特点是：

①覆盖有限的地理范围；

②提供高数据传输速率和低误码率的高质量信息传输环境；

③决定局域网特性的主要技术要素为：网络拓扑、传输介质和介质访问控制方法；

④容易建立、维护、管理和扩展，一般为一个单位所有。

(4) 广域网 WAN

广域网是将两个或多个局域网和/或主机连接在一起的网络。广域网的基础是电信基础网络，它是在电信网络基础上增加了专用的交换设备来实现的。广域网的两种基本部件是：节点交换机和连接节点交换机的传输线路。

(5) 因特网 Intel

1995 年联合网络委员会曾对 Intel 下了一个定义：Intel 是一个全球性的信息系统；该系统中的计算机由通过全球性的唯一地址逻辑链接而成，该地址是建立在 IP 或其他协议的基础之上的；而这些计算机之间采用 TCP/IP 协议进行通信，并且 Intel 可以为各种用户，包括公共用户和个人用户提供不同的高质量的信息服务。可见，Intel 是一个国际网，拥有自己的网络协议——TCP/IP 协议。

1）IP 地址

IP 地址是 Intel 上的通信地址，每一台网络上的主机必须有一个唯一的 IP 地址。TCP/IP 协议规定，每个 IP 地址长度为 32 位，分为 4 个字节，以×.×.×.×表示，每个×为 8 位，取值为 0～255。这种地址格式被称为点分十进制表示法。需注意，IP 地址只是一种逻辑编号，而不是计算机的物理地址，它只是用来表示计算机与网络的连接，而不是计算机本身的号码。当一台计算机在网络上位置改变时，其 IP 地址也随之改变。

IP 地址分为网络号和主机号两部分，其中，网络号用来表示一个网络，主机号用来表示这个网络中的一台主机。一般将 IP 地址分成五类：A 类、B 类、C 类、D 类和 E 类，如图 7-6-1 所示。

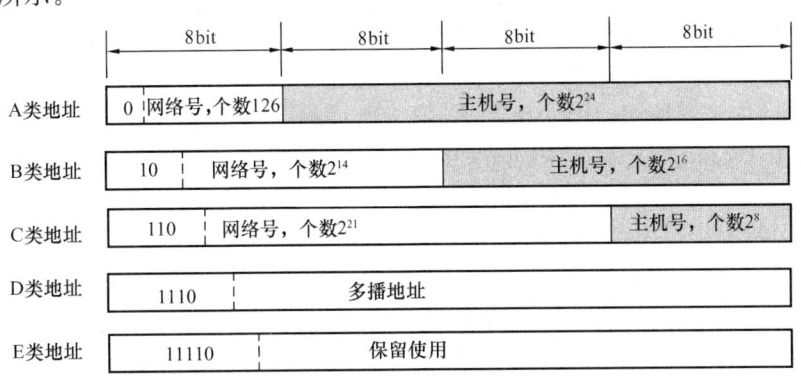

图 7-6-1 IP 地址的类型

①A 类地址：该类地址的第一个字节的首位总为二进制 0，其他 7 位为网络号（但全 0 和全 1 保留作其他用途），后三个字节为主机号，表示范围是 1.0.0.0～126.255.255.255，适用于具有大量主机的大型网络。

②B 类地址：该类地址的第一个字节的前两位总为二进制 10，其他 6 位和第二个字节为网络号，后两个字节为主机号，表示范围是 128.0.0.0～191.255.255.255，适用于中等规模主机数的网络。

③C 类地址：该类地址的第一个字节的前三位总为二进制 110，其他 5 位和第二、三个字节为网络号，最后一个字节为主机号，表示范围 192.0.0.0～223.255.255.255，适用于小型局域网。

④D 类地址：该类地址的第一个字节的前四位总为二进制 1110，表示范围 224.0.0.0～239.255.255.255，它是多播地址，主要留给 Intel 体系结构委员会 IAB 使用。

⑤E 类地址：该类地址的第一个字节的前五位总为二进制 11110，表示范围 240.0.0.0～255.255.255.255 主要用于某些试验和将来使用。

此外，还有特殊 IP 地址，即 IP 地址既可以指网络，也可以指主机。一般地，主机地址为 0 的 IP 地址是指网络；全为 1 的主机地址也不表示单个主机，而是广播地址，或称为定向广播地址；A 类地址中的 127 网络地址也是一个保留地址，用于网络软件测试和本地机进程间通信，称为回路测试地址。在 A 类、B 类、C 类地址中，还有一些地址被指为专用，这些专用地址任何机构都可以使用它，如 A 类地址：10.0.0.0～10.255.255.255。

IP 地址与硬件地址的转换。从 IP 地址到硬件地址（或称物理地址）的转换是由地址解析协议 ARP（Address Resolution Protocol）来完成的。在进行地址转换时，有时会用到反向地址解析协议 RARP（Reverse Address Resolution Protocal），RARP 能使只知道自己物理地址的主机能够知道其 IP 地址。

2）域名

Intel 主机域名由若干个子域名组成，各域名之间用点隔开，一般格式为：

主机名．…．四级域名、三级域名、二级域名、顶级域名各级域名由其上一级的域名管理机构管理，最高的顶级域名则由 Intel 的有关机构管理。Intel 的域名结构是由 TCP/IP 协议集的域名系统 DNS 来定义的。顶级域名的划分采用了两种划分模式：组织模式和地理模式。美国的顶级域名是以组织模式划分的；其他国家或地区的顶级域名是以地理模式划分的，例如 cn 代表中国。

3）IPV6

目前 Intel 中广泛使用 IPV4 协议，即通常所讲的 IP 协议，由于 IP 地址资源的短缺，下一步推出 IPV6 代替 IPV4，IPV6 的 IP 地址有 128 位，由 8 个地址节组成，每节包含 16 个地址位，以 4 个十六进制数书写，节与节之间用冒号分隔，其格式为：×：×：×：×：×：×：×：×，其中每一个×代表四位十六进制数。

4）因特网提供的服务

因特网提供的服务包括：①电子邮件服务；②远程登录服务；③文件传播服务（或称为 FTP 服务）④WWW 服务（或称为 Web 服务）；⑤信息搜集服务等。

在电子邮件服务中，各邮件服务器遵守电子邮件协议，即：发送邮件服务器遵守简单邮件传输协议 SMTP，大多数接收邮件服务器遵守 POP3 协议，也有的遵守 IMAP 协议。用户的电子邮件地址格式为：用户名@主机名，其中"@"符号表示"at"，主机名指拥有独立 IP 地址的邮件服务器的域名。

在 WWW 服务中，WWW 是以超文本标注语言 HTML 与超文本传输协议 HTTP 为基础，提供面向 Intel 服务、具有一致的用户界面的信息浏览系统。其中，HTML 是一种标注式的计算机程序语言，即只提供指令符号的标注语法，用来编写 Web 网页。

利用 WWW 获取信息要标明资源所在位置，而 Intel 上的资源地址是由统一资源定位器 URL（Uniform Resource Locator）来定义的，URL 由三部分组成：浏览器检索资源所使用的协议、资源所在主机地址、资源所在路径名与文件名。URL 地址格式为：

应用协议类型：//信息资源所在的主机地址（或域名）/路径名/文件名

4. 网络管理与网络安全

网络管理是通过网络管理系统来完成的，网络管理系统应具备的功能是：

①故障管理；②性能管理；③配置管理；④安全管理；⑤计费管理。其中，安全管理与所有的网络管理系统的管理功能有关。

网络管理协议，目前较流行的是简单网络管理协议 SNMP 和公共管理信息协议 CMIP。前者是通过轮询、设置关键字和监视网络事件来管理整个网络，后者不是通过轮询而是通过事件报告进行工作。

网络安全，是指网络系统的硬件、软件及其系统中的数据受到保护，不受偶然的或者恶意的原因而遭到破坏、更改、泄露，系统连续可靠正常地运行，网络服务不中断。其中，对网络安全的威胁主要是：一是偶然的原因，如操作错误、供电不正常、硬件失效等；二是恶意的原因，如外界的计算病毒、计算机犯罪等人为的恶意攻击。

网络安全的目标是确保网络系统的信息安全。

对网络安全的要求是：保密性、完整性、可用性、真实性和可控性。对网络安全应采取法律、制度、管理和技术综合措施，其中，安全技术措施有：加密、数字签名、鉴别、该问控制、防火墙等。

加密技术是信息网络安全的核心技术。

数字签名一般采用不对称加密技术。通过单方数字签名，可实现消息源鉴别、访问身份鉴别、消息完整性鉴别；通过收发双方数字签名，可同时实现收发双方的身份鉴别、消息完整性鉴别。数字签名是目前电子商务、电子政务中应用最普通、技术最成熟的一种电子签名方法。

5. 信息安全和信息保密

信息安全，是指保障信息不会被非法阅读、修改和泄漏。信息安全主要包括软件安全和数据安全。对信息安全的威胁有两种：信息泄漏和信息破坏。产生信息不安全的因素，主要是偶然的原因和外界的计算机病毒、计算机犯罪等人为原因。

信息保密，指将信息隐蔽起来，即可通过给信息加密或把信息隐蔽起来。其中，信息加密技术包括：①传统加密技术，即替换密码和换位密码；②对称加密技术；③密钥加密技术；④数字签名技术。

6. Windows 系统中的网络应用

Windows 系统中的网络应用，主要包括：

（1）信息浏览；

（2）文件传输，可通过 FTP 下载文件和使用超链接下载文件。

三、解题指导

本节内容应结合平时计算机操作和网络服务进行理解、记忆。

【例 7-6-1】 Windows 操作系统解决主机与外设的速度不匹配问题是采用（　　）。

A. 虚拟技术　　　　B. 缓冲技术　　　　C. 动态技术　　　　D. 压缩技术

【解】 Windows 为解决主机与外设的速度不匹配问题，是通过采用缓冲技术，如使用磁盘高速缓冲存储器，所以应选 B 项。

四、应试题解

1. Windows 2000 操作系统不包括（　　）。

A. Windows 2000 Professional　　　　B. Windows 2000 server

C. Windows 2000 Professional server　　D. Windows 2000 Advance server

2. 微软（Microsoft）最早推出 PC 机上的 Windows 操作系统是（　　）年。

A. 1976　　　　B. 1983　　　　C. 1989　　　　D. 1992

3. Windows XP 的特点中，不包括（　　）。

A. 系统稳定可靠　　　　　　　　　　B. 友好的用户界面和防病毒功能

C. 增强了 Windows 系统外的安全　　　D. 崭新的远程用户工作方式

4. 一个操作系统应具备五个基本功能，这些基本功能不包括（　　）。

A. 作业管理　　　　　　　　　　　　B. 存储管理

C. 进程与处理器管理　　　　　　　　D. 资源管理

5. 操作系统中，处理器的功能主要是（　　）。

A. 把 CPU 的运行时间合理地分配给各个程序

B. 取指令、分析指令（译码）以及执行指令等操作

C. 主要是把存储器中的数据传输给其他设备

D. 对作业提供如批处理方式、分时处理方式等不同的处理方式

6. 操作系统中，为了减少程序并发执行时所付出的开销而引入了（　　）

A. 进程 B. 线程
C. 堆栈 D. 高速缓冲存储器

7. 进程的特征是（　　）。
A. 动态性、并发性、独立性、异步性
B. 动态性、并发性、自治性、异步性
C. 动态性、并发性、独立性、同步性
D. 动态性、并发性、自治性、同步性

8. 进程的重要特征是（　　）。
A. 动态性　　　　B. 并发性　　　　C. 独立性　　　　D. 异步性

9. 多线程的优点，不包括（　　）。
A. 响应 B. 共享资源
C. 并发执行 D. 便于多处理器结构应用

10. Windows 中，一个存储器页的大小为（　　）字节。
A. 2K　　　　B. 4K　　　　C. 6K　　　　D. 8K

11. 操作系统中的虚拟存储技术实际上是（　　）。
A. 在一个较小的物理内存储器空间上，来运行一个较小的用户程序
B. 在一个较大的物理内存储器空间上，来运行一个较小的用户程序
C. 在一个较大的物理内存储器空间上，来运行一个较大的用户程序
D. 在一个较小的物理内存储器空间上，来运行一个较大的用户程序

12. 计算机操作系统的存储管理技术，不包括（　　）。
A. 分段存储管理 B. 分页存储管理
C. 虚拟存储管理 D. 分层存储管理

13. Windows 的设备管理的特点，不包括（　　）。
A. 即插即用功能
B. 具有动态设备驱动程序机制
C. 采用虚拟技术解决主机与外设的速度问题
D. 可通过控制面板管理设备

14. 一个文件名为"扩展名.doc"的文件，其扩展名是下列（　　）项。
A. 扩展名 B. doc
C. 扩展名.doc D. 文件扩展名

15. 具有下列扩展名的文件中，（　　）项一定是 Windows 不能运行的文件。
A. COM　　　　B. BAK　　　　C. BAT　　　　D. EXE

16. 若给定一个带通配符的文件名 F.?，则在下列文件中，它能代表的文件名是（　　）。
A. FA.EXE B. F.C
C. EF.C D. FARC.COM

17. 在 Windows 中，用来管理文件的工具是（　　）。
A. 文件管理器　　B. 资源管理器　　C. 程序管理器　　D. 控制面板

18. 文件按性质和用途分类，可分为（　　）。

A. 系统文件、库文件和用户文件

B. 记录式文件和流式文件

C. 临时文件、永久文件和档案文件

D. 只读文件、读写文件和可执行文件

19. 在操作系统中，是把最直接的用户程序和数据以文件的形式存放在（　　）。

A. 内存储器中，需要时再将它们装入外存储器

B. 外存储器中，需要时再将它们装入内存储器

C. 内存储器中，必要时再将它们装入高速缓冲存储器

D. CPU 的寄存器上，必要时再将它们装入内存储器

20. 在 Windows 中，要将当前窗口的全部内容拷入剪贴板，应该使用（　　）。

A. Print Screen　　　　　　　　B. Alt＋Print Screen

C. Ctrl＋Print Screen　　　　　 D. Ctrl＋P

21. 在 Windows 中，剪贴板是（　　）一块区域。

A. 硬盘中的　　B. 内存中的　　C. 软盘中的　　D. Cache 中的

22. 在 Windows 操作系统中，不同文档之间互相复制信息需要借助于（　　）。

A. 写字板　　B. 记事本　　C. 剪贴板　　D. 磁盘缓冲区

23. 磁盘扫描程序用于（　　）。

A. 检测并消除磁盘上可能存在的错误

B. 扫描磁盘以找到所属的程序

C. 扫描磁盘以找到所属的文件

D. 扫描磁盘以消除磁盘的碎片

24. 构成信息化社会的三大技术支柱是（　　）。

A. 计算机技术、通信技术和网络技术

B. 计算机技术、多媒体技术和网络技术

C. 计算机技术、数字技术和网络技术

D. 计算机技术、传感技术和测量技术

25. 计算机网络的功能，不包括（　　）。

A. 资源共享　　B. 数据通信　　C. 快速通信　　D. 提高可靠性

26. 在一幢大楼内的一个计算机网络系统属于（　　）。

A. 局域网　　B. 因特网　　C. 城域网　　D. 广域网

27. 按计算机网络的交换功能分类，常用的交换方法有（　　）。

A. 电路变换、报文交换、分组交换

B. 电路交换、报文交换、分批交换

C. 电路交换、分批交换、分组交换

D. 网络交换、分批交换、分组交换

28. 计算机网络硬件，不包括（　　）。

A. 主机　　B. 传输介质　　C. 网络操作系统　　D. 网络互联设备

29. 下列（　　）项不是计算机网络协议。

A. TCP　　B. IP　　C. HTP　　D. FTP

30. 在 OSI/RM 模型中，第二层数据链路层与第 4 层传输层之间的第三层为（　　）。
    A. 物理层　　　　B. 网络层　　　　C. 会话层　　　　D. 表示层

31. 适用于中等规模主机数的网络 IP 地址采用（　　）地址。
    A. A 类　　　　B. B 类　　　　C. C 类　　　　D. D 类

32. 适用于某些试验和将来使用的 IP 地址采用（　　）地址。
    A. B 类　　　　B. C 类　　　　C. D 类　　　　D. E 类

33. 目前 TCP/IP 协议规定，每个 IP 地址为（　　）。
    A. 长度 32 位，4 个字节　　　　B. 长度 128 位，8 个字节
    C. 长度 64 位，8 个字节　　　　D. 长度 128 位，16 个字节

34. Internet 上许多不同的网络和许多不同类型的计算机赖以互相通信的基础是（　　）。
    A. ATM　　　　B. TCP/IP　　　　C. Norell　　　　D. CPT

35. PPP 协议是指（　　）。
    A. 互联网协议　　　　　　　　B. 工作站和服务器之间的协议
    C. 点对点协议　　　　　　　　D. 文传传送协议

36. 以太网是指（　　）。
    A. 互联网　　　　B. 因特网　　　　C. 局域网　　　　D. 令牌环网

37. 因特网能提供许多服务，下列（　　）项不属于因特网提供的服务。
    A. 文件传输服务、远程登录服务
    B. 信息搜索服务、电子邮件服务
    C. 网络自动连接、网络自动管理服务
    D. 信息搜索服务、WWW 服务

38. 网络管理系统应具备几大功能，不属于网络管理系统的功能是（　　）。
    A. 故障管理、性能管理　　　　B. 性能管理、配置管理
    C. 安全管理、计费管理　　　　D. 资产管理、自动管理

39. 计算机网络安全的要求是（　　）。
    A. 保密性、完整性、真实性、可用性
    B. 保密性、独立性、真实性、可用性
    C. 保密性、独立性、真实性、可控性
    D. 保密性、可辨性、完整性、可控性

40. 在对网络安全问题的解决上可采用多项技术，下列表述中，不正确的是（　　）。
    A. 加密的目的是防止信息的非授权泄漏
    B. 鉴别的目的是验明用户或信息的正身
    C. 访问控制的目的是防止非法访问
    D. 防火墙的目的是防止火灾的发生

41. 下列关于计算机病毒的叙述中，错误的是（　　）。
    A. 计算机病毒是有传染性、破坏性、潜伏性、隐蔽性和可触发性
    B. 计算机病毒会破坏计算机的显示器
    C. 计算机病毒是一般程序

D. 一般可用杀毒软件来清除病毒

42. 造成信息不安全的因素，不包括（　　）。

A. 操作错误　　　　　　　　B. 供电不正常

C. 计算机病毒　　　　　　　D. 硬件过时

43. 信息保密可采用信息加密技术，下列表述中，不属于信息加密技术的是（　　）。

A. 替换密码和换位密码技术

B. 隐藏和鉴别技术

C. 对称加密和密钥加密技术

D. 数字签名技术

44. ISDN 的含义是（　　）。

A. 计算机网　　　　　　　　B. 广播电视网

C. 综合业务数字网　　　　　D. 同轴电缆网

45. 在 Internet 上，用户通过 FTP 可以（　　）。

A. 上传和下载文件　　　　　B. 改变电子邮件

C. 远程登录　　　　　　　　D. 信息浏览

46. 下列电子邮件地址，正确的是（其中□表示空格）（　　）。

A. MALIN&.NS.CNC.AC.CN

B. MALIN@NS.CMC.AC.CN

C. LIN□MA & .NS.CNC.AC.CN

D. LIN□MA NS.CNC.AC.CN

47. 在 Internet 中，电子公告板的缩写是（　　）。

A. FTP　　　　B. WWW　　　　C. BBS　　　　D. E-mail

第七节　答　案　与　解　答

一、第一节　信号与信息

1. B　2. C　3. C　4. D　5. C　6. B　7. C　8. B　9. D　10. C
11. C　12. B　13. C　14. C　15. D　16. D

二、第二节　模拟信号

1. C　2. C　3. A　4. B　5. A　6. B　7. D　8. D　9. A　10. D
11. A　12. C　13. B　14. C　15. C　16. D　17. C　18. C　19. C　20. B
21. D

21. D. 解答如下

输出 u_0 与输入 u_i 放大倍数为 $5×10^3/50=100$ 倍，反相输出，则 $u_0 = -100 × 0.1\sin\omega t = -10\sin\omega t$，又由于 u_0 取值为 $-5V \sim 5V$，故输出电压失真，部分输出，选 D。

三、第三节　数字信号

1. B　2. A　3. D　4. B　5. D　6. A　7. C　8. A　9. A　10. C
11. A　12. D　13. A　14. C　15. A　16. C　17. D　18. C　19. D　20. A
21. A　22. B　23. A　24. B　25. C

17. D. 解答如下：

$F = AC + ACD + \overline{D} + \overline{A}BC\overline{D} = AC(1+D) + \overline{D}(1+\overline{A}BC) = AC + \overline{D}$

18. C. 解答如下：

$F = AB + A\overline{B} + \overline{A}B = A(B+\overline{B}) + \overline{A}B = A + \overline{A}B = A + B$

21. A. 解答如下：

$F = A\overline{A} + AB + BB + BC + B = 0 + AB + B + BC + B = B(A+1) + B(C+1) = B + B = B$

22. B. 解答如下：

$F = AC + BC + \overline{A}C + AB = (A+\overline{A})C + BC + AB = C + BC + AB = C(1+B) + AB = C + AB$

四、第四节 计算机系统

1.C	2.D	3.C	4.B	5.B	6.C	7.A	8.C	9.D	10.D
11.D	12.A	13.B	14.B	15.A	16.B	17.D	18.C	19.B	20.C
21.B	22.D	23.A	24.D	25.D	26.D	27.A	28.C	29.B	30.C
31.D	32.D	33.B	34.A	35.C					

五、第五节 信息表示

| 1.A | 2.C | 3.A | 4.C | 5.A | 6.D | 7.A | 8.A | 9.B | 10.D |
| 11.B | 12.C | 13.C | 14.C | 15.A | | | | | |

六、第六节 常用操作系统和计算机网络

1.C	2.B	3.C	4.D	5.B	6.B	7.A	8.B	9.C	10.B
11.D	12.D	13.C	14.B	15.B	16.B	17.B	18.A	19.B	20.B
21.B	22.C	23.A	24.A	25.C	26.A	27.A	28.C	29.C	30.B
31.B	32.D	33.A	34.B	35.C	36.C	37.C	38.D	39.A	40.D
41.B	42.D	43.B	44.C	45.A	46.B	47.C			

第八章 电工电子技术

第一节 电磁学概念与电路知识

一、《考试大纲》的规定

电荷与电场；库仑定律；高斯定律；电流与磁场；安培环路定律；电磁感应定律；洛伦兹力；电路组成；电路的基本物理过程；理想电路元件及其约束关系；电路模型；欧姆定律；基尔霍夫定律；支路电流法；叠加原理；等效电源定理。

二、重点内容

1. 库仑定律

$$\boldsymbol{F}_{21}=-\boldsymbol{F}_{12}=\frac{q_1 q_2}{4\pi\varepsilon_0 r_{12}^2}\cdot\boldsymbol{r}_{12}$$

式中，$\boldsymbol{r}_{12}$ 为点电荷 1 指向点电荷 2 的距离矢量（m）；r_{12} 为点电荷 1 和 2 之间的距离（m）；ε_0 为真空或空气的介质常数，大小为 $8.85\times10^{-12}\mathrm{C}^2/\mathrm{N}\cdot\mathrm{m}^2$；

电场强度（$\boldsymbol{E}$）：

$$\boldsymbol{E}=\frac{\boldsymbol{F}}{q_0}$$

$$\boldsymbol{E}=\frac{q}{4\pi\varepsilon_0 r^2}\cdot\boldsymbol{r}$$

式中 r 为点电荷 q 至观察点 P 的距离；$\boldsymbol{r}$ 为点电荷 q 指向 P 点的矢径。

2. 高斯定律

$$\oint_\varphi \boldsymbol{E}\cdot\mathrm{d}\boldsymbol{A}=\frac{1}{\varepsilon_0}\Sigma q$$

式中 $\mathrm{d}\boldsymbol{A}$ 为面积矢量，大小等于 $\mathrm{d}A$（A 为封闭曲面），方向是 $\mathrm{d}\boldsymbol{A}$ 的正法线方向（由内指向外）；Σq 为封闭曲面内电量代数和。

高斯定律揭示了静电场对任意封闭曲面的电通量只决定于被包围在该曲面内部的电量，并且等于被包围在该曲面内的电量代数和除以 ε_0。

3. 电场力做功

$$W_{\mathrm{ab}}=\int_a^b \boldsymbol{F}\cdot\mathrm{d}\boldsymbol{l}$$

W_{ab} 与路径无关，仅与电荷电量及 a、b 点的位置有关。

4. 安培环路定理

定义磁场强度 $\boldsymbol{H}$ 为：

$$\boldsymbol{H}=\frac{\boldsymbol{B}}{\mu}$$

定义磁通量 Φ_m 为：

$$\Phi_\mathrm{m}=\int_s \boldsymbol{B}\mathrm{d}\boldsymbol{S}$$

任意形状载流导体在磁场中所受安培力为：$\boldsymbol{F}=\int_L \mathrm{d}\boldsymbol{F}=\int_L \boldsymbol{I}\mathrm{d}\boldsymbol{l}\times\boldsymbol{B}$

长为 l 的直线电流在匀强磁场 $\boldsymbol{B}$ 中所受安培力为：$\boldsymbol{F}=\boldsymbol{Il}\times\boldsymbol{B}$

安培环路定理：对任意闭合路径，磁感应强度的线积分仅决定于被闭合路径所圈围的电流的代数和，即：

$$\oint_L \boldsymbol{B}\cdot\mathrm{d}\boldsymbol{l}=\mu_0\Sigma\boldsymbol{I}；或\oint_L \boldsymbol{H}\cdot\mathrm{d}\boldsymbol{l}=\Sigma\boldsymbol{I}$$

式中 μ_0 为真空磁导率（H/m）。电流的正负，由积分时在闭合曲线上所取绕行方向按右手螺旋法则决定。

5. 电磁感应定律

$$\mathscr{E}=-\frac{\mathrm{d}\Phi}{\mathrm{d}t}$$

$$或\ \mathscr{E}=-N\cdot\frac{\mathrm{d}\Phi}{\mathrm{d}t}$$

式中 N 为匝数（串联）；$\mathscr{E}$ 为感应电动势。

6. 欧姆定律

$$R=\frac{U}{I}$$

式中 U 为电压，单位为伏特（V）；I 为电流，单位为安培（A）；R 为电阻，单位为欧姆（Ω）。

7. 基尔霍夫电流定律（KCL）和电压定律（KVL）

节点电流：$\Sigma I_入 = \Sigma I_出$

或 $\Sigma I = 0$（流入节点为正，反之为负）

KCL 揭示了在任一瞬间，节点上电流代数和为零。

KVL 揭示了回路中的能量守恒规律。在任一瞬间，沿任一回路巡行一周，各支路电压升高之和等于电压降低之和，即：

$$\Sigma E = \Sigma U \tag{8-1-1}$$

$$或 \Sigma U = 0（电压升视为负的电压降） \tag{8-1-2}$$

8. 电压源与电流源的等效变换

（1）实际电压源由电动势为 E 的理想电压源和内阻 R_0 串联组成；

（2）实际电流源由电流为 I_s 的理想电流源和内阻 R'_0 并联组成。

两者相互等效变换公式：$I_s=\dfrac{E}{R_0}$，$E=I_s R'_0$，$R_0=R'_0$

变换时，电压源正极端应对应于电流源电流流出端。

9. 等效电源定理

等效电源定理：任何一个有源二端网络都可以用一个等效电压源代替。

等效电压源的电动势等于该有源二端网络的开路电压 U_{ab}；内阻 R_0 等于该网络中所有电源除源（电压源短路，电流源开路，而电流内阻保留）后所得的无源二端网络的等效电阻。

10. 叠加原理

叠加原理：如果有 n 个独立电源同时作用于线性电路中，则各支路上的电压和电流等于各个独立电源单独作用时在该支路上所产生的电压分量和电流分量的代数和。需注意的是，一个电源单独作用是指除了该电源外，其他电源都除源（即电压源短路，电流源开路而电源内阻保留）；叠加原理仅适用于线性电路中的线性量。

11. 支路电流法

如果一个电路是有 n 个节点，m 条支路，那么该电路的独立节点数和独立回路数分别为 $n-1$ 和 $m-n+1$。根据 KCL，可列出 $n-1$ 个独立节点电流方程；设定回路巡行方向，根据 KVL，列出 $m-n+1$ 个独立的回路电压方程；联立上述 m 个方程求解各支路电流。

需注意的是，应先设定回路巡行方向和电压（或电流）的正方向，凡是正方向与巡行一致的电压为电压降，取正号，反之取负号；凡正方向与巡行方向一致的电动势为电压升，按式（8-1-1）列式时取正号，按式（8-1-2）列式时取负号，不一致的则取与上述相反符号。

三、解题指导

本节属于电工电子技术部分最基本的内容，关键是在理解了基本概念、定理、原理后，正确解题。直流电路中，特别应掌握等效电源定理、叠加原理、支路电流法等的灵活运用。

【例 8-1-1】 图 8-1-1 所示无限长直导线的电流强度为 I，长度为 l，在距导线 r 处的 P 点的磁场强度为（　　）。

A. $\dfrac{I}{\pi r^2}$　　　　B. $\dfrac{I}{2\pi r}$　　　　C. $\dfrac{\mu_0 I}{\pi r^2}$　　　　D. $\dfrac{\mu_0 I}{2\pi r}$

【解】 由安培环路定理：

$$\oint_L B \cdot \mathrm{d}l = \mu_0 \Sigma I$$

$$B \cdot 2\pi r = \mu_0 I，又 H = \dfrac{B}{\mu_0}$$

则 $H = \dfrac{I}{2\pi r}$，所以应选 B 项。

【例 8-1-2】 图 8-1-2 所示电路，电流 I 为（　　）。

A. $-1\mathrm{A}$　　　　B. $-2\mathrm{A}$　　　　C. $-3\mathrm{A}$　　　　D. $-4\mathrm{A}$

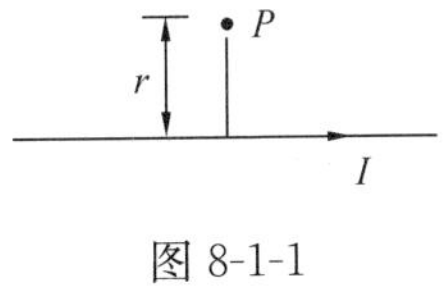

图 8-1-1

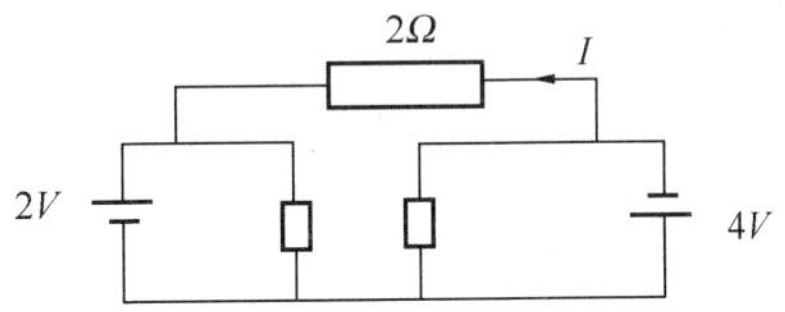

图 8-1-2

【解】 根据叠加原理：

$$I = -\dfrac{2}{2} - \dfrac{4}{2} = -3\mathrm{A} \quad \text{所以应选 C 项。}$$

【例 8-1-3】 如图 8-1-3 所示电路，则节点 ab 间的电压为（　　）。

A. $\dfrac{\dfrac{E_1}{R_1} + \dfrac{E_2}{R_2} + \dfrac{E_3}{R_3}}{\dfrac{1}{R_1} + \dfrac{1}{R_2} + \dfrac{1}{R_3} + \dfrac{1}{R_4}}$　　　　B. $\dfrac{\dfrac{E_1}{R_1} + \dfrac{E_2}{R_2} - \dfrac{E_3}{R_3}}{\dfrac{1}{R_1} + \dfrac{1}{R_2} + \dfrac{1}{R_3} + \dfrac{1}{R_4}}$

C. $\dfrac{-\dfrac{E_1}{R_1}-\dfrac{E_2}{R_2}+\dfrac{E_3}{R_3}}{\dfrac{1}{R_1}+\dfrac{1}{R_2}+\dfrac{1}{R_3}}$
D. $\dfrac{\dfrac{E_1}{R_1}+\dfrac{E_2}{R_2}-\dfrac{E_3}{R_3}}{\dfrac{1}{R_1}+\dfrac{1}{R_2}+\dfrac{1}{R_3}}$

【解】 图 8-1-3 所示情况，按节点间电压公式，知 B 项正确。

需注意分子各项的正负号，当电动势和节点电压的正方向相反时取正号，反之取负号。

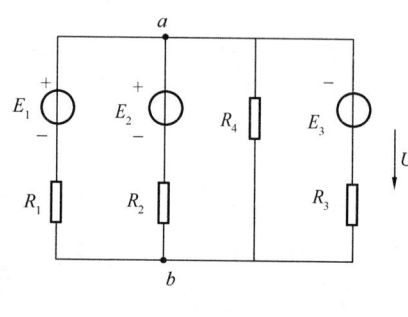

图 8-1-3

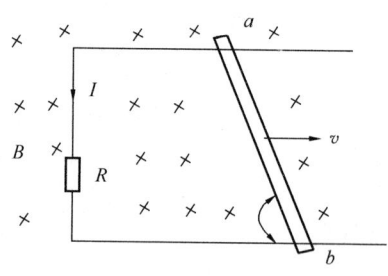

图 8-1-4

四、应试题解

1. 均匀带电长直导线半径为 1cm，线电荷密度为 η，其外部套有半径为 2cm 的导体圆筒，两者同轴，它们之间的电势差等于(　　)。

A. $\dfrac{\eta}{4\pi\varepsilon_0}\ln 2$　　B. $\dfrac{\eta}{4\pi\varepsilon_0}\ln\dfrac{1}{2}$　　C. $\dfrac{\eta}{2\pi\varepsilon_0}\ln\dfrac{1}{2}$　　D. $\dfrac{\eta}{2\pi\varepsilon_0}\ln 2$

2. 图 8-1-4 所示导体回路在一均匀磁场中，$B=0.5T$，$R=4\Omega$，ab 边长 $l=0.5m$，可以滑动，$\alpha=60°$，现以速度 $v=8m/s$ 将 ab 边向右匀速平行移动，通过 R 的感应电流为(　　)。

A. 0.5A　　B. 0.866A　　C. 1A　　D. 0.433A

3. 已知通过一导体的磁通量在 0.04s 内由 18×10^{-3}Wb 均匀地减小到 12×10^{-3}Wb，若环的平面法线与磁场方向一致，则环中产生的感应电动势为(　　)。

A. 0.05V　　B. 0.15V　　C. 0.20V　　D. 0.25V

4. 图 8-1-5 所示电路中，电压 U 的表达式为(　　)。

A. $\dfrac{\dfrac{E_1}{R_1}-\dfrac{E_2}{R_2}+I_s}{\dfrac{1}{R_1}+\dfrac{1}{R_2}+\dfrac{1}{R_4}}$
B. $\dfrac{\dfrac{E_1}{R_1}-\dfrac{E_2}{R_2}+I_s}{\dfrac{1}{R_1}+\dfrac{1}{R_2}+\dfrac{1}{R_3}+\dfrac{1}{R_4}}$

C. $\dfrac{\dfrac{E_1}{R_1}-\dfrac{E_2}{R_2}+I_sR_3}{\dfrac{1}{R_1}+\dfrac{1}{R_2}+\dfrac{1}{R_3}+\dfrac{1}{R_4}}$
D. $\dfrac{-\dfrac{E_1}{R_1}+\dfrac{E_2}{R_2}-I_sR_3}{\dfrac{1}{R_1}+\dfrac{1}{R_2}+\dfrac{1}{R_3}+\dfrac{1}{R_4}}$

5. 图 8-1-6 所示电路中，当开关 S 放在 a 位置，Ⓐ读数为 4A，则当 S 放到 b 位置，Ⓐ读数为(　　)。

A. 3A　　B. 4A　　C. 5A　　D. 6A

6. 图 8-1-7 所示电路中，将开关 S 断开时，电压 U_{ab} 等于(　　)。

A. $-\dfrac{3}{4}$V　　　　B. $-\dfrac{15}{4}$V　　　　C. $\dfrac{3}{4}$V　　　　D. $\dfrac{15}{4}$V

7. 在图 8-1-7 所示电路中,将 S 闭合后,电流 I_{ab} 等于(　　)。

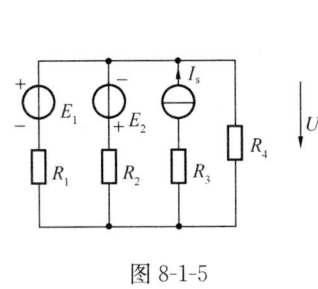
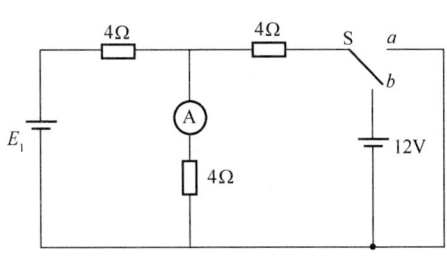

图 8-1-5　　　　　　　　　　　　图 8-1-6

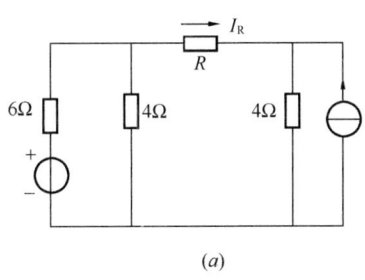
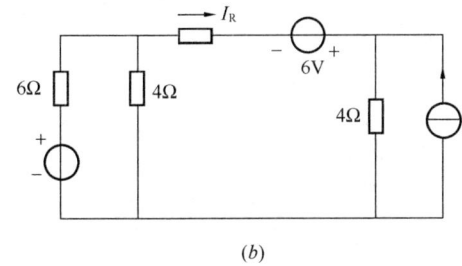

图 8-1-7　　　　　　　　　　　　图 8-1-8

A. 0.4A　　　　B. 0.6A　　　　C. 1.6A　　　　D. 2.0A

8. 图 8-1-8 所示电路中,A、B 两点间的电位差为(　　)。

A. 0　　　　B. -5V　　　　C. 6V　　　　D. 10V

9. 如图 8-1-9(a)所示电路,已知 $R=5\Omega$,$I_R=-0.15$A,现与 R 串联一个 6V 电源,如图 8-1-9(b)所示,则 I_R 将变为(　　)。

A. 0.53A　　　　B. 0.38A　　　　C. 0.25A　　　　D. 0.18A

图 8-1-9

10. 将图 8-1-10(a)其等效为图 8-1-10(b),则其电流 I_s 和内阻 R_0 分别为(　　)。

A. $\dfrac{2}{5}$A,5Ω　　　　　　　　　　B. $\dfrac{2}{5}$A,$\dfrac{4}{5}\Omega$

C. $-\dfrac{2}{5}$A,5Ω　　　　　　　　D. $-\dfrac{2}{5}$A,$\dfrac{4}{5}\Omega$

11. 需将一只 220V8W 的指示灯安装在配电板上,电源电压为 380V,应串接一只

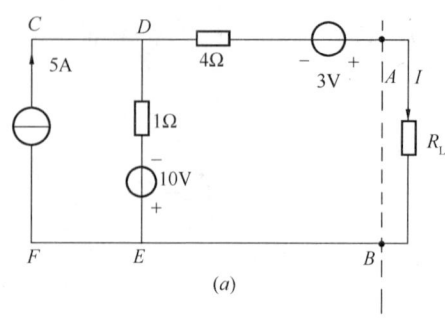
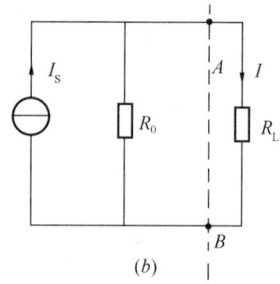

图 8-1-10

( )的电阻。

A. 1kΩ B. 1.5kΩ C. 4.4kΩ D. 10kΩ

12. 电路如图 8-1-11 所示，已知 $E=9V$，$R_1=1\Omega$，$R_2=8\Omega$，$R_3=5\Omega$，$C=12\mu F$，则电容两端的电压 u_C 为( )。

A. 8V B. 9V C. 4V D. 6.8V

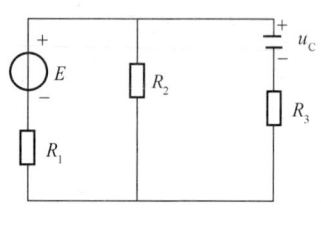
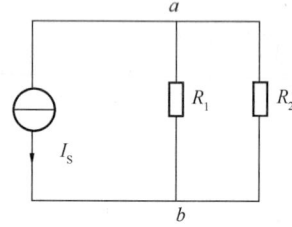

图 8-1-11　　　　　　　　　　图 8-1-12

13. 图 8-1-12 所示电路中，已知 $R_1=R_2=5\Omega$，$I_s=1A$，a，b 两端的电压 U_{ab} 等于( )V。

A. 2.5 B. 5 C. -2.5 D. -5

14. 图 8-1-13 所示电路中，U_s 为独立电压源，若外电路不变，电阻 R 下降会引起( )。

A. 端电压 U 变化
B. 输出电流 I 变化
C. R 电阻支路电流变化
D. 上述三者同时变化

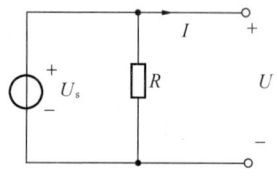

图 8-1-13

15. 若一点电荷对放在相距 2cm 处的另一点电荷的静电作用为 F，当两点电荷之间的距离增加到 8cm 时，静电作用为( )。

A. $\dfrac{F}{2}$ B. $\dfrac{F}{8}$ C. $\dfrac{F}{4}$ D. $\dfrac{F}{16}$

16. 某功率为 2W，额定电压为 100V 的电热器，将它串联在额定电压为 200V 的直流电源上使用，则应串联一只电阻，其阻值和额定功率 P 应为( )。

A. $R=5k\Omega$，$P=1W$
B. $R=10k\Omega$，$P=2W$
C. $R=5k\Omega$，$P=2W$
D. $R=10k\Omega$，$P=1W$

17. 以点电荷 q 所在点为球心，距点电荷 q 的距离为 r 处的电场强度 E 等于( )。

A. $\dfrac{q\varepsilon_0}{4\pi r^2}$ B. $\dfrac{q}{4\pi r^2 \varepsilon_0}$ C. $\dfrac{4\pi r^2 \varepsilon_0}{q}$ D. $\dfrac{4\pi q\varepsilon_0}{r^2}$

18. 叠加原理只适用于分析下列（　　）项的电压、电流问题。
A. 无源电路　　　　　　　　　　B. 线性电路
C. 非线性电路　　　　　　　　　D. 不含电感、电容元件的电路

19. 图 8-1-14 所示电路中，当开关 S 闭合后，流过开关 S 的电流 I 为（　　）。
A. 1mA   B. 0mA   C. -1mA   D. 无法确定

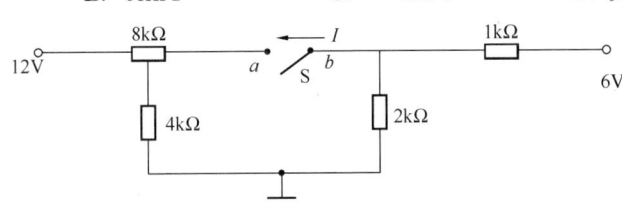

图 8-1-14

20. 一个 30Ω 的电阻，两端电压为 220V，欲测量该电阻中通过的电流，应选用量程为（　　）A 的电流表。
A. 1   B. 5   C. 10   D. 15

21. 在磁感应强度为 B 的均匀磁场中，长为 l 的直导线以速度 v 切割磁力线，当 U、L、B 三者方向互相垂直，导线的电阻为 R，则导线中的电流值为（　　）。
A. $\dfrac{Bl^2 v}{R}$ B. $\dfrac{l^2 v\,\mathrm{d}B}{R\,\mathrm{d}t}$ C. $\dfrac{Blv}{R}$ D. $\dfrac{lv\,\mathrm{d}B}{R\,\mathrm{d}t}$

22. 图 8-1-15 所示两端网络的开路电压 U_0 及输出电阻 R_0 分别为（　　）。
A. $U_0=7.6\text{V}$，$R_0=1.2\text{k}\Omega$ B. $U_0=6\text{V}$，$R_0=5\text{k}\Omega$
C. $U_0=7.6\text{V}$，$R_0=5\text{k}\Omega$ D. $U_0=6\text{V}$，$R_0=2\text{k}\Omega$

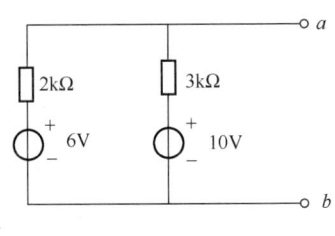

图 8-1-15

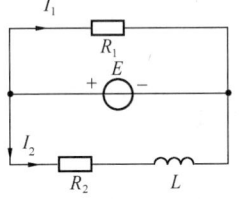

图 8-1-16

23. 图 8-1-16 所示的直流电路中，$E=6\text{V}$，$R_1=100\Omega$，$R_2=50\Omega$，$L=20\text{mH}$，则电流 I_1、I_2 分别为（　　）。
A. 0.06A，0.12A   B. 0.18A，0A
C. 0.06A，0.08A   D. 0.12A，0.18A

24. 图 8-1-17 所示电路中，U_1、U_2 均为 12V，R_1、R_2 均为 $4\text{k}\Omega$，R_3 为 $16\text{k}\Omega$，则 S 断开后 A 点电位和 S 闭合后 A 点电位分别是（　　）。
A. 4V，-2.4V   B. -4V，2.4V   C. 4V，0V   D. -4V，3.6V

25. 图 8-1-18 所示电路，若 R、U_s、I_s 均大于零，则电路的功率情况是（　　）。

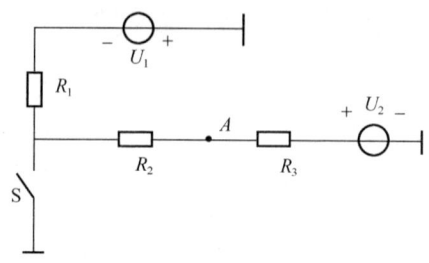
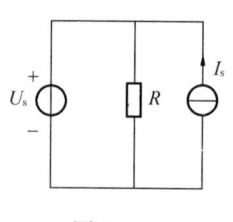

图 8-1-17 　　　　　图 8-1-18

A. 电阻吸收功率，电压源与电流源供出功率
B. 电阻与电流源吸收功率，电压源供出功率
C. 电阻与电压源吸收功率，电流源供出功率
D. 电阻吸收功率，电流源供出功率，电压源无法确定

26. 图 8-1-19 所示电路，将其变换成等效的电流源时，其电流 I_s 和内阻 R_0 分别为（　　）。

A. $\frac{4}{3}$A，12Ω　　B. 10A，2Ω　　C. 2A，12Ω　　D. 15A，$\frac{4}{3}$Ω

27. 图 8-1-20 所示电路中，ab 两端的电压 U_{ab} 为（　　）。
A. 6V　　　　　B. −9V　　　　　C. −6V　　　　　D. −21V

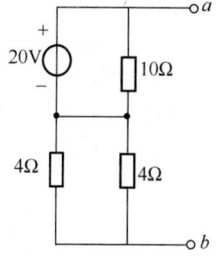
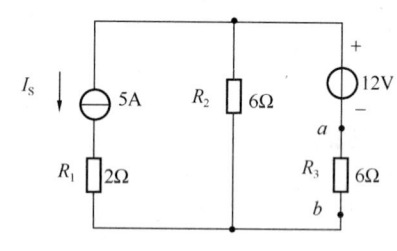

图 8-1-19 　　　　　图 8-1-20

28. 图 8-1-21 所示电路，已知 E_1 为 20V，E_2 为 40V，R_1、R_2、R_3 分别为 4Ω、10Ω、40Ω，则电流 I_1、I_2 分别为（　　）。

A. 1.2A，−1.5A　B. 1.6A，−1A　C. −1.5A，1.2A　D. −1A，1.6A

29. 图 8-1-22 所示电路，已知 E_1、E_2、E_3 均为 24V，当开关 K 闭合时电流 I_0 为（　　）。

A. −1.2A　　　　B. −1.5A　　　　C. −1.8A　　　　D. −2.4A

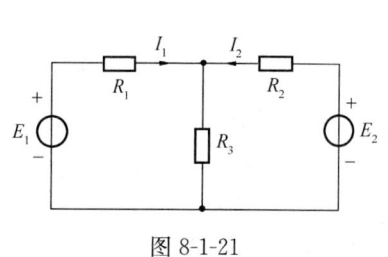
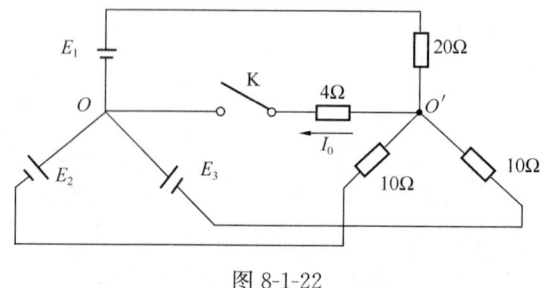

图 8-1-21 　　　　　图 8-1-22

第二节　正弦交流电路、变压器和电动机

一、《考试大纲》的规定

正弦交流电的时间函数描述；阻抗；正弦交流电的相量描述；复数阻抗；交流电路稳态分析的相量法；交流电路功率；功率因数；三相配电电路及用电安全。

理想变压器；变压器的电压变换、电流变换和阻抗变换原理；三相异步电动机接线、启动、反转及调速方法；三相异步电动机运行特性；简单继电-接触控制电路。

二、重点内容

1. 正弦量三要素

$i = I_m \sin(\omega t + \varphi)$

式中 I_m 为正弦交流电流的幅值；φ 为正弦量在 $t = 0$ 时刻的电角度，称为初相位（角）；ω 为正弦交流电流的角频率，$\omega = \dfrac{2\pi}{T} = 2\pi f$（$f$ 为正弦量的频率，单位为赫兹 Hz）。

幅值、角频率、初相位称为正弦量的三要素，能惟一表征一个正弦量。

两个同频正弦量，如 $u_1 = U_{1m}\sin(\omega t + \varphi_1)$、$u_2 = U_{2m}\sin(\omega t + \varphi_2)$：

（1）当 $\varphi_1 > \varphi_2$ 时，称 u_1 比 u_2 超前 $(\varphi_1 - \varphi_2)$ 角度，或称 u_2 比 u_1 滞后 $(\varphi_1 - \varphi_2)$ 角度；

（2）当 $\varphi_1 < \varphi_2$ 时，称 u_1 比 u_2 滞后 $(\varphi_2 - \varphi_1)$ 角度，或称 u_2 比 u_1 超前 $(\varphi_2 - \varphi_1)$ 角度；

（3）当 $\varphi_1 = \varphi_2$ 时，称 u_1 与 u_2 同相位；

（4）当 $\varphi_1 - \varphi_2 = \pm 90°$ 时，称 u_1 与 u_2 正交；

（5）当 $\varphi_1 - \varphi_2 = \pm 180°$ 时，称 u_1 与 u_2 反相。

正弦量的有效值：$I = \dfrac{1}{\sqrt{2}} I_m$；$U = \dfrac{1}{\sqrt{2}} U_m$；$E = \dfrac{1}{\sqrt{2}} E_m$

正弦量的复数式：如 $\dot{I} = I \underline{/\varphi}$；$\dot{I}_m = I_m \underline{/\varphi}$

2. 电阻元件

$U_R = Ri$，设 $i = I_m \sin\omega t$，则 $u_R = RI_m \sin\omega t$

设 $\dot{I} = I\underline{/0°}$，则 $\dot{U}_R = R\dot{I}$

电阻元件，其电压与电流同相，见图 8-2-1（a）。

瞬时功率：$P = U_R I (1 - \cos2\omega t)$

平均功率：$P = U_R I = I^2 R$

3. 电感元件

定义电感 L：$L = \dfrac{\psi}{i} = \dfrac{磁链}{电流}$，单位为亨利（H）

或 $L = \dfrac{N\phi}{i}$（N 为匝数；ϕ 为磁通）

设电感电流 $i = I_m \sin\omega t$，则：$u_L = L\dfrac{di}{dt} = \omega L I_m \sin(\omega t + 90°)$

令 $X_L=\omega L=2\pi fL$，则：$U_L=X_L I$，$U_{Lm}=X_L I_m$

其中 X_L 为电感的感抗，电感上的电压超前电流 $90°$，见图 8-2-1（b）。

设 $\dot{I}=I\underline{/0°}$，则 $\dot{U}_L=U_L\underline{/90°}=jX_L\dot{I}$

电感瞬时功率：$p=U_L I\sin^2\omega t$

电感储存能量：$W_L=\dfrac{1}{2}Li^2$

平均功率：$P=0$

无功功率 Q_L：$Q_L=\dfrac{U_L^2}{X_L}$（单位 var）

4. 电容元件

定义电容 C：$C=\dfrac{q}{u_C}$，单位为法拉（F）

设 $u_C=U_{cm}\sin\omega t$，则：$i=C\dfrac{du_C}{dt}=\omega C U_{cm}\sin(\omega t+90°)$
$\qquad\qquad\qquad\qquad =I_m\sin(\omega t+90°)$

令 $X_C=\dfrac{1}{\omega C}$，则：$U_C=X_C I$；$U_{cm}=X_C I_m$

其中 X_C 为电容的容抗，电容上的电流超前电压 $90°$，见图 8-2-1（c）。

设 $\dot{U}_C=U_C\underline{/0°}$，则：$\dot{I}=I\underline{/90°}=j\dfrac{1}{X_C}\dot{U}_C$

或 $\dot{U}_C=-jX_C\dot{I}$

电容瞬时功率：$p=U_C I\sin 2\omega t$

电容储能：$W_C=\dfrac{1}{2}Cu_C^2$（单位 J）

平均功率 P：$P=0$

无功功率 Q_C：$Q_C=U_C I=\dfrac{U_C^2}{X_C}$（单位 var）

电阻、电感、电容的电压与电流的相位图见图 8-2-1。

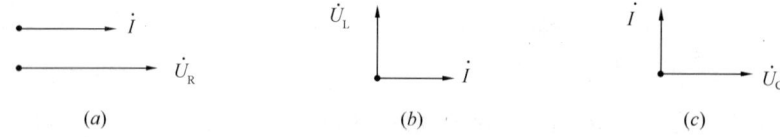

图 8-2-1　电压与电流的相位图
(a) 电阻；(b) 电感；(c) 电容

5. RLC 串联交流电路

如图 8-2-2 所示 RLC 串联交流电路。

设 $i=I_m\sin\omega t$，则 $u=u_R+u_L-u_C$

$\dot{U}=\dot{U}_R+\dot{U}_L+\dot{U}_C=[R-j(X_L-X_C)]\dot{I}$

令 $Z=R+j(X_L-X_C)=|Z|\underline{/\phi}$，$Z$ 称为复阻抗，单位欧姆，

$$|Z|=\sqrt{R^2+(X_L-X_C)^2}=\sqrt{R^2+X^2}，|Z| 称为阻抗，X 称为电抗$$

$$\varphi=\tan^{-1}\frac{X_L-X_C}{R}$$

则 $\dot{U}=Z\dot{I}$

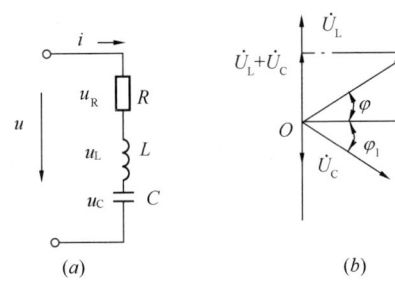

图 8-2-2 RLC 串联的交流电路
(a) 电路图；(b) 相量图

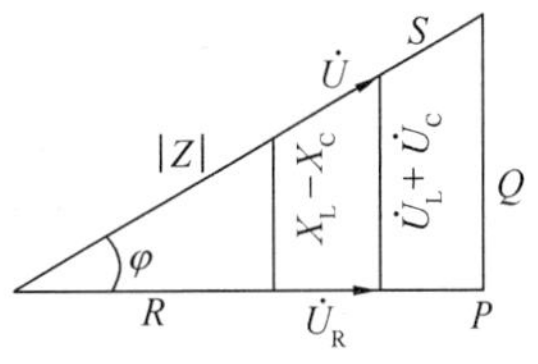

图 8-2-3 功率、电压、阻抗三角形

如图 8-2-3，由 $\dot{U}_R$、$\dot{U}_L+\dot{U}_C=\dot{U}_X$ 和 $\dot{U}$ 构成的三角形称为电压三角形，由图可求出：

总电压：$U=\sqrt{U_R^2+(U_L-U_C)^2}$

总电压超前电流的相位角：$\varphi=\tan^{-1}\dfrac{U_L-U_C}{U_R}$

需注意的是，图 8-2-2、图 8-2-3 中的相量图、电压三角形，是 $U_L>U_C$ 的情况即感性电路。若 $U_L<U_C$，则总电压滞后电流，电路为容性电路。其相位角为图 8-2-2 中的 φ_1。

电路的功率如下：

平均功率：$P=UI\cos\varphi$

无功功率：$Q=UI\sin\varphi$

视在功率：$S=IU=\sqrt{P^2+Q^2}$

功率因数角 φ：$\varphi=\tan^{-1}\dfrac{Q_L-Q_C}{P}=\tan^{-1}\dfrac{U_L<U_C}{U_R}=\tan^{-1}\dfrac{X_L-X_C}{R}$

6. RL 和 C 并联电路

如图 8-2-4 所示为 RL 和 C 并联电路。设原 RL 感性负载的功率因数为 $\cos\varphi$，现并联电容 C，将 $\cos\varphi_1$ 提高到 $\cos\varphi$。

电容：$C=\dfrac{P}{\omega U^2}(\tan\varphi_1-\tan\varphi)$

补偿无功功率：$Q_C=I_CU=P(\tan\varphi_1-\tan\varphi)$

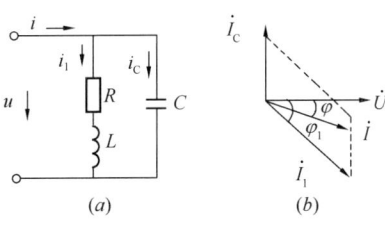

图 8-2-4 RL 和 C 的并联交流电路
(a) 电路图；(b) 相量图

7. 谐振电路

(1) 串联谐振：

谐振频率 ω_0 为：$\omega_0=\dfrac{1}{\sqrt{LC}}$ 或 $f_0=\dfrac{1}{2\pi\sqrt{LC}}$

谐振时电阻抗最小：$|Z|=R$

电路品质因数：$Q=\dfrac{U_C}{U}=\dfrac{U_L}{U}=\dfrac{\omega_0 L}{R}=\dfrac{1}{\omega_0 CR}$

(2) 并联谐振

谐振频率 ω_0 为：$\omega_0 \approx \dfrac{1}{\sqrt{LC}}$ 或 $f_0 \approx \dfrac{1}{2\pi\sqrt{LC}}$

谐振时电阻抗最大：$|Z| = \dfrac{L}{RC}$

电路品质因数：$Q = \dfrac{I_1}{I_0} = \dfrac{2\pi f_0 L}{R} = \dfrac{\omega_0 L}{R} = \dfrac{1}{\omega_0 RC}$

8. 单相和三相正弦交流电路的计算

当电压、电流和电动势用向量形式及复阻抗，并进行向量运算，直流电路中的定律、定理和分析方法都可以推广到正弦交流电路中。

对称电源的三相电路：$\dot{U}_L = \sqrt{3}\dot{U}_P \underline{/30°}$

式中 $\dot{U}_L$ 为电源线电压，$\dot{U}_P$ 为电源相电压。

(1) 三相负载星形联接：如图 8-2-5 所示，此时各相负载上流过的相电流等于线电流。

设 $\dot{U}_A = U_P \underline{/0°}$，则：$\dot{I}_A = \dfrac{\dot{U}_A}{Z_a} = \dfrac{U_P}{|Z_a|} \underline{/-\varphi_a}$

$$\dot{I}_B = \dfrac{\dot{U}_B}{Z_b} = \dfrac{U_P}{|Z_b|} \underline{/-120° - \varphi_b}$$

$$\dot{I}_C = \dfrac{\dot{U}_C}{Z_c} = \dfrac{U_P}{|Z_c|} \underline{/120° - \varphi_c}$$

中线电流：$\dot{I}_N = \dot{I}_A + \dot{I}_B + \dot{I}_C$

当三相负载对称时，$\dot{I}_N$ 为零。

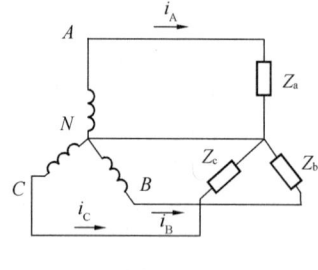
图 8-2-5

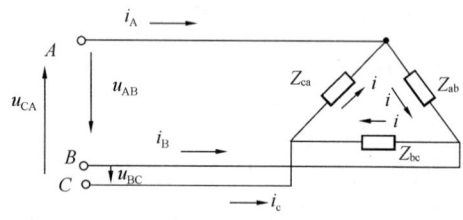
图 8-2-6

(2) 三相负载三角形联接：如图 8-2-6，每相负载承受电源的线电压。

设线电压 $\dot{U}_{AB} = U_L \underline{/0°}$，则：$\dot{I}_{ab} = \dfrac{\dot{U}_{AB}}{Z_{ab}} = \dfrac{U_L}{|Z_{ab}|} \underline{/-\varphi_{ab}}$

$\dot{I}_{bc} = \dfrac{\dot{U}_{BC}}{Z_{bc}} = \dfrac{U_L}{|Z_{bc}|} \underline{/-\varphi_{bc} - 120°}$

$\dot{I}_{ca} = \dfrac{\dot{U}_{CA}}{Z_{ca}} = \dfrac{U_L}{|Z_{ca}|} \cdot \underline{/-\varphi_{ca} + 120°}$

由 KCL，则三个线电流为：

$\dot{I}_A = \dot{I}_{ab} - \dot{I}_{ca}$

$\dot{I}_B = \dot{I}_{bc} - \dot{I}_{ab}$

$\dot{I}_C = \dot{I}_{ca} - \dot{I}_{bc}$

线电流与相电流关系为：$\dot{I}_L = \sqrt{3}\dot{I}_p \angle -30°$

对称负载时，三相功率计算如下：

有功功率：$P = 3P_p = 3u_p u_p \cos\varphi = \sqrt{3}u_L I_L \cos\varphi$

无功功率：$Q = 3u_p I_p \sin\varphi = \sqrt{3}u_L I_L \sin\varphi$

视在功率：$S = 3u_p I_p = \sqrt{3}u_L I_L$

9. 安全用电常识

(1) 单相人体触电电流为：$I_p = \dfrac{u_p}{R_0 + R_m}$

其中 u_p 为相电压；R_0 为接地电阻，低压供电系统一般为 4Ω；R_m 为人体电阻。

触电电流超过 50mA 时，人体就有生命危险，而 40～60Hz 的电流较其他频率更危险。

(2) 接地和接零

工作接地，指将电力系统的中性点接地。保护接地，指将电气设备在正常运行时不带电的金属外壳接地。一般用于中性点不接地的低压系统。保护接零，指将电气设备的金属外壳接到零线（即中线）上，它适用于中性点接地的低压系统。

10. 变压器与电动机

设与电源相联接的原边绕组的匝数为 N_1，与负载相联连的副边绕组的匝数为 N_2，则：

$$\frac{U_1}{U_2} \approx \frac{N_1}{N_2} = K$$

$$\frac{I_1}{I_2} \approx \frac{N_2}{N_1} = \frac{1}{K}$$

$$Z_1 = \left(\frac{N_1}{N_2}\right)^2 Z_L = K^2 Z_L$$

式中 K 为匝数比。

三相异步电动机的转速 n、同步转速 n_0：

$$n_0 = \frac{60 f_1}{P}$$

式中 n_0 为同步转速，单位为转/分，r/min；f_1 为电源频率；P 为电动机的磁极对数。

$$s = \frac{n_0 - n}{n_0}；或 n = (1-s)n_0$$

式中 s 为转差率。

异步电动机的转矩为：

额定转矩：$T_N = 9550 \dfrac{P_{2N}}{n_N}$

负载转矩：$T_L = 9550 \dfrac{P_2}{n}$

最大转矩：$T_{\max}=\lambda T_N$

式中 T_N 为额定转矩，单位为 N·m；P_{2N}、P_2 分别为电动机的额定输出功率、实际输出功率，单位为 kW；n_N、n 分别为电动机的额定转速、实际转速，单位为 r/min；λ 为过载系数，一般为 1.8～2.2。

三、解题指导

掌握电阻、电感、电容元件的电压与电流的相位关系，运用复相量进行计算，特别是用图解法，作出它们的相量图，进行向量运算。三相正弦交流电路中，区分各种负载情况下，线电流与相电流、线电压与相电压的相位关系。

【例 8-2-1】 图 8-2-7 所示电路中 Ⓐ₁ 读数为 3A，则Ⓐ读数为（　　）。

A. 1A　　　　B. 4A　　　　C. 5A　　　　D. 7A

【解】 $I_R=3A$，$I_L=\dfrac{I_R \cdot R}{X_L}=\dfrac{3\times 10}{7.5}=4A$

$$\dot{I}=\dot{I}_R+\dot{I}_C, \text{ 则 }|Z|=\sqrt{3^2+4^2}=5A$$

所以应选 C 项。

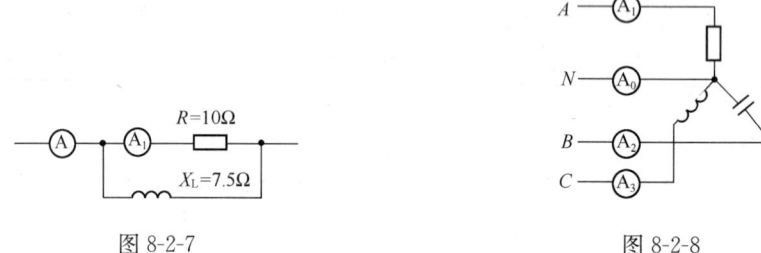

图 8-2-7　　　　　　　　图 8-2-8

【例 8-2-2】 图 8-2-8 所示电路中三相电源相/线电压为 220V/380V，电流表 Ⓐ₁、Ⓐ₂ 和 Ⓐ₃ 读数均为 10A，则中线上 Ⓐ₀ 读数为（　　）。

A. 27.32A　　　B. 10A　　　C. 38.64A　　　D. 0A

【解】 令 $U_A=220\sqrt{2}\sin\omega t$，则 $U_B=220\sqrt{2}\sin(\omega t-120°)$　$U_C=220\sqrt{2}\sin(\omega t+120°)$

故有：$I_R=10\sqrt{2}\sin\omega t$，$I_C=10\sqrt{2}\sin(\omega t-120°+90°)$，

$I_L=10\sqrt{2}\sin(\omega t+120°-90°)$

又 $\dot{I}_0=\dot{I}_R+\dot{I}_C+\dot{I}_L$

则 $|I_0|=10\sqrt{2}+10\sqrt{2}\cos(-30°)+10\sqrt{2}\cos(-30°)=27.32\sqrt{2}$

所以电流表读数（为有效值）应为 27.32A，故选 A 项。

四、应试题解

1. 通常交流电表测量的是交流电的（　　）。

A. 幅值　　　　B. 平均值
C. 有效值　　　D. 瞬时值

2. 图 8-2-9 所示电路中，i 与 u 的机位关系是（　　）。

A. i 超前 u　　　　　　　B. i 滞后 u

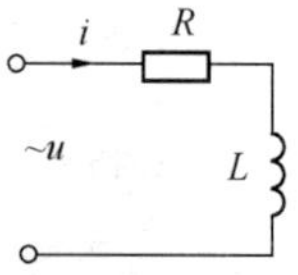

图 8-2-9

C. i 与 u 同相　　　　　　　　　　D. i 与 u 反相

3. 有功功率 400W 的电器，使用 120min，耗电为(　　)。

　A. 0.2 度　　　　　　　　　　　　B. 0.4 度
　C. 0.8 度　　　　　　　　　　　　D. 1.2 度

4. 某电路元件的电压 $u(t)=220\sin(314t+60°)$V，电流 $i(t)=10\cos(314t+60°)$A，则这个元件是(　　)。

　A. 电阻　　　　　　　　　　　　　B. 电感
　C. 电容　　　　　　　　　　　　　D. 上述 A、B、C 均不对

5. 两个阻抗 Z_1、Z_2 并联的正弦交流电路，下列计算式中正确的是(　　)。

　A. $I=I_1+I_2$　　　　　　　　　　B. $\dfrac{1}{|Z|}=\dfrac{1}{|Z_1|}+\dfrac{1}{|Z_2|}$

　C. $I_1=\dfrac{Z_2}{Z_1+Z_2}I$　　　　　　　D. $|Z|=\left|\dfrac{Z_1Z_2}{Z_1+Z_2}\right|$

6. 图 8-2-10 所示电路，已知 $u(t)=220\sqrt{2}\sin\omega t$V，$R=22\Omega$，电流表 A_1、A_2 的读数均为 10A，表 A_3 的读数最接近于(　　)。

　A. 10A　　　　　B. 20A　　　　　C. 14A　　　　　D. 30A

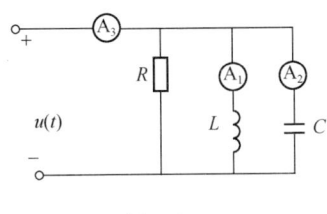　　　　　　　　　　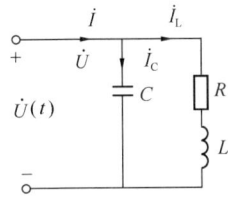

　　图 8-2-10　　　　　　　　　　　　　图 8-2-11

7. 图 8-2-11 所示电路，发生并联谐振，$I=20$mA，$I_C=10$mA，I_L 之值最接近于(　　)。

　A. 10mA　　　　B. 17mA　　　　C. 22mA　　　　D. 25mA

8. RLC 串联电路的品质因数 $Q=\dfrac{\omega_0 L}{R}=\dfrac{1}{\omega_0 CR}$，$Q$ 值越大，则(　　)。

　A. 电路越容易发生谐振　　　　　　B. 电路的谐振频率越大
　C. 电路的频率选择性越强　　　　　D. 电路的抗干扰能力越差

9. 三相负载连接成星形还是三角形，取决于(　　)。

　A. 三相负载是否对称　　　　　　　B. 各相负载的额定电压
　C. 三相电源是否对称　　　　　　　D. 使用者的需要

10. 三相四线制电路中，A 相电源电压 $\dot{U}_A=220\underline{/30°}$ V，照明负载接成星形，A 相接有 220V、40W 白炽灯 20 只，B 相和 C 相分别接有同样的白炽灯 15 只、10 只，B 相的电流 $\dot{I}_B$ 为(　　)。

　A. $1.818\underline{/30°}$　　　　　　　　B. $2.727\underline{/30°}$
　C. $1.818\underline{/-90°}$　　　　　　　D. $2.727\underline{/-90°}$

11. 一台三相异步电动机，定子绕组联成星形接于 $u_L=380$V 的三相电源上，已知电

流输入功率为3.2kW，B相电流为6.1A，则电动机每相的等效电阻R和等效感抗X_L分别为（   ）。

    A. 22Ω，29Ω   B. 24Ω，40Ω

    C. 29Ω，22Ω   D. 40Ω，24Ω

12. 图8-2-12所示电路的平均功率为（   ）。

    A. UI B. $(R_1I+R_2I_2)\cdot I$

    C. $R_1I^2+R_2I_2^2$ D. $(R_1+WL)I^2+R_2I_2^2$

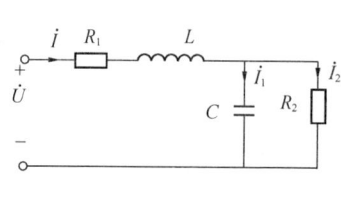
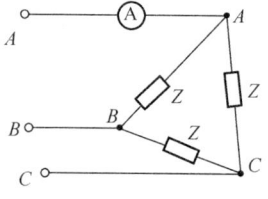

图8-2-12   图8-2-13

13. 图8-2-13所示电路，三相正弦交流电路中，对称负载接成三角形，已知电源电压$U_L=220V$，每相阻抗$Z=9+j6.32$，当AB相断路时，电流表的读数为（   ）。

    A. 17.3A   B. 10A   C. 14.1A   D. 8.6A

14. 图8-2-14所示，中性点接地的三相五线制电路中，所有单相电气设备电源插座的正确接线是（   ）。

    A. 图（a）   B. 图（b）   C. 图（c）   D. 图（d）

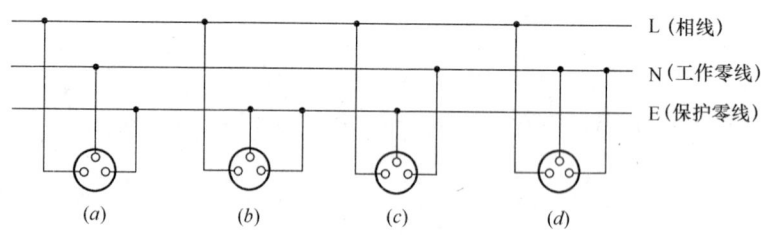

图8-2-14

15. 容量为20kVA的单相照明变压器，电压为3300/220V，欲在前边接上60W、220V的白炽灯，若变压器在额定状态下运动，则原边电流值最接近于（   ）。

    A. 4.03A   B. 8.19A   C. 6.06A   D. 9.04A

16. 某台变压器，原边绕组为550匝，接220V电压，副边绕组接24W纯电阻负载，负载电流为1A，则副边绕组的匝数为（   ）。

    A. 60   B. 90   C. 120   D. 30

17. 某台异步电动机的功率为2.2kW，运行于相电压为220V的三相电路，已知电动机效率为81%，功率因数0.82，则这台电动机的额定电流为（   ）。

    A. 15A   B. 8.7A   C. 5A   D. 4A

18. 三相异步电动机启动时，采用Y-△换接启动可减小启动电流和启动转矩，下列说法正确的是（   ）。

A. Y联接的电动机采用Y-△换接启动，启动电流和启动转矩都是直接启动的 1/3

B. Y联接的电动机采用Y-△换接启动，启动电流是直接启动的 1/3，启动转矩是直接启动的 $\frac{1}{\sqrt{3}}$

C. △联接的电动机采用Y-△换接启动，启动电流是直接启动的 $\frac{1}{\sqrt{3}}$，启动转矩是直接启动的 $\frac{1}{3}$

D. △联接的电动机采用Y-△换接启动，启动电流和启动转矩都是直接启动的 1/3

19. 在继电-接触器控制电路中，热继电器对电动机起（　　）。

A. 短路保护作用　　　　　　　　B. 过载保护作用
C. 失压保护作用　　　　　　　　D. 自锁保护作用

20. 在继电-接触器控制中，只要交流接触器的吸引线圈通电，接触器就动作，使（　　）。

A. 主常开触头和常闭触头闭合，电动机运转
B. 主常开触头闭合，辅助常开触头断开，电动机运转
C. 主常开触头和辅助常开触头闭合，电动机运转
D. 主常开触头和辅助常开触头断开，电动机停转

21. 小型三相异步电动机直接启动，连续运转，图 8-2-15 所示线路中正确的是（　　）。

A. 图（a）　　B. 图（b）　　C. 图（c）　　D. 图（d）

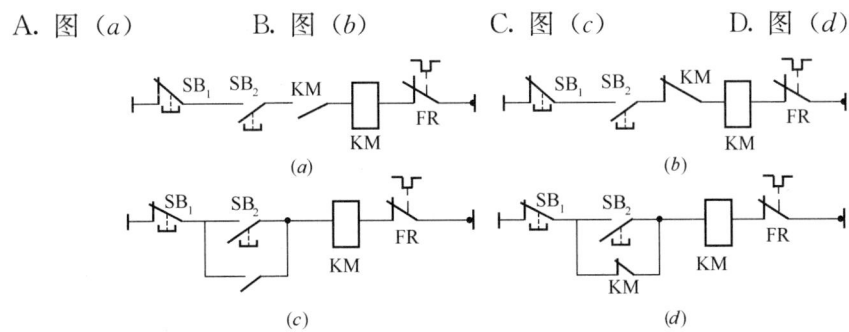

图 8-2-15

22. 图 8-2-16 所示为两台电动机 M_1、M_2 的控制电路，两个交流接触器 KM_1、KM_2 的主常开触头分别接入 M_1、M_2 的主电路，该控制电路所起的作用是（　　）。

A. 必须 M_1 先启动，M_2 才能启动，然后两机连续运转
B. 必须 M_1 先启动，M_2 才能启动，M_2 启动后，M_1 自动停机
C. 必须 M_2 先启动，M_1 才能启动，M_1 启动后，M_2 自动停机
D. M_1、M_2 可同时启动，但必须 M_1 先停机，M_2 才能停机

23. 图 8-2-17 所示无源二端网络，已知 $\dot{U}=10\underline{/-30°}$ V，$\dot{I}=2\underline{/-90°}$ A，这个无源网络的等效阻抗 Z 等于（　　）。

A. $5\underline{/30°}$　　B. $5\underline{/90°}$　　C. $5\underline{/60°}$　　D. $5\underline{/-60°}$

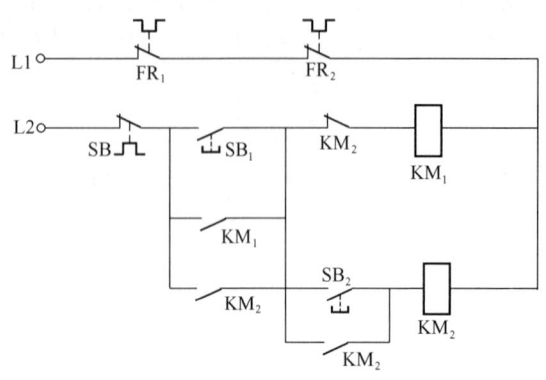
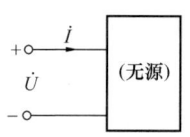

图 8-2-16　　　　　　　　　　　　　图 8-2-17

24. 在星形负载联接的三相电路中，电源的相电压为220V，三相负载对称，每相负载阻抗为 $22\underline{/60°}\Omega$，则三相电路消耗的功率为（　　）kW。

A. 3　　　　B. 3.3　　　　C. 6　　　　D. 6.6

25. 已知正弦交流电压 u 的初相位角为 $-45°$，有效值为100V，$t=0$ 时刻 u 的瞬时值为（　　）。

A. 100V　　　B. $100\sqrt{2}$V　　　C. -100V　　　D. $-100\sqrt{2}$V

26. 供电电路提高功率因数的目的在于（　　）。

A. 减少用电设备的有功功率　　　　B. 减少用电设备的无功功率
C. 减少电源向用电设备提供的视在功率　　D. 上述A、B、C均不对

27. 图 8-2-18 电路中，电流有效值 $I_1=10A$，$I_0=8A$，总功率因数 $\cos\varphi$ 为1，则电流 I 为（　　）。

A. 2A　　　　B. 6A　　　　C. 12.8A　　　　D. 18A

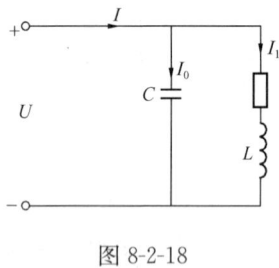
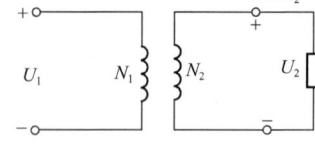

图 8-2-18　　　　　　　　　　　　　图 8-2-19

28. 图 8-2-19 所示变压器，$N_1=380$ 匝，$N_2=190$ 匝，负载 Z 的阻抗值 $|Z|=12\Omega$，则等效阻抗 $|Z'|$ 等于（　　）。

A. 6　　　　B. 12　　　　C. 24　　　　D. 48

29. RLC串联电路原处于感性状态，今保持频率不变，欲调节可变电容使其进入谐振状态，则电容 C 值的变化应（　　）。

A. 必须增大　　　　　　　　　B. 必须减小
C. 先增大后减小　　　　　　　D. 上述A、B、C均不对

30. 图 8-2-20 所示电路，正弦电流 i_2 的有效值为1A，电流 i_3 的有效值为2A，则电

流 i_1 的有效值等于（　　）。

A. 1A B. 2A C. 2.24A D. 无法确定

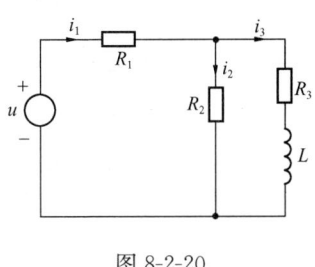

图 8-2-20

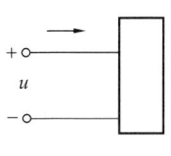

图 8-2-21

31. 图 8-2-21 所示电路，$u=141\sin(314t-30°)$V，$i=14.1\sin(314t-60°)$A，这个电路的有功功率 P 等于（　　）。

A. 500W B. 861W C. 1000W D. 1988W

32. 三相交流异步电动机可带负载启动，也可空载启动。比较两种情况下，电动机启动电流 I_{st} 的大小为（　　）。

A. 有载＞空载 B. 有载＜空载
C. 两种情况下启动电流值相同 D. 不能确定

33. 图 8-2-22 所示电路 ab 两端的等效复阻抗为（　　）Ω。

A. 5 B. 20
C. 10 D. 30

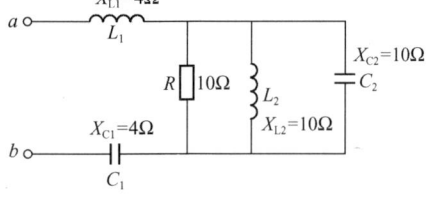

图 8-2-22

34. 有一容量为 10kVA 的单相变压器，电压为 3300/220V，变压器在额定状态下运动，在副边接 40W、220V 的日光灯，功率因数 $\cos\varphi=0.88$，则可接盏数为（　　）。

A. 110 B. 220 C. 200 D. 250

35. 图 8-2-23 所示正弦交流电路，已知 $u=100\sin(10t+45°)$V，$i_1=i=10\sin(10t+45°)$A，$i_2=20\sin(10t+135°)$A，则元件 1、2、3 的参数值为（　　）。

A. $R=10Ω$，$C=0.02$F，$L=0.5$H B. $R=20Ω$，$C=0.02$F，$L=0.5$H
C. $R=10Ω$，$L=10$H，$C=5$F D. $R=5Ω$，$C=0.02$F，$L=0.5$H

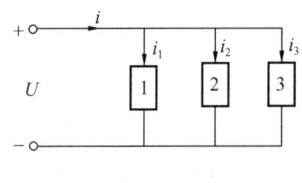

图 8-2-23

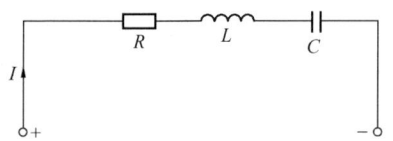

图 8-2-24

36. 图 8-2-24 所示电路施加正弦电压 U，当 $X_C＞X_L$ 时，电压 U 与 I 的相位关系应是（　　）。

A. U 超前 I B. U 与 I 同相 C. U 滞后 I D. U 与 I 反相

37. 已知无源二端网络如图 8-2-25 所示，输入电压和电流分别为：$U(t)=220\sqrt{2}\sin(314t+10°)$V，$I(t)=4\sqrt{2}\sin(314t-20°)$A，则该网络消耗的电功率为（　　）W。

A. 440　　　　B. 762　　　　C. 880　　　　D. 820

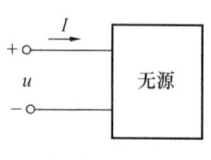

图 8-2-25

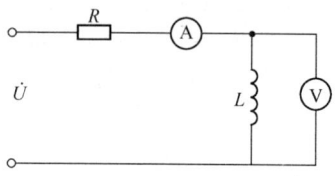

图 8-2-26

38. 图 8-2-26 所示电路中，电流表读数为 1A，电压表读数为 8V，$R=6\Omega$，则端口电压等于（　　）V。

A. 10　　　　B. 14　　　　C. 12　　　　D. 16

39. 某三相电路中，三个线电流分别为：$i_1=24\sin(314t+30°)$，$i_2=24\sin(314t+150°)$，$i_3=24\sin(314t-90°)$，则当 $t=10$s 时，三个电流之和为（　　）。

A. 24A　　　　B. $24\sqrt{2}$A　　　　C. $24\sqrt{3}$A　　　　D. 0A

40. 如图 8-2-27 所示电路，已知 Z_1 中 $R_1=5\Omega$，$L_1=1.05$mH，Z_2 中 $R_2=20\Omega$，$L_2=80.5$mH，$I=20$A，$f=50$Hz，则电路的总功率和总无功功率为（　　）。

A. 8.2×10^3W，10252 var　　　　B. 10×10^3W，10252 var
C. 8.2×10^3W，14321 var　　　　D. 10×10^3W，14321 var

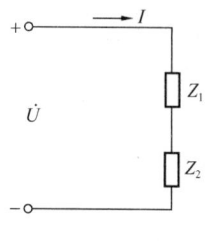

图 8-2-27

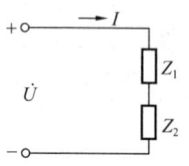

图 8-2-28

41. 如图 8-2-28 所示电路，已知 Z_1 中 $R_1=5\Omega$，$X_L=5.33\Omega$，Z_2 中 $R_2=20\Omega$，$X_C=25.33\Omega$，$I=10$A，$f=50$Hz，则电路的总电压和总功率分别为（　　）。

A. 320V，3200W　　　　B. 250V，3200W
C. 320V，2500W　　　　D. 250V，2500W

42. 已知两个线圈并联，一线圈的 $R_1=4\Omega$，$X_1=13\Omega$，另一个线圈的 $R_2=8\Omega$，$X_2=4\Omega$，电源电压为 240V，则总电流和总功率分别为（　　）。

A. $41.06\underline{/-45.3°}$A，6932W　　　　B. $31.06\underline{/-45.3°}$A，6932W
C. $41.06\underline{/-45.3°}$A，6721W　　　　D. $31.06\underline{/-45.3°}$A，6721W

43. 将一线圈（$L=4$mH，$R=25\Omega$）与电容器（$C=80$pF）串联，接在 $U=50$V 的电源上，当 $f_0=200$kHz 时发生谐振，则电容器上的电压值为（　　）。

A. 2500V　　　　B. 5000V
C. 7500V　　　　D. 10000V

44. 图 8-2-29 所示电路用等效电源定理计算 ab 两端开路电压（V）及等效阻抗分别为（　　）。

    A. j10，1Ω 　　　　　　　B. 5－j5，1Ω
    C. －j10，1.5Ω　　　　　　D. 5＋j5，1.5Ω

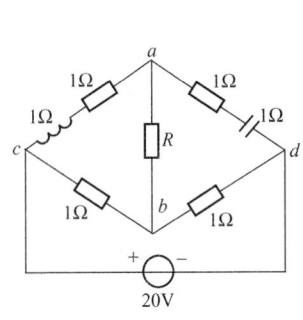

图 8-2-29

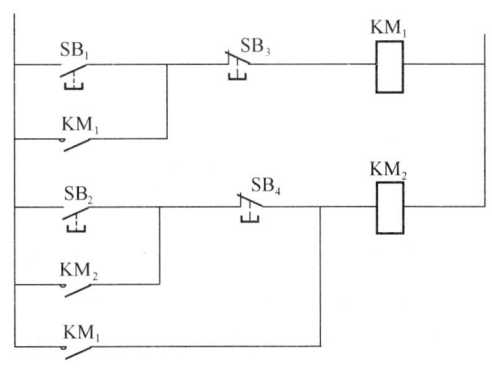

图 8-2-30

45. 一台三相电动机运行于中性点接地的低压电力系统中，操作员碰及外壳导致意外触电事故，事故原因是(　　)。

    A. 输入电机的两相电源线短路，导致机壳带电
    B. 输入电机的某相电源线碰壳，而电机未采取过载保护
    C. 电机某相绝缘损坏碰壳，而电机未采取接地保护
    D. 电机某相绝缘损坏碰壳，而电机未采取接零保护

46. 某异步电动机的磁极对数为 4，转差率 s 为 3％，当电流频率为 50Hz 时，电动机的转速为（　　）r/min。

    A. 728　　　　B. 750　　　　C. 1455　　　　D. 1500

47. 图 8-2-30 所示的控制电路中，SB 为按钮，KM 为接触器。若按动 SB_2，下列结论正确的是（　　）。

    A. 接触器 KM_2 通电动作后，KM_1 跟着动作
    B. 只有接触器 KM_2 动作
    C. 只有接触器 KM_1 动作
    D. 上述 A、B、C 均不对

第三节　R-C 和 R-L 电路频率特性

一、《考试大纲》的规定

电路暂态；R-C 和 R-L 电路暂态特性；电路频率特性；R-C、R-L 电路频率特性。

二、重点内容

1. 换路定则

$$u_C(0_-)=u_C(0_+)$$
$$i_L(0_-)=i_L(0_+)$$

式中 0_- 表示换路前的最后瞬间；0_+ 表示换路后的最初瞬间。需注意的是，电阻上的电压、电流是可以跃变的。

2. R-C 一阶线性电路的阶跃响应

如图 8-3-1 所示一阶线性 R-C 电路。

$$u_C(t)=u_C(\infty)+[u_C(0_+)-u_C(\infty)]e^{-\frac{t}{\tau}}$$

$$i(t)=C\frac{du_C}{dt}=\frac{1}{R}[u_C(\infty)-u_C(0_+)]e^{-\frac{t}{\tau}}$$

$$u_R(t)=Ri(t)=[u_C(\infty)-u_C(0_+)]e^{-\frac{t}{\tau}}$$

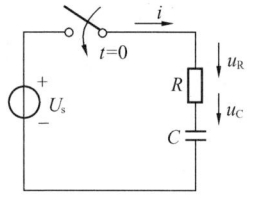

图 8-3-1　R-C 电路的响应

上述式子的通式为：$f(t)=f(\infty)+[f(0_+)-f(\infty)]e^{-\frac{t}{\tau}}$

式子中，$f(\infty)$ 为响应的稳定值，应在换路后达到稳定的电路上求得；$f(0_+)$ 为响应的初始值，对不可跃变量，应该在换路前已达稳定的电路上求出；对可跃变量，应该在换路后瞬间（未达稳定）的电路上，以 $u_C(0_+)$、$i_L(0_+)$ 已确定为前提求得；τ 为 RC 电路的时间常数，$\tau=RC$，其单位为秒。求 τ 时应利用戴维南定理将换路后的电路等效变换成标准 RC 电路（如图 8-3-1 所示），这样才有 $\tau=RC$。

上述求 $f(\infty)$、$f(0_+)$、τ 三要素确定响应的方法称为三要素法，仅适用于一阶线性电路。

3. R-L 一阶线性电路的响应

如图 8-3-2 所示 R-L 线性电路。

$$i(t)=\frac{U_s}{R}+\left[i(0_+)-\frac{U_s}{R}\right]e^{-\frac{t}{\tau}}$$

$$u_R(t)=U_s+[Ri(0_+)-U_s]e^{-\frac{t}{\tau}}$$

$$u_L(t)=[U_s-Ri(0_+)]e^{-\frac{t}{\tau}}$$

$$\tau=\frac{L}{R}$$

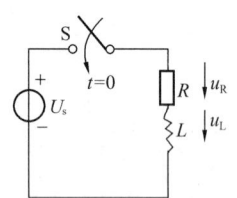

图 8-3-2　R-L 电路的响应

三、解题指导

在三要素法中，首先应将题目电路转变为标准 R-C 电路或标准 R-L 电路。求 τ 值是关键，在运用戴维南定理时，把换路后电路中的电容（或电感）支路断开，将所得的二端网络中的电源除源（即电压源短路、电流源开路），求出该无源二端网络的等效电阻 R，然后由 $\tau=RC$ 或 $\tau=\frac{L}{R}$ 可得 τ。

求暂态量的稳态值时，将电感视为短路，电容视为开路。

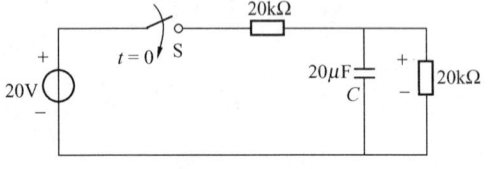

图 8-3-3

【**例 8-3-1**】　图 8-3-3 所示电路中，电容 C 上的初始电压为 4V，$t=0$ 时刻合上开关 S，电路发生暂态过程，电容 C 上的电压 $u_c(t)$ 为（　　）V。

A. $10(1-e^{5t})$ 　　B. $10-6e^{-5t}$ 　　C. $10(1-e^{-5t})$ 　　D. $10-6e^{-50t}$

【**解**】　由等效电源定理求 R：

$$\frac{1}{R}=\frac{1}{R_1}+\frac{1}{R_2}$$

$$R=\frac{20\times20\times10^6}{(20+20)\times10^3}=10\times10^3\,\Omega$$

$Z=R\cdot C=10\times10^3\times20\times10^{-6}=200\times10^{-3}-\dfrac{t}{\tau}=-5t$,故 A、D 项不对,排除;

又 $u_C(0_+)=u_C(0_-)=4$(已知条件)

$$u_C(\infty)=\frac{U}{R_1+R_2}R_2=10\text{V}$$

$$u_C(t)=10+[4-10]\text{e}^{-5t}=10-6\text{e}^{-5t}$$

所以应选 B 项。

四、应试题解

1. 图 8-3-4 所示电路暂态过程的时间常数 τ 为( )。

   A. $(R_1+R_2+R_3)C$ B. $\left(R_1+\dfrac{R_2R_3}{R_3+R_2}\right)C$

   C. $\left(R_3+\dfrac{R_1R_2}{R_1+R_2}\right)C$ D. $\left(R_2+\dfrac{R_1R_3}{R_1+R_3}\right)C$

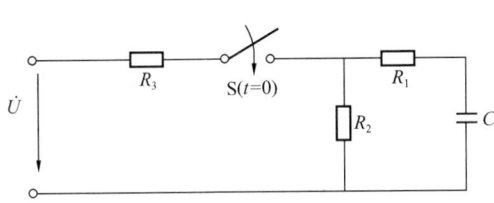

图 8-3-4

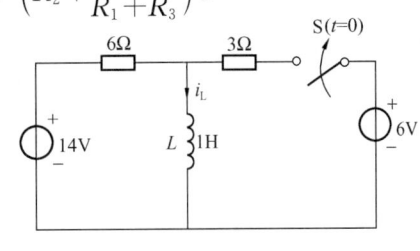

图 8-3-5

2. 图 8-3-5 所示电路,开关 S 闭合前电路处于稳态,S 闭合后,电感电流的变化规律是( )。

   A. $5-2\text{e}^{-\frac{t}{2}}$ B. $5-2\text{e}^{-2t}$ C. $5+2\text{e}^{-\frac{t}{2}}$ D. $5+2\text{e}^{-2t}$

3. 图 8-3-6 所示电路中,$U_s=6\text{V}$,$R_1=6\text{k}\Omega$,$R_2=3\text{k}\Omega$,$C=10\mu\text{F}$,电容的初始电压为 1V。在 $t=0$ 时刻合上开关 S,则电容 C 上的电压变化规律是( )。

   A. $2-2\text{e}^{-5t}$ B. $2-2\text{e}^{-50t}$ C. $2-\text{e}^{-5t}$ D. $2-\text{e}^{-50t}$

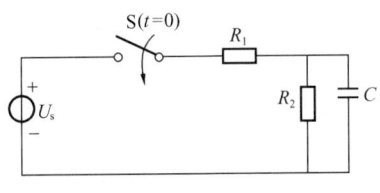

图 8-3-6

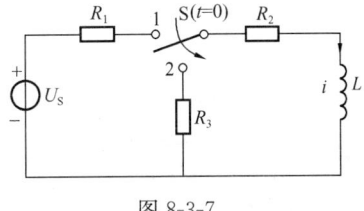

图 8-3-7

4. 图 8-3-7 所示电路中,$R_1=1\Omega$,$R_2=R_3=2\Omega$,$L=2\text{H}$,$U_s=12\text{V}$,开关 S 长时间合在"1"位置。在 $t=0$ 时,开关 S 扳到"2"位置后,电感元件上的电流变化规律为( )。

   A. $4\text{e}^{-\frac{t}{2}}$ B. $4+4\text{e}^{-\frac{t}{2}}$ C. 4e^{-2t} D. $4+4\text{e}^{-2t}$

5. 图 8-3-8 所示电路中,$R_1=R_2=R_3=2\text{k}\Omega$,$C=1\mu\text{F}$,$u_s=6\text{V}$,开关 S 在 $t=0$ 时刻

闭合，则换路后电容的电压变化规律为(　　)。

A. $-2e^{-1000t}$　　B. $-2e^{-100t}$　　C. $2e^{-1000t}$　　D. $2e^{-100t}$

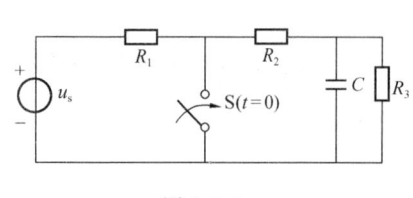
图 8-3-8

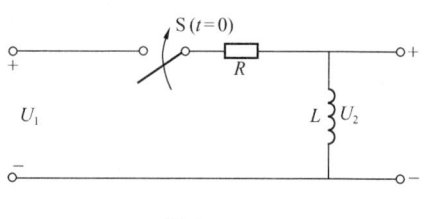
图 8-3-9

6. 图 8-3-9 所示电路，换路前 $I_L(0_-)=0$，则换路后的电压 $U_L(t)$ 等于(　　)，已知 $\tau=\dfrac{L}{R}$。

A. 0　　B. $U_1 e^{-\frac{t}{\tau}}$　　C. $U_1(1-e^{-\frac{t}{\tau}})$　　D. $U_1(e^{-\frac{t}{\tau}}-1)$

7. 图 8-3-10 所示电路，在开关 S 闭合瞬间，电路中的 i_R、i_L、i_C 和 i 这四个量，发生跃变的量是(　　)。

A. i_R 和 i_C　　B. i_C 和 i　　C. i_L 和 i_C　　D. i_R 和 i

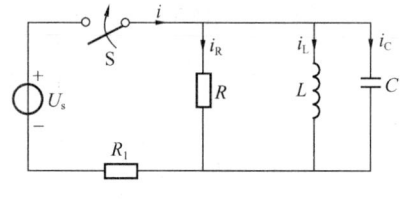
图 8-3-10

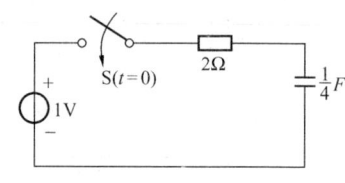
图 8-3-11

8. 图 8-3-11 所示电路，电容初始电压为 $0.5V$，开关在 $t=0$ 时闭合，则电容的电压 $u_C(t)$ 变化规律为(　　)。

A. $1-e^{-2t}$　　B. $1-e^{-\frac{t}{2}}$　　C. $1-0.5e^{-2t}$　　D. $1-0.5e^{-\frac{t}{2}}$

9. 图 8-3-12 所示电路，在 $t=0$ 时刻开闭 S 开关，则电流 $i(t)$ 的变化规律为(　　)。

A. $\dfrac{1}{R}[u_C(\infty)-u_C(0_+)]e^{-\frac{t}{\tau}}$　　B. $\dfrac{C}{R} \cdot [u_C(\infty)-u_C(0_+)]e^{-\frac{t}{\tau}}$

C. $\dfrac{1}{R}[u_C(0_+)-u_C(\infty)]e^{-\frac{t}{\tau}}$　　D. $\dfrac{C}{R}[u_C(0_+)-u_C(\infty)]e^{-\frac{t}{\tau}}$

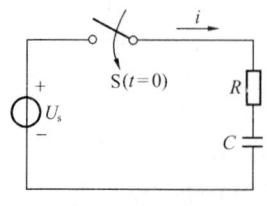
图 8-3-12

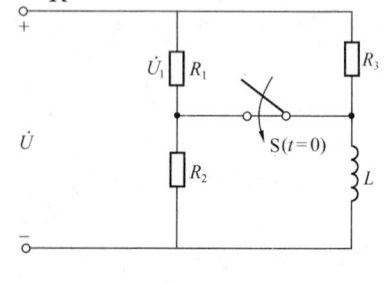
图 8-3-13

10. 图 8-3-13 所示电路，已知 $U=30V$，$R_1=6\Omega$，$R_2=R_3=4\Omega$，$L=3H$，开关 S 闭

合前电路处于稳态，S 闭合后的瞬间，R_1 的两端电压 u_1 为（　　）。

A. 18V　　　　　B. 20V　　　　　C. 22.5V　　　　　D. 30V

第四节　模拟电子技术

一、《考试大纲》的规定

晶体二极管；极型晶体三极管；共射极放大电路；输入阻抗与输出阻抗；射极跟随器与阻抗变换；运算放大器；反相运算放大电路；同相运算放大电路；基于运算放大器的比较器电路；二极管单相半波整流电路；二极管单相桥式整流电路。

二、重点内容

1. 半导体二极管与稳压管

二极管的符号见图 8-4-1(*a*)。

二极管的伏安特性曲线如图 8-4-1(*b*)。

正向特性。当正向电压较小时，图中 *OA* 段称为死区，其对应电压称为死区电压或阈值电压。锗管约 0.1V，硅管约为 0.5V。当正向导通时，管压降，锗管为 0.1V～0.3V，硅管为 0.6～0.8V。

反向特性与反向击穿特性。在 *OB* 段，反向电流极小，但当电压大于某一数值 U_{BR}，反向电流迅速增大，二极管反向击穿，此时 U_{BR} 称为反向击穿电压。击穿有雪崩击穿、齐纳击穿和热击穿，前两者又称电击穿；后者则为破坏性击穿。

二极管的伏安特性表达式为：$I=I_s(e^{U/U_T}-1)$

其中 I_s 为反向饱和电流；U_T 为温度的电压当量，$T=300K$，U_T 约为 26mA。

二极管主要参数：最大整流电流 I_F；最大反向工作电压 U_{RM}（U_{RM} 约为反向击穿电压 U_{BR} 的一半）和反向电流 I_R。I_R 越小，表明二极管单向导电性越好，温度稳定性越好。

稳压管，其符号及伏安特性曲线见图 8-4-2。

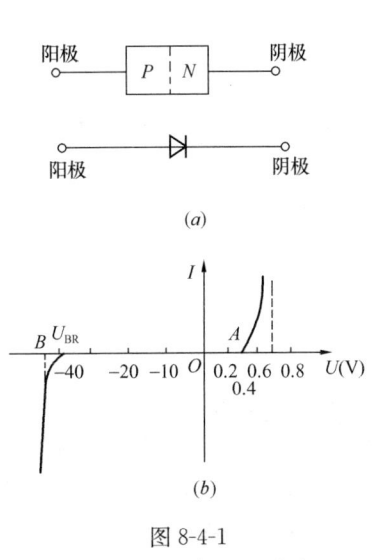

图 8-4-1

(*a*)符号；(*b*)伏安特性曲线

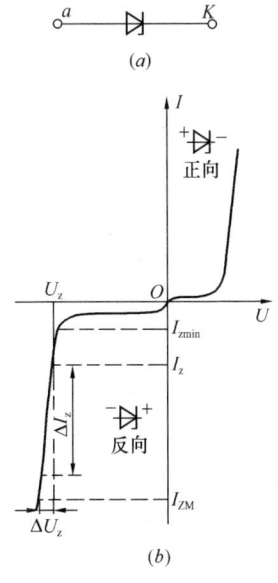

图 8-4-2

(*a*)符号；(*b*)伏安特性曲线

2. 单相桥式整流电路

如图8-4-3为单相桥式整流电路简化画法。

负载上直流电压U_0和直流电流I_0的计算：

$$U_0 = \frac{2}{\pi}\sqrt{2}U_2 = 0.9U_2$$

$$I_0 = \frac{U_0}{R_L} = 0.9\frac{U_2}{R_L}$$

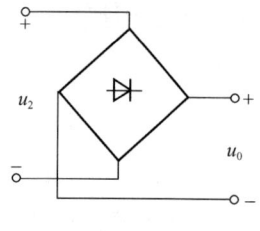

图 8-4-3　简化画法

二极管参数的计算：

流过每个管子的平均电流为：$I_D = \frac{1}{2}I_0 = 0.45\frac{U_2}{R_L}$

反向电压为：$U_{DRM} = U_{2m} = \sqrt{2}U_2$

式中R_L为负载。

3. 三极管及基本放大电路

(1)三极管的三种连接方式：共射极、共集极、共基极接法，见图8-4-4。

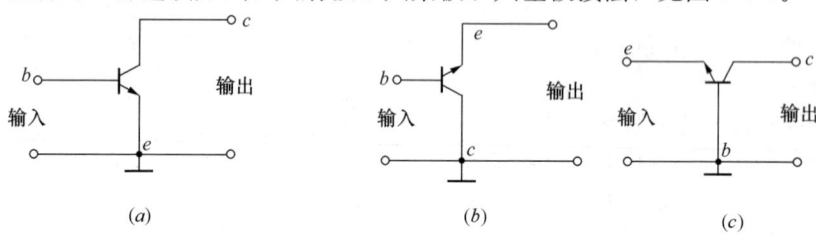

图 8-4-4　三极管的连接方式
(*a*)共射接法；(*b*)共集接法；(*c*)共基接法

(2)共射接法中的电流放大作用：

$$I_E = I_B + I_C$$

共射直流电流放大系数：$\bar{\beta} = \frac{I_C}{I_B}$

共射交流电流放大系数：$\beta = \frac{\Delta I_C}{\Delta I_B}$

显然$\bar{\beta} \neq \beta$，但两者数值很接近，通常采用$\bar{\beta} = \beta$。对共基极电流放大系数也分为直流电流放大系数$\bar{\alpha}$和交流电流放大系数α，$\bar{\alpha} = \frac{I_C}{I_E}$，$\alpha = \frac{\Delta I_C}{\Delta I_E}$。

根据$\bar{\alpha}$、α、$\bar{\beta}$、β的定义，则有：$\alpha = \frac{\beta}{1+\beta}$，$\beta = \frac{\alpha}{1-\alpha}$。

(3)基本放大电路

如图8-4-5是共射接法的基本放大电路，通过三极管(T)的放大作用，将输入回路的电流i_B放大，在输出回路中获得放大了的电流$I_C = \beta i_B$。U_{CC}是集电极电源，保证集电结反偏；U_{BB}是基极电源，保证发射结正偏。R_b是基极电阻，通过改变R_b可调节I_B的大小。R_c是集电极负载电阻，把放大了的电流以电压形式输出。C_1和C_2是耦合电容，以隔断输入、输出信号中的直流分量，传递交流分量。在实际电路中，通常采用一个电源U_{CC}，以"地"作为电路的公共参考点，见图8-4-5(*b*)所示。

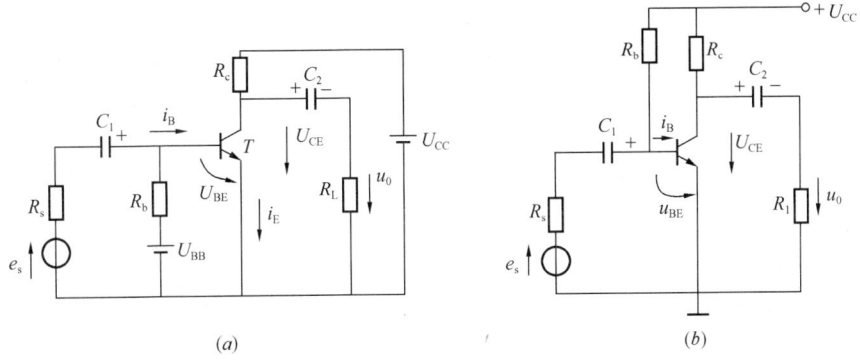

图 8-4-5 基本放大电路

放大电路的静态分析如下：

当 $u_i=0$ 时的电路为静态，此时，电路中的电流、电压均是直流量。三极管各极电流、电压分别用 I_B、I_C、U_{BE}、U_E 表示。在图 8-4-5(b) 中把 C_1、C_2 视作开路，此时的基极电流 $I_B=\dfrac{U_{CC}-U_{BE}}{R_b}$。当 $U_{CC}\gg U_{BE}$ 时，$I_B\approx\dfrac{U_{CC}}{R_b}$，则 $I_C=\beta I_B$，$U_{CE}=U_{CC}-I_C R_C$。

放大电路的动态分析如下：

当 $u_i\neq 0$ 时的电路状态为动态，此时电路中既有直流分量，又有交流分量，设交流分量分别用 i_b、i_c、u_{be}、u_{ce} 表示，总的电流和电压为：$i_B=I_B+i_b$；$i_C=I_C+i_c$，$u_{BE}=U_{BE}+u_{be}$；$u_{CE}=U_{CE}+u_{ce}$，称为瞬时值。将图 8-4-5 中直流电源和耦合电容视为短路，得到图 8-4-6 所示的交流通路，在小信号情况下，在静态工作点附近的范围内，三极管的特性曲线可认为是线性的。三极管可用一个等效的线性模型来代替，如图 8-4-7，图中 $r_{be}=\dfrac{\Delta U_{BE}}{\Delta I_B}\bigg|_{U_{CE}}=\dfrac{u_{be}}{i_b}\bigg|_{U_{CE}}$，称为三极管的输入电阻，对低频小功率管的常用估算公式：

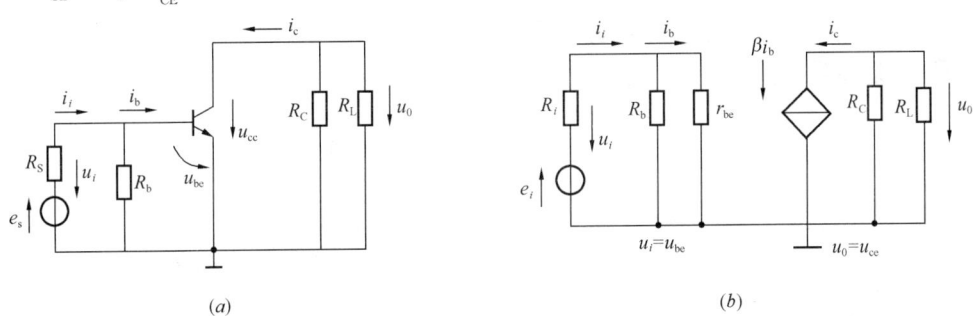

图 8-4-6 交流通路及微变等效电路

$$r_{be}=300+(1+\beta)\dfrac{26}{I_E}$$

式中 I_E 是射极电流静态值，用 mA 代入计算，图 8-4-7(b) 是放大电路的微变等效电路。

电压放大倍数 A_u：$A_u=\dfrac{u_0}{u_i}=\dfrac{-\beta i_b R'_L}{i_b r_{be}}=-\dfrac{\beta R'_L}{r_{be}}$

式中 $R'_L=R_C/\!/R_L$（并联），负号表示在共射电路中 u_0 与 u_i 反相。

输入电阻 r_i：对前级来说，放大电路低一负载，用 r_i 来体现对前级的影响。$r_i=\dfrac{u_i}{i_i}=$

$R_b // r_{be}$,通常 $R_b \gg r_{be}$,故 $r_i \approx r_{be}$。

输出电阻 r_0:对后级来说,放大电路似一信号源,其输出电阻即信号源内阻。r_0 可在输入信号短路($u_i=0$)和负载 R_L 开路条件下求得。如在图 8-4-6(b)中,当 $u_i=0$ 时,$i_b=0$,$\beta i_b=0$,则 $r_0=R_C$。

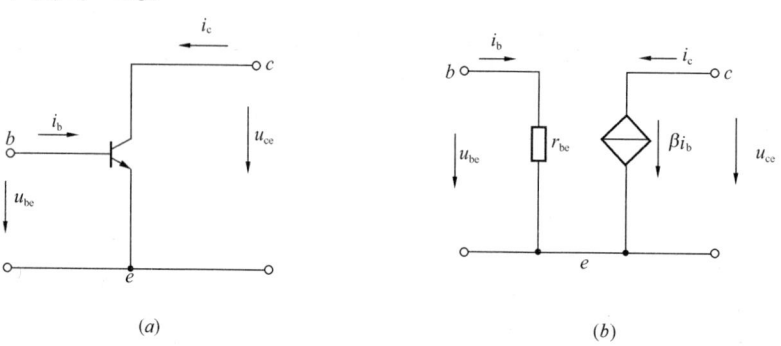

图 8-4-7 三极管线性模型

此外,对共集电极电路,其射极输出器的输出电压与输入电压是大小近似相等,相位相同,故又称为射极跟随器。

三、解题指导

掌握二极管、稳压管、三极管的特性,结合电路图进行分析求解。

【**例 8-4-1**】 图 8-4-8 所示电路中,已知稳压管 D_{Z1}、D_{Z2} 的稳定电压分别为 7V 和 7.5V,正向导通电压降均为 0.7V,输出电压 U 等于(   )。

A. 14.5V　　　　B. 7.7V　　　　C. 8.2V　　　　D. 4.3V

【**解**】 因为 $U = \dfrac{R_L}{R+R_L} \cdot 12 > 0$,$U_{DZ2}=U-U_{DZ1}$

则 D_{Z1} 反偏,工作在稳压状态;D_{Z2} 工作在正向导通状态,故
$$U = U_{DZ1} + U'_{DZ2} = 7 + 0.7 = 7.7\text{V}$$

所以应选 B 项。

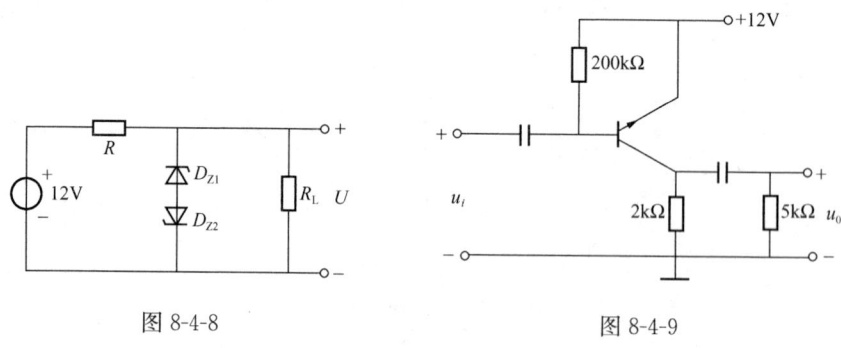

图 8-4-8　　　　　　　　　　图 8-4-9

【**例 8-4-2**】 图 8-4-9 所示电路中,晶体管输入电阻 $r_{be} \approx 1\text{k}\Omega$,放大器的电压放大倍数为(   )。

A. -71.4　　　　B. +50　　　　C. -1　　　　D. +1

【**解**】 所示电路为共集电极电路,为射极跟随器,即输出电压与输出电压相等,相位相同,故应选 D 项。

四、应试题解

1. 图 8-4-10 所示电路，若把一个小功率二极管直接同一个电源电压为 1.5V、内阻为零的电池实行正向连接，则后果是该管（　　）。

   A. 击穿　　　　　　　　　　　　　B. 电流为零
   C. 电流正常　　　　　　　　　　　D. 电流过大使管子烧坏

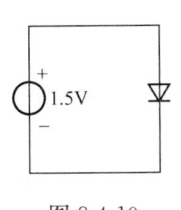
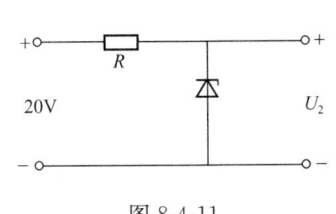
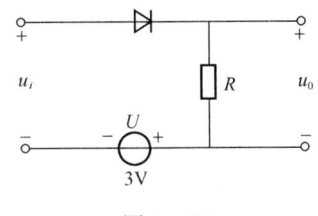

图 8-4-10　　　　　　　　　图 8-4-11　　　　　　　　　图 8-4-12

2. 图 8-4-11 所示稳压电路，稳压管的参数值为 $U_2=12V$，$I_{Z(max)}=18mA$，R 是稳压电路的稳定电阻，则通过稳压管的电流 I_2 为（　　）。

   A. 12mA　　　　　B. 8mA　　　　　C. 18mA　　　　　D. 20mA

3. 图 8-4-12 所示电路，D 为理想二极管，$u_i=8\sin\omega t V$，则输出电压的最大值为（　　）V。

   A. 8　　　　　　　B. 5　　　　　　C. 3　　　　　　　D. 4.3

4. 图 8-4-13 所示电路，二极管为理想元件，已知 $U_2=100\sqrt{2}\sin314t V$，$R_L=90\Omega$，电流表的内阻视为零，电压表的内阻视为无穷大，则交流电压表 V_1、直流电流表 A_2 和直流电压表 V_2 的读数分别为（　　）。

   A. 100V，1A，45V　　　　　　　　B. 100V，1.1A，100V
   C. 100V，1A，90V　　　　　　　　D. 141V，1A，90V

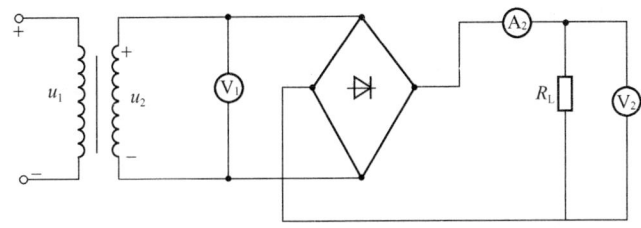

图 8-4-13

5. 半导体二极管的正向伏安（V-A）特性是一条（　　）。

   A. 过坐标轴零点的直线
   B. 过坐标轴零点，I 随 U 按指数规律变化的曲线
   C. 正向电压超过某一数值后才有电流的直线
   D. 正向电压超过某一数值后 I 随 U 按指数规律变化的曲线

6. 整流滤波电路如图 8-4-14 所示，已知 $U_1=42V$，$U_0=24V$，$R=2k\Omega$，$R_C=4k\Omega$，稳压管的稳定电流 $I_{min}=5mA$ 与 $I_{max}=18mA$，通过负载与稳压管的电流和通过二极管的平均电流分别为（　　）。

   A. 6mA，4.5mA　　B. 6mA，2.5mA　　C. 9mA，4.5mA　　D. 9mA，2.5mA

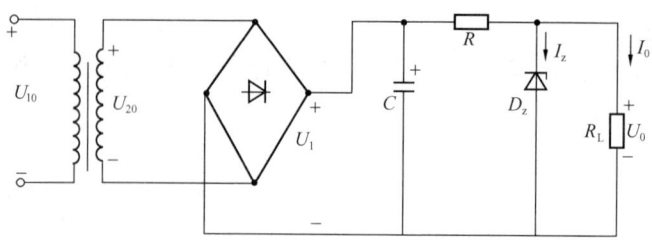

图 8-4-14

7. 单相半波整流电路如图 8-4-15 所示，已知变压器副边电压为 $u(t)=56.56\sin(\omega t+\varphi)$V，设 D 为理想二极管，直流电压表的读数是(　　)。

  A. 56.56V   B. 40V   C. 50.90V   D. 36V

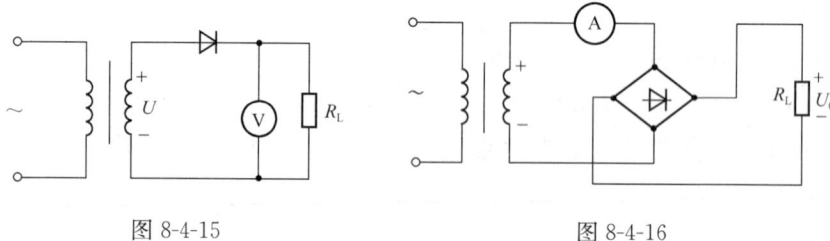

图 8-4-15   图 8-4-16

8. 单相全波整流电路如图 8-4-16 所示，已知 $R_L=80\Omega$，$U_0=140$V，忽略整流二极管的正向压降，电流表的读数是接近于(　　)。

  A. 2.47A   B. 1.75A   C. 0.875A   D. 1.575A

9. 题目条件同题 8，则每个二极管所承受的最高反向电压 U_{DRM} 为(　　)。

  A. 156V   B. 242V   C. 220V   D. 198V

10. 如图 8-4-17 所示接有电容滤波器的桥式整流电路，已知 $u(t)=70.71\sin314t$V，直流电流表读数为 150mA，输出电压 U_0 等于(　　)。

  A. 50.0V   B. -45.0V   C. 45.0V   D. -60.0V

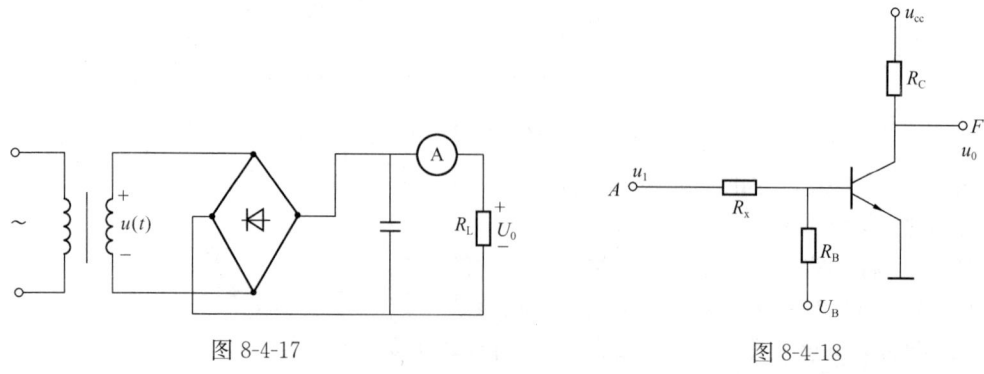

图 8-4-17   图 8-4-18

11. 题目条件同题 10，选取时间常数 $R_LC=5\times\dfrac{T}{2}$，则应选择滤波器的电容值为(　　)。

  A. 125μF   B. 250μF   C. 177μF   D. 225μF

12. 图 8-4-18 所示晶体管电路，已知 $U_{CC}=15V$，$U_B=-9V$，$R_C=3k\Omega$，$R_B=20k\Omega$，$\beta=50$。当输入电压 $U_1=5V$ 时，要使晶体管饱和导通，R_X 值不得大于（　　）$k\Omega$，并已知 $U_{BE}=0.7V$，集电极和发射极之间的饱和电压 $U_{CES}=0.3V$。

　　A. 34.2　　　　B. 40.2　　　　C. 43.9　　　　D. 52.6

13. 图 8-4-19 所示的晶体管均为硅管，测量的静态电位如图所示，则处于放大状态的晶体管是（　　）。

　　A. 图(a)　　　B. 图(b)　　　C. 图(c)　　　D. 图(d)

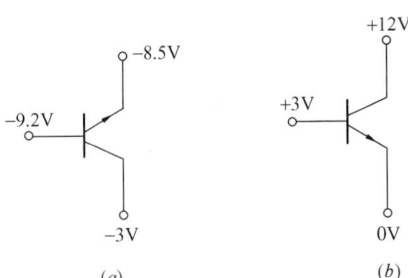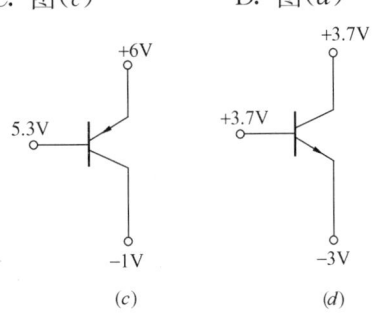

图 8-4-19

14. 图 8-4-20 所示放大器的输入电阻、输出电阻和电压放大倍数分别为（　　）。

　　A. 200kΩ、3kΩ、47.5 倍

　　B. 1.25kΩ、3kΩ、47.5 倍

　　C. 1.25kΩ、3kΩ、−47.5 倍

　　D. 1.25kΩ、1.5kΩ、−47.5 倍

15. 图 8-4-21 所示单管放大电路，$R_B=500k\Omega$，$R_C=5k\Omega$，晶体三极管 $\beta=60$，负载电阻 $R_L=6k\Omega$，晶体管的输入电阻 $r_{be}=1.5k\Omega$，则放大电路的输入电阻 R_i 和输出电阻 R_o 为（　　）。

　　A. $R_i\approx1.5k\Omega$，$R_o=5k\Omega$　　　　B. $R_i\approx1.5k\Omega$，$R_o=6k\Omega$

　　C. $R_i\approx500k\Omega$，$R_o=2.73k\Omega$　　D. $R_i\approx500k\Omega$，$R_o=6k\Omega$

图 8-4-20

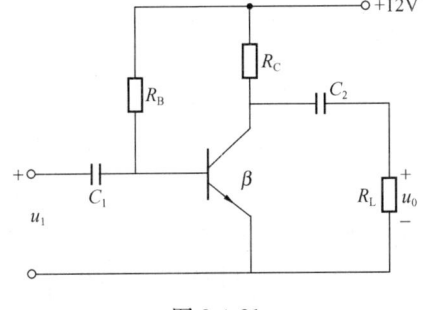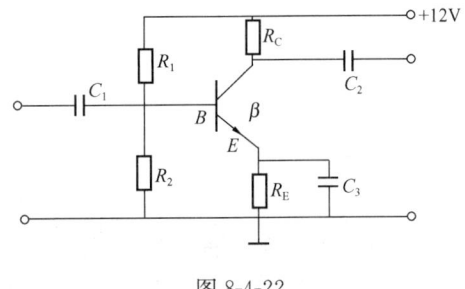

图 8-4-21　　　　　　　　　图 8-4-22

16. 图 8-4-22 所示电路，$R_1=50k\Omega$，$R_2=10k\Omega$，$R_E=1k\Omega$，$R_C=5k\Omega$，晶体管的 $\beta=60$，静态 $U_{BE}=0.7V$，则该电路静态基极电流 I_B 为（　　）。

A. 0.0213mA　　　B. 0.0328mA　　　C. 0.0268mA　　　D. 0.0365mA

17. 图8-4-23所示为共射极单管放大电路，已知 $R_B=200\text{k}\Omega$，$R_C=3\text{k}\Omega$，$R_L=3\text{k}\Omega$，晶体管 $\beta=60$，估算 I_B、I_C、U_{CE} 分别为（　　）。

　　A. 0.049mA，2.85mA，1.47V　　　B. 0.057mA，2.85mA，1.47V

　　C. 0.057mA，2.85mA，0V　　　　D. 0.057mA，3.42mA，1.74V

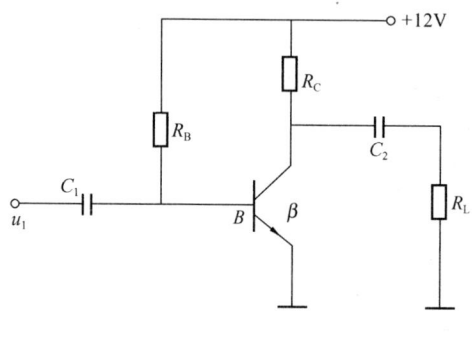

图 8-4-23

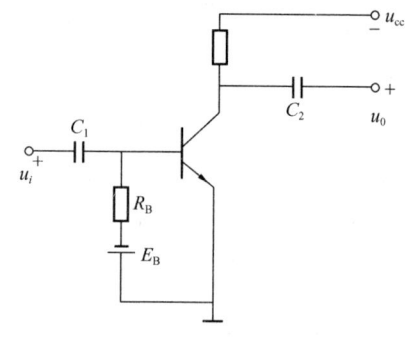

图 8-4-24

18. 图8-4-24所示的固定偏置电路，下列说法中正确的是（　　）。

A. 发射结正偏，集电极反偏，电路对正弦交流信号有放大作用

B. 发射结、集电极均处正偏，电路没有放大作用

C. 发射结反偏，集电极正偏，电路没有放大作用

D. 发射结、集电极均处反偏，电路没有放大作用

19. 在共射极放大电路中，集电极电阻 R_C 的主要作用是（　　）。

A. 将电流放大转变为电压放大

B. 将电压放大转变为电流放大

C. 输出端接负载时减小输出电阻

D. 上述A、B、C均不对

20. 图8-4-25所示分压式偏置放大电路，已知晶体管电流放大系数 $\beta=50$，$U_{BE}=0.7\text{V}$，$R_1=33\text{k}\Omega$，$R_2=12\text{k}\Omega$，$R_C=3\text{k}\Omega$，$R_E=1.5\text{k}\Omega$，无信号时，发射极电流 I_E 最接近于（　　）。

　　A. 2.8mA　　　B. 3.2mA　　　C. 3.8mA　　　D. 4.1mA

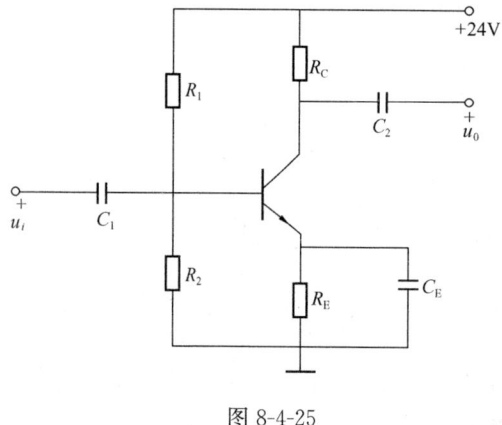

图 8-4-25

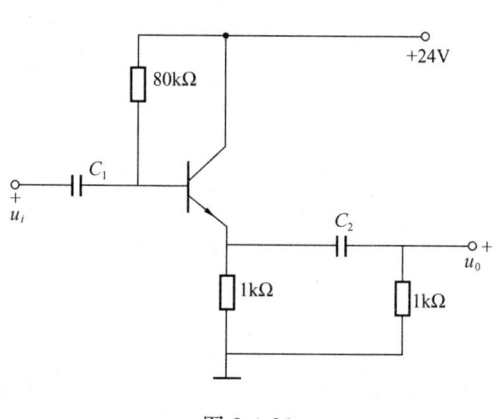

图 8-4-26

21. 题目条件同题 20，已知输出端的开路电压有效值 $U_0=4V$，当接上负载电阻 $5k\Omega$ 后，输出电压为（　　）。

A. 1.25V　　　　B. 2.5V　　　　C. 3.0V　　　　D. 3.5V

22. 图 8-4-26 所示共集电极电路，已知三极管的放大系数 $\beta=50$，$U_{BE}=0.7V$，当 $u_i=0$ 时，集电极电流 I_C 最接近于（　　）。

A. 8.2mA　　　　B. 8.9mA　　　　C. 9.2mA　　　　D. 9.6mA

23. 题目条件同题 22，当 $u_i\neq0$ 时，下列说法中正确的是（　　）。

A. u_0 与 u_i 反相，电路有电压放大作用，无电流放大作用
B. u_0 与 u_i 反相，电路有电流放大作用，无电压放大作用
C. u_0 与 u_i 同相，电路有电压放大作用，无电流放大作用
D. u_0 与 u_i 同相，电路有电流放大作用，无电压放大作用

第五节　数字电子技术

一、《考试大纲》的规定

与、或、非门的逻辑功能；简单组合逻辑电路；D 触发器；JK 触发器；数字寄存器；脉冲计数器。

二、重点内容

1. 运算放大器

运算放大器（简称运放），能将直流放大到一定频率范围的交流信号，是一种高增益的差动放大器。如图 8-5-1 所示为运放简化符号。

$$u_0=A_{u0}(u_P-u_N)$$

式中 u_P 为同相输入端的电压；u_N 为反相输入端的电压；A_{u0} 为运放的放大倍数。

理想运算放大器，如图 8-5-2 所示。对工作在线性区的理想运放，有两条重要法则：①两输入端之间的电压差趋于零，即：$u_P\approx u_N$；②两输入端不取用电流，即：$i_N=i_P\approx 0$。

2. 基本运算电路

（1）反相输入。如图 8-5-3 所示。

$$u_0=-\frac{R_F}{R_1}u_i$$

$$A_{uf}=-\frac{R_F}{R_1}$$

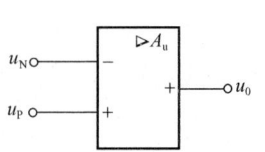
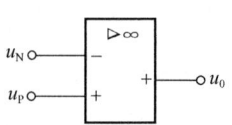
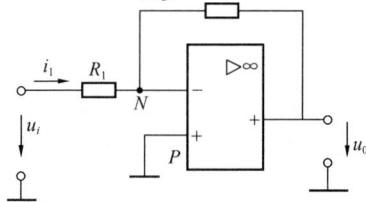

图 8-5-1　运算放大器符号　　图 8-5-2　理想运放符号　　图 8-5-3　反相比例运算电路

（2）同相输入。如图 8-5-4 所示。

$$u_0=\left(1+\frac{R_F}{R_1}\right)u_i$$

$$A_{uf}=\left(1+\frac{R_F}{R_1}\right)$$

当 $R_F=0$，或 $R_1=\infty$（开路）时，$A_{uf}=1$，相当于一跟随器，如图 8-5-5。

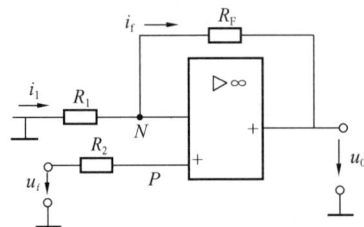
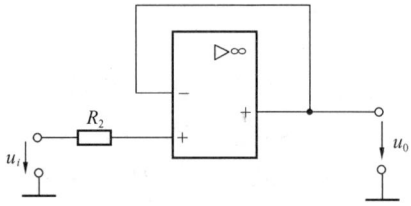

图 8-5-4　同相比例运算电路　　　　　图 8-5-5　电压跟随器

(3) 加法运算，如图 8-5-6 所示。

$$u_0=-\left(\frac{R_F}{R_{11}}u_{i1}+\frac{R_F}{R_{12}}u_{i2}+\frac{R_F}{R_{13}}u_{i3}\right)$$

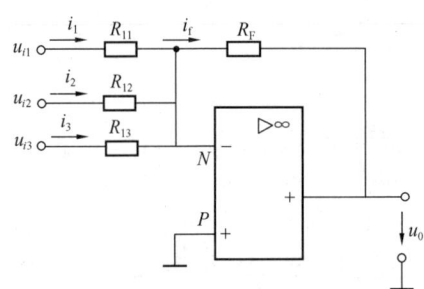
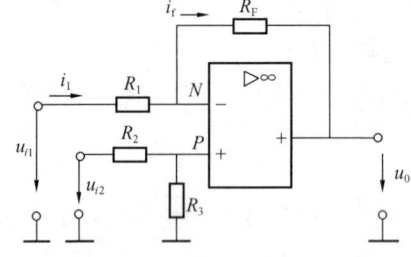

图 8-5-6　加法运算电路　　　　　图 8-5-7　减法运算电路

(4) 减法运算，如图 8-5-7 所示。

$$u_0=\left(1+\frac{R_F}{R_1}\right)\frac{R_3}{R_2+R_3}u_{i2}-\frac{R_F}{R_1}u_{i1}$$

当 $R_F=R_3$，$R_1=R_2$ 时，$u_0=\dfrac{R_F}{R_1}(u_{i2}-u_{i1})$

$$A_{uf}=\frac{u_0}{u_{i2}-u_{i1}}=\frac{R_F}{R_1}$$

(5) 积分运算，如图 8-5-8。

$$u_0=\frac{-1}{R_1C_F}\int u_i\,dt$$

式中 R_1C_F 称为积分时间常数，负号表示 u_0 与 u_i 反相。

3. 门电路

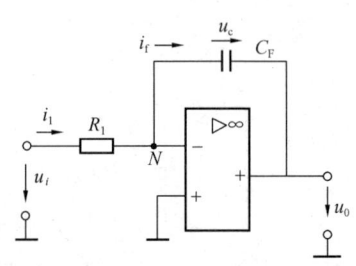

图 8-5-8　积分运算电路

(1) 逻辑运算

"与"运算、"或"运算、"非"运算的真值表分别见表 8-5-1、表 8-5-2、表 8-5-3。

"与"真值表　表 8-5-1

A	B	Z
0	0	0
0	1	0
1	0	0
1	1	1

"或"真值表　表 8-5-2

A	B	Z
0	0	0
0	1	1
1	0	1
1	1	1

"非"真值表　表 8-5-3

A	Z
0	1
1	0

逻辑代数的基本定律：

0−1律：$0+A=A$　　$1 \cdot A=A$
　　　　$1+A=1$　　$0 \cdot A=0$

重叠律：$A+A=A$　　$A \cdot A=A$

互补律：$A+\overline{A}=1$　　$A \cdot \overline{A}=0$

交换律：$A+B=B+A$　　　　　　　$A \cdot B=B \cdot A$

结合律：$A+(B+C)=(A+B)+C$　　$A \cdot (B \cdot C)=(A \cdot B) \cdot C$

分配律：$A \cdot (B+C)=AB+AC$　　$A+B \cdot C=(A+B)(A+C)$

反演律：$\overline{A+B}=\overline{A} \cdot \overline{B}$　　　　　　　　$\overline{A \cdot B}=\overline{A}+\overline{B}$

否定律：$\overline{\overline{A}}=A$

逻辑代数的基本定理：

定理1：$A+AB=A$　　　　　　　$A \cdot (A+B)=A$

定理2：$A+\overline{A}B=A+B$　　　　　$A(\overline{A}+B)=A \cdot B$

定理3：$AB+\overline{A}C+BC=AB+\overline{A}C$

(2) 逻辑门电路

分立元件门电路，如图 8-5-9 所示。

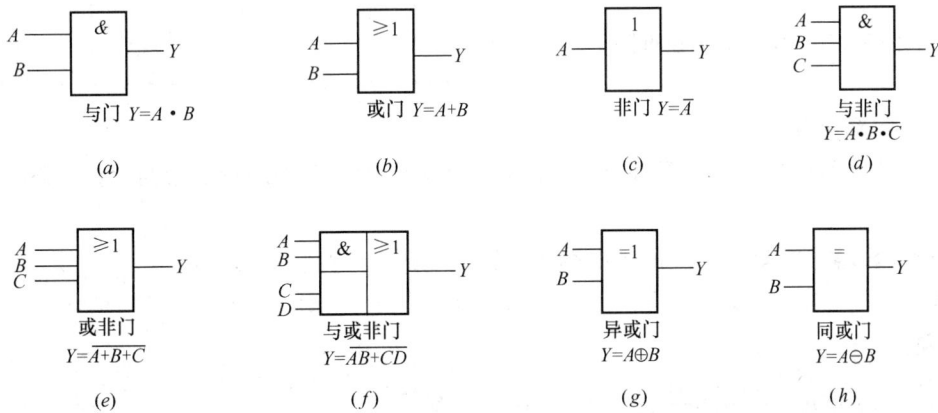

图 8-5-9　逻辑门电路

4. 触发器

由与非门组成的基本触发器。基本 R-S 触发器，见图 8-5-10 及表 8-5-4。

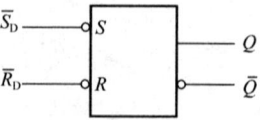

图 8-5-10 基本 R-S 触发器逻辑符号

基本 R-S 触发器功能表　表 8-5-4

S_D	R_D	Q
1	0	0
0	1	1
1	1	不变
0	0	不变

同步 R-S 触发器，见图 8-5-11 及表 8-5-5。

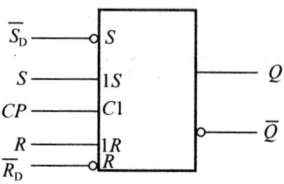

图 8-5-11 同步 R-S 触发器逻辑符号

同步 R-S 触发器功能表　表 8-5-5

S	R	Q^{n+1}
0	0	Q^n
0	1	0
1	0	1
1	1	不定

同步 D 触发器，见图 8-5-12 及表 8-5-6。

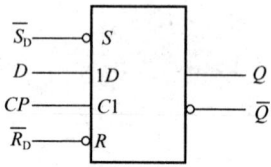

图 8-5-12 D 触发器逻辑符号

D 触发器功能表　表 8-5-6

D	Q^{n+1}
0	0
1	1

同步 JK 触发器，见图 8-5-13 及表 8-5-7。

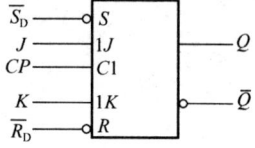

图 8-5-13 JK 触发器逻辑符号

JK 触发器功能表　表 8-5-7

J	K	Q^{n+1}
0	0	Q^n
0	1	0
1	0	1
1	1	$\overline{Q^n}$

三、解题指导

运放的电路计算中，注意理想运放的两个重要法则，对处理较复杂的运算电路时经常用到。

【例 8-5-1】 如图 8-5-14 所示电路中，输出电压 u_0 为（　　）。
A. $-3V$　　　　B. $-4V$　　　　C. $-6V$　　　　D. $-10V$

【解】 $A_{uf}=1$，

$$u_0=u_i=\frac{-10}{(3+2)\times 10^3}\times 2\times 10^3=-4V$$

所以应选 B 项。

【例 8-5-2】 如图 8-5-15 所示电路，由三个二极管和电阻 R 组成一个基本逻辑门电路，输入二极管的高电平和低电平分别是 4V 和 0V，电路的逻辑关系式是（　　）。

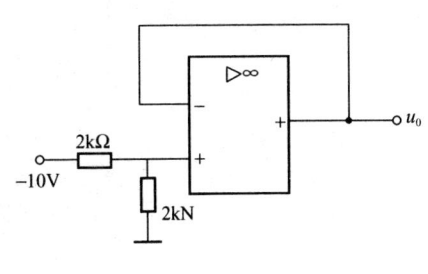
图 8-5-14

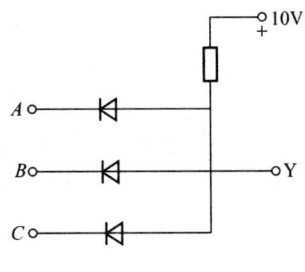
图 8-5-15

A. $Y=ABC$　　B. $Y=AB+C$　　C. $Y=A+B+C$　　D. $Y=(A+B)C$

【解】 当 A、B、C 中有一个输入为低电平时，输入为低电平的支路的二极管导通；输入为高电平的支路中的二极管反偏向截止，输出 Y 为低电平。故只有当输入 A、B、C 全为高电平时，输出 Y 才是高电压，所以 $Y=ABC$，故应选 A 项。

四、应试题解

1. 图 8-5-16 所示电路，该电路输入电压 u_1、u_2，输出电压 u_0，则其关系应为( )。

A. $u_0=\dfrac{R_F}{R_1}(u_1+u_2)$ 　　　　B. $u_0=\left(1+\dfrac{R_F}{R_1}\right)(u_1+u_2)$

C. $u_0=\dfrac{R_F}{2R_1}(u_1+u_2)$ 　　　　D. $u_0=\left(1+\dfrac{R_F}{R}\right)(u_1+u_2)$

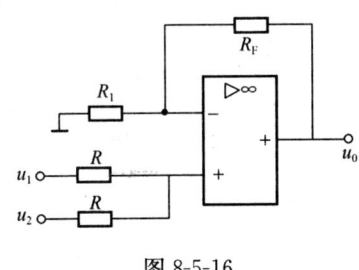
图 8-5-16

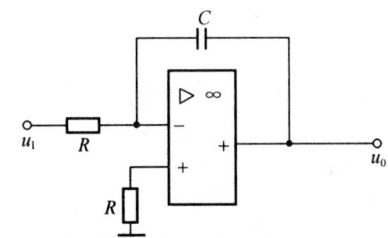
图 8-5-17

2. 图 8-5-17 所示电路，u_1 是幅值为 U 的阶跃电压，则输出电压 u_0 的表达式为( )。

A. $Ue^{-\frac{t}{RC}}$ 　　B. $-\dfrac{ut}{RC}$ 　　C. $U(1-e^{-\frac{t}{RC}})$ 　　D. $-\dfrac{du}{RCdt}$

3. 图 8-5-18 所示积分电路，已知 $R=10\text{k}\Omega$，$C=10\mu F$，在 $t<0$ 时，$u_0=0V$，$t=0$ 时，介入 $U_1=2V$ 的直流电压，则 u_0 从 0V 下降到 $-5V$ 时所用的时间为( )s。

A. 0.25　　B. 0.5　　C. 0.4　　D. 2.5

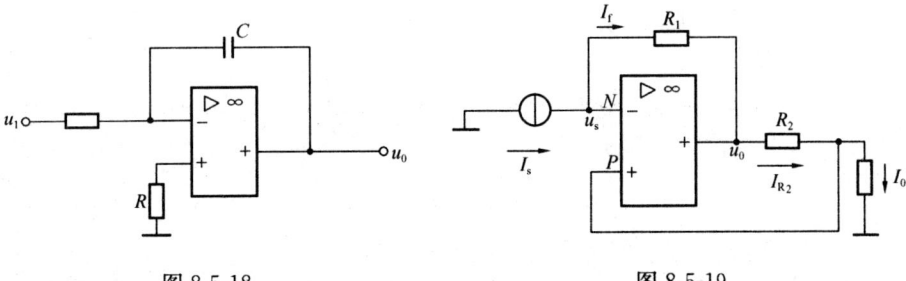

图 8-5-18　　　　　　　　　　图 8-5-19

4. 图 8-5-19 所示电路，其输出电流 I_0 与输入电流 I_s 之间的关系为（　　）。

A. $I_0=\dfrac{R_2}{R_1}I_s$　　B. $I_0=\dfrac{R_1}{R_2}I_s$　　C. $I_0=-\dfrac{R_1}{R_2}I_s$　　D. $I_0=\left(-\dfrac{R_2}{R_1}+R_2\right)I_s$

5. 图 8-5-20 所示电路中能够实现 $u_0=-u_i$ 运算关系的电路是（　　）。

A. 图(a)　　B. 图(b)　　C. 图(c)　　D. 图(a)、图(b)

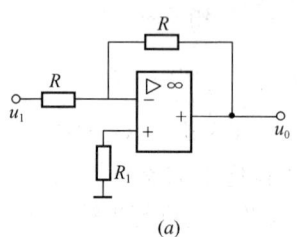
(a)

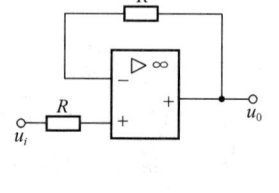
(b)

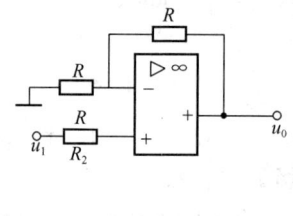
(c)

图 8-5-20

6. 图 8-5-21 所示电路，当开关 S 断开时，电路的运算关系是（　　）。

A. $u_0=9u_i$　　B. $u_0=-8u_i$

C. $u_0=13u_i$　　D. $u_0=-12u_i$

7. 题目条件同题 6，当开关 S 闭合时，电路的放大倍数 A_{af} 之值为（　　）。

A. -2.4　　B. -3.6

C. -4.8　　D. -6.0

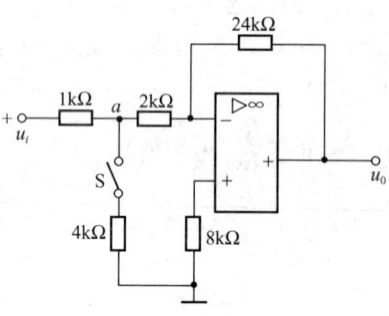

图 8-5-21

8. 图 8-5-22 所示电路，欲使 $u_0=4u_i$，R_F 应取为（　　）。

A. $3k\Omega$　　B. $8k\Omega$　　C. $6k\Omega$　　D. $12k\Omega$

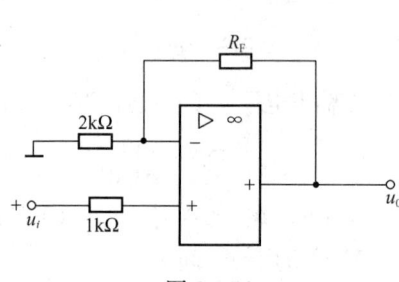

图 8-5-22

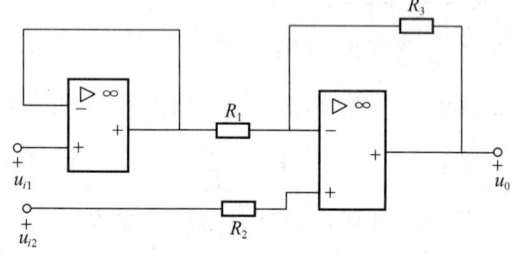

图 8-5-23

9. 图 8-5-23 所示电路的运算关系是（　　）。

A. $u_0=u_{i2}-\dfrac{R_3}{R_1}u_{i1}$　　　　　　B. $u_0=u_{i2}+\dfrac{R_3}{R_1}(u_{i2}-u_{i1})$

C. $u_0=u_{i1}-\dfrac{R_3}{R_1}u_{i2}$　　　　　　D. $u_0=u_{i2}+\dfrac{R_3}{R_1}(u_{i1}-u_{i2})$

10. 图 8-5-24 所示电路，A、B 端输入信号均为方波，D_A、D_B 是理想的二极管，当 K 点电位等于 3V 时，三极管饱和导通，这个电路是一个（　　）。

A. 与门　　B. 非门　　C. 与非门　　D. 或非门

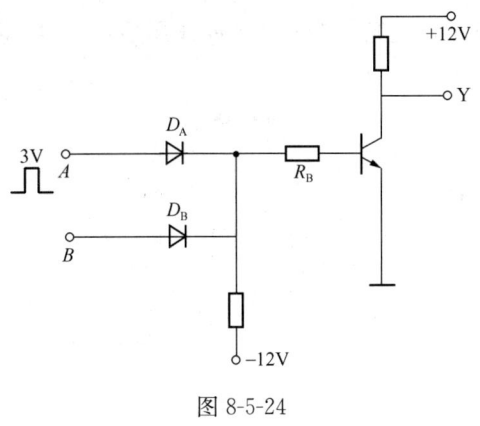
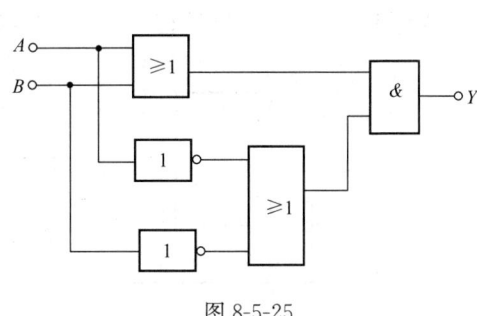

图 8-5-24　　　　　　　　　　　　图 8-5-25

11. 图 8-5-25 所示电路的逻辑式是(　　)。
   A. $Y=A\overline{B}+B\overline{A}$　　　　B. $Y=(A+B)\overline{AB}$
   C. $Y=AB+\overline{A}\;\overline{B}$　　　　D. $Y=AB(\overline{A}+\overline{B})$

12. 现有一个三输入端与非门，需要把它用作反相器(非门)，则图 8-5-26 电路中正确的是(　　)。
   A. 图(a)　　B. 图(b)　　C. 图(c)　　D. 图(d)

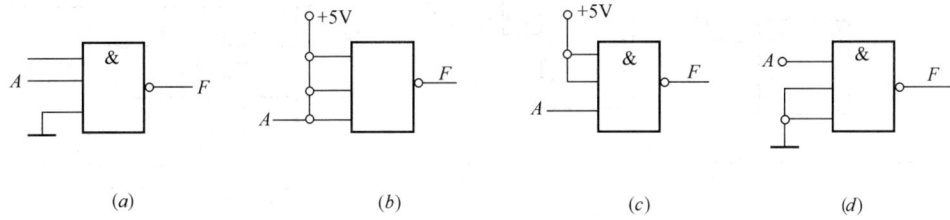

图 8-5-26

13. JK 触发器，在 $J=1$，$K=1$ 时，其 CP 端每输入一个计数脉冲后，该触发器的次态 Q_{n+1} 等于(　　)。
   A. 0　　　　B. 1　　　　C. $\overline{Q}_n$　　　　D. Q_n

14. 图 8-5-27 所示电路，D 触发器完成的逻辑功能是(　　)。
   A. 置 1　　B. 置 0　　C. $Q_{n+1}=\overline{Q}_n$(翻转)　　D. $Q_{n+1}=Q_n$(保持)

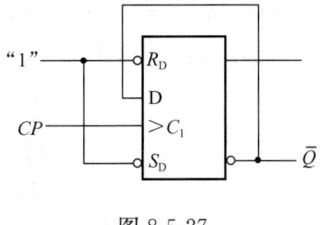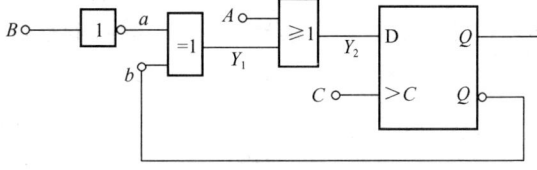

图 8-5-27　　　　　　　　　　　　图 8-5-28

15. 逻辑电路如图 8-5-28 所示，当 $A=$"0"，$B=$"1"时，C 脉冲来到后，D 触发器应(　　)。
   A. 置"0"　　B. 置"1"　　C. 是有计数功能　　D. 保持原状态

16. 图 8-5-29 所示两个主从型 JK 处发起组成的逻辑电路，设 Q_1、Q_2 的初始态是 00，

379

已知输入信号 A 和脉冲信号 CP 的波形如图(b)所示,当第二个 CP 脉冲作用后,Q_1Q_2 将变为(   )。

    A. 11   B. 10   C. 01   D. 00

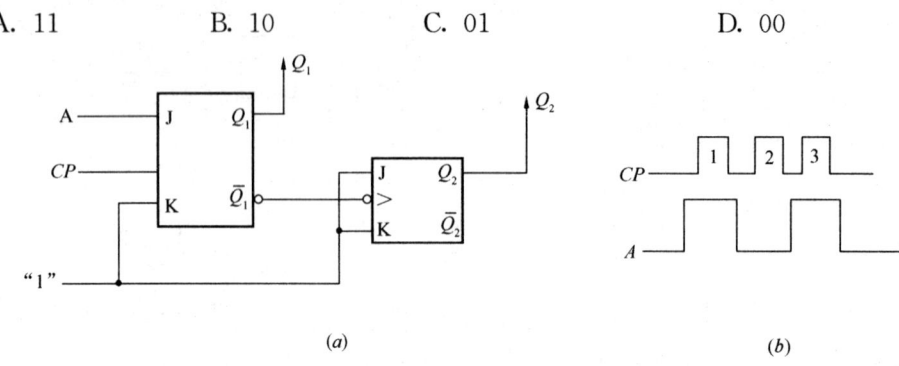

图 8-5-29

17. 图 8-5-30 所示由两个维持阻塞型 D 触发器组成的电路,设 Q_1Q_2 的初始态是 00,已知 CP 脉冲波形,则 Q_2 的波形是(   )。

    A. 图(a)   B. 图(b)   C. 图(c)   D. 图(d)

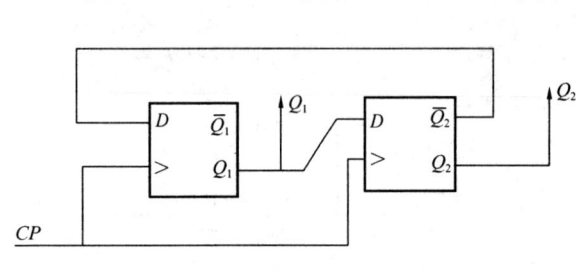

图 8-5-30

18. 题目条件同题 17,则 Q_1 的波形是图 8-5-30 中的(   )。

    A. 图(a)   B. 图(b)   C. 图(c)   D. 图(d)

19. 图 8-5-31 所示由 D、JK 触发器组成的电路,设 Q_A、Q_B 的初始态为 00,脉冲到来前 D=1,当第一个 CP 脉冲作用后,Q_AQ_B 将变为(   )。

    A. 01   B. 10   C. 00   D. 11

20. 图 8-5-32 所示电路,二极管视为理想元件,即正向电压降为零,反向电阻为无穷大,三极管的 $\beta=100$。输入信号 U_A、U_B 的高电平是 3.5V(逻辑 0),低电平是 0.3V(逻

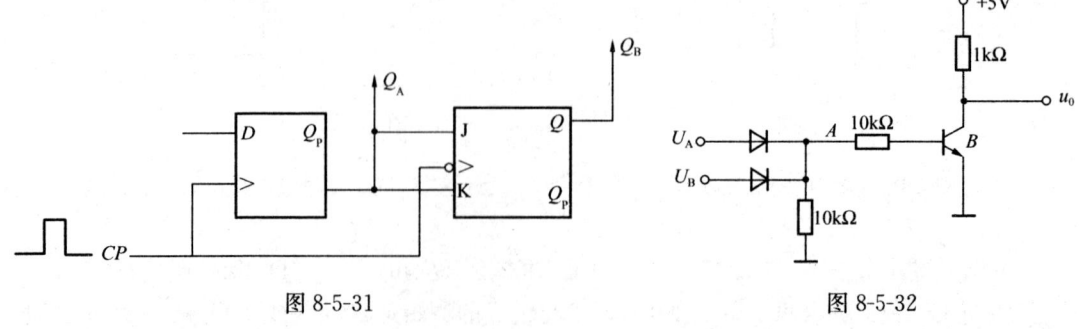

图 8-5-31   图 8-5-32

0），若该电路的输出电压 u_0 为高电平时定为逻辑1，则图示电路应为下列（　　）逻辑门。

A. 与门　　　　B. 与非门　　　　C. 或门　　　　D. 或非门

第六节　答　案　与　解　答

一、第一节　电磁学概念与电路知识

1. D　2. D　3. B　4. A　5. C　6. C　7. A　8. A　9. B　10. C
11. C　12. A　13. C　14. C　15. D　16. C　17. B　18. B　19. B　20. C
21. C　22. A　23. A　24. B　25. D　26. B　27. D　28. D　29. C

1. D. 解答如下：

$$\Delta U = \frac{W}{q_0} = \frac{1}{q_0}\int_{r_1}^{r_2} F dl = \frac{1}{q_0}\int_{r_1}^{r_2} Eq_0 dl = \int_{r_1}^{r_2} \frac{\eta}{2\pi\varepsilon_0} \cdot \frac{1}{r} dr = \left[\frac{\eta}{2\pi\varepsilon_0} \cdot \ln r\right]_{r_1}^{r_2}$$

所以 $\Delta U = \frac{\eta}{2\pi\varepsilon_0}[\ln 2 - \ln 1] = \frac{\eta}{2\pi\varepsilon_0}\ln 2$

2. D. 解答如下：

$$\varepsilon = -\frac{d\Phi}{dt} = -\frac{Bv\, dt \cdot l\sin\alpha}{dt} = -Bvl\sin\alpha$$

$$I = \frac{|\varepsilon|}{R} = \frac{Bvl\sin\alpha}{R} = \frac{0.5\times 8\times 0.5\times \frac{\sqrt{3}}{2}}{4} = 0.433\text{A}$$

3. B. 解答如下：

$$\varepsilon = -\frac{d\Phi}{dt} = \frac{(18-12)\times 10^{-3}}{0.04} = 0.15\text{V}$$

5. C. 解答如下：

叠加原理，当放在 b 处时，$I_2 = \frac{12}{4+2} \cdot \frac{1}{2} = 1\text{A}$

所以　　　　　　　　$I = I_1 + I_2 = 4+1 = 5\text{A}$

6. C. 解答如下：

$U_{a'b'} = \frac{6}{5+3}\times 5 = \frac{15}{4}\text{V}$，则：

$U_{ab} = \frac{15}{4} - 3 = \frac{3}{4}\text{V}$

7. A. 解答如下：

叠加原理：$I_{ab} = \frac{6}{3} + \frac{-3}{\frac{3\times 5}{3+5}} = 2 - 1.6 = 0.4\text{A}$

8. A. 解答如下：

令 $U_A = 0$，则：$U_C = 1\times 2 + 0 = 2\text{V}$,
　　　　　$U_B = U_C - 1\times 5 + 3 = 2 - 5 + 3 = 0$，所以 $U_{AB} = 0$。

9. B. 解答如下：

叠加原理，当串联 6V 电源时，其电流 I_2 为：原电路图中电压源短路、电流源开路，

381

即：$I_2 = \dfrac{6}{4+5+\dfrac{6\times 4}{6+4}} = 0.526\text{A}$

所以 $I = -0.15 + 0.526 = 0.376\text{A}$

10. C. 解答如下：

等效电阻 R_0：$R_0 = 1 + 4 = 5\Omega$

等效电流 I_s：在 CDEF 回路中，$U_{DE} = -10 + 1\times 5 = -5$

$$U_{AB} = 3 + U_{DE} = 3 - 5 = -2$$

所以 $$I_s = \dfrac{U_{AB}}{R_0} = -\dfrac{2}{5}\text{A}$$

11. C. 解答如下：

$R = \dfrac{U}{I} = \dfrac{380-220}{P_1/U_1} = \dfrac{160}{8}\times 220 = 4400\Omega$

12. A. 解答如下：

$U_C = \dfrac{E}{R_1+R_2}\cdot R_2 = \dfrac{9}{1+8}\cdot 8 = 8\text{V}$

13. C. 解答如下：

$$U_{ab} = -I_{s1}\cdot R_1 = -0.5\times 5 = -2.5\text{V}$$

14. C. 解答如下：

本题图中电压源为理想电压源，理想电压源不同于实际电压源。

15. D. 解答如下：

F 与距离的平方成反比，则：$\dfrac{F_0}{F} = \left(\dfrac{r}{r_0}\right)^2 = \left(\dfrac{2}{8}\right)^2 = \dfrac{1}{16}$

所以 $F_0 = \dfrac{F}{16}$

16. C. 解答如下：

$R = \dfrac{U_2}{I} = \dfrac{200-100}{P_1/U_1} = \dfrac{100}{2}\times 100 = 5000\Omega$

$P = U_2^2/R = \dfrac{100^2}{5000} = 2\text{W}$

17. B. 解答如下：

由定义可知：$E = \dfrac{q}{4\pi\varepsilon_0 r^2}$

19. B. 解答如下：

开关闭合前：$U_A = \dfrac{4\times 10^3}{(4+8)\times 10^3}\times 12 = 4\text{V}$

$$U_B = \dfrac{2\times 10^3}{(1+2)\times 10^3}\times 6 = 4\text{V}$$

所以 $U_A = U_B$，开关 S 闭合后，线上电位相等，U_A 仍等于 U_B，故经过开关 S 的电流为 0。

20. C. 解答如下：

不接电流表之前，电阻上电流为：$I_R = \dfrac{U_R}{R} = \dfrac{220}{30} = 7.3\text{A}$

工程上选用 $\dfrac{2}{3}$ 量程来进行量测电流，故量程为：$7.3 \times \dfrac{3}{2} = 10\text{A}$。

21. C. 解答如下：

$$\mathcal{E} = -\dfrac{\mathrm{d}\varPhi}{\mathrm{d}t} = -\dfrac{Bv\mathrm{d}t \cdot l}{\mathrm{d}t} = -Bvl$$

$$I = \dfrac{\mathcal{E}}{R} = \dfrac{-Blv}{R}$$

22. A. 解答如下：

输出 R_0：$R_0 = \dfrac{2 \times 3}{2+3} = 1.2\text{k}\Omega$

开路电压 U_0：$U_0 = 10 - \dfrac{(10-6) \times 3 \times 10^3}{(2+3) \times 10^3} = 10 - 2.4 = 7.6\text{V}$

23. A. 解答如下：

$I_1 = \dfrac{E}{R_1} = \dfrac{6}{100} = 0.06\text{A}$，

$I_2 = \dfrac{E}{R_2} = \dfrac{6}{50} = 0.12\text{A}$

24. B. 解答如下：

(1) S 断开后：$U_A = U_2 - I \cdot R_3 = U_2 - \dfrac{U_1 + U_2}{\Sigma R} \cdot R_3 = 12 - \dfrac{(12+12) \times 16 \times 10^3}{(4+4+16) \times 10^3} = -4\text{V}$

(2) S 闭合后：$U_A = U_2 - I \cdot R_3 = U_2 - \dfrac{U_2}{R_2 + R_3} \cdot R_3 = 12 - \dfrac{12 \times 16 \times 10^3}{(4+16) \times 10^3} = 2.4\text{V}$

25. D. 解答如下：

当电路元件的电压、电流方向一致时，$P = UI$，元件吸收功率。

26. B. 解答如下：

与理想电压源并联的 10Ω 电阻对外电路不起作用，视作短路，则

内阻 R_0：$R_0 = \dfrac{4 \times 4}{4+4} = 2\Omega$，

理想电流 I_s：$I_s = \dfrac{20}{2} = 10\text{A}$。

27. D. 解答如下：

由叠加原理，当电流源单独作用时，$U'_{ab} = -I_s \cdot \dfrac{R_2 R_3}{R_2 + R_3}$

$$U'_{ab} = -5 \times \dfrac{6 \times 6}{6+6} = -15\text{V}$$

当电压源单独作用时：$U''_{ab} = -\dfrac{E \cdot R_3}{R_2 + R_3} = -\dfrac{12 \times 6}{6+6} = -6\text{V}$

所以 $\qquad U_{ab} = U'_{ab} + U''_{ab} = -15 - 6 = -21\text{V}$

28. D. 解答如下：

设电流通过 R_3 为 I_3，则：$I_3=I_1+I_2$

列出左、右两边独立的 KVL 方程：$I_1R_1+I_3R_3=E_1$，

$$I_2R_2+I_3R_3=E_2，即为：4I_1+40I_3=20，10I_2+40I_3=40$$

联解上述方程：$I_1=-1\text{A}$，$I_2=1.6\text{A}$

29. C. 解答如下：

由节点法公式可得 $U_{OO'}$：$U_{OO'}=\dfrac{\dfrac{-24}{20}+\dfrac{24}{10}+\dfrac{24}{10}}{\dfrac{1}{20}+\dfrac{1}{10}+\dfrac{1}{10}+\dfrac{1}{4}}=7.2\text{V}$

$$I_0=-\dfrac{U_{OO'}}{4}=-\dfrac{7.2}{4}=-1.8\text{A}$$

二、第二节 正弦交流电路、变压器和电动机

1. C	2. B	3. C	4. C	5. D	6. A	7. C	8. C	9. B	10. D
11. C	12. C	13. B	14. C	15. C	16. A	17. C	18. D	19. B	20. C
21. B	22. B	23. C	24. B	25. C	26. C	27. B	28. D	29. B	30. D
31. B	32. C	33. C	34. B	35. A	36. C	37. B	38. A	39. D	40. B
41. C	42. A	43. B	44. C	45. D	46. A	47. B			

3. C. 解答如下：

1 度 = 1 千瓦·时，则：$0.4\times\dfrac{120}{60}=0.8$ 度

4. C. 解答如下：

$i(t)=10\cos(314t+60°)=10\sin(314t+60°+90°)$

$i(t)$ 比 $u(t)$ 超前 $90°$，电路元件为电容。

5. D. 解答如下：

$\dfrac{1}{Z}=\dfrac{1}{Z_1}+\dfrac{1}{Z_2}$，则：$Z=\dfrac{Z_1\cdot Z_2}{Z_1+Z_2}$，$|Z|=\left|\dfrac{Z_1Z_2}{Z_1+Z_2}\right|$

6. A. 解答如下：

电流通过 R 的读数：$I_R=\dfrac{u(t)}{R}=10\sqrt{2}\sin\omega t$，即读数为 10A；

又 $\dot{I}=\dot{I}_R+\dot{I}_L+\dot{I}_C$，由复相量计算可知：$I=I_R$，所以表 A_3 的读数为 10A。

7. C. 解答如下：

并联谐振时，电路电流相量图见图 8-6-1。

$$I_L=\sqrt{I_C^2+I^2}=\sqrt{10^2+20^2}=22\text{mA}$$

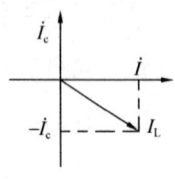

图 8-6-1

10. D. 解答如下：

1 只白炽灯的电阻 R：$R=\dfrac{U^2}{P}=\dfrac{220^2}{40}=1210$

$\dot{U}_B=220\underline{/30°}-120°=220\underline{/-90°}$

$\dot{I}_B=\dfrac{\dot{U}_B}{R/n}=\dfrac{220°\underline{/-90°}}{1210/15}=2.727\underline{/-90°}$

11. C. 解答如下：

$P=3U_\text{p}I_\text{p}\cos\varphi$，则：$\cos\varphi=\dfrac{P}{3U_\text{p}I_\text{p}}=\dfrac{3200}{3\times220\times6.1}=0.795$

$|Z|=\dfrac{U_\text{B}}{I_\text{p}}$，则：$|Z|=\dfrac{220}{6.1}=36.07$，即有：

$$\sqrt{R^2+X_\text{L}^2}=36.07$$

由 $\cos\varphi=\dfrac{R}{|Z|}=\dfrac{R}{36.07}=0.795$，则：$R=28.675$，取 R 为 29Ω。

$X_\text{L}=\sqrt{36.07^2-29^2}=21.45\Omega$，取 X_L 为 22Ω。

12. C. 解答如下：
电容、电感的平均功率均为零。

13. B. 解答如下：

$|Z|=\sqrt{9^2+6.32^2}=10.997$，取 $|Z|$ 为 11Ω。

$I=\dfrac{u_\text{p}}{|Z|}=\dfrac{220\sqrt{2}}{11}=10\sqrt{2}\text{A}$，电流表读数为 10A。

14. C. 解答如下：
如图 8-6-2 所示，1 脚接保护零线；2、3 脚分别接单相相线和工作零线。

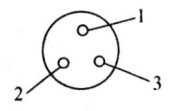

图 8-6-2

15. C. 解答如下：

$$I=\dfrac{P}{U}=\dfrac{20\times10^3}{3300}=6.06\text{A}$$

16. A. 解答如下：

$$K=\dfrac{N_1}{N_2}=\dfrac{U_1}{U_2}，则：\dfrac{550}{N_2}=\dfrac{220}{24/1}，N_2=60 \text{ 匝}$$

17. C. 解答如下：

$$\dfrac{P}{n}=3U_\text{p}I_\text{p}\cos\varphi，则：I_\text{p}=\dfrac{2200}{0.81\times3\times220\times0.82}=5.02\text{A}$$

23. C. 解答如下：

$$Z=\dfrac{\dot U}{\dot I}=5\underline{/-30°+90°}=5\underline{/60°}$$

24. B. 解答如下：

$$P=3U_\text{p}I_\text{p}\cos\varphi=3\cdot\dfrac{U_\text{p}^2}{|Z|}\cdot\cos60°=3\cdot\dfrac{220^2}{22}\cdot\dfrac{1}{2}=3.3\text{kW}$$

25. C. 解答如下：

$$\dot u(t)=100\sqrt{2}\sin(\omega t-45°)$$

$t=0$ 时，$u(0)=100\sqrt{2}\sin(-45°)=-100\text{V}$

27. B. 解答如下：
$\cos\varphi=1$，则 $\varphi=0°$，端口电压和电流同相，故电路电流的相位图见图 8-6-3。

所以 $I=\sqrt{I_1^2-I_C^2}=6\text{A}$

28. D. 解答如下：

$$K=\frac{380}{190}=2, \quad |Z'|=K^2 \cdot |Z|=4\times 12=48\Omega$$

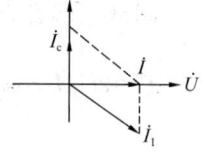

图 8-6-3

29. B. 解答如下：

$Z=R+\text{j}(X_C-X_L)$，当 $X_C=X_L$ 时，发生串联谐振，

又 $X_C=\dfrac{1}{\omega c}=\dfrac{1}{2\pi f_C}$，由条件知 $X_C<X_L$，故 X_C 应增大，即 C 必须减小。

30. D. 解答如下：

由于 R_3 与 L 串联，故 i_3 与 $u(t)$ 的相位关系不能确定，所以无法确定 $\dot{I}_1$。

31. B. 解答如下：

$$P=\dot{U}\dot{I}=|u|\cdot|i|\cdot\cos\varphi=\frac{141}{\sqrt{2}}\cdot\frac{141}{\sqrt{2}}\cdot\frac{\sqrt{3}}{2}=861\text{W}$$

33. C. 解答如下：

R 与 X_{L2}、X_{C2} 并联，其等效复阻抗为：$\dfrac{1}{Z_{01}}=\dfrac{1}{10}+\dfrac{1}{\text{j}10}+\dfrac{1}{-\text{j}10}$，$Z_{01}=10\Omega$；又 Z_{01} 与 X_{L1}、X_{C2} 串联，其等效复阻抗 Z 为：$Z=10+4\text{j}-4\text{j}=10\Omega$

34. B. 解答如下：

(1) 副边电流 I_2：$\dfrac{I_2}{I_1}=\dfrac{U_1}{U_2}$，则：$I_2=\dfrac{U_1}{U_2}\cdot I_1=\dfrac{3300}{220}\cdot\dfrac{10\times 10^3}{3300}=\dfrac{10\times 10^3}{220}$

(2) 一盏日光灯的额定电流 I_0：$I_0=\dfrac{P}{u\cos\varphi}=\dfrac{40}{220\times 0.88}$

(3) 总盏数 n：$n=\dfrac{I_2}{I_0}=\dfrac{10\times 10^3}{220}\cdot\dfrac{220\times 0.88}{40}=220$

35. A. 解答如下：

(1) 因为 i_1 与 u 同相，则元件 1 为纯电阻，$|Z_1|=\dfrac{100}{10}=10\Omega$，

(2) 因为 i_3 比 u 超前 $135°-35°=90°$，则元件 2 为电容，$|Z_2|=\dfrac{100}{20}=5\Omega$

$$\dfrac{1}{\omega C}=5; \quad \text{则}：C=\dfrac{1}{5\omega}=\dfrac{1}{5\times 10}=0.02\text{F}$$

(3) 因为 i 与 u 同相，元件 2 与元件 3 发生谐振，则：

$$\dfrac{1}{\omega C}=\omega L, \quad \text{即}：L=\dfrac{1}{C\omega^2}=\dfrac{1}{0.02\times 10\times 10}=0.5\text{H}$$

36. C. 解答如下：

$Z=R+\text{j}(X_C-X_L)$，当 $X_C>X_L$，电路为容性电路，故 U 滞后于 I。

37. B. 解答如下：

$$P=UI\cos\varphi=220\times 4\times\cos(10°+20°)=762\text{W}$$

38. A. 解答如下：

$\dot{U}=\dot{U}_R+\dot{U}_L$，由复相量运算可知：$U=\sqrt{8^2+(1\times 6)^2}=10\text{V}$

39. D. 解答如下：

$\dot{I}=\dot{I}_1+\dot{I}_2+\dot{I}_3$,又 i_1,i_2,i_3 的相位差为 $120°$,故 I 为零。

40. B. 解答如下：

$Z_1=R_1+j\times L_1=5+j\cdot 2\pi\times 50\times 1.05\times 10^{-3}=5+j0.33$

$Z_2=R_2+j\times L_2=20+j\cdot 2\pi\times 50\times 80.5\times 10^{-3}=20+j25.3$

$Z=Z_1+Z_2=25+j25.63$

总功率 P：$P=I^2R=20^2\times 25=10\times 10^3$ W

总无功功率 Q：$Q=I^2X=20^2\times 25.63=10252$ var

41. C. 解答如下：

$Z_1=5+j5.33$，$Z_2=20-j25.33$

$Z=Z_1+Z_2=25-j20$

总电压 U：$U=I\cdot |Z|=10\times\sqrt{25^2+20^2}=320.2$ V

总功率 P：$P=I^2R=10^2\times 25=2500$ W

42. A. 解答如下：

$Z_1=R_1+jX_1=4+j13=13.6\underline{/72.9°}$

$Z_2=R_2+jX_2=8+j4=8.94\underline{/26.6°}$

则：$\dot{I}_1=\dfrac{\dot{U}}{Z_1}=\dfrac{240\underline{/0°}}{13.6\underline{/72.9°}}=17.64\underline{/-72.9°}=-16.86+j5.18$

$\dot{I}_2=\dfrac{\dot{U}}{Z_2}=\dfrac{240\underline{/0°}}{8.94\underline{/26.6°}}=26.84\underline{/-26.6°}=-12.02+j24.0$

所以 $\dot{I}=\dot{I}_1+\dot{I}_2=-28.88+j29.18=41.06\underline{/-45.3°}$ A

$P=UI\cdot\cos\varphi=240\times 41.06\times\cos(-45.3°)=6932$ W

43. B. 解答如下：

$X_C=\dfrac{1}{2\pi f_0 C}=\dfrac{1}{2\pi\times 200\times 10^3\times 80\times 10^{-12}}=2500\Omega$

$I_0=\dfrac{U}{R}=\dfrac{50}{25}=2$ A

$U_C=I_0 X_C=2\times 2500=5000$ V

44. C. 解答如下：

求 ab 两端等效阻抗 Z_{ab} 时，将电压源视为短路，节点 c、d 上部阻抗并联，下部阻抗并联，然后两者串联，即：

$Z_{ab}=\dfrac{(1+j1)(1-j1)}{(1+j1)+(1-j1)}+\dfrac{1\times 1}{1\times 1}=1.5\Omega$

$\dot{U}_{ab}=20\times\dfrac{1-j1}{(1+j1)+(1-j1)}-20\times\dfrac{1}{1+1}=-j10$ V

46. A. 解答如下：

$$n=(1-s)h_0=(1-s)\cdot\frac{60+1}{P}=(1-3\%)\cdot\frac{60\times50}{4}=727.5\text{r/min}$$

三、第三节 *R-C* 和 *R-L* 电路频率特性

1. B 2. B 3. D 4. C 5. A 6. B 7. B 8. C 9. A 10. C

1. B. 解答如下：

求时间常数时，将电容视为开路，电压源视为短路，则：

$$\tau=C\cdot R=\left(R_1+\frac{R_2\cdot R_3}{R_2+R_3}\right)C$$

2. B. 解答如下：

(1) 求时间常数 τ：将电压源视为短路，电感视为断开。

$$R=\frac{R_1\cdot R_2}{R_1+R_2}=\frac{6\times3}{6+3}=2\Omega$$

$$\tau=\frac{L}{R}=\frac{1}{2},\ -\frac{t}{\tau}=-2t$$

(2) 求 $i(0_+)$：$i(0_+)=i(0_-)=\frac{24}{6}=4\text{A}$

叠加原理：$\frac{U_s}{R}=\frac{U_{s1}}{R_1}+\frac{U_{s2}}{R_2}=\frac{24}{6}+\frac{6}{3}=4+2=6\text{A}$

所以 $i(t)=\frac{U_s}{R}+\left[i(0_+)-\frac{U_s}{R}\right]e^{-\frac{t}{\tau}}=5+(4-6)e^{-2t}=5-2e^{-2t}$

3. D. 解答如下：

(1) 时间常数 τ：电压源短路，电容断开。

$$R=\frac{R_1\cdot R_2}{R_1+R_2},\ \tau=RC=\frac{6\times3}{6+3}\times10^3\times10\times10^{-6}=2\times10^{-2}\text{s},\ -\frac{t}{\tau}=-50t$$

(2) 求 $u_C(0_+)$、$u_C(\infty)$：$u_C(0_+)=u_C(0_-)=1\text{V}$

$$u_C(\infty)=\frac{u_s}{R_1+R_2}\cdot R_2=\frac{6}{(6+3)\times10^3}\times3\times10^3=2\text{V}$$

所以 $u_C(t)=2+[1-2]e^{-50t}=2-e^{-50t}$

4. C. 解答如下：

$i(\infty)=0$，$i(0_+)=i(0_-)=\frac{U_s}{R_1+R_2}=\frac{12}{1+2}=4\text{A}$

$\tau=\frac{L}{R}=\frac{L}{R_2+R_3}=\frac{2}{2+2}=\frac{1}{2}\text{s},\ -\frac{t}{\tau}=-2t,\ i(t)=4e^{-2t}$

5. A. 解答如下：

$$u_C(0_+)=u_C(0_-)=\frac{u_s}{R_1+R_2+R_3}\cdot R_3=\frac{6}{2+2+2}\cdot2=2\text{V}$$

$u_C(\infty)=0$

$$\tau = R \cdot C = \frac{R_2 \cdot R_3}{R_2 + R_3} \cdot C = \frac{2 \times 2 \times 10^3}{2+2} \times 1 \times 10^{-6} = 1 \times 10^{-3}$$

所以 $u_C(t) = u_C(\infty) + [u_C(0_+) - u_C(\infty)]e^{-\frac{t}{\tau}} = 0 + [0-2]e^{-1000t} = -2e^{-1000t}$

6. B. 解答如下：

$I_L(0_+) = I_L(0_-) = 0$，

$u_L(t) = [U_s - Ri(0_+)]e^{-\frac{t}{\tau}} = (U_1 - 0)e^{-\frac{t}{\tau}} = U_1 e^{-\frac{t}{\tau}}$

7. B. 解答如下：

电感电流受换路定则控制，不会发生跃变，而电容电压也不会发生跃变，其他电压电流的变化由基尔霍夫定律确定，可能发生也可能不发生跃变。

8. C. 解答如下：

$u_C(0_+) = u_C(0_-) = 0.5$，$u_C(\infty) = 1V$

$\tau = RC = 2 \times \frac{1}{4} = \frac{1}{2}$，$-\frac{t}{\tau} = -2t$

所以 $u_C(t) = 1 + (0.5 - 1)e^{-2t} = 1 - 0.5e^{-2t}$

9. A. 解答如下：

因为 $u_C(t) = u_C(\infty) + [u_C(0_+) - u_C(\infty)]e^{-\frac{t}{\tau}}$

$$i(t) = C\frac{du_C}{dt} = C \cdot [u_C(0_+) - u_C(\infty)]e^{-\frac{t}{\tau}} \cdot \left(\frac{-1}{\tau}\right)$$

$$= -\frac{1}{R} \cdot [u_C(0_+) - u_C(\infty)]e^{-\frac{t}{\tau}}$$

$$= \frac{1}{R}[u_C(\infty) - u_C(0_+)]e^{-\frac{t}{\tau}}$$

10. C. 解答如下：

开关 S 闭合前的 $i_L(0_-)$：$i_L(0_-) = \frac{30}{4} = 7.5A$

换路后，$i_L(0_+) = i_L(0_-) = 7.5A$，并且换路后的等效电路见图 8-6-4，其中电感电流的初始值由替代定律，用电流源代替，$I_{st} = 7.5A$。

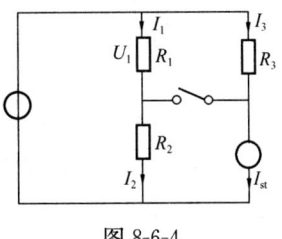

图 8-6-4

$I_1 + I_3 = I_2 + I_{st}$，即：

$$\frac{U_1}{6} + \frac{U_1}{4} = \frac{30 - U_1}{4} + 7.5$$

解之得：$U_1 = 22.5V$

四、第四节 模拟电子技术

1. D 2. B 3. B 4. C 5. D 6. C 7. B 8. C 9. C 10. D
11. A 12. C 13. C 14. C 15. A 16. A 17. D 18. C 19. A 20. C
21. B 22. B 23. D

1. D. 解答如下：

通常正常工作时硅二极管的正向导通电压为 0.7V，锗二极管为 0.3V。

2. B. 解答如下：
$$I_2 = \frac{20-12}{R} = \frac{20-12}{1 \times 10^3} = 8\text{mA}$$

3. B. 解答如下：

$u_i > 0$ 时，$u_0 = u_i - 3$，则其最大值为 5V；

$u_i < 0$ 时，$u_0 = 0$。

4. C. 解答如下：

$u_2(t) = 100\sqrt{2}\sin 314t$，则 V_1 表读数为 $U_2(t)$ 的有效值 100V；V_2 表读数为 V_1 表读数的 0.9 倍，$u_L = 0.9 \times 100 = 90$V；电流表 A_2 读数为 $\frac{90\text{V}}{90\Omega} = 1\text{A}$。

6. C. 解答如下：
$$I_R = \frac{U_1 - U_0}{R} = \frac{42-24}{2} = 9\text{mA}$$

$$I_D = \frac{1}{2} I_R = 4.5\text{mA}$$

$$I_Z + I_D = I_R = 9\text{mA}$$

7. B. 解答如下：

$u(t) = 56.56\sin(\omega t + \phi)$，则有效值为：$\frac{56.56}{\sqrt{2}} = 40\text{V}$

直流电压表读数为电压有效值，故读数为 40V。

8. B. 解答如下：

电流表读数为负载上电流有效值：$\frac{U_0}{R_L} = \frac{140}{80} = 1.75\text{A}$

9. C. 解答如下：

$U = \frac{U_0}{0.9}$，$U_{DRM} = \sqrt{2} \cdot U = \sqrt{2} \cdot \frac{U_0}{0.9} = \sqrt{2} \cdot \frac{140}{0.9} = 219.99\text{V}$

10. D. 解答如下：

$u(t) = 50\sqrt{2}\sin(2\pi \times 50t)$，又题目中二极管为反接，故输出电压是输入电压的反相；则 A、C 项不对；$|u_0|$ 在 0.9×50 和 $\sqrt{2} \times 50$ 之间，又因为电流表读数为 150mA，为一固定值，则：

$|u_0| > 0.9 \times 50 = 45.0$V，故排除 B 项，所以选 D 项。

11. A. 解答如下：

因为 $u_0 = -60$V，$|I_0| = 150$mA，$\omega = 100\pi$，则：

$R_L = \frac{|u_0|}{|I_0|} = 400\Omega$，又 $R_L C = 50 \times \frac{T}{2}$，$T = \frac{2\pi}{\omega} = \frac{2\pi}{314} = \frac{1}{50}$，则：

$$C = 50 \times \frac{1}{2} \times \frac{1}{50} \times \frac{1}{400} = 125\mu\text{F}$$

12. C. 解答如下：

$U_{CC}=I_C R_C+U_{CES}$，则：$I_C=\dfrac{U_{CC}-U_{CES}}{R_C}=\dfrac{15-0.3}{3\times10^3}=4.9\text{mA}$

要满足饱和条件，$I_B\geqslant\dfrac{1}{\beta}I_C=\dfrac{1}{50}\times 4.9=0.098\text{mA}$

$U_1=I_B R_X+U_{BE}$，则：
$$R_X=\dfrac{U_1-U_{BE}}{I_B}\leqslant\dfrac{5-0.7}{0.098}=43.88\text{k}\Omega$$

13. C. 解答如下：
图(a)为 NPN，$U_{BE}=U_B-U_E=-9.2-(-8.5)<0$，$U_{BC}=U_B-U_C<0$
图(b)为 NPN，$U_{BE}=3-0=3\text{V}$，$U_{BC}=3-12=-9\text{V}$，$V_{CE}>0$
图(c)为 PNP，$U_{BE}=5.3-6=-0.7<0$，$U_{BC}=5.3-(-1)>0$，$V_{CE}<0$
图(d)为 NPN，$U_{BE}=3.7-(-3)=6.7>0$，$U_{BC}=3.7-3.7=0$
三极管工作在放大区条件是：发射结正偏；集电结反偏。
图(a)中发射结不满足正偏，图(d)集电结不满足反偏。
放大时，硅管电压 U_{BE} 一般为 0.6～0.7V，且对 NPN 有：$V_C>V_B>V_E$；
对 PNP 有：$V_C<V_B<V_E$；
所以，图(b)不满足上述条件，应选图(c)。

14. C. 解答如下：
由图可知，输入电阻 R_i：$R_i=R_b//r_{be}=200//r_{be}$，
输出电阻 R_0：$R_0=R_C=3\text{k}\Omega$，故 D 项排除；
放大倍数 A_u：$A_u=-\dfrac{\beta R'_L}{r_{be}}<0$，
故排除 A、B 项，选 C 项。

15. A. 解答如下：
本图为共射极放大电路，$R_i=R_B//r_{be}\approx 1.5\text{k}\Omega$
$R_0=R_C=5\text{k}\Omega$

16. A. 解答如下：

$$U_B=12\times\dfrac{R_2}{R_1+R_2}=12\times\dfrac{10+10^{-3}}{(50+10)\times 10^3}=2\text{V}$$

$V_E=V_B-V_{BE}=2-0.7=1.3\text{V}$

$I_E=\dfrac{V_E}{R_E}=1.3\text{mA}$，又 $I_E=I_C+I_B=(1+60)I_B=61I_B$

所以 $I_B=\dfrac{1.3}{60}=0.0213\text{mA}$

17. D. 解答如下：

$I_B=\dfrac{U_{CC}-0.7}{R_B}=\dfrac{12-0.7}{200\times 10^3}=0.057\text{mA}$

$I_C=\beta I_B=60\times 0.057=3.42\text{mA}$

$U_{CE}=U_{CC}-I_C R_C=12-3.42\times10^{-3}\times3\times10^3=1.74\text{V}$

18. C. 解答如下：

$V_{BE}=V_B-V_E<0$，发射结不导通，处于反偏；

基极电位比集电极电位高，故集电结正偏。

20. C. 解答如下：

$U_B=\dfrac{R_2}{R_1+R_2}\times24=\dfrac{12\times10^3}{(12+33)\times10^3}\times24=6.4\text{V}$

$I_E\approx\dfrac{U_B-U_{BE}}{R_E}=\dfrac{6.4-0.7}{1.5\times10^3}=3.8\text{mA}$

21. B. 解答如下：

由条件可得：$\dot{U}_0=-\beta\dot{I}_B R'_L$

当开路时，$R'_L=R_C=3\text{k}\Omega$，则：$4=-\beta\dot{I}_B 3\times10^3$，$\beta\dot{I}_B=\dfrac{-4}{3\times10^3}$

当负载 $5\text{k}\Omega$ 后，$R'_L=\dfrac{5\times3\times10^3}{5+3}=\dfrac{15}{8}\times10^3\Omega$，$\dot{U}'_0=-\beta\dot{I}_B\dfrac{15}{8}\times10^3$，

所以 $\dot{U}'_0=\dfrac{4}{3\times10^3}\cdot\dfrac{15}{8}\times10^3=2.5\text{V}$

22. B. 解答如下：

$$I_C=\beta I_B,\ I_E=I_C+I_B=(1+\beta)I_B=51I_B$$
$$24=80\times10^3\cdot I_B+U_{BE}+I_E\times1\times10^3$$
$$=80\times10^3\cdot I_B+0.7+51\cdot I_B\times1\times10^3$$

解之得：$I_B=0.1778\text{mA}$，$I_C=\beta I_B=8.893\text{mA}$

23. D. 解答如下：

该电路为共集电极电路，又称电压跟随器，其特点是：电压增益小于1而近于1；输出电压与输入电压同相；输入电阻高，输出电阻低，但仍有电流放大作用。

五、第五节　数字电子技术

1. B　2. B　3. A　4. C　5. A　6. B　7. C　8. C　9. B　10. D
11. A　12. C　13. C　14. C　15. D　16. C　17. D　18. A　19. D　20. D

1. B. 解答如下：

该电路输入为同相输入，则：$u_0=\left(1+\dfrac{R_F}{R_1}\right)(u_1+u_2)$

2. B. 解答如下：

该电路为积分运算，则：$u_0=-\dfrac{1}{RC}\int u_i \mathrm{d}t=-\dfrac{ut}{RC}$

3. A. 解答如下：

该电路为积分运算，则：$u_0=-\dfrac{1}{RC}\int u_1 \mathrm{d}t=-\dfrac{u_1 t}{RC}$

$$t=-\dfrac{u_0 RC}{u_1}$$

所以 $t=\dfrac{5\times10\times10^3\times10\times10^{-6}}{2}=0.25\text{s}$

4. C. 解答如下：

$$I_s = I_f = \frac{u_s - u_0}{R_1} = \frac{u_N - u_0}{R_1}$$

$$I_0 = \frac{u_0 - u_P}{R_2} = \frac{u_P - u_0}{R_2} = \frac{u_N - u_0}{R_2}$$

所以 $I_0 = -\frac{R_1}{R_2} \cdot I_s$

5. A. 解答如下：

图(a)为反相运算，$u_0 = -\frac{R}{R} u_i = -u_i$

图(b)、(c)均为同相运算。

6. B. 解答如下：

反相输入，则：$u_0 = -\frac{R_F}{R_1} u_i = -\frac{24 u_i}{1+2} = -8 u_i$

7. C. 解答如下：

当 S 闭合后，2kΩ 与 24kΩ 之间电位为 0，则图中 a 点电位 u_a 为：

$$u_a = \frac{4 \times 10^3}{(1+4) \times 10^3} u_i = \frac{4}{5} u_i$$

又电流值不变，则：$\frac{u_a - 0}{4 \times 10^3} = \frac{0 - u_0}{24 \times 10^3}$，

$$\frac{4}{5} u_i = -\frac{u_0}{6}$$

所以 $A_{uf} = \frac{u_0}{u_i} = -\frac{24}{5} = -4.8$

8. C. 解答如下：

同相输入：$u_0 = \left(1 + \frac{R_F}{R_1}\right) u_i$，则：$1 + \frac{R_F}{R_1} = 4$

$1 + \frac{R_F}{2} = 4$，$R_F = 6\text{k}\Omega$

9. B. 解答如下：

u_{i1} 经过第 1 运放后实现电压跟随器，输出仍为 u_{i1}。

$$i_f = \frac{u_{i1} - u_N}{R_1}$$

$$u_N - i_f \cdot R_3 = u_0$$

$$u_N = u_p = u_{i2}$$

所以：$u_{i2} - \frac{u_{i1} - u_{i2}}{R_1} \cdot R_3 = u_0$

整理得：$u_0 = u_{i2} + \frac{R_3}{R_1}(u_{i2} - u_{i1})$

10. D. 解答如下：

(1) 当 A、B 输入低电平，D_A 和 D_B 都截止，则 Y 为高电平"1"；

(2) 当 A、B 中任一个输入高电平，D_A 或 D_B 导通，则三极管饱和导通，则 Y 为低电平"0"。

则：$Y=\overline{A+B}$，故选 D 项。

11. A. 解答如下：

$Y=(\overline{A}B+A\overline{B})(\overline{\overline{A}\ \overline{B}+\overline{A}\ \overline{B}})=(\overline{A}B+A\overline{B})(A\overline{B}+\overline{A}B)=A\overline{B}+B\overline{A}$

12. C. 解答如下：

A 项：$\overline{A\cdot 0}=1$；

B 项：$\overline{(1+A)}=\overline{1}=0$

C 项：$\overline{1\cdot A}=\overline{A}$

D 项：$\overline{A\cdot 0}=1$， 故应选 C 项。

13. C. 解答如下：

$$Q_{n+1}=J\overline{Q}_n+\overline{K}Q_n=\overline{Q}_n+0\cdot Q_n=\overline{Q}_n$$

14. C. 解答如下：

该 D 触发器 $\overline{S}_D$、$\overline{R}_D$ 输入端为直接异步置 1 和置 0 输入端，有：

$$\overline{S}_D=1，\overline{R}_D=0 \text{ 时}，Q=0$$

$$\overline{S}_D=0，\overline{R}_D=1 \text{ 时}，Q=1$$

本题目中，$\overline{Q}_n=D$，则：$Q_{n+1}=D=\overline{Q}_n$

15. D. 解答如下：

$a=\overline{B}$，$b=\overline{Q}_n$，则：$Y_1=a\overline{b}+\overline{a}b=\overline{B}\ \overline{b}+Bb=\overline{B}\ \overline{Q}_n+BQ_n=Q_n$

$D=Y_2=A+Y_1=A+Q_n=Q_n$

16. C. 解答如下：

当 $J=K=0$，CP 来后，保持，CP 下降沿有效；

当 $J=K=1$，CP 来后，翻转，$K_1=1$，$K_2=J_2=1$

当 $J\neq K$，CP 来后，Q 随 J 变，$J_1=A$

由输入信号 A 和脉冲信号 CP 的波形，可知（见图 8-6-5）：$Q_1Q_2=01$

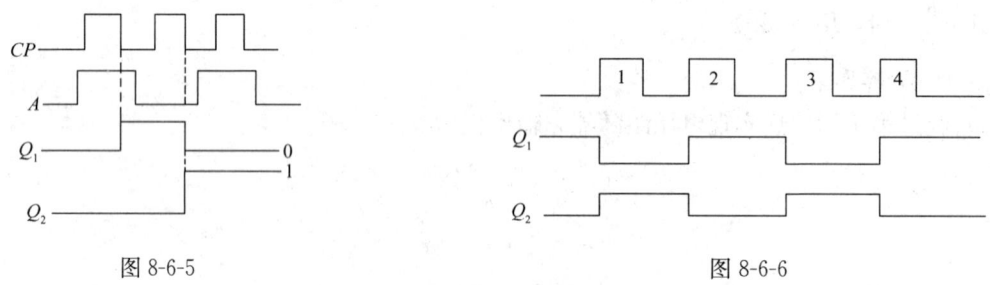

图 8-6-5　　　　　　　　　　图 8-6-6

17. D. 解答如下：

D 触发器，$CP=0$，保持原态；而 CP 上升沿来到后，翻转。

Q_1Q_2 初态为 00，见图 8-6-6，则：$\overline{Q}_1\overline{Q}_2$ 初态为 11。

19. D. 解答如下：

由于 Q_A、Q_B 初态为 00，则 $D=1$ 来后，Q_A 变为 1，又 $J=K=1$，则在 CP 下降沿到来后，Q_B 翻转为 1。

20. D. 解答如下：

将原电路视为两部分，即 A 点左部分、A 点右部分。

(1) A 点左部分：当 U_A、U_B 中有一个为高电平时，二极管导通，只有 U_A、U_B 均为低电平时，D 才截止，故其功能为或逻辑；

(2) A 点右部分：当输入 Y 为高电平时，三极管导通，u_0 为低电平；当输入 Y 为低电平时，三极管截止，u_0 上拉至 5V 高电平。所以其功能为非逻辑。

故可知，该电路为或非门。

第九章 工程经济

第一节 资金的时间价值和财务效益与费用估算

一、《考试大纲》的规定

资金的时间价值：资金时间价值的概念；利息及计算；实际利率和名义利率；现金流量及现金流量图；资金等值计算的常用公式及应用；复利系数表的应用。

财务效益与费用估算：项目的分类；项目计算期；财务效益与费用；营业收入；补贴收入；建设投资；建设期利息；流动资金；总成本费用；经营成本；项目评价涉及的税费；总投资形成的资产。

二、重点内容

1. 现金流量及现金流量图

现金流量是指工程方案在寿命期内各年现金流出和现金流入的货币量。净现金流量是同一时期（t 年）发生的收入$(CI)_t$与支出$(CO)_t$的代数和，即$(CI-CO)_t$。

现金流量图如图 9-1-1 所示，图中向下的箭头表示支出；向上的箭头表示收入，并且箭头的长短与收入（或支出）的大小成比例。图中水平线是时间标度。

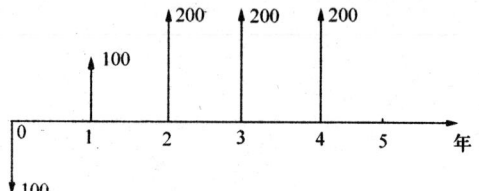

图 9-1-1 现金流量图

现金流量的三要素：现金流量的大小（资金数额）、方向（资金流出或流入）和作用点（资金的发生时点）。

2. 资金等值计算

(1) 资金时间价值

影响资金时间价值的主要因素有：资金数量的大小、资金的使用时间、资金投入和回收的特点。资金的时间价值在银行的利息中可体现出来。

单利计算：
$$I = P \cdot ni$$

复利计算：
$$I = P[(1+i)^n - 1]$$

式中，I 为收息额；P 为本金；i 为计息期利率；n 为计息期数。

年有效利率：
$$i_{有效} = \left(1+\frac{i}{m}\right)^m - 1$$

式中，i 为名义利率；m 为一个利率周期内的计息周期数。

(2) 资金等值计算及复利系数表

资金等值是考虑了资金的时间价值的等值。资金等值计算公式见表 9-1-1。

复利系数表(部分示例),如表 9-1-2 所示。

资金等值计算公式 表 9-1-1

一次支付复利公式	$F=P(1+i)^n$;$F=P(F/P,i,n)$
一次支付现值公式	$P=F \cdot \dfrac{1}{(1+i)^n}$;$P=F(P/F,i,n)$
等额支付系列复利公式	$F=A\dfrac{(1+i)^n-1}{i}$;$F=A(F/A,i,n)$
等额支付系列积累基金公式	$A=F \cdot \dfrac{i}{(1+i)^n-1}$;$A=F(A/F,i,n)$
等额支付系列资金恢复公式	$A=P \cdot \dfrac{i(1+i)^n}{(1+i)^n-1}$;$A=P(A/P,i,n)$
等额支付系列现值公式	$P=A\dfrac{(1+i)^n-1}{i(1+i)^n}$;$P=A(P/A,i,n)$

复利系数表(5%) 表 9-1-2

年份 n	一次支付		等额支付			
	一次支付复利系数 $(1+i)^n$ $(F/P,i,n)$	现值系数 $\dfrac{1}{(1+i)^n}$ $(P/F,i,n)$	等额支付复利系数 $\dfrac{(1+i)^n-1}{i}$ $(F/A,i,n)$	积累基金系数 $\dfrac{i}{(1+i)^n-1}$ $(F/A,i,n)$	资金恢复系数 $\dfrac{i(1+i)^n}{(1+i)^n-1}$ $(A/P,i,n)$	现值系数 $\dfrac{(1+i)^n-1}{i(1+i)^n}$ $(P/A,i,n)$
1	1.050	0.9524	1.000	1.00000	1.05000	0.952
2	1.103	0.9070	2.050	0.48780	0.53780	1.859
3	1.158	0.8688	3.153	0.31721	0.36721	2.723
4	1.216	0.8277	4.310	0.23201	0.28201	3.546
5	1.276	0.7835	5.526	0.18097	0.23097	4.329
6	1.340	0.7462	6.802	0.14702	0.19702	5.076
7	1.407	0.7107	8.142	0.12282	0.17282	5.788
8	1.477	0.6768	9.549	0.10472	0.15472	6.463
9	1.551	0.6446	11.027	0.09069	0.14069	7.108
10	1.629	0.6139	12.578	0.07950	0.12950	7.722

3. 项目的分类和项目计算期

建设项目可以从不同角度进行分类。

(1)按项目的目标,分为经营性项目和非经营性项目。其中,非经营性项目不以追求营利为目标,这包括本身就没有经营活动、没有收益的项目(如城市道路、路灯、公共绿化、航道疏浚、水利灌溉渠道、植树造林等项目)。

(2)按项目的产品(或服务)属性,分为公共项目和非公共项目。

(3)按项目的投资管理形式,分为政府投资项目和企业投资项目。

(4)按项目与企业原有资产的关系,分为新建项目和改扩建项目。

(5)按项目的融资主体,分为新设法人项目和既有法人项目。

这些分类对建设项目的经济评价内容、评价方法、效益与费用估算、报表设置等都有重要影响。

项目计算期是指经济评价中为进行动态分析所设定的期限,包括建设期和运营期。其中,运营期又分为投产期和达产期两个阶段。

4. 财务效益与费用估算

项目的财务效益是指项目实施后所获得的营业收入。对于适用增值税的经营性项目,除营业收入外,其可得到的增值税返还也应作为补贴收入计入财务效益;对于非经营性项目,财务效益应包括可能获得的各种补贴收入。

项目所支出的费用主要包括投资、成本费用和税金等。

在财务效益与费用估算中,通常可首先估算营业收入或建设投资,以下依次是经营成本和流动资金。当需要继续进行融资后分析时,可在初步融资方案的基础上再进行建设期利息估算,最后完成总成本费用的估算。这种估算步骤是为了体现融资前分析和融资后分析对项目的财务效益和费用数据的要求。

(1)营业收入与补贴收入

项目经济评价中的营业收入包括销售产品或提供服务所获得的收入,其估算的基础数据,包括产品或服务的数量和价格。

补贴收入包括先征后返的增值税、按销量或工作量等依据国家规定的补助定额计算并按期给予的定额补贴,以及属于财政扶持而给予的其他形式的补贴等。

(2)建设投资

建设投资估算应在给定的建设规模、产品方案和工程技术方案的基础上,估算项目建设所需的费用。按照费用归集形式,建设投资可按概算法或形成资产法分类。

①概算法,按概算法分类,建设投资由工程费用、工程建设其他费用和预备费三部分构成。其中工程费用又由建筑工程费、设备购置费(含工器具及生产家具购置费)和安装工程费构成;预备费包括基本预备费和涨价预备费。

②形成资产法,按形成资产法分类,建设投资由形成固定资产的费用、形成无形资产的费用、形成其他资产的费用和预备费四部分组成。固定资产费用是指项目投产时将直接形成固定资产的建设投资,包括工程费用和工程建设其他费用中按规定将形成固定资产的费用,后者被称为固定资产其他费用,主要包括建设单位管理费、可行性研究费、研究试验费、勘察设计费、环境影响评价费、场地准备及临时设施费、引进技术和引进设备其他费、工程保险费、联合试运转费、特殊设备安全监督检验费和市政公用设施建设及绿化费等;无形资产费用是指将直接形成无形资产的建设投资,主要是专利权、非专利技术、商标权、土地使用权和商誉等。其他资产费用是指建设投资中除形成固定资产和无形资产以外的部分,如生产准备及开办费等。

③为了与以后的折旧和摊销计算相协调,在建设投资估算表中通常可将土地使用权直接列入固定资产其他费用中。

(3)经营成本

经营成本是项目经济评价中所使用的特定概念,作为项目运营期的主要现金流出,其构成和估算可采用下式表达:

经营成本＝外购原材料、燃料和动力费＋工资及福利费＋修理费＋其他费用

式中，其他费用是指从制造费用、管理费用和营业费用中扣除了折旧费、摊销费、修理费、工资及福利费以后的其余部分。

(4) 流动资金

流动资金是指运营期内长期占用并周转使用的营运资金，流动资金估算可选用扩大指标估算法或分项详细估算法。流动资金等于流动资产与流动负债的差额。

(5) 建设期利息

建设期利息是指筹措债务资金时在建设期内发生并按规定允许在投产后计入固定资产原值的利息，即资本化利息。建设期利息包括银行借款和其他债务资金的利息，以及其他融资费用。计算建设期利息时，为了简化计算，通常假定借款均在每年的年中支用，借款当年按半年计息，其他各年份按全年计息。

(6) 总投资形成的资产

建设项目评价中的总投资包括建设投资、建设期利息和流动资金。其中，建设投资由工程费用、工程建设其他费用、预备费三部分构成。其中，工程费用包括建筑安装工程费、设备及工器具购置费。预备费包括基本预备费、涨价预备费。

建设项目经济评价中应按有关规定将建设投资中的各分项分别形成固定资产原值、无形资产原值和其他资产原值。形成的固定资产原值可用于计算折旧费，形成的无形资产原值和其他资产原值可用于计算摊销费。建设期利息应计入固定资产原值。

(7) 总成本费用

总成本费用是指在运营期内为生产产品或提供服务所发生的全部费用，等于经营成本与折旧费、摊销费和财务费用之和。

总成本费用估算包括两类方法：生产成本加期间费用估算法和生产要素估算法。

① 生产成本加期间费用估算法

总成本费用＝生产成本＋期间费用

生产成本＝直接材料费＋直接燃料和动力费＋直接工资＋其他直接支出＋制造费用

期间费用＝管理费用＋营业费用＋财务费用

② 生产要素估算法

总成本费用＝外购原材料、燃料和动力费＋工资及福利费＋折旧费＋摊销费＋修理费＋财务费用(利息支出)＋其他费用

式中，其他费用同经营成本中的其他费用。

总成本费用可分解为固定成本和可变成本。其中，固定成本是指不随产品产量变化的各项成本费用。可变成本是指随产品产量增减而成正比例变化的各项费用。

(8) 税费

项目评价涉及的税费主要包括关税、增值税、消费税、所得税、资源税、城市维护建设税和教育费附加等。税种和税率的选择，应根据相关税法和项目的具体情况确定。如有减免税优惠，应说明依据及减免方式并按相关规定估算。

(9) 固定资产折旧

固定资产折旧方法一般采用平均年限法(或称直线折旧法)。固定资产折旧方法见表9-1-3。

固定资产折旧方法		表 9-1-3
分 类	计 算 方 法	备 注
平均年限法	年折旧率 = $\dfrac{1}{\text{折旧年限}}$ 年折旧额 =（固定资产原值－预计净残值）×年折旧率	
双倍余额递减法	年折旧率 = $\dfrac{2}{\text{折旧年限}} \times 100\%$ 年折旧额 = 年初固定资产账面原值×年折旧率	在折旧年限到期前两年，应将固定资产净值扣除预计残值后的净额平均摊销
年数总和法	年折旧率 = $\dfrac{\text{折旧年限}－\text{已使用年限}}{\text{折旧年限}\times(\text{折旧年限}+1)\div 2} \times 100\%$ 年折旧额 =（固定资产原值－预计净残值）×年折旧率	
工作量法	单位里程折旧额 = $\dfrac{\text{原值}\times(1-\text{预计净残值率})}{\text{规定的总行驶里程}}$ 年折旧额 = 单位里程折旧额×年行驶里程	

三、解题指导

1. 绘制现金流量图，运用资金等值公式求解问题，应注意下列事项：

（1）本年的年末即是下一年的年初；

（2）P 是在当前年度开始时发生，而 F 是在当前以后的第 n 年年末发生；

（3）A 是在考察期间各年年末发生。当所求问题包括 P 和 A 时，A 系列的第一个 A 是在 P 发生一年后的年末发生。即如图 9-1-2(a)所示。所求问题包括 F 和 A 时，A 系列的最后一个 A 是和 F 同时发生，即如图 9-1-2(b)所示。

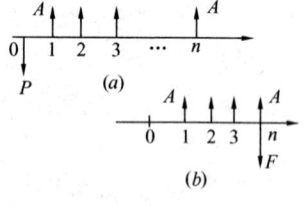

图 9-1-2

2. 计息期短于一年的等值计算

这类情况包括：计息期和支付期相同；计息期短于支付期；计息期长于支付期。具体计算见下面例题。

【例 9-1-1】 按年利率为 12%，每季度计息一次，从现在起连续 3 年，每季度为 500 元的等额支付，则与其等值的第 0 年的现值为（　　）元。

　　A. 4977　　　　　B. 4847　　　　　C. 5217　　　　　D. 5147

【解】 本题的计息期等于支付期。3 年则计息次数 $3\times 4=12$ 期，每季度的 $i_{\text{有效}}$ 为：$12\%/4=3\%$，

　　则　　$P=500(P/A,3\%,12)=500\times 9.954=4977$ 元

　　所以应选 A 项。

【例 9-1-2】 按年利率 12%，每季度计息一次，从现在起连续 3 年的等额年末借款 200 元，则与其等值的第 3 年年末的借款金额为（　　）元。

　　A. 690　　　　　B. 678　　　　　C. 710　　　　　D. 724

【解】 本题的计息期短于支付期。按年有效利率计算：

$$i_{\text{有效}} = \left(1+\frac{i}{m}\right)^m - 1 = \left(1+\frac{0.12}{4}\right)^4 - 1 = 12.55\%$$

$$F = 200(F/A, 12.55\%, 3) = 200 \cdot \frac{(1+0.1255)^3 - 1}{0.1255} = 678 \text{ 元}$$

所以应选 B 项。

四、应试题解

1. 下列总投资表达式中，正确的是（　　）。
   A. 总投资＝建设投资＋建设期利息
   B. 总投资＝建设投资＋建设期利息＋流动资金
   C. 总投资＝建设投资＋投资方向调节税
   D. 总投资＝建设投资＋流动资金

2. 建设投资的构成是（　　）。
   A. 工程费用、流动资金
   B. 工程费用、流动资金、工程建设其他费用
   C. 工程费用、工程建设其他费用、预备费用
   D. 工程费用、工程建设其他费用、建设期利息

3. 固定资产投资不包括（　　）。
   A. 现金　　　　　B. 建设期贷款利息　　C. 建设工程费用　　D. 工程建设其他费用

4. 勘察设计费属于工程建设项目中的（　　）。
   A. 建筑工程费用　B. 安装工程费用　　　C. 预备费　　　　　D. 工程建设其他费用

5. 经营成本中不包括（　　）费用。
   A. 生产成本　　　B. 管理费用　　　　　C. 销售费用　　　　D. 摊销费用

6. 某项目达产期每年总成本费用 2880 万元，利息支出 100 万元，折旧 200 万元，则经营成本为（　　）万元。
   A. 2580　　　　　B. 2680　　　　　　　C. 2780　　　　　　D. 2980

7. 下列资产中，属于无形资产的是（　　）。
   A. 房屋建筑　　　B. 机械设备　　　　　C. 工具器具　　　　D. 非专利技术投入

8. 固定资产折旧方法，一般采用（　　）。
   A. 工作量法　　　B. 年数总和法　　　　C. 平均年限法　　　D. 双倍余额递减法

9. 固定资产折旧方法中，每年的折旧额都相同的方法是（　　）。
   A. 直线折旧法　　B. 工作量法　　　　　C. 年数总和法　　　D. 双倍余额递减法

10. 采用双倍余额递减法计算折旧时，其正常折旧率是（　　）。
    A. 各年相等　　　　　　　　　　　　　B. 逐年提高
    C. 逐年降低　　　　　　　　　　　　　D. 前几年提高，后几年降低

11. 某建设项目投资 1250 万元，建设期贷款利息为 150 万元，折旧年限 20 年，预计净残值 100 万元，则该项目按直线折旧法的年折旧额为（　　）万元。
    A. 57.5　　　　　B. 62.5　　　　　　　C. 65　　　　　　　D. 70

12. 某固定资产原值为 70000 元，预计净残值为 10000 元，使用年限为 4 年，若按年

数总额法计算折旧,则其第 3 年的折旧额为( )元。

   A. 12000   B. 18000   C. 20000   D. 24000

13. 某固定资产原值 50000 元,规定折旧年限为 5 年,假定无净残值,则按双倍余额递减法,第 4 年的折旧额应为( )元。

   A. 20000   B. 12000   C. 7200   D. 5400

14. 某企业预计明年销售收入将达到 8000 万元,总成本费用将为 6800 万元,该企业明年应缴纳( )。

   A. 销售税金   B. 所得税
   C. 固定资产投资方向调节税   D. 所得税和增值税

15. 从本质上讲,资金的时间价值是由( )引起的。

   A. 时间推移   B. 货币流通   C. 货币增值   D. 投资和再投资

16. 对资金等值的叙述,下列说法正确的是( )。

   A. 资金是有相同的收益率
   B. 不同时点上的资金的净现金流量相等
   C. 不同时点上的资金的绝对值相等
   D. 不同时点上的资金在一定利率条件下具有相等的价值

17. 若名义利率为 r,一年中计算利息 m 次,每次计息的利率为 r/m,则名义利率和年有效利率的关系为( )。

   A. $i_{有效} = 1 + \left(\frac{r}{m}\right)^m$ B. $i_{有效} = \left(1 + \frac{r}{m}\right)^m - 1$

   C. $i_{有效} = \left(\frac{r}{m}\right)^m - 1$ D. $i_{有效} = 1 - \left(\frac{r}{m}\right)^m$

18. 在 $(F/A, i, 4)$ 的现金流量中,最后一个 A 与 F 的位置是( )。

   A. 均在第 4 年初   B. 均在第 4 年末
   C. A 在第 4 年初,F 在第 4 年末   D. A 在第 4 年末,F 在第 4 年末

19. 若某企业向银行存入 100 万元,以后 10 年中希望每年得到 15 万元,已知 $(P/A, 8\%, 10) = 6.71$,$(P/A, 9\%, 10) = 6.418$,则其年利率应为( )。

   A. 8.14%   B. 8.24%   C. 8.34%   D. 8.5%

20. 某投资者购买了 1000 元的债券,期限 3 年,年利率 10%,若按单利计息,到期一次还本付息,则 3 年后该投资者可获得的利息为( )元。

   A. 150   B. 200   C. 250   D. 300

21. 某公司向银行贷款 100 万元,按年利率 10% 的复利计算,5 年后一次归还的本利和为( )万元。

   A. 100.5   B. 120.6   C. 150.4   D. 161

22. 若现在投资 200 万元,预计年利润率为 10%,分 5 年等额回收,每年可收回( )万元。

   A. 40   B. 42.6   C. 52.76   D. 58.86

23. 某人向银行贷款,贷款年利率为 5%,贷款期限为 4 年,并承诺 4 年后的第 1 年末开始,在 6 年内每年末等额还款方式还清全部贷款本利,预计每年偿还能力为 10000

元，该人每年初可以从银行等额贷款（　　）。

A. 13920 元　　　B. 12108 元　　　C. 1500 元　　　D. 11215 元

24. 某人打算从现在算起 5 年末购买一套价值 100 万元的商品住房。首付 20% 后，以 5% 的年利率进行贷款，贷款年限为 5 年。为在 5 年中以年末等额还款的方式归还这笔贷款，这人每年末应准备（　　）万元。

A. 18.1　　　B. 18.48　　　C. 23.1　　　D. 14.48

25. 某项目从第一年第一季度末起连续 3 年每季度末借款 10 万元，从第 4 年末开始以年末等额还款方式，分 6 年还清本利，借款的利率为年利率 8%，年末等额还款为（　　）万元。

A. 20　　　B. 24.09　　　C. 25.96　　　D. 28.81

26. 某企业发生一笔数额较大的固定资产大修理支出，需要在超过一年的期间内摊销，这笔待摊费用应计入（　　）。

A. 无形资产　　B. 流动资产　　C. 固定资产　　D. 递延资产

27. 建设项目按照融资主体可分为（　　）。

A. 经营性项目和非经营性项目　　B. 政府投资项目和企业投资项目
C. 新建项目和改扩建项目　　D. 新设法人项目和既有法人项目

28. 下述关于项目计算期的叙述，正确的是（　　）。

A. 包括投产期和达产期　　B. 包括建设期和运营期
C. 从达产年份开始计算　　D. 从投产运营时开始计算

29. 城市公共绿地项目不属于（　　）。

A. 经营性项目　　B. 公共项目　　C. 政府投资项目　　D. 企业投资项目

30. 房地产开发企业开发商品房时，相关土地使用权账面价值应（　　）。

A. 计入无形资产原值　　B. 计入房屋建筑物成本转为开发成本
C. 采用摊销方式计入成本　　D. 采用折旧方式计入成本

31. 工程费用包括（　　）。

A. 建筑工程费、设备购置费　　B. 建筑工程费、预备费
C. 建筑安装工程费、设备购置费　　D. 建筑工程费、安装工程费

32. 流动资金等于（　　）。

A. 流动资产－流动负债　　B. 流动负债－流动资产
C. 流动资产＋流动负债　　D. 上述 A、B、C 项均不对

33. 项目经济评价中，不属于经营成本的是（　　）。

A. 外购原材料费　　B. 工资及福利费　　C. 动力费　　D. 折旧费

34. 总成本费用按生产成本加期间费用估算时，期间费用不包括（　　）。

A. 管理费用　　B. 营业费用　　C. 财务费用　　D. 制造费用

第二节　财务分析和经济费用效益分析

一、《考试大纲》的规定

资金来源与融资方案：资金筹措的主要方式；资金成本；债务偿还的主要方式。

财务分析：财务评价的内容；盈利能力分析（财务净现值、财务内部收益率、项目投资回收期、总投资收益率、项目资本金净利润率）；偿债能力分析（利息备付率、偿债备付率、资产负债率）；财务生存能力分析；财务分析报表（项目投资现金流量表、项目资本金现金流量表、利润与利润分配表、财务计划现金流量表）；基准收益率。

经济费用效益分析：经济费用和效益；社会折现率；影子价格；影子汇率；影子工资；经济净现值；经济内部收益率；经济效益费用比。

改扩建项目经济评价特点。

二、重点内容

1. 资金来源与融资方案

项目的融资主体是指进行融资活动，并承担融资责任和风险的项目法人单位。按照融资主体不同，融资方式分为既有法人融资和新设法人融资两种。

（1）项目资本金

项目资本金（即项目权益资金，外商投资项目为注册资本），是指在建设项目总投资（外商投资项目为投资总额）中，由投资者认缴的出资额，对建设项目来说是非债务性资金，项目法人不承担这部分资金的任何利息和债务。项目资本金筹措的主要方式有：股东直接投资、股票融资和政府投资等。

（2）项目债务资金

债务资金是项目投资中以负债方式从金融机构、证券市场等资本市场取得的资金。债务资金具有以下特点：

①资金在使用上具有时间性限制，到期必须偿还。

②无论项目的融资主体今后经营效果好坏，均需按期还本付息，从而形成企业的财务负担。

③资金成本一般比权益资金低，且不会分散投资者对企业的控制权。

项目债务资金筹措主要方式可通过商业银行贷款、政策性银行贷款、外国政府贷款、国际金融组织贷款、出口信贷、银团贷款、企业债券、融资租赁等。

（3）既有法人内部融资

既有法人内部融资的渠道和方式包括：货币资金、资产变现、资产经营权变现、直接使用非现金资产。

（4）准股本资金

准股本资金是一种既具有资本金性质、又具有债务资金性质的资金。准股本资金主要包括优先股股票和可转换债券。

2. 资金成本分析

资金成本是指项目为筹集和使用资金而支付的费用，包括资金占用费和资金筹集费。资金成本通常用资金成本率表示。资金成本率是指使用资金所负担的费用与筹集资金净额之比，其公式为：

$$资金成本率 = \frac{资金占用费}{筹集资金总额 - 资金筹集费} \times 100\%$$

由于资金筹集费一般与筹集资金总额成正比，所以一般用筹资费用率表示资金筹集费，因此，资金成本率公式也可以表示为：

$$资金成本率 = \frac{资金占用费}{筹集资金总额 \times (1 - 筹资费用率)} \times 100\%$$

资金成本分析应通过计算权益资金成本、债务资金成本以及加权平均资金成本，分析项目使用各种资金所实际付出的代价及其合理性，为优化融资方案提供依据。

为了比较不同融资方案的资金成本，需要计算加权平均资金成本。加权平均资金成本一般是以各种资金占全部资金的比重为权数，对个别资金成本进行加权平均确定的，其计算公式为：

$$K_W = \sum_{j=1}^{n} K_j W_j$$

式中，K_W 为加权平均资金成本；K_j 为第 j 种个别资金成本；W_j 为第 j 种个别资金成本占全部资金的比重（权数）。

此外，资金结构是指融资方案中各种资金的比例。资金结构合理性分析是指项目资本金与项目债务资金、项目资本金内部结构、项目债务资金内部结构等资金比例合理性的分析。

3. 资金偿还方式

贷款的还贷方式有：

(1) 等额利息法：每期付息额相等，期中不还本金，最后一期归还本金和当期利息。

(2) 等额还本法：每期还相等的本金和相应的利息。

(3) 等额还款法：每期偿还本利额相等。

(4) 一次性偿还法：最后一期偿还本利。

(5) 偿债基金法：每期偿还贷款利息，同时向银行存入一笔等额现金，到期末存款正好偿付贷款本金。

4. 财务分析

对经营性项目，财务分析包括盈利能力分析、偿债能力分析和财务生存能力分析。

对非经营性项目，财务分析主要是财务生存能力分析。

(1) 盈利能力分析指标

盈利能力分析的主要指标包括：财务内部收益率、财务净现值、项目资本金财务内部收益率、投资回收期、总投资收益率、项目资本金净利润率等。可根据项目的特点及财务分析的目的、要求等选用。

① 项目投资回收期

项目投资回收期（P_t）是指以项目的净收益回收项目投资所需要的时间，一般以年为单位。项目投资回收期宜从项目建设开始年算起。投资回收期短，表明项目投资回收快，抗风险能力强。项目投资回收期（P_t）的计算分为：静态投资回收期和动态投资回收期。

静态投资回收期 P_t：$\sum_{t=1}^{P_t}(CI - CO)_t = 0$

$$P_t = （累计净现金流量开始出现正值的年份数） - 1 + \frac{|上年累计净现金流量|}{当年净现金流量}$$

动态投资回收期 P_t'：$\sum_{t=1}^{P_t'}(CI - CO)_t (1 + i_c)^{-t} = 0$

$$P'_t = (累计净现金流量现值开始出现正值的年份数) - 1$$
$$+ \frac{|上年累计净现金流量现值|}{累计净现金流量现值出现正值年份的净现金流量现值}$$

②财务净现值（NPV）和财务净现值率（NPVR）

财务净现值：$NPV = \sum_{t=1}^{n}(CI-CO)_t(1+i_c)^{-t}$

财务净现值率：$NPVR = \dfrac{NPV}{I_p}$

$$I_p = \sum_{t=0}^{k} I_t(1+i_c)^{-t}$$

式中，i_c 为行业基准收益率或设定的折现率；I_p 为项目全部投资的现值；k 为项目的建设期年数；n 为计算期。

③财务内部收益率

财务内部收益率（FIRR）是指能使项目计算期内净现金流量现值累计等于零时的折现率，即 FIRR 作为折现率使下式成立：

$$\sum_{t=1}^{n}(CI-CO)_t(1+FIRR)^{-t} = 0$$

式中，CI 为现金流入量；CO 为现金流出量；$(CI-CO)_t$ 为第 t 期的净现金流量；n 为项目计算期。

当财务内部收益率大于或等于所设定的判别基准 i_c（通常称为基准收益率）时，项目方案在财务上可考虑接受。需注意的是，项目投资财务内部收益率、项目资本金财务内部收益率和投资各方财务内部收益率可有不同的判别基准。

④总投资收益率

总投资收益率（ROI）表示总投资的盈利水平，是指项目达到设计能力后正常年份的年息税前利润或运营期内年平均息税前利润（EBIT）与项目总投资（TI）的比率。

⑤项目资本金净利润率

项目资本金净利润率（ROE）表示项目资本金的盈利水平，是指项目达到设计能力后正常年份的年净利润或运营期内年平均净利润（NP）与项目资本金（EC）的比率。

（2）偿债能力分析指标

偿债能力分析应通过计算利息备付率（ICR）、偿债备付率（DSCR）和资产负债率（LOAR）等指标，分析判断财务主体的偿债能力。

①利息备付率

利息备付率（ICR）是指在借款偿还期内的息税前利润（EBIT）与应付利息（PI）的比值。它从付息资金来源的充裕性角度反映项目偿付债务利息的保障程度。

利息备付率应分年计算。利息备付率高，表明利息偿付的保险程度高。

利息备付率应当大于1，并结合债权人的要求确定。

②偿债备付率

偿债备付率（DSCR）是指在借款偿还期内用于计算还本付息的资金与应还本付息金额（PD）的比值。它表示可用于计算还本付息的资金偿还借款本息的保障程度。

偿债备付率应分年计算，偿债备付率高，表明可用于还本付息的资金保障程度高。

偿债备付率应大于1，并结合债权人的要求确定。
③资产负债率
资产负债率（$LOAR$）是指各期末负债总额（TL）同资产总额（TA）的比率。
(3) 财务生存能力分析
财务生存能力分析，通过考察项目计算期内的投资、融资和经营活动所产生的各项现金流入和流出，计算净现金流量和累计盈余资金，分析项目是否有足够的净现金流量维持正常运营，以实现财务可持续性。财务可持续性应首先体现在有足够大的经营活动净现金流量，其次各年累计盈余资金不应出现负值。
①拥有足够的经营净现金流量是财务可持续的基本条件。
②各年累计盈余资金不出现负值是财务生存的必要条件。
财务计划现金流量表是项目财务生存能力分析的基本报表，其编制基础是财务分析辅助报表、利润与利润分配表。
(4) 财务分析报表
财务分析报表包括各类现金流量表、利润与利润分配表、财务计划现金流量表、资产负债表和借款还本付息估算表。
1) 现金流量表
现金流量表应正确反映计算期内的现金流入和流出，具体可分为下列三种类型：
①项目投资现金流量表，用于计算项目投资内部收益率及净现值等财务分析指标。
②项目资本金现金流量表，用于计算项目资本金财务内部收益率。
③投资各方现金流量表，用于计算投资各方内部收益率。
2) 利润与利润分配表
利润与利润分配表，反映项目计算期内各年营业收入、总成本费用、利润总额等情况，以及所得税后利润的分配，用于计算总投资收益率、项目资本金净利润率等指标。
3) 财务计划现金流量表
财务计划现金流量表，反映项目计算期各年的投资、融资及经营活动的现金流入和流出，用于计算累计盈余资金，分析项目的财务生存能力。
4) 资产负债表
资产负债表，用于综合反映项目计算期内各年年末资产、负债和所有者权益的增减变化及对应关系，计算资产负债率。
(5) 财务基准收益率
财务基准收益率是指建设项目财务评价中对可货币化的项目费用与效益采用折现方法计算财务净现值的基准折现率，是衡量项目财务内部收益率的基准值，是项目财务可行性和方案比选的主要判据。财务基准收益率反映投资者对相应项目占用资金的时间价值的判断，应是投资者在相应项目上最低可接受的财务收益率。
5. 经济费用效益分析
经济费用效益分析是从资源合理配置的角度，分析项目投资的经济效率和对社会福利所做出的贡献，评价项目的经济合理性。对于财务现金流量不能全面、真实地反映其经济价值，需要进行经济费用效益分析的项目，应将经济费用效益分析的结论作为项目决策的主要依据之一。

(1) 经济效益和费用的计算原则

经济效益的计算应遵循支付意愿原则和（或）接受补偿意愿原则；经济费用的计算应遵循机会成本原则。

支付意愿原则——项目产出物的正面效果的计算遵循支付意愿原则，用于分析社会成员为项目所产出的效益愿意支付的价值。

接受补偿意愿原则——项目产出物的负面效果的计算遵循接受补偿意愿原则，用于分析社会成员为接受这种不利影响所得到补偿的价值。

机会成本原则——项目投入的经济费用的计算应遵循机会成本原则，用于分析项目所占用的所有资源的机会成本。机会成本应按资源的其他最有效利用所产生的效益进行计算。

实际价值计算原则——项目经济费用效益分析应对所有费用和效益采用反映资源真实价值的实际价格进行计算，不考虑通货膨胀因素的影响，但应考虑相对价值变动。

经济费用效益分析中投入物或产出物使用的计算价格称为"影子价格"。影子价格是能够真实反映项目投入物和产出物真实经济价值的计算价格。

(2) 经济费用效益分析指标

①经济净现值

经济净现值（ENPV）是项目按照社会折现率将计算期内各年的经济净效益流量折现到建设期初的现值之和，是经济费用效益分析的主要评价指标。

在经济费用效益分析中，如果经济净现值等于或大于零，说明项目可以达到社会折现率要求的效率水平，认为该项目从经济资源配置的角度可以被接受。

②经济内部效益率

经济内部效益率（EIRR）是项目在计算期内经济净效益流量的现值累计等于 0 时的折现率，是经济费用效益分析的辅助评价指标。

如果经济内部效益率等于或者大于社会折现率，表明项目资源配置的经济效率达到了可以被接受的水平。

③效益费用比

效益费用比（R_{BC}）是项目在计算期内效益流量的现值与费用流量的现值的比率，是经济费用效益分析的辅助评价指标。

如果效益费用比大于 1，表明项目资源配置的经济效率达到了可以被接受的水平。

(3) 国民经济评价参数

①社会折现率

项目经济费用效益分析采用社会折现率对未来经济效益和经济费用流量进行折现。社会折现率是用以衡量资金时间经济价值的重要参数，代表资金占用的机会成本。

结合当前的实际情况，测定社会折现率为 8%；对于受益期长的建设项目，如果远期效率较大，效益实现的风险较小，社会折现率可适当降低，但不应低于 6%。

②影子汇率

影子汇率是指能正确反映国家外汇经济价值的汇率。影子汇率可通过影子汇率换算系数得出。影子汇率换算系数是指影子汇率与外汇牌价之间的比值。影子汇率的计算如下：

$$影子汇率 = 外汇牌价 \times 影子汇率换算系数$$

目前我国影子汇率换算系数为 1.08。

③影子工资

影子工资是指建设项目使用劳动力资源而使社会付出的代价。影子工资影子汇率的计算如下：

$$影子工资＝劳动力机会成本＋新增资源消耗$$
$$影子工资＝财务工资×影子工资换算系数$$

6. 改扩建项目经济评价特点

改扩建项目经济评价应正确识别与估算"无项目"、"有项目"、"现状"、"新增"、"增量"五种状态下的资产、资源、效益与费用。

改扩建项目财务分析采用一般建设项目财务分析的基本原理和分析指标。由于项目与既有企业既有联系又有区别，一般可进行下列两个层次的分析：

（1）项目层次

盈利能力分析，遵循"有无对比"的原则，利用"有项目"与"无项目"的效益与费用计算增量效益与增量费用，用于分析项目的增量盈利能力，并作为项目决策的主要依据之一；清偿能力分析，分析"有项目"的偿债能力，若"有项目"还款资金不足，应分析"有项目"还款资金的缺口，即既有企业应为项目额外提供的还款资金数额；财务生存能力分析，分析"有项目"的财务生存能力。

（2）企业层次

分析既有企业以往的财务状况与今后可能的财务状况，了解企业生产与经营情况、资产负债结构、发展战略、资源利用优化的必要性、企业的信用等。特别关注企业为项目的融资能力、企业自身的资金成本或同项目有关的资金机会成本。有条件时要分析既有企业包括项目债务在内的还款能力。

三、解题指导

本节重点内容中的知识点应熟悉，有关计算公式应能灵活运用，如资金成本、综合资本成本计算公式。需注意的是，息税前利润与净利润是两个不同的概念。

掌握静态投资回收期、动态投资回收期的计算。

掌握内插法求财务内部收益率的计算，具体计算如下：

当 $FNPV_1(i_1) > 0$，$FNPV_2(i_2) < 0$ 时，$i_1 < i_2$，则：

$$FIRR \approx i_1 + \frac{FNPV_1}{FNPV_1 + |FNPV_2|} \times (i_2 - i_1)$$

【例 9-2-1】 在选择资金来源，拟定筹资方案时的主要依据是（   ）。

A. 资金成本　　　B. 流动资产　　　C. 固定资产　　　D. 利率高低

【解】 拟定筹资方案时的主要依据是资金成本，所以应选 A 项。

【例 9-2-2】 某项目欲发行债券筹集 6000 万元，筹资费率为 2%，债券利率为 3.5%，则资金成本率为（   ）。

A. 3.5%　　　B. 3.57%　　　C. 3.43%　　　D. 5.5%

【解】 根据资金成本率计算公式：

$$资金成本率 = \frac{3.5\%}{1 - 2\%} = 3.57\%，所以应选 B 项。$$

【例 9-2-3】 某建设项目的寿命期预计为 10 年，10 年后的净残值为零，初期投资 170 万元，每年净收益 50 万元，若基准收益率为 10%，则该项目的净现值、投资利润率分别为（　　）。

A. 137.23；36.4%； B. 173.23；36.4%

C. 137.23；29.4%   D. 173.23；29.4%

【解】 净现值：$NPV = -170 + 50(P/A, 10\%, 10)$
$$= -170 + 50 \times 6.1446 = 137.23$$

投资利润率：$I = \dfrac{50}{170} \times 100\% = 29.41\%$

所以应选 C 项。

【例 9-2-4】 某项目 1 至 10 年末的净现金流量分别为：−1000 万元，−1000 万元，400 万元，400 万元，400 万元，700 万元，700 万元，700 万元，700 万元，700 万元。该项目的静态投资回收期为（　　）。

A. 6.27 年   B. 6.14 年   C. 6 年   D. 7 年

【解】 作出各年累计净现金流量表如下：

年　份	1	2	3	4	5	6	7	8	9	10
净现金流量	−1000	−1000	400	400	400	700	700	700	700	700
累计净现金流量	−1000	−2000	−1600	−1200	−800	−100	600			

静态投资回收期 $= 7 - 1 + \dfrac{|-100|}{700} = 6.142$ 年，应选 B 项。

四、应试题解

1. 下列属于企业筹资活动的是（　　）。

   A. 建造厂房   B. 经营租赁设备   C. 发行债券   D. 购买政府国债

2. 项目的资金结构不包括（　　）。

   A. 资本金与债务资金的比例   B. 内部融资所占比例

   C. 资本金结构   D. 债务资本金结构

3. 影响企业平均资金成本的因素主要有（　　）。

   A. 个别资金成本   B. 税收因素

   C. 企业的资金结构 D. A 和 C

4. 在下述各项中，不属于现金流出的是（　　）。

   A. 折旧   B. 投资   C. 经营成本   D. 税金

5. 在投资项目的盈利能力分析中，若选取的基准年发生变化，则净现值（NPV）和内部收益率（IRR）的值将（　　）。

   A. 全部变化   B. NPV 变，IRR 不变

   C. NPV 不变，IRR 变   D. 全不变

6. 项目的（　　）越小，表明其盈利能力越强。

   A. 投资利润率   B. 投资回收期   C. 财务净现值   D. 内部收益率

7. 借款偿还期是反映项目借偿债能力的重要指标,其适用于( )项目。
   A. 计算最大偿还能力　　　　　　B. 预先给定贷款偿还期
   C. 分期还款　　　　　　　　　　D. 以上四者均适用

8. 在下列项目筹资方式中,形成项目权益的有( )。
   A. 发行债券　　B. 银行贷款　　C. 发行股票　　D. 融资租赁

9. 下列银行中,不是我国政策性银行的是( )。
   A. 建设银行　　B. 国家开发银行　　C. 进出口银行　　D. 农业发展银行

10. 生产经营期,计算全部投资经济效果的公式是( )。
    A. 全部投资经济效果＝销售收入－销售税金及附加－增值税－经营成本－所得税
    B. 全部投资经济效果＝销售收入－销售税金及附加－增值税－经营成本
    C. 全部投资经济效果＝税后利润＋折旧＋摊销＋利息支出－所得税
    D. 全部投资经济效果＝税生利润＋折旧＋摊销－借款本金偿还

11. 当财务评价结论表明项目可行,而国民经济评价结论表明该项目不可行,则( )。
    A. 项目应予以通过　　　　　　　B. 项目应予以否定
    C. 可报请给予优惠　　　　　　　D. 上述 A、B、C 均不对

12. 关于借款的偿还方式,下列说法中正确的是( )。
    A. 等额利息法,期中偿还等额本金
    B. 等额摊还法,期中偿还等额利息
    C. 等额本金法,每期偿还的利息额不等
    D. 任意法,还款期限任意,本金在限期内还清

13. 资产负债表中资产、负债及所有权益三项之间的关系是( )。
    A. 资产＋负债＝所有者权益　　　B. 资产＋所有者权益＝负债
    C. 负债＋所有者权益＝资产　　　D. 负债＋所有者权益＝固定资产

14. 下列融资方式中,可降低企业负债比率的是( )。
    A. 发行股票　　B. 发行债券　　C. 长期借款　　D. 短期借款

15. 某项目欲发行债券筹集 8000 万元,筹资费率 2%,债券利率 3.5%,则资金成本率为( )。
    A. 3.5%　　　B. 3.57%　　　C. 3.43%　　　D. 5.5%

16. 某公司拟定甲乙丙三个筹资方案,甲方案的综合资金成本为 12%,乙方案的综合资金成本为 11%,丙方案的综合资金成本为 8%。公司的预期投资报酬率为 9%,则以下说法正确的是( )。
    A. 甲方案可行　　　　　　　　　B. 乙方案可行
    C. 丙方案可行　　　　　　　　　D. 甲乙丙三方案均不可行

17. 某新建项目拟从银行贷款 5000 万元,贷款年利率 5%,所得税率为 33%,手续费忽略不计,该项目借款的资金成本率是( )。
    A. 1.65%　　　B. 3.35%　　　C. 4.25%　　　D. 5%

18. 下列( )项为建设项目经济评价时财务分析的基本报表。
    A. 损益表　　　　　　　　　　　B. 折旧估算表

C. 摊销估算表　　　　　　　　　　D. 生产成本估算表

19. 进行财务评价的融资前分析，需要的基础数据不包括（　　）。
   A. 建设投资　　　B. 流动资金　　　C. 销售收入　　　D. 总成本费用

20. 财务分析中的净利润是指（　　）。
   A. 利润总额　　　B. 息税前利润　　　C. 税后利润　　　D. 税前利润

21. 资金成本的确切含义是（　　）。
   A. 债务的成本　　　　　　　　　　B. 融资的成本
   C. 使用资金的成本　　　　　　　　D. 筹集和占用资金的代价

22. 某新建项目，建设期为3年，在建设期第1年初向银行贷款300万元，第2年初贷款200万元，第3年初贷款400万元，投产还款能力为300万元/年，年利率为10%，建设期第1年、第3年贷款利息分别为（　　）万元。
   A. 40；98.3　　　B. 30；98.3　　　C. 40；95.3　　　D. 30；95.3

23. 某新建项目建设期为3年，在建设期第1年初向银行贷款300万元，第2年初贷款200万元，第3年初贷款400万元，已计算出建设期第3年末累计贷款及利息为1081.3万元，若投产还款能力为500万元/年，年利率为10%，在还款第2年初时，建设单位欠银行本利和为（　　）万元。
   A. 459.43　　　B. 659.43　　　C. 639.43　　　D. 1059.3

24. 某公司从银行获得贷款300万元，年利率10%，期限5年，还款方式为等额本金法，则第2年应还款（　　）万元。
   A. 84.00　　　B. 82.76　　　C. 80.0　　　D. 90.0

25. 财务净现值是将项目（　　）各年净现金流量折现到建设初期的现值之和。
   A. 建设期内　　　B. 整个计算期内　　　C. 生产经营期内　　　D. 自然寿命期内

26. 为了正确评价项目对国民经济所作的贡献，在进行国民经济评价时所使用的计算价格，原则上应采用（　　）。
   A. 市场价格　　　B. 指导价格　　　C. 标准价格　　　D. 影子价格

27. 下列经济效果评价指标中，（　　）属于静态评价指标。
   A. 内部收益率　　　B. 净现值率　　　C. 净现值　　　D. 投资收益率

28. 下列评价指标中，属于动态指标的是（　　）。
   A. 投资利润率　　　B. 净现值　　　C. 平均报酬率　　　D. 投资收益率

29. 在财务评价中，若采用内部收益率评价指标，项目可行的标准是（　　）。
   A. FIRR<基准收益率　　　　　　B. FIRR≥基准收益率
   C. FIRR<0　　　　　　　　　　D. FIRR≥0

30. 某建设项目投资额为1200万元，基准收益率为10%，则该项目在财务上（　　）。
   A. 内部收益率<10%，可行　　　B. 内部收益率>10%，不可行
   C. 内部收益率>10%，可行　　　D. 内部收益率=10%，不可行

31. 关于偿债备付率，下列说法正确的是（　　）。
   A. 在借款偿还期内，各年可用于还本付息资金与当期应付本金的比值
   B. 在借款偿还期内，各年可用于付息资金与当期应付利息的比值
   C. 在借款偿还期内，各年可用于还本付息资金与当期应还本付息金额的比值

D. 在正常情况下，偿债备付率应小于 1

32. 若投资方案的内部收益率等于基准贴现率时，则方案的动态资投资回收期与寿命期之间的关系一定是（　　）。

A. 动态投资回收期小于寿命期

B. 动态投资回收期大于寿命期

C. 动态投资回收期等于寿命期

D. 动态投资回收期限与寿命期关系不确定

33. 某投资项目初始投资额为 100 万元，在寿命期 5 年内，每年净收益（收入减不含投资的支出）为 30 万元。若基准折现率为 10%，则该项目的净现值是（　　）万元。

A. 13.72　　　　B. 30.07　　　　C. −4.92　　　　D. −7.74

34. 某项目 1 至 10 年末的净现金流量分别为：−1000 万元，−1000 万元，400 万元，400 万元，400 万元，700 万元，700 万元，700 万元，700 万元，700 万元。该项目的投资回收期为（　　）。

A. 6.27 年　　　B. 6.14 年　　　C. 6 年　　　D. 6.17 年

35. 某投资项目寿命为 10 年，建设期为 3 年，当基准折现率取 10% 时，净现值等于零，则该项目的动态投资回收期等于（　　）年。

A. 10　　　　B. 7　　　　C. 3　　　　D. 13

36. 某项目 1 至 10 年末的净现金流量分别为：−2000 万元，200 万元，200 万元，200 万元，200 万元，200 万元，200 万元，200 万元，200 万元，2000 万元。该项目的内部收益率为（　　）。

A. 大于 10%　　B. 等于 10%　　C. 小于 10%　　D. 大于等于 10%

37. 某具有常规现金流量的投资方案，经计算，当 $i_1=17\%$ 时，$NPV_1=450$ 万元，$i_2=18\%$ 时，$NPV_2=-150$ 万元，则该方案的内部收益率 IRR 为（　　）。

A. 17.55%　　　B. 17.75%　　　C. 17.95%　　　D. 17.35%

38. 某企业用 200 万元投资一个项目，当年投资当年收益，项目寿命期 5 年，每年净收益 55.84 万元，该项目内部收益率最接近（　　）。

A. 9%　　　　B. 10%　　　　C. 11%　　　　D. 12%

39. 对常规投资项目，当折现率取 15% 时，净现值为 10 万元，则该项目的内部收益率的值会（　　）。

A. 小于 15%　　B. 大于 15%　　C. 等于 15%　　D. 无法确定

40. 某企业拟购买一项专利技术使用权，该项专利技术有效使用期 5 年，预计使用该技术每年可产生净收益 50 万元，企业设定的基准收益率为 15%，则该企业购买该项专利应不高于（　　）万元。

A. 156.2　　　B. 167.6　　　C. 180.2　　　D. 200.4

41. 公司破产清算时，优先股、普通股、债务三者的清偿顺序是（　　）。

A. 优先股、普通股、债务　　　　B. 普通股、债务、优先股

C. 债务、优先股、普通股　　　　D. 债务、普通股、优先股

42. 用于计算利息备付率的利润是（　　）。

A. 支付税金后的利润　　　　　　B. 支付税金前且支付利息后的利润

C. 支付利息和税金前的利润　　　　D. 支付税金和利息后的利润

43. 下列对财务生存能力分析的见解中，不正确的是（　　）。

A. 进行财务生存能力分析需要以财务分析辅助表、利润与利润分配表为基础

B. 进行财务生存能力分析需要编制财务计划现金流量表

C. 各年累计盈余资金不出现负值是财务生存的必要条件

D. 在整个运营期内，不允许任何一个年份的净现金流量出现负值

44. 在建设项目评价中，对资源配置的经济效率进行评价，应选用的方法是（　　）。

A. 社会效益分析法　　　　　　　B. 综合评价法

C. 经济费用效益分析法　　　　　D. 现金流量分析

45. 在建设项目经济费用效益分析中，不应作为转移支付处理的是（　　）。

A. 企业缴纳的所得税　　　　　　B. 政府给予的财政补贴

C. 企业缴纳的流转税　　　　　　D. 企业向职工支付的工资

46. 某收费公路年收费额为600万元，旅客时间节省价值为100万元，事故费用支出减少150万元，在进行经济费用效益分析时，项目的经济效益为（　　）万元。

A. 700　　　　　B. 850　　　　　C. 750　　　　　D. 600

47. 目前，我国社会折现率取为（　　）。

A. 7.0%　　　　B. 7.5%　　　　C. 8.0%　　　　D. 6.0%

48. 经济净现值越大，表明项目所带来的以绝对值表示的经济效益（　　）。

A. 越小　　　　　　　　　　　　B. 越大

C. 两者无关系　　　　　　　　　D. 上述A、B、C均不对

49. 计算经济效益净现值采用的折现率应是（　　）。

A. 行业基本折现率　　　　　　　B. 银行贷款利率

C. 社会折现率　　　　　　　　　D. 国债平均利率

50. 下列对经济效益和费用的表述中，正确的是（　　）。

A. 经济效益是考虑项目的直接效益

B. 经济效益应计入项目对提高社会福利和社会经济所做的贡献

C. 计算经济费用效益指标采用企业设定的折现率

D. 影子价格是项目投入物和产出物的市场平均价格

51. 下列对改扩建项目的经济评价的见解中，正确的是（　　）。

A. 只对项目本身进行经济性评价，不考虑对既有企业的影响

B. 财务分析一般只按项目一个层次进行财务分析

C. 需要合理确定原有资产利用、停产损失和沉没成本

D. 仅需估算"新增"、"现状"、"增量"三种状态下的效益和费用

52. 改扩建项目的盈利能力分析应以（　　）为主。

A. 总量分析　　　B. 有项目分析　　　C. 增量分析　　　D. 无项目分析

53. 下列对改扩建项目财务分析的表述中，不正确的是（　　）。

A. 财务分析要注意正确处理沉没成本

B. 财务分析可能涉及五种数据

C. 财务分析只进行增量分析

D. 财务分析要注意项目层次和企业层次的关系

54. 经济费用效益分析指标中，下列属于主要评价指标的是（   ）。
A. 财务净现值　　　　　　　　B. 经济净现值
C. 经济内部收益率　　　　　　D. 效益费用比

55. 经济费用的计算应遵循（   ）。
A. 支付意愿原则　　　　　　　B. 接受补偿意愿原则
C. 实际价值计算原则　　　　　D. 机会成本原则

56. 项目财务生存能力分析的基本报表是（   ）。
A. 利润与利润分配表　　　　　B. 项目投资现金流量表
C. 财务计划现金流量表　　　　D. 资产负债表

第三节 不确定性分析

一、《考试大纲》的规定

盈亏平衡分析（盈亏平衡点、盈亏平衡分析图）；敏感性分析（敏感度系数、临界点、敏感性分析图）。

二、重点内容

1. 盈亏平衡分析

不确定分析的主要方法有盈亏平衡分析和敏感性分析。

盈亏平衡分析包括线性盈亏平衡分析、非线性盈亏平衡分析。线性盈亏平衡分析的假定条件是：

（1）产量等于销售量；

（2）产量变化时，单位可变成本不变，故总成本费用是产量的线性函数；

（3）产量变化时，销售单价不变；

（4）只生产单一产品，若生产多种产品但可换算为单一产品计算。

盈亏平衡分析的计算公式如下：

$$BEP_{生产能力利用率} = \frac{年固定总成本}{年营业收入-年可变成本-年销售税金及附加} \times 100\%$$

$$BEP_{产量} = \frac{年固定总成本}{单位产品价格-单位产品可变成本-单位产品营业税金及附加} \times 100\%$$

盈亏平衡越低，项目盈利的可能性越大，抗风险越强。

2. 敏感性分析

（1）敏感性分析的步骤

敏感性分析的步骤是：

①确定敏感性分析时所要采用的经济效益评价指标。

②选取不确定性因素。如产品产量、价格、主要原材料、可变成本、建设期等。

③确定或设定各因素的可能变化范围和增减量。

④计算不确定性因素的变化所引起的评价指标的变化，并依据计算结果绘制敏感性分析图或敏感性分析表。

⑤确定敏感因素，对方案的风险情况作出判断。

依据每次变动因素的数目，敏感性分析分为单因素敏感性分析和多因素敏感性分析。需注意的是，经济效益评价指标与不确定性因素是不同的概念，其各自取值也不同。

(2) 敏感度系数

敏感度系数是指项目评价指标变化的百分率与不确定性因素变化的百分率之比。敏感度系数高，表示项目效益对该不确定性因素敏感程度高。敏感度系数的计算公式为：

$$S_{AF} = \frac{\Delta A / A}{\Delta F / F}$$

式中，S_{AF}为评价指标A对于不确定性因素F的敏感系数；$\Delta F/F$为不确定性因素F的变化率；$\Delta A/A$为不确定性因素F发生ΔF变化率时，评价指标A的相应变化率。

$S_{AF}>0$，表示评价指标与不确定性因素同方向变化；$S_{AF}<0$，表示评价指标与不确定性因素反方向变化。$|S_{AF}|$较大者，敏感度系数高。

(3) 临界点

临界点（也称为转换值）是指不确定性因素的变化使项目由可行变为不可行的临界数值。它可采用不确定性因素相对基本方案的变化率或其对应的具体数值表示。当该不确定性因素为费用科目时，即为其增加的百分率；当其为效益科目时，即为其降低的百分率。临界点也可用该百分率对应的具体数值表示。

临界点的高低与计算临界点指标的初始值有关。

三、解题指导

掌握重点内容中的计算公式、分析及计算步骤。需注意的是，敏感度系数是可正可负的数值，故$|S_{AF}|$较大者，敏感度系数高。

【例 9-3-1】 对某投资方案进行单因素敏感性分析，评价指标为项目财务净现值NPV，选取建设投资、产品价格、原材料、建设期为不确定性因素，计算结果如图 9-3-1 所示，则最敏感的因素是（　　）。

A. 建设投资　　B. 产品价格　　C. 原材料　　D. 建设期

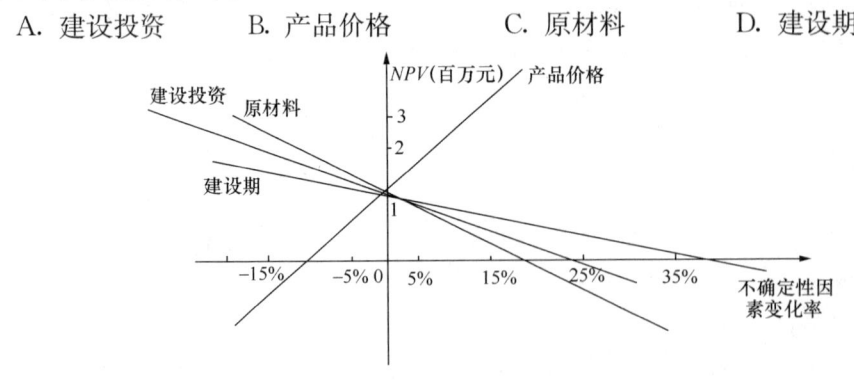

图 9-3-1

【解】 图中直线与水平线夹角最大的因素即产品价格，其变化率较小变动时，项目NPV发生较大变化，所以产品价格为最敏感因素，应选 B 项。

从上题中可知，在敏感性分析图中，直线与水平线夹角最大的因素为最敏感因素，反之，与水平线夹角最小的因素为最不敏感因素。

【例 9-3-2】 某企业设计生产某种产品，设计年产量为 6000 件，企业固定开支为

25000 元/年，产品可变成本为 30 元/件，产品销售税率预计为 10%，若在达到设计产量条件下，要维持 10 万元赢利，产品单价至少不能低于（　　）元。

A. 42.6　　　B. 48.8　　　C. 56.48　　　D. 58.6

【解】 设产品单价至少不能低于 P 元，则：

$$100000=6000\times P\times(1-10\%)-25000-6000\times 30$$

解之得 $P=56.48$ 元，所以应选 C 项。

四、应试题解

1. 固定成本是总成本费用的一部分，它是指其中的（　　）。
   A. 不随产量变动而变动的费用
   B. 不随生产规模变动而变动的费用
   C. 不随人员变动而变动的费用
   D. 在一定生产规模限度内不随产量变动而变动的费用

2. 产品成本可分为固定成本和可变成本，下列（　　）项属于固定成本。
   A. 摊销费　　B. 材料费　　C. 燃料动力费　　D. 人工费

3. 下列（　　）项不属于固定成本。
   A. 折旧　　B. 摊销　　C. 生产人员工资　　D. 长期借款利息

4. 在盈亏平衡分析中，对可变成本总额的变化情况，下列叙述正确的是（　　）。
   A. 随产品销售价格的增加而降低　　B. 随时间的增加而增加
   C. 随产量的增加而增加　　D. 随产量的增加而减少

5. 盈亏平衡点的表示常用（　　）。
   A. 经济内部收益率　　B. 生产能力利用率或销售量
   C. 基准收益率　　D. 生产能力利用率或产量

6. 某项目的年固定成本为 2000 万元，单位产品价格 200 元，单位产品的可变成本 140 元，单位产品的税金 20 元，该项目的盈亏平衡点为（　　）单位。
   A. 3.5×10^5　　B. 50　　C. 5×10^5　　D. 1×10^5

7. 某项目设计生产能力 100 万吨，年固定成本 2500 万元，单位产品可变成本 360 元/吨，单位产品售价 420 元/吨，单位产品的税金 20 元/吨。若不致亏损，则该项目的生产能力利用率至少应达到（　　）。
   A. 60%　　B. 62.5%　　C. 75%　　D. 80.5%

8. 某产品单位可变成本 10 元，计划销售 1000 件，单位产品售价 17 元，单位产品的税金 2 元，则固定成本应控制在（　　）元之内才能保本。
   A. 2500　　B. 5000　　C. 7000　　D. 10000

9. 某设计方案年产量为 12 万吨，已知每吨产品的销售价格为 720 元，每吨产品缴付的销售税金（含增值税）为 185 元，单位可变成本为 250 元，年总固定成本费用为 1600 万元，则产量的盈亏平衡点、盈亏平衡点生产能力利用率分别为（　　）。
   A. 5.77 万吨、48.08%　　　　B. 5.61 万吨、48.08%
   C. 5.77 万吨、46.75%　　　　D. 5.61 万吨、46.75%

10. 某企业设计生产某种产品，设计年产量为 6000 件，每件出厂价为 60 元，企业固定开支为 25000 元/年，产品可变成本为 30 元/件，产品销售税率预计为 10%，则该企业的最大可能盈利是（   ）万元。

A. 10.9　　　　B. 11.9　　　　C. 14.5　　　　D. 15.5

11. 某企业设计生产某种产品，设计年产量为6000件，每件出厂价为60元，企业固定开支为25000元/年，产品可变成本为30元/件，产品销售税率预计为10%，若该企业年盈利8万元以上，则产量至少应达到（   ）件。

A. 3500　　　　B. 4375　　　　C. 5683　　　　D. 6000

12. 某企业设计生产某种产品，设计年产量为6000件，企业固定开支为25000元/年，产品可变成本为30元/件，产品销售税率预计为10%，若在达到设计产量条件下，要维持10万元盈利，产品单价至少不能低于（   ）元。

A. 42.6　　　　B. 48.8　　　　C. 56.43　　　　D. 58.6

13. 对项目进行单因素敏感性分析时，下列（   ）项可作为敏感性分析的因素。

A. 净现值　　　B. 年值　　　C. 内部收益率　　　D. 经营成本

14. 对某项目投资方案进行单因素敏感性分析，基准收益率15%，采用内部收益率作为评价指标，投资额、经营成本、销售收入为不确定性因素，计算其变化对IRR的影响见表9-3-1。

单因素敏感性分析表　　　　　　　　　　表9-3-1

不确定性因素＼变化幅度	−20%	−10%	0	+10%	+20%
投资额	22.4	20.3	18.2	16.1	14
经营成本	23.2	20.7	18.2	15.7	13.2
销售收入	4.6	11.4	18.2	25	31.8

则敏感性因素按对评价指标影响的程度从大到小的排列是（   ）。

A. 投资额、经营成本、销售收入　　　B. 销售收入、经营成本、投资额

C. 经营成本、投资额、销售收入　　　D. 销售收入、投资额、经营成本

15. 项目敏感性分析是通过分析来确定评价指标对主要不确定因素的敏感程度和（   ）。

A. 项目的盈利能力　　　　B. 项目对其变化的承受能力

C. 项目的偿债能力　　　　D. 项目风险的概率

16. 下列对项目敏感性分析的表述中，正确的是（   ）。

A. 全部不确定性因素要同时进行变化

B. 评价指标最少取二个

C. 汇率可以作为不确定性因素

D. 不确定性因素的变动统一用百分数表示

17. 下列对敏感度系数和临界点的见解中，不正确的是（   ）。

A. 敏感度系数低，表示项目效益对该不确定性因素敏感程度低

B. 计算敏感度系数的目的是判断各不确定因素敏感系数的相对大小

C. 在基准收益率一定条件下，临界点越低，表明该不确定因素对项目效益指标影响越小

D. 临界点的高低与计算临界点指标的初始值有关

18. 某项目产品销售价格从 1000 元上升到 1200 元,财务净现值从 2000 万元增加到 2680 万元,则产品销售价格的敏感度系数为(   )。

A. 1.70 B. 2.70 C. 3.20 D. 3.40

19. 某项目基本方案的项目财务内部收益率为 16.8%,当原材料价格上升 10%时,项目财务内部收益率下降到 12.6%,则原材料价格的敏感度系数为(   )。

A. −3.33 B. −2.50 C. 2.50 D. 3.33

20. 某项目基本方案不确定性因素为运营负荷、销售价格和原材料价格,经计算知,运营负荷的敏感度系数为 3.10,销售价格的敏感度系数为 3.60,原材料价格的敏感度系数为−3.60,则该项目最敏感的因素是(   )。

A. 运营负荷　　　　　　　　B. 销售价格
C. 原材料价格　　　　　　　D. 上述 A、B、C 项均不对

21. 某投资项目不确定因素为建设投资、运营负荷、销售价格和原材料价格,如果这四个因素分别向不利方向变化 25%、20%、10%和 15%,项目的财务内部收益率均等于财务基准收益率,则该项目最敏感的因素是(   )。

A. 建设投资　　B. 运营负荷　　C. 销售价格　　D. 原材料价格

22. 某投资项目进行敏感性分析,评价指标为财务内部收益率,取基准收益率为 15%,项目基本方案的内部收益率为 20%。当销售收入降低 5%时,财务内部收益率为 18%;当销售收入降低 10%时,财务内部收益率为 15%,则销售收入变化的临界点为(   )。

A. −10% B. −5% C. 5% D. 10%

第四节　方案经济比选

一、《考试大纲》的规定

方案比选的类型;方案经济比选的方法(效益比选法、费用比选法、最低价格法);计算期不同的互斥方案的比选。

二、重点内容

1. 方案比选的类型

建设项目的投资决策以及项目可行性研究过程是方案比选和择优的过程,在可行性研究和投资决策过程中,对涉及的各决策要素和研究方面,都应从技术和经济相结合的角度进行多方案分析论证,比选优化。

方案之间存在着三种关系:互斥关系、独立关系和相关关系。

(1) 互斥关系,是指各个方案之间存在着互不相容、互相排斥的关系,在进行比选时,在各个备选方案中只能选择一个,其余的均必须放弃,不能同时存在。

(2) 独立关系,是指各个方案的现金流量是独立的不具相关性,其中任一方案的采用与否与其自己的可行性有关,而与其他方案是否采用没有关系。

(3) 相关关系,是指在各个方案之间,某一方案的采用与否会对其他方案的现金流量带来一定的影响,进而影响其他方案的采用或拒绝。

2. 方案经济比选定量分析方法

方案经济比选可采用效益比选法、费用比选法和最低价格法。

(1) 效益比选法

效益比选方法包括净现值比较法、净年值比较法、差额投资内部收益率比较法。

①净现值比较法，即比较备选方案的财务净现值或经济净现值，以净现值大的方案为优。

②净年值比较法，即比较备选方案的净年值，以净年值大的方案为优。

③差额投资财务内部收益率法，即使用备选方案差额现金流，按下式计算：

$$\sum_{t=1}^{n}[(CI-CO)_{大}-(CI-CO)_{小}](1+\Delta EIRR)^{-t}=0$$

式中，$(CI-CO)_{大}$ 为投资大的方案的财务净现金流量；$(CI-CO)_{小}$ 为投资小的方案的财务净现金流量；$\Delta EIRR$ 为差额投资财务内部收益率。

计算得到的差额投资财务内部收益率（$\Delta EIRR$）与设定的基准收益率（i_c）进行对比，当差额投资财务内部收益率大于或等于设定的基准收益率时，以投资大的方案为优，反之，投资小的方案为优。

④差额投资经济内部收益率（$\Delta EIRR$）法，即可采用经济净现金流量替代式中的财务净现金流量，进行方案比选。

(2) 费用比选法

费用比选方法包括费用现值比较法、费用年值比较法。

费用现值比较法：计算备选方案的总费用现值并进行对比，以费用现值较低的方案为优。

费用年值比较法：计算备选方案的费用年值并进行对比，以费用年值较低的方案为优。

(3) 最低价格法

最低价格比较法，在相同产品方案比选中，以净现值为零推算备选方案的产品最低价格，应以最低产品价格较低的方案为优。

(4) 方法的选择

在项目无资金约束的条件下，一般采用净现值比较法、净年值比较法和差额投资内部收益率法。

方案效益相同或基本相同时，可采用最小费用法，即费用现值比较法和费用年值比较法。

3. 计算期不同的互斥方案的比选

计算期不同的互斥方案的比选，需要对各备选方案的计算期和计算公式进行适当的处理，使各方案在相同的条件下进行比较。满足时间可比条件而进行处理的方法很多，常用的有年值法、最小公倍数法和研究期法等。

(1) 年值法

年值法，是通过分别计算各备选方案净现金流量的等额年值（AW）并进行比较的方法，以 $AW \geq 0$，且 AW 最大者为最优方案。

(2) 最小公倍数法

最小公倍数法（也称方案重复法），是以各备选方案计算期的最小公倍数作为各方案的共同计算期，假设各个方案均在这样一个共同的计算期内重复进行，对各方案计算期内各年的净现金流量进行重复计算，直至与共同的计算期相等，以净现值较大的方案为优。

(3) 研究期法

研究期法就是通过研究分析，直接选取一个适当的计算期作为各个方案共同的计算期，计算各个方案在该计算期内的净现值，以净现值较大的为优。在实际应用中，为方便起见，往往直接选取诸方案中最短的计算期作为各方案的共同计算期，所以研究期法也称为最小计算期法。

三、解题指导

对于方法的选择，应注意的是：

(1) 在项目无资金约束的条件下，当寿命期相同时，通常采用净现值比较法、差额投资内部收益率法，也可用净年值比较法；当寿命期不同时，则采用净年值法。

(2) 方案效益相同或基本相同条件下，当寿命期相同时，通常采用费用现值比较法，也可采用费用年值比较法；当寿命期不同时，则采用费用年值比较法。

四、应试题解

1. 两个初始投资相同、寿命期相同的投资方案，下列说法中正确的是（　　）。

A. $NPV_1=NPV_2$，则 $IRR_1=IRR_2$　　B. $NPV_1>NPV_2$，则 $IRR_1>IRR_2$

C. $NPV_1>NPV_2$，则 $IRR_1<IRR_2$　　D. $NPV_1>NPV_2\geqslant 0$，则方案 1 较优

2. 可对两个寿命期不同的互斥方案比较的方法是（　　）。

A. 净现值法　　B. 内部收益法　　C. 年值法　　D. 差额投资回收期法

3. 对两个寿命期相等的互斥方案进行经济性比较不能直接采用（　　）。

A. 净现值法　　B. 净现值率法　　C. 年值法　　D. 内部收益率法

4. 采用净现值（NPV）、内部收益（IRR）和差额内部收益率（ΔIRR）进行互斥方案比选，它们的评价结论是（　　）。

A. NPV 和 ΔIRR 总是不一致的　　B. IRR 和 ΔIRR 总是一致的

C. NPV 和 ΔIRR 总是一致的　　D. NPV、IRR 和 ΔIRR 总是一致的

5. 差额内部收益率（ΔIRR）是使两个投资额不相等方案各年净现金流量差额的现值之和等于零时的折现率。当 ΔIRR 大于基准收益率 i_c 时，应选择（　　）。

A. 投资额大的方案　　B. 投资额小的方案

C. 任意选择　　D. 无法确定

6. 某项目的实施方案有多个，而各方案的投资额又不同，按照财务评价的结果，应选用（　　）方案。

A. NPV 最大　　B. $NPVR$ 最大

C. NPV 和 $NPVR$ 最大　　D. $NPVR$ 最小

7. 某建设项目有 A、B、C 三个互斥方案，则下述指标中，不能作为选择方案的指标是（　　）。

A. 财务净现值　　B. 内部收益率　　C. 差额的净现值　　D. 追加投资收益

8. 现有三个寿命不等的互斥方案可供选择，甲方案的寿命期为 3 年，乙方案的寿命期为 6 年，丙方案的寿命期为 4 年，当采用净现值法进行方案选择时，计算期应取（　　）年。

A. 6　　　　　　B. 12　　　　　　C. 13　　　　　　D. 24

9. 某方案有甲、乙、丙3个方案，甲方案财务净现值为150万元，投资现值为2000万元；乙方案财务净现值为180万元，投资现值为2200万元；丙方案财务净现值为200万元，投资现值为2500万元，则项目最好的方案是（　　）。

A. 甲　　　　　　B. 乙　　　　　　C. 丙　　　　　　D. 无法确定

10. 某市投资建设一座小桥，需一次性投资2000万元，每年维护费用50万元，设基准折现率10%，桥的使用期20年，则费用年值为（　　）万元。

A. 234.9　　　　B. 237.4　　　　C. 282.4　　　　D. 284.9

11. 有甲、乙、丙、丁四个投资方案，设定的基准折现率为12%，各方案寿命期及各年净现流量如表9-4-1所示。已知$(A/P, 12\%, 8)=0.2013$，$(A/P, 12\%, 9)=0.1877$，$(A/P, 12\%, 10)=0.1770$。

各方案寿命期及各年净现流量（万元）　　表9-4-1

方案	寿命期	年　份		
		0	1～8	9	10
甲	8	-5000	980	—	
乙	8	-4800	980	—	
丙	9	-5000	900	900	—
丁	10	-5000	900	900	900

用年值法比较方法应选择（　　）方案。

A. 甲　　　　　　B. 乙　　　　　　C. 丙　　　　　　D. 丁

12. 现有四个寿命不等的互斥方案可供选择，有关数据见表9-4-2。若基准收益率为10%，则优选（　　）。

A. A方案　　　B. B方案　　　C. C方案　　　D. D方案

互　斥　方　案　　表9-4-2

方案	初始投资(万元)	每年净收益(万元)	寿命期(年)
A	6000	4800	3
B	8000	6000	3
C	12500	6500	4
D	15000	6000	5

投资方案数据　　表9-4-3

方案	初始投资(万元)	年净现金流量(万元)
甲	50	15
乙	40	12
丙	30	10.5

13. 某建设项目有A、B两个方案，其寿命期均为10年，10年后的净残值为零，A、B方案的初期投资分别为260万元、300万元，A、B方案的每年净收益分别为59万元、68万元，设基准收益为10%。B方案与A方案的差额净现值为（　　）万元。

A. -5.6　　　　B. 15.3　　　　C. 18.6　　　　D. 26.4

14. 有甲、乙、丙3个相互独立的投资方案，寿命期均为10年，无残值，基准收益率12%，$(P/A, 12\%, 10)=5.650$，可利用的资金100万元，项目数据如表9-4-3所示，最优方案组合为（　　）。

A. 甲乙丙　　　B. 甲乙　　　C. 甲丙　　　D. 乙丙

第五节 价 值 工 程

一、《考试大纲》的规定
价值工程原理；实施步骤。

二、重点内容

1. 价值工程的概念

价值工程是以最低的总费用，可靠地实现产品或作业的必要功能，着重于功能分析的有组织的活动。

价值工程活动中，功能、成本、价值三者关系为：

$$价值 = \frac{功能}{成本}$$

$$或 \quad V = \frac{F}{C}$$

价值工程的目标是以最低的总费用即寿命周期成本，使产品或作业具有它所必须具备的功能，其核心是对研究对象进行功能分析。研究对象如产品、工艺、工程、服务或它们的组成部分等。

从上式公式中可见，提高产品的价值可采用以下 5 个途径：

(1) F^-，$C\downarrow$，则 $V\uparrow$；

(2) C^-，$F\uparrow$，则 $V\uparrow$；

(3) $F\downarrow$，$C\downarrow$，则 $V\uparrow$；

(4) $C\uparrow$，$F\uparrow$，则 $V\uparrow$；

(5) $F\uparrow$，$C\downarrow$，则 $V\uparrow$。

2. 价值工程实施步骤与内容

价值工程实施步骤分为四个阶段：准备、分析、创新和实施阶段，见表 9-5-1。

价值工程的一般程序　　　　　　　表 9-5-1

阶　段	步　　骤	价 值 工 程 提 问
准备阶段	对象选择	VE 对象是什么？
	组成价值工程工作小组	围绕 VE 对象需做哪些准备工作？
	制订工作计划	
分析阶段	搜集整理信息资料	VE 对象的功能是什么？
	功能系统分析	VE 对象的成本是多少？
	功能评价	VE 对象的价值是多少？
创新阶段	方案创新	有无其他方案实现这个功能？
	方案评价	新方案的成本是多少？
	提案编写	新方案能满足功能要求吗？
实施阶段	审批	怎样保证新方案的实施？
	实施与检查	
	成果鉴定	VE 活动的效果有多大？

3. 价值工程选择对象的方法

常用方法有 ABC 分析法、价值系数法、最合适区域法等。

(1) ABC 分析法，亦称不均匀分布定律法，它应用整理统计分析方法选择对象，按产品零部件成本大小从高到低排列，绘出成本累计曲线，即：

A 类部件：部件数量占全部部件 10%～25%，成本占总成本的 70%～80%；

B 类部件：部件数量占全部部件 10%～20%，成本占总成本的 10%～20%；

C 类部件：部件数量占全部部件 80%～90%，成本占总成本的 10%～20%。

通常可以把 A 类部件作为分析对象

(2) 价值系数法，它是一种把确定为价值工程的产品或部件的每个功能，按重要程度评分，对功能数量化，并用价值系数进行分析的方法。

$$功能评价系数 = \frac{分功能评分值}{总功能评分值}$$

$$成本系数 = \frac{分功能目前成本}{总功能成本}$$

$$价值系数 = \frac{功能评价系数}{成本系数}$$

对价值系数小于 1 的部件或产品，可列为价值工程的对象。

4. 功能分析

功能分析是价值工程的核心，它一般有功能定义、功能整理、功能评价三个步骤。

(1) 功能定义与分类

功能分类，按功能的重要程度分为基本功能和辅助功能；按功能的性质可分为使用功能和品位功能；按功能的有用性可分为必要功能和不必要功能。

功能定义，指用最简明的语言来表达产品或部件或作业的功用和效用。对功能定义的基本要求：简明扼要；准确全面；适当抽象。

(2) 功能整理

功能整理是依据功能之间的逻辑关系对功能进行分析、归类，建立功能之间的联系并画出反映功能关系的功能系统图。

产品的功能结构一般以基本功能为始端，各种辅助功能按一定逻辑关系连接、排列于基本功能之后，形成一树形结构。在此树形结构中，功能之间存在目的—手段的逻辑关系和并列逻辑关系。处于主导地位的功能为目的功能（或称上位功能）；处于从属地位的功能是手段功能（或称下位功能）。上位功能、下位功能是相对的概念。

(3) 功能评价

功能评价主要解决功能的定量化问题，以便比较分析。功能评价的方法有"01"评分法、"04"评分法、定量评分法等。

"01"评分法，评价两个功能的重要性时，重要者得 1 分，不重要者得 0 分。"04"评分法，按功能的重要程度分 5 级：非常重要的功能得 4 分；较重要的得 3 分；相同重要的各得 2 分；不太重要的得 1 分；非常不重要的得 0 分。

5. 方案创新与评价

方案创新的方法有头脑风暴法、哥顿法、德尔菲法等。

方案评价的方法有评分法、功能加权法。

三、解题指导

本节知识点需记忆的内容较多，计算题目较简单。

【例 9-5-1】 某产品零件甲的功能平均得分 6.6 分，成本为 60 元，该产品各零件功能总分为 20 分，产品总成本为 300 元，则零件甲的价值系数为（　　）。

A. 0.79　　　　B. 1.65　　　　C. 0.30　　　　D. 0.38

【解】 价值系数＝(6.6/20)÷(60/300)＝1.65

所以应选 B 项。

【例 9-5-2】 某产品的其中三个零件 X、Y、Z 的数据见表 9-5-2，则价值工程的对象是（　　）。

A. X　　　　B. Y　　　　C. Z　　　　D. XZ

零件数据　　　　表 9-5-2

项　目	X	Y	Z
功能评价系数	0.08	0.4	0.04
目前成本	8	200	20
成本系数	0.08	0.20	0.02

【解】 X 零件价值系数＝0.08/0.08＝1；Y 零件价值系数＝0.4/0.20＝2；Z 零件价值系数＝0.04/0.02＝2；故应排除 X 零件，A、D 项不对。

对于 Y、Z 零件，因为 Y 零件目前成本为 200，远远大于 Z 零件目前成本 20，所以应选 Y 为价值工程的对象，故应选 B 项。

四、应试题解

1. 价值工程中的价值是指（　　）。
   A. 产品价格的货币表现　　　　B. 产品的价格与成本的比值
   C. 产品成本与价格的比值　　　　D. 功能和实现这个功能所耗费用的比值

2. 价值工程的价值可以表示为 $V=F/C$，对于产品来说，F 是指产品的功能，C 则是指产品的（　　）。
   A. 制造成本　　B. 寿命周期成本　　C. 使用成本　　D. 研发成本

3. 在价值工程需要进行分析的"成本"是指达到功能要求的产品的（　　）。
   A. 研制成本　　B. 生产成本　　C. 使用成本　　D. 全部成本

4. 价值工程的核心是（　　）。
   A. 降低研究对象的使用成本　　　　B. 对研究对象进行功能分析
   C. 提高研究对象的使用功能　　　　D. 对研究对象的费用进行系统分析

5. 研究价值工程中，功能的定义为（　　）。
   A. 产品的价值　　　　B. 产品具体用途
   C. 用户直接需要的基本功能　　　　D. 确切表达研究对象的作用或效用

6. 为使产品更具有市场竞争力，企业必须在确保产品的"使用功能"的同时，增加产品的（　　）。
   A. 必要功能　　B. 基本功能　　C. 辅助功能　　D. 美学功能

7. 在建筑设计中，运用价值工程的目标是（　　）。

A. 提高功能 　　　　　　　　　　B. 提高设计方案的实用性
C. 提高价值 　　　　　　　　　　D. 提高设计方案的可靠性

8. 从价值、功能与成本的关系，最大程度提高产品价值的是（　　）。
A. 保持产品功能不变，提高产品成本
B. 在产品成本不变的条件下，降低产品的功能
C. 运用新技术，革新产品，既提高功能又降低成本
D. 产品成本虽有增加，但功能提高的幅度更大，相应提高产品的价值

9. 根据价值工程的原理，以下几种途径中（　　）可以提高价值。
①功能不变，降低成本费用；②适当降低功能，保持成本不变；
③成本不变，提高功能；④成本费用少量增加，功能提高较多；
⑤功能提高，成本降低；⑥功能不变，适当提高成本。
A. ①②③　　　B. ①③④⑥　　　C. ①③④⑤　　　D. ②③④⑥

10. 价值工程中的方案评价是对新构思的方案进行（　　）评价。
A. 技术 　　　　　　　　　　B. 经济
C. 社会 　　　　　　　　　　D. 对研究对象的费用进行系统分析

11. 某产品零件甲的功能平均得分 6.6 分，成本为 60 元，该产品各零件功能总分为 20 分，产品总成本为 300 元，零件甲的价值系数为（　　）。
A. 0.79　　　B. 1.65　　　C. 0.3　　　D. 0.38

12. 某工程设计有三个方案，经专家评价后，得到以下数据见表 9-5-3，则最优方案应为（　　）。

设计方案评价表　　　　　　　　　　　表 9-5-3

方　　案	甲	乙	丙
成本系数	0.92	0.7	0.88
功能系数	0.85	0.6	0.8

A. 甲　　　B. 乙　　　C. 丙　　　D. 无法确定

13. 运用价值工程优化设计方案所得结果是：甲方案功能系数为 0.28，单方造价 156 元；乙方案功能系数为 0.20，单方造价 140 元；丙方案功能系数为 0.25，单方造价 175 元；则最佳方案是（　　）。
A. 甲　　　B. 乙　　　C. 丙　　　D. 无法确定

第六节　答　案　与　解　答

一、第一节　资金的时间价值和财务效益与费用估算

1. B　　2. C　　3. A　　4. D　　5. D　　6. A　　7. D　　8. C　　9. A　　10. A
11. C　　12. A　　13. D　　14. D　　15. C　　16. D　　17. B　　18. B　　19. A　　20. D
21. D　　22. C　　23. D　　24. B　　25. D　　26. D　　27. B　　28. B　　29. D　　30. B
31. C　　32. A　　33. D　　34. D

6. A. 解答如下：
经营成本＝总成本费用－折旧－摊销费－维简费－利息支出

＝2880－100－200＝2580。

11. C.

年折旧额＝(1250＋150－100)/20＝65 万元

12. A. 解答如下：

年折旧率＝(折旧年限－已使用年数)÷[折旧年限×(折旧年限＋1)/2]

＝(4－2)÷[4×(4＋1)/2]＝2/10＝1/5

第 3 年折旧额＝(70000－10000)×1/5＝12000 元。

13. D. 解答如下：

年折旧率＝2/5。双倍余额递减法计算折旧时，最后 2 年应平均摊销。

第 1 年折旧额＝50000×2/5＝20000；

第 2 年折旧额＝(50000－20000)×2/5＝12000；

第 3 年折旧额＝(50000－20000－12000)×2/5＝7200；

第 4 年折旧额＝(50000－20000－12000－7200)/2＝5400

19. A. 解答如下：

$100＝15(P/A, i, 10)$，则$(P/A, i, 10)＝6.67$

内插法求 i：$i＝8\%＋(9\%－8\%) \cdot (6.71－6.67)/(6.71－6.418)＝8\%＋0.137\%$
$＝8.137\%$

20. D. 解答如下：

3 年后可获得的利息＝1000×3×10％＝300 元。

21. D. 解答如下：

本利和＝$100×(1＋10\%)^5＝161.05$ 万元

22. C. 解答如下：

$A＝P(A/P, i, n)＝200×(A/P, 10\%, 5)＝200×0.2638＝52.76$ 万元

23. D. 解答如下：

设每年初可以从银行等额贷款为 A，则：

$A(P/A, 5\%, 4)＝10000(P/A, 5\%, 6)(P/F, 5\%, 5)$

$A＝10000×5.0757×0.7835/3.5460＝11215$ 元

24. B. 解答如下：

首付 20％后，余下 100×(1－20％)＝80 万元，设每年末应准备 A 万元，则：

$80＝A(P/A, 5\%, 5)$，故：$A＝80/4.3295＝18.48$ 万元

25. D. 解答如下：

设年末等额还款为 A 万元，则：

借款期的每季度的有效利率为 8％/4＝2％，则 4 年共计 4×3＝12 次

$10(P/A, 2\%, 3×4)＝A(P/A, 8\%, 6)(P/F, 8\%, 3)$

$A＝10×10.5753/(4.6229×0.7938)＝28.81$ 万元

二、第二节　财务分析和经济费用效益分析

1. C	2. B	3. D	4. A	5. B	6. B	7. A	8. C	9. A	10. A
11. B	12. C	13. C	14. A	15. B	16. C	17. B	18. A	19. D	20. C
21. D	22. B	23. C	24. A	25. B	26. D	27. D	28. B	29. B	30. C

31. C	32. C	33. A	34. B	35. A	36. B	37. B	38. D	39. B	40. B
41. C	42. C	43. D	44. C	45. D	46. B	47. C	48. B	49. C	50. B
51. C	52. C	53. C	54. B	55. D	56. C				

15. B. 解答如下：

资金成本率 $=\dfrac{3.5\%}{1-2\%}=3.57\%$

17. B. 解答如下：

资金成本率 $=\dfrac{5\%\times(1-33\%)}{1-0}=3.35\%$

22. B. 解答如下：

年初贷款则按年利率为 10% 计算：

第 1 年，年初借款 300 万元，本年利息 $300\times10\%=30$ 万元，年末欠款 $300+30=330$ 万元；

第 2 年，年初借款与利息累计 530 万元，本年利息 $530\times10\%=53$ 万元，年末欠款 $530+53=583$ 万元；

第 3 年，年初借款与利息累计 $400+530=983$ 万元，本年利息 $983\times10\%=98.3$ 万元，年末欠款 $983+98.3=1081.3$ 万元。

23. C. 解答如下：

还款第 2 年初时，欠银行本利和为：$(1081.3-500)\times(1+10\%)=639.43$ 万元

24. A. 解答如下：

每年应还本金 $=300/5=60$ 万元，第 2 年应付利息为 $(300-60)\times10\%=24$ 万元，则第 2 年应还款 $60+24=84$ 万元

33. A. 解答如下：

净现值 $NPV=-100+30(P/A,10\%,5)=-10+30\times3.7908=13.72$ 万元

34. B. 解答如下：

累计净现金见表 9-6-1，则投资回收期 $=7-1+\dfrac{|-100|}{700}=6.14$ 年

表 9-6-1

年 份	1	2	3	4	5	6	7	8	9	10
净现金流量（万元）	−1000	−1000	400	400	400	700	700	700	700	700
累计净现金流量（万元）	−1000	−2000	−1600	−1200	−800	−100	600			

36. B. 解答如下：

当取内部收益率 $IRR=10\%$，则：

$NPV(10\%)=-2000+200(P/A,10\%,1)+2000(P/A,10\%,9)$

$=-2000+200\times5.7590+2000\times0.4241=0.0$

37. B. 解答如下：

内部收益率 $IRR=17\%+\dfrac{450}{450+|-150|}\times(18\%-17\%)=17.75\%$

38. D. 解答如下：

试算法，取内部收益率＝10%，则：

$$NPV(10\%) = -200 + 55.84(P/A, 10\%, 5)$$
$$= -200 + 55.84 \times 3.7908 = 11.67 \text{ 万元}$$

取内部收益率＝12%，则：

$$NPV(12\%) = -200 + 55.84(P/A, 12\%, 5)$$
$$= -200 + 55.84 \times 3.6048 = 1.29 \text{ 万元}$$

所以，应选 D 项。

40. B. 解答如下：

$$NPV(15\%) = 50(P/A, 15\%, 5) = 50 \times 3.3522 = 167.61 \text{ 万元}$$

三、第三节　不确定性分析

1. D　2. A　3. C　4. C　5. D　6. C　7. B　8. B　9. D　10. B
11. B　12. C　13. D　14. B　15. B　16. C　17. C　18. A　19. B　20. D
21. C　22. A

6. C. 解答如下：

设盈亏平衡点的产量为 Q 单位，则：$(200-20)Q = 20000000 + 140Q$

$Q = 20000000/40 = 5 \times 10^5$

7. B. 解答如下：

生产能力利用率＝$2500 \times 10^4 / [(420-360-20) \times 100 \times 10^4] = 62.5\%$

8. B. 解答如下：

设固定成本为 C 元，则：$1000 \times (17-2) = 1000 \times 10 + C$

$C = 5000$ 元

9. D. 解答如下：

设产量的盈亏平衡点为 Q 万吨，则：$(720-185)Q = 1600 \times 10^4 + 250 \times Q$

$Q = 5.61$ 万吨

盈亏平衡点生产能力利用率＝$5.61/12 \times 100\% = 46.75\%$

10. B. 解答如下：

最大可能赢利时，年产量为 6000 件，则：

最大可能赢利＝$6000 \times 60 \times (1-10\%) - 25000 - 6000 \times 30 = 119000$ 元

11. B. 解答如下：

设产量至少应达到 Q 件，则：$80000 = Q \times 60 \times (1-10\%) - 25000 - Q \times 30$

$Q = 4375$ 件

12. C. 解答如下：

设产品单价至少不能低于 P 元，则：

$100000 = 6000 \times P \times (1-10\%) - 25000 - 6000 \times 30$

$P = 56.48$ 元

18. A. 解答如下：

$$S=\frac{(2680-2000)/2000}{(1200-1000)/1000}=1.70$$

19. B. 解答如下：

$$S=\frac{(12.6\%-16.8\%)/16.8\%}{10\%}=-2.50$$

四、第四节　方案经济比选

1. D　　2. C　　3. D　　4. C　　5. A　　6. B　　7. B　　8. B　　9. B　　10. D
11. D　　12. B　　13. B　　14. C

9. B. 解答如下：

甲方净现值率＝140/2000＝7.5%；乙方净现值率＝180/2200＝8.18%

丙方净现值率＝200/2500＝8%

10. D. 解答如下：

费用年值 AC＝－2000(A/P，10%，20)－50
　　　　　　＝－2000×0.11746－50＝－284.92 万元

11. D. 解答如下：

年值法评价时，甲、乙方案比较，则首先排除甲方案，即 A 项；丙、丁方案比较，则排除丙方案，即 C 项。

乙方案的年值＝－4800(A/P，12%，8)+980＝13.76

丁方案的年值＝－5000(A/P，12%，10)+900＝15.0

所以，应选 D 项。

12. B. 解答如下：

各方案的寿命期不等，用年值法选择，则：

A 方案年值＝－6000(A/P，10%，3)+4800
　　　　　＝－6000×0.40211+4800＝2387.34 万元

B 方案年值＝－8000(A/P，10%，3)+6000
　　　　　＝－8000×0.40211+6000＝2783.12 万元

C 方案年值＝－12500(A/P，10%，4)+6500
　　　　　＝－12500×0.31547+6500＝2556.63 万元

D 方案年值＝－15000(A/P，10%，5)+7200
　　　　　＝－15000×0.26380+6000＝2043 万元

13. B. 解答如下：

差额净现值＝－(300－260)+(68－59)(P/A，10%，10)
　　　　　＝－40+9×6.1446＝15.3 万元

14. C. 解答如下：

由条件，知 A 项的组合值＝50+40+30＞100 万元，故 A 项不对。

甲方案 NPV＝－50+15(P/A，12%，10)＝－50+15×5.650＝34.75 万元

乙方案 NPV＝－40+12(P/A，12%，10)＝－40+12×5.650＝27.8 万元

丙方案 NPV＝－30+10.5(P/A，12%，10)＝－30+10.5×5.650＝29.325 万元

所以，应选 C 项。

五、第五节　价值工程

1. D 2. B 3. D 4. B 5. B 6. D 7. C 8. C 9. C 10. D
11. B 12. C 13. A

11. B. 解答如下：
价值系数 $= (6.6/20) \div (60/300) = 1.65$

12. C. 解答如下：
$V_甲 =$ 功能系数/成本系数 $= 0.82/0.92 = 0.891$
$V_乙 = 0.6/0.7 = 0.857$；$V_丙 = 0.8/0.88 = 0.909$
故应选价值系数最大的丙方案。

13. A. 解答如下：
甲方案：成本系数 $= 156/(156+140+175) = 0.312$
　　　　$V_甲 = 0.28/0.3312 = 0.845$
乙方案：成本系数 $= 140/(156+140+175) = 0.2972$
　　　　$V_乙 = 0.20/0.2972 = 0.673$
丙方案：成本系数 $= 175/(156+140+175) = 0.3715$
　　　　$V_丙 = 0.25/0.3715 = 0.673$
所以应选甲方案。

第十章 土木工程材料

第一节 材料科学与物质结构基础知识

一、《考试大纲》的规定

材料的组成：化学组成、矿物组成及其对材料性质的影响；

材料的微观结构及其对材料性质的影响：原子结构、离子键、金属键、共价键和范德华力、晶体与无定形体(玻璃体)；

材料的宏观结构及其对材料性质的影响；

建筑材料的基本性质：密度、表观密度与堆积密度、孔隙与孔隙率、孔隙特征、亲水性与憎水性、吸水性与吸湿性、耐水性、抗渗性、抗冻性、导热性、强度与变形性能、脆性与韧性。

二、重点内容

1. 材料的组成

建筑材料的应用与其性质是紧密相关的，而建筑材料所具有的各项性质又是由材料的组分、结构与构造等内部因素所决定的。

材料的组成指材料的化学成分、矿物成分。某些建筑材料如天然石材、无机胶凝材料等，其矿物组成是决定其材料性质的主要因素。

2. 材料的微观结构

材料的结构可划分为：宏观结构、亚微观结构和微观结构三个层次，其中，微观结构是指物质的原子、分子层次的微观结构。材料的结构可分为晶体、玻璃体和胶体。

晶体按晶体质点及结合键的特性，可分为：原子晶体、离子晶体、分子晶体和金属晶体，见表 10-1-1。

晶体的类型及性质　　　　　　　　　　　　　　　　　　表 10-1-1

晶体的类型	离子晶体	原子晶体	分子晶体	金属晶体
微粒间的作用力	离子键	共价键	分子间力(范德华力)	金属键
熔点、沸点	较高	高	低	一般较高
强度、硬度	较大	大	小	一般较大
延展性	差	差	差	良
导电性	水溶液或熔融体导电性良好	绝缘体或半导体	绝缘体	良
实例	$NaCl$、MgO、Na_2SO_4	石英、金刚石、碳化硅	CO_2、H_2O、CH_4	Na、Al、Fe 合金

玻璃体是熔融的物质经急冷而形成的无定形体,是非晶体。它具有各向同性,没有固定的熔点,具有化学不稳定性。如火山灰、粒化高炉矿渣等。

胶体指一些细小的固体粒子(直径约 $1\sim100\mu m$)分散在介质中所组成的结构,一般属于非晶体。胶体的表面积很大,故表面积很大、吸附能力很强,使胶体具有很强的粘结力。

3. 材料的亚微观结构与宏观结构

亚微观结构也称为细观结构,一般指用光学显微镜所能观察到的材料结构。通过亚微观结构可以研究材料内部各种组织的性质、组织的特征、数量、分布,以及界面之间的结合情况等。

宏观结构是指用肉眼或放大镜能够分辨的粗大组织。宏观结构(或称宏观构造)按孔隙尺寸可分为:致密结构、多孔结构、微孔结构。按构成形态可分为:聚集结构、纤维结构、层状结构、散粒结构。

4. 材料的基本物理性质

(1) 材料的密度、表观密度和堆积密度

密度 ρ: $\rho = \dfrac{M}{V}$

表观密度 ρ_0: $\rho_0 = \dfrac{M}{V_0}$

堆积密度 ρ_0': $\rho_0' = \dfrac{M}{V_0'}$

上式中,V 为材料在绝对密实状态下的体积,单位为 cm^3;V_0 为材料在自然状态下的体积,单位为 cm^3 或 m^3;V_0' 为材料的堆积体积,单位为 m^3。

(2) 材料的孔隙率和空隙率

孔隙率(P)指材料体积内,孔隙体积所占的比例。即

孔隙率 P: $P = \dfrac{V_0 - V}{V_0} \times 100\% = \left(1 - \dfrac{\rho_0}{\rho}\right) \times 100\%$

密实度 D: $D = \dfrac{V}{V_0} \times 100\% = \dfrac{\rho_0}{\rho} \times 100\% = 1 - P$

孔隙率或密实度的大小直接反映了材料的致密程度。

空隙率指散粒状材料在某堆积体积中,颗粒之间的空隙体积所占的比例:即

空隙率 P': $P' = \dfrac{V_0' - V_0}{V_0'} \times 100\% = \left(1 - \dfrac{\rho_0'}{\rho_0}\right) \times 100\%$

填充率 D': $D' = \dfrac{V_0}{V_0'} \times 100\% = \dfrac{\rho_0'}{\rho_0} \times 100\% = 1 - P'$

(3) 材料的亲水性和憎水性

如图 10-1-1 所示,θ 为润湿边角,当 $\theta \leqslant 90°$ 时,这种材料称为亲水性材料;当 $\theta > 90°$ 时,这种材料称为憎水性材料。

(4) 材料的吸水性和吸湿性

吸水性指材料在水中能吸收水分的性质,常用吸

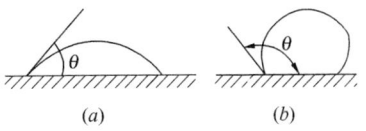

图 10-1-1 材料润湿边角

(a) 亲水性材料;(b) 憎水性材料

水率 $W_{吸}$ 表示；吸湿性指材料吸收空气中水分的性质，常以含水率 $W_{含}$ 表示。

$$W_{吸}=\frac{m-m_0}{m_0}\times 100\%$$

$$W_{含}=\frac{m_1-m_0}{m_0}\times 100\%$$

式中 m_0 为材料在干燥状态下的重量，单位为 g；m 为材料在吸水饱和状态下的重量，单位为 g；m_1 为材料在含水状态下的重量，单位为 g。

平衡含水率，指与空气湿度达到平衡时的含水率。材料吸湿后，造成材料重量增加、体积改变、强度降低，特别是保温材料还会显著降低其保温绝热性能。

(5) 材料的耐水性、抗渗性和抗冻性

耐水性，常用软化系数 $K_{软}$ 表示，即：

$$K_{软}=\frac{R_{饱}}{R_{干}}$$

式中 $R_{饱}$ 为材料在吸水饱和状态下的抗压强度（MPa）；$R_{干}$ 为材料在干燥状态下的抗压强度（MPa）；$K_{软}$ 为软化系数，通常将 $K_{软}>0.85$ 的材料，认为是耐水材料。

抗渗性，一般用渗透参数 K 或抗渗等级 P 表示，即

$$K=\frac{Qd}{AtH}$$

式中 Q 为透水量（cm³）；d 为试件厚度（cm）；A 为透水面积（cm²）；t 为时间（h）；H 为静水压力水头（cm）。

混凝土的抗渗等级计算：

$$P=10H-1$$

式中 P 为抗渗等级；H 为六个试件中有三个试件开始渗水时的水压力（MPa）。

K 越小，或 P 越高，表明材料的抗渗性越好。

抗冻性，常用抗冻等级 F 表示。抗冻等级表示试件能经受的最大冻融循环次数。

材料的抗渗性、抗冻性与孔隙率、孔隙大小和特征等有很大关系。

(6) 材料的导热性和热容量

导热性，用导热系数 λ 表示，即：

$$\lambda=\frac{Q\delta}{(\tau_1-\tau_2)FZ}$$

式中 Q 为传导热量，单位为（J）；δ 为材料厚度，单位为 m；$(\tau_1-\tau_2)$ 为材料两侧温差，单位为 K；F 为材料传热面积，单位为 m²；Z 为传热时间，单位为 s；λ 为导热系数，单位为 W/(m·K)，通常将 $\lambda\leq 0.23$ 的材料称为绝热材料。

热阻 R：$R=\delta/\lambda$ (m²·K/W)

热容量，指材料受热时吸收热量，冷却时放出热量的性质，可用比热容 C 表示，即：

$$C=\frac{Q}{m(\tau_1-\tau_2)}$$

热容量等于比热容 C 乘以材料重量 m。

5. 材料的力学性质

（1）强度与变形性能

材料的抗压、抗拉、抗剪强度计算：
$$R=\frac{P}{F}=\frac{材料破坏时的最大荷载（N）}{受力截面面积（mm^2）}$$

抗弯强度计算如下：

图 10-1-2（a）情况：$R_{弯}=\dfrac{3PL}{2bh^2}$

图 10-1-2（b）情况：$R_{弯}=\dfrac{PL}{bh^2}$

比强度指按单位重量计算的材料强度，其值等于材料的强度与其表观密度之比。

弹性与塑性。弹性变形指可恢复的变形，而不可恢复变形称为塑性变形。混凝土等材料为弹塑性材料。

（2）脆性和韧性

脆性，指材料在外力作用下，无明显塑性变形而突然破坏的性质；一般脆性材料的抗压强度比其抗拉强度高很多，它对承受振动、冲击荷载不利。

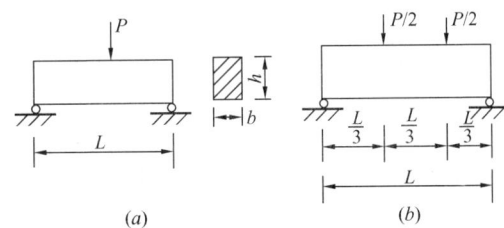

图 10-1-2 材料受外力示意图

韧性，指材料在冲击或振动荷载作用下，能吸收较大的能量，产生一定的变形而不破坏的性质。如建筑钢材、木材等属于韧性材料。

三、解题指导

本节知识点需要理解记忆的内容较多，注意对比区别各概念的异同点。如晶体与无晶体；密度、表观密度与堆积密度；亲水性与憎水性；吸水性与吸湿性；抗渗性、抗冻性与耐水性等。

【例 10-1-1】 建筑材料的软化系数越大，则其耐水性（　　）。

A. 越好　　　　B. 越差　　　　C. 不变　　　　D. 不能确定

【解】 软化系数越大，耐水性越好；通常软化系数大于 0.85 的材料，认为是耐水材料，所以应选 A 项。

【例 10-1-2】 多孔无机保温材料吸水后，则该材料的（　　）。

A. 密度值增大　　B. 绝热性能提高　　C. 保温性能下降　　D. 孔隙率降低

【解】 本题考核水对材料性能的影响；由于水的导热系数较大，故多孔无机保温材料吸水后，其保温性能显著下降，应选 C 项。

四、应试题解

1. 材料的结构可以分为（　　）。

A. 晶体、玻璃体　　　　　　　　B. 晶体、凝胶体

C. 晶体、玻璃体、胶体　　　　　D. 晶体、玻璃体、凝胶体

2. 下列关于晶体性质的叙述，不合理的是（　　）。

A. 晶体具有各向异性的性质

B. 有些晶体材料整体具有各向同性的性质

C. 石英、金刚石、金属属于晶体结构

D. 晶体的质点排列为近程有序，远程无序

3. 下列各种晶体间作用力的叙述，不合理的是（　　）。

A. 原子晶体的各原子之间由原子键来联系

B. 离子晶体的离子键靠静电吸引力结合

C. 分子晶体靠分子间的范德华力结合

D. 金属晶体中金属键是通过自由电子的库仑引力结合

4. 具有一定化学成分的熔融物质，若经急冷，则质点来不及按一定规则排列而凝固成固体，该固体为（　　）。

A. 晶体　　　　B. 胶体　　　　C. 玻璃体　　　　D. 晶体和胶体的混合物

5. 下列关于玻璃体的叙述，合理的是（　　）。

A. 各向异性　　　　　　　　B. 具有化学不稳定性

C. 属于晶体　　　　　　　　D. 熔融时出现软化现象

6. 下列关于胶体的叙述，不合理的是（　　）。

A. 各向异性，有很强的塑性变形能力

B. 凝胶体在长期荷载作用下具有类似黏性液体的流动性质

C. 凝胶体的吸附能力很弱

D. 凝胶体的质点很微小，比表面积很大

7. 胶体结构的材料与晶体、玻璃体结构的材料相比，其（　　）。

A. 强度较高、变形较小　　　　B. 强度较低、变形较小

C. 强度较低、变形较大　　　　D. 强度较高、变形较大

8. 对于同一种材料而言，无论如何变化，不变的是（　　）。

A. 表观密度　　B. 密度　　C. 导热性　　D. 吸水性

9. 材料表观密度是指（　　）。

A. 材料在自然状态下，单位体积的质量

B. 材料在堆积状态下，单位体积的质量

C. 材料在绝对密实状态下，单位体积的质量

D. 材料在饱和状态下，单位体积的质量

10. 已知某固体材料的表观密度为 1200kg/m³，密度为 1400kg/m³，则其孔隙率为（　　）。

A. 85.7%　　B. 13.4%　　C. 14.8%　　D. 14.3%

11. 某多孔材料的孔隙率为 30%，则其密实度为（　　）。

A. 30%　　B. 60%　　C. 70%　　D. 100%

12. 一种材料的孔隙率增大时，以下性质中（　　）一定下降。

A. 密度　　B. 表观密度　　C. 吸水率　　D. 抗冻性

13. 下列关于材料亲水性和憎水性的叙述，不合理的是（　　）。

A. 憎水性材料的润湿边角 $\theta \geq 90°$

B. 不锈钢是憎水性材料

C. 大多数木材是亲水性材料

D. 亲水性材料表面做憎水处理，可提高其防水性能

14. 下列各材料中,( )是亲水性材料。
    A. 沥青   B. 石蜡   C. 混凝土   D. 聚乙烯塑料
15. 下列各项中,( )是憎水性材料。
    A. 石蜡   B. 石材   C. 混凝土   D. 木材
16. 某材料吸水饱和后重100g,比干燥时重了20g,此材料的吸水率等于( )。
    A. 10%   B. 15%   C. 20%   D. 25.0%
17. 含水率为4%的中砂2400kg,其中含水( )kg。
    A. 92.3   B. 94.3   C. 96.0   D. 98.3
18. 材料含水与外界空气湿度达到平衡时的含水率称为( )。
    A. 标准含水率 B. 基准含水率 C. 纤维饱和点   D. 平衡含水率
19. 材料的软化系数计算公式为( )。
    A. 材料吸水饱和状态时抗拉强度/材料干燥状态时抗拉强度
    B. 材料吸水饱和状态时抗压强度/材料干燥状态时抗压强度
    C. 材料干燥状态时抗拉强度/材料潮湿状态时抗拉强度
    D. 材料干燥状态时抗压强度/材料水饱和状态时抗压强度
20. 建筑材料的软化系数越大,则其耐水性( )。
    A. 越好   B. 越差   C. 不变   D. 不能确定
21. 材料的软化系数应( )。
    A. 小于0   B. 大于1   C. 0~1之间   D. 0~100之间
22. 通常将软化系数大于( )的材料视为耐水材料。
    A. 0.85   B. 0.80   C. 0.75   D. 0.70
23. 下列关于材料抗渗性的叙述,合理的是( )。
    A. 抗渗性是指材料抵抗无压力水渗透的性质
    B. 混凝土的抗渗性用抗渗等级表示
    C. 掺用引气剂引入约3%气孔,会降低混凝土抗渗性
    D. 沥青防水油毡的抗渗性用抗渗等级表示
24. 下列关于材料抗冻性的叙述,不合理的是( )。
    A. 混凝土抗冻性用抗冻性等级表示
    B. 材料含水率越高,受冻破坏的可能性越大
    C. 掺适量减水剂可改善混凝土抗冻能力
    D. 掺引气剂会降低混凝土抗冻能力
25. 绝热材料的导热系数为( )。
    A. ≤0.23   B. ≥0.23   C. ≤0.77   D. ≥0.77
26. 选择保温隔热的材料,其密度与表观密度的数值关系宜满足( )。
    A. 密度值与表观密度值都很大
    B. 密度值与表观密度值都很小
    C. 表观密度值与密度值相差很小
    D. 密度值与表观密度值相差很大
27. 多孔无机保温材料吸水后,则该材料的( )。

A. 密度值增大 B. 绝热性能提高
C. 保温性能下降 D. 孔隙率降低

28. 在下列各种土木工程材料中，（　　）导热系数较小。
A. 水泥砂浆　　B. 钢材　　C. 大理石　　D. 铝合金

29. 下列影响材料导热系数的最主要因素是（　　）。
A. 化学成分　　B. 表观密度和湿度　　C. 温度　　D. 分子结构

30. 评定材料保温绝热性能优劣的主要指标是（　　）。
A. 热阻和孔隙率 B. 导热系数和表观密度
C. 热阻和表观密度 D. 热阻和导热系数

31. 关于绝热材料的绝热性能，合理的是（　　）。
A. 孔隙率相同时，大孔材料比同种小孔材料绝热性能好
B. 绝热材料具有较高的导热系数
C. 对纤维材料而言，平行纤维方向热阻小
D. 孔隙率相同时，开口孔材料比同种闭口孔材料绝热性能好

32. 绝热材料的导热系数与含水率的正确关系是（　　）。
A. 含水率越大，导热系数越小
B. 导热系数与含水率无关
C. 含水率越小，导热系数越小
D. 含水率越小，导热系数越大

33. 评价材料是否轻质高强的指标是（　　）。
A. 抗压强度　　B. 抗拉强度　　C. 抗弯强度　　D. 比强度

34. 材料的比强度计算公式是（　　）。
A. 材料的强度/密度 B. 材料的强度/表观密度
C. 材料的强度/质量 D. 材料的强度/体积

35. 塑性的正确表示是（　　）。
A. 外力取消后仍保持变形后的形状和尺寸，不产生裂缝
B. 外力取消后仍保持变形后的形状和尺寸，但产生裂缝
C. 外力取消后不保持变形后的形状和尺寸，不产生裂缝
D. 外力取消后不保持变形后的形状和尺寸，但产生裂缝

36. 混凝土属于（　　）。
A. 弹性材料　　B. 塑性材料　　C. 弹塑性材料　　D. 韧性材料

37. 脆性材料的特征是（　　）。
A. 破坏前无明显变形 B. 抗压强度与抗拉强度均较高
C. 抗冲击破坏时吸收能量大 D. 受力破坏时，外力所做的功大

38. 下列各材料中，属于脆性材料的是（　　）。
A. 低合金结构钢　　B. 石材　　C. 碳素结构钢　　D. 木材

39. 下列物质属于韧性材料的是（　　）。
A. 砖　　B. 铸铁　　C. 木材　　D. 混凝土

40. 承受振动或冲击荷载作用的结构，应选择的材料是（　　）。

A. 变形很小，抗拉强度很低
B. 变形很大，取消外力后仍保持原来的变形
C. 抗拉强度比抗压强度高许多倍
D. 能够吸收较大能量且能产生一定的变形而不破坏

第二节 无机胶凝材料

一、《考试大纲》的规定

气硬性胶凝材料：石膏和石灰技术性质与应用；
水硬性胶凝材料：水泥的组成、水化与凝结硬化机理、性能与应用。

二、重点内容

1. 无机胶凝材料概述

按其化学组成，胶凝材料一般可分为无机胶凝材料和有机胶凝材料两大类。无机胶凝材料按照硬化条件，又可分为气硬性胶凝材料和水硬性胶凝材料。

气硬性胶凝材料只能在空气中硬化，也只能在空气中保持或继续发展其强度，如石灰、石膏，所以它们一般只适用于地上或干燥环境中，而不宜用于潮湿环境中，更不可用于水中。

水硬性胶凝材料不仅能在空气中，而且能更好地在水中硬化，保持和继续发展其强度，如各品种水泥，所以它们既适用于地上，也适用于地下或水中。

2. 石灰

(1) 石灰的生产、熟化与硬化

生产石灰的主要原材料是以碳酸钙为主要成分的天然岩石，最常用的原材料是石灰石，另外还有白云石、白垩等。将石灰石原料在适当的湿度下煅烧，碳酸钙将分解，释放出 CO_2，得到以 CaO 为主要成分的生石灰。按建材行业标准《建筑生石灰》（JC/T 479—2013）的规定，MgO 含量≤5%时，称为钙质生石灰；MgO 含量>5%时，称镁质生石灰。石灰使用前，一般先加水，使之消解为熟石灰，其主要成分为 $Ca(OH)_2$，这个过程称为石灰的熟化或消化。施工现场熟化石灰常用方法是消石灰浆法和消石灰粉法。

石灰在空气中的硬化包括两个同时进行的过程：结晶作用和碳化作用。碳化，是指 $Ca(OH)_2$ 与空气中的 CO_2 作用，生成不溶解于水的碳酸钙晶体，析出的水分则渐渐被蒸发的过程。石灰硬化是个相当缓慢的过程。

(2) 石灰的技术性质

生石灰熟化后形成的石灰浆，是一种表面吸附水膜的高度分散的 $Ca(OH)_2$ 胶体，它可以降低颗粒之间的摩擦，因此具有良好的可塑性，用来配制建筑砂浆可显著提高砂浆的和易性。在硬化过程中，石灰要蒸发掉大量的水分，引起体积显著地收缩，易出现干缩裂缝，故除调制成石灰乳作薄层粉刷外，它不宜单独使用。

(3) 石灰的应用

建筑工程中所用的石灰可分成三个品种：建筑生石灰、建筑生石灰粉和建筑消石灰粉。我国建材行业将其分为三个等级：优等品、一等品和合格品。

在建筑工程中，将熟化好的石灰膏或消石灰粉加入过量的水稀释成的石灰乳，是一种

传统的涂料，主要用于室内粉刷；若掺入适量的砂或水泥、砂，即可配制成石灰砂浆或混合砂浆，可用于墙体砌筑或抹面工程；也可掺入纸筋，麻刀等制成石灰灰浆，用于内墙或顶棚抹面。

石灰与黏土按一定比例拌合，可制成石灰土；石灰与黏土、砂石、炉渣等填料拌制成三合土。为方便石灰与黏土的拌合，宜采用生石灰粉或消石灰粉，生石灰粉的效果更好。石灰与粉煤灰、碎石拌制的"三渣"是道路工程中的常用材料之一。

石灰可用来做生产各种硅酸盐制品的材料。如灰砂砖、灰煤灰砖、粉煤灰砌块等。此外，将生石灰粉与纤维材料或胶质骨料加水搅拌、成型，再用二氧化碳进行人工碳化，可制成轻质的碳化石灰板材（碳化石灰空心板）。

3. 石膏

(1) 石膏的生产、硬化

石膏具有凝结、硬化速度快、导热性低、吸声性强等特点。常用的石膏胶凝材料类有：建筑石膏、高强石膏、无水石膏水泥、高温燃烧石膏等。

生产石膏胶凝材料的原料主要有天然二水石膏（$CaSO_4 \cdot 2H_2O$），还有天然无水石膏，其生产原理是天然二水石膏脱水生成半水石膏或无水石膏。根据加热方式的不同，半水石膏又有 α 型和 β 型两种形态。建筑工程中最常用的建筑石膏的主要成分是 β 型半水石膏。

建筑石膏的凝结和硬化主要是由于半水石膏与水相互作用，还原成二水石膏。

(2) 建筑石膏的技术性质

建筑石膏凝结硬化速度快，其凝结时间随燃烧温度、磨细程度和杂质含量等情况的不同而不同。一般与水拌合后，在常温下数分钟即可初凝，30min 以内即可达终凝。在室内自然干燥状态下，达到完全硬化约需 7d。建筑石膏在凝结硬化过程中，体积略有膨胀、硬化时不出现裂缝，可不掺加填料而单独使用。建筑石膏硬化后，强度较低、表观密度较小、导热性较低、吸声性较好等。

建筑石膏的热容量和吸湿性大，可均衡调节室内环境的温度和湿度。建筑石膏具有良好的抗火性，但其耐水性和抗冻性较差。

按强度、细度、凝结时间指标，建筑石膏分为优等品，一等品和合格品三个等级。在其强度指标中，抗折强度和抗压强度为试样与水接触后两小时测得的。建筑石膏按产品名称、抗折强度及标准号的顺序进行产品标记。如抗折强度为 2.5MPa 的建筑石膏表示为：建筑石膏 2.5 GB 9776。

建筑石膏一般贮存期为三个月；超过三个月，其强度将降低 30% 左右。

(3) 建筑石膏的应用

建筑石膏适宜用作室内装饰、保温绝热、吸声及阻燃等方面的材料，一般做成石膏抹面灰浆、建筑装饰制品、石膏板等。由于石膏板具有长期徐变的性质，在潮湿的环境中更严重，所以不宜用于承重结构，主要用作室内墙体、墙面装饰和吊顶等。

(4) 其他品种石膏

高强度石膏主要成分是 α 型半水石膏，主要适用于强度要求较高的抹灰工程、装饰制品和石膏板。

无水石膏水泥属于气硬性胶凝材料，与建筑石膏的凝结速度慢，宜用于室内，主要用作石膏板和石膏建筑制品，以及作抹面灰浆等，具有良好的耐久性和抵抗酸碱侵蚀的能力。

高温燃烧石膏，其主要成分为 $CaSO_4$ 及部分 $CaSO_4$ 分解出的 CaO。高温燃烧石膏凝结、硬化速度慢。硬化后，它具有较高的强度和耐磨性，抗水性较好，宜用作地板，故也称地板石膏。

4. 水泥的分类、组成、水化硬化

水泥属于水硬性胶凝材料。水泥品种按其组成可分为两大类：（1）常用水泥，用于一般土木建筑工程的水泥。如硅酸盐水泥、普通硅酸盐水泥、矿渣硅酸盐水泥等；（2）特种水泥，泛指水泥熟料为非硅酸盐类的其他品种水泥。如高铝水泥、硫铝酸盐水泥等。在我国常用水泥主要品种有：硅酸盐水泥、普通硅酸盐水泥、矿渣硅酸盐水泥、火山灰质硅酸盐水泥、粉煤灰硅酸盐水泥、复合硅酸盐水泥等。

（1）熟料基本组成与特性

水泥的性能主要决定于熟料质量。熟料矿物的基本特性见表 10-2-1。

熟料矿物的基本特性　　　　表 10-2-1

矿物	强度		水化热	凝结硬化速度	耐化学侵蚀性	干缩
	早期	后期				
硅酸三钙(C_3S)	高	高	中	快	中	中
硅酸二钙(C_2S)	低	高	小	慢	良	小
铝酸三钙(C_3A)	高	低	大	最快	差	大
铁铝酸四钙(C_4AF)	低	低	小	快	优	小

（2）水泥混合材

水泥混合材通常分活性混合材和非活性混合材两大类。

活性混合材，是指混合材磨细后与石灰和石膏拌合，如水后既能在水中又能在空气中硬化的材料。水泥中常用的活性混合材有：粒化高炉矿渣、火山灰质混合材、粉煤灰。

非活性混合材，是指磨细的石英砂、石灰石，慢冷矿渣等，它们与水泥成分不起化学作用或化学作用很小。

（3）石膏

用于水泥中的石膏一般是二水石膏或无水石膏。

5. 水泥的品质要求

水泥的品质评定原则：凡 MgO、SO_3、初凝时间、安定性中的任一项不符合规定时，均为废品；凡细度、终凝时间、不溶物和烧失量中的任一项不符合规定或混合材掺量超限量和强度低于商品强度等级的指标时，为不合格。

（1）凝结时间

水泥浆体的凝结时间用维卡仪进行测定。凝结时间分初凝和终凝。国家标准规定：硅酸盐水泥、普通硅酸盐水泥、矿渣水泥、火山灰水泥、粉煤灰水泥、复合水泥的初凝时间不得早于 45min；终凝时间，硅酸盐水泥不得迟于 6h30min，复合水泥不得迟于 12h，其他品种不得迟于 10h。水泥的凝结时间与水泥品种有关，一般地，掺混合材的水泥凝结时间较缓慢；凝结时间随水灰比增加而延长。

（2）强度

水泥强度检验根据《水泥胶砂强度检验方法》(ISO 法) 规定，由按质量计的一份水泥，三份中国 ISO 标准砂,用 0.5 的水灰比拌制的一组 4cm×4cm×16cm 塑性胶砂试件,在 20±1℃水中养护。各品种和等级水泥均应测定其 3d 和 28d 强度。

(3) 体积安定性

体积安定性不良是指已硬化水泥石产生不均匀的体积变化现象。引起体积安定性不良的原因:f-CaO 过量;f-MgO 过量;石膏渗量过多。

国标规定用沸煮法检验水泥体积安定性,即将水泥净浆试饼或雷氏夹试件沸煮 3h,用肉眼观察试饼未发现裂纹,用直尺检查没有弯曲,或测得雷氏试件膨胀量在规定值内,则该水泥体积安定性合格,反之为不合格。当试饼法与雷氏夹法结果有争议时,以雷氏夹法为准。

(4) 细度

国标规定硅酸盐水泥细度采用透气式比表面积仪检验,要求其比表面积 $>300m^2/kg$;其他五类水泥细度用筛析法检验,要求在 $80\mu m$ 标准筛上筛余量不得超过 10%。筛析法有水筛、干筛和负压筛法,当三种方法结果有争议时,以负压筛法为准。

(5) 水化热

水泥的水化放热量、放热速率与水泥的矿物组成有关。水泥的水化放热量大部分在 3~7d 内放出,以后渐渐减小。各水泥矿物的水化热及放热速率比较如下:

$$C_3A > C_3C > C_4AF > C_2S$$

水泥水化热量及放热速率还与水泥细度、混合材种类和数量有关。水泥细度愈细,水化反应加速,水化放热速率亦增大;掺混合材可降低水化热的放热速率。

6. 水泥化学品质指标

(1) 不溶物。国标规定:Ⅰ型硅酸盐水泥中不溶物不得超过 0.75%,Ⅱ型不得超过 1.5%。

(2) 烧失量。国标规定:Ⅰ型硅酸盐水泥烧失量不得大于 3.0%,Ⅱ型硅酸盐水泥烧失量不得大于 5.0%。

(3) 氧化镁。国标规定:硅酸盐水泥中 MgO 含量 $<5.0%$,若水泥压蒸安定性合格允许 MgO 含量 $<6.0%$;矿渣水泥熟料中的 MgO 含量 $<5.0%$,若水泥压蒸安定性合格允许 MgO 含量 $<7.0%$;火山灰质水泥、粉煤灰水泥和复合水泥其熟料中 MgO 必须小于 5.0%,若水泥压蒸安定性含量允许 MgO 含量 $<6.0%$。

(4) SO_3。国标规定:矿渣水泥中 SO_3 不得超过 4.0%,其他五类水泥中 SO_3 不得超过 3.5%。

(5) 碱含量。若水泥中碱含量高,当选用含有活性的骨料配制混凝土时,会产生碱骨料反应,国标规定:水泥中碱含量按 $Na_2O+0.658K_2O$ 计算值来表示,若使用活性骨料,用户要求提供低碱水泥时,则水泥中的碱含量不大于 0.60% 或由双方商定。

7. 常用水泥的基本特性与用途

常用水泥有硅酸盐水泥、普通硅酸盐水泥、矿渣硅酸盐水泥、火山灰硅酸盐水泥、粉煤灰硅酸盐水泥、复合水泥、白色硅酸盐水泥等。

白色硅酸盐水泥的熟料矿物主要成分是硅酸盐,国标《白色硅酸盐水泥》(GB/T 2015—2005)规定:白色硅酸盐水泥按其抗压强度和抗折强度分为 32.5、42.5、52.5、62.5 四个强度等级。白色硅酸盐水泥配入耐碱矿物颜料可制得彩色水泥。

常用水泥的特性,见表 10-2-2 所示。

建筑工程对常用水泥的选择见表 10-2-3。

常用水泥的特性　　　　　　　　　　　　　　　　　　　　　　　　　　表 10-2-2

项次	水泥名称	原料	代号	特性
1	硅酸盐水泥	硅酸盐水泥熟料、0%~5%的石灰石或粒化高炉矿渣、适量石膏磨细制成的水硬性胶凝材料	P·Ⅰ、P·Ⅱ	早期强度及后期强度都较高,在低温下强度增长比其他种类的水泥快,抗冻、耐磨性都好,但水化热较高,抗腐蚀性较差
2	普通硅酸盐水泥（简称普通水泥）	硅酸盐水泥熟料、6%~15%的石灰石或粒化高炉矿渣、适量石膏磨细制成的水硬性胶凝材料	P·O	除早期强度比硅酸盐水泥稍低,其他性能接近于硅酸盐水泥
3	矿渣硅酸盐水泥（简称矿渣水泥）	硅酸盐水泥熟料和20%~70%粒化高炉矿渣、适量石膏磨细制成的水硬性胶凝材料	P·S	早期强度较低,在低温环境中强度增长较慢,但后期强度增长较快,水化热较低,抗硫酸盐侵蚀性较好,耐热性较好,但干缩变形较大,析水性较大,耐磨性较差
4	火山灰质硅酸盐水泥（简称火山灰水泥）	硅酸盐水泥熟料和20%~50%火山灰质混合材料、适量石膏磨细制成	P·P	早期强度较低,在低温环境中强度增长较慢,在高温潮湿环境中（如蒸汽养护）强度增长较快,水化热较低,抗硫酸盐侵蚀性较好,但干缩变形较大,析水性较大,耐磨性较差
5	粉煤灰硅酸盐水泥（简称粉煤灰水泥）	硅酸盐水泥熟料和20%~40%粉煤灰、适量石膏磨细制成	P·F	早期强度较低,水化热比火山灰水泥还低,和易性好,抗腐蚀性好,干缩性也较小,但抗冻、耐磨性较差
6	复合硅酸盐水泥（简称复合水泥）	硅酸盐水泥熟料、15%~50%两种或两种以上规定的混合材料、适量石膏磨细制成的水硬性胶凝材料	P·C	介于普通水泥与火山灰水泥、矿渣水泥以及粉煤灰水泥性能之间,当复掺混合材料较少（小于20%）时,它的性能与普通水泥相似,随着混合材料复掺量的增加,性能也趋向于所掺混合材料的水泥

常用水泥的选用　　　　　　　　　　　　　　　　　　　　　　　　　　表 10-2-3

混凝土工程特点或所处环境条件		优先选用	可以使用	不得使用
环境条件	在普通气候环境中的混凝土	普通硅酸盐水泥	矿渣硅酸盐水泥、火山灰质硅酸盐水泥、粉煤灰硅酸盐水泥	
	在干燥环境中的混凝土	普通硅酸盐水泥	矿渣硅酸盐水泥	火山灰质硅酸盐水泥、粉煤灰硅酸盐水泥
	在高湿度环境中或永远处在水下的混凝土	矿渣硅酸盐水泥	普通硅酸盐水泥、火山灰质硅酸盐水泥、粉煤灰硅酸盐水泥	
	严寒地区的露天混凝土、寒冷地区的处在水位升降范围内的混凝土	普通硅酸盐水泥	矿渣硅酸盐水泥	火山灰质硅酸盐水泥、粉煤灰硅酸盐水泥
	严寒地区处在水位升降范围内的混凝土	普通硅酸盐水泥		火山灰质硅酸盐水泥、粉煤灰硅酸盐水泥、矿渣硅酸盐水泥
	厚大体积的混凝土	粉煤灰硅酸盐水泥、矿渣硅酸盐水泥	普通硅酸盐水泥、火山灰质硅酸盐水泥	硅酸盐水泥、快硬硅酸盐水泥
工程特点	要求快硬的混凝土	快硬硅酸盐水泥、硅酸盐水泥	普通硅酸盐水泥	矿渣硅酸盐水泥、火山灰质硅酸盐水泥、粉煤灰硅酸盐水泥
	高强（大于C60）的混凝土	硅酸盐水泥	普通硅酸盐水泥、矿渣硅酸盐水泥	火山灰质硅酸盐水泥、粉煤灰硅酸盐水泥

续表

混凝土工程特点或所处环境条件		优先选用	可以使用	不得使用
工程特点	有抗渗性要求的混凝土	普通硅酸盐水泥、火山灰质硅酸盐水泥		不宜使用矿渣硅酸盐水泥
	有耐磨性要求的混凝土	硅酸盐水泥、普通硅酸盐水泥	矿渣硅酸盐水泥	火山灰质硅酸盐水泥、粉煤灰硅酸盐水泥

注：1. 蒸汽养护时用的水泥品种，宜根据具体条件通过试验确定。
  2. 复合硅酸盐水泥选用应根据其混合材料的比例确定。

三、解题指导

本节知识点需要记忆的较多，并且注意细小问题，如建筑石膏、其他品种石膏的主要成分，区分是α型或是β型半水石膏；熟料矿物的基本特性的比较。对有关检验方法与标准规定必须掌握。

【例 10-2-1】 石灰浆在储灰坑中进行"陈伏"两周，其目的是（　　）。

 A. 消除欠火石灰的危害　　　　　　B. 便于欠火石灰熟化
 C. 消除过火石灰的危害　　　　　　D. 便于浆体性能稳定

【解】 石灰浆进行"陈伏"的目的是消除过火石灰的危害，故应选 C 项。

【例 10-2-2】 硅酸盐水泥熟料中，含量最高的是（　　）。

 A. C_3S　　　　B. C_2S　　　　C. C_3A　　　　D. C_4AF

【解】 C_3S（硅酸三钙）含量最高，占 50% 左右；C_2S（硅酸二钙）含量次之，占 20% 左右；C_3A（铝酸三钙）含量较低，占 7%～15% 左右；C_4AF（铁铝酸四钙）含量较低，占 10%～18% 左右，故应选 A 项。

四、应试题解

1. 下列（　　）全部属于气硬性胶凝材料。

 A. 石灰、水泥　　　　　　　　　　B. 水玻璃、水泥
 C. 石灰、建筑石膏、水玻璃　　　　D. 沥青、建筑石膏、水玻璃

2. 下列几种材料中，属于水硬性胶凝材料的是（　　）。

 A. 石灰　　　　B. 石膏　　　　C. 水玻璃　　　　D. 高铝水泥

3. 下列各项中，属于建筑石膏性能优点的是（　　）。

 A. 耐水性好　　B. 抗冻性好　　C. 保温性能好　　D. 抗渗性好

4. 下列建筑石膏的性质，正确的是（　　）。

 A. 硬化后出现体积收缩　　　　　　B. 硬化后吸湿性强，耐水性较差
 C. 建筑石膏的贮存期为六个月　　　D. 石膏制品的强度一般比石灰制品低

5. 下面各项指标中，（　　）与建筑石膏的质量等级划分无关。

 A. 强度　　　　B. 细度　　　　C. 体积密度　　　　D. 凝结时间

6. 下列关于高强度石膏与建筑石膏对比的叙述，合理的有（　　）。

 A. 高强石膏是 β 型半水石膏

 B. 高强石膏掺入防水剂，可用于温度较高的环境中

 C. 高强石膏的晶粒较细

 D. 高强石膏调制成一定程度的浆体时需水量较多

7. 建筑石膏凝结硬化后，其（　　）。

A. 导热性变小,吸声性变差 B. 导热性变小,吸声性变强
C. 导热性变大,吸声性变差 D. 导热性变大,吸声性变强

8. 石膏制品不宜用于( )。
A. 吊顶材料 B. 影剧院穿孔贴面
C. 非承重隔墙板 D. 冷库内的墙贴面

9. 石灰硬化的特点是( )。
A. 硬化速度慢、强度高 B. 硬化速度慢、强度低
C. 硬化速度快、强度高 D. 硬化速度快、强度低

10. 建筑工程中所用的石灰,一般分成( )品种。
A. 2个 B. 3个 C. 4个 D. 5个

11. 石灰熟化消解的特点是( )。
A. 放热、体积不变 B. 放热、体积增大
C. 吸热、体积不变 D. 吸热、体积增大

12. 石灰的陈伏期为( )。
A. 两个月以上 B. 两星期以上 C. 一个星期以上 D. 两天以上

13. 石灰浆在储灰坑中进行"陈伏"两周,目的是( )。
A. 消除欠火石灰的危害 B. 消除过火石灰的危害
C. 便于浆体性能稳定 D. 便于欠火石灰熟化

14. 经过"陈伏"处理后,石灰浆体的主要成分是( )。
A. CaO B. $Ca(OH)_2$
C. $CaCO_3$ D. $Ca(OH)_2 + H_2O$

15. 生石灰和消石灰的化学式分别为( )。
A. $Ca(OH)_2$ 和 $CaCO_3$ B. CaO 和 $CaCO_3$
C. $Ca(OH)_2$ 和 CaO D. CaO 和 $Ca(OH)_2$

16. 用石灰浆罩墙面时,为避免收缩开裂,其正确的调制方法是掺入( )。
A. 适量盐 B. 适量纤维材料
C. 适量石膏 D. 适量白水泥

17. 在水泥石灰混合砂浆中,石灰所起的作用主要是( )。
A. 增加砂浆强度 B. 减少砂浆收缩
C. 提高砂浆可塑性 D. 提高砂浆抗渗性

18. 硅酸盐水泥熟料中,含量最高的矿物是( )。
A. C_3S B. C_2S C. C_3A D. C_4AF

19. 硅酸盐水泥熟料矿物水化时,28d 水化热最多的是( )。
A. C_2S B. C_3S C. C_4AF D. C_3A

20. 硅酸盐水泥熟料的四种主要矿物成分中,( )含量的提高可降低水泥的脆性。
A. C_2S B. C_3S C. C_4AF D. C_3A

21. 硅酸盐水泥熟料的四种主要矿物成分中,( )早期强度最高。
A. C_2S B. C_3S C. C_4AF D. C_3A

22. 硅酸盐水泥中掺入石膏的主要作用是( )。

A. 加速水泥凝结硬化　　　　　　　　B. 防水泥产生速凝现象
C. 使水泥熟料易磨成粉　　　　　　　D. 与合格水泥混合使用

23. 测定水泥强度的标准试件尺寸是(　　)。
    A. 100mm×100mm×100mm　　　　B. 70mm×70mm×70mm
    C. 40mm×40mm×160mm　　　　　D. 150mm×150mm×150mm

24. 测定水泥强度，是将水泥与标准砂按一定比例混合，再加入一定量的水，制成标准尺寸试件进行试验。水泥与标准砂应按下列中(　　)比例进行混合。
    A. 1∶1　　　B. 1∶2　　　C. 1∶3　　　D. 1∶4

25. 生产水泥时掺加的活性混合材料不包括(　　)。
    A. 高炉矿渣　　　　　　　　　　　B. 火山灰质混合材料
    C. 粉煤灰　　　　　　　　　　　　D. 黏土

26. 硅酸盐水泥熟料对强度起决定作用的是(　　)。
    A. C_3A　　　B. C_4AF　　　C. C_2S　　　D. C_3S

27. 属于硅酸盐水泥活性混合材料中的活性成分的是(　　)。
    A. 活性 CaO，活性 Al_2O_3　　　B. 活性 Al_2O_3，活性 SiO_2
    C. 活性 CaO，活性 Na_2O　　　D. 活性 CaO，活性 SiO_2

28. 水泥工业常用的活性混合材料是(　　)。
    A. 石灰石粉　　　　　　　　　　　B. 粉砂
    C. 粒化高炉矿渣　　　　　　　　　D. 石英石粉

29. 下列有关水泥的技术性质表述正确的是(　　)。
    A. 水泥初凝时间不合要求为不合格，终凝时间不合要求为废品
    B. 水泥体积安定性不合格为不合格品
    C. 水泥细度不符合规定时为废品
    D. 水泥抗折或抗压强度有低于该品种水泥强度等级规定值的应报废

30. (　　)水泥应报废。
    A. 初凝时间不合要求的　　　　　　B. 终凝时间不合要求的
    C. 碱含量偏高　　　　　　　　　　D. 水化热偏高

31. 水泥不合格品的条件之一是(　　)。
    A. 沸煮安定性不合格　　　　　　　B. SO_3 超标
    C. MgO 超标　　　　　　　　　　D. 终凝时间不合格

32. 细度是影响水泥性能的重要物理指标，以下各项中(　　)不正确。
    A. 颗粒越细，水泥早期强度越高　　B. 颗粒越细，水泥凝结硬化速度越快
    C. 颗粒越细，水泥越不易受潮　　　D. 颗粒越细，水泥成本越高

33. 在普通硅酸盐水泥的技术标准中，其细度的要求为用下列(　　)标准筛时，筛余量不得超过10%。
    A. 40μm 方孔筛　　　　　　　　　B. 80μm 方孔筛
    C. 90μm 方孔筛　　　　　　　　　D. 100μm 方孔筛

34. 国家标准规定，硅酸盐水泥的细度以比表面积表示，且应大于(　　)m^2/kg。
    A. 260　　　B. 300　　　C. 330　　　D. 350

35. 在混凝土用砂量不变的条件下，砂的细度模数越小，说明( )。
A. 该混凝土细骨料的总表面积增大，水泥用量提高
B. 该混凝土细骨料的总表面积增大，水泥用量减少
C. 该混凝土用砂的颗粒级配不良
D. 该混凝土用砂的颗粒级配良好

36. 硅酸盐水泥的凝结时间是( )。
A. 初凝不迟于45min，终凝不迟于390min
B. 初凝不早于45min，终凝不迟于390min
C. 初凝不迟于45min，终凝不早于390min
D. 初凝不早于45min，终凝不迟于600min

37. 水泥的初凝时间不宜过早是为了( )。
A. 保证水泥施工时有足够的施工时间　　B. 不致拖延施工工期
C. 降低水泥水化放热速度　　D. 防止水泥厂制品开裂

38. 粉煤灰水泥的后期强度发展快的原因是( )之间水化反应生成物越来越多。
A. 活性SiO_2和Al_2O_3与C_3S　　B. 活性SiO_2和Al_2O_3与C_2S
C. 活性SiO_2和Al_2O_3与$Ca(OH)_2$　　D. 活性SiO_2和Al_2O_3与C_4AF

39. 硅酸盐水泥熟料中耐化学侵蚀性最好的是( )。
A. C_3A　　B. C_4AF　　C. C_2S　　D. C_3S

40. 确定水泥的标准稠度用水量是为了( )。
A. 确定水泥的水灰比以准确评定强度等级
B. 准确评定水泥的凝结时间和体积安定性
C. 准确评定水泥的细度
D. 准确评定水泥的矿物组成

41. 水泥体积安定性是指水泥在硬化过程中( )变化是否均匀的性质。
A. 质量　　B. 放热量　　C. 水化速度　　D. 体积

42. 引起硅酸盐水泥体积安定性不良的原因是含有过量的( )。
①游离氧化钠；②游离氧化钙；③游离氧化镁；④石膏；⑤氧化硅
A. ②③④　　B. ①②③　　C. ①②④　　D. ②③⑤

43. 普通硅酸盐水泥的水化放热量大部分在( )内放出。
A. 1～3d　　B. 3～7d　　C. 7～14d　　D. 14～28d

44. 水泥安定性不良会导致构件产生( )。
A. 收缩变形　　B. 表面龟裂
C. 膨胀性裂纹或翘曲变形　　D. 扭曲变形

45. 水泥强度是指( )。
A. 水泥胶砂的强度　　B. 水泥净浆的强度
C. 混凝土试块的强度　　D. 水泥颗粒间粘结力

46. 水泥强度试件养护的标准环境是( )。
A. 20±3℃，95%的相对湿度　　B. 20±3℃，90%的相对湿度
C. 20±3℃的水中　　D. 20±1℃的水中

47. 水化热大的水泥适用于( )。
    A. 大体积混凝土　　　　　　　　B. 冬季施工
    C. 大型基础　　　　　　　　　　D. 水坝

48. 对于有抗掺要求的混凝土工程，不宜使用( )。
    A. 普通硅酸盐水泥　　　　　　　B. 火山灰水泥
    C. 矿渣水泥　　　　　　　　　　D. 粉煤灰水泥

49. 下列水泥不宜用于有耐磨性要求的混凝土工程的是( )。
    A. 硅酸盐水泥　　　　　　　　　B. 火山灰水泥
    C. 普通水泥　　　　　　　　　　D. 高铝水泥

50. 对大型基础、水坝、桥墩等大体积混凝土工程，不宜采用( )水泥。
    A. 硅酸盐水泥　　　　　　　　　B. 火山灰水泥
    C. 矿渣水泥　　　　　　　　　　D. 粉煤灰水泥

51. 要求干缩小、抗裂性好的厚大体积混凝土，应优先选用( )水泥。
    A. 普通硅酸盐　　　　　　　　　B. 硅酸盐
    C. 快硬硅酸盐　　　　　　　　　D. 粉煤灰硅酸盐

52. 配制防水混凝土不宜使用的水泥是( )。
    A. 火山灰水泥　　　　　　　　　B. 矿渣水泥
    C. 硅酸盐水泥　　　　　　　　　D. 粉煤灰水泥

53. 高层建筑基础工程的混凝土宜优先选用( )。
    A. 普通水泥　　　　　　　　　　B. 矿渣水泥
    C. 火山灰水泥　　　　　　　　　D. 粉煤灰水泥

54. 下列关于水泥的选用，错误的是( )。
    A. 硅酸盐水泥宜用作冬期施工的现浇混凝土工程
    B. 矿渣水泥不宜用作冬期施工的现浇混凝土工程
    C. 硅酸盐水泥宜用作预应力混凝土工程
    D. 硅酸盐水泥宜用作抗硫酸盐腐蚀能力较强的混凝土工程

55. 下列水泥适宜优先用于干燥环境中的混凝土工程的是( )。
    A. 火山灰水泥　　　　　　　　　B. 粉煤灰水泥
    C. 硅酸盐水泥　　　　　　　　　D. 矿渣水泥

56. 下列水泥适宜优先用于有抗冻要求的混凝土工程的是( )。
    A. 硅酸盐水泥　　　　　　　　　B. 火山灰水泥
    C. 矿渣水泥　　　　　　　　　　D. 粉煤灰水泥

57. 在拌制混凝土选用水泥时，在( )时，需对水泥中的碱含量加以控制。
    A. 骨料表面有酸性污染物　　　　B. 骨料中含非晶体二氧化硅
    C. 用于制作盛酸性介质的设备　　D. 骨料含泥量较高

58. 早期强度要求较高，抗冻性较好的混凝土，应优先选用( )。
    A. 普通水泥　　　　　　　　　　B. 矿渣水泥
    C. 火山灰水泥　　　　　　　　　D. 粉煤灰水泥

第三节 混 凝 土

一、《考试大纲》的规定

原材料技术要求、拌合物的和易性及影响因素、强度性能与变形性能、耐久性、抗渗性、抗冻性、碱-骨料反应、混凝土外加剂与配合比设计。

二、重点内容

1. 混凝土的原材料技术要求

混凝土按其表现的密度的大小可分为三类：重混凝土，其干表观密度大于 $2600kg/m^3$；普通混凝土，其干表观密度在 $1950\sim2500kg/m^3$；轻混凝土，其干表观密度小于 $1950kg/m^3$。

（1）水泥

水泥强度等级的选择，应与混凝土的设计强度等级相适应。一般水泥强度等级 28d 抗压强度指标值为混凝土强度等级的 1.5～2.0 倍为宜。

（2）细骨料

限制有害杂质含量，细骨料中有害杂质的含量应符合表 10-3-1 的规定。

颗粒形状及表面特征，它会影响其与水泥的粘结及拌合物的流动性。砂的坚固性，用硫酸钠溶液进行检验，经 5 次循环后其重量损失应符合表 10-3-1 中的规定。

砂的质量要求　　表 10-3-1

质　量	项　目		质量指标
含泥量（按重量计%）	混凝土强度等级	≥C30	≤3.0
		<C30	≤5.0
泥块含量（按重量计%）	混凝土强度等级	≥C30	≤1.0
		<C30	≤2.0
有害物质限量	云母含量（按质量计%）		≤2.0
	轻物质含量（按重量计%）		≤1.0
	硫化物及硫酸盐含量（折算成 SO_3 按重量计%）		≤1.0
	有机物含量（用比色法试验）		颜色不应深于标准色，如深于标准色，则应按水泥胶砂强度试验方法，进行强度对比试验，抗压强度比不应低于 0.95
坚固性	混凝土所处的环境条件	在严寒及寒冷地区室外使用并经常处于潮湿或干湿交替状态下的混凝土	循环后重量损失（%） ≤8
		其他条件下使用的混凝土	≤10

砂的颗粒级配及粗细程度。其中，砂的粗细程度是指不同粒径的砂粒，混合在一起后总体的粗细程度，通常有粗砂、中砂、细砂之分。砂的颗粒级配和粗细程度常用筛分析的方法进行测定，用级配区表示砂的颗粒级配，用细度模数 μ_f 表示砂的粗细。细度模数越

大，表示砂越粗。普通混凝土用砂的细度模数范围一般为 3.7～0.7。其中，μ_f 在 3.7～3.1 为粗砂；μ_f 在 3.0～2.3 为中砂；μ_f 在 2.2～1.6 为细砂；μ_f 在 1.5～0.7 为特细砂。

砂按 0.630mm 筛孔的累计筛余量（以重量百分率计）分成三个级配区。配制混凝土时宜优先选用Ⅱ区砂；当采用Ⅰ区砂时，应提高砂率，并保持足够的水泥用量，以满足混凝土的和易性，当采用Ⅲ区砂时，宜适当降低砂等，以保证混凝土强度。对于泵送混凝土用砂，宜选用中砂。

（3）粗骨料

普通混凝土常用的粗骨料为颗粒粒径大于 5mm 的碎石或卵石。

有害杂质含量。粗骨料中的有害杂质有黏土、淤泥、硫化物及硫酸盐、有机质等，其含量一般应符合表 10-3-2 中的规定。

碎石或卵石的坚固性用硫酸钠溶液法检验，试样经五次循环后，其重量损失应符合表 10-3-2 中的规定。

石子的质量要求　　　　表 10-3-2

质量项目				质量指标
针、片状颗粒含量，按重量计（%）	混凝土强度等级	≥C30		≤15
		＜C30		≤25
含泥量按重量计（%）	混凝土强度等级	≥C30		≤1.0
		＜C30		≤2.0
泥块含量按重量计（%）		≥C30		≤0.5
		＜C30		≤0.7
碎石压碎指标值（%）	混凝土强度等级	水成岩	C55～C40	≤10
			≤C35	≤16
		变质岩或深层的火成岩	C55～C40	≤12
			≤C35	≤20
		火成岩	C55～C40	≤13
			≤C35	≤30
卵石压碎指标值（%）	混凝土强度等级		C55～C40	≤12
			≤C35	≤16
坚固性	混凝土所处的环境条件	在严寒及寒冷地区室外使用，并经常处于潮湿或干湿交替状态下的混凝土	循环后重量损失（%）	≤8
		在其他条件下使用的混凝土		≤12
有害物质限量	硫化物及硫酸盐含量（折算成 SO_3 按重量计%）			≤1.0
	卵石中有机质含量（用比色法试验）			颜色应不深于标准色。如深于标准色，则应配制成混凝土进行强度对比试验，抗压强度比应不低于 0.95

对于最大粒径，实验研究证明，最佳的最大粒径取决于混凝土的水泥用量；还受结构形式和配筋疏密限制。《混凝土结构工程施工质量验收规范》（GB 50204—2002）规定，粗骨料的最大粒径不得超过结构截面尺寸的1/4，同时不得大于钢筋最小净距的3/4；对于混凝土实心板，骨料的最大粒径不宜超过板厚的1/3，且不得超过40mm；对泵送混凝土，骨料最大粒径与输送管内径之比，碎石不宜大于1：3，卵石不宜大于1：2.5。

2. 新拌混凝土的性能

混凝土拌合物的和易性是一项综合技术性质，包括流动性、黏聚性和保水性三方面的含义。和易性的测定方法，通常采取测定混凝土拌合物的流动性，测定流动性的方法最常用的是坍落度试验方法。根据坍落度的不同，可将混凝土拌合物分为：流态的（坍落度大于80mm）、流动性的（坍落度为30～80mm）、低流动性的（坍落度为10～30mm）、干硬性的（坍落度小于10mm）。坍落度试验仅适用于骨料最大粒径不大于40mm、坍落度不小于10mm的混凝土拌合物。

影响和易性的主要因素：混凝土拌合物单位用水量；水泥浆的数量；水灰比；砂率；组成材料特性等。

混凝土拌合物单位用水量，如表10-3-3所示。

塑性混凝土的用水量（kg/m³）　　表10-3-3

拌合物稠度		卵石最大粒径（mm）				碎石最大粒径（mm）			
项目	指标	10	20	31.5	40	16	20	31.5	40
坍落度（mm）	10～30	190	170	160	150	200	185	175	165
	35～50	200	180	170	160	210	195	185	175
	55～70	210	190	180	170	220	205	195	185
	75～90	215	195	185	175	230	215	205	195

注：1. 本表用水量系采用中砂时的平均取值。采用细砂时，每立方米混凝土用水量可增加5～10kg；采用粗砂时，则可减少5～10kg。

2. 掺用各种外加剂或掺合料时，用水量应相应调整。

水灰比不能过大或过小，一般应根据混凝土强度和耐久性要求合理地选用。

混凝土的砂率一般可根据本单位对所用材料的使用经验选用合理的数值，如无使用经验，可按粗骨料的品种，规格及混凝土的水灰比在表10-3-4中的范围内选用。

混凝土的砂率（%）　　表10-3-4

水灰比(W/C)	卵石最大粒径（mm）			碎石最大粒径（mm）		
	10	20	40	16	20	40
0.40	26～32	25～31	24～30	30～35	29～34	27～32
0.50	30～35	29～34	28～33	33～38	32～37	30～35
0.60	33～38	32～37	31～36	36～41	35～40	33～38
0.70	36～41	35～40	34～39	39～44	38～43	36～41

注：1. 表中数值系中砂的选用砂率。对细砂或粗砂，可相应地减少或增加砂率；

2. 只用一个单粒级粗骨料配制混凝土时，砂率应当增加；

3. 对薄壁构件，砂率取偏大值；

4. 表中的砂率系指砂与骨料总量的重量比。

3. 硬化混凝土的性能

(1) 混凝土的抗压强度与抗拉强度

根据国标,混凝土立方体试件抗压强度是指以边长为150mm的立方体试件,在标准条件下(温度20±3℃,相对湿度>90%或水中)养护至28d龄期,在一定条件下加压至破坏,以试件单位面积承受的压力作为混凝土的抗压强度,并以此作为根据划分混凝土的强度等级。如边长为100mm的立方体试件,折算系数为0.95;边长为200mm的立方体试件,折算系数为1.05。

由棱柱体试件测得的抗压强度称为棱柱体抗压强度,又称轴心抗压强度,我国目前采用150mm×150mm×300mm的棱柱体进行棱柱体抗压强度试验。轴心抗压强度比同截面的立方体抗压强度要小。

影响混凝土抗压强度的因素有:水泥强度等级与水灰比;骨料;龄期;养护;以及外加剂、混合材、湿热处理方法、施工方法等。其中,水泥强度等级与水灰比是影响混凝土抗压强度的最主要因素。

混凝土养护过程需要控制的参数为温度和湿度。一般情况下,使用硅酸盐水泥,普通水泥和矿渣水泥,应在混凝土凝结后(一般在12h以内),用草袋等覆盖混凝土表面并浇水,浇水时间不少于7d,使用火山灰水泥和粉煤灰水泥时,应不小于14d,对掺用缓凝型外加剂或有抗渗性要求的混凝土,不小于14d。

混凝土的抗拉强度比其抗压强度小得多,一般只有抗压强度的1/10~1/13,并且拉压比随抗压强度的增高而减小。

(2) 混凝土的变形

混凝土的变形包括化学收缩、干缩湿胀、温度变形、受荷变形等。按变形性质,可分为可逆变形与不可逆变形、弹性变形与塑性变形。

化学收缩是不可逆变形;干燥收缩在混凝土吸水后是可以恢复的,由于干缩是混凝土的固有性质,故应采用钢筋和伸缩缝措施加以限制;对温度变形,一般纵长的混凝土工程,应采取每隔一段长度设置伸缩缝以及在结构物中设置温度钢筋等措施。

受荷变形,它包括混凝土的弹塑性变形、混凝土的徐变。混凝土在受力时,既会产生可以恢复的弹性变形,也会产生不可恢复的塑性变形,故其应力-应变曲线不是直线而是曲线。混凝土的徐变是指混凝土在长期荷载作用下随时间而增加的变形。混凝土在卸荷后,一部分变形瞬时恢复,这一变形小于最初加荷时产生的弹性变形。在卸荷后的一段时间内变形还会继续恢复,称为徐变恢复。最后残留下来的不能恢复的变形称为残余变形。

(3) 混凝土的抗渗性

混凝土的抗渗性主要与混凝土的密实度、孔隙率及孔隙结构有关。混凝土中相互连通的孔隙越多,孔径越大,则混凝土的抗渗性越差。混凝土的抗渗性以抗渗等级来表示,采用标准养护28d的标准试件,按规定的方法进行实验,以其所能承受最大水压力(MPa)来计算其抗渗等级。如P2、P4、P8等,表示能抵抗0.2MPa、0.40MPa、0.8MPa的水压力而不渗水。

(4) 混凝土的抗冻性

混凝土的抗冻性一般以抗冻等级来表示。抗冻等级是以龄期28d的试块在吸水饱和后承受－15～20℃反复冻融循环，以同时满足抗压强度下降不超过25%、重量损失不超过5%时所能承受的最大冻融循环次数来确定。将混凝土划分为以下几级抗冻等级：F25、F50、F100、F150、F200、F250和F300等，分别表示混凝土能够承受反复冻融循环次数为25、50、100、150、200、250和300。

影响混凝土抗冻性的因素有混凝土内部和环境外部因素。外部因素包括向混凝土提供水分和冻融条件；内部因素包括组成材料性质及含量、养护龄期及掺加引气剂等。提高混凝土的抗冻性措施有：采用质量好的原材料、小水灰比、延长冻结前的养护时间、掺加引气剂、减少施工缺陷等措施。

（5）混凝土的碳化

混凝土的碳化是指环境中的CO_2与水泥水化产生的$Ca(OH)_2$作用，生成碳酸钙和水，从而使混凝土的碱度降低的现象。碳化会使混凝土出现碳化收缩、强度下降，混凝土中的钢筋因失去碱性保护而锈蚀，但碳化对混凝土的性能也有有利的影响，如可减少水泥石的孔隙，对防止有害介质的侵入具有一定的缓冲作用。

影响混凝土碳化的因素有：水泥品种；水灰比，一般水灰比越低、碳化速度越慢；环境条件，只有相对湿度在50%～75%时，碳化速度最快。

（6）混凝土中的碱骨料反应

当混凝土中使用的骨料含有活性氧化硅时，如果所用水泥的碱含量较多，则其水解后形成的氢氧化钠和氢氧化钾会与骨料中的活性氧化硅起化学反应，形成复杂的碱-硅酸凝胶。这些凝胶可以吸水肿胀，甚至会把混凝土胀裂，这种碱性氧化物和骨料中活性氧化硅之间的化学作用通常称为碱骨料反应。

目前，检查碱骨料最常用的方法是长度法，即采用含活性氧化硅的骨料与高碱水泥配制成1∶2.25的胶砂试块，在恒温、恒湿条件下养护，定期测定试块的膨胀值，直到龄期6个月。如果在3个月时，试块的膨胀率超过0.05%或6个月时超过0.1%，则这种骨料被认为是具有活性的。

4. 混凝土的外加剂

混凝土外加剂，是指在混凝土拌合时或拌合前掺入的、掺量不大于水泥重量5%（特殊情况下除外）并能对混凝土的正常性能按要求而改善的物质。

外加剂按其主要功能，一般分为如下五类：

第一类：改善新拌混凝土流变性能的外加剂。如：减水剂、泵送剂、引气剂等。

第二类：调节混凝土凝结硬化性能的外加剂。如：早强剂、缓凝剂、速凝剂等。

第三类：调节混凝土气体含量的外加剂。如：引气剂、加气剂、泡沫剂等。

第四类：改善混凝土耐久性的外加剂。如：引气剂、抗冻剂、阴锈剂等。

第五类：为混凝土提供特殊性能的外加剂。如：引气剂、膨胀剂、防水剂等。

（1）减水剂

减水剂包括木质素系减水剂、多环芳香族磺酸盐系减水剂、水溶性树脂系减水剂。其中，木质素系减水剂的主要品种是木质素磺酸钙（亦称M型减水剂）。M型减水剂是引气型减水剂，可改善混凝土的抗渗性及抗冻性，改善混凝土拌合物的工作性，减小泌水性，适用于大模板、大体积浇筑滑模施工、泵送混凝土及夏季施工等。

多环芳香族磺酸盐系碱水剂，以萘系减水剂为主。萘系减水剂在减水、增强、改善耐久性等方面均优于木质素系,属于高效减水剂。它对不同品种水泥的适应性都较强,一般主要用于配制要求早强、高强的混凝土及流态混凝土。

水溶性树脂系减水剂属早强、非引气型高效减水剂,其减水及增强效果比萘系减水剂更好。它适用于高强混凝土、早强混凝土,蒸养混凝土及流态混凝土等。

(2) 引气剂

引气剂主要特性是:增加混凝土的含气量;减小泌水性;掺入引气剂会使混凝土弹性变形增大,弹性模量略有降低,对强度不利;对混凝土抗冻性有利,即在混凝土中引入适量的空气就可以缓冲因游离水冻结而产生的膨胀力。

(3) 早强剂

早强剂的主要特性是:提高早期强度;改变混凝土的抗硫酸盐侵蚀性;含氯盐早强剂会加速混凝土中钢筋的锈蚀,故掺量不宜过大;含硫酸钠的早强剂掺入到含有活性骨料的混凝土中,会加速碱骨料反应,但硫酸钠对钢筋无锈蚀作用。

(4) 缓凝剂

缓凝剂的主要特性是:延缓凝结时间;增加泌水剂;延缓水泥水化热释放的速度。我国常用的缓凝剂有木质磺酸钙、糖蜜。

5. 混凝土配合比设计

混凝土配合比设计就是确定水泥、水、砂子与石子用量之间的三个比例关系,即水与水泥之间的比例关系,常用水灰比表示;砂与石子之间的比例关系,常用砂率表示;水泥浆与骨料之间的比例关系,常用单位用水量来反映。水灰比、砂率、单位用水量是混凝土配合比的三个重要参数。

混凝土配合比设计的步骤:首先正确选定原材料品种、检验原材料质量,然后按混凝土技术要求进行初步计算,得出初步计算配合比;经试验室试拌调整,得出基准配合比;经强度复核定出试验室配合比;最后根据现场原材料实际情况(如砂、石含水等)修正试验室配合比,得出施工配合比。

(1) 初步配合比的计算

为使混凝土的强度保证率能满足规定的要求,在设计混凝土配合比时,必须使混凝土的试配强度 $f_{cu,0}$ 高于设计强度等级 $f_{cu,k}$。当混凝土强度保证率要求达到95%时,$f_{cu,0}$ 可采用下式计算:

$$f_{cu,0} = f_{cu,k} + 1.645\sigma$$

式中 σ 为施工单位的混凝土强度标准差(MPa)。

如施工单位不具有近期的同一品种混凝土强度资料时,其混凝土强度标准差 σ 可按表10-3-5取用。

σ 取 值 表10-3-5

混凝土强度等级	低于C20	C20~C35	高于C35
σ (MPa)	4.0	5.0	6.0

初步确定水灰比 (W/C),根据试配强度 $f_{cu,0}$ 按下式计算:

采用碎石时: $W/C = 0.46 f_{ce}/(f_{cu,0} + 0.46 \cdot 0.07 \cdot f_{ce})$

采用卵石时: $W/C = 0.48 f_{ce}/(f_{cu,0} + 0.48 \cdot 0.33 \cdot f_{ce})$

式中 f_{ce} 为水泥28d抗压强度实测值（MPa）。

为了保证混凝土必要的耐久性，水灰比还不得大于表10-3-6中规定的最大水灰比值，若计算所得的水灰比大于规定的最大水灰比值时，应取规定的最大水灰比值。

混凝土的最大水灰比和最小水泥用量　　　　　　表10-3-6

环境条件		结构物类别	最大水灰比			最小水泥用量（kg）		
			素混凝土	钢筋混凝土	预应力混凝土	素混凝土	钢筋混凝土	预应力混凝土
1. 干燥环境		正常的居住和办公用房屋内部件	不作规定	0.65	0.60	200	260	300
2. 潮湿环境	无冻害	高湿度的室内部件 室外部件 在非侵蚀性土和（或）水中的部件	0.70	0.60	0.60	225	280	300
	有冻害	经受冻害的室外部件 在非侵蚀性土和（或）水中且经受冻害的部件 高湿度且经受冻害的室内部件	0.55	0.55	0.55	250	280	300
3. 有冻害和除冰剂的潮湿环境		经受冻害和除冰剂作用的室内和室外部件	0.50	0.50	0.50	300	300	300

注：1. 当采用活性掺合料取代部分水泥时，表中最大水灰比和最小水泥用量即为替代前的水灰比和水泥用量。
　　2. 配制C15级及其以下等级的混凝土，可不受本表限制。

选取每1m³混凝土的用水量（W_0）。用水量主要根据所要求的坍落度值及骨料种类、规格来选择。根据施工条件选用适宜的坍落度，并按表10-3-3选定每1m³混凝土用水量。

计算单位水泥用量 C_0，根据已选定的每1m³混凝土用水量 W_0 和得出的水灰比（W/C）值，可求出水泥用量 C_0：

$$C_0 = \frac{W_0}{\frac{W}{C}}$$

为保证混凝土的耐久性，由上式计算得出的水泥用量，还要满足表10-3-6中规定的最小水泥用量的要求。需注意，高强混凝土的水泥用量不应大于550kg/m³；水泥和矿物掺合料的总量不应大于600kg/m³。

选用合理的砂率值（S_p），合理的砂率值主要应根据混凝土拌合物的坍落度、黏聚性及保水性等特征来确定。一般应通过试验找出合理砂率。如无使用经验，则可按骨料的种类、规格及混凝土的水灰比，参照表10-3-4选用合理砂率值。

计算粗、细骨料的用量 G_0、S_0，可用绝对体积法或假定表观密度法求得。

①绝对体积法。假定混凝土拌合物的体积等于各组成材料绝对体积和混凝土拌合物中所含空气的体积之总和，则有：

$$\frac{C_0}{\rho_0} + \frac{G_0}{\rho_{0g}} + \frac{S_0}{\rho_{0s}} + \frac{W_0}{\rho_w} + 0.01\alpha = 1$$

$$\frac{S_0}{S_0+G_0}\times 100\% = S_p$$

式中 C_0、G_0、S_0、W_0 分别为 $1m^3$ 混凝土的水泥用量、石子用量、砂用量、水用量（kg）；ρ_0、ρ_{0g}、ρ_{0s}、ρ_w 分别为水泥密度、石子表观密度、砂表观密度、水的密度（kg/m^3）；α 为混凝土含气量百分数（%），在不使用含气型外加剂时，α 可取为1；S_p 为砂率（%）。

②假定表观密度法。根据经验，如果原材料情况比较稳定，所配制的混凝土拌合物的表观密度将接近一个固定值，这样就可先假设一个混凝土拌合物表观密度 ρ_{0h}（kg/m^3），则有：

$$C_0+G_0+S_0+W_0 = \rho_{0h}$$

$$\frac{S_0}{S_0+G_0}\times 100\% = S_p$$

ρ_{0h} 可根据积累的试验资料确定，在无资料时可根据资料的表观密度、粒径以及混凝土强度等级，在 $2400\sim 2500 kg/m^3$ 的范围内选取。

通过以上步骤，可将水泥、水、砂和石子用量全部求出，得到初步计算配合比。

(2) 基准配合比的确定

因为以上求出的各材料用量不一定能够符合实际情况，故必须经过试拌调整，直到混凝土拌合物的和易性符合要求为止，然后提出供检验混凝土强度用的基准配合比。当试拌调整工作完成后，应测出混凝土拌合物的实际表观密度（ρ_{0h}）。

(3) 试验室配合比的确定

经过和易性调整试验得出的混凝土基准配合比，其水灰比值不一定选用恰当，其结果是强度不一定符合要求，所以应检验混凝土的强度。一般采用三个不同的配合比，其中一个为基准配合比，另外两个配合比的水灰比值，应较基准配合比分别增加及减少 0.05，其用水量应该与基准配合比相同，但砂率可作适当调整。每个配合比制作一组试件，标准养护 28d 试压（在制作混凝土强度试块时，尚需检验混凝土拌合物的和易性及测定表观密度，并以此结果作为代表这一配合比的混凝土拌合物的性能）。

假设已满足各项要求的混凝土拌合物各材料的用量为：水泥（$C_{拌}$）、砂（$S_{拌}$）、石子（$G_{拌}$）、水（$W_{拌}$），则试验室配合比为（$1m^3$ 混凝土的各项材料用量）：

$$C = \frac{C_{拌}}{C_{拌}+S_{拌}+G_{拌}+W_{拌}}\times \rho_{0h实}(kg)$$

$$S = \frac{S_{拌}}{C_{拌}+S_{拌}+G_{拌}+W_{拌}}\times \rho_{0h实}(kg)$$

$$G = \frac{G_{拌}}{C_{拌}+S_{拌}+G_{拌}+W_{拌}}\times \rho_{0h实}(kg)$$

$$W = \frac{W_{拌}}{C_{拌}+S_{拌}+G_{拌}+W_{拌}}\times \rho_{0h实}(kg)$$

(4) 施工配合比

假设施工现场测出砂的含水率为 $a\%$、石子的含水率为 $b\%$，则上述试验室配合比换算成施工配合比为（每 $1m^3$ 混凝土各材料用量）：

$$C' = C(kg)$$

$$S' = S(1+a\%)(kg)$$

$$G' = G(1+b\%)(\text{kg})$$
$$W' = W - S \cdot a\% - G \cdot b\%(\text{kg})$$

三、解题指导

对重点内容中的几个表格应特别注意，如砂、石子的质量要求，特别是对有限物质限量、坚固性、压碎指标值（指石子）的规定。掌握有关检验方法和标准的规定；注意粗、细骨料粒径的要求；坍落度的分类；养护规定；混凝土的碳化与碱骨料反应的机理。一般涉及混凝土配合比设计的计算题不会很复杂，掌握其步骤、计算过程。

【例 10-3-1】 配合室内混凝土时，对碎石的坚固性指标要求按国标检验，其重量损失为（　　）。

A. ≤8%　　　　B. ≤10%　　　　C. ≤12%　　　　D. ≤14%

【解】 依据国标规定，其重量损失≤12%，故应选 C 项。

【例 10-3-2】 引气剂的作用是使混凝土的（　　）显著提高。

A. 强度　　　　B. 抗冲击性　　　　C. 弹性模量　　　　D. 抗冻性

【解】 引气剂会降低混凝土的强度、弹性模量下降、变形增大，而抗冻性显著提高，故应选 D 项。

四、应对题解

1. 在混凝土配合比设计中，选用合理砂率的主要目的是（　　）。

   A. 提高混凝土的强度　　　　B. 改善拌合物的和易性
   C. 节省水泥　　　　D. 节省粗骨料

2. 配制混凝土用砂、石应尽量使（　　）。

   A. 总表面积大些，总空隙率小些　　　　B. 总表面积大些，总空隙率大些
   C. 总表面积小些，总空隙率小些　　　　D. 总表面积小些，总空隙率大些

3. 普通混凝土用砂的颗粒搭配情况用（　　）表示。

   A. 细度模数　　　　B. 最大粒径
   C. 压碎指标　　　　D. 颗粒级配

4. 混凝土骨料的级配主要说明骨料（　　）大小。

   A. 空隙率　　　　B. 粒径　　　　C. 颗粒形状　　　　D. 强度

5. 评定细骨料的颗粒级配与粗细程度的指标分别是（　　）。

   A. 平均粒径和筛分曲线　　　　B. 平均粒径和细度模数
   C. 细度模数和筛分曲线　　　　D. 筛分曲线和细度模数

6. 两种混凝土用砂，如果二者的细度模数相等，则二者的筛分曲线应符合（　　）。

   A. 一定不同　　　　B. 一定相同
   C. 一部分相同　　　　D. 无法确定

7. 两种混凝土用砂，如果二者的筛分曲线相同，则二者的细度模数（　　）。

   A. 一定相等　　　　B. 一定不相等
   C. 有时相等　　　　D. 无法确定

8. 下列各区砂子中，最细的是（　　）。

   A. 1 区　　　　B. 2 区　　　　C. 3 区　　　　D. 4 区

9. 压碎指标是表示下列（　　）的材料强度指标。

457

A. 砂子 B. 石子 C. 混凝土 D. 水泥

10. 碎石的颗粒形状对混凝土的质量影响甚为重要，下列（　　）的颗粒形状最好。

A. 片状 B. 针状
C. 小立方体状 D. 棱锥状

11. 混凝土粗骨料的质量要求包括（　　）。

①最大粒径和级配；②颗粒形状和表面特征；③有害杂质；④强度；⑤耐久性

A. ①③④ B. ②③④⑤ C. ①②④⑤ D. ①②③④

12. 在钢筋混凝土结构中，关于混凝土最大粒径的选择合理的是（　　）。

A. 石子最大粒径不超过结构截面最小尺寸的1/4，同时不得大于钢筋最小净间距的3/4
B. 石子最大粒径不超过结构截面最小尺寸的1/2，同时不得大于钢筋最小净间距的3/4
C. 石子最大粒径不超过结构截面最小尺寸的1/4，同时不得大于钢筋直径的2倍
D. 石子最大粒径不超过结构截面最小尺寸的1/2，同时不得大于钢筋直径的2倍

13. 对泵送混凝土骨料的选用，要求碎石最大粒径与输管内径之比不超过（　　）。

A. 1∶2 B. 1∶2.5 C. 1∶3 D. 1∶4

14. C30～C60混凝土所用骨料砂、石的含泥量，分别不得大于（　　）。

A. 2%和0.5% B. 3%和1% C. 5%和2% D. 6%和3%

15. 用高强度等级水泥配制低强度混凝土时，为保证工程的技术经济要求，应采用（　　）措施。

A. 掺混合材料 B. 减少砂率
C. 增大粗骨料粒径 D. 增加砂率

16. 海水不得用于拌制钢筋混凝土和预应力混凝土，主要是因为海水中含有大量盐，（　　）。

A. 会使混凝土腐蚀 B. 会促使钢筋被腐蚀
C. 会导致水泥凝结缓慢 D. 会导致水泥快速凝结

17. 混凝土的（　　）会导致混凝土产生分层和离析现象。

A. 强度偏低 B. 黏聚性不良
C. 流动性偏小 D. 保水性差

18. 根据新拌混凝土坍落度值的大小不同，可分为（　　）个流动性级别。

A. 3 B. 4 C. 5 D. 6

19. 一般采用（　　）测定塑性混凝土的和易性。

A. 维勃稠度法 B. 流动度法
C. 坍落度法 D. 成熟度法

20. 下列关于混凝土坍落度试验的描述，不合理的是（　　）。

A. 混凝土坍落度试验可以衡量塑性混凝土流动性
B. 混凝土坍落度试验可以评价塑性混凝土黏聚性
C. 混凝土坍落度试验可以评价塑性混凝土保水性
D. 混凝土坍落度试验不可以评价混凝土黏聚性和保水性

21. 下列关于混凝土坍落度的叙述中，正确的是(   )。

A. 坍落度是表示塑性混凝土拌合物和易性的指标

B. 干硬性混凝土拌合物的坍落度小于 10mm

C. 泵送混凝土拌合物的坍落度一般不低于 100mm

D. 在浇筑板、梁和大中型截面的柱子时，混凝土拌合物的坍落度宜选用 70～90mm

22. 下列关于砂浆流动性、保水性的论述，正确的是(   )。

A. 砂浆流动性以分层度表示，分层度大表示砂浆流动性好

B. 砂浆流动性以沉入度表示，沉入度大表示砂浆流动性好

C. 砂浆保水性以分层度表示，分层度大表示砂浆保水性好

D. 砂浆保水性以沉入度表示，沉入度大表示砂浆保水性好

23. 泵送混凝土用砂宜采用(   )。

A. 粗砂　　　　B. 中砂　　　　C. 细砂　　　　D. 特细砂

24. 为提高混凝土拌合物的流动性，下列方案中(   )是不可行的。

A. 采用细砂

B. 采用卵石代替碎石

C. 调整骨料的级配，降低空隙率

D. 保证级配良好的前提下增大粗骨料的最大粒径

25. 确定混凝土拌合物坍落度的依据不包括(   )。

A. 粗骨料的最大粒径　　　　B. 构件截面尺寸大小

C. 钢筋疏通　　　　D. 捣实方法

26. 关于水灰比对混凝土拌合物特性的影响，说法不正确的是(   )。

A. 水灰比越大，黏聚性越差　　　　B. 水灰比越小，保水性越好

C. 水灰比过大会产生离析现象　　　　D. 水灰比越大，坍落度越小

27. 下列因素中对混凝土拌合物的流动性起决定性作用的是(   )。

A. 用水量　　　　B. 水泥浆数量

C. 水灰比　　　　D. 骨料用量

28. 混凝土中的水泥浆，在混凝土硬化前和硬化后起的作用是(   )。

A. 胶结　　　　B. 润滑和填充并胶结

C. 润滑　　　　D. 填充

29. 下列关于外加剂对混凝土拌合物特性的影响，说法不正确的是(   )。

A. 引气剂可改善拌合物的流动性　　　　B. 减水剂可提高拌合物的流动性

C. 减水剂可改善拌合物的黏聚性　　　　D. 早强剂可改善拌合物的流动性

30. 下列关于水泥与混凝土凝结时间的叙述，合理的是(   )。

A. 水泥浆凝结的主要原因是水分蒸发

B. 温度越高，水泥凝结得越慢

C. 混凝土的凝结时间与配制该混凝土所用水泥的凝结时间不一致

D. 水灰比越大，凝结时间越短

31. 确定混凝土强度等级的依据是混凝土的(   )。

A. 棱柱体抗压强度标准值　　　　B. 棱柱体抗压强度设计值

C. 圆柱抗压强度标准值　　　　　　D. 立方体抗压强度标准值

32. 测定混凝土强度用的标准试件是(　　)。
   A. 7.07cm×7.07cm×7.07cm　　　B. 10cm×10cm×10cm
   C. 15cm×15cm×15cm　　　　　　D. 20cm×20cm×20cm

33. 混凝土配制强度 $f_{cu,0}$ 与设计强度 $f_{cu,k}$ 的关系是(　　)。
   A. $f_{cu,0}=f_{cu,k}-t\sigma(t>0)$　　B. $f_{cu,0}=f_{cu,k}+t\sigma(t>0)$
   C. $f_{cu,0}=f_{cu,k}$　　　　　　　　D. $f_{cu,0}<f_{cu,k}$

34. 下列关于测定混凝土强度的叙述，不合理的是(　　)。
   A. 同一混凝土，受力面积相同时轴心抗压强度小于立方体抗压强度
   B. 棱柱体试件比立方体试件能更好地反映混凝土的实际受压情况
   C. 混凝土的抗拉强度很低，约为抗压强度的一半
   D. 采用边长为100mm立方体试件测混凝土抗压强度，应乘以0.95的折算系数

35. 用同一强度等级水泥拌制的混凝土，影响其强度的最主要因素是(　　)。
   A. 砂率　　　　B. 用水量　　　　C. 水泥用量　　　　D. 水灰比

36. 混凝土化学收缩具有的特征是(　　)。
   A. 收缩值与混凝土龄期无关　　　　B. 在混凝土成型后三四天内结束
   C. 不可逆变形　　　　　　　　　　D. 化学收缩吸水后可部分恢复

37. 关于混凝土湿胀干缩的叙述，不合理的是(　　)。
   A. 混凝土内毛细管内水分蒸发是引起干缩的原因之一
   B. 混凝土内部吸附水分的蒸发引起凝胶体收缩是引起干缩的原因之一
   C. 混凝土中的粗骨料可以抑制混凝土的收缩
   D. 混凝土的干缩可以完全恢复

38. 混凝土的水灰比越大，水泥用量越多，则徐变及收缩值(　　)。
   A. 增大　　　　B. 减小　　　　C. 基本不变　　　　D. 难以确定

39. 下列外加剂中，不用于提高混凝土抗渗性的是(　　)。
   A. 膨胀剂　　　B. 减水剂　　　C. 缓凝剂　　　　D. 引气剂

40. 工程中将混凝土抗渗等级分为(　　)级。
   A. 4　　　　　B. 5　　　　　C. 6　　　　　　　D. 7

41. 引气剂的作用是使混凝土的(　　)显著提高。
   A. 强度　　　　　　　　　　　　　B. 抗冲击性
   C. 弹性模量　　　　　　　　　　　D. 抗冻性

42. 减水剂在混凝土中发挥多种效果，错误的是(　　)。
   A. 维持坍落度不变，降低用水量
   B. 维持用水量不变，提高拌合物的和易性
   C. 维持混凝土强度不变，节约水泥用量
   D. 维持养护条件不变，硬化速度加快

43. 在大模板、滑模、泵送、大体积浇筑及夏季施工的环境中，优先选用的减水剂是(　　)。
   A. 木质素系减水剂　　　　　　　　B. 萘磺酸系减水剂

C. 水溶性树脂系列减水剂　　　　　D. 以上三种均可以

44. 抗冻等级是指混凝土28d龄期试件在吸水饱和后所能承受的最大冻融循环次数，其前提条件是（　　）。
　　A. 抗压强度下降不超过5％，质量损失不超过25％
　　B. 抗压强度下降不超过10％，质量损失不超过20％
　　C. 抗压强度下降不超过20％，质量损失不超过10％
　　D. 抗压强度下降不超过25％，质量损失不超过5％

45. 下列各项措施中，不能提高混凝土抗冻性的是（　　）。
　　A. 采用大水灰比　　　　　　　　B. 延长冻结前的养护时间
　　C. 掺引气剂　　　　　　　　　　D. 掺减水剂

46. 混凝土碱-骨料反应是指（　　）。
　　A. 水泥中碱性氧化物与骨料中活性氧化硅之间的反应
　　B. 水泥中$Ca(OH)_2$与骨料中活性氧化硅之间的反应
　　C. 水泥中C_3S与骨料中$CaCO_3$之间的反应
　　D. 水泥中C_3S与骨料中活性氧化硅之间的反应

47. 为避免混凝土遭受碱-骨料反应而破坏，所选用的骨料应保证其性能满足（　　）。
　　A. 碱性小　　　B. 碱性大　　　C. 活性　　　D. 非活性

48. 混凝土的耐久性不包括（　　）。
　　A. 抗冻性　　　B. 抗渗性　　　C. 抗碳化性　　　D. 抗老化性

49. 下列不是影响混凝土碳化速度主要因素的是（　　）。
　　A. 环境温度　　　B. 环境湿度　　　C. 水泥品种　　　D. 水灰比

50. 最适宜于冬季施工用的混凝土外加剂是（　　）。
　　A. 引气剂　　　B. 减水剂　　　C. 缓凝剂　　　D. 早强剂

51. 下列关于早强剂的叙述，合理的是（　　）。
　　A. 硫酸钠早强剂会降低混凝土的抗硫酸盐侵蚀能力
　　B. 掺了早强剂的混凝土应加快施工，否则易凝结
　　C. 氯化钙早强剂会降低混凝土抗硫酸盐性
　　D. 硫酸钠早强剂会抑制混凝土中的碱骨料反应

52. 下列情况可以使用添加氯离子的外加剂的是（　　）。
　　A. 蒸汽养护的混凝土工程　　　　B. 紧急抢修的混凝土工程
　　C. 处于水位变化部位的混凝土工程　　　D. 直接接触腐蚀性介质的混凝土工程

53. 混凝土配合比设计中试配强度应高于混凝土的设计强度，其提高幅度取决于（　　）。
　　①混凝土强度保证率要求；②施工和易性要求；③耐久性要求；④施工及管理水平；⑤水灰比；⑥骨料品种。
　　A. ①②　　　B. ②⑤　　　C. ③⑥　　　D. ①④

54. 设计混凝土强度为C20，经计算水灰比为0.46，用水量为180kg，其水泥用量为（　　）。
　　A. 83kg　　　B. 166kg　　　C. 391kg　　　D. 398kg

55. 某混凝土配合比设计中,已知单位用水量为180kg,水灰比为0.5,砂率为30%,按重量法计(假定混凝土拌合物的体积密度为2500kg/m³),则单位石子用量为( )。

A. 750kg B. 1250kg C. 1372kg D. 1400kg

56. 某混凝土工程所用的混凝土试验室配合比为:水泥为300kg,砂为600kg,石子为1200kg,水为150kg。该工程所用砂含水率为3.5%,石子含水率为1.5%,则其施工配合比为( )。

A. 水泥300kg;砂600kg;石子1200kg;水150kg
B. 水泥300kg;砂621kg;石子1200kg;水150kg
C. 水泥270kg;砂621kg;石子1218kg;水150kg
D. 水泥300kg;砂621kg;石子1218kg;水111kg

第四节 沥青及改性沥青

一、《考试大纲》的规定

沥青及改性沥青:组成、性质和应用。

二、重点内容

1. 石油沥青

沥青是多种碳氢化合物与氧、硫、氮等非金属衍生物的混合物,广泛用作防水、防潮和防腐材料。沥青材料包括天然沥青和煤焦油沥青等,其中以石油沥青最为普遍。石油沥青是石油原油经过提炼后的残留物,可分为建筑石油沥青、道路石油沥青和普通石油沥青三种。

(1) 石油沥青的组分

石油沥青的主要组分是油分、树脂和地沥青质。

油分,它赋予沥青以流动性。树脂(沥青脂胶),其大部分属于中性树脂,它赋予沥青以良好的粘结性、塑性和可流动性。中性树脂含量增加,石油沥青的延度和粘结力等愈好。地沥青质,它是决定石油沥青温度敏感性、黏性的重要组成部分,其含量愈多,则软化点愈高,黏性愈大,即愈硬脆。

此外,石油沥青中还含 2%~3% 的沥青碳和似碳物,是石油沥青中分子量最大的,但它降低了石油沥青的粘结力。石油沥青中还含有蜡,它会降低石油沥青的粘结性和塑性,同时对温度特别敏感,即温度稳定性差。

(2) 技术性能

石油沥青的技术性能主要包括:黏滞性(黏性);塑性;温度稳定性;大气稳定性等。

石油沥青的黏滞性是划分沥青牌号的主要性能指标。沥青的黏滞性与其组分及所处的温度有关。建筑工程中多采用针入度来表示石油沥青的黏滞性,其数值越小,表明黏度越大,沥青越硬。针入度是以 25℃时 100g 重的标准针经 5s 沉入沥青试样中的深度表示,每深1/10mm定为 1 度。

石油沥青的塑性用延度表示。延度越大,塑性越好,柔性和抗断裂性越好。延度是将沥青试样制成∞字形标准试件放入延度仪,在 25℃水中以 5cm/min 的速度拉伸,至试件断裂时的伸长值,以 cm 为单位。

温度稳定性，通常用软化点来表示石油沥青的温度稳定性。软化点越高，表明沥青的耐热性越好，即温度稳定性越好。

大气稳定性，石油沥青的大气稳定性常以蒸发损失和蒸发后针入度比来评定。蒸发损失百分数愈小和蒸发后针入度比愈大，则表示大气稳定性愈高，即老化慢。

（3）分类标准、选用和沥青掺配

石油沥青是以针入度指标来划分牌号的，而每个牌号还必须同时满足相应的延度、软化点等指标的要求。牌号越大，则针入度越大（越软），延度越大（塑性越好），软化点越低（耐热性越差）。

在选用沥青作为屋面防水材料时，主要考虑耐热性要求，一般要求软化点较高，并满足必要的塑性。如用于炎热地区的屋面工程，可采用 10 号石油沥青。

用于地下防水及防潮处理时，一般采用软化点不低于 50℃ 的沥青。对用作接缝的沥青材料，应首先考虑沥青的针入度和延度两项指标，可选用 60 号、100 号沥青；地区气温越低，选用沥青牌号宜越大。

两种沥青掺配的比例可用下式估算：

$$Q_1 = \frac{T_2 - T}{T_2 - T_1} \times 100$$

$$Q_2 = 100 - Q_1$$

式中 Q_1 为较软沥青用量（%）；Q_2 为较硬沥青用量（%）；T 为掺配后的沥青软化点（℃）；T_1 为较软沥青软化点（℃）；T_2 为较硬沥青软化点（℃）。

2. 改性沥青（改性石油沥青）

石油沥青的改性材料有橡胶、树脂和矿物填料等。树脂改性石油沥青，可改进沥青的耐寒性、耐热性、粘结性和不透气性。橡胶和树脂改性沥青，可使沥青同时具有橡胶和树脂的特性。

3. 沥青基防水材料

沥青基防水材料有乳化沥青、沥青胶、建筑防水沥青嵌缝油膏、沥青基防水涂料、沥青基防水卷材等。

乳化沥青可涂刷或喷涂在基层表面上作为防潮或防水层，或用于拌制冷用沥青砂浆、沥青混凝土。

沥青胶（沥青玛琋脂），它是沥青和适量粉状或纤维状矿质填充料的均匀混合物。沥青胶的性质决定于沥青和填充料的性质及其配合比。根据使用条件，沥青胶应具有良好的粘结性、耐热性、柔韧性和大气稳定性。它可用以粘贴防水卷材，用作沥青防水涂层、沥青砂浆防水（或防腐蚀）层的底层及接头填缝材料等。

沥青基防水卷材包括沥青防水卷材和高聚物改性沥青防水卷材（如 SBS 改性沥青防水卷材）。其中，沥青防水卷材最具代表性的是纸胎沥青防水卷材，简称油毡。200 号油毡适用于简易防水、临时性建筑防水、防潮及包装等；350 号和 500 号油毡适用于多层建筑防水。SBS 改性沥青防水卷材可广泛用于各类建筑防水工程，特别适用于寒冷地区的防水工程。

三、解题指导

掌握沥青主要技术性质，如黏性、塑性、温度稳定性、大气稳定性。注意沥青的选用、掺配计算。

【例 10-4-1】 沥青中的矿物填充料不包括（　　）。

A. 石棉粉　　　　B. 石灰石粉　　　　C. 滑石粉　　　　D. 石英粉

【解】 沥青中的矿物填充料多为粉状、纤维状，主要有滑石粉、石灰石粉、石棉粉、云母粉和硅藻土，所以应选 D 项。

四、应试题解

1. 石油沥青的主要组分是（　　）。

   A. 油分、沥青质　　　　　　　　B. 油分、树脂

   C. 油分、沥青质、蜡　　　　　　D. 油分、树脂、沥青质

2. 石油沥青中沥青质含量较高时，会使沥青出现（　　）。

   A. 黏性增加，温度稳定性增加　　B. 黏性增加，温度稳定性减少

   C. 黏性减少，温度稳定性增加　　D. 黏性减少，温度稳定性减少

3. 沥青组分中的蜡使沥青具有（　　）。

   A. 良好的流动性能　　　　　　　B. 良好的粘结性

   C. 良好的塑性性能　　　　　　　D. 较差的温度稳定性

4. 石油沥青软化点指标反映了沥青的（　　）。

   A. 耐热性　　　B. 温度敏感性　　　C. 黏滞性　　　D. 强度

5. 沥青的软化点较低，表明该沥青（　　）。

   A. 流动性大　　　　　　　　　　B. 温度敏感性小

   C. 耐热性差　　　　　　　　　　D. 塑性好

6. 针入度指数较小，表明该沥青（　　）。

   A. 延展性小　　　　　　　　　　B. 延展性大

   C. 黏滞性小　　　　　　　　　　D. 黏滞性大

7. 在石油沥青的主要技术指标中，用延度表示其特性的指标是（　　）。

   A. 黏度　　　　　　　　　　　　B. 塑性

   C. 温度稳定性　　　　　　　　　D. 大气稳定性

8. 石油沥青在热、阳光、氧气和潮湿等因素的长期综合作用下，其抵抗老化的性能称为（　　）。

   A. 耐久性　　　　　　　　　　　B. 抗老化度

   C. 温度敏感性　　　　　　　　　D. 大气稳定性

9. 下列关于石油沥青黏滞性的描述中，正确的是（　　）。

   A. 地沥青质组分含量多者，温度升高，则黏滞性大

   B. 地沥青质组分含量多者，温度下降，则黏滞性大

   C. 地沥青质组分含量少者，温度升高，则黏滞性大

   D. 地沥青质组分含量少者，温度下降，则黏滞性大

10. 划分黏稠石油沥青牌号的主要依据是（　　）。

    A. 闪点　　　B. 燃点　　　C. 针入度　　　D. 耐热度

11. 划分石油沥青牌号时不用考虑（　　）。

    A. 针入度　　　B. 分层度　　　C. 溶解度　　　D. 软化点

12. 某工程需用软化点为75℃的石油沥青，现有10号及60号两种，其软化点分别为95℃和45℃，则(　　)。

   A. 60号用量40%，10号用量60%　　B. 60号用量80%，10号用量20%
   C. 60号用量60%，10号用量40%　　D. 60号用量20%，10号用量80%

13. 树脂是沥青的改性材料之一，下列各项不属于树脂改性沥青优点的是(　　)。

   A. 耐寒性提高　　　　　　　　　　B. 耐热性提高
   C. 和沥青有较好的相溶性　　　　　D. 粘结能力提高

14. 沥青中的矿物填充料不包括(　　)。

   A. 石棉粉　　　　　　　　　　　　B. 石灰石粉
   C. 滑石粉　　　　　　　　　　　　D. 石英粉

15. 沥青胶的性质决定于(　　)。

   A. 沥青的性质　　　　　　　　　　B. 填充料的性质
   C. 沥青和填充料的性质　　　　　　D. 沥青和填充料的性质及其配合比

第五节　建　筑　钢　材

一、《考试大纲》的规定

建筑钢材的组成、组织与性能的关系，加工处理及其对钢材性能的影响，建筑钢材的种类与选用。

二、重点内容

1. 钢的分类（表10-5-1）

钢　的　分　类　　　　　　　　　　　表10-5-1

分　　类	内　　容
碳素钢按碳的含量分	低碳钢含碳量小于0.25% 中碳钢含碳量为0.25%～0.6% 高碳钢含碳量大于0.6%
合金钢按掺入合金元素的总量分	低合金钢合金元素总含量小于5% 中合金钢合金元素总含量为5%～10% 高合金钢合金元素总含量大于10%
按钢材品质分	普通钢、优质钢、高级优质钢
按用途分	工业用钢（又分为结构钢、工具钢和特殊钢） 土木工程用钢（常用的是碳素钢中的低碳钢和低合金钢）

2. 钢材的技术性质

钢材的技术性质包括力学性能和工艺性能。其中，力学性能有抗扭性能、抗冲击性能、耐疲劳性能及硬度；工艺性能有冷弯性能和可焊接性能。

(1) 拉抗性能

低碳钢受拉的应力-应变如图10-5-1所示，分别经过了Ⅰ～Ⅳ四个阶段：

第一，弹性阶段（oa段），a点对应的应力称为弹性极限σ_p。应力与应变的比值为弹性模量，即 $E = \dfrac{\sigma}{E}$。

第二，屈服阶段（ab 段）。其中 R_{eH} 点是上屈服强度，R_{eL} 点是下屈服强度，R_{eL} 也称为屈服极限。工程设计中，一般以 R_{eL} 作为强度取值的依据。对于硬钢类，规定产生残余变形为 0.2%L_0 时的应力作为屈服强度，用 $R_{p0.2}$ 表示。

第三，强化阶段（bc 段）。对应于最高点 c 的应力，称为抗拉强度，用 R_m 表示，抗拉强度不能直接引用，而反映钢材的安全可靠程度和利用率是用屈强比 R_{eL}/R_m 指标。屈强比越小，表

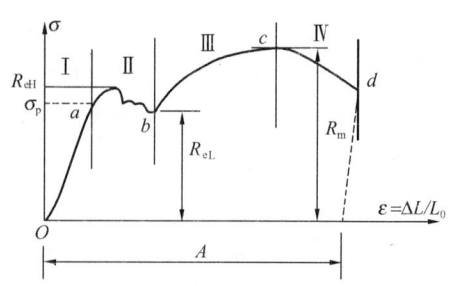

图 10-5-1　低碳钢受拉的应力-应变图

明材料的安全性、可靠性越高，但屈强比太小，则利用率低，造成钢材浪费。碳素结构钢 Q235 的 R_m 应不小于 375MPa，其屈强比在 0.58～0.63 之间。

第四，颈缩阶段（cd 段），钢材拉断后，测量其伸长率 δ 为：

$$\delta = \dfrac{L_1 - L_0}{L_0} \times 100\%$$

式中 L_1 为试件拉断标距部分的长度（mm）；L_0 为试件原始标距长度。以 δ_5 和 δ_{10} 分别表示 $L_0 = 5d_0$、$L_0 = 10d_0$ 时的断后伸长率，d_0 为试件的原直径或厚度。对同一钢材，有 $\delta_5 > \delta_{10}$。

（2）冲击韧性、耐疲劳性和硬度

钢材的冲击韧性的指标，用冲击韧性值表示；钢材疲劳破坏的危险应力用疲劳极限或疲劳强度表示；钢材硬度的测量方法有布氏法、洛氏法和维氏法。常用的是前两者。

（3）冷弯性能与焊接性能

冷弯性能指钢材在常温下承受弯曲变形的能力。冷弯是钢材处于不利变形条件下的塑性，而伸长率则表示在均匀变形下的塑性，冷弯更能反映钢的内部组织状态、内应力及夹杂物等缺陷。

焊接性能与钢的化学成分、冶炼质量、冷加工等有关。含碳量小于 0.25% 的碳素钢具有良好的可焊性，当超过 0.3% 时可焊性变差。硫、磷及气体杂质会使可焊性降低，加入过多的合金元素，也将降低可焊性。

（4）化学成分对钢材性能的影响

碳，在碳素钢中随着含碳量的增加，其强度和硬度提高，塑性和韧性降低。当含碳量大于 1% 后，脆性、硬度增加，强度下降。

磷，碳素钢中的有害元素。常温下能提高钢的强度和硬度，但塑性和韧性显著下降，低温时更甚，即引起所谓"冷脆性"。

硫，碳素钢中的有害元素。在焊接时，易产生脆裂现象，称为热脆性，显著降低可焊性。含硫过量还会降低钢的韧性、耐疲劳性等。

氧，碳素钢中的有害元素。含氧量增加，会降低钢材的机械强度、塑性和韧性，促进时效作用，还能使热脆性增加。

此外，硅、锰、氮元素也影响了钢材性能。

3. 钢材冷加工强化、时效处理

钢筋的冷加工,指对土木工程用钢筋在常温下进行冷拉、冷拔和冻轧,使之产生塑性变形,从而提高屈服强度,降低了塑性和韧性的加工方法。

应变时效(简称时效),指钢材经冷加工后,随着时间的延长,钢的屈服强度和抗拉强度逐渐提高,而塑性和韧性逐渐降低的现象。经过冷拉的钢筋在常温下存放 15～20d;或加热到 100～200℃并保持一定时间,这个过程称为时效处理。前者称为自然时效,后者称为人工时效。冷拉以后再经时效处理的钢筋,其屈服点进一步提高,抗拉极限强度稍有增加,塑性继续降低。

4. 建筑钢材的种类与选用(见图 10-5-2)

(1) 碳素结构钢

钢的牌号由代表屈服强度的字母(Q)、下屈服强度数值(如 235、275)、质量等级符号(A、B、C、D)、脱氧程度符号等四个部分按顺序组成。如 Q275-A.F。脱氧程度符号中,F 为沸腾钢代号(目前已取消);b 为半镇静钢代号、Z 为镇静钢代号、TZ 为特殊镇静钢代号。"T"、"TZ"符号可以省略。碳素结构钢分为 Q195、Q215、Q235、Q255、Q275 五种牌号。

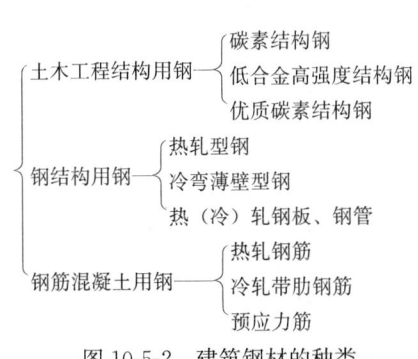

图 10-5-2 建筑钢材的种类

牌号增加,强度和硬度增加,塑性、韧性和可加工性能逐步降低;同一牌号内质量等级越高,钢的质量越好。如 Q235C、D 级优于 A、B 级。

(2) 低合金高强度结构钢

它是在碳素结构钢的基础上加入总是小于 5% 的合金元素而形成的钢种,共有 5 个牌号。它的牌号由代表屈服强度的字母(Q)、下屈服强度数值和质量等级符号三个部分按顺序组成。如 Q345A。

低合金高强度结构钢的含碳量一般不超过 0.2%。

(3) 优质碳素结构钢

它的性能主要取决于含碳量,其牌号以平均含碳量的百分数表示。含锰量较高的,在表示牌号的数字后面附"Mn"字;若是沸腾钢,则在数字后加注"F"。如 45Mn,15F。

(4) 钢结构用钢材

应掌握热轧型钢中角钢、L 型钢、Z 字钢、槽钢和 H 型钢的规格表示方式。如 L250×90×9×13 表示腹板高(250)×面板宽(90)×腹板厚(9)×面板厚(13)。

三、解题指导

本节重点内容的知识点应认真掌握,通过解题,强化对知识点的掌握。注意区分屈服点、屈强比的关系;钢材冷加工强化和冷加工时效的异同点;钢材的冷脆性;钢材牌号的表达及含义。

【例 10-5-1】 钢材合理的屈强比数值应控制在( )。

A. 0.30～0.45 B. 0.45～0.58 C. 0.58～0.63 D. 0.63～0.78

【解】 本题需要记忆一般钢材合理的屈强比数值为 0.58～0.63,所以应选 C 项。

【例 10-5-2】 使钢材产生"冷脆性"的有害元素主要是（ ）。
A. 碳　　　　　　B. 硫　　　　　　C. 磷　　　　　　D. 氧

【解】 磷为有害杂质，会引起钢材产生"冷脆性"；氧也为有害杂质，含氧量增加会使钢材热脆性增加。所以应选 C 项。

四、应试题解

1. 土木工程中常用的钢材是（ ）。
   A. 优质碳素结构钢、低合金结构钢
   B. 碳素结构钢、中合金结构钢
   C. 碳素结构钢、低合金结构钢、中合金结构钢
   D. 碳素结构钢、低合金结构钢、优质碳素结构钢

2. 低合金高强度结构钢中，一般含碳量为（ ）。
   A. <0.2%　　　B. <0.5%　　　C. <1.0%　　　D. <2.0%

3. 低合金结构钢中合金元素总含量为（ ）。
   A. <5.0%　　　B. <8.0%　　　C. <10%　　　D. <15%

4. 钢材的设计强度取值为（ ）。
   A. 屈服强度　　B. 抗拉强度　　C. 抗压强度　　D. 弹性极限

5. 低碳钢拉伸过程中强化阶段的特点是（ ）。
   A. 随荷载的增加应力和应变成比例增加
   B. 荷载不增加情况下仍能继续伸长
   C. 荷载增加，应变才相应增加，但应力与应变不是直线关系
   D. 应变迅速增加，应力下降，直至断裂

6. 表明钢材超过屈服点工作时的可靠性的指标是（ ）。
   A. 比强度　　　　　　　　B. 屈强比
   C. 屈服强度　　　　　　　D. 屈服比

7. 钢材合理的屈强比数值应控制在（ ）。
   A. 0.3~0.45　　　　　　　B. 0.4~0.55
   C. 0.58~0.63　　　　　　 D. 0.63~0.78

8. 已知某钢材试件拉断后标距部分长度为 300mm，原标距长度为 200mm，则该试件伸长率为（ ）。
   A. 150%　　　B. 50%　　　C. 66.7%　　　D. 33.3%

9. 同一钢材分别以 5 倍于直径和 10 倍于直径的长度作为原始标距，所测得的伸长率 δ_5 和 δ_{10} 关系为（ ）。
   A. $\delta_5 > \delta_{10}$　　B. $\delta_5 < \delta_{10}$　　C. $\delta_5 \geq \delta_{10}$　　D. $\delta_5 \leq \delta_{10}$

10. 下列关于冲击韧性的叙述，合理的是（ ）。
    A. 冲击韧性指标是通过对试件进行弯曲试验来确定的
    B. 使用环境的温度影响钢材的冲击韧性
    C. 钢材的脆性临界温度越高，说明钢材的低温冲击韧性越好
    D. 对于承受荷载较大的结构用钢，必须进行冲击韧性检验

11. 钢材的疲劳极限或疲劳强度是指（ ）。

A. 在一定的荷载作用下，达到破坏的时间
B. 在交变荷载作用下，直到破坏所经历的应力交变周期数
C. 在均匀递加荷载作用下，发生断裂时的最大应力
D. 在交变荷载作用下，于规定的周期基数内不发生断裂所能承受的最大应力

12. 评价钢筋塑性性能的指标为（　　）。
    A. 伸长率和冷弯性能　　　　　　　B. 屈服强度和伸长率
    C. 屈服强度与极限抗拉强度　　　　D. 屈服强度和冷弯性能

13. 对钢材的冷弯性能要求越高，试验时采用的（　　）。
    A. 弯心直径愈大，弯心直径对试件直径的比值越大
    B. 弯心直径愈小，弯心直径对试件直径的比值越小
    C. 弯心直径愈小，弯心直径对试件直径的比值越大
    D. 弯心直径愈大，弯心直径对试件直径的比值越小

14. 建筑钢材产生冷加工强化的原因是（　　）。
    A. 钢材在塑性变形中缺陷增多，晶格严重畸变
    B. 钢材在塑性变形中消除晶格缺陷，晶格畸变减小
    C. 钢材在冷加工过程中密实度提高
    D. 钢材在冷加工过程中形成较多的具有硬脆性渗碳体

15. 钢材经过冷加工、时效处理后，性能发生的变化为（　　）。
    A. 屈服点和抗拉强度提高，塑性和韧性降低
    B. 屈服点降低，抗拉强度、塑性、韧性都有提高
    C. 屈服点提高，抗拉强度、塑性、韧性都有降低
    D. 屈服点降低，抗拉强度提高，塑性、韧性都有降低

16. 钢材的热处理不包括（　　）。
    A. 退火　　　　　B. 浸火　　　　　C. 淬火　　　　　D. 回火

17. 在普通碳素结构钢的化学成分中，碳的含量增加，则有（　　）。
    A. 强度降低，塑性和韧性降低　　　B. 强度提高，塑性和韧性提高
    C. 强度提高，塑性和韧性降低　　　D. 强度降低，塑性和韧性提高

18. 碳素钢中的有害元素有（　　）。
    A. P、Si、V　　　B. P、Mn、C　　　C. P、C、V　　　D. P、S、N、O

19. 使钢材产生热脆性的有害元素主要是（　　）。
    A. 碳　　　　　　B. 硫　　　　　　C. 磷　　　　　　D. 氧

20. 使钢材产生"冷脆性"的有害元素主要是（　　）。
    A. 碳　　　　　　B. 硫　　　　　　C. 磷　　　　　　D. 氧

21. 钢材中脱氧最充分、质量最好的是（　　）。
    A. 沸腾钢　　　　B. 半镇静钢　　　C. 镇静钢　　　　D. 特殊镇静钢

22. 在土木工程中大量使用钢材Q235-BF，其性能是（　　）。
    A. 屈服点235MPa，半镇静钢　　　　B. 屈服点235MPa，B级沸腾钢
    C. 屈服点235MPa，B级镇静钢　　　　D. 屈服点235MPa，半镇静沸腾钢

23. 对同一种碳素结构钢，随其牌号的增加，其（　　）。

A. 硬度越高 B. 韧性越好
C. 塑性越好 D. 强度降低

24. 建筑钢材腐蚀的主要原因是（　　）。
A. 物理腐蚀　　B. 化学腐蚀　　C. 电化学腐蚀　　D. 大气腐蚀

25. 钢筋混凝土的防锈措施，在施工中可考虑使用的一组是（　　）。
①限制水灰比和水泥用量；②加大保护层厚度；③保证混凝土的密度性；④提高钢筋强度；⑤钢筋表面作防锈漆处理。
A. ①③④　　B. ①②③　　C. ②③④　　D. ②③⑤

26. 钢结构防锈涂料的正确做法是（　　）。
A. 刷调和漆 B. 刷沥青漆
C. 用红丹作底漆，灰铅油作面漆 D. 用沥青漆打底，机油抹面

27. 钢结构防火涂料的主要技术性能要求不包括（　　）。
A. 导热系数　　B. 密度　　C. 附着力　　D. 固化速度

第六节　木　　材

一、《考试大纲》的规定

木材：组成、性能与应用。

二、重点内容

1. 木材的组成

木材是非均质材料。从木材的横切面上观察，树木由树皮、木质部、年轮、髓心和髓线所组成。木质部是建筑材料使用的主要部分。

2. 木材的性质

存在于木材细胞腔和细胞间隙中的水分称为自由水；被吸附在细胞壁基体相中的水分是吸附水。吸附水是影响木材强度和胀缩的主要因素。木材中的含水量以含水率表示。当木材含水率与周围空气的温湿度达到平衡时的含水率称为平衡含水率。

木材具有显著的湿胀干缩性。由于木材构造不均匀，各方向、各部位胀缩也不同，其弦向最大，径向次之，纵向最小；边材胀缩大于心材。

3. 木材的应用

木材初级产品按加工程度和用途不同，分为圆条、原木、锯材（方材、板材）。人造板材有很多品种，其中的胶合板常用作室内高级装修。

三、解题指导

木材知识点较少，应掌握重点内容的知识点。

【例 10-6-1】　木节降低木材的强度，其中对（　　）强度影响最大。
A. 抗弯　　B. 抗拉　　C. 抗剪　　D. 抗压

【解】　木节显著降低了木材的抗拉强度，应选 B 项。

四、应试题解

1. 木材的胀缩变形沿（　　）最小。
A. 纵向　　B. 弦向　　C. 径向　　D. 无法确定

2. 木材加工使用前应预先将木材干燥至( )。
   A. 纤维饱和点 B. 标准含水率
   C. 平衡含水率 D. 饱和含水率
3. 木材加工使用前应预先将木材干燥至( )。
   A. 纤维饱和点 B. 使用环境下的标准含水率
   C. 饱和面干状态 D. 完全干燥
4. ( )含量为零,吸附水饱和时,木材的含水率称为纤维饱和点。
   A. 自由水 B. 吸附水 C. 化合水 D. 游离水
5. 木节降低木材的强度,其中对( )强度影响最大。
   A. 抗弯 B. 抗拉 C. 抗剪 D. 抗压
6. 导致木材物理力学性质发生改变的临界含水率是( )。
   A. 最大含水率 B. 平衡含水率 C. 纤维饱和点 D. 最小含水率
7. 木材干燥时,首先失去的水分是( )。
   A. 自由水 B. 吸附水 C. 化合水 D. 结晶水
8. 干燥的木材吸水后,其先失去的水分是( )。
   A. 纵向 B. 径向 C. 弦向 D. 斜向
9. 含水率对木材强度影响最大的是( )强度。
   A. 顺纹抗压 B. 横纹抗压 C. 顺纹抗拉 D. 顺纹抗剪
10. 影响木材强度的因素较多,下列哪些因素与木材强度无关( )。
    A. 纤维饱和点以下含水量变化 B. 纤维饱和点以上含水量变化
    C. 负荷时间 D. 疵病
11. 木材防腐、防虫的主要方法有( )。
    ①通风干燥;②隔水隔气;③表面涂漆;④化学处理。
    A. ①②③④ B. ③④ C. ①③④ D. ①②④

第七节 石材和黏土

一、《考试大纲》的规定
石材和黏土:组成、性能与应用。
二、重点内容
1. 石材和黏土的组成
岩石的性质取决于造岩矿物的性质及其含量等。岩石中的主要造岩矿物有:石英、长石、云母、角闪石、辉石、橄榄石、方解石(即结晶的碳酸钙),以及白云石(即结晶的碳酸钙镁复盐)。

土的总体特征是颗粒与颗粒之间的粘结强度低,甚至没有粘结性。根据土粒之间有无粘结性,大致可分为砂类土和黏质土两大类。黏土的组分与岩石的组分相同。

2. 石材和黏土的技术性质
石材的强度取决于造岩矿物及岩石的结构和构造。石材的抗压强度是以三个边长为70mm的立方体试块吸水饱和状态下的抗压极限强度平均值表示。

岩石的硬度用莫氏硬度（相对硬度）或肖氏硬度（绝对硬度）表示。

石材的耐磨性以磨损率（g/cm²）表示：一定压力下研磨 100 次，磨损率 $M = (m_0 - m_1)/A$，式中 m_0 为磨前质量（g），m_1 为磨后质量（g），A 为试样受磨面积（cm²）。

黏土的稠度，即随含水量的多少而表现出的稀稠程度。黏土的稠度状态，指当土从很湿逐渐变干时，表现出的不同物理状态，如固态、半固态、塑态、液态等。

黏土的界限含水量，是指在稠度状态处于转变界限下的含水量。

3. 石材的应用

建筑工程所用的毛石一般要求中部厚度不小于 15cm，长度为 30～40cm，抗压强度应大于 10MPa，软化系数应不小于 0.75。

料石按表面加工的平整程度分为：毛料石、粗料石、半细料石和细料石。

石板是用致密的岩石凿平或锯解而成，厚度一般为 20mm 的石材。装饰板材按表面加工程度可分为：粗面板材、细面板材和镜面板材。

三、解题指导

本节知识点较少，应掌握重点内容的知识点。

【例 10-7-1】 岩石中的主要造岩矿物，有层理，易裂或藻片，耐久性差，强度较低的是（　　）。

A. 石英　　　　B. 角闪石　　　　C. 云母　　　　D. 白云石

【解】 石英为主要造岩矿物，坚硬高强、耐久性好、化学稳定性好；角闪石及辉石、橄榄石，高强、韧性好、耐久性好；云母，有层理，易裂成薄片，耐久性差，强度较低。所以应选 C 项。

四、应试题解

1. 测定石材的抗压强度所用的立方体试块的尺寸为（　　）。

A. 150mm×150mm×150mm　　　　B. 100mm×100mm×100mm
C. 70mm×70mm×70mm　　　　　　D. 50mm×50mm×50mm

2. 土木工程中常用的石灰岩、石膏岩、菱镁矿，它们均属于（　　）。

A. 岩浆岩　　　B. 变质岩　　　C. 沉积岩　　　D. 火山岩

3. 花岗岩与石灰岩在强度和吸水性方面的差异，描述正确的是（　　）。

A. 前者强度较高，吸水率较小　　　B. 前者强度较高，吸水率较大
C. 前者强度较低，吸水率较小　　　D. 前者强度较低，吸水率较大

4. 岩石中的主要造岩矿物，有层理，易裂成薄片，耐久性差，强度较低的是（　　）。

A. 石英　　　　B. 角闪石　　　　C. 云母　　　　D. 白云石

5. 石材的矿物组成决定其性质，对于花岗石而言，影响其耐久性和耐磨性的矿物是（　　）。

A. 方解石和白云石　　　　　　B. 石英和长石
C. 云母　　　　　　　　　　　D. 石膏

6. 花岗石和大理石的性能差别主要在于（　　）。

A. 强度　　　　B. 装饰效果　　　C. 加工性能　　　D. 耐候性

7. 大理石较耐（　　）。

A. 硫酸　　　　B. 盐酸　　　　C. 草酸　　　　D. 碱

8. 提高混凝土耐酸性,不能使用(　　)骨料。
   A. 玄武岩　　　　　B. 白云岩　　　　　C. 花岗岩　　　　　D. 石英砂
9. 高强混凝土的骨料宜选用下列(　　)岩石。
   A. 玄武岩　　　　　B. 浮石　　　　　　C. 石灰岩　　　　　D. 白云岩
10. 花岗石和大理石分别属于(　　)。
    A. 变质岩和岩浆岩　　　　　　　　　B. 深成岩和变质岩
    C. 沉积岩和变质岩　　　　　　　　　D. 深成岩和岩浆岩
11. 黏土是由(　　)长期风化而成。
    A. 碳酸盐类岩石　　　　　　　　　　B. 铝硅酸盐类岩石
    C. 硫酸盐类岩石　　　　　　　　　　D. 大理岩
12. 黏土塑限高,说明(　　)。
    A. 黏土粒子的水化膜薄,可塑性好　　B. 黏土粒子的水化膜薄,可塑性差
    C. 黏土粒子的水化膜厚,可塑性好　　D. 黏土粒子的水化膜厚,可塑性差
13. 下列关于土质的叙述,合理的是(　　)。
    A. 黏土颗粒越小,液限越低
    B. 黏土颗粒越大,液限越高;
    C. 黏土的液限与颗粒大小无关
    D. 黏土的颗粒较大或较小时,液限均较低
14. 黏土由固态进入塑性状态时的含水量指标是(　　)。
    A. 液限　　　　　　　　　　　　　　B. 塑限
    C. 可塑性指数　　　　　　　　　　　D. 可塑性指标

第八节　答　案　与　解　答

一、第一节　材料科学与物质结构基础知识

1. C	2. D	3. A	4. C	5. D	6. C	7. C	8. B	9. A	10. D
11. C	12. B	13. B	14. C	15. A	16. D	17. A	18. D	19. B	20. A
21. C	22. A	23. B	24. D	25. A	26. D	27. C	28. A	29. B	30. D
31. C	32. C	33. D	34. B	35. A	36. C	37. A	38. B	39. C	40. D

10. D. 解答如下:
孔隙率=(1−表观密度/密度)×100%=(1−1200/1400)×100%=14.3%

11. C. 解答如下:
密实度=表观密度/密度×100%=(1−孔隙率)×100%=(1−30%)×100%=70%

16. D. 解答如下:
吸水率=(吸水饱和的重量−干燥时重量)/干燥时重量×100%
　　　=20/(100−20)×100%=25%

17. A. 解答如下:
含水率=(含水状态的重量−干燥状态的重量)/干燥状态的重量×100%
　　　=水的重量/(含水状态的重量−水的重量)×100%

所以，$4\%=M/(2400-M)\times100\%$，解得 $M=92.30$ kg

二、第二节 无机胶凝材料

1. C	2. D	3. C	4. B	5. C	6. B	7. B	8. D	9. B	10. B
11. B	12. B	13. B	14. D	15. D	16. B	17. C	18. A	19. D	20. C
21. B	22. B	23. C	24. C	25. D	26. D	27. B	28. C	29. D	30. A
31. D	32. C	33. B	34. B	35. A	36. B	37. A	38. C	39. B	40. B
41. D	42. A	43. B	44. C	45. A	46. D	47. B	48. C	49. B	50. A
51. D	52. B	53. A	54. D	55. C	56. A	57. B	58. A		

三、第三节 混凝土

1. B	2. C	3. D	4. A	5. D	6. D	7. A	8. C	9. B	10. C
11. D	12. A	13. C	14. B	15. A	16. B	17. B	18. B	19. C	20. D
21. B	22. B	23. B	24. A	25. A	26. D	27. B	28. B	29. D	30. C
31. D	32. C	33. B	34. C	35. D	36. C	37. D	38. A	39. C	40. B
41. D	42. D	43. A	44. D	45. A	46. A	47. D	48. D	49. A	50. D
51. C	52. B	53. D	54. C	55. C	56. D				

54. C. 解答如下：

水灰比＝用水量/水泥量，所以，水泥量＝用水量/水灰比＝$180\div0.46=391$ kg

55. C. 解答如下：

水灰比＝0.5，单位用水量＝180 kg，则单位水泥量＝$180\div0.5=360$ kg

砂＋石子＝$2500-180-360=1960$ kg

砂率＝30%，则石子率＝$1-30\%=70\%$

所以，石子＝$70\%\times1960=1372$ kg

56. D. 解答如下：

施工配合比时，水泥用量＝300 kg，砂＝(1＋砂含水率)×砂＝$(1+3.5\%)\times600=621$ kg

石子＝(1＋石子含水率)×石子＝$(1+1.5\%)\times1200=1218$ kg

水＝$(300+600+1200+150)-(300+621+1218)=111$ kg

四、第四节 沥青及改性沥青

1. D	2. A	3. D	4. B	5. C	6. D	7. B	8. D	9. B	10. C
11. B	12. A	13. C	14. D	15. D					

12. A. 解答如下：

60号石油沥青用量(%)＝$(95-75)/(95-45)=40\%$

10号石油沥青用量(%)＝$1-40\%=60\%$

五、第五节 建筑钢材

1. D	2. A	3. A	4. A	5. C	6. B	7. C	8. B	9. A	10. B
11. D	12. A	13. D	14. A	15. A	16. B	17. C	18. D	19. B	20. C
21. D	22. B	23. A	24. C	25. B	26. C	27. B			

六、第六节 木材

1. A	2. C	3. C	4. A	5. B	6. C	7. A	8. A	9. A	10. B

11. A

七、第七节 石材和黏土

1. C 2. C 3. A 4. C 5. B 6. D 7. D 8. B 9. A 10. B
11. B 12. C 13. B 14. B

1. C. 解答如下：

依据《砌体结构设计规范》附录 A.2 条规定，测定石材的抗压强度所用的立方体试块的尺寸为 70mm×70mm×70mm。

第十一章 结 构 力 学

第一节 平面体系的几何组成分析

一、《考试大纲》的规定

名词定义、几何不变体系的组成规律及其应用。

二、重点内容

1. 名词定义

刚片，指不会产生变形的刚性平面体。由刚片组成的体系称为刚片系。

几何可变体系，指当不考虑材料的应变时，体系中各杆的相对位置或体系的形状可以改变的体系。否则，体系则称为几何不变体系。

自由度，指物体运动时的独立几何参数数目。如一个点在平面的自由度为 2；一个刚片在平面内的自由度为 3。约束，指减少体系独立运动参数的装置。使体系减少一个独立运动参数的装置称为一个约束。如一根链杆相当于一个约束；一个连接两个刚片的单铰相当于两个约束；一个连接 n 个刚片的复铰相当于 $n-1$ 个单铰；一个连接两个刚片的单刚性结点相当于三个约束；一个连接 n 个刚片的复刚性结点相当于 $n-1$ 个单刚性结点，即 $3(n-1)$ 个约束。

一个平面体系的自由度 W 为：

$$W = 3n - 2H - R$$

式中 n 为体系中的刚片总数；H 为体系中的单铰总数；R 为体系中的支杆总数。

$W>0$ 时，该体系一定是几何可变的；$W \leqslant 0$ 时，该体系可能是几何不变的也可能是几何可变的，应根据体系中的约束布置情况确定。

如果在体系中增加一个约束，体系减少一个独立的运动参数，该约束称为必要约束。如果在体系中增加一个约束，体系的独立运动参数并不减少，该约束称为多余约束。

2. 平面体系的几何组成分析

(1) 等效刚片、等效链杆和虚铰

几何组成分析时，一个内部几何不变的平面体系，可用一个相应的刚片来代替，此刚片称为等效刚片；而一根两端为铰的非直线杆件，可用一根相应的两端为铰的直线形链杆来代替，此直线形链杆称为等效链杆。

虚铰是指连接两个刚片的两根链杆的交叉点（O）或其延长线的交点（O），如图11-1-1所示。

(2) 平面几何不变体系的基本组成规则

两刚片连接规则：两个刚片用不相交于一点或不互相平行的三根链杆连接成的体系，是内部几何不变且无

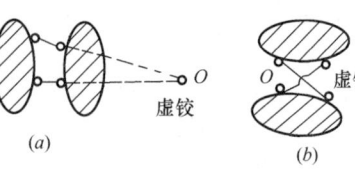

图 11-1-1

多余约束的体系。

三刚片连接规则：三个刚片用三个不在一条直线上的单铰（虚铰或实铰）两两相连而成的体系，是内部几何不变且无多余约束的体系。

两元片和一元片规则：两元片指两根不在同一直线上的链杆连接一个新结点的装置；一元片指由三根不相交于一点的链杆连接一个刚片的装置。在一个体系上增加或去除两元片、一元片，不影响原体系的几何不变性或可变性。

（3）瞬变体系和常变体系

瞬变体系指只能作微小运动的体系。如图 11-1-2 所示。常变体系指能作非微小运动的体系。如图 11-1-3 所示。

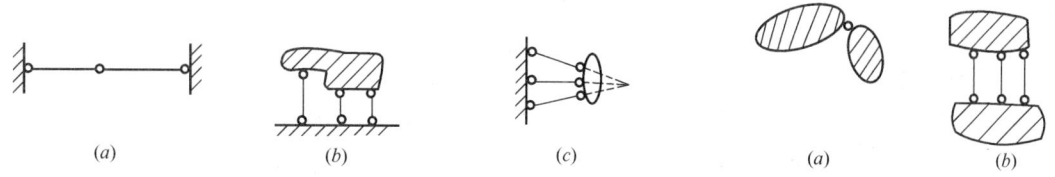

图 11-1-2 瞬变体系　　　　　　　　　　图 11-1-3 常变体系

三、解题指导

历年结构力学考题数目较多，每题 2 分，故应特别重视此部分的复习。

本节知识点较少，关键是如何运用它们解答题目。由于结构力学题目的灵活性，分析方法也具有多样性，应加强平时训练，多做题、多思考、多总结，特别是典型题目的解题技巧。

【例 11-1-1】 图 11-1-4 所示体系的几何组成为（   ）。

A. 常变体系　　　　　　　　　　B. 瞬变体系
C. 无多余约束的几何不变体系　　D. 有多余约束的几何不变体系

【解】 铰接杆系与地基间恰为三根支杆约束，故仅对铰杆系进行分析，如图 11-1-5，三刚片Ⅰ、Ⅱ、Ⅲ构成瞬变体系，所以应选 B 项。

图 11-1-4　　　　　　　　　　　　　图 11-1-5

【例 11-1-2】 图 11-1-6 所示体系的几何组成为（   ）。

A. 常变体系　　　　　　　　　　B. 瞬变体系
C. 无多余约束的几何不变体系　　D. 有多余约束的几何不变体系

【解】 铰 A 可视为地基上的一个两元片，如图 11-1-7 所示，则地基、刚片Ⅰ、刚片Ⅱ构成无多余约束的几何不变体系，故应选 C 项。

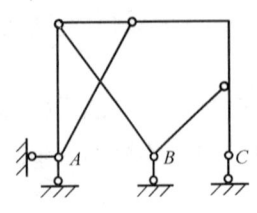

图 11-1-6

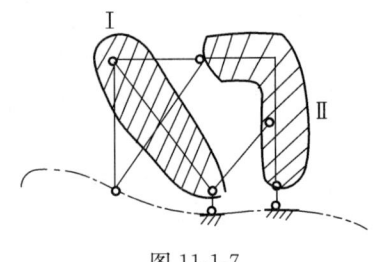

图 11-1-7

四、应试题解

1. 图 11-1-8 所示体系的几何组成为（   ）。
   A. 常变体系　　　　　　　　　B. 瞬变体系
   C. 无多余约束几何不变体系　　　D. 有多余约束几何不变体系
2. 图 11-1-9 所示体系的几何组成为（   ）。
   A. 常变体系　　　　　　　　　B. 瞬变体系
   C. 无多余约束几何不变体系　　　D. 有多余约束几何不变体系

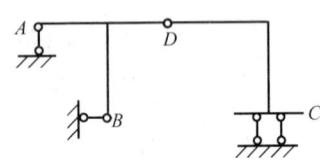

图 11-1-8

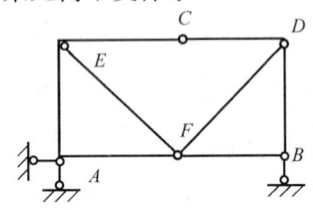

图 11-1-9

3. 图 11-1-10 所示体系的几何组成为（   ）。
   A. 瞬变体系　　　　　　　　　B. 无多余约束的几何不变体系
   C. 有 1 个多余约束的几何不变体系　D. 有 2 个多余约束的几何不变体系
4. 图 11-1-11 所示体系的几何组成为（   ）。
   A. 常变体系　　　　　　　　　B. 瞬变体系
   C. 无多余约束的几何不变体系　　D. 有多余约束的几何不变体系

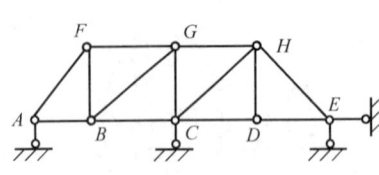

图 11-1-10

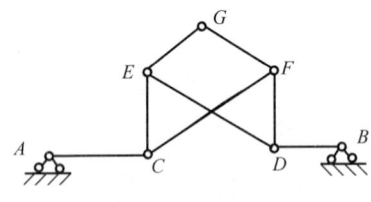

图 11-1-11

5. 图 11-1-12 所示体系的几何组成为（   ）。
   A. 常变体系　　　　　　　　　B. 瞬变体系
   C. 无多余约束的几何不变体系　　D. 有多余约束的几何不变体系
6. 图 11-1-13 所示体系的几何组成为（   ）。
   A. 常变体系　　　　　　　　　B. 瞬变体系
   C. 无多余约束的几何不变体系　　D. 有多余约束的几何不变体系

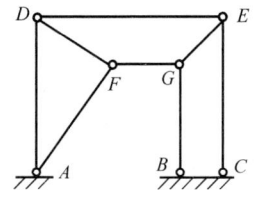

图 11-1-12

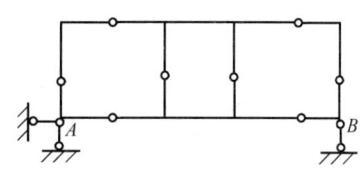

图 11-1-13

7. 图 11-1-14 所示体系的几何组成为（   ）。
A. 常变体系　　　　　　　　　　B. 瞬变体系
C. 无多余约束的几何不变体系　　D. 有多余约束的几何不变体系

8. 图 11-1-15 所示体系的几何组成为（   ）。
A. 常变体系　　　　　　　　　　B. 瞬变体系
C. 无多余约束的几何不变体系　　D. 有多余约束的几何不变体系

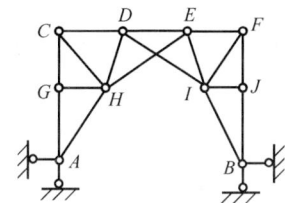

图 11-1-14

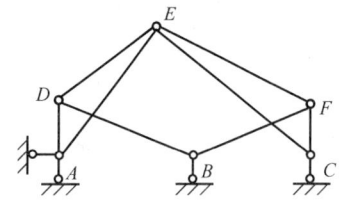

图 11-1-15

9. 图 11-1-16 所示体系的几何组成为（   ）。
A. 常变体系　　　　　　　　　　B. 瞬变体系
C. 无多余约束的几何不变体系　　D. 有多余约束的几何不变体系

10. 图 11-1-17 所示体系的几何组成为（   ）。
A. 常变体系　　　　　　　　　　B. 瞬变体系
C. 无多余约束的几何不变体系　　D. 有多余约束的几何不变体系

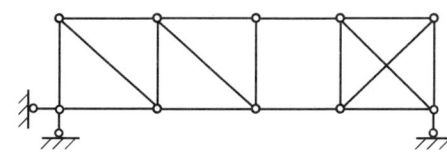

图 11-1-16

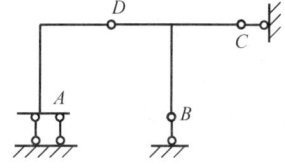

图 11-1-17

11. 下列结论中正确的是（   ）。
A. 三个刚片用三个铰（包括虚铰）两两相连而组成几何不变体系
B. 两个刚片用三根链杆连接而组成几何不变体系
C. 连接三个刚片的铰接点相当的约束个数为 3 个
D. 连接两个刚片的铰接点相当的约束个数为 2 个

第二节 静定结构受力分析和特性

一、《考试大纲》的规定
静定结构受力分析方法、反力、内力的计算与内力图的绘制、静定结构特性及应用。

二、重点内容
1. 静定结构反力、内力的计算

静定结构是没有多余约束的几何不变体系。计算静定结构反力、内力的基本方法：数解法、图解法和虚位移原理法。

直杆弯矩图绘制时，弯矩值坐标绘在杆件受拉一边，弯矩图中不标正、负号。剪力图绘制时，剪力图的正、负号规定同材料力学规定，即：考虑梁微段，使右侧截面对左侧截面产生向下相对错动的剪力为正，反之为负。

内力图的绘制时，应熟悉掌握剪力图与弯矩图的形状特征，见表 11-2-1。

剪力图和弯矩图的形状特征 表 11-2-1

梁上外力	无外力区段	均布力 q 作用区段	集中力 P 作用处	集中力偶 m 作用处
剪力图	水平线	斜直线	为零处	有突变，突变值为 P	如变号	无变化
弯矩图	一般为斜直线	抛物线（凸出方向同 q 指向）	有极值	有夹角（尖角指向同 P 指向）	有极值	有突变，突变值为 m

2. 静定多跨梁

静定多跨梁用基本部分和附属部分组成。作用在基本部分上的荷载对附属部分的内力不产生影响，而作用在附属部分上的荷载，对支撑它的基本部分要产生内力，故在静定多跨梁的反力、内力计算时，首先应区分基本部分和附属部分，并且结合荷载作用情况进行分析，一般会有如下三种情况：

（1）只在基本部分上有荷载，此时附属部分反力、内力均为零；

（2）只在附属部分上有荷载；

（3）在基本部分、附属部分上同时有荷载。

对于上述（2）（3）情况，应从最上层的附属部分开始，依次计算各单跨梁的支座反力，并将附属部分的反力传至支撑它的基本部分。

3. 静定平面刚架和桁架

静定平面刚架的内力计算，通常是先求出支座反力及铰接处的约束力，再由截面法求出各杆端截面的内力，然后根据荷载情况及内力图的特征，逐杆绘制内力图。

静定平面桁架的内力计算，通常采用节点法、截面法、节点法与截面法的联合应用，同时，其内力分析计算应注意如下事项：

（1）首先是零杆的判别。如图 11-2-1 所示零杆情况。

（2）对称性的运用。对称结构在对称荷载（或反对称荷载）作用下，其内力为对称（或反对称）。如图 11-2-2 中虚线所示的杆件为零杆。

（3）截面法的灵活运用。尽管截面法中的一个隔离体，

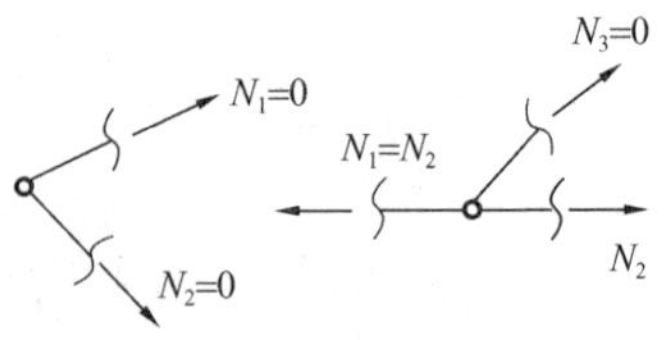

图 11-2-1

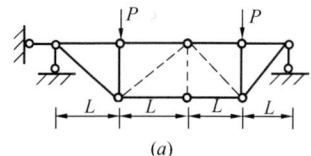
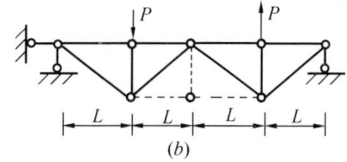

图 11-2-2

一般只能求解出三个未知内力,但如果在一个截面中,除一杆外,其余各杆均相交于一点或互相平行,则该杆轴力仍可在该隔离体中求出。见本节解题指导中例题 11-2-1。

4. 三铰拱和三铰刚架的内力计算

如图 11-2-3 所示三铰平拱,图 (b) 为其相同跨度、相同荷载简支梁,简称三铰平拱的代梁。

$$V_A = V_A^0; V_B = V_B^0$$

$$H_A = H_B = H = \frac{M_C^0}{f}$$

式中 V_A^0、V_B^0、M_C^0 为代梁支座 A、B 处的支座反力、截面上的弯矩。

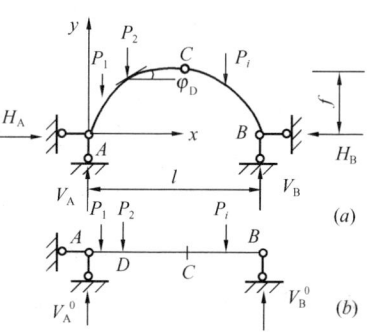

由上式可知,在给定的竖向荷载作用下,三铰拱的水平推力是与三个铰的位置有关,而与拱轴线的形状无关。

图 11-2-3

求任意截面 D 的内力,如图 11-2-3,建立 xAy 坐标系,φ_D 为 D 处切线与水平线的夹角,在左半拱内为正,在右半拱内为负,则:

$$V_D = V_D^0 \cos\varphi_D - H\sin\varphi_D$$
$$M_D = M_D^0 - Hy_D$$
$$N_D = V_D^0 \sin\varphi_D + H\cos\varphi_D$$

式中 M_D^0、V_D^0 为代梁 D 截面的弯矩、剪力。

三铰拱的合理拱轴,指在某种固定荷载作用下,拱的所有截面的弯矩为零的轴线。

5. 静定结构的特性

静定结构的特性:

(1) 满足静力平衡条件的静定结构的反力和内力只有唯一解。

(2) 温度改变、支座位移、构件制造误差、材料收缩等因素,在静定结构中均不引起反力和内力。

(3) 平衡力系作用在静定结构的某一内部几何不变部分时,只在该几何不变部分产生反力和内力,在其余部分都不产生反力和内力。

(4) 静定结构的某一内部几何不变部分上的荷载作等效变换时,只有该部分的内力产生变化,而其余部分的反力和内力均保持不变。若某一个内部几何不变部分作构造上的局部改变时,也只有该部分的内力发生变化,而其余部分的反力和内力均保持不变。

三、解题指导

本节重点内容中对静力结构的反力、内力计算已进行了系统归纳,如何运用,见下面例题和应试题解。

【例11-2-1】 如图11-2-4所示组合结构，CF杆的轴力 N_{CF} 之值为（ ）。

A. $-\dfrac{\sqrt{2}qa}{4}$ B. $\dfrac{7\sqrt{2}qa}{4}$ C. $\dfrac{5qa}{4}$ D. $4\sqrt{2}qa$

【解】 求支座 A 反力：$\Sigma M_B = 0$，则 $Y_A = \dfrac{q \cdot 3a \cdot \frac{3a}{2} - qa \cdot a}{2a} = \dfrac{7}{4}qa$

过 DC、FC 杆取截面，取左部分为研究对象：
$$\Sigma Y = 0$$
$$N_{FC}\cos 45° = \dfrac{7}{4}qa \quad 则 \ N_{FC} = \dfrac{7\sqrt{2}qa}{4}$$

所以应选 B 项。

【例11-2-2】 图11-2-5所示桁架结构，1杆的轴力为（ ）。
A. 拉力 B. 压力 C. 零 D. 无法判断

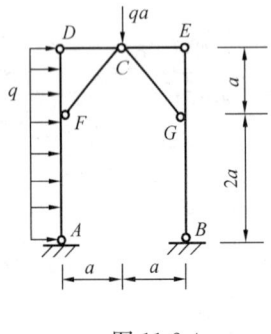

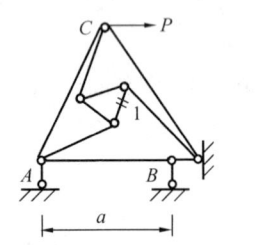

图11-2-4   图11-2-5

【解】 图中外部三铰 ABC 为基本结构，内部三铰为其附属部分，故作用在基本结构上的力不会在附属部分中产生内力，所以应选 C 项。

四、应试题解

1. 图11-2-6所示桁架中，FH 杆的轴力 N_{FH} 之值为（ ）。

A. $-\dfrac{3\sqrt{2}P}{4}$ B. $\dfrac{3\sqrt{2}P}{2}$ C. $-\dfrac{5\sqrt{2}P}{4}$ D. $-\dfrac{\sqrt{2}P}{8}$

2. 图11-2-7所示刚架，CH 杆 H 截面的弯矩 M_{HC} 之值为（ ）。

A. $3qa^2$（右边受拉）
B. $2qa^2$（右边受拉）
C. $1.5qa^2$（左边受拉）
D. $5qa^2$（左边受拉）

3. 图11-2-8所示刚架，M_{AC} 之值为（ ）。

A. 2kN·m（右边受拉）
B. 2kN·m（左边受拉）

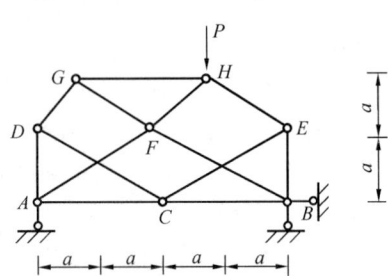

图11-2-6

C. 4kN·m（右边受拉） D. 4kN·m（左边受拉）

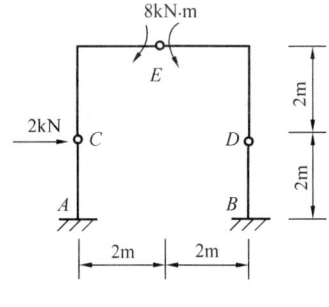

图 11-2-7　　　　　　　　　　　图 11-2-8

4. 图 11-2-9 所示结构，M_{AC} 和 M_{BD} 之值分别为（　　）。

A. $M_{AC}=Ph$（左边受拉），$M_{BD}=Ph$（左边受拉）

B. $M_{AC}=Ph$（左边受拉），$M_{BD}=0$

C. $M_{AC}=0$，$M_{BD}=Ph$（左边受拉）

D. $M_{AC}=Ph$（左边受拉），$M_{BD}=\dfrac{2Ph}{3}$（左边受拉）

5. 图 11-2-10 所示桁架，1 杆的内力为（　　）。

A. $-1.732P$（压力）　　　　　B. $1.732P$（拉力）

C. $-2.732P$（压力）　　　　　D. $-2.0P$（压力）

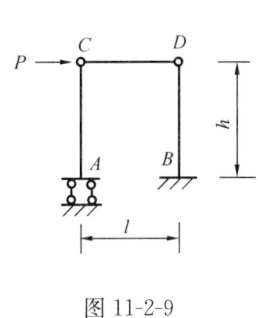 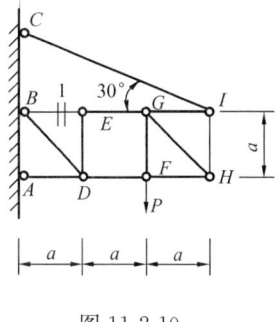

图 11-2-9　　　　　　　　　　　图 11-2-10

6. 图 11-2-11 所示刚架，截面 D 处的弯矩之值为（　　）。

A. 0　　　　　　　　　　　　B. $\dfrac{Fl}{8}$（左边受拉）

C. $\dfrac{Fl}{4}$（右边受拉）　　　　D. $\dfrac{Fl}{8}$（右边受拉）

7. 图 11-2-12 所示结构，当改变 B 点链杆的方向（不通过 A 铰）时，对该梁内力的影响是（　　）。

A. 弯矩有变化　　　　　　　　B. 剪力有变化

C. 轴力有变化　　　　　　　　D. 所有内力没有变化

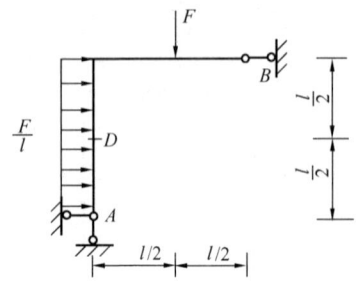
图 11-2-11

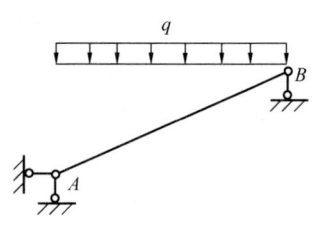
图 11-2-12

8. 图 11-2-13 所示结构，下列结论正确的是（　　）。

A. $M_{CD}=0$，$N_{CD}\neq 0$ 　　　　B. $M_{CD}\neq 0$，外侧受拉

C. $M_{CD}=0$，$N_{CD}=0$ 　　　　D. $M_{CD}\neq 0$，内侧受拉

9. 图 11-2-14 所示结构，1 杆的轴力大小为（　　）。

A. 0 　　　　B. $-\dfrac{qa}{2}$ 　　　　C. $-qa$ 　　　　D. $-2qa$

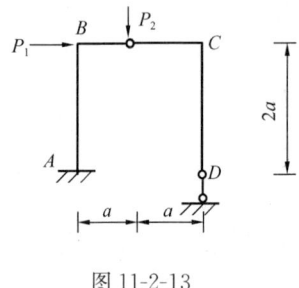
图 11-2-13

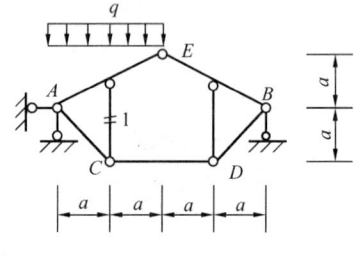
图 11-2-14

10. 图 11-2-15 所示组合结构中，A 点右截面的内力（绝对值）为（　　）。

A. $M_A=Pa$，$V_A=\dfrac{P}{2}$，$N_A\neq 0$ 　　　　B. $M_A=\dfrac{Pa}{2}$，$V_A=\dfrac{P}{2}$，$N_A=0$

C. $M_A=Pa$，$V_A=\dfrac{P}{2}$，$N_A=0$ 　　　　D. $M_A=\dfrac{Pa}{2}$，$V_A=\dfrac{P}{2}$，$N_A\neq 0$

11. 图 11-2-16 所示组合结构中，B 点右截面的剪力值为（　　）。

A. $\dfrac{qa}{4}$ 　　　　B. $\dfrac{qa}{2}$ 　　　　C. qa 　　　　D. $\dfrac{3qa}{2}$

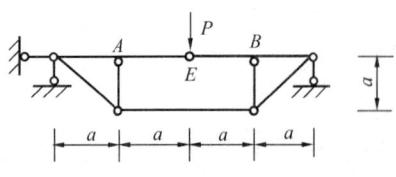
图 11-2-15

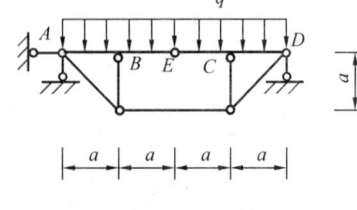
图 11-2-16

12. 图 11-2-17 所示组合结构，1 杆的轴力为（　　）。

A. P　　　　B. $2P$　　　　C. 0　　　　D. $3P$

13. 图11-2-18所示桁架，1杆的轴力为（　　）。

A. $-\dfrac{P}{2}$　　　B. P　　　C. $\dfrac{P}{2}$　　　D. $2P$

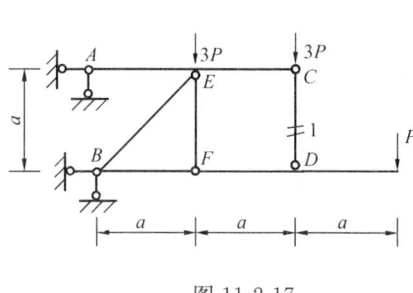

图11-2-17

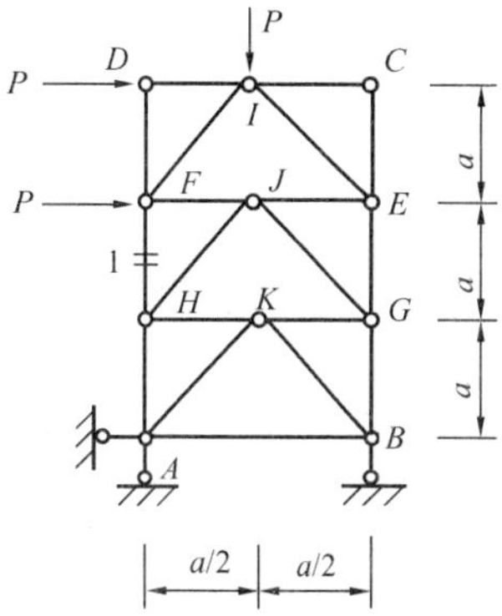

图11-2-18

14. 图11-2-19所示桁架，1杆的轴力为（　　）。

A. $-\dfrac{P}{2}$　　　B. $-P$　　　C. $-\dfrac{3P}{2}$　　　D. $-2P$

15. 图11-2-20所示桁架，1杆和2杆的内力为（　　）。

A. N_1、N_2均为压杆　　　　　　B. $N_1 = -N_2$
C. N_1、N_2均为拉杆　　　　　　D. $N_1 = 0$，$N_2 = 0$

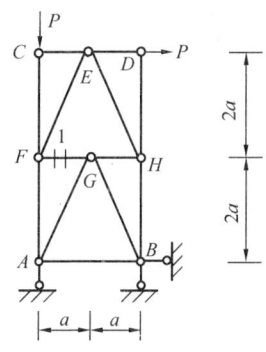

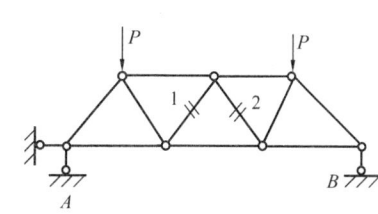

图11-2-19

图11-2-20

16. 图11-2-21所示组合结构，CF轴的轴力N_{CF}之值为（　　）。

A. $\dfrac{\sqrt{2}P}{2}$　　　B. P　　　C. $\sqrt{2}P$　　　D. $2P$

17. 图11-2-22所示结构，1杆的轴力为（　　）。

A. 0　　　　B. $2F$　　　　C. $3F$　　　　D. $4F$

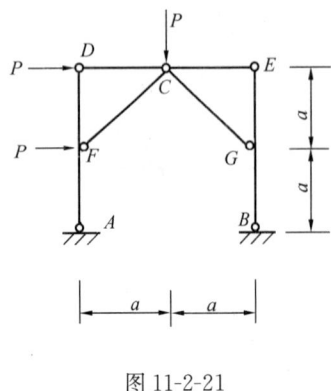

图 11-2-21

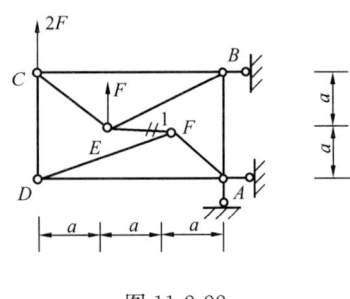

图 11-2-22

18. 图 11-2-23 所示桁架，1 杆的轴力为（　　）。

A. $-\dfrac{\sqrt{3}P}{2}$　　　B. $-\dfrac{P}{2}$　　　C. $-\dfrac{\sqrt{5}}{2}P$　　　D. $-\sqrt{3}P$

19. 图 11-2-24 所示桁架，1 杆的轴力为（　　）。

A. $\dfrac{P}{3}$　　　B. $\dfrac{2P}{3}$　　　C. $\dfrac{P}{2}$　　　D. P

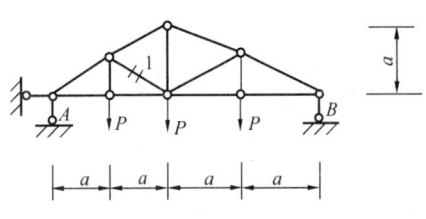

图 11-2-23

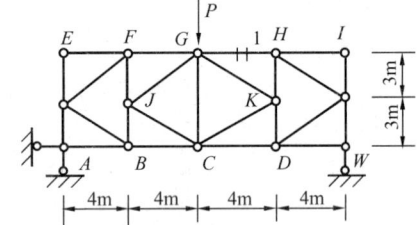

图 11-2-24

20. 图 11-2-25 所示桁架，1 杆的轴力为（　　）。

A. $\dfrac{\sqrt{2}}{2}P$　　　B. $\sqrt{2}P$　　　C. $\dfrac{P}{2}$　　　D. P

21. 图 11-2-26 所示桁架，1 杆的轴力为（　　）。

A. $-P$　　　B. $-\dfrac{P}{2}$　　　C. $\dfrac{P}{4}$　　　D. $\dfrac{P}{2}$

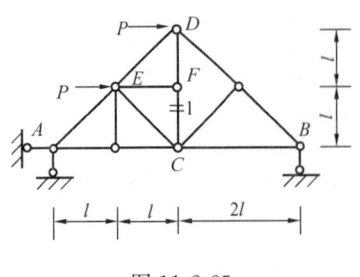

图 11-2-25

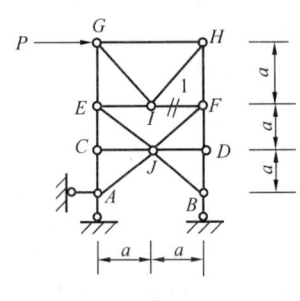

图 11-2-26

22. 图 11-2-27 所示桁架，1 杆的轴力为（　　）。

A. $\dfrac{P}{2}$ B. $-\dfrac{P}{2}$ C. $\sqrt{2}P$ D. P

23. 在给定荷载作用下，具有合理拱轴的静定拱，其截面内力为（　　）。

A. $M=0$，$V\neq 0$，$N=0$ B. $M\neq 0$，$V=0$，$N\neq 0$
C. $M=0$，$V=0$，$N\neq 0$ D. $M\neq 0$，$V\neq 0$，$N\neq 0$

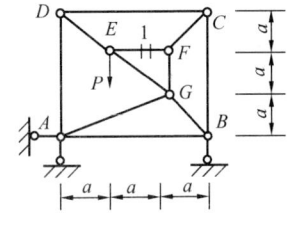

图 11-2-27

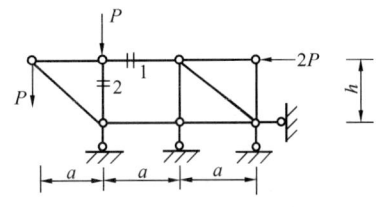

图 11-2-28

24. 图 11-2-28 所示桁架，当仅增大桁架高度，其他条件不变，杆 1 和杆 2 的内力变化为（　　）。

A. N_1、N_2 均减小 B. N_1、N_2 均不变
C. N_1 减小，N_2 不变 D. N_1 增大，N_2 不变

第三节　静定结构位移计算

一、《考试大纲》的规定

广义力与广义位移、虚功原理、单位荷载法、荷载下静定结构的位移计算、图乘法、支座位移和温度变化引起的位移、互等定律及其应用。

二、重点内容

1. 变形体的虚功原理

广义力，指以各种不同方式作用在结构上的力。如集中力、集中力偶、分布力等。

广义位移，指能惟一地决定结构几何位置改变的彼此独立的量，如线位移、角位移、相对线位移、相对角位移。

虚功原理：变形体处于平衡的必要和充分条件是：在满足体系变形协调和位移边界条件的任意微小虚位移过程中，变形体系上所有外力所做虚功的总和（$W_{外}$）等于变形体中各微段截面上的内力在其变形上所做虚功的总和（$W_{变}$），即：

$$W_{外}=W_{变}$$

或

$$\Sigma P\Delta+\Sigma RC=\Sigma\int N\mathrm{d}u+\Sigma\int M\mathrm{d}\theta+\Sigma\int V\mathrm{d}\eta$$

式中 P 为做虚功的广义力；Δ 为与 P 相应的广义位移；C 为支座的线位移或角位移；R 是与 C 相应的做虚功的支座反力或反力矩；M、N、V 分别表示虚功的平衡力系中微段上的弯矩、轴向力、剪力；$\mathrm{d}\theta$、$\mathrm{d}u$、$\mathrm{d}\eta$ 分别表示虚位移状态中同一微段的弯曲变形、轴向变形、平均剪切变形。

变形体的虚功原理适用于弹性、非弹性、线性、非线性等变形体的结构分析。

2. 单位荷载法求位移

单位荷载法，在结构拟求位移 Δ 处沿该位移方向施加相应的广义单位力 $P=1$，它与支座反力、内力构成一个虚拟的平衡力系，然后令此平衡力系在结构由荷载产生的实际位移和变形上做虚功，则由虚功方程得（结构无支座位移，设 $C=0$）：

$$1 \times \Delta_{ip} = \Sigma \int \overline{N}_i \mathrm{d}u_p + \Sigma \int \overline{M}_i \mathrm{d}\theta_p + \Sigma \int \overline{V}_i \mathrm{d}\eta_p$$

线弹性结构，上式变为：

$$\Delta_{ip} = \Sigma \int \frac{\overline{N}_i N_p}{EA} \mathrm{d}s + \Sigma \int \frac{\overline{M}_i M_p}{EI} \mathrm{d}s + \Sigma \int \frac{k \overline{V}_i V_p}{GA} \mathrm{d}s$$

当求解得到的 Δ_{ip} 为正时，表明 Δ_{ip} 的方向与所施加的单位力同向，否则为反向。

理想平面桁架公式：$\Delta_{ip} = \Sigma \dfrac{\overline{N}_i N_p}{EA}$

梁和刚架简化公式：$\Delta_{ip} = \Sigma \int \dfrac{\overline{M}_i M_p \mathrm{d}s}{EI}$

组合结构简化公式：$\Delta_{ip} = \Sigma \int \dfrac{\overline{M}_i M_p \mathrm{d}s}{EI} + \Sigma \dfrac{\overline{N}_i N_p l}{EA}$

上述式子中，N_p、M_p、V_p 为结构在实际荷载作用下产生的轴力、弯矩、剪力；k 为截面剪应力不均匀分布系数；$\overline{N}_i$、$\overline{M}_i$、$\overline{V}_i$ 为由虚设的广义单位力产生的轴力、弯矩、剪力；E、G 为材料的弹性模量、剪变模量。

3. 图乘法

当杆件为直杆，杆件的 EI 为常数，$\overline{M}_i$ 和 M_p 图中至少有一个是线性变化，则：

$$\Sigma \int \frac{\overline{M}_i M_p}{EI} \mathrm{d}s = \Sigma \frac{1}{EI} \omega y$$

式中 ω 为 $\overline{M}_i$ 或 M_p 图的面积；y 为与 ω 相应的弯矩图的形心位置 C 所对应的另一弯矩图的坐标值。

当 $\overline{M}_i$、M_p 使杆件同一侧受拉（或受压）时，图乘结果为正；否则为负。常用图形的面积计算及其形心位置，如图 11-3-1 所示。

4. 支座位移和温度变化引起的位移

（1）支座位移 C 引起的位移计算

$$\Delta_{ic} = -\Sigma \overline{R}_i C$$

式中 Δ_{ic} 为结构拟求位移处沿 i 方向由支座位移 C 引起的位移；C 为实际的支座位移；$\overline{R}_i$ 为与 C 相应的由虚拟状态的广义单位力产生的支座反力。

需注意的是，当 $\overline{R}_i$ 与 C 的方向一致时，其乘积为正；否则为负。

（2）温度变化引起的位移计算

$$\Delta_{it} = \Sigma \int \alpha t_0 \overline{N}_i \mathrm{d}s + \Sigma \int \frac{\alpha \Delta t}{h} \overline{M}_i \mathrm{d}s$$

如果 α、t_0、Δt、h 沿杆长不变，则上式变为：

$$\Delta_{it} = \Sigma \alpha t_0 \int \overline{N}_i \mathrm{d}s + \Sigma \frac{\alpha \Delta t}{h} \int \overline{M}_i \mathrm{d}s$$

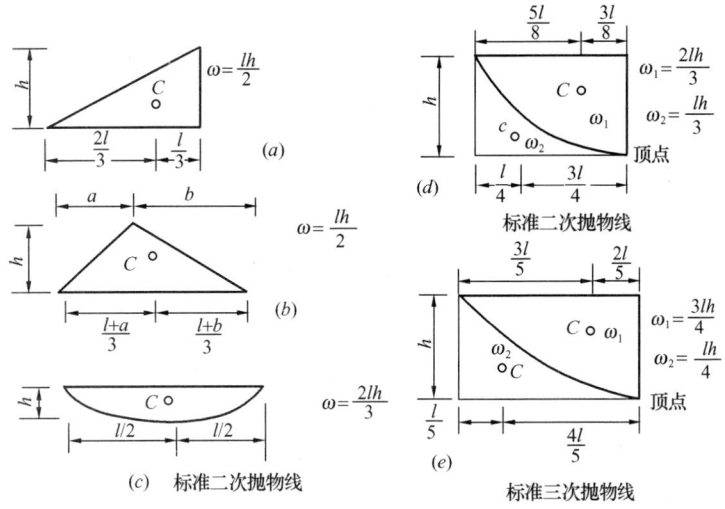

图 11-3-1

$$= \Sigma \alpha t_0 \omega_{\overline{N}_i} + \Sigma \frac{\alpha \Delta t}{h} \omega_{\overline{M}_i}$$

对于静定桁架,由温度变化引起的结点位移为:

$$\Delta_{it} = \Sigma \int \alpha t_0 \overline{N}_i \mathrm{d}s = \Sigma \alpha t_0 \overline{N}_i l$$

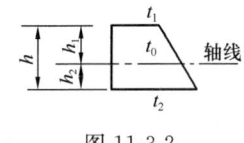

图 11-3-2

上述式子中,t_0 为杆件轴线处的温度改变值,$t_0 = \frac{h_1 t_2 + h_2 t_1}{h}$,如图 11-3-2 所示;$\Delta t$ 为杆件两侧表面温度变化差的绝对值,$\Delta t = |t_2 - t_1|$;Δ_{it} 为结构的拟求位移处沿 i 方向由温度变化引起的位移;$\omega_{\overline{N}_i}$、$\omega_{\overline{M}_i}$ 分别为杆件 $\overline{N}_i$ 图、$\overline{M}_i$ 图的面积。

需注意的是:①当 $\overline{N}_i$ 及 t_0 引起的杆件轴力变形方向相同时,其乘积为正,否则为负;②当 $\overline{M}_i$ 及温度变化引起的杆件弯曲方向一致时,其乘积为正,否则为负;③当杆件截面为对称截面,轴线在中轴线时,$t_0 = \frac{t_1 + t_2}{2}$。

5. 互等定理

互等定理适用于线性弹性体系,见表 11-3-1。

线性弹性体系的互等定理　　　　　表 11-3-1

虚功互等定理	$T_{12}=T_{21}$	任一线性弹性体系中,第一状态的外力在第二状态的位移上所作的虚功 T_{12} 等于第二状态的外力在第一状态的位移上所做的虚功 T_{21}
位移互等定理	$\delta_{12}=\delta_{21}$ (图 11-3-3)	同一线性弹性体系由单位荷载 $P_1=1$ 所引起的与荷载 P_2 相应的位移 δ_{21} 等于由单位荷载 $P_2=1$ 所引起的与荷载 P_1 相应的位移 δ_{12}
反力互等定理	$r_{12}=r_{21}$ (图 11-3-4)	同一线性弹性体系由单位位移 $c_1=1$ 所引起的与位移 c_2 相应的反力 r_{21} 等于由单位位移 $c_2=1$ 所引起的与位移 c_1 相应的反力 r_{12}
位移与反力互等定理	$\delta'_{12}=-r'_{21}$ (图 11-3-5)	同一线性弹性体系由单位荷载 $P_1=1$ 所引起的与位移 c_2 相应的反力 r'_{21} 在绝对值上等于由单位位移 $c_2=1$ 所引起的与荷载 P_1 相应的位移 δ'_{12}

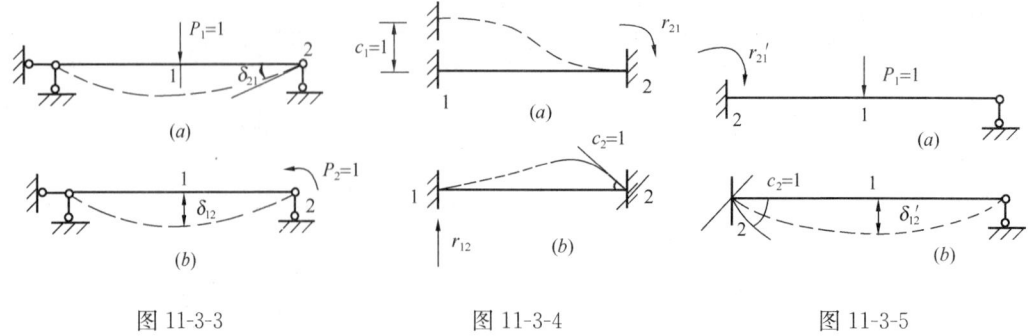

图 11-3-3　　　　　　　图 11-3-4　　　　　　　图 11-3-5

三、解题指导

本节重点内容已归纳出解题时应注意的事项，此外还应注意：

（1）单位荷载法中单位力的建立
- 若拟求竖向线位移，可在拟求位移处的竖向施加单位集中力；
- 若拟求角位移，可在拟求位移处施加单位集中力偶；
- 若拟求两点之间的相对水平位移，可在此两点施加一对大小相等方向相反的水平单位集中力；
- 若拟求桁架中某杆的转角（杆长为 l），可在此杆两端垂直于杆轴方向各施加方向相反、数值为 $1/l$ 的集中力。

（2）图乘法中灵活运用叠加原理

如图 11-3-6 所示两个图形进行图乘时，可将其中一个，如图 a 分解为矩形与三角形，然后分别与下面的图形进行图乘。

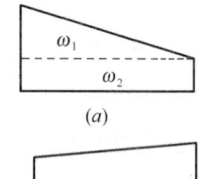

图 11-3-6

【例 11-3-1】（对称性的灵活运用）图 11-3-7 所示结构 C 截面的相对转角（顺时针为正）为（　　）。

A. $\dfrac{4M_0 a}{EI}$　　　　　　B. $\dfrac{2M_0 a}{EI}$

C. $\dfrac{8M_0 a}{EI}$　　　　　　D. 0

【解】　结构对过铰 45°方向的轴线对称，作用反对称荷载，故构件的位移是反对称的，所以转角为零，故应选 D 项。

【例 11-3-2】　图 11-3-8 所示桁架的支座 B 向下移动了 C，则 BD 杆的角位移 θ_{BD} 之值为（　　）。

A. $\dfrac{C}{4a}(\downarrow)$　　　　　　B. $\dfrac{\sqrt{2}C}{4a}(\downarrow)$

C. $\dfrac{C}{4a}(\uparrow)$　　　　　　D. $\dfrac{\sqrt{2}C}{4a}(\uparrow)$

【解】　在 D、B 点加集中力 P 如图所示方向，$P=\dfrac{1}{\sqrt{2}a}$；又因外部为一个力偶，故支座 A、B 反力形成一个力偶，则：

$$R_A = -R_B = \dfrac{1}{4a}\ (R_B \text{ 方向向上})$$

$$\theta_{BD} = -\Sigma \overline{R}_i \cdot C = -\frac{1}{4a} \cdot (-C) = \frac{C}{4a}(\downarrow)$$

所以应选 A 项。

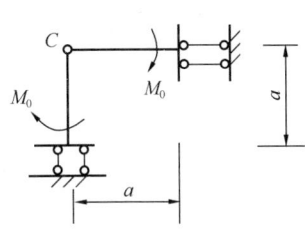

图 11-3-7

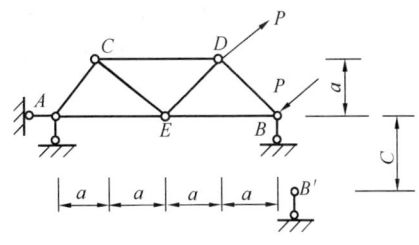

图 11-3-8

四、应试题解

1. 图 11-3-9 所示结构 AB 杆件 A 截面的转角 θ_A 之值为（　　）。

A. $\dfrac{qa^3}{2EI}(\uparrow)$　　B. $\dfrac{2qa^3}{EI}(\downarrow)$　　C. $\dfrac{1.5qa^3}{EI}(\uparrow)$　　D. $\dfrac{4qa^3}{EI}(\downarrow)$

2. 图 11-3-10 所示支座 A 产生图中所求的位移，由此引起的结点 E 的水平位移 Δ_{EH} 之值为（　　）。

A. $l\theta - a$，方向水平向右　　　　B. $3l\theta + a$，方向水平向右

C. $l\theta + a$，方向水平向左　　　　D. $l\theta - 2b$，方向水平向左

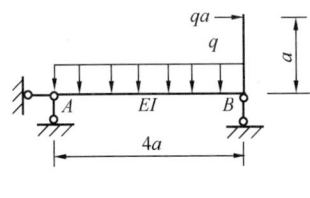

图 11-3-9

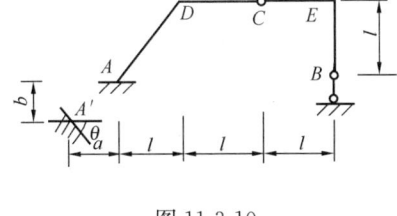

图 11-3-10

3. 图 11-3-11 所示等截面刚架，矩形截面高 $h = \dfrac{l}{10}$，材料的线膨胀系数为 α，在图示温度变化下 C 点的竖向位移 Δ_{CV} 之值为（　　）。

A. $80.5\alpha l(\uparrow)$　　B. $70\alpha l(\downarrow)$　　C. $68\alpha l(\uparrow)$　　D. $72\alpha l(\downarrow)$

4. 图 11-3-12 所示刚架，EI 为常数，A 点竖向位移 Δ_{AV} 之值为（　　）。

A. $\dfrac{8Fl^3}{3EI}(\downarrow)$　　B. $\dfrac{4Fl^3}{3EI}(\downarrow)$　　C. $\dfrac{16Fl^3}{3EI}(\downarrow)$　　D. $\dfrac{2Fl^3}{3EI}(\downarrow)$

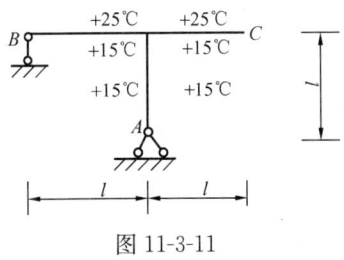

图 11-3-11

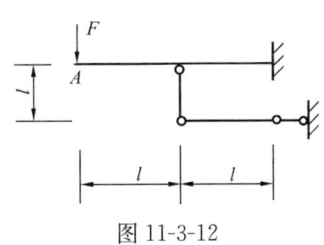

图 11-3-12

5. 图 11-3-13 所示结构，A 截面的转角为（　　）。

A. $\dfrac{10}{EI}$（↓）　　B. $\dfrac{20}{EI}$（↓）　　C. $\dfrac{40}{EI}$（↓）　　D. $\dfrac{40}{EI}$（↑）

6. 图 11-3-14 所示刚架，C 截面的转角为（　　）。

A. $\dfrac{Ml}{12EI}$（↑）　　B. $\dfrac{Ml}{6EI}$（↑）　　C. $\dfrac{Ml}{12EI}$（↓）　　D. $\dfrac{Ml}{6EI}$（↓）

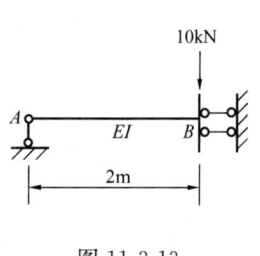
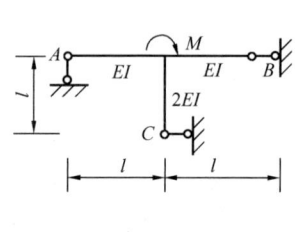
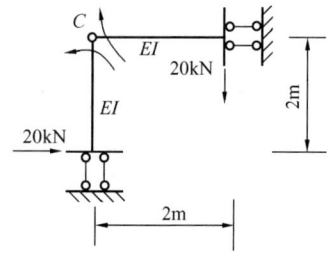

图 11-3-13　　　　　　　　图 11-3-14　　　　　　　　图 11-3-15

7. 图 11-3-15 所示结构铰 C 两侧截面的相对转角，正向如图示方向，其值为（　　）。

A. $\dfrac{20}{EI}$　　B. $\dfrac{40}{EI}$　　C. $\dfrac{80}{EI}$　　D. $-\dfrac{40}{EI}$

8. 图 11-3-16 所示结构 A 点的竖向位移 Δ_{AV} 之值为（　　）。

A. $\dfrac{18qa^4}{EI}+\dfrac{625qa^2}{EA}$　　　　B. $\dfrac{22qa^4}{3EI}+\dfrac{625qa^2}{EA}$

C. $\dfrac{18qa^4}{EI}+\dfrac{625qa^2}{12EA}$　　　　D. $\dfrac{22qa^4}{3EI}+\dfrac{625qa^2}{12EA}$

9. 图 11-3-17 所示结构 A、B 两点的相对水平位移（以离开为正）为（　　）。

A. $-\dfrac{2qa^4}{3EI}$　　B. $-\dfrac{qa^4}{6EI}$　　C. $-\dfrac{qa^4}{3EI}$　　D. $-\dfrac{qa^4}{EI}$

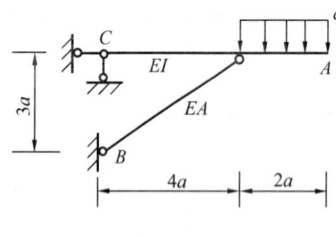
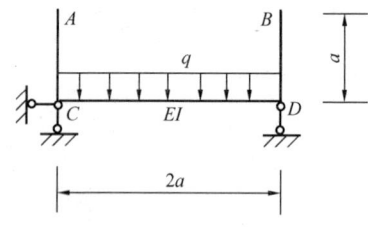

图 11-3-16　　　　　　　　　　　　　　图 11-3-17

10. 图 11-3-18 所示刚梁 C 点的竖向位移 Δ_{CV} 之值为（　　）。

A. $\dfrac{5Pl^3}{24EI}$（↓）　　B. $\dfrac{7Pl^3}{24EI}$（↓）　　C. $\dfrac{5Pl^3}{48EI}$（↓）　　D. $\dfrac{7Pl^3}{48EI}$（↓）

11. 图 11-3-19 所示刚架 A 点的水平位移 Δ_{AH} 之值为（　　）。

A. $\dfrac{M_0a^2}{6EI}$（←）　　B. $\dfrac{2M_0a^2}{3EI}$（→）　　C. $\dfrac{2M_0a^2}{3EI}$（←）　　D. $\dfrac{M_0a^2}{3EI}$（→）

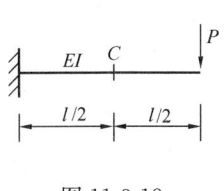
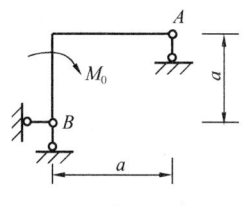

图 11-3-18　　　　　　　　　　　　　图 11-3-19

12. 图 11-3-20 所示刚架，结点 B 的水平位移 Δ_{BH} 之值为（　　）。

A. $\dfrac{3ql^4}{16EI}(\rightarrow)$　　B. $\dfrac{3ql^4}{8EI}(\rightarrow)$　　C. $\dfrac{5ql^4}{16EI}(\rightarrow)$　　D. $\dfrac{5ql^4}{8EI}(\rightarrow)$

13. 图 11-3-21 所示桁架，材料的线膨胀系数为 α，当 AC、BC 杆件温度升高 10℃时，结点 C 的竖向位移为（　　）。

A. $20\alpha a$（↓）　　B. $30\alpha a$（↓）　　C. $40\alpha a$（↓）　　D. $60\alpha a$（↓）

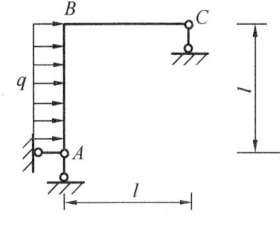
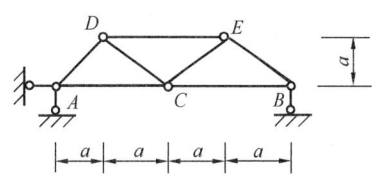

图 11-3-20　　　　　　　　　　　　　图 11-3-21

14. 图 11-3-22 所示变截面梁，A 截面转角为（　　）。

A. $\dfrac{3Pa^2}{4EI}$（↓）　　B. $\dfrac{5Pa^2}{4EI}$（↓）　　C. $\dfrac{3Pa^2}{8EI}$（↓）　　D. $\dfrac{5Pa^2}{8EI}$（↓）

15. 图 11-3-23 所示桁架，C 点的竖向位移 Δ_{CV} 之值为（　　）。

A. $\dfrac{2\sqrt{2}Pa}{EA}$（↓）　　B. $\dfrac{2Pa}{EA}$（↓）　　C. $\dfrac{2\sqrt{2}Pa}{EA}$（↑）　　D. 0

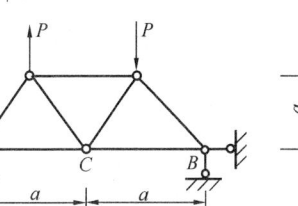

图 11-3-22　　　　　　　　　　　　　图 11-3-23

16. 图 11-3-24 所示结构，A、B 两点的相对竖向位移 Δ_{AB} 之值为（　　）。

A. $\dfrac{qa^4}{12EI}$　　B. $\dfrac{qa^4}{24EI}$　　C. 0　　D. $\dfrac{qa^4}{48EI}$

17. 图 11-3-25 所示结构 C 截面的相对转角（顺时针为正）为（　　）。

A. $\dfrac{4M_0 a}{EI}$　　B. $\dfrac{2M_0 a}{EI}$　　C. $\dfrac{8M_0 a}{EI}$　　D. 0

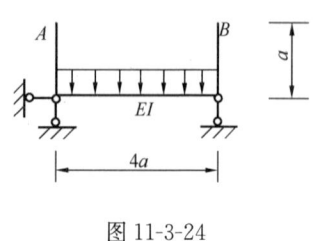

图 11-3-24

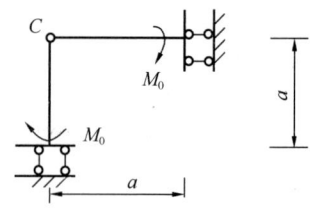

图 11-3-25

18. 图 11-3-26 所示结构两个状态中的反力互等 $r_{12}=r_{21}$,r_{12}、r_{21} 的量纲为（　　）。

A. 力　　　　　B. 力/长度　　　　C. 无量纲　　　　D. A、B、C 均不对

19. 功的互等定理的适用条件是（　　）。

A. 适用于任意变形结构

B. 适用于任意线弹性结构

C. 仅适用于线弹性静定结构

D. 上述 A、B、C 均不对

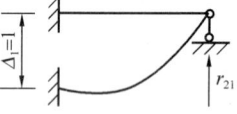
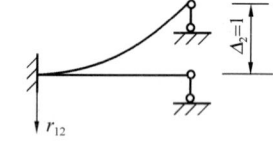

图 11-3-26

20. 位移互等及反力互等定理适用于（　　）。

A. 任意变形体　　　　　　　　B. 线性弹性结构

C. 刚体　　　　　　　　　　　D. 非线性结构

21. 变形体虚功原理的虚功方程中包含了力系与位移及变形，下列说法正确的是（　　）。

A. 力系必须是虚拟的，位移是实际的

B. 位移必须是虚拟的，力系是实际的

C. 力系与位移都必须是虚拟的

D. 力系与位移两者都是实际的

22. 图 11-3-27 所示桁架的四根下弦杆制造时比设计长度均缩短了 2cm，则桁架在拼装后结点 D 的竖向位移 Δ_{PV} 之值为（　　）。

A. 2cm（↑）　　B. 4cm（↑）　　C. 6cm（↑）　　D. 8cm（↑）

23. 图 11-3-28 所示桁架的支座 B 向下移动了 c，则 BD 杆的角位移 θ_{BD} 之值为（　　）。

A. $\dfrac{c}{4a}$（↓）　　B. $\dfrac{\sqrt{2}c}{4a}$（↓）　　C. $\dfrac{c}{4a}$（↑）　　D. $\dfrac{\sqrt{2}c}{4a}$（↑）

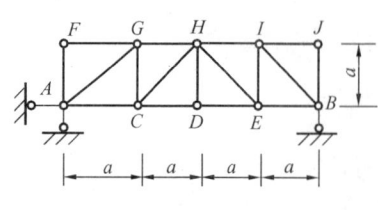

图 11-3-27

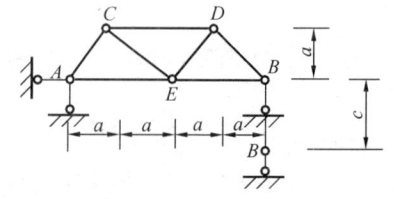

图 11-3-28

24. 图 11-3-29 所示桁架的支座 A 向左移动了 b，向下移动了 c，则 DB 杆的角位移 θ_{BD} 之值为（　　）。

A. $\dfrac{c+b}{4a}(\downarrow)$ B. $\dfrac{c}{4a}(\uparrow)$ C. $\dfrac{c+\sqrt{2}b}{4a}(\downarrow)$ D. $\dfrac{c-\sqrt{2}b}{4a}(\uparrow)$

25. 图 11-3-30 所示三铰刚架，支座 B 向右移动 Δ_1，向下滑动 Δ_2，则结点 D 的转角 θ_D 为（　　）。

A. $\dfrac{\Delta_2+\Delta_1}{2a}(\downarrow)$ B. $\dfrac{\Delta_2+\Delta_1}{a}(\downarrow)$ C. $\dfrac{2\Delta_2+\Delta_1}{2a}(\downarrow)$ D. $\dfrac{2\Delta_2+\Delta_1}{a}(\downarrow)$

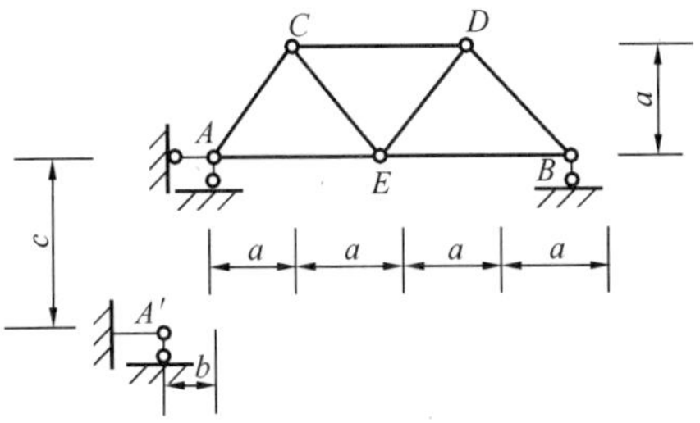

图 11-3-29 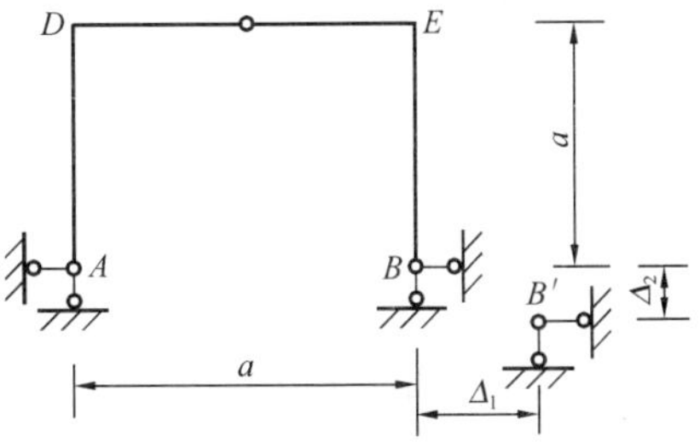　　　　　　　　　　　　图 11-3-30

第四节　超静定结构（力法）

一、《考试大纲》的规定

超静定次数、力法基本体系、力法方程及其意义；

超静定结构位移。

二、重点内容

1. 超静定结构的超静定次数

结构的超静定次数，指结构的多余约束或用静力平衡条件计算全部未知反力和内力时所缺少的方程数。通常采用去除多余约束的方法来确定结构的超静定次数：

（1）切断一根两端铰接的直杆（或支座链杆），相当于去除一个约束；

（2）切断一根两端刚接的杆件，相当于去除三个约束；

（3）切断一个单铰（或支座固定铰），相当于去除两个约束；切断一个复铰（连接 n 个杆件的铰），相当于去除 $2(n-1)$ 个约束；

（4）单刚结点改变为单铰结点，相当于去除一个约束；将连接 n 个杆件的复刚结点改为复铰结点，相当于去除 $n-1$ 个约束。

需注意的是，不管采用哪种方法去除多余约束，结构的超静定次数是确定唯一的，即超静定次数是相同的。

2. 力法的基本原理

力法基本结构，指去除多余约束后的结构，为静定结构。力法基本体系，指力法基本结构在各多余未知力、外荷载（有时包括温度变化、支座位移等）共同作用下的体系。

n 次超静定结构的力法典型方程为：

$$\delta_{11}X_1 + \delta_{12}X_2 + \cdots + \delta_{1n}X_n + \Delta_{1p} + \Delta_{1t} + \Delta_{1c} = \Delta_1$$
$$\delta_{21}X_1 + \delta_{22}X_2 + \cdots + \delta_{2n}X_n + \Delta_{2p} + \Delta_{2t} + \Delta_{2c} = \Delta_2$$
$$\cdots\cdots$$
$$\delta_{n1}X_1 + \delta_{n2}X_2 + \cdots + \delta_{3n}X_n + \Delta_{np} + \Delta_{nt} + \Delta_{nc} = \Delta_n$$

式中 X_i 为多余未知力（$i=1, 2, \cdots, n$）；δ_{ij} 为基本结构仅由 $X_j = 1(j=1,2,\cdots,n)$ 产生的沿 X_i 方向的位移，为基本结构的柔度系数；Δ_{ip}、Δ_{it}、Δ_{ic} 分别为基本结构仅由荷载、温度变化、支座位移产生的沿 X_i 方向的位移，为力法典型方程的自由项；Δ_i 为原超静定结构在荷载、温度变化、支座位移作用下的已知位移。

在力法典型方程中，第一个方程表示：基本结构在 n 个多余未知力、荷载、温度变化、支座位移等共同作用下，在多余未知力 X_1 作用点沿 X_1 作用方向产生的位移，等于原超定结构的已知相应位移 Δ_1。其余各式的意义可按此类推。可见，力法典型方程也可称为变形协调方程。

同一超静定结构，可以选取不同的基本体系，其相应的力法典型方程的表达式也就不同。但不管选取哪种基本体系，求得的最后内力应是相同的。

（1）系数和自由项的计算

力法典型方程中的系数 δ_{ii} 称为主系数，恒为正值；系数 $\delta_{ij}(i \neq j)$ 称为副系数，可为正值、负值，或零，并且 $\delta_{ij} = \delta_{ji}$；各自由项 Δ_{ip}、Δ_{it}、Δ_{ic} 可为正值、负值或零。

上述系数、自由项都是力法基本结构（为静定结构）仅由单位力、荷载、温度变化、支座位移产生的位移，故按其定义，用相应的位移计算公式计算。当采用图乘法时，则为自身图乘。

（2）超静定结构的内力

求出各多余未知力 X_i 后，将 X_i 和原荷载作用在基本结构上，再根据求作静定结构内力图的方法，作出基本结构的内力图即为超静定结构的内力图，或采用如下叠加法，计算结构的最后内力：

$$M = \overline{M}_1 X_1 + \overline{M}_2 X_2 + \cdots + \overline{M}_n X_n + M_p$$
$$V = \overline{V}_1 X_1 + \overline{V}_2 X_2 + \cdots + \overline{V}_n X_n + V_p$$
$$N = \overline{N}_1 X_1 + \overline{N}_2 X_2 + \cdots + \overline{N}_n X_n + N_p$$

式中 $\overline{M}_i$、$\overline{V}_i$、$\overline{N}_i$ 分别为 $X_i = 1$ 引起的基本结构的弯矩、剪力、轴力（$i = 1,2,\cdots,n$）；M_p、V_p、N_p 分别为荷载引起的基本结构的弯矩、剪力、轴力。

（3）超静定结构的位移计算

超静定结构的位移计算仍应用虚功原理和单位荷载法，并结合图乘法进行。为简化计算，其虚设状态（即单位力状态）可采用原超静定结构的任意一个力法基本结构（为静定结构）。

荷载作用引起的位移计算公式：

$$\Delta_{ip} = \Sigma \int \frac{\overline{M}_i M \mathrm{d}s}{EI} + \Sigma \int \frac{\overline{N}_i N \mathrm{d}s}{EA} + \Sigma \int \frac{k \overline{V}_i V \mathrm{d}s}{GA}$$

温度变化引起的位移计算公式：

$$\Delta_{it} = \Sigma \int \frac{\overline{M}_i M_t \mathrm{d}s}{EI} + \Sigma \int \frac{\overline{N}_i N_t \mathrm{d}s}{EA} + \Sigma \int \frac{k \overline{V}_i V_t \mathrm{d}s}{GA} +$$

$$\Sigma \int \frac{\alpha \Delta t}{h} \overline{M}_i \mathrm{d}s + \Sigma \int \alpha t_0 \overline{N}_i \mathrm{d}s$$

支座位移引起的位移计算公式：

$$\Delta_{ic} = \Sigma \int \frac{\overline{M}_i M_c \mathrm{d}s}{EI} + \Sigma \int \frac{\overline{N}_i N_c \mathrm{d}s}{EA} + \Sigma \int \frac{k \overline{V}_i V_c \mathrm{d}s}{GA} - \Sigma \overline{R}_i C$$

式中 $\overline{M}_i$、$\overline{N}_i$、$\overline{V}_i$ 和 $\overline{R}_i$ 为虚拟状态（原超静定结构的力法基本结构）的弯矩、轴力、剪力和支座反力；M、N、V、M_t、N_t、V_t、M_c、N_c、V_c 分别为原超静定结构在荷载、温度变化、支座位移作用下产生的弯矩、轴力、剪力。

在符合一定的条件下，上述超静定结构的位移计算可采用简化计算。

（4）超静定结构内力图的校核

超静定结构的内力图必须同时满足静力平衡条件和原超静定结构的变形条件。

三、解题指导

对本节重点内容应认真理解、掌握，同时，还应掌握对称性在超静定结构中的运用，具体见下一节内容。

【例 11-4-1】 图 11-4-1 所示结构，k 截面的弯矩为（　　）。

A. $\frac{ql^2}{20}$（左拉）　　B. $\frac{3ql^2}{20}$（左拉）　　C. $\frac{ql^2}{20}$（右拉）　　D. $\frac{3ql^2}{20}$（右拉）

【解】 取力法基本体系如图 11-4-2（a）所示，作出 $\overline{M}_1$、M_p 图，见图 11-4-2（a）、（b）。

$$\delta_{11} = \frac{5l^3}{3EI}$$

$$\Delta_{1p} = \frac{1}{EI} \cdot \frac{2}{3} \cdot \frac{ql^2}{8} \cdot l \cdot l = \frac{ql^4}{12EI}$$

$$\delta_{11} X_1 + \Delta_{1p} = 0$$

δ_{11}、Δ_{1p} 代入上式，解之得：$X_1 = -\frac{ql}{20}$（方向向右）

$$M_k = \frac{ql^2}{20}（左侧受拉）$$

所以应选 A 项。

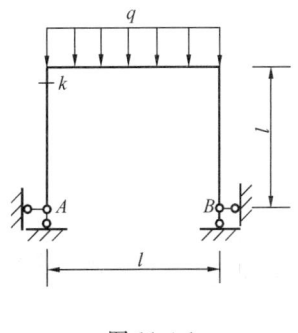

图 11-4-1

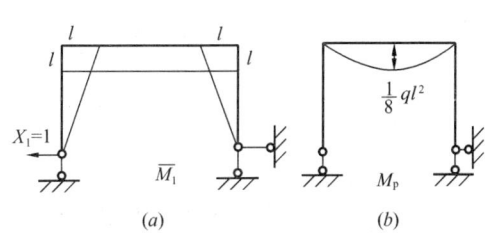

图 11-4-2

【例 11-4-2】 图 11-4-3 所示结构，E 为常数，在给定荷载作用下，若使支座 A 反力为零,则应使( )。

A. $I_2 = I_3$ B. $I_2 = 4I_3$ C. $I_2 = \frac{1}{2}I_3$ D. $I_2 = \frac{1}{4}I_3$

【解】 取力法基本体系如图 11-4-4（a）所示,作出 $\overline{M}_1$、M_p 图见图 11-4-4（a）、(b)。

$$\delta_{11}X_1 + \Delta_{1p} = 0$$

由条件 $X_1 = 0$,则 $\Delta_{1p} = 0$

$$\Delta_{1p} = \frac{1}{EI_2}\left(\frac{1}{3} \cdot \frac{1}{2}ql^2 \cdot l \cdot \frac{3}{4}l\right) + \frac{1}{EI_3}\left(\frac{1}{2} \cdot \frac{1}{2}ql^2 \cdot l \cdot l - \frac{1}{2} \cdot \frac{3}{2}ql^2 \cdot l \cdot l\right) = 0$$

解之得: $I_2 = \frac{1}{4}I_3$

所以应选 D 项。

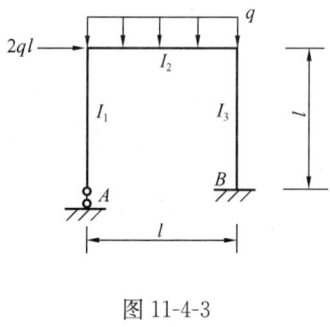

图 11-4-3

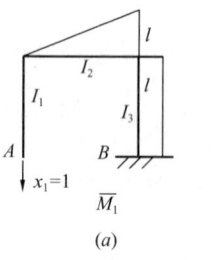
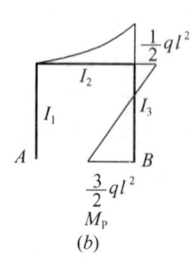

图 11-4-4

四、应试题解

1. 用力法求解图 11-4-5（a）所示结构,取图（b）所示力法基本体系,则力法典型方程 $\delta_{11}X_1 + \Delta_{1p} = 0$ 中的 Δ_{1p} 之值为( )。

A. $\frac{qa^3}{48EI}$ B. $-\frac{5qa^3}{16EI}$ C. $\frac{qa^3}{32EI}$ D. $-\frac{47qa^3}{48EI}$

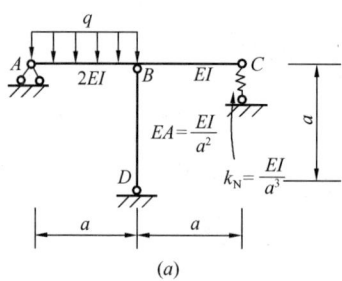
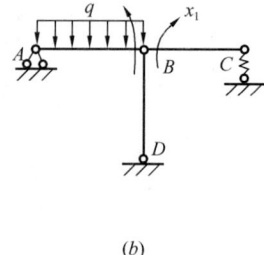

图 11-4-5

2. 图 11-4-6 所示刚架各杆 EI 为常数,矩形截面的高度 $h = \frac{l}{10}$,材料的线膨胀系数为 α,其中 AC 杆 C 端的弯矩 M_{CA} 之值为( )。

A. $\frac{400.3\alpha EI}{l}$（右拉） B. $\frac{398.8\alpha EI}{l}$（左拉）

C. $\dfrac{409.6\alpha EI}{l}$（左拉） D. $\dfrac{382\cdot 5\alpha EI}{l}$（右拉）

3. 图 11-4-7 所示结构，当 I_1 不变，I_2 增大时，支座反力 X_1（绝对值）将（　　）。
A. 增大　　　　B. 减小　　　　C. 不变　　　　D. 无法确定

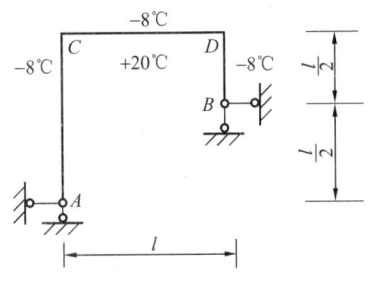
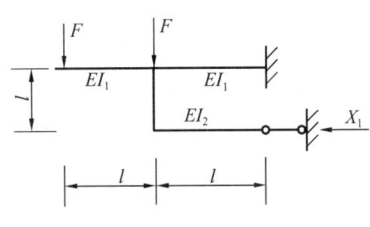

图 11-4-6　　　　　　　　　　　　　图 11-4-7

4. 图 11-4-8 所示结构支座 A 下沉 b，其结构内力为（　　）。
A. 有弯矩、有剪力、有轴力　　　　B. 无弯矩、无剪力、有轴力
C. 有弯矩、无剪力、有轴力　　　　D. 无弯矩、无剪力、无轴力

5. 图 11-4-9 所示结构，用力法求解时最少未知个数为（　　）。
A. 5　　　　B. 4　　　　C. 2　　　　D. 1

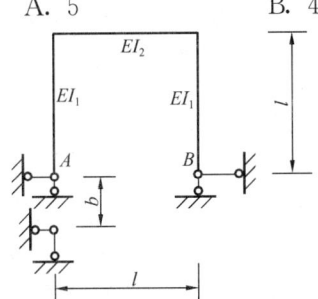
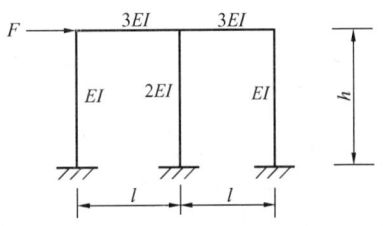

图 11-4-8　　　　　　　　　　　　　图 11-4-9

6. 图 11-4-10 所示结构，CD 杆轴力为（　　）。
A. 压力，$N_{CD}\neq 2ql$　　　　B. 拉力
C. 压力，$N_{CD}=2ql$　　　　D. 0

7. 力法方程 $\delta_{ij}X_j+\Delta_{ip}+\Delta_{it}=\Delta_i$ 中的右端项为（　　）。
A. $\Delta_i<0$　　　　B. $\Delta_i=0$
C. $\Delta_i>0$　　　　D. Δ_i 可正、可负、可为零

图 11-4-10

8. 图 11-4-11 所示结构中 A 支座反力为力法的基本未知量 X_1，方面向上为正，则 X_1 为（　　）。
A. $\dfrac{3P}{16}$　　　　　　　　B. $\dfrac{4P}{16}$
C. $\dfrac{5P}{16}$　　　　　　　　D. $\dfrac{7P}{16}$

9. 图 11-4-12 所示为超静定桁架的基本体系及 EA 为常数，则 δ_{11} 为（　　）。

A. $\dfrac{\sqrt{2}a}{2EA}$　　　　B. $\dfrac{(\sqrt{2}+1)a}{2EA}$

C. $\dfrac{2a}{EA}$　　　　D. $\dfrac{(2\sqrt{2}+1)a}{2EA}$

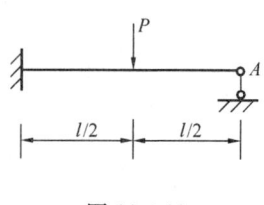

图 11-4-11

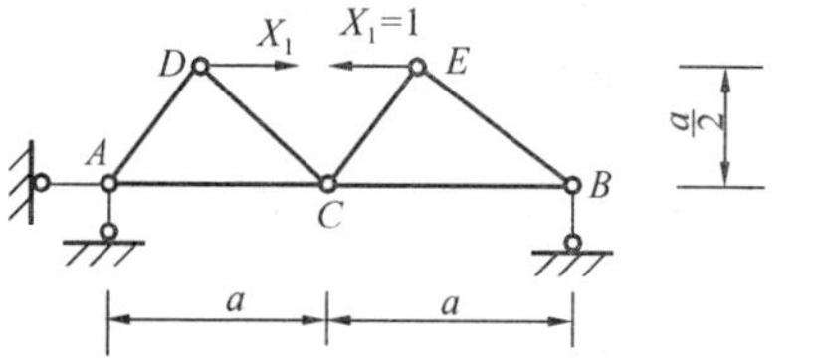

图 11-4-12

10. 图 11-4-13（a）用力法求解时取图（b）为其力法基本体系，EI 为常数，则 δ_{22} 为（　　）。

A. $\dfrac{l^3}{3EI}$　　　　B. $\dfrac{2l^3}{3EI}$

C. $\dfrac{4l^3}{3EI}$　　　　D. $\dfrac{5l^3}{3EI}$

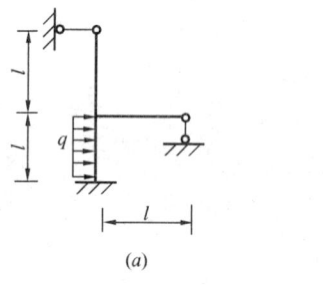

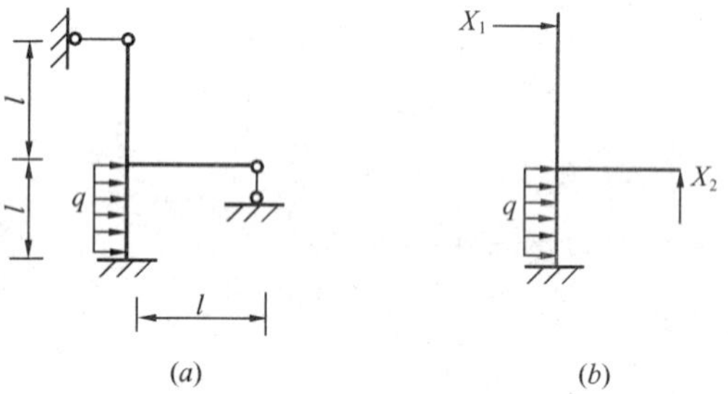

图 11-4-13

11. 图 11-4-14（a）所示结构用力法求解时，取图（b）为其力法基本体系，EI 为常数，则有（　　）。

A. $\Delta_{1p}>0, \delta_{12}<0$　　　　B. $\Delta_{1p}<0, \delta_{12}<0$

C. $\Delta_{1p}>0, \delta_{12}>0$　　　　D. $\Delta_{1p}<0, \delta_{12}>0$

12. 图 11-4-15 所示结构，EI 为常数，弯矩 M_{CA} 为（　　）。

A. $\dfrac{Pl}{2}$（左侧受拉）　　　　B. $\dfrac{Pl}{4}$（左侧受拉）

C. $\dfrac{Pl}{2}$（右侧受拉）　　　　D. $\dfrac{Pl}{4}$（右侧受拉）

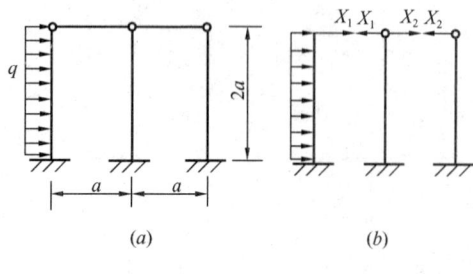

图 11-4-14

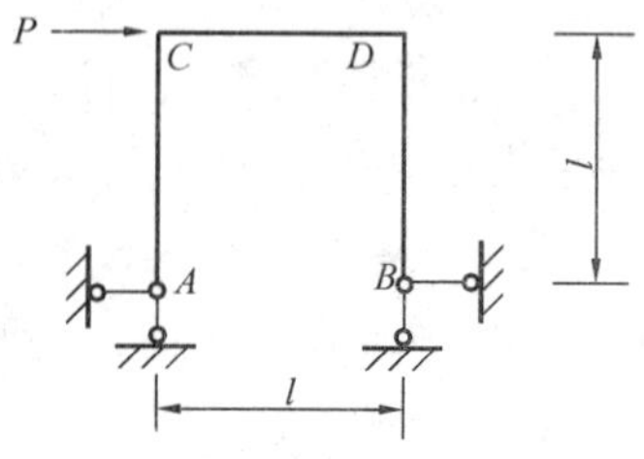

图 11-4-15

13. 图 11-4-16 为对称刚架，利用对称性简化后，正确的计算简图应为（　　）。

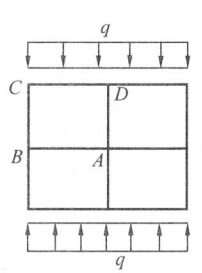 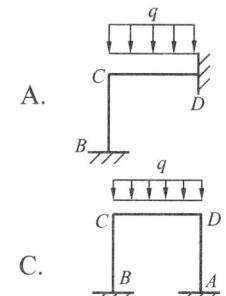 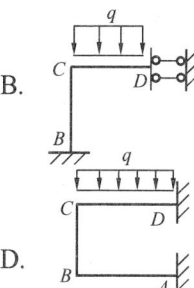

图 11-4-16

14. 图 11-4-17 所示结构用力法求解时图（b）为力法基本体系，向上为正，力法典型方程 $\delta_{11}X_1 + \Delta_{1c} = 0$ 中的 Δ_{1c} 为（　　）。

A. $\Delta_1 + 2\Delta_2 - \Delta_3$ B. $\Delta_1 - 2\Delta_2$

C. $\Delta_1 - 2\Delta_2 + \Delta_3$ D. $-\Delta_1 + 2\Delta_2$

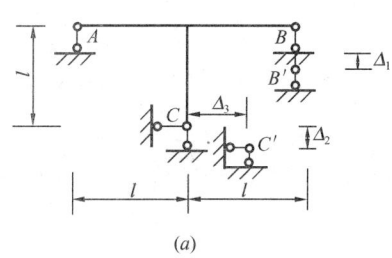 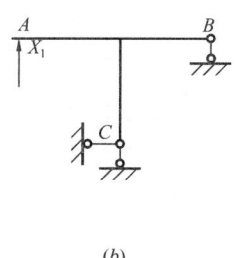

图 11-4-17

15. 图 11-4-18 所示桁架，各杆 EA 为常数，取 C 支座反力和力法的基本未知量 X_1，方向向左为正，则（　　）。

A. $X_1 > 0$ B. $X_1 < 0$

C. $X_1 = 0$ D. X_1 的方向无法确定

16. 图 11-4-19 所示结构，EI 为常数，B 截面处的弯矩 M_{BA} 之值为（　　）。

A. $\dfrac{Pl}{2}$（上部受拉） B. $\dfrac{PL}{4}$（上部受拉）

C. 0 D. $\dfrac{PL}{4}$（下部受拉）

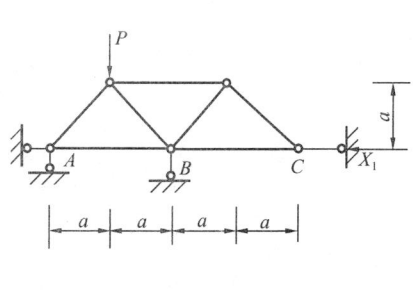 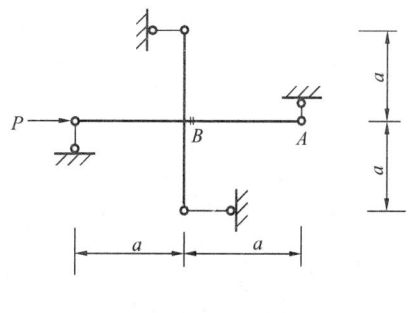

图 11-4-18　　　　　　　　　图 11-4-19

17. 图 11-4-20 所示结构，取 AC 轴力为力法的基本未知量 X_1，拉力为正，则有（   ）。

A. $X_1 > 0$ B. $X_1 < 0$

C. $X_1 = 0$ D. X_1 的方向取决于 A_1、A_2

18. 图 11-4-21 所示结构超静定次数为（   ）。

A. 4   B. 5   C. 6   D. 7

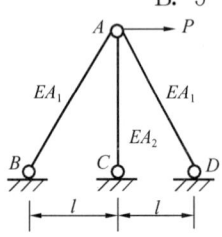

图 11-4-20

图 11-4-21

19. 图 11-4-22 所示结构，各杆 EI、EA 均相同，C 点的竖向位移为（   ）。

A. 向上   B. 向下

C. 零   D. 无法确定

20. 图 11-4-23（a）所示体系，用力法求解时，分别取图（b）、图（c）作为其基本体系，则下列说法正确的是（   ）。

A. 图（b）力法方程为 $\delta_{11}X_1 + \Delta_{1p} = 0$，图（c）力法方程为 $\delta_{11}X_1 + \Delta_{1p} = \dfrac{X_1}{K_N}$

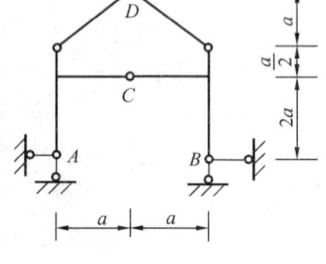

图 11-4-22

B. 图（b）力法方程为 $\delta_{11}X_1 + \Delta_{1p} = \dfrac{X_1}{K_N}$，图（c）力法方程为 $\delta_{11}X_1 + \Delta_{1p} = 0$

C. 图（b）力法方程为 $\delta_{11}X_1 + \Delta_{1p} = -\dfrac{X_1}{K_N}$，图（c）力法方程为 $\delta_{11}X_1 + \Delta_{1p} = 0$

D. 图（b）力法方程为 $\delta_{11}X_1 + \Delta_{1p} = 0$，图（c）力法方程为 $\delta_{11}X_1 + \Delta_{1p} = -\dfrac{X_1}{K_N}$

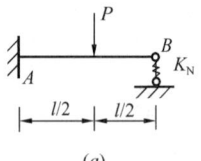 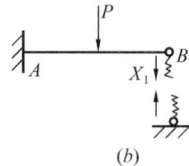 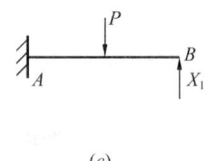

(a)   (b)   (c)

图 11-4-23

21. 图 11-4-24（a）所示体系，用力法求解时，分别取图（b）、图（c）作为其基本体系，则下列说法正确的是（   ）。

A. 图（b）力法方程为 $\delta_{11}X_1 = a$，图（c）力法方程为 $\delta_{11}X_1 + \Delta_{1c} = 0$

B. 图（b）力法方程为 $\delta_{11}X_1 = a$，图（c）力法方程为 $\delta_{11}X_1 + \Delta_{1c} = a$

C. 图（b）力法方程为 $\delta_{11}X_1 = -a$，图（c）力法方程为 $\delta_{11}X_1 + \Delta_{1c} = 0$
D. 图（b）力法方程为 $\delta_{11}X_1 = -a$，图（c）力法方程为 $\delta_{11}X_1 + \Delta_{1c} = a$

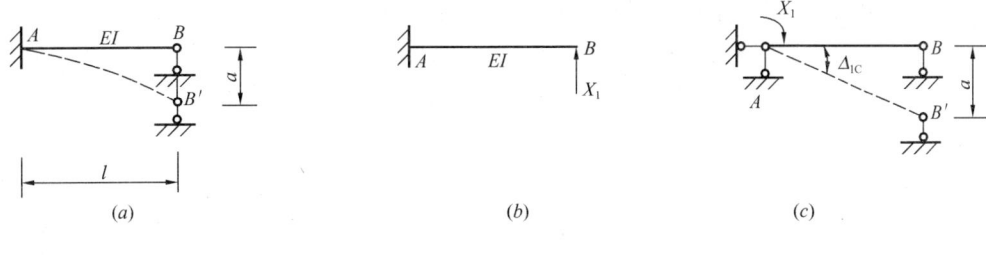

图 11-4-24

第五节　超静定结构（位移法）

一、《考试大纲》的规定

等截面直杆刚度方程、位移法基本未知量、基本体系、基本方程及其意义、等截面直杆的转动刚度、力矩分配系数与传递系数、单结点的力矩分配、对称性利用、单结构法、超静定结构特性。

二、重点内容

1. 等截面直杆刚度方程

杆件的转角位移方程（刚度方程）表示杆件两端的杆端力与杆端位移之间的关系式。

如图 11-5-1 所示，设线刚度 $i = EI/l$，杆端截面转角 θ_A、θ_B，弦转角 $\beta = \Delta_{AB}/l$，杆端弯矩 M_{AB}、M_{BA}，固端弯矩 M_{AB}^F、M_{BA}^F 均以顺时针（↓）转动为正。杆端剪力 V_{AB}、V_{BA}、固端剪力 V_{AB}^F、V_{BA}^F 均以绕隔离体顺时针（↓）转动为正。

（1）两端固定的平面等截面直杆（图 11-5-1a）

$$M_{AB} = 4i\theta_A + 2i\theta_B - 6i\frac{\Delta_{AB}}{l} + M_{AB}^F$$

$$M_{BA} = 2i\theta_A + 4i\theta_B - 6i\frac{\Delta_{AB}}{l} + M_{BA}^F$$

$$V_{AB} = -\frac{6i}{l}\theta_A - \frac{6i}{l}\theta_B + \frac{12i}{l^2}\Delta_{AB} + V_{AB}^F$$

$$V_{BA} = -\frac{6i}{l}\theta_A - \frac{6i}{l}\theta_B + \frac{12i}{l^2}\Delta_{AB} + V_{BA}^F$$

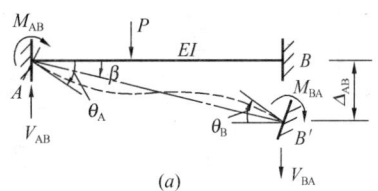

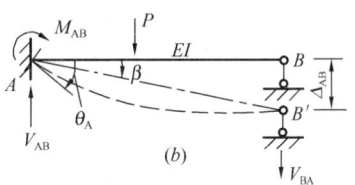

（2）一端固定另一端铰支的平面等截面直杆（图 11-5-1b）

$$M_{AB} = 3i\theta_A - 3i\frac{\Delta_{AB}}{l} + M_{AB}^F$$

$$M_{BA} = M_{BA}^F$$

$$V_{AB} = -\frac{3i}{l}\theta_A + \frac{3i}{l^2}\Delta_{AB} + V_{AB}^F$$

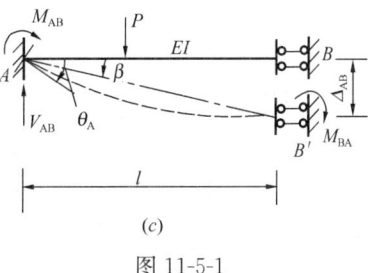

图 11-5-1

$$V_{BA} = -\frac{3i}{l}\theta_A + \frac{3i}{l^2}\Delta_{AB} + V_{BA}^F$$

（3）一端固定另一端定向（滑动）支座的平面等截面直杆（图 11-5-1c）

$$M_{AB} = i\theta_A + M_{AB}^F$$
$$M_{BA} = -i\theta_A + M_{BA}^F$$
$$V_{AB} = V_{AB}^F$$
$$V_{BA} = 0$$

上述式子中，含有 θ_A、θ_B、Δ_{AB} 的各项分别代表该项杆端位移引起的杆端弯矩和杆端剪力，其前面的系数 $4i$、$3i$、$2i$、$-\dfrac{6i}{l}$、$-\dfrac{12i}{l^2}$ 等称为杆件的刚度系数，它们只与杆件的长度、支座形式和抗弯刚度 EI 有关。

固端弯矩、固端剪力为由位移、荷载产生的杆端弯矩、杆端剪力。常见位移、荷载产生的固端弯矩和固端剪力，见表 11-5-1。

等截面单跨超静定梁固端弯矩和剪力　　　表 11-5-1

图号	简　图	弯矩图（绘在受拉边缘）	杆端弯矩 M_{ab}	杆端弯矩 M_{ba}	杆端剪力 V_{ab}	杆端剪力 V_{ba}
1			$4i_{ab}=S_{ab}$	$2i_{ab}$	$-\dfrac{6i_{ab}}{l}$	$-\dfrac{6i_{ab}}{l}$
2			$-\dfrac{6i_{ab}}{l}$	$-\dfrac{6i_{ab}}{l}$	$\dfrac{12i_{ab}}{l^2}$	$\dfrac{12i_{ab}}{l^2}$
3			$3i_{ab}=S_{ab}$	0	$-\dfrac{3i_{ab}}{l^2}$	$-\dfrac{3i_{ab}}{l^2}$
4			$-\dfrac{3i_{ab}}{l}$	0	$\dfrac{3i_{ab}}{l^2}$	$\dfrac{3i_{ab}}{l^2}$
5			$i_{ab}=S_{ab}$	$-i_{ab}$	0	0
6			$-\dfrac{Pab^2}{l^2}$ 当 $a=b$ $-\dfrac{Pl}{8}$	$+\dfrac{Pa^2b}{l^2}$ 当 $a=b$ $\dfrac{Pl}{8}$	$\dfrac{Pb^2}{l^2}\left(1+\dfrac{2a}{l}\right)$ 当 $a=b$ $\dfrac{P}{2}$	$-\dfrac{Pa^2}{l^2}\left(1+\dfrac{2b}{l}\right)$ 当 $a=b$ $-\dfrac{P}{2}$

续表

图号	简图	弯矩图（绘在受拉边缘）	杆端弯矩 M_{ab}	杆端弯矩 M_{ba}	杆端剪力 V_{ab}	杆端剪力 V_{ba}
7	均布荷载 q		$-\dfrac{ql^2}{12}$	$\dfrac{ql^2}{12}$	$\dfrac{ql}{2}$	$-\dfrac{ql}{2}$
8	三角形分布 q_0		$-\dfrac{q_0 l^2}{30}$	$\dfrac{q_0 l^2}{20}$	$\dfrac{3q_0 l}{20}$	$-\dfrac{7q_0 l}{20}$
9	集中力偶 m		$\dfrac{mb}{l^2}\times(2l-3b)$	$\dfrac{ma}{l^2}\times(2l-3a)$	$-\dfrac{6ab}{l^3}m$	$-\dfrac{6ab}{l^3}m$
10	集中力 P		$-\dfrac{Pb(l^2-b^2)}{2l^2}$ 当 $a=b$ $-\dfrac{3PL}{16}$	0	$-\dfrac{Pb(3l^2-b^2)}{2l^3}$ 当 $a=b$ $\dfrac{11P}{16}$	$-\dfrac{Pa^2(3l-a)}{2l^3}$ $-\dfrac{5P}{16}$
11	均布荷载 q		$-\dfrac{ql^2}{8}$	0	$\dfrac{5ql}{8}$	$-\dfrac{3ql}{8}$
12	三角形分布 q_0		$-\dfrac{q_0 l^2}{15}$	0	$\dfrac{2q_0 l}{5}$	$\dfrac{q_0 l}{10}$
13	集中力偶 m		$\dfrac{m(l^2-3b^2)}{2l^2}$	0	$-\dfrac{3m(l^2-b^2)}{2l^3}$	$-\dfrac{3m(l^2-b^2)}{2l^3}$
14	端部力偶 m		$\dfrac{m}{2}$	m	$-\dfrac{3m}{2l}$	$-\dfrac{3m}{2l}$
15	均布荷载 q		$-\dfrac{ql^2}{3}$	$-\dfrac{ql^2}{6}$	ql	0
16	集中力 P		$-\dfrac{Pl}{2}$	$-\dfrac{Pl}{2}$	P	P

注：杆端弯矩栏中的符号是根据以顺时针为正的规定而加上去的；剪力符号规定同前。

2. 位移法的基本未知量与基本体系

在位移法中,将结构的刚结点的角位移和独立的结点线位移作为基本未知量。其中,角位移数等于刚性结点的数目。对于刚架独立的结点线位移,如果杆件的弯曲变形是微小的,且忽略其轴向变形,则刚架独立的结点线位移数就是刚架铰结图的自由度数。而刚架铰结图就是将刚架的刚结点(包括固定支座)都改为铰结点后形成的体系。这种处理方法也称为"铰代结点,增设链杆"法。

在结构的结点角位移和独立的结点线位移处增设控制转角和线位移的附加约束,使结构的各杆成为互不相关的单杆体系,称为原结构的位移法基本结构。

位移法基本体系,指位移法基本结构在各结点位线(角位移、结点线位移)、外荷载(有时还有温度变化、支座位移等)作用下的体系。

3. 位移法典型方程及其意义

对有 n 个未知量的结构,位移法典型方程为:

$$K_{11}\Delta_1 + K_{12}\Delta_2 + \cdots + K_{1n}\Delta_n + R_{1p} + R_{1t} + R_{1c} = 0$$

$$K_{21}\Delta_1 + K_{22}\Delta_2 + \cdots + K_{2n}\Delta_n + R_{2p} + R_{2t} + R_{2c} = 0$$

$$\cdots\cdots$$

$$K_{n1}\Delta_1 + K_{n2}\Delta_2 + \cdots + K_{nn}\Delta_n + R_{np} + R_{nt} + R_{nc} = 0$$

式中 Δ_i 为结点位移未知量($i=1,2,\cdots,n$); K_{ij} 为基本结构仅由于 $\Delta_j=1(j=1,2,\cdots,n)$ 在附加约束之中产生的约束力,为基本结构的刚度系数;R_{ip}、R_{it}、R_{ic} 分别为基本结构仅由荷载、温度变化、支座位移作用,在附加约束之中产生的约束力,为位移法典型方程的自由项。

位移法典型方程中,第一个方程表示:基本结构在 n 个未知结点位移、荷载、温度变化、支座位移等共同作用下,第一个附加约束中的约束力等于零。其余各式的意义可按此类推。可见,位移法典型方程表示静力平衡方程。

位移法不仅可以计算超静定结构的内力,也可以计算静定结构的内力。

(1)系数和自由项的计算

位移法典型方程中的系数 K_{ii} 称为主系数,恒为正值。系数 $K_{ij}(i \neq j)$ 称为副系数,可为正值、负值,或为零,并且 $K_{ij}=K_{ji}$;各自由项的值可为正、负或零。

系数和自由项都是附加约束中的反力,都可按上述各自的定义利用各杆的刚度系数、固端弯矩、固端剪力由平衡条件求出。

(2)结构的最后内力计算

求出各未知结点位移 Δ_i 后,由叠加原理可得:

$$M = \overline{M}_1\Delta_1 + \overline{M}_2\Delta_2 + \cdots + \overline{M}_n\Delta_n + M_p + M_t + M_c$$

$$V = \overline{V}_1\Delta_1 + \overline{V}_2\Delta_2 + \cdots + \overline{V}_n\Delta_n + V_p + V_t + V_c$$

$$N = \overline{N}_1\Delta_1 + \overline{N}_2\Delta_2 + \cdots + \overline{N}_n\Delta_n + N_p + N_t + N_c$$

式中 $\overline{M}_i$、$\overline{V}_i$、$\overline{N}_i$ 分别为由 $\Delta_i=1$ 引起的基本结构的弯矩、剪力、轴力;M_p、M_t、M_c、V_p、V_t、

V_c、N_p、N_t、N_c 分别为基本结构由荷载、温度变化、支座位移引起的弯矩、剪力、轴力。

4. 等截面直杆的转动刚度及弯矩传递系数

转动刚度 S_{AB} 表示 AB 杆的 A 端抵抗转动的能力,其值等于 A 端转动单位转角($\theta=1$)时,A 端所需施加的力矩。S_{AB} 值与 B 端的约束情况及杆件的弯曲刚度有关,如图 11-5-2 所示三种情况的 S_{AB} 值。

弯矩传递系数 C_{AB} 表示 AB 杆 A 端转动 θ 时,B 端的弯矩 M_{BA} 与 A 端的弯矩 M_{AB} 之比,即:$C_{AB}=M_{BA}/M_{AB}$,该值与 B 端的约束情况有关。如图 11-5-2 所示三种情况的 C_{AB} 值见图上。

5. 力矩分配法

力矩分配法的原理是位移法。任意一杆端截面的弯矩分配系数为:

$$\mu_{AK} = \frac{S_{AK}}{\sum_{(A)} S_{AK}}, \quad 且 \sum_{(A)} \mu_{AK} = 1$$

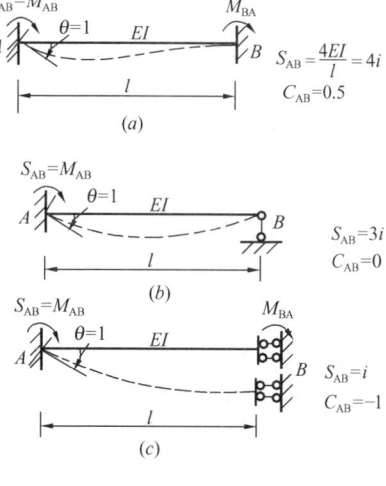

任意一杆端截面的分配弯矩为:$M_{AK}^\mu = \mu_{AK} M_j$

杆端截面的传递弯矩为:$M_{KA} = C_{AK} M_{AK}^\mu$

式中 M_j 为结点处所受的外力矩。

图 11-5-2

对结点无线位移的单结点连续梁(或刚架)在结点力矩作用下,上述各截面的分配弯矩和传递弯矩,就是各截面的最终弯矩。

此外,还可定义结点转角 θ:$\theta = \dfrac{M_j}{\sum_{(A)} S_{AK}}$;或 $\theta = \dfrac{M_{AK}^\mu}{S_{AK}}$。

6. 对称性的利用与半结构法

当结构的形状、支承条件、刚度(材料性质和截面)等都对称于某根轴线时,该结构称为对称结构。

对称结构在正对称荷载作用下其内力和变形是正对称的;在反对称荷载作用下,其内力和变形是反对称的。需注意的是,对称结构在任意荷载作用下,有时可将荷载分解成正对称和反对称两种进行计算。

对称结构选取对称的基本体系后,可得:

(1)对称结构在正对称荷载作用下,选取对称的基本体系后,反对称未知力等于零,并且对应于反对称未知力的变形(如位移)也等于零,只需求解正对称的未知力。如图 11-5-3,$X_3 = X_4 = 0$;

(2)对称结构在反对称荷载作用下,选取对称的基本体系后,正对称未知力等于零,并且对应于正对称未知力的变形(如位移)也等于零,只需求解反对称未知力。如图 11-5-4,$X_1 = X_2 = 0$。

半结构法,即利用对称结构在对称轴处的受力和变形特点,截取结构的一半,进行简化计算。

(1)奇数跨对称结构。如图 11-5-5(a)所示结构在正对称荷载作用下,可取图 11-5-5

(b) 所示的半结构进行计算；如图11-5-6 (a)所示结构在反对称荷载作用下，可取图 11-5-6 (b) 所示的半结构进行计算。

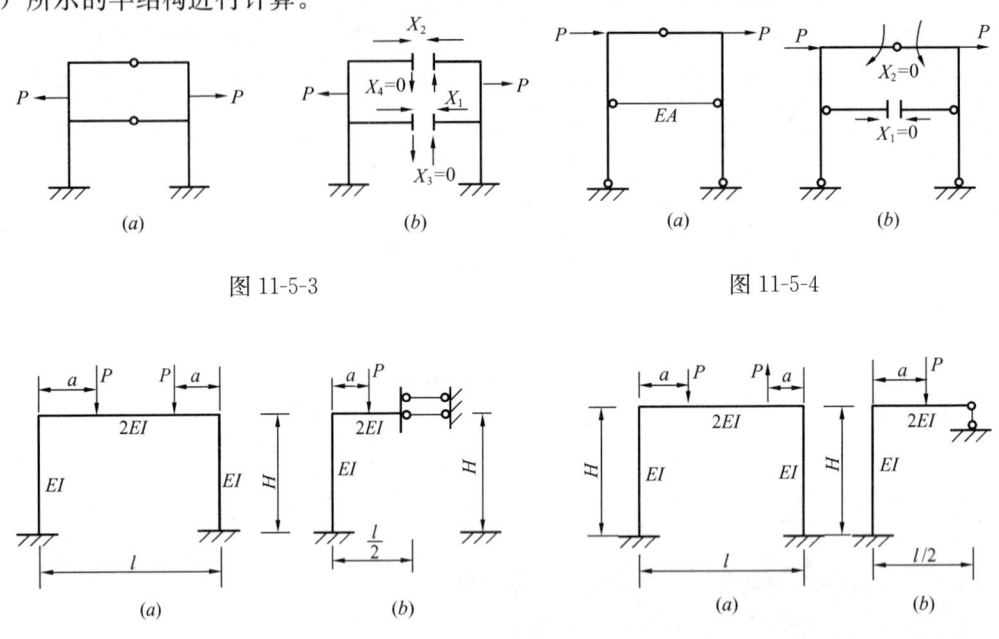

图 11-5-3　　　　　　　　　　图 11-5-4

图 11-5-5　　　　　　　　　　图 11-5-6

（2）偶数跨对称结构。如图 11-5-7 (a) 所示结构在正对称荷载作用下；若不计杆件的轴向变形，可取图 11-5-7 (b) 所示的半结构进行计算。如图 11-5-8 (a) 所示结构在反对称荷载下，可取图 11-5-8 (b) 所示的半结构进行计算，需注意中轴的抗弯刚度为原来的 $\frac{1}{2}$。

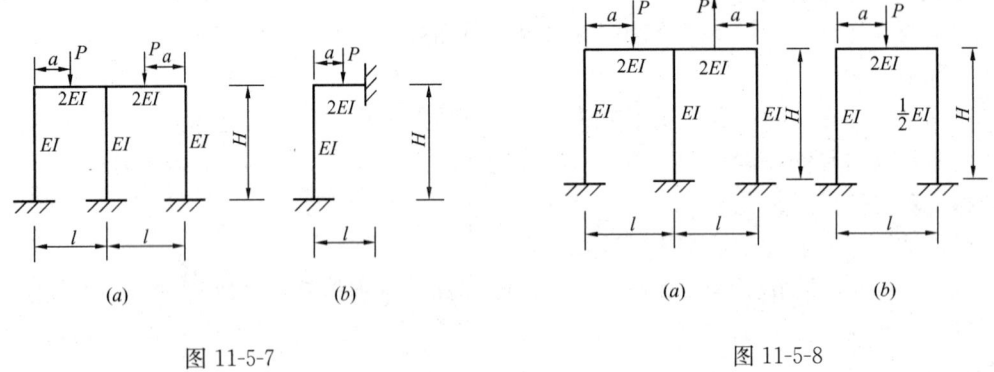

图 11-5-7　　　　　　　　　　图 11-5-8

7. 超静定结构的特性

超静定结构的特性如下：

（1）同时满足超静定结构的平衡条件、变形协调条件和物理条件的超静定结构内力的解是惟一真实的解。

（2）超静定结构在荷载作用下的内力与各杆 EA、EI 的相对比值有关，而与各杆 EA、EI 的绝对值无关，但在非荷载（如温度变化、杆件制造误差、支座位移等）作用下会产生内力,这种内力与各杆 EA、EI 的绝对值有关,并且成正比。

(3) 超静定结构的内力分布比静定结构均匀,刚度和稳定性都有所提高。

三、解题指导

本节重点内容的知识点较多,也是考题常出现的考点,应完全掌握。应重视对称性、半结构法在位移法、力法中的运用,由于考试时间有限,所以结构力学考题大多数存在一定技巧性,只有通过系统训练,掌握典型题目的解题技巧,才能解答好考题,本节应试题解部分很多题目都存在一定的解题技巧。

【**例 11-5-1**】 图 11-5-9 所示结构,EI 为常数,用力矩分配法计算时,分配系数 μ_{BA} 为( )。

A. $\dfrac{1}{8}$ B. $\dfrac{1}{11}$ C. $\dfrac{5}{12}$ D. $\dfrac{5}{33}$

【**解**】 令 $i = \dfrac{EI}{l}$,则:

$S_{BA} = i, S_{BD} = 3i, S_{BE} = 4i, S_{BC} = 0, \mu_{BA} = \dfrac{S_{BA}}{\sum S} = \dfrac{1}{1+3+4} = \dfrac{1}{8}$,所以应选 A 项。

【**例 11-5-2**】 如图 11-5-10 所示结构,用位移法求解时,附加刚臂的约束力矩 R_{1p} 之值为( )。

A. $-38\text{kN}\cdot\text{m}$ B. $32\text{kN}\cdot\text{m}$ C. $-28\text{kN}\cdot\text{m}$ D. $26\text{kN}\cdot\text{m}$

【**解**】 C 支座实质对杆 AC 形成固定支座,故 $M_{AC} = -\dfrac{ql^2}{12} = -16$

$$M_{AE} = \dfrac{Pl}{2} = \dfrac{15 \times 4}{2} = 30$$

$$M_{AD} = (18 \times 2)/2 = 18$$

所以 $R_{1p} = 30 + 18 - 16 = 32\text{kN}\cdot\text{m}$,故应选 B 项。

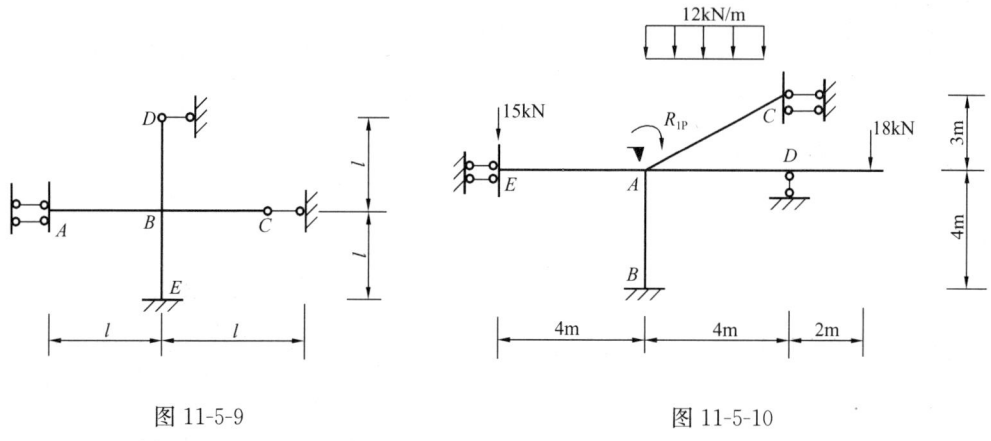

图 11-5-9   图 11-5-10

四、应试题解

1. 图 11-5-11 所示结构用位移法计算,其中支座 E 为弹性铰支座,则最少的结点位移未知量数目为( )。

A. 3   B. 6   C. 4   D. 5

2. 已知图11-5-12所示连续梁中BA杆杆件B端的分配弯矩M^F_{BA}之值为$5kN·m$，结点B的转角θ_B之值为（　　）。

A. $\dfrac{5}{2EI}(\downarrow)$ B. $\dfrac{5}{EI}(\downarrow)$ C. $\dfrac{15}{EI}(\uparrow)$ D. $\dfrac{10}{EI}(\uparrow)$

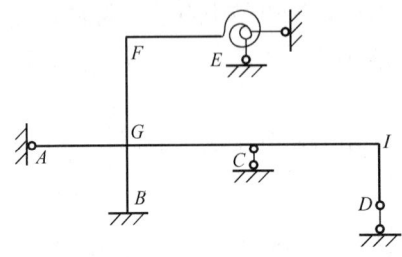

图11-5-11

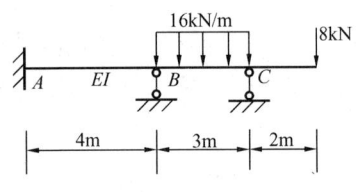

图11-5-12

3. 图11-5-13所示结构，已知$EA=\sqrt{2}EI/a^2$，用位移法求解，设结点D的未知位移为Δ_1，则位移法基本结构由于$\Delta_1=1$产生的反力系数K_{11}之值为（　　）。

A. $\dfrac{8EI}{a^3}$ B. $\dfrac{5EI}{a^3}$ C. $\dfrac{4EI}{a^3}$ D. $\dfrac{2\sqrt{2}EI}{a^3}$

4. 图11-5-14所示两跨连梁的中间支座B及右端支座C分别产生竖向沉陷2Δ及Δ，由此引起的截面A的弯矩M_{AB}之值为（　　）。

A. $\dfrac{17EI\Delta}{4l^2}$（上拉） B. $\dfrac{66EI\Delta}{7l^2}$（上拉）

C. $\dfrac{9EI\Delta}{8l^2}$（上拉） D. $\dfrac{10EI\Delta}{l^2}$（上拉）

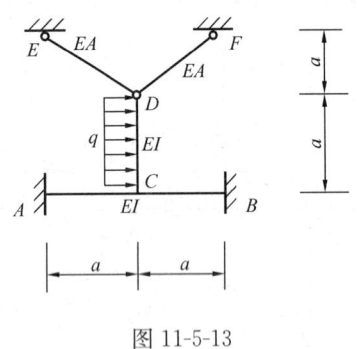

图11-5-13

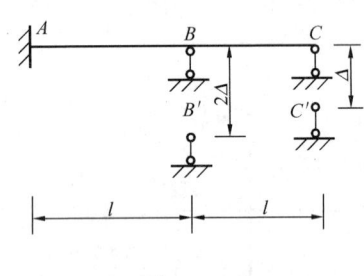

图11-5-14

5. 图11-5-15所示刚架，已知刚架在荷载作用下的弯矩图，各柱顶的水平线位移Δ_H之值为（　　）。

A. $\dfrac{qh^4}{12EI}(\rightarrow)$ B. $\dfrac{qh^4}{48EI}(\rightarrow)$ C. $\dfrac{qh^4}{6EI}(\rightarrow)$ D. $\dfrac{qh^4}{24EI}(\rightarrow)$

6. 图11-5-16所示超静定结构，不计轴向变形，BC杆的轴力为（　　）。

A. $-P$（压力） B. P（拉力） C. $-\sqrt{2}P$（压力） D. $\sqrt{2}P$（拉力）

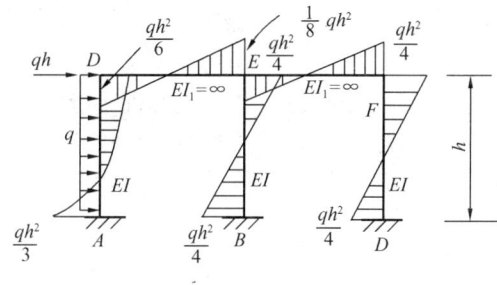
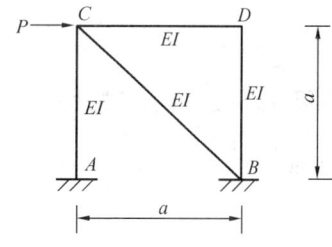

图 11-5-15 　　　　　　　　　图 11-5-16

7. 图 11-5-17 所示结构，不计轴向变形，AC 杆的轴力为（　　）。

A. $\dfrac{3\sqrt{2}ql}{8}$ B. $\dfrac{5\sqrt{2}ql}{8}$ C. $\dfrac{5\sqrt{2}ql}{16}$ D. $\dfrac{3\sqrt{2}ql}{16}$

8. 用力矩分配法计算图 11-5-18 所示结构时，杆端 AC 的分配系数 μ_{AC} 为（　　）。

A. $\dfrac{3}{5}$ B. $\dfrac{2}{3}$ C. $\dfrac{4}{7}$ D. $\dfrac{3}{4}$

9. 图 11-5-19 所示结构用位移法计算时，最少的未知量数为（　　）。

A. 4 B. 3 C. 2 D. 1

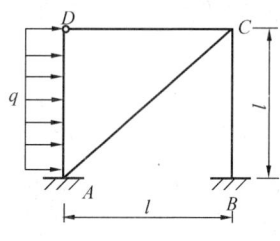
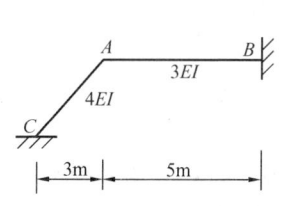
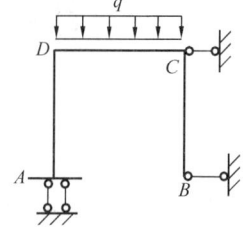

图 11-5-17　　　　　　　　图 11-5-18　　　　　　　　图 11-5-19

10. 图 11-5-20 所示结构，M_{BD}、M_{AC} 之值分别为（　　）。

A. $M_{BD} = \dfrac{Ph}{4}, M_{AC} = \dfrac{Ph}{4}$　　　　B. $M_{BD} = \dfrac{Ph}{4}, M_{AC} = \dfrac{Ph}{2}$

C. $M_{BD} = \dfrac{Ph}{2}, M_{AC} = \dfrac{Ph}{4}$　　　　D. $M_{BD} = \dfrac{Ph}{2}, M_{AC} = \dfrac{Ph}{2}$

11. 用位移法计算图 11-5-21 所示梁的 K_{11}，其中 EI 为常数，则 K_{11} 之值为（　　）。

A. $\dfrac{7EI}{l}$ B. $\dfrac{9EI}{l}$ C. $\dfrac{10EI}{l}$ D. $\dfrac{11EI}{l}$

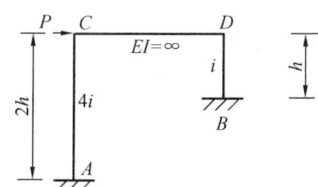
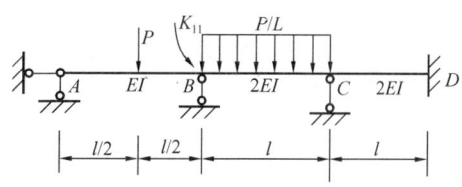

图 11-5-20　　　　　　　　　　　图 11-5-21

12. 图 11-5-22 所示刚架，EI 为常数，结点 A 的转角为（　　）。

A. $\dfrac{ql^3}{48EI}(\downarrow)$　　B. $\dfrac{ql^3}{EI}(\uparrow)$　　C. $\dfrac{ql^3}{54EI}(\downarrow)$　　D. $\dfrac{ql^3}{60EI}(\uparrow)$

13. 图 11-5-23 所示结构用力矩分配法计算时，分配系数 μ_{AB}、μ_{AD} 分别为（　　）。

A. $\mu_{AB}=\dfrac{1}{2},\mu_{AD}=\dfrac{1}{6}$　　　　B. $\mu_{AB}=\dfrac{4}{11},\mu_{AD}=\dfrac{1}{8}$

C. $\mu_{AB}=\dfrac{2}{3},\mu_{AD}=\dfrac{1}{12}$　　　　D. $\mu_{AB}=\dfrac{4}{11},\mu_{AD}=\dfrac{1}{6}$

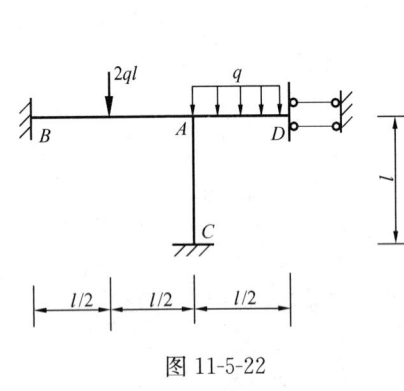
图 11-5-22

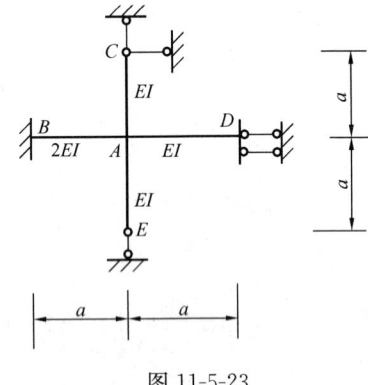
图 11-5-23

14. 图 11-5-24 所示连续梁，EI 为常数，欲使支承 B 处梁截面的转角为零，比值 a/b 应为（　　）。

A. $\dfrac{1}{2}$　　B. $\dfrac{\sqrt{2}}{1}$　　C. $\dfrac{\sqrt{2}}{2}$　　D. $\dfrac{3}{1}$

15. 图 11-5-25 所示连续梁，EI 为常数，已知 B 处梁截面转角为 $-\dfrac{7Pl^2}{240}(\uparrow)$，则 C 处梁截面转角应为（　　）。

A. $\dfrac{Pl^2}{60EI}$　　B. $\dfrac{Pl^2}{120EI}$　　C. $\dfrac{Pl^2}{180EI}$　　D. $\dfrac{Pl^2}{240EI}$

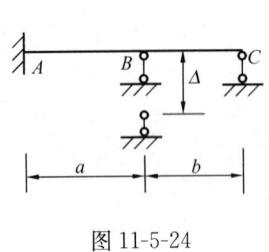
图 11-5-24

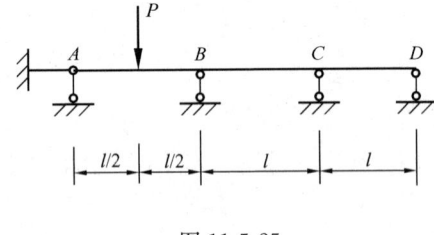
图 11-5-25

16. 图 11-5-26 所示结构，当支座 B 发生沉降 Δ 时，支座 B 处截面的转角大小为（　　）。

A. $\dfrac{6\Delta}{7l}$　　B. $\dfrac{3\Delta}{5l}$　　C. $\dfrac{5\Delta}{7l}$　　D. $\dfrac{6\Delta}{5l}$

17. 图 11-5-27 所示结构，EI 为常数，已知结点 C 的水平线位移为 $\Delta_{CH}=\dfrac{7Pl^4}{36EI}(\rightarrow)$，

则结点 C 的角位移 θ_C 应为（　　）。

A. $\dfrac{7Pl^2}{6EI}(\downarrow)$　　　　　　B. $\dfrac{Pl^3}{6EI}(\downarrow)$

C. $\dfrac{5Pl^2}{6EI}(\uparrow)$　　　　　　D. $\dfrac{5Pl^3}{6EI}(\downarrow)$

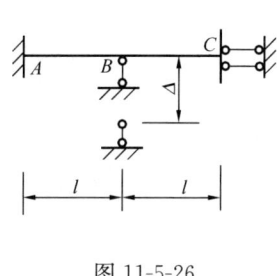

图 11-5-26

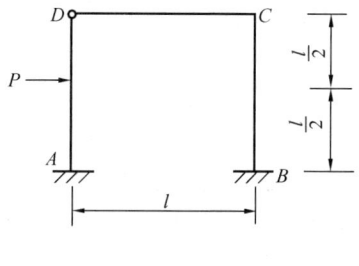

图 11-5-27

18. 图 11-5-28 所示结构，EI 为常数，用力矩分配法计算时，分配系数 μ_{A2} 为（　　）。

A. $\dfrac{1}{3}$　　B. $\dfrac{1}{6}$　　C. $\dfrac{1}{8}$　　D. $\dfrac{1}{4}$

19. 图 11-5-29 所示结构，用力矩分配法计算时，分配系数 μ_{AB} 应为（　　）。

A. $\dfrac{4}{11}$　　B. $\dfrac{2}{11}$　　C. $\dfrac{3}{10}$　　D. $\dfrac{1}{4}$

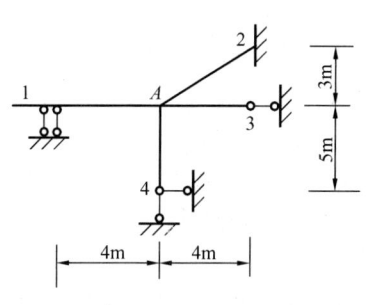

图 11-5-28

图 11-5-29

20. 图 11-5-30 所示结构中，可直接用力矩分配法计算的是（　　）。

A. 图（a）　　B. 图（b）　　C. 图（c）　　D. 图（d）

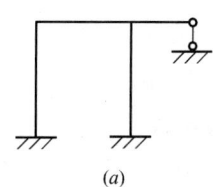
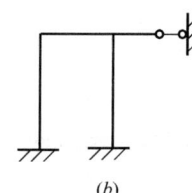
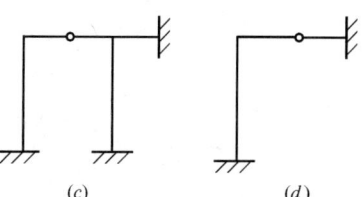

图 11-5-30

21. 图 11-5-31 所示结构，EI 为常数，不计杆的轴向变形，M_{BA}、M_{CD} 之值为（　　）。

A. $M_{BA} \neq 0, M_{CD} = 0$
B. $M_{BA} = 0, M_{CD} \neq 0$
C. $M_{BA} = 0, M_{CD} = 0$
D. $M_{BA} \neq 0, M_{CD} \neq 0$

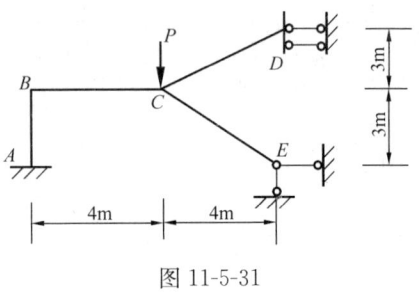

图 11-5-31

第六节　影　响　线

一、《考试大纲》的规定

影响线概念、简支梁、静定多跨梁、静定桁架反力及内力影响线，连续梁影响线形状、影响线应用、最不利荷载位置、内力包络图概念。

二、重点内容

1. 影响线概念及绘制

一个方向不变的单位集中荷载在结构上移动时，表示结构某指定处的某一量值（如支座反力、弯矩、剪力、轴力、位移等）变化规律的图线，称为该量值的影响线。

（1）用静力法作静定梁的影响线，它是以单位集中荷载移动位置 x 为变量，由静力平衡条件建立某量值的函数方程（影响线方程），再按函数方程绘制出影响线。

用静力法作静定多跨梁的影响线时，需注意区分基本部分、附属部分。当单位集中荷载在基本部分移动时，对附属部分无影响，其影响线量值为零。

（2）用机动法作静定梁的影响线。它的具体做法是：作某量值 X 的影响线，首先去掉与 X 相应的约束，使体系变为可变机构，再使机构沿 X 的正方向产生单位虚位移，由此得到的沿 $P=1$ 方向的虚位移图，就是 X 的影响线。

（3）静定桁架的影响线。它具有的特点是：①桁架承受的移动荷载是通过结点传递的；②移动荷载在桁架上移动分上承（在上弦移动）和下承（在下弦移动），当在上承或下承时，桁架中有些杆件的内力影响线是不同的。

（4）用机动法（挠度法）绘制连续梁影响线轮廓。需注意的是，影响线竖标在梁轴上方为正，在下方时为负；超静定结构的影响线是非线性的。如图 11-6-1（b）所示，为 K 截面弯矩影响线轮廓。

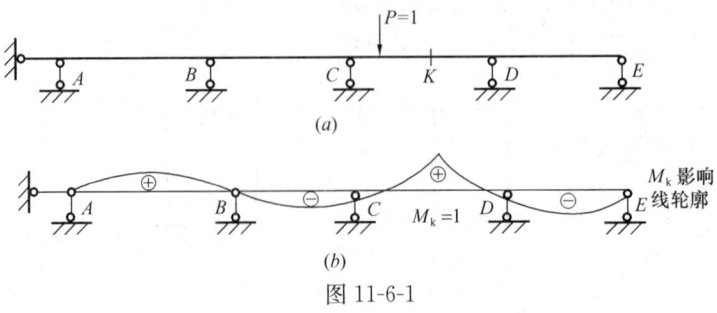

图 11-6-1

2. 影响线的应用

(1) 求量值 (表 11-6-1)

用影响线求量值表　　　　　　　　表 11-6-1

序号	图形	计算公式
1	(图：集中力 $P_1, P_2, \cdots, P_n$ 作用于 S 影响线，纵标 $y_1, y_2, \cdots, y_n$)	$S = \sum_{i=1}^{n} P_i y_i$
2	(图：集中力 P_1, P_2, R, P_3, P_4 作用于 S 影响线，纵标 $y_1, y_2, y, \cdots, y_n$)	$S = R \cdot y$ (R 为 $P_1, P_2, \cdots, P_n$ 的合力)
3	(图：分布荷载 q_x 作用于 AB 段，S 影响线)	$S = \int_A^B q_x y \, dx$
4	(图：均布荷载 q 作用于 AB 段，S 影响线)	$S = qw$ (w 为 q 作用范围内影响线面积代数和)

(2) 确定最不利荷载位置

最不利荷载位置，指荷载移动时，使结构上某量值发生最大值或最小值（最大负值）的荷载位置。

当影响线为三角形，如图 11-6-2 所示，设 P_{cr} 位于三角形影响线顶点，三角形左、右直线上荷载的合力分别为 $R_左$、$R_右$，则荷载的临界位置的判别条件是：

行列荷载稍向右移：$\dfrac{R_左}{a} \leqslant \dfrac{P_{cr} + R_右}{b}$

行列荷载稍向左移：$\dfrac{R_左 + P_{cr}}{a} \geqslant \dfrac{R_右}{b}$

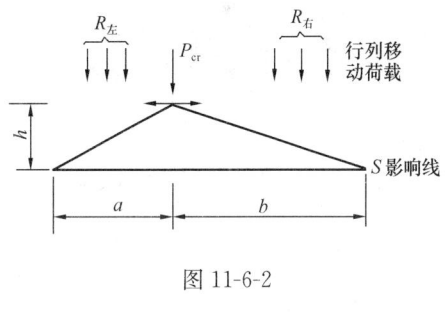

图 11-6-2

(3) 内力包络图的概念

承受移动荷载的结构需求出每个截面的最大内力和最小内力，连接各截面的最大、最小内力的图形称为内力包络图。如弯矩包络图、剪力包络图等。

三、解题指导

掌握本节重点内容中的概念，简单的影响线的应用与计算。

【例 11-6-1】　图 11-6-3 所示结构在移动荷载作用下，M_B 的最大值（绝对值）为（　　）。

A. 80kN·m　　　　　　　　　　　B. 100kN·m
C. 120kN·m　　　　　　　　　　　D. 60kN·m

【解】 用机动法作出 M_B 的影响线见图 11-6-4 所示,可知当 40kN 的力作用于 A 处时,M_B 的绝对值最大:

$$M_B = 40 \times 2 + 20 \times 1 = 100 \text{kN} \cdot \text{m}$$

所以应选 B 项。

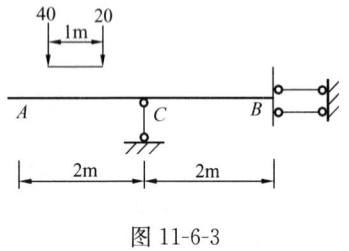

图 11-6-3

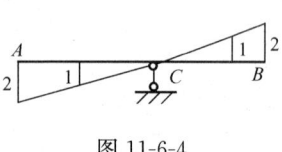

图 11-6-4

四、应试题解

1. 图 11-6-5 所示静定梁中截面 n 的弯矩影响线为（　　）。
   A. 图 (a)　　　B. 图 (b)　　　C. 图 (c)　　　D. 图 (d)

2. 图 11-6-6 所示超静定梁中 K 截面的剪力影响线轮廓为（　　）。
   A. 图 (a)　　　B. 图 (b)　　　C. 图 (c)　　　D. 图 (d)

3. 图 11-6-7 所示行列荷载作用下,简支梁 C 截面的最大弯矩值为（　　）。
   A. 180kN·m　　B. 200kN·m　　C. 220kN·m　　D. 280kN·m

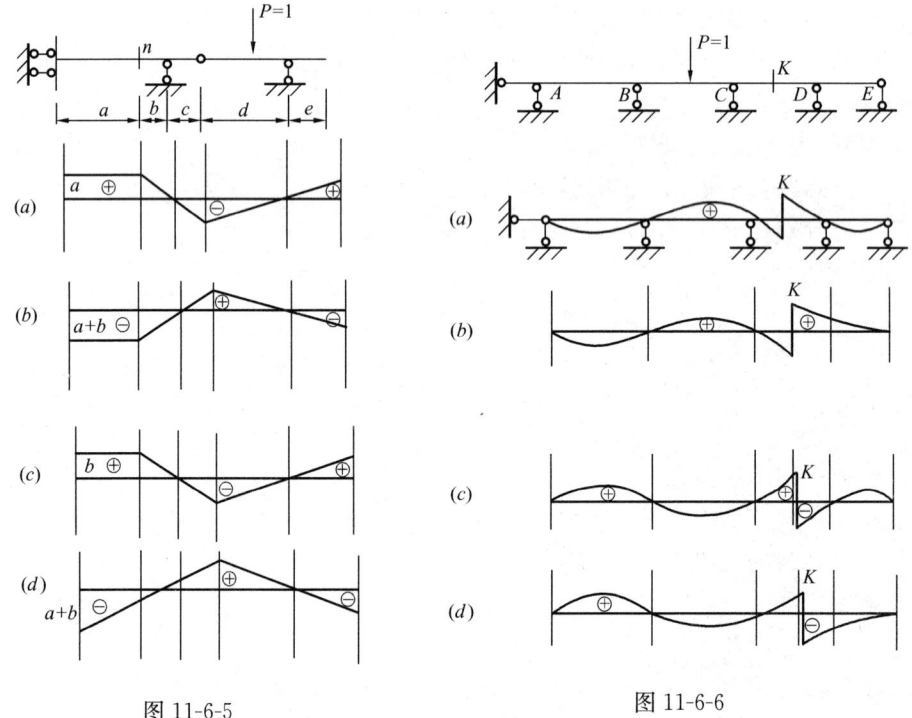

图 11-6-5　　　　　　　　　　　　图 11-6-6

4. 图 11-6-8 所示梁在移动荷载作用下的最大弯矩值为（　　）。
   A. 30kN·m　　B. 24.5kN·m　　C. 27.5kN·m　　D. 22.5kN·m

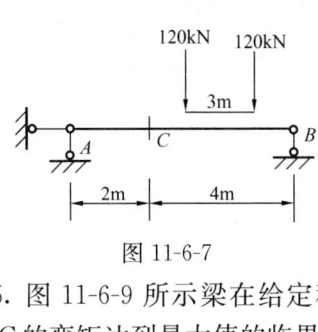

图 11-6-7

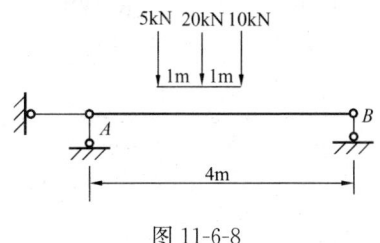

图 11-6-8

5. 图 11-6-9 所示梁在给定移动荷载作用下，使截面 C 的弯矩达到最大值的临界荷载为（　　）。

A. 50kN　　　　B. 40kN
C. 60kN　　　　D. 80kN

6. 图 11-6-10 所示梁在单位移动力偶 $M=1$ 的作用下，M_C 影响线为（　　）。

A. 图（a）　　　B. 图（b）
C. 图（c）　　　D. 图（d）

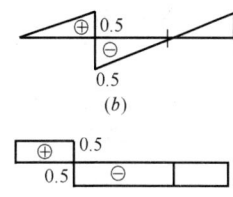

图 11-6-9

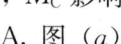

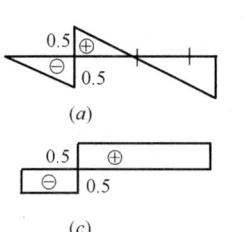

图 11-6-10

7. 图 11-6-11 所示梁的支座 A 右侧截面的剪力影响线为（　　）。

A. 图（a）　　B. 图（b）　　C. 图（c）　　D. 图（d）

8. 图 11-6-12 所示梁的支座 c 处的弯矩影响线轮廓为（　　）。

A. 图（a）　　B. 图（b）　　C. 图（c）　　D. 图（d）

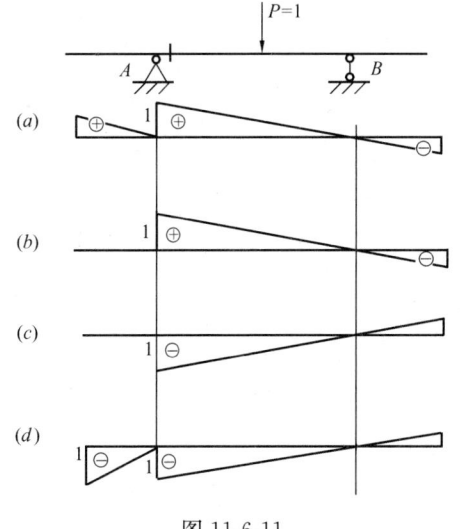

图 11-6-11

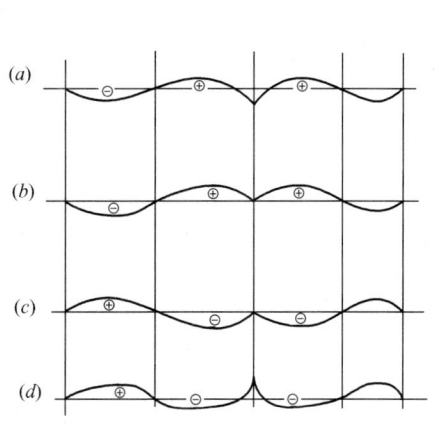

图 11-6-12

9. 图 11-6-13 所示梁的 K 截面的弯矩影响线轮廓为（　　）。

A. 图（a）　　　B. 图（b）　　　C. 图（c）　　　D. 图（d）

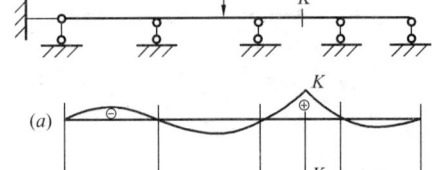
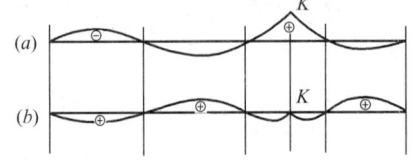
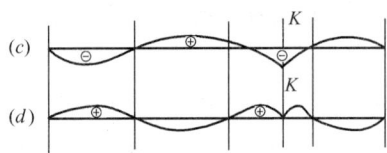

图 11-6-13

10. 图 11-6-14 所示桁架，移动荷载在下弦移动，$33'$ 杆的内力影响线为（　　）。

A. 图（a）　　　B. 图（b）　　　C. 图（c）　　　D. 图（d）

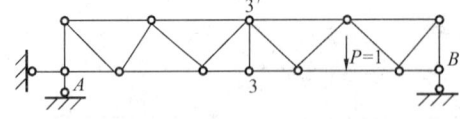
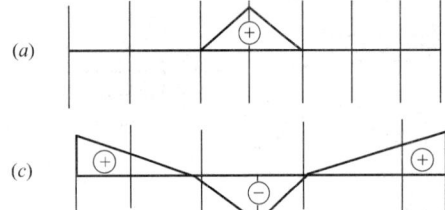
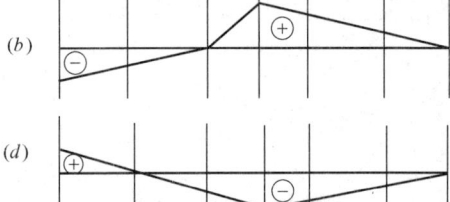

图 11-6-14

11. 图 11-6-15 所示结构，支座 A 右侧截面的剪力影响线形状为（　　）。

A. 图（a）　　　B. 图（b）　　　C. 图（c）　　　D. 图（d）

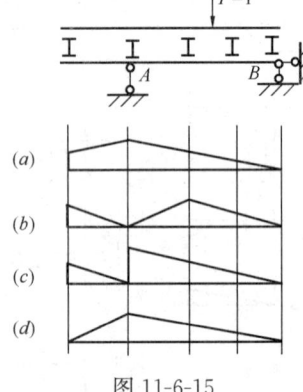

图 11-6-15

第七节 结构动力特性及动力反应

一、《考试大纲》的规定

单自由度体系周期、频率、简谐荷载与突加荷载作用下简单结构的动力系数、振幅与最大动内力、阻尼对振动的影响、多自由度体系自振频率与主振型、主振型正交性。

二、重点内容

1. 单自由度体系自振周期与频率

结构的动力自由度指确定运动过程中任一时刻全部质量的位置所需的独立几何参数的数目。

单自由度体系无阻尼自振频率 ω、自振周期 T 的计算：

$$\omega = \sqrt{\frac{K}{m}} = \sqrt{\frac{1}{m\delta}} = \sqrt{\frac{g}{\Delta_{st}}}$$

$$T = \frac{2\pi}{\omega} = 2\pi\sqrt{\frac{m}{K}} = 2\pi\sqrt{\frac{\Delta_{st}}{g}}$$

式中 Δ_{st} 是体系在质量 m 处沿其自由度方向由重量（mg）产生的静力位移。

由上述公式可知，结构的自振频率、自振周期只与结构的质量和刚度有关。

2. 单自由度体系强迫振动（表 11-7-1）

单自由度体系无阻尼与有阻尼强迫振动表　　　　　表 11-7-1

	类　　别	位移动力系数（μ）	最大动位移（y_{max}）
无阻尼	简谐荷载 $P(t)=P\sin\theta t$	$\mu = \dfrac{1}{1-\dfrac{\theta^2}{\omega^2}}$	$y_{max} = \mu y_{st} = \mu \cdot P\delta$
	突加常量荷载 P	$\mu = 2$	$y_{max} = 2y_{st} = 2P\delta$
	突加常量短时荷载	$\dfrac{t_1}{T} > \dfrac{1}{2}, \mu = 2$; $\dfrac{t_1}{T} < \dfrac{1}{2}, \mu = 2\sin\dfrac{\omega t_1}{2}$	$y_{max} = \mu y_{st} = \mu \cdot P\delta$
有阻尼	简谐荷载 $P(t)=P\sin\theta t$	$\mu = \dfrac{1}{\sqrt{\left(1-\dfrac{\theta^2}{\omega^2}\right)^2 + \dfrac{4\xi^2\theta^2}{\omega^2}}}$	$y_{max} = \mu y_{st} = \mu \cdot P\delta$

需注意的是：①在单自由度结构上，当动力荷载与惯性力的作用点重合时，位移动力系数与内力动力系数是相同的；②当 μ 值计算为负时，在求内力、位移时，取 μ 的绝对值。

3. 多自由度体系的自振频率与主振型正交性

对多自由度体系的 n 个自振频率 $\omega_k (k=1,2,\cdots,n)$，若按它们的数值从小到大依次排列，则分别称为第一、第二、…、第 n 频率，总称为体系自由振动的频率，其中第一频率又称为基频。

多自由度体系作简谐自振时，各点位移均按同一简谐函数变化，故各质点振幅间的相对比值即反映了任一时刻的振动形式，这种振动形式称为主振型。主振型及其正交性见表

11-7-2。

主振型及其正交性 表 11-7-2

项 目	柔 度 法	刚 度 法
振幅方程	$\left([F][M] - \dfrac{[I]}{\omega^2}\right)\{A\} = \{0\}$	$([K] - \omega^2[M])\{A\} = \{0\}$
频率方程	$D = \left\| [F][M] - \dfrac{[I]}{\omega^2} \right\| = 0$	$D = \left\| [K] - \omega^2[M] \right\| = 0$
两自由度的主振型	$\rho_1 = \dfrac{A_2^{(1)}}{A_1^{(1)}} = \dfrac{\dfrac{1}{\omega_1^2} - f_{11}m_1}{f_{12}m_2}$ $\rho_2 = \dfrac{A_2^{(2)}}{A_1^{(2)}} = \dfrac{\dfrac{1}{\omega_2^2} - f_{11}m_1}{f_{12}m_2}$	$\rho_1 = \dfrac{A_2^{(1)}}{A_1^{(1)}} = \dfrac{\omega_1^2 m_1 - K_{11}}{K_{12}}$ $\rho_2 = \dfrac{A_2^{(2)}}{A_1^{(2)}} = \dfrac{\omega_2^2 m_1 - K_{11}}{K_{12}}$
不同主振型正交性条件 ($\omega_i \ne \omega_j$)	$\{A^{(i)}\}^{\mathrm{T}}[M]\{A^{(j)}\} = 0$	$\{A^{(i)}\}^{\mathrm{T}}[K]\{A^{(j)}\} = 0$

三、解题指导

掌握单自由度体系强迫振动的计算公式。重点掌握单自由度自振频率的计算、动力自由度的确定。

【例 11-7-1】 图 11-7-1 所示体系的单自由度体系阻尼比系数 $\xi = 0.05$，已知 $\theta^2 = 64EI/(mL^3)$，则稳态振动时，最大动力弯矩值为（　　）。

A. $0.354PL$　　　　B. $0.521PL$　　　　C. $0.709PL$　　　　D. $0.924PL$

【解】 作出单位力下的弯矩图见图 11-7-2，则：

$$\delta_{11} = \frac{L^3}{48EI}$$

$$\omega^2 = \frac{1}{\delta_{11}m} = \frac{48EI}{mL^3}$$

$$\mu = \left[\left(1 - \frac{\theta^2}{\omega^2}\right)^2 + \frac{4\xi^2\theta^2}{\omega^2}\right]^{-\frac{1}{2}}$$

将 ω^2、θ^2 值代入上式，解之得：$\mu = 2.835$

$$M_{\max} = \mu \cdot \frac{PL}{4} = 0.7088PL$$

所以应选 C 项。

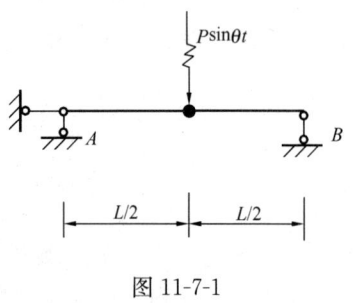

图 11-7-1

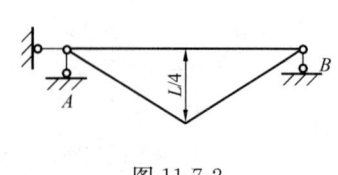

图 11-7-2

四、应试题解

1. 图 11-7-3 所示刚架结构，不计分布质量，动力自由度个数为（　　）。
A. 4　　　　B. 3　　　　C. 2　　　　D. 1

2. 图 11-7-4 所示结构的动力自由度个数为（　　）。
A. 2　　　　B. 3　　　　C. 4　　　　D. 5

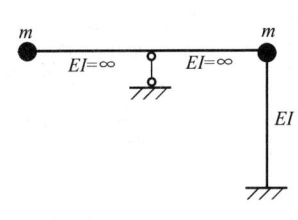

图 11-7-3

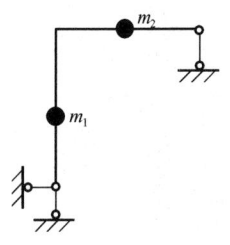

图 11-7-4

3. 图 11-7-5 所示结构的动力自由度个数为（　　）。
A. 1　　　　B. 2　　　　C. 3　　　　D. 4

4. 图 11-7-6 所示结构的动力自由度个数为（　　）。
A. 2　　　　B. 3　　　　C. 4　　　　D. 5

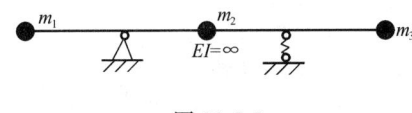

图 11-7-5

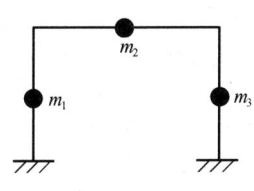

图 11-7-6

5. 图 11-7-7 所示体系的自振频率 ω_1，ω_2，当质量 m 增大时，其变化为（　　）。
A. ω_1 减少，ω_2 减少
B. ω_1 增大，ω_2 增大
C. ω_1 减少，ω_2 增大
D. ω_1 增大，ω_2 减少

6. 图 11-7-8 所示刚架，不计分布质量，自振频率为（　　）。

A. $\sqrt{\dfrac{12EI}{12ml^3}}$　　　　　　　　B. $\sqrt{\dfrac{12EI}{7ml^3}}$

C. $\sqrt{\dfrac{3EI}{ml^3}}$　　　　　　　　D. $\sqrt{\dfrac{10EI}{7ml^3}}$

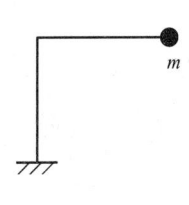

图 11-7-7

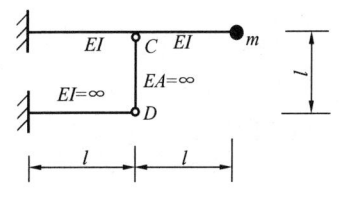

图 11-7-8

7. 图 11-7-9 所示结构，使质点 m 向下产生初始位移 0.607cm，然后自由振动一个周

期后最大位移为 0.500cm，体系的阻尼比 ξ、共振时动力系数 β 分别为（　　）。

A. $\xi=0.02$，$\beta=15.2$ B. $\xi=0.03$，$\beta=16.7$

C. $\xi=0.02$，$\beta=12.4$ D. $\xi=0.03$，$\beta=14.1$

8. 图 11-7-10 所示体系，不计杆件的质量，其自振频率为（　　）。

A. $\sqrt{\dfrac{4EI}{ml^3}}$ B. $\sqrt{\dfrac{6EI}{ml^3}}$ C. $\sqrt{\dfrac{8EI}{ml^3}}$ D. $\sqrt{\dfrac{12EI}{ml^3}}$

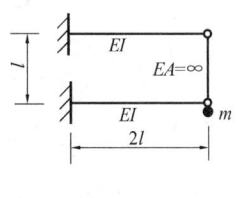

图 11-7-9

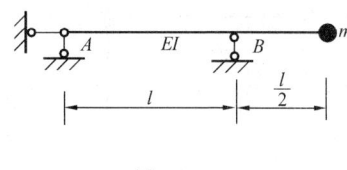

图 11-7-10

9. 图 11-7-11 所示体系，横梁单位长度的质量为 m_0，柱子重量不计，则其自振频率为（　　）。

A. $\sqrt{\dfrac{3EI}{m_0 lH^3}}$ B. $\sqrt{\dfrac{4EI}{m_0 lH^3}}$ C. $\sqrt{\dfrac{6EI}{m_0 lH^3}}$ D. $\sqrt{\dfrac{8EI}{m_0 lH^3}}$

10. 图示 11-7-12 所示体系的弹簧刚度为 K，梁的质量不计，其自振频率 ω 为（　　）。

A. $\dfrac{3}{4}\sqrt{\dfrac{K}{m}}$ B. $\dfrac{1}{3}\sqrt{\dfrac{K}{m}}$ C. $\dfrac{3}{2}\sqrt{\dfrac{K}{m}}$ D. $\dfrac{2}{3}\sqrt{\dfrac{K}{m}}$

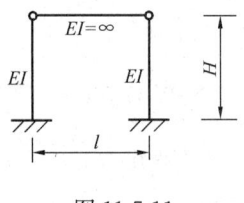

图 11-7-11

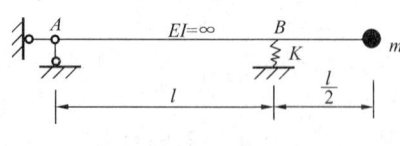

图 11-7-12

11. 图 11-7-13 所示体系，已知该体系的第一振型为 $\{A^{(1)}\}=\begin{Bmatrix}A_1^{(1)}\\A_2^{(1)}\end{Bmatrix}=\begin{Bmatrix}1\\3.365\end{Bmatrix}$，则该体质的第二振型为（　　）。

A. $\{A^{(2)}\}=\begin{Bmatrix}1\\-0.198\end{Bmatrix}$ B. $\{A^{(2)}\}=\begin{Bmatrix}1\\-0.212\end{Bmatrix}$

C. $\{A^{(2)}\}=\begin{Bmatrix}1\\-0.153\end{Bmatrix}$ D. $\{A^{(2)}\}=\begin{Bmatrix}1\\-0.165\end{Bmatrix}$

12. 图 11-7-14 所示桁架，在跨中的结点上有集中质量 m，若略去桁架自重，并且各杆的 EA 均相同，则其自振频率 ω 为（　　）。

A. $\sqrt{\dfrac{EA}{ml(\sqrt{2}+1)}}$ B. $\sqrt{\dfrac{2EA}{ml(\sqrt{2}+1)}}$

C. $\sqrt{\dfrac{2EA}{3ml(\sqrt{2}+1)}}$ D. $\sqrt{\dfrac{EA}{2ml(\sqrt{2}+1)}}$

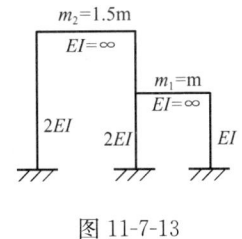

图 11-7-13

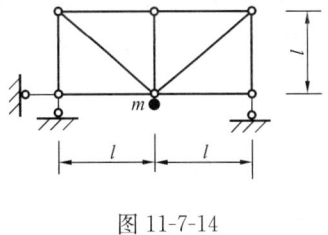

图 11-7-14

第八节 答 案 与 解 答

一、第一节 平面体系的几何组成分析

1. C 2. D 3. C 4. A 5. C 6. D 7. D 8. C 9. A 10. C 11. D

1. C. 解答如下：

将地基、ABD、DC 各作为一刚片。

2. D. 解答如下：

刚片 FAC 上依次加上了 CDF、FDB 两元片，共同与地基之间由三根不相交于一点、也不平行的链杆相连，此部分为无多余约束几何不变体系，但体系中 EF 杆为多余链杆，即一个多余约束。

3. C. 解答如下：

将地基、ABCGF 部分、DHE 部分各作为一刚片，撤去 CH 链杆，上述三刚片组成无多余约束的几何不变体系，故原体系有 1 个多余约束。

4. A. 解答如下：

地基与 DFGE 部分仅有两根链杆相连，故为常变体系。

5. C. 解答如下：

将地基、DF、EG 各作为一刚片。

6. D. 解答如下：

如图 11-8-1 所示，将中间部分视为有一个多余约束的刚片，在其左边与两个刚片通过铰 1、2、3 相连；同理，其右边通过铰 4、5、6 相连，所以整个体系为只有 1 个多余约束的几何不变体系。

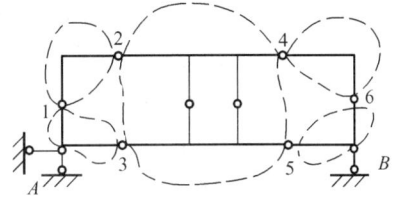

图 11-8-1

7. D. 解答如下：

撤去 DI 链杆，则地基、ACEH 部分、EFBI 部分各为一刚片，组成无多余约束的几何不变体系，故原体系有 1 个多余约束。

8. C. 解答如下：

将地基、DB 部分、EFC 部分各作为一刚片，形成三个虚铰（无穷远处），且地基与 DB 部分、地基与 EFC 部分的两组平行链杆不相互平行。

9. A. 解答如下：

从左向右撤去两元片，最后为图 11-8-2。

10. C. 解答如下：

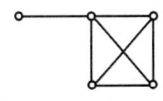

图 11-8-2

523

将地基、AD 部分、DBC 部分各作为一刚片。
二、第二节　静定结构受力分析和特性
1. A　2. B　3. C　4. C　5. C　6. B　7. D　8. C　9. B　10. D
11. C　12. B　13. C　14. A　15. D　16. C　17. D　18. C　19. A　20. C
21. A　22. D　23. C　24. C

1. A. 解答如下：

将 H 处力分解成对称荷载和反对称荷载，分别作用在 G、H 处。在 $\dfrac{P}{2}$、$\dfrac{P}{2}$ 的反对称荷载作用下，有：$N_{GH}=0$，则：$N_{FH}=-\dfrac{\sqrt{2}}{4}P$；在对称荷载作用下，有：$N_{CE}=0$，则：$N_{BE}=N_{HE}=0$，故 $N_{FH}=-\dfrac{\sqrt{2}}{2}P$，所以

$$N_{FH}=-\dfrac{\sqrt{2}}{4}P+\left(-\dfrac{\sqrt{2}}{2}P\right)=-\dfrac{3\sqrt{2}P}{4}$$

2. B. 解答如下：

取 GHC 部分，$\Sigma M_G=0$，则：$2qa^2+2a\cdot X_C=2a\cdot Y_C$
取 EBC 部分，$\Sigma M_E=0$，则：$2aq\cdot 5a+2a\cdot X_C=6a\cdot Y_C+2a\cdot Y_B$
取整体，$\Sigma M_A=0$，则：$2qa\cdot 6a+2qa\cdot a=3a\cdot Y_B+7a\cdot Y_C$
联解得：$X_C=qa(\leftarrow)$，$Y_C=2qa(\uparrow)$，$Y_B=0$，
所以，$M_{HC}=2qa^2$，右边受拉

3. C. 解答如下：

如图 11-8-3 所示受力分析，
$M_C=0$，则：$2X_E+2V_E=8$
$M_D=0$，则：$2X_E-2V_E=8$

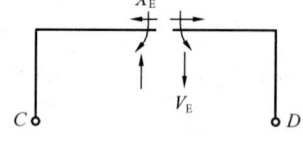

图 11-8-3

解之得：$X_E=4\text{kN}$，$V_E=0$，取 ECA 为脱离体，$\Sigma M_A=0$，则：$M_{AC}=4\times 4-2\times 2-8=4\text{kN}\cdot\text{m}(\downarrow)$

4. C. 解答如下：

取 AC 部分分析，$V_{CA}=0$；
取 CD 部分分析，可知：$V_{DB}=P(\rightarrow)$，所以 $M_{AC}=0$，$M_{BD}=V_{DB}\cdot h=P\cdot h(\downarrow)$

5. C. 解答如下：

过 CI、EG、DP 作截面，取右边脱离体，$\Sigma Y=0$，则：$Y_{CI}=P(受拉)$，$X_{CI}=\sqrt{3}P(受拉)$
过 BE、AD 作截面，取右边脱离体，$\Sigma M_D=0$，则：

$$N_1\cdot a+\sqrt{3}P\cdot a+P\cdot 2a=P\cdot a$$
$$N_1=-(1+\sqrt{3})P=-2.732P$$

6. B. 解答如下：

$\Sigma Y=0$，则：$Y_A=F$

$$\Sigma M_B=0，则：X_A=\dfrac{F\cdot\dfrac{l}{2}+\dfrac{F}{l}\cdot l\cdot\dfrac{l}{2}-F\cdot l}{l}=0$$

所以 $M_{DA} = \dfrac{F}{l} \cdot \dfrac{l}{2} \cdot \dfrac{l}{4} = \dfrac{Fl}{8}$，左边受拉

8. C. 解答如下：

因为 CD 部分为附属部分，而荷载作用在基本部分上，故 CD 部分内力均为零。

9. B. 解答如下：

解法一：求支座 A 的反力，用截面法，过 E 铰、CD 取截面，对 E 取矩求出 N_{CD}，再用铰 C 的结点平衡求出 N_1。

解法二：利用对称结构，将荷载分成 $\dfrac{q}{2}$ 的对称荷载和 $\dfrac{q}{2}$ 的反对称荷载，即：

在反对称荷载 $\left(\dfrac{q}{2}\right)$ 作用下，$N_{CD}=0$，则：$N_1=0$

在对称荷载 $\left(\dfrac{q}{2}\right)$ 作用下，$Y_A=\dfrac{\dfrac{q}{2} \cdot 2a}{2}$，则：$Y_A=N_{AC} \cdot \cos 45°$，$N_1=-N_{AC}\cos 45°$，

故 $N_1=-Y_A=-\dfrac{qa}{2}$

10. D. 解答如下：

对称结构，在铰 E 处剪力为零，将 P 视为两个 $\dfrac{P}{2}$，则：

$M_A=\dfrac{P}{2} \cdot a$，$V_A=\dfrac{P}{2}$，$N_A \neq 0$。

11. C. 解答如下：

对称结构、对称荷载，在铰 E 处剪力为零，则：$V_{B右}=qa$

12. B. 解答如下：

取 FD 部分为脱离体，$\sum M_F=0$，$N_1=\dfrac{2Pa}{a}=2P$

13. C. 解答如下：

先判别出铰 C 处 IC、EC 杆为零杆。

过 IE、FJ、FH 取截面，$\sum M_E=0$，则：$N_1=\dfrac{Pa-P \cdot \dfrac{a}{2}}{a}=\dfrac{P}{2}$

14. A. 解答如下：

先判定出零杆，DH 杆、CE 杆为零杆。

对铰 E 分析：$N_{ED}=P$，$N_{CE}=0$，$X_{EF}=-X_{EH}=\dfrac{P}{2}$

对铰 F 分析：$N_1=-X_{EF}=\dfrac{-P}{2}$

15. D. 解答如下：

对称结构，对称荷载，则 $N_1=N_2$，又结点平衡条件，知 $N_1=N_2=0$。

16. C. 解答如下：

$$\Sigma M_B = 0, Y_A = \frac{P \cdot 2a + P \cdot a - Pa}{2a} = P(\downarrow)$$

过 DC、FC 取截面，取左部分为脱离体，$\Sigma Y = 0$，则：
$$N_{CF} \cdot \cos 45° = P, N_{CF} = \sqrt{2} P$$

17. D. 解答如下：
$$\Sigma M_A = 0, 则：X_B = \frac{2F \cdot 3a + F \cdot 2a}{2a} = 4F(\leftarrow)$$

过 CD、EF、BA 取截面，取上部为脱离体，$\Sigma X = 0$，则：
$$N_1 = X_B = 4F(受拉)$$

18. C. 解答如下：

取截面如图 11-8-4 所示。

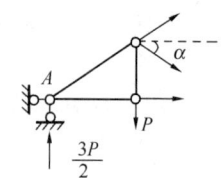

图 11-8-4

$$\cos\alpha = \frac{2}{\sqrt{5}}, \sin\alpha = \frac{1}{\sqrt{5}}$$

$$\Sigma M_A = 0, 则：Pa + N_1 \cos\alpha \cdot \frac{a}{2} + N_1 \sin\alpha \cdot a = 0$$

$$Pa + N_1 \cdot \frac{2}{\sqrt{5}} \cdot \frac{a}{2} + N_1 \cdot \frac{1}{\sqrt{5}} \cdot a = 0$$

$$解之得：N_1 = -\frac{\sqrt{5} P}{2}$$

19. A. 解答如下：

求出支座反力 $Y_A = Y_W = \frac{P}{2}$

过 GH、HK、DW 取截面，左边为脱离体，$\Sigma M_D = 0$，则

$$P \cdot 4 + N_1 \cdot 6 = \frac{P}{2} \cdot 12$$

$$解之得：N_1 = \frac{P}{3}$$

20. C. 解答如下：

首先判定零杆，再过 ED、EF、FC、CB 取截面，取左边为脱离体，$\Sigma M_A = 0$，则：

$$N_1 \cdot 2l = P \cdot l, 得 N_1 = \frac{P}{2}$$

21. A. 解答如下：

首先判定零杆，JC、JD 为零杆；JB、JE 为零杆；

过 EC、EJ、IF、HF 取截面，取上部为脱离体，

$$\Sigma X = 0, 则 N_1 = -P$$

22. D. 解答如下：

取铰 E 分析，力 P 和轴力 N_1 均向 DEG 直线的垂直方向投影，则：

$$N_1 \sin 45° = P \sin 45°, 得 N_1 = P$$

24. C. 解答如下：

$$N_1 = \frac{P}{\tan\theta}, N_2 = -P, \text{又} \tan\theta = \frac{h}{a}$$

所以当 h 增大，N_1 减小，N_2 不变。

三、第三节　静定结构位移计算

1. B　2. A　3. B　4. A　5. B　6. A　7. C　8. D　9. A　10. C
11. D　12. B　13. A　14. B　15. D　16. C　17. D　18. B　19. B　20. B
21. B　22. C　23. A　24. B　25. C

1. B. 解答如下：

作出 $\overline{M}_1$、M_p 图，见图 11-8-5。

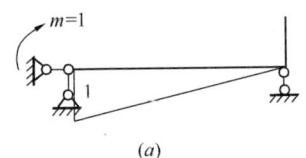
(a)

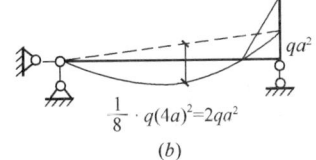
(b)

图 11-8-5

$$\theta_A = \frac{1}{EI}\left[\frac{2}{3} \cdot (2qa^2 \cdot 4a) \cdot \frac{1}{2} - \frac{1}{2}qa^2 \cdot 4a \cdot \frac{1}{3}\right] = \frac{2qa^3}{EI}(\downarrow)$$

2. A. 解答如下：

在 E 处加单位水平力，方向向左，则求出支座反力：$Y_B = 0$；

$$X_A = 1(\leftarrow), Y_A = 0, M_A = l(\curvearrowleft)$$

所以　$\Delta_{EH} = -\sum \overline{R}_i \cdot C = -(1 \times a - l \times \theta) = l\theta - a(\rightarrow)$

3. B. 解答如下：

在 C 处作用单位力，方向垂直向下，作出 $\overline{M}_i$ 图、$\overline{N}_i$ 图见图 11-8-6。

$$t_0 = \frac{t_1 + t_2}{2} = 15℃, \Delta t = 25 - 15 = 10℃$$

$$\Delta_{CV} = \sum \frac{\alpha \Delta t}{h} \cdot \omega_{\overline{M}_i} + \sum \alpha t_0 \omega_{\overline{N}_i}$$

$$= \frac{10\alpha}{h} \times 2 \times \frac{1}{2} \times l \times l + (-2)\alpha \cdot 15 \cdot l$$

$$= 100\alpha l - 30\alpha l = 70\alpha l(\downarrow)$$

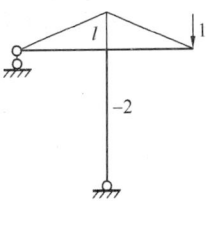

图 11-8-6

4. A. 解答如下：

作出 $\overline{M}_i$、M_p 图见图 11-8-7。

$$\Delta_{AV} = \frac{1}{EI} \cdot \left(\frac{1}{2} \cdot 2FL \cdot 2L\right) \cdot \frac{2}{3} \cdot 2L = \frac{8FL^3}{3EI}$$

5. B. 解答如下：

作出 $\overline{M}_i$、M_p 图见图 11-8-8。

$$\theta_A = \frac{1}{EI} \cdot \left(\frac{1}{2} \cdot 20 \cdot 2 \times 1\right) = \frac{20}{EI}(\downarrow)$$

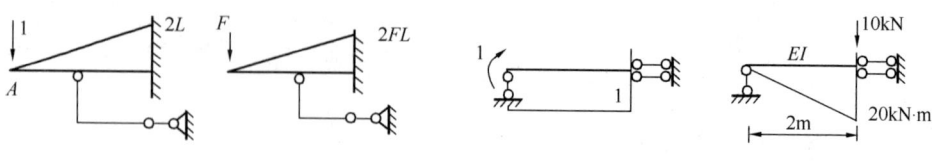

图 11-8-7　　　　　　　　　　　图 11-8-8

6. A. 解答如下：

作出 $\overline{M}_i$、M_p 图见图 11-8-9。

$$\theta_c = \frac{1}{2EI}\left(\frac{1}{2}M \cdot l\right) \cdot \frac{1}{3} = \frac{Ml}{12EI}(\curvearrowright)$$

7. C. 解答如下：

作出 $\overline{M}_i$、M_p 图见图 11-8-10。

$$\theta_c = \frac{1}{EI} \cdot 2 \times \left(\frac{1}{2} \times 40 \times 2 \times 1\right) = \frac{80}{EI}，图示方向$$

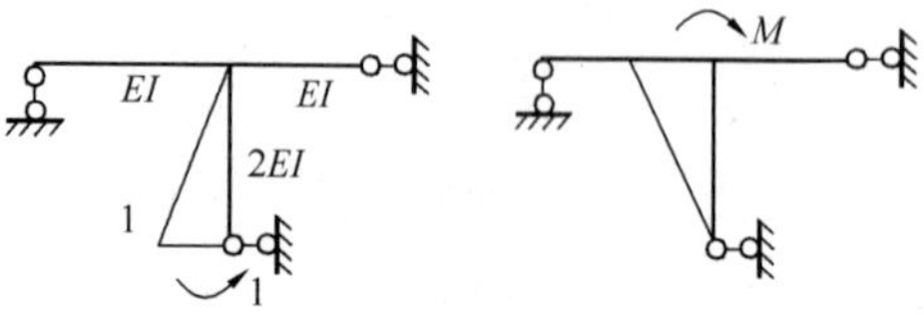

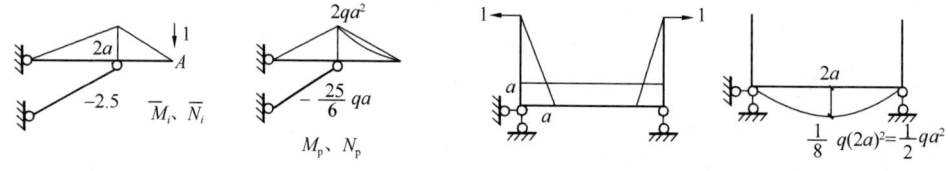

图 11-8-9 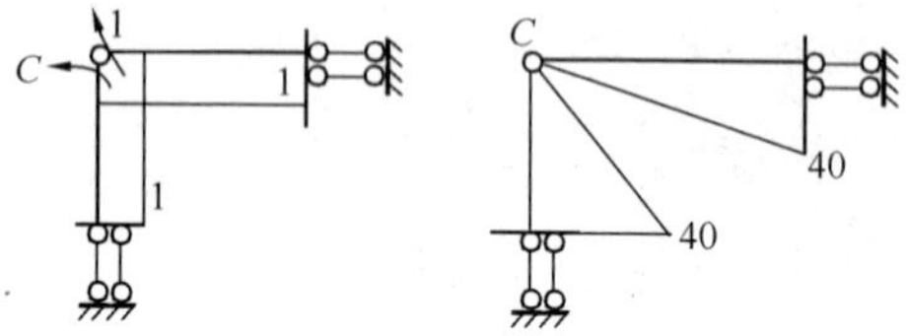　　　　　　　　　　　图 11-8-10

8. D. 解答如下：

作出 $\overline{M}_i$、M_p 图及 $\overline{N}_i$、N_p 图见图 11-8-11。

$$\Delta_{AV} = \Sigma \frac{\omega y}{EI} + \Sigma \frac{\overline{N}_i N_p \cdot l}{EA}$$

$$= \frac{1}{EI}\left(\frac{1}{2} \cdot 2qa^2 \cdot 4a \cdot \frac{2}{3} \cdot 2a + \frac{1}{3} \cdot 2qa^2 \cdot 2a \cdot \frac{3}{4} \cdot 2a\right) + \left(-\frac{5}{2}\right) \cdot \left(-\frac{25qa}{6}\right) \cdot \frac{5a}{EA}$$

$$= \frac{22qa^4}{3EI} + \frac{625qa^2}{12EA}$$

9. A. 解答如下：

作出 $\overline{M}_i$、M_p 图见图 11-8-12。

图 11-8-11　　　　　　　　　　　图 11-8-12

$$\Delta = -\frac{1}{EI} \cdot \left(\frac{2}{3} \cdot \frac{1}{2}qa^2 \cdot 2a\right) \cdot a = -\frac{2qa^4}{3EI}$$

10. C. 解答如下：

作出 $\overline{M}_i$、M_p 图见图 11-8-13。

$$\Delta_{CV} = \frac{1}{EI}\left(\frac{1}{2} \cdot \frac{L}{2} \cdot \frac{L}{2} \cdot \frac{5PL}{6}\right) = \frac{5}{48}\frac{PL^3}{EI}(\downarrow)$$

11. D. 解答如下：

作出 $\overline{M}_i$、M_p 图见图 11-8-14。

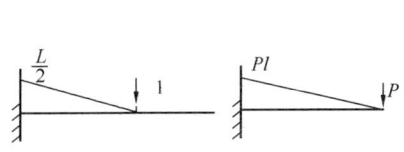
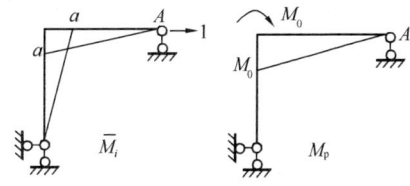

图 11-8-13   图 11-8-14

$$\Delta_{AH} = \frac{1}{EI} \cdot \left(\frac{1}{2} \cdot M_0 \cdot a \cdot \frac{2}{3}a\right) = \frac{M_0 a^2}{3EI}(\rightarrow)$$

12. B. 解答如下：

作出 $\overline{M}_i$、M_p 图见图 11-8-15。

$$\Delta_{BH} = \frac{1}{EI}\left[\left(\frac{1}{2} \cdot l \cdot l\right) \cdot \frac{2}{3} \cdot \frac{ql^2}{2} + \left(\frac{1}{2} \cdot l \cdot l \cdot \frac{2}{3}\right)\frac{ql^2}{2} + \left(\frac{2}{3} \cdot \frac{ql^2}{8} \cdot l\right) \cdot \frac{l}{2}\right]$$

$$= \frac{3ql^4}{8EI}(\rightarrow)$$

13. A. 解答如下：

在 C 点施加单位力，求出 AC、BC 杆的轴力分别为：$N_{AC} = \frac{1}{2}$，$N_{BC} = \frac{1}{2}$，

$$\Delta_{BV} = \sum \alpha t_0 \overline{N}_i \cdot l = \alpha \cdot 10 \cdot \left(\frac{1}{2} + \frac{1}{2}\right) \cdot 2a = 20\alpha a(\downarrow)$$

14. B. 解答如下：

作出 $\overline{M}_i$、M_p 图见图 11-8-16。

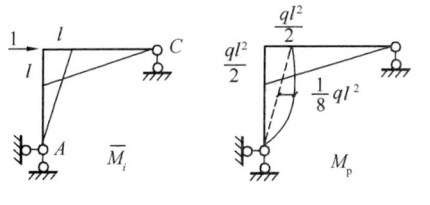
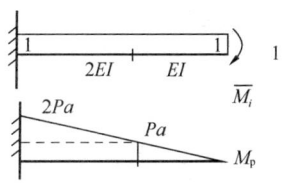

图 11-8-15   图 11-8-16

$$\theta_A = \frac{1}{EI}\left(\frac{1}{2}Pa \cdot a \cdot 1\right) + \frac{1}{2EI}\left[\left(\frac{1}{2} \cdot 2Pa \cdot a\right) \cdot 1 + \frac{1}{2} \cdot (2Pa - Pa) \cdot a \cdot 1\right]$$

$$= \frac{5Pa^2}{4EI}(\circlearrowright)$$

15. D. 解答如下：

对称结构，反对称荷载，则杆件内力、变形及位移反对称，故 Δ_{CV} 为零。

16. C. 解答如下：

对称结构，对称荷载，则杆件的内力、位移等正对称，故 A、B 两点竖向相对位

移为零。

17. D. 解答如下：

结构对过铰 $45°$ 方向的轴线对称，反对称荷载，故构件的位移是反对称的，所以转角为零。

18. B. 解答如下：

力的量纲除以线位移的量纲。

19. B. 解答如下：

功的互等定理适用于线性弹性体系。

22. C. 解答如下：

在点 D 施加单位力，方向向下，由 $\Sigma M_A=0$，$Y_B=\frac{1}{2}$，则：$Y_A=\frac{1}{2}$；又由节点 B 平衡条件知：$N_{EB}=\frac{1}{2}$。

过 HI、HE、DE 取截面，取左边脱离体，$\Sigma M_H=0$，则：

$$N_{DE}=\frac{1}{2} \cdot 2a/a = 1$$

所以 $N_{AC}=N_{BE}=\frac{1}{2}$，$N_{CD}=N_{DE}=1$

由变形体虚功原理得：$\Delta_{DV}=\Sigma \overline{N_i} \cdot u_e = \frac{1}{2}(-2)\times 2 + 1\times (-2)\times 2 = -6\text{cm}$，方向向上。

23. A. 解答如下：

在 D、B 点加集中力 $P=\frac{1}{\sqrt{2}a}$，方向见图 11-8-17，$\Sigma M_A=0$，则 $\overline{R}_B=\frac{1}{4a}$，所以

$$\theta_{BD}=-\Sigma \overline{R}_i c = -\frac{1}{4a} \cdot (-c) = \frac{c}{4a}(\downarrow)$$

24. B. 解答如下：

在 D、B 点加集中力 $P=\frac{1}{\sqrt{2}a}$，方向见图 11-8-18，因外部为力偶，故 A 反力与 B 反力形成一个力偶，则：

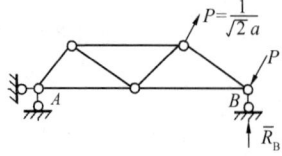
图 11-8-17

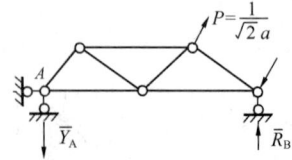
图 11-8-18

$$\overline{R}_A = -\overline{R}_B = \frac{1}{4a}, \text{即：}$$

$$\overline{Y}_A = \frac{1}{4a}, \overline{X}_A = 0$$

所以 $\theta_{BD} = -\sum \overline{R}_i \cdot C = -\left[0 \times b + \frac{1}{4a} \times c\right] = -\frac{c}{4a}$，方向逆时针向。

25. C. 解答如下：

在 D 点施加单位力 $m=1$，顺时针向，支座反力：$Y_B = \frac{1}{a}(\uparrow)$，$X_B = \frac{1}{2a}$

$$\theta_D = -\sum \overline{R}_i \cdot C = -\left[\frac{1}{a} \times (-\Delta_2) + \frac{1}{2a} \cdot (-\Delta_1)\right]$$

$$= \frac{1}{2a}(2\Delta_2 + \Delta_1)(\downarrow)$$

四、第四节 超静定结构（力法）

1. D 2. C 3. A 4. D 5. D 6. A 7. D 8. C 9. D 10. C
11. A 12. C 13. A 14. B 15. A 16. C 17. C 18. B 19. C 20. D
21. C

1. D. 解答如下：

作出 $\overline{M}_i$、M_p 图见图 11-8-19。

$$\Delta_{1p} = \frac{1}{2EI} \cdot \left(\frac{2}{3} \cdot \frac{1}{8}qa^2 \cdot a\right) \cdot \frac{1}{2} + \frac{2}{a} \cdot \left(-\frac{qa}{2}\right) \cdot a \cdot \frac{1}{EA}$$

$$= \left(\frac{1}{48} - 1\right)\frac{qa^3}{EI} = -\frac{47}{48}\frac{qa^3}{EI}$$

2. C. 解答如下：

撤去 B 支座水平链杆代以反力 X_1，方向向右，见图 11-8-20。

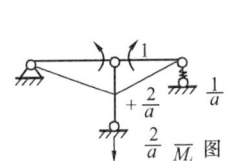 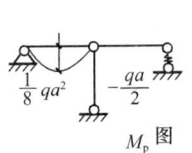 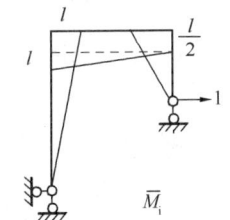 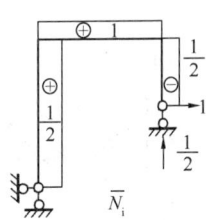

图 11-8-19   图 11-8-20

$$\delta_{11} = \frac{1}{EI}\left(\frac{1}{2} \cdot l^2 \cdot \frac{2}{3}l + \frac{1}{2} \cdot \frac{l}{2} \cdot \frac{l}{2} \cdot \frac{l}{3} + \frac{1}{2} \cdot l \cdot l \cdot \frac{5}{6}l + \frac{1}{2} \cdot \frac{l}{2} \cdot l \cdot \frac{2}{3}l\right)$$

$$= \frac{23l^3}{24EI}$$

$$\Delta_{1t} = \sum \alpha t_0 \cdot \omega_{\overline{N}_i} + \sum \frac{\alpha \Delta t}{h} \cdot \omega_{\overline{M}_i}$$

$$= \alpha \cdot 6 \cdot \left(l \cdot \frac{1}{2} + 1 \cdot l - \frac{l}{2} \cdot \frac{1}{2}\right) + \frac{\alpha \cdot 28}{l/10}\left(\frac{1}{2}l^2 + \frac{1}{8}l^2 + \frac{3}{4}l^2\right) = 392.5\alpha l$$

又 $\delta_{11}X_1 + \Delta_{1t} = 0$，则：$X_1 = -\frac{409.6\alpha EI}{l^2}(\leftarrow)$ $X_A = X_1 = -\frac{409.6\alpha EI}{l^2}(\rightarrow)$

所以 $M_{CA} = X_A \cdot l = \frac{-409.6\alpha EI}{l}$，左边受拉

3. A. 解答如下：

依据超静定结构特性，刚度大的杆件承担的力也大，当 I_1 不变，I_2 增大时，X_1 将增大。

4. D. 解答如下：

撤去 B 支座水平链杆代以未知力 X_1，当 X_1 取单位力 1 时，$\sum M_A = 0$，

则：$Y_B = 0$，故 $Y_A = 0$，$\Delta_{1c} = -\sum \overline{R_i} \cdot C = -0 \times b = 0$

又 $\delta_{11} X_1 + \Delta_{1c} = 0$，则：$X_1 = 0$。

所以结构内力均为零。

5. D. 解答如下：

对原结构先后两次取半结构，最后如图 11-8-21 所示。

6. A. 解答如下：

截断 CD 杆，代以反力 X_1，单位力 1（压力）作用于基本体系，绘出 $\overline{M_i}$、M_p 图见图 11-8-22，可知：

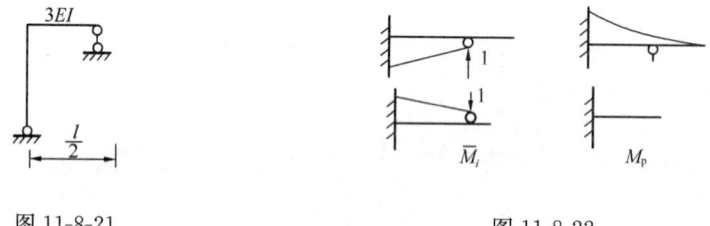

图 11-8-21   图 11-8-22

$$\delta_{11} > 0, \Delta_{1p} < 0,$$

又 $$\delta_{11} X_1 + \Delta_{1p} = -\frac{X_1 L}{EA}$$

所以 $X_1 > 0$，即为压力，$X_1 \neq 2qL$。

8. C. 解答如下：

作出 $\overline{M_i}$、M_p 图见图 11-8-23。

$$\delta_{11} = \frac{l^3}{3EI}, \Delta_{1p} = -\frac{5Pl^3}{48EI}$$

$$\delta_{11} X_1 + \Delta_{1p} = 0$$

所以 $X_1 = \frac{5P}{16}(\uparrow)$

9. D. 解答如下：

求出 $X_1 = 1$ 时，各杆的轴力 $N_{AC} = -\frac{1}{2}$，$N_{BC} = -\frac{1}{2}$，$N_{AD} = N_{BE} = \frac{\sqrt{2}}{2}$，

$$N_{DC} = N_{CE} = -\frac{\sqrt{2}}{2}$$

$$\delta_{11} = \frac{1}{EA}\left[\left(\frac{\sqrt{2}}{2}\right)^2 \cdot \frac{\sqrt{2}}{2} a \cdot 4 + \left(-\frac{1}{2}\right)^2 \cdot a \cdot 2\right]$$

$$= \frac{a}{EA} \cdot \left(\sqrt{2} + \frac{1}{2}\right) = \frac{(2\sqrt{2} + 1)a}{2EA}$$

10. C. 解答如下：

作出 $\overline{M_2}$ 图见图 11-8-24。

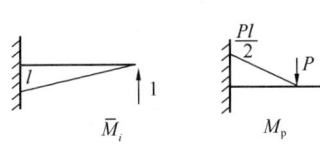

图 11-8-23 图 11-8-24

$$\delta_{22} = \frac{1}{EI}\left(\frac{1}{2} \cdot l \cdot l \cdot \frac{2}{3}l + l \cdot l \cdot l\right) = \frac{4l^3}{3EI}$$

11. A. 解答如下：

作出 $\overline{M}_1$、$\overline{M}_2$、M_p 弯矩图，图乘法求解时，弯矩图同侧为正，异侧为负，则 $\Delta_{1p} > 0$，$\delta_{12} < 0$。

12. C. 解答如下：

利用对称结构，将荷载变为对称荷载，反对称荷载。

在对称荷载作用下，$M_{CA} = 0$，

在反对称荷载作用下，内力反对称，则 $X_A = \frac{P}{2}(\leftarrow)$

所以 $M_{CA} = X_A \cdot l = \frac{Pl}{2}$，右侧受拉。

14. B. 解答如下：

$X_1 = 1$ 时，求出基本体系中 B、C 支座反力：$Y_B = 1$，$X_C = 0$，$Y_C = -2$

$\Delta_{1c} = -\sum \overline{R}_i \cdot C = -[1 \times (-\Delta_1) + 0 + (-2) \cdot (-\Delta_2)] = \Delta_1 - 2\Delta_2$

15. A. 解答如下：

在 X_1 作用下，取 $X_1 = 1$ 时，$N_{BC} = N_{AB} < 0$；外力 P 作用下，$N_{BC} = 0$，$N_{AB} > 0$，则 $\Delta_{1p} < 0$，又 $\delta_{11}X_1 + \Delta_{1p} = 0$，所以 $X_1 = -\frac{\Delta_{1p}}{\delta_{11}} > 0$

16. C. 解答如下：

取 A 支座反力 X_1 为力法方程基本未知量，方向向下为正，则作出 $\overline{M}_1$、M_p 图，故 $\Delta_{1p} = 0$

又 $\delta_{11}X_1 + \Delta_{1p} = 0$，则：$X_1 = 0$

所以 $M_{BA} = 0$。

17. C. 解答如下：

对称结构，反对称荷载，则内力反对称。

18. B. 解答如下：

去掉上部多余链杆，1 个多余约束；

去掉中间复铰，解除了 $2 \times (3-1) = 4$ 个多余约束。

19. C. 解答如下：

对称结构，将 P 视作两个 $\frac{P}{2}$，反对称荷载，变形反对称，故 C 点的竖向位移为零。

五、第五节 超静定结构（位移法）

1. C 2. B 3. C 4. B 5. D 6. C 7. A 8. C 9. B 10. B

11. D　12. D　13. C　14. B　15. B　16. D　17. B　18. A　19. A　20. B
21. C

1. C. 解答如下：

在 F、G、C、I 处加约束刚臂。

2. B. 解答如下：
$$\theta_B = \frac{M_{BA}^\mu}{S_{BA}} = \frac{5}{4EI/4} = \frac{5}{EI}(\downarrow)$$

3. C. 解答如下：
$$1 \cdot \cos 45° = \frac{N_{DF} \sqrt{2}a}{EA}, 则\ N_{DF} = N_{DE} = \frac{EA\cos 45°}{\sqrt{2}a}$$

$$K_{11} = 2 \times \frac{EA\cos 45°}{\sqrt{2}a} \cdot \cos 45° + \frac{3i}{a^2}$$

$$= \frac{\sqrt{2}EA}{2a} + \frac{3EI}{a^3} = \frac{\sqrt{2} \cdot \sqrt{2}EI}{2a \cdot a^2} + \frac{3EI}{a^3}$$

$$= \frac{4EI}{a^3}$$

4. B. 解答如下：

$\overline{M}_1$、M_c 图见图 11-8-25。

$$K_{11} = 7i = 7\frac{EI}{l}$$

$$R_{1c} = -\frac{9i}{l}\Delta = -\frac{9EI\Delta}{l^2}$$

又 $K_{11} \cdot \Delta_1 + R_{1c} = 0$，则：$\Delta_1 = \frac{9\Delta}{7l}$

$$M = \overline{M}_1 \cdot \Delta_1 + M_c = \frac{2EI}{l} \cdot \frac{9\Delta}{7l} - \frac{12EI\Delta}{l^2} = -\frac{66EI\Delta}{7l^2}(上拉)$$

5. D. 解答如下：

取原结构的基本结构如图 11-8-26 所示。

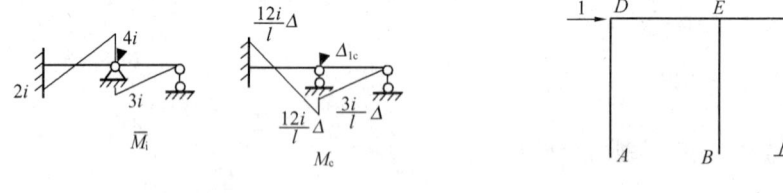

图 11-8-25　　　　　　　　　　图 11-8-26

$$\Delta_H = \frac{1}{EI}\left(\frac{1}{2} \cdot \frac{qh^2}{4} \cdot h \cdot \frac{2}{3}h - \frac{1}{2} \cdot \frac{qh^2}{4} \cdot h \cdot \frac{1}{3}h\right)$$

$$= \frac{qh^4}{24EI}(\rightarrow)$$

6. C. 解答如下：

位移法求解，图中 C、D 有两个角位移，因为 M_p 图为零，则 C、D 转角为零，最终弯矩图为零，即结构无弯矩，也无剪力，但杆件轴力存在，所以，把结点当作为铰结点，解之得杆 BC 的轴力为 $\sqrt{2}P$，压力。

7. A. 解答如下：

位移法求解时，图中 C 有 1 个角位移，但 Δ_{1p} 为零，又由 $K_{11}\Delta_1 + \Delta_{1p} = 0$，可知角位移为零，AC 杆、BC 杆、DC 杆的结点当作为铰结点，只受轴力，按铰接桁架计算。

8. C. 解答如下：

$$S_{AB} = 4i_{AB} = \frac{4 \times 3EI}{5}, S_{AC} = 4i_{AC} = \frac{4 \times 4EI}{5}$$

$$\mu_{AC} = \frac{S_{AC}}{\Sigma S} = \frac{\frac{16}{5}}{\frac{12}{5} + \frac{16}{5}} = \frac{4}{7}$$

9. B. 解答如下：

在 C、D 处各加刚臂；在 B 处加垂直链杆。

10. B. 解答如下：

当 P 方向产生 $\Delta = 1$ 时，求出 AC、BD 构件的剪力，见图 11-8-27，则：

$$K_{11} = \frac{12i}{h^2} + \frac{12i}{h^2} = \frac{24i}{h^2}$$

$$\Delta_H = \frac{P}{K_{11}} = \frac{Ph^2}{24i}$$

所以 $M_{AC} = \frac{12i}{h} \cdot \Delta_H = \frac{Ph}{2}, M_{BD} = \frac{6i}{h}\Delta_H = \frac{Ph}{4}$

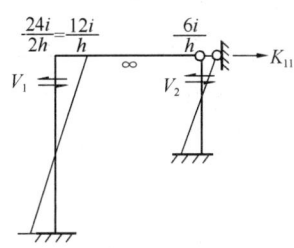

图 11-8-27

11. D. 解答如下：

$$K_{11} = 3i_{BA} + 4i_{BC} = 3 \cdot \frac{EI}{l} + 4 \cdot \frac{2EI}{l} = \frac{11EI}{l}$$

12. D. 解答如下：

求出固端弯矩：$M_{AB} = \frac{ql^2}{4}(\circlearrowright), M_{AD} = -\frac{ql^2}{12}(\circlearrowleft)$

$$R_{1p} = M_{AB} + M_{AD} = \frac{ql^2}{4} - \frac{ql^2}{12} = \frac{1}{6}ql^2$$

$$K_{11} = 4\frac{EI}{l} + \frac{4EI}{l} + \frac{EI}{l/2} = 10EI/l$$

$$\theta_A = \frac{-R_{1P}}{K_{11}} = -\frac{ql^3}{60EI}$$

13. C. 解答如下：

$$S_{AB} = 4i_{AB} = 4 \cdot \frac{2EI}{a} = \frac{8EI}{a}$$

$$S_{AE} = 0, S_{AC} = 3EI/a, S_{AD} = \frac{EI}{a}$$

$$\mu_{AB} = \frac{S_{AB}}{\Sigma S} = \frac{8}{8 + 0 + 3 + 1} = \frac{8}{12} = \frac{2}{3}$$

$$\mu_{AD} = \frac{S_{AD}}{\Sigma S} = \frac{1}{12}$$

14. B. 解答如下：

$$M_{BA} = \frac{-6EI}{a^2}(\curvearrowright), M_{BC} = \frac{3EI}{b^2}(\curvearrowleft)$$

$|M_{BA}| = |M_{BC}|$，解之得：$a/b = \sqrt{2}/1$

15. B. 解答如下：

$$M_{CB} = 2i \cdot \theta_B = -\frac{7Pl^2}{240EI} \cdot \frac{2EI}{l} = -\frac{7Pl}{120}$$

C 处的转角 θ_C 在 C 处引起的弯矩：

$$M_{CD} = (4i + 3i)\theta_C = 7\frac{EI}{l} \cdot \theta_C$$

又 $|M_{CB}| = |M_{CD}|$，即：$\frac{7Pl}{120} = \frac{7EI}{l} \cdot \theta_C$

所以 $\theta_C = \frac{Pl^2}{120EI}$

16. D. 解答如下：$M_{BA} = -\frac{6i}{l} \cdot \Delta(\curvearrowright)$，

B 处截面转角 θ_B 引起的弯矩：$M_{B(\theta)} = (4i+i)\theta_B$

$$|M_{BA}| = |M_{B(\theta)}|,\text{即}\frac{6i}{l} \cdot \Delta = 5i\theta_B$$

解之得：$\theta_B = \frac{6\Delta}{5l}$

17. B. 解答如下：

由转角引起的弯矩：$M_{C(\theta)} = (3i + 4i) \cdot \theta_C = 7i\theta_C = \frac{7EI\theta_C}{l}$

由水平位移引起的弯矩：$M_{C(H)} = -\frac{6i}{l}\Delta = -\frac{6i}{l} \cdot \frac{7Pl^4}{36EI} = -\frac{7Pl^2}{6}$

$|M_{C(\theta)}| = |M_{C(H)}|$，解之得：$\theta_C = \frac{Pl^3}{6EI}(\curvearrowleft)$

18. A. 解答如下：

$$S_{A1} = \frac{4EI}{4} = EI, S_{A2} = 4\frac{EI}{5}, S_{A3} = 0, S_{A4} = \frac{3EI}{5}$$

所以 $\mu_{A2} = \frac{S_{A2}}{\Sigma S} = \frac{\frac{4}{5}}{1 + \frac{4}{5} + 0 + \frac{3}{5}} = \frac{4}{12} = \frac{1}{3}$

19. A. 解答如下：

支座 B 视为固定支座，$S_{AB} = \frac{4EI}{5}$，$S_{AC} = \frac{4EI}{5}$，$S_{AD} = \frac{3EI}{5}$，所以 $\mu_{AB} = \frac{\frac{4}{5}}{\frac{4}{5} + \frac{4}{5} + \frac{3}{5}}$

$= \frac{4}{11}$

21. C. 解答如下：

力 P 作用在不动结点上，各杆弯矩为零。

六、第六节 影响线

1. C 2. A 3. B 4. C 5. D 6. D 7. B 8. C 9. A 10. A
11. B

1. C. 解答如下：

用机动法作出影响线，n 截面上部为正，竖标为 b。

3. B. 解答如下：

作出 M_C 的影响线，当左边 120kN 作用在 C 处时，弯矩值最大：$M = \left(\dfrac{4}{3} + \dfrac{1}{4} \cdot \dfrac{4}{3}\right) \times 120 = 200 \text{kN} \cdot \text{m}$

4. C. 解答如下：

作出跨中截面弯矩影响线，可知当 20kN 的力作用于跨中截面时有最大弯矩值：

$$M = 20 \times 1 + 5 \times \dfrac{1}{2} + 10 \times \dfrac{1}{2} = 27.5 \text{kN} \cdot \text{m}$$

5. D. 解答如下：

$\dfrac{R_\text{左}}{a} \leqslant \dfrac{P_\text{cr} + R_\text{右}}{b}$，当 $a = b = 8\text{m}$，则：$R_\text{左} \leqslant P_\text{cr} + R_\text{右}$，$R_\text{左} + P_\text{cr} \geqslant R_\text{右}$，

当 P_cr 取 80kN 时，上述不等式成立，故 $P_\text{cr} = 80\text{kN}$。

11. B. 解答如下：

作出直接荷载影响线，再将结点的投影点连成直线。

七、第七节 结构动力特性及动力反应

1. D 2. B 3. A 4. C 5. A 6. B 7. B 8. C 9. C 10. D
11. A 12. A

1. D. 解答如下：

在右球处加一根水平链杆。

2. B. 解答如下：

在 m_1 处加一根水平链杆，在 m_2 处加一根水平链杆，一根垂直链杆。

5. A. 解答如下：

$\omega = \sqrt{\dfrac{k}{m}}$，$m$ 增大，ω 减少。

6. B. 解答如下：

原结构等效为在 C 处设一垂直链杆，整个体系为超静定结构，见图 11-8-28，取 X_1 代替未知基本量，作出 $\overline{M}_1$、M_p 图，再求 M 图，最后求 Δ_AV。

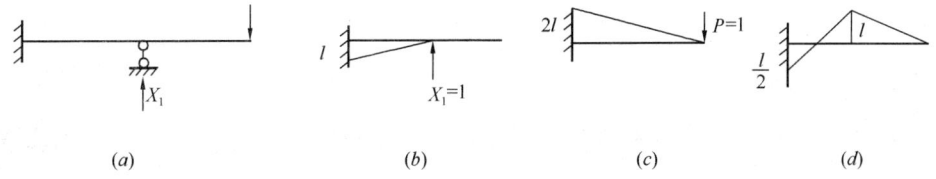

图 11-8-28
(a) 基本结构；(b) $\overline{M}_1$ 图；(c) M_p 图；(d) M 图

由图（b）知，$\delta_{11} = \dfrac{l^3}{3EI}$

由图（c）知，$\Delta_{1p} = -\dfrac{5l^3}{6EI}$，又 $\delta_{11}X_1 + \Delta_{1p} = 0$，则：$X_1 = \dfrac{5}{2}$

求 M 图，见图（d）$M = \overline{M_1} \cdot \dfrac{5}{2} + M_p$

由图（c）与图（d）相图乘，求出 Δ_{AV}：

$\Delta_{AV} = \dfrac{l^3}{3EI} + \dfrac{1}{EI} \cdot \left(\dfrac{1}{2} \cdot l \cdot l \cdot \dfrac{4}{3}l - \dfrac{1}{2} \cdot \dfrac{l}{2} \cdot l \cdot \dfrac{5}{3}l \right) = \dfrac{7l^3}{12EI}$

所以 $\omega = \sqrt{\dfrac{1}{\Delta_{AV} \cdot m}} = \sqrt{\dfrac{12EI}{7ml^3}}$

7. B. 解答如下：

$y_1 = 0.607\text{cm} \quad y_2 = 0.500\text{cm}$

$\dfrac{y_1}{y_2} = e^{-2\pi\xi}$，则：$\xi = \dfrac{1}{2\pi} \ln \dfrac{y_1}{y_2} = 0.0309$，取 $\xi = 0.03$

$\beta = \dfrac{1}{2\xi} = \dfrac{1}{2 \times 0.03} = 16.7$

8. C. 解答如下：

作出弯矩图见图 11-8-29。

$\delta_{11} = \dfrac{1}{EI} \left[\dfrac{1}{2} \cdot l \cdot \dfrac{l}{2} \cdot \dfrac{2}{3} \cdot \dfrac{l}{2} + \dfrac{1}{2} \cdot \dfrac{l}{2} \cdot \dfrac{l}{2} \cdot \dfrac{2}{3} \cdot \dfrac{l}{2} \right] = \dfrac{l^3}{8EI}$

$\omega = \sqrt{\dfrac{1}{\delta_{11} m}} = \sqrt{\dfrac{8EI}{ml^3}}$

9. C. 解答如下：

作出弯矩图见图 11-8-30。

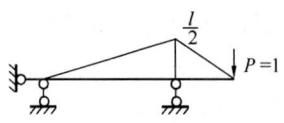
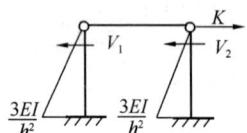

图 11-8-29　　　　　　　　图 11-8-30

$K = V_1 + V_2 = \dfrac{3EI}{H^2 \cdot H} + \dfrac{3EI}{H^2 \cdot H} = \dfrac{6EI}{H^3}$

$\omega = \sqrt{\dfrac{K}{m}} = \sqrt{\dfrac{6EI}{H^3} \cdot \dfrac{1}{m_0 l}} = \sqrt{\dfrac{6EI}{m_0 l H^3}}$

10. D. 解答如下：

设 $y(t) = A\sin(\omega t + \phi)$，则惯性力：$F(t) = -m\ddot{y}(t) = mA\omega^2 \sin(\omega t + \phi)$，位移与惯性力同时达到最大，$y(t) = A, F(t) = mA\omega^2$，设杆的转角幅值为 α，则：$A = \dfrac{3}{2}l \cdot \alpha$，$F(t) = \dfrac{3}{2}ml \cdot \alpha \cdot \omega^2$，又 $\sum M_A = 0$，则：$(k \cdot l \cdot \alpha) \cdot l = \left(\dfrac{3}{2}ml \cdot \alpha \cdot \omega^2 \right) \cdot \dfrac{3}{2}l$

解之得：$\omega = \frac{2}{3}\sqrt{\frac{K}{m}}$

11. A. 解答如下：

由主振型的正交性 $\{A^{(1)}\}^T \cdot [m] \cdot \{A^{(2)}\} = 0$

设 $\{A^{(2)}\} = \begin{Bmatrix} 1 \\ x \end{Bmatrix}$，则：$\begin{Bmatrix} 1 \\ 3.365 \end{Bmatrix}^T \cdot \begin{pmatrix} 1 & 0 \\ 0 & 1.5 \end{pmatrix} \cdot \begin{Bmatrix} 1 \\ x \end{Bmatrix} = 1 + 3.365 \times 1.5x = 0$，

$$x = -0.198$$

所以 $\{A^{(2)}\} = \begin{Bmatrix} 1 \\ -0.198 \end{Bmatrix}$

12. A. 解答如下：

当桁架作用单位力时，求出各杆内力见图 11-8-31。

$$\delta_{11} = \frac{\left(-\frac{1}{2}\right)^2 \cdot l}{EA} \cdot 4 + \frac{\left(\frac{\sqrt{2}}{2}\right)^2 \sqrt{2}l}{EA} \cdot 2$$

$$= \frac{(\sqrt{2}+1)l}{EA}$$

$$\omega = \sqrt{\frac{1}{\delta_{11}m}} = \sqrt{\frac{EA}{ml(\sqrt{2}+1)}}$$

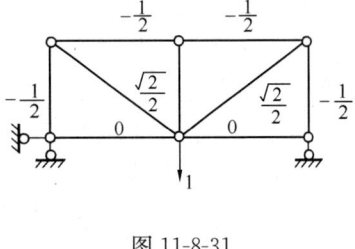

图 11-8-31

第十二章 土力学与地基基础

第一节 土的物理性质及工程分类

一、《考试大纲》的规定

土的生成和组成、土的物理性质、土的工程分类。

二、重点内容

1. 土的生成

建筑工程中遇到的地基土,多数属于第四纪沉积物。土按其成因类型分为:残积土、坡积土、冲积土、淤积土、冰积土和风积土等。

坡积土,由于它堆积于倾斜的山坡上,易发生沿基岩面的滑动,为不良地质条件。

冲积土,可分为洪积土、冲积土两类。其中,对于洪积土,一般离山前较近的地段具有较高的强度,常为较好的地基;离山前较远的地段,颗粒较细、成分均匀,通常也是较好的地基;在上述两部分之间的地区,常因地下水溢出地面而形成沼泽地带,为不良地基。

冲积土又可分为山区河流冲积土、平原河流冲积土和三角洲冲积土等类型。其中,山区河谷宽阔处的河漫滩冲积物地段为良好的地基;平原河流的河漫滩地段为不良地基。

2. 土的组成

土的组成包括构成骨架的固体颗粒、骨料孔隙中的水和气。

(1) 土的固体颗粒

对土的性质的影响主要取决于粒度成分和矿物成分。其中,粒度成分就是土的颗粒级配。测定土粒粒径的方法有筛分法和沉降法两种。筛分法适用于粒径大于 0.1mm 的粗颗粒;沉降法适用于小于 0.1mm 的颗粒。沉降法包括比重计法和移液管法。

根据颗粒分析结果,可绘出粒径级配累计曲线,其纵坐标为小于某粒径土的百分含量,横坐标为土粒粒径。级配累计曲线的坡度可以判断土样中所含颗粒大小的均匀程度。如曲线较陡,表示土粒大小较均匀,即级配不良;曲线平缓,则表示粒度不均匀,但级配良好。一般用不均匀系数 C_u 来衡量土的不均匀程度,即:

$$C_u = \frac{d_{60}}{d_{10}}$$

其中 d_{60}、d_{10} 分别指重量百分含量为 60%、10% 所对应的土粒粒径,d_{10} 也称为有效粒径。当 C_u 愈大,曲线愈平缓,土粒愈不均匀,但级配良好。工程上把 $C_u<5$ 的土看做是均匀的;$C_u>10$ 的土看作不均匀的。

曲率系数 C_c 定义为:

$$C_c = \frac{d_{30}^2}{d_{10} \cdot d_{60}}$$

曲率系数 C_c 描写的是累计曲线分布的整体形态，反映了限制粒径 d_{60} 与有效粒径 d_{10} 之间各粒组含量的分布情况。曲率系数 C_c 作为第二指标与 C_u 共同判定土的级配，则更加合理。一般认为：砾类土或砂类土同时满足 $C_u \geqslant 5$ 和 $C_c = 1 \sim 3$ 两个条件时，则为良好级配砾或良好级配砂；如不能同时满足，则可以判定为级配不良。显然，在 C_u 相同的条件下，C_c 过大或过小，均表明土中缺少中间粒组，各粒组间孔隙的连锁充填效应降低，级配变差。

矿物成分，它主要取决于母岩的成分及其所经受化学风化的程度。一般地，粗颗粒土的性质主要与颗粒粒径及其级配有关；细颗粒土，矿物成分起着非常重要的作用。黏土颗粒由高岭石、伊利石、蒙脱石次生矿物所组成。其中，高岭石颗粒最大，伊利石次之，蒙脱石颗粒最小，因而含蒙脱石的黏性土亲水性强于伊利石、高岭石。此外，在黏土颗粒粒组中还包括氧化物、氢氧化物、盐类和有机质。

（2）土中的水和气

土中的水可分成结合水和自由水两类。结合水，指在土颗粒表面静电引力作用范围内的水，它又可分为强结合水和弱结合水。其中，强结合水的特征是没有溶解能力，不能传递静水压力，接近于固体的性质；弱结合水指紧靠于强结合水的外围形成的一层水膜（亦称为扩散层），它仍不能传递静水压力，扩散层水膜的厚度对黏性土的性质影响最大，即水膜厚度大，土的塑性高，压缩性也大，土的强度低。同时，扩散层的厚度可随外界条件的变化而变化。水化离子的原子价愈高，扩散层的厚度愈薄，在工程实际中改良土壤就是利用这一原理。

自由水，指不受土粒表面电荷电场影响的水。它具有溶解能力、能传递静水压力，可分为重水力和毛细水。其中，重水力是存在于地下水位以下的透水土层中的地下水，它对土中的应力状态有重要影响；毛细水存在于潜水位以上的透水土层中。毛细水上升的高度和速度对建筑物底层防潮、路基冻胀等有重要影响。

3. 土的物理性质

（1）土的三相比例指标

三相指标是指组成土的固相、液相和气相三者之间的比例关系，三相组成如图 12-1-1 所示。三相指标的定义，见表 12-1-1，其中 d_s、γ、w 必须通过试验测定，故称为直接指标，其余为间接指标。

三相指标的定义　　　　　　　　　　　表 12-1-1

名　称	定　义	表达式
土粒相对密度 d_s	土的固体部分重量与同体积4℃的水的重量比；用比重瓶测定	$d_s = \dfrac{m_s}{\gamma_w V_s}$
含水量 w	土中水的重量与土粒重量之比；用烘干法测定	$w = \dfrac{m_w}{m_s} \times 100\%$
土的重度 γ	单位体积土的重量	$\gamma = \dfrac{m}{V}$
饱和重量 γ_{sat}	孔隙中完全被水充满时的重度	$\gamma_{sat} = \dfrac{m_s + \gamma_w V_v}{V}$
浮重度 γ'	土粒受到浮力作用时的重度	$\gamma' = \gamma_{sat} - \gamma_w$
干重度 γ_d	孔隙中完全干燥时的重度	$\gamma_d = \dfrac{m_s}{V}$

续表

名 称	定 义	表达式
孔隙比 e	孔隙体积与固体体积之比	$e = \dfrac{V_v}{V_s}$
孔隙率 n	孔隙体积占总体积的百分数	$n = \dfrac{V_v}{V} \times 100\%$
饱和度 S_r	孔隙中水体积所占的百分数	$S_r = \dfrac{V_w}{V_v} \times 100\%$

三相指标计算,如图 12-1-2 所示三相草图,根据定义可得出各间接指标的表达式:

孔隙比:$e = \dfrac{\gamma_w d_s (1+w)}{\gamma} - 1$

干重度:$\gamma_d = \dfrac{\gamma}{1+w}$

饱和重度:$\gamma_{sat} = \dfrac{\gamma_w(d_s + e)}{1+e}$

浮重度:$\gamma' = \gamma_{sat} - \gamma_w$

有效重度:$\gamma' = \gamma - \gamma_w$

饱和度:$S_r = \dfrac{w d_s}{e}$

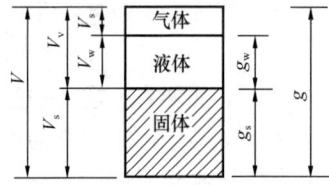

图 12-1-1 三相组成示意

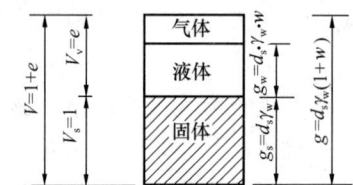

图 12-1-2 三相草图

(2) 无黏性土的物理特征

无黏性土指砂土、碎石类土等,反映其工程性质的主要指标为土的密实度。评价密实度的方法主要是根据相对密实度 D_r 的指标,D_r 的计算公式为:

$$D_r = \dfrac{e_{max} - e}{e_{max} - e_{min}}$$

式中 e 为天然状态的孔隙比;e_{max}、e_{min} 分别为最疏松和最密实状态时的孔隙比。

工程实践中,采用标准贯入锤击数 N 来划分密实度的方法,标准贯入试验是用规定锤重 63.5kg 和落距 76cm 把标准贯入器打入土中,记录每贯入 30cm 所需的锤击数 N 的一种原位测试方法。它也称为重型动力触探试验,其锤击数记作 $N_{63.5}$。

(3) 黏性土的物理特征

黏性土的物理特征与土的含水量有密切的关系。界限含水量,指黏性土从一种状态转入到另一种状态时的含水量,见图 12-1-3 所示。液限 w_L 指流动状态与可塑状态间的分界含水量;塑限 w_p 指从可塑状态

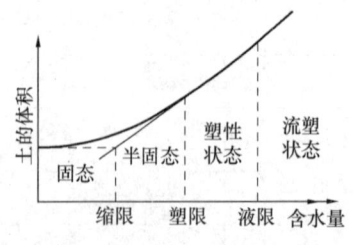

图 12-1-3 黏性土的状态与界限含水量

转入半固体状态的分界含水量。

液限 w_L 采用锥式液限仪测定，即当重 76g 平衡锥（锥角 30°）自由沉入土膏 10mm 时的含水量。塑限 w_p 采用搓条法测定，即当土条搓至 3mm 时刚好断裂成若干段的含水量。

塑性指数 I_p，指黏性土处在塑性状态时含水量的变化范围，即

$$I_p = w_L - w_p$$

I_p 的大小综合反映了黏粒含量及其矿物成分与水相互作用的能力，故工程上按 I_p 对黏性土进行分类，见后面土的工程分类。

液性指数 I_L，反映了土在天然含水量时的软硬状态，其计算公式为：

$$I_L = \frac{w - w_p}{w_L - w_p}$$

按 I_L 将黏性土的状态分为：

$I_L \leq 0$ 坚硬；$0 < I_L \leq 0.25$ 硬塑

$0.25 < I_L \leq 0.75$ 可塑；$0.75 < I_L \leq 1.0$ 软塑

$I_L > 1.0$ 流塑。

（4）土的压实性

土的压实质量通常用压实系数 λ_c 来评价。多次试验结果绘制出 ρ_d-w 压实曲线如图 12-1-4 所示，峰值所对应的称为最大干密度 ρ_{dmax} 和最佳含水量 w_{op}。工程实践中，用最佳含水量来控制填土的施工，用最大干密度来检查施工的质量，并用压实系数来评价。压实系数为填土的实际（现场）ρ_d 与室内试验 ρ_{dmax} 之比，即：

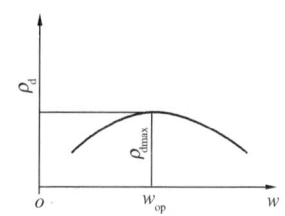

图 12-1-4 干重度与含水量的关系

$$\lambda_c = \frac{\rho_d}{\rho_{dmax}}$$

（5）土的渗透性

达西定律： $$Q = kAi; v = ki$$

其中 Q 为流量（cm²/s）；v 为流速（cm/s）；i 为水头梯度，即两点间水头差与流径长度之比，$i = \frac{\Delta H}{l}$；k 为渗透系数（cm/s）；A 为通过的面积。

影响土渗透性的因素主要有土的粒度成分与矿物成分、土的结构构造、土中气体等。

动水力 G_D，指水流对土颗粒的作用力，$G_D = \gamma_w i$。当水自下向上渗流，动水力等于上覆土的有效重度 γ' 时，土将变成流动的状态，形成流砂，此时的水头梯度定义为临界梯度 i_{cr}，即：

$$i_{cr} = \frac{\gamma'}{\gamma_w}$$

4. 土的工程分类

土的工程分类依据主要是考虑土的工程性质及其地质成因的关系。

（1）碎石土分类

碎石土为粒径大于 2mm 的颗粒含量超过全重 50% 的土。碎石土可按表 12-1-2 分为漂石、块石、卵石、碎石、圆砾和角砾。

碎 石 土 的 分 类　　　　　　表 12-1-2

土的名称	颗粒形状	粒组含量
漂石	圆形及亚圆形为主	粒径大于 200mm 的颗粒含量超过全重
块石	棱角形为主	50%
卵石	圆形及亚圆形为主	粒径大于 20mm 的颗粒含量超过全重
碎石	棱角形为主	50%
圆砾	圆形及亚圆形为主	粒径大于 2mm 的颗粒含量超过全重
角砾	棱角形为主	50%

注：分类时应根据粒组含量栏从上到下以最先符合者确定。

碎石土的密实度，可按表 12-1-3 分为松散、稍密、中密、密实。

碎 石 土 的 密 实 度　　　　　　表 12-1-3

重型圆锥动力触探锤击数 $N_{63.5}$	密 实 度	重型圆锥动力触探锤击数 $N_{63.5}$	密 实 度
$N_{63.5} \leqslant 5$	松 散	$10 < N_{63.5} \leqslant 20$	中 密
$5 < N_{63.5} \leqslant 10$	稍 密	$N_{63.5} > 20$	密 实

注：1. 本表适用于平均粒径小于等于 50mm 且最大粒径不超过 100mm 的卵石、碎石、圆砾、角砾。对于平均粒径大于 50mm 或最大粒径大于 100mm 的碎石土，可按本规范附录 B 鉴别其密实度；
　　2. 表内 $N_{63.5}$ 为经综合修正后的平均值。

(2) 砂土分类

砂土为粒径大于 2mm 的颗粒含量不超过全重 50%、粒径大于 0.075mm 的颗粒超过全重 50% 的土。砂土可按表 12-1-4 分为砾砂、粗砂、中砂、细砂和粉砂。

砂 土 的 分 类　　　　　　表 12-1-4

土的名称	粒组含量	土的名称	粒组含量
砾 砂	粒径大于 2mm 的颗粒含量占全重 25%～50%	细 砂	粒径大于 0.075mm 的颗粒含量超过全重 85%
粗 砂	粒径大于 0.5mm 的颗粒含量超过全重 50%	粉 砂	粒径大于 0.075mm 的颗粒含量超过全重 50%
中 砂	粒径大于 0.25mm 的颗粒含量超过全重 50%		

注：分类时应根据粒组含量栏从上到下以最先符合者确定。

砂土的密实度，可按表 12-1-5 分为松散、稍密、中密、密实。

砂 土 的 密 实 度　　　　　　表 12-1-5

标准贯入试验锤击数 N	密 实 度	标准贯入试验锤击数 N	密 实 度
$N \leqslant 10$	松 散	$15 < N \leqslant 30$	中 密
$10 < N \leqslant 15$	稍 密	$N > 30$	密 实

注：当用静力触探探头阻力判定砂土的密实度时，可根据当地经验确定。

(3) 黏性土分类

黏性土为塑性指数 I_p 大于 10 的土，可按表 12-1-6 分为黏土、粉质黏土。

黏 性 土 的 分 类　　　　表 12-1-6

塑性指数 I_p	土的名称	塑性指数 I_p	土的名称
$I_p>17$	黏　　土	$10<I_p\leqslant17$	粉质黏土

注：塑性指数由相应于 76g 圆锥体沉入土样中深度为 10mm 时测定的液限计算而得。

粉土为介于砂土与黏性土之间，塑性指数 $I_p\leqslant10$ 且粒径大于 0.075mm 的颗粒含量不超过全重 50% 的土。

(4) 特殊土分类

淤泥，为在静水或缓慢的流水环境中沉积，并经生物化学作用形成，其天然含水量大于液限、天然孔隙比大于或等于 1.5 的黏性土。当天然含水量大于液限而天然孔隙比小于 1.5 但大于或等于 1.0 的黏性土或粉土为淤泥质土。含有大量未分解的腐殖质，有机质含量大于 60% 的土为泥炭，有机质含量大于或等于 10% 且小于或等于 60% 的土为泥炭质土。

红黏土，为碳酸盐岩系的岩石经红土化作用形成的高塑性黏土。其液限一般大于 50%。红黏土经再搬运后仍保留其基本特征，其液限大于 45% 的土为次生红黏土。

人工填土，根据其组成和成因，可分为素填土、压实填土、杂填土、冲填土。

素填土为由碎石土、砂土、粉土、黏性土等组成的填土。经过压实或夯实的素填土为压实填土。杂填土为含有建筑垃圾、工业废料、生活垃圾等杂物的填土。冲填土为由水力冲填泥砂形成的填土。

膨胀土，为土中黏粒成分主要由亲水性矿物组成，同时具有显著的吸水膨胀和失水收缩特性，其自由膨胀率大于或等于 40% 的黏性土。

湿陷性土，为浸水后产生附加沉降，其湿陷系数大于或等于 0.015 的土。

三、解题指导

本节知识点需记忆的较多，应掌握土的三相指标的计算，应充分利用三相草图和三相指标的定义，这样各指标换算就比较容易掌握了。

与本节有关的计算题见第七节内容。

【例 12-1-1】　某砂土试样的天然密度为 $1.78t/m^3$，含水量为 20%，土粒相对密度为 2.65，最大干密度为 $1.67t/m^3$，最小干密度为 $1.29t/m^3$，其相对密实度为（　　）。

A. 0.28　　　　B. 0.35　　　　C. 0.57　　　　D. 0.68

【解】　由于 $\gamma_d=\dfrac{\gamma}{1+w}$，则 $w=\dfrac{\gamma}{\gamma_d}-1$

$$w_{\max}=\frac{\gamma}{\gamma_{d\max}}-1=\frac{1.78}{1.29}-1=37.98\%$$

$$w_{\min}=\frac{\gamma}{\gamma_{d\min}}-1=\frac{1.78}{1.67}-1=6.59\%$$

又因为 $e=\dfrac{\gamma_w d_s(1+w)}{\gamma}-1$，则：

$$D_r = \frac{e_{max} - e}{e_{max} - e_{min}} = \frac{\left[\frac{\gamma_w d_s(1+w_{max})}{\gamma} - 1\right] - \left[\frac{\gamma_w d_s(1+w)}{\gamma} - 1\right]}{\left[\frac{\gamma_w d_s(1+w_{max})}{\gamma} - 1\right] - \left[\frac{\gamma_w d_s(1+w_{min})}{\gamma} - 1\right]}$$

$$= \frac{w_{max} - w}{w_{max} - w_{min}}$$

$$= \frac{37.98\% - 20\%}{37.98\% - 6.59\%} = 0.573$$

所以应选 C 项。

四、应试题解

1. 对于粒径大于 0.1mm 的粗颗粒的测定方法是（　　）。
   A. 沉降法　　　　B. 筛分法　　　　C. 比重计法　　　　D. 移液管法

2. 土颗粒的大小及其级配，通常是用粒径级配曲线表示的。级配曲线越平缓，则表示（　　）。
   A. 土颗粒大小较均匀，级配良好　　　　B. 土颗粒大小不均匀，级配不良
   C. 土颗粒大小不均匀，级配良好　　　　D. 土颗粒大小较均匀，级配不良

3. 一般工程实用中将土的不均匀系数（C_u）（　　）的情况视为不均匀。
   A. $C_u > 10$　　　B. $C_u \leqslant 10$　　　C. $C_u > 5$　　　D. $C_u \leqslant 5$

4. 下列土中，最容易发生冻胀融陷现象的季节性冻土是（　　）。
   A. 碎石土　　　　B. 砂土　　　　C. 粉土　　　　D. 黏土

5. 对工程会产生不利影响的土的构造为（　　）。
   A. 层理构造　　　B. 结核构造　　　C. 层面构造　　　D. 裂隙构造

6. （　　）结构不属于黏性土的结构类型。
   A. 絮凝　　　　B. 单粒　　　　C. 分散　　　　D. 蜂窝

7. 下列矿物中，亲水性最强的是（　　）。
   A. 高龄石　　　B. 正长石　　　C. 伊利石　　　D. 蒙脱石

8. 不能传递静水压力的土中水是（　　）。
   A. 毛细水　　　B. 自由水　　　C. 重力水　　　D. 结合水

9. 对土体产生浮力作用的土中水是（　　）。
   A. 弱结合水　　B. 强结合水　　C. 重力水　　　D. 毛细水

10. 在工程实践中，毛细水上升对土的冻胀有重要影响。下列情况中，（　　）项的冻胀的危害最严重。
    ①地下水位变化大；②黏土层厚度大；③毛细带接近地面；
    ④粉土层厚度大；⑤砂土层厚度大；⑥气温低、负温度时间长。
    A. ①②④　　　B. ③④⑥　　　C. ③⑤⑥　　　D. ①④⑥

11. 土的三相比例指标中可直接测定的指标是（　　）。
    A. 空隙比、含水量、密度　　　　B. 土粒相对密度、含水量、密度
    C. 干密度、含水量、密度　　　　D. 土粒相对密度、饱和度、密度

12. 同一土样的饱和重度 γ_{sat}、干重度 γ_d、天然重度 γ、有效重度 γ' 大小存在的关系

是( )。

A. $\gamma_{sat} > \gamma_d > \gamma > \gamma'$
B. $\gamma_{sat} > \gamma > \gamma_d > \gamma'$
C. $\gamma_{sat} > \gamma > \gamma' > \gamma_d$
D. $\gamma_{sat} > \gamma' > \gamma > \gamma_d$

13. 土的含水量 w 是指( )。
    A. 土中水的质量与土的质量之比
    B. 土中水的质量与土粒质量之比
    C. 土中水的体积与土粒体积之比
    D. 土中水的体积与土的体积之比

14. 下列土的物理性质指标中，反映土的密实程度的是( )。
    ①含水量 w；②土的重度；③土粒相对密度 d_s；
    ④孔隙比 e；⑤饱和度 S_r；⑥干重度。
    A. ①②③④⑥
    B. ②③④⑤⑥
    C. ①②③④⑤⑥
    D. ②④⑥

15. 下列指标中，( )数值越大，密实度越小。
    A. 孔隙比
    B. 相对密实度
    C. 轻便贯入锤击数
    D. 标准贯入锤击数

16. 细粒土进行工程分类的依据是( )。
    A. 塑限
    B. 液限
    C. 粒度成分
    D. 塑性指数

17. 黏性土由半固态转入可塑状态的界限含水量被称为( )。
    A. 缩限
    B. 塑限
    C. 液限
    D. 塑性指数

18. 土的塑性指数越大，则( )。
    A. 土的含水量越高
    B. 土的黏粒含量越高
    C. 土的抗剪强度越小
    D. 土的孔隙比越大

19. 根据《建筑地基基础设计规范》对土的工程分类，砂土为( )。
    A. 粒径大于 2mm 的颗粒含量 > 全重 50% 的土
    B. 粒径大于 0.075mm 的颗粒含量 ≤ 全重 50% 的土
    C. 粒径大于 2mm 的颗粒含量 ≤ 全重 50%、粒径大于 0.075mm 的颗粒含量 > 全重 50% 的土
    D. 粒径大于 0.5mm 的颗粒含量 ≤ 全重 50%、粒径大于 0.075mm 的颗粒含量 > 全重 50% 的土

20. 土的击实试验中，下列各项不正确的说法是( )。
    A. 土的天然含水量越大，最优含水量越大
    B. 土的塑性指数越大，最优含水量越大
    C. 击实功越小，最优含水量越大
    D. 土的塑限越大，最优含水量越大

21. 为满足填方工程施工质量要求，填土的含水量应控制在( )。
    A. $w_s \pm 2\%$
    B. $w_p \pm 2\%$
    C. $w_L \pm 2\%$
    D. $w_{op} \pm 2\%$

22. 压实系数 λ_c 为( )。
    A. 最大密度与控制密度之比
    B. 控制密度与最大密度之比
    C. 控制干密度与最大干密度之比
    D. 最大干密度与控制干密度之比

第二节 土中应力与地基变形

一、《考试大纲》的规定
自重应力、附加应力、土的压缩性、基础沉降、地基变形与时间关系。

二、重点内容

1. 自重应力

土中应力按引起的原因分为自重应力、附加应力。

竖向自重应力 σ_{cz}：$\sigma_{cz} = \gamma z$

水平侧向应力 σ_{cx}、σ_{cy}：$\sigma_{cx} = \sigma_{cy} = K_0 \gamma z$

式中 γ 为天然重度；z 为地面下的深度；K_0 为静止侧压力系数。

当天然地层由不同土层组成时，其应力为：

$$\sigma_{cz} = \sum_{i=1}^{n} \gamma_i h_i \, ; \text{或} \; \sigma_{cz} = \sum_{i=1}^{n} \gamma'_i h_i$$

$$\sigma_{cx} = K_{0i} \sum_{i=1}^{n} \gamma_i h_i \, ; \text{或} \; \sigma_{cx} = K_{0i} \sum_{i=1}^{n} \gamma'_i h_i$$

式中 γ_i、h_i、K_{0i} 分别为第 i 层土的重度、厚度和静止侧压力系数。当有地下水存在时，γ_i 应取土的有效重度（浮重度）γ'_i 进行计算。

2. 附加应力

附加应力指由建筑物荷载引起的应力，包括基础底面的接触应力和土中应力。

(1) 基底接触应力分析

按材料力学简化计算法（图 12-2-1）：

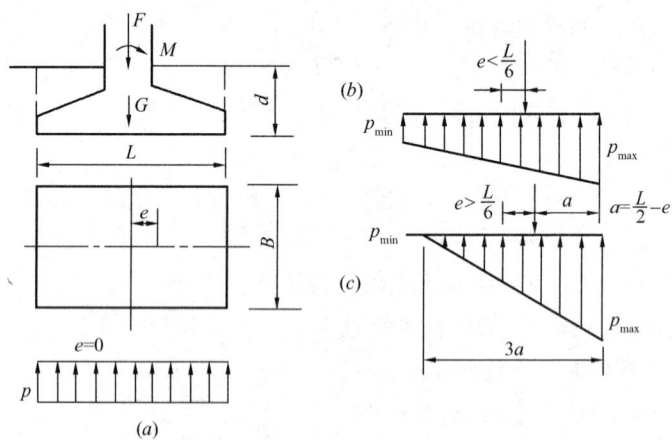

图 12-2-1 基底接触压力分布的简化计算
(a) 中心荷载；(b) 偏心荷载 $e < L/6$；(c) 偏心荷载 $e > L/6$

中心受压基础：$p = \dfrac{F + G}{A}$

偏心受压基础，$e \leqslant \dfrac{L}{6}$ 时：$p_{\max \atop \min} = \dfrac{F+G}{A} \pm \dfrac{M}{W}$ 或 $p_{\max \atop \min} = \dfrac{F+G}{A}\left(1 \pm \dfrac{6e}{L}\right)$

偏心受压基础，$e > \dfrac{L}{6}$ 时：$p_{\max} = \dfrac{2(F+G)}{3aB}$

基底附加应力计算：

$$p_0 = p - \sigma_c = p - \gamma_m \cdot d$$

式中 F 为上部结构传至基础上的竖向荷载，单位为 kN；G 为基础及其台阶上填土的重度，$G = \gamma_G A d$，γ_G 为基础和填土的平均重度；d 为基础埋深；A 为基础底面积；$p_{\max}$、$p_{\min}$ 为基底边缘最大、最小应力值；M 为作用在基础底面的偏心力矩；W 为基础底面的抵抗矩，$W = \dfrac{BL^2}{6}$；p_0 为基底附加应力；γ_m 为基底标高以上天然土层重度的加权平均值。

（2）土中附加应力

矩形均布荷载角点 F 附加应力计算公式：

$$\sigma_z = \alpha_c \cdot p_0$$

式中 α_c 为附加应力系数，根据 z/b、l/b 查表 12-2-1 可得，p_0 为均布荷载强度。在查表 12-2-1 时，其中 l 始终表示荷载面积的长边，b 始终表示荷载面积的短边。

矩形面积上均布荷载作用下角点附加应力系数 α_c 表 12-2-1

z/b	l/b											
	1.0	1.2	1.4	1.6	1.8	2.0	3.0	4.0	5.0	6.0	10.0	条形
0.0	0.250	0.250	0.250	0.250	0.250	0.250	0.250	0.250	0.250	0.250	0.250	0.250
0.2	0.249	0.249	0.249	0.249	0.249	0.249	0.249	0.249	0.249	0.249	0.249	0.249
0.4	0.240	0.242	0.243	0.243	0.244	0.244	0.244	0.244	0.244	0.244	0.244	0.244
0.6	0.223	0.228	0.230	0.232	0.232	0.233	0.234	0.234	0.234	0.234	0.234	0.234
0.8	0.200	0.207	0.212	0.215	0.216	0.218	0.220	0.220	0.220	0.220	0.220	0.220
1.0	0.175	0.185	0.191	0.195	0.198	0.200	0.203	0.204	0.204	0.204	0.205	0.205
1.2	0.152	0.163	0.171	0.176	0.179	0.182	0.187	0.188	0.189	0.189	0.189	0.189
1.4	0.131	0.142	0.151	0.157	0.161	0.164	0.171	0.173	0.174	0.174	0.174	0.174
1.6	0.112	0.124	0.133	0.140	0.145	0.148	0.157	0.159	0.160	0.160	0.160	0.160
1.8	0.097	0.108	0.117	0.124	0.129	0.133	0.143	0.146	0.147	0.148	0.148	0.148

通过角点法并运用叠加原理，可以计算荷载面积内或荷载面积外地基中任意一点的附加应力。如图 12-2-2 所示 O 点。

O 点在荷载面边缘下：$\sigma_z = (\alpha_{cI} + \alpha_{cII}) p_0$

O 点在荷载面内：$\sigma_z = (\alpha_{cI} + \alpha_{cII} + \alpha_{cIII} + \alpha_{cIV}) p_0$

O 点在荷载面外侧：$\sigma_z = (\alpha_{cI} - \alpha_{cII} + \alpha_{cIII} - \alpha_{cIV}) p_0$

其中 I 指 $ofbg$ 矩形，II 指 $ofah$ 矩形，III 指 $ogce$ 矩形，IV 指 $ohde$ 矩形。

O 点在角点外侧：$\sigma_z = (\alpha_{cI} - \alpha_{cII} - \alpha_{cIII} + \alpha_{cIV}) p_0$

其中 I 指 $ohce$ 矩形，II 指 $ohbf$ 矩形，III 指 $ogde$ 矩形，IV 指 $ogaf$ 矩形。

3. 土的压缩性

压缩系数 α，通常采用压力 $p_1 = 100$kPa 至 $p_2 = 200$kPa 的割线斜率来表示：

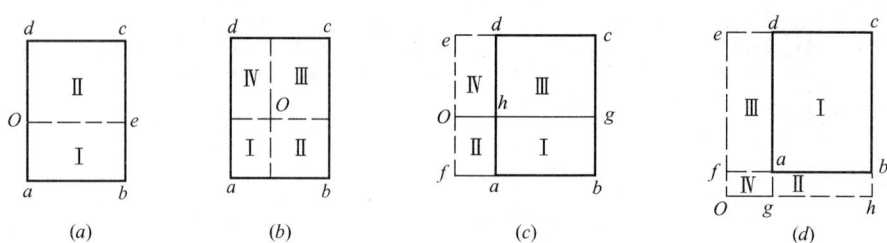

图 12-2-2 角点法计算矩形均布荷载下地基附加应力

计算点 O 在：(a) 荷载面边缘；(b) 荷载面内；(c) 荷载面外侧；(d) 荷载面外

$$\alpha = \frac{e_1 - e_2}{p_2 - p_1}$$

式中 e_1、e_2 分别相应于压力 p_1、p_2 的孔隙比。

对土的压缩性判别：$\alpha_{1-2} < 0.1 \text{MPa}^{-1}$ 属于低压缩性土；

$0.1 \text{MPa}^{-1} \leqslant \alpha_{1-2} < 0.5 \text{MPa}^{-1}$ 属于中压缩性土；

$\alpha_{1-2} \geqslant 0.5 \text{MPa}^{-1}$ 属于高压缩性土。

压缩模量 E_s，是指在有侧限条件下，压力增量与单位压缩量之比，即：

$$E_s = \frac{1+e_1}{\alpha}$$

同样，α 取 $p = 100 \sim 200 \text{kN/m}^2$ 之间，E_s 也用 E_{s1-2} 表示。

4. 分层总和法计算地基最终沉降量

(1) 计算地基中层的自重应力 σ_c 及基础中点下的附加应力 σ_z。需注意的是，计算自重应力应从天然地面算起；计算附加应力应考虑相邻荷载的影响。

(2) 确定基底下压缩层的厚度。一般地，对淤泥及淤泥质土（软土）取附加应力等于自重应力的 10%，即 $\sigma_z = 0.1\sigma_c$，其他可取 $\sigma_z = 0.2\sigma_c$ 的标高作为压缩层下限。压缩层厚度指从基底到压缩层下限的深度，以 z_n 表示。

(3) 在压缩层范围内，把地基土层分为 n 个分层；每一分层的厚度 h_i 可考虑为基础宽度的 0.4 倍左右，并考虑不同土层的界面和地下水位面。根据各分层的厚度 h_i，自重应力及附加应力平均值，结合该土层土样压缩试验得到的 e-p 曲线，计算各分层的压缩量 Δs_i，即：

$$\Delta s_i = h_i \frac{e_{1i} - e_{2i}}{1 + e_{1i}}$$

(4) 地基的最终沉降量 s 为：

$$s = \sum_{i=1}^{n} \Delta s_i = \sum_{i=1}^{n} h_i \frac{e_{1i} - e_{2i}}{1 + e_{1i}}$$

式中 e_{1i} 为第 i 层土平均自重应力（$p_1 = \sigma_c$）所对应的压缩曲线的孔隙比；e_{2i} 为第 i 层土平均自重应力与平均附加应力之和（$p_2 = \sigma_c + \sigma_z$）对应的压缩曲线的孔隙比。

为了简化，有时也可用 α_{1-2} 或 E_{s1-2} 计算最终沉降量 s：

$$s = \sum_{i=1}^{n} h_i \frac{\alpha_{1-2}}{1+e_1} \sigma_{zi}$$

或

$$s = \sum_{i=1}^{n} h_i \frac{\sigma_{zi}}{E_{s1-2}}$$

5. 地基最终沉降量的弹性力学计算法

离作用点距离 r 处的地面沉降为：

$$s_r = \frac{p}{\pi r} \cdot \frac{1-\mu^2}{E}$$

式中 μ 为土的泊松比；E 为土的弹性模量；r 为地表任意点至力作用点的距离，$r = \sqrt{x^2+y^2}$。

当基础是绝对刚性，且荷载没有偏心时，基底各点竖向位移相等，如图 12-2-3（a）所示。

圆形刚性荷载平均沉降：$s_{\text{const}} = \dfrac{\pi}{2} Pa \dfrac{1-\mu^2}{E}$

当为柔性基础时，基底及力是均匀的，但基底各点的沉降是不同的，如图 12-2-3（b），其沉降计算公式为：

$$s = pB\omega \frac{1-\mu^2}{E}$$

式中 s 为所考虑某点的沉降，可用下列符号表示不同的沉降值：s_{const} 为刚性基础的平均沉降，s_o、s_c、s_m 分别表示均匀柔性基础的中心点、角点和荷载面积范围内的平均沉降；ω 为沉降影响系数，与基底形状、基础刚度和考虑点的位置有关，分别用 ω_{const}、ω_o、ω_c、ω_m 表示，脚码意义同前；p 为均匀分布压力，刚性基础为平均压力；B 为矩形基础的短边长度、圆形基础直径。

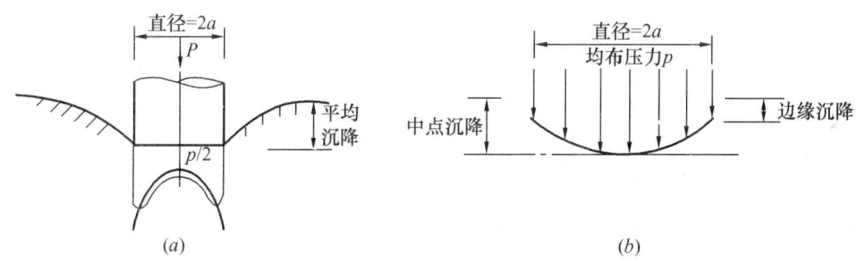

图 12-2-3 圆形基础的反力和沉降
（a）圆形刚性基础；（b）圆形柔性基础

地基沉降规律的两个试验公式：

$$s_t = s_\infty (1 - e^{-\alpha_1 t})$$

$$s_t = s_\infty \frac{t}{\alpha_2 + t}$$

式中 s_∞ 为待定的推算最终沉降；s_t 为 t 时的实测沉降；α_1、α_2 为待定经验参数。

6. 饱和软土地基的沉降与时间关系

（1）有效应力原理及土固结的概念

土中应力可分为两类：一类是土粒间的应力，即骨架应力。这种应力引起土体的变形和影响土的抗剪强度，所以称为有效应力；另一类是孔隙中水（非饱和土是水和气）所承受的压力，所以称为孔隙压力。土的有效应力与孔隙应力之和称为土的总应力。

饱和土的力学模型，有效应力为 σ'、孔隙水应力为 u、外荷载为 p：

$t = 0$ 时, $\sigma' = 0, u = p$

$0 < t < \infty$ 时, $p = \sigma' + u, \sigma' > 0, u > 0$

$t = \infty$ 时, $p = \sigma' + u, \sigma' = p, u = 0$

固结，指超孔隙水压力消散，有效应力增长，土体体积压缩的过程。固结度U，指衡量土层固结的程度，通常用百分数表示。其计算公式为：

$$U = \frac{某时刻有效应力面积}{最终时有效应力面积} = 1 - \frac{某时刻孔隙水压力面积}{最终时有效应力面积}$$

（2）固结计算

$$U = 1 - \frac{8}{\pi^2} \sum_{m=1}^{\infty} \frac{1}{m^2} e^{-\frac{m^2 \pi^2}{4} T_v}$$

简化计算时：

$$U = 1 - \frac{8}{\pi^2} e^{-\frac{\pi^2}{4} T_v}$$

当固结度小于60%时：

$$U = 1.128 \sqrt{T_v}$$

式中 c_v 为固结系数，$c_v = \dfrac{k(1+e)}{\alpha \gamma_w}$，$k$ 为渗透系数，α 为压缩系数，e 为孔隙比；T_v 为时间因数；H 为最大排水路径；m 为奇正整数。

从上述公式可见，固结度U主要与时间因数T_v有关，T_v取决于c_v和H。其中，H为最大排水距离，由实际边界条件而定，单面排水时，H就是土层的厚度；双面排水时，H取土层厚度的一半。

固结系数c_v与土的压缩性、渗透性、土的孔隙比等有关，它是通过室内固结试验测定的指标，并且它对计算结果影响很大。

三、解题指导

本节应掌握土的应力（自重应力、附加应力）的计算；土的分层总和法计算；饱和土的固结度计算。了解弹性力学计算地基最终沉降量的方法。

与本节有关的计算题见本章第七节内容。

【例 12-2-1】 某基础的宽度4m，长为8m，基底附加压力为90kPa，若测得中心线下6m深处的竖向附加应力为56.8kPa，则另一基础，其宽度为2m，长为4m，基底附加应力为100kPa，角点下6m深处的附加应力为（　　）kPa。

A. 13.8　　　　B. 15.8　　　　C. 18.5　　　　D. 19.5

【解】 基础为4m×8m时，$z=6$m，$b=2$m，$l=4$m，则有α_{c1}，$\sigma_{z1} = 4\alpha_{c1} p_{01}$

基础为2m×4m时，$z=6$m，$b=2$m，$l=4$m，则有α_{c2}，可见$\alpha_{c2} = \alpha_{c1}$

又 $\sigma_{z2} = \alpha_{c2} \cdot p_{02}$

则 $\sigma_{z2} = \dfrac{p_{02}}{4 p_{01}} \cdot \sigma_{z1} = \dfrac{100}{4 \times 90} \times 56.8 = 15.78$ kPa

所以应选B项。

四、应试题解

1. 土层表面以上有大面积的地表水体，从地表向下有两层土层，依次是透水层、不透水层。当地表水位升降时，下列说法正确的是（　　）。

A. 地表水位上升（下降），则土层自重应力上升（下降）

B. 地表水位下降（上升），则土层自重应力上升（下降）

C. 地表水位升降，透水层自重应力不变

D. 地表水位上升，不透水层自重应力下降

2. 下列叙述中错误的是(　　)。

A. 刚性基础在中心受压时，基底的沉降分布图形为矩形

B. 绝对柔性基础在梯形分布荷载作用时，基底反力分布图形为梯形

C. 绝对柔性基础在梯形分布荷载作用时，基底反力分布图形为钟形

D. 要使柔性基础底面沉降趋于均匀，作用在基础上的荷载分布为中间小、两端大

3. 两个埋深和底面压力均相同的单独基础，在相同的非岩石类地基土情况下，基础面积大的沉降量与基础面积小的沉降量的关系是（　　）。

A. 基础面积大的沉降量比基础面积小的沉降量大

B. 基础面积大的沉降量比基础面积小的沉降量小

C. 基础面积大的沉降量与基础面积小的沉降量相等

D. 基础面积大的沉降量与基础面积小的沉降量关系按不同的土类别而定

4. 基底压力直线分布的假设适用于(　　)。

A. 深基础的结构计算　　　　B. 浅基础的结构计算

C. 沉降计算　　　　　　　　D. 基底尺寸较小的基础结构计算

5. 利用角点法及角点下的附加应力系数表可求得(　　)。

A. 地基投影范围内的附加应力　　B. 地基投影范围外的附加应力

C. 地基中任意点的附加应力　　　D. 地基中心点下的附加应力

6. 宽度均为 b（圆形基础时 b 为直径），基底附加应力均为 p_0 的基础，同一深度处，附加应力数值最大的是(　　)。

A. 方形基础　　B. 矩形基础　　C. 条形基础　　D. 圆形基础

7. 单向偏心的矩形基础，当偏心矩 $e=L/6$（L 为力矩作用方向基底边长）时，基底压应力分布图简化为(　　)。

A. 矩形　　　　B. 梯形　　　　C. 三角形　　　D. 抛物线形

8. 埋深为 d 的浅基础，基底压应力 p 与基底附加应力 p_0 大小存在的关系为(　　)。

A. $p<p_0$　　B. $p=p_0$　　C. $p=2p_0$　　D. $p>p_0$

9. 补偿基础是通过改变下列(　　)来减少建筑物的沉降。

A. 基底的自重应力　　　　　B. 基底的附加应力

C. 埋深增加，压缩层减少　　D. 浮力增加

10. 在下列压缩性指标中，数值越大，压缩性越小的指标是(　　)。

A. 压缩系数　　B. 压缩指数　　C. 压缩模量　　D. 孔隙比

11. 引起土体变形的力主要是(　　)。

A. 总应力　　B. 有效应力　　C. 自重应力　　D. 孔隙水压力

12. 两个性质相同的土样，现场荷载试验得到的变形模量 E_0 和室内压缩试验得到的压缩模量 E_s 之间的相对关系为(　　)。

A. $E_0>E_s$　　B. $E_0=E_s$　　C. $E_0 \geqslant E_s$　　D. $E_0<E_s$

13. 分层总和法计算地基最终沉降量的分层厚度一般为（　　）。
   A. 0.4m　　　　　　　　　　　B. 0.4L（L 为基础底面长度）
   C. 天然土层厚度　　　　　　　D. 0.4B（B 为基础底面宽度）
14. 当采用分层总和法计算非软土地基最终沉降量时，压缩层下限确定的根据是（　　）（σ_{cz} 为自重应力，σ_z 为附加应力）。
   A. $\sigma_{cz}/\sigma_z \leq 0.1$　　B. $\sigma_{cz}/\sigma_z \leq 0.2$　　C. $\sigma_z/\sigma_{cz} \leq 0.1$　　D. $\sigma_z/\sigma_{cz} \leq 0.2$
15. 某桥台基础，地面以下 5m 为砂土，基底埋置在其下 2m 厚的低透水性黏土层顶面上，黏土层下面为粉土，当河水水面从地面以下 4m 处上涨到地面处，桥台的沉降变化是（　　）。
   A. 桥台回弹　　B. 桥台下沉　　C. 桥台不变　　D. 桥台先回弹后下沉
16. 在疏浚河道形成的新冲填土上的建筑物，引起其沉降的荷载是（　　）。
   A. 原地基的自重应力　　　　　B. 冲填土自重
   C. 冲填土自重及建筑物荷载　　D. 建筑物荷载
17. 地基总沉降由瞬时沉降、主固结沉降、次固结沉降三部分组成，其中（　　）。
   A. 瞬时沉降最小　　　　　　　B. 主固结沉降最大，其发展历时最长
   C. 瞬时沉降发生在施工期　　　D. 次固结沉降可以忽略不计
18. 当土为超固结状态时，其先期固结压力 p_c 与目前土的上覆压力 $p_1 = \gamma_h$ 的关系为（　　）。
   A. $p_c > p_1$　　B. $p_c < p_1$　　C. $p_c = p_1$　　D. $p_c = 0$
19. 在地质条件相同的软土地基上进行堆土预压试验，Ⅰ区堆土 3m，Ⅱ区堆土 4m，加载时间和恒压时间相同，经若干天后，两区软土地基的平均固结度情况是（　　）。
   A. 无差别
   B. Ⅱ区大于Ⅰ区
   C. Ⅰ区大于Ⅱ区
   D. $t < t_{50}$ 时Ⅱ区＜Ⅰ区；$t > t_{50}$ 时Ⅱ区＞Ⅰ区
20. 与软黏土地基某时刻的主固结沉降计算无关的土工参数是（　　）。
   A. 土层厚度　　B. 土的渗透系数　　C. 土的压缩模量　　D. 土的变形模量

第三节　土的抗剪强度

一、《考试大纲》的规定
抗剪强度的测定方法、土的抗剪强度理论。

二、重点内容
1. 抗剪强度的测定方法
土的抗剪强度的实际应用，如解决边坡稳定、土压力、地基承载力等问题。
（1）土的抗剪强度规律
砂土的抗剪强度规律：砂土的抗剪强度与法向应力之间的关系是一条通过原点的斜线，即：

$$\tau_f = \sigma \tan\varphi$$

式中 φ 为土的内摩擦角；σ 为剪切面（破坏面）上的法向应力。

黏性土的抗剪强度规律：是一条不通过原点的斜线，即：
$$\tau_f = \sigma\tan\varphi + c$$
式中 c 为土的黏聚力。土的内摩擦角 φ 和黏聚力 c 称为抗剪强度参数。

对于饱和的黏性土：$\tau_f = (\sigma - u)\tan\varphi' + c' = \sigma'\tan\varphi' + c'$

式中 σ' 为剪切面上有效法向应力；u 为孔隙水压力；c' 为有效黏聚力；φ' 为有效内摩擦角。

可见，对于饱和黏性土的强度参数有总应力参数与有效应力参数之别。

(2) 抗剪强度测定方法

土的抗剪强度的测定方法有：直剪试验、三轴剪力试验、无侧限试验（亦称单轴压缩试验）、十字板强度试验等。

直剪试验，只可分为快剪、固结快剪和慢剪，见表12-3-1。直剪试验不足之处：不能量测土样中的孔隙水压力；无法控制排水固结的程度；剪切面上应力集中等。

直 剪 分 类 表 12-3-1

分 类	定 义	运 用
快 剪	在土样上下面上加一层塑料薄膜防止孔隙水排出，在竖向荷载施加后即3～5分钟进行剪切直至破坏	如深厚的高塑性黏土地基上、施工速度很快，预计施工期排水固结程度很小
固结快剪	先让土样在竖向荷载下充分排水固结（通常恒压24小时），然后快速将土样剪坏	如施工期很长，预计土层能充分排水固结，但竣工后可能有瞬时荷载
慢 剪	土样在竖向荷载下充分排水固结，然后缓慢（约40分钟或更长）地施加剪应力直至破坏。	如施工期很长，预计土层能充分排水固结，竣工后无瞬时荷载

目前，三轴剪力试验是重要工程及理论研究必须采用的试验方法。三轴试验各阶段土样受力，孔隙水压力变化等情况都可以测定和控制。三轴试验施加围压 σ_3 时，相当于直剪试验加竖向荷载 p；三轴试验加轴向应力（偏应力）时，相当于直剪试验加剪应力 τ；控制排水条件，相当于直剪试验的速度。

三轴剪力试验按排水条件可以分为不固结不排水剪（UU）、固结不排水剪（CU）、固结排水剪（CD）三种方法。饱和软土的三种类型试验结果，见图12-3-1。

无侧限试验属于不排水剪，其强度视作天然强度，其不排水强度 c 为：
$$c = \frac{1}{2}q_u$$
式中 q_u 为抗压强度。

十字板试验也属于不排水剪，是现场原位测定土强度的方法，土的十字板强度 s 为：
$$s = \frac{2M}{\pi D^2\left(H + \dfrac{D}{3}\right)}$$
式中 M 为扭转力矩；D 为十字板的直径；H 为十字板的高度。

(3) 土的灵敏度

对于多数硬黏土、密砂等加工软化型土类，峰值强度与残余强度之比，称为土的灵敏度 S_t。

对于松砂、软黏土等加工硬化型土类，其土的灵敏度 S_t 为原状土结构没有破坏时的

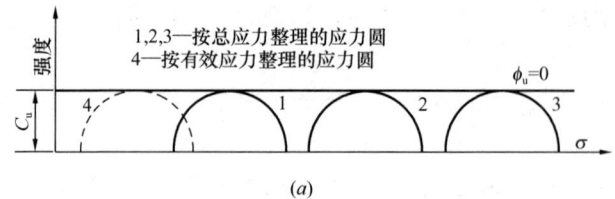
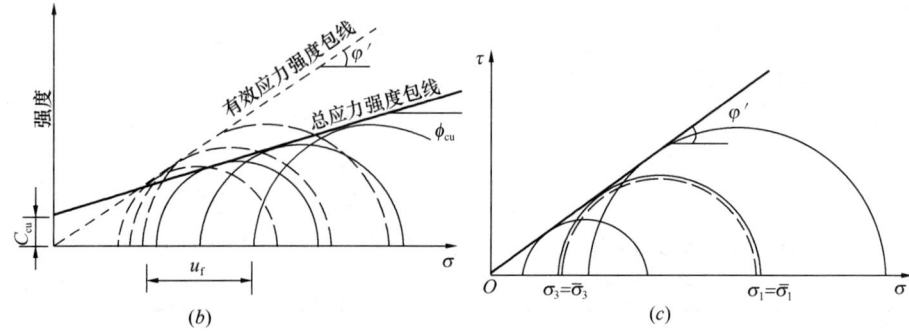

图 12-3-1 饱和软土三轴剪力试验结果
(a) 不固结不排水剪试验结果；(b) 固结不排水剪试验结果；(c) 固结排水剪试验结果

强度与结构彻底破坏时扰动土的强度之比。

S_t 表示了应变对强度变化的敏感程度。饱和黏性土按灵敏度 S_t 可分为三类：低灵敏（$1<S_t\leqslant2$）；中灵敏（$2<S_t\leqslant4$）；高灵敏（$S_t>4$）。

2. 土的抗剪强度理论

土体中某一方向平面上的剪应力达到土的抗剪强度时，该点即处于极限平衡状态。极限平衡状态为土的剪切破坏条件，而满足极限平衡条件的面称为破裂面。

(1) 土中任意一点的应力状态（图 12-3-2）

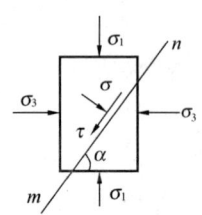

图 12-3-2 单元微体上应力

$$\sigma = \frac{1}{2}(\sigma_1+\sigma_3)+\frac{1}{2}(\sigma_1-\sigma_3)\cos2\alpha$$

$$\tau = \frac{1}{2}(\sigma_1-\sigma_3)\sin2\alpha$$

需注意的是，上述公式与第五章材料力学中的计算公式是一致的。

(2) 土的极限平衡条件（图 12-3-2）

无黏性土：$\sigma_1 = \sigma_3\tan^2\left(45°+\dfrac{\varphi}{2}\right)$

$$\sigma_3 = \sigma_1\tan^2\left(45°-\frac{\varphi}{2}\right)$$

黏性土：$\sigma_1 = \sigma_3\tan^2\left(45°+\dfrac{\varphi}{2}\right)+2c\cdot\tan\left(45°+\dfrac{\varphi}{2}\right)$

$$\sigma_3 = \sigma_1\tan^2\left(45°-\frac{\varphi}{2}\right)-2c\cdot\tan\left(45°-\frac{\varphi}{2}\right)$$

破裂面与 σ_1 作用面的夹角 α：$\alpha = 45°+\dfrac{\varphi}{2}$

式中 σ_1 为大主应力；σ_3 为小主应力；φ 为内摩擦角；c 为黏聚力。

三、解题指导

掌握土的抗剪强度规律、抗剪强度测定方法；掌握用土的抗剪强度理论计算大、小主应力。解题时，注意饱和黏性土的抗剪强度的灵活运用。

与本节有关的计算题见本章第七节内容。

【例 12-3-1】 某正常固结饱和黏性土的有效应力强度参数为 $c'=0$、$\varphi'=30°$，如在三轴固结不排水试验中围压 $\sigma_3=150\text{kPa}$，破坏时测得土中的孔隙水压力 $u=100\text{kPa}$，则此时大主应力 σ_1 为（　　）kPa。

A. 200　　　　B. 250　　　　C. 225　　　　D. 275

【解】 $\sigma_1' = \sigma_1 - u = \sigma_3' \tan^2\left(45°+\dfrac{\varphi'}{2}\right) + 2c' \cdot \tan\left(45°+\dfrac{\varphi'}{2}\right)$

则：$\sigma_1 = u + (\sigma_3 - u) \cdot \tan^2 60° + 0$
$= 100 + (150-100)\tan^2 60° = 250\text{kPa}$

所以应选 B 项。

四、应试题解

1. 固结排水条件下测得的抗剪强度指标试验结果适用于（　　）。
   A. 慢速加荷排水条件良好地基　　B. 慢速加荷排水条件不好地基
   C. 快速加荷排水条件良好地基　　D. 快速加荷排水条件不好地基

2. 饱和黏性土的抗剪强度指标（　　）。
   A. 与排水条件有关　　　　　　　B. 与排水条件无关
   C. 与试验时的剪切速率无关　　　D. 与土中孔隙水压力的变化无关

3. 某房屋地基为厚层黏性土，施工速度快，则验算地基稳定性的地基土抗剪强度指标宜按（　　）试验确定。
   A. 排水剪切试验　　　　　　　　B. 直接剪切试验
   C. 固结不排水剪切试验　　　　　D. 不排水剪切试验

4. 淤泥或淤泥质土地基处理，检测其抗剪强度应采取（　　）测试方法。
   A. 十字板试验　　　　　　　　　B. 室内试验
   C. 静载荷试验　　　　　　　　　D. 降低夯击能量

5. 对土坡进行长期稳定性分析时应采用（　　）。
   A. 十字板剪切强度参数　　　　　B. 三轴固结排水剪强度参数
   C. 无侧限抗压强度参数　　　　　D. 三轴固结不排水剪强度参数

6. 当摩尔应力圆与抗剪强度线相离时，土体处于的状态是（　　）。
   A. 破坏状态　　　　　　　　　　B. 安全状态
   C. 极限平衡状态　　　　　　　　D. 主动极限平衡状态

7. 某饱和黏性土进行三轴不固结不排水剪切试验，得到的抗剪强度指标 c、φ 大小为（　　）。
   A. $c=0.5(\sigma_1-\sigma_3)$、$\varphi=0°$　　B. $c=0.5(\sigma_1-\sigma_3)$、$\varphi>0°$
   C. $c=0.5(\sigma_1+\sigma_3)$、$\varphi=0°$　　D. $c=0.5(\sigma_1+\sigma_3)$、$\varphi>0°$

8. 土中某点处在极限平衡状态时，其破坏面与小主应力 σ_3 作用面的夹角为（　　）。

A. 45°　　　B. 45°−φ/2　　　C. 45°+φ/2　　　D. 45°+φ

9. 有两个性质相同的饱和黏性土土样，分别在有侧限和无侧限条件下，瞬时施加一个相同的竖向应力 p，则有（　　）。

A. 产生的孔隙水应力相同　　　B. 有侧限条件大于无侧限条件
C. 有侧限条件小于无侧限条件　　　D. 无侧限土样中部的孔隙水应力比有侧限大

第四节　土压力、地基承载力和边坡稳定

一、《考试大纲》的规定

土压力计算、挡土墙设计、地基承载力理论、边坡稳定。

二、重点内容

1. 土压力计算

根据挡土结构物的位移情况，土压力可分为静止土压力、主动土压力和被动土压力三种。

（1）静止土压力计算

$$p_0 = K_0 \gamma z; \quad E_0 = \frac{1}{2} K_0 \gamma H^2$$

式中 K_0 为静止土压力系数；γ 为墙后土的重度；H 为墙的高度；p_0 为墙背上的土压力强度；E_0 为墙背土压力合力，合力作用点在距墙底 $\frac{H}{3}$ 处。正常固结土，其 K_0 可按 $K_0 = 1 - \sin\varphi$ 计算，φ 为土的内摩擦角。

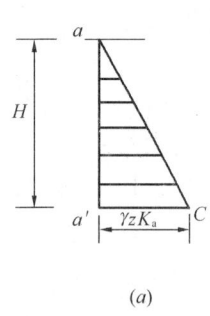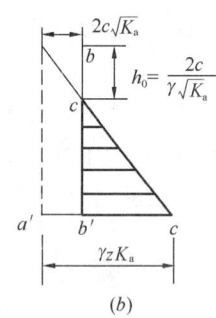

图 12-4-1　朗肯主动土压力分布
(a) 无黏性土；(b) 黏性土

（2）朗肯土压力理论

朗肯土压力理论假定墙后地面水平，墙背竖直且光滑无摩擦。

1) 主动土压力计算（见图 12-4-1）：

无黏性土（$c=0$）：$p_a = \gamma z K_a; \quad E_a = \frac{1}{2} \gamma H^2 K_a$

黏性土（$c \neq 0$）：$p_a = \gamma z K_a - 2c\sqrt{K_a}; \quad E_a = \frac{1}{2} \gamma K_a (H - h_0)^2$

式中 K_a 为主动土压力系数，$K_a = \tan^2\left(45° - \frac{\varphi}{2}\right)$；$h_0$ 为临界竖立高度，$h_0 = \frac{2c}{\gamma\sqrt{K_a}} = \frac{2c}{\gamma\tan\left(45° - \frac{\varphi}{2}\right)}$；$c$ 为黏聚力；p_a 为主动土压力强度；E_a 为主动土压力。

朗肯主动状态时，墙后土体中一组滑动面与大主应力平面（水平面）的夹角 α：$\alpha = 45° + \frac{\varphi}{2}$；与小主应力平面夹角 β：$\beta = 45° - \frac{\varphi}{2}$。

2) 被动土压力计算：

无黏性土（$c=0$）：$p_p = \gamma z K_p$；$E_p = \frac{1}{2}\gamma H^2 K_p$

黏性土（$c \neq 0$）：$p_p = \gamma z K_p + 2c\sqrt{K_p}$；$E_p = \frac{1}{2}\gamma H^2 K_p + 2cH\sqrt{K_p}$

式中 K_p 为被动土压力系数，$K_p = \tan^2\left(45° + \frac{\varphi}{2}\right)$；$p_p$ 为被动土压力强度；E_p 为被动土压力。

需注意的是，上述公式中，c 前面的正负符号。

(3) 库仑土压力理论

库仑土压力理论假设墙后填土是理想的散体（即 $c=0$），土体处于极限平衡状态时形成一滑动楔体，滑动面为平面，根据楔体的静力平衡条件得出的土压力计算理论。

库仑主动土压力公式：$E_a = \frac{1}{2}\gamma H^2 K_a$

$$K_a = \frac{\cos^2(\varphi - \alpha)}{\cos^2\alpha \cos(\alpha + \delta)\left[1 + \sqrt{\dfrac{\sin(\varphi + \delta)\sin(\varphi - \beta)}{\cos(\alpha + \delta)\cos(\beta - \alpha)}}\right]^2}$$

式中 K_a 为主动土压力系数；其余符号如图 12-4-2 所示，E_a 的作用点的位置在墙底以上 $\frac{H}{3}$ 处。

库仑被动土压力公式：$E_p = \frac{1}{2}\gamma H^2 K_p$

$$K_p = \frac{\cos^2(\varphi + \alpha)}{\cos^2\alpha \cos(\alpha - \delta)\left[1 - \sqrt{\dfrac{\sin(\varphi + \delta)\sin(\varphi + \beta)}{\cos(\alpha - \delta)\cos(\alpha - \beta)}}\right]^2}$$

式中 K_p 为被动土压力系数，其余符号如图 12-4-3 所示。

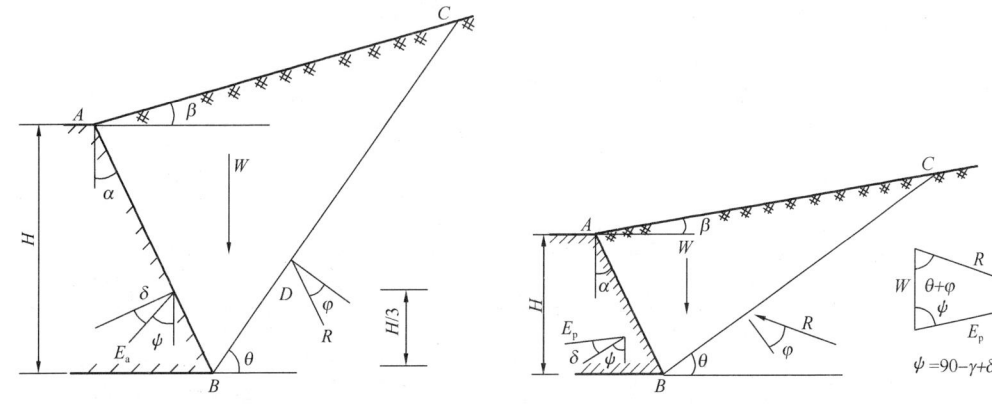

图 12-4-2 库仑主动土压力计算　　　　图 12-4-3 库仑被动土压力计算

当墙背竖直且光滑，填土表面为水平（$\alpha=0$，$\delta=0$，$\beta=0$）时，库仑公式与朗肯公式相同，所以朗肯土压力可视作库仑的一个特例。

从库仑主动土压力公式可知，K_a 与 φ、α、β、δ 等因数有关：

①土压力 E_a 与竖直线夹角 φ 越大，K 越小，故应重视墙后填土的质量。

②填土与墙背的摩擦角 δ 与墙背粗糙度、填料性质、排水条件等因素有关。δ 越大，K_a 越小。

③挡土墙倾斜情况对主动土压力有明显影响。一般可分成仰斜（$-\alpha$）、竖直（$\alpha=0$）、俯斜（$+\alpha$）三种。α 越小，K_a 越小，故仰斜形式较佳。

（4）特别情况下的土压力计算

①墙后填土表面有连续均布荷载 q 时，用假想的土重代替均布荷载，其当量的土层厚度 $h'=q/\gamma$。

②墙后填土成层的情况。墙后填土由几层不同种类的水平土层组成时，第一层仍按均质计算；第二层土压力的计算，可将第一层土重量 $\gamma_1 H_1$ 作为超载作用在第二层顶面，并按第二层土指标计算土压力，因此在土层分界面上会出现两个土压力数值，即一个值代表第一土层的底面压力值；另一个值代表第二土层的顶面压力值。

③墙后填土中有地下水存在时，应分别计算土压力和水压力，再叠加。土压力计算方法与成层土情况相同，地下水位以下土层取有效重度，土的指标水下部分应取有效指标进行计算。水压力按静水压力计算。

2. 挡土墙设计

挡土墙设计内容包括：稳定性验算（抗倾覆和抗滑移稳定性）；地基承载力验算；墙身强度验算。

挡土墙稳定性验算（图 12-4-4）：

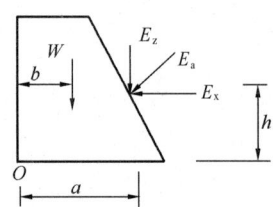

图 12-4-4 稳定性计算图示

抗倾覆安全系数 K_q：

$$K_q = \frac{Wb + E_z a}{E_x h} \geqslant 1.6$$

抗滑移安全系数 K_h：

$$K_h = \frac{(W + E_z)\mu}{E_x} \geqslant 1.3$$

式中 W 为挡土墙的重量；E_x、E_z 为主动土压力 E_a 在 x、z 方向的分量；h、a、b 分别为 E_x、E_z 和 W 对墙趾 O 的力臂；μ 为基底摩擦系数，应由试验确定，缺乏资料时可按表 12-4-1 取用。

土对挡土墙基底的摩擦系数 μ 表 12-4-1

土的类别		摩擦系数 μ	土的类别	摩擦系数 μ
黏性土	可塑状态	0.25～0.30	中砂、粗砂、砾砂	0.40～0.50
	硬塑状态	0.30～0.35	碎石土	0.40～0.60
	坚硬状态	0.35～0.45	软质岩	0.40～0.60
粉土		0.30～0.40	表面粗糙的硬质岩	0.65～0.75

挡土墙设计还应重视墙后排水，故墙后填土应尽量选用透水性较强的土，如砂土、砾

石、碎石等，在墙身应布置适当数量的泄水孔。

3. 地基承载力理论

地基承载力理论基础是土的强度极限平衡理论。地基承载力理论有两种分析方法：极限荷载和临塑荷载及临界荷载。

(1) 极限荷载与极限承载力

极限荷载指地基发生整体剪切破坏时的最小压力。

极限荷载 p_j 的计算公式：$p_j = N_B \gamma B + N_D \gamma_D D + N_C c$

其中：N_B、N_D、N_C 为极限承载力系数，分别为：

$$N_B = \frac{1-m^4}{2m^5}, N_D = \frac{1}{m^4}; N_C = \frac{2(m^2+1)}{m^3},$$

式中 $m = \tan\left(45° - \frac{\varphi}{2}\right)$；$B$ 为基础的宽度；c 为土的黏聚力；γ 为基底以下土的重度；γ_D 为基底以上埋深范围内土的重度。

几个典型的极限荷载计算公式假定模型，见表 12-4-2 所示。

典型的极限荷载计算公式的假定模型 表 12-4-2

类　　型	建　立　模　型
普朗特尔—雷斯诺公式	假定基底光滑无摩擦，不考虑滑动体土的重力。滑动面的形状见图 12-4-5 (a)。Ⅰ区为基底以下，为朗肯主动区；滑动面与基底面夹角为 $48° + \frac{\varphi}{2}$；Ⅲ区为朗肯被动区，滑动面与基底面夹角为 $45° - \frac{\varphi}{2}$；Ⅱ区为Ⅰ区与Ⅲ区之间，为过渡区，滑动面由一组辐射线和一组对数螺线所组成
太沙基公式	滑动面形状如图 12-4-5 (b) 所示，假定基底粗糙具有很大的摩擦力，AB 面不会发生剪切位移，故Ⅰ区为朗肯主动区，滑动面 AC 或 BC 与基底面成 ϕ 角；Ⅱ区为过渡区，与普朗特尔假定相同；Ⅲ区为朗肯被动区，滑动面与水平面夹角为 $\left(45° - \frac{\varphi}{2}\right)$
斯肯普顿公式	假定内摩擦角 $\varphi = 0$，如图 12-4-5 (c) 所示，此时过渡区的对数螺线变化成圆弧。该公式适用于饱和软土地基
圆筒形滑动面公式	假定内摩擦角 $\varphi = 0$，假定滑动面为圆筒形。该公式适用于饱和软土地基

通过计算得到的极限荷载 p_j 除以 3 的安全系数得到地基的容许承载力。

(2) 临塑荷载和临界荷载

根据荷载试验，地基变形可分为三个阶段（图 12-4-6）：压密阶段（oa 段）、局部剪切阶段（ab 段）、破坏阶段（b 点以右）。

oa 段：压力与沉降成直线关系。

ab 段：压力与沉降不成直线关系，地基中有塑性区发生。p_{cr} 称为比例极限或临塑荷载。

b 点及右侧段：当压力超过 b 点对应的 p_j，发生整体剪切破坏，沉降大量发生。p_u 称

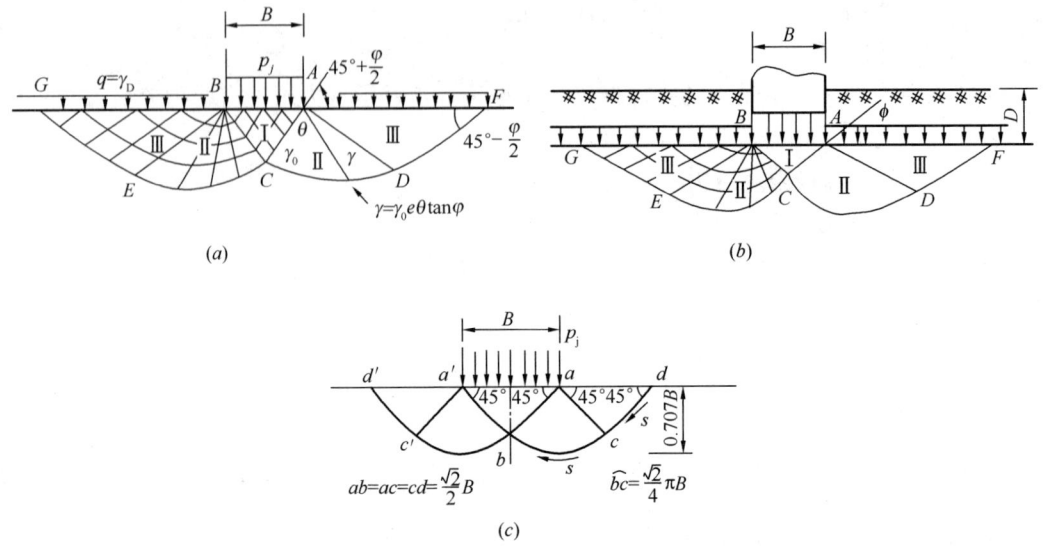

图 12-4-5 典型极限荷载公式的滑动面形状

(a) 普朗特尔—雷斯诺公式滑动面形状;(b) 太沙基公式滑动面形状;(c) 斯肯普顿公式滑动面形状

为极限荷载。

可见,临塑荷载与临界荷载,是指地基中产生局部剪切破坏时的压力,它们不是一个固定值,是与破坏区的大小相对应的。当地基中刚要产生塑性区时的荷载称为临塑荷载;如果允许地基中产生四分之一基础塑性区时的荷载,称为 $p_{\frac{1}{4}}$ 临界荷载。如图 12-4-7 所示,塑性区的概念。

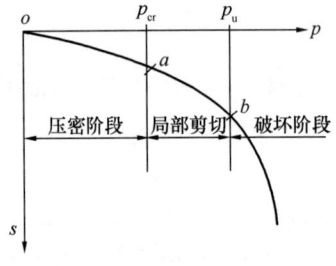

图 12-4-6 p-s 曲线

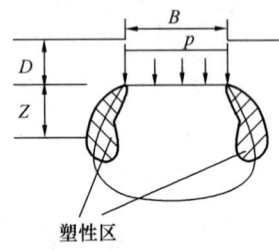

图 12-4-7 塑性区的概念

按弹性理论计算临塑荷载 p_{cr}、临界荷载 p 及 $p_{\frac{1}{4}}$ 为:

$$p_{cr} = \frac{\pi(\gamma D + c \cdot \cot\varphi)}{\cot\varphi + \varphi - \frac{\pi}{2}} + \gamma D$$

$$p = \frac{\pi}{\cot\varphi + \varphi - \frac{\pi}{2}} \gamma Z_{max} + \frac{\cot\varphi + \varphi + \frac{\pi}{2}}{\cot\varphi + \varphi - \frac{\pi}{2}} \gamma_0 D + \frac{\pi\cot\varphi}{\cot\varphi + \varphi - \frac{\pi}{2}} \cdot c$$

当 $Z_{max} = \frac{1}{4}B$ 时:

$$p_{\frac{1}{4}} = M_b \gamma B + M_d \gamma_D D + M_c c$$

式中，

$$M_b = \frac{\frac{\pi}{4}}{\cot\varphi + \varphi - \frac{\pi}{2}}, \quad M_d = \frac{\cot\varphi + \varphi + \frac{\pi}{2}}{\cot\varphi + \varphi - \frac{\pi}{2}}, \quad M_c = \frac{\pi\cot\varphi}{\cot\varphi + \varphi - \frac{\pi}{2}}$$

4. 边坡稳定分析

无黏性土坡稳定，其抗滑力与滑动力之比称为稳定安全系数 K，即：

$$K = \frac{\tan\varphi}{\tan\beta}$$

式中 φ 为土的内摩擦角；β 为坡角；K 为稳定安全系数，一般取为 1.1～1.5。

由上式可知，当 $\beta = \varphi$ 时，$K=1$，边坡处于极限平衡状态。无黏性土的内摩擦角 φ 特称为自然休止角，故当坡角 $\beta < \varphi$，土坡就是稳定的。

黏性土坡稳定分析可用条分法和稳定数法。

(1) 条分法

黏性土坡的稳定性安全系数 K 为由抗剪力和剪切力对圆心 O 构成的抗滑力矩（$S \cdot R$）与滑动力矩（$T \cdot R$）之比，即：

$$K = \frac{S \cdot R}{T \cdot R} = \frac{\sum(c_i \Delta l_i + W_i \cos\beta_i \tan\varphi_i)}{\sum W_i \sin\beta_i} \geqslant 1.2$$

式中符号如图 12-4-8 所示。

(2) 稳定数法

如图 12-4-9 所示泰勒稳定数图表，图中横坐标为边坡的坡角，纵坐标为稳定数 N_s：

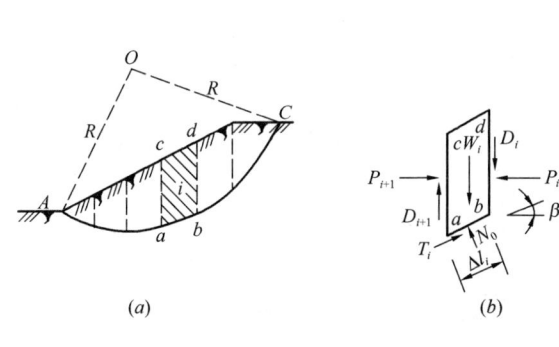

图 12-4-8 黏性土坡的稳定分析
(a) 土坡剖面；(b) 作用于 i 土条上的力

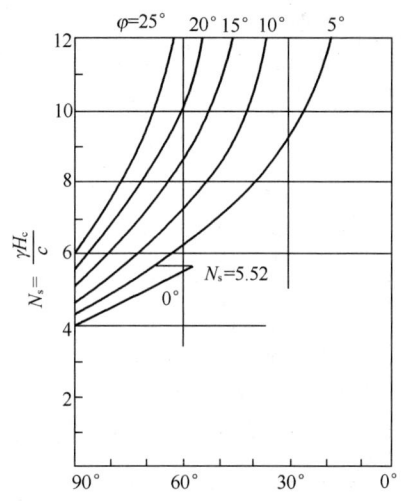

图 12-4-9 泰勒稳定数图表

$$N_s = \frac{\gamma H}{c}$$

式中 γ 为土的重度；c 为土的黏聚力；H 为土坡高度。

用泰勒稳定数图表可以解决下列简单边坡稳定问题：

①已知坡角 β 及土的 c、φ、γ，求稳定的坡高 H；

②已知坡高 H 及土的 c、φ、γ，求稳定的坡角 β；

③已知坡高 H、坡角 β 和土的 c、φ、γ，求稳定安全系数 K。

对于饱和软黏土地基，如果软土层很厚，当坚硬土层面离土坡顶的距离与土坡高度的比值 n_d（亦深度系数）大于 4 时，取 $h_d = \infty$，则有 $N_s = 5.52$，边坡的临界高度 H_c 为：

$$H_c = \frac{5.52 c_u}{\gamma}$$

式中 c_u 为土的不排水抗剪强度；γ 为土的重度。

三、解题指导

本节计算公式繁多，需掌握好朗肯土压力计算公式、挡土墙验算公式、稳定数法计算公式，而其他复杂的公式不需记忆，只需理解其内涵。运用各类公式，注意题目条件，如土的性质、填土情况、有无地下水等。

与本节有关的计算题见本章第七节内容。

【例 12-4-1】 某墙背光滑、垂直，填土表面水平，墙高 6m，填土的内摩擦角 $\varphi = 30°$，黏聚力 $c = 8.76$kPa，重度 $\gamma = 20$kN/m³ 的均质黏性土，则该墙背上的主动土压力为（　　）kN/m。

A. 52.6　　　　B. 56.8　　　　C. 62.6　　　　D. 66.9

【解】 取 1m 长度计算：$K_a = \tan^2\left(45° - \dfrac{\varphi}{2}\right) = 0.333$

临界竖立高度：$h_0 = \dfrac{2c}{\gamma\sqrt{K_a}} = 1.517$

主动土压力：$E_a = \dfrac{1}{2}\gamma K_a \cdot (H - h_0)^2$

$= \dfrac{1}{2} \times 20 \times 0.333 \times (6 - 1.517)^2$

$= 66.92$kN/m

所以应选 D 项。

四、应试题解

1. 挡土墙后填土的内摩擦角 φ、黏聚力 c 大小不同，对被动土压力 E_p 大小的影响是（　　）。

A. φ、c 越大，E_p 越小　　　　B. φ 越大、c 越小，E_p 越小

C. φ、c 越大，E_p 越大　　　　D. φ 越大、c 越小，E_p 越大

2. 如在开挖临时边坡以后砌筑重力式挡土墙，合理的墙背形式是（　　）。

A. 倾斜　　　　B. 俯斜　　　　C. 直立　　　　D. 背斜

3. 根据库仑土压力理论，挡土墙墙背的粗糙程度与主动土压力 E_a 的关系为（　　）。

A. 背越粗糙，K_a 越大，E_a 越大　　　　B. 背越粗糙，K_a 越小，E_a 越小

C. 背越粗糙，K_a 越小，E_a 越大　　　　D. E_a 数值与墙背粗糙程度无关

4. 挡土墙后填土处于主动极限平衡状态时，则挡土墙：（　　）。

A. 在外荷载作用下推挤墙背后土体　　　　B. 在外荷载作用下偏离背后土体

C. 被土压力推动而偏离墙背土体　　　　D. 被土体限制而处于原来位置

5. 作用在挡土墙上的主动土压力 E_a，静止土压力 E_0，被动土压力 E_p 的大小次序为（　　）。

A. $E_a<E_0<E_p$　　　　　　　　　　B. $E_0<E_a<E_p$
C. $E_p<E_a<E_0$　　　　　　　　　　D. $E_p<E_0<E_a$

6. 挡土墙的抗滑移安全系数 K_h 应大于（　　）。

A. 1.3　　　　B. 1　　　　C. 2　　　　D. 1.5

7. 到目前为止，浅基础的地基极限承载力的计算理论仅限于按（　　）推导出来。

A. 冲剪切破坏模式　　　　　　　　　B. 局部剪切破坏模式
C. 整体剪切破坏模式　　　　　　　　D. B 和 C

8. 使地基形成连续滑倒面的相应的荷载是地基的（　　）。

A. p_{cr}　　　　B. p_u　　　　C. $p_{1/3}$　　　　D. $p_{1/4}$

9. 临塑荷载 P_{cr} 是指塑性区最大深度 Z_{max} 为（　　）对应的荷载。

A. $Z_{max}=0$　　　　　　　　　　　B. $Z_{max}=1/4$
C. $Z_{max}=b/4$（b 为基础底面宽度）　　D. $Z_{max}=L/4$（L 为基础底面长度）

10. 分析砂性土坡稳定时，假定滑动面为（　　）。

A. 平面　　　　B. 点圆　　　　C. 面圆　　　　D. 脚圆

11. 分析黏性土坡稳定时，假定滑动面为（　　）。

A. 斜平面　　　　B. 水平面　　　　C. 圆弧面　　　　D. 曲面

12. 分析均质无黏性土地基稳定时，稳定安全系数 K 为（　　）。

A. $K=$ 抗滑力/滑动力　　　　　　　B. $K=$ 滑动力/抗滑力
C. $K=$ 抗滑力矩/滑动力矩　　　　　D. $K=$ 滑动力矩/抗滑力矩

13. 无黏性土坡的稳定性，下列说法正确的是（　　）。

A. 与坡高无关，与坡角有关　　　　　B. 与坡高有关，与坡角有关
C. 与坡高有关，与坡角无关　　　　　D. 与坡角无关，与坡角无关

第五节　地基勘察、浅基础和深基础

一、《考试大纲》的规定

地基勘察：工程地质勘察方法、勘察报告分析与应用；

浅基础：浅基础类型、地基承载力设计值、浅基础设计、减少不均匀沉降损害的措施、地基、基础与上部结构共同工作概念；

深基础：深基础类型、桩与桩基础的分类、单桩承载力、群桩承载力、桩基础设计。

二、重点内容

1. 地基基础设计等级与岩土工程勘察等级

（1）地基基础设计等级

根据地基复杂程度、建筑物规模和功能特征以及由于地基问题可能造成建筑物破坏或影响正常使用的程度，将地基基础设计分为三个设计等级，设计时应根据具体情况，按表 12-5-1 选用。

设计等级	建筑和地基类型
甲 级	重要的工业与民用建筑物 30层以上的高层建筑 体型复杂，层数相差超过10层的高低层连成一体建筑物 大面积的多层地下建筑物（如地下车库、商场、运动场等） 对地基变形有特殊要求的建筑物 复杂地质条件下的坡上建筑物（包括高边坡） 对原有工程影响较大的新建建筑物 场地和地基条件复杂的一般建筑物 位于复杂地质条件及软土地区的二层及二层以上地下室的基坑工程 开挖深度大于15m的基坑工程 周边环境条件复杂、环境保护要求高的基坑工程
乙 级	除甲级、丙级以外的工业与民用建筑物 除甲级、丙级以外的基坑工程
丙 级	场地和地基条件简单、荷载分布均匀的七层及七层以下民用建筑及一般工业建筑；次要的轻型建筑物 非软土地区且场地地质条件简单、基坑周边环境条件简单、环境保护要求不高且开挖深度小于5.0m的基坑工程

表 12-5-1 地基基础设计等级

(2) 岩土工程勘察等级

根据工程重要性、场地复杂程度和地基复杂程度等级，划分岩土工程勘察等级。其中，工程重要性等级划分为：一级工程，即重要工程，后果很严重；二级工程，即一般工程，造成后果严重；三级工程，即次要工程，造成后果不严重；

根据建筑场地工程地质复杂程度，场地复杂等级划分为：一级场地（复杂场地）、二级场地（中等复杂场地）和三级场地（简单场地）。而地基复杂等级是按照其严重的程度分成：一级（复杂）、二级（中等复杂）和三级（简单）地基。

因此，岩土工程勘察等级可划分为：甲级，在工程重要性、场地复杂程度和地基复杂等级中，有一项或多项为一级；乙级，除甲级和丙级以外；丙级，在工程重要性、场地复杂程度和地基复杂等级中，均为三级。

2. 房屋建筑和构筑物的工程勘察要求

房屋建筑和构筑物的工程勘察阶段包括：可行性研究勘察、初步勘察和详细勘察（有时还有施工勘察）。

(1) 初步勘察

初步勘察应对场地内拟建建筑地段的稳定性做出评价，以满足初步设计要求。

对岩质地基，勘探线和勘探点的布置以及勘探孔的深度应根据地质构造、岩体特性、风化情况等，按地方标准或当地经验确定；对土质地基应符合表12-5-2和表12-5-3规定；遇有异常情况时可适当增减勘探孔的深度。

初步勘察勘探线、勘探点的间距（m）　　　　　　　　　　　表 12-5-2

地基复杂程度等级	勘探线间距	勘探点间距
一级（复杂）	50～100	30～50
二级（中等复杂）	75～150	40～100
三级（简单）	150～300	75～200

注：1. 表中间距不适用于地球物理勘探；
　　2. 控制性勘探点宜占总数的1/5～1/3，且每个地貌单元均应有控制性勘探点。

初步勘察勘探孔深度（m）　　　　　　　　　　　　表 12-5-3

工程重要性等级	一般性勘探孔	控制性勘探孔
一级（重要工程）	≥15	≥30
二级（一般工程）	10～15	15～30
三级（次要工程）	6～10	10～20

注：1. 勘探孔包括钻孔、探井和原位测试孔等；
　　2. 特殊用途的钻孔除外。

取土试样和进行原位测试应符合下列要求：

第一，采取土试样和进行原位测试的勘探点应结合地貌单元、地层结构和土的工程性质布置，其数量可占勘探点总数的1/4～1/2；

第二，采取土试样的数量和孔内原位测试的竖向间距，应按地层特点和土的均匀程度确定；每层土均应采取土试样或进行原位测试，其数量不宜少于6个。

（2）详细勘察

勘探点的间距，应符合表12-5-4的规定。

详细勘察的勘探深度应从基础底面算起，应符合下列规定：

第一，勘探孔深度应能控制地基主要受力层，当基础底面宽度不大于5m时，孔深对条形基础不应小于底宽的3倍，对单独柱基不应小于1.5倍，且不应小于5m；

第二，对高层建筑和需作变形计算的地基，控制性勘探孔的深度应超过地基变形计算深度；高层建筑的一般性勘探孔应达到基底下0.5～1.0倍的基底宽度，并深入稳定分布的地层；

第三，需设置抗浮桩或抗拔锚杆的建筑物，勘探孔深度应满足抗拔承载力评价要求；当有大面积地面堆载或软弱下卧层时，应适当加深控制性勘探孔的深度；

此外，在上述规定深度内当遇基岩或厚层碎石土等稳定地层时，应根据情况调整勘探孔深度。

采取土试样和进行原位测试的要求：①采样和原位测试点的数量，应根据地层结构、地基土的均匀性和工程特点确定，且不应少于勘探孔总数的1/2，钻探取土试样孔的数量不应少于勘探孔总数的1/3；②每个场地每一主要土层的原状土试样或原位测试数据不少于6件（组）；③在地基主要受力层内，厚度大于0.5m的夹层或透镜体，应采取土试样或进行原位测试；④当土层不均匀时，应

详细勘察勘探点的间距（m）　　　表 12-5-4

地基复杂程度等级	勘探点间距
一级（复杂）	10～15
二级（中等复杂）	15～30
三级（简单）	30～50

增加取土数量或原位测试点。

3. 勘察方法与原位测试

工程地质勘探方法有：坑探、钻探、触探和地球物理勘探。其中，触探又分为静力触探和动力触探两种。

原位测试方法应根据岩土条件、设计对参数的要求、地区经验和测试方法的适用性等因素选用。常用的原位测试方法见表 12-5-5。

常用的原位测试　　　　　　　表 12-5-5

项目	试验目的	适用性
载荷试验	测定建筑场地浅层或深层岩土的承载力和变形特性，其指标参数有变形模量，承载力特征值，基准基床系数	各类土
静力触探试验	可测定比贯入阻力，锥尖阻力，侧壁摩阻力和贯入时的孔隙水压力，从而可估算土的塑性状态或密实度、强度、压缩性、地基承载力、单桩承载力、沉桩阻力、液化判别等；根据孔压消散曲线，可估算土的固结系数和渗透系数；根据触探曲线进行力学分层	一般黏性土、粉土、砂土和含少量碎石的土
标准贯入试验	用 63.5kg 的落锤，在钻孔中将标准贯入器打入土中，测记 30cm 贯入深度的锤击数 N 值，可对砂土、粉土、黏性土的物理状态、土的强度、变形参数、地基承载力、单桩承载力、砂土和粉土的液化、成桩的可能性等做出评价	砂土、粉土、黏性土
十字板剪切试验	测定饱和软土不排水抗剪强度和灵敏度，从而确定地基承载力、单桩承载力，计算边坡稳定性，判定软黏土的应力历史	软土
旁压试验	根据旁压曲线上的初始压力、临塑压力，确定地基承载力和变形参数，还可求得原位水平应力，静止侧压力系数，不排水抗剪强度	各类土

4. 岩土工程勘察成果报告

岩土工程勘察报告应根据任务要求、勘察阶段、工程特点和地质条件等具体情况编写，并应包括下列内容：

(1) 勘察目的、任务要求和依据的技术标准；

(2) 拟建工程概况；

(3) 勘察方法和勘察工作布置；

(4) 场地地形、地貌、地层、地质构造、岩土性质及其均匀性；

(5) 各项岩土性质指标、岩土的强度参数、变形参数、地基承载力的建议值；

(6) 地下水埋藏情况、类型、水位及其变化；

(7) 土和水对建筑材料的腐蚀性；

(8) 可能影响工程稳定的不良地质作用的描述和对工程危害程度的评价；

(9) 场地稳定性和适宜性的评价。

成果报告应附的图件包括：勘探点平面布置图；工程地质柱状图；工程地质剖面图；原位测试成果图表；室内试验成果图表。

岩土工程勘察报告应对岩土利用、整治和改造的方案进行分析论证、提出建议；对工程施工和使用期间可能发生的岩土工程问题进行预测，提出监探和预防措施的建议等。

5. 地基基础设计的作用效应（或称荷载效应）及相应的抗力限值

《建筑地基基础设计规范》（GB 50007—2011）规定：

(1) 按地基承载力确定基础底面积及埋深或按单桩承载力确定桩数时，传至基础或承台底面上的作用效应（或称荷载效应）应按正常使用极限状态下作用的标准组合；相应的抗力应采用地基承载力特征值或单桩承载力特征值。

(2) 计算地基变形时，传至基础底面上的作用效应应按正常使用极限状态下作用的准永久组合，不应计入风荷载和地震作用；相应的限值应为地基变形允许值。

(3) 计算挡土墙、地基或滑坡稳定以及基础抗浮稳定时，作用效应应按承载能力极限状态下作用的基本组合，但其分项系数均为 1.0。

(4) 在确定基础或桩基承台高度、支挡结构截面、计算基础或支挡结构内力、确定配筋和验算材料强度时，上部结构传来的作用效应和相应的基底反力、挡土墙土压力以及滑坡推力，应按承载能力极限状态下作用的基本组合，采用相应的分项系数；当需要验算基础裂缝宽度时，应按正常使用极限状态下作用的标准组合。

(5) 基础设计安全等级、结构设计使用年限、结构重要性系数应按有关规范的规定采用，但结构重要性系数 γ_0 不应小于 1.0。

作用的基本组合、标准组合和准永久组合，其具体规定，见本书第十四章钢筋混凝土结构第一节。

6. 浅基础类型

浅基础一般指基础埋置深度小于基础宽度，或小于 5m，用一般的施工方法即可修筑。浅基础类型有：单独基础（可分为刚性基础和柔性基础）、墙下条形基础、柱下条形基础、筏形基础、箱形基础、壳体基础，以及不埋式基础。

基础埋置深度指从基础底面至地面（一般指设计地面）的距离。影响基础埋置深度选择的因素是：(1) 房屋和结构物的性质与用途；(2) 作用在地面上的荷载大小、性质；(3) 工程地质和水文地质条件；(4) 相邻建筑物基础的埋深；(5) 土的冻结深度等。

7. 地基承载力特征值

(1) 地基承载力计算的基本规定

地基应有足够的强度和稳定性，即：

当轴心荷载作用时：$p_k \leqslant f_a$

当偏心荷载作用时，除符合上式要求外，尚应符合下式要求：

$$p_{k\max} \leqslant 1.2 f_a$$

式中 p_k 为相应于作用效应的标准组合时，基底处的平均压力值；$p_{k\max}$ 为相应于作用效应的标准组合时，基底边缘的最大压力值，f_a 为修正后的地基承载力特征值。

建筑物的地基变形计算值，不应大于地基变形允许值 Δ，即：

$$s \leqslant \Delta$$

式中 s 为基础沉降量。

对基础的要求应有足够的承载力、刚度和耐久性，地基基础设计应遵循安全可靠和经济合理的原则。

(2) 地基承载力特征值 (f_{ak})

地基承载力特征值不仅与土的性质、形成条件有关，还与基础的类型、宽度、埋深，建筑物类型、布置、结构特征、施工速度等密切有关。确定地基承载力特征值的方法，《建筑地基基础设计规范》规定了两类方法：

第一类，从荷载试验或其他原位测试、公式计算，并结合工程实践经验等方法综合规定 f_{ak}。

当基础宽度大于3m或埋置深度大于0.5m时，从载荷试验或其他原位测试、经验值等方法确定的地基承载力特征值，尚应按下式修正：

$$f_a = f_{ak} + \eta_b \gamma (b-3) + \eta_d \gamma_m (d-0.5)$$

式中　f_a——修正后的地基承载力特征值（kPa）；

　　　f_{ak}——地基承载力特征值（kPa）；

　　　η_b、η_d——基础宽度和埋深的地基承载力修正系数，按基底下土的类别查表12-5-6取值；

　　　γ——基础底面以下土的重度，地下水位以下取浮重度；

　　　b——基础底面宽度（m），当基宽小于3m按3m取值，大于6m按6m取值；

　　　γ_m——基础底面以上土的加权平均重度，地下水位以下取浮重度；

　　　d——基础埋置深度（m），宜自室外地面标高算起。在填方整平地区，可自填土地面标高算起，但填土在上部结构施工后完成时，应从天然地面标高算起。对于地下室，如采用箱形基础或筏基时，基础埋置深度自室外地面标高算起；当采用独立基础或条形基础时，应从室内地面标高算起。

承载力修正系数　　　　　　　　　　　　　　表12-5-6

土 的 类 别		η_b	η_d
淤泥和淤泥质土		0	1.0
人工填土 e 或 I_L 大于等于0.85的黏性土		0	1.0
红黏土	含水比 a_w＞0.8	0	1.2
	含水比 a_w≤0.8	0.15	1.4
大面积 压实填土	压实系数大于0.95、黏粒含量 ρ_c≥10%的粉土	0	1.5
	最大干密度大于2100kg/m³ 的级配砂石	0	2.0
粉 土	黏粒含量 ρ_c≥10%的粉土	0.3	1.5
	黏粒含量 ρ_c＜10%的粉土	0.5	2.0
e 及 I_L 均小于0.85的黏性土		0.3	1.6
粉砂、细砂（不包括很湿与饱和时的稍密状态）		2.0	3.0
中砂、粗砂、砾砂和碎石土		3.0	4.4

注：1. 强风化和全风化的岩石，可参照所风化成的相应土类取值，其他状态下的岩石不修正；
　　2. 地基承载力特征值按本《建筑地基基础设计规范》附录D深层平板载荷试验确定时 η_d 取0；
　　3. 含水比是指土的天然含水量与液限的比值；
　　4. 大面积压实填土是指填土范围大于两倍基础宽度的填土。

第二类，按土体强度理论公式确定 f_{ak}。

当偏心距 e 小于或等于 0.033 倍基础底面宽度时，根据土的抗剪强度指标确定地基承载力特征值可按下式计算，并应满足变形要求：

$$f_a = M_b \gamma b + M_d \gamma_m d + M_c c_k$$

式中　f_a——由土的抗剪强度指标确定的地基承载力特征值；
　　　M_b、M_d、M_c——承载力系数，按表 12-5-7 确定；
　　　b——基础底面宽度，大于 6m 时按 6m 取值，对于砂土小于 3m 时按 3m 取值；
　　　c_k——基底下一倍短边宽度的深度范围内土的黏聚力标准值。

承载力系数 M_b、M_d、M_c　　　　表 12-5-7

土的内摩擦角标准值 φ_k(°)	M_b	M_d	M_c	土的内摩擦角标准值 φ_k(°)	M_b	M_d	M_c
0	0	1.00	3.14	22	0.61	3.44	6.04
2	0.03	1.12	3.32	24	0.80	3.87	6.45
4	0.06	1.25	3.51	26	1.10	4.37	6.90
6	0.10	1.39	3.71	28	1.40	4.93	7.40
8	0.14	1.55	3.93	30	1.90	5.59	7.95
10	0.18	1.73	4.17	32	2.60	6.35	8.55
12	0.23	1.94	4.42	34	3.40	7.21	9.22
14	0.29	2.17	4.69	36	4.20	8.25	9.97
16	0.36	2.43	5.00	38	5.00	9.44	10.80
18	0.43	2.72	5.31	40	5.80	10.84	11.73
20	0.51	3.06	5.66				

注：φ_k——基底下一倍短边宽度的深度范围内土的内摩擦角标准值。

8. 浅基础设计时基底压力 p_k 的计算

（1）基础底面的 p_k 的计算

当轴心荷载作用时：

$$p_k = \frac{F_k + G_k}{A}$$

式中　F_k——相应于作用效应的标准组合时，上部结构传至基础顶面的竖向力值；
　　　G_k——基础自重和基础上的土重；
　　　A——基础底面面积。

当偏心荷载作用，偏心距 $e \leqslant b/6$ 时：

$$p_{kmax} = \frac{F_k + G_k}{A} + \frac{M_k}{W}$$

$$p_{kmin} = \frac{F_k + G_k}{A} - \frac{M_k}{W}$$

式中　M_k——相应于作用效应的标准组合时，作用于基础底面的力矩值；
　　　W——基础底面的抵抗矩；

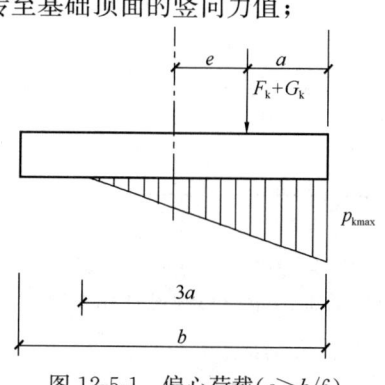

图 12-5-1　偏心荷载（$e > b/6$）
下基底压力计算示意
b—力矩作用方向基础底面边长

p_{kmax}、p_{kmin}——相应于作用效应的标准组合时,基础底面边缘的最大、最小压力值。

当偏心距 $e>b/6$ 时(图12-5-1),p_{kmax} 应按下式计算:

$$p_{kmax}=\frac{2(F_k+G_k)}{3la}$$

式中 l——垂直于力矩作用方向的基础底面边长;

a——合力作用点至基础底面最大压力边缘的距离,$a=\frac{b}{2}-e$。

(2)软弱下卧层强度计算

当地基受力层范围内有软弱下卧层时,应按下式验算:

$$p_z+p_{cz} \leqslant f_{az}$$

式中 p_z——相应于作用效应的标准组合时,软弱下卧层顶面处的附加压力值;

p_{cz}——软弱下卧层顶面处土的自重压力值;

f_{az}——软弱下卧层顶面处经深度修正后地基承载力特征值。

对条形基础和矩形基础,上式中的 p_z 值可按下列公式简化计算(图12-5-2):

条形基础:

$$p_z=\frac{b(p_k-p_c)}{b+2z\tan\theta}$$

矩形基础:

$$p_z=\frac{lb(p_k-p_c)}{(b+2z\tan\theta)(l+2z\tan\theta)}$$

式中 b——矩形基础或条形基础底边的宽度;

l——矩形基础底边的长度;

p_c——基础底面处土的自重压力值;

z——基础底面至软弱下卧层顶面的距离;

θ——地基压力扩散线与垂直线的夹角,可按表12-5-8采用。

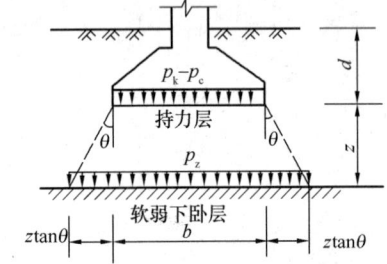

图12-5-2

地基压力扩散角 θ 表12-5-8

E_{s1}/E_{s2}	z/b	
	0.25	0.50
3	6°	23°
5	10°	25°
10	20°	30°

注:1. E_{s1} 为上层土压缩模量;E_{s2} 为下层土压缩模量;

2. $z/b<0.25$ 时取 $\theta=0°$,必要时,宜由试验确定;$z/b>0.50$ 时 θ 值不变;

3. z/b 在0.25与0.50之间可插值使用。

9. 地基变形计算

建筑物的地基变形允许值,按表12-5-9规定采用。对表中未包括的建筑物,其地基变形允许值应根据上部结构对地基变形的适应能力和使用上的要求确定。

建筑物的地基变形允许值　　　　　　　　　　　　　　　　　　　　表 12-5-9

变 形 特 征		地 基 土 类 别	
		中、低压缩性土	高压缩性土
砌体承重结构基础的局部倾斜		0.002	0.003
工业与民用建筑相邻柱基的沉降差 （1）框架结构 （2）砌体墙填充的边排柱 （3）当基础不均匀沉降时不产生附加应力的结构		0.002l 0.0007l 0.005l	0.003l 0.001l 0.005l
单层排架结构（柱距为 6m）柱基的沉降量（mm）		(120)	200
桥式吊车轨面的倾斜（按不调整轨道考虑） 纵向 横向		0.004 0.003	
多层和高层建筑的整体倾斜	$H_g \leqslant 24$ $24 < H_g \leqslant 60$ $60 < H_g \leqslant 100$ $H_g > 100$	0.004 0.003 0.0025 0.002	
体型简单的高层建筑基础的平均沉降量（mm）		200	
高耸结构基础的倾斜	$H_g \leqslant 20$ $20 < H_g \leqslant 50$ $50 < H_g \leqslant 100$ $100 < H_g \leqslant 150$ $150 < H_g \leqslant 200$ $200 < H_g \leqslant 250$	0.008 0.006 0.005 0.004 0.003 0.002	
高耸结构基础的沉降量（mm）	$H_g \leqslant 100$ $100 < H_g \leqslant 200$ $200 < H_g \leqslant 250$	400 300 200	

注：1. 本表数值为建筑物地基实际最终变形允许值；
　　2. 有括号者仅适用于中压缩性土；
　　3. l 为相邻柱基的中心距离（mm）；H_g 为自室外地面起算的建筑物高度（m）；
　　4. 倾斜指基础倾斜方向两端点的沉降差与其距离的比值；
　　5. 局部倾斜指砌体承重结构沿纵向 6～10m 内基础两点的沉降差与其距离的比值。

计算地基变形时，地基内的应力分布，可采用各向同性均质线性变形体理论。其最终变形量可按下式计算：

$$s = \psi_s s' = \psi_s \sum_{i=1}^{n} \frac{p_0}{E_{si}} (z_i \bar{\alpha}_i - z_{i-1} \bar{\alpha}_{i-1})$$

式中　　s——地基最终变形量（mm）；
　　　　s'——按分层总和法计算出的地基变形量；
　　　　ψ_s——沉降计算经验系数，根据地区沉降观测资料及经验确定，无地区经验时可采用表 12-5-10 的数值；
　　　　n——地基变形计算深度范围内所划分的土层数（图 12-5-3）；
　　　　p_0——对应于作用效应的准永久组合时的基础底面处的附加压力（kPa）；
　　　　E_{si}——基础底面下第 i 层土的压缩模量（MPa），应取土的自重压力至土的自重压力与附加压力之和的压力段计算；

z_i、z_{i-1}——基础底面至第i层土、第$i-1$层土底面的距离(m)；

$\bar{\alpha}_i$、$\bar{\alpha}_{i-1}$——基础底面计算点至第i层土、第$i-1$层土底面范围内平均附加应力系数。

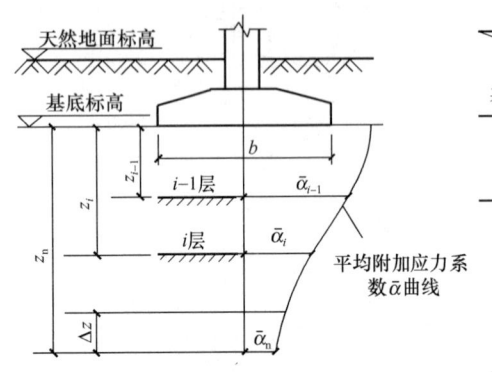

图12-5-3 基础沉降计算的分层示意

沉降计算经验系数ψ_s　　　表12-5-10

$\bar{E}_s$(MPa)　　基底附加压力	2.5	4.0	7.0	15.0	20.0
$p_0 \geq f_{ak}$	1.4	1.3	1.0	0.4	0.2
$p_0 \leq 0.75 f_{ak}$	1.1	1.0	0.7	0.4	0.2

注：$\bar{E}_s$为变形计算深度范围内压缩模量的当量值，应按下式计算：

$$\bar{E}_s = \frac{\sum A_i}{\sum \dfrac{A_i}{E_{si}}}$$

式中 A_i——第i层土附加应力系数沿土层厚度的积分值。

地基变形计算深度z_n(图12-5-3)，应符合下式要求：

$$\Delta s'_n \leq 0.025 \sum_{i=1}^{n} \Delta s'_i$$

式中 $\Delta s'_i$——在计算深度范围内，第i层土的计算变形值；

$\Delta s'_n$——在由计算深度向上取厚度为Δz的土层计算变形值，Δz见图12-5-3并按表12-5-11确定。

如确定的计算深度下部仍有较软土层时，应继续计算。

Δz　　　表12-5-11

b(m)	$b \leq 2$	$2 < b \leq 4$	$4 < b \leq 8$	$b > 8$
Δz(m)	0.3	0.6	0.8	1.0

当无相邻荷载影响，基础宽度在1~30m范围内时，基础中点的地基变形计算深度也可按下列简化公式计算：

$$z_n = b(2.5 - 0.4 \ln b)$$

式中 b——基础宽度(m)。

在计算深度范围内存在基岩时，z_n可取至基岩表面；当存在较厚的坚硬黏性土层，其孔隙比小于0.5、压缩模量大于50MPa，或存在较厚的密实砂卵石层，其压缩模量大于80MPa时，z_n可取至该层土表面。此时，地表土附加压力分布应考虑相对硬层存在的影响，进而影响地基最终变形量。

10. 减少不均匀沉降损害的措施

减少不均匀沉降损害的措施主要从建筑、结构、施工等方面采取措施。建筑方面措施有：建筑物的平立面体型力求简单；设置沉降缝，如在建筑平面的转折部位、高度或荷载差异处、长高比过大的建筑物适当部位、地基土压缩性显著变化处、建筑结构或基础类型不同处等；控制长高比及合理布置墙体；调整建筑物标高；相邻建筑物间应间隔一定距离等。

结构方面措施有：减轻建筑物自重、设置圈梁、采用刚度大的梁板或基础、选用能适应不均匀沉降的上部结构。

施工方面措施有：合理组织施工顺序，如应先建高、重部分，后建低、轻部分，先主体后附属建筑；活载较大的建筑物，有条件时可先堆载预压；避免打桩、井点降水、深基坑开挖对邻近建筑物的影响；基坑开挖时，减少对基底土的扰动等。

11. 地基、基础与上部结构共同工作概念

地基、基础与上部结构共同工作就是三者在既满足静力平衡又满足变形协调两个条件下，揭示三者在外荷载作用下相互间的内在联系、相互影响，从而达到安全、经济的设计目的。

12. 深基础类型与桩基础的分类

深基础类型主要有桩基础、沉井基础、地下连续墙，以及沉箱基础、大直径墩基础。后两种类型目前已较少采用。

桩和桩基础的分类：(1)按桩的传力方式分为端承桩、摩擦桩；(2)按桩材料分为钢筋混凝土桩、钢桩、木桩；(3)按施工方法分为预制桩、灌注桩；(4)按桩的挤土效应分为大量排土桩(如预制实心方桩)、小量排土桩(如桩端未封闭的钢管桩)、不排土桩；(5)按承台位置分为高桩承台基础、低桩承台基础。

13. 单桩承载力特征值

单桩竖向承载力特征值(R_a)与桩身的材料强度、土的支承能力有关。

《建筑地基基础设计规范》(GB 50007—2012)规定，初步设计时可按下式估算单桩竖向承载力特征值：

$$R_a = q_{pa}A_p + u_p\sum q_{sia}l_i$$

式中　q_{pa}、q_{sia}——桩端阻力、桩侧阻力特征值，由当地静载荷试验结果统计分析算得；

　　　　A_p——桩底端横截面面积；

　　　　u_p——桩身周边长度；

　　　　l_i——第 i 层岩土的厚度。

桩端嵌入完整及较完整的硬质岩中，当桩长较短且入岩较浅时，可按下式估算单桩竖向承载力特征值：

$$R_a = q_{pa}A_p$$

式中　q_{pa}——桩端岩石承载力特征值。

桩的静载荷试验。单桩的竖向承载力特征值应通过现场静载荷试验确定，在同一条件下的试桩数量，不宜少于总桩数的 1%，并且不应少于 3 根。

试桩时，应测定每根试桩的荷载与沉降关系，并绘制荷载-沉降(Q-s)曲线和其他辅助分析所需的曲线。

极限承载力 R_u 的确定：如果 Q-s 曲线的末段有明显陡降段时，取曲线陡降段起点对应的荷载值；当 Q-s 曲线呈缓变型时，取桩顶总沉降量 $s=40$mm 所对应的荷载值，当桩长大于 40m 时，宜考虑桩身的弹性压缩。参加统计的试桩，当满足其极差不超过平均值的 30% 时，可取其平均值为单桩竖向极限承载力。若极差超过平均值的 30%，宜增加试桩数量并分析其原因。对桩数为 3 根及 3 根以下的柱下桩台，取最小值。

单桩竖向承载力特征值 R_a：$R_a = \dfrac{R_u}{2}$

当地基基础设计为丙级的建筑物可采用静力触探及标贯试验参数确定单桩承载力的特征值。

14. 群桩中单桩承载力计算

(1) 群桩中单桩桩顶竖向力应按下列公式计算：

轴心竖向力作用下：
$$Q_k = \frac{F_k + G_k}{n}$$

偏心竖向力作用下：
$$Q_{ik} = \frac{F_k + G_k}{n} \pm \frac{M_{xk} y_i}{\sum y_i^2} \pm \frac{M_{yk} x_i}{\sum x_i^2}$$

水平力作用下：
$$H_{ik} = \frac{H_k}{n}$$

式中 F_k——相应于作用效应的标准组合时，作用于桩基承台顶面的竖向力；
G_k——桩基承台自重及承台上土自重标准值；
Q_k——相应于作用效应的标准组合轴心竖向力作用下任一单桩的竖向力；
n——桩基中的桩数；
Q_{ik}——相应于作用效应的标准组合偏心竖向力作用下第 i 根桩的竖向力；
M_{xk}、M_{yk}——相应于作用效应的标准组合作用于承台底面通过桩群形心的 x、y 轴的力矩；
x_i、y_i——桩 i 至桩群形心的 y、x 轴线的距离；
H_k——相应于作用效应的标准组合时，作用于承台底面的水平力；
H_{ik}——相应于作用效应的标准组合时，作用于任一单桩的水平力。

(2) 单桩承载力计算应符合下列表达式：

轴心竖向力作用下：
$$Q_k \leqslant R_a$$

偏心竖向力作用下，除满足上式外，尚应满足下列要求：
$$Q_{ik\,max} \leqslant 1.2 R_a$$

式中 R_a——单桩竖向承载力特征值。

水平荷载作用下：
$$H_{ik} \leqslant R_{Ha}$$

式中 R_{Ha}——单桩水平承载力特征值。

(3) 桩身混凝土强度应满足桩的承载力设计要求：

按桩身混凝土强度计算桩的承载力时，应按桩的类型和成桩工艺的不同将混凝土的轴心抗压强度设计值乘以工作条件系数 φ_c，桩轴心受压时桩身强度应符合式 (12-5-1) 的规定。当桩顶以下 5 倍桩身直径范围内螺旋式箍筋间距不大于 100mm 且钢筋耐久性得到保证的灌注桩，可适当计入桩身纵向钢筋的抗压作用。

$$Q \leqslant A_p f_c \varphi_c \tag{12-5-1}$$

式中 f_c——混凝土轴心抗压强度设计值 (kPa)；
Q——相应于作用的基本组合时的单桩竖向力设计值 (kN)；
A_p——桩身横截面积 (m^2)；

φ_c——工作条件系数，非预应力预制桩取 0.75，预应力桩取 0.55～0.65，灌注桩取 0.6～0.8（水下灌注桩、长桩或混凝土强度等级高于 C35 时用低值）。

15. 桩基的沉降验算

《建筑地基基础设计规范》规定，对以下建筑物的桩基应进行沉降验算：

(1) 地基基础设计等级为甲级的建筑物桩基；

(2) 体型复杂、荷载不均匀或桩端以下存在软弱土层的设计等级为乙级的建筑物桩基；

(3) 摩擦型桩基。

桩基础的沉降不得超过建筑物的沉降允许值，并应符合表 12-5-9 的规定。

桩基的最终沉降量宜按单向压缩分层总和法计算，地基内的应力分布宜采用各向同性均质线性变形体理论，按实体深基础（桩距不大于 $6d$）和其他方法（如明德林应力公式方法）计算。

(1) 按实体深基础方法

实体深基础的支承面积可按图 12-5-4 采用，计算附加应力时应为桩底平面处的附加压力。

桩基础最终沉降量的计算采用单向压缩分层总和法：

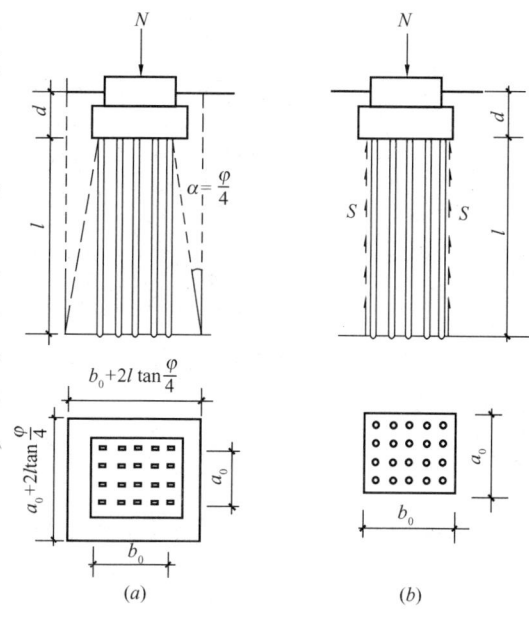

图 12-5-4 实体深基础的底面积

$$s = \psi_{ps} \sum_{j=1}^{m} \sum_{i=1}^{n_j} \frac{\sigma_{j,i} \Delta h_{j,i}}{E_{sj,i}}$$

式中 s——桩基最终计算沉降量(mm)；

m——桩端平面以下压缩层范围内土层总数；

$E_{sj,i}$——桩端平面下第 j 层土第 i 个分层在自重应力至自重应力加附加应力作用段的压缩模量(MPa)；

n_j——桩端平面下第 j 层土的计算分层数；

$\Delta h_{j,i}$——桩端平面下第 j 层土的第 i 个分层厚度(m)；

$\sigma_{j,i}$——桩端平面下第 j 层土第 i 个分层的竖向附加应力(kPa)，可分别按《建筑地基基础设计规范》附录 R.0.2 或 R.0.4 的规定计算；

ψ_{ps}——实体深基础桩基沉降计算经验系数，应根据地区桩基础沉降观测资料及经验统计确定。在不具备条件时，ψ_{ps} 值可按表 12-5-12 选用。

实体深基础计算桩基沉降经验系数 ψ_{ps}　　　　表 12-5-12

$\overline{E}_s$(MPa)	≤15	25	35	≥45
ψ_p	0.5	0.4	0.35	0.25

注：表内数值可以内插。

（2）按明德林应力公式方法

采用明德林应力公式计算地基中的某点的竖向附加应力值时，可将各根桩在该点所产生的附加应力，逐根叠加按下式计算。

$$\sigma_{j,i} = \sum_{k=1}^{n}(\sigma_{zp,k} + \sigma_{zs,k})$$

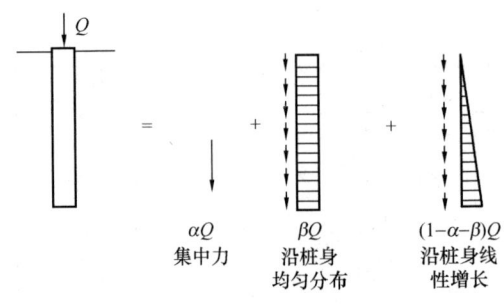

图 12-5-5 单桩荷载分担

Q 为单桩在竖向作用效应的准永久组合作用下的附加荷载，由桩端阻力 Q_p 和桩侧摩阻力 Q_s 共同承担，且：$Q_p = \alpha Q$，α 是桩端阻力比。桩的端阻力假定为集中力，桩侧摩阻力可假定为沿桩身均匀分布和沿桩身线性增长分布两种形式组成，其值分别为 βQ 和 $(1-\alpha-\beta)Q$，如图 12-5-5 所示。

第 k 根桩的端阻力在深度 z 处产生的应力：

$$\sigma_{zp,k} = \frac{\alpha Q}{l^2} I_{p,k}$$

第 k 根桩的侧摩阻力在深度 z 处产生的应力：

$$\sigma_{zs,k} = \frac{Q}{l^2}[\beta I_{s1,k} + (1-\alpha-\beta)I_{s2,k}]$$

对于一般摩擦型桩可假定桩侧摩阻力全部是沿桩身线性增长的（即 $\beta=0$），则上式可简化为：

$$\sigma_{zs,k} = \frac{Q}{l^2}(1-\alpha)I_{s2,k}$$

式中　　l——为桩长（m）；

I_p, I_{s1}, I_{s2}——应力影响系数，可用对明德林应力公式进行积分的方式推导得出。

将上述四个公式代入第一个公式，得到单向压缩分层总和法沉降计算公式：

$$s = \psi_{pm}\frac{Q}{l^2}\sum_{j=1}^{m}\sum_{i=1}^{n_j}\frac{\Delta h_{j,i}}{E_{sj,i}}\sum_{k=1}^{n}[\alpha I_{p,k} + (1-\alpha)I_{s2,k}]$$

采用明德林应力公式计算桩基础最终沉降量时，相应于作用效应的准永久组合作用下附加荷载的桩端阻力比 α 和桩基沉降计算经验系数 ψ_{pm} 应根据当地工程的实测资料统计确定。

16. 桩和桩基的构造要求

桩和桩基的构造要求如下：

（1）摩擦型桩的中心距不宜小于桩身直径的 3 倍；扩底灌注桩的中心距不宜小于扩底直径的 1.5 倍，当扩底直径大于 2m 时，桩端净距不宜小于 1m。在确定桩距时尚应考虑施工工艺中挤土等效应对邻近桩的影响。

（2）扩底灌注桩的扩底直径，不应大于桩身直径的 3 倍。

（3）桩底进入持力层的深度，宜为桩身直径的 1~3 倍。在确定桩底进入持力层深度时，尚应考虑特殊土、岩溶以及震陷液化等影响。嵌岩灌注桩周边嵌入完整和较完整的未风化、微风化、中风化硬质岩体的最小深度，不宜小于 0.5m。

(4) 布置桩位时宜使桩基承载力合力点与竖向永久荷载合力作用点重合。

(5) 设计使用年限不少于 50 年时，非腐蚀环境中预制桩的混凝土强度等级不应低于 C30，预应力桩不应低于 C40，灌注桩的混凝土强度等级不应低于 C25；二 b 类环境及三类及四类、五类微腐蚀环境中不应低于 C30。设计使用年限不少于 100 年的桩，桩身混凝土的强度等级宜适当提高。水下灌注混凝土的桩身混凝土强度等级不宜高于 C40。

(6) 桩的主筋配置应经计算确定。预制桩的最小配筋率不宜小于 0.8%（锤击沉桩）、0.6%（静压沉桩），预应力桩不宜小于 0.5%；灌注桩最小配筋率不宜小于 0.2%～0.65%（小直径桩取大值）。桩顶以下 3～5 倍桩身直径范围内，箍筋宜适当加强加密。

(7) 桩身纵向钢筋配筋长度应符合下列规定：

1) 受水平荷载和弯矩较大的桩，配筋长度应通过计算确定；

2) 桩基承台下存在淤泥、淤泥质土或液化土层时，配筋长度应穿过淤泥、淤泥质土层或液化土层；

3) 坡地岸边的桩、8 度及 8 度以上地震区的桩、抗拔桩、嵌岩端承桩应通长配筋；

4) 钻孔灌注桩构造钢筋的长度不宜小于桩长的 2/3；桩施工在基坑开挖前完成时，其钢筋长度不宜小于基坑深度的 1.5 倍。

(8) 桩身配筋可根据计算结果及施工工艺要求，可沿桩身纵向不均匀配筋。腐蚀环境中的灌注桩主筋直径不宜小于 16mm，非腐蚀性环境中灌注桩主筋直径不应小于 12mm。

(9) 桩顶嵌入承台内的长度不应小于 50mm。主筋伸入承台内的锚固长度不应小于钢筋直径（HPB300）的 30 倍和钢筋直径（HRB335 和 HRB400）的 35 倍。对于大直径灌注桩，当采用一柱一桩时，可设置承台或将桩和柱直接连接。

(10) 灌注桩主筋混凝土保护层厚度不应小于 50mm；预制桩不应小于 45mm，预应力管桩不应小于 35mm；腐蚀环境中的灌注桩不应小于 55mm。

17. 桩基础设计

桩基础的设计步骤：

(1) 选择桩的类型、长度和截面尺寸；

(2) 确定单桩承载力；

(3) 确定桩的布置和数量；

(4) 桩基中各桩受力验算；

(5) 桩基础的地基承载力和变形验算；

(6) 桩的材料、强度计算，构造要求；

(7) 承台计算。

三、解题指导

本节知识点繁多，应进行归类：浅基础、深基础。

需注意的是，掌握地基与基础设计所采用的作用效应与相应的抗力限值的规定。

与本节有关的计算题见本章第七节内容。

【例 12-5-1】 宽度为 3m 的条形基础，偏心距为 0.7m，作用在基础底面中心的竖向荷载的标准组合值 $N_k=1000$kN/m，则基底最大压应力为（　　）kPa。

A. 700　　　　　B. 733　　　　　C. 210　　　　　D. 833

【解】 $e = 0.7\text{m} > \dfrac{b}{6} = \dfrac{3}{6} = 0.5\text{m}$

则 $a = \dfrac{b}{2} - e = 0.8\text{m}$

取 1 米计算：$p_{k\max} = \dfrac{2N_k}{3la} = \dfrac{2 \times 10^3}{3 \times 1 \times 0.8} = 833.3\text{kPa}$

所以应选 D 项。

四、应试题解

1. 标准贯入锤击数 N 是指（　　）。

   A. 锤重 10.0kg、落距 760mm、打入土层 300mm 的锤击数
   B. 锤重 63.5kg、落距 500mm、打入土层 300mm 的锤击数
   C. 锤重 63.5kg、落距 760mm、打入土层 300mm 的锤击数
   D. 锤重 63.5kg、落距 760mm、打入土层 150mm 的锤击数

2. 在工程地质勘察中，采用（　　）能直接观察地层的结构和变化。

   A. 坑探　　　B. 钻探　　　C. 触探　　　D. 地球物理勘探

3. 详细勘察的探孔深度，对按承载力计算且无软弱下卧层的地基，当条形基础宽度 $b \leqslant 5\text{m}$ 时，孔深应满足的条件是（　　）。

   A. $\geqslant 3b$ 且不应小于 3m　　　　B. $\geqslant 3b$ 且不应小于 5m
   C. $\geqslant 1.5b$ 且不应小于 3m　　　D. $\geqslant 1.5b$ 且不应小于 5m

4. （　　）项不属于原位测试。

   A. 地基静载荷试验　　　　B. 固结试验
   C. 旁压试验　　　　　　　D. 触探试验

5. 下列各种地基勘探和试验方法中，全部属于原位试验的是（　　）。

   A. 十字板剪切试验、静力触探、标准贯入试验
   B. 压缩试验、标准贯入试验、旁压试验
   C. 动力试验、标准贯入试验、三轴试验
   D. 动力触探、钻探、无侧限抗压强度试验

6. 选用岩土参数，应按下列（　　）评价其可靠性和适用性。

   A. 取样方法及其他因素对试验结果的影响　B. 采用的试验方法和取值标准
   C. 不同测试方法所得结果的分析比较　　　D. 类似工程的实践经验

7. 地基勘探报告由文字和图表构成，一般包括（　　）。
   ①勘探点平面位置图；②工程地质柱状图；③工程地质剖面图；
   ④原位测试成果图表；⑤室内试验成果图表；⑥地质资料总表。

   A. ①②③④　　　　　　　B. ①②③④⑥
   C. ①②③④⑤　　　　　　D. ①②③④⑤⑥

8. 与中心荷载作用的基础相比，偏心荷载作用地基极限承载力将（　　）。

   A. 提高　　　B. 不变　　　C. 降低　　　D. 不确定

9. 基础底面尺寸大小（　　）。

   A. 仅取决于持力层承载力　　　　B. 仅取决于下卧层承载力
   C. 取决于持力层和下卧层承载力　D. 取决于地基承载力和变形要求

10. 除岩石地基外，基础埋深不小于（　　）。
   A. 300mm B. 500mm C. 600mm D. 800mm

11. 下面关于一般基础埋置深度的叙述（　　）项是不恰当的。
   A. 应根据工程地质和水文地质条件确定　　B. 埋深应满足地基稳定和变形的要求
   C. 任何情况下埋深不能小于2.5m　　D. 应考虑冻胀的影响

12. 根据《建筑地基基础设计规范》(GB 50007—2011)，在抗震设防区，除岩石地基外，天然地基上的箱形基础埋深不宜小于建筑物高度的（　　）。
   A. 1/12 B. 1/15 C. 1/18 D. 1/20

13. 除淤泥和淤泥质土外，相同地基上的基础，当宽度相同时，则埋深愈深地基的承载力的变化趋势为下列（　　）项所述。
   A. 愈大　　B. 愈小
   C. 与埋深无关　　D. 按黏性土的压缩性而定

14. 对冻胀地基的建筑物，低洼场地，宜在建筑四周向外一倍冻深距离范围内，使其室外地坪至少高出自然地面（　　）mm。
   A. 100～300 B. 200～400 C. 300～500 D. 500～800

15. 用理论公式确定地基承载力特征值时应采取土体抗剪强度指标的（　　）。
   A. 基本值 B. 平均值 C. 标准值 D. 修正值

16. 软弱下卧层承载力验算应满足的条件是（　　）。
   A. $p_z \leqslant f_{az}$ B. $p_z \geqslant f_{az}$ C. $p_z + p_{cz} \leqslant f_{az}$ D. $p_z + p_{cz} \geqslant f_{az}$

17. 将软弱下卧层的承载力特征值修正为设计值时，则（　　）。
   A. 仅需作深度修正
   B. 仅需作宽度修正
   C. 需作宽度和深度修正
   D. 仅当基础宽度大于3m时才需作宽度修正

18. 为使联合基础的基底压应力分布均匀，设计基础时应尽量做到（　　）。
   A. 基础应有较小的抗弯刚度　　B. 基底形心与建筑物重心重合
   C. 基底形心接近主要荷载合力作用点　　D. 基底形心远离主要荷载合力作用点

19. 柱下钢筋混凝土基础的高度一般是由（　　）。
   A. 抗拉条件控制　　B. 抗弯条件控制
   C. 抗冲切条件控制　　D. 宽高比允许值控制

20. 设计柱下条形基础的基础梁最小宽度时，下列（　　）项是正确的。
   A. 梁宽应大于柱截面的相应尺寸　　B. 梁宽应等于柱截面的相应尺寸
   C. 梁宽应大于柱截面宽高尺寸的最小值　　D. 由基础梁截面强度计算确定

21. 平板式筏形基础，当筏板厚度不足时，可能发生（　　）。
   A. 弯曲破坏　　B. 剪切破坏
   C. 冲切破坏　　D. 剪切破坏和冲切破坏

22. 属于减少地基不均匀沉降作用的结构措施是（　　）。
   A. 设置圈梁　　B. 控制长高比
   C. 设置沉降缝　　D. 调整设计标高

23. 若混合外纵墙上产生倒八字形裂缝，则地基沉降特点为( )。
   A. 均匀　　　　　　　　　　　　B. 波浪形
   C. 中间大，两端小　　　　　　　D. 中间小，两端大

24. 高层建筑应控制的地基主要变形特征为( )。
   A. 沉降差　　B. 沉降量　　C. 整体倾斜　　D. 局部倾斜

25. 高层建筑为了减小地基的变形，下列( )基础形式较为有效。
   A. 钢筋混凝土十字交叉基础　　　B. 箱形基础
   C. 筏形基础　　　　　　　　　　D. 扩展基础

26. 在软土上的高层建筑为减小地基的变形和不均匀沉降，下列( )项措施收不到预期效果。
   A. 减小基底附加压力
   B. 调整房屋各部分荷载分布和基础宽度或埋深
   C. 增加基础的强度
   D. 增加房屋结构的刚度

27. 地基的稳定性可采用圆弧滑动面法进行验算，《建筑地基基础设计规范》（GB 50007—2011）规定抗滑力矩 M_R 与滑动力矩 M_s 之比为( )。
   A. $M_R/M_s \geqslant 1.5$　　　　　　B. $M_R/M_s \leqslant 1.5$
   C. $M_R/M_s \geqslant 1.2$　　　　　　D. $M_R/M_s \leqslant 1.2$

28. 轴心竖向力作用下，单桩竖向承载力应满足的条件是( )。
   A. $Q_k \leqslant R_a$　　　　　　　　B. $Q_{ikmin} \geqslant 0$
   C. $Q_{ikmax} \leqslant 1.2R_a$　　　　D. $Q_k \leqslant R_a$ 且 $Q_{ikmax} \leqslant 1.2R_a$

29. 按桩的受力情况可将其分为摩擦桩和端承桩两种，摩擦桩是指( )。
   A. 桩上的荷载全部由桩侧摩擦力承受的桩
   B. 桩上的荷载由桩侧摩擦力和桩端阻力共同承受的桩
   C. 桩端为锥形的预制桩
   D. 不要求清除桩端虚土的灌注桩

30. 钻孔灌注桩是排土桩（不挤土），打入式预制桩是不排土桩（挤土），同一粉土地基中的这两种桩，一般情况下其桩的侧摩阻力( )。
   A. 钻孔桩大于预制桩　　　　　　B. 钻孔桩小于预制桩
   C. 钻孔桩等于预制桩　　　　　　D. 三种情况均有可能

31. 在单桩荷载传递过程中，下列叙述不正确的是( )。
   A. 加载初期桩侧摩阻力增大大于桩端阻力
   B. 加载初期桩顶荷载主要由桩侧摩阻力承担
   C. 加载初期桩侧土相对位移大于桩端土位移
   D. 加载初期桩侧摩阻力与桩端阻力之比为常量

32. 桩侧产生负摩擦力的机理是( )。
   A. 桩侧土层相对于桩面向上位移　　B. 桩侧土层相对于桩面向下位移
   C. 桩侧土层的侧向挤压作用　　　　D. 是由于抗浮桩的上拔作用引起的

33. 下列各种条件中，可能使桩产生负摩阻力的是( )。

①地下水位下降；②桩穿越较厚松散填土、自重湿陷性黄土进入相对较硬土层；

③桩周存在软弱土层，邻近桩侧的地面大面积堆载；

④桩穿越较厚欠固结层进入相对较硬土层。

A. ①③ B. ②④ C. ②③④ D. ①②③④

34. 桩顶受有轴向压力的竖直桩，按照桩身截面与桩周土的相对位移，桩侧摩擦力的方向（　　）。

　　A. 只能向上

　　B. 可能向上、向下或沿桩身上部向下、沿桩身下部向上

　　C. 只能向下

　　D. 与桩的侧面成某一角度

35. 对于砂土中的挤土桩，在桩身强度达到设计要求的前提下，静荷载试验应在打桩后经过（　　）天后进行。

　　A. 3 B. 7 C. 10 D. 15

36. 桩基设计中，布桩时应充分考虑群桩效应的影响，为减少群桩效应而采取的主要措施是（　　）。

　　A. 合理控制桩数 B. 增加桩的长度
　　C. 增加桩的直径 D. 合理控制桩距

37. 对土层情况、各桩的直径、入土深度和桩顶荷载都相同的摩擦桩，群桩（桩距一般为柱径的3倍）的沉降量将比单桩（　　）。

　　A. 大 B. 小 C. 大或小 D. 两者相同

38. 桩基承台发生冲切的原因是（　　）。

　　A. 承台平面尺寸过大 B. 钢筋保护层厚度不足
　　C. 底板配筋不足 D. 承台的有效高度不足

39. 下列有关桩承台构造方面的叙述，不正确的是（　　）。

　　A. 方形桩承台底部钢筋应双向布置 B. 桩的纵向钢筋应错入承台内
　　C. 桩嵌入承台的深度不应小于300mm D. 混凝土强度等级不应低于C15

40. 桩基承台的弯矩计算公式 $M_x=\sum N_i y_i$ 中，N_i 不包括下列（　　）引起的竖向力。

　　A. 承台自重 B. 上覆土自重
　　C. 上部结构传来荷载 D. 承台及上覆土

41. 对于三桩承台，受力钢筋应按（　　）。

　　A. 横向均匀布置 B. 纵向均匀布置
　　C. 纵、横向均匀布置 D. 三向板带均匀布置

42. 按《建筑地基基础设计规范》（GB 50007—2011）规定，扩底灌注桩的扩底直径应不大于桩身直径的（　　）倍。

　　A. 1.5 B. 2 C. 3 D. 4

43. 按《建筑地基基础设计规范》（GB 50007—2011）规定，桩顶嵌入承台的长度不宜小于（　　）mm。

　　A. 30 B. 40 C. 50 D. 60

第六节 地 基 处 理

一、《考试大纲》的规定
地基处理方法、地基处理原则、地基处理方法选择。

二、重点内容

1. 地基处理原理与处理原则

地基处理的目的是改善软弱土的物理力学性能，提高地基土的抗剪强度；降低软弱土的压缩性，减少基础的沉降和不均匀沉降；还可以改善土的透水性，起着防渗、截水作用，改善土的动力特性，防止液化作用等。

按地基处理的原理，地基处理分类为：碾压及夯实；换土垫层；排水固结；振密挤密；置换及拌入；加筋等。

按地基处理的作用机理，大致分为三类：土质改良；土的置换；土的补强。其中，土质改良是指用机械（力学）的、化学、电、热等手段增加地基土的密度，或使地基土固结；土的置换是将软土层换填为良质土，如砂垫层等；土的补强是采用薄膜、绳网、板桩等约束住地基土，或者在土中放入抗拉强度高的补强材料形成复合地基以加强和改善地基土的剪切特性。

2. 地基处理原则

地基处理原则是：除应满足工程设计要求外，还应做到因地制宜、就地取材、保护环境等要求；考虑地基处理方案时，应考虑上部结构、基础和地基的共同工作。

3. 地基处理方法与选择

地基处理方法与选择如表 12-6-1 所示。

地基处理方法与适用范围　　　　　　　　表 12-6-1

序号	分类	处理方法	原理及作用	适用范围
1	碾压及夯实	重锤夯实，机械碾压，振动压实，强夯（动力固结）	利用压实原理，通过机械碾压夯击，把表层地基土压实；强夯则利用强大的夯击能，在地基中产生强烈的冲击波和动应力，迫使土动力固结密实	碎石土、砂土、粉土、低饱和度的黏性土、填土等；对饱和黏性土用强夯法应慎重采用
2	换土垫层	砂石垫层，素土垫层，灰土垫层，矿渣垫层	以砂石、素土、灰土和矿渣等强度较高的材料，置换地基表层软弱土，提高持力层的承载力，扩散应力，减小沉降量	暗沟、暗塘等软弱土的浅层处理
3	排水固结	天然地基预压，砂井预压，塑料排水带预压，真空预压，降水预压	在地基中增设竖向排水体，加速地基的固结和强度增长，提高地基的稳定性；加速沉降发生；使基础沉降提前完成	饱和度软弱土层，对于渗透性极低的泥炭土必须慎重
4	振密挤密	振冲挤密，灰土挤密桩，砂桩、石灰桩，爆破挤密	采用一定的技术措施，通过振动或挤密，使土体的孔隙减少，强度提高；必须时，在振动挤密过程中，回填砂、砾石、灰土、素土等，与地基土组成复合地基，从而提高地基的承载力，减少沉降量	松砂、粉土、杂填土及湿陷性黄土

续表

序号	分类	处理方法	原理及作用	适用范围
5	置换及拌入	振冲置换，深层搅拌，高压喷射注浆，石灰桩等	采用专门的技术措施，以砂、砾石等置换软弱土地基中的部分软弱土，或在部分软弱土地基中渗入水泥、石灰等形成加固体，与未处理部分土组成复合地基，从而提高地基承载力，减少沉降量	黏性土、冲填土、粉砂、细砂等。振冲置换法对于不排水剪强度 $c_u <20kPa$ 时慎用
6	加筋	土工聚合物加筋，锚固，树根桩，加筋土	在地基或土体中埋设强度较大的土工聚合物、钢片等加筋材料，使地基或土体能承受抗拉力，防止断裂，保持整体性，提高刚度，从而提高地基的承载力，改善变形特性	软弱土地基、填土及陡坡填土、砂土

三、解题指导

本节知识点需理解、记忆，一般不会出现计算型选择题。

【例 12-6-1】 用于处理软弱土地基的砂垫层，其厚度需经计算确定，从提高效果和施工方便的角度，一般可取（　　）。

A. 小于 0.2m　　B. 大于 4m　　C. 0.5～3m　　D. 0.2～0.5m

【解】 砂垫层的厚度应在 0.5～3m 范围内较合理，既经济又方便施工，所以应选 C 项。

四、应试题解

1. 地基处理的目的不包括（　　）。

A. 降低土的压缩性　　　　　　　　B. 降低土的透水性
C. 提高地基抗剪强度　　　　　　　D. 提高地基土抗液化能力

2. 强夯法不适用于（　　）。

A. 淤泥　　　B. 湿陷性黄土　　　C. 杂填土　　　D. 松砂

3. 应用强夯法处理地基时，夯击沉降量过大，处置办法是（　　）。

A. 放弃施夯　　　　　　　　　　　B. 加填砂石
C. 减小夯点间距　　　　　　　　　D. 降低夯击能量

4. 当在已有建筑周围进行施工时，不宜采用的是（　　）。

A. 强夯法　　　B. 挤密振冲　　　C. 换土垫层　　　D. 碾压夯实

5. 适用于处理浅层软弱地基、膨胀土地基、季节性冻土地基的一种简易而被广泛应用的地基处理方法是（　　）。

A. 换土垫层法　　B. 胶结加固法　　　C. 碾压夯实法　　　D. 挤密振冲法

6. 用于处理软弱土地基的换土垫层，其厚度需经计算确定，从提高效果和方便施工出发，一般可取（　　）。

A. 小于 0.2m　　B. 大于 4 m　　C. 1～2 m　　D. 0.2～0.4m

7. 砂垫层的底部宽度确定应满足的条件之一是（　　）。

A. 持力层强度　　　　　　　　　　B. 地基变形要求
C. 软弱下卧层强度　　　　　　　　D. 基础底面应力扩散要求

8. 利用排水固结法处理地基时，必须具备下列（　　）项条件，才能获得良好的处理效果。

A. 设置竖向排水通道，预压荷载，预压时间

B. 设置水平排水通道（砂垫层）

C. 合适的土类（淤泥、淤泥质土等）

D. A 和 B

9. 砂井堆载预压加固饱和软黏土地基时，砂井的主要作用是（   ）。

   A. 置换　　　　　B. 挤密　　　　　C. 加速排水固结　　D. 改变地基土级配

10. 为了消除永久荷载在使用期地基的沉降，拟采用砂井堆载预压法处理，（   ）方案是有效的。

    A. 预压荷载＝永久荷载，加密砂井间距

    B. 预压荷载＝永久荷载，加长砂井的长度

    C. 预压荷载＝永久荷载，加密砂井间距，并加长砂井的长度

    D. 预压荷载＞永久荷载，不加密砂井间距和不加长砂井的长度

11. 为缩短排水固结处理地基的工期，最有效的措施是（   ）。

    A. 加大地面预压荷重　　　　　　　B. 减小地面预压荷重

    C. 用高能量机械压实　　　　　　　D. 设置水平向排水砂层

12. 砂井地基的固结度与单根砂井的影响圆直径（砂井间距）和砂井的直径之比 n（井径比）有关，则有（   ）。

    A. 井径比 n 越小，固结度越大　　　B. 井径比 n 越大，固结度越大

    C. 井径比 n 对固结度影响不大　　　D. 井径比 n 达到某一极限值时，才有影响

13. 砂井堆载预压法处理地基必须在地表铺设与排水竖井相连的砂垫层，其最小厚度为（   ）mm。

    A. 200　　　　B. 300　　　　C. 400　　　　D. 500

14. 砂井堆载预压法适用于处理（   ）地基。

    A. 碎石土和砂土　　　　　　　　　B. 湿陷性黄土

    C. 饱和的粉土　　　　　　　　　　D. 淤泥、淤泥质土和冲填土

15. 对饱和软黏土地基进行加固处理，最适宜的方法是（   ）。

    A. 砂石桩法　　B. 强夯法　　　　C. 真空预压法　　D. 振冲法

16. 振冲桩施工时，要保证振冲桩质量必须控制好（   ）。

    A. 振冲器功率、填料量、水压　　　B. 振冲器功率、留振时间、水压

    C. 水压、填料量、留振时间　　　　D. 交变电流、填料量、留振时间

17. 深层搅拌法，固化剂选用水泥，其掺加量应为加固土重的（   ）。

    A. 10%～20%　B. 3%～8%　　C. 7%～15%　　D. 20%～25%

18. 下列地基处理方法中，能形成复合地基的处理方法是（   ）。

    A. 强夯法　　　B. 换土垫层　　　C. 碾压夯实　　　D. 高压注浆

第七节　计　算　型　选　择　题

一、土的物理性质及工程分类

1. 已知一个土样，测得天然重度 $\gamma=18\mathrm{kN/m^3}$，干重度 $\gamma_d=13\mathrm{kN/m^3}$，饱和重度 γ_{sat}

=18.9kN/m³，水重度 γ_w=10kN/m³，则该土样的天然含水量 w 应为（   ）。

    A. 38.5%　　　　B. 36%　　　　C. 30.6%　　　　D. 28.4%

2. 已知土的试验指标为天然重度 γ=17kN/m³，土颗粒重度 γ_s=27kN/m³，含水量 w=10%，则该土样的孔隙比为（   ）。

    A. 0.67　　　　B. 0.75　　　　C. 0.87　　　　D. 0.89

3. 某土样的天然重度 γ=18kN/m³，含水量 w=10%，土颗粒相对密度 d_s=2.7，则土的干重度 γ_d 为（   ）kN/m³。

    A. 15.2　　　　B. 15.4　　　　C. 16.2　　　　D. 16.4

4. 某砂土土样的天然孔隙率为0.482，最大孔隙比为0.843，最小孔隙比为0.366，则该砂土的相对密实度为（   ）。

    A. 0.857　　　　B. 0.757　　　　C. 0.687　　　　D. 0.685

5. 某砂土试样的天然密度为1.78t/m³，含水量为20%，土粒相对密度为2.65，最大干密度为1.67t/m³，最小干密度1.29t/m³，其相对密实度为（   ）。

    A. 0.28　　　　B. 0.35　　　　C. 0.57　　　　D. 0.68

6. 某基坑在施工中进行坑底抽排水，已知基坑内外的水头差为2m，土粒相对密度为2.86，土的孔隙比为0.65，已知水的重度为10kN/m³，则该基坑在此条件下地基土的临界梯度（i_{cr}）为（   ）m。

    A. 0.82　　　　B. 0.96　　　　C. 1.13　　　　D. 1.25

7. 有一10m厚饱和黏土层，饱和重度为20kN/m³，其下为砂土，砂土层中有承压水，水头高出黏土层底面4m。现要在黏土层中开挖基坑，基坑的最大开挖深度为（   ）m。

    A. 4　　　　B. 5　　　　C. 6　　　　D. 8

8. 某黏性土样的天然含水量 w 为20%，液限 w_L 为35%，塑限 w_p 为15%，其液性指数 I_L 为（   ）。

    A. 0.25　　　　B. 0.75　　　　C. 4.0　　　　D. 1.33

9. 有四个土层，分别测得其天然含水量 w、液限 w_L、塑限 w_p 如下：

    Ⅰ. w=40%，w_L=60%，w_p=35%；　　Ⅱ. w=35%，w_L=50%，w_p=30%；

    Ⅲ. w=30%，w_L=40%，w_p=20%；　　Ⅳ. w=38%，w_L=60%，w_p=35%。

则最软的土层是（   ）。

    A. Ⅰ　　　　B. Ⅱ　　　　C. Ⅲ　　　　D. Ⅳ

10. 某原状土样处于完全饱和状态，测得含水量 w=32.6%，土粒相对密度 d_s=2.65，液限 w_L=34.4%，塑限 w_p=16.9%，此土样的名称及其物理状态是（   ）。

    A. 粉质黏土，可塑　　　　　　　　B. 粉质黏土，硬塑
    C. 黏土，硬塑　　　　　　　　　　D. 黏土，软塑

二、土中应力与地基变形

1. 某砂土地基，天然重度 γ=18kN/m³，饱和重度 γ_{sat}=20kN/m³，地下水位距地表2m，地表下深度为5m处的竖向自重应力为（   ）kPa。

    A. 66　　　　B. 76　　　　C. 72　　　　D. 80

2. 某建筑场地地层分布均匀，地下水位在地面以下2m深处，第一层杂填土厚1.5m，

$\gamma=17\mathrm{kN/m^3}$；第二层为粉质黏土厚 4m，$\gamma=19\mathrm{kN/m^3}$，$d_\mathrm{s}=2.73$，$w=31\%$；第三层淤泥质黏土厚 6m，$\gamma=18.2\mathrm{kN/m^3}$，$d_\mathrm{s}=2.74$，$w=41\%$；第四层粉土厚 3m，$\gamma=19.5\mathrm{kN/m^3}$，$d_\mathrm{s}=2.72$，$w=27\%$；第五层砂岩未打穿。第四层底面处的自重应力为（　　）kPa。

  A．261.2 B．263.4 C．269.2 D．270.9

3．某建筑物基础尺寸为 $2\mathrm{m}\times 2\mathrm{m}$，基础埋深为 2m，基底附加应力 $p_0=200\mathrm{kPa}$，则基础中点垂直线上，离地面 4m 处的附加应力为（　　）kPa。

  A．16.8 B．33.6 C．60.2 D．67.2

4．有一基础的宽度 4m，长度 8m，基底附加应力 90kPa，若测得中心线下 6m 深处的竖向附加应力为 56.8kPa，则另一基础宽度为 2m，长度为 4m，基底附加应力为 100kPa，角点下 6m 深处的附加应力为（　　）kPa。

  A．13.8 B．15.8 C．18.5 D．19.5

5．一完全饱和的地基中，某点的附加应力为 100kPa，在荷载作用某段时间后，测得该点的孔隙水压力为 30kPa，此时由附加应力引起的有效应力为（　　）kPa。

  A．50 B．70 C．100 D．30

6．某住宅楼工程地质勘察，取原状土进行压缩试验，其试验结果如表 12-7-1 所示，此试样的压缩系数 a_{1-2} 及压缩性为（　　）。

压缩试验结果 表 12-7-1

压应力 σ（kPa）	50	100	200	300
孔隙比 e	0.964	0.958	0.934	0.924

  A．0.14 $\mathrm{MPa^{-1}}$，低压缩性土 B．0.24 $\mathrm{MPa^{-1}}$，中压缩性土
  C．0.21 $\mathrm{MPa^{-1}}$，中压缩性土 D．0.51 $\mathrm{MPa^{-1}}$，高压缩性土

7．已知某土样的压缩系数 $a_{1-2}=0.5\mathrm{MPa^{-1}}$，在 100kPa 压力作用下压缩 24 小时后，该土样的孔隙比为 0.98，则在 200kPa 压力作用下压缩 24 小时后，该土样的孔隙比为（　　）。

  A．1.03 B．0.47 C．0.83 D．0.93

8．某土层压缩系数为 $0.58\mathrm{MPa^{-1}}$，天然孔隙比为 0.8，土层厚 1m，已知该土层受到的平均附加应力 $\sigma_z=60\mathrm{kPa}$，则该土层的沉降量为（　　）mm。

  A．18.3 B．19.3 C．20.3 D．21.3

9．地面下有一层 6m 厚的黏土，天然孔隙比 $e_0=1.25$，若地面施加无穷均布荷载 $q=100\mathrm{kPa}$，沉降稳定后，测得土的平均孔隙比 $e=1.12$，则黏土层的沉降量为（　　）cm。

  A．37.4 B．34.7 C．24.7 D．17.3

10．某饱和黏性土，在某一时刻的有效应力图面积与孔隙水压力图面积大小相等，则此时该黏性土的平均固结度为（　　）。

  A．33% B．50% C．67% D．100%

11．已知某黏土层的平均固结度 $U=95\%$ 时相应的时间因子 $T_\mathrm{v}=0.90$。若该黏土层厚度为 10m，固结系数为 $0.001\mathrm{cm^2/s}$，黏土层上下均为透水砂层，则该黏土层平均固结度达到 95% 所需时间为（　　）年。

  A．7.06 B．7.13 C．28.02 D．28.52

12. 某地基最终沉降量为 50mm，当沉降量为 20mm 时，地基的平均固结度为（　　）。
   A. 80%　　　　　B. 50%　　　　　C. 40%　　　　　D. 90%

13. 有一黏土层，厚度为 4m，双面排水，地面瞬时施加无穷均布荷载 $q=100$kPa，100 天后，土层的压缩量为 12.8cm。若土的固结系数 $c_v=2.96\times10^{-3}$ cm^2/s，$U=1.128\sqrt{T_v}$，则黏土层的最终沉降量为（　　）cm。
   A. 19.8　　　　　B. 18.3　　　　　C. 17.4　　　　　D. 14.2

三、土的抗剪强度

1. 某一点的应力状态为 $\sigma_1=400$kPa，$\sigma_3=200$kPa，$c=20$kPa，$\varphi=20°$，则该点处于下列（　　）项所述情况。
   A. 稳定状态　　　B. 极限平衡状态　　C. 无法判断　　　D. 破坏状态

2. 内摩擦角为 12° 的土样，发生剪切破坏时，破坏面与最大主应力方向的夹角为（　　）。
   A. 39°　　　　　B. 51°　　　　　C. 33°　　　　　D. 78°

3. 某土样进行直剪试验，在法向应力为 100kPa、200kPa、300kPa 时，测得抗剪强度 τ 分别为 52kPa、83kPa、114kPa，若在土中的某一平面上作用的法向应力为 260kPa，剪应力为 96kPa，该平面的剪切破坏情况是（　　）。
   A. 剪切破坏　　　　　　　　B. 未破坏
   C. 处在极限平衡状态　　　　D. 无法确定

4. 某试样有效应力抗剪强度指标 $\varphi=30°$，$c=34$kPa，若该试样在周围压力 $\sigma_3=200$kPa 时进行排水剪切至破坏，则破坏时可能的最大主应力为（　　）kPa。
   A. 727.26　　　　B. 717.78　　　　C. 711.08　　　　D. 702.58

5. 黏性土中某点的大主应力为 $\sigma_1=400$kPa 时，其内摩擦角 $\varphi=30°$，$c=10$kPa，则该点发生破坏时小主应力为（　　）kPa。
   A. 121.78　　　　B. 128.87　　　　C. 138.62　　　　D. 148.64

6. 某正常固结饱和黏性土的有效应力强度参数为 $c'=0$，$\varphi'=30°$，如在三轴固结不排水试验中围压 $\sigma_3=150$kPa，破坏时测得土中的孔隙水压力 $u=100$kPa，则此时大主应力 σ_1 为（　　）kPa。
   A. 200　　　　　B. 250　　　　　C. 225　　　　　D. 275

7. 一个黏土试样进行常规三轴固结不排水剪切试验，围压 $\sigma_3=210$kPa，破坏时 $\sigma_1-\sigma_3=175$kPa，若土样的有效应力强度参数 $c'=0$，$\varphi'=20°$，则破坏时土样中的孔隙水压力大约为（　　）kPa。
   A. 35　　　　　B. 38　　　　　C. 42　　　　　D. 45

8. 某土样的有效抗剪指标 $c'=20$kPa，$\varphi'=30°$，当所受总应力 $\sigma_1=500$kPa，$\sigma_3=120$kPa 时，土样内尚存在孔隙水压力 50kPa，土样所处状态为（　　）。
   A. 安全状态　　　　　　　　B. 破坏状态
   C. 静力平衡状态　　　　　　D. 极限平衡状态

四、土压力、地基承载力和边坡稳定

1. 已知挡土墙高 6m，墙背直立光滑，墙后填土为砂土，填至墙顶，$c=0$，$\varphi=30°$，

$\gamma=18\mathrm{kN/m^3}$,$\gamma'=9\mathrm{kN/m^3}$,地下水位面位于墙顶,则距墙顶深度6m处的主动土压力强度为( )kPa。

  A. 18.0   B. 10.8   C. 12.0   D. 16.1

  2. 挡土墙高6m,墙背竖直,光滑墙后填土水平,要求填土在最佳含水量$w=20\%$条件下,夯实至最大干重度$\gamma_d=14.5\mathrm{kN/m^3}$,并测得$c=8\mathrm{kPa}$,$\varphi=22°$,该墙背底主动土压力为( )kPa。

  A. 26.4   B. 36.7   C. 46.2   D. 56.5

  3. 某墙背光滑、垂直,填土面水平,墙高6m,填土为内摩擦角$\varphi=30°$、黏聚力$c=8.76\mathrm{kPa}$、重度$\gamma=20\mathrm{kN/m^3}$的均质黏性土,该墙背上的主动土压力为( )kN/m。

  A. 52.6   B. 56.8   C. 62.6   D. 66.9

  4. 某挡土墙墙背直立、光滑,填土面及基底水平,$H=4\mathrm{m}$,填土为无黏性土,内摩擦角$\varphi=30°$,重度$\gamma=18\mathrm{kN/m^3}$,挡土墙自重$G=130\mathrm{kN/m}$,土对挡土墙基底的摩擦系数$\mu=0.5$,则该挡土墙抗滑移稳定安全系数为( )。

  A. 0.16   B. 1.36   C. 3.13   D. 6.25

  5. 某墙背倾角α为5°的仰斜挡土墙,若墙背与土的摩擦角δ为15°,则主动土压力合力与水平面的夹角为( )。

  A. 5°   B. 10°   C. 15°   D. 20°

  6. 一条形基础建在均质的黏土地基土,宽度$b=1.2\mathrm{m}$,埋深$d=2.0\mathrm{m}$,黏土的$\gamma=18\mathrm{kN/m^3}$,$\varphi=150$,$c=15\mathrm{kPa}$,$M_b=0.23$,$M_d=1.94$,$M_c=4.42$,则临界荷载$p_{1/4}$为( )kPa。

  A. 135.2   B. 141.1   C. 145.6   D. 172.6

  7. 已知某地基$\varphi=15°$,$N_B=0.9$,$N_D=4.45$,$N_C=12.9$,$c=10\mathrm{kPa}$,$\gamma=20\mathrm{kN/m^3}$,有一个宽度为3.5m、埋深为1m的条形基础,按土的强度极限平衡理论计算该地基极限承载力为( )kPa。

  A. 224   B. 258   C. 281   D. 296

  8. 已知某工程基坑开挖深度$H=5\mathrm{m}$,$\gamma=19.0\mathrm{kN/m^3}$,$\varphi=15°$,$c=12\mathrm{kPa}$,基坑稳定开挖坡角为( )。

  A. 30°   B. 60°   C. 64°   D. 45°

  9. 土坡高度为8,土的内摩擦角$\varphi=10°$($N_s=9.2$),$\gamma=18.0\mathrm{kN/m^3}$,$c=25\mathrm{kPa}$,则其稳定安全系数为( )。

  A. 1.6   B. 1.0   C. 2.0   D. 0.5

  10. 有一均质河堤堤岸,坡度1:1,坡高6.5m,土的性质$\varphi=12.5°$,$c=15\mathrm{kPa}$,孔隙比$e=0.9$,土粒重度$\gamma_s=27\mathrm{kN/m^3}$,查得稳定数$N_s=10.47$,若河水水位从堤顶骤降至堤底时,河堤安全系数为( )。

  A. 2.70   B. 1.275   C. 1.083   D. 0.982

  11. 在均匀的饱和软土地层中,进行深基坑开挖,为了确保坑内坡稳定,采用稳定数法估算最大开挖深度。已知现场软土的内摩擦角$\varphi=12.5°$,黏聚力$c=12\mathrm{kPa}$,重度$\gamma=17\mathrm{kN/m^3}$,开挖坡度1:1,要求安全系数1.3,当坡角$\beta=45°$时,内摩擦角φ与稳定数N的关系见表12-7-2,则其最大开挖深度是( )m。

内摩擦角 φ 与稳定数 N 的关系　　　　表 12-7-2

φ	5°	10°	15°
N	7.35	9.26	12.05

A. 8.13　　　　B. 7.52　　　　C. 5.78　　　　D. 5.13

五、地基勘察、浅基础和深基础

1. 某浅基础地基承载力特征值 $f_{ak}=200\text{kPa}$，地基承载力修正系数 η_b、η_d 分别为 0.3、1.6，基础底面积尺寸为 $3\text{m}\times 4\text{m}$，埋深 2m，持力层土的重度为 18kN/m^3，埋深范围内土的加权平均重度为 17kN/m^3，修正后的地基承载力特征值为（　　）kPa。

A. 207.7　　　　B. 240.8　　　　C. 243.2　　　　D. 246.2

2. 某土层分布如下：第一层填土，厚 $h_1=0.6\text{m}$，$\gamma_1=17\text{kN/m}^3$，第二层粉质黏土，$h_2=0.4\text{m}$，$\gamma_2=18\text{kN/m}^3$，$w=22\%$，$d_s=2.72$，$I_L=0.5$，基础为条形基础，$b=2.5\text{m}$，基础埋深为 1.0m，地基承载力特征值 $f_{ak}=160\text{kPa}$，地下水位为 0.6m，则地基承载力特征值 f_a 为（　　）kPa。

A. 143　　　　B. 152　　　　C. 171　　　　D. 140

3. 某墙下条形基础，顶面的中心荷载 $F=180\text{kN/m}$，基础埋深 $d=1.0\text{m}$，修正后的地基承载力特征值 $f_a=180\text{kPa}$，试确定该基础的最小底面宽度为（　　）m。

A. 1.0　　　　B. 1.1　　　　C. 1.13　　　　D. 1.2

4. 宽度为 3m 的条形基础，偏心距 $e=0.7\text{m}$，作用在基础底面中心的竖向荷载 $N_k=1000\text{kN/m}$，则基底最大压应力为（　　）kPa。

A. 700　　　　B. 733　　　　C. 210　　　　D. 833

5. 有一宽 7m 的条形基础，每延米基础布置直径为 30cm 的桩 5 根，桩中心距承台边 0.3m，上部传至桩顶平面处的偏心垂直荷载为 2000kN/m，偏心距为 0.4m，试确定边桩受到的最大荷载为（　　）kN。

A. 400　　　　B. 450　　　　C. 500　　　　D. 550

6. 嵌入完整硬岩直径为 500mm 的钢筋混凝土预制桩，桩端阻力特征值 $q_a=3000\text{kPa}$，初步设计时，单桩竖向承载力特征值 R_a 为（　　）kN。

A. 489　　　　B. 589　　　　C. 694　　　　D. 708

7. 桩数 5 根的桩基础，若作用于承台顶面的轴心竖向力 $F_k=300\text{kN}$，承台及上覆土自重 $G_k=300\text{kN}$，则作用于任一单桩的竖向力 Q_{ik} 为（　　）kN。

A. 60　　　　B. 120　　　　C. 150　　　　D. 240

第八节　答案与解答

一、第一节　土的物理性质及工程分类

1. B　　2. C　　3. A　　4. C　　5. D　　6. B　　7. D　　8. D　　9. C　　10. B
11. B　　12. B　　13. B　　14. D　　15. A　　16. D　　17. B　　18. B　　19. C　　20. A
21. D　　22. C

二、第二节　土中应力与地基变形

1. B　　2. C　　3. A　　4. D　　5. C　　6. C　　7. C　　8. D　　9. B　　10. C

| 11. B | 12. D | 13. C | 14. D | 15. B | 16. D | 17. C | 18. A | 19. A | 20. D |

三、第三节 土的抗剪强度

| 1. A | 2. A | 3. D | 4. A | 5. D | 6. A | 7. A | 8. B | 9. B |

四、第四节 土压力、地基承载力和边坡稳定

| 1. C | 2. A | 3. B | 4. B | 5. A | 6. A | 7. C | 8. B | 9. A | 10. A |
| 11. C | 12. A | 13. A |

五、第五节 地基勘察、浅基础和深基础

1. C	2. A	3. B	4. B	5. A	6. D	7. C	8. B	9. D	10. B
11. C	12. B	13. A	14. C	15. C	16. C	17. A	18. C	19. C	20. D
21. D	22. A	23. D	24. C	25. B	26. C	27. C	28. A	29. B	30. B
31. D	32. B	33. D	34. B	35. C	36. D	37. A	38. D	39. C	40. D
41. D	42. C	43. C

六、第六节 地基处理

| 1. B | 2. A | 3. B | 4. A | 5. A | 6. C | 7. D | 8. A | 9. C | 10. D |
| 11. D | 12. A | 13. D | 14. D | 15. C | 16. D | 17. C | 18. D |

七、第七节 计算型选择题

一、土的物理性质及工程分类

| 1. A | 2. B | 3. D | 4. B | 5. C | 6. C | 7. D | 8. A | 9. C | 10. D |

1. A. 解答如下：

$$w=\frac{m_w}{m_s}\times 100\% = \frac{(18-13)\times 1}{13\times 1}\times 100\% = 38.46\%$$

2. B. 解答如下：

$$e=\frac{d_s\gamma_w(1+w)}{\gamma}-1=\frac{\gamma_s(1+w)}{\gamma}-1=\frac{27\times(1+10\%)}{17}-1=0.75$$

3. D. 解答如下：

$$\gamma_d=\frac{\gamma}{w+1}=\frac{18}{1+10\%}=16.36\text{kN/m}^3$$

4. B. 解答如下：

$$D_r=\frac{e_{max}-e}{e_{max}-e_{min}}=\frac{0.843-0.482}{0.843-0.366}=\frac{0.361}{0.477}=0.757$$

5. C. 解答如下：

$$\text{由 } \gamma_d=\frac{\gamma}{1+w}, \text{则有} \quad w=\frac{\gamma}{\gamma_d}-1$$

$$w_{max}=\frac{\gamma}{\gamma_d}-1=\frac{1.78}{1.29}-1=37.98\%$$

$$w_{min}=\frac{\gamma}{\gamma_d}-1=\frac{1.78}{1.67}-1=6.59\%$$

$$\text{又 } e=\frac{\gamma_w d_s(1+w)}{\gamma}-1$$

$$D_r=\frac{e_{max}-e}{e_{max}-e_{min}}=\frac{w_{max}-w}{w_{max}-w_{min}}=\frac{37.98\%-20\%}{37.98\%-6.59\%}=0.573$$

6. C. 解答如下：
$$\gamma' = \gamma_{sat} \gamma_w = \frac{\gamma_w(d_s+e)}{1+e} - \gamma_w$$
$$i_{cr} = \frac{\gamma'}{\gamma_w} = \frac{d_s+e}{1+e} - 1 = \frac{d_s-1}{1+e} = \frac{2.86-1}{1+0.65} = 1.127$$

7. D. 解答如下：

最大开挖深度 H 应满足：$\gamma_{sat} \cdot (10-H) > \gamma_w \cdot h_水$

$$20 \times (10-H) > 10 \times 4, 解之得：H < 8m$$

8. A. 解答如下：
$$I_L = \frac{w-w_p}{w_L-w_p} = 0.25$$

9. C. 解答如下：
$$I_{L1} = \frac{w-w_p}{w_L-w_p} = \frac{40\%-35\%}{60\%-35\%} = 0.2$$

同理， $I_{L2} = 0.25, I_{L3} = 0.5, I_{L4} = 0.12$

所以第三层土最软。

10. D. 解答如下：
$$I_p = w_L - w_p = 34.4 - 16.9 = 17.5, 为黏土$$
$$I_L = \frac{w-w_p}{w_L-w_p} = \frac{32.6-16.9}{34.4-16.9} = 0.897, 为软塑状态$$

二、土中应力与地基变形

1. A   2. C   3. D   4. B   5. B   6. B   7. D   8. B   9. B   10. B
11. B   12. C   13. D

1. A. 解答如下：
$$\sigma_{cz} = \gamma_1 h_1 + \gamma_2 h_2 = 18 \times 2 + (20-10) \times 3 = 36 + 30 = 66 kPa$$

2. C. 解答如下：
$$\sigma_{cz} = \sum \gamma_i h_i + \gamma_w \cdot h$$
$$= (17 \times 1.5 + 19 \times 0.5 + 9 \times 3.5 + 8.2 \times 6 + 9.5 \times 3) + 10 \times 12.5$$
$$= 25.5 + 9.5 + 31.5 + 49.2 + 28.5 + 125 = 269.2 kPa$$

3. D. 解答如下：
$$z=2, b=1, L=1, 查表得 \alpha_c = 0.084$$
$$\sigma_z = 4\alpha_c \cdot p_0 = 4 \times 0.084 \times 200 = 67.2 kPa$$

4. B. 解答如下：

基础为 4m×8m 时，$z=6, B=2, L=4$，则有 α_{c1}，即 $\sigma_{z1} = 4\alpha_{c1} \cdot p_{01}$

基础为 2m×4m 时，$z=6, B=2, L=4$，则有 α_{c2}，并且，$\alpha_{c2} = \alpha_{c1}$，$\sigma_{z2} = \alpha_{c2} \cdot p_{02}$

所以 $\sigma_{z2} = \frac{p_{02}}{4p_{01}} \cdot \sigma_{z1} = \frac{100}{4 \times 90} \times 56.8 = 15.78$

5. B. 解答如下：

此时有效应力＝附加应力－孔隙水压力＝70kPa

6. B. 解答如下：

$$\alpha_{1-2} = \frac{e_1 - e_2}{p_2 - p_1} = \frac{0.958 - 0.934}{0.2 - 0.1} = 0.24 \text{MPa}^{-1}$$

所以该土为中压缩性土。

7. D. 解答如下：

$$\alpha_{1-2} = \frac{e_1 - e_2}{p_2 - p_1}$$

则有 $e_2 = e_1 - \alpha_{1-2} \cdot (p_2 - p_1)$
$= 0.98 - 0.5 \times (0.2 - 0.1) = 0.93$

8. B. 解答如下：

$$s = h \cdot \frac{\alpha}{1+e} \cdot \sigma_z = 1 \times \frac{0.58}{1+0.8} \times 60 \times 10^{-3} = 19.3 \times 10^{-3} \text{m} = 19.3 \text{mm}$$

9. B. 解答如下：

$$s = \frac{e_1 - e_2}{1 + e_1} \cdot h = \frac{1.25 - 1.12}{1 + 1.25} \times 6 = 0.347 \text{m} = 34.7 \text{mm}$$

10. B. 解答如下：

$U = $ 某时刻有效应力面积/最终时有效应力面积
$= $ 某时刻有效应力面积/(有效应力面积＋孔隙水压力面积)
$= 50\%$

11. B. 解答如下：

双面排水，$H = 5\text{m}$，$T_v = \dfrac{c_v \cdot t}{H^2}$

有 $t = \dfrac{T_v \cdot H^2}{c_v} = \dfrac{0.9 \times 5 \times 10^2 \times 5 \times 10^2}{0.001} \cdot \dfrac{1}{365 \times 24 \times 60 \times 60} = 7.13$ 年

12. C. 解答如下：

$$U = \frac{s_t}{s_\infty} = \frac{20}{50} = 40\%$$

13. D. 解答如下：

$$U = 1.128 \sqrt{T_v} = 1.128 \sqrt{\frac{c_v t}{H^2}}$$
$$= 1.128 \sqrt{\frac{2.96 \times 10^{-3} \times 100 \times 24 \times 60 \times 60}{(2 \times 10^2)^2}} = 90.19\%$$

因为 $U = \dfrac{s_t}{s_\infty}$ 所以 $s_\infty = 12.8/90.19\% = 14.19 \text{cm}$

三、土的抗剪强度

1. A 2. A 3. B 4. B 5. A 6. B 7. C 8. B

1. A. 解答如下：

$$\sigma = \frac{1}{2}(\sigma_1 + \sigma_3) + \frac{1}{2}(\sigma_1 - \sigma_3)\cos 2\alpha = 376.6 \text{kPa}$$

$$\tau = \frac{1}{2}(\sigma_1 - \sigma_3)\sin 2\alpha = 64.28 \text{kPa}$$

$$\sigma \tan\varphi + c' = 376.6 \tan 20° + 20 = 157.07 \text{kPa} > \tau = 64.28 \text{kPa}$$

所以该点处于稳定状态。

2. A. 解答如下：

破坏面与最大主应力作用面的夹角：$\alpha = 45° + \dfrac{\varphi}{2}$

则破坏面与最大主应力方向的夹角：$\beta = 90° - \alpha = 45° - \dfrac{\varphi}{2}$

所以 $\beta = 45° - \dfrac{12°}{2} = 39°$

3. B. 解答如下：

由 $\tau_f = \sigma\tan\varphi + c$，可得：$52 = 100\tan\varphi + c$；$83 = 200\tan\varphi + c$
解之得：$\tan\varphi = 0.31$，$c = 21\text{kPa}$，故有 $\tau_f = 0.31\sigma + 21$
当 $\sigma = 260\text{kPa}$，$\tau_f = 0.31 \times 260 + 21 = 101.6\text{kPa} > \tau = 96\text{kPa}$
所以，该平面未剪切破坏。

4. B. 解答如下：

$$\sigma_1 = \sigma_3 \tan^2\left(45° + \dfrac{\varphi}{2}\right) + 2c \cdot \tan\left(45° + \dfrac{\varphi}{2}\right)$$
$$= 200\tan^2(45° + 15°) + 2 \times 34\tan(45° + 15°)$$
$$= 600 + 117.78 = 717.78\text{kPa}$$

5. A. 解答如下：

$$\sigma_3 = \sigma_1 \tan^2\left(45° - \dfrac{\varphi}{2}\right) - 2c \cdot \tan\left(45° - \dfrac{\varphi}{2}\right)$$
$$= 400\tan^2 30° - 2 \times 10\tan 30°$$
$$= 133.33 - 11.55 = 121.78\text{kPa}$$

6. B. 解答如下：

$$\sigma_1' = \sigma_1 - u = \sigma_3' \tan^2\left(45° + \dfrac{\varphi'}{2}\right) + 2c' \cdot \tan\left(45° + \dfrac{\varphi}{2}\right)$$
$$\sigma_1 = u + (\sigma_3 - u) \cdot \tan^2 60° + 0$$
$$= 100 + (150 - 100)\tan^2 60°$$
$$= 250\text{kPa}$$

7. C. 解答如下：

$$\sigma_1' = \sigma_3' \cdot \tan^2\left(45° + \dfrac{\varphi'}{2}\right) + 2c' \cdot \tan\left(45° + \dfrac{\varphi'}{2}\right)$$
$$\sigma_1' = \sigma_1 - u = (\sigma_3 - u)\tan^2 55° + 0$$
$$175 + 210 - u = (210 - u)\tan^2 55° = (210 - u) \times 2.04$$

所以 $u = 41.73\text{kPa}$

8. B. 解答如下：

平衡状态下，

$$\sigma_1' = \sigma_3' \tan^2\left(45° + \dfrac{\varphi'}{2}\right) + 2c' \cdot \tan^2\left(45° + \dfrac{\varphi'}{2}\right)$$
$$= (120 - 50)\tan^2 60° + 2 \times 20\tan 60°$$

$$= 210 + 69.28 = 279.28 \text{kPa}$$
$$\sigma'_{1\text{实际}} = \sigma_1 - u = 500 - 50 = 450 \text{kPa} > \sigma'_1$$

所以，该土样处于破坏状态。

四、土压力、地基承载力和边坡稳定

1. A 2. B 3. D 4. B 5. B 6. B 7. C 8. C 9. A 10. B 11. C

1. A. 解答如下：
$$p_a = \gamma' \cdot z \cdot K_a = \gamma' \cdot z \cdot \tan^2\left(45° - \frac{\varphi}{2}\right)$$
$$= 9 \times 6 \times \tan^2 30° = 18.0 \text{kPa}$$

2. B. 解答如下：
$$\gamma = \gamma_d \cdot (1 + w) = 14.5 \times (1 + 20\%) = 17.4 \text{kN/m}^3$$
$$K_a = \tan^2\left(45° - \frac{\varphi}{2}\right) = \tan^2 34° = 0.455$$
$$p_a = \gamma \cdot z \cdot K_a - 2c \cdot \sqrt{K_a} = 17.4 \times 6 \times 0.455 - 2 \times 80 \times \sqrt{0.455}$$
$$= 47.50 - 10.79 = 36.71 \text{kPa}$$

3. D. 解答如下：

取 1m 长度计算：$K_a = \tan^2\left(45° - \frac{\varphi}{2}\right) = 0.333$

临界竖立高度，$h_0 = \dfrac{2c}{\gamma\sqrt{K_a}} = \dfrac{2 \times 8.76}{20\sqrt{0.333}} = 1.518 \text{m}$

$$E_a = \frac{1}{2}\gamma K_a \cdot (H - h_0)^2$$
$$= \frac{1}{2} \times 20 \times 0.333 \times (6 - 1.518)^2 = 66.89 \text{kN/m}$$

4. B. 解答如下：
$$E_x = \frac{1}{2}\gamma H^2 \cdot K_a = \frac{1}{2} \times 18 \times 4^2 \times \tan^2 30° = 48$$
$$K_{\text{抗滑}} = \frac{G \cdot \mu}{E_x} = \frac{130 \times 0.5}{48} = 1.354$$

5. B. 解答如下：

主动土压力合力与水平面的夹角为：$\alpha + \delta$，又因为挡土墙墙背为仰斜，故取 α 为负值，所以夹角为：$\alpha + \delta = -5° + 15° = 10°$。

6. B. 解答如下：
$$p_{\frac{1}{4}} = M_b \cdot \gamma \cdot b + M_d \cdot \gamma_d \cdot d + M_c \cdot c$$
$$= 0.23 \times 18 \times 1.2 + 1.94 \times 18 \times 2.0 + 4.42 \times 15 = 141.108 \text{kPa}$$

7. C. 解答如下：
$$p_j = N_B \cdot \gamma \cdot B + N_D \cdot \gamma_D \cdot D + N_C \cdot c$$
$$= 0.9 \times 20 \times 3.5 + 4.45 \times 20 \times 1 + 12.9 \times 10 = 281 \text{kPa}$$

8. C. 解答如下：
$$N_s = \frac{\gamma \cdot H}{c} = \frac{19 \times 5}{12} = 7.92$$

查泰勒稳定数图表，可得：$N_s=7.92$，$\varphi=15°$，则$\beta=64°$

9. A. 解答如下：

$$N_s = \frac{\gamma H_c}{c}$$

$$K_{安全} = \frac{H_c}{H} = \frac{N_s \cdot c}{\gamma \cdot H} = \frac{9.2 \times 25}{18 \times 8} = 1.597$$

10. B. 解答如下：

$$\gamma_{sat} = \frac{\gamma_w(d_s+e)}{1+e} = \frac{\gamma_s + \gamma_w \cdot e}{1+e}$$

$$= \frac{27 + 0.9 \times 10}{1+0.9} = 18.95 \text{kN/m}^3$$

$$K_{安全} = \frac{H_c}{H} = \frac{N_s \cdot c}{\gamma_{sat} \cdot H} = \frac{10.47 \times 15}{18.95 \times 6.5} = 1.275$$

11. C. 解答如下：

内插法求$\varphi=12.5°$时的N_s，

$$N_s = 9.26 + \frac{12.5-10}{15-10} \times (12.05-9.26) = 10.655$$

$$K_{安全} = \frac{H_c}{H} = \frac{N_s \cdot c}{\gamma H}$$

则有

$$H = \frac{N_s \cdot c}{\gamma K_{安全}} = \frac{10.655 \times 12}{17 \times 1.3} = 5.786 \text{m}$$

五、地基勘察、浅基础和深基础

1. B 2. C 3. C 4. D 5. C 6. B 7. B

1. B. 解答如下：

$$f_a = f_{ak} + \eta_b \cdot \gamma \cdot (b-3) + \eta_d \cdot \gamma_m(d-0.5)$$
$$= 200 + 0 + 1.6 \times 17 \times (2-0.5)$$
$$= 240.8 \text{kPa}$$

2. C. 解答如下：

条形基础$b=2.5\text{m}<3\text{m}$，不需要宽度修正

$$e = \frac{\gamma_w d_s (1+w)}{\gamma} - 1 = \frac{10 \times 2.72 \times (1+22\%)}{18} - 1 = 0.84$$

查《地基规范》表5.2.4，可知$\eta_d=1.6$

$$\gamma_m = \frac{0.6 \times 17 + 8 \times 0.4}{1.0} = 13.4 \text{kN/m}^3$$

$$f_a = f_{ak} + \eta_b \cdot \gamma_m \cdot (d-0.5)$$
$$= 160 + 1.6 \times 13.4 \times (1.0-0.5)$$
$$= 160 + 10.72 = 170.72 \text{kPa}$$

3. C. 解答如下：

$$b \geqslant \frac{F_k}{f_a - \gamma_G \cdot d} = \frac{180}{180 - 20 \times 1.0} = 1.125 \text{m}$$

4. D. 解答如下：

$$e=0.7\text{m}>\frac{b}{6}=\frac{3}{6}=0.5\text{m}$$

则
$$a=\frac{b}{2}-e=\frac{3}{2}-0.7=0.8\text{m}$$

取 1m 长计算：
$$p_{k\max}=\frac{2N_k}{3la}=\frac{2\times1000}{3\times1\times0.8}=833.3\text{kN/m}$$

5. C. 解答如下：

取 1m 长度计算，相邻桩中心的距离为 $\dfrac{7-0.3\times2}{4}=1.6\text{m}$

$$\begin{aligned}Q_{1\max}&=\frac{N_k}{n}+\frac{N_k\cdot e\cdot x_1}{2\times(x_1^2+x_2^2)}\\&=\frac{2000}{5}+\frac{2000\times0.4\times3.2}{2\times(1.6^2+3.2^2)}\\&=400+100=500\text{kN}\end{aligned}$$

6. B. 解答如下：
$$R_a=q_a\cdot A_p=3000\times\frac{\pi}{4}\times0.5^2=588.75\text{kN}$$

7. B. 解答如下：
$$Q_{ik}=\frac{F_k+G_k}{n}=\frac{300+300}{5}=120\text{kN}$$

第十三章 工程测量

第一节 测量基本概念

一、《考试大纲》的规定
地球的形状和大小、地面点位的确定、测量工作基本概念。

二、重点内容
1. 工程测量的概念与地球的形状及大小

工程测量的主要任务是测绘和测设。测绘指工程建筑在设计阶段对地形图的测绘；测设指在施工阶段将设计的建筑物的位置在实地放样出来。另外，工程建筑物在施工和运营管理阶段需要监测其主要点位的空间位置的变化，称为变形观测。

地球的形状，设想任一静止的水面无限延展，包围整个地球，形成一个近似于圆球的闭合曲面称为水准面，它的主要特征是面上任意一点的铅垂线都垂直于该点处的曲面。水面高低不一，故符合这个特征的水准面有无数个，其中与平均海水面相吻合的水准面称为"大地水准面"，它可以代表地球的实际形状和大小。地球的半径 R 为：

$$R = \frac{1}{3}(2a+b)$$

式中 a 地球的长半径；b 为地球的短半径。

2. 地面点位的确定

(1) 确定点位的坐标系

测量工作的基本任务是确定（测量或测设）地面点位的空间位置。确定点位的方式有：空间直角坐标系；球面坐标系（又称地理坐标系）；平面直角坐标系。对于工程建设而言，仅涉及地球表面的局部地区，故采用平面直角坐标系。

(2) 地面点的平面位置

地球椭球体是一个不可展的曲面，把地球表面上的点换算到平面上称为地图投影，我国采用"高斯投影"的方法，即将地球表面按经线划分成投影带，从首子午线起，每隔经度 6°（或 3°）划为一带，自西向东将地球表面划分为 60（或 120）个带，依次编号。位于各带中央的子午线称为该带的中央子午线。对于 6°带，第一个中央子午线的经度（$λ_0$）为 3°，其后任一个带的中央子午线的经度按下式计算：

$$λ_0 = 6N - 3$$

式中 N 为投影带号。

高斯平面直角坐标系，又称"大地坐标系"，在我国全国范围内是统一采用的，也适用于城市和工程建设。建筑坐标系是指在建筑设计或建筑施工中，采用以建筑物的主轴线方向为 X 轴方向的独立平面直角坐标系。

(3) 地面点的高程

地面点到大地水准面的铅垂距离称为该点的绝对高程,又称海拔。在局部地区如果无法知道绝对高程时,也可以假定一个水准面作为"大地水准面"(即高程零点),地面点到假定大地水准面的铅垂距离称为"假定高程",或称"相对高程"。两地面点之间的绝对高程或相对高程之差称为"高差",一般用 h 表示。A、B 两点间的高差为:
$$h_{AB} = H_B - H_A = H'_B - H'_A$$
式中 H_A、H_B 为 A、B 两点的绝对方程;H'_A、H'_B 为 A、B 两点的相对高程。

3. 测量工作基本概念

测量工作的基本原则包括测绘工作在布局上是"由整体到局部",在测量次序是"先控制后碎部",在测量精度上是"从高级到低级"。

控制测量分为平面控制测量和高程控制测量。在平面控制网中,以连续的折线形式布设的称为导线,构成多边形格网的称为导线网,其转折点称为导线点,两点间的水平连线称为导线边,相邻两边间的水平夹角称为导线转折角。导线测量就是测定这些转折角和边长。

在近距离的三维空间中,点与点之间的相对位置可以根据其距离、角度和高差来确定,它们为工程测量的基本观测量。

三、解题指导

工程测量考题数目较少,复习时应重视基本概念、基本操作、相关标准规定,一般计算题不会很复杂。

【例 13-1-1】 地面点的绝对高程起算面为( )。

A. 水准面　　　　B. 地球椭面　　　　C. 大地水准面　　　　D. 高斯平面

【解】 只要区分清楚水准面与大地水准面的概念,可知应选 C 项。

四、应试题解

1. 将建筑物的设计位置在实地放样出来,以作为施工的依据,该项工作简称为( )。

A. 测绘　　　　B. 测图　　　　C. 测设　　　　D. 变形观测

2. 适合于城市和工程测量采用的坐标系为( )。

A. 建筑坐标系　　　　　　　　B. 高斯平面直角坐标系
C. 地理坐标系　　　　　　　　D. 空间直角坐标系

3. 高斯平面直角坐标系与数学平面直角坐标系的主要区别是( )。

A. 轴系名称不同,象限排列顺序不同　　B. 轴系名称相同,象限排列顺序不同
C. 轴系名称不同,象限排列顺序相同　　D. 轴系名称相同,象限排列顺序相同

4. 某市位于东经 86°18′、北纬 59°05′,则该点所在 6°带的带号及中央子午线的经度分别为( )。

A. 14;117°　　　　B. 15;117°　　　　C. 14;87°　　　　D. 15;87°

5. 已知 D 点所在的 6°带的高斯坐标值为:$x_m = 366712.48$m,$y_m = 21331229.75$m,则 D 点位于( )。

A. 21°带,在中央子午线以东　　　　B. 36°带,在中央子午线以东
C. 21°带,在中央子午线以西　　　　D. 36°带,在中央子午线以西

6. 测量工作的基本任务是确定地面点位的( )。

A. 平面位置　　　　B. 空间位置　　　　C. 高程　　　　　　D. 重力方向线
7. 工程测量中包括对地貌和地物的测绘，不属于地貌的是（　　）。
A. 山　　　　　　　B. 平原　　　　　　C. 河流　　　　　　D. 道路
8. 确定地面点位相对位置的三个基本观测量是距离及（　　）。
A. 水平角和方位角　　　　　　　　　B. 水平角和高差
C. 方位角和竖直角　　　　　　　　　D. 竖直角和高差
9. 地面点的高程起算面为（　　）。
A. 水准面　　　　　B. 地球椭球面　　　C. 大地水准面　　　D. 高斯平面
10. 地面点的相对高程有（　　）个。
A. 1　　　　　　　B. 2　　　　　　　C. 20　　　　　　　D. 无数
11. 大地水准面是指（　　）无限延伸而形成的连续的封闭曲面。
A. 自由静止的水平面　　　　　　　　B. 自由静止的海平面
C. 任意海水面　　　　　　　　　　　D. 平均海水面
12. 在某些建筑设计或施工中采用以建筑物的主轴线方向为 X 轴方向的独立平面直角坐标系，称为（　　）。
A. 大地坐标系　　　　　　　　　　　B. 建筑坐标系
C. 局部坐标系　　　　　　　　　　　D. 高斯直角坐标系

第二节　水　准　测　量

一、《考试大纲》的规定

水准测量原理、水准仪的构造、使用和检验校正、水准测量方法及成果整理。

二、重点内容

1. 水准测量原理

我国水准原点设立在山东青岛市。水准测量的原理是利用水准仪提供的水平视线，对竖立在欲测定高差的两点上的水准尺上读数，根据读数计算高差。如果将水准仪放在 A、B 两点的中间，即中间法水准测量，它可以抵消高差测定中的地球曲率影响；还可以抵消仪器误差的影响。设水准测量的进行方向为从 A 至 B，则 A 称为后视点，a 为后视读数；B 称为前视点，b 称为前视读数。如果已知 A 点的高程 H_A，则 B 点的高程为：

$$H_B = H_A + h_{AB}$$
$$h_{AB} = a - b$$

B 点的高程也可以通过水准仪的视线高程 H_i 来计算，即

$$H_i = H_A + a$$
$$H_B = H_i - b$$

2. 水准仪的构造和使用

水准仪按其精度和用途分为 DS_1、DS_2、DS_3 等几种等级。精密水准测量用 DS_1 级水准仪，普通水准测量一般用 DS_3 级水准仪，其下标表示每千米水准测量的误差（单位为mm）。

水准仪由测量望远镜、水准管（或重力摆）和基座三个主要部分组成。其中，测量望

远镜有瞄准与读数的功能，由物镜、目镜、调焦透镜和十字丝分划玻璃板等组成。物镜的光心与十字丝的交点的连线称为视准轴。

3. 水准器

水准器分为水准管和圆水准器两种。水准管的分划值 τ''，又称为灵敏度，即：

$$\tau'' = \frac{2}{R}\rho''$$

其中 R 为内壁圆弧的曲率半径，以毫米为单位。DS_3 级水准仪的水准管分划值一般为 $20''/2mm$。

4. 水准仪的使用

水准仪的操作程序：粗平—瞄准—精平—读数。如果用自动安平水准仪，则可免去"精平"。

5. 水准测量的方法

水准点是通过水准测量测得其高程的固定点，按照水准测量的等级分为一、二、三、四等水准点。在水准点之间进行水准测量所经过的路线称为水准路线。水准路线一般布设的形式有：闭合水准路线；附合水准路线；支水准路线。

在进行连续水准测量时，为了能及时发现观测中的错误，通常在每一个测站上用"两次仪器高法"或"双面尺法"进行观测，以进行检核。

两次仪器高法，是指在每一个测站上用两次不同仪器高度的水平视线来测定相邻两点的高差。对于普通水准测量，如果 $|h'-h''|\leqslant 5mm$，则认为该站观测合格，取其平均值 $h = \frac{1}{2}(h'+h'')$，作为该站的观测高差。

6. 水准测量成果整理

高差闭合差计算如下：

闭合水准路线的高差闭合差：$\Sigma h_{理} = 0; f_h = \Sigma h_{测}$

附合水准路线的高差闭合差：$\Sigma h_{理} = H_{终} - H_{始}; f_h = \Sigma h_{测} - (H_{终} - H_{始})$

支水准路线往返测的高差闭合差：$\Sigma h_{理} = 0; f_h = \Sigma h_{往} + \Sigma h_{返}$

普通水准测量的允许高差闭合差一般规定为：

$$f_{h允} = \pm 40\sqrt{L}(mm)$$

式中 L 为水准路线长度，以 km 为单位。

当高差闭合差的绝对值小于允许高差闭合差时，可以进行高差闭合差的分配。对于闭合或附合水准路线，按与路线中各点间的距离或测站数成比例的原则，将高差闭合差反其符合进行分配，以改正各点间的高差，以使满足理论上的数值；对于支水准路线，则取往、返测高差的平均值（正、负号按往测高差）作为改正后的高差。最后，按改正后的高差计算各待定的高程。

7. 水准仪的检验和校正

（1）水准仪的轴线及其应满足的条件

水准仪的轴线有：视准轴 CC_1，水准管轴 LL_1，圆水准轴 $L'L'_1$，仪器旋转轴（纵轴）VV_1。其中，水准仪应满足的主要条件是"水准管轴平行于视准轴"，此外，还应满足"圆水准轴平行于纵轴"、"横丝垂直于纵轴"。

如果圆水准器的气泡偏离中央小圆圈，则需要校正，校正的方法是：转动脚螺旋，使气泡向中央小圆圈移动偏距的一半，然后用校正针拨转圆水准器底下的三个校正螺丝，使气泡居中。

如果十字丝的横丝不水平，需要校正，校正的方法是：用螺丝刀松开十字丝环的四个固定螺丝，转动十字丝环，使横丝水平，最后转紧十字丝环固定螺丝。

（2）水准管轴平行于视准轴的检验和校正

如果水准管轴不平行于视准轴，其校正的方法是校正水准管或校正十字丝。

三、解题指导

掌握高差的计算，即后视读数减去前视读数。难点是水准测量成果整理中高差闭合差的计算及其分配。

【例 13-2-1】 用于附合水准测量路线的成果校核的公式为（   ）。

A. $f_h = \sum h$
B. $f_h = \sum h_{测} - (H_{终} - H_{始})$
C. $f_h = \sum h_{往} - \sum h_{返}$
D. $f_h = \sum h_{测} - (H_{始} - H_{终})$

【解】 对两种形式的高差闭合差应区分清楚，D 项不对，应选 B 项。

四、应试题解

1. 我国水准原点设立在（   ）。
   A. 青岛市　　　B. 北京市　　　C. 上海市　　　D. 广州市

2. 国家高程控制网分（   ）。
   A. 一、二等 2 个等级
   B. 一、二、三等 3 个等级
   C. 一、二、三、四等 4 个等级
   D. 一、二、三、四、五等 5 个等级

3. 水准测量是测得前后两点高差，通过其中一点的高程，推算出未知点的高程。测量是通过水准仪提供的（   ）测得的。
   A. 视准轴
   B. 水准管轴线
   C. 水平视线
   D. 铅垂线

4. 水准测量中，要求前、后视距离相等的目的在于消除（   ）的影响以及消除或减弱地球曲率和大气折光的影响。
   A. 视差
   B. 视准轴不平行水准管轴误差
   C. 水准尺下沉
   D. 瞄准误差

5. A 点高程 $H_A = 33.451$m，测得后视读数 $a = 1.500$m，前视读数 $b = 2.683$m，则 B 点对 A 点的高差 h_{AB}、待求点 B 点的高程 H_B 分别为（   ）。
   A. 1.183m，34.634m
   B. −1.183m，34.634m
   C. 1.183m，32.268m
   D. −1.183m，32.268m

6. A 点高程 $H_A = 43.051$m，测得后视读数 $a = 1.800$m，前视读数 $b = 2.083$m，视线高 H_i 和待求点 B 点高程分别为（   ）。
   A. 44.851m，42.768m
   B. 42.768m，44.851m
   C. 44.251m，46.934m
   D. 42.768m，46.934m

7. DS_3 级光学水准仪中的 3 代表的含义是（   ）。
   A. 每千米水准测量误差是 3mm
   B. 每千米水准测量误差是 0.3mm
   C. 一个测站水准测量误差是 3mm
   D. 一个测站水准测量误差是 0.3mm

8. 水准仪的轴线应满足的主要条件为（　　）。
   A. 圆水准轴平行于视准轴　　　　B. 水准管轴平行于视准轴
   C. 视准轴垂直于圆水准轴　　　　D. 视准轴垂直于水准管轴
9. 水准仪使用时，使圆水准器和水准管气泡居中，其目的分别是（　　）。
   A. 视线水平和竖轴铅直　　　　　B. 精确定平和粗略定平
   C. 竖直铅直和视线水平　　　　　D. 粗略定平和横丝水平
10. 视准轴是指（　　）的连线。
    A. 目镜光心与物镜光心　　　　　B. 目镜光心与十字丝交点
    C. 物镜几何中心与十字丝交点　　D. 物镜光心与十字丝交点
11. 视差产生的原因是（　　）。
    A. 观测者眼睛疲劳所致　　　　　B. 观测者眼睛在望远镜处上下移动
    C. 目标影像与十字丝分划板不重合　D. 目标影像不清楚
12. 水准测量中，前后视相等可以消除的误差是（　　）。
    A. 读数误差　　　　　　　　　　B. i 角误差
    C. 瞄准误差　　　　　　　　　　D. 仪器下沉误差
13. 水准管分划值的大小与水准管纵向圆弧半径的关系是（　　）。
    A. 成正比　　B. 成反比　　C. 无关　　D. 成平方比
14. DS_3 光学水准仪的基本操作程序是（　　）。
    A. 对中、整平、瞄准、读数　　　B. 粗平、瞄准、精平、读数
    C. 粗平、精平、对光、读数　　　D. 粗平、精平、瞄准、读数
15. 水准路线闭合差调整是对高差进行改正，方法是将高差闭合差按与测站数（或路线长度 km 数）成下列中的（　　）项关系以求得高差改正数。
    A. 正比例并反号　　　　　　　　B. 正比例并同号
    C. 反比例并反号　　　　　　　　D. 反比例并同号
16. 水准测量时，计算校核 $\sum h = \sum a - \sum b$ 和 $\sum h = H_终 - H_始$，可分别校核下列中（　　）是否具有误差。
    A. 水准点高程，水准尺读数　　　B. 高程计算，高差计算
    C. 水准点位置，记录　　　　　　D. 高差计算，高程计算
17. 用于附合水准路线的成果校核的公式是（　　）。
    A. $f_h = \sum h$　　　　　　　　B. $f_h = \sum h_测 - (H_终 - H_始)$
    C. $f_h = \sum h_往 - \sum h_返$　　D. $\sum h = \sum a - \sum b$
18. 水准测量时，后视尺前俯或后仰将导致前视点高程（　　）。
    A. 偏大　　B. 偏大或偏小　　C. 偏小　　D. 不偏大也不偏小
19. 已知高程的 A、B 两水准点之间布设附合水准路线，测得的高差总和 $\sum h_测 = +0.85$m，A 点高程为 12.386m，B 点的高程为 13.220m，则附合水准路线的高差闭合差为（　　）。
    A. $+0.016$m　　B. -0.016m　　C. -0.014m　　D. $+0.014$m
20. 水准测量成果校核的常用方法是（　　）。
    A. 附合水准路线　　　　　　　　B. 双面尺法

C. 在测站上变换仪器高，读两次读数　　D. 单方向支水准路线

21. 水准测量测站校核的常用方法是（　　）。

A. 附合水准路线　　　　　　　　B. 闭合水准路线

C. 在测站上变换仪器高，读两次数　　D. 往返测支水准路线

第三节　角　度　测　量

一、《考试大纲》的规定

经纬仪的构造、使用和检验校正水平角观测、垂直角观测。

二、重点内容

1. 经纬仪的构造和使用

经纬仪按其精度和用途分为 DJ_1、DJ_2、DJ_6 等几种等级，其下标表示该仪器一测回方向观测中误差的秒数。DJ_1、DJ_2 级属于精密经纬仪；DJ_6 级属于普通经纬仪，一般用于地形测量或工程测量。在角度观测瞄准目标时，一般需要在地面点上竖立标杆、测钎或觇牌，作为角度观测的照准标志。经纬仪由其座、水平度盘、照准部三个主要部分组成。

经纬仪的使用包括对中、整平、瞄准、读数。其中，对中的目的是把仪器的纵轴安置到通过地面点的铅垂线上，可以用垂球或光学对中器进行对中，垂球的对中误差可小于3mm，光学对中器的对中误差可小于1mm。整平的目的是使经纬仪的纵轴铅垂、横轴水平、水平度盘位于水面内、垂直度盘位于铅垂平面内。

2. 水平角观测

常用的水平角观测方法有测回法和方向观测法两种。

（1）测回法。对于 DJ_6 级光学经纬仪，如果 $\beta_左$ 与 $\beta_右$ 的差数不大于 $40''$，则取盘左、盘中半测回角值的平均值作为一测回观测的结果：

$$\beta = \frac{1}{2}(\beta_左 + \beta_右)$$

在一测回中，用盘左、盘右观测水平角而取其平均值，可以抵消仪器误差对测角的影响，同时也可作为观测中有无错误的检核。

（2）方向观测法。两个相邻方向的方向值之差为该两方向之间的水平角值。

方向观测法也用盘左、盘右进行观测。盘左按顺时针方向依次瞄准各个目标，进行水平度盘读数；盘右按逆时针方向依次瞄准各个目标，进行水平度盘读数。对于每个方向，度数取盘左的观测值，分、秒则取盘左、盘右读数的平均值，作为该方向的方向值。

3. 垂直角观测

垂直度盘简称竖盘，竖盘刻度通常有 $0°\sim360°$ 顺时针注记和逆时针注记两种形式。需注意，竖盘刻度的注记不同，则根据竖盘读数计算垂直角的公式也不同。

瞄准目标的竖盘读数与视线水平时的竖盘读数之差，即为所求的垂直角。对 $0°\sim360°$ 逆时针注记情况，设盘左垂直角 $\alpha_左$ 瞄准目标时的竖盘读数为 L；盘右垂直角 $\alpha_右$ 瞄准目标时的竖盘读数为 R，则垂直角的计算公式为：

$$\alpha_左 = L - 90°$$
$$\alpha_右 = 270° - R$$

根据竖盘读数计算垂直角的一般计算公式为：

物镜抬高时读数增加：$\alpha=$瞄准目标的读数－视线水平时读数

物镜抬高时读数减小：$\alpha=$视线水平时读数－瞄准目标的读数

取盘左、盘右测得垂直角的平均值，可以抵消竖盘指标差的影响：

$$\alpha = \frac{1}{2}(\alpha_左 + \alpha_右)$$

竖盘指标差的计算公式：

$$x = \frac{1}{2}(\alpha_左 - \alpha_右)$$

4. 经纬仪的检验和校正

经纬仪的轴线有：纵轴 VV_1，平盘水准管轴 LL_1，圆水准轴 $L'L'_1$，横轴 HH_1，视准瞄 CC_1。

经纬仪的轴线应满足的条件：①平盘水准管轴应垂直于纵轴（$L \perp V$）；②圆水准轴应平行于纵轴（$L' // V$）；③视准轴应垂直于横轴（$C \perp H$）；④横丝应垂直于纵轴；⑤横轴应垂直于纵轴（$H \perp V$）。

经纬仪的检验和校正包括平盘水准管、圆水准器、十字丝、横轴等的检验和校正。

三、解题指导

注意经纬仪的垂直度盘的特点、其垂直角计算的规定；注意区分水准仪、经纬仪的各自轴线关系。

【例 13-3-1】 整平经纬仪的目的是为了使（　　）。

A. 仪器竖轴竖直及水平度盘水平　　B. 竖直度盘竖直

C. 仪器中心安置到测站点的铅垂线上　　D. 竖盘读数指标处于正确的位置

【解】 本题考核经纬仪的使用及其原理，C 项是对中的目的，应排除；B、D 项不完全，只有 A 项才是最合理的答案，故应选 A 项。

四、应试题解

1. 水平角是测站至两目标点连线间的（　　）。

   A. 夹角　　B. 夹角投影在地面上的角值

   C. 夹角投影在水平面上的角值　　D. 夹角投影在水准面上的角值

2. 经纬仪从总体上说分为（　　）三部分。

   A. 基座、水平度盘、照准部　　B. 望远镜、水准管、基座

   C. 基座、水平度盘、望远镜　　D. 基座、水平度盘、竖直度盘

3. 经纬仪盘左照准一低目标时，其竖盘读数为 $98°00'00''$，则该仪器竖直角的计算公式为（　　）。

   A. $\alpha_左 = L - 90°$，$\alpha_右 = 270° - R$　　B. $\alpha_左 = L - 90°$，$\alpha_右 = R - 270°$

   C. $\alpha_左 = 90° - L$，$\alpha_右 = 270° - R$　　D. $\alpha_左 = 90° - L$，$\alpha_右 = R - 270°$

4. 用光学经纬仪测定或测设水平角时，采用测回法规测，其优点是（　　）。

   ①检查错误；②消除水准管轴不垂直于纵轴的误差；

   ③消除视准轴不垂直于横轴的误差；④消除十字丝竖丝不垂直于横轴的误差；

   ⑤消除横轴不垂直于竖轴的误差；⑥消除水平度盘偏心差。

A. ①②③④　　　　B. ①③④⑤　　　　C. ①③⑤⑥　　　　D. ②④⑤⑥

5. 观测竖直角时，要求使竖盘水准管气泡居中，其目的是(　　)。

　A. 整平仪器　　　　　　　　　　　B. 使竖直度盘竖直
　C. 使水平度盘处于水平位置　　　　D. 使竖盘读数指标处于正确位置

6. DJ₆级光学经纬仪中的6代表的含义是(　　)。

　A. 一个测回测角中误差是6″　　　　B. 一个测回一个方向的中误差是6″
　C. 一个测站测角中误差是6″　　　　D. 一个测站上的读数中误差是6″

7. 常用的水平角观测方法有(　　)两种。

　A. 导线法和中丝法　　　　　　　　B. 交会法和方向观测法
　C. 测回法和导线法　　　　　　　　D. 测回法和方向观测法

8. 测回法适用于(　　)。

　A. 两个方向之间的水平角观测　　　B. 三个方向之间的水平角观测
　C. 三个以上方向之间的水平角度观测　D. 两个以上方向之间的水平角观测

9. DJ₆光学经纬仪水平度盘刻度是按顺时针方向标记，因此计算水平角时，总是以右边方向读数减去左边方向读数。如果计算出的水平角为负值，应加上(　　)。

　A. 90°　　　　　　B. 180°　　　　　　C. 270°　　　　　　D. 360°

10. 若经纬度竖盘为逆时针注记，设瞄准某目标时盘左读数 $L=83°45'00''$，盘右读数 $R=276°15'40''$，则盘左、盘右观测的垂直角值为(　　)。

　A. $6°15'00''$　　　　　　　　　　B. $-6°15'20''$
　C. $6°15'20''$　　　　　　　　　　D. $-6°15'00''$

11. DJ₆型光学经纬仪有四条主要轴线：竖轴 VV，视准轴 CC，横轴 HH，水准管轴 LL。其轴线关系应满足：$LL\perp VV$，$CC\perp HH$ 和(　　)。

　A. $CC\perp VV$　　　　　　　　　　B. $CC\perp LL$
　C. $HH\perp LL$　　　　　　　　　　D. $HH\perp VV$

12. 经纬仪使用包括(　　)。

　A. 对中、整平、瞄准、读数　　　　B. 整平、瞄准、读数
　C. 对中、瞄准、读数　　　　　　　D. 对中、整平、读数

13. 整平经纬仪的目的是为了使(　　)。

　A. 仪器竖轴竖直及水平度盘水平　　B. 竖直度盘竖直
　C. 仪器中心安置到测站点的铅垂线上　D. 竖盘读数指标处于正确的位置

14. 检验经纬仪水准管轴是否垂直于竖轴，当气泡居中后，平转180°时，气泡已偏离。此时用校正针拨动水准管校正螺丝，使气泡退回偏离值的(　　)。

　A. 1/2　　　　　　B. 1/4　　　　　　C. 全部　　　　　　D. 2倍

第四节　距　离　测　量

一、《考试大纲》的规定

卷尺量距、视距测量、光电测距。

二、重点内容

1. 距离测量方法与卷尺量距

常用的距离测量方法有卷尺量距和光电测距等。卷尺量距属于直接量距,光电测距属于间接测距。

在卷尺量距中,为了防止丈量中的错误和提高丈量精度,需要往返丈量。往测长度和返测长度之差,除以长度的概值,化为分子为1的分式,称为相对误差,或称相对精度。钢尺量距的相对精度一般不应低于1/3000。

在倾斜地面丈量,量得的为倾斜距离S(斜距),按高差改正公式或倾斜改正公式将斜距改正为水平距离D(平距):

$$D = S - \frac{h^2}{2S}$$

$$D = S \cdot \cos\alpha$$

式中h为距离两端点的高差;α为两端点的倾角。

钢卷尺两端点分划之间所注记的长度(如20m、30m等),称为名义长度,但名义长度并不等于其实际长度。在一定的拉力下,用以温度为变量来表示尺长l,称为尺长方程式:

$$l = l_0 + \Delta k + \alpha l_0(t - t_0)$$

式中l_0为钢尺名义长度(m);Δk为尺长改正值(mm);α为钢的膨胀系数,其值约为$0.0115 \sim 0.0125$mm/(m·℃);t_0为标准温度(℃),一般取20℃;t为丈量时温度(℃)。

经过温度改正得到量得长度L',$(L-L')/L$为每米尺长改正。每米尺长改正乘以尺的名义长度,即得到尺方程式中的尺长改正Δk。

钢卷尺量距的成果整理一般应包括计算每段距离的量得长度、尺长改正、温度改正和高差改正,最后算得经过各项长度改正后的水平距离。如果距离丈量的相对精度不低于1/3000,则在下列情况下需要进行有关项目的改正:

(1) 尺长改正值大于尺长1/10000时,应加尺长改正;

(2) 量距时温度与标准温度相差±10℃时,应加温度改正;

(3) 沿地面丈量的地面坡度大于1.5%时,应加高差改正。

2. 光电测距

光电测距的基本原理是利用已知光速C,测定它在两点间往返传播时间t,以计算距离S:

$$S = \frac{1}{2}Ct$$

在光电测距作业中,必须测定现场的大气温度和气压,对所测距离作气象改正。

两点间用相位式测距的计算斜距的公式:

$$S = \frac{\lambda}{2}\left(N + \frac{\Delta\varphi}{2\pi}\right)$$

光电测距的野外观测值S还需要经过仪器常数改正、气象改正和倾斜改正或高差改正,才能得到正确的水平距离。其中,仪器常数改正,即测距仪经过在标准长度上的检测

得到乘常数 R（单位：mm/km）和加常数 C（单位：mm）。

乘常数改正值为： $\Delta D_R = R \cdot S$

加常数改正值为： $\Delta D_C = C$

气象改正值为： $\Delta D_A = A \cdot S$

倾斜改正为： $D = S - \dfrac{h^2}{2S}$；或 $D = S \cdot \cos\alpha$

其中 A 为气象参数。可见，距离的加常数改正值 ΔD_C 与所测距离的长度无关。

光电测距中有一部分误差（如测定相差的误差等）对测距的影响与距离的长短无关，称为常误差（或固定的误差）a；另一部分误差（如气象参数测定误差等）对测距的影响与距离 D 成正比，称为比例误差，其比例系数为 b，则光电测距的误差：

$$m_D = \pm(a + b \cdot D)$$

三、解题指导

对本节重点内容中的计算公式应理解掌握。

【例 13-4-1】 用钢尺往返丈量 240m 的距离，要求相对误差达到 1/10000，则往返核差不得大于（ ）。

A. 0.048m　　　　B. 0.012m　　　　C. 0.024m　　　　D. 0.036m

【解】 由相对误差定义知：$\Delta D / D_{平均} = 1/10000$，

$$\Delta D = D_{平均} \cdot \frac{1}{10000} = 240 \times \frac{1}{10000} = 0.024\text{m}$$

所以应选 C 项。

四、应试题解

1. 用钢尺进行精密量距，成果计算时，要加入的改正为（ ）。

   A. 尺长改正　　　　　　　　　　B. 温度改正
   C. 倾斜改正　　　　　　　　　　D. 以上三个

2. 钢尺普通量距，$D_{往} = 85.316\text{m}$；$D_{返} = 85.330\text{m}$，则该距离的相对精度（或相对误差）为（ ）。

   A. 1/6095　　　　B. 0.000164　　　　C. 1/12189　　　　D. 0.000082

3. 用钢尺往返丈量 240m 的距离，要求相对误差达到 1/10000，则往返校差不得大于（ ）m。

   A. 0.048　　　　B. 0.012　　　　C. 0.024　　　　D. 0.036

4. 某钢尺尺长方程式为 $L = 30\text{m} - 0.004\text{m} + 1.25 \times 10^{-5} \times 30(t - 20℃)\text{m}$，用该尺以标准拉力在 20℃ 时量得直线长度为 86.902m，此直线实际长是（ ）m。

   A. 86.906　　　　B. 86.901　　　　C. 86.898　　　　D. 86.890

5. 某钢尺尺长方程式为 $L = 30\text{m} - 0.004\text{m} + 1.25 \times 10^{-5} \times 30(t - 20℃)\text{m}$，用该尺以标准拉力在 30℃ 时量得直线长度为 86.902m，此直线实际长是（ ）m。

   A. 86.906　　　　B. 86.901　　　　C. 86.898　　　　D. 86.890

6. 常用的距离测量方法有（ ）三种。

   A. 卷尺量距、视距测量、光电测距　　　B. 卷尺量距、导线测量、光电测距
   C. 卷尺量距、导线测量、水准测量　　　D. 导线测量、视距测量、光线测距

7. 光电测距的误差用 $m_D = \pm(a + b \cdot D)$ 表示，其中以下说法正确的是（　　）。
   A. a 为比例误差，与距离成正比
   B. b 为常数误差，与距离成正比
   C. a 为常数误差，与距离成正比
   D. a 为常数误差，与距离无关

8. 用光电测距仪测得斜距，需要经过（　　）。
   A. 尺长改正，温度改正，高差改正
   B. 倾斜改正，高差改正
   C. 常数改正，温度改正
   D. 仪器常数改正，气象改正，倾斜改正

9. 对于电子全站仪，以下说法正确的是（　　）。
   A. 电子全站仪仅能测角度
   B. 电子全站仪仅能测距离
   C. 电子全站仪可同时测角度和距离
   D. 用电子全站仪无法测出高差

第五节　测量误差基本知识

一、《考试大纲》的规定

测量误差分类与特性、评定精度的标准、观测值的精度评定、误差传播定律

二、重点内容

1. 测量误差分类与误差特性

测量误差按其对观测结果影响性质的不同分为：系统误差与偶然误差。

在相同的观测条件下，对某一量进行一系列的观测，如果出现的误差在符号和数值上均相同，或按一定的规律变化，这种误差称为系统误差。系统误差具有积累性。

在相同的观测条件下，对某一量进行一系列的观测，若误差出现的符号和数值大小均不一致，从表面上看没有任何规律性，这种误差称为偶然误差，是由人力所不能控制的因素（如人眼分辨能力、仪器极限精度、外界环境影响等）共同引起的测量误差。但观察大量的偶然误差，就会发现其如下的必然规律：

（1）在一定观测条件下的有限次观测中，偶然误差的绝对值不会超过一定的限值；

（2）绝对值小的误差出现的频率大，绝对值大的误差出现的频率小；

（3）绝对值相等的正、负误差出现的频率大致相等；

（4）当观测次数 n 无限增多时，偶然误差的理论平均值趋近于零。

2. 评定精度的标准

（1）中误差（m），指按有限次观测的偶然误差求得标准差，即：

$$m = \pm\sqrt{\frac{\Delta_1^2 + \Delta_2^2 + \cdots + \Delta_n^2}{n}} = \pm\sqrt{\frac{[\Delta\Delta]}{n}}$$

（2）相对误差，指将观测值的中误差（m）除观测的量（D），化为分子为 1 的分式，即 $\dfrac{1}{\dfrac{D}{m}}$，称为相对中误差，简称相对误差。

（3）极限误差，由于偶然误差的绝对值大于 2 倍中误差的约占误差总数的 5%，而大于 3 倍中误差的仅占误差总数的 0.3%，且观测次数是有限的，故将 2 倍中误差作为极限误差，称为允许误差或限差，即：

$$\Delta_允 = 2m$$

3. 观测值的精度评定

(1) 算术平均值（亦称为最或是值），指观测值的算术平均值，即：

$$\overline{x} = \frac{l_1 + l_2 + \cdots + l_n}{n} = \frac{[l]}{n}$$

(2) 观测值的改正值，指算术平均值与观测值之差，即：

$$v_i = \overline{x} - l_i (i = 1, 2, \cdots, n)$$

需注意，观测值的改正值之和应等于零，即：

$$[v] = n\overline{x} - [l] = 0$$

(3) 按观测值的改正值计算观测值的中误差，其计算公式为：

$$m = \pm \sqrt{\frac{[vv]}{n-1}}$$

4. 误差传播定律

在测量工作中，有些量并非直接观测值，而是根据直接观测值按一定的函数关系计算而得，由于观测值中含有误差，使函数受其影响也含有误差，称之为误差传播。

(1) 一般函数的中误差，设有多元函数，$Z = f(x_1, x_2, \cdots, x_n)$，$x_1, x_2, \cdots, x_n$ 为独立变量，在此指直接观测值，其对应中误差分别为 $m_1, m_2, \cdots, m_n$，则函数 Z 的中误差为：

$$m_Z = \pm \sqrt{\left(\frac{\partial f}{\partial x_1}\right)^2 m_1^2 + \left(\frac{\partial f}{\partial x_2}\right)^2 m_2^2 + \cdots + \left(\frac{\partial f}{\partial x_n}\right)^2 m_n^2}$$

(2) 线性函数的中误差，设有线性函数：$Z = \pm k_1 x_1 \pm k_2 x_2 \pm \cdots \pm k_n x_n$，函数 Z 的中误差为：

$$m_Z = \sqrt{k_1^2 m_1^2 + k_2^2 m_2^2 + \cdots + k_n^2 m_n^2}$$

当为等精度观测时，算术平均值的中误差为：

$$m_{\overline{x}} = \pm \frac{m}{\sqrt{n}}$$

式中 m 为等精度观测时，观测值的中误差。

(3) 和差函数的中误差，设有和差函数：$Z = \pm x_1 \pm x_2 \pm \cdots \pm x_n$，函数 Z 的中误差为：

$$m_Z = \pm \sqrt{m_1^2 + m_2^2 + \cdots + m_n^2}$$

等精度观测时，和差函数的中误差为：

$$m_Z = \pm m \sqrt{n}$$

(4) 应用

水平角观测，设每一方向同时受到对中、瞄准、读数、仪器误差等影响，其对应中误差分别为 $m_{中}$、$m_{瞄}$、$m_{读}$、$m_{仪}$，则每一观测方向的中误差为：

$$m_{方} = \sqrt{m_{中}^2 + m_{瞄}^2 + m_{读}^2 + m_{仪}^2}$$

水平角一次测回的中误差为：

$$m_{角} = m_{方} \sqrt{2}$$

三、解题指导

注意区分观测值的中误差、观测值的改正值、计算观测值的中误差的不同点；掌握误差传播定律的具体运用,应结合题目具体条件分析,如是否为等精度观测。

【例13-5-1】 用DJ_6级经纬仪测量一个角度,为了使得该角度的中误差$\leqslant\pm4''$,则需要至少观测( )个测回。

A. 4　　　　　B. 5　　　　　C. 6　　　　　D. 7

【解】 由角度平均值中误差公式:
$$m_角 = \frac{m_方}{\sqrt{n}}, 则 n = \frac{m_方^2}{m_角^2}$$

$$n = \frac{(6\sqrt{2})^2}{4^2} = 4.5, 取 n = 5, 所以应选 B 项。$$

【例13-5-2】 一圆形建筑物半径为27.5m,若测量半径的误差为±2cm,则圆面积的中误差为( )。

A. $\pm1.73m^2$　　B. $\pm3.45m^2$　　C. $\pm3.54m^2$　　D. $\pm1.37m^2$

【解】 由圆面积公式: $A = \pi r^2$,则

$$m_S = \pm\sqrt{\left(\frac{\partial A}{\partial r}\right)^2 m_r^2} = \pm 2\pi r \cdot m_r$$
$$= \pm 2\pi \times 27.6 \times 2 \times 10^{-2} m^2$$
$$= \pm 3.454 m^2$$

所以应选 B 项。

四、应试题解

1. 测量误差按其对测量结果影响性质的不同分为( )。

   A. 偶然误差和系统误差　　　　B. 瞄准误差和读数误差
   C. 对中误差和整平误差　　　　D. 读数误差和计算误差

2. 下列误差属于系统误差的是( )。

   A. 读数误差　　　　　　　　　B. i角误差
   C. 温度的影响　　　　　　　　D. 气泡居中误差

3. 下列误差属于偶然误差的是( )。

   A. 钢尺比标准尺短　　　　　　B. 定线不准
   C. 拉力误差　　　　　　　　　D. 钢尺尺身不平

4. 在以下水平角观测误差中,属于系统误差的是( )。

   A. 瞄准误差　　　　　　　　　B. 读数误差
   C. 仪器的视准轴误差　　　　　D. 风的误差

5. 在相同的观测条件下对同一量进行多次观测,观测的次数愈多,则( )。

   A. 观测值的精度愈高
   B. 算术平均值精度不变
   C. 算术平均值的精度愈高,观测值的精度不变
   D. 观测值与算术平均值的精度愈高

6. 等精度观测是指( )。

   A. 观测的条件相同　　　　　　B. 仪器的精度相等

C. 各观测的真误差相等　　　　　　D. 观测时的气候条件一样

7. 某水平角用经纬仪观测 4 次，各次观测值为 60°24′36″，60°24′24″，60°24′34″，60°24′26″，则该水平角的"最或是值"及其中误差为（　　）。

　　A. 60°24′32″；±6″　　　　　　　B. 60°24′30″；±3″
　　C. 60°24′00″；±4″　　　　　　　D. 60°24′30″；±6″

8. 某水平角用经纬仪观测 4 次，各次观测值为 60°24′36″，60°24′24″，60°24′34″，60°24′26″，则观测值的中误差为（　　）。

　　A. ±8″　　　　B. ±6″　　　　C. ±4″　　　　D. ±3″

9. 丈量一段距离 4 次，结果分别为 232.563m，232.543m，232.548m 和 232.538m，则算术平均值中误差和最后结果的相对中误差分别为（　　）。

　　A. ±5.4mm，1/43063　　　　　　B. ±5.4mm，1/24546
　　C. ±4.5mm，1/43063　　　　　　D. ±4.5mm，1/24546

10. n 边形各内角观测值中误差均为±6″，则内角和的中误差为（　　）。

　　A. ±6″n　　　B. ±6″$\sqrt{n}$　　　C. ±6″/n　　　D. ±6″/$\sqrt{n}$

11. 观测三角形各内角 3 次，求得三角形闭合差分别为+8″、-10″和+2″，则三角形内角和的中误差为（　　）。

　　A. ±7.5″　　　B. ±9.2″　　　C. ±20″　　　D. ±6.7″

12. 闭合水准路线测量，观测每一个测站的高差中误差为 m_h=±3mm，现共观测了 8 个测站，则高差总和的中误差 $m_{\Sigma h}$=（　　）mm。

　　A. ±24　　　B. ±8.5　　　C. ±13.9　　　D. ±17.0

13. 用钢尺丈量某段距离 4 次，其真误差分别为：-6mm，+4mm，+5mm，-2mm，则钢尺丈量一次的测量中误差为（　　）mm。

　　A. ±4.5　　　B. ±4.8　　　C. ±5.5　　　D. ±5.8

14. 用 30m 的钢尺丈量 120m 的距离，已知每尺段量距中误差为±4mm，则全长中误差为（　　）mm。

　　A. ±16　　　B. ±4　　　C. ±8　　　D. ±10

15. 一圆形建筑物半径为 27.5m，若测量半径的误差为±2cm，则圆面积的中误差为（　　）。

　　A. ±1.73m²　　B. ±3.45m²　　C. ±3.54m²　　D. ±1.37m²

16. 在 1∶500 地形图上，量得某直线 AB 的水平距离 d=50.0mm，m=±0.2mm，AB 的实地距离可按公式 $S=500d$ 进行计算，则 S 的误差 m 为（　　）。

　　A. ±0.1mm　　B. ±0.2mm　　C. ±0.05m　　D. ±0.1m

17. 用 DJ$_6$ 级经纬仪测量一个角度，为了使得该角度的中误差≤±4″，则需要至少观测（　　）个测回。

　　A. 4　　　　B. 5　　　　C. 6　　　　D. 7

18. 水准路线每公里中误差为±6mm，则 6km 水准路线的中误差为（　　）mm。

　　A. ±36.0　　B. ±14.7　　C. ±12　　　D. ±6

19. 已知三角形各角的中误差均为±3″，若三角形角度闭合差的允许值为中误差的 2 倍，则三角形角度闭合差的允许值为（　　）。

A. ±10.4″ B. ±9″ C. ±6″ D. ±3″

20. 某电磁波测距仪的标称精度为±(3+3ppm)mm，用该仪器测得500m距离，如不顾及其他因素影响，则产生的测距中误差为(　　)mm。

A. ±18 B. ±3 C. ±4.5 D. ±6

21. 用50m的钢尺量得$AB=450$m，若每量一整尺段的中误差为$m=±1$cm，则AB距离的相对中误差为(　　)。

A. 1/15000 B. 1/5000 C. 1/45000 D. 1/150

22. 对某量进行了n次等精度观测，根据$m=±\sqrt{[vv]/[n(n-1)]}$计算所得的m是(　　)。

A. 该量任意一次观测的中误差 B. 该量最可靠值的中误差
C. 算术平均值的中误差 D. 算术平均值的真误差

第六节　控　制　测　量

一、《考试大纲》的规定

平面控制网的定位与定向、导线测量、交会定点、高程控制测量。

二、重点内容

1. 平面控制网的定位与方向

城市平面控制以国家控制点进行定位和定向。城市平面控制网分为二、三、四等网，以下还有一、二、三级导线网等。建立平面控制网的目的是在地面上确定一系列点的平面位置，如点的坐标，点与点之间的距离与方向关系，就可以将平面控制网定位和定向。如图13-6-1所示，1、2两点的平面直角坐标为：(x_1, y_1)、(x_2, y_2)，则坐标增量为：

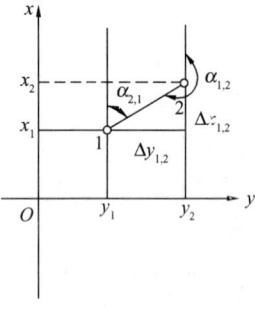

$$\Delta x_{1,2} = x_2 - x_1$$
$$\Delta y_{1,2} = y_2 - y_1$$

图13-6-1

已知坐标增量、一个点的坐标，利用上述式子可反求出另一点的坐标。

1、2两点的水平距离D为：

$$D_{1,2} = \sqrt{(x_1-x_2)^2 + (y_2-y_1)^2}$$

1、2两点的正坐标方位角为：

$$\tan\alpha_{1,2} = \frac{\Delta y_{1,2}}{\Delta x_{1,2}} = \frac{y_2-y_1}{x_2-x_1}$$

坐标方位角，是指在平面直角坐标系中，以平行于x轴方向为基准方向，顺时针转至两点间连线的水平角（0°～360°）。如图13-6-1所示$\alpha_{1,2}$为正坐标方位角，$\alpha_{2,1}$为反坐标方位角，有：

$$\alpha_{2,1} = \alpha_{1,2} \pm 180°$$

极坐标转化为直角坐标公式：

$$\Delta x_{1,2} = D_{1,2}\cos\alpha_{1,2}$$

$$\Delta y_{1,2} = D_{1,2}\sin\alpha_{1,2}$$

直角坐标转化为极坐标公式：

$$D_{1,2} = \sqrt{\Delta x_{1,2}^2 + \Delta y_{1,2}^2}$$

$$\alpha_{1,2} = \tan^{-1}\frac{\Delta y_{1,2}}{\Delta x_{1,2}} = \sin^{-1}\frac{\Delta y_{1,2}}{D_{1,2}}$$

$$= \cos^{-1}\frac{\Delta x_{1,2}}{D_{1,2}}$$

2. 导线测量

用于测绘大比例地形图的导线称为图根导线。用于某项工程建设的导线称为工程导线。导线的布设有三种基本形式：闭合导线、附合导线、支导线。对支导线规定不超过3点。

导线测量内业计算主要是计算导线点的坐标，计算时角度值取至秒，长度和坐标值取至厘米，见表 13-6-1。

导线测量内业计算　　　　　表 13-6-1

项　　目	闭合导线计算	附合导线计算
角度闭合差及分配原则	$\sum\beta_{理} = (n-2)\cdot 180°$； $f_\beta = \sum\beta_{理} - \sum\beta_{测}$； （注：$f_{B允} = \pm 60''\sqrt{m}$，$m$ 为导线中转折角数）"反其符号，平均分配"	$\sum\beta_{理(右)} = \alpha_{始} - \alpha_{终} + n\cdot 180°$ 或 $\sum\beta_{理(左)} = \alpha_{终} - \alpha_{始} + n\cdot 180°$ $f_B = \sum\beta_{理} - \sum\beta_{测}$ "反其符号，平均分配"
方位角推算	$\alpha_{前} = \alpha_{后} + 180° - \beta_{右}$ 或 $\alpha_{前} = \alpha_{后} + \beta_{左} - 180°$ （注：$\beta_{右}$ 指导线右角；$\beta_{左}$ 指导线左角）	同左
坐标增量及闭合差	$\sum\Delta x_{理} = 0$ $\sum\Delta y_{理} = 0$ $f_x = \sum\Delta x_{测}$ $f_y = \sum\Delta y_{测}$	$\sum\Delta x_{理} = x_{终} - x_{始}$ $\sum\Delta y_{理} = y_{终} - y_{始}$ $f_x = \sum\Delta x_{测} - \sum\Delta x_{理}$ $f_y = \sum\Delta y_{测} - \sum\Delta y_{理}$
全长闭合差 f 与相对闭合差 T 及分配原则	$f = \sqrt{f_x^2 + f_y^2}$ $T = \dfrac{1}{\dfrac{\sum D}{f}}$ （注：图根导线 $T_{允} \leq 1/2000$） "反其符号，按边长为比例分配"	同左

3. 交会定点

个别平角控制点的加密，可用前方交会（测角交会）和测边交会等方法。这些方法也适用于地形测量和工程测量中。

4. 高程控制测量

国家一、二等水准测量所布设的水准点，在全国范围内作为高程控制网的骨干。在个别地区建立高程控制网时，先布设三、四等水准网，然后在地形测量时用图根水准测量进行高程控制点的加密。在建筑施工时，一般从三、四等水准点出发，进行工程水准测量。三、四等水准测量一般沿河道布设，水准点间距一般为2～4km，一般用双面水准尺，其技术规定见表13-6-2。

三、四等水准测量测站技术规定　　　　　表13-6-2

等级	视线长度 (m)	前后视距离差 (m)	前后视距离累积差 (m)	红黑面读数差 (mm)	红黑面所测高差之差 (mm)
三	≤65	≤3	≤6	≤2	≤3
四	≤80	≤5	≤10	≤3	≤5

三、重点内容

本节难点是导线内业计算，复习时应结合表13-6-1进行，掌握角度闭合差、坐标闭合差的计算及分配原则。

【例13-6-1】 闭合导线和附合导线在计算下列（　　）项差值时，其计算公式有所不同。

A. 角度闭合差、坐标增量闭合差
B. 方位角、坐标增量
C. 角度闭合差、导线全长闭合差
D. 纵坐标增量闭合差、横坐标增量闭合差

【解】 根据表13-6-1，本题应选A项。

四、应试题解

1. 正反方位角相差（　　）。

A. 0°　　　　B. 90°　　　　C. 180°　　　　D. 270°

2. 直线 AB 的正方位角 $\alpha_{AB}=250°25'48''$，则其反方位角 α_{BA} 为（　　）。

A. 70°25'48''
B. 109°34'12''
C. -70°25'48''
D. -109°34'12''

3. 有导线点1、2、3，已知 $\alpha_{12}=247°48'10''$，2点处导线转折角的左角为 $\beta_2=95°17'05''$，则 α_{32} 为（　　）。

A. 343°05'15''
B. 163°05'15''
C. 152°31'05''
D. 332°31'05''

4. 选择导线点时应注意使（　　）通视良好。

A. 相邻各导线点间
B. 各导线点间均
C. 导线起点与各导线点间
D. 导线终点与各导线点间

5. 设 A 点的坐标为（240.00，240.00），B 点的坐标为（340.00，140.00），则 AB 边的坐标方位角和边长为（　　）。

　　A. 45°00′00″；100m　　　　　　　　B. 315°00′00″；141.42m

　　C. 225°00′00″；141.42m　　　　　　D. 315°00′00″；100m

6. 设 A 点的坐标为（200，200），A 点至 B 点的坐标方位角为 30°00′00″，AB 的距离为 150.00m，则 B 点的坐标为（　　）。

　　A.（129.90，75.00）　　　　　　　B.（275.00，329.90）

　　C.（75.00，129.90）　　　　　　　D.（329.90，275.00）

7. 已知 y_1 =78.629m，边长 D_{12} =67.286m，坐标方位角 α_{12} =300°25′30″，则 y_2 等于（　　）m。

　　A. 20.609　　　B. 112.703　　　C. -58.020　　　D. 34.074

8. 在进行平面控制点的加密时，从两个相邻的已知点 A、B 向待定点 P 观测水平角 ∠PAB 和∠ABP，以计算 P 点坐标的测定方法，称（　　）。

　　A. 测边交会　　　B. 侧方交会　　　C. 后方交会　　　D. 前方交会

9. 当待求点不易到达时，通常采用（　　）方法，得到它的坐标。

　　A. 前方交会　　　B. 后方交会　　　C. 侧方交会　　　D. 旁点交会

10. 已知某直线的坐标方位角为 120°15′，则可知道直线的坐标增量为（　　）。

　　A. $+\Delta x$，$+\Delta y$　　　　　　　B. $+\Delta x$，$-\Delta y$

　　C. $-\Delta x$，$+\Delta y$　　　　　　　D. $-\Delta x$，$-\Delta y$

11. 导线边方位角推算的一般公式为（　　）。

　　A. $\alpha_前 = \alpha_后 + 180° - \beta_右$　　　　B. $\alpha_后 = \alpha_前 + 180° - \beta_右$

　　C. $\alpha_前 = \alpha_后 - 180° + \beta_右$　　　　D. $\alpha_后 = \alpha_前 + 180° + \beta_右$

12. 已知两点间的坐标增量，计算两点间的边长和方位角这个过程称为（　　）。

　　A. 水准计算　　　B. 三角计算　　　C. 坐标计算　　　D. 坐标反算

13. 两点坐标增量为 Δx_{AB} =+42.567m；Δy_{AB} =-35.427m，则方位角 α_{AB} 和距离 D_{AB} 分别为（　　）。

　　A. -39°46′10″，55.381m　　　　　　B. 39°46′10″，55.381m

　　C. 320°13′50″，55.381m　　　　　　D. 140°13′50″，55.381m

14. 闭合导线和附合导线在计算下列（　　）项差值时，计算公式有所不同。

　　A. 角度闭合差、坐标增值闭合差

　　B. 方位角、坐标增量

　　C. 角度闭合差、导线全长闭合差

　　D. 纵坐标增量闭合差、横坐标增量闭合差

15. 一般规定三等水准测量前后视距离差不得超过（　　）。

　　A. 2m　　　B. 3m　　　C. 4m　　　D. 5m

16. 一般三等、四等水准测量时，仪器至水准尺的视线长度规定分别不宜超过（　　）。

　　A. 65m，85m　　　B. 80m，85m　　　C. 65m，80m　　　D. 80m，95m

第七节 地形图测绘

一、《考试大纲》的规定

地形图基本知识、地物平面图测绘、等高线地形图测绘。

二、重点内容

1. 地形图基本知识

地形图上一直线段的长度与地面上相应线段的实际长度之比，称为地形图的比例尺。如1：500、1：1000、1：5000通常称为大比例尺，1：10000～1：100000称为中比例尺，1：200000～1：1000000为小比例尺。中、小比例尺地形图是国家基本图。城市和工程建设的规划、设计、施工中所用地形图的比例尺：(1)城市总规划、厂址选择、区域布置、方案比较用1：10000，1：5000；(2)城市详细规划、工程项目初步设计用1：2000；城市详细规划、工程施工设计、竣工图用1：1000，1：500。

《国家基本比例尺地形图分幅和编号》(2012年版)规定，地形图的编号以1：100万为基础，大于该比例尺的地形图（如1：50万）应在1：100万地形图编号之后加比例尺代码，再加行号和列号。比例尺代码划分为：B（1：50万）、C（1：25万）、D（1：10万）、E（1：5万）、F（1：2.5万）、G（1：1万）、I（1：5千）。例如：J50B001001为1：50万地形图，行号为001，列号为001。

人们用眼睛能分辨的最小距离为0.1mm，故图上0.1mm所代表的实地水平距离称为比例尺精度。对于实测的数字化地形图，只有测量精度，而不存在作图的比例尺精度的问题。

地形图图式中的符号分为三类：地物符号、地貌符号和注记符号。

每5根等高级，加粗一根，注明高程，称为计曲线。相邻等高线的高差称为等高距(h)，在一幅地形图上等高距是一定的。相邻等高线之间的水平距离称为等高线平距(d)。等高距与等高线平距的比值为地面坡度 $i(i=h/d)$。

地形图的图幅分幅方法随着比例尺的大小分为两种，中、小比例尺图采用国际分幅，大比例尺图采用矩形分幅。其中，国际分幅法，又称梯形分幅，是由国际统一规定的经线作为图的东西边界，统一规定的纬线作为图的南北边界。每幅图用英文字母及数字统一规定编号。

在矩形分幅中，最常用的编号方法为以图幅西南角点的坐标（以公里为单位）值作为编号。如某幅图的西南角点坐标为 $x=3000$m，$y=5000$m，则该幅图的编号为"3.0-5.0"。

2. 地物平面图测绘

平板仪在测站上的安置包括对点、整平和定向。

地物点平面位置测绘方法有：极坐标法；方向交会法；距离交会法。点的高程可以用三角高程法、水准仪法测定。

地物平面图测绘采用经纬仪法测图时，利用经纬仪的水平盘、竖盘和卷尺（或安装于经纬仪上的测距仪），测定图根控制点至地物点的方位角、水平距离和高差，用极坐标法计算出地物点的坐标和高程。

根据斜距、垂直角以及用卷尺量得的仪器高（i）和目标高（l），可计算地物点的高程：
$$H = H_0 + S \cdot \sin\alpha + i - l$$
式中 H_0 为测站点的高程，α 为垂直角。

三、解题指导

掌握本节重点内容的基本知识，如比例尺的选用、比例尺精度、图幅分幅方法、平板仪使用、地物点测绘等，一般以概念型、判断型选择题出现。

【例 13-7-1】 当用符号来表示线状地物时，其长度能按比例缩小绘制，但其宽度不能按比例，这种符号称为（　　）。

A. 比例符号　　　　　　　　　　B. 非比例符号
C. 半比例符号　　　　　　　　　D. 注记符号

【解】 本题考核地形图图式的符号。地面上的房屋等平面图形按比例尺缩小，用规定的符号绘出，称为比例符号；某些地物轮廓太小如电线杆、水井等，只能用规定的符号表示其位置，称为非比例符号；一些线状地物如围墙等，其长度能按比例缩小绘制，但其宽度则不能按比例，此类符号称为半比例符号。所以应选 C 项。

四、应试题解

1. 图上一直线段的长度与地面上相应线段的（　　）之比，称为地形图的比例尺。
   A. 实测长度　　B. 实际长度　　C. 实际斜距　　D. 实测高差

2. （　　）不属于大比例尺。
   A. 1∶500　　B. 1∶1000　　C. 5000　　D. 10000

3. 比例尺精度在工程设计中的用途在于（　　）。
   A. 根据比例尺精度确定最详尽的比例尺地形图
   B. 根据比例尺精度确定最大的比例尺地形图
   C. 根据比例尺精度确定精度最高的比例尺地形图
   D. 根据比例尺精度确定应使用何种比例尺地形图

4. 1/2000 地形图和 1/5000 地形图相比，下列叙述中正确的是（　　）。
   A. 比例尺大，地物地貌更详细
   B. 比例尺小，地物地貌更详细
   C. 比例尺小，地物地貌更粗略
   D. 比例尺大，地物地貌更粗略

5. 要求地形图上能表示实际地物最小长度为 0.2m，则宜选择的测图比例尺为（　　）。
   A. 1/500　　B. 1/1000　　C. 1/5000　　D. 1/2000

6. 已知某地形图的比例尺为 1∶500，则该图的比例尺精度为（　　）。
   A. 0.05mm　　B. 0.1mm　　C. 0.05m　　D. 0.1m

7. 地形图上的地物符号分为（　　）。
   A. 房屋，道路，河流，桥梁
   B. 比例符号，非比例符号，半比例符号
   C. 点位，线条，图形，注记
   D. 建构筑物，水系，道路，等高线

8. 当用符号来表示线状地物时，其长度能按比例缩小绘制，但其宽度不能按比例，这种符号称为（　　）。
   A. 比例符号　　B. 非比例符号　　C. 半比例符号　　D. 注记符号

9. 表示地面高低起伏的地貌一般用（　　）表示。

A. 比例符号　　　　B. 非比例符号　　　C. 半比例符号　　　　D. 等高线

10. 试指出下列( )项不是等高线的特性。

A. 同一条等高线上各点高程相同　　　B. 是闭合曲线
C. 除在悬崖、绝壁处，等高线不能相交　D. 等高线在图上可以相交、分叉或中断

11. 一幅图上等高线稀疏表示地形( )。

A. 陡峻　　　　　　　　　　　　　　B. 平缓
C. 为水平面　　　　　　　　　　　　D. 为坡度均匀的坡面

12. 山脊的等高线为一组( )。

A. 凸向高处的曲线　　　　　　　　　B. 凸向低处的曲线
C. 垂直于山脊的平行线　　　　　　　D. 间距相等的平行线

13. 一幅地形图上，等高距是指( )。

A. 相邻两条等高线间的水平距离　　　B. 两条计曲线间的水平距离
C. 相邻两条等高线间的高差　　　　　D. 两条计曲线间的高差

14. 地形图分幅方法按比例尺大小分，大比例尺采用( )。

A. 国际分幅　　　　　　　　　　　　B. 梯形分幅
C. 正方形分幅　　　　　　　　　　　D. 矩形分幅

15. 平板仪在测站上的安置包括( )。

A. 对点、整平和定向　　　　　　　　B. 联结、对点和整平
C. 联结、整平和瞄准　　　　　　　　D. 整平、定向和瞄准

16. 在数字化地形图中，存储于磁盘上的地形信息( )。

A. 只存在测量精度，不存在比例尺精度
B. 只存在比例尺精度，不存在测量精度
C. 既存在测量精度，也存在比例尺精度
D. 既不存在测量精度，也不存在比例尺精度

17. 在地物平面图测绘中，地物点的测定方法有很多，如距离交会法、方向交会法和( )。

A. 极坐标法和直角坐标法　　　　　　B. 极坐标法和视线高程法
C. 视线高程法和仪器高法　　　　　　D. 仪器高法和直角坐标法

第八节　地形图应用与建筑工程测量

一、《考试大纲》的规定

地形图应用的基本知识、建筑设计中的地形图应用、城市规划中的地形图应用、建筑工程控制测量、施工放样测量、建筑安装测量、建筑工程变形观测。

二、重点内容

1. 地形图应用的基本内容

对于以图纸为介质的地形图的应用包括：点位的坐标量测；两点间水平距离量测；直线的坐标方位角量测；点位的高程及两点间的坡度量测。

2. 建筑工程测量基本工作

建筑施工测量的基本任务是将图纸上设计的建筑物、构筑物的平面位置和高程测设到实地上，又称建筑施工放样。另外，建筑施工测量还包括竣工测量和变形观测。

施工测量基本工作如下：

(1) 测设设计的已知水平长度的直线，可用直接测设法、归化测设法和光电测距测设法。

(2) 测设设计的已知水平角，可用直接测设法、归化测设法。

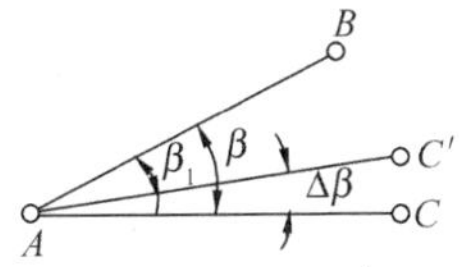

归化测设法：如图 13-8-1 所示，先用直接测设法仅用盘左定出 C' 点，然后用测回法多次测定该角取其平均值为 β_1，计算与设计角度的差值 $\Delta\beta = \beta - \beta_1$，再根据 AC' 的长度计算出垂距：

$$C'C = AC' \cdot \frac{\Delta\beta}{\rho}$$

图 13-8-1

式中 ρ 为一个常数值 $206265''$。

(3) 测设设计的平面点位，可用直角坐标法、极坐标法（为最常用方法）和距离交会法。

3. 建筑施工控制测量

在大型厂房建筑工地，施工控制网一般布设成正方形或矩形格网，格网与建筑主轴线平行或垂直，称为建筑方格网。如图 13-8-2 所示，xoy 为大地坐标系，$x'o'y'$ 为施工坐标系，(x_0, y_0) 为施工坐标系的原点在大地坐标系中的坐标，a 为施工坐标系的 X' 轴在大地坐标中的坐标方位角。如果已知 P 点的施工坐标为 (x'_p, y'_p)，可按下式将其换算为大地坐标：

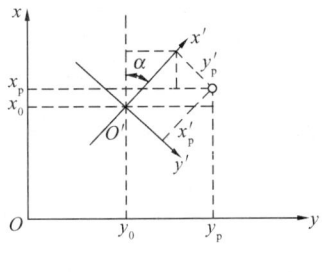

图 13-8-2

$$x_p = x_0 + x'_p \cos\alpha - y'_p \sin\alpha$$
$$y_p = y_0 + x'_p \sin\alpha + y'_p \cos\alpha$$

反之，如果已知 P 点的大地坐标，也可将其换算为施工坐标：

$$x'_p = (x_p - x_0)\cos\alpha + (y_p - y_0)\sin\alpha$$
$$y'_p = -(x_p - x_0)\sin\alpha + (y_p - y_0)\cos\alpha$$

4. 建筑构件安装测量

预制的厂房柱子用吊车插入杯形基础的杯口后，应使柱子的中心线与杯口的中线对齐，用木楔作临时固定，然后用 2 台经纬仪安置在离柱约 1.5 倍柱高的纵、横两条轴线附近，同时进行柱子位置及竖直校正。

吊车梁安装测量，水准仪测定牛腿面的标高，修平牛腿面或加垫块使吊车梁水平，用经纬仪将吊车轨道的设计中心线从地面投测到吊车梁顶面。

5. 变形观测

建筑物的变形观测包括沉降观测、倾斜观测和位移观测等。

(1) 沉降观测。沉降观测的基准点是 2~3 个埋设于建筑沉降影响范围以外的水准点。沉降观测点，一般沿基础均匀布设，在沉降缝的两侧、重要的支柱和基础上均应布设观测点。对于一般性建筑，可采用 DS_2、DS_3 级水准仪进行沉降观测。对于大型或重要建筑或高层建筑需要采用 DS_1 级精密水准仪。

(2) 倾斜观测。倾斜观测是测定建筑物的基础和上部结构位置的倾斜变化，包括倾斜的方向、大小和速率等。在上部倾斜观测中，可用差异沉降量推算法、悬挂垂球法、经纬仪投测法。

(3) 位移观测。位移观测可用基准点上观测法、位移点上观测法

基准点上观测法（图13-8-3）：

$$\Delta = D \cdot \frac{\Delta\beta}{\rho}; \Delta\beta = \beta' - \beta$$

式中 D 为 AM 两点的距离；ρ 为常数值 $206265''$。

位移点上观测法（图13-8-4）：

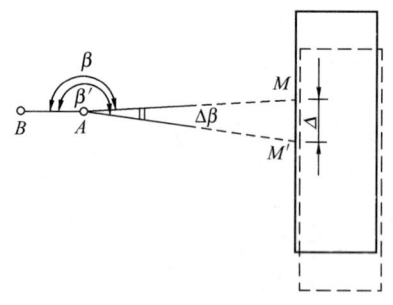

图 13-8-3　在基准点观测位移

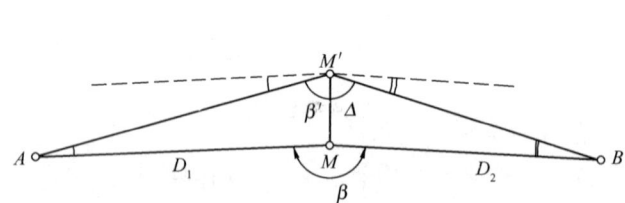

图 13-8-4　在位移点观测位移

$$\Delta = \frac{D_1 \cdot D_2 \cdot \Delta\beta}{(D_1 + D_2) \cdot \rho}; \Delta\beta = \beta' - \beta$$

式中 D_1、D_2 分别为 AM、BM 的距离；ρ 为常数值 $206265''$。

三、解题指导

本节主要掌握重点内容中的基本测量方法，区分施工测量中长度、水平角、平面点位的各自测量方法；变形观测的基本要求、基本观测方法。

【例 13-8-1】　某一多边形的地块，各角点的坐标 (x_i, y_i) 为已知，求其面积应该用（　　）。

A. 几何图形图解法　　　　　　　B. 不规则图形网格法
C. 几何图形解析法　　　　　　　D. 不规划图形求积仪法

【解】　本题考核地形图在工程建设中面积量计算，其计算方法有：几何图形图解法与解析法、不规划图形网格法与求积仪法，可见 B、D 项不对。又由题目条件各角点坐标已知，故应用解析法，所以应选 C 项。

四、应试题解

1. 在地形图上，汇水范围是由一系列（　　）连接而成的。
   A. 分水线　　　　　　　　　　　B. 山谷线
   C. 集水线　　　　　　　　　　　D. 山脊线与山谷线

2. 当将地面平整成水平场地时，若水平面高程无其他条件限制，此时一般是按（　　）的原则来确定水平面设计高程。
   A. 挖方量为零　　　　　　　　　B. 填方量为零
   C. 填方量大于挖方量　　　　　　D. 填挖方量平衡

3. 某一多边形的地块，各角点的坐标 (x_i, y_i) 为已知，求其面积应该用（　　）。
   A. 几何图形图解法　　　　　　　　B. 不规则图形网格法
   C. 几何图形解析法　　　　　　　　D. 不规则图形求积仪法

4. 当用解析法在地形图上求某一区域的面积时，要求（　　）。
   A. 该区域边界由直线组成且多边形各顶点的坐标已知
   B. 该区域边界由直线组成且多边形部分顶点的坐标已知
   C. 该区域边界有任意曲线
   D. 该区域边界有圆曲线

5. 在地形图上不能直接获取的信息是（　　）。
   A. 地貌　　　　　　　　　　　　　B. 居民点
   C. 水系　　　　　　　　　　　　　D. 地质条件

6. 建筑施工测量的基本任务是将图纸上设计的建筑物、构筑物的（　　）测设到实地上。
   A. 平面位置　　　　　　　　　　　B. 高程
   C. 平面位置和高程　　　　　　　　D. 坐标

7. 测设点的平面位置方法有直角坐标法、极坐标法、角度交会法和（　　）。
   A. 导线法　　　　　　　　　　　　B. 视距法
   C. 前方交会法　　　　　　　　　　D. 距离交会法

8. 在建筑工程的施工放样中，最常用的平面点位测设方法为（　　）。
   A. 极坐标法　　　　　　　　　　　B. 直角坐标法
   C. 距离交会法　　　　　　　　　　D. 角度交会法

9. 建筑物室内地坪±0.000 的标高为 16.010m，用 P 点进行测设，$H_P = 17.350$m，当 P 点上水准尺的读数为 1.346m 时，则±0.000 处水准尺的读数为（　　）。
   A. 2.486m　　　B. 2.686m　　　C. 1.486m　　　D. 1.686m

10. 在 A 点以 B 点为已知方向用极坐标法测设 P 点，已知 $\alpha_{BA} = 210°18'$，$\alpha_{AP} = 208°06'$，则测设角值为（　　）。
    A. 177°48'　　　B. 58°24'　　　C. 2°12'　　　D. 357°48'

11. 当要放样的建筑物与建筑轴线平行时，常用的放样方法是（　　）。
    A. 极坐标法　　　　　　　　　　　B. 直角坐标法
    C. 角度交会法　　　　　　　　　　D. 距离交会法

12. 建筑物的变形观测包括沉降观测、倾斜观测和（　　）。
    A. 位移观测　　B. 竖直观测　　C. 水平观测　　D. 应变观测

13. 建筑物变形监控，水准基点的埋设数量一般为（　　）个。
    A. 3　　　　　　B. 2　　　　　　C. 1　　　　　　D. 4

14. 以下属于施工测量基本工作的是（　　）。
    A. 测量水平角　　　　　　　　　　B. 导线测量
    C. 三角测量　　　　　　　　　　　D. 测设已知水平长度

15. 建筑场地较小时，采用建筑基线作为平面控制，其基线点数不应少于（　　）。
    A. 2　　　　　　B. 3　　　　　　C. 4　　　　　　D. 5

第九节　答 案 与 解 答

一、第一节　测量基本概念

1. C 2. B 3. A 4. D 5. C 6. B 7. D 8. B 9. C 10. D
11. D 12. B

4. D. 解答如下：

带号：$N = [L/6] + 1 = [86°18'/6] + 1 = 14 + 1 = 15$；

中央子午线的经度 $\lambda_0 = 6N - 3 = 6° \times 15 - 3 = 87°$

二、第二节　水准测量

1. A 2. C 3. C 4. B 5. D 6. A 7. A 8. B 9. C 10. D
11. C 12. B 13. B 14. B 15. A 16. D 17. B 18. A 19. A 20. A
21. C

5. D. 解答如下：

$h_{AB} = a - b = 1.500 - 2.683 = -1.183$；

$H_B = H_A + h_{AB} = 33.451 + (-1.183) = 32.268$

6. A. 解答如下：

$H_i = H_A + a = 43.051 + 1.800 = 44.851$；

$H_B = H_i - b = H_A + a - b = 44.851 - 2.083 = 42.768$

19. A. 解答如下：

$$f_h = \Sigma h_测 - (H_终 - H_始) = +0.85 - (13.220 - 12.386) = +0.016$$

三、第三节　角度测量

1. C 2. A 3. D 4. C 5. D 6. B 7. D 8. A 9. D 10. B
11. D 12. A 13. A 14. A

10. B. 解答如下：

$$\alpha = 1/2(\alpha_左 + \alpha_右) = 1/2(L - 90° + 270° - R)$$
$$= 1/2(83°45'00'' - 90° + 270° - 276°15'40'')$$
$$= 1/2 \times (-12°30'40'') = -6°15'20''$$

四、第四节　距离测量

1. D 2. A 3. C 4. D 5. B 6. A 7. D 8. D 9. C

2. A. 解答如下：

$$\text{相对精度（或相对误差）} = |D_往 - D_返|/D_{平均} = |85.316 - 85.330| \div [1/2 \times (85.316 + 85.330)]$$
$$= 0.014 \div 85.323 = 1/6095$$

3. C. 解答如下：

相对精度（或相对误差）$= |D_往 - D_返|/D_{平均} = 1/10000$

所以，往返校差 $= |D_往 - D_返| = D_{平均} \times 1/10000 = 240 \times 1/10000 = 0.024$

4. D. 解答如下：

直线实际长 $= 86.902 + (-0.004)/30 \times 86.902 = 86.890$ m

5. B. 解答如下：

30℃时，$L = 30 - 0.004 + 1.25 \times 10^{-5} \times 30(t - 20℃)$
$= 30 - 0.004 + 1.25 \times 10^{-5} \times 30(30 - 20)$
$= 30 - 0.004 + 1.25 \times 10^{-5} \times 30(30 - 20)$
$= 30m - 0.004m + 0.00375m$

直线实际长$= 86.902 + (-0.004 + 0.00375)/30 \times 86.902 = 86.901m$

五、第五节 测量误差基本知识

1. A 2. B 3. C 4. C 5. C 6. A 7. B 8. B 9. A 10. B
11. A 12. B 13. A 14. C 15. B 16. D 17. B 18. B 19. A 20. C
21. A 22. C

7. B. 解答如下：

"最或是值"$= 1/4 \times (60°24'36'' + 60°24'24'' + 60°24'34'' + 60°24'26'') = 60°24'30''$

"最或是值"的中误差$= \pm\sqrt{\dfrac{6^2 + 6^2 + 4^2 + 4^2}{4 \times (4-1)}} = \pm\sqrt{\dfrac{104}{12}} = \pm 2.94$

8. B. 解答如下：

观测值的中误差$= \pm\sqrt{\dfrac{6^2 + 6^2 + 4^2 + 4^2}{4-1}} = \pm\sqrt{\dfrac{104}{3}} = \pm 5.89$

9. A. 解答如下：

算术平均值$= 1/4 \times (232.563 + 232.543 + 232.548 + 232.538) = 232.548m$

算术平均值的中误差$= \pm\sqrt{\dfrac{0.015^2 + 0.005^2 + 0^2 + 0.01^2}{4 \times (4-1)}} = \pm 0.0054m$

算术平均值的相对中误差$= \dfrac{0.0054}{232.548} = \dfrac{1}{43063}$

10. B. 解答如下：

由等精度的和差函数的中误差计算公式，有$m_Z = \pm m\sqrt{n} = \pm 6''\sqrt{n}$

11. A. 解答如下：

三角形的内角和的中误差$= \pm\sqrt{\dfrac{8^2 + 10^2 + 22^2}{3}} = \pm 7.48''$

12. B. 解答如下：

高差总和的中误差$= \pm 3\sqrt{8} = \pm 8.48mm$

13. A. 解答如下：

$$测值中误差 = \pm\dfrac{\sqrt{6^2 + 4^2 + 5^2 + 2^2}}{4} = \pm 4.5mm$$

14. C. 解答如下：

全长中误差$= \pm 4\sqrt{120/30} = \pm 8mm$

15. B. 解答如下：

圆面积的中误差$= \pm 2\pi R m_R = \pm 2\pi \times 27.5 \times 0.02 = \pm 3.45m^2$

16. D. 解答如下：

S的误差$m_S = 500m = 500 \times (\pm 0.2) = \pm 100mm = \pm 0.1m$

17. B. 解答如下：

$m_角 = m_方/\sqrt{n}$，$m_方 \leqslant \pm 6''\sqrt{2}$，$m_角 \leqslant \pm 4''$

所以，$n \geqslant (6\sqrt{2}/4)^2 = 4.5$，取为 5。

18. B. 解答如下：

水准路线的中误差 $= m\sqrt{L} = \pm 6\sqrt{6} = \pm 14.7$ mm

19. A. 解答如下：

三角形角度闭合差的中误差 $= \pm 3'' \times \sqrt{3} = \pm 5.196''$

三角形角度闭合差的允许值 $= \pm 2 \times 5.196'' = \pm 10.39''$

20. C. 解答如下：

$m_D = \pm(a + b \cdot D) = \pm(3 + 3 \times 500/1000) = \pm 4.5$ mm

21. A. 解答如下：

AB 距离的中误差为 $m = \pm 1\sqrt{n}$ cm $= \pm 1 \times \sqrt{450/50} = \pm 1 \times 3$ cm $= \pm 3$ cm $= \pm 0.03$ m

AB 距离的相对中误差 $= 0.03/450 = 1/15000$

六、第六节 控制测量

1. C   2. A   3. A   4. A   5. B   6. D   7. A   8. D   9. A   10. C
11. A   12. D   13. C   14. A   15. B   16. C

2. A. 解答如下：

$\alpha_{BA} = \alpha_{AB} + 180°(\pm 360°)$，所以，$\alpha_{BA} = 250°25'48'' + 180° - 360° = 70°25'48''$

3. A. 解答如下：

$\alpha_{23} = \alpha_{12} + \beta_左 - 180°$；$\alpha_{32} = \alpha_{23} + 180°(\pm 360°)$

所以，$\alpha_{32} = 343°05'15''$

5. B. 解答如下：

$$D_{12} = \sqrt{(x_2 - x_1)^2 + (y_2 - y_1)^2} = 141.42 \text{m}$$

$$\tan\alpha_{12} = \frac{\Delta y_{12}}{\Delta x_{12}} = \frac{y_2 - y_1}{x_2 - x_1} = \frac{-100}{100} = -1; \quad \alpha_{12} = 315°$$

6. D. 解答如下：

$$x_B - x_A = D_{12}\cos\alpha_{12} = 150\cos 30°00'00''$$
$$x_B = x_A + 150\cos 30° = 329.90 \text{m}$$
$$y_B = y_A + 150\sin 30° = 275.0 \text{m}$$

7. A. 解答如下：

$$y_2 - y_1 = D_{12}\sin\alpha_{12}$$

所以，$y_2 = y_1 + D_{12}\sin\alpha_{12} = 78.629 + 67.286\sin 300°25'30'' = 20.609$ m

10. C. 解答如下：

$$\Delta x_{12} = D_{12}\cos\alpha_{12} = D_{12}\cos 120°15' < 0，即：-\Delta x$$
$$\Delta y_{12} = D_{12}\sin\alpha_{12} = D_{12}\sin 120°15' > 0，即：+\Delta y$$

11. A. 解答如下：

当为 $\beta_右$ 时，$\alpha_前 = \alpha_后 + 180° - \beta_右$

当为 $\beta_左$ 时，$\alpha_前 = \alpha_后 + \beta_左 - 180°$

13. C. 解答如下：

$$D_{AB} = \sqrt{\Delta x_{AB}^2 + \Delta y_{AB}^2} = \sqrt{42.567^2 + 35.427^2} = 55.381\text{m}$$

$$\tan\alpha_{AB} = \frac{\Delta y_{AB}}{\Delta x_{AB}} = \frac{-35.427}{42.567} = -0.832$$

$$\alpha_{AB} = 320°13'50''$$

七、第七节　地形图测绘

1. B　　2. D　　3. D　　4. A　　5. D　　6. C　　7. B　　8. C　　9. D　　10. D
11. B　　12. B　　13. C　　14. D　　15. A　　16. A　　17. A

八、第八节　地形图应用与建筑工程测量

1. A　　2. D　　3. C　　4. A　　5. D　　6. C　　7. D　　8. A　　9. B　　10. A
11. B　　12. A　　13. A　　14. D　　15. B

9. B. 解答如下：

$H_i = H_P + 1.346$；$b = H_i - 16.010 = H_P + 1.346 - 16.010 = 17.350 + 1.346 - 16.010$
$= 2.686\text{m}$

10. A. 解答如下：

$\alpha_{AB} = \alpha_{BA} + 180°(\pm 360°) = 210°18' + 180° - 360° = 30°18'$
$\beta = \alpha_{AP} - \alpha_{AB} = 208°06' - 30°18' = 177°48'$

2021注册结构工程师考试用书

一级注册结构工程师基础考试应试指南
（第十三版）
（下册）

兰定筠　杨利容　主编

中国建筑工业出版社

目 录

（上 册）

第一章 高等数学 ... 1
- 第一节 空间解析几何 ... 1
- 第二节 微分学 ... 8
- 第三节 积分学 ... 19
- 第四节 无穷级数 ... 29
- 第五节 常微分方程 ... 34
- 第六节 概率与数理统计 ... 37
- 第七节 线性代数 ... 45
- 第八节 答案与解答 ... 51

第二章 普通物理 ... 78
- 第一节 热学 ... 78
- 第二节 波动学 ... 89
- 第三节 光学 ... 95
- 第四节 答案与解答 ... 103

第三章 普通化学 ... 112
- 第一节 化学反应速率与化学平衡 ... 112
- 第二节 溶液 ... 118
- 第三节 氧化还原反应与电化学 ... 125
- 第四节 物质的结构和物质状态 ... 130
- 第五节 有机化学 ... 136
- 第六节 答案与解答 ... 140

第四章 理论力学 ... 150
- 第一节 静力学 ... 150
- 第二节 运动学 ... 163
- 第三节 动力学 ... 172
- 第四节 答案与解答 ... 187

第五章 材料力学 ... 205
- 第一节 拉伸、压缩、剪切和挤压 ... 205

  第二节 扭转和截面几何性质 ·· 212
  第三节 弯曲 ·· 218
  第四节 应力状态 ·· 231
  第五节 组合变形和压杆稳定 ·· 237
  第六节 答案与解答 ·· 244

第六章 流体力学 ·· 261
  第一节 流体的主要物理性质 ·· 261
  第二节 流体静力学 ·· 263
  第三节 流体动力学基础 ··· 268
  第四节 流动阻力和能量损失 ·· 274
  第五节 孔口、管嘴和管道流动 ·· 279
  第六节 明渠恒定流 ·· 283
  第七节 渗流、相似原理和量纲分析 ··· 285
  第八节 答案与解答 ·· 289

第七章 信号与信息和计算机基础 ·· 300
  第一节 信号与信息 ·· 300
  第二节 模拟信号 ·· 304
  第三节 数字信号 ·· 311
  第四节 计算机系统 ·· 319
  第五节 信息表示 ·· 325
  第六节 常用操作系统和计算机网络 ··· 329
  第七节 答案与解答 ·· 339

第八章 电工电子技术 ·· 341
  第一节 电磁学概念与电路知识 ·· 341
  第二节 正弦交流电路、变压器和电动机 ··· 349
  第三节 R-C 和 R-L 电路频率特性 ··· 361
  第四节 模拟电子技术 ·· 365
  第五节 数字电子技术 ·· 373
  第六节 答案与解答 ·· 381

第九章 工程经济 ·· 396
  第一节 资金的时间价值和财务效益与费用估算 ·· 396
  第二节 财务分析和经济费用效益分析 ··· 403
  第三节 不确定性分析 ·· 415
  第四节 方案经济比选 ·· 419
  第五节 价值工程 ·· 423
  第六节 答案与解答 ·· 426

第十章 土木工程材料 ·· 432

第一节	材料科学与物质结构基础知识	432
第二节	无机胶凝材料	439
第三节	混凝土	449
第四节	沥青及改性沥青	462
第五节	建筑钢材	465
第六节	木材	470
第七节	石材和黏土	471
第八节	答案与解答	473

第十一章 结构力学 476

第一节	平面体系的几何组成分析	476
第二节	静定结构受力分析和特性	480
第三节	静定结构位移计算	487
第四节	超静定结构（力法）	495
第五节	超静定结构（位移法）	503
第六节	影响线	514
第七节	结构动力特性及动力反应	519
第八节	答案与解答	523

第十二章 土力学与地基基础 540

第一节	土的物理性质及工程分类	540
第二节	土中应力与地基变形	548
第三节	土的抗剪强度	554
第四节	土压力、地基承载力和边坡稳定	558
第五节	地基勘察、浅基础和深基础	565
第六节	地基处理	584
第七节	计算型选择题	586
第八节	答案与解答	591

第十三章 工程测量 599

第一节	测量基本概念	599
第二节	水准测量	601
第三节	角度测量	605
第四节	距离测量	607
第五节	测量误差基本知识	610
第六节	控制测量	614
第七节	地形图测绘	618
第八节	地形图应用与建筑工程测量	620
第九节	答案与解答	624

（下　册）

第十四章　钢筋混凝土结构 ········· 629
   第一节　材料性能与基本设计原则 ········· 629
   第二节　承载能力极限状态计算 ········· 644
   第三节　正常使用极限状态验算 ········· 683
   第四节　预应力混凝土 ········· 691
   第五节　构造要求 ········· 710
   第六节　梁板结构与单层厂房 ········· 715
   第七节　多层及高层房屋 ········· 732
   第八节　抗震设计要点 ········· 743
   第九节　答案与解答 ········· 763

第十五章　钢结构 ········· 766
   第一节　基本设计规定和材料 ········· 766
   第二节　轴心受力构件 ········· 773
   第三节　受弯构件、拉弯和压弯构件 ········· 783
   第四节　连接 ········· 796
   第五节　钢屋盖 ········· 811
   第六节　答案与解答 ········· 816

第十六章　砌体结构 ········· 823
   第一节　材料性能与设计表达式 ········· 823
   第二节　砌体结构房屋静力计算和构造要求 ········· 830
   第三节　构件受压承载力计算 ········· 841
   第四节　砌体结构房屋部件设计 ········· 855
   第五节　抗震设计要点 ········· 868
   第六节　答案与解答 ········· 881

第十七章　土木工程施工与管理 ········· 883
   第一节　土石方工程与桩基工程 ········· 883
   第二节　混凝土工程与预应力混凝土工程 ········· 890
   第三节　砌体工程与结构吊装工程 ········· 901
   第四节　施工组织设计、网络计划技术及施工管理 ········· 905
   第五节　答案与解答 ········· 911

第十八章　结构试验 ········· 914
   第一节　结构试验的试件设计、荷载设计与观测设计 ········· 914
   第二节　结构试验的加载设备和量测仪器 ········· 920
   第三节　结构单调加载静力试验 ········· 927

第四节	结构低周反复加载试验	931
第五节	结构动力试验	935
第六节	结构试验的非破损检测技术	938
第七节	结构模型试验	943
第八节	答案与解答	946

第十九章 法律法规和职业法规 … 948

第一节	《建筑法》、《建设工程勘察设计管理条例》和《建设工程质量管理条例》	948
第二节	《安全生产法》和《建设工程安全生产管理条例》	968
第三节	《招标投标法》	982
第四节	《民法典》中合同	991
第五节	《环境保护法》和《节约能源法》	1005
第六节	《行政许可法》	1014
第七节	职业法规	1022
第八节	答案与解答	1028

第二十章 一级注册结构工程师基础考试历年真题和模拟试题 … 1030

2010年真题（上、下午卷）	1030
2011年真题（上午卷）	1054
2012年真题（上午卷）	1072
2013年真题（上午卷）	1089
2014年真题（上午卷）	1105
2016年真题（上、下午卷）	1122
2017年真题（上、下午卷）	1149
2018年真题（上、下午卷）	1174
2019年真题（上、下午卷）	1200
模拟试题（一）	1228
模拟试题（二）	1250
模拟试题（三）	1272
模拟试题（四）	1295

第二十一章 一级注册结构工程师基础考试历年真题和模拟试题答案与解答 … 1317

2010年真题（上、下午卷）答案与解答	1317
2011年真题（上午卷）答案与解答	1328
2012年真题（上午卷）答案与解答	1334
2013年真题（上午卷）答案与解答	1340
2014年真题（上午卷）答案与解答	1352
2016年真题（上、下午卷）答案与解答	1363
2017年真题（上、下午卷）答案与解答	1383
2018年真题（上、下午卷）答案与解答	1401

2019 年真题（上、下午卷）答案与解答 …………………………………………… 1419
模拟试题（一）答案与解答 ………………………………………………………… 1438
模拟试题（二）答案与解答 ………………………………………………………… 1452
模拟试题（三）答案与解答 ………………………………………………………… 1466
模拟试题（四）答案与解答 ………………………………………………………… 1481
附录一：一级注册结构工程师执业资格考试基础考试大纲 ……………………… 1495
附录二：一级注册结构工程师执业资格考试基础试题配置说明 ………………… 1505
参考文献 ……………………………………………………………………………… 1506
增值服务 ……………………………………………………………………………… 1508

第十四章 钢筋混凝土结构

第一节 材料性能与基本设计原则

一、《考试大纲》的规定

材料性能：钢筋、混凝土、粘结。

基本设计原则：结构功能、极限状态及其设计表达式、可靠度。

二、重点内容

1. 钢筋

混凝土结构用的线材有钢筋、钢丝和钢绞线三类。钢筋可分为热轧钢筋、冷加工钢筋、热处理钢筋和预应力螺纹钢筋。钢丝是指直径较细并经过冷加工处理的线材，其按加工方法可分为中强度预应力钢丝和消除应力钢丝。钢绞线是指由多根高强钢丝扭结而成，再经过低温回火消除内应力。根据钢筋的力学性能可分为有明显屈服点和明显流幅的软钢、无明显屈服点和无明显流幅的硬钢。其中，热轧钢筋属于软钢。热处理钢筋及消除应力钢丝则为硬钢。

钢筋性能指标主要是屈服强度、极限强度、伸长率、冷弯试验、钢筋疲劳强度等。

屈服强度，该指标对于软钢是作为标准强度取值的依据；对于硬钢因无明显屈服点，一般常取残余应变为0.2%时所对应的应力值作为假定的屈服强度，称为条件屈服强度，用$\sigma_{0.2}$表示。对于热处理钢筋、消除应力钢丝和钢绞线，《混凝土结构设计规范》GB 50010—2010(2015年版)(以下简称《混规》)统一取0.85倍极限抗拉强度作为$\sigma_{0.2}$。

极限强度或抗拉强度，该指标对于硬钢是作为强度标准值取值的依据；对于软钢，对其有一个最低限值的要求。

伸长率，该指标衡量钢筋塑性性能，是钢筋标准试件拉断时的残余应变，用δ表示。国内取应变量测标距L为$5d$或$10d$(d为钢筋直径)，其相应的伸长率用δ_5和δ_{10}表示，标距不同其伸长率也不同，标距越短，平均残余变形越大。

总伸长率δ_{gt}(也称均匀伸长率)，是指钢筋最大力下的总伸长率。δ_{gt}不受断口-颈缩区域局部变形的影响，反映了钢筋拉断前达到最大力(极限强度)时的均匀应变。根据我国钢筋标准，将δ_{gt}作为控制钢筋延性的指标。《混规》规定，普通钢筋、预应力筋在最大力下的总伸长率δ_{gt}不应小于表14-1-1规定的数值。

普通钢筋及预应力筋在最大力下的总伸长率限值　　　　表14-1-1

钢筋品种	普通钢筋			预应力筋
	HPB300	HRB335、HRB400、HRBF400、HRB500、HRBF500	RRB400	
δ_{gt}(%)	10.0	7.5	5.0	3.5

冷弯试验，它是检验钢筋塑性性能的一种方法，也可以检查钢筋的脆性。冷弯试验的

两个主要参数是弯心直径 D 和冷弯角度 α。对不同强度等级的钢筋,其对应的弯心直径 D 和冷弯角度 α 的规定值是不同的。如 HPB300 级和 HRB335 级钢筋,$\alpha=180°$,$D=(1\sim 4)d$;对 HRB400 级和 HRB500 级钢筋,$\alpha=90°$,$D=(3\sim 6)d$。

钢筋疲劳强度,影响钢筋疲劳强度的主要因素为钢筋疲劳应力幅,即 $\sigma_{max}^f - \sigma_{min}^f$,《混规》中根据钢筋的疲劳强度设计值,给出了考虑疲劳应力比值的钢筋疲劳应力幅限值。

混凝土结构对钢筋性能的要求有:具有足够的强度和适当的屈强比;足够的塑性;可焊性;低温性能;与混凝土要有良好的粘结力。

《混规》对钢筋的选用规定是:纵向受力普通钢筋可采用 HRB400、HRB500、HRBF400、HRBF500、HRB335、RRB400、HPB300 钢筋;梁、柱和斜撑构件的纵向受力普通钢筋宜采用 HRB400、HRB500、HRBF400、HRBF500 钢筋;箍筋宜采用 HRB400、HRBF400、HRB335、HPB300、HRB500、HRBF500 钢筋;预应力筋宜采用预应力钢丝、钢绞线和预应力螺纹钢筋。此外,HRB335 钢筋的直径范围为 6~14mm。

普通钢筋、预应力筋及横向钢筋的强度设计值,《混规》规定:

4.2.3 普通钢筋的抗拉强度设计值 f_y、抗压强度设计值 f_y' 应按表 4.2.3-1 采用;预应力筋的抗拉强度设计值 f_{py}、抗压强度设计值 f_{py}' 应按表 4.2.3-2 采用。

当构件中配有不同种类的钢筋时,每种钢筋应采用各自的强度设计值。

对轴心受压构件,当采用 HRB500、HRBF500 钢筋时,钢筋的抗压强度设计值 f_y' 应取 400N/mm²。横向钢筋的抗拉强度设计值 f_{yv} 应按表中 f_y 的数值采用;但用作受剪、受扭、受冲切承载力计算时,其数值大于 360N/mm² 时应取 360N/mm²。

普通钢筋强度设计值(N/mm²) 表 4.2.3-1

牌 号	抗拉强度设计值 f_y	抗压强度设计值 f_y'
HPB300	270	270
HRB335	300	300
HRB400、HRBF400、RRB400	360	360
HRB500、HRBF500	435	435

预应力筋强度设计值(N/mm²) 表 4.2.3-2

种 类	极限强度标准值 f_{ptk}	抗拉强度设计值 f_{py}	抗压强度设计值 f_{py}'
中强度预应力钢丝	800	510	410
	970	650	
	1270	810	
消除应力钢丝	1470	1040	410
	1570	1110	
	1860	1320	
钢绞线	1570	1110	390
	1720	1220	
	1860	1320	
	1960	1390	
预应力螺纹钢筋	980	650	410
	1080	770	
	1230	900	

注:当预应力筋的强度标准值不符合表 4.2.3-2 的规定时,其强度设计值应进行相应的比例换算。

普通钢筋的弹性模量 E_s 可取为：HPB300 的 $E_s=2.10\times10^5\text{N/mm}^2$；HRB335、HRB400、HRBF400、HRB500、HRBF500、RRB400 的 $E_s=2.00\times10^5\text{N/mm}^2$。预应力筋的弹性模量 E_s 可取为：消除应力钢丝、中强度预应力钢丝的 $E_s=2.05\times10^5\text{N/mm}^2$；钢绞线的 $E_s=1.95\times10^5\text{N/mm}^2$。

2. 混凝土

（1）混凝土的强度

混凝土的强度包括立方体抗压强度、轴心抗压强度、轴心抗拉强度。

立方体抗压强度，《混规》规定混凝土强度等级应按立方体抗压强度标准值（$f_{cu,k}$）确定，它指按标准方法制作和养护的边长为 150mm 的立方体试件在 28d 龄期或设计规定龄期，用标准方法测得的具有 95％保证率的抗压强度。试件的养护环境定为温度在 $20\pm3℃$、相对湿度≥90％，试验时标准的加荷速度为 $0.15\sim0.25\text{N/mm}^2/s$。当用边长为 200mm 和 100mm 的试块时，所得数值要分别乘以强度换算系数 1.05 和 0.95 加以校正。

《混规》规定，素混凝土结构的混凝土强度等级不应低于 C15；钢筋混凝土结构的混凝土强度等级不应低于 C20，当采用强度等级 400MPa 及以上的钢筋时，混凝土强度等级不应低于 C25；承受重复荷载的钢筋混凝土构件，其混凝土强度等级不应低于 C30；预应力混凝土结构的混凝土强度等级不宜低于 C40，且不应低于 C30。

轴心抗压强度标准值（f_{ck}），能更好地反映混凝土的实际抗压能力，其试件往往取 150mm×150mm×450mm、150mm×150mm×600mm 等尺寸。f_{ck} 与 $f_{cu,k}$ 的关系表达式：

$$f_{ck}=0.88\alpha_{c1}\alpha_{c2}f_{cu,k}$$

式中 α_{c1}——当混凝土强度等级≤C50 时，$\alpha_{c1}=0.76$；当为 C80 时，$\alpha_{c1}=0.82$，中间按线性插入；

α_{c2}——高强度混凝土脆性折减系数，当混凝土强度等级≤C40 时，$\alpha_{c2}=1.0$；当为 C80 时，$\alpha_{c2}=0.87$，中间按线性插入。

轴心抗拉强度标准值（f_{tk}），其大小约为 1/17~1/8 的立方体抗压强度标准值。f_{tk} 与 $f_{cu,k}$ 的关系表达式为：

$$f_{tk}=0.88\times0.395f_{cu,k}^{0.55}(1-1.645\delta)^{0.45}\times\alpha_{c2}$$

其中 δ 为变异系数。

混凝土的轴心抗压、抗拉强度标准值及设计值，《混规》规定：

4.1.3 混凝土轴心抗压强度的标准值 f_{ck} 应按表 4.1.3-1 采用；轴心抗拉强度的标准值 f_{tk} 应按表 4.1.3-2 采用。

混凝土轴心抗压强度标准值（N/mm²）　　　表 4.1.3-1

强度	混凝土强度等级												
	C15	C20	C25	C30	C35	C40	C45	C50	C55	C60	C65	C70	C75	C80
f_{ck}	10.0	13.4	16.7	20.1	23.4	26.8	29.6	32.4	35.5	38.5	41.5	44.5	47.4	50.2

混凝土轴心抗拉强度标准值（N/mm²）　　　表 4.1.3-2

强度	混凝土强度等级												
	C15	C20	C25	C30	C35	C40	C45	C50	C55	C60	C65	C70	C75	C80
f_{tk}	1.27	1.54	1.78	2.01	2.20	2.39	2.51	2.64	2.74	2.85	2.93	2.99	3.05	3.11

4.1.4 混凝土轴心抗压强度的设计值 f_c 应按表 4.1.4-1 采用；轴心抗拉强度的设计值 f_t 应按表 4.1.4-2 采用。

混凝土轴心抗压强度设计值（N/mm²）　　　　　　　表 4.1.4-1

强度	混凝土强度等级												
	C15	C20	C25	C30	C35	C40	C45	C50	C55	C60	C65	C70	C75	C80
f_c	7.2	9.6	11.9	14.3	16.7	19.1	21.1	23.1	25.3	27.5	29.7	31.8	33.8	35.9

混凝土轴心抗拉强度设计值（N/mm²）　　　　　　　表 4.1.4-2

强度	混凝土强度等级												
	C15	C20	C25	C30	C35	C40	C45	C50	C55	C60	C65	C70	C75	C80
f_t	0.91	1.10	1.27	1.43	1.57	1.71	1.80	1.89	1.96	2.04	2.09	2.14	2.18	2.22

此外，混凝土的剪切变形模量 G_c 可按相应的弹性模量值 E_c 的 40% 采用。混凝土的泊松比 ν_c 可按 0.2 采用。

(2) 复合受力状态的混凝土强度

双向受力混凝土试件的试验结果，可知：当双向受压时，两个方向的抗压强度比单轴受压时有所提高，最大的抗压强度发生在两个方向的压应力比约为 0.5～2.0 之间时；当一个方向受压，另一个方向受拉时，其抗压或抗拉强度都比单轴抗压或抗拉时的强度低，当双向受拉时，其抗拉强度与单轴受拉时无明显差别。

受平面法向应力和剪应力的试验结果，可知：混凝土的抗压、抗拉强度都将有所降低。当压应力 $\sigma \leqslant 0.6 f_{ck}$ 时，其抗剪强度将随 σ 的增大而提高；但 $\sigma > 0.6 f_{ck}$ 时，其抗剪强度将随 σ 的加大而下降；σ 趋近于 f_{ck} 时，将降至小于纯剪强度。

三向受压强度，当试件三向受压，变形受到制约，形成约束混凝土，则强度有较大的增长。

$$f'_{cc} = f'_c + (4.5 \sim 7.0)\sigma$$

其中 f'_{cc} 为有侧向压力约束试件的轴心抗压强度；f'_c 为无侧向压力约束试件的轴心抗压强度；σ 为侧向约束压应力。在工程实际中，可用间距较小的螺旋钢筋柱，或用于构件的节点区来提高承载力、延性和抗震性能。

(3) 混凝土的变形

混凝土的变形可分为在荷载下的受力变形和与受力无关的体积变形。

1) 混凝土在单调、短期加荷作用下的变形性能

通过试验可得到混凝土的应力应变曲线，该曲线是研究钢筋混凝土构件的强度、变形、延性和受力全过程分析的依据。在整个曲线中，最大应力值 f_{ck}、与 f_{ck} 相应的应变值 ε_0、破坏时的极限应变值 ε_u 是曲线的三个特征值。应变 ε_0 的平均值一般取为 0.002，对于非均匀受压的情况，ε_u 值约为 0.002～0.006，甚至更高。

混凝土受压时的横向应变与纵向应变的关系，即混凝土的泊松比 ν_c，可采用 0.2。

混凝土的弹性模量，《混规》对弹性模量数值的规定：取棱柱试件，加荷至不超过适当的应力 $\sigma = 0.5 f_{ck}$ 为止，重复 5～10 次，所得应力应变直线的斜率作为混凝土弹性模量的试验值。

混凝土的受拉变形，由于混凝土抗拉性能弱，对于 C15～C40 强度等级的混凝土，其

极限拉应变可取为$(1\sim1.5)\times10^{-4}$。根据试验资料，混凝土受拉时应力应变曲线上切线的斜率与受压时基本一致（即两者的弹性模量相同），当拉应力为f_{tk}时，弹性系数$\nu'=0.5$，所以相应于f_{tk}时的变形模量为$0.5E_c$。

2) 混凝土在重复荷载下的变形性能

混凝土在重复荷载下的变形性能，即混凝土的疲劳性能。一般将试件承受200万次（或更多次数）重复荷载时发生破坏的压应力值，称为混凝土的疲劳强度（f_{ck}^f）。疲劳强度还与对试件所加重复作用应力的变化幅度有关，即按疲劳应力比值（ρ_c^f）对强度予以修正，当$\rho_c^f\geqslant0.5$时，可不修正；当$\rho_c^f<0.5$时，比值愈小则修正得也愈多，即疲劳强度修正系数愈小。疲劳应力比值为构件作疲劳验算时，截面同一纤维上的混凝土最小应力与最大应力之比（$\sigma_{min}^f/\sigma_{max}^f$）。疲劳强度要比棱柱体抗压强度低很多，大体上取为$0.5f_c$。

《混规》规定，混凝土轴心抗压疲劳强度设计值f_c^f、轴心抗拉疲劳强度设计值f_t^f应分别按其强度设计值乘以疲劳强度修正系数γ_ρ确定。当混凝土承受拉-压疲劳应力作用时，取γ_ρ为0.60。

3) 混凝土在荷载长期作用下的变形性能

在荷载的长期作用下，即使荷载大小维持不变，混凝土的变形随时间而增长的现象称为徐变。混凝土徐变的影响因素主要是混凝土中未晶体化的水泥胶凝体。混凝土的徐变对钢筋混凝土构件的内力分布及其受力性能有所影响。如钢筋混凝土柱的徐变，使混凝土的应力减小，使钢筋的应力增加，最后影响柱的承载力，但徐变对结构也有有利方面，如能缓和应力集中现象、降低温度应力、减少支座不均匀沉降引起的结构内力等。

影响徐变的因素很多，如受力大小、外部环境、内在因素等。试验表明，长期荷载作用应力大小是影响徐变的一个主要因素，当应力$\sigma\leqslant0.5f_c$时，徐变与应力成正比，此时可称之为线性徐变，线性徐变在加荷初期增长很快，至半年徐变大部分完成，一年后趋于稳定。当应力较大时，即当$\sigma=0.5\sim0.8f_c$时，塑性变形剧增，徐变与应力不成正比，称为非线性徐变。当应力$\sigma>0.8f_c$时，非线性徐变变形骤然增加，变形是不收敛的，将导致混凝土破坏，应用上取$\sigma=0.8f_c$作为混凝土的长期抗压强度。荷载持续作用的时间愈长，徐变愈大。

混凝土龄期越短，徐变愈大；养护环境湿度越大、温度越高，徐变愈小，但在使用期处于高温、干燥条件下，构件的徐变将增大；构件的尺寸越大，则徐变越小；水灰比越大，徐变愈大，在常用的水灰比（0.4~0.6）情况下，徐变与水灰比呈线性关系；水泥用量越多，徐变愈大；此外，水泥品种、骨料的力学性质也影响徐变。

4) 混凝土的收缩和膨胀

收缩和膨胀是混凝土在结硬过程中本身体积的变形，与荷载无关。结硬初期收缩变形发展得很快，半个月大约可完成全部收缩的25%，一个月可完成约50%，两个月可完成约75%，一年左右即渐稳定。在钢筋混凝土构件中，钢筋混凝土收缩受到阻碍，其收缩值较素混凝土小一半，收缩值取为1.5×10^{-4}。

通常认为产生收缩变形的主要原因是混凝土结硬过程中，特别是结硬初期，水泥水化凝结作用引起体积的凝缩，以及混凝土内游离水分蒸发逸散引起的干缩。减少收缩变形的措施有：增大湿度、高温的养护环境；增大体表比；提高混凝土的密实度；减少水泥用量、水灰比取小值；避免用强度高的水泥；采用弹性模量高、粒径大的骨料等。

3. 粘结

(1) 粘结力的组成

粘结力是指钢筋和混凝土接触界面上沿钢筋纵向的抗剪能力，即分布在界面上的纵向剪应力。钢筋与混凝土的粘结作用：①混凝土凝结时，水泥胶的化学作用，使钢筋和混凝土在接触面上产生的胶结力；②由于混凝土凝结时收缩，握裹住钢筋，在发生相互滑动时产生的摩阻力；③钢筋表面粗糙不平或变形钢筋凸起的肋纹与混凝土的咬合力。

(2) 粘结力的破坏机理及影响粘结强度的因素

光圆钢筋的粘结破坏，由于光圆钢筋与混凝土之间的粘结力主要由胶结力形成，光圆钢筋粘结强度低、滑移量大，其破坏形态可认为是钢筋与混凝土相对滑移产生的，或钢筋从混凝土中被拔出的剪切破坏。

变形钢筋的粘结破坏，由于变形钢筋与混凝土之间的粘结力主要是机械咬合力，其大小往往占粘结力一半以上。根据试验，变形钢筋的粘结强度高出光圆钢筋的 2~3 倍。

影响粘结强度的因素：①混凝土的质量，如水泥性能好、骨料强度高、配比得当、振捣密实、养护良好的混凝土对粘结力非常有利；②钢筋的形式；③钢筋保护层厚度，一般应取保护层厚度 $c \geqslant$ 钢筋的直径 d，以防止发生劈裂裂缝；④横向钢筋对粘结力起有利影响，如设置箍筋可将纵向钢筋的抗滑移能力提高 25%；⑤钢筋锚固区有横向压力对粘结力起有利影响；⑥反复荷载对粘结力起不利影响。

4. 建筑结构功能与可靠度

建筑结构必须满足安全性、适用性、耐久性的功能要求。

可靠性，是指结构在规定的时间内，在规定的条件下，完成预定功能的能力。

可靠度，是指结构在规定的时间内，在规定的条件下，完成预定功能的概率。所以，结构可靠度是结构可靠性的一种定量描述（概率度量）。

所谓规定的时间，是指设计时所规定的设计使用年限，具体的设计使用年限应按现行国家标准《建筑结构可靠性设计统一标准》GB 50068—2018（以下简称《统一标准》）确定。所谓规定的条件，是指结构正常的设计、施工、使用和维护条件，不考虑人为的过失。预定的功能是指强度、刚度、稳定性、抗裂性、耐久性能等。

《统一标准》规定：

3.3.1 建筑结构的设计基准期应为 50 年。

3.3.2 建筑结构设计时，应规定结构的设计使用年限。

3.3.3 建筑结构的设计使用年限，应按表 3.3.3 采用。

建筑结构的设计使用年限　　　　　表 3.3.3

类别	设计使用年限（年）
临时性建筑结构	5
易于替换的结构构件	25
普通房屋和构筑物	50
标志性建筑和特别重要的建筑结构	100

5. 基本设计原则

混凝土结构设计应包括的内容：①结构方案设计；②作用及作用效应分析；③结构的

极限状态设计;④结构及构件的构造与连接措施;⑤耐久性及施工的要求。

《混规》仍遵照《统一标准》所确定的原则,对建筑物和构筑物进行结构设计时,采用以概率理论为基础的极限状态设计法,以可靠指标度量结构构件的可靠度,并采用分项系数的设计表达式。

(1) 结构的极限状态

若整个结构或结构的一部分超过某一特定状态就不能满足设计规定的某一功能要求,则这个特定状态就称为该功能的极限状态,其可分为三类:承载能力极限状态、正常使用极限状态,和耐久性极限状态。

1) 承载能力极限状态,是指对应于结构或结构构件达到最大承载力或不适于继续承载的变形的状态。当结构或结构构件出现下列状态之一时,应认为超过了承载能力极限状态:

① 结构构件或连接因超过材料强度而破坏,或因过度变形而不适于继续承载;
② 整个结构或是一部分作为刚体失去平衡;
③ 结构转变为机动体系;
④ 结构或结构构件丧失稳定;
⑤ 结构因局部破坏而发生连续倒塌;
⑥ 地基丧失承载力而破坏;
⑦ 结构或结构构件的疲劳破坏。

2) 正常使用极限状态,是指对应于结构或结构构件达到正常使用的某项规定限值的状态。当结构或结构构件出现下列状态之一时,应认为超过了正常使用极限状态:

① 影响正常使用或外观的变形;
② 影响正常使用或耐久性能的局部损坏;
③ 影响正常使用的振动;
④ 影响正常使用的其他特定状态。

对于正常使用极限状态,在可靠度的保证程度上,它可以定得稍低些。

3) 耐久性极限状态,是指对应于结构或结构构件在环境影响下出现的劣化达到耐久性能的某项规定限值或标志的状态。当结构或结构构件出现下列状态之一时,应认定为超过了耐久性极限状态:

① 影响承载能力和正常使用的材料性能劣化;
② 影响耐久性能的裂缝、变形、缺口、外观、材料削弱等;
③ 影响耐久性能的其他特定状态。

(2) 结构功能函数与极限状态方程

结构的极限状态可由下述极限状态方程描述:

$$Z = g(X_1, X_2, \cdots, X_n) = 0$$

式中 $Z=g(\cdot)$ 为结构功能函数,X_i($i=1, 2, \cdots, n$) 为基本变量。

这些基本变量如结构上的各种作用、材料性能、几何参数等均为随机变量。当将基本变量综合为结构的作用效应 S 和结构抗力 R 两个基本变量时,则结构按极限状态设计应符合下式要求:

$$Z = g(S,R) = R - S \geqslant 0$$

当 $Z>0$ 时，结构处于可靠状态；当 $Z<0$ 时，结构处于失效状态；当 $Z=0$ 时，结构处于极限状态。

(3) 可靠概率、失效概率与可靠指标

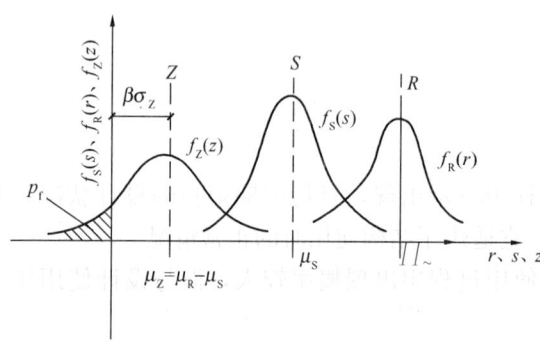

图 14-1-1

结构能够完成预定功能的概率称为可靠概率，用 p_s 表示；反之，结构不能完成预定功能的概率称为失效概率，用 p_f 表示。可靠概率与失效概率为互补的关系，即：

$$p_s + p_f = 1$$

结构构件的可靠指标应该根据基本变量的平均值、标准差及其概率分布类型进行计算。如果功能函数中的基本变量 R、S 均为正态分布，而且极限状态是线性的 R、S、Z 的概率密度函数图如图 14-1-1 所示，则：

$$p_f = P(Z = R - S \leqslant 0) = \int_{-\infty}^{0} f_Z(z) \mathrm{d}z$$

尽管用失效概率度量结构构件的可靠度，概念合理，意义明确，但在计算上较烦琐，可以用与失效概率有相应关系的可靠指标 β 来度量：

$$\beta = \frac{\mu_Z}{\sigma_Z} = \frac{\mu_R - \mu_S}{\sqrt{\sigma_R^2 + \sigma_S^2}}$$

式中 μ_R、μ_S 为 R、S 的平均值；σ_R、σ_S 为 R、S 的标准值。

(4) 可靠指标 β 的确定与结构安全等级

可靠指标 β，是指度量结构可靠度的数值指标。对于新建建筑结构，与可靠度相对应的可靠指标 β，是指设计使用年限的 β。建筑结构构件持久设计状况承载能力极限状态设计的可靠指标，不应小于表 14-1-2 的规定。

建筑结构构件的可靠指标 β 表 14-1-2

破坏类型	安 全 等 级		
	一级	二级	三级
延性破坏	3.7	3.2	2.7
脆性破坏	4.2	3.7	3.2

建筑结构构件持久设计状况正常使用极限状态设计的可靠指标，宜根据其可逆程度取 0～1.5。

根据建筑结构破坏可能产生的后果的严重性，将建筑结构划分为三个安全等级：

一级：破坏后果很严重，重要的工业与民用建筑；

二级：破坏后果严重，一般的工业与民用建筑；

三级：破坏后果不严重，小型的或临时性贮存建筑等。

对有特殊要求的建筑物，其安全等级应根据具体情况而定。设计时，应针对建筑物的重要性选用安全等级。

（5）耐久性的设计方法

《统一标准》附录 C 规定，建筑结构的耐久性可采用的设计方法有：经验的方法；半定量的方法；定量控制耐久性失效概率的方法。

（6）四种设计状况

设计状况是指代表一定时段内实际情况的一组设计条件，设计应做到在该条件下结构不超越有关的极限状态。设计状况可分为下列四种：

① 持久设计状况，是指在结构使用过程中一定出现，且持续期很长的设计状况，其持续期一般与设计使用年限为同一数量级。它适用于结构使用时的正常情况。

② 短暂设计状况，是指在结构施工和使用过程中出现概率较大，而与设计使用年限相比，其持续期很短的设计状况。它适用于结构出现的临时情况，包括结构施工和维修时的情况等。

③ 偶然设计状况，是指在结构使用过程中出现概率很小，且持续期很短的设计状况。它适用于结构出现的异常情况，包括结构遭受火灾、爆炸、撞击时的情况等。

④ 地震设计状况，是指结构遭受地震时的设计状况。它适用于结构遭受地震时的情况，在抗震设防地区必须考虑地震设计状况。

（7）承载能力极限状态计算

混凝土结构的承载能力极限状态计算的内容如下：

① 结构构件应进行承载力（包括失稳）计算；

② 直接承受重复荷载的构件，应进行疲劳验算；

③ 有抗震设防要求时，应进行抗震承载力计算；

④ 必要时还应进行结构的倾覆、滑移、漂移验算；

⑤ 对于可能遭受偶然作用，且倒塌可能引起严重后果的重要结构，宜进行防连续倒塌设计。

承载能力极限状态设计表达式，《混规》规定：

3.3.2　对持久设计状况、短暂设计状况和地震设计状况，当用内力的形式表达时，结构构件应采用下列承载能力极限状态设计表达式：

$$\gamma_0 S \leqslant R \quad (3.3.2\text{-}1)$$

$$R = R(f_c, f_s, a_k, \cdots)/\gamma_{Rd} \quad (3.3.2\text{-}2)$$

式中：γ_0——结构重要性系数：在持久设计状况和短暂设计状况下，对安全等级为一级的结构构件不应小于 1.1，对安全等级为二级的结构构件不应小于 1.0，对安全等级为三级的结构构件不应小于 0.9；对地震设计状况下应取 1.0；

S——承载能力极限状态下作用组合的效应设计值：对持久设计状况和短暂设计状况应按作用的基本组合计算；对地震设计状况应按作用的地震组合计算；

R——结构构件的抗力设计值;

$R(\cdot)$——结构构件的抗力函数;

γ_{Rd}——结构构件的抗力模型不定性系数:静力设计取 1.0,对不确定性较大的结构构件根据具体情况取大于 1.0 的数值;抗震设计应用承载力抗震调整系数 γ_{RE} 代替 γ_{Rd};

f_c、f_s——混凝土、钢筋的强度设计值,应根据本规范第 4.1.4 条及第 4.2.3 条的规定取值;

a_k——几何参数的标准值,当几何参数的变异性对结构性能有明显的不利影响时,应增减一个附加值。

注:公式 (3.3.2-1) 中的 $\gamma_0 S$ 为内力设计值,在本规范各章中用 N、M、V、T 等表达。

3.3.4 对偶然作用下的结构进行承载能力极限状态设计时,公式(3.3.2-1)中的作用效应设计值 S 按偶然组合计算,结构重要性系数 γ_0 取不小于 1.0 的数值;公式(3.3.2-2)中混凝土、钢筋的强度设计值 f_c、f_s 改用强度标准值 f_{ck}、f_{yk}(或 f_{pyk})。

当进行结构防连续倒塌验算时,结构构件的承载力函数应按本规范第 3.6 节的原则确定。

3.6.3 当进行偶然作用下结构防连续倒塌的验算时,作用宜考虑结构相应部位倒塌冲击引起的动力系数。在抗力函数的计算中,混凝土强度取强度标准值 f_{ck};普通钢筋强度取极限强度标准值 f_{stk},预应力筋强度取极限强度标准值 f_{ptk} 并考虑锚具的影响。宜考虑偶然作用下结构倒塌对结构几何参数的影响。必要时尚应考虑材料性能在动力作用下的强化和脆性,并取相应的强度特征值。

对于持久设计状况和短暂设计状况下的基本组合的效应设计值 S,《统一标准》规定:

8.2.4 对持久设计状况和短暂设计状况,应采用作用的基本组合,并应符合下列规定:

1 基本组合的效应设计值按下式中最不利值确定:

$$S_d = S(\sum_{i \geqslant 1}\gamma_{G_i}G_{ik} + \gamma_P P + \gamma_{Q_1}\gamma_{L_1}Q_{1k} + \sum_{j>1}\gamma_{Q_j}\psi_{cj}\gamma_{L_j}Q_{jk}) \quad (8.2.4-1)$$

式中:$S(\cdot)$——作用组合的效应函数;

G_{ik}——第 i 个永久作用的标准值;

P——预应力作用的有关代表值;

Q_{1k}——第 1 个可变作用的标准值;

Q_{jk}——第 j 个可变作用的标准值;

γ_{G_i}——第 i 个永久作用的分项系数,应按本标准第 8.2.9 条的有关规定采用;

γ_P——预应力作用的分项系数,应按本标准第 8.2.9 条的有关规定采用;

γ_{Q_1}——第 1 个可变作用的分项系数,应按本标准第 8.2.9 条的有关规定采用;

γ_{Q_j} ——第 j 个可变作用的分项系数,应按本标准第 8.2.9 条的有关规定采用;

γ_{L_1}、γ_{L_j} ——第 1 个和第 j 个考虑结构设计使用年限的荷载调整系数,应按本标准第 8.2.10 条的有关规定采用;

ψ_{cj} ——第 j 个可变作用的组合值系数,应按现行有关标准的规定采用。

2 当作用与作用效应按线性关系考虑时,基本组合的效应设计值按下式中最不利值计算:

$$S_d = \sum_{i \geqslant 1}\gamma_{G_i}S_{G_ik} + \gamma_P S_P + \gamma_{Q_1}\gamma_{L1}S_{Q_1k} + \sum_{j>1}\gamma_{Q_j}\psi_{cj}\gamma_{Lj}S_{Q_jk} \quad (8.2.4-2)$$

式中:S_{G_ik} ——第 i 个永久作用标准值的效应;

S_P ——预应力作用有关代表值的效应;

S_{Q_1k} ——第 1 个可变作用标准值的效应;

S_{Q_jk} ——第 j 个可变作用标准值的效应。

8.2.9 建筑结构的作用分项系数,应按表 8.2.9 采用。

建筑结构的作用分项系数　　　　　表 8.2.9

适用情况 作用分项系数	当作用效应对 承载力不利时	当作用效应对 承载力有利时
γ_G	1.3	≤1.0
γ_P	1.3	≤1.0
γ_Q	1.5	0

8.2.10 建筑结构考虑结构设计使用年限的荷载调整系数,应按表 8.2.10 采用。

建筑结构考虑结构设计使用年限的荷载调整系数 γ_L　　表 8.2.10

结构的设计使用年限（年）	γ_L
5	0.9
50	1.0
100	1.1

注:对设计使用年限为 25 年的结构构件,γ_L 应按各种材料结构设计标准的规定采用。

荷载的偶然组合的效应设计值,《统一标准》和《建筑结构荷载规范》均规定:

3.2.6 荷载偶然组合的效应设计值 S_d 可按下列规定采用:

1 用于承载能力极限状态计算的效应设计值,应按下式进行计算:

$$S_d = \sum_{j=1}^{m}S_{G_jk} + S_{A_d} + \psi_{f_1}S_{Q_1k} + \sum_{i=2}^{n}\psi_{q_i}S_{Q_ik} \quad (3.2.6-1)$$

式中:S_{A_d} ——按偶然荷载标准值 A_d 计算的荷载效应值;

ψ_{f_1} ——第 1 个可变荷载的频遇值系数;

639

ψ_{q_i}——第 i 个可变荷载的准永久值系数。

2 用于偶然事件发生后受损结构整体稳固性验算的效应设计值,应按下式进行计算:

$$S_d = \sum_{j=1}^{m} S_{G_j k} + \psi_{f_1} S_{Q_1 k} + \sum_{i=2}^{n} \psi_{q_i} S_{Q_i k} \qquad (3.2.6\text{-}2)$$

注:组合中的设计值仅适用于荷载与荷载效应为线性的情况。

(8) 正常使用极限状态验算

混凝土结构构件应根据其使用功能及外观要求进行正常使用极限状况验算,具体如下:

① 对需要控制变形的构件,应进行变形验算;
② 对不允许出现裂缝的构件,应进行混凝土(拉)应力验算;
③ 对允许出现裂缝的构件,应进行受力裂缝宽度验算;
④ 对舒适度有要求的楼盖结构,应进行竖向自振频率验算。如:住宅和公寓的楼盖结构不宜低于5Hz,办公楼和旅馆的楼盖结构不宜低于4Hz,大跨度公共建筑的楼盖结构不宜低于3Hz。

正常使用极限状态设计表达式,《混规》规定:

3.4.2 对于正常使用极限状态,钢筋混凝土构件、预应力混凝土构件应分别按荷载的准永久组合并考虑长期作用的影响或标准组合并考虑长期作用的影响,采用下列极限状态设计表达式进行验算:

$$S \leqslant C \qquad (3.4.2)$$

式中:S——正常使用极限状态荷载组合的效应设计值;
C——结构构件达到正常使用要求所规定的变形、应力、裂缝宽度和自振频率等的限值。

正常使用极限状态荷载组合的效应设计值,《统一标准》和《建筑结构荷载规范》均规定:

3.2.8 荷载标准组合的效应设计值 S_d 应按下式进行计算:

$$S_d = \sum_{j=1}^{m} S_{G_j k} + S_{Q_1 k} + \sum_{i=2}^{n} \psi_{c_i} S_{Q_i k} \qquad (3.2.8)$$

注:组合中的设计值仅适用于荷载与荷载效应为线性的情况。

3.2.9 荷载频遇组合的效应设计值 S_d 应按下式进行计算:

$$S_d = \sum_{j=1}^{m} S_{G_j k} + \psi_{f_1} S_{Q_1 k} + \sum_{i=2}^{n} \psi_{q_i} S_{Q_i k} \qquad (3.2.9)$$

注:组合中的设计值仅适用于荷载与荷载效应为线性的情况。

3.2.10 荷载准永久组合的效应设计值 S_d 应按下式进行计算:

$$S_d = \sum_{j=1}^{m} S_{G_j k} + \sum_{i=1}^{n} \psi_{q_i} S_{Q_i k} \qquad (3.2.10)$$

注:组合中的设计值仅适用于荷载与荷载效应为线性的情况。

应注意的是，$\psi_{f1}S_{Q1k}$为在频遇组合中起主导作用的一个可变荷载频遇值效应值。

（9）耐久性设计内容

《统一标准》规定：

> **C.4.5** 对混凝土结构的配筋和金属连接件，宜以出现下列状况之一作为达到耐久性极限状态的标志或限值：
> 1 预应力钢筋和直径较细的受力主筋具备锈蚀条件；
> 2 构件的金属连接件出现锈蚀；
> 3 混凝土构件表面出现锈蚀裂缝；
> 4 阴极或阳极保护措施失去作用。

混凝土结构应根据设计使用年限和环境类别进行耐久性设计，其设计内容包括：确定结构所处的环境类别；提出对混凝土材料的耐久性基本要求；确定构件中钢筋的混凝土保护层厚度；不同环境条件下的耐久性技术措施；提出结构使用阶段的检测与维护要求。

（10）防连续倒塌设计原则

混凝土结构防连续倒塌设计宜符合下述要求：

第一，采取减小偶然作用效应的措施；

第二，采取使重要构件及关键传力部位避免直接遭受偶然作用的措施；

第三，在结构容易遭受偶然作用影响的区域增加冗余约束，布置备用的传力途径；

第四，增强疏散通道、避难空间等重要结构构件及关键传力部位的承载力和变形性能；

第五，配置贯通水平、竖向构件的钢筋，并与周边构件可靠性锚固；

第六，设置结构缝，控制可能发生连续倒塌的范围。

重要结构的防连续倒塌设计方法可采用：局部加强法；拉结构件法（如按梁-拉结模型、悬索-拉结模型、悬臂-拉结模型进行承载力验算）；拆除构件法等。

三、解题指导

钢筋混凝土结构的考核内容包括：材料性能；基本概念、基本原理、基本假定条件与计算公式；构造要求；该门学科的知识点范围较广，给复习备考带来一定难度，正确解答每一道题需要有扎实的基础知识，系统地复习，考试是以单项选择题的形式命题，加之考试时间有限，复杂的计算型题目一般不会出现，所以应注重对本学科的基本概念、基本材料性能、基本原理、一般构造要求进行掌握，对复杂的计算公式关键是弄清其假定条件、适用条件，有关参数的取值规定。因为结构设计涉及安全性，所以每个计算公式的参数取值一般都会有上限或下限，当计算结果"超限"时，其取值都会取限定值，故应重视对计算结果的复核。如梁的纵向钢筋配筋率有最大配筋率、最小配筋率。

无论是记忆类型、比较类型、因果类型、组合类型、计算类型等单项选择题，解题时都应具备相应的专业知识才能找到正确答案。本学科知识点来源于科学试验与工程实践，复习或解题时，应多思考，分析其因果关系，这样记忆、理解、解题就会良性循环。

本节知识点是材料性能、基本设计原则，较容易掌握。

【例 14-1-1】 在复杂应力状态下，混凝土强度降低的是（　　）。

A. 三向受压　　　　　　　　　　B. 两向受压
C. 双向受拉　　　　　　　　　　D. 一拉一压

【解】 根据本节复杂应力下混凝土强度变化情况分析,应选D项。

思考：本题命题变为混凝土强度提高的是哪些？三向受压、两向受压时,其强度均会提高。

【例14-1-2】 对于混凝土的收缩变形的叙述,正确的是( )。
①水灰比愈大,收缩愈小;
②水泥用量愈多,收缩愈小;
③养护环境湿度大,温度高,收缩愈小;
④骨料的弹性模量愈高,收缩愈小;
⑤强度高的水泥,收缩愈小。

A. ①③④ B. ①③⑤ C. ③④ D. ③④⑤

【解】 本节重点内容对混凝土的减少收缩的措施进行了讲述,所以应选C项。

【例14-1-3】 非抗震设计,普通钢筋HPB300钢筋在最大力下的总伸长率不应小于( )。

A. 3.5% B. 5.0% C. 7.5% D. 10.0%

【解】 根据本节重点内容中钢筋总伸长率的规定,应选D项。

【例14-1-4】 混凝土结构中的梁、柱纵向受力普通钢筋不宜选用( )。

A. HRB400 B. HRBF400
C. HRB500 D. RRB400

【解】 根据《混规》规定,梁、柱纵向受力普通钢筋应采用HRB400、HRBF400、HRB500、HRBF500,故应选D项。

【例14-1-5】 混凝土结构中,当采用400MPa及以上的钢筋时,其混凝土强度等级不应低于( )。

A. C20 B. C25 C. C30 D. C40

【解】 根据《混规》对混凝土强度等级的选用规定,应选B项。

【例14-1-6】 当进行偶然作用下结构连续倒塌的验算时,在抗力函数计算中,普通钢筋强度应取( )。

A. 强度设计值 B. 极限强度设计值
C. 强度标准值 D. 极限强度标准值

【解】 根据偶然作用下结构连续倒塌的计算规定,应选D项。

四、应试题解

1. 下列关于有屈服点钢筋与无屈服点钢筋的叙述中,正确的是( )。
A. 热轧钢筋和热处理钢筋为有屈服点钢筋
B. 热轧钢筋和消除应力钢丝为有屈服点钢筋
C. 热轧钢筋和钢绞线为有屈服点钢筋
D. 热处理钢筋和钢绞线为无屈服点钢筋

2. ( )是有明显屈服点钢筋。
A. 热轧钢筋 B. 热处理钢筋
C. 碳素钢丝 D. 钢绞线

3. 对于无明显屈服点的钢筋,其强度标准值取值的依据是( )。

A. 最大应变对应的应力 B. 极限抗拉强度
C. 0.9 倍极限强度 D. 条件屈服强度

4. 《混凝土结构设计规范》中，混凝土各种强度指标的基本代表值是( )。

A. 立方体抗压强度标准值 B. 轴心抗压强度标准值
C. 轴心抗压强度设计值 D. 钢绞线

5. 同一强度等级的混凝土，其各种力学指标之间的大小关系是( )。

A. $f_{cu} < f_c < f_t$ B. $f_c > f_{cu} > f_t$
C. $f_{cu} > f_t > f_c$ D. $f_{cu} > f_c > f_t$

6. 边长分别为 100mm 和 200mm 的立方体试块，换算为边长为 150mm 立方体的抗压强度时，考虑尺寸效应影响应分别乘以( )。

A. 0.9 和 1.05 B. 0.95 和 1.05
C. 0.9 和 1.1 D. 0.95 和 1.1

7. 混凝土在复杂应力状态下，混凝土强度降低的是( )。

A. 三向受压 B. 两向受压
C. 双向受拉 D. 一拉一压

8. 混凝土的线性徐变是指( )。

A. 徐变与荷载持续时间为非线性关系
B. 徐变系数与初应变成线性关系
C. 瞬时变形与徐变变形之和与初应力成线性关系
D. 长期荷载作用应力 $\sigma \leqslant 0.5 f_c$ 时，徐变与应力成线性关系

9. 钢筋混凝土轴心受压构件在恒定不变荷载的长期作用下，会因混凝土的徐变使构件产生随时间而增长的塑性变形（压缩）。随时间的增长，混凝土与钢筋的压应力变化，下列说法正确的是( )。

A. 钢筋的压应力增大，混凝土的压应力减小
B. 钢筋的压应力增大，混凝土的压应力增大
C. 钢筋的压应力减小，混凝土的压应力减小
D. 钢筋的压应力减小，混凝土的压应力增大

10. 变形钢筋比光圆钢筋的粘结力提高很多的主要原因是( )。

A. 提高了混凝土中水泥混凝胶体与钢筋表面的化学胶结力
B. 提高了混凝土与钢筋之间的机械咬合力
C. 提高了钢筋与混凝土触面的摩擦力
D. 提高了 A、B、C 中的三种力

11. 影响钢筋与混凝土之间的粘结力的因素是( )。
①混凝土的质量；②钢筋的形式；③钢筋的强度；④钢筋保护层厚度；
⑤横向钢筋的作用；⑥反复荷载的作用。

A. ①②③④ B. ①②④⑤⑥
C. ①③④⑤ D. ①③④⑤⑥

12. 对于钢筋混凝土梁来说，当钢筋和混凝土之间的粘结力不足时，如果不改变截面的大小而使它们之间的粘结力达到要求，以下这些方法中最为适当的是( )。

A. 增加受压钢筋的截面 B. 增加受压钢筋的周长
C. 加大箍筋的密度 D. 采用高强度钢筋

13. 结构在规定的时间，规定的条件下完成预定功能的概率为结构的（　　）指标。
A. 安全度 B. 可靠度
C. 可靠性 D. 可靠指标

14. 对于一般的工业与民用建筑钢筋混凝土构件，延性破坏时的可靠指标 β 为（　　）。
A. 2.7 B. 3.7 C. 3.2 D. 4.2

15. 我国标准对混凝土结构的目标可靠指标要求为 3.7（脆性破坏）和 3.2（延性破坏）时，该建筑结构的安全等级属于（　　）。
A. 一级，重要建筑 B. 二级，重要建筑
C. 二级，一般建筑 D. 三级，次要建筑

16. 下列叙述中，不正确的是（　　）。
A. 我国规范规定的钢筋混凝土结构房屋的设计基准期为 50 年
B. 根据结构的重要性，将结构安全等级划分为 3 级
C. 结构安全等级划为二级时其重要性系数为 1.0
D. 结构安全等级划为三级时其重要性系数为 1.0

17. 下列叙述中不正确的是（　　）。
A. 荷载的标准值是该荷载在结构设计基准期内可能达到的最大值
B. 可变荷载的准永久值是可变荷载在设计基准期内被超越一段时间（一般超越时间为 50 年）的荷载值
C. 可变荷载对承载力不利时，可变荷载的分项系数是 1.5
D. 永久荷载对承载力有利时，永久荷载的分项系数不大于 1.0

18. 混凝土强度等级 $f_{cu,k}$ 是由立方体抗压强度试验值按（　　）项原则确定的，其中，μ_f 为平均值。
A. 取 μ_f，超值保证率 50% B. 取 $\mu_f-1.645\sigma_f$，超值保证率 95%
C. 取 $\mu_f-2\sigma_f$，超值保证率 97.72% D. 取 $\mu_f-\sigma_f$，超值保证率 84.13%

19. 某计算跨度为 6m 的简支梁，梁上作用有恒载标准值（包括自重）5kN/m，活荷载标准值 4kN/m，设计使用年限为 50 年，则基本组合下其跨中弯矩设计值为（　　）kN·m。
A. 52.4 B. 56.3 C. 68.4 D. 86.2

第二节　承载能力极限状态计算

一、《考试大纲》的规定

受弯构件、受扭构件、受压构件、受拉构件、冲切、局压、疲劳。

二、重点内容

1. 受弯构件

（1）正截面受弯承载力

《混规》规定：

6.2.1 正截面承载力应按下列基本假定进行计算：
1 截面应变保持平面。
2 不考虑混凝土的抗拉强度。
3 混凝土受压的应力与应变关系按下列规定取用：
当 $\varepsilon_c \leqslant \varepsilon_0$ 时

$$\sigma_c = f_c \left[1 - \left(1 - \frac{\varepsilon_c}{\varepsilon_0}\right)^n \right] \quad (6.2.1\text{-}1)$$

当 $\varepsilon_0 < \varepsilon_c \leqslant \varepsilon_{cu}$ 时

$$\sigma_c = f_c \quad (6.2.1\text{-}2)$$

$$n = 2 - \frac{1}{60}(f_{cu,k} - 50) \quad (6.2.1\text{-}3)$$

$$\varepsilon_0 = 0.002 + 0.5(f_{cu,k} - 50) \times 10^{-5} \quad (6.2.1\text{-}4)$$

$$\varepsilon_{cu} = 0.0033 - (f_{cu,k} - 50) \times 10^{-5} \quad (6.2.1\text{-}5)$$

式中：σ_c——混凝土压应变为 ε_c 时的混凝土压应力；

f_c——混凝土轴心抗压强度设计值，按本规范表 4.1.4-1 采用；

ε_0——混凝土压应力达到 f_c 时的混凝土压应变，当计算的 ε_0 值小于 0.002 时，取为 0.002；

ε_{cu}——正截面的混凝土极限压应变，当处于非均匀受压且按公式（6.2.1-5）计算的值大于 0.0033 时，取为 0.0033；当处于轴心受压时取为 ε_0；

$f_{cu,k}$——混凝土立方体抗压强度标准值，按本规范第 4.1.1 条确定；

n——系数，当计算的 n 值大于 2.0 时，取为 2.0。

4 纵向受拉钢筋的极限拉应变取为 0.01。
5 纵向钢筋的应力取钢筋应变与其弹性模量的乘积，但其值应符合下列要求：

$$-f'_y \leqslant \sigma_{si} \leqslant f_y \quad (6.2.1\text{-}6)$$

$$\sigma_{p0i} - f'_{py} \leqslant \sigma_{pi} \leqslant f_{py} \quad (6.2.1\text{-}7)$$

式中：σ_{si}、σ_{pi}——第 i 层纵向普通钢筋、预应力筋的应力，正值代表拉应力，负值代表压应力；

σ_{p0i}——第 i 层纵向预应力筋截面重心处混凝土法向应力等于零时的预应力筋应力，按本规范公式（10.1.6-3）或公式（10.1.6-6）计算；

f_y、f_{py}——普通钢筋、预应力筋抗拉强度设计值，按本规范表 4.2.3-1、表 4.2.3-2 采用；

f'_y、f'_{py}——普通钢筋、预应力筋抗压强度设计值，按本规范表 4.2.3-1、表 4.2.3-2 采用。

等效矩形应力图，其等效代换的原则是：两图形压应力合力的大小和作用点位置不变。《混规》规定：

6.2.6 受弯构件、偏心受力构件正截面承载力计算时，受压区混凝土的应力图形可简化为等效的矩形应力图。

矩形应力图的受压区高度 x 可取截面应变保持平面的假定所确定的中和轴高度乘以系数 β_1。当混凝土强度等级不超过 C50 时，β_1 取为 0.80，当混凝土强度等级为 C80 时，β_1 取为 0.74，其间按线性内插法确定。

矩形应力图的应力值可由混凝土轴心抗压强度设计值 f_c 乘以系数 α_1 确定。当混凝土强度等级不超过 C50 时，α_1 取为 1.0，当混凝土强度等级为 C80 时，α_1 取为 0.94，其间按线性内插法确定。

此外，正截面受弯承载力计算的一般规定还涉及结构的重力二阶效应（P-Δ 效应），即：正截面受弯承载力计算中的弯矩设计值 M，当需要考虑重力二阶效应时，M 应当包括由重力二阶效应产生的弯矩作用效应，具体见本节 2. 偏心受压构件。

相对界限受压区高度 ξ_b 的计算。如图 14-2-1 所示，适筋梁、超筋梁的应力应变关系，图中 ab 为界限破坏，即 ε_s 恰好等于钢筋屈服应变 ε_y，此时混凝土受压边缘纤维也同时达到其极限压应变值 ε_{cu}。

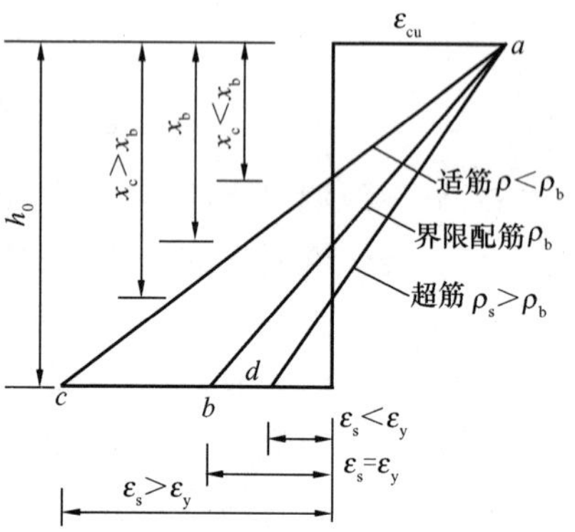

对有屈服点钢筋
$$\xi_b = \frac{\beta_1}{1+\dfrac{f_y}{E_s \cdot \varepsilon_{cu}}}$$

对无屈服点钢筋
$$\xi_b = \frac{\beta_1}{1+\dfrac{0.002}{\varepsilon_{cu}}+\dfrac{f_y}{E_s\varepsilon_{cu}}}$$

图 14-2-1

最小配筋率 $\rho_{\min}$ 的计算。最小配筋率是少筋梁与适筋梁的界限，其计算原则是：配有 $\rho_{\min}$ 的钢筋混凝土在破坏时的正截面受弯承载力计算值 M_u 等于同样截面、同一等级的素混凝土梁的正截面开裂弯矩标准值。

（2）矩形截面受弯承载力计算与构造

矩形截面配筋有单筋、双筋两种情况。当为单筋时，下列计算公式中的 $A_s'=0$，其他均不变。

$$\alpha_1 f_c bx + f_y' A_s' = f_y A_s$$
$$M \leqslant \alpha_1 f_c bx \left(h_0 - \frac{x}{2}\right) + f_y' A_s'(h_0 - a_s')$$

式中 M 为弯矩设计值；f_c 为混凝土轴心抗压强度设计值；α_1 为系数；f_y 为钢筋的抗拉强度设计值；A_s 为受拉纵向钢筋的截面面积；b 为截面宽度；x 为按等效矩形应力图的计算受压区高度；h_0 为截面有效高度；f_y' 为钢筋的抗压强度设计值；A_s' 为受压钢筋的截面面积；a_s' 为受压钢筋的合力点到截面受压边缘的距离。

上述公式的适用条件：

为防止出现超筋破坏，应满足：
$$x \leqslant \xi_b h_0$$
或
$$M \leqslant \alpha_1 f_c b h_0^2 \xi_b (1-0.5\xi_b)$$

为保证受压钢筋达到抗压设计强度，应满足：

$$x \geqslant 2a'_s$$

若 $x<2a'_s$ 时,《混规》规定取 $x=2a'_s$ 进行计算。

(3) T 形截面受弯承载力计算

第一类 T 形截面：中和轴在翼缘内，即 $x \leqslant h'_f$。

第二类 T 形截面：中和轴在梁肋内，即 $x > h'_f$。

第一类 T 形截面的基本计算公式及适用条件：

这种类型可按以 b'_f 为宽度的矩形截面进行受弯承载力的计算，计算时只需将矩形截面公式中的梁宽 b 代换为翼缘宽度 b'_f 即可。

其适用条件为： $x \leqslant \xi_b h_0$；$\rho \geqslant \rho_{\min}$

第二类 T 形截面的基本计算公式及适用条件（如图 14-2-2 所示）：

$$\alpha_1 f_c bx + \alpha_1 f_c (b'_f - b) h'_f = f_y A_s$$

$$M \leqslant \alpha_1 f_c bx \left(h_0 - \frac{x}{2}\right) + \alpha_1 f_c (b'_f - b) h'_f \left(h_0 - \frac{h'_f}{2}\right)$$

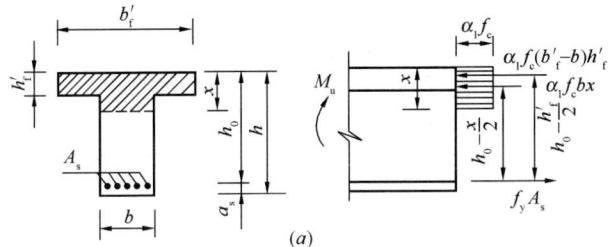

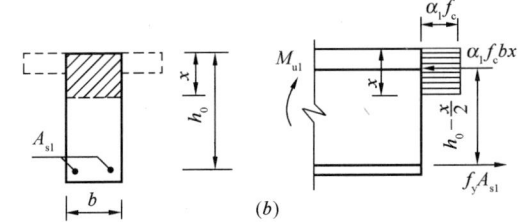

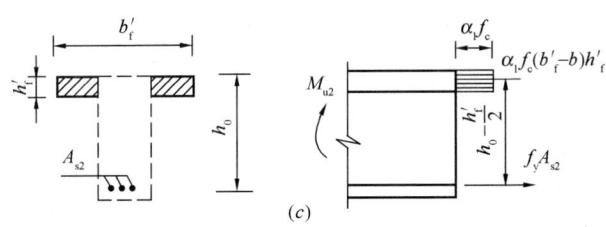

图 14-2-2 第二类 T 形截面

适用条件：

1) $$x \leqslant \xi_b h_0$$

或 $$\rho_1 = \frac{A_{s1}}{bh_0} \leqslant \xi_b \frac{\alpha_1 f_c}{f_y}$$

或 $$M_{u1} = \alpha_1 f_c bh_0^2 \xi_b (1 - 0.5\xi_b)$$

2) $$\rho \geqslant \rho_{\min}$$

（4）斜截面的承载力计算

沿斜截面破坏的机理及破坏形态。目前，国内采用拱形桁架的计算模式，即将箍筋（或弯筋）作为受拉腹杆，纵向钢筋作为下弦拉杆。有腹筋简支梁沿斜截面破坏形态可概括为三种：斜压破坏、剪压破坏和斜拉破坏。

影响有腹筋简支梁受剪承载力的因素，除了混凝土强度、纵筋配筋率（ρ）外，还主要与剪跨比（λ）、箍筋的数量及其强度等有关。其中，箍筋数量一般用配箍率（ρ_{sv}）表示，$\rho_{sv} = \dfrac{A_{sv}}{bs}$。

斜截面受剪承载力计算时，剪力设计值的计算截面位置，《混规》规定：

> **6.3.2** 计算斜截面受剪承载力时，剪力设计值的计算截面应按下列规定采用：
> **1** 支座边缘处的截面（图 6.3.2a、b 截面 1-1）；
> **2** 受拉区弯起钢筋弯起点处的截面（图 6.3.2a 截面 2-2、3-3）；
> **3** 箍筋截面面积或间距改变处的截面（图 6.3.2b 截面4-4）；
>
>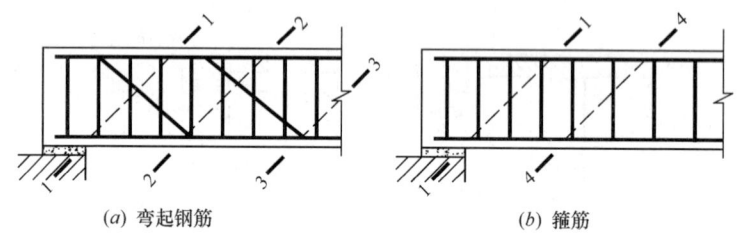
>
> 图 6.3.2　斜截面受剪承载力剪力设计值的计算截面
> 1-1 支座边缘处的斜截面；2-2、3-3 受拉区弯起钢筋弯起点的斜截面；4-4 箍筋截面面积或间距改变处的斜截面
>
> **4** 截面尺寸改变处的截面。
> 注：1　受拉边倾斜的受弯构件，尚应包括梁的高度开始变化处、集中荷载作用处和其他不利的截面；
> 　　2　箍筋的间距以及弯起钢筋前一排（对支座而言）的弯起点至后一排的弯终点的距离，应符合本规范第 9.2.8 条和第 9.2.9 条的构造要求。

梁的受剪截面限制条件，《混规》规定：

> **6.3.1** 矩形、T形和I形截面受弯构件的受剪截面应符合下列条件：
> 当 $h_w/b \leqslant 4$ 时
> $$V \leqslant 0.25\beta_c f_c b h_0 \quad (6.3.1\text{-}1)$$
> 当 $h_w/b \geqslant 6$ 时
> $$V \leqslant 0.2\beta_c f_c b h_0 \quad (6.3.1\text{-}2)$$
> 当 $4 < h_w/b < 6$ 时，按线性内插法确定。

式中：V——构件斜截面上的最大剪力设计值；

β_c——混凝土强度影响系数：当混凝土强度等级不超过C50时，β_c取1.0；当混凝土强度等级为C80时，β_c取0.8；其间按线性内插法确定；

b——矩形截面的宽度，T形截面或I形截面的腹板宽度；

h_0——截面的有效高度；

h_w——截面的腹板高度：矩形截面，取有效高度；T形截面，取有效高度减去翼缘高度；I形截面，取腹板净高。

注：1 对T形或I形截面的简支受弯构件，当有实践经验时，公式（6.3.1-1）中的系数可改用0.3；

2 对受拉边倾斜的构件，当有实践经验时，其受剪截面的控制条件可适当放宽。

在斜截面受剪承载力的计算公式中，V_p（在预应力混凝土中由预加力产生的）在普通钢筋混凝土结构设计计算中为零，即：$V_p=0$，这样容易理解相关公式。

当仅配置箍筋时，《混规》规定：

6.3.4 当仅配置箍筋时，矩形、T形和I形截面受弯构件的斜截面受剪承载力应符合下列规定：

$$V \leqslant V_{cs} + V_p \tag{6.3.4-1}$$

$$V_{cs} = \alpha_{cv} f_t b h_0 + f_{yv} \frac{A_{sv}}{s} h_0 \tag{6.3.4-2}$$

$$V_p = 0.05 N_{p0} \tag{6.3.4-3}$$

式中：V_{cs}——构件斜截面上混凝土和箍筋的受剪承载力设计值；

V_p——由预加力所提高的构件受剪承载力设计值；

α_{cv}——斜截面混凝土受剪承载力系数，对于一般受弯构件取0.7；对集中荷载作用下（包括作用有多种荷载，其中集中荷载对支座截面或节点边缘所产生的剪力值占总剪力的75%以上的情况）的独立梁，取α_{cv}为$\frac{1.75}{\lambda+1}$，λ为计算截面的剪跨比，可取λ等于a/h_0，当λ小于1.5时，取1.5，当λ大于3时，取3，a取集中荷载作用点至支座截面或节点边缘的距离；

A_{sv}——配置在同一截面内箍筋各肢的全部截面面积，即nA_{sv1}，此处，n为在同一个截面内箍筋的肢数，A_{sv1}为单肢箍筋的截面面积；

s——沿构件长度方向的箍筋间距；

f_{yv}——箍筋的抗拉强度设计值，按本规范第4.2.3条的规定采用；

N_{p0}——计算截面上混凝土法向预应力等于零时的预加力，按本规范第10.1.13条计算；当N_{p0}大于$0.3 f_c A_0$时，取$0.3 f_c A_0$，此处，A_0为构件的换算截面面积。

当同时配置箍筋和弯起钢筋时，《混规》规定：

> **6.3.5** 当配置箍筋和弯起钢筋时，矩形、T形和I形截面受弯构件的斜截面受剪承载力应符合下列规定：
>
> $$V \leqslant V_{cs} + V_p + 0.8 f_{yv} A_{sb} \sin \alpha_s + 0.8 f_{py} A_{pb} \sin \alpha_p \quad (6.3.5)$$
>
> 式中：V——配置弯起钢筋处的剪力设计值，按本规范第6.3.6条的规定取用；
>
> V_p——由预加力所提高的构件受剪承载力设计值，按本规范公式（6.3.4-3）计算，但计算预加力 N_{p0} 时不考虑弯起预应力筋的作用；
>
> A_{sb}、A_{pb}——分别为同一平面内的弯起普通钢筋、弯起预应力筋的截面面积；
>
> α_s、α_p——分别为斜截面上弯起普通钢筋、弯起预应力筋的切线与构件纵轴线的夹角。

非抗震设计时，箍筋的构造配筋，即最小配筋率：

$$\rho_{sv} = \frac{nA_{sv1}}{bs} \geqslant \rho_{sv,\min} = 0.24 \frac{f_t}{f_{yv}}$$

式中 A_{sv1} 为单肢箍筋的截面面积；b 为梁的宽度；s 为箍筋的间距；n 为同一个截面内箍筋的肢数。

矩形、T形和I形截面的一般受弯构件，当符合下式要求时，可不进行斜截面的受剪承载力计算，其箍筋仅需按构造要求进行配置：

$$V \leqslant \alpha_{cv} f_t b h_0$$

式中 α_{cv} 为截面混凝土受剪承载力系数，取值见前面《混规》6.3.4条规定。

一般板类受弯构件，其受剪承载力计算，《混规》规定：

> **6.3.3** 不配置箍筋和弯起钢筋的一般板类受弯构件，其斜截面受剪承载力应符合下列规定：
>
> $$V \leqslant 0.7 \beta_h f_t b h_0 \quad (6.3.3-1)$$
>
> $$\beta_h = \left(\frac{800}{h_0}\right)^{1/4} \quad (6.3.3-2)$$
>
> 式中：β_h——截面高度影响系数：当 h_0 小于800mm时，取800mm；当 h_0 大于2000mm时，取2000mm。

受弯构件斜截面的受弯承载力计算，当其配置的纵向钢筋和箍筋满足钢筋的锚固要求、纵筋的弯起或切断的要求时，可不进行斜截面的受弯承载力计算，《混规》规定如下：

> **9.2.8** 在混凝土梁的受拉区中，弯起钢筋的弯起点可设在按正截面受弯承载力计算不需要该钢筋的截面之前，但弯起钢筋与梁中心线的交点应位于不需要该钢筋的截面之外（图9.2.8）；同时弯起点与按计算充分利用该钢筋的截面之间的距离不应小于 $h_0/2$。

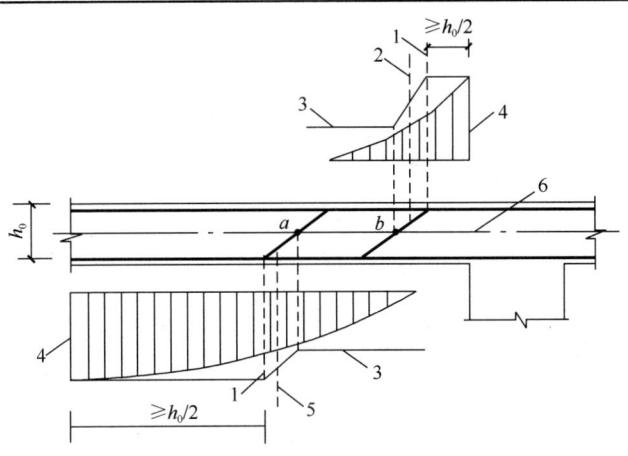

图 9.2.8 弯起钢筋弯起点与弯矩图的关系
1—受拉区的弯起点；2—按计算不需要钢筋"b"的截面；
3—正截面受弯承载力图；4—按计算充分利用钢筋"a"或"b"强度的截面；
5—按计算不需要钢筋"a"的截面；6—梁中心线

当按计算需要设置弯起钢筋时，从支座起前一排的弯起点至后一排的弯终点的距离不应大于本规范表 9.2.9 中 "$V>0.7f_tbh_0+0.05N_{p0}$" 时的箍筋最大间距。弯起钢筋不得采用浮筋。

9.2.3 钢筋混凝土梁支座截面负弯矩纵向受拉钢筋不宜在受拉区截断，当需要截断时，应符合以下规定：

1 当 V 不大于 $0.7f_tbh_0$ 时，应延伸至按正截面受弯承载力计算不需要该钢筋的截面以外不小于 $20d$ 处截断，且从该钢筋强度充分利用截面伸出的长度不应小于 $1.2l_a$；

2 当 V 大于 $0.7f_tbh_0$ 时，应延伸至按正截面受弯承载力计算不需要该钢筋的截面以外不小于 h_0 且不小于 $20d$ 处截断，且从该钢筋强度充分利用截面伸出的长度不应小于 $1.2l_a$ 与 h_0 之和；

3 若按本条第 1、2 款确定的截断点仍位于负弯矩对应的受拉区内，则应延伸至按正截面受弯承载力计算不需要该钢筋的截面以外不小于 $1.3h_0$ 且不小于 $20d$ 处截断，且从该钢筋强度充分利用截面伸出的长度不应小于 $1.2l_a$ 与 $1.7h_0$ 之和。

（5）纵筋的构造要求
纵筋的锚固长度，《混规》规定：

8.3.1 当计算中充分利用钢筋的抗拉强度时，受拉钢筋的锚固应符合下列要求：
1 基本锚固长度应按下列公式计算：
普通钢筋

$$l_{ab} = \alpha \frac{f_y}{f_t} d \qquad (8.3.1\text{-}1)$$

预应力筋

$$l_{ab} = \alpha \frac{f_{py}}{f_t} d \tag{8.3.1-2}$$

式中：l_{ab}——受拉钢筋的基本锚固长度；

f_y、f_{py}——普通钢筋、预应力筋的抗拉强度设计值；

f_t——混凝土轴心抗拉强度设计值，当混凝土强度等级高于C60时，按C60取值；

d——锚固钢筋的直径；

α——锚固钢筋的外形系数，按表8.3.1取用。

锚固钢筋的外形系数 α　　　　表8.3.1

钢筋类型	光圆钢筋	带肋钢筋	螺旋肋钢丝	三股钢绞线	七股钢绞线
α	0.16	0.14	0.13	0.16	0.17

注：光圆钢筋末端应做180°弯钩，弯后平直段长度不应小于3d，但作受压钢筋时可不做弯钩。

2 受拉钢筋的锚固长度应根据锚固条件按下列公式计算，且不应小于200mm：

$$l_a = \zeta_a l_{ab} \tag{8.3.1-3}$$

式中：l_a——受拉钢筋的锚固长度；

ζ_a——锚固长度修正系数，对普通钢筋按本规范第8.3.2条的规定取用，当多于一项时，可按连乘计算，但不应小于0.6；对预应力筋，可取1.0。

梁柱节点中纵向受拉钢筋的锚固要求应按本规范第9.3节（Ⅱ）中的规定执行。

3 当锚固钢筋的保护层厚度不大于5d时，锚固长度范围内应配置横向构造钢筋，其直径不应小于d/4；对梁、柱、斜撑等构件间距不应大于5d，对板、墙等平面构件间距不应大于10d，且均不应大于100mm，此处d为锚固钢筋的直径。

8.3.2 纵向受拉普通钢筋的锚固长度修正系数 ζ_a 应按下列规定取用：

1 当带肋钢筋的公称直径大于25mm时取1.10；

2 环氧树脂涂层带肋钢筋取1.25；

3 施工过程中易受扰动的钢筋取1.10；

4 当纵向受力钢筋的实际配筋面积大于其设计计算面积时，修正系数取设计计算面积与实际配筋面积的比值，但对有抗震设防要求及直接承受动力荷载的结构构件，不应考虑此项修正；

5 锚固钢筋的保护层厚度为3d时修正系数可取0.80，保护层厚度为5d时修正系数可取0.70，中间按内插取值，此处d为锚固钢筋的直径。

8.3.3 当纵向受拉普通钢筋末端采用弯钩或机械锚固措施时，包括弯钩或锚固端头在内的锚固长度（投影长度）可取为基本锚固长度 l_{ab} 的60%。弯钩和机械锚固的形式（图8.3.3）和技术要求应符合表8.3.3的规定。

钢筋弯钩和机械锚固的形式和技术要求　　　　　　表8.3.3

锚固形式	技术要求
90°弯钩	末端90°弯钩，弯钩内径4d，弯后直段长度12d
135°弯钩	末端135°弯钩，弯钩内径4d，弯后直段长度5d
一侧贴焊锚筋	末端一侧贴焊长5d同直径钢筋
两侧贴焊锚筋	末端两侧贴焊长3d同直径钢筋
焊端锚板	末端与厚度d的锚板穿孔塞焊
螺栓锚头	末端旋入螺栓锚头

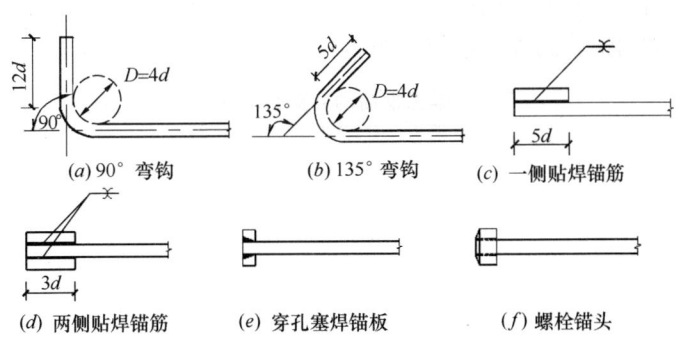

(a) 90°弯钩　　(b) 135°弯钩　　(c) 一侧贴焊锚筋

(d) 两侧贴焊锚筋　　(e) 穿孔塞焊锚板　　(f) 螺栓锚头

图8.3.3　弯钩和机械锚固的形式和技术要求

8.3.4 混凝土结构中的纵向受压钢筋，当计算中充分利用其抗压强度时，锚固长度不应小于相应受拉锚固长度的70%。

受压钢筋不应采用末端弯钩和一侧贴焊锚筋的锚固措施。

梁的纵筋在端支座处的锚固，由于支座处往往同时存在有横向压应力的有利作用，故支座处的锚固长度一般较短。为此，《混规》规定：

9.2.2 钢筋混凝土简支梁和连续梁简支端的下部纵向受力钢筋，从支座边缘算起伸入支座内的锚固长度应符合下列规定：

1 当V不大于$0.7f_tbh_0$时，不小于$5d$；当V大于$0.7f_tbh_0$时，对带肋钢筋不小于$12d$，对光圆钢筋不小于$15d$，d为钢筋的最大直径；

2 如纵向受力钢筋伸入梁支座范围内的锚固长度不符合本条第1款要求时，可采用弯钩或机械锚固措施，并应满足本规范第8.3.3条的规定采取有效的锚固措施；

3 支承在砌体结构上的钢筋混凝土独立梁，在纵向受力钢筋的锚固长度范围内应配置不少于2个箍筋，其直径不宜小于$d/4$，d为纵向受力钢筋的最大直径；间距不宜大于$10d$，当采取机械锚固措施时箍筋间距尚不宜大于$5d$，d为纵向受力钢筋的最小直径。

注：混凝土强度等级为C25及以下的简支梁和连续梁的简支端，当距支座边$1.5h$范围内作用有集中荷载，且V大于$0.7f_tbh_0$时，对带肋钢筋宜采取有效的锚固措施，或取锚固长度不小于$15d$，d为锚固钢筋的直径。

框架梁的纵筋在框架中间层端节点的锚固，《混规》规定：

9.3.4 梁纵向钢筋在框架中间层端节点的锚固应符合下列要求：
   1 梁上部纵向钢筋伸入节点的锚固：
   1）当采用直线锚固形式时，锚固长度不应小于 l_a，且应伸过柱中心线，伸过的长度不宜小于 $5d$，d 为梁上部纵向钢筋的直径。
   2）当柱截面尺寸不满足直线锚固要求时，梁上部纵向钢筋可采用本规范第 8.3.3 条钢筋端部加机械锚头的锚固方式。梁上部纵向钢筋宜伸至柱外侧纵向钢筋内边，包括机械锚头在内的水平投影锚固长度不应小于 $0.4l_{ab}$（图 9.3.4a）。
   3）梁上部纵向钢筋也可采用 90°弯折锚固的方式，此时梁上部纵向钢筋应伸至柱外侧纵向钢筋内边并向节点内弯折，其包含弯弧在内的水平投影长度不应小于 $0.4l_{ab}$，弯折钢筋在弯折平面内包含弯弧段的投影长度不应小于 $15d$（图 9.3.4b）。

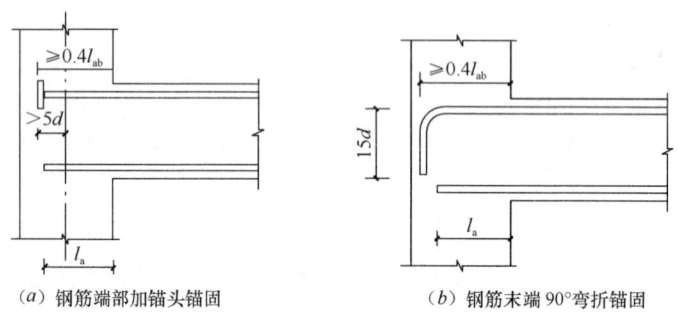

(a) 钢筋端部加锚头锚固　　　(b) 钢筋末端 90°弯折锚固

图 9.3.4　梁上部纵向钢筋在中间层端节点内的锚固

   2 框架梁下部纵向钢筋伸入端节点的锚固：
   1）当计算中充分利用该钢筋的抗拉强度时，钢筋的锚固方式及长度应与上部钢筋的规定相同。
   2）当计算中不利用该钢筋的强度或仅利用该钢筋的抗压强度时，伸入节点的锚固长度应分别符合本规范第 9.3.5 条中间节点梁下部纵向钢筋锚固的规定。

框架梁的纵筋在中间节点处的锚固，《混规》规定：

9.3.5 框架中间层中间节点或连续梁中间支座，梁的上部纵向钢筋应贯穿节点或支座。梁的下部纵向钢筋宜贯穿节点或支座。当必须锚固时，应符合下列锚固要求：
   1 当计算中不利用该钢筋的强度时，其伸入节点或支座的锚固长度对带肋钢筋不小于 $12d$，对光面钢筋不小于 $15d$，d 为钢筋的最大直径；
   2 当计算中充分利用钢筋的抗压强度时，钢筋应按受压钢筋锚固在中间节点或中间支座内，其直线锚固长度不应小于 $0.7l_a$；
   3 当计算中充分利用钢筋的抗拉强度时，钢筋可采用直线方式锚固在节点或支座内，锚固长度不应小于钢筋的受拉锚固长度 l_a（图 9.3.5a）；

4 当柱截面尺寸不足时,宜按本规范第9.3.4条第1款的规定采用钢筋端部加锚头的机械锚固措施,也可采用90°弯折锚固的方式;

5 钢筋可在节点或支座外梁中弯矩较小处设置搭接接头,搭接长度的起始点至节点或支座边缘的距离不应小于$1.5h_0$。(图9.3.5b)。

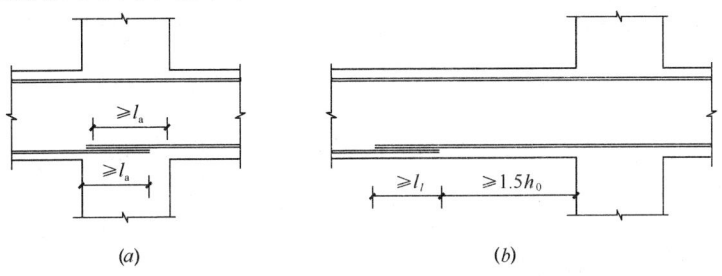

图9.3.5 梁下部纵向钢筋在中间节点或中间支座范围的锚固与搭接
(a)下部纵向钢筋在节点中直线锚固;(b)下部纵向钢筋在节点或支座范围外的搭接

纵向受力钢筋的连接,《混规》规定:

8.4.1 钢筋连接可采用绑扎搭接、机械连接或焊接。机械连接接头及焊接接头的类型及质量应符合国家现行有关标准的规定。

混凝土结构中受力钢筋的连接接头宜设置在受力较小处。在同一根受力钢筋上宜少设接头。在结构的重要构件和关键传力部位,纵向受力钢筋不宜设置连接接头。

8.4.2 轴心受拉及小偏心受拉杆件的纵向受力钢筋不得采用绑扎搭接;其他构件中的钢筋采用绑扎搭接时,受拉钢筋直径不宜大于25mm,受压钢筋直径不宜大于28mm。

8.4.3 同一构件中相邻纵向受力钢筋的绑扎搭接接头宜互相错开。钢筋绑扎搭接接头连接区段的长度为1.3倍搭接长度,凡搭接接头中点位于该连接区段长度内的搭接接头均属于同一连接区段(图8.4.3)。同一连接区段内纵向受力钢筋搭接接头面积百分率为该区段内有搭接接头的纵向受力钢筋与全部纵向受力钢筋截面面积的比值。当直径不同的钢筋搭接时,按直径较小的钢筋计算。

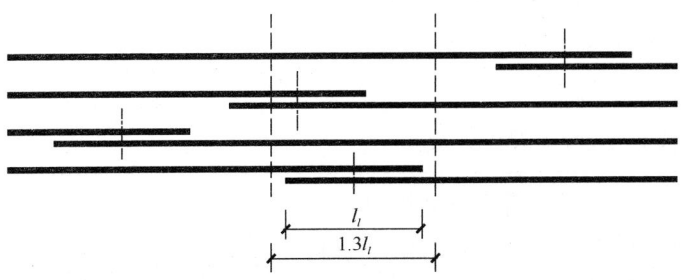

图8.4.3 同一连接区段内纵向受拉钢筋的绑扎搭接接头
注:图中所示同一连接区段内的搭接接头钢筋为两根,当钢筋直径相同时,钢筋搭接接头面积百分率为50%。

位于同一连接区段内的受拉钢筋搭接接头面积百分率：对梁类、板类及墙类构件，不宜大于25%；对柱类构件，不宜大于50%。当工程中确有必要增大受拉钢筋搭接接头面积百分率时，对梁类构件，不宜大于50%；对板、墙、柱及预制构件的拼接处，可根据实际情况放宽。

并筋采用绑扎搭接连接时，应按每根单筋错开搭接的方式连接。接头面积百分率应按同一连接区段内所有的单根钢筋计算。并筋中钢筋的搭接长度应按单筋分别计算。

8.4.4 纵向受拉钢筋绑扎搭接接头的搭接长度，应根据位于同一连接区段内的钢筋搭接接头面积百分率按下列公式计算，且不应小于300mm。

$$l_l = \zeta_l l_a \tag{8.4.4}$$

式中：l_l——纵向受拉钢筋的搭接长度；

ζ_l——纵向受拉钢筋搭接长度修正系数，按表8.4.4取用。当纵向搭接钢筋接头面积百分率为表的中间值时，修正系数可按内插取值。

纵向受拉钢筋搭接长度修正系数　　表8.4.4

纵向搭接钢筋接头面积百分率（%）	≤25	50	100
ζ_l	1.2	1.4	1.6

8.4.5 构件中的纵向受压钢筋当采用搭接连接时，其受压搭接长度不应小于本规范第8.4.4条纵向受拉钢筋搭接长度的70%，且不应小于200mm。

需注意的是，当直径不同的钢筋（即粗、细钢筋）在同一区段搭接时，按较细钢筋的截面面积计算接头面积百分率及搭接长度。这是因为钢筋通过接头传力时，均按受力较小的细直径钢筋考虑承载受力。

并筋应采用分散、错开搭接的方式实现连接，并按截面内各根单筋计算搭接长度及接头面积百分率。并筋的配置形式，《混规》规定：

4.2.7 构件中的钢筋可采用并筋的配置形式。直径28mm及以下的钢筋并筋数量不应超过3根；直径32mm的钢筋并筋数量宜为2根；直径36mm及以上的钢筋不应采用并筋。并筋应按单根等效钢筋进行计算，等效钢筋的等效直径应按截面面积相等的原则换算确定。

（6）箍筋的构造要求

梁中箍筋的构造要求，《混规》规定：

9.2.9 梁中箍筋的配置应符合下列规定：

1 按承载力计算不需要箍筋的梁，当截面高度大于300mm时，应沿梁全长设置构造箍筋；当截面高度 $h=150\sim300$mm 时，可仅在构件端部 $l_0/4$ 范围内设置构造箍筋，l_0 为跨度。但当在构件中部 $l_0/2$ 范围内有集中荷载作用时，则应沿梁全长设置箍筋。当截面高度小于150mm时，可以不设置箍筋。

2 截面高度大于 800mm 的梁，箍筋直径不宜小于 8mm；对截面高度不大于 800mm 的梁，不宜小于 6mm。梁中配有计算需要的纵向受压钢筋时，箍筋直径尚不应小于 $d/4$，d 为受压钢筋最大直径。

3 梁中箍筋的最大间距宜符合表 9.2.9 的规定；当 V 大于 $0.7f_tbh_0+0.05N_{p0}$ 时，箍筋的配筋率 ρ_{sv} $[\rho_{sv}=A_{sv}/(bs)]$ 尚不应小于 $0.24f_t/f_{yv}$。

梁中箍筋的最大间距（mm）　　　　　　表 9.2.9

梁高 h	$V>0.7f_tbh_0+0.05N_{p0}$	$V\leqslant 0.7f_tbh_0+0.05N_{p0}$
$150<h\leqslant 300$	150	200
$300<h\leqslant 500$	200	300
$500<h\leqslant 800$	250	350
$h>800$	300	400

2. 受压构件

（1）轴心受压构件

短柱在短期轴心受压荷载下的应力分布：当荷载 N 很小时，混凝土处于弹性工作阶段；当 N 增大，混凝土将进入弹塑性阶段，导致混凝土的应力增长速度逐渐缓慢，而钢筋应力增长的速度则愈来愈快，即产生了应力重分布。

长期荷载作用下，由于混凝土的徐变影响，钢筋压应力增大，而混凝土压应力逐渐降低。同时，钢筋与混凝土的应力受徐变影响的幅度与配筋率 ρ' 有关。当对持续受荷的轴心受压构件进行突然卸载时，由于钢筋、混凝土两部分变形不相等，且两者之间存在着粘结力，故其变形必须协调，导致混凝土受拉，而钢筋受压。特别是当纵筋配筋率过大时，可能使混凝土的拉应力达到其抗拉强度而拉裂，故在设计中对全部受压钢筋的最大配筋率有所限制，一般不宜大于 5%。

轴心受压构件的正截面受力承载力计算，《混规》规定：

6.2.15 钢筋混凝土轴心受压构件，当配置的箍筋符合本规范第 9.3 节的规定时，其正截面受压承载力应符合下列规定：

$$N\leqslant 0.9\varphi(f_cA+f'_yA'_s) \qquad (6.2.15)$$

式中：N——轴向压力设计值；

φ——钢筋混凝土构件的稳定系数，按表 6.2.15 采用；

f_c——混凝土轴心抗压强度设计值，按本规范表 4.1.4-1 采用；

A——构件截面面积；

A'_s——全部纵向普通钢筋的截面面积。

当纵向普通钢筋的配筋率大于 3% 时，公式（6.2.15）中的 A 应改用 $(A-A'_s)$ 代替。

钢筋混凝土轴心受压构件的稳定系数											表 6.2.15
l_0/b	≤8	10	12	14	16	18	20	22	24	26	28
l_0/d	≤7	8.5	10.5	12	14	15.5	17	19	21	22.5	24
l_0/i	≤28	35	42	48	55	62	69	76	83	90	97
φ	1.00	0.98	0.95	0.92	0.87	0.81	0.75	0.70	0.65	0.60	0.56
l_0/b	30	32	34	36	38	40	42	44	46	48	50
l_0/d	26	28	29.5	31	33	34.5	36.5	38	40	41.5	43
l_0/i	104	111	118	125	132	139	146	153	160	167	174
φ	0.52	0.48	0.44	0.40	0.36	0.32	0.29	0.26	0.23	0.21	0.19

注：1 l_0 为构件的计算长度，对钢筋混凝土柱可按本规范第6.2.20条的规定取用；
2 b 为矩形截面的短边尺寸，d 为圆形截面的直径，i 为截面的最小回转半径。

需注意的是，对于上、下端有支点的轴心受压构件，其计算长度 l_0 可偏安全地取构件上、下端支点之间距离的1.1倍。

配有螺旋式或焊接环式间接钢筋的轴心受压构件，其正截面受压承载力计算，《混规》规定：

6.2.16 钢筋混凝土轴心受压构件，当配置的螺旋式或焊接环式间接钢筋符合本规范第9.3.2条的规定时，其正截面受压承载力应符合下列规定：

$$N \leqslant 0.9(f_c A_{cor} + f'_y A'_s + 2\alpha f_{yv} A_{ss0}) \quad (6.2.16\text{-}1)$$

$$A_{ss0} = \frac{\pi d_{cor} A_{ss1}}{s} \quad (6.2.16\text{-}2)$$

式中：f_{yv} ——间接钢筋的抗拉强度设计值，按本规范第4.2.3条的规定采用；

A_{cor} ——构件的核心截面面积，取间接钢筋内表面范围内的混凝土截面面积；

A_{ss0} ——螺旋式或焊接环式间接钢筋的换算截面面积；

d_{cor} ——构件的核心截面直径，取间接钢筋内表面之间的距离；

A_{ss1} ——螺旋式或焊接环式单根间接钢筋的截面面积；

s ——间接钢筋沿构件轴线方向的间距；

α ——间接钢筋对混凝土约束的折减系数：当混凝土强度等级不超过C50时，取1.0，当混凝土强度等级为C80时，取0.85，其间按线性内插法确定。

注：1 按公式（6.2.16-1）算得的构件受压承载力设计值不应大于按本规范公式（6.2.15）算得的构件受压承载力设计值的1.5倍；

2 当遇到下列任意一种情况时，不应计入间接钢筋的影响，而应按本规范第6.2.15条的规定进行计算：

1) 当 $l_0/d > 12$ 时；

2) 当按公式（6.2.16-1）算得的受压承载力小于按本规范公式（6.2.15）算得的受压承载力时；

3) 当间接钢筋的换算截面面积 A_{ss0} 小于纵向普通钢筋的全部截面面积的25%时。

轴心受压构件的纵向受力钢筋的最小配筋率，见本章第五节构造要求。

柱中纵向受力钢筋、箍筋的构造要求，《混规》规定：

> **9.3.1** 柱中纵向钢筋的配置应符合下列规定：
>
> **1** 纵向受力钢筋直径不宜小于12mm；全部纵向钢筋的配筋率不宜大于5%；
>
> **2** 柱中纵向钢筋的净间距不应小于50mm，且不宜大于300mm；
>
> **3** 偏心受压柱的截面高度不小于600mm时，在柱的侧面上应设置直径不小于10mm的纵向构造钢筋，并相应设置复合箍筋或拉筋；
>
> **4** 圆柱中纵向钢筋不宜少于8根，不应少于6根，且宜沿周边均匀布置；
>
> **5** 在偏心受压柱中，垂直于弯矩作用平面的侧面上的纵向受力钢筋以及轴心受压柱中各边的纵向受力钢筋，其中距不宜大于300mm。
>
> 注：水平浇筑的预制柱，纵向钢筋的最小净间距可按本规范第9.2.1条关于梁的有关规定取用。
>
> **9.3.2** 柱中的箍筋应符合下列规定：
>
> **1** 箍筋直径不应小于$d/4$，且不应小于6mm，d为纵向钢筋的最大直径；
>
> **2** 箍筋间距不应大于400mm及构件截面的短边尺寸，且不应大于$15d$，d为纵向钢筋的最小直径；
>
> **3** 柱及其他受压构件中的周边箍筋应做成封闭式；对圆柱中的箍筋，搭接长度不应小于本规范第8.3.1条规定的锚固长度，且末端应做成135°弯钩，弯钩末端平直段长度不应小于$5d$，d为箍筋直径；
>
> **4** 当柱截面短边尺寸大于400mm且各边纵向钢筋多于3根时，或当柱截面短边尺寸不大于400mm但各边纵向钢筋多于4根时，应设置复合箍筋；
>
> **5** 柱中全部纵向受力钢筋的配筋率大于3%时，箍筋直径不应小于8mm，间距不应大于$10d$，且不应大于200mm，d为纵向受力钢筋的最小直径。箍筋末端应做成135°弯钩，且弯钩末端平直段长度不应小于箍筋直径的10倍；
>
> **6** 在配有螺旋式或焊接环式箍筋的柱中，如在正截面受压承载力计算中考虑间接钢筋的作用时，箍筋间距不应大于80mm及$d_{cor}/5$，且不宜小于40mm，d_{cor}为按箍筋内表面确定的核心截面直径。

柱类、梁类构件的纵向受力钢筋搭接长度范围内的横向构造钢筋应符合前面所述的规定，即《混规》第8.3.1条第3款的规定：横向构造钢筋的直径d按最大搭接钢筋直径取值；间距s按最小搭接钢筋的直径取值。此外，受压钢筋搭接的横向钢筋即配箍构造要求，与受拉钢筋搭接的横向钢筋构造要求相同。需要注意的是，当受压钢筋直径大于25mm时，尚应在搭接接头两个端面外100mm的范围内各设置两道箍筋。

（2）偏心受压构件

1）二阶效应

结构中的二阶效应是指作用在结构上的重力或构件中的轴压力在变形后的结构或构件中引起的附加内力和附加变形。建筑结构的二阶效应包括重力二阶效应（$P-\Delta$效应）和受压构件的挠曲效应（$P-\delta$效应）两部分。

重力二阶效应计算属于结构整体层面的问题，一般在结构整体分析中考虑，其计算方法有：有限元法、增大系数法等。其中，增大系数法，《混规》规定：

附录B 近似计算偏压构件侧移二阶效应的增大系数法

B.0.1 在框架结构、剪力墙结构、框架-剪力墙结构及筒体结构中，当采用增大系数法近似计算结构因侧移产生的二阶效应（P-Δ效应）时，应对未考虑P-Δ效应的一阶弹性分析所得的柱、墙肢端弯矩和梁端弯矩以及层间位移分别按公式（B.0.1-1）和公式（B.0.1-2）乘以增大系数η_s：

$$M = M_{ns} + \eta_s M_s \qquad (B.0.1\text{-}1)$$

$$\Delta = \eta_s \Delta_1 \qquad (B.0.1\text{-}2)$$

式中：M_s——引起结构侧移的荷载或作用所产生的一阶弹性分析构件端弯矩设计值；

M_{ns}——不引起结构侧移荷载产生的一阶弹性分析构件端弯矩设计值；

Δ_1——一阶弹性分析的层间位移；

η_s——P-Δ效应增大系数，按第B.0.2条或第B.0.3条确定，其中，梁端η_s取为相应节点处上、下柱端或上、下墙肢端η_s的平均值。

B.0.2 在框架结构中，所计算楼层各柱的η_s可按下列公式计算：

$$\eta_s = \frac{1}{1 - \dfrac{\sum N_j}{DH_0}} \qquad (B.0.2)$$

式中：D——所计算楼层的侧向刚度。在计算结构构件弯矩增大系数与计算结构位移增大系数时，应分别按本规范第B.0.5条的规定取用结构构件刚度；

N_j——所计算楼层第j列柱轴力设计值；

H_0——所计算楼层的层高。

B.0.3 剪力墙结构、框架-剪力墙结构、筒体结构中的η_s可按下列公式计算：

$$\eta_s = \frac{1}{1 - 0.14 \dfrac{H^2 \sum G}{E_c J_d}} \qquad (B.0.3)$$

式中：$\sum G$——各楼层重力荷载设计值之和；

$E_c J_d$——与所设计结构等效的竖向等截面悬臂受弯构件的弯曲刚度，可按该悬臂受弯构件与所设计结构在倒三角形分布水平荷载下顶点位移相等的原则计算。在计算结构构件弯矩增大系数与计算结构位移增大系数时，应分别按本规范第B.0.5条规定取用结构构件刚度；

H——结构总高度。

> **B.0.5** 当采用本规范第 B.0.2 条、第 B.0.3 条计算各类结构中的弯矩增大系数 η_s 时,宜对构件的弹性抗弯刚度 E_cI 乘以折减系数:对梁,取 0.4;对柱,取 0.6;对剪力墙肢及核心筒壁墙肢,取 0.45;当计算各结构中位移的增大系数 η_s 时,不对刚度进行折减。
>
> 注:当验算表明剪力墙肢或核心筒壁墙肢各控制截面不开裂时,计算弯矩增大系数 η_s 时的刚度折减系数可取为 0.7。

受压构件的挠曲效应计算属于构件层面的问题,一般在构件设计时考虑。在轴向力作用下的偏压杆件,当反弯点不在杆件高度范围内(即沿杆件长度均为同号弯矩)的较细长且轴压比偏大的情况,经 $P-\delta$ 效应增大后的杆件中部弯矩有可能超过柱端控制截面的弯矩。此时,就必须在截面设计中考虑 $P-\delta$ 效应的附加影响,但是,在实际工程设计中该种情况较少出现。因此,为了不对各个偏压构件逐一进行验算,《混规》给出了可以不考虑 $P-\delta$ 效应的条件,以及应考虑 $P-\delta$ 效应的条件,即:

> **6.2.3** 弯矩作用平面内截面对称的偏心受压构件,当同一主轴方向的杆端弯矩比 $\dfrac{M_1}{M_2}$ 不大于 0.9 且轴压比不大于 0.9 时,若构件的长细比满足公式(6.2.3)的要求,可不考虑轴向压力在该方向挠曲杆件中产生的附加弯矩影响;否则应根据本规范第 6.2.4 条的规定,按截面的两个主轴方向分别考虑轴向压力在挠曲杆件中产生的附加弯矩影响。
>
> $$l_c/i \leqslant 34 - 12(M_1/M_2) \tag{6.2.3}$$
>
> 式中:M_1、M_2 ——分别为已考虑侧移影响的偏心受压构件两端截面按结构弹性分析确定的对同一主轴的组合弯矩设计值,绝对值较大端为 M_2,绝对值较小端为 M_1,当构件按单曲率弯曲时,M_1/M_2 取正值,否则取负值;
>
> l_c ——构件的计算长度,可近似取偏心受压构件相应主轴方向上下支撑点之间的距离;
>
> i ——偏心方向的截面回转半径。

应当考虑 $P-\delta$ 效应的偏压构件,其具体计算方法采用 $C_m-\eta_{ns}$ 法,即《混规》规定:

> **6.2.4** 除排架结构柱外,其他偏心受压构件考虑轴向压力在挠曲杆件中产生的二阶效应后控制截面的弯矩设计值,应按下列公式计算:
>
> $$M = C_m \eta_{ns} M_2 \tag{6.2.4-1}$$
>
> $$C_m = 0.7 + 0.3\frac{M_1}{M_2} \tag{6.2.4-2}$$
>
> $$\eta_{ns} = 1 + \frac{1}{1300(M_2/N + e_a)/h_0}\left(\frac{l_c}{h}\right)^2 \zeta_c \tag{6.2.4-3}$$
>
> $$\zeta_c = \frac{0.5 f_c A}{N} \tag{6.2.4-4}$$

当$C_m\eta_{ns}$小于1.0时取1.0；对剪力墙及核心筒墙，可取$C_m\eta_{ns}$等于1.0。

式中：C_m——构件端截面偏心距调节系数，当小于0.7时取0.7；

η_{ns}——弯矩增大系数；

N——与弯矩设计值M_2相应的轴向压力设计值；

e_a——附加偏心距，按本规范第6.2.5条确定；

ζ_c——截面曲率修正系数，当计算值大于1.0时取1.0；

h——截面高度；对环形截面，取外直径；对圆形截面，取直径；

h_0——截面有效高度；对环形截面，取$h_0=r_2+r_s$；对圆形截面，取$h_0=r+r_s$；此处，r、r_2和r_s按本规范第E.0.3条和第E.0.4条确定；

A——构件截面面积。

6.2.5 偏心受压构件的正截面承载力计算时，应计入轴向压力在偏心方向存在的附加偏心距e_a，其值应取20mm和偏心方向截面最大尺寸的1/30两者中的较大值。

2）偏心受压构件的正截面受压承载力计算

偏心受压构件的正截面受压破坏形态为：

在相对偏心距（e_0/h）较大时，且受拉钢筋配置不太多时，会产生受拉破坏，这类构件称为大偏心受压构件。

在相对偏心距较小或很小时，或虽相对偏心距较大，但受拉钢筋配置很多时，会发生受压破坏，这类构件称为小偏心受压构件。

当$\xi \leqslant \xi_b$时，偏压构件为大偏心受压构件。

当$\xi > \xi_b$时，偏压构件为小偏心受压构件。

矩形截面偏心受压钢筋混凝土构件的正截面受压承载力计算，《混规》作了如下规定，理解下列公式时将预应力钢筋截面面积视为零（即$A'_p=A_p=0.0$）：

6.2.17 矩形截面偏心受压构件正截面受压承载力应符合下列规定（图6.2.17）：

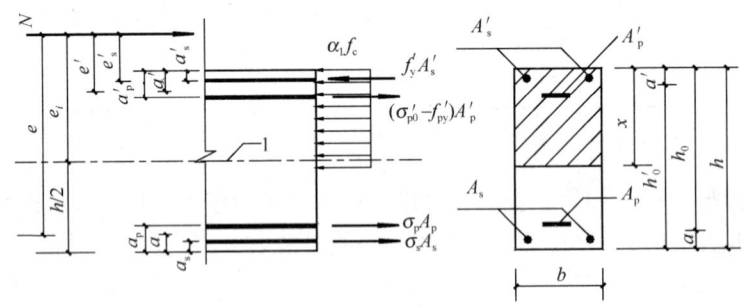

图6.2.17 矩形截面偏心受压构件正截面受压承载力计算
1—截面重心轴

$$N \leqslant \alpha_1 f_c bx + f'_y A'_s - \sigma_s A_s - (\sigma'_{p0} - f'_{py})A'_p - \sigma_p A_p \quad (6.2.17\text{-}1)$$

$$Ne \leqslant \alpha_1 f_c bx \left(h_0 - \frac{x}{2}\right) + f'_y A'_s (h_0 - a'_s)$$
$$- (\sigma'_{p0} - f'_{py}) A'_p (h_0 - a'_p) \qquad (6.2.17\text{-}2)$$

$$e = e_i + \frac{h}{2} - a \qquad (6.2.17\text{-}3)$$

$$e_i = e_0 + e_a \qquad (6.2.17\text{-}4)$$

式中：e——轴向压力作用点至纵向受拉普通钢筋和受拉预应力筋的合力点的距离；

σ_s、σ_p——受拉边或受压较小边的纵向普通钢筋、预应力筋的应力；

e_i——初始偏心距；

a——纵向受拉普通钢筋和受拉预应力筋的合力点至截面近边缘的距离；

e_0——轴向压力对截面重心的偏心距，取为 M/N，当需要考虑二阶效应时，M 为按本规范第 5.3.4 条、第 6.2.4 条规定确定的弯矩设计值；

e_a——附加偏心距，按本规范第 6.2.5 条确定。

按上述规定计算时，尚应符合下列要求：

1 钢筋的应力 σ_s、σ_p 可按下列情况确定：

1) 当 ξ 不大于 ξ_b 时为大偏心受压构件，取 σ_s 为 f_y、σ_p 为 f_{py}，此处，ξ 为相对受压区高度，取为 x/h_0；

2) 当 ξ 大于 ξ_b 时为小偏心受压构件，σ_s、σ_p 按本规范第 6.2.8 条的规定进行计算。

上述公式中，对于钢筋混凝土构件，a 取值即为 a_s 取值；a' 取值即为 a'_s 取值。上述公式，对于钢筋混凝土构件，当计算中计入纵向受压普通钢筋时，受压区高度 x 应满足下式：

$$x \geqslant 2a'_s$$

当不满足（即 $x < 2a'_s$）时，受压钢筋应力可能达不到 f'_y，即 $x = 2a'_s$，则：

$$Ne'_s = f_y A_s (h_0 - a'_s)$$

$$e'_s = e_i - \frac{h}{2} + a'_s$$

式中 e'_s 为轴向压力作用点至受压区纵向普通钢筋合力点的距离。

对于非对称配筋的小偏压构件，当偏心距很小时，为了防止 A_s 产生受压破坏，《混规》第 6.2.17 条第 3 款规定，当轴向压力 $N > f_c bh$ 时，还应按下列公式进行验算：

$$Ne' \leqslant \alpha_1 f_c bh \left(h'_0 - \frac{h}{2}\right) + f'_y A_s (h'_0 - a_s)$$

$$e' = \frac{h}{2} - a'_s - (e_0 - e_a)$$

式中 e' 为轴向压力作用点至受压区纵向普通钢筋合力点的距离。注意的是，e'_s、e' 的定义是相同的，但是 e' 仅仅针对小偏压情况。

偏心受压构件的 M-N 相关曲线，如图 14-2-3 所示。ab 曲线为大偏压截面的 M-N 相

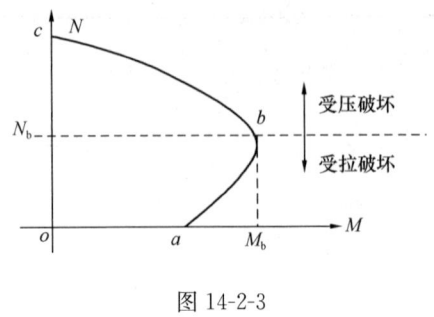

图 14-2-3

关曲线，随着 N 的增大，截面所能承担的弯矩也相应地提高，b 点为钢筋与混凝土同时达到其强度设计值时的极限状态。

bc 曲线所反映的是小偏压截面的 M-N 相关曲线，即：随着 N 的增大，截面所能承担的弯矩反而降低。

3) 偏心受压构件的斜截面受剪承载力计算

试验表明，影响偏心受压构件（如框架柱）的抗剪能力的因素有：剪跨比、混凝土强度等级、纵筋配筋率、箍筋强度与配箍率、轴压比等。其中，轴压比对构件抗剪起有利作用，但其作用是有限度的，故《混规》作出了限制。此外，偏压构件的受剪截面应满足截面限制条件。

6.3.12 矩形、T 形和 I 形截面的钢筋混凝土偏心受压构件，其斜截面受剪承载力应符合下列规定：

$$V \leqslant \frac{1.75}{\lambda+1} f_t b h_0 + f_{yv} \frac{A_{sv}}{s} h_0 + 0.07N \qquad (6.3.12)$$

式中：λ——偏心受压构件计算截面的剪跨比，取为 $M/(Vh_0)$；

N——与剪力设计值 V 相应的轴向压力设计值，当大于 $0.3f_cA$ 时，取 $0.3f_cA$，此处，A 为构件的截面面积。

计算截面的剪跨比 λ 应按下列规定取用：

1 对框架结构中的框架柱，当其反弯点在层高范围内时，可取为 $H_n/(2h_0)$。当 λ 小于 1 时，取 1；当 λ 大于 3 时，取 3。此处，M 为计算截面上与剪力设计值 V 相应的弯矩设计值，H_n 为柱净高。

2 其他偏心受压构件，当承受均布荷载时，取 1.5；当承受符合本规范第 6.3.4 条所述的集中荷载时，取为 a/h_0，且当 λ 小于 1.5 时取 1.5，当 λ 大于 3 时取 3。

6.3.13 矩形、T 形和 I 形截面的钢筋混凝土偏心受压构件，当符合下列要求时，可不进行斜截面受剪承载力计算，其箍筋构造要求应符合本规范第 9.3.2 条的规定。

$$V \leqslant \frac{1.75}{\lambda+1} f_t b h_0 + 0.07N \qquad (6.3.13)$$

式中：剪跨比 λ 和轴向压力设计值 N 应按本规范第 6.3.12 条确定。

---

3. 受拉构件

受拉构件可分为轴心受拉构件、偏心受拉构件。其中，偏心受拉构件又可分为：大偏心受拉构件；小偏心受拉构件。

当轴向拉力 N 作用在 A_s 与 A'_s 之间，即偏心距 $e_0 < \frac{h}{2} - a_s$ 时，为小偏心受拉。

当轴向拉力 N 作用在 A_s 与 A'_s 范围以外，即 $e_0 > \frac{h}{2} - a_s$ 时，为大偏心受拉。

对于钢筋混凝土构件（预应力筋 $A'_p = A_p = 0.0$），《混规》规定：

6.2.22 轴心受拉构件的正截面受拉承载力应符合下列规定：

$$N \leqslant f_y A_s + f_{py} A_p \qquad (6.2.22)$$

式中：N——轴向拉力设计值；

A_s、A_p——纵向普通钢筋、预应力筋的全部截面面积。

6.2.23 矩形截面偏心受拉构件的正截面受拉承载力应符合下列规定：

1 小偏心受拉构件

当轴向拉力作用在钢筋 A_s 与 A_p 的合力点和 A'_s 与 A'_p 的合力点之间时（图 6.2.23a）：

$$Ne \leqslant f_y A'_s (h_0 - a'_s) + f_{py} A'_p (h_0 - a'_p) \qquad (6.2.23\text{-}1)$$

$$Ne' \leqslant f_y A_s (h'_0 - a_s) + f_{py} A_p (h'_0 - a_p) \qquad (6.2.23\text{-}2)$$

2 大偏心受拉构件

当轴向拉力不作用在钢筋 A_s 与 A_p 的合力点和 A'_s 与 A'_p 的合力点之间时（图 6.2.23b）：

$$N \leqslant f_y A_s + f_{py} A_p - f'_y A'_s + (\sigma'_{p0} - f'_{py}) A'_p - \alpha_1 f_c bx \qquad (6.2.23\text{-}3)$$

$$Ne \leqslant \alpha_1 f_c bx \left(h_0 - \frac{x}{2}\right) + f'_y A'_s (h_0 - a'_s) \\ - (\sigma'_{p0} - f'_{py}) A'_p (h_0 - a'_p) \qquad (6.2.23\text{-}4)$$

此时，混凝土受压区的高度应满足本规范公式（6.2.10-3）的要求。当计算中计入纵向受压普通钢筋时，尚应满足本规范公式（6.2.10-4）的条件；当不满足时，可按公式（6.2.23-2）计算。

3 对称配筋的矩形截面偏心受拉构件，不论大、小偏心受拉情况，均可按公式（6.2.23-2）计算。

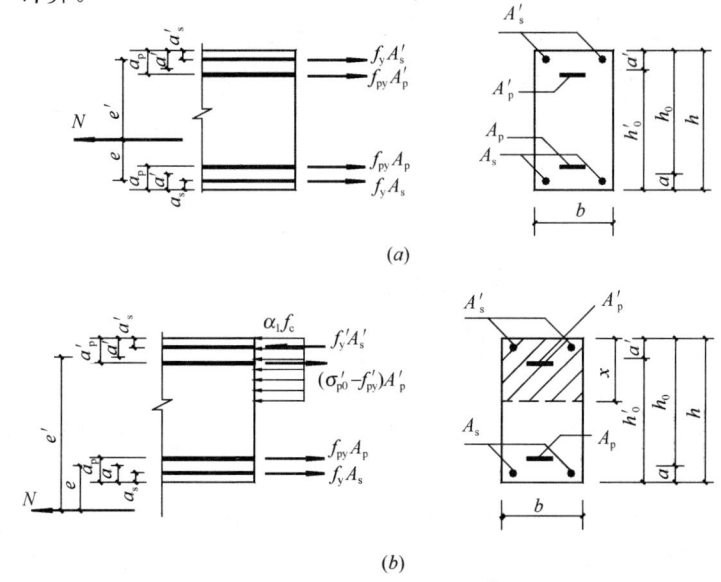

图 6.2.23 矩形截面偏心受拉构件正截面受拉承载力计算
(a) 小偏心受拉构件；(b) 大偏心受拉构件

上述规范式（6.2.10-3）、式（6.2.10-4）分别是指：
$$x \leqslant \xi_b h_0$$
$$x \geqslant 2a'_s$$

偏心受拉构件的斜截面受剪承载力计算。试验表明，轴向拉力会使构件的受剪承载力明显降低，其降低幅度随轴向拉力的增大而增大，但与斜裂缝相交的箍筋受剪承载力并不受拉力的影响。此外，偏心受拉构件的斜截面受剪同样受受剪截面条件限制。《混规》规定：

6.3.14 矩形、T形和I形截面的钢筋混凝土偏心受拉构件，其斜截面受剪承载力应符合下列规定：

$$V \leqslant \frac{1.75}{\lambda+1} f_t b h_0 + f_{yv} \frac{A_{sv}}{s} h_0 - 0.2N \qquad (6.3.14)$$

式中：N——与剪力设计值 V 相应的轴向拉力设计值；

λ——计算截面的剪跨比，按本规范第6.3.12条确定。

当公式（6.3.14）右边的计算值小于 $f_{yv}\frac{A_{sv}}{s}h_0$ 时，应取等于 $f_{yv}\frac{A_{sv}}{s}h_0$，且 $f_{yv}\frac{A_{sv}}{s}h_0$ 值不应小于 $0.36 f_t b h_0$。

4. 受扭构件

《混规》受扭构件计算模型采用了变角度空间桁架模型，其基本假定是：混凝土只承受压力，螺旋形裂缝的混凝土外壳组成桁架的斜压杆，纵筋和箍筋只承受拉力，分别为桁架的弦杆和腹杆；不计核心混凝土的受扭作用和钢筋的销栓作用。

（1）截面尺寸要求

6.4.1 在弯矩、剪力和扭矩共同作用下，h_w/b 不大于6的矩形、T形、I形截面和 h_w/t_w 不大于6的箱形截面构件（图6.4.1），其截面应符合下列条件：

当 h_w/b（或 h_w/t_w）不大于4时

$$\frac{V}{bh_0} + \frac{T}{0.8W_t} \leqslant 0.25\beta_c f_c \qquad (6.4.1-1)$$

当 h_w/b（或 h_w/t_w）等于6时

$$\frac{V}{bh_0} + \frac{T}{0.8W_t} \leqslant 0.2\beta_c f_c \qquad (6.4.1-2)$$

当 h_w/b（或 h_w/t_w）大于4但小于6时，按线性内插法确定。

式中：T——扭矩设计值；

b——矩形截面的宽度，T形或I形截面取腹板宽度，箱形截面取两侧壁总厚度 $2t_w$；

W_t——受扭构件的截面受扭塑性抵抗矩，按本规范第6.4.3条的规定计算；

h_w——截面的腹板高度：对矩形截面，取有效高度 h_0；对T形截面，取有效高度减去翼缘高度；对I形和箱形截面，取腹板净高；

t_w——箱形截面壁厚，其值不应小于 $b_h/7$，此处，b_h 为箱形截面的宽度。

注：当 h_w/b 大于6或 h_w/t_w 大于6时，受扭构件的截面尺寸要求及扭曲截面承载力计算应符合专门规定。

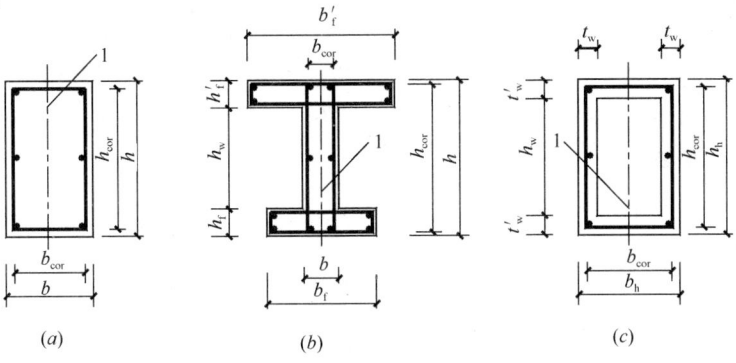

图 6.4.1 受扭构件截面
(a) 矩形截面；(b) T形、I形截面；(c) 箱形截面（$t_w \leqslant t'_w$）
1—弯矩、剪力作用平面

(2) 受扭构件按构造配筋的条件

6.4.2 在弯矩、剪力和扭矩共同作用下的构件，当符合下列要求时，可不进行构件受剪扭承载力计算，但应按本规范第9.2.5条、第9.2.9条和第9.2.10条的规定配置构造纵向钢筋和箍筋。

$$\frac{V}{bh_0} + \frac{T}{W_t} \leqslant 0.7 f_t + 0.05 \frac{N_{p0}}{bh_0} \quad (6.4.2\text{-}1)$$

或

$$\frac{V}{bh_0} + \frac{T}{W_t} \leqslant 0.7 f_t + 0.07 \frac{N}{bh_0} \quad (6.4.2\text{-}2)$$

式中：N_{p0}——计算截面上混凝土法向预应力等于零时的预加力，按本规范第10.1.13条的规定计算，当 N_{p0} 大于 $0.3 f_c A_0$ 时，取 $0.3 f_c A_0$，此处，A_0 为构件的换算截面面积；

N——与剪力、扭矩设计值 V、T 相应的轴向压力设计值，当 N 大于 $0.3 f_c A$ 时，取 $0.3 f_c A$，此处，A 为构件的截面面积。

(3) 截面受扭塑性抵抗矩的计算

6.4.3 受扭构件的截面受扭塑性抵抗矩可按下列规定计算：

1 矩形截面

$$W_t = \frac{b^2}{6}(3h - b) \quad (6.4.3\text{-}1)$$

式中：b、h——分别为矩形截面的短边尺寸、长边尺寸。

2 T形和I形截面

$$W_t = W_{tw} + W'_{tf} + W_{tf} \quad (6.4.3\text{-}2)$$

腹板、受压翼缘及受拉翼缘部分的矩形截面受扭塑性抵抗矩 W_{tw}、W'_{tf} 和 W_{tf}，可按下列规定计算：

1）腹板

$$W_{tw} = \frac{b^2}{6}(3h-b) \quad (6.4.3-3)$$

2）受压翼缘

$$W'_{tf} = \frac{h'^2_f}{2}(b'_f - b) \quad (6.4.3-4)$$

3）受拉翼缘

$$W_{tf} = \frac{h^2_f}{2}(b_f - b) \quad (6.4.3-5)$$

式中：b、h——分别为截面的腹板宽度、截面高度；
b'_f、b_f——分别为截面受压区、受拉区的翼缘宽度；
h'_f、h_f——分别为截面受压区、受拉区的翼缘高度。

计算时取用的翼缘宽度尚应符合 b'_f 不大于 $b+6h'_f$ 及 b_f 不大于 $b+6h_f$ 的规定。

（4）纯扭构件的受扭承载力计算

6.4.4 矩形截面纯扭构件的受扭承载力应符合下列规定：

$$T \leqslant 0.35 f_t W_t + 1.2\sqrt{\zeta} f_{yv} \frac{A_{st1} A_{cor}}{s} \quad (6.4.4-1)$$

$$\zeta = \frac{f_y A_{stl} s}{f_{yv} A_{st1} u_{cor}} \quad (6.4.4-2)$$

偏心距 e_{p0} 不大于 $h/6$ 的预应力混凝土纯扭构件，当计算的 ζ 值不小于 1.7 时，取 1.7，并可在公式（6.4.4-1）的右边增加预加力影响项 $0.05\frac{N_{p0}}{A_0}W_t$，此处，$N_{p0}$ 的取值应符合本规范第 6.4.2 条的规定。

式中：ζ——受扭的纵向普通钢筋与箍筋的配筋强度比值，ζ 值不应小于 0.6，当 ζ 大于 1.7 时，取 1.7；
A_{stl}——受扭计算中取对称布置的全部纵向普通钢筋截面面积；
A_{st1}——受扭计算中沿截面周边配置的箍筋单肢截面面积；
f_{yv}——受扭箍筋的抗拉强度设计值，按本规范第 4.2.3 条采用；
A_{cor}——截面核心部分的面积，取为 $b_{cor}h_{cor}$，此处，b_{cor}、h_{cor} 分别为箍筋内表面范围内截面核心部分的短边、长边尺寸；
u_{cor}——截面核心部分的周长，取 $2(b_{cor}+h_{cor})$。

注：当 ζ 小于 1.7 或 e_{p0} 大于 $h/6$ 时，不应考虑预加力影响项，而应按钢筋混凝土纯扭构件计算。

6.4.5 T 形和 I 形截面纯扭构件，可将其截面划分为几个矩形截面，分别按本规范第 6.4.4 条进行受扭承载力计算。每个矩形截面的扭矩设计值可按下列规定计算：

1 腹板

$$T_w = \frac{W_{tw}}{W_t}T \tag{6.4.5-1}$$

2 受压翼缘

$$T'_f = \frac{W'_{tf}}{W_t}T \tag{6.4.5-2}$$

3 受拉翼缘

$$T_f = \frac{W_{tf}}{W_t}T \tag{6.4.5-3}$$

式中：T_w——腹板所承受的扭矩设计值；

T'_f、T_f——分别为受压翼缘、受拉翼缘所承受的扭矩设计值。

（5）轴向压力和扭矩共同作用下的受扭构件承载力计算

6.4.7 在轴向压力和扭矩共同作用下的矩形截面钢筋混凝土构件，其受扭承载力应符合下列规定：

$$T \leqslant \left(0.35f_t + 0.07\frac{N}{A}\right)W_t + 1.2\sqrt{\zeta}f_{yv}\frac{A_{st1}A_{cor}}{s} \tag{6.4.7}$$

式中：N——与扭矩设计值 T 相应的轴向压力设计值，当 N 大于 $0.3f_cA$ 时，取 $0.3f_cA$；

ζ——同本规范第 6.4.4 条。

（6）轴向拉力和扭矩共同作用下的受扭构件承载力计算

6.4.11 在轴向拉力和扭矩共同作用下的矩形截面钢筋混凝土构件，其受扭承载力可按下列规定计算：

$$T \leqslant \left(0.35f_t - 0.2\frac{N}{A}\right)W_t + 1.2\sqrt{\zeta}f_{yv}\frac{A_{st1}A_{cor}}{s} \tag{6.4.11}$$

式中：ζ——按本规范第 6.4.4 条的规定确定；

N——与扭矩设计值相应的轴向拉力设计值，当 N 大于 $1.75f_tA$ 时，取 $1.75f_tA$。

（7）剪力和扭矩共同作用下的剪扭构件承载力计算

6.4.8 在剪力和扭矩共同作用下的矩形截面剪扭构件，其受剪扭承载力应符合下列规定：

1 一般剪扭构件

1）受剪承载力

$$V \leqslant (1.5 - \beta_t)(0.7f_tbh_0 + 0.05N_{p0}) + f_{yv}\frac{A_{sv}}{s}h_0 \tag{6.4.8-1}$$

$$\beta_t = \frac{1.5}{1+0.5\dfrac{VW_t}{Tbh_0}} \qquad (6.4.8\text{-}2)$$

式中：A_{sv}——受剪承载力所需的箍筋截面面积；

β_t——一般剪扭构件混凝土受扭承载力降低系数：当 β_t 小于 0.5 时，取 0.5；当 β_t 大于 1.0 时，取 1.0。

2）受扭承载力

$$T \leqslant \beta_t \left(0.35 f_t + 0.05 \frac{N_{p0}}{A_0}\right) W_t + 1.2 \sqrt{\zeta} f_{yv} \frac{A_{st1} A_{cor}}{s} \qquad (6.4.8\text{-}3)$$

式中：ζ——同本规范第 6.4.4 条。

6.4.9 T形和I形截面剪扭构件的受剪扭承载力应符合下列规定：

1 受剪承载力可按本规范公式（6.4.8-1）与公式（6.4.8-2）或公式（6.4.8-4）与公式（6.4.8-5）进行计算，但应将公式中的 T 及 W_t 分别代之以 T_w 及 W_{tw}；

2 受扭承载力可根据本规范第 6.4.5 条的规定划分为几个矩形截面分别进行计算。其中，腹板可按本规范公式（6.4.8-3）、公式（6.4.8-2）或公式（6.4.8-3）、公式（6.4.8-5）进行计算，但应将公式中的 T 及 W_t 分别代之以 T_w 及 W_{tw}；受压翼缘及受拉翼缘可按本规范第 6.4.4 条纯扭构件的规定进行计算，但应将 T 及 W_t 分别代之以 T'_f 及 W'_{tf} 或 T_f 及 W_{tf}。

（8）弯矩、剪力和扭矩共同作用下的弯剪扭构件承载力计算

6.4.12 在弯矩、剪力和扭矩共同作用下的矩形、T形、I形和箱形截面的弯剪扭构件，可按下列规定进行承载力计算：

1 当 V 不大于 $0.35 f_t bh_0$ 或 V 不大于 $0.875 f_t bh_0/(\lambda+1)$ 时，可仅计算受弯构件的正截面受弯承载力和纯扭构件的受扭承载力；

2 当 T 不大于 $0.175 f_t W_t$ 或 T 不大于 $0.175 \alpha_h f_t W_t$ 时，可仅验算受弯构件的正截面受弯承载力和斜截面受剪承载力。

6.4.13 矩形、T形、I形和箱形截面弯剪扭构件，其纵向钢筋截面面积应分别按受弯构件的正截面受弯承载力和剪扭构件的受扭承载力计算确定，并应配置在相应的位置；箍筋截面面积应分别按剪扭构件的受剪承载力和受扭承载力计算确定，并应配置在相应的位置。

（9）轴向压力、弯矩、剪力和扭矩共同作用下的框架柱受剪扭承载力

6.4.15 在轴向压力、弯矩、剪力和扭矩共同作用下的钢筋混凝土矩形截面框架柱，当 T 不大于 $(0.175 f_t + 0.035 N/A) W_t$ 时，可仅计算偏心受压构件的正截面承载力和斜截面受剪承载力。

6.4.16 在轴向压力、弯矩、剪力和扭矩共同作用下的钢筋混凝土矩形截面框架柱,其纵向普通钢筋截面面积应分别按偏心受压构件的正截面承载力和剪扭构件的受扭承载力计算确定,并应配置在相应的位置;箍筋截面面积应分别按剪扭构件的受剪承载力和受扭承载力计算确定,并应配置在相应的位置。

（10）轴向拉力、弯矩、剪力和扭矩共同作用下的框架柱受剪扭承载力

6.4.18 在轴向拉力、弯矩、剪力和扭矩共同作用下的钢筋混凝土矩形截面框架柱,当 $T \leqslant (0.175f_t - 0.1N/A)W_t$ 时,可仅计算偏心受拉构件的正截面承载力和斜截面受剪承载力。

6.4.19 在轴向拉力、弯矩、剪力和扭矩共同作用下的钢筋混凝土矩形截面框架柱,其纵向普通钢筋截面面积应分别按偏心受拉构件的正截面承载力和剪扭构件的受扭承载力计算确定,并应配置在相应的位置;箍筋截面面积应分别按剪扭构件的受剪承载力和受扭承载力计算确定,并应配置在相应的位置。

5. 受冲切构件

不配置箍筋或弯起钢筋的钢筋混凝土板（其预应力 $\sigma_{pc,m}=0.0$）,《混规》规定:

6.5.1 在局部荷载或集中反力作用下,不配置箍筋或弯起钢筋的板的受冲切承载力应符合下列规定（图6.5.1）:

$$F_l \leqslant (0.7\beta_h f_t + 0.25\sigma_{pc,m})\eta u_m h_0 \tag{6.5.1-1}$$

公式（6.5.1-1）中的系数 η,应按下列两个公式计算,并取其中较小值:

$$\eta_1 = 0.4 + \frac{1.2}{\beta_s} \tag{6.5.1-2}$$

$$\eta_2 = 0.5 + \frac{\alpha_s h_0}{4u_m} \tag{6.5.1-3}$$

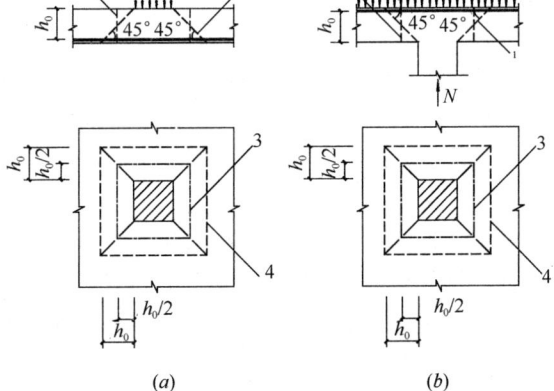

图 6.5.1 板受冲切承载力计算
(a) 局部荷载作用下;(b) 集中反力作用下
1—冲切破坏锥体的斜截面;2—计算截面;3—计算截面的周长;4—冲切破坏锥体的底面线

式中：F_l——局部荷载设计值或集中反力设计值；板柱节点，取柱所承受的轴向压力设计值的层间差值减去柱顶冲切破坏锥体范围内板所承受的荷载设计值；当有不平衡弯矩时，应按本规范第6.5.6条的规定确定；

β_h——截面高度影响系数：当h不大于800mm时，取β_h为1.0；当h不小于2000mm时，取β_h为0.9，其间按线性内插法取用；

$\sigma_{pc,m}$——计算截面周长上两个方向混凝土有效预压应力按长度的加权平均值，其值宜控制在$1.0N/mm^2 \sim 3.5N/mm^2$范围内；

u_m——计算截面的周长，取距离局部荷载或集中反力作用面积周边$h_0/2$处板垂直截面的最不利周长；

h_0——截面有效高度，取两个方向配筋的截面有效高度平均值；

η_1——局部荷载或集中反力作用面积形状的影响系数；

η_2——计算截面周长与板截面有效高度之比的影响系数；

β_s——局部荷载或集中反力作用面积为矩形时的长边与短边尺寸的比值，β_s不宜大于4；当β_s小于2时取2；对圆形冲切面，β_s取2；

α_s——柱位置影响系数：中柱，α_s取40；边柱，α_s取30；角柱，α_s取20。

配置箍筋或弯起钢筋的板，其受冲切承载力计算，《混规》规定：

6.5.3 在局部荷载或集中反力作用下，当受冲切承载力不满足本规范第6.5.1条的要求且板厚受到限制时，可配置箍筋或弯起钢筋，并应符合本规范第9.1.11条的构造规定。此时，受冲切截面及受冲切承载力应符合下列要求：

1 受冲切截面

$$F_l \leqslant 1.2 f_t \eta u_m h_0 \quad (6.5.3-1)$$

2 配置箍筋、弯起钢筋时的受冲切承载力

$$F_l \leqslant (0.5 f_t + 0.25 \sigma_{pc,m}) \eta u_m h_0 + 0.8 f_{yv} A_{svu} + 0.8 f_y A_{sbu} \sin \alpha \quad (6.5.3-2)$$

式中：f_{yv}——箍筋的抗拉强度设计值，按本规范第4.2.3条的规定采用；

A_{svu}——与呈45°冲切破坏锥体斜截面相交的全部箍筋截面面积；

A_{sbu}——与呈45°冲切破坏锥体斜截面相交的全部弯起钢筋截面面积；

α——弯起钢筋与板底面的夹角。

注：当有条件时，可采取配置栓钉、型钢剪力架等形式的抗冲切措施。

6.5.4 配置抗冲切钢筋的冲切破坏锥体以外的截面，尚应按本规范第6.5.1条的规定进行受冲切承载力计算，此时，u_m应取配置抗冲切钢筋的冲切破坏锥体以外$0.5h_0$处的最不利周长。

板中配置抗冲切箍筋或弯起钢筋，应符合下列构造要求：

9.1.11 混凝土板中配置抗冲切箍筋或弯起钢筋时,应符合下列构造要求:

1 板的厚度不应小于150mm;

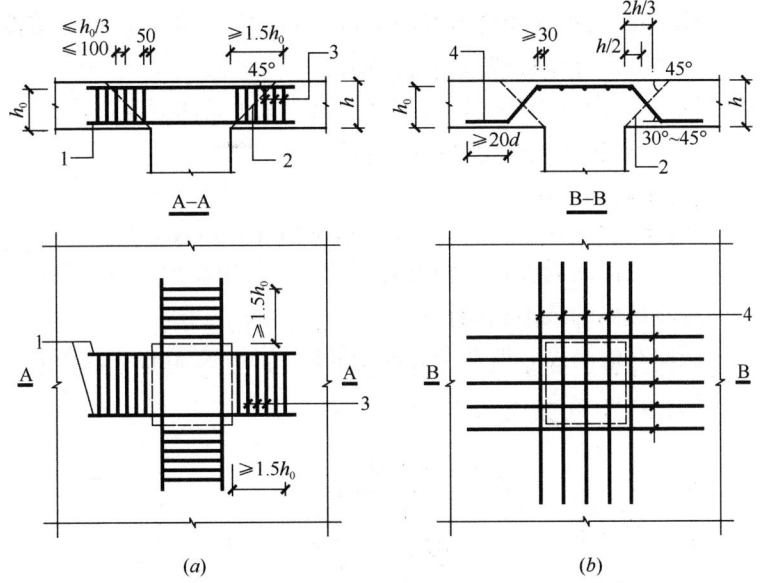

图9.1.11 板中抗冲切钢筋布置
(a)用箍筋作抗冲切钢筋;(b)用弯起钢筋作抗冲切钢筋
注:图中尺寸单位mm。
1—架立钢筋;2—冲切破坏锥面;3—箍筋;4—弯起钢筋

2 按计算所需的箍筋及相应的架立钢筋应配置在与45°冲切破坏锥面相交的范围内,且从集中荷载作用面或柱截面边缘向外的分布长度不应小于$1.5h_0$(图9.1.11a);箍筋直径不应小于6mm,且应做成封闭式,间距不应大于$h_0/3$,且不应大于100mm;

3 按计算所需弯起钢筋的弯起角度可根据板的厚度在30°~45°之间选取;弯起钢筋的倾斜段应与冲切破坏锥面相交(图9.1.11b),其交点应在集中荷载作用面或柱截面边缘以外(1/2~2/3)h的范围内。弯起钢筋直径不宜小于12mm,且每一方向不宜少于3根。

矩形截面柱的阶形基础,在柱与基础交接处,以及基础变阶处的抗冲切承载力计算见《混规》6.5.5条。

6. 局部受压构件

配置间接钢筋的混凝土结构构件,其局部受压承载力计算,《混规》规定:

6.6.1 配置间接钢筋的混凝土结构构件,其局部受压区的截面尺寸应符合下列要求:

$$F_l \leqslant 1.35\beta_c\beta_l f_c A_{ln} \quad (6.6.1\text{-}1)$$

$$\beta_l = \sqrt{\frac{A_b}{A_l}} \quad (6.6.1\text{-}2)$$

式中：F_l——局部受压面上作用的局部荷载或局部压力设计值；

f_c——混凝土轴心抗压强度设计值；在后张法预应力混凝土构件的张拉阶段验算中，可根据相应阶段的混凝土立方体抗压强度 f'_{cu} 值按本规范表 4.1.4-1 的规定以线性内插法确定；

β_c——混凝土强度影响系数，按本规范第 6.3.1 条的规定取用；

β_l——混凝土局部受压时的强度提高系数；

A_l——混凝土局部受压面积；

A_{ln}——混凝土局部受压净面积；对后张法构件，应在混凝土局部受压面积中扣除孔道、凹槽部分的面积；

A_b——局部受压的计算底面积，按本规范第 6.6.2 条确定。

6.6.2 局部受压的计算底面积 A_b，可由局部受压面积与计算底面积按同心、对称的原则确定；常用情况，可按图 6.6.2 取用。

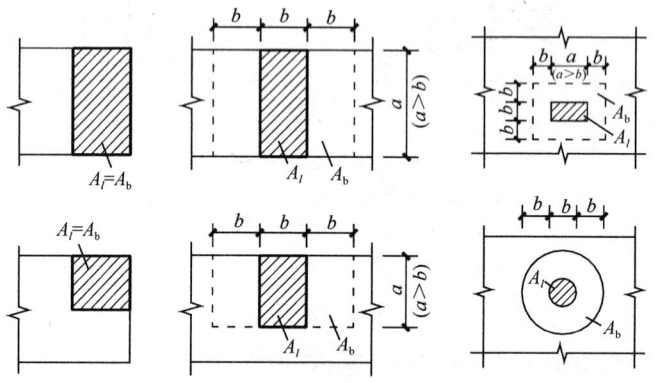

图 6.6.2 局部受压的计算底面积
A_l—混凝土局部受压面积；A_b—局部受压的计算底面积

6.6.3 配置方格网式或螺旋式间接钢筋（图 6.6.3）的局部受压承载力应符合下列规定：

$$F_l \leqslant 0.9(\beta_c\beta_l f_c + 2\alpha\rho_v\beta_{cor} f_{yv})A_{ln} \quad (6.6.3\text{-}1)$$

当为方格网式配筋时（图 6.6.3a），钢筋网两个方向上单位长度内钢筋截面积的比值不宜大于 1.5，其体积配筋率 ρ_v 应按下列公式计算：

$$\rho_v = \frac{n_1 A_{s1} l_1 + n_2 A_{s2} l_2}{A_{cor} s} \quad (6.6.3\text{-}2)$$

当为螺旋式配筋时（图 6.6.3b），其体积配筋率 ρ_v 应按下列公式计算：

$$\rho_v = \frac{4A_{ss1}}{d_{cor} s} \quad (6.6.3\text{-}3)$$

式中：β_{cor}——配置间接钢筋的局部受压承载力提高系数，可按本规范公式（6.6.1-2）计算，但公式中 A_b 应代之以 A_{cor}，且当 A_{cor} 大于 A_b 时，A_{cor} 取 A_b；当 A_{cor} 不大于混凝土局部受压面积 A_l 的 1.25 倍时，β_{cor} 取 1.0；

α——间接钢筋对混凝土约束的折减系数,按本规范第6.2.16条的规定取用;

f_{yv}——间接钢筋的抗拉强度设计值,按本规范第4.2.3条的规定采用;

A_{cor}——方格网式或螺旋式间接钢筋内表面范围内的混凝土核心截面面积,应大于混凝土局部受压面积A_l,其重心应与A_l的重心重合,计算中按同心、对称的原则取值;

ρ_v——间接钢筋的体积配筋率;

n_1、A_{s1}——分别为方格网沿l_1方向的钢筋根数、单根钢筋的截面面积;

n_2、A_{s2}——分别为方格网沿l_2方向的钢筋根数、单根钢筋的截面面积;

A_{ss1}——单根螺旋式间接钢筋的截面面积;

d_{cor}——螺旋式间接钢筋内表面范围内的混凝土截面直径;

s——方格网式或螺旋式间接钢筋的间距,宜取30mm～80mm。

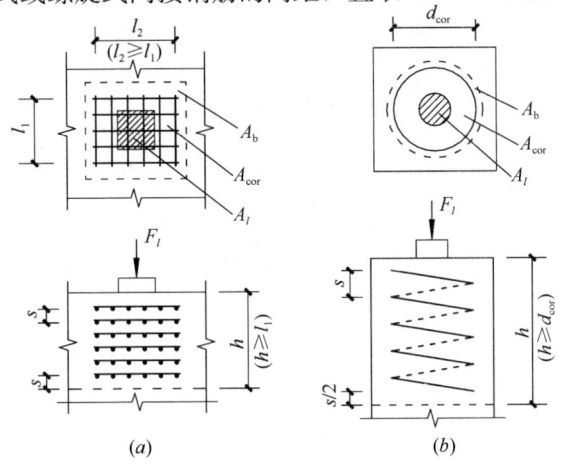

图 6.6.3 局部受压区的间接钢筋
(a) 方格网式配筋;(b) 螺旋式配筋
A_l—混凝土局部受压面积;A_b—局部受压的计算底面积;
A_{cor}—方格网式或螺旋式间接钢筋内表面范围内的混凝土核心面积

间接钢筋应配置在图6.6.3所规定的高度h范围内,方格网式钢筋,不应少于4片;螺旋式钢筋,不应少于4圈。柱接头,h尚不应小于$15d$,d为柱的纵向钢筋直径。

需注意的是,上述规范式(6.6.3-1)中,f_{yv}值,即间接钢筋的抗拉强度设计值,其数值不受限制,如当$f_{yv}>360N/mm^2$时,取f_{yv}的实际值进行计算。

7. 疲劳强度验算

疲劳强度验算的基本假定和规定,《混规》规定:

6.7.1 受弯构件的正截面疲劳应力验算时,可采用下列基本假定:

1 截面应变保持平面;

2 受压区混凝土的法向应力图形取为三角形;

3 钢筋混凝土构件，不考虑受拉区混凝土的抗拉强度，拉力全部由纵向钢筋承受；要求不出现裂缝的预应力混凝土构件，受拉区混凝土的法向应力图形取为三角形；

4 采用换算截面计算。

6.7.2 在疲劳验算中，荷载应取用标准值；吊车荷载应乘以动力系数，并应符合现行国家标准《建筑结构荷载规范》GB 50009的规定。跨度不大于12m的吊车梁，可取用一台最大吊车的荷载。

6.7.3 钢筋混凝土受弯构件疲劳验算时，应计算下列部位的混凝土应力和钢筋应力幅：

1 正截面受压区边缘纤维的混凝土应力和纵向受拉钢筋的应力幅；

2 截面中和轴处混凝土的剪应力和箍筋的应力幅。

注：纵向受压普通钢筋可不进行疲劳验算。

钢筋混凝土受弯构件的正截面、斜截面的疲劳强度验算，《混规》规定：

6.7.4 钢筋混凝土和预应力混凝土受弯构件正截面疲劳应力应符合下列要求：

1 受压区边缘纤维的混凝土压应力

$$\sigma_{cc,max}^f \leqslant f_c^f \quad (6.7.4-1)$$

2 预应力混凝土构件受拉区边缘纤维的混凝土拉应力

$$\sigma_{ct,max}^f \leqslant f_t^f \quad (6.7.4-2)$$

3 受拉区纵向普通钢筋的应力幅

$$\Delta\sigma_{si}^f \leqslant \Delta f_y^f \quad (6.7.4-3)$$

4 受拉区纵向预应力筋的应力幅

$$\Delta\sigma_p^f \leqslant \Delta f_{py}^f \quad (6.7.4-4)$$

式中：$\sigma_{cc,max}^f$——疲劳验算时截面受压区边缘纤维的混凝土压应力，按本规范公式（6.7.5-1）计算；

$\sigma_{ct,max}^f$——疲劳验算时预应力混凝土截面受拉区边缘纤维的混凝土拉应力，按本规范第6.7.11条计算；

$\Delta\sigma_{si}^f$——疲劳验算时截面受拉区第i层纵向钢筋的应力幅，按本规范公式（6.7.5-2）计算；

$\Delta\sigma_p^f$——疲劳验算时截面受拉区最外层纵向预应力筋的应力幅，按本规范公式（6.7.11-3）计算；

f_c^f、f_t^f——分别为混凝土轴心抗压、抗拉疲劳强度设计值，按本规范第4.1.6条确定；

Δf_y^f——钢筋的疲劳应力幅限值，按本规范表4.2.6-1采用。

6.7.7 钢筋混凝土受弯构件斜截面的疲劳验算及剪力的分配应符合下列规定：

1 当截面中和轴处的剪应力符合下列条件时，该区段的剪力全部由混凝土承受，此时，箍筋可按构造要求配置；

$$\tau^f \leqslant 0.6 f_t^f \tag{6.7.7-1}$$

式中：τ^f——截面中和轴处的剪应力，按本规范第 6.7.8 条计算；

f_t^f——混凝土轴心抗拉疲劳强度设计值，按本规范第 4.1.6 条确定。

2 截面中和轴处的剪应力不符合公式（6.7.7-1）的区段，其剪力应由箍筋和混凝土共同承受。此时，箍筋的应力幅 $\Delta\sigma_{sv}^f$ 应符合下列规定：

$$\Delta\sigma_{sv}^f \leqslant \Delta f_{yv}^f \tag{6.7.7-2}$$

式中：$\Delta\sigma_{sv}^f$——箍筋的应力幅，按本规范公式（6.7.9-1）计算；

Δf_{yv}^f——箍筋的疲劳应力幅限值，按本规范表 4.2.6-1 采用。

需作疲劳验算的钢筋混凝土梁的配筋构造要求，《混规》规定：

9.2.14 薄腹梁或需作疲劳验算的钢筋混凝土梁，应在下部 1/2 梁高的腹板内沿两侧配置直径 8～14mm 的纵向构造钢筋，其间距为 100～150mm 并按下密上疏的方式布置。在上部 1/2 梁高的腹板内，纵向构造钢筋可按本规范第 9.2.13 条的规定配置。

三、解题指导

本节计算公式繁多，复习时关键是理解计算公式的基本假定条件、计算的力学模型、基本原理、参数取值规定、适用条件等；注意掌握各类构件的构造要求。

本节构造知识有：钢筋基本锚固长度和锚固长度；钢筋连接梁中钢筋（纵向受力钢筋、箍筋）的配筋、锚固构造要求；柱中钢筋（纵向受力钢筋、箍筋）的构造要求；受扭构件的配筋构造要求；板的配筋构造要求；需验算疲劳的梁的配筋构造要求等。

各类构件的计算，首先是保证构件截面满足规定条件，其次，构件的纵向受力钢筋，及箍筋的配筋率（配箍率）应满足最大配筋率、最小配筋率的要求。

【例 14-2-1】 某根钢筋混凝土简支梁其支座边剪力为 300kN，其截面尺寸为 250mm×500mm（$h_0=465$mm），混凝土为 C25，对其斜截面受剪承载力计算，该梁箍筋配置是（　　）。

A. 按构造配置箍筋　　　　　　B. 截面尺寸太小
C. 按计算配置箍筋　　　　　　D. 无法确定

【解】 截面尺寸复核（见本节《混规》第 6.3.1 条）：$h_w/b = h_0/b = \dfrac{465}{250} = 1.86 < 4$，则：

$V = 300\text{kN} < 0.25\beta_c f_c bh_0 = 0.25 \times 1 \times 11.9 \times 250 \times 465 = 345.84\text{kN}$

截面尺寸满足，故 B 项不对；

$$\alpha_{cv}f_t bh_0 = 0.7f_t bh_0 = 0.7 \times 1.27 \times 250 \times 465 = 103.35 \text{kN}$$

$$< V = 300 \text{kN}$$

所以按计算配置箍筋,故选 C 项。

【例 14-2-2】 受扭纵筋、箍筋的配筋强度比 ξ 在 0.6~1.7 之间时,构件破坏时( )。

A. 均布纵筋、箍筋部分屈服
B. 均布纵筋、箍筋均屈服
C. 仅箍筋屈服
D. 不对称纵筋、箍筋均屈服

【解】 受扭计算公式的适用条件:ξ 在 0.6~1.7 之间取值,此时均布纵向钢筋与箍筋在构件破坏时同时达到屈服,故选 B 项。

【例 14-2-3】 弯矩作用平面内截面对称的偏心受压构件,当同一主轴方向的杆端弯矩 $M_1/M_2 \leq 0.9$ 且轴压比不大于 0.9 时,当构件的长细比 λ($\lambda = l_c/i$)满足( )时,可不考虑轴向压力在该方向挠曲杆件中产生的附加弯矩影响。

A. $\lambda \leq 30 - 12\dfrac{M_1}{M_2}$
B. $\lambda \leq 34 - 12\dfrac{M_1}{M_2}$
C. $\lambda > 30 - 12\dfrac{M_1}{M_2}$
D. $\lambda > 34 - 12\dfrac{M_1}{M_2}$

【解】 根据本节重点内容中《混规》6.2.3 条规定,应选 B 项。

【例 14-2-4】 《混凝土结构设计规范》附录 B 中近似计算偏压构件侧移二阶效应的增大系数方法中,当计算框架结构中柱的弯矩增大系数时,宜对柱的弹性抗弯刚度乘以折减系数,其值为( )。

A. 0.40
B. 0.45
C. 0.60
D. 0.70

【解】 根据本节重点内容中《混规》附录 B 的规定,应选 C 项。

【例 14-2-5】 混凝土结构中偏压构件当需考虑重力二阶效应和挠曲二阶效应时,该二阶效应为( )。

A. $P\text{-}\Delta$ 效应
B. $P\text{-}\Delta$ 效应或 $P\text{-}\delta$ 效应
C. $P\text{-}\delta$ 效应
D. $P\text{-}\Delta$ 效应和 $P\text{-}\delta$ 效应

【解】 结构二阶效应包括重力二阶效应($P\text{-}\Delta$ 效应)和受压构件的挠曲效应($P\text{-}\delta$ 效应),故偏压构件当需考虑二阶效应时,考虑 $P\text{-}\Delta$ 效应和 $P\text{-}\delta$ 效应,应选 D 项。

思考:对于梁、框架梁构件仅考虑 $P\text{-}\Delta$ 效应。

四、应试题解

1.《混规》规定,对钢筋混凝土构件中,HRB400 级纵向受力钢筋抗拉强度设计值取值,下列说法正确的是( )。

A. 轴心受拉构件与轴心受压构件相同,按照材料强度设计值取值
B. 小偏心受拉构件与大偏心受拉构件相同,不能超过 300N/mm²
C. 轴心受拉构件与大小偏心受拉构件相同,不能超过 300N/mm²
D. 轴心受拉构件与小偏心受拉构件相同,不能超过 300N/mm²

2.( )属于承载能力极限状态。

A. 连续梁中间支座产生塑性铰

B. 裂缝宽度超过规定限值

C. 结构或构件作为刚体失去平衡

D. 预应力构件中混凝土的拉应力超过规范限值

3. 钢筋混凝土梁的受拉区边缘达到( )时，受拉区开始出现裂缝。

  A. 混凝土实际的抗拉强度　　　　B. 混凝土的抗拉标准强度

  C. 混凝土的抗拉设计强度　　　　D. 混凝土弯曲时的极限拉应变

4. 受弯构件中，对受拉纵筋达到屈服强度，受压区边缘混凝土也同时达到极限压应变的情况，称为( )。

  A. 适筋破坏　　　　　　　　　　B. 超筋破坏

  C. 少筋破坏　　　　　　　　　　D. 界限破坏

5. 某配筋梁在正截面破坏时的特征是：首先从受拉区开始，受拉钢筋首先屈服，直到受压区边缘混凝土达到极限压应变，受压区混凝土被压碎。该配筋梁称为( )。

  A. 少筋梁　　　B. 适筋梁　　　C. 超筋梁　　　D. 部分超筋梁

6. 受弯构件适筋梁破坏时，受拉钢筋应变 ε_s 和受压区边缘混凝土应变 ε_c 为( )。

  A. $\varepsilon_s > \varepsilon_y$, $\varepsilon_c = \varepsilon_{cu}$　　　　B. $\varepsilon_s < \varepsilon_y$, $\varepsilon_c = \varepsilon_{cu}$

  C. $\varepsilon_s < \varepsilon_y$, $\varepsilon_c < \varepsilon_{cu}$　　　　D. $\varepsilon_s > \varepsilon_y$, $\varepsilon_c < \varepsilon_c$

7. 正截面承载力计算中，不考虑受拉混凝土作用是因为( )。

  A. 混凝土退出工作

  B. 混凝土抗拉强度低

  C. 中和轴以下混凝土全部开裂

  D. 中和轴附近部分受拉混凝土范围小且产生的力矩很小

8. 钢筋混凝土双筋梁、大偏心受压和大偏心受拉构件的正截面承载力计算中，要求受压区高度 $x \geq 2a'_s$ 是为了( )。

  A. 防止受压钢筋压屈

  B. 避免保护层剥落

  C. 保证受压钢筋在构件破坏时能达到极限抗压强度

  D. 保证受压钢筋在构件破坏时能达到其抗压强度设计值

9. 某矩形截面简支梁，$b \times h = 200mm \times 500mm$，混凝土强度等级为 C25，受拉区配置 4 根直径为 20mm 的 HRB400 级钢筋，该梁沿截面破坏时为( )。

  A. 界限破坏　　　B. 适筋破坏　　　C. 少筋破坏　　　D. 超筋破坏

10. T 形截面梁，尺寸如图 14-2-4，因外荷较小，仅按最小配筋率 $\rho_{min} = 0.15\%$ 配纵筋，其截面面积为 A_s，$h_0 = 465mm$，正确的是( )。

  A. $A_s = 800 \times 465 \times 0.15\%$

  B. $A_s = 800 \times 500 \times 0.15\%$

  C. $A_s = 200 \times 500 \times 0.15\%$

  D. $A_s = [200 \times 500 + (800 - 200) \times 100] \times 0.15\%$

11. 四根材料和截面面积相同而截面形状不同的混凝土梁，其抗弯能力最强的是( )。

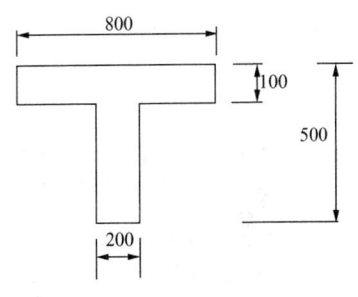

图 14-2-4

A. 圆形截面 B. 正方形截面
C. 高宽比为 0.5 的矩形截面 D. 高宽比为 2.0 的矩形截面

12. 提高受弯构件正截面抗弯能力最有效的方法是(　　)。
    A. 提高混凝土的强度等级 B. 提高钢筋强度
    C. 增加截面高度 D. 增加截面宽度

13. 设计双筋梁时,当求 A_s、A_s' 时,用钢量最少的方法是(　　)。
    A. 取 $\xi=\xi_b$ B. 取 $A_s'=A_s$
    C. 使 $x=2a_s'$ D. 使 $x=0.5h_0$

14. 钢筋混凝土梁只要按受剪承载力公式计算,并配置梁内箍筋后,则(　　)。
    A. 不发生剪切破坏 B. 斜裂缝宽度能满足要求
    C. 不发生纵筋锚固破坏 D. 只可能发生受弯破坏

15. 受弯构件中配置一定量的箍筋,下列对箍筋的作用叙述中,不正确的是(　　)。
    A. 提高斜截面抗剪承载力 B. 形成稳定的钢筋骨架
    C. 固定纵筋的位置 D. 防止发生斜截面抗弯不足

16. 倒 T 形截面梁,尺寸如图 14-2-5,因外荷较小,仅按最小配筋率 $\rho_{min}=0.15\%$ 配纵筋,其截面面积为 A_s,$h_0=465mm$,正确的是(　　)。
    A. $A_s=800\times465\times0.15\%$
    B. $A_s=800\times500\times0.15\%$
    C. $A_s=200\times500\times0.15\%$
    D. $A_s=[200\times500+(800-200)\times100]\times0.15\%$

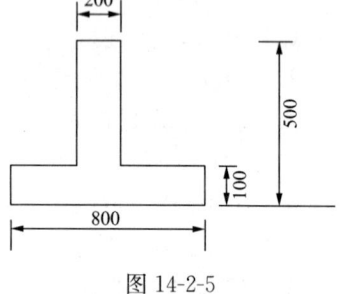

图 14-2-5

17. 钢筋混凝土受弯构件斜截面承载力的计算公式是根据(　　)建立的。
    A. 斜拉破坏 B. 斜压破坏
    C. 剪压破坏 D. 锚固破坏

18. 受弯构件斜截面抗剪设计时,限制其最小截面尺寸的目的是(　　)。
    A. 防止发生斜拉破坏 B. 防止发生斜压破坏
    C. 防止发生受弯破坏 D. 防止发生剪压破坏

19. 设计受弯构件时,如果出现 $V\geqslant 0.25f_cbh_0$ 的情况,应采取的最有效措施是(　　)。
    A. 加大截面尺寸 B. 增加受力纵筋
    C. 提高混凝土强度等级 D. 增设弯起筋

20. 某均布荷载作用下的钢筋混凝土矩形截面简支梁,截面尺寸为 $b\times h=200mm\times500mm$,$a_s=35mm$,计算跨度 $L=4.0m$,采用混凝土 C25($f_c=11.9N/mm^2$),梁内配置了单排 HRB400 级纵向钢筋和充足的箍筋,该梁能承受的受剪承载力设计值为(　　)kN。
    A. 276.7 B. 223.2 C. 159.4 D. 246.2

21. 无腹筋钢筋混凝土梁沿斜截面的受剪承载力与剪跨比的关系是(　　)。
    A. 随剪跨比的增加而提高
    B. 随剪跨比的增加而降低

C. 在一定范围内随剪跨比的增加而提高
D. 在一定范围内随剪跨比的增加而降低

22. 梁的斜截面受剪承载力计算时,其计算位置不正确的是( )。
 A. 支座边缘处   B. 受拉区弯起筋的弯起点处
 C. 箍筋直径或箍筋间距变化处   D. 受压区弯起筋的弯起点处

23. 在钢筋混凝土轴心受压构件中,宜采用( )。
 A. 圆形截面   B. 较高强度等级的箍筋
 C. 较高强度等级的纵向受力钢筋 D. 较高强度等级的混凝土

24. 一圆形截面螺旋箍筋柱,若按普通钢筋混凝土柱计算,其承载力为500kN,若按螺旋箍筋柱计算,其承载力为700kN,则该柱的承载力应视为( )kN。
 A. 600   B. 500   C. 700   D. 550

25. 有两个配置螺旋箍筋的圆形截面柱,一个直径大,另一个直径小,但螺旋箍筋的品种、直径和螺距相同,相对于该柱,则螺旋箍筋对( )承载力提高得大些。
 A. 直径大的   B. 直径小的
 C. 两者相同   D. 不能确定

26. 钢筋混凝土轴心受压构件的稳定系数 φ 主要与柱的长细比 l_0/b (l_0 为柱的计算长度,b 为矩形截面的短边边长)有关,《混凝土结构设计规范》规定了不考虑稳定系数 φ 时的 l_0/b 值为( )。
 A. $l_0/b \leqslant 28$ B. $l_0/b \leqslant 12$ C. $l_0/b \leqslant 10$ D. $l_0/b \leqslant 8$

27. 钢筋混凝土偏心受压构件,其大小偏心受压的根本区别是( )。
 A. 偏心距的大小
 B. 截面破坏时,受压钢筋是否屈服
 C. 截面破坏时,远离轴向力一侧的钢筋是否受拉屈服
 D. 受压一侧的混凝土是否达到极限压应变

28. 钢筋混凝土大偏心受压构件的破坏特征是( )。
 A. 远离轴向力一侧的钢筋先受拉屈服,随后另一侧钢筋压屈,混凝土压碎
 B. 远离轴向力一侧的钢筋应力不定,而另一侧钢筋压屈,混凝土压碎
 C. 靠近轴向力一侧的钢筋和混凝土应力不定,而另一侧钢筋受压屈服,混凝土压碎
 D. 靠近轴向力一侧的钢筋和混凝土先屈服和压碎,而另一侧钢筋随后受拉屈服

29. 大偏心受压构件随 N 和 M 的变化是( )。
 A. M 不变时,N 越大越危险   B. M 不变时,N 越小越危险
 C. N 不变时,M 越小越危险   D. A 和 C

30. 当大偏压构件截面钢筋(A_s)不断增加,可能产生( )。
 A. 受拉破坏变为受压破坏   B. 受压破坏变为受拉破坏
 C. 保持受拉破坏   D. 破坏形态保持不变

31. 下列对于钢筋混凝土柱的叙述中,错误的是( )。
 A. 钢筋混凝土柱是典型的受压构件,其截面上一般作用有轴力 N 和弯矩 M
 B. 钢筋混凝土柱的长细比一般控制在 $l_0/b \leqslant 30$ 或 $l_0/d \leqslant 25$(b 为矩形截面短边,d 为圆形截面直径)

C. 钢筋混凝土柱的纵向受力钢筋直径不宜小于12mm，而且根数不得少于4根

D. 钢筋混凝土柱的箍筋间距不宜大于400mm，而且不应大于柱截面的短边尺寸

32. 对于高度、截面尺寸、配置及材料强度完全相同的柱，以支承条件为（　　）时，其轴心受压承载力最大。

　　A. 两端不动铰支　　　　　　　　B. 一端自由，一端嵌固
　　C. 两端嵌固　　　　　　　　　　D. 一端不动铰支，一端嵌固

33. 受扭构件纵钢筋的布置应沿钢筋混凝土构件截面（　　）。

　　A. 上面布置　　　　　　　　　　B. 周边均匀布置
　　C. 下面布置　　　　　　　　　　D. 上下面均匀布置

34. 受扭构件的配筋方式为（　　）。

　　A. 仅配置抗扭箍筋　　　　　　　B. 配置抗扭箍筋和抗扭纵筋
　　C. 仅配置抗扭纵筋　　　　　　　D. 仅配置与裂缝方向垂直的方向的螺旋状钢筋

35. 受扭纵筋、箍筋的配筋强度比 ξ 在 0.6～1.7 之间时，构件破坏时（　　）。

　　A. 均布纵筋、箍筋部分屈服　　　B. 均布纵筋、箍筋均屈服
　　C. 仅箍筋屈服　　　　　　　　　D. 不对称纵筋、箍筋均屈服

36. 钢筋混凝土受压短柱在持续不变的轴向压力 N 的作用下，经过一段时间后，钢筋和混凝土的应力变化情况是（　　）。

　　A. 钢筋的应力增加，混凝土的应力减小
　　B. 钢筋的应力减小，混凝土的应力增加
　　C. 钢筋和混凝土的应力均未变化
　　D. 钢筋和混凝土的应力均增大

37. 某矩形截面短柱，截面尺寸为 400mm×400mm，混凝土强度等级为 C25（$f_c=11.9N/mm^2$），钢筋用 HRB400 级，对称配筋，在下列不利内力组合中，最不利组合是（　　）。

　　A. $M=30kN·m$，$N=200kN$　　　B. $M=50kN·m$，$N=400kN$
　　C. $M=30kN·m$，$N=205kN$　　　D. $M=50kN·m$，$N=405kN$

38. 两个截面尺寸、混凝土等级、钢筋等级均相同，只是配筋率不同的轴拉构件，即将开裂时（　　）。

　　A. 配筋率大的构件钢筋应力小　　B. 配筋率小的构件钢筋应力大
　　C. 两个构件钢筋应力相同　　　　D. 依情况而定

39. 对小偏拉构件，偏心距与总用钢量（受拉钢筋与受压钢筋）的关系是（　　）。

　　A. 若偏心距改变，则总用钢量不变　　B. 若偏心距增大，则总用钢量减小
　　C. 若偏心距增大，则总用钢量增加　　D. 上述 A、B、C 均不对

40. 在受拉构件中由于纵筋拉力的存在，构件的抗剪能力将（　　）。

　　A. 难以测定　　B. 降低　　C. 提高　　D. 不变

41. 下列关于钢筋混凝土弯剪扭构件的叙述中，不正确的是（　　）。

　　A. 扭矩的存在对构件的抗弯承载力没有影响
　　B. 剪力的存在对构件的抗弯承载力没有影响
　　C. 弯矩的存在对构件的抗扭承载力没有影响

D. 扭矩的存在对构件的抗剪承载力有影响

第三节 正常使用极限状态验算

一、《考试大纲》的规定
抗裂、裂缝、挠度。

二、重点内容
1. 抗裂与裂缝宽度的验算
（1）裂缝控制等级与最大裂缝宽度限值

> **3.4.4** 结构构件正截面的受力裂缝控制等级分为三级，等级划分及要求应符合下列规定：
> 　　一级——严格要求不出现裂缝的构件，按荷载标准组合计算时，构件受拉边缘混凝土不应产生拉应力。
> 　　二级——一般要求不出现裂缝的构件，按荷载标准组合计算时，构件受拉边缘混凝土拉应力不应大于混凝土抗拉强度的标准值。
> 　　三级——允许出现裂缝的构件：对钢筋混凝土构件，按荷载准永久组合并考虑长期作用影响计算时，构件的最大裂缝宽度不应超过本规范表 3.4.5 规定的最大裂缝宽度限值。对预应力混凝土构件，按荷载标准组合并考虑长期作用的影响计算时，构件的最大裂缝宽度不应超过本规范第 3.4.5 条规定的最大裂缝宽度限值；对二 a 类环境的预应力混凝土构件，尚应按荷载准永久组合计算，且构件受拉边缘混凝土的拉应力不应大于混凝土的抗拉强度标准值。
>
> **3.4.5** 结构构件应根据结构类型和本规范第 3.5.2 条规定的环境类别，按表 3.4.5 的规定选用不同的裂缝控制等级及最大裂缝宽度限值 $w_{\lim}$。
>
> **结构构件的裂缝控制等级及最大裂缝宽度的限值（mm）**　　表 3.4.5
>
> | 环境类别 | 钢筋混凝土结构 | | 预应力混凝土结构 | |
> |---|---|---|---|---|
> | | 裂缝控制等级 | $w_{\lim}$ | 裂缝控制等级 | $w_{\lim}$ |
> | 一 | 三级 | 0.30（0.40） | 三级 | 0.20 |
> | 二 a | 三级 | 0.20 | | 0.10 |
> | 二 b | 三级 | 0.20 | 二级 | — |
> | 三 a、三 b | 三级 | 0.20 | 一级 | — |
>
> 注：1　对处于年平均相对湿度小于 60% 地区一类环境下的受弯构件，其最大裂缝宽度限值可采用括号内的数值；
> 　　2　在一类环境下，对钢筋混凝土屋架、托架及需作疲劳验算的吊车梁，其最大裂缝宽度限值应取为 0.20mm；对钢筋混凝土屋面梁和托梁，其最大裂缝宽度限值应取为 0.30mm；
> 　　3　在一类环境下，对预应力混凝土屋架、托架及双向板体系，应按二级裂缝控制等级进行验算；对一类环境下的预应力混凝土屋面梁、托梁、单向板，应按表中二 a 级环境的要求进行验算；在一类和二 a 类环境下需作疲劳验算的预应力混凝土吊车梁，应按裂缝控制等级不低于二级的构件进行验算。

3.5.2 混凝土结构暴露的环境类别应按表 3.5.2 的要求划分。

混凝土结构的环境类别　　　　　表 3.5.2

环境类别	条　件
一	室内干燥环境； 无侵蚀性静水浸没环境
二 a	室内潮湿环境； 非严寒和非寒冷地区的露天环境； 非严寒和非寒冷地区与无侵蚀性的水或土壤直接接触的环境； 严寒和寒冷地区的冰冻线以下与无侵蚀性的水或土壤直接接触的环境
二 b	干湿交替环境； 水位频繁变动环境； 严寒和寒冷地区的露天环境； 严寒和寒冷地区冰冻线以上与无侵蚀性的水或土壤直接接触的环境
三 a	严寒和寒冷地区冬季水位变动区环境； 受除冰盐影响环境； 海风环境
三 b	盐渍土环境； 受除冰盐作用环境； 海岸环境
四	海水环境
五	受人为或自然的侵蚀性物质影响的环境

注：1　室内潮湿环境是指构件表面经常处于结露或湿润状态的环境；
　　2　严寒和寒冷地区的划分应符合现行国家标准《民用建筑热工设计规范》GB 50176 的有关规定；
　　3　海岸环境和海风环境宜根据当地情况，考虑主导风向及结构所处迎风、背风部位等因素的影响，由调查研究和工程经验确定；
　　4　受除冰盐影响环境是指受到除冰盐盐雾影响的环境；受除冰盐作用环境是指被除冰盐溶液溅射的环境以及使用除冰盐地区的洗车房、停车楼等建筑；
　　5　暴露的环境是指混凝土结构表面所处的环境。

需注意的是：①钢筋混凝土构件，裂缝宽度验算时，荷载组合是取荷载准永久组合，并且考虑长期作用的影响；②预应力混凝土构件，裂缝宽度验算时荷载组合是取荷载标准组合，并且考虑长期作用的影响。二 a 类的预应力混凝土构件，还应取荷载准永久组合验算受拉边混凝土的拉应力不应大于 f_{tk} 值。

（2）最大裂缝宽度的验算

根据轴心受拉构件试验分析，钢筋和混凝土的应力是随着裂缝位置而变化的，呈波浪形起伏。《混规》所规定的裂缝开展宽度是指受拉钢筋重心处构件侧表面上混凝土的裂缝宽度，比混凝土表面的裂缝宽度小些。

《混规》规定了在正常使用极限状态验算时，平截面基本假定，即：

7.1.3 在荷载准永久组合或标准组合下，钢筋混凝土构件、预应力混凝土构件开裂截面处受压边缘混凝土压应力、不同位置处钢筋的拉应力及预应力筋的等效应力宜按下列假定计算：

1 截面应变保持平面；
2 受压区混凝土的法向应力图取为三角形；
3 不考虑受拉区混凝土的抗拉强度；
4 采用换算截面。

最大裂缝宽度的验算，《混规》规定：

7.1.2 在矩形、T形、倒T形和I形截面的钢筋混凝土受拉、受弯和偏心受压构件及预应力混凝土轴心受拉和受弯构件中，按荷载标准组合或准永久组合并考虑长期作用影响的最大裂缝宽度可按下列公式计算：

$$w_{max} = \alpha_{cr}\psi\frac{\sigma_s}{E_s}\left(1.9c_s + 0.08\frac{d_{eq}}{\rho_{te}}\right) \quad (7.1.2\text{-}1)$$

$$\psi = 1.1 - 0.65\frac{f_{tk}}{\rho_{te}\sigma_s} \quad (7.1.2\text{-}2)$$

$$d_{eq} = \frac{\sum n_i d_i^2}{\sum n_i \nu_i d_i} \quad (7.1.2\text{-}3)$$

$$\rho_{te} = \frac{A_s + A_p}{A_{te}} \quad (7.1.2\text{-}4)$$

式中：α_{cr}——构件受力特征系数，按表7.1.2-1采用；

ψ——裂缝间纵向受拉钢筋应变不均匀系数：当$\psi<0.2$时，取$\psi=0.2$；当$\psi>1.0$时，取$\psi=1.0$；对直接承受重复荷载的构件，取$\psi=1.0$；

σ_s——按荷载准永久组合计算的钢筋混凝土构件纵向受拉普通钢筋应力或按标准组合计算的预应力混凝土构件纵向受拉钢筋等效应力；

E_s——钢筋的弹性模量，按本规范表4.2.5采用；

c_s——最外层纵向受拉钢筋外边缘至受拉区底边的距离（mm）：当$c_s<20$时，取$c_s=20$；当$c_s>65$时，取$c_s=65$；

ρ_{te}——按有效受拉混凝土截面面积计算的纵向受拉钢筋配筋率；对无粘结后张构件，仅取纵向受拉普通钢筋计算配筋率；在最大裂缝宽度计算中，当$\rho_{te}<0.01$时，取$\rho_{te}=0.01$；

A_{te}——有效受拉混凝土截面面积：对轴心受拉构件，取构件截面面积；对受弯、偏心受压和偏心受拉构件，取$A_{te}=0.5bh+(b_f-b)h_f$，此处，b_f、h_f为受拉翼缘的宽度、高度；

A_s——受拉区纵向普通钢筋截面面积；

A_p——受拉区纵向预应力筋截面面积；

d_{eq}——受拉区纵向钢筋的等效直径（mm）；对无粘结后张构件，仅为受拉区纵向受拉普通钢筋的等效直径（mm）；

d_i——受拉区第i种纵向钢筋的公称直径；对于有粘结预应力钢绞线束的直径取为$\sqrt{n_1}d_{p1}$，其中d_{p1}为单根钢绞线的公称直径，n_1为单束钢绞线根数；

n_i——受拉区第 i 种纵向钢筋的根数;对于有粘结预应力钢绞线,取为钢绞线束数;

ν_i——受拉区第 i 种纵向钢筋的相对粘结特性系数,按表 7.1.2-2 采用。

注:1 对承受吊车荷载但不需作疲劳验算的受弯构件,可将计算求得的最大裂缝宽度乘以系数 0.85;
2 对按本规范第 9.2.15 条配置表层钢筋网片的梁,按公式(7.1.2-1)计算的最大裂缝宽度可适当折减,折减系数可取 0.7;
3 对 $e_0/h_0 \leqslant 0.55$ 的偏心受压构件,可不验算裂缝宽度。

构件受力特征系数　　表 7.1.2-1

类型	α_{cr}	
	钢筋混凝土构件	预应力混凝土构件
受弯、偏心受压	1.9	1.5
偏心受拉	2.4	—
轴心受拉	2.7	2.2

钢筋的相对粘结特性系数　　表 7.1.2-2

钢筋类别	钢筋		先张法预应力筋			后张法预应力筋		
	光圆钢筋	带肋钢筋	带肋钢筋	螺旋肋钢丝	钢绞线	带肋钢筋	钢绞线	光面钢丝
ν_i	0.7	1.0	1.0	0.8	0.6	0.8	0.5	0.4

注:对环氧树脂涂层带肋钢筋,其相对粘结特性系数应按表中系数的 80% 取用。

对于钢筋混凝土构件受拉区纵向普通钢筋的应力,《混规》规定:

7.1.4 在荷载准永久组合下,钢筋混凝土构件受拉区纵向普通钢筋的应力按下列公式计算:

1 钢筋混凝土构件受拉区纵向普通钢筋的应力

1) 轴心受拉构件

$$\sigma_{sq} = \frac{N_q}{A_s} \quad (7.1.4\text{-}1)$$

2) 偏心受拉构件

$$\sigma_{sq} = \frac{N_q e'}{A_s (h_0 - a'_s)} \quad (7.1.4\text{-}2)$$

3) 受弯构件

$$\sigma_{sq} = \frac{M_q}{0.87 h_0 A_s} \quad (7.1.4\text{-}3)$$

4) 偏心受压构件

$$\sigma_{sq} = \frac{N_q(e-z)}{A_s z} \tag{7.1.4-4}$$

$$z = \left[0.87 - 0.12(1-\gamma'_f)\left(\frac{h_0}{e}\right)^2\right]h_0 \tag{7.1.4-5}$$

$$e = \eta_s e_0 + y_s \tag{7.1.4-6}$$

$$\gamma'_f = \frac{(b'_f - b)h'_f}{bh_0} \tag{7.1.4-7}$$

$$\eta_s = 1 + \frac{1}{4000 e_0/h_0}\left(\frac{l_0}{h}\right)^2 \tag{7.1.4-8}$$

式中：A_s——受拉区纵向普通钢筋截面面积；对轴心受拉构件，取全部纵向普通钢筋截面面积；对偏心受拉构件，取受拉较大边的纵向普通钢筋截面面积；对受弯、偏心受压构件，取受拉区纵向普通钢筋截面面积；

N_q、M_q——按荷载准永久组合计算的轴向力值、弯矩值；

e'——轴向拉力作用点至受压区或受拉较小边纵向普通钢筋合力点的距离；

e——轴向压力作用点至纵向受拉普通钢筋合力点的距离；

e_0——荷载准永久组合下的初始偏心距，取为 M_q/N_q；

z——纵向受拉普通钢筋合力点至截面受压区合力点的距离，且不大于 $0.87h_0$；

η_s——使用阶段的轴向压力偏心距增大系数，当 l_0/h 不大于 14 时，取 1.0；

y_s——截面重心至纵向受拉普通钢筋合力点的距离；

γ'_f——受压翼缘截面面积与腹板有效截面面积的比值；

b'_f、h'_f——分别为受压区翼缘的宽度、高度；在公式（7.1.4-7）中，当 h'_f 大于 $0.2h_0$ 时，取 $0.2h_0$。

2. 变形验算

根据适筋梁的 M-f 关系曲线，在梁裂缝出现后，即第二阶段，由于混凝土的塑性发展，弹性模量降低，同时受拉区混凝土开裂，梁的惯性矩发生了质的变化，刚度下降，故在 M-f 曲线中 f 比 M 增长得快。在正常使用情况下，梁受力状态一般同于上述第二阶段，因此，要验算钢筋混凝土受弯构件的挠度，关键是确定第二阶段中截面弯曲刚度 B。同时，在长期荷载作用下，构件的刚度将有所降低，《混规》采用了挠度增大的影响系数 θ 来考虑荷载长期作用的影响。在确定梁段刚度时采用了最小刚度原则，具体如下：

7.2.1 钢筋混凝土和预应力混凝土受弯构件的挠度可按照结构力学方法计算，且不应超过本规范表 3.4.3 规定的限值。

在等截面构件中，可假定各同号弯矩区段内的刚度相等，并取用该区段内最大弯矩处的刚度。当计算跨度内的支座截面刚度不大于跨中截面刚度的 2 倍或不小于跨中截面刚度的 1/2 时，该跨也可按等刚度构件进行计算，其构件刚度可取跨中最大弯矩截面的刚度。

3.4.3 钢筋混凝土受弯构件的最大挠度应按荷载的准永久组合,预应力混凝土受弯构件的最大挠度应按荷载的标准组合,并均应考虑荷载长期作用的影响进行计算,其计算值不应超过表 3.4.3 规定的挠度限值。

受弯构件的挠度限值　　　　　表 3.4.3

构件类型		挠度限值
吊车梁	手动吊车	$l_0/500$
	电动吊车	$l_0/600$
屋盖、楼盖及楼梯构件	当 $l_0<7\text{m}$ 时	$l_0/200$($l_0/250$)
	当 $7\text{m}\leqslant l_0\leqslant 9\text{m}$ 时	$l_0/250$($l_0/300$)
	当 $l_0>9\text{m}$ 时	$l_0/300$($l_0/400$)

注：1 表中 l_0 为构件的计算跨度；计算悬臂构件的挠度限值时，其计算跨度 l_0 按实际悬臂长度的 2 倍取用；
　　2 表中括号内的数值适用于使用上对挠度有较高要求的构件；
　　3 如果构件制作时预先起拱，且使用上也允许，则在验算挠度时，可将计算所得的挠度值减去起拱值；对预应力混凝土构件，尚可减去预加力所产生的反拱值；
　　4 构件制作时的起拱值和预加力所产生的反拱值，不宜超过构件在相应荷载组合作用下的计算挠度值。

（1）钢筋混凝土受弯构件的刚度 B 的计算

对钢筋混凝土结构构件,《混规》规定：

7.2.2 矩形、T 形、倒 T 形和 I 形截面受弯构件考虑荷载长期作用影响的刚度 B 可按下列规定计算：

　　2 采用荷载准永久组合时

$$B = \frac{B_s}{\theta} \quad (7.2.2\text{-}2)$$

式中：B_s——按荷载准永久组合计算的钢筋混凝土受弯构件，按本规范第 7.2.3 条计算；

　　　θ——考虑荷载长期作用对挠度增大的影响系数，按本规范第 7.2.5 条取用。

7.2.3 按裂缝控制等级要求的荷载组合作用下，钢筋混凝土受弯构件的短期刚度 B_s，可按下列公式计算：

　　1 钢筋混凝土受弯构件

$$B_s = \frac{E_s A_s h_0^2}{1.15\psi + 0.2 + \dfrac{6\alpha_E\rho}{1+3.5\gamma_f'}} \quad (7.2.3\text{-}1)$$

式中：ψ——裂缝间纵向受拉普通钢筋应变不均匀系数，按本规范第 7.1.2 条确定；

α_E——钢筋弹性模量与混凝土弹性模量的比值，即 E_s/E_c；

ρ——纵向受拉钢筋配筋率：对钢筋混凝土受弯构件，取为 $A_s/(bh_0)$；对预应力混凝土受弯构件，取为 $(\alpha_1 A_p + A_s)/(bh_0)$，对灌浆的后张预应力筋，取 $\alpha_1=1.0$，对无粘结后张预应力筋，取 $\alpha_1=0.3$；

γ'_f——受压翼缘截面面积与腹板有效截面面积的比值。

7.2.5 考虑荷载长期作用对挠度增大的影响系数 θ 可按下列规定取用：

1 钢筋混凝土受弯构件

当 $\rho'=0$ 时，取 $\theta=2.0$；当 $\rho'=\rho$ 时，取 $\theta=1.6$；当 ρ' 为中间数值时，θ 按线性内插法取用。此处，$\rho'=A'_s/(bh_0)$，$\rho=A_s/(bh_0)$。

对翼缘位于受拉区的倒 T 形截面，θ 应增加 20%。

（2）挠度计算

对均布荷载的简支梁：$f = \dfrac{5ql^4}{384B} \leqslant [f]$

对跨中中点作用集中荷载的简支梁：$f = \dfrac{Pl^3}{48B} \leqslant [f]$

对理想均质弹性梁：$f = S\dfrac{Ml^2}{B} \leqslant [f]$

式中 S 为与荷载形式、支承条件有关的挠度系数；M 值，对钢筋混凝土构件，取荷载准永久组合值 M_q。

三、解题指导

对本节计算公式的理解，应注意：参数取值，如最大裂缝宽度计算公式中，有效受拉混凝土截面面积 A_{te} 对不同受力构件其取值规定是不同的，区分准永久组合、标准组合各自适用范围；区分构件短期刚度 B_s 与考虑荷载长期作用的构件刚度 B 的区别，各自的计算规定。

【例 14-3-1】 减小梁裂缝宽度的最有效措施是（　　）。

A. 增大截面尺寸　　　　　　B. 提高混凝土强度等级

C. 选择直径较大的钢筋　　　D. 选择直径较小的钢筋

【解】 依据最大裂缝宽度计算公式，当选择直径较小的钢筋时，d_{eq} 减小，则 w_{max} 减小；当增大截面尺寸，ρ_{te} 减小，w_{max} 反而增大；从经济合理性上，应选 D 项。

四、应试题解

1.《混凝土结构设计规范》将混凝土结构的裂缝控制等级分为三级，下列对裂缝控制等级的说法中，不正确的是（　　）。

A. 一级，要求在荷载标准组合下，受拉边缘不允许出现拉应力

B. 二级，要求在荷载标准组合下，受拉边缘可以出现拉应力，但拉应力值不应大于混凝土的抗拉强度标准值

C. 二级，要求在荷载准永久组合下，受拉边缘不允许出现拉应力

D. 三级，允许出现裂缝，但最大裂缝宽度应满足要求

2.《混凝土结构设计规范》中规定的最大裂缝宽度限值是用于验算荷载作用引起的（　　）裂缝宽度。

　　A. 由不同的裂缝控制等级确定　　　B. 最小
　　C. 平均　　　　　　　　　　　　　D. 最大

3. 按《混凝土结构设计规范》规定的公式计算出的最大裂缝宽度是（　　）。

　　A. 构件受拉区外缘处的裂缝宽度　　B. 构件受拉钢筋位置处的裂缝宽度
　　C. 构件中和轴处裂缝宽度　　　　　D. 构件受压区外缘处的裂缝宽度

4. 对于钢筋混凝土结构，在抗裂和裂缝宽度验算时，荷载与材料强度按以下（　　）原则取值。

　　A. 荷载用准永久值，材料强度用标准值
　　B. 荷载和材料强度均用设计值
　　C. 荷载用准永久值，材料强度用设计值
　　D. 荷载和材料强度均用标准值

5. 钢筋混凝土梁的受拉区边缘达到下述（　　）时，受拉区开始出现裂缝。

　　A. 达到混凝土实际的抗拉强度　　　B. 达到混凝土的抗拉标准强度
　　C. 达到混凝土的抗拉设计强度　　　D. 达到混凝土弯曲时的极限拉应变值

6. 控制混凝土构件因碳化引起的沿钢筋走向的裂缝的最有效措施是（　　）。

　　A. 提高混凝土强度等级　　　　　　B. 减小钢筋直径
　　C. 增加钢筋截面面积　　　　　　　D. 选用足够的钢筋保护层厚度

7. 若其他条件完全相同，根据钢筋面积选择钢筋直径和根数时，对减小裂缝有利的是（　　）。

　　A. 较粗的变形钢筋　　　　　　　　B. 较粗的光圆钢筋
　　C. 较细的变形钢筋　　　　　　　　D. 较细的光圆钢筋

8. 减小梁裂缝宽度的最有效措施是（　　）。

　　A. 增加截面尺寸
　　B. 选择直径较小的钢筋，增加受拉钢筋截面面积，减小裂缝截面的钢筋应力
　　C. 选择高混凝土强度等级
　　D. 选择直径较大的钢筋

9. 当钢筋应变不均匀系数（ψ）的值为1时，说明（　　）。

　　A. 不考虑裂缝之间混凝土的应力　　B. 不考虑裂缝之间钢筋的应力
　　C. 裂缝处钢筋的应力达到设计强度　D. 裂缝之间混凝土的应力达到极限

10. 下列叙述错误的是（　　）。

　　A. 规范验算的裂缝宽度是指钢筋水平处构件侧表面的裂缝宽度
　　B. 受拉钢筋应变不均匀系数愈大，表明混凝土参加工作程度愈小
　　C. 钢筋混凝土梁采用高等级混凝土时，承载力提高有限，对裂缝宽度和刚度的影响也有限
　　D. 钢筋混凝土等截面受弯构件，其截面刚度不随荷载变化，但沿构件长度变化

11. 提高受弯构件抗弯刚度（或减小挠度）最有效的措施是（　　）。

　　A. 增加受拉钢筋截面面积　　　　　B. 加大截面宽度

C. 提高混凝土强度等级　　　　D. 加大截面的有效高度

12. 按《混凝土结构设计规范》规定对钢筋混凝土构件挠度进行计算时，可取同号弯矩内的（　　）进行计算。
   A. 弯矩最小截面的刚度　　　　B. 弯矩最大截面的刚度
   C. 最大刚度　　　　　　　　　D. 平均刚度

13. 受弯构件产生斜裂缝的原因是（　　）。
   A. 支座附近的剪应力超过混凝土抗剪强度
   B. 支座附近的剪应力超过混凝土抗拉强度
   C. 支座附近的剪应力和拉应力产生的复合应力超过混凝土的抗拉强度
   D. 支座附近的剪应力和拉应力产生的复合应力超过混凝土的抗压强度

14. 一钢筋混凝土简支梁，原设计采用 4⌀10 的 HRB400 级钢筋，因现场无 HRB400 级钢筋，需进行代换，代换后钢筋（　　）。
   A. 需验算裂缝宽度及承载力　　　B. 需验算裂缝宽度及挠度
   C. 需验算承载力及挠度　　　　　D. 需验算承载力、裂缝宽度及挠度

15. （　　）项不是受弯构件的挠度随时间而增长的原因。
   A. 截面受压区混凝土的徐变　　　B. 受拉钢筋混凝土之间的滑移徐变
   C. 裂缝之间受拉混凝土的应力松弛　D. 构件的热胀冷缩

第四节　预应力混凝土

一、《考试大纲》的规定

轴拉构件、受弯构件。

二、重点内容

1. 基本概念

（1）材料

预加应力的方法有先张法、后张法两种。

预应力混凝土结构的混凝土强度等级不宜低于 C40，且不应低于 C30。

预应力筋宜采用预应力钢丝、钢绞线和预应力螺纹钢筋。

（2）夹具和锚具

一般地，构件制成后能够取下重复使用的称夹具；留在构件上不再取下的称锚具。夹具和锚具主要依靠摩擦、握裹和承压锚固夹住或锚住钢筋。

锚具按所锚固的钢筋类型，可分为锚固粗钢筋的锚具、锚固平行钢筋（丝）束的锚具、锚固钢绞线束的锚具等；按锚固和传递预拉力的原理，可分为依靠承压力的锚具、依靠摩擦力的锚具、依靠粘结力的锚具等。

（3）张拉控制应力

张拉控制应力（σ_{con}）是指在张拉预应力筋时的最大应力值。

10.1.3　预应力筋的张拉控制应力 σ_{con} 应符合下列规定：

　　1　消除应力钢丝、钢绞线

$$\sigma_{con} \leqslant 0.75 f_{ptk} \quad (10.1.3-1)$$

2 中强度预应力钢丝

$$\sigma_{con} \leqslant 0.70 f_{ptk} \quad (10.1.3-2)$$

3 预应力螺纹钢筋

$$\sigma_{con} \leqslant 0.85 f_{pyk} \quad (10.1.3-3)$$

式中：f_{ptk}——预应力筋极限强度标准值；

f_{pyk}——预应力螺纹钢筋屈服强度标准值。

消除应力钢丝、钢绞线、中强度预应力钢丝的张拉控制应力值不应小于 $0.4 f_{ptk}$；预应力螺纹钢筋的张拉应力控制值不宜小于 $0.5 f_{pyk}$。

当符合下列情况之一时，上述张拉控制应力限值可相应提高 $0.05 f_{ptk}$ 或 $0.05 f_{pyk}$：

1) 要求提高构件在施工阶段的抗裂性能而在使用阶段受压区内设置的预应力筋；
2) 要求部分抵消由于应力松弛、摩擦、钢筋分批张拉以及预应力筋与张拉台座之间的温差等因素产生的预应力损失。

10.1.4 施加预应力时，所需的混凝土立方体抗压强度应经计算确定，但不宜低于设计的混凝土强度等级值的 75%。

注：当张拉预应力筋是为防止混凝土早期出现的收缩裂缝时，可不受上述限制，但应符合局部受压承载力的规定。

（4）预应力混凝土结构设计的基本规定

预应力混凝土结构设计的基本规定，《混规》规定：

10.1.1 预应力混凝土结构构件，除应根据设计状况进行承载力计算及正常使用极限状态验算外，尚应对施工阶段进行验算。

10.1.2 预应力混凝土结构设计应计入预应力作用效应；对超静定结构，相应的次弯矩、次剪力及次轴力等应参与组合计算。

对承载能力极限状态，当预应力作用效应对结构有利时，预应力作用分项系数 γ_p 应取 1.0，不利时 γ_p 应取 1.2；对正常使用极限状态，预应力作用分项系数 γ_p 应取 1.0。

对参与组合的预应力作用效应项，当预应力作用效应对承载力有利时，结构重要性系数 γ_0 应取 1.0；当预应力作用效应对承载力不利时，结构重要性系数 γ_0 应按本规范第 3.3.2 条确定。

需注意的是，预应力混凝土结构在施工阶段（包括制作、张拉、运输及安装等工序）应进行承载能力极限状态验算。

（5）预应力损失计算

10.2.1 预应力筋中的预应力损失值可按表 10.2.1 的规定计算。

当计算求得的预应力总损失值小于下列数值时，应按下列数值取用：

先张法构件　　　　　$100 N/mm^2$；
后张法构件　　　　　$80 N/mm^2$。

预应力损失值（N/mm²） 表 10.2.1

引起损失的因素		符号	先张法构件	后张法构件
张拉端锚具变形和预应力筋内缩		σ_{l1}	按本规范第 10.2.2 条的规定计算	按本规范第 10.2.2 条和第 10.2.3 条的规定计算
预应力筋的摩擦	与孔道壁之间的摩擦	σ_{l2}	—	按本规范第 10.2.4 条的规定计算
	张拉端锚口摩擦		按实测值或厂家提供的数据确定	
	在转向装置处的摩擦		按实际情况确定	
混凝土加热养护时，预应力筋与承受拉力的设备之间的温差		σ_{l3}	$2\Delta t$	—
预应力筋的应力松弛		σ_{l4}	消除应力钢丝、钢绞线 普通松弛： $$0.4\left(\frac{\sigma_{con}}{f_{ptk}}-0.5\right)\sigma_{con}$$ 低松弛： 当 $\sigma_{con} \leqslant 0.7f_{ptk}$ 时 $$0.125\left(\frac{\sigma_{con}}{f_{ptk}}-0.5\right)\sigma_{con}$$ 当 $0.7f_{ptk} < \sigma_{con} \leqslant 0.8f_{ptk}$ 时 $$0.2\left(\frac{\sigma_{con}}{f_{ptk}}-0.575\right)\sigma_{con}$$ 中强度预应力钢丝：$0.08\sigma_{con}$ 预应力螺纹钢筋：$0.03\sigma_{con}$	
混凝土的收缩和徐变		σ_{l5}	按本规范第 10.2.5 条的规定计算	
用螺旋式预应力筋作配筋的环形构件，当直径 d 不大于 3m 时，由于混凝土的局部挤压		σ_{l6}	—	30

注：1 表中 Δt 为混凝土加热养护时，预应力筋与承受拉力的设备之间的温差（℃）；
2 当 $\sigma_{con}/f_{ptk} \leqslant 0.5$ 时，预应力筋的应力松弛损失值可取为零。

10.2.2 直线预应力筋由于锚具变形和预应力筋内缩引起的预应力损失值 σ_{l1} 应按下列公式计算：

$$\sigma_{l1} = \frac{a}{l}E_s \tag{10.2.2}$$

式中：a——张拉端锚具变形和预应力筋内缩值（mm），可按表 10.2.2 采用；
l——张拉端至锚固端之间的距离（mm）。

锚具变形和预应力筋内缩值 a（mm） 表 10.2.2

锚具类别		a
支承式锚具（钢丝束镦头锚具等）	螺帽缝隙	1
	每块后加垫板的缝隙	1
夹片式锚具	有顶压时	5
	无顶压时	6~8

注：1 表中的锚具变形和预应力筋内缩值也可根据实测数据确定；
2 其他类型的锚具变形和预应力筋内缩值应根据实测数据确定。

693

块体拼成的结构，其预应力损失尚应计及块体间填缝的预压变形。当采用混凝土或砂浆为填缝材料时，每条填缝的预压变形值可取为1mm。

10.2.3 后张法构件曲线预应力筋或折线预应力筋由于锚具变形和预应力筋内缩引起的预应力损失值 σ_{l1}，应根据曲线预应力筋或折线预应力筋与孔道壁之间反向摩擦影响长度 l_f 范围内的预应力筋变形值等于锚具变形和预应力筋内缩值的条件确定，反向摩擦系数可按表10.2.4中的数值采用。

反向摩擦影响长度 l_f 及常用束形的后张预应力筋在反向摩擦影响长度 l_f 范围内的预应力损失值 σ_{l1} 可按本规范附录J计算。

10.2.4 预应力筋与孔道壁之间的摩擦引起的预应力损失值 σ_{l2}，宜按下列公式计算：

$$\sigma_{l2} = \sigma_{con}\left(1 - \frac{1}{e^{\kappa x + \mu\theta}}\right) \quad (10.2.4\text{-}1)$$

当 $(\kappa x + \mu\theta)$ 不大于0.3时，σ_{l2} 可按下列近似公式计算：

$$\sigma_{l2} = (\kappa x + \mu\theta)\sigma_{con} \quad (10.2.4\text{-}2)$$

注：当采用夹片式群锚体系时，在 σ_{con} 中宜扣除锚口摩擦损失。

式中：x——从张拉端至计算截面的孔道长度，可近似取该段孔道在纵轴上的投影长度（m）；

θ——从张拉端至计算截面曲线孔道各部分切线的夹角之和（rad）；

κ——考虑孔道每米长度局部偏差的摩擦系数，按表10.2.4采用；

μ——预应力筋与孔道壁之间的摩擦系数，按表10.2.4采用。

摩 擦 系 数　　　　　　　表10.2.4

孔道成型方式	κ	μ	
		钢绞线、钢丝束	预应力螺纹钢筋
预埋金属波纹管	0.0015	0.25	0.50
预埋塑料波纹管	0.0015	0.15	—
预埋钢管	0.0010	0.30	—
抽芯成型	0.0014	0.55	0.60
无粘结预应力筋	0.0040	0.09	—

注：摩擦系数也可根据实测数据确定。

在公式（10.2.4-1）中，对按抛物线、圆弧曲线变化的空间曲线及可分段后叠加的广义空间曲线，夹角之和 θ 可按下列近似公式计算：

抛物线、圆弧曲线：$\quad \theta = \sqrt{\alpha_v^2 + \alpha_h^2} \quad (10.2.4\text{-}3)$

广义空间曲线：$\quad \theta = \sum\sqrt{\Delta\alpha_v^2 + \Delta\alpha_h^2} \quad (10.2.4\text{-}4)$

式中：α_v、α_h——按抛物线、圆弧曲线变化的空间曲线预应力筋在竖直向、水平向投影所形成抛物线、圆弧曲线的弯转角；

$\Delta\alpha_v$、$\Delta\alpha_h$——广义空间曲线预应力筋在竖直向、水平向投影所形成分段曲线的弯转角增量。

10.2.5 混凝土收缩、徐变引起受拉区和受压区纵向预应力筋的预应力损失值 σ_{l5}、σ'_{l5} 可按下列方法确定：

1 一般情况

先张法构件

$$\sigma_{l5}=\frac{60+340\dfrac{\sigma_{pc}}{f'_{cu}}}{1+15\rho} \quad (10.2.5\text{-}1)$$

$$\sigma'_{l5}=\frac{60+340\dfrac{\sigma'_{pc}}{f'_{cu}}}{1+15\rho'} \quad (10.2.5\text{-}2)$$

后张法构件

$$\sigma_{l5}=\frac{55+300\dfrac{\sigma_{pc}}{f'_{cu}}}{1+15\rho} \quad (10.2.5\text{-}3)$$

$$\sigma'_{l5}=\frac{55+300\dfrac{\sigma'_{pc}}{f'_{cu}}}{1+15\rho'} \quad (10.2.5\text{-}4)$$

式中：σ_{pc}、σ'_{pc}——受拉区、受压区预应力筋合力点处的混凝土法向压应力；

f'_{cu}——施加预应力时的混凝土立方体抗压强度；

ρ、ρ'——受拉区、受压区预应力筋和普通钢筋的配筋率：对先张法构件，$\rho=(A_p+A_s)/A_0$，$\rho'=(A'_p+A'_s)/A_0$；对后张法构件，$\rho=(A_p+A_s)/A_n$，$\rho'=(A'_p+A'_s)/A_n$；对于对称配置预应力筋和普通钢筋的构件，配筋率 ρ、ρ' 应按钢筋总截面面积的一半计算。

受拉区、受压区预应力筋合力点处的混凝土法向压应力 σ_{pc}、σ'_{pc} 应按本规范第 10.1.6 条及第 10.1.7 条的规定计算。此时，预应力损失值仅考虑混凝土预压前（第一批）的损失，其普通钢筋中的应力 σ_{l5}、σ'_{l5} 值应取为零；σ_{pc}、σ'_{pc} 值不得大于 $0.5f'_{cu}$；当 σ'_{pc} 为拉应力时，公式（10.2.5-2）、公式（10.2.5-4）中的 σ'_{pc} 应取为零。计算混凝土法向应力 σ_{pc}、σ'_{pc} 时，可根据构件制作情况考虑自重的影响。

当结构处于年平均相对湿度低于40%的环境下，σ_{l5} 和 σ'_{l5} 值应增加30%。

预应力损失值的组合，《混规》规定：

10.2.7 预应力混凝土构件在各阶段的预应力损失值宜按表 10.2.7 的规定进行组合。

各阶段预应力损失值的组合 表 10.2.7

预应力损失值的组合	先张法构件	后张法构件
混凝土预压前（第一批）的损失	$\sigma_{l1}+\sigma_{l2}+\sigma_{l3}+\sigma_{l4}$	$\sigma_{l1}+\sigma_{l2}$
混凝土预压后（第二批）的损失	σ_{l5}	$\sigma_{l4}+\sigma_{l5}+\sigma_{l6}$

注：先张法构件由于预应力筋应力松弛引起的损失值 σ_{l4} 在第一批和第二批损失中所占的比例，如需区分，可根据实际情况确定。

(6) 预应力筋的锚固长度及传递长度

预应力筋的基本锚固长度：$l_{ab} = \alpha \dfrac{f_{py}}{f_t} d$

式中 f_{py} 为预应力筋的抗拉强度设计值，其他符号见本章第二节。先张法预应力筋的传递长度的计算，《混规》规定：

> **10.1.9** 先张法构件预应力筋的预应力传递长度 l_{tr} 应按下列公式计算：
>
> $$l_{tr} = \alpha \frac{\sigma_{pe}}{f'_{tk}} d \tag{10.1.9}$$
>
> 式中：σ_{pe}——放张时预应力筋的有效预应力；
> 　　　d——预应力筋的公称直径，按本规范附录 A 采用；
> 　　　α——预应力筋的外形系数，按本规范表 8.3.1 采用；
> 　　　f'_{tk}——与放张时混凝土立方体抗压强度 f'_{cu} 相应的轴心抗拉强度标准值，按本规范表 4.1.3-2 以线性内插法确定。
>
> 当采用骤然放张预应力的施工工艺时，对光面预应力钢丝，l_{tr} 的起点应从距构件末端 $l_{tr}/4$ 处开始计算。
>
> **10.1.10** 计算先张法预应力混凝土构件端部锚固区的正截面和斜截面受弯承载力时，锚固长度范围内的预应力筋抗拉强度设计值在锚固起点处应取为零，在锚固终点处应取为 f_{py}，两点之间可按线性内插法确定。预应力筋的锚固长度 l_a 应按本规范第 8.3.1 条确定。
>
> 当采用骤然放张预应力的施工工艺时，对光面预应力钢丝的锚固长度应从距构件末端 $l_{tr}/4$ 处开始计算。
>
> **7.1.9** 对先张法预应力混凝土构件端部进行正截面、斜截面抗裂验算时，应考虑预应力筋在其预应力传递长度 l_{tr} 范围内实际应力值的变化。预应力筋的实际应力可考虑为线性分布，在构件端部取为零，在其预应力传递长度的末端取有效预应力值 σ_{pe}，预应力筋的预应力传递长度 l_{tr} 应按本规范第 10.1.9 条确定。

(7) 预应力混凝土框架梁及连续梁的弯矩调幅

> **10.1.8** 对允许出现裂缝的后张法有粘结预应力混凝土框架梁及连续梁，在重力荷载作用下按承载能力极限状态计算时，可考虑内力重分布，并应满足正常使用极限状态验算要求。当截面相对受压区高度 ξ 不小于 0.1 且不大于 0.3 时，其任一跨内的支座截面最大负弯矩设计值可按下列公式确定：
>
> $$M = (1-\beta)(M_{GQ} + M_2) \tag{10.1.8-1}$$
> $$\beta = 0.2(1 - 2.5\xi) \tag{10.1.8-2}$$
>
> 且调幅幅度不宜超过重力荷载下弯矩设计值的 20%。
>
> 式中：M——支座控制截面弯矩设计值；
> 　　　M_{GQ}——控制截面按弹性分析计算的重力荷载弯矩设计值；
> 　　　ξ——截面相对受压区高度，应按本规范第 6 章的规定计算；
> 　　　β——弯矩调幅系数。

2. 轴拉构件

轴拉构件计算包括使用阶段的承载力计算、抗裂度验算、裂缝宽度验算；施工阶段张拉（或放松）预应力筋时构件的承载力计算、后张法构件端部锚固区局部受压验算。

（1）使用阶段的承载力计算

计算公式见本章第二节中受拉计算公式。

（2）正截面抗裂度及裂缝宽度验算

《混规》将预应力混凝土构件分为三个裂缝控制等级，裂缝控制验算规定：

7.1.1 钢筋混凝土和预应力混凝土构件，应按下列规定进行受拉边缘应力或正截面裂缝宽度验算：

1 一级裂缝控制等级构件，在荷载标准组合下，受拉边缘应力应符合下列规定：

$$\sigma_{ck} - \sigma_{pc} \leqslant 0 \tag{7.1.1-1}$$

2 二级裂缝控制等级构件，在荷载标准组合下，受拉边缘应力应符合下列规定：

$$\sigma_{ck} - \sigma_{pc} \leqslant f_{tk} \tag{7.1.1-2}$$

3 三级裂缝控制等级时，钢筋混凝土构件的最大裂缝宽度可按荷载准永久组合并考虑长期作用影响的效应计算，预应力混凝土构件的最大裂缝宽度可按荷载标准组合并考虑长期作用影响的效应计算。最大裂缝宽度应符合下列规定：

$$w_{max} \leqslant w_{lim} \tag{7.1.1-3}$$

对环境类别为二 a 类的预应力混凝土构件，在荷载准永久组合下，受拉边缘应力尚应符合下列规定：

$$\sigma_{cq} - \sigma_{pc} \leqslant f_{tk} \tag{7.1.1-4}$$

式中：σ_{ck}、σ_{cq} —— 荷载标准组合、准永久组合下抗裂验算边缘的混凝土法向应力；

σ_{pc} —— 扣除全部预应力损失后在抗裂验算边缘混凝土的预压应力，按本规范公式（10.1.6-1）和公式（10.1.6-4）计算；

f_{tk} —— 混凝土轴心抗拉强度标准值，按本规范表 4.1.3-2 采用；

w_{max} —— 按荷载的标准组合或准永久组合并考虑长期作用影响计算的最大裂缝宽度，按本规范第 7.1.2 条计算；

w_{lim} —— 最大裂缝宽度限值，按本规范第 3.4.5 条采用。

轴心受拉构件，抗裂验算边缘混凝土的法向应力：

$$\sigma_{ck} = \frac{N_k}{A_0}$$

$$\sigma_{cq} = \frac{N_q}{A_0}$$

式中 A_0 为构件换算截面面积。

轴心受拉，当计算最大裂缝宽度 w_{max} 时，其计算公式与本章第三节钢筋混凝土构件最大裂缝公式相同，但是 σ_{sk} 应按下式计算：

$$\sigma_{sk} = \frac{N_k - N_{p0}}{A_p + A_s}$$

式中 N_{p0} 为计算截面上混凝土法向预应力等于零时的预加力。

3. 受弯构件

受弯构件计算内容包括使用阶段的受弯承载力计算、抗裂度与裂缝宽度验算、斜截面受剪承载力计算、斜截面抗裂度验算、变形（挠度）验算、施工阶段抗裂度验算。

（1）使用阶段的受弯承载力计算

10.1.17 预应力混凝土受弯构件的正截面受弯承载力设计值应符合下列要求：

$$M_u \geqslant M_{cr} \tag{10.1.17}$$

式中：M_u——构件的正截面受弯承载力设计值，按本规范公式（6.2.10-1）、公式（6.2.11-2）或公式（6.2.14）计算，但应取等号，并将 M 以 M_u 代替；

M_{cr}——构件的正截面开裂弯矩值，按本规范公式（7.2.3-6）计算。

6.2.10 矩形截面或翼缘位于受拉边的倒 T 形截面受弯构件，其正截面受弯承载力应符合下列规定（图 6.2.10）：

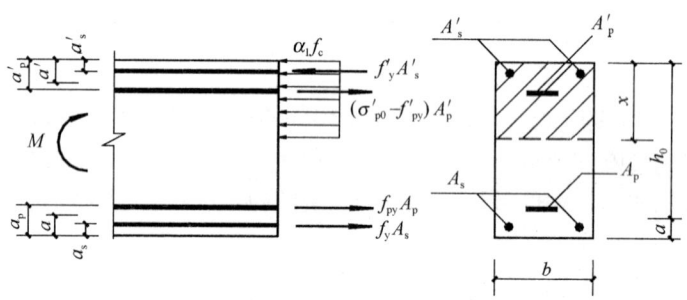

图 6.2.10 矩形截面受弯构件正截面受弯承载力计算

$$M \leqslant \alpha_1 f_c bx \left(h_0 - \frac{x}{2}\right) + f'_y A'_s (h_0 - a'_s) \\ - (\sigma'_{p0} - f'_{py}) A'_p (h_0 - a'_p) \tag{6.2.10-1}$$

混凝土受压区高度应按下列公式确定：

$$\alpha_1 f_c bx = f_y A_s - f'_y A'_s + f_{py} A_p + (\sigma'_{p0} - f'_{py}) A'_p \tag{6.2.10-2}$$

混凝土受压区高度尚应符合下列条件：

$$x \leqslant \xi_b h_0 \tag{6.2.10-3}$$

$$x \geqslant 2a' \tag{6.2.10-4}$$

式中：M——弯矩设计值；

α_1——系数，按本规范第 6.2.6 条的规定计算；

f_c——混凝土轴心抗压强度设计值，按本规范表 4.1.4-1 采用；

A_s、A'_s——受拉区、受压区纵向普通钢筋的截面面积；

A_p、A'_p——受拉区、受压区纵向预应力筋的截面面积；

σ'_{p0}——受压区纵向预应力筋合力点处混凝土法向应力等于零时的预应力筋应力；

b——矩形截面的宽度或倒 T 形截面的腹板宽度；

h_0——截面有效高度；

a'_s、a'_p——受压区纵向普通钢筋合力点、预应力筋合力点至截面受压边缘的距离；

a'——受压区全部纵向钢筋合力点至截面受压边缘的距离,当受压区未配置纵向预应力筋或受压区纵向预应力筋应力($\sigma'_{p0} - f'_{py}$)为拉应力时,公式(6.2.10-4)中的a'用a'_s代替。

(2)使用阶段正截面抗裂度及裂缝宽度验算

预应力混凝土受弯构件,其σ_{ck}、σ_{c2}应按下列公式计算:

$$\sigma_{ck} = \frac{M_k}{W_0}$$

$$\sigma_{c2} = \frac{M_q}{W_0}$$

式中W_0为构件换算截面受拉边缘的弹性抵抗矩。

当计算w_{max}时,σ_{sk}应按下列公式计算:

$$\sigma_{sk} = \frac{M_k - N_{p0}(z - e_p)}{(\alpha_1 A_p + A_s)z}$$

$$e = e_p + \frac{M_k}{N_{p0}}$$

$$e_p = y_{ps} - e_{p0}$$

式中α_1为无粘结预应力筋的等效折减系数,取α_1为0.3,对灌浆的后张法预应力筋,取α_1为1.0;z为受拉区纵向普通钢筋和预应力筋合力点至截面受压区合力点的距离,其计算公式见本章第三节。

(3)受弯构件斜截面受剪承载力验算

有关内容及计算公式见本章第二节钢筋混凝土受弯构件斜截面受剪承载力计算内容。

(4)受弯构件斜截面抗裂度验算

7.1.6 预应力混凝土受弯构件应分别对截面上的混凝土主拉应力和主压应力进行验算:

1 混凝土主拉应力

　1)一级裂缝控制等级构件,应符合下列规定:

$$\sigma_{tp} \leqslant 0.85 f_{tk} \tag{7.1.6-1}$$

　2)二级裂缝控制等级构件,应符合下列规定:

$$\sigma_{tp} \leqslant 0.95 f_{tk} \tag{7.1.6-2}$$

2 混凝土主压应力

对一、二级裂缝控制等级构件,均应符合下列规定:

$$\sigma_{cp} \leqslant 0.60 f_{ck} \tag{7.1.6-3}$$

式中:σ_{tp}、σ_{cp}——分别为混凝土的主拉应力、主压应力,按本规范第7.1.7条确定。

此时,应选择跨度内不利位置的截面,对该截面的换算截面重心处和截面宽度突变处进行验算。

注:对允许出现裂缝的吊车梁,在静力计算中应符合公式(7.1.6-2)和公式(7.1.6-3)的规定。

（5）施工阶段抗裂度验算

10.1.11 对制作、运输及安装等施工阶段预拉区允许出现拉应力的构件，或预压时全截面受压的构件，在预加力、自重及施工荷载作用下（必要时应考虑动力系数）截面边缘的混凝土法向应力宜符合下列规定（图10.1.11）：

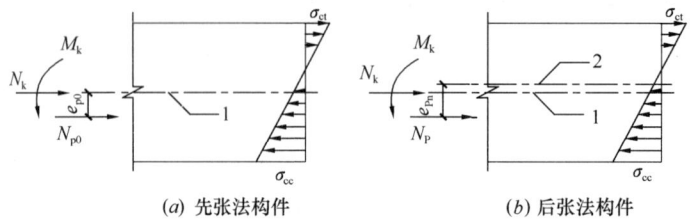

(a) 先张法构件　　　　(b) 后张法构件

图10.1.11　预应力混凝土构件施工阶段验算
1—换算截面重心轴；2—净截面重心轴

$$\sigma_{ct} \leqslant f'_{tk} \quad (10.1.11\text{-}1)$$
$$\sigma_{cc} \leqslant 0.8 f'_{ck} \quad (10.1.11\text{-}2)$$

简支构件的端部区段截面预拉区边缘纤维的混凝土拉应力允许大于f'_{tk}，但不应大于$1.2 f'_{tk}$。

截面边缘的混凝土法向应力可按下列公式计算：

$$\sigma_{cc} \text{ 或 } \sigma_{ct} = \sigma_{pc} + \frac{N_k}{A_0} \pm \frac{M_k}{W_0} \quad (10.1.11\text{-}3)$$

式中：σ_{ct}——相应施工阶段计算截面预拉区边缘纤维的混凝土拉应力；

σ_{cc}——相应施工阶段计算截面预压区边缘纤维的混凝土压应力；

f'_{tk}、f'_{ck}——与各施工阶段混凝土立方体抗压强度f'_{cu}相应的抗拉强度标准值、抗压强度标准值，按本规范表4.1.3-2、表4.1.3-1以线性内插法分别确定；

N_k、M_k——构件自重及施工荷载的标准组合在计算截面产生的轴向力值、弯矩值；

W_0——验算边缘的换算截面弹性抵抗矩。

注：1　预拉区、预压区分别系指施加预应力时形成的截面拉应力区、压应力区；
2　公式（10.1.11-3）中，当σ_{pc}为压应力时取正值，当σ_{pc}为拉应力时取负值；当N_k为轴向压力时取正值，当N_k为轴向拉力时取负值；当M_k产生的边缘纤维应力为压应力时式中符号取加号，拉应力时式中符号取减号；
3　当有可靠的工程经验时，叠合式受弯构件预拉区的混凝土法向应力可按σ_{ct}不大于$2f'_{tk}$控制。

10.1.12 施工阶段预拉区允许出现拉应力的构件，预拉区纵向钢筋的配筋率$(A'_s + A'_p)/A$不宜小于0.15%，对后张法构件不应计入A'_p，其中，A为构件截面面积。预拉区纵向普通钢筋的直径不宜大于14mm，并应沿构件预拉区的外边缘均匀配置。

注：施工阶段预拉区不允许出现裂缝的板类构件，预拉区纵向钢筋的配筋可根据具体情况按实践经验确定。

（6）无粘结预应力混凝土受弯构件

《混规》规定：

10.1.14 无粘结预应力矩形截面受弯构件，在进行正截面承载力计算时，无粘结预应力筋的应力设计值 σ_{pu} 宜按下列公式计算：

$$\sigma_{pu} = \sigma_{pe} + \Delta\sigma_p \tag{10.1.14-1}$$

$$\Delta\sigma_p = (240 - 335\xi_p)\left(0.45 + 5.5\frac{h}{l_0}\right)\frac{l_2}{l_1} \tag{10.1.14-2}$$

$$\xi_p = \frac{\sigma_{pe}A_p + f_y A_s}{f_c b h_p} \tag{10.1.14-3}$$

对于跨数不少于 3 跨的连续梁、连续单向板及连续双向板，$\Delta\sigma_p$ 取值不应小于 50N/mm^2。

无粘结预应力筋的应力设计值 σ_{pu} 尚应符合下列条件：

$$\sigma_{pu} \leqslant f_{py} \tag{10.1.14-4}$$

式中：σ_{pe}——扣除全部预应力损失后，无粘结预应力筋中的有效预应力（N/mm^2）；

$\Delta\sigma_p$——无粘结预应力筋中的应力增量（N/mm^2）；

ξ_p——综合配筋特征值，不宜大于 0.4；对于连续梁、板，取各跨内支座和跨中截面综合配筋特征值的平均值；

h——受弯构件截面高度；

h_p——无粘结预应力筋合力点至截面受压边缘的距离；

l_1——连续无粘结预应力筋两个锚固端间的总长度；

l_2——与 l_1 相关的由活荷载最不利布置图确定的荷载跨长度之和。

翼缘位于受压区的 T 形、I 形截面受弯构件，当受压区高度大于翼缘高度时，综合配筋特征值 ξ_p 可按下式计算：

$$\xi_p = \frac{\sigma_{pe}A_p + f_y A_s - f_c(b'_f - b)h'_f}{f_c b h_p} \tag{10.1.14-5}$$

式中：h'_f——T 形、I 形截面受压区的翼缘高度；

b'_f——T 形、I 形截面受压区的翼缘计算宽度。

10.1.15 无粘结预应力混凝土受弯构件的受拉区，纵向普通钢筋截面面积 A_s 的配置应符合下列规定：

1 单向板

$$A_s \geqslant 0.002bh \tag{10.1.15-1}$$

式中：b——截面宽度；

h——截面高度。

纵向普通钢筋直径不应小于 8mm，间距不应大于 200mm。

2 梁

A_s 应取下列两式计算结果的较大值：

$$A_s \geqslant \frac{1}{3}\left(\frac{\sigma_{pu}h_p}{f_y h_s}\right)A_p \qquad (10.1.15-2)$$

$$A_s \geqslant 0.003bh \qquad (10.1.15-3)$$

式中：h_s——纵向受拉普通钢筋合力点至截面受压边缘的距离。

纵向受拉普通钢筋直径不宜小于14mm，且宜均匀分布在梁的受拉边缘。

对按一级裂缝控制等级设计的梁，当无粘结预应力筋承担不小于75%的弯矩设计值时，纵向受拉普通钢筋面积应满足承载力计算和公式（10.1.15-3）的要求。

(7) 受弯构件变形验算

预应力混凝土受弯构件的挠度应满足下列条件：

$$f_{1l} - f_{2l} \leqslant [f]$$

式中 f_{1l} 为由荷载标准组合并考虑荷载长期作用的影响产生的挠度；f_{2l} 为由预加应力产生的，并考虑预压应力长期作用的影响产生的挠度。

受弯构件变形验算步骤如下：

第一步：计算预应力混凝土受弯构件的刚度 B。

7.2.2 矩形、T形、倒T形和I形截面受弯构件考虑荷载长期作用影响的刚度 B 可按下列规定计算：

1 采用荷载标准组合时

$$B = \frac{M_k}{M_q(\theta-1)+M_k}B_s \qquad (7.2.2-1)$$

式中：M_k——按荷载的标准组合计算的弯矩，取计算区段内的最大弯矩值；

M_q——按荷载的准永久组合计算的弯矩，取计算区段内的最大弯矩值；

B_s——按标准组合计算的预应力混凝土受弯构件的短期刚度，按本规范第7.2.3条计算；

θ——考虑荷载长期作用对挠度增大的影响系数，按本规范第7.2.5条取用。

7.2.3 按裂缝控制等级要求的荷载组合作用下，预应力混凝土受弯构件的短期刚度 B_s，可按下列公式计算：

2 预应力混凝土受弯构件

1) 要求不出现裂缝的构件

$$B_s = 0.85E_c I_0 \qquad (7.2.3-2)$$

2) 允许出现裂缝的构件

$$B_s = \frac{0.85E_c I_0}{\kappa_{cr}+(1-\kappa_{cr})\omega} \qquad (7.2.3-3)$$

$$\kappa_{cr} = \frac{M_{cr}}{M_k} \qquad (7.2.3-4)$$

$$\omega = \left(1.0 + \frac{0.21}{\alpha_E \rho}\right)(1 + 0.45\gamma_f) - 0.7 \quad (7.2.3-5)$$

$$M_{cr} = (\sigma_{pc} + \gamma f_{tk})W_0 \quad (7.2.3-6)$$

$$\gamma_f = \frac{(b_f - b)h_f}{bh_0} \quad (7.2.3-7)$$

式中：ψ——裂缝间纵向受拉普通钢筋应变不均匀系数，按本规范第7.1.2条确定；

α_E——钢筋弹性模量与混凝土弹性模量的比值，即E_s/E_c；

ρ——纵向受拉钢筋配筋率：对钢筋混凝土受弯构件，取为$A_s/(bh_0)$；对预应力混凝土受弯构件，取为$(\alpha_1 A_p + A_s)/(bh_0)$，对灌浆的后张预应力筋，取$\alpha_1=1.0$，对无粘结后张预应力筋，取$\alpha_1=0.3$；

I_0——换算截面惯性矩；

γ_f——受拉翼缘截面面积与腹板有效截面面积的比值；

b_f、h_f——分别为受拉区翼缘的宽度、高度；

κ_{cr}——预应力混凝土受弯构件正截面的开裂弯矩M_{cr}与弯矩M_k的比值，当$\kappa_{cr}>1.0$时，取$\kappa_{cr}=1.0$；

σ_{pc}——扣除全部预应力损失后，由预加力在抗裂验算边缘产生的混凝土预压应力；

γ——混凝土构件的截面抵抗矩塑性影响系数，按本规范第7.2.4条确定。

注：对预压时预拉区出现裂缝的构件，B_s应降低10%。

预应力混凝土受弯构件，考虑荷载长期作用对挠度增大的影响系数θ取为2.0。

第二步：计算挠度f_{1l}。

计算方法与钢筋混凝土受弯构件中的挠度计算方法一致，但M值取荷载标准组合下的值。

第三步：计算挠度（反拱值）f_{2l}。

7.2.6 预应力混凝土受弯构件在使用阶段的预加力反拱值，可用结构力学方法按刚度$E_c I_0$进行计算，并应考虑预压应力长期作用的影响，计算中预应力筋的应力应扣除全部预应力损失。简化计算时，可将计算的反拱值乘以增大系数2.0。

对重要的或特殊的预应力混凝土受弯构件的长期反拱值，可根据专门的试验分析确定或根据配筋情况采用考虑收缩、徐变影响的计算方法分析确定。

4. 构造要求

预应力混凝土的构造要求，《混规》规定：

10.3.1 先张法预应力筋之间的净间距不宜小于其公称直径的2.5倍和混凝土粗骨料最大粒径的1.25倍，且应符合下列规定：预应力钢丝，不应小于15mm；三股钢绞线，不应小于20mm；七股钢绞线，不应小于25mm。当混凝土振捣密实性具有可靠保证时，净间距可放宽为最大粗骨料粒径的1.0倍。

10.3.2 先张法预应力混凝土构件端部宜采取下列构造措施：

 1 单根配置的预应力筋，其端部宜设置螺旋筋；

 2 分散布置的多根预应力筋，在构件端部 $10d$ 且不小于 100mm 长度范围内，宜设置 3~5 片与预应力筋垂直的钢筋网片，此处 d 为预应力筋的公称直径；

 3 采用预应力钢丝配筋的薄板，在板端 100mm 长度范围内宜适当加密横向钢筋；

 4 槽形板类构件，应在构件端部 100mm 长度范围内沿构件板面设置附加横向钢筋，其数量不应少于 2 根。

10.3.3 预制肋形板，宜设置加强其整体性和横向刚度的横肋。端横肋的受力钢筋应弯入纵肋内。当采用先张长线法生产有端横肋的预应力混凝土肋形板时，应在设计和制作上采取防止放张预应力时端横肋产生裂缝的有效措施。

10.3.4 在预应力混凝土屋面梁、吊车梁等构件靠近支座的斜向主拉应力较大部位，宜将一部分预应力筋弯起配置。

10.3.5 预应力筋在构件端部全部弯起的受弯构件或直线配筋的先张法构件，当构件端部与下部支承结构焊接时，应考虑混凝土收缩、徐变及温度变化所产生的不利影响，宜在构件端部可能产生裂缝的部位设置纵向构造钢筋。

10.3.6 后张法预应力筋所用锚具、夹具和连接器等的形式和质量应符合国家现行有关标准的规定。

10.3.7 后张法预应力筋及预留孔道布置应符合下列构造规定：

 1 预制构件中预留孔道之间的水平净间距不宜小于 50mm，且不宜小于粗骨料粒径的 1.25 倍；孔道至构件边缘的净间距不宜小于 30mm，且不宜小于孔道直径的 50%。

 2 现浇混凝土梁中预留孔道在竖直方向的净间距不应小于孔道外径，水平方向的净间距不宜小于 1.5 倍孔道外径，且不应小于粗骨料粒径的 1.25 倍；从孔道外壁至构件边缘的净间距，梁底不宜小于 50mm，梁侧不宜小于 40mm，裂缝控制等级为三级的梁，梁底、梁侧分别不宜小于 60mm 和 50mm。

 3 预留孔道的内径宜比预应力束外径及需穿过孔道的连接器外径大 6mm~15mm，且孔道的截面积宜为穿入预应力束截面积的 3.0~4.0 倍。

 4 当有可靠经验并能保证混凝土浇筑质量时，预留孔道可水平并列贴紧布置，但并排的数量不应超过 2 束。

 5 在现浇楼板中采用扁形锚固体系时，穿过每个预留孔道的预应力筋数量宜为 3~5 根；在常用荷载情况下，孔道在水平方向的净间距不应超过 8 倍板厚及 1.5m 中的较大值。

 6 板中单根无粘结预应力筋的间距不宜大于板厚的 6 倍，且不宜大于 1m；带状束的无粘结预应力筋根数不宜多于 5 根，带状束间距不宜大于板厚的 12 倍，且不宜大于 2.4m。

 7 梁中集束布置的无粘结预应力筋，集束的水平净间距不宜小于 50mm，束至构件边缘的净距不宜小于 40mm。

10.3.8 后张法预应力混凝土构件的端部锚固区,应按下列规定配置间接钢筋:

1 采用普通垫板时,应按本规范第6.6节的规定进行局部受压承载力计算,并配置间接钢筋,其体积配筋率不应小于0.5%,垫板的刚性扩散角应取45°;

2 局部受压承载力计算时,局部压力设计值对有粘结预应力混凝土构件取1.2倍张拉控制力,对无粘结预应力混凝土取1.2倍张拉控制力和($f_{ptk}A_p$)中的较大值;

3 当采用整体铸造垫板时,其局部受压区的设计应符合相关标准的规定;

4 在局部受压间接钢筋配置区以外,在构件端部长度 l 不小于截面重心线上部或下部预应力筋的合力点至邻近边缘的距离 e 的3倍、但不大于构件端部截面高度 h 的1.2倍,高度为 $2e$ 的附加配筋区范围内,应均匀配置附加防劈裂箍筋或网片(图10.3.8),配筋面积可按下列公式计算:

$$A_{sb} \geqslant 0.18\left(1-\frac{l_l}{l_b}\right)\frac{P}{f_{yv}} \qquad (10.3.8-1)$$

且体积配筋率不应小于0.5%。

式中:P——作用在构件端部截面重心线上部或下部预应力筋的合力设计值,可按本条第2款的规定确定;

l_l、l_b——分别为沿构件高度方向 A_l、A_b 的边长或直径,A_l、A_b 按本规范第6.6.2条确定;

f_{yv}——附加防劈裂钢筋的抗拉强度设计值,按本规范第4.2.3条的规定采用。

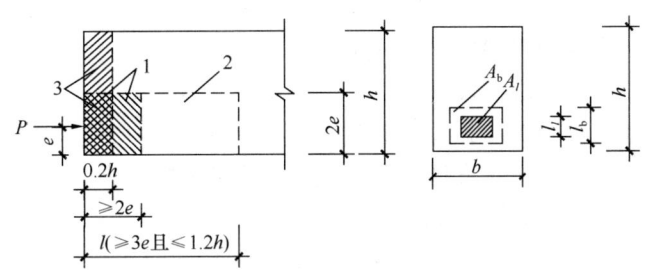

图10.3.8 防止端部裂缝的配筋范围
1—局部受压间接钢筋配置区;2—附加防劈裂配筋区;
3—附加防端面裂缝配筋区

5 当构件端部预应力筋需集中布置在截面下部或集中布置在上部和下部时,应在构件端部0.2h范围内设置附加竖向防端面裂缝构造钢筋(图10.3.8),其截面面积应符合下列公式要求:

$$A_{sv} \geqslant \frac{T_s}{f_{yv}} \qquad (10.3.8-2)$$

$$T_s = \left(0.25 - \frac{e}{h}\right)P \qquad (10.3.8-3)$$

式中：T_s——锚固端端面拉力；

　　　P——作用在构件端部截面重心线上部或下部预应力筋的合力设计值，可按本条第2款的规定确定；

　　　e——截面重心线上部或下部预应力筋的合力点至截面近边缘的距离；

　　　h——构件端部截面高度。

当e大于$0.2h$时，可根据实际情况适当配置构造钢筋。竖向防端面裂缝钢筋宜靠近端面配置，可采用焊接钢筋网、封闭式箍筋或其他的形式，且宜采用带肋钢筋。

当端部截面上部和下部均有预应力筋时，附加竖向钢筋的总截面面积应按上部和下部的预应力合力分别计算的较大值采用。

在构件端面横向也应按上述方法计算抗端面裂缝钢筋，并与上述竖向钢筋形成网片筋配置。

10.3.9 当构件在端部有局部凹进时，应增设折线构造钢筋（图10.3.9）或其他有效的构造钢筋。

10.3.10 后张法预应力混凝土构件中，当采用曲线预应力束时，其曲率半径r_p宜按下列公式确定，但不宜小于4m。

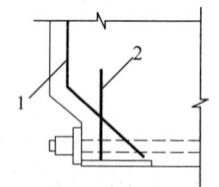

图10.3.9 端部凹进处构造钢筋
1—折线构造钢筋；2—竖向构造钢筋

$$r_p \geqslant \frac{P}{0.35f_c d_p} \qquad (10.3.10)$$

式中：P——预应力束的合力设计值，可按本规范第10.3.8条第2款的规定确定；

　　　r_p——预应力束的曲率半径（m）；

　　　d_p——预应力束孔道的外径；

　　　f_c——混凝土轴心抗压强度设计值；当验算张拉阶段曲率半径时，可取与施工阶段混凝土立方体抗压强度f'_{cu}对应的抗压强度设计值f'_c，按本规范表4.1.4-1以线性内插法确定。

对于折线配筋的构件，在预应力束弯折处的曲率半径可适当减小。当曲率半径r_p不满足上述要求时，可在曲线预应力束弯折处内侧设置钢筋网片或螺旋筋。

10.3.11 在预应力混凝土结构中，当沿构件凹面布置曲线预应力束时（图10.3.11），应进行防崩裂设计。当曲率半径r_p满足下列公式要求时，可仅配置构造U形插筋。

$$r_p \geqslant \frac{P}{f_t(0.5d_p + c_p)} \qquad (10.3.11\text{-}1)$$

当不满足时，每单肢U形插筋的截面面积应按下列公式确定：

$$A_{sv1} \geqslant \frac{Ps_v}{2r_p f_{yv}} \qquad (10.3.11\text{-}2)$$

式中：P——预应力束的合力设计值，可按本规范第10.3.8条第2款的规定确定；

f_t——混凝土轴心抗拉强度设计值;或与施工张拉阶段混凝土立方体抗压强度 f'_{cu} 相应的抗拉强度设计值 f'_t,按本规范表4.1.4-2以线性内插法确定;

c_p——预应力束孔道净混凝土保护层厚度;

A_{sv1}——每单肢插筋截面面积;

s_v——U形插筋间距;

f_{yv}——U形插筋抗拉强度设计值,按本规范表4.2.3-1采用,当大于360N/mm^2 时取360N/mm^2。

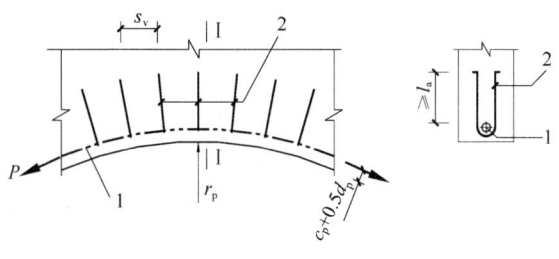

(a)抗崩裂U形插筋布置　　　　(b)I—I剖面

图10.3.11　抗崩裂U形插筋构造示意
1—预应力束;2—沿曲线预应力束均匀布置的U形插筋

U形插筋的锚固长度不应小于 l_a;当实际锚固长度 l_e 小于 l_a 时,每单肢U形插筋的截面面积可按 A_{sv1}/k 取值。其中,k 取 $l_e/15d$ 和 $l_e/200$ 中的较小值,且 k 不大于1.0。

当有平行的几个孔道,且中心距不大于 $2d_p$ 时,预应力筋的合力设计值应按相邻全部孔道内的预应力筋确定。

10.3.12　构件端部尺寸应考虑锚具的布置、张拉设备的尺寸和局部受压的要求,必要时应适当加大。

10.3.13　后张预应力混凝土外露金属锚具,应采取可靠的防腐及防火措施,并应符合下列规定:

1　无粘结预应力筋外露锚具应采用注有足量防腐油脂的塑料帽封闭锚具端头,并应采用无收缩砂浆或细石混凝土封闭;

2　对处于二b、三a、三b类环境条件下的无粘结预应力锚固系统,应采用全封闭的防腐蚀体系,其封锚端及各连接部位应能承受10kPa的静水压力而不得透水;

3　采用混凝土封闭时,其强度等级宜与构件混凝土强度等级一致,且不应低于C30。封锚混凝土与构件混凝土应可靠粘结,如锚具在封闭前应将周围混凝土界面凿毛并冲洗干净,且宜配置1～2片钢筋网,钢筋网应与构件混凝土拉结;

4　采用无收缩砂浆或混凝土封闭保护时,其锚具及预应力筋端部的保护层厚度不应小于:一类环境时20mm,二a、二b类环境时50mm,三a、三b类环境时80mm。

三、解题指导

本节知识点较多，复习时应抓核心内容，注意理解预应力混凝土的基本概念，熟悉预应力损失计算，掌握预应力损失值组合规定，掌握预应力传递长度计算。轴拉构件、受弯构件，应注意其计算内容，具体计算公式只是理解，掌握构件的构造要求。

【例 14-4-1】 预应力混凝土的预应力筋不宜采用（　　）。
A. 预应力钢丝　　　　　　　　　　B. 钢绞线
C. 热处理钢筋　　　　　　　　　　D. 预应力螺纹钢筋

【解】 根据本节重点内容，应选 C 项。

【例 14-4-2】 预应力螺纹钢筋的张拉应力控制值不宜小于（　　）。
A. $0.4f_{ptk}$　　　　　　　　　　B. $0.5f_{ptk}$
C. $0.4f_{pyk}$　　　　　　　　　　D. $0.5f_{pyk}$

【解】 根据本节重点内容中《混规》第 10.1.3 条规定，应选 D 项。

【例 14-4-3】 预应力混凝土结构进行正常使用极限状态验算时，其预应力作用分项系数 γ_p 应取为（　　）。
A. 0.9　　　　　　　　　　　　　B. 1.0
C. 1.1　　　　　　　　　　　　　D. 1.2

【解】 根据本节重点内容中《混规》第 10.1.2 条规定，应选 B 项。

【例 14-4-4】 当采用骤然放张预应力的施工工艺时，对光面预应力钢丝的锚固长度应从距构件末端（　　）处开始计算，l_{tr} 为传递长度。
A. $\frac{1}{4}l_{tr}$　　　　　　　　　　B. $\frac{3}{4}l_{tr}$
C. $\frac{1}{2}l_{tr}$　　　　　　　　　　D. l_{tr}

【解】 根据本节重点内容中《混规》第 10.1.10 条规定，应选 A 项。

【例 14-4-5】 对于二 a 类的预应力混凝土构件，其荷载组合应采用（　　）。
A. 标准组合　　　　　　　　　　　B. 标准组合、准永久组合
C. 准永久组合　　　　　　　　　　D. 标准组合、基本组合

【解】 根据本节重点内容中《混规》第 7.1.1 条规定，应选 B 项。

【例 14-4-6】 对于施工阶段预拉区允许出现拉应力的构件，预拉区纵向钢筋的配筋率不宜小于（　　）。
A. 0.15%　　　　　　　　　　　　B. 0.20%
C. 0.25%　　　　　　　　　　　　D. 0.30%

【解】 根据本节重点内容中《混规》第 10.1.12 条规定，应选 A 项。

【例 14-4-7】 对有粘结后张法预应力混凝土构件，其端部锚固区的局部受压承载力计算时，局部压力设计值应取为（　　）。
A. $1.0\sigma_{con}A_p$　　　　　　　　　B. $1.2\sigma_{con}A_p$
C. $1.5\sigma_{con}A_p$　　　　　　　　　D. $1.8\sigma_{con}A_p$

【解】 根据本节重点内容中《混规》第 10.3.8 条规定，应选 B 项。

【例 14-4-8】 预应力筋的基本锚固长度计算公式为（　　）。

A. $l_{ab}=\alpha\dfrac{f_{py,k}}{f_t}d$ B. $l_{ab}=\alpha\dfrac{f_{py,k}}{f_c}d$

C. $l_{ab}=\alpha\dfrac{f_{py}}{f_t}d$ D. $l_{ab}=\alpha\dfrac{f_{py}}{f_c}d$

【解】 预应力筋的基本锚固长度计算公式与普通钢筋的基本锚固长度计算公式类似，只是以 f_{py} 代替 f_y，α 取值不同，f_t 不变，故应选 C 项。

四、应试题解

1. 关于预应力混凝土的论述，正确的是(　　)。
   A. 对构件施加预应力是为了提高其承载力
   B. 先张法适用于大型预应力构件施工
   C. 预应力混凝土可用来建造大跨度结构是由于有反拱、挠度小
   D. 软钢或中等强度钢筋不宜当作预应力钢筋是因为它的有效预应力低

2. 先张法和后张法预应力混凝土构件，其传递预应力方法的区别是(　　)。
   A. 先张法靠钢筋与混凝土间的粘结力来传递预应力，而后张法则靠工作锚具来保持预应力
   B. 后张法靠钢筋与混凝土间的粘结力来传递预应力，而先张法则靠工作锚具来保持预应力
   C. 后张法所建立的钢筋有效预应力和先张法相同
   D. 先张法和后张法均靠工作锚具来保持预应力，仅在张拉顺序上不同而已

3. 与钢筋混凝土受弯构件相比，预应力混凝土受弯构件的特点是(　　)。
   ①正截面极限承载力大大提高；②构件开裂荷载明显提高；
   ③外荷作用下构件的挠度减小；④构件在使用阶段刚度比普通构件明显提高。
   A. ①②③ B. ①②③④
   C. ②③④ D. ②③

4. 预应力钢筋的预应力损失，包括锚具变形损失（σ_{l1}）、摩擦损失（σ_{l2}）、温差损失（σ_{l3}）、钢筋松弛损失（σ_{l4}）、混凝土收缩和徐变损失（σ_{l5}）、局部挤压损失（σ_{l6}）。对于先张法构件，预应力损失的组合是(　　)。
   A. 第一批 $\sigma_{l1}+\sigma_{l2}+\sigma_{l4}$；第二批 $\sigma_{l5}+\sigma_{l6}$
   B. 第一批 $\sigma_{l1}+\sigma_{l2}+\sigma_{l3}$；第二批 σ_{l6}
   C. 第一批 $\sigma_{l1}+\sigma_{l2}+\sigma_{l3}+\sigma_{l4}$；第二批 σ_{l5}
   D. 第一批 $\sigma_{l1}+\sigma_{l2}$；第二批 $\sigma_{l4}+\sigma_{l5}+\sigma_{l6}$

5. 预应力混凝土构件设计时，计算由温差引起的预应力损失 σ_{l3}，此处的温差 Δt 是指(　　)。
   A. 钢筋与混凝土之间的温度
   B. 钢筋与混凝土产生粘结力后，钢筋与承拉设备之间的温度
   C. 张拉钢筋时，钢筋与承拉设备之间的温度
   D. 混凝土蒸汽养护时，钢筋与承拉设备之间的温差

6. 下列(　　)项是减小预应力温度损失 σ_{l3} 的方法。
   A. 增大台座长度 B. 采用超张拉工艺
   C. 分阶段升温 D. 减少水泥用量

7. 条件相同的先、后张法预应力混凝土轴心受拉构件,当σ_{con}及σ_l相同时,先、后张法的混凝土预压应力σ_{pc}的关系是( )。

　　A. 后张法大于先张法　　　　　　B. 两者相等

　　C. 后张法小于先张法　　　　　　D. 无法确定

8. 预应力混凝土轴心受拉构件的消压状态就是( )。

　　A. 预应力钢筋位置处的混凝土应力为零的状态

　　B. 外荷载为零时的状态

　　C. 预应力钢筋为零时的状态

　　D. 构件将要破坏时的状态

9. 下列对预应力混凝土的叙述中,错误的是( )。

　　A. 预应力混凝土受弯构件由预应力产生的混凝土法向应力及相应阶段预应力筋的应力计算,可以按弹性材料公式计算

　　B. 预应力混凝土梁在预应力筋应力较高的情况下,仍可增加较大的荷载,主要是因为内力臂不断增大

　　C. 预应力混凝土受弯构件满足抗裂要求后,再于受压区配置非预应力筋可以防止预拉区出现裂缝或限制裂缝宽度

　　D. 预应力混凝土受弯构件正截面抗裂验算中,严格要求不出现裂缝的构件,在荷载的长期效应组合下不允许出现拉应力

10. 通过对轴心受拉构件的钢筋预拉,对混凝土施加预压力,则构件( )。

　　A. 承载力提高　　　　　　　　　B. 承载力降低,变形减小

　　C. 承载力不变　　　　　　　　　D. 承载力提高,变形减小

11. 下列( )项可以减小混凝土徐变对预应力混凝土构件的影响。

　　A. 提早对构件进行加载

　　B. 采用高强水泥减少水泥用量

　　C. 加大水灰比,并选用弹性模量小的骨料

　　D. 增加水泥用量,提高混凝土的密实度和养护湿度

第五节　构　造　要　求

一、《考试大纲》的规定

构造要求。

二、重点内容

混凝土结构的构造要求主要内容是:伸缩缝;混凝土保护层;钢筋的锚固与连接;纵向受力钢筋的最小配筋率等。

1. 伸缩缝

《混规》对伸缩缝的规定:

8.1.1 钢筋混凝土结构伸缩缝的最大间距可按表8.1.1确定。

钢筋混凝土结构伸缩缝最大间距（m）			表 8.1.1
结构类别		室内或土中	露天
排架结构	装配式	100	70
框架结构	装配式	75	50
	现浇式	55	35
剪力墙结构	装配式	65	40
	现浇式	45	30
挡土墙、地下室墙壁等类结构	装配式	40	30
	现浇式	30	20

注：1 装配整体式结构的伸缩缝间距，可根据结构的具体情况取表中装配式结构与现浇式结构之间的数值；
    2 框架-剪力墙结构或框架-核心筒结构房屋的伸缩缝间距，可根据结构的具体情况取表中框架结构与剪力墙结构之间的数值；
    3 当屋面无保温或隔热措施时，框架结构、剪力墙结构的伸缩缝间距宜按表中露天栏的数值取用；
    4 现浇挑檐、雨罩等外露结构的局部伸缩缝间距不宜大于12m。

8.1.2 对下列情况，本规范表 8.1.1 中的伸缩缝最大间距宜适当减小：

    1 柱高（从基础顶面算起）低于 8m 的排架结构；

    2 屋面无保温、隔热措施的排架结构；

    3 位于气候干燥地区、夏季炎热且暴雨频繁地区的结构或经常处于高温作用下的结构；

    4 采用滑模类工艺施工的各类墙体结构；

    5 混凝土材料收缩较大，施工期外露时间较长的结构。

8.1.3 如有充分依据对下列情况，本规范表 8.1.1 中的伸缩缝最大间距可适当增大：

    1 采取减小混凝土收缩或温度变化的措施；

    2 采用专门的预加应力或增配构造钢筋的措施；

    3 采用低收缩混凝土材料，采取跳仓浇筑、后浇带、控制缝等施工方法，并加强施工养护。

    当伸缩缝间距增大较多时，尚应考虑温度变化和混凝土收缩对结构的影响。

8.1.4 当设置伸缩缝时，框架、排架结构的双柱基础可不断开。

需注意的是，设置后浇带可适当增大伸缩缝间距，但不能代替伸缩缝。

2. 混凝土保护层

《规范》规定，混凝土保护层厚度是按结构构件中最外层钢筋（包括箍筋、构造筋、分布筋等）的外缘计算。同时，纵向受力钢筋的混凝土保护层厚度不应小于钢筋的公称直径（即单筋的公称直径或并筋的等效直径），以保证握裹层混凝土对受力钢筋的锚固。

8.2.1 构件中普通钢筋及预应力筋的混凝土保护层厚度应满足下列要求。

    1 构件中受力钢筋的保护层厚度不应小于钢筋的公称直径 d；

    2 设计使用年限为 50 年的混凝土结构，最外层钢筋的保护层厚度应符合表 8.2.1 的规定；设计使用年限为 100 年的混凝土结构，最外层钢筋的保护层厚度不应小于表 8.2.1 中数值的 1.4 倍。

混凝土保护层的最小厚度 c（mm）		表 8.2.1
环境类别	板、墙、壳	梁、柱、杆
一	15	20
二 a	20	25
二 b	25	35
三 a	30	40
三 b	40	50

注：1 混凝土强度等级不大于 C25 时，表中保护层厚度数值应增加 5mm；
  2 钢筋混凝土基础宜设置混凝土垫层，基础中钢筋的混凝土保护层厚度应从垫层顶面算起，且不应小于 40mm。

8.2.2 当有充分依据并采取下列措施时，可适当减小混凝土保护层的厚度。
  1 构件表面有可靠的防护层；
  2 采用工厂化生产的预制构件；
  3 在混凝土中掺加阻锈剂或采用阴极保护处理等防锈措施；
  4 当对地下室墙体采取可靠的建筑防水做法或防护措施时，与土层接触一侧钢筋的保护层厚度可适当减少，但不应小于 25mm。

8.2.3 当梁、柱、墙中纵向受力钢筋的保护层厚度大于 50mm 时，宜对保护层采取有效的构造措施。当在保护层内配置防裂、防剥落的钢筋网片时，网片钢筋的保护层厚度不应小于 25mm。

3. 纵向受力钢筋的最小配筋率

非抗震设计时，混凝土结构构件中纵向受力钢筋的最小配筋率，《混规》规定：

8.5.1 钢筋混凝土结构构件中纵向受力钢筋的配筋百分率 ρ_{min} 不应小于表 8.5.1 规定的数值。

纵向受力钢筋的最小配筋百分率 ρ_{min}（%）			表 8.5.1
受力类型			最小配筋百分率
受压构件	全部纵向钢筋	强度等级 500MPa	0.50
		强度等级 400MPa	0.55
		强度等级 300MPa、335MPa	0.60
	一侧纵向钢筋		0.20
受弯构件、偏心受拉、轴心受拉构件一侧的受拉钢筋			0.20 和 $45f_t/f_y$ 中的较大值

注：1 受压构件全部纵向钢筋最小配筋百分率，当采用 C60 以上强度等级的混凝土时，应按表中规定增加 0.10；
  2 板类受弯构件（不包括悬臂板）的受拉钢筋，当采用强度等级 400MPa、500MPa 的钢筋时，其最小配筋百分率应允许采用 0.15 和 $45f_t/f_y$ 中的较大值；
  3 偏心受拉构件中的受压钢筋，应按受压构件一侧纵向钢筋考虑；
  4 受压构件的全部纵向钢筋和一侧纵向钢筋的配筋率以及轴心受拉构件和小偏心受拉构件一侧受拉钢筋的配筋率均应按构件的全截面面积计算；
  5 受弯构件、大偏心受拉构件一侧受拉钢筋的配筋率应按全截面面积扣除受压翼缘面积 $(b'_f-b)h'_f$ 后的截面面积计算；
  6 当钢筋沿构件截面周边布置时，"一侧纵向钢筋"系指沿受力方向两个对边中一边布置的纵向钢筋。

8.5.2 卧置于地基上的混凝土板,板中受拉钢筋的最小配筋率可适当降低,但不应小于 0.15%。

8.5.3 对结构中次要的钢筋混凝土受弯构件,当构造所需截面高度远大于承载的需求时,其纵向受拉钢筋的配筋率可按下列公式计算:

$$\rho_s \geq \frac{h_{cr}}{h}\rho_{min} \quad (8.5.3-1)$$

$$h_{cr} = 1.05\sqrt{\frac{M}{\rho_{min}f_y b}} \quad (8.5.3-2)$$

式中:ρ_s——构件按全截面计算的纵向受拉钢筋的配筋率;

ρ_{min}——纵向受力钢筋的最小配筋率,按本规范第 8.5.1 条取用;

h_{cr}——构件截面的临界高度,当小于 $h/2$ 时取 $h/2$;

h——构件截面的高度;

b——构件的截面宽度;

M——构件的正截面弯矩设计值。

三、解题指导

钢筋混凝土结构中,构造要求基本贯穿了全部内容,前面第二节至第四节已阐述了基本构件的构造要求;后面第六节至第八节有相当部分内容是阐述构造要求,复习时应注重此内容。

【**例 14-5-1**】 同一地区正确合理的伸缩缝间距设计,下列( )项是正确的。

A. 挡土墙、地下室墙壁结构因受土的保护其伸缩缝的间距较其他结构大

B. 装配式结构因其整体性差其间距应比现浇结构时小

C. 剪力墙结构刚度大,其伸缩缝间距可比框架结构大

D. 现浇挑檐的伸缩缝间距不宜大于 12m

【**解**】 由本节表 8.1.1 可知 A、B、C 项均不对,D 项正确。

【**例 14-5-2**】 非抗震设计时,纵向受力钢筋采用绑扎搭接,当搭接接头面积百分率为 25% 时,其搭接长度为( )。

A. 受拉$\geq l_a$,受压$\geq 0.7l_a$ B. 受拉$\geq 1.2l_a$,受压$\geq l_a$

C. 受拉$\geq l_a$,受压$\geq 0.84l_a$ D. 受拉$\geq 1.2l_a$,受压$\geq 0.84l_a$

【**解**】 由纵向钢筋搭接长度计算知,当接头面积百分率≤25% 时,$\xi=1.2$,则受拉 $l=1.2l_a$,受压 $l=0.7\times 1.2l_a=0.84l_a$。

所以应选 D 项。

思考:上述条件若由非抗震设计变为抗震设计,此时纵向受拉钢筋的锚固长度 l_a 要用 l_{aE} 进行计算,具体为:一、二级时,$l_{aE}=1.15l_a$,三级时,$l_{aE}=1.05l_a$,四级时,$l_{aE}=l_a$。

【**例 14-5-3**】 某现浇钢筋混凝土框架结构,设计使用年限为 100 年,首层框架柱采用 C50 混凝土,纵筋采用 HRB500 级钢筋,直径为 25mm,环境类别为一类,其最外层钢筋(即箍筋)的保护层厚度不应小于( )mm。

A. 35   B. 22

C. 25　　　　　　　　　　　　　　D. 28

【解】 根据本节重点内容《混规》8.2.1 条，应为 20×1.4＝28mm，应选 D 项。

四、应试题解

1. 对于一般现浇钢筋混凝土框架结构，当在室内或土中时，其伸缩缝最大间距是（　　）m。
   A. 85　　　　　　B. 75　　　　　　C. 60　　　　　　D. 55

2. 钢筋混凝土房屋进行结构布置时，（　　）项是错误的。
   A. 加强屋顶楼面刚度对增大房屋伸缩缝间距有效
   B. 在温度变化影响大的部位提高配筋率对增大伸缩缝间距有效
   C. 温度伸缩缝宽度应满足防震缝宽度要求
   D. 对有抗震要求的影剧院在主体与侧边附属房间可不设置防震缝

3. 梁中钢筋的混凝土保护层厚度是指（　　）。
   A. 箍筋外表面至梁表面的距离　　　　B. 主筋外表面至梁表面的距离
   C. 主筋截面形心至梁表面的距离　　　D. 主筋内表面至梁表面的距离

4. 钢筋混凝土有垫层基础中，纵向受力钢筋的混凝土保护层厚度不应小于（　　）mm。
   A. 55　　　　　　B. 50　　　　　　C. 40　　　　　　D. 35

5. 《混凝土结构设计规范》中钢筋的基本锚固长度 l_{ab} 是指（　　）。
   A. 搭接锚固长度　　　　　　　　　　B. 受拉锚固长度
   C. 受压锚固长度　　　　　　　　　　D. 延伸锚固长度

6. 抗震设计时，抗震等级一级纵向钢筋采用绑扎搭接接头时，当搭接接头面积百分率为 50% 时，其搭接长度为（　　）。
   A. 受拉≥$1.61l_a$，受压≥$1.13l_a$　　　B. 受拉≥$1.61l_a$，受压≥$1.23l_a$
   C. 受拉≥$1.2l_a$，受压≥$0.84l_a$　　　D. 受拉≥$1.2l_a$，受压≥$0.8l_a$

7. 当无法避免短柱时，应采用的措施为（　　）。
   A. 沿柱全高将箍筋加密　　　　　　　B. 提高混凝土强度等级
   C. 加大柱的截面面积　　　　　　　　D. 取纵筋配筋率在 3‰～5‰ 之间

8. 工业建筑的现浇钢筋混凝土单向板楼板的最小厚度不应小于（　　）mm。
   A. 80　　　　　　B. 70　　　　　　C. 60　　　　　　D. 50

9. 板内分布钢筋不仅可使主筋定位、分布局部荷载，还可（　　）。
   A. 承担负弯矩　　　　　　　　　　　B. 承受收缩及温度应力
   C. 减小裂缝宽度　　　　　　　　　　D. 增加主筋与混凝土的粘结

10. 钢筋混凝土单向板中，分布钢筋的面积和间距应满足（　　）。
    A. 截面面积不应小于受力钢筋面积的 10%，且间距不小于 250mm
    B. 截面面积不应小于受力钢筋面积的 10%，且间距不小于 200mm
    C. 截面面积不应小于受力钢筋面积的 15%，且间距不小于 200mm
    D. 截面面积不应小于受力钢筋面积的 15%，且间距不小于 250mm

11. 简支矩形双向板，板角在主弯矩作用下（　　）。
    A. 板面和板底均产生环状裂缝

B. 均产生对角裂缝
C. 板面产生环状裂缝；板底产生对角裂缝
D. 板面产生对角裂缝；板底产生环状裂缝

12. 次梁与主梁相交处，在主梁上设附加箍筋或吊筋，因（   ）。

A. 构造要求，起架立作用　　　　　B. 间接加载于主梁腹部将引起斜裂缝
C. 主梁受剪承载力不足　　　　　　D. 次梁受剪承载力不足

第六节　梁板结构与单层厂房

一、《考试大纲》的规定

梁板结构：塑性内力重分布、单向板肋梁楼盖、双向板肋梁楼盖、无梁楼盖；
单层厂房：组成与布置、排架计算、柱、牛腿、吊车梁、屋架、基础。

二、重点内容

1. 塑性内力重分布

（1）塑性铰的特点：①只能承受弯矩；②是单向铰，只能沿弯矩作用方向转动；③它的转动有限度，从钢筋屈服到混凝土压坏。

塑性铰与普通铰相比，有以下区别：

第一，普通铰截面可以任意转动，不传递或承受弯矩，且能沿任意方向转动；塑性铰截面在承受相当于截面塑性承载力的弯矩 M_u 后，可以转动，但不再承受新增加的弯矩；转动方向只能沿弯矩作用方向。

第二，普通铰截面的转动幅度不受限制，塑性铰截面的转动幅度不能过大，否则会引起结构过大的变形和挠度，影响正常使用。

塑性铰的转动能力，其主要取决于钢筋种类、配筋率、混凝土的极限压缩变形。当低或中等配筋率（或 ξ 值较低）时，其内力重分布，主要取决于钢筋的流幅；当较高配筋率（或 ξ 值较大）时，内力重分布取决于混凝土的极限压缩变形。

（2）塑性内力重分布计算方法的适用范围

对于下列结构在受弯承载力计算时，不应考虑塑性内力重分布，应按弹性理论方法计算其内力：

①直接承受动力荷载的构件；
②要求不出现裂缝或处于侵蚀环境等情况下的结构。

此外，按考虑塑性内力重分布分析方法设计的结构和构件，尚应满足正常使用极限状态的要求，或采取有效的构造措施。

（3）连续梁塑性内力重分布计算方法

目前，关于连续板、梁考虑塑性内力重分布的计算方法较多采用弯矩调幅法。弯矩调幅法是调整（一般降低）结构按弹性理论计算得到的某些截面的最大弯矩值。弯矩调幅法的基本原则如下：

①控制弯矩调幅值，一般情况下不宜超过按弹性理论计算所得弯矩值的 20%（板）或 25%（梁）。

②必须保证在调幅截面形成的塑性铰具有足够的转动能力，故钢筋宜选用 HRB400

级、HRB500级热轧钢筋，混凝土强度等级宜在C25～C45，梁端截面相对受压区高度ξ≤0.35，且不宜小于0.10。

③ 梁端负弯矩调幅后，梁跨中弯矩应按平衡条件相应增大。

④ 梁跨中截面正弯矩设计值不应小于竖向荷载作用下按简支梁计算的跨中弯矩设计值的50%。

⑤ 各控制截面的剪力设计值按荷载最不利布置和调整后的支座弯矩由静力平衡条件计算确定。

2. 单向板肋梁楼盖

《混规》规定，对四边均有支承的板，通常当长边l_2与短边l_1的比$l_2/l_1 \geqslant 3$时按单向板设计；当$2 < l_2/l_1 < 3$时，宜按双向板计算。

(1) 计算简图

对于板、次梁的支座均视为铰支座。对于主梁，当两边支座为砖墙，中间支座为钢筋混凝土柱，如果与主梁整浇的钢筋混凝土柱的线刚度与主梁的线刚度之比小于1/5时，则可将主梁视作铰支于钢筋混凝土柱上的连续梁进行内力分析，否则应按框架计算梁的内力。

对于各跨荷载相同，且跨数超过5跨的等跨等截面连续板、梁，可按5跨来计算其内力。

板、梁的计算跨度l_0值应按支座处板、梁的实际可能的转动情况确定。

单跨梁：
$$l_0 = l_n + a \leqslant 1.05 l_n$$

单跨板：
$$l_0 = \begin{cases} l_n + h & \text{（两端搁置在墙上）} \\ l_n + \dfrac{h}{2} & \text{（一端搁置在墙上，一端与梁整浇）} \\ l_n & \text{（两端与梁整浇）} \end{cases}$$

式中l_n为板或梁的净跨；h为板厚；a为梁的支承长度。

多跨连续的板、梁，对支座为整浇的梁或柱，l_0一般可取支座中心线间距离；当板梁支座为砖墙时，边跨的计算跨度l_0见表14-6-1。

连续板、梁的计算跨度　　　　　表14-6-1

构造图形		边 跨	中 跨
弹性计算方法	板	$l_{n1} + \dfrac{a}{2} + \dfrac{h}{2}$	$l_n + a$
	梁	$l_{n1} + \dfrac{a}{2} + \dfrac{a_1}{2}$ 和 $1.025 l_{n1} + \dfrac{a}{2}$ 中较小者	$l_n + a$
塑性计算方法	板	$l_{n1} + \dfrac{h}{2}$ 和 $l_{n1} + \dfrac{a_1}{2}$ 中较小者	l_n
	梁	$l_{n1} + \dfrac{a_1}{2}$ 和 $1.025 l_n$ 中较小者	l_n

(2) 弯矩、剪力计算值

为考虑支座抵抗转动的影响,一般采用增大永久荷载,相应地减小可变荷载的办法,即以折算荷载代替实际计算荷载。

连续板的折算永久荷载: $g' = g + \dfrac{1}{2}q$

连续板的折算可变荷载: $q' = \dfrac{1}{2}q$

连续梁的折算永久荷载: $g'_b = g + \dfrac{1}{4}q$

连续梁的折算可变荷载: $q'_b = \dfrac{3}{4}q$

式中 g、q 分别为实际永久荷载、实际可变荷载。

当板或梁支承在砖墙上时,荷载不得折算;对主梁按连续梁计算时,因柱对梁的约束作用小,故对主梁荷载不进行折算。

弯矩、剪力的最大者,即危险截面是在支座边界处。求支座弯矩时,取该支座相邻两跨计算跨度的平均值进行计算。

(3) 考虑塑性内力重分布的计算

弯矩: $M = \alpha(g+q)l_0^2$

剪力: $V = \beta(g+q)l_n$

式中 α、β 分别为弯矩系数、剪力系数;l_0 为计算跨度,取值见表 14-6-1;l_n 为净跨度。

需注意的是:①求支座弯矩时,取该支座相邻两跨计算跨度的较大值进行计算;②对跨度差别小于 10% 的不等跨连续板、梁,仍用上述公式计算,但支座弯矩应按相邻的较大计算跨度计算;跨中弯矩仍取本跨的计算跨度计算。

(4) 板的构造要求

现浇钢筋混凝土单向板的跨厚比不大于 30,双向板不大于 40;无梁支承的有柱帽板的跨厚比不大于 35(无柱帽板不大于 30)。

现浇钢筋混凝土板的厚度不应小于表 14-6-2 规定的数值。

板的最小厚度 (mm)　　　　表 14-6-2

板的类型		最小厚度
单向板	屋面板	60
	民用建筑楼板	60
	工业建筑楼板	70
	行车道下的楼板	80
双向板		80

续表

板的类型		最小厚度
密肋楼盖	面板	50
	肋高	250
悬臂板（根部）	悬臂长度不大于500mm	60
	悬臂长度1200mm	100
无梁楼板		150
现浇空心楼盖		200

板的配筋构造要求，《混规》规定：

> **9.1.3** 板中受力钢筋的间距，当板厚不大于150mm时不宜大于200mm；当板厚大于150mm时不宜大于板厚的1.5倍，且不宜大于250mm。
>
> **9.1.4** 采用分离式配筋的多跨板，板底钢筋宜全部伸入支座；支座负弯矩钢筋向跨内延伸的长度应根据负弯矩图确定，并满足钢筋锚固的要求。
>
> 简支板或连续板下部纵向受力钢筋伸入支座的锚固长度不应小于钢筋直径的5倍，且宜伸过支座中心线。当连续板内温度、收缩应力较大时，伸入支座的长度宜适当增加。
>
> **9.1.5** 现浇混凝土空心楼板的体积空心率不宜大于50%。
>
> 采用箱型内孔时，顶板厚度不应小于肋间净距的1/15且不应小于50mm。当底板配置受力钢筋时，其厚度不应小于50mm。内孔间肋宽与内孔高度比不宜小于1/4，且肋宽不应小于60mm，对预应力板不应小于80mm。
>
> **9.1.6** 按简支边或非受力边设计的现浇混凝土板，当与混凝土梁、墙整体浇筑或嵌固在砌体墙内时，应设置板面构造钢筋，并符合下列要求：
>
> **1** 钢筋直径不宜小于8mm，间距不宜大于200mm，且单位宽度内的配筋面积不宜小于跨中相应方向板底钢筋截面面积的1/3。与混凝土梁、混凝土墙整体浇筑单向板的非受力方向，钢筋截面面积尚不宜小于受力方向跨中板底钢筋截面面积的1/3。
>
> **2** 钢筋从混凝土梁边、柱边、墙边伸入板内的长度不宜小于$l_0/4$，砌体墙支座处钢筋伸入板边的长度不宜小于$l_0/7$，其中计算跨度l_0对单向板按受力方向考虑，对双向板按短边方向考虑。
>
> **3** 在楼板角部，宜沿两个方向正交、斜向平行或放射状布置附加钢筋。
>
> **4** 钢筋应在梁内、墙内或柱内可靠锚固。
>
> **9.1.7** 当按单向板设计时，应在垂直于受力的方向布置分布钢筋，单位宽度上的配筋不宜小于单位宽度上的受力钢筋的15%，且配筋率不宜小于0.15%；分布钢筋直径不宜小于6mm，间距不宜大于250mm；当集中荷载较大时，分布钢筋的配筋面积尚应增加，且间距不宜大于200mm。
>
> 当有实践经验或可靠措施时，预制单向板的分布钢筋可不受本条的限制。
>
> **9.1.8** 在温度、收缩应力较大的现浇板区域，应在板的表面双向配置防裂构造钢筋。配筋率均不宜小于0.10%，间距不宜大于200mm。防裂构造钢筋可利用原有钢筋贯通布置，也可另行设置钢筋并与原有钢筋按受拉钢筋的要求搭接或在周边构件中锚固。

楼板平面的瓶颈部位宜适当增加板厚和配筋。沿板的洞边、凹角部位宜加配防裂构造钢筋，并采取可靠的锚固措施。

9.1.9 混凝土厚板及卧置于地基上的基础筏板，当板的厚度大于2m时，除应沿板的上、下表面布置的纵、横方向钢筋外，尚宜在板厚度不超过1m范围内设置与板面平行的构造钢筋网片，网片钢筋直径不宜小于12mm，纵横方向的间距不宜大于300mm。

（5）次梁、主梁的计算和构造

次梁可按塑性内力重分布方法进行内力计算。主梁通常按弹性理论方法，不考虑塑性内力重分布。设计时，应在主梁承受次梁传来的集中力处设置附加横向钢筋，即箍筋或吊筋。

9.2.11 位于梁下部或梁截面高度范围内的集中荷载，应全部由附加横向钢筋承担；附加横向钢筋宜采用箍筋。

箍筋应布置在长度为$2h_1$与$3b$之和的范围内（图9.2.11）。当采用吊筋时，弯起段应伸至梁的上边缘，且末端水平段长度不应小于本规范第9.2.7条的规定。

附加横向钢筋所需的总截面面积应符合下列规定：

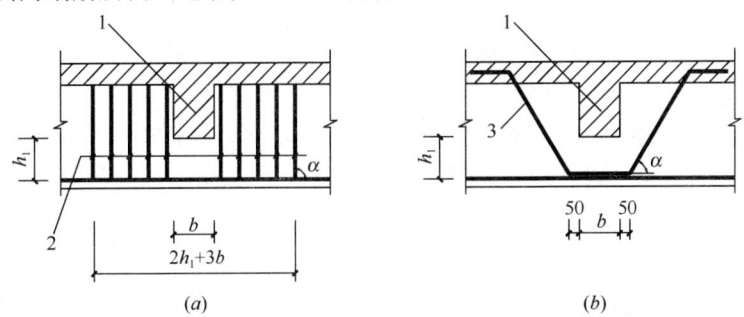

图9.2.11　梁截面高度范围内有集中荷载作用时附加横向钢筋的布置
(a) 附加箍；(b) 附加吊筋
注：图中尺寸单位mm。
1—传递集中荷载的位置；2—附加箍筋；3—附加吊筋

$$A_{sv} \geq \frac{F}{f_{yv}\sin\alpha} \quad (9.2.11)$$

式中：A_{sv}——承受集中荷载所需的附加横向钢筋总截面面积；当采用附加吊筋时，A_{sv}应为左、右弯起段截面面积之和；

F——作用在梁的下部或梁截面高度范围内的集中荷载设计值；

α——附加横向钢筋与梁轴线间的夹角。

需要注意的是，规范式（9.2.11）中f_{yv}的取值不受360N/mm²的限制。如采用HRB500钢筋，则$f_{yv}=435$N/mm²。

3. 双向板肋梁楼盖

四边支承的板，当长边l_2与短边l_1之比为$2<l_2/l_1<3$，按弹性理论计算时，宜按双向板计算；当$l_2/l_1 \leq 2$时，按双向板计算；按塑性理论计算时，$l_2/l_1 \leq 3$，按双面板计算。

（1）双向板按弹性理论计算

单跨双向板，当板厚h小于板短边边长的$\frac{1}{30}$，且板的挠度远小于板的厚度时，单跨双向板可按弹性薄板小挠度理论计算，并制成表格可供设计使用。

多跨连续双向板，当同一方向相邻最小跨度与最大跨度之比大于 0.75 时，可采用以单区格板计算为基础的简化计算法。当求跨中最大弯矩时，将活荷载分解为对称与反对称荷载情况，如图 14-6-1 所示：

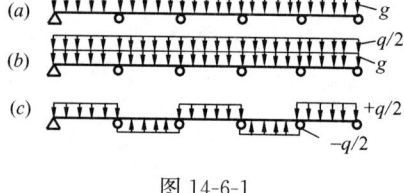

对称情况： $g+\dfrac{q}{2}$

反对称情况： $\pm\dfrac{q}{2}$

图 14-6-1

在对称荷载作用下，所在中间区格板均可认为是四边固定边；边区格则为三边为固定边，一边为实际情况；角区格则两内边为固定边，两个边为实际情况。经过这样处理，只有 6 种可能的边界条件，可利用单跨双向板的内力计算表格，求出每一区格在对称荷载作用下的跨中弯矩。

在反对称荷载 $\pm\dfrac{q}{2}$ 作用下，中间支座视为简支边，若边支座为简支边，则所有区格板均为四边简支板，利用表格可求得反对称荷载作用下的跨中最大弯矩。最后，将两种荷载情况的跨中弯矩进行叠加，可求出各区格板跨中最大正弯矩。

当求支座最大弯矩时，可假定全板各区格满布活荷载，对内区格可按四边固定的单跨双向板计算其支座弯矩；边区格，其内支座为固定边，边支座边界条件按实际情况考虑，计算出其支座弯矩。

（2）双向板按塑性理论的计算

目前常用计算方法有塑性铰线法、板带法以及用程序进行分析的最优配筋法等。其中，塑性铰线法，又称为极限平衡法，采用该法必须事先知道板在特定荷载作用下的破坏图式，按裂缝出现在板底或板面，塑性铰线分为"正塑性铰线"、"负塑性铰线"。该法计算的关键是找出最危险的塑性铰线位置，它与板的平面形状、尺寸、边界条件、荷载形式、纵横方向跨中与支座配筋等因素有关。

均布荷载作用下，四边连续矩形双向板的破坏机构主要有倒锥形、倒幂形和正幂形三种。其中倒锥形是最基本的，其塑性铰线位置为：沿板的支座边由于定弯矩作用形成负塑性铰线，跨中的板底在正弯矩作用下沿长边方向并向四角发展形成正塑性铰线。

（3）双向板的截面设计和配筋构造

双向板的厚度 h 应在 80～160mm。

对于四边与梁整体连接的双向板，除角区格外，考虑周边支承梁对板的推力的有利影响，对弹性理论或塑性理论计算方法得到的弯矩或配筋可予以折减；对角区格的各截面不应折减。

双向板的配筋，将板在短边 l_1、长边 l_2 方向各分为三个带，其中两边带的宽度均为短边 l_1 的 1/4。在中间带内，按最大正弯矩求得的板底钢筋均匀配置，边带内则减少 50%，但每米宽度内不得少于 3 根；支座边界负弯矩钢筋，不能在边带内减少。

需注意的是，跨中沿短边方向即弯矩较大方向的板底钢筋宜放在沿长边方向板底钢筋的下面，而板面钢筋相反。

双向板的其他配筋构造见单向板肋梁楼盖部分。

(4) 支承双向板的梁设计

荷载传递：从各区格的四角作 45°线与平行于长边的中线相交，把整块板分成四小块，每小块的荷载传至相邻的支承梁上。由此，短边支承梁上承受三角形荷载；长边支承梁上承受梯形荷载，此外，支承梁自重为均布荷载。

支承梁的内力可按弹性理论式考虑内力塑性重分布的调幅法计算。

4. 无梁楼盖

无梁楼盖的计算方法可按弹性理论、塑性理论计算。其中，按弹性理论计算方法中有经验系数法（或称直接设计法）、等效框架法等。

经验系数法计算时，不考虑可变荷载的不利布置，按全部均布荷载作用，求得每个区格板在两个方向的总弯矩值，然后将该弯矩值乘以一个系数再分配给柱上板带和跨中板带的支座和跨中截面，再进行配筋。

当按塑性理论计算时，考虑可变荷载的不利布置，板的破坏情况有：一类是内跨在带形可变荷载作用下，出现平行于带形荷载方向的跨中塑性铰线和支座塑性铰线；另一类是在连续满布可变荷载作用下，每个区格内的跨中板带出现正弯矩的塑性铰线，柱顶及柱上板带出现负弯矩的塑性铰线。

在竖向荷载作用下，有柱帽的无梁楼板内跨由于存在着穹顶作用，故按塑性理论计算结果应予考虑折减。除边跨及边支座外，其余部分截面的弯矩设计值可乘 0.8 的折减系数。

无梁楼盖的配筋。板的配筋分成柱上板带、跨中板带，当跨中或支座的同一区域两个方向具有同号弯矩时，应将较大弯矩方向的受力钢筋置于外层。柱帽的配筋应按柱帽边缘处平板的抗冲切承载力计算箍筋量。

无梁楼盖的周边应设置边梁，其截面高度不小于板厚的 2.5 倍，且边梁需配抗扭的构造钢筋。

5. 单层厂房的组成和布置

单层厂房的结构组成包括屋盖结构、柱子、吊车梁、支撑、基础，以及围护结构。

屋盖结构分无檩和有檩两种体系。无檩体系由大型屋面板、屋面梁或屋架（包括屋盖支撑）所组成；有檩体系由小型屋面板、檩条、屋架（包括屋盖支撑）所组成。屋盖结构有时还设有天窗架、托架，屋盖结构起围护和承重双重作用。

支撑包括屋架支撑、天窗架支撑和柱间支撑等，其作用是：保证厂房结构的纵向及横向水平刚度，并将平面结构联结成整体空间结构，加强厂房的稳定性和空间刚度；传递某些局部水平荷载（如纵向风荷载、吊车纵向制动力等）到主要承重结构构件；在施工和使用阶段，保证结构构件的稳定性。

屋盖支撑可分为上弦横向水平支撑、下弦横向水平支撑、垂直支撑及系杆等。

(1) 横向水平支撑

上弦横向水平支撑的作用是：构成刚性框，增强屋盖的整体刚度，保证屋架上弦或屋面梁上翼缘的侧向稳定，同时将山墙抗风柱传来的风力传递到（纵向）排架柱。

下弦横向水平支撑的作用是：当屋架下弦设有悬挂吊车或其他设备产生水平力时，或当抗风柱与屋架下弦连接，抗风柱风力传至下弦时，能保证水平力或风力传至排架柱。

上弦、下弦横向水平支撑的布置要求见第十五章钢结构钢屋盖部分。当天窗能过伸缩缝时，则应在伸缩缝处天窗缺口下设置上弦横向水平撑。

(2) 屋面梁（屋架）间的垂直支撑及水平系杆

垂直支撑和下弦水平系杆作用是保证屋架的整体稳定以及防止在吊车工作时（或有其他振动时）屋架下弦的侧向颤动。上弦水平系杆则用以保证屋架上弦或屋面梁受压翼缘的侧向稳定。垂直支撑及水平系杆的布置要求见第十五章钢结构钢屋盖部分。

(3) 屋面架（屋架）间的纵向水平支撑

下弦纵向水平支撑的作用是：保证横向水平力的纵向分布，增强排架的空间工作，提高厂房刚度。设计时应根据厂房跨度、跨数和高度，屋盖承重结构方案，吊车起重量及工作制等因素考虑在下弦平面靠近支座端部节间中设置。如厂房设有横向水平支撑时，则纵向水平支撑应尽可能同横向水平支撑形成封闭的支撑体系。当厂房设有托架时必须设置纵向水平支撑。如果只在部分柱间设有托架，则必须在设有托架的柱间和两端相邻的一个柱间设置纵向水平支撑，以承受屋架传来的横向风力。

(4) 天窗架间的支撑

天窗架间支撑包括天窗横向水平支撑和天窗端垂直支撑，它们的作用是将天窗端壁的风力（或纵向地震力）传递给屋盖系统和增加天窗系统的空间刚度。当屋盖为有檩体系或无檩体系中大型屋面板与屋架连接不符合要求时，应设置天窗架上弦横向水平支撑，此外，在天窗架端跨的两侧均应设置垂直支撑。天窗架的支撑与屋架上弦支撑应尽可能布置在同一个柱间。

柱间支撑，它的作用是提高厂房的纵向刚度和稳定性；把吊车纵向制动力和山墙抗风柱经屋盖系统传来的风力（或纵向地震力）再经柱间支撑传给基础。对于有吊车的厂房，柱间支撑分上部和下部两种，前者位于吊车梁上部，用以承受作用在山墙上的风力并保证厂房上部的纵向刚度；后者位于吊车梁下部，承受上部支撑传来的力和吊车梁传来的吊车纵向制动力，并把它们传至基础。

6. 排架计算

排架计算内容包括：确定计算简图，此时应确定柱子各段高度、截面尺寸，求得柱截面惯性矩；确定各项荷载；排架内力分析，并求出各控制截面的内力值；内力组合，求出各控制截面的最不利组合；必要时应验算排架的水平位移值。

(1) 计算假定

柱下端固接于基础顶面，柱上端与横梁、屋面梁或屋架铰接。但当地基土质较差、变形较大，或有较大的地面荷载时，则应考虑基础位移、转动对排架内力的影响。

横梁（屋面梁或屋架）在排架平面内的轴压刚度为无限大，不计轴向变形。但对于下弦杆采用圆钢（或角钢）的组合式屋架，二铰、三铰拱屋架，则应考虑其轴向变形对排架内力的影响。

(2) 排架荷载计算

作用在排架上的荷载分为永久荷载和可变荷载两类。其中，永久荷载包括屋盖自重 G_1；上柱自重 G_2；下柱自重 G_3；吊车梁和轨道等自重 G_4；支承在柱牛腿上的围护结构等重量 G_5。可变荷载包括屋面活荷载 Q_1；吊车荷载 T、D；均布风载 q_1、q_2 及作用在屋盖处的集中风载 F_w 等。

对于永久荷载，当有偏心距时，竖向偏心压力换算成轴心压力和力矩。

屋面活荷载包括屋面均布活载、雪载和积灰荷载，计算均按屋面的水平投影面积进行，其作用通过屋架传给上柱。需注意的是，屋面均布活载不应与雪载同时组合。积灰荷载应与屋面活荷载或雪荷载进行组合，取组合值较大者进行内力计算。

吊车荷载包括吊车竖向荷载和水平荷载。

吊车竖向荷载的设计值 D_{max} 和 D_{min}，如图 14-6-2 所示，两台起重量不同的吊车的最大轮压标准值分别为 $P_{1max,k}$，$P_{2max,k}$，$P_{1max,k} > P_{2max,k}$；其最小轮压标准值分别为 $p_{1min,k}$，$p_{2min,k}$，$p_{1min,k} > p_{2min,k}$。根据吊车梁支座反力影响线可得：

$$D_{max} = \gamma_Q [P_{1max,k}(y_1 + y_2) + P_{2max,k}(y_3 + y_4)]$$

$$D_{min} = \gamma_Q [P_{1min,k}(y_1 + y_2) + P_{2min,k}(y_3 + y_4)]$$

式中 γ_Q 为可变荷载分项系数，$\gamma_Q = 1.4$。

吊车水平荷载计算如下：

吊车纵向水平荷载标准值应为作用在一边轨道上所有刹车轮的最大轮压 $P_{max,k}$ 之和的 10%，其作用点位于刹车轮与轨道的接触点，方向与轨道一致。

吊车的横向水平荷载可按横行小车重量 g_1 与额定起重量 Q 之和的下列百分数 (α) 并乘以重力加速度。

对软钩吊车：当 $Q \leqslant 10t$ 时，应取 12%；当 $Q = 16 \sim 50t$ 时，应取 10%；当 $Q \geqslant 75t$ 时，应取 8%。对硬钩吊车：应取 20%。

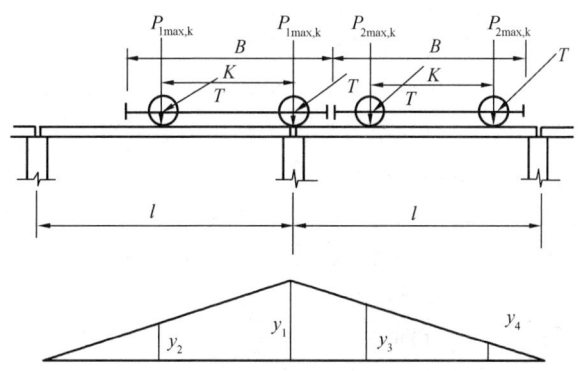

图 14-6-2 简支吊车梁支座反力影响线

吊车横向水平荷载应等分于桥架的两端，分别由轨道上的车轮平均传至轨道，其方向与轨道垂直，见图 14-6-2。

四轮吊车：
$$T_1 = \frac{\alpha}{4}(Q_1 + g_1) \cdot g$$

$$T_2 = \frac{\alpha}{4}(Q_2 + g_2) \cdot g$$

式中 g_1、g_2 分别为小车重量；g 为重力加速度。

同理，作用于排架柱上的吊车横向水平荷载设计值 T_{max} 为：

$$T_{max} = \gamma_Q [T_1(y_1 + y_2) + T_2(y_3 + y_4)]$$

在计算有多台吊车的排架时，应特别注意组合的台数、荷载标准值的折减系数，《建筑结构荷载规范》GB 50009—2012 规定：

> **6.2.1** 计算排架考虑多台吊车竖向荷载时，对单层吊车的单跨厂房的每个排架，参与组合的吊车台数不宜多于 2 台；对单层吊车的多跨厂房的每个排架，不宜多于 4 台；对双层吊车的单跨厂房宜按上层和下层吊车分别不多于 2 台进行组合；对双层吊车的多跨厂房宜按上层和下层吊车分别不多于 4 台进行组合，且当下层吊车满载时，上层吊车应按空载计算；上层吊车满载时，下层吊车不应计入。考虑多台吊车水平

荷载时，对单跨或多跨厂房的每个排架，参与组合的吊车台数不应多于2台。

注：当情况特殊时，应按实际情况考虑。

6.2.2 计算排架时，多台吊车的竖向荷载和水平荷载的标准值，应乘以表6.2.2中规定的折减系数。

多台吊车的荷载折减系数　　　　表6.2.2

参与组合的	吊车工作级别	
吊车台数	A1~A5	A6~A8
2	0.9	0.95
3	0.85	0.90
4	0.8	0.85

（3）排架内力分析与内力组合

单层厂房排架为超静定结构，其超静定次数等于其跨数。对于等高排架一般采用剪力分配法进行计算。不等高排架则用力法计算。

内力组合包括四种情况：①＋M_{max}及相应的N、V；②－M_{max}及相应的N、V；③N_{max}及相应的$\pm M$（取绝对值较大者）、V；④N_{min}及相应的$\pm M$（取绝对值较大者）、V。

内力组合应注意：①组合时不能仅组合T_{max}，即T_{max}不能脱离吊车竖向荷载而单独存在；②T_{max}、风荷载可左、可右，两者取一；③组合N_{max}或N_{min}时，应使相应的$|\pm M|$尽可能大些，特别是当$N=0$，$M\neq 0$的情况，只要对截面不利，也应参加组合。

7. 单层厂房柱的设计

柱截面尺寸应满足刚度要求，柱计算长度l_0的确定，《混规》规定：

6.2.20 轴心受压和偏心受压柱的计算长度l_0可按下列规定确定：

1 刚性屋盖单层房屋排架柱、露天吊车柱和栈桥柱，其计算长度l_0可按表6.2.20-1取用。

刚性屋盖单层房屋排架柱、露天吊车柱和栈桥柱的计算长度　　表6.2.20-1

柱 的 类 别		l_0		
		排架方向	垂直排架方向	
			有柱间支撑	无柱间支撑
无吊车房屋柱	单跨	1.5H	1.0H	1.2H
	两跨及多跨	1.25H	1.0H	1.2H
有吊车房屋柱	上柱	2.0H_u	1.25H_u	1.5H_u
	下柱	1.0H_l	0.8H_l	1.0H_l
露天吊车柱和栈桥柱		2.0H_l	1.0H_l	

注：1 表中H为从基础顶面算起的柱子全高；H_l为从基础顶面至装配式吊车梁底面或现浇式吊车梁顶面的柱子下部高度；H_u为从装配式吊车梁底面或从现浇式吊车梁顶面算起的柱子上部高度；

2 表中有吊车房屋排架柱的计算长度，当计算中不考虑吊车荷载时，可按无吊车房屋柱的计算长度采用，但上柱的计算长度仍可按有吊车房屋采用；

3 表中有吊车房屋排架柱的上柱在排架方向的计算长度，仅适用于H_u/H_l不小于0.3的情况；当H_u/H_l小于0.3时，计算长度宜采用2.5H_u。

预制钢筋混凝土柱一般在混凝土强度达到70%以上时，即可进行吊装就位。吊装验算时的计算简图应根据吊装方法而确定。需注意的是，吊装验算时应考虑动力作用，即将柱自重乘以动力系数1.5，同时考虑吊装时间短促，承载力验算时构件的安全等级可较其使用阶段的降低一级。在吊装阶段裂缝宽度验算中，计算受拉区纵向钢筋应力时应采用M_q，且仍应考虑动力系数1.5。

8. 牛腿设计

牛腿设计内容：截面尺寸的确定；承载力计算；配筋。

（1）截面尺寸的确定

因为牛腿截面宽度与柱等宽，故只需确定其截面高度。设计时一般先假定牛腿高度，然后按公式验算，具体如下。

9.3.10 对于a不大于h_0的柱牛腿（图9.3.10），其截面尺寸应符合下列要求：

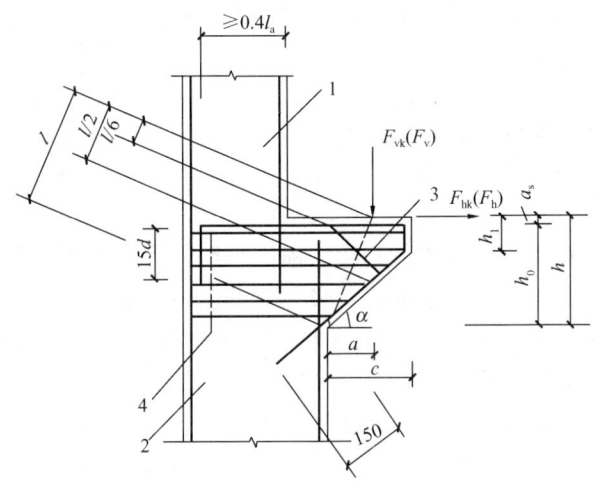

图9.3.10 牛腿的外形及钢筋配置
1—上柱；2—下柱；3—弯起钢筋；4—水平箍筋
注：图中尺寸单位为mm。

1 牛腿的裂缝控制要求

$$F_{vk} \leqslant \beta\left(1-0.5\frac{F_{hk}}{F_{vk}}\right)\frac{f_{tk}bh_0}{0.5+\dfrac{a}{h_0}} \tag{9.3.10}$$

式中：F_{vk}——作用于牛腿顶部按荷载效应标准组合计算的竖向力值；

F_{hk}——作用于牛腿顶部按荷载效应标准组合计算的水平拉力值；

β——裂缝控制系数：对支承吊车梁的牛腿，取0.65；对其他牛腿，取0.80；

a——竖向力的作用点至下柱边缘的水平距离，应考虑安装偏差20mm；当考虑20mm安装偏差后的竖向力作用点仍位于下柱截面以内时，取等于0；

b——牛腿宽度；

h_0——牛腿与下柱交接处的垂直截面有效高度，取$h_1-a_s+c\cdot\tan\alpha$，当α大于45°时，取45°，c为下柱边缘到牛腿外边缘的水平长度。

2 牛腿的外边缘高度h_1不应小于$h/3$，且不应小于200mm。

3 在牛腿顶受压面上，竖向力F_{vk}所引起的局部压应力不应超过$0.75f_c$。

(2) 承载力计算

常见的牛腿破坏为斜压破坏，故将其计算模型视为以纵筋为水平拉杆，以混凝土压力带为斜压杆的三角形桁架。

> **9.3.11** 在牛腿中，由承受竖向力所需的受拉钢筋截面面积和承受水平拉力所需的锚筋截面面积所组成的纵向受力钢筋的总截面面积，应符合下列规定：
>
> $$A_s \geqslant \frac{F_v a}{0.85 f_y h_0} + 1.2 \frac{F_h}{f_y} \qquad (9.3.11)$$
>
> 此处，当 a 小于 $0.3h_0$ 时，取 a 等于 $0.3h_0$。
> 式中：F_v——作用在牛腿顶部的竖向力设计值；
> 　　　F_h——作用在牛腿顶部的水平拉力设计值。

(3) 配筋的构造要求

> **9.3.12** 沿牛腿顶部配置的纵向受力钢筋，宜采用 HRB400 级或 HRB500 级热轧带肋钢筋。全部纵向受力钢筋及弯起钢筋宜沿牛腿外边缘向下伸入下柱内 150mm 后截断（图 9.3.10）。
>
> 　　纵向受力钢筋及弯起钢筋伸入上柱的锚固长度，当采用直线锚固时不应小于本规范第 8.3.1 条规定的受拉钢筋锚固长度 l_a；当上柱尺寸不足时，钢筋的锚固应符合本规范第 9.3.4 条梁上部钢筋在框架中间层端节点中带 90°弯折的锚固规定。此时，锚固长度应从上柱内边算起。
>
> 　　承受竖向力所需的纵向受力钢筋的配筋率不应小于 0.20% 及 $0.45 f_t/f_y$，也不宜大于 0.60%，钢筋数量不宜少于 4 根直径 12mm 的钢筋。
>
> 　　当牛腿设于上柱柱顶时，宜将牛腿对边的柱外侧纵向受力钢筋沿柱顶水平弯入牛腿，作为牛腿纵向受拉钢筋使用。当牛腿顶面纵向受拉钢筋与牛腿对边的柱外侧纵向钢筋分开配置时，牛腿顶面纵向受拉钢筋应弯入柱外侧，并应符合本规范第 8.4.4 条有关钢筋搭接的规定。
>
> **9.3.13** 牛腿应设置水平箍筋，箍筋直径宜为 6～12mm，间距宜为 100～150mm；在上部 $2h_0/3$ 范围内的箍筋总截面面积不宜小于承受竖向力的受拉钢筋截面面积的 1/2。
>
> 　　当牛腿的剪跨比不小于 0.3 时，宜设置弯起钢筋。弯起钢筋宜采用 HRB400 级或 HRB500 级热轧带肋钢筋，并宜使其与集中荷载作用点到牛腿斜边下端点连线的交点位于牛腿上部 $l/6$～$l/2$ 之间的范围内，l 为该连线的长度（图 9.3.10）。弯起钢筋截面面积不宜小于承受竖向力的受拉钢筋截面面积的 1/2，且不宜少于 2 根直径 12mm 的钢筋。纵向受拉钢筋不得兼作弯起钢筋。

9. 柱下单独基础设计

单独基础的设计内容包括：确定地基持力层；确定基础埋置深度和基底尺寸；验算基础高度；计算底板钢筋及构造处理。其中，地基持力层、基础埋置深度和基底尺寸的内容见第十二章土力学与地基基础中相关内容。

(1) 验算基础高度

基础高度是根据柱与基础交接处混凝土受冲切承载力的要求确定的。

《建筑地基基础设计规范》GB 50007—2011 规定：

8.2.7 扩展基础的计算应符合下列规定：
1 对柱下独立基础，当冲切破坏锥体落在基础底面以内时，应验算柱与基础交接处以及基础变阶处的受冲切承载力；
2 对基础底面短边尺寸小于或等于柱宽加两倍基础有效高度的柱下独立基础，以及墙下条形基础，应验算柱（墙）与基础交接处的基础受剪切承载力；
3 基础底板的配筋，应按抗弯计算确定；
4 当基础的混凝土强度等级小于柱的混凝土强度等级时，尚应验算柱下基础顶面的局部受压承载力。

8.2.8 柱下独立基础的受冲切承载力应按下列公式验算：

$$F_l \leqslant 0.7\beta_{hp}f_t a_m h_0 \quad (8.2.8\text{-}1)$$
$$a_m = (a_t + a_b)/2 \quad (8.2.8\text{-}2)$$
$$F_l = p_j A_l \quad (8.2.8\text{-}3)$$

式中：β_{hp}——受冲切承载力截面高度影响系数，当 h 不大于 800mm 时，β_{hp} 取 1.0；当 h 大于或等于 2000mm 时，β_{hp} 取 0.9，其间按线性内插法取用；

f_t——混凝土轴心抗拉强度设计值（kPa）；

h_0——基础冲切破坏锥体的有效高度（m）；

a_m——冲切破坏锥体最不利一侧计算长度（m）；

a_t——冲切破坏锥体最不利一侧斜截面的上边长（m），当计算柱与基础交接处的受冲切承载力时，取柱宽；当计算基础变阶处的受冲切承载力时，取上阶宽；

a_b——冲切破坏锥体最不利一侧斜截面在基础底面积范围内的下边长（m），当冲切破坏锥体的底面落在基础底面以内（图 8.2.8a、b），计算柱与基础交接处的受冲切承载力时，取柱宽加两倍基础有效高度；当计算基础变阶处的受冲切承载力时，取上阶宽加两倍该处的基础有效高度；

p_j——扣除基础自重及其上土重后相应于作用的基本组合时的地基土单位面积净反力（kPa），对偏心受压基础可取基础边缘处最大地基土单位面积净反力；

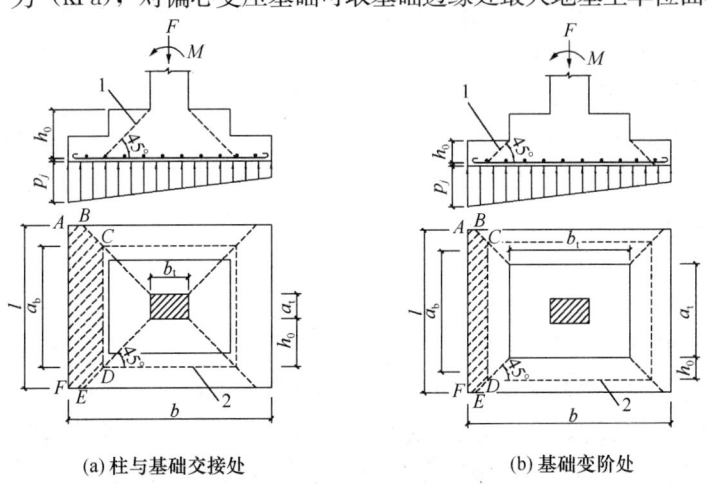

(a) 柱与基础交接处　　(b) 基础变阶处

图 8.2.8　计算阶形基础的受冲切承载力截面位置
1—冲切破坏锥体最不利一侧的斜截面；2—冲切破坏锥体的底面线

A_l——冲切验算时取用的部分基底面积(m^2)(图 8.2.8a、b 中的阴影面积 ABC-DEF);

F_l——相应于作用的基本组合时作用在 A_l 上的地基土净反力设计值(kPa)。

(2) 基础底板配筋计算

基础底板在地基净反力作用下,在两个方向均产生向上弯曲,故需在底板下部双向配置受力钢筋。配筋计算的最危险截面一般在柱与基础交接处和变阶处(对阶形基础);计算两个方向的弯矩时,把基础看作是固定在柱子周边的四面挑出的倒置悬臂板,见图 14-6-3。

沿长边 b 方向的截面Ⅰ-Ⅰ处的弯矩 $M_Ⅰ$ 等于作用在图 14-6-3 中阴影部分上的总地基净反力与该阴影面积形心到柱边截面Ⅰ-Ⅰ的距离之乘积。

沿长边 b 方向的受力钢筋截面面积为:

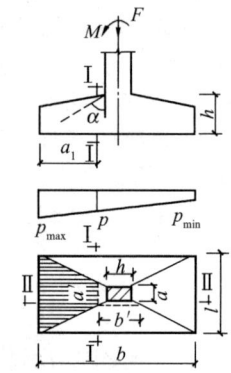

图 14-6-3 矩形基础底板的计算示意

$$A_{sⅠ} = \frac{M_Ⅰ}{0.9 h_0 f_y}$$

同理可求得沿 l 方向的弯矩 $M_Ⅱ$ 及相应的受力钢筋截面面积:

$$A_{sⅡ} = \frac{M_Ⅱ}{0.9(h_0 - d) f_y}$$

式中 d 为钢筋直径,即沿短边方向的钢筋放在长边钢筋的上面,故有效高度变为 $h_0 - d$。

(3) 构造要求

《建筑地基基础设计规范》规定:

8.2.1 扩展基础的构造,应符合下列规定:

1 锥形基础的边缘高度不宜小于 200mm,且两个方向的坡度不宜大于 1:3;阶梯形基础的每阶高度,宜为 300mm~500mm。

2 垫层的厚度不宜小于 70mm,垫层混凝土强度等级不宜低于 C10。

3 扩展基础受力钢筋最小配筋率不应小于 0.15%,底板受力钢筋的最小直径不应小于 10mm,间距不应大于 200mm,也不应小于 100mm。墙下钢筋混凝土条形基础纵向分布钢筋的直径不应小于 8mm;间距不应大于 300mm;每延米分布钢筋的面积不应小于受力钢筋面积的 15%。当有垫层时钢筋保护层的厚度不应小于 40mm;无垫层时不应小于 70mm。

4 混凝土强度等级不应低于 C20。

5 当柱下钢筋混凝土独立基础的边长和墙下钢筋混凝土条形基础的宽度大于或等于 2.5m 时,底板受力钢筋的长度可取边长或宽度的 0.9 倍,并宜交错布置(图 8.2.1-1)。

6 钢筋混凝土条形基础底板在 T 形及十字形交接处,底板横向受力钢筋仅沿一个主要受力方向通长布置,另一方向的横向受力钢筋可布置到主要受力方向底板宽度 1/4 处(图 8.2.1-2)。在拐角处底板横向受力钢筋应沿两个方向布置(图 8.2.1-2)。

8.2.4 预制钢筋混凝土柱与杯口基础的连接，应符合下列要求（图8.2.4）：

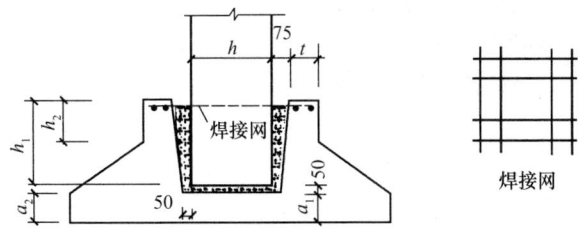

图 8.2.4 预制钢筋混凝土柱独立基础示意

注：$a_2 \geqslant a_1$

1 柱的插入深度，可按表8.2.4-1选用，并应满足第8.2.2条钢筋锚固长度的要求及吊装时柱的稳定性。

柱的插入深度 h_1（mm）　　　　　表 8.2.4-1

矩形或工字形柱				双肢柱
$h<500$	$500 \leqslant h<800$	$800 \leqslant h \leqslant 1000$	$h>1000$	
$h \sim 1.2h$	h	$0.9h$ 且 $\geqslant 800$	$0.8h$ 且 $\geqslant 1000$	$(1/3 \sim 2/3)h_a$ $(1.5 \sim 1.8)h_b$

注：1　h为柱截面长边尺寸；h_a为双肢柱全截面长边尺寸；h_b为双肢柱全截面短边尺寸；
　　2　柱轴心受压或小偏心受压时，h_1可适当减小，偏心距大于$2h$时，h_1应适当加大。

2 基础的杯底厚度和杯壁厚度，可按表8.2.4-2选用。

基础的杯底厚度和杯壁厚度　　　　　表 8.2.4-2

柱截面长边尺寸 h（mm）	杯底厚度 a_1（mm）	杯壁厚度 t（mm）
$h<500$	$\geqslant 150$	$150 \sim 200$
$500 \leqslant h<800$	$\geqslant 200$	$\geqslant 200$
$800 \leqslant h<1000$	$\geqslant 200$	$\geqslant 300$
$1000 \leqslant h<1500$	$\geqslant 250$	$\geqslant 350$
$1500 \leqslant h<2000$	$\geqslant 300$	$\geqslant 400$

注：1　双肢柱的杯底厚度值，可适当加大；
　　2　当有基础梁时，基础梁下的杯壁厚度，应满足其支承宽度的要求；
　　3　柱子插入杯口部分的表面应凿毛，柱子与杯口之间的空隙，应用比基础混凝土强度等级高一级的细石混凝土充填密实，当达到材料设计强度的70%以上时，方能进行上部吊装。

3 当柱为轴心受压或小偏心受压且$t/h_2 \geqslant 0.65$时，或大偏心受压且$t/h_2 \geqslant 0.75$时，杯壁可不配筋；当柱为轴心受压或小偏心受压且$0.5 \leqslant t/h_2 < 0.65$时，杯壁可按表8.2.4-3构造配筋；其他情况下，应按计算配筋。

杯壁构造配筋　　　　　表 8.2.4-3

柱截面长边尺寸（mm）	$h<1000$	$1000 \leqslant h<1500$	$1500 \leqslant h \leqslant 2000$
钢筋直径（mm）	$8 \sim 10$	$10 \sim 12$	$12 \sim 16$

注：表中钢筋置于杯口顶部，每边两根（图8.2.4）。

三、解题指导

本节知识点注意理解塑性铰、塑性内力重分布及其运用。各类楼盖应理解其计算原理，对板配筋构造要求应掌握。

厂房的组成与布置与第十五章钢屋盖有共性的地方，对比复习、理解。排架计算应注意影响线的运用、水平荷载与竖向荷载的折减问题、吊车台数的组合问题。柱设计掌握内力组合、计算长度 l_0 取值规定；牛腿应注意其构造要求；基础设计应理解冲切面积的确定、掌握基础构造要求。

【例 14-6-1】 连续梁采用弯矩调幅法时，为保证塑性铰的转动能力，ξ 应满足（　　）。

A. $\xi \leqslant 0.15$　　B. $\xi \leqslant 0.25$　　C. $\xi \leqslant 0.35$　　D. $\xi \leqslant 0.45$

【解】 本题由本节重点内容的阐述可知，应先 C 项。

思考：题目条件变为 $\xi \leqslant 0.35$，其目的是什么？即为保证塑性铰具有足够的转动能力。

【例 14-6-2】 牛腿截面高度由（　　）。

A. 承载力控制　　　　　　　　　B. 抗裂要求控制
C. 经验公式确定　　　　　　　　D. 构造要求确定

【解】 牛腿截面高度的经验公式是为了保证牛腿裂度满足使用要求，故抗裂要求控制了牛腿截面高度，所以应选 B 项。

四、应试题解

1. 单向板肋梁楼盖的传力途径为（　　）。

   A. 竖向荷载→板→柱或墙→基础
   B. 竖向荷载→板→主梁→柱或墙→基础
   C. 竖向荷载→板→次梁→柱或墙→基础
   D. 竖向荷载→板→次梁→主梁→柱或墙→基础

2. 混凝土平面楼盖按结构形式分类可分为（　　）。

   A. 现浇楼盖、装配式楼盖、装配整体式楼盖
   B. 钢筋混凝土楼盖、钢和钢筋混凝土组合楼盖、木楼盖
   C. 预应力楼盖、非预应力楼盖、部分预应力楼盖
   D. 单（双）向板肋形楼盖、井式楼盖、密肋楼盖和无梁楼盖

3. 钢筋混凝土连续梁不考虑塑性内力重分布，按弹性理论计算的结构是（　　）。

   ①直接承受动力荷载的结构；　　②承受活荷载较大的结构；
   ③要求不出现裂缝的结构；　　　④处于侵蚀环境下的结构。

   A. ①③　　B. ①④　　C. ①②③　　D. ①③④

4. 混凝土梁板按塑性理论计算方法的基本假定，与弹性理论的不同点是（　　）。

   A. 假定钢筋混凝土是各向同性的均质体
   B. 不考虑钢筋混凝土是各向同性的均质体
   C. 考虑钢筋混凝土的塑性变形，假定构件中存在塑性铰或塑性铰线
   D. 考虑钢筋混凝土裂缝出现

5. 关于钢筋混凝土塑性铰，下列说法错误的是（　　）。

   A. 塑性铰只能沿弯矩作用方向有限转动
   B. 塑性铰能承受定值的弯矩
   C. 塑性铰集中于一点
   D. 塑性铰的转动能力与材料的性能有关

6. 按塑性理论计算现浇单向板肋梁楼盖时，对板和次梁应采用换算荷载进行计算，这是因为（　　）。

　　A. 考虑到在板的长向也能传递一部分荷载

　　B. 荷载传递时存在拱的作用

　　C. 考虑到支座转动的弹性约束将减小活荷载布置对内力的不利影响

　　D. 考虑到板塑性内力重分布的有利影响

7. 在钢筋混凝土连续梁活荷载的不利布置中，若求某支座的最大弯矩，活荷载应（　　）。

　　A. 在该支座的左跨布置活荷载，然后隔跨布置

　　B. 在该支座的右跨布置活荷载，然后隔跨布置

　　C. 在该支座相邻两跨布置活荷载，然后隔跨布置

　　D. 各跨均布置活荷载

8. 弯矩调幅值必须加以限制，主要是考虑到（　　）。

　　A. 力的平衡　　　　　　　　　B. 施工方便

　　C. 正常使用要求　　　　　　　D. 经济

9. 连续梁采用弯矩调幅法时，要求 $\xi \leqslant 0.35$，以保证（　　）。

　　A. 正常使用　　　　　　　　　B. 足够的承载力

　　C. 塑性铰的转动能力　　　　　D. 发生适筋破坏

10. 厂房常用柱截面形式一般参照柱截面高度 h 确定，当 $h=800 \sim 1200\text{mm}$ 时，应选（　　）。

　　A. 矩形截面　　　　　　　　　B. 工字形截面

　　C. 工字形或矩形截面　　　　　D. 双肢柱

11. 某两跨单层厂房，均设有桥式吊车，轴线依次为 A、B 和 C，在进行 B 柱的吊车荷载组合时选了下列四组，其中不正确的是（　　）。

　　A. 在 A、B 柱上有 $\pm T_{max}$，在 B、C 柱上有 D_{max}

　　B. 在 C 柱上有 D_{max}，在 B、C 柱上有 $\pm T_{max}$

　　C. 在 A、B 和 B、C 柱上均有 $\pm T_{max}$，在 A、C 柱上均有 D_{max}

　　D. 在 A 柱上有 D_{max}，在 A、B 柱上有 $\pm T_{max}$

12. 单层厂房结构进行内力组合时，下列叙述不正确的是（　　）。

　　A. 永久荷载在任何情况下均应参与组合

　　B. 竖向的吊车荷载组合中 D_{max} 和 D_{min} 只选其一

　　C. 吊车横向水平荷载 T_{max} 的方向可左、可右

　　D. 同一跨内的 D_{max} 和 T_{max} 不一定同时产生

13. 下列对于单层工业厂房构造与布置的叙述中，正确的是（　　）。

　　A. 大型屋面板与屋架的连接，要求三点相焊，在条件许可时焊点越多越好

　　B. 采用大型屋面板且满足一定的焊接要求，则屋盖上弦横向水平支撑可省去

　　C. 屋架传给柱顶的竖向荷载作用点离纵轴线的距离对封闭结合为 150mm，对非封闭结合为 150mm 加联系尺寸

　　D. 牛腿高度由承载力确定

14. 单层厂房结构中柱间支撑的主要作用是（　　）。

A. 提高厂房的纵向刚度和稳定性　　　　B. 减小厂房的纵向温度变形
C. 减小基础不均匀沉降的影响　　　　　D. 承受横向水平荷载

15. 单层厂房结构中支撑的主要作用是（　　）。

①保证厂房结构的纵向及横向水平刚度、稳定性；

②传递某些局部水平荷载到主要承重结构构件；

③施工阶段保证结构构件的稳定性；

④使用阶段保证结构构件的稳定性。

A. ①④　　　　　B. ①②③　　　　　C. ①③　　　　　D. ①②③④

16. 牛腿截面高度由（　　）。

A. 承载力控制　　　　　　　　　　　B. 抗裂要求控制
C. 经验公式确定　　　　　　　　　　D. 由构造要求确定

17. 牛腿受拉钢筋应配置于（　　）。

A. 牛腿下边水平位置

B. 牛腿上边水平位置

C. 牛腿下边斜向位置

D. 牛腿上边加载点至牛腿下边下柱的相交点斜向位置

18. 单跨排架在局部荷载下考虑空间工作后，（　　）。

A. 上部柱 M 增大，下部柱 M 减少　　B. 上、下部柱的 M 均增大
C. 上部柱 M 减少，下部柱 M 增大　　D. 上、下部柱 M 均减少

19. 单层工业厂房设计中，若需要将伸缩缝、沉降缝、抗震缝合成一体时，正确做法是（　　）。

A. 在缝处从基础顶以上至屋顶把结构分成两部分，其缝宽取三者的最大值

B. 在缝处从基础底至屋顶把结构分成两部分，其缝宽应满足三种缝中的最大值

C. 在缝处从基础底至屋顶把结构分成两部分，其缝宽取三者的平均值

D. 在缝处从基础底至屋顶把结构分成两部分，其缝宽按抗震缝要求设置

第七节　多层及高层房屋

一、《考试大纲》的规定

结构体系及布置、框架近似计算、叠合梁、剪力墙结构、框-剪结构、框-剪结构设计要点、基础。

二、重点内容

1. 结构体系和布置

多层及高层钢筋混凝土结构房屋建筑常用的结构体系包括框架结构体系、剪力墙结构体系、框架-剪力墙结构体系、筒体结构体系。

（1）框架结构体系

框架结构体系是指竖向承重结构全部由框架所组成的多（高）层房屋结构体系。按照框架布置方向的不同，框架结构体系可分为横向布置、纵向布置及纵横双向布置三种。

框架结构用以承受竖向荷载是合理的，在非地震区框架结构一般可建至15层，最高

可达 20 层左右。框架结构在水平荷载作用下，房屋的抗侧移刚度小，水平位移大，故一般称它为柔性结构体系。

(2) 剪力墙结构体系

剪力墙是一片高大的钢筋混凝土墙体。剪力墙既承受竖向荷载又承受水平荷载，因剪力墙在其自身平面内有很大的侧向刚度，在水平面方向有刚性楼盖的支承，一般称此种结构体系为刚性结构体系。

板式（条式）体型的剪力墙一般均按横向布置。通常剪力墙的间距为 3.3～8m。当剪力墙开有门窗洞口时，宜上下各层对齐，避免出现错洞墙，门窗洞口宜均匀布置。

(3) 框架-剪力墙结构体系

框架-剪力墙结构体系是指由框架和剪力墙共同承受竖向荷载和侧向力的承重结构体系。在框架-剪力墙结构中，竖向荷载主要由框架承受，水平荷载则主要由剪力墙承受。在一般情况下，剪力墙约可承受 70%～90%的水平荷载。

剪力墙的布置除应满足使用要求外，宜放在恒载较大处，并宜尽量均匀对称，以免整个房屋在水平力作用下发生扭转。为了增加房屋的抗扭能力，剪力墙宜布置在房屋各区段的两端。在平面形状或刚度有变化处，宜设置剪力墙，以加强薄弱环节。

(4) 筒体结构体系

筒体结构体系是指由单个或几个筒体作为竖向承重结构的高层房屋结构体系。筒体可由实心钢筋混凝土或密集柱（称框筒）构成。在实际工程中，筒体常和框架、剪力墙等结构构件同时应用。

结构布置时，一般应考虑以下原则：

(1) 应满足建筑使用要求，在布置结构时，应考虑施工上技术先进，提高工业化程度等因素。

(2) 应使房屋平面尽可能规则整齐、均匀对称，体型力求简单，以尽可能减小房屋的扭转效应。

(3) 提高结构的总体刚度减小侧移。除选择合理的结构体系外，还应从平面形状和立面变化等方面考虑减小结构的侧移；应避免结构竖向刚度的突变而形成结构薄弱层。

(4) 考虑沉降、温度收缩，以及抗震缝等因素对建筑的影响。

2. 框架结构计算

(1) 内力近似计算

在框架结构内力与位移计算中，现浇楼面可作为框架梁的有效翼缘，无现浇面层的装配式楼面，楼面的作用不予考虑。对现浇楼面的边框架梁，取 $I=1.5I_0$，中框架梁，取 $I=2I_0$；对装配整体式楼盖的边框架梁，取 $I=1.2I_0$，中框架梁，取 $I=1.5I_0$。I_0 为矩形部分的惯性矩。

竖向荷载作用于框架内力采用分层法进行简化计算。

如图 14-7-1 所示，此时每层框架梁连同上、下层柱组成基本计算单元，如同开口的框架。竖向荷载产生的梁固端弯矩是在本层内进行弯矩分配，单元之间不再传递。除了底层柱子外，其他各层柱的线刚度均乘以 0.9 的折减系数，其弯矩传递系数为 1/3；底层柱的线刚度不予折减，其传递系数取为 1/2。按照叠加原理，多层多跨框架在多层竖向荷载同时作用下的内力，可看成是各层竖向荷载单独作用下内力的叠加。最后，梁的弯矩取分配后的数值；柱端弯矩取相邻两单元对应柱端弯矩之和。

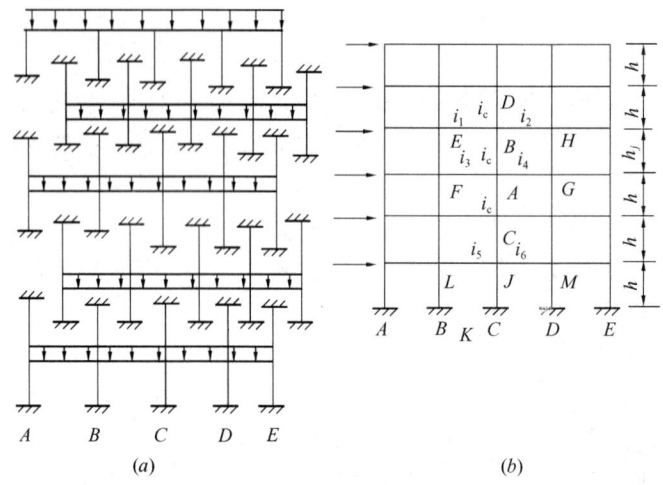

图 14-7-1
(a) 开口框架；(b) 整体框架结构

风荷载和水平地震作用下的框架内力可以用 D 值法进行简化计算。

水平荷载作用下的反弯点法假定梁柱之间的线刚度之比无穷大，还假定柱的反弯点高度为一定值，即假定各层框架柱的反弯点位于层高的中点；底层柱的反弯点位于距支座 2/3 层高处。水平荷载作用下的 D 值法对反弯点法中柱的侧向刚度和反弯点高度的计算方法作了改进，故也称为改进反弯点法，其中 D 表示柱的侧向刚度。当梁柱的线刚度比≥3 时，可采用反弯点法；当其线刚度比<3 时，可采用 D 值法。

为了简化计算，作了如下假定（图 14-7-1）：

● 柱 AB 以及与柱 AB 相邻的各杆杆端的转角均相等；

● 与柱 AB 上下相邻的两个柱（即柱 AC 与柱 BD）的层间水平位移均为 Δu_j，并与柱 AB 的层间位移 Δu_j 相等；

● 与柱 AB 上下相邻的两个柱（柱 AC、柱 BD）的线刚度皆为 i_c，并与柱 AB 的线刚度 i_c 相等。

改进后柱的侧向刚度 D 指当柱子上下端产生单位相对横向位移时，柱所承受的剪力，对框架结构中第 j 层第 k 柱有：

$$D_{jk} = \frac{V_{jk}}{\Delta j}$$

根据图 14-7-1 中梁柱单元的转角位移方程可导出 $D_{jk} = \alpha \dfrac{12i_c}{h_j^2}$，$\alpha$ 值表示梁柱刚度比对柱刚度的影响。对一般楼层：$\alpha = \dfrac{k}{2+k}$，$k = \dfrac{i_1+i_2+i_3+i_4}{2i_c}$；对底层为固接时，$\alpha = \dfrac{0.5+k}{2+k}$，$k = \dfrac{i_5+i_6}{i_c}$。

求得框架柱的侧向刚度 D 值后，可由同一层各柱的层间位移相等的条件，将层间剪力 V_j 按下式分配给该层的各柱：

$$V_{jk} = \frac{D_{jk}}{\sum_{i=1}^{m} D_{jk}} V_j$$

式中 V_{jk} 为第 j 层第 k 柱所分配到的剪力；m 为第 j 层的柱数；D_{jk} 为第 j 层第 k 柱的侧向刚度值。

求修正后的柱反弯点高度，反弯点位置取决于柱上下端转角的比值，其计算为：

$$y_h = (y_0 + y_1 + y_2 + y_3)h$$

式中 y_0 为标准反弯点高度比，是在假定各层层高相等，各层梁线刚度相等的情况下通过理论推导得到的；y_1、y_2、y_3 则是考虑上、下梁刚度不同和上、下层层高有变化时反弯点位置变化的修正值。

根据上述求得的柱的侧向刚度、各柱的剪力、各柱的反弯点高度后，可求出各柱的杆端弯矩，再根据节点平衡条件求出梁端弯矩，再求出梁端的剪力和各柱的轴力。

(2) 水平荷载作用下侧移近似计算

对多层或高层框架结构，控制侧移包括两部分内容，一是控制顶层最大侧移；二是控制层间侧移。框架结构在水平荷载作用下的变形包括：总体剪切变形和总体弯曲变形。对一般框架结构通常忽略总体剪切变形只考虑梁柱弯曲变形，则：

$$\Delta u_j = \frac{V_j}{\sum_{i=1}^{m} D_{jk}}$$

框架顶点总绝对位移 u 为各层层间相对位移之和，即：

$$u = \sum_{j=1}^{n} \Delta u_j$$

式中 Δu_j 为第 j 层的层间相对位移；n 为框架结构的总层数。

(3) 最不利内力组合

柱的最不利内力可归纳为：$|M_{max}|$ 及相应的 N、V；N_{max} 及相应的 M、V；N_{min} 及相应的 M、V；$|M|$ 较大但不是最大，N 较小或 N 较大但不是绝对最小或最大。

(4) 弯矩调幅

在竖向荷载作用下可以考虑梁端塑性内力重分布而对梁端负弯矩进行调幅。现浇框架调幅系数为 0.8~0.9；装配整体式框架调幅系数为 0.7~0.8。梁端负弯矩减小后，应按平衡条件计算调幅后的跨中弯矩。框架梁跨中截面正弯矩设计值不应小于竖向荷载作用下按简支梁计算的跨中弯矩设计值的 50%。

竖向荷载产生的梁的弯矩应先进行调幅，再与水平风载荷和水平地震作用产生的弯矩进行组合。

(5) 截面设计与框架节点构造要求

框架体系的多层厂房，节点常采用全刚接或部分刚接、部分铰接的方案；框架体系的高层民用房屋，多采用全刚接的情况。

现浇框架节点处钢筋的锚固和搭接要求见本章第二节受弯构件中纵筋构造要求部分。装配整体式接头的设计应满足施工阶段和使用阶段的承载力、稳定性和变形的要求。

3. 叠合梁与竖向叠合构件

叠合梁指在装配整体式结构中分两次浇捣混凝土的梁。第一次在预制厂内进行，做成预制梁；第二次在施工现场进行，当预制楼板搁置在预制梁上后，再浇捣梁上部的混凝土使板和梁连成整体。在施工阶段不加支撑的叠合式受弯构件（如叠合梁），应对叠合构件及其预制构件部分分别进行计算。其中预制部分应按第二节和第三节混凝土受弯构件的规定计算。

当 $h_1/h<0.4$ 时，应在施工阶段设置可靠支撑，此处，h_1 为预制构件的截面高度，h 为叠合构件的截面高度。施工阶段设有可靠支撑的叠合式受弯构件，可按普通受弯构件计算，但是叠合构件斜截面受剪承载力和叠合面受剪承载力应按《混规》附录 H.0.3 条和 H.0.4 条计算。

施工阶段不加支撑的叠合梁，其承载力计算如下。

(1) 荷载规定

《混规》规定：

> **H.0.1** 施工阶段不加支撑的叠合式受弯构件（梁、板），内力应分别按下列两个阶段计算。
>
> **1 第一阶段** 后浇的叠合层混凝土未达到强度设计值之前的阶段。荷载由预制构件承担，预制构件按简支构件计算；荷载包括预制构件自重、预制楼板自重、叠合层自重以及本阶段的施工活荷载。
>
> **2 第二阶段** 叠合层混凝土达到设计规定的强度值之后的阶段。叠合构件按整体结构计算；荷载考虑下列两种情况并取较大值：
>
> 1) **施工阶段** 计入叠合构件自重、预制楼板自重、面层、吊顶等自重以及本阶段的施工活荷载；
>
> 2) **使用阶段** 计入叠合构件自重、预制楼板自重、面层、吊顶等自重以及使用阶段的可变荷载。

(2) 受弯承载力和斜截面受剪承载力计算

《混规》规定：

> **H.0.2** 预制构件和叠合构件的正截面受弯承载力应按本规范第 6.2 节计算，其中，弯矩设计值应按下列规定取用：
>
> 预制构件
>
> $$M_1 = M_{1G} + M_{1Q} \quad \text{(H.0.2-1)}$$
>
> 叠合构件的正弯矩区段
>
> $$M = M_{1G} + M_{2G} + M_{2Q} \quad \text{(H.0.2-2)}$$
>
> 叠合构件的负弯矩区段
>
> $$M = M_{2G} + M_{2Q} \quad \text{(H.0.2-3)}$$
>
> 式中：M_{1G}——预制构件自重、预制楼板自重和叠合层自重在计算截面产生的弯矩设计值；
>
> M_{2G}——第二阶段面层、吊顶等自重在计算截面产生的弯矩设计值；
>
> M_{1Q}——第一阶段施工活荷载在计算截面产生的弯矩设计值；

M_{2Q}——第二阶段可变荷载在计算截面产生的弯矩设计值,取本阶段施工活荷载和使用阶段可变荷载在计算截面产生的弯矩设计值中的较大值。

在计算中,正弯矩区段的混凝土强度等级,按叠合层取用;负弯矩区段的混凝土强度等级,按计算截面受压区的实际情况取用。

H.0.3 预制构件和叠合构件的斜截面受剪承载力,应按本规范第6.3节的有关规定进行计算,其中,剪力设计值应按下列规定取用:

预制构件
$$V_1 = V_{1G} + V_{1Q} \tag{H.0.3-1}$$

叠合构件
$$V = V_{1G} + V_{2G} + V_{2Q} \tag{H.0.3-2}$$

式中:V_{1G}——预制构件自重、预制楼板自重和叠合层自重在计算截面产生的剪力设计值;

V_{2G}——第二阶段面层、吊顶等自重在计算截面产生的剪力设计值;

V_{1Q}——第一阶段施工活荷载在计算截面产生的剪力设计值;

V_{2Q}——第二阶段可变荷载产生的剪力设计值,取本阶段施工活荷载和使用阶段可变荷载在计算截面产生的剪力设计值中的较大值。

在计算中,叠合构件斜截面上混凝土和箍筋的受剪承载力设计值V_{cs}应取叠合层和预制构件中较低的混凝土强度等级进行计算,且不低于预制构件的受剪承载力设计值;对预应力混凝土叠合构件,不考虑预应力对受剪承载力的有利影响,取$V_p=0$。

(3)叠合面受剪承载力计算

$$V \leqslant 1.2 f_t b h_0 + 0.85 f_{yv} \frac{A_{sv}}{s} h_0$$

式中f_t取叠合层和预制梁中的较低值。

(4)叠合梁的钢筋应力和裂缝宽度验算

在叠合梁中有"钢筋应力超前"的特点,《混规》对此作出了限制,具体见《混规》附录H.0.7条。

(5)叠合梁、板的构造规定

《混规》规定:

9.5.2 混凝土叠合梁、板应符合下列规定:

1 叠合梁的叠合层混凝土的厚度不宜小于100mm,混凝土强度等级不宜低于C30。预制梁的箍筋应全部伸入叠合层,且各肢伸入叠合层的直线段长度不宜小于$10d$,d为箍筋直径。预制梁的顶面应做成凹凸差不小于6mm的粗糙面。

2 叠合板的叠合层混凝土厚度不应小于40mm,混凝土强度等级不宜低于C25。预制板表面应做成凹凸差不小于4mm的粗糙面。承受较大荷载的叠合板以及预应力叠合板,宜在预制底板上设置伸入叠合层的构造钢筋。

竖向叠合构件，由预制构件及后浇混凝土成形的叠合柱和墙，应按施工阶段、使用阶段的工况分别进行预制构件及整体结构的计算。

竖向叠合柱和墙的构造要求，《混规》规定：

> **9.5.7** 柱外二次浇筑混凝土层的厚度不应小于 60mm，混凝土强度等级不应低于既有柱的强度。粗糙结合面的凹凸差不应小于 6mm，并宜通过植筋、焊接等方法设置界面构造钢筋。后浇层中纵向受力钢筋直径不应小于 14mm；箍筋直径不应小于 8mm 且不应小于柱内相应箍筋的直径，箍筋间距应与柱内相同。
>
> 墙外二次浇筑混凝土层的厚度不应小于 50mm，混凝土强度等级不应低于既有墙的强度。粗糙结合面的凹凸差应不小于 4mm，并宜通过植筋、焊接等方法设置界面构造钢筋。后浇层中竖向、水平钢筋直径不宜小于 8mm 且不应小于墙中相应钢筋的直径。

4. 剪力墙结构

(1) 剪力墙结构计算的基本假定

基本假定是：一是楼板在其自身平面内刚度很大，可视为刚度无限大的刚性楼盖，在平面外，则由于刚度很小，可忽略不计；二是各片剪力墙在其自身平面内的刚度很大，而相对地在其平面外的刚度很小，可忽略不计。由此以来，可以把不同方向的剪力墙结构分开，作为平面结构来处理。

(2) 各类剪力墙的分类界限

剪力墙结构可分为整截面剪力墙、整体小开口剪力墙、联肢剪力墙（双肢剪力墙或多肢剪力墙）、壁式框架等四类。

各类剪力墙截面上正应力分布及沿墙高的弯矩分布，见图 14-7-2 所示。在水平荷载作用下，整截面剪力墙在墙肢的整个高度上。弯矩图既不发生突变也不出现反弯点，变形曲线以弯曲型为主。（图 14-7-2a）；整体小开口墙和双肢墙在连系梁处的墙肢弯矩图有突变，但在整个墙肢的高度上，设有或仅仅在个别楼层中才出现反弯点，其变形曲线仍以弯曲型为主（图 14-7-2b、c）；壁式框架，其柱的弯矩图不仅在楼层处有突变，且在大多数的楼层中都出现反弯点，整个框架的变形以剪切型为主（图 14-7-2d）。

根据对双肢墙的分析，在水平荷载作用下，墙肢局部弯矩的大小取决于剪力墙的整体系数 α 值。α 值实质反映了连系梁与墙肢刚度的比值，体现了整片剪力墙的整体性。此外，墙肢是否出现反弯点，与墙肢惯性矩的比值

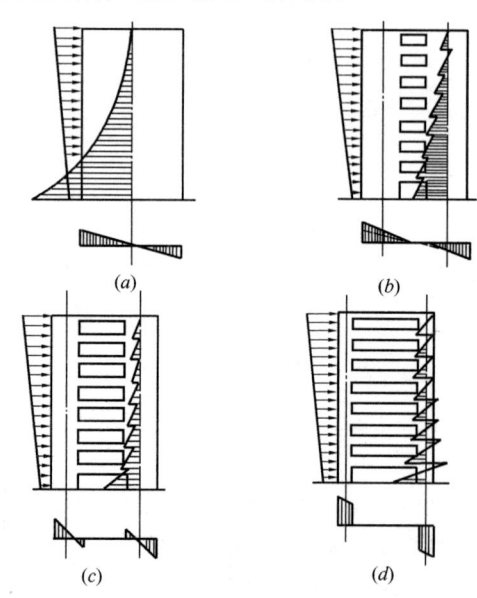

图 14-7-2 不同类型剪力墙受力特性
(a) 整体墙；(b) 小开口整体墙；
(c) 双肢墙；(d) 壁式框架

$\dfrac{I_A}{I}$、整体性系数 α、层数 n 等因素有关。I_A 为扣除墙肢惯性矩后剪力墙的惯性矩即 $I_A = I - (I_1 + I_2)$,故 $\dfrac{I_A}{I}$ 的限制 $\xi(\alpha,n)$ 作为剪力墙分类的第二个判别标,其中 $\xi(\alpha,n)$ 已制成数表可查。

综上可知剪力墙类的判别条件为:

当 $\alpha \geqslant 10$,且 $I_A/I \leqslant \xi$ 时,为整体小开口剪力墙;

当 $\alpha \geqslant 10$,且 $I_A/I > \xi$ 时,为壁式框架;

当 $1 < \alpha < 10$,且 $I_A/I \leqslant \xi$ 时,为双肢剪力墙。

(3) 整截面和整体小开口剪力墙结构的计算

在承载力计算中,《混规》规定,剪力墙的翼缘计算宽度可取剪力墙的间距、门窗洞间翼墙的宽度、剪力墙厚度加两侧各 6 倍翼墙厚度、剪力墙墙肢总高度的 1/10 四者中的最小值。但在抗震设计中,剪力墙翼缘计算宽度应按《建筑抗震设计规范》的规定。

内力计算。对整截面剪力墙,因其水平截面在受力后基本上保持平面,故可直接用材料力学公式计算。对整体小开口剪力墙,墙肢水平截面内的正应力可看成是剪力墙整体弯曲所产生正应力和各墙肢局部弯曲所产生正应力之和;总剪力在各墙肢之间的分配与墙肢的截面惯性矩和截面面积有关,则:

墙肢弯矩:
$$M_j = 0.85 M \dfrac{I_j}{I} + 0.15 M \dfrac{I_j}{\sum I_j}$$

墙肢轴力:
$$N_j = 0.85 M \dfrac{A_j y_j}{I}$$

墙肢剪力:
$$V_j = \dfrac{V}{2} \left(\dfrac{A_j}{\sum A_j} + \dfrac{I_j}{\sum I_j} \right)$$

式中 M、V 分别为外荷载在计算截面上所产生的弯矩、剪力;I_j、A_j 分别为第 j 墙肢的截面惯性矩、截面面积;I 为整个剪力墙截面对组合截面形心的惯性矩;y_j 为第 j 墙肢截面形心至整个剪力墙组合截面形心的距离。

连梁的剪力可由上、下墙肢的轴力差计算。

位移计算。剪力墙顶点的水平位移,计算时应考虑截面剪切变形和洞口对截面刚度削弱的影响,即:

$$u = \begin{cases} \dfrac{1}{8} \dfrac{V_0 H^3}{EI_{eq}} & \text{(均布荷载)} \\ \dfrac{1}{60} \dfrac{V_0 H^3}{EI_{eq}} & \text{(倒三角荷载)} \\ \dfrac{1}{3} \dfrac{V_0 H^3}{EI_{eq}} & \text{(顶点集中力)} \end{cases}$$

式中 V_0 为外荷载在墙底部产生的总剪力;H 为剪力墙的总高度;EI_{eq} 为等效抗弯刚度。

$$EI_{eq} = \dfrac{EI_w}{1 + \dfrac{9 \mu I_w}{A_w H^2}}$$

式中 I_w 为剪力墙截面惯性矩。对整体墙（包括有小洞口的墙）可取组合截面惯性矩。对整体小开口墙可取组合截面惯性矩的 80%；A_w 为在洞口剪力墙的截面面积，小洞口整截面剪力墙取折算截面面积，即 $A_w=(1-1.25\sqrt{A_{op}/A_f})A$，此处 A 为剪力墙毛截面面积，A_{op} 洞口总面积，A_f 为墙面总面积。整体小开口墙取墙肢截面面积之和，即 $A_w=\sum A_{wj}$，此处 A_{wj} 为第 j 墙肢截面面积；μ 为截面剪应力分布不均匀系数，对矩形截面，$\mu=1.2$。

当剪力墙多数墙肢和连梁刚度基本均匀，又符合整体小开口墙的条件，但夹有个别细小墙肢时，仍可按整体小开口墙计算其内力，但小墙肢的局部弯矩 M_j 应考虑附加局部弯曲的影响，即：

$$M_j = M_{j0} + \Delta M_j$$

$$\Delta M_j = V_j \frac{h_0}{2}$$

式中 M_{j0} 为按材料力学方法计算的墙肢端部弯矩；ΔM_j 为由于小墙肢局部弯曲增加的附加弯矩；V_j 为小墙肢剪力；h_0 为洞口高度。

（4）高层剪力墙结构空间分析方法

当采用平面抗侧力结构空间协同方法计算内力与位移时，将开口较大的联肢墙按壁式框架考虑；实体墙、整截面墙和整体小开口墙按其等效刚度作单柱考虑。

复杂剪力墙宜按薄壁杆件系统进行三维空间分析，将剪力墙肢作为开口空间薄壁杆件考虑，连梁作为空间杆件考虑。

5. 框架-剪力墙结构

框架-剪力墙结构一般宜设计为双向抗侧力体系，主体结构不应采用铰接。抗震设防的框架-剪力墙结构，剪力墙应双向布置，并应使两个方向的结构自振周期较为接近。

框架梁、柱与剪力的轴线宜重合在同一平面内，砌体填充墙宜与梁柱轴线位于同一平面内。

《高层建筑混凝土结构技术规范》JGJ 3—2010 对框架-剪力墙结构中剪力墙的布置的规定如下：

（1）剪力墙宜均匀地设置在建筑物的周边附近、楼电梯间、平面形状变化处及恒载较大的地方，以便改善墙肢的受力性能，有利于提高结构抗侧刚度及结构区段的整体抗扭性能。

（2）为了保证框架与剪力墙在侧向力作用下的协同工作性能，必须保证楼盖结构与其自身平面内的刚度，为此，剪力墙的间距应予以控制。横向剪力墙的间距宜满足表 14-7-1 的要求。剪力墙之间楼面有较大的开洞时，剪力墙的间距应予减小。

框架-剪力墙结构中剪力墙的最大间距（取较小值）　　　　表 14-7-1

楼面形式	非抗震设计	抗震设防烈度		
		6度、7度	8度	9度
现浇板、叠合梁板	$5B$，60m	$4B$，50m	$3B$，40m	$2B$，30m
装配整体式楼板	$3.5B$，50m	$3B$，40m	$2.5B$，30m	不宜采用

注：1. 表中 B 为剪力墙之间的楼盖宽度；
　　2. 装配整体式楼面指装配式楼面上做配筋现浇层；
　　3. 现浇部分厚度大于 60mm 的叠合楼板可作为现浇楼板考虑。

(3) 纵向剪力墙宜布置在结构单元的中间区段内。房屋纵向较长时，不宜集中在两端布置纵向剪力墙，否则宜留施工后浇带以减少温度、收缩应力的影响。

(4) 纵横向剪力墙宜成组布置成L形、T形和口字形等。

(5) 剪力墙宜贯通建筑物全高，厚度逐渐减薄，避免刚度突然变化。

(6) 抗震设计时，剪力墙的布置宜使结构各主轴方向的侧向刚度接近。

框架-剪力墙结构的计算中应考虑剪力墙和框架两种类型结构的不同受力特点，按协同工作条件进行内力、位移分析，不宜将楼层剪力简单地按某一比例在框架与剪力墙之间分配。框架结构中设置了电梯井、楼梯井或其他剪力墙型的抗侧力结构后，应按框架-剪力墙结构计算。

框架-剪力墙结构采用简化方法计算时：

(1) 结构单元内所有框架等效为综合框架，所有连梁等效为综合连梁（对框架-剪力墙刚结体系），所有剪力墙等效为综合剪力墙。综合框架、综合连梁和综合剪力墙的刚度分别为各单个结构刚度之和。

(2) 综合框架（包括综合连梁）作为竖向悬臂剪切构件，综合剪力墙作为竖向悬臂弯曲构件，它们同一楼层上水平位移相等。

(3) 风荷载及水平地震作用由综合框架（包括综合连梁）和综合剪力墙共同分担。

框架-剪力墙结构可采用平面抗侧力结构空间协同工作方法计算。体型和平面较复杂的框架-剪力墙结构宜采用三维空间分析方法进行内力与位移计算。

6. 基础

基础的类型与选择详见本书第十二章土力学与地基基础的浅基础、深基础部分。

三、解答指导

掌握框架结构的近似计算；区分叠合梁不同阶段荷载取值的要求；理解剪力墙结构、框架-剪力墙结构的计算假定条件、计算原理，掌握其概念设计要求。

【例 14-7-1】 钢筋混凝土剪力墙结构房屋上所承受的水平荷载可按各片剪力墙的（　　）分配给各片剪力墙，然后分别进行内力和位移计算。

A. 等效侧移刚度
B. 实际侧移刚度
C. 有效侧移刚度
D. A、C均满足

【解】 剪力墙结构水平荷载分配应按各片剪力墙的等效侧移刚度进行，故应选A项。

【例 14-7-2】 对于钢筋混凝土框架结构验算其侧移时，下列叙述正确的是（　　）。

A. 只验算顶点侧移
B. 既要验算顶点侧移，又要验算层间侧移
C. 只验算层间侧移
D. 只要满足高宽比，不必验算侧移

【解】 框架结构侧移控制有两部分内容：一是控制顶层最大侧移，因其值过大，将影响正常使用；二是控制层间相对位移，其值过大，将会使填充墙开裂，所以应选B项。

四、应试题解

1. 用 D 值法计算水平荷载作用下规则框架的内力时，其基本假定是（　　）。

A. 同层节点水平位移及角位移相等
B. 同层各节点水平及角位移均不同
C. 同层各节点水平位移相等，角位移不相等
D. 同层各节点水平位移不相等，角位移相等

2. 当采用 D 值法计算钢筋混凝土框架结构在水平荷载作用下的内力时，如在某层柱底框架梁线刚度之和大于柱顶框架梁线刚度之和，则该层柱的反弯点位置是（　　）。

　　A. 反弯点位于柱高的中点　　　　　　B. 反弯点位于柱高中点以上

　　C. 反弯点位于柱高中点以下　　　　　D. 无法根据上述条件做出判断

3. 按 D 值法对框架进行近似内力计算时，各柱的侧向刚度的变化规律是（　　）。

　　A. 当柱的线刚度不变时，随框架梁线刚度的增加而减小

　　B. 当框架梁、柱的线刚度不变时，随层高的增加而增加

　　C. 当柱的线刚度不变时，随框架梁线刚度的增加而增加

　　D. 与框架梁的线刚度无关

4. 用反弯点法近似计算水平荷载下框架内力时，其基本假定是（　　）。

　　A. 节点无水平位移，同层各节点角位移相等

　　B. 节点无水平及角位移

　　C. 节点无角位移，同层各节点水平位移相等

　　D. 节点有角位移，无水平位移

5. 在水平荷载下，框架柱反弯点位置在（　　）。

　　A. 偏向刚度小的一端　　　　　　　　B. 偏向刚度大的一端

　　C. 居于中点　　　　　　　　　　　　D. 不一定

6. 作用于框架梁柱节点的弯矩，是按照梁柱截面的（　　）进行分配的。

　　A. 转动刚度比　　B. 面积比　　C. 线刚度比　　D. 作用位置

7. 钢筋混凝土剪力墙结构房屋上所承受的水平荷载可以按各片剪力墙的（　　）分配给各片剪力墙，然后分别进行内力和位移计算。

　　A. 等效抗弯刚度　　　　　　　　　　B. 实际抗弯刚度

　　C. 等效抗剪刚度　　　　　　　　　　D. 实际抗剪刚度

8. 在钢筋混凝土框架-剪力墙结构中，纵向剪力宜布置在结构单元的中间区段间，当建筑平面纵向较长时，不宜集中在两端布置剪力墙，其理由是（　　）。

　　A. 减少结构扭转的影响

　　B. 减小温度、收缩应力的影响

　　C. 减小水平地震力

　　D. 水平地震作用在结构单元的中间区段产生的内力较大

9. 钢筋混凝土框架-剪力墙结构的内力与变形随刚度特征值 λ 的变化规律是（　　）。

　　A. 随 λ 的增大，剪力墙所分担的水平力减小

　　B. 随 λ 的增大，剪力墙所分担的水平力增大

　　C. 随 λ 的增大，剪力墙所分担的水平力不变

　　D. 上述 A、B、C 均不对

10. 已经按框架计算完毕的钢筋混凝土框架结构，后来再加上一些剪力墙，结构的安全性将会（　　）。

　　A. 更加安全　　　　　　　　　　　　B. 不安全

　　C. 框架的下部某些楼层可能不安全　　D. 框架的顶部楼层可能不安全

11. 对于钢筋混凝土框架结构验算其侧移时，下列叙述正确的是（　　）。

A. 只验算顶点侧移

B. 既要验算顶点侧移，又要验算层间侧移

C. 只验算层间侧移

D. 只要满足高宽比的要求，不必验算侧移

12. 高层建筑结构的受力特点是（   ）。

A. 竖向荷载为主要荷载，水平荷载为次要荷载

B. 水平荷载为主要荷载，竖向荷载为次要荷载

C. 水平荷载和竖向荷载均为主要荷载

D. 上述 A、B、C 均不对

13. 高层建筑结构计算中，假定楼板的刚度在其平面内为无限大，即刚性楼板，则下列（   ）项楼板的刚性最差。

A. 现浇钢筋混凝土肋形楼板

B. 后张无粘结预应力混凝土现浇板

C. 预制预应力混凝土薄板上加现浇混凝土叠合板

D. 预制预应力圆孔板装置式楼板

14. 对于二阶段叠合梁，下列表述正确的是（   ）。

①正弯矩段正截面受弯承载力计算时，混凝土强度等级按预制部分和后浇部分的平均值计算；

②钢筋应力超前是由于与整浇构件相比，在 M_1 作用下，叠合构件高度小，因而钢筋应力大；

③混凝土应变滞后是由于后浇混凝土部分在 M_2 作用下才受力，因而比整浇梁的应变小；

④与相同条件的整浇梁相比，其挠度和裂缝宽度基本相同；

⑤与相同条件的整浇梁相比，受弯承载力计算的方法相同。

A. ①②③　　　　B. ①③④　　　　C. ①③⑤　　　　D. ②③⑤

15. 下列对于叠合构件的说法不正确的是（   ）。

A. 叠合构件第一、二阶段正截面受弯承载力计算方法同一般整浇梁

B. 荷载短期效应组合下叠合梁的挠度将大于相同截面的整浇梁挠度

C. 叠合梁第二阶段荷载作用下的钢筋应力增量高于同荷载下的整浇梁

D. 应控制荷载短期效应组合下叠合梁的钢筋应力

第八节　抗震设计要点

一、《考试大纲》的规定

一般规定、构造要求。

二、重点内容

1. 一般规定

（1）三水准设防与二阶段设计

1）三水准设防

抗震设防三个水准目标，即"小震不坏、中震可修、大震不倒"。根据我国对建筑工程有影响的地震发生概率的统计分析，50年内超越概率约为63%的地震烈度为对应于统计"众值"的烈度，比基本烈度约低一度半，取为第一水准烈度，称为"多遇地震"；50年超越概率约10%的地震烈度，即1990中国地震区划图规定的"地震基本烈度"或中国地震动参数区划图规定的峰值加速度所对应的烈度，取为第二水准烈度，称为"设防地震"；50年超越概率2%~3%的地震烈度，取为第三水准烈度，称为"罕遇地震"，当基本烈度6度时为7度强，7度时为8度强，8度时为9度弱，9度时为9度强。

与三个地震烈度水准相应的抗震设防目标是：一般情况下（不是所有情况下），遭遇第一水准烈度——众值烈度（多遇地震）影响时，建筑处于正常使用状态，从结构抗震分析角度，可以视为弹性体系，采用弹性反应谱进行弹性分析；遭遇第二水准烈度——基本烈度（设防地震）影响时，结构进入非弹性工作阶段，但非弹性变形或结构体系的损坏控制在可修复的范围；遭遇第三水准烈度——最大预估烈度（罕遇地震）影响时，结构有较大的非弹性变形，但应控制在规定的范围内，以免倒塌。

2）二阶段设计

采用二阶段设计实施上述三个水准的设防目标：

第一阶段设计是承载力验算，取第一水准的地震动参数计算结构的弹性地震作用标准值和相应的地震作用效应，继续采用《建筑结构可靠度设计统一标准》规定的分项系数设计表达式进行结构构件的截面承载力抗震验算，既满足了在第一水准下具有必要的承载力可靠度，又满足第二水准的损坏可修的目标。对大多数的结构，可只进行第一阶段设计，而通过概念设计和抗震构造措施来满足第三水准的设计要求。

第二阶段设计是弹塑性变形验算，对地震时易倒塌的结构、有明显薄弱层的不规则结构以及有专门要求的建筑，除进行第一阶段设计外，还要进行结构薄弱部位的弹塑性层间变形验算并采取相应的抗震构造措施，实现第三水准的设防要求。

(2) 建筑形体的规则性

建筑设计应根据抗震概念设计的要求明确建筑形体的规则性。此处，建筑形体是指建筑平面形状和立面、竖向剖面的变化。

建筑形体及其构件布置的平面、竖向不规则性，应按下列要求划分：

1）混凝土房屋、钢结构房屋和钢-混凝土混合结构房屋存在表14-8-1所列举的某项平面不规则类型或表14-8-2所列举的某项竖向不规则类型以及类似的不规则类型，应属于不规则的建筑。

平面不规则的主要类型　　　　　　　　表14-8-1

不规则类型	定义和参考指标
扭转不规则	在具有偶然偏心的规定水平力作用下，楼层两端抗侧力构件弹性水平位移（或层间位移）的最大值与平均值的比值大于1.2（图14-8-1）
凹凸不规则	平面凹进的尺寸，大于相应投影方向总尺寸的30%
楼板局部不连续	楼板的尺寸和平面刚度急剧变化，例如，有效楼板宽度小于该层楼板典型宽度的50%，或开洞面积大于该层楼面面积的30%，或较大的楼层错层

竖向不规则的主要类型　　　　　　　　　　　　　　　　　表 14-8-2

不规则类型	定义和参考指标
侧向刚度不规则	该层的侧向刚度小于相邻上一层的 70%，或小于其上相邻三个楼层侧向刚度平均值的 80%；除顶层或出屋面小建筑外，局部收进的水平向尺寸大于相邻下一层的 25%
竖向抗侧力构件不连续	竖向抗侧力构件（柱、抗震墙、抗震支撑）的内力由水平转换构件（梁、桁架等）向下传递
楼层承载力突变	抗侧力结构的层间受剪承载力小于相邻上一楼层的 80%

2) 当存在多项不规则或某项不规则超过规定的参考指标较多时，应属于特别不规则的建筑。

3) 严重不规则的建筑，指的是形体复杂，多项不规则指标超过表 18-4-1、表 18-4-2 上限值或某一项大大超过规定值，具有现有技术和经济条件不能克服的严重的抗震薄弱环节，可能导致地震破坏的严重后果者。所以，严重不规则的建筑不应采用。

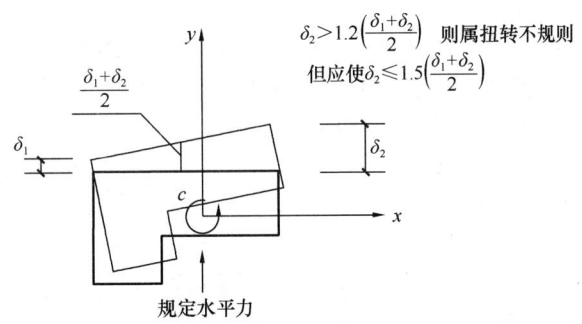

图 14-8-1　建筑结构平面的扭转不规则示例

该规定水平力一般采用振型组合后的楼层水平地震剪力换算的水平作用力，并考虑偶然偏心。

建筑形体及其构件布置不规则时，应按下列要求进行地震作用计算和内力调整，并应对薄弱部位采取有效的抗震构造措施：

1) 平面不规则而竖向规则的建筑，应采用空间结构计算模型，并应符合下列要求：

① 扭转不规则时，应计入扭转影响，且在具有偶然偏心的规定水平力作用下，楼层两端抗侧力构件弹性水平位移或层间位移的最大值与平均值的比值不宜大于 1.5，当最大层间位移远小于规范限值时，可适当放宽；

② 凹凸不规则或楼板局部不连续时，应采用符合楼板平面内实际刚度变化的计算模型；高烈度或不规则程度较大时，宜计入楼板局部变形的影响；

③ 平面不对称且凹凸不规则或局部不连续，可根据实际情况分块计算扭转位移比，对扭转较大的部位应采用局部的内力增大系数。

2) 平面规则而竖向不规则的建筑，应采用空间结构计算模型，刚度小的楼层的地震剪力应乘以不小于 1.15 的增大系数，其薄弱层应按《建筑抗震设计规范》有关规定进行弹塑性变形分析，并应符合下列要求：

① 竖向抗侧力构件不连续时，该构件传递给水平转换构件的地震内力应根据烈度高低和水平转换构件的类型、受力情况、几何尺寸等，乘以 1.25～2.0 的增大系数；

② 侧向刚度不规则时，相邻层的侧向刚度比应依据其结构类型符合本规范相关章节的规定；

③ 楼层承载力突变时，薄弱层抗侧力结构的受剪承载力不应小于相邻上一楼层的 65%。

3) 平面不规则且竖向不规则的建筑，应根据不规则类型的数量和程度，有针对性地采取不低于上述1)、2)要求的各项抗震措施。特别不规则的建筑，应经专门研究，采取更有效的加强措施或对薄弱部位采用相应的抗震性能化设计方法。

（3）钢筋混凝土结构的抗震等级

《建筑工程抗震设防分类标准》将建筑工程分为四个抗震设防类别：特殊设防类（简称甲类）、重点设防类（简称乙类）、标准设防类（简称丙类）和适度设防表（简称丁类）。

房屋建筑混凝土结构构件的抗震等级，《混规》规定：

11.1.3 房屋建筑混凝土结构构件的抗震设计，应根据设防类别、烈度、结构类型和房屋高度采用不同的抗震等级，并应符合相应的计算和构造措施要求。丙类建筑的抗震等级应按表11.1.3确定。

混凝土结构的抗震等级　　表11.1.3

结构类型			\u3000 设 防 烈 度						
			6		7		8		9
框架结构	高度（m）		≤24	>24	≤24	>24	≤24	>24	≤24
	普通框架		四	三	三	二	二	一	一
	大跨度框架		三		二		一		一
框架-剪力墙结构	高度（m）		≤60	>60	<24	>24且≤60	>60	≤24	>24且≤60	>60	≤24	>24且≤50
	框架		四	三	四	三	二	三	二	一	二	一
	剪力墙		三		三	二		二	一		一	
剪力墙结构	高度（m）		≤80	>80	≤24	>24且≤80	>80	≤24	>24且≤80	>80	≤24	24~60
	剪力墙		四	三	四	三	二	三	二	一	二	一
部分框支剪力墙结构	高度（m）		≤80	>80	≤24	>24且≤80	>80	≤24	>24且≤80		
	剪力墙	一般部位	四	三	四	三	二	三	二	—	—
		加强部位	三	二	三	二	一	二	一	—	—
	框支层框架		二		二		一		一		—
筒体结构	框架-核心筒	框架	三		二		一		一	
		核心筒	二		二		一		一	
	筒中筒	内筒	三		二		一		一	
		外筒	三		二		一		一	
板柱-剪力墙结构	高度（m）		≤35	>35	≤35	>35	≤35	>35		
	板柱及周边框架		三	二	二	二	一	一	—	—
	剪力墙		二	二	二	二	二	一	—	—
单层厂房结构	铰接排架		四		三		二		一	

注：1 建筑场地为Ⅰ类时，除6度设防烈度外应允许按表内降低一度所对应的抗震等级采取抗震构造措施，但相应的计算要求不应降低；
2 接近或等于高度分界时，应允许结合房屋不规则程度及场地、地基条件确定抗震等级；
3 大跨度框架指跨度不小于18m的框架；
4 表中框架结构不包括异形柱框架；
5 房屋高度不大于60m的框架-核心筒结构按框架-剪力墙结构的要求设计时，应按表中框架-剪力墙结构确定抗震等级。

需注意的是，建筑结构抗震设计包括地震作用计算和抗震措施。其中，抗震措施又分为：①一般规定、内力与变形的地震作用效应调整的抗震措施；②抗震构造措施。在具体运用上述《混规》表 11.1.3 时，确定结构构件的抗震措施所对应的抗震等级时，应注意Ⅰ类建筑场地的情况，即《混规》表 11.1.3 中注 1 的规定。此时，内力及变形的抗震措施所采用的抗震等级，与抗震构造措施所采用的抗震等级，两者的内涵是不同的，其数值可能不相同。例如：I_1 类建筑场地，7 度抗震设防烈度，高度 30m 的钢筋混凝土框架结构，丙类建筑，其内力及变形的抗震措施所采用的抗震等级，按 7 度查《混规》表 11.1.3 时，应为抗震等级二级；其抗震构造措施所采用的抗震等级，根据《混规》表 11.1.3 及注 1 的规定，按 6 度查《混规》表 11.1.3 时，应为抗震等级三级。

（4）结构抗震验算的规定

根据《混规》规定，结构抗震验算应遵守《建筑抗震设计规范》（以下简称《抗规》）。

《抗规》规定：

> **5.1.6** 结构的截面抗震验算，应符合下列规定：
>
> **1** 6 度时的建筑（不规则建筑及建造于Ⅳ类场地上较高的高层建筑除外），以及生土房屋和木结构房屋等，应符合有关的抗震措施要求，但应允许不进行截面抗震验算。
>
> **2** 6 度时不规则建筑、建造于Ⅳ类场地上较高的高层建筑，7 度和 7 度以上的建筑结构（生土房屋和木结构房屋等除外），应进行多遇地震作用下的截面抗震验算。
>
> 注：采用隔震设计的建筑结构，其抗震验算应符合有关规定。

（5）承载力抗震调整系数 γ_{RE}

《混规》规定：

> **11.1.6** 考虑地震组合验算混凝土结构构件的承载力时，均应按承载力抗震调整系数 γ_{RE} 进行调整，承载力抗震调整系数 γ_{RE} 应按表 11.1.6 采用。
>
> 正截面抗震承载力应按本规范第 6.2 节的规定计算，但应在相关计算公式右端项除以相应的承载力抗震调整系数 γ_{RE}。
>
> 当仅计算竖向地震作用时，各类结构构件的承载力抗震调整系数 γ_{RE} 均应取为 1.0。
>
> **承载力抗震调整系数**　　表 11.1.6
>
> | 结构构件类别 | 正截面承载力计算 | | | | | 斜截面承载力计算 | 受冲切承载力计算 | 局部受压承载力计算 |
> |---|---|---|---|---|---|---|---|---|
> | | 受弯构件 | 偏心受压柱 | | 偏心受拉构件 | 剪力墙 | 各类构件及框架节点 | | |
> | | | 轴压比小于 0.15 | 轴压比不小于 0.15 | | | | | |
> | γ_{RE} | 0.75 | 0.75 | 0.8 | 0.85 | 0.85 | 0.85 | 0.85 | 1.0 |
>
> 注：预埋件锚筋截面计算的承载力抗震调整系数 γ_{RE} 应取为 1.0。

（6）纵向受力钢筋的锚固和接头

《混规》规定：

11.1.7 混凝土结构构件的纵向受力钢筋的锚固和连接除应符合本规范第8.3节和第8.4节的有关规定外,尚应符合下列要求:

1 纵向受拉钢筋的抗震锚固长度 l_{aE} 应按下式计算:

$$l_{aE}=\zeta_{aE}l_a \qquad (11.1.7\text{-}1)$$

式中:ζ_{aE}——纵向受拉钢筋抗震锚固长度修正系数,对一、二级抗震等级取1.15,对三级抗震等级取1.05,对四级抗震等级取1.00;

l_a——纵向受拉钢筋的锚固长度,按本规范第8.3.1条确定。

2 当采用搭接连接时,纵向受拉钢筋的抗震搭接长度 l_{lE} 应按下列公式计算:

$$l_{lE}=\zeta_l l_{aE} \qquad (11.1.7\text{-}2)$$

式中:ζ_l——纵向受拉钢筋搭接长度修正系数,按本规范第8.4.4条确定。

3 纵向受力钢筋的连接可采用绑扎搭接、机械连接或焊接。

4 纵向受力钢筋连接的位置宜避开梁端、柱端箍筋加密区;如必须在此连接时,应采用机械连接或焊接。

5 混凝土构件位于同一连接区段内的纵向受力钢筋接头面积百分率不宜超过50%。

11.1.8 箍筋宜采用焊接封闭箍筋、连续螺旋箍筋或连续复合螺旋箍筋。当采用非焊接封闭箍筋时,其末端应做成135°弯钩,弯钩端头平直段长度不应小于箍筋直径的10倍;在纵向钢筋搭接长度范围内的箍筋间距不应大于搭接钢筋较小直径的5倍,且不宜大于100mm。

(7) 材料的要求

《混规》规定:

11.2.1 混凝土结构的混凝土强度等级应符合下列规定:

1 剪力墙不宜超过C60;其他构件,9度时不宜超过C60,8度时不宜超过C70。

2 框支梁、框支柱以及一级抗震等级的框架梁、柱及节点,不应低于C30;其他各类结构构件,不应低于C20。

11.2.2 梁、柱、支撑以及剪力墙边缘构件中,其受力钢筋宜采用热轧带肋钢筋;当采用现行国家标准《钢筋混凝土用钢 第2部分:热轧带肋钢筋》GB 1499.2中牌号带"E"的热轧带肋钢筋时,其强度和弹性模量应按本规范第4.2节有关热轧带肋钢筋的规定采用。

11.2.3 按一、二、三级抗震等级设计的框架和斜撑构件,其纵向受力普通钢筋应符合下列要求:

1 钢筋的抗拉强度实测值与屈服强度实测值的比值不应小于1.25;

2 钢筋的屈服强度实测值与屈服强度标准值的比值不应大于1.30;

3 钢筋最大拉力下的总伸长率实测值不应小于9%。

2. 框架梁的构造要求

(1) 截面尺寸要求

《混规》规定：

> **11.3.5** 框架梁截面尺寸应符合下列要求：
> 1 截面宽度不宜小于200mm；
> 2 截面高度与宽度的比值不宜大于4；
> 3 净跨与截面高度的比值不宜小于4。

（2）梁端混凝土受压区高度的要求

《混规》规定：

> **11.3.1** 梁正截面受弯承载力计算中，计入纵向受压钢筋的梁端混凝土受压区高度应符合下列要求：
> 一级抗震等级
> $$x \leqslant 0.25h_0 \tag{11.3.1-1}$$
> 二、三级抗震等级
> $$x \leqslant 0.35h_0 \tag{11.3.1-2}$$
> 式中：x——混凝土受压区高度；
> h_0——截面有效高度。

（3）纵向受拉钢筋构造要求

《混规》规定：

> **11.3.6** 框架梁的钢筋配置应符合下列规定：
> 1 纵向受拉钢筋的配筋率不应小于表11.3.6-1规定的数值；
>
> 框架梁纵向受拉钢筋的最小配筋百分率（%）　　表11.3.6-1
>
> | 抗震等级 | 梁中位置 | |
> |---|---|---|
> | | 支座 | 跨中 |
> | 一级 | 0.40和80f_t/f_y中的较大值 | 0.30和65f_t/f_y中的较大值 |
> | 二级 | 0.30和65f_t/f_y中的较大值 | 0.25和55f_t/f_y中的较大值 |
> | 三、四级 | 0.25和55f_t/f_y中的较大值 | 0.20和45f_t/f_y中的较大值 |
>
> 2 框架梁梁端截面的底部和顶部纵向受力钢筋截面面积的比值，除按计算确定外，一级抗震等级不应小于0.5；二、三级抗震等级不应小于0.3。
>
> **11.3.7** 梁端纵向受拉钢筋的配筋率不宜大于2.5%。沿梁全长顶面和底面至少应各配置两根通长的纵向钢筋，对一、二级抗震等级，钢筋直径不应小于14mm，且分别不应少于梁两端顶面和底面纵向受力钢筋中较大截面面积的1/4；对三、四级抗震等级，钢筋直径不应小于12mm。

（4）箍筋构造要求

《混规》规定：

> 3 梁端箍筋的加密区长度、箍筋最大间距和箍筋最小直径，应按表11.3.6-2采用；当梁端纵向受拉钢筋配筋率大于2%时，表中箍筋最小直径应增大2mm。

框架梁梁端箍筋加密区的构造要求			表11.3.6-2
抗震等级	加密区长度 (mm)	箍筋最大间距 (mm)	最小直径 (mm)
一级	2倍梁高和500中的较大值	纵向钢筋直径的6倍，梁高的1/4和100中的最小值	10
二级	1.5倍梁高和500中的较大值	纵向钢筋直径的8倍，梁高的1/4和100中的最小值	8
三级	1.5倍梁高和500中的较大值	纵向钢筋直径的8倍，梁高的1/4和150中的最小值	8
四级	1.5倍梁高和500中的较大值	纵向钢筋直径的8倍，梁高的1/4和150中的最小值	6

注：箍筋直径大于12mm、数量不少于4肢且肢距不大于150mm时，一、二级的最大间距应允许适当放宽，但不得大于150mm。

11.3.8 梁箍筋加密区长度内的箍筋肢距：一级抗震等级，不宜大于200mm和20倍箍筋直径的较大值；二、三级抗震等级，不宜大于250mm和20倍箍筋直径的较大值；各抗震等级下，均不宜大于300mm。

11.3.9 梁端设置的第一个箍筋距框架节点边缘不应大于50mm。非加密区的箍筋间距不宜大于加密区箍筋间距的2倍。沿梁全长箍筋的面积配筋率 ρ_{sv} 应符合下列规定：

一级抗震等级

$$\rho_{sv} \geq 0.30 \frac{f_t}{f_{yv}} \tag{11.3.9-1}$$

二级抗震等级

$$\rho_{sv} \geq 0.28 \frac{f_t}{f_{yv}} \tag{11.3.9-2}$$

三、四级抗震等级

$$\rho_{sv} \geq 0.26 \frac{f_t}{f_{yv}} \tag{11.3.9-3}$$

3. 框架柱的构造要求
(1) 柱截面尺寸要求
《混规》规定：

11.4.11 框架柱的截面尺寸应符合下列要求：

1 矩形截面柱，抗震等级为四级或层数不超过2层时，其最小截面尺寸不宜小于300mm，一、二、三级抗震等级且层数超过2层时不宜小于400mm；圆柱的截面直径，抗震等级为四级或层数不超过2层时不宜小于350mm，一、二、三级抗震等级且层数超过2层时不宜小于450mm；

2 柱的剪跨比宜大于2；

3 柱截面长边与短边的边长比不宜大于3。

(2) 柱端弯矩增大系数与柱端剪力增大系数

框架柱端弯矩增大系数：①对框架结构中的框架，一、二、三、四级抗震等级可分别取为1.7、1.5、1.3、1.2；②对其他结构类型中的框架，一、二、三、四级抗震等级可分别取为1.4、1.2、1.1、1.1。

框架柱端剪力增大系数：①对框架结构中的框架，一、二、三、四级抗震等级可分别取为1.5、1.3、1.2、1.1；②对其他结构类型中的框架，一、二、三、四级抗震等级可分别取为1.4、1.2、1.1、1.1。

(3) 柱轴压比限值

《混规》规定：

11.4.16 一、二、三、四级抗震等级的各类结构的框架柱、框支柱，其轴压比不宜大于表11.4.16规定的限值。对Ⅳ类场地上较高的高层建筑，柱轴压比限值应适当减小。

柱轴压比限值　　　　表 11.4.16

结 构 体 系	抗 震 等 级			
	一级	二级	三级	四级
框架结构	0.65	0.75	0.85	0.90
框架-剪力墙结构、筒体结构	0.75	0.85	0.90	0.95
部分框支剪力墙结构	0.60	0.70	—	—

注：1　轴压比指柱地震作用组合的轴向压力设计值与柱的全截面面积和混凝土轴心抗压强度设计值乘积之比值；
2　当混凝土强度等级为C65、C70时，轴压比限值宜按表中数值减小0.05；混凝土强度等级为C75、C80时，轴压比限值宜按表中数值减小0.10；
3　表内限值适用于剪跨比大于2、混凝土强度等级不高于C60的柱；剪跨比不大于2的柱轴压比限值应降低0.05；剪跨比小于1.5的柱，轴压比限值应专门研究并采取特殊构造措施；
4　沿柱全高采用井字复合箍，且箍筋间距不大于100mm、肢距不大于200mm、直径不小于12mm，或沿柱全高采用复合螺旋箍，且螺距不大于100mm、肢距不大于200mm、直径不小于12mm，或沿柱全高采用连续复合矩形螺旋箍，且螺旋净距不大于80mm、肢距不大于200mm、直径不小于10mm时，轴压比限值均可按表中数值增加0.10；
5　当柱截面中部设置由附加纵向钢筋形成的芯柱，且附加纵向钢筋的总截面面积不少于柱截面面积的0.8%时，轴压比限值可按表中数值增加0.05；此项措施与注4的措施同时采用时，轴压比限值可按表中数值增加0.15，但箍筋的配箍特征值λ，仍应按轴压比增加0.10的要求确定；
6　调整后的柱轴压比限值不应大于1.05。

(4) 纵向受力钢筋的构造要求

《混规》规定：

11.4.12 框架柱和框支柱的钢筋配置，应符合下列要求：

　1　框架柱和框支柱中全部纵向受力钢筋的配筋百分率不应小于表11.4.12-1规定的数值，同时，每一侧的配筋百分率不应小于0.2；对Ⅳ类场地上较高的高层建筑，最小配筋百分率应增加0.1；

柱全部纵向受力钢筋最小配筋百分率（%）　　　表11.4.12-1

柱 类 型	抗 震 等 级			
	一级	二级	三级	四级
中柱、边柱	0.9（1.0）	0.7（0.8）	0.6（0.7）	0.5（0.6）
角柱、框支柱	1.1	0.9	0.8	0.7

注：1　表中括号内数值用于框架结构的柱；
　　2　采用335MPa级、400MPa级纵向受力钢筋时，应分别按表中数值增加0.1和0.05采用；
　　3　当混凝土强度等级为C60以上时，应按表中数值增加0.1采用。

11.4.13　框架边柱、角柱及剪力墙端柱在地震组合下处于小偏心受拉时，柱内纵向受力钢筋总截面面积应比计算值增加25%。

框架柱、框支柱中全部纵向受力钢筋配筋率不应大于5%。柱的纵向钢筋宜对称配置。截面尺寸大于400mm的柱，纵向钢筋的间距不宜大于200mm。当按一级抗震等级设计，且柱的剪跨比不大于2时，柱每侧纵向钢筋的配筋率不宜大于1.2%。

（5）箍筋的构造要求

《混规》规定：

　　2　框架柱和框支柱上、下两端箍筋应加密，加密区的箍筋最大间距和箍筋最小直径应符合表11.4.12-2的规定；

柱端箍筋加密区的构造要求　　　表11.4.12-2

抗震等级	箍筋最大间距（mm）	箍筋最小直径（mm）
一级	纵向钢筋直径的6倍和100中的较小值	10
二级	纵向钢筋直径的8倍和100中的较小值	8
三级	纵向钢筋直径的8倍和150（柱根100）中的较小值	8
四级	纵向钢筋直径的8倍和150（柱根100）中的较小值	6（柱根8）

注：柱根系指底层柱下端的箍筋加密区范围。

　　3　框支柱和剪跨比不大于2的框架柱应在柱全高范围内加密箍筋，且箍筋间距应符合本条第2款一级抗震等级的要求；

　　4　一级抗震等级框架柱的箍筋直径大于12mm且箍筋肢距不大于150mm及二级抗震等级框架柱的直径不小于10mm且箍筋肢距不大于200mm时，除底层柱下端外，箍筋间距应允许采用150mm；四级抗震等级框架柱剪跨比不大于2时，箍筋直径不应小于8mm。

11.4.14　框架柱的箍筋加密区长度，应取柱截面长边尺寸（或圆形截面直径）、柱净高的1/6和500mm中的最大值；一、二级抗震等级的角柱应沿柱全高加密箍筋。底层柱根箍筋加密区长度应取不小于该层柱净高的1/3；当有刚性地面时，除柱端箍筋加密区外尚应在刚性地面上、下各500mm的高度范围内加密箍筋。

11.4.15 柱箍筋加密区内的箍筋肢距：一级抗震等级不宜大于200mm；二、三级抗震等级不宜大于250mm和20倍箍筋直径中的较大值；四级抗震等级不宜大于300mm。每隔一根纵向钢筋宜在两个方向有箍筋或拉筋约束；当采用拉筋且箍筋与纵向钢筋有绑扎时，拉筋宜紧靠纵向钢筋并勾住箍筋。

（6）柱箍筋的体积配筋率的构造要求

《混规》规定：

11.4.17 柱箍筋加密区箍筋的体积配筋率应符合下列规定：

1 柱箍筋加密区箍筋的体积配筋率，应符合下列规定：

$$\rho_v \geq \lambda_v \frac{f_c}{f_{yv}} \tag{11.4.17}$$

式中：ρ_v——柱箍筋加密区的体积配筋率，按本规范第6.6.3条的规定计算，计算中应扣除重叠部分的箍筋体积；

f_{yv}——箍筋抗拉强度设计值；

f_c——混凝土轴心抗压强度设计值；当强度等级低于C35时，按C35取值；

λ_v——最小配箍特征值，按表11.4.17采用。

柱箍筋加密区的箍筋最小配箍特征值 λ_v　　　表11.4.17

抗震等级	箍筋形式	轴 压 比								
		≤0.3	0.4	0.5	0.6	0.7	0.8	0.9	1.0	1.05
一级	普通箍、复合箍	0.10	0.11	0.13	0.15	0.17	0.20	0.23	—	—
	螺旋箍、复合或连续复合矩形螺旋箍	0.08	0.09	0.11	0.13	0.15	0.18	0.21	—	—
二级	普通箍、复合箍	0.08	0.09	0.11	0.13	0.15	0.17	0.19	0.22	0.24
	螺旋箍、复合或连续复合矩形螺旋箍	0.06	0.07	0.09	0.11	0.13	0.15	0.17	0.20	0.22
三、四级	普通箍、复合箍	0.06	0.07	0.09	0.11	0.13	0.15	0.17	0.20	0.22
	螺旋箍、复合或连续复合矩形螺旋箍	0.05	0.06	0.07	0.09	0.11	0.13	0.15	0.18	0.20

注：1 普通箍指单个矩形箍筋或单个圆形箍筋；螺旋箍指单个螺旋箍筋；复合箍指由矩形、多边形、圆形箍筋或拉筋组成的箍筋；复合螺旋箍指由螺旋箍与矩形、多边形、圆形箍筋或拉筋组成的箍筋；连续复合矩形螺旋箍指全部螺旋箍为同一根钢筋加工成的箍筋；

2 在计算复合螺旋箍的体积配筋率时，其中非螺旋箍筋的体积应乘以系数0.8；

3 混凝土强度等级高于C60时，箍筋宜采用复合箍、复合螺旋箍或连续复合矩形螺旋箍，当轴压比不大于0.6时，其加密区的最小配箍特征值宜按表中数值增加0.02；当轴压比大于0.6时，宜按表中数值增加0.03。

2 对一、二、三、四级抗震等级的柱，其箍筋加密区的箍筋体积配筋率分别不应小于0.8%、0.6%、0.4%和0.4%；

3 框支柱宜采用复合螺旋箍或井字复合箍，其最小配箍特征值应按表 11.4.17 中的数值增加 0.02 采用，且体积配筋率不应小于 1.5%；

4 当剪跨比 λ 不大于 2 时，宜采用复合螺旋箍或井字复合箍，其箍筋体积配筋率不应小于 1.2%；9 度设防烈度一级抗震等级时，不应小于 1.5%。

11.4.18 在箍筋加密区外，箍筋的体积配筋率不宜小于加密区配筋率的一半；对一、二级抗震等级，箍筋间距不应大于 $10d$；对三、四级抗震等级，箍筋间距不应大于 $15d$，此处，d 为纵向钢筋直径。

（7）框架梁、框架柱的纵筋在框架节点区的锚固与搭接

纵向受力钢筋在框架节点区的锚固与搭接，如图 14-8-2 所示。其中，$l_{abE}=\xi_{aE}l_{ab}$，ξ_{aE} 为纵向受拉钢筋抗震锚固长度修正系数，其取值见前面的《混规》11.1.7 条。

4．剪力墙的构造要求

（1）剪力墙截面尺寸要求

《混规》规定：

11.7.12 剪力墙的墙肢截面厚度应符合下列规定：

1 剪力墙结构：一、二级抗震等级时，一般部位不应小于 160mm，且不宜小于层高或无支长度的 1/20；三、四级抗震等级时，不应小于 140mm，且不宜小于层高或无支长度的 1/25。一、二级抗震等级的底部加强部位，不应小于 200mm，且不宜小于层高或无支长度的 1/16，当墙端无端柱或翼墙时，墙厚不宜小于层高或无支长度的 1/12。

2 框架-剪力墙结构：一般部位不应小于 160mm，且不宜小于层高或无支长度的 1/20；底部加强部位不应小于 200mm，且不宜小于层高或无支长度的 1/16。

3 框架-核心筒结构、筒中筒结构：一般部位不应小于 160mm，且不宜小于层高或无支长度的 1/20；底部加强部位不应小于 200mm，且不宜小于层高或无支长度的 1/16。筒体底部加强部位及其上一层不宜改变墙体厚度。

需注意的是，上述计算规定，应取层高或无支长度的较小者进行计算。

（2）墙肢轴压比限值

《混规》规定：

11.7.16 一、二、三级抗震等级的剪力墙，其底部加强部位的墙肢轴压比不宜超过表 11.7.16 的限值。

剪力墙轴压比限值　　　　　　　　　　表 11.7.16

抗震等级（设防烈度）	一级（9 度）	一级（7、8 度）	二级、三级
轴压比限值	0.4	0.5	0.6

注：剪力墙肢轴压比指在重力荷载代表值作用下墙的轴压力设计值与墙的全截面面积和混凝土轴心抗压强度设计值乘积的比值。

（3）剪力墙的分布钢筋的构造要求

《混规》规定：

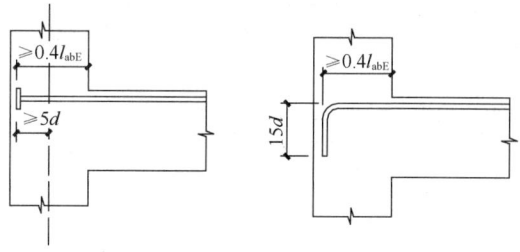
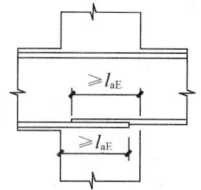 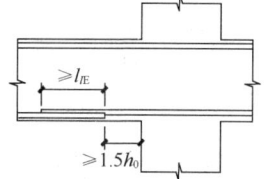

(a) 中间层端节点梁筋加锚头(锚板)锚固　　(b) 中间层端间节点梁筋90°弯折锚固

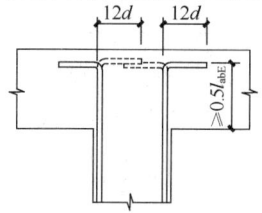 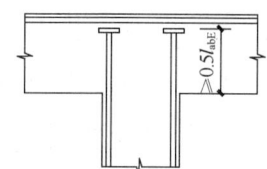

(c) 中间层中间节点梁筋在节点内直锚固　　(d) 中间层中间节点梁筋在节点外搭接

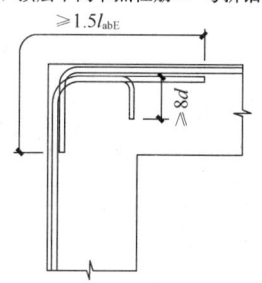 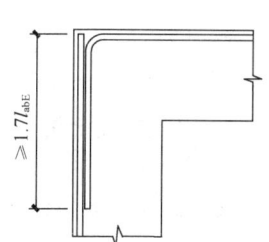

(e) 顶层中间节点柱筋90°弯折锚固　　(f) 顶层中间节点柱筋加锚头(锚板)锚固

(g) 钢筋在顶层端节点外侧和梁端顶部弯折搭接　　(h) 钢筋在顶层端节点外侧直线搭接

图 14-8-2　梁和柱的纵向受力钢筋在节点区的锚固和搭接

11.7.13 剪力墙厚度大于 140mm 时，其竖向和水平向分布钢筋不应少于双排布置。

11.7.14 剪力墙的水平和竖向分布钢筋的配筋应符合下列规定：

　　1 一、二、三级抗震等级的剪力墙的水平和竖向分布钢筋配筋率均不应小于 0.25%；四级抗震等级剪力墙不应小于 0.2%；

　　2 部分框支剪力墙结构的剪力墙底部加强部位，水平和竖向分布钢筋配筋率不应小于 0.3%。

　　注：对高度小于 24m 且剪压比很小的四级抗震等级剪力墙，其竖向分布筋最小配筋率应允许按 0.15% 采用。

11.7.15 剪力墙水平和竖向分布钢筋的间距不宜大于 300mm，直径不宜大于墙厚的 1/10，且不应小于 8mm；竖向分布钢筋直径不宜小于 10mm。

> 部分框支剪力墙结构的底部加强部位，剪力墙水平和竖向分布钢筋的间距不宜大于200mm。

(4) 约束边缘构件的构造要求

《混规》规定：

11.7.17 剪力墙两端及洞口两侧应设置边缘构件，并宜符合下列要求：

1 一、二、三级抗震等级剪力墙，在重力荷载代表值作用下，当墙肢底截面轴压比大于表11.7.17规定时，其底部加强部位及其以上一层墙肢应按本规范第11.7.18条的规定设置约束边缘构件；当墙肢轴压比不大于表11.7.17规定时，可按本规范第11.7.19条的规定设置构造边缘构件；

剪力墙设置构造边缘构件的最大轴压比   表11.7.17

抗震等级（设防烈度）	一级（9度）	一级（7、8度）	二级、三级
轴压比	0.1	0.2	0.3

2 部分框支剪力墙结构中，一、二、三级抗震等级落地剪力墙的底部加强部位及以上一层的墙肢两端，宜设置翼墙或端柱，并应按本规范第11.7.18条的规定设置约束边缘构件；不落地的剪力墙，应在底部加强部位及以上一层剪力墙的墙肢两端设置约束边缘构件；

3 一、二、三级抗震等级的剪力墙的一般部位剪力墙以及四级抗震等级剪力墙，应按本规范第11.7.19条设置构造边缘构件；

4 对框架-核心筒结构，一、二、三级抗震等级的核心筒角部墙体的边缘构件尚应按下列要求加强：底部加强部位墙肢约束边缘构件的长度宜取墙肢截面高度的1/4，且约束边缘构件范围内宜全部采用箍筋；底部加强部位以上宜按本规范图11.7.18的要求设置约束边缘构件。

11.7.18 剪力墙端部设置的约束边缘构件（暗柱、端柱、翼墙和转角墙）应符合下列要求（图11.7.18）：

1 约束边缘构件沿墙肢的长度 l_c 及配箍特征值 λ_v 宜满足表11.7.18的要求，箍筋的配置范围及相应的配箍特征值 λ_v 和 $\lambda_v/2$ 的区域如图11.7.18所示，其体积配筋率 ρ_v 应符合下列要求：

$$\rho_v \geqslant \lambda_v \frac{f_c}{f_{yv}} \tag{11.7.18}$$

式中：λ_v——配箍特征值，计算时可计入拉筋。

计算体积配箍率时，可适当计入满足构造要求且在墙端有可靠锚固的水平分布钢筋的截面面积。

2 一、二、三级抗震等级剪力墙约束边缘构件的纵向钢筋的截面面积，对图11.7.18所示暗柱、端柱、翼墙与转角墙分别不应小于图中阴影部分面积的1.2%、1.0%和1.0%。

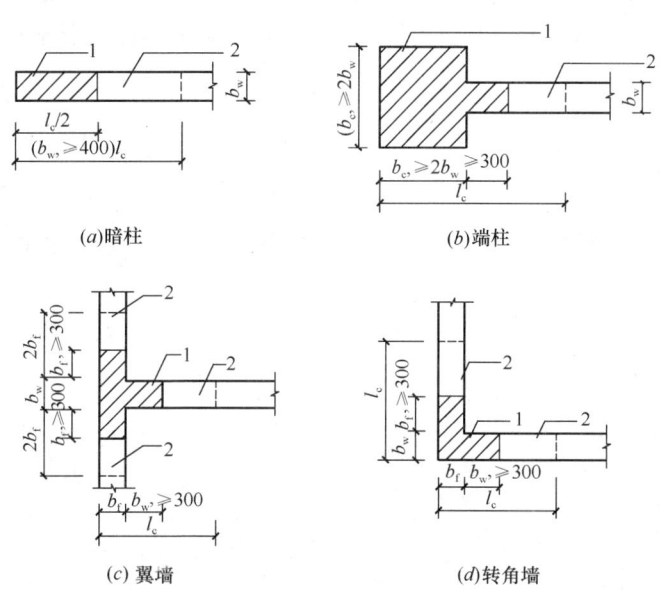

图 11.7.18 剪力墙的约束边缘构件

注：图中尺寸单位为 mm。

1—配箍特征值为 λ_v 的区域；2—配箍特征值为 $\lambda_v/2$ 的区域

3 约束边缘构件的箍筋或拉筋沿竖向的间距，对一级抗震等级不宜大于 100mm，对二、三级抗震等级不宜大于 150mm。

约束边缘构件沿墙肢的长度 l_c 及其配箍特征值 λ_v 表 11.7.18

抗震等级(设防烈度)		一级(9度)		一级(7、8度)		二级、三级	
轴压比		≤0.2	>0.2	≤0.3	>0.3	≤0.4	>0.4
λ_v		0.12	0.20	0.12	0.20	0.12	0.20
l_c (mm)	暗柱	$0.20h_w$	$0.25h_w$	$0.15h_w$	$0.20h_w$	$0.15h_w$	$0.20h_w$
	端柱、翼墙或转角墙	$0.15h_w$	$0.20h_w$	$0.10h_w$	$0.15h_w$	$0.10h_w$	$0.15h_w$

注：1 两侧翼墙长度小于其厚度 3 倍时，视为无翼墙剪力墙；端柱截面边长小于墙厚 2 倍时，视为无端柱剪力墙；

2 约束边缘构件沿墙肢长度 l_c 除满足表 11.7.18 的要求外，且不宜小于墙厚和 400mm；当有端柱、翼墙或转角墙时，尚不应小于翼墙厚度或端柱沿墙肢方向截面高度加 300mm；

3 h_w 为剪力墙的墙肢截面高度。

(5) 构造边缘构件的构造要求

《混规》规定：

11.7.19 剪力墙端部设置的构造边缘构件（暗柱、端柱、翼墙和转角墙）的范围，应按图 11.7.19 确定，构造边缘构件的纵向钢筋除应满足计算要求外，尚应符合表 11.7.19 的要求。

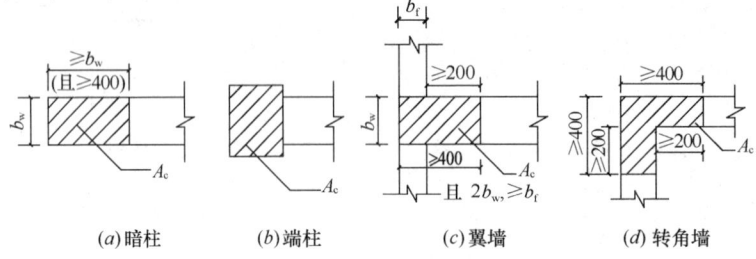

图 11.7.19　剪力墙的构造边缘构件

注：图中尺寸单位为 mm。

构造边缘构件的构造配筋要求　　　　表 11.7.19

抗震等级	底部加强部位			其他部位		
	纵向钢筋最小配筋量（取较大值）	箍筋、拉筋		纵向钢筋最小配筋量（取较大值）	箍筋、拉筋	
		最小直径(mm)	最大间距(mm)		最小直径(mm)	最大间距(mm)
一	$0.01A_c$，$6\phi16$	8	100	$0.008A_c$，$6\phi14$	8	150
二	$0.008A_c$，$6\phi14$	8	150	$0.006A_c$，$6\phi12$	8	200
三	$0.006A_c$，$6\phi12$	6	150	$0.005A_c$，$4\phi12$	6	200
四	$0.005A_c$，$4\phi12$	6	200	$0.004A_c$，$4\phi12$	6	250

注：1　A_c 为图 11.7.19 中所示的阴影面积；
　　2　对其他部位，拉筋的水平间距不应大于纵向钢筋间距的 2 倍，转角处宜设置箍筋；
　　3　当端柱承受集中荷载时，应满足框架柱的配筋要求。

5. 剪力墙及筒体洞口连梁

一、二级抗震等级的洞口连梁，当跨高比不大于 2.5 时，除普通箍筋外宜另配置斜向交叉钢筋：

（1）当洞口连梁截面宽度不小于 250mm 时，可采用交叉斜筋配筋（图 14-8-3）；

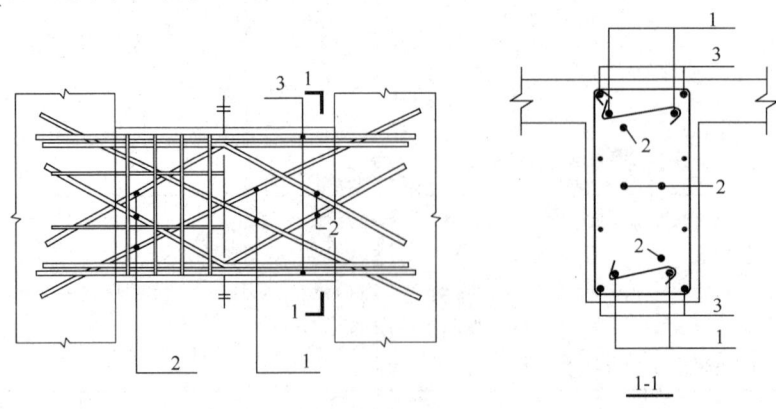

图 14-8-3　交叉斜筋配筋连梁
1—对角斜筋；2—折线筋；3—纵向钢筋

（2）当洞口连梁截面宽度不小于400mm时，可采用集中对角斜筋配筋（图14-8-4）或对角暗撑配筋（图14-8-5）。

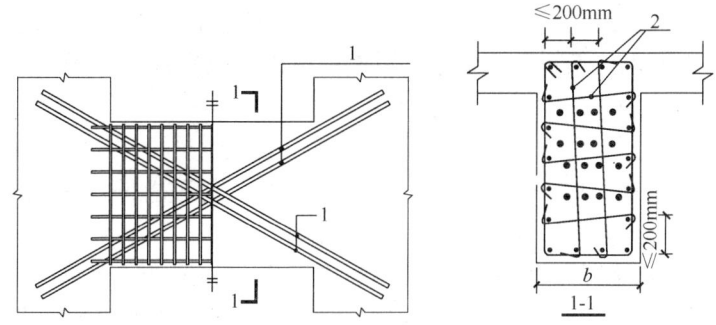

图 14-8-4 集中对角斜筋配筋连梁
1—对角斜筋；2—拉筋

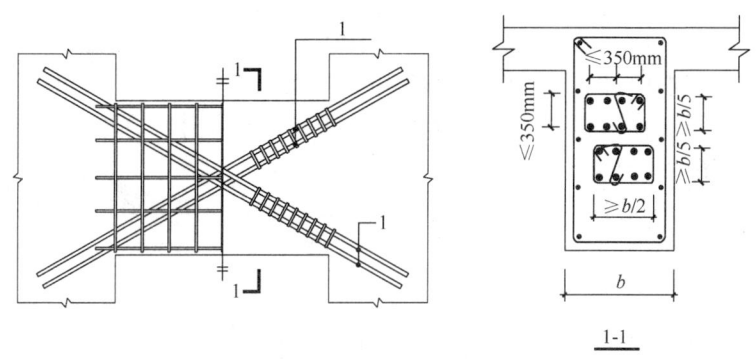

图 14-8-5 对角暗撑配筋连梁
1—对角暗撑

洞口连梁的纵向钢筋、斜筋及箍筋的构造要求，《混规》规定：

11.7.11 剪力墙及筒体洞口连梁的纵向钢筋、斜筋及箍筋的构造应符合下列要求：

1 连梁沿上、下边缘单侧纵向钢筋的最小配筋率不应小于0.15%，且配筋不宜少于2ϕ12；交叉斜筋配筋连梁单向对角斜筋不宜少于2ϕ12，单组折线筋的截面面积可取为单向对角斜筋截面面积的一半，且直径不宜小于12mm；集中对角斜筋配筋连梁和对角暗撑连梁中每组对角斜筋应至少由4根直径不小于14mm的钢筋组成。

2 交叉斜筋配筋连梁的对角斜筋在梁端部位应设置不少于3根拉筋，拉筋的间距不应大于连梁宽度和200mm的较小值，直径不应小于6mm；集中对角斜筋配筋连梁应在梁截面内沿水平方向及竖直方向设置双向拉筋，拉筋应勾住外侧纵向钢筋，间距不应大于200mm，直径不应小于8mm；对角暗撑配筋连梁中暗撑箍筋的外缘沿梁截面宽度方向不宜小于梁宽的一半，另一方向不宜小于梁宽的1/5；对角暗撑约束箍筋的间距不宜大于暗撑钢筋直径的6倍，当计算间距小于100mm时可取100mm，箍筋肢距不应大于350mm。

除集中对角斜筋配筋连梁以外，其余连梁的水平钢筋及箍筋形成的钢筋网之间应采用拉筋拉结，拉筋直径不宜小于 6mm，间距不宜大于 400mm。

　　3 沿连梁全长箍筋的构造宜按本规范第 11.3.6 条和第 11.3.8 条框架梁梁端加密区箍筋的构造要求采用；对角暗撑配筋连梁沿连梁全长箍筋的间距可按本规范表 11.3.6-2 中规定值的两倍取用。

　　4 连梁纵向受力钢筋、交叉斜筋伸入墙内的锚固长度不应小于 l_{aE}，且不应小于 600mm；顶层连梁纵向钢筋伸入墙体的长度范围内，应配置间距不大于 150mm 的构造箍筋，箍筋直径应与该连梁的箍筋直径相同。

　　5 剪力墙的水平分布钢筋可作为连梁的纵向构造钢筋在连梁范围内贯通。当梁的腹板高度 h_w 不小于 450mm 时，其两侧面沿梁高范围设置的纵向构造钢筋的直径不应小于 8mm，间距不应大于 200mm；对跨高比不大于 2.5 的连梁，梁两侧的纵向构造钢筋的面积配筋率尚不应小于 0.3%。

6. 预埋件的构造要求

11.1.9 考虑地震作用的预埋件，应满足下列规定：

　　1 直锚钢筋截面面积可按本规范第 9 章的有关规定计算并增大 25%，且应适当增大锚板厚度。

　　2 锚筋的锚固长度应符合本规范第 9.7 节的有关规定并增加 10%；当不能满足时，应采取有效措施。在靠近锚板处，宜设置一根直径不小于 10mm 的封闭箍筋。

　　3 预埋件不宜设置在塑性铰区；当不能避免时应采取有效措施。

9.7.6 吊环应采用 HPB300 钢筋或 Q235B 圆钢，并应符合下列规定：

　　1 吊环锚入混凝土中的深度不应小于 $30d$ 并应焊接或绑扎在钢筋骨架上，d 为吊环钢筋或圆钢的直径。

　　2 应验算在荷载标准值作用下的吊环应力，验算时每个吊环可按两个截面计算。对 HPB300 钢筋，吊环应力不应大于 65N/mm^2；对 Q235B 圆钢，吊环应力不应大于 50N/mm^2。

　　3 当在一个构件上设有 4 个吊环时，应按 3 个吊环进行计算。

三、解题指导

本节知识点需理解、记忆的较多，应结合工程设计实践，理解构造要求。

【例 14-8-1】 当框架柱的轴压力很大而截面不能满足轴压比要求，可采取的措施是（　　）。

①增加柱截面宽度；　　　　②增大柱截面高度；
③提高配筋率和配箍率；　　④提高混凝土强度等级。

A.①②　　　　　　　　　　B.①②③
C.①②④　　　　　　　　　D.①③④

【解】 根据轴压比的定义 $N/(f_cA)$ 可知，①、②、④均满足。
故应选 C 项。

【例 14-8-2】 有抗震设防要求的混凝土结构对混凝土强度等级的要求应是（　　）。

①设防烈度为 8 度时，框架柱的混凝土强度等级不宜超过 C70；

②设防烈度为 9 度时，框架梁的混凝土强度等级不宜超过 C60；

③框支梁、框支柱混凝土强度等级不应低于 C30；

④一、二级抗震等级的框架梁、柱、节点混凝土强度等级不应低于 C30。

A. ①③④　　　　　　　　B. ①②④

C. ①②③　　　　　　　　D. ②③④

【解】 见本节材料要求 11.2.1 条规定，④项不对，故应选 C 项。

四、应试题解

1. 《建筑抗震设计规范》的抗震设防标准是（　　）。

A. "二水准"小震不坏，大震不倒

B. "二水准"中震可修，大震不倒

C. "三水准"小震不坏，中震可修，大震不倒

D. "三水准"小震不坏，中震可修，大震不倒且可修

2. 建筑抗震设防三水准的要求"小震不坏，中震可修，大震不倒"，其中大震是指（　　）。

A. 6 度以上的地震

B. 8 度以上的地震

C. 50 年设计基准期内，超越概率大于 2‰～3‰的地震

D. 50 年设计基准期内，超越概率大于 10%的地震

3. 地震的震级越大，表明（　　）。

A. 建筑物的损坏程度越大　　　B. 地震时释放的能量越多

C. 震源至地面的距离越远　　　D. 地震的持续时间越长

4. 有抗震设防要求的钢筋混凝土结构的混凝土强度等级应符合（　　）。

①设防烈度为 8 度时，剪力墙的混凝土强度等级不宜超过 C70；

②设防烈度为 9 度时，框架柱的混凝土强度等级不宜超过 C60；

③框支梁、框支柱混凝土强度等级不应低于 C30；

④一级抗震等级的钢筋混凝土框架梁、柱、节点混凝土强度等级不应低于 C30。

A. ①③④　　B. ①②④　　C. ①②③　　D. ②③④

5. 划分钢筋混凝土结构抗震等级所考虑的主要因素是（　　）。

①设防烈度；　　②房屋高度；　　③结构类型；　　④楼层高度；

⑤房屋的高宽比。

A. ①②③　　B. ②③④　　C. ③④⑤　　D. ①③⑤

6. 关于结构的抗震等级，下列说法错误的是（　　）。

A. 决定抗震等级时所考虑的设防烈度与抗震设防等级可能不一致

B. 只有多高层钢筋混凝土房屋才需划分结构的抗震等级

C. 房屋高度是划分结构抗震等级的条件之一

D. 抗震等级为一级，其要求采用的抗震措施比二级抗震等级更严格

7. 抗震设防烈度为 7 度，房屋高度大于 60m 的钢筋混凝土框架-剪力墙结构，丙类建

筑，结构的抗震等级为（　　）。

　　A. 一级　　　　B. 二级　　　　C. 三级　　　　D. 四级

8. 建筑高度、设防烈度、建筑重要性类别、场地类别等均相同的两个钢筋混凝土结构建筑，一个是框架结构体系，另一个是框架-剪力墙体系，两种体系中的框架的抗震等级是（　　）。

　　A. 后者的抗震等级高　　　　　　　　B. 后者的抗震等级低

　　C. 必定相等　　　　　　　　　　　　D. 前者的抗震等级高，也可能相等

9. 抗震结构中限制柱轴压比是为了防止其（　　）。

　　A. 脆性破坏　　B. 延性破坏　　C. 大偏心破坏　　D. 柱子失稳

10. 随着框架柱的轴压比的增大，柱的延性（　　）。

　　A. 不变　　　　B. 降低　　　　C. 提高　　　　D. 无法确定

11. 某钢筋混凝土框架结构框架柱的抗震等级为二级，该框架柱的轴压比限值为（　　）。

　　A. 0.7　　　　B. 0.8　　　　C. 0.9　　　　D. 0.75

12. 当钢筋混凝土框架柱的轴压力很大而截面不能满足轴压比要求时，可采取的措施是（　　）。

　　①增加柱截面宽度；　　　　　　　　②增加柱截面高度；

　　③提高配筋率和配箍率；　　　　　　④提高钢筋混凝土强度等级。

　　A. ①②　　　　B. ①②③　　　C. ①②④　　　D. ①③④

13. 为了提高钢筋混凝土结构的延性，可采取的措施是（　　）。

　　①强柱弱梁；②强剪弱弯；③强节点弱构件；④强计算弱构造。

　　A. ①②　　　　B. ①②④　　　C. ①②③　　　D. ①②③④

14. 抗震结构中的短柱或短梁是指（　　）。

　　A. 梁的计算跨度与截面高度之比小于8的为短梁

　　B. 梁的净跨度与截面高度之比小于6的为短梁

　　C. 柱的计算高度与截面高度之比不大于8的为短柱

　　D. 柱的净高度与截面高度之比不大于4的为短柱

15. 下列对于抗震设计的钢筋混凝土框架柱的箍筋加密的说法中，不正确的是（　　）。

　　A. 柱子上下两端应加密　　　　　　　B. 短柱沿全长加密

　　C. 边柱沿全长加密　　　　　　　　　D. 角柱沿全长加密

16. 在结构抗震设计中，钢筋混凝土框架结构在地震作用下（　　）。

　　A. 允许在框架梁端处形成塑性铰　　　B. 允许在框架节点处形成塑性铰

　　C. 允许在框架柱端处形成塑性铰　　　D. 不允许框架任何位置形成塑性铰

17. 对构件进行抗震验算时，错误的是（　　）。

　　A. 在进行承载能力极限状态设计中不考虑结构重要性系数

　　B. 框架梁端正截面受弯承载力计算时混凝土受压高度限制为：一级抗震等级为 $x \leqslant 0.25h_0$，二、三级抗震等级 $x \leqslant 0.35h_0$

　　C. 框架梁的纵向受拉钢筋配筋率应大于 2.5%

　　D. 结构构件的截面抗震验算设计应满足 $S \leqslant R/\gamma_{RE}$

18. 下列有关钢筋混凝土剪力墙结构布置的原则中，错误的是（　　）。

A. 剪力墙应双向多向布置，宜拉通对直

B. 墙肢截面高度与厚度之比不宜过小

C. 剪力墙的门窗洞口宜上下对齐，成列布置

D. 较长的剪力墙可开洞后设连梁，连梁应有足够的刚度，不得仅用楼板连接

19. 抗震设计时，在钢筋混凝土剪力墙结构中，下列（　　）项会由于增加了钢筋截面面积反而可能使剪力墙结构的抗震能力降低。

A. 增加剪力的水平钢筋和纵向分布钢筋截面面积

B. 增加剪力墙的水平钢筋截面面积

C. 增加剪力墙连梁的纵向钢筋和箍筋截面面积

D. 增加剪力墙连梁的纵向钢筋截面面积

20. 决定多高层钢筋混凝土结构房屋防震缝宽度的因素是（　　）。

①建筑的重要性；②建筑物的高度；③场地类别；④结构类型；⑤设防烈度。

A. ①③⑤　　　B. ②③④　　　C. ②③⑤　　　D. ②④⑤

21. 若其他条件相同，对钢筋混凝土框架结构和框架-剪力墙结构进行抗震设计时，其抗震缝的设置宽度是（　　）。

A. 框架-剪力墙结构较框架结构小30%，且不宜小于70mm

B. 框架-剪力墙结构较框架结构小20%，且不宜小于70mm

C. 框架-剪力墙结构较框架结构小50%，且不宜小于100mm

D. 框架-剪力墙结构较框架结构小30%，且不宜小于100mm

第九节　答　案　与　解　答

一、第一节　材料性能与基本设计原则

1. D　　2. A　　3. D　　4. A　　5. D　　6. B　　7. D　　8. D　　9. A　　10. B

11. B　　12. B　　13. B　　14. C　　15. C　　16. D　　17. D　　18. B　　19. B

19. B. 解答如下：

$q = 1.3 \times 5 + 1.5 \times 4 = 12.5 \text{kN/m}$

$M = 1/8 \times ql^2 = 1/8 \times 12.5 \times 6^2 = 56.25 \text{kN} \cdot \text{m}$

二、第二节　承载能力极限状态计算

1. A　　2. C　　3. D　　4. D　　5. B　　6. A　　7. D　　8. D　　9. B　　10. C

11. D　　12. C　　13. A　　14. A　　15. D　　16. D　　17. C　　18. B　　19. A　　20. A

21. D　　22. D　　23. D　　24. C　　25. A　　26. D　　27. C　　28. A　　29. A　　30. A

31. A　　32. C　　33. B　　34. B　　35. B　　36. A　　37. D　　38. C　　39. C　　40. B

41. B

9. B. 解答如下：

$$\xi_b = \frac{\beta_1}{1 + \dfrac{f_y}{E_s \varepsilon_u}} = \frac{0.8}{1 + \dfrac{360}{2.0 \times 10^5 \times 0.0033}} = 0.518$$

由条件，$\xi = \dfrac{f_y A_s}{\alpha_1 f_c b h_0} = \dfrac{360 \times 1256}{1.0 \times 11.9 \times 200 \times 465} = 0.409 < \xi_b$

所以，不会发生超筋破坏。

$$\rho_{\min} = \max[0.2\%, 0.45 f_t / f_y]$$
$$= \max\left[0.2\%, 0.45 \times \dfrac{1.27}{360}\right] = \max[0.2\%, 0.159\%] = 0.2\%$$

$$\rho = \dfrac{A_s}{bh} = \dfrac{1256}{200 \times 500} = 1.256\%$$

$\rho > \rho_{\min}$，不会发生少筋破坏。

10. C. 解答如下：

依据《混凝土结构设计规范》8.5.1注5，受拉钢筋的配筋率计算应按全面积扣除受压区翼缘面积。

16. D. 解答如下：

依据《混凝土结构设计规范》8.5.1注5，受拉钢筋的配筋率计算应按全面积扣除受压区翼缘面积，本题的受压区翼缘面积为零，所以，计算面积取全面积。

20. A. 解答如下：

$$h_w / b = (500 - 35)/200 = 2.325 < 4$$

所以受剪承载设计值为：$V_u = 0.25\beta_c f_c b h_0 = 0.25 \times 1 \times 11.9 \times 200 \times (500 - 35) = 276.7 \text{kN}$

24. C. 解答如下：

依据《混凝土结构设计规范》6.2.16条注1，700kN<500×1.5=750kN，所以，该柱的承载力应视为700kN。

三、第三节　正常使用极限状态验算

1. C　2. D　3. B　4. A　5. D　6. D　7. C　8. B　9. A　10. D
11. D　12. B　13. C　14. D　15. D

四、第四节　预应力混凝土

1. D　2. A　3. C　4. C　5. D　6. C　7. A　8. A　9. B　10. C
11. B

五、第五节　构造要求

1. D　2. A　3. A　4. C　5. B　6. A　7. A　8. A　9. A　10. D
11. C　12. B

六、第六节　梁板结构与单层厂房

1. D　2. D　3. D　4. C　5. C　6. C　7. C　8. C　9. C　10. B
11. C　12. B　13. B　14. A　15. D　16. B　17. B　18. B　19. B

七、第七节　多层及高层房屋

1. A　2. B　3. C　4. C　5. A　6. A　7. C　8. B　9. A　10. D

11. B 12. C 13. D 14. D 15. A

八、第八节 抗震设计要点

1. C 2. C 3. B 4. D 5. A 6. B 7. B 8. D 9. A 10. B
11. D 12. C 13. C 14. D 15. C 16. A 17. C 18. D 19. D 20. D
21. D

第十五章 钢 结 构

第一节 基本设计规定和材料

一、《考试大纲》的规定

钢结构：一般规定、结构分析与稳定性设计。

钢材性能：基本性能、影响钢材性能的因素、结构钢种类、钢材的选用。

二、重点内容

1. 一般规定

《钢结构设计标准》GB 50017—2017（以下简称《钢标》）规定：

> **3.1.2** 本标准除疲劳计算和抗震设计外，应采用以概率理论为基础的极限状态设计方法，用分项系数设计表达式进行计算。
>
> **3.1.3** 除疲劳设计应采用容许应力法外，钢结构应按承载能力极限状态和正常使用极限状态进行设计。
>
> **3.1.5** 按承载能力极限状态设计钢结构时，应考虑荷载效应的基本组合，必要时尚应考虑荷载效应的偶然组合。按正常使用极限状态设计钢结构时，应考虑荷载效应的标准组合。
>
> **3.1.6** 计算结构或构件的强度、稳定性以及连接的强度时，应采用荷载设计值；计算疲劳时，应采用荷载标准值。
>
> **3.1.7** 对于直接承受动力荷载的结构：计算强度和稳定性时，动力荷载设计值应乘以动力系数；计算疲劳和变形时，动力荷载标准值不乘动力系数。计算吊车梁或吊车桁架及其制动结构的疲劳和挠度时，起重机荷载应按作用在跨间内荷载效应最大的一台起重机确定。
>
> **3.3.4** 计算冶炼车间或其他类似车间的工作平台结构时，由检修材料所产生的荷载对主梁可乘以 0.85，柱及基础可乘以 0.75。

2. 截面板件宽厚比等级

截面板件宽厚比指截面板件平直段的宽度和厚度之比，受弯或压弯构件腹板平直段的高度与腹板厚度之比也可称为板件高厚比。绝大多数钢构件由板件构成，而板件宽厚比大小直接决定了钢构件的承载力和受弯及压弯构件的塑性转动变形能力，因此钢构件截面的分类，是钢结构设计技术的基础，尤其是钢结构抗震设计方法的基础。

（1）S1级：可达全截面塑性，保证塑性铰具有塑性设计要求的转动能力，且在转动过程中承载力不降低，称为一级塑性截面，也可称为塑性转动截面；此时图15-1-1所示的曲线1可以表示其弯矩-曲率关系，ϕ_{p_2} 一般要求达到塑性弯矩 M_p 除以弹性初始刚度得到的曲率 ϕ_p 的8倍~15倍。

（2）S2级截面：可达全截面塑性，但由于局部屈曲，塑性铰转动能力有限，称为二级塑性截面；此时的弯矩-曲率关系见图15-1-1所示的曲线2，ϕ_{p_1}大约是ϕ_p的2倍～3倍。

（3）S3级截面：翼缘全部屈服，腹板可发展不超过1/4截面高度的塑性，称为弹塑性截面；作为梁时，其弯矩-曲率关系如图15-1-1所示的曲线3。

（4）S4级截面：边缘纤维可达屈服强度，但由于局部屈曲而不能发展塑性，称为弹性截面；作为梁时，其弯矩-曲率关系如图15-1-1所示的曲线4。

（5）S5级截面：在边缘纤维达屈服应力前，腹板可能发生局部屈曲，称为薄壁截面；作为梁时，其弯矩-曲率关系为图15-1-1所示的曲线5。

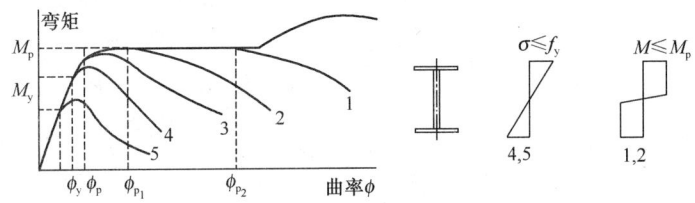

图15-1-1 截面的分类及其转动能力

为此，《钢标》规定：

3.5.1 进行受弯和压弯构件计算时，截面板件宽厚比等级及限值应符合表3.5.1的规定，其中参数α_0应按下式计算：

$$\alpha_0 = \frac{\sigma_{max} - \sigma_{min}}{\sigma_{max}} \quad (3.5.1)$$

式中：σ_{max}——腹板计算边缘的最大压应力（N/mm²）；

σ_{min}——腹板计算高度另一边缘相应的应力（N/mm²），压应力取正值，拉应力取负值。

表3.5.1 压弯和受弯构件的截面板件宽厚比等级及限值

构件	截面板件宽厚比等级		S1级	S2级	S3级	S4级	S5级
压弯构件（框架柱）	H形截面	翼缘 b/t	$9\varepsilon_k$	$11\varepsilon_k$	$13\varepsilon_k$	$15\varepsilon_k$	20
		腹板 h_0/t_w	$(33+13\alpha_0^{1.3})\varepsilon_k$	$(38+13\alpha_0^{1.39})\varepsilon_k$	$(40+18\alpha_0^{1.5})\varepsilon_k$	$(45+25\alpha_0^{1.66})\varepsilon_k$	250
	箱形截面	壁板（腹板）间翼缘 b_0/t	$30\varepsilon_k$	$35\varepsilon_k$	$40\varepsilon_k$	$45\varepsilon_k$	—
	圆钢管截面	径厚比 D/t	$50\varepsilon_k^2$	$70\varepsilon_k^2$	$90\varepsilon_k^2$	$100\varepsilon_k^2$	—
受弯构件（梁）	工字形截面	翼缘 b/t	$9\varepsilon_k$	$11\varepsilon_k$	$13\varepsilon_k$	$15\varepsilon_k$	20
		腹板 h_0/t_w	$65\varepsilon_k$	$72\varepsilon_k$	$93\varepsilon_k$	$124\varepsilon_k$	250
	箱形截面	壁板（腹板）间翼缘 b_0/t	$25\varepsilon_k$	$32\varepsilon_k$	$37\varepsilon_k$	$42\varepsilon_k$	—

注：1 ε_k为钢号修正系数，其值为235与钢材牌号中屈服点数值的比值的平方根；
2 b为工字形、H形截面的翼缘外伸宽度，t、h_0、t_w分别是翼缘厚度、腹板净高和腹板厚度，对轧制型截面，腹板净高不包括翼缘腹板过渡处圆弧段；对于箱形截面，b_0、t分别为壁板间的距离和壁板厚度；D为圆管截面外径；
3 箱形截面梁及单向受弯的箱形截面柱，其腹板限值可根据H形截面腹板采用；
4 腹板的宽厚比可通过设置加劲肋减小。

注意，$\varepsilon_k = \sqrt{235/f_y}$，$f_y$ 为钢材牌号的屈服点。如 Q390 钢，取 $f_y = 390\text{N/mm}^2$。

3. 结构分析与稳定性设计

《钢标》规定：

> **5.1.1** 建筑结构的内力和变形可按结构静力学方法进行弹性或弹塑性分析，采用弹性分析结果进行设计时，截面板件宽厚比等级为 S1 级、S2 级、S3 级的构件可有塑性变形发展。
>
> **5.1.2** 结构稳定性设计应在结构分析或构件设计中考虑二阶效应。
>
> **5.1.6** 结构内力分析可采用一阶弹性分析、二阶 $P\text{-}\Delta$ 弹性分析或直接分析，应根据本条公式计算的最大二阶效应系数 $\theta^{II}_{i,\max}$ 选用适当的结构分析方法。当 $\theta^{II}_{i,\max} \leqslant 0.1$ 时，可采用一阶弹性分析；当 $0.1 < \theta^{II}_{i,\max} \leqslant 0.25$ 时，宜采用二阶 $P\text{-}\Delta$ 弹性分析或采用直接分析；当 $\theta^{II}_{i,\max} > 0.25$ 时，应增大结构的侧移刚度或采用直接分析。
>
> **5.1.7** 二阶 $P\text{-}\Delta$ 弹性分析应考虑结构整体初始几何缺陷的影响，直接分析应考虑初始几何缺陷和残余应力的影响。

二阶 $P\text{-}\Delta$ 弹性分析是指仅考虑结构整体初始缺陷及几何非线性对结构内力和变形产生的影响，根据位移后的结构建立平衡条件，按弹性阶段分析结构内力及位移。

直接分析设计法是指直接考虑对结构稳定性和强度性能有显著影响的结构整体和构件的初始几何缺陷、残余应力、材料非线性、节点连接刚度等因素，以整个结构体系为对象进行二阶非线性分析的设计方法。该设计法应考虑二阶 $P\text{-}\Delta$ 和 $P\text{-}\delta$ 效应，但不需要按计算长度法进行受压稳定承载力验算。

（1）结构整体初始缺陷：结构整体初始几何缺陷模式可按最低阶整体屈曲模态采用。框架及支撑结构整体初始几何缺陷代表值的最大值 Δ_0 可取为 $H/250$，H 为结构总高度。框架及支撑结构整体初始几何缺陷代表值也可按公式计算确定或可通过在每层柱顶施加假想水平力 H_{ni} 等效考虑。

（2）构件的初始缺陷：构件的初始缺陷代表值可按公式计算确定，该缺陷值包括了残余应力的影响。构件的初始缺陷也可采用假想均布荷载进行等效简化计算，假想均布荷载可按公式确定。

4. 钢材的力学性能

钢结构所用的钢材主要为碳素结构钢（或称普通碳素钢）和低合金钢。

钢材的力学性能主要包括强度、塑性、韧性、冷弯性能等。

钢材的强度可通过 Q235 钢的应力-应变曲线来研究，它包括弹性阶段、弹塑性阶段、屈服阶段、强化阶段、颈缩阶段。钢材的强度指标有：比例极限 f_p；弹性极限 f_e；屈服强度 f_y；极限强度（或抗拉强度）f_u。其中，f_p、f_e、f_y 很接近，以屈服点 f_y 作为钢材设计强度的依据。f_u/f_y 作为衡量钢材强度储备的一个系数。

钢材可认为是最理想的弹性-塑性体。

钢材的塑性指标主要是断后伸长率 δ 和断面收缩率 ψ。

$$\delta = \frac{l_1 - l_0}{l_0} \times 100\%$$

$$\psi = \frac{A_0 - A_1}{A_0} \times 100\%$$

式中 l_0 为试件拉伸前标距长度；l_1 为试件拉断后原标距间长度；A_0 为试件截面面积；A_1 为拉断后颈缩区的截面面积。

δ 是标距 l_0 范围内的平均值，不完全代表颈缩区的钢材的最大塑性变形能力，而 ψ 是衡量钢材塑性的一个较真实和稳定的指标。

钢材的韧性指标是冲击韧性 a_k，单位为 $N \cdot m/cm^2$，即：

$$a_k = \frac{A_k}{A}$$

式中 A_k 为试验机的冲击功（$N \cdot m$）；A 为缺口处净截面面积（cm^2）。

冷弯性能，指钢材在冷加工产生塑性变形时，对产生裂缝的抵抗能力。它由冷弯试验来确定。冷弯性能是鉴定钢材在弯曲状态下塑性应变能力和钢材质量的综合指标。

对于板厚大于 40mm 的钢板需进行沿板厚方向性能试验。试件应取沿板厚方向，检查断面收缩率 ψ 是否满足板厚方向性能等级要求，其含硫量比一般结构用钢的含硫量控制严格，要求不大于 0.1%。

5. 影响钢材力学性能的因素

钢材的两种破坏形式：塑性破坏和脆性破坏。影响钢材力学性能的主要因素有钢材的化学成分，钢材的冶金和轧制过程，时效、冷作硬化，工作温度，加荷速度，焊接和制作技术，复杂应力、应力集中和疲劳现象等。

（1）化学成分的影响

有益的元素有：碳（C）、硅（Si）、锰（Mn）等，以及合金元素，如镍（Ni）、铬（Cr）、铜（Cu）、钒（V）等，其总量不超过 1.5%。

有害元素有：硫（S）、磷（P）、氧（O）、氮（N）等，其总量不超过 0.95‰。

碳的含量提高，钢材的屈服强度和抗拉极限强度提高，但塑性和韧性、特别是低温冲击韧性下降，钢材的可焊性、疲劳强度和冷弯性能也会下降。因此建筑结构用钢中的低合金钢的碳当量（碳素结构钢的碳含量）不宜太高，在焊接结构中宜低于 0.45%。

锰能起强化作用，但含量过高（达 1.6% 以上）会使钢材变脆；硅能使强度提高，而塑性、韧性等不降低，但含量过高（达 $\geqslant$1.0%时）也会使钢材变脆。

硫、氧为有害元素，会使钢材"热脆"；磷、氮也为有害元素，会使钢材"冷脆"。

（2）钢材生产过程的影响

结构用钢需经过冶炼、浇铸、轧制和矫正等工序才能成材。根据加入脱氧剂的不同，按质量由低到高依次为：沸腾钢（F），镇静钢（Z），特殊镇静钢（TZ）。

（3）时效的影响

随着时间的增长钢材变脆的现象，称为时效。时效的后果是钢材的强度（屈服点和抗拉强度）提高，但塑性（伸长率）降低。

（4）钢材疲劳的影响

直接承受动力荷载重复作用的钢结构构件及其连接，当应力变化的循环次数 n 等于或大于 5×10^4 次时，虽然应力还低于极限强度，甚至还低于屈服强度，也会发生破坏，这种现象称为钢材的疲劳现象或疲劳破坏。

6. 钢材的品种和牌号

（1）碳素结构钢

碳素结构钢有五种牌号，Q235 是钢结构常用的钢材品种，符号 Q 代表屈服点，235 代表钢材屈服强度。Q235 质量等级分为 A、B、C、D 四级，由 A 到 D 表示质量由低到高。对 Q235 来说，A、B 两级钢的脱氧方法可以是 Z、F，而 C 级钢只能是 Z，而 D 级只能是 TZ，表示牌号时 Z 和 TZ 可以省略。如 Q235AF 表示 $f_y=235\text{N}/\text{mm}^2$、A 级沸腾钢；Q235D 表示 $f_y=235\text{N}/\text{mm}^2$、D 级特殊镇静钢。

（2）低合金钢

钢结构中采用低合金钢品种有 Q355（Q345 已由 Q355 替换）、Q390、Q420 和 Q460 等，其质量等级分为四级，由 B 到 E 表示质量由低到高。同样，脱氧方法为镇静钢和特殊镇静钢时，可省略 Z、TZ 记号。如 Q355D 表示 $f_y=355\text{N}/\text{mm}^2$、D 级镇静钢；Q390B 为 $f_y=390\text{N}/\text{mm}^2$、B 级镇静钢。

（3）建筑结构用钢板

建筑结构用钢板是指高性能建筑结构钢材，用符号 GJ 代表，故称 GJ 钢。如 Q345GJC 表示 $f_y=345\text{N}/\text{mm}^2$、高性能建筑结构用钢、C 级质量等级。

7. 钢材的选用

结构钢材的选用应遵循技术可靠、经济合理的原则，综合考虑结构的重要性、荷载特征（如静力荷载或动力荷载）、结构形式、应力状态、连接方法、工作环境、钢材厚度和价格等因素，选用合适的钢材牌号和材性保证项目。

《钢标》规定：

> 4.3.2 承重结构所用的钢材应具有屈服强度、抗拉强度、断后伸长率和硫、磷含量的合格保证，对焊接结构尚应具有碳当量的合格保证。焊接承重结构以及重要的非焊接承重结构采用的钢材应具有冷弯试验的合格保证；对直接承受动力荷载或需验算疲劳的构件所用钢材尚应具有冲击韧性的合格保证。
>
> 4.3.3 钢材质量等级的选用应符合下列规定：
>
>   1 A 级钢仅可用于结构工作温度高于 0℃ 的不需要验算疲劳的结构，且 Q235A 钢不宜用于焊接结构。
>
>   2 需验算疲劳的焊接结构用钢材应符合下列规定：
>
>   1）当工作温度高于 0℃ 时其质量等级不应低于 B 级；
>
>   2）当工作温度不高于 0℃ 但高于 −20℃ 时，Q235、Q345 钢不应低于 C 级，Q390、Q420 及 Q460 钢不应低于 D 级；
>
>   3）当工作温度不高于 −20℃ 时，Q235 钢和 Q345 钢不应低于 D 级，Q390 钢、Q420 钢、Q460 钢应选用 E 级。
>
>   3 需验算疲劳的非焊接结构，其钢材质量等级要求可较上述焊接结构降低一级但不应低于 B 级。吊车起重量不小于 50t 的中级工作制吊车梁，其质量等级要求应与需要验算疲劳的构件相同。
>
> 4.3.4 工作温度不高于 −20℃ 的受拉构件及承重构件的受拉板材应符合下列规定：

1 所用钢材厚度或直径不宜大于 40mm，质量等级不宜低于 C 级；
2 当钢材厚度或直径不小于 40mm 时，其质量等级不宜低于 D 级。

8. 钢材的规格和表示方法

钢结构所用的钢材主要为热轧成型的钢板和型钢，以及冷弯成型的薄壁型钢，有时还采用圆钢和无缝钢管。

（1）钢板。钢板有厚钢板、薄钢板和扁钢（带钢）之分。图纸中对钢板规格采用"—宽×厚×长"或"—宽×厚"表示，如—450×8×3100。

（2）型钢。钢结构常用的型钢是角钢、槽钢、工字钢、H 型钢、部分 T 型钢和钢管等。

图纸中对等边角钢规格采用"L 宽×厚"表示，如 L180×8；不等边角钢规格采用"L 长肢宽×短肢宽×厚"表示，如 L180×90×8。

槽钢表示方法为：[20 表示槽钢高度 200mm，其余尺寸查型钢表。

工字钢表示方法为：I40，表示 400mm 高度，其余尺寸查型钢表。

H 型钢规格采用"高×宽×腹板厚×翼缘厚"表示，如 H340×250×9×4。它可分为：HW 宽翼缘、HM 中翼缘、HN 窄翼缘和 HT 薄壁四种。

部分 T 型钢由 H 型钢切割而成，其规格采用"高×宽×腹板厚×翼缘厚"表示，如 T100×200×8×12。它可分为：TW 宽翼缘、TM 中翼缘和 TN 窄翼缘三种。

（3）冷弯薄壁型钢。它的壁厚一般为 1.5~5mm，但承重结构受力构件的壁厚不宜小于 2mm。

三、解题指导

复习时，应注意基本概念、基本假设、基本原理的理解，有些内容如构造要求必须记忆。钢结构考题一般涉及的内容为：一般规定、材料性能、基本计算方法、构造、钢屋盖布置。

钢结构与钢筋混凝土结构、砌体结构的不同点是：①钢结构的稳定性贯穿了整个复习内容；②钢结构的构造要求更严格，即一定条件下满足了构造要求，其稳定性、刚度，甚至承载能力也得以保证；③注意强度计算、稳定性验算中对有关参数取值的规定，如截面面积，强度计算取净截面面积或毛截面面积，而稳定验算取毛截面面积；④计算题型，需要有扎实的力学知识，并且考虑钢材的性能，才能正确解答问题；⑤构件截面形式的影响，不同截面形式，其计算取值是不同的；⑥注意扭转效应。

本节知识点为钢结构的最基本知识，理解与记忆相结合，一般为概念性题目。

【例 15-1-1】 有四种厚度不同的 Q235 钢板，其中（   ）厚度的钢板强度设计值最高。

A. 12mm   B. 17mm   C. 26mm   D. 30mm

【解】 钢材的强度（抗拉、抗压、抗剪强度）随厚度增厚其强度下降，对 Q235 当厚度≤16mm 时，其强度最大，对其他 Q355、Q390、Q420 钢当厚度≤16mm 时，其对应的强度也为最大。故应选 A 项。

【例 15-1-2】 直接承受动力荷载的钢结构，在计算疲劳和正常使用极限状态的变形时，其荷载取值为（   ）。

A. 均采用设计值，应乘动力系数   B. 均采用设计值，不乘动力系数

C. 均采用标准值，应乘动力系数　　　　　D. 均采用标准值，不乘动力系数

【解】 钢结构计算疲劳和变形时，均采用标准值，对于动力荷载标准值不乘动力系数；但在计算强度和稳定性时，应取动力荷载设计值，并应乘以动力系数。所以，本题应选 D 项。

四、应试题解

1. 承重结构用钢材应保证的基本力学性能是（　　）。

   A. 抗拉强度、断后伸长率　　　　　　　B. 抗拉强度、屈服强度、冷弯性能
   C. 抗拉强度、屈服强度、断后伸长率　　D. 屈服强度、冷弯性能、断后伸长率

2. 钢结构设计中，取钢材的（　　）作为钢结构构件强度设计的标准值。

   A. 比例极限　　　　　　　　　　　　　B. 屈服强度
   C. 极限强度　　　　　　　　　　　　　D. 弹性极限

3. 随着时间的延长，钢材内部性质略有改变，称为时效或称"老化"。"时效"的后果是（　　）。

   A. 强度降低，塑性、韧性提高　　　　　B. 强度提高，塑性、韧性提高
   C. 强度提高，塑性、韧性降低　　　　　D. 强度降低，塑性、韧性降低

4. 钢材的塑性是指（　　）。

   A. 在塑性变形和断裂过程中能吸收很大能量的性能
   B. 不会产生过度变形的性能
   C. 在塑性变形时不会产生裂缝的性能
   D. 应力超过屈服强度后能产生显著的残余变形而不立即断裂的性能

5. 钢结构对动荷载的适应性较强，这主要是由于钢材具有（　　）。

   A. 良好的塑性　　　　　　　　　　　　B. 良好的韧性
   C. 均匀的内部组织　　　　　　　　　　D. 良好的弹性

6. 下列因素中，与钢构件发生脆性破坏无直接关系的是（　　）。

   A. 钢材含碳量　　　　　　　　　　　　B. 负温环境
   C. 应力集中　　　　　　　　　　　　　D. 钢材屈服点的大小

7. 在碳素结构钢的化学成分中，随碳的含量增加，则（　　）。

   A. 强度降低，塑性和韧性降低　　　　　B. 强度提高，塑性和韧性降低
   C. 强度提高，塑性和韧性提高　　　　　D. 强度降低，塑性和韧性提高

8. 影响钢材力学性能的有害化学元素为（　　）。

   A. 锰、铝、硅、硼　　　　　　　　　　B. 硫、磷、氧、氮
   C. 稀土元素　　　　　　　　　　　　　D. 铬、镍、铜

9. 衡量钢材塑性好坏的主要指标是（　　）。

   A. 极限强度与屈服强度的比值　　　　　B. 断后伸长率和冷弯性能
   C. 断后伸长率和断面收缩率　　　　　　D. 极限强度

10. 钢材冷弯性能是指（　　）。

    A. 在常温下抵抗弯曲的能力
    B. 在常温下加工时，对塑性变形的抵抗能力
    C. 在低温下加工时，对产生裂缝的抵抗能力

D. 在低温下承受弯曲时，对产生裂缝的抵抗能力

11. Q420 钢材中的"420"表示钢材的（　　）强度。
   A. 比例极限　　　　　　　　　　　B. 极限强度
   C. 屈服强度　　　　　　　　　　　D. 断裂强度

12. 起重量 50t 的中级工作制处于 $-26℃$ 地区的露天料场的钢吊车梁，宜采用（　　）钢。
   A. Q235A　　　　B. Q235B　　　　C. Q235C　　　　D. Q235D

13. 对于常温工作环境下承受静荷载的钢屋架，下列说法不正确的是（　　）。
   A. 可选择 Q235 钢　　　　　　　　B. 可选择 Q345 钢
   C. 钢材应有冲击韧性的保证　　　　D. 钢材应有三项基本保证

14. 钢材在复杂应力状态下的屈服条件是由（　　）等于单向拉伸的屈服点确定的。
   A. 最大主拉应力 σ_1　　　　　　　B. 最大剪应力 τ_1
   C. 最大主压应力 σ_3　　　　　　　D. 折算应力 σ_{eq}

15. 钢结构在计算疲劳和正常使用极限状态的变形时，其荷载取值为（　　）。
   A. 均采用设计值
   B. 疲劳计算采用设计值，变形验算采用标准值
   C. 疲劳计算采用标准值，变形验算采用标准并考虑长期作用的影响
   D. 均采用标准值

16. 钢材在反复荷载作用下，当应力变化的循环次数 $n \geq 5 \times 10^4$ 时，可能发生疲劳破坏，疲劳破坏属于（　　）。
   A. 塑材破坏　　　　　　　　　　　B. 韧性破坏
   C. 简单拉伸破坏　　　　　　　　　D. 脆性破坏

17. 钢结构设计时，考虑风吸力的荷载组合时，永久荷载的分项系数为（　　）。
   A. 1.0　　　　　B. 1.2　　　　　C. 1.3　　　　　D. 1.4

18. 某冶炼车间钢结构工作平台，主梁以上结构自重 $4kN/m^2$，活荷载按最大检修材料所产生的荷载 $3.5kN/m^2$ 考虑，简支主梁跨度 8m，间距 4m，设计使用年限为 50 年。主梁跨中基本组合弯矩设计值为（　　）$kN·m$。
   A. 287　　　　　B. 298　　　　　C. 309　　　　　D. 329

19. 某金工车间钢结构工作平台，主梁以上结构自重 $5kN/m^2$，活荷载按最大检修材料所产生的荷载 $20kN/m^2$ 考虑，简支主梁跨度 8m，间距 4m，设计使用年限为 50 年。主梁跨中基本组合弯矩设计值为（　　）$kN·m$。
   A. 1280　　　　B. 1025　　　　C. 899　　　　　D. 809

第二节　轴心受力构件

一、《考试大纲》的规定
轴心受力构件的计算和构造。
二、重点内容
1. 轴心受拉构件

轴心受拉构件计算包括强度、刚度计算。

（1）强度计算

《钢标》规定：

7.1.1 轴心受拉构件，当端部连接及中部拼接处组成截面的各板件都由连接件直接传力时，其截面强度计算应符合下列规定：

1 除采用高强度螺栓摩擦型连接者外，其截面强度应采用下列公式计算：

毛截面屈服：

$$\sigma = \frac{N}{A} \leqslant f \tag{7.1.1-1}$$

净截面断裂：

$$\sigma = \frac{N}{A_n} \leqslant 0.7 f_u \tag{7.1.1-2}$$

3 当构件为沿全长都有排列较密螺栓的组合构件时，其截面强度应按下式计算：

$$\frac{N}{A_n} \leqslant f \tag{7.1.1-4}$$

式中：N——所计算截面处的拉力设计值（N）；

f——钢材的抗拉强度设计值（N/mm²）；

A——构件的毛截面面积（mm²）；

A_n——构件的净截面面积，当构件多个截面有孔时，取最不利的截面（mm²）；

f_u——钢材的抗拉强度最小值（N/mm²）。

注意，A_n计算时，根据《钢标》11.5.2条表11.5.2注3规定：

注3　计算螺栓孔引起的截面削弱时可取$d+4$mm和d_0的较大者。

---

d为螺栓杆直径，d_0为螺栓的孔径，故取$d_c = \max(d+4, d_0)$。

非全部直接传力时，轴心受拉构件的强度计算应按《钢标》7.1.3条，即：

7.1.3 轴心受拉构件和轴心受压构件，当其组成板件在节点或拼接处并非全部直接传力时，应将危险截面的面积乘以有效截面系数η，不同构件截面形式和连接方式的η值应符合表7.1.3的规定。

表7.1.3　轴心受力构件节点或拼接处危险截面有效截面系数

构件截面形式	连接形式	η	图例
角钢	单边连接	0.85	

续表 7.1.3

构件截面形式	连接形式	η	图例
工字形、H形	翼缘连接	0.90	
	腹板连接	0.70	

(2) 刚度计算

通常用控制拉杆长细比来满足刚度要求，《钢标》规定：

7.4.7 验算容许长细比时，在直接或间接承受动力荷载的结构中，计算单角钢受拉构件的长细比时，应采用角钢的最小回转半径，但计算在交叉点相互连接的交叉杆件平面外的长细比时，可采用与角钢肢边平行轴的回转半径。受拉构件的容许长细比宜符合下列规定：

1 除对腹杆提供平面外支点的弦杆外，承受静力荷载的结构受拉构件，可仅计算竖向平面内的长细比；

2 中级、重级工作制吊车桁架下弦杆的长细比不宜超过 200；

3 在设有夹钳或刚性料耙等硬钩起重机的厂房中，支撑的长细比不宜超过 300；

4 受拉构件在永久荷载与风荷载组合作用下受压时，其长细比不宜超过 250；

5 跨度等于或大于 60m 的桁架，其受拉弦杆和腹杆的长细比，承受静力荷载或间接承受动力荷载时不宜超过 300，直接承受动力荷载时不宜超过 250；

6 受拉构件的长细比不宜超过表 7.4.7 规定的容许值。柱间支撑按拉杆设计时，竖向荷载作用下柱子的轴力应按无支撑时考虑。

表 7.4.7 受拉构件的容许长细比

构件名称	承受静力荷载或间接承受动力荷载的结构			直接承受动力荷载的结构
	一般建筑结构	对腹杆提供平面外支点的弦杆	有重级工作制起重机的厂房	
桁架的构件	350	250	250	250
吊车梁或吊车桁架以下柱间支撑	300	—	200	—
除张紧的圆钢外的其他拉杆、支撑、系杆等	400	—	350	—

2. 轴心受压构件

轴心受压构件的计算包括强度、整体稳定性、局部稳定性和刚度。轴心受压构件可分为实腹式轴心受压构件、格构式轴心受压构件。

(1) 实腹式轴心受压构件的强度计算

《钢标》规定：

> **7.1.2** 轴心受压构件，当端部连接及中部拼接处组成截面的各板件都由连接件直接传力时，截面强度应按本标准式（7.1.1-1）计算。但含有虚孔的构件尚需在孔心所在截面按本标准式（7.1.1-2）计算。

非全部直接传力时，轴心受压构件的强度计算也应按《钢标》7.1.3条（见前面）。

(2) 实腹式轴心受压构件的整体稳定性

轴心受压实腹式构件失稳模式有：弯曲屈曲、扭转屈曲、弯扭屈曲。

整体稳定性计算时，注意公式中的 A 为毛截面面积。

> **7.2.1** 除可考虑屈曲后强度的实腹式构件外，轴心受压构件的稳定性计算应符合下式要求：
>
> $$\frac{N}{\varphi A f} \leqslant 1.0 \tag{7.2.1}$$
>
> 式中：φ——轴心受压构件的稳定系数（取截面两主轴稳定系数中的较小者），根据构件的长细比（或换算长细比）、钢材屈服强度和表 7.2.1-1、表 7.2.1-2 的截面分类，按本标准附录 D 采用。

轴心受压稳定系数 φ 与构件长细比（或换算长细比）、钢材屈服强度、截面类型等有关。长细比计算，对双轴对称的截面类型：

$$\lambda_x = \frac{l_{0x}}{i_x}$$

$$\lambda_y = \frac{l_{0y}}{i_y}$$

对单轴对称的截面类型（如 T 形截面）应考虑扭转效应，采用换算长细比。如 T 形截面绕对称轴的 λ_y 应换算为 λ_{yz}（换算长细比）。双角钢的简化计算公式参阅《钢标》。

等边单角钢轴心受压构件当绕两主轴弯曲的计算长度相等时，可不计算弯扭屈曲。

(3) 实腹式轴心受压构件的局部稳定性

《钢标》对工字形、H 形截面构件按等稳定性原则考虑轴心受压构件的局部稳定性，即板件的局部稳定屈曲临界应力不小于构件整体稳定的临界应力。同时，对箱形截面构件按屈服原则确定其局部稳定，即板件的局部稳定屈曲临界应力不小于板件材料屈服强度。由此推导出板件宽厚比的限值：

> **7.3.1** 实腹轴心受压构件要求不出现局部失稳者，其板件宽厚比应符合下列规定：
>
> **1** H 形截面腹板
>
> $$h_0/t_w \leqslant (25 + 0.5\lambda)\varepsilon_k \tag{7.3.1-1}$$

式中：λ——构件的较大长细比；当 $\lambda < 30$ 时，取为 30；当 $\lambda > 100$ 时，取为 100；
h_0、t_w——分别为腹板计算高度和厚度，按本标准表 3.5.1 注 2 取值（mm）。

2 H 形截面翼缘

$$b/t_f \leqslant (10 + 0.1\lambda)\varepsilon_k \tag{7.3.1-2}$$

式中：b、t_f——分别为翼缘板自由外伸宽度和厚度，按本标准表 3.5.1 注 2 取值。

3 箱形截面壁板

$$b/t \leqslant 40\varepsilon_k \tag{7.3.1-3}$$

式中：b——壁板的净宽度，当箱形截面设有纵向加劲肋时，为壁板与加劲肋之间的净宽度。

5 等边角钢轴心受压构件的肢件宽厚比限值为：

当 $\lambda \leqslant 80\varepsilon_k$ 时：

$$w/t \leqslant 15\varepsilon_k \tag{7.3.1-6}$$

当 $\lambda > 80\varepsilon_k$ 时：

$$w/t \leqslant 5\varepsilon_k + 0.125\lambda \tag{7.3.1-7}$$

式中：w、t——分别为角钢的平板宽度和厚度，简要计算时 w 可取为 $b - 2t$，b 为角钢宽度；
λ——按角钢绕非对称主轴回转半径计算的长细比。

6 圆管压杆的外径与壁厚之比不应超过 $100\varepsilon_k^2$。

7.3.2 当轴心受压构件的压力小于稳定承载力 φAf 时，可将其板件宽厚比限值由本标准第 7.3.1 条相关公式算得后乘以放大系数 $\alpha = \sqrt{\varphi Af/N}$ 确定。

当轴心受压构件的腹板高厚比不满足上述要求时，应按《钢标》进行处理，即：

7.3.3 板件宽厚比超过本标准第 7.3.1 条规定的限值时，可采用纵向加劲肋加强；当可考虑屈曲后强度时，轴心受压杆件的强度和稳定性可按本条公式计算。

7.3.5 H 形、工字形和箱形截面轴心受压构件的腹板，当用纵向加劲肋加强以满足宽厚比限值时，加劲肋宜在腹板两侧成对配置，其一侧外伸宽度不应小于 $10t_w$，厚度不应小于 $0.75t_w$。

（4）实腹式轴心受压构件的刚度

轴心受压构件的刚度也采用控制长细比的方法，《钢标》规定：

7.4.6 验算容许长细比时，可不考虑扭转效应，计算单角钢受压构件的长细比时，应采用角钢的最小回转半径，但计算在交叉点相互连接的交叉杆件平面外的长细比时，可采用与角钢肢边平行轴的回转半径。轴心受压构件的容许长细比宜符合下列规定：

1 跨度等于或大于 60m 的桁架，其受压弦杆、端压杆和直接承受动力荷载的受压腹杆的长细比不宜大于 120；

2 轴心受压构件的长细比不宜超过表7.4.6规定的容许值,但当杆件内力设计值不大于承载能力的50%时,容许长细比值可取200。

表7.4.6 受压构件的长细比容许值

构 件 名 称	容许长细比
轴心受压柱、桁架和天窗架中的压杆	150
柱的缀条、吊车梁或吊车桁架以下的柱间支撑	150
支撑	200
用以减小受压构件计算长度的杆件	200

(5) 格构式轴心受压构件计算

格构式轴心受压构件的截面强度与实腹式构件相同;其绕实轴的整体稳定计算也与实腹式构件相同,但绕虚轴的整体稳定计算是按换算长细比进行计算。双肢组合构件的稳定计算如下:

7.2.3 格构式轴心受压构件的稳定性应按本标准式(7.2.1)计算,对实轴的长细比应按本标准式(7.2.2-1)或式(7.2.2-2)计算,对虚轴[图7.2.3(a)]的x轴及图7.2.3(b)、图7.2.3(c)的x轴和y轴应取换算长细比。换算长细比应按下列公式计算:

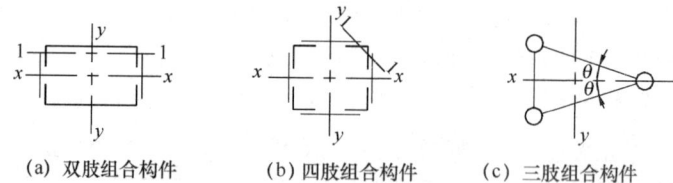

(a) 双肢组合构件　　(b) 四肢组合构件　　(c) 三肢组合构件

图7.2.3　格构式组合构件截面

1 双肢组合构件[图7.2.3(a)]:

当缀件为缀板时:

$$\lambda_{0x}=\sqrt{\lambda_x^2+\lambda_1^2} \quad (7.2.3\text{-}1)$$

当缀件为缀条时:

$$\lambda_{0x}=\sqrt{\lambda_x^2+27\frac{A}{A_{1x}}} \quad (7.2.3\text{-}2)$$

式中:λ_x——整个构件对x轴的长细比;

λ_1——分肢对最小刚度轴1-1的长细比,其计算长度取为:焊接时,为相邻两缀板的净距离;螺栓连接时,为相邻两缀板边缘螺栓的距离;

A_{1x}——构件截面中垂直于x轴的各斜缀条毛截面面积之和(mm²)。

分肢的稳定规定,为了防止分肢在相邻缀条或缀板范围内绕自身最小刚度轴发生失稳,采用限制该范围内分肢长细比的方法来控制。

7.2.4 缀件面宽度较大的格构式柱宜采用缀条柱，斜缀条与构件轴线间的夹角应为 $40°\sim70°$。缀条柱的分肢长细比 λ_1 不应大于构件两方向长细比较大值 λ_{max} 的 0.7 倍，对虚轴取换算长细比。

7.2.5 缀板柱的分肢长细比 λ_1 不应大于 $40\varepsilon_k$，并不应大于 λ_{max} 的 0.5 倍，当 $\lambda_{max} < 50$ 时，取 $\lambda_{max} = 50$。

3. 单边连接的单角钢

《钢标》规定：

7.6.1 桁架的单角钢腹杆，当以一个肢连接于节点板时（图 7.6.1），除弦杆亦为单角钢，并位于节点板同侧者外，应符合下列规定：

1 轴心受力构件的截面强度应按本标准式（7.1.1-1）和式（7.1.1-2）计算，但强度设计值应乘以折减系数 0.85。

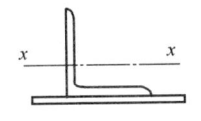

图 7.6.1 角钢的平行轴

2 受压构件的稳定性应按下列公式计算：

$$\frac{N}{\eta\varphi Af} \leqslant 1.0 \qquad (7.6.1\text{-}1)$$

等边角钢

$$\eta = 0.6 + 0.0015\lambda \qquad (7.6.1\text{-}2)$$

短边相连的不等边角钢

$$\eta = 0.5 + 0.0025\lambda \qquad (7.6.1\text{-}3)$$

长边相连的不等边角钢

$$\eta = 0.7 \qquad (7.6.1\text{-}4)$$

式中：λ——长细比，对中间无联系的单角钢压杆，应按最小回转半径计算，当 $\lambda < 20$ 时，取 $\lambda = 20$；

η——折减系数，当计算值大于 1.0 时取为 1.0。

三、解题指导

注意实腹式构件、格构式构件轴心受压计算的不同点；对实腹式构件，特别应注意单轴对称时，求稳定系数 φ 时，绕对称轴的长细比应计入空间扭转效应，用换算长细比进行计算。在格构式构件中，对虚轴的长细比应取换算长细比。防止局部失稳的构造要求应重点掌握，关键数据应记忆。轴心受压杆件的计算长度 l_0 的取值规定，见本章第五节钢屋盖部分。

【例 15-2-1】 计算轴心受压箱形截面局部稳定时，箱形截面壁板的宽厚比 b/t 应满足（　）。

A. $\leqslant 15\varepsilon_k$　　　B. $\leqslant 40\varepsilon_k$　　　C. $\leqslant 15/\varepsilon_k$　　　D. $\leqslant 40/\varepsilon_k$

【解】 本题属于记忆型题目，特别应注意 B、D 的区别，本题应选 B 项。

思考：在求稳定系数 φ 时，采用 $\lambda/\varepsilon_k = \lambda\sqrt{\dfrac{f_y}{235}}$ 查表，即注意 f_y、235 的分子、分母位置。

【例 15-2-2】 有一焊接工字形截面轴心受压构件由于轴压力较小，可根据刚度条件选

择构件截面面积 A，已知 $l_{0x}=7500\text{mm}$，$l_{0y}=4500\text{mm}$，$[\lambda]=150$，$I_x=2A^2$，$I_y=0.5A^2$，则较经济的 A 为（　　）mm^2。

A. 1250　　　　　　B. 1500　　　　　　C. 1800　　　　　　D. 2100

【解】 $\dfrac{l_{0x}}{\sqrt{I_x/A}} \leqslant [\lambda]$，则：$\dfrac{7500}{\sqrt{2A^2/A}} \leqslant 150$，

解之得：$A \geqslant 1250$

同样，$\dfrac{l_{0y}}{\sqrt{I_y/A}} \leqslant [\lambda]$，则：$\dfrac{4500}{\sqrt{0.5A^2/A}} \leqslant 150$，

解之得：$A \geqslant 1800\text{mm}^2$

所以 A 应取 1800mm^2，故选 C 项。

四、应试题解

1. 轴心受拉构件应进行（　　）。

A. 强度计算

B. 强度和刚度计算

C. 强度、整体稳定和长细比计算

D. 强度、整体稳定、局部稳定和刚度计算

2. 一截面面积为 A、净截面面积为 A_n 的构件，在拉力 N 作用下的强度计算公式为（　　）。

A. $\sigma = N/A_n \leqslant f_y$　　　　　　B. $\sigma = N/A \leqslant f$

C. $\sigma = N/A_n \leqslant f_u$　　　　　　D. $\sigma = N/A \leqslant f_y$

3. 一宽度为 b，厚度为 t 的钢板上有一直径为 d 的孔，则钢板的净截面面积为（　　）。

A. $A_n = b \times t - dt/2$　　　　　　B. $A_n = b \times t - \pi d^2 t/4$

C. $A_n = b \times t - dt$　　　　　　D. $A_n = b \times t - \pi dt$

4. 中间开一圆孔的钢板受轴心拉力 120kN 作用（见图 15-2-1），已知孔边峰值应力为平均应力的 3 倍，则强度计算时的应力最接近于（　　）MPa。

A. 62.5　　　　　　B. 74　　　　　　C. 83　　　　　　D. 100

5. 采用 M20 普通螺栓连接的拼接接头，钢板宽 200mm，板厚见图 15-2-2，螺孔直径 21.5mm，计算受拉时的净截面面积最接近的数值是（　　）mm^2。

A. 1888　　　　　　B. 2432　　　　　　C. 2544　　　　　　D. 2872

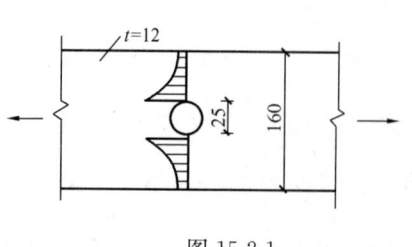

图 15-2-1

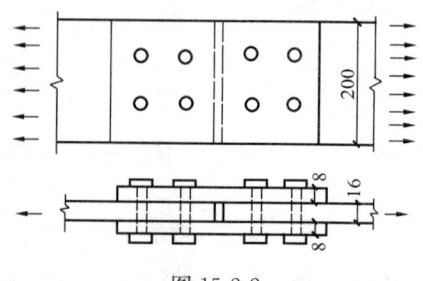

图 15-2-2

6. 不等边角钢 L80×50×7 用作受拉支撑，仅承受静力荷载，其截面回转半径为 $i_x=1.39\text{cm}$，$i_y=2.54\text{cm}$，$i_{x0}=2.69\text{cm}$，$i_{y0}=1.08\text{cm}$，杆件在两端部以长肢与钢板焊接，按刚度控制计算长细比时回转半径应取（　　）。

　　A. i_x　　　　　　B. i_y　　　　　　C. i_{x0}　　　　　　D. i_{y0}

7. 轴心受压构件应进行（　　）。

　　A. 强度计算

　　B. 强度和长细比计算

　　C. 强度、整体稳定和长细比计算

　　D. 强度、整体稳定、局部稳定和长细比计算

8. 轴心受压构件的整体稳定系数 φ 与下列（　　）项无关。

　　A. 轴压力大小　　　　　　　　B. 钢材屈服点

　　C. 构件截面形式　　　　　　　D. 构件长细比

9. 采用《钢结构设计标准》确定轴心受压构件稳定系数 φ 时，正确的是（　　）。

①a 类截面的残余应力影响最小，因此稳定系数 φ 最高；

②a 类截面的初偏心影响最小，因此稳定系数 φ 最高；

③d 类截面的残余应力影响最大，因此稳定系数 φ 最小；

④d 类截面的厚板或特厚板处于最不利的屈曲方向，因此稳定系数 φ 最小。

　　A. ①③　　　　　B. ①④　　　　　C. ②④　　　　　D. ②③

10. 轴心受压工字形截面柱翼缘的宽厚比和腹板的高厚比是根据下列（　　）原则确定的。

　　A. 板件的临界应力小于屈服强度 f_y　　　　B. 板件的临界应力不小于屈服强度 f_y

　　C. 板件的临界应力小于构件临界应力　　　　D. 板件的临界应力不小于构件临界应力

11. 为提高轴心受压杆的整体稳定性，构件截面面积分布应（　　）。

　　A. 尽可能靠近截面的形心　　　　B. 尽可能远离形心，并对称布置

　　C. 任意分布　　　　　　　　　　D. 尽可能集中于截面的剪切中心

12. （　　）项对受压构件的稳定性能影响最小。

　　A. 残余应力　　　　　　　　B. 初弯曲

　　C. 初偏心　　　　　　　　　D. 材料的屈服点变化

13. 工字形截面轴心受压构件翼缘外伸宽厚比 b/t 的限值为（　　）。

　　A. $15\varepsilon_k$　　　　　　　　　　B. $13\varepsilon_k$

　　C. $40\varepsilon_k$　　　　　　　　　　D. $(10+0.1\lambda)\varepsilon_k$

14. 计算轴心受压箱形截面局部稳定时，其壁板的宽厚比 b/t 应满足（　　）。

　　A. $\leqslant 10\varepsilon_k$　　　B. $\leqslant 20\varepsilon_k$　　　C. $\leqslant 30\varepsilon_k$　　　D. $\leqslant 40\varepsilon_k$

15. 某三角形钢屋架的受拉斜腹杆为 L50×5 的等边单角钢，通过角钢肢宽的两侧角焊缝在屋架的上、下弦节点板上。钢材为 Q235，腹杆在屋架节点之间的几何长度为 1.8m，L50×5 角钢的截面积为 480mm²，截面回转半径如图 15-2-3 所示，斜腹杆的抗拉承载力设计值和长细比为（　　）。

　　A. 87.7kN 和 183.7　　　　　　B. 103.2kN 和 93.7

　　C. 87.7kN 和 165.3　　　　　　D. 103.2kN 和 117.6

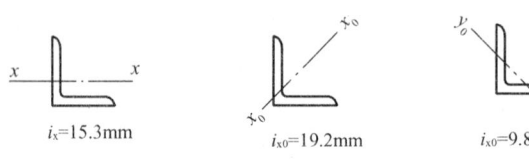

图 15-2-3

16. 如图 15-2-4 由两槽钢（单个 [25a, $A=3491\text{mm}^2$, $I_y=3359\times10^4\text{mm}^4$, $I_1=175\times10^4\text{mm}^4$, $i_y=98.2\text{mm}$, $y_0=20.7\text{mm}$）和缀条（单个角钢 L45×4，$A_1=349\text{mm}^2$）组成格构式轴心受压构件。构件承受轴向压力设计值 $N=800\text{kN}$，构件计算长度 $l_{0x}=l_{0y}=10\text{m}$，钢材为 Q235，在满足实轴（y 轴）稳定承载力的情况下，要满足虚轴（x 轴）稳定承载力要求时，则虚轴（x 轴）的长细比 λ_x 为（　　）。

　　A. 100.5　　　　　　　　　　B. 105.5
　　C. 120.4　　　　　　　　　　D. 135.6

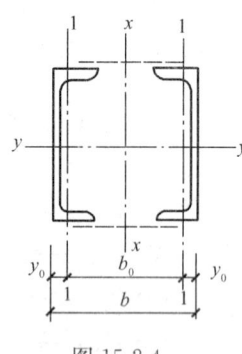

图 15-2-4

17. 若 $l_{0x}=20\text{m}$，$l_{0y}=10\text{m}$，其他条件同 16 题，要满足实轴（y 轴）、虚轴（x 轴）的等稳定承载力的情况下，两分肢间距 b 为（　　）mm。

　　A. 431　　　B. 411　　　C. 216　　　D. 206

18. 双肢格构式轴心受压柱，实轴为 $x-x$ 轴，虚轴为 $y-y$ 轴，则确定肢件间距离应根据（　　）。

　　A. $\lambda_x=\lambda_y$　　B. $\lambda_x=\lambda_{0y}$　　C. $\lambda_y=\lambda_{0y}$　　D. 强度条件

19. 缀条式轴心受压格构柱，计算单角钢缀条与柱肢连接时，其节点处的危险截面有效截面系数取 0.85，以考虑（　　）。

　　A. 剪力的影响
　　B. 杆件的变形和焊缝缺陷的影响
　　C. 节点构造偏差的影响
　　D. 剪切滞后和截面上正应力分布不均匀的影响

20. 格构式轴心受压构件绕虚轴（x 轴）的稳定计算采用大于 λ_x 的换算长细比 λ_{0x}，主要因为（　　）。

　　A. 组成格构式构件的分肢是热轧型钢，有较大的残余应力，使构件的临界力降低
　　B. 格构式构件有较大附加弯矩，使构件的临界力降低
　　C. 格构式构件有较大的构造偏心，使构件的临界力降低
　　D. 绕虚轴（x 轴）失稳时，剪切变形较大，使构件的临界力降低

21. 等边单角钢缀条与分肢间采用焊接连接，当验算缀条受压稳定性时，缀条的长细比 $\lambda_1=100$，其稳定承载力的折减系数为（　　）。

　　A. 0.65　　　B. 0.70　　　C. 0.75　　　D. 0.85

22. 用填板连接而成的双角钢或双槽钢，可按实腹构件进行计算，下列关于填板的叙述正确的是（　　）。

①对于受压构件,填板的间距不应超过 $40i$ (i 为截面回转半径);
②对于受拉构件,填板的间距不应超过 $80i$;
③对于双角钢组成的十字形截面,i 取一个角钢的最小回转半径;
④受拉和受压构件两个侧向支撑点之间的填板数不得少于两个。

A. ①②　　　　　B. ①②③　　　　　C. ①②③④　　　　　D. ①③④

第三节　受弯构件、拉弯和压弯构件

一、《考试大纲》的规定

受弯构件(梁)、拉弯和压弯构件的计算和构造。

二、重点内容

1. 受弯构件(梁)

钢梁在工业与民用建筑中主要承受横向荷载,故又称受弯构件。受弯构件包括实腹式(梁)和格构式(桁架)两类。

钢梁按材料和制作方法可分为型钢梁和焊接截面梁。其中,型钢梁常用工字钢和槽钢制成。薄壁型钢梁则可用作受力不大的受弯构件(如檩条、墙梁等)。焊接截面梁由钢板、型钢用焊缝连接而成,如用三块钢板焊成的工字形焊接梁。

钢梁的受力弯曲变形可分为在一个主平面内弯曲的单向受弯梁,在两个主平面内弯曲的双向受弯梁(或称斜弯曲梁)。

受弯构件应进行强度、整体稳定、局部稳定和刚度等计算,才能保证构件的安全。

(1)受弯构件的强度计算

受弯构件应进行正应力、剪应力、局部承压应力和折算应力等四个方面计算,其中局部承压应力、折算应力应根据截面构造、受力状态等情况确定是否进行计算。

《钢标》规定:

6.1.1　在主平面内受弯的实腹式构件,其受弯强度应按下式计算:

$$\frac{M_x}{\gamma_x W_{nx}}+\frac{M_y}{\gamma_y W_{ny}} \leqslant f \tag{6.1.1}$$

式中:M_x、M_y——同一截面处绕 x 轴和 y 轴的弯矩设计值(N·mm);

W_{nx}、W_{ny}——对 x 轴和 y 轴的净截面模量,当截面板件宽厚比等级为 S1 级、S2 级、S3 级或 S4 级时,应取全截面模量,当截面板件宽厚比等级为 S5 级时,应取有效截面模量,均匀受压翼缘有效外伸宽度可取其厚度的 $15\varepsilon_k$,腹板有效截面可按本标准第 8.4.2 条的规定采用(mm^3);

γ_x、γ_y——对主轴 x、y 的截面塑性发展系数,应按本标准第 6.1.2 条的规定取值;

f——钢材的抗弯强度设计值(N/mm^2)。

6.1.2　截面塑性发展系数应按下列规定取值:

1 对工字形和箱形截面，当截面板件宽厚比等级为 S4 或 S5 级时，截面塑性发展系数应取为 1.0，当截面板件宽厚比等级为 S1 级、S2 级及 S3 级时，截面塑性发展系数应按下列规定取值：

　　1）工字形截面（x 轴为强轴，y 轴为弱轴）：$\gamma_x = 1.05$，$\gamma_y = 1.20$；
　　2）箱形截面：$\gamma_x = \gamma_y = 1.05$。

2 其他截面的塑性发展系数可按本标准表 8.1.1 采用。

3 对需要计算疲劳的梁，宜取 $\gamma_x = \gamma_y = 1.0$。

6.1.3 在主平面内受弯的实腹式构件，除考虑腹板屈曲后强度者外，其受剪强度应按下式计算：

$$\tau = \frac{VS}{It_w} \leqslant f_v \tag{6.1.3}$$

式中：V——计算截面沿腹板平面作用的剪力设计值（N）；
　　　S——计算剪应力处以上（或以下）毛截面对中和轴的面积矩（mm³）；
　　　I——构件的毛截面惯性矩（mm⁴）；
　　　t_w——构件的腹板厚度（mm）；
　　　f_v——钢材的抗剪强度设计值（N/mm²）。

6.1.4 当梁受集中荷载且该荷载处又未设置支承加劲肋时，其计算应符合下列规定：

1 当梁上翼缘受有沿腹板平面作用的集中荷载且该荷载处又未设置支承加劲肋时，腹板计算高度上边缘的局部承压强度应按下列公式计算：

$$\sigma_c = \frac{\psi F}{t_w l_z} \leqslant f \tag{6.1.4-1}$$

$$l_z = 3.25 \sqrt[3]{\frac{I_R + I_f}{t_w}} \tag{6.1.4-2}$$

或　　　　$l_z = a + 5h_y + 2h_R \tag{6.1.4-3}$

式中：F——集中荷载设计值，对动力荷载应考虑动力系数（N）；
　　　ψ——集中荷载的增大系数；对重级工作制吊车梁，$\psi=1.35$；对其他梁，$\psi=1.0$；
　　　l_z——集中荷载在腹板计算高度上边缘的假定分布长度，宜按式（6.1.4-2）计算，也可采用简化式（6.1.4-3）计算（mm）；
　　　I_R——轨道绕自身形心轴的惯性矩（mm⁴）；
　　　I_f——梁上翼缘绕翼缘中面的惯性矩（mm⁴）；
　　　a——集中荷载沿梁跨度方向的支承长度（mm），对钢轨上的轮压可取 50mm；
　　　h_y——自梁顶面至腹板计算高度上边缘的距离；对焊接梁为上翼缘厚度，对轧制工字形截面梁，是梁顶面到腹板过渡完成点的距离（mm）；
　　　h_R——轨道的高度，对梁顶无轨道的梁取值为 0（mm）；
　　　f——钢材的抗压强度设计值（N/mm²）。

2 在梁的支座处，当不设置支承加劲肋时，也应按式（6.1.4-1）计算腹板计算高度下边缘的局部压应力，但 φ 取 1.0。支座集中反力的假定分布长度，应根据支座具体尺寸按式（6.1.4-3）计算。

6.1.5 在梁的腹板计算高度边缘处，若同时承受较大的正应力、剪应力和局部压应力，或同时承受较大的正应力和剪应力时，其折算应力应按下列公式计算：

$$\sqrt{\sigma^2 + \sigma_c^2 - \sigma\sigma_c + 3\tau^2} \leqslant \beta_1 f \tag{6.1.5-1}$$

$$\sigma = \frac{M}{I_n}y_1 \tag{6.1.5-2}$$

式中：σ、τ、σ_c——腹板计算高度边缘同一点上同时产生的正应力、剪应力和局部压应力，τ 和 σ_c 应按本标准式（6.1.3）和式（6.1.4-1）计算，σ 应按式（6.1.5-2）计算，σ 和 σ_c 以拉应力为正值，压应力为负值（N/mm²）；

　　　　I_n——梁净截面惯性矩（mm⁴）；

　　　　y_1——所计算点至梁中和轴的距离（mm）；

　　　　β_1——强度增大系数；当 σ 与 σ_c 异号时，取 $\beta_1=1.2$；当 σ 与 σ_c 同号或 $\sigma_c=0$ 时，取 $\beta_1=1.1$。

（2）梁的刚度计算

$$w = [w]$$

式中：w——梁在荷载标准组合下的挠度（按毛截面计算）；

　　　$[w]$——梁的容许挠度值，《钢标》附录 B.1 列出了挠度容许值。

（3）梁的整体稳定性计算

一般的受弯构件（梁）的整体失稳模式为弯扭屈曲，但框架梁支座处有负弯矩且梁顶有混凝土楼板时，梁下翼缘可能发生畸变屈曲。

《钢标》规定：

6.2.1 当铺板密铺在梁的受压翼缘上并与其牢固相连，能阻止梁受压翼缘的侧向位移时，可不计算梁的整体稳定性。

6.2.2 除本标准第 6.2.1 条所规定情况外，在最大刚度主平面内受弯的构件，其整体稳定性应按下式计算：

$$\frac{M_x}{\varphi_b W_x f} \leqslant 1.0 \tag{6.2.2}$$

式中：M_x——绕强轴作用的最大弯矩设计值（N·mm）；

　　　W_x——按受压最大纤维确定的梁毛截面模量，当截面板件宽厚比等级为 S1 级、S2 级、S3 级或 S4 级时，应取全截面模量；当截面板件宽厚比等级为 S5 级时，应取有效截面模量，均匀受压翼缘有效外伸宽度可取其厚度的 $15\varepsilon_k$，腹板有效截面可按本标准第 8.4.2 条的规定采用（mm³）；

　　　φ_b——梁的整体稳定性系数，应按本标准附录 C 确定。

6.2.4 当箱形截面简支梁符合本标准第 6.2.1 条的要求或其截面尺寸（图 6.2.4）满足 $h/b_0 \leqslant 6$，$l_1/b_0 \leqslant 95\varepsilon_k^2$ 时，可不计算整体稳定性，l_1 为受压翼缘侧向支承点间的距离（梁的支座处视为有侧向支承）。

6.2.5 梁的支座处应采取构造措施，以防止梁端截面的扭转。当简支梁仅腹板与相邻构件相连，钢梁稳定性计算时侧向支承点距离应取实际距离的 1.2 倍。

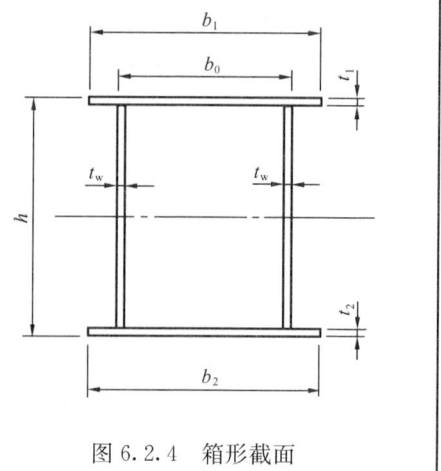

图 6.2.4 箱形截面

按《钢标》附录 C 计算 φ_b 时，当查表 φ_b 值大于 0.6 时，应用 φ'_b 代替 φ_b 值，具体计算公式（C.0.1-7），即：

$$\varphi'_b = 1.07 - \frac{0.282}{\varphi_b} \leqslant 1.0$$

（4）梁的局部稳定性计算

梁的局部失稳通常用宽厚比来控制。梁的局部稳定计算又分为翼缘部分和腹板部分。其中，翼缘部分稳定通过控制其板件宽厚比限值来满足局部稳定，见《钢标》3.5.1 条（见前面）。

对腹板局部稳定，《钢标》按屈曲后强度和不考虑屈曲后强度两种情况进行。不考虑屈曲后强度的腹板，通常采用设置横向加劲肋和纵向加劲肋来保证腹板局部稳定。

6.3.1 承受静力荷载和间接承受动力荷载的焊接截面梁可考虑腹板屈曲后强度，按本标准第 6.4 节的规定计算其受弯和受剪承载力。不考虑腹板屈曲后强度时，当 $h_0/t_w > 80\varepsilon_k$，焊接截面梁应计算腹板的稳定性。$h_0$ 为腹板的计算高度，t_w 为腹板的厚度。轻级、中级工作制吊车梁计算腹板的稳定性时，吊车轮压设计值可乘以折减系数 0.9。

6.3.2 焊接截面梁腹板配置加劲肋应符合下列规定：

1 当 $h_0/t_w \leqslant 80\varepsilon_k$ 时，对有局部压应力的梁，宜按构造配置横向加劲肋；当局部压应力较小时，可不配置加劲肋。

2 直接承受动力荷载的吊车梁及类似构件，应按下列规定配置加劲肋（图 6.3.2）：

　　1) 当 $h_0/t_w > 80\varepsilon_k$ 时，应配置横向加劲肋；

　　2) 当受压翼缘扭转受到约束且 $h_0/t_w > 170\varepsilon_k$、受压翼缘扭转未受到约束且 $h_0/t_w > 150\varepsilon_k$，或按计算需要时，应在弯曲应力较大区格的受压区增加配置纵向加劲肋。局部压应力很大的梁，必要时尚宜在受压区配置短加劲肋；对单轴对称梁，当确定是否要配置纵向加劲肋时，h_0 应取腹板受压区高度 h_c 的 2 倍。

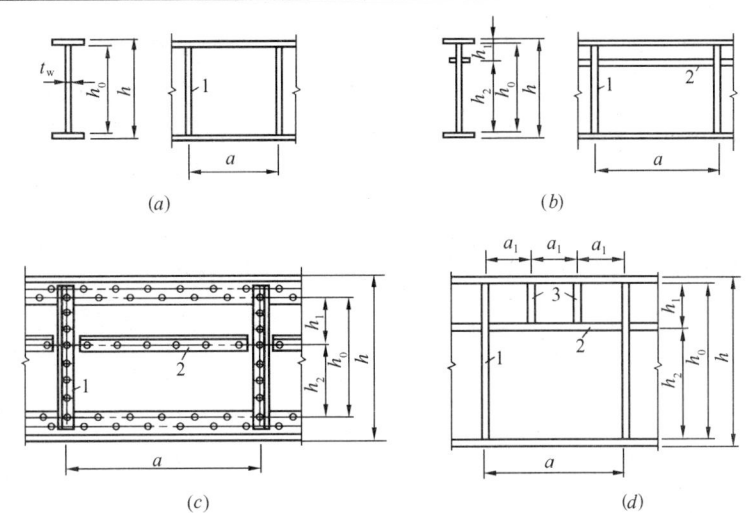

图 6.3.2 加劲肋布置
1—横向加劲肋；2—纵向加劲肋；3—短加劲肋

3 不考虑腹板屈曲后强度时，当 $h_0/t_w > 80\varepsilon_k$ 时，宜配置横向加劲肋。

4 h_0/t_w 不宜超过 250。

5 梁的支座处和上翼缘受有较大固定集中荷载处，宜设置支承加劲肋。

6 腹板的计算高度 h_0 应按下列规定采用：对轧制型钢梁，为腹板与上、下翼缘相接处两内弧起点间的距离；对焊接截面梁，为腹板高度；对高强度螺栓连接（或铆接）梁，为上、下翼缘与腹板连接的高强度螺栓（或铆钉）线间最近距离（图 6.3.2）。

加劲肋的设置要求：

6.3.6 加劲肋的设置应符合下列规定：

1 加劲肋宜在腹板两侧成对配置，也可单侧配置，但支承加劲肋、重级工作制吊车梁的加劲肋不应单侧配置。

2 横向加劲肋的最小间距应为 $0.5h_0$，除无局部压应力的梁，当 $h_0/t_w \leqslant 100$ 时，最大间距可采用 $2.5h_0$ 外，最大间距应为 $2h_0$。纵向加劲肋至腹板计算高度受压边缘的距离应为 $h_c/2.5 \sim h_c/2$。

3 在腹板两侧成对配置的钢板横向加劲肋，其截面尺寸应符合下列公式规定：
外伸宽度：
$$b_s \geqslant \frac{h_0}{30} + 40 \quad (\text{mm}) \qquad (6.3.6\text{-}1)$$

厚度：
$$\text{承压加劲肋 } t_s \geqslant \frac{b_s}{15}, \text{ 不受力加劲肋 } t_s \geqslant \frac{b_s}{19} \qquad (6.3.6\text{-}2)$$

4 在腹板一侧配置的横向加劲肋，其外伸宽度应大于按式（6.3.6-1）算得的 1.2 倍，厚度应符合式（6.3.6-2）的规定。

2. 拉弯构件

拉弯构件的计算包括强度和刚度。通常拉弯构件不需要计算整体稳定性，但当拉力较小而弯矩很大时，应和梁一样计算其整体稳定性是否满足要求；若翼缘或腹板受压，也要与梁的板件一样考虑局部稳定性。对于刚度，拉弯构件用长细比控制，其容许长细比按拉杆的容许长细比采用，具体见前面第二节内容。

《钢标》规定：

> **8.1.1** 弯矩作用在两个主平面内的拉弯构件和压弯构件，其截面强度应符合下列规定：
>
> **1** 除圆管截面外，弯矩作用在两个主平面内的拉弯构件和压弯构件，其截面强度应按下式计算：
>
> $$\frac{N}{A_n} \pm \frac{M_x}{\gamma_x W_{nx}} \pm \frac{M_y}{\gamma_y W_{ny}} \leqslant f \quad (8.1.1\text{-}1)$$
>
> **2** 弯矩作用在两个主平面内的圆形截面拉弯构件和压弯构件，其截面强度应按下式计算：
>
> $$\frac{N}{A_n} + \frac{\sqrt{M_x^2 + M_y^2}}{\gamma_m W_n} \leqslant f \quad (8.1.1\text{-}2)$$
>
> 式中：N——同一截面处轴心压力设计值（N）；
>
> M_x、M_y——分别为同一截面处对 x 轴和 y 轴的弯矩设计值(N·mm)；
>
> γ_x、γ_y——截面塑性发展系数，根据其受压板件的内力分布情况确定其截面板件宽厚比等级，当截面板件宽厚比等级不满足 S3 级要求时，取 1.0，满足 S3 级要求时，可按本标准表 8.1.1 采用；需要验算疲劳强度的拉弯、压弯构件，宜取 1.0；
>
> γ_m——圆形构件的截面塑性发展系数，对于实腹圆形截面取 1.2，当圆管截面板件宽厚比等级不满足 S3 级要求时取 1.0，满足 S3 级要求时取 1.15；需要验算疲劳强度的拉弯、压弯构件，宜取 1.0；
>
> A_n——构件的净截面面积（mm^2）；
>
> W_n——构件的净截面模量（mm^3）。

表 8.1.1 截面塑性发展系数 γ_x、γ_y（部分）

项次	截 面 形 式	γ_x	γ_y
1			1.2
2		1.05	1.05

续表8.1.1

项次	截 面 形 式	γ_x	γ_y
3		$\gamma_{x1}=1.05$ $\gamma_{x2}=1.2$	1.2
4			1.05

笔者认为：《钢标》式（8.1.1-1）、式（8.1.1-2）中 N 应为轴心力（压力或拉力）。

3. 压弯构件

压弯构件计算的内容包括强度、稳定性（整体、局部）、刚度。压弯构件又可分为实腹式压弯构件和格构式压弯构件。

（1）实腹式压弯构件的强度计算

强度计算见前面《钢标》拉弯构件中公式（8.1.1-1）、式（8.1.1-2）。若为单向压弯构件，其强度计算公式为：$\dfrac{N}{A_n} \pm \dfrac{M_x}{\gamma_x W_{nx}} \leqslant f$。

（2）实腹式压弯构件的整体稳定性计算

《钢标》规定：

> 8.2.1 除圆管截面外，弯矩作用在对称轴平面内的实腹式压弯构件，弯矩作用平面内稳定性应按式（8.2.1-1）计算，弯矩作用平面外稳定性应按式（8.2.1-3）计算；对于本标准表8.1.1第3项、第4项中的单轴对称压弯构件，当弯矩作用在对称平面内且翼缘受压时，除应按式（8.2.1-1）计算外，尚应按式（8.2.1-4）计算；当框架内力采用二阶弹性分析时，柱弯矩由无侧移弯矩和放大的侧移弯矩组成，此时可对两部分弯矩分别乘以无侧移柱和有侧移柱的等效弯矩系数。
>
> 平面内稳定性计算：
>
> $$\frac{N}{\varphi_x A f} + \frac{\beta_{mx} M_x}{\gamma_x W_{1x}(1-0.8N/N'_{Ex})f} \leqslant 1.0 \quad (8.2.1-1)$$
>
> $$N'_{Ex} = \pi^2 EA/(1.1\lambda_x^2) \quad (8.2.1-2)$$
>
> 平面外稳定性计算：
>
> $$\frac{N}{\varphi_y A f} + \eta \frac{\beta_{tx} M_x}{\varphi_b W_{1x} f} \leqslant 1.0 \quad (8.2.1-3)$$
>
> $$\left| \frac{N}{Af} - \frac{\beta_{mx} M_x}{\gamma_x W_{2x}(1-1.25N/N'_{Ex})f} \right| \leqslant 1.0 \quad (8.2.1-4)$$
>
> 式中：N——所计算构件范围内轴心压力设计值（N）；

N'_{Ex}——参数，按式（8.2.1-2）计算（N）；

φ_x——弯矩作用平面内轴心受压构件稳定系数；

M_x——所计算构件段范围内的最大弯矩设计值（N·mm）；

W_{1x}——在弯矩作用平面内对受压最大纤维的毛截面模量（mm³）；

φ_y——弯矩作用平面外的轴心受压构件稳定系数，按本标准第7.2.1条确定；

φ_b——均匀弯曲的受弯构件整体稳定系数，按本标准附录C计算，其中工字形和T形截面的非悬臂构件，可按本标准附录C第C.0.5条的规定确定；对闭口截面，$\varphi_b=1.0$；

η——截面影响系数，闭口截面$\eta=0.7$，其他截面$\eta=1.0$；

W_{2x}——无翼缘端的毛截面模量（mm³）。

等效弯矩系数β_{mx}应按下列规定采用：

1 无侧移框架柱和两端支承的构件：

1）无横向荷载作用时，β_{mx}应按下式计算：

$$\beta_{mx} = 0.6 + 0.4\frac{M_2}{M_1} \qquad (8.2.1\text{-}5)$$

式中：M_1，M_2——端弯矩（N·mm），构件无反弯点时取同号；构件有反弯点时取异号，$|M_1|\geqslant|M_2|$。

2）无端弯矩但有横向荷载作用时，β_{mx}应按下列公式计算：

跨中单个集中荷载：

$$\beta_{mx} = 1 - 0.36N/N_{cr} \qquad (8.2.1\text{-}6)$$

全跨均布荷载：

$$\beta_{mx} = 1 - 0.18N/N_{cr} \qquad (8.2.1\text{-}7)$$

$$N_{cr} = \frac{\pi^2 EI}{(\mu l)^2} \qquad (8.2.1\text{-}8)$$

式中：N_{cr}——弹性临界力（N）；

μ——构件的计算长度系数。

3）端弯矩和横向荷载同时作用时，式（8.2.1-1）的$\beta_{mx}M_x$应按下式计算：

$$\beta_{mx}M_x = \beta_{mqx}M_{qx} + \beta_{m1x}M_1 \qquad (8.2.1\text{-}9)$$

式中：M_{qx}——横向均布荷载产生的弯矩最大值（N·mm）；

M_1——跨中单个横向集中荷载产生的弯矩（N·mm）；

β_{m1x}——取本条第1款第1项计算的等效弯矩系数；

β_{mqx}——取本条第1款第2项计算的等效弯矩系数。

2 有侧移框架柱和悬臂构件，等效弯矩系数β_{mx}应按下列规定采用：

1）除本款第2项规定之外的框架柱，β_{mx}应按下式计算：

$$\beta_{mx} = 1 - 0.36N/N_{cr} \qquad (8.2.1\text{-}10)$$

2）有横向荷载的柱脚铰接的单层框架柱和多层框架的底层柱，$\beta_{mx}=1.0$。

3）自由端作用有弯矩的悬臂柱，β_{mx}应按下式计算：
$$\beta_{mx} = 1 - 0.36(1-m)N/N_{cr} \tag{8.2.1-11}$$

式中：m——自由端弯矩与固定端弯矩之比，当弯矩图无反弯点时取正号，有反弯点时取负号。

等效弯矩系数β_{tx}应按下列规定采用：

1 在弯矩作用平面外有支承的构件，应根据两相邻支承间构件段内的荷载和内力情况确定：

1）无横向荷载作用时，β_{tx}应按下式计算：
$$\beta_{tx} = 0.65 + 0.35 \frac{M_2}{M_1} \tag{8.2.1-12}$$

2）端弯矩和横向荷载同时作用时，β_{tx}应按下列规定取值：使构件产生同向曲率时：
$$\beta_{tx} = 1.0$$

使构件产生反向曲率时
$$\beta_{tx} = 0.85$$

3）无端弯矩有横向荷载作用时，$\beta_{tx}=1.0$。

2 弯矩作用平面外为悬臂的构件，$\beta_{tx}=1.0$。

笔者认为：在《钢标》式（8.2.1-9）中，M_{qx}是指横向荷载产生的弯矩最大值；M_1是指式（8.2.1-5）中的M_1。

（3）实腹式压弯构件的局部稳定性计算

《钢标》规定：

8.4.1 实腹压弯构件要求不出现局部失稳者，其腹板高厚比、翼缘宽厚比应符合本标准表3.5.1规定的压弯构件S4级截面要求。

8.4.3 压弯构件的板件当用纵向加劲肋加强以满足宽厚比限值时，加劲肋宜在板件两侧成对配置，其一侧外伸宽度不应小于板件厚度t的10倍，厚度不宜小于$0.75t$。

（4）实腹式压弯构件的刚度

通常采用控制长细比来保证压弯构件的刚度，其容许长细比按压杆的容许长细比采用。如果弯矩很大，则需计算因弯矩引起的挠度是否过大以致不能满足使用要求。

（5）格构式压弯构件的计算

《钢标》规定：

8.2.2 弯矩绕虚轴作用的格构式压弯构件整体稳定性计算应符合下列规定：

1 弯矩作用平面内的整体稳定性应按下列公式计算：
$$\frac{N}{\varphi_x A f} + \frac{\beta_{mx} M_x}{W_{1x}\left(1 - \frac{N}{N'_{Ex}}\right)f} \leqslant 1.0 \tag{8.2.2-1}$$

$$W_{1x} = I_x/y_0 \tag{8.2.2-2}$$

式中：I_x——对虚轴的毛截面惯性矩（mm^4）；

y_0——由虚轴到压力较大分肢的轴线距离或者到压力较大分肢腹板外边缘的距离，二者取较大者（mm）；

φ_x、N'_{Ex}——分别为弯矩作用平面内轴心受压构件稳定系数和参数，由换算长细比确定。

2 弯矩作用平面外的整体稳定性可不计算，但应计算分肢的稳定性，分肢的轴心力应按桁架的弦杆计算。对缀板柱的分肢尚应考虑由剪力引起的局部弯矩。

8.2.3 弯矩绕实轴作用的格构式压弯构件，其弯矩作用平面内和平面外的稳定性计算均与实腹式构件相同。但在计算弯矩作用平面外的整体稳定性时，长细比应取换算长细比，φ_b 应取 1.0。

三、解题指导

本节内容为钢结构的核心内容，对受弯、拉弯、压弯的计算公式应理解其力学意义，对其中参数的取值规定应特别注意；重点掌握构造要求。

【例 15-3-1】 焊接截面梁腹板的计算高度 $h_0 = 2400$mm，根据局部稳定计算和构造要求，需在腹板一侧配置横向加劲肋钢板，其经济合理的截面尺寸是（　　）。

A. -120×8 B. -140×8 C. -150×10 D. -180×12

【解】 本题属于简单计算题，但应注意题目条件"一侧配置"。由本节加劲肋的设置要求，依据《钢标》6.3.6 条，一侧时取 $1.2b_s$，得：

$1.2b_s > 1.2(h_0/30+40) = 1.2\left(\dfrac{2400}{30}+40\right) = 144$，取为 150，$t_s \geqslant 1.2b_s/15 = 10$，所以取 -150×10，选 C 项。

【例 15-3-2】 单向工字形受弯钢构件的截面板件宽厚比等级为 S4 级，其翼缘的板件宽厚比 b/t 不超过（　　）。

A. $9\varepsilon_k$
B. $13\varepsilon_k$
C. $15\varepsilon_k$
D. $40\varepsilon_k$

【解】 本题属于记忆理解题型。根据《钢标》3.5.1 条表 3.5.1，故应选 C 项。

四、应试题解

1. 对直接承受动荷载的受弯构件，进行强度计算时，下列方法中正确的是（　　）。
A. 工作级别为 A6、A7 吊车梁的强度计算时，动力系数取 1.35
B. 工作级别为 A1～A5 吊车梁的强度计算时，不考虑动力系数
C. 工作级别为 A6、A7 吊车梁的强度计算时，取 $\gamma_x = \gamma_y = 1.0$
D. 工作级别为 A1～A5 吊车梁的强度计算时，取 $\gamma_x = \gamma_y = 1.05$

2. 用公式 $\dfrac{M_x}{\gamma_x W_{nx}} \leqslant f$ 计算工字形梁的抗弯强度，取 $\gamma_x = 1.05$，则梁的翼缘外伸肢宽厚比不大于（　　）。

A. $15\varepsilon_k$
B. $9\varepsilon_k$
C. $(10+0.1\lambda)\varepsilon_k$
D. $13\varepsilon_k$

3. 某一简支钢梁，跨度 7.5m，荷载设计值（包括梁的自重）及梁的截面尺寸如图 15-3-1 所示。已知钢材为 Q235，强度设计值 $f = 215$N/mm²，该梁最大正应力接近（　　）N/mm²。

A. 230 B. 205 C. 200 D. 215

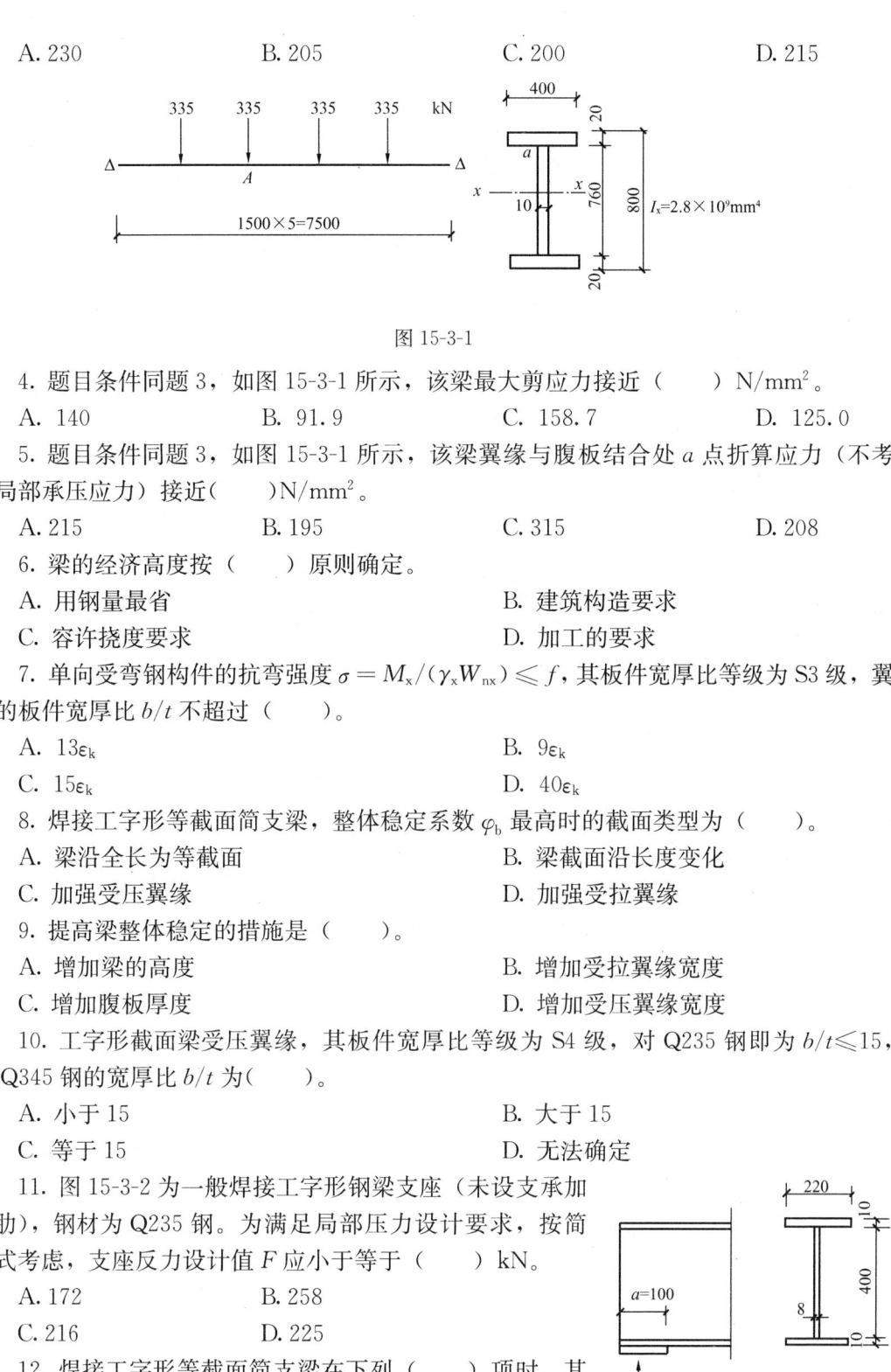

图 15-3-1

4. 题目条件同题 3，如图 15-3-1 所示，该梁最大剪应力接近（　　）N/mm²。
   A. 140 B. 91.9 C. 158.7 D. 125.0

5. 题目条件同题 3，如图 15-3-1 所示，该梁翼缘与腹板结合处 a 点折算应力（不考虑局部承压应力）接近（　　）N/mm²。
   A. 215 B. 195 C. 315 D. 208

6. 梁的经济高度按（　　）原则确定。
   A. 用钢量最省 B. 建筑构造要求
   C. 容许挠度要求 D. 加工的要求

7. 单向受弯钢构件的抗弯强度 $\sigma = M_x/(\gamma_x W_{nx}) \leqslant f$，其板件宽厚比等级为 S3 级，翼缘的板件宽厚比 b/t 不超过（　　）。
   A. $13\varepsilon_k$ B. $9\varepsilon_k$
   C. $15\varepsilon_k$ D. $40\varepsilon_k$

8. 焊接工字形等截面简支梁，整体稳定系数 φ_b 最高时的截面类型为（　　）。
   A. 梁沿全长为等截面 B. 梁截面沿长度变化
   C. 加强受压翼缘 D. 加强受拉翼缘

9. 提高梁整体稳定的措施是（　　）。
   A. 增加梁的高度 B. 增加受拉翼缘宽度
   C. 增加腹板厚度 D. 增加受压翼缘宽度

10. 工字形截面梁受压翼缘，其板件宽厚比等级为 S4 级，对 Q235 钢即为 $b/t \leqslant 15$，对 Q345 钢的宽厚比 b/t 为（　　）。
    A. 小于 15 B. 大于 15
    C. 等于 15 D. 无法确定

11. 图 15-3-2 为一般焊接工字形钢梁支座（未设支承加劲肋），钢材为 Q235 钢。为满足局部压力设计要求，按简化式考虑，支座反力设计值 F 应小于等于（　　）kN。
    A. 172 B. 258
    C. 216 D. 225

12. 焊接工字形等截面简支梁在下列（　　）项时，其整体稳定系数 φ_b 最高。
    A. 跨度中一个集中荷载作用时

图 15-3-2

B. 跨间三分点处各有一个集中荷载作用时

C. 全跨均布荷载作用时

D. 梁两端有使其产生同向曲率、数值相等的端弯矩的荷载作用时

13. 双轴对称工字形截面简支梁，跨中有集中荷载作用于腹板平面内，作用点位于（ ）时整体稳定性最好。

A. 形心 B. 下翼缘
C. 上翼缘 D. 形心与上翼缘之间

14. 计算梁的整体稳定性时，当整体稳定系数 φ_b 大于（ ）时，应以 φ'_b（弹塑性工作阶段整体稳定系数）代替 φ_b。

A. 0.8 B. 0.7 C. 0.6 D. 0.5

15. 梁整体稳定系数 $\varphi_b > 0.6$ 时，用 φ'_b 代替 φ_b 是因为（ ）。

A. 梁已退出工作 B. 梁已进入弹塑性工作阶段
C. 梁已整体失稳 D. 梁已发生局部失稳破坏

16. 某简支箱形截面梁，跨度 60m，梁宽 $b_0 = 1$m，梁高 3.6m，采用 Q355 钢制造，在垂直荷载作用下，梁的整体稳定系数 φ_b 为（ ）。

A. 0.76 B. 0.85 C. 0.94 D. 1.00

17. 轧制普通工字钢简支梁（I36a，$W_x = 878 \times 10^3 \text{mm}^3$），跨度 6m，在跨度中央梁截面下翼缘作用一集中荷载 100kN（包括梁自重在内），已知 $\varphi_b = 1.07$，当采用 Q235 钢时，其整体稳定性计算的应力为（ ）N/mm²。

A. 143 B. 171 C. 212 D. 224

18. 焊接工字形截面梁腹板配置横向加劲肋的目的是（ ）。

A. 提高梁的抗弯性能 B. 提高梁的抗剪性能
C. 提高梁的整体稳定性 D. 提高梁的局部稳定性

19. 配置加劲肋是提高梁腹板局部稳定性的有效措施，当 $h_0/t_w > 170\varepsilon_k$ 时，下列正确的是（ ）。

A. 可能发生剪切失稳，应配置横向加劲肋

B. 可能发生弯曲失稳，应配置纵向加劲肋

C. 可能主梁剪切失稳，应配置纵向加劲肋

D. 不致失稳，除支承加劲肋外，不需要配置横向和纵向加劲肋

20. 图 15-3-3 所示钢材为 Q235 钢，主梁承担次梁传来的集中动力荷载处设置支承加劲肋，其间距为 4500mm，两支承加劲肋之间应（ ）。

A. 再设一道横向加劲肋

B. 再设二道横向加劲肋

C. 设置纵向加劲肋

D. 不需要再设置横向加劲肋

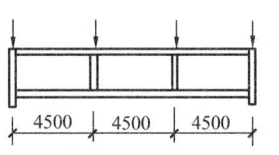
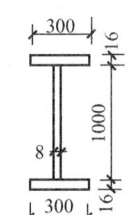

图 15-3-3

21. 梁腹板的支承加劲肋应设在（ ）。

A. 剪应力最大的区段

B. 弯曲应力最大的区段

C. 上翼缘或下翼缘有固定集中荷载的作用部位

D. 吊车轮压所产生的局部压应力较大处

22. 图 15-3-4 所示为两根单轴对称工字形等截面焊接简支梁，它们的荷载、跨度、梁高、截面尺寸、加劲肋布置、受压翼缘侧向支承点布置、钢材等完全相同，并且 $\sigma_c \neq 0$，仅两梁的上、下翼缘位置颠倒。从强度、整体稳定和腹板局部稳定判别，下列（　）情况先破坏和失稳。

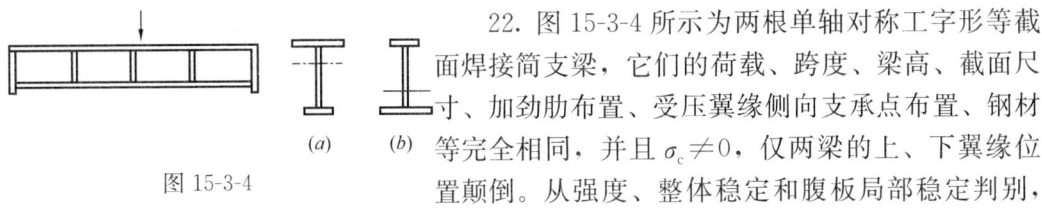

图 15-3-4

A. 强度、整体稳定、腹板局部稳定均为（b）图

B. 强度为（b）图，整体稳定、腹板局部稳定为（a）图

C. 强度、整体稳定为（b）图，腹板局部稳定为（a）图

D. 强度为（a）图，整体稳定、腹板局部稳定为（b）图

23. 图 15-3-5 为突缘式支座加劲肋，翼缘为轧制边，钢材为 Q355 钢，当验算绕 z 轴稳定 $N/(\varphi_z A) \leqslant f$ 时，不计扭转效应，其稳定系数 φ_z 为（　）。

A. 0.935　　B. 0.946　　C. 0.959　　D. 0.9670

24. 跨中不设拉条的槽钢檩条，其强度按式：$\dfrac{M_x}{\gamma_x W_x} + \dfrac{M_y}{\gamma_y W_y} \leqslant f$ 进行计算，如图 15-3-6 所示。试问，跨中截面最不利的受力点是（　）。

A. a 点　　B. b 点　　C. c 点　　D. d 点

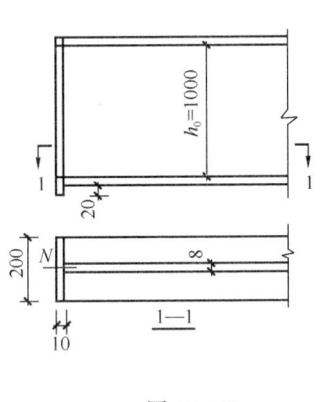

图 15-3-5

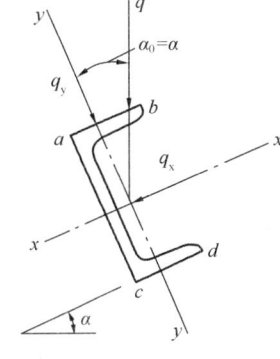

图 15-3-6

25. 承受静力荷载的实腹式拉弯和压弯构件，板件宽厚比为 S2 级，当（　），即达到构件的强度极限。

A. 边缘纤维应力达到屈服强度 f_y 时

B. 截面塑性发展区高度达到截面高度的 1/8 时

C. 截面塑性发展区高度达到截面高度的 1/10 时

D. 截面出现塑性铰时

26. 图 15-3-7 为承受动荷载的拉弯构件，荷载设计值 $F=14$kN（含构件自重），拉力设计值 $N=160$kN，钢材为 Q235 钢，2L100×80×7，其截面等级满足 S3 级，$I_y = 246 \times$

10^4mm^4,$A=2460\text{mm}^2$。角钢肢背、肢尖的应力为（　　）N/mm^2。

A. 179 和 -167　　　B. 189 和 -167
C. 179 和 -227　　　D. 189 和 -227

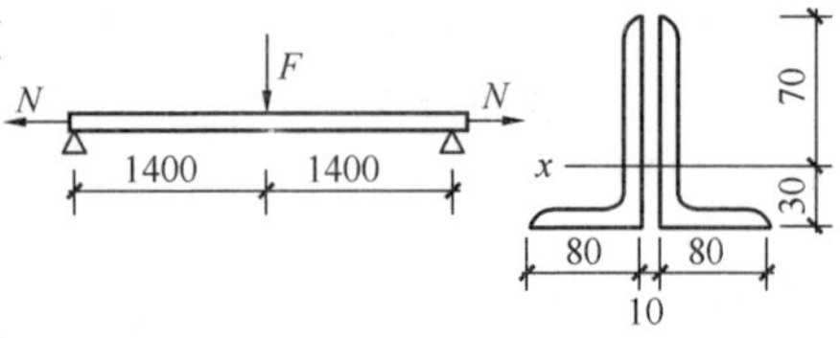

27. 工字形截面压弯构件，腹板宽厚比限值是根据下列（　　）项确定的。

图 15-3-7

A. 介于轴心受压杆腹板和梁腹板高厚比之间

B. h_0/t_w 与腹板的应力梯度 $\alpha_0 = \dfrac{\sigma_{\max} - \sigma_{\min}}{\sigma_{\max}}$ 和构件的长细比 λ 的关系

C. 腹板的应力梯度 α_0

D. 构件的长细比 λ

28. 实腹式压弯构件一般计算内容是（　　）。

A. 强度、弯矩作用平面内的整体稳定性、局部稳定性、变形

B. 弯矩作用平面内的整体稳定性、局部稳定性、变形、长细比

C. 强度、弯矩作用平面内及平面外的整体稳定性、局部稳定性、变形

D. 强度、弯矩作用平面内及平面外的整体稳定性、局部稳定性、长细比

29. 计算如图 15-3-8 双肢格构式压弯构件绕虚轴（x 轴）整体稳定时，截面抵抗矩 $W_{1x}=I_x/y_0$，其中 y_0 应为（　　）。

A. y_1　　　B. y_2
C. y_3　　　D. y_4

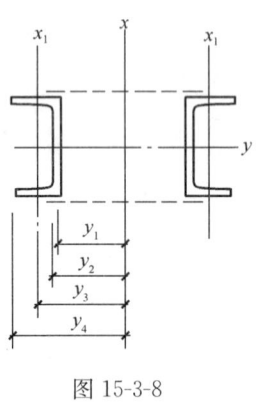

图 15-3-8

第四节　连　接

一、《考试大纲》的规定

焊缝连接、普通螺栓和高强螺栓连接、构件间的连接。

二、重点内容

1. 焊缝连接

焊缝分手工焊和自动焊或半自动焊，焊接时的焊条型号应与钢材品种相匹配。手工焊接时，Q235 选用 E43 焊条，Q355、Q390 选用 E50 或 E55 焊条，Q420 选用 E55 或 E60 焊条。当两种不同牌号钢材焊接时，选用与低牌号钢材相匹配的焊接材料。

采用自动焊或半自动焊时，Q235 采用 H08、H08A、H08E，Q355、Q390、Q420 选用 H08Mn、H08MnA。

根据《钢结构工程施工质量验收标准》GB 50205—2020 规定，焊接质量检验方法：外观检验、超声波探伤、射线探伤。一级焊缝进行外观检验、超声波探伤检验、射线探伤检验；二级焊缝进行外观检验、超声波探伤检验、射线探伤检验；三级焊缝仅进行外观检验。

对接焊缝可采用一级、二级、三级焊缝，其分别对应不同的焊缝强度设计值；角焊缝

采用外观检查，分为一级、二级、三级。

（1）对接焊缝的计算

11.2.1 全熔透对接焊缝或对接与角接组合焊缝应按下列规定进行强度计算：

1 在对接和T形连接中，垂直于轴心拉力或轴心压力的对接焊接或对接与角接组合焊缝，其强度应按下式计算：

$$\sigma = \frac{N}{l_w h_e} \leqslant f_t^w \text{ 或 } f_c^w \qquad (11.2.1\text{-}1)$$

式中：N——轴心拉力或轴心压力（N）；

l_w——焊缝长度（mm）；

h_e——对接焊缝的计算厚度（mm），在对接连接节点中取连接件的较小厚度，在T形连接节点中取腹板的厚度；

f_t^w、f_c^w——对接焊缝的抗拉、抗压强度设计值（N/mm²）。

2 在对接和T形连接中，承受弯矩和剪力共同作用的对接焊缝或对接与角接组合焊缝，其正应力和剪应力应分别进行计算。但在同时受有较大正应力和剪应力处（如梁腹板横向对接焊缝的端部）应按下式计算折算应力：

$$\sqrt{\sigma^2 + 3\tau^2} \leqslant 1.1 f_t^w \qquad (11.2.1\text{-}2)$$

轴心受力时，对接焊缝连接如图15-4-1所示。

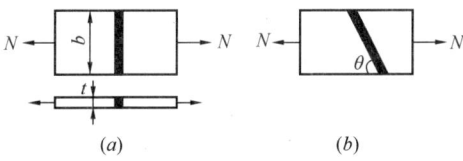

图15-4-1 对接焊缝连接

当对接焊缝和T形对接与角接组合焊缝无法采用引弧板和引出板施焊时，每条焊缝的长度计算时应各减去$2t$（t为较薄板件的厚度）。

当承受轴心力的板件用斜焊缝对接，见图15-4-1（b），焊缝与作用力间的夹角θ符合$\tan\theta \leqslant 1.5$时，其强度可不计算。

（2）角焊缝的计算

11.2.2 直角角焊缝应按下列规定进行强度计算：

1 在通过焊缝形心的拉力、压力或剪力作用下：

正面角焊缝（作用力垂直于焊缝长度方向）：

$$\sigma_f = \frac{N}{h_e l_w} \leqslant \beta_f f_f^w \qquad (11.2.2\text{-}1)$$

侧面角焊缝（作用力平行于焊缝长度方向）：

$$\tau_f = \frac{N}{h_e l_w} \leqslant f_f^w \qquad (11.2.2\text{-}2)$$

2 在各种力综合作用下，σ_f 和 τ_f 共同作用处：

$$\sqrt{\left(\frac{\sigma_f}{\beta_f}\right)^2 + \tau_f^2} \leqslant f_f^w \qquad (11.2.2\text{-}3)$$

式中：σ_f——按焊缝有效截面（$h_e l_w$）计算，垂直于焊缝长度方向的应力（N/mm²）；

τ_f——按焊缝有效截面计算，沿焊缝长度方向的剪应力（N/mm²）；

h_e——直角角焊缝的计算厚度（mm），当两焊件间隙 $b \leqslant 1.5$mm 时，$h_e = 0.7 h_f$；1.5mm$< b \leqslant 5$mm 时，$h_e = 0.7(h_f - b)$，h_f 为焊脚尺寸（图 11.2.2）；

l_w——角焊缝的计算长度（mm），对每条焊缝取其实际长度减去 $2h_f$；

f_f^w——角焊缝的强度设计值（N/mm²）；

β_f——正面角焊缝的强度设计值增大系数，对承受静力荷载和间接承受动力荷载的结构，$\beta_f = 1.22$；对直接承受动力荷载的结构，$\beta_f = 1.0$。

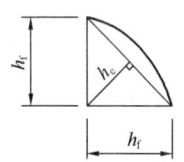 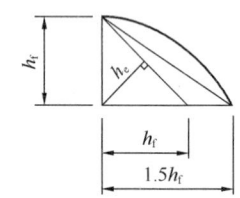 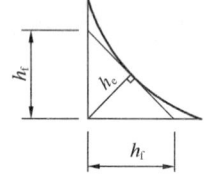

(a) 等边直角焊缝截面　　(b) 不等边直角焊缝截面　　(c) 等边凹形直角焊缝截面

图 11.2.2　直角角焊缝截面

11.2.3 两焊脚边夹角为 $60° \leqslant \alpha \leqslant 135°$ 的 T 形连接的斜角角焊缝，其强度应按本标准式（11.2.2-1）～式（11.2.2-3）计算，但取 $\beta_f = 1.0$，其计算厚度 h_e 的计算应符合本条规定。

3 当 $30° \leqslant \alpha \leqslant 60°$ 或 $\alpha < 30°$ 时，斜角角焊缝计算厚度 h_e 应按现行国家标准《钢结构焊接规范》GB 50661 的有关规定计算取值。

钢板与角钢连接焊缝计算，可分为两面侧焊、三面围焊、L 形围焊三种情况，所有围焊的转角处必须连续施焊。其中，L 形围焊不宜采用。

两面侧焊如图 15-4-2（a）所示，其侧缝的直角角焊缝计算：

肢背：$\dfrac{N_1}{\sum 0.7 h_{f1} l_{w1}} = \dfrac{K_1 N}{\sum 0.7 h_{f1} l_{w1}} \leqslant f_f^w$

肢尖：$\dfrac{N_2}{\sum 0.7 h_{f2} l_{w2}} = \dfrac{K_2 N}{\sum 0.7 h_{f2} l_{w2}} \leqslant f_f^w$

式中 K_1、K_2 为焊缝内力分配系数。等肢角钢，$K_1 = 0.70$，$K_2 = 0.30$；不等肢角钢短肢连接，$K_1 = 0.75$，$K_2 = 0.25$；不等肢角钢长肢连接，$K_1 = 0.65$，$K_2 = 0.35$。

三面围焊如图 15-4-2（b）所示，其计算：

端缝 N_3： $$N_3 = \beta_f \sum 0.7 h_{f3} l_{w3} \cdot f_f^w$$

肢背： $$\frac{K_1 N - \dfrac{N_3}{2}}{\sum 0.7 h_{f1} l_{w1}} \leqslant f_f^w$$

肢尖： $$\frac{K_2 N - \dfrac{N_3}{2}}{\sum 0.7 h_{f2} l_{w2}} \leqslant f_f^w$$

端缝长度： $$l_{w3} = b$$

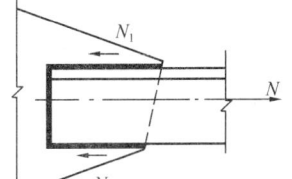 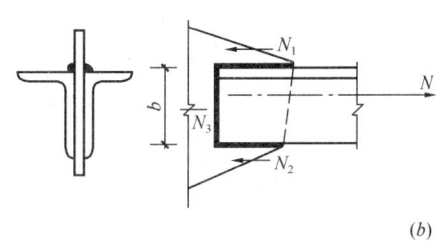 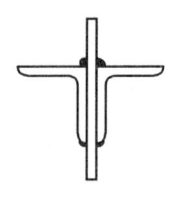

图 15-4-2 节点板与角钢连接
(a) 两面侧焊连接；(b) 三面围焊连接

（3）焊缝计算的其他规定

11.2.5 圆形塞焊焊缝和圆孔或槽孔内角焊缝的强度应分别按式（11.2.5-1）和式（11.2.5-2）计算：

$$\tau_f = \frac{N}{A_w} \leqslant f_f^w \quad (11.2.5\text{-}1)$$

$$\tau_f = \frac{N}{h_e l_w} \leqslant f_f^w \quad (11.2.5\text{-}2)$$

式中：A_w——塞焊圆孔面积；
　　　l_w——圆孔内或槽孔内角焊缝的计算长度。

11.2.6 角焊缝的搭接焊缝连接中，当焊缝计算长度 l_w 超过 $60 h_f$ 时，焊缝的承载力设计值应乘以折减系数 α_f，$\alpha_f = 1.5 - \dfrac{l_w}{120 h_f}$，并不小于 0.5。

注意：①当搭接侧面角焊缝的受力不均匀，且 $l_w > 60 h_f$ 时，应考虑超长折减系数 α_f，其焊缝计算长度不应超过 $180 h_f$；②非搭接的角焊缝（如 T 形、角接）的受力不均匀时，要求 $l_w \leqslant 60 h_f$。

（4）焊缝的构造要求

11.3.3 不同厚度和宽度的材料对接时，应作平缓过渡，其连接处坡度值不宜大于 1∶2.5（图 11.3.3-1 和图 11.3.3-2）。

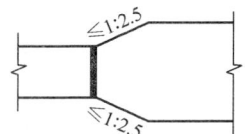 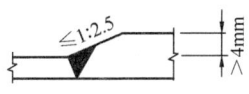

图 11.3.3-1 不同宽度或厚度钢板的拼接

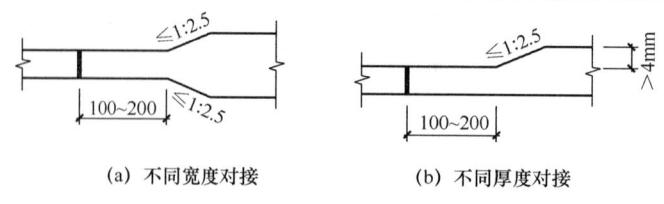

(a) 不同宽度对接　　　　(b) 不同厚度对接

图 11.3.3-2　不同宽度或厚度铸钢件的拼接

11.3.4 承受动荷载时，塞焊、槽焊、角焊、对接连接应符合下列规定：

1 承受动荷载不需要进行疲劳验算的构件，采用塞焊、槽焊时，孔或槽的边缘到构件边缘在垂直于应力方向上的间距不应小于此构件厚度的 5 倍，且不应小于孔或槽宽度的 2 倍；构件端部搭接连接的纵向角焊缝长度不应小于两侧焊缝间的垂直间距 a，且在无塞焊、槽焊等其他措施时，间距 a 不应大于较薄件厚度 t 的 16 倍（图 11.3.4）；

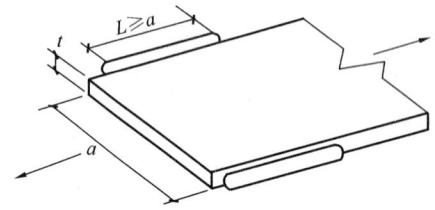

图 11.3.4　承受动载不需进行疲劳验算时
构件端部纵向角焊缝长度及间距要求

a—不应大于 $16t$（中间有塞焊焊缝或槽焊焊缝时除外）

2 不得采用焊脚尺寸小于 5mm 的角焊缝；

3 严禁采用断续坡口焊缝和断续角焊缝；

4 对接与角接组合焊缝和 T 形连接的全焊透坡口焊缝应采用角焊缝加强，加强焊脚尺寸不应小于连接部位较薄件厚度的 1/2，但最大值不得超过 10mm；

5 承受动荷载需经疲劳验算的连接，当拉应力与焊缝轴线垂直时，严禁采用部分焊透对接焊缝；

6 除横焊位置以外，不宜采用 L 形和 J 形坡口；

7 不同板厚的对接连接承受动载时，应按本标准第 11.3.3 条的规定做成平缓过渡。

11.3.5 角焊缝的尺寸应符合下列规定：

1 角焊缝的最小计算长度应为其焊脚尺寸 h_f 的 8 倍，且不应小于 40mm；焊缝计算长度应为扣除引弧、收弧长度后的焊缝长度；

2 断续角焊缝焊段的最小长度不应小于最小计算长度；

3 角焊缝最小焊脚尺寸宜按表 11.3.5 取值，承受动荷载时角焊缝焊脚尺寸不宜小于 5mm；

4 被焊构件中较薄板厚度不小于 25mm 时，宜采用开局部坡口的角焊缝；

5 采用角焊缝焊接连接，不宜将厚板焊接到较薄板上。

表 11.3.5 角焊缝最小焊脚尺寸 (mm)

母材厚度 t	角焊缝最小焊脚尺寸 h_f
$t \leqslant 6$	3
$6 < t \leqslant 12$	5
$12 < t \leqslant 20$	6
$t > 20$	8

注：1 采用不预热的非低氢焊接方法进行焊接时，t等于焊接连接部位中较厚件厚度，宜采用单道焊缝；采用预热的非低氢焊接方法或低氢焊接方法进行焊接时，t等于焊接连接部位中较薄件厚度；
2 焊脚尺寸 h_f 不要求超过焊接连接部位中较薄件厚度的情况除外。

11.3.6 搭接连接角焊缝的尺寸及布置应符合下列规定：

1 传递轴向力的部件，其搭接连接最小搭接长度应为较薄件厚度的5倍，且不应小于25mm（图11.3.6-1），并应施焊纵向或横向双角焊缝；

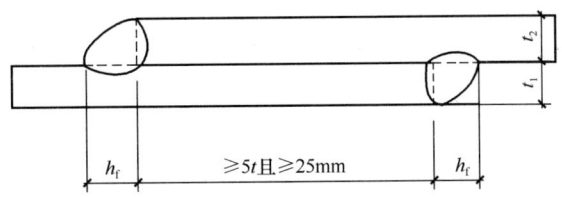

图 11.3.6-1 搭接连接双角焊缝的要求
t—t_1 和 t_2 中较小者；h_f—焊脚尺寸，按设计要求

2 只采用纵向角焊缝连接型钢杆件端部时，型钢杆件的宽度不应大于200mm，当宽度大于200mm时，应加横向角焊缝或中间塞焊；型钢杆件每一侧纵向角焊缝的长度不应小于型钢杆件的宽度；

3 型钢杆件搭接连接采用围焊时，在转角处应连续施焊。杆件端部搭接角焊缝作绕焊时，绕焊长度不应小于焊脚尺寸的2倍，并应连续施焊；

4 搭接焊缝沿母材棱边的最大焊脚尺寸，当板厚不大于6mm时，应为母材厚度，当板厚大于6mm时，应为母材厚度减去1mm～2mm（图11.3.6-2）；

5 用搭接焊缝传递荷载的套管连接可只焊一条角焊缝，其管材搭接长度L不应小于5(t_1+t_2)，且不应小于25mm。搭接焊缝焊脚尺寸应符合设计要求（图11.3.6-3）。

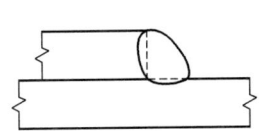 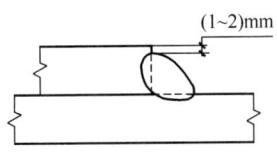 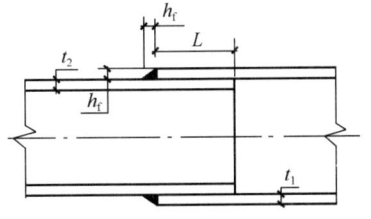

(a) 母材厚度小于等于6mm时　　(b) 母材厚度大于6mm时

图 11.3.6-2 搭接焊缝沿母材棱边的最大焊脚尺寸

图 11.3.6-3 管材套管连接的搭接焊缝最小长度
h_f—焊脚尺寸，按设计要求

11.3.8 在次要构件或次要焊接连接中，可采用断续角焊缝。断续角焊缝焊段的长度不得小于 $10h_f$ 或 50mm，其净距不应大于 $15t$（对受压构件）或 $30t$（对受拉构件），t 为较薄焊件厚度。腐蚀环境中不宜采用断续角焊缝。

2. 螺栓连接
(1) 螺栓的种类

钢结构中螺栓有普通螺栓和高强度螺栓。普通螺栓又分 A、B 级（精制螺栓）和 C 级（粗制螺栓）两种。A、B 级螺栓采用 5.6 级和 8.8 级钢材，C 级螺栓采用 4.6 级和 4.8 级钢材。5.6 级中 5 表示钢材抗拉极限强度 $f_u=500\text{N/mm}^2$，0.6 表示钢材屈服强度 $f_y=0.6f_u$，其他型号以此类推。A、B 级螺栓既可受剪又可受拉，其螺杆的孔径比螺栓公称直径大 0.2~0.5mm，而 C 级螺栓的孔径比螺栓公称直径大 1~1.5mm，故剪力作用下剪切变形大，一般用于沿螺杆轴线方向的受拉连接，但在下列情况下可用于受剪连接：承受静力荷载或间接承受动力荷载结构中的次要连接；承受静力荷载的可拆卸结构的连接；临时固定构件用的安装连接。

高强度螺栓按连接方式可分为摩擦型连接和承压型连接。高强度螺栓采用 8.8 级和 10.9 级钢材。高强度螺栓的孔径比螺栓公称直径 d 大 1.5~3.0mm。

此外，在钢屋架、钢筋混凝土柱或钢筋混凝土基础处还有锚固螺栓（简称锚栓），其采用 Q235 或 Q355 钢材。

对直接承受动力荷载的普通螺栓受拉连接应采用双螺帽或其他能防止螺帽松动的有效措施。

(2) 普通螺栓的计算

受剪普通螺栓连接破坏时可能出现五种形式：螺杆剪断、孔壁挤压（或称承压）破坏、钢板被拉断、钢板端部或孔与孔间的钢板被剪坏、螺栓杆弯曲破坏。通常对前三种破坏情况通过计算来防止，后两种情况则用构造限制加以保证。如螺栓杆弯曲损坏用限制板叠厚度不超过 $5d$（d 为螺栓直径）。

11.4.1 普通螺栓的连接承载力应按下列规定计算：

1 在普通螺栓抗剪连接中，每个螺栓的承载力设计值应取受剪和承压承载力设计值中的较小者。受剪和承压承载力设计值应分别按式（11.4.1-1）和式（11.4.1-3）计算。

普通螺栓：
$$N_v^b = n_v \frac{\pi d^2}{4} f_v^b \qquad (11.4.1\text{-}1)$$

普通螺栓：
$$N_c^b = d \sum t f_c^b \qquad (11.4.1\text{-}3)$$

式中：n_v——受剪面数目；

d——螺杆直径（mm）；

$\sum t$——在不同受力方向中一个受力方向承压构件总厚度的较小值（mm）；

f_v^b、f_c^b——螺栓的抗剪和承压强度设计值（N/mm²）。

2 在普通螺栓杆轴向方向受拉的连接中，每个普通螺栓的承载力设计值应按下列公式计算：

普通螺栓 $$N_t^b = \frac{\pi d_e^2}{4} f_t^b \qquad (11.4.1-5)$$

式中：d_e——螺栓或锚栓在螺纹处的有效直径（mm）；

f_t^b——普通螺栓的抗拉强度设计值（N/mm²）。

3 同时承受剪力和杆轴方向拉力的普通螺栓，其承载力应分别符合下列公式的要求：

$$\sqrt{\left(\frac{N_v}{N_v^b}\right)^2 + \left(\frac{N_t}{N_t^b}\right)^2} \leqslant 1.0 \qquad (11.4.1-8)$$

$$N_v \leqslant N_c^b \qquad (11.4.1-9)$$

式中：N_v、N_t——分别为某个普通螺栓所承受的剪力和拉力（N）；

N_v^b、N_t^b、N_c^b——一个普通螺栓的抗剪、抗拉和承压承载力设计值（N）；

抗剪的普通螺栓（或高强度螺栓）在轴力 N 作用下计算，如图 15-4-3 所示，此时应考虑螺栓超长折减系数 η。

11.4.5 在构件连接节点的一端，当螺栓沿轴向受力方向的连接长度 l_1 大于 $15d_0$ 时（d_0 为孔径），应将螺栓的承载力设计值乘以折减系数 $\left(1.1 - \frac{l_1}{150d_0}\right)$，当大于 $60d_0$ 时，折减系数取为定值 0.7。

注意，《钢标》11.4.5 条适用普通螺栓、高强度螺栓和铆钉。

$$\frac{N}{n} \leqslant \eta N_{min}^b$$

式中 N_{min}^b 为一个螺栓抗剪或承压设计承载力的最小值。

净截面强度验算： $$\sigma = \frac{N}{A_n} \leqslant 0.7 f_u$$

当螺栓并列时，由《钢标》表 11.5.2 注 3，取 $d_c = \max(d+4, d_0)$，则：
$$A_n = A - n_1 d_c t$$

当螺栓错列时，取 $d_c = \max(d+4, d_0)$，Ⅱ-Ⅱ 截面，则：
$$A_n = [2e_1 + (n_2-1)\sqrt{a^2+e^2} - n_2 d_c] t$$

式中 n_1 为第一列（Ⅰ-Ⅰ 截面）螺栓数目；n_2 为齿形截面（Ⅱ-Ⅱ 截面）上的螺栓数目。其余符号如图所示。

普通螺栓群在弯矩作用下的计算，如图 15-4-4 所示，螺栓群绕 A 点（底排螺栓）转动，其螺栓最大拉力为：

$$N_1 = \frac{M y_1}{m \sum y_i^2} \leqslant N_t^b$$

式中 m 为螺栓数的列数，其余符号如图所示。

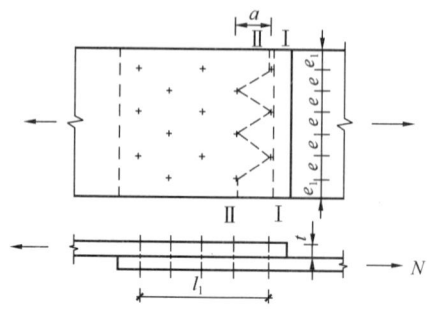

图 15-4-3 轴力（N）作用下的剪力螺栓

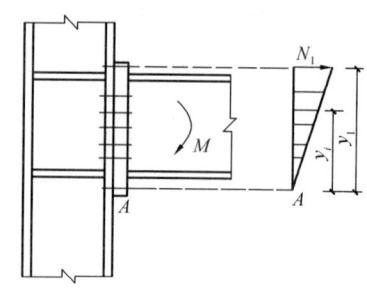

图 15-4-4 弯矩作用下拉力螺栓

（3）螺栓连接的构造要求

螺栓（普通螺栓和高强度螺栓）在构件上的排列必须符合构造要求。

11.5.2 螺栓（铆钉）连接宜采用紧凑布置，其连接中心宜与被连接构件截面的重心相一致。螺栓或铆钉的间距、边距和端距容许值应符合表 11.5.2 的规定。

表 11.5.2 螺栓或铆钉的孔距、边距和端距容许值

名称	位置和方向			最大容许间距（取两者的较小值）	最小容许间距
中心间距	外排（垂直内力方向或顺内力方向）			$8d_0$ 或 $12t$	$3d_0$
	中间排	垂直内力方向		$16d_0$ 或 $24t$	
		顺内力方向	构件受压力	$12d_0$ 或 $18t$	
			构件受拉力	$16d_0$ 或 $24t$	
	沿对角线方向			—	
中心至构件边缘距离	顺内力方向			$4d_0$ 或 $8t$	$2d_0$
	垂直内力方向	剪切边或手工切割边			$1.5d_0$
		轧制边、自动气割或锯割边	高强度螺栓		
			其他螺栓或铆钉		$1.2d_0$

注：1 d_0 为螺栓或铆钉的孔径，对槽孔为短向尺寸；t 为外层较薄板件的厚度；
   2 钢板边缘与刚性构件（如角钢，槽钢等）相连的高强度螺栓的最大间距，可按中间排的数值采用；
   3 计算螺栓孔引起的截面削弱时可取 $d+4mm$ 和 d_0 的较大者。

螺栓在构件上的排列形式有并列、错列两种，对排列的构造要求如图 15-4-5 所示。

（4）高强度螺栓的计算

高强度螺栓的受剪计算、受拉计算如下。

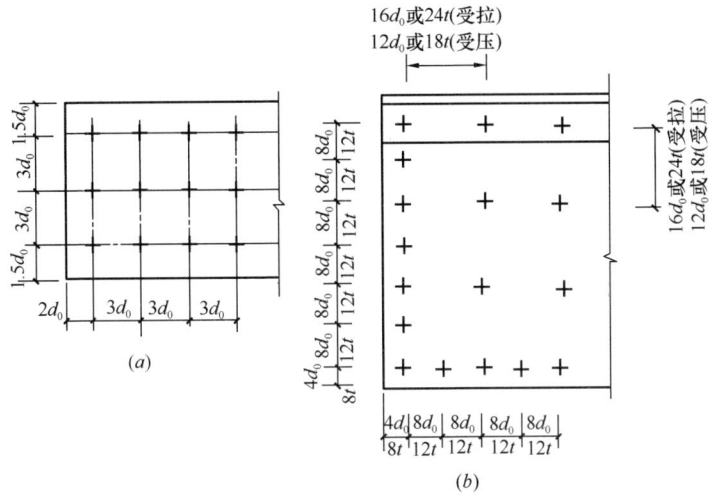

图 15-4-5 钢板上的螺栓排列
(a) 螺栓排列的最小距离；(b) 螺栓排列的最大距离

11.4.2 高强度螺栓摩擦型连接应按下列规定计算：

1 在受剪连接中，每个高强度螺栓的承载力设计值按下式计算：

$$N_v^b = 0.9kn_f\mu P \qquad (11.4.2\text{-}1)$$

式中：N_v^b——一个高强度螺栓的受剪承载力设计值（N）；

  k——孔型系数，标准孔取 1.0；大圆孔取 0.85；内力与槽孔长向垂直时取 0.7；内力与槽孔长向平行时取 0.6；

  n_f——传力摩擦面数目；

  μ——摩擦面的抗滑移系数，可按表 11.4.2-1（表略）取值；

  P——一个高强度螺栓的预拉力设计值（N），按表 11.4.2-2（表略）取值。

2 在螺栓杆轴方向受拉的连接中，每个高强度螺栓的承载力应按下式计算：

$$N_t^b = 0.8P \qquad (11.4.2\text{-}2)$$

3 当高强度螺栓摩擦型连接同时承受摩擦面间的剪力和螺栓杆轴方向的外拉力时，承载力应符合下式要求：

$$\frac{N_v}{N_v^b} + \frac{N_t}{N_t^b} \leqslant 1.0 \qquad (11.4.2\text{-}3)$$

式中：N_v、N_t——分别为某个高强度螺栓所承受的剪力和拉力（N）；

  N_v^b、N_t^b——一个高强度螺栓的受剪、受拉承载力设计值（N）。

11.4.3 高强度螺栓承压型连接应按下列规定计算：

1 承压型连接的高强度螺栓预拉力 P 的施拧工艺和设计值取值应与摩擦型连接高强度螺栓相同；

2 承压型连接中每个高强度螺栓的受剪承载力设计值，其计算方法与普通螺栓相同，但当计算剪切面在螺纹处时，其受剪承载力设计值应按螺纹处的有效截面积进行计算；

3 在杆轴受拉的连接中，每个高强度螺栓的受拉承载力设计值的计算方法与普通螺栓相同；

高强度螺栓群在轴心力作用下的受剪计算，N 通过螺栓群形心。

每个螺栓受剪计算：
$$\frac{N}{n} \leqslant N_v^b$$

构件毛截面屈服的强度验算：
$$\sigma = \frac{N}{A} \leqslant f$$

构件净截面断裂的强度验算：
$$\sigma = \left(1 - 0.5\frac{n_1}{n}\right)\frac{N}{A_n} \leqslant 0.7 f_u$$

式中 n_1 为所计算截面（最外列螺栓处）上高强度螺栓数目；A_n 为验算截面处的净截面面积；n 为螺栓数目；f_u 为钢材的抗拉强度最小值。

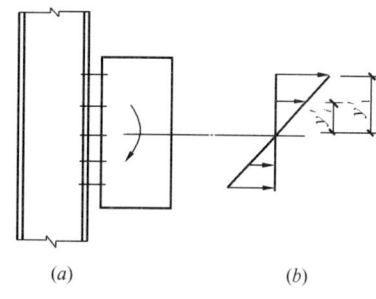

图 15-4-6 弯矩作用下高强度螺栓群连接

高强度螺栓群在弯矩作用下的计算，如图 15-4-6 所示，螺栓绕螺栓群形心转动，即：

$$N_1 = \frac{My_1'}{m\sum y_i'^2} \leqslant N_t^b = 0.8P$$

式中 y_1' 为最外一排螺栓至螺栓群中心距离；y_i' 为第 i 排螺栓至螺栓群中心距离；m 为螺栓群的列数。

三、解题指导

各类连接应掌握：连接的计算和构造要求，而且连接的计算必须先满足构造要求，同时，连接的计算有关参数还受构造的制约。

在焊缝连接中，注意焊脚尺寸的构造要求，焊缝长度的构造要求，特别是计算焊缝应力，侧面角焊缝的长度 l_w 应满足：$l_w \geqslant 8h_f$ 或 $l_w \geqslant 40\text{mm}$；当搭接侧面角焊缝的 $l_w > 60h_f$ 且焊缝受力不均匀时，应考虑超长折减系数。

螺栓连接，除应掌握构造要求外，还应注意螺栓超长折减系数 η、最不利截面的确定、高强螺栓连接强度计算公式、螺栓群计算（如是否绕形心轴）。

【**例 15-4-1**】承压型连接高强螺栓可用于（　　）。

A. 直接承受动力荷载的结构　　　　　　B. 承受反复荷载作用的结构
C. 承受静力荷载或间接动力荷载的结构　D. 薄壁型钢结构

【**解**】本题考螺栓材料的选用，承压型连接高强螺栓不应用于直接承受动力荷载的结构，故应选 C 项。

【**例 15-4-2**】某杆件与节点板采用 22 个 M24 的普通螺栓连接，沿受力方向分两排按最小间距（$3d_0$）排列，螺栓的承载力折减系数是（　　）。

A. 0.75　　　　B. 0.80　　　　C. 0.85　　　　D. 0.90

【解】 每排为11个，连接长度：$l = 10 \times 3d_0 = 30d_0$

$15d_0 < l = 30d_0 < 60d_0$，故：$\eta = 1.1 - \dfrac{l_1}{150d_0} = 1.1 - \dfrac{30d_0}{150d_0} = 0.9 > 0.7$

所以应选 D 项。

思考：若本题改为一排，其他条件不变，则折减系数为：

由于 $l_1 = (24-1) \times 3d_0 = 89d_0 > 60d_0$，故 η 取 0.7。

四、应试题解

1. 两种不同牌号钢采用手工焊接时，选用（　　）。

   A. 与低牌号钢材相匹配的焊条

   B. 与高牌号钢材相匹配的焊条

   C. 与两种不同牌号钢材中任一种相匹配的焊条

   D. 与任何焊条都可以

2. 当承受轴心力的板件用斜焊缝对接，焊缝与作用力间的夹角 θ，满足（　　）时，其强度可不必计算。

   A. $\theta = 45°$　　　B. $\theta = 75°$　　　C. $\tan\theta \leqslant 1.5$　　　D. $\sin\theta \geqslant 0.9$

3. 直角角焊缝的强度计算公式 $\tau_f = \dfrac{N}{h_e l_w} \leqslant f_f^w$ 中，h_e 是角焊缝的（　　）。

   A. 厚度　　　B. 有效厚度　　　C. 名义厚度　　　D. 焊脚尺寸

4. 直角角焊缝的有效厚度 h_e 为（　　）。

   A. $0.7h_f$　　　B. $0.5h_f$　　　C. $1.5h_f$　　　D. $h_f - 1$

5. 图15-4-7为角钢与钢板连接，采用预热的低氢焊接方法，角钢肢尖与钢板间的侧面角焊缝最小焊脚尺寸为（　　）mm。

   A. 5　　　B. 6　　　C. 8　　　D. 9

6. 在荷载作用下，角焊缝的搭接焊缝连接中，角焊缝的计算长度大于（　　）时，焊缝的承载力设计值应考虑折减。

   A. $40h_f$　　　B. $60h_f$　　　C. $80h_f$　　　D. $100h_f$

7. 图15-4-8为单角钢（L80×5）的接长连接，它与拼接角钢间采用侧面角焊缝（Q235钢和E43型焊条），焊脚尺寸 $h_f = 5$mm。该连接能承担的静荷载拉力设计值为（　　）kN。

   A. 336　　　B. 325　　　C. 361　　　D. 392

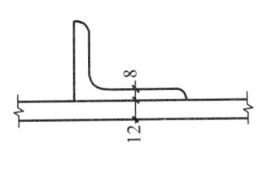

图 15-4-7

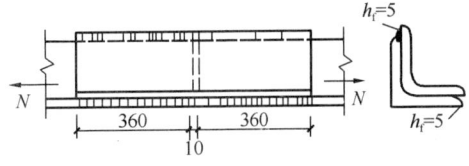

图 15-4-8

8. 如图15-4-9所示单根等肢角钢（L140×10）与节点板采用两面侧焊缝连接。已知：钢材用 Q235AF，手工焊 E43 型焊条，$f_f^w = 160 \text{N/mm}^2$，$K_1 = 0.7$，$K_2 = 0.3$，则该连接能承受静力荷载产生的轴心拉力设计值 N 小于（　　）kN。

A. 355　　　　B. 325　　　　C. 285　　　　D. 235

9. 如图 15-4-10 所示，节点采用角焊缝，$h_f=10\text{mm}$，焊条采用 E43，角焊缝强度设计值 $f_f^w=160\text{N/mm}^2$，则该节点承受动力荷载时，其能承受最大轴力 N 最接近于（　　）kN。

A. 720　　　　B. 649　　　　C. 627　　　　D. 830

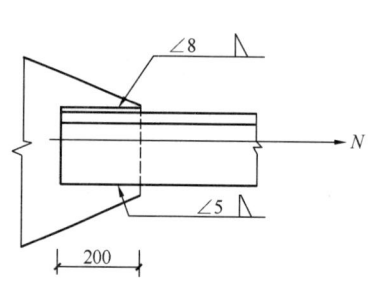
图 15-4-9

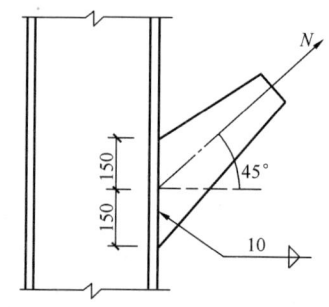
图 15-4-10

10. 图 15-4-11 角焊缝连接，作用在竖直钢板的斜向静拉力设计值 $N=300\text{kN}$，焊脚尺寸 $h_f=6\text{mm}$，材料为 Q235 钢和 E43 型焊条，则焊缝应力为（　　）N/mm²。

A. 126　　　　B. 136　　　　C. 140　　　　D. 154

11. 工字钢梁下面用对接焊缝连接 8mm 厚节点板，焊缝长度为 240mm，焊接质量等级为二级，材料为 Q235 钢和 E43 型焊条，节点板在竖向拉力设计值 $N=300\text{kN}$ 作用下，焊缝应力为（　　）N/mm²。

A. 130　　　　B. 136　　　　C. 167　　　　D. 170

12. 两块钢板用两块连接板和直角焊缝连接，见图 15-4-12，已知 $f=215\text{N/mm}^2$，$f_f^w=160\text{N/mm}^2$，$h_f=10\text{mm}$，该连接能承受静力荷载产生的最大拉力设计值（　　）kN。

A. 245.9　　　B. 403.2　　　C. 458.7　　　D. 491.9

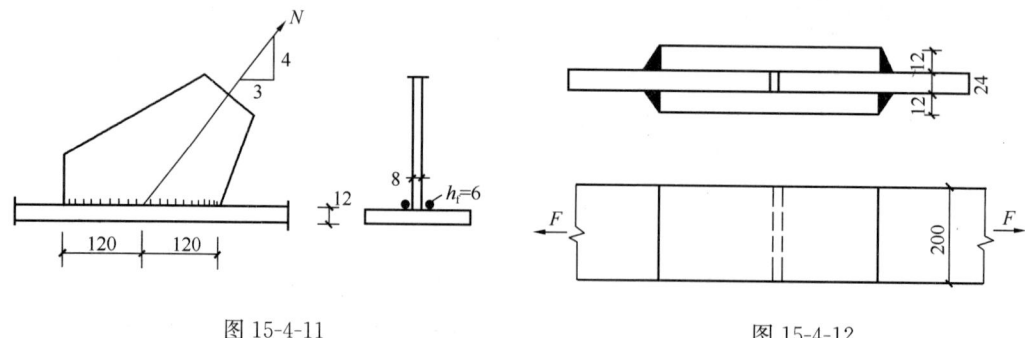

图 15-4-11　　　　　　　　　　　　图 15-4-12

13. 残余应力（焊接残余应力、轧制残余应力、火焰切割残余应力）对构件的（　　）无影响。

A. 刚度和变形　　B. 整体稳定　　C. 疲劳强度　　D. 静力强度

14. 产生焊接残余应力的主要因素是（　　）。

A. 钢材的塑性太低　　　　　　B. 钢材的热量分布不均
C. 焊缝的厚度太小　　　　　　D. 钢材的弹性模量太小

15. 受剪普通螺栓可能出现五种破坏形式，其中（　　）三种破坏需通过计算来防止。
A. 螺栓受剪、螺栓杆弯曲、孔壁挤压　B. 孔壁挤压、螺栓杆弯曲、钢板受剪
C. 螺栓受剪、孔壁挤压、钢板被拉断　D. 螺栓受剪、螺栓杆弯曲、钢板受剪

16. 下面关于受剪普通螺栓的说法中，不正确的是（　　）。
A. 受剪螺栓，若栓杆较细而连接板较厚时，容易发生栓杆受弯破坏
B. 受剪螺栓，若栓杆较粗而连接板较薄时，容易发生构件被挤压破坏
C. 受剪螺栓，若螺栓间距或边距太小时，容易发生螺栓之间或端部钢材被剪穿
D. 受剪螺栓，若构件截面被削弱太多时，容易发生构件剪切破坏

17. 在螺栓连接中，顺内力方向，螺栓中心至构件边缘距离的最小容许距离为（　　）。
A. $2d_0$（d_0为螺栓孔直径）　　B. $4d_0$（d_0为螺栓孔直径）
C. $2d_0$（d_0为螺栓直径）　　　D. $4d_0$（d_0为螺栓直径）

18. 在螺栓连接中，最外排垂直内力方向，螺栓中心间距的最小容许距离为（　　）。
A. $3d_0$（d_0为螺栓孔直径）　　B. $4d_0$（d_0为螺栓孔直径）
C. $3d_0$（d_0为螺栓直径）　　　D. $4d_0$（d_0为螺栓直径）

19. 某杆件与节点板采用22个M24的高强度螺栓连接，沿受力方向分两排按最小间距排列（$3d_0$），螺栓的抗剪承载力折减系数是（　　）。
A. 0.75　　B. 0.80
C. 0.85　　D. 0.90

20. 图15-4-13为普通C级螺栓连接，螺栓为M20，孔径为$d_0=21.5mm$，钢材为Q235，连接能承担的拉力设计值N为（　　）kN。
A. 123　　B. 132
C. 150　　D. 195

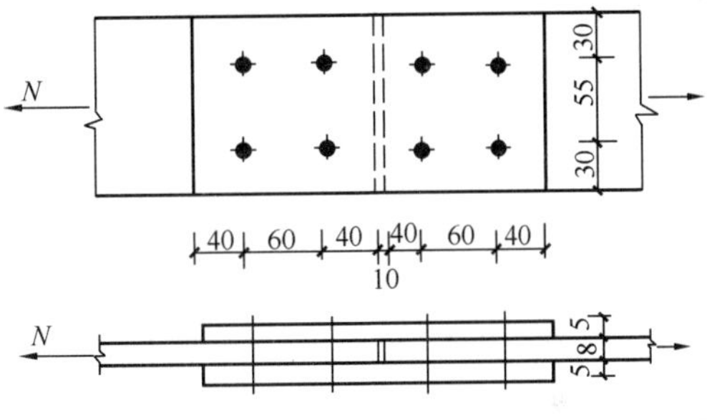

图15-4-13

21. 高强度螺栓摩擦型连接靠（　　）来传递外力。
A. 钢板挤压　　　　　　　　B. 螺栓剪切
C. 摩擦力　　　　　　　　　D. 钢板挤压和螺栓剪切

22. 8.8级高强度螺栓是指（　　）。
A. 抗拉强度$f_u \geq 800N/mm^2$　　B. $f_u \geq 800N/mm^2$，$f_y/f_u=0.8$
C. $f_u \geq 800N/mm^2$，$f_u/f_y=0.8$　D. 含碳量不小于8.8/10000

23. 摩擦型连接与承压型连接高强度螺栓的主要区别为（　　）。
A. 构件接触面处理方法不同
B. 高强度螺栓材料不同
C. 施加的预加拉力值不同
D. 外力克服构件间摩擦阻力后为承压型连接高强度螺栓，否则为摩擦型连接高强度螺栓

24. 抗剪承压型连接高强度螺栓在正常使用极限状态下的受剪承载力为（　　）。
A. 螺栓剪面的抗剪承载力　　　B. 连接板件的孔壁承压承载力
C. 连接板件间的摩擦阻力　　　D. 连接板件净截面承载力

25. 摩擦型连接高强度螺栓的抗拉承载力设计值（　　）承压型连接高强度螺栓的抗拉承载力设计值。

   A. 大于　　　　B. 小于　　　　C. 等于　　　　D. 无法确定

26. 承压型连接高强度螺栓比摩擦型连接高强度螺栓（　　）。

   A. 承载力低，变形小　　　　B. 承载力高，变形大
   C. 承载力高，变形小　　　　D. 无法确定大小

27. 如图 15-4-14 所示普通螺栓连接，已知钢材强度设计值 $f=305\text{N}/\text{mm}^2$，$f_u=470\text{N}/\text{mm}^2$，螺栓为 M22，采用 5.6 级，$f_t^b=210\text{N}/\text{mm}^2$，$f_v^b=190\text{N}/\text{mm}^2$，$f_c^b=510\text{N}/\text{mm}^2$，若构件不会发生拉断破坏，该连接能承受的最大拉力设计值为（　　）kN。

   A. 577　　　　B. 718　　　　C. 477　　　　D. 818

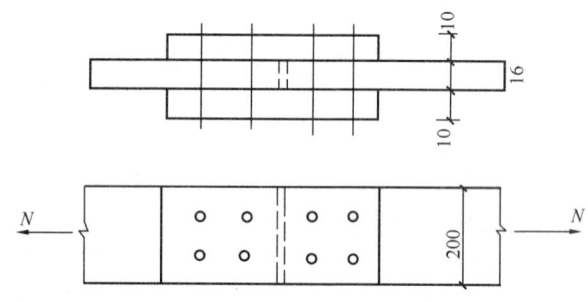

图 15-4-14

28. 如图 15-4-14 所示，将螺栓连接改为高强度螺栓连接，标准圆孔，直径为 M22，孔径为 23.5mm，10.9 级，已知螺栓预拉力 $P=190\text{kN}$，摩擦面抗滑移系数 $\mu=0.4$，该连接能承受的最大拉力设计值为（　　）kN。

   A. 516　　　　B. 547
   C. 578　　　　D. 1008

29. 图 15-4-15 为摩擦型高强度螺栓连接，预拉力 $P=100\text{kN}$，弯矩 M 使受力最大的螺栓 1 产生的拉力 $N_{t1}=60\text{kN}<N_t^b=0.8P$，这时螺栓 1 的拉力为（　　）。

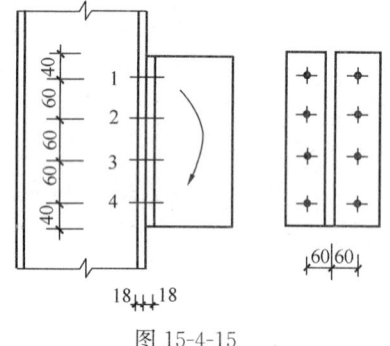

图 15-4-15

   A. 等于 100kN　　B. 低于 100kN
   C. 高于 100kN　　D. 螺栓内原预拉力基本不变

30. 图 15-4-15 为在弯矩作用下的螺栓连接，螺栓的最大拉力设计值可由 $N_{t1}=\dfrac{My_1}{m\Sigma y_i^2}$，当采用 C 级普通螺栓和摩擦型高强度螺栓时，上式中的 $m\Sigma y_i^2$ 分别为（　　）。

   A. 100800mm² 和 36000mm²
   B. 36000mm² 和 100800mm²
   C. 100800mm² 和 64000mm²
   D. 36000mm² 和 64000mm²

31. 图 15-4-16 为高强度螺栓连接，采用 4 个 10.9 级 M22

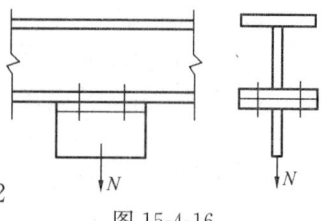

图 15-4-16

的高强度螺栓，预拉力 $P=190\text{kN}$，连接件能承受的最大拉力设计值为（　　）kN。

A. 304　　　　　B. 432　　　　　C. 608　　　　　D. 760

第五节　钢　屋　盖

一、《考试大纲》的规定

钢屋盖：组成、布置、钢屋架设计。

二、重点内容

1. 钢屋盖结构的组成和布置

钢屋盖结构由屋面材料、檩条、屋架、托架和天窗架、屋面支撑等构件组成。根据屋面材料和屋面结构布置情况可分为无檩屋盖和有檩屋盖两种。

屋架的跨度和间距取决于柱网布置，而柱网布置则根据建筑物工艺要求和经济合理等各方面因素而定。当柱距超过屋面板长度时，就必须在柱间设置托架，以支承中间屋架。

(1) 钢屋盖支撑的分类与作用

屋盖支撑根据布置位置不同分为：屋架上弦横向水平支撑；屋架下弦横向水平支撑；屋架下弦纵向水平支撑；垂直（竖向）支撑；系杆。其中，系杆一般设置在不设置横向水平支撑开间，分为刚性系杆（能承受压力）和柔性系杆（只能承受拉力）。

屋盖支撑的作用包括：保证屋盖结构的几何稳定性；保证屋盖的空间和整体性；为受压弦杆提供侧向支承点；承受和传递纵向水平力（如风荷载、吊车纵向制动力、地震荷载等）；保证结构在安装和架设过程中的稳定性。

屋架上弦平面支撑可作为上弦杆（压杆）的侧向支承点，从而减少其平面（垂直屋架平面方向）的计算长度。屋架弦杆可由系杆与支撑桁架的节点连接，也能起到压杆（屋架弦杆）的侧向支承点的作用。

(2) 屋盖支撑的布置

上弦横向水平支撑，它通常设置在房屋两端（或温度伸缩缝区段两端）的第一或第二开间内。当设置在第二个开间内时，必须用刚性系杆将端屋架与横向水平支撑桁架的节点连接。上弦横向水平支撑的间距不宜超过60m。当房屋纵向长度较大时，应在房屋长度中间再增加设置横向水平支撑。

下弦横向水平支撑，它与上弦横向水平支撑在同一开间设置。在有悬挂吊车的屋盖，有桥式吊车或有振动设备的工业厂房或跨度较大（$L \geqslant 18\text{m}$）的一般房屋中，必须设置下弦横向水平支撑。

下弦纵向水平支撑，在有桥式吊车的单层工业厂房中，除上、下弦横向水平支撑外，还必须设置下弦纵向水平支撑。

竖向支撑，在梯形屋架两端必须设置竖向支撑。另外，在屋架跨度中间，根据屋架跨度的大小，设置一道或二道竖向支撑。对于梯形屋架跨度 $L \leqslant 30\text{m}$，三角形屋架跨度 $L \leqslant 24\text{m}$ 时，仅在屋架跨度中央设置一道竖向支撑，但屋架跨度大于上述数值时，应在跨度三分点附近或天窗架侧柱处设置二道竖向支撑。当屋架上有天窗时，天窗也应设置竖向支撑。沿房屋的纵向，竖向支撑应与上下弦横向水平支撑设置在同一开间内。

系杆，如果系杆按压杆设计，常称为刚性系杆；如果系杆只需承受拉力，当它承受压力时可退出工作而由另一侧的系杆受拉承担,这种系杆按拉杆设计,常称为柔性系杆。

(3) 支撑的计算和构造

一般地,屋盖支撑受力较小,支撑截面尺寸大多数是由杆件的容许长细比和构造要求而定。按拉杆设计的斜腹杆、柔性系杆等的容许长细比为400;按压杆设计的直腹杆、刚性系杆等的容许长细比为200。

2. 普通钢屋架

一般的工业厂房中,屋架的计算跨度取支柱轴线之间的距离减去0.3m。

屋架的高度应根据经济、刚度、建筑等要求以及屋面坡度,运输条件等因素来确定。梯形屋架的端部高度:当屋架与柱铰接时为1.6~2.2m,刚接时为1.8~2.4m,端弯矩大时取大值,端弯矩小时取小值。屋架上弦节间的划分主要依据屋面材料而定,如对采用大型屋面板的无檩屋盖,上弦节间长度应等于屋面板的宽度,一般为1.5m或3m。当采用有檩屋盖时,则根据檩条的间距而定,一般为0.8~0.3m。

(1) 计算屋架杆件内力时常采用的基本假定

基本假定:屋架的节点为铰接(但当杆件为H形或箱形截面时,其内力应计算节点刚性引起的弯矩);屋架所有杆件的轴线都在同一平面内,且相交于节点的中心;荷载都作用在节点上,且都在屋架平面内。

屋架内力应根据使用过程和施工过程中可能出现的最不利荷载组合计算。在屋架设计时应考虑的三种荷载组合:①永久荷载+可变荷载;②永久荷载+半跨可变荷载;③屋架、支撑和天窗架自重+半跨屋面板重+半跨屋面活荷载。

屋架上、下弦杆和靠近支座的腹杆按①组合计算;跨中附近的腹杆在②、③组合下可能内力为最大而且可能变号,应按②、③组合计算,取最不利者。

(2) 内力计算

轴向力计算,屋架杆件的轴向力可用数解法或图解法求得。

上弦局部弯矩,为了简化,可近似地先按简支梁计算出弯矩 M_0,端节间的正弯矩 $M_1 = 0.8M_0$,其他节间的正弯矩和节点负弯矩为 $M_2 = 0.6M_0$。

当屋架与柱刚接时,除上述计算的屋架内力外,还应考虑在排架分析时所得的屋架端弯矩对屋架杆件内力的影响。

(3) 屋架杆件设计

屋架杆件的计算长度 l_0 的规定,见表15-5-1。

桁架弦杆和单系腹杆的计算长度 l_0 表15-5-1

项次	弯曲方向	弦杆	腹杆	
			支座斜杆和支座竖杆	其他腹杆
1	在桁架平面内	l	l	$0.8l$
2	在桁架平面外	l_1	l	l
3	斜平面	—	l	$0.9l$

注:1. l 为构件的几何长度(节点中心间距离);l_1 为桁架弦杆侧向支承点之间的距离。
  2. 斜平面系指与桁架平面斜交的平面,适用于构件截面两主轴均不在桁架平面内的单角钢腹杆和双角钢十字形截面腹杆。
  3. 无节点板的腹杆计算长度在任意平面内均取其等于几何长度(钢管结构除外)。

当桁架弦杆侧向支承点之间的距离为节间长度的2倍（图15-5-1）且两节间的弦杆轴心压力不相同时，则该弦杆在桁架平面外的计算长度，应按下式确定：

$$l_0 = l_1 \left(0.75 + 0.25 \frac{N_2}{N_1}\right) \geqslant 0.5 l_1$$

式中　N_1——较大的压力，计算时取正值；
　　　N_2——较小的压力或拉力，计算时压力取正值，拉力取负值。

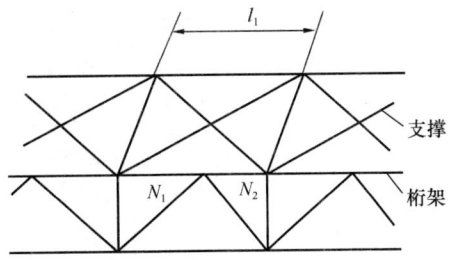

图 15-5-1　弦杆轴心压力在侧向支承点间有变化的桁架简图

确定在交叉点相互连接的桁架交叉腹杆的长细比时，在桁架平面内的计算长度应取节点中心到交叉点间的距离；在桁架平面外的计算长度，当两交叉杆长度相等且在中点相交时，压杆应按下列规定采用：

①相交另一杆受压，两杆截面相同并在交叉点均不中断，则：

$$l_0 = l \sqrt{\frac{1}{2}\left(1 + \frac{N_0}{N}\right)}$$

②相交另一杆受压，此另一杆在交叉点中断但以节点板搭接，则：

$$l_0 = l \sqrt{1 + \frac{\pi^2}{12} \cdot \frac{N_0}{N}}$$

③相交另一杆受拉，两杆截面相同并在交叉点均不中断，则：

$$l_0 = l \sqrt{\frac{1}{2}\left(1 - \frac{3}{4} \cdot \frac{N_0}{N}\right)} \geqslant 0.5 l$$

④相交另一杆受拉，此拉杆在交叉点中断但以节点板搭接，则：

$$l_0 = l \sqrt{1 - \frac{3}{4} \cdot \frac{N_0}{N}} \geqslant 0.5 l$$

式中 l 为桁架节点中心间距离（交叉点不作为节点考虑）；N 为所求杆的内力；N_0 为相交另一杆的内力，均为绝对值。两杆均受压时，取 $N_0 \leqslant N$，两杆截面应相同。

拉杆，应取 $l_0 = l$。

当确定交叉腹杆中单角钢杆件斜平面内的长细比时，计算长度应取节点中心至交叉点的距离。

杆件的容许长细比，其取值见本章第二节规定。

(4) 杆件截面设计

普通钢屋架的杆件一般采用两个等肢或不等肢角钢组成的 T 形截面或十字形截面。由于屋架受压杆件的承载能力主要受稳定条件控制，故选择截面应符合等稳定性要求，一般取 $\lambda_x \approx \lambda_y$，而当截面两个主轴方向的截面分类不属于同一类时，应取 $\varphi_x = \varphi_y$。

对于屋架上弦，如无局部弯矩，因屋架平面外计算长度往往是屋架平面内计算长度的两倍或更大，要使 $\lambda_x = \lambda_y$，必须使 $i_y = 2 i_x$，上弦宜采用两个不等肢角钢，短肢相并的 T 形截面形式。如有较大的局部弯矩，宜采用两个不等肢角钢，长肢相并的 T 形截面。

对于屋架的支座斜杆（端斜杆），由于它的屋架平面内和平面外的计算长度相等，应使截面的 $i_x \approx i_y$，采用两个不等肢角钢，长肢相并的 T 形截面。

对于其他腹杆，因为 $l_{0x}=0.8l_{0y}$，故要求 $i_{0x}=0.8i_{0y}$，宜采用两个等肢角钢组成的 T 形截面。与竖向支撑相连的竖腹杆宜采用两个等肢角钢组成的十字截面。

屋架下弦在平面外的计算长度很大，故宜采用两个不等肢角钢，短肢相并的 T 形截面。

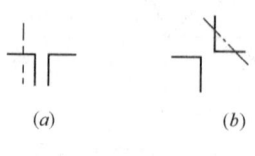

图 15-5-2　计算 i 时的轴线示意图

此外，应在角钢相并肢之间焊上垫板，垫板厚度与节点板厚度相同，垫板宽度一般取 50～80mm 左右，长度比角钢肢宽大 20～30mm，垫板间距在受压杆件中不大于 $40i$，在受拉杆件中不大于 $80i$，在 T 形截面中 i 为一个角钢对平行于垫板自身重心轴的回转半径；在十字形截面中 i 为一个角钢的最小回转半径（如图 15-5-2 所示）；在杆件的计算长度范围内至少设置两块垫板。

（5）屋架节点设计

屋架节点设计的要求：各杆件的形心线应尽量与屋架的几何轴线重合，并交于节点中心；屋架节点板上腹杆与弦杆之间以及腹杆之间的间隙不宜小于 20mm；节点板的形状应该尽可能简单而有规则，至少应有两边平行，如矩形、棱形、直角梯形等；同一榀屋架中所有节点板宜采用同一种厚度，但支座节点板可比其他节点板厚 2mm。节点板不得作为拼接弦杆用的主要传力杆件。

三、解题指导

理解并掌握钢屋盖结构的支撑的作用与布置；钢屋架杆件内力计算的基本假定。掌握杆件计算长度 l_0 的计算，区分弦杆、腹杆（支座斜杆与支座竖杆、其他腹杆）在平面内、平面外，斜平面的计算长度 l_0 的取值。

掌握杆件截面形式的选择，即等稳定性要求。因为杆件平面内、平面外计算长度的影响，其长细比值也就不同，故双角钢组成的 T 形截面就存在长肢相并、短肢相并的不同形式，具体见本节重点内容。

【例 15-5-1】 钢屋架中有节点板的竖杆（l 为其几何长度）由两个等肢角钢组成十字形截面杆件，计算该竖杆最大长细比 λ_{max} 时，其计算长度 l_0 取为（　　）。

A. $0.8l$　　　　B. $0.9l$　　　　C. l　　　　D. 上述 A、B、C 均不对

【解】 竖杆截面为十字形截面，属于表 15-5-1 中注 2 情况，在斜平面内，其计算长度 $l_0=0.9l$，故应选 B 项。

【例 15-5-2】 某屋架钢材为 Q355，上弦杆计算长度 $l_{0x}=1508$mm，$l_{0y}=4524$mm，上弦杆截面 2L140×90×10（短肢相并），$A=4460$mm^2，$I_x=292×10^4$mm^4，$I_y=2063×10^4$mm^4，$[\lambda]=150$，则上弦杆承载力设计值为（　　）kN。

A. 1246　　　　B. 1050　　　　C. 879　　　　D. 739

【解】 $i_x=\sqrt{I_x/A}=\sqrt{2920000/4460}=25.59$mm，$\lambda_x=\dfrac{l_{0x}}{i_x}=58.9$

$i_y=\sqrt{I_y/A}=68.01$mm，$\lambda_y=\dfrac{l_{0y}}{i_y}=66.5$

角钢短肢相并，由《钢标》7.2.2 条：

$\lambda_z=3.7\dfrac{b_1}{t}=3.7×\dfrac{140}{10}=51.8$，故 $\lambda_y>\lambda_z$，则：

$\lambda_{yz}=\lambda_y\left[1+0.06\left(\dfrac{\lambda_z}{\lambda_y}\right)^2\right]=66.5×\left[1+0.06×\left(\dfrac{51.8}{66.5}\right)^2\right]=68.9$

b 类截面，$\lambda_{yz}/\varepsilon_k = 68.9/\sqrt{235/355} = 83.5$，由《钢标》附录表 D.0.2，取 $\psi_{yz} = 0.665$，则：$N \leqslant \varphi_{yz}Af = 0.665 \times 4460 \times 355 = 1053\text{kN}$，选 B 项。

思考：本题计算过程中计入空间扭转效应，按 λ_{yz} 计算并查表。

四、应试题解

1. 钢屋盖结构的支撑系统必须设有（　　），以保证屋盖结构的整体性、空间稳定性；受压弦杆的侧向支承点；承担和传递垂直于屋架平面的荷载；屋架安装时的稳定与方便。

　　A. 屋架上弦横向支撑，竖向支撑，系杆
　　B. 屋架上弦横向支撑，竖向支撑
　　C. 屋架上、下弦横向支撑，竖向支撑，系杆
　　D. 屋架上弦横向支撑，纵向水平撑，竖向支撑

2. 屋盖支撑作用保证屋盖空间刚度、减少弦杆平面外计算长度等，对于垂直支撑其作用是（　　）。

　　A. 减少下弦杆平面外计算长度　　B. 减少上弦杆平面外计算长度
　　C. 保证结构在安装和架设过程中的稳定性　　D. 传递悬挂吊车荷载

3. 在仓库房屋中，无吊车设备，也无振动设备，屋架跨度 $l<18\text{m}$ 采用普通屋盖体系至少应设置（　　）屋面支撑体系。

　　A. 下弦纵向水平支撑、垂直支撑和系杆　　B. 下弦横向水平支撑、垂直支撑和系杆
　　C. 上弦横向水平支撑、垂直支撑和系杆　　D. 上弦、下弦横向水平支撑、系杆

4. 槽钢檩条在跨度中央设置拉条后，（　　）。

　　A. 拉条起侧向支承作用，可不进行槽钢的整体稳定计算
　　B. 槽钢开口朝向屋脊，竖向荷载对槽钢的扭转作用很小，可不进行整体稳定计算
　　C. 按 $\varphi_b = \dfrac{570bt}{l_1 h} \cdot \dfrac{235}{f_y}$ 计算
　　D. 按 $\varphi_b = \dfrac{570bt}{l_1 h} \cdot \dfrac{235}{f_y}$ 计算，得到的 $\varphi_b > 0.6$ 时，不需用 φ_b' 代替

5. 确定有节点板的桁架弦杆的长细比 λ 时，其计算长度 l_0 的取值为（　　）。

①在桁架平面内的弦杆，$l_0 = l$（l 为构件的几何长度）；
②在桁架平面内的支座斜杆和支座腹杆，$l_0 = l$；
③在桁架平面内的其他腹杆，$l_0 = 0.8l$；
④在桁架平面外的其他腹杆，$l_0 = 0.9l$。

　　A. ①②　　　　B. ①②③　　　　C. ①②③④　　　　D. ①③④

6. 屋架受压下弦杆计算长度 $l_{0x} = 2262\text{mm}$，$l_{0y} = 4524\text{mm}$，下弦杆截面 2L140×90×10（短肢相并），$A = 4460\text{mm}^2$，$I_x = 292 \times 10^4 \text{mm}^4$，$I_y = 2063 \times 10^4 \text{mm}^4$，$[\lambda] = 150$，钢材为 Q235，则下弦杆受压稳定承载力为（　　）kN。

　　A. 504　　　　B. 606　　　　C. 725　　　　D. 794

7. 三角形钢屋架的单角钢（L50×5，最小轴的 $i_{y0} = 9.8\text{mm}$，$A = 480.3\text{mm}^2$）受压腹杆，杆件两端用侧面角焊缝连接在屋架平面内的节点板上。杆件几何长度 1.2m，采用 Q235 钢。杆件的受压稳定承载力为（　　）kN。

A. 32　　　　　B. 35.8　　　　　C. 38.9　　　　　D. 40.6

8. 为使组成受压的十字形截面的两角钢（2L63×5，$A=1228mm^2$，单角钢对称轴的 $i_{x0}=24.5mm$，最小轴的 $i_{y0}=12.5mm$，平行肢宽方向的 $i_x=19.4mm$）能协同工作，其间应设置填板。当构件两端节点板间净距为 1650mm 时，需设填板数量为（　　）。

　　A. 2　　　　　B. 3　　　　　C. 4　　　　　D. 5

9. 屋架下弦纵向水平支撑一般布置在屋架的（　　）。

　　A. 端竖杆处　　　　　　　　　　B. 下弦中间

　　C. 下弦端节间　　　　　　　　　D. 斜腹杆处

10. 梯形屋架采用再分式腹杆，主要为了（　　）。

　　A. 减小上弦压力　　　　　　　　B. 减小下弦压力

　　C. 避免上弦承受局部弯曲　　　　D. 减小腹杆内力

11. 屋架中，有节点板的双角钢十字形截面支座竖杆的斜平面计算长度为（　　）（设杆件的几何长度为 l）。

　　A. l　　　　　B. $0.8l$　　　　　C. $0.9l$　　　　　D. $2l$

12. 如钢屋架下弦杆的节间间距为 l，有节点板，其平面外的计算长度为（　　），平面内的计算长度为（　　）。

　　A. l 和 l　　　　　　　　　　　B. l 和 $0.8l$

　　C. 侧向支撑点的间距和 l　　　　 D. l 和侧向支撑点的间距

13. 有重级工作制吊车的厂房，屋架间距和十字交叉支撑节间均为 6m，$[\lambda]=350$，则屋架下弦交叉支撑的断面应选择（　　）。

　　A. L63×5，$i_x=1.94cm$　　　　B. L70×5，$i_x=2.16cm$

　　C. L75×5，$i_x=2.32cm$　　　　D. L80×5，$i_x=2.43cm$

14. 梯形钢屋架受压杆件合理的截面形式，应使所选截面尽可能满足（　　）。

　　A. 等稳定　　　　　　　　　　　B. 等刚度

　　C. 等强度　　　　　　　　　　　D. 计算长度相等

15. 当屋架杆件在风吸力作用下由拉杆变为压杆时，其允许长细比为（　　）。

　　A. 100　　　　　B. 150　　　　　C. 250　　　　　D. 350

16. 屋盖中设置的刚性系杆（　　）。

　　A. 可以受弯　　　　　　　　　　B. 只能受拉

　　C. 可以受压　　　　　　　　　　D. 可以受压和受弯

17. 屋盖中设置的柔性系杆（　　）。

　　A. 可以受弯　　　　　　　　　　B. 只能受拉

　　C. 可以受压　　　　　　　　　　D. 可以受压和受弯

第六节　答　案　与　解　答

一、第一节　基本设计规定和材料

1. C　2. B　3. C　4. D　5. B　6. D　7. B　8. B　9. C　10. B
11. C　12. D　13. C　14. D　15. D　16. D　17. A　18. C　19. B

18. C. 解答如下：

检修活荷载应乘以折减系数 0.85。

$$q = 1.3 \times 4 + 1.5 \times (3.5 \times 0.85) = 9.663 \text{kN/m}^2$$

$$M = \frac{1}{8} \cdot (4q_1) l^2 = \frac{1}{8} \times 4 \times 9.663 \times 8^2 = 309.2 \text{kN} \cdot \text{m}$$

19. B. 解答如下：

检修活荷载应乘以折减系数 0.85，且分项系数取 1.5。

$$q = 1.3 \times 5 + 1.5 \times (20 \times 0.85) = 32 \text{kN/m}^2$$

$$M = \frac{1}{8} \cdot (4q_1) l^2 = \frac{1}{8} \times 4 \times 32 \times 8^2 = 1024 \text{kN} \cdot \text{m}$$

二、第二节　轴心受力构件

1. B　　2. B　　3. C　　4. B　　5. B　　6. D　　7. D　　8. A　　9. A　　10. D
11. B　　12. D　　13. D　　14. D　　15. C　　16. A　　17. A　　18. B　　19. D　　20. D
21. C　　22. B

4. B. 解答如下：

$$\sigma = \frac{N}{A_n} = \frac{120}{(160-25) \times 12} = 0.074 \text{kN/mm}^2 = 74 \text{MPa}$$

5. B. 解答如下：

$$d_c = \max(d+4, d_0) = \max(20+4, 21.5) = 24 \text{mm}$$

$$A_n = (200 - 2 \times 24) \times 16 = 2432 \text{mm}^2$$

6. D. 解答如下：

《钢结构设计标准》7.4.7 条，计算单角钢的长细比，应采用单角钢的最小回转半径。

13. D. 解答如下：

依据《钢结构设计标准》7.3.1 条。

15. C. 解答如下：

依据《钢结构设计标准》7.6.1 条，f 应乘以折减系数 $\eta = 0.85$：

$$N \leq f \cdot A_n = (\eta f) \cdot A_n = 0.85 \times 215 \times 480 = 87.72 \text{kN}$$

依据《钢结构设计标准》7.4.1 条，单角钢的计算长度为 $0.9l$，则：

$$\lambda = \frac{l_0}{i_{\min}} = \frac{0.9l}{i_{\min}} = \frac{0.9 \times 1800}{9.8} = 165.3$$

16. A. 解答如下：

$$\lambda_{0x} = \sqrt{\lambda_x^2 + 27A/A_1} = \sqrt{\lambda_x^2 + 27 \times 2 \times 3491/(2 \times 349)}$$

$$\lambda_{0x} = \lambda_y = \frac{l_{0y}}{i_y} = \frac{10000}{98.2} = 101.8$$

解之得 $\lambda_x = 100.49$

17. A. 解答如下：

由

$$\lambda_{0x} = \frac{l_{0x}}{i_{0x}}, \quad \lambda_y = \frac{l_{0y}}{i_y}, \quad \lambda_{0x} = \lambda_y$$

则有：

$$\frac{l_{0x}}{i_{0x}} = \frac{l_y}{\lambda_y}$$

所以，
$$i_{0x} = l_{0x} \cdot \frac{i_y}{l_y} = 20000 \times \frac{98.2}{10000} = 196.4 \text{mm}$$

$$i_{0x} = \sqrt{\frac{2I_{0x}}{2A_0}}, \text{有 } i_{0x}^2 = \frac{I_{0x}}{A_0} = \frac{I_1 + A_0 \cdot \left(\frac{b}{2} - y_0\right)^2}{A_0} = \frac{I_1}{A_0} + \left(\frac{b}{2} - y_0\right)^2$$

即有：$196.4^2 = \frac{175 \times 10^4}{3491} + \left(\frac{b}{2} - 20.7\right)^2$

解之得：$b = 431.64 \text{mm}$

21. C. 解答如下：

依据《钢结构设计标准》7.6.1 条，折减系数为：

$0.6 + 0.0015\lambda = 0.6 + 0.0015 \times 100 = 0.75 < 1.0$，故取为 0.75

三、第三节 受弯构件、拉弯和压弯构件

1. A   2. D   3. B   4. B   5. A   6. A   7. A   8. C   9. D   10. A
11. B   12. A   13. B   14. C   15. B   16. D   17. C   18. D   19. C   20. B
21. C   22. A   23. A   24. B   25. D   26. A   27. B   28. D   29. C

3. B. 解答如下：

先求出支座反力为 670kN，则梁中最大弯矩 M：

$$M = 670 \times 3 - 335 \times 1.5 = 1507.5 \text{kN} \cdot \text{m}$$

工字形梁：$b/t = \frac{400 - 10}{2 \times 20} = 9.75 < 13\varepsilon_k = 13$，$\frac{h_0}{t_w} = \frac{760}{10} = 76 < 93\varepsilon_k = 93$，截面等级为 S3 级，取 $\gamma_x = 1.05$

$$\sigma = \frac{M \cdot y}{\gamma_x \cdot I_x} = \frac{1507.5 \times 10^6 \times 400}{1.05 \times 2.8 \times 10^9} = 205.1 \text{N/mm}^2$$

4. B. 解答如下：

$$S = 400 \times 20 \times 390 + 10 \times 380 \times 190 = 3.842 \times 10^6 \text{mm}^3$$

$$\tau = \frac{V \cdot S}{I \cdot t_w} = \frac{670 \times 10^3 \times 3.842 \times 10^6}{2.8 \times 10^9 \times 10} = 91.93 \text{N/mm}^2$$

5. A. 解答如下：

腹板边缘 c 点：$\sigma = \frac{M \cdot y_1}{I} = \frac{1507.5 \times 10^6 \times 380}{2.8 \times 10^9} = 204.6 \text{N/mm}^2$

$$S_1 = 400 \times 20 \times 390 = 3.12 \times 10^6 \text{mm}^3$$

$$\tau = \frac{V \cdot S_1}{I \cdot t_w} = \frac{335 \times 10^3 \times 3.12 \times 10^6}{2.8 \times 10^9 \times 10} = 37.33 \text{N/mm}^2$$

$$\sigma_{折} = \sqrt{\sigma^2 + 3\tau^2} = \sqrt{204.6^2 + 3 \times 37.33^2} = 214.57 \text{N/mm}^2$$

11. B. 解答如下：

由《钢结构设计标准》6.1.4 条，$\sigma_c = \frac{\psi F}{t_w \cdot l_z} \leq f$；$l_z = a + 5h_y$

取 $\psi = 1.0$，则 $F \leq f t_w l_z = 215 \times 8 \times (100 + 5 \times 10) = 258 \text{kN}$

16. D. 解答如下：

$$h/b_0 = 3.6/1 = 3.6 < 6;$$

$$l_1/b_0 = 60/1 = 60 < 95 \times \frac{235}{355} = 63$$

依据《钢结构设计标准》6.2.4条，φ_b 不用计算，即应为 1.0。

17. C. 解答如下：

依据《钢结构设计标准》附录 C.0.2 条，$\varphi_b = 1.07 > 0.6$，则：

$$\varphi_b' = 0.7 - \frac{0.282}{\varphi_b} = 1.07 - \frac{0.282}{1.07} = 0.806 < 1$$

取 $\varphi_b = 0.806$

$$\frac{M}{\varphi_b \cdot W_x} = \frac{Pl/4}{\varphi_b \cdot W_x} = \frac{100 \times 6 \times 10^6}{4 \times 0.806 \times 878 \times 10^3} = 212 \text{N/mm}^2$$

20. B. 解答如下：

依据《钢结构设计标准》6.3.2条，$h_0/t_w = 1000/8 = 125$，应设横向加劲肋

《钢结构设计标准》6.3.6条，横向加劲肋的间距为：$0.5h_0 \sim 2h_0$，即 $500 \sim 2500$mm，现支承加劲肋的间距为 4500mm，所以应至少设置两道加劲肋。

23. A. 解答如下：

依据《钢结构设计标准》6.3.7条，支座加劲肋侧取：

$$15t_w\varepsilon_k = 15t_w\sqrt{235/f_y} = 15 \times 8 \times \sqrt{235/355} = 98$$

$$I_z = \frac{1}{12} \cdot b \cdot h^3 + \frac{1}{12} \cdot b_1 \cdot h_1^3$$

$$= \frac{1}{12} \times 10 \times 200^3 + \frac{1}{12} \times 98 \times 8^3 = 6667008 \text{mm}^4$$

$$A = 200 \times 10 + 98 \times 8 = 2784 \text{mm}^2$$

$$i_z = \sqrt{I_z/A} = 48.9 \text{mm}$$

$$\lambda_z = \frac{h_0}{i_z} = \frac{1000}{48.9} = 20.5$$

$$\lambda_z/\varepsilon_k = \lambda_z/\sqrt{235/f_y} = 25.2$$

T形截面，查《钢结构设计标准》表 7.2.1-1，对称轴为 c 类截面，不计扭转效应，查附表 D.0.3，得 $\varphi_z = 0.933$。

26. A. 解答如下：

$$M = \frac{1}{4}Fl = \frac{1}{4} \times 14 \times 2.8 = 9.8 \text{kN} \cdot \text{m}$$

《钢结构设计标准》8.1.1条，对肢背取 $\gamma_{x1} = 1.05$，对肢尖取 $\gamma_{x2} = 1.2$，则

$$\frac{N}{A_n} + \frac{M_x}{\gamma_{x1}W_{nx}} = \frac{160 \times 10^3}{2460} + \frac{9.8 \times 10^6 \times 30}{1.05 \times 246 \times 10^4} = 178.9 \text{N/mm}^2$$

$$\frac{N}{A_n} - \frac{M_x}{\gamma_{x2}W_{nx}} = \frac{160 \times 10^3}{2460} - \frac{9.8 \times 10^6 \times 70}{1.2 \times 246 \times 10^4} = -167.3 \text{N/mm}^2$$

四、第四节 连接

1. A   2. C   3. B   4. A   5. A   6. B   7. C   8. D   9. C   10. C
11. C   12. D   13. D   14. B   15. C   16. D   17. A   18. A   19. D   20. C

21. C   22. B   23. D   24. C   25. C   26. B   27. A   28. B   29. D   30. A
31. C

5. A. 解答如下：

根据《钢标》11.3.5条表11.3.5注：

$$t=8，故\ h_f \geqslant 5\text{mm}$$

7. C. 解答如下：

因为 $l_w=360-2\times 5=350\text{mm}>60h_f=60\times 5=300\text{mm}$，故 $\alpha_f=1.5-\dfrac{l_w}{120h_f}=1.5-\dfrac{350}{120\times 5}=0.92>0.5$

$$N\leqslant \alpha_f 0.7h_f\times 2l_w\times f_f^w=0.92\times 0.7\times 5\times 2\times 350\times 160=361\text{kN}$$

8. D. 解答如下：

$$N\leqslant 0.7h_{f1}l_{w1}f_f^w/K_1=0.7\times 8\times(200-2\times 8)\times 160/0.70$$
$$=235.5\text{kN}$$

$$N\leqslant 0.7h_{f2}l_{w2}f_f^w/K_2$$
$$=0.7\times 5\times(200-2\times 5)\times 160/0.3$$
$$=354.7\text{kN}$$

所以，N 取为 235.5kN。

9. C. 解答如下：

节点承受动荷载，则：$\beta_f=1.0$，$\cos 45°=\sin 45°=\dfrac{\sqrt{2}}{2}$

$$\sigma_f=\dfrac{N\cos 45°}{2\times 0.7h_f l_w}，\tau_f=\dfrac{N\sin 45°}{2\times 0.7h_f l_w}$$

$$\sqrt{(\sigma_f/\beta_f)^2+\tau_f^2}\leqslant f_f^w$$

即有：
$$\sqrt{(\sigma_f)^2+\tau_f^2}\leqslant f_f^w$$

$$\sqrt{2}\cdot\dfrac{N\cdot\cos 45°}{1.4h_f l_w}\leqslant f_f^w$$

$$N\leqslant 1.4h_f l_w\cdot f_f^w=1.4\times 10\times(300-2\times 10)\times 160=627.2\text{kN}$$

10. C. 解答如下：

$$\sigma_f=\dfrac{N\times\frac{4}{5}}{2\times 0.7h_f l_w}=\dfrac{300\times\frac{4}{5}\times 10^3}{2\times 0.7\times 6\times(240-2\times 6)}=126.4\text{N/mm}^2$$

$$\tau_f=\dfrac{N\times\frac{3}{5}}{2\times 0.7h_f l_w}=\dfrac{300\times\frac{3}{5}\times 10^3}{2\times 0.7\times 6\times(240-2\times 6)}=94.8\text{N/mm}^2$$

$$\sqrt{(\sigma_f/\beta_f)^2+\tau_f^2}=\sqrt{(126.4/1.22)^2+94.8^2}=140.4\text{N/mm}^2$$

11. C. 解答如下：

$$\sigma=\dfrac{N}{l_w h_e}=\dfrac{300\times 10^3}{(240-2\times 8)\times 8}=167.4<f_t^w=215\text{N/mm}^2$$

12. D. 解答如下：

$$\sigma_\mathrm{f} = \frac{N/2}{h_\mathrm{f} l_\mathrm{w}} \leqslant \beta_\mathrm{f} \cdot f_\mathrm{f}^\mathrm{w}$$

$$N \leqslant 2 \times 0.7 \times 10 \times (200 - 2 \times 10) \times 1.22 \times 160 = 491.9 \mathrm{kN}$$

19. D. 解答如下：

每排为 11 个，连接长度：$l_1 = 10 \times 3d_0 = 30d_0$

依据《钢结构设计标准》11.4.5 条，$15d_0 < l_1 = 3d_0 < 60d_0$

折减系数：$\eta = 1.1 - \dfrac{l_1}{150d_0} = 1.1 - \dfrac{30d_0}{150d_0} = 1.1 - 0.2 = 0.9 > 0.7$

20. C. 解答如下：

(1) 单个普通螺栓受剪承载力：$N_\mathrm{v}^\mathrm{b} = n_\mathrm{v} \dfrac{\pi d^2}{4} \cdot f_\mathrm{v}^\mathrm{b} = 2 \times \dfrac{\pi \times 20^2}{4} \times 140 = 87.9 \mathrm{kN}$

单个普通螺栓承压承载力：$N_\mathrm{c}^\mathrm{b} = d\Sigma t \cdot f_\mathrm{c}^\mathrm{b} = 20 \times 8 \times 305 = 48.8 \mathrm{kN}$

所以，4 个普通螺栓承载力设计值为：$4 \times 48.8 = 195.2 \mathrm{kN}$

(2) 钢板净截面承载力：

$$d_\mathrm{c} = \max(20+4, 21.5) = 24 \mathrm{mm}$$

$$N = A_\mathrm{n} \cdot 0.7 f_\mathrm{u} = (120 - 2 \times 24) \times 8 \times 0.7 \times 370 = 149.2 \mathrm{kN}$$

(3) 钢板毛截面承载力

$$N = Af = 120 \times 8 \times 215 = 206.4 \mathrm{kN}$$

所以，该连接承载力设计值应为 149.2kN。

27. A. 解答如下：

单个普通螺栓受剪承载力：$N_\mathrm{v}^\mathrm{b} = n_\mathrm{v} \dfrac{\pi d^2}{4} \cdot f_\mathrm{v}^\mathrm{b} = 2 \times \dfrac{\pi \times 22^2}{4} \times 190 = 144.37 \mathrm{kN}$

单个普通螺栓承压承载力：$N_\mathrm{c}^\mathrm{b} = d\Sigma t \cdot f_\mathrm{c}^\mathrm{b} = 22 \times 16 \times 510 = 179.52 \mathrm{kN}$

所以，4 个普通螺栓承载力设计值为：$N = 4 \times 144.37 = 577.48 \mathrm{kN}$

28. B. 解答如下：

(1) $\quad N_\mathrm{v}^\mathrm{b} = 0.9 k n_\mathrm{f} u P = 0.9 \times 1 \times 2 \times 0.4 \times 190 = 136.8 \mathrm{kN}$

$$N = 4 N_\mathrm{v}^\mathrm{b} = 4 \times 136.8 = 547.2 \mathrm{kN}$$

(2) $\left(1 - 0.5 \dfrac{n_1}{n}\right) \dfrac{N}{A_\mathrm{n}} \leqslant 0.7 f_\mathrm{u}$, $d_\mathrm{c} = \max(d+4, d_0) = \max(22+4, 23.5) = 26 \mathrm{mm}$

$$A_\mathrm{n} = (200 - 2 \times 26) \times 16 = 2368 \mathrm{mm}^2$$

$$N \leqslant 0.7 \times 470 \times 2368 \div \left(1 - 0.5 \times \dfrac{2}{4}\right) = 1038.8 \mathrm{kN}$$

(3) $\quad N \leqslant Af = 200 \times 16 \times 305 = 976 \mathrm{kN}$

所以 N 取最小值为 547.2kN。

30. A. 解答如下：

当为 C 级普通螺栓时，M 作用下螺栓群绕最下排螺栓旋转，

$$m \Sigma y_i^2 = 2 \times (60^2 + 120^2 + 180^2) = 100800 \mathrm{mm}^2$$

当为摩擦型高强度螺栓时，M 作用下螺栓群绕其形心旋转，

$$m \Sigma y_i^2 = 2 \times 2 \times (30^2 + 90^2) = 36000 \mathrm{mm}^2$$

31. C. 解答如下：

$$N = 4N_t^b = 4 \times 0.8P = 4 \times 0.8 \times 190 = 608 \text{kN}$$

五、第五节 钢屋盖

1. A   2. C   3. C   4. A   5. B   6. C   7. C   8. B   9. C   10. C
11. A   12. C   13. D   14. A   15. C   16. C   17. C

6. C. 解答如下：

$$\lambda_x = \frac{l_{0x}}{i_x} = \frac{2262}{\sqrt{2920000/4460}} = 88.4 < [\lambda] = 150$$

$$\lambda_y = \frac{l_{0y}}{i_y} = \frac{4524}{\sqrt{20630000/4460}} = 66.5 < [\lambda] = 150$$

角钢短肢相并，由《钢结构设计标准》7.2.2条：

$$\lambda_z = 3.7 \frac{b_1}{t} = 3.7 \times \frac{140}{10} = 51.8 < \lambda_y，则：$$

$$\lambda_{yz} = 66.5 \times \left[1 + 0.06 \times \left(\frac{51.8}{66.5}\right)^2\right] = 68.9$$

故取 λ_{yz} 进行计算，b类截面，查《钢结构设计标准》附表D.0.2，取 $\varphi_{yz} = 0.757$

$$N = \varphi_{yz}Af = 0.757 \times 4460 \times 215 = 725.9 \text{kN}$$

7. C. 解答如下：

$$\lambda = \frac{l_0}{i_{y0}} = \frac{0.9 \times 1200}{9.8} = 110.2$$

《钢结构设计标准》表7.2.1-1，单角钢为b类截面，查附表D.0.2，$\varphi = 0.493$

《钢结构设计标准》7.6.1条：$\eta = 0.6 + 0.0015\lambda = 0.6 + 0.0015 \times 110.2 = 0.765 < 1$

$$N = \eta \varphi Af = 0.765 \times 0.493 \times 480.3 \times 215 = 38.95 \text{kN}$$

8. B. 解答如下：

依据《钢结构设计标准》7.2.6条，填板间距 $= 40i_{min} = 40 \times 12.5 = 500$mm

两节点板间需要的填板数量：$1650/500 - 1 = 2.3$

取3块，同时也满足填板数不少于2块的构造要求。

13. D. 解答如下：

$$\lambda = \frac{l_0}{i_x} = \frac{\sqrt{2}l}{i_x} \leqslant [\lambda] = 350$$

$$i_x \geqslant \frac{\sqrt{2}l}{350} = \frac{\sqrt{2} \times 6000}{350} = 24.24 \text{mm}$$

第十六章 砌 体 结 构

第一节 材料性能与设计表达式

一、《考试大纲》的规定

材料性能：块材 砂浆 砌体；

基本设计原则：设计表达式。

二、重点内容

1. 块体

块体是砌体的主要部分。根据国家标准《砌体结构设计规范》（GB 50003—2011）（以下简称《砌体规范》），常用的块体可分为：烧结普通砖、烧结多孔砖；蒸压灰砂普通砖、蒸压粉煤灰普通砖；混凝土普通砖、混凝土多孔砖；混凝土砌块、轻集料混凝土砌块；石材。

(1) 烧结普通砖、烧结多孔砖

烧结普通砖，是指由煤矸石、页岩、粉煤灰或黏土为主要原料，经过焙烧而成的实心砖。分烧结煤矸石砖、烧结页岩砖、烧结粉煤灰砖、烧结黏土砖等。

烧结多孔砖，是指以煤矸石、页岩、粉煤灰或黏土为主要原料，经焙烧而成、孔洞率不大于35%，孔的尺寸小而数量多，主要用于承重部位的砖。我国烧结多孔砖类型很多，如KM1、KP1、KP2，编号中的字母 K 表示孔洞，M 表示模数，P 表示普通。KM1 的规格为 190mm×190mm×90mm，KP1 的规格为 240mm×115mm×90mm。

烧结空心砖，是指有水平孔洞的黏土空心砖，空心率可达 40%～60%，一般用于填充墙、分隔墙等非承重部分。

块体的强度等级符号以"MU"表示，单位为 MPa（N/mm²）。烧结普通砖、烧结多孔砖的强度等级划分为：MU30、MU25、MU20、MU15 和 MU10。

烧结空心砖的强度等级划分为：MU10、MU7.5、MU5 和 MU3.5。

(2) 蒸压灰砂普通砖、蒸压粉煤灰普通砖

蒸压灰砂普通砖，是指以石灰等钙质材料和砂等硅质材料为主要原料，经坯料制备、压制排气成型、高压蒸汽养护而成的实心砖。

蒸压粉煤灰普通砖，是指以石灰、消石灰（如电石渣）或水泥等钙质材料与粉煤灰等硅质材料及集料（砂等）为主要原料，掺加适量石膏，经坯料制备、压制排气成型、高压蒸汽养护而成的实心砖。

根据建材标准指标，蒸压灰砂普通砖、蒸压粉煤灰普通砖等蒸压硅酸盐砖不得用于长期受热200℃以上、受急冷急热和有酸性介质侵蚀的建筑部位。这类砖的强度等级划分为：MU25、MU20 和 MU15。

(3) 混凝土普通砖、混凝土多孔砖

混凝土普通砖和混凝土多孔砖，是指以水泥为胶结材料，以砂、石等为主要集料，加水搅拌、成型、养护制成的一种多孔的混凝土半盲孔砖或实心砖。混凝土多孔砖的主规格尺寸为 240mm×115mm×90mm、240mm×190mm×90mm、190mm×190mm×90mm 等；混凝土实心砖的主规格尺寸为 240mm×115mm×53mm、240mm×115mm×90mm 等。这类砖的强度等级划分为：MU30、MU25、MU20 和 MU15。

(4) 混凝土砌块、轻集料混凝土砌块

高度在 180～350mm 的块体，一般称为小型砌块；高度在 360～900mm 的块体，一般称为中型砌块。目前应用的砌块按材料分有两种：混凝土空心砌块和轻骨料混凝土空心砌块。其中，混凝土空心砌块是由普通混凝土制成，有单排孔的和多排孔的，空心率在 25%～50%，主规格尺寸为 390mm×190mm×190mm。

砌块的厚度及空心率应根据结构的承载力、稳定性、构造与热工要求决定。砌块的强度等级划分为：M20、MU15、MU10、MU7.5 和 MU5。

(5) 石材

重质天然石材强度高，耐久，但导热系数大，一般用于基础砌体和重要建筑物的贴面，不宜作采暖房屋的墙壁。石材按其加工后的外形规则程度，可分为料石和毛石。料石又分为：细料石、粗料石和毛料石。毛石的形状不规则，中部厚度不应小于 200mm。

石材的强度等级，可用边长为 70mm 的立方体试块的抗压强度表示。抗压强度取三个试件破坏强度的平均值。石材的强度等级划分为 MU100、MU80、MU60、MU50、MU40、MU30 和 MU20。

2. 砂浆

普通砂浆按其配合成分可分为：水泥砂浆；混合砂浆；非水泥砂浆。普通砂浆的强度是由 28 天龄期的每边长为 70.7mm 的立方体试件的抗压强度指标为依据，其强度等级符号以"M"表示，划分为 M15、M10、M7.5、M5 和 M2.5。验算施工阶段新砌筑的砌体强度，因为砂浆尚未硬化，可按砂浆强度为零确定其砌体强度。

砌筑用普通砂浆应具有强度、耐久性、流动性（或可塑性）、保水性。其中，砂浆的可塑性，可采用重 3N、顶角 30°的标准锥体沉入砂浆中的深度来测定，锥体的沉入深度根据砂浆的用途规定为：用于砖砌体为 70～100mm；用于砌块砌体为 50～70mm；用于石砌体为 30～50mm。

砂浆的质量在很大程度上取决于其保水性。砂浆的保水性以分层度表示，即将砂浆静置 30min，上下层沉入量之差宜在 10～20mm。纯水泥砂浆的流动性与保水性比混合砂浆差。蒸压灰砂普通砖和蒸压粉煤灰普通砖砌体的专用砂浆的强度等级用 Ms 表示。

砌块专用砂浆的强度等级用 Mb 表示。砌块灌孔混凝土的强度等级用 Cb 表示。

3. 砌体

由块体和砂浆砌筑而成的整体结构称为砌体，它可分为无筋砌体和配筋砌体。砌体包括砖砌体、砌块砌体和石砌体。

砖砌体包括烧结普通砖、烧结多孔砖、蒸压灰砂普通砖、蒸压粉煤灰普通砖、混凝土普通砖、混凝土多孔砖的无筋和配筋砌体。

砌块砌体包括混凝土砌块、轻集料混凝土砌块的无筋和配筋砌体。

按照砖的搭砌方式，实砌砌体通常采用一顺一顶、梅花顶和三顺一顶砌合法。石砌体进一步分为料石砌体和毛石砌体。

配筋砌体包括网状配筋砖砌体、组合砌体和配筋砌块砌体。

4. 砌体的性能

(1) 砌体的受压性能

影响砌体抗压强度的主要因素是块体和砂浆的强度，此外搭缝方式、砂浆和块体的粘结力、竖向灰缝饱满程度以及构造方式等因素也有一定影响。

砌体抗压强度标准值是取抗压强度平均值 f_m 的概率密度分布函数 0.05 的分位值，则材料强度的标准值和设计值分别为：

$$f_k = f_m(1 - 1.645\delta_f)$$

$$f = \frac{f_k}{\gamma_f}$$

式中 δ_f 为砌体强度的变异系数；γ_f 为砌体结构的材料性能分项系数，当砌体施工质量控制等级达到《砌体结构工程施工质量验收规范》中规定的 B 级（在设计计算中，通常按 B 级考虑）水平时，取 $\gamma_f=1.6$；当施工控制等级为 C 级时，$\gamma_f=1.8$，即强度设计值调整系数 $\gamma_a=1.6/1.8=0.89$；当为 A 级时，$\gamma_f=1.5$，可取 $\gamma_a=1.05$，即将砌体强度设计值提高 5%。

单排孔混凝土砌块对孔砌筑时，灌孔砌体的抗压强度设计值为：

$$f_g = f + 0.6\alpha f_c$$

$$\alpha = \delta\rho$$

式中 f_g 为灌孔砌体的抗压强度设计值，并不应大于未灌孔砌体抗压强度设计值的 2 倍；f 为未灌孔砌体的抗压强度设计值；f_c 为灌孔混凝土的轴心抗压强度设计值；α 为砌块砌体中灌孔混凝土面积和砌体毛面积的比值；δ 为混凝土砌块的孔洞率；ρ 为混凝土砌体的灌孔率，其值不应小于 33%。

砌块砌体的灌孔混凝土强度等级不应低于 Cb20，也不宜低于 1.5 倍的块体强度等级。

(2) 砌体的受拉性能

砌体受轴心拉力时，砌体可能会发生沿齿缝截面、也可能沿块体和竖向灰缝截面、或者沿通缝截面破坏。砌体的轴心受拉承载力主要取决于块体与砂浆之间的粘结强度，故计算中仅考虑水平灰缝的粘结强度。

砌体沿齿缝截面的轴心抗拉强度平均值为：

$$f_{t,m} = k_3\sqrt{f_2}$$

式中 $f_{t,m}$ 为砌体轴心抗拉强度平均值；k_3 为系数，查规范附录表可得；f_2 为砂浆抗压强度平均值。

砌体沿齿缝和沿通缝截面的弯曲抗拉强度为：

$$f_{tm,m} = k_4\sqrt{f_2}$$

式中 $f_{tm,m}$ 为砌体弯曲抗拉强度平均值；k_4 为系数。

(3) 砌体的受剪性能

受纯剪时,砌体可能沿通缝或沿阶梯形截面破坏。在压弯受力状态下,砌体可能发生剪摩破坏、剪压破坏和斜压破坏等。

砌体抗剪强度为:

$$f_{v,m} = k_5 \sqrt{f_2}$$

式中 $f_{v,m}$ 为砌体抗剪强度平均值;k_5 为系数。

对于单排孔混凝土砌块对孔砌筑时,灌孔砌体的抗剪强度设计值为:

$$f_{vg} = 0.2 f_g^{0.55}$$

式中 f_g 为灌孔砌体的抗压强度设计值。

5. 各类砌体的强度设计值调整系数(γ_a)

《砌体规范》规定:

> **3.2.3** 下列情况的各类砌体,其砌体强度设计值应乘以调整系数 γ_a:
>
> **1** 对无筋砌体构件,其截面面积小于 $0.3m^2$ 时,γ_a 为其截面面积加 0.7;对配筋砌体构件,当其中砌体截面面积小于 $0.2m^2$ 时,γ_a 为其截面面积加 0.8;构件截面面积以"m^2"计;
>
> **2** 当砌体用强度等级小于 M5.0 的水泥砂浆砌筑时,对第 3.2.1 条各表中的数值,γ_a 为 0.9;对第 3.2.2 条表 3.2.2 中的数值,γ_a 为 0.8;
>
> **3** 当验算施工中房屋的构件时,γ_a 为 1.1。

此外,规范 4.1.1 条~4.1.5 条的条文说明中指出:当施工质量控制等级为 C 级时,取 $\gamma_a = 0.89$。

6. 砌体的弹性模量

《砌体规范》规定,砌体的弹性模量 E 取为应力-应变曲线上应力为 $0.43f_m$ 点的割线模量,即 $E = 0.8E_0$(E_0 为原点弹性模量)。砌体的剪变模量可取 $G = 0.4E$。烧结普通砖砌体的泊松比可取 0.15。应注意的是,弹性模量中的砌体抗压强度设计值不需用规范 3.2.3 条进行调整。

7. 基本设计原则

(1) 设计表达式

《砌体规范》采用以概率理论为基础的极限状态设计方法,以可靠指标度量结构构件的可靠度,采用分项系数的设计表达式进行计算。

> **4.1.5** 砌体结构按承载能力极限状态设计时,应按下列公式中最不利组合进行计算:
>
> $$\gamma_0 (1.2S_{Gk} + 1.4\gamma_L S_{Q1k} + \gamma_L \sum_{i=2}^{n} \gamma_{Qi} \psi_{ci} S_{Qik}) \leqslant R(f, a_k \cdots) \quad (4.1.5\text{-}1)$$
>
> $$\gamma_0 (1.35S_{Gk} + 1.4\gamma_L \sum_{i=1}^{n} \psi_{ci} S_{Qik}) \leqslant R(f, a_k \cdots) \quad (4.1.5\text{-}2)$$

式中：γ_0——结构重要性系数。对安全等级为一级或设计使用年限为 50a 以上的结构构件，不应小于 1.1；对安全等级为二级或设计使用年限为 50a 的结构构件，不应小于 1.0；对安全等级为三级或设计使用年限为 1a～5a 的结构构件，不应小于 0.9；

γ_L——结构构件的抗力模型不定性系数。对静力设计，考虑结构设计使用年限的荷载调整系数，设计使用年限为 50a，取 1.0；设计使用年限为 100a，取 1.1；

S_{Gk}——永久荷载标准值的效应；

S_{Q1k}——在基本组合中起控制作用的一个可变荷载标准值的效应；

S_{Qik}——第 i 个可变荷载标准值的效应；

$R(\cdot)$——结构构件的抗力函数；

γ_{Qi}——第 i 个可变荷载的分项系数；

ψ_{ci}——第 i 个可变荷载的组合值系数。一般情况下应取 0.7；对书库、档案库、储藏室或通风机房、电梯机房应取 0.9；

f——砌体的强度设计值，$f = f_k/\gamma_f$；

f_k——砌体的强度标准值，$f_k = f_m - 1.645\sigma_f$；

γ_f——砌体结构的材料性能分项系数，一般情况下，宜按施工质量控制等级为 B 级考虑，取 $\gamma_f = 1.6$；当为 C 级时，取 $\gamma_f = 1.8$；当为 A 级时，取 $\gamma_f = 1.5$；

f_m——砌体的强度平均值，可按本规范附录 B 的方法确定；

σ_f——砌体强度的标准差；

a_k——几何参数标准值。

注：1 当工业建筑楼面活荷载标准值大于 $4kN/m^2$ 时，式中系数 1.4 应为 1.3；
2 施工质量控制等级划分要求，应符合现行国家标准《砌体结构工程施工质量验收规范》GB 50203 的有关规定。

4.1.6 当砌体结构作为一个刚体，需验算整体稳定性时，应按下列公式中最不利组合进行验算：

$$\gamma_0 \left(1.2S_{G2k} + 1.4\gamma_L S_{Q1k} + \gamma_L \sum_{i=2}^{n} S_{Qik}\right) \leqslant 0.8S_{G1k} \quad (4.1.6\text{-}1)$$

$$\gamma_0 \left(1.35S_{G2k} + 1.4\gamma_L \sum_{i=1}^{n} \psi_{ci} S_{Qik}\right) \leqslant 0.8S_{G1k} \quad (4.1.6\text{-}2)$$

式中：S_{G1k}——起有利作用的永久荷载标准值的效应；

S_{G2k}——起不利作用的永久荷载标准值的效应。

需注意的是，根据《建筑结构可靠性设计统一标准》GB 50068—2018 规定：（1）γ_0 仅与安全等级有关，与设计使用年限无关；（2）承载能力极限状态设计时，对于基本组合，其分项系数 $\gamma_G = 1.3$，$\gamma_Q = 1.5$，不再区分由可变荷载控制，或者永久荷载控制。因此，2011 年版《砌体规范》4.1.5 条、4.1.6 条规定与前述规定不一致。考试时，应根据题目条件是按何标准（或规范）命题进行判别、答题。

三、解题指导

复习时应注重三大部分知识点：材料性能；基本概念、基本原理、基本假定与计算公式；构造要求。对于计算公式关键弄清其假定、原理、适用条件，有关参数的取值，因为结构计算要确保安全性，并考虑经济合理性，故参数取值就特别重要，并且有些公式必须在一定边界条件下才成立。

本节知识点为砌体结构的最基本知识，有些知识点应记忆。

【例 16-1-1】 砌体沿齿缝截面破坏的抗拉强度，主要是由（　　）决定的。

A. 块体强度　　　　　　　　　　B. 砂浆强度

C. 砂浆和块体的强度　　　　　　D. 上述 A、B、C 均不对

【解】 由砌体的性能可知，砌体轴心抗拉强度主要取决于块体与砂浆之间的粘结强度，一般与砂浆粘结强度有关；当沿齿缝截面破坏时，其抗拉强度 $f_{t,m}$ 与砂浆抗压强度有关，故应选 B 项。

【例 16-1-2】 验算截面尺寸为 240mm×1000mm 的砖柱，采用 M2.5 级水泥砂浆砌筑，施工质量控制等级为 B 级，则砌体抗压强度设计值的调整系数 γ_a 应取（　　）。

A. $0.9 \times (0.24+0.7)$　　　　　　　B. $(0.24+0.7) \times 1.00$

C. $0.9 \times (0.24+0.7) \times 1.05$　　　D. 上述 A、B、C 均不对

【解】 M2.5 级水泥砂浆调整系数为 0.9；施工质量控制等级为 B 级，计算时不调整 γ_a，又截面面积 $0.24 \times 1 = 0.24 \mathrm{m}^2 < 0.3 \mathrm{m}^2$，应调整 γ_a，所以有：

$$\gamma_a = 0.9 \times (0.24+0.7)$$

所以应选 A 项。

四、应试题解

1. 毛石的强度等级是按边长为（　　）的立方体试块的抗压强度表示。

A. 50mm　　　　　　　　　　　B. 70mm

C. 70.7mm　　　　　　　　　　D. 150mm

2. 砂浆的强度等级是按边长为（　　）的立方体试件的抗压强度表示。

A. 50mm　　　　　　　　　　　B. 70mm

C. 70.7mm　　　　　　　　　　D. 150mm

3. 根据施工质量控制等级，砌体结构材料性能的分项系数 γ_f 取为（　　）。

A. B 级 $\gamma_f=1.6$；C 级 $\gamma_f=1.8$　　B. B 级 $\gamma_f=1.5$；C 级 $\gamma_f=1.6$

C. B 级 $\gamma_f=1.5$；C 级 $\gamma_f=1.8$　　D. B 级 $\gamma_f=1.6$；C 级 $\gamma_f=1.7$

4. 砌体结构的块体和砂浆的强度等级是按（　　）划分。

A. 抗拉强度　　　　　　　　　　B. 抗压强度

C. 抗剪强度　　　　　　　　　　D. 弯曲抗压强度

5. 下面对砂浆强度等级为 0 的说法中，正确的是（　　）。

①施工阶段尚未凝结的砂浆；②抗压强度为零的砂浆；

③用冻结法施工解冻阶段的砂浆；④抗压强度很小接近零的砂浆。

A. ①②　　　　　　　　　　　　B. ①③

C. ②④ D. ②

6. 在确定砌体强度时，下列（　　）项叙述是正确的。

A. 块体的长宽对砌体抗压强度影响很小

B. 水平灰缝厚度越厚，砌体抗压强度越高

C. 砖砌体砌筑时含水量越大，砌体抗压强度越高，但抗剪强度越低

D. 对于提高砌体抗压强度而言，提高块体强度比提高砂浆强度更有效

7. 如块体的强度等级相同，则用水泥砂浆砌筑的砌体抗压强度较用同等级的水泥石灰砂浆砌筑的砌体抗压强度（　　）。

A. 高 B. 低
C. 相等 D. 不能确定

8. 砌体在轴心受压时，块体的受力状态为（　　）。

A. 压力、拉力 B. 剪力、压力、拉力
C. 弯矩、压力 D. 弯矩、剪力、压力、拉力

9. 砌体轴心抗拉、弯曲抗拉、抗剪强度主要取决于（　　）。

A. 砂浆的强度 B. 块体的抗拉强度
C. 块体的尺寸和形状 D. 砌筑方式

10. 砌体沿齿缝截面破坏的抗拉强度，主要是由（　　）决定的。

A. 块体强度 B. 砂浆强度
C. 砂浆和块体的强度 D. 砂浆或块体的强度

11. 当砌体结构设计使用年限为50年时，在选择砌体材料时，下列说法正确的是（　　）。

①地面以下或防潮层以下的砌体，不宜采用多孔砖；

②地面以下为很潮湿的墙，应采用不低于MU20的砖；

③地面以下或防潮层以下的砌体，应采用不低于M5的水泥砂浆；

④砌体强度设计值与构件截面尺寸无关。

A. ①④ B. ①②③
C. ②③④ D. ①③④

12. 当用M2.5级水泥砂浆砌筑时，要对各种砌体的强度设计值乘以不同的调整系数γ_a，这是由于水泥砂浆的（　　）。

A. 强度高 B. 硬化快
C. 和易性差 D. 耐久性好

13. 关于砌体强度设计值的调整系数γ_a，下列（　　）项不正确。

A. 由于M2.5级水泥砂浆和易性差，验算用水泥砂浆砌筑的砌体时，取$\gamma_a<1$

B. 验算施工中房屋构件时，因为砂浆没有结硬，取$\gamma_a<1$

C. 因为截面面积较小的砌体构件，局部碰损或缺陷对强度的影响较大，当无筋砌体截面面积$A<0.3m^2$时，$\gamma_a<1$

D. 考虑吊车对厂房的动力影响和柱受力的复杂性，验算有吊车房屋或跨度大于9m的房屋时，取$\gamma_a<1$

14. 验算截面尺寸为240mm×1000mm的砖柱，采用M5级水泥砂浆砌筑，则砌体抗

压强度的调整系数 γ_a 应取（　　）。

A. 0.9×0.94　　　　　　　　B. 0.9
C. 0.94　　　　　　　　　　　　　D. 0.85

15.《砌体结构设计规范》中所列出的砌体弹性模量是依据砌体受压应力-应变曲线上（　　）确定的。

A. 初始弹性模量

B. 所设定的特定点的切线模量

C. 取应力为 $0.43f_m$ 点的割线模量

D. 取弹性模量、切线模量和割线模量三者的平均值

16. 进行砌体结构设计时，必须满足（　　）。

①砌体结构必须满足承载能力极限状态；

②砌体结构必须满足正常使用极限状态；

③一般工业与民用建筑中的砌体构件，可靠指标 $\beta\geqslant3.2$；

④一般工业与民用建筑中的砌体构件，可靠指标 $\beta\geqslant3.7$。

A. ①②③　　　　　　　　　　　　B. ①②④
C. ①④　　　　　　　　　　　　　D. ①③

17. 当砌体结构作为一个刚体，需验算整体稳定性时，例如倾覆、滑移、漂浮等，对于起有利作用的永久荷载，其分项系数取（　　）。

A. 1.0　　　　　　　　　　　　　B. 0.8
C. 0.9　　　　　　　　　　　　　D. 0.85

第二节　砌体结构房屋静力计算和构造要求

一、《考试大纲》的规定

结构布置、静力计算、构造。

二、重点内容

1. 结构布置

承重墙体的布置是砌体结构房屋设计中的重要环节，这是因为承重墙体的布置不仅影响了房屋平面的划分和空间的大小，还关系到荷载传递路线及房屋的空间刚度，影响了静力计算方案的确定。

（1）纵墙承重体系，其荷载主要传递路线为：屋（楼）面荷载→纵墙→基础→地基。

（2）横墙承重体系，其荷载主要传递路线为：屋（楼）面荷载→横墙→基础→地基。

（3）纵横墙承重体系，其荷载主要传递路线为：屋（楼）面荷载→横墙、纵墙→基础→地基。

2. 静力计算方案

在砌体结构房屋中，纵墙、横墙（包括山墙）、屋（楼）盖、基础等组成一空间受力体系。砌体结构房屋是以采用属于哪一类静力计算方案来区分空间作用的大小的。静力计算方案有弹性方案、刚性方案、刚弹性方案三种，而且屋（楼）盖水平刚度大小、横墙间距又是确定静力计算方案的两个主要因素。

《砌体规范》规定：

4.2.1 房屋的静力计算，根据房屋的空间工作性能分为刚性方案、刚弹性方案和弹性方案。设计时，可按表4.2.1确定静力计算方案。

房屋的静力计算方案　　　　　　　表4.2.1

	屋盖或楼盖类别	刚性方案	刚弹性方案	弹性方案
1	整体式、装配整体和装配式无檩体系钢筋混凝土屋盖或钢筋混凝土楼盖	$s<32$	$32\leqslant s\leqslant 72$	$s>72$
2	装配式有檩体系钢筋混凝土屋盖、轻钢屋盖和有密铺望板的木屋盖或木楼盖	$s<20$	$20\leqslant s\leqslant 48$	$s>48$
3	瓦材屋面的木屋盖和轻钢屋盖	$s<16$	$16\leqslant s\leqslant 36$	$s>36$

注：1　表中s为房屋横墙间距，其长度单位为"m"；
　　2　当屋盖、楼盖类别不同或横墙间距不同时，可按本规范第4.2.7条的规定确定房屋的静力计算方案；
　　3　对无山墙或伸缩缝处无横墙的房屋，应按弹性方案考虑。

4.2.2 刚性和刚弹性方案房屋的横墙，应符合下列规定：
1 横墙中开有洞口时，洞口的水平截面面积不应超过横墙截面面积的50%；
2 横墙的厚度不宜小于180mm；
3 单层房屋的横墙长度不宜小于其高度，多层房屋的横墙长度不宜小于$H/2$（H为横墙总高度）。

注：1　当横墙不能同时符合上述要求时，应对横墙的刚度进行验算。如其最大水平位移值$u_{\max}\leqslant\dfrac{H}{4000}$时，仍可视作刚性或刚弹性方案房屋的横墙；
　　2　凡符合注1刚度要求的一段横墙或其他结构构件（如框架等），也可视作刚性或刚弹性方案房屋的横墙。

（1）弹性方案

弹性方案房屋的静力计算，可按屋架或大梁与墙（柱）为铰接的、不考虑空间工作的平面排架或框架计算。

（2）刚性方案

刚性方案的静力计算规定如下。

4.2.5 刚性方案房屋的静力计算，应按下列规定进行：
1 单层房屋：在荷载作用下，墙、柱可视为上端不动铰支承于屋盖，下端嵌固于基础的竖向构件；
2 多层房屋：在竖向荷载作用下，墙、柱在每层高度范围内，可近似地视作两端铰支的竖向构件；在水平荷载作用下，墙、柱可视作竖向连续梁；
3 对本层的竖向荷载，应考虑对墙、柱的实际偏心影响，梁端支承压力N_l到

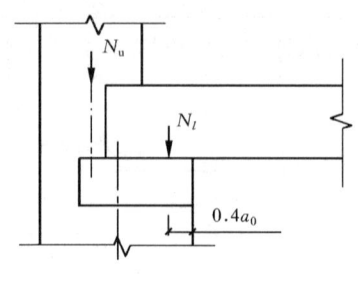

图 4.2.5 梁端支承压力位置

注：当板支撑于墙上时，板端支承压力 N_l 到墙内边的距离可取板的实际支承长度 a 的 0.4 倍。

墙内边的距离，应取梁端有效支承长度 a_0 的 0.4 倍（图 4.2.5）。由上面楼层传来的荷载 N_u，可视作作用于上一楼层的墙、柱的截面重心处；

4 对于梁跨度大于 9m 的墙承重的多层房屋，按上述方法计算时，应考虑梁端约束弯矩的影响。可按梁两端固结计算梁端弯矩，再将其乘以修正系数 γ 后，按墙体线性刚度分到上层墙底部和下层墙顶部，修正系数 γ 可按下式计算：

$$\gamma = 0.2\sqrt{\frac{a}{h}} \tag{4.2.5}$$

式中：a——梁端实际支承长度；

h——支承墙体的墙厚，当上下墙厚不同时取下部墙厚，当有壁柱时取 h_T。

刚性方案时，多层房屋的风荷载计算，规范规定：

4.2.6 刚性方案多层房屋的外墙，计算风荷载时应符合下列要求：

1 风荷载引起的弯矩，可按下式计算：

$$M = \frac{wH_i^2}{12} \tag{4.2.6}$$

式中：w——沿楼层高均布风荷载设计值（kN/m）；

H_i——层高（m）。

2 当外墙符合下列要求时，静力计算可不考虑风荷载的影响：

1) 洞口水平截面面积不超过全截面面积的 2/3；
2) 层高和总高不超过表 4.2.6 的规定；
3) 屋面自重不小于 0.8kN/m²。

外墙不考虑风荷载影响时的最大高度　　　　表 4.2.6

基本风压值（kN/m²）	层高（m）	总高（m）
0.4	4.0	28
0.5	4.0	24
0.6	4.0	18
0.7	3.5	18

注：对于多层混凝土砌块房屋，当外墙厚度不小于 190mm、层高不大于 2.8m、总高不大于 19.6m、基本风压不大于 0.7kN/m² 时，可不考虑风荷载的影响。

（3）刚弹性方案

刚弹性方案房屋的静力计算介于刚性方案和弹性方案之间，可应用空间性能影响系数 η 来考虑空间工作的平面排架或框架计算。

4.2.4 刚弹性方案房屋的静力计算，可按屋架、大梁与墙（柱）铰接并考虑空间工作的平面排架或框架计算。房屋各层的空间性能影响系数，可按表4.2.4采用，其计算方法应按本规范附录C的规定采用。

房屋各层的空间性能影响系数 η_i　　　　表 4.2.4

屋盖或楼盖类别	横墙间距 s (m)													
	16	20	24	28	32	36	40	44	48	52	56	60	64	68	72
1	—	—	—	—	0.33	0.39	0.45	0.50	0.55	0.60	0.64	0.68	0.71	0.74	0.77
2	—	0.35	0.45	0.54	0.61	0.68	0.73	0.78	0.82	—	—	—	—	—	—
3	0.37	0.49	0.60	0.68	0.75	0.81	—	—	—	—	—	—	—	—	—

注：i 取 $1\sim n$，n 为房屋的层数。

刚弹性方案房屋的静力计算方法，规范规定：

C.0.1 水平荷载（风荷载）作用下，刚弹性方案房屋墙、柱内力分析可按以下方法计算，并将两步结果叠加，得出最后内力：

1 在平面计算简图中，各层横梁与柱连接处加水平铰支杆，计算其在水平荷载（风荷载）作用下无侧移时的内力与各支杆反力 R_i（图C.0.1a）。

2 考虑房屋的空间作用，将各支杆反力 R_i 乘以由表4.2.4查得的相应空间性能影响系数 η_i，并反向施加于节点上，计算其内力（图C.0.1b）。

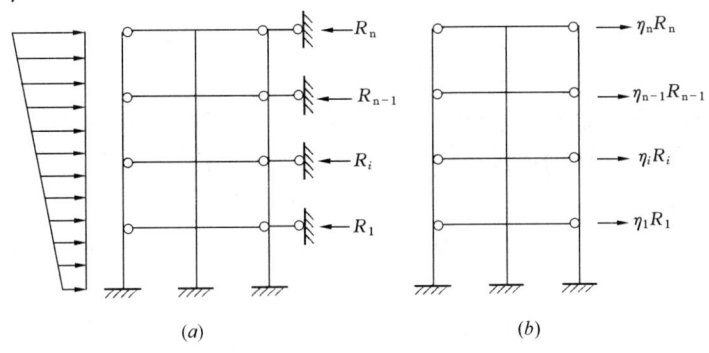

图 C.0.1　刚弹性方案房屋的静力计算简图

3. 墙和柱的构造

（1）墙、柱的计算高度与高厚比

墙、柱的构造要满足高厚比要求及其构造要求，而高厚比 $\beta=\dfrac{H_0}{h}$，其中 H_0 为墙、柱的计算高度，h 为墙厚或柱与 H_0 相对应的边长，因此要确定墙、柱高厚比必须先确定墙、柱的计算高度 H_0。

《砌体规范》规定：

5.1.3 受压构件的计算高度 H_0，应根据房屋类别和构件支承条件等按表 5.1.3 采用。表中的构件高度 H，应按下列规定采用：

1 在房屋底层，为楼板顶面到构件下端支点的距离。下端支点的位置，可取在基础顶面。当埋置较深且有刚性地坪时，可取室外地面下 500mm 处；

2 在房屋其他层，为楼板或其他水平支点间的距离；

3 对于无壁柱的山墙，可取层高加山墙尖高度的 1/2；对于带壁柱的山墙可取壁柱处的山墙高度。

受压构件的计算高度 H_0　　　　表 5.1.3

房屋类别			柱		带壁柱墙或周边拉接的墙		
			排架方向	垂直排架方向	$s>2H$	$2H \geqslant s>H$	$s \leqslant H$
有吊车的单层房屋	变截面柱上段	弹性方案	$2.5H_u$	$1.25H_u$	$2.5H_u$		
		刚性、刚弹性方案	$2.0H_u$	$1.25H_u$	$2.0H_u$		
	变截面柱下段		$1.0H_l$	$0.8H_l$	$1.0H_l$		
无吊车的单层和多层房屋	单跨	弹性方案	$1.5H$	$1.0H$	$1.5H$		
		刚弹性方案	$1.2H$	$1.0H$	$1.2H$		
	多跨	弹性方案	$1.25H$	$1.0H$	$1.25H$		
		刚弹性方案	$1.10H$	$1.0H$	$1.1H$		
	刚性方案		$1.0H$	$1.0H$	$1.0H$	$0.4s+0.2H$	$0.6s$

注：1　表中 H_u 为变截面柱的上段高度；H_l 为变截面柱的下段高度；
　　2　对于上端为自由端的构件，$H_0=2H$；
　　3　独立砖柱，当无柱间支撑时，柱在垂直排架方向的 H_0 应按表中数值乘以 1.25 后采用；
　　4　s 为房屋横墙间距；
　　5　自承重墙的计算高度应根据周边支承或拉接条件确定。

5.1.4 对有吊车的房屋，当荷载组合不考虑吊车作用时，变截面柱上段的计算高度可按本规范表 5.1.3 规定采用；变截面柱下段的计算高度，可按下列规定采用：

1 当 $H_u/H \leqslant 1/3$ 时，取无吊车房屋的 H_0；

2 当 $1/3 < H_u/H < 1/2$ 时，取无吊车房屋的 H_0 乘以修正系数，修正系数 μ 可按下式计算：

$$\mu = 1.3 - 0.3 I_u/I_l \tag{5.1.4}$$

式中：I_u——变截面柱上段的惯性矩；
　　　I_l——变截面柱下段的惯性矩。

3 当 $H_u/H \geqslant 1/2$ 时，取无吊车房屋的 H_0。但在确定 β 值时，应采用上柱截面。

注：本条规定也适用于无吊车房屋的变截面柱。

（2）墙、柱高厚比的验算

墙、柱高厚比的限值称为允许高厚比 $[\beta]$。砂浆强度等级是影响 $[\beta]$ 的一项重要因素。墙、柱高厚比的验算规定如下。

6.1.1 墙、柱的高厚比应按下式验算：

$$\beta = \frac{H_0}{h} \leqslant \mu_1 \mu_2 [\beta] \tag{6.1.1}$$

式中：H_0——墙、柱的计算高度；

　　　h——墙厚或矩形柱与 H_0 相对应的边长；

　　　μ_1——自承重墙允许高厚比的修正系数；

　　　μ_2——有门窗洞口墙允许高厚比的修正系数；

　　　$[\beta]$——墙、柱的允许高厚比，应按表 6.1.1 采用。

注：1　墙、柱的计算高度应按本规范第 5.1.3 条采用；
　　2　当与墙连接的相邻两墙间的距离 $s \leqslant \mu_1\mu_2[\beta]h$ 时，墙的高度可不受本条限制；
　　3　变截面柱的高厚比可按上、下截面分别验算，其计算高度可按第 5.1.4 条的规定采用。验算上柱的高厚比时，墙、柱的允许高厚比可按表 6.1.1 的数值乘以 1.3 后采用。

墙、柱的允许高厚比 $[\beta]$ 值　　　表 6.1.1

砌体类型	砂浆强度等级	墙	柱
无筋砌体	M2.5	22	15
	M5.0 或 Mb5.0、Ms5.0	24	16
	≥M7.5 或 Mb7.5、Ms7.5	26	17
配筋砌块砌体	—	30	21

注：1　毛石墙、柱的允许高厚比应按表中数值降低 20%；
　　2　带有混凝土或砂浆面层的组合砖砌体构件的允许高厚比，可按表中数值提高 20%，但不得大于 28；
　　3　验算施工阶段砂浆尚未硬化的新砌砌体构件高厚比时，允许高厚比对墙取 14，对柱取 11。

自承重墙失稳时的临界荷载比上端受有荷载时要大，故其 $[\beta]$ 可适当提高，提高系数为 μ_1；而门窗洞口的墙对稳定不利，其 $[\beta]$ 应适当降低，降低系数为 μ_2。

6.1.3 厚度不大于 240mm 的自承重墙，允许高厚比修正系数 μ_1，应按下列规定采用：

1 墙厚为 240mm 时，μ_1 取 1.2；墙厚为 90mm 时，μ_1 取 1.5；当墙厚小于 240mm 且大于 90mm 时，μ_1 按插入法取值。

2 上端为自由端墙的允许高厚比，除按上述规定提高外，尚可提高 30%。

3 对厚度小于 90mm 的墙，当双面采用不低于 M10 的水泥砂浆抹面，包括抹面层的墙厚不小于 90mm 时，可按墙厚等于 90mm 验算高厚比。

6.1.4 对有门窗洞口的墙，允许高厚比修正系数，应符合下列要求：

1 允许高厚比修正系数，应按下式计算：

$$\mu_2 = 1 - 0.4 \frac{b_s}{s} \tag{6.1.4}$$

式中：b_s——在宽度 s 范围内的门窗洞口总宽度；

　　　s——相邻横墙或壁柱之间的距离。

2 当按公式（6.1.4）计算的 μ_2 的值小于 0.7 时，μ_2 取 0.7；当洞口高度等于或小于墙高的 1/5 时，μ_2 取 1.0。

3 当洞口高度大于或等于墙高的 4/5 时，可按独立墙段验算高厚比。

带壁柱墙和带构造柱墙的高厚比验算，规范规定：

6.1.2 带壁柱墙和带构造柱墙的高厚比验算，应按下列规定进行：

1 按公式（6.1.1）验算带壁柱墙的高厚比，此时公式中 h 应改用带壁柱墙截面的折算厚度 h_T，在确定截面回转半径时，墙截面的翼缘宽度，可按本规范第4.2.8条的规定采用；当确定带壁柱墙的计算高度 H_0 时，s 应取与之相交相邻墙之间的距离。

2 当构造柱截面宽度不小于墙厚时，可按公式（6.1.1）验算带构造柱墙的高厚比，此时公式中 h 取墙厚；当确定带构造柱墙的计算高度 H_0 时，s 应取相邻横墙间的距离；墙的允许高厚比 $[\beta]$ 可乘以修正系数 μ_c，μ_c 可按下式计算：

$$\mu_c = 1 + \gamma \frac{b_c}{l} \tag{6.1.2}$$

式中：γ——系数。对细料石砌体，$\gamma=0$；对混凝土砌块、混凝土多孔砖、粗料石、毛料石及毛石砌体，$\gamma=1.0$；其他砌体，$\gamma=1.5$；

b_c——构造柱沿墙长方向的宽度；

l——构造柱的间距。

当 $b_c/l > 0.25$ 时取 $b_c/l = 0.25$，当 $b_c/l < 0.05$ 时取 $b_c/l = 0$。

注：考虑构造柱有利作用的高厚比验算不适用于施工阶段。

3 按公式（6.1.1）验算壁柱间墙或构造柱间墙的高厚比时，s 应取相邻壁柱间或相邻构造柱间的距离。设有钢筋混凝土圈梁的带壁柱墙或带构造柱墙，当 $b/s \geq 1/30$ 时，圈梁可视作壁柱间墙或构造柱间墙的不动铰支点（b 为圈梁宽度）。当不满足上述条件且不允许增加圈梁宽度时，可按墙体平面外等刚度原则增加圈梁高度，此时，圈梁仍可视为壁柱间墙或构造柱间墙的不动铰支点。

（3）墙与柱的一般构造要求

首先介绍砌体结构的耐久性要求，规范规定：

4.3.1 砌体结构的耐久性应根据表4.3.1的环境类别和设计使用年限进行设计。

砌体结构的环境类别　　　　表4.3.1

环境类别	条　件
1	正常居住及办公建筑的内部干燥环境
2	潮湿的室内或室外环境，包括与无侵蚀性土和水接触的环境
3	严寒和使用化冰盐的潮湿环境（室内或室外）
4	与海水直接接触的环境，或处于滨海地区的盐饱和的气体环境
5	有化学侵蚀的气体、液体或固态形式的环境，包括有侵蚀性土壤的环境

4.3.2 当设计使用年限为50a时，砌体中钢筋的耐久性选择应符合表4.3.2的规定。

砌体中钢筋耐久性选择 表4.3.2

环境类别	钢筋种类和最低保护要求	
	位于砂浆中的钢筋	位于灌孔混凝土中的钢筋
1	普通钢筋	普通钢筋
2	重镀锌或有等效保护的钢筋	当采用混凝土灌孔时，可为普通钢筋；当采用砂浆灌孔时应为重镀锌或有等效保护的钢筋
3	不锈钢或等效保护的钢筋	重镀锌或有等效保护的钢筋
4和5	不锈钢或等效保护的钢筋	不锈钢或等效保护的钢筋

注：1 对夹心墙的外叶墙，应采用重镀锌或有等效保护的钢筋。

4.3.5 设计使用年限为50a时，砌体材料的耐久性应符合下列规定：

1 地面以下或防潮层以下的砌体、潮湿房间的墙或环境类别2的砌体，所用材料的最低强度等级应符合表4.3.5的规定：

地面以下或防潮层以下的砌体、潮湿房间的
墙所用材料的最低强度等级 表4.3.5

潮湿程度	烧结普通砖	混凝土普通砖、蒸压普通砖	混凝土砌块	石材	水泥砂浆
稍潮湿的	MU15	MU20	MU7.5	MU30	M5
很潮湿的	MU20	MU20	MU10	MU30	M7.5
含水饱和的	MU20	MU25	MU15	MU40	M10

注：1 在冻胀地区，地面以下或防潮层以下的砌体，不宜采用多孔砖，如采用时，其孔洞应用不低于M10的水泥砂浆预先灌实。当采用混凝土空心砌块时，其孔洞应采用强度等级不低于Cb20的混凝土预先灌实；
2 对安全等级为一级或设计使用年限大于50a的房屋，表中材料强度等级应至少提高一级。

墙、柱以及预制钢筋混凝土板的一般构造要求，规范规定：

6.2.5 承重的独立砖柱截面尺寸不应小于240mm×370mm。毛石墙的厚度不宜小于350mm，毛料石柱较小边长不宜小于400mm。

注：当有振动荷载时，墙、柱不宜采用毛石砌体。

6.2.6 支承在墙、柱上的吊车梁、屋架及跨度大于或等于下列数值的预制梁的端部，应采用锚固件与墙、柱上的垫块锚固：

1 对砖砌体为9m；

2 对砌块和料石砌体为7.2m。

6.2.7 跨度大于6m的屋架和跨度大于下列数值的梁，应在支承处砌体上设置混凝土或钢筋混凝土垫块；当墙中设有圈梁时，垫块与圈梁宜浇成整体。

1 对砖砌体为4.8m；

2 对砌块和料石砌体为4.2m；

3 对毛石砌体为3.9m。

6.2.8 当梁跨度大于或等于下列数值时，其支承处宜加设壁柱，或采取其他加强措施：

1 对240mm厚的砖墙为6m；对180 mm厚的砖墙为4.8m；

2 对砌块、料石墙为4.8m。

6.2.9 山墙处的壁柱或构造柱宜砌至山墙顶部，且屋面构件应与山墙可靠拉结。

6.2.1 预制钢筋混凝土板在混凝土圈梁上的支承长度不应小于80mm，板端伸出的钢筋应与圈梁可靠连接，且同时浇筑；预制钢筋混凝土板在墙上的支承长度不应小于100mm，并应按下列方法进行连接：

1 板支承于内墙时，板端钢筋伸出长度不应小于70mm，且与支座处沿墙配置的纵筋绑扎，用强度等级不应低于C25的混凝土浇筑成板带；

2 板支承于外墙时，板端钢筋伸出长度不应小于100mm，且与支座处沿墙配置的纵筋绑扎，并用强度等级不应低于C25的混凝土浇筑成板带；

3 预制钢筋混凝土板与现浇板对接时，预制板端钢筋应伸入现浇板中进行连接后，再浇筑现浇板。

6.2.2 墙体转角处和纵横墙交接处应沿竖向每隔400mm～500mm设拉结钢筋，其数量为每120mm墙厚不少于1根直径6mm的钢筋；或采用焊接钢筋网片，埋入长度从墙的转角或交接处算起，对实心砖墙每边不小于500mm，对多孔砖墙和砌块墙不小于700mm。

对于混凝土砌块砌体墙和柱的一般构造要求，规范规定：

6.2.10 砌块砌体应分皮错缝搭砌，上下皮搭砌长度不应小于90mm。当搭砌长度不满足上述要求时，应在水平灰缝内设置不小于2根直径不小于4mm的焊接钢筋网片（横向钢筋的间距不应大于200mm，网片每端应伸出该垂直缝不小于300mm）。

6.2.11 砌块墙与后砌隔墙交接处，应沿墙高每400mm在水平灰缝内设置不少于2根直径不小于4mm、横筋间距不应大于200mm的焊接钢筋网片（图6.2.11）。

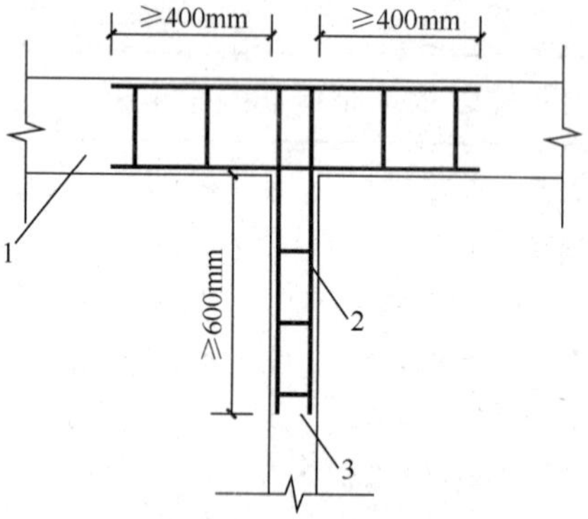

6.2.12 混凝土砌块房屋，宜将纵横墙交接处，距墙中心线每边不小于300mm范围内的孔洞，采用不低于Cb20混凝土沿全墙高灌实。

6.2.13 混凝土砌块墙体的下列部位，如未设圈梁或混凝土垫块，应采用不低于Cb20混凝土将孔洞灌实：

1 搁栅、檩条和钢筋混凝土楼板的支承面下，高度不应小于200mm的砌体；

2 屋架、梁等构件的支承面下，长度不应小于600mm，高度不应小于600mm的砌体；

3 挑梁支承面下，距墙中心线每边不小于300mm，高度不应小于600mm的砌体。

图6.2.11 砌块墙与后砌隔墙交接处钢筋网片
1—砌块墙；2—焊接钢筋网片；3—后砌隔墙

三、解题指导

掌握三种方案静力计算的计算简图;划分静力计算方案的依据(楼盖与屋盖类别、房屋横墙间距等);构件高度的确定和计算高度 H_0 的取值;掌握墙、柱的高厚比验算,特别是有门窗洞口情况、带壁柱墙情况;墙、柱的一般构造要求。

【例 16-2-1】 影响砌体结构墙、柱高厚比限值 $[\beta]$ 的主要因素为( )。

A. 砂浆的强度等级 B. 块材的强度等级
C. 房屋的静力计算方案 D. 横墙的间距

【解】 依据墙、柱的允许高厚比 $[\beta]$ 值的规定,砂浆强度等级为主要影响因素,故应选 A 项。

【例 16-2-2】 单层砌体房屋计算简图中,柱下端应算至( )。

A. 室外地面下 500mm 处 B. 埋置较深时取基础顶面
C. 室内地面下 500mm 处 D. A、B、C 均不对

【解】 本节 5.1.3 条中,规定了柱下端的取值,故 A、B、C 均不对,应选 D 项。

四、应试题解

1.《砌体结构设计规范》是依据( )将砌体结构分为刚性方案、刚弹性方案或弹性方案。

A. 砌体的材料和强度 B. 屋盖、楼盖的类别与横墙的刚度及间距
C. 砌体的高厚比 D. 屋盖、楼盖的类别与横墙的间距

2. 在设计砌体结构房屋时,下列所述概念,完全正确的是( )。

A. 对两端无山墙和伸缩缝处无横墙的单层房屋,应按弹性方案考虑
B. 房屋的静力计算方案分为刚性方案和弹性方案两类
C. 房屋的静力计算方案是依据横墙的间距来划分的
D. 对于刚性方案多层砌体房屋的外墙,如洞口水平的截面面积不超过全截面面积的 2/3,则作静力计算时,可不考虑风荷载的影响

3. 单层刚性方案承重墙内力计算时,其计算简图为( )。

A. 墙体上端与屋盖铰接,下端与基础固结,屋盖为墙体的不动铰支座
B. 墙体上端与屋盖铰接,下端与基础铰接,屋盖为墙体的不动铰支座
C. 墙体上端与屋盖固接,下端与基础铰接,屋盖为墙体的不动铰支座
D. 墙体上端与屋盖固接,下端与基础固结,屋盖为墙体的不动铰支座

4. 单层砌体房屋计算简图中,柱下端应算至( )。

A. 室内地坪±0.000 处
B. 室内地坪下 500mm 处
C. 室外地坪下 500mm 处
D. 基础顶面;当基础较深且有刚性地坪时,为室外地坪下 500mm 处

5. 对于室内需要较大空间的房屋,一般应选择下列( )结构体系。

A. 横墙承重体系 B. 纵墙承重体系
C. 纵横墙承重体系 D. 内框架承重体系

6. 验算砌体结构中墙柱的高厚比的目的是( )。

A. 保证砌体的稳定性和刚度要求 B. 防止倾覆破坏

C. 有利于结构抗震　　　　　　　　　D. 满足承载力和正常使用的要求

7. 关于墙、柱的高厚比，在下列的陈述中，正确的是（　　）。
   A. 墙、柱的高厚比不涉及砂浆的强度等级
   B. 虽然承载力满足要求，但高厚比不一定满足要求
   C. 只要承载力满足要求，高厚比也就一定满足要求
   D. 如果有两片墙，其材料强度等级、墙厚和墙高均相同，则其高厚比也相同

8. 影响砌体结构墙柱高厚比限值 $[\beta]$ 的主要因素为（　　）。
   A. 砂浆的强度等级　　　　　　　　B. 块材的强度等级
   C. 砌体结构房屋的静力计算方案　　D. 横墙的间距

9. 在验算带壁柱砖墙的高厚比时，确定 H_0 应采用的 s（　　）。
   A. 验算壁柱间墙时，s 取相邻横墙间的距离
   B. 验算壁柱间墙时，s 取相邻壁柱间的距离
   C. 验算整片墙且墙上有洞口时，s 取相邻壁柱间的距离
   D. 验算整片墙时，s 取相邻壁柱间的距离

10. 为了防止房屋墙体出现裂缝，下面措施中不正确的是（　　）。
    A. 在屋盖上设置保温层或隔热层
    B. 屋盖或楼盖采用整体式钢筋混凝土，当房屋长度大于50m时应设伸缩缝
    C. 加强顶层圈梁的设置刚度
    D. 采用强度等级较高的块体

11. 影响砌体结构房屋空间工作性能的主要因素是（　　）。
    A. 圈梁和构造柱的设置是否符合要求
    B. 屋盖、楼盖的类别及横墙的间距
    C. 砌体所用块材和砂浆的强度等级
    D. 外纵墙的高厚比和门窗开洞数量

12. 在下列各项的叙述中，横墙情况符合刚性和刚弹性要求的为（　　）。
    A. 横墙的厚度小于180mm
    B. 横墙洞口的水平截面面积大于横墙的高度
    C. 单层房屋时，横墙的长度小于横墙高度的1/2
    D. 横墙的最大水平位移不大于横墙总高度的1/4000

13. 刚性方案多层房屋的外墙，符合下列（　　）项要求时，静力计算时不考虑风荷载的影响。
    ①屋面自重不小于 $0.8kN/m^2$；
    ②基本风压值 $0.6kN/m^2$，层高≤4m，房屋的总高≤18m；
    ③基本风压值 $0.6kN/m^2$，层高≤4m，房屋的总高≤24m；
    ④洞口水平截面面积不超过全截面面积的2/3。
    A. ①②④　　　　B. ①③④　　　　C. ②③④　　　　D. ②④

14. 砌体房屋伸缩缝的间距与下列（　　）项因素有关。
    ①屋盖或楼盖的类别；②砌体的类别；
    ③砌体的强度等级；④环境温差。

A. ①②③　　　B. ①②④　　　C. ①③　　　D. ①③④

第三节　构件受压承载力计算

一、《考试大纲》的规定

受压、局压。

二、重点内容

1. 受压构件

根据砌体受压时截面应力变化，在破坏阶段，受压一侧的极限变形及极限强度均比轴压高，其提高的程度随偏心距的增大而加大。规范采用偏心影响系数 φ 来反映截面承载力与偏心距的关系。

（1）受压构件的承载力计算

> **5.1.1** 受压构件的承载力，应符合下式的要求：
> $$N \leqslant \varphi f A \quad (5.1.1)$$
> 式中：N——轴向力设计值；
> 　　　φ——高厚比 β 和轴向力的偏心距 e 对受压构件承载力的影响系数；
> 　　　f——砌体的抗压强度设计值；
> 　　　A——截面面积。
>
> 注：1　对矩形截面构件，当轴向力偏心方向的截面边长大于另一方向的边长时，除按偏心受压计算外，还应对较小边长方向，按轴心受压进行验算；
> 　　2　受压构件承载力的影响系数 φ，可按本规范附录 D 的规定采用；
> 　　3　对带壁柱墙，当考虑翼缘宽度时，可按本规范第 4.2.8 条采用。

在查规范附录 D 计算 φ 时，应先对构件高厚比 β 乘以高厚比修正系数 γ_β。这实质是砌体材料类别对构件承载力的影响。

> **5.1.2** 确定影响系数 φ 时，构件高厚比 β 应按下列公式计算：
>
> 对矩形截面　　　　$\beta = \gamma_\beta \dfrac{H_0}{h}$ 　　　　(5.1.2-1)
>
> 对 T 形截面　　　　$\beta = \gamma_\beta \dfrac{H_0}{h_T}$ 　　　　(5.1.2-2)
>
> 式中：γ_β——不同材料砌体构件的高厚比修正系数，按表 5.1.2 采用；
> 　　　H_0——受压构件的计算高度，按本规范表 5.1.3 确定；
> 　　　h——矩形截面轴向力偏心方向的边长，当轴心受压时为截面较小边长；
> 　　　h_T——T 形截面的折算厚度，可近似按 $3.5i$ 计算，i 为截面回转半径。
>
> 高厚比修正系数 γ_β　　　　表 5.1.2
>
> | 砌体材料类别 | γ_β |
> |---|---|
> | 烧结普通砖、烧结多孔砖 | 1.0 |
> | 混凝土普通砖、混凝土多孔砖、混凝土及轻集料混凝土砌块 | 1.1 |
> | 蒸压灰砂普通砖、蒸压粉煤灰普通砖、细料石 | 1.2 |
> | 粗料石、毛石 | 1.5 |
>
> 注：对灌孔混凝土砌块砌体，γ_β 取 1.0。

（2）单向偏心受压构件承载力的影响系数 φ

D.0.1 无筋砌体矩形截面单向偏心受压构件（图 D.0.1）承载力的影响系数 φ，可按表 D.0.1-1～表 D.0.1-3 采用或按下列公式计算，计算 T 形截面受压构件的 φ 时，应以折算厚度 h_T 代替公式（D.0.1-2）中的 h。$h_T=3.5i$，i 为 T 形截面的回转半径。

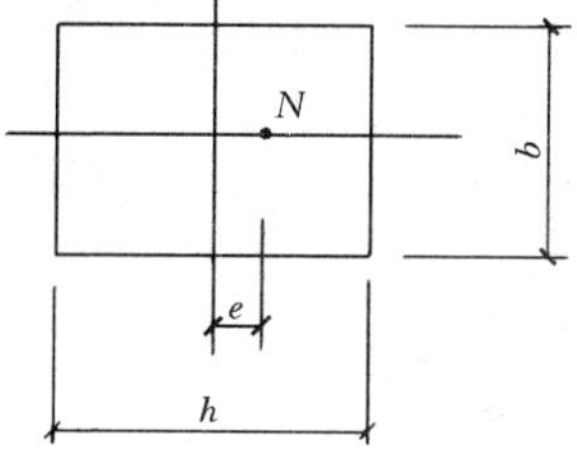

当 $\beta \leqslant 3$ 时：

$$\varphi = \frac{1}{1+12\left(\dfrac{e}{h}\right)^2} \quad \text{(D.0.1-1)}$$

当 $\beta > 3$ 时：

$$\varphi = \frac{1}{1+12\left[\dfrac{e}{h}+\sqrt{\dfrac{1}{12}\left(\dfrac{1}{\varphi_0}-1\right)}\right]^2} \quad \text{(D.0.1-2)}$$

$$\varphi_0 = \frac{1}{1+\alpha\beta^2} \quad \text{(D.0.1-3)}$$

图 D.0.1 单向偏心受压

式中：e——轴向力的偏心距；

h——矩形截面的轴向力偏心方向的边长；

φ_0——轴心受压构件的稳定系数；

α——与砂浆强度等级有关的系数，当砂浆强度等级大于或等于 M5 时，α 等于 0.0015；当砂浆强度等级等于 M2.5 时，α 等于 0.002；当砂浆强度等级 f_2 等于 0 时，α 等于 0.009；

β——构件的高厚比。

（3）轴向力的偏心距 e 的限制

轴向力的偏心距 e 按内力设计值计算，并不应超过 $0.6y$。y 为截面重心到轴向力所在偏心方向截面边缘的距离。

（4）双向偏心受压构件的影响系数 φ

D.0.3 无筋砌体矩形截面双向偏心受压构件（图 D.0.3）承载力的影响系数，可按下列公式计算，当一个方向的偏心率（e_b/b 或 e_h/h）不大于另一个方向的偏心率的 5% 时，可简化按另一个方向的单向偏心受压，按本规范第 D.0.1 条的规定确定承载力的影响系数。

$$\varphi = \frac{1}{1+12\left[\left(\dfrac{e_b+e_{ib}}{b}\right)^2+\left(\dfrac{e_h+e_{ih}}{h}\right)^2\right]} \quad \text{(D.0.3-1)}$$

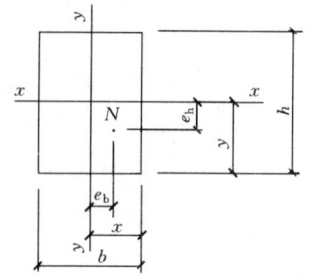

图 D.0.3 双向偏心受压

$$e_{ib} = \frac{b}{\sqrt{12}}\sqrt{\frac{1}{\varphi_0}-1}\left(\frac{\dfrac{e_b}{b}}{\dfrac{e_b}{b}+\dfrac{e_h}{h}}\right) \quad \text{(D.0.3-2)}$$

$$e_{ih} = \frac{h}{\sqrt{12}}\sqrt{\frac{1}{\varphi_0}-1}\left(\frac{\dfrac{e_h}{h}}{\dfrac{e_b}{b}+\dfrac{e_h}{h}}\right) \tag{D.0.3-3}$$

式中：e_b、e_h——轴向力在截面重心 x 轴、y 轴方向的偏心距，e_b、e_h 宜分别不大于 $0.5x$ 和 $0.5y$；

x、y——自截面重心沿 x 轴、y 轴至轴向力所在偏心方向截面边缘的距离；

e_{ib}、e_{ih}——轴向力在截面重心 x 轴、y 轴方向的附加偏心距。

2. 局部受压计算

砌体局部受压时，四周砌体对直接承压面起协力帮助，同时，对中间局部荷载下砌体的横向变形起约束作用（"套箍"作用），故提高了砌体的局部抗压强度。

(1) 局部均匀受压的承载力计算

5.2.1 砌体截面中受局部均匀压力时的承载力，应满足下式的要求：

$$N_l \leqslant \gamma f A_l \tag{5.2.1}$$

式中：N_l——局部受压面积上的轴向力设计值；

γ——砌体局部抗压强度提高系数；

f——砌体的抗压强度设计值，局部受压面积小于 0.3m^2，可不考虑强度调整系数 γ_a 的影响；

A_l——局部受压面积。

局部受压强度主要取决于砌体原有的抗压强度和周围砌体对局部受压区的约束程度。局部抗压强度提高系数 γ 就是反映其提高程度的指标，其计算如下。

5.2.2 砌体局部抗压强度提高系数 γ，应符合下列规定：

1 γ 可按下式计算：

$$\gamma = 1 + 0.35\sqrt{\frac{A_0}{A_l}-1} \tag{5.2.2}$$

式中：A_0——影响砌体局部抗压强度的计算面积。

2 计算所得 γ 值，尚应符合下列规定：

1) 在图 5.2.2（a）的情况下，$\gamma \leqslant 2.5$；
2) 在图 5.2.2（b）的情况下，$\gamma \leqslant 2.0$；
3) 在图 5.2.2（c）的情况下，$\gamma \leqslant 1.5$；
4) 在图 5.2.2（d）的情况下，$\gamma \leqslant 1.25$；
5) 按本规范第 6.2.13 条的要求灌孔的混凝土砌块砌体，在 1)、2) 款的情况下，尚应符合 $\gamma \leqslant 1.5$。未灌孔混凝土砌块砌体，$\gamma = 1.0$；
6) 对多孔砖砌体孔洞难以灌实时，应按 $\gamma = 1.0$ 取用；当设置混凝土垫块时，按垫块下的砌体局部受压计算。

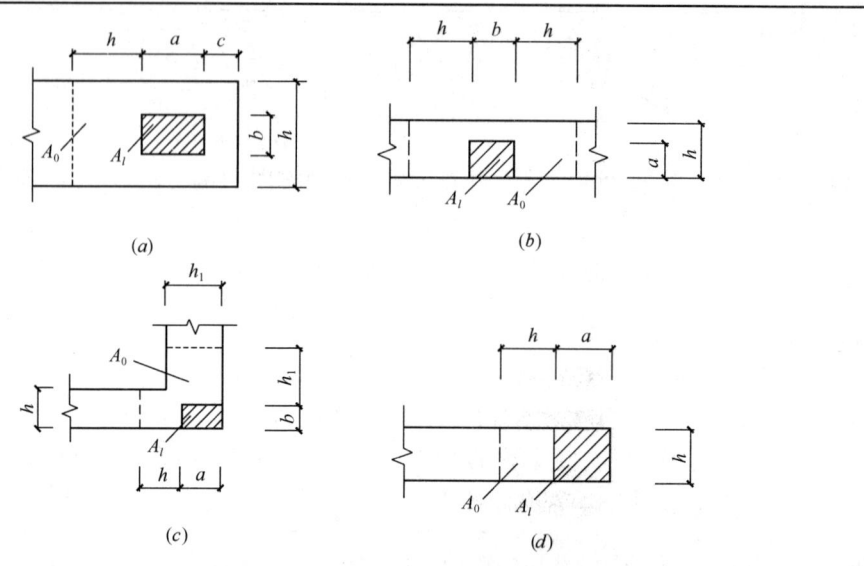

图 5.2.2 影响局部抗压强度的面积 A_0

5.2.3 影响砌体局部抗压强度的计算面积,可按下列规定采用:

1 在图 5.2.2(a) 的情况下,$A_0=(a+c+h)h$;

2 在图 5.2.2(b) 的情况下,$A_0=(b+2h)h$;

3 在图 5.2.2(c) 的情况下,
$A_0=(a+h)h+(b+h_1-h)h_1$;

4 在图 5.2.2(d) 的情况下,$A_0=(a+h)h$;

式中:a、b——矩形局部受压面积 A_l 的边长;

h、h_1——墙厚或柱的较小边长,墙厚;

c——矩形局部受压面积的外边缘至构件边缘的较小距离,当大于 h 时,应取为 h。

(2)梁端支承处砌体的局部受压

当梁放置在砌体墙顶点,梁上无墙,梁端属于无约束支承情况。当梁受力后在梁端将产生一定的转角,故支座内边缘处砌体的压缩变形以及相应的压应力最大,愈靠近梁端,压缩变形及压应力将愈是减小,砌体处于非均匀受压。

梁端支承处砌体的局部受压与梁端有效支承长度 a_0、上部荷载的影响有关。

5.2.4 梁端支承处砌体的局部受压承载力,应按下列公式计算:

$$\psi N_0 + N_l \leqslant \eta f A_l \quad (5.2.4\text{-}1)$$

$$\psi = 1.5 - 0.5 \frac{A_0}{A_l} \quad (5.2.4\text{-}2)$$

$$N_0 = \sigma_0 A_l \quad (5.2.4\text{-}3)$$

$$A_l = a_0 b \quad (5.2.4\text{-}4)$$

$$a_0 = 10\sqrt{\frac{h_c}{f}} \quad (5.2.4\text{-}5)$$

式中：ψ——上部荷载的折减系数，当 A_0/A_l 大于或等于3时，应取 ψ 等于0；
$\quad N_0$——局部受压面积内上部轴向力设计值（N）；
$\quad N_l$——梁端支承压力设计值（N）；
$\quad \sigma_0$——上部平均压应力设计值（N/mm²）；
$\quad \eta$——梁端底面压应力图形的完整系数，应取0.7，对于过梁和墙梁应取1.0；
$\quad a_0$——梁端有效支承长度（mm）；当 a_0 大于 a 时，应取 a_0 等于 a，a 为梁端实际支承长度（mm）；
$\quad b$——梁的截面宽度（mm）；
$\quad h_c$——梁的截面高度（mm）；
$\quad f$——砌体的抗压强度设计值（MPa）。

（3）梁端设有刚性垫块的砌体局部受压

试验表明，刚性垫块下砌体的局部受压接近于偏心受压，可按偏心受压承载力计算公式进行计算。

5.2.5 在梁端设有刚性垫块时的砌体局部受压，应符合下列规定：

1 刚性垫块下的砌体局部受压承载力，应按下列公式计算：

$$N_0 + N_l \leqslant \varphi \gamma_1 f A_b \quad (5.2.5\text{-}1)$$

$$N_0 = \sigma_0 A_b \quad (5.2.5\text{-}2)$$

$$A_b = a_b b_b \quad (5.2.5\text{-}3)$$

式中：N_0——垫块面积 A_b 内上部轴向力设计值（N）；
$\quad \varphi$——垫块上 N_0 与 N_l 合力的影响系数，应取 β 小于或等于3，按第5.1.1条规定取值；
$\quad \gamma_1$——垫块外砌体面积的有利影响系数，γ_1 应为 0.8γ，但不小于1.0。γ 为砌体局部抗压强度提高系数，按公式（5.2.2）以 A_b 代替 A_l 计算得出；
$\quad A_b$——垫块面积（mm²）；
$\quad a_b$——垫块伸入墙内的长度（mm）；
$\quad b_b$——垫块的宽度（mm）。

2 刚性垫块的构造，应符合下列规定：

1）刚性垫块的高度不应小于180mm，自梁边算起的垫块挑出长度不应大于垫块高度 t_b；

2）在带壁柱墙的壁柱内设刚性垫块时（图5.2.5），其计算面积应取壁柱范围内的面积，而不应计算翼缘部分，同时壁柱上垫块伸入翼墙内的长度不应小于120mm；

3）当现浇垫块与梁端整体浇筑时，垫块可在梁高范围内设置。

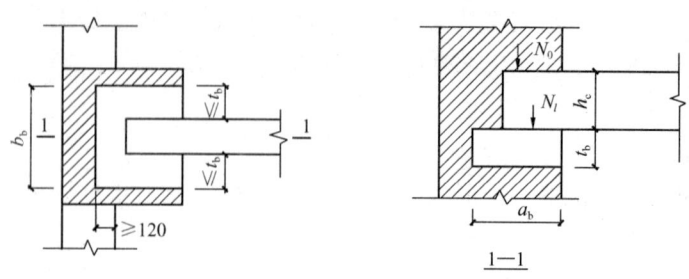

图 5.2.5 壁柱上设有垫块时梁端局部受压

3 梁端设有刚性垫块时,垫块上 N_l 作用点的位置可取梁端有效支承长度 a_0 的 0.4 倍。a_0 应按下式确定:

$$a_0 = \delta_1 \sqrt{\frac{h_c}{f}} \tag{5.2.5-4}$$

式中:δ_1——刚性垫块的影响系数,可按表 5.2.5 采用。

系数 δ_1 值表   表 5.2.5

σ_0/f	0	0.2	0.4	0.6	0.8
δ_1	5.4	5.7	6.0	6.9	7.8

注:表中其间的数值可采用插入法求得。

(4) 梁端下设有垫梁,垫梁下砌体局部受压

5.2.6 梁下设有长度大于 πh_0 的垫梁时,垫梁上梁端有效支承长度 a_0 可按公式 (5.2.5-4) 计算。垫梁下的砌体局部受压承载力,应按下列公式计算:

$$N_0 + N_l \leqslant 2.4 \delta_2 f b_b h_0 \tag{5.2.6-1}$$

$$N_0 = \pi b_b h_0 \sigma_0 / 2 \tag{5.2.6-2}$$

$$h_0 = 2\sqrt[3]{\frac{E_c I_c}{Eh}} \tag{5.2.6-3}$$

式中:N_0——垫梁上部轴向力设计值(N);
b_b——垫梁在墙厚方向的宽度(mm);
δ_2——垫梁底面压应力分布系数,当荷载沿墙厚方向均匀分布时可取 1.0,不均匀分布时可取 0.8;
h_0——垫梁折算高度(mm);
E_c、I_c——分别为垫梁的混凝土弹性模量和截面惯性矩;
E——砌体的弹性模量;
h——墙厚(mm)。

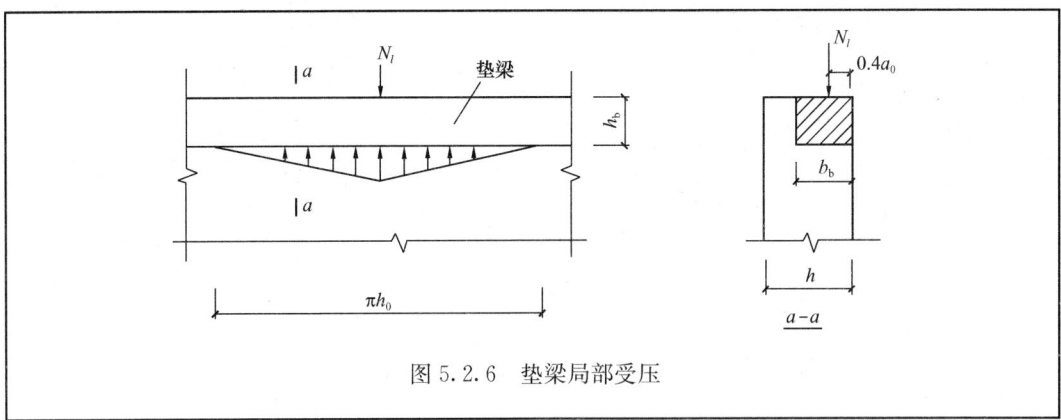

图 5.2.6 垫梁局部受压

3. 配筋砖砌体的承载力计算

（1）网状配筋砖砌体构件

网状配筋砖砌体的适用范围和承载力计算，规范规定：

8.1.1 网状配筋砖砌体受压构件，应符合下列规定：

1 偏心距超过截面核心范围（对于矩形截面即 $e/h>0.17$），或构件的高厚比 $\beta>16$ 时，不宜采用网状配筋砖砌体构件；

2 对矩形截面构件，当轴向力偏心方向的截面边长大于另一方向的边长时，除按偏心受压计算外，还应对较小边长方向按轴心受压进行验算；

3 当网状配筋砖砌体构件下端与无筋砌体交接时，尚应验算交接处无筋砌体的局部受压承载力。

8.1.2 网状配筋砖砌体（图 8.1.2）受压构件的承载力，应按下列公式计算：

$$N \leqslant \varphi_n f_n A \tag{8.1.2-1}$$

$$f_n = f + 2\left(1 - \frac{2e}{y}\right)\rho f_y \tag{8.1.2-2}$$

$$\rho = \frac{(a+b)A_s}{abs_n} \tag{8.1.2-3}$$

式中：N——轴向力设计值；

φ_n——高厚比和配筋率以及轴向力的偏心距对网状配筋砖砌体受压构件承载力的影响系数，可按附录 D.0.2 的规定采用；

f_n——网状配筋砖砌体的抗压强度设计值；

A——截面面积；

e——轴向力的偏心距；

y——自截面重心至轴向力所在偏心方向截面边缘的距离；

ρ——体积配筋率；

f_y——钢筋的抗拉强度设计值，当 f_y 大于 320MPa 时，仍采用 320MPa；

a、b——钢筋网的网格尺寸；

A_s——钢筋的截面面积；

s_n——钢筋网的竖向间距。

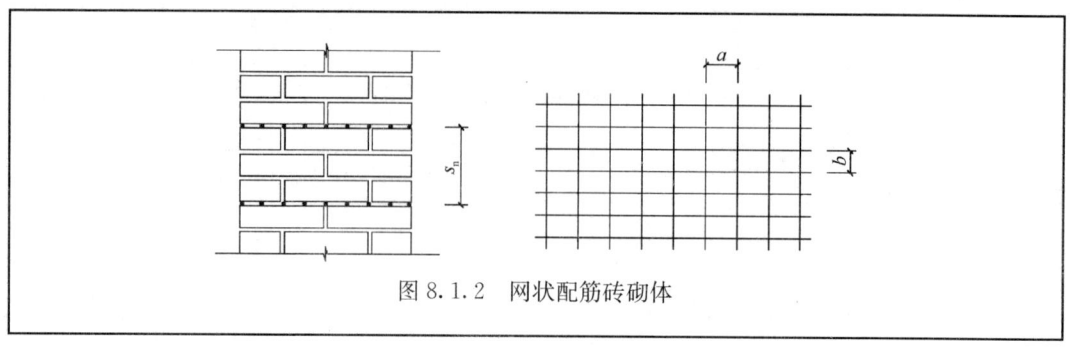

图 8.1.2 网状配筋砖砌体

网状配筋砖砌体构件的构造规定，规范规定：

8.1.3 网状配筋砖砌体构件的构造应符合下列规定：
  1 网状配筋砖砌体中的体积配筋率，不应小于 0.1%，并不应大于 1%；
  2 采用钢筋网时，钢筋的直径宜采用 3mm～4mm；
  3 钢筋网中钢筋的间距，不应大于 120mm，并不应小于 30mm；
  4 钢筋网的间距，不应大于五皮砖，并不应大于 400mm；
  5 网状配筋砖砌体所用的砂浆强度等级不应低于 M7.5；钢筋网应设置在砌体的水平灰缝中，灰缝厚度应保证钢筋上下至少各有 2mm 厚的砂浆层。

（2）组合砖砌体构件

当轴向力的偏心距超过 $0.6y$ 时，其中，y 为截面重心到轴向力所在偏心方向截面边缘的距离，宜采用砖砌体和钢筋混凝土面层或钢筋砂浆面层组成的组合砖砌体构件，如图 16-3-1 所示。

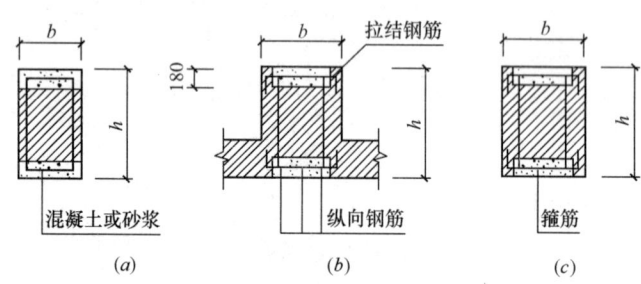

图 16-3-1 组合砖砌体构件截面

组合砖砌体构件的构造规定，规范规定：

8.2.6 组合砖砌体构件的构造应符合下列规定：
  1 面层混凝土强度等级宜采用 C20。面层水泥砂浆强度等级不宜低于 M10。砌筑砂浆的强度等级不宜低于 M7.5；
  2 砂浆面层的厚度，可采用 30mm～45mm。当面层厚度大于 45mm 时，其面层宜采用混凝土；

3 竖向受力钢筋宜采用HPB300级钢筋，对于混凝土面层，亦可采用HRB335级钢筋。受压钢筋一侧的配筋率，对砂浆面层，不宜小于0.1%，对混凝土面层，不宜小于0.2%。受拉钢筋的配筋率，不应小于0.1%。竖向受力钢筋的直径，不应小于8mm，钢筋的净间距，不应小于30mm；

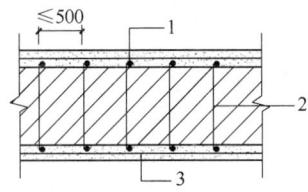

图8.2.6 混凝土或砂浆面层组合墙
1—竖向受力钢筋；2—拉结钢筋；3—水平分布钢筋

4 箍筋的直径，不宜小于4mm及0.2倍的受压钢筋直径，并不宜大于6mm。箍筋的间距，不应大于20倍受压钢筋的直径及500mm，并不应小于120mm；

5 当组合砖砌体构件一侧的竖向受力钢筋多于4根时，应设置附加箍筋或拉结钢筋；

6 对于截面长短边相差较大的构件如墙体等，应采用穿通墙体的拉结钢筋作为箍筋，同时设置水平分布钢筋。水平分布钢筋的竖向间距及拉结钢筋的水平间距，均不应大于500mm（图8.2.6）；

7 组合砖砌体构件的顶部和底部，以及牛腿部位，必须设置钢筋混凝土垫块。竖向受力钢筋伸入垫块的长度，必须满足锚固要求。

（3）砖砌体和钢筋混凝土构造柱组合墙的材料与构造

《砌体规范》规定：

8.2.9 组合砖墙的材料和构造应符合下列规定：

1 砂浆的强度等级不应低于M5，构造柱的混凝土强度等级不宜低于C20；

2 构造柱的截面尺寸不宜小于240mm×240mm，其厚度不应小于墙厚，边柱、角柱的截面宽度宜适当加大。柱内竖向受力钢筋，对于中柱，钢筋数量不宜少于4根、直径不宜小于12mm；对于边柱、角柱，钢筋数量不宜少于4根、直径不宜小于14mm。构造柱的竖向受力钢筋的直径也不宜大于16mm。其箍筋，一般部位宜采用直径6mm、间距200mm，楼层上下500mm范围内宜采用直径6mm、间距100mm。构造柱的竖向受力钢筋应在基础梁和楼层圈梁中锚固，并应符合受拉钢筋的锚固要求；

3 组合砖墙砌体结构房屋，应在纵横墙交接处、墙端部和较大洞口的洞边设置构造柱，其间距不宜大于4m。各层洞口宜设置在相应位置，并宜上下对齐；

4 组合砖墙砌体结构房屋应在基础顶面、有组合墙的楼层处设置现浇钢筋混凝土圈梁。圈梁的截面高度不宜小于240mm；纵向钢筋数量不宜少于4根、直径不宜小于12mm，纵向钢筋应伸入构造柱内，并应符合受拉钢筋的锚固要求；圈梁的箍筋直径宜采用6mm、间距200mm；

5 砖砌体与构造柱的连接处应砌成马牙槎，并应沿墙高每隔500mm设2根直径6mm的拉结钢筋，且每边伸入墙内不宜小于600mm；

6 构造柱可不单独设置基础，但应伸入室外地坪下500mm，或与埋深小于500mm的基础梁相连；

7 组合砖墙的施工顺序应为先砌墙后浇混凝土构造柱。

三、解题指导

本节知识点为砌体结构设计的核心,有较多的计算公式,在理解这些计算公式时,应注意:基本假定条件、基本原理、适用条件、参数限制条件。其中,应特别对本节计算 β 的公式与第二节验算高厚比 β 的公式进行对比,本节计算高厚比 β 是为了计算受压构件的影响系数,需乘以高厚比修正系数 γ_β,前者是为了验证砌体构件的构造要求。两者的其他参数 H_0、h 取值是一致的。

掌握砌体局部抗压强度提高系数 γ 的计算,同时,应注意对计算结果的复核,即不能超过《砌体结构设计规范》规定的 γ 的上限。

配筋砌体部分注意理解其构造的要求。

【例 16-3-1】 某轴心受压砖柱,截面尺寸为 370mm×490mm,计算高度 H_0=3.7m,采用烧结普通砖 MU10,混合砂浆 M5,查表可知 f_c=1.5MPa,试确定在轴心受压时,其最大受压承载力设计值为( )kN。

A. 208.5   B. 236.2   C. 257.95   D. 289.5

【解】
$$\beta = \gamma_\beta \cdot \frac{H_0}{h} = 1.0 \times \frac{3.7}{0.37} = 10$$

$$\varphi = \varphi_0 = \frac{1}{1+\alpha\beta^2} = \frac{1}{1+0.0015\times 10^2} = 0.870$$

又 $A = 0.37 \times 0.49 = 0.1813\text{m}^2 < 0.3\text{m}^2$,$\gamma_a = 0.1813 + 0.7 = 0.8813$

$N_u = \varphi(\gamma_a f)A = 0.870 \times (0.8813 \times 1.5) \times 370 \times 490 = 208.5\text{kN}$

所以应选 A 项。

思考:本题应注意 β 的计算;f 的调整系数 γ_a。

【例 16-3-2】 某屋面梁高度 h_c=500mm,跨度 L=4m,梁支承长度 240mm,墙体厚度 h=240mm,砌体抗压强度设计值 f=1.5MPa,则屋面梁下墙顶截面的偏心距 e 值为( )mm。

A. 61   B. 12   C. 47   D. 24

【解】 由题目条件知:$a_0 = 10\sqrt{h_c/f} = 183\text{mm} < a = 240\text{mm}$,所以 a_0 取为 183mm,则:$e = \frac{240}{2} - 0.4a_0 = 47\text{mm}$。

所以应选 C 项。

思考:若本题 a_0 的计算大于 240mm,则按规范规定,即本节重点内容 5.2.4 条中 a_0 取值规定,a_0 取为 240mm,则:$e = \frac{240}{2} - 0.4a_0 = 24\text{mm}$。

四、应试题解

1. 在砌体构件的承载力计算时,下列( )项概念是正确的。

A. 砖砌体受压构件只考虑承载能力极限状态

B. 确定砌体抗拉强度时,竖向灰缝可不考虑

C. 砌体受剪时,可能沿通缝或阶梯形截面破坏,但两者的抗剪强度相差较大

D. 砖砌体偏心受压构件,轴向力的偏心距应满足 $e<0.7y$ 的限值(y 为截面重心到轴心方向截面边缘的距离)

2. ( )不能提高砌体受压构件的承载力。

A. 提高块体和砂浆的强度等级　　　　　B. 提高构件的高厚比

C. 减小构件轴向力偏心距　　　　　　　D. 增大构件截面尺寸

3. 受压砌体墙的计算高度 H_0 与下面（　　）项无关。

A. 房屋静力计算方案　　　　　　　　　B. 横墙间距

C. 构件支承条件　　　　　　　　　　　D. 墙体采用的砂浆和块体的强度等级

4. 计算 T 形截面砌体偏心影响系数 φ 时，要采用折算厚度 h_T，已知 T 形截面砌体的惯性矩 $I = 4.2 \times 10^9 \mathrm{mm}^4$，面积 $A = 4 \times 10^5 \mathrm{mm}^2$，则其折算厚度为（　　）mm。

A. 324　　　　　　B. 336　　　　　　C. 342　　　　　　D. 359

5. 对于砌体受压构件的承载力计算公式 $N \leqslant \varphi A f$，下面说法正确的是（　　）。

①A——毛截面面积；

②A——扣除孔洞的净截面面积；

③φ——考虑高厚比 β 和轴向力的偏心距 e 对受压构件强度的影响；

④φ——考虑初始偏心 e_0 对受压构件强度的影响。

A. ②③　　　　　　B. ①④　　　　　　C. ②④　　　　　　D. ①③

6. 在砌体受压承载力计算中，y 是指截面（　　）。

A. 截面重心至受拉边缘的距离

B. 截面重心至受压边缘的距离

C. 截面重心至计算位置的距离

D. 截面重心至受压翼缘中心线距离

7. 对于截面尺寸、砂浆和块体强度等级均匀相同的砌体受压构件，下列说法中正确的是（　　）。

①承载力与施工控制质量等级无关；②承载力随高厚比的增大而减小；

③承载力随偏心的增大而减小；④承载力随相邻横墙间距的增加而增大。

A. ①②　　　　　　B. ②③　　　　　　C. ③④　　　　　　D. ①④

8. 某截面尺寸、砂浆、块体强度等级都相同的墙体，下面说法正确的是（　　）。

A. 承载能力随偏心距的增大而增大　　　B. 承载能力随高厚比增加而减小

C. 承载能力随相邻横墙间距增加而增大　D. 承载能力随相邻横墙间距增加而不变

9. 砌体局部受压强度提高的主要原因是（　　）。

A. 局部砌体处于三向受力状态　　　　　B. 套箍作用和应力扩散作用

C. 受压面积小　　　　　　　　　　　　D. 砌体起拱作用而卸荷

10. 下面关于砌体局压强度提高系数 γ 的说法，正确的是（　　）。

A. 为了避免出现危险的局部压碎破坏，规范规定了局压强度提高系数 γ 限值，任何情况 γ 不得大于 2.5

B. 为了避免出现危险的劈裂破坏，规范规定了局压强度提高系数 γ 限值，任何情况 γ 不得大于 2.5

C. 为了避免出现危险的劈裂破坏，规范规定了局压强度提高系数 γ 限值，任何情况 γ 不得大于 2.0

D. 为了避免出现危险的劈裂破坏，规范规定了局压强度提高系数 γ 限值，任何情况 γ 不得大于 1.5

11. 某带壁柱砖墙及轴向力 N 的作用位置如图 16-3-2 所示，在设计时轴向力的偏心距不宜大于（   ）。

   A. 118mm
   B. 197mm
   C. 294mm
   D. 343mm

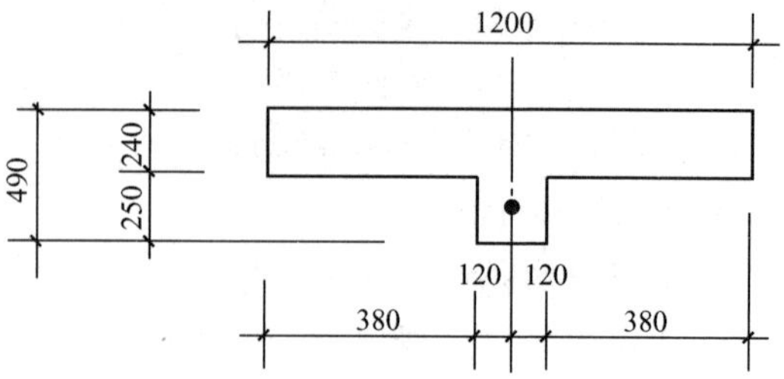

12. 截面尺寸为 240mm×370mm 的砖砌短柱，当轴向力 N 的偏心距如图 16-3-3 所示时，其受压承载力的大小顺序为（   ）。

   A. (1)＞(2)＞(3)＞(4)
   B. (1)＞(3)＞(4)＞(2)
   C. (3)＞(1)＞(4)＞(2)
   D. (3)＞(2)＞(1)＞(4)

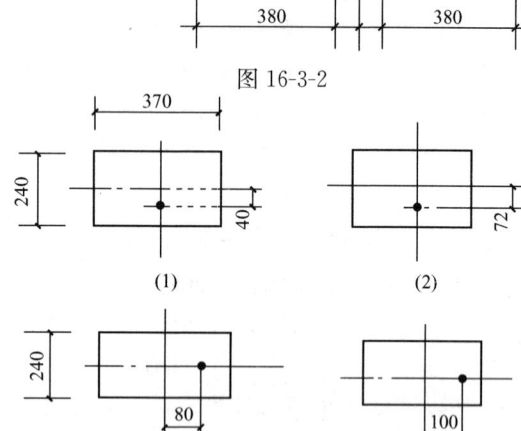

图 16-3-2

图 16-3-3

13. 砖砌体结构房屋，对于梁的跨度大于（   ）时，其支承面下的砌体应设置混凝土或钢筋混凝土垫块。

   A. 4.2m   B. 4.8m   C. 3.9m   D. 4.5m

14. 对厚度为 240mm 的砖墙，当梁跨度大于或等于（   ）时，其支承处宜加设壁柱或采取其他加强措施。

   A. 4.8m   B. 6.0m   C. 7.5m   D. 4.5m

15. 当局部受压面积小于 $0.3m^2$ 时，下列（   ）项可以不考虑砌体 f 的强度调整系数 γ_a。

   A. 支承柱的基础面局部受压   B. 支承屋架的砌体墙局部受压
   C. 支承梁的砌体柱局部受压   D. 垫梁下的砌体局部受压

16. 梁端下砌体处于非均匀局部受压时，梁端支承压力作用位置在（   ）。

   A. 距墙内边 $0.33a_0$ 处（a_0 是梁端有效支承长度）
   B. 距墙内边 1/2 墙厚处
   C. 距墙内边 $0.4a_0$ 处
   D. 距墙内边 a_0 处

17. 如图 16-3-4 所示一烧结普通砖墙砌体，在转角处承受一局部均匀压力，受压面积为 240mm×240mm。若所用砖的强度等级为 MU10、混合砂浆的强度等级为 M2.5，已知砌体的 $f=1.30MPa$，则此局部受压面积上能承受的最大轴向力设计值为（   ）kN。

   A. 112.32   B. 139.28   C. 180.58   D. 223.91

18. 某砌体局部受压构件，如图 16-3-5 所示，按题图计算的砌体局部受压强度提高系数为（   ）。

   A. 2.0   B. 1.5   C. 1.35   D. 1.25

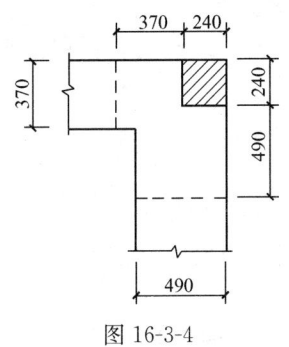
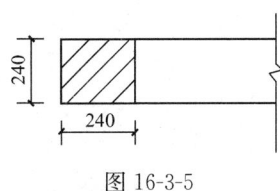

图 16-3-4　　　　　　　　　图 16-3-5

19. 如图 16-3-6 所示，一尺寸 240mm×250mm 的局部受压面，支承在 490mm 厚的砖墙上，采用 MU10 烧结多孔砖、M5 混合砂浆砌筑，可能最先发生局部受压破坏的是（　　）砖墙。

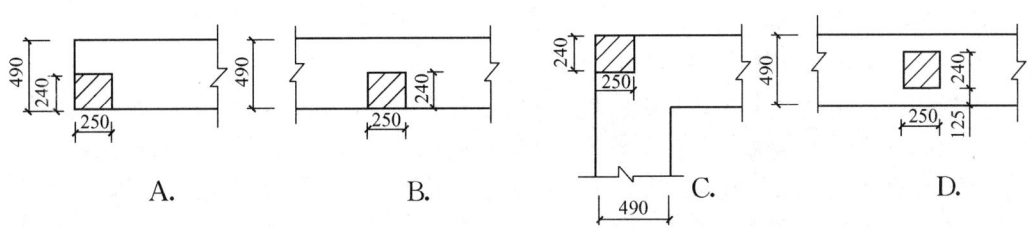

图 16-3-6

20. 砌体窗间墙尺寸为 370mm×900mm，在窗间墙中间，钢筋混凝土梁伸入墙内 240mm，梁截面尺寸为 250mm×600mm，在验算梁下砌体局部受压承载力时，A_0 为（　　）。

A. 370mm×900mm　　　　　　B. 250mm×600mm
C. 370mm×990mm　　　　　　D. 370mm×240mm

21. 如图 16-3-7 所示，已知梁高 $h=500$mm，跨度 $L=4$m，梁支承长度 240mm，墙体厚度 $h=240$mm，砌体抗压强度设计值 $f=1.5$MPa，则屋面梁下墙顶截面的偏心距 e 值为（　　）mm。

A. 61　　　　　　B. 120
C. 47　　　　　　D. 178

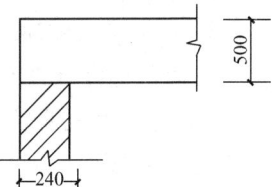

图 16-3-7

22. 《砌体结构设计规范》规定了无筋砌体双向偏心受压构件的偏心距限制范围是（　　）。

A. $e_b \leqslant 0.25b$；$e_h \leqslant 0.25h$　　　　B. $e_b \leqslant 0.2b$；$e_h \leqslant 0.2h$
C. $e_b \leqslant 0.35b$；$e_h \leqslant 0.3h$　　　　D. $e_b \leqslant 0.25b$；$e_h \leqslant 0.6h$

23. 受压构件承载力计算时，轴向力的偏心距 e 的确定按（　　）。

A. 轴向力、弯矩均采用设计值
B. 轴向力采用标准值，弯矩采用设计值
C. 轴向力采用设计值，弯矩采用标准值
D. 轴向力、弯矩均采用标准值

24. 偏心受压构件的偏心距过大，构件的承载力明显下降，《砌体结构设计规范》规定轴向力偏心距 e 不应超过（　　）y，其中 y 是截面重心到轴向力所在偏心方向截面边缘的距离。

    A. 0.6   B. 0.7   C. 0.65   D. 0.75

25. 下面关于刚性垫块的规定，不正确的是（　　）。

    A. 刚性垫块的高度不宜小于 180mm，自梁边算起的垫块挑出长度不宜大于垫块高度

    B. 在带壁柱墙的壁柱内设刚性垫块时，其计算面积应取壁柱范围内的面积，而不应计算翼墙部分

    C. 当现浇垫块与梁端整体浇筑时，垫块可在梁高范围内设置

    D. 刚性垫块的高度不宜小于 120mm，自梁边算起的垫块挑出长度不宜大于垫块高度

26. 当（　　）时，砌体结构不宜采用网状配筋砌体。

    A. $e/h>0.17$ 或 $\beta>6$ B. $e/h<0.17$ 且 $\beta>6$

    C. $e/h>0.17$ 且 $\beta<6$ D. $e/h<0.17$ 且 $\beta<6$

27. 配筋砌体结构中，下列叙述正确的是（　　）。

    ①当砖砌体受压承载力不符合要求，且偏心距较小时，应优先采用网状配筋砖砌体；

    ②当砖砌体受压承载力不符合要求，且偏心距较小时，应优先采用组合砖砌体；

    ③当砖砌体受压承载力不符合要求，且偏心距较大时，应优先采用组合砖砌体；

    ④当砖砌体受压承载力不符合要求，且偏心距较大时，应优先采用网状配筋砖砌体。

    A. ④②   B. ③   C. ②   D. ①③

28. 按照相应规定设置网状配筋，会提高砖砌体构件的受压承载力，这是因为（　　）。

    A. 网状配筋本身就能直接地承担相当份额的竖向荷载

    B. 构件的竖向变形受到网状配筋的阻止，因而直接地提高了承载力

    C. 埋置在砌体灰缝中的网状配筋大大增加了砂浆的强度，因而间接地提高了承载力

    D. 网状配筋能约束砌体构件的横向变形，且不使构件过早失稳破坏，因而间接地提高了承载力

29. 下面关于配筋砖砌体剪力墙的说法，不正确的是（　　）。

    A. 砌体强度等级不应低于 MU7.5

    B. 砂浆强度等级不应低于 M7.5

    C. 灌孔混凝土强度等级不宜低于 C20

    D. 配筋砖砌体剪力墙截面限制 $V \leqslant 0.25 f_g b h_0$

30. 下面关于砖砌体和钢筋混凝土构造柱组合墙的承载力计算中，不正确的是（　　）。

    A. 强度系数的大小主要与构造柱截面和间距有关

    B. 砂浆强度等级不应低于 M5

    C. 构造柱混凝土强度等级不宜低于 C20

    D. 构造柱的截面尺寸不宜小于 240mm×180mm

31. 在组合砖砌体构件中，下列描述（　　）项是正确的。

    A. 砂浆的轴心抗压强度值可取同等级混凝土的轴心抗压强度设计值

    B. 砂浆的轴心抗压强度值可取砂浆的强度等级

C. 为提高构件的抗压承载力，可采用较高强度的钢筋

D. 当轴向力偏心距 $e>0.6y$（y 为截面重心到轴向力所在偏心方向截面边缘的距离）时，宜采用组合砌体

32. 某轴心受压砖柱，截面尺寸为 370mm×490mm，计算高度为 $H_0=3.7$m，采用烧结普通砖 MU10，水泥砂浆 M5，已知砌体 $f=1.50$MPa，试确定此柱在轴心受压时，其最大受压承载力设计值是（ ）kN。

  A. 208.5   B. 187.7   C. 157.95   D. 219.5

33. 在作矩形截面大偏心受压配筋砌块砌体剪力墙正截面承载力计算时，当 $x<2a_s'$ 时，要取 $x=2a_s'$ 求其正截面承载力，这是为了保证（ ）。

  A. 竖向受压主筋达到强度设计值

  B. 竖向受拉主筋达到强度设计值

  C. 受压区砌体有足够的抗剪截面

  D. 受压区砌体达到弯曲抗拉强度

34. 在下列四种因素中，（ ）过度的增加会导致配筋混凝土砌块砌体剪力墙斜截面受剪从有利转变为使墙体发生不利的斜压破坏。

  A. 剪力墙墙肢截面尺寸   B. 灌孔混凝土的强度

  C. 水平分布钢筋   D. 墙体截面上正应力

35. 在砌体受弯构件的抗剪承载力计算公式中，当截面为矩形时，截面高度为 h，则内力臂 z 取为（ ）。

  A. $\frac{1}{3}h$ B. $\frac{1}{2}h$ C. $\frac{2}{3}h$ D. $\frac{3}{4}h$

第四节　砌体结构房屋部件设计

一、《考试大纲》的规定

圈梁、过梁、墙梁、挑梁。

二、重点内容

1. 圈梁

钢筋混凝土圈梁的宽度宜与墙厚相同，当墙厚 $h \geqslant 240$mm 时，其宽度不宜小于 $\frac{2h}{3}$；其高度应等于每皮砖厚度的倍数，并不应小于 120mm。圈梁的作用：增强房屋的整体刚度；防止由于地基的不均匀沉降或较大振动荷载等对房屋引起的不利影响；跨门窗洞口的圈梁若配筋不少于过梁配筋时，可兼作过梁。

圈梁的设置要求，规范规定：

> **7.1.2　厂房、仓库、食堂等空旷单层房屋应按下列规定设置圈梁：**
>
>   **1　砖砌体结构房屋，檐口标高为 5m～8m 时，应在檐口标高处设置圈梁一道；檐口标高大于 8m 时，应增加设置数量；**
>
>   **2　砌块及料石砌体结构房屋，檐口标高为 4m～5m 时，应在檐口标高处设置圈梁一道；檐口标高大于 5m 时，应增加设置数量；**

3 对有吊车或较大振动设备的单层工业房屋，当未采取有效的隔振措施时，除在檐口或窗顶标高处设置现浇混凝土圈梁外，尚应增加设置数量。

7.1.3 住宅、办公楼等多层砌体结构民用房屋，且层数为3层～4层时，应在底层和檐口标高处各设置一道圈梁。当层数超过4层时，除应在底层和檐口标高处各设置一道圈梁外，至少应在所有纵、横墙上隔层设置。多层砌体工业房屋，应每层设置现浇混凝土圈梁。设置墙梁的多层砌体结构房屋，应在托梁、墙梁顶面和檐口标高处设置现浇钢筋混凝土圈梁。

7.1.4 建筑在软弱地基或不均匀地基上的砌体结构房屋，除按本节规定设置圈梁外，尚应符合现行国家标准《建筑地基基础设计规范》GB 50007的有关规定。

7.1.6 采用现浇混凝土楼（屋）盖的多层砌体结构房屋，当层数超过5层时，除应在檐口标高处设置一道圈梁外，可隔层设置圈梁，并应与楼（屋）面板一起现浇。未设置圈梁的楼面板嵌入墙内的长度不应小于120mm，并沿墙长配置不少于2根直径为10mm的纵向钢筋。

圈梁的构造要求如下：

7.1.5 圈梁应符合下列构造要求：

1 圈梁宜连续地设在同一水平面上，并形成封闭状；当圈梁被门窗洞口截断时，应在洞口上部增设相同截面的附加圈梁。附加圈梁与圈梁的搭接长度不应小于其中到中垂直间距的2倍，且不得小于1m；

2 纵、横墙交接处的圈梁应可靠连接。刚弹性和弹性方案房屋，圈梁应与屋架、大梁等构件可靠连接；

3 混凝土圈梁的宽度宜与墙厚相同，当墙厚不小于240mm时，其宽度不宜小于墙厚的2/3。圈梁高度不应小于120mm。纵向钢筋数量不应少于4根，直径不应小于10mm，绑扎接头的搭接长度按受拉钢筋考虑，箍筋间距不应大于300mm；

4 圈梁兼作过梁时，过梁部分的钢筋应按计算面积另行增配。

在抗震设防区时，圈梁设置还应符合《建筑抗震设计规范》的有关规定。

2. 过梁

（1）过梁的分类和构造要求

过梁可分为砖砌过梁和钢筋混凝土过梁。砖砌过梁又可分为砖砌平拱过梁和钢筋砖过梁。

砖砌平拱过梁的厚度等于墙厚，用竖砖砌筑部分的高度不应小于240mm。砖砌平拱过梁截面计算高度内的砂浆不宜低于M5（对钢筋砖过梁同样规定）。砖砌平拱过梁的跨度不应超过1.2m。

钢筋砖过梁底面砂浆层处的钢筋，其直径不应小于5mm，间距不宜大于120mm，钢筋伸入支座砌体内的长度不宜小于240mm，砂浆层厚度不宜小于30mm，砂浆强度不宜低于M5。钢筋砖过梁的跨度不应超过1.5m。

对有较大振动荷载，或可能产生不均匀沉降的房屋，或跨度大于1.5m，应采用钢筋混凝土过梁。

（2）过梁上的荷载

过梁上承受的荷载有砌体自身和过梁计算高度范围内梁、板传来的荷载。试验表明，当过梁上砌体的砌筑高度超过 $l_n/3$ 后，产生拱作用，其跨中挠度增加极小，因此，过梁上的荷载取值规定如下。

7.2.2 过梁的荷载，应按下列规定采用：

1 对砖和砌块砌体，当梁、板下的墙体高度 h_w 小于过梁的净跨 l_n 时，过梁应计入梁、板传来的荷载，否则可不考虑梁、板荷载；

2 对砖砌体，当过梁上的墙体高度 h_w 小于 $l_n/3$ 时，墙体荷载应按墙体的均布自重采用，否则应按高度为 $l_n/3$ 墙体的均布自重来采用；

3 对砌块砌体，当过梁上的墙体高度 h_w 小于 $l_n/2$ 时，墙体荷载应按墙体的均布自重采用，否则应按高度为 $l_n/2$ 墙体的均布自重采用。

（3）过梁的计算

砖砌过梁在荷载作用下，过梁工作状态如同一个拱，其破坏时的三种形态：过梁跨中截面受弯承载力不足而破坏；过梁支座附近截面受剪承载力不足，沿灰缝产生 45°方向的阶梯形斜裂缝不断扩展而破坏；过梁支座端部墙体长度不够，引起水平灰缝的受剪承载力不足发生支座滑动而破坏。

砖砌平拱过梁计算如下：

跨中正截面受弯承载力计算： $M \leqslant W f_{tm}$

式中，M 为按简支梁并取净跨计算的过梁跨中弯矩设计值；W 为过梁的截面抵抗矩；f_{tm} 为砌体沿齿缝截面的弯曲抗拉强度设计值。

支座截面受剪承载力计算： $V \leqslant f_v b z$

式中 V 为按简支梁并取净跨计算的过梁支座剪力设计值；f_v 为砌体抗剪强度设计值；b 为过梁的截面宽度；z 为内力臂，$z = \dfrac{I}{s}$，当截面为矩形时，$z = \dfrac{2h}{3}$，I 为截面惯性矩，s 为截面面积矩，h 为过梁截面的计算高度。

工程实践表明，砖砌平拱过梁的承载力总是由受弯控制，设计时一般可以不进行受剪承载力验算。

钢筋砖过梁和钢筋混凝土过梁的计算如下。

7.2.3 过梁的计算，宜符合下列规定：

2 钢筋砖过梁的受弯承载力可按式（7.2.3）计算，受剪承载力，可按本规范第 5.4.2 条计算；

$$M \leqslant 0.85 h_0 f_y A_s \qquad (7.2.3)$$

式中：M——按简支梁计算的跨中弯矩设计值；

h_0——过梁截面的有效高度，$h_0 = h - a_s$；

a_s——受拉钢筋重心至截面下边缘的距离；

h——过梁的截面计算高度，取过梁底面以上的墙体高度，但不大于 $l_n/3$；当考虑梁、板传来的荷载时，则按梁、板下的高度采用；

> f_y——钢筋的抗拉强度设计值;
> A_s——受拉钢筋的截面面积。
>
> **3** 混凝土过梁的承载力,应按混凝土受弯构件计算。验算过梁下砌体局部受压承载力时,可不考虑上层荷载的影响;梁端底面压应力图形完整系数可取 1.0,梁端有效支承长度可取实际支承长度,但不应大于墙厚。

3. 墙梁

墙梁由墙和托梁组合而成,它包括简支墙梁、连续墙梁和框支墙梁。墙梁又可分为承重墙梁和自承重墙梁。按墙体开洞情况,它又分为无洞口墙梁、有洞口墙梁。

简支无洞口墙梁,在墙体上部主压应力作用下,墙梁形成拱作用,托梁主要受拉。试验研究表明,影响墙梁破坏形态的因素有:砌体、托梁的高跨比;砌体、混凝土的抗压强度设计值;托梁的纵向受力钢筋配筋率;墙体开洞及纵向翼墙;加荷方式等。墙梁破坏形态有:弯曲破坏、斜拉破坏、劈裂破坏、斜压破坏、局部受压破坏,如图 16-4-1 所示。

简支有洞口墙梁,其托梁不仅受拉,而且受弯。当洞口位于跨中时,大拱作用加强,小拱作用削弱,此时托梁受力接近于无洞口状况。

连续墙梁的破坏形态有:弯曲破坏、剪切破坏、局压破坏等。

框支墙梁的破坏形态有:弯曲破坏、剪切破坏、弯剪破坏、局压破坏等。

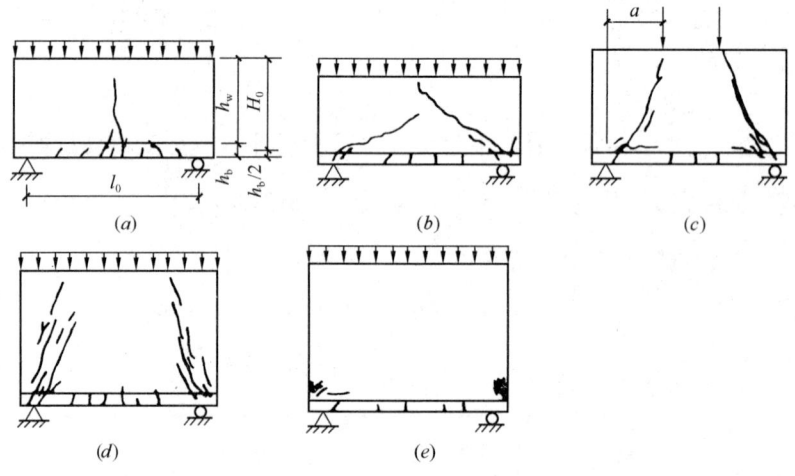

图 16-4-1 墙梁的破坏形态

(a) 弯曲破坏;(b) 斜拉破坏;(c) 劈裂破坏;(d) 斜压破坏;(e) 局部受压破坏

(1) 墙梁的计算简图

> **7.3.2** 采用烧结普通砖砌体、混凝土普通砖砌体、混凝土多孔砖砌体和混凝土砌块砌体的墙梁设计应符合下列规定:
> **1** 墙梁设计应符合表 7.3.2 的规定:

墙梁的一般规定　　　　　　　　　表7.3.2

墙梁类别	墙体总高度 (m)	跨度 (m)	墙体高跨比 h_w/l_{0i}	托梁高跨比 h_b/l_{0i}	洞宽比 b_h/l_{0i}	洞高 h_h
承重墙梁	≤18	≤9	≥0.4	≥1/10	≤0.3	≤$5h_w/6$ 且 h_w-h_h≥0.4m
自承重墙梁	≤18	≤12	≥1/3	≥1/15	≤0.8	—

注：墙体总高度指托梁顶面到檐口的高度，带阁楼的坡屋面应算到山尖墙1/2高度处。

2 墙梁计算高度范围内每跨允许设置一个洞口，洞口高度，对窗洞取洞顶至托梁顶面距离。对自承重墙梁，洞口至边支座中心的距离不应小于$0.1l_{0i}$，门窗洞上口至墙顶的距离不应小于**0.5m**。

3 洞口边缘至支座中心的距离，距边支座不应小于墙梁计算跨度的0.15倍，距中支座不应小于墙梁计算跨度的0.07倍。托梁支座处上部墙体设置混凝土构造柱、且构造柱边缘至洞口边缘的距离不小于240mm时，洞口边至支座中心距离的限值可不受本规定限制。

4 托梁高跨比，对无洞口墙梁不宜大于1/7，对靠近支座有洞口的墙梁不宜大于1/6。配筋砌块砌体墙梁的托梁高跨比可适当放宽，但不宜小于1/14；当墙梁结构中的墙体均为配筋砌块砌体时，墙体总高度可不受本规定限制。

7.3.3 墙梁的计算简图，应按图7.3.3采用。各计算参数应符合下列规定：

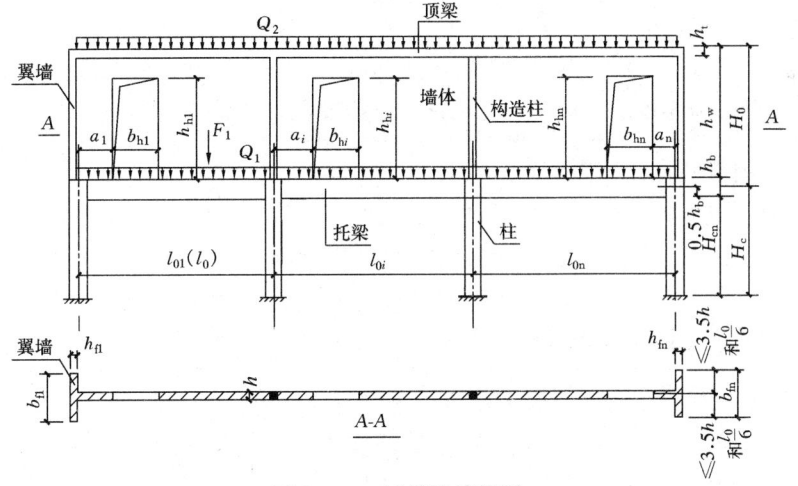

图7.3.3　墙梁计算简图

$l_0(l_{0i})$—墙梁计算跨度；h_w—墙体计算高度；h—墙体厚度；H_0—墙梁跨中截面计算高度；b_{f1}—翼墙计算宽度；H_c—框架柱计算高度；b_{hi}—洞口宽度；h_{hi}—洞口高度；a_i—洞口边缘至支座中心的距离；Q_1、F_1—承重墙梁的托梁顶面的荷载设计值；Q_2—承重墙梁的墙梁顶面的荷载设计值

1 墙梁计算跨度，对简支墙梁和连续墙梁取净跨的1.1倍或支座中心线距离的

较小值；框支墙梁支座中心线距离，取框架柱轴线间的距离；

2 墙体计算高度，取托梁顶面上一层墙体（包括顶梁）高度，当h_w大于l_0时，取h_w等于l_0（对连续墙梁和多跨框支墙梁，l_0取各跨的平均值）；

3 墙梁跨中截面计算高度，取$H_0 = h_w + 0.5h_b$；

4 翼墙计算宽度，取窗间墙宽度或横墙间距的2/3，且每边不大于3.5倍的墙体厚度和墙梁计算跨度的1/6；

5 框架柱计算高度，取$H_c = H_{cn} + 0.5h_b$；H_{cn}为框架柱的净高，取基础顶面至托梁底面的距离。

（2）墙梁的计算荷载

7.3.4 墙梁的计算荷载，应按下列规定采用：

1 使用阶段墙梁上的荷载，应按下列规定采用：
  1）承重墙梁的托梁顶面的荷载设计值，取托梁自重及本层楼盖的恒荷载和活荷载；
  2）承重墙梁的墙梁顶面的荷载设计值，取托梁以上各层墙体自重，以及墙梁顶面以上各层楼（屋）盖的恒荷载和活荷载；集中荷载可沿作用的跨度近似化为均布荷载；
  3）自承重墙梁的墙梁顶面的荷载设计值，取托梁自重及托梁以上墙体自重。

2 施工阶段托梁上的荷载，应按下列规定采用：
  1）托梁自重及本层楼盖的恒荷载；
  2）本层楼盖的施工荷载；
  3）墙体自重，可取高度为$l_{0max}/3$的墙体自重，开洞时尚应按洞顶以下实际分布的墙体自重复核；l_{0max}为各计算跨度的最大值。

（3）墙梁的承载力计算内容

墙梁应分别进行托梁使用阶段正截面承载力和斜截面受剪承载力计算、墙体受剪承载力和托梁支座上部砌体局部受压、承载力计算，以及施工阶段托梁承载力验算。

自承重墙梁可不验算墙体受剪承载力和砌体局部受压承载力。

（4）托梁的正截面承载力计算

7.3.6 墙梁的托梁正截面承载力，应按下列规定计算：

1 托梁跨中截面应按混凝土偏心受拉构件计算，第i跨跨中最大弯矩设计值M_{bi}及轴心拉力设计值N_{bti}可按下列公式计算：

$$M_{bi} = M_{1i} + \alpha_M M_{2i} \quad (7.3.6\text{-}1)$$

$$N_{bti} = \eta_N \frac{M_{2i}}{H_0} \quad (7.3.6\text{-}2)$$

  1）当为简支墙梁时：

$$\alpha_{M} = \psi_{M}\left(1.7\frac{h_{b}}{l_{0}} - 0.03\right) \quad (7.3.6-3)$$

$$\psi_{M} = 4.5 - 10\frac{a}{l_{0}} \quad (7.3.6-4)$$

$$\eta_{N} = 0.44 + 2.1\frac{h_{w}}{l_{0}} \quad (7.3.6-5)$$

  2) 当为连续墙梁和框支墙梁时：

$$\alpha_{M} = \psi_{M}\left(2.7\frac{h_{b}}{l_{0i}} - 0.08\right) \quad (7.3.6-6)$$

$$\psi_{M} = 3.8 - 8.0\frac{a_{i}}{l_{0i}} \quad (7.3.6-7)$$

$$\eta_{N} = 0.8 + 2.6\frac{h_{w}}{l_{0i}} \quad (7.3.6-8)$$

式中：M_{1i}——荷载设计值 Q_1、F_1 作用下的简支梁跨中弯矩或按连续梁、框架分析的托梁第 i 跨跨中最大弯矩；

　　　M_{2i}——荷载设计值 Q_2 作用下的简支梁跨中弯矩或按连续梁、框架分析的托梁第 i 跨跨中最大弯矩；

　　　α_{M}——考虑墙梁组合作用的托梁跨中截面弯矩系数，可按公式（7.3.6-3）或（7.3.6-6）计算，但对自承重简支墙梁应乘以折减系数 0.8；当公式（7.3.6-3）中的 $h_b/l_0 > 1/6$ 时，取 $h_b/l_0 = 1/6$；当公式（7.3.6-3）中的 $h_b/l_{0i} > 1/7$ 时，取 $h_b/l_{0i} = 1/7$；当 $\alpha_M > 1.0$ 时，取 $\alpha_M = 1.0$；

　　　η_{N}——考虑墙梁组合作用的托梁跨中截面轴力系数，可按公式（7.3.6-5）或（7.3.6-8）计算，但对自承重简支墙梁应乘以折减系数 0.8；当 $h_w/l_{0i} > 1$ 时，取 $h_w/l_{0i} = 1$；

　　　ψ_{M}——洞口对托梁跨中截面弯矩的影响系数，对无洞口墙梁取 1.0，对有洞口墙梁可按公式（7.3.6-4）或（7.3.6-7）计算；

　　　a_{i}——洞口边缘至墙梁最近支座中心的距离，当 $a_i > 0.35l_{0i}$ 时，取 $a_i = 0.35l_{0i}$。

2 托梁支座截面应按混凝土受弯构件计算，第 j 支座的弯矩设计值 M_{bj} 可按下列公式计算：

$$M_{bj} = M_{1j} + \alpha_{M}M_{2j} \quad (7.3.6-9)$$

$$\alpha_{M} = 0.75 - \frac{a_{i}}{l_{0i}} \quad (7.3.6-10)$$

式中：M_{1j}——荷载设计值 Q_1、F_1 作用下按连续梁或框架分析的托梁第 j 支座截面的弯矩设计值；

　　　M_{2j}——荷载设计值 Q_2 作用下按连续梁或框架分析的托梁第 j 支座截面的弯矩设计值；

　　　α_{M}——考虑墙梁组合作用的托梁支座截面弯矩系数，无洞口墙梁取 0.4，有洞口墙梁可按公式（7.3.6-10）计算。

(5) 托梁斜截面受剪承载力计算

7.3.8 墙梁的托梁斜截面受剪承载力应按混凝土受弯构件计算,第 j 支座边缘截面的剪力设计值 V_{bj} 可按下式计算:

$$V_{bj} = V_{1j} + \beta_v V_{2j} \tag{7.3.8}$$

式中:V_{1j} ——荷载设计值 Q_1、F_1 作用下按简支梁、连续梁或框架分析的托梁第 j 支座边缘截面剪力设计值;

V_{2j} ——荷载设计值 Q_2 作用下按简支梁、连续梁或框架分析的托梁第 j 支座边缘截面剪力设计值;

β_v ——考虑墙梁组合作用的托梁剪力系数,无洞口墙梁边支座截面取 0.6,中间支座截面取 0.7;有洞口墙梁边支座截面取 0.7,中间支座截面取 0.8;对自承重墙梁,无洞口时取 0.45,有洞口时取 0.5。

(6) 墙梁墙体承载力计算

7.3.9 墙梁的墙体受剪承载力,应按公式(7.3.9)验算,当墙梁支座处墙体中设置上、下贯通的落地混凝土构造柱,且其截面不小于 240mm×240mm 时,可不验算墙梁的墙体受剪承载力。

$$V_2 \leqslant \xi_1 \xi_2 \left(0.2 + \frac{h_b}{l_{0i}} + \frac{h_t}{l_{0i}}\right) f h h_w \tag{7.3.9}$$

式中:V_2 ——在荷载设计值 Q_2 作用下墙梁支座边缘截面剪力的最大值;

ξ_1 ——翼墙影响系数,对单层墙梁取 1.0,对多层墙梁,当 $b_f/h = 3$ 时取 1.3,当 $b_f/h = 7$ 时取 1.5,当 $3 < b_f/h < 7$ 时,按线性插入取值;

ξ_2 ——洞口影响系数,无洞口墙梁取 1.0,多层有洞口墙梁取 0.9,单层有洞口墙梁取 0.6;

h_t ——墙梁顶面圈梁截面高度。

7.3.10 托梁支座上部砌体局部受压承载力,应按公式(7.3.10-1)验算,当墙梁的墙体中设置上、下贯通的落地混凝土构造柱,且其截面不小于 240mm×240mm 时,或当 b_f/h 大于等于 5 时,可不验算托梁支座上部砌体局部受压承载力。

$$Q_2 \leqslant \zeta f h \tag{7.3.10-1}$$

$$\zeta = 0.25 + 0.08 \frac{b_f}{h} \tag{7.3.10-2}$$

式中:ζ ——局压系数。

(7) 多跨框支墙梁框支柱轴力修正

对在墙梁顶面荷载 Q_2 作用下的多跨框支墙梁的框支柱,当边柱的轴力不利时,应乘以修正系数 1.2。

需注意的是,框架柱的弯矩计算不考虑墙梁的组合作用。

(8) 托梁施工阶段的计算

托梁应按混凝土受弯构件进行施工阶段的受弯、受剪承载力验算。

(9) 墙梁的构造要求

7.3.12 墙梁的构造应符合下列规定：

1 托梁和框支柱的混凝土强度等级不应低于C30；

2 承重墙梁的块体强度等级不应低于MU10，计算高度范围内墙体的砂浆强度等级不应低于M10（Mb10）；

3 框支墙梁的上部砌体房屋，以及设有承重的简支墙梁或连续墙梁的房屋，应满足刚性方案房屋的要求；

4 墙梁的计算高度范围内的墙体厚度，对砖砌体不应小于240mm，对混凝土砌块砌体不应小于190mm；

5 墙梁洞口上方应设置混凝土过梁，其支承长度不应小于240mm；洞口范围内不应施加集中荷载；

6 承重墙梁的支座处应设置落地翼墙，翼墙厚度，对砖砌体不应小于240mm，对混凝土砌块砌体不应小于190mm，翼墙宽度不应小于墙梁墙体厚度的3倍，并与墙梁墙体同时砌筑。当不能设置翼墙时，应设置落地且上、下贯通的混凝土构造柱；

7 当墙梁墙体在靠近支座1/3跨度范围内开洞时，支座处应设置落地且上、下贯通的混凝土构造柱，并应与每层圈梁连接；

8 墙梁计算高度范围内的墙体，每天可砌筑高度不应超过1.5m，否则，应加设临时支撑；

9 托梁两侧各两个开间的楼盖应采用现浇混凝土楼盖，楼板厚度不应小于120mm，当楼板厚度大于150mm时，应采用双层双向钢筋网，楼板上应少开洞，洞口尺寸大于800mm时应设洞口边梁；

10 托梁每跨底部的纵向受力钢筋应通长设置，不应在跨中弯起或截断；钢筋连接应采用机械连接或焊接；

11 托梁跨中截面的纵向受力钢筋总配筋率不应小于0.6%；

12 托梁上部通长布置的纵向钢筋面积与跨中下部纵向钢筋面积之比值不应小于0.4；连续墙梁或多跨框支墙梁的托梁支座上部附加纵向钢筋从支座边缘算起每边延伸长度不应小于$l_0/4$；

13 承重墙梁的托梁在砌体墙、柱上的支承长度不应小于350mm；纵向受力钢筋伸入支座的长度应符合受拉钢筋的锚固要求；

14 当托梁截面高度h_b大于等于450mm时，应沿梁截面高度设置通长水平腰筋，其直径不应小于12mm，间距不应大于200mm；

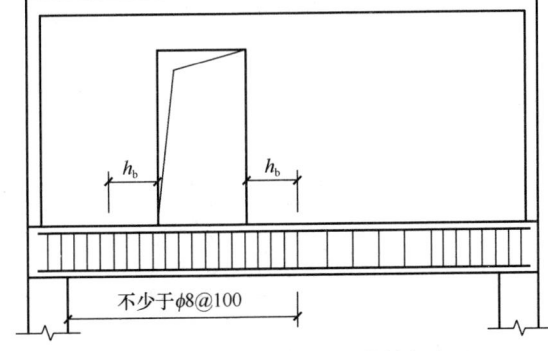

图7.3.12 偏开洞时托梁箍筋加密区

15 对于洞口偏置的墙梁，其托梁的箍筋加密区范围应延到洞口外，距洞边的距离大于等于托梁截面高度h_b（图7.3.12），箍筋直径不应小于8mm，间距不应大于100mm。

4. 挑梁

挑梁在砌体中可能发生两种破坏形态：挑梁倾覆破坏和挑梁下砌体局部受压破坏。

（1）挑梁抗倾覆验算

7.4.1 砌体墙中混凝土挑梁的抗倾覆，应按下列公式进行验算：

$$M_{ov} \leqslant M_r \tag{7.4.1}$$

式中：M_{ov}——挑梁的荷载设计值对计算倾覆点产生的倾覆力矩；

　　　M_r——挑梁的抗倾覆力矩设计值。

7.4.2 挑梁计算倾覆点至墙外边缘的距离可按下列规定采用：

1 当 l_1 不小于 $2.2h_b$ 时（l_1 为挑梁埋入砌体墙中的长度，h_b 为挑梁的截面高度），梁计算倾覆点到墙外边缘的距离可按式(7.4.2-1)计算，且其结果不应大于 $0.13l_1$。

$$x_0 = 0.3h_b \tag{7.4.2-1}$$

式中：x_0——计算倾覆点至墙外边缘的距离（mm）；

2 当 l_1 小于 $2.2h_b$ 时，梁计算倾覆点到墙外边缘的距离可按下式计算：

$$x_0 = 0.13l_1 \tag{7.4.2-2}$$

3 当挑梁下有混凝土构造柱或垫梁时，计算倾覆点到墙外边缘的距离可取 $0.5x_0$。

7.4.3 挑梁的抗倾覆力矩设计值，可按下式计算：

$$M_r = 0.8G_r(l_2 - x_0) \tag{7.4.3}$$

式中：G_r——挑梁的抗倾覆荷载，为挑梁尾端上部45°扩展角的阴影范围（其水平长度为 l_3）内本层的砌体与楼面恒荷载标准值之和（图7.4.3）；当上部楼层无挑梁时，抗倾覆荷载中可计及上部楼层的楼面永久荷载；

　　　l_2——G_r 作用点至墙外边缘的距离。

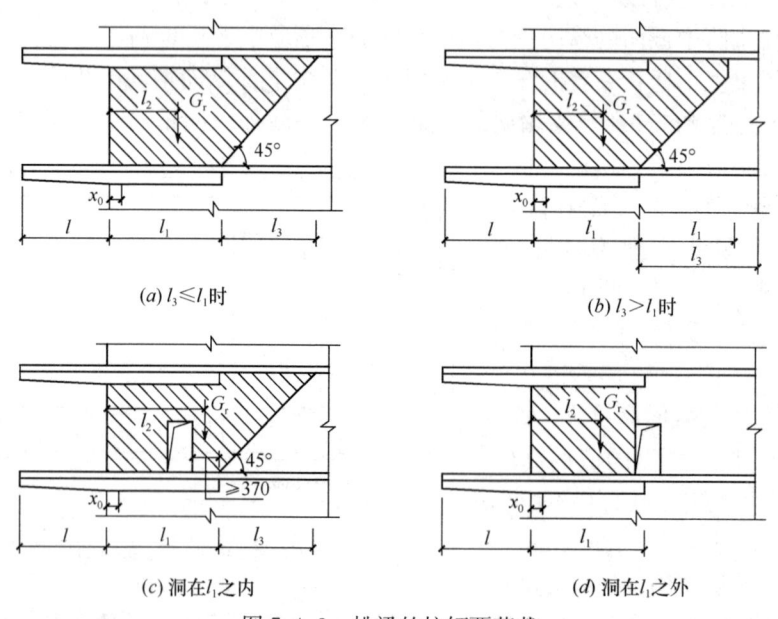

图 7.4.3 挑梁的抗倾覆荷载

(2) 挑梁下砌体局部受压验算

7.4.4 挑梁下砌体的局部受压承载力，可按下式验算（图7.4.4）：

$$N_l \leqslant \eta \gamma f A_l \tag{7.4.4}$$

式中：N_l——挑梁下的支承压力，可取 $N_l = 2R$，R 为挑梁的倾覆荷载设计值；

η——梁端底面压应力图形的完整系数，可取 0.7；

γ——砌体局部抗压强度提高系数，对图 7.4.4a 可取 1.25；对图 7.4.4b 可取 1.5；

A_l——挑梁下砌体局部受压面积，可取 $A_l = 1.2bh_b$，b 为挑梁的截面宽度，h_b 为挑梁的截面高度。

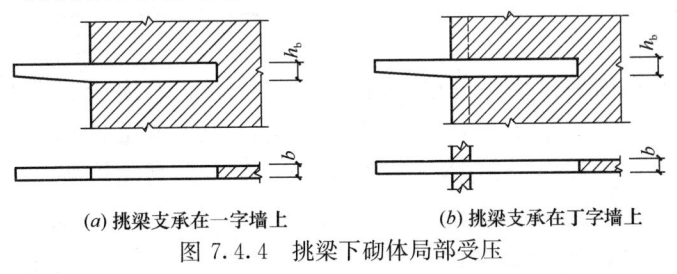

(a) 挑梁支承在一字墙上　　(b) 挑梁支承在丁字墙上

图 7.4.4　挑梁下砌体局部受压

(3) 挑梁自身承载力计算

挑梁最大弯矩设计值 $M_{\max}$ 位于计算倾覆点处，最大剪力设计值 $V_{\max}$ 在墙边。

7.4.5 挑梁的最大弯矩设计值 $M_{\max}$ 与最大剪力设计值 $V_{\max}$，可按下列公式计算：

$$M_{\max} = M_0 \tag{7.4.5-1}$$

$$V_{\max} = V_0 \tag{7.4.5-2}$$

式中：M_0——挑梁的荷载设计值对计算倾覆点截面产生的弯矩；

V_0——挑梁的荷载设计值在挑梁墙外边缘处截面产生的剪力。

(4) 挑梁的构造要求

7.4.6 挑梁设计除应符合现行国家标准《混凝土结构设计规范》GB 50010 的有关规定外，尚应满足下列要求：

1 纵向受力钢筋至少应有 1/2 的钢筋面积伸入梁尾端，且不少于 2φ12。其余钢筋伸入支座的长度不应小于 $2 l_1 /3$；

2 挑梁埋入砌体长度 l_1 与挑出长度 l 之比宜大于 1.2；当挑梁上无砌体时，l_1 与 l 之比宜大于 2。

(5) 雨篷抗倾覆验算

7.4.7 雨篷等悬挑构件可按第 7.4.1 条～7.4.3 条进行抗倾覆验算，其抗倾覆荷载 G_r 可按图 7.4.7 采用，G_r 距墙外边缘的距离为墙厚的 1/2，l_3 为门窗洞口净跨的 1/2。

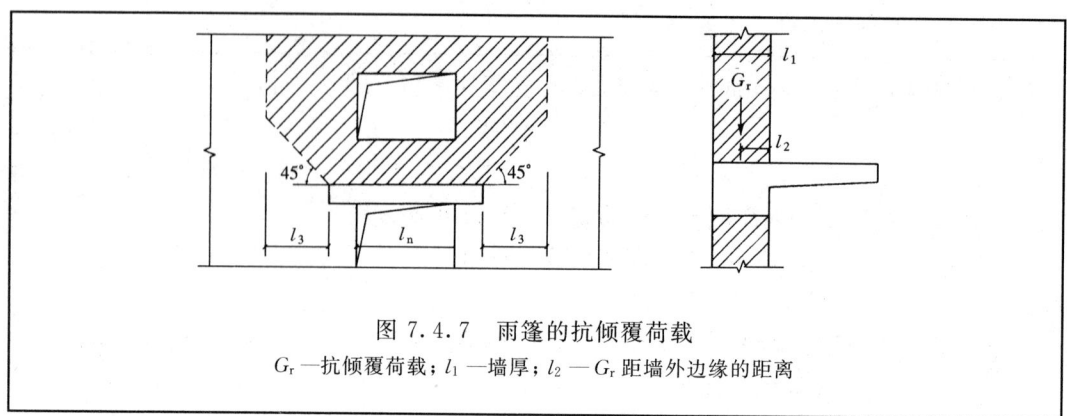

图 7.4.7 雨篷的抗倾覆荷载
G_r—抗倾覆荷载；l_1—墙厚；l_2—G_r距墙外边缘的距离

三、解题指导

圈梁，应根据圈梁的作用去理解圈梁的设置，圈梁的构造要求则需要记忆并理解。过梁，由于拱效应，荷载取值有一定的规定，注意过梁计算公式中有关参数的取值，特别是高度、跨度（净跨度、计算跨度）、最不利截面位置。

墙梁，首先应理解其工作机理、破坏形式与计算公式之间的关系，特别注意其荷载取值的要求，计算跨度、墙梁计算简图、承载力计算的内容，计算公式中有关参数的规定。其次，掌握其构造要求。

挑梁，掌握倾覆点计算规定；注意抗倾覆力矩设计值的计算规定，即取恒荷载标准值进行计算，不乘以荷载分项系数；注意抗倾覆荷载的取值范围，见本节7.4.3条，特别是规范图7.4.3（c）、（d）情况，注意挑梁的构造要求。

【例16-4-1】 墙梁设计中，下列概念中正确的是（　　）。
①无论何种类型墙梁，其顶面的荷载设计值计算方法都相同
②托梁应按偏心受拉构件进行施工阶段承载力计算
③承重墙梁的两端均应设翼墙
④自承重墙梁应验算砌体局部受压承载力
⑤无洞口简支墙梁，其托梁处于小偏心受拉状态
  A. ①②④　　　B. ②③⑤　　　C. ③④　　　D. ③⑤

【解】 应将墙梁工作原理，墙梁计算模型及其构造要求进行逐项判别，可知应选D项。

【例16-4-2】 在砖墙上开设净跨度为1.5m窗口，窗口顶部为钢筋砖过梁。已知过梁上的墙身高度为1.2m，则计算过梁上墙体重量时，应取墙体高度为（　　）。
  A. 0.3m　　　B. 0.4m　　　C. 0.5m　　　D. 1.2m

【解】 由本节7.2.2条，$h_w = 1.2 > \dfrac{l_n}{3} = 0.5 \text{m}$

所以取墙体高度为0.5m，故选C项。

思考：若过梁上的墙身高度为0.4m，则$h_w = 0.4\text{m} < 0.5\text{m}$取墙体高度为0.4m。

四、应试题解

1. 承重独立砖柱截面尺寸不应小于（　　）。
  A. 240mm×240mm　　　　　　　B. 240mm×370mm

C. 370mm×370mm D. 370mm×490mm

2. 当多层砌体房屋可能在两端产生较大的沉降时,设置在( )部位的圈梁对防止因不均匀沉降可能引起墙体开裂最有效。

A. 檐口处 B. 基础顶面
C. 房屋中间高度处 D. 房屋高度2/3处

3. 在设计多层砌体房屋时,因土质关系,预期房屋中部的沉降要比两端大,为了防止地基的不均匀沉降,最起作用的措施是( )。

A. 设置构造柱
B. 在檐口处设置圈梁
C. 在基础顶面设置圈梁
D. 采用配筋砌体结构

4. 圈梁必须是封闭的,当砌体房屋的圈梁被门窗洞口切断时,洞口上部应增设附加圈梁与原圈梁搭接,搭接长度不得小于1m,且不小于其垂直间距的( )倍。

A. 1 B. 1.2 C. 2 D. 1.5

5. 下面关于圈梁的构造要求中不正确的是( )。

A. 圈梁宽度宜与墙厚相同,当墙厚大于240mm时,其宽度不宜小于2/3墙厚
B. 圈梁高度不应小于180mm
C. 圈梁箍筋间距不应大于4φ10
D. 圈梁箍筋间距不应大于300mm

6. 墙梁设计时,下列概念中正确的是( )。

A. 无论何种类型墙梁,其顶面的荷载设计值计算方法相同
B. 托梁应按偏心受拉构件进行施工阶段承载力计算
C. 承重墙梁的两端均应设翼墙
D. 自承重墙梁应验算砌体局部受压承载力

7. 在下列叙述中,不符合实际情况的项次为( )。

A. 承重墙梁的支座处应设置落地翼墙,若不能设置翼墙,则应设置落地混凝土构造柱
B. 无洞口简支墙梁,其托梁处于小偏心受拉状态
C. 偏开洞简支墙梁,其托梁一般处于大偏心受拉状态
D. 框支墙梁在发生水平剪切破坏后,就不再具有墙梁的组合作用

8. 墙梁计算高度范围内的墙体,在不加设临时支撑的条件下,每天砌筑高度不超过( )m。

A. 1.2 B. 1.5 C. 2 D. 2.5

9. 在砖墙上开设净跨度为1.2m的窗口,窗口顶部为钢筋砖过梁。已知过梁上的墙身高度为1.5m,则计算过梁上墙体重量时,应取墙体高度为( )。

A. 0.3m B. 0.4m C. 1.2m D. 1.5m

10. 砖砌平拱过梁的跨度不宜超过( )。

A. 2m B. 1.5m C. 1.2m D. 1.0m

11. 钢筋砖过梁的跨度不宜超过（　　）。
   A. 2m　　　　　　B. 1.8m　　　　　　C. 1.5m　　　　　　D. 1.0m
12. 作用在过梁上的砌体自重，对于砖砌体可以不考虑高度大于 $l_n/3$ 的墙体自重（l_n 为过梁净跨）；对于砌块砌体，可以不考虑高度大于 $l_n/3$ 的墙体自重，主要考虑了（　　）作用。
   A. 起拱而产生卸荷　　　　　　　　B. 应力重分布
   C. 应力扩散　　　　　　　　　　　D. 梁墙间的相互作用
13. 计算过梁上的梁、板传来的荷载，正确的是（　　）。
   A. 当梁板下的墙体高度 h_w 大于过梁的净跨 $l_n/2$ 时，可不计梁、板传来的荷载
   B. 当梁板下的墙体高度 h_w 大于过梁的净跨 $l_n/3$ 时，可不计梁、板传来的荷载
   C. 当梁板下的墙体高度 h_w 大于过梁的净跨 l_n 时，可不计梁、板传来的荷载
   D. 任何情况都应计算梁、板传来的荷载
14. 下列关于挑梁计算的说法中，正确的是（　　）。
   ①挑梁抗倾覆力矩中的抗倾覆荷载，应取挑梁尾端上部 45°扩散角范围内本层的砌体与楼面恒载标准值之和；
   ②挑梁埋入砌体的长度与挑出长度之比宜大于 1.2，当挑梁上无砌体时，宜大于 2；
   ③在进行挑梁下砌体的局部抗压承载力验算时，挑梁下的支承压力取挑梁的倾覆荷载设计值；
   ④挑梁本身应按钢筋混凝土受弯构件设计。
   A. ②③　　　　　　B. ①②③　　　　　　C. ①②④　　　　　　D. ①③
15. 挑梁可能发生的破坏包括（　　）。
   ①因抗倾覆力矩不足引起的倾覆破坏；②因局部受压承载力不足引起的局部受压破坏；③因挑梁本身承载力不足引起的破坏；④挑梁失稳破坏。
   A. ①②③④　　　　　B. ①②③　　　　　　C. ②③④　　　　　　D. ②③
16. 挑梁上无砌体，挑梁埋入砌体内长度与挑梁长度之比（　　）。
   A. 宜大于 1　　　　B. 宜大于 1.5　　　　C. 宜大于 2　　　　　D. 宜大于 2.5
17. 当计算挑梁的抗倾覆力矩时，荷载取为（　　）。
   A. 本层的砌体与楼面恒荷载标准值之和
   B. 本层的砌体与楼面恒荷载设计值之和
   C. 本层恒载与活载标准值之和
   D. 本层恒载与活载标计值之和

第五节　抗震设计要点

一、《考试大纲》的规定
抗震设计要求：一般规定、构造要求。
二、重点内容
1. 一般规定
目前我国对建筑结构的抗震设防，提出"小震不坏、中震可修、大震不倒"的基本原则。一个地区的设防烈度即该地区的基本烈度，小震时的烈度称众值烈度，它比基本烈度

平均约低1.55度。结构在经受中震，即相当于基本烈度时，虽有损坏，但修理后仍可以继续使用。结构在经受大震，即较基本烈度约高1度左右的罕遇地震烈度时，结构可以有较大的变形，但能控制在一定的范围内，使结构不致倒塌。房屋建筑根据其使用功能的重要性划分为甲类、乙类、丙类、丁类四个抗震设防类别。

砌体结构抗震设计的基本要求：

(1) 房屋的平、立面布置宜规则、对称，房屋的质量分布和刚度变化宜均匀，楼层不宜错层。

(2) 房屋的防震缝可按实际需要设置。当设置防震缝时，应将房屋分成规则的结构单元，留有足够的宽度，使两侧的上部结构应完全分开。伸缩缝、沉降缝应符合防震缝的要求。

(3) 抗震结构体系，其计算简图应明确，地震作用传递途径合理；宜有多道抗震防线；应具备必要的强度，良好的变形能力和耗能能力；宜具有合理的刚度和强度分布。

(4) 抗震砌体结构构件，应按规定设置钢筋混凝土圈梁和构造柱、芯柱，或采用有配筋砌体和组合砌体等，以改善结构的变形能力。

(5) 附属构件应与主体结构有可靠的连接或锚固，避免倒塌伤人或砸坏设备；避免不合理地设置围护墙和隔墙而导致主体结构的破坏；装饰贴面与主体结构应有可靠连接，应避免吊顶塌落伤人。

(6) 施工方面：构造柱、芯柱的施工，应先砌墙后浇混凝土柱；纵墙和横墙的交接处应同时咬槎砌筑或采取拉结措施。

2. 砌体结构房屋的抗震措施

《砌体规范》和《建筑抗震设计规范》(以下简称《抗规》) 对砌体结构房屋的抗震措施作了较详细的规定。

(1) 多层砌体房屋的高度和层数的规定

多层砌体房屋的抗震性能，除与横墙间距、结构的整体性、砂和砂浆的强度等级、施工质量等因素有关外，还与房屋的总高度和层高密切相关。为此，《抗规》作出了如下规定：

7.1.2 多层房屋的层数和高度应符合下列要求：

1 一般情况下，房屋的层数和总高度不应超过表7.1.2的规定。

房屋的层数和总高度限值 (m)　　　　表7.1.2

房屋类别		最小抗震墙厚度(mm)	烈度和设计基本地震加速度							
			6		7		8		9	
			0.05g		0.10g	0.15g	0.20g	0.30g	0.40g	
			高度	层数	高度 层数	高度 层数	高度 层数	高度 层数	高度	层数
多层砌体房屋	普通砖	240	21	7	21　7	21　7	18　6	15　5	12	4
	多孔砖	240	21	7	21　7	18　6	18　6	15　5	9	3
	多孔砖	190	21	7	18　6	15　5	15　5	12　4	—	—
	小砌块	190	21	7	21　7	18　6	18　6	15　5	9	3

续表

房屋类别		最小抗震墙厚度(mm)	烈度和设计基本地震加速度									
			6		7				8			9
			0.05g		0.10g		0.15g		0.20g		0.30g	0.40g
			高度	层数	高度	层数	高度	层数	高度	层数	高度	层数	高度	层数
底部框架-抗震墙砌体房屋	普通砖多孔砖	240	22	7	22	7	19	6	16	5	—	—	—	—
	多孔砖	190	22	7	19	6	16	5	13	4	—	—	—	—
	小砌块	190	22	7	22	7	19	6	16	5	—	—	—	—

注：1 房屋的总高度指室外地面到主要屋面板板顶或檐口的高度，半地下室从地下室室内地面算起，全地下室和嵌固条件好的半地下室应允许从室外地面算起；对带阁楼的坡屋面应算到山尖墙的1/2高度处；
2 室内外高差大于0.6m时，房屋总高度应允许比表中的数据适当增加，但增加量应少于1.0m；
3 乙类的多层砌体房屋仍按本地区设防烈度查表，其层数应减少一层且总高度应降低3m；不应采用底部框架-抗震墙砌体房屋；
4 本表小砌块砌体房屋不包括配筋混凝土小型空心砌块砌体房屋。

2 横墙较少的多层砌体房屋，总高度应比表7.1.2的规定降低3m，层数相应减少一层；各层横墙很少的多层砌体房屋，还应再减少一层。

注：横墙较少是指同一楼层内开间大于4.2m的房间占该层总面积的40%以上；其中，开间不大于4.2m的房间占该层总面积不到20%且开间大于4.8m的房间占该层总面积的50%以上为横墙很少。

3 6、7度时，横墙较少的丙类多层砌体房屋，当按规定采取加强措施并满足抗震承载力要求时，其高度和层数应允许仍按表7.1.2的规定采用。

4 采用蒸压灰砂砖和蒸压粉煤灰砖的砌体的房屋，当砌体的抗剪强度仅达到普通黏土砖砌体的70%时，房屋的层数应比普通砖房减少一层，总高度应减少3m；当砌体的抗剪强度达到普通黏土砖砌体的取值时，房屋层数和总高度的要求同普通砖房屋。

《砌体规范》也作了上述相同的规定。

配筋砌块砌体抗震墙结构、部分框支抗震墙结构，《砌体规范》规定：

10.1.3 本章适用的配筋砌块砌体抗震墙结构和部分框支抗震墙结构房屋最大高度应符合表10.1.3的规定。

配筋砌块砌体抗震墙房屋适用的最大高度（m）　　　表10.1.3

结构类型	最小墙厚(mm)	设防烈度和设计基本地震加速度					
		6度	7度		8度		9度
		0.05g	0.10g	0.15g	0.20g	0.30g	0.40g
配筋砌块砌体抗震墙	190mm	60	55	45	40	30	24
部分框支抗震墙		55	49	40	31	24	—

注：1 房屋高度指室外地面到主要屋面板板顶的高度（不包括局部突出屋顶部分）；
2 某层或几层开间大于6.0m以上的房间建筑面积占相应层建筑面积40%以上时，表中数据相应减少6m；
3 部分框支抗震墙结构指首层或底部两层为框支层的结构，不包括仅个别框支墙的情况；
4 房屋的高度超过表内高度时，应根据专门研究，采取有效的加强措施。

砌体结构房屋的层高，《砌体规范》规定：

10.1.4 砌体结构房屋的层高，应符合下列规定：
　　1 多层砌体结构房屋的层高，应符合下列规定：
　　　　1）多层砌体结构房屋的层高，不应超过3.6m；
　　注：当使用功能确有需要时，采用约束砌体等加强措施的普通砖房屋，层高不应超过3.9m。
　　　　2）底部框架-抗震墙砌体房屋的底部，层高不应超过4.5m；当底层采用约束砌体抗震墙时，底层的层高不应超过4.2m。
　　2 配筋混凝土空心砌块抗震墙房屋的层高，应符合下列规定：
　　　　1）底部加强部位（不小于房屋高度的1/6 且不小于底部二层的高度范围）的层高（房屋总高度小于21m时取一层），一、二级不宜大于3.2m，三、四级不应大于3.9m；
　　　　2）其他部位的层高，一、二级不应大于3.9m，三、四级不应大于4.8m。

（2）多层砌体房屋总高度与总宽度的最大高宽比

为保证房屋的稳定性，避免房屋发生整体弯曲破坏，《抗规》对多层砌体房屋总高度与总宽度的比值作了限制，即：

7.1.4 多层砌体房屋总高度与总宽度的最大比值，宜符合表7.1.4的要求。

房屋最大高宽比　　　　　　　　　　　　　　表7.1.4

烈　　度	6	7	8	9
最大高宽比	2.5	2.5	2.0	1.5

注：1　单面走廊房屋的总宽度不包括走廊宽度；
　　2　建筑平面接近正方形时，其高宽比宜适当减小。

（3）多层砌体房屋的结构体系

《抗规》规定：

7.1.7 多层砌体房屋的建筑布置和结构体系，应符合下列要求：
　　1 应优先采用横墙承重或纵横墙共同承重的结构体系。不应采用砌体墙和混凝土墙混合承重的结构体系。
　　2 纵横向砌体抗震墙的布置应符合下列要求：
　　　　1）宜均匀对称，沿平面内宜对齐，沿竖向应上下连续；且纵横向墙体的数量不宜相差过大；
　　　　2）平面轮廓凹凸尺寸，不应超过典型尺寸的50%；当超过典型尺寸的25%时，房屋转角处应采取加强措施；
　　　　3）楼板局部大洞口的尺寸不宜超过楼板宽度的30%，且不应在墙体两侧同时开洞；

> 4) 房屋错层的楼板高差超过500mm时,应按两层计算;错层部位的墙体应采取加强措施;
> 5) 同一轴线上的窗间墙宽度宜均匀;墙面洞口的面积,6、7度时不宜大于墙面总面积的55%,8、9度时不宜大于50%;
> 6) 在房屋宽度方向的中部应设置内纵墙,其累计长度不宜小于房屋总长度的60%(高宽比大于4的墙段不计入)。
>
> 3 房屋有下列情况之一时宜设置防震缝,缝两侧均应设置墙体,缝宽应根据烈度和房屋高度确定,可采用70mm~100mm:
> 1) 房屋立面高差在6m以上;
> 2) 房屋有错层,且楼板高差大于层高的1/4;
> 3) 各部分结构刚度、质量截然不同。
>
> 4 楼梯间不宜设置在房屋的尽端或转角处。
> 5 不应在房屋转角处设置转角窗。
> 6 横墙较少、跨度较大的房屋,宜采用现浇钢筋混凝土楼、屋盖。

(4) 多层砌体房屋抗震横墙的间距

由于多层砌体房屋的横向水平地震力主要由楼(屋)盖传递,由横墙承担,为保证房屋空间刚度,对抗震横墙的间距作出限制是必要的。为此,《抗规》规定:

> **7.1.5** 房屋抗震横墙的间距,不应超过表7.1.5的要求:
>
> 房屋抗震横墙的间距(m)　　　　表7.1.5
>
> | 房屋类别 | | 烈度 | | | |
> |---|---|---|---|---|---|
> | | | 6 | 7 | 8 | 9 |
> | 多层砌体房屋 | 现浇或装配整体式钢筋混凝土楼、屋盖 | 15 | 15 | 11 | 7 |
> | | 装配式钢筋混凝土楼、屋盖 | 11 | 11 | 9 | 4 |
> | | 木屋盖 | 9 | 9 | 4 | — |
> | 底部框架-抗震墙砌体房屋 | 上部各层 | 同多层砌体房屋 | | | — |
> | | 底层或底部两层 | 18 | 15 | 11 | — |
>
> 注:1 多层砌体房屋的顶层,除木屋盖外的最大横墙间距应允许适当放宽,但应采取相应加强措施;
> 2 多孔砖抗震横墙厚度为190mm时,最大横墙间距应比表中数值减少3m。

(5) 配筋砌块砌体抗震墙的设置要求

《砌体规范》规定:

> **10.1.10** 配筋砌块砌体短肢抗震墙及一般抗震墙设置,应符合下列规定:
> 1 抗震墙宜沿主轴方向双向布置,各向结构刚度、承载力宜均匀分布。高层建筑不宜采用全部为短肢墙的配筋砌块砌体抗震墙结构,应形成短肢抗震墙与一般抗震墙共同抵抗水平地震作用的抗震墙结构。9度时不宜采用短肢墙;

2 纵横方向的抗震墙宜拉通对齐；较长的抗震墙可采用楼板或弱连梁分为若干个独立的墙段，每个独立墙段的总高度与长度之比不宜小于2，墙肢的截面高度也不宜大于8m；

3 抗震墙的门窗洞口宜上下对齐，成列布置；

4 一般抗震墙承受的第一振型底部地震倾覆力矩不应小于结构总倾覆力矩的50%，且两个主轴方向，短肢抗震墙截面面积与同一层所有抗震墙截面面积比例不宜大于20%；

5 短肢抗震墙宜设翼缘。一字形短肢墙平面外不宜布置与之单侧相交的楼面梁；

6 短肢墙的抗震等级应比表10.1.6的规定提高一级采用；已为一级时，配筋应按9度的要求提高；

7 配筋砌块砌体抗震墙的墙肢截面高度不宜小于墙肢截面宽度的5倍。

注：短肢抗震墙是指墙肢截面高度与宽度之比为5～8的抗震墙，一般抗震墙是指墙肢截面高度与宽度之比大于8的抗震墙。L形，T形，+形等多肢墙截面的长短肢性质应由较长一肢确定。

（6）多层砌体房屋的局部限值

《规规》规定：

7.1.6 多层砌体房屋中砌体墙段的局部尺寸限值，宜符合表7.1.6的要求：

房屋的局部尺寸限值（m）　　　　　表7.1.6

部　位	6度	7度	8度	9度
承重窗间墙最小宽度	1.0	1.0	1.2	1.5
承重外墙尽端至门窗洞边的最小距离	1.0	1.0	1.2	1.5
非承重外墙尽端至门窗洞边的最小距离	1.0	1.0	1.0	1.0
内墙阳角至门窗洞边的最小距离	1.0	1.0	1.5	2.0
无锚固女儿墙（非出入口处）的最大高度	0.5	0.5	0.5	0.0

注：1 局部尺寸不足时应采取局部加强措施弥补，且最小宽度不宜小于1/4层高和表列数据的80%；
2 出入口处的女儿墙应有锚固。

（7）多层砌体房屋材料性能指标

《砌体规范》规定：

10.1.12 结构材料性能指标，应符合下列规定：

1 砌体材料应符合下列规定：

1）普通砖和多孔砖的强度等级不应低于MU10，其砌筑砂浆强度等级不应低于M5；蒸压灰砂普通砖、蒸压粉煤灰普通砖及混凝土砖的强度等级不应低于MU15，其砌筑砂浆强度等级不应低于Ms5（Mb5）；

2) 混凝土砌块的强度等级不应低于MU7.5，其砌筑砂浆强度等级不应低于Mb7.5；

3) 约束砖砌体墙，其砌筑砂浆强度等级不应低于M10或Mb10；

4) 配筋砌块砌体抗震墙，其混凝土空心砌块的强度等级不应低于MU10，其砌筑砂浆强度等级不应低于Mb10。

2 混凝土材料，应符合下列规定：

1) 托梁，底部框架-抗震墙砌体房屋中的框架梁、框架柱、节点核芯区、混凝土墙和过渡层底板，部分框支配筋砌块砌体抗震墙结构中的框支梁和框支柱等转换构件、节点核芯区、落地混凝土墙和转换层楼板，其混凝土的强度等级不应低于C30；

2) 构造柱、圈梁、水平现浇钢筋混凝土带及其他各类构件不应低于C20，砌块砌体芯柱和配筋砌块砌体抗震墙的灌孔混凝土强度等级不应低于Cb20。

3 钢筋材料应符合下列规定：

1) 钢筋宜选用HRB400级钢筋和HRB335级钢筋，也可采用HPB300级钢筋；

2) 托梁、框架梁、框架柱等混凝土构件和落地混凝土墙，其普通受力钢筋宜优先选用HRB400钢筋。

(8) 钢筋混凝土构造柱

《砌体规范》规定：

10.2.4 各类砖砌体房屋的现浇钢筋混凝土构造柱（以下简称构造柱），其设置应符合现行国家标准《建筑抗震设计规范》GB 50011的有关规定，并应符合下列规定：

1 构造柱设置部位应符合表10.2.4的规定；

2 外廊式和单面走廊式的房屋，应根据房屋增加一层的层数，按表10.2.4的要求设置构造柱，且单面走廊两侧的纵墙均应按外墙处理；

3 横墙较少的房屋，应根据房屋增加一层的层数，按表10.2.4的要求设置构造柱。当横墙较少的房屋为外廊式或单面走廊式时，应按本条2款要求设置构造柱；但6度不超过四层、7度不超过三层和8度不超过二层时应按增加二层的层数对待；

4 各层横墙很少的房屋，应按增加二层的层数设置构造柱；

5 采用蒸压灰砂普通砖和蒸压粉煤灰普通砖的砌体房屋，当砌体的抗剪强度仅达到普通黏土砖砌体的70%时（普通砂浆砌筑），应根据增加一层的层数按本条1～4款要求设置构造柱；但6度不超过四层、7度不超过三层和8度不超过二层时应按增加二层的层数对待；

6 有错层的多层房屋，在错层部位应设置墙，其与其他墙交接处应设置构造柱；在错层部位的错层楼板位置应设置现浇钢筋混凝土圈梁；当房屋层数不低于四层时，底部1/4楼层处错层部位墙中部的构造柱间距不宜大于2m。

砖砌体房屋构造柱设置要求 表10.2.4

房屋层数				设 置 部 位	
6度	7度	8度	9度		
≤五	≤四	≤三		楼、电梯间四角，楼梯斜梯段上下端对应的墙体处；外墙四角和对应转角；错层部位横墙与外纵墙交接处；大房间内外墙交接处；较大洞口两侧	隔12m或单元横墙与外纵墙交接处；楼梯间对应的另一侧内横墙与外纵墙交接处
六	五	四	二		隔开间横墙（轴线）与外墙交接处；山墙与内纵墙交接处
七	六、七	五、六	三、四		内墙（轴线）与外墙交接处；内墙的局部较小墙垛处；内纵墙与横墙（轴线）交接处

注：1 较大洞口，内墙指不小于2.1m的洞口；外墙在内外墙交接处已设置构造柱时允许适当放宽，但洞侧墙体应加强；

2 当按本条第2～5款规定确定的层数超出表10.2.4范围，构造柱设置要求不应低于表中相应烈度的最高要求且宜适当提高。

10.2.5 多层砖砌体房屋的构造柱应符合下列构造规定：

1 构造柱的最小截面可为 180mm×240mm（墙厚190mm 时为 180mm×190mm）；构造柱纵向钢筋宜采用 $4\phi12$，箍筋直径可采用 6mm，间距不宜大于 250mm，且在柱上、下端适当加密；当 6、7 度超过六层、8 度超过五层和 9 度时，构造柱纵向钢筋宜采用 $4\phi14$，箍筋间距不应大于 200mm；房屋四角的构造柱应适当加大截面及配筋；

2 构造柱与墙连接处应砌成马牙槎，沿墙高每隔500mm 设 $2\phi6$ 水平钢筋和 $\phi4$ 分布短筋平面内点焊组成的拉结网片或 $\phi4$ 点焊钢筋网片，每边伸入墙内不宜小于 1m。6、7 度时，底部 1/3 楼层，8 度时底部 1/2 楼层，9 度时全部楼层，上述拉结钢筋网片应沿墙体水平通长设置；

3 构造柱与圈梁连接处，构造柱的纵筋应在圈梁纵筋内侧穿过，保证构造柱纵筋上下贯通；

4 构造柱可不单独设置基础，但应伸入室外地面下500mm，或与埋深小于500mm 的基础圈梁相连；

5 房屋高度和层数接近本规范表10.1.2 的限值时，纵、横墙内构造柱间距尚应符合下列规定：

1）横墙内的构造柱间距不宜大于层高的二倍；下部1/3 楼层的构造柱间距适当减小；

2）当外纵墙开间大于3.9m 时，应另设加强措施。内纵墙的构造柱间距不宜大于4.2m。

（9）现浇钢筋混凝土圈梁

《抗规》规定：

7.3.3 多层砖砌体房屋的现浇钢筋混凝土圈梁设置应符合下列要求：

1 装配式钢筋混凝土楼、屋盖或木屋盖的砖房，应按表7.3.3的要求设置圈梁；纵墙承重时，抗震横墙上的圈梁间距应比表内要求适当加密。

2 现浇或装配整体式钢筋混凝土楼、屋盖与墙体有可靠连接的房屋，应允许不另设圈梁，但楼板沿抗震墙体周边均应加强配筋并应与相应的构造柱钢筋可靠连接。

多层砖砌体房屋现浇钢筋混凝土圈梁设置要求　　表7.3.3

墙　类	烈　度		
	6、7	8	9
外墙和内纵墙	屋盖处及每层楼盖处	屋盖处及每层楼盖处	屋盖处及每层楼盖处
内横墙	同上； 屋盖处间距不应大于4.5m； 楼盖处间距不应大于7.2m； 构造柱对应部位	同上； 各层所有横墙，且间距不大于4.5m； 构造柱对应部位	同上； 各层所有横墙

7.3.4 多层砖砌体房屋现浇混凝土圈梁的构造应符合下列要求：

1 圈梁应闭合，遇有洞口圈梁应上下搭接。圈梁宜与预制板设在同一标高处或紧靠板底；

2 圈梁在本规范第7.3.3条要求的间距内无横墙时，应利用梁或板缝中配筋替代圈梁；

3 圈梁的截面高度不应小于120mm，配筋应符合表7.3.4的要求；按本规范第3.3.4条3款要求增设的基础圈梁，截面高度不应小于180mm，配筋不应少于$4\phi12$。

多层砖砌体房屋圈梁配筋要求　　表7.3.4

配　筋	烈　度		
	6、7	8	9
最小纵筋	$4\phi10$	$4\phi12$	$4\phi14$
箍筋最大间距（mm）	250	200	150

（10）多层砌体房屋的楼（屋）盖的抗震构造

《砌体规范》规定：

10.2.7 房屋的楼、屋盖与承重墙构件的连接，应符合下列规定：

1 钢筋混凝土预制楼板在梁、承重墙上必须具有足够的搁置长度。当圈梁未设在板的同一标高时，板端的搁置长度，在外墙上不应小于120mm，在内墙上，不应小于100mm，在梁上不应小于80mm，当采用硬架支模连接时，搁置长度允许不满足上述要求；

2 当圈梁设在板的同一标高时，钢筋混凝土预制楼板端头应伸出钢筋，与墙体的圈梁相连接。当圈梁设在板底时，房屋端部大房间的楼盖，6度时房屋的屋盖和7～9度时房屋的楼、屋盖，钢筋混凝土预制板应相互拉结，并应与梁、墙或圈梁拉结；

> **3** 当板的跨度大于 4.8m 并与外墙平行时，靠外墙的预制板侧边应与墙或圈梁拉结；
>
> **4** 钢筋混凝土预制楼板侧边之间应留有不小于 20mm 的空隙，相邻跨预制楼板板缝宜贯通，当板缝宽度不小于 50mm 时应配置板缝钢筋；
>
> **5** 装配整体式钢筋混凝土楼、屋盖，应在预制板叠合层上双向配置通长的水平钢筋，预制板应与后浇的叠合层有可靠的连接。现浇板和现浇叠合层应跨越承重内墙或梁，伸入外墙内长度应不小于 120mm 和 1/2 墙厚；
>
> **6** 现浇或装配整体式钢筋混凝土楼、屋盖与墙体有可靠连接的房屋，应允许不另设圈梁，但楼板沿抗震墙体周边均应加强配筋并应与相应的构造柱钢筋可靠连接。

（11）其他构件的抗震构造

《抗规》规定：

> **7.3.6** 楼、屋盖的钢筋混凝土梁或屋架应与墙、柱（包括构造柱）或圈梁可靠连接；不得采用独立砖柱。跨度不小于 6m 大梁的支承构件应采用组合砌体等加强措施，并满足承载力要求。
>
> **7.3.8** 楼梯间尚应符合下列要求：
>
> **1** 顶层楼梯间墙体应沿墙高每隔 500mm 设 $2\phi6$ 通长钢筋和 $\phi4$ 分布短钢筋平面内点焊组成的拉结网片或 $\phi4$ 点焊网片；7~9 度时其他各层楼梯间墙体应在休息平台或楼层半高处设置 60mm 厚、纵向钢筋不应少于 $2\phi10$ 的钢筋混凝土带或配筋砖带，配筋砖带不少于 3 皮，每皮的配筋不少于 $2\phi6$，砂浆强度等级不应低于 M7.5 且不低于同层墙体的砂浆强度等级。
>
> **2** 楼梯间及门厅内墙阳角处的大梁支承长度不应小于 500mm，并应与圈梁连接。
>
> **3** 装配式楼梯段应与平台板的梁可靠连接，8、9 度时不应采用装配式楼梯段；不应采用墙中悬挑式踏步或踏步竖肋插入墙体的楼梯，不应采用无筋砖砌栏板。
>
> **4** 突出屋顶的楼、电梯间，构造柱应伸到顶部，并与顶部圈梁连接，所有墙体应沿墙高每隔 500mm 设 $2\phi6$ 通长钢筋和 $\phi4$ 分布短筋平面内点焊组成的拉结网片或 $\phi4$ 点焊网片。
>
> **7.3.10** 门窗洞处不应采用砖过梁；过梁支承长度，6~8 度时不应小于 240mm，9 度时不应小于 360mm。

（12）底部框架-抗震墙砌体房屋的抗震构造

《砌体规范》规定：

> **10.4.6** 底部框架-抗震墙砌体房屋中底部抗震墙的厚度和数量，应由房屋的竖向刚度分布来确定。当采用约束普通砖墙时其厚度不得小于 240mm；配筋砌块砌体抗震墙厚度，不应小于 190mm；钢筋混凝土抗震墙厚度，不宜小于 160mm；且均不宜小于层高或无支长度的 1/20。
>
> **10.4.8** 6 度设防的底层框架-抗震墙房屋的底层采用约束普通砖墙时，其构造除应同时满足 10.2.6 要求外，尚应符合下列规定：

1 墙长大于4m时和洞口两侧，应在墙内增设钢筋混凝土构造柱。构造柱的纵向钢筋不宜少于4ϕ14；

2 沿墙高每隔300mm设置2ϕ8水平钢筋与ϕ4分布短筋平面内点焊组成的通长拉结网片，并锚入框架柱内；

3 在墙体半高附近尚应设置与框架柱相连的钢筋混凝土水平系梁，系梁截面宽度不应小于墙厚，截面高度不应小于120mm，纵筋不应小于4ϕ12，箍筋直径不应小于ϕ6，箍筋间距不应大于200mm。

10.4.11 过渡层墙体的材料强度等级和构造要求，应符合下列规定：

1 过渡层砌体块材的强度等级不应低于MU10，砖砌体砌筑砂浆强度的等级不应低于M10，砌块砌体砌筑砂浆强度的等级不应低于Mb10；

2 上部砌体墙的中心线宜同底部的托梁、抗震墙的中心线相重合。当过渡层砌体墙与底部框架梁、抗震墙不对齐时，应另设置托墙转换梁，并且应对底层和过渡层相关结构构件另外采取加强措施；

3 托梁上过渡层砌体墙的洞口不宜设置在框架柱或抗震墙边框柱的正上方；

4 过渡层应在底部框架柱、抗震墙边框柱、砌体抗震墙的构造柱或芯柱所对应处设置构造柱或芯柱，并宜上下贯通。过渡层墙体内的构造柱间距不宜大于层高；芯柱除按本规范第10.3.4条和10.3.5条规定外，砌块砌体墙体中部的芯柱宜均匀布置，最大间距不宜大于1m；

构造柱截面不宜小于240mm×240mm（墙厚190mm时为240mm×190mm），其纵向钢筋，6、7度时不宜少于4ϕ16，8度时不宜少于4ϕ18。芯柱的纵向钢筋，6、7度时不宜少于每孔1ϕ16，8度时不宜少于每孔1ϕ18。一般情况下，纵向钢筋应锚入下部的框架柱或混凝土墙内；当纵向钢筋锚固在托墙梁内时，托墙梁的相应位置应加强；

5 过渡层的砌体墙，凡宽度不小于1.2m的门洞和2.1m的窗洞，洞口两侧宜增设截面不小于120mm×240mm（墙厚190mm时为120mm×190mm）的构造柱或单孔芯柱；

6 过渡层砖砌体墙，在相邻构造柱间应沿墙高每隔360mm设置2ϕ6通长水平钢筋与ϕ4分布短筋平面内点焊组成的拉结网片或ϕ4点焊钢筋网片；过渡层砌块砌体墙，在芯柱之间沿墙高应每隔400mm设置ϕ4通长水平点焊钢筋网片；

7 过渡层的砌体墙在窗台标高处，应设置沿纵横墙通长的水平现浇钢筋混凝土带。

10.4.12 底部框架-抗震墙砌体房屋的楼盖应符合下列规定：

1 过渡层的底板应采用现浇钢筋混凝土楼板，且板厚不应小于120mm，并应采用双排双向配筋，配筋率分别不应小于0.25%；应少开洞、开小洞，当洞口尺寸大于800mm时，洞口周边应设置边梁；

2 其他楼层，采用装配式钢筋混凝土楼板时均应设现浇圈梁，采用现浇钢筋混凝土楼板时应允许不另设圈梁，但楼板沿抗震墙体周边均应加强配筋并应与相应的构造柱、芯柱可靠连接。

(13) 地基和基础设计的抗震要求

《抗规》3.3.4 条、7.3.13 条规定如下：

第一，同一结构单元的基础不宜设置在性质截然不同的地基上。

第二，同一结构单元的基础，宜采用同一类型的基础，底面宜埋置在同一标高上，否则应增设基础圈梁并应按 1：2 的台阶逐步放坡。

第三，在软弱地基上的房屋，应在外墙及所有承重墙下增设基础圈梁。

三、解题指导

本节知识点较多，并需理解、记忆的知识点也较多。

本节抗震设计的构造要求有：高度、层数与最大高宽比规定；结构体系及抗震墙最大间距、局部尺寸限制；构造柱；圈梁；楼屋盖与楼梯间的抗震构造；基础圈梁抗震要求。

【例 16-5-1】 砌体房屋防震缝缝宽应依据（　　）确定。

①房屋静力计算方案；②房屋层数；③房屋高度；④房屋高宽比；⑤设防烈度。

　　A.①②③　　　　B.②③④　　　　C.②③⑤　　　　D.③⑤

【解】 由本节《抗规》7.1.7 条规定，可知应选 D 项，即由房屋高度、设防烈度来确定。

【例 16-5-2】 多层砖砌体抗震设计时构造柱的最小截面可采用（　　）。

　　A. 240mm×120mm　B. 240mm×240mm　C. 240mm×180mm　D. 370mm×240mm

【解】 本节《砌体规范》10.2.5 条，可知应选 C 项。

四、应试题解

1. 在砌体结构抗震设计中，（　　）决定砌体房屋总高度和层数。

　A. 砌体强度与高厚比

　B. 砌体结构的静力计算方案

　C. 房屋类别、高厚比、地震设防烈度

　D. 房屋类别、最小墙厚度、地震设防烈度及横墙的数量

2. 下列多层砖房的现浇钢筋混凝土圈梁不符合《建筑抗震设计规范》要求的是（　　）。

　A. 非基础圈梁的截面高度不应小于 120mm

　B. 8 度区圈梁内最小纵筋为 4ϕ10，最大箍筋间距 200mm

　C. 按规范要求的间距内无横墙时，应利用梁或板缝中配筋来代替圈梁

　D. 8 度区屋盖处及隔层楼盖处，外墙及内纵墙设置圈梁；9 度区屋盖处及每层楼盖处，外墙及内纵墙设置圈梁

3. 在多层砌体结构房屋中设置钢筋混凝土构造柱，其主要作用是（　　）。

　A. 有效地提高了墙体出平面的稳定性

　B. 大大提高墙体初裂前的抗剪能力，阻止墙体交叉裂缝的发生

　C. 有效地提高了墙体的竖向承载力

　D. 使房屋的变形能力和延性得到较大的提高

4. 关于构造柱设置的说法，正确的是（　　）。

①设置在地震作用较大的位置；②设置在连接构造薄弱的部位；

③设置在易于产生应力集中的部位；④设置在所有纵横相交的位置。

　　A.①②③④　　　B.①②③　　　　C.②③④　　　　D.②③

5. 对抗震不利的情况是（　　）。
   A. 楼梯间设在房屋尽端　　　　　　B. 采用纵横墙混合承重的结构布置方案
   C. 纵横墙布置均匀对称　　　　　　D. 高宽比为1∶2

6. 砌体房屋为下列（　　）情况之一时，宜设置防震缝。
   ①房屋立面高差在6m以上；②符合弹性设计方案的房屋；
   ③各部分结构刚度、质量截然不同；④房屋有错层，且楼板高差较大。
   A. ①②③　　　　B. ①③④　　　　C. ①②④　　　　D. ①③

7. 在设防烈度为8度、房屋高差大于6m、房屋有错层或两部分结构刚度相差较多的混合结构房屋，应采取（　　）项减小震害。
   ①后浇带施工法；②设抗震缝；③增加房屋刚度；④增加构造柱、圈梁。
   A. ①②　　　　B. ③④　　　　C. ②④　　　　D. ②③

8. 《建筑抗震设计规范》对砌体房屋抗震横墙的最大间距限制的目的是（　　）。
   A. 保证楼盖具有传递地震作用给横墙的所需要的水平刚度
   B. 保证房屋地震时不倒塌
   C. 保证纵横墙之间的相互作用
   D. 保证房屋的空间工作性能

9. 若一多层砌体结构房屋的各层材料强度、楼面荷载、墙体布置均相同，则可首先选择底层进行抗震验算，这是因为底层（　　）。
   A. 墙体承受的竖向压应力最大　　　　B. 所受地震剪力最大
   C. 层高一般最高　　　　　　　　　　D. 墙身最厚

10. 关于单层砖柱厂房结构的抗震选型，下述表达中不正确的是（　　）。
    A. 为了获得单层砖柱厂房结构抗震的整体刚度，需要采用重型屋盖
    B. 当隔墙与抗震墙不能合并设置时，隔墙要采用轻质材料
    C. 选取轻型屋盖应作为砖柱厂房的设计原则
    D. 无筋砖柱仅适用于低烈度情况

11. 对砌体结构房屋在进行地震剪力分配和截面验算时，以下确定墙段的层间抗侧力刚度的原则正确的是（　　）。
    A. 可只考虑弯曲变形的影响
    B. 可只考虑剪切变形的影响
    C. 高宽比大于4时，应同时考虑弯曲和剪切变形的影响
    D. 高宽比小于1时，可只考虑剪切变形的影响

12. 柔性楼盖砌体结构，楼层剪力在各墙体之间的分配应按（　　）。
    A. 承受的重力荷载代表值比例分配
    B. 承受重力荷载代表值的从属面积比例分配
    C. 承受的重力荷载代表值平均分配
    D. 墙体的抗侧刚度比例分配

13. 在对配筋砌体剪力墙的连梁作抗震验算时，应使（　　）。
    A. 连梁的破坏先于剪力墙，连梁本身应为强剪弱弯
    B. 连梁的破坏后于剪力墙，连梁本身应为强剪弱弯

C. 连梁与剪力墙同时破坏，以取得经济效果

D. 连梁的变形能力小

第六节 答 案 与 解 答

一、第一节 材料性能与设计表达式

1. B 2. C 3. A 4. B 5. B 6. D 7. B 8. D 9. A 10. B
11. B 12. C 13. D 14. C 15. C 16. B 17. B

14. C. 解答如下：

《砌体结构设计规范》3.2.3 条，$A = 0.24 \times 1 = 0.24 \mathrm{m}^2 < 0.3 \mathrm{m}^2$

$$\gamma_a = 0.24 + 0.7$$

又因为 M5 级水泥砂浆砌筑，$\gamma_a = 1.0$，所以 $\gamma_a = 0.24 + 0.7$

二、第二节 砌体结构房屋静力计算和构造要求

1. B 2. A 3. A 4. D 5. D 6. A 7. B 8. A 9. B 10. D
11. B 12. D 13. A 14. B

三、第三节 构件受压承载力计算

1. B 2. B 3. D 4. D 5. D 6. B 7. B 8. B 9. A 10. B
11. B 12. B 13. B 14. B 15. A 16. D 17. A 18. D 19. A 20. A
21. C 22. A 23. A 24. A 25. D 26. A 27. D 28. D 29. A 30. D
31. D 32. A 33. B 34. D 35. C

4. D. 解答如下：

《砌体结构设计规范》5.1.2 条，$h_T = 3.5i = 3.5\sqrt{\dfrac{I}{A}} = 3.5\sqrt{\dfrac{4.2 \times 10^9}{4 \times 10^5}} = 358.6 \mathrm{mm}$

11. B. 解答如下：

壁柱砖墙重心位置

$$y_1 = \frac{0.24 \times 1.2 \times 0.12 + 0.24 \times 0.25 \times (0.24 + 0.125)}{0.24 \times 1.2 + 0.24 \times 0.25} = 0.162 \mathrm{m}$$

重心至偏心方向截面边缘距离为 $y = 0.49 - 0.162 = 0.328 \mathrm{m}$

偏心距 $e < 0.6y = 0.6 \times 0.328 = 0.1968 \mathrm{m}$

12. B. 解答如下：

图示 (1)，(2)，(3)，(4) 的 $\dfrac{e}{h}$ 分别为：0.167，0.30，0.216，0.270

又当 β 一定时，短柱受压承载力与 $\dfrac{e}{h}$ 成反比，所以受压承载力大小为：

(1) > (3) > (4) > (2)

17. A. 解答如下：

$A_0 = (0.37 + 0.24) \times 0.37 + (0.49 + 0.24 - 0.37) \times 0.49 = 0.4021 \mathrm{m}^2$

$$\gamma = 1 + 0.35\sqrt{\dfrac{A_0}{A_l} - 1} = 1 + 0.35\sqrt{\dfrac{0.4021}{0.24 \times 0.24} - 1} = 1.856 > 1.5$$

所以 γ 取为 1.5。

$f = 1.30\text{MPa}, \gamma f A_l = 1.5 \times 1.3 \times 240 \times 240 = 112.32\text{kN}$

18. D. 解答如下：

$$\gamma = 1 + 0.35\sqrt{\frac{A_0}{A_l} - 1} = 1 + 0.35\sqrt{\frac{0.24 \times (0.24 + 0.24)}{0.24 \times 0.24} - 1}$$
$$= 1 + 0.35 = 1.35 > 1.25$$

所以 γ 取为 1.25。

19. A. 解答如下：

$$\gamma = 1 + 0.35\sqrt{\frac{A_0}{A_l} - 1}$$

γ 最小值其局部受压先破坏，A 图中的 A_0 最小，所以 A 图首先受压破坏。

21. C. 解答如下：

$$a_0 = 10\sqrt{\frac{h_c}{f}} = 183\text{mm} < a = 240\text{mm}, 所以 a_0 取为 183\text{mm}$$

$$e = \frac{240}{2} - 0.4 a_0 = 47\text{mm}$$

32. A. 解答如下：

$$f = 1.5\text{MPa}$$

$$\beta = \gamma_\beta \cdot \frac{H_0}{h} = 1.0 \times \frac{3.7}{0.37} = 10$$

$$\varphi_0 = \frac{1}{1+\alpha\beta^2} = \frac{1}{1+0.0015 \times 10^2} = 0.870$$

$A = 0.37 \times 0.49 = 0.1813\text{m}^2 < 0.3\text{m}^2$，故：

$$\gamma_a = 0.1813 + 0.7 = 0.8813$$

M5 水泥砂浆，取 $\gamma_a = 1.0$

故 $f = 1.0 \times 0.8813 \times 1.5 = 1.322\text{N/mm}^2$

$\varphi f A = \varphi_0 f A = 0.870 \times 1.322 \times 370 \times 490 = 208.5\text{kN}$

四、第四节　砌体结构房屋部件设计

1. B　2. A　3. C　4. C　5. B　6. C　7. D　8. B　9. B　10. C
11. C　12. A　13. C　14. C　15. B　16. C　17. A

9. B. 解答如下：

《砌体结构设计规范》7.2.2 条，$h_w = 1.5 > \frac{l_n}{3} = \frac{1.2}{3} = 0.4$

所以取墙体高度为 0.4m。

五、第五节　抗震设计要点

1. D　2. D　3. D　4. B　5. A　6. B　7. C　8. A　9. B　10. A
11. D　12. B　13. A

11. D. 解答如下：

依据《建筑抗震设计规范》7.2.3 条。

12. B. 解答如下：

依据《建筑抗震设计规范》5.2.6 条。

第十七章 土木工程施工与管理

第一节 土石方工程与桩基工程

一、《考试大纲》的规定

土方工程的准备与辅助工作、机械化施工、爆破工程、预制桩、灌注桩施工、地基加固处理技术。

二、重点内容

1. 土石方工程的准备与辅助工作

土石方工程的准备与辅助工作，包括"三通一平"（路通、水通、电通、场地平整），以及降水与施工支护结构等，是保证土石方工程顺利进行的重要条件。

（1）土方边坡与支护结构

根据工程特点、基坑周边环境、开挖深度、工程地质与水文地质、施工作业设备和施工季节、基坑安全等级等条件，基坑支护可选用支挡式结构、土钉墙、重力式水泥土墙、放坡或上述形式的组合。支护结构选型适用条件见表17-1-1。

各类支护结构的适用条件 表17-1-1

结构类型		适用条件		
		安全等级	基坑深度、环境条件、土类和地下水条件	
支挡式结构	锚拉式结构	一级二级三级	适用于较深的基坑	1 排桩适用于可采用降水或截水帷幕的基坑 2 地下连续墙宜同时用作主体地下结构外墙，可同时用于截水 3 锚杆不宜用在软土层和高水位的碎石土、砂土层中 4 当邻近基坑有建筑物地下室、地下构筑物等，锚杆的有效锚固长度不足时，不应采用锚杆 5 当锚杆施工会造成基坑周边建（构）筑物的损害或违反城市地下空间规划等规定时，不应采用锚杆
	支撑式结构		适用于较深的基坑	
	悬臂式结构		适用于较浅的基坑	
	双排桩		当锚拉式、支撑式和悬臂式结构不适用时，可考虑采用双排桩	
	支护结构与主体结构结合的逆作法		适用于基坑周边环境条件很复杂的深基坑	
土钉墙	单一土钉墙	二级三级	适用于地下水位以上或降水的非软土基坑，且基坑深度不宜大于12m	当基坑潜在滑动面内有建筑物、重要地下管线时，不宜采用土钉墙
	预应力锚杆复合土钉墙		适用于地下水位以上或降水的非软土基坑，且基坑深度不宜大于15m	
	水泥土桩复合土钉墙		用于非软土基坑时，基坑深度不宜大于12m；用于淤泥质土基坑时，基坑深度不宜大于6m；不宜用在高水位的碎石土、砂土层中	
	微型桩复合土钉墙		适用于地下水位以上或降水的基坑，用于非软土基坑时，基坑深度不宜大于12m；用于淤泥质土基坑时，基坑深度不宜大于6m	

续表

结构类型	安全等级	适用条件 基坑深度、环境条件、土类和地下水条件
重力式水泥土墙	二级 三级	适用于淤泥质土、淤泥基坑，且基坑深度不宜大于7m
放坡	三级	1 施工场地满足放坡条件 2 放坡与上述支护结构形式结合

注：1. 当基坑不同部位的周边环境条件、土层性状、基坑深度等不同时，可在不同部位分别采用不同的支护形式；
　　2. 支护结构可采用上、下部以不同结构类型组合的形式。

对支护结构要进行强度、稳定和变形方面的计算，三方面都需满足要求。计算方法包括圆弧滑动简单条分法、弹性支点法等，后者应用较多。

（2）地下水控制

地下水控制的设计和施工应满足支护结构设计要求，根据场地及周边工程地质条件、水文地质条件和环境条件，并结合基坑支护和基础工方案综合分析、确定。地下水控制方法可分为明排集水、降水、截水和回灌等形式单独或组合使用，见表17-1-2。

常用地下水控制方法及适用条件 表17-1-2

方法名称		土类	渗透系数 （cm/s）	降水深度 （地面以下）（m）	水文地质特征
	集水明排			≤3	
降水	轻型井点	填土、黏性土、粉土、砂土	$1\times10^{-7}\sim2\times10^{-4}$	≤6	上层滞水或潜水
	多级轻型井点			6～10	
	喷射井点		$1\times10^{-7}\sim2\times10^{-4}$	8～20	
	电渗井点		$<1\times10^{-7}$	6～10	
	真空降水管井		$>1\times10^{-6}$	>6	
	降水管井	黏性土、粉土、砂土、碎石土、黄土	$>1\times10^{-5}$	>6	含水丰富的潜水、承压水和裂隙水
回灌		填土、粉土、砂土、碎石土、黄土	$>1\times10^{-5}$	不限	不限

其中，井点降水是使用较多的地下水控制方法。井点降水一般有轻型井点、喷射井点、电渗井点、管井井点和深井井点等，根据土的渗透系数、降水深度、设备条件及经济比较等因素确定。降水井宜在基坑外缘采用封闭式布置，轻型井点降水井间距宜取0.8～1.6m；喷射井点降水的井间距宜取2.0～4.0m。在地下水补给方向适当加密；其深度应根据设计降水深度、含水层的埋藏分布和降水井的出水能力确定，设计降深度在基坑范围内不宜小于基坑底面以下0.5m。

井点降水的涌水量按水井理论计算。根据地下水有无压力，水井分为无压井和承压井。水井底部到达不透水层时称完整井，否则称非完整井。所以水井共分四种，即无压完整井、无压非完整井、承压完整井和承压非完整井。各种井的涌水量计算公式不同。

单根井点管的出水能力的计算：

$$q_0 = 120\pi r_s l \sqrt[3]{k}$$

式中 q_0 为单根井点管的出水能力（m³/d）；r_s 为过滤器半径（m）；l 为过滤器进水部分长度（m）；k 为含水层渗透系数（m/d）。降水井的数量 n 的计算：

$$n = 1.1 \frac{Q}{q}$$

式中 Q 为基坑涌水量（m³/d）；q 为单井设计测量（m³/d）。

2. 机械化施工

土方工程机械化施工的常用机械有推土机、铲运机、挖土机等。

推土机多用于场地清理和平整、开挖深度不大的基坑、填平沟坑，以及配合铲运机工作。推运距离宜在 100m 以内，以运距 60m 左右经济效果最好。

铲运机可综合完成挖土、运土、卸土和平土的全部土方施工工序，常用于大面积的场地平整、填筑堤坝和路基、在开阔地带开挖长度大的大型基坑。

单斗挖土机可分为正铲、反铲和抓铲等。其中，正铲挖土机适合开挖停机面以上的土方，需汽车配合动土；反铲挖土机用以挖掘停机面以下的土方，主要用于开挖基坑、沟槽等，亦需汽车配合动土；抓铲挖土机宜用于开挖沟槽、基坑和装卸粒状材料，于水下亦可抓土。

机械选择主要取决于施工对象特点、地下水位高低和土壤含水量。

3. 土方填筑与压实

（1）填土的要求

为了保证填方工程在强度和稳定性方面的要求，必须正确选择土壤种类和填筑方法。含有大量有机物的土壤，石膏或水溶性硫酸盐含量大于 5% 的土壤，冻结或液化状态的泥炭、黏土或粉状砂质黏土等，一般不能作填土之用。

填土应分层进行，并尽量采用同类土填筑。如采用不同土壤填筑时，应将透水性较大的土层置于透水性较小的土层之下，不能将各种土混杂在一起使用，以免填方内形成水囊。

填土必须具有一定的密实度，以避免建筑物的不均匀沉陷。填土密实度以设计规定的控制干重度 γ_d 作为检查标准。土的控制干重度与最大干重度之比称为压实系数 λ_c（$\lambda_c = \rho_d/\rho_{dmax}$）。土的最大干重度一般在试验室由击实试验确定，再根据规范规定的压实系数，即可算出填土控制干重 γ_d 的值。土的实际干重度可用"环刀法"测定，然后用下式计算土的实际干重度 γ_0：

$$\gamma_0 = \frac{\gamma}{1 + 0.01w}$$

式中 γ 为土的天然重度（kN/cm³）；w 为土的天然含水量（%）。

（2）填土压实方法

填土的压实方法有碾压、夯实和振动压实等。其中，碾压适用于大面积填土工程。碾压机械有平碾（压路机）、羊足碾和气胎碾；夯实主要用于小面积填土，可以夯实黏性土或非黏性土，其优点是可以压实较厚的土层。夯实机械有夯锤、内燃夯土机和蛙式打夯机等；振动压实主要用于压实非黏性土。

填土压实质量的主要影响因素有：压实功、土的含水量，以及每层铺土厚度。

4. 爆破工程

爆破施工包括打孔、装药、填塞、引爆和清理。起爆方法有电力起爆法、导火索起爆法、导爆索（传爆线）法和导爆管起爆法。前两种方法用雷管引爆炸药，导爆索法是用雷管引爆导爆索，由导爆索直接引爆炸药。

拆除爆破需考虑的因素有：爆破体的集合形状和材质；使用的炸药、药量、炮眼布置及装药方式；覆盖物和防护措施及周围环境等。其中，炸药及装药量是最主要的因素，装药量的计算根据炸药的性能来确定，一般拆除爆破采取"多钻眼，少装药"的办法。

5. 桩基础工程

（1）预制锤击桩施工

预制桩常用的有混凝土方桩，预应力混凝土空心管桩和钢管桩。锤击桩（也称打入桩）是最常用的沉桩方法。锤击桩设备主要是桩锤和桩架。用锤击沉桩，为防止桩受冲击应力过大而损坏，宜用重锤轻击。

打桩前应做好准备工作，包括清除妨碍施工的地上和地下的障碍物；平整施工场地定位放线。打桩顺序应根据地形、土质和桩布置的密度决定。在桩的中心距小于4倍桩的直径时应拟定合理的打桩顺序。打桩顺序应按先深后浅、先大后小、先长后短、先密后疏的次序进行。密集桩群时，应自中间向两个方向（图17-1-1a）或自中间向四周对称施打（图17-1-1b）。

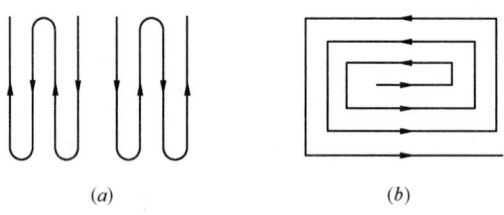

图 17-1-1 打桩顺序
(a) 自中间向两个方向打设；(b) 自中间向四周打设

打桩的质量视打入后的偏差是否在允许范围之内，最后贯入度与沉桩标高是否满足设计要求以及桩顶、桩身是否打坏而定。桩的垂直偏差应控制在1%之内。

摩擦桩的入土深度控制，以标高为主，以贯入度为主，而以标高作参考。端承桩的入土深度控制，以贯入度为主，以标高作参考。贯入度指最后贯入度，即最后10击桩的平均入土深度。

（2）灌注桩施工

根据成孔工艺的不同，灌注桩可以分为干作业成孔灌注桩、泥浆扩壁成孔灌注桩、沉管灌注桩等。

干作业成孔灌注桩适用于地下水位较低，无需护壁即可直接取土成孔的土质，可采用螺旋钻机成孔、洛阳铲挖孔和人工挖孔等成孔方式。

泥浆护壁成孔是用泥浆保护孔壁。在钻进过程中，如发现排出的泥浆中不断出现气泡，或泥浆突然漏失，孔壁坍陷迹象，其主要原因是：土质松散，泥浆护壁不好，护筒周围未用黏土紧密填封以及护筒内水位不高。钻进中如出现缩颈、孔壁坍陷时,首先应保持孔内水位并加大泥浆比重以稳孔护壁。如孔壁坍陷严重,应立即回填黏土,待孔壁稳定后再钻。钻杆不垂直、土层软硬不匀或碰到孤石时,都会引起钻孔偏斜。

6. 地基加固处理技术

地基加固处理技术见第十二章土力学与地基基础第六节内容。

三、解题指导

本节知识点需记忆的较多,应结合专业知识如力学、建筑材料、钢筋混凝土等知识去理解施工技术。

【例 17-1-1】 当基坑降水深度超过 8m 时,比较经济的降水方法为( )。

A. 轻型井点　　　B. 喷射井点　　　C. 管井井点　　　D. 明沟排水法

【解】 由题目所给条件,D 项明显不对,应排除;从经济性比较,喷射井点较佳,故应选 B 项。

【例 17-1-2】 对暗沟等软弱土的浅层地基处理,可采用( )。

A. 排水固结法　　B. 碾压夯实法　　C. 振密挤密法　　D. 换土垫层法

【解】 根据地基处理方法的各自适用范围,见第十二章第六节,应采用换土垫层法,故选 D 项。

四、应试题解

1. 对于深度达 18m 的基础工程,在条件适宜的情况下,可选择( )作为基坑支护形式。

   A. 重力式水泥土墙　　　　　　B. 地下连续墙
   C. 土钉墙　　　　　　　　　　D. 悬臂式排桩

2. 某基坑工程安全等级为一级,不宜选用( )支护结构。

   A. 排桩　　　　　　　　　　　B. 地下连续墙
   C. 重力式水泥土墙　　　　　　D. 钢板桩加锚索

3. 既可用作深基坑的支护,又可用作建筑物深基础的是( )。

   A. 土钉墙　　　　　　　　　　B. 钢板桩
   C. 灌注桩挡墙　　　　　　　　D. 地下连续墙

4. 基坑支护结构按受力状态分类,深层水泥土搅拌桩支护结构属于( )。

   A. 横撑式支撑　　　　　　　　B. 板桩支护结构
   C. 重力式支护结构　　　　　　D. 非重力式支护结构

5. 轻型井点的井点管直径为( )。

   A. 18～32mm　　　　　　　　　B. 38～55mm
   C. 100～127mm　　　　　　　　D. 150mm 左右

6. 当基坑降水深度超过 8m 时,比较经济的降水方法为( )。

   A. 轻型井点　　　　　　　　　B. 喷射井点
   C. 管井井点　　　　　　　　　D. 明沟排水法

7. 轻型井点的平面尺寸为 18m×24m,其等效半径为( )。

   A. 24m　　　　B. 21m　　　　C. 18m　　　　D. 12m

8. 某基坑为不规则块状,面积为 4600m²,采用轻型井点降水,其等效半径为( )。

A. 46m　　　　　B. 38m　　　　　C. 32m　　　　　D. 23m

9. 能组合完成全部土方施工工序（挖土、运土、卸土和平土），并常用于大面积场地平整的土方施工机械是（　　）。

A. 推土机　　　　　　　　　　B. 铲运机
C. 正铲挖土机　　　　　　　　D. 反铲挖土机

10. 当开挖土丘时，宜选用的挖土机是（　　）。

A. 铲运机　　　　　　　　　　B. 抓铲
C. 正铲挖土机　　　　　　　　D. 反铲挖土机

11. 能开挖停机面以下的土方的单斗挖土机有（　　）。

A. 正铲挖土机、反铲挖土机和拉铲挖土机
B. 正铲挖土机、反铲挖土机和抓铲挖土机
C. 反铲挖土机、拉铲挖土机和抓铲挖土机
D. 拉铲挖土机、正铲挖土机和抓铲挖土机

12. 推土机的最佳运距为（　　）。

A. 60m　　　　　B. 100m　　　　　C. 150m　　　　　D. 200m

13. 用黏性土进行基槽回填，一般采用的压实方法为（　　）。

A. 碾压法　　　　　　　　　　B. 夯实法
C. 振捣压实法　　　　　　　　D. 填土机械压实法

14. 当采用不同类土进行土方填筑时，应该（　　）。

A. 将透水性较小的土层置于透水性较大的土层之上
B. 将透水性较小的土层置于透水性较大的土层之下
C. 将不同类土混合均匀填筑
D. 只要分层填筑就可以

15. 影响填土压实的主要因素是（　　）。

A. 压实功　　　　　　　　　　B. 土的含水量
C. 每层铺土厚度　　　　　　　D. A+B+C

16. 采用人工夯实填土时，分层填土的厚度一般为（　　）mm。

A. 大于300　　　B. 250~300　　　C. 200~250　　　D. 小于200

17. 采用蛙式打夯机夯实回填土时，分层填土厚度一般为（　　）。

A. 小于150mm　　B. 200mm左右　　C. 300mm左右　　D. 400mm左右

18. 土方填筑施工检验的压实指标是（　　）。

A. 土的密实度　　　　　　　　B. 土的天然重度
C. 土的最后可松性系数　　　　D. 土的控制干重度

19. 拆除爆破过程中通常采用的方法是（　　）。

A. 少钻眼，多装药　　　　　　B. 多钻眼，少装药
C. 多钻眼，多装药　　　　　　D. 少钻眼，少装药

20. 一般拆除爆破最常用的爆破方法为（　　）。

A. 深眼法　　　　B. 药壶法　　　　C. 洞室法　　　　D. 炮眼法

21. 在要求有抗静电、抗冲击和传爆长度较大的洞室爆破时，应采用的方法是

( )。

 A. 电力起爆法   B. 导爆索起爆法

 C. 导爆管起爆法   D. 导火索起爆法

22. 按照桩的施工方法不同，桩基础可分为（ ）。

 A. 端承桩和摩擦桩   B. 端承桩和挤密桩

 C. 钢管桩和混凝土桩   D. 预制桩和灌注桩

23. 下列有关锤击桩打桩的入土深度的控制，说法正确的是（ ）。

 A. 端承桩以标高为主，贯入度作为参考

 B. 摩擦桩以标高为主，贯入度作为参考

 C. 摩擦桩、端承桩均以贯入度为主，标高作为参考

 D. 摩擦桩、端承桩均以标高为主，贯入度作为参考

24. 锤击桩打桩的入土深度控制，对于承受轴向荷载的端承桩，应该（ ）。

 A. 以贯入度为主，以标高作为参考   B. 只控制贯入度不控制标高

 C. 以标高为主，以贯入度作为参考   D. 只控制标高不控制贯入度

25. 在空旷的场地上大面积锤击桩打桩时，为减少桩对土体的挤压影响，可按照（ ）的顺序打桩。

 A. 随意打设   B. 间隔跳打

 C. 从中间先打，逐渐向四周推进   D. 从四周向中间打设

26. 下列对锤击桩打桩顺序的描述，正确的是（ ）。

 A. 自外向内   B. 由一侧向单一方向

 C. 自中间向两个方向对称   D. 自四周向中间

27. 用锤击桩沉桩时，为防止桩受冲击应力过大而损坏，应选用（ ）。

 A. 轻锤重击   B. 轻锤轻击

 C. 重锤轻击   D. 重锤重击

28. 预制桩用锤击打入法施工时，在软土中不宜选择的桩锤是（ ）。

 A. 落锤   B. 液压锤   C. 蒸汽锤   D. 柴油锤

29. 地下土层构造为砂土和淤泥质土，地下水位线距地面0.7m，采用桩基础施工宜选择（ ）。

 A. 沉管灌注桩   B. 泥浆护壁成孔灌注桩

 C. 人工挖孔灌注桩   D. 干作业成孔灌注桩

30. 泥浆护壁成孔过程中，泥浆的作用除了保护孔壁、防止塌孔外，还有具有（ ）的作用。

 A. 提高钻进速度   B. 保护钻机设备

 C. 遇硬土层易于钻进   D. 排出土渣

31. 泥浆护壁成孔灌注桩施工过程中如发现排出的泥浆不断出现气泡，说明发生（ ）。

 A. 钻孔倾斜   B. 孔壁坍塌

 C. 地下水位变化   D. 钻头损坏

32. 为了防止沉管灌注桩发生缩颈现象，可采用（ ）方法。

A. 跳打法　　　　B. 分段打设　　　　C. 复打设　　　　D. 逐排打设

33. 潜水钻成孔灌注桩施工时，孔壁坍陷的主要原因是（　　）。
A. 钻井不垂直或碰到孤石
B. 桩间距过小，邻桩成孔时产生振动和剪力
C. 土质松散、泥浆护壁不好，护筒内水位不够高
D. 钻孔时遇有倾斜度的较硬土层交界处或岩石倾斜处，钻头所受阻力不均匀

34. 防止流砂的主要措施有（　　）。
①降低地下水位；②地下连续墙法；③水中挖土；④枯水期施工；⑤消除动水压力。
A. ①②④　　　　　　　　　　　　B. ①③⑤
C. ②③④⑤　　　　　　　　　　　D. ①②③④⑤

35. 对暗沟等软弱土的浅层地基处理，可采用（　　）。
A. 排水固结法　　　　　　　　　　B. 碾压夯实法
C. 振密挤密法　　　　　　　　　　D. 换土垫层法

36. 在很厚的砂土中进行一般轻型井点降水设计，其涌水量应采用（　　）的涌水量计算公式。
A. 无压完整井　　　　　　　　　　B. 承压完整井
C. 无压非完整井　　　　　　　　　D. 承压非完整井

第二节　混凝土工程与预应力混凝土工程

一、《考试大纲》的规定

钢筋工程、模板工程、混凝土工程、钢筋混凝土预制构件制作、混凝土冬、雨期施工、预应力混凝土施工。

二、重点内容

1. 钢筋工程

钢筋的加工过程一般包括冷拔、除锈、调直（机械设备调直或冷拉法调直）、下料切断、镦头、弯曲成型等，取决于成品种类。

（1）钢筋冷拔

冷拔是使 $\phi6 \sim \phi9$ 的光圆钢筋通过钨合金的拔丝模进行强力冷拔。冷拔后，钢筋抗拉强度提高，塑性降低，呈硬钢性质。光圆钢筋经冷拔后称"冷拔低碳钢丝"。影响冷拔低碳钢丝质量的主要因素是原材料的质量、冷拔总压缩率。冷拔总压缩率（β）是光圆钢筋拔成冷拔钢丝时的横截面缩减率。

（2）钢筋连接

钢筋连接有三种常用的连接方法：绑扎连接、焊接连接、机械连接。

钢筋焊接分为压焊和溶焊两种形式。其中，压焊包括闪光对焊、电阻点焊和气压焊；溶焊包括电弧焊和电渣压力焊。钢筋的焊接质量与钢材的可焊性、焊接工艺有关。含碳、锰数量增加，则可焊性差；而含适量的钛可改善可焊性。当环境温度低于−5℃时，即为钢筋低温焊接，此时应调整焊接工艺参数，环境温度低于−20℃时不得进行焊接；风力超过4级时，应有挡风措施。

钢筋闪光对焊工艺常用的有连续闪光焊、预热-闪光焊和闪光-预热-闪光焊。其中，连续闪光焊宜于焊接直径25mm以内的HPB300、HRB335、HRB400、HRB500级钢筋，焊接直径较小的钢筋最适宜；闪光-预热-闪光焊适于大直径钢筋。可焊性差的高强大直径钢筋，宜用强电流进行焊接，焊后再进行通电热处理。通电热处理的目的是对焊接接头进行一次退火或高温回火处理，以消除热影响区产生的脆性组织，改善接头的塑性。

电渣压力焊在建筑施工中多用于现浇钢筋混凝土结构构件内竖向或斜向钢筋的焊接接长。其引弧、电弧、电渣、顶压四个过程应连续进行。电渣压力焊的工艺参数为焊接电流、电压和通电时间，根据钢筋直径选择，钢筋直径不同时，根据较小直径的钢筋选择参数。

钢筋机械连接包括套筒挤压连接和螺纹套筒连接。

2. 模板工程

模板系统由模板、支承件和紧固件组成，要求它能保证结构和构件的形状尺寸准确；有足够的强度、刚度和整体稳固性；接缝严密不漏浆；装拆方便可多次周转使用。常用的模板包括木模板、定型组合模板、大型工具式的大模板、爬模、滑升模板、隧道模、台模（飞模、桌模）、永久式模板等。

组合钢模板采用模数制设计，通用模板的宽度模数以50mm进级，长度模数以150mm进级（长度超过900mm时，以300mm进级）。为便于板块之间的连接，边框上有连接孔，板块的连接件有钩头螺栓、U形卡、L形插销、紧固螺栓（拉杆）。

爬升模板简称爬模，由爬升模板、爬架（亦有无爬架的爬模）和爬升设备组成，是施工剪力墙体系和筒体体系的钢筋混凝土结构高层建筑的一种有效的模板体系。其中，爬架是一格构式钢架，用来提升爬模，由下部附墙架和上部支撑架两部分组成，高度超过三个层高。

大模板由面板、加劲肋、支撑桁架、稳定机构等组成。用大模板浇筑墙体，待浇筑的混凝土强度达到$1N/mm^2$就可拆模，待混凝土强度$\geq 4N/mm^2$时才能在其上吊装楼板。

滑升模板适用于高耸的筒仓、竖井、电视塔、烟囱等构筑物，以及剪力墙体系、筒体体系的高层建筑。滑升模板由模板系统、操作平台系统和液压系统及施工精度控制系统等部分组成。混凝土的出模强度为$0.2\sim 0.4N/mm^2$。模板呈锥形，单面锥度约（0.2%～0.5%）H（H为模板高度），以模板上口以下三分之二模板高度处的净间距为结构断面的厚度；模板外面上下的各布置一道围圈（围檩）用于支撑和固定模板，承受模板传来的混凝土侧压力等。用滑升模板浇筑墙体时，现浇楼板的施工方法有三种：①降模施工法；②逐层空滑现浇楼板法；③与滑模施工墙体的同时间隔数层自下而上现浇楼板法。

模板设计可按以下有关规定：

(1) 模板及支架自重标准值 G_1

(2) 新浇筑混凝土的自重标准值 G_2

(3) 钢筋自重标准值 G_3

(4) 新浇筑混凝土对模板的侧压力标准值 G_4

(5) 施工人员及施工设备产生的荷载标准值 Q_1

(6) 混凝土下料产生的水平荷载标准值 Q_2

(7) 泵运混凝土或不均匀堆载等产生的附加水平荷载 Q_3

(8) 风荷载 Q_4

计算模板刚度时,允许的变形值为:结构表面外露的模板$\leqslant \dfrac{L}{400}$(L 为模板构件的计算跨度);结构表面隐蔽的模板$\leqslant \dfrac{L}{250}$;模板支架的压缩变形值或侧向挠度$\leqslant$相应其计算高度或计算跨度的 1/1000。

现浇结构的模板及其支架拆除时的混凝土强度,应符合设计要求;当设计无具体要求时,侧模可在混凝土强度能保证其表面及棱角不因拆除模板而受损坏后拆除;底模拆除时所需的混凝土强度如表 17-2-1 所示。

底模拆除时的混凝土强度要求 表 17-2-1

构件类型	构件跨度(m)	达到设计混凝土抗压强度等级值的百分率(%)	构件类型	构件跨度(m)	达到设计混凝土抗压强度等级值的百分率(%)
板	$\leqslant 2$	$\geqslant 50$	梁、拱、壳	$\leqslant 8$	$\geqslant 75$
	$>2 \leqslant 8$	$\geqslant 75$		>8	$\geqslant 100$
	>8	$\geqslant 100$	悬臂构件	—	$\geqslant 100$

3. 混凝土工程

(1) 混凝土制备与运输

混凝土工程包括混凝土制备、运输、浇筑捣实和养护等施工过程。当设计强度等级低于 C60 时,混凝土制备之前按下式确定混凝土的施工配制强度,以达到 95% 的保证率:

$$f_{cu,0} \geqslant f_{cu,k} + 1.645\sigma$$

式中 $f_{cu,0}$ 为混凝土的施工配制强度值(N/mm²);$f_{cu,k}$ 为设计的混凝土立方体强度标准值(N/mm²);σ 为施工单位的混凝土强度标准差(N/mm²)。

当设计强度等级不低于 C60 时,配制强度按下式确定:

$$f_{cu,0} \geqslant 1.15 f_{cu,k}$$

当施工单位具有近期的同一品种混凝土强度的统计资料时,按下式计算:

$$\sigma = \sqrt{\dfrac{\sum f_{cu,i}^2 - n m_{fcu}^2}{n-1}}$$

式中 $f_{cu,i}$ 为统计周期内同一品种混凝土第 i 组试件强度(N/mm²);m_{fcu} 为统计周期内同一品种混凝土 n 组强度的平均值(N/mm²);n 为统计周期内相同混凝土强度等级的试件组数,$n \geqslant 30$。

当混凝土强度等级不高于 C30 时,如计算得到的 $\sigma < 3.0 \text{N/mm}^2$,取 $\sigma = 3.0 \text{N/mm}^2$;当混凝土强度等级高于 C30 且低于 C60 时,如计算得到的 $\sigma < 4.0 \text{N/mm}^2$ 时,取 $\sigma = 4.0 \text{N/mm}^2$。

施工单位如无近期同一品种混凝土强度统计资料时,按表 17-2-2 取值。

混凝土强度标准差 σ 表 17-2-2

混凝土强度等级	$\leqslant$C20	C25~C45	C50~C55
σ (N/mm²)	4.0	5.0	6.0

混凝土运输工作分为地面运输、垂直运输和楼面运输三种情况。对混凝土拌合物运输的基本要求是：不产生离析现象、保证规定的坍落度和在混凝土初凝之前能有充分时间进行浇筑和捣实。

混凝土输送泵管应根据输送泵的型号、拌合物性能、总输出量、单位输出量、输送距离以及粗骨料粒径等进行选择；混凝土粗骨料最大粒径不大于25mm时，可采用内径不小于125mm的输送泵管；混凝土粗骨料最大粒径不大于40mm时，可采用内径不小于150mm的输送泵管。垂直向上输送混凝土时，地面水平输送泵管的直管和弯管总的折算长度不宜小于垂直输送高度的20%，且不宜小于15m（防止管内混凝土在自重作用下对泵管产生过大的压力）。输送泵管倾斜或垂直向下输送混凝土，且高差大于20m时，应在倾斜或垂直管下端设置直管或弯管，直管或弯管总的折算长度不宜小于高差的1.5倍（防止管内混凝土在自重作用下会下落造成空管、产生堵管）。垂直输送高度大于100m时，混凝土输送泵出料口处的输送泵管位置应设置截止阀（控制混凝土在自重作用下对输送泵的泵口压力）。

（2）混凝土浇筑、捣实和养护

1）施工缝的留设

混凝土施工缝宜留在结构构件受剪力较小且便于施工的部位。施工缝留设界面应垂直于结构构件和纵向受力钢筋。柱、墙应留水平缝，梁、板、墙应留垂直缝（也称竖向缝）。施工缝的留置位置应符合下列规定：①柱、墙水平施工缝可留设在基础、楼层结构顶面，柱施工缝与结构上表面的距离宜为0～100mm，墙施工缝与结构上表面的距离宜为0～300mm；②柱、墙水平施工缝也可留设在楼层结构底面，施工缝与结构下表面的距离宜为0～50mm；当板下有梁托时，可留设在梁托下0～20mm，如图17-2-1；③有主次梁的楼板垂直施工缝应留设在次梁跨度中间的1/3范围内，见图17-2-2；④单向板垂直施工缝应留设在平行于板短边的任何位置；⑤楼梯梯段垂直施工缝宜设置在梯段板跨度端部1/3范围内；⑥墙的垂直施工缝宜设置在门洞口过梁跨中1/3范围内，也可留设在纵横墙交接处；⑦特殊结构部位留设施工缝应征得设计单位认可。

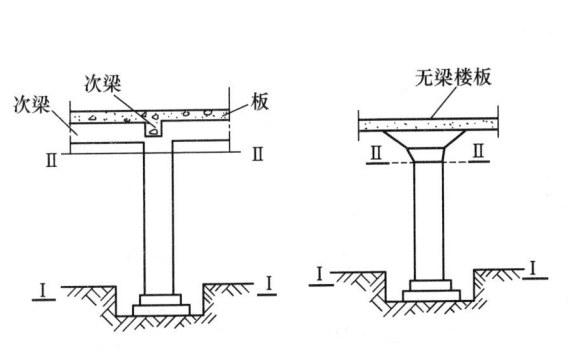 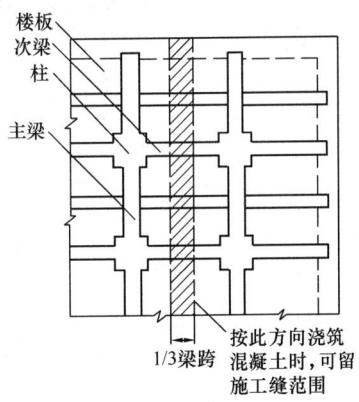

图17-2-1 浇筑柱的施工缝留设位置
Ⅰ-Ⅰ、Ⅱ-Ⅱ表示施工缝的位置

图17-2-2 有主次梁楼板施工缝留设位置

施工缝处浇筑混凝土应符合：结合面应采用粗糙面；结合面应清除浮浆、疏松石子、软弱混凝土层，并应清理干净；结合面处应采用洒水方法进行充分湿润，并不得有积水；

施工缝处已浇筑混凝土的强度不应小于1.2MPa；柱、墙水平施工缝水泥砂浆接浆层厚度不应大于30mm，接浆层水泥砂浆应与混凝土浆液同成分。

2）混凝土浇筑过程应分层进行，分层浇筑应符合表17-2-3规定的分层振捣厚度要求，上层混凝土应在下层混凝土初凝之前浇筑完毕。

3）混凝土运输、输送入模的过程应保证混凝土连续浇筑，从运输到输送入模的延续时间不宜超过表17-2-4的规定，且不应超过表17-2-5的规定。掺早强型减水外加剂、早强剂的混凝土以及有特殊要求的混凝土，应根据设计及施工要求，通过试验确定允许时间。

混凝土分层振捣的最大厚度 表17-2-3

振捣方法	混凝土分层振捣最大厚度
振动棒	振动棒作用部分长度的1.25倍
表面振动器	200mm
附着振动器	根据设置方式，通过试验确定

运输到输送入模的延续时间（min） 表17-2-4

条件	气温	
	≤25℃	>25℃
不掺外加剂	90	60
掺外加剂	150	120

运输、输送入模及其间歇总的时间限值（min） 表17-2-5

条件	气温	
	≤25℃	>25℃
不掺外加剂	180	150
掺外加剂	240	210

4）柱、墙模板内的混凝土浇筑不得发生离析，倾落高度应符合表17-2-6的规定；当不能满足要求时，应加设串筒、溜管、溜槽等装置。

柱、墙模板内混凝土浇筑倾落高度限值（m） 表17-2-6

条件	浇筑倾落高度限值
粗骨料粒径大于25mm	≤3
粗骨料粒径小于等于25mm	≤6

注：当有可靠措施能保证混凝土不产生离析时，混凝土倾落高度可不受本表限制。

5）现浇钢筋混凝土结构房屋结构，柱、墙混凝土设计强度等级高于梁、板混凝土设计强度等级时，混凝土浇筑应符合下列规定：①柱、墙混凝土设计强度比梁、板混凝土设计强度高一个等级时，柱、墙位置梁、板高度范围内的混凝土经设计单位同意，可采用与梁、板混凝土设计强度等级相同的混凝土进行浇筑；②柱、墙混凝土设计强度比梁、板混凝土设计强度高两个等级及以上时，应在交界区域采取分隔措施。分隔位置应在低强度等级的构件中，且距高强度等级构件边缘不应小于500mm；③宜先浇筑高强度等级混凝土，后浇筑低强度等级混凝土。

大体积钢筋混凝土结构浇筑时，要防止大体积混凝土浇筑后产生裂缝，就要降低混凝土的温度应力，这就必须减少浇筑后混凝土的内外温度差（一般不宜超过25℃）。应优先选用水化热低的水泥，降低水泥用量，掺入适量的粉煤灰，降低浇筑速度和减小浇筑层厚度，或采取人工降温措施。大体积钢筋混凝土结构的浇筑方案，一般分为全面分层、斜面分层和分段分层（也称分块分层）三种，多用斜面分层法。如要保证混凝土的整体性，则要保证使每一浇筑层在初凝前就被上一层混凝土覆盖并捣实成为整体。

混凝土养护分自然养护和加热养护两种。自然养护又分洒水养护和喷涂薄膜养生液两种。洒水养护，即用草帘等覆盖后定时洒水保持湿润，养护时间长短取决于水泥品种，硅酸盐水泥、普通硅酸盐水泥和矿渣硅酸盐水泥拌制的混凝土不少于7d；掺有缓凝剂或有抗渗要求的混凝土不少于14d；后浇带混凝土不应少于14d。混凝土必须养护至其强度达到1.2N/mm² 以上，始准在其上行人的操作。

（3）混凝土质量检查与预制构件制作

混凝土施工质量检查可分为过程控制检查和拆模后的实体质量检查。

对于预拌（商品）混凝土，应在商定的交货地点进行坍落度检查。检验混凝土的强度等级应在现场留置试件、由实验室试验后进行评定。试件的取样应符合下列规定：

①每拌制100盘且不超过100m³ 的同一配合比的混凝土，取样不得少于一次；

②每工作班拌制的同一配合比的混凝土不足100盘时，取样不得少于一次；

③当一次连续浇筑超过1000m³ 时，同一配合比的混凝土每200m³ 取样不得少于一次；

④每一楼层、同一配合比的混凝土，取样不得少于一次；

⑤每次取样应至少留置一组标准养护试件，同条件养护试件的留置组数应根据实际需要确定。

在现场制作构件，为节约场地和底模，多平卧叠浇。在预制厂制作构件，有三种工艺方案：台座法、机组流水法、传送带流水法。

（4）混凝土冬期施工

混凝土遭受冻结带来的危害，与遭冻的时间早晚、水胶比等有关，遭冻时间愈早，水胶比愈大，则强度损失愈多。混凝土受冻临界强度是指冬期浇筑的混凝土在受冻以前不致引起冻害，必须达到的最低强度。通过试验得知，该临界强度与水泥品种、混凝土强度等级有关。当采用蓄热法、暖棚法、加热法施工时，对普通硅酸盐水泥和硅酸盐水泥配制的混凝土，受冻临界强度不应低于设计混凝土强度等级值的30%；对矿渣硅酸盐水泥复合硅酸盐水泥配制的混凝土，不应低于设计混凝土强度等级值的40%。

根据当地多年气温资料室外日平均气温连续五天稳定低于+5℃时，就应采取冬期施工的技术措施进行混凝土施工。混凝土冬期施工方法有：蓄热法、加热法、掺外加剂法等。其中，加热法包括蒸汽加热法和电热法。

（5）预应力混凝土工程

预应力混凝土按施加预应力的方式不同可分为：先张法预应力混凝土、后张法预应力混凝土和自应力混凝土。按预应力筋与混凝土的粘结状态不同可分为：有粘结预应力混凝土、无粘结预应力混凝土和缓粘结预应力混凝土等。

先张法施工，多数用于预应力混凝土工厂中，在台座上生产中小型构件。

1）钢丝，其张拉程序是：宜采用一次张拉程序，0→（1.03~1.05）σ_{con}（锚固），其中，1.03～1.05是考虑测力的误差、温度影响、台座横梁或定位板刚度不足，工人操作影响等。σ_{con}为预应力筋的张拉控制应力。

2) 低松弛钢绞线，其张拉程序是：可采取一次张拉程序，单根张拉：0→σ_{con}（锚固）；整体张拉：0→初应力调整→σ_{con}（锚固）。

当设计无规定时，混凝土强度要达到不小于混凝土设计强度的75%后，才可放松预应力筋。

后张法施工，其常用的预应力筋有预应力螺纹钢筋、钢丝和钢绞线三种。钢丝束锚具有钢质锥形锚具、镦头锚具等。钢绞线锚具有单孔夹片锚具、多孔夹片锚具。

后张法工艺中，与预应力施工有关的是孔道留设、预应力筋张拉和孔道灌浆三部分。孔道留设方法有钢管抽芯法、胶管抽芯法和预埋波纹管法。其中，钢管抽芯法只用于留设直线孔道。每根钢管的长度最好不超过15m，以便于旋转和抽管。在留设孔道的同时还要在设计规定位置留设灌浆孔。一般在构件两端和中间每隔12m留一个直径20mm的灌浆孔，并在构件两端各设一个排气孔。胶管抽芯法，胶管抽芯留孔不仅可留直线孔道，还可留曲线孔道。

后张法张拉预应力筋时，构件混凝土的强度应按设计规定，如设计无规定则不应低于设计混凝土强度等级值的75%。

后张法预应力筋的张拉方法，应根据设计和专项施工方案的要求采用一端张拉或两端张拉。当设计无具体要求时，有粘结预应力筋长度不大于20m时可采用一端张拉，大于20m时宜两端张拉。采用两端张拉时，可两端同时张拉，也可一端先张拉锚固，另一端补张拉。

预应力筋的张拉顺序应符合设计要求，当设计无具体要求时，可采用分批、分阶段按均匀、对称的原则张拉，以免构件承受过大的偏心压力。平卧重叠制作的构件，宜先上后下逐层进行张拉。为了减少上下层之间因摩阻引起的预应力损失，可自上而下逐层加大张拉力。

孔道灌浆施工时，立方体水泥浆试块经28d标准养护后的抗压强度不应低于30N/mm²，且应有较大的流动性和较小的干缩性、泌水性。为使孔道灌饱满，可在水泥浆中掺入0.5‰～1.0‰铝粉或0.25%的木质素磺酸钙。

无粘结预应力混凝土施工，无粘结预应力束由预应力钢丝、防腐涂料、外包以及锚具组成。无粘结预应力束的制作一般有缠纸工艺和挤压涂层工艺两种。无粘结预应力混凝土施工工艺主要包括无粘结预应力束的铺设、张拉和锚头端部处理等。无粘结预应力束在平板中一般为双向曲线配置，钢丝束波峰低的底层钢丝束先行铺设。张拉顺序应根据其铺设顺序，先铺设的先张拉，后铺设的后张拉。张拉时，当长度超过25m时，宜采取两端张拉；当长度超过50m时，宜采取分段张拉。

三、解题指导

本节知识点属于建筑施工技术的主要内容，应结合专业基础知识去理解、掌握，特别应注意技术的细节规定，如施工缝留置规定、养护规定、拆模规定、预应力筋张拉规定等。

【例17-2-1】 对钢筋混凝土烟囱构造物，从经济角度考虑，施工中可选用（　　）。
A. 木模板　　　　B. 大模板　　　　C. 永久式模板　　　　D. 爬升模板

【解】 由题目条件，可知 A、B、C 项均不满足，应排除，应采用爬升模板，故应选 D 项。

【例 17-2-2】 某一工作班拌制相同配合比的混凝土为 150 盘，则混凝土试块至少留（　　）组。

A. 1　　　　　B. 2　　　　　C. 3　　　　　D. 4

【解】 按规范规定，每拌制 100 盘同配合比的混凝土，取样不得少于一次，且每次取样至少留置一组标养试件，故应选 B 项。

四、应试题解

1. 钢筋采用冷拉法调直时，HPB300 钢筋的冷拉率不宜大于（　　）。
   A. 1%　　　　B. 2%　　　　C. 4%　　　　D. 5%

2. 钢筋采用冷拉法调直时，HRB400、HRB500 钢筋的冷拉率不宜大于（　　）。
   A. 5%　　　　B. 4%　　　　C. 2%　　　　D. 1%

3. 影响冷拔低碳钢丝质量的主要因素是（　　）。
   A. 原材料的质量　　　　　　B. 冷拔总压缩率
   C. 冷拔的次数　　　　　　　D. A 与 B

4. 钢筋绑扎接头时，受压钢筋绑扎接头搭接头长度是受拉钢筋绑扎接头搭接长度的（　　）倍。
   A. 0.5　　　　B. 0.7　　　　C. 1　　　　　D. 1.2

5. 制作预埋件时，钢筋与钢板连接采用的焊接方法为（　　）。
   A. 闪光对焊　　　　　　　　B. 电弧焊
   C. 电阻点焊　　　　　　　　D. 电渣压力焊

6. 下列钢筋连接方法中，不适用于水平梁的纵向受力钢筋连接的方法是（　　）。
   A. 冷挤压连接　　　　　　　B. 电渣压力焊
   C. 锥螺纹连接　　　　　　　D. 直螺纹连接

7. HRB400 级钢筋（直径为 d）采用电弧焊进行单面搭接焊时，焊缝长度为（　　）。
   A. $8d$　　　　B. $4d$　　　　C. $10d$　　　D. $5d$

8. 在钢筋焊接中，属于熔焊形式的是（　　）。
   A. 闪光对焊　　B. 电渣压力焊　C. 电阻点焊　　D. 气压焊

9. 钢筋机械连接或焊接时，同一接头处受拉钢筋接头面积不宜大于总受拉钢筋面积的（　　）。
   A. 100%　　　B. 50%　　　　C. 25%　　　　D. 75%

10. 冷拔是将细钢筋通过钨合金的拔丝模进行强力冷拔，形成冷拔钢丝，用于冷拔的细钢筋为（　　）。
    A. HPB300　　B. HRB335　　C. HRB400　　D. RRB400

11. 检验混凝土强度和受力钢筋位置是否符合设计要求，应优先选择（　　）。
    A. 预留试块法　　　　　　　B. 钻芯法
    C. 后装拔出法　　　　　　　D. 非破损检验法

12. 下列关于钢筋代换的说法中，不正确的是（　　）。
    A. 不同种类钢筋代换，应按钢筋承载力设计值相等的原则进行

B. 梁的纵向受力钢筋与弯起钢筋应分别进行
C. 同牌号钢筋之间的代换，按代换前后面积相等的原则进行
D. 有抗震要求的框架，可用高强度等级的钢筋代替设计中的钢筋

13. 对电视塔等高耸构筑物，从经济角度考虑，施工中可选用（　　）。
    A. 木模板　　　　B. 大模板　　　　C. 永久式模板　　　D. 爬升模板

14. 专用于现浇钢筋混凝土楼盖施工的工具式模板是（　　）。
    A. 组合钢模板　　B. 大模板　　　　C. 爬模　　　　　　D. 台模

15. 滑升模板的组成为（　　）。
    A. 模板系统、操作平台系统和液压系统
    B. 模板系统、支撑系统和操作平台系统
    C. 模板系统、支撑系统和液压系统
    D. 支撑系统、操作平台系统和液压系统

16. 滑模施工中，混凝土的出模强度应控制在（　　）。
    A. 0.1~0.2N/mm²　　　　　　　　B. 0.2~0.4N/mm²
    C. 0.4~1.0N/mm²　　　　　　　　D. 1.0~1.5N/mm²

17. 梁跨度在4m或4m以上时，底模板应起拱，无设计要求时，其起拱高度一般为结构跨度的（　　）。
    A. 3/1000~5/1000　　　　　　　B. 1/1000~3/1000
    C. <1/1000　　　　　　　　　　　D. <1/100

18. 影响模板拆除时间的因素有（　　）。
    ①模板的周转率和工程进度；②气候条件；③结构类型；④模板的用途；⑤养护方式。
    A. ①⑤　　　　　B. ②③④　　　　C. ③④　　　　　　D. ①④⑤

19. 6m跨的梁板混凝土强度达到（　　）时，方可拆除底模。
    A. 混凝土抗压强度的50%
    B. 混凝土抗压强度的75%
    C. 混凝土抗压强度设计值的75%
    D. 混凝土抗压强度设计值的100%

20. 模板拆除一般应遵循的顺序是（　　）。
    A. 先支先拆、后支后拆、先承重部位、后非承重部位
    B. 先支先拆、后支后拆、先非承重部位、后承重部位
    C. 先支后拆、后支先拆、先非承重部位、后承重部位
    D. 先支后拆、后支先拆、先承重部位、后非承重部位

21. 搅拌干硬性混凝土可选用（　　）搅拌机。
    A. 鼓筒式　　　　B. 双锥式　　　　C. 强制式　　　　　D. 自落式

22. 现场混凝土是按（　　）制备的。
    A. 混凝土的施工配制强度　　　　　B. 混凝土强度标准值
    C. 混凝土的弯曲抗压强度　　　　　D. 混凝土的抗拉强度

23. 泵送混凝土，当粗骨料最大粒径不大于40mm时，可采用内径不小于（　　）

mm 的输送泵管。

  A. 100   B. 125   C. 150   D. 200

24. 混凝土柱、墙水平施工缝处理时，采用与其混凝土浆液同成分的水泥砂浆接浆层，其接浆层厚度不应大于（ ）mm。

  A. 30   B. 50   C. 80   D. 100

25. 现浇钢筋混凝土墙的粗骨料最大粒径为 30mm，其混凝土倾落高度限值为（ ）。

  A. 不受限制   B. 2m   C. 3m   D. 6m

26. 在施工缝处继续浇筑混凝土时，必须待已浇筑混凝土的抗压强度不小于（ ）时才可进行。

  A. 设计强度的 30%   B. 设计强度的 20%

  C. 2.0N/mm^2 D. 1.2N/mm^2

27. 在有主次梁的钢筋混凝土楼盖的施工中，若沿次梁方向浇筑混凝土，则施工缝应留设在（ ）。

  A. 主梁跨中 1/2 范围内

  B. 主梁跨中 1/3 范围内

  C. 次梁跨中 1/2 范围内

  D. 次梁跨中 1/3 范围内

28. 施工过程中，柱子施工缝的留置位置可（ ）。

  A. 在基础顶面或主梁下面   B. 在沿柱高度中间 1/3 长度范围内

  C. 在柱高度中央处   D. 根据施工进度确定

29. 对楼板、地面等薄型混凝土构件，宜选用的混凝土振动机械是（ ）。

  A. 外部振动器   B. 表面振动器

  C. 内部振动器   D. 振动台

30. 现浇多层钢筋混凝土框架柱时，一施工段内每排柱子的浇筑顺序为（ ）。

  A. 由一端向另一端推进   B. 任意顺序浇筑

  C. 由外向内对称地顺序浇筑   D. 由内向外对称地顺序浇筑

31. 某现浇钢筋混凝土结构房屋，柱采用 C50 混凝土，梁采用 C30 混凝土，在梁柱节点施工过程中，在柱边缘不应小于（ ）mm 应设置分隔措施。

  A. 300   B. 500   C. 800   D. 1000

32. 浇筑配筋较密的钢筋混凝土剪力墙结构时，最好选用的振捣设备是（ ）。

  A. 内部振动器   B. 表面振动器

  C. 外部振动器   D. 人工振捣

33. 一般混凝土浇筑完毕（ ）h 就应开始养护；有抗渗要求的混凝土养护时间不少于（ ）d。

  A. 12；7   B. 12；14   C. 24；7   D. 24；14

34. 施工现场用于检查结构构件混凝土强度的试件，应在混凝土浇筑地点随机取样，每次取样应至少留置（ ）。

  A. 1 组同条件养护试件   B. 1 组标准养护试件

  C. 3 组同条件养护试件   D. 3 组标准养护试件

35. 某一工作班拌制相同配合比的混凝土为150盘，混凝土试块至少留（　　）组。
    A. 1   B. 2   C. 3   D. 4

36. 某工程在评定混凝土强度质量时，其中两组试块的试件强度分别为：30.0、31.9、34.1和28.0、33.8、35.0，则该两组试块的强度代表值分别为（　　）。
    A. 32.0；33.8   B. 32.0；32.3
    C. 31.9；33.8   D. 31.9；32.3

37. 混凝土浇筑后，强度至少达到（　　）才允许工人在上面施工操作。
    A. 1N/mm²   B. 1.2N/mm²   C. 1.5N/mm²   D. 2.4N/mm²

38. 下列（　　）措施不能防止大体积混凝土产生裂缝。
    A. 选用水化热低的水泥   B. 降低水泥用量
    C. 选用细砂配制混凝土   D. 降低浇筑速度

39. 大体积混凝土浇筑后，一般控制混凝土内外温差不宜超过（　　）。
    A. 5℃   B. 15℃   C. 25℃   D. 35℃

40. 大体积混凝土的浇筑方案不包括（　　）。
    A. 全面分层   B. 分段分层   C. 斜面分层   D. 垂直分层

41. 根据当地多年气温资料，室外日平均气温在（　　），就应采取冬期施工的技术措施进行混凝土施工。
    A. 连续三天稳定低于0℃时   B. 连续三天稳定低于+5℃时
    C. 连续五天稳定低于0℃时   D. 连续五天稳定低于+5℃时

42. 冬期施工采用硅酸盐水泥或普通硅酸盐水泥配制的混凝土的临界强度为（　　）。
    A. 混凝土抗压强度的30%   B. 混凝土抗压强度的40%
    C. 设计混凝土强度等级值的30%   D. 设计混凝土强度等级值的40%

43. 冬期施工混凝土入模温度不得低于（　　）℃。
    A. 15   B. 10   C. 5   D. 0

44. 冬期施工混凝土方法有（　　）。
    A. 蓄热法、掺外加剂法、薄膜养护法、导热法
    B. 蓄热法、掺外加剂法、蒸汽养护法、导热法
    C. 蓄热法、掺外加剂法、薄膜养护法、电热法
    D. 蓄热法、掺外加剂法、蒸汽养护法、电热法

45. 现浇混凝土柱的水平施工缝留设在楼层结构顶面，其施工缝与结构上表面的距离宜为（　　）mm。
    A. 0～100   B. 0～300
    C. 0～500   D. 0～1000

46. 先张法施工的预应力放张时，当设计无要求时，混凝土构件的强度不得低于（　　）。
    A. 设计混凝土强度等级值的50%   B. 设计混凝土强度等级值的75%
    C. 混凝土抗压强度的50%   D. 混凝土抗压强度的75%

47. 为保证施工质量，后张法工艺中孔道留设施工应（　　）。
    A. 在混凝土浇筑后尽快抽钢管   B. 初凝前抽钢管

C. 初凝后、终凝前抽钢管　　　　D. 尽量不抽钢管

48. 对于卧叠浇的预应力混凝土构件施加预应力的方法为（　　）。
   A. 自上至下逐层加大张拉力　　B. 各层张拉力不变
   C. 自上至下逐层减小张拉力　　D. 仅对面层构件超张拉

49. 后张法施工中对有粘结预应力筋张拉时，可采用一端张拉的是（　　）。
   A. 曲线形预应力筋
   B. 长度小于20m的直线预应力筋
   C. 长度小于40m的直线预应力筋
   D. 抽芯孔道长度大于24m的曲线形预应力筋

第三节　砌体工程与结构吊装工程

一、《考试大纲》的规定
起重安装机械与液压提升工艺、单层与多层房屋结构吊装、砌体工程与砌块墙的施工。

二、重点内容

1. 砌体工程

砌体工程是指烧结普通砖、烧结多孔砖、蒸压灰砂普通砖、混凝土砖、各种中小型砌块和石材的砌筑。砌体工程包括材料运输、脚手架搭设、砌筑和勾缝等。

砌筑材料准备，生石灰熟化要用网过滤，熟化时间不少于7d。常温下砌筑砖砌体时，要提前1~2d浇水湿润，烧结普通砖、烧结多孔砖的相对含水率宜为60%~70%；蒸压灰砂砖、蒸压粉煤灰砖的相对含水率宜为40%~50%。

对脚手架的基本要求是宽度满足工人操作、材料堆置和运输的需要；坚固稳定；装拆简便；能多次周转使用。脚手架的种类很多，按其搭设位置分为外脚手架和里脚手架；按其所用材料分为木脚手架、竹脚手架和金属脚手架；按其构造形式分为立杆式、框式、桥式、吊式、挂式、升降式和工具式脚手架；按搭设高度分为高层脚手架和普通脚手架等。

常用的组合式脚手架，如扣件式钢管脚手架、碗扣式钢管脚手架、门式脚手架等。其中，扣件式钢管脚手架是由标准的钢管（立杆、横杆、斜杆）和特制扣件组成的脚手架骨架与脚手板、防护构件、连墙件等组成的，是目前最常用的一种脚手架；碗扣式钢管脚手架由钢管立杆、横杆、碗扣接头等组成；门式脚手架的基本单元是由一副门式框架、两幅剪刀撑、一副水平梁架和四个连接器，可作为外脚手架、里脚手架和满堂脚手架。

目前高层建筑等施工应用较为广泛的是升降式脚手架，包括自升降式、互升降式、整体升降式三种类型。建筑施工的外脚手架有单排式和双排式。

砌体材料运输主要利用井架、龙门架、塔式起重机和施工电梯。

在砖砌体施工中，砌筑砖墙通常包括抄平、放线、摆砖样、立皮数杆、挂准线、铺灰、砌砖、勾缝等工序。其中，实心砖砌体的砌筑形式为：一顺一丁、三顺一丁、梅花丁；采用"三一"砌砖法砌筑。清水外墙面勾缝应加浆勾缝，用1:1.5水泥浆勾缝。

砖墙砌筑应横平竖直、砂浆饱满、上下错缝、内外搭砌、接槎牢固。实心砖砌体水平灰缝的砂浆饱满度不得低于80%，以满足抗压强度的要求。竖向灰缝隙的饱满程度可明显地提高砌体抗剪强度。砖砌体的水平灰缝隙厚度和竖向灰缝宽度一般规定为10mm，不

应小于8mm，也不应大于12mm。实心砖砌体应砌成斜槎，普通砖砌体斜槎水平投影长度不应小于高度的2/3；多孔砖砌体斜槎长高比不应小于1/2。留斜槎确有困难时，除转角处外，可从墙面引出不小于120mm的直槎，并加设拉强筋。

砌块可分为小型空心砌块和中型砌块。小型空心砌块是人工砌筑的；中型砌块主要利用小型机械吊装，主要工序为：铺灰、砌块吊装就位、校正、灌缝和镶砖。

2. 起重安装机械与单层工业厂房结构安装

结构安装常用的起重机械有履带式起重机、汽车式重机、轮胎式起重机、塔式起重机等。其中，履带式起重机的主要技术性能是：起重量Q、起重高度H和回转半径R三个主要参数。塔式起重机有固定式、轨行式、附着式和爬行升式。

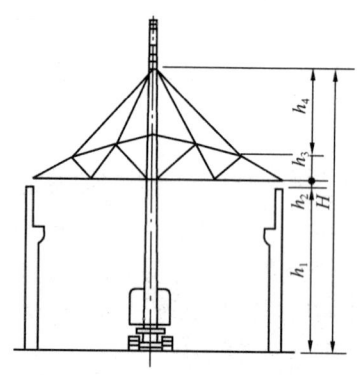

图17-3-1 起重机的起重高度

（1）单层工业厂房结构安装

吊装前的准备工作包括场地清理、构件复查，构件弹中心线和编号、基础杯口顶面弹线和杯底找平、构件运输和就位、构件临时加固等。

构件安装过程包括绑扎、起吊、对位、临时固定、校正、最后固定。起重机的起重高度必须满足所吊构件的吊装高度要求，对于安装单层厂房应满足（图17-3-1）：

$$H \geqslant h_1 + h_2 + h_3 + h_4$$

式中H为起重机的起重高度（m），从停机面算起至吊钩中心的垂直距离；h_1为安装支座表面高度（m），从停机面算起；h_2为安装空隙，一般不小于0.3m；h_3为绑扎点至所吊构件底面的距离（m）；h_4为索具高度（m），自绑扎点至吊钩中心，应视具体情况而定，不小于1m。

单层工业厂房结构的安装方法有：分件安装法和综合安装法。

为配合起吊方法，柱子预制时可采用斜向布置（配合旋转法起吊）和纵向布置（配合滑行法起吊）。屋架多在跨内平卧叠浇预制，每叠3~4榀，其布置方式有斜向布置、正反斜向布置和正反纵向布置，而斜向布置应用较多，因为它便于屋架扶直和堆放。屋架堆放方式有横向堆放和纵向堆放，各榀屋架间保持不小于200mm的间距。

（2）钢结构安装

钢结构的安装通常有两种方法，即分件流水安装法和综合安装法。其中，分件流水安装法，先安装整个车间框架的外形，而车间内许多构件还不能同时安装，因此其他专业施工单位不易穿插进行作业。综合安装法，是同时吊装一个或数个节间，并完成这一节间或几个节间的全部构件，能以最快的速度为下一个专业工序开辟施工工作面进行分段交工。

三、解题指导

本节知识点属于建筑施工技术内容，理解、掌握它们较容易，应注意其施工技术的细节规定。

【例17-3-1】 构造柱与砖墙接槎处，砖墙应砌成马牙槎，每一个马牙槎沿高度方向尺寸，不应超过（ ）。

A. 150mm B. 200mm C. 300mm D. 350mm

【解】 按构造要求，应选C项，即不应超过300mm。

四、应试题解

1. 砌体施工质量控制等级可分为（　　）。
   A. 1、2、3   B. A、B、C   C. 优、良、及格   D. 甲、乙、丙

2. 砌筑砂浆生石灰熟化时间不少于（　　）d。
   A. 3   B. 7   C. 10   D. 14

3. 砌体工程中，下列墙体或部位中可以留设脚手眼的是（　　）。
   A. 120mm 厚砖墙、空斗墙和砖柱
   B. 宽度小于 2m 的窗间墙
   C. 砖砌体的门洞窗口两侧 200mm 和转角处 450mm 的范围内
   D. 梁、梁垫下及其左右 500mm 范围内

4. 砖墙施工工艺顺序是（　　）。
   A. 放线—抄平—立皮数杆—砌砖—清理
   B. 放线—抄平—砌砖—立皮数杆—清理
   C. 抄平—放线—立皮数杆—砌砖—清理
   D. 抄平—放线—砌砖—立皮数杆—清理

5. 砖墙施工中皮数杆的作用是（　　）。
   A. 控制砌体的水平尺寸   B. 保证墙面平整
   C. 控制砌体的竖向尺寸   D. 检查游丁走缝

6. 确定砌筑砂浆的强度是用边长（　　）的立方体试块。
   A. 150mm   B. 100mm   C. 90.7mm   D. 70.7mm

7. 砖墙砌体应砂浆饱满，对实心砖砌体水平灰缝的砂浆饱满度不得低于（　　）。
   A. 70%   B. 75%   C. 80%   D. 85%

8. 砖砌体水平灰缝厚度和竖缝宽度为（　　）。
   A. 10±2mm   B. 12±2mm   C. 8±2mm   D. 6±2mm

9. 相邻普通砖砌体不能同时砌筑而留斜槎时，槎的长度不小于槎高度的（　　）。
   A. 1/3   B. 1/2   C. 2/3   D. 2/5

10. 砖砌体的外墙转角处留槎要求是（　　）。
    A. 留直槎   B. 留斜槎
    C. 留直槎或留斜槎   D. 留直槎加密拉结筋

11. 每层承重墙的最上一皮砖或梁、梁垫下面一皮砖应采用的砌筑方法为（　　）。
    A. 顺砌   B. 丁砌
    C. 顺丁相间砌筑   D. A 与 B 皆可

12. 对于实心砖砌体宜采用的砌筑方法为（　　）。
    A. "三一"砌砖法   B. 刮浆法
    C. 满口灰法   D. 挤浆法

13. 砖砌体工程中，设计要求的洞口尺寸超过（　　）mm 时，应设置过梁或砌筑平拱。
    A. 300   B. 400   C. 500   D. 600

14. 为提高砖与砂浆间的粘结力和砖砌体的抗剪强度，可采取的技术措施是（　　）。

A. 提高砂浆强度 B. 掺入有机塑化剂
C. 增加砂浆中的水泥用量 D. 砖砌筑前浇水湿润

15. 砖砌体工程采用铺浆法砌筑,铺浆长度分别不得超过750mm;施工期间气温超过30℃时,铺浆长度分别不得超过( )。
   A. 7500mm B. 600mm C. 500mm D. 400mm

16. 构造柱与砖墙接槎处,砖墙成马牙槎,每一个马牙槎沿高度方向尺寸,不应超过( )。
   A. 150mm B. 200mm C. 300mm D. 350mm

17. 砖砌平拱过梁,拱脚应深入墙内不小于20mm,拱底应起拱( )。
   A. 0.5% B. 0.8% C. 1% D. 2%

18. 首层室内地面以下或防潮层以下的混凝土小型空心砌块,应用混凝土填实,混凝土强度最低不能小于( )。
   A. C15 B. C20 C. C30 D. C25

19. 小砌块墙体的搭砌长度不得少于块高的( ),且不应少于90mm。
   A. 1/4 B. 1/3 C. 2/3 D. 3/4

20. 用加气混凝土砌块砌筑墙体时,墙底部应使用普通砖砌筑,砌筑高度不小于( )。
   A. 150mm B. 180mm C. 200mm D. 240mm

21. 当预计连续( )天内的室外日平均气温低于5℃时,砖石工程应该按冬期施工技术的规定进行施工。
   A. 15 B. 10 C. 8 D. 5

22. 砖石工程的冬期施工所采用的砂浆宜为( )。
   A. 水泥砂浆 B. 掺盐砂浆 C. 石灰砂浆 D. 黏土砂浆

23. 履带式起重机的三个主要技术性能参数为( )。
   A. 起重量、起重高度和回转半径 B. 起重量、起升速度和回转半径
   C. 起升速度、爬坡能力和行走速度 D. 起升速度、行走速度和爬坡高度

24. 对履带式起重机各技术参数间的关系,以下描述中错误的是( )。
   A. 当起重臂仰角不变时,随着起重臂长度增加,起重半径和起重高度增加,而起重量减小
   B. 当起重臂长度一定时,随着仰角的增加,起重量和起重高度增加,而起重半径减小
   C. 当起重臂长度增加时,起重量和起重半径增加
   D. 当起重半径增大时,起重高度随之减小

25. 钢筋混凝土柱按柱的起重量确定的最大起重半径为8m,按柱的起重高度确定的最大起重半径为10m,吊装该柱的最大起重半径为( )。
   A. 10m B. 9m C. 8m D. 18m

26. 当柱平卧起吊的抗弯能力不足时,吊装前需先将柱翻身后再绑扎起吊,此时应采用的绑扎方法是( )。
   A. 旋转绑扎法 B. 两点绑扎法
   C. 直吊绑扎法 D. 斜吊绑扎法

27. 单层厂房结构安装中,起重机在厂房内一次施工中就安装完一个柱节间内的各种类型的构件,这种安装方法是（   ）。

A. 分件安装法　　　　　　　　　B. 旋转安装法
C. 滑行安装法　　　　　　　　　D. 综合安装法

28. 结构构件的安装过程一般为（   ）。

A. 绑扎、起吊、对位、临时固定、校正和最后固定
B. 绑扎、起吊、临时固定、对位、校正和最后固定
C. 绑扎、起吊、对位、校正、临时固定和最后固定
D. 绑扎、起吊、校正、对位、临时固定和最后固定

29. 屋架吊装时,吊索与水平面的夹角不宜小于（   ）,以免屋架上弦杆受过大的压力。

A. 20°　　　　　B. 30°　　　　　C. 45°　　　　　D. 60°

第四节　施工组织设计、网络计划技术及施工管理

一、《考试大纲》的规定

施工组织设计：施工组织设计分类、施工方案、进度计划、平面图、措施；

流水施工原则：节奏专业流水、非节奏专业流水、一般的搭接施工；

网络计划技术：双代号网络图、单代号网络图、网络计划优化；

施工管理：现场施工管理的内容及组织形式、进度、技术、全面质量管理、竣工验收。

二、重点内容

1. 施工组织设计

（1）施工组织设计分类及其内容

根据《建筑施工组织设计规范》GB/T 50502—2009 规定,建筑施工组织设计按编制对象可分为：施工组织总设计、单位工程施工组织设计和施工方案。

施工组织总设计是以整个建设项目为对象,根据初步设计或扩大初步设计图纸以及其他有关资料和现场施工条件编制,用以指导整个工地各项施工准备和施工活动的技术经济文件。施工组织总设计对整个项目的施工过程起统筹规划、重点控制的作用。施工组织总设计的内容主要包括：工程概况；总体施工部署；施工总进度计划；总体施工准备与主要资源配置计划；主要施工方法；施工总平面图；技术经济指标。施工组织总设计应由项目负责人主持编制,由总承包单位技术负责人审批。

单位工程施工组织设计的内容包括：工程概况；施工部署；施工进度计划；施工准备与资源配置计划；主要施工方案；施工现场平面布置。

施工方案的内容包括：工程概况；施工安排；施工进度计划；施工准备与资源配置计划；施工方法及工艺要求。

（2）施工方案与施工进度计划

选择合理的施工方案是单位工程施工组织设计的核心,它包括选择施工方法和施工机械、施工段的划分、工程开展顺序和流水施工安排等。

单位工程施工进度计划以施工方案为基础，根据规定工期和技术物资的供应条件，遵循各施工过程合理的工艺顺序，统筹安排各项施工活动进行编制。以此为依据确定施工作业所必需的劳动力和各种技术物资的供应计划。

施工进度计划通常采用横道图或网络图来表达。用横道图表达单位工程施工进度计划，有两种设计方法：一是根据施工经验直接安排、检查调整的方法；二是按工艺组合组织流水施工的设计方法。工艺组合可以分为两种：第一种是对整个单位工程的工期起决定性作用的，基本上不能相互搭接进行的工艺组合；第二种是对整个单位工程的工期虽然有一定影响，但是不起决定性作用的工艺组合，叫做搭接工艺组合。

(3) 施工平面图

单位工程施工平面图通常用 1∶200～1∶500 的比例绘制。设计单位工程施工平面图的步骤为：决定起重机械的位置→确定搅拌站、仓库和材料、构件堆场的位置→布置运输道路→布置管理、生活及文化福利等临时设施→布置水电管网。

对于大型建筑工程、施工期限较长或施工场地较为狭小的工程，就需要按不同施工阶段分别设计几张施工平面图。较小的建筑物，一般按主要施工阶段的要求来布置施工平面图。

2. 流水施工原理

流水施工就是使各工作队（组）的工作和物资资源的消耗具有连续性和均衡性的搭接施工。流水施工的进度计划可用水平图表（又称横道图）、垂直图表（又称斜线图）来表示。

流水参数包括工艺参数（包括施工过程数 n、流水强度 V）、时间参数（包括流水节拍 K、流水步距 B）和空间参数（包括工作面 A 或工作前线 L、施工前段 m）。其中，流水强度是指每一施工过程在单位时间内完成的工程量；流水节拍是指一个施工过程在一个施工段上的持续时间。根据流水节拍的特征，施工过程可以分为节奏专业流水施工过程和非节奏专业流水施工过程。

(1) 节奏专业流水

在节奏专业流水中，根据各施工过程之间流水节拍是否相等或是否互成倍数，又可以分为固定节拍专业流水和成倍节拍专业流水。

固定节拍专业流水，其各施工过程的流水节拍是相同的，其工期的计算为：

$$T = (m+n-1) \cdot B + \Sigma Z = (m+n-1) \cdot K + \Sigma Z$$

其中 T 为施工工期；n 为施工过程数；m 为施工段数；B 为流水步距；K 为流水节拍；ΣZ 为工艺间歇时间及组织间歇时间总和。

成倍节拍专业流水，是指不同施工过程之间，其流水节拍互成倍数，可以按一般成倍节拍流水和加快成倍节拍流水组织施工。一般成倍节拍专业流水的工期的计算为：

$$T = \sum_{i=2}^{n} B_i + t_n + \Sigma Z$$

式中 ΣB_i 为流水步距总和，其计算方法是：

$$B_i = \begin{cases} K_{i-1} & （当 K_{i-1} \leqslant K_i） \\ mK_{i-1} - (m-1)K_i & （当 K_{i-1} > K_i） \end{cases}$$

式中 K_{i-1} 为前面施工过程的流水节拍；K_i 为后面施工过程的流水节拍。

加快成倍节拍专业流水的工期计算为：
$$T = (m+N-1)K_0 + \Sigma Z$$

式中 N 为工作队（组）总数；K_0 为所有流水节拍的最大公约数。

（2）非节奏专业流水

非节奏专业流水的工期，是指在没有工艺间歇的情况下，仍然是由流水步距总和与最后一个施工过程的持续时间 t_n 组成，其工期的计算为：
$$T = \Sigma B_i + t_n$$

3. 网络计划技术

网络图分为双代号网络图和单代号网络图。双代号网络图的绘制方法有：从工艺网络到生产网络的绘制法；直接分析绘制法。

4. 基本建设程序与建设项目费用的构成

一般大中型建设项目的工程建设必须遵守一定的程序，一般包括三个时期六项工作。其中，三个时期是指投资决策前期、建设时期和运营时期。六项工作是指编制和报批项目建议书、编制和报批可行性研究报告、编制和报批设计文件、建设准备工作、建设实施工作（组织施工和生产准备）、项目施工验收投产运营和后评价等。

我国现行建筑安装工程费用项目的组成是：①按造价形成划分：分部分项工程费、措施项目费、其他项目费、规费、税金；②按费用构成要素划分：人工费、材料费、施工机具使用费、企业管理费、利润、规费、税金。

5. 施工管理

（1）现场施工管理的内容及组织形式

施工现场首先要做好场容及环境管理，现场周围要封闭严密，大门内设施工平面图、安全、消防保卫、场容卫生制度表，应严格实施环境卫生和环境保护管理。组织施工人员进行施工图纸的学习和会审、进行技术交底，做好工程质量的检查、验收及有关设备的管理和技术档案工作等。

现场施工管理的组织形成，由工程承包公司建立项目经理部负责施工现场的全面管理工作；项目经理部在项目经理的领导下实行项目经理负责制；在一般项目施工过程中，项目经理部应分设工程技术组、采购供应组、合同管理组、财务管理组、行政事务组等。

（2）进度、技术、质量管理

项目的进度管理是依据项目的进度目标进行，使用的工具是各种进度计划，如横道图、关键线路图（CPM）、计划评审技术图（PERT）。

项目的技术管理的三个环节是：施工前各项技术准备工作；施工中的贯彻、执行、监督和检查；施工后的验收总结和提高。其中，技术责任制是技术管理的重要内容。技术管理的一项重要基础工作是建立和健全严格的技术管理制度，技术管理制度主要有：施工图纸的学习和会审制度；方案制定和技术交底制度；材料检验制度；计量管理制度；施工图翻样与加工订货制度、工程质量检查及验收制度、设计变更和技术核定制度；技术档案和技术资料管理制度等。

（3）竣工验收

凡列入固定资产投资计划的建设项目，按照设计文件规定的内容和施工图纸的要求全部建成或分期建成，具备投产和使用条件的，都要及时组织验收。

竣工验收由建设单位（或业主）组织，其验收依据是：施工图纸和说明书；招投标文件和合同；设计修改签证；现行的施工验收规范和标准；主管部门有关的审批、修改和调整意见等。

三、解题指导

本节知识点属于施工组织与施工管理，其中施工组织涉及时间（工期）计算，如流水施工、网络计划技术，应重点掌握流水施工的工期计算。应注意建设工程竣工验收应由建设单位（或业主）组织，工程质量监督机构进行监督。

【例 17-4-1】 某流水施工组织成加快成倍节拍流水，施工段数为 6，甲、乙、丙三个施工过程的流水节拍为 2d、2d 和 4d，其中乙、丙两个施工过程的间歇时间为 2d，则流水工期为（　　）d。

A. 14　　　　　B. 18　　　　　C. 20　　　　　D. 26

【解】 流水步距 = min{2, 2, 4} = 2d

甲、乙、丙施工过程的施工队数分别是：2/2=1；2/2=1；4/2=2；总施工队数：$N=1+1+2=4$

流水施工的工期：$T=(m+N-1) \cdot K_0 + \Sigma Z = (6+4-1) \times 2 + 2 = 20d$

所以应选 C 项。

【例 17-4-2】 在单位工程施工中，对于技术复杂或结构特别重要的分部（分项）工程，需要根据实际情况编制（　　）。

A. 施工组织条件设计　　　　　B. 施工方案
C. 单位工程施工设计　　　　　D. 单项工程施工设计

【解】 应选 B 项，并由施工单位负责编制。

四、应试题解

1. 按照《建筑施工组织设计规范》规定，建筑施工组织设计的分类中不包括（　　）。

A. 施工组织总设计　　　　　B. 施工组织条件设计
C. 单位工程施工组织设计　　　D. 施工方案

2. 单位工程施工组织设计的内容不包括（　　）。

A. 施工部署　　　　　　　　B. 施工总进度计划
C. 施工方案　　　　　　　　D. 工程概况

3. 施工组织总设计应由（　　）负责编制。

A. 建设单位　　　　　　　　B. 监理单位
C. 分包单位　　　　　　　　D. 施工总承包单位

4. 施工组织总设计的编制对象是（　　）。

A. 单项工程　　　B. 单位工程　　　C. 分部工程　　　D. 建设项目

5. 对整个建设项目的施工进行整体规则，带有全局性的技术经济文件是（　　）。

A. 施工组织总设计　　　　　B. 施工组织条件设计
C. 单位工程施工设计　　　　D. 分部工程施工设计

6. 在单位工程施工中，对于技术复杂或结构特别重要的分部（分项）工程，需要根据实际情况编制（　　）。

A. 施工组织条件设计　　　　　　B. 施工方案
C. 单项工程施工设计　　　　　　D. 单位工程施工设计

7. 单位工程施工组织设计的核心内容是（　　）。
A. 确定施工进度计划　　　　　　B. 选择施工方案
C. 设计施工场地平面布置图　　　D. 确定施工设备工作计划

8. 施工方案的选择一般不包括（　　）。
A. 施工方法　　B. 施工机械　　C. 施工时间　　D. 施工顺序

9. 单位工程施工方案选择的内容为（　　）。
A. 选择施工方法和施工机械，确定工程开展顺序
B. 选择施工方法，确定施工进度计划
C. 选择施工方法和施工机械，确定资源供应计划
D. 选择施工方法，确定进度计划及现场平面布置

10. 在固定节拍专业流水中，为缩短工期，两个相邻的施工过程应当（　　）。
A. 保持一定间距　　　　　　　　B. 保持固定间距
C. 尽量靠近　　　　　　　　　　D. 保证连续性

11. 施工中的固定节拍专业流水是指各施工过程的流水节拍是（　　）。
A. 成倍的　　B. 成比例的　　C. 相同的　　D. 接近的

12. 非节奏流水施工过程的特征是（　　）。
A. 在各施工段上的流水节拍不相等
B. 在各施工段上的流水节拍相等
C. 在各施工段上的流水节拍互成倍数
D. 在各施工段上的流水节拍有规律

13. 流水步距是指（　　）。
A. 一个施工过程在各个施工段上的总持续时间
B. 一个施工过程在一个施工段上的持续时间
C. 两个相邻的施工过程先后投入流水施工的时间间隔
D. 流水施工的工期

14. 为保证各施工队都能连续工作，且各施工段上都连续地有施工队在工作，施工段数应（　　）。
A. 等于流水步距　　　　　　　　B. 等于施工过程数
C. 大于施工过程数　　　　　　　D. 小于施工过程数

15. 下面关于施工段的划分要求中，不正确的是（　　）。
A. 施工段的分界同施工对象的结构界限尽量一致
B. 各施工段上所消耗的劳动量尽量相近
C. 要有足够的工作面
D. 分层又分段时，每层施工段数应少于施工过程数

16. 某二层楼进行固定节拍流水施工，每层施工段数为4，施工过程有3个，流水节拍为2d，流水工期为（　　）d。
A. 12　　　　B. 20　　　　C. 24　　　　D. 36

17. 某流水施工组织成加快成倍节拍流水,施工段数为6,甲、乙、丙三个施工过程的流水节拍分别为2d、2d和4d,其流水工期为(　　)d。
   A. 12　　　　B. 16　　　　C. 18　　　　D. 24

18. 某工程按表17-4-1要求组织流水施工,相应流水步距为(　　)。

流水施工参数　　　　　　　　表17-4-1

施工段施工过程	一	二	三	四
甲	2	3	2	3
乙	2	2	1	2
丙	2	3	2	2

   A. 2d,3d　　B. 5d,2d　　C. 2d,5d　　D. 5d,3d

19. 双代号网络图的三要素是(　　)。
   A. 时差、最早时间和最迟时间　　B. 工作、事件和线路
   C. 总时差、自由时差和计划工期　　D. 工作、事件和关键线路

20. 双代号网络图中,某非关键工作的拖延时间不超过自由时差,则(　　)。
   A. 后序工作最早可能开始时间改变　　B. 后序工作最早可能开始时间不变
   C. 后序工作最迟必须开始时间改变　　D. 紧前工作最早可能开始时间改变

21. 在单代号网络图中,表示工作之间的逻辑关系可以是(　　)。
   A. 虚箭杆　　B. 实箭杆　　C. 节点　　D. 波浪线

22. 网络技术中的关键工作是指(　　)。
   A. 自由时差最小的工作　　B. 总时差最小的工作
   C. 持续时间最长的工作　　D. 持续时间最短的工作

23. 自由时差是在不影响紧后工作最早开始的范围内,该工作可能利用的机动时间。下列对自由时差特点的叙述,不正确的是(　　)。
   A. 自由时差小于或等于总时差
   B. 如果总时差等于零,自由时差不一定等于零
   C. 以关键线路上的节点为结束点的工作,其自由时差和总时差相等
   D. 使用自由时差对紧后工作没有影响,紧后工作仍可按其最早开始时间进行

24. 利用某项工作的自由时差(　　)。
   A. 不会影响紧后工作,也不会影响总工期
   B. 不会影响紧后工作,但会影响总工期
   C. 会影响紧后工作,但不会影响总工期
   D. 会影响紧后工作,也会影响总工期

25. 某A项工作有两项紧后工作D和E,D的最迟完成时间为20d,持续时间为13d;E的最迟时间为25d,持续时间为15d。则A工作的最迟完成时间为(　　)d。
   A. 20　　　　B. 15　　　　C. 10　　　　D. 7

26. 某A项工作的持续时间为1d,A项工作有两项紧后工作D和E,D的最迟完成时间为20d,持续时间为13d;E的最迟时间为25d,持续时间为15d。则A工作的最迟开始时间为(　　)d。

A. 4 B. 5 C. 6 D. 7

27. 在网络计划中，若某工序的总时差为 5d，自由时差为 4d，则在不影响后续工作最早开始时间的前提下，该工序所具有的最大机动时间为（　　）d。

A. 1 B. 4 C. 5 D. 9

28. 建筑安装工程费中的规费不包括（　　）。

A. 社会保险费 B. 工程排污费
C. 劳动保护费 D. 住房公积金

29. 建筑安装工程费中的措施费不包括（　　）。

A. 夜间施工费 B. 二次搬运费
C. 安全文明施工费 D. 工程排污费

30. 施工承包企业在施工现场负责全面管理工作的是（　　）。

A. 项目经理 B. 企业法定代表人
C. 企业总经理 D. 企业技术负责人

31. （　　）不是施工进度管理所使用的工具。

A. 横道图 B. 关键线路图
C. 排列图 D. 计划评审技术图

32. 图纸会审工作是属于（　　）的工作。

A. 计划管理 B. 现场施工管理
C. 技术管理 D. 文档管理

33. 下列不属于施工技术管理制度的有（　　）。

A. 计量管理制度 B. 设计变更制度
C. 质量管理制度 D. 材料检验制度

34. 建设项目竣工验收的组织者是（　　）。

A. 建设单位 B. 质量监督站
C. 施工单位 D. 监理单位

第五节　答　案　与　解　答

一、第一节　土石方工程与桩基工程

1. B 2. C 3. D 4. C 5. B 6. B 7. D 8. B 9. B 10. C
11. C 12. A 13. B 14. A 15. D 16. D 17. B 18. D 19. B 20. D
21. C 22. D 23. B 24. A 25. C 26. C 27. C 28. D 29. B 30. D
31. B 32. C 33. C 34. D 35. D 36. C

7. D. 解答如下：

等效半径 $=\sqrt{18\times 24/\pi}=11.7\text{m}$

8. B. 解答如下：

等效半径 $=\sqrt{A/\pi}=\sqrt{4600/\pi}=38.27\text{m}$

二、第二节　混凝土工程与预应力混凝土工程

1. C 2. D 3. D 4. B 5. B 6. B 7. C 8. B 9. B 10. A

11. D	12. D	13. D	14. D	15. A	16. B	17. B	18. B	19. C	20. C
21. C	22. A	23. C	24. A	25. C	26. D	27. D	28. A	29. B	30. C
31. B	32. C	33. B	34. A	35. B	36. A	37. B	38. C	39. C	40. D
41. D	42. C	43. C	44. D	45. A	46. B	47. C	48. A	49. B	

17. B. 解答如下：

依据《混凝土结构工程施工规范》4.4.6条，跨度不小于4m的梁、板，无设计要求时，其起拱高度一般为结构跨度的1/1000～3/1000。

36. A. 解答如下：

第一组：30.0、31.9、34.1 中，(34.1－31.9)/31.9＝6.8％＜15％；｜30.0－31.9｜/31.9＝5.9％＜15％，所以，试块的强度代表值＝(30＋31.9＋34.1)/3＝32.0

第二组：28.0、33.8、35.0 中，(35－33.8)/33.8＝3.5％＜15％；｜33.8－28｜/33.8＝17.1％＞15％，所以，试块的强度代表值＝33.8

三、第三节 砌体工程与结构吊装工程

1. B	2. B	3. B	4. C	5. C	6. D	7. C	8. A	9. C	10. B
11. B	12. A	13. A	14. A	15. C	16. C	17. C	18. B	19. B	20. C
21. D	22. B	23. A	24. C	25. C	26. C	27. D	28. A	29. C	

四、第四节 施工组织设计、网络计划技术及施工管理

1. B	2. B	3. D	4. D	5. A	6. B	7. B	8. C	9. A	10. C
11. C	12. A	13. C	14. C	15. D	16. B	17. C	18. B	19. B	20. B
21. B	22. B	23. B	24. A	25. D	26. A	27. B	28. C	29. D	30. A
31. C	32. C	33. C	34. A						

16. B. 解答如下：

流水工期＝(施工段数×层数＋施工过程数－1)×流水节拍
　　　　＝(4×2＋3－1)×2＝20d

17. C. 解答如下：

流水步距＝min{2, 2, 4}＝2

甲、乙、丙三个施工过程的施工队数分别是 2/2＝1；2/2＝1；4/2＝2；

总施工队数＝1＋1＋2＝4

流水工期＝(施工段数＋总施工队数－1)×流水节拍＝(6＋4－1)×2＝18d

18. B. 解答如下：

该工程组织成非节奏流水施工，按"累加错位相减取大值"方法，有：

甲　　2, 5, 7, 10
乙　　　　2, 4, 5, 7
――――――――――――
　　　2　3, 3, 5, －7

所以，甲、乙施工过程的流水步距＝5d

乙　　2, 4, 5, 7
丙　　　　2, 5, 7, 9
――――――――――――
　　　2　2, 0, 0, －9

所以，乙、丙施工过程的流水步距＝2d

25. D. 解答如下：

D 的最迟开始时间＝20－13＝7d；E 的最迟开始时间＝25－15＝10d；

A 项工作的最迟完成时间等于所有紧后工作最迟开始时间的最小值；

所以，A 项工作的最迟完成时间＝min {7，10}＝7d

26. A. 解答如下：

D 的最迟开始时间＝20－13＝7d；E 的最迟开始时间＝15－10＝5d；

A 项工作的最迟完成时间等于所有紧后工作最迟开始时间的最小值；

所以，A 项工作的最迟完成时间＝min {7，5}＝5d

A 项工作的最迟开始时间＝5－1＝4d

27. B. 解答如下：

因为该工作的总时差（5d）大于自由时差（4d），由自由时差的特点可知，该工序所具有的最大机动时间为自由时差，即 4d。

第十八章 结 构 试 验

第一节 结构试验的试件设计、荷载设计与观测设计

一、《考试大纲》的规定

结构试验的试件设计、荷载设计、观测设计、材料的力学性能与试验的关系。

二、重点内容

1. 结构试验设计与结构试验的试件设计

结构试验是在结构物或试验对象（实物或模型）上，使用仪器设备为工具，利用各种试验技术为手段，在荷载或其他因素（温度、变形）作用下，通过量测与结构工作性能有关的各种参数（如变形、挠度、应度、振幅、频率等），从承载力、稳定、刚度和抗裂性以及结构实际破坏形态来判明建筑结构的实际工作性能，估计结构的承载能力，确定结构对使用要求的符合程度，并用以检验和发展结构的计算理论。结构试验设计内容包括试件设计、荷载设计与观测设计等。

试件设计包括试件形状的选择、试件尺寸与数量的确定、构造措施，同时必须满足结构与受力的边界条件、试件的破坏特征、试验加载条件的要求。

(1) 试件形状

在设计试件形状时，最重要的是要造成和设计目的相一致的应力状态。对于从整体结构中取出部分构件单独进行试验时，必须要注意其边界条件的模拟，使其能如实地反映该部分结构构件的实际工作。

(2) 试件尺寸

结构试验所用试件的尺寸和大小，从总体上分为原型和模型两个大类。

国内试验研究中采用框架截面尺寸大约为原型的 $1/4 \sim 1/2$；框架节点一般为原型比例的 $1/2 \sim 1$，这和节点中要求反映配筋和构造特点有关。基本构件能研究时，压弯构件的截面为 $16cm \times 16cm \sim 35cm \times 35cm$，短柱（偏压剪）为 $15cm \times 15cm \sim 50cm \times 50cm$，双向受力构件为 $10cm \times 10cm \sim 30cm \times 30cm$。

剪力墙单层墙体试件尺寸为 $80cm \times 100cm \sim 178cm \times 274cm$，多层的剪刀墙为原型的 $1/10 \sim 1/3$。砖石及砌块的砌体试件尺寸一般取为原型的 $1/4 \sim 1/2$。

一般地，静力试验试件大小要考虑尺寸效应，局部性的试件尺寸可取为原型的 $1/4 \sim 1$，整体性的结构试验试件可取 $1/10 \sim 1/2$。对于动力试验，试件尺寸经常受试验激振加载条件等因素的限制。如在地震模拟振动台上试验时，由于受振动台台面尺寸载重和激振力大小等参数限制，一般只能作缩尺的模型试验。目前国内在地震模拟振动台试验中能够完成比例在 $1/50 \sim 1/4$ 的各类房屋结构和构筑物的结构模型试验。

(3) 试件数量

对于生产性试验，一般按照试验任务的要求有明确的试验对象。对于科研性试验，试

件是按照研究要求专门设计制造的。采用正交试验设计法的正交表 $L_9(3^4)$，其中，4 为因子数，3 为每个因子有 3 个水平数，9 为试件数。正交试验设计法不足之处是不能提供某一因子的单值变化与试验目标之间的函数关系。

(4) 结构试验对试件设计的要求

在试件设计必须同时考虑试件安装、加载、量测的需要，在试件上作出必要的构造措施，这对于科研试验尤为重要。如混凝土试件的支承点应预埋钢垫板；在屋架试验受集中荷载作用的位置上应埋设钢板；试件加载面倾斜时，应作出凸缘，以保证加载设备的稳定设置等。

2. 结构试验的荷载设计

试验时的荷载应该使结构处于某一种实际可能的最不利的工作情况，试验时荷载的图式要与结构设计计算的荷载图式一样。当采用等效荷载时，必须全面验算由于荷载图式的改变对结构的各种影响，必要时应对结构构件作局部加强，或对某些参数进行修正。

对加载装置的要求：其强度要满足试验最大荷载量的要求，并保证有足够的安全储备。一般加载装置的承载能力要求提高 70% 左右；必须考虑其刚度要求；要求其能符合结构构件的受力条件，要求能模拟结构构件的边界条件和变形条件；在加载装置中必须注意试件的支承方式。

试验加载制度，是指结构试验进行期间控制荷载与加载时间的关系。它包括加载速度的快慢，加载时间的长短、分级荷载的大小和加载卸载循环的次数等。结构构件的承载能力和变形性质与其所受荷载作用的时间特征有关。

3. 结构试验的观测设计

在确定试验的观测项目时，首先应该考虑反映结构整体工作和全貌的整体变形，如结构挠度、转角和支座偏移等。对于某些试验，反映结构局部工作状况的局部变形也是很重要的，如应变、裂缝和钢筋的滑移等。

在满足试验目的前提下，测点应是宜少不宜多。测点的位置必须要有代表性，结构物的最大挠度和最大应力部位上必须布置测量点位，称之为控制测点。为保证测量数据的可靠性，还应该布置一定数量的校核性测点，校核测点可以布置在结构物的边缘凸角和零应力的构件截面或杆件上，也可以布置在理论计算比较有把握的区域。通常利用结构本身和荷载作用的对称性，在控制测点相对称的位置上布置一定的校核性测点。

仪器的选择与测读的原则如下：

(1) 试验所用仪器要符合量测所需的精度要求，一般的试验，要求测定结果的相对误差不超过 5%，故应使仪表的最小刻度值不大于 5% 的最大被测值。

(2) 仪器的量程应该满足最大应变或挠度的需要，最大被测值宜在仪器量程 1/5~2/3 范围内，一般最大被测值不宜大于选用仪表最大量程的 80%。

(3) 如果测点的数量很多且测点位置很高，这时应采用电阻应变仪多点测量或远距测量，对埋于结构内部的测点只能用电测仪表。

(4) 动测试验使用的仪表，尤其应注意仪表的线性范围、频响特性和相应特性要满足量测的要求。

4. 材料的力学性能与结构试验的关系

在测量材料各种力学性能时，应该按照国家标准或部颁标准所规定的标准试验方法进行，对于试件的形状、尺寸、加工工艺及试验加载、测量方法等都要符合规定的统一标准。试验方法对材料强度指标有着一定的影响，特别是试件的形状、尺寸和试验加载速度对试验结果的影响尤为显著。其中，试件尺寸与形状的影响，如截面较小而高度较低的混凝土试件得出的抗压强度偏高，这可以归结为试验方法和材料自身的原因等因素，其中试验方法问题可解释为试验机压板对试件承压面的摩擦力所起的箍紧作用。

试验加载速度的影响，如在测定材料力学性能试验时，加载速度愈快，即引起材料（钢筋、混凝土）的应变速率愈高，则试件的强度和弹性模量也就相应提高。

三、解题指导

本节重点内容只阐述了结构试验中试件设计、荷载设计、观测设计的总体内容，未深入探讨细部内容，加之结构试验是一门实践性很强的学科，复习时应注意基本概念、规定、基本要求、基本原理的理解。

【例 18-1-1】 结构试验的加载制度的内容不包括（   ）。
A. 加载速度的快慢　　　　　　　　　　B. 加载荷载形式
C. 分级荷载的大小　　　　　　　　　　D. 加载卸载循环次数

【解】 加载制度的内容包括了 A、C、D 项，但不包括加载荷载形式，故应选 B 项。

四、应试题解

1. 结构试验分为生产性试验和研究性试验两类，不属于研究性试验解决的问题的是（   ）。
  A. 为制定设计规范提供依据　　　　　　B. 为发展和推广新结构提供实践经验
  C. 验证结构计算理论的假定　　　　　　D. 鉴定建筑物的设计和施工质量

2. （   ）不属于结构试验的试件设计的内容。
  A. 确定试件尺寸与数量　　　　　　　　B. 设计试件形状应考虑试件的比例尺寸
  C. 满足结构与受力边界条件要求　　　　D. 满足试验的破坏特征和加载条件要求

3. 在科研性试验的试件设计中，试件的形状所考虑的最重要因素是（   ）。
  A. 加载方便　　　　　　　　　　　　　B. 与研究的实际结构形状一致
  C. 测试方便　　　　　　　　　　　　　D. 要造成与设计目的相一致的应力状态

4. 科研性试件的数量取决于（   ）。
  A. 测点的数量多，试件的数量多　　　　B. 试验的时间长，试件的数量多
  C. 影响试验目的的因素多，试件的数量多　D. 试件的尺寸大，试件的数量多

5. 科研性试件设计除了考虑试件的形状、尺寸、数量外，关键还必须考虑（   ）。
  A. 结构试验对试件设计的要求如构造措施　B. 加载制度和测点数量
  C. 测量仪表和测点位置　　　　　　　　D. 加载设备和加载图式

6. 在静载试验中，框架截面尺寸与原型尺寸的比例大约为（   ）。
  A. 1/4～1/2　　B. 1/8～1/4　　C. 1/2～1　　D. 1/10～1/4

7. 目前国内在地震模拟振动台试验中，各类房屋结构的结构模型试验的比例为（   ）。
  A. 1/50～1/2　　B. 1/8～1/2　　C. 1/50～1/4　　D. 1/8～1/4

8. 下列（   ）不符合拟静力试验的尺寸要求。
  A. 砌体结构的墙体与原型的比例不宜小于原型的 1/4
  B. 混凝土结构的墙体、高度和宽度尺寸与原型的比例不宜小于原型的 1/6

C. 框架节点的尺寸与原型的比例不宜小于原型的 1/4

D. 框架结构与原型的比例可取原型的 1/8

9. 采用 $L_4(2^3)$、$L_8(2^3)$、$L_{16}(2^{15})$ 三种正交表进行试验时，下列说法正确的是（   ）。

   A. 试验次数不同、因素不同、水平不同

   B. 试验次数不同、因素不同、水平相同

   C. 试验次数相同、因素相同、水平不同

   D. 试验次数相同、因素相同、水平相同

10. 正交表 $L_9(3^4)$ 中的数字 9 的含义是（   ）。

   A. 表示因子的数目　　　　　　　　B. 表示试验的次数

   C. 表示试件的数目　　　　　　　　D. 表示每个因子的水平数

11. 结构试验前应进行预加载，下列叙述不正确的是（   ）。

   A. 混凝土结构预加载值不可以超过开裂荷载值

   B. 预应力混凝土结构的预加载值可以超过开裂荷载值

   C. 钢结构预加载值可能加至使用荷载值

   D. 预应力混凝土结构的预加载值可以加至使用荷载值

12. 结构静载试验中采用分级加载的目的不包括（   ）。

   A. 控制加载速度　　　　　　　　　B. 提供试验工作的方便条件

   C. 便于观测和观察　　　　　　　　D. 便于绘制荷载与相关性能参数的曲线

13. （   ）不是等效加载图式应当满足的条件。

   A. 等效荷载产生的控制截面内力与计算内力值相等

   B. 等效荷载产生的主要内力图形与计算内力图形相同

   C. 由等效荷载引起的变形差别应当给予适当修正

   D. 控制截面内力等效，次要截面内力应与设计值接近

14. 采用等效荷载对试件进行试验时，（   ）是不应当考虑的影响。

   A. 强度等效时，对挠度的影响　　　B. 弯矩等效时，剪力对构件的影响

   C. 荷载图式的改变，对构件局部的影响　D. 荷载图式的改变，对测量仪器的影响

15. 采用两个三分点集中荷载 P 代替均布荷载 q 作为等效荷载进行钢筋混凝土的简支梁试验（计算跨度为 l）。当跨中最大弯矩等效时，等效荷载值 P 应是（   ）。

   A. $ql/4$　　　　B. $3ql/8$　　　　C. $ql/2$　　　　D. $5ql/8$

16. 实测均布荷载作用下简支梁的挠度时，采用下列（   ）等效荷载图式测量值不需进行修正。

   A. 二集中力三分点加载　　　　　　B. 二集中力四分点加载

   C. 四集中力八分点加载　　　　　　D. 八集中力十六分点加载

17. 分配梁是结构试验中常用的加载设备之一，下列叙述不正确的是（   ）。

   A. 分配梁是将一个集中力变成两个分力　B. 分配梁的支座应符合简支

   C. 试验需要时分配梁可为双跨　　　　　D. 分配梁应为单跨

18. 静载试验的加载设备必须满足一定的基本要求，下列说法不正确的是（   ）。

   A. 试验荷载的作用应符合实际荷载作用的传递方式，能使被试验构件的截面或部位

产生的内力与设计计算等效

B. 加载设备本身应有足够的强度和刚度,加载装置的承载力要求提高 70% 左右

C. 除模拟动力作用之外,荷载值应能保持相对稳定,不会随时间、环境条件的改变和结构的变形而变化,保证荷载值的相对误差不超过 ±10%

D. 加载设备不应参与结构工作

19. 试验装置设计和配置应满足一定的基本要求,下列说法不正确的是( )。

A. 采用先进技术,满足自动化的要求,减轻劳动强度,方便加载,提高试验效率和质量

B. 应使试件的跨度、支承方式、支撑等条件和受力状态满足设计计算简图,并在整个试验过程中保持不变

C. 试验装置不应分担试件应承受的试验荷载,也不应阻碍试件变形的自由发展

D. 试件装置应有足够的强度和刚度,并有足够的储备,在最大试验荷载作用下,保证加载设备参与结构试件工作

20. 结构试验的加载制度的内容不包括( )。

A. 加载速度的快慢　　　　　　　　B. 加载荷载形式
C. 分级荷载的大小　　　　　　　　D. 加载卸载循环次数

21. 下列关于结构试验的加载制度的叙述错误的是( )。

A. 结构构件的变形性质与所受荷载作用的时间特征有关
B. 结构构件的承载力与所受荷载作用的时间特征有关
C. 结构构件的承载力或变形性质与所受荷载作用的时间特征无关
D. 不同性质的试验应根据试验的要求实施不同的加载制度

22. 在确定结构试验的观测项目时,应该考虑( )。

A. 只需考虑整体变形测量
B. 整体变形测量与局部变形测量同时考虑
C. 首先考虑整体变形测量,其次考虑局部变形测量
D. 首先考虑局部变形测量,其次考虑整体变形测量

23. 下面各项中,不属于整体变形的是( )。

A. 挠度　　　　　B. 应变　　　　　C. 曲率　　　　　D. 转角

24. 对校核性测点的布置,下列说法不正确的是( )。

A. 布置在零应力位置　　　　　　　B. 布置在应力较大的位置
C. 布置在理论计算有把握的位置　　D. 布置在边缘凸角处

25. 结构试验对测试仪器进行选择时,下列说法不正确的是( )。

A. 仪器的最小刻度值不大于 5% 的最大被测值
B. 仪器的精确度要求,相对误差不超过 5%
C. 一般最大被测值不宜大于仪器最大量程的 80%
D. 最大被测值宜在仪器满量程的 1/5～1/2 范围内

26. 结构静载试验对量测仪器有下列基本要求,下列叙述不正确的是( )。

A. 量测仪器具有合适的灵敏度,足够的精度和量程
B. 安装在结构上的仪表,要求刚度大,不影响被测结构的工作性能和受力情况

C. 选用的仪表种类和规格应尽量少
D. 仪器对环境的适应性要强,且使用方便

27. 钢筋混凝土梁受集中荷载作用,按图 18-1-1 各截面的测点布置中,(   )组应变测点可得截面上 M_{max} 产生的正应力及其分布规律。

A. ① B. ② C. ③ D. ④

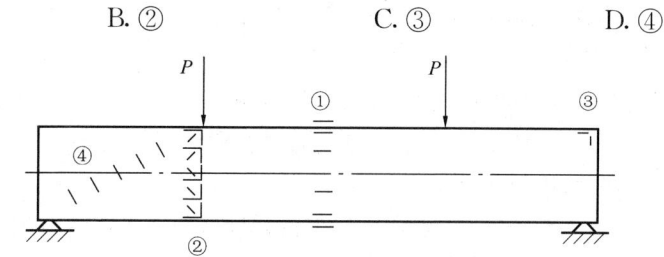

图 18-1-1

28. 为研究某新型材料简支梁的最大挠度,采用四分点二集中荷载加载方法,测量方法正确的是(   )。

A. 测量跨中最大挠度
B. 测量两集中荷载处的挠度
C. 测量跨中和两集中荷载处的挠度
D. 测量跨中和两集中荷载处的挠度,并应测量支座沉降和压缩变形

29. 测定结构材料的实际物理力学性能的项目包括(   )。

A. 强度、变形、应力-应变关系
B. 强度、弹性模量、泊松比
C. 强度、变形、弹性模量
D. 强度、变形、弹性模量、泊松比、应力-应变关系

30. 试验方法对材料强度指标有一定的影响,特别是(   )。

A. 试件的形状、尺寸、加载速度 B. 试件的形状、尺寸、测量方法
C. 试件的形状、加载速度、测量方法 D. 试件的尺寸、加载速度、测量方法

31. 试件尺寸要考虑尺寸效应的影响,其材料强度也随之变化。关于试件尺寸、材料强度和强度离散性之间的关系,下列说法正确的是(   )。

A. 试件尺寸越小,材料相对强度提高越大,强度离散性增大
B. 试件尺寸越小,材料相对强度提高越大,强度离散性减小
C. 试件尺寸越大,材料相对强度提高越大,强度离散性增大
D. 试件尺寸越大,材料相对强度提高越小,强度离散性增大

32. 混凝土立方体强度测定时,若 a 组为 200mm×200mm×200mm,b 组为 150mm×150mm×150mm,c 组为 100mm×100mm×100mm,当其他条件相同时,混凝土强度试压结果的正确次序是(   )。

A. b>a>c B. c>b>a C. b>c>a D. c>a>b

33. 下列关于加载速度对试件材料性能影响的叙述中,正确的是(   )。

A. 钢筋的强度随加载速度的提高而降低
B. 混凝土强度随加载速度的提高而降低

C. 钢筋的强度随加载速度的提高而加大

D. 混凝土弹性模量随加载速度的提高而降低

34. 混凝土结构进行受弯承载力试验时，在加载或持载过程中出现下列破坏标志之一时，即认为已达到承载力极限状态，下列标志中不正确的是（　　）。

A. 受拉主筋应力达到屈服强度、受拉应变达到 0.01

B. 受拉主钢筋拉断

C. 受拉主钢筋处最大垂直裂缝宽度达到 0.5mm

D. 挠度达到跨度的 1/50，对悬臂结构，挠度达到悬臂长的 1/25

35. 结构试验的原始资料包括（　　）。

①试验对象的考察与检查；②材料力学性能试验结果；③试验计划与方案；

④实施过程中的一切变动情况的记录；

⑤测读数据及裂缝图、变形图、描述试验异常情况的记录；

⑥破坏形态说明及图例、照片、试验结果的判断。

A. ①②③　　　　B. ①③⑤　　　　C. ①②③④⑤　　　　D. ①③④⑤⑥

第二节　结构试验的加载设备和量测仪器

一、《考试大纲》的规定

结构试验的加载设备和量测仪器。

二、重点内容

1. 结构试验的荷载设备

（1）重力加载法

重力加载就是利用物体本身的重量施加于结构上作为荷载。在试验室内可以利用的重物有专门浇铸的标准铸铁砝码，混凝土立方试块，水箱等；在现场则可就地取材，经常是采用普通的砂、石、砖块等建筑材料，或是钢锭、铸铁、废构件等。需注意，杠杆加载属于重力加载法的一种。

（2）液压加载法

液压加载法包括：液压加载器；液压加载系统；大型结构试验机；电液伺服液压系统；地震模拟振动台。

电液伺服系统目前采用闭环控制，其主要组成有电液伺服加载器、控制系统和液压源三大部分，其中，电液伺服阀是电液伺服液压加载系统中的心脏部分。电液伺服系统可将负荷、应变、位移、加速度等物理量直接作为控制参数，实行自动控制。

地震模拟振动台，由振动台台面、液压驱动和动力系统、控制系统、测试分析系统等组成。地震模拟振动台有两种控制方法：模拟控制和数字计算机控制。振动台台面运动参数最基本的是位移、速度和加速度以及使用频率。一般是按模型比例及试验要求确定台身满负荷时最大加速度、速度和位移等数值。使用频率范围由所作试验模型的第一频率而定，一般各类结构的第一频率约在 1～10Hz 范围内，故整个系统的频率范围应该大于 10Hz。

（3）惯性力加载法

惯性力加载法包括：冲击力加载和离心力加载。

冲击力加载的特点是荷载作用时间极为短促，在它的作用下使被加载结构产生有阻尼的自由振动，适用于进行结构动力特性的试验。冲击力加载又分为：初位移加载法；初速度加载法；反冲激振法。

(4) 机械力加载法

机械力加载常用的机具有吊链、卷扬机、绞车、花篮螺栓、螺旋千斤顶及弹簧等。其中，弹簧加载法常用于构件的持久荷载试验。

(5) 气压加载法

气压加载适用于平板或壳体模型等试验。

(6) 电磁加载法

(7) 人激振动加载法

(8) 环境随机振动加载法

环境随机振动加载法亦称为脉动法。如机器运转、车辆来往等人为扰动的原因，使地面存在着连续不断的运动，其运动幅值极为微小，故称为地面脉动。由地面脉动激励建筑物经常处于微小而不规则的振动中，通常称为建筑物脉动。

2. 荷载支承设备、结构试验台座与现场试验的荷载装置

(1) 荷载支承设备

结构试验中的支座通常包括支座和支墩。铰支座一般均用钢材制作，对于梁、桁架等简支结构选用一个固定铰支座及一个活动铰支座组成。柱与压杆试验时，构件两端均采用铰支座。柱试验时，铰支座有单向铰和双向铰两种。

在试验室内，荷载支承设备一般是由横梁、立柱组成的反力架和试验台座组成，也可利用适宜于试验中小型构件的抗弯大梁，或空间桁架式台座。在现场试验，通过用平衡重，锚固桩头，或专门为试验浇注的钢筋混凝土地梁来平衡对试件所加的荷载，还可用箍架将成对构件作卧位或正反位加载试验。

(2) 结构试验台座

结构试验台座常见的有：抗弯大梁式台座；空间桁架式台座；槽式试验台座；地锚式试验台座；箱式试验台座（孔式试验台座）；抗侧力试验台座。

空间桁架台座一般可用于试验中等跨度的桁架及屋面大梁；地锚式试验台座不仅用于静力试验，也可以安装结构疲劳试验机进行结构构件的动力疲劳试验。抗侧力试验台座是为了使用电液伺服加载系统对结构或模型施加模拟地震荷载的低周反复水平荷载。

(3) 现场试验的荷载装置

在施工现场广泛采用平衡重来承受与平衡由液压加载器加载所产生的反力；也可利用厂房基础下原有柱头作锚固，在两个或几个基础间沿柱的轴线浇捣一钢筋混凝土大梁，作为抗弯平衡用；也可采用成对构件试验的方法，即用另一根构件作为台座或平衡装置使用，通过简单的箍架作用以维持内力的平衡，此时较多采用卧位试验方法。

3. 结构试验的量测仪器

数据采集的仪器设备种类最多，按它们的功能和使用情况可以分为：传感器、放大器、记录器、分析仪器、数据采集仪，或一个完整的数据采集系统等。

结构试验中使用的传感器有机械式传感器、电测传感器、红外线传感器、激光传感器、光纤维传感器和超声波传感器等。使用较多的是电测传感器，它主要由四部分组成：

感受部分；转换部分；传输部分；附属装置。电测传感器可按输出电量的形式分为：电阻应变式、磁电式、电容式、电感式、压电式等。

(1) 电阻应变计

电阻应变计的工作原理是通过建立电阻变化与应变的关系：

$$\frac{\mathrm{d}R}{R} = K_0 \cdot \varepsilon$$

式中 K_0 为金属丝的灵敏系数，表示单位应变引起应变计的电阻变化。灵敏系数越大，单位应变引起的电阻变化越大。

电阻应变计的重要技术尺寸是：栅长 L（或称标距）和栅宽 B。电阻应变计的主要技术指标是：电阻值 R、栅长 L 和灵敏系数 K_0。其中，标距 L，即敏感栅的有效长度，用应变计测得的应变值是整个标距范围的名义平均应变，应根据试件测点处应变梯度的大小来选择应变计的距标。电阻应变计的电阻值 R 一般为 120Ω。

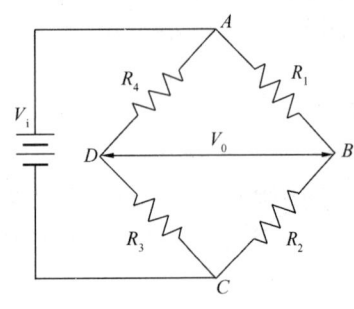

图 18-2-1 惠斯登电桥

电阻应变计可以把试件的应变转换成电阻变化，通常采用惠斯登电桥（见图 18-2-1）。测量应变时，可以只接一个应变计（R_1 为应变计），这种接法称为 1/4 电桥；接两个应变计（R_1 和 R_2 为应变计）称为半桥接法；接四个应变计（R_1、R_2、R_3、和 R_4 均为应变计）称为全桥接法。

当进行全桥测量时，如四个应变计规格相同，即 $R_1 = R_2 = R_3 = R_4$，应变计灵敏系数 $K_1 = K_2 = K_3 = K_4 = K$，则：

$$V_0 = \frac{1}{4} V_i K (\varepsilon_1 - \varepsilon_2 + \varepsilon_3 - \varepsilon_4)$$

相邻桥臂的应变符号相反，如 ε_1 与 ε_2；相对桥臂的应变符号相同，如 ε_1 与 ε_3。

常用的电桥形式和应变计布置见表 18-2-1。电桥和应变计的布置应根据试验要求而定，当用于测量非匀质材料的应变时，或当应变测点较多时，应尽量采用 1/4 电桥。

(2) 力传感器和压力传感器

(3) 线位移传感器

线位移传感器（简称位移传感器）可用来测量结构的位移，其测到的是某一点相对另一点的位移。常用的位移传感器有机械式百分表、电子百分表、滑阻式传感器和差动电感式传感器。在结构试验中，还经常利用位移传感器来量测结构的应变，如手持应变仪和百分表应变装置。

(4) 角位移传感器

常用的角位移传感器有水准管式倾角仪、电阻应变式倾角传感器以及 DC-10 水准式角度传感器，其工作原理是以重力作用线为参考，以感受元件相对于重力线的某一状态为初值，当传感器随结构一起发生角位移后，感受元件相对于重力线的状态也随之改变。

(5) 裂缝测量仪器

测量裂缝宽度通常用读数显微镜，也可用印有不同宽度线条的裂缝标尺进行试插。

(6) 测振传感器

测振传感器有磁电式速度传感器、压电式加速度传感器。

常用的电桥形式和应变计布置   表 18-2-1

序号	电桥形式	应变计布置	测量项目和特点
1	1/4电桥	R_{g1}	1. 测点处沿应变计轴向的应变 2. 每个应变计（测点）需一个电桥，相互间不影响
2	半桥(弯曲桥路) $R_{g1}(+\varepsilon)$, $R_{g2}(-\varepsilon)$	R_{g1} / R_{g2}	1. 测点处截面的弯曲应变 2. 测得应变为两个应变的绝对值之和。当两个应变的绝对值相等时，测量灵敏度提高为二倍
3	半桥(泊松比桥路) $R_{g1}(+\varepsilon)$, $R_{g2}(-\nu\varepsilon)$	R_{g1}, R_{g2}	1. 测点处沿应变计轴向的应变 2. 测量灵敏度提高为 $(1+\nu)$ 倍
4	全桥(弯曲桥路) $R_{g1}(+\varepsilon)$, $R_{g2}(-\varepsilon)$, $R_{g3}(+\varepsilon)$, $R_{g4}(-\varepsilon)$	$R_{g1}(R_{g3})$ / $R_{g2}(R_{g4})$	1. 测点处截面的弯曲应变 2. 测得应变为四个应变的绝对值之和。当四个应变的绝对值相等时，测量灵敏度提高至四倍
5	全桥(弯曲泊松比) $R_{g1}(+\varepsilon)$, $R_{g2}(-\varepsilon)$, $R_{g3}(-\nu\varepsilon)$, $R_{g4}(+\nu\varepsilon)$	R_{g1} R_{g3} / R_{g2} R_{g4}	1. 测点处截面的弯曲应变 2. 测量灵敏度提高为 $2(1-\nu)$ 倍
6	全桥(泊松比桥路) $R_{g1}(+\varepsilon)$, $R_{g2}(-\nu\varepsilon)$, $R_{g3}(+\varepsilon)$, $R_{g4}(-\nu\varepsilon)$	R_{g1} R_{g2} / R_{g3} R_{g4}	1. 测点处截面的轴向应变 2. 测量灵敏度提高为 $2(1+\nu)$ 倍

注：1/4电桥需另外布置温度补偿。

三、解题指导

掌握常见加载方法的特点、适用对象；电阻应变计的工作原理、技术指标、电桥形式及计算。

【例 18-2-1】 电阻应变片（$K=2.0$）粘贴于轴向拉伸的试件表面，应变片轴线与试件轴线平行，试件材料 $E=2.1\times10^5\text{MPa}$，若应变片的阻值变化为 3.40Ω，则应力为（　　）。

A. 2795　　　　B. 2975　　　　C. 3975　　　　D. 5950

【解】 电阻应变片的电阻值一般为 120Ω，则：$R=120\Omega$。

$$\frac{\mathrm{d}R}{R}=K\varepsilon;\ \sigma=E\cdot\varepsilon$$

则

$$\sigma=\frac{E}{K}\cdot\frac{\mathrm{d}R}{R}=\frac{2.1\times10^5}{2.0}\cdot\frac{3.40}{120}=2975\text{MPa}$$

所以应选 B 项。

四、应试题解

1. 下列加载方法中，（　　）不属于惯性力加载方法。

   A. 初位移加载法　　　　　　　　　B. 离心力加载法
   C. 反冲激振加载法　　　　　　　　D. 弹簧加载法

2. 下列加载方法中，（　　）属于静力加载。

   A. 重力加载法　　　　　　　　　　B. 惯性力加载法
   C. 电磁加载法　　　　　　　　　　D. 机械力加载法

3. 杠杆加载试验中，杠杆制作方便，荷载值稳定，特别适用于（　　）试验。

   A. 动力荷载　　　B. 循环荷载　　　C. 持久荷载　　　D. 抗震荷载

4. 大跨度预应力钢筋混凝土屋架静载试验时，最为理想和适宜的试验加载方法是（　　）。

   A. 重力直接加载　　　　　　　　　B. 多台手动液压加载器加载
   C. 杠杆加载　　　　　　　　　　　D. 同步液压系统加载

5. 电液伺服液压加载系统是结构试验研究中的一种先进的加载设备，下列说法中错误的是（　　）。

   A. 它的特点是能模拟试件所受的实际外力
   B. 其工作原理是采用闭环控制
   C. 电液伺服阀是整个系统的心脏
   D. 在地震模拟振动台试验中主要将物理量应变作为控制参数来控制电液伺服系统和试验的进程

6. 弹簧加载法常用于构件的（　　）试验。

   A. 长期荷载　　　B. 短期荷载　　　C. 交变荷载　　　D. 循环荷载

7. 气压加载法比较适合对构件加（　　）荷载。

   A. 均布　　　　　B. 集中　　　　　C. 三角　　　　　D. 循环

8. 下列（　　）直接用作荷载时，可量取其高度来计算控制荷载值。

   A. 铁块　　　　　B. 混凝土块或砖　　C. 水　　　　　D. 沙石

9. 脉动法是通过量测建筑物的脉动来分析建筑物动力特性的方法，产生建筑物的脉动是由（　　）振动引起的。

  A. 突加荷载和突卸荷载   B. 惯性式机械离心激振器

  C. 反冲激振器   D. 环境随机激振

10. 支座是结构试验中重要的试验设备，下列叙述中（　　）不是支座所起的作用。

  A. 支承结构   B. 正确传递作用力

  C. 模拟边界条件及荷载图式   D. 方便试件变形裂缝的观测

11. 柱子试验中铰支座是一个重要的试验设备，比较可靠灵活的铰支座是（　　）。

  A. 圆球形铰支座   B. 半球形铰支座

  C. 可动铰支座   D. 刀口铰支座

12. 对一根简支梁进行试验时，梁两端的支座应选用（　　）。

  A. 两端均为滚动铰支座   B. 两端均为固定铰支座

  C. 一端为滚动铰支座，一端为固定铰支座 D. 两端均为刀口铰支座

13. 施工现场采用成对构件试验时，较多的采用结构（　　）方法。

  A. 正位试验   B. 反位试验   C. 卧位试验   D. 原位试验

14. （　　）属于零位测定法的量测仪表。

  A. 百分表   B. 静态电阻应变仪

  C. 杠杆应变仪   D. 动态电阻应变仪

15. 为量测砖砌体抗压时的轴向变形，选用的量测仪器最为合适的是（　　）。

  A. 百分表应变量测装置   B. 长标距电阻应变计

  C. 机械式杠杆应变仪   D. 电阻应变式位移计

16. 量测仪器的技术性能指标中，仪器测量被测物理量最小变化值的能力被称为（　　）。

  A. 刻度值   B. 灵敏度   C. 分辨率   D. 量程

17. 结构试验前，对所使用的仪器进行标定的原因是测定仪器的（　　）。

  A. 分辨率   B. 灵敏度和精确度

  C. 最小分度值   D. 量程

18. 应变计的选用通常应注意以下几项主要技术指标，不正确的是（　　）。

  A. 标距 L：敏感栅的有效长度（mm），根据应变场大小和被测材料的匀质性考虑选择

  B. 宽度 a：敏感栅的宽度（mm）

  C. 电阻值 R：一般应变仪均按 200Ω 设计，但 60～600Ω 应变计均可使用，当用非 200Ω 应变计时，测定值若超出误差规定应按仪器的说明进行修正

  D. 灵敏系数 K：有的应变仪可在 1.80～2.60 范围内调节，适用各种不同 K 值应变计，有的只按 2.00 设计，当用 $K\neq 2.00$ 的应变计时，测试结果应加修正

19. 电阻应变片的灵敏度系数 K 指的是（　　）。

  A. 应变片电阻值的大小

  B. 单位应变引起的应变片相对电阻值变化

  C. 应变片金属丝的截面积的相对变化

  D. 应变片金属丝电阻值的相对变化

20. 一电阻应变片（$R=120Ω$、$K=2.0$）粘贴于轴向拉伸的试件表面，应变片轴线与

试件轴线平行，试件材料 $E=2.1\times 10^5$ MPa，若应变片的阻值变化为 3.40Ω，则应力为（　）MPa。

A. 2795　　　　　B. 2975　　　　　C. 3975　　　　　D. 5950

21. 电阻应变片感受试件变形后，输出的电量很小，要用惠斯登电桥进行转换放大。当电桥的四个桥臂都接上应变片，这种接法称之为（　）。

A. 1/4 桥　　　B. 半桥　　　C. 3/4 桥　　　D. 全桥

22. 利用电阻应变仪电桥的桥臂特性测量构件应变，当采用图 18-2-2 所示的测点布置和桥臂联接方式，则电桥的测量灵敏度是（　）。（注：ν 是被测材料的泊松比）

A. $2(1+\nu)$　　B. 0　　C. $2(1-\nu)$　　D. $(1+\nu)$

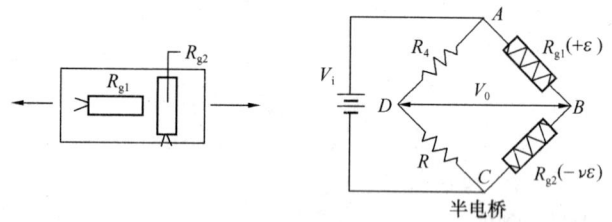

图 18-2-2

23. 电阻应变式位移传感器采用四个电阻应变计组成的全桥联接（见图 18-2-3 应变计布置），则它的测量灵敏度是（　）。

A. 2　　　　B. 4　　　　C. $2(1+\nu)$　　　　D. 1

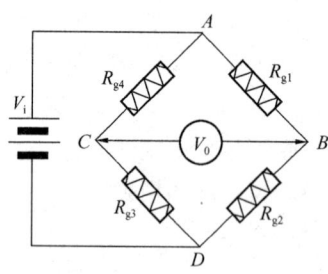 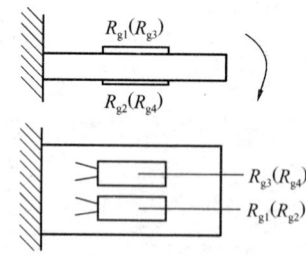

图 18-2-3

24. 应变片名义阻值一般取（　）。

A. 240Ω　　B. 120Ω　　C. 100Ω　　D. 80Ω

25. 位移计可以量测试件的位移，若配合相应装置还能量测其他参数，但不能量测（　）。

A. 应变　　　B. 转角　　　C. 曲率　　　D. 裂缝宽度

26. 标距 $L=250$mm 的手持式应变仪，用千分表进行量测，读数为 3 小格，测得应变值为（　）。

A. 12×10^{-5}　　B. 12×10^{-6}　　C. 24×10^{-5}　　D. 24×10^{-6}

27. 标距为 200mm 的手持应变仪，用千分表进行量测，若某次量测试件的读数为 4 小格，则测得的应变值为（　）。

A. 2×10^{-5}　　B. 2×10^{-6}　　C. 4×10^{-5}　　D. 4×10^{-6}

28. 静载试验中采用千分表量测钢构件应变，测量标距为 100mm，当千分表示值变动 3 格时，钢材弹性模量为 $E=206\times10^3$ N/mm²，则实际应力是（　　）N/mm²。

A. 0.618　　　　B. 6.18　　　　C. 61.8　　　　D. 618

第三节　结构单调加载静力试验

一、《考试大纲》的规定

结构静力（单调）加载试验。

二、重点内容

1. 结构单调静力加载试验与加载制度

结构单调加载静力试验是指在短时期内对试验对象平稳地进行一次连续施加荷载，荷载从"零"开始一直加到结构构件破坏，或是在短时期内平稳地施加若干次预定的重复荷载后，再连续增加荷载直到结构构件破坏。在其加载制度中，试验加载的数值及加载程序取决于不同的试验对象和试验目的。

2. 受弯构件试验

预制板和梁等受弯构件一般都是简支的，试验安装时都采用正位试验。

挠度测量，受弯构件最主要量测跨中的最大挠度值 f_{max} 和弹性挠度曲线。为了测得真正的 f_{max}，还必须同时量测构件两端支座处支承面的刚性位移或沉降值，所以至少要按图 18-3-1 (a) 所示布置三个测点。对于跨度较大的梁，为了求得梁变形后弹性挠度曲线，则相应的要增加至 5～7 个测点，并沿梁的跨间对称布置。对于宽度较大的单向板，一般均需在板宽的两侧布点，当有纵肋的情况下，挠度测点可按测量的挠度的原则布置于肋下。

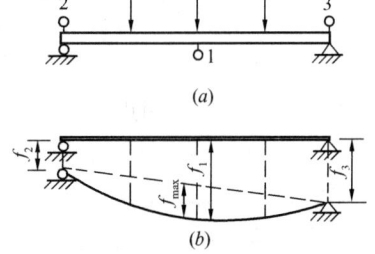

图 18-3-1　梁的挠度测点位置

应变测量，在梁承受正负弯矩最大的截面或弯矩突变的截面上布置测点。对变截面的梁，则应在抗弯控制截面上布置测点；有时，需要在截面急骤变化的位置上设置测点。

如果只要求测量弯矩引起的最大应力，则只需在梁截面的对称轴上下边缘纤维处安装应变计即可，或是在对称轴的两侧各设一个仪表，以求取它的平均应变量。对于钢筋混凝土梁，为了求得截面上应力分布的规律和确定中和轴的位置，沿截面高度至少需要布置五个测点。

钢筋混凝土简支梁试验的应变测点布置如图 18-3-2 所示。其中，截面 1-1 为纯弯曲区域内测量正应力分布的单向应变测点；截面 2-2 为测量平面应变的直角应变网络，由三个

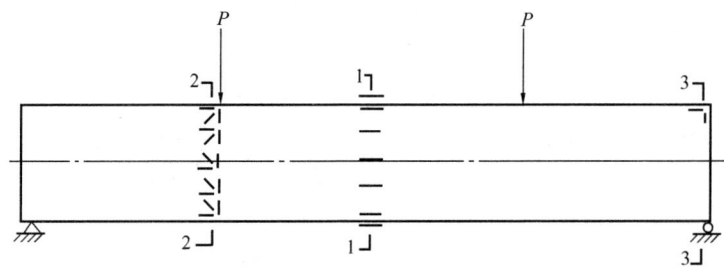

图 18-3-2　钢筋混凝土梁测量应变的测点布置图

方向测点的应变求得剪力与主应力的数值和分布规律；截面 3-3 为梁端零应力区布置的校核测点。此外，在梁支座与集中荷载作用点之间的剪弯区内，混凝土表面应变测点可按截面 2-2 同样布置。

裂缝测量时，每一构件中测定裂缝宽度的裂缝数目一般不少于 3 条，包括第一条出现的裂缝以及开裂最大的裂缝，取其中最大值为最大裂缝宽度值。垂直裂缝的宽度应在构件的侧向相应于受拉主筋高度处量测，斜裂缝的宽度应在斜裂缝与箍筋或弯起钢筋交汇处量测。

3. 柱与压杆试验

柱和压杆试验可采用正位或卧位试验的安装和加载方案。对高大的柱子改为卧位试验方案较安全，但其安装就位和加载装置往往又比较复杂，同时在试验中要考虑卧位时结构自重所产生的影响。

压杆与柱的试验一般观测各级荷载下的侧向位移值及变形曲线；控制截面或区域的应力变化规律以及裂缝开展情况。

4. 屋架试验

屋架试验一般均采用正位试验；在施工现场进行时，还可以采用两榀屋架对顶的卧位试验。

屋架挠度和节点位移的测量，当屋架跨度较大，测量其挠度的测点宜适当增加。对于预应力混凝土屋架还需要测量因下弦施加预应力而使屋架产生的反拱值。

屋架杆件的内力测量可以通过布置在杆件上的应变测点由量测的应变来确定。一般地，在一个杆件截面上产生法向应力的内力有轴向力 N、弯矩 M_x 和 M_y，有时还可能有扭矩作用，故应变测点在杆件截面上布置的位置如图 18-3-3 所示。

5. 薄壳和网架结构试验

薄壳和网架的模型比例一般按结构实际尺寸缩小 $1/5 \sim 1/20$。网架结构大部分是采用钢结构杆件系统组成的空间体系，在较多的试验中都用水压加载来模拟竖向荷载，故施加荷载的数量可直接由水面高度来计算。薄壳结构经常要观测的内容主要是位移和应变。一般测点按平面坐标系统布置，则在薄壳结构中为了量测壳面的变形，需要 $5 \times 5 = 25$ 个测点，故经常可以利用结构对称和荷载对称的特点。

薄壳结构都有侧力构件，为了校核壳体的边界支承条件，都需在侧边构件上布置挠度计来测量它的垂直及水平位移。双曲扁壳结构的挠度测点一般沿侧边构件布置垂直和水平位移的测点外，壳面的挠曲则可沿壳面对称轴线或对角线布点测量。

为测量壳面主应力的大小和方向，需布置三向应变网络测点。由于壳面对称轴上剪应力等于零，主应力方向明确，所以只需布置二向应变测点。

网架的挠度测点可沿各桁架梁布置在下弦节点；应变测点布置在网架的上下弦杆、腹杆、竖杆及支座竖杆上。

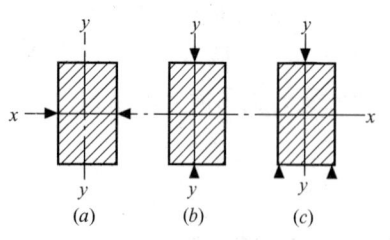

图 18-3-3 屋架杆件截面上应变测点布置方式

(a) 只有轴力 N 作用；(b) 有轴力 N 和弯矩 M_x 作用；(c) 有轴力 N 和弯矩 M_x、M_y 的作用

6. 钢筋混凝土楼盖试验

对于多跨连续结构，一般只需考虑五跨内荷载的相

互影响。钢筋混凝土平面楼盖整体试验通常是非破坏性的，在观测目的是鉴定结构的刚度及抗裂性，为此主要是测定结构梁板的挠曲变形，由结构的最大挠度及残余变形作为衡量结构刚度的主要指标。这时挠度测点的布置可按一般梁板结构的布置原则来考虑，试验梁板的挠度可在下一层楼内进行布点观测。为考虑支座沉陷影响，可以将仪表架安装在次梁上，以测量板的挠曲从而自动消除作为板的支承点次梁的下沉影响。

三、解题指导

注意每类构件试验的要求，挠度、应变测量对、测点布置与观测的要求等。

【例 18-3-1】 当测量（　　）的混凝土单向板的挠度，需要在同一截面对称布置两个位移计。

A. 跨度较大　　　　B. 截面高度较大　　　　C. 宽度较大　　　　D. 截面钢筋较多

【解】 首先应排除 A、D 项，又测量挠度，故 B 项不对，所以应为 C 项，即宽度较大的单向板。

四、应试题解

1. 单调加载静力试验中，预加载的目的是（　　）。
①检查现场的试验组织工作；②检查全部试验装置的可靠性；
③检查荷载设备的可靠性；④使结构进入正常的工作状态；
⑤确定开裂荷载值。

A. ①②③　　　　B. ①②③⑤　　　　C. ②③④　　　　D. ①②③④

2. 混凝土结构静载试验预加载时，加载值不宜超过该试件开裂试验荷载计算的（　　）。

A. 90%　　　　B. 80%　　　　C. 70%　　　　D. 60%

3. 混凝土结构静载试验时，对标准荷载试验与破坏试验的加载分级有一定的要求，下列分级不正确的是（　　）。

A. 标准荷载之前，每级加载值不宜大于其荷载值的 20%

B. 标准荷载之后，每级加载值不大于其荷载值的 10%

C. 当加荷至破坏荷载的 80% 后，不分级加载至破坏

D. 对科研性试验，加载至承载力荷载计算值的 90% 以后，每级加载值不宜大于标准荷载值的 5%

4. 为使混凝土结构在荷载作用下的变形得到充分发挥和达到基本稳定，下列加载和卸载的时间要求不正确的是（　　）。

A. 每级荷载加载或卸载后的持续时间不应少于 5min

B. 对要求试验变形和裂缝宽度的结构构件，在使用状态短期试验荷载作用下的恒载持续时间不应少于 30min

C. 对使用阶段不允许出现裂缝的结构构件的抗裂研究性试验，在开裂试验荷载计算值作用下的恒载持续时间应为 30min

D. 对跨度较大的屋架，在使用状态短期试验荷载作用下的恒载持续时间不宜少于 12h

5. 对于钢筋混凝土简支梁进行均布加荷，当仅需量测试件的最大挠度值时，所用的位移计至少应当为（　　）个。

A. 1　　　　B. 2　　　　C. 3　　　　D. 5

6. 对于钢筋混凝土梁构件，当求得沿截面高度应力分布规律时和确定中和轴位置，至少应布置（　　）个测点。

　　A. 2　　　　　　　　B. 3　　　　　　　　C. 4　　　　　　　　D. 5

7. 当测量（　　）的混凝土单向板的挠度时，需要在同一截面对称布置两个位移计。

　　A. 跨度较大　　　　　　　　　　　　B. 截面高度较大

　　C. 宽度较大　　　　　　　　　　　　D. 截面钢筋较多

8. 对钢筋混凝土预制板进行生产鉴定性试验，下列（　　）项目的测定可以不做。

　　A. 承载力　　　　　B. 挠度　　　　　C. 裂缝宽度　　　　　D. 截面的应力

9. 下列对钢筋混凝土受弯构件试验的说法中，错误的是（　　）。

　　A. 变截面的梁应在抗弯控制截面布置应变测点

　　B. 测定挠度时只需在跨中最大挠度处布置测点

　　C. 选取量测裂缝宽度的裂缝包括第一条出现的裂缝

　　D. 测定裂缝宽度的裂缝数目一般不少于3条，取其最大值

10. 在确定受弯构件正截面开裂荷载值时，下列说法错误的是（　　）。

　　A. 肉眼观测到第一条裂缝后，取其前一级定为开裂荷载值

　　B. 用刻度放大镜（放大率大于4倍）观测到的开裂荷载值

　　C. 用荷载挠度曲线的转折点为准而确定的荷载值

　　D. 用荷载与变形间的不稳定始发点而确定的荷载值

11. 钢筋混凝土梁裂缝开展的宽度测量中，最标准的是（　　）。

　　A. 取侧面三条最大裂缝的平均宽度

　　B. 取底面三条最大裂缝的平均宽度

　　C. 取受拉主筋重心处的最大裂缝宽度

　　D. 取侧面和底面三条最大裂缝的平均宽度

12. （　　）不是柱子试验的观测项目。

　　A. 破坏荷载和破坏特征　　　　　　　B. 控制截面应力变化规律

　　C. 裂缝宽度　　　　　　　　　　　　D. 截面的应力

13. 为求得柱与压杆纵向弯曲系数的试验时，构件两端均应采用（　　）。

　　A. 可动铰支座　　　B. 固定铰支座　　　C. 球铰支座　　　D. 刀口支座

14. 桁架的节点、支座部位是处于平面应力状态的部位，当主应力方向未知时，欲知主应力的大小、方向及剪应力，应变片布置正确的是（　　）。

　　A. 沿主应力方向贴一个应变片

　　B. 贴相互垂直的、直角交叉的两个应变片

　　C. 贴45°直角或60°等边的三个应变片

　　D. B、C两种方法都可以

15. 钢筋混凝土桁架鉴定性试验时，可以省略的测试项目是（　　）。

　　A. 抗裂试验与裂缝的测定　　　　　　B. 桁架承载力测定

　　C. 上下弦挠度变形的测定　　　　　　D. 主要杆件控制截面应力的测定

16. 在观测混凝土构件的裂缝时，在受拉区交替布置量测仪表，当出现裂缝时，下列说法正确的是（　　）。

A. 裂缝跨过处仪表读数突然增大，相邻测点仪表读数可能变小
B. 裂缝跨过处仪表读数突然增大，相邻测点仪表读数随之变大
C. 裂缝跨过处仪表读数突然增大，相邻测点仪表读数突然增大
D. 裂缝跨过处仪表读数不变，相邻测点仪表读数突然减小

17. 钢筋混凝土梁的垂直裂缝的宽度的测量位置应当在（   ）。
A. 构件的梁底
B. 构件侧面相应于受拉主筋处
C. 构件侧面大约在中和轴处
D. 构件侧面相应于受压主筋处

18. 在确定混凝土受弯构件的开裂荷载值时，下列说法错误的是（   ）。
A. 采用连续布置应变片时，任一应变片的应变增量有突变时的荷载值
B. 用不低于放大率 4 倍的放大镜观察到一次出现裂缝时，用相应方法确定的荷载值
C. 取荷载-挠度曲线上首个拐点处对应的荷载值
D. 取荷载-挠度曲线上第二个拐点对应的荷载值

19. 钢筋混凝土屋架试验时，当要求测量上弦杆的受压轴力时，试问截面上的应变测点应布置在杆件节间的（   ）。
A. 杆件中央截面
B. 杆件上靠近节点的截面
C. 布置在屋架节点上
D. 杆件任意部位

第四节　结构低周反复加载试验

一、《考试大纲》的规定
结构低周反复加载试验（伪静力试验）。

二、重点内容
1. 结构低周反复加载试验与加载制度

国内外大量的结构抗震试验是采用低周反复加载的试验方法，即假定在第一振型（倒三角形）条件下给试验对象施加低周反复循环作用的位移或力，由于低周反复加载时每一加载的周期远远大于结构自身的基本周期，所以这实质上是用静力加载方法来近似模拟地震作用，故它又称为伪静力试验。它的不足之处在于试验的加载历程是事先由研究者主观确定的，荷载是按位移或力对称反复施加，不能反映出应变速率对结构的影响。

结构低周反复加载静力试验的加载制度包括单向反复加载和双向反复加载。

（1）单向反复加载

单向反复加载可分为：控制位移加载法；控制作用力加载法；控制作用力和控制位移的混合加载法。

控制位移加载法，是加载过程中以位移为控制值，或以屈服位移的倍数作为加载的控制值。此位移是广义的位移，可以是线位移、转角、曲率或应变等相应的参数。当试验对象具有明确有屈服点时，一般都以屈服位移的倍数为控制值。当构件不具有明确的屈服点时，则由研究者主观制订一个认为恰当的位移标准值 δ_0 来控制试验加载。在控制位移的情况下，又可分为变幅加载、等幅加载和变幅等幅混合加载。

①变幅加载可用来确定恢复力模型，研究强度、变形和耗能的性能；

②等幅加载主要用于研究构件的强度降低率和刚度退化规律；

③变幅等幅混合加载可以综合地研究构件的性能，其中包括等幅部分的强度和刚度变化，以及在变幅部分特别是大变形增长情况下强度和耗能能力的变化。

在上述三种控制位移的加载方案中，以变幅等幅混合加载的方案使用得最多。

此外，控制作用力加载法在实践中使用得比较少；控制作用力和控制位移的混合加载法是先控制作用力再控制位移加载。先控制作用力加载时，不管实际位移是多少，一般是经过结构开裂后逐步加上去，一直加到屈服荷载，再用位移控制。

（2）双向反复加载

双向反复加载包括 X、Y 轴双向同步加载和 X、Y 轴双向非同步加载。

在 X、Y 轴双向非同步加载中，由于 X、Y 两个方向可以不同步的先后或交替加载。因此，可以有如图 18-4-1 所示的各种 X、Y 变化方案。

图 18-4-1（a）为在 X 轴不加载，Y 轴反复加载，或情况相反，即是前述的单向加载；图 18-4-1（b）为 X 轴加载后保持恒载，而 Y 轴反复加载；图 18-4-1（c）为

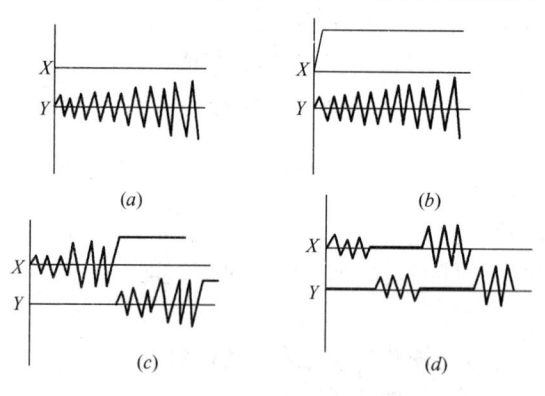

图 18-4-1 双向低周反复加载制度

X、Y 轴先后反复加载；图 18-4-1（d）为 X、Y 两轴交替反复加载。

X、Y 轴双向非同步加载还有"8"字形加载、方形加载等。

2. 砖石及砌块结构墙体抗震性能试验

在竖向均布加载的悬臂式试验装置中，要求试件高宽比不宜大于 1/3，这种装置比较接近于顶层墙体的工作情况。对于其他层墙顶还有弯矩作用，这时要求墙顶作用的是非均布竖向荷载，试验装置设计为 L 形横梁，通过墙顶刚性的 L 形横梁，对墙顶产生弯矩效应，或采用多层墙体试件，增大墙体的高宽比来满足弯剪型破坏的试验要求。

水平反复荷载在弹性阶段，即砌体开裂前以荷载控制，荷载的分级可取预计极限荷载的 1/5~1/10，逐级增加。墙体开裂后按变形进行控制，或变形的控制数值按研究要求加以确定。

按位移控制加载时，应使骨架曲线出现下降段，墙体至少应加载到荷载下降为极限荷载的 85% 时，方可停止试验。

对墙体位移和荷载变形曲线进行测量，墙体位移主要是测量墙体在低周反复水平荷载作用下的侧向位移，可以沿墙体高度在其中心线位置上均匀间隔布置五个测点，同时，应注意消除或修正度试件的平移和转动对侧向位移的影响，故应布置测定墙体转动的测点。墙体的剪切的变形可以通过按墙体对角线布置的位移计来测量。

应变测量时，要求测点有较大的量测标距，跨越砖块与灰缝，所以较多地使用百分表量测应变装置或手持式应变仪进行量测。对于有构造柱或钢筋网抹灰加固的墙体，则可用电阻应变计直接粘贴在混凝土或砂浆表面及钢筋上进行量测。

3. 钢筋混凝土框架梁柱节点组合体抗震性能试验

试验尺寸比例一般不小于实际构件的 1/2。对于主要研究节点构造时，宜采用足尺试

件，并保证配筋构造符合或接近实际。对于十字形试件为了避免因梁首先发生剪切破坏而影响取得预期的结果，一般梁的高跨比一般不小于 1/3。

对必须考虑荷载位移效应的试验，如主要以柱端塑性铰为研究对象时，应该采用柱端加载的方案。对以梁端塑性铰或核心区为主要研究对象时，可采用梁端反对称加载方案。

试验加载采用控制作用力和控制位移的混合加载法。当采用梁端加载方法时，第一循环先是以控制作用力加载，加载数值为计算屈服荷载的 3/4，即 $3/4P_y$，第二循环加载到梁的屈服荷载 P_y，以后控制位移加载，即以梁端屈服位移值的倍数逐级加载。对于柱端加载的试验，则按柱端屈服时柱端水平位移的倍数来分级。当需要研究试件的强度或刚度退化率时，则可以在同一位移下反复循环 3~5 次。

测点布置时，量测构件塑性铰区段曲率或转角的测点，对于梁一般可在距柱面 $h_b/2$（h_b 为梁高）或 h_b 处布点，对于柱子则可在距梁面 $h_c/2$（h_c 为柱宽）处布置测点；节点核心区剪切角可通过量测核心区对角线的位移量来计算确定；核心区箍筋应力的测点可按核心区对角线方向布置，也可沿柱的轴线方向布点，则测得的是沿轴线方向垂直截面上的箍筋应力分布规律。

三、解题指导

注意单向反复加载与双向反复加载；控制位移加载法与混合加载法；变幅、等幅和混合加载等相互之间的区别。

【例 18-4-1】 结构低周反复加载静力试验时，在研究构件的强度降低率和刚度退化规律时，宜选用的试验加载制度是（　　）。

A. 变幅变位移加载　　　　　　　　　B. 控制位移的等幅、变幅混合加载
C. 等幅等位移加载　　　　　　　　　D. 控制作用力和控制位移的混合加载

【解】 首先应区分 A、B、C、D 的各自适用对象，才能正确选出答案 C 项。

四、应试题解

1. 低周反复加载试验中低周是指（　　）。

A. 加载过程的时间周期　　　　　　　B. 试验对象的固有周期
C. 加载设备的固有周期　　　　　　　D. 以上三种说法均不对

2. 对于低周反复加载静力试验的叙述，错误的是（　　）。

A. 加载的历程是事先主观研究确定的
B. 当用位移作为控制值时，位移的大小是研究人员根据需要确定的
C. 低周反复加载静力试验是研究结构抗震的，其加载历程与实际地震有密切关系
D. 低周反复加载静力试验是研究结构抗震的，其加载历程与实际地震没有关系

3. 低周反复加载试验的目的不包括（　　）。

A. 研究结构的动力特性
B. 研究结构在地震荷载作用下的恢复力特性
C. 判断和鉴定结构的抗震性能
D. 研究结构的破坏机理

4. 低周反复加载试验一般需要观测的项目不包括（　　）。

A. 力、位移或应变　　　　　　　　　B. 弯矩和曲率
C. 剪力、剪切变形、扭矩和扭转角　　D. 荷载设计值

5. 对低周反复加载试验的加载设备和试验装置的基本要求，下列说法错误的是（   ）。

A. 加载设备和试验装置应根据允许结构或构件产生的荷载效应和变形条件来控制

B. 抗侧力装置应有足够的抗弯、抗剪刚度

C. 推拉千斤顶应有足够的冲程，两端应设置铰支座

D. 电液伺服结构试验系统中的加载器要求不同于推拉千斤顶，只要求有足够的加载能力

6. 低周反复加载试验的加载方案中不包括（   ）。

A. 控制位移加载   B. 控制加速度加载

C. 控制作用力加载   D. 控制作用力和位移的混合加载

7. 低周反复加载试验的加载制度中，目前用得比较多的是控制位移加载法，用位移作为控制值时，下面说法错误的是（   ）。

A. 试件有明确屈服点时，可用屈服位移作为控制值

B. 试件无明确屈服点时，可主观认定一个位移作为控制值

C. 控制值在反复加载过程中可以不变

D. 控制值在反复加载过程中不可以改变

8. 低周反复加载试验中，（   ）不属于控制位移加载法的位移范畴。

A. 线位移   B. 转角   C. 曲率   D. 裂缝宽度

9. （   ）不能作为判断结构恢复力特性的参数。

A. 能量耗散   B. 刚度退化率   C. 裂缝宽度   D. 延性

10. 结构低周反复加载静力试验时，在研究构件的强度降低率和刚度退化规律时，宜选用的试验加载制度是（   ）。

A. 变幅变位移加载   B. 等幅等位移加载

C. 控制位移的等幅、变幅混合加载   D. 控制作用力和控制位移的混合加载

11. 下列低周反复加载试验中的混合加载法的说法中，正确的是（   ）。

A. 先控制作用力到开裂荷载，随后用位移控制

B. 先控制作用力到屈服荷载，随后用位移控制

C. 先控制作用力到极限荷载，再用位移控制

D. 先控制作用力到破坏荷载，再用位移控制

12. 砌体结构抗震性能试验中，为了能再现墙体在地震力作用下经常出现的斜裂缝或交叉斜裂缝的破坏现象，试验装置形式的选择必须满足（   ）。

A. 结构边界条件的模拟   B. 试验设备的加载能力

C. 试验加载设备的先进性和精度   D. 试件的大小

13. 对砌体墙进行低周反复加载试验时，不正确的是（   ）。

A. 水平反复荷载在墙体开裂前采用荷载控制

B. 墙体开裂后按位移进行控制

C. 通常以开裂位移为控制参数，按开裂位移的倍数逐级加载

D. 按位移控制加载时，应使骨架曲线出现下降段，下降到极限荷载的80%，试验结束

14. 钢筋混凝土框架梁柱节点的抗震性能试验，为了反映钢筋混凝土的材料特性，试件尺寸比例一般不小于实际构件的（   ）。

A. 1/2　　　　　　B. 1/3　　　　　　C. 1/4　　　　　　D. 1/5

15. 在低周反复加载试验所得到的数据中，极限变形是指（　　）。
A. 屈服荷载时对应的变形值　　　　B. 开裂荷载时对应的变形值
C. 破损荷载时对应的变形值　　　　D. 极限荷载时对应的变形值

第五节　结构动力试验

一、《考试大纲》的规定
结构动力特性量测方法、结构动力响应量测方法。

二、重点内容
1. 结构动力特性试验

结构动力特征是反映结构本身所固有的动力性能。它的主要内容包括结构的自振频率、阻尼系数和振型等基本参数，也称动力特性参数或振动模态参数。

结构动力特性试验的方法主要有人工激振法和环境随机振动法。其中，人工激振法又可分为自由振动法和强迫振动法。人工激振法测量内容包括结构自振频率、结构阻尼、结构振型。

(1) 结构自振频率测量

自由振动法，是通过测量仪器的记录，可以得到结构的有阻尼自由振动曲线。根据记录纸带速度或时间坐标，量取振动波形的周期，由此求得结构的自振频率 $f=1/T$。为确保精确，可多取几个波形，以求得其平均值。

强迫振动法也称共振法，利用激振器可以连续改变激振频率的特点，当干扰力的频率与结构自振频率相等时，结构产生共振，振幅出现极大值，这时激振器的频率即是结构的自振频率。对于多自由度体系结构具有连续分布的质量系统，当激振器连续改变激振频率，由共振曲线的振幅最大值（峰点）对应的频率，即可相应得到结构的第一频率（基频）和其他高阶频率。

(2) 结构阻尼的测量

采用自由振动法，即利用自由振动法实测的振动曲线图形所得的振幅变化确定阻尼比：

$$\xi = \frac{1}{2\pi} \ln \frac{X_n}{X_{n+1}}$$

式中 X_n 为第 n 个波的峰值；X_{n+1} 为第 $n+K$ 个波的峰值。

采用强迫振动法，即由单自由度有阻尼强迫振动运动方程可以得到动力系数（放大系数）$\mu(\theta)$ 为：

$$\mu(\theta) = \frac{1}{\sqrt{\left(1-\frac{\theta^2}{\omega^2}\right)^2 + \frac{4\xi^2\theta^2}{\omega^2}}}$$

在共振曲线图的纵坐标上取 $\frac{1}{\sqrt{2}} \cdot \frac{1}{2\xi}$ 值，即 $0.707\mu(\theta)$ 处作一水平线，使之与共振曲线交于 A、B 两点，对应于 A、B 两点在横坐标上得 ω_1、ω_2，即可求得衰减系数和阻尼比：

衰减系数： $$n = \frac{\omega_2 - \omega_1}{2} = \frac{\Delta\omega}{2}$$

阻尼比： $$\xi = \frac{n}{\omega} = \frac{\omega_2 - \omega_1}{2\omega} = \frac{\Delta\omega}{2\omega}$$

(3) 结构振型测量

为了实测结构的振型曲线，当结构在按某一阶固有频率振动时，需要沿结构高度或跨度方向连续布置水平或垂直方向的测振传感器，一般至少要布置五个测点。

对于采用自由振动法时，则多数用初位移或初速度法在结构可能产生最大位移值的位置进行激振，随后在自由振动状态下测取结构振型，一般情况下自由振动法只能测得结构的基频与第一主振型。采用强迫振动法激振时，是将机械式偏心激振器安装于结构顶层，连续进行频率扫描，通过共振可以测得结构的几阶固有频率和相应的振型。

(4) 环境随机振动法测量结构动力特性

建筑结构由于受外界的干扰而经常处于微小而不规则的振动之中，其振幅一般在 $10\mu m$ 以下（0.01mm）称之为脉动。建筑物的脉动与地面脉动、风或气压变化有关，特别是受城市车辆、机器设备等所产生的扰动，其脉动周期为 0.1~0.8s。采用环境随机振动激振测定结构动力特性的最大优点是不再需要用人工激振，因此就特别适用于量测整体结构的动力特性。

2. 结构动力响应的试验测量

(1) 结构动态参数的测量

一般经常要测量结构特定部位的动参数有振幅、频率（或频谱）、加速度和动应变等。

振幅的测点应选择在估计可能产生最大值的部位，或是根据生产工艺的要求，对振幅有特殊限制的地方。在测量振幅时，要注意结构在强迫振动荷载作用下，既有静变形，也有动变形。对于复杂的振动，最大振幅值取最大波幅峰峰值 a_{max} 的一半，还需要量出高频振动的振幅 a_1 和 a_2，可由此判断各种振源的动力影响。为了校核结构动力强度，应将动应变测点布置在受力最大，最危险的控制截面上，由动应变曲线求得动应变数值和振动频率。

(2) 结构振动形态的测量

在动力荷载作用下，布置多台测振传感器测量结构各点振幅的连线，即可得到结构的动态弹性曲线，也即是结构的振动变位图。使用多台仪器同时测定时，必须注意多台仪器之间的同步与相位。

(3) 结构动力系数的测量

试验量测时，可先使移动荷载以最慢的速度驶过结构，测得挠度；然后再使荷载以各种不同速度驶过，使结构产生相应的动挠度，即可求得结构在不同速度移动荷载作用下的动力系数 K_d：

$$K_d = \frac{Y_d}{Y_s}$$

式中 Y_d 为最大动挠度；Y_s 为最大静挠度。

3. 结构动力加载试验

(1) 结构动力加载试验的加载制度和加载设计

强迫振动共振加载方法适合于模拟结构受简谐运动的动力荷载，较多使用于量测结构动力特性的试验。有控制的逐级动力加载可由电液伺服加载器或单向周期性振动台来实现。采用电液伺服加载器对结构直接加载，除了前述的控制力或控制位移的加载外，还可以控制加载的频率，这样可以直接对比静动试验的结果，以及更准确地研究应变速率对结构强度和变形能力的影响。

(2) 非周期动力加载设计

非周期动力加载设计包括地震模拟振动台动力加载试验的荷载设计、人工地震模拟动力加载试验的荷载设计。对于前者，可以选用已有通过强震观测得到的地震记录，或者按需要的地质条件参照相近的地震记录设计出人工地震波，也可以按规范的反应谱值设计人工地震波作为结构试验时台面的输入信号；对于后者，人工地震波对结构的影响，可采用地面质点运动的最大速度的幅值作为衡量标准。

三、解题指导

注意结构动力试验与静力试验的不同点，特别是结构动力特性的测量、动力响应的测量；对结构动力加载试验只需了解。

【例 18-5-1】 下列（　　）项不是地震模拟振动台动力试验的荷载设计中所考虑的问题。

　　A. 振动台台面的输出能力　　　　B. 试验结构的周期
　　C. 地震烈度和场地条件的影响　　D. 确定结构的屈服荷载值

【解】 地震模拟振动台动力试验的荷载设计应考虑 A、B、C 项，故本题应选 D 项，即确定结构的屈服荷载值是不用考虑的。

四、应试题解

1. （　　）不属于结构动载试验。

　　A. 结构疲劳试验　　　　　　　　B. 地震模拟振动台试验
　　C. 计算机-加载器联机试验　　　　D. 环境随机激振试验

2. 对结构构件动力响应参数的测量项目中，不需要测量的是（　　）。

　　A. 构件某特定点的动应变　　　　B. 构件代表性测点的动位移
　　C. 构件的动力系数　　　　　　　D. 动荷载的大小、方向、频率

3. （　　）不属于动荷载的特性。

　　A. 动荷载的大小　　　　　　　　B. 动荷载的频率和规律
　　C. 动荷载的方向和作用点　　　　D. 动荷载的振型

4. （　　）不属于结构的动力反应。

　　A. 结构某特定部位的频率、振幅　B. 结构的振动变位
　　C. 结构的动力系数　　　　　　　D. 结构的阻尼系数

5. 结构的动力特性是结构本身的固有参数，大多可以由结构动力学原理计算得到，下列（　　）只能通过试验来测定。

　　A. 高阶固有频率　　B. 固有频率　　C. 固有振型　　D. 阻尼系数

6. （　　）试验不能用来进行结构动力特性的确定。

　　A. 自由振动法　　B. 共振法　　C. 脉动法　　D. 疲劳试验

7. 采用环境随机激振法量测结构动力特性时，仪器记录到的结构动力反应是（　　）

振动信号。

  A. 有阻尼自由振动 B. 周期性简谐振动 C. 随机脉动 D. 间歇性冲击振动

 8. 脉动法可以量测结构的动力特性，对于脉动法的说法不正确的是（ ）。

  A. 脉动法的振源来自风、城市车辆、施工设备及远处地震等，其振幅极小

  B. 振源的大小是不规则的，随机的

  C. 从试验方法讲属于环境激振

  D. 脉动法只能测出结构的基频，得不到高阶振型及频率等参数

 9. 采用地震模拟振动台进行结构抗震试验，在加载设计选择台面输入地震波时，可不予考虑的因素是（ ）。

  A. 试验结构的自振频率

  B. 输入地震波强震记录的时间和地点

  C. 结构建造所在地的场地条件、地震烈度影响

  D. 振动台的性能和台面输出能力

 10. （ ）不是地震模拟振动台动力试验的荷载设计中所考虑的问题。

  A. 振动台台面的输出能力   B. 试验结构的周期

  C. 地震烈度和场地条件的影响 D. 确定结构的屈服荷载值

 11. 常用的结构动力特性试验方案的测定方法中，下列说法错误的是（ ）。

  A. 用自由振动法可获得基本频率和阻尼系数

  B. 强迫振动法可得到结构的第一频率和其他高阶频率

  C. 共振法不同于强迫振动法，它借助共振现象来观察结构自振性质，确定结构动力特性

  D. 脉动法可以从脉冲信号中识别出结构的固有频率、阻尼比、振型等多种模态参数

 12. 下列结构动力反应的试验结论中，不正确的是（ ）。

  A. 一般说来，结构的振动变位图并不和结构的某一振型一致

  B. 移动荷载作用于结构上所产生的动挠度，往往比静荷载作用时产生的挠度大

  C. 构件所能承受的疲劳荷载作用次数（n），取决于最大应力值σ_{max}及应力变化幅度ρ

  D. 结构模型在振动台上通过输入简谐正弦波，由共振反应测得的自振频率的数值与地面上用自由振动法或脉动法测量得到的数值一样

 13. 在测量结构的固有频率时，下列说法正确的是（ ）。

  A. 使结构产生振动时的荷载越大，测出的结构的固有频率越高

  B. 使结构产生振动时的荷载越小，测出的结构的固有频率越高

  C. 使结构产生振动时的侧向位移越大，测出的结构的固有频率越高

  D. 以上的说法都不对

第六节 结构试验的非破损检测技术

一、《考试大纲》的规定

结构试验的非破损检测技术。

二、重点内容

1. 混凝土结构非破损检测技术

非破损或半破损检测方法是检测结构构件材料的力学强度、弹塑性性质、断裂性能、缺陷损伤以及耐久性等参数,其中主要的是材料强度检测和内部缺陷损伤探测两个方面。

混凝土结构非破损检测技术有回弹法、超声脉冲法、超声回弹综合法、钻芯法和拔出法检测混凝土强度;超声法检测混凝土缺陷;测试仪检测钢筋位置及锈蚀等。

(1) 回弹法检测混凝土强度

回弹法测定混凝土强度均采用试验归纳法,建立混凝土强度 f_{cu}^c 与平均回弹值 R_m 及混凝土表面的平均碳化深度 d_m 之间的二元回归公式。

回弹法测定混凝土强度对于每一试件的测区数目应不少于 10 个。每一测区的面积不宜大于 $0.04m^2$,每一测区应记取 16 个回弹值。回弹值测完后,分别剔除 3 个最大值和 3 个最小值,对余下的 10 个回弹值取平均值 R_m。

按每次测试的碳化深度值求得平均碳化深度 d_m。当碳化深度值极差大于 2.0mm 时,应在每一测区测量碳化深度值。

(2) 超声脉冲法检测混凝土强度

在普通混凝土检测中,通常采用 10~500kHz 的超声频率。在施工现场检测时,应选择试件浇筑混凝土的模板侧面为测试面,一般以 200mm×200mm 的面积为一测区。每个测区内应在相对测试面上对应布置三个测点。检测后,由三个测点的平均声时值求得声速的传播速度 v。当在试件混凝土的浇筑顶面或底面测试时,声速值应按规定进行修正。最后由试验量测的声速,按 f_{cu}^c-v 曲线求得混凝土强度的换算值。

(3) 超声回弹综合法检测混凝土强度

超声回弹综合法以声速和回弹值综合反映混凝土的抗压强度。回弹法的回弹值只能确切反映混凝土表层约 3cm 左右厚度的状态。用超声回弹综合法的 f_{cu}^c-v-R_m 关系推算混凝土强度时,不需测量碳化深度和考虑它所造成的影响。试验证明,超声回弹综合法的测量精度优于超声或回弹单一方法,并减少了量测误差。

超声的测点应布置在同一个测区的回弹值的测试面上,测量声速的探头的安装位置不宜与回弹仪的弹击点相重叠。结构或构件的每一测区内,宜先进行回弹测试,后进行超声测试。只有同一个测区内所测得的回弹值和声速值才能作为推算混凝土强度的综合参数,不同测区的测量值不得混用。

(4) 钻芯法检测混凝土强度

钻芯法属于半破损试验方法。我国规定,以 $\phi100$ 或 $\phi150$,高径比 1~2 的芯样作为芯样抗压试件。芯样端面必须进行加工,通常用磨平法和端面用硫黄胶泥或水泥净浆补平。

对于单个构件检测时,钻芯数量不应少于 3 个。对于较小的构件,可取 2 个。当对结构构件的局部区域进行检测时,检测结果仅代表取芯位置的混凝土质量,不能据此对整个构件及结构强度作出总体评价。钻芯法不宜用于混凝土强度等级低于 C10 的结构。

(5) 拔出法检测混凝土强度

拔出法是一种半破损试验的检测方法,它是用一金属锚固件预埋入未硬化的混凝土浇筑构件内(预埋法),或在已硬化的混凝土构件上钻孔埋入一金属锚固件(后装法),然后测试锚固件被拔出时的拉力,由被拔出的锥台形混凝土块的投影面积,确定混凝土的拔出强度,并由此推算混凝土的立方抗压强度。预埋法常用于确定混凝土的停止养护、拆模时间及施加后张法预应力的时间。

后装法则较多用于已建结构混凝土强度的现场检测，其试验装置有圆环式和三点式两种。圆环式拔出装置适用于粗骨料粒径 $d\leqslant 40mm$ 的混凝土，试验时对混凝土损伤较小，三点式拔出装置适用于粗骨料粒径 $d\leqslant 60mm$ 的混凝土，试验时对混凝土损伤较大。

采用后装法进行单个构件检测时，应在构件上均匀布置3个测点。当3个拔出力中最大拔出力和最小拔出力与中间值之差均小于中间值的15%时，仅布置3个测点即可；当最大拔出力或最小拔出力与中间值之差大于中间值的15%（包括两者均大于中间值的15%）时，应在最小拔出力的测点附近再加测2个测点；当同批构件按批抽样检测时，抽检数量应不少于同批构件的30%，且不少于10件，每个构件不应少于3个测点。

测点宜布置在构件浇筑成型的侧面，相邻两点的间距不应小于 $10l$，测点距试件边缘不应小于 $4l$（l 为锚固件的锚固深度）。

(6) 超声法检测混凝土缺陷

超声波检测混凝土缺陷主要是采用低频超声仪，测量超声脉冲中纵波在结构混凝土中的传播速度、首波幅度和接收信号主频率等声学参数。

混凝土裂缝深度检测方法有：单面平测法、双面斜测法、钻孔对测法。

单面平测法适用于结构的裂缝部位只有一个可测表面，估计裂缝深度又不大于500mm时；当结构的裂缝部位具有两个相互平行的测试表面时，可采用双面穿透斜测法检测。对于在大体积混凝土中预计深度在500mm以上的深裂缝，采用钻孔对测法探测。

对混凝土内部不密实区的空洞检测，当结构具有两对互相平行的测试面时可采用对测法。在测区的两对相互平行的测试面上，分别画间距为100～300mm的网格，确定测点的位置。对于只有一对相互平行的测试面时可采用对测和斜测相结合的方法。测试时，记录每一测点的声时、波幅、主频率和测距。

此外，它还可应用于混凝土表面损伤层检测和混凝土前后两次浇筑之间接触面结合质量的检测。

(7) 混凝土结构钢筋位置和钢筋锈蚀的检测

钢筋位置测试仪检测钢筋位置；钢筋锈蚀测试仪检测钢筋锈蚀。

2. 砖石和砌体结构的现场检测技术

目前在对已建砌体结构鉴定的现场检测方法有原位轴压法、扁顶法。较多的是采用砌体原位轴压法。原位轴压法的试验装置由扁式液压加载器、反力平衡架和液压加载系统组成。扁顶法的试验装置是由扁式液压加载器及液压加载系统组成。

上述两种方法对于240mm墙体试件尺寸其宽度可与墙厚相等，高度为430mm（约7皮砖）；对370mm墙体，宽度为240mm，高度为490mm（约8皮砖）。

砌体原位轴压法是一种半破损的试验方法，尤为适用于结构改建、抗震修复加固、灾害事故分析，以及对已建砌体结构的可靠性评定。

采用原位轴压法或扁顶法检测砌体原位轴心抗压强度时应严格遵照《砌体工程现场检测技术标准》的有关规定，该技术标准还包括原位单剪和原位单砖双剪两种方法，可直接测定工程现场的砌体抗剪强度，以及通过量测与砂浆强度有关物理参数间接推定砌体砂浆强度的推出法、回弹法和筒压法等六种间接测定方法。

3. 钢结构现场检测技术

对已建钢结构鉴定时，为了解结构钢材的力学性能，特别是钢材的强度，一般采用表面硬度法间接推断钢材强度。

超声法检测钢材和焊缝缺陷，试验时较多采用脉冲反射法。由缺陷反射波与起始脉冲和底脉冲的相对距离可确定缺陷在构件内的相对位置。

三、解题指导

本节知识点在施工现场混凝土结构工程质量检查、评定中经常遇到的，较容易掌握，但应注意检测、取样的有关规定。

【例 18-6-1】 采用回弹仪对混凝土质量进行检测时，一个测区内应有（　　）个测点。
A. 10 B. 12 C. 16 D. 26

【解】 按规范规定，一个测区内应有 16 个测点，故应选 C 项。

四、应试题解

1. 下列（　　）非破损检测技术不能完成。
   A. 旧有建筑的剩余寿命 B. 确定结构构件的承载力
   C. 评定建筑结构的施工质量 D. 确定已建结构构件的材料强度

2. 目前在结构的现场检测中较多采用非破损和半破损试验，（　　）属于半破损检测方法。
   A. 回弹法 B. 表面硬度法 C. 钻芯法 D. 超声法

3. 混凝土的现场检测方法很多，下列（　　）不是用于检测混凝土的强度。
   A. 回弹法 B. 拔出法 C. 钻芯法 D. 原位轴压法

4. 对回弹仪进行标定时，不正确的是（　　）。
   A. 室温 5℃～35℃ B. 室内干燥环境
   C. 平均回弹值 80±2 D. 弹击杆每旋转 90°向下弹击一次

5. 采用回弹仪对混凝土质量进行检测时，一个测区内应有（　　）个测点。
   A. 10 B. 12 C. 16 D. 26

6. 下列（　　）不是影响回弹法检测混凝土强度的因素。
   A. 测试角度 B. 骨料粒径 C. 碳化深度 D. 浇筑面

7. 回弹法不适用于（　　）项情况的混凝土强度评定。
   A. 遭受化学腐蚀、火灾或硬化期间遭受冻伤
   B. 试块的质量缺乏代表性
   C. 缺乏同条件试块或标准块数量不足
   D. 试块的试压结果不符合现行规范规程所规定的要求，并对该结果有怀疑

8. 用钻芯法检测混凝土强度，芯样抗压试件的高度与直径之比的范围应为（　　）。
   A. 1～2 B. 2～3 C. 3～4 D. 2～4

9. 不宜采用钻芯法进行混凝土的强度检测的情况是（　　）。
   A. 对混凝土试块抗压强度的试验结果有怀疑
   B. 因材料、施工或养护不良而发生混凝土质量问题
   C. 混凝土遭受冻害、火灾、化学、侵蚀或其他损害
   D. 检测强度等级低于 C10 的混凝土构件强度

10. 用非破损检测技术检测混凝土强度时，下列对混凝土强度的推定，错误的是（　　）。

A. 该批构件混凝土强度平均值小于 25MPa，且混凝土强度标准差大于 4.5MPa 时，按单个构件检测推定

B. 超声法批量构件，抽样数不少于同批构件数的 30%，且不少于 10 件，每个构件测区不少于 10 个

C. 钻芯法推定混凝土强度时，取芯样试件混凝土强度的最小值 $f_{cu,min}$ 来推定结构混凝土强度

D. 回弹法单个构件，取构件最小测区强度值作为该构件混凝土强度推定值

11. 用非破损法和微破损法检测混凝土强度时，不合理的要求是（　　）。

A. 用回弹法，每个构件 10 个测区，每个测区 16 个回弹点

B. 用回弹法，碳化测点数不应少于构件测区数的 30%

C. 用钻芯法，对均布荷载受弯构件，芯柱从距支座 1/3 跨度范围内中和轴部位取样

D. 用钻芯法，芯柱直径取 100mm，芯样数量对一般构件不少于 3 个

12. 下列拔出法检测混凝土强度的叙述中，不正确的是（　　）。

A. 测点布置时，相邻两点的间距不小于 10h，测点距试件边缘不应小于 5h

B. 按批检测时，抽检数量应不少于同批构件的 30%，并不少于 10 件

C. 用三点式拔出法，用于石子的粒径不大于 60mm 的混凝土

D. 用圆环式拔出法，用于石子的粒径不大于 40mm 的混凝土

13. 在评定混凝土强度时，较为理想的方法是（　　）。

A. 钻芯法　　　　B. 超声波法　　　　C. 钻孔后装法　　　D. 表面硬度法

14. 常用于工程施工中确定混凝土养护、拆模时间、施加后张法预应力的时间等的检测方法是（　　）。

A. 预埋拔出法　　B. 后装拔出法　　C. 回弹法　　　D. 钻芯法

15. 用电磁感应法检测混凝土结构中的钢筋位置时，不能取得满意结果的情况是（　　）。

A. 配筋稀疏，且保护层较小　　　　B. 钢筋布置在同一平面内，且间距较大

C. 钢筋直径较大　　　　　　　　　D. 钢筋布置在不同平面内，且间距较小

16. 钢筋锈蚀的检测可采用（　　）。

A. 电位差法　　　B. 电磁感应　　　C. 射线法　　　D. 超声法

17. 砌体工程现场检测时，可直接检测砌体的抗压强度的检测方法是（　　）。

A. 扁顶法　　　　B. 回弹法　　　　C. 推出法　　　D. 筒压法

18. 检测混凝土缺陷时，超声波法不适用于检测（　　）。

A. 混凝土裂缝深度

B. 混凝土内部钢筋直径、位置和钢筋锈蚀程度

C. 混凝土内部空洞和缺陷的范围

D. 混凝土表面损伤厚度

19. 用超声波法对钢结构进行检测时，主要用于（　　）。

A. 钢材强度检测　　　　　　　　　B. 匀质性检测

C. 钢材锈蚀检测　　　　　　　　　D. 内部缺陷检测

第七节 结构模型试验

一、《考试大纲》的规定
模型试验的相似原理、模型设计与模型材料。

二、重点内容
1. 相似定理

(1) 相似第一定理——相似现象的性质

相似第一定理,是指相似现象的相似指标等于1,或相似判据相等,即:

$$\pi_p = \pi_m$$

式中下标 p 与 m 分别表示原型和模型。

相似第一定理说明相似现象的基本性质,相似判据相等是模型和原型相似的必要条件。

(2) 相似第二定理——相似判据的确定

相似判据的确定可用方程式分析法、量纲分析法。其中,用方程式分析法时,相似判据的形式变换仅与相似常数有关,而微分符号可不予考虑。

当无法建立表示物理过程的方程式时,可用量纲分析法由量纲和谐的原理来推导相似判据。任何完整的物理方程式中,各项量纲必须相同,因为只有量纲相同的量才能够相加、相减并用等号联系起来,这就是量纲和谐原理。量纲和谐的原理是量纲分析法的基础。在物理学中,选用质量的量纲 [M]、长度的量纲 [L]、时间的量纲 [T] 为基本量纲时,称为质量系;在工程学中,选用力的量纲 [F]、长度的量纲 [L]、时间的量纲 [T] 为基本量纲,称为力量系。

π 定理可以表述为:如果一个物理现象可由 n 个物理量构成的物理方程描述,n 个物理量中有 k 个独立的物理量(即有 k 个基本物理量),则该物理现象也可用这些量纲组成的 $(n-k)$ 个无量纲群的关系式来描述,这些无量纲群可作为该物理现象的相似判据。

(3) 相似第三定理——相似现象的充分和必要条件

相似第三定理是指在几何相似系中如两个现象由文字结构相同的物理方程描述,且它们的单值条件相似(单值量对应成比例,且单值量的判据相等),则两个现象相似。

2. 模型设计

结构模型试验按试验目的的不同可分为:弹性模型,即为研究在荷载作用下结构弹性阶段的工作性能,用匀质弹性材料制成与原型相似的结构模型;强度模型,即为研究在荷载作用下结构各个阶段工作性能,包括直到破坏的全过程反应,用原材料或相似材料制成的与原型相似的结构模型。

模型设计的程序如下:

(1) 按试验目的选择模型类型;

(2) 按相似原理用方程式分析法或量纲分析法确定相似判据;

(3) 确定模型的几何比例,即定出长度相似常数 S_l;

(4) 根据相似判据确定其他各物理量的相似常数;

(5) 设计和绘制模型的施工图。

在静力模型的相似关系中，当 $S_\sigma=S_E=1$ 时质量密度 $S_\rho=1/S_l$，要求模型材料密度为原型材料的 S_l 倍，故需要在模型上施加附加质量，以满足材料密度相似的要求。

在动力模型的相似关系中，$S_E/(S_g \cdot S_\rho)=S_l$，通常 $S_g=1$，则要求模型材料的弹性模量应比原型的小或密度比原型的大，故也需要在模型上施加附加质量，来弥补材料密度不足所产生的影响。

3. 模型材料

(1) 弹性模型材料

如果模型试验的目的在于研究弹性阶段的应力状态，模型材料应尽可能与一般弹性理论的基本假定一致，即要求匀质、各向同性、应力与应变成线性关系和固定的泊松比。模型材料可与原型材料不同，常用的有金属（钢、铝合金），塑料（环氧树脂、有机玻璃等）、石膏等。

(2) 强度模型材料

如果模型试验的目的在于研究结构的全部工作特性，通常采用与原型极为相似的材料或原型完全相同的材料来制作模型。如采用水泥砂浆、微粒混凝土、模型钢筋和模型砖块等。

微粒混凝土又称为模型混凝土，是由细骨料、水泥和水组成的专门用于结构模型试验的一种新型材料。它是用 2.5～5.0mm 的粗砂代替普通混凝土中的砾石，用 0.15～2.5mm 的细砂代替普通混凝土中的砂粒，骨料粒径要根据模型几何尺寸而定，一般最大粒径不大于截面最小尺寸的 1/3。

三、解题指导

本节内容中有关相似定理及 π 定理与第六章流体力学第七节相似原理是一致的，对比学习掌握。本节简单计算题见应试题解。

【例 18-7-1】 在结构动力模型中，解决动力失真的方法是（　　）。

A. 增大重力加速度　　　　　　　　B. 增大模型材料的体积

C. 增大模型材料的密度　　　　　　D. 增大模型材料的弹性模量

【解】 由动力模型的相似关系式，可知应增大模型材料的密度，或减小模型材料的弹性模量，故应选 C 项，D 项不对。

四、应试题解

1. 建筑结构模型试验的应用范围不包括（　　）。

A. 代替大型结构试验或作为大型结构试验的辅助性试验

B. 实际结构性能的鉴定

C. 作为结构分析计算的辅助手段

D. 验证和发展结构设计理论

2. 下列（　　）不是试验模型和原型结构边界条件相似的要求。

A. 初始条件相似　　　　　　　　　B. 约束情况相似

C. 支承条件相似　　　　　　　　　D. 受力情况相似

3. 在模型设计中，如果 L_m 代表模型的长度，L_p 代表原型长度，则两者的比值称为（　　）。

A. 相似准数　　　B. 相似常数　　　C. 相似指标　　　D. 相似原理

4. 结构模型试验用量纲分析法进行模型设计，设计中采用的基本量纲是（   ）。
   A. 长度$[L]$、应变$[\varepsilon]$、时间$[T]$　　　　B. 长度$[L]$、时间$[T]$、应力$[\sigma]$
   C. 应变$[E]$、弹性模量$[E]$、质量$[M]$　　　D. 长度$[L]$、时间$[T]$、质量$[M]$

5. 一简支梁承受均布荷载 q 作用，模型设计时采用几何相似常数 $S_L=1/10$，模型材料与原型相同，即 $S_E=1$，试验要求模型跨中最大挠度与原型相同$\left(f=\dfrac{5}{384}\dfrac{ql^2}{EI}\right)$，即 $S_f=1$，则均布荷载 q 的相似常数 S_q 应为（   ）。
   A. 1　　　　B. 1/10　　　　C. 1/20　　　　D. 1/100

6. 简支梁跨中作用集中荷载 P，模型设计时假定几何相似常数 $S_L=1/10$，模型与原型使用相同的材料，并要求模型挠度与原型挠度相同，即 $f_m=f_p$，试求集中荷载相似常数 S_P 等于（   ）。
   A. 1　　　　B. 1/10　　　　C. 1/100　　　　D. 10

7. 在静力模型试验中，若长度相似常数 $S_L=[L_m]/[L_p]=1/4$，线荷载相似常数 $S_q=[q_m]/[q_p]=1/8$，则原型结构和模型结构材料弹性模量相似常数 S_E 为（   ）。
   A. 1/2　　　　B. 1/2.5　　　　C. 2　　　　D. 2.5

8. 模型试验材料有一定的要求，通常不一定能做到的是（   ）。
   A. 保证相似要求与量测要求　　　　B. 保证材料性能稳定和材料徐变小
   C. 保证模型材料与原型材料的一致性　　D. 保证加工制作方便

9. 在结构动力模型试验中，解决重力失真的方法是（   ）。
   A. 增大重力加速度　　　　　　　　B. 增大模型材料的体积
   C. 增大模型材料的密度　　　　　　D. 增大模型材料的弹性模量

10. 对于结构模型试验的材料的叙述，不正确的是（   ）。
    A. 弹性模量过低的材料，常具有较显著的非线性
    B. 弹性模量过高的材料，将要求增加荷载量以便获得足够的变形而满足量测要求
    C. 结构模型材料在试验时能产生足够大的变形，以使量测仪表有足够的读数
    D. 材料徐变大，测量仪器的精度要求可放宽

11. 结构模型设计中，所表示的各物理量之间的关系式均是无量纲，它们均是在假定采用理想（   ）的情况下推导求得的。
    A. 脆性材料　　　B. 弹性材料　　　C. 塑性材料　　　D. 弹塑性材料

12. （   ）不属于弹性模型材料。
    A. 石膏　　　　B. 塑料　　　　C. 水泥砂浆　　　D. 金属

13. （   ）不属于强度模型材料。
    A. 水泥砂浆　　B. 微粒混凝土　　C. 钢筋　　　D. 有机玻璃

14. 用（   ）材料做模型，用来研究钢筋混凝土的弹塑性和极限工作能力比较理想。
    A. 有机玻璃　　B. 石膏　　　　C. 水泥砂浆　　　D. 微粒混凝土

15. 模型设计中，按试验目的不同可分为弹性模型和强度模型。下列说法不正确的是（   ）。
    A. 弹性模型要求模型材料为匀质、各向同性的弹性材料

B. 弹性模型要求用原材料或极为相似材料制作结构模型
C. 强度模型试验的成功与否在很大程度上取决于模型材料和原结构材料材性性质
D. 强度模型试验要求模型和原结构直接相似

第八节 答 案 与 解 答

一、第一节 结构试验的试件设计、荷载设计与观测设计

1. D   2. B   3. D   4. C   5. A   6. A   7. C   8. C   9. B   10. C
11. B   12. D   13. B   14. C   15. B   16. D   17. C   18. C   19. B   20. B
21. C   22. C   23. B   24. B   25. D   26. B   27. A   28. D   29. D   30. A
31. A   32. B   33. C   34. C   35. C

二、第二节 结构试验的加载设备和量测仪器

1. D   2. A   3. C   4. D   5. D   6. A   7. A   8. C   9. D   10. D
11. D   12. C   13. C   14. B   15. D   16. C   17. B   18. C   19. B   20. B
21. D   22. D   23. B   24. D   25. D   26. B   27. A   28. B

20. B. 解答如下：

$dR/R = K\varepsilon$，$\sigma = E\varepsilon$，所以，$\sigma = E\varepsilon = E/K \cdot (dR/R) = 2.1 \times 10^5 / 2 \times (3.40/120) = 2975 \text{MPa}$

22. D. 解答如下：

依据惠斯登电桥计算公式，桥臂两端电压 $= 1/4 \cdot VK (\varepsilon_1 - \varepsilon_2 + \varepsilon_3 - \varepsilon_4)$
$= 1/4 \cdot VK [\varepsilon - (-\nu\varepsilon) + 0 - 0] = 1/4 \cdot VK \cdot (1+\nu)\varepsilon$

23. B. 解答如下：

依据惠斯登电桥计算公式，桥臂两端电压 $= 1/4 \cdot VK (\varepsilon_1 - \varepsilon_2 + \varepsilon_3 - \varepsilon_4)$
$= 1/4 \cdot VK [\varepsilon - (-\varepsilon) + \varepsilon - (-\varepsilon)] = 1/4 \cdot VK \cdot 4\varepsilon$

26. B. 解答如下：

$\varepsilon = \Delta L/L = 3 \times 0.001/250 = 12 \times 10^{-6}$

27. A. 解答如下：

$\varepsilon = \Delta L/L = 4 \times 0.001/200 = 2 \times 10^{-5}$

28. B. 解答如下：

$\sigma = E\varepsilon$，$\varepsilon = \Delta L/L$，所以，$\sigma = E \cdot \Delta L/L = 206 \times 10^3 \times 3 \times 0.001/100 = 6.18 \text{N/mm}^2$

三、第三节 结构单调加载静力试验

1. D   2. C   3. C   4. A   5. C   6. D   7. C   8. D   9. B   10. D
11. C   12. D   13. A   14. C   15. D   16. A   17. B   18. D   19. A

四、第四节 结构低周反复加载试验

1. A   2. C   3. A   4. D   5. D   6. B   7. D   8. C   9. D   10. B
11. B   12. A   13. D   14. A   15. C

五、第五节 结构动力试验

1. C   2. D   3. D   4. D   5. D   6. D   7. C   8. D   9. B   10. D
11. C   12. D   13. D

六、第六节 结构试验的非破损检测技术

1. B 2. C 3. D 4. D 5. C 6. B 7. B 8. A 9. D 10. B
11. C 12. A 13. C 14. A 15. D 16. A 17. A 18. B 19. D

七、第七节 结构模型试验

1. B 2. A 3. B 4. D 5. D 6. B 7. A 8. C 9. C 10. D
11. B 12. C 13. D 14. D 15. B

5. D. 解答如下：

$f=5/384 \cdot qL^2/(EI)$，$I=\alpha L^4$（α 为系数），所以，$f=5/384 \cdot qL^2/(E\alpha L^4)=5/384 \cdot q/(E\alpha L^2)$

又因为模型挠度与原型挠度相同，弹性模量（E）相同，

所以，均布荷载相似常数 $S_q=(L_模/L_原)^2=(S_L)^2=1/100$

6. B. 解答如下：

$f=1/48 \cdot PL^3/(EI)$，$I=\alpha L^4$（α 为系数），所以，$f=1/48 \cdot PL^3/(E\alpha L^4)=1/48 \cdot P/(E\alpha L)$，

又模型挠度与原型挠度相同，弹性模量（E）相同，

所以，集中荷载相似常数 $S_P=L_模/L_原=S_L=1/10$

7. A. 解答如下：

$S_E=S_q/S_L=1/8 \div 1/4=1/2$

第十九章 法律法规和职业法规

第一节 《建筑法》、《建设工程勘察设计管理条例》和《建设工程质量管理条例》

一、《考试大纲》的规定

《中华人民共和国建筑法》(以下简称《建筑法》)：总则；建筑许可；建筑工程发包与承包；建筑工程监理；建筑安全生产管理；建筑工程质量管理；法律责任；

《建设工程勘察设计管理条例》：总则；资质资格管理；建设工程勘察设计发包与承包；建设工程勘察设计文件的编制与实施；监督管理；

《建设工程质量管理条例》：总则；建设单位的质量责任和义务；勘察设计单位的质量责任和义务；施工单位的质量责任和义务；工程监理单位的质量责任和义务；建设工程质量保修。

二、重点内容

1. 建设法规概述

建设法规具有行政法、经济法、民法等法律性质的综合性部门法规，并由一系列法律、行政法规和部门规章等组成的建设法规体系。广义地，我国的建设法规体系包含行政管理和技术经济两方面；狭义地，建设法规体系，仅指行政管理方面的法律、条例和各种规章、政令。

建设法规体系按立法权限划分时，由五个权限层次组成：建设法律、建设行政法规、建设部门规章、地方建设法规和地方建设规章。地方法规或行政法规与法律抵触，须报全国人民代表大会处理；地方规章与行政法规或法律抵触，须报国务院处理。

建设法律是建设法规体系的核心。法律必须由立法机关制定，在我国由全国人民代表大会及其常委会颁发。如《中华人民共和国建筑法》、《中华人民共和国招标投标法》等。

建设行政法规是由国务院颁发或由国务院批准颁发的法规。如国务院颁发的《建设工程勘察设计管理条例》、《建设工程质量管理条例》、《建设工程安全生产管理条例》等。

建设部门规章是由建设行政主管部门或与国务院其他部门联合发布，在其管理权限内适用。如住房和城乡建设部颁发的《建设工程勘察设计企业资质管理规定》、《房屋建筑工程质量保修办法》等。

此外，建设法规中的法律监督通常是指国家授权机关，依照建设立法的规定，对建设活动的各方面进行的监督。

2. 建筑法规概述

建筑法规体系的核心是《建筑法》。《建筑法》是《建设工程勘察设计管理条例》、《建设工程质量管理条例》、《建设工程安全生产管理条例》的立法依据，即《建筑法》是上位法，而上述三个条例是下位法。一般地，上位法规定的内容较粗，下位法是对上位法的细化，规定的内容较细，更具有可操作性。因此，《建筑法》与三条例的内容具有密切联系性，将《建筑法》与《建设工程勘察设计管理条例》、《建设工程质量管理条例》归纳在一起，有利于复习掌握其具体内容。

此外，鉴于《建设工程安全生产管理条例》的立法依据除了《建筑法》，还主要依据《中华人民共和国安全生产法》，所以，将《建设工程安全生产管理条例》与《中华人民共和国安全生产法》纳入下一节。

3.《建筑法》

《建筑法》于1997年11月1日由全国人民代表大会常务委员会第二十八次会议通过，自1998年3月1日起施行，并于2019年4月23日经第十三届全国人民代表大会常务委员会第十次会议修改。《建筑法》包括总则、建筑许可、建筑工程发包与承包、建筑工程监理、建筑安全生产管理、建筑工程质量管理、法律责任和附则，共八章。

(1) 总则

为了加强对建筑活动的监督管理，维护建筑市场秩序，保证建筑工程的质量和安全，促进建筑业健康发展，制定本法。在中华人民共和国境内从事建筑活动，实施对建筑活动的监督管理，应当遵守本法。

本法所称建筑活动，是指各类房屋建筑及其附属设施的建造和与其配套的线路、管道、设备的安装活动。

(2) 建筑许可

1) 建筑工程施工许可

建筑工程开工前，建设单位应当按照国家有关规定向工程所在地县级以上人民政府建设行政主管部门申请领取施工许可证；但是，国务院建设行政主管部门确定的限额以下的小型工程除外。按照国务院规定的权限和程序批准开工报告的建筑工程，不再领取施工许可证。

申请领取施工许可证，应当具备下列条件：

①已经办理该建筑工程用地批准手续；

②依法应当办理建设工程规划许可证的，已经取得建设工程规划许可证；

③需要拆迁的，其拆迁进度符合施工要求；

④已经确定建筑施工企业；

⑤有满足施工需要的资金安排、施工图纸及技术资料；

⑥有保证工程质量和安全的具体措施。

建设行政主管部门应当自收到申请之日起十五日内，对符合条件的申请颁发施工许可证。

建设单位应当自领取施工许可证之日起三个月内开工。因故不能按期开工的，应当向发证机关申请延期；延期以两次为限，每次不超过三个月。既不开工又不申请延期或者超过延期时限的，施工许可证自行废止。

在建的建筑工程因故中止施工的，建设单位应当自中止施工之日起一个月内，向发证机关报告，并按照规定做好建筑工程的维护管理工作。建筑工程恢复施工时，应当向发证机关报告；中止施工满一年的工程恢复施工前，建设单位应当报发证机关核验施工许可证。

按照国务院有关规定批准开工报告的建筑工程，因故不能按期开工或者中止施工的，应当及时向批准机关报告情况。因故不能按期开工超过六个月的,应当重新办理开工报告的批准手续。

2) 从业资格

从事建筑活动的建筑施工企业、勘察单位、设计单位和工程监理单位,应当具备的条件:有符合国家规定的注册资本;有与其从事的建筑活动相适应的具有法定执业资格的专业技术人员;有从事相关建筑活动所应有的技术装备;法律、行政法规规定的其他条件。

从事建筑活动的建筑施工企业、勘察单位、设计单位和工程监理单位,按照其拥有的注册资本、专业技术人员、技术装备和已完成的建筑工程业绩等资质条件,划分为不同的资质等级,经资质审查合格,取得相应等级的资质证书后,方可在其资质等级许可的范围内从事建筑活动。

从事建筑活动的专业技术人员,应当依法取得相应的执业资格证书,并在执业资格证书许可的范围内从事建筑活动。

(3) 建筑工程发包与承包

建筑工程发包与承包的招标投标活动,应当遵循公开、公正、平等竞争的原则,择优选择承包单位。建筑工程的发包单位与承包单位应当依法订立书面合同,明确双方的权利和义务,发包单位和承包单位应当全面履行合同约定的义务。

1) 建筑工程发包

①发包方式

建筑工程依法实行招标发包,对不适于招标发包的可以直接发包。建筑工程实行招标发包的,发包单位应当将建筑工程发包给依法中标的承包单位。建筑工程实行直接发包的,发包单位应当将建筑工程发包给具有相应资质条件的承包单位。

建筑工程实行公开招标的,发包单位应当依照法定程序和方式,发布招标公告,提供载有招标工程的主要技术要求、主要的合同条款、评标的标准和方法以及开标、评标、定标的程序等内容的招标文件。开标应当在招标文件规定的时间、地点公开进行。建筑工程招标的开标、评标、定标由建设单位依法组织实施,并接受有关行政主管部门的监督。

②发包模式

提倡对建筑工程实行总承包,禁止将建筑工程肢解发包。建筑工程的发包单位可以将建筑工程的勘察、设计、施工、设备采购一并发包给一个工程总承包单位,也可以将建筑工程勘察、设计、施工、设备采购的一项或者多项发包给一个工程总承包单位;但是,不得将应当由一个承包单位完成的建筑工程肢解成若干部分发包给几个承包单位。

此外,按照合同约定,建筑材料、建筑构配件和设备由工程承包单位采购的,发包单位不得指定承包单位购入用于工程的建筑材料、建筑构配件和设备或者指定生产厂、供应商。

2) 建筑工程承包

①禁止越级承包、挂靠和转包

承包建筑工程的单位应当持有依法取得的资质证书,并在其资质等级许可的业务范围内承揽工程。禁止建筑施工企业超越本企业资质等级许可的业务范围或者以任何形式用其他建筑施工企业的名义承揽工程。禁止建筑施工企业以任何形式允许其他单位或者个人使用本企业的资质证书、营业执照,以本企业的名义承揽工程。

禁止承包单位将其承包的全部建筑工程转包给他人,禁止承包单位将其承包的全部建筑工程肢解以后以分包的名义分别转包给他人。

②联合共同承包

大型建筑工程或者结构复杂的建筑工程,可以由两个以上的承包单位联合共同承包。共同承包的各方对承包合同的履行承担连带责任。两个以上不同资质等级的单位实行联合共同承包的,应当按照资质等级低的单位的业务许可范围承揽工程。

③分包

建筑工程总承包单位可以将承包工程中的部分工程发包给具有相应资质条件的分包单位;但是,除总承包合同中约定的分包外,必须经建设单位认可。施工总承包的,建筑工程主体结构的施工必须由总承包单位自行完成。

建筑工程总承包单位按照总承包合同的约定对建设单位负责;分包单位按照分包合同的约定对总承包单位负责。总承包单位和分包单位就分包工程对建设单位承担连带责任。

禁止总承包单位将工程分包给不具备相应资质条件的单位。禁止分包单位将其承包的工程再分包。

(4) 建筑工程监理

国务院可以规定实行强制监理的建筑工程的范围。建筑工程监理应当依照法律、行政法规及有关的技术标准、设计文件和建筑工程承包合同,对承包单位在施工质量、建设工期和建设资金使用等方面,代表建设单位实施监督。

①监理人员的职责与监理单位的行为准则

监理人员认为工程施工不符合工程设计要求、施工技术标准和合同约定的,有权要求建筑施工企业改正。监理人员发现工程设计不符合建筑工程质量标准或者合同约定的质量要求的,应当报告建设单位要求设计单位改正。

监理单位应当在其资质等级许可的监理范围内,承担工程监理业务;应当根据建设单位的委托,客观、公正地执行监理任务;监理单位与被监理工程的承包单位以及建筑材料、建筑构配件和设备供应单位不得有隶属关系或者其他利害关系;监理单位不得转让工程监理业务。

②监理单位的赔偿责任

监理单位不按照委托监理合同的约定履行监理义务,对应当监督检查的项目不检查或者不按照规定检查,给建设单位造成损失的,应当承担相应的赔偿责任。

监理单位与承包单位串通,为承包单位谋取非法利益,给建设单位造成损失的,应当与承包单位承担连带赔偿责任。

(5) 建筑工程安全生产管理

建筑工程安全生产管理必须坚持安全第一、预防为主的方针,建立健全安全生产的责任制度和群防群治制度。

1) 建设单位的安全生产管理

建设单位应当向建筑施工企业提供与施工现场相关的地下管线资料,建筑施工企业应当采取措施加以保护。有下列情形之一的,建设单位应当按照国家有关规定办理申请批准手续：

①需要临时占用规划批准范围以外场地的；

②可能损坏道路、管线、电力、邮电通信等公共设施的；

③需要临时停水、停电、中断道路交通的；

④需要进行爆破作业的；

⑤法律、法规规定需要办理报批手续的其他情形。

涉及建筑主体和承重结构变动的装修工程，建设单位应当在施工前委托原设计单位或者具有相应资质条件的设计单位提出设计方案；没有设计方案的，不得施工。

2）设计单位的安全生产管理

建筑工程设计应当符合按照国家规定制定的建筑安全规程和技术规范，保证工程的安全性能。

3）施工单位的安全生产管理

①施工组织设计的安全要求

建筑施工企业在编制施工组织设计时，应当根据建筑工程的特点制定相应的安全技术措施；对专业性较强的工程项目，应当编制专项安全施工组织设计，并采取安全技术措施。

②施工现场的安全防护和环境保护措施

建筑施工企业应当在施工现场采取维护安全、防范危险、预防火灾等措施；有条件的，应当对施工现场实行封闭管理。施工现场对毗邻的建筑物、构筑物和特殊作业环境可能造成损害的，建筑施工企业应当采取安全防护措施。

建筑施工企业应当遵守有关环境保护和安全生产的法律、法规的规定，采取控制和处理施工现场的各种粉尘、废气、废水、固体废物以及噪声、振动对环境的污染和危害的措施。

③安全生产责任制度、安全教育培训制度和安全事故的报告制度

建筑施工企业必须依法加强对建筑安全生产的管理，执行安全生产责任制度，采取有效措施，防止伤亡和其他安全生产事故的发生。建筑施工企业的法定代表人对本企业的安全生产负责。施工现场安全由建筑施工企业负责。实行施工总承包的，由总承包单位负责。分包单位向总承包单位负责，服从总承包单位对施工现场的安全生产管理。

建筑施工企业应当建立健全劳动安全生产教育培训制度，加强对职工安全生产的教育培训；未经安全生产教育培训的人员，不得上岗作业。

施工中发生事故时，建筑施工企业应当采取紧急措施减少人员伤亡和事故损失，并按照国家有关规定及时向有关部门报告。

④作业人员的权利和义务

建筑施工企业和作业人员在施工过程中，应当遵守有关安全生产的法律、法规和建筑行业安全规章、规程，不得违章指挥或者违章作业。作业人员有权对影响人身健康的作业程序和作业条件提出改进意见，有权获得安全生产所需的防护用品。作业人员对危及生命安全和人身健康的行为有权提出批评、检举和控告。

⑤工伤保险和意外伤害保险

建筑施工企业应当依法为职工参加工伤保险缴纳工伤保险费。鼓励企业为从事危险作业的职工办理意外伤害保险，支付保险费。

(6) 建筑工程质量管理

国家对从事建筑活动的单位推行质量体系认证制度。从事建筑活动的单位根据自愿原则可以向国务院产品质量监督管理部门或者国务院产品质量监督管理部门授权的部门认可的认证机构申请质量体系认证。任何单位和个人对建筑工程的质量事故、质量缺陷都有权向建设行政主管部门或者其他有关部门进行检举、控告、投诉。

1) 建设单位的质量管理

建设单位不得以任何理由，要求建筑设计单位或者建筑施工企业在工程设计或者施工作业中，违反法律、行政法规和建筑工程质量、安全标准，降低工程质量。

建筑设计单位和建筑施工企业对建设单位违反前款规定提出的降低工程质量的要求，应当予以拒绝。

2) 勘察、设计单位的质量管理

建筑工程的勘察、设计单位必须对其勘察、设计的质量负责。勘察、设计文件应当符合有关法律、行政法规的规定和建筑工程质量、安全标准、建筑工程勘察、设计技术规范以及合同的约定。设计文件选用的建筑材料、建筑构配件和设备，应当注明其规格、型号、性能等技术指标，其质量要求必须符合国家规定的标准。建筑设计单位对设计文件选用的建筑材料、建筑构配件和设备，不得指定生产厂、供应商。

3) 施工单位的质量管理

①施工质量的要求

建筑施工企业对工程的施工质量负责。建筑施工企业必须按照工程设计图纸和施工技术标准施工，不得偷工减料。工程设计的修改由原设计单位负责，建筑施工企业不得擅自修改工程设计。建筑施工企业必须按照工程设计要求、施工技术标准和合同的约定，对建筑材料、建筑构配件和设备进行检验，不合格的不得使用。

②竣工验收质量要求

交付竣工验收的建筑工程，必须符合规定的建筑工程质量标准，有完整的工程技术经济资料和经签署的工程保修书，并具备国家规定的其他竣工条件。建筑工程竣工经验收合格后，方可交付使用；未经验收或者验收不合格的，不得交付使用。

③质量保修制度

建筑工程实行质量保修制度。建筑工程的保修范围应当包括地基基础工程、主体结构工程、屋面防水工程和其他土建工程，以及电气管线、上下水管线的安装工程，供热、供冷系统工程等项目；保修的期限应当按照保证建筑物合理寿命年限内正常使用，维护使用者合法权益的原则确定。具体的保修范围和最低保修期限由国务院规定。

④总分包单位的质量责任

建筑工程实行总承包的，工程质量由工程总承包单位负责，总承包单位将建筑工程分包给其他单位的，应当对分包工程的质量与分包单位承担连带责任。分包单位应当接受总承包单位的质量管理。

(7) 法律责任

1) 无证施工

未取得施工许可证或者开工报告未经批准擅自施工的，责令改正，对不符合开工条件的责令停止施工，可以处以罚款。

2）违法发包或承包

发包单位将工程发包给不具有相应资质条件的承包单位的，或者违反本法规定将建筑工程肢解发包的，责令改正，处以罚款。

超越本单位资质等级承揽工程的，责令停止违法行为，处以罚款，可以责令停业整顿，降低资质等级；情节严重的，吊销资质证书；有违法所得的，予以没收。未取得资质证书承揽工程的，予以取缔，并处罚款；有违法所得的，予以没收。以欺骗手段取得资质证书的，吊销资质证书，处以罚款；构成犯罪的，依法追究刑事责任。

建筑施工企业转让、出借资质证书或者以其他方式允许他人以本企业的名义承揽工程的，责令改正，没收违法所得，并处罚款，可以责令停业整顿，降低资质等级；情节严重的，吊销资质证书。对因该项承揽工程不符合规定的质量标准造成的损失，建筑施工企业与使用本企业名义的单位或者个人承担连带赔偿责任。

在工程发包与承包中索贿、受贿、行贿，构成犯罪的，依法追究刑事责任；不构成犯罪的，分别处以罚款，没收贿赂的财物，对直接负责的主管人员和其他直接责任人员给予处分。对在工程承包中行贿的承包单位，除依照前款规定处罚外，可以责令停业整顿，降低资质等级或者吊销资质证书。

3）违法转包或分包

承包单位将承包的工程转包的，或者违反本法规定进行分包的，责令改正，没收违法所得，并处罚款，可以责令停业整顿，降低资质等级；情节严重的，吊销资质证书。

承包单位有前款规定的违法行为的，对因转包工程或者违法分包的工程不符合规定的质量标准造成的损失，与接受转包或者分包的单位承担连带赔偿责任。

4）建设单位的法律责任

建设单位违反本法规定，要求建筑设计单位或者建筑施工企业违反建筑工程质量、安全标准，降低工程质量的，责令改正，可以处以罚款；构成犯罪的，依法追究刑事责任。

5）勘察、设计单位的法律责任

建筑设计单位不按照建筑工程质量、安全标准进行设计的，责令改正，处以罚款；造成工程质量事故的，责令停业整顿，降低资质等级或者吊销资质证书，没收违法所得，并处罚款；造成损失的，承担赔偿责任；构成犯罪的，依法追究刑事责任。

6）监理单位的法律责任

工程监理单位与建设单位或者建筑施工企业串通、弄虚作假、降低工程质量的，责令改正，处以罚款，降低资质等级或者吊销资质证书；有违法所得的，予以没收；造成损失的，承担连带赔偿责任；构成犯罪的，依法追究刑事责任。

工程监理单位转让监理业务的，责令改正，没收违法所得，可以责令停业整顿，降低资质等级；情节严重的，吊销资质证书。

7）施工单位的法律责任

建筑施工企业对建筑安全事故隐患不采取措施予以消除的，责令改正，可以处以罚款；情节严重的，责令停业整顿，降低资质等级或者吊销资质证书；构成犯罪的，依法追究刑事责任。建筑施工企业的管理人员违章指挥、强令职工冒险作业，因而发生重大伤亡事故或者造成其他严重后果的，依法追究刑事责任。

建筑施工企业在施工中偷工减料的，使用不合格的建筑材料、建筑构配件和设备的，或者有其他不按照工程设计图纸或者施工技术标准施工的行为的，责令改正，处以罚款；情节严重的，责令停业整顿，降低资质等级或者吊销资质证书；造成建筑工程质量不符合规定的质量标准的，负责返工、修理，并赔偿因此造成的损失；构成犯罪的，依法追究刑事责任。

建筑施工企业不履行保修义务或者拖延履行保修义务的，责令改正，可以处以罚款，并对在保修期内因屋顶、墙面渗漏、开裂等质量缺陷造成的损失，承担赔偿责任。

涉及建筑主体或者承重结构变动的装修工程擅自施工的，责令改正，处以罚款；造成损失的，承担赔偿责任；构成犯罪的，依法追究刑事责任。

8）其他法律责任

在建筑物的合理使用寿命内，因建筑工程质量不合格受到损害的，有权向责任者要求赔偿。

4.《建设工程勘察设计管理条例》

《建设工程勘察设计管理条例》于2000年9月20日由国务院第31次常务会议通过，自公布之日（2000年9月25日）起施行，并于2015年6月、2017年10月通过修订并实施。该条例包括总则、资质资格管理、建设工程勘察设计发包与承包、建设工程勘察设计文件的编制与实施、监督管理、罚则和附则共七章。

该条例所称建设工程勘察，是指根据建设工程的要求，查明、分析、评价建设场地的地质地理环境特征和岩土工程条件，编制建设工程勘察文件的活动。

该条例所称建设工程设计，是指根据建设工程的要求，对建设工程所需的技术、经济、资源、环境等条件进行综合分析、论证，编制建设工程设计文件的活动。

（1）总则

为了加强对建设工程勘察、设计活动的管理，保证建设工程勘察、设计质量，保护人民生命和财产安全，制定本条例。

从事建设工程勘察、设计活动，必须遵守本条例。抢险救灾及其他临时性建筑和农民自建两层以下住宅的勘察、设计活动，不适用本条例。军事建设工程勘察、设计的管理，按照中央军事委员会的有关规定执行。

建设工程勘察、设计应当与社会、经济发展水平相适应，做到经济效益、社会效益和环境效益相统一。

从事建设工程勘察、设计活动，应当坚持先勘察、后设计、再施工的原则。

建设工程勘察、设计单位必须依法进行建设工程勘察、设计，严格执行工程建设强制性标准，并对建设工程勘察、设计的质量负责。

（2）资质资格管理

①企业资质管理

国家对从事建设工程勘察、设计活动的单位，实行资质管理制度。

建设工程勘察、设计单位应当在其资质等级许可的范围内承揽建设工程勘察、设计业务。禁止建设工程勘察、设计单位超越其资质等级许可的范围或者以其他建设工程勘察、设计单位的名义承揽建设工程勘察、设计业务。禁止建设工程勘察、设计单位允许其他单位或者个人以本单位的名义承揽建设工程勘察、设计业务。

②执业资格管理

国家对从事建设工程勘察、设计活动的专业技术人员，实行执业资格注册管理制度。未经注册的建设工程勘察、设计人员，不得以注册执业人员的名义从事建设工程勘察、设计活动。

建设工程勘察、设计注册执业人员和其他专业技术人员只能受聘于一个建设工程勘察、设计单位；未受聘于建设工程勘察、设计单位的，不得从事建设工程的勘察、设计活动。

（3）勘察、设计发包与承包

发包方不得将建设工程勘察、设计业务发包给不具有相应勘察、设计资质等级的建设工程勘察、设计单位。承包方必须在建设工程勘察、设计资质证书规定的资质等级和业务范围内承揽建设工程的勘察、设计业务。

1）发包方式

建设工程勘察、设计发包依法实行招标发包或者直接发包。建设工程勘察、设计应当依照《中华人民共和国招标投标法》的规定，实行招标发包。下列建设工程的勘察、设计，经有关主管部门批准，可以直接发包：

①采用特定的专利或者专有技术的；
②建筑艺术造型有特殊要求的；
③国务院规定的其他建设工程的勘察、设计。

2）招标发包的评标

建设工程勘察、设计方案评标，应当以投标人的业绩、信誉和勘察、设计人员的能力以及勘察、设计方案的优劣为依据，进行综合评定。

建设工程勘察、设计的招标人应当在评标委员会推荐的候选方案中确定中标方案。但是，建设工程勘察、设计的招标人认为评标委员会推荐的候选方案不能最大限度满足招标文件规定的要求的，应当依法重新招标。

3）承发包模式

发包方可以将整个建设工程的勘察、设计发包给一个勘察、设计单位；也可以将建设工程的勘察、设计分别发包给几个勘察、设计单位。

除建设工程主体部分的勘察、设计外，经发包方书面同意，承包方可以将建设工程其他部分的勘察、设计再分包给其他具有相应资质等级的建设工程勘察、设计单位。建设工程勘察、设计单位不得将所承揽的建设工程勘察、设计转包。

（4）建设工程勘察设计文件的编制与实施

1）编制依据

编制建设工程勘察、设计文件，应当以下列规定为依据：

①项目批准文件；
②城乡规划；
③工程建设强制性标准；
④国家规定的建设工程勘察、设计深度要求。

铁路、交通、水利等专业建设工程，还应当以专业规划的要求为依据。

2）编制深度与要求

编制建设工程勘察文件，应当真实、准确，满足建设工程规划、选址、设计、岩土治理和施工的需要。编制方案设计文件，应当满足编制初步设计文件和控制概算的需要。编制初步设计文件，应当满足编制施工招标文件、主要设备材料订货和编制施工图设计文件的需要。编制施工图设计文件，应当满足设备材料采购、非标准设备制作和施工的需要，并注明建设工程合理使用年限。

设计文件中选用的材料、构配件、设备，应当注明其规格、型号、性能等技术指标，其质量要求必须符合国家规定的标准。除有特殊要求的建筑材料、专用设备和工艺生产线等外，设计单位不得指定生产厂、供应商。

3）勘察、设计文件的修改程序与权限

建设单位、施工单位、监理单位不得修改建设工程勘察、设计文件；确需修改建设工程勘察、设计文件的，应当由原建设工程勘察、设计单位修改。经原建设工程勘察、设计单位书面同意，建设单位也可以委托其他具有相应资质的建设工程勘察、设计单位修改。修改单位对修改的勘察、设计文件承担相应责任。

施工单位、监理单位发现建设工程勘察、设计文件不符合工程建设强制性标准、合同约定的质量要求的，应当报告建设单位，建设单位有权要求建设工程勘察、设计单位对建设工程勘察、设计文件进行补充、修改。

建设工程勘察、设计文件内容需要作重大修改的，建设单位应当报经原审批机关批准后，方可修改。

4）新技术、新材料的管理

建设工程勘察、设计文件中规定采用的新技术、新材料，可能影响建设工程质量和安全，又没有国家技术标准的，应当由国家认可的检测机构进行试验、论证，出具检测报告，并经国务院有关部门或者省、自治区、直辖市人民政府有关部门组织的建设工程技术专家委员会审定后，方可使用。

5）设计交底与施工服务

建设工程勘察、设计单位应当在建设工程施工前，向施工单位和监理单位说明建设工程勘察、设计意图，解释建设工程勘察、设计文件。建设工程勘察、设计单位应当及时解决施工中出现的勘察、设计问题。

(5) 监督管理

国务院建设行政主管部门对全国的建设工程勘察、设计活动实施统一监督管理。国务院铁路、交通、水利等有关部门按照国务院规定的职责分工，负责对全国的有关专业建设工程勘察、设计活动的监督管理。县级以上地方人民政府建设行政主管部门对本行政区域内的建设工程勘察、设计活动实施监督管理。县级以上地方人民政府交通、水利等有关部门在各自的职责范围内，负责对本行政区域内的有关专业建设工程勘察、设计活动的监督管理。

建设工程勘察、设计单位在建设工程勘察、设计资质证书规定的业务范围内跨部门、跨地区承揽勘察、设计业务的，有关地方人民政府及其所属部门不得设置障碍，不得违反国家规定收取任何费用。

施工图设计文件审查机构应当对房屋建筑工程、市政基础设施工程施工图设计文件中涉及公共利益、公众安全、工程建设强制性标准的内容进行审查。县级以上人民政府交通运输等有关部门应当按照职责对施工图设计文件中涉及公共利益、公众安全、工程建设强制性标准的内容进行审查。施工图设计文件未经审查批准的,不得使用。

任何单位和个人对建设工程勘察、设计活动中的违法行为都有权检举、控告、投诉。

(6) 罚则

1) 违法发包

发包方将建设工程勘察、设计业务发包给不具有相应资质等级的建设工程勘察、设计单位的,责令改正,处50万元以上100万元以下的罚款。

2) 违法承包、转包

违反条例承包规定的,责令停止违法行为,处合同约定的勘察费、设计费1倍以上2倍以下的罚款,有违法所得的,予以没收;可以责令停业整顿,降低资质等级;情节严重的,吊销资质证书。未取得资质证书承揽工程的,予以取缔,依照前款规定处以罚款;有违法所得的,予以没收。以欺骗手段取得资质证书承揽工程的,吊销资质证书,依照本条第一款规定处以罚款;有违法所得的,予以没收。

建设工程勘察、设计单位将所承揽的建设工程勘察、设计转包的,责令改正,没收违法所得,处合同约定的勘察费、设计费25%以上50%以下的罚款,可以责令停业整顿,降低资质等级;情节严重的,吊销资质证书。

3) 勘察、设计单位违法行为

违反本条例规定,勘察、设计单位未依据项目批准文件,城乡规划及专业规划,国家规定的建设工程勘察、设计深度要求编制建设工程勘察、设计文件的,责令限期改正;逾期不改正的,处10万元以上30万元以下的罚款;造成工程质量事故或者环境污染和生态破坏的,责令停业整顿,降低资质等级;情节严重的,吊销资质证书;造成损失的,依法承担赔偿责任。

有下列行为之一的,依照《建设工程质量管理条例》第六十三条规定,处10万元以上30万元以下的罚款:

①勘察单位未按照工程建设强制性标准进行勘察的;

②设计单位未根据勘察成果文件进行工程设计的;

③设计单位指定建筑材料、建筑构配件的生产厂、供应商的;

④设计单位未按照工程建设强制性标准进行设计的。

上述所列行为,造成重大工程质量事故的,责令停业整顿,降低资质等级;情节严重的,吊销资质证书;造成损失的,依法承担赔偿责任。

4) 专业技术人员违法行为

未经注册,擅自以注册建设工程勘察、设计人员的名义从事建设工程勘察、设计活动的,责令停止违法行为,没收违法所得,处违法所得2倍以上5倍以下罚款;给他人造成损失的,依法承担赔偿责任。

建设工程勘察、设计注册执业人员和其他专业技术人员未受聘于一个建设工程勘察、设计单位或者同时受聘于两个以上建设工程勘察、设计单位,从事建设工程勘察、设计活动的,责令停止违法行为,没收违法所得,处违法所得2倍以上5倍以下的罚款;情节严重的,可以责令停止执行业务或者吊销资格证书,给他人造成损失的,依法承担赔偿责任。

5.《建设工程质量管理条例》

《建设工程质量管理条例》于2000年1月10日由国务院第25次常务会议通过,自

2000年1月30日起施行，并于2017年修订，2019年修改决定。该条例包括总则、建设单位的质量责任和义务、勘察设计单位的质量责任和义务、施工单位的质量责任和义务、工程监理单位的质量责任和义务、建设工程质量保修、监督管理、罚则、附则共九章。

(1) 总则

为了加强对建设工程质量的管理，保证建设工程质量，保护人民生命和财产安全，根据《中华人民共和国建筑法》，制定本条例。凡在中华人民共和国境内从事建设工程的新建、扩建、改建等有关活动及实施对建设工程质量监督管理的，必须遵守本条例。

该条例所称建设工程，是指土木工程、建筑工程、线路管道和设备安装工程及装修工程。

(2) 建设单位的质量责任和义务

1) 建设单位应当将工程发包给具有相应资质等级的单位。建设单位不得将建设工程肢解发包。建设单位应当依法对工程建设项目的勘察、设计、施工、监理以及与工程建设有关的重要设备、材料等的采购进行招标。

建设工程发包单位，不得迫使承包方以低于成本的价格竞标，不得任意压缩合理工期。建设单位不得明示或者暗示设计单位或者施工单位违反工程建设强制性标准，降低建设工程质量。

2) 建设单位必须向有关的勘察、设计、施工、工程监理等单位提供与建设工程有关的原始资料。原始资料必须真实、准确、齐全。

3) 施工图设计文件审查的具体办法，由国务院建设行政主管部门、国务院其他有关部门制定。施工图设计文件未经审查批准的，不得使用。

4) 实行监理的建设工程，建设单位应当委托具有相应资质等级的工程监理单位进行监理，也可以委托具有工程监理相应资质等级并与被监理工程的施工承包单位没有隶属关系或者其他利害关系的该工程的设计单位进行监理。下列建设工程必须实行监理：①国家重点建设工程；②大中型公用事业工程；③成片开发建设的住宅小区工程；④利用外国政府或者国际组织贷款、援助资金的工程；⑤国家规定必须实行监理的其他工程。

5) 建设单位在开工前，应当按照国家有关规定办理工程质量监督手续，工程质量监督手续可以与施工许可证或者开工报告合并办理。

6) 按照合同约定，由建设单位采购建筑材料、建筑构配件和设备的，建设单位应当保证建筑材料、建筑构配件和设备符合设计文件和合同要求。建设单位不得明示或者暗示施工单位使用不合格的建筑材料、建筑构配件和设备。

7) 涉及建筑主体和承重结构变动的装修工程，建设单位应当在施工前委托原设计单位或者具有相应资质等级的设计单位提出设计方案；没有设计方案的，不得施工。

8) 建设单位收到建设工程竣工报告后，应当组织设计、施工、工程监理等有关单位进行竣工验收。建设工程竣工验收应当具备下列条件：

①完成建设工程设计和合同约定的各项内容；

②有完整的技术档案和施工管理资料；

③有工程使用的主要建筑材料、建筑构配件和设备的进场试验报告；

④有勘察、设计、施工、工程监理等单位分别签署的质量合格文件；

⑤有施工单位签署的工程保修书。

建设工程经验收合格的，方可交付使用。

9）建设单位应当严格按照国家有关档案管理的规定，及时收集、整理建设项目各环节的文件资料，建立、健全建设项目档案，并在建设工程竣工验收后，及时向建设行政主管部门或者其他有关部门移交建设项目档案。

（3）勘察、设计单位的质量责任和义务

①从事建设工程勘察、设计的单位应当依法取得相应等级的资质证书，并在其资质等级许可的范围内承揽工程。禁止勘察、设计单位超越其资质等级许可的范围或者以其他勘察、设计单位的名义承揽工程。禁止勘察、设计单位允许其他单位或者个人以本单位的名义承揽工程。勘察、设计单位不得转包或者违法分包所承揽的工程。

②勘察、设计单位必须按照工程建设强制性标准进行勘察、设计，并对其勘察、设计的质量负责。注册建筑师、注册结构工程师等注册执业人员应当在设计文件上签字，对设计文件负责。

③勘察单位提供的地质、测量、水文等勘察成果必须真实、准确。

④设计单位应当根据勘察成果文件进行建设工程设计。设计文件应当符合国家规定的设计深度要求，注明工程合理使用年限。

⑤设计单位在设计文件中选用的建筑材料、建筑构配件和设备，应当注明规格、型号、性能等技术指标，其质量要求必须符合国家规定的标准。除有特殊要求的建筑材料、专用设备、工艺生产线等外，设计单位不得指定生产厂、供应商。

⑥设计单位应当就审查合格的施工图设计文件向施工单位作出详细说明。

⑦设计单位应当参与建设工程质量事故分析，并对因设计造成的质量事故，提出相应的技术处理方案。

（4）施工单位的质量责任和义务

①施工单位应当依法取得相应等级的资质证书，并在其资质等级许可的范围内承揽工程。禁止施工单位超越本单位资质等级许可的业务范围或者以其他施工单位的名义承揽工程。禁止施工单位允许其他单位或者个人以本单位的名义承揽工程。施工单位不得转包或者违法分包工程。

②施工单位对建设工程的施工质量负责。施工单位应当建立质量责任制，确定工程项目的项目经理、技术负责人和施工管理负责人。建设工程实行总承包的，总承包单位应当对全部建设工程质量负责；建设工程勘察、设计、施工、设备采购的一项或者多项实行总承包的，总承包单位应当对其承包的建设工程或者采购的设备的质量负责。

③总承包单位依法将建设工程分包给其他单位的，分包单位应当按照分包合同的约定对其分包工程的质量向总承包单位负责，总承包单位与分包单位对分包工程的质量承担连带责任。

④施工单位必须按照工程设计图纸和施工技术标准施工，不得擅自修改工程设计，不得偷工减料。施工单位在施工过程中发现设计文件和图纸有差错的，应当及时提出意见和建议。

⑤施工单位必须按照工程设计要求、施工技术标准和合同约定，对建筑材料、建筑构配件、设备和商品混凝土进行检验，检验应当有书面记录和专人签字；未经检验或者检验不合格的，不得使用。

⑥施工单位必须建立、健全施工质量的检验制度，严格工序管理，做好隐蔽工程的质量检查和记录。隐蔽工程在隐蔽前，施工单位应当通知建设单位和建设工程质量监督机构。

⑦施工人员对涉及结构安全的试块、试件以及有关材料，应当在建设单位或者工程监

理单位监督下现场取样,并送具有相应资质等级的质量检测单位进行检测。

⑧施工单位对施工中出现质量问题的建设工程或者竣工验收不合格的建设工程,应当负责返修。

⑨施工单位应当建立、健全教育培训制度,加强对职工的教育培训;未经教育培训或者考核不合格的人员,不得上岗作业。

(5) 监理单位的质量责任和义务

①监理单位应当依法取得相应等级的资质证书,并在其资质等级许可的范围内承担工程监理业务。禁止监理单位超越本单位资质等级许可的范围或者以其他监理单位的名义承担工程监理业务。禁止监理单位允许其他单位或者个人以本单位的名义承担工程监理业务。监理单位不得转让工程监理业务。

②监理单位与被监理工程的施工承包单位以及建筑材料、建筑构配件和设备供应单位有隶属关系或者其他利害关系的,不得承担该项建设工程的监理业务。

③监理单位应当依照法律、法规以及有关技术标准、设计文件和建设工程承包合同,代表建设单位对施工质量实施监理,并对施工质量承担监理责任。

④工程监理单位应当选派具备相应资格的总监理工程师和监理工程师进驻施工现场。未经监理工程师签字,建筑材料、建筑构配件和设备不得在工程上使用或者安装,施工单位不得进行下一道工序的施工。未经总监理工程师签字,建设单位不拨付工程款,不进行竣工验收。

⑤监理工程师应当按照工程监理规范的要求,采取旁站、巡视和平行检验等形式,对建设工程实施监理。

(6) 建设工程质量保修

建设工程实行质量保修制度。建设工程承包单位在向建设单位提交工程竣工验收报告时,应当向建设单位出具质量保修书。质量保修书中应当明确建设工程的保修范围、保修期限和保修责任等。

在正常使用条件下,建设工程的最低保修期限为:

①基础设施工程、房屋建筑的地基基础工程和主体结构工程,为设计文件规定的该工程的合理使用年限;

②屋面防水工程、有防水要求的卫生间、房间和外墙面的防渗漏,为5年;

③供热与供冷系统,为2个采暖期、供冷期;

④电气管线、给水排水管道、设备安装和装修工程,为2年。

其他项目的保修期限由发包方与承包方约定。建设工程的保修期,自竣工验收合格之日起计算。

建设工程在保修范围和保修期限内发生质量问题的,施工单位应当履行保修义务,并对造成的损失承担赔偿责任。建设工程在超过合理使用年限后需要继续使用的,产权所有人应当委托具有相应资质等级的勘察、设计单位鉴定,并根据鉴定结果采取加固、维修等措施,重新界定使用期。

(7) 监督管理

国家实行建设工程质量监督管理制度。国务院建设行政主管部门对全国的建设工程质量实施统一监督管理。国务院铁路、交通、水利等有关部门按照国务院规定的职责分工,负责对全国的有关专业建设工程质量的监督管理。国务院发展计划部门按照国务院规定的职责,组织稽查特派员,对国家出资的重大建设项目实施监督检查。国务院经济贸易主管部门按照国务院规定的职责,对国家重大技术改造项目实施监督检查。

县级以上人民政府建设行政主管部门和其他有关部门履行监督检查职责时,有权采取下列措施:①要求被检查的单位提供有关工程质量的文件和资料;②进入被检查单位的施工现场进行检查;③发现有影响工程质量的问题时,责令改正。

建设单位应当自建设工程竣工验收合格之日起15日内,将建设工程竣工验收报告和规划、公安消防、环保等部门出具的认可文件或者准许使用文件报建设行政主管部门或者其他有关部门备案。建设行政主管部门或者其他有关部门发现建设单位在竣工验收过程中有违反国家有关建设工程质量管理规定行为的,责令停止使用,重新组织竣工验收。

建设工程发生质量事故,有关单位应当在24小时内向当地建设行政主管部门和其他有关部门报告。对重大质量事故,事故发生地的建设行政主管部门和其他有关部门应当按照事故类别和等级向当地人民政府和上级建设行政主管部门和其他有关部门报告。

(8) 罚则

《建设工程质量管理条例》对建设、勘察、设计、施工、监理单位,以及政府监督管理部门的违法行为作了详细规定,以下主要阐述勘察、设计单位的法律责任。

1) 勘察、设计单位超越本单位资质等级承揽工程的,责令停止违法行为,对勘察、设计单位处合同约定的勘察费、设计费1倍以上2倍以下的罚款;可以责令停业整顿,降低资质等级;情节严重的,吊销资质证书;有违法所得的,予以没收。未取得资质证书承揽工程的,予以取缔,依照前款规定处以罚款;有违法所得的,予以没收。以欺骗手段取得资质证书承揽工程的,吊销资质证书,依照本条第一款规定处以罚款;有违法所得的,予以没收。

2) 勘察、设计单位允许其他单位或者个人以本单位名义承揽工程的,责令改正,没收违法所得,对勘察、设计单位处合同约定的勘察费、设计费1倍以上2倍以下的罚款;可以责令停业整顿,降低资质等级;情节严重的,吊销资质证书。

3) 承包单位将承包的工程转包或者违法分包的,责令改正,没收违法所得,对勘察、设计单位处合同约定的勘察费、设计费25%以上50%以下的罚款;可以责令停业整顿,降低资质等级;情节严重的,吊销资质证书。

4) 有下列行为之一的,责令改正,处10万元以上30万元以下的罚款:
①勘察单位未按照工程建设强制性标准进行勘察的;
②设计单位未根据勘察成果文件进行工程设计的;
③设计单位指定建筑材料、建筑构配件的生产厂、供应商的;
④设计单位未按照工程建设强制性标准进行设计的。

有前款所列行为,造成重大工程质量事故的,责令停业整顿,降低资质等级;情节严重的,吊销资质证书;造成损失的,依法承担赔偿责任。

5) 注册建筑师、注册结构工程师、监理工程师等注册执业人员因过错造成质量事故的,责令停止执业1年;造成重大质量事故的,吊销执业资格证书,5年以内不予注册;情节特别恶劣的,终身不予注册。

6) 给予单位罚款处罚的,对单位直接负责的主管人员和其他直接责任人员处单位罚款数额 5%以上 10%以下的罚款。

7) 建设单位、设计单位、施工单位、工程监理单位违反国家规定，降低工程质量标准，造成重大安全事故，构成犯罪的，对直接责任人员依法追究刑事责任。

8) 建设、勘察、设计、施工、工程监理单位的工作人员因调动工作、退休等原因离开该单位后，被发现在该单位工作期间违反国家有关建设工程质量管理规定，造成重大工程质量事故的，仍应当依法追究法律责任。

(9) 附则

本条例所称肢解发包，是指建设单位将应当由一个承包单位完成的建设工程分解成若干部分发包给不同的承包单位的行为。

本条例所称违法分包，是指下列行为：

①总承包单位将建设工程分包给不具备相应资质条件的单位的；

②建设工程总承包合同中未有约定，又未经建设单位认可，承包单位将其承包的部分建设工程交由其他单位完成的；

③施工总承包单位将建设工程主体结构的施工分包给其他单位的；

④分包单位将其承包的建设工程再分包的。

本条例所称转包，是指承包单位承包建设工程，不履行合同约定的责任和义务，将其承包的全部建设工程转给他人或者将其承包的全部建设工程肢解以后以分包的名义分别转给其他单位承包的行为。

刑法有关条款，刑法第一百三十七条规定：建设单位、设计单位、施工单位、工程监理单位违反国家规定，降低工程质量标准，造成重大安全事故的，对直接责任人员处五年以下有期徒刑或者拘役，并处罚金；后果特别严重的，处五年以上十年以下有期徒刑，并处罚金。

三、解题指导

建筑法规中以法律为上位法，其他法规、部门规章、地方法律、地方规章即下位法均受上位法的制约。《建筑法》是建筑工程法律法规体系的核心，三条例即《建设工程勘察设计管理条例》、《建设工程质量管理条例》、《建设工程安全生产管理条例》是对《建筑法》的具体深化和补充，制定的内容更详细，如法律责任中的处罚情况、处罚额等。同时，三条例的内容受《建筑法》的制约，如法律责任中的最高处罚额就受《建筑法》的制约。

复习时，应通过对比《建筑法》与《建设工程勘察设计管理条例》的异同点，《建筑法》与《建设工程质量管理条例》的异同点进行理解、记忆。

【例 19-1-1】 由两个以上不同资质等级的单位实行联合承包，其承揽工程的业务许可范围取决于（　　）。

A. 联合成员中较高的资质等级　　B. 联合各方平均的资质等级
C. 联合成员中较低的资质等级　　D. 联合各方商定的资质等级

【解】 依据《建筑法》对联合共同承包的规定，这取决于联合成员中较低的资质等级，所以应选 C 项。

【例 19-1-2】 下列关于承接建设工程设计任务的叙述，正确的是（　　）。

A. 注册结构工程师最多只能在两个设计机构执业

B. 设计单位在异地承接设计业务时，须报项目所在地的建设行政主管部门审批

C. 注册设计人员承接工程设计任务需经有资质的设计单位盖章，该机构与注册设计人员对此承担连带责任

D. 具有甲级勘察设计资质的企业可以在全国范围内承接勘察设计业务

【解】 依据《建设工程勘察设计管理条例》、《建设工程勘察设计企业资质管理规定》，具有甲级勘察设计资质的企业可以在全国范围内承接勘察设计业务，所以应选 D 项。此外，对于 B 项，报建设行政主管部门审批应为"报建设行政主管部门备案"。

四、应试题解

1. 建筑工程开工前，建设单位应当按照国家有关规定向工程所在地以下（　　）部门申请领取施工许可证。

   A. 市级以上政府建设行政主管　　　　B. 县级以上城市规划
   C. 县级以上政府建设行政主管　　　　D. 乡、镇以上政府主管

2. 申请领取施工许可证，应当具备（　　）。

   ①已经办理该建筑工程用地批准手续；

   ②依法应当办理建设工程规划许可证的建筑工程，已经取得规划许可证；

   ③需要拆迁的，其拆迁进度符合施工要求；

   ④已经确定建筑施工企业；

   ⑤有满足施工需要的施工图纸及技术资料；

   ⑥有保证工程质量和安全的具体措施；

   ⑦建设资金已经落实。

   A. ①②③④⑤⑥　　　　　　　　　　B. ②③④⑤
   C. ②③④⑤⑦　　　　　　　　　　　D. ①②③④⑤⑥⑦

3. 建设单位在领取施工许可证后，应当在（　　）个月内开工。

   A. 3　　　　　B. 6　　　　　C. 9　　　　　D. 12

4. 从事建筑活动的建筑施工企业、勘察设计企业和工程监理企业，应当具备（　　）。

   ①有符合国家规定的注册资本；

   ②有与其从事的建筑活动相适应的具有法定执业资格的专业技术人员；

   ③有从事相关建筑活动所应有的技术装备；

   ④法律、行政法规规定的其他条件。

   A. ①　　　　　B. ①②　　　　C. ①②③　　　　D. ①②③④

5. 大型建筑工程或者结构复杂的建筑工程，可以由两个以上的承包单位联合共同承包。共同承包的各方对承包合同的履行承担（　　）。

   A. 共同责任　　B. 共有责任　　C. 连带责任　　D. 直接责任

6. 《建筑法》中违法分包是指（　　）。

   ①总承包单位将建筑工程分包给不具备相应资质条件的单位；

   ②总承包单位将建筑工程主体分包给其他单位；

   ③分包单位将其承包的建筑工程再分包；

   ④分包单位多于 3 个以上的。

A. ①② B. ②③④
C. ①②③ D. ①②③④

7. 下列关于建筑工程监理的叙述，正确的是（   ）。

A. 国内所有工程都应实施监理

B. 由建设单位决定是否实施监理

C. 建设部可以规定实行强制监理的工程范围

D. 国务院可以规定实行强制监理的工程范围

8. 国外赠款、捐款的工程项目（   ）。

A. 只能由中国监理单位承担建设监理业务

B. 必须委托国外监理单位承担建设监理业务

C. 一般应由中国监理单位承担建设监理业务

D. 一般应由国外监理单位承担建设监理业务

9. 工程监理人员发现工程设计不符合建筑工程质量标准或者合同约定的质量要求的，应当（   ）。

A. 直接与设计单位办理设计变更 B. 向设计单位提出并要求改正
C. 报告建设单位要求设计单位改正 D. 协助设计单位进行改正

10. 由于建设工程事关社会公共利益，需要加强管理，下述对工程发包的说法，正确的是（   ）。

A. 所有的建设工程都必须通过招标发包

B. 工程发包有两种方式：投标发包和直接发包

C. 所有的招标活动都是强制的

D. 选择招标还是直接发包要经过政府主管部门同意

11. 在某施工合同履行中，由于监理工程师指令错误给施工单位造成10万元损失，对该损失向施工单位承担责任的是（   ）。

A. 监理工程师 B. 总监理工程师
C. 监理单位 D. 建设单位

12. 根据《建筑法》，下列关于分包的说法，正确的是（   ）。

A. 承包单位可以将所承包的工程转包给他人

B. 所有分包商都需要建设单位认可

C. 分包商应当对建设单位负责

D. 分包商经建设单位同意可以将承揽的工程再分包

13. 根据《建设工程勘察设计管理条例》的规定，建设工程勘察、设计单位除对建设工程勘察、设计的质量负责外，必须依法进行建设工程勘察、设计，严格执行（   ）。

A. 项目批准文件 B. 城市规划
C. 工程建设强制性标准 D. 工程勘察、设计深度要求

14. 建设工程勘察、设计单位将所承揽的建设工程勘察、设计任务转包的，责令改正，没收违法所得，处罚款为（   ）。

A. 合同约定的勘察费、设计费25%以上50%以下

B. 合同约定的勘察费、设计费50%以上75%以下

C. 合同约定的勘察费、设计费 75%以上 100%以下
D. 合同约定的勘察费、设计费 50%以上 100%以下

15. 根据《建设工程勘察设计管理条例》，下列说法中，不正确的是（　　）。
    A. 发包方可以将整个建设工程的勘察、设计发包给一个勘察设计单位
    B. 发包方可以将建设工程的勘察、设计分别发包给几个勘察、设计单位
    C. 发包方一般应将整个建设工程项目的设计业务发包给一个承接方
    D. 经发包方同意，承包方可以将建设工程的主体部分勘察、设计任务再分包

16. 依法必须进行勘察设计招标的工程项目，在招标时应当具备的条件是（　　）。
    ①按照国家有关规定需要履行项目审批手续的，已履行审批手续，取得批准；
    ②勘察设计所需资金已经落实；
    ③所必需的勘察设计基础资料已经收集完成；
    ④已经签订合法有效的工程监理合同；
    ⑤建设工程施工项目负责人已经确定。
    A. ①②　　　　B. ①②③　　　　C. ①②③④　　　　D. ①②③④⑤

17. 根据《建设工程勘察设计管理条例》，对下列建设工程的勘察、设计，可以直接发包的有（　　）。
    A. 建筑造型无特殊要求的建设工程
    B. 某市政府确定的地方重点项目
    C. 采用特定的专利且已经过有关主管部门批准的建设工程
    D. 全部使用国有资金项目，但因其专业性较强，故符合条件的潜在投标人有限

18. 根据《建设工程勘察设计管理条例》，下列述说中，正确的是（　　）。
    A. 建设工程设计文件内容需要修改的，建设单位应当报经原审批机关批准后，方可修改
    B. 监理单位发现工程设计文件不符合工程建设强制性标准的，有权要求设计单位进行修改
    C. 施工图设计文件未经审查批准的，不得使用
    D. 施工单位发现工程设计文件不符合工程建设强制性标准的，有权要求设计单位进行修改

19. 建筑工程实行质量保修制度，建筑工程的保修范围应当包括（　　）。
    ①地基基础工程、主体结构工程；②屋面防水工程和其他土建工程；③电气管线安装工程；④上下水管线安装工程；⑤供热、供冷系统工程。
    A. ①②⑤　　　　B. ①②④⑤　　　　C. ①②③　　　　D. ①②③④⑤

20. 《建设工程质量管理条例》规定，对屋面防水工程、有防水要求的卫生间、房间和外墙面的防渗漏最低保修期限为（　　）年。
    A. 2　　　　B. 3　　　　C. 4　　　　D. 5

21. 建设工程竣工验收应当具备的条件有（　　）。
    ①完成建设工程设计和合同约定的各项内容；
    ②有完整的技术档案和施工管理资料；
    ③有工程使用的主要建筑材料、建筑构配件和设备的进场试验报告；

④有勘察、设计、施工、工程监理等单位分别签署的质量合格文件；

⑤有施工单位签署的工程保修书；

⑥县级以上人民政府建设行政主管部门或者其他有关部门审查文件。

A. ①②③④⑤　　B. ①②③④⑤⑥　　C. ①③④⑤⑥　　D. ①②④⑤⑥

22. 在竣工验收合格后（　　），建设单位应向工程所在地的县级以上地方人民政府建设行政主管部门备案报送有关竣工资料。

　　A. 1个月　　　　B. 3个月　　　　C. 15天　　　　D. 1年

23. 下述行为中，由建设单位承担相应的质量责任的有（　　）。

①暗示设计单位违反工程建设强制性标准，降低工程质量；

②任意压缩合理工期；

③迫使承包方以低于成本的报价竞标；

④施工图设计文件未经审查，擅自使用；

⑤未对商品混凝土进行检验。

A. ①②　　　　B. ①②③　　　　C. ①②③④　　　　D. ①②③④⑤

24. 工程质量监督机构对竣工验收实施的监督包括（　　）。

①验收程序是否合法；

②参加验收单位人员的资格是否符合要求；

③竣工验收资料是否齐全；

④实体质量是否存在严重缺陷；

⑤竣工结算是否编制。

A. ①②　　　　B. ①②③　　　　C. ①②③④　　　　D. ①②③④⑤

25. 根据《建设工程质量管理条例》，设计文件应当符合国家规定的设计深度要求，注明工程（　　）。

　　A. 使用性质　　　　　　　　B. 合理使用年限

　　C. 合理使用方法　　　　　　D. 使用成本

26. 根据《建设工程质量管理条例》，设计单位在设计文件中选用的建筑材料、构配件和设备，应当注明规格、型号等技术指标，其质量要求必须符合（　　）标准。

　　A. 国家规定　　B. 行业　　　　C. 国家推荐　　　D. 企业

27. 根据《建设工程质量管理条例》，施工单位对施工中出现的质量问题或竣工验收不合理的建设工程，应当负责（　　）。

　　A. 赔偿损失　　B. 保修　　　　C. 保护　　　　D. 返修

28. 根据《建设工程质量管理条例》，施工单位向建设单位提交《工程质量保修书》的时间为（　　）。

　　A. 竣工验收后　　　　　　　B. 竣工验收时

　　C. 提交竣工验收报告时　　　D. 竣工结算后

29. 根据《建设工程质量管理条例》，《工程质量保修书》应当明确的事故不包括（　　）。

　　A. 保修期限　　B. 返修范围　　C. 保修责任　　D. 保修范围

30. 建设工程发生质量事故，有关单位按照《建设工程质量管理条例》规定，应当及时向当地建设行政主管部门和其他有关部门报告的时限是（　　）小时内。
A. 3　　　　　B. 6　　　　　C. 12　　　　　D. 24

第二节　《安全生产法》和《建设工程安全生产管理条例》

一、《考试大纲》的规定

《中华人民共和国安全生产法》（以下简称《安全生产法》）：总则；生产经营单位的安全生产保障；从业人员的权利和义务；安全生产的监督管理；生产安全事故的应急救援与调查处理。

《建设工程安全生产管理条例》：总则；建设单位的安全责任；勘察设计工程监理及其他有关单位的安全责任；施工单位的安全责任；监督管理；生产安全事故的应急救援和调查处理。

二、重点内容

1.《安全生产法》

《安全生产法》于 2002 年 6 月 29 日由全国人民代表大会常务委员会第二十八次会议通过，自 2002 年 11 月 1 日起施行，并于 2014 年 8 月 31 日通过修改，并于 12 月 1 日实施。《安全生产法》包括总则、生产经营单位的安全生产保障、从业人员的安全生产权利义务、安全生产的监督管理、生产安全事故的应急救援与调查处理、法律责任和附则，共七章。

（1）总则

①立法宗旨与适用范围

为了加强安全生产工作，防止和减少生产安全事故，保障人民群众生命和财产安全，促进经济社会持续健康发展，制定本法。

在中华人民共和国领域内从事生产经营活动的单位（以下统称生产经营单位）的安全生产及其监督管理，适用本法；有关法律、行政法规对消防安全和道路交通安全、铁路交通安全、水上交通安全、民用航空安全以及核与辐射安全、特种设备安全另有规定的，适用其规定。

②基本原则

安全生产工作应当以人为本，坚持安全发展，坚持安全第一、预防为主、综合治理的方针，强化和落实生产经营单位的主体责任，建立生产经营单位负责、职工参与、政府监管、行业自律和社会监督的机制。

生产经营单位必须遵守本法和其他有关安全生产的法律、法规，加强安全生产管理，建立、健全安全生产责任制和安全生产规章制度，改善安全生产条件，推进安全生产标准化建设，提高安全生产水平，确保安全生产。生产经营单位的主要负责人对本单位的安全生产工作全面负责。

生产经营单位的从业人员有依法获得安全生产保障的权利，并应当依法履行安全生产方面的义务。

工会依法对安全生产工作进行监督。

国家实行生产安全事故责任追究制度，依照本法和有关法律、法规的规定，追究生产安全事故责任人员的法律责任。

（2）生产经营单位的安全生产保障

1）生产经营单位的主要负责人的职责

生产经营单位的主要负责人对本单位安全生产工作负有下列职责：
①建立、健全本单位安全生产责任制；
②组织制定本单位安全生产规章制度和操作规程；
③组织制定并实施本单位安全生产教育和培训计划；
④保证本单位安全生产投入的有效实施；
⑤督促、检查本单位的安全生产工作，及时消除生产安全事故隐患；
⑥组织制定并实施本单位的生产安全事故应急救援预案；
⑦及时、如实报告生产安全事故。

2）生产经营单位的安全生产责任制

生产经营单位的安全生产责任制应当明确各岗位的责任人员、责任范围和考核标准等内容。生产经营单位应当建立相应的机制，加强对安全生产责任制落实情况的监督考核，保证安全生产责任制的落实。

3）资金投入

生产经营单位应当具备的安全生产条件所必需的资金投入，由生产经营单位的决策机构、主要负责人或者个人经营的投资人予以保证，并对由于安全生产所必需的资金投入不足导致的后果承担责任。

4）安全生产管理机构、人员及其职责

矿山、金属冶炼、建筑施工、道路运输单位和危险物品的生产、经营、储存单位，应当设置安全生产管理机构或者配备专职安全生产管理人员。前款规定以外的其他生产经营单位，从业人员超过一百人的，应当设置安全生产管理机构或者配备专职安全生产管理人员；从业人员在一百人以下的，应当配备专职或者兼职的安全生产管理人员。

生产经营单位的安全生产管理机构以及安全生产管理人员履行下列职责：
①组织或者参与拟订本单位安全生产规章制度、操作规程和生产安全事故应急救援预案；
②组织或者参与本单位安全生产教育和培训，如实记录安全生产教育和培训情况；
③督促落实本单位重大危险源的安全管理措施；
④组织或者参与本单位应急救援演练；
⑤检查本单位的安全生产状况，及时排查生产安全事故隐患，提出改进安全生产管理的建议；
⑥制止和纠正违章指挥、强令冒险作业、违反操作规程的行为；
⑦督促落实本单位安全生产整改措施。

危险物品的生产、经营、储存单位以及矿山、金属冶炼、建筑施工、道路运输单位的主要负责人和安全生产管理人员，应当由主管的负有安全生产监督管理职责的部门对其安全生产知识和管理能力考核合格。考核不得收费。

危险物品的生产、储存单位以及矿山、金属冶炼单位应当有注册安全工程师从事安全生产管理工作。鼓励其他生产经营单位聘用注册安全工程师从事安全生产管理工作。注册安全工程师按专业分类管理，具体办法由国务院人力资源和社会保障部门、国务院安全生产监督管理部门会同国务院有关部门制定。

5）生产经营单位的安全生产教育和培训

生产经营单位应当对从业人员进行安全生产教育和培训，保证从业人员具备必要的安全生产知识，熟悉有关的安全生产规章制度和安全操作规程，掌握本岗位的安全操作技能，了解事故应急处理措施，知悉自身在安全生产方面的权利和义务。未经安全生产教育和培训合格的从业人员，不得上岗作业。

生产经营单位采用新工艺、新技术、新材料或者使用新设备，必须了解、掌握其安全技术特性，采取有效的安全防护措施，并对从业人员进行专门的安全生产教育和培训。

生产经营单位的特种作业人员必须按照国家有关规定经专门的安全作业培训，取得相应资格，方可上岗作业。特种作业人员的范围由国务院安全生产监督管理部门会同国务院有关部门确定。

6）安全设施

生产经营单位新建、改建、扩建工程项目（以下统称建设项目）的安全设施，必须与主体工程同时设计、同时施工、同时投入生产和使用。安全设施投资应当纳入建设项目概算。

矿山、金属冶炼建设项目和用于生产、储存、装卸危险物品的建设项目，应当按照国家有关规定进行安全评价。

建设项目安全设施的设计人、设计单位应当对安全设施设计负责。

矿山建设项目和用于生产、储存危险物品的建设项目的安全设施设计应当按照国家有关规定报经有关部门审查，审查部门及其负责审查的人员对审查结果负责。

矿山、金属冶炼建设项目和用于生产、储存、装卸危险物品的建设项目的施工单位必须按照批准的安全设施设计施工，并对安全设施的工程质量负责。矿山、金属冶炼建设项目和用于生产、储存危险物品的建设项目竣工投入生产或者使用前，应当由建设单位负责组织对安全设施进行验收；验收合格后，方可投入生产和使用。安全生产监督管理部门应当加强对建设单位验收活动和验收结果的监督核查。

7）安全警示标志

生产经营单位应当在有较大危险因素的生产经营场所和有关设施、设备上，设置明显的安全警示标志。

8）安全设备的管理

安全设备的设计、制造、安装、使用、检测、维修、改造和报废，应当符合国家标准或者行业标准。生产经营单位必须对安全设备进行经常性维护、保养，并定期检测，保证正常运转。维护、保养、检测应当做好记录，并由有关人员签字。

生产经营单位使用的危险物品的容器、运输工具，以及涉及人身安全、危险性较大的海洋石油开采特种设备和矿山井下特种设备，必须按照国家有关规定，由专业生产单位生产，并经具有专业资质的检测、检验机构检测、检验合格，取得安全使用证或者安全标志，方可投入使用。检测、检验机构对检测、检验结果负责。

国家对严重危及生产安全的工艺、设备实行淘汰制度，具体目录由国务院安全生产监督管理部门会同国务院有关部门制定并公布。

9）危险物品、重大危险源的管理

危险物品，是指易燃易爆物品、危险化学品、放射性物品等能够危及人身安全和财产安全的物品。重大危险源，是指长期地或者临时地生产、搬运、使用或者储存危险物品，且危险物品的数量等于或者超过临界量的单元（包括场所和设施）。

生产经营单位生产、经营、运输、储存、使用危险物品或者处置废弃危险物品，必须执行有关法律、法规和国家标准或者行业标准，建立专门的安全管理制度，采取可靠的安全措施，接受有关主管部门依法实施的监督管理。

生产经营单位对重大危险源应当登记建档，进行定期检测、评估、监控，并制定应急预案，告知从业人员和相关人员在紧急情况下应当采取的应急措施。

生产经营单位应当按照国家有关规定将本单位重大危险源及有关安全措施、应急措施报有关地方人民政府负责安全生产监督管理的部门和有关部门备案。

10）生产经营场所和员工宿舍的安全管理

生产、经营、储存、使用危险物品的车间、商店、仓库不得与员工宿舍在同一座建筑物内，并应当与员工宿舍保持安全距离。

生产经营场所和员工宿舍应当设有符合紧急疏散要求、标志明显、保持畅通的出口。禁止锁闭、封堵生产经营场所或者员工宿舍的出口。

11）危险作业的管理

生产经营单位进行爆破、吊装以及国务院安全生产监督管理部门会同国务院有关部门规定的其他危险作业，应当安排专门人员进行现场安全管理，确保操作规程的遵守和安全措施的落实。

12）从业人员的安全管理

生产经营单位应当教育和督促从业人员严格执行本单位的安全生产规章制度和安全操作规程；并向从业人员如实告知作业场所和工作岗位存在的危险因素、防范措施以及事故应急措施。

生产经营单位必须为从业人员提供符合国家标准或者行业标准的劳动防护用品，并监督、教育从业人员按照使用规则佩戴、使用。

生产经营单位应当安排用于配备劳动防护用品、进行安全生产培训的经费。

13）同一作业区域内两个以上生产经营单位的安全管理

两个以上生产经营单位在同一作业区域内进行生产经营活动，可能危及对方生产安全的，应当签订安全生产管理协议，明确各自的安全生产管理职责和应当采取的安全措施，并指定专职安全生产管理人员进行安全检查与协调。

14）安全生产责任保险

生产经营单位必须依法参加工伤保险，为从业人员缴纳保险费。

国家鼓励生产经营单位投保安全生产责任保险。

（3）从业人员的安全生产权利义务

1）从业人员的安全生产权利

①劳动合同的安全条款。生产经营单位与从业人员订立的劳动合同，应当载明有关保障从业人员劳动安全、防止职业危害的事项，以及依法为从业人员办理工伤保险的事项。生产经营单位不得以任何形式与从业人员订立协议，免除或者减轻其对从业人员因生产安全事故伤亡依法应承担的责任。

②知情权、建议权。生产经营单位的从业人员有权了解其作业场所和工作岗位存在的危险因素、防范措施及事故应急措施，有权对本单位的安全生产工作提出建议。

③批评、检举、控告权。从业人员有权对本单位安全生产工作中存在的问题提出批评、检举、控告；有权拒绝违章指挥和强令冒险作业。生产经营单位不得因从业人员对本

单位安全生产工作提出批评、检举、控告或者拒绝违章指挥、强令冒险作业而降低其工资、福利等待遇或者解除与其订立的劳动合同。

④紧急处置权。从业人员发现直接危及人身安全的紧急情况时，有权停止作业或者在采取可能的应急措施后撤离作业场所。生产经营单位不得因从业人员在前款紧急情况下停止作业或采取紧急撤离措施而降低其工资、福利等待遇或者解除与其订立的劳动合同。

⑤获得赔偿权。因生产安全事故受到损害的从业人员，除依法享有工伤保险外，依照有关民事法律尚有获得赔偿的权利的，有权向本单位提出赔偿要求。

2）从业人员的安全生产义务

①从业人员在作业过程中，应当严格遵守本单位的安全生产规章制度和操作规程，服从管理，正确佩戴和使用劳动防护用品。

②从业人员应当接受安全生产教育和培训，掌握本职工作所需的安全生产知识，提高安全生产技能，增强事故预防和应急处理能力。

③从业人员发现事故隐患或者其他不安全因素，应当立即向现场安全生产管理人员或者本单位负责人报告；接到报告的人员应当及时予以处理。

3）其他权利义务

①工会有权对建设项目的安全设施与主体工程同时设计、同时施工、同时投入生产和使用进行监督，提出意见。工会有权依法参加事故调查，向有关部门提出处理意见，并要求追究有关人员的责任。

②生产经营单位使用被派遣劳动者的，被派遣劳动者享有本法规定的从业人员的权利，并应当履行本法规定的从业人员的义务。

(4) 安全生产的监督管理

1）安全生产事项的审查批准、验收

负有安全生产监督管理职责的部门依照有关法律、法规的规定，对涉及安全生产的事项需要审查批准（包括批准、核准、许可、注册、认证、颁发证照等，下同）或者验收的，必须严格依照有关法律、法规和国家标准或者行业标准规定的安全生产条件和程序进行审查；不符合有关法律、法规和国家标准或者行业标准规定的安全生产条件的，不得批准或者验收通过。对未依法取得批准或者验收合格的单位擅自从事有关活动的，负责行政审批的部门发现或者接到举报后应当立即予以取缔，并依法予以处理。对已经依法取得批准的单位，负责行政审批的部门发现其不再具备安全生产条件的，应当撤销原批准。

2）安全生产的监督检查

安全生产监督管理部门和其他负有安全生产监督管理职责的部门依法开展安全生产行政执法工作，行使以下职权：

①进入生产经营单位进行检查，调阅有关资料，向有关单位和人员了解情况；

②对检查中发现的安全生产违法行为，当场予以纠正或者要求限期改正；对依法应当给予行政处罚的行为，依照本法和其他有关法律、行政法规的规定作出行政处罚决定；

③对检查中发现的事故隐患，应当责令立即排除；重大事故隐患排除前或者排除过程中无法保证安全的，应当责令从危险区域内撤出作业人员，责令暂时停产停业或者停止使用相关设施、设备；重大事故隐患排除后，经审查同意，方可恢复生产经营和使用；

④对有根据认为不符合保障安全生产的国家标准或者行业标准的设施、设备、器材以

及违法生产、储存、使用、经营、运输的危险物品予以查封或者扣押，对违法生产、储存、使用、经营危险物品的作业场所予以查封，并依法作出处理决定。

3）安全生产监察

监察机关依照行政监察法的规定，对负有安全生产监督管理职责的部门及其工作人员履行安全生产监督管理职责实施监察。

4）安全生产的举报制度

负有安全生产监督管理职责的部门应当建立举报制度，公开举报电话、信箱或者电子邮件地址，受理有关安全生产的举报；受理的举报事项经调查核实后，应当形成书面材料；需要落实整改措施的，报经有关负责人签字并督促落实。

任何单位或者个人对事故隐患或者安全生产违法行为，均有权向负有安全生产监督管理职责的部门报告或者举报。

居民委员会、村民委员会发现其所在区域内的生产经营单位存在事故隐患或者安全生产违法行为时，应当向当地人民政府或者有关部门报告。

（5）生产安全事故的应急救援与调查处理

1）县级以上地方各级人民政府应当组织有关部门制定本行政区域内生产安全事故应急救援预案，建立应急救援体系。

生产经营单位应当制定本单位生产安全事故应急救援预案，与所在地县级以上地方人民政府组织制定的生产安全事故应急救援预案相衔接，并定期组织演练。

危险物品的生产、经营、储存单位以及矿山、金属冶炼、城市轨道交通运营、建筑施工单位应当建立应急救援组织；生产经营规模较小的，可以不建立应急救援组织，但应当指定兼职的应急救援人员。危险物品的生产、经营、储存、运输单位以及矿山、金属冶炼、城市轨道交通运营、建筑施工单位应当配备必要的应急救援器材、设备和物资，并进行经常性维护、保养，保证正常运转。

2）生产经营单位发生生产安全事故后，事故现场有关人员应当立即报告本单位负责人。单位负责人接到事故报告后，应当迅速采取有效措施，组织抢救，防止事故扩大，减少人员伤亡和财产损失，并按照国家有关规定立即如实报告当地负有安全生产监督管理职责的部门，不得隐瞒不报、谎报或者迟报，不得故意破坏事故现场、毁灭有关证据。

负有安全生产监督管理职责的部门接到事故报告后，应当立即按照国家有关规定上报事故情况。负有安全生产监督管理职责的部门和有关地方人民政府对事故情况不得隐瞒不报、谎报或者迟报。

事故调查处理应当按照科学严谨、依法依规、实事求是、注重实效的原则，及时、准确地查清事故原因，查明事故性质和责任，总结事故教训，提出整改措施，并对事故责任者提出处理意见。事故调查报告应当依法及时向社会公布。事故调查和处理的具体办法由国务院制定。

（6）法律责任

《安全生产法》对生产经营单位、从业人员、安全生产监管部门工作人员的违法行为的法律责任作了明确规定，此处略。

2.《建设工程安全生产管理条例》

《建设工程安全生产管理条例》于2003年11月12日国务院第28次常务会议通过，

自2004年2月1日起施行。该条例包括总则、建设单位的安全责任、勘察设计、工程监理及其他有关单位的安全责任、施工单位的安全责任、监督管理、生产安全事故的应急救援和调查处理、法律责任和附则,共八章。

(1) 总则

为了加强建设工程安全生产监督管理,保障人民群众生命和财产安全,根据《中华人民共和国建筑法》、《中华人民共和国安全生产法》,制定本条例。在中华人民共和国境内从事建设工程的新建、扩建、改建和拆除等有关活动及实施对建设工程安全生产的监督管理,必须遵守本条例。

本条例所称建设工程,是指土木工程、建筑工程、线路管道和设备安装工程及装修工程。

建设工程安全生产管理,坚持安全第一、预防为主的方针。

(2) 建设单位的安全责任

1) 建设单位应当向施工单位提供施工现场及毗邻区域内供水、排水、供电、供气、供热、通信、广播电视等地下管线资料,气象和水文观测资料,相邻建筑物和构筑物、地下工程的有关资料,并保证资料的真实、准确、完整。

2) 建设单位不得对勘察、设计、施工、工程监理等单位提出不符合建设工程安全生产法律、法规和强制性标准规定的要求,不得压缩合同约定的工期。

3) 建设单位在编制工程概算时,应当确定建设工程安全作业环境及安全施工措施所需费用。

4) 建设单位不得明示或者暗示施工单位购买、租赁、使用不符合安全施工要求的安全防护用具、机械设备、施工机具及配件、消防设施和器材。

5) 建设单位在申请领取施工许可证时,应当提供建设工程有关安全施工措施的资料。依法批准开工报告的建设工程,建设单位应当自开工报告批准之日起15日内,将保证安全施工的措施报送建设工程所在地的县级以上地方人民政府建设行政主管部门或者其他有关部门备案。

6) 建设单位应当将拆除工程发包给具有相应资质等级的施工单位。建设单位应当在拆除工程施工15日前,将下列资料报送建设工程所在地的县级以上地方人民政府建设行政主管部门或者其他有关部门备案:

①施工单位资质等级证明;

②拟拆除建筑物、构筑物及可能危及毗邻建筑的说明;

③拆除施工组织方案;

④堆放、清除废弃物的措施。

实施爆破作业的,应当遵守国家有关民用爆炸物品管理的规定。

(3) 勘察、设计、工程监理及其他有关单位的安全责任

①勘察单位

勘察单位应当按照法律、法规和工程建设强制性标准进行勘察,提供的勘察文件应当真实、准确,满足建设工程安全生产的需要。

勘察单位在勘察作业时,应当严格执行操作规程,采取措施保证各类管线、设施和周边建筑物、构筑物的安全。

②设计单位

设计单位应当按照法律、法规和工程建设强制性标准进行设计，防止因设计不合理导致生产安全事故的发生。

设计单位应当考虑施工安全操作和防护的需要，对涉及施工安全的重点部位和环节在设计文件中注明，并对防范生产安全事故提出指导意见。

采用新结构、新材料、新工艺的建设工程和特殊结构的建设工程，设计单位应当在设计中提出保障施工作业人员安全和预防生产安全事故的措施建议。

设计单位和注册建筑师等注册执业人员应当对其设计负责。

③监理单位

监理单位应当审查施工组织设计中的安全技术措施或者专项施工方案是否符合工程建设强制性标准。

工程监理单位在实施监理过程中，发现存在安全事故隐患的，应当要求施工单位整改；情况严重的，应当要求施工单位暂时停止施工，并及时报告建设单位。施工单位拒不整改或者不停止施工的，工程监理单位应当及时向有关主管部门报告。

工程监理单位和监理工程师应当按照法律、法规和工程建设强制性标准实施监理，并对建设工程安全生产承担监理责任。

④其他相关单位

为建设工程提供机械设备和配件的单位，应当按照安全施工的要求配备齐全有效的保险、限位等安全设施和装置。

出租的机械设备和施工机具及配件，应当具有生产（制造）许可证、产品合格证。出租单位应当对出租的机械设备和施工机具及配件的安全性能进行检测，在签订租赁协议时，应当出具检测合格证明。禁止出租检测不合格的机械设备和施工机具及配件。

在施工现场安装、拆卸施工起重机械和整体提升脚手架、模板等自升式架设设施，必须由具有相应资质的单位承担。施工起重机械和整体提升脚手架、模板等自升式架设设施安装完毕后，安装单位应当自检，出具自检合格证明，并向施工单位进行安全使用说明，办理验收手续并签字。

施工起重机械和整体提升脚手架、模板等自升式架设设施的使用达到国家规定的检验检测期限的，必须经具有专业资质的检验检测机构检测。检验检测机构对检测合格的施工起重机械和整体提升脚手架、模板等自升式架设设施，应当出具安全合格证明文件，并对检测结果负责。

（4）施工单位的安全责任

1）施工单位相关负责人的安全责任

施工单位主要负责人依法对本单位的安全生产工作全面负责。施工单位应当建立健全安全生产责任制度和安全生产教育培训制度，制定安全生产规章制度和操作规程，保证本单位安全生产条件所需资金的投入，对所承担的建设工程进行定期和专项安全检查，并做好安全检查记录。

施工单位的项目负责人应当由取得相应执业资格的人员担任，对建设工程项目的安全施工负责，落实安全生产责任制度、安全生产规章制度和操作规程，确保安全生产费用的有效使用，并根据工程的特点组织制定安全施工措施，消除安全事故隐患，及时、如实报告生产安全事故。

施工单位应当设立安全生产管理机构，配备专职安全生产管理人员。专职安全生产管理人员负责对安全生产进行现场监督检查。发现安全事故隐患，应当及时向项目负责人和安全生产管理机构报告；对违章指挥、违章操作的，应当立即制止。

2）安全资金投入

施工单位对列入建设工程概算的安全作业环境及安全施工措施所需费用，应当用于施工安全防护用具及设施的采购和更新、安全施工措施的落实、安全生产条件的改善，不得挪作他用。

3）施工总分包的安全责任关系

建设工程实行施工总承包的，由总承包单位对施工现场的安全生产负总责。总承包单位依法将建设工程分包给其他单位的，分包合同中应当明确各自的安全生产方面的权利、义务。总承包单位和分包单位对分包工程的安全生产承担连带责任。

分包单位应当服从总承包单位的安全生产管理，分包单位不服从管理导致生产安全事故的，由分包单位承担主要责任。

4）特种作业人员持证上岗制

垂直运输机械作业人员、安装拆卸工、爆破作业人员、起重信号工、登高架设作业人员等特种作业人员，必须按照国家有关规定经过专门的安全作业培训，并取得特种作业操作资格证书后，方可上岗作业。

5）编制安全技术措施和专项施工方案

施工单位应当在施工组织设计中编制安全技术措施和施工现场临时用电方案，对下列达到一定规模的危险性较大的分部分项工程编制专项施工方案，并附具安全验算结果，经施工单位技术负责人、总监理工程师签字后实施，由专职安全生产管理人员进行现场监督：

①基坑支护与降水工程；

②土方开挖工程；

③模板工程；

④起重吊装工程；

⑤脚手架工程；

⑥拆除、爆破工程；

⑦国务院建设行政主管部门或者其他有关部门规定的其他危险性较大的工程。

对前款所列工程中涉及深基坑、地下暗挖工程、高大模板工程的专项施工方案，施工单位还应当组织专家进行论证、审查。

6）安全技术交底

建设工程施工前，施工单位负责项目管理的技术人员应当对有关安全施工的技术要求向施工作业班组、作业人员作出详细说明，并由双方签字确认。

7）设置安全警示标志

施工单位应当在施工现场入口处、施工起重机械、临时用电设施、脚手架、出入通道口、楼梯口、电梯井口、孔洞口、桥梁口、隧道口、基坑边沿、爆破物及有害危险气体和液体存放处等危险部位，设置明显的安全警示标志。安全警示标志必须符合国家标准。

施工单位应当根据不同施工阶段和周围环境及季节、气候的变化，在施工现场采取相应的安全施工措施。施工现场暂时停止施工的，施工单位应当做好现场防护，所需费用由责任方承担，或者按照合同约定执行。

8）作业区与办公、生活区的安全管理

施工单位应当将施工现场的办公、生活区与作业区分开设置，并保持安全距离；办公、生活区的选址应当符合安全性要求。职工的膳食、饮水、休息场所等应当符合卫生标准。施工单位不得在尚未竣工的建筑物内设置员工集体宿舍。

施工现场临时搭建的建筑物应当符合安全使用要求。施工现场使用的装配式活动房屋应当具有产品合格证。

9）施工现场周边安全与环境保护

施工单位对因建设工程施工可能造成损害的毗邻建筑物、构筑物和地下管线等，应当采取专项防护措施。

施工单位应当遵守有关环境保护法律、法规的规定，在施工现场采取措施，防止或者减少粉尘、废气、废水、固体废物、噪声、振动和施工照明对人和环境的危害和污染。

在城市市区内的建设工程，施工单位应当对施工现场实行封闭围挡。

10）施工现场消防安全

施工单位应当在施工现场建立消防安全责任制度，确定消防安全责任人，制定用火、用电、使用易燃易爆材料等各项消防安全管理制度和操作规程，设置消防通道、消防水源，配备消防设施和灭火器材，并在施工现场入口处设置明显标志。

11）作业人员的安全权利与义务

施工单位应当向作业人员提供安全防护用具和安全防护服装，并书面告知危险岗位的操作规程和违章操作的危害。

作业人员有权对施工现场的作业条件、作业程序和作业方式中存在的安全问题提出批评、检举和控告，有权拒绝违章指挥和强令冒险作业。

在施工中发生危及人身安全的紧急情况时，作业人员有权立即停止作业或者在采取必要的应急措施后撤离危险区域。

作业人员应当遵守安全施工的强制性标准、规章制度和操作规程，正确使用安全防护用具、机械设备等。

12）安全防护用具、机械设备的管理

施工单位采购、租赁的安全防护用具、机械设备、施工机具及配件，应当具有生产（制造）许可证、产品合格证，并在进入施工现场前进行查验。

施工现场的安全防护用具、机械设备、施工机具及配件必须由专人管理，定期进行检查、维修和保养，建立相应的资料档案，并按照国家有关规定及时报废。

13）施工起重机械和自升式架设设施的管理

施工单位在使用施工起重机械和整体提升脚手架、模板等自升式架设设施前，应当组织有关单位进行验收，也可以委托具有相应资质的检验检测机构进行验收；使用承租的机械设备和施工机具及配件的，由施工总承包单位、分包单位、出租单位和安装单位共同进行验收。《特种设备安全监察条例》规定的施工起重机械，在验收前应当经有相应资质的检验检测机构监督检验合格。

施工单位应当自施工起重机械和整体提升脚手架、模板等自升式架设设施验收合格之日起30日内，向建设行政主管部门或者其他有关部门登记。登记标志应当置于或者附着于该设备的显著位置。

14) 安全教育培训

施工单位的主要负责人、项目负责人、专职安全生产管理人员应当经建设行政主管部门或者其他有关部门考核合格后方可任职。

施工单位应当对管理人员和作业人员每年至少进行一次安全生产教育培训，其教育培训情况记入个人工作档案。安全生产教育培训考核不合格的人员，不得上岗。

作业人员进入新的岗位或者新的施工现场前，应当接受安全生产教育培训。未经教育培训或者教育培训考核不合格的人员，不得上岗作业。

施工单位在采用新技术、新工艺、新设备、新材料时，应当对作业人员进行相应的安全生产教育培训。

15) 办理意外伤害保险

施工单位应当为施工现场从事危险作业的人员办理意外伤害保险。意外伤害保险费由施工单位支付。实行施工总承包的，由总承包单位支付意外伤害保险费。意外伤害保险期限自建设工程开工之日起至竣工验收合格止。

(5) 监督管理

国务院负责安全生产监督管理的部门依照《中华人民共和国安全生产法》的规定，对全国建设工程安全生产工作实施综合监督管理。国务院建设行政主管部门对全国的建设工程安全生产实施监督管理。国务院铁路、交通、水利等有关部门按照国务院规定的职责分工，负责有关专业建设工程安全生产的监督管理。

建设行政主管部门在审核发放施工许可证时，应当对建设工程是否有安全施工措施进行审查，对没有安全施工措施的，不得颁发施工许可证。

县级以上人民政府负有建设工程安全生产监督管理职责的部门在各自的职责范围内履行安全监督检查职责时，有权采取下列措施：

①要求被检查单位提供有关建设工程安全生产的文件和资料；

②进入被检查单位施工现场进行检查；

③纠正施工中违反安全生产要求的行为；

④对检查中发现的安全事故隐患，责令立即排除；重大安全事故隐患排除前或者排除过程中无法保证安全的，责令从危险区域内撤出作业人员或者暂时停止施工。

建设行政主管部门或者其他有关部门可以将施工现场的监督检查委托给建设工程安全监督机构具体实施。

(6) 生产安全事故的应急救援和调查处理

①应急救援体系

县级以上地方人民政府建设行政主管部门应当根据本级人民政府的要求，制定本行政区域内建设工程特大生产安全事故应急救援预案。

施工单位应当制定本单位生产安全事故应急救援预案，建立应急救援组织或者配备应急救援人员，配备必要的应急救援器材、设备，并定期组织演练。

施工单位应当根据建设工程施工的特点、范围，对施工现场易发生重大事故的部位、环节进行监控，制定施工现场生产安全事故应急救援预案。实行施工总承包的，由总承包单位统一组织编制建设工程生产安全事故应急救援预案，工程总承包单位和分包单位按照应急救援预案，各自建立应急救援组织或者配备应急救援人员，配备救援器材、设备，并定期组织演练。

②安全事故的报告与调查处理

施工单位发生生产安全事故，应当按照国家有关伤亡事故报告和调查处理的规定，及时、如实地向负责安全生产监督管理的部门、建设行政主管部门或者其他有关部门报告；特种设备发生事故的，还应当同时向特种设备安全监督管理部门报告。接到报告的部门应当按照国家有关规定，如实上报。实行施工总承包的建设工程，由总承包单位负责上报事故。

发生生产安全事故后，施工单位应当采取措施防止事故扩大，保护事故现场。需要移动现场物品时，应当做出标记和书面记录，妥善保管有关证物。

建设工程生产安全事故的调查、对事故责任单位和责任人的处罚与处理，按照有关法律、法规的规定执行。

(7) 法律责任

该条例对建设、勘察、设计、监理、施工单位及其他相关单位、政府建设行政主管部门的违法行为的法律责任作出了明确规定，以下主要阐述勘察、设计单位的法律责任。

1) 勘察单位、设计单位有下列行为之一的，责令限期改正，处10万元以上30万元以下的罚款；情节严重的，责令停业整顿，降低资质等级，直至吊销资质证书；造成重大安全事故，构成犯罪的，对直接责任人员，依照刑法有关规定追究刑事责任；造成损失的，依法承担赔偿责任：

①未按照法律、法规和工程建设强制性标准进行勘察、设计的；

②采用新结构、新材料、新工艺的建设工程和特殊结构的建设工程，设计单位未在设计中提出保障施工作业人员安全和预防生产安全事故的措施建议的。

2) 注册执业人员未执行法律、法规和工程建设强制性标准的，责令停止执业3个月以上1年以下；情节严重的，吊销执业资格证书，5年内不予注册；造成重大安全事故的，终身不予注册；构成犯罪的，依照刑法有关规定追究刑事责任。

三、解题指导

《安全生产法》是我国各类生产经营企业安全生产管理的基本法，也是《建设工程安全生产管理条例》的主要立法依据，因此，《安全生产法》的许多规定在《建设工程安全生产管理条例》中得到体现，但由于建设工程的特殊性，《建设工程安全生产管理条例》对建设工程安全生产的管理内容进行完善补充。

复习时，应通过对比《安全生产法》与《建设工程安全生产管理条例》的异同点进行理解、记忆。同时，《建设工程安全生产管理条例》的另一立法依据是《建筑法》，因此，《建筑法》中关于建设工程安全生产管理规定在《建设工程安全生产管理条例》仍得到体现。

【例 19-2-1】 在下列（　　）建设工程中，设计单位应当在设计中提供保障施工人员安全和预防生产安全事故的措施建议。

A. 全部使用国有资金的　　　　B. 国家重点的
C. 关系公共利益和公共安全的　D. 采用特殊结构的

【解】 依据《建设工程安全生产管理条例》中设计单位的安全责任，当采用特殊结构的建设工程，设计单位应当在设计中提供保障施工人员安全和预防生产安全事故的措施建议，所以，应选 D 项。

四、应试题解

1.《安全生产法》规定，生产经营单位的安全设施，必须与主体工程（　　）。
①同时设计；②同时施工；③同时投入生产和使用。
　A. ①　　　　　　B. ①②　　　　　　C. ①③　　　　　　D. ①②③

2. 为加强安全管理，政府要求施工单位要为从业人员缴纳工伤保险，关于该保险费缴纳的说法，正确的是（　　）。
　A. 施工单位与劳动者各缴纳一半　　　B. 施工单位全额缴纳
　C. 劳动者全额缴纳　　　　　　　　　D. 施工单位与劳动者在合同中约定缴纳办法

3. 某作业人员在外脚手架上施工时，发现部分扣件松动而可能倒塌，故停止了作业，这属于从业人员在行使（　　）。
　A. 知情权　　　　　B. 拒绝权　　　　　C. 紧急避险权　　　　　D. 检举权

4. 某施工单位固定从业人员1000人，根据《安全生产法》规定，下述做法中，正确的是（　　）。
　A. 应当建立应急救援组织
　B. 可不建立应急救援组织，但应指定专职应急救援人员
　C. 可不建立应急救援组织，但应指定兼职应急救援人员
　D. 可不建立应急救援组织，但应当配备必要的应急救援器材设备

5. 某建筑构件公司由于安全生产资金投入不足造成两人受伤，（　　）应当对此承担责任。
①企业法定代表人；②该公司经理；③该公司的安全管理人员。
　A. ①　　　　　　B. ②　　　　　　C. ①②　　　　　　D. ①②③

6. 某施工单位进行深基坑开挖工程，依照《安全生产法》规定，下述说法中，正确的是（　　）。
①施工单位应当登记建档；
②施工单位应当制定紧急预案；
③施工单位作的应急措施应经有关安全监督部门批准；
④施工单位作的应急措施应经有关安全监督部门备案。
　A. ①　　　　　　B. ①②　　　　　　C. ①②③　　　　　　D. ①②④

7. 某工厂有闲置用房，现准备对外出租给一烟花爆竹生产企业，根据《安全生产法》规定，下列表述中，正确的是（　　）。
　A. 工厂应核查该企业是否有生产许可证
　B. 工厂不得要求查看企业的生产许可证
　C. 是否核查生产许可证由工厂决定
　D. 不需核查该企业是否有生产许可证

8.《建设工程安全生产管理条例》规定，勘察单位、设计单位有下列行为之一的，责令限期改正，处罚款（　　）；造成损失的，依法承担赔偿责任。
①未按照法律、法规和工程建设强制性标准进行勘察、设计的；
②采用新结构、新材料、新工艺的建设工程，设计单位未在设计中提出保障施工作业人员安全和预防生产安全事故的措施建议的。

A. 5万元以下　　　B. 5万~10万元　　　C. 10万~30万元　　　D. 30万元以上

9. 《建设工程安全生产管理条例》规定，注册执业人员未执行法律、法规和工程建设强制性标准的，责令停止执业3个月以上1年以下；情节严重的，吊销执业资格证书，（　　）内不予注册。

A. 1年　　　　　B. 3年　　　　　C. 5年　　　　　D. 终身

10. 《建设工程安全生产管理条例》规定，施工现场安全由（　　）负责。

①建筑施工企业；

②实行施工总承包的，由总承包单位负责；

③分包单位向总承包单位负责；

④分包单位服从总承包单位对施工现场的安全生产管理。

A. ①　　　　　B. ①②　　　　　C. ①②③　　　　　D. ①②③④

11. 在下列（　　）建设工程中，设计单位应当在设计中提供保障施工人员安全和预防生产安全事故的措施建议。

①采用新结构的；

②采用新材料、新工艺的；

③国家重点的；

④专业性较强的；

⑤特殊结构的。

A. ①②　　　　　B. ①②③　　　　　C. ①②③④　　　　　D. ①②⑤

12. 在建筑生产中最基本的安全管理制度是（　　）。

A. 安全生产责任制度　　　　　B. 群防群治制度

C. 安全教育培训制度　　　　　D. 安全生产检查制度

13. 根据《建设工程安全生产管理条例》规定，建设单位不得压缩（　　）。

A. 合理工期　　　　　B. 合同约定的工期

C. 标准工期　　　　　D. 法定工期

14. 某国家重点工程按照法律规定不需办理施工许可证，持有开工报告即可开工建设，下列说法中，正确的是（　　）。

A. 建设单位应将保证安全施工的措施报送开工报告发证机构审查

B. 建设单位应将保证安全施工的措施报送开工报告发证机构备案

C. 建设单位应将保证安全施工的措施报送建设行政主管部门批准

D. 建设单位应将保证安全施工的措施报送建设行政主管部门备案

15. 工程总承包单位为某建设工程项目中从事危险作业的人员办理意外伤害保险，该保险责任期限到该项目（　　）之日为止。

A. 提交竣工验收报告　　　　　B. 竣工验收合格

C. 竣工验收备案　　　　　D. 交付使用

16. 施工单位专职安全生产管理人员负责对安全生产进行现场监督检查。发现安全事故隐患，应当及时向（　　）报告；对违章指挥、违章操作，应当立即制止。

A. 项目负责人　　　　　B. 安全生产管理机构

C. 县级以上人民政府　　　　　D. 项目负责人和安全生产管理机构

17. 脚手架工程是一项危险性工程，对于脚手架工程的说法，不正确的是（　　）。
A. 施工单位应在施工组织设计中编制安全技术措施
B. 需要编制专项施工方案，并附安全验算结果
C. 专项施工方案经专职安全管理人员签字后实施
D. 由专职安全管理人员进行现场监督

18. 关于安全施工技术交底，下列说法中，正确的是（　　）。
A. 施工单位负责项目管理的技术人员向施工作业人员的交底
B. 专职安全生产管理人员向施工作业人员的交底
C. 施工单位负责项目管理的技术人员向专职安全生产管理人员的交底
D. 施工单位负责人向施工作业人员的交底

19. 施工单位应当组织专家对专项施工方案进行论证、审查的工程是（　　）。
A. 起重吊装工程　　B. 爆破工程　　　　C. 模板工程　　　　D. 地下暗挖工程

20. 某施工单位租赁一建筑设备公司的塔吊，经组织有关方验收合格，施工单位应在验收合格之日起（　　）内，向建设行政主管部门或者其他有关部门登记。
A. 5 日　　　　　　B. 10 日　　　　　　C. 20 日　　　　　　D. 30 日

第三节　《招标投标法》

一、《考试大纲》的规定

《中华人民共和国招标投标法》（以下简称《招标投标法》）：总则；招标；投标；开标；评标和中标；法律责任。

二、重点内容

《招标投标法》于 1999 年 8 月 30 日由第九届全国人民代表大会常务委员会第十一次会议通过，自 2000 年 1 月 1 日起施行。2017 年 12 月由第十二届全国人民代表大会常务委员会通过修正。《招标投标法》包括总则、招标、投标、开标、评标和中标、法律责任、附则，共六章。

1. 总则

（1）立法宗旨和适用范围

为了规范招标投标活动，保护国家利益、社会公共利益和招标投标活动当事人的合法权益，提高经济效益，保证项目质量，制定本法。

在中华人民共和国境内进行招标投标活动，适用本法。

使用国际组织或者外国政府贷款、援助资金的项目进行招标，贷款方、资金提供方对招标投标的具体条件和程序有不同规定的，可以适用其规定。但违背中华人民共和国的社会公共利益的除外。

（2）基本原则

①招标投标活动应当遵循公开、公平、公正和诚实信用的原则。

②任何单位和个人不得将依法必须进行招标的项目化整为零或者以其他任何方式规避招标。

③依法必须进行招标的项目，其招标投标活动不受地区或者部门的限制。任何单位和

个人不得违法限制或者排斥本地区、本系统以外的法人或者其他组织参加投标,不得以任何方式非法干涉招标投标活动。

(3) 必须进行招标的项目范围

在中华人民共和国境内进行下列工程建设项目包括项目的勘察、设计、施工、监理以及与工程建设有关的重要设备、材料等的采购,必须进行招标:

①大型基础设施、公用事业等关系社会公共利益、公众安全的项目;

②全部或者部分使用国有资金投资或者国家融资的项目;

③使用国际组织或者外国政府贷款、援助资金的项目。

涉及国家安全、国家秘密、抢险救灾或者属于利用扶贫资金实行以工代赈、需要使用农民工等特殊情况,不适宜进行招标的项目,按照国家有关规定可以不进行招标。

2. 招标

(1) 招标人

招标人是依照本法规定提出招标项目、进行招标的法人或者其他组织。

(2) 须审批的招标项目

招标项目按照国家有关规定需要履行项目审批手续的,应当先履行审批手续,取得批准。招标人应当有进行招标项目的相应资金或者资金来源已经落实,并应当在招标文件中如实载明。

(3) 招标方式

招标分为公开招标和邀请招标。

公开招标,是指招标人以招标公告的方式邀请不特定的法人或者其他组织投标。

邀请招标,是指招标人以投标邀请书的方式邀请特定的法人或者其他组织投标。

国务院发展计划部门确定的国家重点项目和省、自治区、直辖市人民政府确定的地方重点项目不适宜公开招标的,经国务院发展计划部门或者省、自治区、直辖市人民政府批准,可以进行邀请招标。

(4) 自行招标

招标人具有编制招标文件和组织评标能力的,可以自行办理招标事宜。任何单位和个人不得强制其委托招标代理机构办理招标事宜。

依法必须进行招标的项目,招标人自行办理招标事宜的,应当向有关行政监督部门备案。

(5) 招标代理

招标代理机构是依法设立、从事招标代理业务并提供相关服务的社会中介组织。招标代理机构应当具备的条件:①有从事招标代理业务的营业场所和相应资金;②有能够编制招标文件和组织评标的相应专业力量。

招标人有权自行选择招标代理机构,委托其办理招标事宜。任何单位和个人不得以任何方式为招标人指定招标代理机构。

招标代理机构应当在招标人委托的范围内办理招标事宜,并遵守本法关于招标人的规定。

(6) 招标公告或投标邀请书

招标人采用公开招标方式的,应当发布招标公告。依法必须进行招标的项目的招标公告，应当通过国家指定的报刊、信息网络或者其他媒介发布。招标公告应当载明招标人的名称和地址、招标项目的性质、数量、实施地点和时间以及获取招标文件的办法等事项。

招标人采用邀请招标方式的，应当向三个以上具备承担招标项目的能力、资信良好的特定的法人或者其他组织发出投标邀请书。投标邀请书应当载明本法规定的事项。

(7) 潜在投标人

招标人可以根据招标项目本身的要求，在招标公告或者投标邀请书中，要求潜在投标人提供有关资质证明文件和业绩情况，并对潜在投标人进行资格审查；国家对投标人的资格条件有规定的，依照其规定。招标人不得以不合理的条件限制或者排斥潜在投标人，不得对潜在投标人实行歧视待遇。

(8) 招标文件

①招标人应当根据招标项目的特点和需要编制招标文件。招标文件应当包括招标项目的技术要求、对投标人资格审查的标准、投标报价要求和评标标准等所有实质性要求和条件以及拟签订合同的主要条款。

②国家对招标项目的技术、标准有规定的，招标人应当按照其规定在招标文件中提出相应要求。招标项目需要划分标段、确定工期的，招标人应当合理划分标段、确定工期，并在招标文件中载明。

③招标文件不得要求或者标明特定的生产供应者以及含有倾向或者排斥潜在投标人的其他内容。

④招标人应当确定投标人编制投标文件所需要的合理时间；但是，依法必须进行招标的项目，自招标文件开始发出之日起至投标人提交投标文件截止之日止，最短不得少于二十日。

(9) 招标文件的澄清或者修改

招标人对已发出的招标文件进行必要的澄清或者修改的，应当在招标文件要求提交投标文件截止时间至少十五日前，以书面形式通知所有招标文件收受人。该澄清或者修改的内容为招标文件的组成部分。

3. 投标

(1) 投标人

投标人是响应招标、参加投标竞争的法人或者其他组织。依法招标的科研项目允许个人参加投标的，投标的个人适用本法有关投标人的规定。

投标人应当具备承担招标项目的能力；国家有关规定对投标人资格条件或者招标文件对投标人资格条件有规定的，投标人应当具备规定的资格条件。

(2) 投标文件编制

投标人应当按照招标文件的要求编制投标文件。投标文件应当对招标文件提出的实质性要求和条件作出响应。

招标项目属于建设施工的，投标文件的内容应当包括拟派出的项目负责人与主要技术人员的简历、业绩和拟用于完成招标项目的机械设备等。

投标人根据招标文件载明的项目实际情况，拟在中标后将中标项目的部分非主体、非关键性工作进行分包的，应当在投标文件中载明。

(3) 投标文件的送达与补充、修改、撤回

投标人应当在招标文件要求提交投标文件的截止时间前,将投标文件送达投标地点。招标人收到投标文件后,应当签收保存,不得开启。投标人少于三个的,招标人应当依照本法重新招标。在招标文件要求提交投标文件的截止时间后送达的投标文件,招标人应当拒收。

投标人在招标文件要求提交投标文件的截止时间前,可以补充、修改或者撤回已提交的投标文件,并书面通知招标人。补充、修改的内容为投标文件的组成部分。

(4) 联合共同投标

两个以上法人或者其他组织可以组成一个联合体,以一个投标人的身份共同投标。

联合体各方均应当具备承担招标项目的相应能力;国家有关规定或者招标文件对投标人资格条件有规定的,联合体各方均应当具备规定的相应资格条件。由同一专业的单位组成的联合体,按照资质等级较低的单位确定资质等级。

联合体各方应当签订共同投标协议,明确约定各方拟承担的工作和责任,并将共同投标协议连同投标文件一并提交招标人。联合体中标的,联合体各方应当共同与招标人签订合同,就中标项目向招标人承担连带责任。

招标人不得强制投标人组成联合体共同投标,不得限制投标人之间的竞争。

(5) 投标的禁止行为

①投标人不得相互串通投标报价,不得排挤其他投标人的公平竞争,损害招标人或者其他投标人的合法权益。

②投标人不得与招标人串通投标,损害国家利益、社会公共利益或者他人的合法权益。

③禁止投标人以向招标人或者评标委员会成员行贿的手段谋取中标。

④投标人不得以低于成本的报价竞标,也不得以他人名义投标或者以其他方式弄虚作假,骗取中标。

4. 开标、评标和中标

(1) 开标

开标应当在招标文件确定的提交投标文件截止时间的同一时间公开进行;开标地点应当为招标文件中预先确定的地点。开标由招标人主持,邀请所有投标人参加。

①开标时,由投标人或者其推选的代表检查投标文件的密封情况,也可以由招标人委托的公证机构检查并公证;经确认无误后,由工作人员当众拆封,宣读投标人名称、投标价格和投标文件的其他主要内容。

②招标人在招标文件要求提交投标文件的截止时间前收到的所有投标文件,开标时都应当当众予以拆封、宣读。

③开标过程应当记录,并存档备查。

(2) 评标

①评标委员会

评标由招标人依法组建的评标委员会负责。

依法必须进行招标的项目,其评标委员会由招标人的代表和有关技术、经济等方面的专家组成,成员人数为五人以上单数,其中技术、经济等方面的专家不得少于成员总数的三分之二。专家应当从事相关领域工作满八年并具有高级职称或者具有同等专业水平,由招标人从国务院有关部门或者省、自治区、直辖市人民政府有关部门提供的专家名册或者

招标代理机构的专家库内的相关专业的专家名单中确定；一般招标项目可以采取随机抽取方式，特殊招标项目可以由招标人直接确定。

与投标人有利害关系的人不得进入相关项目的评标委员会；已经进入的应当更换。

评标委员会成员的名单在中标结果确定前应当保密。

②评标

评标委员会可以要求投标人对投标文件中含义不明确的内容作必要的澄清或者说明，但是澄清或者说明不得超出投标文件的范围或者改变投标文件的实质性内容。

评标委员会应当按照招标文件确定的评标标准和方法，对投标文件进行评审和比较；设有标底的，应当参考标底。评标委员会完成评标后，应当向招标人提出书面评标报告，并推荐合格的中标候选人。

招标人根据评标委员会提出的书面评标报告和推荐的中标候选人确定中标人。招标人也可以授权评标委员会直接确定中标人。

(3) 中标

1) 中标条件

中标人的投标应当符合下列条件之一：

①能够最大限度地满足招标文件中规定的各项综合评价标准；

②能够满足招标文件的实质性要求，并且经评审的投标价格最低；但是投标价格低于成本的除外。

评标委员会经评审，认为所有投标都不符合招标文件要求的，可以否决所有投标。依法必须进行招标的项目的所有投标被否决的，招标人应当依照本法重新招标。

2) 确定中标人及订立合同

在确定中标人前，招标人不得与投标人就投标价格、投标方案等实质性内容进行谈判。

中标人确定后，招标人应当向中标人发出中标通知书，并同时将中标结果通知所有未中标的投标人。

中标通知书对招标人和中标人具有法律效力。中标通知书发出后，招标人改变中标结果的，或者中标人放弃中标项目的，应当依法承担法律责任。

招标人和中标人应当自中标通知书发出之日起三十日内，按照招标文件和中标人的投标文件订立书面合同。招标人和中标人不得再行订立背离合同实质性内容的其他协议。

招标文件要求中标人提交履约保证金的，中标人应当提交。

3) 招标情况的报告

依法必须进行招标的项目，招标人应当自确定中标人之日起十五日内，向有关行政监督部门提交招标投标情况的书面报告。

4) 中标人履约义务

中标人应当按照合同约定履行义务，完成中标项目。中标人不得向他人转让中标项目，也不得将中标项目肢解后分别向他人转让。

中标人按照合同约定或者经招标人同意，可以将中标项目的部分非主体、非关键性工作分包给他人完成。接受分包的人应当具备相应的资格条件，并不得再次分包。

中标人应当就分包项目向招标人负责，接受分包的人就分包项目承担连带责任。

5. 法律责任

（1）规避招标的法律责任

必须进行招标的项目而不招标的，将必须进行招标的项目化整为零或者以其他任何方式规避招标的，责令限期改正，可以处项目合同金额千分之五以上千分之十以下的罚款；对全部或者部分使用国有资金的项目，可以暂停项目执行或者暂停资金拨付；对单位直接负责的主管人员和其他直接责任人员依法给予处分。

（2）招标代理机构违法的法律责任

招标代理机构违反本法规定，泄露应当保密的与招标投标活动有关的情况和资料的，或者与招标人、投标人串通损害国家利益、社会公共利益或者他人合法权益的，处五万元以上二十五万元以下的罚款，对单位直接负责的主管人员和其他直接责任人员处单位罚款数额百分之五以上百分之十以下的罚款；有违法所得的，并处没收违法所得；情节严重的，情节严重的，禁止其一年至二年内代理依法必须进行招标的项目并予以公告，直至由工商行政管理机关吊销营业执照；构成犯罪的，依法追究刑事责任。给他人造成损失的，依法承担赔偿责任。

上述所列行为影响中标结果的，中标无效。

（3）招标人违法的法律责任

①招标人以不合理的条件限制或者排斥潜在投标人的，对潜在投标人实行歧视待遇的，强制要求投标人组成联合体共同投标的，或者限制投标人之间竞争的，责令改正，可以处一万元以上五万元以下的罚款。

②依法必须进行招标的项目的招标人向他人透露已获取招标文件的潜在投标人的名称、数量或者可能影响公平竞争的有关招标投标的其他情况的，或者泄露标底的，给予警告，可以并处一万元以上十万元以下的罚款；对单位直接负责的主管人员和其他直接责任人员依法给予处分；构成犯罪的，依法追究刑事责任。上述所列行为影响中标结果的，中标无效。

③依法必须进行招标的项目，招标人违反本法规定，与投标人就投标价格、投标方案等实质性内容进行谈判的，给予警告，对单位直接负责的主管人员和其他直接责任人员依法给予处分。上述所列行为影响中标结果的，中标无效。

④招标人在评标委员会依法推荐的中标候选人以外确定中标人的，依法必须进行招标的项目在所有投标被评标委员会否决后自行确定中标人的，中标无效。责令改正，可以处中标项目金额千分之五以上千分之十以下的罚款；对单位直接负责的主管人员和其他直接责任人员依法给予处分。

（4）投标人违法的法律责任

①投标人相互串通投标或者与招标人串通投标的，投标人以向招标人或者评标委员会成员行贿的手段谋取中标的，中标无效，处中标项目金额千分之五以上千分之十以下的罚款，对单位直接负责的主管人员以及其他直接责任人员处单位罚款数额百分之五以上百分之十以下的罚款；有违法所得的，并处没收违法所得；情节严重的，取消其一年至二年内参加依法必须进行招标的项目的投标资格并予以公告，直至由工商行政管理机关吊销营业执照；构成犯罪的，应依法追究刑事责任。给他人造成损失的，依法承担赔偿责任。

②投标人以他人名义投标或者以其他方式弄虚作假，骗取中标的，中标无效，给招标人造成损失的，依法承担赔偿责任；构成犯罪的，依法追究刑事责任。依法必须进行招标的项目的投标人有上述所列行为尚未构成犯罪的，处中标项目金额千分之五以上千分之十以下的

罚款，对单位直接负责的主管人员和其他直接责任人员处单位罚款数额百分之五以上百分之十以下的罚款；有违法所得的，并处没收违法所得；情节严重的，取消其一年至三年内参加依法必须进行招标的项目的投标资格并予以公告，直至由工商行政管理机关吊销营业执照。

（5）评标委员会成员违法的法律责任

评标委员会成员收受投标人的财物或者其他好处的，评标委员会成员或者参加评标的有关工作人员向他人透露对投标文件的评审和比较、中标候选人的推荐以及与评标有关的其他情况的，给予警告，没收收受的财物，可以并处三千元以上五万元以下的罚款，对有所列违法行为的评标委员会成员取消担任评标委员会成员的资格，不得再参加任何依法必须进行招标的项目的评标；构成犯罪的，依法追究刑事责任。

（6）中标人违法的法律责任

①中标人将中标项目转让给他人的，将中标项目肢解后分别转让给他人的，违反本法规定将中标项目的部分主体、关键性工作分包给他人的，或者分包人再次分包的，转让、分包无效，处转让、分包项目金额千分之五以上千分之十以下的罚款；有违法所得的，并处没收违法所得；可以责令停业整顿；情节严重的，由工商行政管理机关吊销营业执照。

②招标人与中标人不按照招标文件和中标人的投标文件订立合同的，或者招标人、中标人订立背离合同实质性内容的协议的，责令改正；可以处中标项目金额千分之五以上千分之十以下的罚款。

③中标人不履行与招标人订立的合同的，履约保证金不予退还，给招标人造成的损失超过履约保证金数额的，还应当对超过部分予以赔偿；没有提交履约保证金的，应当对招标人的损失承担赔偿责任。

④中标人不按照与招标人订立的合同履行义务，情节严重的，取消其二年至五年内参加依法必须进行招标的项目的投标资格并予以公告，直至由工商行政管理机关吊销营业执照。因不可抗力不能履行合同的，不适用上述两款规定。

（7）中标无效的处理

依法必须进行招标的项目违反本法规定，中标无效的，应当依照本法规定的中标条件从其余投标人中重新确定中标人或者依照本法重新进行招标。

三、解题指导

《招标投标法》是我国招标投标活动的基本法，在建筑工程领域的工程建设项目勘察设计招标投标、施工招标投标管理办法均依据《招标投标法》进行制定。

复习《招标投标法》时，应严格区分招标人、投标人、中标人各自的招标投标活动的规定，需注意的是招标投标活动中对时限的规定，如依法必须进行招标的项目，自招标文件开始发出之日起至投标人提交投标文件截止之日止，最短不得少于二十日。

【例19-3-1】 某住宅项目公开招标，投标人在提交投标文件截止时间后，招标人发现投标人少于三个，此时（　　）。

A. 应正常开标　　　　　　　B. 可改为邀请招标
C. 可进行议标　　　　　　　D. 依法重新招标

【解】 依据《招标投标法》中投标文件的送达的规定，应依法重新招标，所以应选D项。

四、应试题解

1.《招标投标法》规定，必须进行招标的工程建设项目包括（　　）。

①大型基础设施、公用事业等关系社会公共利益、公共安全的项目；
②全部或部分使用国有资金或者国家融资的项目；
③使用国际组织贷款、援助资金的项目；
④使用外国政府贷款、援助资金的项目。

A. ①　　　　　　B. ①②　　　　　　C. ①②③　　　　　　D. ①②③④

2.《招标投标法》规定，工程项目招标方式一般有（　　）。

①公开招标；②邀请招标；③议标；④直接委托。

A. ①②　　　　　　B. ①②③　　　　　　C. ①③④　　　　　　D. ①②④

3. 在评标过程中，招标人若需要，可分别邀请投标人会谈，以求澄清投标人在其投标书中有关内容所包含的意愿。上述会谈纪要经双方签字后应作为投标书的正式组成部分，但会谈中不得涉及（　　）。

A. 变更报价
B. 变更工期
C. 变更报价、工期等
D. 变更主要施工方案

4. 建设单位自行招标应具备（　　）项条件。

①有与招标工程相适应的经济技术管理人员；
②必须是一个经济实体，注册资金不少于100万元人民币；
③有编制招标文件的能力；
④有审查投标人资质的能力；
⑤具有组织开标、评标、定标的能力。

A. ①③④⑤　　　　B. ①②③④　　　　C. ①②③⑤　　　　D. ①②④⑤

5. 工程项目的评标活动应当由（　　）负责。

A. 建设单位　　　B. 市招标办公室　　　C. 监理单位　　　D. 评标委员会

6. 评标委员会的成员中，技术、经济等方面的专家不得少于（　　）。

A. 3人
B. 5人
C. 成员总数的2/3
D. 成员总数的1/3

7. 工程项目评标时（　　）。

A. 招标人应当采取措施，保证评标在严格保密情况下进行
B. 招标人只能委托代理机构评标，自己不能参与意见
C. 必须请所有投标人参加公开进行
D. 在有关政府管理部门监督下，由招标人单独进行

8. 招标人不可以随意没收投标保证金，除非投标人（　　）。

A. 投标文件的密封不符合招标文件的要求
B. 投标文件中附有招标人不能接受的条件
C. 在投标有效期内撤回其投标文件
D. 拒绝评标委员会提出的降低报价的要求

9. 某投标人于2008年6月3日收到中标通知书，但是在2008年6月10日又收到招标人改变中标结果的通知，下列说法中，正确的是（　　）。

A. 招标人有权改变中标结果，不需要为此承担任何法律责任
B. 招标人应当为为擅自改变中标结果承担违约责任

C. 招标人应当为擅自改变中标结果承担缔约过失责任

D. 招标人由于在投标有效期前发出通知,因此不需要承担任何责任

10. 某市建设行政主管部门派出工作人员对该市的篮球馆招标活动进行监督,则该工作人员有权(   )。

  A. 参加开标会议   B. 作为评标委员会的成员

  C. 决定中标人   D. 参加定标投票

11. 对于中标通知书的法律效力,下列说法中,正确的是(   )。

  A. 中标通知书是要约   B. 中标通知书是承诺

  C. 中标通知书就是正式合同 D. 中标通知书是要约邀请

12. 关于招标代理的下列表述中,正确的是(   )。

  A. 招标人不可以自行选择招标代理机构,必须由有关行政主管部门指定

  B. 招标人若要委托招标代理机构,需要经过有关行政主管部门批准

  C. 如果委托了招标代理机构,则招标代理机构有权办理招标工作的一切事项

  D. 招标代理机构应当在招标人委托的范围内办理招标事项

13. 某体育馆项目向社会公开招标,招标文件中明确规定提交招标文件的截止时间为2009年2月3日上午9点,则下列说法中,不正确的是(   )。

  A. 邀请所有投标人参加开标会

  B. 开标时,由投标人当众检查投标文件的密封情况

  C. 开标时间为2009年2月3日上午9点至2月4日上午9点

  D. 招标人对2009年2月3日上午9点15分送达的投标文件不予受理

14. 某投标人向招标人行贿20万元人民币,从而谋取中标,该行为造成的法律后果可能是(   )。

  ①中标无效;

  ②中标有效;

  ③有关责任人应当承担相应的行政责任;

  ④中标是否有效由招标人确定;

  ⑤如果给他人造成损失的,有关责任人和单位应当承担民事赔偿责任。

  A. ①③ B. ①③⑤ C. ①⑤ D. ③④

15. 投标文件有下列(   )情形的,招标人不予受理。

  A. 未按要求密封送达的标书

  B. 有单位盖章或法人代表签字

  C. 按招标文件要求提交了保证金

  D. 联合体投标并附有联合体各方共同投标协议

16. 某政府投资项目向社会公开招标,该项目技术特别复杂,专业性要求较高,并成立了评标委员会。下列说法中,不正确的是(   )。

  A. 评标委员会的专家成员可以由招标人直接确定

  B. 评标委员会由9人组成,其中技术、经济等方面的专家为6人

  C. 招标人可以直接授权评标委员会确定中标人

  D. 评标委员会成员的名单在开标时予以公布

第四节 《民法典》中合同

一、《考试大纲》的规定

《中华人民共和国合同法》（以下简称《合同法》）：一般规定；合同的订立；合同的效力；合同的履行；合同的变更和转让；合同的权利义务终止；违约责任；其他规定。

[注：《合同法》已纳入《民法典》。]

二、重点内容

2020年5月28日，十三届全国人大三次会议通过了《中华人民共和国民法典》，自2021年1月1日施行。《民法典》第三编为合同，其分为通则、典型合同和准合同。其中，通则包括八章，即：一般规定；合同的订立；合同的效力；合同的履行；合同的保全；合同的变更和转让；合同的权利义务终止；违约责任。

1. 一般规定

第四百六十三条 本编调整因合同产生的民事关系。

第四百六十四条 合同是民事主体之间设立、变更、终止民事法律关系的协议。婚姻、收养、监护等有关身份关系的协议，适用有关该身份关系的法律规定；没有规定的，可以根据其性质参照适用本编规定。

第四百六十五条 依法成立的合同，受法律保护。依法成立的合同，仅对当事人具有法律约束力，但是法律另有规定的除外。

第四百六十六条 当事人对合同条款的理解有争议的，应当依据本法第一百四十二条第一款的规定，确定争议条款的含义。合同文本采用两种以上文字订立并约定具有同等效力的，对各文本使用的词句推定具有相同含义。各文本使用的词句不一致的，应当根据合同的相关条款、性质、目的以及诚信原则等予以解释。

第四百六十七条 本法或者其他法律没有明文规定的合同，适用本编通则的规定，并可以参照适用本编或者其他法律最相类似合同的规定。

在中华人民共和国境内履行的中外合资经营企业合同、中外合作经营企业合同、中外合作勘探开发自然资源合同，适用中华人民共和国法律。

第四百六十八条 非因合同产生的债权债务关系，适用有关该债权债务关系的法律规定；没有规定的，适用本编通则的有关规定，但是根据其性质不能适用的除外。

2. 合同的订立

第四百六十九条 当事人订立合同，可以采用书面形式、口头形式或者其他形式。

书面形式是合同书、信件、电报、电传、传真等可以有形地表现所载内容的形式。

以电子数据交换、电子邮件等方式能够有形地表现所载内容，并可以随时调取查用的数据电文，视为书面形式。

第四百七十条 合同的内容由当事人约定，一般包括下列条款：（一）当事人的姓名或者名称和住所；（二）标的；（三）数量；（四）质量；（五）价款或者报酬；（六）履行期限、地点和方式；（七）违约责任；（八）解决争议的方法。

当事人可以参照各类合同的示范文本订立合同。

第四百七十一条 当事人订立合同，可以采取要约、承诺方式或者其他方式。

第四百七十二条 要约是希望与他人订立合同的意思表示，该意思表示应当符合下列条件：
（一）内容具体确定；
（二）表明经受要约人承诺，要约人即受该意思表示约束。

第四百七十三条 要约邀请是希望他人向自己发出要约的表示。拍卖公告、招标公告、招股说明书、债券募集办法、基金招募说明书、商业广告和宣传、寄送的价目表等为要约邀请。商业广告和宣传的内容符合要约条件的，构成要约。

第四百七十四条 要约生效的时间适用本法第一百三十七条的规定。

【笔者注：第一百三十七条 以对话方式作出的意思表示，相对人知道其内容时生效。以非对话方式作出的意思表示，到达相对人时生效。以非对话方式作出的采用数据电文形式的意思表示，相对人指定特定系统接收数据电文的，该数据电文进入该特定系统时生效；未指定特定系统的，相对人知道或者应当知道该数据电文进入其系统时生效。当事人对采用数据电文形式的意思表示的生效时间另有约定的，按照其约定。】

第四百七十五条 要约可以撤回。要约的撤回适用本法第一百四十一条的规定。

【笔者注：第一百四十一条 行为人可以撤回意思表示。撤回意思表示的通知应当在意思表示到达相对人前或者与意思表示同时到达相对人。】

第四百七十六条 要约可以撤销，但是有下列情形之一的除外：
（一）要约人以确定承诺期限或者其他形式明示要约不可撤销；
（二）受要约人有理由认为要约是不可撤销的，并已经为履行合同做了合理准备工作。

第四百七十七条 撤销要约的意思表示以对话方式作出的，该意思表示的内容应当在受要约人作出承诺之前为受要约人所知道；撤销要约的意思表示以非对话方式作出的，应当在受要约人作出承诺之前到达受要约人。

第四百七十八条 有下列情形之一的，要约失效：
（一）要约被拒绝；
（二）要约被依法撤销；
（三）承诺期限届满，受要约人未作出承诺；
（四）受要约人对要约的内容作出实质性变更。

第四百七十九条 承诺是受要约人同意要约的意思表示。

第四百八十条 承诺应当以通知的方式作出；但是，根据交易习惯或者要约表明可以通过行为作出承诺的除外。

第四百八十一条 承诺应当在要约确定的期限内到达要约人。
要约没有确定承诺期限的，承诺应当依照下列规定到达：
（一）要约以对话方式作出的，应当即时作出承诺；
（二）要约以非对话方式作出的，承诺应当在合理期限内到达。

第四百八十二条 要约以信件或者电报作出的，承诺期限自信件载明的日期或者电报交发之日开始计算。信件未载明日期的，自投寄该信件的邮戳日期开始计算。要约以电话、传真、电子邮件等快速通讯方式作出的，承诺期限自要约到达受要约人时开始计算。

第四百八十三条 承诺生效时合同成立，但是法律另有规定或者当事人另有约定的除外。

第四百八十四条 以通知方式作出的承诺，生效的时间适用本法第一百三十七条的规定。

承诺不需要通知的，根据交易习惯或者要约的要求作出承诺的行为时生效。

第四百八十五条 承诺可以撤回。承诺的撤回适用本法第一百四十一条的规定。

第四百八十六条 受要约人超过承诺期限发出承诺，或者在承诺期限内发出承诺，按照通常情形不能及时到达要约人的，为新要约；但是，要约人及时通知受要约人该承诺有效的除外。

第四百八十七条 受要约人在承诺期限内发出承诺，按照通常情形能够及时到达要约人，但是因其他原因致使承诺到达要约人时超过承诺期限的，除要约人及时通知受要约人因承诺超过期限不接受该承诺外，该承诺有效。

第四百八十八条 承诺的内容应当与要约的内容一致。受要约人对要约的内容作出实质性变更的，为新要约。有关合同标的、数量、质量、价款或者报酬、履行期限、履行地点和方式、违约责任和解决争议方法等的变更，是对要约内容的实质性变更。

第四百八十九条 承诺对要约的内容作出非实质性变更的，除要约人及时表示反对或者要约表明承诺不得对要约的内容作出任何变更外，该承诺有效，合同的内容以承诺的内容为准。

第四百九十条 当事人采用合同书形式订立合同的，自当事人均签名、盖章或者按指印时合同成立。在签名、盖章或者按指印之前，当事人一方已经履行主要义务，对方接受时，该合同成立。法律、行政法规规定或者当事人约定合同应当采用书面形式订立，当事人未采用书面形式但是一方已经履行主要义务，对方接受时，该合同成立。

第四百九十一条 当事人采用信件、数据电文等形式订立合同要求签订确认书的，签订确认书时合同成立。当事人一方通过互联网等信息网络发布的商品或者服务信息符合要约条件的，对方选择该商品或者服务并提交订单成功时合同成立，但是当事人另有约定的除外。

第四百九十二条 承诺生效的地点为合同成立的地点。

采用数据电文形式订立合同的，收件人的主营业地为合同成立的地点；没有主营业地的，其住所地为合同成立的地点。当事人另有约定的，按照其约定。

第四百九十三条 当事人采用合同书形式订立合同的，最后签名、盖章或者按指印的地点为合同成立的地点，但是当事人另有约定的除外。

第四百九十四条 国家根据抢险救灾、疫情防控或者其他需要下达国家订货任务、指令性任务的，有关民事主体之间应当依照有关法律、行政法规规定的权利和义务订立合同。依照法律、行政法规的规定负有发出要约义务的当事人，应当及时发出合理的要约。依照法律、行政法规的规定负有作出承诺义务的当事人，不得拒绝对方合理的订立合同要求。

第四百九十五条 当事人约定在将来一定期限内订立合同的认购书、订购书、预订书等，构成预约合同。当事人一方不履行预约合同约定的订立合同义务的，对方可以请求其承担预约合同的违约责任。

第四百九十六条 格式条款是当事人为了重复使用而预先拟定，并在订立合同时未与对方协商的条款。

采用格式条款订立合同的,提供格式条款的一方应当遵循公平原则确定当事人之间的权利和义务,并采取合理的方式提示对方注意免除或者减轻其责任等与对方有重大利害关系的条款,按照对方的要求,对该条款予以说明。提供格式条款的一方未履行提示或者说明义务,致使对方没有注意或者理解与其有重大利害关系的条款的,对方可以主张该条款不成为合同的内容。

第四百九十七条 有下列情形之一的,该格式条款无效:

(一)具有本法第一编第六章第三节和本法第五百零六条规定的无效情形;

(二)提供格式条款一方不合理地免除或者减轻其责任、加重对方责任、限制对方主要权利;

(三)提供格式条款一方排除对方主要权利。

第四百九十八条 对格式条款的理解发生争议的,应当按照通常理解予以解释。对格式条款有两种以上解释的,应当作出不利于提供格式条款一方的解释。格式条款和非格式条款不一致的,应当采用非格式条款。

第四百九十九条 悬赏人以公开方式声明对完成特定行为的人支付报酬的,完成该行为的人可以请求其支付。

第五百条 当事人在订立合同过程中有下列情形之一,造成对方损失的,应当承担赔偿责任:

(一)假借订立合同,恶意进行磋商;

(二)故意隐瞒与订立合同有关的重要事实或者提供虚假情况;

(三)有其他违背诚信原则的行为。

第五百零一条 当事人在订立合同过程中知悉的商业秘密或者其他应当保密的信息,无论合同是否成立,不得泄露或者不正当地使用;泄露、不正当地使用该商业秘密或者信息,造成对方损失的,应当承担赔偿责任。

3. 合同的效力

第五百零二条 依法成立的合同,自成立时生效,但是法律另有规定或者当事人另有约定的除外。依照法律、行政法规的规定,合同应当办理批准等手续的,依照其规定。未办理批准等手续影响合同生效的,不影响合同中履行报批等义务条款以及相关条款的效力。应当办理申请批准等手续的当事人未履行义务的,对方可以请求其承担违反该义务的责任。

依照法律、行政法规的规定,合同的变更、转让、解除等情形应当办理批准等手续的,适用前款规定。

第五百零三条 无权代理人以被代理人的名义订立合同,被代理人已经开始履行合同义务或者接受相对人履行的,视为对合同的追认。

第五百零四条 法人的法定代表人或者非法人组织的负责人超越权限订立的合同,除相对人知道或者应当知道其超越权限外,该代表行为有效,订立的合同对法人或者非法人组织发生效力。

第五百零五条 当事人超越经营范围订立的合同的效力,应当依照本法第一编第六章第三节和本编的有关规定确定,不得仅以超越经营范围确认合同无效。

第五百零六条 合同中的下列免责条款无效:

（一）造成对方人身损害的；

（二）因故意或者重大过失造成对方财产损失的。

第五百零七条 合同不生效、无效、被撤销或者终止的，不影响合同中有关解决争议方法的条款的效力。

第五百零八条 本编对合同的效力没有规定的，适用本法第一编第六章的有关规定。

4. 合同的履行

第五百零九条 当事人应当按照约定全面履行自己的义务。当事人应当遵循诚信原则，根据合同的性质、目的和交易习惯履行通知、协助、保密等义务。当事人在履行合同过程中，应当避免浪费资源、污染环境和破坏生态。

第五百一十条 合同生效后，当事人就质量、价款或者报酬、履行地点等内容没有约定或者约定不明确的，可以协议补充；不能达成补充协议的，按照合同相关条款或者交易习惯确定。

第五百一十一条 当事人就有关合同内容约定不明确，依据前条规定仍不能确定的，适用下列规定：

（一）质量要求不明确的，按照强制性国家标准履行；没有强制性国家标准的，按照推荐性国家标准履行；没有推荐性国家标准的，按照行业标准履行；没有国家标准、行业标准的，按照通常标准或者符合合同目的的特定标准履行。

（二）价款或者报酬不明确的，按照订立合同时履行地的市场价格履行；依法应当执行政府定价或者政府指导价的，依照规定履行。

（三）履行地点不明确，给付货币的，在接受货币一方所在地履行；交付不动产的，在不动产所在地履行；其他标的，在履行义务一方所在地履行。

（四）履行期限不明确的，债务人可以随时履行，债权人也可以随时请求履行，但是应当给对方必要的准备时间。

（五）履行方式不明确的，按照有利于实现合同目的的方式履行。

（六）履行费用的负担不明确的，由履行义务一方负担；因债权人原因增加的履行费用，由债权人负担。

第五百一十二条 通过互联网等信息网络订立的电子合同的标的为交付商品并采用快递物流方式交付的，收货人的签收时间为交付时间。电子合同的标的为提供服务的，生成的电子凭证或者实物凭证中载明的时间为提供服务时间；前述凭证没有载明时间或者载明时间与实际提供服务时间不一致的，以实际提供服务的时间为准。

电子合同的标的物为采用在线传输方式交付的，合同标的物进入对方当事人指定的特定系统且能够检索识别的时间为交付时间。电子合同当事人对交付商品或者提供服务的方式、时间另有约定的，按照其约定。

第五百一十三条 执行政府定价或者政府指导价的，在合同约定的交付期限内政府价格调整时，按照交付时的价格计价。逾期交付标的物的，遇价格上涨时，按照原价格执行；价格下降时，按照新价格执行。逾期提取标的物或者逾期付款的，遇价格上涨时，按照新价格执行；价格下降时，按照原价格执行。

第五百一十四条 以支付金钱为内容的债，除法律另有规定或者当事人另有约定外，债权人可以请求债务人以实际履行地的法定货币履行。

第五百一十五条 标的有多项而债务人只需履行其中一项的,债务人享有选择权;但是,法律另有规定、当事人另有约定或者另有交易习惯的除外。

享有选择权的当事人在约定期限内或者履行期限届满未作选择,经催告后在合理期限内仍未选择的,选择权转移至对方。

第五百一十六条 当事人行使选择权应当及时通知对方,通知到达对方时,标的确定。标的确定后不得变更,但是经对方同意的除外。

可选择的标的发生不能履行情形的,享有选择权的当事人不得选择不能履行的标的,但是该不能履行的情形是由对方造成的除外。

第五百一十七条 债权人为二人以上,标的可分,按照份额各自享有债权的,为按份债权;债务人为二人以上,标的可分,按照份额各自负担债务的,为按份债务。按份债权人或者按份债务人的份额难以确定的,视为份额相同。

第五百一十八条 债权人为二人以上,部分或者全部债权人均可以请求债务人履行债务的,为连带债权;债务人为二人以上,债权人可以请求部分或者全部债务人履行全部债务的,为连带债务。连带债权或者连带债务,由法律规定或者当事人约定。

第五百一十九条 连带债务人之间的份额难以确定的,视为份额相同。

实际承担债务超过自己份额的连带债务人,有权就超出部分在其他连带债务人未履行的份额范围内向其追偿,并相应地享有债权人的权利,但是不得损害债权人的利益。其他连带债务人对债权人的抗辩,可以向该债务人主张。被追偿的连带债务人不能履行其应分担份额的,其他连带债务人应当在相应范围内按比例分担。

第五百二十条 部分连带债务人履行、抵销债务或者提存标的物的,其他债务人对债权人的债务在相应范围内消灭;该债务人可以依据前条规定向其他债务人追偿。

部分连带债务人的债务被债权人免除的,在该连带债务人应当承担的份额范围内,其他债务人对债权人的债务消灭。部分连带债务人的债务与债权人的债权同归于一人的,在扣除该债务人应当承担的份额后,债权人对其他债务人的债权继续存在。

债权人对部分连带债务人的给付受领迟延的,对其他连带债务人发生效力。

第五百二十一条 连带债权人之间的份额难以确定的,视为份额相同。实际受领债权的连带债权人,应当按比例向其他连带债权人返还。连带债权参照适用本章连带债务的有关规定。

第五百二十二条 当事人约定由债务人向第三人履行债务,债务人未向第三人履行债务或者履行债务不符合约定的,应当向债权人承担违约责任。

法律规定或者当事人约定第三人可以直接请求债务人向其履行债务,第三人未在合理期限内明确拒绝,债务人未向第三人履行债务或者履行债务不符合约定的,第三人可以请求债务人承担违约责任;债务人对债权人的抗辩,可以向第三人主张。

第五百二十三条 当事人约定由第三人向债权人履行债务,第三人不履行债务或者履行债务不符合约定的,债务人应当向债权人承担违约责任。

第五百二十四条 债务人不履行债务,第三人对履行该债务具有合法利益的,第三人有权向债权人代为履行;但是,根据债务性质、按照当事人约定或者依照法律规定只能由债务人履行的除外。债权人接受第三人履行后,其对债务人的债权转让给第三人,但是债务人和第三人另有约定的除外。

第五百二十五条 当事人互负债务,没有先后履行顺序的,应当同时履行。一方在对方履行之前有权拒绝其履行请求。一方在对方履行债务不符合约定时,有权拒绝其相应的履行请求。

第五百二十六条 当事人互负债务,有先后履行顺序,应当先履行债务一方未履行的,后履行一方有权拒绝其履行请求。先履行一方履行债务不符合约定的,后履行一方有权拒绝其相应的履行请求。

第五百二十七条 应当先履行债务的当事人,有确切证据证明对方有下列情形之一的,可以中止履行:

(一)经营状况严重恶化;

(二)转移财产、抽逃资金,以逃避债务;

(三)丧失商业信誉;

(四)有丧失或者可能丧失履行债务能力的其他情形。

当事人没有确切证据中止履行的,应当承担违约责任。

第五百二十八条 当事人依据前条规定中止履行的,应当及时通知对方。对方提供适当担保的,应当恢复履行。中止履行后,对方在合理期限内未恢复履行能力且未提供适当担保的,视为以自己的行为表明不履行主要债务,中止履行的一方可以解除合同并可以请求对方承担违约责任。

第五百二十九条 债权人分立、合并或者变更住所没有通知债务人,致使履行债务发生困难的,债务人可以中止履行或者将标的物提存。

第五百三十条 债权人可以拒绝债务人提前履行债务,但是提前履行不损害债权人利益的除外。债务人提前履行债务给债权人增加的费用,由债务人负担。

第五百三十一条 债权人可以拒绝债务人部分履行债务,但是部分履行不损害债权人利益的除外。债务人部分履行债务给债权人增加的费用,由债务人负担。

第五百三十二条 合同生效后,当事人不得因姓名、名称的变更或者法定代表人、负责人、承办人的变动而不履行合同义务。

第五百三十三条 合同成立后,合同的基础条件发生了当事人在订立合同时无法预见的、不属于商业风险的重大变化,继续履行合同对于当事人一方明显不公平的,受不利影响的当事人可以与对方重新协商;在合理期限内协商不成的,当事人可以请求人民法院或者仲裁机构变更或者解除合同。人民法院或者仲裁机构应当结合案件的实际情况,根据公平原则变更或者解除合同。

第五百三十四条 对当事人利用合同实施危害国家利益、社会公共利益行为的,市场监督管理和其他有关行政主管部门依照法律、行政法规的规定负责监督处理。

5. 合同的保全

第五百三十五条 因债务人怠于行使其债权或者与该债权有关的从权利,影响债权人的到期债权实现的,债权人可以向人民法院请求以自己的名义代位行使债务人对相对人的权利,但是该权利专属于债务人自身的除外。

代位权的行使范围以债权人的到期债权为限。债权人行使代位权的必要费用,由债务人负担。相对人对债务人的抗辩,可以向债权人主张。

第五百三十六条 债权人的债权到期前,债务人的债权或者与该债权有关的从权利存在诉讼时效期间即将届满或者未及时申报破产债权等情形，影响债权人的债权实现的，债权人可以代位向债务人的相对人请求其向债务人履行、向破产管理人申报或者作出其他必要的行为。

第五百三十七条 人民法院认定代位权成立的，由债务人的相对人向债权人履行义务，债权人接受履行后，债权人与债务人、债务人与相对人之间相应的权利义务终止。债务人对相对人的债权或者与该债权有关的从权利被采取保全、执行措施，或者债务人破产的，依照相关法律的规定处理。

第五百三十八条 债务人以放弃其债权、放弃债权担保、无偿转让财产等方式无偿处分财产权益，或者恶意延长其到期债权的履行期限，影响债权人的债权实现的，债权人可以请求人民法院撤销债务人的行为。

第五百三十九条 债务人以明显不合理的低价转让财产、以明显不合理的高价受让他人财产或者为他人的债务提供担保，影响债权人的债权实现，债务人的相对人知道或者应当知道该情形的，债权人可以请求人民法院撤销债务人的行为。

第五百四十条 撤销权的行使范围以债权人的债权为限。债权人行使撤销权的必要费用，由债务人负担。

第五百四十一条 撤销权自债权人知道或者应当知道撤销事由之日起一年内行使。自债务人的行为发生之日起五年内没有行使撤销权的，该撤销权消灭。

第五百四十二条 债务人影响债权人的债权实现的行为被撤销的，自始没有法律约束力。

6. 合同的变更和转让

第五百四十三条 当事人协商一致，可以变更合同。

第五百四十四条 当事人对合同变更的内容约定不明确的，推定为未变更。

第五百四十五条 债权人可以将债权的全部或者部分转让给第三人，但是有下列情形之一的除外：

（一）根据债权性质不得转让；

（二）按照当事人约定不得转让；

（三）依照法律规定不得转让。

当事人约定非金钱债权不得转让的，不得对抗善意第三人。当事人约定金钱债权不得转让的，不得对抗第三人。

第五百四十六条 债权人转让债权，未通知债务人的，该转让对债务人不发生效力。债权转让的通知不得撤销，但是经受让人同意的除外。

第五百四十七条 债权人转让债权的，受让人取得与债权有关的从权利，但是该从权利专属于债权人自身的除外。受让人取得从权利不因该从权利未办理转移登记手续或者未转移占有而受到影响。

第五百四十八条 债务人接到债权转让通知后，债务人对让与人的抗辩，可以向受让人主张。

第五百四十九条 有下列情形之一的，债务人可以向受让人主张抵销：

（一）债务人接到债权转让通知时，债务人对让与人享有债权，且债务人的债权先于转让的债权到期或者同时到期；

（二）债务人的债权与转让的债权是基于同一合同产生。

第五百五十条 因债权转让增加的履行费用，由让与人负担。

第五百五十一条 债务人将债务的全部或者部分转移给第三人的，应当经债权人同意。

债务人或者第三人可以催告债权人在合理期限内予以同意，债权人未作表示的，视为不同意。

第五百五十二条 第三人与债务人约定加入债务并通知债权人，或者第三人向债权人表示愿意加入债务，债权人未在合理期限内明确拒绝的，债权人可以请求第三人在其愿意承担的债务范围内和债务人承担连带债务。

第五百五十三条 债务人转移债务的，新债务人可以主张原债务人对债权人的抗辩；原债务人对债权人享有债权的，新债务人不得向债权人主张抵销。

第五百五十四条 债务人转移债务的，新债务人应当承担与主债务有关的从债务，但是该从债务专属于原债务人自身的除外。

第五百五十五条 当事人一方经对方同意，可以将自己在合同中的权利和义务一并转让给第三人。

第五百五十六条 合同的权利和义务一并转让的，适用债权转让、债务转移的有关规定。

7. 合同的权利义务终止

第五百五十七条 有下列情形之一的，债权债务终止：

（一）债务已经履行；

（二）债务相互抵销；

（三）债务人依法将标的物提存；

（四）债权人免除债务；

（五）债权债务同归于一人；

（六）法律规定或者当事人约定终止的其他情形。

合同解除的，该合同的权利义务关系终止。

第五百五十八条 债权债务终止后，当事人应当遵循诚信等原则，根据交易习惯履行通知、协助、保密、旧物回收等义务。

第五百五十九条 债权债务终止时，债权的从权利同时消灭，但是法律另有规定或者当事人另有约定的除外。

第五百六十条 债务人对同一债权人负担的数项债务种类相同，债务人的给付不足以清偿全部债务的，除当事人另有约定外，由债务人在清偿时指定其履行的债务。

债务人未作指定的，应当优先履行已经到期的债务；数项债务均到期的，优先履行对债权人缺乏担保或者担保最少的债务；均无担保或者担保相等的，优先履行债务人负担较重的债务；负担相同的，按照债务到期的先后顺序履行；到期时间相同的，按照债务比例履行。

第五百六十一条 债务人在履行主债务外还应当支付利息和实现债权的有关费用，其给付不足以清偿全部债务的，除当事人另有约定外，应当按照下列顺序履行：

（一）实现债权的有关费用；

（二）利息；

（三）主债务。

第五百六十二条 当事人协商一致，可以解除合同。当事人可以约定一方解除合同的事由。解除合同的事由发生时，解除权人可以解除合同。

第五百六十三条 有下列情形之一的，当事人可以解除合同：

（一）因不可抗力致使不能实现合同目的；

（二）在履行期限届满前，当事人一方明确表示或者以自己的行为表明不履行主要债务；

（三）当事人一方迟延履行主要债务，经催告后在合理期限内仍未履行；

（四）当事人一方迟延履行债务或者有其他违约行为致使不能实现合同目的；

（五）法律规定的其他情形。

以持续履行的债务为内容的不定期合同，当事人可以随时解除合同，但是应当在合理期限之前通知对方。

第五百六十四条 法律规定或者当事人约定解除权行使期限，期限届满当事人不行使的，该权利消灭。法律没有规定或者当事人没有约定解除权行使期限，自解除权人知道或者应当知道解除事由之日起一年内不行使，或者经对方催告后在合理期限内不行使的，该权利消灭。

第五百六十五条 当事人一方依法主张解除合同的，应当通知对方。合同自通知到达对方时解除；通知载明债务人在一定期限内不履行债务则合同自动解除，债务人在该期限内未履行债务的，合同自通知载明的期限届满时解除。对方对解除合同有异议的，任何一方当事人均可以请求人民法院或者仲裁机构确认解除行为的效力。

当事人一方未通知对方，直接以提起诉讼或者申请仲裁的方式依法主张解除合同，人民法院或者仲裁机构确认该主张的，合同自起诉状副本或者仲裁申请书副本送达对方时解除。

第五百六十六条 合同解除后，尚未履行的，终止履行；已经履行的，根据履行情况和合同性质，当事人可以请求恢复原状或者采取其他补救措施，并有权请求赔偿损失。

合同因违约解除的，解除权人可以请求违约方承担违约责任，但是当事人另有约定的除外。

主合同解除后，担保人对债务人应当承担的民事责任仍应当承担担保责任，但是担保合同另有约定的除外。

第五百六十七条 合同的权利义务关系终止，不影响合同中结算和清理条款的效力。

第五百六十八条 当事人互负债务，该债务的标的物种类、品质相同的，任何一方可以将自己的债务与对方的到期债务抵销；但是，根据债务性质、按照当事人约定或者依照法律规定不得抵销的除外。当事人主张抵销的，应当通知对方。通知自到达对方时生效。抵销不得附条件或者附期限。

第五百六十九条 当事人互负债务，标的物种类、品质不相同的，经协商一致，也可以抵销。

第五百七十条 有下列情形之一，难以履行债务的，债务人可以将标的物提存：

（一）债权人无正当理由拒绝受领；

（二）债权人下落不明；

（三）债权人死亡未确定继承人、遗产管理人，或者丧失民事行为能力未确定监护人；
（四）法律规定的其他情形。

标的物不适于提存或者提存费用过高的，债务人依法可以拍卖或者变卖标的物，提存所得的价款。

第五百七十一条 债务人将标的物或者将标的物依法拍卖、变卖所得价款交付提存部门时，提存成立。提存成立的，视为债务人在其提存范围内已经交付标的物。

第五百七十二条 标的物提存后，债务人应当及时通知债权人或者债权人的继承人、遗产管理人、监护人、财产代管人。

第五百七十三条 标的物提存后，毁损、灭失的风险由债权人承担。提存期间，标的物的孳息归债权人所有。提存费用由债权人负担。

第五百七十四条 债权人可以随时领取提存物。但是，债权人对债务人负有到期债务的，在债权人未履行债务或者提供担保之前，提存部门根据债务人的要求应当拒绝其领取提存物。

债权人领取提存物的权利，自提存之日起五年内不行使而消灭，提存物扣除提存费用后归国家所有。但是，债权人未履行对债务人的到期债务，或者债权人向提存部门书面表示放弃领取提存物权利的，债务人负担提存费用后有权取回提存物。

第五百七十五条 债权人免除债务人部分或者全部债务的，债权债务部分或者全部终止，但是债务人在合理期限内拒绝的除外。

第五百七十六条 债权和债务同归于一人的，债权债务终止，但是损害第三人利益的除外。

8. 违约责任

第五百七十七条 当事人一方不履行合同义务或者履行合同义务不符合约定的，应当承担继续履行、采取补救措施或者赔偿损失等违约责任。

第五百七十八条 当事人一方明确表示或者以自己的行为表明不履行合同义务的，对方可以在履行期限届满前请求其承担违约责任。

第五百七十九条 当事人一方未支付价款、报酬、租金、利息，或者不履行其他金钱债务的，对方可以请求其支付。

第五百八十条 当事人一方不履行非金钱债务或者履行非金钱债务不符合约定的，对方可以请求履行，但是有下列情形之一的除外：
（一）法律上或者事实上不能履行；
（二）债务的标的不适于强制履行或者履行费用过高；
（三）债权人在合理期限内未请求履行。

有前款规定的除外情形之一，致使不能实现合同目的的，人民法院或者仲裁机构可以根据当事人的请求终止合同权利义务关系，但不影响违约责任的承担。

第五百八十一条 当事人一方不履行债务或者履行债务不符合约定，根据债务的性质不得强制履行的，对方可以请求其负担由第三人替代履行的费用。

第五百八十二条 履行不符合约定的，应当按照当事人的约定承担违约责任。对违约责任没有约定或者约定不明确，依据本法第五百一十条的规定仍不能确定的，受损害方根据标的的性质以及损失的大小，可以合理选择请求对方承担修理、重作、更换、退货、减少价款或者报酬等违约责任。

第五百八十三条 当事人一方不履行合同义务或者履行合同义务不符合约定的，在履行义务或者采取补救措施后，对方还有其他损失的，应当赔偿损失。

第五百八十四条 当事人一方不履行合同义务或者履行合同义务不符合约定，造成对方损失的，损失赔偿额应当相当于因违约所造成的损失，包括合同履行后可以获得的利益；但是，不得超过违约一方订立合同时预见到或者应当预见到的因违约可能造成的损失。

第五百八十五条 当事人可以约定一方违约时应当根据违约情况向对方支付一定数额的违约金，也可以约定因违约产生的损失赔偿额的计算方法。

约定的违约金低于造成的损失的，人民法院或者仲裁机构可以根据当事人的请求予以增加；约定的违约金过分高于造成的损失的，人民法院或者仲裁机构可以根据当事人的请求予以适当减少。当事人就迟延履行约定违约金的，违约方支付违约金后，还应当履行债务。

第五百八十六条 当事人可以约定一方向对方给付定金作为债权的担保。定金合同自实际交付定金时成立。定金的数额由当事人约定；但是，不得超过主合同标的额的百分之二十，超过部分不产生定金的效力。实际交付的定金数额多于或者少于约定数额的，视为变更约定的定金数额。

第五百八十七条 债务人履行债务的，定金应当抵作价款或者收回。给付定金的一方不履行债务或者履行债务不符合约定，致使不能实现合同目的的，无权请求返还定金；收受定金的一方不履行债务或者履行债务不符合约定，致使不能实现合同目的的，应当双倍返还定金。

第五百八十八条 当事人既约定违约金，又约定定金的，一方违约时，对方可以选择适用违约金或者定金条款。定金不足以弥补一方违约造成的损失的，对方可以请求赔偿超过定金数额的损失。

第五百八十九条 债务人按照约定履行债务，债权人无正当理由拒绝受领的，债务人可以请求债权人赔偿增加的费用。在债权人受领迟延期间，债务人无须支付利息。

第五百九十条 当事人一方因不可抗力不能履行合同的，根据不可抗力的影响，部分或者全部免除责任，但是法律另有规定的除外。因不可抗力不能履行合同的，应当及时通知对方，以减轻可能给对方造成的损失，并应当在合理期限内提供证明。当事人迟延履行后发生不可抗力的，不免除其违约责任。

第五百九十一条 当事人一方违约后，对方应当采取适当措施防止损失的扩大；没有采取适当措施致使损失扩大的，不得就扩大的损失请求赔偿。当事人因防止损失扩大而支出的合理费用，由违约方负担。

第五百九十二条 当事人都违反合同的，应当各自承担相应的责任。当事人一方违约造成对方损失，对方对损失的发生有过错的，可以减少相应的损失赔偿额。

第五百九十三条 当事人一方因第三人的原因造成违约的，应当依法向对方承担违约责任。当事人一方和第三人之间的纠纷，依照法律规定或者按照约定处理。

第五百九十四条 因国际货物买卖合同和技术进出口合同争议提起诉讼或者申请仲裁的时效期间为四年。

三、解题指导

《民法典》中合同的有关定义很严谨，内容较多，它是我国建设工程勘察、设计合同，建设工程施工合同的重要依据。

复习《民法典》中合同，关键是理解其有关定义，注意区分其不同的规定适用不同的情况。同时，通过多做复习题，以强化对合同规定的理解、运用。

【例 19-4-1】 某政府招标网站发布消息，某市城市广场中心项目进行设计招标，欢迎具备相关条件的潜在投标人积极投标。试问，此消息的性质属于（　　）。

　　A. 要约　　　　B. 要约邀请　　　　C. 承诺　　　　D. 合同

【解】 根据《民法典》中合同的要约邀请的定义，应选 B 项。

【例 19-4-2】 发生下列事件后，其中允许解除合同的是（　　）。

　　A. 法定代表人变更

　　B. 当事人一方发生合并

　　C. 由于不可抗力致使合同不能履行

　　D. 当事人一方的公民死亡或当事人一方的法人终止

【解】 根据《民法典》中合同的解除合同的规定，应选 C 项。

【例 19-4-3】 因不可抗力不能履行合同的，根据不可抗力的影响，部分或者全部免除责任，但法律另有规定的除外。当事人迟延履行后发生不可抗力的，（　　）。

　　A. 免除部分责任　　　　　　　　B. 免除全部责任

　　C. 不能免除责任　　　　　　　　D. 根据情况协商是否免除责任

【解】 由题目条件可知，不可抗力发生之前，当事人未完全履约，属于当事人违约行为，根据《民法典》中合同的规定，应选 C 项。

四、应试题解

1. 下列属于要约邀请的是（　　）。

　　A. 招标公告　　B. 投标书　　　　C. 投标担保书　　D. 中标函

2. 采用招标方式订立建设工程合同过程中，下面说法正确的是（　　）。

　　A. 招标是合同订立中的要约，投标是合同订立中的承诺

　　B. 招标是合同订立中的要约，定标是合同订立中的承诺

　　C. 招标是合同订立中的要约邀请，投标是合同订立中的要约，定标是合同订立中的承诺

　　D. 招标是合同订立中的要约，投标是合同订立中的反要约，定标是合同订立中的承诺

3. 当事人在订立合同过程中有（　　）的，给对方造成损失的，应当承担损害赔偿责任。

①假借订立合同，恶意进行磋商；

②故意隐瞒与订立合同有关的重要事实；

③提供虚假情况；

④有其他违背诚实信用原则的行为。

　　A. ①　　　　B. ①②　　　　C. ①②③　　　　D. ①②③④

4. 行为人没有代理权、超越代理或者代理权终止后以被代理人的名义订立合同，未

经被代理人追认的,对被代理人不发生效力,由行为人责任,相对人可以催告被代理人在( )个月内予以追认。

A. 1   B. 2   C. 3   D. 4

5. 下列合同,当事人一方有权请求人民法院或者仲裁机构( )。

①因重大误解订立的合同;

②一方以欺诈、手段订立合同,使对方在违背真实意思的情况下订立的合同;

③一方以胁迫手段,使对方在违背真实意思的情况下订立的合同。

A. 宣告有效   B. 宣告无效   C. 撤销   D. 效力选定

6. 经济合同的无效与否,由( )确认。

A. 人民政府   B. 公安机关

C. 人民检察院   D. 人民法院或仲裁机构

7. 因不可抗力不能履行合同的,根据不可抗力的影响,部分或者全部免除责任,但法律另有规定的除外。当事人迟延履行后发生不可抗力的,( )。

A. 免除部分责任   B. 免除全部责任

C. 不能免除责任   D. 根据情况协商是否免除责任

8. 撤销权自债权人知道或者应当知道撤销事由之日起( )年内行使。自债务人的行为发生之日起( )年内没有行使撤销权的,该撤销权消灭。

A. 1;3   B. 2;4   C. 1;5   D. 3;5

9. 合同的权利义务终止后,当事人应当遵循诚实信用原则,根据交易习惯履行( )等义务。

A. 通知   B. 保密

C. 协助   D. 通知、协助、保密

10. 当事人一方可向对方给付定金。给付定金的一方不履行合同的,无权请求返回定金;接受定金的一方不履行合同的应当返还定金的( )。

A. 2倍   B. 4倍   C. 5倍   D. 6倍

11. 合同文本约定使用中英文订立的约定具有同等效力的,对各文本使用的词句推定具有相同含义。各文本使用的词句不一致的,应当( )。

A. 以中文为准   B. 以英文为准

C. 根据合同的目的等予以解释   D. 以中文或英文为准,由当事人协商

12. 建设工程合同包括( )。

①工程勘察合同;②工程设计合同;③工程监理合同;

④工程施工合同;⑤工程检测合同;⑥工程咨询服务合同。

A.①②③④⑤   B.①②③④

C.①②③   D.①②④

13. 建设工程合同应当采用( )。

A. 口头形式   B. 书面形式或者口头形式

C. 书面形式   D. 经过公证的书面形式

14. 一般的经济合同具备的主要条款包括( )。

A. 标的、数量、价款、违约责任

B. 标的、价款、违约责任

C. 标的、数量和质量、价款、违约责任

D. 标的、数量和质量、价款或者报酬、履行期限及地点和方式、违约责任

15. 某设计单位超越设计证书规定的范围承揽了一项工程，并与建设单位签订了设计合同，则此合同为（ ）。

  A. 全部有效 B. 部分有效 C. 全部无效 D. 部分无效

16. 合同当事人发生争议，依法确定仲裁机构时，实行（ ）的原则。

  A. 由合同主管机关指定仲裁机构 B. 有地域管辖权的仲裁机构

  C. 双方共同议定的仲裁机构 D. 申请人一方指定的仲裁机构

第五节 《环境保护法》和《节约能源法》

一、《考试大纲》的规定

《中华人民共和国环境保护法》（以下简称《环境保护法》）：总则；环境监督管理；保护和改善环境；防治环境污染和其他公害；法律责任；

《中华人民共和国节约能源法》（以下简称《节约能源法》）：总则；节能管理；合理使用与节约能源；节能技术进步；激励措施；法律责任。

二、重点内容

1. 《环境保护法》

《环境保护法》于1989年12月26日由第七届全国人民代表大会常务委员会第十一次会议通过，自1989年12月26日起施行，于2014年进行了修订《环境保护法》包括总则、监督管理、保护和改善环境、防治污染和其他公害、信息公开和公众参与、法律责任、附则，共七章。

本法所称环境，是指影响人类生存和发展的各种天然的和经过人工改造的自然因素的总体，包括大气、水、海洋、土地、矿藏、森林、草原、湿地、野生生物、自然遗迹、人文遗迹、自然保护区、风景名胜区、城市和乡村等。

（1）总则

为保护和改善环境，防治污染和其他公害，保障公众健康，推进生态文明建设，促进经济社会可持续发展，制定本法。

本法适用于中华人民共和国领域和中华人民共和国管辖的其他海域。

保护环境是国家的基本国策。环境保护坚持保护优先、预防为主、综合治理、公众参与、损害担责的原则。每年6月5日为环境日。

（2）监督管理

国务院环境保护主管部门会同有关部门，根据国民经济和社会发展规划编制国家环境保护规划，报国务院批准并公布实施。县级以上地方人民政府环境保护主管部门会同有关部门，根据国家环境保护规划的要求，编制本行政区域的环境保护规划，报同级人民政府批准并公布实施。环境保护规划的内容应当包括生态保护和污染防治的目标、任务、保障措施等，并与主体功能区规划、土地利用总体规划和城乡规划等相衔接。

国务院环境保护主管部门制定国家环境质量标准。省、自治区、直辖市人民政府对国

家环境质量标准中未作规定的项目,可以制定地方环境质量标准;对国家环境质量标准中已作规定的项目,可以制定严于国家环境质量标准的地方环境质量标准。地方环境质量标准应当报国务院环境保护主管部门备案。国家鼓励开展环境基准研究。

国务院环境保护主管部门根据国家环境质量标准和国家经济、技术条件,制定国家污染物排放标准。省、自治区、直辖市人民政府对国家污染物排放标准中未作规定的项目,可以制定地方污染物排放标准;对国家污染物排放标准中已作规定的项目,可以制定严于国家污染物排放标准的地方污染物排放标准。地方污染物排放标准应当报国务院环境保护主管部门备案。

国家建立、健全环境监测制度。

编制有关开发利用规划,建设对环境有影响的项目,应当依法进行环境影响评价。未依法进行环境影响评价的开发利用规划,不得组织实施;未依法进行环境影响评价的建设项目,不得开工建设。

国家建立跨行政区域的重点区域、流域环境污染和生态破坏联合防治协调机制,实行统一规划、统一标准、统一监测、统一的防治措施。

国家实行环境保护目标责任制和考核评价制度。

(3) 保护和改善环境

国家在重点生态功能区、生态环境敏感区和脆弱区等区域划定生态保护红线,实行严格保护。

各级人民政府对具有代表性的各种类型的自然生态系统区域,珍稀、濒危的野生动植物自然分布区域,重要的水源涵养区域,具有重大科学文化价值的地质构造、著名溶洞和化石分布区、冰川、火山、温泉等自然遗迹,以及人文遗迹、古树名木,应当采取措施予以保护,严禁破坏。

国家建立、健全生态保护补偿制度。

国家加强对大气、水、土壤等的保护,建立和完善相应的调查、监测、评估和修复制度。

各级人民政府应当加强对农业环境的保护,促进农业环境保护新技术的使用,加强对农业污染源的监测预警,统筹有关部门采取措施,防治土壤污染和土地沙化、盐渍化、贫瘠化、石漠化、地面沉降以及防治植被破坏、水土流失、水体富营养化、水源枯竭、种源灭绝等生态失调现象,推广植物病虫害的综合防治。

国务院和沿海地方各级人民政府应当加强对海洋环境的保护。向海洋排放污染物、倾倒废弃物,进行海岸工程和海洋工程建设,应当符合法律法规规定和有关标准,防止和减少对海洋环境的污染损害。

城乡建设应当结合当地自然环境的特点,保护植被、水域和自然景观,加强城市园林、绿地和风景名胜区的建设与管理。

(4) 防治污染和其他公害

建设项目中防治污染的设施,应当与主体工程同时设计、同时施工、同时投产使用。防治污染的设施应当符合经批准的环境影响评价文件的要求,不得擅自拆除或者闲置。

排放污染物的企业事业单位和其他生产经营者,应当采取措施,防治在生产建设或者其他活动中产生的废气、废水、废渣、医疗废物、粉尘、恶臭气体、放射性物质以及噪声、振动、光辐射、电磁辐射等对环境的污染和危害。

排放污染物的企业事业单位，应当建立环境保护责任制度，明确单位负责人和相关人员的责任。

排放污染物的企业事业单位和其他生产经营者，应当按照国家有关规定缴纳排污费。排污费应当全部专项用于环境污染防治，任何单位和个人不得截留、挤占或者挪作他用。依照法律规定征收环境保护税的，不再征收排污费。

国家实行重点污染物排放总量控制制度。

国家依照法律规定实行排污许可管理制度。实行排污许可管理的企业事业单位和其他生产经营者应当按照排污许可证的要求排放污染物；未取得排污许可证的，不得排放污染物。

各级人民政府及其有关部门和企业事业单位，应当依照《中华人民共和国突发事件应对法》的规定，做好突发环境事件的风险控制、应急准备、应急处置和事后恢复等工作。企业事业单位应当按照国家有关规定制定突发环境事件应急预案，报环境保护主管部门和有关部门备案。在发生或者可能发生突发环境事件时，企业事业单位应当立即采取措施处理，及时通报可能受到危害的单位和居民，并向环境保护主管部门和有关部门报告。

国家鼓励投保环境污染责任保险。

（5）信息公开和公众参与

公民、法人和其他组织依法享有获取环境信息、参与和监督环境保护的权利。

各级人民政府环境保护主管部门和其他负有环境保护监督管理职责的部门，应当依法公开环境信息、完善公众参与程序，为公民、法人和其他组织参与和监督环境保护提供便利。

国务院环境保护主管部门统一发布国家环境质量、重点污染源监测信息及其他重大环境信息。省级以上人民政府环境保护主管部门定期发布环境状况公报。

对依法应当编制环境影响报告书的建设项目，建设单位应当在编制时向可能受影响的公众说明情况，充分征求意见。负责审批建设项目环境影响评价文件的部门在收到建设项目环境影响报告书后，除涉及国家秘密和商业秘密的事项外，应当全文公开；发现建设项目未充分征求公众意见的，应当责成建设单位征求公众意见。

（6）法律责任

企业事业单位和其他生产经营者违法排放污染物，受到罚款处罚，被责令改正，拒不改正的，依法作出处罚决定的行政机关可以自责令改正之日的次日起，按照原处罚数额按日连续处罚。

建设单位未依法提交建设项目环境影响评价文件或者环境影响评价文件未经批准，擅自开工建设的，由负有环境保护监督管理职责的部门责令停止建设，处以罚款，并可以责令恢复原状。

企业事业单位和其他生产经营者有下列行为之一，尚不构成犯罪的，除依照有关法律法规规定予以处罚外，由县级以上人民政府环境保护主管部门或者其他有关部门将案件移送公安机关，对其直接负责的主管人员和其他直接责任人员，处十日以上十五日以下拘留；情节较轻的，处五日以上十日以下拘留：

1）建设项目未依法进行环境影响评价，被责令停止建设，拒不执行的；

2）违反法律规定，未取得排污许可证排放污染物，被责令停止排污，拒不执行的；

3）通过暗管、渗井、渗坑、灌注或者篡改、伪造监测数据，或者不正常运行防治污染设施等逃避监管的方式违法排放污染物的；

4）生产、使用国家明令禁止生产、使用的农药，被责令改正，拒不改正的。

因污染环境和破坏生态造成损害的，应当依照《中华人民共和国侵权责任法》的有关规定承担侵权责任。

环境影响评价机构、环境监测机构以及从事环境监测设备和防治污染设施维护、运营的机构，在有关环境服务活动中弄虚作假，对造成的环境污染和生态破坏负有责任的，除依照有关法律法规规定予以处罚外，还应当与造成环境污染和生态破坏的其他责任者承担连带责任。

提起环境损害赔偿诉讼的时效期间为三年，从当事人知道或者应当知道其受到损害时起计算。

违反本法规定，构成犯罪的，依法追究刑事责任。

2.《节约能源法》

《节约能源法》于1997年11月1日由第八届全国人民代表大会常务委员会第二十八次会议通过，并于2007年10月28日修订通过，自2008年4月1日起施行，并于2016年、2018年修订。《节约能源法》包括总则、节能管理、合理使用与节约能源、节能技术进步、激励措施、法律责任和附则，共七章。

本法所称能源，是指煤炭、石油、天然气、生物质能和电力、热力以及其他直接或者通过加工、转换而取得有用能的各种资源。

本法所称节约能源（以下简称节能），是指加强用能管理，采取技术上可行、经济上合理以及环境和社会可以承受的措施，从能源生产到消费的各个环节，降低消耗、减少损失和污染物排放、制止浪费，有效、合理地利用能源。

（1）总则

为了推动全社会节约能源，提高能源利用效率，保护和改善环境，促进经济社会全面协调可持续发展，制定本法。

节约资源是我国的基本国策。国家实施节约与开发并举、把节约放在首位的能源发展战略。国务院和县级以上地方各级人民政府应当将节能工作纳入国民经济和社会发展规划、年度计划，并组织编制和实施节能中长期专项规划、年度节能计划。

国家实行节能目标责任制和节能考核评价制度，将节能目标完成情况作为对地方人民政府及其负责人考核评价的内容。

①国家实行有利于节能和环境保护的产业政策，限制发展高耗能、高污染行业，发展节能环保型产业。

②国务院和省、自治区、直辖市人民政府应当加强节能工作，合理调整产业结构、企业结构、产品结构和能源消费结构，推动企业降低单位产值能耗和单位产品能耗，淘汰落后的生产能力，改进能源的开发、加工、转换、输送、储存和供应，提高能源利用效率。

③国家鼓励、支持开发和利用新能源、可再生能源；国家鼓励、支持节能科学技术的研究、开发、示范和推广，促进节能技术创新与进步。

（2）节能管理

国务院标准化主管部门和国务院有关部门依法组织制定并适时修订有关节能的国家标准、行业标准，建立健全节能标准体系。建筑节能的国家标准、行业标准由国务院建设主管部门组织制定，并依照法定程序发布。

1）项目节能评估和审查制度

国家实行固定资产投资项目节能评估和审查制度。不符合强制性节能标准的项目，建设单位不得开工建设；已经建成的，不得投入生产、使用。政府投资项目不符合强制性节能标准的，依法负责项目审批的机关不得批准建设。具体办法由国务院管理节能工作的部门会同国务院有关部门制定。

2）淘汰制度和高能耗产品的限制

国家对落后的耗能过高的用能产品、设备和生产工艺实行淘汰制度。

生产过程中耗能高的产品的生产单位，应当执行单位产品能耗限额标准。对超过单位产品能耗限额标准用能的生产单位，由管理节能工作的部门按照国务院规定的权限责令限期治理。对高耗能的特种设备，按照国务院的规定实行节能审查和监管。

禁止生产、进口、销售国家明令淘汰或者不符合强制性能源效率标准的用能产品、设备；禁止使用国家明令淘汰的用能设备、生产工艺。

3）能源效率标识管理

国家对家用电器等使用面广、耗能量大的用能产品，实行能源效率标识管理。

生产者和进口商应当对列入国家能源效率标识管理产品目录的用能产品标注能源效率标识，在产品包装物上或者说明书中予以说明，并按照规定报国务院市场监督管理部门和国务院管理节能工作的部门共同授权的机构备案。

生产者和进口商应当对其标注的能源效率标识及相关信息的准确性负责。禁止销售应当标注而未标注能源效率标识的产品。

禁止伪造、冒用能源效率标识或者利用能源效率标识进行虚假宣传。

4）节能产品认证

用能产品的生产者、销售者，可以根据自愿原则，按照国家有关节能产品认证的规定，向经国务院认证认可监督管理部门认可的从事节能产品认证的机构提出节能产品认证申请；经认证合格后，取得节能产品认证证书，可以在用能产品或者其包装物上使用节能产品认证标志。禁止使用伪造的节能产品认证标志或者冒用节能产品认证标志。

5）能源统计制度

县级以上各级人民政府统计部门应当会同同级有关部门，建立健全能源统计制度，完善能源统计指标体系，改进和规范能源统计方法，确保能源统计数据真实、完整。

国务院统计部门会同国务院管理节能工作的部门，定期向社会公布各省、自治区、直辖市以及主要耗能行业的能源消费和节能情况等信息。

（3）合理使用与节约能源

1）一般规定

①用能单位应当按照合理用能的原则，加强节能管理，制定并实施节能计划和节能技术措施，降低能源消耗。

②用能单位应当建立节能目标责任制，对节能工作取得成绩的集体、个人给予奖励。

③用能单位应当定期开展节能教育和岗位节能培训。

④用能单位应当加强能源计量管理，按照规定配备和使用经依法检定合格的能源计量器具。用能单位应当建立能源消费统计和能源利用状况分析制度，对各类能源的消费实行分类计量和统计，并确保能源消费统计数据真实、完整。

⑤能源生产经营单位不得向本单位职工无偿提供能源。任何单位不得对能源消费实行包费制。

2）建筑节能

①国务院建设主管部门负责全国建筑节能的监督管理工作。县级以上地方各级人民政府建设主管部门负责本行政区域内建筑节能的监督管理工作。县级以上地方各级人民政府建设主管部门会同同级管理节能工作的部门编制本行政区域内的建筑节能规划。建筑节能规划应当包括既有建筑节能改造计划。

②建筑工程的建设、设计、施工和监理单位应当遵守建筑节能标准。不符合建筑节能标准的建筑工程，建设主管部门不得批准开工建设；已经开工建设的，应当责令停止施工、限期改正；已经建成的，不得销售或者使用。建设主管部门应当加强对在建建筑工程执行建筑节能标准情况的监督检查。

③房地产开发企业在销售房屋时，应当向购买人明示所售房屋的节能措施、保温工程保修期等信息，在房屋买卖合同、质量保证书和使用说明书中载明，并对其真实性、准确性负责。

④使用空调采暖、制冷的公共建筑应当实行室内温度控制制度。

⑤国家采取措施，对实行集中供热的建筑分步骤实行供热分户计量、按照用热量收费的制度。新建建筑或者对既有建筑进行节能改造，应当按照规定安装用热计量装置、室内温度调控装置和供热系统调控装置。

⑥县级以上地方各级人民政府有关部门应当加强城市节约用电管理，严格控制公用设施和大型建筑物装饰性景观照明的能耗。

⑦国家鼓励在新建建筑和既有建筑节能改造中使用新型墙体材料等节能建筑材料和节能设备，安装和使用太阳能等可再生能源利用系统。

3）工业节能等

《节约能源法》分别对工业节能、交通运输节能、公共机构节能、重点用能单位节能作出了具体规定，此处略。

(4) 节能技术进步

①国务院管理节能工作的部门会同国务院科技主管部门发布节能技术政策大纲，指导节能技术研究、开发和推广应用。

②县级以上各级人民政府应当把节能技术研究开发作为政府科技投入的重点领域，支持科研单位和企业开展节能技术应用研究，制定节能标准，开发节能共性和关键技术，促进节能技术创新与成果转化。

③国务院管理节能工作的部门会同国务院有关部门制定并公布节能技术、节能产品的推广目录，引导用能单位和个人使用先进的节能技术、节能产品。

④国务院管理节能工作的部门会同国务院有关部门组织实施重大节能科研项目、节能示范项目、重点节能工程。

(5) 激励措施

①专项资金　中央财政和省级地方财政安排节能专项资金，支持节能技术研究开发、节能技术和产品的示范与推广、重点节能工程的实施、节能宣传培训、信息服务和表彰奖励等。

②税收优惠与财政补贴　国家对生产、使用列入本法规定的推广目录的需要支持的节能技术、节能产品，实行税收优惠等扶持政策。国家通过财政补贴支持节能照明器具等节能产品的推广和使用。

国家实行有利于节约能源资源的税收政策，健全能源矿产资源有偿使用制度，促进能源资源的节约及其开采利用水平的提高。国家运用税收等政策，鼓励先进节能技术、设备的进口，控制在生产过程中耗能高、污染重的产品的出口。

③采购优先　政府采购监督管理部门会同有关部门制定节能产品、设备政府采购名录，应当优先列入取得节能产品认证证书的产品、设备。

④信贷支持　国家引导金融机构增加对节能项目的信贷支持，为符合条件的节能技术研究开发、节能产品生产以及节能技术改造等项目提供优惠贷款。国家推动和引导社会有关方面加大对节能的资金投入，加快节能技术改造。

⑤价格政策　国家实行有利于节能的价格政策，引导用能单位和个人节能。国家运用财税、价格等政策，支持推广电力需求侧管理、合同能源管理、节能自愿协议等节能办法。

国家实行峰谷分时电价、季节性电价、可中断负荷电价制度，鼓励电力用户合理调整用电负荷；对钢铁、有色金属、建材、化工和其他主要耗能行业的企业，分淘汰、限制、允许和鼓励类实行差别电价政策。

(6) 法律责任

①固定资产投资项目违法的法律责任

负责审批政府投资项目的机关违反本法规定，对不符合强制性节能标准的项目予以批准建设的，对直接负责的主管人员和其他直接责任人员依法给予处分。

固定资产投资项目建设单位开工建设不符合强制性节能标准的项目或者将该项目投入生产、使用的，由管理节能工作的部门责令停止建设或者停止生产、使用，限期改造；不能改造或者逾期不改造的生产性项目，由管理节能工作的部门报请本级人民政府按照国务院规定的权限责令关闭。

②生产、进口、销售、使用淘汰的用能产品或设备的法律责任

生产、进口、销售国家明令淘汰的用能产品、设备的，使用伪造的节能产品认证标志或者冒用节能产品认证标志的，依照《中华人民共和国产品质量法》的规定处罚。

生产、进口、销售不符合强制性能源效率标准的用能产品、设备的，由市场监督管理部门责令停止生产、进口、销售，没收违法生产、进口、销售的用能产品、设备和违法所得，并处违法所得一倍以上五倍以下罚款；情节严重的，由工商行政管理部门吊销营业执照。

使用国家明令淘汰的用能设备或者生产工艺的，由管理节能工作的部门责令停止使用，没收国家明令淘汰的用能设备；情节严重的，可以由管理节能工作的部门提出意见，报请本级人民政府按照国务院规定的权限责令停业整顿或者关闭。

③严重超过单位产品能耗限额标准的法律责任

生产单位超过单位产品能耗限额标准用能，情节严重，经限期治理逾期不治理或者没有达到治理要求的，可以由管理节能工作的部门提出意见，报请本级人民政府按照国务院规定的权限责令停业整顿或者关闭。

④违反能源效率标识规定的法律责任

应当标注能源效率标识而未标注的，由市场监督管理部门责令改正，处三万元以上五万元以下罚款。

未办理能源效率标识备案，或者使用的能源效率标识不符合规定的，由市场监督管理部门责令限期改正；逾期不改正的，处一万元以上三万元以下罚款。

伪造、冒用能源效率标识或者利用能源效率标识进行虚假宣传的，由市场监督管理部门责令改正，处五万元以上十万元以下罚款；情节严重的，由工商行政管理部门吊销营业执照。

⑤未按规定配备、使用能源计量器具的法律责任

用能单位未按照规定配备、使用能源计量器具的，由产品质量监督部门责令限期改正；逾期不改正的，处一万元以上五万元以下罚款。

⑥节能服务机构违法的法律责任

从事节能咨询、设计、评估、检测、审计、认证等服务的机构提供虚假信息的，由管理节能工作的部门责令改正，没收违法所得，并处五万元以上十万元以下罚款。

⑦无偿向本单位职工提供能源的法律责任

无偿向本单位职工提供能源或者对能源消费实行包费制的，由管理节能工作的部门责令限期改正；逾期不改正的，处五万元以上二十万元以下罚款。

⑧违反建筑节能标准的法律责任

建设单位违反建筑节能标准的，由建设主管部门责令改正，处二十万元以上五十万元以下罚款。

设计单位、施工单位、监理单位违反建筑节能标准的，由建设主管部门责令改正，处十万元以上五十万元以下罚款；情节严重的，由颁发资质证书的部门降低资质等级或者吊销资质证书；造成损失的，依法承担赔偿责任。

房地产开发企业违反本法规定，在销售房屋时未向购买人明示所售房屋的节能措施、保温工程保修期等信息的，由建设主管部门责令限期改正，逾期不改正的，处三万元以上五万元以下罚款；对以上信息作虚假宣传的，由建设主管部门责令改正，处五万元以上二十万元以下罚款。

⑨重点用能单位违法的法律责任

重点用能单位未按照本法规定报送能源利用状况报告或者报告内容不实的，由管理节能工作的部门责令限期改正；逾期不改正的，处一万元以上五万元以下罚款。

重点用能单位无正当理由拒不落实本法第五十四条规定的整改要求或者整改没有达到要求的，由管理节能工作的部门处十万元以上三十万元以下罚款。

重点用能单位未按照本法规定设立能源管理岗位，聘任能源管理负责人，并报管理节能工作的部门和有关部门备案的，由管理节能工作的部门责令改正；拒不改正的，处一万元以上三万元以下罚款。

三、解题指导

对于《环境保护法》，注意掌握与工程建设密切相关的内容，如防治环境污染和其他

公害，及其相应的法律责任。

对于《节约能源法》，注意掌握建筑节能的规定，及其相应的法律责任。

【例 19-5-1】 建设项目防治污染的设施必须经过验收合格后，方可投入生产或使用，该设施必须经下述（　　）进行验收。

A. 质量监督管理机构
B. 原审批环境影响报告书的环境保护行政管理部门
C. 技术监督行政管理部门
D. 原审批设计的建设行政管理部门

【解】 根据《环境保护法》规定，建设项目防治污染的设施应由原审批环境影响报告书的环境保护行政管理部门进行验收，所以应选 B 项。

【例 19-5-2】 房地产开发企业在销售房屋时，应当向购买人明示所售房屋的（　　）。

A. 能效标识，保温工程保修期等信息　　B. 节能措施，保温工程保修期等信息
C. 节能标识，保温工程保修期等信息　　D. 节能标准，保温工程保修期等信息

【解】 根据《节约能源法》的建筑节能规定，应明示所售房屋的节能措施，保温工程保修期等信息，所以应选 B 项。

四、应试题解

1. 环境保护设计必须按国家规定的设计程序进行，防治污染及其他公害的设施与主体工程应（　　）

①同时设计；②同时施工；③同时投入使用。

A. ①③　　　　B. ①②　　　　C. ①②③　　　　D. ①

2. 向已有污染物排放标准的区域排放污染物的，应该执行（　　）。

A. 国家污染物排放标准　　　　B. 行业污染物排放标准
C. 地方污染物排放标准　　　　D. 上述 A、B、C 项均不对

3. 建设项目环境影响评价文件未经审批部门审查或审查后未予批准的，则该项目（　　）。

A. 审批部门应当严格审批　　　　B. 不得进行实质性建设
C. 计划部门不得批准项目设计任务书　　D. 可以进行局部建设

4. 建设项目的环境影响报告书应报（　　）审批。

A. 建设行政主管部门　　　　B. 环境保护行政主管部门
C. 计划行政主管部门　　　　D. 县级以上地方人民政府

5. （　　）应当对本辖区的环境质量负责。

A. 建设行政主管部门　　　　B. 环境保护行政主管部门
C. 计划行政主管部门　　　　D. 地方各级人民政府

6. 根据《环境保护法》的规定，对造成重大环境污染事故，导致严重的人身伤亡的，应采取的法律措施是（　　）。

A. 行政罚款　　　　B. 对直接责任人员行政处分
C. 企业停业　　　　D. 对直接责任人员追究刑事责任

7. 对造成环境严重污染的市管辖的企业事业单位；由（　　）决定其限期治理。

A. 市建设行政主管部门　　　　B. 市环境保护主管部门

C. 市人民政府 D. 省人民政府

8. 不符合建筑节能标准的已经建成的建筑工程,应当（　　）。

A. 不得销售 B. 不得使用
C. 不得销售或使用 D. 不得办理移交手续

9. 设计单位、施工单位、监理单位违反建筑节能标准的,由建设行政主管部门处（　　）罚款。

A. 5 万元以上 20 万元以下 B. 10 万元以上 50 万元以下
C. 10 万元以上 30 万元以下 D. 20 万元以上 50 万元以下

10. 房地产开发企业在销售房屋时未向购买人明示所售房屋的节能措施、保温工程保修期等信息的,由建设行政主管部门责令限期改正,逾期不改正的,处（　　）罚款。

A. 3 万元以上 5 万元以下 B. 3 万元以上 10 万元以下
C. 5 万元以上 10 万元以下 D. 5 万元以上 20 万元以下

11. 我国实施的能源发展战略是（　　）。

A. 开发为主,合理利用
B. 利用为主,加强开发
C. 开发与节约并举,把开发放在首位
D. 开发与节约并举,把节约放在首位

12. 国家对固定资产投资项目实施（　　）。

A. 节能评估和核准制度 B. 节能评估和备案制度
C. 节能评估和审查制度 D. 节能审查制度

13. 用能产品的生产者、销售者,可根据（　　）,向经国务院认证认可监督管理部门认可的从事节能产品认证的机构提出节能产品认证申请。

A. 强制原则 B. 申请原则 C. 自愿原则 D. 限制原则

14. 政府采购监督部门会同有关部门制定节能产品、设备政府采购名录,应当优先列入取得节能产品（　　）产品、设备。

A. 认证证书的 B. 质量认证的 C. 专利证书的 D. 环保认证的

15. 下列关于合理使用与节约能源的叙述中,不正确的是（　　）。

A. 用能单位应当按照合理用能的原则,建立节能目标责任制
B. 用能单位应当建立能源消费统计制度
C. 用能单位应当定期或不定期开展节能教育和岗位节能培训
D. 任何单位不得向本单位职工无偿提供能源,不得对能源消费实行包费制

第六节　《行政许可法》

一、《考试大纲》的规定

《中华人民共和国行政许可法》(以下简称《行政许可法》)：总则；行政许可的设定；行政许可的实施机关；行政许可的实施程序；行政许可的费用。

二、重点内容

《行政许可法》于 2003 年 8 月 27 日由第十届全国人民代表大会常务委员会第十次会

议通过，自2004年7月1日起施行，并于2019年4月修订。《行政许可法》包括总则、行政许可的设定、行政许可的实施机关、行政许可的实施程序、行政许可的费用、监督检查、法律责任、附则，共八章。

本法所称行政许可，是指行政机关根据公民、法人或者其他组织的申请，经依法审查，准予其从事特定活动的行为。

1. 总则

(1) 立法宗旨和适用范围

为了规范行政许可的设定和实施，保护公民、法人和其他组织的合法权益，维护公共利益和社会秩序，保障和监督行政机关有效实施行政管理，根据宪法，制定本法。

行政许可的设定和实施，适用本法。有关行政机关对其他机关或者对其直接管理的事业单位的人事、财务、外事等事项的审批，不适用本法。

(2) 基本原则

①设定和实施行政许可，应当依照法定的权限、范围、条件和程序。

②设定和实施行政许可，应当遵循公开、公平、公正、非歧视的原则。有关行政许可的规定应当公布；未经公布的，不得作为实施行政许可的依据。行政许可的实施和结果，除涉及国家秘密、商业秘密或者个人隐私的外，应当公开。未经申请人同意，行政机关及其工作人员、参与专家评审等的人员不得披露申请人提交的商业秘密、未披露信息或者保密商务信息，法律另有规定或者涉及国家安全、重大社会公共利益的除外；行政机关依法公开申请人前述信息的，允许申请人在合理期限内提出异议。符合法定条件、标准的，申请人有依法取得行政许可的平等权利，行政机关不得歧视任何人。

③实施行政许可，应当遵循便民的原则，提高办事效率，提供优质服务。

④公民、法人或者其他组织依法取得的行政许可受法律保护，行政机关不得擅自改变已经生效的行政许可。行政许可所依据的法律、法规、规章修改或者废止，或者准予行政许可所依据的客观情况发生重大变化的，为了公共利益的需要，行政机关可以依法变更或者撤回已经生效的行政许可。由此给公民、法人或者其他组织造成财产损失的，行政机关应当依法给予补偿。

⑤公民、法人或者其他组织对行政机关实施行政许可，享有陈述权、申辩权；有权依法申请行政复议或者提起行政诉讼；其合法权益因行政机关违法实施行政许可受到损害的，有权依法要求赔偿。

(3) 依法取得的行政许可，除法律、法规规定依照法定条件和程序可以转让的外，不得转让。

2. 行政许可的设定

(1) 可以设定行政许可的事项：

①直接涉及国家安全、公共安全、经济宏观调控、生态环境保护以及直接关系人身健康、生命财产安全等特定活动，需要按照法定条件予以批准的事项；

②有限自然资源开发利用、公共资源配置以及直接关系公共利益的特定行业的市场准入等，需要赋予特定权利的事项；

③提供公众服务并且直接关系公共利益的职业、行业，需要确定具备特殊信誉、特殊条件或者特殊技能等资格、资质的事项；

④直接关系公共安全、人身健康、生命财产安全的重要设备、设施、产品、物品，需要按照技术标准、技术规范，通过检验、检测、检疫等方式进行审定的事项；

⑤企业或者其他组织的设立等，需要确定主体资格的事项；

⑥法律、行政法规规定可以设定行政许可的其他事项。

（2）可以不设行政许可的事项

上述可以设行政许可的事项，通过下列方式能够予以规范的，可以不设行政许可：

①公民、法人或者其他组织能够自主决定的；

②市场竞争机制能够有效调节的；

③行业组织或者中介机构能够自律管理的；

④行政机关采用事后监督等其他行政管理方式能够解决的。

（3）设定行政许可的权限

①上述可以设定行政许可的事项，法律可以设定行政许可。尚未制定法律的，行政法规可以设定行政许可。

必要时，国务院可以采用发布决定的方式设定行政许可。实施后，除临时性行政许可事项外，国务院应当及时提请全国人民代表大会及其常务委员会制定法律，或者自行制定行政法规。

②上述可以设定行政许可的事项，尚未制定法律、行政法规的，地方性法规可以设定行政许可；尚未制定法律、行政法规和地方性法规的，因行政管理的需要，确需立即实施行政许可的，省、自治区、直辖市人民政府规章可以设定临时性的行政许可。临时性的行政许可实施满一年需要继续实施的，应当提请本级人民代表大会及其常务委员会制定地方性法规。

地方性法规和省、自治区、直辖市人民政府规章，不得设定应当由国家统一确定的公民、法人或者其他组织的资格、资质的行政许可；不得设定企业或者其他组织的设立登记及其前置性行政许可。其设定的行政许可，不得限制其他地区的个人或者企业到本地区从事生产经营和提供服务，不得限制其他地区的商品进入本地区市场。

（4）对实施行政许可作出规定的权限

行政法规可以在法律设定的行政许可事项范围内，对实施该行政许可作出具体规定。

地方性法规可以在法律、行政法规设定的行政许可事项范围内，对实施该行政许可作出具体规定。

规章可以在上位法设定的行政许可事项范围内，对实施该行政许可作出具体规定。

法规、规章对实施上位法设定的行政许可作出的具体规定，不得增设行政许可；对行政许可条件作出的具体规定，不得增设违反上位法的其他条件。

（5）设定前的意见听取

起草法律草案、法规草案和省、自治区、直辖市人民政府规章草案，拟设定行政许可的，起草单位应当采取听证会、论证会等形式听取意见，并向制定机关说明设定该行政许可的必要性、对经济和社会可能产生的影响以及听取和采纳意见的情况。

（6）行政许可设定和实施的评价

行政许可的设定机关应当定期对其设定的行政许可进行评价；对已设定的行政许可，认为能够解决的，应当对设定该行政许可的规定及时予以修改或者废止。

行政许可的实施机关可以对已设定的行政许可的实施情况及存在的必要性适时进行评价,并将意见报告该行政许可的设定机关。

3. 行政许可的实施机关

（1）行政许可由具有行政许可权的行政机关在其法定职权范围内实施。

（2）法律、法规授权的具有管理公共事务职能的组织,在法定授权范围内,以自己的名义实施行政许可。

（3）行政机关在其法定职权范围内,依照法律、法规、规章的规定,可以委托其他行政机关实施行政许可。委托机关应当将受委托行政机关和受委托实施行政许可的内容予以公告。

委托行政机关对受委托行政机关实施行政许可的行为应当负责监督,并对该行为的后果承担法律责任。受委托行政机关在委托范围内,以委托行政机关名义实施行政许可;不得再委托其他组织或者个人实施行政许可。

（4）对直接关系公共安全、人身健康、生命财产安全的设备、设施、产品、物品的检验、检测、检疫,除法律、行政法规规定由行政机关实施的外,应当逐步由符合法定条件的专业技术组织实施。专业技术组织及其有关人员对所实施的检验、检测、检疫结论承担法律责任。

4. 行政许可的实施程序

行政许可的实施程序包括申请与受理、审查与决定、期限、听证、变更与延续、特别规定。

（1）申请与受理

1）公民、法人或者其他组织从事特定活动,依法需要取得行政许可的,应当向行政机关提出申请。申请书需要采用格式文本的,行政机关应当向申请人提供行政许可申请书格式文本。申请人可以委托代理人提出行政许可申请。但是,依法应当由申请人到行政机关办公场所提出行政许可申请的除外。行政许可申请可以通过信函、电报、电传、传真、电子数据交换和电子邮件等方式提出。

2）行政机关应当将法律、法规、规章规定的有关行政许可的事项、依据、条件、数量、程序、期限以及需要提交的全部材料的目录和申请书示范文本等在办公场所公示。

3）申请人申请行政许可,应当如实向行政机关提交有关材料和反映真实情况,并对其申请材料实质内容的真实性负责。行政机关不得要求申请人提交与其申请的行政许可事项无关的技术资料和其他材料。行政机关及其工作人员不得以转让技术作为取得行政许可的条件;不得在实施行政许可的过程中,直接或者间接地要求转让技术。

4）行政机关对申请人提出的行政许可申请,应当根据下列情况分别作出处理:

①申请事项依法不需要取得行政许可的,应当即时告知申请人不受理;

②申请事项依法不属于本行政机关职权范围的,应当即时作出不予受理的决定,并告知申请人向有关行政机关申请;

③申请材料存在可以当场更正的错误的,应当允许申请人当场更正;

④申请材料不齐全或者不符合法定形式的,应当当场或者在五日内一次告知申请人需要补正的全部内容,逾期不告知的,自收到申请材料之日起即为受理;

⑤申请事项属于本行政机关职权范围,申请材料齐全、符合法定形式,或者申请人按

照本行政机关的要求提交全部补正申请材料的，应当受理行政许可申请。

行政机关受理或者不予受理行政许可申请，应当出具加盖本行政机关专用印章和注明日期的书面凭证。

(2) 审查与决定

1) 行政机关应当对申请人提交的申请材料进行审查。申请人提交的申请材料齐全、符合法定形式，行政机关能够当场作出决定的，应当当场作出书面的行政许可决定。

根据法定条件和程序，需要对申请材料的实质内容进行核实的，行政机关应当指派两名以上工作人员进行核查。

2) 依法应当先经下级行政机关审查后报上级行政机关决定的行政许可，下级行政机关应当在法定期限内将初步审查意见和全部申请材料直接报送上级行政机关。上级行政机关不得要求申请人重复提供申请材料。

3) 行政机关对行政许可申请进行审查时，发现行政许可事项直接关系他人重大利益的，应当告知该利害关系人。申请人、利害关系人有权进行陈述和申辩。行政机关应当听取申请人、利害关系人的意见。

4) 行政机关对行政许可申请进行审查后，除当场作出行政许可决定的外，应当在法定期限内按照规定程序作出行政许可决定。

5) 申请人的申请符合法定条件、标准的，行政机关应当依法作出准予行政许可的书面决定。

行政机关依法作出不予行政许可的书面决定的，应当说明理由，并告知申请人享有依法申请行政复议或者提起行政诉讼的权利。

6) 行政机关作出准予行政许可的决定，需要颁发行政许可证件的，应当向申请人颁发加盖本行政机关印章的下列行政许可证件：

①许可证、执照或者其他许可证书；
②资格证、资质证或者其他合格证书；
③行政机关的批准文件或者证明文件；
④法律、法规规定的其他行政许可证件。

行政机关实施检验、检测、检疫的，可以在检验、检测、检疫合格的设备、设施、产品、物品上加贴标签或者加盖检验、检测、检疫印章。

7) 行政机关作出的准予行政许可决定，应当予以公开，公众有权查阅。

8) 法律、行政法规设定的行政许可，其适用范围没有地域限制的，申请人取得的行政许可在全国范围内有效。

(3) 期限

1) 除可以当场作出行政许可决定的外，行政机关应当自受理行政许可申请之日起二十日内作出行政许可决定。二十日内不能作出决定的，经本行政机关负责人批准，可以延长十日，并应当将延长期限的理由告知申请人。但是，法律、法规另有规定的，依照其规定。

行政许可采取统一办理或者联合办理、集中办理的，办理的时间不得超过四十五日；四十五日内不能办结的，经本级人民政府负责人批准，可以延长十五日，并应当将延长期限的理由告知申请人。

2）依法应当先经下级行政机关审查后报上级行政机关决定的行政许可，下级行政机关应当自其受理行政许可申请之日起二十日内审查完毕。

3）行政机关作出准予行政许可的决定，应当自作出决定之日起十日内向申请人颁发、送达行政许可证件，或者加贴标签、加盖检验、检测、检疫印章。

4）行政机关作出行政许可决定，依法需要听证、招标、拍卖、检验、检测、检疫、鉴定和专家评审的，所需时间不计算在本节规定的期限内。行政机关应当将所需时间书面告知申请人。

（4）听证

1）法律、法规、规章规定实施行政许可应当听证的事项，或者行政机关认为需要听证的其他涉及公共利益的重大行政许可事项，行政机关应当向社会公告，并举行听证。

2）行政许可直接涉及申请人与他人之间重大利益关系的，行政机关在作出行政许可决定前，应当告知申请人、利害关系人享有要求听证的权利；申请人、利害关系人在被告知听证权利之日起五日内提出听证申请的，行政机关应当在二十日内组织听证。

申请人、利害关系人不承担行政机关组织听证的费用。

3）听证按照下列程序进行：

①行政机关应当于举行听证的七日前将举行听证的时间、地点通知申请人、利害关系人，必要时予以公告；

②听证应当公开举行；

③行政机关应当指定审查该行政许可申请的工作人员以外的人员为听证主持人，申请人、利害关系人认为主持人与该行政许可事项有直接利害关系的，有权申请回避；

④举行听证时，审查该行政许可申请的工作人员应当提供审查意见的证据、理由，申请人、利害关系人可以提出证据，并进行申辩和质证；

⑤听证应当制作笔录，听证笔录应当交听证参加人确认无误后签字或者盖章。

行政机关应当根据听证笔录，作出行政许可决定。

（5）变更与延续

1）被许可人要求变更行政许可事项的，应当向作出行政许可决定的行政机关提出申请；符合法定条件、标准的，行政机关应当依法办理变更手续。

2）被许可人需要延续依法取得的行政许可的有效期的，应当在该行政许可有效期届满三十日前向作出行政许可决定的行政机关提出申请。

行政机关应当根据被许可人的申请，在该行政许可有效期届满前作出是否准予延续的决定；逾期未作决定的，视为准予延续。

（6）特别规定

1）有限自然资源开发利用、公共资源配置以及直接关系公共利益的特定行业的市场准入等，需要赋予特定权利的事项，行政机关应当通过招标、拍卖等公平竞争的方式作出决定。行政机关通过招标、拍卖等方式作出行政许可决定的具体程序，依照有关法律、行政法规的规定。

行政机关按照招标、拍卖程序确定中标人、买受人后，应当作出准予行政许可的决定，并依法向中标人、买受人颁发行政许可证件。

行政机关违反本条规定，不采用招标、拍卖方式，或者违反招标、拍卖程序，损害申请人合法权益的，申请人可以依法申请行政复议或者提起行政诉讼。

2）提供公众服务并且直接关系公共利益的职业、行业，需要确定具备特殊信誉、特殊条件或者特殊技能等资格、资质的事项，赋予公民特定资格，依法应当举行国家考试的，行政机关根据考试成绩和其他法定条件作出行政许可决定；赋予法人或者其他组织特定的资格、资质的，行政机关根据申请人的专业人员构成、技术条件、经营业绩和管理水平等的考核结果作出行政许可决定。

公民特定资格的考试依法由行政机关或者行业组织实施，公开举行。行政机关或者行业组织应当事先公布资格考试的报名条件、报考办法、考试科目以及考试大纲。但是，不得组织强制性的资格考试的考前培训，不得指定教材或者其他助考材料。

3）直接关系公共安全、人身健康、生命财产安全的重要设备、设施、产品、物品，需要按照技术标准、技术规范，通过检验、检测、检疫等方式进行审定的事项，应当按照技术标准、技术规范依法进行检验、检测、检疫，行政机关根据检验、检测、检疫的结果作出行政许可决定。

行政机关实施检验、检测、检疫，应当自受理申请之日起五日内指派两名以上工作人员按照技术标准、技术规范进行检验、检测、检疫。不需要对检验、检测、检疫结果作进一步技术分析即可认定设备、设施、产品、物品是否符合技术标准、技术规范的，行政机关应当当场作出行政许可决定。

行政机关根据检验、检测、检疫结果，作出不予行政许可决定的，应当书面说明不予行政许可所依据的技术标准、技术规范。

4）企业或者其他组织的设立等，需要确定主体资格的事项，申请人提交的申请材料齐全、符合法定形式的，行政机关应当当场予以登记。需要对申请材料的实质内容进行核实的，行政机关依照本法第三十四条第三款的规定办理。

5）有数量限制的行政许可，两个或者两个以上申请人的申请均符合法定条件、标准的，行政机关应当根据受理行政许可申请的先后顺序作出准予行政许可的决定。但是，法律、行政法规另有规定的，依照其规定。

5. 行政许可的费用

（1）行政机关实施行政许可和对行政许可事项进行监督检查，不得收取任何费用。行政机关提供行政许可申请书格式文本，不得收费。

（2）行政机关实施行政许可，依照法律、行政法规收取费用的，应当按照公布的法定项目和标准收费；所收取的费用必须全部上缴国库，任何机关或者个人不得以任何形式截留、挪用、私分或者变相私分。财政部门不得以任何形式向行政机关返还或者变相返还实施行政许可所收取的费用。

三、解题指导

在《行政许可法》中，可以设定行政许可的事项中的第二项、第三项、第四项、第五项，在特别规定中分别作出了具体规定。

复习《行政许可法》时，应通过理解，掌握其规定的内容；难点是行政许可实施程序中时限的规定。

【例 19-6-1】 某下述关于行政许可的变更与延续，不正确的是（　　）。

A. 某注册建筑师，其注册有效期即将到期，如果需要延续注册的，应当在注册有效

期届满前30日前提出

B. 某注册建造师，如果变更执业范围，应当向准予注册的建设行政管理部门提出申请

C. 某采矿人提出延续申请，而矿物行政管理部门未在采矿许可有效期满之前作出准许的决定，应视为准予延续

D. 某注册结构工程师，其注册有效期为3年，如果需要延续注册的，应当在注册有效期届满前20日前提出

【解】 根据《行政许可法》中，如果需要延续注册的，应当在注册有效期届满前30日前提出，所以应选D项。

四、应试题解

1. 下列关于行政许可的设定和实施的基本原则，不正确的是（ ）。
   A. 遵循公开、公平、公正、非歧视的原则　　B. 遵循自愿的原则
   C. 依法取得行政许可受法律保护的原则　　　D. 遵循便民的原则

2. 公民、法人或者其他组织对行政机关实施行政许可，享有的权利有（ ）。
   A. 陈述权、申辩权、抗辩权　　B. 陈述权、抗辩权、救济权
   C. 陈述权、申辩权、救济权　　D. 陈述权、救济权、诉讼权

3. 临时性的行政许可实施满（ ），需要继续实施时，应当提请本级人民代表大会及其常务委员会制定地方性法规。
   A. 1年　　　　B. 2年　　　　C. 3年　　　　D. 6个月

4. 下列关于地方性法规、省级政府规章和政府规范性文件的表述中，不正确的是（ ）。
   A. 地方性法规、省级政府规章不得设定应当由国家统一确定的公民、法人或者其他组织的资格、资质的行政许可
   B. 地方性法规、省级政府规章不得设定企业或者其他组织的设立登记及其前置性行政许可
   C. 地方性法规、省级政府规章所设定的行政许可不得限制其他地区的个人或者企业到本地区从事生产经营和提供服务
   D. 地方性政府规范性文件根据本地实际情况可设定行政许可

5. 某省人民政府在其制定的规章中，将实施本项行政许可的权力授权给了该省级的一行政机关，则该行政机关在实施行政许可权时，（ ）。
   A. 应当以自己的名义实施行政许可
   B. 不能以自己的名义实施行政许可
   C. 应当对自己的行为后果独立地承担责任
   D. 可以将行政许可权委托给其他组织或者个人

6. 当申请人的行政许可申请材料不齐全或不符合法定形式时，行政机关应当当场或者在（ ）内一次告知申请人需要补正的全部内容。
   A. 二日　　　　B. 三日　　　　C. 五日　　　　D. 七日

7. 根据法定条件和程序，需要对申请材料的实质性内容进行核实的，行政机关应当指派（ ）工作人员进行核查。

A. 一名　　　　B. 两名以上　　　C. 三名以上　　　D. 四名以上

8. 除可以当场作出行政许可决定的外,行政机关应当自受理行政许可申请之日起( )内作出行政许可决定。

A. 七日　　　　B. 十四日　　　　C. 二十日　　　　D. 三十日

9. 行政许可采取统一办理或者联合办理,集中办理的,办理时间不得超过( )。

A. 二十日　　　B. 二十五日　　　C. 三十日　　　　D. 四十五日

10. 下列关于行政许可听证的表述,不正确的是( )。

A. 行政机关应当于举行听证会的7日前将听证的时间、地点通知申请人和利害关系人

B. 行政机关应当指定审查该行政许可申请的工作人员为听证主持人

C. 申请人、利害关系人不承担行政机关组织听证的费用

D. 申请人、利害关系人在被告知听证权利之日起5日内提出听证申请

11. 行政机关提供下列( ),不得收费。

A. 行政许可决定书　　　　　　　　B. 行政许可证书
C. 行政许可申请书　　　　　　　　D. 行政许可申请书格式文本

第七节　职　业　法　规

一、《考试大纲》的规定

我国有关基本建设、建筑、房地产、城市规划、环保等方面的法律法规;

工程设计人员的职业道德与行为准则。

二、重点内容

1. 房地产方面的法规

房地产业是专门从事房产和地产开发建设、经营管理、修缮服务等业务活动的部门经济行业,属于第三产业。我国《城市房地产管理法》共分七章,其内容包括:总则;房地产开发用地的规定;房地产开发的规定;房地产交易的规定;房地产权属登记管理办法;法律责任和附则。

(1) 房地产开发用地的规定

房地产开发用地的主要内容为土地使用权出让与土地使用权划拨的规定。

土地使用权出让,是指国家将国有土地使用权在一定年限内出让给土地使用者,由土地使用者向国家支付土地使用权出让金的行为。

土地使用权出让,必须符合土地利用总体规划、城市规划和年度建设用地计划。土地使用权出让最高年限由国务院规定。土地使用权期限,一般根据土地的使用性质来确定,不同用途的土地使用权出让的最高年限:居住用地,70年;工业用地,50年;教育、科技、文化、体育用地,50年;商业、旅游、娱乐用地,40年;综合或其他用地,50年。土地使用权出让金应当全部上缴财政,列入预算,用于城市基础设施建设和土地开发。

土地使用权划拨,是指县级以上人民政府依法批准,在土地使用者缴纳补偿、安置等费用后将该幅土地交付其使用,或者将土地使用权无偿交付给土地使用者使用的行

为。属于划拨范围的是：国家机关用地和军事用地；城市基础设施用地和公益事业用地；国家重点扶持的能源、交通、水利等项目用地；以及法律和行政法规规定的其他用地。

(2) 房地产开发的规定

房地产开发必须严格执行城市规划，合理布局，综合开发，配套建设。

以出让方式取得土地使用权进行房地产开发的，必须按照土地使用权出让合同约定的土地用途、动工开发期限开发土地。超过出让合同约定的动工开发日期满一年未动工开发的，可以征收相当于土地使用权出让金百分之二十以下的土地闲置费；满二年未动工开发的，可以无偿收回土地使用权；但是，因不可抗力或者动工开发必需的前期工作造成动工开发迟延的除外。

(3) 房地产交易的规定

房地产交易的主要内容为房地产一般规定、房地产转让、房地产抵押、房屋租赁和中介服务机构。

商品房预售应当符合的条件是：取得了土地使用权证；持有建设工程规划许可证和施工许可证；按提供预售的商品房计算，投入开发建设的资金达到工程建设总投资的25%以上，并已确定施工进度和竣工交付日期；取得商品房预售许可证明。商品房预售所得款项，必须用于有关的工程建设。

2. 环保方面的法规

环境保护法规包括《环境保护法》、《环境影响评价法》、《建设项目环境保护管理条例》、《建设项目环境保护设计规定》、《建设项目竣工环境保护验收管理办法》以及《海洋环境保护法》、《水污染防治法》、《大气污染防治法》、《水土保持法》等法规。建设项目的环境保护，应根据国务院颁发的《建设项目环境保护管理条例》进行管理。

该条例规定的主要管理内容如下：

(1) 严格执行环境影响评价制度。建设单位应根据《建设项目环境影响分类管理名录》确定建设项目环境评价类别，以委托或招标方式确定评价单位，开展环境影响评价工作，并编制环境影响报告书或环境影响报告表。

(2) 强化环境保护设施的"三同时"管理。在建设对环境有影响的一切建设项目时，必须依法执行环境保护设施与主体工程同时设计、同时施工、同时投产使用的"三同时"制度。

(3) 对环境影响评价机构，实施环境影响评价资格审查制度。环境影响评价机构必须持有《建设项目环境影响评价资格证书》，评价证书分甲级、乙级两个等级，评价机构必须按评价证书规定的等级和范围，从事环境影响评价工作。

《建设项目环境保护管理条例》对违反规定的法律责任。对违反规定者可根据情况责令其停止建设、限期恢复原状及处以罚款等处分。

3. 职业道德与行为规范

工程设计人员的职业道德与行为准则的主要内容如下：

(1) 坚持质量第一，以精心设计为荣，以粗制滥造为耻，严把各工序质量关，对设计质量负责到底。

(2) 坚持国家的建设方针、政策及原则、珍惜国家的资金、土地、能源、材料，不为收取回扣、介绍费等而选用价高质次的材料、设备。

(3) 努力学习新技术、新工艺，坚持"百家争鸣、百花齐放"的方针，树立平等正派的优良学风，反对文人相轻，努力繁荣设计创作。

(4) 树立市场竞争观念，提高服务意识，信守设计合同，维护设计信誉，为业主服好务。

(5) 搞好团结协作，树立集体观念，以集体利益为重，一切从大局出发，甘当配角，艰苦奋斗，无私奉献。

(6) 反对抄袭剽窃，尊重他人的劳动成果，尊重他人正当的权利，提倡互帮互学，公平竞争。

(7) 依法经营，不搞无证设计，按规定收取设计费。严格按照资质等级承揽任务，不越级设计，不出卖图章，不搞私下设计。

(8) 服从单位法人代表的管理，有令则行，有禁必止。

三、解题指导

【例 19-7-1】 土地使用权出让合同的出让方必须是（　　）。
A. 乡和乡以上人民政府的土地管理部门
B. 县和县以上人民政府的规划管理部门
C. 县和县以上人民政府的土地管理部门
D. 县和县以上人民政府

【解】 注意区分人民政府和政府的行政管理部门（如土地、规划等行政管理部门）是不同概念，依据《土地管理法》，应选 C 项。

【例 19-7-2】 进行试生产的建设项目，建设单位应当自试生产之日起（　　）个月内，向有审批权的环保行政管理部门申请建设项目竣工环保验收。
A. 1　　　　B. 2　　　　C. 3　　　　D. 4

【解】 根据《建设项目竣工环保验收管理办法》第十条，为 3 年，应选 C 项。

【例 19-7-3】 勘察设计职业道德准则的基本精神不包括（　　）。
①发挥爱国、爱岗敬业精神；
②珍惜国家资金、土地、能源、材料设备；
③既对业主负责，又为业主服好务；
④力求取得更大的经济、社会和环境效益；
⑤坚持安全第一、质量第二，严把设计工序关。
A. ①②③　　B. ②③⑤　　C. ③⑤　　D. ④⑤

【解】 依据八项原则，应选 C 项。

四、应试题解

1. 国家编制土地利用总体规划，规定土地用途，将土地分为（　　）。
①基本农田用地；②农用地；③建设用地；④预留用地；⑤未利用地。
A. ①②③④　　B. ②③④　　C. ③④⑤　　D. ②③⑤

2. 临时使用土地期限一般不超过（　　）年。
A. 1　　　　B. 2　　　　C. 3　　　　D. 4

3. 《城市房地产管理法》中，房地产交易不包括（　　）。

A. 房产中介　　　B. 房地产抵押　　　C. 房屋租赁　　　D. 房地产转让

4.《城市房地产管理法》规定，土地使用者转让土地使用权须具备下列条件：属于房屋建设工程的，完成开发投资总额的（　　）以上。

A. 15%　　　B. 20%　　　C. 25%　　　D. 30%

5.《城市房地产管理法》规定，以出让方式取得土地使用权进行房地产开发的，必须按照土地使用权出让合同约定的土地用途、动工开发期限开发土地，超过出让合同约定的动工开发日期（　　）未动工开发的，可以征收相当于土地使用权出让金（　　）以下的土地闲置费。

A. 半年；15%　　B. 一年；20%　　C. 一年半；25%　　D. 二年；30%

6. 土地使用权出让合同的出让方必须是（　　）。

A. 乡和乡以上人民政府的土地管理部门　　B. 县和县以上规划管理部门
C. 县和县以上人民政府的土地管理部门　　D. 乡和乡以上规划管理部门

7. 下列房地产中，不得转让的有（　　）。

①以出让方式取得的土地使用权不得出让，只能使用；
②司法机关和行政机关依法裁定，决定查封或以其他形式限制房地产权利的，以及依法收回土地使用权的；
③共有房地产；
④权属有争议的及未依法登记领取证书的；
⑤法律、行政法规规定禁止转让的其他情形。

A. ①②③　　　B. ②③④⑤　　　C. ②④⑤　　　D. ③④⑤

8. 商品房预售应符合下列（　　）条件。

①已交付全部土地使用权出让金，取得土地使用权证；
②持有建设工程规划许可证；
③按提供的预售商品房计算，投入开发建设的资金达到工程建设总投资的25%以上，并已经确定施工进度和竣工交付日期；
④取得预售许可证。

A. ①③④　　　B. ①②　　　C. ①②③　　　D. ①②③④

9. 建设项目主要阶段的环境管理及程序包括（　　）。

①项目建议书阶段或预可行性研究阶段的环境管理；
②可行性研究（设计任务书）阶段的环境管理；
③设计阶段的环境管理；
④施工阶段的环境管理；
⑤试生产和竣工验收阶段的环境管理。

A. ①③　　　B. ①②③④⑤　　　C. ①②③　　　D. ①②③④

10. 根据《建设项目环境保护设计规定》，在项目可行性研究阶段应编制（　　）。

A. 环境影响简要说明　　　　B. 环境影响报告书
C. 环境保护设计篇　　　　　D. 环境保护设施初步设计

11. 专项规划的环境影响评价报告书的内容不包括（　　）。

A. 实施该规划对环境可能造成影响的分析、预测和评价

B. 预防或者减轻不良环境影响的对策和措施
C. 实施环境监测的建议
D. 环境影响评价的结论

12. 建设项目的环境影响报告书应当包括（　　）。
①建设项目概况；
②建设项目周围环境现状；
③建设项目对环境可能造成影响的分析、预测和评估；
④建设项目环境保护措施及其技术、经济论证；
⑤建设项目对环境影响的经济损益分析；
⑥对建设项目实施环境监测的建议；
⑦环境影响评价的结论。

A. ①③④⑤　　　　　　　　B. ①②③④⑤⑥
C. ①②③④⑤　　　　　　　D. ①②③④⑤⑥⑦

13. 环境保护设计必须按国家规定的设计程序进行，防治污染及其他公害的设施与主体工程应（　　）。
①同时设计；②同时施工；③同时投产。

A. ①③　　　B. ①②　　　C. ①②③　　　D. ①

14. 建设项目竣工环境保护验收范围包括（　　）。
①与建设项目有关的各项环境保护设施；
②为防治污染和保护环境所建成或配套的工程、设备、装置和监测手段，各项生态保护设施；
③环境影响报告书（表）或者环境影响登记表和有关项目设计文件规定应采取的其他各项环境保护措施。

A. ①　　　B. ①③　　　C. ①②　　　D. ①②③

15. 对试生产3个月却不具备环境保护验收条件的建设项目，建设单位应当在试生产的3个月内，向有审批权的环境保护行政主管部门提出该建设项目保护延期验收申请，经批准后，建设单位方可继续进行试生产。试生产的期限最长不超过（　　）年。

A. 1　　　B. 2　　　C. 3　　　D. 4

16. 建设单位申请建设项目竣工环境保护验收，应当向有审批权的环保行政主管部门提交验收材料，不正确的是（　　）。

A. 对编制环境影响报告书的建设项目，为建设项目竣工环保验收申请报告，并附环保验收监测报告或调查报告

B. 对编制环境影响报告表的建设项目，为建设项目竣工环保验收申请表，并附环保验收监测表或调查报告

C. 对填报环境影响登记表的建设项目，为建设项目竣工环保验收登记卡，并附环保验收监测表或调查报告

D. 对填报环境影响登记表的建设项目，为建设项目竣工环保验收登记卡

17. 注册结构工程师的执业范围包括（　　）。
①结构工程设计；

②结构工程设计的技术咨询;
③建筑物、构筑物、工程设施等的调查和鉴定;
④对本人主持设计的项目进行施工指导和监督。
A. ①③　　　　B. ①②　　　　C. ①②③　　　　D. ①②③④

18. 注册结构工程师应当履行（　　）。
①遵守法律、法规和职业道德,维护社会公众利益;
②保证工程设计的质量,并在其负责的设计图纸上签字盖章;
③保守在执业工程中知悉的单位和个人的秘密;
④不得同时受聘于两个以上勘察设计单位执行业务;
⑤不得准许他人以本人名义执行业务。
A. ①③　　　　B. ①②③④　　　　C. ①②③　　　　D. ①②③④⑤

19. 某注册工程师以个人名义承接注册工程师业务、收取费用,这种行为是（　　）。
A. 合法的
B. 合理但不合法
C. 不合法
D. 不合法的,应责令其停止违法活动,没收违法所得

20. 注册结构工程师因在结构工程设计或相关业务中犯有错误受到行政处罚或者撤职以上行政处分,自处罚、处分决定之日起至申请注册之日止不满（　　）年的,不予注册。
A. 2　　　　B. 3　　　　C. 4　　　　D. 5

21. 依据《中华人民共和国注册建筑师条例》规定,下列叙述正确的是（　　）。
①注册建筑师执行业务,应当加入建筑设计单位;
②注册建筑师执行业务,由建筑设计单位统一接受委托并统一收费;
③注册建筑师有权在规定的执业范围及项目规模内自行接受建筑设计业务;
④一级注册建筑师在执业范围内不受建筑规模和工程复杂程度限制。
A. ②③④　　　　B. ①②③　　　　C. ①③④　　　　D. ①②④

22. 注册建筑师应当履行（　　）义务。
①遵守法律、法规和职业道德,维护社会公共利益;
②保证建筑设计的质量,并在其负责的设计图纸上签字;
③保守在职业中知悉的单位和个人秘密;
④不得受聘于超过两个以上建筑设计单位执行业务;
⑤除当面授权外,不得准许他人以本人名义执行业务。
A. ①②④　　　　　　　　　　B. ①②③
C. ①②③④　　　　　　　　　D. ①②③④⑤

23. 有注册建筑师资格的,因受刑事处罚,自刑罚执行完毕之日起不满（　　）年的不予注册。
A. 1　　　　B. 2　　　　C. 3　　　　D. 5

24. 对注册建筑师,因在建筑设计或者相关业务中犯有错误,受到行政处罚或者撤职以上行政处分,自处罚、处分决定之日起至申请注册之日止不满（　　）年的,不予注册。

A. 1 　　　　B. 2 　　　　C. 3 　　　　D. 5

25. 对注册建筑师，受吊销注册建筑师证书的行政处罚，自处罚决定之日起至申请注册之日止不满（　　）年的，不予注册。

A. 1 　　　　B. 2 　　　　C. 3 　　　　D. 5

26. 根据设计行业的特点，职业道德的根本问题是（　　）。

A. 公平竞争意识　　　　　　B. 为业主服务意识
C. 质量第一意识　　　　　　D. 依法经营

27. 勘察设计职业道德准则的基本精神不包括（　　）。

A. 发扬爱国、爱岗敬业精神
B. 珍惜国家资金、土地、能源、材料设备
C. 既对业主负责，又为业主服务
D. 力求取得更大的经济效益、社会效益和环境效益

28. 勘察设计职工职业道德准则中的行为准则包括（　　）。

①遵守基本精神；②质量第一；③学风正派；④依法经营；
⑤讲求实效；⑥团结协作；⑦遵守市场管理；⑧服从法人管理。

A. ①②③　　　　　　　　　B. ②③④⑦⑧
C. ①③⑦⑧　　　　　　　　D. ①②③④⑤⑥⑦⑧

29. 勘察设计职工职业道德准则中的"学风正派"包括（　　）。

①不搞技术封锁、不剽窃他人成果，采用他人成果要表明出处；
②钻研科学技术，不断采用新技术、新工艺，推动行业技术进步；
③尊重他人的正当技术和经济权利；
④不贬低别人，抬高自己。

A. ①②③　　B. ②③④　　C. ①③　　D. ①②③④

30. 设计单位在处理与业主的关系中，下列（　　）观点是不正确的。

A. 信守设计合同，尽量满足业主的要求
B. 在评价工程时，要讲求经济效益、社会效益和环境效益
C. 工程设计不同于一般商品生产的一个特点是它具公益服务的性质，所以不能一切按业主的意见办
D. 当业主与施工单位对于设计中某些问题存在意见分歧时，按"用户第一"的观点，只能按业主意见办

第八节　答案与解答

一、第一节　《建筑法》、《建设工程勘察设计管理条例》和《建设工程质量管理条例》

1. C　2. D　3. A　4. D　5. C　6. C　7. D　8. C　9. C　10. B
11. D　12. B　13. C　14. A　15. D　16. B　17. C　18. C　19. D　20. D
21. A　22. C　23. C　24. C　25. B　26. A　27. C　28. C　29. B　30. D

二、第二节　《安全生产法》和《建设工程安全生产管理条例》

1. D　2. B　3. C　4. A　5. C　6. D　7. A　8. C　9. C　10. D

11. D　12. A　13. B　14. D　15. B　16. D　17. C　18. A　19. D　20. D

三、第三节　《招标投标法》
1. D　2. A　3. C　4. A　5. D　6. C　7. A　8. C　9. C　10. A
11. B　12. D　13. C　14. B　15. A　16. D

四、第四节　《民法典》中合同
1. A　2. C　3. D　4. A　5. C　6. D　7. C　8. C　9. D　10. A
11. C　12. D　13. C　14. D　15. C　16. C

五、第五节　《环境保护法》和《节约能源法》
1. C　2. C　3. C　4. B　5. D　6. D　7. C　8. C　9. B　10. A
11. D　12. C　13. C　14. A　15. C

六、第六节　《行政许可法》
1. B　2. C　3. A　4. D　5. B　6. C　7. B　8. C　9. C　10. B
11. D

七、第七节　职业法规
1. D　2. B　3. A　4. B　5. B　6. C　7. C　8. D　9. B　10. B
11. C　12. D　13. C　14. D　15. A　16. C　17. D　18. D　19. D　20. A
21. D　22. B　23. D　24. B　25. D　26. D　27. C　28. D　29. D　30. D

第二十章 一级注册结构工程师基础考试历年真题和模拟试题

2010 年真题(上、下午卷)

(上午卷)

单项选择题(共120题,每题1分。每题的备选项中只有一个最符合题意)。

1. 设直线方程为 $\begin{cases} x=t+1 \\ y=2t-2 \\ z=-3t+3 \end{cases}$,则该直线为( )。

   A. 过点$(-1,2,-3)$,方向向量为 $\boldsymbol{i}+2\boldsymbol{j}-3\boldsymbol{k}$

   B. 过点$(-1,2,-3)$,方向向量为 $-\boldsymbol{i}-2\boldsymbol{j}+3\boldsymbol{k}$

   C. 过点$(1,2,-3)$,方向向量为 $\boldsymbol{i}-2\boldsymbol{j}+3\boldsymbol{k}$

   D. 过点$(1,-2,3)$,方向向量为 $-\boldsymbol{i}-2\boldsymbol{j}+3\boldsymbol{k}$

2. 设 $\boldsymbol{\alpha}$、$\boldsymbol{\beta}$、$\boldsymbol{\gamma}$ 是非零向量,若 $\boldsymbol{\alpha}\times\boldsymbol{\beta}=\boldsymbol{\alpha}\times\boldsymbol{\gamma}$,则( )。

   A. $\boldsymbol{\beta}=\boldsymbol{\gamma}$
   B. $\boldsymbol{\alpha}\parallel\boldsymbol{\beta}$ 且 $\boldsymbol{\alpha}\parallel\boldsymbol{\gamma}$
   C. $\boldsymbol{\alpha}\parallel(\boldsymbol{\beta}-\boldsymbol{\gamma})$
   D. $\boldsymbol{\alpha}\perp(\boldsymbol{\beta}-\boldsymbol{\gamma})$

3. 设 $f(x)=\dfrac{e^{2x}-1}{e^{2x}+1}$,则( )。

   A. $f(x)$ 为偶函数,值域为 $(-1,1)$

   B. $f(x)$ 为奇函数,值域为 $(-\infty,0)$

   C. $f(x)$ 为奇函数,值域为 $(-1,1)$

   D. $f(x)$ 为奇函数,值域为 $(0,+\infty)$

4. 下列命题正确的是( )。

   A. 分段函数必存在间断点

   B. 单调有界函数无第二类间断点

   C. 在开区间内连续,则在该区间必取得最大值和最小值

   D. 在闭区间上有间断点的函数一定有界

5. 设函数 $f(x)=\begin{cases}\dfrac{2}{x^2+1},x\leqslant 1\\ ax+b,x>1\end{cases}$ 可导,则必有( )。

   A. $a=1$,$b=2$
   B. $a=-1$,$b=2$
   C. $a=1$,$b=0$
   D. $a=-1$,$b=0$

6. 求极限 $\lim\limits_{x\to 0}\dfrac{x^2\sin\dfrac{1}{x}}{\sin x}$ 时,下列各种解法中正确的是( )。

   A. 用洛必达法则后,求得极限为 0

B. 因为 $\lim\limits_{x\to 0}\sin\dfrac{1}{x}$ 不存在，所以上述极限不存在

C. 原式 $=\lim\limits_{x\to 0}\dfrac{x}{\sin x}x\sin\dfrac{1}{x}=0$

D. 因为不能用洛必达法则，故极限不存在

7. 下列各点中为二元函数 $z=x^3-y^3-3x^2+3y-9x$ 的极值点的是（　　）。

　　A. $(3,-1)$ 　　　　　　　　　　　　B. $(3,1)$

　　C. $(1,1)$ 　　　　　　　　　　　　　D. $(-1,-1)$

8. 若函数 $f(x)$ 的一个原函数是 e^{-2x}，则 $\int f''(x)dx$ 等于（　　）。

　　A. $e^{-2x}+C$ 　　　　　　　　　　B. $-2e^{-2x}$

　　C. $-2e^{-2x}+C$ 　　　　　　　　　D. $4e^{-2x}+C$

9. $\int xe^{-2x}dx$ 等于（　　）。

　　A. $-\dfrac{1}{4}e^{-2x}(2x+1)+C$ 　　　B. $\dfrac{1}{4}e^{-2x}(2x-1)+C$

　　C. $-\dfrac{1}{4}e^{-2x}(2x-1)+C$ 　　　D. $-\dfrac{1}{2}e^{-2x}(x+1)+C$

10. 下列广义积分中收敛的是（　　）。

　　A. $\int_0^1 \dfrac{1}{x^2}dx$ 　　　　　　　　　B. $\int_0^2 \dfrac{1}{\sqrt{2-x}}dx$

　　C. $\int_{-\infty}^0 e^{-x}dx$ 　　　　　　　　D. $\int_1^{+\infty} \ln x\,dx$

11. 圆周 $\rho=\cos\theta$，$\rho=2\cos\theta$ 及射线 $\theta=0$，$\theta=\dfrac{\pi}{4}$ 所围的图形的面积 S 等于（　　）。

　　A. $\dfrac{3}{8}(\pi+2)$ 　　　　　　　　　B. $\dfrac{1}{16}(\pi+2)$

　　C. $\dfrac{3}{16}(\pi+2)$ 　　　　　　　　D. $\dfrac{7}{8}\pi$

12. 计算 $I=\iiint\limits_{\Omega}z\,dv$，其中 Ω 为 $z^2=x^2+y^2$，$z=1$ 围成的立体，则正确的解法是（　　）。

　　A. $I=\int_0^{2\pi}d\theta\int_0^1 r\,dr\int_0^1 z\,dz$ 　　　B. $I=\int_0^{2\pi}d\theta\int_0^1 r\,dr\int_r^1 z\,dz$

　　C. $I=\int_0^{2\pi}d\theta\int_0^1 dz\int_r^1 r\,dr$ 　　　　D. $I=\int_0^1 dz\int_0^{\pi}d\theta\int_0^z zr\,dr$

13. 下列各级数中发散的是（　　）。

　　A. $\sum\limits_{n=1}^{\infty}\dfrac{1}{\sqrt{n+1}}$ 　　　　　　B. $\sum\limits_{n=1}^{\infty}(-1)^{n-1}\dfrac{1}{\ln(n+1)}$

　　C. $\sum\limits_{n=1}^{\infty}\dfrac{n+1}{3^n}$ 　　　　　　　D. $\sum\limits_{n=1}^{\infty}(-1)^{n-1}\left(\dfrac{2}{3}\right)^n$

14. 幂级数 $\sum\limits_{n=1}^{\infty}\dfrac{(x-1)^n}{3^n n}$ 的收敛域是（　　）。

A. $[-2, 4)$ B. $(-2, 4)$

C. $(-1, 1)$ D. $\left[-\frac{1}{3}, \frac{4}{3}\right)$

15. 微分方程 $y'' + 2y = 0$ 的通解是（ ）。

A. $y = A\sin 2x$ B. $y = A\cos x$

C. $y = \sin\sqrt{2}x + B\cos\sqrt{2}x$ D. $y = A\sin\sqrt{2}x + B\cos\sqrt{2}x$

16. 微分方程 $y\mathrm{d}x + (x-y)\mathrm{d}y = 0$ 的通解是（ ）。

A. $\left(x - \frac{y}{2}\right)y = C$ B. $xy = C\left(x - \frac{y}{2}\right)$

C. $xy = C$ D. $y = \dfrac{C}{\ln\left(x - \dfrac{y}{2}\right)}$

17. 设 A 是 m 阶矩阵，B 是 n 阶矩阵，行列式 $\begin{vmatrix} 0 & A \\ B & 0 \end{vmatrix}$ 等于（ ）。

A. $-|A||B|$ B. $|A||B|$

C. $(-1)^{m+n}|A||B|$ D. $(-1)^{mn}|A||B|$

18. 设 A 是3阶矩阵，矩阵 A 的第1行的2倍加到第2行，得矩阵 B，则下列选项中成立的是（ ）。

A. B 的第1行的 -2 倍加到第2行得 A B. B 的第1列的 -2 倍加到第2列得 A

C. B 的第2行的 -2 倍加到第1行得 A D. B 的第2列的 -2 倍加到第1列得 A

19. 已知3维列向量 α, β 满足 $\alpha^T\beta = 3$，设3阶矩阵 $A = \beta\alpha^T$，则（ ）。

A. β 是 A 的属于特征值0的特征向量 B. α 是 A 的属于特征值0的特征向量

C. β 是 A 的属于特征值3的特征向量 D. α 是 A 的属于特征值3的特征向量

20. 设齐次线性方程组 $\begin{cases} x_1 - kx_2 = 0 \\ kx_1 - 5x_2 + x_3 = 0 \\ x_1 + x_2 + x_3 = 0 \end{cases}$，当方程组有非零解时，$k$ 值为（ ）。

A. -2 或 3 B. 2 或 3

C. 2 或 -3 D. -2 或 -3

21. 设事件 A, B 相互独立，且 $P(A) = \frac{1}{2}, P(B) = \frac{1}{3}$，则 $P(B \mid A \cup \overline{B})$ 等于（ ）。

A. $\frac{5}{6}$ B. $\frac{1}{6}$ C. $\frac{1}{3}$ D. $\frac{1}{5}$

22. 将3个球随机地放入4个杯子中，则杯中球的最大个数为2的概率为（ ）。

A. $\frac{1}{16}$ B. $\frac{3}{16}$ C. $\frac{9}{16}$ D. $\frac{4}{27}$

23. 设随机变量 X 的概率密度为 $f(x) = \begin{cases} \dfrac{1}{x^2}, & x \geq 1 \\ 0, & \text{其他} \end{cases}$，则 $P(0 \leq X \leq 3)$ 等于（ ）。

A. $\frac{1}{3}$ B. $\frac{2}{3}$ C. $\frac{1}{2}$ D. $\frac{1}{4}$

24. 设随机变量 (X,Y) 服从二维正态分布，其概率密度为 $f(x,y)=\dfrac{1}{2\pi}\mathrm{e}^{-\frac{1}{2}(x^2+y^2)}$，则 $E(X^2+Y^2)$ 等于( )。

   A. 2   B. 1   C. $\dfrac{1}{2}$ D. $\dfrac{1}{4}$

25. 一定量的刚性双原子分子理想气体储于一容器中，容器的容积为 V，气体压强为 P，则气体的动能为( )。

   A. $\dfrac{3}{2}PV$ B. $\dfrac{5}{2}PV$ C. $\dfrac{1}{2}PV$ D. PV

26. 理想气体的压强公式是( )。

   A. $P=\dfrac{1}{3}nmv^2$ B. $P=\dfrac{1}{3}nm\overline{v}$ C. $P=\dfrac{1}{3}nm\overline{v^2}$ D. $P=\dfrac{1}{3}n\overline{v^2}$

27. "理想气体和单一热源接触做等温膨胀时，吸收的热量全部用来对外做功。"对此说法，有如下几种讨论，正确的是( )。

   A. 不违反热力学第一定律，但违反热力学第二定律
   B. 不违反热力学第二定律，但违反热力学第一定律
   C. 不违反热力学第一定律，也不违反热力学第二定律
   D. 违反热力学第一定律，也违反热力学第二定律

28. 一定量的理想气体，由一平衡态 P_1,V_1,T_1 变化到另一平衡态 P_2,V_2,T_2，若 $V_2>V_1$，但 $T_2=T_1$，无论气体经历什么样的过程( )。

   A. 气体对外做的功一定为正值   B. 气体对外做的功一定为负值
   C. 气体的内能一定增加   D. 气体的内能保持不变

29. 在波长为 λ 的驻波中，两个相邻的波腹之间的距离为( )。

   A. $\dfrac{\lambda}{2}$ B. $\dfrac{\lambda}{4}$ C. $\dfrac{3\lambda}{4}$ D. λ

30. 一平面简谐波在弹性媒质中传播时，某一时刻在传播方向上一质元恰好处在负的最大位移处，则它的( )。

   A. 动能为零，势能最大   B. 动能为零，势能为零
   C. 动能最大，势能最大   D. 动能最大，势能为零

31. 一声波波源相对媒质不动，发出的声波频率是 v_0。设一观察者的运动速度为波速的 $\dfrac{1}{2}$，当观察者迎着波源运动时，他接收到的声波频率是( )。

   A. $2v_0$ B. $\dfrac{1}{2}v_0$ C. v_0 D. $\dfrac{3}{2}v_0$

32. 在双缝干涉实验中，光的波长 600nm，双缝间距 2mm，双缝与屏的间距为 300cm，则屏上形成的干涉图样的相信明条纹间距为( )。

   A. 0.45mm   B. 0.9mm   C. 9mm   D. 4.5mm

33. 在双缝干涉实验中，若在两缝后(靠近屏一侧)各覆盖一块厚度均为 d，但折射率分别为 n_1 和 $n_2(n_2>n_1)$ 的透明薄片，从两缝发出的光在原来中央明纹处相遇时，光程差为( )。

A. $d(n_2-n_1)$ B. $2d(n_2-n_1)$
C. $d(n_2-1)$ D. $d(n_1-1)$

34. 在空气中做牛顿环实验,如图 1-1-34 所示,当平凸透镜垂直向上缓慢平移而远离平面玻璃时,可以观察到这些环状干涉条纹( )。

A. 向右平移 B. 静止不动
C. 向外扩张 D. 向中心收缩

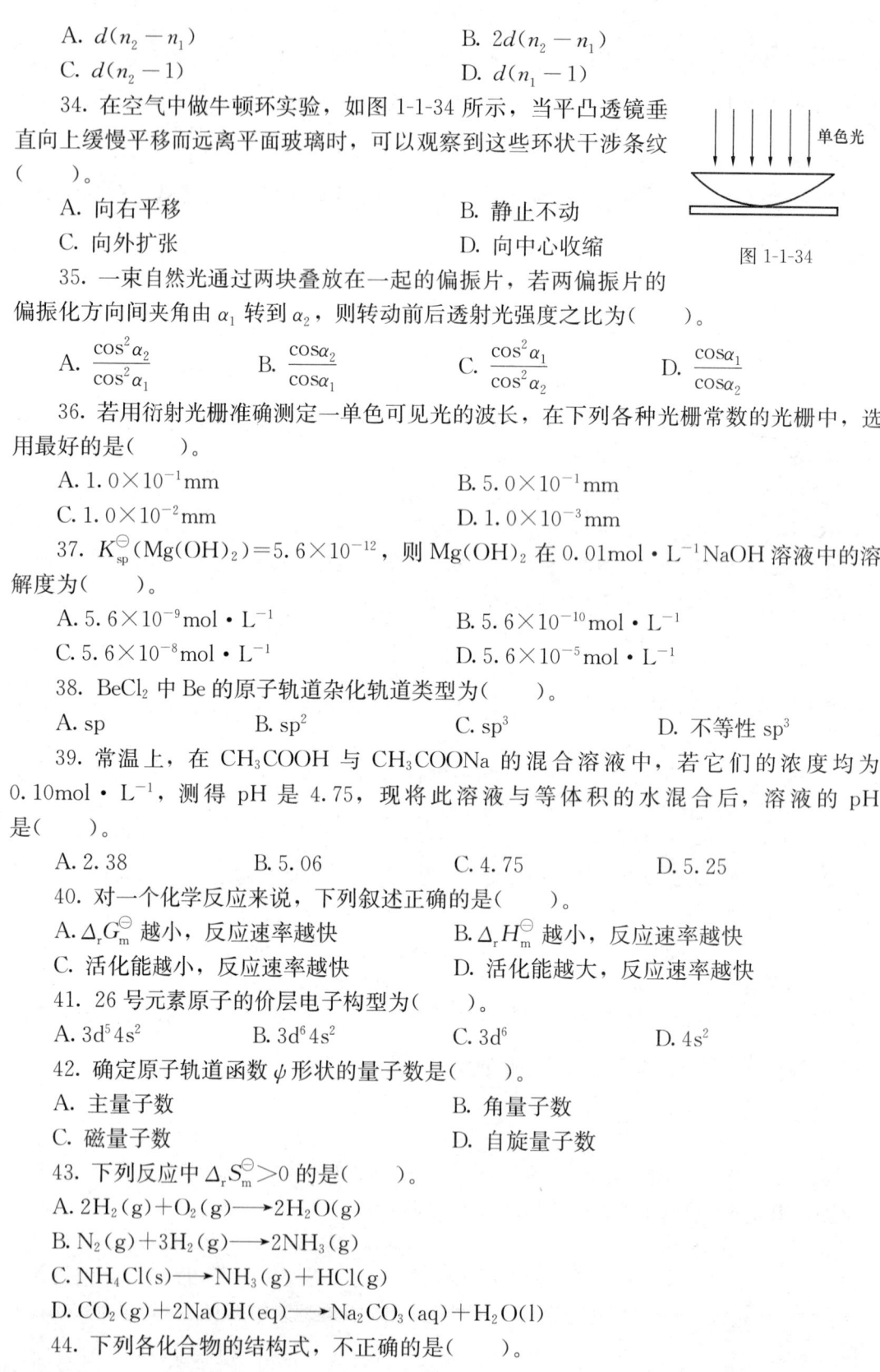

图 1-1-34

35. 一束自然光通过两块叠放在一起的偏振片,若两偏振片的偏振化方向间夹角由 α_1 转到 α_2,则转动前后透射光强度之比为( )。

A. $\dfrac{\cos^2\alpha_2}{\cos^2\alpha_1}$ B. $\dfrac{\cos\alpha_2}{\cos\alpha_1}$ C. $\dfrac{\cos^2\alpha_1}{\cos^2\alpha_2}$ D. $\dfrac{\cos\alpha_1}{\cos\alpha_2}$

36. 若用衍射光栅准确测定一单色可见光的波长,在下列各种光栅常数的光栅中,选用最好的是( )。

A. 1.0×10^{-1} mm B. 5.0×10^{-1} mm
C. 1.0×10^{-2} mm D. 1.0×10^{-3} mm

37. $K_{sp}^{\ominus}(Mg(OH)_2)=5.6\times10^{-12}$,则 $Mg(OH)_2$ 在 0.01 mol·L^{-1} NaOH 溶液中的溶解度为( )。

A. 5.6×10^{-9} mol·L^{-1} B. 5.6×10^{-10} mol·L^{-1}
C. 5.6×10^{-8} mol·L^{-1} D. 5.6×10^{-5} mol·L^{-1}

38. $BeCl_2$ 中 Be 的原子轨道杂化轨道类型为( )。

A. sp B. sp^2 C. sp^3 D. 不等性 sp^3

39. 常温上,在 CH_3COOH 与 CH_3COONa 的混合溶液中,若它们的浓度均为 0.10 mol·L^{-1},测得 pH 是 4.75,现将此溶液与等体积的水混合后,溶液的 pH 是( )。

A. 2.38 B. 5.06 C. 4.75 D. 5.25

40. 对一个化学反应来说,下列叙述正确的是( )。

A. $\Delta_r G_m^{\ominus}$ 越小,反应速率越快 B. $\Delta_r H_m^{\ominus}$ 越小,反应速率越快
C. 活化能越小,反应速率越快 D. 活化能越大,反应速率越快

41. 26 号元素原子的价层电子构型为( )。

A. $3d^54s^2$ B. $3d^64s^2$ C. $3d^6$ D. $4s^2$

42. 确定原子轨道函数 ψ 形状的量子数是( )。

A. 主量子数 B. 角量子数
C. 磁量子数 D. 自旋量子数

43. 下列反应中 $\Delta_r S_m^{\ominus}>0$ 的是( )。

A. $2H_2(g)+O_2(g)\longrightarrow 2H_2O(g)$
B. $N_2(g)+3H_2(g)\longrightarrow 2NH_3(g)$
C. $NH_4Cl(s)\longrightarrow NH_3(g)+HCl(g)$
D. $CO_2(g)+2NaOH(eq)\longrightarrow Na_2CO_3(aq)+H_2O(l)$

44. 下列各化合物的结构式,不正确的是( )。

A. 聚乙烯：$\text{+CH}_2\text{—CH}_2\text{+}_n$

B. 聚氯乙烯：$\text{+CH}_2\text{—CH+}_n$
                            |
                            Cl

C. 聚丙烯：$\text{+CH}_2\text{CH}_2\text{CH}_2\text{+}_n$

D. 聚 1-丁烯：$\text{+CH}_2\text{CH}(\text{C}_2\text{H}_5)\text{+}_n$

45. 下述化合物中，没有顺、反异构体的是（　　）。

   A. $CHCl=CHCl$ B. $CH_3CH=CHCH_2Cl$

   C. $CH_2=CHCH_2CH_3$ D. $CHF=CClBr$

46. 六氯苯的结构式正确的是（　　）。

47. 将大小为 100N 的力 F 沿 x、y 方向分解，如图 1-1-47 所示，若 F 在 x 轴上的投影为 50N，而沿 x 方向的分力大小为 200N，则 F 在 y 轴上的投影为（　　）。

   A. 0 B. 50N

   C. 200N D. 100N

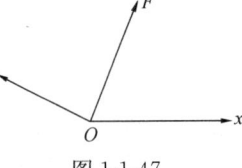

图 1-1-47

48. 图 1-1-48 所示等边三角板 ABC，边长 a，沿其边缘作用大小均为 F 的力，方向如图所示。则此力系简化为（　　）。

   A. $F_R=0$；$M_A=\dfrac{\sqrt{3}}{2}Fa$ B. $F_R=0$；$M_A=Fa$

   C. $F_R=2F$；$M_A=\dfrac{\sqrt{3}}{2}Fa$ D. $F_R=2F$；$M_A=\sqrt{3}Fa$

49. 三铰拱上作用有大小相等，转向相反的二力偶，其力偶矩大小为 M，如图 1-1-49 所示。略去自重，则支座 A 的约束力大小为（　　）。

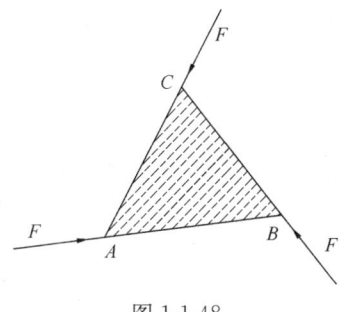

图 1-1-48

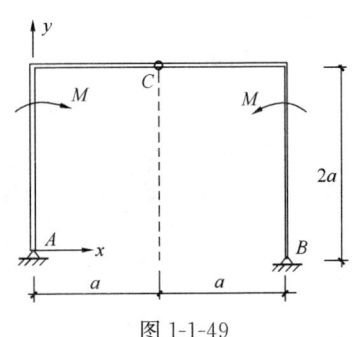

图 1-1-49

A. $F_{Ax}=0$; $F_{Ay}=\dfrac{M}{2a}$ B. $F_{Ax}=\dfrac{M}{2a}$; $F_{Ay}=0$

C. $F_{Ax}=\dfrac{M}{a}$; $F_{Ay}=0$ D. $F_{Ax}=\dfrac{M}{a}$; $F_{Ay}=M$

50. 简支梁受分布荷载作用如图 1-1-50 所示，支座 A，B 的约束力为（　　）。

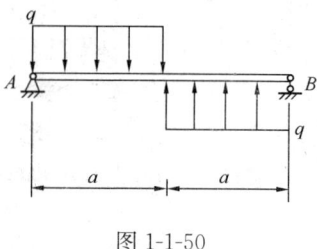

图 1-1-50

A. $F_A=0$，$F_B=0$

B. $F_A=\dfrac{1}{2}qa\uparrow$，$F_B=\dfrac{1}{2}qa\uparrow$

C. $F_A=\dfrac{1}{2}qa\uparrow$，$F_B=\dfrac{1}{2}qa\downarrow$

D. $F_A=\dfrac{1}{2}qa\downarrow$，$F_B=\dfrac{1}{2}qa\uparrow$

51. 已知质点沿半径为 40cm 的圆周运动，其运动规律为：$s=20t$（s 以 cm 计，t 以 s 计）。若 $t=1$s，则点的速度与加速度的大小为（　　）。

A. 20cm/s；$10\sqrt{2}$cm/s^2

B. 20cm/s；10cm/s^2

C. 40cm/s；20cm/s^2

D. 40cm/s；10cm/s^2

52. 已知动点的运动方程为 $x=2t$，$y=t^2-t$，则其轨迹方程为（　　）。

A. $y=t^2-t$ B. $x=2t$

C. $x^2-2x-4y=0$ D. $x^2+2x+4y=0$

53. 直角刚杆 OAB 在图 1-1-53 所示瞬时角速度 $\omega=2$rad/s，角加速度 $\varepsilon=5$rad/s^2，若 $OA=40$cm，$AB=30$cm，则 B 点的速度大小、法向加速度的大小和切向加速度的大小为（　　）。

A. 100cm/s；200cm/s^2；250cm/s^2

B. 80cm/s；160cm/s^2；200cm/s^2

C. 60cm/s；120cm/s^2；150cm/s^2

D. 100cm/s；200cm/s^2；200cm/s^2

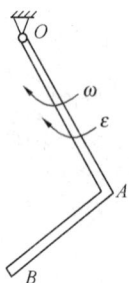

图 1-1-53

54. 重为 W 的货物由电梯载运下降，当电梯加速下降，匀速下降及减速下降时，货物对地板的应力分别为 R_1、R_2、R_3，它们之间的关系为（　　）。

A. $R_1=R_2=R_3$ B. $R_1>R_2>R_3$

C. $R_1<R_2<R_3$ D. $R_1<R_2>R_3$

55. 如图 1-1-55 所示，两重物 M_1 和 M_2 的质量分别为 m_1 和 m_2，二重物系在不计重量的软绳上，绳绕过均质定滑轮，滑轮半径为 r，质量为 M，则此滑轮系统对转轴 O 之动量矩为（　　）。

A. $L_O=\left(m_1+m_2-\dfrac{1}{2}M\right)rv\circlearrowright$

B. $L_O=\left(m_1-m_2-\dfrac{1}{2}M\right)rv\circlearrowright$

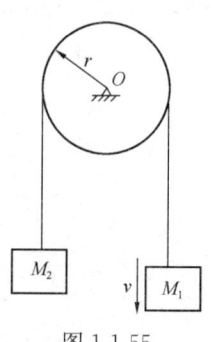

图 1-1-55

C. $L_O = \left(m_1 + m_2 + \dfrac{1}{2}M\right)rv$ ↻

D. $L_O = \left(m_1 + m_2 + \dfrac{1}{2}M\right)rv$ ↺

56. 质量为 m，长为 $2l$ 的均质杆初始位于水平位置，如图 1-1-56 所示。A 端脱落后，杆绕轴 B 转动，当杆转到铅垂位置时，AB 杆 B 处的约束力大小为(　　)。

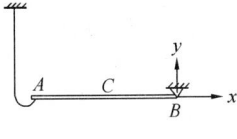

图 1-1-56

A. $F_{Bx}=0$；$F_{By}=0$

B. $F_{Bx}=0$；$F_{By}=\dfrac{mg}{4}$

C. $F_{Bx}=l$；$F_{By}=mg$

D. $F_{Bx}=0$；$F_{By}=\dfrac{5mg}{2}$

57. 图 1-1-57 所示均质圆轮，质量为 m，半径为 r，在铅垂图面内绕通过圆盘中心 O 的水平轴转动，角速度为 ω，角加速度为 ε，此时将圆轮的惯性力系向 O 点简化，其惯性力主矢和惯性力主矩的大小分别为(　　)。

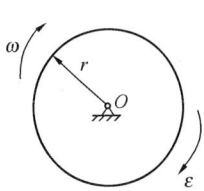

图 1-1-57

A. 0；0　　　　　　　　　　B. $mr\varepsilon$；$\dfrac{1}{2}mr^2\varepsilon$

C. 0；$\dfrac{1}{2}mr^2\varepsilon$　　　　　　D. 0；$\dfrac{1}{4}mr^2\varepsilon^2$

58. 5 根弹簧系数均为 k 的弹簧，串联与并联时的等效弹簧刚度系数分别为(　　)。

A. $5k$；$\dfrac{k}{5}$　　B. $\dfrac{5}{k}$；$5k$　　C. $\dfrac{k}{5}$；$5k$　　D. $\dfrac{1}{5k}$；$5k$

59. 等截面杆，轴向受力如图 1-1-59 所示，杆的最大轴力是(　　)。

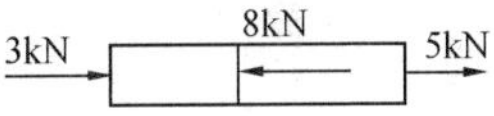

A. 8kN

B. 5kN

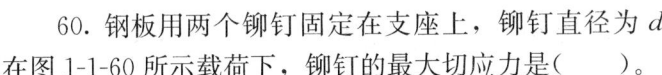

图 1-1-59

C. 3kN

D. 13kN

60. 钢板用两个铆钉固定在支座上，铆钉直径为 d，在图 1-1-60 所示载荷下，铆钉的最大切应力是(　　)。

A. $\tau_{\max} = \dfrac{4F}{\pi d^2}$

B. $\tau_{\max} = \dfrac{8F}{\pi d^2}$

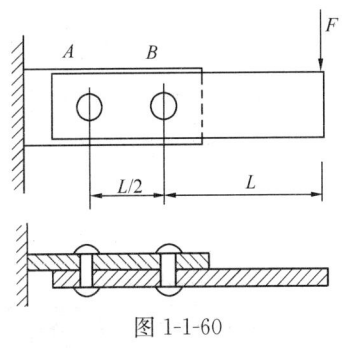

图 1-1-60

C. $\tau_{\max} = \dfrac{12F}{\pi d^2}$

D. $\tau_{\max} = \dfrac{2F}{\pi d^2}$

61. 圆轴直径为 d，剪切弹性模量为 G，在外力作用下发生扭转变形，现测得单位长度扭转角为 θ，圆轴的最大切应力是(　　)。

A. $\tau = \dfrac{16\theta G}{\pi d^3}$ B. $\tau = \theta G \dfrac{\pi d^3}{16}$

C. $\tau = \theta G d$ D. $\tau = \dfrac{\theta G d}{2}$

62. 直径为 d 的实心圆轴受扭,为使扭转最大切应力减小一半,圆轴的直径应改为(   )。

A. $2d$ B. $0.5d$

C. $\sqrt{2}d$ D. $\sqrt[3]{2}d$

63. 图 1-1-63 所示矩形截面对 z_1 轴的惯性矩 I_{z1} 为(   )。

A. $I_{z1} = \dfrac{bh^3}{12}$

B. $I_{z1} = \dfrac{bh^3}{3}$

C. $I_{z1} = \dfrac{7bh^3}{6}$

D. $I_{z1} = \dfrac{13bh^3}{12}$

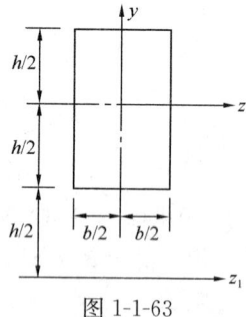

图 1-1-63

64. 图 1-1-64 所示外伸梁,在 C、D 处作用相同的集中力 F,截面 A 的剪力和截面 C 的弯矩分别是(   )。

A. $F_{SA}=0$,$M_C=0$

B. $F_{SA}=F$,$M_C=FL$

C. $F_{SA}=F/2$,$M_C=FL/2$

D. $F_{SA}=0$,$M_C=2FL$

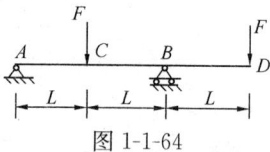

图 1-1-64

65. 悬臂梁 AB 由两根相同的矩形截面梁胶合而成,如图 1-1-65 所示。若胶合面全部开裂,假设开裂后两杆的弯曲变形相同,接触面之间无摩擦力,则开裂后梁的最大挠度是原来的(   )。

A. 两者相同 B. 2 倍

C. 4 倍 D. 8 倍

66. 图 1-1-66 所示悬臂梁自由端承受集中力偶 M_e。若梁的长度减少一半,梁的最大挠度是原来的(   )。

A. 1/2 B. 1/4

C. 1/8 D. 1/16

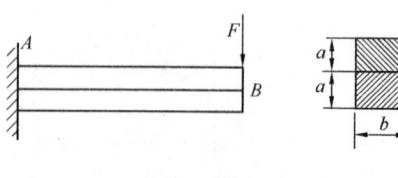

图 1-1-65

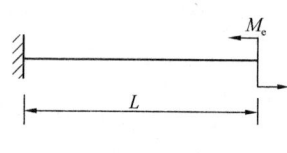

图 1-1-66

67. 在图示 4 种应力状态中,最大切应力值最大的应力状态是(   )。

A.　　　　　　B.　　　　　　C.　　　　　　D.

68. 矩形截面杆 AB，A 端固定，B 端自由，如图 1-1-68 所示，B 端右下角处承受与轴线平行的集中力 F，杆的最大正应力是（　　）。

A. $\sigma = \dfrac{3F}{bh}$ 　　　　　　　　B. $\sigma = \dfrac{4F}{bh}$

C. $\sigma = \dfrac{7F}{bh}$ 　　　　　　　　D. $\sigma = \dfrac{13F}{bh}$

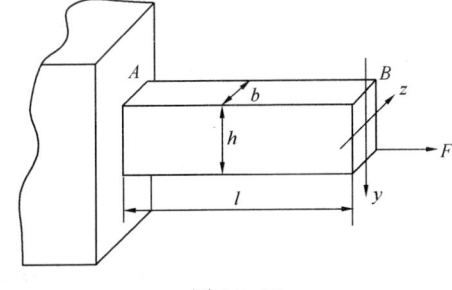　　　　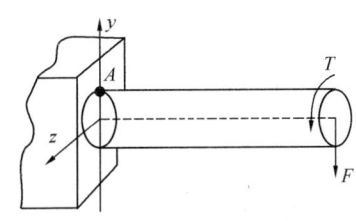

图 1-1-68　　　　　　　　　　　图 1-1-69

69. 图 1-1-69 所示圆轴固定端最上缘 A 点的单元体的应力状态是（　　）。

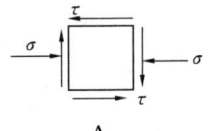　　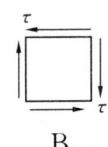　　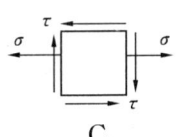　　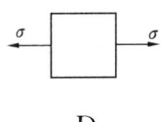

A.　　　　　　B.　　　　　　C.　　　　　　D.

70. 图 1-1-70 所示三根压杆均为细长（大柔度）压杆，且弯曲刚度均为 EI。三根压杆的临界载荷 F_{cr} 的关系为（　　）。

A. $F_{cra} > F_{crb} > F_{crc}$ 　　　　　　B. $F_{crb} > F_{cra} > F_{crc}$

C. $F_{crc} > F_{cra} > F_{crb}$ 　　　　　　D. $F_{crb} > F_{crc} > F_{cra}$

71. 如图 1-1-71 所示，在上部为气体下部为水的封闭容器上有 U 形水银测压计，其中 1、2、3 点位于同一平面上，其压强的关系为（　　）。

A. $p_1 < p_2 < p_3$ 　　　　　　　　B. $p_1 > p_2 > p_3$

C. $p_2 < p_1 < p_3$ 　　　　　　　　D. $p_2 = p_1 = p_3$

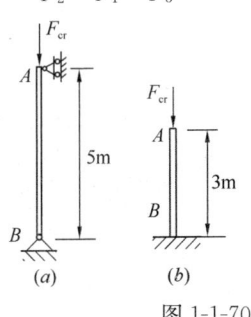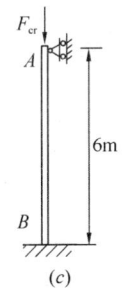　　　　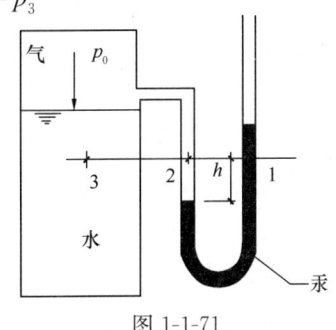

图 1-1-70　　　　　　　　　　　图 1-1-71

72. 如图 1-1-72 所示，下列说法中，（　　）是错误的。

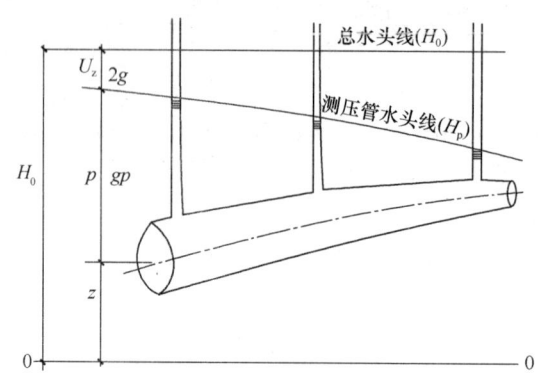

图 1-1-72

A. 对理想流体，该测压管水头线（H_p 线）应该沿程无变化

B. 该图是理想流体流动的水头线

C. 对理想流体，该总水头线（H_0 线）沿程无变化

D. 该图不适用于描述实际流体的水头线

73. 一管径 $d=50$mm 的水管，在水温 $t=10$℃时，管内要保持层流的最大流速是（　　）。（10℃的水的运动黏滞系数 $v=1.31\times10^{-6}$m^2/s）

A. 0.21m/s　　　　B. 0.115m/s　　　　C. 0.105m/s　　　　D. 0.0603m/s

74. 管道长度不变，管中流动为层流，允许的水头损失不变，当直径变为原来 2 倍时，若不计局部损失，流量将变为原来的（　　）倍。

A. 2　　　　B. 4　　　　C. 8　　　　D. 16

75. 圆柱形管嘴的长度为 l，直径为 d，管嘴作用水头为 H_0，则其正常工作条件为（　　）。

A. $l=(3-4)d$，$H_0>9$m　　　　B. $l=(3-4)d$，$H_0>6$m

C. $l=(7-8)d$，$H_0>9$m　　　　D. $l=(7-8)d$，$H_0>6$m

76. 如图 1-1-76 所示，当阀门的开度变小时，流量将（　　）。

A. 增大

B. 减小

C. 不变

D. 条件不足，无法确定

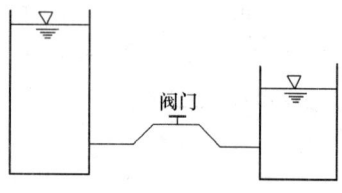

图 1-1-76

77. 在实验室中，根据达西定律测定某种土壤的渗透系数，将土样装在直径 $d=30$mm 的圆筒中，在 90cm 水头差作用下，8h 的渗透水量为 100L，两测压管的距离为 40cm，该土壤的渗透系数为（　　）。

A. 0.9m/d　　　　B. 1.9m/d　　　　C. 2.9m/d　　　　D. 3.9m/d

78. 流体的压力 p、速度 v、密度 ρ 正确的无量纲数组合是（　　）。

A. $\dfrac{p}{pv^2}$ B. $\dfrac{\rho p}{v^2}$ C. $\dfrac{\rho}{pv^2}$ D. $\dfrac{p}{\rho v}$

79. 在图 1-1-79 中，线圈 a 的电阻为 R_a，线圈 b 的电阻为 R_b，两者彼此靠近如图所示，若外加激励 $u=U_M\sin\omega t$，则（　　）。

A. $i_a = \dfrac{u}{R_a}$, $i_b = 0$

B. $i_a \neq \dfrac{u}{R_a}$, $i_b \neq 0$

C. $i_a = \dfrac{u}{R_a}$, $i_b \neq 0$

D. $i_a \neq \dfrac{u}{R_a}$, $i_b = 0$

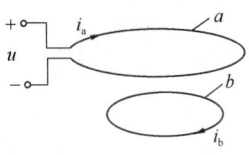

图 1-1-79

80. 图 1-1-80 所示电路中，电流源的端电压 U 等于（　　）。

A. 20V   B. 10V
C. 5V   D. 0V

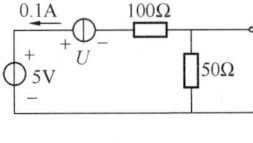

图 1-1-80

81. 已知电路如图 1-1-81 所示，若使用叠加原理求解图中电流源的端电压 U，正确的方法是（　　）。

A. $U' = (R_2 /\!/ R_3 + R_1)I_S, U'' = 0, U = U'$

B. $U' = (R_1 + R_2)I_S, U'' = 0, U = U'$

C. $U' = (R_2 /\!/ R_3 + R_1)I_S, U'' = \dfrac{R_2}{R_2+R_3}U_S, U = U' - U''$

D. $U' = (R_2 /\!/ R_3 + R_1)I_S, U'' = \dfrac{R_2}{R_2+R_3}U_S, U = U' + U''$

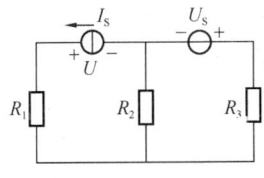

图 1-1-81

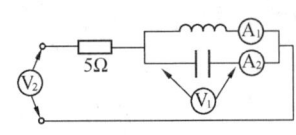

图 1-1-82

82. 在图 1-1-82 所示电路中，A_1、A_2、V_1、V_2 均为交流表，用于测量电压或电流的有效值 I_1、I_2、U_1、U_2，若 $I_1 = 4A$, $I_2 = 2A$, $U_1 = 10V$，则电压表 V_2 的读数应为（　　）。

A. 40V   B. 14.14V   C. 31.62V   D. 20V

83. 三相五线供电机制下，单相负载 A 的外壳引出线应（　　）。

A. 保护接地   B. 保护接中
C. 悬空   D. 保护接 PE 线

84. 某滤波器的幅频特性波特图如图 1-1-84 所示，该电路的传递函数为（　　）。

A. $\dfrac{j\omega/10}{1+j\omega/10}$ B. $\dfrac{j\omega/(20\pi)}{1+j\omega/(20\pi)}$

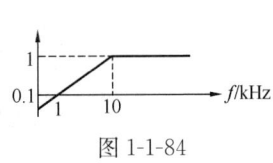

图 1-1-84

C. $\dfrac{j\omega/(2\pi)}{1+j\omega/(2\pi)}$ D. $\dfrac{1}{1+j\omega/(20\pi)}$

85. 若希望实现三相异步电动机的向上向下平滑调速，则应采用(   )。

　　A. 串转子电阻调速方案　　　　　B. 串定子电阻调速方案

　　C. 调频调速方案　　　　　　　　D. 变磁极对数调速方案

86. 在电动机的继电接触控制电路中，具有短路保护、过载保护、欠压保护和行程保护，其中，需要同时接在主电路的控制电路中的保护电器是(   )。

　　A. 热继电器和行程开关　　　　　B. 熔断器和行程开关

　　C. 接触器和行程开关　　　　　　D. 接触器和热继电器

87. 信息可以以编码的方式载入(   )。

　　A. 数字信号之中　　　　　　　　B. 模拟信号之中

　　C. 离散信号之中　　　　　　　　D. 采样保持信号之中

88. 七段显示器的各段符号如图 1-1-88 所示，那么，字母"E"的共阴极七段显示器的显示码 $abcdefg$ 应该是(   )。

　　A. 1001111　　　　　　　　　　 B. 0110000

　　C. 10110111　　　　　　　　　　D. 10001001

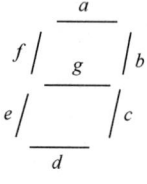

图 1-1-88

图 1-1-89

89. 某电压信号随时间变化的波形图如图 1-1-89 所示，该信号应归类于(   )。

　　A. 周期信号　　　　　　　　　　B. 数字信号

　　C. 离散信号　　　　　　　　　　D. 连续时间信号

90. 非周期信号的幅度频谱是(   )。

　　A. 连续的　　　　　　　　　　　B. 离散的，谱线正负对称排列

　　C. 跳变的　　　　　　　　　　　D. 离散的，谱线均匀排列

91. 图 1-1-91(a)所示电压信号波形经电路 A 变换成图(b)波形，再经电路 B 变换成图(c)波形，那么，电路 A 和电路 B 应依次选用(   )。

　　A. 低通滤波器和高通滤波器　　　B. 高通滤波器和低通滤波器

　　C. 低通滤波器和带通滤波器　　　D. 高通滤波器和带通滤波器

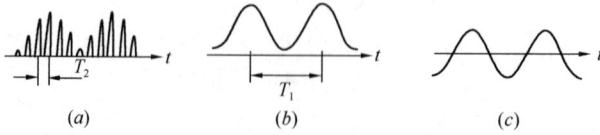

图 1-1-91

92. 由图 1-1-92 所示数字逻辑信号的波形可知，三者的函数关系是(   )。

A. $F = \overline{AB}$ B. $F = \overline{A+B}$
C. $F = AB + \overline{A}\,\overline{B}$ D. $F = A\overline{B} + \overline{A}B$

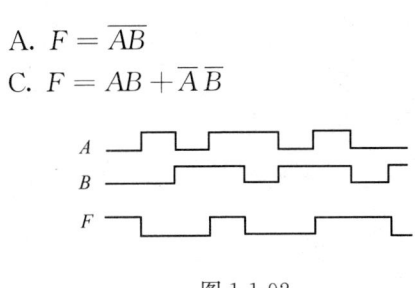

图 1-1-92

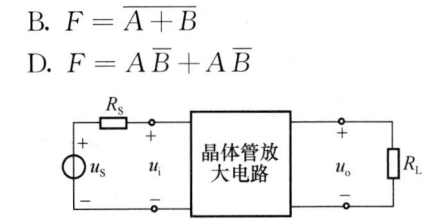

图 1-1-93

93. 某晶体管放大电路的空载放大倍数 $A_u = -80$、输入电阻 $r_i = 1\text{k}\Omega$ 和输出电阻 $r_o = 3\text{k}\Omega$,将信号源($u_s = 10\sin\omega t$ mV,$R_s = 1\text{k}\Omega$)和负载($R_L = 5\text{k}\Omega$)接于该放大电路之后(见图 1-1-93),负载电压 u_o 将为(   )。

A. $-0.8\sin\omega t$ V B. $-0.5\sin\omega t$ V
C. $-0.4\sin\omega t$ V D. $-0.25\sin\omega t$ V

94. 将运算放大器直接用于两信号的比较,如图 1-1-94(a)所示,其中,$u_{i2} = -1$ V,u_{i1} 的波形由图(b)给出,则输出电压 u_o 等于(   )。

A. u_{i1} B. $-u_{i2}$
C. 正的饱和值 D. 负的饱和值

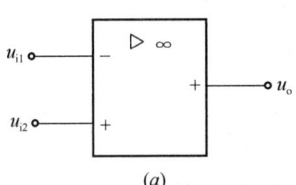
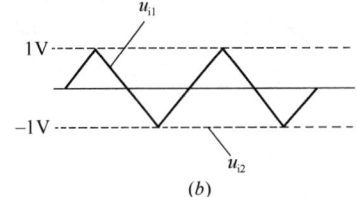

图 1-1-94

95. D 触发器的应用电路如图 1-1-95 所示,设输出端 Q 的初值为 0,那么在时钟脉冲 cp 的作用下,输出 Q 为(   )。

A. 1
B. cp
C. 脉冲信号,频率为时钟脉冲频率的 1/2
D. 0

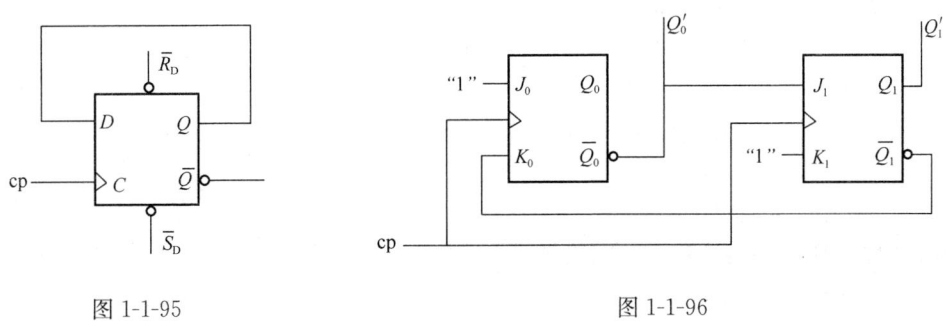

图 1-1-95

图 1-1-96

96. 由 JK 触发器组成的应用电路如图 1-1-96 所示,设触发器的初值都为 00,经分析可知这是一个( )。

  A. 同步二进制加法计数器   B. 同步四进制加法计数器
  C. 同步三进制计数器   D. 同步三进制减法计数器

97. 总线能为多个部件服务，它可分时地发送与接收各部件的信息。所以，可以把总线看成是( )。

  A. 一组公共信息传输线路   B. 微机系统的控制信息传输线路
  C. 操作系统和计算机硬件之间的控制线   D. 输入/输出的控制线

98. 计算机内的数字信息、文字信息、图像信息、视频信息、音频信息等所有信息，都是用( )。

  A. 不同位数的八进制数来表示的   B. 不同位数的十进制数来表示的
  C. 不同位数的二进制数来表示的   D. 不同位数的十六进制数来表示的

99. 将二进制小数 0.1010101111 转换成相应的八进制数，其正确结果是( )。

  A. 0.2536   B. 0.5274
  C. 0.5236   D. 0.5281

100. 影响计算机图像质量的主要参数有( )。

  A. 颜色深度、显示器质量、存储器大小
  B. 分辨率、颜色深度、存储器空间大小
  C. 分辨率、存储器大小、图像加工处理工艺
  D. 分辨率、颜色深度、图像文件的尺寸

101. 数字签名是最普遍、技术最成熟、可操作性最强的一种电子签名技术，当前已得到实际应用的是在( )。

  A. 电子商务、电子政务中   B. 票务管理中、股票交易中
  C. 股票交易中、电子政务中   D. 电子商务、票务管理中

102. 在 Windows 中，对存储器采用分段存储管理时，每一个存储器段可以小至1个字节，大至( )。

  A. 4K 字节   B. 16K 字节
  C. 4G 字节   D. 128M 字节

103. Windows 的设备管理功能部分支持即插即用功能，下面四条后续说法中有错误的一条是( )。

  A. 这意味着当将某个设备连接到计算机上后即可立刻使用
  B. Windows 自动安装有即插即用设备及其设备驱动程序
  C. 无须在系统中重新配置该设备或安装相应软件
  D. 无须在系统中重新配置该设备，但需安装相应软件才可立刻使用

104. 信息化社会是信息革命的产物，它包含多种信息技术的综合应用。构成信息化社会的三个主要技术支柱是( )。

  A. 计算机技术、信息技术、网络技术
  B. 计算机技术、通信技术、网络技术
  C. 存储器技术、航空航天技术、网络技术
  D. 半导体工艺技术、网络技术、信息加工处理技术

105. 网络软件是实现网络功能不可缺少的软件环境。网络软件主要包括( )。
   A. 网络协议和网络操作系统　　　B. 网络互联设备和网络协议
   C. 网络协议和计算机系统　　　　D. 网络操作系统和传输介质

106. 因特网是一个联结了无数个小网而形成的大网,也就是说( )。
   A. 因特网是一个城域网　　　　　B. 因特网是一个网际网
   C. 因特网是一个局域网　　　　　D. 因特网是一个广域网

107. 某公司拟向银行贷款100万元,贷款期为3年,甲银行的贷款利率为6％(按季计息),乙银行的贷款利率为7％,该公司向( )贷款付出的利息较少。
   A. 甲银行　　　　　　　　　　　B. 乙银行
   C. 两家银行的利息相等　　　　　D. 不能确定

108. 关于总成本费用的计算公式,下列正确的是( )。
   A. 总成本费用＝生产成本＋期间费用
   B. 总成本费用＝外购原材料、燃料和动力费＋工资及福利费＋折旧费
   C. 总成本费＝外购原材料、燃料和动力费＋工资及福利费＋折旧费＋摊销费
   D. 总成本费＝外购原材料、燃料和动力费＋工资及福利费＋折旧费＋摊销费＋修理费

109. 关于准股本资金的下列说法中,正确的是( )。
   A. 准股本资金具有资本金性质,不具有债务资金性质
   B. 准股本资金主要包括优先股股票和可转换债券
   C. 优先股股票在项目评价中应视为项目债务资金
   D. 可转换债券在项目评价中应视为项目资本金

110. 某项目建设工期为两年,第一年投资200万元,第二年投资300万元,投产后每年净现金流量为150万元,项目计算期为10年,基准收益率10％,则此项目的财务净现值为( )。
   A. 331.97万元　　　　　　　　　B. 188.63万元
   C. 171.48万元　　　　　　　　　D. 231.60万元

111. 可外贸货物的投入或产出的影子价格应根据口岸价格计算,下列公式正确的是( )。
   A. 出口产出的影子价格(出厂价)＝离岸价(FOB)×影子汇率＋出口费用
   B. 出口产出的影子价格(出厂价)＝到岸价(CIF)×影子汇率－出口费用
   C. 出口投入的影子价格(到厂价)＝到岸价(CIF)×影子汇率＋进口费用
   D. 出口投入的影子价格(到厂价)＝离岸价(FOB)×影子汇率－进口费用

112. 关于盈亏平衡点的下列说法中,错误的是( )。
   A. 盈亏平衡点是项目的盈利与亏损的转折点
   B. 盈亏平衡点上,销售(营业、服务)收入等于总成本费用
   C. 盈亏平衡点越低,表明项目抗风险能力越弱
   D. 盈亏平衡分析只用于财务分析

113. 属于改扩建项目经济评价中使用的五种数据之一的是( )。
   A. 资产　　　　B. 资源　　　　C. 效益　　　　D. 增量

114. ABC 分类法中，部件数量占 60%～80%，成本占 5%～10%的为( )。
   A. A 类   B. B 类   C. C 类   D. 以上都不对

115. 根据《中华人民共和国安全生产法》的规定，生产经营单位使用的涉及生命安全、危险性较大的特种设备，以及危险物品的容器、运输工具，必须按照国家有关规定，由专业生产单位生产，并经取得专业资质的检测、检验机构检测、检验合格，取得( )。
   A. 安全使用证和安全标志，方可投入使用
   B. 安全使用证或安全标志，方可投入使用
   C. 生产许可证和安全使用证，方可投入使用
   D. 生产许可证或安全使用证，方可投入使用

116. 根据《中华人民共和国招标投标法》的规定，招标人和中标人按照招标文件和中标人的投标文件。订立书面合同的时间要求是( )。
   A. 自中标通知书发出之日起 15 日内
   B. 自中标通知书发出之日起 30 日内
   C. 自中标单位收到中标通知书之日起 15 日内
   D. 自中标单位收到中标通知书之日起 30 日内

117. 根据《中华人民共和国行政许可法》的规定，下列可以不设行政许可事项的是( )。
   A. 有限自然资源开发利用等需要赋予特定权利的事项
   B. 提供公众服务等需要确定资质的事项
   C. 企业或者其他组织的设立等，需要确定主体资格的事项
   D. 行政机关采用事后监督等其他行政管理方式能够解决的事项

118. 根据《中华人民共和国节约能源法》的规定，对固定资产投资项目国家实行( )。
   A. 节能目标责任制和节能考核评价制度
   B. 节能审查和监管制度
   C. 节能评估和审查制度
   D. 能源统计制度

119. 按照《建设工程质量管理条例》规定，施工人员对涉及结构安全的试块、试件以及有关材料进行现场取样时应当( )。
   A. 在设计单位监督现场取样
   B. 在监督单位或监理单位监督下现场取样
   C. 在施工单位质量管理人员监督下现场取样
   D. 在建设单位或监理单位监督下现场取样

120. 按照《建设工程安全生产管理条例》规定，工程监理单位在实施监理过程中，发现存在安全事故隐患的，应当要求施工单位整改；情况严重的，应当要求施工单位暂时停止施工，并及时报告( )。
   A. 施工单位   B. 监理单位
   C. 有关主管部门   D. 建设单位

(下午卷)

单项选择题(共60题,每题2分。每题的备选项中只有一个最符合题意)。

1. 憎水材料的润湿角( )。
   A. >90°   B. ≤90°   C. >45°   D. ≤180°

2. 含水率5%的砂220g,其中所含的水量为( )。
   A. 10g   B. 10.48g   C. 11g   D. 11.5g

3. 煅烧石灰石可作为无机胶凝材料,其具有气硬性的原因是能够反应生成( )。
   A. 氢氧化钙
   B. 水化硅酸钙
   C. 二水石膏
   D. 水化硫铝酸钙

4. 骨料的所有孔隙充满水但表面没有水膜,该含水状态被称为骨料的( )。
   A. 气干状态
   B. 绝干状态
   C. 潮湿状态
   D. 饱和面干状态

5. 混凝土强度的形成受到其养护条件的影响,主要是指( )。
   A. 环境温湿度
   B. 搅拌时间
   C. 试件大小
   D. 混凝土水胶比

6. 石油沥青的软化点反映了沥青的( )。
   A. 粘滞性
   B. 温度敏感性
   C. 强度
   D. 耐久性

7. 钢材中的含碳量提高,可提高钢材的( )。
   A. 强度   B. 塑性   C. 可焊性   D. 韧性

8. 下列何项作为测量外业工作的基准面?( )。
   A. 水准面
   B. 参考椭球面
   C. 大地水准面
   D. 平均海水面

9. 下列何项是利用仪器所提供的一条水平视线来获取两点之间高差的测量方法?( )
   A. 三角高程测量   B. 物理高程测量   C. 水准测量   D. GPS高程测量

10. 在1:2000地形图上,量得某水库图上汇水面积为$P=1.6×10^4 cm^2$,某次降水过程雨量(每小时平均降雨量)$m=50mm$,降水时间持续(n)为2小时30分钟,设蒸发系数$k=0.5$,按汇水量$Q=P·m·n·k$计算,本次降水汇水量为( )。
    A. $1.0×10^{11} m^3$ B. $2.0×10^4 m^3$ C. $1.0×10^7 m^3$ D. $4.0×10^5 m^3$

11. 钢尺量距时,加入下列何项改正后,才能保证距离测量精度?( )
    A. 尺长改正
    B. 温度改正
    C. 倾斜改正
    D. 尺长改正、温度改正和倾斜改正

12. 建筑物的沉降观测是依据埋设在建筑物附近的水准点进行的,为了相互校核并防止由于某个水准点的高程变动造成差错,一般至少埋设水准点的数量为( )。
    A. 2个   B. 3个   C. 6个   D. 10个以上

13. 下列行为违反了《建设工程勘察设计管理条例》的是( )。
    A. 将建筑艺术造型有特定要求项目的勘察设计任务直接发包

B. 业主将一个工程建设项目的勘察设计分别发包给几个勘察设计单位

C. 勘察设计单位将所承揽的勘察设计任务进行转包

D. 经发包方同意，勘察设计单位将所承揽的勘察设计任务的非主体部分进行分包

14.《工程建设标准强制性条文》是设计或施工时（   ）。

    A. 重要的参考指标　　　　　　　　B. 必须绝对遵守的技术法规

    C. 必须绝对遵守的管理标准　　　　D. 必须绝对遵守的工作标准

15. 根据《中华人民共和国节约能源法》规定，对直接负责的主管人员和其他直接责任人员依法给予处分，是因为批准或者核准的项目建设不符合（   ）。

    A. 推荐性节能标准　　　　　　　　B. 设备能效标准

    C. 设备经济运行标准　　　　　　　D. 强制性节能标准

16. 房地产开发企业销售商品房不得采取的方式是（   ）。

    A. 分期付款　　　B. 收取预售款　　　C. 收取定金　　　D. 返本销售

17. 在建筑物稠密且为淤泥质土的基坑支护结构中，其支撑结构宜选用（   ）。

    A. 自立式（悬臂式）　　　　　　　B. 锚拉式

    C. 土层锚杆　　　　　　　　　　　D. 钢结构水平支撑

18. 钢筋经冷拉后不得用作构件的（   ）。

    A. 箍筋　　　　　B. 预应力钢筋　　　C. 吊环　　　　　D. 主筋

19. 砌体工程中，下列墙体或部位中可以留设脚手眼的是（   ）。

    A. 120mm 厚砖墙、空斗墙和砖柱

    B. 宽度小于 2m，但大于 1m 的窗间墙

    C. 门洞窗口两侧 200mm 和距转角 450mm 的范围内

    D. 梁和梁垫下及其左右 500mm 范围内

20. 以整个建设项目或建筑群为编制对象，用以指导其施工全过程各项施工活动的综合技术经济文件为（   ）。

    A. 分部工程施工组织设计　　　　　B. 分项工程施工组织设计

    C. 单位工程施工组织设计　　　　　D. 施工组织总设计

21. 进行资源有限—工期最短优化时，当将某工作移出超过限量的资源时段后，计算发现工期增量小于零，以下说明正确的是（   ）。

    A. 总工期会延长　　　　　　　　　B. 总工期会缩短

    C. 总工期不变　　　　　　　　　　D. 这种情况不会出现

22. 钢筋混凝土构件承载力计算中受力钢筋的强度限值为（   ）。

    A. 有明显流幅的取其极限抗拉强度，无明显流幅的按其条件屈服点取

    B. 所有均取其极限抗拉强度

    C. 有明显流幅的按其屈服点取，无明显流幅的按其条件屈服点取

    D. 有明显流幅的按其屈服点取，无明显流幅的取其极限抗拉强度

23. 为了避免钢筋混凝土受弯构件因斜截面受剪承载力不足而发生斜压破坏，下列措施不正确的是（   ）。

    A. 增加截面高度　　　　　　　　　B. 增加截面宽度

    C. 提高混凝土强度等级　　　　　　D. 提高配箍率

24. 为使5等跨连续梁的边跨跨中出现最大正弯矩，其活荷载应布置在(   )。
    A. 第2和4跨   B. 第1、2、3、4和5跨
    C. 第1、2和3跨   D. 第1、3和5跨

25. 钢筋混凝土单层厂房排架结构中吊车的横向水平作用在(   )。
    A. 吊车梁顶面水平处   B. 吊车梁底面，即牛腿顶面水平处
    C. 吊车轨顶水平处   D. 吊车梁端1/2高度处

26. 选用结构钢材牌号时必须考虑的因素包括(   )。
    A. 制作安装单位的生产能力   B. 构件的运输和堆放条件
    C. 结构的荷载条件和应力状态   D. 钢材的焊接工艺

27. 提高受集中荷载作用简支钢梁整体稳定性的有效方法是(   )。
    A. 增加受压翼缘宽度   B. 增加截面高度
    C. 布置腹板加劲肋   D. 增加梁的跨度

28. 采用高强度螺栓的梁柱连接中，螺栓的中心间距应(   )(d_0为螺栓孔径)。
    A. 不小于$2d_0$ B. 不小于$3d_0$
    C. 不大于$4d_0$ D. 不大于$5d_0$

29. 简支梯形钢屋架上弦杆的平面内计算长度系数应取(   )。
    A. 0.75   B. 1.1   C. 0.9   D. 1.0

30. 网状配筋砌体的抗压强度较无筋砌体高，这是因为(   )。
    A. 网状配筋约束砌体横向变形   B. 钢筋可以承受一部分压力
    C. 钢筋可以加强块体强度   D. 钢筋可以使砂浆强度提高

31. 《砌体结构设计规范》中砌体弹性模量的取值为(   )。
    A. 原点弹性模量   B. $\sigma=0.43f_m$时的切线模量
    C. $\sigma=0.43f_m$时的割线模量 D. $\sigma=f_m$时的切线模量

32. 配筋砌体结构中，下列正确的描述是(   )。
    A. 当砖砌体受压承载力不满足要求时，应优先采用网状配筋砌体
    B. 当砖砌体受压构件承载能力不满足要求时，应优先采用组合砌体
    C. 网状配筋砌体灰缝厚度应保证钢筋上下至少有10mm厚的砂浆层
    D. 网状配筋砌体中，连弯钢筋网的间距S_n取同一方向网的间距

33. 进行砌体结构设计时，必须满足下面哪些要求？(   )
    ① 砌体结构必须满足承载力极限状态；
    ② 砌体结构必须满足正常使用极限状态；
    ③ 一般工业与民用建筑中的砌体构件，目标可靠指标$\beta\geq3.2$；
    ④ 一般工业与民用建筑中的砌体构件，目标可靠指标$\beta\geq3.7$。
    A. ①②③   B. ①②④   C. ①④   D. ①③

34. 如图1-2-34所示平面体系，多余约束的个数是(   )。
    A. 1个   B. 2个   C. 3个   D. 4个

35. 如图1-2-35所示结构，A支座提供的约束力矩是(   )。
    A. 60kN·m，下表面受拉   B. 60kN·m，上表面受拉
    C. 20kN·m，下表面受拉   D. 20kN·m，上表面受拉

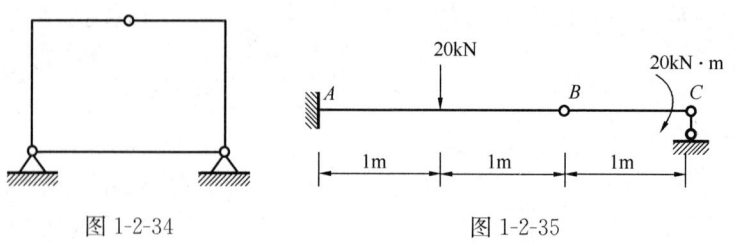

图 1-2-34　　　　　　　　　　　图 1-2-35

36. 桁架受力如图 1-2-36 所示，下列杆件中，非零杆是(　　)。

A. 杆 2—4　　　B. 杆 5—7　　　C. 杆 1—4　　　D. 杆 6—7

37. 如图 1-2-37 所示刚架，EI 为常数，忽略轴向变形。当 D 支座发生支座沉降 δ 时，B 点转角为(　　)。

A. δ/L　　　B. $2\delta/L$　　　C. $\delta/(2L)$　　　D. $\delta/(3L)$

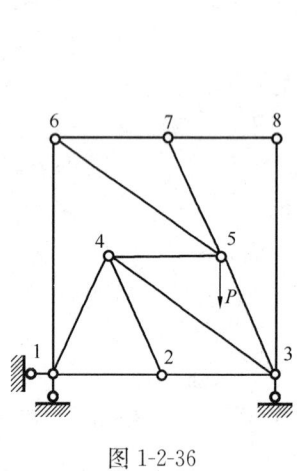
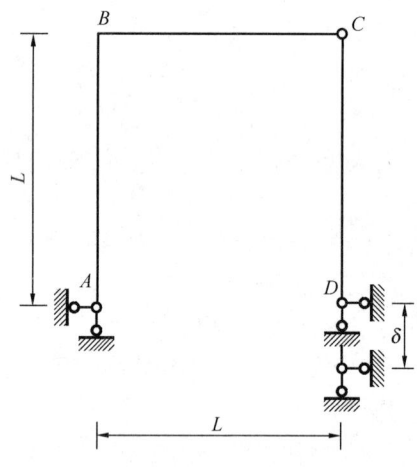

图 1-2-36　　　　　　　　　　　图 1-2-37

38. 如图 1-2-38 所示结构，EI 为常数。结点 B 处弹性支撑刚度系数 $k=3EI/L^3$，C 点的竖向位移为(　　)。

A. $\dfrac{PL^3}{EI}$　　B. $\dfrac{4PL^3}{3EI}$　　C. $\dfrac{11PL^3}{6EI}$　　D. $\dfrac{2PL^3}{EI}$

39. 如图 1-2-39 所示桁架的超静定次数是(　　)。

A. 1 次　　　B. 2 次　　　C. 3 次　　　D. 4 次

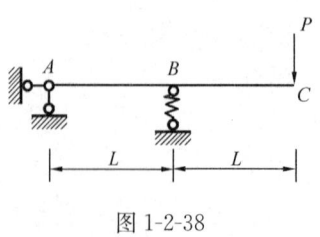

图 1-2-38　　　　　　　　　　　图 1-2-39

40. 用力法求解图示结构(EI 为常数)，基本体系及基本未知量如图 1-2-40 所示，柔度系数 δ_{11} 为(　　)。

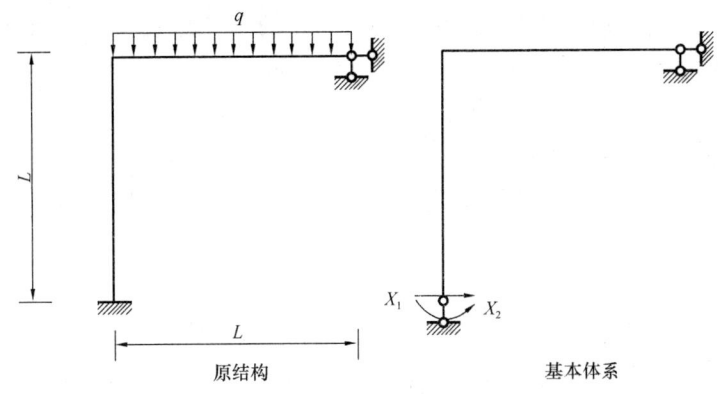

图 1-2-40

A. $\dfrac{2L^3}{3EI}$ B. $\dfrac{L^3}{3EI}$ C. $\dfrac{L^3}{2EI}$ D. $\dfrac{3L^3}{2EI}$

41. 如图 1-2-41 所示梁线刚度为 i，长度为 l，当 A 端发生微小转角 α，B 端发生微小位移 $\Delta = l\alpha$ 时，梁两端的弯矩（对杆端顺时针为正）为（　　）。

A. $M_{AB}=2i\alpha$，$M_{BA}=4i\alpha$ B. $M_{AB}=-2i\alpha$，$M_{BA}=-4i\alpha$
C. $M_{AB}=10i\alpha$，$M_{BA}=8i\alpha$ D. $M_{AB}=-10i\alpha$，$M_{BA}=-8i\alpha$

42. 如图 1-2-42 所示梁 AB，EI 为常数，支座 D 的反力 R_D 为（　　）。

A. $ql/2$ B. ql C. $3ql/2$ D. $2ql$

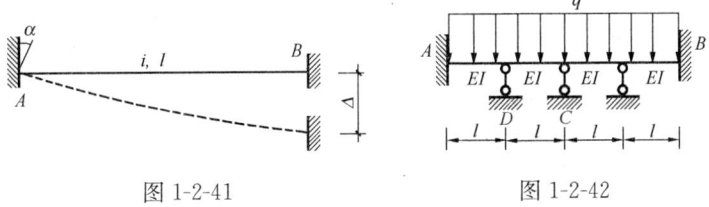

图 1-2-41　　　　　　　　图 1-2-42

43. 如图 1-2-43 所示组合结构，梁 AB 的抗弯刚度为 EI，二力杆的抗拉刚度都为 EA。DG 杆的轴力为（　　）。

A. 0   B. P，受拉   C. P，受压   D. $2P$，受拉

44. 用力矩分配法求解如图 1-2-44 所示结构，分配系数 μ_{BD}、传递系数 C_{BA} 分别为（　　）。

A. $\mu_{BD}=3/10$，$C_{BA}=-1$ B. $\mu_{BD}=3/7$，$C_{BA}=-1$
C. $\mu_{BD}=3/10$，$C_{BA}=1/2$ D. $\mu_{BD}=3/7$，$C_{BA}=1/2$

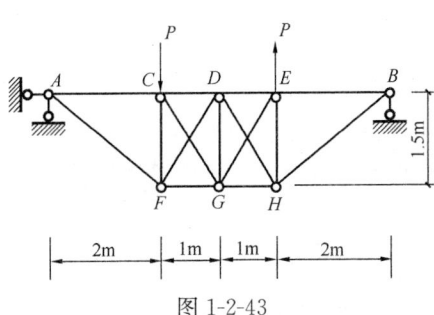
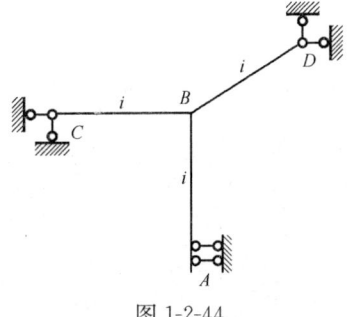

图 1-2-43　　　　　　　　图 1-2-44

45. 如图1-2-45所示移动荷载(间距为0.4m的两个集中力,大小分别为6kN和10kN)在桁架结构的上弦移动,杆BE的最大压力为(　　)。
   A. 0kN　　　　B. 6.0kN　　　　C. 6.8kN　　　　D. 8.2kN

46. 如图1-2-46所示梁的质量沿轴线均匀分布,该结构动力自由度的个数为(　　)。
   A. 1　　　　B. 2　　　　C. 3　　　　D. 无穷多

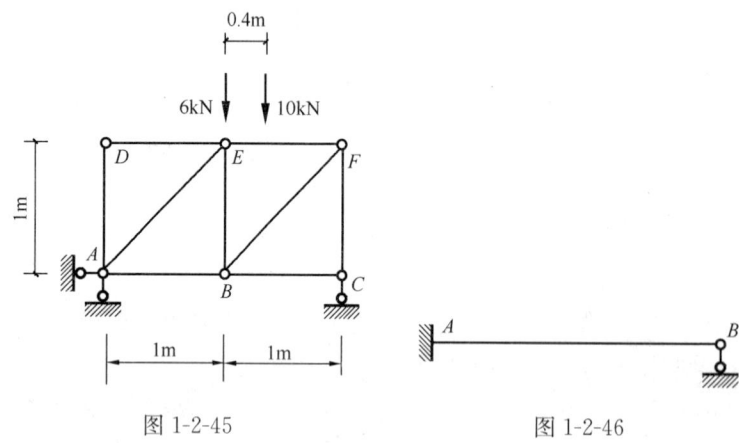

图1-2-45　　　　　　　　　　图1-2-46

47. 如图1-2-47所示结构,质量m在杆件中点,$EI=\infty$,弹簧刚度为k。该体系自振频率为(　　)。

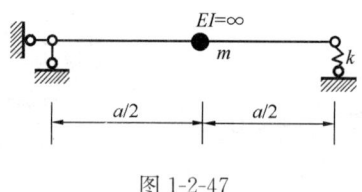

图1-2-47

   A. $\sqrt{\dfrac{9k}{4m}}$　　B. $\sqrt{\dfrac{2k}{m}}$　　C. $\sqrt{\dfrac{9k}{2m}}$　　D. $\sqrt{\dfrac{4k}{m}}$

48. 已知结构刚度矩阵 $\boldsymbol{K}=\begin{bmatrix} 20 & -5 & 0 \\ -5 & 8 & -3 \\ 0 & -3 & 3 \end{bmatrix}$,第一主振型为$\begin{Bmatrix} 0.163 \\ 0.569 \\ 1 \end{Bmatrix}$,则第二主振型可能为(　　)。

   A. $\begin{Bmatrix} -0.627 \\ -1.227 \\ 1 \end{Bmatrix}$　　B. $\begin{Bmatrix} -0.924 \\ -1.227 \\ 1 \end{Bmatrix}$　　C. $\begin{Bmatrix} -0.627 \\ -2.158 \\ 1 \end{Bmatrix}$　　D. $\begin{Bmatrix} -0.924 \\ -1.823 \\ 1 \end{Bmatrix}$

49. 下述四种试验所选用的设备哪一种最不当？(　　)
   A. 采用试件表面刷石蜡后,四周封闭抽真空产生负压方法做薄壳试验
   B. 采用电液伺服加载装置对梁柱节点构件进行模拟地震反应试验
   C. 采用激振器方法对吊车梁做疲劳试验
   D. 采用液压千斤顶对桁架进行承载力试验

50. 结构试验前,应进行预载,以下结论哪一条不当？(　　)

A. 混凝土结构预载值不可以超过开裂荷载

B. 预应力混凝土结构预载值可以超过开裂荷载

C. 钢结构的预载值可以加到使用荷载值

D. 预应力混凝土结构预载值可以加至使用荷载值

51. 在评定混凝土强度时，下列哪一种方法较为理想？（　　）

A. 回弹法　　　　B. 超声波法　　　　C. 钻孔后装法　　　　D. 钻芯法

52. 应变片灵敏系数指下列哪一项？（　　）

A. 在单向应力作用下，应变片电阻的相对变化与沿其轴向的应变之比值

B. 在 X、Y 双向应力作用下，X 方向应变片电阻的相对变化与 Y 方向应变片电阻的相对变化之比值

C. 在 X、Y 双向应力作用下，X 方向应变值与 Y 方向应变值之比值

D. 对于同一单向应变值，应变片在此应变方向垂直安装时的指示应变与沿此应变方向安装时指示应变的比值（以百分数表示）

53. 下列哪一种量测仪表属于零位测定法？（　　）

A. 百分表应变量测装置（量测标距 250mm）

B. 长标距电阻应变计

C. 机械式杠杆应变仪

D. 电阻应变式位移计（量测标距 250mm）

54. 土体的孔隙率为 47.71%，那么用百分比表示的该土体的孔隙比为（　　）。

A. 91.24　　　　B. 109.60　　　　C. 47.71　　　　D. 52.29

55. 一个地基包含 1.50m 厚的上层干土层和下卧饱和土层。干土层重度 15.6kN/m³ 而饱和土层重度为 19.8kN/m³。那么埋深 3.50m 处的总竖向自重应力为（　　）。

A. 63kPa　　　　B. 23.4kPa　　　　C. 43kPa　　　　D. 54.6kPa

56. 直径为 38mm 的干砂土样品，进行常规三轴实验，围压恒定为 48.7kPa，最大轴向加载杆的轴向力为 75.2N，那么该样品的内摩擦角为（　　）。

A. 23.9 度　　　　B. 22.0 度　　　　C. 30.5 度　　　　D. 20.1 度

57. 在饱和软黏土地基上进行快速临时基坑开挖，不考虑坑内降水。如果有一个测压管埋置在基坑边坡位置内，开挖结束时的测压管水头比初始状态会（　　）。

A. 上升　　　　B. 不变　　　　C. 下降　　　　D. 不确定

58. 桩基岩土工程勘察中对碎石土宜采用的原位测试手段为（　　）。

A. 静力触探　　　　　　　　　　B. 标准贯入试验

C. 重型或超重型圆锥动力触探　　D. 十字板剪切试验

59. 某匀质地基承载力特征值为 120kPa，基础深度的地基承载力修正系数为 1.5，地下水位深 2m，水位以上天然重度为 16kN/m³，水位以下饱和重度为 20kN/m³，条形基础宽 3m，则基础埋置深度为 3m 时，按深宽修正后的地基承载力特征值为（　　）。

A. 159kPa　　　　B. 171kPa　　　　C. 180kPa　　　　D. 186kPa

60. 泥浆护壁法钻孔灌注混凝土桩属于（　　）。

A. 非挤土桩　　　　B. 部分挤土桩　　　　C. 挤土桩　　　　D. 预制桩

2011年真题(上午卷)

(上午卷)

单项选择题(共120题,每题1分。每题的备选项中只有一个最符合题意)。

1. 设直线方程为 $x = y - 1 = z$,平面方程为 $x - 2y + z = 0$,则直线与平面( )。
   A. 重合
   B. 平行不重合
   C. 垂直相交
   D. 相交不垂直

2. 在三维空间中方程 $y^2 - z^2 = 1$ 所代表的图形是( )。
   A. 母线平行 x 轴的双曲柱面
   B. 母线平行 y 轴的双曲柱面
   C. 母线平行 z 轴的双曲柱面
   D. 双曲线

3. 当 $x \to 0$ 时,$3^x - 1$ 是 x 的( )。
   A. 高阶无穷小
   B. 低阶无穷小
   C. 等价无穷小
   D. 同阶但非等价无穷小

4. 函数 $f(x) = \dfrac{x - x^2}{\sin \pi x}$ 的可去间断点的个数为( )。
   A. 1个
   B. 2个
   C. 3个
   D. 无穷多个

5. 如果 $f(x)$ 在 x_0 可导,$g(x)$ 在 x_0 不可导,则 $f(x)g(x)$ 在 x_0 处( )。
   A. 可能可导也可能不可导
   B. 不可导
   C. 可导
   D. 连续

6. 当 $x > 0$ 时,下列不等式中正确的是( )。
   A. $e^x < 1 + x$
   B. $\ln(1 + x) > x$
   C. $e^x < ex$
   D. $x > \sin x$

7. 若函数 $f(x, y)$ 在闭区域 D 上连续,下列关于极值点的叙述,正确的是( )。
   A. $f(x, y)$ 的极值点一定是 $f(x, y)$ 的驻点
   B. 如果 P_0 是 $f(x, y)$ 的极值点,则 P_0 点处 $B^2 - AC < 0$
   $\left(\text{其中}: A = \dfrac{\partial^2 f}{\partial x^2}, B = \dfrac{\partial^2 f}{\partial x \partial y}, C = \dfrac{\partial^2 f}{\partial y^2}\right)$
   C. 如果 P_0 是可微函数 $f(x, y)$ 的极值点,则在 P_0 点处 $df = 0$
   D. $f(x, y)$ 的最大值点一定是 $f(x, y)$ 的极大值点

8. $\displaystyle\int \dfrac{dx}{\sqrt{x}(1+x)} = ($)。
   A. $\arctan \sqrt{x} + C$
   B. $2\arctan \sqrt{x} + C$
   C. $\tan(1 + x) + C$
   D. $\dfrac{1}{2}\arctan x + C$

9. 设 $f(x)$ 是连续函数,且 $f(x) = x^2 + 2\displaystyle\int_0^2 f(t)dt$,则 $f(x) = ($)。
   A. x^2
   B. $x^2 - 2$
   C. $2x$
   D. $x^2 - \dfrac{16}{9}$

10. $\displaystyle\int_{-2}^{2} \sqrt{4 - x^2}\, dx = ($)。

A. π　　　　　　B. 2π　　　　　　C. 3π　　　　　　D. $\dfrac{\pi}{2}$

11. 设 L 为连接 $(0,2)$ 和 $(1,0)$ 的直线段，则对弧长的曲线积分 $\int_L (x^2+y^2)\mathrm{d}s =$ (　　)。

　　A. $\dfrac{\sqrt{5}}{2}$　　　　B. 2　　　　C. $\dfrac{3\sqrt{5}}{2}$　　　　D. $\dfrac{5\sqrt{5}}{3}$

12. 曲线 $y=\mathrm{e}^{-x}(x\geqslant 0)$ 与直线 $x=0, y=0$ 所围图形绕 Ox 轴旋转所得旋转体的体积为(　　)。

　　A. $\dfrac{\pi}{2}$　　　　B. π　　　　C. $\dfrac{\pi}{3}$　　　　D. $\dfrac{\pi}{4}$

13. 若级数 $\sum\limits_{n=1}^{\infty} u_n$ 收敛，则下列级数中不收敛的是(　　)。

　　A. $\sum\limits_{n=1}^{\infty} ku_n (k\neq 0)$　　　　　　B. $\sum\limits_{n=1}^{\infty} u_{n+100}$

　　C. $\sum\limits_{n=1}^{\infty} \left(u_{2n}+\dfrac{1}{2^n}\right)$　　　　D. $\sum\limits_{n=1}^{\infty} \dfrac{50}{u_n}$

14. 设幂级数 $\sum\limits_{n=1}^{\infty} a_n x^n$ 的收敛半径为 2，则幂级数 $\sum\limits_{n=1}^{\infty} na_n(x-2)^{n+1}$ 的收敛区间是(　　)。

　　A. $(-2, 2)$　　　　　　　　B. $(-2, 4)$
　　C. $(0, 4)$　　　　　　　　D. $(-4, 0)$

15. 微分方程 $xy\mathrm{d}x = \sqrt{2-x^2}\mathrm{d}y$ 的通解是(　　)。

　　A. $y = \mathrm{e}^{-C\sqrt{2-x^2}}$　　　　　　B. $y = \mathrm{e}^{-\sqrt{2-x^2}+C}$
　　C. $y = C\mathrm{e}^{-\sqrt{2-x^2}}$　　　　　　D. $y = C - \sqrt{2-x^2}$

16. 微分方程 $\dfrac{\mathrm{d}y}{\mathrm{d}x} - \dfrac{y}{x} = \tan\dfrac{y}{x}$ 的通解是(　　)。

　　A. $\sin\dfrac{y}{x} = Cx$　　　　　　B. $\cos\dfrac{y}{x} = Cx$
　　C. $\sin\dfrac{y}{x} = x + C$　　　　D. $Cx\sin\dfrac{y}{x} = 1$

17. 设 $\boldsymbol{A} = \begin{bmatrix} 1 & 0 & 1 \\ 0 & 1 & 2 \\ -2 & 0 & -3 \end{bmatrix}$，则 $\boldsymbol{A}^{-1} = ($　　$)$。

A. $\begin{bmatrix} 3 & 0 & 1 \\ 4 & 1 & 2 \\ 2 & 0 & 1 \end{bmatrix}$　　　　　　B. $\begin{bmatrix} 3 & 0 & 1 \\ 4 & 1 & 2 \\ -2 & 0 & -1 \end{bmatrix}$

C. $\begin{bmatrix} -3 & 0 & -1 \\ 4 & 1 & 2 \\ -2 & 0 & -1 \end{bmatrix}$　　　　D. $\begin{bmatrix} 3 & 0 & 1 \\ -4 & -1 & -2 \\ 2 & 0 & 1 \end{bmatrix}$

18. 设3阶矩阵 $A = \begin{bmatrix} 1 & 1 & a \\ 1 & a & 1 \\ a & 1 & 1 \end{bmatrix}$，已知 A 的伴随矩阵的秩为1，则 $a=($　　$)$。

　　A. -2　　　　　　B. -1　　　　　　C. 1　　　　　　D. 2

19. 设 A 是3阶矩阵，$P=(\boldsymbol{\alpha}_1, \boldsymbol{\alpha}_2, \boldsymbol{\alpha}_3)$ 是3阶可逆矩阵，且 $P^{-1}AP = \begin{bmatrix} 1 & 0 & 0 \\ 0 & 2 & 0 \\ 0 & 0 & 0 \end{bmatrix}$，若矩阵 $Q=(\boldsymbol{\alpha}_2, \boldsymbol{\alpha}_1, \boldsymbol{\alpha}_3)$，则 $Q^{-1}AQ=($　　$)$。

　　A. $\begin{bmatrix} 1 & 0 & 0 \\ 0 & 2 & 0 \\ 0 & 0 & 0 \end{bmatrix}$　　　　　　B. $\begin{bmatrix} 2 & 0 & 0 \\ 0 & 1 & 0 \\ 0 & 0 & 0 \end{bmatrix}$

　　C. $\begin{bmatrix} 0 & 1 & 0 \\ 2 & 0 & 0 \\ 0 & 0 & 0 \end{bmatrix}$　　　　　　D. $\begin{bmatrix} 0 & 2 & 0 \\ 1 & 0 & 0 \\ 0 & 0 & 0 \end{bmatrix}$

20. 齐次线性方程组 $\begin{cases} x_1 - x_2 + x_4 = 0 \\ x_1 - x_3 + x_4 = 0 \end{cases}$ 的基础解系为($\quad$)。

　　A. $\boldsymbol{\alpha}_1 = (1,1,1,0)^T, \boldsymbol{\alpha}_2 = (-1,-1,1,0)^T$
　　B. $\boldsymbol{\alpha}_1 = (2,1,0,1)^T, \boldsymbol{\alpha}_2 = (-1,-1,1,0)^T$
　　C. $\boldsymbol{\alpha}_1 = (1,1,1,0)^T, \boldsymbol{\alpha}_2 = (-1,0,0,1)^T$
　　D. $\boldsymbol{\alpha}_1 = (2,1,0,1)^T, \boldsymbol{\alpha}_2 = (-2,-1,0,1)^T$

21. 设 A, B 是两个事件，$P(A)=0.3, P(B)=0.8$，则当 $P(A \cup B)$ 为最小值时，$P(AB)$ 等于($\quad$)。

　　A. 0.1　　　　　　B. 0.2　　　　　　C. 0.3　　　　　　D. 0.4

22. 三个人独立地去破译一份密码，每人能独立译出这份密码的概率分别为 $\frac{1}{5}, \frac{1}{3}, \frac{1}{4}$，则这份密码被译出的概率为($\quad$)。

　　A. $\frac{1}{3}$　　　　　　B. $\frac{1}{2}$　　　　　　C. $\frac{2}{5}$　　　　　　D. $\frac{3}{5}$

23. 设随机变量 X 的概率密谋为 $f(x) = \begin{cases} 2x, & 0 < x < 1 \\ 0, & \text{其他} \end{cases}$，用 Y 表示对 X 的3次独立重复观察中事件 $\left\{X \leqslant \frac{1}{2}\right\}$ 出现的次数，则 $P\{Y=2\} = ($　　$)$。

　　A. $\frac{3}{64}$　　　　　　B. $\frac{9}{64}$　　　　　　C. $\frac{3}{16}$　　　　　　D. $\frac{9}{16}$

24. 设随机变量 X 和 Y 都服从 $N(0,1)$ 分布，则下列叙述中正确的是($\quad$)。

　　A. $X+Y \sim$ 正态分布　　　　　　B. $X^2+Y^2 \sim \chi^2$ 分布
　　C. X^2 和 Y^2 都 $\sim \chi^2$ 分布　　　　　　D. $\frac{X^2}{Y^2} \sim F$ 分布

25. 一瓶氦气和一瓶氮气它们每个分子的平均平动动能相同，而且都处于平衡态，则它们( )。

　　A. 温度相同，氦分子和氮分子的平均动能相同

　　B. 温度相同，氦分子和氮分子的平均动能不同

　　C. 温度不同，氦分子和氮分子的平均动能相同

　　D. 温度不同，氦分子和氮分子的平均动能不同

26. 最概然速率 v_p 的物理意义是( )。

　　A. v_p 是速率分布中最大速率

　　B. v_p 是大多数分子的速率

　　C. 在一定的温度下，速率与 v_p 相近的气体分子所占的百分率最大

　　D. v_p 是所有分子速率的平均值

27. 1mol 理想气体从平衡态 $2p_1$、V_1 沿直线变化到另一平衡态 p_1、$2V_1$，则此过程中系统的功和内能的变化是( )。

　　A. $W>0$，$\Delta E>0$　　　　　　　　B. $W<0$，$\Delta E<0$

　　C. $W>0$，$\Delta E=0$　　　　　　　　D. $W<0$，$\Delta E>0$

28. 在保持高温热源温度 T_1 和低温热源温度 T_2 不变的情况下，使卡诺热机的循环曲线所包围的面积增大，则会( )。

　　A. 净功增大，效率提高　　　　　　　B. 净功增大，效率降低

　　C. 净功和效率都不变　　　　　　　　D. 净功增大，效率不变

29. 一平面简谐波的波动方程为 $y=0.01\cos10\pi(25t-x)$ (SI)，则在 $t=0.1$s 时刻，$x=2$m 处质元的振动位移是( )。

　　A. 0.01cm　　　　　　　　　　　　　B. 0.01m

　　C. -0.01m　　　　　　　　　　　　D. 0.01mm

30. 对于机械横波而言，下面说法正确的是( )。

　　A. 质元处于平衡位置时，其动能最大，势能为零

　　B. 质元处于平衡位置时，其动能为零，势能最大

　　C. 质元处于波谷处时，动能为零，势能最大

　　D. 质元处于波峰处时，动能与势能均为零

31. 在波的传播方向上，有相距为 3m 的两质元，两者的相位差为 $\frac{\pi}{6}$，若波的周期为 4s，则此波的波长和波速分别为( )。

　　A. 36m 和 6m/s　　　　　　　　　　B. 36m 和 9m/s

　　C. 12m 和 6m/s　　　　　　　　　　D. 12m 和 9m/s

32. 在双缝干涉实验中，入射光的波长为 λ，用透明玻璃纸遮住双缝中的一条缝(靠近屏一侧)，若玻璃纸中光程比相同厚度的空气的光程大 2.5λ，则屏上原来的明纹处( )。

　　A. 仍为明条纹　　　　　　　　　　　B. 变为暗条纹

　　C. 既非明纹也非暗纹　　　　　　　　D. 无法确定是明纹还是暗纹

33. 在真空中，可见光的波长范围是( )。

　　A. 400～760nm　　　　　　　　　　B. 400～760mm

C. 400～760cm　　　　　　　　　　　D. 400～760m

34. 有一玻璃劈尖，置于空气中，劈尖角为 θ，用波长为 λ 的单色光垂直照射时，测得相邻明纹间距为 l，若玻璃的折射率为 n，则 θ、λ、l 与 n 之间的关系为（　　）。

A. $\theta = \dfrac{\lambda n}{2l}$　　　B. $\theta = \dfrac{l}{2n\lambda}$　　　C. $\theta = \dfrac{l\lambda}{2n}$　　　D. $\theta = \dfrac{\lambda}{2nl}$

35. 一束自然光垂直穿过两个偏振片，两个偏振片的偏振化方向成 45°角。已知通过此两偏振片后的光强为 I，则入射至第二个偏振片的线偏振光强度为（　　）。

A. I　　　B. $2I$　　　C. $3I$　　　D. $\dfrac{I}{2}$

36. 一单缝宽度 $a = 1 \times 10^{-4}$m，透镜焦距 $f = 0.5$m，若用 $\lambda = 400$mm 的单色平行光垂直入射，中央明纹的宽度为（　　）。

A. 2×10^{-3}m　　　　　　　　　B. 2×10^{-4}m
C. 4×10^{-4}m　　　　　　　　　D. 4×10^{-3}m

37. 29 号元素的核外电子分布式为（　　）。

A. $1s^2 2s^2 2p^6 3s^2 3p^6 3d^9 4s^2$　　　　　B. $1s^2 2s^2 2p^6 3s^2 3p^6 3d^{10} 4s^1$
C. $1s^2 2s^2 2p^6 3s^2 3p^6 4s^1 3d^{10}$　　　　D. $1s^2 2s^2 2p^6 3s^2 3p^6 4s^2 3d^9$

38. 下列各组元素的原子半径从小到大排序错误的是（　　）。

A. Li＜Na＜K　　　　　　　　　　　B. Al＜Mg＜Na
C. C＜Si＜Al　　　　　　　　　　　D. P＜As＜Se

39. 下列溶液混合，属于缓冲溶液的是（　　）。

A. 50mL0.2mol·L^{-1}CH$_3$COOH 与 50mL0.1mol·L^{-1}NaOH
B. 50mL0.1mol·L^{-1}CH$_3$COOH 与 50mL0.1mol·L^{-1}NaOH
C. 50mL0.1mol·L^{-1}CH$_3$COOH 与 50mL0.2mol·L^{-1}NaOH
D. 50mL0.2mol·L^{-1}HCl 与 50mL0.1mol·L^{-1}NH$_3$H$_2$O

40. 在一容器中，反应 2NO$_2$(g) ⇌ 2NO(g) + O$_2$(g)，恒温条件下达到平衡后，加一定量 Ar 气体保持总压力不变，平衡将会（　　）。

A. 向正方向移动　　　　　　　　　　B. 向逆方向移动
C. 没有变化　　　　　　　　　　　　D. 不能判断

41. 某第 4 周期的元素，当该元素原子失去一个电子成为正 1 价离子时，该离子的价层电子排布式为 $3d^{10}$，则该元素的原子序数是（　　）。

A. 19　　　B. 24　　　C. 29　　　D. 36

42. 对于一个化学反应，下列各组中关系正确的是（　　）。

A. $\Delta_r G_m^\ominus > 0$，$K^\ominus < 1$　　　　B. $\Delta_r G_m^\ominus > 0$，$K^\ominus > 1$
C. $\Delta_r G_m^\ominus < 0$，$K^\ominus = 1$　　　　D. $\Delta_r G_m^\ominus < 0$，$K^\ominus < 1$

43. 价层电子构型为 $4d^{10}5s^1$ 的元素在周期表中属于（　　）。

A. 第四周期ⅦB族　　　　　　　　　B. 第五周期ⅠB族
C. 第六周期ⅦB族　　　　　　　　　D. 镧系元素

44. 下列物质中，属于酚类的是（　　）。

A. C$_3$H$_7$OH　　　　　　　　　　　B. C$_6$H$_5$CH$_2$OH

C. C_6H_5OH

D. 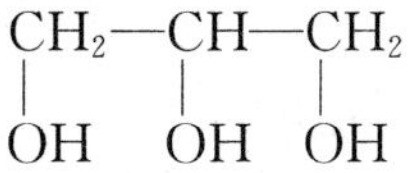 $CH_2-CH-CH_2$
   $\quad\ \ |\quad\ \ |\quad\ \ |$
   $\ \ OH\ \ OH\ \ OH$

45. 图 2-1-45 所示有机化合物的名称是（　　）。

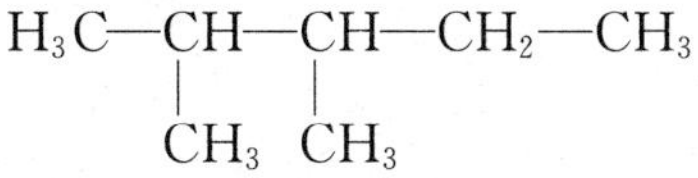

$H_3C-CH-CH-CH_2-CH_3$
$\qquad\ \ |\quad\ \ |$
$\quad\ \ CH_3\ CH_3$

图 2-1-45

A. 2—甲基—3—乙基丁烷　　　　B. 3，4—二甲基戊烷

C. 2—乙基—3—甲基丁烷　　　　D. 2，3—二甲基戊烷

46. 下列物质中，两个氢原子的化学性质不同的是（　　）。

A. 乙炔　　　　　　　　　　B. 甲酸

C. 甲醛　　　　　　　　　　D. 乙二酸

47. 两直角刚杆 AC、CB 支承如图 2-1-47 所示，在铰 C 处受力 F 作用，则 A、B 两处约束力的作用线与 x 轴正向所成的夹角分别为（　　）。

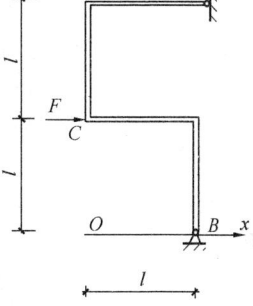

图 2-1-47

A. 0°；90°

B. 90°；0°

C. 45°；60°

D. 45°；135°

48. 在图示四个力三角形中，表示 $F_R = F_1 + F_2$ 图是（　　）。

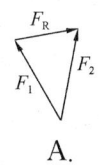 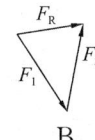 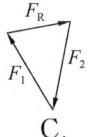 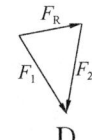

A.　　　　　　B.　　　　　　C.　　　　　　D.

49. 均质杆 AB 长为 l，重 W，受到如图 2-1-49 所示的约束，绳索 ED 处于铅垂位置，A、B 两处为光滑接触，杆的倾角为 α，又 $CD=l/4$。则 A、B 两处对杆作用的约束关系为（　　）。

A. $F_{NA} = F_{NB} = 0$

B. $F_{NA} = F_{NB} \neq 0$

C. $F_{NA} \leqslant F_{NB}$

D. $F_{NA} \geqslant F_{NB}$

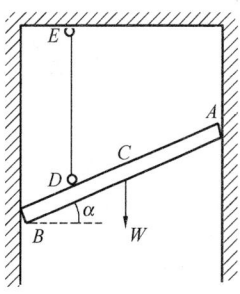

图 2-1-49

50. 重 W 的物块自由地放在倾角为 α 的斜面上（见图 2-1-50），若物块与斜面的静摩擦因数为 $f=0.4$，$W=60kN$，$\alpha=30°$，则该物块的状态为（　　）。

A. 静止状态

B. 临界平衡状态

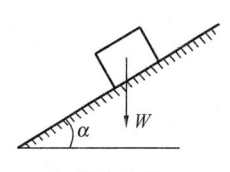

图 2-1-50

C. 滑动状态
D. 条件不足，不能确定

51. 当点运动时，若位置矢大小保持不变，方向可变，则其运动轨迹为（   ）。
    A. 直线   B. 圆周
    C. 任意曲线   D. 不能确定

52. 刚体作平动时，某瞬时体内各点的速度与加速度为（   ）。
    A. 体内各点速度不相同，加速度相同
    B. 体内各点速度相同，加速度不相同
    C. 体内各点速度相同，加速度也相同
    D. 体内各点速度不相同，加速度也不相同

53. 在图 2-1-53 所示机构中，杆 $O_1A // O_2B$，杆 $O_2C // O_3D$，且 $O_1A = 20$cm，$O_2C = 40$cm，若杆 AO_1 以角速度 $\omega = 3$rad/s 匀速转动，则 CD 杆上任意点 M 的速度及加速度大小为（   ）。
    A. 60cm/s，180cm/s²   B. 120cm/s，360cm/s²
    C. 90cm/s，270cm/s²   D. 120cm/s，150cm/s²

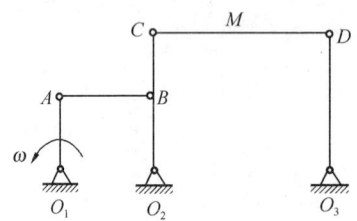
图 2-1-53

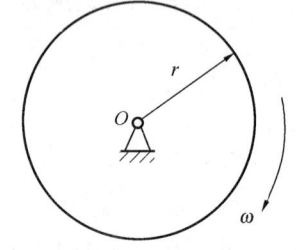
图 2-1-54

54. 图 2-1-54 所示均质圆轮，质量为 m，半径为 r，的铅垂图面内绕通过圆盘中心 O 的水平轴以匀角速度 ω 转动。则系统动量、对中心 O 的动量矩、动能的大小为（   ）。
    A. 0；$\frac{1}{2}mr^2\omega$；$\frac{1}{4}mr^2\omega^2$
    B. $mr\omega$；$\frac{1}{2}mr^2\omega$；$\frac{1}{4}mr^2\omega^2$
    C. 0；$\frac{1}{2}mr^2\omega$；$\frac{1}{2}mr^2\omega^2$
    D. 0；$\frac{1}{4}mr^2\omega^2$；$\frac{1}{4}mr^2\omega^2$

55. 如图 2-1-55 所示，两重物 M_1、M_2 的质量分别为 m_1 和 m_2，二重物系在不计重量的软绳上，绳绕过均质定滑轮，滑轮半径为 r，质量为 M，则此滑轮系统的动量为（   ）。
    A. $\left(m_1 - m_2 + \frac{1}{2}M\right)rv \downarrow$
    B. $(m_1 - m_2)rv \downarrow$
    C. $\left(m_1 + m_2 + \frac{1}{2}M\right)rv \uparrow$
    D. $(m_1 - m_2)rv \uparrow$

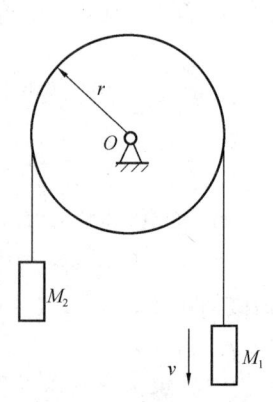
图 2-1-55

56. 均质细杆 AB 重 P、长 $2L$，A 端铰支，B 端用绳系住，处于水平位置，如图 2-1-56 所示，当 B 端绳突然剪断瞬时 AB

杆的角加速度的大小为（ ）。

A. 0

B. $\dfrac{3g}{4L}$

C. $\dfrac{3g}{2L}$

D. $\dfrac{6g}{L}$

图 2-1-56

57. 质量为 m，半径为 R 的均质圆盘，绕垂直于图面的水平轴 O 转动，其角速度为 ω。在图 2-1-57 所示瞬时，角加速度为 0，盘心 C 在其最低位置，此时将圆盘的惯性力系向 O 点简化，其惯性力主矢和惯性力主矩的大小分别为（ ）。

A. $m\dfrac{R}{2}\omega^2$；0

B. $mR\omega^2$；0

C. 0；0

D. 0；$\dfrac{1}{2}mR^2\omega^2$

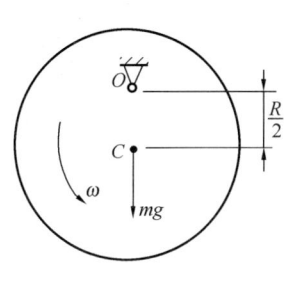

图 2-1-57

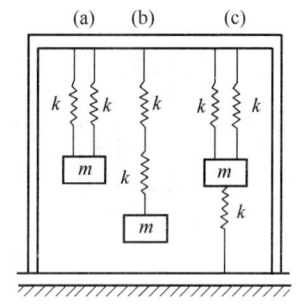

图 2-1-58

58. 图 2-1-58 所示装置中，已知质量 $m=200\text{kg}$，弹簧刚度 $k=100\text{N/cm}$，则图中各装置的振动周期为（ ）。

A. 图 (a) 装置振动周期最大
B. 图 (b) 装置振动周期最大
C. 图 (c) 装置振动周期最大
D. 三种装置振动周期相等

59. 圆截面杆 ABC 轴向受力如图 2-1-59 所示。已知 BC 杆的直径 $d=100\text{mm}$，AB 杆的直径为 $2d$。杆的最大的拉应力是（ ）。

A. 40MPa
B. 30MPa
C. 80MPa
D. 120MPa

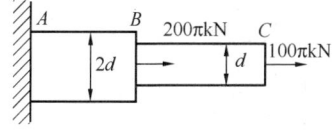

图 2-1-59

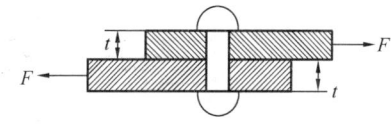

图 2-1-60

60. 已知铆钉的许可切应力为 $[\tau]$，许可挤压应力为 $[\sigma_{bs}]$，钢板的厚度为 t，则图 2-1-60 所示铆钉直径 d 与钢板厚度 t 的关系是（ ）。

A. $d = \dfrac{8t[\sigma_{bs}]}{\pi[\tau]}$ B. $d = \dfrac{4t[\sigma_{bs}]}{\pi[\tau]}$

C. $d = \dfrac{\pi[\tau]}{8t[\sigma_{bs}]}$ D. $d = \dfrac{\pi[\tau]}{4t[\sigma_{bs}]}$

61. 图示受扭空心圆轴横截面上的切应力分布图中，正确的是（　　）。

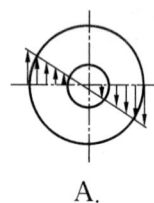  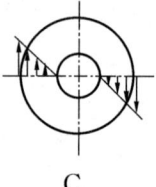 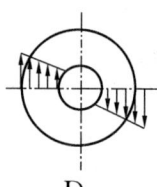

A.   B.   C.   D.

62. 图 2-1-62 所示截面的抗弯截面模量 W_z 为（　　）。

A. $W_z = \dfrac{\pi d^3}{32} - \dfrac{a^3}{6}$ B. $W_z = \dfrac{\pi d^3}{32} - \dfrac{a^4}{6d}$

C. $W_z = \dfrac{\pi d^3}{32} - \dfrac{a^3}{6d}$ D. $W_z = \dfrac{\pi d^3}{64} - \dfrac{a^3}{12}$

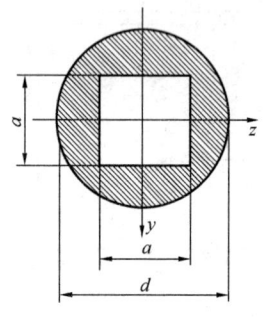 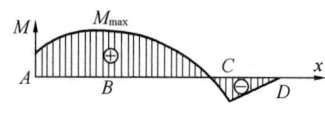

图 2-1-62   图 2-1-63

63. 梁的弯矩图如图 2-1-63 所示，最大值在 B 截面，在梁的 A、B、C、D 四个截面中，剪力为零的截面是（　　）。

A. A 截面   B. B 截面

C. C 截面   D. D 截面

64. 悬臂梁 AB 由三根相同的矩形截面直杆胶合而成，如图 2-1-64 所示。材料的许可应力为 $[\sigma]$，若胶合面开裂，假设开裂后三根杆的挠曲线相同，接触面之间无摩擦力，则开裂后的梁承载能力是原来的（　　）。

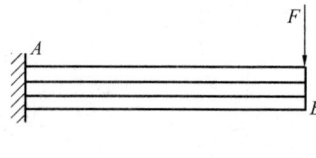 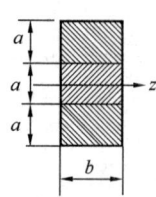

图 2-1-64

A. 1/9   B. 1/3   C. 两者相同   D. 3 倍

65. 梁的横截面是由狭长矩形构成的工字型截面，如图 2-1-65 所示，z 轴为中性轴，截面上的剪力竖直向下，该截面上的最大切应力在（　　）。

A. 腹板中性轴处

B. 腹板上下缘延长线与两侧翼缘相交处

C. 截面上下缘

D. 腹板上下缘

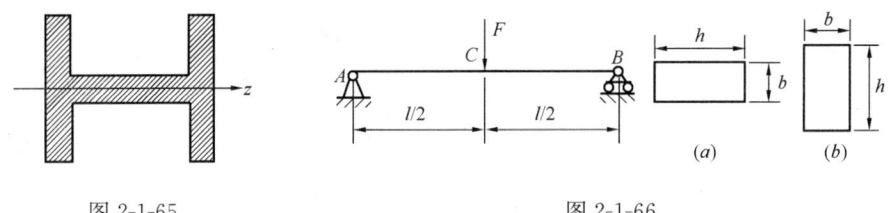

图 2-1-65　　　　　　　　　　图 2-1-66

66. 矩形截面简支梁梁中点承受集中力 F。若 $h=2b$。分别采用图 2-1-66（a）、（b）两种方式放置，图（a）梁的最大挠度是图（b）梁的（　　）。

A. 0.5 倍　　　　B. 2 倍　　　　C. 4 倍　　　　D. 8 倍

67. 在图 2-1-67 所示 xy 坐标系下，单元体的最大主应力 σ_1 大致指向（　　）。

A. 第一象限，靠近 x 轴　　　　B. 第一象限，靠近 y 轴

C. 第二象限，靠近 x 轴　　　　D. 第二象限，靠近 y 轴

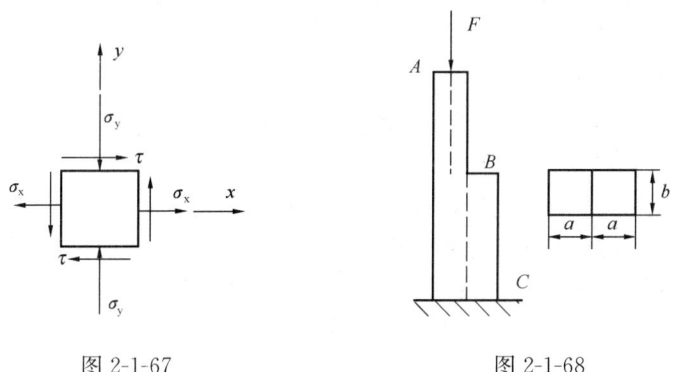

图 2-1-67　　　　　　　　　　图 2-1-68

68. 图 2-1-68 所示变截面短杆，AB 段的压应力 σ_{AB} 与 BC 段压应力 σ_{BC} 的关系是（　　）。

A. σ_{AB} 比 σ_{BC} 大 1/4　　　　B. σ_{AB} 比 σ_{BC} 小 1/4

C. σ_{AB} 是 σ_{BC} 的 2 倍　　　　D. σ_{AB} 是 σ_{BC} 的 1/2

69. 图 2-1-69 所示圆轴，固定端外圆上 $y=0$ 点（图中 A 点）的单元体的应力状态是（　　）。

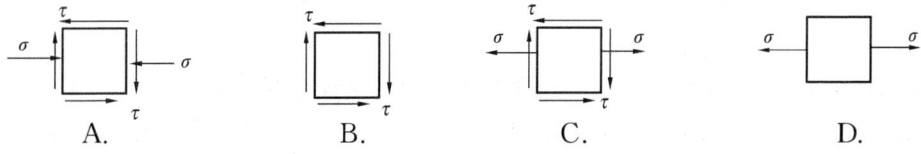

70. 一端固定一端自由的细长（大柔度）压杆，长为 L［图 2-1-70（a）］，当杆的长度减小一半时［图 2-1-70（b）］，其临界载荷 F_{cr} 比原来增加（　　）。

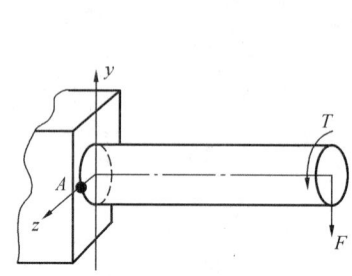

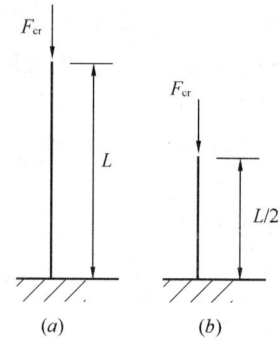

图 2-1-69   图 2-1-70

A. 4倍 B. 3倍 C. 2倍 D. 1倍

71. 空气的黏滞系数与水的黏滞系数 μ 分别随温度的降低而（   ）。
   A. 降低、升高 B. 降低、降低
   C. 升高、降低 D. 升高、升高

72. 重力和黏滞力分别属于（   ）。
   A. 表面力、质量力 B. 表面力、表面力
   C. 质量力、表面力 D. 质量力、质量力

73. 对某一非恒定流，以下对于流线和迹线的正确说法是（   ）。
   A. 流线和迹线重合
   B. 流线越密集，流速越小
   C. 流线曲线上任意一点的速度矢量都与曲线相切
   D. 流线可能存在折弯

74. 对某一流段，设其上、下游两断面 1-1、2-2 的断面积分别为 A_1、A_2，断面流速分别为 v_1、v_2，两断面上任一点相对于选定基准面的高程分别为 Z_1、Z_2，相应断面同一选定点的压强分别为 p_1、p_2，两断面处的流体密度分别为 ρ_1、ρ_2，流体为不可压缩流体，两断面间的水头损失为 h_{l1-2}。下列方程表述一定错误的是（   ）。
   A. 连续性方程：$v_1 A_1 = v_2 A_2$
   B. 连续性方程：$\rho_2 v_1 A_1 = \rho_2 v_2 A_2$
   C. 恒定总流能量方程：$\dfrac{p_1}{\rho_1 g} + Z_1 + \dfrac{v_1^2}{2g} = \dfrac{p_2}{\rho_2 g} + Z_2 + \dfrac{v_2^2}{2g}$
   D. 恒定总流能量方程：$\dfrac{p_1}{\rho_1 g} + Z_1 + \dfrac{v_1^2}{2g} = \dfrac{p_2}{\rho_1 g} + Z_2 + \dfrac{v_2^2}{2g} + h_{l1-2}$

75. 水流经过变直径圆管，管中流量不变，已知前段直径 $d_1 = 30$mm，雷诺数为 5000，后段直径变为 $d_2 = 60$mm，则后段圆管中的雷诺数为（   ）。
   A. 5000 B. 4000 C. 2500 D. 1250

76. 两孔口形状、尺寸相同，一个是自由出流，出流流量为 Q_1；另一个是淹没出流，出流流量为 Q_2。若自由出流和淹没出流的作用水头相等，则 Q_1 与 Q_2 的关系是（   ）。
   A. $Q_1 > Q_2$ B. $Q_1 = Q_2$ C. $Q_1 < Q_2$ D. 不确定

77. 水力最优断面是指当渠道的过流断面面积 A、粗糙系数 n 和渠道底坡 i 一定时，

其（　　）。

A. 水力半径最小的断面形状

B. 过流能力最大的断面形状

C. 湿周最大的断面形状

D. 造价最低的断面形状

78. 溢水堰模型试验（图 2-1-78），实际流量为 $Q_n = 537 m^3/s$，若在模型上测得流量 $Q_n = 300L/s$，则该模型长度比尺为（　　）。

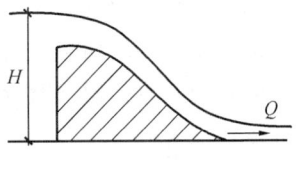

图 2-1-78

A. 4.5　　　　　　B. 6

C. 10　　　　　　D. 20

79. 点电荷 $+q$ 和点电荷 $-q$ 相距 30cm，那么，在由它们构成的静电场中（　　）。

A. 电场强度处处相等

B. 在两个点电荷连接的中点位置，电场力为 0

C. 电场方向总是从 $+q$ 指向 $-q$

D. 位于两个点电荷连线的中点位置上，带负电的可移动体将向 $-q$ 处移动

80. 如图 2-1-80 所示，设流经电感元件的电流 $i = 2\sin 1000t$ A，若 $L = 1mH$，则电感电压（　　）。

A. $u_L = 2\sin 1000t$ V

B. $u_L = -2\cos 1000t$ V

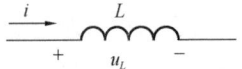

图 2-1-80

C. u_L 的有效值 $U_L = 2V$

D. u_L 的有效值 $U_L = 1.414V$

81. 图 2-1-81 所示两电路相互等效，由图（b）可知，流经 10Ω 电阻的电流 $I_R = 1A$，由此可求得流经图（a）电路中 10Ω 电阻的电流 I 等于（　　）。

A. 1A　　　B. $-1A$　　　C. $-3A$　　　D. 3A

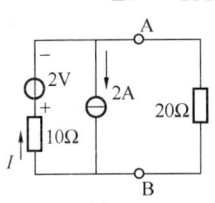

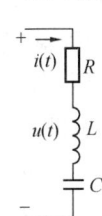

图 2-1-81　　　　　　　　图 2-1-82

82. RLC 串联电路如图 2-1-82 所示，在工频电压 $u(t)$ 的激励下，电路的阻抗等于（　　）。

A. $R + 314L + 314C$

B. $R + 314L + 1/314C$

C. $\sqrt{R^2 + (314L - 1/314C)^2}$

D. $\sqrt{R^2 + (314L + 1/314C)^2}$

83. 图 2-1-83 所示电路中，$u = 10\sin(1000t + 30°)$ V，如果使用相量法求解图示电路中的电流 i，那么，如下步骤中存在错误的是（　　）。

步骤 1：$\dot{I}_1 = \dfrac{10}{R + j1000L}$；

步骤2：$\dot{I}_2 = 10 \cdot j1000C$；

步骤3：$\dot{I} = \dot{I}_1 + \dot{I}_2 = \angle \psi_i$；

步骤4：$i = I\sqrt{2}\sin\psi_i$。

A. 仅步骤1和步骤2错 B. 仅步骤2错
C. 步骤1、步骤2和步骤4错 D. 仅步骤4错

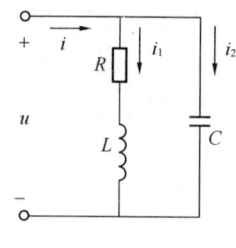

图 2-1-83

84. 图 2-1-84 所示电路中，开关 K 在 $t=0$ 时刻打开，此后，电流 i 的初始值和稳态值分别为（　　）。

A. $\dfrac{U_S}{R_2}$ 和 0   B. $\dfrac{U_S}{R_1+R_2}$ 和 0

C. $\dfrac{U_S}{R_1}$ 和 $\dfrac{U_S}{R_1+R_2}$ D. $\dfrac{U_S}{R_1+R_2}$ 和 $\dfrac{U_S}{R_1+R_2}$

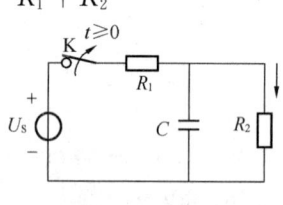

图 2-1-84

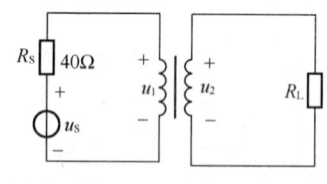

图 2-1-85

85. 在信号源（u_s，R_s）和电阻 R_L 之间接入一个理想变压器，如图 2-1-85 所示，若 $u_s=80\sin\omega t$ V，$R_L=10\Omega$，且此时信号源输出功率最大，那么，变压器的输出电压 u_2 等于（　　）。

A. $40\sin\omega t$ V
B. $20\sin\omega t$ V
C. $80\sin\omega t$ V
D. 20V

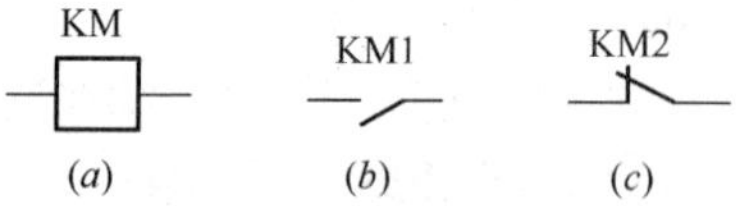

图 2-1-86

86. 接触器的控制线圈如图 2-1-86（a）所示，动合触点如图（b）所示，动断触点如图（c）所示，当有额定电压接入线圈后（　　）。

A. 触点 KM1 和 KM2 因未接入电路均处于断开状态
B. KM1 闭合，KM2 不变
C. KM1 闭合，KM2 断开
D. KM1 不变，KM2 断开

87. 某空调器的温度设置为 25℃，当室温超过 25℃后，它便开始制冷，此时红色指示灯亮，并在显示屏上显示"正在制冷"字样，那么（　　）。

A. "红色指示灯亮"和"正在制冷"均是信息
B. "红色指示灯亮"和"正在制冷"均是信号
C. "红色指示灯亮"是信号"正在制冷"是信息
D. "红色指示灯亮"是信息"正在制冷"是信号

88. 如果一个 16 进制数和一个 8 进制数的数字信号相同，那么（　　）。

A. 这个 16 进制数和 8 进制数实际反映的数量相等
B. 这个 16 进制数两倍于 8 进制数

C. 这个16进制数比8进制数少8
D. 这个16进制数与8进制数的大小关系不定

89. 在以下关于信号的说法中，正确的是（   ）。

A. 代码信号是一串电压信号，故代码信号是一种模拟信号
B. 采样信号是时间上离散、数值上连续的信号
C. 采样保持信号是时间上连续、数值上离散的信号
D. 数字信号是直接反映数值大小的信号

90. 设周期信号 $u(t)=\sqrt{2}U_1\sin(\omega t+\psi_1)+\sqrt{2}U_3\sin(3\omega t+\psi_3)+\cdots$
$$u_1(t)=\sqrt{2}U_1\sin(\omega t+\psi_1)+\sqrt{2}U_3\sin(3\omega t+\psi_3)$$
$$u_2(t)=\sqrt{2}U_1\sin(\omega t+\psi_1)+\sqrt{2}U_5\sin(5\omega t+\psi_3)$$

则（   ）。

A. $u_1(t)$ 较 $u_2(t)$ 更接近 $u(t)$
B. $u_2(t)$ 较 $u_1(t)$ 更接近 $u(t)$
C. $u_1(t)$ 与 $u_2(t)$ 接近 $u(t)$ 的程序相同
D. 无法做出三个电压之间的比较

91. 某模拟信号放大器输入与输出之间的关系如图 2-1-91 所示，那么，能够经该放大器得到 5 倍放大的输入信号 $u_i(t)$ 最大值一定（   ）。

A. 小于 2V
B. 小于 10V 或大于 −10V
C. 等于 2V 或等于 −2V
D. 小于等于 2V 且大于等于 −2V

图 2-1-91

92. 逻辑函数 $F=\overline{\overline{AB}+\overline{BC}}$ 的化简结果是（   ）。

A. $F=AB+BC$　　　　　　B. $F=\overline{A}+\overline{B}+\overline{C}$
C. $F=A+B+C$　　　　　　D. $F=ABC$

93. 如图 2-1-93 所示电路中，$u_i=10\sin\omega t$，二极管 D_2 因损坏而断开，这时输出电压的波形和输出电压的平均值为（   ）。

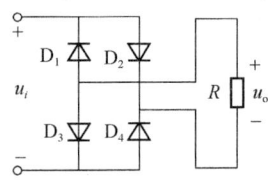

图 2-1-93

A. 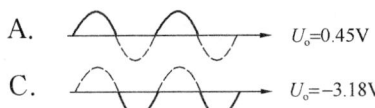 $U_o=0.45V$　　B. 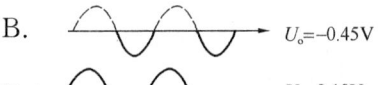 $U_o=-0.45V$
C. $U_o=-3.18V$　　D. $U_o=3.18V$

94. 图 2-1-94（a）所示运算放大器的输出与输入之间的关系如图（b）所示，若 $u_i=2\sin\omega t$ mV，则 u_o 为（   ）。

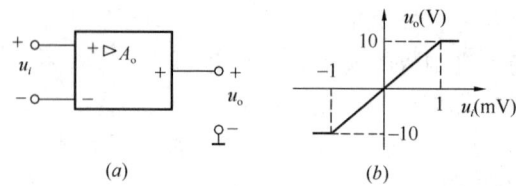

图 2-1-94

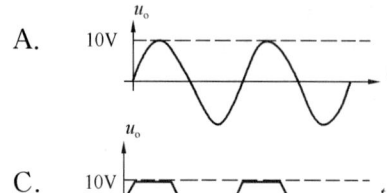

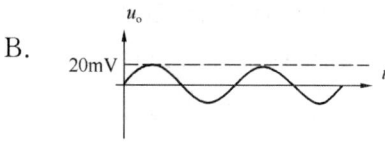

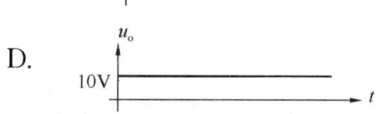

95. 基本门如图 2-1-95（a）所示，其中，数字信号 A 由图（b）给出，那么，输出 F 为（　　）。

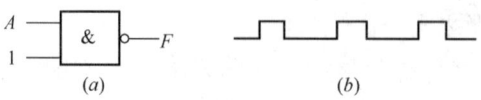

图 2-1-95

A. 1　　B. 0　　C. 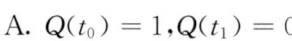　　D. ⌐⌐⌐⌐

96. JK 触发器及其输入信号波形如图 2-1-96 所示，那么，在 $t=t_0$ 和 $t=t_1$ 时刻，输出 Q 分别为（　　）。

A. $Q(t_0)=1, Q(t_1)=0$

B. $Q(t_0)=0, Q(t_1)=1$

C. $Q(t_0)=0, Q(t_1)=0$

D. $Q(t_0)=1, Q(t_1)=1$

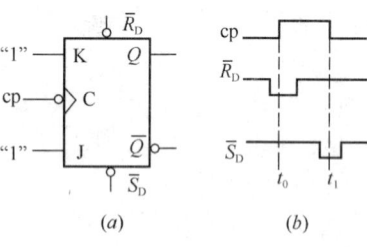

图 2-1-96

97. 计算机存储器中的每一个存储单元都配置一个唯一的编号，这个编号就是（　　）。

A. 一种寄存标志　　　　　　　　B. 是寄存器地址

C. 存储器的地址　　　　　　　　D. 输入/输出地址

98. 操作系统作为一种系统软件，存在着与其他软件明显不同的三个特征是（　　）。

A. 可操作性、可视性、公用性　　B. 并发性、共享性、随机性

C. 随机性、公用性、不可预测性　　D. 并发性、可操作性、脆弱性

99. 将二进制数 11001 转换成相应的十进制数，其正确结果是（　　）。

A. 25　　　　B. 32　　　　C. 24　　　　D. 22

100. 图像中的像素实际上就是图像中的一个个光点，这光点（　　）。

A. 只能是彩色的，不能是黑白的

B. 只能是黑白的，不能是彩色的

C. 既不能是彩色的，也不能是黑白的

D. 可以是黑白的，也可以是彩色的

101. 计算机病毒以多种手段入侵和攻击计算机信息系统，下面有一种不被使用的手段是（　　）。

A. 分布式攻击、恶意代码攻击

B. 恶意代码攻击、消息收集攻击

C. 删除操作系统文件、关闭计算机系统

D. 代码漏洞攻击、欺骗和会话劫持攻击

102. 计算机系统中，存储器系统包括（　　）。

A. 寄存器组、外存储器和主存储器

B. 寄存器组、高速缓冲存储器（Cache）和外存储器

C. 主存储器、高速缓冲存储器（Cache）和外存储器

D. 主存储器、寄存器组和光盘存储器

103. 在计算机系统中，设备管理是指对（　　）。

A. 除CPU和内存储器以外的所有输入/输出设备的管理

B. 包括CPU和内存储器以及所有输入/输出设备的管理

C. 除CPU外，包括内存储器以及所有输入/输出设备的管理

D. 除内存储器外，包括CPU以及所有输入/输出设备的管理

104. Windows提供了两个十分有效的文件管理工具，它们是（　　）。

A. 集合和记录

B. 批处理文件和目标文件

C. 我的电脑和资源管理器

D. 我的文档、文件夹

105. 一个典型的计算机网络主要是由两大部分组成，即（　　）。

A. 网络硬件系统和网络软件系统

B. 资源子网和网络硬件系统

C. 网络协议和网络软件系统

D. 网络硬件系统和通信子网

106. 局域网是指将各种计算机网络设备互连在一起的通信网络，但其覆盖的地理范围有限，通常在（　　）。

A. 几十米之内　　　　　　　　B. 几百公里之内

C. 几公里之内　　　　　　　　D. 几十公里之内

107. 某企业年初投资5000万元，拟10年内等额回收本利，若基准收益率为8%，则每年年末应回收的资金是（　　）。

A. 540.00万元　　　　　　　　B. 1079.46万元

C. 745.15万元　　　　　　　　D. 345.15万元

108. 建设项目评价中的总投资包括（　　）。

A. 建设投资和流动资金

B. 建设投资和建设期利息

C. 建设投资、建设期利息和流动资金

D. 固定资产投资和流动资产投资

109. 新设法人融资方式，建设项目所需资金来源于（　　）。

A. 资本金和权益资金　　　　　　B. 资本金和注册资本

C. 资本金和债务资金　　　　　　D. 建设资金和债务资金

110. 财务生存能力分析中，财务生存的必要条件是（　　）。

A. 拥有足够的经营净现金流量

B. 各年累计盈余资金不出现负值

C. 适度的资产负债率

D. 项目资本金净利润高于同行业的净利润率参考值

111. 交通部门拟修建一条公路，预计建设期为一年，建设期初投资为100万元，建成后即投入使用，预计使用寿命为10年，每年将产生的效益为20万元，每年需投入保养费8000元。若社会折现率为10%，则该项目的效益费用比为（　　）。

A. 1.07　　　　B. 1.17　　　　C. 1.85　　　　D. 1.92

112. 建设项目经济评价有一整套指标体系，敏感性分析可选定其中一个或几个主要指标进行分析，最基本的分析指标是（　　）。

A. 财务净现值　　　　　　　　　B. 内部收益率

C. 投资回收期　　　　　　　　　D. 偿债备付率

113. 在项目无资金约束、寿命不同、产出不同的条件下，方案经济比选只能采用（　　）。

A. 净现值比较法　　　　　　　　B. 差额投资内部收益率法

C. 净年值法　　　　　　　　　　D. 费用年值法

114. 在对象选择中，通过对每个部件与其他各部件的功能重要程度进行逐一对比打分，相对重要的得1分，不重要得0分，此方法称为（　　）。

A. 经验分析法　　　　　　　　　B. 百分比法

C. ABC分析法　　　　　　　　　D. 强制确定法

115. 按照《中华人民共和国建筑法》的规定，下列叙述正确的是（　　）。

A. 设计文件选用的建筑材料、建筑构配件和设备，不得注明其规格、型号

B. 设计文件选用的建筑材料、建筑构配件和设备，不得指定生产厂、供应商

C. 设计单位应按照建设单位提出的质量要求进行设计

D. 设计单位对施工过程中发现的质量问题应当按监理单位的要求进行改正

116. 根据《中华人民共和国招标投标法》的规定，招标人对已发出的招标文件进行必要的澄清或者修改的，应当以书面形式通知所有招标文件收受人，通知的时间应当在招标文件要求提交投标文件截止时间至少（　　）。

A. 20日前　　　B. 15日前　　　C. 7日前　　　D. 5日前

117. 按照《中华人民共和国民法典》的规定，下列情形中，要约不失效的是（　　）。

A. 拒绝要约的通知到达要约人

B. 要约人依法撤销要约

C. 承诺期限届满，受要约人未作出承诺

D. 受要约人对要约的内容作出非实质性变更

118. 根据《中华人民共和国节约能源法》的规定,国家实施的能源发展战略是( )。

A. 限制发展高耗能、高污染行业,发展节能环保型产业

B. 节约与开发并举,把节约放在首位

C. 合理调整产业结构、企业结构、产品结构和能源消费结构

D. 开发和利用新能源、可再生能源

119. 根据《中华人民共和国环境保护法》的规定,下列关于企业事业单位排放污染物的规定中,正确的是( )。

A. 排放污染物的企业事业单位,应当按照排污许可证的要求排放污染物

B. 排放污染物超过标准的企业事业单位,或者缴纳超标标准污费,或者负责治理

C. 征收的超标准排污费必须用于该单位污染的治理,不得挪作他用

D. 对造成环境严重污染的企业事业单位,限期关闭

120. 根据《建设工程勘察设计管理条例》的规定,建设工程勘察、设计方案的评标一般不考虑( )。

A. 投标人资质 B. 勘察、设计方案的优劣

C. 设计人员的能力 D. 投标人的业绩

2012年真题（上午卷）

(上午卷)

单项选择题（共120题，每题1分。每题的备选项中只有一个最符合题意）。

1. 设 $f(x) = \begin{cases} \cos x + x\sin\dfrac{1}{x}, & x < 0 \\ x^2 + 1, & x \geq 0 \end{cases}$，则 $x=0$ 是 $f(x)$ 的（　　）。

   A. 跳跃间断点　　　B. 可去间断点　　　C. 第二类间断点　　　D. 连续点

2. 设 $\alpha(x) = 1 - \cos x, \beta(x) = 2x^2$，则当 $x \to 0$ 时，下列结论中正确的是（　　）。

   A. $\alpha(x)$ 与 $\beta(x)$ 是等价无穷小

   B. $\alpha(x)$ 是 $\beta(x)$ 的高价无穷小

   C. $\alpha(x)$ 是 $\beta(x)$ 的低价无穷小

   D. $\alpha(x)$ 与 $\beta(x)$ 是同价无穷小但不是等价无穷小

3. 设 $y = \ln(\cos x)$，则微分 dy 等于（　　）。

   A. $\dfrac{1}{\cos x}dx$　　　　　　　　　B. $\cot x dx$

   C. $-\tan x dx$　　　　　　　　　D. $-\dfrac{1}{\cos x \sin x}dx$

4. $f(x)$ 的一个原函数为 e^{-x^2}，则 $f'(x)$ 等于（　　）。

   A. $2(-1+2x^2)e^{-x^2}$　　　　　　B. $-2xe^{-x^2}$

   C. $2(1+2x^2)e^{-x^2}$　　　　　　　D. $(1-2x)e^{-x^2}$

5. $f'(x)$ 连续，则 $\displaystyle\int f'(2x+1)dx$ 等于（　　）。

   A. $f(2x+1) + C$　　　　　　　　B. $\dfrac{1}{2}f(2x+1) + C$

   C. $2f(2x+1) + C$　　　　　　　　D. $f(x) + C$

6. 定积分 $\displaystyle\int_0^{\frac{1}{2}} \dfrac{1+x}{\sqrt{1-x^2}}dx$ 等于（　　）。

   A. $\dfrac{\pi}{3} + \dfrac{\sqrt{3}}{2}$　　　　　　　　B. $\dfrac{\pi}{6} - \dfrac{\sqrt{3}}{2}$

   C. $\dfrac{\pi}{6} - \dfrac{\sqrt{3}}{2} + 1$　　　　　　D. $\dfrac{\pi}{6} + \dfrac{\sqrt{3}}{2} + 1$

7. 若 D 是由 $y=x, x=1, y=0$ 所围成的三角形区域，则二重积分 $\displaystyle\iint_D f(x,y)dxdy$ 在极坐标系下的二次积分是（　　）。

   A. $\displaystyle\int_0^{\frac{\pi}{4}}d\theta\int_0^{\cos\theta} f(r\cos\theta, r\sin\theta)rdr$　　　　B. $\displaystyle\int_0^{\frac{\pi}{4}}d\theta\int_0^{\frac{1}{\cos\theta}} f(r\cos\theta, r\sin\theta)rdr$

C. $\int_0^{\frac{\pi}{4}} d\theta \int_0^{\frac{1}{\cos\theta}} r dr$ D. $\int_0^{\frac{\pi}{4}} d\theta \int_0^{\frac{1}{\cos\theta}} f(x,y) dr$

8. $a<x<b$ 时，有 $f'(x)>0$，$f''(x)<0$，则在区间 (a,b) 内，函数 $y=f(x)$ 图形沿 x 轴正向是（　　）。

A. 单调减且凸的 B. 单调减且凹的
C. 单调增且凸的 D. 单调增且凹的

9. 函数在给定区间上不满足拉格朗日定理条件的是（　　）。

A. $f(x)=\dfrac{x}{1+x^2},[-1,2]$ B. $f(x)=x^{2/3},[-1,1]$

C. $f(x)=e^{1/2},[1,2]$ D. $f(x)=\dfrac{x+1}{x},[1,2]$

10. 下列级数中，条件收敛的是（　　）。

A. $\sum_{n=1}^{\infty}\dfrac{(-1)^n}{n}$ B. $\sum_{n=1}^{\infty}\dfrac{(-1)^n}{n^3}$

C. $\sum_{n=1}^{\infty}\dfrac{(-1)^n}{n(n+1)}$ D. $\sum_{n=1}^{\infty}(-1)^n\dfrac{n+1}{n+2}$

11. 当 $|x|<\dfrac{1}{2}$ 时，函数 $f(x)=\dfrac{1}{1+2x}$ 的麦克劳林展开式正确的是（　　）。

A. $\sum_{n=0}^{\infty}(-1)^{n+1}(2x)^n$ B. $\sum_{n=0}^{\infty}(-2)^n x^n$

C. $\sum_{n=1}^{\infty}(-1)^n 2^n x^n$ D. $\sum_{n=1}^{\infty}2^n x^n$

12. 已知微分方程 $y'+p(x)y=q(x)(q(x)\neq 0)$ 有两个不同的特解 $y_1(x),y_2(x)$，C 为任意常数，则该微分方程的通解是（　　）。

A. $y=C(y_1-y_2)$ B. $y=C(y_1+y_2)$
C. $y=y_1+C(y_1+y_2)$ D. $y=y_1+C(y_1-y_2)$

13. 以 $y_1=e^x$，$y_2=e^{-3x}$ 为特解的二阶线性常系数齐次微分方程是（　　）。

A. $y''-2y'-3y=0$ B. $y''+2y'-3y=0$
C. $y''-3y'+2y=0$ D. $y''+3y'-2y=0$

14. 微分方程 $\dfrac{dy}{dx}+\dfrac{x}{y}=0$ 的通解是（　　）。

A. $x^2+y^2=C(C\in \mathbf{R})$ B. $x^2-y^2=C(C\in \mathbf{R})$
C. $x^2+y^2=C^2(C\in \mathbf{R})$ D. $x^2-y^2=C^2(C\in \mathbf{R})$

15. 曲线 $y=(\sin x)^{3/2}(0\leqslant x\leqslant \pi)$ 与 x 轴围成的平面图形绕 x 轴旋转一周而成的旋转体体积等于（　　）。

A. $\dfrac{4}{3}$ B. $\dfrac{4}{3}\pi$ C. $\dfrac{2}{3}\pi$ D. $\dfrac{2}{3}\pi^2$

16. 曲线 $x^2+4y^2+z^2=4$ 与平面 $x+z=a$ 的交线在 yOz 平面上的投影方程是（　　）。

A. $\begin{cases} (a-z)^2+4y^2+z^2=4 \\ z=0 \end{cases}$ B. $\begin{cases} x^2+4y^2+(z-x)^2=4 \\ z=0 \end{cases}$

C. $\begin{cases} x^2+4y^2+(a-x)^2=4 \\ x=0 \end{cases}$ D. $(a-z)^2+4y^2+z^2=4$

17. 方程 $x^2-\dfrac{y^2}{4}+z^2=1$，表示为( )。

   A. 旋转双曲面   B. 双叶双曲面   C. 双曲柱面   D. 锥面

18. 设直线 L 为 $\begin{cases} x+3y+2z+1=0 \\ 2x-y-10z+3=0 \end{cases}$，平面 π 为 $4x-2y+z-2=0$，则直线和平面的关系是（ ）。

   A. L 平行于 π B. L 在 π 上
   C. L 垂直于 π D. L 与 π 斜交

19. 已知 n 阶可逆矩阵 A 的特征值为 λ_0，则矩阵 $(2A)^{-1}$ 的特征值是（ ）。

   A. $\dfrac{2}{\lambda_0}$ B. $\dfrac{\lambda_0}{2}$

   C. $\dfrac{1}{2\lambda_0}$ D. $2\lambda_0$

20. 设 $\boldsymbol{\alpha}_1, \boldsymbol{\alpha}_2, \boldsymbol{\alpha}_3, \boldsymbol{\beta}$ 为 n 维向量组，已知 $\boldsymbol{\alpha}_1, \boldsymbol{\alpha}_2, \boldsymbol{\beta}$ 线性相关，$\boldsymbol{\alpha}_2, \boldsymbol{\alpha}_3, \boldsymbol{\beta}$ 线性无关，则下列结论中正确的是( )。

   A. $\boldsymbol{\beta}$ 必可用 $\boldsymbol{\alpha}_1, \boldsymbol{\alpha}_2$ 线性表示   B. $\boldsymbol{\alpha}_1$ 必可用 $\boldsymbol{\alpha}_2, \boldsymbol{\alpha}_3, \boldsymbol{\beta}$ 线性表示
   C. $\boldsymbol{\alpha}_1, \boldsymbol{\alpha}_2, \boldsymbol{\alpha}_3$ 必线性无关   D. $\boldsymbol{\alpha}_1, \boldsymbol{\alpha}_2, \boldsymbol{\alpha}_3$ 必线性相关

21. 要使得二次型 $f(x_1,x_2,x_3)=x_1^2+2tx_1x_2+x_2^2-2x_1x_3+2x_2x_3+2x_3^2$ 为正定的，则 t 的取值条件是( )。

   A. $-1<t<1$ B. $-1<t<0$
   C. $t>0$ D. $t<-1$

22. 若事件 A、B 互不相容，且 $P(A)=p$，$P(B)=q$，则 $P(\overline{AB})$ 等于( )。

   A. $1-p$ B. $1-q$ C. $1-(p+q)$ D. $1+p+q$

23. 若随机变量 X 与 Y 相互独立，且 X 在区间 $[0,2]$ 上服从均匀分布，Y 服从参数为 3 的指数分布，则数学期望 $E(XY)$ 等于（ ）。

   A. $\dfrac{4}{3}$ B. 1   C. 2/3   D. 1/3

24. 设 $x_1, x_2, \cdots, x_n$ 是来自总体 $N(\mu, \sigma^2)$ 的样本，μ、σ^2 未知，$\bar{x}=\dfrac{1}{n}\sum\limits_{i=1}^{n}x_i$, $Q^2=\sum\limits_{i=1}^{n}(x_i-\bar{x})^2, Q>0$。则检验假设 $H_0: \mu=0$ 时应选取的统计量是（ ）。

   A. $\sqrt{n(n-1)}\dfrac{\bar{x}}{Q}$ B. $\sqrt{n}\dfrac{\bar{x}}{Q}$ C. $\sqrt{n-1}\dfrac{\bar{x}}{Q}$ D. $\sqrt{n}\dfrac{\bar{x}}{Q^2}$

25. 一瓶氦气和一瓶氮气，它们每个分子的平均平动动能相同，而且都处于平衡态。则它们（ ）。

A. 温度相同，氦分子和氮分子平均动能相同
B. 温度相同，氦分子和氮分子平均动能不同
C. 温度不同，氦分子和氮分子平均动能相同
D. 温度不同，氦分子和氮分子平均动能不同

26. 最概然速率 v_p 的物理意义是（　　）。

A. v_p 是速率分布中的最大速率
B. v_p 是最大多数分子的速率
C. 在一定的温度下，速率与 v_p 相近的气体分子所占的百分率最大
D. v_p 是所有分子速率的平均值

27. 一定量的理想气体由 a 状态经过一过程到达 b 状态，吸热为 335J，系统对外作功 126J；若系统经过另一过程由 a 状态到达 b 状态，系统对外作功 42J，则过程中传入系统的热量为（　　）。

A. 530J　　　　B. 167J　　　　C. 251J　　　　D. 335J

28. 一定量的理想气体经过等体过程，温度增量 ΔT，内能变化 ΔE_1，吸收热量 Q_1；若经过等压过程，温度增量也为 ΔT，内能变化 ΔE_2，吸收热量 Q_2，则一定是（　　）。

A. $\Delta E_2 = \Delta E_1$，$Q_2 > Q_1$　　　　B. $\Delta E_2 = \Delta E_1$，$Q_2 < Q_1$
C. $\Delta E_2 > \Delta E_1$，$Q_2 > Q_1$　　　　D. $\Delta E_2 < \Delta E_1$，$Q_2 < Q_1$

29. 一平面简谐波的波动方程为 $y = 2 \times 10^{-2} \cos 2\pi \left(10t - \dfrac{x}{5}\right)$（SI）。$t = 0.25$s 时处于平衡位置，且与坐标原点 $x = 0$ 最近的质元的位置是（　　）。

A. $x = \pm 5$m　　　　　　　　B. $x = 5$m
C. $x = \pm 1.25$m　　　　　　D. $x = 1.25$m

30. 一平面简谐波沿 x 轴正方向传播，振幅 $A = 0.02$m，周期 $T = 0.5$s，波长 $\lambda = 100$m，原点处质元初相位 $\varphi = 0$，则波动方程的表达式为（　　）。

A. $y = 0.02 \cos 2\pi \left(\dfrac{t}{2} - 0.01x\right)$（SI）　　B. $y = 0.02 \cos 2\pi (2t - 0.01x)$（SI）

C. $y = 0.02 \cos 2\pi \left(\dfrac{t}{2} - 100x\right)$（SI）　　D. $y = 0.02 \cos 2\pi (2t - 100x)$（SI）

31. 两人轻声谈话的声强级为 40dB，热闹市场上噪音的声强级为 80dB。市场上声强与轻声谈话的声强之比为（　　）。

A. 2　　　　B. 20　　　　C. 10^2　　　　D. 10^4

32. P_1 和 P_2 为偏振化方程组相互垂直的两个平行放置的偏振片，光强为 I_0 的自然光垂直入射在第一个偏振片 P_1 上，则透过 P_1 和 P_2 的光强分别为（　　）。

A. $\dfrac{I_0}{2}$ 和 0　　B. 0 和 $\dfrac{I_0}{2}$　　C. I_0 和 I_0　　D. $\dfrac{I_0}{2}$ 和 $\dfrac{I_0}{2}$

33. 一束自然光自空气射向一块平板玻璃，设入射角等于布儒斯特角，则反射光为（　　）。

A. 自然光　　　　　　　　B. 部分偏振光
C. 完全偏振光　　　　　　D. 圆偏振光

34. 波长 $\lambda = 550$nm（1nm $= 10^{-9}$m）的单色光垂直入射于光栅常数 $d = 2 \times 10^{-4}$cm 的

平面衍射光栅上，可能观察到的光谱线的最大级次为（　　）。

A. 2　　　　　B. 3　　　　　C. 4　　　　　D. 5

35. 在单缝夫琅禾费衍射实验中，波长为 λ 的单色光垂直入射到单缝上，对应于衍射角为 30°的方向上，若单缝处波面可分成 3 个半波带，则缝宽度 a 等于（　　）。

A. λ　　　　B. 1.5λ　　　　C. 2λ　　　　D. 3λ

36. 在双缝干涉实验中，波长 λ 的单色平行光垂直入射到缝间距为 a 的双缝上，屏到双缝的距离是 D，则某一条明纹与其相邻的一条暗纹的间距为（　　）。

A. $\dfrac{D\lambda}{a}$　　B. $\dfrac{D\lambda}{2a}$　　C. $\dfrac{2D\lambda}{a}$　　D. $\dfrac{D\lambda}{4a}$

37. 钴的价层电子构型是 $3d^7 4s^2$，钴原子外层轨道中未成对电子数是（　　）。

A. 1　　　　　B. 2　　　　　C. 3　　　　　D. 4

38. 在 HF、HCl、HBr、HI 中，按熔、沸点由高到低顺序排列正确的是（　　）。

A. HF、HCl、HBr、HI　　　　　B. HI、HBr、HCl、HF

C. HCl、HBr、HI、HF　　　　　D. HF、HI、HBr、HCl

39. 对于 HCl 气体溶解于水的过程，下列说法正确的是（　　）。

A. 这仅是一个物理变化过程

B. 这仅是一个化学变化过程

C. 此过程既有物理变化又有化学变化

D. 此过程中溶质的性质发生了变化，而溶剂的性质未变

40. 体系与环境之间只有能量交换而没有物质交换，这种体系在热力学上称为（　　）。

A. 绝热体系　　B. 循环体系　　C. 孤立体系　　D. 封闭体系

41. 反应 $PCl_3(g) + Cl_2(g) \rightleftharpoons PCl_5(g)$，298K 时 $K^\ominus = 0.767$，此温度下平衡时，如 $p(PCl_5) = p(PCl_3)$，则 $p(Cl_2)$ 等于（　　）。

A. 130.38kPa　　　　　B. 0.767kPa

C. 7607kPa　　　　　D. 7.67×10^{-3}kPa

42. 在铜锌原电池中，将铜电极的 $c(H^+)$ 由 $1mol \cdot L^{-1}$ 增加到 $2mol \cdot L^{-1}$，则铜电极的电极电势（　　）。

A. 变大　　　B. 变小　　　C. 无变化　　　D. 无法确定

43. 元素的标准电极电势图如下：

$Cu^{2+} \xrightarrow{0.159} Cu^+ \xrightarrow{0.52} Cu$　　　　$Au^{3+} \xrightarrow{1.36} Au^+ \xrightarrow{1.83} Au$

$Fe^{3+} \xrightarrow{0.771} Fe^{2+} \xrightarrow{-0.44} Fe$　　　$MnO_4^- \xrightarrow{1.51} Mn^{2+} \xrightarrow{-1.18} Mn$

在空气存在的条件下，下列离子在水溶液中最稳定的是（　　）。

A. Cu^{2+}　　　B. Au^+　　　C. Fe^{2+}　　　D. Mn^{2+}

44. 按系统命名法，下列有机化合物命名正确的是（　　）。

A. 2-乙基丁烷　　　　　B. 2，2-二甲基丁烷

C. 3，3-二甲基丁烷　　　D. 2，3-三甲基丁烷

45. 下列物质使溴水褪色的是（　　）。

A. 乙醇　　　　　　　　　　B. 硬脂酸甘油酯
C. 溴乙烷　　　　　　　　　D. 乙烯

46. 昆虫能分泌信息素。下列是一种信息素的结构简式：
$$CH_3(CH_2)_5CH=CH(CH_2)_9CHO$$
下列说法正确的是（　　）。

A. 这种信息素不可以与溴发生加成反应

B. 它可以发生银镜反应

C. 它只能与 1mol H_2 发生加成反应

D. 它是乙烯的同系物

47. 图 3-1-47 所示刚架中，若将作用于在 B 处的水平力 P 沿其作用线移至 C 处，则 A、D 处的约束力（　　）。

A. 都不变

B. 都改变

C. 只有 A 处改变

D. 只有 D 处改变

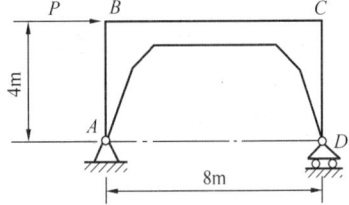

图 3-1-47

48. 图 3-1-48 所示一绞盘有三个等长为 l 的柄，三个柄均在水平面内，其间夹角都是 120°。如在水平面内，每个柄端分别作用一垂直于柄的力 F_1、F_2、F_3，且有 $F_1=F_2=F_3=F$，该力系向 O 点简化后的主矢及主矩应为（　　）。

A. $F_R=0$，$M_O=3Fl$（↻）

B. $F_R=0$，$M_O=3Fl$（↺）

C. $F_R=2F$（水平向右），$M_O=3Fl$（↻）

D. $F_R=2F$（水平向左），$M_O=3Fl$（↺）

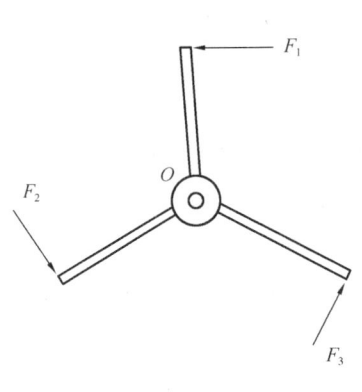

图 3-1-48

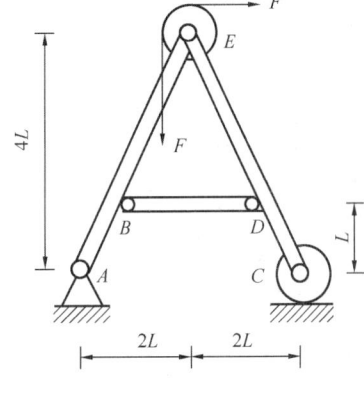

图 3-1-49

49. 图 3-1-49 所示起重机的平面构架，自重不计，且不计滑轮重量，已知：$F=100kN$，$L=70cm$，B、D、E 为铰链连接，则支座 A 的约束力为（　　）。

A. $F_{Ax}=100kN(←)$　$F_{Ay}=150kN(↓)$

B. $F_{Ax}=100kN(→)$　$F_{Ay}=50kN(↑)$

C. $F_{Ax}=100$kN(←)　　$F_{Ay}=50$kN(↓)

D. $F_{Ax}=100$kN(←)　　$F_{Ay}=100$kN(↓)

50. 平面结构如图 3-1-50 所示，自重不计。已知 $F=100$kN。判断图示 BCH 桁架结构中，内力为零的杆数是(　　)。

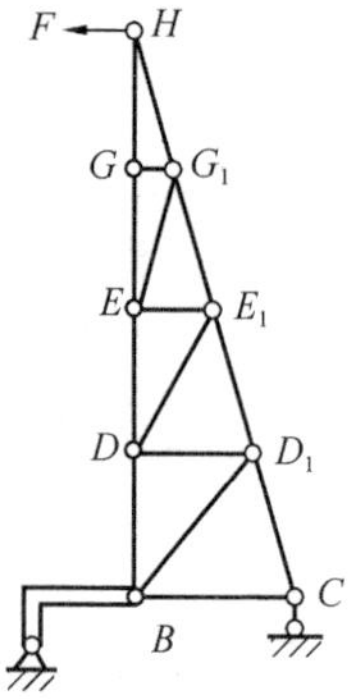

A. 3 根杆　　　　　　　　　　B. 4 根杆

C. 5 根杆　　　　　　　　　　D. 6 根杆

51. 动点以常加速度 $2m/s^2$ 作直线运动。当速度由 $5m/s$ 增加到 $8m/s$ 时，则点运动的路程为(　　)。

A. 7.5m　　　　　　　　　　B. 12m

C. 2.25m　　　　　　　　　　D. 9.75m

52. 物体作定轴转动的运动方程为 $\varphi=4t-3t^2$（φ 以 rad 计，t 以 s 计）。此物体内，转动半径 $r=0.5m$ 的一点，在 $t_0=0$ 时的速度和法向加速度的大小为(　　)。

A. $2m/s$，$8m/s^2$　　　　　　B. $3m/s$，$3m/s^2$

C. $2m/s$，$8.54m/s^2$　　　　　D. 0，$8m/s^2$

图 3-1-50

53. 一木板放在两个半径 $r=0.25m$ 的传输鼓轮上面，在图 3-1-53 所示瞬时，木板具有不变的加速度 $a=0.5m/s^2$，方向向右；同时，鼓轮边缘上的点具有一大小为 $3m/s^2$ 的全加速度，如果木板在鼓轮上无滑动，则此木板的速度为(　　)。

A. 0.86m/s

B. 3m/s

C. 0.5m/s

D. 1.67m/s

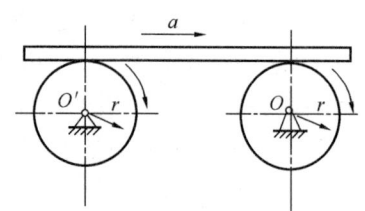

图 3-1-53

54. 重为 W 的人乘电梯铅垂上升，当电梯加速上升、匀速上升及减速上升时，人对地板的压力分别为 p_1、p_2、p_3，它们之间的关系为(　　)。

A. $p_1=p_2=p_3$　　　　　　　B. $p_1>p_2>p_3$

C. $p_1<p_2<p_3$　　　　　　　D. $p_1<p_2>p_3$

55. 均质细杆 AB 重力为 W，A 端置于光滑水平面上，B 端用绳悬挂，如图 3-1-55 所示。当绳断后杆在倒地的过程中，质心 C 的运动轨迹为(　　)。

A. 圆弧线　　　　　　　　　　B. 曲线

C. 铅垂直线　　　　　　　　　D. 抛物线

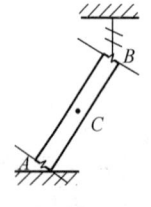

图 3-1-55

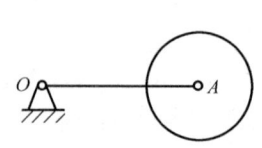

图 3-1-56

56. 杆 OA 与均质圆轮的质心用光滑铰链 A 连接，如图 3-1-56 所示，初始时它们静止于铅垂面内，现将其释放，则圆轮 A 所做的运动为（   ）。

A. 平面运动　　　　　　　　　B. 绕轴 O 的定轴转动
C. 平行移动　　　　　　　　　D. 无法判断

57. 图 3-1-57 所示质量为 m，长为 l 的均质杆 OA 绕 O 轴在铅垂平面内作定轴转动。已知某瞬时杆的角速度为 ω，角加速度为 α，则杆惯性力系合力的大小为（   ）。

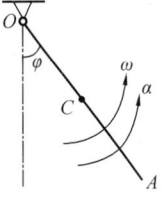

图 3-1-57

A. $\dfrac{l}{2}m\sqrt{\alpha^2+\omega^2}$ 　　　　　B. $\dfrac{l}{2}m\sqrt{\alpha^2+\omega^4}$

C. $\dfrac{l}{2}m\alpha$ 　　　　　　　　D. $\dfrac{l}{2}m\omega^2$

58. 已知单自由度系统的振动固有频率 $\omega_D=2\text{rad/s}$，若在其上分别作用幅值相同而频率为 $\omega_1=1\text{rad/s}$；$\omega_2=2\text{rad/s}$；$\omega_3=3\text{rad/s}$ 的简谐干扰力，则此系统强迫振动的振幅为（   ）。

A. $\omega_1=1\text{rad/s}$ 时振幅最大　　　　B. $\omega_2=2\text{rad/s}$ 时振幅最大
C. $\omega_3=3\text{rad/s}$ 时振幅最大　　　　D. 不能确定

59. 截面面积为 A 的等截面直杆，受轴向拉力作用。杆件的原始材料为低碳钢，若将材料改为木材，其他条件不变，下列结论中正确的是（   ）。

A. 正应力增大，轴向变形增大
B. 正应力减小，轴向变形减小
C. 正应力不变，轴向变形增大
D. 正应力减小，轴向变形不变

60. 图 3-1-60 所示等截面直杆，材料的拉压刚度为 EA，杆中距离 A 端 $1.5L$ 处横截面的轴向位移是（   ）。

A. $\dfrac{4FL}{EA}$ 　　　　　　　　B. $\dfrac{3FL}{EA}$

C. $\dfrac{2FL}{EA}$ 　　　　　　　　D. $\dfrac{FL}{EA}$

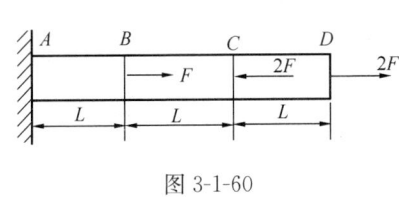

图 3-1-60

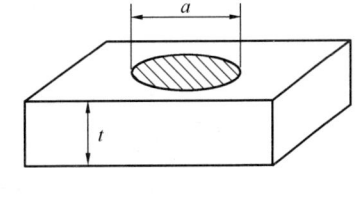

图 3-1-61

61. 如图 3-1-61，冲床的冲压力 $F=300\pi\text{kN}$，钢板的厚度 $t=10\text{mm}$，钢板的剪切强度极限 $\tau_b=300\text{MPa}$。冲床在钢板上可冲圆孔的最大直径 d 是（   ）。

A. $d=200\text{mm}$ 　　　　　　　B. $d=100\text{mm}$
C. $d=4000\text{mm}$ 　　　　　　D. $d=100\text{mm}$

62. 图 3-1-62 所示两根木杆连接结构，已知木材的许用切应力为 $[\tau]$，许用挤压应力为 $[\sigma_{bs}]$，则 a 与 h 的合理比值是（   ）。

A. $\dfrac{h}{a}=\dfrac{[\tau]}{[\sigma_{bs}]}$ B. $\dfrac{h}{a}=\dfrac{[\sigma_{bs}]}{[\tau]}$

C. $\dfrac{h}{a}=\dfrac{[\tau]}{[\sigma_{bs}]}a$ D. $\dfrac{h}{a}=\dfrac{[\sigma_{bs}]}{[\tau]}a$

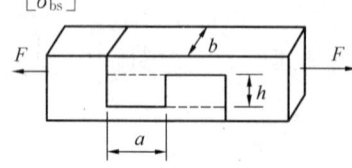
图 3-1-62

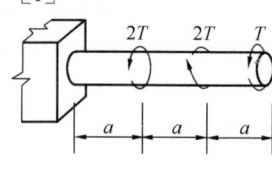
图 3-1-63

63. 圆轴受力如图 3-1-63 所示，下面 4 个扭矩图中正确的是（　　）。

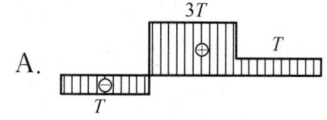 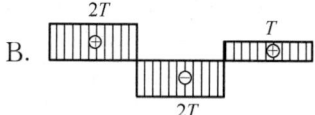

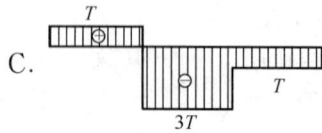 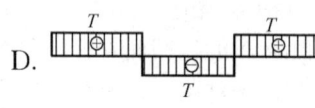

64. 直径为 d 的实心圆轴受扭，若使扭转角减小一半，圆轴的直径需变为（　　）。

A. $\sqrt[4]{2}d$ B. $\sqrt[3]{2}d$

C. $0.5d$ D. d

65. 梁 ABC 的弯矩如图 3-1-65 所示，根据梁的弯矩图，可以断定该梁 B 点处（　　）。

A. 无外载荷   B. 只有集中力偶

C. 只有集中力   D. 有集中力和集中力偶

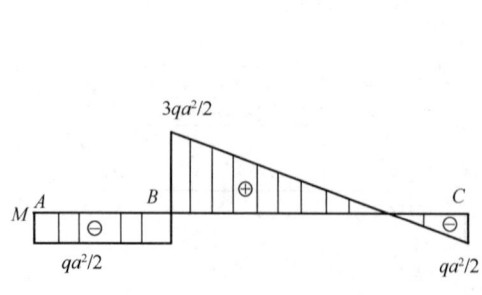

图 3-1-65

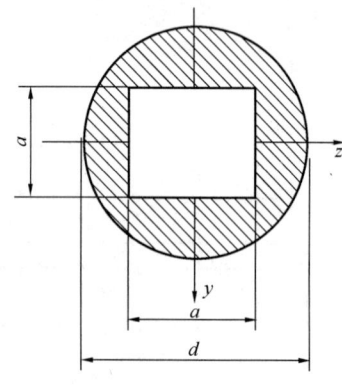

图 3-1-66

66. 图 3-1-66 所示空心截面对 z 轴的惯性矩 I_z 为（　　）。

A. $I_z=\dfrac{\pi d^4}{32}-\dfrac{a^4}{12}$ B. $I_z=\dfrac{\pi d^4}{64}-\dfrac{a^4}{12}$

C. $I_z=\dfrac{\pi d^4}{32}+\dfrac{a^4}{12}$ D. $I_z=\dfrac{\pi d^4}{64}+\dfrac{a^4}{12}$

67. 两根矩形截面悬臂梁，弹性模量均为 E，横截面尺寸如图 3-1-67 所示，两梁的载荷均为作用在自由端的梁中力偶。已知两梁的最大挠度相同，则集中力偶 M_{e2} 是 M_{e1} 的（   ）。（悬臂梁受自由端集中力偶 M 作用，自由端挠度为 $\dfrac{ML^2}{2EI}$）。

A. 8 倍   B. 4 倍   C. 2 倍   D. 1 倍

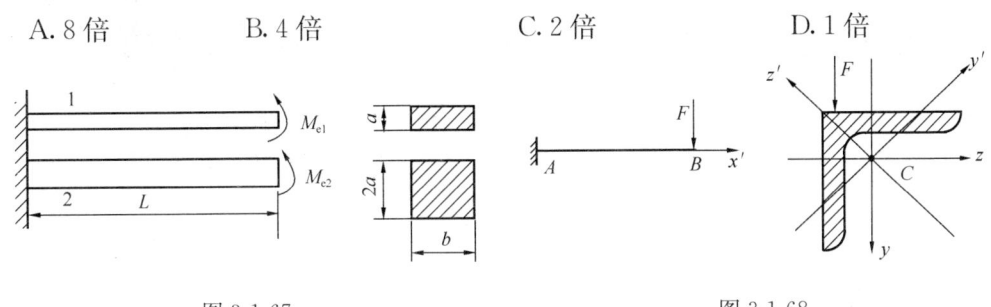

图 3-1-67　　　　　　　　　　图 3-1-68

68. 图 3-1-68 所示等边角钢制成的悬臂梁 AB，C 点为截面形心，x' 为该梁轴线，y'、z' 为形心主轴，集中力 F 竖直向下，作用线过角钢两个狭长矩形边中线的交点，梁将发生以下变形（   ）。

A. $x'z'$ 平面内的平面弯曲
B. 扭转和 $x'z'$ 平面内的平面弯曲
C. $x'y'$ 平面和 $x'z'$ 平面内的双向弯曲
D. 扭转和 $x'y'$ 平面、$x'z'$ 平面内的双向弯曲

69. 图 3-1-69 所示单元体，法线与 x 轴夹角 $\alpha=45°$ 的斜截面上切应力 τ_α 是（   ）。

A. $\tau_\alpha=10\sqrt{2}$ MPa   B. $\tau_\alpha=50$ MPa
C. $\tau_\alpha=60$ MPa   D. $\tau_\alpha=0$

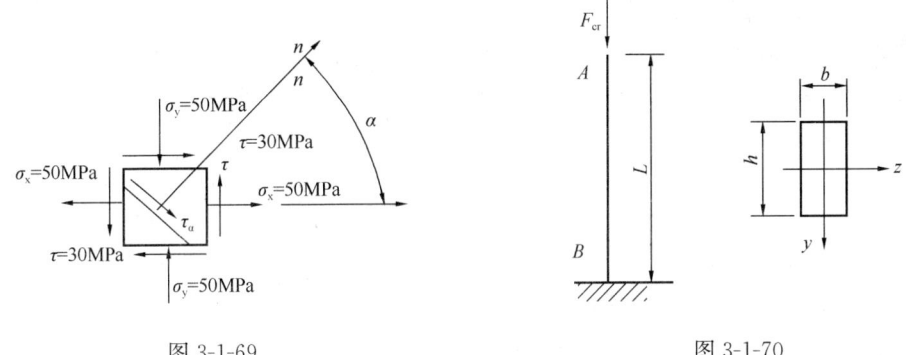

图 3-1-69　　　　　　　　　　图 3-1-70

70. 图 3-1-70 所示矩形截面细长（大柔度）压杆，弹性模量为 E。该压杆的临界载荷 F_{cr} 为（   ）。

A. $F_{cr}=\dfrac{\pi^2 E}{L^2}\left(\dfrac{bh^3}{12}\right)$ B. $F_{cr}=\dfrac{\pi^2 E}{L^2}\left(\dfrac{hb^3}{12}\right)$
C. $F_{cr}=\dfrac{\pi^2 E}{(2L)^2}\left(\dfrac{bh^3}{12}\right)$ D. $F_{cr}=\dfrac{\pi^2 E}{(2L)^2}\left(\dfrac{hb^3}{12}\right)$

71. 按连续介质概念，流体质点是（   ）。

A. 几何的点

B. 流体的分子

C. 流体内的固体颗粒

D. 几何尺寸在宏观上同流动特征尺度相比是微小量，又含有大量分子的微元体

72. 设 A、B 两处液体的密度分别为 ρ_A 与 ρ_B，由 U 形管连接，如图 3-1-72 所示，已知水银密度为 ρ_m，1、2 面的高度差为 Δh，它们与 A、B 中心点的高度差分别是 h_1 与 h_2，则 AB 两中心点的压强差 $p_A - p_B$ 为（　　）。

A. $(-h_1\rho_A + h_2\rho_B + \Delta h\rho_m)g$ B. $(h_1\rho_A - h_2\rho_B - \Delta h\rho_m)g$

C. $[-h_1\rho_A + h_2\rho_B + \Delta h(\rho_m - \rho_A)]g$ D. $[h_1\rho_A - h_2\rho_B - \Delta h(\rho_m - \rho_A)]g$

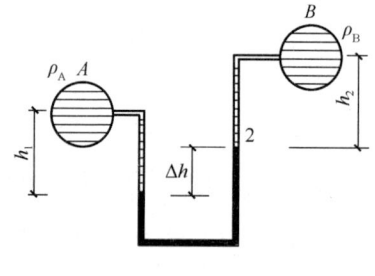
图 3-1-72

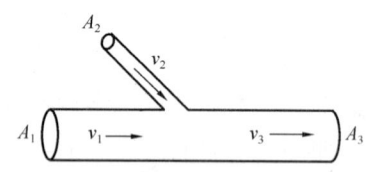
图 3-1-73

73. 汇流水管如图 3-1-73 所示，已知三部分水管的横截面积分别为 $A_1 = 0.01 m^2$，$A_2 = 0.005 m^2$，$A_3 = 0.01 m^2$，入流速度 $v_1 = 4 m/s$，$v_2 = 6 m/s$，求出流的流速 v_3 为（　　）。

A. 8m/s   B. 6m/s   C. 7m/s   D. 5m/s

74. 尼古拉斯实验的曲线图中，在（　　）区域里，不同相对粗糙度的试验点，分别落在一些与横轴平行的直线上，阻力系数 λ 与雷诺数无关。

A. 层流区   B. 临界过渡区

C. 紊流光滑区   D. 紊流粗糙区

75. 正常工作条件下，若薄壁小孔口直径为 d_1，圆柱形管嘴的直径为 d_2，作用水头 H 相等，要使得孔口与管嘴的流量相等，则直径 d_1 与 d_2 的关系是（　　）。

A. $d_1 > d_2$ B. $d_1 < d_2$

C. $d_1 = d_2$ D. 条件不足无法确定

76. 下面对明渠均匀流的描述中，正确的是（　　）。

A. 明渠均匀流必须是非恒定流

B. 明渠均匀流的粗糙系数可以沿程变化

C. 明渠均匀流可以有支流汇入或流出

D. 明渠均匀流必须是顺坡

77. 有一完全井，半径 $r_0 = 0.3 m$，含水层厚度 $H = 15 m$，土壤渗流系数 $k = 0.0005 m/s$，抽水稳定后，井水深 $h = 10 m$，影响半径 $R = 375 m$，则由达西定律得出的井的抽水量 Q 为（　　）。

A. $0.0276 m^3/s$ B. $0.0138 m^3/s$

C. $0.0414 m^3/s$ D. $0.0207 m^3/s$

78. 量纲和谐原理是指（　　）。

A. 量纲相同的量才可以乘除

B. 基本量纲不能与导出量纲相运算
C. 物理方程式中各项的量纲必须相同
D. 量纲不同的量才可以加减

79. 关于电场和磁场，下述说法中正确的是（　　）。
A. 静止的电荷周围有电场；运动的电荷周围有磁场
B. 静止的电荷周围有磁场；运动的电荷周围有电场
C. 静止的电荷和运动的电荷周围都只有电场
D. 静止的电荷和运动的电荷周围都只有磁场

80. 如图 3-1-80 所示，两长直导线的电流 $I_1=I_2$，L 是包围 I_1、I_2 的闭合曲线，以下说法中正确的是（　　）。
A. L 上各点的磁场强度 H 的量值相等，不等于 0
B. L 上各点的 H 等于 0
C. L 上任一点的 H 等于 I_1、I_2 在该点的磁场强度的叠加
D. L 上各点的 H 无法确定

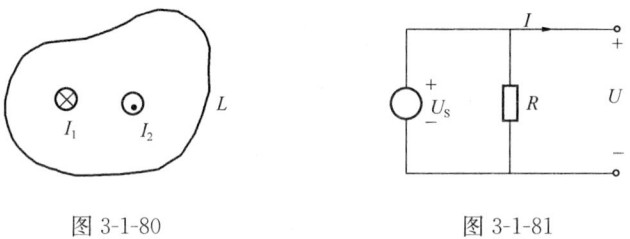

图 3-1-80　　　　　　　图 3-1-81

81. 电路如图 3-1-81 所示，U_S 为独立电压源，若外电路不变，仅电阻 R 变化时，将会引起的变化是（　　）。
A. 端电压 U 的变化　　　　B. 输出电流 I 的变化
C. 电阻 R 支路电流的变化　　D. 上述三者同时变化

82. 在图 3-1-82（a）电路中有电流 I 时，可将图（a）等效为图（b），其中等效电压源电动势 E_S 和等效电源内阻 R_0 分别为（　　）。
A. $-1V$，5.143Ω　　　　B. $1V$，5Ω
C. $-1V$，5Ω　　　　　　D. $1V$，5.143Ω

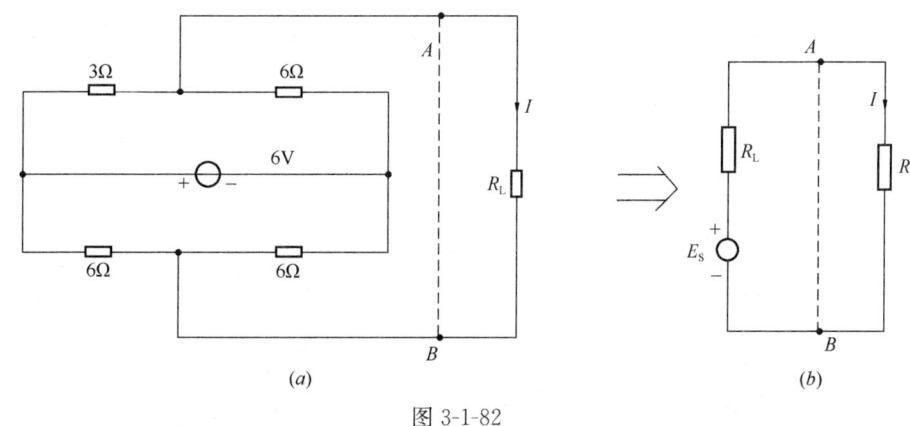

图 3-1-82

83. 某三相电路中，三个线电流分别为 $i_A=18\sin(314t+23°)$ (A)、$i_B=18\sin(314t-97°)$ (A)、$i_C=18\sin(314t+143°)$ (A)。当 $t=10s$ 时，三个电流之和为（　　）。

A. 18A　　　　B. 0A　　　　C. $18\sqrt{2}$A　　　　D. $18\sqrt{3}$A

84. 电路如图 3-1-84 所示，电容初始电压为零，开关在 $t=0$ 时闭合，则 $t\geq 0$ 时 $u(t)$ 为（　　）。

A. $(1-e^{-0.5t})$ V

B. $(1+e^{-0.5t})$ V

C. $(1-e^{-2t})$ V

D. $(1+e^{-2t})$ V

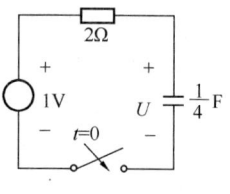

图 3-1-84

85. 有一容量为 10kV·A 的单相变压器，电压为 3300/220V，变压器在额定状态下运行，在理想的情况下副边可接 40W、220V、功率因素 $\cos\varphi=0.44$ 的日光灯（　　）盏。

A. 110　　　　B. 200　　　　C. 250　　　　D. 125

86. 整流滤波电路如图 3-1-86 所示，已知 $U_1=30V$，$U_0=12V$，$R=2k\Omega$，$R_L=4k\Omega$，稳压管的稳定电流 $I_{Zmin}=5mA$ 与 $I_{Zmax}=18mA$。通过稳压管的电流和通过二极管的平均电流分别是（　　）。

A. 5mA，2.5mA　　　　B. 8mA，8mA

C. 6mA，2.5mA　　　　D. 6mA，4.5mA

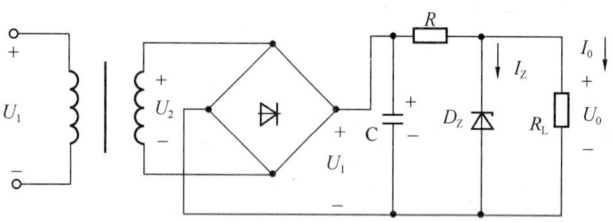

图 3-1-86

87. 晶体管非门电路如图 3-1-87 所示，已知 $U_{CC}=15V$，$U_B=-9V$，$R_C=3k\Omega$，$R_B=20k\Omega$，$\beta=40$，当输入电压 $U_1=5V$ 时，要使晶体管饱和导通，R_X 的值不得大于（　　）。（设 $U_{BE}=0.7V$，集电极和发射极之间的饱和电压 $U_{CES}=0.3V$）

A. 7.1kΩ　　　　B. 35kΩ　　　　C. 3.55kΩ　　　　D. 17.5kΩ

88. 图 3-1-88 所示为共发射极单管电压放大电路，估算静态点 I_B、I_C、V_{CE} 分别为（　　）。

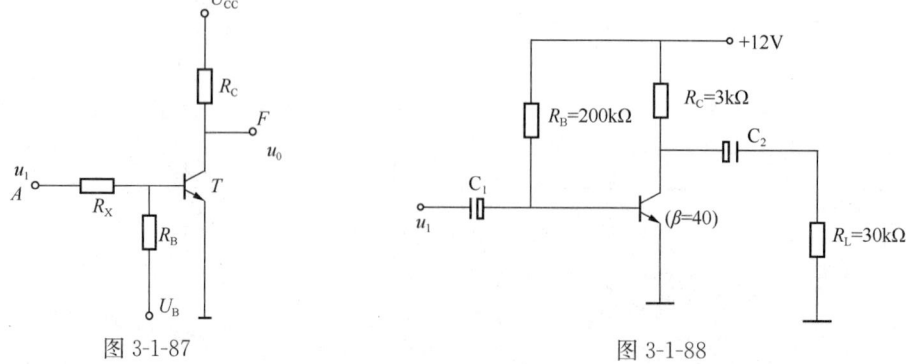

图 3-1-87　　　　　　图 3-1-88

A. $57\mu A$,2.8mA,3.5V   B. $57\mu A$,2.8mA,8V
C. $57\mu A$,4mA,0V   D. $30\mu A$,2.8mA,3.5V

89. 图 3-1-89 所示为三个二极管和电阻 R 组成的一个基本逻辑门电路,输入二极管的高电平和低电平分别是 3V 和 0V,电路的逻辑关系式是(   )。

A. Y=ABC
B. Y=A+B+C
C. Y=AB+C
D. Y=(A+B)C

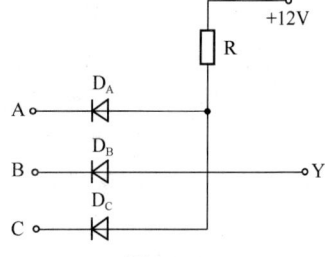

图 3-1-89

90. 由两个主从型 JK 触发器组成的逻辑电路如图 3-1-90(a) 所示,设 Q_1、Q_2 的初始态是 0、0,已知输入信号 A 和脉冲信号 cp 的波形,如图 3-1-90(b) 所示,当第二个 cp 脉冲作用后,Q_1、Q_2 将变为(   )。

A. 1、1   B. 1、0   C. 0、1   D. 保持 0、0 不变

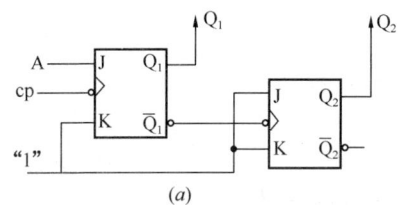   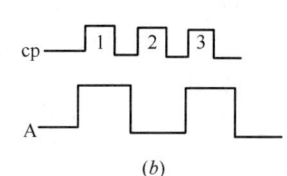

(a)   (b)

图 3-1-90

91. 图 3-1-91 所示为电报信号、温度信号、触发脉冲信号和高频脉冲信号的波形,其中是连续信号的是(   )。

A. (a)、(c)、(d)   B. (b)、(c)、(d)
C. (a)、(b)、(c)   D. (a)、(b)、(d)

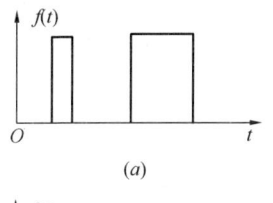   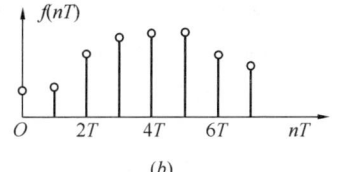

(a)   (b)

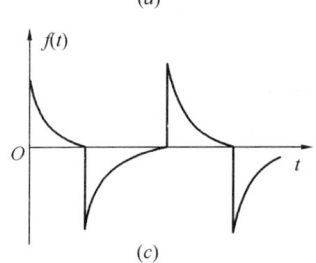   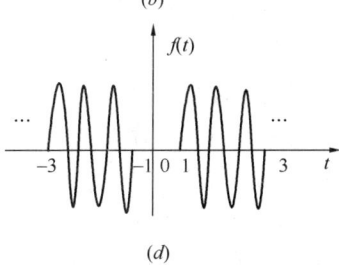

(c)   (d)

图 3-1-91

(a) 电报信号;(b) 温度信号;(c) 触发脉冲;(d) 高频脉冲

92. 连续时间信号与通常所说的模拟信号的关系是(   )。

A. 完全不同   B. 是同一个概念   C. 不完全相同   D. 无法回答

93. 单位冲激信号 $\delta(t)$ 是(   )。

A. 奇函数 B. 偶函数
C. 非奇非偶函数 D. 奇异函数，无奇偶性

94. 单位阶跃信号 $\varepsilon(t)$ 是物理量单位跃变现象，而单位冲激信号 $\delta(t)$ 是物理量产生单位跃变（　　）的现象。

　　A. 速度　　　B. 幅度　　　C. 加速度　　　D. 高度

95. 如图 3-1-95 所示的周期为 T 的三角波信号，在用傅氏级数分析周期信号时，系数 a_0、a_n 和 b_n 判断正确的是（　　）。

A. 该信号是奇函数且在一个周期的平均值为零，所以傅里叶系数 a_0 和 b_n 是零

B. 该信号是偶函数且在一个周期的平均值不为零，所以傅里叶系数 a_0 和 a_n 不是零

C. 该信号是奇函数且在一个周期的平均值不为零，所以傅里叶系数 a_0 和 b_n 不是零

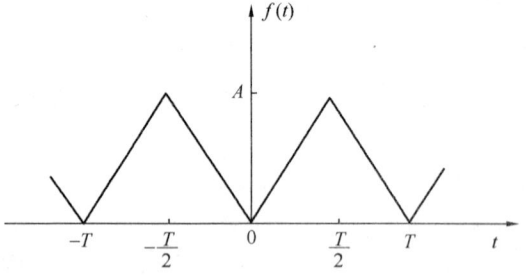

图 3-1-95

D. 该信号是偶函数且在一个周期的平均值为零，所以傅里叶系数 a_0 和 b_n 是零

96. 将 $(11010010.01010100)_2$ 表示成十六进制数是（　　）。

　　A. $(D2.54)_H$　　B. D2.54　　C. $(D2.A8)_H$　　D. $(D2.54)_B$

97. 计算机系统内的系统总线是（　　）。

　　A. 计算机硬件系统的一个组成部分　　B. 计算机软件系统的一个组成部分
　　C. 计算机应用软件系统的一个组成部分　D. 计算机系统软件的一个组成部分

98. 目前，人们常用的文字处理软件有（　　）。

　　A. Microsoft Word 和国产字处理软件 WPS
　　B. Microsoft Excel 和 AutoCAD
　　C. Microsoft Access 和 Visual Foxpro
　　D. Visual BASIC 和 Visual C++

99. 下面所列各种软件中，最靠近硬件一层的是（　　）。

　　A. 高级语言程序　　　　　B. 操作系统
　　C. 用户低级语言程序　　　D. 服务性程序

100. 操作系统中采用虚拟存储技术，实际上是为实现（　　）。

　　A. 在一个较小内存储空间上，运行一个较小的程序
　　B. 在一个较小内存储空间上，运行一个较大的程序
　　C. 在一个较大内存储空间上，运行一个较小的程序
　　D. 在一个较大内存储空间上，运行一个最大的程序

101. 用二进制数表示的计算机语言称为（　　）。

　　A. 高级语言　　B. 汇编语言　　C. 机器语言　　D. 程序语言

102. 下面四个二进制数中，与十六进制数 AE 等值的一个是（　　）。

　　A. 10100111　　B. 10101110　　C. 10010111　　D. 11101010

103. 常用的信息加密技术有多种，下面所述四条不正确的一条是（　　）。
   A. 传统加密技术，数字签名技术　　B. 对称加密技术
   C. 密钥加密技术　　　　　　　　　D. 专用ASCⅡ码加密技术

104. 广域网，又称为远程网，它所覆盖的地理范围一般（　　）。
   A. 从几十米到几百米　　　　　　　B. 从几百米到几公里
   C. 从几公里到几百公里　　　　　　D. 从几十公里到几千公里

105. 我国专家把计算机网络定义为（　　）。
   A. 通过计算机将一个用户的信息传递给另一个用户的系统
   B. 由多台计算机，数据传输设备以及若干终端连接起来的多计算机系统
   C. 将经过计算机储存、再生，加工处理的信息传输和发送的系统
   D. 利用各种通信手段，把地理上分散的计算机连在一起，达到相互通信，共享软/硬件和数据等资源的系统

106. 在计算机网络中，常将实现通信功能的设备和软件称为（　　）。
   A. 资源子网　　B. 通信子网　　C. 广域网　　D. 局域网

107. 某项目拟发行1年期债券。在年名义利率相同的情况下，使年实际利率较高的复利计息期是（　　）。
   A. 1年　　　　B. 半年　　　　C. 1季度　　　D. 1个月

108. 某建设工程建设期为2年，其中第一年向银行贷款总额为1000万元，第二年无贷款，贷款年利率为6%，则该项目建设期利息为（　　）。
   A. 30万元　　B. 60万元　　　C. 61.8万元　　D. 91.8万元

109. 某公司向银行借款5000万元，期限为5年，年利率为10%，每年年末付息一年，到期一次还本，企业所得税率为25%。若不考虑筹资费用，该项借款的资金成本率是（　　）。
   A. 7.5%　　　B. 10%　　　　C. 12.5%　　　D. 37.5%

110. 对于某常规项目（IRR唯一），当设定折现率为12%时，求得的净现值为130万元；当设定折现率为14%时，求得的净现值为-50万元，则该项目的内部收益率应是（　　）。
   A. 11.56%　　B. 12.77%　　　C. 13%　　　　D. 13.44%

111. 下列财务评价指标中，反映项目偿债能力的指标是（　　）。
   A. 投资回收期　　　　　　　　　　B. 利息备付率
   C. 财务净现值　　　　　　　　　　D. 总投资收益率

112. 某企业生产一种产品，年固定成本为1000万元，单位产品的可变成本为300元，售价为500元，则其盈亏平衡点的销售收入为（　　）。
   A. 5万元　　　B. 600万元　　 C. 1500万元　　D. 2500万元

113. 下列项目方案类型中，适于采用净现值法直接进行方案选优的是（　　）。
   A. 寿命期相同的独立方案　　　　　B. 寿命期不同的独立方案
   C. 寿命期相同的互斥方案　　　　　D. 寿命期不同的互斥方案

114. 某项目由A、B、C、D四个部分组成，当采用强制确定法进行价值工程对象选择时，它们的价值指数分别如下所示。其中不应作为价值工程分析对象的是（　　）。

A. 0.7559　　　B. 1.0000　　　C. 1.2245　　　D. 1.5071

115. 建筑工程开工前，建设单位应当按照国家有关规定申请领取施工许可证，颁发施工许可证的单位应该是（　　）。

A. 县级以上人民政府建设行政主管部门

B. 工程所在地县级以上人民政府建设工程监督部门

C. 工程所在地省级以上人民政府建设行政主管部门

D. 工程所在地县级以上人民政府建设行政主管部门

116. 根据《中华人民共和国安全生产法》的规定，生产经营单位主要负责人对本单位的安全生产负总责，某生产经营单位的主要负责人对本单位安全生产工作的职责是（　　）。

A. 建立、健全本单位安全生产责任制

B. 保证本单位安全生产投入的有效使用

C. 及时报告生产安全事故

D. 组织落实本单位安全生产规章制度和操作规程

117. 根据《中华人民共和国招标投标法》的规定，某建设工程依法必须进行招标，招标人委托了招标代理机构办理招标事宜，招标代理机构的行为合法的是（　　）。

A. 编制投标文件和组织评标

B. 在招标人委托的范围内办理招标事宜

C. 遵守《中华人民共和国招标投标法》关于投标人的规定

D. 可以作为评标委员会成员参与评标

118. 《中华人民共和国民法典》规定的合同形式中不包括（　　）。

A. 书面形式　　　B. 口头形式　　　C. 特定形式　　　D. 其他形式

119. 根据《中华人民共和国行政许可法》规定，下列可以设定行政许可的事项是（　　）。

A. 企业或者其他组织的设立等需要确定主体资格的事项

B. 市场竞争机制能够有效调节的事项

C. 行业组织或者中介机构能够自律管理的事项

D. 公民、法人或者其他组织能够自主决定的事项

120. 根据《建设工程质量管理条例》的规定，施工图必须经过审查批准，否则不得使用，某建设单位投资的大型工程项目施工图设计已经完成，该施工图应该批审的管理部门是（　　）。

A. 县级以上人民政府建设行政主管部门

B. 县级以上人民政府工程设计主管部门

C. 市级以上人民政府建设行政主管部门

D. 市级以上人民政府工程设计主管部门

2013年真题（上午卷）

（上午卷）

单项选择题（共120题，每题1分。每题的备选项中只有一个最符合题意）。

1. 已知向量 $\boldsymbol{\alpha}=(-3, -2, 1)$，$\boldsymbol{\beta}=(1, -4, -5)$，则 $|\boldsymbol{\alpha}\times\boldsymbol{\beta}|$ 等于（　　）。

   A. 0　　　　B. 6　　　　C. $14\sqrt{3}$　　　　D. $14i+16j-10k$

2. 若 $\lim\limits_{x\to 1}\dfrac{2x^2+ax+b}{x^2+x-2}=1$，则必有（　　）。

   A. $a=-1$，$b=2$　　　　　　　　B. $a=-1$，$b=-2$
   C. $a=-1$，$b=-1$　　　　　　　D. $a=1$，$b=1$

3. 若 $\begin{cases}x=\sin t\\y=\cos t\end{cases}$，则 $\dfrac{dy}{dx}$ 等于（　　）。

   A. $-\tan t$　　　　B. $\tan t$　　　　C. $-\sin t$　　　　D. $\cot t$

4. 设 $f(x)$ 有连续导数，则下列关系式中正确的是（　　）。

   A. $\int f(x)dx=f(x)$　　　　　　　B. $\left[\int f(x)dx\right]'=f(x)$
   C. $\int f'(x)dx=f(x)dx$　　　　　D. $\left[\int f(x)dx\right]'=f(x)+c$

5. 已知 $f(x)$ 为连续的偶函数，则 $f(x)$ 的原函数中（　　）。

   A. 有奇函数　　　　　　　　B. 都有奇函数
   C. 都是偶函数　　　　　　　D. 没有奇函数也没有偶函数

6. 设 $f(x)=\begin{cases}3x^2, & x\leqslant 1\\4x-1, & x>1\end{cases}$，则 $f(x)$ 在点 $x=1$ 处（　　）。

   A. 不连续　　　　　　　　　B. 连续但左、右导数不存在
   C. 连续但不可导　　　　　　D. 可导

7. 函数 $y=(5-x)x^{\frac{2}{3}}$ 的极值可疑点的个数是（　　）。

   A. 0　　　　B. 1　　　　C. 2　　　　D. 3

8. 下列广义积分中发散的是（　　）。

   A. $\int_0^{+\infty}e^{-x}dx$　　B. $\int_0^{+\infty}\dfrac{1}{1+x^2}dx$　　C. $\int_0^{+\infty}\dfrac{\ln x}{x}dx$　　D. $\int_0^1\dfrac{1}{\sqrt{1-x^2}}dx$

9. 二次积分 $\int_0^1 dx\int_{x^2}^x f(x,y)dy$ 交换积分次序后的二次积分是（　　）。

   A. $\int_{x^2}^x dy\int_0^1 f(x,y)dx$　　　　　　B. $\int_0^1 dy\int_{y^2}^y f(x,y)dx$
   C. $\int_y^{\sqrt{y}} dy\int_0^1 f(x,y)dx$　　　　　D. $\int_0^1 dy\int_y^{\sqrt{y}} f(x,y)dx$

10. 微分方程 $xy'-y\ln y=0$ 满足 $y(1)=e$ 的特解是（　　）。

    A. $y=ex$　　　　B. $y=e^x$　　　　C. $y=e^{2x}$　　　　D. $y=\ln x$

11. 设 $z=z(x,y)$ 是由方程 $xz-xy+\ln(xyz)=0$ 所确定的可微函数，则 $\dfrac{\partial x}{\partial y}=$（　　）。

A. $\dfrac{-xz}{xz+1}$ B. $-x+\dfrac{1}{2}$ C. $\dfrac{z(-xz+y)}{x(xz+1)}$ D. $\dfrac{z(xy-1)}{y(xz+1)}$

12. 正项级数 $\sum\limits_{n=1}^{\infty}a_n$ 的部分和数列 $\{S_n\}$ ($S_n=\sum\limits_{i=1}^{n}a_i$) 有上界是该级数收敛的（　　）。

　　A. 充分必要条件　　　　　　　　B. 充分条件而非必要条件
　　C. 必要条件而非充分条件　　　　D. 既非充分又非必要条件

13. 若 $f(-x)=-f(x)(-\infty<x<+\infty)$，且在 $(-\infty,0)$ 内 $f'(x)>0$，$f''(x)<0$，则 $f(x)$ 在 $(0,+\infty)$ 内是（　　）。

　　A. $f'(x)>0$，$f''(x)<0$　　　　B. $f'(x)<0$，$f''(x)>0$
　　C. $f'(x)>0$，$f''(x)>0$　　　　D. $f'(x)<0$，$f''(x)<0$

14. 微分方程 $y''-3y'+2y=xe^x$ 的待定特解的形式是（　　）。

　　A. $y=(Ax^2+Bx)e^x$　　　　　　B. $y=(Ax+B)e^x$
　　C. $y=Ax^2e^x$　　　　　　　　　D. $y=Axe^x$

15. 已知直线 L：$\dfrac{x}{3}=\dfrac{y+1}{-1}=\dfrac{z-3}{2}$，平面 π：$-2x+2y+z-1=0$，则（　　）。

　　A. L 与 π 垂直相关　　　　　B. L 平行于 π，但 L 不在 π 上
　　C. L 与 π 非垂直相关　　　　D. L 在 π 上

16. 设 L 是连接点 $A(1,0)$ 及点 $B(0,-1)$ 的直线段，则对弧长的曲线积分 $\int_L(y-x)ds=$（　　）。

　　A. -1　　　　B. 1　　　　C. $\sqrt{2}$　　　　D. $-\sqrt{2}$

17. 下列幂级数中，收敛半径 $R=3$ 的幂级数是（　　）。

　　A. $\sum\limits_{n=0}^{\infty}3x^n$　　B. $\sum\limits_{n=0}^{\infty}3^nx^n$　　C. $\sum\limits_{n=0}^{\infty}\dfrac{1}{3^{\frac{n}{2}}}x^n$　　D. $\sum\limits_{n=0}^{\infty}\dfrac{1}{3^{n+1}}x^n$

18. 若 $z=f(x,y)$ 和 $y=\varphi(x)$ 均可微，则 $\dfrac{dz}{dx}=$（　　）。

　　A. $\dfrac{\partial f}{\partial x}+\dfrac{\partial f}{\partial y}$　　B. $\dfrac{\partial f}{\partial x}+\dfrac{\partial f}{\partial y}\dfrac{d\varphi}{dx}$　　C. $\dfrac{\partial f}{\partial y}\dfrac{d\varphi}{dx}$　　D. $\dfrac{\partial f}{\partial x}-\dfrac{\partial f}{\partial y}\dfrac{d\varphi}{dx}$

19. 已知向量组 $\boldsymbol{\alpha}_1=(3,2,-5)^T$，$\boldsymbol{\alpha}_2=(3,-1,3)^T$，$\boldsymbol{\alpha}_3=\left(1,-\dfrac{1}{3},1\right)^T$，$\boldsymbol{\alpha}_4=(6,-2,6)^T$，则该向量组的一个极大线性无关组是（　　）。

　　A. $\boldsymbol{\alpha}_2$，$\boldsymbol{\alpha}_4$　　B. $\boldsymbol{\alpha}_3$，$\boldsymbol{\alpha}_4$　　C. $\boldsymbol{\alpha}_1$，$\boldsymbol{\alpha}_2$　　D. $\boldsymbol{\alpha}_2$，$\boldsymbol{\alpha}_3$

20. 若非齐次线性方程组 $\boldsymbol{AX}=\boldsymbol{b}$ 中，方程的个数少于未知量的个数，则下列结论中正确的是（　　）。

　　A. $\boldsymbol{AX}=\boldsymbol{0}$ 仅有零解　　　　　B. $\boldsymbol{AX}=\boldsymbol{0}$ 必有非零解
　　C. $\boldsymbol{AX}=\boldsymbol{0}$ 一定无解　　　　　D. $\boldsymbol{AX}=\boldsymbol{b}$ 必有无穷多解

21. 已知矩阵 $\boldsymbol{A}=\begin{bmatrix}1&-1&1\\2&4&-2\\-3&-3&5\end{bmatrix}$ 与 $\boldsymbol{B}=\begin{bmatrix}\lambda&0&0\\0&2&0\\0&0&2\end{bmatrix}$ 相似，则 $\lambda=$（　　）。

A. 6   B. 5   C. 4   D. 14

22. 设 A 和 B 为两个相互独立的事件，且 $P(A)=0.4, P(B)=0.5$，则 $P(A \cup B)$ 等于( )。

A. 0.9   B. 0.8   C. 0.7   D. 0.6

23. 下列函数中，可以作为连续型随机变量的分布函数的是( )。

A. $\Phi(x)=\begin{cases}0, x<0 \\ 1-e^x, x\geqslant 0\end{cases}$ B. $F(x)=\begin{cases}e^x, x<0 \\ 1, x\geqslant 0\end{cases}$

C. $G(x)=\begin{cases}e^{-x}, x<0 \\ 1, x\geqslant 0\end{cases}$ D. $H(x)=\begin{cases}0, x<0 \\ 1+e^{-x}, x\geqslant 0\end{cases}$

24. 设总体 $X \sim N(0, \sigma^2)$，$X_1, X_2, \cdots, X_n$ 是来自总体的样本，则 σ^2 的矩估计是( )。

A. $\frac{1}{n}\sum_{i=1}^{n}X_i$ B. $n\sum_{i=1}^{n}X_i$ C. $\frac{1}{n^2}\sum_{i=1}^{n}X_i^2$ D. $\frac{1}{n}\sum_{i=1}^{n}X_i^2$

25. 一瓶氦气和一瓶氮气，它们每个分子的平均平动动能相同，而且都处于平衡态，则它们( )。

A. 温度相同，氦分子和氮分子的平均动能相同
B. 温度相同，氦分子和氮分子的平均动能不同
C. 温度不同，氦分子和氮分子的平均动能相同
D. 温度不同，氦分子和氮分子的平均动能不同

26. 最概然速度 v_P 的物理意义是( )。

A. v_P 是速率分布中的最大速率
B. v_P 是大多数分子的速率
C. 在一定的温度下，速率与 v_P 相近的气体分子所占的百分率最大
D. v_P 是所有分子速率的平均值

27. 气体做等压膨胀，则( )。

A. 温度升高，气体对外做正功   B. 温度升高，气体对外做负功
C. 温度降低，气体对外做正功   D. 温度降低，气体对外做负功

28. 一定量理想气体由初态 (p_1, V_1, T_1) 经等温膨胀到达终态 (p_2, V_2, T_1)，则气体吸收的热量 Q 为( )。

A. $Q=p_1V_1\ln\frac{V_2}{V_1}$ B. $Q=p_1V_2\ln\frac{V_2}{V_1}$

C. $Q=p_1V_1\ln\frac{V_1}{V_2}$ D. $Q=p_2V_1\ln\frac{p_2}{p_1}$

29. 一横波沿一根弦线传播，其方程为 $y=-0.02\cos\pi(4x-50t)$(SI)，该波的振幅与波长分别为( )。

A. 0.02cm，0.5cm   B. -0.02m，-0.5m
C. -0.02m，0.5m   D. 0.02m，0.5m

30. 一列机械横波在 t 时刻的波形曲线如图 4-1-30 所示，则该时刻能量处于最大值的媒质质元的位置是( )。

A. a B. b
C. c D. d

31. 在波长为 λ 的驻波中,两个相邻波腹之间的距离为(   )。

A. $\lambda/2$ B. $\lambda/4$
C. $3\lambda/4$ D. λ

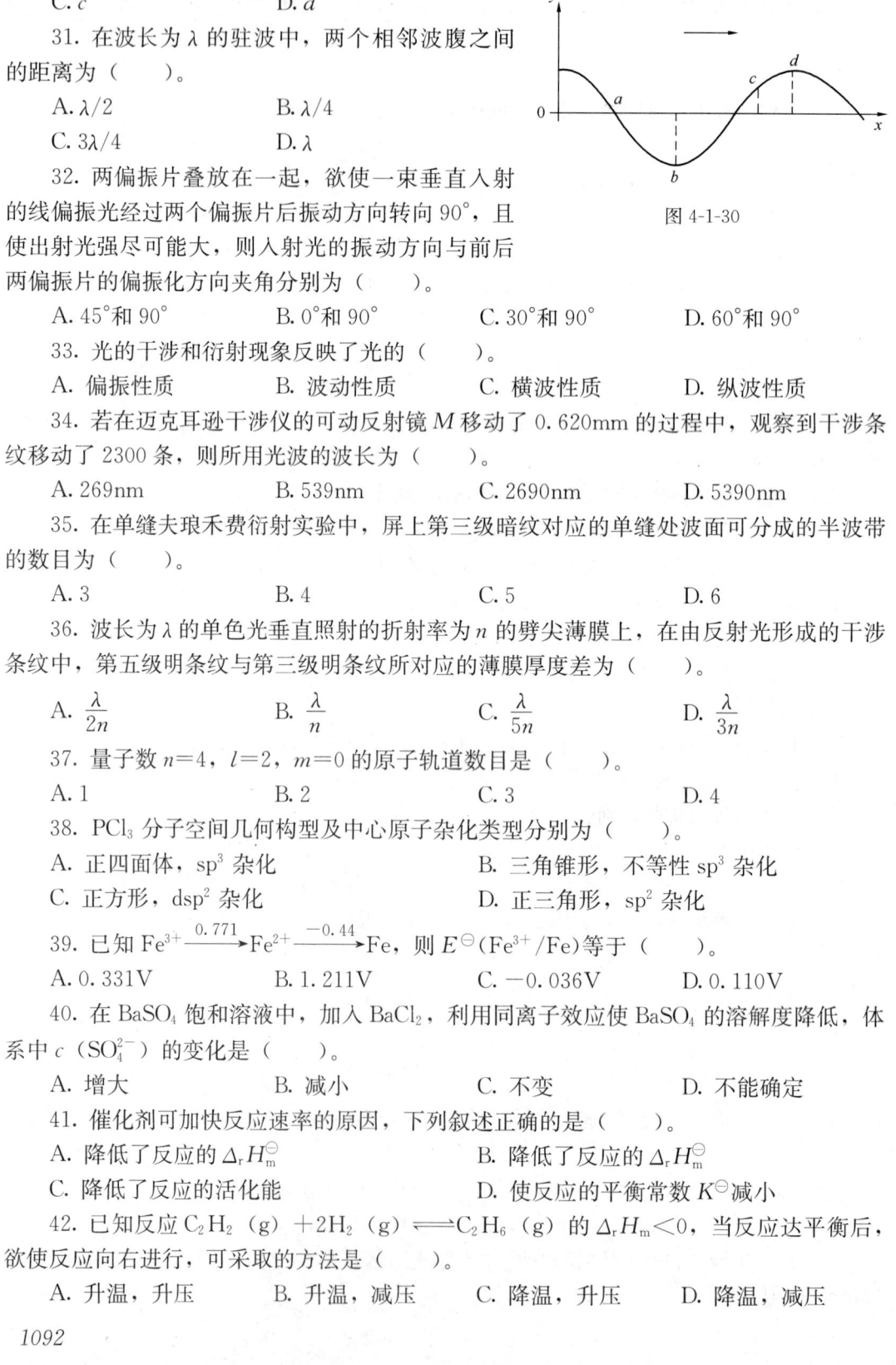

图 4-1-30

32. 两偏振片叠放在一起,欲使一束垂直入射的线偏振光经过两个偏振片后振动方向转向 $90°$,且使出射光强尽可能大,则入射光的振动方向与前后两偏振片的偏振化方向夹角分别为(   )。

A. $45°$ 和 $90°$ B. $0°$ 和 $90°$ C. $30°$ 和 $90°$ D. $60°$ 和 $90°$

33. 光的干涉和衍射现象反映了光的(   )。

A. 偏振性质 B. 波动性质 C. 横波性质 D. 纵波性质

34. 若在迈克耳逊干涉仪的可动反射镜 M 移动了 0.620mm 的过程中,观察到干涉条纹移动了 2300 条,则所用光波的波长为(   )。

A. 269nm B. 539nm C. 2690nm D. 5390nm

35. 在单缝夫琅禾费衍射实验中,屏上第三级暗纹对应的单缝处波面可分成的半波带的数目为(   )。

A. 3 B. 4 C. 5 D. 6

36. 波长为 λ 的单色光垂直照射的折射率为 n 的劈尖薄膜上,在由反射光形成的干涉条纹中,第五级明条纹与第三级明条纹所对应的薄膜厚度差为(   )。

A. $\dfrac{\lambda}{2n}$ B. $\dfrac{\lambda}{n}$ C. $\dfrac{\lambda}{5n}$ D. $\dfrac{\lambda}{3n}$

37. 量子数 $n=4$, $l=2$, $m=0$ 的原子轨道数目是(   )。

A. 1 B. 2 C. 3 D. 4

38. PCl_3 分子空间几何构型及中心原子杂化类型分别为(   )。

A. 正四面体,sp^3 杂化 B. 三角锥形,不等性 sp^3 杂化
C. 正方形,dsp^2 杂化 D. 正三角形,sp^2 杂化

39. 已知 $Fe^{3+}\xrightarrow{0.771}Fe^{2+}\xrightarrow{-0.44}Fe$,则 $E^{\ominus}(Fe^{3+}/Fe)$ 等于(   )。

A. 0.331V B. 1.211V C. -0.036V D. 0.110V

40. 在 $BaSO_4$ 饱和溶液中,加入 $BaCl_2$,利用同离子效应使 $BaSO_4$ 的溶解度降低,体系中 $c(SO_4^{2-})$ 的变化是(   )。

A. 增大 B. 减小 C. 不变 D. 不能确定

41. 催化剂可加快反应速率的原因,下列叙述正确的是(   )。

A. 降低了反应的 $\Delta_r H_m^{\ominus}$ B. 降低了反应的 $\Delta_r H_m^{\ominus}$
C. 降低了反应的活化能 D. 使反应的平衡常数 $K^{\ominus}$ 减小

42. 已知反应 $C_2H_2(g)+2H_2(g)\rightleftharpoons C_2H_6(g)$ 的 $\Delta_r H_m<0$,当反应达平衡后,欲使反应向右进行,可采取的方法是(   )。

A. 升温,升压 B. 升温,减压 C. 降温,升压 D. 降温,减压

43. 向原电池（－）Ag，AgCl｜Cl⁻‖Ag⁺｜Ag（＋）的负极中加入 NaCl，则原电池电动势的变化是（   ）。

　　A. 变大　　　　　　B. 变小　　　　　　C. 不变　　　　　　D. 不能确定

44. 下列各组物质在一定条件下反应，可以制得比较纯净的 1,2-二氯乙烷的是（   ）。

　　A. 乙烯通入浓盐酸中　　　　　　B. 乙烷与氯气混合

　　C. 乙烯与氯气混合　　　　　　　D. 乙烯与卤化氢气体混合

45. 下列物质中，不属于醇类的是（   ）。

　　A. C_4H_9OH　　B. 甘油　　C. $C_6H_5CH_2OH$　　D. C_6H_5OH

46. 人造象牙的主要成分是 $\{CH_2-O\}_n$，它是经加聚反应制得的。合成此高聚物的单体是（   ）。

　　A. $(CH_3)_2O$　　　　B. CH_3CHO

　　C. $HCHO$　　　　　D. $HCOOH$

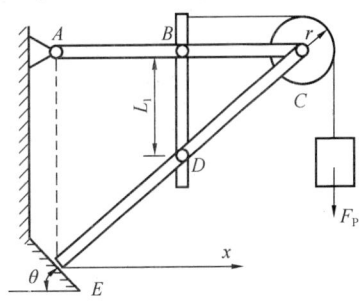

图 4-1-47

47. 如图 4-1-47 所示构架由 AC、BD、CE 三杆组成，A、B、C、D 处为铰接，E 处为光滑接触。已知：$F_P=2kN$，$\theta=45°$，杆及轮重均不计，则 E 处约束力的方向与 x 轴正向所成的夹角为（   ）。

　　A. $0°$　　　　　　B. $45°$

　　C. $90°$　　　　　D. $225°$

48. 如图 4-1-48 所示结构直杆 BC，受载荷 F，q 作用，$BC=L$，$F=qL$，其中 q 为载荷集度，单位为 N/m，集中力以 N 计，长度以 m 计。则该主动力系对 O 点的合力矩为：

　　A. $M_O=0$　　　　　　　　B. $M_O=\dfrac{qL^2}{2}$ Nm（↷）

　　C. $M_O=\dfrac{3qL^2}{2}$ Nm（↷）　　D. $M_O=qL^2$ kNm（↷）

49. 如图 4-1-49 所示平面构架，不计各杆自重。已知：物块 M 重 F_P，悬挂如图示，不计小滑轮 D 的尺寸与质量，A、E、C 均为光滑铰链，$L_1=1.5m$，$L_2=2m$。则支座 B 的约束力为（   ）。

　　A. $F_B=3F_P/4$（→）　　　　B. $F_B=3F_P/4$（←）

　　C. $F_B=F_P$（←）　　　　　D. $F_B=0$

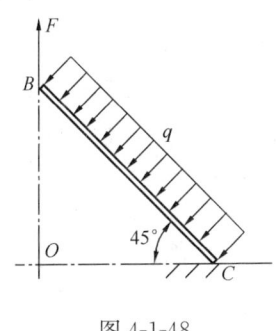

图 4-1-48

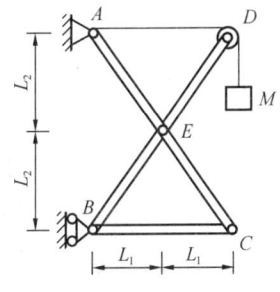

图 4-1-49

50. 物体重为 W，置于倾角为 α 的斜面上，如图 4-1-50 所示。已知摩擦角 $\varphi_m>\alpha$，则物块处于的状态为（   ）。

A. 静止状态 B. 临界平衡状态
C. 滑动状态 D. 条件不足，不能确定

51. 已知动点的运动方程为 $x=t$，$y=2t^2$，则其轨迹方程为（　　）。

A. $x=t^2-t$ B. $y=2t$ C. $y-2x^2=0$ D. $y+2x^2=0$

52. 一炮弹以初速度和仰角 α 射出，对于图 4-1-52 所示直角坐标的运动方程为 $x=v_0\cos\alpha t$，$y=v_0\sin\alpha t-\frac{1}{2}gt^2$，则当 $t=0$ 时，炮弹的速度和加速度的大小分别为（　　）。

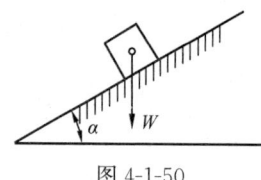

图 4-1-50

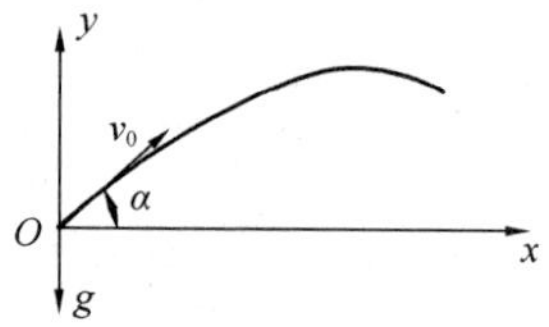

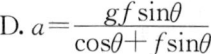

图 4-1-52

A. $v=v_0\cos\alpha$，$a=g$ B. $v=v_0$，$a=g$
C. $v=v_0\sin\alpha$，$a=-g$ D. $v=v_0$，$a=-g$

53. 两摩擦轮如图 4-1-53 所示，则两轮的角速度与半径关系的表达式为（　　）。

A. $\dfrac{\omega_1}{\omega_2}=\dfrac{R_1}{R_2}$ B. $\dfrac{\omega_1}{\omega_2}=\dfrac{R_2}{R_1^2}$ C. $\dfrac{\omega_1}{\omega_2}=\dfrac{R_1}{R_2^2}$ D. $\dfrac{\omega_1}{\omega_2}=\dfrac{R_2}{R_1}$

54. 质量为 m 的物块 A，置于与水平面成 θ 角的斜面 B 上，如图 4-1-54 所示。A 与 B 间的摩擦系数为 f，为保持 A 与 B 一起以加速度 a 水平向右运动，则所需的加速度 a 至少是（　　）。

A. $a=\dfrac{g(f\cos\theta+\sin\theta)}{\cos\theta+f\sin\theta}$ B. $a=\dfrac{gf\cos\theta}{\cos\theta+f\sin\theta}$

C. $a=\dfrac{g(f\cos\theta-\sin\theta)}{\cos\theta+f\sin\theta}$ D. $a=\dfrac{gf\sin\theta}{\cos\theta+f\sin\theta}$

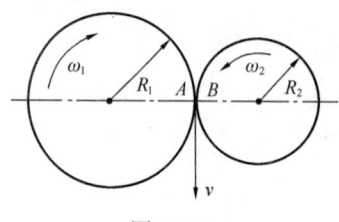

图 4-1-53

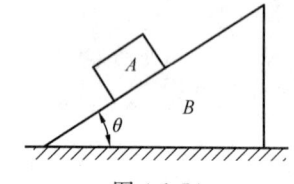

图 4-1-54

55. A 块与 B 块叠放如图 4-1-55 所示，各接触面处均考虑摩擦。当 B 块受力 F 作用沿水平面运动时，A 块仍静止于 B 块上，于是（　　）。

A. 各接触面处的摩擦力都做负功 B. 各接触面处的摩擦力都做正功
C. A 块上的摩擦力做正功 D. B 块上的摩擦力做正功

56. 质量为 m，长为 $2l$ 的均质杆初始位于水平位置，如图 4-1-56 所示。A 端脱落后，杆绕轴 B 转动，当杆转到铅垂位置时，AB 杆 B 处的约束力大小为（　　）。

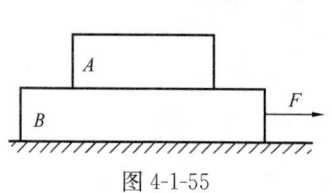

图 4-1-55

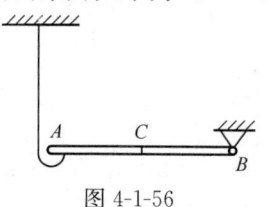

图 4-1-56

A. $F_{Bx}=0$，$F_{By}=0$ B. $F_{Bx}=0$，$F_{By}=\dfrac{mg}{4}$

C. $F_{Bx}=l$，$F_{By}=mg$ D. $F_{Bx}=0$，$F_{By}=\dfrac{5mg}{2}$

57. 如图 4-1-57 所示，质量为 m，半径为 R 的均质圆轮，绕垂直于图面的水平轴 O 转动，其角速度为 ω。在图示瞬时，角加速度为 0，轮心 C 在其最低位置，此时将圆轮的惯性力系向 O 点简化，其惯性力主矢和惯性力主矩的大小分别为（　　）。

A. $m\dfrac{R}{2}\omega^2$，0 B. $mR\omega^2$，0 C. 0，0 D. 0，$\dfrac{1}{2}mR^2\omega^2$

58. 质量为 110kg 的机器固定在刚度为 2×10^6 N/m 的弹性基础上，当系统发生共振时，机器的工作频率为（　　）。

A. 66.7rad/s B. 95.3rad/s C. 42.6rad/s D. 134.8rad/s

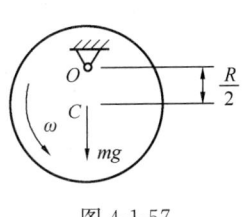

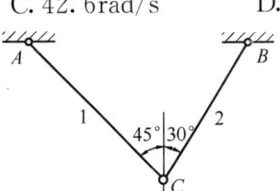

图 4-1-57　　　　　　　　图 4-1-59

59. 如图 4-1-59 所示，结构的两杆面积和材料相同，在铅直力 F 作用下，拉伸正应力最先达到许用应力的杆是（　　）。

A. 杆1 B. 杆2

C. 同时达到 D. 不能确定

60. 如图 4-1-60 所示结构的两杆许用应力均为 $[\sigma]$，杆 1 的面积为 A，杆 2 的面积为 $2A$，则该结构的许用载荷是（　　）。

A. $[F]=A[\sigma]$ B. $[F]=2A[\sigma]$

C. $[F]=3A[\sigma]$ D. $[F]=4A[\sigma]$

61. 如图 4-1-61 所示钢板用两个铆钉固定在支座上，铆钉直径为 d，在图示载荷作用下，铆钉的最大切应力是（　　）。

A. $\tau_{\max}=\dfrac{4F}{\pi d^2}$ B. $\tau_{\max}=\dfrac{8F}{\pi d^2}$

C. $\tau_{\max}=\dfrac{12F}{\pi d^2}$ D. $\tau_{\max}=\dfrac{2F}{\pi d^2}$

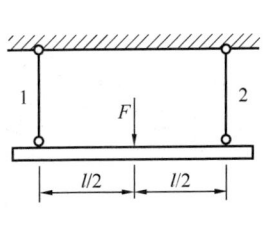

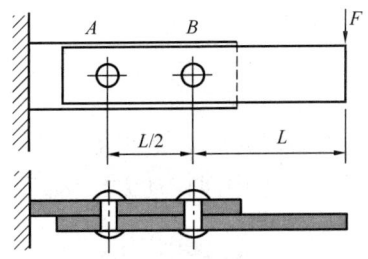

图 4-1-60　　　　　　　　图 4-1-61

62. 如图 4-1-62 所示螺钉承受轴向拉力 F，螺钉头与钢板之间的挤压应力是（　　）。

A. $\sigma_{bs} = \dfrac{4F}{\pi(D^2 - d^2)}$

B. $\sigma_{bs} = \dfrac{F}{\pi dt}$

C. $\sigma_{bs} = \dfrac{4F}{\pi d^2}$

D. $\sigma_{bs} = \dfrac{4F}{\pi D^2}$

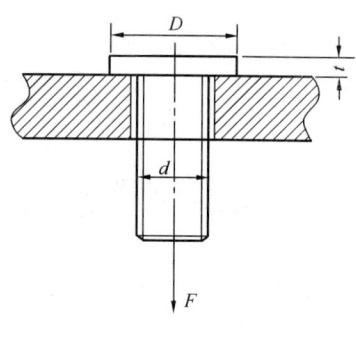

图 4-1-62

63. 圆轴直径为 d，切变模量为 G，在外力作用下发生扭转变形，现测得单位长度扭转角为 θ，圆轴的最大切应力是（　　）。

A. $\tau_{max} = \dfrac{16\theta G}{\pi d^3}$　　B. $\tau_{max} = \theta G \dfrac{\pi d^3}{16}$　　C. $\tau_{max} = \theta G d$　　D. $\tau_{max} = \dfrac{\theta G d}{2}$

64. 如图 4-1-64 所示两根圆轴，横截面面积相同，但分别为实心圆和空心圆。在相同的扭矩 T 作用下，两轴最大切应力的关系是（　　）。

A. $\tau_a < \tau_b$　　B. $\tau_a = \tau_b$　　C. $\tau_a > \tau_b$　　D. 不能确定

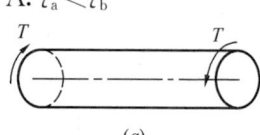

图 4-1-64

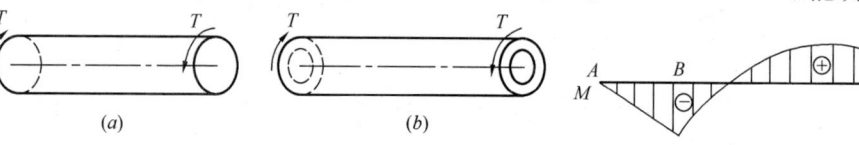

图 4-1-65

65. 简支梁 AC 的 A、C 截面为铰支端。已知的弯矩图如图 4-1-65 所示，其中 AB 段为斜直线，BC 段为抛物线。以下关于梁上载荷的正确判断是（　　）。

A. AB 段 $q=0$，BC 段 $q\neq 0$，B 截面处有集中力

B. AB 段 $q\neq 0$，BC 段 $q=0$，B 截面处有集中力

C. AB 段 $q=0$，BC 段 $q\neq 0$，B 截面处有集中力偶

D. AB 段 $q\neq 0$，BC 段 $q=0$，B 截面处有集中力偶

（q 为分布载荷集度）

66. 悬臂梁的弯矩如图 4-1-66 所示，根据梁的弯矩图，梁上的载荷 F、m 的值应是（　　）。

A. $F=6$kN，$m=10$kN·m

B. $F=6$kN，$m=6$kN·m

C. $F=6$kN，$m=4$kN·m

D. $F=4$kN，$m=6$kN·m

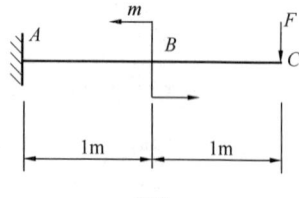

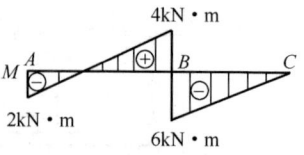

图 4-1-66

67. 承受均布载荷的简支梁如图 4-1-67（a）所示，现将两端的支座同时向梁中间移动 $l/8$，如图 4-1-67（b）所示，两根梁的中点 $\left(\dfrac{l}{2}处\right)$弯矩之比 $\dfrac{M_a}{M_b}$ 为（　　）。

A. 16　　　　B. 4　　　　C. 2　　　　D. 1

68. 按照第三强度理论,如图 4-1-68 所示两种应力状态的危险程度是( )。
A. 图(a)更危险　　B. 图(b)更危险　　C. 两者相同　　D. 无法判断

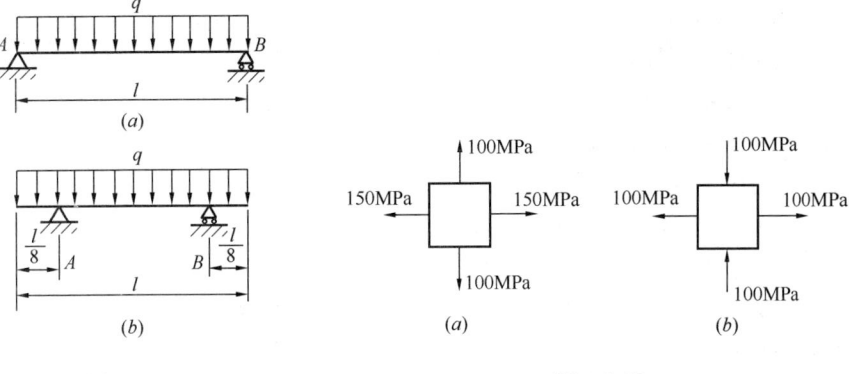

图 4-1-67　　　　　　　　图 4-1-68

69. 两根杆粘合在一起,截面尺寸如图 4-1-69 所示。杆 1 的弹性模量为 E_1,杆 2 的弹性模量为 E_2,且 $E_1=2E_2$。若轴向力 F 作用在截面形心,则杆件发生的变形是( )。
A. 拉伸和向上弯曲变形　　　　　　B. 拉伸和向下弯曲变形
C. 弯曲变形　　　　　　　　　　　D. 拉伸变形

70. 如图 4-1-70 所示细长压杆 AB 的 A 端自由,B 端固定在简支梁上。该压杆的长度系数 μ 是( )。
A. $\mu>2$　　　　B. $2>\mu>1$　　　　C. $1>\mu>0.7$　　　　D. $0.7>\mu>0.5$

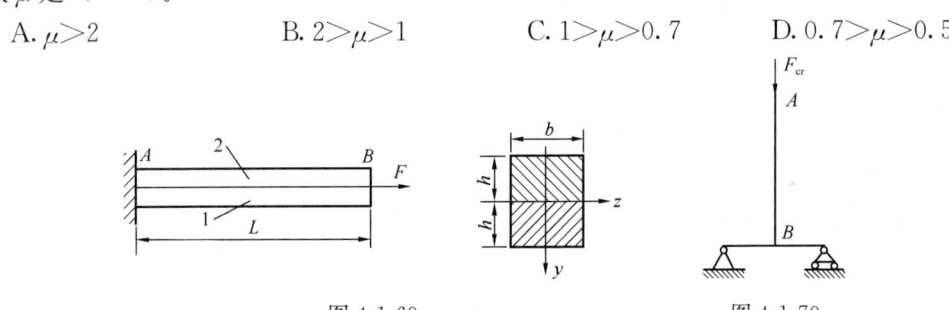

图 4-1-69　　　　　　　　　图 4-1-70

71. 半径为 R 的圆管中,横截面上流速分布为 $u=2\left(1-\dfrac{r^2}{R^2}\right)$,其中 r 表示到圆管轴线的距离,则在 $r_1=0.2R$ 处的黏性切应力与 $r_2=R$ 处的黏性切应力大小之比为( )。
A. 5　　　　B. 25　　　　C. 1/5　　　　D. 1/25

72. 如图 4-1-72 所示一水平放置的恒定变直径圆管流,不计水头损失,取两个截面标记为 1 和 2,当 $d_1>d_2$ 时,则两截面形心压强关系是( )。
A. $p_1<p_2$　　　　B. $p_1>p_2$　　　　C. $p_1=p_2$　　　　D. 不能确定

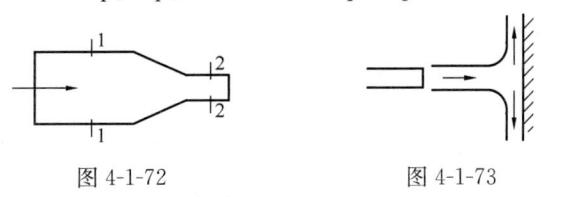

图 4-1-72　　　　　　　图 4-1-73

73. 水由喷嘴水平喷出,冲击在光滑平板上,如图 4-1-73 所示,已知出口流速为 50m/s,

喷射流量为 0.2m³/s，不计阻力，则平板受到的冲击力为（   ）。

    A. 5kN   B. 10kN   C. 20kN   D. 40kN

74. 沿程水头损失 h_f（   ）。

    A. 与流程长度成正比，与壁面切应力和水力半径成反比

    B. 与流程长度和壁面切应力成正比，与水力半径成反比

    C. 与水力半径成正比，与流程长度和壁面切应力成反比

    D. 与壁面切应力成正比，与流程长度和水力半径成反比

75. 并联管路的流动特征是（   ）。

    A. 各分管流量相等

    B. 总流量等于各分管的流量和，且各分管水头损失相等

    C. 总流量等于各分管的流量和，且各分管水头损失不等

    D. 各分管测压管水头差不等于各分管的总能头差

76. 矩形水力最优断面的底宽是水深的（   ）。

    A. 0.5倍   B. 1倍   C. 1.5倍   D. 2倍

77. 渗流流速 v 与水力坡度 J 的关系是（   ）。

    A. v 正比于 J B. v 反比于 J

    C. v 正比于 J 的平方   D. v 反比于 J 的平方

78. 烟气在加热炉回热装置中流动，拟用空气介质进行实验。已知空气黏度 $\nu_{空气}=15\times10^{-6} m^2/s$，烟气运动黏度 $\nu_{烟气}=60\times10^{-6} m^2/s$，烟气流速 $\nu_{烟气}=3m/s$，如若实际与模型长度的比尺 $\lambda_L=5$，则模型空气的流速应为（   ）。

    A. 3.75m/s   B. 0.15m/s   C. 2.4m/s   D. 60m/s

79. 在一个孤立静止的点电荷周围（   ）。

    A. 存在磁场，它围绕电荷呈球面状分布

    B. 存在磁场，它分布在从电荷所在处到无穷远处的整个空间中

    C. 存在电场，它围绕电荷呈球面状分布

    D. 存在电场，它分布在从电荷所在处到无穷远处的整个空间中

80. 如图 4-1-80 所示电路消耗电功率 2W，则下列表达式中正确的是（   ）。

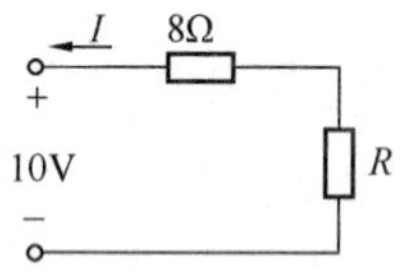

    A. $(8+R)I^2=2$，$(8+R)I=10$

    B. $(8+R)I^2=2$，$-(8+R)I=10$

    C. $-(8+R)I^2=2$，$-(8+R)I=10$

    D. $-(8+R)I=10$，$(8+R)I=10$

图 4-1-80

81. 如图 4-1-81 所示电路中，a-b 端的开路电压 U_{abk} 为（   ）。

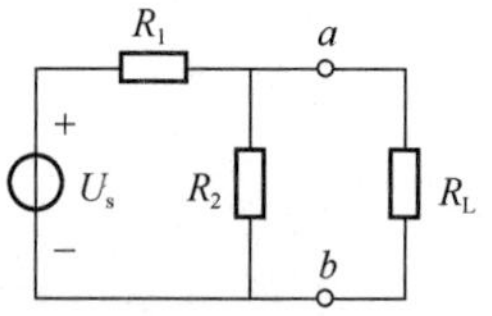

    A. 0

    B. $\dfrac{R_1}{R_1+R_2}U_s$

    C. $\dfrac{R_2}{R_1+R_2}U_s$

图 4-1-81

D. $\dfrac{R_2 // R_L}{R_1 + R_2 // R_L} U_s$

(注：$R_2 // R_L = \dfrac{R_2 \cdot R_L}{R_2 + R_L}$)

82. 在直流稳态电路中，电阻、电感、电容元件上的电压与电流大小的比值分别为（　　）。

　A. R，0，0　　　B. 0，0，∞　　　C. R，∞，0　　　D. R，0，∞

83. 如图 4-1-83 所示电路中，若 $u(t) = \sqrt{2}U\sin(\omega t + \varphi_u)$ 时，电阻元件上的电压为 0，则（　　）。

　A. 电感元件断开了
　B. 一定有 $I_L = I_C$
　C. 一定有 $i_L = i_C$
　D. 电感元件被短路了

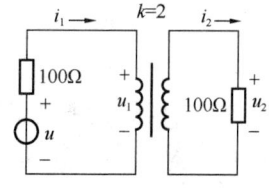

图 4-1-83

84. 已知如图 4-1-84 所示三相电路中三相电源对称，$Z_1 = z_1 \angle \varphi_1$，$Z_2 = z_2 \angle \varphi_2$，$Z_3 = z_3 \angle \varphi_3$，若 $U_{NN'} = 0$，则 $z_1 = z_2 = z_3$，且（　　）。

　A. $\varphi_1 = \varphi_2 = \varphi_3$
　B. $\varphi_1 - \varphi_2 = \varphi_2 - \varphi_3 = \varphi_3 - \varphi_1 = 120°$
　C. $\varphi_1 - \varphi_2 = \varphi_2 - \varphi_3 = \varphi_3 - \varphi_1 = -120°$
　D. N' 必须被接地

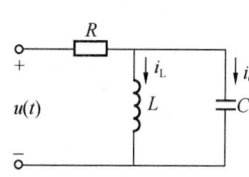

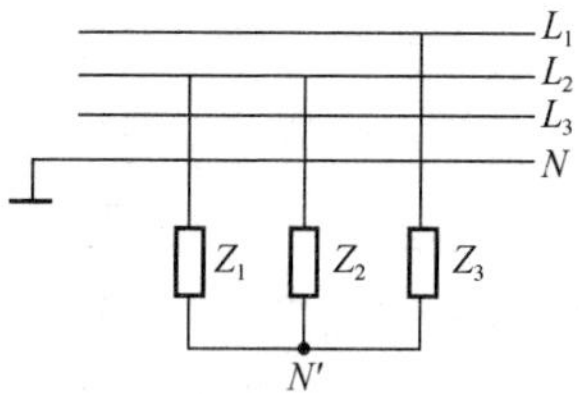

图 4-1-84

85. 如图 4-1-85 所示电路中，设变压器为理解器件，若 $u = 10\sqrt{2}\sin\omega t \text{V}$，则（　　）。

　A. $U_1 = \dfrac{1}{2}U$，$U_2 = \dfrac{1}{4}U$
　B. $I_1 = 0.01U$，$I_1 = 0$
　C. $I_1 = 0.002U$，$I_2 = 0.004U$
　D. $U_1 = 0$，$U_2 = 0$

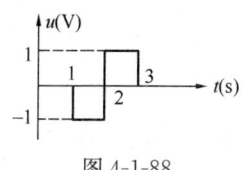

图 4-1-85

86. 对于三相异步电动机而言，在满载起动情况下的最佳起动方案是（　　）。

　A. Y-△ 起动方案，起动后，电动机以 Y 接方式运行
　B. Y-△ 起动方案，起动后，电动机以 △ 接方式运行
　C. 自耦调压器降压起动
　D. 绕线式电动机串转子电阻起动

87. 关于信号与信息，如下几种说法中正确的是（　　）。

　A. 电路处理并传输电信号
　B. 信号和信息是同一概念的两种表述形式
　C. 用"1"和"0"组成的信息代码"1001"只能表示数量"5"
　D. 信息是看得到的，信号是看不到的

88. 如图 4-1-88 所示非周期信号 $u(t)$ 的时域描述形式是：

[注：$1(t)$ 是单位阶跃函数]

图 4-1-88

A. $u(t) = \begin{cases} 1V, & t \leq 2 \\ -1V, & t > 2 \end{cases}$

B. $u(t) = -\mathbf{1}(t-1) + 2 \cdot \mathbf{1}(t-2) - \mathbf{1}(t-3)$ V

C. $u(t) = \mathbf{1}(t-1) - \mathbf{1}(t-2)$ V

D. $u(t) = -\mathbf{1}(t+1) + \mathbf{1}(t+2) - \mathbf{1}(t+3)$ V

89. 某放大器的输入信号 $u_1(t)$ 和输出信号 $u_2(t)$ 如图 4-1-89 所示，则（　　）。

   A. 该放大器是线性放大器

   B. 该放大器放大倍数为 2

   C. 该放大器出现了非线性失真

   D. 该放大器出现了频率失真

90. 对逻辑表达式 $ABC + A\overline{BC} + B$ 的化简结果是（　　）。

   A. AB B. $A+B$

   C. ABC D. $A\overline{BC}$

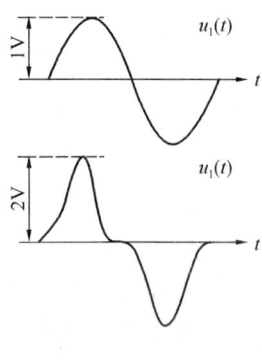

图 4-1-89

91. 已知数字信号 X 和数字信号 Y 的波形如图 4-1-91 所示，则数字信号 $F = \overline{XY}$ 的波形为（　　）。

   A.

   B.

   C.

   D.

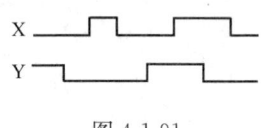

图 4-1-91

92. 十进制数字 32 的 BCD 码为（　　）。

   A. 00110010   B. 00100000   C. 100000   D. 00100011

93. 二极管应用电路如图 4-1-93 所示，设二极管 D 为理想器件，$u_i = 10\sin\omega t$ V，则输出电压 u_o 的波形为（　　）。

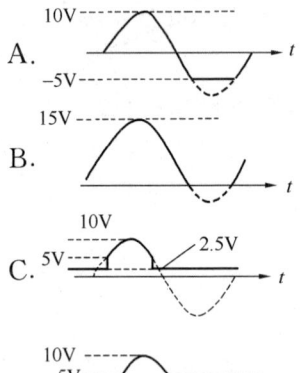

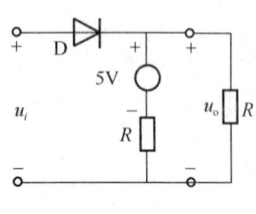

图 4-1-93

94. 晶体三极管放大电路如图 4-1-94 所示，在并入电容 C_E 之后（　　）。

   A. 放大倍数变小

   B. 输入电阻变大

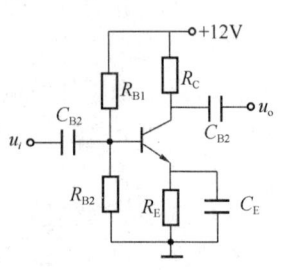

图 4-1-94

C. 输入电阻变小，放大倍数变大

D. 输入电阻变大，输出电阻变小，放大倍数变大

95. 如图 4-1-95（a）所示电路中，复位信号 $\overline{R}_D$，信号 A 及时钟脉冲信号 CP 如图 4-1-95（b）所示，经分析可知，在第一个和第二个时钟脉冲的下降沿时刻，输出 Q 分别等于（　　）。

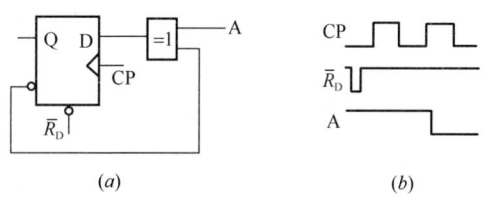

图 4-1-95

A. 0　0　　　　B. 0　1　　　　C. 1　0　　　　D. 1　1

附：触发器的逻辑状态表为：

D	Q_{n+1}
0	0
1	1

96. 如图 4-1-96（a）所示电路中，复位信号、数据输入及时时钟脉冲信号如图 4-1-96（b）所示，经分析可知，在第一下和第二个时钟脉冲的下降沿过后，输出 Q 分别等于（　　）。

A. 0　0　　　　B. 0　1　　　　C. 1　0　　　　D. 1　1

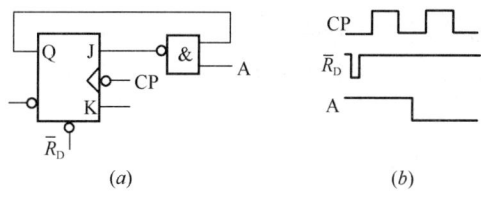

图 4-1-96

附：触发器的逻辑状态表为：

J	K	Q_{n+1}
0	0	Q_n
0	1	0
1	0	1
1	1	$\overline{Q}_n$

97. 现在全国都在开发三网合一的系统工程，即（　　）。

A. 将电信网、计算机网、通信网合为一体

B. 将电信网、计算机网、无线电视网合为一体

C. 将电信网、计算机网、有线电视网合为一体

D. 将电信网、计算机网、电话网合为一体

98. 在计算机的运算器上可以（　　）。
   A. 直接解微分方程
   B. 直接进行微分运算
   C. 直接进行积分运算
   D. 进行算数运算和逻辑运算

99. 总线中的控制总线传输的是（　　）。
   A. 程序和数据
   B. 主存储器的地址码
   C. 控制信息
   D. 用户输入的数据

100. 目前常用的计算机辅助设计软件是（　　）。
   A. Microsoft Word
   B. Auto CAD
   C. Visual BASIC
   D. Microsoft Access

101. 计算机中度量数据的最小单位是（　　）。
   A. 数 0
   B. 位
   C. 字节
   D. 字

102. 在下面列出的四种码中，不能用于表示机器数的一种是（　　）。
   A. 原码
   B. ASCⅡ码
   C. 反码
   D. 补码

103. 一幅图像的分辨率为 640×480 像素，这表示该图像中（　　）。
   A. 至少由 480 个像素组成
   B. 总共由 480 个像素组成
   C. 每行由 640×480 个像素组成
   D. 每列由 480 个像素组成

104. 在下面四条有关进程特征的叙述中，其中正确的一条是（　　）。
   A. 静态性、并发性、共享性、同步性
   B. 动态性、并发性、共享性、异步性
   C. 静态性、并发性、独立性、同步性
   D. 动态性、并发性、独立性、异步性

105. 操作系统的设备管理功能是对系统中的外围设备（　　）。
   A. 提供相应的设备驱动程序，初始化程序和设备控制程序等
   B. 直接进行操作
   C. 通过人和计算机的操作系统对外围设备直接进行操作
   D. 既可以由用户干预，也可以直接执行操作

106. 联网中的每台计算机（　　）。
   A. 在联网之前有自己独立的操作系统，联网以后是网络中的某一个结点
   B. 在联网之前有自己独立的操作系统，联网以后它自己的操作系统屏蔽
   C. 在联网之前没有自己独立的操作系统，联网以后使用网络操作系统
   D. 联网中的每台计算机有可以同时使用的多套操作系统

107. 某企业向银行借款，按季度计息，年名义利率为 8%，则年实际利率为（　　）。
   A. 8%
   B. 8.16%
   C. 8.24%
   D. 8.3%

108. 在下列选项中，应列入项目投资现金流量分析中的经营成本的是（　　）。
   A. 外购原材料、燃料和动力费
   B. 设备折旧
   C. 流动资金投资
   D. 利息支出

109. 某项目第 6 年累计净现金流量开始出现正值，第五年末累计净现金流量为 -60 万元，第 6 年当年净现金流量为 240 万元，则该项目的静态投资回收期为（　　）。

A. 4.25 年　　　　B. 4.75 年　　　　C. 5.25 年　　　　D. 6.25 年

110. 某项目初期（第 0 年年初）投资额为 5000 万元，此后从第二年年末开始每年有相同的净收益，收益期为 10 年。寿命期结束时的净残值为零，若基准收益率为 15%，则要使该投资方案的净现值为零，其年净收益应为（　　）。[已知：$(P/A, 15\%, 10) = 5.0188$，$(P/F, 15\%, 1) = 0.8696$]

　　A. 574.98 万元　　　　　　　　　　B. 866.31 万元
　　C. 996.25 万元　　　　　　　　　　D. 1145.65 万元

111. 以下关于项目经济费用效益分析的说法中，正确的是（　　）。
　　A. 经济费用效益分析应考虑沉没成本
　　B. 经济费用和效益的识别不适用"有无对比"原则
　　C. 识别经济费用效率时应剔出项目的转移支付
　　D. 为了反映投入物和产出物真实经济价值，经济费用效益分析不能使用市场价格

112. 已知甲、乙为两个寿命期相同的互斥项目，其中乙项目投资大于甲项目。通过测算得出甲、乙两项目的内部收益率分别为 17% 和 14%，增量内部收益 ΔIRR（乙－甲）$= 13\%$，基准收益率为 14%，以下说法中正确的是（　　）。
　　A. 应选择甲项目　　　　　　　　　B. 应选择乙项目
　　C. 应同时选择甲、乙两个项目　　　D. 甲、乙两项目均不应选择

113. 以下关于改扩建项目财务分析的说法中正确的是（　　）。
　　A. 应以财务生存能力分析为主
　　B. 应以项目清偿能力分析为主
　　C. 应以企业层次为主进行财务分析
　　D. 应遵循"有无对比"原则

114. 下面关于价值工程的论述中正确的是（　　）。
　　A. 价值工程中的价值是指成本与功能的比值
　　B. 价值工程中的价值是指产品消耗的必要劳动时间
　　C. 价值工程中的成本是指寿命周期成本，包括产品在寿命期内发生的全部费用
　　D. 价值工程中的成本就是产品的生产成本，它随着产品功能的增加而提高

115. 根据《中华人民共和国建筑法》规定，某建设单位领取了施工许可证，下列情节中，可能不导致施工许可证废止的是（　　）。
　　A. 领取施工许可证之日起三个月内因故不能按期开工，也未申请延期
　　B. 领取施工许可证之日起按期开工后又中止施工
　　C. 向发证机关申请延期开工一次，延期之日起三个月内，因故仍不能按期开工，也未申请延期
　　D. 向发证机关申请延期开工两次，超过 6 个月因故不能按期开工，继续申请延期

116. 某施工单位一个有职工 185 人的三级施工资质的企业，根据《中华人民共和国安全生产法》规定，该企业下列行为中合法的是（　　）。
　　A. 只配备兼职的安全生产管理人员
　　B. 委托具有国家规定相关专业技术资格的工程技术人员提供安全生产管理服务，由其负责承担保证安全生产的责任

C. 安全生产管理人员经企业考核后即任职

D. 设置安全生产管理机构

117. 下列属于《中华人民共和国招标投标法》规定的招标方式是（　　）。

A. 公开招标和直接招标　　　　　　B. 公开招标和邀请招标

C. 公开招标和协议招标　　　　　　D. 公开招标和公开招标

118. 根据《中华人民共和国民法典》规定，下列行为不属于要约邀请的是（　　）。

A. 某建设单位发布招标公告　　　　B. 某招标单位发出中标通知书

C. 某上市公司以出招股说明书　　　D. 某商场寄送的价目表

119. 根据《中华人民共和国行政许可法》的规定，除可以当场作出行政许可决定的外，行政机关应当自受理行政许可之日起作出行政许可决定的时限是（　　）。

A. 5日之内　　　　B. 7日之内　　　　C. 15日之内　　　　D. 20日之内

120. 某建设项目甲建设单位与乙施工单位签订施工总承包合同后，乙施工单位经甲建设单位认可，将打桩工程分包给丙专业承包单位，丙专业承包单位又将劳动作业分包给丁劳务单位，由于丙专业承包单位从业人员责任心不强，导致该打桩工程部分出现了质量缺陷，对于该质量缺陷的责任承担，以下说明正确的是（　　）。

A. 乙单位和丙单位承担连带责任　　　B. 丙单位和丁单位承担连带责任

C. 丙单位向甲单位承担全部责任　　　D. 乙、丙、丁三单位共同承担责任

2014年真题(上午卷)

(上午卷)

单项选择题(共120题,每题1分。每题的备选项中只有一个最符合题意)。

1. 若 $\lim\limits_{x\to 0}(1-x)^{\frac{k}{x}}=2$,则常数 k 等于( )。

   A. $-\ln 2$ B. $\ln 2$ C. 1 D. 2

2. 在空间直角坐标系中,方程 $x^2+y^2-z=0$ 表示的图形是( )。

   A. 圆锥面   B. 圆柱面   C. 球面   D. 旋转抛物面

3. 点 $x=0$ 是函数 $y=\arctan\dfrac{1}{x}$ 的( )。

   A. 可去间断点   B. 跳跃间断点   C. 连续点   D. 第二类间断点

4. $\dfrac{\mathrm{d}}{\mathrm{d}x}\displaystyle\int_{2x}^{0}\mathrm{e}^{-t^2}\mathrm{d}t$ 等于( )。

   A. e^{-4x^2} B. $2\mathrm{e}^{-4x^2}$ C. $-2\mathrm{e}^{-4x^2}$ D. e^{-x^2}

5. $\dfrac{\mathrm{d}(\ln x)}{\mathrm{d}\sqrt{x}}$ 等于( )。

   A. $\dfrac{1}{2x^{\frac{3}{2}}}$ B. $\dfrac{2}{\sqrt{x}}$ C. $\dfrac{1}{\sqrt{x}}$ D. $\dfrac{2}{x}$

6. 不定积分 $\displaystyle\int\dfrac{x^2}{\sqrt[3]{1+x^3}}\mathrm{d}x$ 等于( )。

   A. $\dfrac{1}{4}(1+x^3)^{\frac{4}{3}}$ B. $(1+x^3)^{\frac{1}{3}}+C$

   C. $\dfrac{3}{2}(1+x^3)^{\frac{2}{3}}+C$ D. $\dfrac{1}{2}(1+x^3)^{\frac{2}{3}}+C$

7. 设 $a_n=\left(1+\dfrac{1}{n}\right)$,则数列 $\{a_n\}$ 是( )。

   A. 单调增而无上界   B. 单调增而有上界
   C. 单调减而无下界   D. 单调减而有上界

8. 下列说法中正确的是( )。

   A. 若 $f'(x_0)=0$ 则 $f(x_0)$ 必是 $f(x)$ 的极值
   B. 若 $f(x_0)$ 时 $f(x)$ 的极值,则 $f(x)$ 在点 x_0 处可导,且 $f'(x_0)=0$
   C. 若 $f(x)$ 在点 x_0 处可导,则 $f'(x_0)=0$ 是 $f(x)$ 在 x_0 取得极值的必要条件
   D. 若 $f(x)$ 在点 x_0 处可导,则 $f'(x_0)=0$ 是 $f(x)$ 在 x_0 取得极值的充分条件

9. 设有直线 $L_1:\dfrac{x-1}{1}=\dfrac{y-3}{-2}=\dfrac{z+5}{1}$ 与 $L_2:\begin{cases}x=3-t\\y=1-t\\z=1+2t\end{cases}$,则 L_1 与 L_2 的夹角 θ 等于( )。

   A. $\dfrac{\pi}{2}$ B. $\dfrac{\pi}{3}$ C. $\dfrac{\pi}{4}$ D. $\dfrac{\pi}{6}$

10. 微分方程 $xy'-y=x^2 e^{2x}$ 的通解 y 等于（　　）。

A. $x\left(\dfrac{1}{2}e^{2x}+C\right)$　　B. $x(e^{2x}+C)$　　C. $x\left(\dfrac{1}{2}x^2 e^{2x}+C\right)$　　D. $x^2 e^{2x}+C$

11. 抛物线 $y^2=4x$ 与直线 $x=3$ 所围成的平面图形绕 x 轴旋转一周形成的旋转体体积是（　　）。

A. $\displaystyle\int_0^3 4x\,dx$　　B. $\pi\displaystyle\int_0^3 (4x)^2\,dx$　　C. $\pi\displaystyle\int_0^3 4x\,dx$　　D. $\pi\displaystyle\int_0^3 \sqrt{4x}\,dx$

12. 级数 $\displaystyle\sum_{n=1}^{\infty}(-1)^n \dfrac{1}{n^{p-1}}$ 是（　　）。

A. 当 $1<p\leqslant 2$ 时条件收敛　　B. 当 $p>2$ 时条件收敛

C. 当 $p<1$ 时条件收敛　　D. 当 $p>1$ 时条件收敛

13. 函数 $y=C_1 e^{-x}+C_2$（C_1，C_2 为任意常数）是微分方程 $y''-y'-2y=0$ 的（　　）。

A. 通解　　B. 特解

C. 不是解　　D. 解，既不是通解也不是特解

14. 设 L 为从点 $A(0,2)$ 到点 $B(2,0)$ 的有向直线段，则对坐标的曲线积分 $\displaystyle\int_L \dfrac{1}{x-y}dx+y\,dy$ 等于（　　）。

A. 1　　B. -1　　C. 3　　D. -3

15. 设方程 $x^2+y^2+z^2=4z$ 确定可微函数 $z=z(x,y)$，则全微分 dz 等于（　　）。

A. $\dfrac{1}{2-z}(y\,dx+x\,dy)$　　B. $\dfrac{1}{2-z}(x\,dx+y\,dy)$

C. $\dfrac{1}{2+z}(dx+dy)$　　D. $\dfrac{1}{2-z}(dx-dy)$

16. 设 D 是由 $y=x$，$y=0$ 及 $y=\sqrt{a^2-x^2}$（$x\geqslant 0$）所围成的第一象限区域，则二重积分 $\displaystyle\iint dx\,dy$ 等于（　　）。

A. $\dfrac{1}{8}\pi a^2$　　B. $\dfrac{1}{4}\pi a^2$　　C. $\dfrac{3}{8}\pi a^2$　　D. $\dfrac{1}{2}\pi a^2$

17. 级数 $\displaystyle\sum_{n=1}^{\infty}\dfrac{(2x+1)^n}{n}$ 的收敛域是（　　）。

A. $(-1,1)$　　B. $[-1,1]$　　C. $[-1,0)$　　D. $(-1,0)$

18. 设 $z=e^{xe^y}$，则 $\dfrac{\partial^2 z}{\partial x^2}$ 等于（　　）。

A. e^{xe^y+2y}　　B. $e^{xe^y+2y}(xe^y+1)$　　C. e^{xe^y}　　D. e^{xe^y+y}

19. 设 A、B 为三阶方阵，且行列式 $|A|=-\dfrac{1}{2}$，$|B|=2$，A^* 为 A 的伴随矩阵，则行列式 $|2A^* B^{-1}|$ 等于（　　）。

A. 1　　B. -1　　C. 2　　D. -2

20. 下列结论中正确的是（　　）。

A. 如果矩阵 A 中所有顺序主子式都小于零，则 A 一定为负定矩阵

B. 设 $A=(a_{ij})_{n\times n}$，若 $a_{ij}=a_{ji}$，且 $a_{ij}>0$（$i,j=1,2\cdots,n$），则 A 一定为正定矩阵

C. 如果二次型 $f(x_1,x_2,\cdots,x_n)$ 中缺少平方项，则它一定不是正定二次型

D. 二次型 $f(x_1,x_2,x_3)=x_1^2+x_2^2+x_3^2+x_1x_2+x_1x_3+x_2x_3$ 所对应的矩阵是 $\begin{bmatrix} 1 & 1 & 1 \\ 1 & 1 & 1 \\ 1 & 1 & 1 \end{bmatrix}$

21. 已知 n 元非齐次线性方程组 $Ax=b$，秩 $r(A)=n-2$，α_1、α_2、α_3 为其线性无关的解向量，k_1、k_2 为任意常数，则 $Ax=b$ 的通解为（ ）。

A. $x=k_1(\alpha_1-\alpha_2)+k_2(\alpha_1+\alpha_3)+\alpha_1$ B. $x=k_1(\alpha_1-\alpha_3)+k_2(\alpha_2+\alpha_3)+\alpha_1$
C. $x=k_1(\alpha_2-\alpha_1)+k_2(\alpha_2-\alpha_3)+\alpha_1$ D. $x=k_1(\alpha_2-\alpha_3)+k_2(\alpha_1+\alpha_2)+\alpha_1$

22. 设 A 与 B 是互不相容的事件，$P(A)>0, P(B)>0$，则下列式子一定成立的是（ ）。

A. $P(A)=1-P(B)$ B. $P(A|B)=0$
C. $P(A|\overline{B})=1$ D. $P(\overline{AB})=0$

23. 设 (X,Y) 的联合概率密度为 $f(x,y)=\begin{cases} k, & 0<x<1, 0<y<x \\ 0, & \text{其他} \end{cases}$，则数学期望 $E(XY)$ 等于（ ）。

A. $\dfrac{1}{4}$ B. $\dfrac{1}{3}$ C. $\dfrac{1}{6}$ D. $\dfrac{1}{2}$

24. 设 $X_1,X_2,\cdots,X_n$ 与 $Y_1,Y_2,\cdots,Y_n$ 都是来自正态总体 $X\sim N(\mu,\sigma^2)$ 的样本，并且相互独立，$\overline{X}$ 与 $\overline{Y}$ 分别是其样本均值，则 $\dfrac{\sum_{i=1}^n(X_i-\overline{X})^2}{\sum_{i=1}^n(Y_i-\overline{Y})^2}$ 服从的分布是（ ）。

A. $t(n-1)$ B. $F(n-1,n-1)$ C. $\chi^2(n-1)$ D. $N(\mu,\sigma^2)$

25. 在标准状态下，当氢气和氦气的压强与体积都相等时，氢气和氦气的内能之比为（ ）。

A. $\dfrac{5}{3}$ B. $\dfrac{3}{5}$ C. $\dfrac{1}{2}$ D. $\dfrac{3}{2}$

26. 速率分布函数 $f(v)$ 的物理意义为（ ）。

A. 具有速率 v 的分子数占总分子数的百分比
B. 速率分布在 v 附近单位速率间隔中的分子数占总分子数的百分比
C. 具有速率 v 的分子数
D. 速率分布在 v 附近的单位速率间隔中的分子数

27. 有 1mol 刚性双原子分子理想气体，在等压过程中对外做功为 W，则其温度变化 ΔT 为（ ）。

A. $\dfrac{R}{W}$ B. $\dfrac{W}{R}$ C. $\dfrac{2R}{W}$ D. $\dfrac{2W}{R}$

28. 理想气体在等温膨胀过程中（ ）。

A. 气体做负功，向外界放出热量   B. 气体做负功，从外界吸收热量
C. 气体做正功，向外界放出热量   D. 气体做正功，从外界吸收热量

29. 一横波的波动方程为 $y=2\times10^{-2}\cos 2\pi\left(10t-\dfrac{x}{5}\right)$（SI），$t=0.25$s 时，距离原点

($x=0$) 处最近的波峰位置为（　　）。

  A. ±2.5m   B. ±7.5m   C. ±4.5m   D. ±5m

30. 一平面简谐波在弹性媒质中传播，在某一瞬时，某质元正处于其平面位置，此时它的（　　）。

  A. 动能为零，势能最大   B. 动能为零，势能为零
  C. 动能最大，势能最大   D. 动能最大，势能为零

31. 通常人耳可听到的声波的频率范围是（　　）。

  A. 20～200Hz   B. 20～2000Hz
  C. 20～20000Hz   D. 20～200000Hz

32. 在空气中用波长为 λ 的单色光进行双缝干涉实验时，观测到相邻明条纹的间距为 1.33mm，当把实际装置放入水中（水的折射率 $n=1.33$）时，则相邻明条纹的间距变为（　　）。

  A. 1.33mm   B. 2.66mm   C. 1mm   D. 2mm

33. 在真空中可见光的波长范围是（　　）。

  A. 400～760nm   B. 400～760mm   C. 400～760cm   D. 400～760m

34. 一束自然光垂直穿过两个偏振片，两个偏振片的偏振化方向成45°角。已知通过此两偏振片后的光强为 I，则入射至第二个偏振片的线偏振光强度为（　　）。

  A. I B. $2I$ C. $3I$ D. $\dfrac{I}{2}$

35. 在单缝夫琅禾费衍射实验中，单缝宽度 $a=1\times10^{-4}$m，透镜焦距 $f=0.5$m。若用 $\lambda=400$nm 的单色平行光垂直入射，中央明纹的宽度为（　　）。

  A. 2×10^{-3}m   B. 2×10^{-4}m   C. 4×10^{-4}m   D. 4×10^{-3}m

36. 一单色平行光垂直入射到光栅上，衍射光谱中出现了五条明纹，若已知此光栅的缝宽 a 与不透光部分 b 相等，那么在中央明纹一侧的两条明纹级次分别是（　　）。

  A. 1 和 3   B. 1 和 2   C. 2 和 3   D. 2 和 4

37. 下列元素，电负性最大的是（　　）。

  A. F   B. Cl   C. Br   D. I

38. 在 $NaCl$，$MgCl_2$，$AlCl_3$，$SiCl_4$ 四种物质中，离子极化作用最强的是（　　）。

  A. $NaCl$ B. $MgCl_2$ C. $AlCl_3$ D. $SiCl_4$

39. 现有100mL浓硫酸，测得其质量分数为98%，密度为1.84g·mL^{-1}，其物质的量浓度为（　　）。

  A. 18.4mol·L^{-1} B. 18.8mol·L^{-1} C. 18.0mol·L^{-1} D. 1.84mol·L^{-1}

40. 已知反应（1）H_2(g) + S(s) $\rightleftharpoons$ H_2S(g)，其平衡常数为 $K_1^{\ominus}$，

（2）S_2(s) + O_2(g) $\rightleftharpoons$ SO_2(g)，其平衡常数为 $K_2^{\ominus}$，则反应

（3）H_2(g) + SO_2(g) $\rightleftharpoons$ O_2(g) + H_2S(g) 的平衡常数为 $K_3^{\ominus}$ 是（　　）。

  A. $K_1^{\ominus}+K_2^{\ominus}$ B. $K_1^{\ominus}\cdot K_2^{\ominus}$ C. $K_1^{\ominus}-K_2^{\ominus}$ D. $K_1^{\ominus}/K_2^{\ominus}$

41. 有原电池（−）Zn｜$ZnSO_4$(c_1)‖$CuSO_4$(c_2)｜Cu（+），如向铜半电池中通入硫化氢，则原电池电动势变化趋势是（　　）。

  A. 变大   B. 变小   C. 不变   D. 无法判断

42. 电解 NaCl 水溶液时，阴极上放电的离子是（　　）。

　　A. H^+　　　　　　B. OH^-　　　　　　C. Na^+　　　　　　D. Cl^-

43. 已知反应 $N_2(g) + 3H_2(g) \longrightarrow 2NH_3(g)$ 的 $\Delta_r H_m < 0$，$\Delta_r S_m < 0$，则该反应为（　　）。

　　A. 低温易自发，高温不易自发　　　　B. 高温易自发，低温不易自发

　　C. 任何温度都易自发　　　　　　　　D. 任何温度都不易自发

44. 下列有机物中，对于可能处于同一平面上的最多原子数目的判断，正确的是（　　）。

　　A. 丙烷最多有 6 个原子处于同一平面上

　　B. 丙烯最多有 9 个原子处于同一平面上

　　C. 苯乙烯（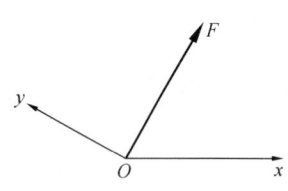）最多有 16 个原子处于同一平面上

　　D. $CH_3CH=CH-C\equiv C-CH_3$ 最多有 12 个原子处于同一平面上

45. 下列有机物中，既能发生加成反应和酯化反应，又能发生氧化反应的化合物是（　　）。

　　A. $CH_3CH=CHCOOH$　　　　　　　B. $CH_3CH=CHCOOC_2H_5$

　　C. $CH_3CH_2CH_2CH_2OH$　　　　　　D. $HOCH_2CH_2CH_2CH_2OH$

46. 人造羊毛的结构简式为：，它属于（　　）。

　　①共价化合物　　②无机化合物　　③有机化合物

　　④高分子化合物　　⑤离子化合物

　　A. ②④⑤　　　　B. ①④⑤　　　　C. ①③④　　　　D. ③④⑤

47. 将大小为 100N 的力 F 沿 x、y 方向分解，若 F 在 x 轴上的投影为 50N，而沿 x 方向的分力的大小为 200N（图 5-1-47），则 F 在 y 轴上的投影为（　　）。

　　A. 0

　　B. 50N

　　C. 200N

　　D. 100N

图 5-1-47

48. 如图 5-1-48 所示边长 a 的正方形物块 $OABC$。已知：力 $F_1=F_2=F_3=F_4=F$，力偶矩 $M_1=M_2=Fa$。该力系向 O 点简化后的主矢及主矩应为（　　）。

　　A. $F_R=0N$，$M_O=4Fa$（↶）

　　B. $F_R=0N$，$M_O=3Fa$（↶）

　　C. $F_R=0N$，$M_O=2Fa$（↶）

　　D. $F_R=0N$，$M_O=2Fa$（↷）

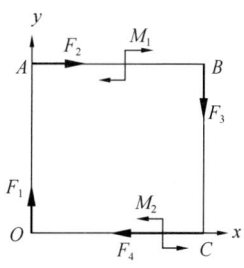

图 5-1-48

49. 在图 5-1-49 所示机构中，已知：F_P，$L=2m$，$r=0.5m$，$\theta=30°$，$BE=EG$，$CE=EH$，则支座 A 的约束力为（　　）。

　　A. $F_{Ax}=F_P$（←），$F_{Ay}=1.75F_P$（↓）

B. $F_{Ax}=0$,$F_{Ay}=0.75F_p$（↓）

C. $F_{Ax}=0$,$F_{Ay}=0.75F_p$（↑）

D. $F_{Ax}=F_p$（→）,$F_{Ay}=1.75F_p$（↑）

50. 图 5-1-50 所示不计自重的水平梁与桁架在 B 点铰接。已知：载荷 F_1、F 均与 BH 垂直，$F_1=8$kN，$F=4$kN，$M=6$kN·m，$q=1$kN/m，$L=2$m，则杆件 1 的内力为（　　）。

A. $F_1=0$　　　　　　　　　　B. $F_1=8$kN

C. $F_1=-8$kN　　　　　　　　D. $F_1=-4$kN

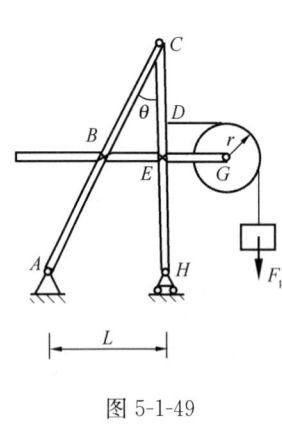

图 5-1-49　　　　　　　　图 5-1-50

51. 动点 A 和 B 在同一坐标系中的运动方程分别为 $\begin{cases}x_A=t\\y_A=2t^2\end{cases}$ $\begin{cases}x_B=t^2\\y_B=2t^4\end{cases}$，其中，$x$、$y$ 以 cm 计，t 以 s 计，则两点相遇的时刻为（　　）。

A. $t=1$s　　　B. $t=0.5$s　　　C. $t=2$s　　　D. $t=1.5$s

52. 刚体作平动时，某瞬时体内各点的速度与加速度为（　　）。

A. 体内各点速度不相同，加速度相同

B. 体内各点速度相同，加速度不相同

C. 体内各点速度相同，加速度也相同

D. 体内各点速度不相同，加速度也不相同

53. 杆 OA 绕固定轴 O 转动，长为 l，某瞬时杆端 A 点的加速度 a 如图 5-1-53 所示，则该瞬时 OA 的角速度及角加速度为（　　）。

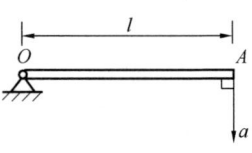

图 5-1-53

A. 0,$\dfrac{a}{l}$　　　　B. $\sqrt{\dfrac{a\cos\alpha}{l}}$,$\dfrac{a\sin\alpha}{l}$

C. $\sqrt{\dfrac{a}{l}}$,0　　　D. 0,$\sqrt{\dfrac{a}{l}}$

54. 如图 5-1-54 所示圆锥摆中，球 M 的质量为 m，绳长 l，若 α 角保持不变，则小球的法向加速度为（　　）。

A. $g\sin\alpha$　　　　　　　　B. $g\cos\alpha$

C. $g\tan\alpha$　　　　　　　　D. $g\cot\alpha$

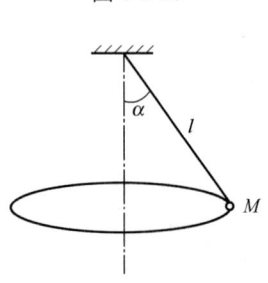

图 5-1-54

55. 如图 5-1-55 所示均质链条传动机构的大齿轮以角速度 ω 转

动，已知大齿轮半径为 R。质量为 m_1，小齿轮半径为 r，质量为 m_2，链条质量不计，则此系统的动量为（　　）。

A．$(m_1+2m_2)v$（→）　　B．$(m_1+m_2)v$（→）

C．$(2m_2-m_1)v$（→）　　D．0

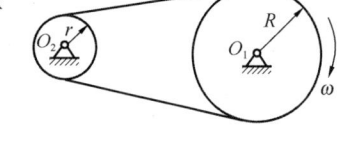

图 5-1-55

56．均质圆柱体半径为 R，质量为 m，绕关于对纸面垂直的固定水平轴自由转动，初瞬时静止（G 在 O 轴的铅垂线上），如图 5-1-56 所示，则圆柱体在位置 $\theta=90°$时的角速度是（　　）。

A．$\sqrt{\dfrac{g}{3R}}$　　　　B．$\sqrt{\dfrac{2g}{3R}}$

C．$\sqrt{\dfrac{4g}{3R}}$　　　　D．$\sqrt{\dfrac{g}{2R}}$

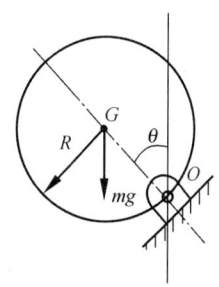

图 5-1-56

57．质量不计的水平细杆 AB 长为 L，在铅垂图面内绕 A 轴转动，其另一端固连质量为 m 的质点 B，图 5-1-57 所示水平位置静止释放，则此瞬时质点 B 的惯性力为（　　）。

A．$F_g=mg$　　　　B．$F_g=\sqrt{2}mg$

C．0　　　　D．$F_g=\dfrac{\sqrt{2}}{2}mg$

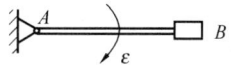

图 5-1-57

58．如图 5-1-58 所示系统中，当物块振动的频率比为 1.27 时，k 的值是（　　）。

A．1×10^5N/m　　　　B．2×10^5N/m

C．1×10^4N/m　　　　D．1.5×10^5N/m

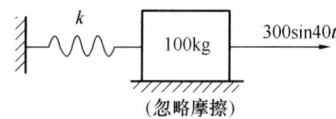

图 5-1-58

59．如图 5-1-59 所示结构的两杆面积和材料相同，在铅直向下的力 F 作用下，下面正确的结论是（　　）。

A．C 点位移向下偏左，1 杆轴力不为零

B．C 点位移向下偏左，1 杆轴力为零

C．C 点位移铅直向下，1 杆轴力为零

D．C 点位移向下偏右，1 杆轴力不为零

60．圆截面杆 ABC 轴向受力如图 5-1-60 所示。已知 BC 杆的直径 $d=100$mm，AB 杆的直径为 $2d$，杆的最大的拉应力是（　　）。

A．40MPa　　　　B．30MPa　　　　C．80MPa　　　　D．120MPa

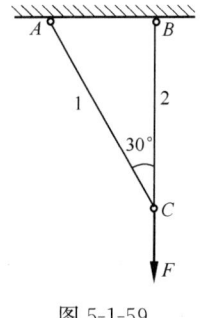

图 5-1-59

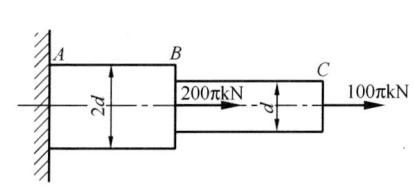

图 5-1-60

61. 桁架由 2 根细长直杆组成，杆的截面尺寸相同，材料分别是结构钢和普通铸铁。在下列桁架中，布局比较合理的是（　　）。

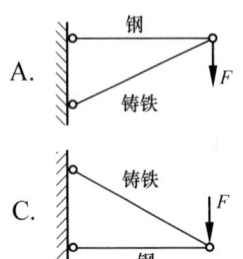
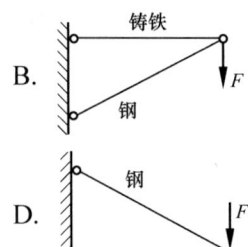

62. 冲床在钢板上一圆孔（图 5-1-62），圆孔直径 $d=100$mm，钢板的厚度 $t=10$mm，钢板的剪切强度极限 $\tau_b=300$MPa，需要的冲压力 F 是（　　）。

A. $F=300\pi$kN B. $F=3000\pi$kN
C. $F=2500\pi$kN D. $F=7500\pi$kN

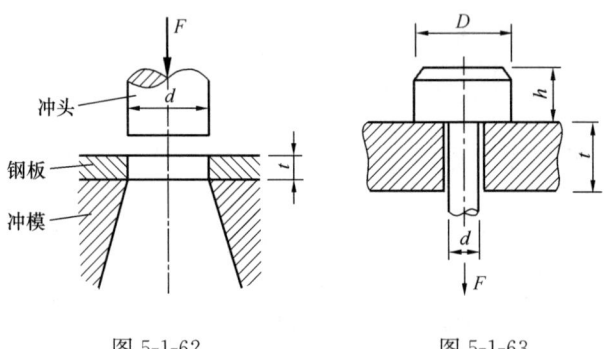

图 5-1-62　　　　　图 5-1-63

63. 螺钉受力如图 5-1-63 所示，已知螺钉和钢板的材料相同，拉伸许用应力 $[\sigma]$ 是剪切许用应力 $[\tau]$ 的 2 倍，即 $[\sigma]=2[\tau]$，钢板厚度 t 是螺钉头高度 h 的 1.5 倍，则螺钉直径 d 的合理值为（　　）。

A. $d=2h$　　　　B. $d=0.5h$　　　　C. $d^2=2Dt$　　　　D. $d^2=0.5Dt$

64. 图示受扭空心圆轴横截面上的切应力分布图，其中正确的是（　　）。

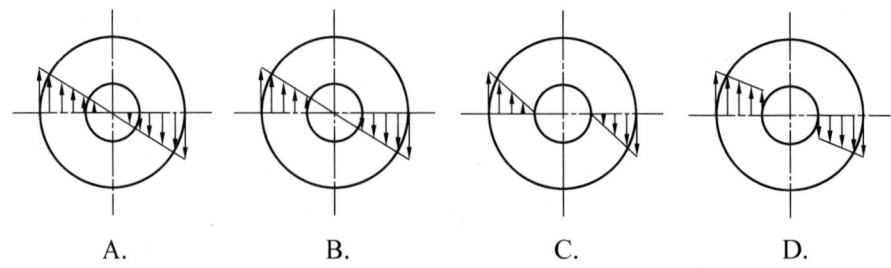

65. 在一套传动系统中，有多根圆轴。假设所有圆轴传递的功率相同，但转速不同。各轴所承受的扭矩与其转速的关系是（　　）。

A. 转速快的轴扭矩大 B. 转速慢的轴扭矩大
C. 各轴的扭矩相同 D. 无法确定

66. 梁的弯矩图如图 5-1-66 所示，最大值在 B 截面。在梁的 A、B、C、D 四个截面中，剪力为零的截面是（　　）。

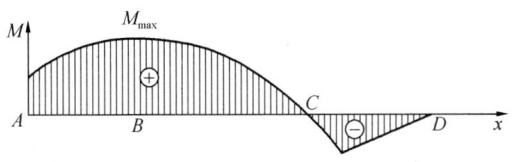

图 5-1-66

A. A 截面 B. B 截面 C. C 截面 D. D 截面

67. 如图 5-1-67 所示矩形截面受压杆，杆的中间段右侧有一槽，如图 5-1-67（a）所示。若在杆的左侧，即槽的对称位置也挖出同样的槽［如图 5-1-67（b）］，则图 5-1-67（b）杆的最大压应力是图 5-1-67（a）最大压应力的（　　）。

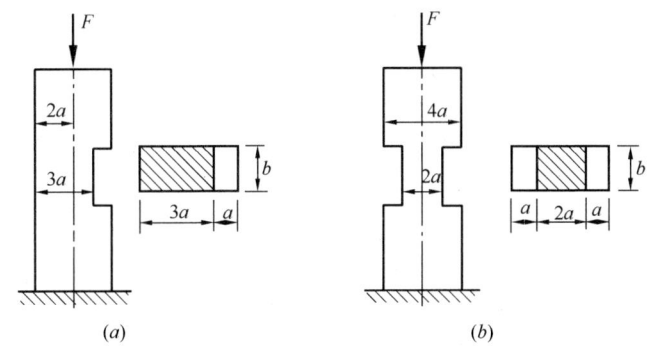

图 5-1-67

A. 3/4 B. 4/3 C. 3/2 D. 2/3

68. 梁的横截面可选用如图 5-1-68 所示空心矩形、矩形、正方形和圆形四种之一，假设四种截面的面积均相等，载荷作用方向铅垂向下，承载能力最大的截面是（　　）。

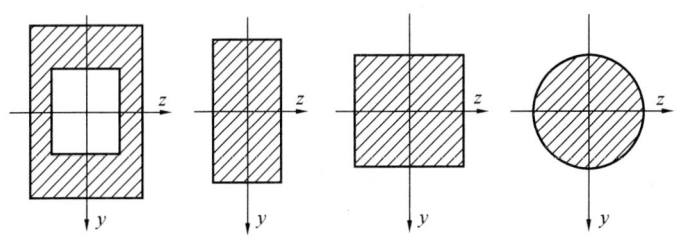

图 5-1-68

A. 空心矩形 B. 矩形 C. 正方形 D. 圆形

69. 按照第三强度理论，如图 5-1-69 所示两种应力状态的危险程度是（　　）。

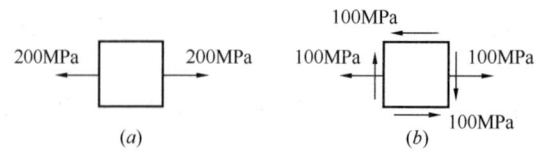

图 5-1-69

A. 无法判断　　　　B. 两者相同　　　　C. 图（a）更危险　　D. 图（b）更危险

70. 正方形截面杆 AB（如图 5-1-70 所示），力 F 作用在 xoy 平面内，与 x 轴夹角 α。杆距离 B 端为 a 的横截面上最大正应力在 α=45° 时的值是 α=0° 时值的（　　）。

A. $\dfrac{7\sqrt{2}}{2}$ 倍　　　　B. $3\sqrt{2}$ 倍

C. $\dfrac{5\sqrt{2}}{2}$ 倍　　　　D. $\sqrt{2}$ 倍

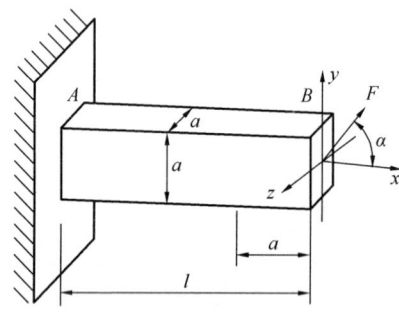

图 5-1-70

71. 如图 5-1-71 所示水下有一半径为 $R=0.1$m 的半球形侧盖，球心至水面距离 $H=5$m，作用于半球盖上水平方向的静水压力是（　　）。

A. 0.98kN　　　　B. 1.96kN　　　　C. 0.77kN　　　　D. 1.54kN

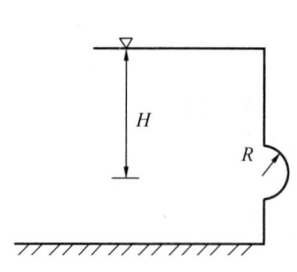

图 5-1-71

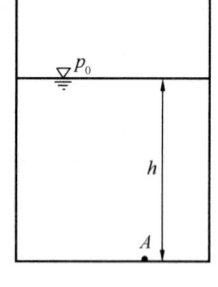

图 5-1-72

72. 密闭水箱如图 5-1-72 所示，已知水深 $h=2$m，自由面上的压强 $p_0=88$kN/m^2，当地大气压强为 $p_a=101$kN/m^2，则水箱底部 A 点的绝对压强与相对压强分别为（　　）。

A. 107.6kN/m^2 和 −6.6kN/m^2　　　　B. 107.6kN/m^2 和 6.6kN/m^2

C. 120.6kN/m^2 和 −6.6kN/m^2　　　　D. 120.6kN/m^2 和 6.6kN/m^2

73. 下列不可压缩二维流动中，满足连续方程的是（　　）。

A. $u_x=2x$，$u_y=2y$　　　　B. $u_x=0$，$u_y=2xy$

C. $u_x=5x$，$u_y=-5y$　　　　D. $u_x=2xy$，$u_y=-2xy$

74. 圆管层流中，下述错误的是（　　）。

A. 水头损失与雷诺数有关　　　　B. 水头损失与管长度有关

C. 水头损失与流速有关　　　　D. 水头损失与粗糙度有关

75. 主干管在 A、B 间是由两条支管组成的一个并联管路，两支管的长度和管径分别

为 $l_1=1800$m，$d_1=150$mm，$l_2=3000$m，$d_2=200$mm，两支管的沿程阻力系数 λ 均为 0.01，若主干管流量 $Q=39$L/s，则两支管流量分别为（   ）。

A. $Q_1=12$L/s，$Q_2=27$L/s B. $Q_1=15$L/s，$Q_2=24$L/s
C. $Q_1=24$L/s，$Q_2=15$L/s D. $Q_1=27$L/s，$Q_2=12$L/s

76. 一梯形断面明渠，水力半径 $R=0.8$m，底坡 $i=0.0006$，粗糙系数 $n=0.05$，则输水流速为（   ）。

A. 0.42m/s B. 0.48m/s C. 0.6m/s D. 0.75m/s

77. 地下水的浸润线是指（   ）。

A. 地下水的流线 B. 地下水运动的迹线
C. 无压地下水的自由水面线 D. 土壤中干土与湿土的界限

78. 用同种流体，同一温度进行管道模型实验。按黏性力相似准则，已知模型管径 0.1m，模型流速 4m/s，若原型管径为 2m，则原型流速为（   ）。

A. 0.2m/s B. 2m/s C. 80m/s D. 8m/s

79. 真空中有三个带电质点，其电荷分别为 q_1、q_2 和 q_3，其中，电荷为 q_1 和 q_3 的质点位置固定，电荷为 q_2 的质点可以自由移动，当三个质点的空间分布如图 5-1-79 所示时，电荷为 q_2 的质点静止不动，此时如下关系成立的是（   ）。

图 5-1-79

A. $q_1=q_2=2q_3$ B. $q_1=q_3=|q_2|$
C. $q_1=q_2=-q_3$ D. $q_2=q_3=-q_1$

80. 在如图 5-1-80 所示电路中，$I_1=-4$A，$I_2=-3$A，则 $I_3=$（   ）。

A. -1A B. 7A C. -7A D. 1A

81. 已知电路如图 5-1-81 所示，其中，响应电流 I 在电压源单独作用时的分量为（   ）。

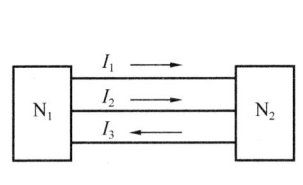
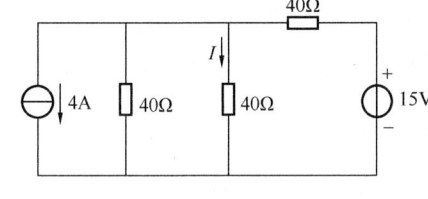

图 5-1-80 图 5-1-81

A. 0.375A B. 0.25A C. 0.125A D. 0.1875A

82. 已知电流 $i(t)=0.1\sin(\omega t+10°)$ A，电压 $u(t)=10\sin(\omega t-10°)$ V，则如下表述中正确的是（   ）。

A. 电流 $i(t)$ 与电压 $u(t)$ 呈反相关系 B. $\dot{I}=0.1\angle 10°$A，$\dot{U}=10\angle -10°$V
C. $\dot{I}=70.7\angle 10°$mA，$\dot{U}=-7.07\angle 10°$V D. $\dot{I}=70.7\angle 10°$mA，$\dot{U}=7.07\angle -10°$V

83. 一交流电路由 R、L、C 串联组成，其中 $R=10\Omega$，$X_L=8\Omega$，$X_C=6\Omega$，通过该电路的电流为 10A，则该电路的有功功率、无功功率和视在功率分别为（   ）。

A. 1kW，1.6kVar，2.6kVA B. 1kW，200Var，1.2kVA
C. 100W，200Var，223.6VA D. 1kW，200Var，1.02kVA

84. 已知电路如图 5-1-84 所示，设开关在 $t=0$ 时刻断开，那么，如下表述中正确的是（　　）。

A. 电路的左右两侧均进入暂态过程

B. 电流 i_1 立即等于 i_s，电流 i_2 立即等于 0

C. 电流 i_2 由 $\frac{1}{2}i_s$ 逐步衰减到 0

D. 在 $t=0$ 时刻，电流 i_2 发生了突变

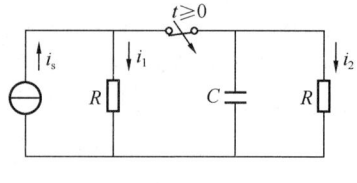

图 5-1-84

85. 图 5-1-85 所示变压器空载运行电路中，设变压器为理想器件，若 $u=\sqrt{2}U\sin\omega t$，则此时（　　）。

A. $U_1=\dfrac{\omega L \cdot U}{\sqrt{R^2+(\omega L)^2}}$，$U_2=0$

B. $u_1=u$，$U_2=\dfrac{1}{2}U_1$

C. $u_1\neq u$，$U_2=\dfrac{1}{2}U_1$

D. $u_1=u$，$U_2=2U_1$

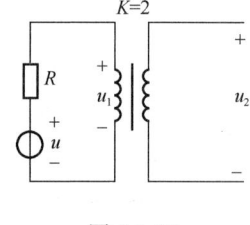

图 5-1-85

86. 设某△接异步电动机全压起动时的起动电流 $I_{st}=30A$，起动转矩 $T_{st}=45N\cdot m$，若对此台电动机采用 Y-△降压起动方案，则起动电流和起动转矩分别为（　　）。

A. 17.32A，25.98N·m B. 10A，15N·m

C. 10A，25.98N·m D. 17.32A，15N·m

87. 如图 5-1-87 所示电路的任意一个输出端，在任意时刻都只出现 0V 或 5V 这两个电压值（例如，在 $t=t_0$ 时刻获得的输出电压从上到下依次为 5V，0V，5V，0V），那么该电路的输出电压（　　）。

A. 是取值离散的连续时间信号

B. 是取值连续的离散时间信号

C. 是取值连续的连续时间信号

D. 是取值离散的离散时间信号

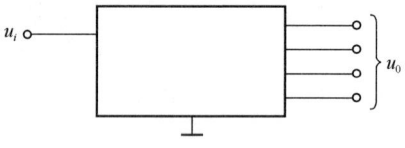

图 5-1-87

88. 如图 5-1-88 所示非周期信号 $u(t)$，若利用单位阶跃函数 $\varepsilon(t)$ 将其写成时间函数表达式，则 $u(t)$ 等于（　　）。

A. $5-1=4V$

B. $5\varepsilon(t)+\varepsilon(t-t_0)$ V

C. $5\varepsilon(t)-4\varepsilon(t-t_0)$ V

D. $5\varepsilon(t)-4\varepsilon(t+t_0)$ V

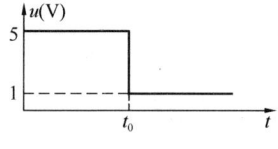

图 5-1-88

89. 模拟信号经线性放大器放大后，信号中被改变的量是（　　）。

A. 信号的频率 B. 信号的幅值频谱

C. 信号的相位频谱 D. 信号的幅值

90. 对逻辑表达式 (A+B)(A+C) 的化简结果是（　　）。

A. A B. $A^2+AB+AC+BC$

C. A+BC   D. (A+B)(A+C)

91. 已知数字信号 A 和数字信号 B 的波形如图 5-1-91 所示，则数字信号 F=$\overline{AB}$的波形为（   ）。

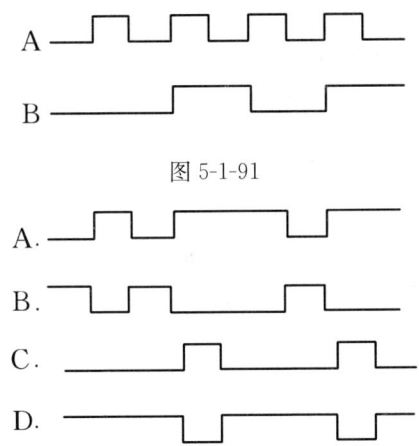

图 5-1-91

92. 逻辑函数 F=f(A，B，C)的真值表如下所示，由此可知（   ）。

A	B	C	F
0	0	0	1
0	0	1	0
0	1	0	0
0	1	1	1
1	0	0	1
1	0	1	0
1	1	0	0
1	1	1	1

A. F=$\overline{A}$($\overline{B}$C+B$\overline{C}$)+A($\overline{B}\overline{C}$+BC)
B. F=$\overline{B}$C+B$\overline{C}$
C. F=$\overline{B}\overline{C}$+BC
D. F=$\overline{A}$+$\overline{B}$+$\overline{BC}$

93. 二极管应用电路如图 5-1-93(a)所示，电路的激励 u_i，输出电压如图 5-1-93(b)所示，设二极管为理想器件，则电路的输出电压 u_0 的平均值 U_0=（   ）。

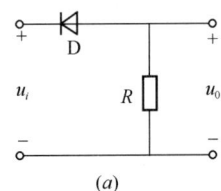 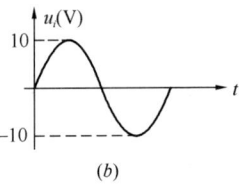

图 5-1-93

A. $\frac{10}{\sqrt{2}}\times 0.45=3.18V$

B. $10\times 0.45=4.5V$

C. $-\frac{10}{\sqrt{2}}\times 0.45=-3.18V$

D. $-10\times 0.45=-4.5V$

94. 运算放大器应用电路如图 5-1-94 所示，设运算放大器输出电路的极限值为±11V，如果将2V电压接入电路的"A"端、电路的"B"端接地后,测得输出电压为-8V,那么,如果将2V电压接入电路的"B"端、而电路的"A"端接地,则该电路的输出电压u_0等于(   )。

A. 8V　　　　　　　B. -8V　　　　　　　C. 10V　　　　　　　D. -10V

95. 如图5-1-95(a)所示电路中,复位信号$\overline{R}_D$,信号A及时钟脉冲信号CP如图5-1-95(b)所示,经分析可知,在第一个和第二个时钟脉冲的下降沿时刻,输出Q先后等于(   )。

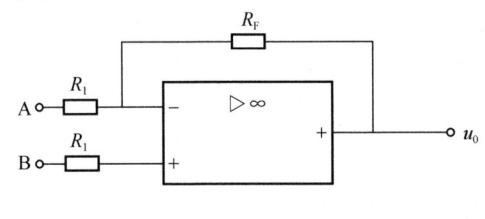
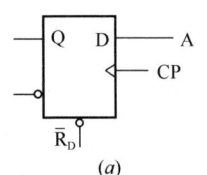
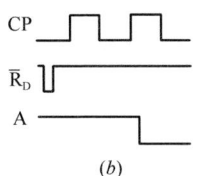

图5-1-94　　　　　　　　　　　　　　　　图5-1-95

A. 0　0　　　　　　B. 0　1　　　　　　C. 1　0　　　　　　D. 1　1

附:触发器的逻辑状态表为

D	Q_{n+1}
0	0
1	1

96. 如图5-1-96(a)所示电路中,复位信号,数据输入及时钟脉冲信号如图5-1-96(b)所示,经分析可知,在第一个和第二个时钟脉冲的下降沿过后,输出Q先后等于(   )。

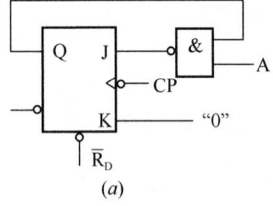
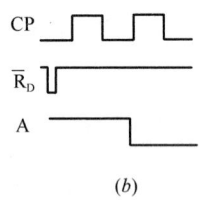

图5-1-96

A. 0　0

B. 0　1

C. 1　0

D. 1　1

附:触发器的逻辑状态表为

J	K	Q_{n+1}
0	0	Q_n
0	1	0
1	0	1
1	1	$\overline{Q}_n$

97. 总线中的地址总线传输的是(   )。

A. 程序和数据　　　　　　　　　　B. 主存储器的地址码或外围设备码

C. 控制信息　　　　　　　　　　　D. 计算的系统命令

98. 软件系统中,能够管理和控制计算机系统全部资源的软件是(   )。

A. 应用软件　　　　B. 用户程序　　　　C. 支撑软件　　　　D. 操作系统

99. 用高级语言编写的源程序,将其转换成能在计算机上运行的程序过程是（　　）。
A. 翻译、连接、执行　　　　　　　　B. 编辑、编译、连接
C. 连接、翻译、执行　　　　　　　　D. 编程、编辑、执行

100. 十进制的数 256.625 用十六进制表示则是（　　）。
A. 100.B　　　　B. 200.C　　　　C. 100.A　　　　D. 96.D

101. 在下面有关信息加密技术的论述中,不正确的是（　　）。
A. 信息加密技术是为提高信息系统及数据的安全性和保密性的技术
B. 信息加密技术是防止数据信息被别人破译而采用的技术
C. 信息加密技术是网络安全的重要技术之一
D. 信息加密技术是清除计算器病毒而采用的技术

102. 可以这样来认识进程,进程是（　　）。
A. 一段执行中的程序　　　　　　　　B. 一个名义上系统软件
C. 与程序等效的一个概念　　　　　　D. 一个存放在 ROM 中的程序

103. 操作系统中的文件管理是（　　）。
A. 对计算机的系统软件资源进行管理　　B. 对计算机的硬件资源进行管理
C. 对计算机用户进行管理　　　　　　　D. 对计算机网络进行管理

104. 在计算机网络中,常将负责全网络信息处理的设备和软件称为（　　）。
A. 资源子网　　　　　　　　　　　　B. 通信子网
C. 局域网　　　　　　　　　　　　　D. 广域网

105. 若按采用的传输介质的不同,可将网络分为（　　）。
A. 双绞线网、同轴电缆网、光纤网、无线网
B. 基带网和宽带网
C. 电路交换类、报文交换类、分组交换类
D. 广播式网络、点到点式网络

106. 一个典型的计算机网络系统主要是由（　　）。
A. 网络硬件系统和网络软件系统组成
B. 主机和网络软件系统组成
C. 网络操作系统和若干计算机组成
D. 网络协议和网络操作系统组成

107. 如现在投资 100 万元,预计年利率为 10%,分 5 年等额回收,每年可回收（　　）。[已知:$(A/P, 10\%, 5)=0.2638$,$(A/F, 10\%, 5)=0.1638$]
A. 16.38 万元　　　B. 26.38 万元　　　C. 62.09 万元　　　D. 75.82 万元

108. 某项目投资中有部分资金来源于银行贷款,该贷款在整个项目期间将等额偿还本息。项目预计年经营成本为 5000 万元,年折旧费和摊销费为 2000 万元,则该项目的年总成本费用应（　　）。
A. 等于 5000 万元　　　　　　　　　B. 等于 7000 万元
C. 大于 7000 万元　　　　　　　　　D. 在 5000 万元与 7000 万元之间

109. 下列财务评价指标中,反映项目盈利能力的指标是（　　）。

A. 流动比率 B. 利息备付率
C. 投资回收期 D. 资产负债率

110. 某项目第一年年初投资 5000 万元，此后从第一年年末开始每年年末有相同的净收益，收益期为 10 年。寿命期结束时的净残值为 100 万元。若基准收益率为 12%，则要使该投资方案的净现值为零，其年净收益应为（   ）。

[已知：$(P/A, 12\%, 10) = 5.6500$；$(P/F, 12\%, 10) = 0.3220$]

A. 879.26 万元　　B. 884.96 万元　　C. 890.65 万元　　D. 1610 万元

111. 某企业设计生产能力为年产某产品 40000t。在满负荷生产状态下，总成本为 30000 万元，其中固定成本为 10000 万元。若产品价格为 1 万元/t，则以生产能力利用率表示的盈亏平衡点为（   ）。

A. 25%　　　　B. 35%　　　　C. 40%　　　　D. 50%

112. 已知甲、乙为两个寿命期相同的互斥项目，通过测算得出：甲、乙两项目的内部收益率分别为 18% 和 14%，甲、乙两项目的净现值分别为 240 万元和 320 万元。假如基准收益率为 12%，则以下说法中正确的是（   ）。

A. 应选择甲项目 B. 应选择乙项目
C. 应同时选择甲、乙两个项目 D. 甲、乙两项目均不应选择

113. 下列项目方案类型中，适于采用最小公倍数法进行方案比选的是（   ）。

A. 寿命期相同的互斥方案 B. 寿命期不同的互斥方案
C. 寿命期相同的独立方案 D. 寿命期不同的独立方案

114. 某项目整体功能的目标成本为 10 万元，在进行功能评价时，得出某一功率 F^* 的功能评价系数为 0.3，若其成本改进期望值为 -5000 元（即降低 5000 元）。则 F^* 的现实成本为（   ）。

A. 2.5 万元　　　B. 3 万元　　　C. 3.5 万元　　　D. 4 万元

115. 根据《中华人民共和国建筑法》规定，对从事建筑业的单位实行资质管理制度，将从事建筑活动的工程监理单位，划分为不同的资质等级。监理单位资质等级的划分条件可以不考虑（   ）。

A. 注册成本 B. 法定代表人
C. 已完成的建筑工程业绩 D. 专业技术人员

116. 某生产经营单位使用危险性较大的特种设备，根据《中华人民共和国安全生产法》规定，该设备投入使用的条件不包括（   ）。

A. 该设备应由专业生产单位生产
B. 该设备应进行安全条件论证和安全评价
C. 该设备须经取得专业资质的检测、检验机构检测、检验合格
D. 该设备须取得安全使用证或者安全标志

117. 根据《中华人民共和国招标投标法》规定，某工程项目委托监理服务的招标投标活动，应当遵循的原则是（   ）。

A. 公开、公平、公正、诚实守信 B. 公开、平等、自愿、公平、诚实守信
C. 公正、科学、独立、诚实守信 D. 全面、有效、合理、诚实守信

118. 根据《中华人民共和国民法典》规定，要约可以撤回和撤销。下列要约，不得

撤销的是( )。

  A. 要约到达受要约人   B. 要约人确定了承诺期限

  C. 受要约人未发出承诺通知   D. 受要约人即将发出承诺通知

119. 下列情形中，作出行政许可决定的行政机关或者其上级行政机关，应当依法办理有关行政许可的注销手续的是（ ）。

  A. 取得市场准入行政许可的被许可人擅自停业、歇业

  B. 行政机关工作人员对直接关系生命财产安全的设施监督检查时，发现存在安全隐患的

  C. 行政许可证件依法被吊销的

  D. 被许可人未依法履行开发利用自然资源义务的

120. 某建设工程项目完成施工后，施工单位提出工程竣工验收申请，根据《建筑工程质量管理条例》规定，该建设工程竣工验收应当具备的条件不包括（ ）。

  A. 有施工单位提交的工程质量保证金

  B. 有工程使用的主要建筑材料、建筑构配件和设备的进场试验报告

  C. 有勘察、设计、施工、工程监理等单位分别签署的质量合格文件

  D. 有完整的技术档案和施工管理材料

2016年真题①（上、下午卷）

（上午卷）

单项选择题（共120题，每题1分。每题的备选项中只有一个最符合题意。）

1. 下列极限式中，能够使用洛必达法则求极限的是（　　）。

   A. $\lim\limits_{x\to 0}\dfrac{1+\cos x}{e^x-1}$ B. $\lim\limits_{x\to 0}\dfrac{x-\sin x}{\sin x}$

   C. $\lim\limits_{x\to 0}\dfrac{x^2\sin\dfrac{1}{x}}{\sin x}$ D. $\lim\limits_{x\to\infty}\dfrac{x+\sin x}{x-\sin x}$

2. 设 $\begin{cases}x=t-\arctan t\\ y=\ln(1+t^2)\end{cases}$，则 $\left.\dfrac{dy}{dx}\right|_{t=1}$ 等于（　　）。

   A. 1   B. −1   C. 2   D. $\dfrac{1}{2}$

3. 微分方程 $\dfrac{dy}{dx}=\dfrac{1}{xy+y^3}$ 是（　　）。

   A. 齐次微分方程
   B. 可分离变量的微分方程
   C. 一阶线性微分方程
   D. 二阶微分方程

4. 若向量 $\boldsymbol{\alpha}$、$\boldsymbol{\beta}$ 满足 $|\boldsymbol{\alpha}|=2$，$|\boldsymbol{\beta}|=\sqrt{2}$，且 $\boldsymbol{\alpha}\cdot\boldsymbol{\beta}=2$，则 $|\boldsymbol{\alpha}\times\boldsymbol{\beta}|$ 等于（　　）。

   A. 2   B. $2\sqrt{2}$
   C. $2+\sqrt{2}$ D. 不能确定

5. $f(x)$ 在点 x_0 处的左、右极限存在且相等是 $f(x)$ 在 x_0 处连续的（　　）。

   A. 必要非充分的条件
   B. 充分非必要的条件
   C. 充分且必要的条件
   D. 既非充分又非必要的条件

6. 设 $\int_0^x f(t)dt=\dfrac{\cos x}{x}$，则 $f\left(\dfrac{\pi}{2}\right)$ 等于（　　）。

   A. $\dfrac{\pi}{2}$ B. $-\dfrac{2}{\pi}$ C. $\dfrac{2}{\pi}$ D. 0

7. 若 $\sec^2 x$ 是 $f(x)$ 的一个原函数，则 $\int xf(x)dx$ 等于（　　）。

   A. $\tan x+C$
   B. $x\tan x-\ln|\cos x|+C$
   C. $x\sec^2 x+\tan x+C$
   D. $x\sec^2 x-\tan x+C$

8. yOz 坐标面上的曲线 $\begin{cases}y^2+z=1\\ x=0\end{cases}$ 绕 Oz 轴旋转一周所生成的旋转曲面方程是（　　）。

   A. $x^2+y^2+z=1$
   B. $x+y^2+z^2=1$
   C. $y^2+\sqrt{x^2+z^2}=1$
   D. $y^2-\sqrt{x^2+z^2}=1$

9. 若函数 $z=f(x,y)$ 在点 $P_0(x_0,y_0)$ 处可微，则下面结论中错误的是（　　）。

---

① 2015年停考。

A. $z=f(x,y)$ 在 P_0 处连续 B. $\lim\limits_{\substack{x\to x_0\\y\to y_0}}f(x,y)$ 存在

C. $f'_x(x_0,y_0)$，$f'_y(x_0,y_0)$ 均存在 D. $f'_x(x,y)$，$f'_y(x,y)$ 在 P_0 处连续

10. 若 $\int_{-\infty}^{+\infty}\dfrac{A}{1+x^2}dx=1$，则常数 A 等于（　　）。

A. $\dfrac{1}{\pi}$ B. $\dfrac{2}{\pi}$ C. $\dfrac{\pi}{2}$ D. π

11. 设 $f(x)=x(x-1)(x-2)$，则方程 $f'(x)=0$ 的实根个数是（　　）。
A. 3 B. 2 C. 1 D. 0

12. 微分方程 $y''-2y'+y=0$ 的两个线性无关的特解是（　　）。
A. $y_1=x$，$y_2=e^x$ B. $y_1=e^{-x}$，$y_2=e^x$
C. $y_1=e^{-x}$，$y_2=xe^{-x}$ D. $y_1=e^x$，$y_2=xe^x$

13. 设函数 $f(x)$ 在 (a,b) 内可微，且 $f'(x)\neq 0$，则 $f(x)$ 在 (a,b) 内（　　）。
A. 必有极大值 B. 必有极小值
C. 必无极值 D. 不能确定有还是没有极值

14. 下列级数中，绝对收敛的级数是（　　）。

A. $\sum\limits_{n=1}^{\infty}(-1)^{n-1}\dfrac{1}{n}$ B. $\sum\limits_{n=1}^{\infty}(-1)^{n-1}\dfrac{1}{\sqrt{n}}$

C. $\sum\limits_{n=1}^{\infty}\dfrac{n^2}{1+n^2}$ D. $\sum\limits_{n=1}^{\infty}\dfrac{\sin\frac{3}{2}n}{n^2}$

15. 若 D 是由 $x=0$，$y=0$，$x^2+y^2=1$ 所围成在第一象限的区域，则二重积分 $\iint\limits_{D}x^2y\,dxdy$ 等于（　　）。

A. $-\dfrac{1}{15}$ B. $\dfrac{1}{15}$ C. $-\dfrac{1}{12}$ D. $\dfrac{1}{12}$

16. 设 L 是抛物线 $y=x^2$ 上从点 $A(1,1)$ 到点 $O(0,0)$ 的有向弧线，则对坐标的曲线积分 $\int_L x\,dx+y\,dy$ 等于（　　）。
A. 0 B. 1 C. -1 D. 2

17. 幂级数 $\sum\limits_{n=0}^{\infty}\dfrac{(-1)^n}{2^n}x^n$ 在 $|x|<2$ 的和函数是（　　）。

A. $\dfrac{2}{2+x}$ B. $\dfrac{2}{2-x}$

C. $\dfrac{1}{1-2x}$ D. $\dfrac{1}{1+2x}$

18. 设 $z=\dfrac{3^{xy}}{x}+xF(u)$，其中 $F(u)$ 可微，且 $u=\dfrac{y}{x}$，则 $\dfrac{\partial z}{\partial y}$ 等于（　　）。

A. $3^{xy}-\dfrac{y}{x}F'(u)$ B. $\dfrac{1}{x}3^{xy}\ln 3+F'(u)$

C. $3^{xy}+F'(u)$ D. $3^{xy}\ln 3+F'(u)$

19. 若使向量组 $\boldsymbol{\alpha}_1=(6,t,7)^T, \boldsymbol{\alpha}_2=(4,2,2)^T, \boldsymbol{\alpha}_3=(4,1,0)^T$ 线性相关，则 t 等于（　　）。

    A. -5 B. 5 C. -2 D. 2

20. 下列结论中正确的是（　　）。

    A. 矩阵 $\boldsymbol{A}$ 的行秩与列秩可以不等

    B. 秩为 r 的矩阵中，所有 r 阶子式均不为零

    C. 若 n 阶方阵 $\boldsymbol{A}$ 的秩小于 n，则该矩阵 $\boldsymbol{A}$ 的行列式必等于零

    D. 秩为 r 的矩阵中，不存在等于零的 $r-1$ 阶子式

21. 已知矩阵 $A=\begin{bmatrix}5 & -3 & 2\\ 6 & -4 & 4\\ 4 & -4 & a\end{bmatrix}$ 的两个特征值为 $\lambda_1=1, \lambda_2=3$，则常数 a 和另一特征值 λ_3 为（　　）。

    A. $a=1, \lambda_3=-2$ B. $a=5, \lambda_3=2$

    C. $a=-1, \lambda_3=0$ D. $a=-5, \lambda_3=-8$

22. 设有事件 A 和 B，已知 $P(A)=0.8, P(B)=0.7$，且 $P(A\mid B)=0.8$，则下列结论中正确的是（　　）。

    A. A 与 B 独立   B. A 与 B 互斥

    C. $B \supset A$ D. $P(A \cup B)=P(A)+P(B)$

23. 某店有 7 台电视机，其中 2 台次品。现从中随机地取 3 台，设 X 为其中的次品数，则数学期望 $E(X)$ 等于（　　）。

    A. $\dfrac{3}{7}$ B. $\dfrac{4}{7}$ C. $\dfrac{5}{7}$ D. $\dfrac{6}{7}$

24. 设总体 $X \sim N(0, \sigma^2)$，$X_1, X_2, \cdots, X_n$ 是来自总体的样本，$\hat{\sigma}^2 = \dfrac{1}{n}\sum_{i=1}^{n}X_i^2$，则下面结论中正确的是（　　）。

    A. $\hat{\sigma}^2$ 不是 σ^2 的无偏估计量   B. $\hat{\sigma}^2$ 是 σ^2 的无偏估计量

    C. $\hat{\sigma}^2$ 不一定是 σ^2 的无偏估计量   D. $\hat{\sigma}^2$ 不是 σ^2 的估计量

25. 假定氧气的热力学温度提高一倍，氧分子全部离解为氧原子，则氧原子的平均速率是氧分子平均速率的（　　）。

    A. 4 倍   B. 2 倍   C. $\sqrt{2}$ 倍   D. $\dfrac{1}{\sqrt{2}}$ 倍

26. 容积恒定的容器内盛有一定量的某种理想气体，分子的平均自由程为 $\bar{\lambda}_0$，平均碰撞频率为 $\bar{Z}_0$，若气体的温度降低为原来的 $\dfrac{1}{4}$ 倍，则此时分子的平均自由程 $\bar{\lambda}$ 和平均碰撞频率 $\bar{Z}$ 为（　　）。

    A. $\bar{\lambda}=\bar{\lambda}_0, \bar{Z}=\bar{Z}_0$ B. $\bar{\lambda}=\bar{\lambda}_0, \bar{Z}=\dfrac{1}{2}\bar{Z}_0$

    C. $\bar{\lambda}=2\bar{\lambda}_0, \bar{Z}=2\bar{Z}_0$ D. $\bar{\lambda}=\sqrt{2}\bar{\lambda}_0, \bar{Z}=4\bar{Z}_0$

27. 一定量的某种理想气体由初始态经等温膨胀变化到末态时，压强为 p_1；若由相同

的初始态经绝热膨胀到另一末态时，压强为 p_2，若两过程末态体积相同，则（　　）。

A. $p_1=p_2$　　　　　　　　　　　B. $p_1>p_2$

C. $p_1<p_2$　　　　　　　　　　　D. $p_1=2p_2$

28. 在卡诺循环过程中，理想气体在一个绝热过程中所做的功为 W_1，内能变化为 ΔE_1，则在另一绝热过程中所做的功为 W_2，内能变化为 ΔE_2，则 W_1、W_2 及 ΔE_1、ΔE_2 之间的关系为（　　）。

A. $W_2=W_1$，$\Delta E_2=\Delta E_1$　　　　　B. $W_2=-W_1$，$\Delta E_2=\Delta E_1$

C. $W_2=-W_1$，$\Delta E_2=-\Delta E_1$　　　D. $W_2=W_1$，$\Delta E_2=-\Delta E_1$

29. 波的能量密度的单位是（　　）。

A. $J\cdot m^{-1}$　　　　　　　　　　B. $J\cdot m^{-2}$

C. $J\cdot m^{-3}$　　　　　　　　　　D. J

30. 两相干波源，频率为 100Hz，相位差为 π，两者相距 20m，若两波源发出的简谐波的振幅均匀 A，则在两波源连线的中垂线上各点合振动的振幅为（　　）。

A. $-A$　　　B. 0　　　C. A　　　D. $2A$

31. 一平面简谐波的波动方程为 $y=2\times10^{-2}\cos2\pi\left(10t-\dfrac{x}{5}\right)$(SI)，对 $x=2.5$m 处的质元，在 $t=0.25$s 时，它的（　　）。

A. 动能最大，势能最大　　　　　B. 动能最大，势能最小

C. 动能最小，势能最大　　　　　D. 动能最小，势能最小

32. 一束自然光自空气射向一块玻璃，设入射角等于布儒斯特角 i_0，则光的折射角为（　　）。

A. $\pi+i_0$　　　　　　　　　　　B. $\pi-i_0$

C. $\dfrac{\pi}{2}+i_0$　　　　　　　　　　D. $\dfrac{\pi}{2}-i_0$

33. 两块偏振片平行放置，光强为 I_0 的自然光垂直入射在第一块偏振片上，若两偏振片的偏振化方向夹角为 $45°$，则从第二块偏振片透出的光强为（　　）。

A. $\dfrac{I_0}{2}$　　　　　　　　　　　B. $\dfrac{I_0}{4}$

C. $\dfrac{I_0}{8}$　　　　　　　　　　　D. $\dfrac{\sqrt{2}}{4}I_0$

34. 在单缝夫琅禾费衍射实验中，单缝宽度为 a，所用单色光波长为 λ，透镜焦距为 f，则中央明条纹的半宽度为（　　）。

A. $\dfrac{f\lambda}{a}$　　　　　　　　　　　B. $\dfrac{2f\lambda}{a}$

C. $\dfrac{a}{f\lambda}$　　　　　　　　　　　D. $\dfrac{2a}{f\lambda}$

35. 通常亮度下，人眼睛瞳孔的直径约为 3mm，视觉感受到最灵敏的光波波长为 550nm（$1nm=1\times10^{-9}$m），则人眼睛的最小分辨角约为（　　）。

A. 2.24×10^{-3}rad　　　　　　B. 1.12×10^{-4}rad

C. 2.24×10^{-4}rad　　　　　　D. 1.12×10^{-3}rad

36. 在光栅光谱中,假如所有偶数级次的主极大都恰好在每透光缝衍射的暗纹方向上,因而出现缺级现象,那么此光栅每个透光缝宽度 a 和相邻两缝间不透光部分宽度 b 的关系为（ ）。

　　A. $a=2b$　　　　　　　　　　　B. $b=3a$
　　C. $a=b$　　　　　　　　　　　　D. $b=2a$

37. 多电子原子中同一电子层原子轨道能级（量）最高的亚层是（ ）。

　　A. s 亚层　　　　　　　　　　　B. p 亚层
　　C. d 亚层　　　　　　　　　　　D. f 亚层

38. 在 CO 和 N_2 分子之间存在的分子间力有（ ）。

　　A. 取向力、诱导力、色散力　　　B. 氢键
　　C. 色散力　　　　　　　　　　　D. 色散力、诱导力

39. 已知 $K_b^{\ominus}(NH_3 \cdot H_2O)=1.8\times10^{-5}$，$0.1mol \cdot L^{-1}$ 的 $NH_3 \cdot H_2O$ 溶液的 pH 为（ ）。

　　A. 2.87　　　　B. 11.13　　　　C. 2.37　　　　D. 11.63

40. 通常情况下，$K_a^{\ominus}$、$K_b^{\ominus}$、$K^{\ominus}$、$K_{sp}^{\ominus}$，它们的共同特性是（ ）。

　　A. 与有关气体分压有关　　　　　B. 与温度有关
　　C. 与催化剂的种类有关　　　　　D. 与反应物浓度有关

41. 下列各电对的电极电势与 H^+ 浓度有关的是（ ）。

　　A. Zn^{2+}/Zn　　　　　　　　　B. Br_2/Br^-
　　C. AgI/Ag　　　　　　　　　　 D. MnO_4^-/Mn^{2+}

42. 电解 Na_2SO_4 水溶液时,阳极上放电的离子是（ ）。

　　A. H^+　　　　B. OH^-　　　　C. Na^+　　　　D. SO_4^{2-}

43. 某化学反应在任何温度下都可以自发进行,此反应需满足的条件是（ ）。

　　A. $\Delta_r H_m<0$，$\Delta_r S_m>0$　　　　B. $\Delta_r H_m>0$，$\Delta_r S_m<0$
　　C. $\Delta_r H_m<0$，$\Delta_r S_m<0$　　　　D. $\Delta_r H_m>0$，$\Delta_r S_m>0$

44. 按系统命名法,下列有机化合物命名正确的是（ ）。

　　A. 3-甲基丁烷　　　　　　　　　B. 2-乙基丁烷
　　C. 2,2-二甲基戊烷　　　　　　　D. 1,1,3-三甲基戊烷

45. 苯胺酸和山梨酸（$CH_3CH=CHCH=CHCOOH$）都是常见的食品防腐剂。下列物质中只能与其中一种酸发生化学反应的是（ ）。

　　A. 甲醇　　　　　　　　　　　　B. 溴水
　　C. 氢氧化钠　　　　　　　　　　D. 金属钾

46. 受热到一定程度就能软化的高聚物是（ ）。

　　A. 分子结构复杂的高聚物　　　　B. 相对摩尔质量较大的高聚物
　　C. 线性结构的高聚物　　　　　　D. 体型结构的高聚物

47. 如图 6-1-47 所示,结构由直杆 AC，DE 和直角弯杆 BCD 所组成,自重不计,受载荷 F 与 $M=F \cdot a$ 作用,则 A 处约束力的作用线与 x 轴正向所成的夹角为（ ）。

　　A. 135°　　　　B. 90°　　　　　C. 0°　　　　　D. 45°

48. 如图 6-1-48 所示,平面力系中,已知 $q=10kN/m$，$M=20kN \cdot m$，$a=2m$，则该

主动力系对 B 点的合力矩为（　　）。

A. $M_B=0$　　　　　　　　　　B. $M_B=20\text{kN·m}(\curvearrowleft)$

C. $M_B=40\text{kN·m}(\curvearrowleft)$　　　　D. $M_B=40\text{kN·m}(\curvearrowright)$

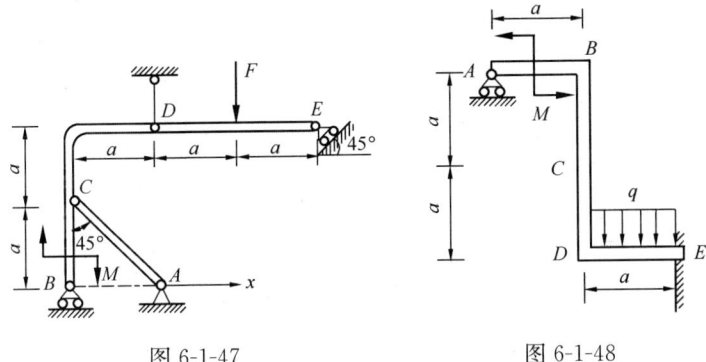

图 6-1-47　　　　　　　　　　图 6-1-48

49. 简支梁受分布荷载作用如图 6-1-49 所示，支座 A、B 的约束力为（　　）。

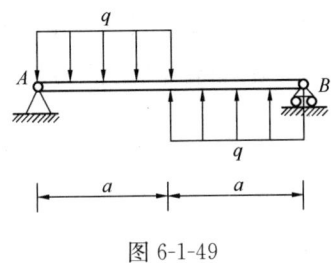

图 6-1-49

A. $F_A=0$，$F_B=0$　　　　　　B. $F_A=\dfrac{1}{2}qa\uparrow$，$F_B=\dfrac{1}{2}qa\uparrow$

C. $F_A=\dfrac{1}{2}qa\uparrow$，$F_B=\dfrac{1}{2}qa\downarrow$　　D. $F_A=\dfrac{1}{2}qa\downarrow$，$F_B=\dfrac{1}{2}qa\uparrow$

50. 重 W 的物块自由地放在倾角为 α 的斜面上如图 6-1-50 所示，且 $\sin\alpha=\dfrac{3}{5}$，$\cos\alpha=\dfrac{4}{5}$。物块上作用一水平力 F，且 $F=W$。若物块与斜面间的静摩擦系数 $f=0.2$，则该物块的状态为（　　）。

A. 静止状态

B. 临界平衡状态

C. 滑动状态

D. 条件不足，不能确定

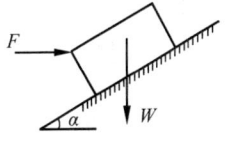

图 6-1-50

51. 已知动点沿直线轨道按照 $x=3t^3+t+2$ 的规律运动（x 以 m 计，t 以 s 计），则当 $t=4\text{s}$ 时，动点的位移、速度和加速度分别为（　　）。

A. $x=54\text{m}$，$v=145\text{m/s}$，$a=18\text{m/s}^2$

B. $x=198\text{m}$，$v=145\text{m/s}$，$a=72\text{m/s}^2$

C. $x=198\text{m}$，$v=49\text{m/s}$，$a=72\text{m/s}^2$

D. $x=192$m, $v=145$m/s, $a=12$m/s^2

52. 点在直径为6m的圆形轨道上运动，走过的距离是$s=3t^2$，则点在2s末的切向加速度为（   ）。

A. 48m/s^2 B. 4m/s^2

C. 96m/s^2 D. 6m/s^2

53. 杆$OA=l$，绕固定轴O转动，某瞬时杆端A点的加速度a 如图 6-1-53 所示，则该瞬时杆OA的角速度及角加速度为（   ）。

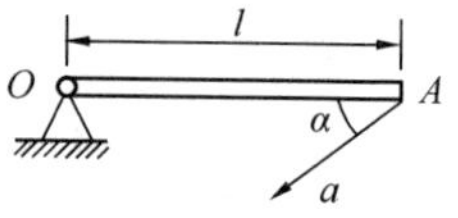

A. 0, $\dfrac{a}{l}$

B. $\sqrt{\dfrac{a\cos\alpha}{l}}$, $\dfrac{a\sin\alpha}{l}$

C. $\sqrt{\dfrac{a}{l}}$, 0

D. 0, $\sqrt{\dfrac{a}{l}}$

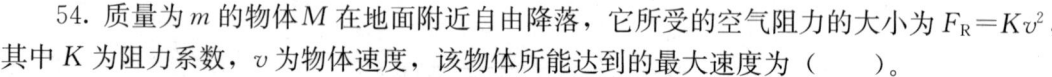

图 6-1-53

54. 质量为m的物体M在地面附近自由降落，它所受的空气阻力的大小为$F_R=Kv^2$，其中K为阻力系数，v为物体速度，该物体所能达到的最大速度为（   ）。

A. $v=\sqrt{\dfrac{mg}{K}}$ B. $v=\sqrt{mgK}$

C. $v=\sqrt{\dfrac{g}{K}}$ D. $v=\sqrt{gK}$

55. 质点受弹簧力作用而运动，如图 6-1-55 所示，l_0为弹簧自然长度，k为弹簧刚度系数，质点由位置1到位置2和由位置3到位置2弹簧力所做的功为（   ）。

A. $W_{12}=-1.96$J, $W_{32}=1.176$J
B. $W_{12}=1.96$J, $W_{32}=1.176$J
C. $W_{12}=1.96$J, $W_{32}=-1.176$J
D. $W_{12}=-1.96$J, $W_{32}=-1.176$J

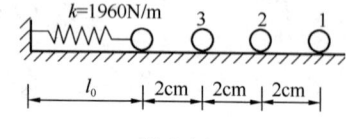

图 6-1-55

56. 如图 6-1-56 所示圆环以角速度ω绕铅直轴AC自由转动，圆环的半径为R，对转轴z的转动惯量为I。在圆环中的A点放一质量为m的小球，设由于微小的干扰，小球离开A点。忽略一切摩擦，则当小球达到B点时，圆环的角速度为（   ）。

A. $\dfrac{mR^2\omega}{I+mR^2}$

B. $\dfrac{I\omega}{I+mR^2}$

C. ω

D. $\dfrac{2I\omega}{I+mR^2}$

57. 如图 6-1-57 所示，均质圆轮，质量为m，半径为r，在铅垂图面内绕通过圆盘中心

O 的水平轴转动,角速度为 ω,角加速度为 ε,此时将圆轮的惯性力系向 O 点简化,其惯性力主矢和惯性力主矩的大小分别为（   ）。

A. 0,0

B. $mr\varepsilon$,$\frac{1}{2}mr^2\varepsilon$

C. 0,$\frac{1}{2}mr^2\varepsilon$

D. 0,$\frac{1}{4}mr^2\omega^2$

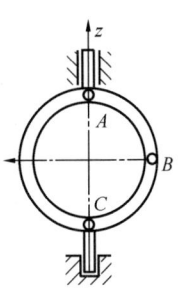

图 6-1-56

58. 5kg 质量块振动,其自由振动规律是 $x=X\sin\omega_n t$,如果振动的圆频率为 30rad/s,则此系统的刚度系数为（   ）。

A. 2500N/m B. 4500N/m
C. 180N/m   D. 150N/m

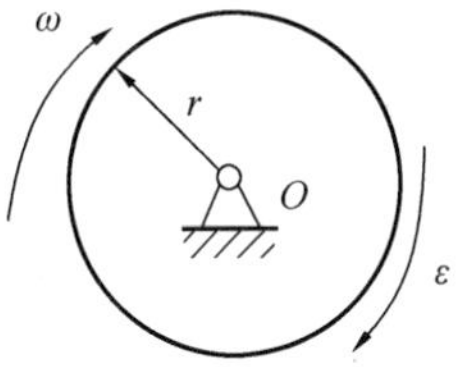

59. 等截面直杆,轴向受力如图 6-1-59 所示,杆的最大拉伸轴力是（   ）。

A. 10kN
B. 25kN
C. 35kN
D. 20kN

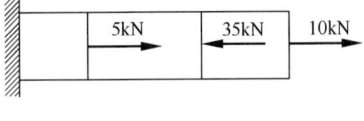

图 6-1-57

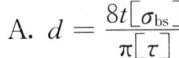

图 6-1-59

60. 已知铆钉的许用切应力为 $[\tau]$,许用挤压应力为 $[\sigma_{bs}]$,钢板的厚度为 t,则图 6-1-60 所示铆钉直径 d 与钢板厚度 t 的合理关系是（   ）。

A. $d=\frac{8t[\sigma_{bs}]}{\pi[\tau]}$

B. $d=\frac{4t[\sigma_{bs}]}{\pi[\tau]}$

C. $d=\frac{\pi[\tau]}{8t[\sigma_{bs}]}$

D. $d=\frac{\pi[\tau]}{4t[\sigma_{bs}]}$

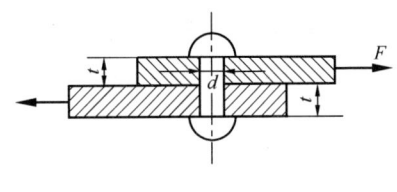

图 6-1-60

61. 直径为 d 的实心圆轴受扭,在扭矩不变的情况下,为使扭转最大切应力减小一半,圆轴的直径应改为（   ）。

A. $2d$ B. $0.5d$
C. $\sqrt{2}d$ D. $\sqrt[3]{2}d$

62. 在一套传动系统中,假设所有圆轴传递的功率相同,转速不同。该系统的圆轴转速与其扭矩的关系是（   ）。

A. 转速快的轴扭矩大 B. 转速慢的轴扭矩大
C. 全部轴的扭矩相同 D. 无法确定

63. 面积相同的三个图形如图 6-1-63 所示,对各自水平形心轴 z 的惯性矩之间的关系为（   ）。

A. $I_{(a)} > I_{(b)} > I_{(c)}$　　　　　　B. $I_{(a)} < I_{(b)} < I_{(c)}$
C. $I_{(a)} < I_{(c)} = I_{(b)}$　　　　　　D. $I_{(a)} = I_{(b)} > I_{(c)}$

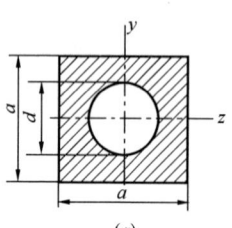 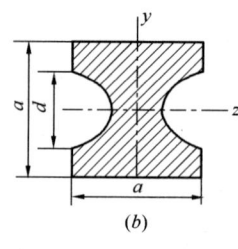 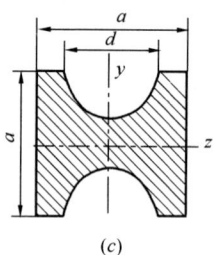

图 6-1-63

64. 悬臂梁的弯矩如图 6-1-64 所示，根据弯矩图推得梁上的载荷应为（　　）。

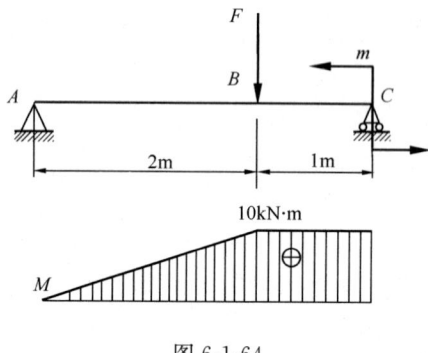

图 6-1-64

A. $F=10$kN，$m=10$kN·m　　　　B. $F=5$kN，$m=10$kN·m
C. $F=10$kN，$m=5$kN·m　　　　　D. $F=5$kN，$m=5$kN·m

65. 在如图 6-1-65 所示 xy 坐标系下，单元体的最大主应力 σ_1 大致指向（　　）。
A. 第一象限，靠近 x 轴　　　　　B. 第一象限，靠近 y 轴
C. 第二象限，靠近 x 轴　　　　　D. 第二象限，靠近 y 轴

66. 如图 6-1-66 所示变截面短杆，AB 段压应力 σ_{AB} 与 BC 段压应力 σ_{BC} 的关系是（　　）。
A. $\sigma_{AB}=1.25\sigma_{BC}$　　　　　　B. $\sigma_{AB}=0.8\sigma_{BC}$
C. $\sigma_{AB}=2\sigma_{BC}$　　　　　　　D. $\sigma_{AB}=0.5\sigma_{BC}$

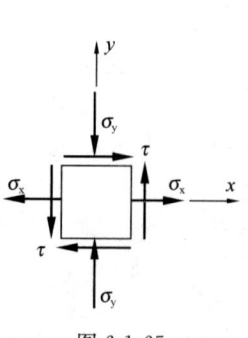　　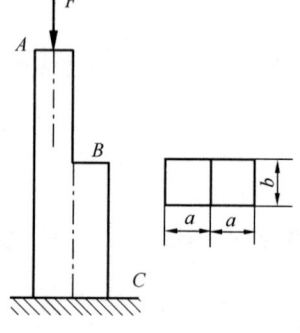

图 6-1-65　　　　图 6-1-66

67. 简支梁 AB 的剪力图和弯矩图如图 6-1-67 所示,该梁正确的受力图是(   )。

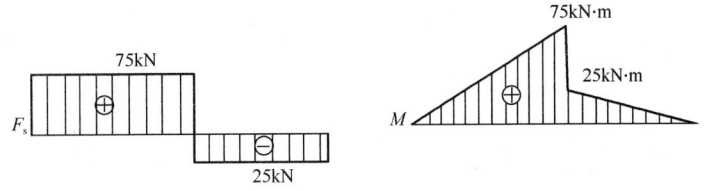

图 6-1-67

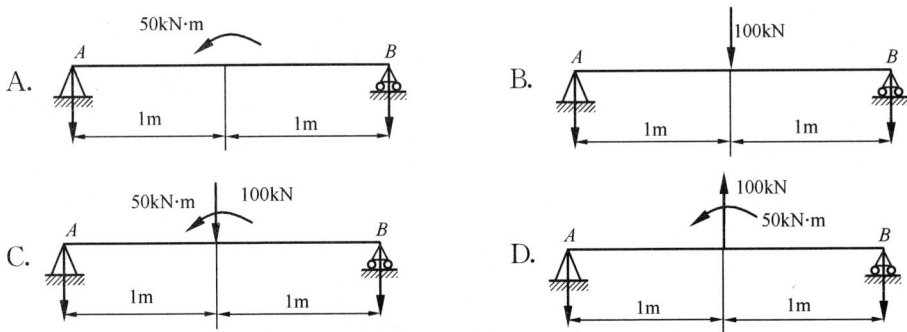

68. 如图 6-1-68 所示,矩形截面简支梁中点承受集中力 $F=100\text{kN}$。若 $h=200\text{mm}$, $b=100\text{mm}$,梁的最大弯曲正应力是(   )。

A. 75MPa
B. 150MPa
C. 300MPa
D. 50MPa

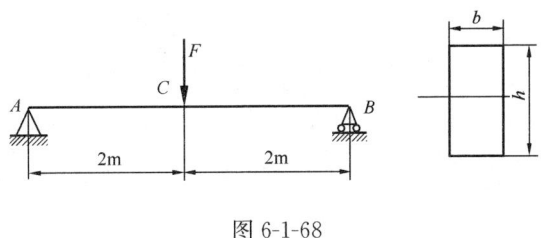

图 6-1-68

69. 如图 6-1-69 所示槽形截面杆,一端固定,另一端自由,作用在自由端角点的外力 F 与杆轴线平行。该杆将发生的变形是(   )。

A. xy 平面 xz 平面内的双向弯曲

B. 轴向拉伸及 xy 平面和 xz 平面内的双向弯曲

C. 轴向拉伸和 xy 平面内的平面弯曲

D. 轴向拉伸和 xz 平面内的平面弯曲

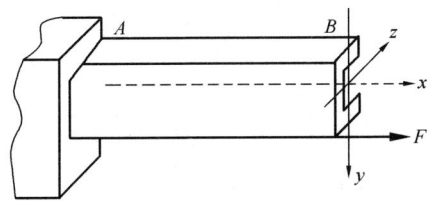

图 6-1-69

70. 两端铰支细长（大柔度）压杆，在下端铰链处增加一个扭簧弹性约束，如图 6-1-70 所示。该压杆的长度系数 μ 的取值范围是（   ）。

    A. $0.7<\mu<1$

    B. $2>\mu>1$

    C. $0.5<\mu<0.7$

    D. $\mu<0.5$

71. 标准大气压时的自由液面下 1m 处的绝对压强为（   ）。

    A. 0.11MPa   B. 0.12MPa

    C. 0.15MPa   D. 2.0MPa

72. 一直径 $d_1=0.2$m 的圆管，突然扩大到直径为 $d_2=0.3$m，若 $v_1=9.55$m/s，则 v_2 与 Q 分别为（   ）。

    A. 4.24m/s，0.3m³/s

    B. 2.39m/s，0.3m³/s

    C. 4.24m/s，0.5m³/s

    D. 2.39m/s，0.5m³/s

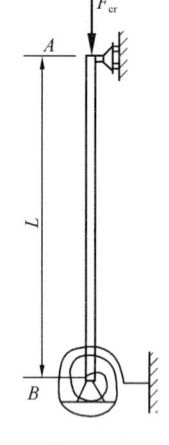

图 6-1-70

73. 直径为 20mm 的管流，平均流速为 9m/s，已知水的运动黏性系数 $\nu=0.0114$cm²/s，则管中水流的流态和水流流态转变的层流流速分别是（   ）。

    A. 层流，19cm/s   B. 层流，13cm/s

    C. 紊流，19cm/s   D. 紊流，13cm/s

74. 边界层分离现象的后果是（   ）。

    A. 减小了液流与边壁的摩擦力   B. 增大了液流与边壁的摩擦力

    C. 增加了潜体运动的压差阻力   D. 减小了潜体运动的压差阻力

75. 如图 6-1-75 所示由大体积水箱供水，且水位恒定，水箱顶部压力表读数 19600Pa，水深 $H=2$m，水平管道长 $l=100$m，直径 $d=200$mm，沿程损失系数 0.02，忽略局部损失，则管道通过流量是（   ）。

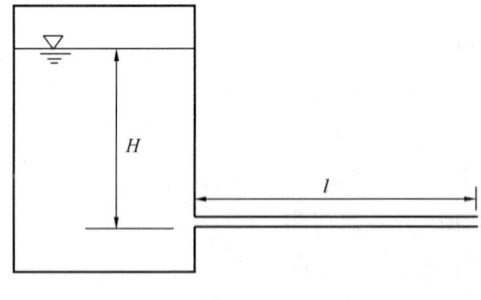

图 6-1-75

    A. 83.8L/s   B. 196.5L/s

    C. 59.3L/s   D. 47.4L/s

76. 两条明渠过水断面面积相等，断面形状分别为（1）方形，边长为 a；（2）矩形，底边宽为 $2a$，水深为 $0.5a$，它们的底坡与粗糙系数相同，则两者的均匀流流量关系式为（   ）。

A. $Q_1 > Q_2$ B. $Q_1 = Q_2$
C. $Q_1 < Q_2$ D. 不能确定

77. 如图 6-1-77 所示，均匀砂质土壤装在容器中，设渗透系数为 0.012cm/s，渗流流量为 0.3m³/s，则渗流流速为（　　）。

A. 0.003cm/s   B. 0.006cm/s
C. 0.009cm/s   D. 0.012cm/s

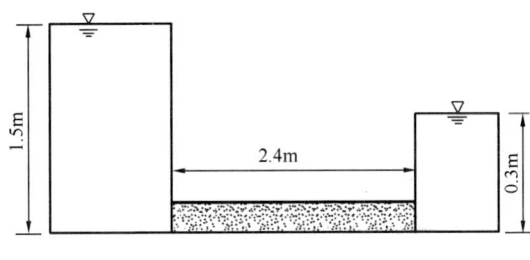

图 6-1-77

78. 雷诺数的物理意义是（　　）。

A. 压力与黏性力之比   B. 惯性力与黏性力之比
C. 重力与惯性力之比   D. 重力与黏性力之比

79. 真空中，点电荷 q_1 和 q_2 的空间位置如图 6-1-79 所示，q_1 为正电荷，且 $q_2 = -q_1$，则 A 点的电场强度的方向是（　　）。

A. 从 A 点指向 q_1
B. 从 A 点指向 q_2
C. 垂直于 q_1q_2 连线，方向向上
D. 垂直于 q_1q_2 连线，方向向下

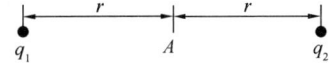

图 6-1-79

80. 设电阻元件 R、电感元件 L、电容元件 C 上的电压电流取关联方向，则如下关系成立的是（　　）。

A. $i_R = R \cdot u_R$ B. $u_C = C \dfrac{di_C}{dt}$

C. $i_C = C \dfrac{du_C}{dt}$ D. $u_L = \dfrac{1}{L} \int i_C dt$

81. 用于求解图 6-1-81 所示电路的 4 个方程中，有一个错误方程，这个错误方程是（　　）。

A. $I_1 R_1 + I_3 R_3 - U_{s1} = 0$
B. $I_2 R_2 + I_3 R_3 = 0$
C. $I_1 + I_2 - I_3 = 0$
D. $I_2 = -I_{s2}$

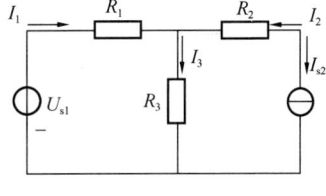

图 6-1-81

82. 已知有效值为 10V 的正弦交流电压的相量图如图 6-1-82 所示，则它的时间函数形式是（　　）。

A. $u(t) = 10\sqrt{2}\sin(\omega t - 30°)$ V

B. $u(t) = 10\sin(\omega t - 30°)$ V

C. $u(t) = 10\sqrt{2}\sin(-30°)$ V

D. $u(t) = 10\cos(-30°) + 10\sin(-30°)$ V

83. 图 6-1-83 所示电路中,当端电压 $\dot{U}=100\angle 0°$V 时,$\dot{I}$ 等于( )。

　　A. $3.5\underline{/-45°}$A

　　B. $3.5\underline{/45°}$A

　　C. $4.5\underline{/26.6°}$A

　　D. $4.5\underline{/-26.6°}$A

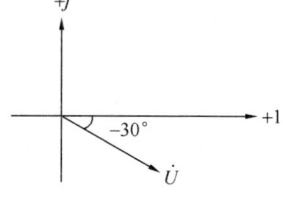

图 6-1-82

84. 在图 6-1-84 所示电路中,开关 S 闭合后( )。

　　A. 电路的功率因数一定变大

　　B. 总电流减小时,电路的功率因数变大

　　C. 总电流减小时,感性负载的功率因数变大

　　D. 总电流减小时,一定出现过补偿现象

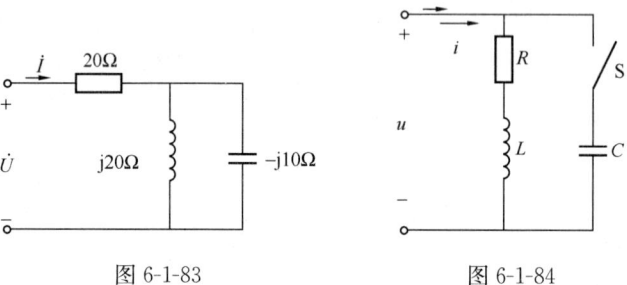

图 6-1-83　　　　　　图 6-1-84

85. 图 6-1-85 所示变压器空载运行电路中,设变压器为理想器件,若 $u=\sqrt{2}U\sin\omega t$,则此时( )。

　　A. $\dfrac{u_2}{u_1}=2$

　　B. $\dfrac{U}{u_2}=2$

　　C. $u_2=0$,$u_1=0$

　　D. $\dfrac{U}{u_2}=2$

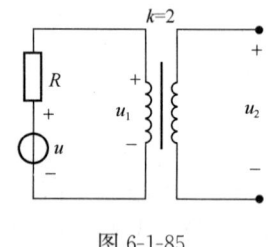

图 6-1-85

86. 设某△接三相异步电动机的全压启动转矩为 66N·m,当对其使用 Y-△降压启动方案时,当分别带 10N·m、20N·m、30N·m、40N·m 的负载启动时( )。

　　A. 均能正常启动

　　B. 均无法正常启动

　　C. 前两者能正常启动,后两者无法正常启动

　　D. 前三者能正常启动,后者无法正常启动

87. 图 6-1-87 所示电压信号 u_o 是( )。

A. 二进制代码信号
B. 二值逻辑信号
C. 离散时间信号
D. 连续时间信号

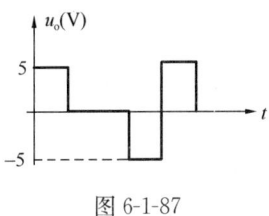

图 6-1-87

88. 信号 $u(t)=10 \cdot 1(t)-10 \cdot 1(t-1)\mathrm{V}$，其中，$1(t)$ 表示单位阶跃函数，则 $u(t)$ 应为（   ）。

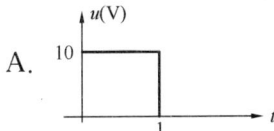 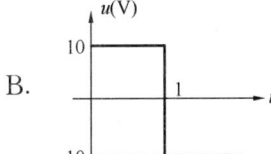

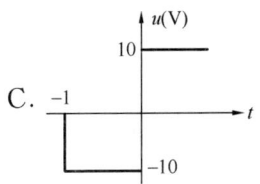 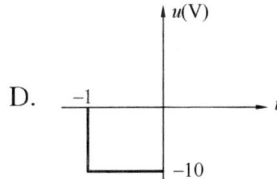

89. 一个低频模拟信号 $u_1(t)$ 被一个高频的噪声信号污染后，能将这个噪声滤除的装置是（   ）。

   A. 高通滤波器　　　　　　　　B. 低通滤波器
   C. 带通滤波器　　　　　　　　D. 带阻滤波器

90. 对逻辑表达式 $\overline{AB}+\overline{BC}$ 的化简结果是（   ）。

   A. $\overline{A}+\overline{B}+\overline{C}$　　　　　　　　B. $\overline{A}+2\overline{B}+\overline{C}$
   C. $\overline{A+C}+B$　　　　　　　　D. $\overline{A}+\overline{C}$

91. 已知数字信号 A 和数字信号 B 的波形如图 6-1-91 所示，则数字信号 $F=A\overline{B}+\overline{A}B$ 的波形为（   ）。

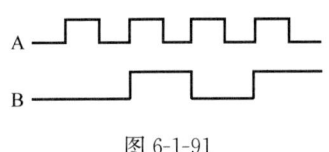

图 6-1-91

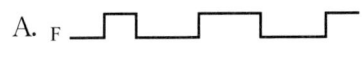 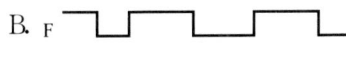

92. 十进制数字 10 的 BCD 码为（   ）。

   A. 00010000　　　B. 00001010　　　C. 1010　　　D. 0010

93. 二极管应用电路如图 6-1-93 所示，设二极管为理想器件，当 $u_1=10\sin\omega t\mathrm{V}$ 时，输出电压 u_o 的平均值 U_o 等于（   ）。

   A. 10V　　　　　　　　　　　B. $0.9\times10=9\mathrm{V}$

C. $0.9 \times \dfrac{10}{\sqrt{2}} = 6.36\text{V}$ D. $-0.9 \times \dfrac{10}{\sqrt{2}} = -6.36\text{V}$

94. 运算放大器应用电路如图 6-1-94 所示，设运算放大器输出电压的极限值为±11V。如果将－2.5V 电压接入"A"端，而"B"端接地后，测得输出电压为 10V，如果将－2.5V 电压接入"B"端，而"A"端接地，则该电路的输出电压 u_o 等于（　　）。

A. 10V   B. －10V   C. －11V   D. －12.5V

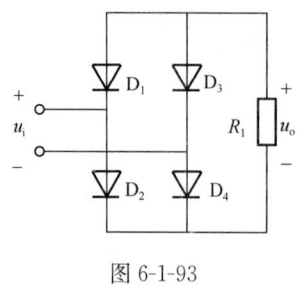
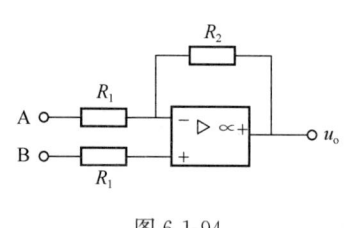

图 6-1-93　　　　　　　　　　　　　图 6-1-94

95. 图 6-1-95 所示逻辑门的输出 F_1 和 F_2 分别为（　　）。

A. 0 和 $\overline{B}$ B. 0 和 1   C. A 和 $\overline{B}$ D. A 和 1

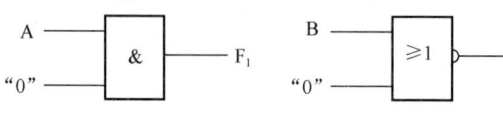

图 6-1-95

96. 如图 6-1-96(a) 所示电路中，时钟脉冲、复位信号及数模输入信号如图 6-1-96(b) 所示。经分析可知，在第一个和第二个时钟脉冲的下降沿过后，输出 Q 先后等于（　　）。

A. 0　0   B. 0　1
C. 1　0   D. 1　1

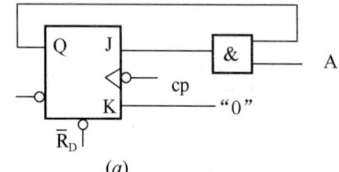
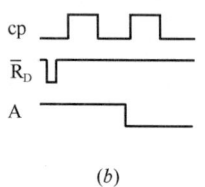

(a)　　　　　　　　　　　　(b)

图 6-1-96

附：触发器的逻辑状态表为

J	K	Q_{n+1}
0	0	Q_n
0	1	0
1	0	1
1	1	$\overline{Q}_n$

97. 计算机发展的人性化的一个重要方面是（　　）。

A. 计算机的价格便宜

B. 计算机使用上的"傻瓜化"

C. 计算机使用不需要电能

D. 计算机不需要软件和硬件，自己会思维

98. 计算机存储器是按字节进行编址的，一个存储单元是（　　）。

A. 8 个字节
B. 1 个字节
C. 16 个二进制数位
D. 32 个二进制数位

99. 下面有关操作系统的描述中，其中错误的是（　　）。

A. 操作系统就是充当软、硬件资源的管理者和仲裁者的角色

B. 操作系统具体负责在各个程序之间，进行调度和实施对资源的分配

C. 操作系统保证系统中的各种软、硬件资源得以有效地、充分地利用

D. 操作系统仅能实现管理和使用好各种软件资源

100. 计算机的支撑软件是（　　）。

A. 计算机软件系统内的一个组成部分

B. 计算机硬件系统内的一个组成部分

C. 计算机应用软件内的一个组成部分

D. 计算机专用软件内的一个组成部分

101. 操作系统中的进程与处理器管理的主要功能是（　　）。

A. 实现程序的安装、卸载

B. 提高主存储器的利用率

C. 使计算机系统中的软硬件资源得以充分利用

D. 优化外部设备的运行环境

102. 影响计算机图像质量的主要参数有（　　）。

A. 存储器的容量、图像文件的尺寸、文件保存格式

B. 处理器的速度、图像文件的尺寸、文件保存格式

C. 显卡的品质、图像文件的尺寸、文件保存格式

D. 分辨率、颜色深度、图像文件的尺寸、文件保存格式

103. 计算机操作系统中的设备管理主要是（　　）。

A. 微处理器 CPU 的管理

B. 内存储器的管理

C. 计算机系统中的所有外部设备的管理

D. 计算机系统中的所有硬件设备的管理

104. 下面四个选项中，不属于数字签名技术的是（　　）。

A. 权限管理

B. 接收者能够核实发送者对报文的签名

C. 发送者事后不能对报文的签名进行抵赖

D. 接收者不能伪造对报文的签名

105. 实现计算机网络化后的最大好处是（　　）。

A. 存储容量被增大
B. 计算机运行速度加快

C. 节省大量人力资源　　　　　　　　D. 实现了资源共享

106. 校园网是提高学校教学、科研水平不可缺少的设施，它是属于（　　）。
A. 局域网　　　　　　　　　　　　B. 城域网
C. 广域网　　　　　　　　　　　　D. 网际网

107. 某企业拟购买3年期一次到期债券，打算三年后到期本利和为300万元，按季复利计息，年名义利率为8%，则现在应购买债券（　　）。
A. 119.13万元　　　　　　　　　　B. 236.55万元
C. 238.15万元　　　　　　　　　　D. 282.70万元

108. 在下列费用中，应列入项目建设投资的是（　　）。
A. 项目经营成本　　　　　　　　　B. 流动资金
C. 预备费　　　　　　　　　　　　D. 建设期利息

109. 某公司向银行借款2400万元，期限为6年，年利率为8%，每年年末付息一次，每年等额还本，到第6年末还完本息。请问该公司第4年年末应还的本息和是（　　）。
A. 432万元　　B. 464万元　　C. 496万元　　D. 592万元

110. 某项目动态投资回收期刚好等于项目计算期，则以下说法中正确的是（　　）。
A. 该项目动态回收期小于基准回收期
B. 该项目净现值大于零
C. 该项目净现值小于零
D. 该项目内部收益率等于基准收益率

111. 某项目要从国外进口一种原材料，原始材料的CIF（到岸价格）为150美元/吨，美元的影子汇率为6.5，进口费用为240元/吨，请问这种原材料的影子价格是（　　）。
A. 735元人民币/吨　　　　　　　　B. 975元人民币/吨
C. 1215元人民币/吨　　　　　　　 D. 1710元人民币/吨

112. 已知甲、乙为两个寿命期相同的互斥项目，其中乙项目投资大于甲项目。通过测算得出甲、乙两项目的内部收益率分别为18%和14%，增量内部收益率 $\Delta IRR_{(乙-甲)}$ = 13%，基准收益率为11%，以下说法中正确的是（　　）。
A. 应选择甲项目　　　　　　　　　B. 应选择乙项目
C. 应同时选择甲、乙两个项目　　　D. 甲、乙两个项目均不应选择

113. 以下关于改扩建项目财务分析的说法中正确的是（　　）。
A. 应以财务生存能力分析为主
B. 应以项目清偿能力分析为主
C. 应以企业层次为主进行财务分析
D. 应遵循"有无对比"原则

114. 某工程设计有四个方案，在进行方案选择时计算得出：甲方案功能评价系数0.85，成本系数0.92；乙方案功能评价系数0.6，成本系数0.7；丙方案功能评价系数0.94，成本系数0.88；丁方案功能评价系数0.67，成本系数0.82。则最优方案的价值系数为（　　）。
A. 0.924　　　B. 0.857　　　C. 1.068　　　D. 0.817

115. 根据《中华人民共和国建筑法》的规定，有关工程发包的规定，下列理解错误的是（   ）。

 A. 关于对建筑工程进行肢解发包的规定，属于禁止性规定

 B. 可以将建筑工程的勘察、设计、施工、设备采购一并发包给一个工程总承包单位

 C. 建筑工程实行直接发包的，发包单位可以将建筑工程发包给具有资质证书的承包单位

 D. 提倡对建筑工程实行总承包

116. 根据《建设工程安全生产管理条例》的规定，施工单位实施爆破、起重吊装等施工时，应当安排现场的监督人员是（   ）。

 A. 项目管理技术人员　　　　　　　B. 应急救援人员

 C. 专职安全生产管理人员　　　　　D. 专职质量管理人员

117. 某工程项目实行公开招标，招标人根据招标项目的特点和需要编制招标文件，其招标文件的内容不包括（   ）。

 A. 招标项目的技术要求　　　　　　B. 对投标人资格审查的标准

 C. 拟签订合同的时间　　　　　　　D. 投标报价要求和评标标准

118. 某水泥厂以电子邮件的方式于2008年3月5日发出销售水泥的要约，要求2008年3月6日18:00前回复承诺。甲施工单位于2008年3月6日16:00对该要约发出承诺，由于网络原因，导致该电子邮件于2008年3月6日20:00到达水泥厂，此时水泥厂的水泥已经售完。下列关于该承诺如何处理的说法，正确的是（   ）。

 A. 张厂长说邮件未能按时到达，可以不予理会

 B. 李厂长说邮件是在期限内发出的，应该作为有效承诺，我们必须想办法给对方供应水泥

 C. 王厂长说虽然邮件是在期限内发出的，但是到达晚了，可以认为是无效承诺

 D. 赵厂长说我们及时通知对方，因承诺到达已晚，不接受就是了

119. 根据《中华人民共和国环境保护法》的规定，下列关于建设项目中防治污染的设施的说法中，不正确的是（   ）。

 A. 防治污染的设施，必须与主体工程同时设计、同时施工、同时投入使用

 B. 防治污染的设施不得擅自拆除

 C. 防治污染的设施不得擅自闲置

 D. 防治污染的设施经建设行政主管部门验收合格后方可投入生产或者使用

120. 根据《建设工程质量管理条例》的规定，监理单位代表建设单位对施工质量实施监理，并对施工质量承担监理责任，其监理的依据不包括（   ）。

 A. 有关技术标准　　　　　　　　　B. 设计文件

 C. 工程承包合同　　　　　　　　　D. 建设单位指令

(下午卷)

单项选择题（共60题，每题2分。每题的备选项中只有一个最符合题意）

1. 截面相同的混凝土的棱柱体强度（f_{cp}）与混凝土的立方体强度（f_{cu}），二者的关系为（　　）。
   A. $f_{cp} < f_{cu}$　　B. $f_{cp} \leqslant f_{cu}$　　C. $f_{cp} \geqslant f_{cu}$　　D. $f_{cp} > f_{cu}$

2. 500g潮湿的砂经过烘干后，质量变为475g，其含水率为（　　）。
   A. 5.0%　　B. 5.26%　　C. 4.75%　　D. 5.50%

3. 伴随着水泥的水化和各种水化产物的陆续生成，水泥浆的流动性发生较大的变化；其中，水泥浆的初凝是指其（　　）。
   A. 开始明显固化
   B. 黏性开始减小
   C. 流动性基本丧失
   D. 强度达到一定水平

4. 影响混凝土的徐变但不影响其干燥收缩的因素为（　　）。
   A. 环境湿度
   B. 混凝土水灰比
   C. 混凝土骨料含量
   D. 外部应力水平

5. 混凝土配合比设计中需要确定的基本参数不包括（　　）。
   A. 混凝土用水量
   B. 混凝土砂率
   C. 混凝土粒骨料用量
   D. 混凝土密度

6. 衡量钢材的塑性高低的技术指标为（　　）。
   A. 屈服强度　　B. 抗拉强度　　C. 断后伸长率　　D. 冲击韧性

7. 在测定沥青的延度和针入度时，需保持以下哪项条件恒定？（　　）
   A. 室内温度
   B. 试件所处水浴的温度
   C. 试件质量
   D. 试件的养护条件

8. 下列何项对正、反坐标方位角的描述是正确的？（　　）
   A. 正、反坐标方位角相差180°
   B. 正坐标方位角比反坐标方位角小180°
   C. 正、反坐标方位角之和为0
   D. 正坐标方位角比反坐标方位角大180°

9. 设 v 为一组同精度观测值改正数，则下列何项表示最或是值的中误差？（　　）
   A. $m = \pm \sqrt{\dfrac{[vv]}{n(n-1)}}$
   B. $m = \pm \sqrt{\dfrac{[vv]}{n}}$
   C. $m = \pm \dfrac{1}{n}\sqrt{\dfrac{[vv]}{n-1}}$
   D. $m = \pm \sqrt{\dfrac{[vv]}{n-1}}$

10. 坐标正算中，下列何项表达了纵坐标增量？（　　）
    A. $\Delta X_{AB} = D_{AB} \cdot \cos \alpha_{AB}$
    B. $\Delta Y_{AB} = D_{AB} \cdot \sin \alpha_{AB}$
    C. $\Delta Y_{AB} = D \cdot \sin \alpha_{BA}$
    D. $\Delta X_{AB} = D \cdot \cos \alpha_{BA}$

11. 下列何项描述了比例尺精度的意义？（　　）
    A. 数字地形图上0.1mm所代表的实地长度
    B. 传统地形图上0.1mm所代表的实地长度
    C. 数字地形图上0.3mm所代表的实地长度

D. 传统地形图上 0.3mm 所代表的实地长度

12. 1∶500 地形图上，量得 AB 两点间的图上距离为 25.6mm，则 AB 间实地距离为（ ）。

   A. 51.2m　　　　B. 5.12m　　　　C. 12.8m　　　　D. 1.25m

13. 我国环境污染防治法规定的承担民事责任的方式是（ ）。

   A. 排除危害、赔偿损失、恢复原状　　　B. 排除危害、赔偿损失、支付违约金
   C. 具结悔过、赔偿损失、恢复原状　　　D. 排除危害、登门道歉、恢复原状

14. 下列有关编制建设工程勘察设计文件的说法中，错误的是（ ）。

   A. 编制建设工程勘察文件，应当真实、准确，满足建设工程规划、选址、设计、岩土治理和施工的需要
   B. 编制方案设计文件，应当满足编制初步设计文件的需要
   C. 编制初步设计文件，应当满足编制施工招标文件、施工图设计文件的需要
   D. 编制施工图设计文件，应当满足设备材料采购、非标准设备制作和施工的需要，并注明建设工程合理使用年限

15. 实行强制监理的建筑工程的范围由（ ）。

   A. 国务院规定　　　　　　　　　　　　B. 省、自治区、直辖市人民政府规定
   C. 县级以上人民政府规定　　　　　　　D. 建筑工程所在地人民政府规定

16. 根据《建设工程安全生产管理条例》，不属于建设单位的责任和义务的是（ ）。

   A. 向施工单位提供施工现场毗邻地区地下管道的资料
   B. 及时报告安全生产事故隐患
   C. 保证安全生产投入
   D. 将拆除工程发包给具有相应资质的施工单位

17. 在预制桩打桩过程中，如发现贯入度有骤减，说明（ ）。

   A. 桩尖破坏　　　B. 桩身破坏　　　C. 桩下有障碍物　　　D. 遇软土层

18. 某工程冬季施工中使用普通硅酸盐水泥拌制的混凝土强度等级为 C50，则其受冻临界强度不宜小于（ ）。

   A. $5N/mm^2$　　　B. $10N/mm^2$　　　C. $12N/mm^2$　　　D. $15N/mm^2$

19. 普通砌筑砂浆的强度等级划分中，强度等级最高的是（ ）。

   A. M20　　　　B. M25　　　　C. M10　　　　D. M15

20. 描述流水施工空间参数的指标不包括（ ）。

   A. 建筑面积　　　B. 施工段　　　C. 工作面　　　D. 施工层

21. 对工程网络进行工期-成本优化的主要目的是（ ）。

   A. 确定工程总成本最低时的工期
   B. 确定工期最短时的工程总成本
   C. 确定工程总成本固定条件下的最短工期
   D. 确定工期固定下的最低工程成本

22. 有关横向约束逐渐增加对混凝土竖向受压性能的影响，下列说法中正确的是（ ）。

   A. 受压强度不断提高，但其变形能力逐渐下降

B. 受压强度不断提高，但其变形能力保持不变

C. 受压强度不断提高，但其变形能力得到改善

D. 受压强度和变形能力均逐渐下降

23. 对于钢筋混凝土受压构件，当相对受压区高度大于1时，则(　　)。

A. 属于大偏心受压构件

B. 受拉钢筋受压但一定达不到屈服

C. 受压钢筋侧混凝土一定先被压溃

D. 受拉钢筋一定处于受压状态且可能先于受压钢筋达到屈服状态

24. 两端固定的均布荷载作用钢筋混凝土梁，其支座负弯矩与正弯矩的极限承载力绝对值相等。若按塑性内力重分布计算，支座弯矩调幅系数为(　　)。

A. 0.8　　　　B. 0.75　　　　C. 0.7　　　　D. 0.65

25. 钢筋混凝土结构抗震设计中轴压比限值的作用是(　　)。

A. 使混凝土得到充分利用　　　　B. 确保结构的延性

C. 防止构件剪切破坏　　　　D. 防止柱的纵向屈曲

26. 常用结构钢材中，含碳量不作为交货条件的钢材型号是(　　)。

A. Q355A　　　B. Q235Bb　　　C. Q355B　　　D. Q235AF

27. 焊接工形截面钢梁设置腹板横向加劲肋的目的是(　　)。

A. 提高截面的抗弯强度　　　　B. 减少梁的挠度

C. 提高腹板局部稳定性　　　　D. 提高翼缘局部承载能力

28. 计算钢结构螺栓连接超长接头承载力时，需要对螺栓的抗剪承载力进行折减，主要是考虑了(　　)。

A. 螺栓剪力分布不均匀的影响　　　　B. 连接钢板厚度

C. 螺栓等级的影响　　　　D. 螺栓间距的差异

29. 简支平行弦钢屋架下弦杆的长细比应控制在(　　)。

A. 不大于150　　B. 不大于300　　C. 不大于350　　D. 不大于400

30. 下面关于配筋砖砌体的说法，正确的是(　　)

A. 轴向力的偏心距超过规定值时，宜采用网状配筋砌体

B. 网状配筋砌体抗压强度较无筋砌体提高的原因是由于砌体中配有钢筋，钢筋的强度高，可与砌体共同承担压力

C. 组合砖砌体在轴向压力下，钢筋混凝土面层与砌体共同承担轴向压力并对砌体有横向约束作用

D. 网状配筋砖砌体的配筋率越大，砌体强度越大

31. 按刚性方案计算的砌体房屋的主要特点为(　　)。

A. 空间性能影响系数 η 大，刚度大　　　　B. 空间性能影响系数 η 小，刚度小

C. 空间性能影响系数 η 小，刚度大　　　　D. 空间性能影响系数 η 大，刚度小

32. 砌体结构中构造柱的作用是(　　)。

① 提高砖砌体房屋的抗剪能力；

② 构造柱对砌体起了约束作用，使砌体变形能力增强；

③ 提高承载力、减小墙的截面尺寸；

④ 提高墙、柱高厚比的限值。

A. ①② B. ①③④ C. ①②④ D. ③④

33. 砌体在轴心受压时，块体的受力状态为（　　）。

A. 压力
B. 剪力、压力
C. 弯矩、压力
D. 弯矩、剪力、压力、拉力

34. 如图 6-2-34 所示体系的几何组成为（　　）。

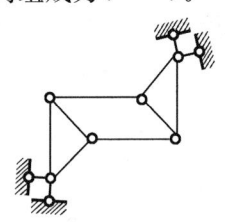

图 6-2-34

A. 几何不变，无多余约束
B. 几何不变，有多余约束
C. 瞬变体系
D. 常变体系

35. 静定结构在支座移动时，会产生（　　）。

A. 内力 B. 应力 C. 刚体位移 D. 变形

36. 如图 6-2-36 所示简支梁在移动荷载作用下截面 K 的最大弯矩值为（　　）。

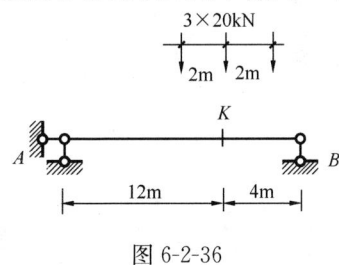

图 6-2-36

A. 90kN·m B. 120kN·m C. 150kN·m D. 180kN·m

37. 如图 6-2-37 所示三铰拱 $y=\frac{4f}{l^2}x(l-x)$，$l=16\mathrm{m}$，D 右侧截面的弯矩值为（　　）。

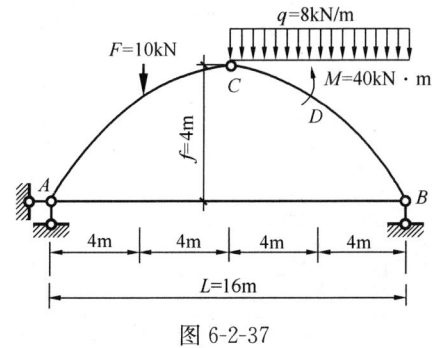

图 6-2-37

A. 2kN·m B. 66kN·m C. 58kN·m D. 82kN·m

38. 如图 6-2-38 所示结构杆 2 的内力为（　　）。

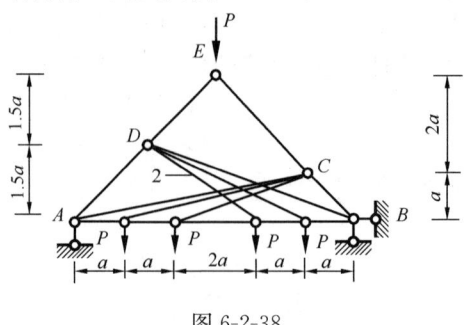

图 6-2-38

A. $-P$　　　　B. $-1.94P$　　　　C. P　　　　D. $1.94P$

39. 如图 6-2-39 所示对称结构 C 点的水平位移 $\Delta_{CH}=\Delta$（→），若 AC 杆 EI 增大一倍，BC 杆 EI 不变，则 Δ_{CH} 变为（　　）。

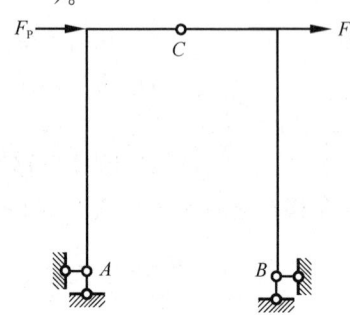

图 6-2-39

A. 2Δ　　　　B. 1.5Δ　　　　C. 0.5Δ　　　　D. 0.75Δ

40. 如图 6-2-40 所示结构 K 截面的弯矩值为（以内侧受拉为正）（　　）。

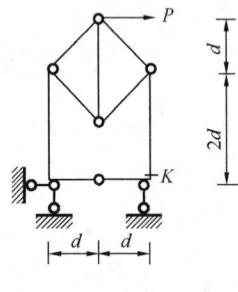

图 6-2-40

A. Pd　　　　B. $-Pd$　　　　C. $2Pd$　　　　D. $-2Pd$

41. 如图 6-2-41 所示等截面梁，正确的 M 图是（　　）。

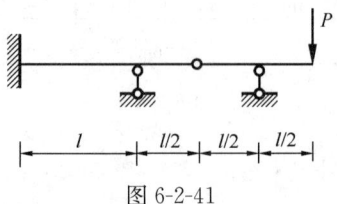

图 6-2-41

1144

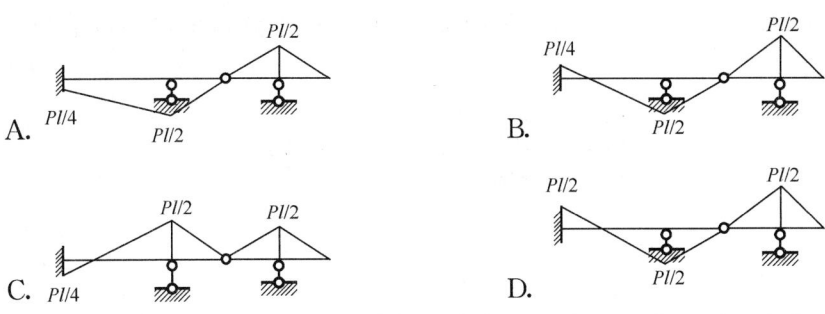

A. B.

C. D.

42. 如图 6-2-42 所示结构 EI＝常数，当支座 B 发生沉降 Δ 时，支座 B 处梁截面的转角为（以顺时针为正）(   )。

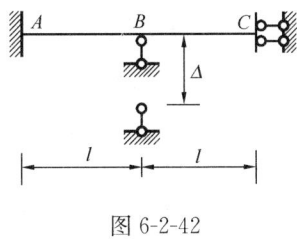

图 6-2-42

A. Δ/l　　　B. $1.2\Delta/l$　　　C. $1.5\Delta/l$　　　D. $\Delta/(2l)$

43. 如图 6-2-43 所示结构 B 处弹性支座的弹簧刚度 $k=\dfrac{6EI}{l^3}$，B 结点向下的竖向位移为(   )。

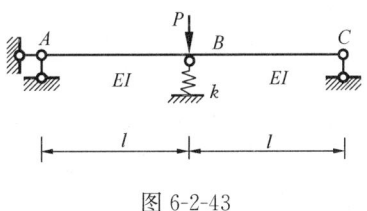

图 6-2-43

A. $\dfrac{Pl^3}{12EI}$　　B. $\dfrac{Pl^3}{6EI}$　　C. $\dfrac{Pl^3}{4EI}$　　D. $\dfrac{Pl^3}{3EI}$

44. 如图 6-2-44 所示结构 M_{BA} 值的大小为(   )。

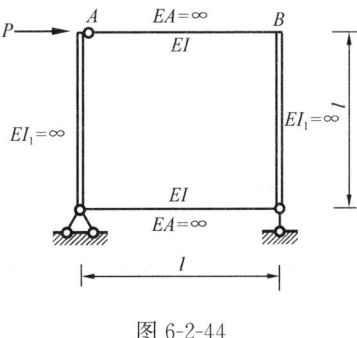

图 6-2-44

A. $Pl/2$　　　B. $Pl/3$　　　C. $Pl/4$　　　D. $Pl/5$

45. 欲使图 6-2-45 所示连续梁 BC 跨中点正弯矩与 B 支座负弯矩绝对值相等，则 $EI_{AB}:EI_{BC}$ 应等于（　　）。

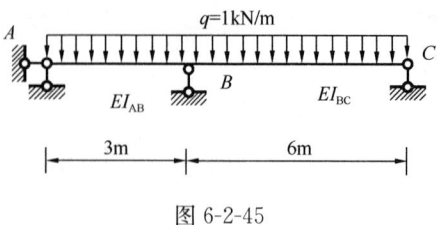

图 6-2-45

A. 2 　　　　B. 5/8 　　　　C. 1/2 　　　　D. 1/3

46. 如图 6-2-46 所示结构用力矩分配法计算时，分配系数 μ_{AC} 为（　　）。

A. 1/4 　　　　B. 4/7 　　　　C. 1/2 　　　　D. 6/11

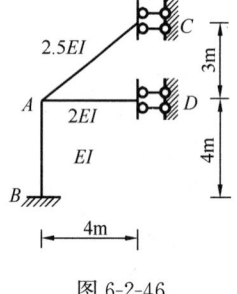

图 6-2-46

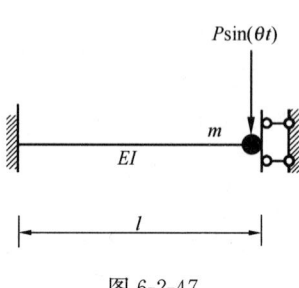

图 6-2-47

47. 如图 6-2-47 所示结构中，若要使其自振频率 ω 增大，可以（　　）。

A. 增大 P 　　B. 增大 m 　　C. 增大 EI 　　D. 增大 l

48. 无阻尼等截面梁承受一静力荷载 P，如图 6-2-48 所示，设在 $t=0$ 时，撤掉荷载 P，点 m 的动位移为（　　）。

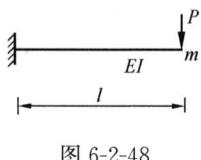

图 6-2-48

A. $y(t)=\dfrac{Pl^3}{3EI}\cos\sqrt{\dfrac{3EI}{ml^3}}t$　　　　B. $y(t)=\dfrac{Pl^3}{3EI}\sin\sqrt{\dfrac{3EI}{ml^3}}t$

C. $y(t)=\dfrac{Pl^3}{8EI}\cos\sqrt{\dfrac{3EI}{ml^3}}t$　　　　D. $y(t)=\dfrac{Pl^3}{8EI}\sin\sqrt{\dfrac{3EI}{ml^3}}t$

49. 通过测量混凝土棱柱体试件的应力应变曲线计算所用试件的刚度，已知棱柱体试件的尺寸为 100mm×100mm×300mm，浇筑试件完毕并养护，且实测同批次立方体（150mm×150mm×150mm）强度为 300kN，则使用下列哪种试验机完成上述试件的加载试验最合适？（　　）

A. 使用最大加载能力为 300kN 的拉压试验机进行加载

B. 使用最大加载能力为 500kN 的拉压试验机进行加载

C. 使用最大加载能力为 1000kN 的拉压试验机进行加载

D. 使用最大加载能力为 2000kN 的拉压试验机进行加载

50. 在检验构件承载能力的低周反复加载试验，下列不属于加载制度的是（   ）。

   A. 试验始终控制位移加载

   B. 控制加速度加载

   C. 先控制作用力加载再转换位移控制加载

   D. 控制作用力和位移的混合加载

51. 结构模型试验使用量纲分析法进行模型设计，下列哪一组是正确的基本量纲？（   ）

   A. 长度 $[L]$、应变 $[\varepsilon]$、时间 $[T]$

   B. 长度 $[L]$、时间 $[T]$、应变 $[\sigma]$

   C. 长度 $[L]$、时间 $[T]$、质量 $[M]$

   D. 时间 $[T]$、弹性模量 $[E]$、质量 $[M]$

52. 结构动力试验研究的计算分析中，下列哪一项参数不能由计算所得？（   ）

   A. 结构的阻尼比   B. 结构的固有振型

   C. 结构的固有频率   D. 结构的质量

53. 采用超声波检测混凝土内部的缺陷，下面哪一项不适宜使用该方法检测？（   ）

   A. 检测混凝土内部空洞和缺陷的范围

   B. 检测混凝土表面损伤厚度

   C. 检测混凝土内部钢筋直径和位置

   D. 检测混凝土裂缝深度

54. 一层 5.1m 厚的黏土层受到 30.0kPa 的地表超载，其渗透系数为 0.0004m/d。根据以往经验该层黏土会被压缩 0.040m。如果仅上或下表面发生渗透，则计算的主固结完成的时间约为（   ）。

   A. 240d   B. 170d   C. 50d   D. 340d

55. 均匀地基中，地下水位埋深为 1.80m，毛细水向上渗流 0.60m。如果土的干重度为 $15.9kN/m^3$，土的饱和重度为 $17kN/m^3$，地表超载为 $25.60kN/m^2$，那么地基埋深 3.50m 处的垂直有效应力为（   ）。

   A. 66.78kPa   B. 72.99kPa   C. 70.71kPa   D. 41.39kPa

56. 针对一项地基基础工程，到底是进行排水、不排水固结，与下列哪项因素基本无关？（   ）

   A. 地基渗透性   B. 施工速率   C. 加载或者卸载 D. 都无关

57. 无重饱和黏土地基受宽度为 B 的地表均布荷载 q，饱和黏土的不排水抗剪强度为 50kPa，那么该地基的承载力为（   ）。

   A. 105kPa   B. 50kPa   C. 157kPa   D. 257kPa

58. 在工程地质勘察中，能够直观地观测地层的结构和变化是（   ）。

   A. 坑探   B. 钻探   C. 触探   D. 地球物理勘探

59. 对于建筑体型及荷载复杂的结构，减小基础底面的沉降的措施不包括（   ）。

   A. 采用箱基   B. 柱下条形基础 C. 采用筏基   D. 单独基础

60. 某桩基础的桩的截面为400mm×400mm，建筑地基土层由上而下依次为粉质黏土（3m厚）、中密粗砂（4m厚）、微风化软质岩（5m厚）。对应的桩周土摩擦力特征值分别为20kPa、40kPa、65kPa，桩长为9m，桩端岩土承载力特征值为6000kPa，则单桩竖向承载力特征值为(   )。

A. 1120kN　　　　B. 1420kN　　　　C. 1520kN　　　　D. 1680kN

2017年真题（上、下午卷）

（上午卷）

单项选择题（共120题，每题1分。每题的备选项中只有一个最符合题意。）

1. 要使得函数 $f(x)=\begin{cases}\dfrac{x\ln x}{1-x},& x>0\\ a,& x=1\end{cases}$ 在 $(0,+\infty)$ 上连续，则常数 a 等于（　　）。

   A. 0　　　　　　B. 1　　　　　　C. -1　　　　　　D. 2

2. 函数 $y=\sin\dfrac{1}{x}$ 是定义域内的（　　）。

   A. 有界函数　　　　　　　　B. 无界函数
   C. 单调函数　　　　　　　　D. 周期函数

3. 设 $\boldsymbol{\alpha}$、$\boldsymbol{\beta}$ 均为非零向量，则下面结论正确的是（　　）。

   A. $\boldsymbol{\alpha}\times\boldsymbol{\beta}=0$ 是 $\boldsymbol{\alpha}$ 与 $\boldsymbol{\beta}$ 垂直的充要条件
   B. $\boldsymbol{\alpha}\cdot\boldsymbol{\beta}=0$ 是 $\boldsymbol{\alpha}$ 与 $\boldsymbol{\beta}$ 平行的充要条件
   C. $\boldsymbol{\alpha}\times\boldsymbol{\beta}=0$ 是 $\boldsymbol{\alpha}$ 与 $\boldsymbol{\beta}$ 平行的充要条件
   D. 若 $\boldsymbol{\alpha}=\lambda\boldsymbol{\beta}$（$\lambda$ 是常数），则 $\boldsymbol{\alpha}\cdot\boldsymbol{\beta}=0$

4. 微分方程 $y'-y=0$ 满足 $y(0)=2$ 的特解是（　　）。

   A. $y=2e^{-x}$　　　　　　　B. $y=2e^{x}$
   C. $y=e^{x}+1$　　　　　　　D. $y=e^{-x}+1$

5. 设函数 $f(x)=\int_{x}^{2}\sqrt{5+t^{2}}\,\mathrm{d}t$，$f'(1)$ 等于（　　）。

   A. $2-\sqrt{6}$　　　　　　　B. $2+\sqrt{6}$
   C. $\sqrt{6}$　　　　　　　　D. $-\sqrt{6}$

6. 若 $y=g(x)$ 由方程 $e^{y}+xy=e$ 确定，则 $y'(0)$ 等于（　　）。

   A. $-\dfrac{y}{e^{y}}$　　　　　　　B. $-\dfrac{y}{x+e^{y}}$
   C. 0　　　　　　　　　D. $-\dfrac{1}{e}$

7. $\int f(x)\mathrm{d}x=\ln x+C$，则 $\int\cos x f(\cos x)\mathrm{d}x$ 等于（　　）。

   A. $\cos x+C$　　　　　　　B. $x+C$
   C. $\sin x+C$　　　　　　　D. $\ln\cos x+C$

8. 函数 $f(x,y)$ 在点 $P_{0}(x_{0},y_{0})$ 处有一阶偏导数是函数在该点连续的（　　）。

   A. 必要条件　　　　　　　　B. 充分条件
   C. 充分必要条件　　　　　　D. 既非充分又非必要

9. 过点 $(-1,-2,3)$ 且平行于 z 轴的直线的对称方程是（　　）。

   A. $\begin{cases}x=1\\y=-2\\z=-3t\end{cases}$　　　　　　　B. $\dfrac{x-1}{0}=\dfrac{y+2}{0}=\dfrac{z-3}{1}$

C. $z=3$　　　　　　　　　　　　D. $\dfrac{x+1}{0}=\dfrac{y+2}{0}=\dfrac{z-3}{1}$

10. 定积分 $\int_1^2 \dfrac{1-\dfrac{1}{x}}{x^2}\mathrm{d}x$ 等于（　　）。

A. 0　　　　　B. $-\dfrac{1}{8}$　　　　　C. $\dfrac{1}{8}$　　　　　D. 2

11. 函数 $f(x)=\sin\left(x+\dfrac{\pi}{2}+\pi\right)$ 在区间 $[-\pi,\pi]$ 上的最小值点 x_0 等于（　　）。

A. $-\pi$　　　　　B. 0　　　　　C. $\dfrac{\pi}{2}$　　　　　D. π

12. 设 L 是椭圆 $\begin{cases}x=a\cos\theta\\y=b\sin\theta\end{cases}(a>0,b>0)$ 的上半椭圆周，沿顺时针方向，则曲线积分 $\int_L y^2\mathrm{d}x$ 等于（　　）。

A. $\dfrac{5}{3}ab^2$　　　　　　　　　　B. $\dfrac{4}{3}ab^2$

C. $\dfrac{2}{3}ab^2$　　　　　　　　　　D. $\dfrac{1}{3}ab^2$

13. 级数 $\sum\limits_{n=1}^{\infty}\dfrac{(-1)^n}{a_n}(a_n>0)$ 满足下列什么条件时收敛（　　）。

A. $\lim\limits_{n\to\infty}a_n=\infty$　　　　　　　　B. $\lim\limits_{n\to\infty}\dfrac{1}{a_n}=0$

C. $\sum\limits_{n=1}^{\infty}a_n$ 发散　　　　　　　　D. a_n 单调递增且 $\lim\limits_{n\to\infty}a_n=+\infty$

14. 曲线 $f(x)=x\mathrm{e}^{-x}$ 的拐点是（　　）。

A. $(2, 2\mathrm{e}^{-2})$　　　　　　　　　B. $(-2, -2\mathrm{e}^2)$

C. $(-1, \mathrm{e})$　　　　　　　　　　D. $(1, \mathrm{e}^{-1})$

15. 微分方程 $y''+y'+y=\mathrm{e}^x$ 的特解是（　　）。

A. $y=\mathrm{e}^x$　　　　　　　　　　　B. $y=\dfrac{1}{2}\mathrm{e}^x$

C. $y=\dfrac{1}{3}\mathrm{e}^x$　　　　　　　　　　D. $y=\dfrac{1}{4}\mathrm{e}^x$

16. 若圆域 D：$x^2+y^2\leqslant 1$，则二重积分 $\iint\limits_{D}\dfrac{\mathrm{d}x\mathrm{d}y}{1+x^2+y^2}$ 等于（　　）。

A. $\dfrac{\pi}{2}$　　　　　　　　　　　B. π

C. $2\pi\ln 2$　　　　　　　　　　D. $\pi\ln 2$

17. 幂级数 $\sum\limits_{n=1}^{\infty}\dfrac{x^n}{n!}$ 的和函数 $S(x)$ 等于（　　）。

A. e^x　　　　　　　　　　　B. e^x+1

C. e^x-1　　　　　　　　　　D. $\cos x$

18. 设 $z = y\varphi\left(\dfrac{x}{y}\right)$，其中 $\varphi(u)$ 具有二阶连续导数，则 $\dfrac{\partial^2 z}{\partial x \partial y}$ 等于（   ）。

A. $\dfrac{1}{y}\varphi''\left(\dfrac{x}{y}\right)$ B. $-\dfrac{x}{y^2}\varphi''\left(\dfrac{x}{y}\right)$

C. 1   D. $\varphi''\left(\dfrac{x}{y}\right) - \dfrac{x}{y}\varphi'\left(\dfrac{x}{y}\right)$

19. 矩阵 $A = \begin{bmatrix} 0 & 0 & -2 \\ 0 & 3 & 0 \\ 1 & 0 & 0 \end{bmatrix}$ 的逆矩阵是 A^{-1} 是（   ）。

A. $\begin{bmatrix} -\dfrac{1}{2} & 0 & 0 \\ 0 & \dfrac{1}{3} & 0 \\ 0 & 0 & 1 \end{bmatrix}$ B. $\begin{bmatrix} 0 & 0 & -\dfrac{1}{2} \\ 0 & \dfrac{1}{3} & 0 \\ 1 & 0 & 0 \end{bmatrix}$

C. $\begin{bmatrix} 0 & 0 & 1 \\ 0 & \dfrac{1}{3} & 0 \\ -\dfrac{1}{2} & 0 & 0 \end{bmatrix}$ D. $\begin{bmatrix} 0 & 0 & 6 \\ 0 & 2 & 0 \\ 3 & 0 & 0 \end{bmatrix}$

20. 设 A 为 $m \times n$ 矩阵，则齐次线性方程组 $Ax = 0$ 有非零解的充分必要条件是（   ）。
A. 矩阵 A 的任意两个列向量线性相关
B. 矩阵 A 的任意两个列向量线性无关
C. 矩阵 A 的任一列向量是其余列向量的线性组合
D. 矩阵 A 必有一个列向量是其余列向量的线性组合

21. 设 $\lambda_1 = 6$，$\lambda_2 = \lambda_3 = 3$ 为三阶实对称矩阵 A 的特征值，属于 $\lambda_2 = \lambda_3 = 3$ 的特征向量为 $\xi_2 = (-1, 0, 1)^T$，$\xi_3 = (1, 2, 1)^T$，则属于 $\lambda_1 = 6$ 的特征向量是（   ）。

A. $(1, -1, 1)^T$ B. $(1, 1, 1)^T$
C. $(0, 2, 2)^T$ D. $(2, 2, 0)^T$

22. 有 A、B、C 三个事件，下列选项中与事件 A 互斥的事件是（   ）。
A. $\overline{B \cup C}$ B. $\overline{A \cup B \cup C}$
C. $\overline{A}B + A\overline{C}$ D. $A(B+C)$

23. 设二维随机变量 (X, Y) 的概率密度为 $f(x,y) = \begin{cases} e^{-2ax+by}, & x>0, y>0 \\ 0, & 其他 \end{cases}$，则常数 a, b 应满足的条件是（   ）。

A. $ab = -\dfrac{1}{2}$，且 $a>0$，$b<0$ B. $ab = \dfrac{1}{2}$，且 $a>0$，$b>0$

C. $ab = -\dfrac{1}{2}$，$a<0$，$b>0$ D. $ab = \dfrac{1}{2}$，且 $a<0$，$b<0$

24. 设 $\hat{\theta}$ 是参数 θ 的一个无偏估计量，又方程 $D(\hat{\theta}) > 0$，下面结论中正确的是（   ）。
A. $(\hat{\theta})^2$ 是 θ^2 的无偏估计量

B. $(\hat{\theta})^2$ 不是 θ^2 的无偏估计量

C. 不能确定 $(\hat{\theta})^2$ 是不是 θ^2 的无偏估计量

D. $(\hat{\theta})^2$ 不是 θ^2 的估计量

25. 有两种理想气体，第一种的压强为 p_1，体积为 V_1，温度为 T_1，总质量为 M_1，摩尔质量为 μ_1；第二种的压强为 p_2，体积为 V_2，温度为 T_2，总质量为 M_2，摩尔质量为 μ_2。当 $V_1=V_2$，$T_1=T_2$，$M_1=M_2$ 时，则 $\dfrac{\mu_1}{\mu_2}$ 为（　　）。

A. $\dfrac{\mu_1}{\mu_2}=\sqrt{\dfrac{p_1}{p_2}}$　　　　　　　　B. $\dfrac{\mu_1}{\mu_2}=\dfrac{p_1}{p_2}$

C. $\dfrac{\mu_1}{\mu_2}=\sqrt{\dfrac{p_2}{p_1}}$　　　　　　　　D. $\dfrac{\mu_1}{\mu_2}=\dfrac{p_2}{p_1}$

26. 在恒定不变的压强下，气体分子的平均碰撞频率 $\overline{Z}$ 与温度 T 的关系是（　　）。

A. $\overline{Z}$ 与 T 无关　　　　　　　　B. $\overline{Z}$ 与 $\sqrt{T}$ 无关

C. $\overline{Z}$ 与 $\sqrt{T}$ 成反比　　　　　　D. $\overline{Z}$ 与 $\sqrt{T}$ 成正比

27. 一定量的理想气体对外做了 500J 的功，如果过程是绝热的，则气体内能的增量为（　　）。

A. 0J　　　　　　B. 500J　　　　　　C. −500J　　　　　　D. 250J

28. 热力学第二定律的开尔文表述和克劳修斯表述中，下述正确的是（　　）。

A. 开尔文表述指出了功热转换的过程是不可逆的

B. 开尔文表述指出了热量由高温物体传到低温物体的过程是不可逆的

C. 克劳修斯表述指出通过摩擦而做功变成热的过程是不可逆的

D. 克劳修斯表述指出气体的自由膨胀过程是不可逆的

29. 已知平面简谐波的方程为 $y=A\cos(Bt-Cx)$，式中 A、B、C 为正常数，此波的波长和波速分别为（　　）。

A. $\dfrac{B}{C}$，$\dfrac{2\pi}{C}$　　　　　　　　B. $\dfrac{2\pi}{C}$，$\dfrac{B}{C}$

C. $\dfrac{\pi}{C}$，$\dfrac{2B}{C}$　　　　　　　　D. $\dfrac{2\pi}{C}$，$\dfrac{C}{B}$

30. 对平面简谐波而言，波长 λ 反映（　　）。

A. 波在时间上的周期性　　　　　　B. 波在空间上的周期性

C. 波中质元振动位移的周期性　　　D. 波中质元振动速度的周期性

31. 在波的传播方向上，有相距为 3m 的两质元，两者的相位差为 $\dfrac{\pi}{6}$，若波的周期为 4s，则此波的波长和波速分别为（　　）。

A. 36m 和 6m/s　　　　　　　　B. 36m 和 9m/s

C. 12m 和 6m/s　　　　　　　　D. 12m 和 9m/s

32. 在双缝干涉实验中，入射光的波长为 λ，用透明玻璃纸遮住双缝中的一条缝（靠近屏的一侧），若玻璃纸中光程比相同厚度的空气的光程大 2.5λ，则屏上原来的明纹处（　　）。

A. 仍为明条纹 B. 变为暗条纹
C. 既非明条纹也非暗条纹 D. 无法确定是明纹还是暗纹

33. 一束自然光通过两块叠放在一起的偏振片，若两偏振片的偏振化方向间夹角由 α_1 转到 α_2，则前后透射光强度之比为（　　）。

A. $\dfrac{\cos^2\alpha_2}{\cos^2\alpha_1}$ B. $\dfrac{\cos\alpha_2}{\cos\alpha_1}$

C. $\dfrac{\cos^2\alpha_1}{\cos^2\alpha_2}$ D. $\dfrac{\cos\alpha_1}{\cos\alpha_2}$

34. 若用衍射光栅准确测定一单色可见光的波长，在下列各种光栅常数的光栅中，选用哪一种最好（　　）。

A. 1.0×10^{-1}mm B. 5.0×10^{-1}mm
C. 1.0×10^{-2}mm D. 1.0×10^{-3}mm

35. 在双缝干涉实验中，光的波长 600nm，双缝间距 2mm，双缝与屏的间距为 300cm，则屏上形成的干涉图样的相邻明条纹间距为（　　）。

A. 0.45mm B. 0.9mm C. 9mm D. 4.5mm

36. 一束自然光从空气投射到玻璃板表面上，当折射角为 30°时，反射光为完全偏振光，则此玻璃的折射率为（　　）。

A. 2 B. 3 C. $\sqrt{2}$ D. $\sqrt{3}$

37. 某原子序数为 15 的元素，其基态原子的核外电子分布中，未成对电子数是（　　）。

A. 0 B. 1 C. 2 D. 3

38. 下列晶体中熔点最高的是（　　）。

A. NaCl B. 冰 C. SiC D. Cu

39. 将 0.1mol·L^{-1} 的 HOAc 溶液冲稀一倍，下列叙述正确的是（　　）。

A. HOAc 的电离度增大 B. 溶液中有关离子浓度增大
C. HOAc 的电离常数增大 D. 溶液的 pH 值降低

40. 已知 K_b(NH$_3$·H$_2$O) = 1.8×10^{-5}，将 0.2mol·L^{-1} 的 NH$_3$·H$_2$O 溶液和 0.2mol·L^{-1} 的 HCl 溶液等体积混合，其混合溶液的 pH 值为（　　）。

A. 5.12 B. 8.87 C. 1.63 D. 9.73

41. 反应 A(S)+B(g)⇌C(g) 的 $\Delta H<0$，欲增大其平衡常数，可采取的措施是（　　）。

A. 增大 B 的分压 B. 降低反应温度
C. 使用催化剂 D. 减小 C 的分压

42. 两个电极组成原电池，下列叙述正确的是（　　）。

A. 作正极的电极的 $E_{(+)}$ 值必须大于零
B. 作负极的电极的 $E_{(-)}$ 值必须小于零
C. 必须是 $E^0_{(+)}>E^0_{(-)}$
D. 电极电势 E 值大的是正极，E 值小的是负极

43. 金属钠在氯气中燃烧生成氯化钠晶体，其反应的熵变是（　　）。

A. 增大 B. 减少
C. 不变 D. 无法判断

44. 某液体烃与溴水发生加成反应生成2,3-二溴-2-甲基丁烷,该液体烃是（　　）。
A. 2-丁烯 B. 2-甲基-1-丁烷
C. 3-甲基-1-丁烷 D. 2-甲基-2-丁烯

45. 下列物质中与乙醇互为同系物的是（　　）。
A. $CH_2=CHCH_2OH$ B. 甘油
C. —CH_2OH D. $CH_3CH_2CH_2CH_2OH$

46. 下列有机物不属于烃的衍生物的是（　　）。
A. $CH_2=CHCl$ B. $CH_2=CH_2$
C. $CH_3CH_2NO_2$ D. CCl_4

47. 结构如图 7-1-47 所示,杆 DE 的点 H 由水平闸拉住,其上的销钉 C 置于杆 AB 的光滑直槽中,各杆自重均不计,已知 $F_P=10kN$。销钉 C 处约束力的作用线与 x 轴正向所成的夹角为（　　）。
A. $0°$ B. $90°$
C. $60°$ D. $150°$

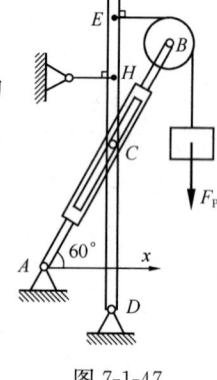

图 7-1-47

48. 力 F_1、F_2、F_3、F_4 分别作用在刚体上同一平面内的 A、B、C、D 四点,各力矢首尾相连形成一矩形如图 7-1-48 所示。该力系的简化结果为（　　）。
A. 平衡
B. 一合力
C. 一合力偶
D. 一力和一力偶

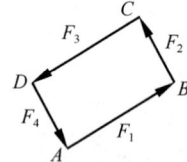

图 7-1-48

49. 均质圆柱体重力为 P,直径为 D,置于两光滑的斜面上。设有图 7-1-49 所示方向力 F 作用,当圆柱不移动时,接触面 2 处的约束力 F_{N2} 的大小为（　　）。

A. $F_{N2}=\dfrac{\sqrt{2}}{2}(P-F)$

B. $F_{N2}=\dfrac{\sqrt{2}}{2}F$

C. $F_{N2}=\dfrac{\sqrt{2}}{2}P$

D. $F_{N2}=\dfrac{\sqrt{2}}{2}(P+F)$

50. 如图 7-1-50 所示,杆 AB 的 A 端置于光滑水平面上,AB 与水平面夹角为 $30°$,杆重力大小为 P,B 处有摩擦,则杆 AB 平衡时,B 处的摩擦力与 x 方向的夹角为（　　）。
A. $90°$ B. $30°$

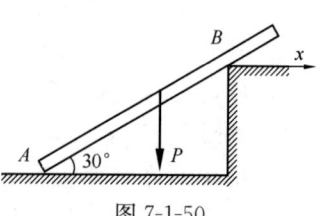

图 7-1-50

C. 60° D. 45°

51. 点沿直线运动，其速度 $v=20t+5$，已知：当 $t=0$ 时，$x=5$m，则点的运动方程为（ ）。

A. $x=10t^2+5t+5$ B. $x=20t+5$
C. $x=10t^2+5t$ D. $x=20t^2+5t+5$

52. 杆 $OA=l$，绕固定轴 O 转动，某瞬时杆端 A 点的加速度 a 如图 7-1-52 所示，则该瞬时杆 OA 的角速度及角加速度为（ ）。

A. 0，$\dfrac{a}{l}$ B. $\sqrt{\dfrac{a}{l}}$，$\dfrac{a}{l}$

C. $\sqrt{\dfrac{a}{l}}$，0 D. 0，$\sqrt{\dfrac{a}{l}}$

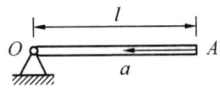

图 7-1-52

53. 如图 7-1-53 所示，一绳缠绕在半径为 r 的鼓轮上，绳端系一重物 M，重物 M 以速度 v 和加速度 a 向下运动，则绳上两点 A、D 和轮缘上两点 B、C 的加速度是（ ）。

A. A、B 两点的加速度相同，C、D 两点的加速度相同
B. A、B 两点的加速度不相同，C、D 两点的加速度不相同
C. A、B 两点的加速度相同，C、D 两点的加速度不相同
D. A、B 两点的加速度不相同，C、D 两点的加速度相同

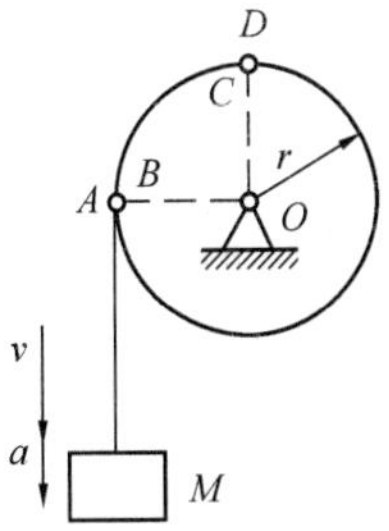

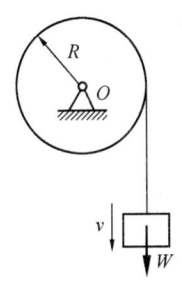

图 7-1-53

54. 汽车重力大小为 $W=2800$N，并以匀速 $v=10$m/s 的行驶速度驶入刚性洼地底部，洼地底部的曲率半径 $\rho=5$m，取重力加速度 $g=10$m/s²，则在此处地面给汽车约束力的大小为（ ）。

A. 5600N B. 2800N
C. 3360N D. 8400N

55. 如图 7-1-55 所示均质圆轮，质量 m，半径 R，由挂在绳上的重力大小为 W 的物块使其绕 O 运动。设物块速度为 v，不计绳重，则系统动量、动能的大小为（ ）。

A. $\dfrac{W}{g}\cdot v$；$\dfrac{1}{2}\cdot\dfrac{v^2}{g}\left(\dfrac{1}{2}mg+W\right)$

B. mv；$\dfrac{1}{2}\cdot\dfrac{v^2}{g}\left(\dfrac{1}{2}mg+W\right)$

C. $\dfrac{W}{g}\cdot v+mv$；$\dfrac{1}{2}\cdot\dfrac{v^2}{g}\left(\dfrac{1}{2}mg-W\right)$

D. $\dfrac{W}{g}\cdot v-mv$；$\dfrac{W}{g}\cdot v+mv$

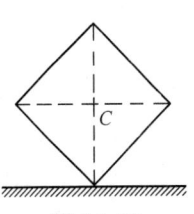

图 7-1-55

56. 边长为 L 的均质正方形平板，位于铅垂平面内并置于光滑水平面上，在微小扰动下，平板从图 7-1-56 所示位置开始倾倒，在倾倒过程中，其质心 C 的运动轨迹为（ ）。

A. 半径为 $L/\sqrt{2}$ 的圆弧
B. 抛物线
C. 铅垂直线

图 7-1-56

D. 椭圆曲线

57. 如图 7-1-57 所示，均质直杆 OA 的质量为 m，长为 l，以匀角速度 ω 绕 O 轴转动。此时将 OA 杆的惯性力系向 O 点简化，其惯性力主矢和惯性力主矩的大小分别为（　　）。

A. 0，0

B. $\frac{1}{2}ml\omega^2$，$\frac{1}{3}ml^2\omega^2$

C. $ml\omega^2$，$\frac{1}{2}ml^2\omega^2$

D. $\frac{1}{2}ml\omega^2$，0

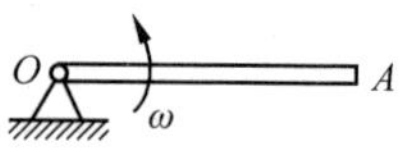

图 7-1-57

58. 如图 7-1-58 所示，重力大小为 W 的质点，由长为 l 的绳子连接，则单摆运动的固有频率为（　　）。

A. $\sqrt{\dfrac{g}{2l}}$　　B. $\sqrt{\dfrac{W}{l}}$

C. $\sqrt{\dfrac{g}{l}}$　　D. $\sqrt{\dfrac{2g}{l}}$

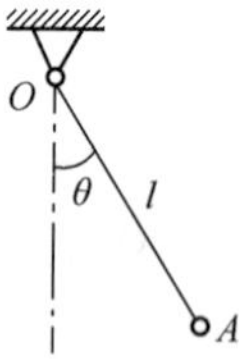

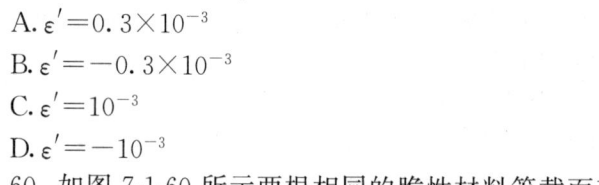

图 7-1-58

59. 如图 7-1-59 所示，已知拉杆横截面积 $A=100\text{mm}^2$，弹性模量 $E=200\text{GPa}$，横向变形系数 $\mu=0.3$，轴向拉力 $F=20\text{kN}$，则拉杆的横向应变 ε' 是（　　）。

A. $\varepsilon'=0.3\times10^{-3}$

B. $\varepsilon'=-0.3\times10^{-3}$

C. $\varepsilon'=10^{-3}$

D. $\varepsilon'=-10^{-3}$

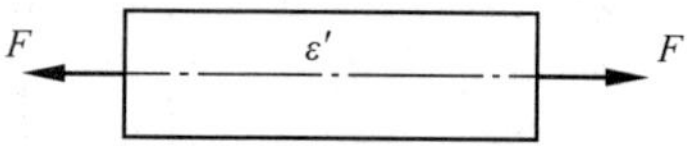

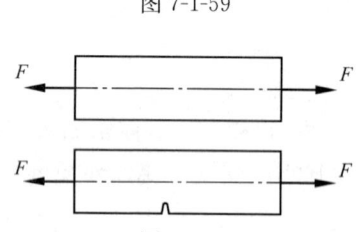

图 7-1-59

60. 如图 7-1-60 所示两根相同的脆性材料等截面直杆，其中一根有沿横截面的微小裂纹。在承受图示拉伸荷载时，有微小裂纹的杆件的承载能力比没有裂纹杆件的承载能力明显降低，其主要原因是（　　）。

A. 横截面积小

B. 偏心拉伸

C. 应力集中

D. 稳定性差

图 7-1-60

61. 已知图 7-1-61 所示杆件的许用拉应力 $[\sigma]=120\text{MPa}$，许用剪应力 $[\tau]=90\text{MPa}$，许用挤压应力 $[\sigma_{bs}]=240\text{MPa}$，则杆件的许用拉力 $[P]$ 等于（　　）。

A. 18.8kN

B. 67.86kN

C. 117.6kN

D. 37.7kN

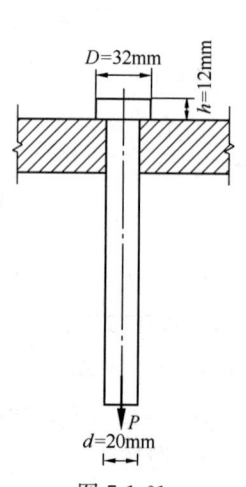

图 7-1-61

62. 如图 7-1-62 所示，等截面传动轴，轴上安装 a、b、c 三个齿轮，其上的外力偶矩的大小和转向一定，但齿轮的位置可以调换。从受力的观点来看，齿轮 a 的位置应放置在下列选项中的何处？

A. 任意处 B. 轴的最左端
C. 轴的最右端 D. 齿轮 b 与 c 之间

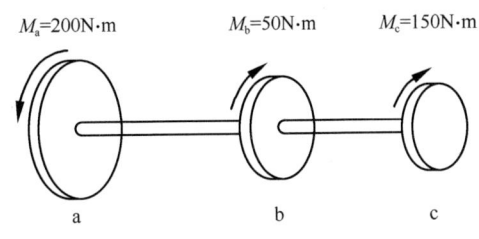

图 7-1-62

63. 梁 AB 的弯矩图如图 7-1-63 所示，则梁上荷载 F、m 的值为（   ）。

    A. $F=8$kN，$m=14$kN·m
    B. $F=8$kN，$m=6$kN·m
    C. $F=6$kN，$m=8$kN·m
    D. $F=6$kN，$m=14$kN·m

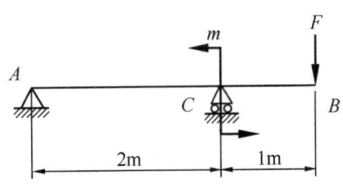

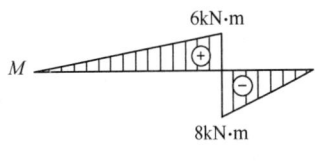

图 7-1-63

64. 悬臂梁 AB 由三根相同的矩形截面直杆胶合而成（图 7-1-64），材料的许用应力为 $[\sigma]$，在力 F 的作用下，若胶合面完全开裂，接触面之间无摩擦力，假设开裂后三根杆的挠曲线相同，则开裂后的梁强度条件的承载能力是原来的（   ）。

    A. 1/9   B. 1/3   C. 两者相同   D. 3 倍

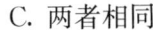

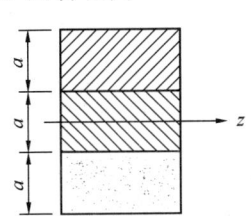

图 7-1-64

65. 梁的横截面如图 7-1-65 所示薄壁工字形，z 轴为截面中性轴，设截面上的剪力竖直向下，则该截面上的最大弯曲切应力在（   ）。

    A. 翼缘的中性轴处 4 点
    B. 腹板上缘延长线与翼缘相交处的 2 点
    C. 左侧翼缘的上端 1 点
    D. 腹板上边缘的 3 点

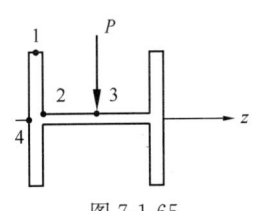

图 7-1-65

66. 如图 7-1-66 所示悬臂梁自由端承受集中力偶 m_g。若梁的长度减少一半，梁的最大挠度是原来的（   ）。

    A. 1/2
    B. 1/4

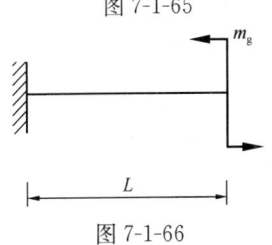

图 7-1-66

C. 1/8

D. 1/16

67. 矩形截面简支梁梁中点承受集中力 F, 若 $h=2b$, 若分别采用图 7-1-67 (a)、(b) 两种方式放置, 图 (a) 梁的最大挠度是图 (b) 的 ( )。

A. 1/2

B. 2 倍

C. 4 倍

D. 6 倍

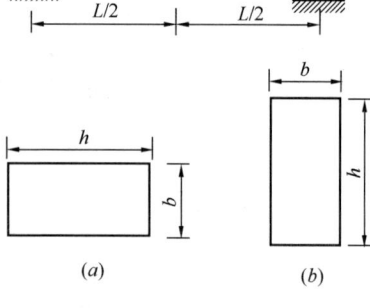

68. 已知图 7-1-68 所示单元体上的 $\sigma>\tau$, 则按第三强度理论, 其强度条件为 ( )。

A. $\sigma-\tau \leqslant [\sigma]$

B. $\sigma+\tau \leqslant [\sigma]$

C. $\sqrt{\sigma^2+4\tau^2} \leqslant [\sigma]$

D. $\sqrt{\left(\dfrac{\sigma}{2}\right)^2+\tau^2} \leqslant [\sigma]$

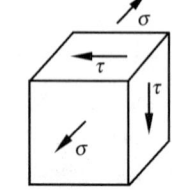

图 7-1-68

69. 如图 7-1-69 所示矩形截面拉杆中间开一深为 $\dfrac{h}{2}$ 的缺口, 与不开缺口时的拉杆相比（不计应力集中影响）, 杆内最大正应力是不开口时正应力的多少倍？

A. 2　　　B. 4　　　C. 8　　　D. 16

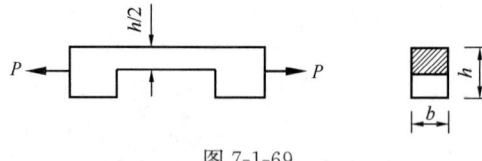

图 7-1-69

70. 一端固定另一端自由的细长（大柔度）压杆, 长度为 L, 见图 7-1-70 (a), 当杆的长度减少一半时, 见图 7-1-70 (b), 其临界载荷是原来的 ( )。

A. 4 倍　　　B. 3 倍

C. 2 倍　　　D. 1 倍

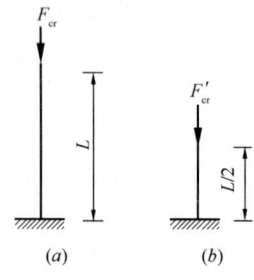

图 7-1-70

71. 水的运动黏性系数随温度的升高而 ( )。

A. 增大　　　B. 减小

C. 不变　　　D. 先减小然后增大

72. 密闭水箱如图 7-1-72 所示, 已知水深 $h=1\mathrm{m}$, 自由面上的压强 $p_0=90\mathrm{kN/m^2}$, 当地大气压 $p_a=101\mathrm{kN/m^2}$, 则水箱底部 A 点的真空度为 ( )。

A. $-1.2\mathrm{kN/m^2}$

B. $9.8\mathrm{kN/m^2}$

C. $1.2\mathrm{kN/m^2}$

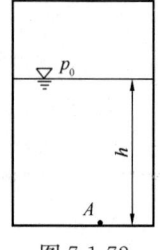

图 7-1-72

D. $-9.8 kN/m^2$

73. 关于流线，错误的说法是（   ）。

A. 流线不能相交

B. 流线可以是一条直线，也可以是光滑的曲线，但不可能是折线

C. 在恒定流中，流线与迹线重合

D. 流线表示不同时刻的流动趋势

74. 如图 7-1-74 所示，两个水箱用两段不同直径的管道连接，1~3 管段长 $l_1=10m$，直径 $d_1=200mm$，$\lambda_1=0.019$；3~6 管段长 $l_2=10m$，直径 $d_2=100mm$，$\lambda_2=0.018$，管道中的局部管件：1 为入口（$\xi_1=0.5$）；2 和 5 为 90°弯头（$\xi_2=\xi_5=0.5$）；3 为渐缩管（$\xi_3=0.024$）；4 为闸阀（$\xi_1=0.5$）；6 为管道出口（$\xi_6=1$）。若输送流量为 40L/s，则两水箱水面高度差为（   ）。

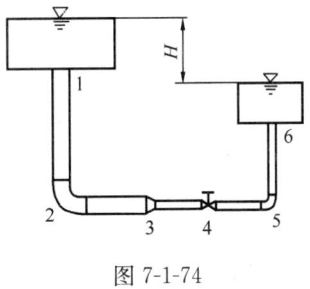

图 7-1-74

A. 3.501m B. 4.312m

C. 5.204m D. 6.123m

75. 在长管水力计算中，（   ）。

A. 只有速度水头可忽略不计

B. 只有局部水头损失可忽略不计

C. 速度水头和局部水头损失均可忽略不计

D. 两断面的测压管水头差并不等于两断面间的沿程水头损失

76. 矩形排水沟，底宽 5m，水深 3m，则水力半径为（   ）。

A. 5m B. 3m C. 1.36m D. 0.94m

77. 潜水完全井抽水量大小与相关物理量的关系是（   ）。

A. 与井半径成正比 B. 与井的影响半径成正比

C. 与含水层厚度成正比 D. 与土体渗透系数成正比

78. 合力 F、密度 ρ、长度 l、速度 v 组合的无量纲数是（   ）。

A. $\dfrac{F}{\rho v l}$ B. $\dfrac{F}{\rho v^2 l}$

C. $\dfrac{F}{\rho v^2 l^2}$ D. $\dfrac{F}{\rho v l^2}$

79. 由图 7-1-79 所示长直导线上的电流产生的磁场（   ）。

A. 方向与电流方向相同

B. 方向与电流方向相反

C. 顺时针方向环绕长直导线（自上向下俯视）

D. 逆时针方向环绕长直导线（自上向下俯视）

图 7-1-79

80. 已知电路如图 7-1-80 所示，其中电流 I 等于（   ）。

A. 0.1A B. 0.2A

C. -0.1A D. -0.2A

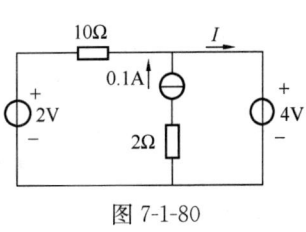

图 7-1-80

81. 已知电路如图 7-1-81 所示，其中响应电流 I 在电流源单独作用时的分量为（　　）。

A. 因电阻 R 未知，故无法求出

B. 3A

C. 2A

D. -2A

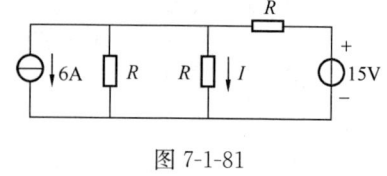

图 7-1-81

82. 用电压表测量图 7-1-82 所示电路 $u(t)$ 和 $i(t)$ 的结果是 10V 和 0.2A，设电流 $i(t)$ 的初相位为 $10°$，电压与电流呈反相关系，则如下关系成立的是（　　）。

A. $\dot{U}=10\angle-10°$V

B. $\dot{U}=-10\angle-10°$V

C. $\dot{U}=10\sqrt{2}\angle-170°$V

D. $\dot{U}=10\angle-170°$V

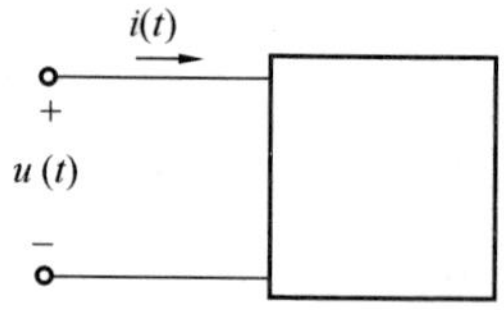

图 7-1-82

83. 如图 7-1-83 所示，测得某交流电咱的端电压 u 和电流 i 分别为 110V 和 1A，两者的相位差为 $30°$，则该电路的有功功率、无功功率和视在功率分别为（　　）。

A. 95.3W，55var，110V·A

B. 55W，95.3var，110V·A

C. 110W，110var，110V·A

D. 95.3W，55var，150.3V·A

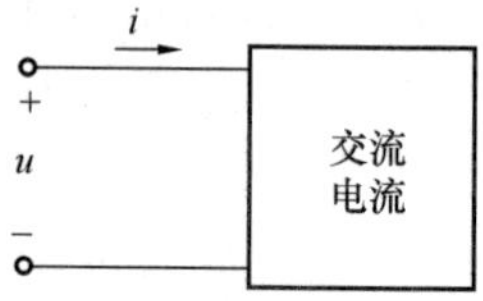

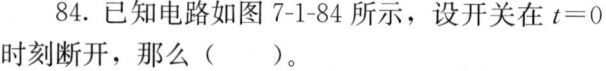

图 7-1-83

84. 已知电路如图 7-1-84 所示，设开关在 $t=0$ 时刻断开，那么（　　）。

A. 电流 i_C 从 0 逐渐增长，再逐渐衰减为 0

B. 电压从 3V 逐渐衰减到 2V

C. 电压从 2V 逐渐增长到 3V

D. 时间常数 $\tau=4C$

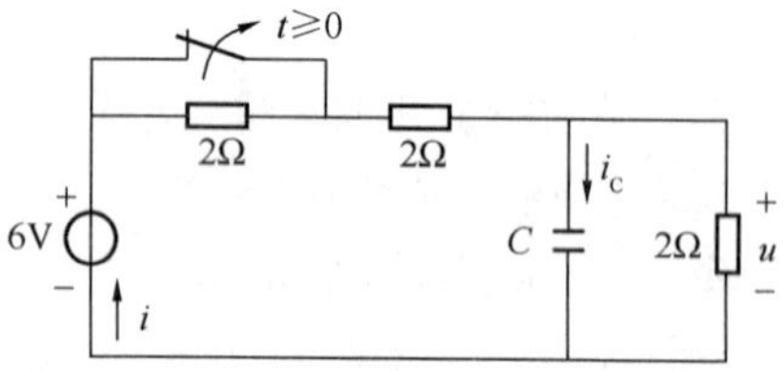

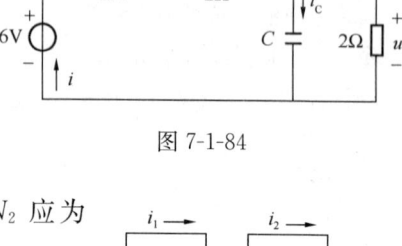

图 7-1-84

85. 如图 7-1-85 所示变压器为理想变压器，且 $N_1=100$ 匝，若希望 $I_1=1$A 时，$P_{R2}=40$W，则 N_2 应为（　　）。

A. 50 匝

B. 200 匝

C. 25 匝

D. 400 匝

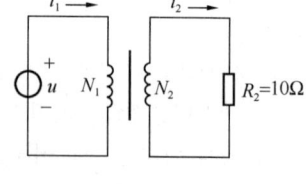

图 7-1-85

86. 为实现对电动机的过载保护，除了将热继电器的热元件串接在电动机的供电电路中外，还应将其（　　）。

A. 常开触点串接在控制电路中

B. 常闭触点串接在控制电路中

C. 常开触点串接在主电路中

D. 常闭触点串接在主电路中

87. 通过两种测量手段测得某管道中液体的压力和流量信号如图 7-1-87 中曲线 1 和曲线 2 所示，由此可以说明（   ）。

   A. 曲线 1 是压力的模拟信号
   B. 曲线 2 是流量的模拟信号
   C. 曲线 1 和曲线 2 均为模拟信号
   D. 曲线 1 和曲线 2 均为连续信号

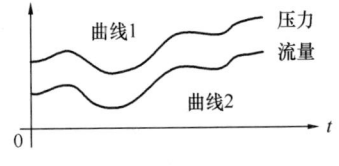

图 7-1-87

88. 设周期信号 $u(t)$ 的幅值频谱如图 7-1-88 所示，则该信号（   ）。

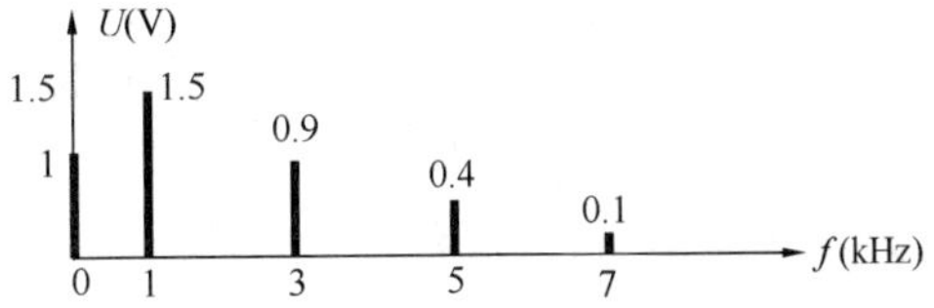

   A. 是一个离散时间信号
   B. 是一个连续时间信号
   C. 在任意瞬间均取正值
   D. 最大瞬时值为 1.5V

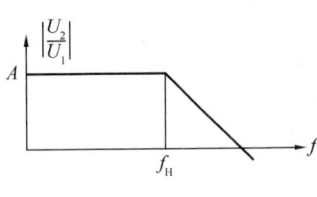

图 7-1-88

89. 设放大器的输入信号为 $u_1(t)$，放大器的幅频特性如图 7-1-89 所示，令 $u_1(t)=\sqrt{2}u_1\sin2\pi ft$，且 $f>f_H$，则（   ）。

   A. $u_2(t)$ 的出现频率失真
   B. $u_2(t)$ 的有效值 $U_2=AU_1$
   C. $u_2(t)$ 的有效值 $U_2<AU_1$
   D. $u_2(t)$ 的有效值 $U_2>AU_1$

图 7-1-89

90. 对逻辑表达式 $AC+DC+\overline{AD}\cdot C$ 的化简结果是（   ）。

   A. C
   B. A+D+C
   C. AC+DC
   D. $\overline{A}+\overline{C}$

91. 已知数字信号 A 和数字信号 B 的波形如图 7-1-91 所示，则数字信号 $F=\overline{A+B}$ 的波形为（   ）。

图 7-1-91

   A.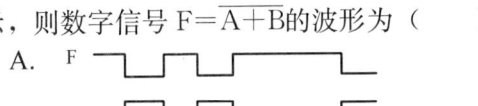
   B.  F ̄
   C. F ̄
   D. F ̄

92. 十进制数字 88 的 BCD 码为（   ）。

   A. 00010001
   B. 10001000
   C. 01100110
   D. 01000100

93. 二极管应用电路如图 7-1-93（a）所示，电路的激励 u_i 如图 7-1-93（b）所示，设二极管为理想器件，则电路输出电压 u_0 的波形为（   ）。

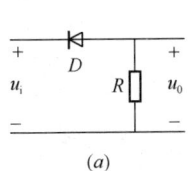
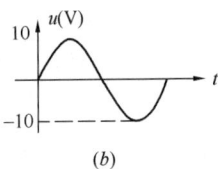

图 7-1-93

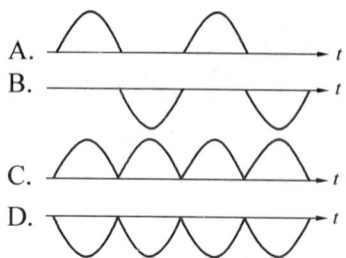

94. 图 7-1-94（a）所示的电路中，运算放大器输出电压的极限值为 $\pm U_{oM}$，当输入电压 $u_{i1}=1V$，$u_{i2}=2\sin\omega t$ 时，输出电压波形如图 7-1-94（b）所示。如果将 u_{i1} 从 1V 调至 1.5V，将会使输出电压的（   ）。

A. 频率发生改变

B. 幅度发生改变

C. 平均值升高

D. 平均值降低

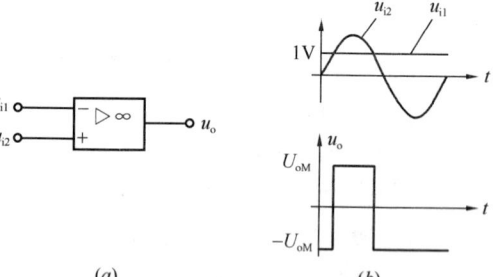

图 7-1-94

95. 图 7-1-95（a）所示的电路中，复位信号 $\overline{R}_D$、信号 A 及时钟脉冲信号 cp 如图 7-1-95（b）所示，经分析可知，在第一个和第二个时钟脉冲的下降沿时刻，输出 Q 先后等于（   ）。

A. 0　0 　　B. 0　1

C. 1　0 　　D. 1　1

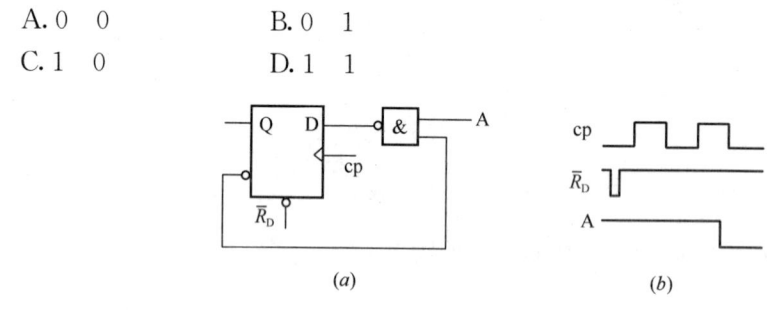

图 7-1-95

附：触发器的逻辑状态表为：

D	Q_{n+1}
0	0
1	1

96. 图 7-1-96 所示时序逻辑电路是一个（   ）。

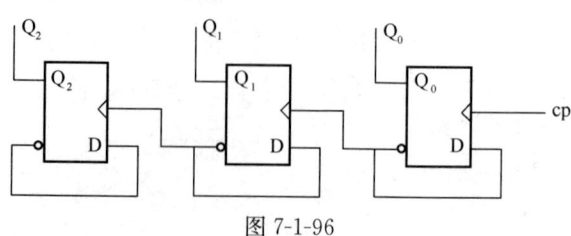

图 7-1-96

A. 左移寄存器

B. 右移寄存器

C. 异步三位二进制加法计数器

D. 同步六进制计数器

附：触发器的逻辑状态表为：

D	Q_{n+1}
0	0
1	1

97. 计算机系统的内存存储器是（　　）。

A. 计算机软件系统的一个组成部分

B. 计算机硬件系统的一个组成部分

C. 隶属于外围设备的一个组成部分

D. 隶属于控制部件的一个组成部分

98. 根据冯·诺依曼结构原理，计算机的硬件由（　　）。

A. 运算器、存储器、打印机组成

B. 寄存器、存储器、硬盘存储器组成

C. 运算器、控制器、存储器、I/O 设备组成

D. CPU、显示器、键盘组成

99. 微处理器与存储器以及外围设备之间的数据传送操作通过（　　）。

A. 显示器和键盘进行　　　　　　　B. 总线进行

C. 输入/输出设备进行　　　　　　　D. 控制命令进行

100. 操作系统的随机性指的是（　　）。

A. 操作系统的运行操作是多层次的

B. 操作系统与单个用户程序共享系统资源

C. 操作系统的运行是在一个随机的环境中进行的

D. 在计算机系统中同时存在多个操作系统，且同时进行操作

101. Windows 2000 以及以后更新的操作系统版本是（　　）。

A. 一种单用户单任务的操作系统

B. 一种多任务的操作系统

C. 一种不支持虚拟存储器管理的操作系统

D. 一种不适用于商业用户的营组系统

102. 十进制的数 256.625，用八进制表示则是（　　）。
　　　A. 412.5　　　　B. 326.5　　　　C. 418.8　　　　D. 400.5

103. 计算机的信息数量的单位常用 kB、MB、GB、TB 表示，它们中表示信息数量最大的一个是（　　）。

　　　A. kB　　　　　B. MB　　　　　C. GB　　　　　D. TB

104. 下列选项中，不是计算机病毒特点的是（　　）。

A. 非授权执行性、复制传播性

B. 感染性、寄生性

C. 潜伏性、破坏性、依附性

D. 人机共患性、细菌传播性

105. 按计算机网络作用范围的大小,可将网络划分为( )。

　　A. X.25 网、ATM 网

　　B. 广域网、有线网、无线网

　　C. 局域网、城域网、广域网

　　D. 环形网、星形网、树形网、混合网

106. 下列选项中不属于局域网拓扑结构的是( )。

　　A. 星形　　　　B. 互联形　　　　C. 环形　　　　D. 总线型

107. 某项目借款 2000 万元,借款期限 3 年,年利率为 6%,若每半年计复利一次,则实际年利率会高出名义利率为( )。

　　A. 0.16%　　　B. 0.25%　　　　C. 0.09%　　　D. 0.06%

108. 某建设项目的建设期为 2 年,第一年贷款额为 400 万元,第二年贷款额为 800 万元,贷款在年内均衡发生,贷款年利率为 6%,建设期内不支付利息,则建设期贷款利息为( )。

　　A. 12 万元　　B. 48.72 万元　　C. 60 万元　　　D. 60.72 万元

109. 某公司发行普通股筹资 8000 万元,筹资费率为 3%,第一年股利率为 10%,以后每年增长 5%,所得税率为 25%,则普通股资金成本为( )。

　　A. 7.73%　　　B. 10.31%　　　 C. 11.48%　　　D. 15.31%

110. 某投资项目原始投资额为 200 万元,使用寿命为 10 年,预计净残值为零,已知该项目第 10 年的经营净现金流量为 25 万元,回收营运资金 20 万元,则该项目第 10 年的净现金流量为( )。

　　A. 20 万元　　B. 25 万元　　　C. 45 万元　　　D. 65 万元

111. 以下关于社会折现率的说法中,不正确的是( )。

　　A. 社会折现率可用作经济内部收益率的判别基准

　　B. 社会折现率可用作衡量资金时间经济价值

　　C. 社会折现率可用作不同年份之间资金价值转化的折现率

　　D. 社会折现率不能反映资金占用的机会成本

112. 某项目在进行敏感性分析时,得到以下结论:产品价格下降 10%,可使 NPV=0;经营成本上升 15%,NPV=0;寿命期缩短 20%,NPV=0;投资增加 25%,NPV=0。则下降因素中,最敏感的是( )。

　　A. 产品价格　　B. 经营成本　　C. 寿命期　　　D. 投资

113. 现有两个寿命期相同的互斥投资方案 A 和 B,B 方案的投资额和净现值都大于 A 方案,A 方案的内部收益率为 14%,B 方案的内部收益率为 15%,差额的内部收益率为 13%,则使 A、B 两方案优劣相等时的基准收益率应为( )。

　　A. 13%　　　　　　　　　　　　　B. 14%

　　C. 15%　　　　　　　　　　　　　D. 13%至 15%之间

114. 某产品共有五项功能 F_1、F_2、F_3、F_4、F_5,用强制确定法确定零件功能评价体系时，其功能得分分别为 3、5、4、1、2，则 F_3 的功能评价系数为（ ）。

A. 0.20   B. 0.13   C. 0.27   D. 0.33

115. 根据《中华人民共和国建筑法》规定，施工企业矿业将部分工程分包给其他具有相应资质的分包单位施工，下列情形中不违反有关承包的禁止性规定的是（ ）。

   A. 建筑施工企业超越本企业资质等级许可的业务范围或者以任何形式用其他建筑施工企业的名义承揽工程
   B. 承包单位将其承包的全部建筑工程转包给他人
   C. 承包单位将其承包的全部建筑工程肢解以后以分包的名义分别转包给他人
   D. 两个不同资质等级的承包单位联合共同承包

116. 根据《中华人民共和国安全生产法》规定，从业人员享有权利并承担义务，下列情形中属于从业人员履行义务的是（ ）。

   A. 张某发现直接危及人身安全的紧急情况时禁止作业撤离现场
   B. 李某发现事故隐患或者其他不安全因素，立即向现场安全生产管理人员或者本单位负责人报告
   C. 王某对本单位安全生产工作中存在的问题提出批评、检举、控告
   D. 赵某对本单位的安全生产工作提出建议

117. 某工程实行公开招标，招标文件规定，投标人提交投标文件截止时间为 3 月 22 日下午 5 点整。投标人 D 由于交通拥堵于 3 月 22 日下午 5 点 10 分送达投标文件，其后果是（ ）。

   A. 投标保证金被没收
   B. 投标人拒收该投标文件
   C. 投标人提交的投标文件有效
   D. 由评标委员会确定为废标

118. 在订立合同是显失公平的合同时，当事人可以请求人民法院撤销该合同，其行使撤销权的有效期限是（ ）。

   A. 自知道或者应当知道撤销事由之日起五年内
   B. 自撤销事由发生之日一年内
   C. 自知道或者应当知道撤销事由之日起一年内
   D. 自撤销事由发生之日五年内

119. 根据《建设工程质量管理条例》规定，下列有关建设工程质量保修的说法中，正确的是（ ）。

   A. 建设工程的保修期，自工程移交之日起计算
   B. 供冷系统在正常使用条件下，最低保修期限为 2 年
   C. 供热系统在正常使用条件下，最低保修期限为 2 年采暖期
   D. 建设工程承包单位向建设单位提交竣工结算资料时，应当出具质量保修书

120. 根据《建设工程安全生产管理条例》规定，建设单位确定建设工程安全作业环境及安全施工措施所需费用的时间是（ ）。

   A. 编制工程概算时   B. 编制设计预算时
   C. 编制施工预算时   D. 编制投资估算时

(下午卷)

单项选择题（共60题，每题2分。每题的备选项中只有一个最符合题意。）

1. 材料的孔隙率增加，特别是开口孔隙率增加时，会使材料的性能发生如下变化（　　）。
    A. 抗冻性、抗渗性、耐腐蚀性提高
    B. 抗冻性、抗渗性、耐腐蚀性降低
    C. 密度、导热系数、软化系数提高
    D. 密度、导热系数、软化系数降低

2. 当外力达到一定限度后，材料突然破坏，且破坏时无明显的塑性变形，材料的这种性质称为（　　）。
    A. 弹性　　　　B. 塑性　　　　C. 脆性　　　　D. 韧性

3. 硬化水泥浆体的强度与自身的孔隙率有关，与强度直接相关的孔隙率是指（　　）。
    A. 总孔隙率　　B. 毛细孔隙率　　C. 气孔孔隙率　　D. 层间孔隙率

4. 在我国西北干旱和盐渍土地区，影响地面混凝土构件耐久性的主要过程是（　　）。
    A. 碱骨料反应
    B. 混凝土碳化反应
    C. 盐结晶破坏
    D. 盐类化学反应

5. 混凝土材料的抗压强度与下列哪个因素不直接相关（　　）。
    A. 集料强度
    B. 硬化水泥浆强度
    C. 集料界面过渡区
    D. 拌合用水的品质

6. 以下性质中哪个不属于石材的工艺性质（　　）。
    A. 加工性
    B. 抗酸腐蚀性
    C. 抗钻性
    D. 磨光性

7. 配制乳化沥青时需要加入（　　）。
    A. 有机溶剂
    B. 乳化剂
    C. 塑化剂
    D. 无机填料

8. 若 $\Delta X_{AB}<0$，且 $\Delta Y_{AB}<0$，则下列哪项表达了坐标方位角 α_{AB}（　　）。
    A. $\alpha_{AB}=\arctan\dfrac{\Delta Y_{AB}}{\Delta X_{AB}}$
    B. $\alpha_{AB}=\arctan\dfrac{\Delta Y_{AB}}{\Delta X_{AB}}+\pi$
    C. $\alpha_{AB}=\pi-\arctan\dfrac{\Delta Y_{AB}}{\Delta X_{AB}}$
    D. $\alpha_{AB}=\arctan\dfrac{\Delta Y_{AB}}{\Delta X_{AB}}-\pi$

9. 某图幅编号为J50B001001，则该图比例尺为（　　）。
    A. 1∶100000
    B. 1∶50000
    C. 1∶500000
    D. 1∶250000

10. 经纬仪测量水平角时，下列何种方法用于测量两个方向所夹的水平角（　　）。
    A. 测回法
    B. 方向观测法
    C. 半测回法
    D. 全圆方向法

11. 在工业企业建筑设计总平面图上，根据建（构）筑物的分布及建筑物的轴线方向，布设矩形网的主轴线，纵横两条主轴线要与建（构）筑物的轴线平行。下列哪项关于主轴线上定位点的个数的要求是正确的（　　）。

A. 不少于 2 个　　　　　　　　B. 不多于 3 个

C. 不少于 3 个　　　　　　　　D. 4 个以上

12. 用视距测量方法测量水平距离时，水平距离 D 可用下列哪项公式表示（l 为尺间隔，α 为竖直角）（　　）。

A. $D=Kl\cos^2\alpha$　　　　　　　B. $D=Kl\cos\alpha$

C. $D=\frac{1}{2}Kl\sin^2\alpha$　　　　　　D. $D=\frac{1}{2}Kl\sin\alpha$

13. 在我国，房地产价格评估制度是根据以下哪一层级的法律法规确立的一项房地产交易基本制度（　　）。

A. 法律　　　　　　　　　　　B. 行政法规

C. 部门规章　　　　　　　　　D. 政府规范性文件

14. 我国《中华人民共和国节约能源法》所称的能源，是指以下哪些能源和电子、热力以及其他直接或者通过加工、转换而取得有用能的各种资源（　　）。

A. 煤炭、石油、天然气、生物质能　　B. 太阳能、风能

C. 煤炭、水电、核能　　　　　　　D. 可再生能源和新能源

15. 根据我国《中华人民共和国建筑法》的规定，实施施工许可证制度的建筑工程（除国务院建设行政主管部门确定的限额以下的小型工程外），在施工开始前，下列哪个单位应当按照国家有关规定向工程所在地县级以上人民政府建设行政主管部门申请施工许可（　　）。

A. 建设单位　　　　　　　　　B. 设计单位

C. 施工单位　　　　　　　　　D. 监理单位

16. 违反工程建设强制性标准造成工程质量、安全隐患或者工程事故的，应按照《建设工程质量管理条例》的有关规定（　　）。

A. 对事故责任单位和责任人进行处罚

B. 对事故责任单位的上级单位进行处罚

C. 对事故责任单位的法定代理人进行处罚

D. 对事故责任单位的负责人进行处罚

17. 当锤击桩沉桩采用以桩尖设计标高控制为主时，桩尖应处于的土层是（　　）。

A. 坚硬的黏土　　　　　　　　B. 碎石土

C. 风化岩　　　　　　　　　　D. 软土层

18. 冬期施工中配制混凝土用的水泥，应优先选用（　　）。

A. 矿渣水泥　　　　　　　　　B. 硅酸盐水泥

C. 火山灰质水泥　　　　　　　D. 粉煤灰水泥

19. 对平面呈板式的六层钢筋混凝土预制结构吊装时，宜使用（　　）。

A. 人字桅杆式起重机　　　　　B. 履带式起重机

C. 附着式塔式起重机　　　　　D. 轨道式塔式起重机

20. 某工作最早完成时间与其所有紧后工作的最早开始时间之差中的最小值，称为（　　）。

　　A. 总时差　　　　　　　　　　B. 自由时差
　　C. 虚工作　　　　　　　　　　D. 时间间隔

21. 在施工过程中，对于来自外部的各种因素所导致的工期延长，应通过工期签证予以扣除，下列不属于应办理工期签证的情形是（　　）。

　　A. 不可抗拒的自然灾害（地震、洪水、台风等）导致工期拖延

　　B. 由于设计变更导致的返工时间

　　C. 基础施工时，遇到不可预见的障碍物后停止施工，进行处理的时间

　　D. 下雨导致场地泥泞，施工材料运输不通畅导致工期拖延

22. 当钢筋混凝土受扭构件还同时作用有剪力时，此时构件的受扭承载力将发生下列哪种变化（　　）。

　　A. 减小　　　　B. 增大　　　　C. 不变　　　　D. 不确定

23. 在按《混凝土结构设计规范》GB 50010—2010 所给的公式计算钢筋混凝土受弯构件斜截面承载力时，下列哪项不需要考虑（　　）。

　　A. 截面尺寸是否过小

　　B. 所配的配箍是否大于最小配箍率

　　C. 箍筋的直径和间距是否满足其构造要求

　　D. 箍筋间距是否满足 10 倍纵向受力钢筋的直径

24. 下列给出的混凝土楼板塑性铰线正确的是（　　）。

A. B. C. D.

25. 下列关于钢筋混凝土剪力墙结构边缘构件的说法中，不正确的是（　　）。

　　A. 分为构造边缘构件和约束边缘构件两类

　　B. 边缘构件内混凝土为受约束的混凝土，因此可提高墙体的延性

　　C. 构造边缘构件内可不设置箍筋

　　D. 所有剪力墙都要设置边缘构件

26. 高强度低合金钢划分为 A、B、C、D、E 五个质量等级，其划分指标为（　　）。

　　A. 屈服强度　　B. 伸长率　　C. 冲击韧性　　D. 含碳量

27. 计算普通钢结构轴心受压构件的整体稳定性时，应计算（　　）。

　　A. 构件的长细比　　　　　　　　B. 板件的宽厚比

C. 钢材的冷弯效应　　　　　　　　　D. 构件的净截面处应力

28. 计算角焊缝抗剪承载力时需要限制焊缝的计算长度，主要考虑了（　　）。
   A. 焊脚尺寸的影响　　　　　　　　B. 焊缝剪应力分布的影响
   C. 钢材牌号的影响　　　　　　　　D. 焊缝检测方法的影响

29. 钢结构屋盖中横向水平支撑的主要作用是（　　）。
   A. 传递吊车荷载　　　　　　　　　B. 承受屋面竖向荷载
   C. 固定檩条和系杆　　　　　　　　D. 提供屋架侧向支承点

30. 对于截面尺寸、砂浆、砌体强度等级都相同的墙体，下列哪种说法是正确的（　　）。
   A. 承载能力随偏心距的增大而增大
   B. 承载能力随高厚比增加而减小
   C. 承载能力随相邻横墙间距增加而增大
   D. 承载能力不随截面尺寸、砂浆、砌体强度等级变化

31. 影响砌体结构房屋空间工作性能的主要因素是下列哪一项（　　）。
   A. 房屋结构所用块材和砂浆的强度等级
   B. 外纵墙的高厚比和门窗洞口的开设是否超过规定
   C. 圈梁和构造柱的设置是否满足规范的要求
   D. 房屋屋盖、楼盖的类别和横墙的距离

32. 进行墙梁设计时，下列说法正确的是（　　）。
   A. 无论何种设计阶段，其顶面的荷载设计值计算方法相同
   B. 托梁应按偏心受拉构件进行施工阶段承载力计算
   C. 承重墙梁的支座处均应设落地翼墙
   D. 托梁在使用阶段斜截面受剪承载力应按偏心受拉构件计算

33. 对多层砌体房屋总高度与总宽度的比值要加以限制，主要是为了考虑（　　）。
   A. 避免房屋两个主轴方向尺寸差异大、刚度悬殊，产生过大的不均匀沉降
   B. 避免房屋纵横两个方向温度应力不均匀，导致墙体产生裂缝
   C. 保证房屋不致因整体弯曲而破坏
   D. 防止房屋因抗剪不足而破坏

34. 如图7-2-34所示体系的几何组成为（　　）。
   A. 无多余约束的几何不变体系
   B. 有多余约束的几何不变体系
   C. 几何瞬变体系
   D. 几何常变体系

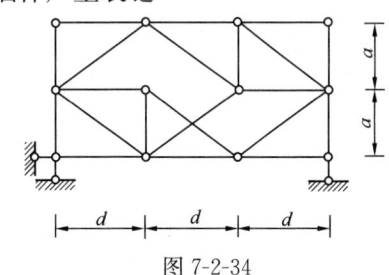

图 7-2-34

35. 如图7-2-35所示刚架 M_{ED} 值为（　　）。
   A. 36kN·m
   B. 48kN·m
   C. 60kN·m
   D. 72kN·m

36. 如图7-2-36所示对称结构 $M_{AD}=ql^2/36$（左

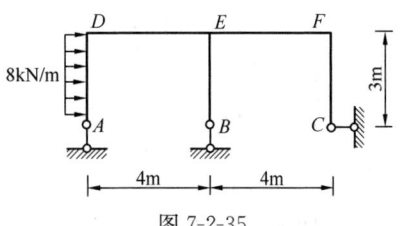

图 7-2-35

拉），$F_{N,AD}=-5ql/12$（压），则 M_{BC} 为（以下侧受拉为正）
（　　）。

A. $-ql^2/6$
B. $ql^2/6$
C. $-ql^2/9$
D. $ql^2/9$

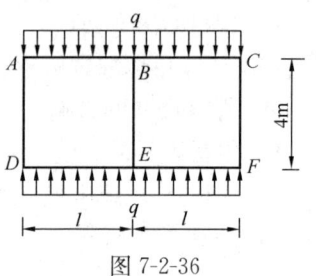

图 7-2-36

37. 如图 7-3-37 所示圆弧曲梁 K 截面弯矩 M_K（外侧受拉为正）影响线在 C 点的竖标为（　　）。

A. $4(\sqrt{3}-1)$ B. $4\sqrt{3}$ C. 0 D. 4

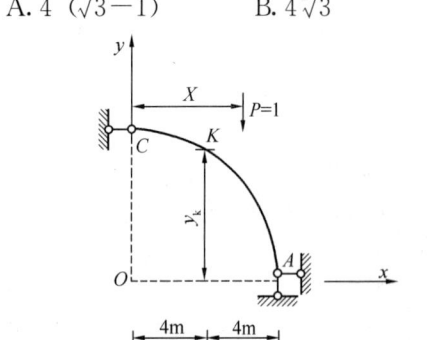

图 7-2-37

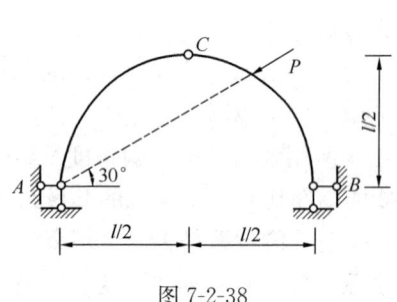

图 7-2-38

38. 如图 7-2-38 所示三铰拱支座 B 的水平反力（以向右为正）等于（　　）。

A. P B. $\dfrac{\sqrt{2}}{2}P$ C. $\dfrac{\sqrt{3}}{2}P$ D. $\dfrac{\sqrt{3}-1}{2}P$

39. 如图 7-2-39 所示结构忽略轴向变形和剪切变形，若增大弹簧刚度 k，则 A 节点的水平位移 Δ_{AH}（　　）。

A. 增大 B. 减小
C. 不变 D. 可能增大，也可能减小

40. 如图 7-2-40 所示结构 $EI=$ 常数，在给定荷载作用下，水平反力 H_A 为（　　）。

A. P B. $2P$ C. $3P$ D. $4P$

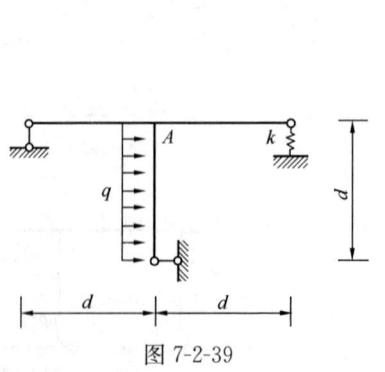

图 7-2-39

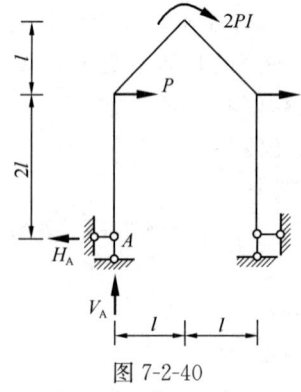

图 7-2-40

41. 如图 7-2-41 所示结构 B 处弹性支座的弹簧刚度 $k=6EI/l^3$，则 B 截面的弯矩

为（   ）。

A. Pl

B. $\dfrac{Pl}{2}$

C. $\dfrac{Pl}{3}$

D. $\dfrac{Pl}{6}$

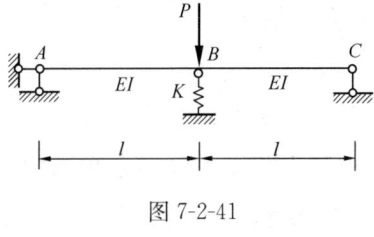

图 7-2-41

42. 如图 7-2-42 所示梁的抗弯刚度为 EI，长度为 l，欲使梁中点 C 弯矩为零，则弹性支座刚度 k 的取值应为（   ）。

A. $3EI/l^3$ B. $6EI/l^3$

C. $9EI/l^3$ D. $12EI/lI^3$

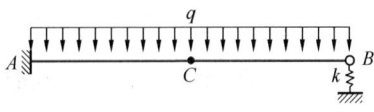

图 7-2-42

43. 如图 7-2-43 所示两桁架温度均匀升高 t（℃），则温度引起的结构内力为（   ）。

A. (a) 无，(b) 有   B. (a) 有，(b) 无

C. 两者均有   D. 两者均无

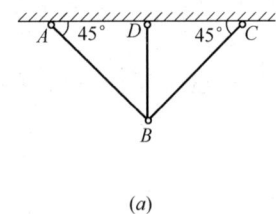   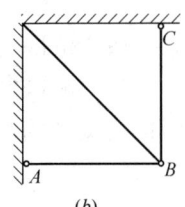

(a)   (b)

图 7-2-43

44. 如图 7-2-44 所示结构 EI＝常数，不考虑轴向变形，则 M_{BA} 为（以下侧受拉为正）（   ）。

A. $\dfrac{Pl}{4}$

B. $-\dfrac{Pl}{4}$

C. $\dfrac{Pl}{2}$

D. $-\dfrac{Pl}{2}$

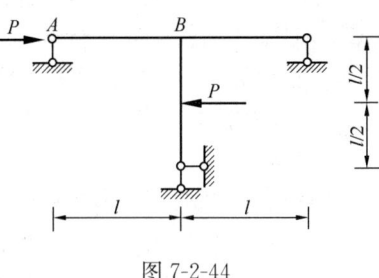

图 7-2-44

45. 如图 7-2-45 所示结构用力矩分配法计算时，分配系数 μ_{A4} 为（   ）。

A. 1/4

B. 4/7

C. 1/2

D. 4/11

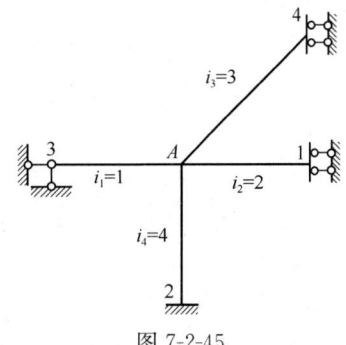

图 7-2-45

46. 如图 7-2-46 所示结构，质量 m 在杆件中点，EI ＝∞，弹簧刚度为 k，则该体系的自振频率为（   ）。

A. $\sqrt{\dfrac{9k}{4m}}$ B. $\sqrt{\dfrac{2k}{m}}$

C. $\sqrt{\dfrac{9k}{2m}}$ D. $\sqrt{\dfrac{4k}{m}}$

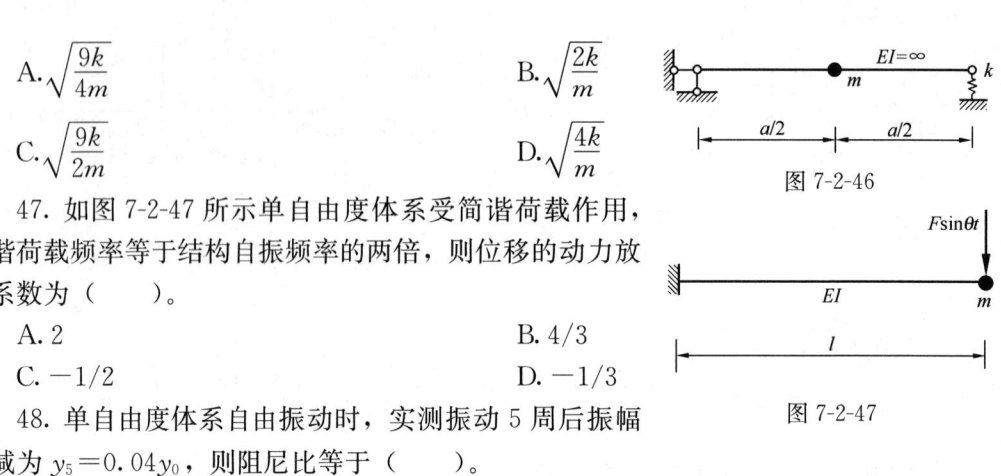

图 7-2-46

47. 如图 7-2-47 所示单自由度体系受简谐荷载作用，简谐荷载频率等于结构自振频率的两倍，则位移的动力放大系数为（　　）。

A. 2 B. 4/3

C. −1/2 D. −1/3

图 7-2-47

48. 单自由度体系自由振动时，实测振动 5 周后振幅衰减为 $y_5=0.04y_0$，则阻尼比等于（　　）。

A. 0.05 B. 0.02 C. 0.008 D. 0.1025

49. 在结构试验室进行混凝土构件的最大承载能力试验，需在试验前计算最大加载值和相应变形值，应选取下列哪一项材料参数值进行计算（　　）。

A. 材料的设计值 B. 实际材料性能指标
C. 材料的标准值 D. 试件最大荷载值

50. 通过测量混凝土棱柱体试件的应力-应变曲线计算混凝土试件的弹性模量，棱柱体试件的尺寸为 100mm×100mm×300mm，浇筑试件所用骨料的最大粒径为 20mm，最适合完成该试件应变测量的应变片为（　　）。

A. 标距为 20mm 的电阻应变片

B. 标距为 50mm 的电阻应变片

C. 标距为 80mm 的电阻应变片

D. 标距为 100mm 的电阻应变片

51. 对砌体结构墙体进行低周反复加载试验时，下列哪一项做法是不正确的（　　）。

A. 水平反复荷载在墙体开裂前采用荷载控制

B. 按位移控制加载时，应使骨架曲线出现下降段，下降到极限荷载的 90%，试验结束

C. 通常以开裂位移为控制参数，按开裂位移的倍数逐级加载

D. 墙体开裂后按位移进行控制

52. 为获得建筑结构的动力特性，常采用脉动法量测和分析，下列对该方法的描述中不正确的是（　　）。

A. 结构受到的脉动激励来自大地环境的扰动，包括地基的微振、周边车辆的运动

B. 还包括人员的运动和周围环境风的扰动

C. 上述扰动对结构的激励可以看作有限带宽的白噪声激励

D. 脉动实测时采集到的信号可认为是非各态历经的平稳随机过程

53. 采用下列哪一种方法可检测混凝土内部钢筋的锈蚀（　　）。

A. 电位差法 B. 电磁感应法
C. 超声波法 D. 声发射法

54. 厚度为 21.7mm 的干砂试样在固结仪中进行压缩实验，当垂直应力由初始的

10.0kPa 增加到 40.0kPa 后，试样厚度减小了 0.043mm，则该试样的体积压缩系数 m_V（MPa^{-1}）为（   ）。

  A. 8.40×10^{-2} B. 6.60×10^{-2}

  C. 3.29×10^{-2} D. 3.40×10^{-2}

55. 一黏性土处于可塑状态时，土中水主要是（   ）。

  A. 强结合水   B. 弱结合水

  C. 自由水   D. 毛细水

56. 完全饱和的黏土试样在三轴不排水试验中，先将围压提高到 40.0kPa，然后再将垂直加载杆附加应力提高至 37.7kPa，则理论上该试样的孔隙水压力为（   ）。

  A. 52.57kPa   B. 40kPa

  B. 77.7kPa   D. 25.9kPa

57. 正常固结砂土地基土的内摩擦角为 30°，则其静止土压力系数为（   ）。

  A. 0.50   B. 1.0   C. 0.68   D. 0.25

58. 软土上的建筑物为减小地基的变形和不均匀沉降，无效的措施是（   ）。

  A. 减小基底附加应力   B. 增大基础宽度和埋深

  C. 增大基础的强度   D. 增大上部结构的刚度

59. 某 4×4 等间距排列的端承桩端，桩径 1m，桩距 5m，单桩承载力 2000kN，则此群桩承载力为（   ）。

  A. 32000kN   B. 16000kN

  C. 12000kN   D. 8000kN

60. 按地基处理作用机理，加筋法属于（   ）。

  A. 土质改良   B. 土的置换

  C. 土的补强   D. 土的化学加固

2018年真题(上、下午卷)

(上午卷)

单项选择题(共120题,每题1分。每题的备选项中只有一个最符合题意。)

1. 下列等式中不成立的是( )。

   A. $\lim\limits_{x \to 0} \dfrac{\sin x^2}{x^2} = 1$

   B. $\lim\limits_{x \to \infty} \dfrac{\sin x}{x} = 1$

   C. $\lim\limits_{x \to 0} \dfrac{\sin x}{x} = 1$

   D. $\lim\limits_{x \to \infty} x \sin \dfrac{1}{x} = 1$

2. 设 $f(x)$ 为偶函数,$g(x)$ 为奇函数,则下列函数中为奇函数的是( )。

   A. $f[g(x)]$

   B. $f[f(x)]$

   C. $g[f(x)]$

   D. $g[g(x)]$

3. 若 $f'(x_0)$ 存在,则 $\lim\limits_{x \to x_0} \dfrac{xf(x_0) - x_0 f(x)}{x - x_0}$ 等于( )。

   A. $f'(x_0)$

   B. $-x_0 f'(x_0)$

   C. $f(x_0) - x_0 f'(x_0)$

   D. $x_0 f'(x_0)$

4. 已知 $\varphi(x)$ 可导,则 $\dfrac{d}{dx} \int_{\varphi(x^2)}^{\varphi(x)} e^{t^2} dt$ 等于( )。

   A. $\varphi'(x) e^{[\varphi(x)]^2} - 2x\varphi'(x^2) e^{[\varphi(x^2)]^2}$

   B. $e^{[\varphi(x)]^2} - e^{[\varphi(x^2)]^2}$

   C. $\varphi'(x) e^{[\varphi(x)]^2} - \varphi'(x^2) e^{[\varphi(x^2)]^2}$

   D. $\varphi'(x) e^{\varphi(x)} - 2x\varphi'(x^2) e^{\varphi(x^2)}$

5. 若 $\int f(x) dx = F(x) + C$,则 $\int xf(1 - x^2) dx$ 等于( )。

   A. $F(1 - x^2) + C$

   B. $-\dfrac{1}{2} F(1 - x^2) + C$

   C. $\dfrac{1}{2} F(1 - x^2) + C$

   D. $-\dfrac{1}{2} F(x) + C$

6. 若 $x = 1$ 是函数 $y = 2x^2 + ax + 1$ 的驻点,则常数 a 等于( )。

   A. 2

   B. -2

   C. 4

   D. -4

7. 设向量 $\boldsymbol{\alpha}$ 与向量 $\boldsymbol{\beta}$ 的夹角 $\theta = \dfrac{\pi}{3}$,$|\boldsymbol{\alpha}| = 1$,$|\boldsymbol{\beta}| = 2$,则 $|\boldsymbol{\alpha} + \boldsymbol{\beta}|$ 等于( )。

   A. $\sqrt{8}$

   B. $\sqrt{7}$

   C. $\sqrt{6}$

   D. $\sqrt{5}$

8. 微分方程 $y'' = \sin x$ 的通解 y 等于( )。

   A. $-\sin x + C_1 + C_2$

   B. $-\sin x + C_1 x + C_2$

   C. $-\cos x + C_1 x + C_2$

   D. $\sin x + C_1 x + C_2$

9. 设函数 $f(x)$,$g(x)$ 在 $[a, b]$ 上均可导 $(a < b)$,且恒正,若 $f'(x)g(x) + f(x)g'(x) > 0$,则当 $x \in (a, b)$ 时,下列不等式中成立的是( )。

A. $\dfrac{f(x)}{g(x)} > \dfrac{f(a)}{g(b)}$ B. $\dfrac{f(x)}{g(x)} > \dfrac{f(b)}{g(b)}$

C. $f(x)g(x) > f(a)g(a)$ D. $f(x)g(x) > f(b)g(b)$

10. 由曲线 $y = \ln x$，y 轴与直线 $y = \ln a$，$y = \ln b (b > a > 0)$ 所围成的平面图形的面积等于（ ）。

   A. $\ln b - \ln a$ B. $b - a$

   C. $e^b - e^a$ D. $e^b + e^a$

11. 下列平面中，平行于且非重合于 yOz 坐标面的平面方程是（ ）。

   A. $y + z + 1 = 0$ B. $z + 1 = 0$

   C. $y + 1 = 0$ D. $x + 1 = 0$

12. 函数 $f(x, y)$ 在点 $P_0(x_0, y_0)$ 处的一阶偏导数存在是该函数在此点可微分的（ ）。

   A. 必要条件   B. 充分条件

   C. 充分必要条件   D. 既非充分条件也非必要条件

13. 下列级数中，发散的是（ ）。

   A. $\sum\limits_{n=1}^{\infty} \dfrac{1}{n(n+1)}$ B. $\sum\limits_{n=1}^{\infty} \dfrac{1}{n^{3/2}}$

   C. $\sum\limits_{n=1}^{\infty} \left(\dfrac{n}{2n+1}\right)^2$ D. $\sum\limits_{n=1}^{\infty} (-1)^n \dfrac{1}{\sqrt{n}}$

14. 在下列微分方程中，以函数 $y = C_1 e^{-x} + C_2 e^{4x}$（$C_1$，$C_2$ 为任意常数）为通解的微分方程是（ ）。

   A. $y'' + 3y' - 4y = 0$ B. $y'' - 3y' - 4y = 0$

   C. $y'' + 3y' + 4y = 0$ D. $y'' + y' - 4y = 0$

15. 设 L 是从点 $A(0, 1)$ 到点 $B(1, 0)$ 的直线段，则对弧长的曲线积分 $\int_L \cos(x+y) \mathrm{d}s$ 等于（ ）。

   A. $\cos 1$ B. $2\cos 1$

   C. $\sqrt{2}\cos 1$ D. $\sqrt{2}\sin 1$

16. 若正方形区域 D：$|x| \leqslant 1$，$|y| \leqslant 1$，则二重积分 $\iint\limits_D (x^2 + y^2) \mathrm{d}x\mathrm{d}y$ 等于（ ）。

   A. 4   B. $\dfrac{8}{3}$

   C. 2   D. $\dfrac{2}{3}$

17. 函数 $f(x) = a^x (a > 0, a \neq 1)$ 的麦克劳林展开式中的前三项是（ ）。

   A. $1 + x\ln a + \dfrac{x^2}{2}$ B. $1 + x\ln a + \dfrac{\ln a}{2} x^2$

   C. $1 + x\ln a + \dfrac{(\ln a)^2}{2} x^2$ D. $1 + \dfrac{x}{\ln a} + \dfrac{x^2}{2\ln a}$

18. 设函数 $z=f(x^2y)$，其中 $f(u)$ 具有二阶导数，则 $\dfrac{\partial^2 z}{\partial x \partial y}$ 等于（   ）。

   A. $f''(x^2y)$
   B. $f'(x^2y)+x^2f''(x^2y)$
   C. $2x[f'(x^2y)+xf''(x^2y)]$
   D. $2x[f'(x^2y)+x^2yf''(x^2y)]$

19. 设 A、B 均为三阶矩阵，且行列式 $|A|=1$，$|B|=-2$，A^T 为 A 的转置矩阵，则行列式 $|-2A^TB^{-1}|$ 等于（   ）。

   A. -1
   B. 1
   C. -4
   D. 4

20. 要使齐次线性方程组 $\begin{cases} ax_1+x_2+x_3=0 \\ x_1+ax_2+x_3=0 \\ x_1+x_2+ax_3=0 \end{cases}$，有非零解，则 a 应满足（   ）。

   A. $-2<a<1$
   B. $a=1$ 或 $a=-2$
   C. $a\neq -1$ 且 $a\neq -2$
   D. $a>1$

21. 矩阵 $A=\begin{pmatrix} 1 & -1 & 0 \\ -1 & 3 & 0 \\ 0 & 0 & 0 \end{pmatrix}$ 所对应的二次型的标准型是（   ）。

   A. $f=y_1^2-3y_2^2$
   B. $f=y_1^2-2y_2^2$
   C. $f=y_1^2+2y_2^2$
   D. $f=y_1^2-y_2^2$

22. 已知事件 A 与 B 相互独立，且 $P(\bar{A})=0.4$，$P(\bar{B})=0.5$ 则 $P(A\cup B)$ 等于（   ）。

   A. 0.6
   B. 0.7
   C. 0.8
   D. 0.9

23. 设随机变量 X 的分布函数为 $F(x)=\begin{cases} 0 & x\leqslant 0 \\ x^3 & 0<x\leqslant 1 \\ 1 & x>1 \end{cases}$，则数学期望 $E(X)$ 等于（   ）。

   A. $\int_0^1 3x^2 dx$
   B. $\int_0^1 3x^3 dx$
   C. $\int_0^1 \dfrac{x^4}{4}dx+\int_1^{+\infty} x dx$
   D. $\int_0^{+\infty} 3x^3 dx$

24. 若二维随机变量 (X,Y) 的分布规律为：

y \ x	1	2	3
1	$\dfrac{1}{6}$	$\dfrac{1}{9}$	$\dfrac{1}{18}$
2	$\dfrac{1}{3}$	β	α

且 X 与 Y 相互独立，则 α、β 取值为（   ）。

   A. $\alpha=\dfrac{1}{6}$，$\beta=\dfrac{1}{6}$
   B. $\alpha=0$，$\beta=\dfrac{1}{3}$

C. $\alpha=\dfrac{2}{9}$, $\beta=\dfrac{1}{9}$ \hspace{2cm} D. $\alpha=\dfrac{1}{9}$, $\beta=\dfrac{2}{9}$

25. 1mol 理想气体(刚性双原子分子)，当温度为 T 时，每个分子的平均平动动能为( )。

A. $\dfrac{3}{2}RT$ \hspace{3cm} B. $\dfrac{5}{2}RT$

C. $\dfrac{3}{2}kT$ \hspace{3cm} D. $\dfrac{5}{2}kT$

26. 一密闭容器中盛有1mol氦气(视为理想气体)，容器中分子无规则运动的平均自由程仅取决于( )。

A. 压强 p \hspace{3cm} B. 体积 V

C. 温度 T \hspace{3cm} D. 平均碰撞频率 $\overline{Z}$

27. "理想气体和单一恒温热源接触做等温膨胀时，吸收的热量全部用来对外界做功。"对此说法，有以下几种讨论，其中正确的是( )。

A. 不违反热力学第一定律，但违反热力学第二定律

B. 不违反热力学第二定律，但违反热力学第一定律

C. 不违反热力学第一定律，也不违反热力学第二定律

D. 违反热力学第一定律，也违反热力学第二定律

28. 一定量的理想气体，由一平衡态(p_1，V_1，T_1)变化到另一平衡态(p_2，V_2，T_2)，若$V_2>V_1$，但$T_2=T_1$，无论气体经历怎样的过程( )。

A. 气体对外做的功一定为正值 \hspace{1cm} B. 气体对外做的功一定为负值

C. 气体的内能一定增加 \hspace{2cm} D. 气体的内能保持不变

29. 一平面简谐波的波动方程为 $y=0.01\cos10\pi(25t-x)$(SI)，则在 $t=0.1$s 时刻，$x=2$m 处质元的振动位移是( )。

A. 0.01cm \hspace{3cm} B. 0.01m

C. -0.01m \hspace{3cm} D. 0.01mm

30. 一平面简谐波的波动方程为 $y=0.02\cos\pi(50t+4x)$(SI)，此波的振幅和周期分别为( )。

A. 0.02m，0.04s \hspace{2cm} B. 0.02m，0.02s

C. -0.02m，0.02s \hspace{2cm} D. 0.02m，25s

31. 当机械波在媒质中传播，一媒质质元的最大形变量发生在( )。

A. 媒质质元离开其平衡位置的最大位移处

B. 媒质质元离开其平衡位置的 $\dfrac{\sqrt{2}}{2}A$ 处(A 为振幅)。

C. 媒质质元离开其平衡位置的 $\dfrac{A}{2}$ 处

D. 媒质质元在其平衡位置处

32. 双缝干涉实验中，若在两缝后(靠近屏一侧)各覆盖一块厚度均为 d，但折射率分别为 n_1 和 n_2($n_2>n_1$)的透明薄片，则从两缝发出的光在原来中央明纹处相遇时，光程差为( )。

A. $d(n_2-n_1)$ B. $2d(n_2-n_1)$
C. $d(n_2-1)$ D. $d(n_1-1)$

33. 在空气中做牛顿环实验,当平凸透镜垂直向上缓慢平移而远离平面镜时,可以观察到这些环状干涉条纹( )。

A. 向右平移 B. 静止不动
C. 向外扩张 D. 向中心收缩

34. 真空中波长为 λ 的单色光,在折射率为 n 的均匀透明媒质中,从 A 点沿某一路径传播到 B 点,路径的长度为 l,A、B 两点光振动的相位差为 $\Delta\varphi$,则( )。

A. $l=\dfrac{3\lambda}{2}$,$\Delta\varphi=3\pi$ B. $l=\dfrac{3\lambda}{2n}$,$\Delta\varphi=3n\pi$

C. $l=\dfrac{3\lambda}{2n}$,$\Delta\varphi=3\pi$ D. $l=\dfrac{3n\lambda}{2}$,$\Delta\varphi=3n\pi$

35. 空气中用白光垂直照射一块折射率为 1.50、厚度为 0.4×10^{-6}m 的薄玻璃片,在可见光范围内,光在反射中被加强的光波波长是($1m=1\times10^9$nm)( )。

A. 480nm B. 600nm
C. 2400nm D. 800nm

36. 有一玻璃劈尖,置于空气中,劈尖角 $\theta=8\times10^{-5}$rad(弧度),用波长 $\lambda=589$nm 的单色光垂直照射此劈尖,测得相邻干涉条纹间距 $l=2.4$mm,则此玻璃的折射率为( )。

A. 2.86 B. 1.53 C. 15.3 D. 28.6

37. 某元素正二价离子(M^{2+})的外层电子构型是 $3s^23p^6$,该元素在元素周期表中的位置是( )。

A. 第三周期,第Ⅷ族 B. 第三周期,第ⅥA族
C. 第四周期,第ⅡA族 D. 第四周期,第Ⅷ族

38. 在 Li^+、Na^+、K^+、Rb^+ 中,极化力最大的是( )。

A. Li^+ B. Na^+ C. K^+ D. Rb^+

39. 浓度均为 $0.1mol \cdot L^{-1}$ 的 NH_4Cl、$NaCl$、$NaOAc$、Na_3PO_4 溶液,其 pH 值从小到大顺序正确的是( )。

A. NH_4Cl,$NaCl$,$NaOAc$,Na_3PO_4 B. Na_3PO_4,$NaOAc$,$NaCl$,NH_4Cl
C. NH_4Cl,$NaCl$,Na_3PO_4,$NaOAc$ D. $NaOAc$,Na_3PO_4,$NaCl$,NH_4Cl

40. 某温度下,在密闭容器中进行如下反应 $2A(g)+B(g)\rightleftharpoons 2C(g)$,开始时,$p(A)=p(B)=300$kPa,$p(C)=0$kPa,平衡时 $p(C)=100$kPa,在此温度下反应的标准平衡常数 $K^\ominus$ 是( )。

A. 0.1 B. 0.4 C. 0.001 D. 0.002

41. 在酸性介质中,反应 $MnO_4^-+SO_3^{2-}+H^+\rightarrow Mn^{2+}+SO_4^{2-}$,配平后,$H^+$ 的系数为( )。

A. 8 B. 6 C. 0 D. 5

42. 已知:酸性介质中,$E^\ominus(ClO_4^-/Cl^-)=1.39$V,$E^\ominus(ClO_3^-/Cl^-)=1.45$V,$E^\ominus(HClO/Cl^-)=1.49$V,$E^\ominus(Cl_2/Cl^-)=1.36$V,以上各电对中氧化型物质氧化能力最强的

是( )。

A. ClO_4^- B. ClO_3^- C. $HClO$ D. Cl_2

43. 下列反应的热效应等于$CO_2(g)$的$\Delta_f H_m^\ominus$是( )。

A. $C(金刚石)+O_2(g) \rightarrow CO_2(g)$
B. $CO(g)+\frac{1}{2}O_2(g) \rightarrow CO_2(g)$
C. $C(石墨)+O_2(g) \rightarrow CO_2(g)$
D. $2C(石墨)+2O_2(g) \rightarrow 2CO_2(g)$

44. 下列物质在一定条件下不能发生银镜反应的是( )。

A. 甲醛 B. 丁醛
C. 甲酸甲酯 D. 乙酸乙酯

45. 下列物质一定不是天然高分子的是( )。

A. 蔗糖 B. 塑料
C. 橡胶 D. 纤维素

46. 某不饱和烃催化加氢反应后,得到$(CH_3)_2CHCH_2CH_3$,该不饱和烃是( )。

A. 1-戊炔 B. 3-甲基-1-丁炔
C. 2-戊炔 D. 1,2 戊二烯

47. 设力F在x轴上的投影为F,则该力在与x轴共面的任一轴上的投影( )。

A. 一定不等于零 B. 不一定不等于零
C. 一定等于零 D. 等于F

48. 在图 8-1-48 所示边长为a的正方形物块$OABC$上作用一平面力系,已知:$F_1=F_2=F_3=10N$,$a=1m$,力偶的转向如图所示,力偶矩的大小为$M_1=M_2=10N \cdot m$,则力系向O点简化的主矢、主矩为( )。

A. $F_R=30N$(方向铅垂向上),$M_O=10N \cdot m$(↷)
B. $F_R=30N$(方向铅垂向上),$M_O=10N \cdot m$(↶)
C. $F_R=50N$(方向铅垂向上),$M_O=30N \cdot m$(↷)
D. $F_R=10N$(方向铅垂向上),$M_O=10N \cdot m$(↶)

49. 在图 8-1-49 所示结构中,已知$AB=AC=2r$,物重F_P,其余质量不计,则支座A的约束力为( )。

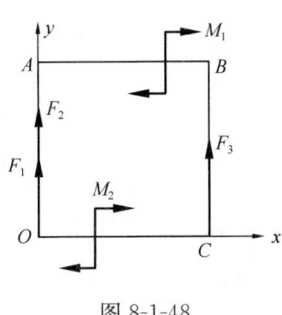
图 8-1-48

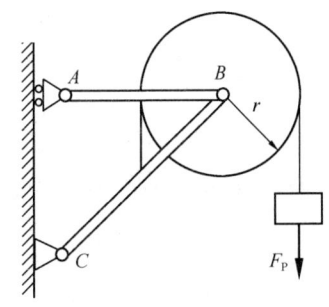
图 8-1-49

A. $F_A=0$
B. $F_A=\frac{1}{2}F_P(\leftarrow)$
C. $F_A=\frac{1}{2}\cdot 3F_P(\rightarrow)$
D. $F_A=\frac{1}{2}\cdot 3F_P(\leftarrow)$

50. 如图 8-1-50 所示平面结构，各杆自重不计，已知 $q=10\text{kN/m}$，$F_P=20\text{kN}$，$F=30\text{kN}$，$L_1=2\text{m}$，$L_2=5\text{m}$，B、C 处为铰链连接，则 BC 杆的内力为（　　）。

A. $F_{BC}=-30\text{kN}$　　　　B. $F_{BC}=30\text{kN}$

C. $F_{BC}=10\text{kN}$　　　　D. $F_{BC}=0$

51. 点的运动由关系式 $S=t^4-3t^3+2t^2-8$ 决定（S 以 m 计，t 以 s 计），则 $t=2\text{s}$ 时的速度和加速度为（　　）。

A. -4m/s，16m/s^2　　　B. 4m/s，12m/s^2

C. 4m/s，16m/s^2　　　D. 4m/s，-16m/s^2

图 8-1-50

52. 质点以匀速度 15m/s 绕直径为 10m 的圆周运动，则其法向加速度为（　　）。

A. 22.5m/s^2　　　　B. 45m/s^2

C. 0　　　　D. 75m/s^2

53. 四连杆机构如图 8-1-53 所示，已知曲柄 O_1A 长为 r，且 $O_1A=O_2B$，$O_1O_2=AB=2b$，角速度为 ω，角加速度为 α，则杆 AB 的中点 M 的速度、法向和切向加速度的大小分别为（　　）。

A. $v_M=b\omega$，$a_M^n=b\omega^2$，$a_M^t=b\alpha$　　　B. $v_M=b\omega$，$a_M^n=r\omega^2$，$a_M^t=r\alpha$

C. $v_M=r\omega$，$a_M^n=r\omega^2$，$a_M^t=r\alpha$　　　D. $v_M=r\omega$，$a_M^n=b\omega^2$，$a_M^t=b\alpha$

54. 质量为 m 的小物块在匀速转动的圆桌上，与转轴的距离为 r，如图 8-1-54 所示。设物块与圆桌之间的摩擦系数为 μ，为使物块与桌面之间不产生相对滑动，则物块的最大速度为（　　）。

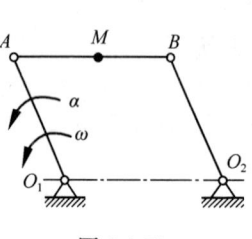

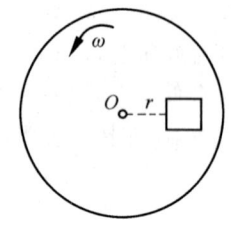

图 8-1-53　　　　图 8-1-54

A. $\sqrt{\mu g}$　　　B. $2\sqrt{\mu g r}$　　　C. $\sqrt{\mu g r}$　　　D. $\sqrt{\mu r}$

55. 重 10N 的物块沿水平面滑行 4m，如果摩擦系数是 0.3，则重力及摩擦力各做的功是（　　）。

A. $40\text{N}\cdot\text{m}$，$40\text{N}\cdot\text{m}$　　　B. 0，$40\text{N}\cdot\text{m}$

C. 0，$12\text{N}\cdot\text{m}$　　　D. $40\text{N}\cdot\text{m}$，$12\text{N}\cdot\text{m}$

56. 质量 m_1 与半径 r 均相同的三个均质滑轮，在绳端作用有力或挂有重物，如图 8-1-56 所示。已知均质滑轮的质量为 $m_1=2\text{kN}\cdot\text{s}^2/\text{m}$，重物的质量分别为 $m_2=0.2\text{kN}\cdot\text{s}^2/\text{m}$，$m_3=0.1\text{kN}\cdot\text{s}^2/\text{m}$，重力加速度按 $g=10\text{m/s}^2$ 计算，则各轮转动的角加速度 α 间的关系是（　　）。

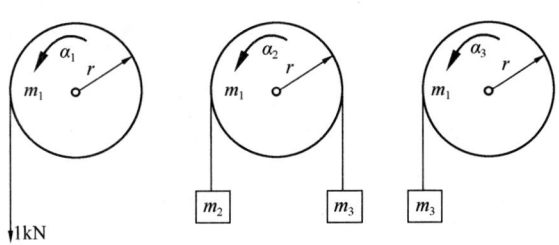

图 8-1-56

A. $\alpha_1 = \alpha_3 > \alpha_2$ B. $\alpha_1 < \alpha_2 < \alpha_3$
C. $\alpha_1 > \alpha_3 > \alpha_2$ D. $\alpha_1 \neq \alpha_2 = \alpha_3$

57. 均质细杆 OA，质量为 m，长 l。在如图 8-1-57 所示水平位置静止释放，释放瞬时轴承 O 施加于杆 OA 的附加动反力为（   ）。

A. $3mg(\uparrow)$ B. $3mg(\downarrow)$
C. $\dfrac{3}{4}mg(\uparrow)$ D. $\dfrac{3}{4}mg(\downarrow)$ 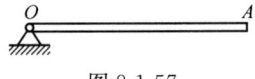

图 8-1-57

58. 如图 8-1-58 所示两系统均做自由振动，其固有圆频率分别为（   ）。

A. $\sqrt{\dfrac{2k}{m}}$，$\sqrt{\dfrac{k}{2m}}$ B. $\sqrt{\dfrac{k}{m}}$，$\sqrt{\dfrac{m}{2k}}$

C. $\sqrt{\dfrac{k}{2m}}$，$\sqrt{\dfrac{k}{m}}$ D. $\sqrt{\dfrac{k}{m}}$，$\sqrt{\dfrac{k}{2m}}$

59. 等截面杆，轴向受力如图 8-1-59 所示，则杆的最大轴力是（   ）。

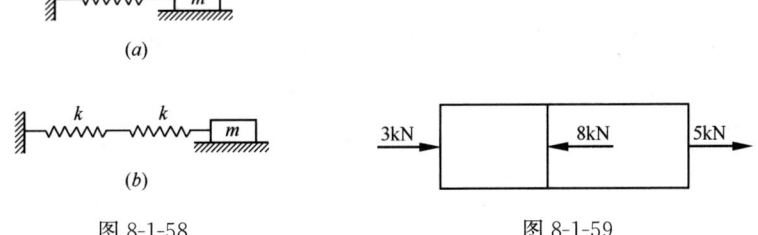

图 8-1-58   图 8-1-59

A. 8kN   B. 5kN   C. 3kN   D. 13kN

60. 变截面杆 AC 受力如图 8-1-60 所示。已知材料弹性模量为 E，杆 BC 段的截面积为 A，杆 AB 段的截面积为 $2A$，则杆 C 截面的轴向位移是（   ）。

A. $\dfrac{FL}{2EA}$ B. $\dfrac{FL}{EA}$

C. $\dfrac{2FL}{EA}$ D. $\dfrac{3FL}{EA}$ 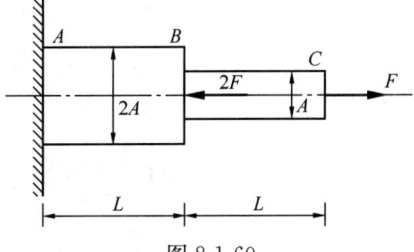

图 8-1-60

61. 如图 8-1-61 所示，直径 $d=0.5$m 的圆截面立柱，固定在直径 $D=1$m 的圆形混凝土基座上，圆柱的轴向压力 $F=1000$kN，混凝土的许用应力 $[\tau]=1.5$MPa。假设地基对混凝土板的支反力均匀分布，为使混凝土基座不被立柱压穿，混凝土基座所需的最小厚度 t 应是( )。

A. 159mm   B. 212mm   C. 318mm   D. 424mm

62. 实心圆轴受扭，若将轴的直径减小一半，则扭转角是原来的( )。

A. 2 倍   B. 4 倍
C. 8 倍   D. 16 倍

63. 如图 8-1-63 所示截面对 z 轴的惯性矩 I_z 为( )。

A. $I_z = \dfrac{\pi d^4}{64} - \dfrac{bh^3}{3}$ B. $I_z = \dfrac{\pi d^4}{64} - \dfrac{bh^3}{12}$

C. $I_z = \dfrac{\pi d^4}{32} - \dfrac{bh^3}{6}$ D. $I_z = \dfrac{\pi d^4}{64} - \dfrac{13bh^3}{12}$

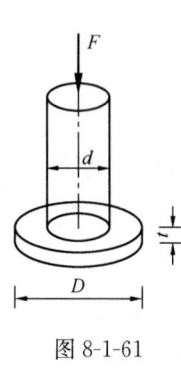
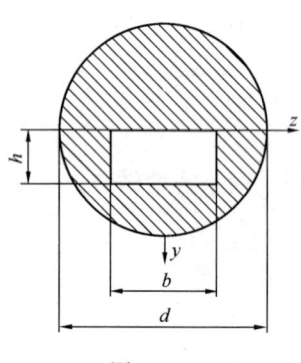

图 8-1-61   图 8-1-63

64. 如图 8-1-64 所示圆轴的抗扭截面系数为 W_T，切变模量为 G。扭转变形后，圆轴表面 A 点处截取的单元体互相垂直的相邻边线改变了 γ 角，如图所示。圆轴承受的扭矩 T 是( )。

A. $T = G\gamma W_T$ B. $T = \dfrac{G\gamma}{W_T}$

C. $T = \dfrac{\gamma}{G} W_T$ D. $T = \dfrac{W_T}{G\gamma}$

65. 如图 8-1-65 所示，材料相同的两根矩形截面梁叠合在一起，接触面之间可以相对滑动且无摩擦力。设两根梁的自由端共同承担集中力偶 m，弯曲后两根梁的挠曲线相同，则上面梁承担的力偶矩是( )。

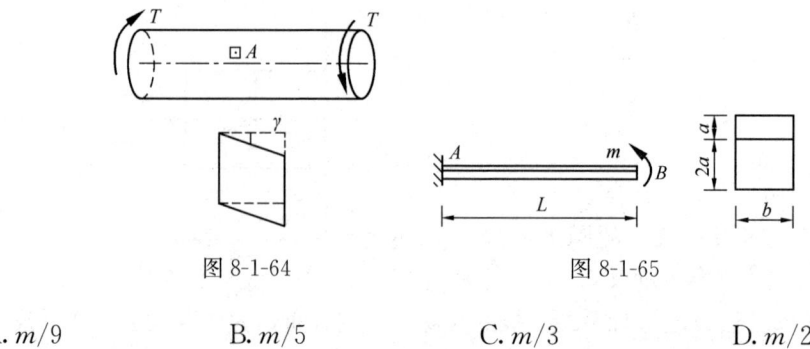

图 8-1-64   图 8-1-65

A. $m/9$ B. $m/5$ C. $m/3$ D. $m/2$

66. 如图 8-1-66 所示等边角钢制成的悬臂梁 AB，C 点为截面形心，x 为该梁轴线，y'、z' 为形心主轴。集中力 F 竖直向下，作用线过形心，则梁将发生以下哪种变化（　　）。

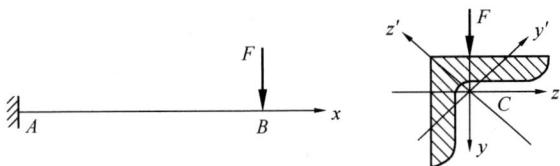

图 8-1-66

A. xy 平面内的平面弯曲
B. 扭转和 xy 平面内的平面弯曲
C. xy' 和 xz' 平面内的双向弯曲
D. 扭转及 xy' 和 xz' 平面内的双向弯曲

67. 如图 8-1-67 所示直径为 d 的圆轴，承受轴向拉力 F 和扭矩 T。按第三强度理论，截面危险的相当应力 σ_{eq3} 为（　　）。

A. $\sigma_{eq3} = \dfrac{32}{\pi d^3}\sqrt{F^2 + T^2}$

B. $\sigma_{eq3} = \dfrac{16}{\pi d^3}\sqrt{F^2 + T^2}$

C. $\sigma_{eq3} = \sqrt{\left(\dfrac{4F}{\pi d^2}\right)^2 + 4\left(\dfrac{16T}{\pi d^3}\right)^2}$

D. $\sigma_{eq3} = \sqrt{\left(\dfrac{4F}{\pi d^2}\right)^2 + 4\left(\dfrac{32T}{\pi d^3}\right)^2}$

图 8-1-67

68. 在图示 4 种应力状态中，最大切应力 τ_{max} 数值最大的应力状态是（　　）。

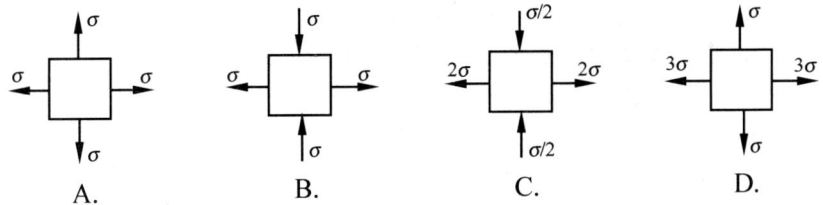

69. 如图 8-1-69 所示圆轴固定端最上缘 A 点单元体的应力状态是（　　）。

图 8-1-69

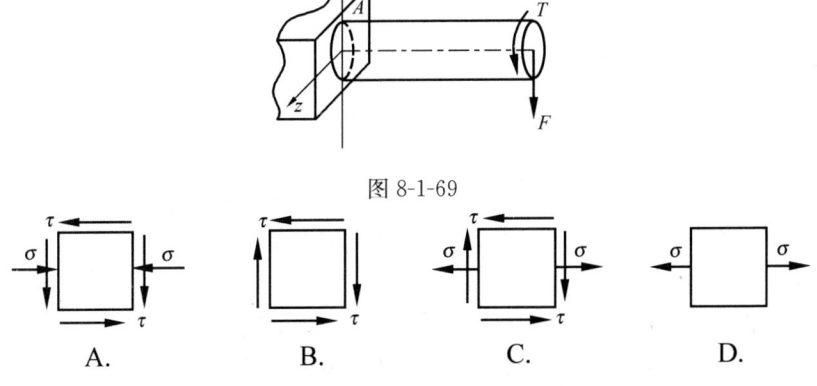

70. 如图 8-1-70 所示三根压杆均为细长（大柔度）压杆，且弯曲刚度为 EI。三根压杆的临界荷载 F_{cr} 的关系为（　　）。

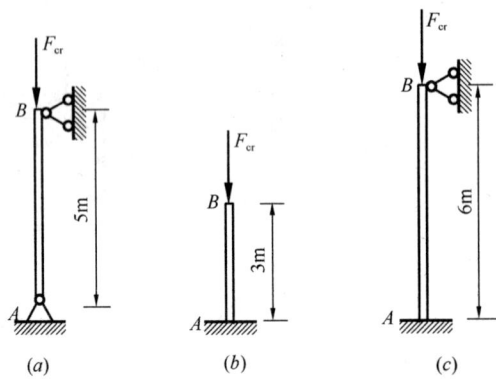

图 8-1-70

A. $F_{cra} > F_{crb} > F_{crc}$
B. $F_{crb} > F_{cra} > F_{crc}$
C. $F_{crc} > F_{cra} > F_{crb}$
D. $F_{crb} > F_{crc} > F_{cra}$

71. 压力表测出的压强是（　　）。

A. 绝对压强
B. 真空压强
C. 相对压强
D. 实际压强

72. 有一变截面压力管道，测得流量为 15L/s，其中一截面的直径为 100mm，另一截面处的流速为 20m/s，则此截面的直径为（　　）。

A. 29mm
B. 31mm
C. 35mm
D. 26mm

73. 一直径为 50mm 的圆管，运动黏滞系数 $\nu = 0.18\text{cm}^2/\text{s}$、密度 $\rho = 0.85\text{g/cm}^3$ 的油在管内以 $v = 10\text{cm/s}$ 的速度做层流运动，则沿程损失系数是（　　）。

A. 0.18　　B. 0.23　　C. 0.20　　D. 0.26

74. 圆柱形管嘴，直径为 0.04m，作用水头为 7.5m，则出水流量为（　　）。

A. 0.008m³/s
B. 0.023m³/s
C. 0.020m³/s
D. 0.013m³/s

75. 同一系统的孔口出流，有效作用水头 H 相同，则自由出流与淹没出流的关系为（　　）。

A. 流量系数不等，流量不等
B. 流量系数不等，流量相等
C. 流量系数相等，流量不等
D. 流量系数相等，流量相等

76. 一梯形断面明渠，水力半径 $R = 1\text{m}$，底坡 $i = 0.0008$，粗糙系数 $n = 0.02$，则输水流速度为（　　）。

A. 1m/s
B. 1.4m/s
C. 2.2m/s
D. 0.84m/s

77. 渗流达西定律适用于（　　）。

A. 地下水渗流
B. 砂质土壤渗流
C. 均匀土壤层流渗流
D. 地下水层流渗流

78. 几何相似、运动相似和动力相似的关系是(　　)。
   A. 运动相似和动力相似是几何相似的前提
   B. 运动相似是几何相似和动力相似的表象
   C. 只有运动相似,才能几何相似
   D. 只有动力相似,才能几何相似

79. 如图 8-1-79 所示为环线半径为 r 的铁芯环路,绕有匝数为 N 的线圈,线圈中通有直流电流 I,磁路上的磁场强度 H 处处均匀,则 H 值为(　　)。

   A. $\dfrac{NI}{r}$,顺时针方向　　　　　B. $\dfrac{NI}{2\pi r}$,顺时针方向

   C. $\dfrac{NI}{r}$,逆时针方向　　　　　D. $\dfrac{NI}{2\pi r}$,逆时针方向

80. 如图 8-1-80 所示电路中,电压 U 等于(　　)。
   A. 0V　　　　B. 4V　　　　C. 6V　　　　D. −6V

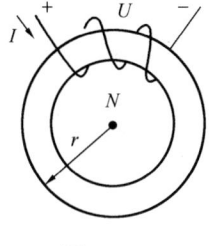
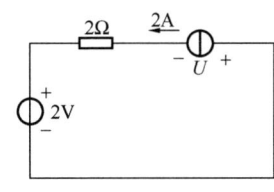

图 8-1-79　　　　　　　　　图 8-1-80

81. 对于图 8-1-81 所示电路,可以列写 a、b、c、d 4 个结点的 KCL 方程和①、②、③、④、⑤ 5 个回路的 KVL 方程,为求出 6 个未知电流 $I_1 \sim I_6$,正确的求解模型应该是(　　)。

   A. 任选 3 个 KCL 方程和 3 个 KVL 方程
   B. 任选 3 个 KCL 方程和①、②、③ 3 个回路的 KVL 方程
   C. 任选 3 个 KCL 方程和①、②、④ 3 个回路的 KVL 方程
   D. 写出 4 个 KCL 方程和任意 2 个 KVL 方程

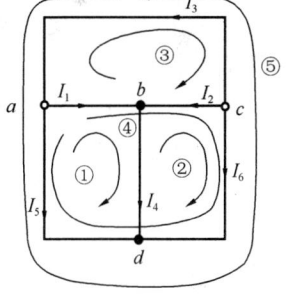

图 8-1-81

82. 已知交流电流 $i(t)$ 的周期 $T=1$ms,有效值 $I=0.5$A,当 $t=0$ 时,$i=0.5\sqrt{2}$A,则它的时间函数描述形式是(　　)。

   A. $i(t)=0.5\sqrt{2}\sin 1000t$ A　　　　B. $i(t)=0.5\sin 2000\pi t$ A
   C. $i(t)=0.5\sqrt{2}\sin(2000\pi t+90°)$ A　　D. $i(t)=0.5\sqrt{2}\sin(1000\pi t+90°)$ A

83. 图 8-1-83(a)滤波器的幅频特性如图 8-1-83(b)所示,当 $u_i=u_{i1}=10\sqrt{2}\sin 100t$ V 时,输出 $u_o=u_{o1}$,当 $u_i=u_{i2}=10\sqrt{2}\sin 10^4 t$ V 时,输出 $u_o=u_{o2}$,则可以算出(　　)。

   A. $U_{o1}=U_{o2}=10$V
   B. $U_{o1}=10$V,U_{o2} 不能确定,但小于 10V

C. $U_{o1} < 10V$, $U_{o2} = 0$
D. $U_{o1} = 10V$, $U_{o1} = 1V$

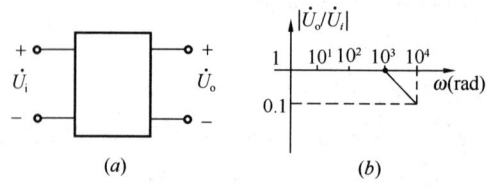

图 8-1-83

84. 如图 8-1-84(a)所示功率因数补偿电路中，当 $C = C_1$ 时得到相量图如图 8-1-84(b)所示，当 $C = C_2$ 时得到相量图如图 8-1-84(c)所示，则(   )。

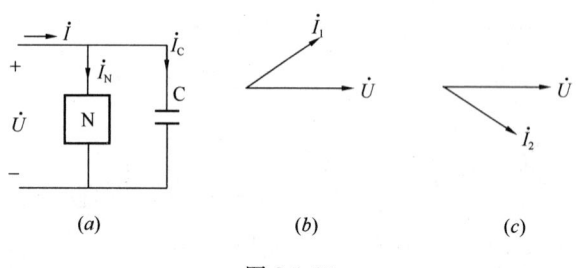

图 8-1-84

A. C_1 一定大于 C_2
B. 当 $C = C_1$ 时，功率因数 $\lambda|_{C_1} = -0.866$；当 $C = C_2$ 时，功率因数 $\lambda|_{C_2} = 0.866$
C. 因为功率因数 $\lambda|_{C_1} = \lambda|_{C_2}$，所以采用两种方案均可
D. 当 $C = C_2$ 时，电路出现过补偿，不可取

85. 某单相理想变压器，其一次线圈为 550 匝，有两个二次线圈。若希望一次电压为 100V 时，获得的二次电压分别为 10V 和 20V，则 $N_2|_{10V}$ 和 $N_2|_{20V}$ 应分别为(   )。

A. 50 匝和 100 匝
B. 100 匝和 50 匝
C. 55 匝和 110 匝
D. 110 匝和 55 匝

86. 为实现对电动机的过载保护，除了将热继电器的常闭触点串接在电动机的控制电路中外，还应将其热元件(   )。

A. 也串接在控制电路中
B. 再并接在控制电路中
C. 串接在主电路中
D. 并接在主电路中

87. 某温度信号如图 8-1-87(a)所示，经温度传感器测量后得到图(b)波形，经采样后得到图(c)波形，再经保持器得到图(d)波形，则(   )。

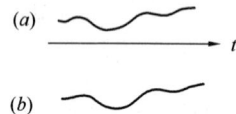
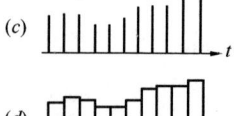

图 8-1-87

A. 图(b)是图(a)的模拟信号
B. 图(a)是图(b)的模拟信号
C. 图(c)是图(b)的数字信号
D. 图(d)是图(a)的模拟信号

88. 若某周期信号的一次谐波分量为 $5\sin 10^3 t$ V，则它的三次

谐波分量可表示为( )。

A. $U\sin 3\times 10^3 t$, $U>5V$
B. $U\sin 3\times 10^3 t$, $U<5V$
C. $U\sin 10^6 t$, $U>5V$
D. $U\sin 10^6 t$, $U<5V$

89. 设放大器的输入信号为 $u_1(t)$，放大器的幅频特性如图8-1-89所示，令 $u_1(t)=\sqrt{2}U_1\sin 2\pi ft$，则 $U_1\sin 2\pi ft$，且 $f>f_H$，则( )。

A. $u_2(t)$ 的出现频率失真
B. $u_2(t)$ 的有效值 $U_2=AU_1$
C. $u_2(t)$ 的有效值 $U_2<AU_1$
D. $u_2(t)$ 的有效值 $U_2>AU_1$

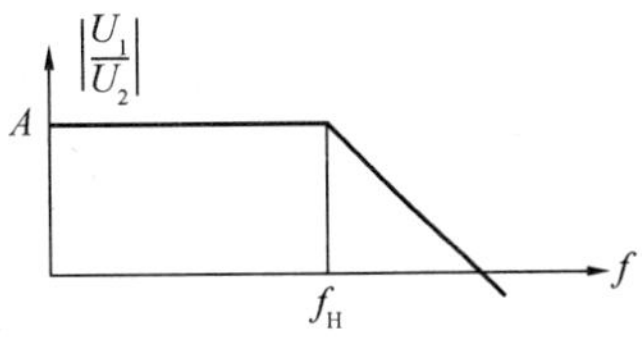

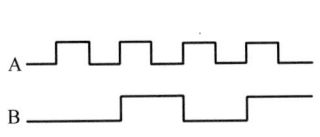

图 8-1-89

90. 对逻辑表达式 $\overline{AD}+\overline{\overline{A}\,\overline{D}}$ 的化简结果是( )。

A. 0
B. 1
C. $\overline{AD}+A\overline{D}$
D. $\overline{AD}+AD$

91. 已知数字信号 A 和数字信号 B 的波形如图8-1-91所示，则数字信号 $F=\overline{A+B}$ 的波形为( )。

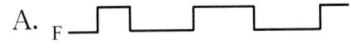

图 8-1-91

A. F
B. F
C.  F
D.  F

92. 十进制数字16的BCD码为( )。

A. 00010000
B. 00010110
C. 00010100
D. 00011110

93. 二极管应用电路如图8-1-93所示，$U_A=1V$，$U_B=5V$，设二极管为理想器件，则输出电压 U_F ( )。

A. 等于1V
B. 等于5V
C. 等于0V
D. 因 R 未知，无法确定

94. 运算放大器应用电路如图8-1-94所示，其中 $C=1\mu F$，$R=1M\Omega$，$U_{oM}=\pm 10V$，若 $u_i=1V$，则 u_o ( )。

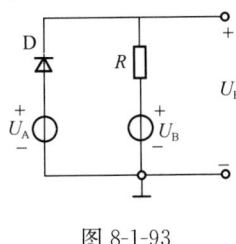

图 8-1-93

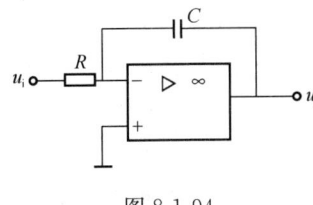

图 8-1-94

A. 等于0V
B. 等于1V

C. 等于 10V

D. $t<10s$ 时，为 $-t$；$t\geq 10s$ 后，为 $-10V$

95. 图 8-1-95(a) 所示电路中，复位信号 $\overline{R}_D$、信号 A 及时钟脉冲信号 cp 如图(b)所示，经分析可知，在第一个和第二个时钟脉冲的下降沿时刻，输出 Q 先后等于( )。

A. 0 0   B. 0 1
C. 1 0   D. 1 1

附：触发器的逻辑状态表

D	Q_{n+1}
0	0
1	1

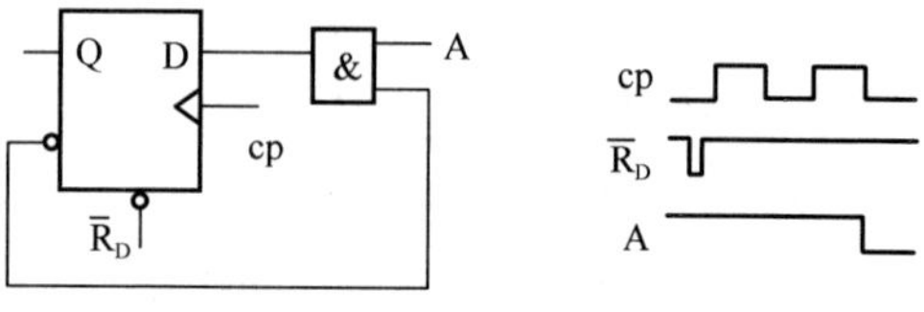

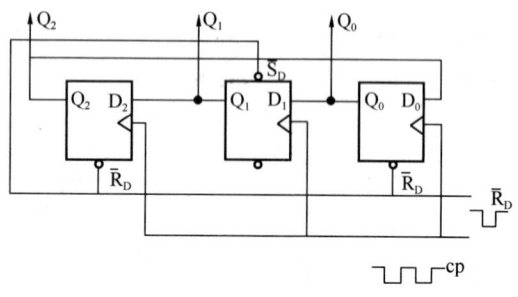

图 8-1-95

96. 如图 8-1-96 所示电路为( )。

A. 左移的三位移位寄存器，寄存数据是 010

B. 右移的三位移位寄存器，寄存数据是 010

C. 左移的三位移位寄存器，寄存数据是 000

D. 右移的三位移位寄存器，寄存数据是 010

图 8-1-96

97. 计算机按用途可分为( )。

A. 专业计算机和通用计算机   B. 专业计算机和数字计算机
C. 通用计算机和模拟计算机   D. 数字计算机和现代计算机

98. 当前微机所配备的内存储器大多是( )。

A. 半导体存储器   B. 磁介质存储器
C. 光线(纤)存储器   D. 光电子存储器

99. 批处理操作系统的功能是将用户的一批作业有序地排列起来( )。

A. 在用户指令的指挥下、顺序地执行作业流

B. 计算机系统会自动地、顺序地执行作业流

C. 由专门的计算机程序员控制作业流的执行

D. 由微软提供的应用软件来控制作业流的执行

100. 杀毒软件应具有的功能是( )。

A. 消除病毒   B. 预防病毒
C. 检查病毒   D. 检查并消除病毒

101. 目前，微机系统中普通使用的字符信息编码是( )。

A. BCD 编码   B. ASCII 编码
C. EBCDIC 编码   D. 汉字字型码

102. 下列选项中，不属于 Windows 特点的是( )。

A. 友好的图形用户界面　　　　　　B. 使用方便
C. 多用户单任务　　　　　　　　　D. 系统稳定、可靠

103. 操作系统中采用虚拟存储技术,是为了对(　　)。
A. 外为存储空间的分配　　　　　　B. 外存储器进行变换
C. 内存储器的保护　　　　　　　　D. 内存储器容量的扩充

104. 通过网络传送邮件、发布新闻消息和进行数据交换是计算机网络的(　　)。
A. 共享软件资源功能　　　　　　　B. 共享硬件资源功能
C. 增强系统处理功能　　　　　　　D. 数据通信功能

105. 下列有关因特网提供服务的叙述中,错误的一条是(　　)。
A. 文件传输服务、远程登录服务　　B. 信息搜索服务、WWW 服务
C. 信息搜索服务、电子邮件服务　　D. 网络自动连接、网络自动管理

106. 若按网络传输技术的不同,可将网络分为(　　)。
A. 广播式网络、点到点式网络
B. 双绞线网、同轴电缆网、光纤网、无线网
C. 基带网和宽带网
D. 电路交换类、报文交换类、分组交换类

107. 某企业准备 5 年后进行设备更新,到时所需资金估计为 600 万元,若存款利率为 5%,从现在开始每年年末均等额存款,则每年应存款(　　)。
[已知:$(A/F,5\%,5)=0.18097$]
A. 78.65 万元　　　　　　　　　　B. 108.58 万元
C. 120 万元　　　　　　　　　　　D. 165.77 万元

108. 某项目投资于邮电通信业,运营后的营业收入全部来源于对客户提供的电信服务,则在估计该项目现金流时不包括(　　)。
A. 企业所得税　　　　　　　　　　B. 增值税
C. 城市维护建设税　　　　　　　　D. 教育税附加

109. 某公司向银行借款 150 万元,期限为 5 年,年利率为 8%,每年年末等额还本付息一次(即等额本息法),到第五年末还完本息。则该公司第 2 年年末偿还的利息为(　　)。
[已知:$(A/P,8\%,5)=0.2505$]
A. 9.954 万元　　　　　　　　　　B. 12 万元
C. 25.575 万元　　　　　　　　　 D. 37.575 万元

110. 以下关于项目内部收益率指标的说法正确的是(　　)。
A. 内部收益率属于静态评价指标
B. 项目内部收益率就是项目的基准收益率
C. 常规项目可能存在多个内部收益率
D. 计算内部收益率不必事先知道准确的基准收益率 i_c。

111. 影子价格是商品或生产要素的任何边际变化对国家的基本社会经济目标所做贡献的价值,因而影子价格是(　　)。
A. 目标价格

B. 反映市场供求状况和资源稀缺程度的价格

C. 计划价格

D. 理论价格

112. 在对项目进行盈亏平衡分析时,各方案的盈亏平衡点生产能力利用率有如下四种数据,则抗风险能力较强的是( )。

A. 30% B. 60%
C. 80% D. 90%

113. 甲、乙为两个互斥的投资方案。甲方案现时点的投资为25万元,此后从第一年年末开始,年运行成本为4万元,寿命期为20年,净残值为8万元;乙方案现时点的投资额为12万元,此后从第一年年末开始,年运行成本为6万元,寿命期也为20年,净残值6万元。若基准收益率为20%,则甲、乙方案费用现值分别为( )。

[已知:$(P/A, 20\%, 20)=4.8696$,$(P/F, 20\%, 20)=0.02608$]

A. 50.80万元,−41.06万元 B. 54.32万元,41.06万元
C. 44.27万元,41.06万元 D. 50.80万元,44.27万元

114. 某产品的实际成本为10000元,它由多个零部件组成,其中一个零部件的实际成本为880元,功能评价系数为0.140,则该零部件的价值指数为( )。

A. 0.628 B. 0.880
C. 1.400 D. 1.591

115. 某工程项目甲建设单位委托乙监理单位对丙施工总承包单位进行监理,有关监理单位的行为符合规定的是( )。

A. 在监理合同规定的范围内承揽监理业务

B. 按建设单位委托,客观公正地执行监理任务

C. 与施工单位建立隶属关系或者其他利害关系

D. 将工程监理业务转让给具有相应资质的其他监理单位

116. 某施工企业取得了安全生产许可证后,在从事建筑施工活动中,被发现已经不具备安全生产条件,则正确的处理方法是( )。

A. 由颁发安全生产许可证的机关暂扣或吊销安全生产许可证

B. 由国务院建设行政主管部门责令整改

C. 由国务院安全管理部门责令停业整顿

D. 吊销安全生产许可证,5年内不得从事施工活动

117. 某工程项目进行公开招标,甲乙两个施工单位组成联合体投标该项目,下列做法中,不合法的是( )。

A. 双方商定以一个投标人的身份共同投标

B. 要求双方至少一方应当具备承担招标项目的相应能力

C. 按照资质等级较低的单位确定资质等级

D. 联合体各方协商签订共同投标协议

118. 某建设工程总承包合同约定,材料价格按照市场价履约,但具体价款没有明确约定,结算时应当依据的价格是( )。

A. 订立合同时履行地的市场价格 B. 结算时实方所在地的市场价格

C. 订立合同时签约地的市场价格　　　D. 结算工程所在地的市场价格

119. 某城市计划对本地城市建设进行全面规划，根据《中华人民共和国环境保护法》的规定，下列城乡建设行为不符合《中华人民共和国环境保护法》规定的是(　　)。

A. 加强在自然景观中修建人文景观　　B. 有效保护植被、水域
C. 加强城市园林、绿地园林　　　　　D. 加强风景名胜区的建设

120. 根据《建设工程安全生产管理条例》规定，施工单位主要负责人应当承担的责任是(　　)。

A. 落实安全生产责任制度、安全生产规章制度和操作规程
B. 保证本单位安全生产条件所需资金的投入
C. 确保安全生产费用的有效使用
D. 根据工程的特点组织特定安全施工措施

(下午卷)

单项选择题（共60题，每题2分。每题的备选项中只有一个最符合题意。）

1. 下列材料中属于韧性材料的是( )。
   A. 烧结普通砖　　　　　　　　B. 石材
   C. 高强混凝土　　　　　　　　D. 木材

2. 轻质无机材料吸水后，该材料的( )。
   A. 密实度增加　　　　　　　　B. 绝热性能提高
   C. 导热系数增大　　　　　　　D. 孔隙率降低

3. 硬化的水泥浆体中，位于水化硅酸钙凝胶的层间孔隙中的水与凝胶有很强的结合作用，一旦失去，水泥浆体将会( )。
   A. 发生主要矿物解体　　　　　B. 保持体积不变
   C. 发生显著的收缩　　　　　　D. 发生明显的温度变化

4. 混凝土配合比设计通常需满足多项基本要求，这些基本要求不包括( )。
   A. 混凝土强度　　　　　　　　B. 混凝土和易性
   C. 混凝土用水量　　　　　　　D. 混凝土成本

5. 增大混凝土的骨料含量，混凝土的徐变和干燥收缩的变化规律为( )。
   A. 都会增大　　　　　　　　　B. 都会减小
   C. 徐变增大，干燥收缩减小　　D. 徐变减小，干燥收缩增大

6. 衡量钢材的塑性变形能力的技术指标为( )。
   A. 屈服强度　　　　　　　　　B. 抗拉强度
   C. 断后伸长率　　　　　　　　D. 冲击韧性

7. 在测定沥青的延度和针入度时，需保持以下哪一个条件恒定( )。
   A. 室内温度　　　　　　　　　B. 沥青试样的温度
   C. 试件质量　　　　　　　　　D. 试件的养护条件

8. 图根导线测量中，以下哪一项反映了导线全长相对闭合差精度要求( )。
   A. $K \leqslant \dfrac{1}{2000}$　　　　　　　　B. $K \geqslant \dfrac{1}{2000}$
   C. $K \leqslant \dfrac{1}{5000}$　　　　　　　　D. $K \approx \dfrac{1}{5000}$

9. 水准测量中，对每一测站的高差都必须采取措施进行检核测量，这种检核称为测站检核。下列哪一个属于常用的测站检核方法( )。
   A. 双面尺法　　　　　　　　　B. 黑面尺读数
   C. 红面尺读数　　　　　　　　D. 单次仪器高法

10. 下列关于等高线的描述，正确的是( )。
    A. 相同等高距下，等高线平距越小，地势越陡
    B. 相同等高距下，等高线平距越大，地势越陡
    C. 同一幅图中地形变化大时，可选择不同的基本等高距
    D. 同一幅图中任意一条等高线一定是封闭的

11. 设 A、B 坐标系为施工坐标系，A 轴在测量坐标系中的方位角为 α，施工坐标系的原点为 O'，其坐标为 x_0 和 y_0，下列可表达点 P 的施工坐标 A_P、B_P 转换为测量坐标 x_P、y_P 的公式是（　　）。

A. $\begin{pmatrix} x_P - x_0 \\ y_P - y_0 \end{pmatrix} = \begin{pmatrix} \cos\alpha & -\sin\alpha \\ \sin\alpha & \cos\alpha \end{pmatrix} \begin{pmatrix} A_P \\ B_P \end{pmatrix}$　　　B. $\begin{pmatrix} x_P - x_0 \\ y_P - y_0 \end{pmatrix} = \begin{pmatrix} \cos\alpha & \sin\alpha \\ \sin\alpha & \cos\alpha \end{pmatrix} \begin{pmatrix} A_P \\ B_P \end{pmatrix}$

C. $\begin{pmatrix} x_P - x_0 \\ y_P - y_0 \end{pmatrix} = \begin{pmatrix} \sin\alpha & -\cos\alpha \\ \cos\alpha & \sin\alpha \end{pmatrix} \begin{pmatrix} A_P \\ B_P \end{pmatrix}$　　　D. $\begin{pmatrix} x_P - x_0 \\ y_P - y_0 \end{pmatrix} = \begin{pmatrix} \sin\alpha & \cos\alpha \\ \cos\alpha & \sin\alpha \end{pmatrix} \begin{pmatrix} A_P \\ B_P \end{pmatrix}$

12. 偶然误差具有下列何种特性（　　）。
 A. 测量仪器产生的误差　　　　　　　　　B. 外界环境影响产生的误差
 C. 单个误差的出现没有一定的规律性　　　D. 大量的误差缺乏统计规律性

13. 建筑工程的消防设计图纸及有关资料应由以下哪一个单位报送消防主管部门审核（　　）。
 A. 建设单位　　　　　　　　　　　　　　B. 设计单位
 C. 施工单位　　　　　　　　　　　　　　D. 监理单位

14. 房地产开发企业销售商品住宅，保修期应从何时计起（　　）。
 A. 工程竣工验收合格之日起　　　　　　　B. 物业验收合格之日起
 C. 购房人实际入住之日起　　　　　　　　D. 开发企业向购房人交付房屋之日起

15. 施工单位签署建设工程项目质量合格的文件上，必须有下列哪类工程师的签字盖章（　　）。
 A. 注册建筑师　　　　　　　　　　　　　B. 注册结构工程师
 C. 注册建造师　　　　　　　　　　　　　D. 注册施工管理师

16. 建设工程竣工验收，是由下列哪个部门负责组织实施？
 A. 工程质量监督机构　　　　　　　　　　B. 建设单位
 C. 工程监理单位　　　　　　　　　　　　D. 房地产开发主管部门

17. 某基坑回填工程，检查其填土压实质量时，应（　　）。
 A. 每三层取一次试样　　　　　　　　　　B. 每 1000m³ 取样不少于一组
 C. 在每层上半部取样　　　　　　　　　　D. 以干密度作为检测指标

18. 下列有关先张法预应力筋放张的顺序，说法错误的是（　　）。
 A. 压杆的预应力筋应同时放张
 B. 梁应先同时放张预应力较大区域的预应力筋
 C. 桩的预应力筋应同时放张
 D. 板类构件应从板外边向里对称放张

19. 下列关于工作面的说法，不正确的是（　　）。
 A. 工作面是指安排专业工人进行操作或者布置机械设备进行施工所需的活动空间
 B. 最小工作面所对应安排的施工人数和机械数量是最少的
 C. 工作面根据专业工种的计划产量定额、操作规程和安全施工技术规程确定
 D. 施工过程不同，所对应的描述工作面的计量单位不一定相同

20. 网络计划中的关键工作是（　　）。
 A. 自由时差总和最大线路上的工作　　　　B. 施工工序最多线路上的工作

C. 总持续时间最短线路上的工作　　　　D. 总持续时间最长线路上的工作

21. 《建筑工程质量管理条例》规定，在正常使用条件下，电气管线、给水排水管道、设备安装和装修工程的最低保修期限为（　　）。
    A. 3年　　　　　　　　　　　　　　B. 2年
    C. 1年　　　　　　　　　　　　　　D. 5年

22. 关于钢筋混凝土受弯构件疲劳验算，下列描述正确的是（　　）。
    A. 正截面受压区混凝土的法向应力图可取为三角形，而不再取抛物状分布
    B. 荷载应取设计值
    C. 应计算正截面受压边缘处混凝土的剪应力和钢筋的应力幅
    D. 应计算纵向受压钢筋的应力幅

23. 关于钢筋混凝土矩形截面小偏心受压构件的构造要求，下列描述正确的是（　　）。
    A. 宜采用高强度等级的混凝土
    B. 宜采用高强度等级的纵筋
    C. 截面长短边比值宜大于1.5
    D. 若采用高强度等级的混凝土，则需选用高强度等级的纵筋

24. 在均布荷载 $q=8kN/m^2$ 作用下，如图8-2-24所示的四边简支钢筋混凝土板单位宽度的最大弯矩应为（　　）。
    A. 1kN·m
    B. 4kN·m
    C. 8kN·m
    D. 16kN·m

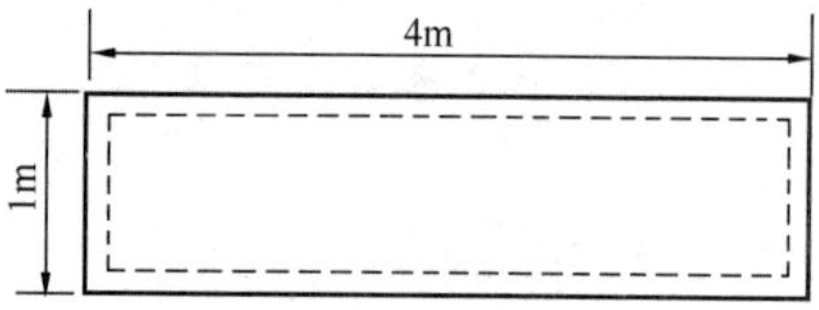

图8-2-24

25. 钢筋混凝土框架结构在水平荷载作用下的内力计算可采用反弯点方法，通常反弯点的位置在（　　）。
    A. 柱的顶端　　　　　　　　　　　　B. 柱的底端
    C. 柱高的中点　　　　　　　　　　　D. 柱的下半段

26. 通过单向拉伸试验可检测钢材的（　　）。
    A. 疲劳强度　　　　　　　　　　　　B. 冷弯角
    C. 冲击韧性　　　　　　　　　　　　D. 伸长率

27. 计算钢结构框架柱弯矩作用平面内稳定性时采用的等效弯矩系数 β_{mx} 是考虑了（　　）。
    A. 截面应力分布的影响　　　　　　　B. 截面形状的影响
    C. 构件弯矩分布的影响　　　　　　　D. 支座约束条件的影响

28. 检测焊透对接焊缝质量时，如采用三级焊缝（　　）。
    A. 需要进行外观检测和无损检测　　　B. 只需进行外观检测
    C. 只需进行无损检测　　　　　　　　D. 只需抽样20%进行检测

29. 钢屋盖结构中常用圆管刚性系杆时，应控制杆件的（　　）。
    A. 长细比不超过200　　　　　　　　B. 应力设计值不超过150MPa
    C. 直径和壁厚之比不超过50　　　　 D. 轴向变形不超过1/400

30. 作用在过梁上的荷载有砌体自重和过梁计算高度范围内的梁板荷载，对于砖砌

体,可以不考虑高于 $l_n/3$(l_n 为过梁净跨)的墙体自重以及高度大于 l_n 上的梁板荷载,这是由于考虑了( )。

    A. 起拱产生的荷载   B. 应力重分布
    C. 应力扩散   D. 梁墙间的相互作用

31. 下列关于构造柱的说法,不正确的是( )。
    A. 构造柱必须先砌墙后浇柱
    B. 构造柱应设置在震害较重、连接构造较薄弱和易于应力集中的部位
    C. 构造柱必须单独设基础
    D. 构造柱最小截面尺寸为 240mm×180mm

32. 下列关于砖砌体的抗压强度与砖及砂浆的抗压强度的关系,说法正确的是( )。
    ① 砖的抗压强度恒大于砖砌体的抗压强度
    ② 砂浆的抗压强度恒大于砖砌体的抗压强度
    ③ 砌体的抗压强度随砂浆的强度提高而提高
    ④ 砌体的抗压强度随块体的强度提高而提高
    A. ①②③④   B. ①③④
    C. ②③④   D. ③④

33. 砌体房屋中对抗震不利的情况是( )。
    A. 楼梯间设在房屋尽端   B. 采用纵横墙混合承重的结构布置方案
    C. 纵横墙布置均匀对称   D. 高宽比为 1:1.5

34. 超静定结构是( )。
    A. 有多余约束的几何不变体系   B. 无多余约束的几何不变体系
    C. 有多余约束的几何可变体系   D. 无多余约束的几何可变体系

35. 如图 8-2-35 所示刚架 M_{EB} 的大小为( )。
    A. 36kN·m   B. 54kN·m
    C. 72kN·m   D. 108kN·m

36. 如图 8-2-36 所示对称结构 $M_{AD}=ql^2/36$(左拉),$F_{N,AD}=-5ql/12$(压),则 M_{BA} 为(以下侧受拉为正)( )。

    A. $-\dfrac{ql^2}{6}$ B. $\dfrac{ql^2}{6}$

    C. $-\dfrac{ql^2}{9}$ D. $\dfrac{ql^2}{9}$

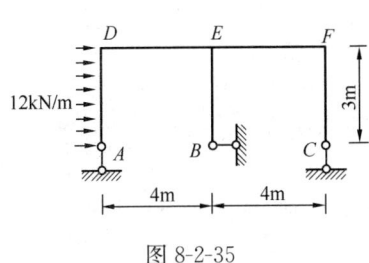

图 8-2-35

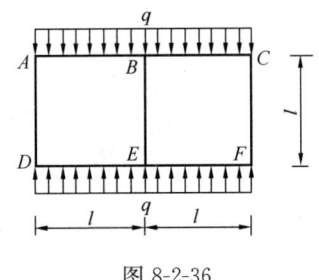

图 8-2-36

37. 如图 8-2-37 所示结构中的反力 F_H 为(　　)。

A. $\dfrac{M}{L}$ B. $\dfrac{-M}{L}$

C. $\dfrac{2M}{L}$ D. $\dfrac{-2M}{L}$

38. 如图 8-2-38 所示结构忽略轴向变形和剪切变形，若减小弹簧刚度 k，则 A 节点水平位移 Δ_{AH}(　　)。

A. 增大 B. 减小

C. 不变 D. 可能增大，亦可能减小

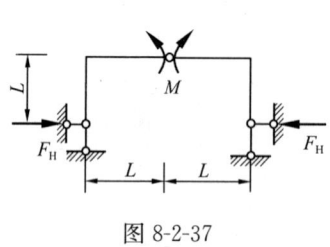

图 8-2-37

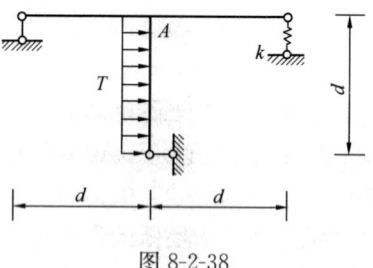

图 8-2-38

39. 如图 8-2-39 所示结构 $EI=$ 常数，在给定荷载作用下，竖向反力 V_A 为(　　)。

A. $-P$ B. $2P$ C. $-3P$ D. $4P$

40. 如图 8-2-40 所示三铰拱，若使水平推力 $F_H = F_P/3$，则高跨比 f/L 应为(　　)。

A. $\dfrac{3}{8}$ B. $\dfrac{1}{2}$

C. $\dfrac{5}{8}$ D. $\dfrac{3}{4}$

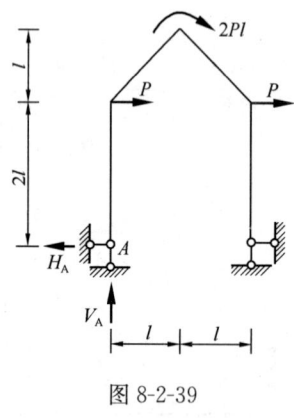

图 8-2-39

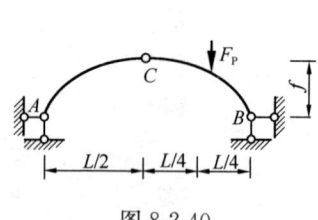

图 8-2-40

41. 如图 8-2-41 所示结构 B 处弹性支座的弹簧刚度 $k=12EI/l^3$，B 截面的弯矩为(　　)。

A. $\dfrac{Pl}{2}$ B. $\dfrac{Pl}{3}$ C. $\dfrac{Pl}{4}$ D. $\dfrac{Pl}{6}$

42. 如图 8-2-42 所示两桁架温度均匀降低，则温度改变引起的结构内力状况为(　　)。

A. (a)无，(b)有 B. (a)有，(b)无
C. 两者均有 D. 两者均无

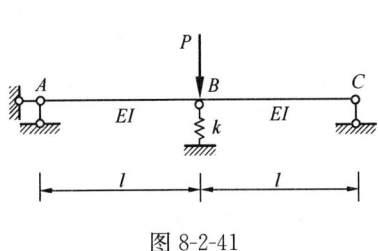

图 8-2-41

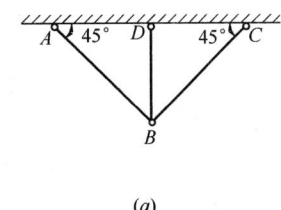
(a)

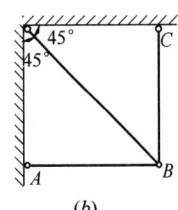
(b)

图 8-2-42

43. 如图 8-2-43 所示结构 $EI=$ 常数，不考虑轴向变形，则 $F_{Q,BA}$ 为（　　）。

A. $\dfrac{P}{4}$　　　　　　　　B. $-\dfrac{P}{4}$

C. $\dfrac{P}{2}$　　　　　　　　D. $-\dfrac{P}{2}$

44. 如图 8-2-44 所示圆弧曲梁 K 截面轴力 $F_{N,K}$（受拉为正）影响线在 C 点的竖标为（　　）。

A. $\dfrac{\sqrt{3}-1}{2}$　　　　　　B. $-\dfrac{\sqrt{3}-1}{2}$

C. $\dfrac{\sqrt{3}+1}{2}$　　　　　　D. $-\dfrac{\sqrt{3}+1}{2}$

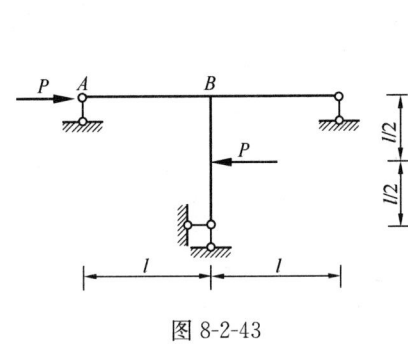

图 8-2-43

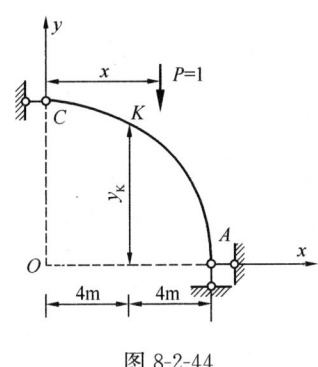

图 8-2-44

45. 如图 8-2-45 所示结构用力矩分配法计算时，分配系数 μ_{A4} 为（　　）。

A. $\dfrac{1}{4}$　　　　B. $\dfrac{4}{7}$

C. $\dfrac{1}{2}$　　　　D. $\dfrac{6}{11}$

46. 有阻尼单自由度体系受简谐荷载作用，当简谐荷载频率等于结构自振频率时，与外荷载平衡的力是（　　）。

A. 惯性力　　　　B. 阻尼力
C. 弹性力　　　　D. 弹性力+惯性力

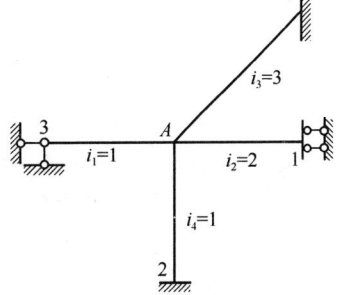

图 8-2-45

47. 单自由度体系受简谐荷载作用，当简谐荷载频率等于结构自振频率的2倍时，位移的动力放大系数为(   )。

A. 2 B. $\frac{4}{3}$

C. $-\frac{1}{2}$ D. $-\frac{1}{3}$

48. 不计阻尼时，如图8-2-48所示体系的运动方程为(   )。

A. $m\ddot{y} + \frac{24EI}{l^3}y = M\sin(\theta t)$

B. $m\ddot{y} + \frac{24EI}{l^3}y = \frac{3}{l}M\sin(\theta t)$

C. $m\ddot{y} + \frac{3EI}{l^3}y = \frac{3}{2l}M\sin(\theta t)$

D. $m\ddot{y} + \frac{3EI}{l^3}y = \frac{3}{8l}M\sin(\theta t)$

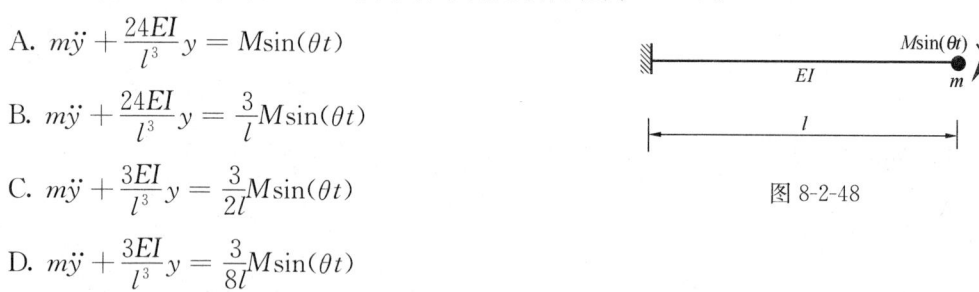

图8-2-48

49. 为测定结构材料的实际物理力学性能指标，应包括以下哪项内容(   )。

A. 强度、变形、轴向应力-应变曲线 B. 弹性模量、泊松比
C. 强度、泊松比、轴向应力-应变曲线 D. 强度、变形、弹性模量

50. 标距$L=200$mm的手持应变仪，用千分表进行量测读数，读数为3小格，测得的应变值为(μ_ε表示微应变)(   )。

A. $1.5\mu_\varepsilon$ B. $15\mu_\varepsilon$
C. $6\mu_\varepsilon$ D. $12\mu_\varepsilon$

51. 利用电阻应变原理实测钢梁受到弯曲荷载作用下的弯曲应变，采用如图8-2-51所示的测点布置和桥臂连接方式，则电桥的测试值是实际值的多少倍(注：ν是被测构件材料的泊松比)(   )。

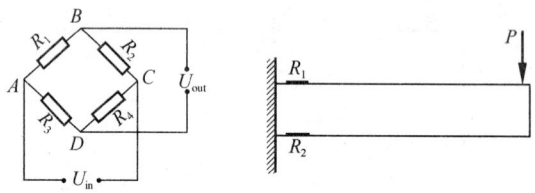

图8-2-51

A. $2(1+\nu)$ B. 1
C. 2 D. $1+\nu$

52. 为获得建筑物的动力特性，下列激振方法错误的是(   )。

A. 采用脉动法量测和分析结构的动力特性
B. 采用锤击激励的方法分析结构的动力特性
C. 对结构施加拟动力荷载分析结构的动力特性
D. 采用自由振动法分析结构的动力特性

53. 下列可用于检测混凝土内部钢筋锈蚀的方法是(   )。

A. 声发射方法 B. 电磁感应法

C. 超声波法　　　　　　　　　　　D. 电位差法

54. 某外国，用固结仪试验结果计算土样的压缩指数（常数）时，不是用常数对数，而是用自然对数对应取值的。如果根据我国标准（常用对数），一个土样的压缩指数（常数）为0.0112，则根据该外国标准，该土样的压缩指数为(　　)。

A. 4.86×10^{-3}　　　　　　　B. 5.0×10^{-4}
C. 2.34×10^{-3}　　　　　　　D. 6.43×10^{-3}

55. 一个厚度为25mm的黏土试样固结试验结果表明，孔隙水压力消散为0需要11min，该试验仅在样品的上表面排水。如果地基中有一层4.6m厚的相同黏土层，上下两个面都可以排水，则该层黏土固结时间为(　　)。

A. 258.6d　　　　　　　　　　　B. 64.7d
C. 15.5d　　　　　　　　　　　　D. 120d

56. 与地基的临界水力梯度有关的因素为(　　)。

A. 有效重度　　　　　　　　　　B. 抗剪强度
C. 渗透系数　　　　　　　　　　D. 剪切刚度

57. 一个离心机模型堤坝高0.10m，当离心加速度为61g时破坏，则用同种材料修筑的真实堤坝的最大可能高度为(　　)。

A. 6.1m　　　　　　　　　　　　B. 10m
C. 61.1m　　　　　　　　　　　　D. 1m

58. 减小地基不均匀沉降的措施不包括(　　)。

A. 增加建筑物的刚度和整体性
B. 同一建筑物尽量采用同一类型的基础并埋置于同一土层中
C. 采用钢筋混凝土十字交叉条形基础或筏形基础、箱形基础等整体性好的基础形式
D. 上部采用静定结构

59. 对桩周土层、桩尺寸和桩顶竖向荷载都一样的摩擦桩，桩距为桩径3倍的群桩的沉降量比单桩的沉降量(　　)。

A. 大　　　　　　　　　　　　　B. 小
C. 大或小均有可能　　　　　　　D. 一样大

60. 土工聚合物在地基处理中的作用不包括(　　)。

A. 排水作用　　　　　　　　　　B. 加筋
C. 挤密　　　　　　　　　　　　D. 反滤

2019年真题(上、下午卷)

(上午卷)

单项选择题(共120题,每题1分。每题的备选项中只有一个最符合题意)。

1. 极限 $\lim\limits_{x\to 0}\dfrac{3+e^{\frac{1}{x}}}{1-e^{\frac{2}{x}}}$ 为( )。

   A. 3　　　　B. -1　　　　C. 0　　　　D. 不存在

2. 函数 $f(x)$ 在点 $x=x_0$ 处连续是 $f(x)$ 在点 $x=x_0$ 处可微的( )。

   A. 充分条件　　　　　　　　B. 充要条件
   C. 必要条件　　　　　　　　D. 无关条件

3. 当 $x\to 0$ 时,$\sqrt{1-x^2}-\sqrt{1+x^2}$ 与 x^k 是同阶无穷小,则常数 k 等于( )。

   A. 3　　　　B. 2　　　　C. 1　　　　D. $\dfrac{1}{2}$

4. 设 $y=\ln(\sin x)$,则二阶导数 y'' 等于( )。

   A. $\dfrac{\cos x}{\sin^2 x}$　　　　　　　　B. $\dfrac{1}{\cos^2 x}$

   C. $\dfrac{1}{\sin^2 x}$　　　　　　　　D. $-\dfrac{1}{\sin^2 x}$

5. 若函数 $f(x)$ 在 $[a,b]$ 上连续,在 (a,b) 内可导,且 $f(a)=f(b)$,则在 (a,b) 内满足 $f(x_0)=0$ 的点 x_0 ( )。

   A. 必存在且只有一个　　　　B. 至少存在一个
   C. 不一定存在　　　　　　　D. 不存在

6. $f(x)$ 在 $(-\infty,+\infty)$ 连续,导数函数 $f'(x)$ 图形如图 9-1-6 所示,则 $f(x)$ 存在( )。

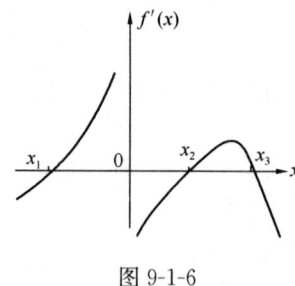

图 9-1-6

   A. 一个极小值和两个极大值　　　B. 两个极小值和两个极大值
   C. 两个极小值和一个极大值　　　D. 一个极小值和三个极大值

7. 不定积分 $\displaystyle\int\dfrac{x}{\sin^2(x^2-1)}dx$ 等于( )。

   A. $-\dfrac{1}{2}\cot(x^2+1)+C$　　　　B. $-\dfrac{1}{\sin(x^2-1)}+C$

C. $-\frac{1}{2}\tan(x^2+1)+C$　　　　　　D. $-\frac{1}{2}\cot x+C$

8. 广义积分 $\int_{-2}^{2}\frac{1}{(1+x)^2}dx$ 的值为（　　）。

A. $\frac{4}{3}$　　　　B. $-\frac{4}{3}$　　　　C. $\frac{2}{3}$　　　　D. 发散

9. 已知向量 $\boldsymbol{\alpha}=(2,1,-1)$，$\boldsymbol{\beta}//\boldsymbol{\alpha}$，$\boldsymbol{\alpha}\cdot\boldsymbol{\beta}=3$，则 $\boldsymbol{\beta}=$（　　）。

A. $(2,1,-1)$　　　　　　　　B. $\left(\frac{3}{2},\frac{3}{4},-\frac{3}{4}\right)$

C. $\left(1,\frac{1}{2},-\frac{1}{2}\right)$　　　　　　　　D. $\left(1,-\frac{1}{2},\frac{1}{2}\right)$

10. 过点 $(2,0,-1)$ 且垂直于 xOy 面的直线方程为（　　）。

A. $\frac{x-2}{1}=\frac{y}{0}=\frac{z-1}{0}$　　　　　　B. $\frac{x-2}{0}=\frac{y}{1}=\frac{z-1}{0}$

C. $\frac{x-2}{0}=\frac{y}{0}=\frac{z+1}{1}$　　　　　　D. $\begin{cases}x=0\\z=-1\end{cases}$

11. 微分方程 $y\ln x dx - x\ln y dy = 0$ 满足条件 $y(1)=1$ 的特解是（　　）。

A. $\ln^2 x + \ln^2 y = 1$　　　　　　B. $\ln^2 x - \ln^2 y = 1$

C. $\ln^2 x + \ln^2 y = 0$　　　　　　D. $\ln^2 x - \ln^2 y = 0$

12. 若 D 是由 x 轴、y 轴及直线 $2x+y-2=0$ 所围成的闭区域，则二重积分 $\iint\limits_{D}dxdy$ 的值等于（　　）。

A. 1　　　　B. 2　　　　C. $\frac{1}{2}$　　　　D. -1

13. 函数 $y=C_1 C_2 e^{-x}$（C_1，C_2 是任意常数）是微分方程 $y''-2y'-3y=0$ 的（　　）。

A. 通解　　　　　　　　　　B. 特解

C. 不是解　　　　　　　　　D. 既不是通解又不是特解，而是解

14. 设圆周曲线 $L:x^2+y^2=1$ 取逆时针方向，则对坐标的曲线积分 $\oint_L \frac{ydx-xdy}{x^2+y^2}$ 等于（　　）。

A. 2π　　　　B. -2π　　　　C. π　　　　D. 0

15. 对于函数 $f(x,y)=xy$，原点 $(0,0)$（　　）。

A. 不是驻点　　　　　　　　B. 是驻点但非极值点

C. 是驻点且为极小值点　　　D. 是驻点且为极大值点

16. 关于级数 $\sum_{n=1}^{\infty}(-1)^{n-1}\frac{1}{n^p}$ 收敛性的正确结论是（　　）。

A. $0<p\leqslant 1$ 时发散　　　　　　B. $p>1$ 时条件收敛

C. $0<p\leqslant 1$ 时绝对收敛　　　　D. $0<p\leqslant 1$ 时条件收敛

17. 设函数 $z=\left(\frac{y}{x}\right)^x$，则全微分 $dz\big|_{\substack{x=1\\y=2}}$ 等于（　　）。

A. $\ln 2 \mathrm{d}x - \dfrac{1}{2}\mathrm{d}y$
B. $(\ln 2 + 1)\mathrm{d}x - \dfrac{1}{2}\mathrm{d}y$

C. $2\left[(\ln 2 - 1)\mathrm{d}x + \dfrac{1}{2}\mathrm{d}y\right]$
D. $\dfrac{1}{2}\ln 2 \mathrm{d}x + 2\mathrm{d}y$

18. 幂级数 $\sum\limits_{n=1}^{\infty}(-1)^{n-1}\dfrac{x^{2n-1}}{2n-1}$ 的收敛域是(   )。

A. $[-1,1]$
B. $(-1,1]$
C. $[-1,1)$
D. $(-1,1)$

19. 若 n 阶方阵 $\boldsymbol{A}$ 满足 $|\boldsymbol{A}|=b(b\neq 0,n>2)$，而 $\boldsymbol{A}^*$ 是 $\boldsymbol{A}$ 的伴随矩阵，则 $|\boldsymbol{A}^*|$ 等于(   )。

A. b^n
B. b^{n-1}
C. b^{n-2}
D. b^{n-3}

20. 已知二阶实对称矩阵 $\boldsymbol{A}$ 的特征值是 1，$\boldsymbol{A}$ 的对应于特征值 1 的特征向量为 $(1,-1)^\mathrm{T}$，若 $|\boldsymbol{A}|=-1$，则 $\boldsymbol{A}$ 的另一个特征值及其对应的特征向量是(   )。

A. $\begin{cases}\lambda=1\\ x=(1,1)^\mathrm{T}\end{cases}$
B. $\begin{cases}\lambda=-1\\ x=(1,1)^\mathrm{T}\end{cases}$

C. $\begin{cases}\lambda=-1\\ x=(-1,1)^\mathrm{T}\end{cases}$
D. $\begin{cases}\lambda=1\\ x=(1,-1)^\mathrm{T}\end{cases}$

21. 设二次型 $f(x_1,x_2,x_3)=x_1^2+tx_2^2+3x_3^2+2x_1x_2$，要使其秩为 2，则 t 的值等于(   )。

A. 3   B. 2   C. 1   D. 0

22. 设 A、B 为两个事件，且 $P(A)=\dfrac{1}{3}$，$P(B)=\dfrac{1}{4}$，$P(B|A)=\dfrac{1}{6}$，则 $P(A|B)$ 等于(   )。

A. $\dfrac{1}{9}$
B. $\dfrac{2}{9}$
C. $\dfrac{1}{3}$
D. $\dfrac{4}{9}$

23. 设随机向量 (X,Y) 的联合分布律为

X \ Y	-1	0
1	1/4	1/4
2	1/6	a

则 a 的值等于(   )。

A. $\dfrac{1}{3}$ B. $\dfrac{2}{3}$ C. $\dfrac{1}{4}$ D. $\dfrac{3}{4}$

24. 设总体 X 服从均匀分布 $U(1,\theta)$，$\overline{X}=\dfrac{1}{n}\sum\limits_{i=1}^{n}X_i$，则 θ 的矩估计为(   )。

A. $\overline{X}$
B. $2\overline{X}$
C. $2\overline{X}-1$
D. $2\overline{X}+1$

25. 关于温度的意义，有下列几种说法：
(1) 气体的温度是分子平均平动动能的量度
(2) 气体的温度是大量气体分子热运动的集体表现，具有统计意义
(3) 温度的高低反映物质内部分子运动剧烈程度的不同
(4) 从微观上看，气体的温度表示每个气体分子的冷热程度
这些说法中正确的是(　　)。

A. (1)、(2)、(4)　　　　　　　　B. (1)、(2)、(3)
C. (2)、(3)、(4)　　　　　　　　D. (1)、(3)、(4)

26. 设 $\bar{v}$ 代表气体分子运动的平均速率，v_p 代表气体分子运动的最概然速率，$\sqrt{\overline{v^2}}$ 代表气体分子运动的方均根速率，处于平衡状态下理想气体，三种速率关系为(　　)。

A. $\bar{v} = v_p = \sqrt{\overline{v^2}}$　　　　　　B. $\bar{v} = v_p < \sqrt{\overline{v^2}}$
C. $v_p < \bar{v} < \sqrt{\overline{v^2}}$　　　　　　D. $v_p > \bar{v} > \sqrt{\overline{v^2}}$

27. 理想气体向真空作绝热膨胀(　　)。
A. 膨胀后，温度不变，压强减小　　　　B. 膨胀后，温度降低，压强减小
C. 膨胀后，温度升高，压强减小　　　　D. 膨胀后，温度不变，压强不变

28. 两个卡诺热机的循环曲线如图 9-1-28 所示，一个工作在温度为 T_1 与 T_3 的两个热源之间，另一个工作在温度为 T_2 与 T_3 的两个热源之间，已知这两个循环曲线所包围的面积相等，由此可知(　　)。

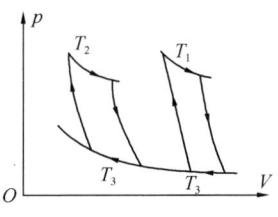

图 9-1-28

A. 两个热机的效率一定相等
B. 两个热机从高温热源所吸收的热量一定相等
C. 两个热机向低温热源所放出的热量一定相等
D. 两个热机吸收的热量与放出的热量（绝对值）的差值一定相等

29. 刚性双原子分子理想气体的定压摩尔热容量 C_P，与其定体摩尔热容量 C_V 之比，C_P/C_V 等于(　　)。
A. 5/3　　　　　　　　　　　　B. 3/5
C. 7/5　　　　　　　　　　　　D. 5/7

30. 一横波沿绳子传播时，波的表达式为 $y=0.05\cos(4\pi x - 10\pi t)$ (SI)，则(　　)。
A. 其波长为 0.5m　　　　　　　B. 波速为 5m/s
C. 波速为 25m/s　　　　　　　　D. 频率为 2Hz

31. 火车疾驰而来时，人们听到的汽笛音调，与火车远离而去时人们听到的汽笛音调比较，音调(　　)。
A. 由高变低　　　　　　　　　　B. 由低变高

C. 不变
D. 变高，还是变低不能确定

32. 在波的传播过程中，若保持其他条件不变，仅使振幅增加一倍，则波的强度增加到( )。

    A. 1倍　　　　　B. 2倍　　　　　C. 3倍　　　　　D. 4倍

33. 两列相干波，其表达式为 $y_1 = A\cos 2\pi\left(\nu t - \dfrac{x}{\lambda}\right)$ 和 $y_2 = A\cos 2\pi\left(\nu t + \dfrac{x}{\lambda}\right)$，在叠加后形成的驻波中，波腹处质元振幅为( )。

    A. A　　　　　B. $-A$　　　　　C. $2A$　　　　　D. $-2A$

34. 在玻璃（折射率 $n_3 = 1.60$）表面镀一层 MgF_2（折射率 $n_2 = 1.38$）薄膜作为增透膜，为了使波长为500nm（$1nm = 10^{-9}m$）的光从空气（$n_1 = 1.00$）正入射时尽可能少反射，MgF_2 薄膜的最少厚度应是( )。

    A. 78.1nm
    B. 90.6nm
    C. 125nm
    D. 181nm

35. 在单缝衍射实验中，若单缝处波面恰好被分成奇数个半波带，在相邻半波带上，任何两个对应点所发出的光在明条纹处的光程差为( )。

    A. λ　　　　　B. 2λ　　　　　C. $\lambda/2$　　　　　D. $\lambda/4$

36. 在双缝干涉实验中，用单色自然光，在屏上形成干涉条纹。若在两缝后放一个偏振片，则( )。

    A. 干涉条纹的间距不变，但明纹的亮度加强
    B. 干涉条纹的间距不变，但明纹的亮度减弱
    C. 干涉条纹的间距变窄，且明纹的亮度减弱
    D. 无干涉条纹

37. 下列元素中第一电离能最小的是( )。

    A. H　　　　　B. Li　　　　　C. Na　　　　　D. K

38. $H_2C=HC-CH=CH_2$ 分子中所含化学键共有( )。

    A. 4个 σ 键，2个 π 键
    B. 9个 σ 键，2个 π 键
    C. 7个 σ 键，4个 π 键
    D. 5个 σ 键，4个 π 键

39. 在 $NaCl$、$MgCl_2$、$AlCl_3$、$SiCl_4$ 四种物质的晶体中，离子极化作用最强是( )。

    A. $NaCl$
    B. $MgCl_2$
    C. $AlCl_3$
    D. $SiCl_4$

40. $pH=2$ 的溶液中的 $c(OH^-)$ 是 $pH=4$ 的溶液中 $c(OH^-)$ 的倍数是( )。

    A. 2　　　　　B. 0.5　　　　　C. 0.01　　　　　D. 100

41. 某反应在298K及标准态下不能自发进行，当温度升高到一定值时，反应能自发进行，符合此条件的是( )。

    A. $\Delta_r H_m^\ominus > 0, \Delta_r S_m^\ominus > 0$
    B. $\Delta_r H_m^\ominus < 0, \Delta_r S_m^\ominus < 0$
    C. $\Delta_r H_m^\ominus < 0, \Delta_r S_m^\ominus > 0$
    D. $\Delta_r H_m^\ominus > 0, \Delta_r S_m^\ominus < 0$

42. 下列物质水溶液的 pH>7 的是( )。

    A. $NaCl$
    B. Na_2CO_3

C. $Al_2(SO_4)_3$ D. $(NH_4)_2SO_4$

43. 已知 $E^\ominus$（Fe^{3+}/Fe^{2+}）$=0.77V$，$E^\ominus$（MnO_4^-/Mn^{2+}）$=0.151V$，当同时提高两电对电酸度时，两电对电极电势数值的变化是（　　）。

A. $E^\ominus$（Fe^{3+}/Fe^{2+}）变小，$E^\ominus$（MnO_4^-/Mn^{2+}）变大

B. $E^\ominus$（Fe^{3+}/Fe^{2+}）变大，$E^\ominus$（MnO_4^-/Mn^{2+}）变大

C. $E^\ominus$（Fe^{3+}/Fe^{2+}）不变，$E^\ominus$（MnO_4^-/Mn^{2+}）变大

D. $E^\ominus$（Fe^{3+}/Fe^{2+}）不变，$E^\ominus$（MnO_4^-/Mn^{2+}）不变

44. 分子式为 C_5H_{12} 各种异构体中，所含甲基数和它的一氯代物的数目与下列情况相符的是（　　）。

A. 2个甲基，能生成4种一氯代物 B. 3个甲基，能生成5种一氯代物

C. 3个甲基，能生成4种一氯代物 D. 4个甲基，能生成4种一氯代物

45. 在下列有机化合物中，经催化加氢反应后不能生成2-甲基戊烷的是（　　）。

A. $CH_2=CCH_2CH_2CH_2$
　　　|
　　　CH_3

B. $(CH_3)_2CHCH_2CH=CH_2$

C. $CH_3C=CHCH_2CH_3$
　　　|
　　　CH_3

D. $CH_3CH_2CHCH=CH_2$
　　　　　　|
　　　　　　CH_3

46. 以下是分子式为 $C_5H_{12}O$ 的有机物，其中能被氧化为含相同碳原子数的醛的化合物是（　　）。

① $CH_2CH_2CH_2CH_2CH_3$
　　|
　　OH

② $CH_3CHCH_2CH_2CH_3$
　　　|
　　　OH

③ $CH_3CH_2CHCH_2CH_3$
　　　　　|
　　　　　OH

④ $CH_3CHCH_2CH_3$
　　　|
　　　CH_2OH

A. ①② B. ③④

C. ①④ D. 只有①

47. 如图9-1-47所示三铰刚架中，若将作用于构件 BC 上的力 F 沿其作用线移至构件 AC 上，则 A、B、C 处约束力的大小（　　）。

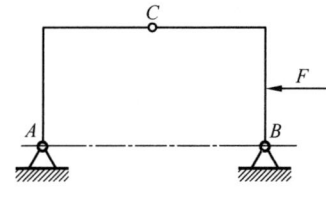

图 9-1-47

A. 都不变 B. 都改变

C. 只有C处改变 D. 只有C处不变

48. 平面力系如图9-1-48所示，已知：$F_1=160N$，$M=4N·m$，该力系向 A 点简化后的主矩大小应为（　　）。

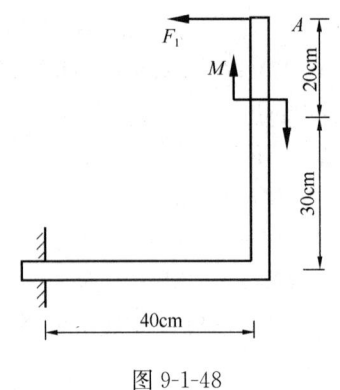

图 9-1-48

A. $M_A = 4\text{N} \cdot \text{m}$ B. $M_A = 1.2\text{N} \cdot \text{m}$
C. $M_A = 1.6\text{N} \cdot \text{m}$ D. $M_A = 0.8\text{N} \cdot \text{m}$

49. 如图 9-1-49 所示承重装置，B、C、D、E 处均为光滑铰链连接，各杆和滑轮的重量略去不计，已知：a，r 及 F_p。则固定端 A 的约束力偶为(   )。

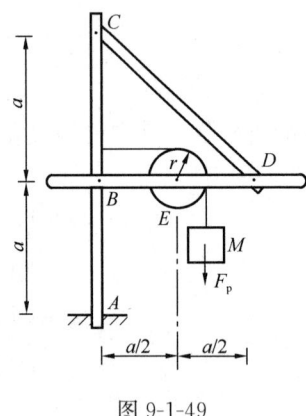

图 9-1-49

A. $M_A = F_p \times \left(\dfrac{a}{2} + r\right)$（顺时针） B. $M_A = F_p \times \left(\dfrac{a}{2} + r\right)$（逆时针）

C. $M_A = F_p r$（逆时针） D. $M_A = \dfrac{a}{2} F_p$（顺时针）

50. 判断如图 9-1-50 所示桁架结构中，内力为零的杆数是(   )。

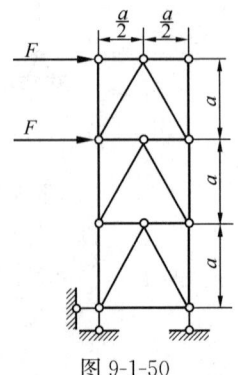

图 9-1-50

A. 3根杆 B. 4根杆
C. 5根杆 D. 6根杆

51. 汽车匀加速运动，在10s内，速度由0增加到5m/s。则汽车在此时间内行驶距离为( )。

A. 25m B. 50m
C. 75m D. 100m

52. 物体作定轴转动的运动方程为 $\varphi = 4t - 3t^2$（φ 以 rad 计，t 以 s 计），则此物体内转动半径 $r = 0.5$m 的一点，在 $t = 1$s 时的速度和切向加速度为( )。

A. 2m/s，20m/s^2 B. -1m/s，-3m/s^2
C. 2m/s，8.54m/s^2 D. 0，20.2m/s^2

53. 如图 9-1-53 所示机构中，曲柄 $OA = r$，以常角速度 ω 转动，则滑动构件 BC 的速度、加速度的表达式为( )。

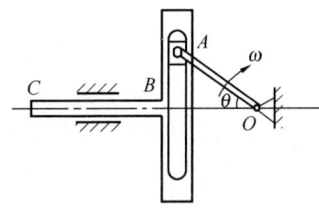

图 9-1-53

A. $r\omega\sin\omega t$，$r\omega\cos\omega t$ B. $r\omega\cos\omega t$，$r\omega^2\sin\omega t$
C. $r\sin\omega t$，$r\omega\cos\omega t$ D. $r\omega\sin\omega t$，$r\omega^2\cos\omega t$

54. 重为 W 的货物由电梯载运下降，当电梯加速下降、匀速下降及减速下降时，货物对地板的压力分别为 F_1、F_2、F_3，它们之间的关系为( )。

A. $F_1 = F_2 = F_3$ B. $F_1 > F_2 > F_3$
C. $F_1 < F_2 < F_3$ D. $F_1 < F_2 > F_3$

55. 均质圆盘质量为 m，半径为 R，在铅垂图面内绕 O 轴转动，如图 9-1-55 所示瞬时角速度为 ω，则其对 O 轴的动量矩大小为( )。

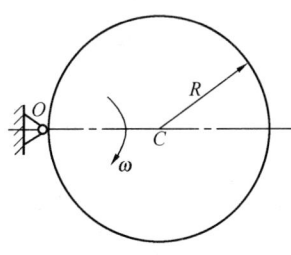

图 9-1-55

A. $mR\omega$ B. $\frac{1}{2}mR\omega$
C. $\frac{1}{2}mR^2\omega$ D. $\frac{3}{2}mR^2\omega$

56. 均质圆柱体半径为 R，质量 m，绕关于对纸面垂直的固定水平轴自由转动，初瞬时静止（$\theta = 0°$），如图 9-1-56 所示，则圆柱体在任意位置 θ 时的角速度是（   ）。

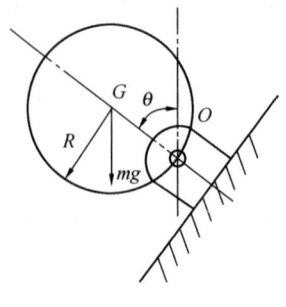

图 9-1-56

A. $\sqrt{\dfrac{4g(1-\sin\theta)}{3R}}$　　　　　　　B. $\sqrt{\dfrac{4g(1-\cos\theta)}{3R}}$

C. $\sqrt{\dfrac{2g(1-\cos\theta)}{3R}}$　　　　　　　D. $\sqrt{\dfrac{g(1-\cos\theta)}{2R}}$

57. 质量为 m 的物块 A，置于水平成 θ 角的倾面 B 上，如图 9-1-57 所示。A 与 B 间的摩擦系数为 f，当保持 A 与 B 一起以加速度 a 水平向右运动时，物块 A 的惯性力是（   ）。

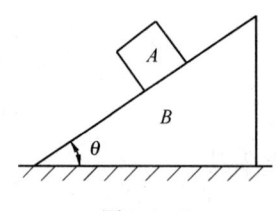

图 9-1-57

A. $ma(\leftarrow)$　　　　　　　　　　B. $ma(\rightarrow)$
C. $ma(\nearrow)$　　　　　　　　　　D. $ma(\swarrow)$

58. 一无阻尼弹簧-质量系统受简谐激振力作用，当激振频率为 $\omega_1 = 6\text{rad/s}$ 时，系统发生共振。给质量块增加 1kg 的质量后重新试验，测得共振频率为 $\omega_2 = 5.86\text{rad/s}$。则原系统的质量及弹簧刚度系数是（   ）。

A. 19.68kg，623.55N/m　　　　　B. 20.68kg，623.55N/m
C. 21.68kg，744.53N/m　　　　　D. 20.68kg，744.53N/m

59. 如图 9-1-59 所示四种材料的应力-应变曲线中，强度最大的材料是（   ）。
A. A　　　　B. B　　　　C. C　　　　D. D

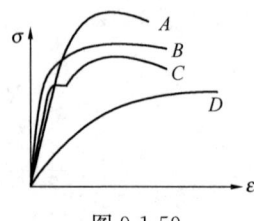

图 9-1-59

60. 如图 9-1-60 所示等截面直杆，杆的横截面面积为 A，材料的弹性模量为 E，在图示轴向载荷作用下杆的总伸长量为(　　)。

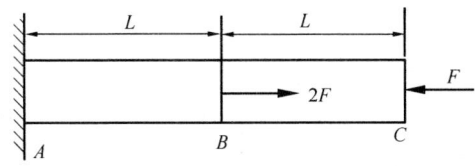

图 9-1-60

A. $\Delta L = 0$
B. $\Delta L = \dfrac{FL}{4EA}$

C. $\Delta L = \dfrac{FL}{2EA}$
D. $\Delta L = \dfrac{FL}{EA}$

61. 两根木杆用图示结构连接，尺寸如图 9-1-61 所示，在轴向外力 F 作用下，可能引起连接结构发生剪切破坏的名义切应力是(　　)。

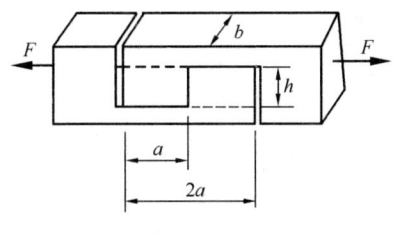

图 9-1-61

A. $\tau = \dfrac{F}{ab}$ 　　B. $\tau = \dfrac{F}{ah}$ 　　C. $\tau = \dfrac{F}{bh}$ 　　D. $\tau = \dfrac{F}{2ab}$

62. 扭转切应力公式 $\tau = \dfrac{T}{I_P}\rho$ 适用的杆件是(　　)。

A. 矩形截面杆
B. 任意实心截面杆
C. 弹塑性变形的圆截面杆
D. 线弹性变形的圆截面杆

63. 已知实心圆轴按强度条件可承受的最大扭矩为 T，若改变该轴的直径，使其横截面积增加 1 倍，则可承受的最大扭矩为(　　)。

A. $\sqrt{2}T$ 　　B. $2T$ 　　C. $2\sqrt{2}T$ 　　D. $4T$

64. 在下列关于平面图形几何性质的说法中，错误的是(　　)。

A. 对称轴必定通过图形形心
B. 两个对称轴的交点必为图形形心
C. 图形关于对称轴的静矩为零
D. 使静矩为零的轴必定为对称轴

65. 悬臂梁的载荷如图 9-1-65 所示，若集中力偶 m 在梁上移动，梁的内力变化情况是(　　)。

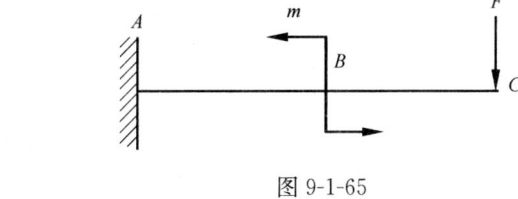

图 9-1-65

A. 剪力图、弯矩图均不变　　　　　B. 剪力图、弯矩图改变
C. 剪力图不变、弯矩图改变　　　　D. 剪力图改变、弯矩图不变

66. 如图 9-1-66 所示悬臂梁，若梁的长度增加一倍，梁的最大正应力和最大切应力与原来相比(　　)。

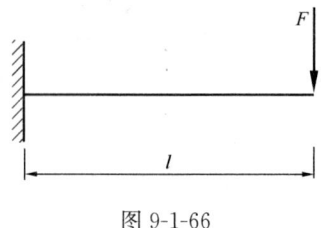

图 9-1-66

A. 均不变

B. 均是原来的 2 倍

C. 正应力是原来的 2 倍，切应力不变

D. 正应力不变，切应力是原来的 2 倍

67. 简支梁受力如图 9-1-67 所示，梁的挠度曲线是图示的四条曲线中的(　　)。

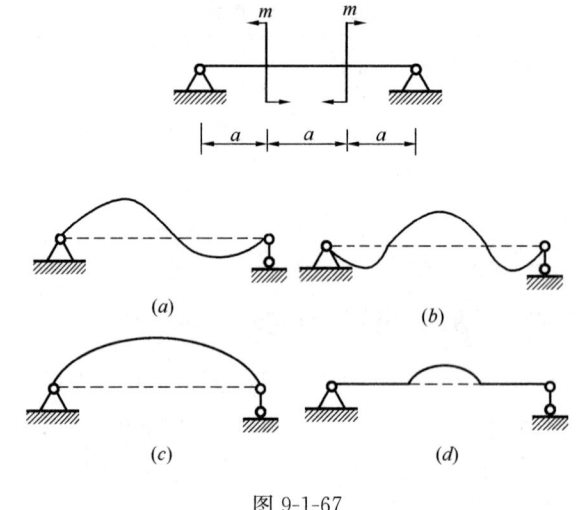

图 9-1-67

A. 图(a)　　　　B. 图(b)　　　　C. 图(c)　　　　D. 图(d)

68. 两单元体分别如图 9-1-68(a)、(b) 所示。关于其主应力和主方向，下面论述中正确的是(　　)。

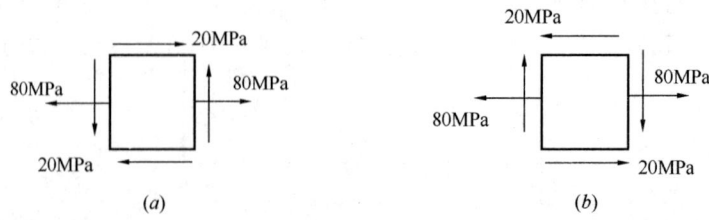

图 9-1-68

A. 主应力大小和方向均相同　　　　　B. 主应力大小相同，但方向不同
C. 主应力大小和方向均不同　　　　　D. 主应力大小不同，方向相同

69. 如图 9-1-69 所示圆轴截面积为 A，抗弯截面系数为 W，若同时受到扭矩 T、弯矩 M 和轴向力 F_N 的作用，按照第三强度理论，下面的强度条件表达式正确的是（　　）。

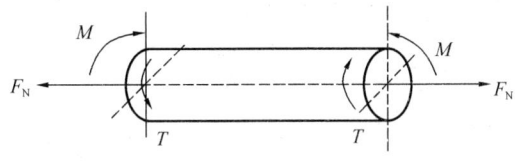

图 9-1-69

A. $\dfrac{F_N}{A}+\dfrac{1}{W}\sqrt{M^2+T^2}\leqslant[\sigma]$　　B. $\sqrt{\left(\dfrac{F_N}{A}\right)^2+\left(\dfrac{M}{W}\right)^2+\left(\dfrac{T}{2W}\right)^2}\leqslant[\sigma]$

C. $\sqrt{\left(\dfrac{F_N}{A}+\dfrac{M}{W}\right)^2+\left(\dfrac{T}{W}\right)^2}\leqslant[\sigma]$　　D. $\sqrt{\left(\dfrac{F_N}{A}+\dfrac{M}{W}\right)^2+4\left(\dfrac{T}{W}\right)^2}\leqslant[\sigma]$

70. 如图 9-1-70 所示四根细长（大柔度）压杆，弯曲刚度均为 EI，其中具有最大临界载荷 F_{cr} 的压杆是（　　）。

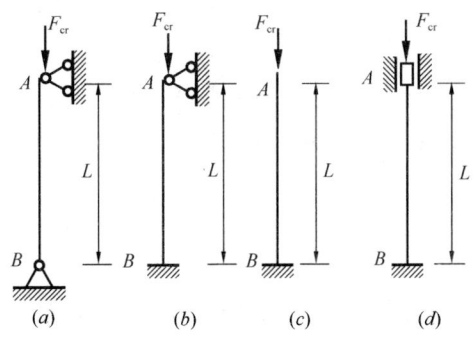

图 9-1-70

A. 图（a）　　　B. 图（b）　　　C. 图（c）　　　D. 图（d）

71. 连续介质假设意味着是（　　）。

A. 流体分子相互紧连　　　　　B. 流体的物理量是连续函数
C. 流体分子间有间隙　　　　　D. 流体不可压缩

72. 盛水容器形状如图 9-1-72 所示，已知 $h_1=0.9m$，$h_2=0.4m$，$h_3=1.1m$，$h_4=0.75m$，$h_5=1.33m$，则下列各点的相对压强是（　　）。

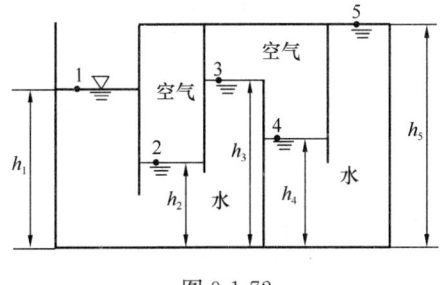

图 9-1-72

A. $p_1=0$,$p_2=4.90$kPa,$p_3=-1.96$kPa,$p_4=-1.96$kPa,$p_5=-7.64$kPa
B. $p_1=-4.90$kPa,$p_2=0$,$p_3=-6.86$kPa,$p_4=-6.86$kPa,$p_5=-19.4$kPa
C. $p_1=1.96$kPa,$p_2=6.86$kPa,$p_3=0$,$p_4=0$,$p_5=-5.68$kPa
D. $p_1=7.64$kPa,$p_2=12.54$kPa,$p_3=5.68$kPa,$p_4=5.68$kPa,$p_5=0$

73. 流体的连续性方程 $v_1A_1=v_2A_2$ 适用于( )。
   A. 可压缩流体　　　　　　　　B. 不可压缩流体
   C. 理想流体　　　　　　　　　D. 任何流体

74. 尼古拉斯实验曲线中，当某管路流动在紊流光滑区内时，随着雷诺数 Re 的增大，其沿程阻力系数将( )。
   A. 增大　　　　　　　　　　　B. 减小
   C. 不变　　　　　　　　　　　D. 增大或减小

75. 正常工作条件下的薄壁小孔口 d_1 与圆柱形外管嘴 d_2 相等，作用水头 H 相等，则孔口与管嘴的流量的关系是( )。
   A. $Q_1>Q_2$　　　　　　　　　B. $Q_1<Q_2$
   C. $Q_1=Q_2$　　　　　　　　　D. 条件不足无法确定

76. 半圆形明渠，半径 $r_0=4$m，水力半径为( )。
   A. 4m　　　　　　　　　　　　B. 3m
   C. 2m　　　　　　　　　　　　D. 1m

77. 有一完全井，半径 $r_0=0.3$m，含水层厚度 $H=15$m，抽水稳定后，井水深度 $h=10$m，影响半径 $R=375$m，已知井的抽水量是 0.0276m³/s，求土壤的渗流系数 k 为( )。
   A. 0.0005m/s　　　　　　　　B. 0.0015m/s
   C. 0.0010m/s　　　　　　　　D. 0.00025m/s

78. L 为长度量纲，T 为时间量纲，则沿程损失系数 λ 的量纲为( )。
   A. L　　　　　　　　　　　　B. L/T
   C. L^2/T　　　　　　　　　　D. 无量纲

79. 如图 9-1-79 所示铁心线圈通以直流电流 I，并在铁心中产生磁通 Φ，线圈的电阻为 R，那么，线圈两端的电压为( )。

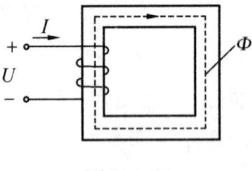

图 9-1-79

   A. $U=IR$　　　　　　　　　　B. $U=N\dfrac{d\phi}{dt}$
   C. $U=-N\dfrac{d\phi}{dt}$　　　　　D. $U=0$

80. 如图 9-1-80 所示电路，如下关系成立的是( )。

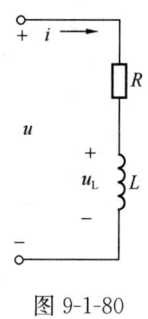

图 9-1-80

A. $R = \dfrac{u}{i}$ B. $u = i(R+L)$

C. $i = L\dfrac{\mathrm{d}u}{\mathrm{d}t}$ D. $u_L = L\dfrac{\mathrm{d}i}{\mathrm{d}t}$

81. 如图 9-1-81 所示电路中，电流 I_S 为（　　）。

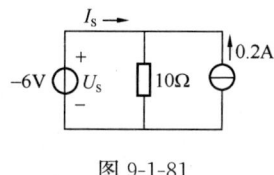

图 9-1-81

A. $-0.8\mathrm{A}$ B. $0.8\mathrm{A}$ C. $0.6\mathrm{A}$ D. $-0.6\mathrm{A}$

82. 如图 9-1-82 所示电流 $i(t)$ 和电压 $u(t)$ 的相量分别为（　　）。

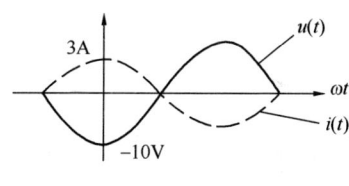

图 9-1-82

A. $\dot{I} = j2.12\mathrm{A}, \dot{U} = -j7.07\mathrm{V}$

B. $\dot{I} = 2.12\angle 90°\mathrm{A}, \dot{U} = -7.07\angle -90°\mathrm{V}$

C. $\dot{I} = j3\mathrm{A}, \dot{U} = -j10\mathrm{V}$

D. $\dot{I} = 3\mathrm{A}, \dot{U}_\mathrm{m} = -10\mathrm{V}$

83. 额定容量为 20kVA、额定电压为 220V 的某交流电源，为功率为 8kW、功率因数为 0.6 的感性负载供电后，负载电流的有效值为（　　）。

A. $\dfrac{20\times 10^3}{220} = 90.9\mathrm{A}$ B. $\dfrac{8\times 10^3}{0.6\times 220} = 60.6\mathrm{A}$

C. $\dfrac{8\times 10^3}{220} = 36.36\mathrm{A}$ D. $\dfrac{20\times 10^3}{0.6\times 220} = 151.5\mathrm{A}$

84. 如图 9-1-84 所示电路中，电感及电容元件上没有初始储能，开关 S 在 $t=0$ 时刻闭合，那么，在开关闭合瞬间，电路中取值为 10V 的电压是（　　）。

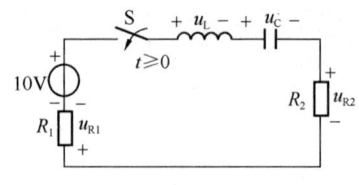

图 9-1-84

A. u_L　　　　B. u_C　　　　C. $u_{R_1}+u_{R_2}$　　　　D. u_{R_2}

85. 如图 9-1-85 所示变压器为理想器件，且 $u_S = 90\sqrt{2}\sin\omega t\mathrm{V}$，开关 S 闭合时，信号源的内阻 R_1 与信号源右侧电路的等效电阻相等，那么，开关 S 断开后，电压 u_1（　　）。

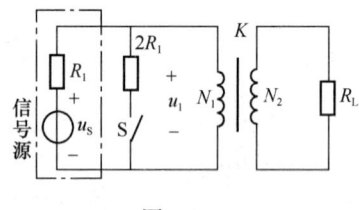

图 9-1-85

A. u_1，因变压器的匝数比 K、电阻 R_L、R_1 未知而无法确定

B. $u_1 = 45\sqrt{2}\sin\omega t\mathrm{V}$

C. $u_1 = 60\sqrt{2}\sin\omega t\mathrm{V}$

D. $u_1 = 30\sqrt{2}\sin\omega t\mathrm{V}$

86. 三相异步电动机在满载起动时，为了不引起电网电压的过大波动，应该采用的异步电动机类型和起动方案是（　　）。

A. 鼠笼式电动机和 Y-△ 降压起动

B. 鼠笼式电动机和自耦调压器降压起动

C. 绕线式电动机和转子绕组串电阻起动

D. 绕线式电动机和 Y-△ 降压起动

87. 在模拟信号、采样信号和采样保持信号这几种信号中，属于连续时间信号的是（　　）。

A. 模拟信号与采样保持信号　　　　B. 模拟信号和采样信号

C. 采样信号与采样保持信号　　　　D. 采样信号

88. 模拟信号 $u_1(t)$ 和 $u_2(t)$ 的幅值频谱分别如图 9-1-88（a）和图（b）所示，则在时域中（　　）。

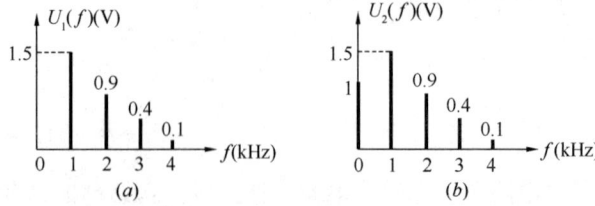

图 9-1-88

A. $u_1(t)$ 和 $u_2(t)$ 是同一个函数

B. $u_1(t)$ 和 $u_2(t)$ 都是离散时间函数

C. $u_1(t)$ 和 $u_2(t)$ 都是周期性连续时间函数

D. $u_1(t)$ 是非周期性时间函数，$u_2(t)$ 是周期性时间函数

89. 放大器在信号处理系统中的作用是（　　）。

A. 从信号中提取有用信息　　　　　B. 消除信号中的干扰信号

C. 分解信号中的谐波成分　　　　　D. 增强信号的幅值以便于后续处理

90. 对逻辑表达式 $ABC + A\bar{B} + AB\bar{C}$ 的化简结果是（　　）。

A. A　　　　B. $A\bar{B}$　　　　C. AB　　　　D. $AB\bar{C}$

91. 已知数字信号 A 和数字信号 B 的波形如图 9-1-91 所示，则数字信号 $F = \overline{A+B}$ 的波形为（　　）。

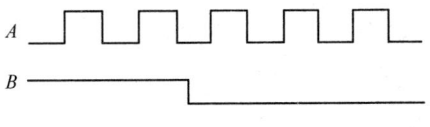

图 9-1-91

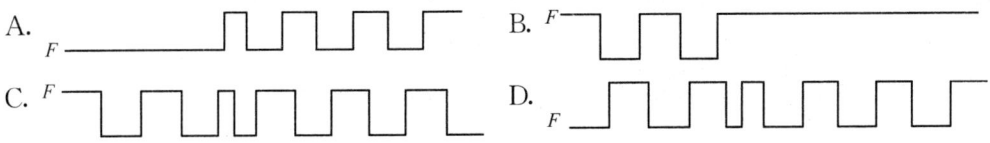

92. 逻辑函数 $F = f(A,B,C)$ 的真值表如下表所示，由此可知（　　）。

A	B	C	F
0	0	0	0
0	0	1	1
0	1	0	1
0	1	1	0
1	0	0	0
1	0	1	1
1	1	0	0
1	1	1	0

A. $F = \overline{ABC} + B\bar{C}$　　　　　　B. $F = \bar{A}\bar{B}C + \bar{A}B\bar{C}$

C. $F = \overline{ABC} + \bar{A}BC$　　　　　　D. $F = A\bar{B}C + ABC$

93. 二极管应用电路如图 9-1-93 所示，图中，$u_A = 1V$，$u_B = 5V$，$R = 1\text{k}\Omega$，设二极管均为理想器件，则电流 $i_R = (\quad)$。

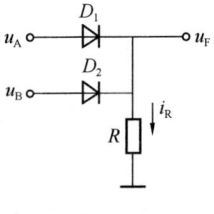

图 9-1-93

1215

A. 5mA B. 1mA
C. 6mA D. 0mA

94. 如图 9-1-94 所示电路中，能够完成加法运算的电路(　　)。

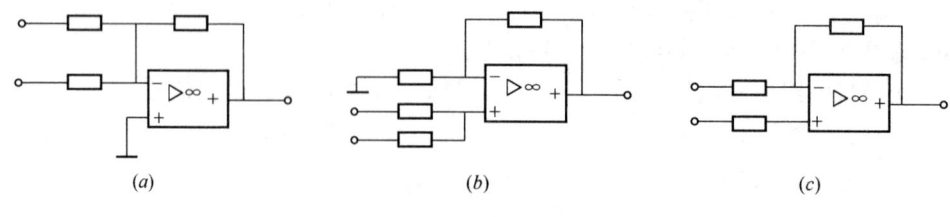

图 9-1-94

A. 是图（a）和图（b） B. 仅是图（a）
C. 仅是图（b） D. 是图（c）

95. 如图 9-1-95 所示电路中，复位信号及时钟脉冲信号如图所示，经分析可知，在 t_1 时刻，输出 Q_{JK} 和 Q_D 分别等于(　　)。

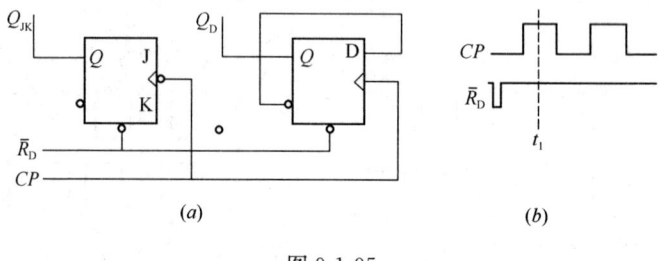

图 9-1-95

附：D 触发器的逻辑状态表为

D	Q_{n+1}
0	0
1	1

JK 触发器的逻辑状态表为

J	K	Q_{n+1}
0	0	Q_n
0	1	0
1	0	1
1	1	$\overline{Q}_n$

A. 0　0 B. 0　1
C. 1　0 D. 1　1

96. 如图 9-1-96 所示时序逻辑电路的工作波形如图（b）所示，由此可知，图（a）电路是一个(　　)。

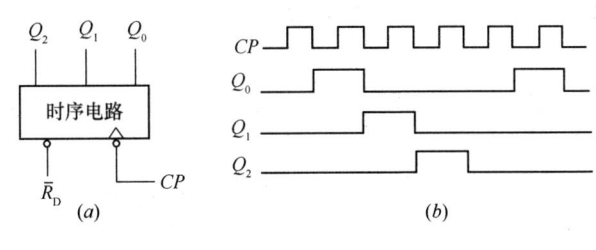

图 9-1-96

A. 右移寄存器 B. 三进制计数器
C. 四进制计数器 D. 五进制计数器

97. 根据冯·诺依曼结构原理，计算机的CPU是由（　　）。
  A. 运算器、控制器组成 B. 运算器、寄存器组成
  C. 控制器、寄存器组成 D. 运算器、存储器组成

98. 在计算机内，为有条不紊地进行信息传输操作，要用总线将硬件系统中的各个部件（　　）。
  A. 连接起来 B. 串接起来
  C. 集合起来 D. 耦合起来

99. 若干台计算机相互协作完成同一任务的操作系统属于（　　）。
  A. 分时操作系统 B. 嵌入式操作系统
  C. 分布式操作系统 D. 批处理操作系统

100. 计算机可以直接执行的程序是用（　　）。
  A. 自然语言编制的程序 B. 汇编语言编制的程序
  C. 机器语言编制的程序 D. 高级语言编制的程序

101. 汉字的国标码是用两个字节码表示，为与ASCII码区别，是将两个字节的最高位（　　）。
  A. 都置成0 B. 都置成1
  C. 分别置成1和0 D. 分别置成0和1

102. 下面所列的四条存储容量单位之间换算表达式中，其中正确的一条是（　　）。
  A. 1GB=1024B B. 1GB=1024kB
  C. 1GB=1024MB D. 1GB=1024TB

103. 下列四条关于防范计算机病毒的方法中，并非有效的一条是（　　）。
  A. 不使用来历不明的软件 B. 安装防病毒软件
  C. 定期对系统进行病毒检测 D. 计算机使用完后锁起来

104. 下面四条描述操作系统与其他软件明显不同的特征中，正确的一条是（　　）。
  A. 并发性、共享性、随机性 B. 共享性、随机性、动态性
  C. 静态性、共享性、同步性 D. 动态性、并发性、异步性

105. 构成信息化社会的主要技术支柱有三个，分别是（　　）。
  A. 计算机技术、通信技术、网络技术
  B. 数据库、计算机技术、数字技术

C. 可视技术、大规模集成技术、网络技术

D. 动画技术、网络技术、通信技术

106. 为有效地防范网络中的冒充、非法访问等威胁,应采用的网络安全技术是( )。

　　A. 数据加密技术　　　　　　　B. 防火墙技术

　　C. 身份验证与鉴别技术　　　　D. 访问控制与目录管理技术

107. 某项目向银行借款,按半年复利计息,年实际利率为8.6%,则年名义利率为( )。

　　A. 8%　　　　B. 8.16%　　　　C. 8.24%　　　　D. 8.42%

108. 对于国家鼓励发展的缴纳增值税的经营性项目,可以获得增值税的优惠。在财务评价中,先征后返的增值税应记作项目的( )。

　　A. 补贴收入　　　　　　　　B. 营业收入

　　C. 经营成本　　　　　　　　D. 营业外收入

109. 下列筹资方式中,属于项目资本金的筹集方式的是( )。

　　A. 银行贷款　　　　　　　　B. 政府投资

　　C. 融资租赁　　　　　　　　D. 发行债券

110. 某建设项目预计第三年息税前利润为200万元,折旧与摊销为30万元,所得税为20万元。项目生产期第三年应还本付息金额为100万元。则该年的偿债备付率为( )。

　　A. 1.5　　　　　　　　　　　B. 1.9

　　C. 2.1　　　　　　　　　　　D. 2.5

111. 在进行融资前项目投资现金流量分析时,现金流量应包括( )。

　　A. 资产处置收益分配　　　　B. 流动资金

　　C. 借款本金偿还　　　　　　D. 借款利息偿还

112. 某拟建生产企业设计年产6万t化工原料,年固定成本为1000万元,单位可变成本、销售税金和单位产品增值税之和为800元,单位产品售价为1000元/t。销售收入和成本费用均采用含税价格表示。以生产能力利用率表示的盈亏平衡点为( )。

　　A. 9.25%　　　　　　　　　　B. 21%

　　C. 66.7%　　　　　　　　　　D. 83.3%

113. 某项目有甲、乙两个建设方案,投资分别为500万元和1000万元,项目期均为10年,甲项目年收益为140万元,乙项目年收益为250万元。假设基准收益率为10%,则两项目的差额净现值为( )。[已知:(P/A,10%,10)=6.1446]

　　A. 175.9万元　　　　　　　　B. 360.24万元

　　C. 536.14万元　　　　　　　D. 896.38万元

114. 某项目打算采用甲工艺进行施工,但经广泛的市场调研和技术论证后,决定用乙工艺代替甲工艺,并达到了同样的施工质量,且成本下降15%。根据价值工程原理,该项目提高价值的途径是( )。

　　A. 功能不变,成本降低

　　B. 功能提高,成本降低

C. 功能和成本均下降，但成本降低幅度更大

D. 功能提高，成本不变

115. 某投资亿元的建设工程，建设工期3年，建设单位申请领取施工许可证，经审查该申请不符合法定条件的是( )。

A. 已经取得该建设工程规划许可证

B. 已依法确定施工单位

C. 到位资金达到投资额的30%

D. 该建设工程设计已经发包由某设计单位完成

116. 根据《中华人民共和国安全生产法》规定，组织制定并实施本单位的生产安全事故应急救援预案的责任人是( )。

A. 项目负责人 B. 安全生产管理人员
C. 单位主要负责人 D. 主管安全的负责人

117. 根据《中华人民共和国招标投标法》规定，下列工程建设项目，项目的勘察、设计、施工、监理以及与工程建设有关的重要设备、材料等的采购，按照国家有关规定可以不进行招标的是( )。

A. 大型基础设施、公用事业等关系社会公共利益、公众安全的项目

B. 全部或者部分使用国有资金投资或者国家融资的项目

C. 使用国际组织或者外国政府贷款、援助资金的项目

D. 利用扶贫资金实行以工代赈、需要使用农民工的项目

118. 订立合同需要经过要约和承诺两个阶段，下列关于要约的说法，错误的是( )。

A. 要约是希望和他人订立合同的意思表示

B. 要约内容应当具体确定

C. 要约是吸引他人向自己提出订立合同的意思表示

D. 经受要约人承诺，要约人即受该意思表示约束

119. 根据《中华人民共和国行政许可法》的规定，行政机关对申请人提出的行政许可申请，应当根据不同情况分别作出处理，下列行政机关的处理，符合规定的是( )。

A. 申请事项依法不需要取得行政许可的，应当即时告知申请人向有关行政机关申请

B. 申请事项依法不属于本行政机关职权范围的，应当即时告知申请人不需申请

C. 申请材料存在可以当场更正的错误的，应当告知申请人3日内补正

D. 申请材料不齐全，应当当场或者在5日内一次告知申请人需要补正的全部内容

120. 依据《建设工程质量管理条例》，下列有关建设单位的质量责任和义务的说法，正确的是( )。

A. 建设工程发包单位不得暗示承包方以低价竞标

B. 建设单位在办理工程质量监督手续前，应当领取施工许可证

C. 建设单位可以明示或者暗示设计单位违反工程建设强制性标准

D. 建设单位提供的与建设工程有关的原始资料必须真实、准确、齐全

(下午卷)

单项选择题（共60题，每题2分。每题的备选项中只有一个最符合题意）

1. 亲水材料的润湿角（　　）。
   A. >90°　　　B. ≤90°　　　C. >45°　　　D. ≤180°

2. 含水率为5%的砂250g，其中所含的水量为（　　）。
   A. 12.5g　　　B. 12.9g　　　C. 11.0g　　　D. 11.9g

3. 某工程基础部分使用大体积混凝土浇筑，为降低水泥水化温升，针对水泥可以用如下措施（　　）。
   A. 加大水泥用量　　　　　　B. 掺入活性混合材料
   C. 提高水泥细度　　　　　　D. 减少碱含量

4. 粉煤灰是现代混凝土材料胶凝材料中常见的矿物掺合物，其主要活性成分是（　　）。
   A. 二氧化硅和氧化钙　　　　B. 二氧化硅和三氧化二铝
   C. 氧化钙和三氧化二铝　　　D. 氧化铁和三氧化二铝

5. 混凝土强度的形式受到其养护条件的影响，主要是指（　　）。
   A. 环境温湿度　　B. 搅拌时间　　C. 试件大小　　D. 混凝土水胶比

6. 石油沥青的软化点反映了沥青的（　　）。
   A. 粘滞性　　　B. 温度敏感性　　C. 强度　　　D. 耐久性

7. 钢材中的含碳量降低，会降低钢材的（　　）。
   A. 强度　　　B. 塑性　　　C. 可焊性　　　D. 韧性

8. 下列何项表示A、B两点间坡度？（　　）
   A. $i_{AB} = (h_{AB}/D_{AB})\%$　　　B. $i_{AB} = (H_B - H_A)/D_{AB}$
   C. $i_{AB} = (H_A - H_B)/D_{AB}$　　D. $i_{AB} = [(H_A - H_B)/D_{AB}]\%$

9. 下列何项是利用仪器所提供的一条水平视线来获取的？（　　）
   A. 三角高程测量　　　　　　B. 物理高程测量
   C. GPS高程测量　　　　　　D. 水准测量

10. 下列何项对比例尺精度的解释是正确的（　　）。
    A. 传统地形图上0.1mm所代表的实地长度
    B. 数字地形图上0.1mm所代表的实地长度
    C. 数字地形图上0.2mm所代表的实地长度
    D. 传统地形图上0.2mm所代表的实地长度

11. 钢尺量距时，下面哪项是不需要改正的？（　　）
    A. 尺子改正　　　　　　　　B. 温度改正
    C. 倾斜改正　　　　　　　　D. 地球曲率和大气折光改正

12. 建筑物的沉降观测是依据埋设在建筑物附近的水准点进行的，为了防止由于某个水准点的高程变动造成差错，一般至少埋设几个水准点？（　　）
    A. 3个　　　B. 4个　　　C. 6个　　　D. 10个以上

13. 《中华人民共和国建筑法》关于申请领取施工许可证的相关规定中，下列表述中正确的是（　　）。

A. 需要拆迁的工程，拆迁完毕后建筑单位才可以申请领取施工许可证

B. 建设行政主管部门应当自收到申请之日起一个月内，对符合条件的申请人颁发施工许可证

C. 建筑资金必须全部到位后，建筑单位才可以申请领取施工许可证

D. 领取施工许可证按期开工的工程，中止施工不满一年又恢复施工应向发证机关报告

14. 根据《中华人民共和国招标投标法》，依法必须进行招标的项目，其招标投标活动不受地区或者部门的限制。该规定体现了《中华人民共和国招标投标法》的（　　）原则。

  A. 公开　　　　　B. 公平　　　　　C. 公正　　　　　D. 诚实信用

15. 根据《中华人民共和国环境保护法》，下列选项错误的是（　　）。

A. 未依法进行环境影响评价的开发利用规划，不得组织实施

B. 已经进行了环境影响评价的规划所包含的具体建设项目，其环境影响评价内容建设单位可以简化

C. 环境影响评价文件中的环境影响报告书或者环境影响报告表，应当由具有环境影响评价资质的机构编制

D. 环境保护行政主管部门可以为建设单位指定对其建设项目进行环境影响评价的机构

16. 取得注册结构工程师执业资格证书者，要从事结构工程师设计业务的，需申请注册，下列情形中，可以予以注册的是（　　）。

A. 甲不具备完全民事行为能力

B. 乙曾受过刑事处罚，处罚完毕之日至申请注册之日已满3年

C. 丙因曾在结构工程设计业务中犯有错误并受到了行政处罚，处罚决定之日起至申请注册之日已满3年

D. 丁曾被吊销证书，自处罚决定之日起至申请注册之日止已满3年

17. 作为检验填土压实质量控制指标的是（　　）。

  A. 土的干密度　　B. 土的压实度　　C. 土的压缩比　　D. 土的可松性

18. 采用钢管抽芯法留设空道时，抽管时间为（　　）。

  A. 混凝土初凝前　　　　　　　　B. 混凝土初凝后，终凝前

  C. 混凝土终凝后　　　　　　　　D. 混凝土达到30%设计强度

19. 设置脚手架剪刀撑的目的是（　　）。

  A. 抵抗风荷载　　　　　　　　　B. 增加建筑结构的稳定

  C. 方便外装饰的施工操作　　　　D. 为悬挂吊篮创造条件

20. 进行资源有限-工期最短优化时，当将某工作移出超过限量的资源时段后，计算发现工期增加Δ小于零，以下说明正确的是（　　）。

  A. 总工期不变　　　　　　　　　B. 总工期会缩短

  C. 总工期会延长　　　　　　　　D. 这种情况不会出现

21. 以整个建设项目或建筑群为编制对象，用以指导整个建筑群或建设项目施工全过程的各项施工活动的综合技术经济文件为（　　）。

  A. 分部工程施工组织设计　　　　B. 分项工程施工组织设计

  C. 施工组织总设计　　　　　　　D. 单位工程施工组织设计

22. 建筑结构用的碳素钢强度与延性间关系是（　　）。

A. 强度越高，延性越高 B. 延性不随强度而变化
C. 强度越高，延性越低 D. 强度越低，延性越低

23. 钢筋混凝土受弯构件界限受压区高度确定的依据是（　　）。
A. 平截面假设及纵向受拉钢筋达到屈服和受压区边缘混凝土达到极限压应变
B. 平截面假设和纵向受拉钢筋达到屈服
C. 平截面假设和受压区边缘混凝土达到极限压应变
D. 仅平截面假设

24. 如图 9-2-24 所示五等跨连续梁，为使第 2 和第 3 跨间的支座上出现最大负弯矩，活荷载应布置在以下几跨（　　）。

A. 第 2、3、4 跨
B. 第 1、2、3、4、5 跨
C. 第 2、3、5 跨
D. 第 1、3、5 跨

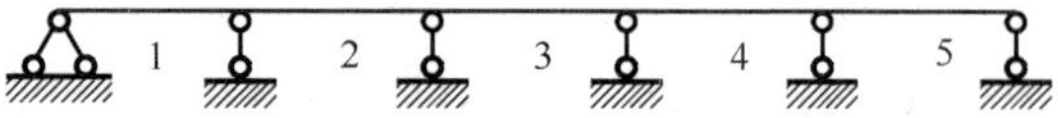

图 9-2-24

25. 高层筒中筒结构、框架-筒体结构设置加强层的作用是（　　）。
A. 使结构侧向位移变小和内筒弯矩减少
B. 增加结构刚度，不影响内力
C. 不影响刚度，增加结构整体性
D. 使结构刚度降低

26. 钢材检验塑性的试验方法为（　　）。
A. 冷弯试验　　B. 硬度试验　　C. 拉伸试验　　D. 冲击试验

27. 设计钢结构圆管截面支撑压杆时，需要计算构件的（　　）。
A. 挠度　　B. 弯扭稳定性　　C. 长细比　　D. 扭转稳定性

28. 采用三级对接焊缝拼接的钢板，如采用引弧板，计算焊缝强度时（　　）。
A. 应折减焊缝计算长度　　B. 无需折减焊缝计算长度
C. 应折减焊缝厚度　　D. 应采用角焊缝设计强度值

29. 结构钢材的碳当量指标反映了钢材的（　　）。
A. 屈服强度大小　　B. 伸长率大小　　C. 冲击韧性大小　　D. 可焊性优劣

30. 砌体是由块材和砂浆组合而成的。砌体抗压强度与块材及砂浆强度的关系，下列正确的是（　　）。
A. 砂浆的抗压强度恒小于砌体的抗压强度
B. 砌体的抗压强度随砂浆强度提高而提高
C. 砌体的抗压强度与块材的抗压强度无关
D. 砌体的抗压强度与块材的抗拉强度有关

31. 截面尺寸为 240mm×370mm 的砌体短柱，当轴力 N 的偏心距如图 9-2-31 所示时受压承载力的大小顺序为（　　）。

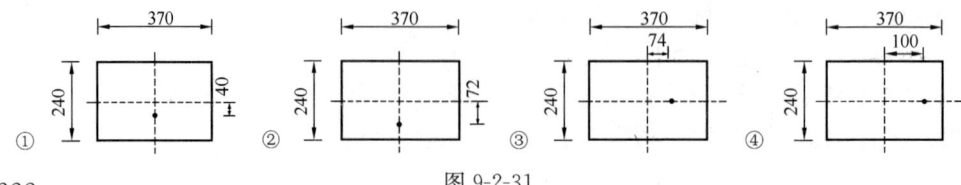

图 9-2-31

A. ①＞③＞④＞② B. ①＞②＞③＞④
C. ③＞①＞②＞④ D. ③＞②＞①＞④

32. 砌体结构的设计原则是（　　）。
① 采用以概率理论为基础的极限状态设计方法
② 按承载力极限状态设计，进行变形验算满足正常使用极限状态要求
③ 按承载力极限状态设计，由相应构造措施满足正常使用极限状态要求
④ 根据建筑结构的安全等级，按重要性系数考虑其重要程度
A. ①②④ B. ①③④ C. ②④ D. ③④

33. 用水泥砂浆与用同等级混合砂浆砌筑的砌体（块材相同），两者的抗压强度（　　）。
A. 相等 B. 前者小于后者 C. 前者大于后者 D. 不一定

34. 超静定结构的计算自由度（　　）。
A. ＞0 B. ＜0 C. ＝0 D. 不定

35. 如图 9-2-35 所示结构 BC 杆轴力为（　　）。

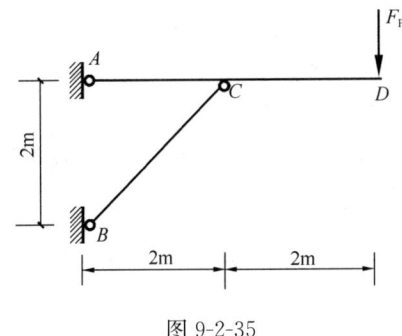

图 9-2-35

A. $-2F_p$ B. $-2\sqrt{2}F_p$ C. $-\sqrt{2}F_p$ D. $-4F_p$

36. 如图 9-2-36 所示刚架 M_{DC} 为（下侧受拉为正）（　　）。

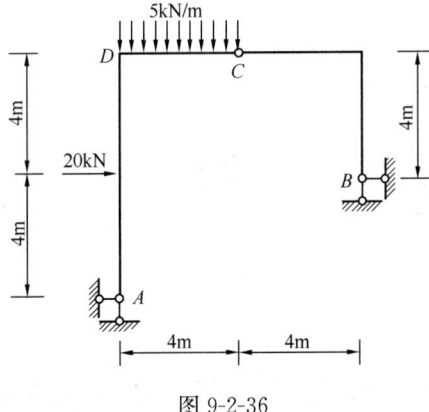

图 9-2-36

A. 20kN·m B. 40kN·m C. 60kN·m D. 0kN·m

37. 如图 9-2-37 所示三铰接拱，若高跨比 $f/L=1/2$，则水平推力 F_H 为（　　）。

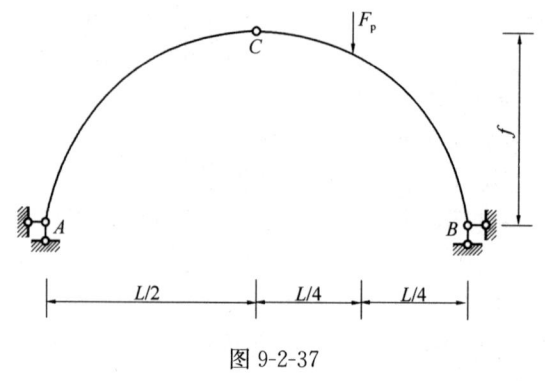

图 9-2-37

A. $F_p/4$ B. $F_p/2$ C. $3F_p/4$ D. $3F_p/8$

38. 如图 9-2-38 所示桁架杆 1 的内力为（　　）。

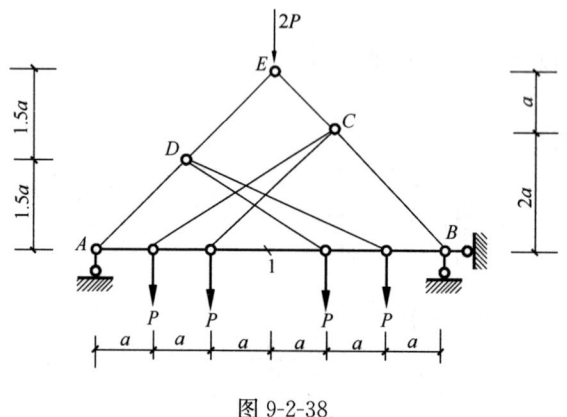

图 9-2-38

A. $-P$ B. $-2P$ C. P D. $2P$

39. 如图 9-2-39 所示三铰接拱支座 A 的竖向反力（以向上为正）等于（　　）。

A. P B. $\dfrac{1}{2}P$ C. $\dfrac{\sqrt{3}}{2}P$ D. $\dfrac{\sqrt{3}-1}{2}P$

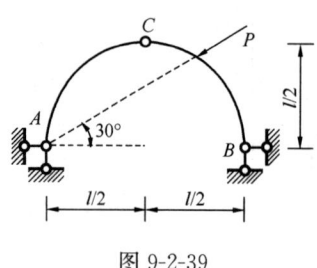

图 9-2-39

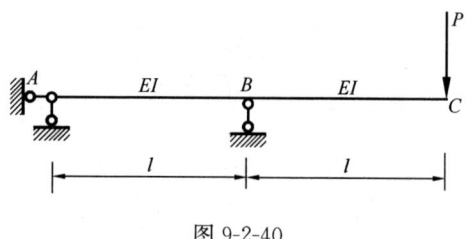

图 9-2-40

40. 如图 9-2-40 所示结构 B 截面转角位移为（以顺时针为正）（　　）。

A. $Pl^2/(EI)$ B. $Pl^2/(2EI)$ C. $Pl^2/(3EI)$ D. $Pl^2/(4EI)$

41. 如图 9-2-41 所示，(a)结构如化为(b)所示的等效结构，则(b)中弹簧的等效刚度 k_e 为（　　）。

A. k_1+k_2 B. $\dfrac{k_1k_2}{k_1+k_2}$ C. $\dfrac{k_1+k_2}{2}$ D. $\sqrt{k_1k_2}$

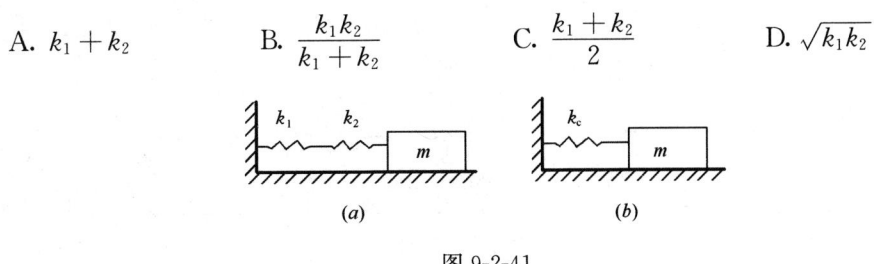

图 9-2-41

42. 如图 9-2-42 所示梁的抗弯刚度为 EI，长度为 l，弹簧刚度 $k=6EI/l^3$，跨中 C 截面弯矩为（以下侧受拉为正）（   ）。

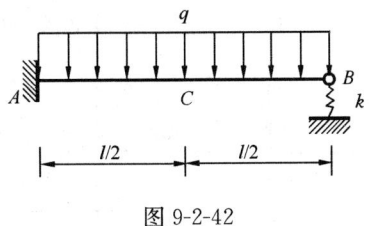

图 9-2-42

A. 0   B. $ql^2/32$ C. $ql^2/48$ D. $ql^2/64$

43. 如图 9-2-43 所示结构 $EI=$ 常数，当支座 A 发生转角 θ 时，支座 B 处截面的转角为（以顺时针为正）（   ）。

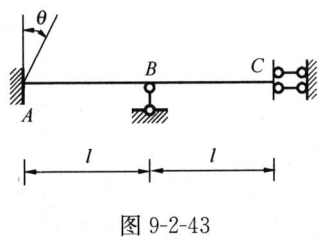

图 9-2-43

A. $\theta/3$ B. $2\theta/5$ C. $-\theta/3$ D. $-2\theta/5$

44. 如图 9-2-44 所示结构用力矩分配法计算时，分配系数 μ_{AC} 为（   ）。

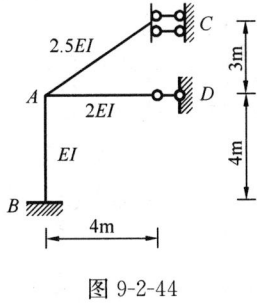

图 9-2-44

A. 1/4   B. 1/2   C. 2/3   D. 4/9

45. 如图 9-2-45 所示结构 B 处弹性支座的弹性刚度 $k=3EI/l^3$，B 结点向下的竖向位移为（   ）。

A. $Pl^3/(12EI)$ B. $Pl^3/(6EI)$ C. $Pl^3/(4EI)$ D. $Pl^3/(3EI)$

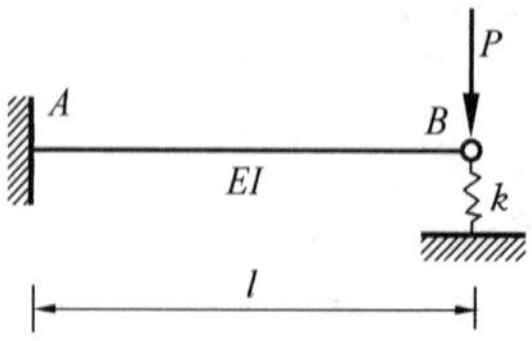

图 9-2-45 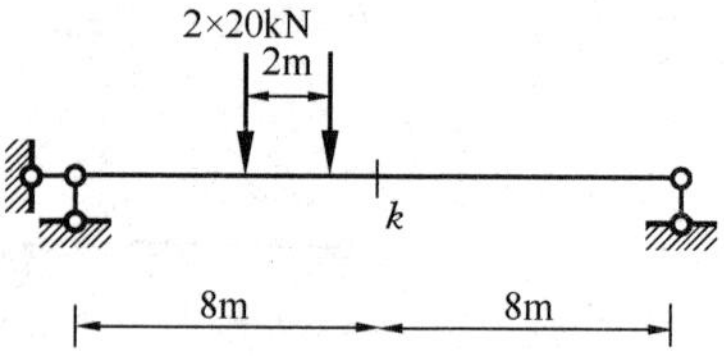　　　　　　　图 9-2-46

46. 如图 9-2-46 所示简支梁在移动荷载作用下跨中截面 K 的最大弯矩值是（　　）。
A. 120kN·m　　B. 140kN·m　　C. 160kN·m　　D. 180kN·m

47. 设 μ_a 和 μ_b 分别表示图 9-2-47（a）、(b) 所示两结构的位移动力系数，则（　　）。

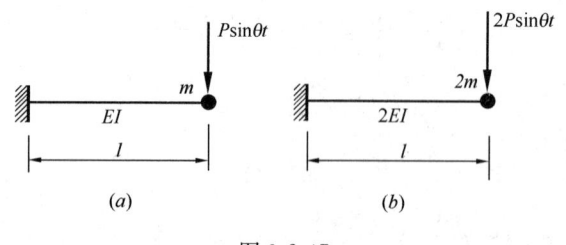

图 9-2-47

A. $\mu_a = \mu_b/2$　　B. $\mu_a = -\mu_b/2$　　C. $\mu_a = \mu_b$　　D. $\mu_a = -\mu_b$

48. 单自由度体系自由振动时，实测振动 10 周后振动衰减为 $y_{10} = 0.0016 y_0$，则阻尼比等于（　　）。
A. 0.05　　B. 0.02　　C. 0.008　　D. 0.1025

49. 下列四种试验所选用的设备最不合适的是（　　）。
A. 采用试件表面刷石蜡后，四周封闭抽真空产生负压方法进行薄壳试验
B. 采用电液伺服加载装置对梁柱节点构件进行模拟地震反应实验
C. 采用激振器方法对吊车梁做疲劳试验
D. 采用激压千斤顶对桁架进行承载力实验

50. 结构试验前，应进行预载，以下结论哪一条不正确（　　）。
A. 混凝土结构预载值不可超过开裂荷载
B. 预应力混凝土结构预载值可以超过开裂荷载
C. 钢结构的预载值可以加到使用荷载值
D. 预应力混凝土结构预载值可以加至使用荷载值

51. 对原结构损伤较小的情况下，在评定混凝土强度时，下列哪一项方法较为理想？（　　）
A. 回弹法　　B. 超声波法　　C. 钻孔后装法　　D. 钻芯

52. 应变片灵敏系数是指下列哪一项？（　　）
A. 在单向应力作用下，应变片电阻的相对变化与沿其轴向的应变之比值
B. 在 X、Y 双向应力作用下，X 方向应变片电阻的相对变化与 Y 方向应变片电阻的相对变化之比值

C. 在 X、Y 双向应力作用下，X 方向应变值与 Y 方向应变值之比值

D. 对于同一单向应变值，应变片在此应变方向垂直安装时的指示应变与沿此应变方向安装时指示应变的比值（以百分数表示）

53. 下列量测仪表属于零位测定法的是（　　）。

A. 百分表应变量测装置（量测标距 250mm）

B. 长标距电阻应变计

C. 机械式杠杆应变仪

D. 电阻应变式位移计（量测标距 250mm）

54. 由两层土体组成的一个地基，其中上层为厚 4m 的粉砂层，其下则为粉质土层，粉砂的天然重度为 17kN/m³，而粉质黏土的重度为 20kN/m³，那么埋深 6m 处的总竖向自重应力为（　　）。

A. 108kPa　　　B. 120kPa　　　C. 188kPa　　　D. 222kPa

55. 软弱下卧层验算公式 $p_z + p_{cz} \leqslant f_{az}$，其中 p_{cz} 为软弱下卧层顶面处土的自重应力值，下面说法正值的是（　　）。

A. p_{cz} 的计算应当从基础底面算起　　　B. p_{cz} 的计算应当从地下水位算起

C. p_{cz} 的计算应当从基础顶面算起　　　D. p_{cz} 的计算应当从地表算起

56. 土的孔隙比为 47.71%，那么用百分比表示的该土体的孔隙率为（　　）%。

A. 109.60　　　B. 91.24　　　C. 67.70　　　D. 32.30

57. 影响岩土的抗剪强度的因素有（　　）。

A. 应力路径　　　B. 剪胀性　　　C. 加载速度　　　D. 以上都是

58. 桩基岩土工程勘察中对碎石土宜采用的原位测试手段为（　　）。

A. 静力触探　　　　　　　　B. 标准贯入试验

C. 旁压试验　　　　　　　　D. 重型或超重型圆锥动力触探

59. 某均质地基承载力特征值为 100kPa，基础深度的地基承载力修正系数为 1.45，地下水位深 2m，水位以上天然重度为 16kN/m³，水位以下饱和重度为 20kN/m³，条形基础宽 3m，则基础埋深为 3m 时，按深宽修正后的地基承载力为（　　）。

A. 151kPa　　　B. 165kPa　　　C. 171kPa　　　D. 181kPa

60. 打入式敞口钢管桩属于（　　）。

A. 非挤土桩　　　B. 部分挤土桩　　　C. 挤土桩　　　D. 端承桩

模拟试题（一）

（上午卷）

1. 点 $A(1, 2, 1)$ 到平面 $\pi: x+2y+2z-10=0$ 的距离是（　　）。

   A. 1　　　　　B. 0　　　　　C. 2　　　　　D. $\dfrac{1}{2}$

2. 设向量 $\boldsymbol{a}$ 的方向余弦满足 $\cos\alpha=\cos\beta=0$，则向量 $\boldsymbol{a}$ 与坐标轴的关系是（　　）。

   A. 平行于 x 轴　　B. 平行于 y 轴　　C. 平行于 z 轴　　D. 垂直于 z 轴

3. 过点 $(2,-3,1)$ 且平行于向量 $\boldsymbol{a}=(2,-1,3)$ 和 $\boldsymbol{b}=(-1,1,-2)$ 的平面方程是（　　）。

   A. $-x+y+z-4=0$　　　　　　　B. $x-y-z-4=0$

   C. $x+y+z=0$　　　　　　　　　D. $x+y-z+2=0$

4. 曲线 $\begin{cases} z=2x^2+y^2 \\ z=4-2x^2-3y^2 \end{cases}$ 在 xoy 坐标平面上的投影曲线的方程是（　　）。

   A. $4-2x^2-3y=0$　　B. $x^2+y^2=1$　　C. $2x^2+y^2=1$　　D. $\begin{cases} x^2+y^2=1 \\ z=0 \end{cases}$

5. 极限 $\lim\limits_{x\to 0}\dfrac{(1+x^2)^{\frac{1}{3}}-1}{\cos x-1}$ 的值等于（　　）。

   A. 1　　　　　B. $\dfrac{2}{3}$　　　　　C. $-\dfrac{2}{3}$　　　　　D. -1

6. 若函数 $f(x)=\dfrac{1}{3}\cos 3x-a\cos x$ 在 $x=\dfrac{\pi}{6}$ 处取得极值，则 a 的值是（　　）。

   A. 2　　　　　B. $\dfrac{2}{3}$　　　　　C. 1　　　　　D. $\dfrac{1}{3}$

7. 曲面 $3x^2+y^2-z^2=27$ 在点 $(3,1,1)$ 处的法线方程为（　　）。

   A. $\dfrac{x-3}{9}=\dfrac{y-1}{1}=\dfrac{z-1}{1}$　　　　　B. $\dfrac{x-3}{9}=\dfrac{y-1}{1}=\dfrac{z-1}{-1}$

   C. $\dfrac{x-3}{9}=\dfrac{y-1}{-1}=\dfrac{z-1}{1}$　　　　　D. $\dfrac{x-3}{-9}=\dfrac{y-1}{1}=\dfrac{z-1}{1}$

8. 设 $y=\ln\sqrt{\dfrac{1-x}{1+x}}$，则 y'' 在 $x=0$ 时的值为（　　）。

   A. $-\dfrac{3}{2}$　　　　　B. $\dfrac{3}{2}$　　　　　C. $-\dfrac{2}{3}$　　　　　D. 0

9. 已知 $\dfrac{\sin x}{1+x\sin x}$ 为 $f(x)$ 的一个原函数，则下列（　　）项为 $\int f(x)f'(x)\mathrm{d}x$ 的值。

   A. $\dfrac{1}{2}\left[\dfrac{\cos x-\sin^2 x}{(1-\sin x)^2}\right]^2+c$　　　　　B. $\dfrac{1}{2}\left[\dfrac{\cos x-\sin^2 x}{(1+x\sin x)^2}\right]^2+c$

   C. $\dfrac{1}{2}\left[\dfrac{\sin x-\cos^2 x}{(1+x\sin x)^2}\right]^2+c$　　　　　D. $\dfrac{1}{2}\left[\dfrac{\cos x+\sin^2 x}{(1+x\sin x)^2}\right]^2+c$

10. $\iint\limits_{D} e^{-x^2-y^2}\mathrm{d}x\mathrm{d}y$ 的值为（　　），其中 D 是由中心在原点，半径为 a 的圆周所围成的闭区域。

A. $\pi(1+e^{-a^2})$ B. $\pi(1-e^{-a^2})$ C. $\frac{\pi}{2}(1+e^{-a^2})$ D. $\frac{\pi}{2}(1-e^{-a^2})$

11. 计算三重积分 $\iiint\limits_{\Omega} z\mathrm{d}x\mathrm{d}y\mathrm{d}z$ 的值等于( )，其中 $\Omega: x^2+y^2+z^2 \leqslant 1, z \geqslant 0$。

A. $\frac{\pi}{6}$ B. $\frac{\pi}{4}$ C. $\frac{\pi}{3}$ D. $\frac{\pi}{2}$

12. 设 L 是以 $O(0,0)$、$P(1,0)$ 及 $Q(1,1)$ 为顶点的三角形边界，则对弧长的曲线积分 $\int_L (x+y)\mathrm{d}s$ 等于( )。

A. 0 B. $\sqrt{2}$ C. $1+\sqrt{2}$ D. $2+\sqrt{2}$

13. 下列关于级数 $\sum\limits_{n=1}^{\infty}\frac{(-1)^{n-1}}{n^p}$ 的收敛性结论中，正确的是( )。

A. $0<p\leqslant 1$ 时条件收敛 B. $0<p\leqslant 1$ 时绝对收敛
C. $p>1$ 时条件收敛 D. $0<p\leqslant 1$ 时发散

14. 级数 $\sum\limits_{n=1}^{\infty} n!x^n$ 的收敛半径为( )。

A. 1 B. 0 C. $\frac{1}{3}$ D. $\frac{2}{3}$

15. 已知 $\ln(1+x)=\sum\limits_{n=1}^{\infty}\frac{(-1)^{n+1}}{n}x^n(|x|<1)$，则 $f(x)=\ln\frac{1-x}{1+x}(|x|<1)$ 的幂级数展开式是( )。

A. $\sum\limits_{n=1}^{\infty}\frac{-2}{2n-1}x^{2n-1}$ B. $\sum\limits_{n=1}^{\infty}\frac{2}{2n-1}x^{2n-1}$
C. $\sum\limits_{n=1}^{\infty}\frac{2\cdot(-1)^n}{2n-1}x^{2n-1}$ D. $\sum\limits_{n=1}^{\infty}\frac{1}{n}\cdot x^{2n}$

16. 设 $f(x)$ 是周期为 2 的函数，它在区间 $(-1,1]$ 上的定义为 $f(x)=\begin{cases}2 & (-1<x\leqslant 0)\\ x^3 & (0<x\leqslant 1)\end{cases}$，则 $f(x)$ 的傅里叶级数在 $x=1$ 处收敛于( )。

A. $\frac{1}{2}$ B. $-\frac{3}{2}$ C. $\frac{3}{2}$ D. $-\frac{1}{2}$

17. 具有特解 $y_1=e^{-x}, y_2=2xe^{-x}, y_3=3e^x$ 的三阶常系数齐次线性微分方程是( )。
A. $y'''-y''-y'+y=0$ B. $y'''+y''-y'-y=0$
C. $y'''-6y''+11y'-6y=0$ D. $y'''-2y''-y'+2y=0$

18. 甲、乙、丙三名射手同时向同一目标射击，已知甲、乙、丙击中目标的概率分别为 $\frac{1}{3},\frac{1}{2},\frac{1}{4}$，并假定中靶与否是独立的，则恰好有两人击中目标的概率为( )。

A. $\frac{1}{4}$ B. $\frac{1}{3}$ C. $\frac{1}{6}$ D. $\frac{1}{8}$

19. 设事件 E、F 为互斥事件，$P(E)=p$，$P(F)=q$，则 $P(\overline{E}\cup F)$ 的值等于( )。
A. $1-q$ B. $1-p$ C. $p+q$ D. $p+q-1$

20. 设 x,y 是两个方差相等的正态总体，$(x_1,x_2,\cdots,x_{N_1})$、$(y_1,y_2,\cdots,y_{N_2})$ 分别是

x、y 的样本，样本方差分别是 S_1^2、S_2^2，则统计量 $F=\dfrac{S_1^2}{S_2^2}$ 服从 F 分布，其自由度是（ ）。

A. (n_1+1, n_2+1)　　　　　　　　B. (n_1-1, n_2+1)
C. (n_1-1, n_2-1)　　　　　　　　D. (n_1+1, n_2-1)

21. 设 A 和 B 都是 n 阶方阵，已知 $|A|=2$，$|B|=3$，则 $|BA^{-1}|$ 等于（ ）。

A. $\dfrac{3}{2}$　　　　B. $\dfrac{2}{3}$　　　　C. 5　　　　D. 6

22. 设 $\Phi(1)=a$，$X\sim N(2, 9)$，则 $P(-1<x<5)$ 等于（ ）。

A. $2a+1$　　　　B. $a+1$　　　　C. $a-1$　　　　D. $2a-1$

23. 设 A、B 均为 n 阶方阵，则必有（ ）。

A. $|A+B|=|A|+|B|$　　　　　　　　B. $AB=BA$
C. $|AB|=|BA|$　　　　　　　　　　D. $(A+B)^{-1}=A^{-1}+B^{-1}$

24. 如果从变量 y_1、y_2 到 x_1、x_2 的线性变换是 $\begin{cases}x_1=2y_1+y_2\\x_2=5y_1+3y_2\end{cases}$，则变量 x_1、x_2 到 y_1、y_2 的线性变换是（ ）。

A. $\begin{cases}y_1=3x_1-x_2\\y_2=-5x_1+2x_2\end{cases}$　　　　B. $\begin{cases}y_1=2x_1-x_2\\y_2=-5x_1-3x_2\end{cases}$

C. $\begin{cases}y_1=3x_1+x_2\\y_2=-5x_1+2x_2\end{cases}$　　　　D. $\begin{cases}y_1=2x_1-x_2\\y_2=-5x_1+3x_2\end{cases}$

25. 对于理想气体来说，在下列（ ）项中，该过程系统吸收的热量、内能的增量和对外做功均为负值。

A. 等容降压过程　　B. 等温膨胀过程　　C. 绝热膨胀过程　　D. 等压压缩过程

26. 在相同的温度和压强下，各为单位体积的氢气（视为刚性双原子分子气体）与氦气的内能之比，以及各为单位质量的氢气与氦气的内能之比分别为（ ）。

A. $\dfrac{3}{5}$，$\dfrac{3}{10}$　　B. $\dfrac{3}{5}$，$\dfrac{2}{10}$　　C. $\dfrac{5}{3}$，$\dfrac{10}{3}$　　D. $\dfrac{5}{3}$，$\dfrac{4}{10}$

27. 一绝热容器被隔板分成两半，一半是真空，一半为理想气体。若隔板抽出，气体将进行自由膨胀，达平衡后（ ）。

A. T 不变，熵增加　　B. T 升高，熵增加　　C. T 降低，熵增加　　D. T 不变，熵不变

28. 在温度分别为 227℃ 和 27℃ 的高温热源和低温热源之间工作的热机，理论上的最大效率为（ ）。

A. 30%　　　　B. 40%　　　　C. 50%　　　　D. 60%

29. 有两种理想气体，第一种的压强记作 p_1，体积记作 V_1，温度记作 T_1，总质量记作 m_1，摩尔质量记作 M_1；第二种的压强记作 p_2，体积记作 V_2，温度记作 T_2，总质量记作 m_2，摩尔质量记作 M_2；当 $V_1=V_2$，$T_1=T_2$，$m_1=m_2$ 时，则 M_1/M_2 为（ ）。

A. $\dfrac{M_1}{M_2}=\dfrac{\sqrt{p_1}}{p_2}$　　B. $\dfrac{M_1}{M_2}=\dfrac{p_1}{p_2}$　　C. $\dfrac{M_1}{M_2}=\dfrac{\sqrt{p_2}}{p_1}$　　D. $\dfrac{M_1}{M_2}=\dfrac{p_2}{p_1}$

30. 一平面简谐波在媒质中沿 x 轴正方向传播，传播速度 $u=15\text{cm/s}$，波的周期 $T=2\text{s}$，则当沿波线上 A、B 两点间的距离为 5cm 时，B 点的位相比 A 点落后（ ）。

A. $\frac{\pi}{2}$ B. $\frac{\pi}{3}$ C. $\frac{\pi}{6}$ D. $\frac{3}{2}\pi$

31. 在一根很长的弦线上(视为 x 轴)，有两列波传播，其方程式为：

$$y_1 = 6.0 \times 10^{-2} \cos\frac{\pi}{2}(x-40t)；y_2 = 6.0 \times 10^{-2} \cos\frac{\pi}{2}(x+40t)$$

它们叠加后形成驻波，则波节的位置是(   )m。

A. $x=2k$ B. $x=(2k+1)/2$ C. $x=2k+1$ D. $x=(2k+1)/4$

32. 在双缝干涉试验中，两缝间距离为 d，双缝在屏幕之间的距离为 $D(D<d)$ 波长为 λ 的平行单色光垂直照射到双缝上，屏幕上干涉条纹中相邻暗纹之间的距离为(   )。

A. $2\lambda D/d$ B. $\lambda d/D$ C. dD/λ D. $\lambda D/d$

33. 在夫琅和费衍射实验中，对于给定的入射单色光，当缝宽变大时，除中央亮纹的中心位置不变外，各级衍射条纹(   )。

A. 对应的衍射角变小   B. 对应的衍射角变大
C. 对应的衍射角不变   D. 光强也不变

34. 若把由折射率为 1.52 的玻璃制成的牛顿环装置由空气中搬入折射率为 1.41 的某介质中，则干涉条纹(   )。

A. 中心暗斑变成亮斑   B. 变疏
C. 变密   D. 间距不变

35. 自然光以布儒斯特角由空气入射到一玻璃表面上，反射光是(   )。

A. 在入射面内振动的完全偏振光
B. 平行于入射面的振动占优势的部分偏振光
C. 垂直于入射面振动的完全偏振光
D. 平行于入射面的振动占优势的部分偏振光

36. 自然光以 60°的入射角照射到某两介质的交界处，反射光为完全偏振光，则折射光为(   )。

A. 完全偏振光且折射角为 30℃   B. 部分偏振光且折射角为 30℃
C. 完全偏振光且折射角为 60℃   D. 部分偏振光且折射角为 60℃

37. ds 区元素包括(   )。

A. 锕系元素   B. 非金属元素
C. ⅢB～ⅦB 元素   D. ⅠB、ⅡB 元素

38. 下列说法正确的是(   )。

A. 取向力仅存在于极性分子之间
B. 凡是含氢的化合物其分子间必有氢键
C. 酸性由强到弱的顺序为：$H_2SO_4 > HClO_4 > H_2SO_3$
D. HCl 分子溶于水生成 H^+ 和 Cl^-，所以为离子分子

39. 下列分子中以 sp^3 不等性杂化轨道形成分子的是(   )。

A. BF_3 B. NH_3 C. SiF_4 D. $BeCl_2$

40. 在含有 0.1mol/L 的 $NH_3 \cdot H_2O$ 和 0.1mol/L 的 NH_4Cl 的溶液中，已知 $K_{bNH_3 \cdot H_2O} = 1.8 \times 10^{-5}$，则 H^+ 的离子浓度是(   )mol/L。

A. $1.34×10^{-3}$ B. $5.56×10^{-10}$ C. $9.46×10^{-12}$ D. $1.80×10^{-5}$

41. 某反应的速率方程为：$v=kC_A^2C_B$，若使密闭的反应容积减小一半，则反应速率为原来速率的（　　）。

   A. 1/2 B. 2 C. 4 D. 8

42. 催化剂能加快反应速率的原因是（　　）。

   A. 改变了反应的平衡常数 B. 降低了反应的活化能
   C. 降低了逆反应的速率 D. 降低了反应的自由能

43. 在1.0mol/L 和 $ZnSO_4$ 和 1.0mol/L 的 $CuSO_4$ 的混合溶液中放入一枚铁钉得到的产物是（　　）。（$E^\ominus_{Zn^{2+}/Zn}=-0.76V$，$E^\ominus_{Cu^{2+}/Cu}=-0.34V$，$E^\ominus_{Fe^{2+}/Fe}=-0.44V$）

   A. Zn，Fe^{2+}，Cu B. Fe^{2+}，Cu C. Zn，Fe^{2+}，H_2 D. Zn，Fe^{2+}

44. 对于电极反应 $O_2+4H^++4e\rightleftharpoons 2H_2O$ 来说，当 $P_{O_2}=100kPa$ 时，酸度对电极电势影响的关系式是（　　）。

   A. $E=E^\ominus+0.0592pH$ B. $E=E^\ominus-0.0592pH$
   C. $E=E^\ominus+0.0148pH$ D. $E=E^\ominus-0.0148pH$

45. 将 Ag 丝插在含 Cl^- 离子的溶液中，即组成一个 Ag-AgCl 电极，决定该电极电势值大小的原因是（　　）。

   A. Ag^+ 离子浓度 B. Cl^- 离子浓度 C. Ag^+ 与 Cl^- 离子 D. Ag 电极的质量

46. 下列化合物中不能进行缩聚反应的是（　　）。

   A. $COOH-CH_2CH_2CH_2-COOH$ B. $HO-CH_2CH_2-OH$
   C. $NH_2-(CH_2)_5-COH$ D. $HN-(CH_3)_5-CO$

47. 图10-1-47所示均质梯形薄板 ABCE，在 A 处用细绳悬挂，现欲使 AB 边保持水平，则需在正方形 ABCD 的中心挖去一个半径为（　　）的圆形薄板。

   A. $\dfrac{\sqrt{3}a}{\sqrt{2\pi}}$ B. $\dfrac{a}{\sqrt{2\pi}}$

   C. $\dfrac{a}{\sqrt{3\pi}}$ D. $\dfrac{\sqrt{2}a}{\sqrt{3\pi}}$

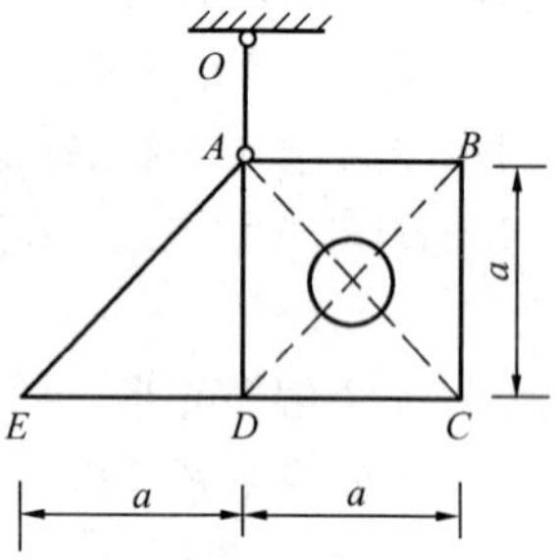

图10-1-47

48. 图10-1-48所示一等边三角形薄板置于光滑面上，开始处于静止状态，当沿其三边 AB、BC、CA 分别作用力 F_1、F_2、F_3 后，若该三力的大小相等，方向如图所示，则该板所处状态为（　　）。

   A. 板只会产生移动 B. 板只会产生转动
   C. 板仍然保持静止 D. 板既会发生移动，又会产生转动

49. 平面桁架的支座和荷载如图10-1-49所示，此时其中 DE 杆的内力 S_{DE} 为（　　）。

   A. 125kN B. −125kN C. 225kN D. −225kN

50. 如图10-1-50所示，直杆 OA 在图示平面内绕 O 轴转动，某瞬时 A 点的加速度值 $a=2\sqrt{5}m/s^2$，且知它与 OA 杆的夹角 $\theta=60°$，$OA=2m$，则该瞬时杆的角加速度等于（　　）rad/s。

   A. $\sqrt{5}$ B. $\dfrac{\sqrt{5}}{2}$ C. $\sqrt{15}$ D. $\dfrac{\sqrt{15}}{2}$

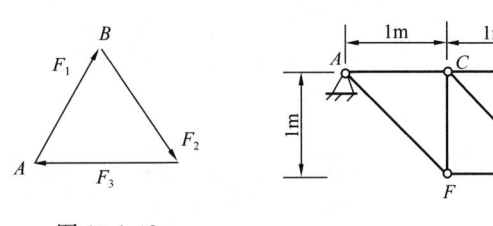
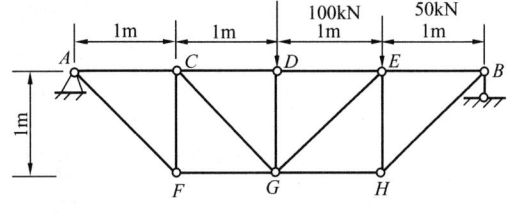
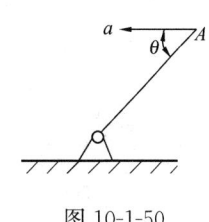

图 10-1-48　　　　　　　　图 10-1-49　　　　　　　　图 10-1-50

51. 如图 10-1-51 所示，水平管以角速度 ω 绕铅直轴转动，管内有一小球以速度 $v=r\omega$ 沿管运行，r 为小球到转轴的距离。球的绝对速度大小为(　　)。

A. 0　　　　B. $r\omega^2$　　　　C. $\sqrt{2}r\omega$　　　　D. $2r\omega$

52. 如图 10-1-52 所示两个相啮合的齿轮，A、B 分别为齿轮 O_1、O_2 上的啮合点，则 A、B 两点的加速度关系是(　　)。

A. $a_{A\tau}=a_{B\tau}, a_{An}=a_{Bn}$　　　　B. $a_{A\tau}=a_{B\tau}, a_{An}\neq a_{Bn}$

C. $a_{A\tau}\neq a_{B\tau}, a_{An}=a_{Bn}$　　　　D. $a_{A\tau}\neq a_{B\tau}, a_{An}\neq a_{Bn}$

53. 自由质点受力作用而运动时，质点的运动方向是(　　)。

A. 作用力的方向　　B. 加速度的方向　　C. 速度的方向　　D. 初速度的方向

54. 质量为 m 的均质细圆环，在其内缘上固结一质量为 m 的质点 A，细圆环在水平面上做滚动，如图 10-1-54 所示瞬时，其角速度为 ω，则系统动能是(　　)。

A. $\frac{1}{2}mR^2\omega^2$　　B. $\frac{3}{2}mR^2\omega^2$　　C. $mR^2\omega^2$　　D. $2mR^2\omega^2$

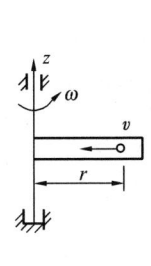
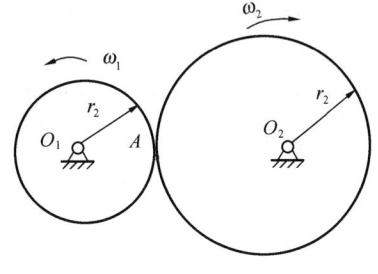
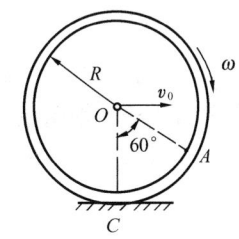

图 10-1-51　　　　　　　　图 10-1-52　　　　　　　　图 10-1-54

55. 质量为 $2m$ 的小车置于光滑水平面上，长为 l 的无重刚杆 AB 的 B 端固结一质量为 m 的小球。若刚杆在图 10-1-55 所示位置无初速地绕 A 轴向下转动，当 $\varphi=0$ 时，小车的位移 Δx 为(　　)。

A. $\frac{1}{2}l\sin\varphi$　　B. $\frac{1}{3}l\sin\varphi$　　C. $\frac{1}{4}l\sin\varphi$　　D. $\frac{1}{5}l\sin\varphi$

56. 重量均为 P 的 A、B 两物块，用绕过均质滑轮的绳相连，均匀滑轮重 Q，其半径为 R，如图 10-1-56 所示。若两物块的速度为 v，绳与轮间无相对滑动，轮绕 O 轴转动，则此系统对 O 轴的动量矩 H_O 为(　　)。

A. $\frac{2PRv}{g}$　　B. $\frac{QRv}{2g}$　　C. $\frac{(Q-4P)Rv}{2g}$　　D. $\frac{(Q+4P)Rv}{2g}$

57. 图 10-1-57 所示系统中主动力作用点 C、D、B 的虚位移大小的比值为(　　)。

A. 1∶1∶1　　　　B. 1∶1∶2　　　　C. 1∶2∶2　　　　D. 1∶2∶1

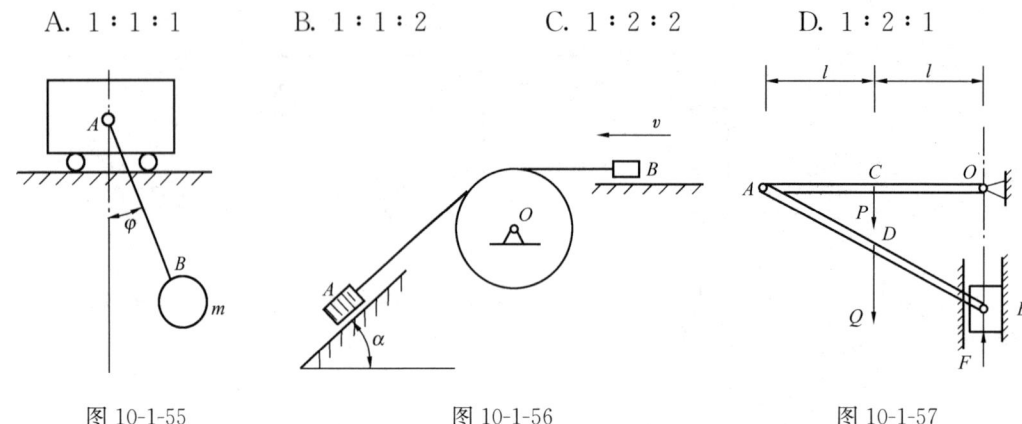

图 10-1-55　　　　　　　图 10-1-56　　　　　　　图 10-1-57

58. 如图 10-1-58 所示，(a)、(b)、(c)三个质量弹簧系统的固有圆频率分别为 ω_1、ω_2、ω_3，则它们之间的关系是(　　)。

A. $\omega_1 < \omega_2 = \omega_3$　　B. $\omega_2 < \omega_3 = \omega_1$　　C. $\omega_3 < \omega_1 = \omega_2$　　D. $\omega_1 = \omega_2 = \omega_3$

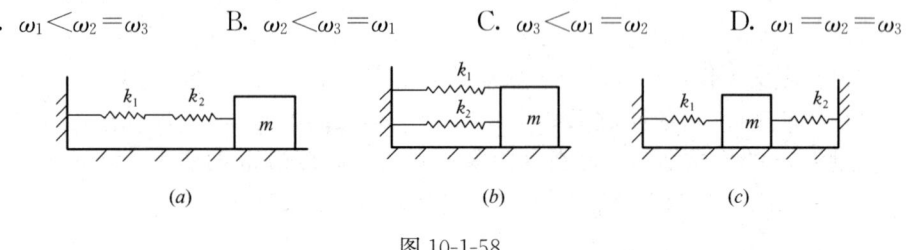

图 10-1-58

59. 一横截面为正方形的砖柱分为上、下两段，如图 10-1-59 所示，已知 $P=20\text{kN}$，则荷载引起的最大正应力为(　　)MPa。

A. 0.347　　　　B. 0.438　　　　C. 0.374　　　　D. 0.482

60. 如图 10-1-60 所示，AB 为弹性杆，CD 为刚性梁，在 D 点作用垂直荷载 P 后，测得 AB 杆的轴向应变为 ε，则 D 点的垂直位移为(　　)。

A. $\sqrt{2}\varepsilon a$　　　　B. $2\sqrt{2}\varepsilon a$　　　　C. $2\varepsilon a$　　　　D. $4\varepsilon a$

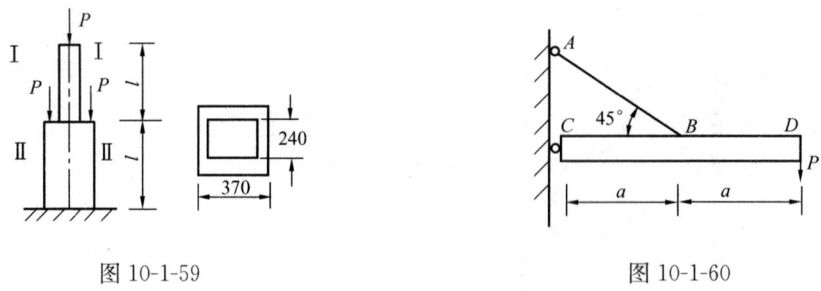

图 10-1-59　　　　　　　　　　图 10-1-60

61. 图 10-1-61 所示三角托架，AC 为刚性梁，BD 为斜撑杆，则斜撑杆与梁之间夹角 θ 为(　　)时，斜撑杆受力为最小。

A. $\dfrac{\pi}{6}$　　　　B. $\dfrac{\pi}{4}$　　　　C. $\dfrac{\pi}{3}$　　　　D. 无法确定

62. 图 10-1-62 所示钻杆由空心圆钢管制成，外径 D，内径 d，$\alpha = d/D$，土壤对钻杆的阻力可看作是均匀分布的力偶，则钻杆横截面上的最大切应力为(　　)。

A. $\dfrac{T}{\dfrac{\pi D^3}{16}(1-\alpha^4)}$ B. $\dfrac{T}{\dfrac{\pi D^3}{32}(1-\alpha^4)}$ C. $\dfrac{T}{\dfrac{\pi}{16}(D^3-d^3)}$ D. $\dfrac{T}{\dfrac{\pi}{32}(D^3-d^3)}$

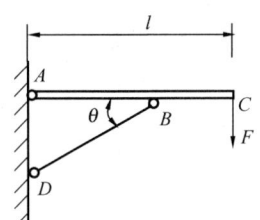

图 10-1-61

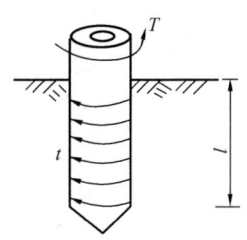

图 10-1-62

63. 图 10-1-63 所示 L 形截面对 z 轴的惯性矩为(   )。

A. $\dfrac{(2a)^4}{36}-\dfrac{(2a)^4}{36}$ B. $\dfrac{(3a)^4}{12}-\dfrac{(2a)^4}{12}$ C. $\dfrac{(3a)^4}{3}-\dfrac{(2a)^4}{3}$ D. $\dfrac{a(2a)^3}{12}+\dfrac{3a^4}{12}$

64. 图 10-1-64 所示简支梁跨中截面 C 上的剪力和弯矩为(   )。

A. $V=ql$，$M=\dfrac{3}{8}ql^2$ B. $V=1.5ql$，$M=-\dfrac{7}{8}ql^2$

C. $V=-ql$，$M=-\dfrac{3}{8}ql^2$ D. $V=0$，$M=\dfrac{5}{8}ql^2$

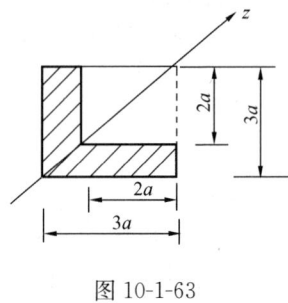

图 10-1-63   图 10-1-64

65. 图 10-1-65 所示梁的截面为矩形，放置形式分别如图 (a)、(b) 所示，已知边长 $b=\dfrac{h}{2}$，则两者横截面上最大拉应力之比 σ_a/σ_b 应为(   )。

A. 2 B. $\dfrac{1}{2}$ C. 4 D. $\dfrac{1}{4}$

66. 图 10-1-66 所示三根悬臂梁，其材料、横截面相同，只是受载不同，其应变能分别记作 $U_a(P,T)$、$U_b(P_1,T_2)$、$U_c(F,P)$，现有如下关系式：

(1) $U_a(P,T)=U(P)+U(T)$

(2) $U_b(P_1,P_2)=U(P_1)+U(P_2)$

(3) $U_c(F,P)=U(F)+U(P)$

下述对以上关系式的判断，正确的是(   )。

A. (1)、(2)、(3)均成立 B. (1)、(2)成立，(3)不成立

C. (1)、(3)成立，(2)不成立 D. (2)、(3)成立，(1)不成立

67. 已知受力杆件上一点的应力状态及应力圆如图 10-1-67 所示，则该点的主单元体为(   )。

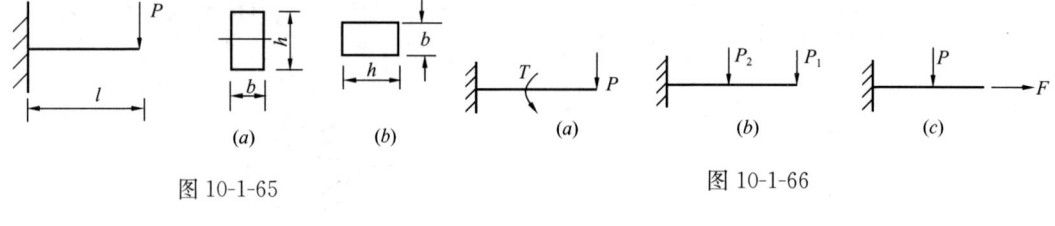

图 10-1-65   图 10-1-66

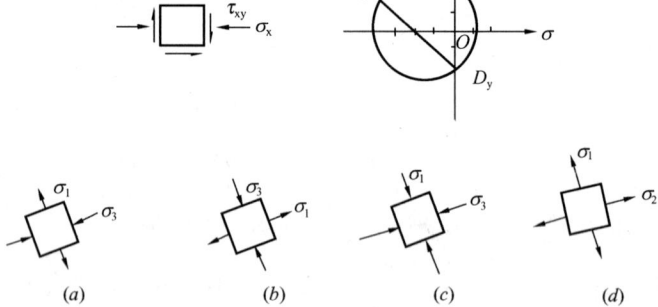

图 10-1-67

A. 图(a)   B. 图(b)   C. 图(c)   D. 图(d)

68. 如图 10-1-68 所示，直径为 d 的圆截面钢质折杆，置于水平面内，A 端固定，C 端受铅垂集中力 P。若以第三强度理论校核危险点应力时，其相当应力表达式为（　　），其中 $W=\dfrac{\pi d^3}{32}$。

A. $\dfrac{Pa^2}{2W}+\dfrac{Pl}{W}$ B. $\dfrac{\sqrt{(Pl)^2-(Pa)^2}}{W}$

C. $\sqrt{\left(\dfrac{Pl}{W}\right)^2+4\left(\dfrac{Pa}{W}\right)^2}$ D. $\sqrt{\left(\dfrac{Pa}{W}\right)^2+\left(\dfrac{Pl}{W}\right)^2}$

69. 图 10-1-69 所示偏心受压柱的受荷载及尺寸，则 I-I 截面上 a 点的应力为（　　）MPa。
A. 3   B. 2   C. 4   D. 5

70. 图 10-1-70 为轴心受压杆件，两端为球铰支座，材料为 Q235 钢，$E=2\times10^5$ MPa，截面尺寸为矩形 $h\times b=400\text{mm}\times200\text{mm}$，稳定计算中，其长细比应取为（　　）。

A. $\dfrac{\sqrt{12}l}{h}$ B. $\dfrac{\sqrt{12}l}{b}$ C. $\dfrac{\sqrt{12}l}{12h}$ D. $\dfrac{\sqrt{12}l}{12b}$

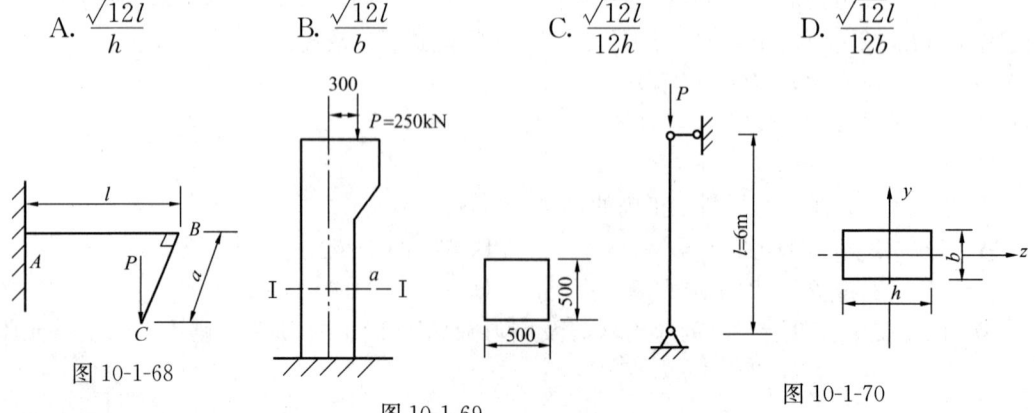

图 10-1-68   图 10-1-69   图 10-1-70

71. 求曲面所受的铅垂力所作的压力体的构成条件，下列不正确的是(　　)。
   A. 受压面(曲面)本身　　　　　　　　B. 水面或水面的延长面
   C. 水底面或水底面的延长面　　　　　D. 曲面端线到水底面的延长面的铅垂面

72. 如图 10-1-72 所示测压管 1、2，分别在轻油和重油处开孔测压，二者液面高度关系是(　　)。
   A. 1 管液面高于 2 管液面　　　　　　B. 1 管液面低于 2 管液面
   C. 1 管液面等于 2 管液面　　　　　　D. 不能确定

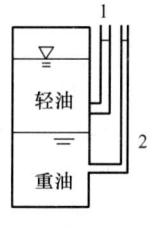
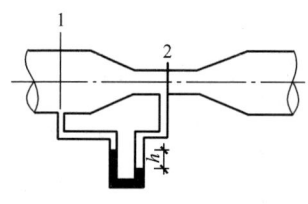

图 10-1-72　　　　　　　　　图 10-1-73

73. 如图 10-1-73 所示文丘里流量计，直接用水银压差计测出水管与喉部压差 $h=30cm$，水管直径 $d_1=10cm$，喉部直径 $d_2=5cm$，流量系数为 0.95，则通过的流量为(　　)L/s。
   A. 15.46　　　B. 16.58　　　C. 18.85　　　D. 19.07

74. 并联管道 A、B，两管材料、直径相同，长度 $l_B=2l_A$，两管道的水头损失关系为(　　)。
   A. $h_{wA}=h_{wB}$　　B. $h_{wB}=2h_{wA}$　　C. $h_{wB}=1.41h_{wA}$　　D. $h_{wB}=4h_{wA}$

75. 直径为 d，长度为 L 的管道，在层流范围内流量 Q 增大时，沿程阻力系数 λ 和沿程阻力损失 h_f 的变化为(　　)。
   A. λ、h_f 均增大　　　　　　B. λ 不变，h_f 增大
   C. λ 减小、h_f 增大　　　　D. λ、h_f 均不变

76. 有一恒定出流的圆柱形外管嘴，作用水头 $H_0=5m$，孔口直径 $d=2cm$，则其出流量 Q 为(　　)m^3/s。
   A. 2.00×10^{-3}　　B. 2.55×10^{-3}　　C. 2.85×10^{-3}　　D. 2.95×10^{-3}

77. 明渠均匀流只可能发生在(　　)。
   A. 顺坡渠道　　　　　　　　B. 平坡渠道
   C. 逆坡渠道　　　　　　　　D. 上述 A、B、C 均可发生

78. 在渗流模型里，与实际不一致的物理量是(　　)。
   A. 渗流流量　　B. 渗流速度　　C. 渗流流程　　D. 渗流时间

79. (　　)的访问速度最快。
   A. 硬盘　　　　B. CD-ROM　　　C. RAM　　　　D. 软盘

80. 计算机存储信息的最基本单位是(　　)。
   A. 位　　　　　B. 字节　　　　C. 字　　　　　D. 块

81. 在 Windows 系统中，"路径"是指(　　)。

A. 程序的执行过程　　　　　　　　　B. 用户操作步骤
C. 文件在磁盘中的目录位置　　　　　D. 文件在哪个磁盘上

82. CPU与内存储器之间信息交换是通过（　　）。
    A. 数据总线　　B. 地址总线　　C. 控制总线　　D. 存储总线

83. 系统软件不包括（　　）。
    A. 汇编程序软件　　　　　　　　B. 编译程序软件
    C. 操作系统软件　　　　　　　　D. 实时控制软件

84. 一个字符的ASCII码通常是由（　　）编码组成的。
    A. 一个字节，七位二进制数　　　B. 二个字节，十四位二进制数
    C. 一个字节，八位二进制数　　　D. 二个字节，十六位二进制数

85. 信息保密可采用的方法不包括（　　）。
    A. 信息加密和数字签名　　　　　B. 信息加密和信息隐藏
    C. 访问控制和防火墙　　　　　　D. 对称加密和密钥加密技术

86. www的中文名称为（　　）。
    A. 因特网　　　　　　　　　　　B. 电子信息网
    C. 环球信息网　　　　　　　　　D. 综合服务数据网

87. 操作系统与进程共同具有的重要特征是（　　）。
    A. 动态性　　B. 并发性　　C. 独占性　　D. 异步性

88. 电子邮件使用的传输协议是（　　）。
    A. FTP　　　B. HTTP　　　C. SMTP　　　D. TCP

89. 图10-1-89中，最能反映出正电荷对负电荷施加的力与它们之间的距离的关系的是（　　）。
    A. 图(a)　　B. 图(b)　　C. 图(c)　　D. 图(d)

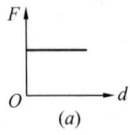 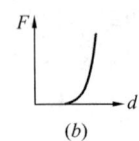 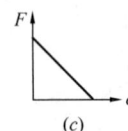 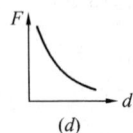

(a)　　　　(b)　　　　(c)　　　　(d)

图 10-1-89

90. 如图10-1-90所示均匀磁场中，磁感应强度B为5T，圆环半径为0.5m，电阻5Ω，当磁感应强度以2T/s速度均匀减小，则圆环内电流的大小为（　　）A。

A. $\frac{\pi}{20}$　　B. $\frac{\pi}{10}$　　C. $\frac{\pi}{5}$　　D. $\frac{\pi}{2}$

91. 图10-1-91所示电路，已知A点对地的电位为U_A，D点的电位为（　　）。

A. $\left(\frac{E_1+E_2}{R_1+R_2}\right) \cdot R_1 + E_2 + U_A$　　　　B. $\frac{E_1-E_2}{R_1+R_2+R_3} \cdot (R_1+R_3) + E_1 + U_A$

C. $\left(\frac{E_1-E_2}{R_1+R_2}\right) \cdot R_2 + E_2 + U_A$　　　　D. $\frac{E_1-E_2}{R_1+R_2} \cdot R_1 - E_1 - E_A$

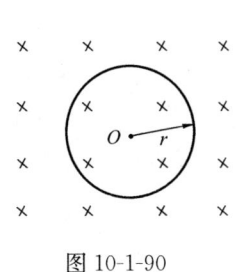
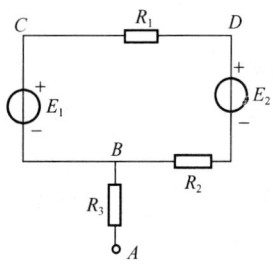

图 10-1-90　　　　　　　　　　图 10-1-91

92. 图 10-1-92 所示含源二端网络的等效电压源内阻 R_0 等于（　　）。

A. $\dfrac{3}{4}R$　　　B. $\dfrac{8}{3}R$　　　C. $\dfrac{2}{3}R$　　　D. $\dfrac{14}{3}R$

93. 图 10-1-93 所示为 RC 电路，已知 $R=8\text{k}\Omega$，$f=1\times 10^3\text{Hz}$，要使输出电压 u_0 超前输入电压 u_i 45°，则电容 C 的值应为（　　）。

A. $0.4\mu\text{F}$　　　B. $0.2\mu\text{F}$　　　C. $0.04\mu\text{F}$　　　D. $0.02\mu\text{F}$

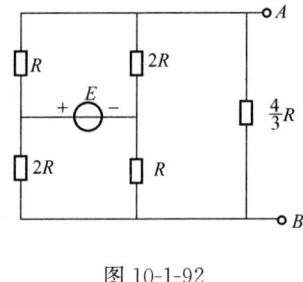
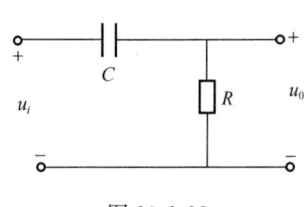

图 10-1-92　　　　　　　　　　图 10-1-93

94. 图 10-1-94 所示电路中，$R=15\Omega$，$X_L=5\Omega$，$X_L=4\Omega$，该电路是呈（　　）性质的电路。

A. 容性　　　　　　　　　　B. 感性
C. 纯电阻性　　　　　　　　D. 上述 A、B、C 均不对

95. 图 10-1-95 所示电路，已知 $u_s=30\text{V}$，$R_1=10\Omega$，$R_2=20\Omega$，$L=1\text{H}$，稳定状态下 R_1 短路，短路后经过（　　）秒，电流 i 达到 1.2A。

A. 0.042　　　B. 0.052　　　C. 0.036　　　D. 0.026

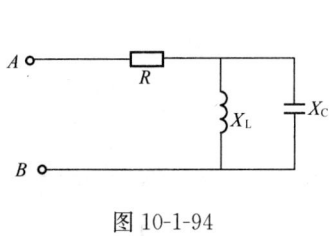
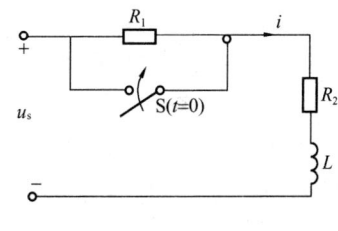

图 10-1-94　　　　　　　　　　图 10-1-95

96. 同一个三相对称负载接在相同的电源上，负载三角形接法时所消耗的功率是负载为星形接法时所消耗功率的（　　）倍。

A. $\dfrac{1}{3}$ B. $\dfrac{1}{\sqrt{3}}$ C. $\sqrt{3}$ D. 3

97. 如图 10-1-97 所示稳压电路，已知 $E=20V$，$R_1=1200\Omega$，$R_2=1250\Omega$，稳压管 D_z 的稳定电压 $u_z=8V$，通过 D_z 的电流是(   )。

A. -16.4mA   B. 10mA   C. 6.4mA   D. 3.6mA

98. 图 10-1-98 所示电路中，为改善输出信号 u_0 波形的非线性失真，应采取的有效措施为(   )。

A. 减小 R_B，增大 R_C B. 增大 R_B，减小 R_C
C. 增大 R_B，减小 U_{CC} D. 减小 R_B，减小 U_{CC}

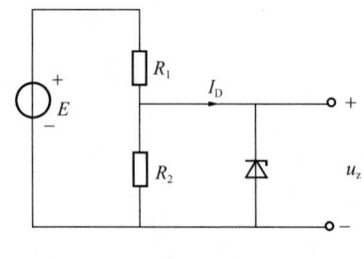
图 10-1-97

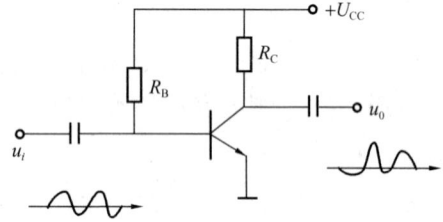
图 10-1-98

99. 图 10-1-99 所示电路中，电压放大倍数为(   )。

A. 2   B. -2 C. 3   D. -3

100. 图 10-1-100 电路中，初态 $Q_2Q_1Q_0=000$，则第一个 CP 下降沿到来后，$Q_2Q_1Q_0$ 的状态变为(   )。

A. 001   B. 010   C. 011   D. 111

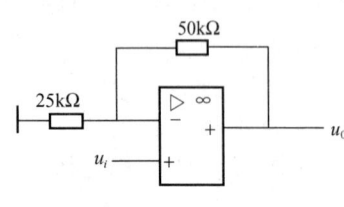
图 10-1-99

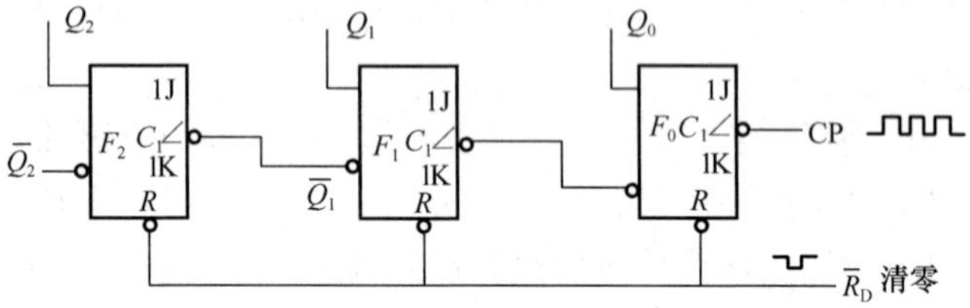

图 10-1-100

101. 模拟信号转化为数字信号，应通过(   )。

A. 信息幅度的量化   B. 信号时间上的量化
C. 信号幅度和时间的量化   D. 抽样

102. 单位阶跃函数信号具有(   )。

A. 周期性   B. 非周性
C. 抽样性   D. 截断性

103. 图 10-1-103 所示非周期信号的时域描述形式是(   )。

A. $u(t)=-10\cdot I(t-4)+10\cdot I(t-8)$
B. $u(t)=10\cdot I(t-4)-10\cdot I(t-8)$

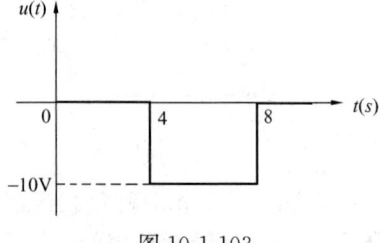
图 10-1-103

C. $u(t)=-10 \cdot I(t-4)+20 \cdot I(t-8)$
D. $u(t)=10 \cdot I(t-4)-20 \cdot I(t-8)$

104. 非周期信号的幅值频谱是( )。
   A. 固定不变的 B. 连续变化的
   C. 按指数规律变化 D. 离散的，无规律变化

105. 下列( )项不是模拟信号放大技术所要处理的主要问题。
   A. 电子器件的非线性特性 B. 电子电路的频率特性
   C. 放大电路内部的干扰信号 D. 放大电路内部的电子噪声

106. 要提取信号对时间的累积信息应采用信号的( )。
   A. 相加变换 B. 相减变换 C. 积分变换 D. 微分变换

107. 某企业预计今年销售可达到12000万元，总成本费用为8200万元，则该企业今年应缴纳( )。
   A. 企业所得税和增值税 B. 增值税
   C. 所得税 D. 固定资产投资方向调节税

108. 某项目从第一年第一季度末起连续三年每季度末借款10万元，借款的利率为年利率8%，每半年计息一次，第三年末应归还( )万元，已知$(F/A, 4\%, 12)=15.026$，$(F/A, 4\%, 6)=6.633$，$(F/A, 8\%, 12)=18.977$，$(F/A, 8\%, 6)=7.3359$。
   A. 129.7 B. 146.72 C. 132.66 D. 130.06

109. 计算财务净现值时所采用的利率是( )。
   A. 银行贷款利率 B. 基准收益率
   C. 投资收益率 D. 银行定期存款利率

110. 在寿命期相同的互斥方案比选时，按照净现值与内部收益率指标计算得出的结论产生矛盾时，应采用( )准则作为方案比选的决策依据。
   A. IRR最大 B. NPV最大 C. NPVR最大 D. 投资收益率最大

111. 某投资项目，当基准折现率取15%时，项目的净现值等于零，则该项目的内部收益率( )。
   A. 等于15% B. 大于15% C. 小于15% D. 等于0

112. 某项目的年固定成本为2000万元，单位产品价格200元，单位产品的可变成本140元，单位产品的税金20元，该项目的盈亏平衡点为( )单位。
   A. 3.5×10^5 B. 50 C. 5×10^5 D. 1×10^5

113. 进行项目的财务评价时，如果动态投资回收期小于计算周期，则财务净现值(NPV)及是否可行的结论为( )。
   A. NPV<0，项目不可行 B. NPV>0，项目可行
   C. NPV<0，项目可行 D. NPV>0，项目不可行

114. 某产品零件的功能平均得分5.6分，成本为50元，该产品各零件功能总分为20分，产品总成本为300元，该零件价值系数为( )。
   A. 1.79 B. 1.68 C. 1.26 D. 0.86

115. 根据《中华人民共和国民法典》规定，自债务人的行为发生之日起( )年内没有行使撤销权的，该撤销权消灭。

A. 5   B. 3   C. 2   D. 1

116. 根据《中华人民共和国建筑法》规定，工程监理的依据是（   ）。
①法规；②技术标准；③设计文件；④工程承包合同。

A. ②③   B. ①②   C. ①②③   D. ①②③④

117. 工程设计单位超越其资质等级许可的范围承揽业务的，处合同约定的设计费的（   ）罚款。

A. 1倍以下   B. 1倍以上2倍以下
C. 2倍以上5倍以下   D. 2倍以上3倍以下

118. 招标人和中标人应当自中标通知书发放之日起（   ）之内，按照招标文件和中标人的投标文件订立书面合同。

A. 15天   B. 30天   C. 60天   D. 90天

119. 根据《建设工程安全生产管理条例》规定，工程项目施工实行施工总承包时，作业人员的意外伤害保险费由（   ）支付。

A. 建设单位   B. 监理单位   C. 总承包施工单位   D. 分包施工单位

120. 建筑工程的参与单位中，应当遵守建筑节能标准的有（   ）。
①建设单位；②勘察单位；③设计单位；④施工单位；⑤监理单位。

A. ①②③④⑤   B. ①③④   C. ①③④⑤   D. ①③

(下午卷)

1. 为实现保温隔热作用，建筑物围护结构材料应满足（　　）。
   A. 导热系数小，热容量小　　　　B. 导热系数大，热容量小
   C. 导热系数小，热容量大　　　　D. 导热系数大，热容量大

2. 体积安定性不合格的水泥，应该（　　）。
   A. 降级使用　　　　　　　　　　B. 视为废品
   C. 应用于非结构部位　　　　　　D. 与合格水泥混合使用

3. 在提高混凝土的密实度和强度的措施中，下列（　　）是不正确的。
   A. 采用高强度等级水泥　　　　　B. 采用高水胶比
   C. 强制搅拌　　　　　　　　　　D. 加强振捣

4. 当采用非标准尺寸的试件确定混凝土强度等级时，应将其抗压强度折算成标准试件的强度，边长分别为 200mm，100mm 的试件的折算系数分别为（　　）。
   A. 0.95；1.05　　B. 1.00；1.05　　C. 1.05；0.95　　D. 1.50；0.95

5. 常用作石油沥青的改性材料有（　　）。
   A. 橡胶、树脂、矿质材料　　　　B. 橡胶和石灰
   C. 橡胶和黏土　　　　　　　　　D. 石膏和树脂

6. 严寒地区承受冲击荷载的结构，宜选用的钢材是（　　）。
   A. 化学偏析小，时效敏感性大　　B. 化学偏析小，时效敏感性小
   C. 化学偏析大，时效敏感性小　　D. 化学偏析大，时效敏感性大

7. 在花岗岩的下列性能中，（　　）是不正确的。
   A. 抗压强度高　　B. 吸水率低　　C. 耐磨性好　　D. 抗火性强

8. 进行水准测量时，自动安平水准仪的操作步骤为（　　）。
   A. 瞄准，读数　　　　　　　　　B. 粗平，瞄准，精平，读数
   C. 瞄准，粗平，精平，读数　　　D. 粗平，瞄准，读数

9. 若经纬度竖盘为逆时针注记，设瞄准某目标时盘左读数 $L=93°44'00''$，盘右读数 $R=266°15'40''$，则盘左、盘右观测的垂直角值为（　　）。
   A. $-3°44'20''$　　B. $3°44'20''$　　C. $-3°42'20''$　　D. $3°42'20''$

10. 水准测量中，水准尺倾斜所引起的读数误差属于（　　）。
    A. 系统误差　　　　　　　　　　B. 偶然误差
    C. 系统误差或偶然误差　　　　　D. 粗差

11. 用 DJ_6 级经纬仪测角一个测回，则角度中误差为（　　）。
    A. $\pm 8.5''$　　B. $\pm 12''$　　C. $\pm 6''$　　D. $\pm 10''$

12. 比例尺精度是指（　　）。
    A. 把比例尺标在图上的精确程度
    B. 图上 0.1mm 所代表的实地水平距离
    C. 用比例尺在图上丈量的精度
    D. 比例尺在图上丈量所代表的实地水平距离的精度

13. 某施工项目，建设单位于 2008 年 6 月 1 日领取了施工许可证。由于某种原因，

未能按期开工,故自发证机关申请延期。根据《中华人民共和国建筑法》规定,申请延期应当在( )前进行。

  A. 2008年7月1日   B. 2008年8月1日
  C. 2008年9月1日   D. 2008年10月1日

14.《中华人民共和国民法典》规定,当事人一方不履行合同义务,应当承担的违约责任的形式不包括( )。

  A. 继续履行   B. 追缴财物
  C. 采取补救措施   D. 赔偿损失

15. 编制建设工程勘察、设计文件应当依据( )的规定。

  A. 建设工程勘察、设计合同   B. 可行性研究报告
  C. 城市规划   D. 工程委托监理合同

16. 对建设工程质量负责的单位有( )。
①建设单位;②勘察单位;③设计单位;④施工单位;⑤工程监理单位。

  A. ②③④   B. ②③④⑤   C. ①②③④⑤   D. ③④⑤

17. 反铲挖土机的挖土特点是( )。

  A. 后退向下,强制切土   B. 前进向上,强制切土
  C. 后退向上,强制切土   D. 前进向下,强制切土

18. 泥浆护壁钻孔灌注桩在钻进过程中,如发现排出的泥浆中不断出现气泡,或泥浆漏失,表示有( )迹象发生。

  A. 孔壁坍塌   B. 钻进速度过快   C. 遇到坚硬土层   D. 遇到软弱土层

19. 现浇混凝土柱的水平施工缝留设在楼层结构底面,其与结构下表面的距离宜为( )mm。

  A. 0~20   B. 0~50   C. 0~100   D. 0~300

20. 砖砌体基础施工时,应采用( )砌筑。

  A. 水泥砂浆或混合浆   B. 水泥砂浆
  C. 混合砂浆   D. 石灰砂浆

21. 单位工程施工平面图设计步骤首先考虑的是( )。

  A. 运输道路的布置   B. 材料、构件仓库、堆场布置
  C. 起重机械的布置   D. 水电管网的布置

22. 正常设计的钢筋混凝土受弯构件,其斜截面极限状态时出现的破坏形态是( )。

  A. 斜压破坏   B. 斜拉破坏   C. 剪压破坏   D. 斜截面受弯破坏

23. 轴向压力 N 对钢筋混凝土构件抗剪承载力 V_u 的影响是( )。

  A. 不论 N 的大小,均可提高构件的 V_u
  B. 不论 N 的大小,均会降低构件的 V_u
  C. N 适当时可提高构件的 V_u,N 太大时则降低构件的 V_u
  D. N 大时提高构件的 V_u,N 小时则降低构件的 V_u

24. 对先张法和后张法的预应力混凝土构件,如果采用相同的张拉控制应力 σ_{con} 值,则( )。

A. 后张法所建立的钢筋有效预应力比先张法小

B. 后张法所建立的钢筋有效预应力和先张法相同

C. 先张法所建立的钢筋有效预应力比后张法小

D. 先张法和后张法的预应力损失相同

25. 混凝土保护层厚度与下列( )项有关。

A. 混凝土强度等级　　　　　　　B. 构件类型

C. 构件工作环境　　　　　　　　D. 与 A、B 和 C 都有关

26. 下面关于配筋砌体构件的强度设计值调整系数 γ_a 的说法，不正确的是( )。

A. 对配筋砌体构件，当其中砌体采用 M5 级水泥砂浆时，不需要进行调整

B. 对无筋砌体构件，当其截面面积 A 小于 $0.3m^2$ 时，$\gamma_a=0.7+A$

C. 施工质量控制等级为 C 级时，$\gamma_a=0.89$

D. 对配筋砌体构件，当其中砌体采用水泥砂浆时，仅对砌体强度乘以调整系数 γ_a

27. 在验算带构造柱砖墙的高厚比时，确定 H_0 应采用的 s( )。

A. s 取相邻横墙间的距离

B. s 取相邻构造柱间的距离

C. 验算整片墙且墙上有洞口时，s 取相邻构造柱与横墙间的距离

D. 验算整片墙时，s 取相邻构造柱与横墙间的距离

28. 下面关于配筋砖砌体的说法，正确的是( )。

A. 轴向力的偏心距超过规定限值时，宜采用网状配筋砖砌体

B. 网状配筋砖砌体抗压强度较无筋砌体提高的主要原因是由于砌体中配有钢筋，钢筋的强度较高，可与砌体共同承担压力

C. 网状配筋砖砌体，在轴向压力作用下，砖砌体纵向受压，钢筋弹性模量大，变形小，阻止砌体受压时横向变形的发展，间接提高了受压承载力

D. 网状配筋砖砌体配筋率越大，砌体强度越高，应尽量增大配筋率

29. 刚性楼盖砌体结构，楼层剪力在各墙体之间的分配应按抗侧力构件( )。

A. 承受的重力荷载代表值比例分配　　B. 承受重力荷载代表值的从属面积比例分配

C. 有效刚度的比例分配　　　　　　　D. 等效刚度的比例分配

30. 下列关于钢结构计算时荷载的取值，正确的是( )。

①计算结构或构件的强度、稳定性以及连接的强度时，应采用荷载设计值；

②计算结构或构件的强度、稳定性以及连接的强度时，应采用荷载标准值；

③计算疲劳和正常使用极限状态的变形时，应采用荷载设计值；

④计算疲劳和正常使用极限状态的变形时，应采用荷载标准值。

A. ①③　　　　B. ①④　　　　C. ②④　　　　D. ②③

31. 计算两分肢格构式轴心受压钢构件绕虚轴(x 轴)屈曲时的整体稳定，其稳定系数 φ 应根据下列( )项查《钢结构设计标准》附录 D 确定。

A. λ_x　　　　B. λ_y　　　　C. λ_{0x}　　　　D. λ_{0y}

32. 焊接工字形等截面简支钢梁，当集中荷载作用在腹板平面内，荷载作用点位于( )时，整体稳定系数 φ_b 最高。

A. 上翼缘　　　　　　　　　　　B. 截面形心

C. 截面形心与下翼缘之间　　　　　　　D. 下翼缘

33. 焊接截面钢梁腹板的计算高度 $h_0=1800\text{mm}$，根据局部稳定计算和构造要求，需在腹板两侧配置钢板横向加劲肋，其经济合理的截面尺寸是（　　）。

A. -100×6　　B. -100×8　　C. -150×10　　D. -180×12

34. 图 10-2-34 所示体系的几何组成为（　　）。

A. 常变体系　　　　　　　　　　　　B. 瞬变体系
C. 无多余约束的几何不变体系　　　　D. 有多余约束的几何不变体系

35. 图 10-2-35 所示桁架结构，杆 1 的轴力为（　　）。

A. $N_1=\dfrac{F}{2}$（受拉）　　　　　　　B. $N_1=-\dfrac{F}{2}$（受压）

C. $N_1=\dfrac{F}{4}$　　　　　　　　　　　D. $N_1=-\dfrac{F}{4}$

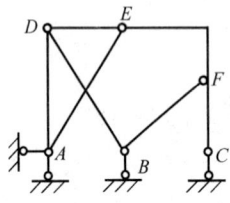

图 10-2-34

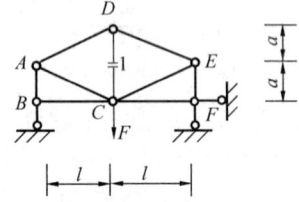

图 10-2-35

36. 图 10-2-36 所示结构中，零杆个数为（　　）。

A. 4　　　　B. 5　　　　C. 6　　　　D. 7

37. 图 10-2-37 所示组合结构，EI、EA 均为常数，C 点竖向位移为（　　）。

A. $\dfrac{Pl^3}{3EI}+\dfrac{Pl}{2EA}$　　　　　　　B. $\dfrac{Pl^3}{6EI}+\dfrac{2Pl}{3EA}$

C. $\dfrac{Pl^3}{6EI}+\dfrac{Pl}{3EA}$　　　　　　　D. 0

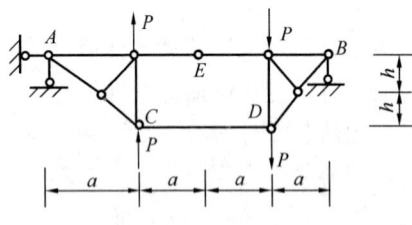

图 10-2-36

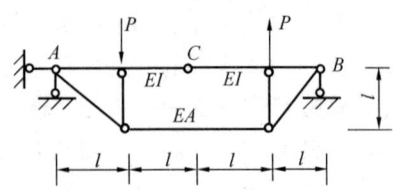

图 10-2-37

38. 图 10-2-38 所示刚架 DE 杆件 D 截面的弯矩 M_{DE} 之值为（　　）。

A. qa^2（左边受拉）　　　　　　　　B. $2qa^2$（右边受拉）
C. $4qa^2$（左边受拉）　　　　　　　　D. $1.5qa^2$（右边受拉）

39. 图 10-2-39 所示结构中 M_{CA} 和 V_{CB} 分别为（　　）。

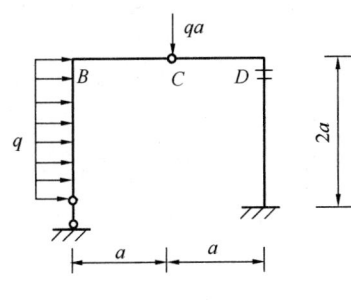

图 10-2-38

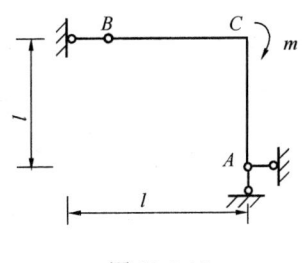

图 10-2-39

A. $M_{CA}=0$，$V_{CB}=-\dfrac{m}{l}$ B. $M_{CA}=m$，$V_{CB}=0$

C. $M_{CA}=0$，$V_{CB}=-\dfrac{m}{l}$ D. $M_{CA}=m$，$V_{CB}=-\dfrac{m}{l}$

40. 图 10-2-40 所示结构，E 为常数，在给定荷载作用下，若使支座 A 反力为零，则应使（ ）。

A. $I_2=I_3$ B. $I_2=4I_3$ C. $I_3=2I_2$ D. $I_3=4I_2$

41. 图 10-2-41 所示结构，取支座 A 反力为力法的基本未知量 X_1，向上为正，当 I_1 增大，I_2 减小时，则柔度系数 δ_{11} 将（ ）。

A. 变大 B. 变小 C. 不变 D. 无法确定

42. 图 10-2-42 所示结构，用位移法计算时的基本未知量个数为（ ）。

A. 10 B. 9 C. 8 D. 7

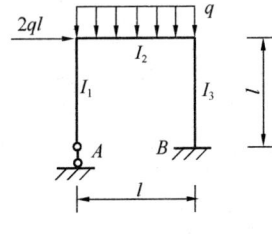

图 10-2-40

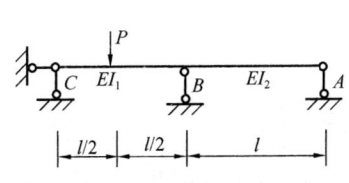

图 10-2-41

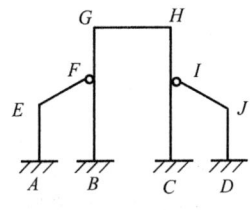

图 10-2-42

43. 图 10-2-43 所示结构用位移法计算时，若取结点 A 的转角为 Δ_1，则其 K_{11} 为（ ）。

A. $\dfrac{7EI}{l}$ B. $\dfrac{9EI}{l}$ C. $\dfrac{10EI}{l}$ D. $\dfrac{11EI}{6}$

44. 图 10-2-44 所示结构，EI 为常数，用力矩分配法计算时，分配系数 μ_{BA} 为（ ）。

A. $\dfrac{1}{8}$ B. $\dfrac{1}{11}$ C. $\dfrac{5}{12}$ D. $\dfrac{3}{8}$

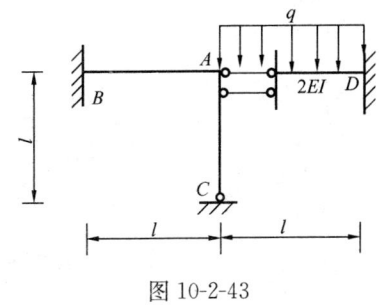

图 10-2-43

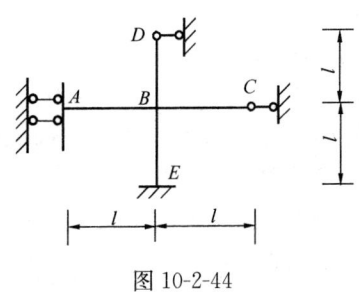

图 10-2-44

45. 图 10-2-45 所示各结构中，除特殊注明者外，各杆件 EI 为常数，其中不能直接用力矩分配法计算的是（　　）。

A. 图(a)　　　B. 图(b)　　　C. 图(c)　　　D. 图(d)

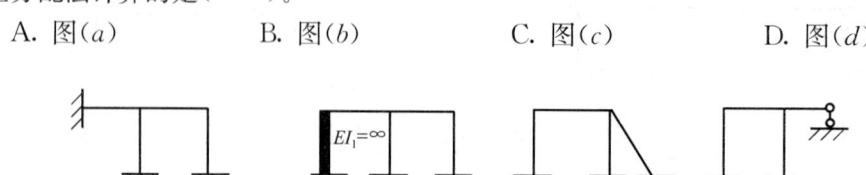

图 10-2-45

46. 图 10-2-46 所示为超静定梁，则 M_C 的影响线在 K 处的值为（　　）。

A. 0.5　　　B. 0.75　　　C. 1.0　　　D. 1.2

47. 图 10-2-47 所示结构在移动荷载作用下，M_C 的绝对值的最大值为（　　）。

A. 30　　　B. 40　　　C. 50　　　D. 60

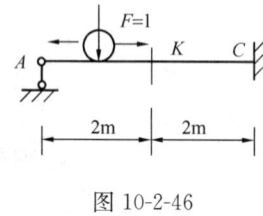

图 10-2-46

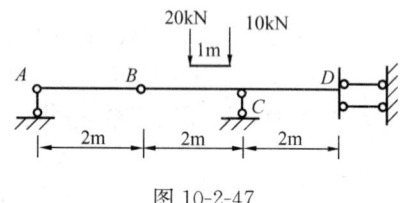

图 10-2-47

48. 图 10-2-48 所示体系，其横梁单位长度的质量为 m_0，柱子质量不计，则该体系的自振频率为（　　）。

A. $\sqrt{\dfrac{2EI}{m_0 l h^3}}$　　　B. $\sqrt{\dfrac{4EI}{m_0 l h^3}}$

C. $\sqrt{\dfrac{6EI}{m_0 l h^3}}$　　　D. $\sqrt{\dfrac{8EI}{3 m_0 l h^3}}$

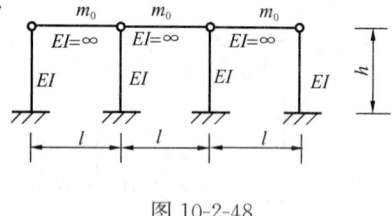

图 10-2-48

49. 结构静载试验对量测仪器的基本要求有 4 个方面，不正确的是（　　）。

A. 性能必须满足试验的具体要求，如合适的灵敏度，足够的精度和量程精度一般要求所测最大误差不超过 5%，量程以选最大被测值的 1.5~2.5 倍为好

B. 安装在结构上的仪表，要求重量轻体积小，不影响被测结构的工作性能和受力情况

C. 选用的仪表种类、规格应尽量少

D. 仪器对环境的适应性要强，且使用方便、工作可靠和经济耐用

50. 大型构件试验，当荷载点数多，吨位大，在考虑加载方案和设备时应优先考虑的静力加载方法是（　　）。

A. 重力加载　　　B. 液压加载　　　C. 机械力加载　　　D. 气压加载

51. （　　）不属于惠斯顿电桥的标准实用电路。

A. 半路电路　　　B. 全桥电路　　　C. 1/3 桥电路　　　D. 1/4 桥电路

52. 在结构动力特性试验方法中，不能测得高阶频率的是（　　）。

A. 自由振动法　　　B. 强迫振动　　　C. 主谐量法　　　D. 谐量分析法

53. 用于已建砌体结构的可靠性评定较好的方法是（　　）。
   A. 筒压法　　　　B. 推出法　　　　C. 原位轴压法　　　D. 扁顶法

54. 判别黏性土软硬状态的指标是（　　）。
   A. 液限　　　　　B. 塑限　　　　　C. 塑性指数　　　　D. 液性指数

55. 某黏性土样的天然含水量 w 为25%，液限 w_L 为35%，塑限 w_P 为15%，其液性指数 I_L 与塑性指数 I_P 分别为（　　）。
   A. 0.25；20　　　B. 0.5；20　　　C. 0.25；10　　　D. 0.5；10

56. 有两个黏土层，土的性质相同，厚度相同，排水边界条件也相同，若地面瞬时施加无穷均布荷载不同，经过相同时间后，土层的固结度和沉降情况是（　　）。
   A. 固结度相同，沉降相同　　　　　B. 固结度不同，沉降相同
   C. 固结度相同，沉降不同　　　　　D. 固结度不同，沉降不同

57. 黏性土坡的稳定性，下列说法正确的是（　　）。
   A. 与坡高有关，与坡角无关
   B. 与坡高有关，与坡角有关
   C. 与坡高无关，与坡角无关，与土体强度有关
   D. 与坡高无关，与坡角有关

58. （　　）不属于岩土工程勘察成果报告中应附的必要条件。
   A. 工程地质柱状图　　　　　　　　B. 工程地质剖面图
   C. 室内试验成果图表　　　　　　　D. 地下水等水位线图

59. 宽度为3m的条形基础，偏心距 $e=0.4$m，作用在基础底面中心的竖向荷载 $N_k=1000$kN/m，弯矩为300kN·m/m，则基底最大压应力为（　　）kPa。
   A. 933.3　　　　B. 833.3　　　　C. 812.6　　　　D. 783.3

60. （　　）不属于桩基础验算内容。
   A. 单桩受力验算　　　　　　　　　B. 桩的数量计算
   C. 群桩地基承载力验算　　　　　　D. 桩基沉降计算

模 拟 试 题 （二）
（上午卷）

1. 设向量 $\boldsymbol{a}=2\boldsymbol{i}+\boldsymbol{j}-\boldsymbol{k}$，$\boldsymbol{b}=\boldsymbol{i}-\boldsymbol{j}+2\boldsymbol{k}$，则 $\boldsymbol{a}\times\boldsymbol{b}$ 为（　　）。

   A. $\boldsymbol{i}+5\boldsymbol{j}+3\boldsymbol{k}$　　　B. $\boldsymbol{i}-5\boldsymbol{j}+3\boldsymbol{k}$　　　C. $\boldsymbol{i}-5\boldsymbol{j}-3\boldsymbol{k}$　　　D. $\boldsymbol{i}+5\boldsymbol{j}-3\boldsymbol{k}$

2. 直线 $L:\begin{cases} x+y+3z=0 \\ x-y-z=0 \end{cases}$ 与平面 $x-y-z+1=0$ 的夹角是（　　）。

   A. $\dfrac{\pi}{6}$　　　B. $\dfrac{\pi}{4}$　　　C. $\dfrac{\pi}{3}$　　　D. 0

3. 将 xoz 坐标平面上的抛物线 $z^2=4x$ 绕 x 轴旋转一周所生成的旋转曲面的方程是（　　）。

   A. $y^2+z^2=4x$　　　B. $x^2+z^2=4x$　　　C. $x^2+y^2=4x$　　　D. $z^2=4(x^2+y^2)$

4. 下列方程中，其图形是旋转曲面的是（　　）。

   A. $x^2+\dfrac{y^2}{4}-z^2=1$　　　B. $x^2+2y^2=4$　　　C. $x^2-\dfrac{y^2}{4}+z^2=1$　　　D. $x^2+\dfrac{y^2}{2}+\dfrac{z^3}{3}=1$

5. 若 $\lim\limits_{x\to 0}\dfrac{(1+a)x^4+bx^3+2}{x^3+x^2-1}=-2$，则 a、b 的值分别为（　　）。

   A. $a=-1$，$b=-2$　　B. $a=-3$，$b=0$　　C. $a=0$，$b=0$　　D. $a=3$，$b=0$

6. 设 $y=(1+x)^{\frac{1}{x}}$，则 $y'(1)$ 等于（　　）。

   A. e　　　B. $\dfrac{1}{2}-\ln 2$　　　C. 1　　　D. $1-\ln 4$

7. 函数 $f(x)=a\sin x+\dfrac{1}{3}\sin 3x$，在 $x=\dfrac{\pi}{3}$ 处取得极值，a 的值应为（　　）。

   A. -2　　　B. 2　　　C. $\dfrac{2}{3}\sqrt{3}$　　　D. $-\dfrac{2}{3}\sqrt{3}$

8. 曲面 $z=x^2+y^2-1$ 在点 $(1,-1,1)$ 处的切平面方程是（　　）。

   A. $2x-2y-z-3=0$　　　　　　　　B. $2x-2y+z-5=0$
   C. $2x+2y-z+1=0$　　　　　　　　D. $2x+2y+z-1=0$

9. 若令 $x=2\cos t$，则 $I=\int_{-2}^{2}x^2\cdot\sqrt{4-x^2}\,dx$ 的值为（　　）。

   A. $-16\int_{-\frac{\pi}{2}}^{\frac{\pi}{2}}\sin^2 t\cdot\cos^2 t\,dt$　　　　　B. $-16\int_{0}^{\pi}\sin^2 t\cdot\cos^2 t\,dt$

   C. $16\int_{-\frac{\pi}{2}}^{\frac{\pi}{2}}\sin^2 t\cdot\cos^2 t\cdot dt$　　　　　D. $16\int_{0}^{\pi}\sin^2 t\cdot\cos^2 t\,dt$

10. 设 $I=\int_{0}^{2}\arctan\sqrt{x}\,dx$，令 $u=\arctan\sqrt{x}$，$dv=dx$，进行分部积分，则 I 为（　　）。

    A. $x\arctan\sqrt{x}\,\Big|_{0}^{2}-\int_{0}^{2}\dfrac{x}{1+x}\,dx$　　　　　B. $(x+1)\arctan\sqrt{x}\,\Big|_{0}^{2}-\int_{0}^{2}\dfrac{dx}{2\sqrt{x}}$

    C. $x\arctan\sqrt{x}\,\Big|_{0}^{2}-\int_{0}^{2}\dfrac{x\sqrt{x}}{1+x}\,dx$　　　　D. $(x+1)\arctan\sqrt{x}\,\Big|_{0}^{2}-\int_{0}^{2}\dfrac{dx}{x}$

11. 计算 $\iint\limits_{D} 3x^2 y^2 d\sigma$ 的值为(   ),其中 D 是 x 轴、y 轴和抛物线 $y=1-x^2$ 所围成的在第一象限内的闭区域。

A. $\dfrac{4}{315}$ B. $\dfrac{8}{315}$ C. $\dfrac{16}{315}$ D. $\dfrac{32}{315}$

12. 设 $\Omega_1 = \{(x,y,z) \mid x^2+y^2+z^2 \leqslant R^2, z \geqslant 0\}$,$\Omega_2 = \{(x,y,z) \mid x^2+y^2+z^2 \leqslant R^2, x \geqslant 0, y \geqslant 0, z \geqslant 0\}$,则有(   )。

A. $\iiint\limits_{\Omega_1} x dv = 4\iiint\limits_{\Omega_2} x dv$ B. $\iiint\limits_{\Omega_1} y dv = 4\iiint\limits_{\Omega_2} y dv$

C. $\iiint\limits_{\Omega_1} z dv = 4\iiint\limits_{\Omega_2} z dv$ D. $\iiint\limits_{\Omega_1} xyz dv = 4\iiint\limits_{\Omega_2} xyz dv$

13. 设常数 $k>0$,则级数 $\sum\limits_{n=1}^{\infty}(-1)^n \cdot \dfrac{k+n}{n^2}$ 的敛散性为(   )。

A. 发散   B. 绝对收敛
C. 条件收敛   D. 收敛或发散与 k 的取值有关

14. 级数 $\sum\limits_{n=1}^{\infty} nx^{n-1}(|x|<1)$ 的和函数是(   )。

A. $\dfrac{1}{(1+x)^2}(|x|<1)$ B. $\dfrac{1}{(1-x)^2}(|x|<1)$

C. $\dfrac{1}{1+x^2}(|x|<1)$ D. $\dfrac{1}{1-x^2}(|x|<1)$

15. 已知幂级数 $\sum\limits_{n=1}^{\infty} \dfrac{a^n-b^n}{a^n+b^n} x^n (0<a<b)$,则该级数的收敛半径为(   )。

A. $\dfrac{b}{a}$ B. $\dfrac{1}{a}$ C. $\dfrac{1}{b}$ D. 1

16. 将函数 $f(x)=\pi^2-x^2(-\pi \leqslant x \leqslant \pi)$ 展开成傅里叶级数为(   )。

A. $\dfrac{2\pi^2}{3}+4\sum\limits_{n=1}^{\infty} \dfrac{(-1)^n}{n^2}\cos nx$ B. $\dfrac{2\pi^2}{3}+4\sum\limits_{n=1}^{\infty} \dfrac{(-1)^n}{n^2}\sin nx$

C. $\dfrac{4\pi^2}{3}+4\sum\limits_{n=1}^{\infty} \dfrac{(-1)^n}{n^2}\cos nx$ D. $\dfrac{4\pi^2}{3}+4\sum\limits_{n=1}^{\infty} \dfrac{(-1)^{n+1}}{n^2}\cos nx$

17. 方程 $y''+2y'+2y=\sin x$ 的特解形式是(   )。

A. $C_1 \sin x$ B. $C_1 x \sin x$
C. $C_1 \cos x + C_2 \sin x$ D. $x(C_1 \cos x + C_2 \sin x)$

18. 某人投篮,每次命中率为 0.7,现投 5 次,至少命中 4 次的概率为(   )。

A. 0.3   B. 0.49   C. 0.53   D. 0.35

19. 设服从 $N(0,1)$ 分布的随机变量 X,其分布函数为 $\Phi(X)$,若已知 $\Phi(X)=0.78$,则 $P\{|x|\leqslant 1\}$ 的值是(   )。

A. 0.78   B. 0.56   C. 0.5   D. 0.2

20. 设 $X_1, X_2, \cdots, X_N$ 是来自正态总体 $N(\mu, \sigma^2)$ 的样本,则下列(   )项是统计量。

A. X_1+X_2 B. $X_1+\mu$ C. μX_1 D. $\dfrac{X_1^2}{\sigma_2}$

21. 设 A、B 是两个同型矩阵，则 $r(A+B)$ 与 $r(A)+r(B)$ 的关系是(　　)。
A. $r(A+B)>r(A)+r(B)$
B. $r(A+B)\leqslant r(A)+r(B)$
C. $r(A+B)=r(A)+r(B)$
D. 无法确定

22. 设 A 为 $n(n\geqslant 2)$ 阶方阵，A^* 是 A 的伴随矩阵，则下列命题中，正确的是(　　)。
A. $AA^*=|A|$
B. $A^{-1}=\dfrac{1}{|A|}A^*$
C. 若 $|A|\neq 0$，则 $|A^*|\neq 0$
D. 若 $R(A)=1$，则有 $R(A^*)=1$

23. 矩阵 $P=\begin{bmatrix}3 & -1\\ -1 & 3\end{bmatrix}$ 的特征向量为(　　)。

A. $\begin{pmatrix}1\\2\end{pmatrix}$, $\begin{pmatrix}2\\1\end{pmatrix}$
B. $\begin{pmatrix}1\\3\end{pmatrix}$, $\begin{pmatrix}3\\1\end{pmatrix}$
C. $\begin{pmatrix}1\\-1\end{pmatrix}$, $\begin{pmatrix}-1\\1\end{pmatrix}$
D. $\begin{pmatrix}1\\1\end{pmatrix}$, $\begin{pmatrix}1\\-1\end{pmatrix}$

24. 已知 3 元非齐次线性方程组 $Ax=b$ 的系数矩阵的秩等于 1，且 $\boldsymbol{\eta}_1$、$\boldsymbol{\eta}_2$ 是方程组的 2 个不同的解，则其通解是(　　)。
A. $x=k_1\boldsymbol{\eta}_1+k_2\boldsymbol{\eta}_2$
B. $x=k_1(\boldsymbol{\eta}_1-\boldsymbol{\eta}_2)+\boldsymbol{\eta}_2$
C. $x=k_1\boldsymbol{\eta}_1+\boldsymbol{\eta}_2$
D. $x=k_1(\boldsymbol{\eta}_1+\boldsymbol{\eta}_2)+\boldsymbol{\eta}_2$

25. 理想气体在等容条件下，温度从 100K 起缓慢地上升，直至其分子的方均根速率增至 3 倍，则气体的最终温度为(　　)。
A. 173K B. 300K 不得 C. 600K D. 900K

26. 在温度 T 一定时，气体分子的平均碰撞次数 $\bar{z}$ 与压强 p 的关系为(　　)。
A. $\bar{Z}$ 与 p 成反比 B. $\bar{Z}$ 与 $\sqrt{p}$ 成正比 C. $\bar{Z}$ 与 $\sqrt{p}$ 成反比 D. $\bar{Z}$ 与 p 成正比

27. 理想气体由隔板隔开，当抽开隔板理想气体绝热向真空作自由膨胀，体积 V_0 变为 $2V_0$，设原来的压强为 p_0，膨胀后的压强为原来压强的(　　)。
A. 2 倍 B. $\dfrac{1}{2^\gamma}$ 倍 C. $\dfrac{1}{2}$ 倍 D. 2^γ 倍

28. 设高温热源的热力学温度是低温热源的热力学温度的 n 倍，则理想气体在一次卡诺循环中，传给低温热源的热量为从高温热源吸收的热量的(　　)倍。
A. n B. $n-1$ C. $\dfrac{1}{n}$ D. $\dfrac{n+1}{n}$

29. 一物质系统从外界吸收一定热量，则(　　)。
A. 系统的温度一定保持不变
B. 系统的温度一定降低
C. 系统的温度可能升高，也可能降低或保持不变
D. 系统的温度一定升高

30. 一平面波在弹性介质中传播时，某一时刻在传播方向上介质中某质量元在负的最大位移处，则它的能量是(　　)。
A. 动能为零，势能最大 B. 动能为零，势能为零
C. 动能最大，势能最大 D. 动能最大，势能为零

31. 已知一平面谐波沿 x 轴正方向传播，波速为 c，并知 $x=x_0$ 处质点振动方程为 $y=$

$A\cos\omega t$，则此波的表示式为（　　）。

A. $y=A\cos\omega\left(t-\dfrac{x}{c}\right)$　　　　B. $y=A\cos\omega\left(t+\dfrac{x}{c}\right)$

C. $y=A\cos\omega\left(t-\dfrac{x-x_0}{c}\right)$　　　　D. $y=A\cos\omega\left(t+\dfrac{x-x_0}{c}\right)$

32. 用折射率 $n=1.50$ 的薄膜覆盖在双缝实验中的一条缝上，这时屏幕上的第三级明纹移到原来的零级明条纹的位置上，如果入射光的波长为 600mm，则此薄膜的厚度为（　　）mm。

A. 4.0×10^{-3}　　B. 4.8×10^{-3}　　C. 8.0×10^{-4}　　D. 3.6×10^{-4}

33. 在双缝衍射实验中，若保持双缝 S_1 和 S_2 的中心之间的距离 d 不变，而把两条缝的宽度 a 略微加大，则有（　　）。

A. 单缝衍射的中央主极大变宽，其中包含的干涉条纹数变小
B. 单缝衍射的中央主极大变宽，其中包含的干涉条纹数变多
C. 单缝衍射的中央主极大变窄，其中包含的干涉条纹数变少
D. 单缝衍射的中央主极大变窄，其中包含的干涉条纹数变多

34. 牛顿环实验中，平凸透镜和平玻璃板的折射率为 n，其间为空气，后注入折射率为 $n_1(n_1>n)$ 的透明液体，则反射光的干涉条纹将（　　）。

A. 变疏　　B. 变密　　C. 不变　　D. 不能确定

35. 若用衍射光栅确定一单色可见光的波长，在下列各种光栅常数的光栅中选择（　　）最好。

A. 1.0×10^{-1}mm　　B. 5.0×10^{-1}mm　　C. 1.0×10^{-2}mm　　D. 1.0×10^{-3}mm

36. 两尼科耳棱镜的主截面间的夹角由30°转到45°，则透射光的强度变化为（　　）。

A. $\dfrac{2}{5}$　　B. $\dfrac{2}{4}$　　C. $\dfrac{1}{3}$　　D. $\dfrac{2}{3}$

37. 电子排布为 $1s^22p^63s^23p^63d^5$ 的某元素+3价离子，其在周期表中的位置为（　　）。

A. 第三周期，第ⅤA族
B. 第四周期，第Ⅷ族
C. 第五周期，第ⅤA族
D. 第六周期，第ⅢB族

38. 下列分子中不存在氢键的是（　　）。

A. NH_3　　B. HF　　C. C_2H_5OH　　D. HCl

39. 某一元弱酸的浓度为 0.01mol/L，pH值为 4.55，则其电离常数 K_a 为（　　）。

A. 5.8×10^{-2}　　B. 7.6×10^{-3}　　C. 9.8×10^{-7}　　D. 8.0×10^{-8}

40. 在含有相同浓度的 Ag^+、Ca^{2+}、Ba^{2+} 的溶液中，逐滴加入 H_2SO_4 时，最先与最后沉淀的产物分别是（　　）。（已知 Ag_2SO_4 的 $K_{sp}=1.2\times10^{-5}$，$CaSO_4$ 的 $K_{sp}=7.1\times10^{-5}$，$BaSO_4$ 的 $K_{sp}=1.07\times10^{-10}$）

A. $CaSO_4$ 和 Ag_2SO_4
B. $BaSO_4$ 和 Ag_2SO_4
C. Ag_2SO_4 和 $CaSO_4$
D. $BaSO_4$ 和 $CaSO_4$

41. 下列水溶液凝固点最高的为（　　）。

A. 0.1mol/dm^3 HAc
B. 0.1mol/dm^3 $CaCl_2$
C. 0.1mol/dm^3 NaCl
D. 0.1mol/dm^3 $CaSO_4$

42. 某一温度中，反应 $C(S)+CO_2(g) \rightleftharpoons 2CO(g)$ 在一密闭容器中达到平衡，则加入氮气后平衡将（　　）。

  A. 向右移　　　B. 左移　　　C. 不移动　　　D. 无法确定

43. 反应 $H_2(g)+I_2(g) \rightleftharpoons 2HI(g)$，在 300℃时浓度平衡常数 $K_c=68.2$，450℃时浓度平衡常数 $K_c=52.0$，由此判断下列说法正确的（　　）。

  A. 该反应的正反应是吸热反应　　B. 该反应的逆反应是放热反应

  C. 该反应的正反应是放热反应　　D. 温度对该反应无影响

44. 电解含 Cu^{2+}、Fe^{2+}、Zn^{2+} 和 Ca^{2+} 的电解质水溶液，阴极最先析出的是（　　）。

  A. Zn　　　B. Fe　　　C. Cu　　　D. Ca

45. 阳极用镍，阴极用铁电解 $NiSO_4$，主要电解产物为（　　）。

  A. 阴极有 H_2 产生　　　　　　B. 阴极产生 Ni 和 H_2

  C. 阳极有 O_2 产生　　　　　　D. 阳极 Ni 溶解阴极 Ni 析出

46. 下列化合物中属于醛类的是（　　）。

  A. C_2H_5OH　　B. CH_3COOH　　C. CH_3CHO　　D. $CH_3CH_2NH_2$

47. 若将图 11-1-47 所示三铰刚架中 AC 杆上的力偶移至 BC 杆上，则 A、B、C 处的约束反力（　　）。

  A. 都改变　　　B. 都不改变　　　C. 仅 C 处改变　　　D. 仅 C 处不变

48. 如图 11-1-48 所示系统只受力 F 作用而平衡，欲使 A 支座约束力的作用线与 AB 成 30°，则斜面的倾角 α 应为（　　）。

  A. 0°　　　B. 30°　　　C. 45°　　　D. 60°

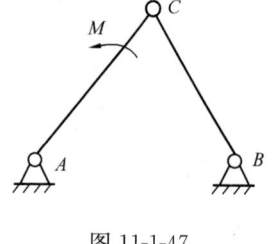

图 11-1-47

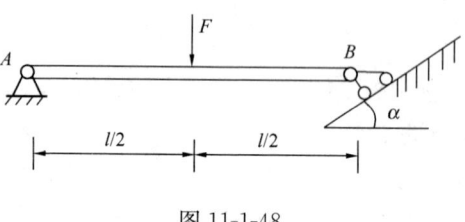

图 11-1-48

49. 沿边长为 a 的正方体侧面 BB_1C_1C 对角线上作用一力 F，如图 11-1-49 所示，则力 F 对 x、y、z 轴之矩为（　　）。

  A. $M_x(F)=\frac{\sqrt{2}}{2}Fa, M_y(F)=-\frac{\sqrt{2}}{2}Fa, M_z(F)=\frac{\sqrt{2}}{2}Fa$

  B. $M_x(F)=Fa, M_y(F)=\frac{\sqrt{2}}{2}Fa, M_z(F)=Fa$

  C. $M_x(F)=\frac{\sqrt{2}}{2}Fa, M_y(F)=-\frac{\sqrt{2}}{2}Fa, M_z(F)=Fa$

  D. $M_x(F)=\sqrt{2}Fa, M_y(F)=\sqrt{2}Fa, M_z(F)=\sqrt{2}Fa$

50. 图 11-1-50 所示四连杆机构 CABD 中 CD 边固定。在铰链 A、B 上分别作用有力 P 和 Q 使机构保持平衡，不计各杆自重，则 AB 杆的内力为（　　）。

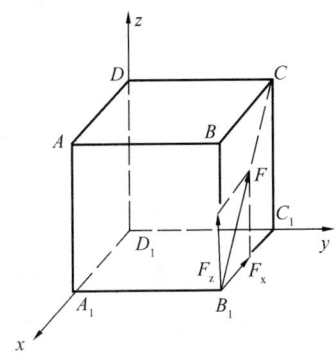

图 11-1-49

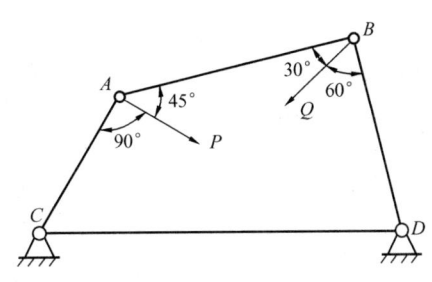

图 11-1-50

A. $S_{AB}=Q\cos30°$　　B. $S_{AB}=P\cos45°$　　C. $S_{AB}=-Q/\cos30°$　　D. $S_{AB}=-P/\cos45°$

51. 一点作平面曲线运动，若其速率不变，则其速度矢量 v 与加速度矢量 a 的关系是（　　）。

A. v 垂直于 a　　　　　　　　　　　　B. v 平行于 a
C. v 与 a 既不平行，也不垂直　　　　D. v 与 a 的夹角随时间和位置而变

52. 如图 11-1-52 所示平面机构中，已知 $\overline{O_1A}=\overline{O_2B}=\overline{AC}=a$，$\overline{O_1O_2}=\overline{AB}$，曲柄 O_1A 以匀角速度 ω 朝顺时针向转动，在图示位置时，O_1、A、C 三点处于同一铅直线上，则此时 C 点的速度 v_C 和加速度 a_C 的大小应为（　　）。

A. $v_C=2a\omega$，$a_C=2a\omega^2$　　　　B. $v_C=2a\omega$，$a_C=a\omega^2$
C. $v_C=a\omega$，$a_C=a\omega^2$　　　　D. $v_C=a\omega$，$a_C=2a\omega^2$

53. 如图 11-1-53 所示半径为 r、偏心距为 e 的凸轮，以匀角速度 ω 绕 O 轴朝逆时针向转动。AB 杆长 l，其 A 端置于凸轮上，B 端为固定铰支座，在图示瞬时，AB 水平，则此时 AB 杆的角速度 ω_{AB} 为（　　）。

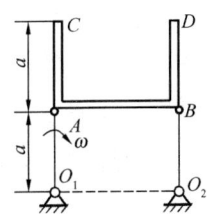

图 11-1-52

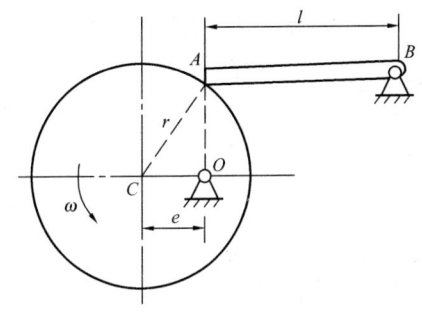

图 11-1-53

A. $\dfrac{e\omega}{l}$，逆时针方向　　　　　　B. $\dfrac{e\omega}{l}$，顺时针方向

C. $\dfrac{\sqrt{r^2-e^2}\cdot\omega}{l}$，逆时针方向　　D. $\dfrac{\sqrt{r^2-e^2}\cdot\omega}{l}$，顺时针方向

54. 当作用在质点系上的外力系的主矢恒为零时，则（　　）。

A. 只有质点系的动量守恒　　　　　　B. 只有质点系的动量矩守恒
C. 只有质点系的动能守恒　　　　　　D. 质点系的动量和动能均守恒

55. 如图 11-1-55 所示均质细直杆 AB 长为 l，质量为 M，图示瞬时，A 点的速度为 v，则 AB 杆的动量大小为( )。

A. mv B. $2mv$ C. $\sqrt{2}mv$ D. $\dfrac{mv}{\sqrt{2}}$

56. 在图 11-1-55 中，图中 AB 杆在该位置时的动能是( )。

A. $\dfrac{1}{2}mv^2$ B. $\dfrac{1}{3}mv^2$ C. $\dfrac{2}{3}mv^2$ D. $\dfrac{4}{3}mv^2$

57. 一均质圆盘的质量为 m，半径为 r，在水平面上只滚不滑，其盘心 O 的加速度为 a_0，方向如图 11-1-57 所示，在圆盘惯性力系中，M_O^I 简化的结果是( )。

A. $M_O^I = \dfrac{1}{2}mr^2 \cdot \dfrac{a_0}{r}$，逆时针方向

B. $M_O^I = \dfrac{1}{2}mr^2 \cdot \dfrac{a_0}{r}$，顺时针方向

C. $M_O^I = \dfrac{2}{3}mr^2 \cdot \dfrac{a_0}{r}$，逆时针方向

D. $M_O^I = \dfrac{3}{2}mr^2 \cdot \dfrac{a_0}{r}$，顺时针方向

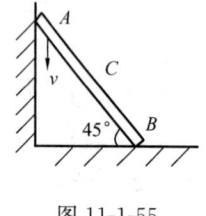

图 11-1-55   图 11-1-57

58. 图 11-1-58 所示两个振动系统中，物块重均为 P，两个弹簧的刚性系数均为 k，弹簧的质量和摩擦不计，设图 11-1-58 中(a)系统自由振动的周期为 T_1，(b)系统自由振动的周期为 T_2，则有( )。

A. $T_1 = 2\pi\sqrt{\dfrac{P}{2gk}}$ B. $T_2 = 2\pi\sqrt{\dfrac{2P}{gk}}$

C. $T_1 = T_2 = 2\pi\sqrt{\dfrac{2P}{gk}}$ D. $T_2 = 2\pi\sqrt{\dfrac{P}{2gk}}$

59. 如图 11-1-59 所示杆件受外力作用，抗拉(压)强度为 EA，则杆的总伸长量为( )。

A. $\dfrac{2Pl}{EA}$ B. $\dfrac{3Pl}{EA}$ C. $\dfrac{4Pl}{EA}$ D. $\dfrac{6Pl}{EA}$

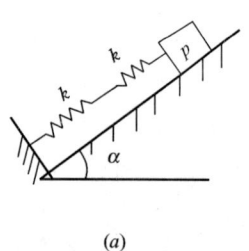

图 11-1-58

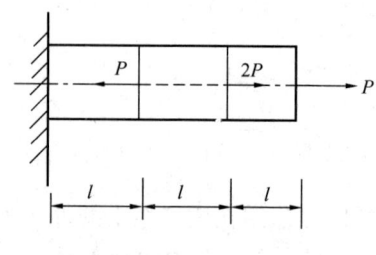

图 11-1-59

60. 下列四个轴向拉杆的轴力图，其中不正确的是(   )。

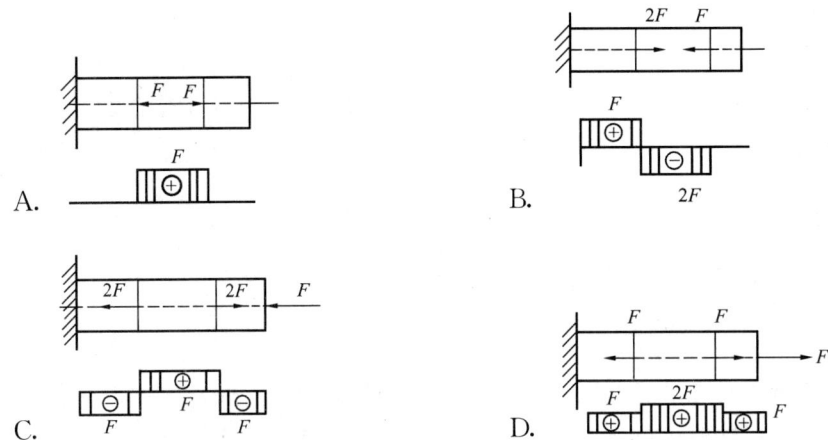

A.   B.   C.   D.

61. 正方形截面混凝土柱，如图 11-1-61 所示，其横截面边长为 200mm，其基底为边长 $a=1$m 的正方形混凝土板。柱受轴向压力 $P=200$kN，假设地基对混凝土板的支反力为均匀分布，混凝土的容许切应力 $[\tau]=1.5$MPa，则使柱不致穿过板而混凝土板所需的最小厚度 t 为(   )mm。

A. 80   B. 100   C. 120   D. 160

62. 图 11-1-62 中受扭转杆上截取出一点的应力状态图应为(   )。

A. 图(a)   B. 图(b)   C. 图(c)   D. 图(d)

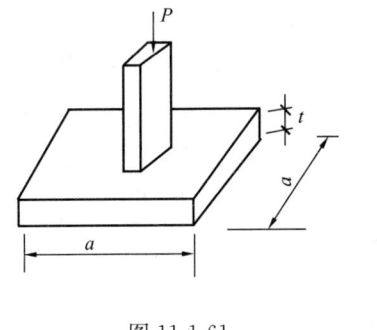

图 11-1-61

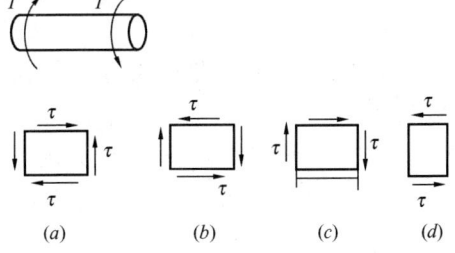

图 11-1-62

63. 如图 11-1-63 所示钢梁原选用工字钢，因刚度不足，采用两翼缘加焊同材质厚度为 t 的钢板加固，则梁对 z 轴抗弯刚度增加值为(   )。

A. $\left[\dfrac{bt^3}{6}+\dfrac{bt(h+t)^2}{2}\right]E$

B. $\dfrac{bt(b+t)^2}{2}\cdot E$

C. $\left[\dfrac{b^3t}{6}+\dfrac{bt(h+t)^2}{2}\right]E$

D. $\dfrac{bt(b+t)^2}{4}\cdot E$

64. 图 11-1-64 所示悬臂梁受载情况，设 M_A、M_C 分别表示梁上 A、C 截面上的弯矩，则(   )。

A. $M_A>M_C$ B. $M_A<M_C$ C. $M_A=M_C$ D. $M_A=-M_C$

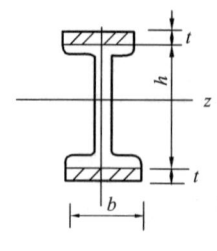

图 11-1-63

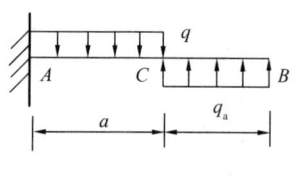

图 11-1-64

65. 图 11-1-65 所示截面的抗弯截面系数 W_z 为( )。

A. $\dfrac{a^3}{6} - \dfrac{\pi d^3}{32}$ B. $\dfrac{a(a-d)^2}{6}$ C. $\dfrac{a^3}{6} - \dfrac{\pi d^4}{32a}$ D. $\dfrac{a^3}{6} - \dfrac{\pi d^3}{16}$

66. 图 11-1-66 所示简支梁的 EI 为已知，A、B 端各作用一力偶 m_1 和 m_2。若使该梁的挠曲线的拐点 C 位于距 A 端 $l/4$ 处，则 m_1 和 m_2 的关系为( )。

A. $m_1 = 3m_2$ B. $m_2 = 3m_1$ C. $m_1 = 2m_2$ D. $m_2 = 2m_1$

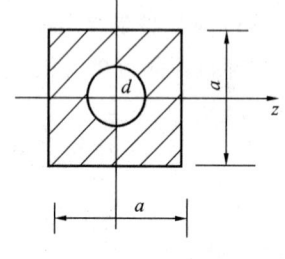

图 11-1-65

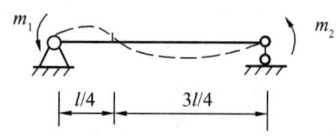

图 11-1-66

67. 如图 11-1-67 所示受均匀荷载 q 作用的超静定梁，当跨度 l 增加一倍而其他条件不变时，跨中 C 点的挠度是原来的( )倍。

A. 2 B. 4 C. 8 D. 16

68. 如图 11-1-68 所示为从内压力为 $P = 0.5\text{MPa}$ 的薄壁容器内壁上取出的一点的应力状态，该点采用第三强度理论校核强度，则其相当应力为( )。

A. $8P$ B. $7P$ C. $12P$ D. $15P$

69. 如图 11-1-69 所示某点应力状态，则该点的主应力为( )。

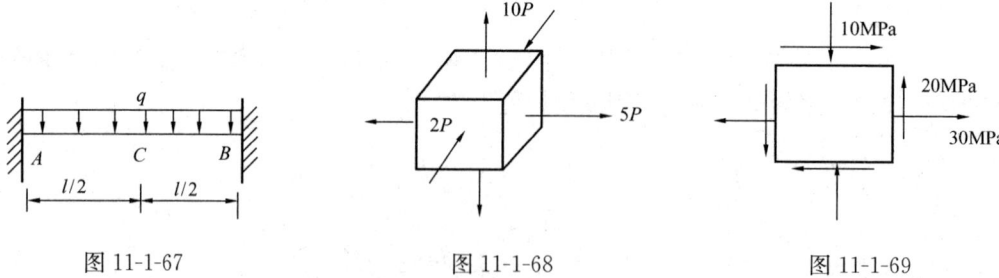

图 11-1-67   图 11-1-68   图 11-1-69

A. $\sigma_1 = 38.3\text{MPa}$，$\sigma_2 = 18.3\text{MPa}$，$\sigma_3 = 0$ B. $\sigma_1 = 38.3\text{MPa}$，$\sigma_2 = 0$，$\sigma_3 = -18.3\text{MPa}$
C. $\sigma_1 = 48.3\text{MPa}$，$\sigma_2 = 25.3\text{MPa}$，$\sigma_3 = 0$ D. $\sigma_1 = 48.3\text{MPa}$，$\sigma_2 = 0$，$\sigma_3 = -25.3\text{MPa}$

70. 图 11-1-70 所示压杆的横截面为矩形，$h = 80\text{mm}$，$b = 40\text{mm}$，杆长 $l = 2.5\text{m}$，$E = 210 \times 10^3 \text{MPa}$，$\sigma_P = 200\text{MPa}$，支承情况为：正视图($a$)的平面内相当于两端铰支；在俯

视图(b)的平面内为弹性固定,μ取为0.8,则此压杆的临界压力为(　　)kN。

A. 221　　　　B. 242　　　　C. 321　　　　D. 345

71. 一封闭容器,水表面上气体的真空值p_v=9.8kPa,则水深1m处的相对压强是(　　)。

A. 9.8kPa　　B. 19.6kPa　　C. 0　　　　D. -9.8kPa

72. 如图11-1-72所示圆弧形闸门,半径R=2m,门宽2m,其所受到的静水总压力的大小为(　　)kN。

A. 42.69　　B. 48.52　　C. 52.36　　D. 58.85

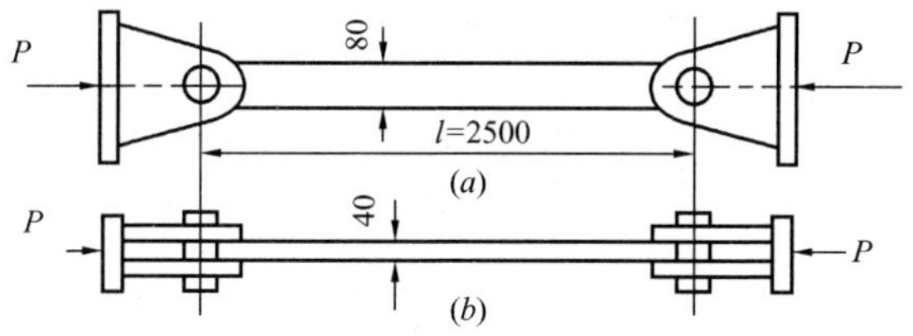

图 11-1-70

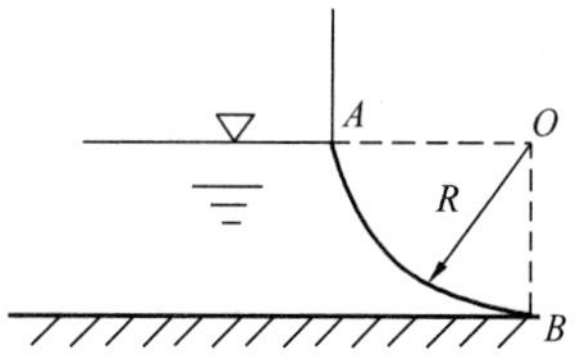

图 11-1-72

73. 如图11-1-73一渐变管水平放置,直径d_1=1m,d_2=0.8m,渐变段起点中心压强p为500kPa(相对压强),流量为800L/s,不计水损失,则渐变段对混凝土墩的水平推力为(　　)kN。

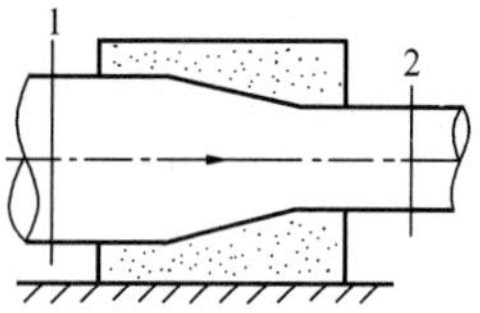

A. 154　　　　　　　　　　B. 151

C. 146　　　　　　　　　　D. 141

图 11-1-73

74. 圆管层流运动,实测管轴线上流速为0.8m/s,则断面平均流速为(　　)m/s。

A. 0.68　　B. 0.52　　C. 0.40　　D. 0.32

75. 某河道中有一圆柱形桥墩,圆柱直径d=1m,水深h=6m,河中流速v=3m/s,绕流阻力系数为0.88,则桥墩受到的作用力为(　　)kN。

A. 23.14　　B. 23.76　　C. 24.23　　D. 24.72

76. 一挡水坝厚度不变,上下水位也不变,在坝里不同的高度开了三个直径相同的孔,如图11-1-76所示,出流流量的关系较合理的是(　　)。

A. $Q_3 > Q_2 > Q_1$　　B. $Q_3 = Q_2 = Q_1$　　C. $Q_3 = Q_2 > Q_1$　　D. $Q_3 > Q_2 = Q_1$

77. 图11-1-77所示梯形渠道底宽度为2m,水深为0.8m,边坡m为1.0,渠道粗糙率n=0.02,底坡为0.001,按曼宁公式计算,则通过的均匀流流量为(　　)m³/s。

A. 2.32　　B. 2.63　　C. 3.15　　D. 3.56

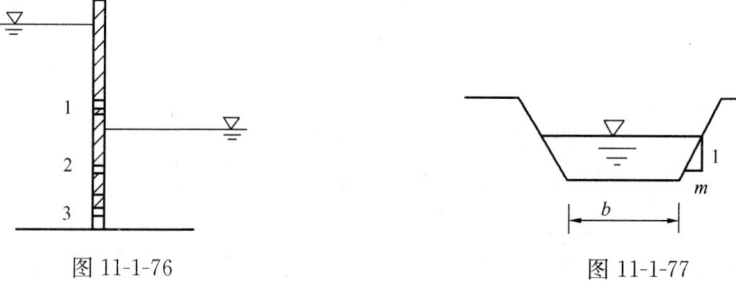

图 11-1-76

图 11-1-77

78. 在设计一个管道流动模型,流动介质的重力起主要作用时,应主要考虑满足的动力相似准则是( )。
   A. 欧拉准则   B. 韦伯准则   C. 雷诺准则   D. 弗罗德准则

79. 计算机能够直接执行的语言为( )。
   A. FORTRAN 语言   B. C 语言
   C. 机器语言   D. 汇编语言

80. 与十进制数 107 等值的二进制数是( )。
   A. 1101011   B. 1011111   C. 1101111   D. 1101101

81. Windows 的任务列表主要可用于( )。
   A. 启动应用程序   B. 切换当前应用程序
   C. 修改程序项的属性   D. 修改程序组的属性

82. 为防止计算机病毒的传染,可采取( )。
   A. 经常格式化软盘   B. 长期不用的文件要重新复制
   C. 不使用来历不明的软盘   D. 带病毒盘与干净盘不放在一起

83. 数据通信中的信道传输速率单位比特率(bps)的含义是( )。
   A. bits per second   B. bytes per second
   C. 每秒电位变化的次数   D. A 和 B

84. 操作系统的特征不包括( )。
   A. 并发性   B. 共享性   C. 随机性   D. 交互性

85. 决定网络使用性能的关键是( )。
   A. 网络硬件   B. 网络软件   C. 网络操作系统   D. 传输介质

86. 二进制数 1011001·00101 转换成十六进制数为( )。
   A. $(B1.28)_{16}$ B. $(B1.27)_{16}$ C. $(A1.28)_{16}$ D. $(A1.27)_{16}$

87. 真彩色图的图像,其颜色深度为( )。
   A. 4   B. 8   C. 16   D. 24

88. 下列有关 Internet、www、域名和 IP 的叙述,不正确的是( )。
   A. www 是 Internet 上的一个应用功能
   B. 域名与 IP 地址的关系是一一对应的
   C. 访问 Internet 上的 Web 站点首先见到的第一画面称为 Web 页
   D. www 浏览器是浏览 www 的客户端软件

89. 如图 11-1-89 所示无限长带电直导线,电荷密度为 η,长度为 l,在距离直线为 r 的 P 点的电场强度为( )。

   A. $\dfrac{\eta}{\pi r \varepsilon_0}$ B. $\dfrac{\eta}{2\pi r \varepsilon_0}$

   C. $\dfrac{\eta \cdot l}{\pi r \varepsilon_0}$ D. $\dfrac{\eta \cdot l}{2\pi r \varepsilon_0}$

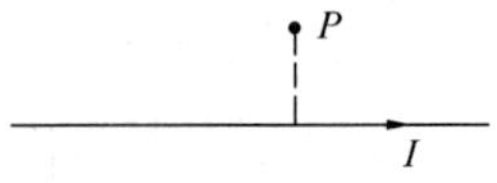

   图 11-1-89

90. 图 11-1-90 所示电路中,N 为含源线性电阻网络,其端上伏安特性曲线如图(b)所示,其等效电路参数为( )。
   A. $U_{oc}=-15V$, $R_0=-3\Omega$ B. $U_{oc}=-15V$, $R_0=3\Omega$

C. $U_{oc}=15V$，$R_0=3\Omega$ D. $U_{oc}=15V$，$R_0=-3\Omega$

91. 图 11-1-91 所示电路，电流 I 为（　　）。
A. $-1A$　　　B. $-2A$　　　C. $-3A$　　　D. $-4A$

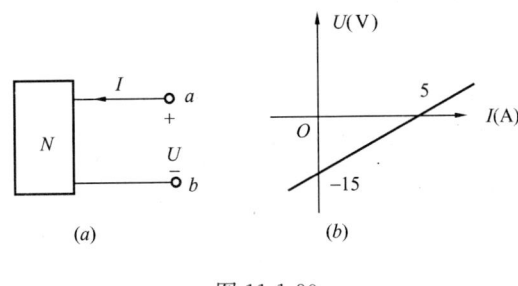
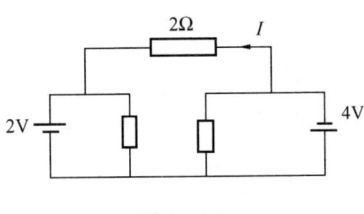

图 11-1-90　　　　　　　　　　　　图 11-1-91

92. 图 11-1-92 所示电路中，ab 两端间接入 4Ω 电阻，则通过它的电流为（　　）。
A. $0.5A$　　　B. $1A$　　　C. $1.25A$　　　D. $2.25A$

93. 图 11-1-93 所示并联交流电路，已知 $Z_1=jX_L$，$Z_2=-jX_C$，$I=5A$，$I_2=1A$，电路呈感性，I_1 等于（　　）。
A. $4A$　　　B. $5.1A$　　　C. $4.9A$　　　D. $6A$

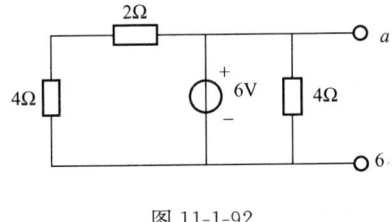
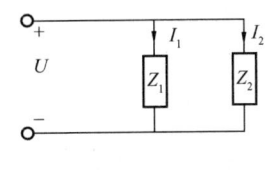

图 11-1-92　　　　　　　　　　　　图 11-1-93

94. 在 RLC 串联电路中，电容 C 可调，已知 $R=500\Omega$，$L=60mH$，要使电路对 $f=4000Hz$ 的信号发生谐振，C 值应调到（　　）。
A. $0.0264\mu F$　　B. $0.264\mu F$　　C. $0.156\mu F$　　D. $0.0156\mu F$

95. 图 11-1-95 所示电路暂态过程的时间常数 τ 等于（　　）。
A. $10C$　　　B. $6C$　　　C. $1C$　　　D. $4C$

96. 三相异步电动机的接线盒中有六个接线端，某电动机铭牌上标有"额定电压 380/220V，接法 Y/△"，这是指（　　）。
A. 当电源相电压为 220V 时，将定子绕组接成三角形，相电压为 380V 时，接成星形
B. 当电源相电压为 220V，线电压为 380V 时，采用 Y/△换接
C. 当电源线电压为 380V 时，将定子绕组接成星形，线电压为 220V，接成三角形
D. 当电源线电压为 380V 时，将定子绕组接成三角形，线电压为 220V 时，接成星形

97. 图 11-1-97 所示电路中，已知稳压管 D_{Z1}、D_{Z2} 的稳定电压分别为 7V 和 7.5V，正向导通压降均为 0.7V，输出电压 U 等于（　　）。
A. $14.5V$　　B. $7.7V$　　C. $8.2V$　　D. $6.3V$

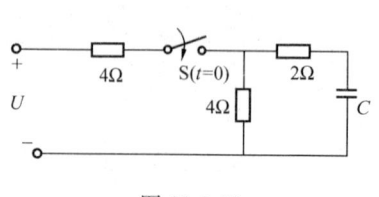
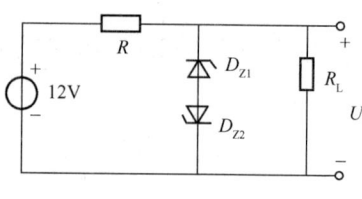

图 11-1-95　　　　　　　　　　　　图 11-1-97

98. 图 11-1-98 所示电路中，三极管 $U_{BE}=0.7V$，$\beta=50$，则三极管的状态为(　　)。

A. 饱和　　　　B. 放大　　　　C. 截止　　　　D. 无法确定

99. 图 11-1-99 积分电路中，在 $t=0$ 时刻开关 S 从"1"位置打到"2"位置，输出电压 U_0 则从 0 降到 $-8V$，其间所需时间为(　　)。

A. 2s　　　　B. 1.5s　　　　C. 1s　　　　D. 0.5s

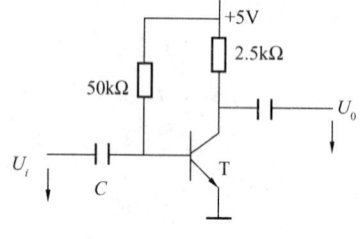
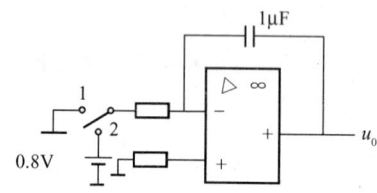

图 11-1-98　　　　　　　　　　　　图 11-1-99

100. 图 11-1-100 所示触发器，已知输入波形 A 和 B，如图所示，并设触发器初态为 0，则触发器的输出波形为(　　)。

A. 图(a)　　　B. 图(b)　　　C. 图(c)　　　D. 图(d)

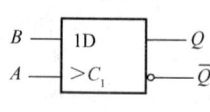
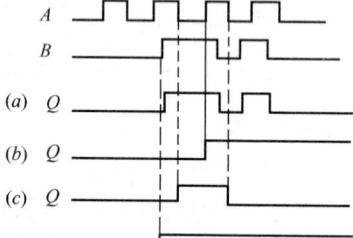

图 11-1-100

101. 同时兼有离散和连续的双重性质的信号是下列(　　)。

A. 模拟信号

B. 数字信号

C. 采样信号

D. 采样保持信号

102. 下述叙述中，不正确的是(　　)。

A. 信息被装载于模拟信号的大小和变化之中

B. 信息被装载于模拟信号特定的频谱结构之中

C. 模拟信号是由诸多频率、大小各不同、相位相同的信号叠加组成的

D. 模拟信号是时间的信号又是频率的信号

103. 对于周期信号，当信号周期加长，则有（　　）。

A. 各次谐波之间的距离缩短，其谱线变疏

B. 各次谐波之间的距离缩短，其谱线变密

C. 各次谐波之间的距离加长，其谱线变疏

D. 各次谐波之间的距离加长，其谱线变密

104. 下列表述中，正确的是（　　）。

A. 模拟信号处理是对所表述信息的处理

B. 数字信号处理是对信号本身的处理

C. 数字信号、模拟信号处理都是对信号本身的处理

D. 数字信号是对所表述信息的处理

105. 二进制数运算式：111×110 等于（　　）。

A. 101010　　B. 101110　　C. 111010　　D. 111110

106. 用一个8位逐次比较型 A/D 转换器组成一个10V量程的直流数字电压表，该电压表测量误差是（　　）mA。

A. 9.80　　B. 19.61　　C. 39.06　　D. 39.22

107. 固定资产是指使用期限超过一年，单位价值在（　　）以上，使用过程中保持原有物质形态的资产。

A. 1000元　　B. 1500元　　C. 2000元　　D. 规定标准

108. 某公司购买一台机器，估计能使用20年，每5年要大修一次，每次大修费用假定为1000元，按年利率12%，每半年计息一次。现在应存入银行（　　）元足以支付20年寿命期间的大修费支。

A. 1649　　B. 1441　　C. 1045　　D. 1024

109. 某建设项目投资400万元，建设期贷款利息40万元，流动资金50万元，投产后年平均收入200万元，年经营费50万元，年上缴销售税费30万元，该项目投资利润率为（　　）。

A. 24.24%　　B. 24.49%　　C. 30.61%　　D. 34.67%

110. A、B两互斥方案，已知 $IRR_{B-A}=18\%>i_c=15\%$，A、B 方案关系为（　　）。

A. A 与 B 无优劣之分　　B. B 一定优于 A

C. A 一定优于 B　　D. 无法断定

111. 某项目有甲、乙、丙、丁四个投资方案，寿命期限都是6年，基准折现率10%，各年的净现金流量如表11-1-111所示，$(P/A,10\%,10)=6.1446$。采用净现值法应选用方案（　　）。

A. 甲　　B. 乙　　C. 丙　　D. 丁

112. 在进行盈亏平衡分析时，项目的可变成本（　　）。

A. 随时间变化而变化　　B. 随销售收入变化而变化

C. 随产量变化而变化　　D. 随单位产品价格变化而变化

各年净现金流量　　　　　　　　表 11-1-111

方案\年份	0	1~10年	方案\年份	0	1~10年
甲	−1300	250	丙	−1000	210
乙	−1200	250	丁	−1000	200

113. 某拟建企业设计生产某种产品，设计年产量为 6000 件，每件出厂价为 50 元，产品销售税率预计为 10%，产品固定成本为 36600 元/年，产品可变成本为 28 元/件，该企业的最大可能盈利是（　　）万元。

　　A. 6.54　　　　B. 10.54　　　　C. 13.54　　　　D. 30.54

114. 在价值工程活动过程中，分析出 $V>1$，则表明（　　）。

　　A. 功能可能过剩　　　　　　B. 功能可能不足
　　C. 实际成本偏高　　　　　　D. 上述 A、B、C 均不对

115. 当事人既约定违约金，又约定定金的，一方违约时，对方（　　）。

　　A. 可以选择适用违约金和定金　　B. 可以选用适用违约金或定金
　　C. 只能适用定金　　　　　　　　D. 只能适用违约金

116. 根据《中华人民共和国建筑法》，建设单位自领取施工许可证之日起最迟可延迟开工（　　）。

　　A. 3 个月　　　B. 6 个月　　　C. 9 个月　　　D. 12 个月

117. 根据《建设工程勘察设计管理条例》，建设工程勘察、设计方案评标，综合评定的指标不包括（　　）。

　　A. 业绩　　　　B. 信誉　　　　C. 资质等级　　　D. 方案

118. 根据《建设工程质量管理条例》，工程承包单位在向建设单位提交竣工验收报告时，应出具（　　）。

　　A. 质量保证书　　　　　　　B. 咨询评估书
　　C. 质量保修书　　　　　　　D. 使用说明书

119. 根据《建设工程安全生产管理条例》，注册执业人员未执行工程建设强制性标准的，情节严重的，（　　）内不予注册。

　　A. 1 年　　　　B. 3 年　　　　C. 5 年　　　　D. 6 年

120. 对超过单位产品能耗限额标准的生产单位，由管理节能工作的部门按照国务院规定的权限责令（　　）。

　　A. 限期治理　　B. 停业整顿　　C. 限期淘汰　　D. 关闭

(下午卷)

1. 下列关于材料抗渗性的叙述，合理的是（　　）。
   A. 渗透系数越小或抗渗等级越高，表明材料的抗渗性越好
   B. 渗透系数越小或抗渗等级越低，表明材料的抗渗性越好
   C. 渗透系数越大或抗渗等级越高，表明材料的抗渗性越好
   D. 渗透系数越大或抗渗等级越低，表明材料的抗渗性越好
2. 硅酸盐水泥的强度等级是根据其（　　）来划分的。
   A. 抗压强度　　　　　　　　　　B. 抗折强度
   C. 抗压强度或抗折强度　　　　　D. 抗压强度和抗折强度
3. 某混凝土工程所用粗骨料含有活性氧化硅，下列抑制碱骨料反应的措施中（　　）是不可行的。
   A. 选用低碱水泥　　　　　　　　B. 掺粉煤灰或硅灰
   C. 减少粗骨料用量　　　　　　　D. 将该混凝土用于干燥工程部位
4. 下列关于缓凝剂的叙述，合理的是（　　）。
   A. 掺了早强剂的混凝土不可掺缓凝剂，两者作用相抵触
   B. 掺缓凝剂的混凝土 28 天强度会偏低，但后期强度会赶上
   C. 缓凝剂可延缓水化热释放速度，可用于大体积混凝土施工
   D. 羟基羧酸盐缓凝剂会改善混凝土的泌水性
5. 沥青胶相对石油沥青而言，其性质的改变是（　　）。
   A. 提高了沥青的黏性和温度稳定性
   B. 降低了沥青的温度稳定和温度敏感性
   C. 提高了沥青的塑性和流动性
   D. 降低了沥青的黏性和温度敏感性
6. 建筑钢材的含碳量直接影响钢材的可焊性，为使碳素结构钢具有良好的可焊性，碳含量应小于（　　）。
   A. 0.3%　　　　B. 0.5%　　　　C. 0.2%　　　　D. 0.12%
7. 只有当木材的含水率在（　　）时，木材的含水率变化才会引起体积变化。
   A. 纤维饱和点以下　　　　　　　B. 纤维饱和点以上
   C. 平衡含水率以下　　　　　　　D. 平衡含水率以上
8. 测量工作的基本原则是从整体到局部，从高级到低级和（　　）原则。
   A. 先细部后控制　　　　　　　　B. 先控制后细部
   C. 控制与细部并行　　　　　　　D. 测图与放样并存
9. 普通水准测量的容许高差闭合差的一般计算公式为（　　）mm。（注：L 表示水准线路长度，以 km 计；n 为测站数。）
   A. $\pm 20\sqrt{L}$　　B. $\pm 40\sqrt{L}$　　C. $\pm 6\sqrt{n}$　　D. $\pm 12\sqrt{n}$
10. 在闭合导线和附合导线计算中，坐标增量闭合差的分配原则是（　　）分配到各边的坐标增量中。
    A. 反符号平均　　　　　　　　　B. 按与边长成正比反符号

C. 按与边长成正比同符号　　　　　　D. 按与坐标增量成正比反符号

11. 地形图按矩形分幅时，常用的编号方法为以图幅（　　）编号。
    A. 东北角坐标值的公里数　　　　　B. 东北角坐标值的米数
    C. 西南角坐标值的公里数　　　　　D. 西南角坐标值的米数

12. 柱子安装时，用经纬仪进行竖直校正，经纬仪应安置在与柱子的距离约为（　　）倍的柱高。
    A. 1　　　　　B. 1.5　　　　　C. 2　　　　　D. 0.5

13. 以下关于投标文件的说法中，不符合《招标投标法》的是（　　）。
    A. 投标文件的编制应当符合招标文件的要求
    B. 投标人应当在招标文件确定的提交投标文件的截止时间前送达投标文件
    C. 投标文件送达招标人后，不得修改、补充或者撤回
    D. 投标人不得以低于成本的报价竞标

14. 《中华人民共和国民法典》规定，当事人在订立合同过程中，因提供虚假情况给对方造成损失的，应当承担（　　）。
    A. 违约责任　　B. 赔偿责任　　C. 返还财产责任　　D. 折价补偿责任

15. 建设单位不得明示或暗示（　　）违反工程建设强制性标准，降低建设工程质量。
    ①勘察单位；②设计单位；③施工单位；④监理单位。
    A. ①②③④　　　B. ①②③　　　C. ②③　　　D. ②③④

16. 下列（　　）位置可以不设置安全警示标志。
    A. 施工现场入口　　　　　　　　　B. 电梯井口
    C. 施工打桩机械　　　　　　　　　D. 有害危险气体存放处

17. 机械开挖基坑土方时，一般要预留（　　）厚土层最后由人工铲除。
    A. 50～100mm　　B. 100～200mm　　C. 200～300mm　　D. 300～400mm

18. 在一般情况下，混凝土冬期施工要求正温浇筑且（　　）。
    A. 高温养护　　B. 正温养护　　C. 自然养护　　D. 负温养护

19. 砂浆应随拌随用，砌砖墙采用水泥砂浆、水泥混合砂浆，必须分别在拌成后（　　）内使用完毕。
    A. 3h；4h　　　B. 4h；3h　　　C. 4h；5h　　　D. 5h；4h

20. 流水节拍是指（　　）。
    A. 一个施工过程在各个施工段上总持续时间
    B. 一个施工过程在一个施工段上持续时间
    C. 两个相邻施工过程先后进入流水施工的时间间隔
    D. 流水施工的工期

21. （　　）不是竣工验收的依据。
    A. 施工图纸与说明书　　　　　　　B. 招投标文件与合同文件
    C. 设计变更签证　　　　　　　　　D. 施工日志

22. 下列对混凝土徐变的影响因素的叙述中，正确的是（　　）。
    A. 水灰比愈大徐变愈小　　　　　　B. 水泥用量愈多徐变愈小
    C. 骨料愈坚硬徐变愈小　　　　　　D. 养护环境湿度愈大徐变愈大

23. 钢筋混凝土偏心受压构件正截面承载力计算中,轴向压力的附加偏心距应取( )。

A. 20mm
B. 截面最大尺寸的 1/30
C. 偏心方向截面最大尺寸的 1/30
D. A、C 两者中的较大值

24. 两个截面尺寸、混凝土强度等级相同的轴心受拉构件配有不同面积和不同级别的钢筋,混凝土开裂后,钢筋应力增量 $\Delta\sigma_s$ 的变化是( )。

A. 强度高的钢筋 $\Delta\sigma_s$ 大
B. 两种钢筋 $\Delta\sigma_s$ 相等
C. A_s 大的钢筋 $\Delta\sigma_s$ 大
D. A_s 小的钢筋 $\Delta\sigma_s$ 大

25. "小震不坏,中震可修,大震不倒"是建筑抗震设防的标准。所谓中震即设防地震是指( )。

A. 6 度以下的地震
B. 6 度或 7 度的地震
C. 50 年设计基准期内,超越概率约为 10% 的地震
D. 50 年设计基准期内,超越概率约为 63.2% 的地震

26. 应力集中现象对钢构件的影响是( )。

A. 使构件承载力降低
B. 使构件承载力提高
C. 使构件塑性降低,脆性增加
D. 使构件截面面积减少

27. 钢梁的刚度条件,即要求梁的挠度 w 不大于容许挠度 $[w]$,决定了钢梁的( )。

A. 最大高度 h_{max}
B. 经济高度 h_s
C. 腹板高度 h_0
D. 最小高度 h_{min}

28. 工字形截面钢梁受压翼缘,其截面板件宽厚比等级为 S4 级,对 Q235 钢为 $b/t \leq 15$,对 Q355 钢,此宽厚比为( )。

A. 小于 15 B. 大于 15 C. 等于 15 D. 无法确定

29. 梯形钢屋架的端斜杆和受较大节间荷载作用的屋架上弦杆的合理截面形式是两个( )。

A. 等肢角钢十字相连
B. 不等肢角钢相连
C. 等肢角钢相连
D. 不等肢角钢长肢相连

30. 下面关于砖砌体的强度与砂浆和砖强度的关系中,正确的是( )。

①砖砌体抗压强度取决于砂浆的强度等级;
②烧结普通砖的抗剪强度取决于砂浆的强度等级;
③烧结普通砖轴心抗拉强度仅取决于砂浆的强度等级;
④烧结普通砖沿通缝截面破坏时,弯曲抗拉强度取决于砂浆的强度等级;
⑤烧结普通砖沿齿缝截面破坏时,弯曲抗拉强度取决于砖的强度等级。

A. ①②③⑤ B. ①②⑤ C. ①②③④ D. ①③④

31. 如图 11-2-31 所示,已知梁高 $h_c=900$mm,跨度 $L=4$m,梁支承长度为 240mm,墙体厚度为 240mm,砌体抗压强度设计值 $f=1.5$MPa,则屋面梁下墙顶截面的偏心距 e 值为( )mm。

A. 22 B. 24 C. 42 D. 48

32. 下面关于砌体房屋中构造柱的说法,不正确的是( )。

A. 构造柱必须先砌墙,后浇柱
B. 构造柱沿墙高每隔 500mm 设置拉结钢筋

C. 构造柱必须单独设基础

D. 构造柱最小截面尺寸 240mm×180mm

33. 下列关于砌体房屋抗震计算，不正确的是（   ）。

A. 多层砌体房屋的抗震计算，可采用底部剪力法

B. 多层砌体房屋，可只选择承载面积较大或竖向应力较小的墙段进行截面抗剪验算

C. 进行地震剪力分配和截面验算时，墙段的层间抗侧力等效刚度可只考虑剪切变形

D. 各类砌体沿阶梯形截面破坏的抗震抗剪强度应采用设计值

34. 图 11-2-34 所示体系的几何组成为（   ）。

A. 常变体系   B. 瞬变体系

C. 无多余约束的几何不变体系   D. 有多余约束的几何不变体系

35. 图 11-2-35 所示桁架，1 杆的轴力为（   ）。

A. $-\sqrt{2}P$（压力） B. $\sqrt{2}P$（拉力） C. $-\dfrac{\sqrt{2}}{2}P$（压力） D. $\dfrac{\sqrt{2}}{2}P$（拉力）

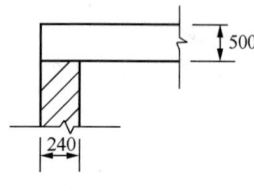

图 11-2-31

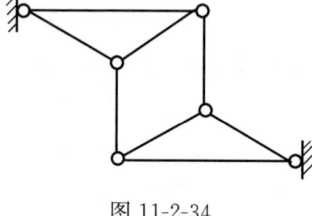

图 11-2-34

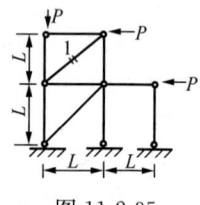

图 11-2-35

36. 图 11-2-36 所示桁架结构，1 杆的轴力为（   ）。

A. 拉力   B. 压力   C. 零

D. 需要定出内部 2 个铰的位置后才能确定其受力性质

37. 静定结构的支座反力或内力，可以通过解除相应的约束，并使其产生虚位移，利用刚体虚功方程来求解，则虚功方程相当于（   ）。

A. 几何方程   B. 物理方程   C. 平衡方程   D. 位移方程

38. 图 11-2-38 所示刚架 DA 杆件 D 截面的弯矩 M_{DA} 之值为（   ）。

A. 35kN·m（上拉）   B. 40kN·m（下拉）

C. 62kN·m（上拉）   D. 45kN·m（下拉）

39. 图 11-2-39 所示组合结构，CF 杆的轴力 N_{CF} 之值为（   ）。

A. $-\dfrac{\sqrt{2}qa}{4}$ B. $\dfrac{5qa}{4}$ C. $\dfrac{7\sqrt{2}qa}{4}$ D. $4\sqrt{2}qa$

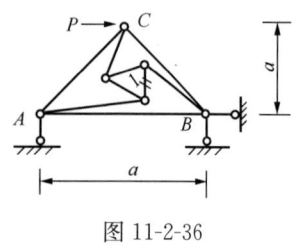

图 11-2-36

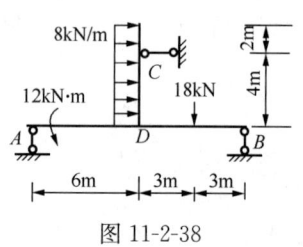

图 11-2-38

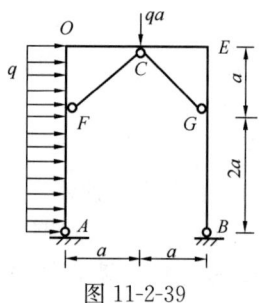

图 11-2-39

40. 图 11-2-40 所示结构中，M_E 和 R_B 之值为（   ）。

A. $M_E = \dfrac{P}{4}(\downarrow), R_B = 0$

B. $M_E = 0, R_B = P(\uparrow)$

C. $M_E = 0, R_B = \dfrac{P}{2}(\uparrow)$

D. $M_E = \dfrac{P}{4}(\downarrow), R_B = \dfrac{P}{2}(\uparrow)$

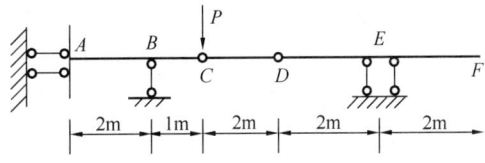

图 11-2-40

41. 图 11-2-41 所示刚架利用对称性简化后的计算简图为（   ）。

A. 图（a）　　B. 图（b）　　C. 图（c）　　D. 图（d）

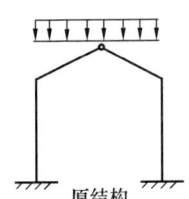 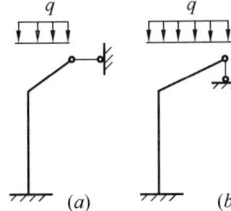 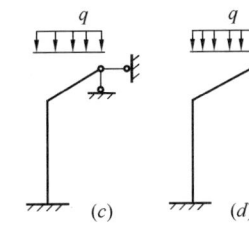

图 11-2-41

42. 图 11-2-42 所示结构，用力法且采用图 11-2-42（b）所示的基本体系，Δ_{1p} 为（   ）。

A. $\dfrac{17ql^4}{24EI}$　　B. $-\dfrac{17ql^4}{24EI}$　　C. $\dfrac{19ql^4}{24EI}$　　D. $-\dfrac{19ql^4}{24EI}$

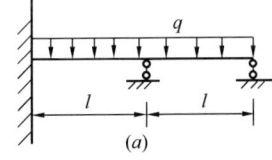 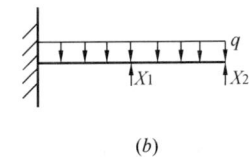

图 11-2-42

43. 图 11-2-43 所示结构，用力法且采用图 11-2-43（b）所示的基本体系，EI 为常数，则 δ_{11} 为（   ）。

A. $\dfrac{2l}{3EI}$　　B. $\dfrac{4l}{3EI}$　　C. $\dfrac{5l}{3EI}$　　D. $\dfrac{7l}{3EI}$

44. 图 11-2-44 所示连续梁中弯矩分配系数 μ_{BC} 和 μ_{CB} 分别为（   ）。

A. $\dfrac{4}{7}, \dfrac{2}{3}$　　B. $\dfrac{2}{7}, \dfrac{2}{3}$　　C. $\dfrac{4}{7}, \dfrac{1}{2}$　　D. $\dfrac{2}{7}, \dfrac{1}{2}$

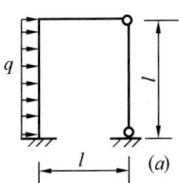 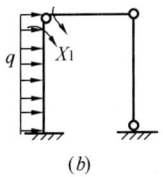 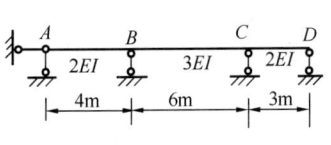

图 11-2-43　　　　　　　　　　　　图 11-2-44

45. 在位移法典型方程中系数 K_{ij}（$i \neq j$）的物理意义为（　　）。
A. 附加约束 i 发生 $\Delta_i=1$ 时，在附加约束 i 上产生的约束力
B. 附加约束 i 发生 $\Delta_i=1$ 时，在附加约束 j 上产生的约束力
C. 附加约束 j 发生 $\Delta_j=1$ 时，在附加约束 i 上产生的约束力
D. 附加约束 j 发生 $\Delta_j=1$ 时，在附加约束 j 上产生的约束力

46. 图 11-2-46 所示结构在移动荷载的作用下，M_B 的最大值（绝对值）为（　　）。
A. 80kN·m　　　B. 100kN·m　　　C. 120kN·m　　　D. 60kN·m

47. 图 11-2-47 所示体系，不计杆件分布质量和轴向变形，其动力自由度个数为（　　）。
A. 4　　　B. 3　　　C. 2　　　D. 1

48. 图 11-2-48 所示体系，杆的质量不计，EI_1 为 ∞，则该体系的自振频率 ω 等于（　　）。

A. $\dfrac{1}{h}\sqrt{\dfrac{EI}{ml}}$　　B. $\dfrac{1}{h}\sqrt{\dfrac{3EI}{ml}}$　　C. $\dfrac{1}{h}\sqrt{\dfrac{EI}{3ml}}$　　D. $\dfrac{2}{h}\sqrt{\dfrac{3EI}{ml}}$

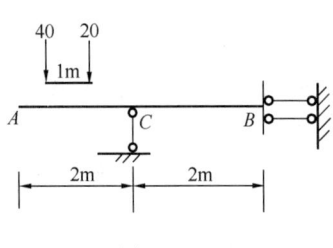
图 11-2-46

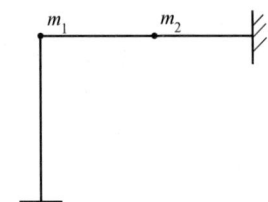
图 11-2-47

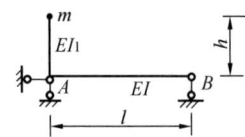
图 11-2-48

49. 结构试验中，等效荷载是指试验荷载在试件上产生的（　　）。
A. 内力图形与设计或实际计算简图相近，控制截面的内力值近似
B. 内力图形与设计或实际计算简图相近，控制截面的内力值相等
C. 内力图形与设计或实际计算简图相等，控制截面的内力值相近
D. 内力图形与设计或实际计算简图相近，各个截面的内力值相等

50. 钢筋混凝土结构的破坏标准中，不正确的是（　　）。
A. 跨中最大挠度达到跨度的 1/50
B. 受拉主筋处的裂缝宽度达到 2.5mm
C. 受剪斜裂缝宽度达到 1.5mm 或受压混凝土剪压破坏或斜压破坏
D. 主筋端混凝土滑移达 0.2mm

51. （　　）不是低周反复加载试验的优点。
A. 在试验过程中可随时停下来观察结构的开裂和破坏状态
B. 可按试验需要修正和改变加载历程
C. 试验的加载历程可由研究者按力或位移对称反复施加
D. 便于检验校核试验数据和仪器的工作情况

52. （　　）不属于结构动力特性试验方法。
A. 环境随机振动法　　　　　　B. 自由振动法

C. 疲劳振动试验 　　　　　　　　D. 强迫振动法

53. 下列检测方法中，（　　）不属于半破损检测方法。
   A. 超声脉冲法　　　　　　　　B. 原位轴压法
   C. 钻芯法　　　　　　　　　　D. 拔出法

54. 根据《建筑地基基础设计规范》对土的工程分类，黏土是指（　　）。
   A. 粒径小于 0.05mm 的土　　　B. 塑性指数大于 10 的土
   C. 粒径小于 0.005mm 的土　　 D. 塑性指数大于 17 的土

55. 不能传递静水压力的土中水是（　　）。
   A. 毛细水　　B. 自由水　　　C. 重力水　　　D. 结合水

56. 饱和黏性土固结过程中，下列（　　）项逐渐转化为土的有效应力。
   A. 静孔隙水压力　　　　　　　B. 总孔隙水压力
   C. 超孔隙水压力　　　　　　　D. 动水力

57. 一个黏土试样进行常规三轴固结不排水剪切试验，围压 $\sigma_3=210$kPa，破坏时 $\sigma_1-\sigma_3=175$kPa，若土样的有效应力强度参数 $c'=20$kPa，$\varphi'=30°$，则破坏时土样中的孔隙水压力大约为（　　）kPa。
   A. 118　　　B. 138　　　　C. 157　　　　D. 175

58. 用库仑土压力理论计算挡土墙的土压力，主动土压力最小的是（　　）。
   A. 土的内摩擦角 φ 较大，墙背外摩擦角 δ 较小
   B. 土的内摩擦角 φ 较小，墙背外摩擦角 δ 较大
   C. 土的内摩擦角 φ 和墙背外摩擦角 δ 都较小
   D. 土的内摩擦角 φ 较大，墙背外摩擦角 δ 较大

59. 单间偏心的矩形基础，当偏心矩 $e<L/6$（L 为力矩作用方向基底边长）时，基底压应力分布图简化为（　　）。
   A. 矩形　　　B. 梯形　　　C. 三角形　　　D. 抛物线形

60. 桩数 6 根的桩基础，若作用于承台顶面的轴心竖向力 $F_k=3000$kN，承台尺寸为 4m×6m，承台底的埋深为 2.0m，则作用于任一单桩的竖向力 Q_{ik} 为（　　）kN。
   A. 500　　　B. 600　　　C. 660　　　D. 680

模 拟 试 题（三）

（上午卷）

1. 点 $(-1, 2, 0)$ 在平面 $x+2y-z+1=0$ 上的投影点是（ ）。

   A. $\left(\frac{5}{3}, -\frac{2}{3}, \frac{2}{3}\right)$ B. $\left(-\frac{5}{3}, \frac{2}{3}, \frac{2}{3}\right)$

   C. $\left(\frac{3}{5}, -\frac{2}{3}, \frac{2}{3}\right)$ D. $\left(-\frac{5}{3}, -\frac{2}{3}, \frac{2}{3}\right)$

2. 已知三角形 ABC 的顶点是 $A(1,2,3)$，$B(3,4,5)$ 和 $C(2,4,7)$，则三角形 ABC 的面积是（ ）。

   A. $\sqrt{14}$ B. $\sqrt{7}$ C. $\sqrt{\frac{7}{2}}$ D. $\sqrt{28}$

3. 直线 $L: \frac{x}{3} = \frac{y}{-2} = \frac{z}{7}$ 与平面 $\pi: 3x-2y+7z=8$ 的关系是（ ）。

   A. L 与 π 斜交   B. L 与 π 平行   C. L 在 π 上   D. L 与 π 垂直

4. 方程 $\frac{z}{3} = \frac{x^2}{4} + \frac{y^2}{9}$ 所表示的曲面是（ ）。

   A. 椭球面   B. 双曲面   C. 椭圆抛物面   D. 柱面

5. 设 $f(x)$ 连续，则 $\lim\limits_{x \to a} \dfrac{x \int_a^x f(t)\,dt}{x-a}$ 的值为（ ）。

   A. $af(a)$ B. $-af(a)$ C. $a^2 f(a)$ D. $\frac{1}{a}f(a)$

6. 函数 $y=2x^3+3x^2-12x+14$ 在 $[3, 4]$ 上的最大值为（ ）。

   A. 23   B. 34   C. 124   D. 142

7. 设 $y=f(x+y)$，其中 f 具有二阶导数，但一阶导数不等于1，则 $\dfrac{d^2y}{dx^2}$ 的值等于（ ）。

   A. $\dfrac{f''}{(1-f')^3}$ B. $\dfrac{f''}{(1+f')^3}$ C. $\dfrac{-f''}{(1-f')^3}$ D. $\dfrac{-f''}{(1+f')^3}$

8. 已知 $f'(\cos x) = \sin x$，则 $f(\cos x)$ 等于（ ）。

   A. $\cos x - \frac{1}{2}\cos^2 x + C$ B. $\frac{1}{2}\left(\frac{\sin 2x}{2} - \frac{1}{3}x\right) + C$

   C. $\frac{1}{2}\left(\frac{\sin 2x}{2} - x\right) + C$ D. $\frac{1}{2}\left(\frac{\sin 2x}{2} + x\right) + C$

9. 计算定积分：$\int_0^3 |x-1|\,dx$ 等于（ ）。

   A. 2   B. 1   C. $\frac{3}{2}$ D. $\frac{5}{2}$

10. 下列对定积分 $\int_{\frac{\pi}{4}}^{\frac{\pi}{2}} \frac{\sin x}{x}\,dx$ 的值的估计式中，正确的是（ ）。

    A. $0 \leqslant \int_{\frac{\pi}{4}}^{\frac{\pi}{2}} \frac{\sin x}{x}\,dx \leqslant \frac{1}{2}$ B. $\frac{1}{2} \leqslant \int_{\frac{\pi}{4}}^{\frac{\pi}{2}} \frac{\sin x}{x}\,dx \leqslant \frac{\sqrt{2}}{2}$

C. $\dfrac{\sqrt{2}}{2} \leqslant \int_{\frac{\pi}{4}}^{\frac{\pi}{2}} \dfrac{\sin x}{x} dx \leqslant 1$ 　　　　　　D. $1 \leqslant \int_{\frac{\pi}{4}}^{\frac{\pi}{2}} \dfrac{\sin x}{x} dx \leqslant 2$

11. 三重积分 $\iiint\limits_{\Omega} x \, dx \, dy \, dz$ 的值等于（　　），其中 Ω 为三个坐标面及平面 $x+2y+z=1$ 所围成的闭区域。

　　A. $\dfrac{1}{48}$　　　　B. $\dfrac{1}{24}$　　　　C. $\dfrac{1}{12}$　　　　D. $\dfrac{1}{6}$

12. 计算曲线积分 $\int_L y^2 \, dx$ 等于（　　），其中 L 是半径为 a、圆心为原点、按逆时针方向绕行的上半圆周。

　　A. $-\dfrac{8}{3}a^3$　　　　B. $-\dfrac{4}{3}a^3$　　　　C. $-a^3$　　　　D. $\dfrac{8}{3}a^3$

13. 下列级数中，发散的级数是（　　）。

　　A. $\sum\limits_{n=1}^{\infty} \dfrac{1}{\sqrt{n(n^2+1)}}$ 　　　　　　B. $\sum\limits_{n=1}^{\infty} \dfrac{1}{n \cdot \sqrt[n]{n}}$

　　C. $\sum\limits_{n=1}^{\infty} \dfrac{n}{2^n}$ 　　　　　　　　　　　D. $\sum\limits_{n=1}^{\infty} 2^n \cdot \sin \dfrac{\pi}{3^n}$

14. 幂级数 $\sum\limits_{n=1}^{\infty} \dfrac{(x-1)^n}{n \cdot 2^n}$ 的收敛半径为（　　）。

　　A. 1　　　　B. $\dfrac{1}{2}$　　　　C. 2　　　　D. $\dfrac{3}{2}$

15. 函数 $\dfrac{1}{x}$ 展开成 $(x-3)$ 的幂级数为（　　）。

　　A. $\sum\limits_{n=0}^{\infty} (-1)^n \cdot \dfrac{(x-3)^n}{3^{n+1}} \; (0<x<6)$ 　　B. $\sum\limits_{n=0}^{\infty} (-1)^n \cdot \dfrac{(x-3)^n}{3^n} \; (0<x<6)$

　　C. $\sum\limits_{n=0}^{\infty} (-1)^{n+1} \cdot \dfrac{(x-3)^n}{3^{n+1}} \; (0<x<6)$ 　　D. $\sum\limits_{n=0}^{\infty} (-1)^{n+1} \cdot \dfrac{(x-3)^n}{3^n} \; (0<x<6)$

16. 设 $f(x)=\begin{cases} -1 & (-\pi < x \leqslant 0) \\ 1+x^2 & (0<x \leqslant \pi) \end{cases}$，则它以 2π 为周期的傅里叶级数在点 $x=\pi$ 处收敛于（　　）。

　　A. $\dfrac{\pi^2}{2}$　　　　B. $-\dfrac{\pi^2}{2}$　　　　C. π^2　　　　D. $-\pi^2$

17. 微分方程 $xy'-y\ln y=0$，满足 $y|_{x=1}=e$ 的解为（　　）。

　　A. $y=e^{2-x}$　　B. $y=e^x$　　C. $y=e^{\sin(\frac{\pi}{2}x)}$　　D. $y=e^{\tan(\frac{\pi}{4}x)}$

18. 一批产品共有10个正品和2个次品，任意抽取两次，每次抽一个，抽出后不再放回，则第二次抽出的是次品的概率是（　　）。

　　A. $\dfrac{1}{6}$　　　　B. $\dfrac{1}{11}$　　　　C. $\dfrac{1}{5}$　　　　D. $\dfrac{2}{11}$

19. 设总体 X 服从参数 λ 的指数分布，$x_1, x_2, \cdots, x_n$ 是从中抽取的样本，则 $E(\overline{X})$ 的值等于（　　）。

A. $\dfrac{1}{\lambda^2}$ B. $\dfrac{\lambda}{n}$ C. $\dfrac{1}{\lambda}$ D. $\dfrac{n}{\lambda}$

20. 设随机变量 X 的数学期望与标准差都等于 2，记 $Y=3-X$，则 $E(Y^2)$ 等于（ ）。

  A. 5   B. 7   C. 9   D. 12

21. 行列式 $\begin{vmatrix} 1 & x & yz \\ 1 & y & zx \\ 1 & z & xy \end{vmatrix}$ 的值等于（ ）。

  A. $(x-y)(z-y)(z-x)$ B. $(y-x)(y-z)(z-x)$

  C. $(x-y)(y-z)(x-z)$ D. $(x-y)(y-z)(z-x)$

22. 设 A 为 $m\times n$ 矩阵，齐次线性方程组 $AX=0$ 仅有零解的充分必要条件是（ ）。

  A. A 的行向量组线性无关   B. A 的行向量组线性相关

  C. A 的列向量组线性无关   D. A 的列向量组线性相关

23. 设 A、B 是 n 阶方阵，下列命题中，正确的是（ ）。

  A. $(AB)^2=A^2B^2$ B. $(A+B)(A-B)=A^2-B^2$

  C. $(A+B)^2=A^2+2AB+B^2$ D. $(A+E)^2=A^2+2A+E$

24. 二次型 $f=2x_1^2+3x_2^2+3x_3^2+4x_2x_3$，可以由正交变换化作标准型，下列命题中，正确的标准型是（ ）。

  A. $2y_1^2+y_1^2+5y_3^2$ B. $2y_1^2+y_2^2-5y_3^2$

  C. $y_1^2+2y_2^2+5y_3^2$ D. $y_1^2+2y_2^2-5y_3^2$

25. 一个容器内储有氢气，其压强为 $p=1.0$ 大气压，温度为 270℃，该氢气的密度为（ ）kg/m^3。

  A. 4.47^4 B. 4.47×10^{-1}

  C. 4.47×10^{-2} D. 4.47×10^{-3}

26. 一定质量的理想气体经历了下列（ ）项状态变化过程后，它的内能是增大。

  A. 等温压缩   B. 等容降压   C. 等压压缩   D. 等压膨胀

27. 1mol 的单原子理想气体，从状态 Ⅰ（p_1，V_1，T_1）变到状态 Ⅱ（p_2，V_2，T_2），如图 12-1-27 所示，则此过程中气体对外做的功及吸收的热量为（ ）。

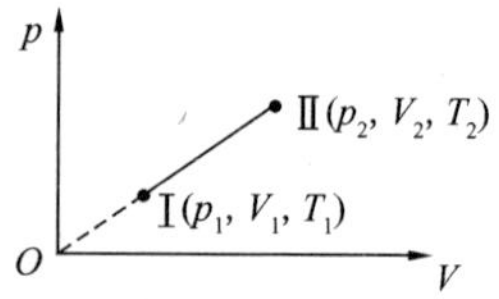

  A. $A=\dfrac{1}{2}(p_1+p_2)V_2, Q=\dfrac{3}{2}R(T_1-T_2)+\dfrac{1}{2}(p_1+p_2)(V_2-V_1)$

  B. $A=\dfrac{1}{2}(p_1+p_2)(V_2-V_1), Q=\dfrac{3}{2}R(T_2-T_1)+\dfrac{1}{2}(p_1+p_2)(V_2-V_1)$

  C. $A=\dfrac{1}{2}p_2V_2, Q=\dfrac{5}{2}R(T_2-T_1)+\dfrac{1}{2}p_2V_2$

  D. $A=\dfrac{1}{2}p_2(V_2-V_1), Q=\dfrac{1}{2}RT_2+\dfrac{1}{2}P_2V_2$

图 12-1-27

28. 理想气体处于平衡状态，设温度为 T，分子自由度为 i，则每个气体分子具有的（　　）。

A. 动能为 $\frac{i}{2}KT$ B. 平均动能为 $\frac{i}{2}KT$

C. 动能为 $\frac{i}{2}RT$ D. 平均平动动能为 $\frac{i}{2}RT$

29. 根据热力学第二定律，下列说法正确的是（　　）。

A. 一切自发过程都是不可逆的

B. 不可逆过程就是不能向相反方向进行的过程

C. 功可以全部转化为热，但热不可以全部转化为功

D. 热可以从高温物体传到低温物体，但不能从低温物体传到高温物体

30. 图 12-1-30 所示为沿 x 轴负方向传播的平面简谐波在 $t=0$ 时刻的波形，若波动方程以余弦函数表示，则 O 点处质点振动的初相位角为（　　）。

A. 0   B. $\pi/2$

C. π D. $3\pi/2$

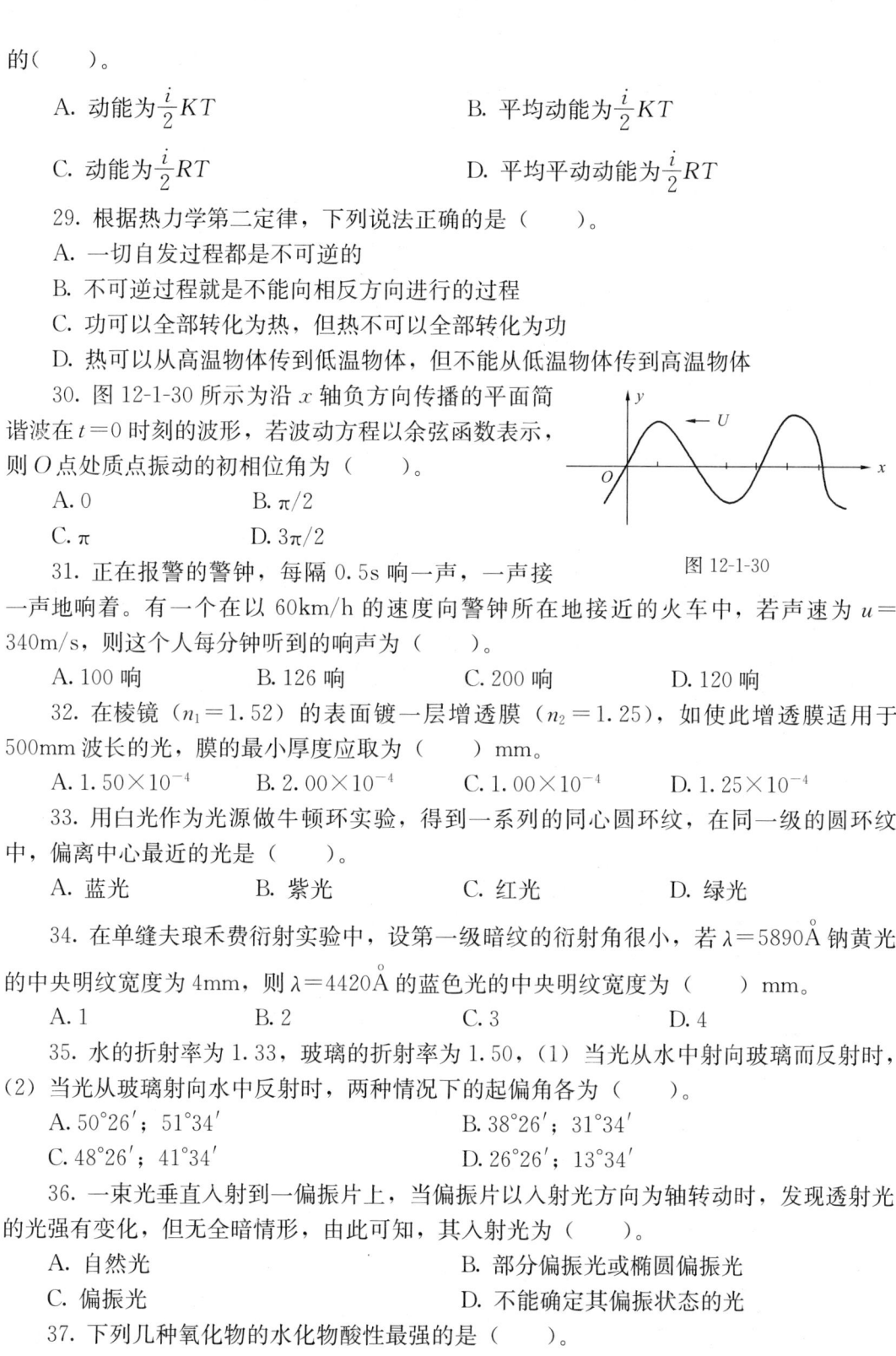

图 12-1-30

31. 正在报警的警钟，每隔 0.5s 响一声，一声接一声地响着。有一个在以 60km/h 的速度向警钟所在地接近的火车中，若声速为 $u=340$m/s，则这个人每分钟听到的响声为（　　）。

A. 100 响   B. 126 响   C. 200 响   D. 120 响

32. 在棱镜（$n_1=1.52$）的表面镀一层增透膜（$n_2=1.25$），如使此增透膜适用于 500mm 波长的光，膜的最小厚度应取为（　　）mm。

A. 1.50×10^{-4} B. 2.00×10^{-4} C. 1.00×10^{-4} D. 1.25×10^{-4}

33. 用白光作为光源做牛顿环实验，得到一系列的同心圆环纹，在同一级的圆环纹中，偏离中心最近的光是（　　）。

A. 蓝光   B. 紫光   C. 红光   D. 绿光

34. 在单缝夫琅禾费衍射实验中，设第一级暗纹的衍射角很小，若 $\lambda=5890\overset{\circ}{A}$ 钠黄光的中央明纹宽度为 4mm，则 $\lambda=4420\overset{\circ}{A}$ 的蓝色光的中央明纹宽度为（　　）mm。

A. 1   B. 2   C. 3   D. 4

35. 水的折射率为 1.33，玻璃的折射率为 1.50，（1）当光从水中射向玻璃而反射时，（2）当光从玻璃射向水中反射时，两种情况下的起偏角各为（　　）。

A. $50°26'$；$51°34'$ B. $38°26'$；$31°34'$

C. $48°26'$；$41°34'$ D. $26°26'$；$13°34'$

36. 一束光垂直入射到一偏振片上，当偏振片以入射光方向为轴转动时，发现透射光的光强有变化，但无全暗情形，由此可知，其入射光为（　　）。

A. 自然光   B. 部分偏振光或椭圆偏振光

C. 偏振光   D. 不能确定其偏振状态的光

37. 下列几种氧化物的水化物酸性最强的是（　　）。

A. CO_2 B. As_2O_3 C. ZnO D. Mn_2O_7

38. 用杂化轨道理论推测下列分子的空间构型，其中为正面体的是（　　）。

A. SiH_4 B. CH_3Cl C. $CHCl_3$ D. BBr_3

39. 体积和pH值相同的醋酸和盐酸溶液，分别与碳酸钠反应，相同条件下，两种酸放出的二氧化碳体积相比较是（   ）。

    A. 相等   B. 醋酸比盐酸多   C. 盐酸比醋酸多   D. 无法确定

40. 等体积混合pH＝2和pH＝4的两种强酸溶液后，溶液的pH值约为（   ）。

    A. 2   B. 3   C. 2.3   D. 4

41. 往醋酸溶液中加入少量（   ）时，使醋酸电离度和溶质的pH值都增大。

    A. NaAc晶体   B. NaOH晶体   C. HCl（g）   D. NaCl晶体

42. 已知反应A（g）＋2B（l）＝4C（g）的平衡常数为 $K_1^\ominus$ ＝0.08，则反应2C（g）＝1/2A（g）＋B（l）的平衡常数 $K_2^\ominus$ 为（   ）。

    A. 8.00   B. 6.64   C. 4.00   D. 3.54

43. 在下列平衡系统中 $PCl_5 = PCl_3(g) + Cl_2(g)$，$\Delta_r H_m^\ominus > 0$，欲增大生成物 Cl_2 平衡时的浓度，需采取（   ）措施。

    A. 升高温度   B. 降低温度

    C. 加大 PCl_3 浓度   D. 加大压力

44. 钢铁在大气中发生的电化学腐蚀为吸氧腐蚀，在吸氧腐蚀中阳极发生的反应是（   ）。

    A. $Fe - 2e = Fe^{2+}$ B. $Fe - 3e = Fe^{3+}$

    C. $2H^+ + 2e = H_2$ D. $O_2 + 2H_2O + 4e = 4OH^-$

45. 电解浓度相同的 $FeCl_2$、$CuCl_2$、$ZnCl_2$ 和 $NaCl$ 的混合液，用石墨作电极，在阴极放电的次序是（   ）。

    A. $Cu^{2+} \to Fe^{2+} \to Zn^{2+} \to Na^+$ B. $Na^+ \to Zn^{2+} \to Fe^{2+} \to Cu^{2+}$

    C. $Cu^{2+} \to Fe^{2+} \to H^+ \to Zn^{2+}$ D. $Cu^{2+} \to Fe^{2+} \to Zn^{2+} \to H^+$

46. 苯酚和甲醛在酸或碱催化作用下，生成物是（   ）。

    A. 聚碳酸酯   B. 丁腈橡胶

    C. 酚醛树脂   D. 涤纶

47. 图12-1-47所示水平简支梁 AB 上，作用一对等值、反向、沿铅直向作用的力，其大小均为 P，间距为 h，梁的跨度为 L，其自重不计，则支座 A 的反力 R_A 为（   ）。

    A. $R_A = \dfrac{Ph}{L}$，铅直向下   B. $R_A = \dfrac{Ph}{L}$，铅直向上

    C. $R_A = \dfrac{\sqrt{2}Ph}{L}$，$R_A$ 与 AB 方向的夹角为 $-45°$，指向右下方

    D. $R_A = \dfrac{\sqrt{2}Ph}{L}$，$R_A$ 与 AB 方向的夹角为 $135°$，指向左上方

48. 悬臂梁的尺寸及荷载如图12-1-48所示，它的约束反力为（   ）。

    A. $Y_A = \dfrac{1}{2}q_0 l$，铅直向上   B. $M_A = \dfrac{1}{6}q_0 l^2$，逆时针方向

    C. $Y_A = \dfrac{1}{2}q_0 l$，$M_A = \dfrac{1}{6}q_0 l^2$，逆时针方向   D. $Y_A = \dfrac{1}{2}q_0 l$，$M_A = \dfrac{1}{6}q_0 l^2$，顺时针方向

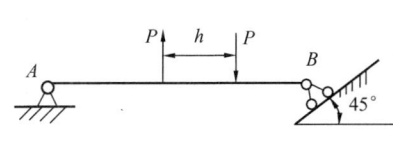
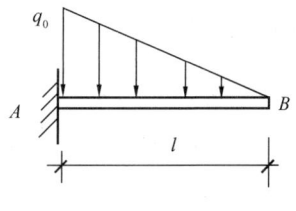

图 12-1-47　　　　　　　　　图 12-1-48

49. 一平面力系向点 1 简化时，主矢 $R_1\neq0$，主矩 $M_1=0$，若将该力系向另一点 2 简化，其主矢和主矩是（　　）。

A. 可能为 $R_2\neq0$，$M_2\neq0$　　　　B. 可能为 $R_2=0$，$M_2\neq M_1$

C. 可能为 $R_2=0$，$M_2=M_1$　　　　D. 不可能为 $R_2\neq0$，$M_2=M_1$

50. 一空间力系，若向 O 点简化的主矢 $R'\neq0$，主矩 $M_0\neq0$，且 R' 与 M_0 既不平行，也不垂直，则其简化的最后结果为（　　）。

A. 合力　　　　B. 力偶　　　　C. 力螺旋　　　　D. 平衡

51. 在图 12-1-51 所示机构中，已知 $\overline{O_1O_2}$ 为 a cm，$\omega_1=6$rad/s，则在图示位置时，O_2A 杆的角速度 ω_2 为（　　）。

A. $\omega_2=2$rad/s，逆时针方向　　　　B. $\omega_2=4$rad/s，逆时针方向

C. $\omega_2=2$rad/s，顺时针方向　　　　D. $\omega_2=4$rad/s，顺时针方向

52. 长方形板 $ABCD$ 以匀角速度 ω 绕直轴 z 转动，点 M_1 沿对角线 BD 以匀速 v_1 相对于板运动，点 M_2 沿 CD 边以匀速 v_2 相对于板运动，如图 12-1-52 所示，若取动参考系与此方形板固结，则点 M_1 和 M_2 的科氏加速度大小 a_{1k} 和 a_{2k} 分别为（　　）。

A. $a_{1k}=2\omega v_1\sin\alpha$，$a_{2k}=2\omega v_2$　　　　B. $a_{1k}=2\omega v_1\sin\alpha$，$a_{2k}=0$

C. $a_{1k}=2\omega v_1$，$a_{2k}=0$　　　　D. $a_{1k}=0$，$a_{2k}=2\omega v_2$

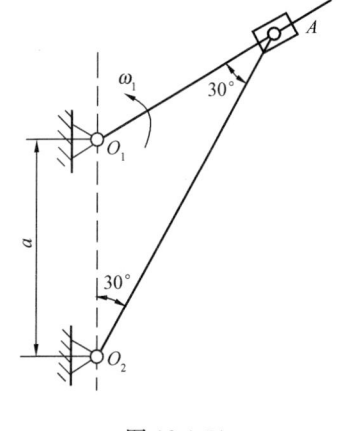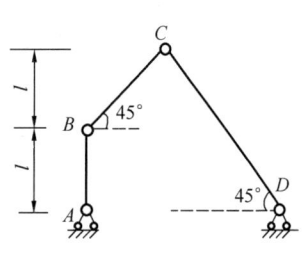

图 12-1-51　　　　　　图 12-1-52　　　　　　图 12-1-53

53. 平面四连杆机构 $ABCD$ 如图 12-1-53 所示，如杆 AB 以匀角速度 ω 绕 A 轴顺时针向转动，则 CD 杆的角速度 ω_{CD} 为（　　）。

A. $\frac{\omega}{2}$，逆时针方向　　　　B. $\frac{\omega}{2}$，逆时针方向

C. $\dfrac{\omega}{4}$，顺时针方向   D. $\dfrac{\omega}{4}$，顺时针方向

54. 均质杆 OA 长 l，可在铅直平面内绕水平固定轴 O 转动，开始杆处在图 12-1-54 所示的稳定平衡位置。欲使此杆转过 $\dfrac{1}{4}$ 转而达到水平位置，应给予杆的另一端 A 点的速度大小 v_A 为（　　）。

A. $2\sqrt{6gl}$　　　　B. $2\sqrt{3gl}$　　　　C. $\sqrt{6gl}$　　　　D. $\sqrt{3gl}$

55. 均匀圆轮重 P，其半径为 r，轮上绕以细绳，绳的一端固定于 A 点，如图 12-1-55 所示。当圆轮下降时轮心的加速度 a_c 和绳子的拉力 T 的大小分别为（　　）。

A. $a_c=\dfrac{2}{3}g$，$T=\dfrac{1}{3}P$ B. $a_c=\dfrac{4}{5}g$，$T=\dfrac{1}{3}P$

C. $a_c=\dfrac{2}{3}g$，$T=\dfrac{1}{5}P$ D. $a_c=\dfrac{4}{5}g$，$T=\dfrac{1}{5}P$

56. 如图 12-1-56 所示直角形刚性弯杆 OAB 由 OA 和 AB 杆固结而成，均质杆 AB 的质量为 m，其长度为 $2R$，OA 杆长度为 R，其质量不计。在图示瞬时，直角形杆绕 O 轴转动的角速度和角加速度分别为 ω 与 ε，则均质杆 AB 的惯性力系向 O 点简化的主矢 R^I 和主矩 M_0^I 的大小为（　　）。

A. $R^I=mR\sqrt{\varepsilon^2+\omega^4}$，$M_0^I=\dfrac{1}{3}mR^2\varepsilon$　　　B. $R^I=mR\sqrt{\varepsilon^2+\omega^4}$，$M_0^I=\dfrac{7}{3}mR^2\varepsilon$

C. $R^I=mR\sqrt{2(\varepsilon^2+\omega^4)}$，$M_0^I=\dfrac{1}{3}mR^2\varepsilon$　D. $R^I=mR\sqrt{2(\varepsilon^2+\omega^4)}$，$M_0^I=\dfrac{7}{3}mR^2\varepsilon$

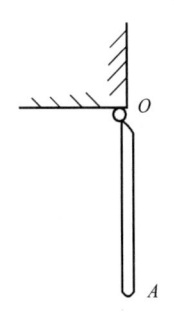　　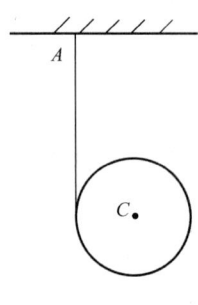　　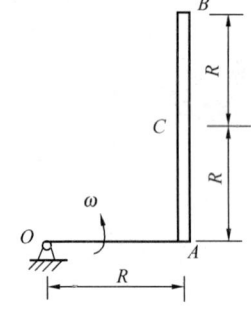

图 12-1-54　　　　　　图 12-1-55　　　　　　图 12-1-56

57. 如图 12-1-57 所示机构在水平力 P 和力偶矩 m 的力偶作用下处于平衡，此时 A、D 两点虚位移大小 δr_A 与 δr_D 的关系是（　　）。

A. $\delta r_D = \cot\theta \delta r_A$ B. $\delta r_D = \tan\theta \delta r_A$

C. $\delta r_D = \cot 2\theta \delta r_A$ D. $\delta r_D = \tan 2\theta \delta r_A$

58. 如图 12-1-58 所示，在倾角为 α 的光滑斜面上置一刚性系数为 k 的弹簧，一质量为 m 的物块沿斜面下滑 S 距离与弹簧相碰，碰后弹簧与物块不分离并发生振动，则自由振动的固有圆频率为（　　）。

A. $\sqrt{\dfrac{k}{m}}$　　　　B. $\sqrt{\dfrac{k}{mS}}$　　　　C. $\sqrt{\dfrac{k}{m\sin\alpha}}$　　　　D. $\sqrt{\dfrac{k\sin\alpha}{m}}$

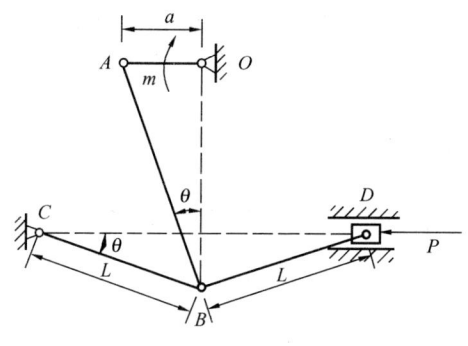

图 12-1-57

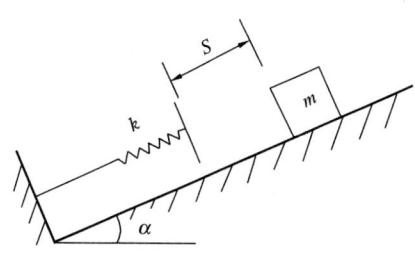

图 12-1-58

59. 图 12-1-59 所示吊篮设备，三根吊索材料、截面积均相同，吊篮受荷载及自重共为 P，不计吊篮的变形，则吊索 2 中的轴力为（　　）。

A. $\dfrac{1}{4}P$ B. $\dfrac{1}{3}P$ C. $\dfrac{1}{2}P$ D. P

60. 图 12-1-60 所示构件 BC 段的最大应力为其他段应力的（　　）倍。

A. 2   B. 4   C. 6   D. 8

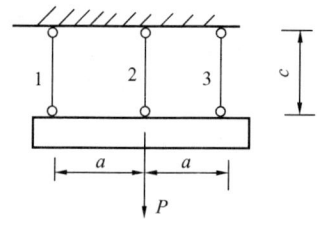

图 12-1-59

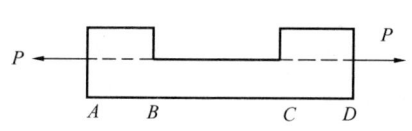

图 12-1-60

61. 图 12-1-61 所示机构中，B 点受铅重荷载 P 作用，其中钢杆 AB 长为 2m，截面面积为 600mm²，容许正应力 $[\sigma]=180\text{MPa}$，木杆 BC 的截面面积为 1000mm²，容许正应力 $[\sigma]=80\text{MPa}$，则许可荷载 $[P]$ 的值为（　　）kN。

A. 46.2   B. 48.2   C. 54.0   D. 58.2

62. 图 12-1-62 所示的销钉连接中，构件 A 通过安全销 C 将力偶矩传递到构件 B，已知荷载 P 为 4kN，加力臂长为 1.2m，构件 B 的直径 D 为 65mm，销钉的极限切应力 τ_0 为 200MPa，则安全销所需的直径为（　　）mm。

A. 20.2   B. 21.6   C. 22.3   D. 23.1

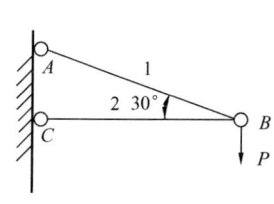

图 12-1-61

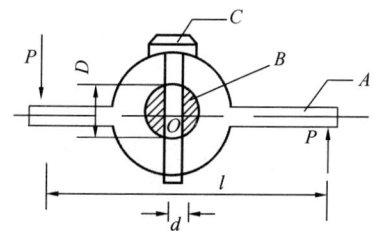

图 12-1-62

63. 图12-1-63所示圆形截面梁由A、B两种材料套装而成，AB层间摩擦力不计，材料的弹性模量$E_B=2E_A$，则在外力偶m的作用下，A、B中最大正应力的比值$(\sigma_{max})_A/(\sigma_{max})_B$为（　　）。

A. $\dfrac{1}{6}$　　　　B. $\dfrac{1}{4}$　　　　C. $\dfrac{1}{8}$　　　　D. $\dfrac{1}{2}$

64. 图12-1-64所示等边角钢的横截面面积为A，形心在C点，下列结论正确的是（　　）。

(1) $I_x=I_y$，$I_{x'}=I_{y'}$，$I_{x''}=I_{y''}$

(2) $I_{xy}>0$，$I_{x'y'}<I_{xy}$，$I_{x''y''}=0$

(3) $I_x>I_{x'}$

A. (1)、(2)　　　B. (2)、(3)　　　C. (1)、(3)　　　D. (1)、(2)、(3)

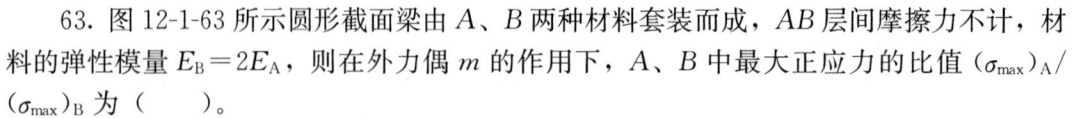

图12-1-63　　　　　　　　　　　　　图12-1-64

65. 如图12-1-65所示矩形截面外伸梁ABC，受移动荷载P作用，荷载P从A移动到C过程中，梁横截面上的最大正应力和最大切应力为（　　）。

A. 10MPa；0.375MPa　　　　　　B. 10MPa；0.25MPa

C. 15MPa；0.375MPa　　　　　　D. 15MPa；0.25MPa

66. 如图12-1-66所示外伸梁，受移动荷载P作用，P移到（　　）项截面处时，梁内的拉应力最大。

A. A　　　　B. B　　　　C. C　　　　D. D

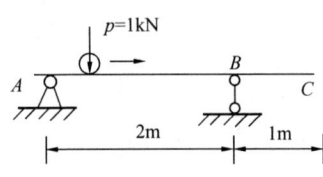 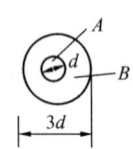 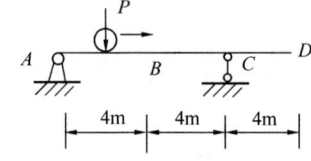 

图12-1-65　　　　　　　　　　　　　图12-1-66

67. 如图12-1-67所示阶梯状变截面直杆受轴向压力P作用，其变形能U应为（　　）。

A. $\dfrac{3P^2l}{2EA}$　　　B. $\dfrac{3P^2l}{4EA}$　　　C. $\dfrac{P^2l}{EA}$　　　D. $\dfrac{2P^2l}{EA}$

68. 受力情况相同的3种等截面梁，分别按图12-1-68所示（a）、（b）、（c）情况放置，块材间未粘结，则这3种梁的横截面上的最大正应力$(\sigma_{max})_a$、$(\sigma_{max})_b$、$(\sigma_{max})_c$的关系是（　　）。

A. $(\sigma_{max})_a<(\sigma_{max})_b<(\sigma_{max})_c$　　　B. $(\sigma_{max})_a=(\sigma_{max})_b<(\sigma_{max})_c$

C. $(\sigma_{max})_a<(\sigma_{max})_b=(\sigma_{max})_c$　　　D. $(\sigma_{max})_a=(\sigma_{max})_b>(\sigma_{max})_c$

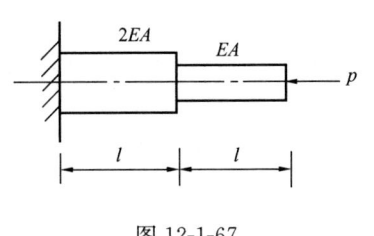
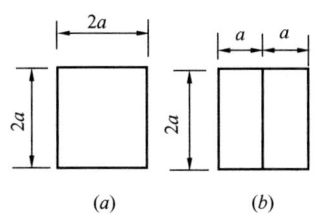
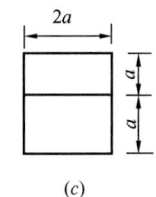

图 12-1-67　　　　　　　　　　图 12-1-68

69. 从结构构件中不同点取出的应力单元体如图 12-1-69 所示，构件材料为 Q235 钢材，若以第三强度理论校核时，则相当应力最大者为（　　）。

A. 图（a）　　　B. 图（b）　　　C. 图（c）　　　D. 图（d）

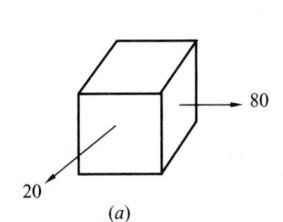
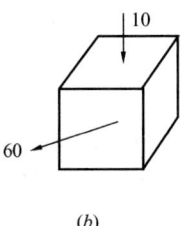
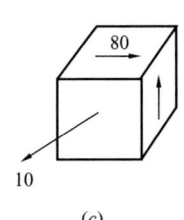
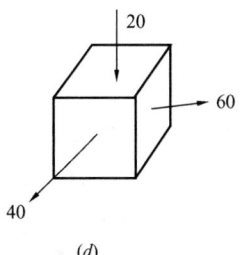

图 12-1-69

70. 如图 12-1-70 所示三根压杆，所用材料相同且直径都相等，则承压能力最大的是（　　）。

A. 图（a）　　　B. 图（b）　　　C. 图（c）　　　D. 不能确定

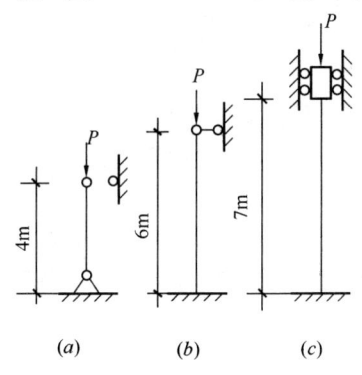

图 12-1-70

71. 已知空气的密度 ρ 为 1.205kg/m^3，黏度（黏性系数）μ 为 $1.83 \times 10^{-5} \text{Pa} \cdot \text{s}$，则其运动黏度（运动黏性系数）$\nu$ 为（　　）。

A. $2.20 \times 10^{-5} \text{s/m}^2$　　　　　　　　B. $2.20 \times 10^{-5} \text{m}^2/\text{s}$

C. $1.52 \times 10^{-5} \text{s/m}^2$　　　　　　　　D. $1.52 \times 10^{-5} \text{m}^2/\text{s}$

72. AB 为一水下矩形闸门，高 1m，宽 2m，水深如图 12-1-72 所示，闸门上的总压力为（　　）。

A. $2\rho g$ B. $2.5\rho g$ C. $4\rho g$ D. $5\rho g$

73. 如图12-1-73所示矩形槽上平板，闸门和槽宽 b 为2m，通过流量为 $10\text{m}^3/\text{s}$ 时闸前水深 H 为4m，闸孔后收缩断面水深 h_c 为0.8m，不计摩擦，则收缩断面处流速为（　　）m/s。

A. 7.29   B. 7.92   C. 8.25   D. 8.61

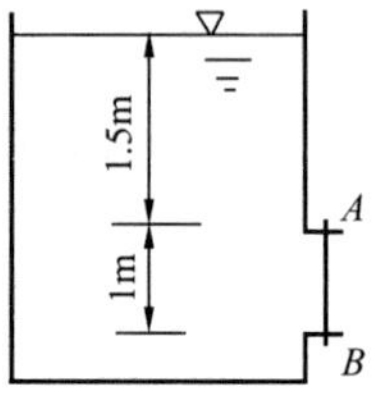

图 12-1-72

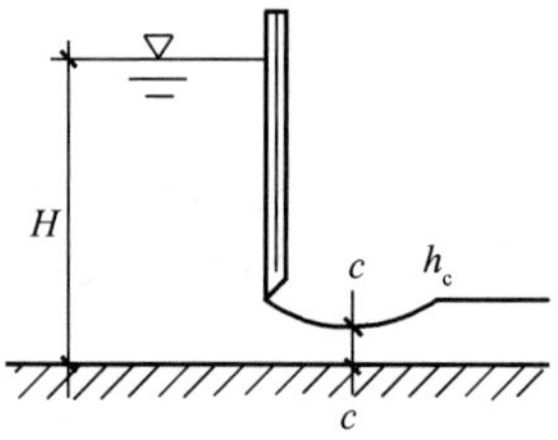

图 12-1-73

74. 运动黏度为 $1.3\times10^{-5}\text{m}^2/\text{s}$ 的空气在宽 $b=1\text{m}$，高 $h=1.5\text{m}$ 的矩形截面通风管道中流动，保持层流流态的最大流速为（　　）m/s。

A. 0.0997   B. 0.0913   C. 0.1224   D. 0.1431

75. 在工业管沿程阻力系数 λ 与 Re 的关系曲线图（莫迪图）中，紊流过渡区（光滑区向粗糙区的过渡区）阻力系数 λ 的规律为（　　）。

A. λ 随流量的增加而增加
B. λ 随流量的增加而减少
C. λ 随流量的增加而减少
D. 上述A、B、C均不对

76. 输送石油的圆管直径 $d=200\text{mm}$，已知石油的运动黏度 $\nu=1.4\text{cm}^2/\text{s}$，若输送石油的流量 $Q=35\text{L/s}$，则管长 $L=1500\text{m}$ 的沿程损失约为（　　）m。

A. 17.2   B. 17.8
C. 18.8   D. 19.0

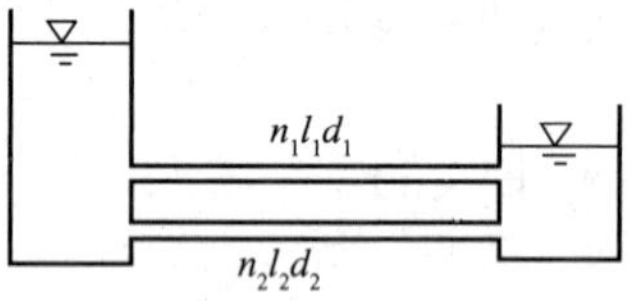

图 12-1-77

77. 图12-1-77所示两根平行管道，按长管和曼宁公式计算，长度相同，$d_1=2d_2$，$n_1=n_2$，则两管流量之比 Q_2/Q_1 为（　　）。

A. 1.59   B. 2.25   C. 3.18   D. 6.35

78. 用同一种流体在温度不变的条件下做管道气流模型实验，设满足雷诺数准则，已知原型直径1.2m，模型直径0.1m，模型速度6m/s，原型速度应为（　　）m/s。

A. 0.67   B. 0.62   C. 0.50   D. 0.48

79. 要使用外存储器中的信息，应先将其调入（　　）。

A. 控制器   B. 运算器   C. 外存储器   D. 内存储器

80. 二进制的0.011转换成十进制数是（　　）。

A. 0.352   B. 0.362   C. 0.375   D. 0.386

81. 计算机能够直接接收的数为（　　）。

A. 十进制   B. 二进制   C. 十六进制   D. 其他数制

82. Windows中的"磁盘碎片"是指（　　）。

A. 磁盘中的文件碎片   B. 磁盘中的磁粉碎片
C. 磁盘破碎后形成的碎片   D. 磁盘划分后形成的扇区

83. 在Windows中,可以利用结束任务来解除某些"死机"状态,结束任务的按键是( )。
   A. Ctrl+空格   B. Ctrl+C   C. Ctrl+Alt+Del   D. Ctrl+Break

84. 接入Internet的计算机必须共同遵守( )。
   A. CPI/IP协议   B. PCT/IP协议
   C. PTC/IP协议   D. TCP/IP协议

85. 分布式操作系统与网络操作系统的主要区别在于( )。
   A. 资源管理、通信、系统结构   B. 资源管理、响应时间、可靠性
   C. 资源管理、通信、系统安全   D. 资源管理、响应时间、系统结构

86. 信息的主要特征不包括( )。
   A. 可变性   B. 可流动性   C. 安全性   D. 属性

87. 在局域网中,运行网络操作系统的设备是( )。
   A. 网络工作站   B. 网络服务器   C. 网卡   D. 网桥

88. 在Outlook Express中可进行的操作是( )。
   A. 阅读、接收   B. 阅读、接收、撤销发送
   C. 阅读、回复、撤销发送   D. 阅读、回复、接收

89. 图12-1-89所示无限长直导线的电流强度为 I,长度为 L,在距导线 r 处的 P 点的磁场强度为( )。

   A. $\dfrac{I}{\pi r^2}$ B. $\dfrac{I}{2\pi r}$ C. $\dfrac{\mu I}{\pi r^2}$ D. $\dfrac{\mu_0 I}{2\pi r}$

90. 图12-1-90所示电路中,电流 I_1、I_2、I_3 和 I_4 分别等于( )A。
   A. 9,2,6,6   B. 0,-7,-3,6
   C. $\dfrac{10}{3}$,$-\dfrac{11}{3}$,$\dfrac{1}{3}$,6   D. 3,-4,0,6

91. 用两个 4Ω 的电阻和一个 2Ω 的电阻,通过串并联,不可能构成的电阻值是( )。
   A. 10Ω B. 4Ω C. 3Ω D. 1Ω

92. 图12-1-92所示电路,其电路的回路电压方程及其电流 I 的值应为( )。
   A. $U_{R1}+U_{R2}-U_{S2}+U_{R3}-U_{S1}=0$,$I=4A$
   B. $U_{R1}+U_{R2}+U_{S2}+U_{R3}+U_{S1}=0$,$I=-4A$
   C. $U_{R1}+U_{R2}-U_{S2}+U_{R3}+U_{S1}=0$,$I=2A$
   D. $U_{R1}+U_{R2}+U_{S2}+U_{R3}-U_{S1}=0$,$I=-2A$

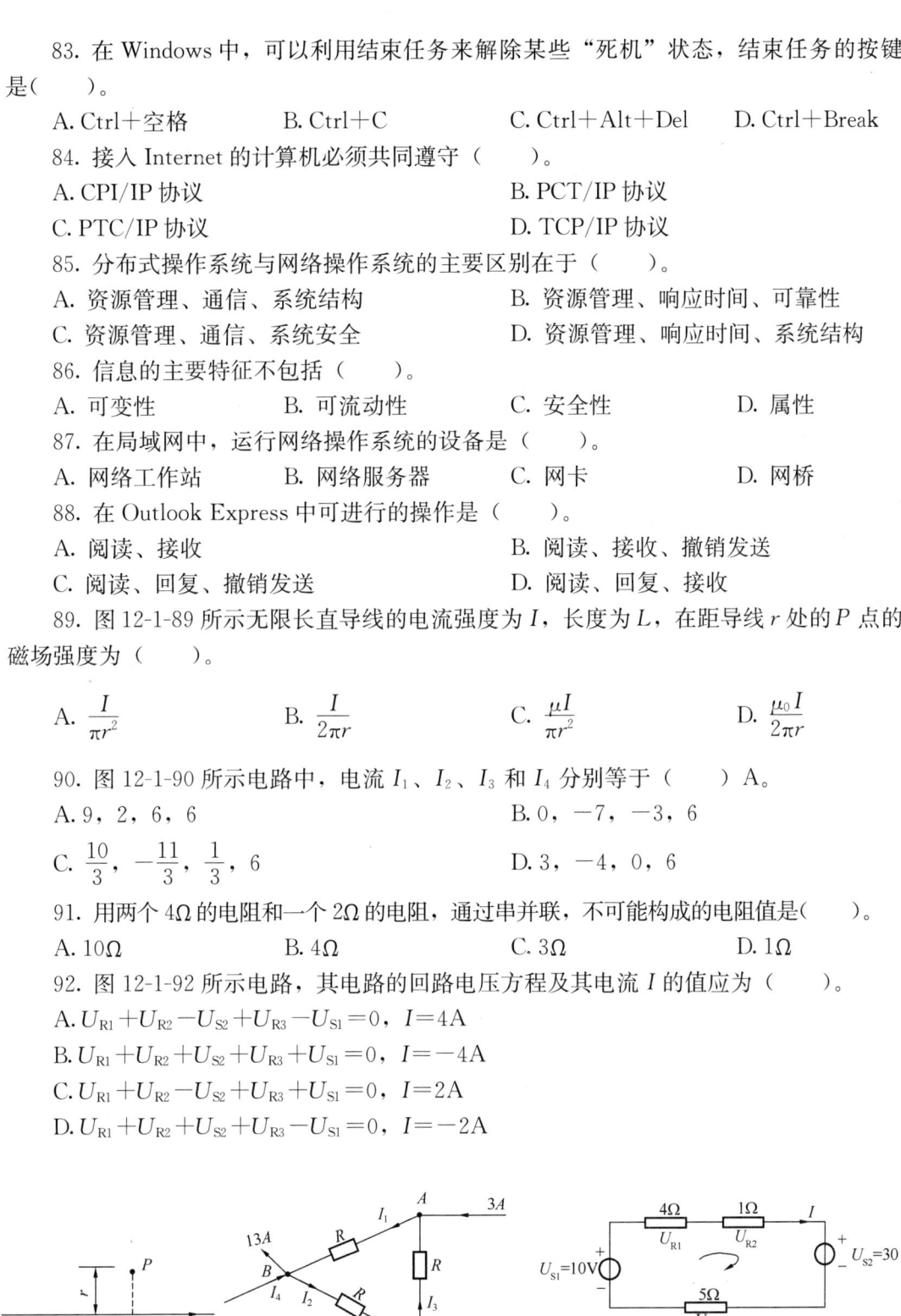

图12-1-89   图12-1-90   图12-1-92

93. 图 12-1-93(a)所示电路中有电流 I,将其等效为图(b),其中等效电压源电动势 E_s 和等效电源内阻 R_0 为(　　)。

A. -1V, 5.143Ω　　　B. 1V, 5.143Ω　　　C. -1V, 5Ω　　　D. 1V, 5Ω

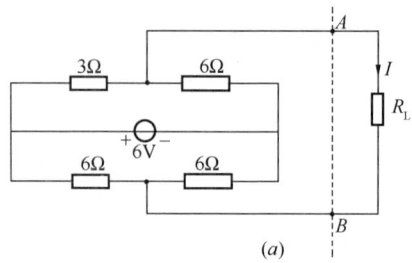
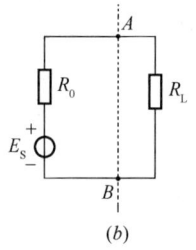

图 12-1-93

94. 图 12-1-94 所示正弦交流电路,已知两个电压表的读数分别为 V_1 为 60V, V_3 为 80V,则电压表 V_2 的读数为(　　)V。

A. 20　　　　B. 40　　　　C. 100　　　　D. 140

95. 图 12-1-95 所示对称三相电路中,已知电源线电压 $U=380\text{V}$, $R=40\Omega$, $X_C=30\Omega$,三相负载功率 P 为(　　)W。

A. 775　　　　B. 1341　　　　C. 2323　　　　D. 4023

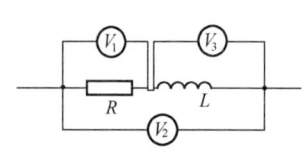
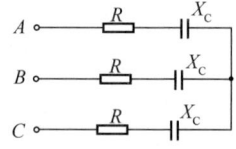

图 12-1-94　　　　　　　　　　图 12-1-95

96. 图 12-1-96 所示电路,换路前 $U_C(0_-)=0.2U_s$, $U_R(0_-)=0$,电路换路后 $U_C(0_+)$ 和 $U_R(0_+)$ 分别为(　　)。

A. $U_C(0_+)=0.2U_s$, $U_R(0_+)=0$
B. $U_C(0_+)=0.2U_s$, $U_R(0_+)=0.2U_s$
C. $U_C(0_+)=0.2U_s$, $U_R(0_+)=U_s$
D. $U_C(0_+)=0.2U_s$, $U_R(0_+)=0.8U_s$

97. 图 12-1-97 所示电路,设 D_A、D_B 为理想二极管,当 $V_A=3\text{V}$, $V_B=6\text{V}$ 时, I 等于(　　)。

A. 4mA　　　　B. 3mA　　　　C. 2mA　　　　D. 1.5mA

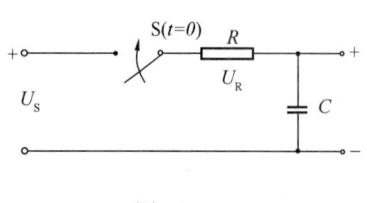
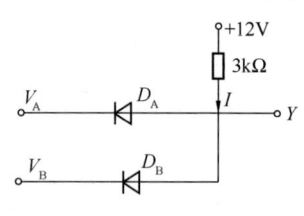

图 12-1-96　　　　　　　　　　图 12-1-97

98. 在由 PNP 型三极管构成的放大电路中,静态时测的三个管脚对"地"的电位分别是：$V_C=-9V$，$V_E=-3V$，$V_B=-3.7V$，可知三极管处于（　　）。

A. 饱和状态　　　　B. 放大状态　　　　C. 短路状态　　　　D. 截止状态

99. 图 12-1-99 所示电路，已知输入电压 $u_i=6\sqrt{2}\sin\omega t$ V，则输出电压 u_0 为（　　）。

A. $48\sqrt{2}\sin\omega t$　　B. $24\sqrt{2}\sin\omega t$　　C. $-48\sqrt{2}\sin\omega t$　　D. $60\sqrt{2}\sin\omega t$

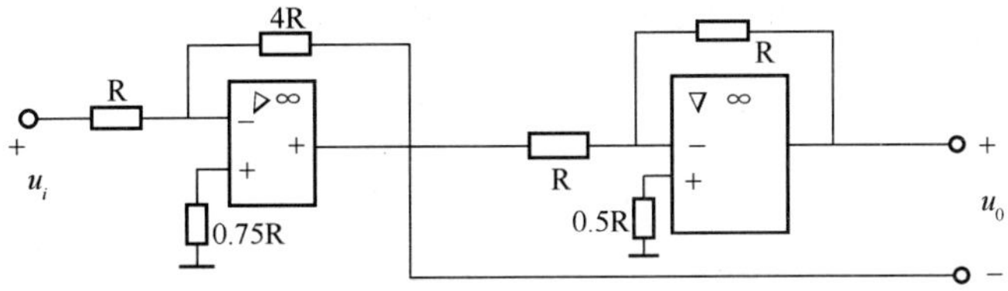

图 12-1-99

100. 真值表 12-1-100 是下列（　　）门电路的真值表。

A. 与门　　　　B. 与非门　　　　C. 异或门　　　　D. 或非门

真值表　　　　　　　　　　表 12-1-100

AB	F	AB	F
00	1	10	0
01	0	11	0

101. 通常模拟信号是指（　　）。

A. 时间信号　　　　　　　　B. 连续时间信号
C. 周期信号　　　　　　　　D. 离散时间信号

102. 模拟信号的采样信号是（　　）。

A. 连续时间信号　　　　　　B. 离散时间信号
C. 连续时间信号和离散时间信号　　D. 连续时间信号或离散时间信号

103. 周期信号中的谐波信号是（　　）。

A. 离散时间信号　　　　　　B. 数字信号
C. 连续时间信号　　　　　　D. 采样信号

104. 按照所处理信息的类别不同，数字信号处理可分为（　　）信息处理。

A. 数值、逻辑、文字　　　　B. 数据、逻辑、文字
C. 数值、逻辑、符号　　　　D. 数据、逻辑、符号

105. 数 5 的二进制补码是（　　）。

A. 1011　　　　B. 1101　　　　C. 0011　　　　D. 0101

106. 十进制数 63 的 BCD 码是（　　）。

A. 01100111　　B. 01110111　　C. 01100011　　D. 01110011

107. 某公司向银行贷款 100 万元，按年利率 10% 的复利计算，5 年后的利息为（　　）万元。

A. 61　　　　B. 62　　　　C. 161　　　　D. 162

108. 在计算财务净现值时采用的折现率为（　　）。

A. 社会折现率　　　　　　　B. 经济折现率

C. 影子汇率　　　　　　　　　　　D. 行业基准收益率

109. 某建设债券，每年可按债券面值提取8%的利息，5年后归还债券的面值，这种债券投资的内部收益率为（　　）。

A. 8%　　　　B. 大于8%　　　　C. 小于8%　　　　D. 大于等于8%

110. 某项目有三个产出相同的方案，方案寿命期均为10年，期初投资和各年运营费用如表12-1-110所示，设基准折现率为7%，已知$(P/A, 7\%, 10) = 7.204$，则方案优劣的排序为（　　）。

期初投资和各年运营费　　　　　　　　　　表12-1-110

方案	期初投资（万元）	1~10年运营费用（万元/年）
甲	100	25
乙	80	27
丙	60	31

A. 甲、乙、丙　　B. 乙、甲、丙　　C. 甲、丙、乙　　D. 乙、丙、甲

111. 某拟建企业设计生产某种产品，设计年产量为5000件，每件出厂价为60元，产品销售税率预计为10%，固定成本为30000元/年，产品可变成本为30元/件。若要求企业年盈利5万元以上，则产量至少应达到（　　）件。

A. 3123　　　　B. 3334　　　　C. 4543　　　　D. 4613

112. 对项目进行单因素敏感性分析时，下列（　　）项可作为敏感性分析的因素。

A. 净现值　　　B. 年值　　　C. 内部收益率　　　D. 折现率

113. 某新建项目拟从银行贷款4000万元，贷款年利率8%，手续费为1%，所得税率为33%，该项目借款的资金成本是（　　）。

A. 5.36%　　　B. 5.41%　　　C. 5.65%　　　D. 8.08%

114. 某工程设计有三个方案，经专家评价后，得到表12-1-114数据，则最优方案应为（　　）。

方案评价表　　　　　　　　　　　　　　　表12-1-114

方案	甲	乙	丙	丁
成本系数	0.92	0.7	0.9	0.88
功能系数	0.85	0.65	0.82	0.8

A. 甲　　　　B. 乙　　　　C. 丙　　　　D. 无法确定

115. 根据《中华人民共和国招标投标法》，招标人采用邀请招标方式的，应当向（　　）个以上具有承担招标项目的能力、资信良好的特定的法人或者其他组织发出投标邀请书。

A. 1　　　　B. 2　　　　C. 3　　　　D. 4

116. 根据《中华人民共和国民法典》，应当先履行债务的当事人，有确切证据证明对方有下列情况之一的，可以（　　）。

①经营状况严重恶化；
②转移财产、抽逃资金，以逃避债务的；
③丧失商业信誉的或可能丧失履行债务能力的其他情况。

A. 终止履行　　　　　　　　　　　B. 中止履行
C. 变更或者撤销　　　　　　　　　D. 宣告无效

117. 质量检测试样的取样应当严格执行有关标准和规定,现场取样的方式是（　　）。
A. 由施工单位自行进行
B. 由监理工程师决定
C. 在监理单位或设计单位监督下进行
D. 在建设单位或监理单位监督下进行

118. 建设单位应当自工程竣工验收合格之日起（　　），将工程竣工验收报告和其他部门出具的认可文件报建设行政主管部门或其他有关部门备案。
A. 15日内　　　　B. 30日内　　　　C. 45日内　　　　D. 60日内

119. 下列属于《中华人民共和国行政许可法》规定的行政许可事项的是（　　）。
A. 申领专利权　　　　　　　　B. 申领采矿证
C. 申领荣誉称号　　　　　　　D. 申领产品节能认证

120. 房地产开发企业在销售房屋时,应当向购买人明示所售房屋的（　　）等信息。
A. 能效标识、保温工程保修期　　　B. 节能设施、保温工程保修期
C. 节能措施、保温工程保修期　　　D. 建筑节能标准、保温工程保修期

(下午卷)

1. 在土木工程中,对于要求承受冲击荷载和有抗震要求的结构,其所用材料均应具有较高的(   )。
   A. 弹性   B. 塑性   C. 脆性   D. 韧性

2. 下列正确反映建筑石膏凝结硬化特点的是(   )。
   A. 凝结慢、硬化慢   B. 凝结快、硬化快
   C. 凝结慢、硬化快   D. 凝结快、硬化慢

3. 下列关于混凝土在受力作用下变形,不合理的是(   )。
   A. 混凝土的徐变是不可以完全恢复的
   B. 混凝土的短期荷载作用下的变形是可以完全恢复的
   C. 徐变可导致预应力结构中预应力受到损失
   D. 徐变可消除钢筋混凝土的内部应力

4. 对混凝土抗渗性的性能影响最大的因素是(   )。
   A. 水胶比   B. 骨料最大粒径   C. 砂率   D. 水泥品种

5. 用于接缝的沥青材料,所处地区气温较低时,应选用(   )。
   A. 耐久性稍低的沥青   B. 牌号较大沥青
   C. 闪点较高沥青   D. 燃点较高的沥青

6. 在土木工程中,大跨度桥梁、大型柱网构架、电视塔、大型厅馆中作为主体钢结构材料的是(   )。
   A. 碳素结构钢中的 Q195   B. 碳素结构钢中的 Q275
   C. 低合金高强度结构钢   D. 优质碳素结构钢

7. 岩石根据形成的地质条件不同分为(   )。
   A. 岩浆岩、沉积岩和变质岩   B. 岩浆岩、花岗岩和大理岩
   C. 石灰岩、玄武岩和辉长岩   D. 石灰岩、火山岩和岩浆岩

8. "海拔"是地面点到(   )的铅垂距离。
   A. 水平面   B. 水准面   C. 大地水准面   D. 海平面

9. DS_3 型光学水准仪的四条轴线:竖轴 VV,长水准管轴 LL,视准轴 CC 和圆水准器轴 L_0L_0,其轴线关系应满足:$L_0L_0//VV$,十字丝横丝$\perp VV$ 和(   )。
   A. $CC \perp VV$ B. $LL//CC$ C. $LL \perp CC$ D. $CC//VV$

10. 测站点 O 与观测目标 A、B 位置不变,如仪器高度发生变化,则观测结果将(   )。
    A. 竖直角改变、水平角不变   B. 水平角改变、竖直角不变
    C. 水平角和竖直角都改变   D. 水平角和竖直角都不改变

11. 在三角形 ABC 中,观测了两个内角$\angle A$、$\angle B$,其观测角度中误差 $m_A = \pm 15''$;$m_B = \pm 10''$,求内角$\angle C$ 的中误差 $m_C = $(   )。
    A. $\pm 25''$ B. $\pm 20''$ C. $\pm 18.0''$ D. $\pm 15''$

12. 施工坐标系其坐标轴应(   )。
    A. 与大地坐标系坐标轴一致   B. 与建筑物主轴线相一致或平行
    C. 与建筑物主轴线相交   D. 与北方向一致

13. 根据《中华人民共和国招标投标法》，中标通知书对（   ）具有法律效力。
   A. 招标人和招标代理机构   B. 招标人和投标人
   C. 中标人和招标代理机构   D. 招标人和中标人

14. 某政府投资项目依法进行招标，按《中华人民共和国招标投标法》规定，开标后允许（   ）。
   A. 投标人更改投标书的内容和报价   B. 投标人再增加优惠条件
   C. 评标委员会要求投标人澄清问题   D. 评标委员会更改评标定标方法

15. 政府行政主管部门对施工图设计文件审查的内容不包括（   ）。
   A. 涉及公共利益的   B. 涉及公共安全的
   C. 涉及环境保护的   D. 涉及强制性标准的

16. 根据《建设工程安全生产管理条例》规定，施工现场的相关区域应分开设置，并保持安全距离。需要分开设置的是（   ）。
   A. 办公区与生活区   B. 生活区与作业区
   C. 办公、生活区与作业区   D. 办公、生活区与备料区

17. 锤击法进行预制桩施工，宜采用（   ）打桩方式以取得良好的效果。
   A. 重锤低击，低提重打   B. 轻锤高击，高提重打
   C. 轻锤低击，低提轻打   D. 重锤高击，高提重打

18. 滑升模板安装呈上口小下口大的锥形，结构断面厚度以模板上口以下（   ）模板高度处的净间距为准。
   A. 1/2   B. 1/3   C. 2/3   D. 2/5

19. 混凝土搅拌时间的确定与（   ）有关。
   ①混凝土的和易性；②搅拌机的型号；③用水量；④骨料的品种。
   A. ①②④   B. ②④   C. ①②③   D. ①③④

20. 超长结构混凝土浇筑可留设施工缝分仓浇筑，分仓浇筑间隔时间不应少于（   ）d。
   A. 7   B. 14   C. 21   D. 28

21. 组织流水施工的时间参数不包括（   ）。
   A. 流水节拍   B. 流水步距   C. 流水强度   D. 时间间歇

22. 钢筋混凝土少筋梁的正截面极限承载力取决于（   ）。
   A. 混凝土的抗压强度   B. 混凝土的抗拉强度
   C. 钢筋的抗拉强度及配筋率   D. 钢筋的抗压强度及配筋率

23. （   ）是受弯钢筋混凝土构件减小受力裂缝宽度最有效的措施之一。
   A. 增加截面尺寸   B. 提高混凝土强度等级
   C. 增加受拉钢筋面积，减小裂缝截面的钢筋应力
   D. 增加钢筋的直径

24. 下列钢筋混凝土结构的叙述，不正确的是（   ）。
   A. 延性结构的特征是在强烈地震作用下，结构的某些部位会出现塑性铰，使结构的刚度降低，消耗能量，但结构的承载力不降低
   B. 延性框架设计的原则是强柱弱梁，强剪弱弯，强节点强锚固

C. 强柱弱梁取决于柱和梁的截面大小或线刚度

D. 在柱中配置较多的箍筋可以约束混凝土,提高混凝土的极限变形能力,改善柱的延性

25. 钢筋混凝土框架结构与钢筋混凝土剪力墙结构相比,下列叙述正确的是(   )。

　　A. 框架结构的延性好,但抗侧力刚度差

　　B. 框架结构的延性差,但抗侧力刚度好

　　C. 框架结构的延性和抗侧力性能都好

　　D. 框架结构的延性和抗侧力性能都差

26. 轴心受压钢构件的整体稳定系数 φ 与(   )有关。

　　A. 构件截面类别、构件两端连接构造、长细比

　　B. 构件截面类别、钢材钢号、长细比

　　C. 构件截面类别、构件计算长度系数、长细比

　　D. 构件截面类别、构件两个方向的长度、长细比

27. 焊接工字形等截面简支钢梁,整体稳定系数 φ_b 最高时的截面类型为(   )。

　　A. 梁沿全长为等截面　　　　　　　B. 梁截面沿长度变化

　　C. 加强受压翼缘　　　　　　　　　D. 加强受拉翼缘

28. 一工字形截面压弯构件采用 Q355 钢制作,当不利用截面塑性时,受压翼缘的宽厚比限值应不大于(   )。

　　A. 7.4　　　　　　B. 10.7　　　　　　C. 12.2　　　　　　D. 15

29. 普通螺栓和承压型高强度螺栓受剪连接的五种可能破坏形式为:(1)螺栓被剪断;(2)孔壁承压破坏;(3)板件端部被剪坏;(4)板件被拉断;(5)螺栓弯曲变形。其中(   )通过构造来保证安全。

　　A. (1)(2)(3)　　B. (3)(4)(5)　　C. (2)(3)　　D. (3)(5)

30. 作为刚性和刚弹性方案砌体房屋的横墙应满足(   )。

①横墙的厚度宜大于或等于180mm;

②横墙中有开洞口时,洞口的水平截面面积不超过横墙水平全截面面积的50%;

③单层房屋横墙长度不宜小于其高度;

④多层房屋的横墙长度不宜小于横墙总高的1/2。

　　A. ①②③④　　　B. ②③④　　　C. ①②③　　　D. ②③

31. 某轴心受压砖柱,截面尺寸为 370mm×490mm,计算高度为 $H_0=3.7$m,采用蒸压灰砂砖 MU10,水泥砂浆 M5,已知砌体 $f=1.50$MPa。试确定此柱在轴心受压时,其最大承载力是(   )kN。

　　A. 197.0　　　　B. 236.3　　　　C. 223.5　　　　D. 289.5

32. 下面关于砌体结构中圈梁的作用的说法,不正确的是(   )。

　　A. 增强纵横墙连接,提高房屋整体性

　　B. 提高房屋的刚度和承载力

　　C. 提高房屋的空间刚度

　　D. 减轻地基的不均匀沉降对房屋的影响

33. 根据砌体结构的设计经验,作抗震设计时,往往只需对纵、横墙的不利墙段进行

截面验算。在下列的项次中，有利的墙段为（　　）。
A. 承担地震作用较大的　　　　　　B. 承受竖向应力较小的
C. 承受水平剪力较小的　　　　　　D. 构件局部截面较小的

34. 图12-2-34所示体系的几何组成为（　　）。
A. 常变体系　　　　　　　　　　　B. 瞬变体系
C. 无多余约束几何不变体系　　　　D. 有多余约束几何不变体系

35. 图12-2-35所示结构，1杆轴力为（　　）。
A. $\dfrac{F}{2}$（拉力）　　B. $\dfrac{F}{4}$（拉力）　　C. $-\dfrac{F}{2}$（压力）　　D. 0

36. 图12-2-36所示结构，1杆轴力为（　　）。
A. 0　　　　　B. $2F$（拉力）　　C. $-2F$（压力）　　D. F（拉力）

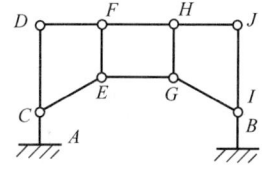
图12-2-34

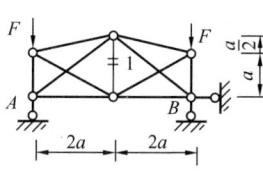
图12-2-35

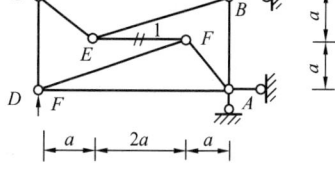
图12-2-36

37. 图12-2-37所示三铰拱结构，在K截面的弯矩值为（　　）。
A. $\dfrac{ql^2}{2}$　　　B. $\dfrac{ql^2}{8}$　　　C. $\dfrac{7ql^2}{8}$　　　D. $\dfrac{3ql^2}{8}$

38. 已知某多跨静定梁的剪力图如图12-2-38所示，单位为kN，则支座B的反力为（　　）。
A. 10kN，方向向上　　　　　　　B. 10kN，方向向下
C. 6kN，方向向上　　　　　　　　D. 6kN，方向向下

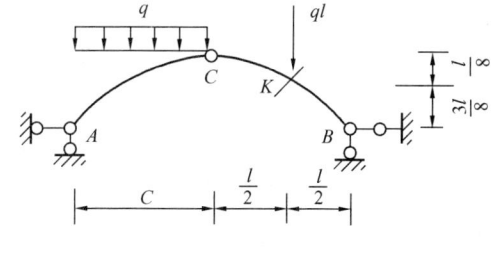
图12-2-37

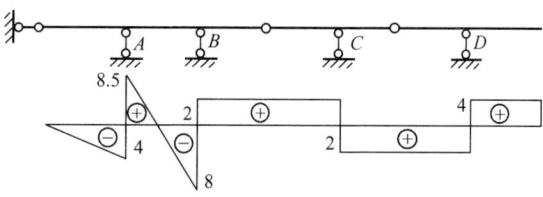
图12-2-38

39. 用力法求解图12-2-39（a）结构，取图12-2-39（b）所示的力法基本体系，k_M为弹性铰支座A的转动刚度系数，则力法典型方程为（　　）。
A. $\delta_{11}x_1+\Delta_{1p}=0$　　　　　　　B. $\delta_{11}x_1+\Delta_{1p}=k_M\times 1$
C. $\delta_{11}x_1+\Delta_{1p}=\dfrac{x_1}{k_M}$　　　　D. $\delta_{11}x_1+\Delta_{1p}=-\dfrac{x_1}{k_M}$

40. 用力法求解图12-2-40（a）所示结构中支座A产生的图示支座位移，取图12-2-40

(b) 所示力法基本体系，力法典型方程 $\delta_{11}x_1 + \Delta_{1C} = 0$ 中的 Δ_{1C} 之值为（ ）。

A. a B. $a-b$
C. b D. $b+a$

41. 图 12-2-41 所示结构 K 截面的弯矩为（ ）。

A. $\dfrac{ql^2}{20}$（左侧受拉）

B. $\dfrac{3ql^2}{20}$（左侧受拉）

C. $\dfrac{ql^2}{20}$（右侧受拉）

D. $\dfrac{3ql^2}{20}$（右侧受拉）

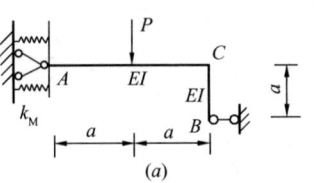
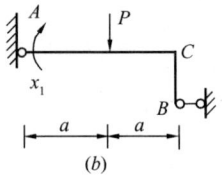

图 12-2-39

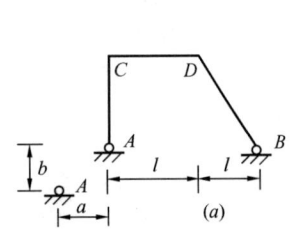

图 12-2-40

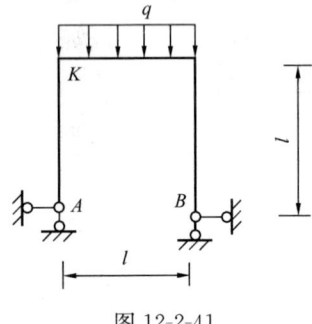

图 12-2-41

42. 图 12-2-42 所示结构，1 杆的轴力为（ ）。

A. 0 B. $-P$ C. P D. $-\dfrac{P}{2}$

43. 图 12-2-43 所示结构，EI 为常数，用力矩分配法求解弯矩 M_{BA} 之值为（ ）。

A. 3 B. -6 C. 8 D. -12

44. 图 12-2-44 所示结构用位移法求解，位移 Δ 值为（ ）。

A. $\dfrac{Ph^2}{12i_1}$ B. $\dfrac{Ph^2}{24i_1}$ C. $\dfrac{Ph^2}{36i_1}$ D. $\dfrac{Ph^2}{6i_1}$

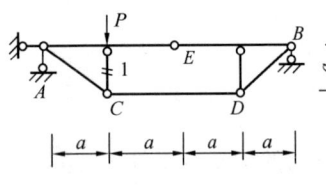
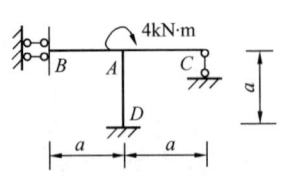
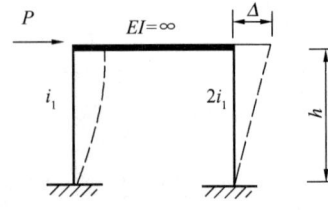

图 12-2-42   图 12-2-43   图 12-2-44

45. 图 12-2-45 所示结构的超静定次数为（ ）。

A. 2 B. 3 C. 4 D. 5

46. 图 12-2-46 所示超静定梁，在移动荷载作用下，k 处的 M_k 的影响线轮廓为（ ）。

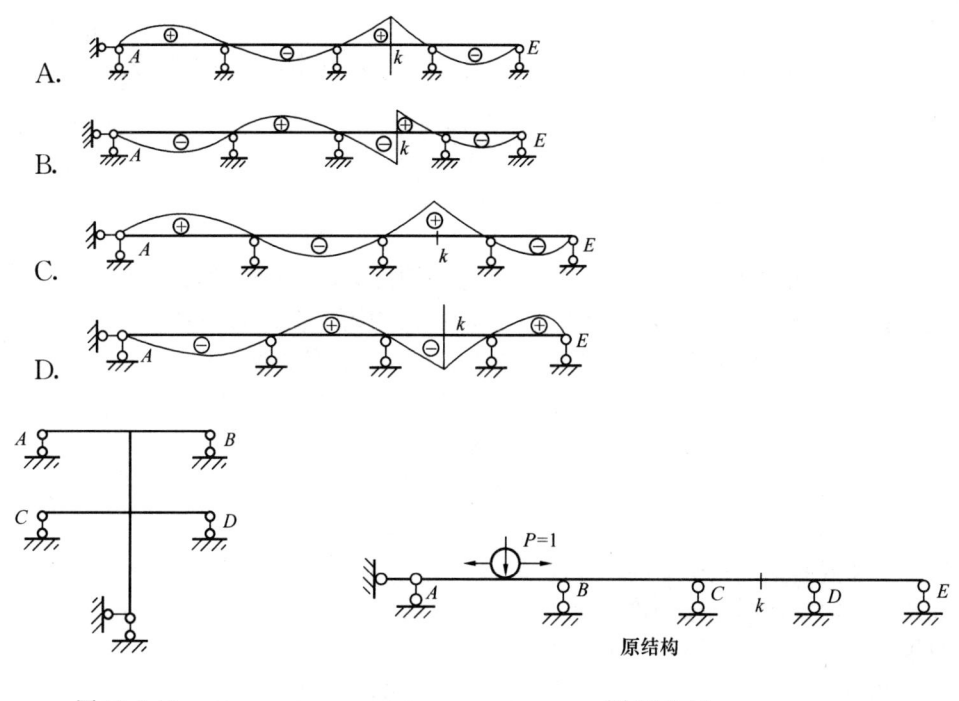

图 12-2-45

图 12-2-46

47. 图 12-2-47 所示体系，m_0 为单位长度质量，则其自振频率为（ ）。

A. $\sqrt{\dfrac{12EI}{m_0 h^3 l}}$ B. $\sqrt{\dfrac{15EI}{m_0 h^3 l}}$ C. $\sqrt{\dfrac{24EI}{m_0 h^3 l}}$ D. $\sqrt{\dfrac{30EI}{m_0 h^3 l}}$

48. 图 12-2-48 所示体系的单自由度体系阻尼比系数 $\xi=0.05$，已知 $\theta^2=\dfrac{64EI}{ml^3}$，则稳态振动时，最大动力弯矩值为（ ）。

A. $0.354Pl$ B. $0.521Pl$ C. $0.709Pl$ D. $0.924Pl$

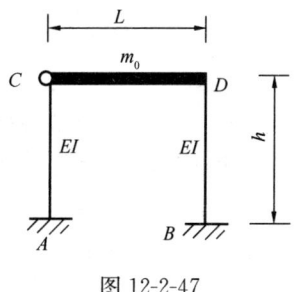

图 12-2-47

图 12-2-48

49. 采用百分表位移装置量测结构应变时，当选用量测标距由 100mm 扩大为 200mm 时，量测数据的精度和量程将发生变化，正确的是（ ）。

A. 精度和量程没有变化　　　　　　B. 精度提高，量程减小
C. 精度降低，量程增大　　　　　　D. 精度提高，量程也增大

50. 对要求试验变形和裂缝宽度的混凝土结构，在标准荷载下进行恒载试验，恒载时

间不应小于（　　）。

A. 60 分钟　　　　B. 30 分钟　　　　C. 20 分钟　　　　D. 10 分钟

51. 结构低周反复加载静力试验的加载方法中，属于控制位移加载法的是（　　）。

A. 单向反复加载法

B. 双向反复加载法

C. 等幅加载法、变幅加载法、变幅等幅混合加载法

D. 控制作用力和控制位移的混合加载法

52. 下列对振动测试方法获得结构的频率和振型的说法，不正确的是（　　）。

A. 自由振动法测量结构的自振特性，一般能测得结构的基频与第一主振型

B. 用强迫振动法，振幅出现最大值时，激振频率即结构的自振频率

C. 用激振器连续改变激振频率，不能得到高阶频率

D. 用脉动法，从脉动信号中可获得结构的频率和振型

53. 用下列检测方法得到检测值，不需要修正的是（　　）。

A. 回弹法非水平方向的回弹值

B. 回弹法非混凝土浇筑侧面的回弹值

C. 超声法混凝土侧面测试的声速值

D. 钻芯法高径比大于1.0的强度换算值

54. 黏性土处于（　　）状态时，含水量减小土体积不再发生变化。

A. 固体　　　　B. 可塑　　　　C. 流动　　　　D. 半固体

55. 下列对地基附加应力计算时的说法，不正确的是（　　）。

A. 基础埋深越大，土中附加应力越大

B. 基础埋深越大，土中附加应力越小

C. 计算深度越小，土中附加应力越大

D. 基底附加应力越大，土中附加应力越大

56. 某正常固结饱和黏性土的有效应力强度参数为 $c'=20\text{kPa}$，$\varphi'=60°$，如在三轴固结不排水试验中围压 $\sigma_3=250\text{kPa}$，破坏时测得土中的孔隙水压力 $\mu=100\text{kPa}$，则此时大主应力 σ_1 为（　　）kPa。

A. 359　　　　B. 319　　　　C. 259　　　　D. 219

57. 某场地地表土挖去4m，则该场地土成为（　　）。

A. 超固结土　　　　B. 欠固结土　　　　C. 正常固结土　　　　D. 弱欠固结土

58. 某墙背光滑、垂直，填土面水平，墙高6m，填土为内摩擦角 $\varphi=30°$、黏聚力 $c=0$、重度 $\gamma=20\text{kN/m}^3$ 的均质非黏性土，该墙背上的主动土压力为（　　）kN/m。

A. 120　　　　B. 126　　　　C. 1366　　　　D. 146

59. 采用相邻柱基的沉降差控制地基变形的是（　　）。

①框架结构；②单层排架结构；③砌体结构；④高耸结构。

A. ①③④　　　　B. ②③④　　　　C. ①④　　　　D. ①②

60. 按《建筑地基基础设计规范》(GB 50007—2011)规定，嵌岩灌注桩底进入微风化岩体的最小深度为（　　）mm。

A. 300　　　　B. 400　　　　C. 500　　　　D. 600

模拟试题（四）

（上午卷）

1. 设 a、b、c 均为向量，下列等式中正确的是(   )。

   A. $a \cdot (a \cdot b) = |a|^2 \cdot b$
   B. $(a+b)(a-b) = |a|^2 - |b|^2$
   C. $(a \cdot b)^2 = |a|^2 \cdot |b|^2$
   D. $(a+b) \times (a-b) = a \times a - b \times b$

2. 平行于 x 轴且经过点 $(4, 0, -2)$ 和点 $(2, 1, 1)$ 的平面方程是(   )。

   A. $x - 4y + 2z = 0$ B. $3x + 2z - 8 = 0$ C. $3y - z - 2 = 0$ D. $3y + z - 4 = 0$

3. 已知两点 $A(-6, 2, 5)$ 和 $B(3, 5, 10)$，过点 B 且垂直于 AB 的平面方程是(   )。

   A. $9x + 3y + 5z = 92$
   B. $9x + 3y + 5z = -92$
   C. $9x + 3y + 5z = -90$
   D. $9x + 3y + 5z = 90$

4. 将双曲线 $C: \begin{cases} 4x^2 - 9y^2 = 26 \\ z = 0 \end{cases}$ 绕 x 轴旋转一周所生成的旋转曲面的方程是(   )。

   A. $4(x^2 + z^2) - 9y^2 = 26$
   B. $4x^2 - 9(y^2 + z^2) = 26$
   C. $4x^2 - 9y^2 = 26$
   D. $4(x^2 + y^2) - 9z^2 = 26$

5. 极限 $\lim\limits_{x \to 0} \dfrac{\sqrt{2+\tan x} - \sqrt{2+\sin x}}{x^3}$ 的值是(   )。

   A. 2 B. $\dfrac{1}{\sqrt{2}}$ C. $\dfrac{1}{2\sqrt{2}}$ D. $\dfrac{1}{4\sqrt{2}}$

6. 设函数 $f(x) = \begin{cases} e^{-x} + 1 & (x \leq 0) \\ ax + 2 & (x > 0) \end{cases}$，若 $f(x)$ 在 $x = 0$ 处可导，则 a 的值是(   )。

   A. 1 B. 2 C. -2 D. -1

7. 已知函数 $y = f(x)$ 对一切 x 满足 $xf''(x) + 3x[f'(x)]^2 = 1 - e^{-x}$，若 $f'(x_0) = 0 \ (x_0 \neq 0)$，则有(   )。

   A. $f(x_0)$ 是 $f(x)$ 的极大值
   B. $f(x_0)$ 是 $f(x)$ 的极小值
   C. $[x_0, f(x_0)]$ 是曲线 $y = f(x)$ 的拐点
   D. 上述 A、B、C 均不对

8. 设 $z = e^u \sin v$，$u = xy$，$v = x + y$，则 $\dfrac{\partial z}{\partial x}$ 等于(   )。

   A. $e^{xy}[y\sin(x+y) - \cos(x+y)]$
   B. $e^{xy}[y\sin(x+y) + \cos(x+y)]$
   C. $e^{xy}[y\cos(x+y) - \sin(x+y)]$
   D. $e^{xy}[y\cos(x+y) + \sin(x+y)]$

9. 积分 $\iint\limits_{D} \sqrt{1 - \sin^2(x+y)}\, dxdy$ 的值为 (   )，其中 $D = \left\{ (x, y) \,\middle|\, 0 \leq x \leq \dfrac{\pi}{2}, 0 \leq y \leq \dfrac{\pi}{2} \right\}$。

   A. $\pi - 2$ B. $\pi + 2$ C. π D. $\pi - 1$

10. 积分 $\displaystyle\int \dfrac{e^x(1+e^x)}{\sqrt{1-e^{2x}}}\, dx$ 的值等于(   )。

A. $\arcsin e^x - \sqrt{1-e^{2x}} + C$ B. $\arcsin e^x + \sqrt{1-e^{2x}} + C$
C. $\arccos e^x - \sqrt{1-e^{2x}} + C$ D. $\arcsin e^x - \sqrt{1-2e^{2x}} + C$

11. 计算 $\iint_D \dfrac{|xy|}{x^2+y^2}d\sigma$ 的值为（ ），已知 D 是椭圆域 $\dfrac{x^2}{a^2}+\dfrac{y^2}{b^2}\leqslant 1$。

A. $\dfrac{2}{a^2-b^2}\ln\dfrac{a}{b}$ B. $\dfrac{2}{b^2-a^2}\ln\dfrac{b}{a}$ C. $\dfrac{2}{a^2+b^2}\ln\dfrac{a}{b}$ D. $\dfrac{-2}{a^2-b^2}\ln\dfrac{a}{b}$

12. 设有曲线积分 $I=\oint_L (\sqrt{x^2+y^2}+4x+2y)\,dx + [y\ln(x+\sqrt{x^2+y^2})+3x-2y]\,dy$，其中 L 为沿圆 $(x-3)^2+y^2=1$ 顺时针方向一周，则 I 等于（ ）。

A. 0   B. π C. -2π D. $-\pi$

13. 级数 $x-x^3+x^5+\cdots+(-1)^n x^{2n+1}+\cdots$ $(|x|<1)$ 的和函数是（ ）。

A. $\arctan x$ B. $x\ln(1-x)$ C. $\dfrac{x}{1+x^2}$ D. $\ln(x-1)$

14. 下列各选项正确的是（ ）。

A. 若 $\sum\limits_{n=1}^{\infty}|u_n v_n|$ 收敛，则 $\sum\limits_{n=1}^{\infty}u_n^2$ 与 $\sum\limits_{n=1}^{\infty}v_n^2$ 都收敛

B. 若 $\sum\limits_{n=1}^{\infty}u_n^2$ 和 $\sum\limits_{n=1}^{\infty}v_n^2$ 都收敛，则 $\sum\limits_{n=1}^{\infty}(u_n+v_n)^2$ 收敛

C. 若正负级数 $\sum\limits_{n=1}^{\infty}u_n$ 发散，则 $u_n\geqslant\dfrac{1}{n}(n=1,2,\cdots)$

D. 若级数 $\sum\limits_{n=1}^{\infty}u_n$ 收敛，且 $u_n\geqslant v_n(n=1,2,\cdots)$，则级数 $\sum\limits_{n=1}^{\infty}u_n$ 也收敛

15. 设 $f(x)$ 是以 2π 为周期的函数，它在 $(-\pi,\pi)$ 上的表达式为 $f(x)=|x|$，则 $f(x)$ 的傅里叶级数为（ ）。

A. $\dfrac{\pi}{2}-\dfrac{4}{\pi}\left(\cos x+\dfrac{1}{3^2}\cos 3x+\dfrac{1}{5^2}\cos 5x+\cdots\right)$

B. $\dfrac{2}{\pi}\left(\dfrac{1}{2^2}\sin 2x+\dfrac{1}{4^2}\sin 4x+\dfrac{1}{6^2}\sin 6x+\cdots\right)$

C. $\dfrac{4}{\pi}\left(\cos x+\dfrac{1}{3^2}\cos 3x+\dfrac{1}{5^2}\cos 5x+\cdots\right)$

D. $\dfrac{1}{\pi}\left(\dfrac{1}{2^2}\cos 2x+\dfrac{1}{4^2}\cos 4x+\dfrac{1}{6^2}\cos 6x+\cdots\right)$

16. 已知级数 $\sum\limits_{n=1}^{\infty}a_n x^n$ 的收敛域为 $(-2,2]$，则级数 $\sum\limits_{n=1}^{\infty}a_n(1-x)^n$ 的收敛域为（ ）。

A. $[-2, 2)$ B. $[-1, 3)$ C. $(-1, 3]$ D. $(-2, 2]$

17. 已知微分方程 $y'-\dfrac{2}{x+1}y=(x+1)^{\frac{5}{2}}$ 的一个解为 $y^*=\dfrac{2}{3}(x+1)^{\frac{7}{2}}$，则此微分方程的通解是（ ）。

A. $\dfrac{C}{(x+1)^2}+\dfrac{2}{3}(x+1)^{\frac{7}{2}}$ B. $\dfrac{C}{(x+1)^2}+\dfrac{2}{11}(x+1)^{\frac{7}{2}}$

C. $C(x+1)^2+\dfrac{2}{3}(x+1)^{\frac{7}{2}}$ D. $C(x+1)^2+\dfrac{2}{11}(x+1)^{\frac{7}{2}}$

18. 甲袋中装有3支红笔，4支黑笔；乙袋中装有2支红笔，3支黑笔，随机地抽取一只袋，并随机地从袋中抽取2支笔，则这两支笔都是红笔的概率等于( )。

A. $\frac{5}{33}$ B. $\frac{17}{70}$ C. $\frac{5}{12}$ D. $\frac{17}{140}$

19. 设 X 与 Y 相互独立，$D(X)=2$，$D(Y)=3$，则 $D(2X-Y)$ 等于( )。

A. 1 B. 5 C. 7 D. 11

20. 设连续型随机变量 X 的概率密度函数为 $p(x)=\begin{cases}3x^2 & (0<x<1)\\ 0 & (其余)\end{cases}$，则 $D(X)$ 等于( )。

A. $\frac{3}{20}$ B. $\frac{3}{40}$ C. $\frac{3}{80}$ D. $\frac{3}{160}$

21. 已知 $A=\begin{bmatrix}2 & 1\\ 5 & 3\end{bmatrix}$，则其逆矩阵为( )。

A. $\begin{bmatrix}3 & -1\\ 5 & 2\end{bmatrix}$ B. $\begin{bmatrix}3 & 1\\ -5 & 2\end{bmatrix}$ C. $\begin{bmatrix}3 & -1\\ -5 & 2\end{bmatrix}$ D. $\begin{bmatrix}-3 & -1\\ 5 & 2\end{bmatrix}$

22. 设 A 为 n 阶方阵，且 $|A|=0$，则必有( )。

A. A 中某一行元素全为 0
B. A 中有两列对应元素成比例
C. A 中某一列是其余 $n-1$ 列的线性组合
D. A 中第 n 行是其余 $n-1$ 行的线性组合

23. 设 A、B 均为4阶矩阵，且 $|A|=3$，$|B|=-2$，则 $|-(A'B^{-1})^2|$ 的值等于( )。

A. $\frac{9}{2}$ B. $\frac{9}{4}$ C. $\frac{9}{8}$ D. $\frac{3}{2}$

24. 已知 $A=\begin{bmatrix}1 & -2 & -4\\ -2 & x & -2\\ -4 & -2 & 1\end{bmatrix}$ 的特征值为 $-4、5、y$，则 $x、y$ 为( )。

A. $x=-1,y=0$ B. $x=4,y=5$ C. $x=2,y=3$ D. $x=1,y=1$

25. 在速率区间 $v\to v+dv$ 内的分子数密度为( )。

A. $nf(v)dv$ B. $Nf(v)dv$ C. $\int_{v_1}^{v_2}f(v)dv$ D. $\int_{v_1}^{v_2}nf(v)dv$

26. 两瓶不同种类的理想气体，它们的温度和压强都相同，但体积不同，单位体积内的气体分子数 n，单位体积内的气体分子总平动动能 (E_K/V)，单位体积内的气体质量 ρ，则有( )。

A. n 不同，(E_K/V)，ρ 不同
B. n 不同，(E_K/V) 不同，ρ 相同
C. n 相同，(E_K/V) 不同，ρ 不同
D. n 相同，(E_K/V) 相同，ρ 不同

27. 1mol 刚性双原子分子理想气体，当温度为 T 时，其内能为( )。

A. $\frac{3}{2}RT$ B. $\frac{3}{2}KT$ C. $\frac{5}{2}RT$ D. $\frac{5}{2}KT$

28. 在一封闭容器中，理想气体的算术平均速率提高一倍，则( )。

A. 温度为原来的 2 倍，压强为原来的 4 倍
B. 温度为原来的 4 倍，压强为原来的 2 倍

C. 温度和压强都提高为原来的 2 倍
D. 温度和压强都提高为原来的 4 倍

29. 有一截面均匀的封闭圆筒，中间被一光滑的活塞分隔成两边，如果其中的一边装有 0.1kg 某一温度的氢气，为了使活塞停留在圆筒的正中央，则另一边应装入同一温度的氧气质量为（　　）kg。

    A. 1/16　　　　B. 0.8　　　　C. 1.6　　　　D. 3.2

30. 两相干平面简谐波振幅皆为 4cm，两波源相距 30cm，位相差为 π，在两波源连线的中垂线上任意一点 P 两列波叠加后合振幅为（　　）。

    A. 8cm　　　　B. 16cm　　　　C. 30cm　　　　D. 0

31. 如图 13-1-31 所示，两列波长为 λ 的相干波在 P 点相遇，S_1 点的初位相是 φ_1，到 P 点的距离是 r_1；S_2 点的初位相 φ_2，到 P 点的距离是 r_2，以 k 代表零或正、负整数，则 P 点是干涉极大的条件是（　　）。

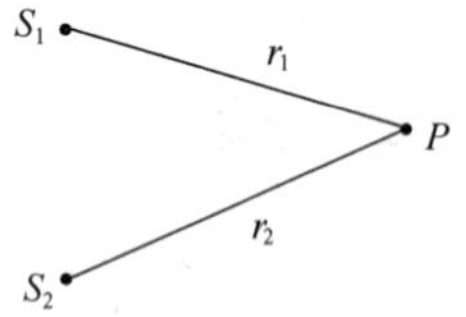

    A. $r_1 - r_2 = k\lambda$　　　B. $\varphi_2 - \varphi_1 = 2k\pi$
    C. $\varphi_2 - \varphi_1 + 2\pi(r_2 - r_1)/\lambda = 2k\pi$
    D. $\varphi_2 - \varphi_1 + 2\pi(r_1 - r_2)/\lambda = 2k\pi$

    图 13-1-31

32. 用白光做杨氏双缝实验，在屏幕上将看到彩色干涉条纹，若用两块纯红色和纯蓝色的滤光片，分别同时遮住双缝，则屏幕上（　　）。

    A. 干涉条纹的亮度发生改变　　　B. 干涉条纹的宽度发生改变
    C. 产生红光和蓝光的两套彩色干涉条纹　　D. 不产生干涉条纹

33. 用波长为 λ 的单色平行光垂直照射折射率为 n 的劈尖薄膜，形成等厚干涉条纹，若测得相邻两明条纹的间距为 l，则劈尖夹角 θ 为（　　）。

    A. $\lambda/(2l)$　　B. $\lambda/(2nl)$　　C. $\tan^{-1}\lambda/(2l)$　　D. $\sin^{-1}\lambda/(2l)$

34. 若迈克耳逊干涉仪的反射镜 M_2 平移距离为 0.3220mm 时，测得某单色光的干涉条纹移过 1024 条，则该单色光的波长为（　　）。

    A. 6.287×10^{-7}m　　B. 5×10^{-7}m　　C. 4×10^{-7}m　　D. 7×10^{-7}m

35. 波长为 λ 的单色平行光垂直入射到一狭缝上，若第一级暗纹的位置对应的衍射角为 $\varphi = \pm\pi/6$，则缝宽的大小为（　　）。

    A. $\dfrac{\lambda}{2}$　　　　B. λ　　　　C. 2λ　　　　D. 3λ

36. 一束光强为 I_0 的自然光垂直入射到三个叠在一起的偏振片 P_1、P_2、P_3 上，其中 P_1 与 P_3 的偏振化方向相互垂直，P_1 与 P_2 的偏振化方向间的夹角为 $45°$，则通过三个偏振片后的光强为（　　）。

    A. $I_0/2$　　　B. $I_0/4$　　　C. $I_0/8$　　　D. $3I_0/4$

37. 已知某元素+3 价离子的电子分布式为 $1s^2 2s^2 2p^6 3s^2 3p^6 3d^3$，该元素在周期表中所属的分区为（　　）。

    A. s 区　　　B. p 区　　　C. ds 区　　　D. d 区

38. 用杂化轨道理论推测下列分子的空间构型，其中为平面三角形的是（　　）。

    A. NF_3　　　B. BF_3　　　C. ASH_3　　　D. SbH_3

39. 将 pH=2.0 的 HCl 溶液与 pH=13.0 的 NaOH 溶液等体积混合后，溶液的 pH

值是(　　)。

　　A. 7.50　　　　　B. 12.65　　　　　C. 3.00　　　　　D. 11.00

40. 在某温度时,已知 0.100mol/dm³ 氢氰酸(HCN)的电离度为 0.100%,该温度时 HCN 的标准电离常数 $K_a^\ominus$ 是(　　)。

　　A. 1.0×10^{-5}　　B. 1.0×10^{-4}　　C. 1.0×10^{-7}　　D. 1.0×10^{-6}

41. 下列水溶液渗透压最高的是(　　)。

　　A. 0.1mol/dm³ C_2H_5OH　　　　　　B. 0.1mol/dm³ NaCl
　　C. 0.1mol/dm³ HAc　　　　　　　　D. 0.1mol/dm³ Na_2SO_4

42. 在下列各反应条件的改变中,不能引起反应速率常数变化的是(　　)。

　　A. 改变反应体系的温度　　　　　　B. 改变反应的途径
　　C. 改变反应物的浓度　　　　　　　D. 改变反应体系所使用的催化剂

43. 在温度和压力不变的情况下,1L 的 NO_2 在高温时按 $2NO_2 \rightleftharpoons 2NO+O_2$ 分解,达到平衡时体积为 1.3L,此时 NO_2 的转化率为(　　)。

　　A. 30%　　　　　B. 50%　　　　　C. 40%　　　　　D. 60%

44. 已知,$E^\ominus_{Sn^{4+}/Sn^{2+}}=0.15V$,$E^\ominus_{Fe^{3+}/Fe^{2+}}=0.77V$,则不能共存于同一溶液中的一对离子是(　　)。

　　A. Sn^{4+},Fe^{2+}　　B. Fe^{3+},Sn^{2+}　　C. Fe^{3+},Fe^{2+}　　D. Sn^{4+},Sn^{2+}

45. 电解某一溶液时,从阴极上析出的物质是(　　)。

　　A. 负离子　　　　　　　　　　　　B. E 值较大的电对中的氧化物质
　　C. E 值较小的电对中的还原物质　　D. E 值较小的电对中的氧化物质

46. 下列各组物质中,只用水就能鉴别的一组物质是(　　)。

　　A. 苯、乙酸、四氯化碳　　　　　　B. 乙醇、乙醛、乙酸
　　C. 乙醛、乙二醇、硝基苯　　　　　D. 甲醇、乙醇、甘油

47. 如图 13-1-47 所示的某平面汇交力系中的四个力之间的关系式是(　　)。

　　A. $F_1+F_2+F_3=F_4$　　　　　　B. $F_1+F_2+F_3+F_4=0$
　　C. $F_1+F_2=F_3+F_4$　　　　　　D. $F_1=F_2+F_3+F_4$

48. 图 13-1-48 所示结构受一对等值、反向、共线的力作用,自重不计,铰支座 A 的反力 R_A 的作用线应该是(　　)。

　　A. R_A 沿铅直线　　　　　　　　B. R_A 沿 A、B 连线
　　C. R_A 沿 A、C 连线　　　　　D. R_A 平行 B、C 连线

49. 一空间平行力系如图 13-1-49 所示,该力系的简化结果是(　　)。

　　A. 一合力　　　B. 一合力偶　　　C. 一力螺旋　　　D. 平衡

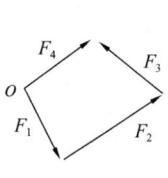　　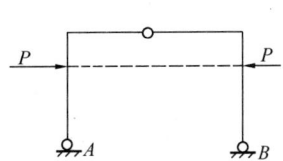　　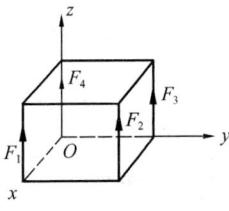

图 13-1-47　　　　　　　　图 13-1-48　　　　　　　　图 13-1-49

50. 平面桁架中的 AF、BE、CG 三杆铅直，DE、FG 两杆水平，在结点 D 作用一铅垂向下的力 P，如图 13-1-50 所示，BE 杆的内力 S_{BE} 为（　　）。

A. $S_{BE}=P$　　　B. $S_{BE}=-P$　　　C. $S_{BE}=\sqrt{2}P$　　　D. $S_{BE}=-\sqrt{2}P$

51. 如图 13-1-51 所示物块重 Q，放在粗糙的水平面上，其摩擦角 $\phi_m=20°$，若力 P 作用于摩擦角之外，并已知 $\alpha=30°$，$P=Q$，则物块将（　　）。

A. 产生滑动　　　B. 处于临界状态　　　C. 保持静止　　　D. 无法确定

52. 已知点 M 沿平面曲线运动，某瞬时，其速度大小 $v=8$m/s，加速度大小 $a=8$m/s²，两者之间的夹角为 30°，如图 13-1-52 所示，则此时点 M 所在之处的轨迹曲率半径 ρ 为（　　）。

A. 4m　　　B. 8m　　　C. 16m　　　D. $8\sqrt{3}$m

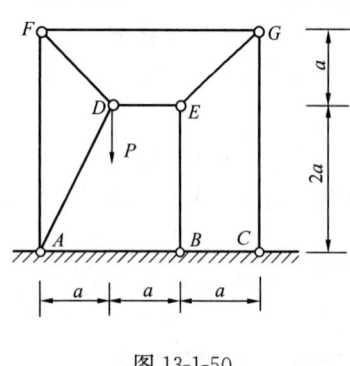

图 13-1-50

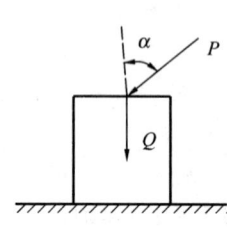

图 13-1-51

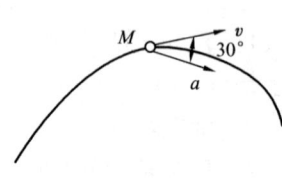

图 13-1-52

53. 四连杆机构运动到图 13-1-53 所示位置时，AB 平行于 O_1O_2，O_1A 杆的角速度为 ω_1，则 O_2B 杆的角速度 ω_2 为（　　）。

A. $\omega_1=2\sqrt{3}\omega_2$　　　B. $\omega_1=\sqrt{3}\omega_2$　　　C. $\omega_1=\dfrac{1}{2\sqrt{3}}\omega_2$　　　D. $\omega_1=\dfrac{1}{\sqrt{3}}\omega_2$

54. 直角刚杆 OAB 在图 13-1-54 所示位置时，$\omega=4$rad/s，$\varepsilon=5$rad/s²，若 $\overline{OA}=40$cm，$\overline{AB}=30$cm，则 B 点的速度大小为（　　）cm/s。

A. 100　　　B. 200　　　C. 250　　　D. 350

55. 一质点从圆盘的顶点 A 出发，由静止开始，在重力作用下分别沿 AB、AC、AD 三条滑道下滑，如图 13-1-55 所示。不计摩擦，质点沿 AB、AC、AD 分别下滑到 B、C、D 点所需时间分别为 t_1、t_2、t_3，则它们的关系是（　　）。

A. $t_1>t_2>t_3$　　　B. $t_1<t_2<t_3$　　　C. $t_1<t_2>t_3$　　　D. $t_1=t_2=t_3$

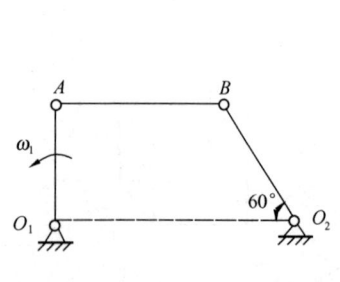

图 13-1-53

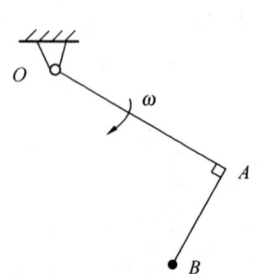

图 13-1-54

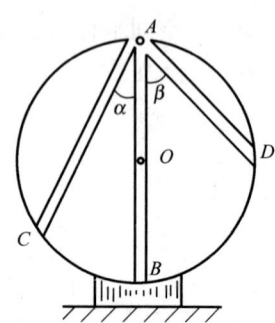

图 13-1-55

56. 半径为 R，质量为 m 的均质圆轮沿斜面做纯滚动，如图 13-1-56 所示。已知轮 SC 的速度为 v，加速度为 a，则该轮的动能为(   )。

A. $\dfrac{1}{2}mv^2$ B. $\dfrac{3}{2}mv^2$ C. $\dfrac{3}{4}mv^2$ D. $\dfrac{1}{4}mv^2$

57. 图 13-1-57 所示由五根长度相同的链杆与固定边 AB 形成正六边形，受 P_1、P_2、Q 三力作用，$P_1=P_2=P$，若取图示 x、y 轴，则平衡时由虚位移原理的解析表达式 $\Sigma(X_i\delta x_i+Y_i\delta y_i)=0$，有(   )。

A. $P_1\delta x_{c1}-P_2\delta x_{c2}-Q\delta y_{c3}=0$ B. $P_1\delta x_{c1}+P_2\delta x_{c2}+Q\delta y_{c3}=0$

C. $P_1\delta x_{c1}-P_2\delta x_{c2}+Q\delta y_{c3}=0$ D. $P_1\delta x_{c1}+P_2\delta x_{c2}-Q\delta y_{c3}=0$

58. 将图13-1-58 (a) 中的弹簧均分为两半，再将物块悬挂在半个弹簧下端，如图 13-1-58 (b) 所示，则 (a)、(b) 两种情况的振动周期之比 $\dfrac{T_a}{T_b}$ 为(   )。

A. $\sqrt{2}$ B. $\dfrac{\sqrt{2}}{2}$ C. 2 D. $\dfrac{1}{2}$

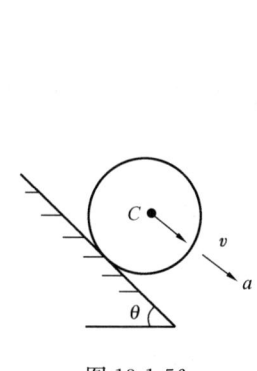

图 13-1-56

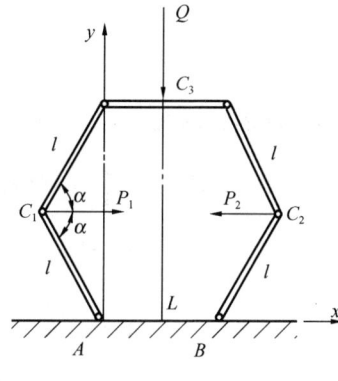

图 13-1-57

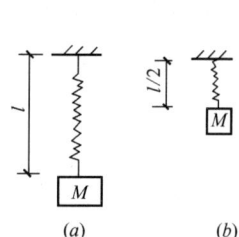

图 13-1-58

59. 图 13-1-59 所示结构中，圆截面拉杆 BD 的直径为 d，不计杆的自重，则其横截面上的正应力为(   )。

A. $\dfrac{ql}{2\pi d^2}$ B. $\dfrac{2ql}{\pi d^2}$ C. $\dfrac{8ql}{\pi d^2}$ D. $\dfrac{4ql}{\pi d^2}$

60. 如图 13-1-60 所示销钉受力及尺寸，则销钉的挤压应力为(   )。

A. $\sigma_{bs}=\dfrac{4P}{\pi(R^2-D^2)}$ B. $\sigma_{bs}=\dfrac{4P}{\pi(D^2-d^2)}$

C. $\sigma_{bs}=\dfrac{P}{\pi dH}$ D. $\sigma_{bs}=\dfrac{P}{\pi bH}$

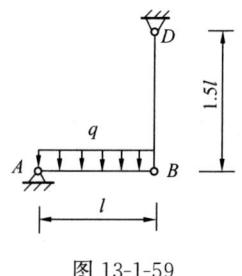

图 13-1-59

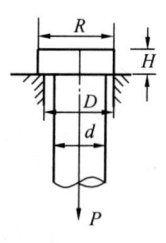

图 13-1-60

61. 图 13-1-61 所示受扭杆件，B 截面受外力偶 $5T$ 作用，C 截面处受外力偶 T 作用，T 与 $5T$ 的方向相反，则圆杆中的最大切应力为（　　）。

A. $\dfrac{16T}{\pi d^3}$ B. $\dfrac{32T}{\pi d^3}$

C. $\dfrac{48T}{\pi d^3}$ D. $\dfrac{64T}{\pi d^3}$

62. 如图 13-1-62 所示，两端受外力偶 T 作用的受扭杆件，拟采用直径为 d 的实心圆截面和空心圆截面（内、外径之比 $\alpha=0.8$）两种形式，两者横截面面积相同，则它们的最大切应力关系为（　　）。

A. $\tau_A = \tau_B$ B. $\tau_A > \tau_B$ C. $\tau_A < \tau_B$ D. 无法确定

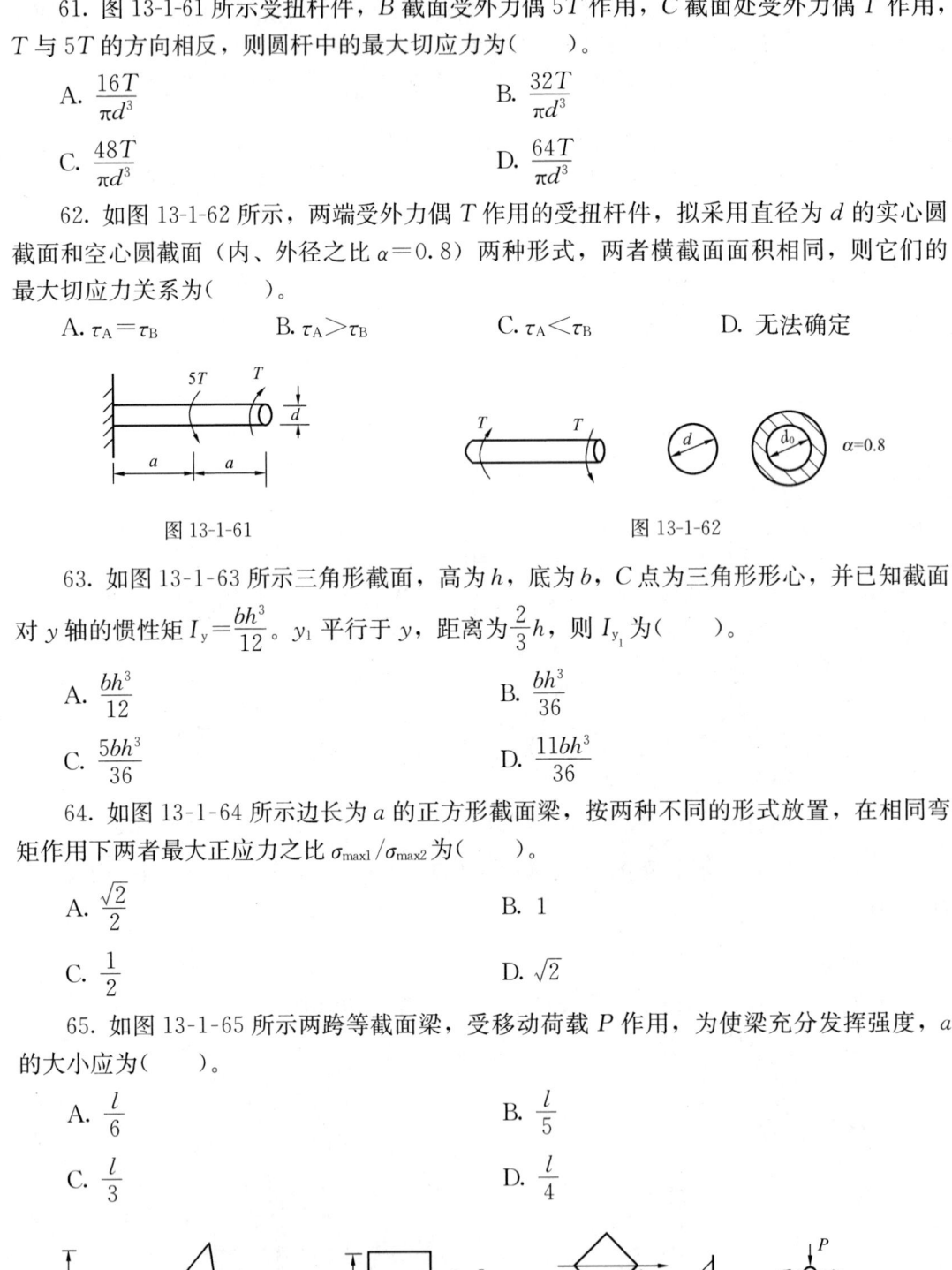

图 13-1-61　　　　图 13-1-62

63. 如图 13-1-63 所示三角形截面，高为 h，底为 b，C 点为三角形形心，并已知截面对 y 轴的惯性矩 $I_y = \dfrac{bh^3}{12}$。y_1 平行于 y，距离为 $\dfrac{2}{3}h$，则 I_{y_1} 为（　　）。

A. $\dfrac{bh^3}{12}$ B. $\dfrac{bh^3}{36}$

C. $\dfrac{5bh^3}{36}$ D. $\dfrac{11bh^3}{36}$

64. 如图 13-1-64 所示边长为 a 的正方形截面梁，按两种不同的形式放置，在相同弯矩作用下两者最大正应力之比 $\sigma_{max1}/\sigma_{max2}$ 为（　　）。

A. $\dfrac{\sqrt{2}}{2}$ B. 1

C. $\dfrac{1}{2}$ D. $\sqrt{2}$

65. 如图 13-1-65 所示两跨等截面梁，受移动荷载 P 作用，为使梁充分发挥强度，a 的大小应为（　　）。

A. $\dfrac{l}{6}$ B. $\dfrac{l}{5}$

C. $\dfrac{l}{3}$ D. $\dfrac{l}{4}$

图 13-1-63　　　　图 13-1-64　　　　图 13-1-65

66. 如图 13-1-66 所示一端外伸梁,抗弯刚度为 EI,外伸端受荷载 P 作用,其 C 处挠度为( )。

A. $\dfrac{4Pl^3}{9EI}$ B. $\dfrac{7Pl^3}{18EI}$ C. $\dfrac{2Pl^3}{9EI}$ D. $\dfrac{5Pl^3}{18EI}$

67. 在小变形条件下,某点的应力状态如图 13-1-67 所示,当 σ_x、σ_y、σ_z 不变,τ_{xy} 增大时,ε_z 将( )。

A. 增大 B. 减小 C. 不变 D. 无法确定

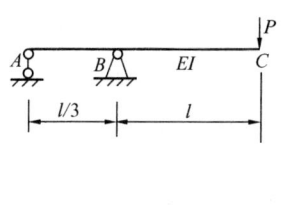

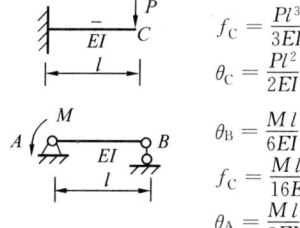

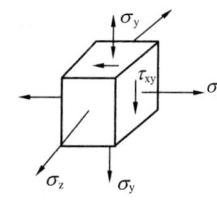

图 13-1-66

图 13-1-67

68. 三种平面应力状态如图 13-1-68 所示,其中 σ、τ 分别表示正应力和切应力,它们之间的关系是( )。

A. 全部等价 B. (a) 与 (b) 等价
C. (a) 与 (c) 等价 D. 全部均不等价

69. 图 13-1-69 所示一外伸梁,横截面为圆形,直径为 d,抗弯截面系数 $W_z = 20 \times 10^{-6}\,\text{m}^3$,梁在跨中受铅垂力 $P_1 = 4\text{kN}$,在外伸端受水平力 $P_2 = 4\text{kN}$,则 C 截面上的正应力最大值为( )。

A. $\sqrt{2} \times 10^2\,\text{MPa}$ B. $2 \times 10^2\,\text{MPa}$ C. $2\sqrt{2} \times 10^2\,\text{MPa}$ D. $4 \times 10^2\,\text{MPa}$

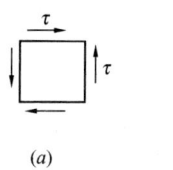 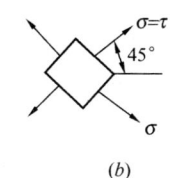 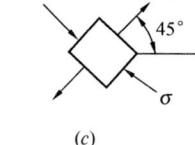 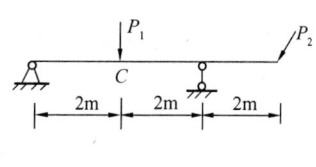

图 13-1-68

图 13-1-69

70. 用四个等肢角钢拼接成的轴压杆件,截面形式如图 13-1-70 所示,其承载力最大者为( )。

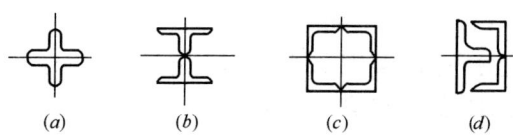

图 13-1-70

A. 图 (a) B. 图 (b) C. 图 (c) D. 图 (d)

71. 体积为 10m^3 的水在温度不变的条件下,当压强从 98kPa 变到 400kPa 时,体积减少2L，水的压缩系数近似为（　　）。

　　A. $6.62×10^{-9}$　　B. $6.62×10^{-10}$　　C. $6.26×10^{-9}$　　D. $6.26×10^{-10}$

72. $Z+\dfrac{p}{\rho g}=C$ 是流体静力学方程式，从物理意义上 $Z+\dfrac{p}{\rho g}$ 是指（　　）。

　　A. 某断面计算点单位重量流体对某一基准面所具有的位置能量
　　B. 某断面计算点单位重量流体对某一基准面所具有的压力能量
　　C. 某断面计算点单位重量流体对某一基准面所具有的势量
　　D. 某断面计算点单位质量流体对某一基准面所具有的势量

73. 如图 13-1-73 所示两个封闭容器连接U形水银测压计，封闭 A 是水，B 是空气，h 读数为 0.3m，a 为 0.6m，b 为 1.0m，则 A、B 两点的压力差为（　　）kPa。

　　A. 45.86　　B. 56.76　　C. 85.85　　D. 139.16

74. 如图 13-1-74 所示利用皮托管测量管流的断面流速，利用盛以重度为 $14kN/m^3$ 的 CCl_4 压差计，测得 $h=80mm$，管中液流为重度 $8kN/m^3$ 的油，则测点 A 的速度为（　　）m/s。

　　A. 1.91　　B. 1.86　　C. 1.66　　D. 1.42

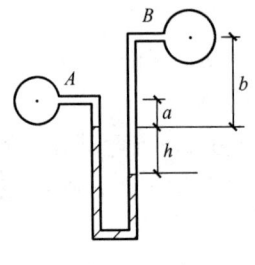

图 13-1-73

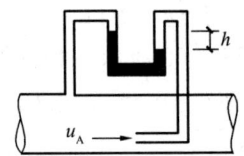

图 13-1-74

75. 三管道直径分别为 d、$2d$、$3d$，其通过的流量分别对应为 Q、$2Q$、$3Q$，通过的介质和介质的温度相同，则其三雷诺数之比 $Re_1:Re_2:Re_3$ 为（　　）。

　　A. 1∶2∶3　　B. 1∶4∶9　　C. 3∶2∶1　　D. 1∶1∶1

76. 如图 13-1-76 所示两水箱由管子相连，出水管与相连管长度同为 10m，管子直径同为 50mm，沿程阻力系数 λ 同为 0.03，水流保持恒定出流，A 水箱水位不变，如出水管口降低 2m，则 B 水箱降低（　　）m。

　　A. 1.5　　B. 1.0
　　C. 0.8　　D. 1.2

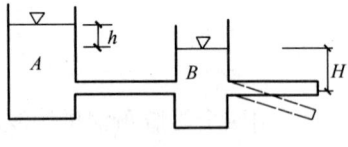

图 13-1-76

77. 从一水库引水到另一水库，日供水 2.8t，管长 2000m，管子直径为 500m，管壁面糙率 $n=0.014$，水库水位差 2m，则需并联（　　）根管才能满足要求。

　　A. 2　　B. 3　　C. 4　　D. 5

78. 设计梯形水槽的流动模型原型底宽为 10m，边坡为 1.0，水深 2m，流量为 $48m^3/s$，流动在粗糙区，断面满足几何相似和弗罗德数相似，模型底宽度设计为 1m，则模型速度为（　　）m/s。

A. 0.632　　　　B. 0.783　　　　C. 0.846　　　　D. 0.928

79. (　　) 都是系统软件。

A. DOS 和 WORD　　　　　　　B. WPS 和 UNLX
C. DOS 和 UNIX　　　　　　　D. WPS 和 WORD

80. 数字和字符在计算机内最终都化为二进制，对于人们习惯的十进制数，通过的转换是以(　　)。

A. BCD 码　　B. 扩展 BCD 码　　C. ASCII 码　　D. 扩展 ASCII 码

81. 在桌面的空白处按鼠标右键得到的是(　　)。

A. 桌面的运行　　　　　　　　B. 桌面的方法和属性列表
C. 程序的运行选项　　　　　　D. 选择桌面

82. 剪贴板是在 (　　) 中开辟的一个特殊存储区域。

A. 硬盘　　　　B. 外存　　　　C. 内存　　　　D. 窗口

83. 计算机内存储器 R 包括(　　)。

A. ROM　　　　B. RAM　　　　C. U 盘　　　　D. Cache

84. 计算机中被视为指挥硬件系统工作的首脑机构是(　　)。

A. 运算器　　　B. 控制器　　　C. 寄存器　　　D. 存储器

85. 系统总线中用于传送外围设备码的是(　　)。

A. 数据总线　　B. 存储总线　　C. 地址总线　　D. 控制总线

86. 十进制数（+56）10 的 BCD 码是(　　)。

A. 001010110　　B. 101010110　　C. 001010111　　D. 101010111

87. Internet 基本功能不包括(　　)。

A. 电子邮件　　B. 文件传输　　C. 远程登录　　D. 实时监测控制

88. 在 Internet 中，用来自动实现域名和 IP 地址之间的自动转换的是(　　)。

A. DNS　　　　B. ADSL　　　　C. WAP　　　　D. CDMA

89. 真空中两个静止的点电荷之间的作用力与这两个点电荷所带电量的乘积成正比，与它们之间的距离的 (　　) 成反比。

A. 一次方　　　B. 二次方　　　C. 三次方　　　D. 四次方

90. 真空中有两根互相平行的无限长直导线 L_1 和 L_2，相距 0.1m，通有方向相反的电流，$I_1=30A$，$I_2=20A$，a 点位于 L_1、L_2 之间的中点，且与两导线在同一平面内，如图 13-1-90 所示，a 点的磁感应强度为 (　　) 特。

A. $\dfrac{300u_0}{\pi}$　　B. $\dfrac{100u_0}{\pi}$　　C. $\dfrac{200u_0}{\pi}$　　D. $\dfrac{500u_0}{\pi}$

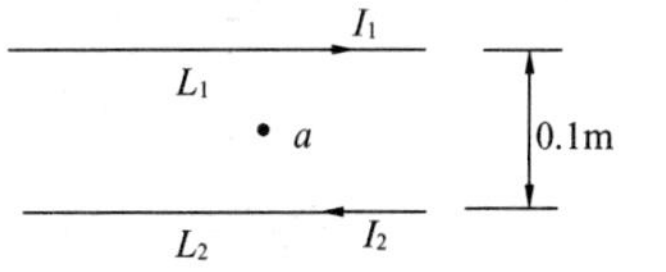

图 13-1-90

91. 图 13-1-91 所示电路的等效电路为(　　)。

A. 图（a）　　B. 图（b）　　C. 图（c）　　D. 图（d）

92. 图 13-1-92 所示电路中，A 点的电位是(　　)。

A. 25V　　　　B. 15V　　　　C. 10V　　　　D. 5V

93. 图 13-1-93 所示电路中Ⓐ读数为 3A，则Ⓐ读数为(　　)。

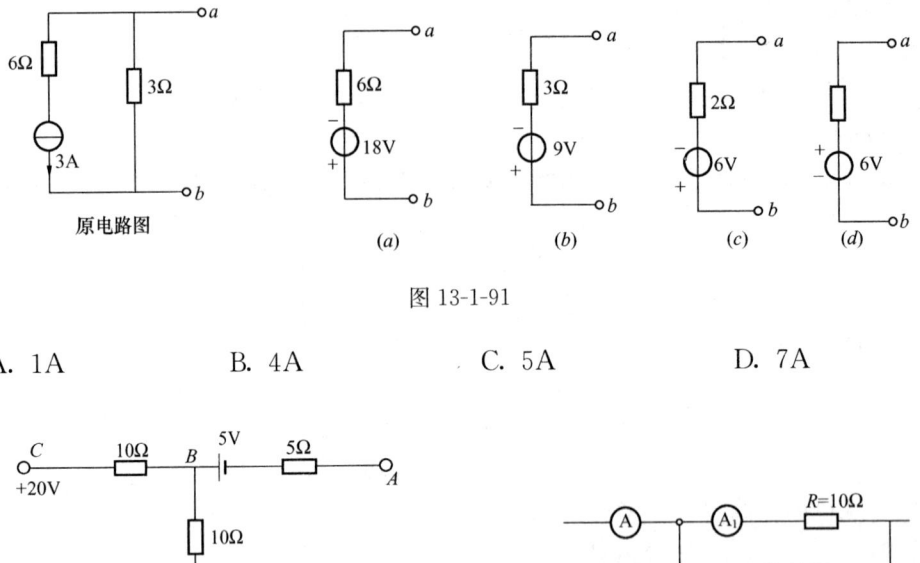

图 13-1-91

A. 1A B. 4A C. 5A D. 7A

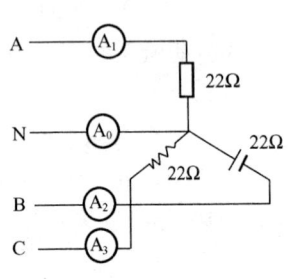

图 13-1-92

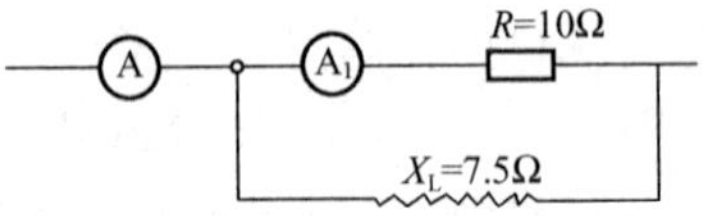

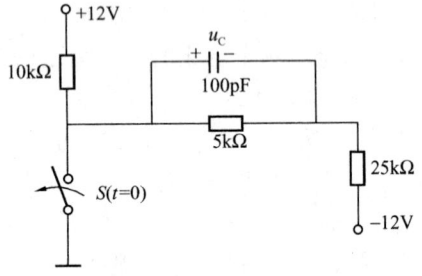

图 13-1-93

94. 图 13-1-94 电路中三相电源相/线电压为 220V/380V，电流表 Ⓐ₁、Ⓐ₂和 Ⓐ₃读数均为 10A，则中线上 Ⓐ₀读数为（　　）。

A. 27.32A B. 10A C. 38.64A D. 0A

95. 图 13-1-95 所示电路，换路前电路处于稳态，换路后电容电压 u_c 的变化规律是（　　）V。

A. $3+e^{-2.3\times10^9 t}$ B. $3-e^{-2.3\times10^9 t}$ C. $3+e^{-2.3\times10^6 t}$ D. $3-e^{-2.3\times10^6 t}$

图 13-1-94

图 13-1-95

96. Y/Y_0 联接的三相变压器，匝数比 $K=25$，原边接线电压 10kV，副边额定电流 130A，这台变压器的容量是（　　）。

A. 150kVA B. 90kVA C. 78kVA D. 52kVA

97. 图 13-1-97 电路中，硅稳压管 D_{Z_1} 的稳定电压为 8V，D_{Z_2} 的稳定电压为 6V，正向电压降均为 0.7V，则 u_0 为（　　）。

A. 8V B. 6V
C. 0.7V D. 20V

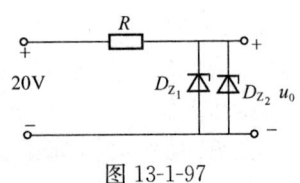

图 13-1-97

98. 图 13-1-98 所示电路图中，有可能放大交流信号的是(　　)。

A. 图 (a)　　　B. 图 (b)　　　C. 图 (c)　　　D. 图 (d)

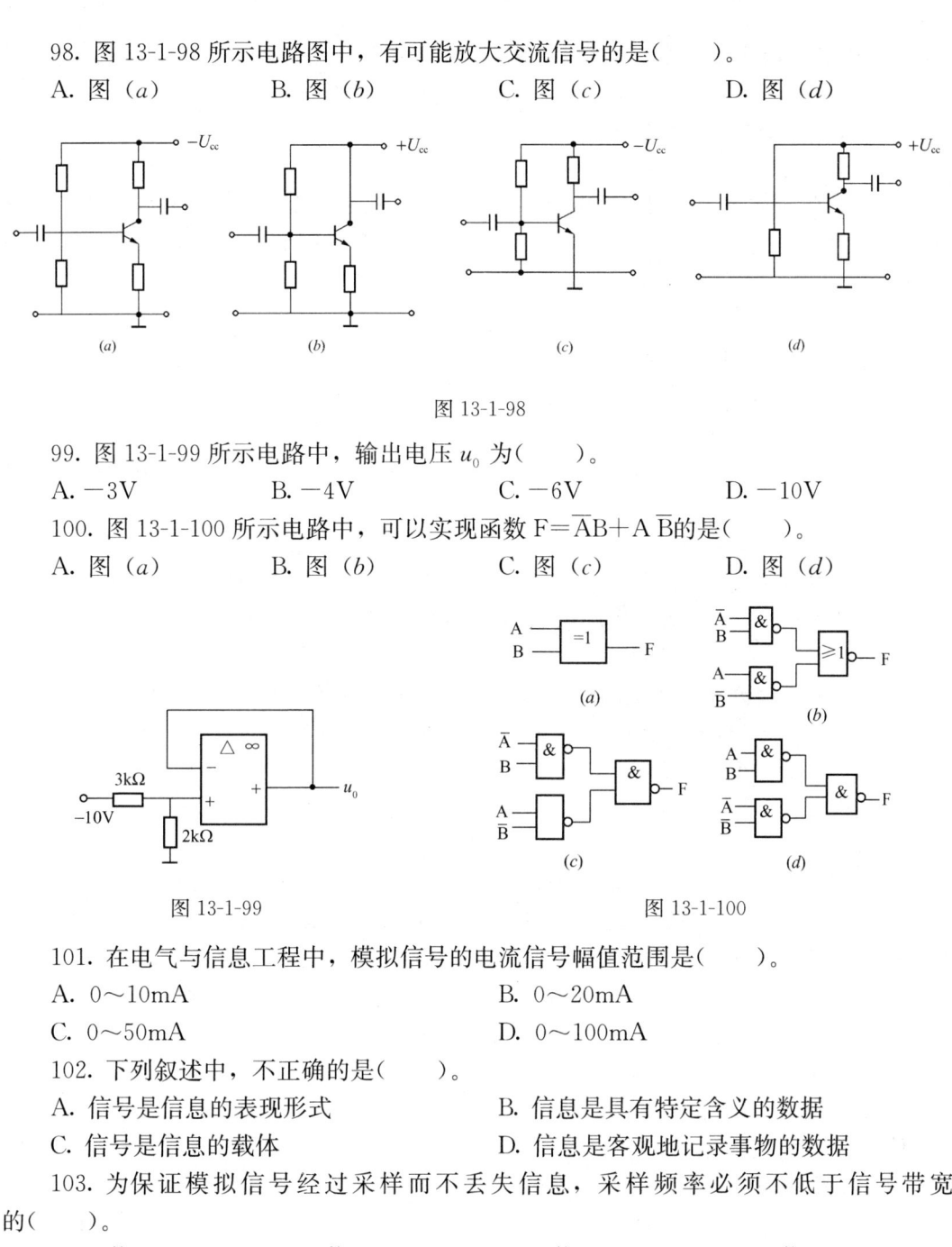

图 13-1-98

99. 图 13-1-99 所示电路中，输出电压 u_0 为(　　)。

A. $-3V$　　　B. $-4V$　　　C. $-6V$　　　D. $-10V$

100. 图 13-1-100 所示电路中，可以实现函数 $F=\overline{A}B+A\overline{B}$ 的是(　　)。

A. 图 (a)　　　B. 图 (b)　　　C. 图 (c)　　　D. 图 (d)

图 13-1-99　　　图 13-1-100

101. 在电气与信息工程中，模拟信号的电流信号幅值范围是(　　)。

A. 0～10mA　　　　　　　　B. 0～20mA

C. 0～50mA　　　　　　　　D. 0～100mA

102. 下列叙述中，不正确的是(　　)。

A. 信号是信息的表现形式　　B. 信息是具有特定含义的数据

C. 信号是信息的载体　　　　D. 信息是客观地记录事物的数据

103. 为保证模拟信号经过采样而不丢失信息，采样频率必须不低于信号带宽的(　　)。

A. 2 倍　　　B. 4 倍　　　C. 8 倍　　　D. 1 倍

104. 使用二进制补码运算，5－4=？的运算式是(　　)。

A. 0101＋1011=？　　　　　B. 0111＋0110=？

C. 0101＋1100=？　　　　　D. 0111＋1100=？

105. 下列叙述中，正确的是(　　)。

A. 在电路稳态分析中，模拟信号采用时间域描述方式

B. 在电路动态过程中，模拟信号采用时间域描述方式

C. 在电路稳态分析、动态过程中，模拟信号均采用时间域描述方式
D. 电路稳态分析、动态分析中，模拟信号均采用频率域描述

106. 低通滤波器的阻带是( )。

A. (f_H, ∞) B. (f_L, ∞) C. $(0, f_H)$ D. $(0, f_L)$

107. 某公司准备5年后自筹资金500万元用于技术改造，银行年利率10%，已知$(F/A, 10\%, 5) = 6.1051$，$(P/A, 10\%, 5) = 3.7908$，则该公司每年必须等额从利润中提留（　　）万元存入银行，才能满足技术计划的需要。

A. 107.7 B. 100.34 C. 81.9 D. 62.09

108. 下列评价指标中，属于动态指标的是( )。

A. 投资利润率　　　　　　　　B. 财务内部收益率
C. 平均报酬率　　　　　　　　D. 投资收益率

109. 既可用于寿命期相等的方案比较，也可用于寿命期不等的方案比较的方法是( )。

A. 年值法　　B. 内部收益率法　　C. 投资回收期法　　D. 净现值率法

110. 某具有常规现金流量的投资方案，经计算，当$i_1 = 12\%$时，$NPV_1 = 450$，$i_2 = 13\%$时，$NPV_2 = -150$，则该方案的内部收益率IRR为( )。

A. 12.95%　　B. 12.75%　　C. 12.55%　　D. 12.35%

111. 对建设项目进行盈亏平衡分析时，盈亏平衡点越低，则( )。

A. 项目盈利的可能性就越大，抗风险能力越强
B. 项目盈利的可能性就越小，抗风险能力越弱
C. 项目造成亏损的可能性就越大，抗风险能力越弱
D. 项目造成亏损的可能性就越小，抗风险能力越弱

112. 对项目进行单因素敏感性分析时，下列（　　）项可作为敏感性分析的因素。

A. 净现值　　B. 年值　　C. 内部收益率　　D. 销售收入

113. 负债筹资是项目筹资的主要方式，主要有( )。

A. 发行债券　　B. 发行股票　　C. 自筹资金　　D. 吸收国外资本

114. 价值工程的目标在于提高工程对象的价值，它追求的是( )。

A. 满足用户最大限度需求的功能
B. 投资费用最低时的功能
C. 使用费用最低时的功能
D. 寿命周期费用最低时的必要功能

115. 根据《中华人民共和国建筑法》，建设单位应自领取施工许可证后（　　）内开工。

A. 1个月　　B. 2个月　　C. 3个月　　D. 6个月

116. 开标应由( )主持，并邀请所有投标人参加。

A. 招标人　　B. 投标人代表　　C. 公证人员　　D. 招标站人员

117. 根据《建设工程勘察设计管理条例》，施工图设计文件编制深度应当满足( )。

①能据以编制预算；②能据以安排材料、设备订货和非标准设备的制作；③能据以进行施工和安装；④能据以明确工程合理使用年限。

A. ①②　　　　B. ①②③　　　　C. ①②③④　　　D. ②③

118. 撤销要约，撤销要约的通知应当在受要约人发出承诺通知（　　）到达受要约人。

A. 之前　　　　B. 当月　　　　C. 后3月　　　　D. 后5月

119. 根据《建设工程安全生产管理条例》，基坑支护与降水工程的专项施工方案应经（　　）鉴定后实施。

A. 总监理工程师

B. 施工单位技术负责人

C. 施工单位技术负责人、总监理工程师

D. 施工单位项目负责人、总监理工程师

120. 新建建筑或者对既有建筑进行节能改造，应当按照规定安装室内温度调控装置、传热系统调控装置和（　　）。

A. 用热计量装置　　　　　　　　B. 用热收费装置
C. 用热控制装置　　　　　　　　D. 太阳能热水装置

(下午卷)

1. 评价材料耐水性的指标是（　　）。
   A. 耐水系数　　B. 软化系数　　C. 抗软系数　　D. 吸水率
2. 硅酸盐水泥熟料矿物水化时，水化速率最慢的是（　　）。
   A. C_2S　　B. C_3S　　C. C_3A　　D. C_4AF
3. 下列关于混凝土开裂原因的分析，合理的为（　　）。
   ①因水泥水化产生体积膨胀而开裂；②因干缩变形而开裂；③因水化热导致内外温差而开裂；④水泥安定性不良而开裂；⑤抵抗温度应力的钢筋配置不足而开裂。
   A. ①②③④　　B. ②③④⑤　　C. ②③⑤　　D. ②③④
4. 混凝土配合比设计的三个关键参数是（　　）。
   A. 水胶比、砂率、石子用量
   B. 水泥用量、砂率、单位用水量
   C. 水胶比、砂率、单位用水量
   D. 水胶比、砂子用量、单位用水量
5. 石油沥青的温度稳定性用（　　）表示。
   A. 针入度　　B. 闪点　　C. 延伸度　　D. 软化点
6. 同牌号的碳素结构钢中，质量等级最高的钢是（　　）的钢。
   A. A 等级　　B. B 等级　　C. C 等级　　D. D 等级
7. 低于纤维饱和点时，木材含水率的降低会导致（　　）。
   A. 强度增大，体积增大
   B. 强度增大，体积缩小
   C. 强度减小，体积增大
   D. 强度减小，体积缩小
8. 水准面有（　　）。
   A. 1 个　　B. 10 个　　C. 有限多个　　D. 无数个
9. 水准仪的精度级别主要决定于（　　）。
   A. 望远镜放大率　　B. 仪器检验校正　　C. 水准管灵敏度　　D. 视差消除程度
10. 经纬仪从总体上说分为（　　）三部分。
    A. 基座、水准管、望远镜
    B. 基座、水平度盘、照准部
    C. 基座、水平度盘、望远镜
    D. 基座、水平度盘、竖直度盘
11. 一个三角形观测了三个内角，已知每个内角的测角中误差为 $m=\pm 2''$，则三角形内角和的中误差为（　　）。
    A. $\pm 2''$　　B. $\pm 6''$　　C. $\pm 2''\sqrt{3}$　　D. $\pm 2\times 2''\sqrt{3}$
12. 直线的坐标方位角是指（　　）量至直线的水平角。
    A. 由坐标横轴正向起，顺时针
    B. 由坐标横轴正向起，逆时针
    C. 由坐标纵轴正向起，顺时针
    D. 由坐标纵轴正向起，逆时针
13. 根据《中华人民共和国建筑法》规定，设计单位不按照建筑工程质量、安全标准进行设计，造成工程质量事故的，建设行政主管部门，可对其进行的行政处罚是（　　）。
    A. 赔偿损失
    B. 没收违法所得
    C. 吊销营业执照
    D. 判处有期徒刑
14. 根据《中华人民共和国民法典》规定，当事人可以解除合同的情况是（　　）。
    A. 债务人依法将标的物提存

B. 债务相互抵消

C. 因不可抗力致使不能实现合同目的

D. 债权人免除债务

15. 勘察单位应当按照法律、法规和工程建设强制性标准进行勘察，提供的勘察文件应当（　　），满足建设工程安全生产的需要。

  A. 真实、准确　　　B. 真实、正确　　　C. 完整、准确　　　D. 完整、正确

16.《建设工程质量管理条例》规定，装修工程和主体工程的最低保修期限分别为（　　）。

  A. 2 年和 3 年　　　　　　　　　B. 5 年和合理使用年限

  C. 2 年和 5 年　　　　　　　　　D. 2 年和合理使用年限

17. 锤击法沉桩时，其沉桩顺序，下列哪一项不正确（　　）。

  A. 先疏后密　　　　　　　　　　B. 先深后浅

  C. 先长后短　　　　　　　　　　D. 先大后小

18. 下列钢筋连接方法中，不属于钢筋机械连接的方法是（　　）。

  A. 套筒挤压连接　　B. 锥螺纹连接　　C. 直螺纹连接　　D. 绑扎连接

19. 对于悬臂结构件，底模拆模时要求混凝土强度为相应于设计混凝土抗压强度等级值的（　　）。

  A. 50%　　　　B. 75%　　　　C. 85%　　　　D. 100%

20. 砖墙砌体可留直槎时，应放结构钢筋，不正确的是（　　）。

  A. 每 120mm 墙厚放一根拉结钢筋　　B. 拉结钢筋沿墙高间距小于 500mm

  C. 端部弯成 90°弯钩　　　　　　　　D. 留槎处算起钢筋每边长小于 500mm

21. 网络计划的优化是通过利用（　　）来不断改善网络计划的最初方案，在满足既定的条件下以达到最优方案。

  A. 时差　　　　B. 持续时间　　　C. 间隔时间　　　D. 工期

22. 对工字形截面钢筋混凝土构件承载力计算，下列说法正确的是（　　）。

  A. 受拉翼缘对构件受弯承载力没有影响，因此构件承载力计算时可以不考虑受拉翼缘

  B. 剪扭构件承载力计算，首先满足腹板矩形截面完整性原则进行截面划分，再计算每个矩形对剪扭承载力的贡献

  C. 斜截面受剪承载力计算时，规范规定可以考虑翼缘对承载力的提高

  D. 剪扭构件承载力计算时，首先满足腹板矩形截面完整性原则进行截面划分，再计算每个矩形对抗扭承载力的贡献

23. 钢筋混凝土结构中，整浇肋梁楼盖板嵌入墙内时，沿墙设板面附加筋（　　）。

  A. 承担未计及的负弯矩，减小跨中弯矩

  B. 承担未计及的负弯矩，并减小裂缝宽度

  C. 承担板上局部荷载

  D. 弯矩、剪力和轴力

24. 钢筋混凝土楼盖结构设计时，下列叙述中正确的是（　　）。

  A. 现浇楼盖中，次梁按连续梁计算，不按简支梁计算

  B. 计算现浇肋梁楼盖时，对板和次梁可采用折算荷载来计算，这是因为考虑到塑性内力重分布的有利影响

C. 整浇楼盖的次梁搁于钢梁上时，板和次梁均可用折算荷载计算

D. 整浇肋梁楼盖中的单向板，中间区格内的弯矩可折减20%，这主要是考虑板的拱作用

25. 钢筋混凝土轴心受压柱，当采用 HRB500 级钢筋时，其钢筋的抗压强度设计值 f'_y 取为（　　）N/mm^2。

A. 360　　　　　　B. 400　　　　　　C. 410　　　　　　D. 435

26. 设计图中注明钢材品种市场无法供应，如果用新的钢材品种应满足（　　）。

A. 强度比原设计钢材高

B. 断后伸长率比原设计钢材高

C. 化学成分满足要求

D. 强度、断后伸长率和有害化学元素等满足原设计要求

27. 缀条式轴心受压钢构件的斜缀条可按轴心受压计算，但钢材强度设计值要乘以折减系数以考虑（　　）。

A. 剪力影响

B. 缀条与分肢间焊接缺陷的影响

C. 缀条与分肢间单面连接的偏心影响

D. 绕虚轴（x 轴）失稳时，剪切变形较大，使构件的临界力降低

28. 实腹式轴压钢杆绕 x、y 轴的长细比分别为 λ_x、λ_y，对应的稳定系数分别为 φ_x、φ_y，若 $\lambda_x = \lambda_y$，则 φ_x 与 φ_y 的关系为（　　）。

A. $\varphi_x > \varphi_y$　　B. $\varphi_x = \varphi_y$　　C. $\varphi_x < \varphi_y$　　D. 无法确定

29. 如图 13-2-29 所示两钢板用直角焊缝搭接连接，预热，手工焊，则最小焊脚尺寸为（　　）mm。

A. 5　　　　　　　B. 6

C. 7　　　　　　　D. 8

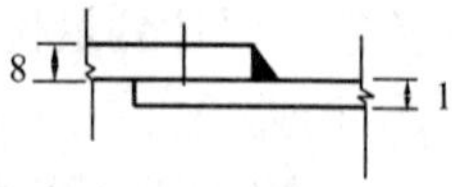

图 13-2-29

30. 计算 T 形截面砌体偏心影响系数 φ 时，要采用折算厚度 h_T，已知 T 形截面砌体的惯性矩 $I = 4.2 \times 10^9 mm^4$，面积 $A = 3.8 \times 10^5 mm^2$，则其折算厚度为（　　）mm。

A. 334　　　　　　B. 346　　　　　　C. 352　　　　　　D. 368

31. 影响砌体结构房屋空间工作性能的主要因素是（　　）。

A. 圈梁和构造柱的设置是否符合要求

B. 屋盖、楼盖的类别及横墙的间距

C. 砌体所用块材和砂浆的强度等级

D. 屋盖、楼盖的类别及纵横墙的间距

32. 下面关于组合砖砌体构造的说法，不正确的是（　　）。

A. 砖强度等级不应低于 MU10　　　　B. 砌体砂浆强度等级不宜低于 M7.5

C. 面层水泥砂浆强度等级不宜低于 M7.5　　D. 面层水泥砂浆厚度可取 30～45mm

33. 砌体房屋，无洞口墙梁和开洞口墙梁在顶部荷载作用下，可采用（　　）结构模型进行分析。

A. 无洞墙梁采用梁-拱组合模型，开洞口墙梁采用偏心拉杆拱模型

B. 无洞墙梁采用偏心拉杆拱模型，开洞口墙梁采用梁-拱组合模型

C. 两种墙梁均采用梁-拱组合模型
D. 无洞墙梁采用梁-柱组合模型，开洞口墙梁采用偏心压杆拱模型

34. 图 13-2-34 所示体系的几何组成为（   ）。
A. 常变体系　　　　　　　　　　B. 瞬变体系
C. 无多余约束的几何不变体系　　D. 有多余约束的几何不变体系

35. 图 13-2-35 所示结构，其内力图为（   ）。
A. 轴力图、剪力图均为零　　　　B. 轴力图为零，剪力图不为零
C. 轴力图不为零，剪力图为零　　D. 轴力图、剪力图均不为零

36. 图 13-2-36 所示结构，1、2 杆的轴力分别为（   ）。
A. N_1 为拉力，N_2 为拉力　　　　B. N_1 为压力，N_2 为压力
C. N_1 为拉力，N_2 为压力　　　　D. N_1、N_2 均为零

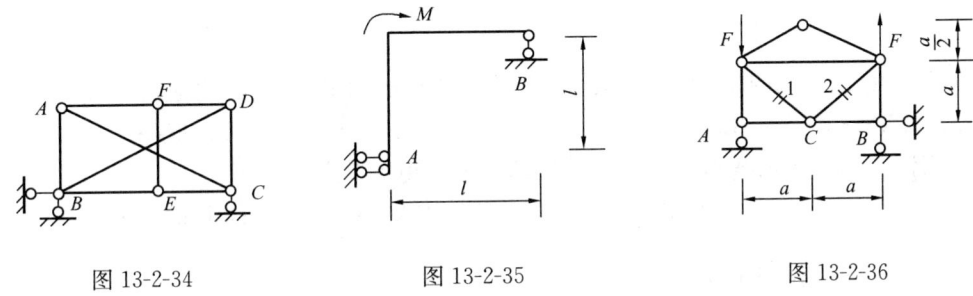

图 13-2-34　　　　　图 13-2-35　　　　　图 13-2-36

37. 图 13-2-37 所示结构，支座 A 发生了位移和转角，则引起的 B 点水平位置 Δ_{BH}（向左为正）为（   ）。

A. $l\varphi - a$　　　B. $l\varphi + a$　　　C. $a - l\varphi$　　　D. 0

38. 图 13-2-38 所示组合结构，杆 DE 的轴力为（   ）。

A. $\dfrac{9qa}{16}$　　　B. $\dfrac{15qa}{32}$　　　C. $\dfrac{3qa}{4}$　　　D. $\dfrac{17qa}{32}$

39. 图 13-2-39 所示结构，EI 为常数，则截面 C 和 D 的相对转角为（   ）。

A. $\dfrac{Pl^2}{EI}$　　　B. $\dfrac{3Pl^2}{2EI}$　　　C. $\dfrac{2Pl^2}{EI}$　　　D. $\dfrac{5Pl^2}{2EI}$

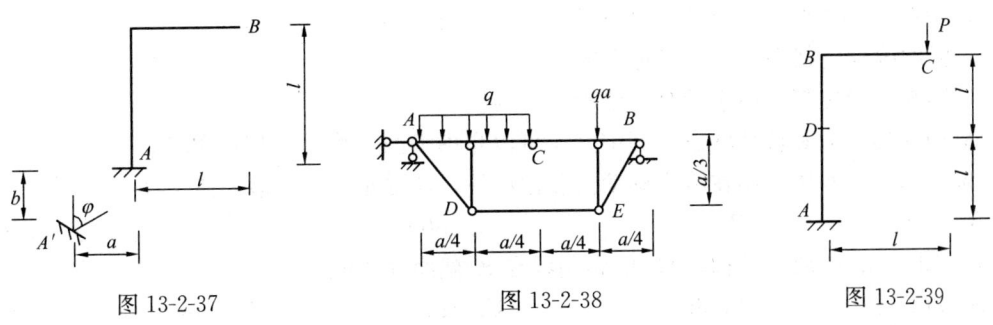

图 13-2-37　　　　　图 13-2-38　　　　　图 13-2-39

40. 图 13-2-40 所示结构，图 (b) 为力法基本体系，EI 为常数，下列结论中错误的是（　　）。

   A. $\delta_{13}=0$　　B. $\delta_{12}=0$　　C. $\delta_{23}=0$　　D. $\Delta_{2P}=0$

41. 图 13-2-41 所示结构，用位移法计算时，独立的结点线位移和结点角位移分别为（　　）。

   A. 2，3　　B. 1，3　　C. 3，3　　D. 2，4

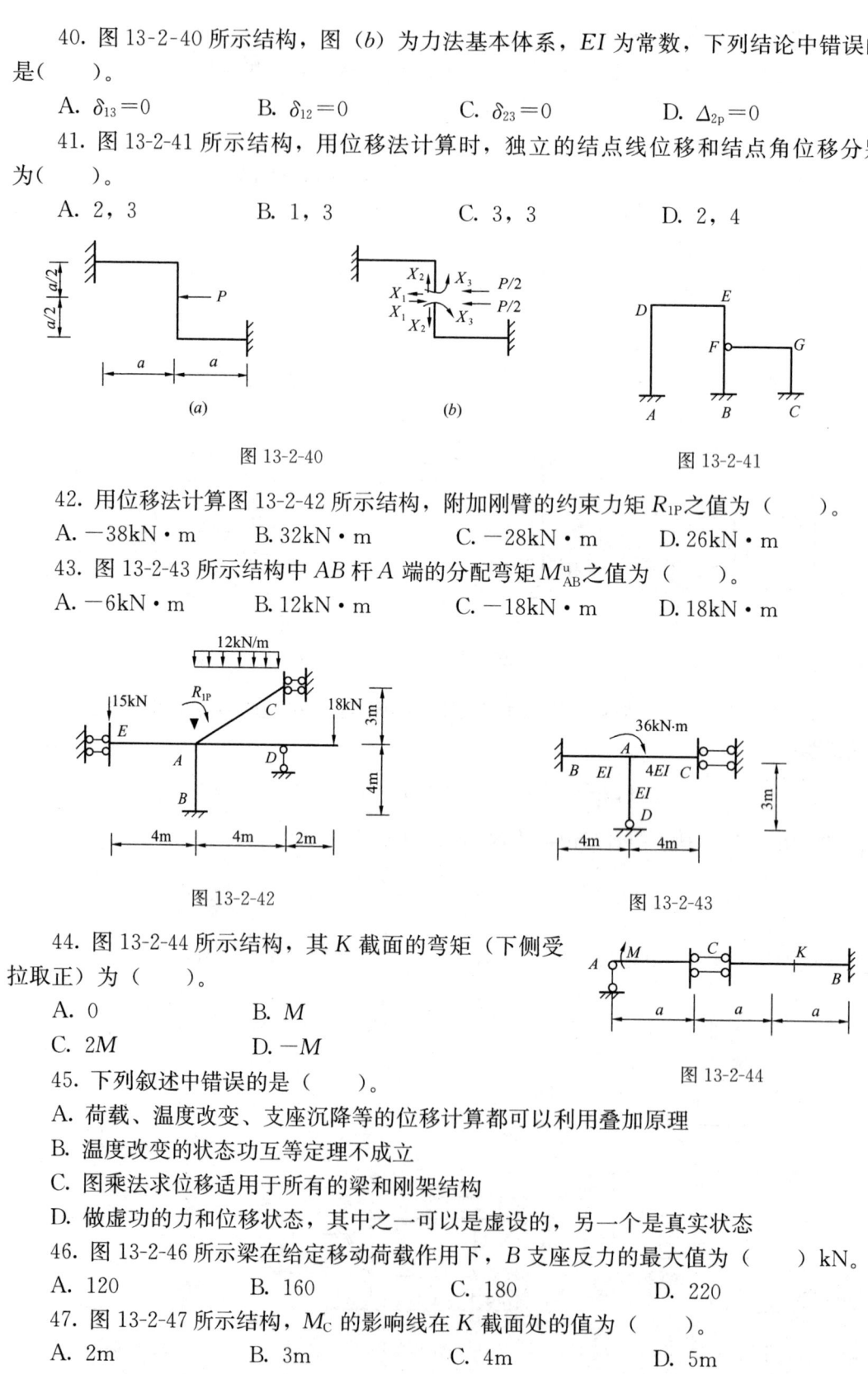

图 13-2-40

图 13-2-41

42. 用位移法计算图 13-2-42 所示结构，附加刚臂的约束力矩 R_{1P} 之值为（　　）。

   A. $-38\mathrm{kN\cdot m}$　　B. $32\mathrm{kN\cdot m}$　　C. $-28\mathrm{kN\cdot m}$　　D. $26\mathrm{kN\cdot m}$

43. 图 13-2-43 所示结构中 AB 杆 A 端的分配弯矩 M_{AB}^{u} 之值为（　　）。

   A. $-6\mathrm{kN\cdot m}$　　B. $12\mathrm{kN\cdot m}$　　C. $-18\mathrm{kN\cdot m}$　　D. $18\mathrm{kN\cdot m}$

图 13-2-42

图 13-2-43

44. 图 13-2-44 所示结构，其 K 截面的弯矩（下侧受拉取正）为（　　）。

   A. 0　　B. M
   C. $2M$　　D. $-M$

图 13-2-44

45. 下列叙述中错误的是（　　）。

   A. 荷载、温度改变、支座沉降等的位移计算都可以利用叠加原理
   B. 温度改变的状态功互等定理不成立
   C. 图乘法求位移适用于所有的梁和刚架结构
   D. 做虚功的力和位移状态，其中之一可以是虚设的，另一个是真实状态

46. 图 13-2-46 所示梁在给定移动荷载作用下，B 支座反力的最大值为（　　）kN。

   A. 120　　B. 160　　C. 180　　D. 220

47. 图 13-2-47 所示结构，M_C 的影响线在 K 截面处的值为（　　）。

   A. 2m　　B. 3m　　C. 4m　　D. 5m

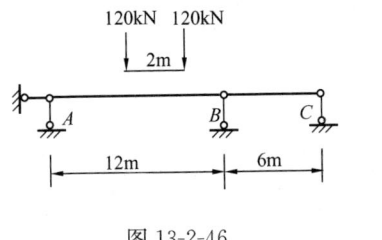

图 13-2-46

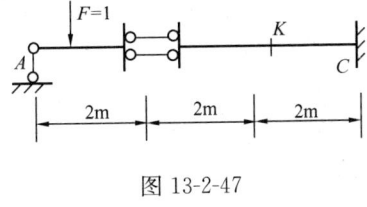

图 13-2-47

48. 图 13-2-48 所示三个单跨梁的自振频率分别为 ω_a、ω_b、ω_c，其之间关系为（   ）。

A. $\omega_a > \omega_b > \omega_c$ B. $\omega_a > \omega_c > \omega_b$ C. $\omega_c > \omega_a > \omega_b$ D. $\omega_b > \omega_a > \omega_c$

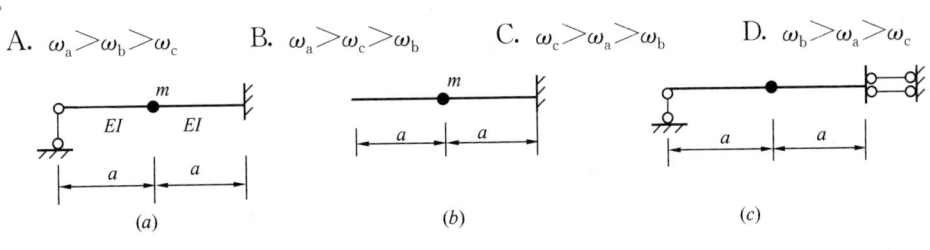

图 13-2-48

49. 结构试验观测设计选用仪器时，应使用最大被测值不宜大于选用仪器最大量程的（   ）。

A. 70%   B. 80%   C. 90%   D. 100%

50. 在进行材料的力学性能试验中，下面说法正确的是（   ）。

A. 加载速度越快，材料的强度越高，弹性模量越低
B. 加载速度越快，材料的强度越低，弹性模量越高
C. 加载速度越快，材料的强度越高，弹性模量越高
D. 加载速度越快，材料的强度越低，弹性模量越低

51. 下列加载方法中，（   ）不属于重力加载方法。

A. 杠杆加载法   B. 水加载法
C. 冲击力加载法   D. 标准铸铁砝码加载法

52. 静载试验中采用千分表量测钢构件应变，测量标距为 200mm，当千分表示值变动 6 格时，钢材弹性模量为 $E = 206 \times 10^3 \text{N/mm}^2$，则实际应力是（   ）。

A. 0.618N/mm^2 B. 6.18N/mm^2 C. 61.8N/mm^2 D. 618N/mm^2

53. 利用回弹法测量结构混凝土强度时，除量测混凝土表面的回弹值以外，还必须量测或了解与混凝土强度有关的（   ）。

A. 水比灰   B. 骨料粒径   C. 水泥强度等级   D. 碳化深度

54. 土的饱和度 S_r 是指（   ）。

A. 土中水的体积与孔隙体积之比   B. 土中水的体积与土粒体积之比
C. 土中水的体积与土的体积之比   D. 土中水的体积与气体体积之比

55. 有两个不同的基础，其基底总压力相同，在同一深度处，（   ）基础下产生的附加应力大。

A. 宽度大的基础   B. 宽度小的基础

C. 两个基础产生的附加应力相等 D. 宽度小的基础产生的附加应力小

56. 用建筑地基规范法计算地基终沉降量时，考虑相邻荷载影响时，无相邻荷载时，压缩层厚度 z_n 确定的根据是（   ）。

A. $\sigma_z/\sigma_{cz} \leqslant 0.1$　　B. $\sigma_z/\sigma_{cz} \leqslant 0.2$　　C. $\Delta s_n \leqslant 0.025\Sigma\Delta s_i$　　D. $z_n=b(2.5-0.4\ln b)$

57. 某土层的压缩模量为 3.1MPa，天然孔隙比为 0.8，土层厚 2m，已知该土层受到的平均附加应力 $\sigma_z=60$kPa，则该土层的沉降量为（   ）mm。

A. 28.3　　B. 38.7　　C. 40.3　　D. 42.3

58. 影响无筋扩展基础台阶宽高比允许值的因素有（   ）。

A. 基础材料类型和质量要求、地基土类型
B. 基础材料类型和质量要求、基底平均压应力
C. 基础材料类型、地基土类型、基底平均应力
D. 基础材料类型和质量要求、地基土类型、基底平均压应力

59. 某浅基础地基承载力特征值 $f_{ak}=200$kPa，地基承载力修正系数 η_b、η_d 分别为 0.3、1.6，基础底面积尺寸为 4m×6m，埋深 2m，持力层土的重度为 18kN/m³，埋深范围内土的加权平均重度为 17kN/m³，修正后的地基承载力特征值为（   ）kPa。

A. 207.7　　B. 240.8　　C. 243.2　　D. 246.2

60. 采用振冲桩加固黏性土地基时，桩在地基中主要起（   ）作用。

A. 挤密　　B. 排水　　C. 置换　　D. 预压

第二十一章 一级注册结构工程师基础考试历年真题和模拟试题答案与解答

2010年真题（上、下午卷）答案与解答

（上午卷）

1. D	2. C	3. C	4. B	5. B	6. C	7. A	8. D	9. A	10. B
11. C	12. B	13. A	14. A	15. D	16. A	17. D	18. A	19. C	20. A
21. D	22. C	23. B	24. A	25. B	26. C	27. C	28. D	29. A	30. B
31. D	32. B	33. A	34. D	35. C	36. D	37. C	38. A	39. C	40. C
41. B	42. B	43. C	44. C	45. C	46. C	47. A	48. B	49. B	50. C
51. B	52. C	53. A	54. C	55. B	56. D	57. C	58. C	59. B	60. C
61. D	62. D	63. D	64. A	65. C	66. B	67. C	68. B	69. C	70. C
71. A	72. A	73. C	74. D	75. B	76. B	77. B	78. B	79. B	80. A
81. D	82. B	83. D	84. B	85. C	86. D	87. A	88. B	89. D	90. A
91. D	92. C	93. D	94. D	95. B	96. A	97. A	98. C	99. B	100. B
101. A	102. C	103. D	104. B	105. A	106. B	107. A	108. A	109. B	110. B
111. C	112. C	113. D	114. C	115. B	116. B	117. D	118. C	119. D	120. D

1. D. 解答如下：

将直线方程化为对称式，得 $\dfrac{x-1}{1} = \dfrac{y+2}{2} = \dfrac{z-3}{-3}$，该直线过点 $(1, -2, -3)$，方向向量为 $\boldsymbol{i} + 2\boldsymbol{j} - 3\boldsymbol{k}$ 或 $-\boldsymbol{i} - 2\boldsymbol{j} + 3\boldsymbol{k}$。

2. C. 解答如下：

$\alpha \times \beta = \alpha \times \gamma$，则：$\alpha \times \beta - \alpha \times \gamma = 0$，即：$\alpha \times (\beta - \gamma) = 0$

两向量平行的充分必要条件是向量积为零，故：$\alpha \mathbin{/\mkern-5mu/} (\beta - \gamma)$。

3. C. 解答如下：

$f(-x) = \dfrac{e^{-2x} - 1}{e^{-2x} + 1} = \dfrac{1 - e^{2x}}{1 + e^{2x}} = -\dfrac{e^{2x} - 1}{e^{2x} + 1} = -f(x)$，故 $f(x)$ 为奇函数；$\lim\limits_{x \to -\infty} f(x) = -1$，$\lim\limits_{x \to +\infty} f(x) = 1$，故值域为 $(-1, 1)$。

4. B. 解答如下：

检验法，可排除 A、C、D 项不正确。

5. B. 解答如下：

可导，则必连续，且 $\lim\limits_{x \to 1^-} f(x) = \lim\limits_{x \to 1^+} f(x)$、$f'_-(1) = f'_+(1)$，则：

$$\lim_{x\to 1^-}f(x)=\lim_{x\to 1^-}\frac{2}{x^2+1}=1, \quad \lim_{x\to 1^+}f(x)=\lim_{x\to 1^+}(ax+b)=a+b;\quad f'_-(1)=$$

$$\lim_{x\to 1^-}\left[-\frac{4x}{(x^2+1)^2}\right]=-1,\quad f'_+(1)=a;\quad \text{所以}\begin{cases}a+b=1\\a=-1\end{cases},\text{解得}\begin{cases}b=2\\a=-1\end{cases}$$

6. C. 解答如下：

因为 $\lim\limits_{x\to 0}\sin\dfrac{1}{x}$ 不存在，故不能用洛比达法则求极限。

$$\lim_{x\to 0}\frac{x^2\sin\dfrac{1}{x}}{\sin x}=\lim_{x\to 0}\frac{x}{\sin x}x\sin\frac{1}{x}=\lim_{x\to 0}\frac{x}{\sin x}\times\lim_{x\to 0}x\sin\frac{1}{x}=1\times 0=0。$$

7. A. 解答如下：

由 $\begin{cases}\dfrac{\partial z}{\partial x}=3x^2-6x-9=0\\ \dfrac{\partial z}{\partial y}=-3y^2+3=0\end{cases}$ 解得四个驻点 $(3,1)$、$(3,-1)$、$(-1,1)$、$(-1,-1)$。

求二阶偏导数 $A=\dfrac{\partial^2 z}{\partial x^2}=6x-6, B=\dfrac{\partial^2 z}{\partial x\partial y}=0, C=\dfrac{\partial^2 z}{\partial y^2}=-6y$，在点 $(3,-1)$ 处，$AC-B^2=12\times 6>0$，是极值点。在点 $(3,1)$ 处，$AC-B^2=12\times(-6)<0$，不是极值点。同理，点 $(-1,-1)$ 也不是极值点，点 $(1,1)$ 不满足所给函数，也不是极值点。

8. D. 解答如下：

$f(x)=(e^{-2x})'=-2e^{-2x},\quad f'(x)=4e^{-2x},\quad f''(x)=-8e^{-2x}$

$\int f''(x)dx=(-8)\int e^{-2x}d(-2x)\left(-\dfrac{1}{2}\right)=4e^{-2x}+C$

9. A. 解答如下：

$$\int xe^{-2x}dx=-\frac{1}{2}\int xde^{-2x}=-\frac{1}{2}\left(xe^{-2x}-\int e^{-2x}dx\right)=-\frac{1}{2}\left(xe^{-2x}+\frac{1}{2}e^{-2x}\right)+C$$

$$=-\frac{1}{4}e^{-2x}(2x+1)+C$$

10. B. 解答如下：

$\int_0^2\dfrac{1}{\sqrt{2-x}}dx=-2\sqrt{2-x}\Big|_0^2=2\sqrt{2}$，该广义积分收敛；$\int_0^1\dfrac{1}{x^2}dx=-\dfrac{1}{x}\Big|_0^1=+\infty$，

$\int_{-\infty}^0 e^{-x}dx=-e^{-x}\Big|_{-\infty}^0=+\infty,\quad \int_1^{+\infty}\ln xdx=+\infty$，都发散。

11. C. 解答如下：

$$S=\int_0^{\frac{\pi}{4}}d\theta\int_{\cos\theta}^{2\cos\theta}\rho d\rho=\frac{3}{16}(\pi+2)$$

12. B. 解答如下：

区域 Ω 投影到 xoy 面上，为半径等于 1 的圆形闭区域 D_{xy}：

$D_{xy}=\{(r,\theta)\mid 0\leqslant r\leqslant 1, 0\leqslant\theta\leqslant 2\pi\}, r\leqslant z\leqslant 1$

13. A. 解答如下：

根据交错级数判别法，B、D 项均收敛。

C 项是正项级数，由根值判别法，其收敛。

14. A. 解答如下：

令 $t=x-1$，得级数 $\sum_{n=1}^{\infty} \dfrac{t^n}{3^n n}$，由于 $R=\lim\limits_{n\to\infty} \dfrac{\frac{1}{3^n n}}{\frac{1}{3^{n+1}(n+1)}} = 3$，当 $t=3$ 时，级数 $\sum_{n=1}^{\infty} \dfrac{1}{n}$ 发散；当 $t=-3$ 时，级数 $\sum_{n=1}^{\infty} \dfrac{(-1)^n}{n}$ 收敛，故收敛域为 $-3 \leqslant t < 3$，原级数的收敛域为 $-3 \leqslant x-1 < 3$，即 $-2 \leqslant x < 4$。

15. D. 解答如下：

特征方程 $r^2+2=0$，则 $r_{1,2}=\pm\sqrt{2}i$，故选 D 项。

16. A. 解答如下：

由条件可得：$\mathrm{d}(xy)=y\mathrm{d}y$，则：$xy=\dfrac{y^2}{2}+C$

17. D. 解答如下：

从第 m 行开始，将行列式 $\begin{vmatrix} 0 & A \\ B & 0 \end{vmatrix}$ 的前 m 行逐次与后 n 行交换，共交换 mn 次可得：

$\begin{vmatrix} 0 & A \\ B & 0 \end{vmatrix} = (-1)^{mn} \begin{vmatrix} B & 0 \\ 0 & A \end{vmatrix} = (-1)^{mn}|A||B|$。

18. A. 解答如下：

矩阵 B 是由矩阵 A 一次初等变换得到，故对矩阵 B 作相应的逆变换即可。

19. C. 解答如下：

$A\boldsymbol{\beta} = \boldsymbol{\beta}\boldsymbol{\alpha}^{\mathrm{T}}\boldsymbol{\beta} = 3\boldsymbol{\beta}$，由特征值、特征向量的定义，$\boldsymbol{\beta}$ 是 A 的属于特征值 3 的特征向量。

20. A. 解答如下：

由条件，系数矩阵应为零，即：$\begin{vmatrix} 1 & -k & 0 \\ k & -5 & 1 \\ 1 & 1 & 1 \end{vmatrix} = 0$，解之得：$k=3, -2$。

21. D. 解答如下：

$P(B\mid A\cup\overline{B}) = \dfrac{P(B\cap(A\cup\overline{B}))}{P(A\cup\overline{B})} = \dfrac{P(AB)}{P(A\cup\overline{B})}$，又 A、B 相互独立，可得 $P(A\cup\overline{B}) = P(A)+P(\overline{B})-P(A\overline{B}) = \dfrac{1}{2}+\dfrac{2}{3}-\dfrac{1}{2}\times\dfrac{2}{3}=\dfrac{5}{6}$，$P(AB)=\dfrac{1}{2}\times\dfrac{1}{3}=\dfrac{1}{6}$，故 $P(B\mid A\cup\overline{B}) = \dfrac{1}{5}$。

22. C. 解答如下：

$$P=\dfrac{C_3^2\times 4\times 3}{4\times 4\times 4}=\dfrac{9}{16}$$

23. B. 解答如下：

$$P(0\leqslant X\leqslant 3)=\int_0^3 f(x)\mathrm{d}x=\int_1^3\dfrac{1}{x^2}\mathrm{d}x=\dfrac{2}{3}$$

24. A. 解答如下：

二维正态分布，则：$E(X)=0, D(X)=1$；又 $D(X)=E(X^2)-[E(X)]^2$，

故：$E(X^2)=1$；同理，$E(Y^2)=1$。

26. C. 解答如下：
$$p = \frac{2}{3}n\bar{\varepsilon}_{kt} = \frac{2}{3}n \cdot \frac{1}{2}m\bar{v}^2 = \frac{1}{3}nm\bar{v}^2$$

28. D. 解答如下：
温度相等，内能不变。

31. D. 解答如下：

观察者以 $v_B = \frac{1}{2}u$ 运动，频率 $\nu = \left(1+\frac{v_B}{u}\right)\nu_0 = \left(1+\frac{\frac{1}{2}u}{u}\right)\nu_0 = \frac{3}{2}\nu_0$

32. B. 解答如下：
$$\Delta x = \frac{D}{d}\lambda = \frac{3000}{2}\times 600\times 10^{-6} = 0.9\text{mm}$$

36. D. 解答如下：
由光栅公式 $d\sin\theta = k\lambda$，对同级条纹，光栅常数小，衍射角大，故选光栅常数小的。

37. C. 解答如下：
设[Mg^{2+}]溶解度为 s，则[OH^-]溶解度$=2s+0.01\approx 0.01\text{mol} \cdot \text{L}^{-1}$（$s$ 远远小于 0.01）
$$K_{sp}^{\ominus} = [Mg^{2+}][OH^-]^2 = S\times(2S+0.01)^2 \approx S\times 0.01^2$$
$$s = \frac{K_{sp}^{\ominus}}{0.01^2} = \frac{5.6\times 10^{-12}}{0.01^2} = 5.6\times 10^{-8}\text{mol} \cdot \text{L}^{-1}$$

39. C. 解答如下：
CH_3COOH 与 CH_3COONa 组成缓冲溶液。

43. C. 解答如下：
$\Delta_r S_m^{\ominus} > 0$ 是正向混乱度增大的反应。正向反应气体数分子数增大，则混乱度也增大。

47. A. 解答如下：

如图  所示，由投影 $F_{x0}=50\text{N}$，$F=100\text{N}$，故 F 与 F_x 的夹角为 $60°$；

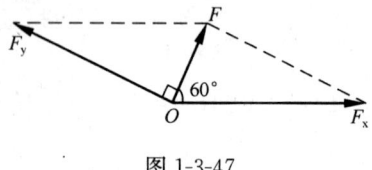

图 1-3-47

由 $F_x=200\text{N}$，$F=100\text{N}$，故 $\vec{F}$ 与 $\vec{F}_y$ 垂直，所以 $\vec{F}$ 在 y 轴上的投影为零。

49. B. 解答如下：
取整体为研究对象，对 B 点取矩，则 $F_{Ay}=0.0$

取左边一半为研究对象，对 C 点取矩，则 $F_{Ax}=\frac{M}{2a}$

51. B. 解答如下：
$$v = \frac{ds}{dt} = 20\text{cm/s}；a_\tau = \frac{dv}{dt} = 0，a_n = \frac{v^2}{r} = \frac{20^2}{40} = 10\text{cm/s}^2$$
$$a = \sqrt{a_\tau^2 + a_n^2} = 10\text{cm/s}^2$$

53. A. 解答如下：

$\overline{OB} = 50\text{cm}$，$v = \overline{OB}\omega = 50 \times 2 = 100\text{cm/s}$

$a_n = \overline{OB}\omega^2 = 50 \times 2^2 = 200\text{cm/s}^2$，$a_\tau = \overline{OB}\varepsilon = 50 \times 5 = 250\text{cm/s}^2$

54. C. 解答如下：

加速下降，$a > 0$，则：$W - R_1 = \dfrac{W}{g}a > 0$

匀速下降，$a = 0$，则：$W - R_2 = \dfrac{W}{g}a = 0$

减速下降，$a < 0$，则：$W - R_3 = \dfrac{W}{g}a < 0$

56. D. 解答如下：

根据动能定理：$\dfrac{1}{2}J_B \cdot \omega^2 - 0 = W_{12} = mgl$，又 $J_B = \dfrac{1}{3}m \cdot (2l)^2$

故：$\dfrac{1}{2} \cdot \dfrac{1}{3}m \cdot 4l^2 \cdot \omega^2 = mgl$，即：$\omega^2 = \dfrac{3g}{2l}$，$\omega = \sqrt{\dfrac{3g}{2l}}$

角加速度 $\varepsilon = \dfrac{d\omega}{dt} = 0$，质心 C 点：$a_\tau = l\varepsilon = 0$，$a_n = l\omega^2 = \dfrac{3}{2}g$

对于 B 点：$\Sigma F_y = ma_n$，则：$F_{By} = \dfrac{5}{2}mg$

$\Sigma F_x = 0$，则：$F_{Bx} = 0.0$

60. C. 解答如下：

对左侧铆钉（设为 A 点）取矩，则：右侧铆钉处 $F_B = 3F(\uparrow)$；由 $\Sigma Y = 0$，则：左侧铆钉处 $F_A = 2F(\downarrow)$

$$\tau_{\max} = \dfrac{F_{\max,y}}{A_s} = \dfrac{3F}{\pi d^2/4} = \dfrac{12F}{\pi d^2}$$

63. D. 解答如下：

平行移轴定理：$I_{z1} = I_z + bh \cdot h^2 = \dfrac{1}{12}bh^3 + bh^3 = \dfrac{13bh^3}{12}$

64. A. 解答如下：

$\Sigma x = 0$，则 $F_{Ax} = 0.0$；对 B 点取矩，$F_{Ay} = 0.0$，故 $F_{By} = 2F$。

取 AC 段为研究对象，则：$M_C = 0.0$

65. C. 解答如下：

开裂前：$f_1 = \dfrac{Fl^3}{3EI_1} = \dfrac{Fl^3}{3E \cdot \dfrac{1}{12}b \cdot (2a)^3} = \dfrac{Fl^3}{2Eba^3}$

开裂后：$f_2 = \dfrac{\dfrac{F}{2}l^3}{3EI_2} = \dfrac{\dfrac{F}{2}l^3}{3E \cdot \dfrac{1}{12}ba^3} = \dfrac{2Fl^3}{2Eba^3}$

66. B. 解答如下：

$$f_L = \dfrac{Ml^2}{2EI},\quad f_{L/2} = \dfrac{M\left(\dfrac{l}{2}\right)^2}{2EI}$$

67. C. 解答如下：

根据 $\tau_{max} = \dfrac{\sigma_{max} - \sigma_{min}}{2}$

A 项：$\tau_{max} = \dfrac{\sigma}{2}$；B 项：$\tau_{max} = \sigma$；C 项：$\tau_{max} = 2\sigma$；D 项：$\tau_{max} = 1.5\sigma$。

69. C. 解答如下：

力 F 产生的弯矩引起 A 点的拉应力 σ；力偶 T 产生的扭矩则引起 A 点的切应力 τ。

70. C. 解答如下：

$F_{cr} = \dfrac{\pi^2 EI}{(\mu l)^2}$，题目图(a)：$\mu l = 1 \times 5 = 5\text{m}$；图(b)：$\mu l = 2 \times 3 = 6\text{m}$；

图(c)：$\mu l = 0.7 \times 6 = 4.2\text{m}$

71. A. 解答如下：

由图可知：$p_2 = p_0$；$p_3 > p_0$；$p_1 < p_0$

73. D. 解答如下：

$$Re = \dfrac{vd}{\nu} \leqslant 2300，则：v \leqslant 2300 \times 1.31 \times 10^{-6}/0.05 = 0.0603\text{m/s}$$

74. D. 解答如下：

$v = \dfrac{\rho g J}{8\mu} r^2$，$Q = vA = \dfrac{\rho g J}{8\mu} \cdot \pi \cdot r^2 = \dfrac{\rho g J}{8\mu} \cdot \pi r^4$

又沿程损失 J 不变，当直径扩大 2 倍后，流量 $Q' = 2^4 Q = 16Q$

76. B. 解答如下：

$Q = \mu A \sqrt{2gH_0}$，当 H_0 不变时，A 减小，则：Q 减小。

77. B. 解答如下：

达西定律：$k = \dfrac{Q}{AJ} = \dfrac{100 \times 10^{-3} \times 3}{\pi \times 0.15^2 \times \dfrac{0.9}{0.4}} = 1.887\text{m/d}$

80. A. 解答如下：

根据基尔霍夫电压定律：$U - 5 - 0.1 \times 50 - 0.1 \times 100 = 0$，故：$U = 20\text{V}$

81. D. 解答如下：

电压源除源看作短路，则：$U' = (R_2 /\!/ R_3 + R_1)I_s$

电流源除源看作断路，则：$U'' = \dfrac{R_2}{R_2 + R_3} U_s$

82. B. 解答如下：

电流上的电流滞后电压 $90°$，电容上电流超前电压 $90°$，则：

电阻上的电流：$I = I_1 - I_2 = 4 - 2 = 2A$，$U_R = I \cdot R = 2 \times 5 = 10\text{V}$

$$U_2 = \sqrt{U_R^2 + U_1^2} = \sqrt{10^2 + 10^2} = 14.14\text{V}$$

86. D. 解答如下：

行程开关只能接在控制电路中。此外，熔断器接在主电路中。

88. A. 解答如下：

七段显示器的各段符号均是由发光二极管电路组成，当各支路上端输入为高电平时，对应点亮，用"1"表示；当各支路上端输入为低电平时，对应点熄灭，用"0"表示。可以判断字母 E 对应的 $adefg$ 为高电平"1"，其余端为 0。

92. C. 解答如下：

由波形图可以看出当 A、B 取值相同，即同为 0 或同为 1 时，F 为 1，其他情况 F 均为 0，故 C 项正确。

93. B. 解答如下：

空载时，$A_u = -\beta \dfrac{R_0}{r_i}$，则：$-80 = -\beta \times \dfrac{3}{1}$，即：$\beta = 80/3$

接负载时，$R'_L = R_L // R_0 = \dfrac{3 \times 5}{3+5} = \dfrac{15}{8}$ kΩ

$$A_u = -\beta \dfrac{R'_L}{r_i} = -\dfrac{80}{3} \times \dfrac{15/8}{1} = -50$$

故：$U_0 = A_u u_i = -50 \times 10\sin\omega t \times 10^{-3} = -0.5\sin\omega t$ (V)

94. D. 解答如下：

当 $u_{i1} > u_{i2}$ 时，$u_0 = -u_{0\max}$，负的饱和值；

当 $u_{i1} < u_{i2}$ 时，$u_0 = +u_{0\max}$，正的饱和值；

本题目图 (b) 中，$u_{i1} > u_{i2}$，为负的饱和值。

99. B. 解答如下：

将小数点后每三位二进制分成一组，101 对应 5，010 对应 2，111 对应 7，100 对应 4。

107. A. 解答如下：

甲银行：$i_{甲} = \left(1 + \dfrac{r}{m}\right)^m - 1 = \left(1 + \dfrac{6\%}{4}\right)^4 - 1 = 6.14\%$

乙银行：$i_Z = 7\%$

110. B. 解答如下：

$FNPV = -200 - 300(P/F, 10\%, 1) + 150(P/A, 10\%, 8)(P/F, 10\%, 2)$

$\quad\quad\quad = -200 - 300 \times 0.9091 + 150 \times 5.3349 \times 0.8264 = 188.63$ 万元

（下午卷）

1. A	2. B	3. A	4. D	5. A	6. B	7. A	8. C	9. C	10. D
11. D	12. B	13. C	14. B	15. D	16. D	17. D	18. C	19. B	20. D
21. C	22. C	23. D	24. D	25. A	26. C	27. B	28. B	29. D	30. A
31. C	32. D	33. B	34. A	35. C	36. C	37. A	38. D	39. C	40. A
41. B	42. B	43. A	44. C	45. C	46. D	47. D	48. B	49. C	50. B
51. D	52. A	53. B	54. A	55. C	56. A	57. B	58. C	59. B	60. A

10. D. 解答如下：

$$P_实 = 1.6 \times 10^4 \times (2000 \times 10^{-2})^2 = 6.4 \times 10^6 \text{m}^2$$

$$Q = P_实 mnk = 6.4 \times 10^6 \times 0.05 \times 2.5 \times 0.5 = 4 \times 10^5 \text{m}^3$$

34. A. 解答如下：
去掉支座之间的下部一根链杆，变为三铰刚架，故多余约束的个数为1。

35. C. 解答如下：
取 BC 部分，$\sum M_B = 0$，则：$F_{YC} = 20/1 = 20\text{kN}(\uparrow)$
取整体分析，对 A 点取力矩：

$$M_A = 20 \times 3 - 20 \times 1 - 20 = 20 \text{kN} \cdot \text{m}(\uparrow)$$

故 A 支座提供约束力矩为 $20\text{kN} \cdot \text{m}$（↙）

36. C. 解答如下：
如图1-4-36所示，故杆1-4为非零杆。

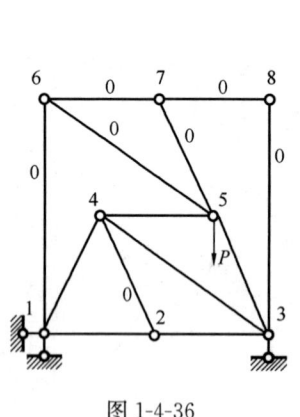

图 1-4-36

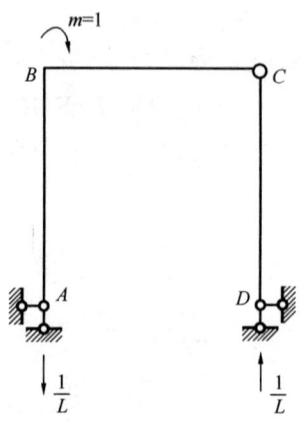

图 1-4-37

37. A. 解答如下：
如图1-4-37所示，在 B 点施加 $m=1$，则：

$$\Delta \theta_B = (-\delta) \cdot \left(-\frac{1}{L}\right) = \frac{\delta}{L}$$

38. D. 解答如下：

如图 1-4-38 所示，C 点施加单位力

$$\Delta_{cp} = \frac{1}{EI}\left(PL \cdot L \cdot \frac{1}{2} \cdot \frac{2L}{3} \cdot 2\right)$$

$$= \frac{2PL^3}{3EI}$$

弹簧产生的 Δ_{ck}

$$\Delta_{ck} = -(-2) \times \frac{2P}{k}$$

$$= \frac{4P}{3EI/L^3} = \frac{4PL^3}{3}$$

$$\Delta = \Delta_{cp} + \Delta_{ck} = \frac{2PL^3}{EI}$$

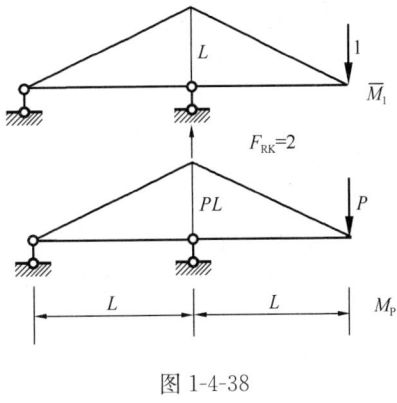

图 1-4-38

39. C. 解答如下：

如图 1-4-39 所示，切开三根链杆，变为静定结构，故超静定次数为 3。

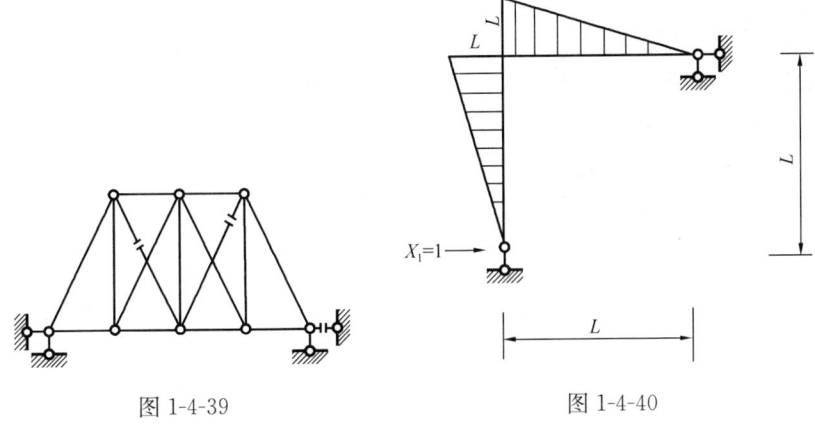

图 1-4-39　　　　图 1-4-40

40. A. 解答如下：

如图 1-4-40 所示，则：

$$\delta_{11} = \frac{1}{EI}\left(L \cdot L \cdot \frac{1}{2} \cdot \frac{2L}{3}\right) \times 2$$

$$= \frac{2L^3}{3EI}$$

41. B. 解答如下：

$$M_{AB} = 4i\theta_A - 6i\frac{\Delta}{l} = 4i\alpha - 6i\frac{l\alpha}{l} = -2i\alpha$$

故选 B 项。

42. B. 解答如下：

对称结构，正对称荷载，取 AC；再取 AD，此时 $R'_D = \frac{ql}{2}$

故整体时，$R_D = 2R'_D = ql$

43. A. 解答如下：

对称结构，反对称荷载，故杆 DG 的 $N=0$。

44. C. 解答如下：

$S_{BA} = 4i$, $S_{BC} = 3i$, $S_{BD} = 3i$，则：

$$\mu_{BD} = \frac{3}{4+3+3} = \frac{3}{10}$$

$$C_{BA} = \frac{1}{2}$$

45. C. 解答如下：

作出杆 BE 的轴力影响线，如图 1-4-45 所示。

$$N_{BE} = \frac{1}{2} \times 10 + \left(\frac{0.6}{1} \times \frac{1}{2}\right) \times 6$$
$$= 6.8 \text{kN}$$

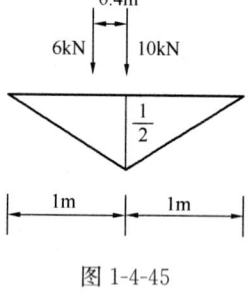

图 1-4-45

46. D. 解答如下：

此时，体系中的运动质量为无穷多个，故动力自由度也为无穷多个。

47. D. 解答如下：

EI 为无穷大，在梁跨的中点处加 $P=1$，则：弹簧受力 $= 1 \times \frac{a}{2}/a = \frac{1}{2}$

$$\Delta = \frac{\frac{1}{2}}{k} = \frac{1}{2k}$$

梁跨的中点处位移 $\delta = \frac{1}{2}\Delta = \frac{1}{4k}$

$$f = \sqrt{\frac{1}{m\delta}} = \sqrt{\frac{4k}{m}}$$

48. B. 解答如下：

根据主振型关于刚度矩阵的正交性，采用验证法，对于 B 项：

$$\begin{Bmatrix} 0.163 \\ 0.569 \\ 1 \end{Bmatrix}^T \begin{bmatrix} 20 & -5 & 0 \\ -5 & 8 & -3 \\ 0 & -3 & 3 \end{bmatrix} \begin{Bmatrix} -0.924 \\ -1.227 \\ 1 \end{Bmatrix} = 0\text{，满足}$$

54. A. 解答如下：

$$n = \frac{e}{1+e}\text{，则：}$$

$$e = \frac{n}{1-n} = \frac{47.71\%}{1-47.71\%} = 91.24\%$$

55. C. 解答如下：

$$\sigma_{cz} = 15.6 \times 1.5 + (19.8 - 10) \times (3.5 - 1.5) = 43 \text{kPa}$$

56. A. 解答如下：

$$\sigma_3 = 48.7 \text{kPa}$$

$$\sigma_1 = \sigma_3 + \Delta\sigma = 48.7 + \frac{N}{\pi d^2/4} = 48.7 + \frac{75.2 \times 10^{-3}}{\frac{\pi \times (38 \times 10^{-3})^2}{4}}$$

$$= 115.04 \text{kPa}$$

$$\sigma_1 = \sigma_3 \tan^2\left(45° + \frac{\varphi}{2}\right), 则：$$

$$115.04 = 48.7 \tan^2\left(45° + \frac{\varphi}{2}\right)$$

可得： $\varphi = 23.9°$

59. B. 解答如下：

$\gamma_m = \frac{16 \times 2 + (20-10) \times 1}{3} = 14 \text{kN/m}^3$； $b = 3\text{m}$，不考虑宽度修正

$f_a = 120 + 1.5 \times 14 \times (3 - 0.5) = 172.5 \text{kPa}$

2011年真题（上午卷）答案与解答

（上午卷）

1. B	2. A	3. D	4. B	5. A	6. D	7. C	8. B	9. D	10. B
11. D	12. A	13. D	14. C	15. C	16. A	17. B	18. A	19. B	20. C
21. C	22. D	23. B	24. A	25. B	26. C	27. C	28. D	29. C	30. D
31. B	32. B	33. A	34. B	35. B	36. B	37. B	38. B	39. A	40. A
41. C	42. A	43. B	44. C	45. D	46. B	47. D	48. B	49. B	50. C
51. B	52. C	53. B	54. A	55. C	56. B	57. A	58. B	59. B	60. B
61. B	62. B	63. B	64. B	65. B	66. C	67. A	68. B	69. B	70. A
71. A	72. C	73. C	74. C	75. C	76. B	77. B	78. D	79. C	80. D
81. A	82. C	83. C	84. B	85. A	86. C	87. C	88. A	89. B	90. A
91. D	92. D	93. C	94. C	95. D	96. B	97. C	98. B	99. A	100. D
101. C	102. C	103. A	104. C	105. A	106. C	107. C	108. C	109. C	110. B
111. B	112. B	113. C	114. D	115. B	116. B	117. D	118. B	119. A	120. A

1. B. 解答如下：

直线的方向向量为$(1, 1, 1)$，平面的法向量为$(1, -2, 1)$，则：$1 \times 1 + 1 \times (-2) + 1 \times 1 = 0$，所以直线与平面必然是平行或重合。取直线上的点$(0, 1, 0)$，代入平面方程$x - 2y + z = 0$，可知该点不在平面上，则该直线与平面平行不重合。

2. A. 解答如下：

方程中无变量x，故为母线平行x轴的双曲柱面。

3. D. 解答如下：

$\lim\limits_{x \to 0} \dfrac{3^x - 1}{x} = \lim\limits_{x \to 0} \dfrac{3^x \ln 3}{1} = \ln 3 \not\approx 1.0$，故为同阶非等阶无穷小。

4. B. 解答如下：

函数$f(x)$有无穷多个间断点$x = 0, \pm 1, \pm 2, \cdots$。$\lim\limits_{x \to 0} \dfrac{x - x^2}{\sin \pi x} = \dfrac{1}{\pi}$，极限存在，可知$x = 0$为一个可去间断点。$\lim\limits_{x \to 1} \dfrac{x - x^2}{\sin \pi x} = \dfrac{1}{\pi}$，极限存在，可知$x = 1$也是一个可去间断点。其他点求极限均不满足可去间断点定义。

5. A. 解答如下：

检验法，排除B、C、D项。

6. D. 解答如下：

$f(x) = x - \sin x$，则当$x > 0$时，$f'(x) = 1 - \cos x \geq 0$，$f(x)$单调递增，$f(x) > f(0) = 0$

7. C. 解答如下：

如果P_0是可微函数$f(x, y)$的极值点，由极值存在必要条件，在P_0点处有$\dfrac{\partial f}{\partial x} = 0$，

$\frac{\partial f}{\partial y}=0$,故 $\mathrm{d}f=\frac{\partial f}{\partial y}\mathrm{d}x+\frac{\partial f}{\partial y}\mathrm{d}y=0$

8. B. 解答如下：

$$\int\frac{\mathrm{d}x}{\sqrt{x}(1+x)}=2\int\frac{\mathrm{d}(\sqrt{x})}{1+(\sqrt{x})^2}=2\arctan\sqrt{x}+C$$

9. D. 解答如下：

设 $a=\int_0^2 f(t)\mathrm{d}t$,有 $f(x)=x^2+2a$,对 $f(x)=x^2+2a$ 在 $[0,2]$ 上积分,有 $\int_0^2 f(x)\mathrm{d}x$ $=\int_0^2 x^2\mathrm{d}x+2a\int_0^2\mathrm{d}x$,得 $a=\frac{8}{3}+4a$,解得 $a=-\frac{8}{9}$,所以 $f(x)=x^2-\frac{16}{9}$。

10. B. 解答如下：

该定积分表示圆心在原点,半径为 2 的半圆。

11. D. 解答如下：

点 $(0,2)$ 和 $(1,0)$ 的直线段方程为：$y=-2x+2$

$$\int_L(x^2+y^2)\mathrm{d}s=\int_0^1[x^2+(-2x+2)^2]\sqrt{5}\mathrm{d}x=\frac{5\sqrt{5}}{3}$$

12. A. 解答如下：

$$V=\int_0^{+\infty}\pi(\mathrm{e}^{-x})^2\mathrm{d}x=\pi\int_0^{+\infty}\mathrm{e}^{-2x}\mathrm{d}x=\frac{\pi}{2}$$

13. D. 解答如下：

级数 $\sum_{n=1}^{\infty}u_n$ 收敛,有 $\lim_{n\to\infty}u_n=0$,$\lim_{n\to\infty}\frac{50}{u_n}=\infty$,故级数 $\sum_{n=1}^{\infty}\frac{50}{u_n}$ 发散。

14. C. 解答如下：

$\lim_{n\to\infty}\frac{a_{n+1}}{a_n}=\frac{1}{2}$,$\lim_{n\to\infty}\frac{(n+1)a_{n+1}}{na_n}=\frac{1}{2}$,故所求幂级数收敛半径也为 2,$-2<x-2<2$,得 $x\in(0,4)$。

15. C. 解答如下：

$$-\frac{1}{2\sqrt{2-x^2}}\mathrm{d}(2-x^2)=\frac{\mathrm{d}y}{y},-(2-x^2)^{\frac{1}{2}}=\ln y+C,y=C\mathrm{e}^{-\sqrt{2-x^2}}$$

16. A. 解答如下：

令 $p=\frac{y}{x}$,$\frac{\mathrm{d}p}{\mathrm{d}x}=\frac{y'x-y}{x^2}$,有 $y'=x\frac{\mathrm{d}p}{\mathrm{d}x}+\frac{y}{x}=x\frac{\mathrm{d}p}{\mathrm{d}x}+p$,原方程可化为 $x\frac{\mathrm{d}p}{\mathrm{d}x}+p-$ $p=\tan p$,$x\frac{\mathrm{d}p}{\mathrm{d}x}=\tan p$,$\frac{\mathrm{d}p}{\tan p}=\frac{\cos p\mathrm{d}p}{\sin p}=\frac{\mathrm{d}x}{x}$,$\ln\sin p=\ln x+C$,可得:$\sin\frac{y}{x}=Cx$。

17. B. 解答如下：

$$\begin{bmatrix}1&0&1&1&0&0\\0&1&2&0&1&0\\-2&0&-3&0&0&1\end{bmatrix}\sim\begin{bmatrix}1&0&1&1&0&0\\0&1&2&0&1&0\\0&0&-1&2&0&1\end{bmatrix}\sim\begin{bmatrix}1&0&0&3&0&1\\0&1&0&4&1&2\\0&0&1&-2&0&-1\end{bmatrix}$$

18. A. 解答如下：

由 A 的伴随矩阵的秩为 1,可知,$|A|=0$,则：

$$|A| = \begin{vmatrix} 1 & 1 & a \\ 1 & a & 1 \\ a & 1 & 1 \end{vmatrix} = -(a+2)(a-1)^2 = 0,\ \text{即}: a=1, a=-2$$

当 $a=1$ 时，A 二阶子式全为零，其伴随矩阵的秩不可能为 1，故 $a=-2$。

19. B. 解答如下：

由条件知，$\lambda_1=1$，$\lambda_2=2$，$\lambda_3=0$ 是矩阵 A 的特征值，而 $\boldsymbol{\alpha}_1$，$\boldsymbol{\alpha}_2$，$\boldsymbol{\alpha}_3$ 是对应的特征向量，故有 $\boldsymbol{Q}^{-1}\boldsymbol{A}\boldsymbol{Q} = \begin{bmatrix} 2 & 0 & 0 \\ 0 & 1 & 0 \\ 0 & 0 & 0 \end{bmatrix}$。

20. C. 解答如下：

检验法，首先排除 B、D 项；其次，排除 A 项。

21. C. 解答如下：

$P(A \cup B)$ 为最小值，故 $P(A \cup B) = P(B)$

$P(A \cup B) = P(A) + P(B) - P(AB)$，故：$P(AB) = P(A) = 0.3$

22. D. 解答如下：

没有被译出的概率：$\dfrac{4}{5} \times \dfrac{2}{3} \times \dfrac{3}{4} = \dfrac{2}{5}$

故被译出的概率：$1 - \dfrac{2}{5} = \dfrac{3}{5}$

23. B. 解答如下：

$P\left\{X \leqslant \dfrac{1}{2}\right\} = \int_{-\infty}^{\frac{1}{2}} f(x)\mathrm{d}x = 2\int_0^{\frac{1}{2}} x\mathrm{d}x = \dfrac{1}{4}$；随机变量 Y 服从 $n=3$，$p=\dfrac{1}{4}$ 的二项分布，所以 $P\{Y=2\} = C_3^2 \cdot \left(\dfrac{1}{4}\right)^2 \cdot \dfrac{3}{4} = \dfrac{9}{64}$

24. A. 解答如下：

有限个相互独立的正态随机变量的线性组合仍然服从正态分布。

25. B. 解答如下：

$\overline{E} = \dfrac{3}{2}KT$，故温度相同；分子平均动能 $\varepsilon_{kt} = \dfrac{i}{2}KT$，$i$ 为分子的自由度，氮气 $n=5$，氦气 $n=3$。

27. C. 解答如下：

$2p_1V_1 = p_1 \cdot 2V_1$，故为等温过程，$\Delta E=0$；又体积增大，故对外作功，所以 $W>0$。

31. B. 解答如下：

$$\Delta\varphi = \dfrac{2\pi\Delta x}{\lambda},\ \text{则}: \lambda = \dfrac{2\pi\Delta x}{\Delta\varphi} = \dfrac{2\pi \times 3}{\pi/6} = 36\mathrm{m}$$

波速：$u = \dfrac{\lambda}{T} = \dfrac{36}{4} = 9\mathrm{m/s}$

32. B. 解答如下：

光程差 $\delta = 2.5\lambda = (2k+1)\dfrac{\lambda}{2}$，满足暗纹条件。

36. D. 解答如下：

中央明纹公式：$l_0 = 2l = \dfrac{2f\lambda}{a} = \dfrac{2 \times 0.5 \times 400 \times 10^{-9}}{1 \times 10^{-4}} = 4 \times 10^{-3}\text{m}$

39. A. 解答如下：

缓冲溶液是由共轭酸碱对（缓冲对）组成，CH_3COOH 和 $NaOH$ 混合发生反应，A 溶液反应后实际由剩余 CH_3COOH 和生成的 CH_3COONa 组成，CH_3COOH 与 CH_3COONa 是一对缓冲对。

42. A. 解答如下：

$\lg K^{\ominus} = -\dfrac{\Delta_r G_m^{\ominus}}{2.303RT}$，当 $\Delta_r G_m^{\ominus} > 0$ 时，$\lg K^{\ominus} < 0$，$K^{\ominus} < 1$

47. D. 解答如下：

AC 杆、BC 杆均为二力杆，故 A 处约束力沿 AC 方向，B 处约束力沿 BC 方向。

49. B. 解答如下：

$\Sigma X = 0$，故 $F_{NA} = F_{NB}$；又 F_{DE} 与 W 产生力矩，故 $F_{NA} = F_{NB} \neq 0.0$

50. C. 解答如下：

$F_{下滑} = W\sin 30° = 30\text{kN} > F_{静止} = 0.4W\cos 30° = 20.78\text{kN}$

53. B. 解答如下：

图示机构中，O_1A、O_2C、O_3D 做定轴匀速转动，AB 杆、CD 杆做平动。

$v_M = v_C = \overline{O_2C} \cdot \omega = 40 \times 3 = 120\text{cm/s}$；

$a_M = a_C = \overline{O_2C} \cdot \omega = 40 \times 3^2 = 360\text{cm/s}^2$；

56. B. 解答如下：

动量矩定理：$J_A \cdot \varepsilon = mg \cdot L$，$J_A = \dfrac{1}{3}m \cdot (2L)^2$

解得：$\varepsilon = \dfrac{3g}{4L}$

60. B. 解答如下：

$\tau = \dfrac{F}{\pi d^2/4} = [\tau]$；$\sigma = \dfrac{F}{td} = [\sigma_{bs}]$

63. B. 解答如下：

根据剪力：$Q = \dfrac{dM}{dx} = 0.0$，即：弯矩有极值处。

64. B. 解答如下：

开裂前：$\sigma_{max} = \dfrac{FL}{\dfrac{1}{6}b \cdot (3a)^2} = \dfrac{2FL}{3ba^2}$

开裂后：$\sigma_{max} = \dfrac{FL/3}{\dfrac{1}{6}ba^2} = \dfrac{2FL}{ba^2}$

66. C. 解答如下：

$$f_c = \dfrac{Fl^3}{48EI}$$

题目图(a)：$I_a = \dfrac{1}{12}hb^3 = \dfrac{b^4}{6}$；图$(b)$：$I_b = \dfrac{1}{12}bh^3 = \dfrac{4b^4}{6}$

67. A. 解答如下：

由图可知：$\sigma_x > 0$，$\sigma_y < 0$，$\tau_0 < 0$，则：$\tan 2\alpha_0 = -\dfrac{2\tau_x}{\sigma_x - \sigma_y} > 0$

即：在第一象限，且 $\alpha_0 < 45°$

68. B. 解答如下：

AB 段：$\sigma_{AB} = \dfrac{F}{ab}$（压力）

BC 段：$\sigma_{BC} = \dfrac{F}{2ab} + \dfrac{F \cdot \dfrac{a}{2}}{\dfrac{1}{6}b \cdot (2a)^2} = \dfrac{5F}{4ab}$

70. A. 解答如下：

题目图(a)：$F_{cr} = \dfrac{\pi^2 EI}{(\mu L)^2}$；图$(b)$：$F_{cr} = \dfrac{\pi^2 EI}{\left(\mu \dfrac{L}{2}\right)^2} = \dfrac{4\pi^2 EI}{(\mu L)^2}$

75. C. 解答如下：

$Re = \dfrac{vd}{\nu} = \dfrac{Q/A \cdot d}{\nu} = \dfrac{4Q}{\pi d^2} \cdot d \cdot \dfrac{1}{\nu} = \dfrac{4Q}{\pi d \nu}$

当 Q 不变时，d 增大 1 倍，则 Re 减小一半，即：$5000/2 = 2500$

78. D. 解答如下：

弗汝德准则：流量比尺 λ_Q：$\lambda_Q^{\frac{5}{2}} = \dfrac{300 \times 10^{-3}}{537}$，故 $\lambda_Q = 0.05$

所以长度比尺 λ_L：$\lambda_L = \dfrac{1}{\lambda_Q} = 20$

80. D. 解答如下：

$X_L = \omega L = 1000 \times 0.001 = 1\Omega$，$U_L = IX_L = \dfrac{2}{\sqrt{2}} \times 1 = 1.414\text{V}$

81. A. 解答如下：

根据戴维南定理，流经 20Ω 电阻的电流 $I = 1\text{A}$，由节点电流关系，图(a)中
$$I = 2 - 1 = 1\text{A}$$

82. C. 解答如下：

RLC 串联，阻抗 Z：$Z = R + jX_L - X_C = R + j\omega L - j\dfrac{1}{\omega C}$

则：$|Z| = \sqrt{R^2 + \left(\omega L - \dfrac{1}{\omega C}\right)^2} = \sqrt{R^2 + \left(314L - \dfrac{1}{314C}\right)^2}$

83. C. 解答如下：

将 u 表示为复数：$\dot{U} = U\angle 30° = \dfrac{10}{\sqrt{2}}\angle 30°$

电流：$\dot{I} = \dot{I}_1 + \dot{I}_2 = \dfrac{\dot{U}}{R + j\omega L} + \dfrac{\dot{U}}{-j\dfrac{1}{\omega C}} = I\angle \psi_i$

84. B. 解答如下：

根据换路定则：$U_{C(t0+)} = U_{C(t0-)}$

开关打开前，$U_{C(t0-)} = \dfrac{R_2}{R_1+R_2}U_S$，电流 i 的初始值 $I_{(0+)} = \dfrac{U_{C(t0+)}}{R_2} = \dfrac{U_S}{R_1+R_2}$

开关打开后，电流 i 的稳定值 $I(\infty) = 0$。

85. A. 解答如下：

由条件可知，信号源输出最大功率时，其电源内阻与负载电阻相等，将电路中的实际负载电阻折合到变压器原边电路的等效负载阻抗 Z_1 为：

$$Z_1 = K^2 R_L = \left(\dfrac{u_1}{u_2}\right)^2 \cdot R_L, \ Z_1 = R_s = 40\Omega$$

故 $u_2 = 40\sin\omega t$ V

92. D. 解答如下：

$$F = \overline{\overline{AB} + \overline{BC}} = \overline{\overline{A} + \overline{B} + \overline{B} + \overline{C}} = \overline{\overline{A} + \overline{B} + \overline{C}} = \overline{\overline{A}\,\overline{B}\,\overline{C}} = ABC$$

93. C. 解答如下：

当 D_2 二极管断开时，电路变为半波整流电路，输入电压的交流有效值 U_i 和输出直流电压的平均值 U_0 为：$U_0 = 0.45 U_i$

根据二极管的导通电流方向，$U_0 = -0.45 u_i = -0.45 \times \dfrac{10}{\sqrt{2}} = -3.18\text{V}$

94. C. 解答如下：

由图可知，当信号 $|u_i(t)| \leqslant 1\text{mV}$ 时，放大电路工作在线性工作区，$u_o(t) = 10 u_i(t)$；当信号 $|u_i(t)| \geqslant 1\text{mV}$ 时，放大电路工作在非线性工作区，$u_o(t) = \pm 10\text{V}$。

95. D. 解答如下：

本题目图(a)所示逻辑电路是：与非门，$F = \overline{A \cdot 1} = \overline{A}$

107. C. 解答如下：

$$A = 5000(A/P, 8\%, 10) = 5000 \times 0.14903 = 745.15 \text{ 万元}$$

其中，$(A/P, 8\%, 10) = \dfrac{8\% \times (1+8\%)^{10}}{(1+8\%)^{10} - 1} = 0.14903$

111. B. 解答如下：

效益：$B = 20(P/A, 10\%, 10) = 20 \times 6.1446 = 122.892$ 万元

费用：$C = 100 + 0.8(P/A, 10\%, 10) = 100 + 0.8 \times 6.1446 = 104.916$ 万元

$$B/C = 122.892/104.916 = 1.17$$

2012年真题(上午卷)答案与解答

(上午卷)

1. D	2. D	3. C	4. A	5. B	6. C	7. B	8. C	9. B	10. A
11. B	12. D	13. B	14. C	15. B	16. A	17. A	18. C	19. C	20. B
21. B	22. C	23. D	24. A	25. B	26. C	27. C	28. A	29. C	30. B
31. C	32. A	33. C	34. B	35. D	36. B	37. C	38. D	39. C	40. D
41. A	42. C	43. D	44. B	45. D	46. B	47. A	48. B	49. C	50. D
51. D	52. A	53. A	54. B	55. C	56. C	57. B	58. C	59. C	60. D
61. B	62. A	63. D	64. A	65. D	66. B	67. A	68. A	69. B	70. D
71. D	72. A	73. C	74. D	75. A	76. C	77. A	78. C	79. A	80. B
81. C	82. B	83. B	84. C	85. A	86. D	87. B	88. A	89. A	90. C
91. A	92. C	93. B	94. A	95. B	96. A	97. A	98. A	99. B	100. B
101. C	102. B	103. D	104. D	105. D	106. B	107. D	108. D	109. A	110. D
111. B	112. D	113. C	114. B	115. D	116. A	117. B	118. C	119. A	120. A

1. D. 解答如下:

$$\lim_{x \to 0^+}(x^2+1)=1, \lim_{x \to 0^-}\left(\cos x + x\sin\frac{1}{x}\right)=1, f(0)=(x^2+1)|_{x=0}=1$$

2. D. 解答如下:

$$\lim_{x \to 0}\frac{1-\cos x}{2x^2}=\lim_{x \to 0}\frac{x^2/2}{2x^2}=\frac{1}{4} \neq 1$$

3. C. 解答如下:

$$y'=(\ln\cos x)'=\frac{1}{\cos x}(-\sin x)=-\tan x$$

4. A. 解答如下:

$$f(x)=(e^{-x^2})'=-2xe^{-x^2}, f(x)'=(-2xe^{-x^2})'=2(-1+2x^2)e^{-x^2}$$

5. B. 解答如下:

$$\int f'(2x+1)dx=\frac{1}{2}\int f'(2x+1)d(2x)=\frac{1}{2}f(2x+1)+C$$

6. C. 解答如下:

$$\int_0^{\frac{1}{2}}\frac{1+x}{\sqrt{1-x^2}}dx=\left[\arcsin x-(1-x^2)^{\frac{1}{2}}\right]_0^{\frac{1}{2}}=\frac{\pi}{6}-\frac{\sqrt{3}}{2}+1$$

7. B. 解答如下:

令 $x=r\cos\theta, y=r\sin\theta$,作出积分区域的图像。

8. C. 解答如下:

$f'(x)>0$,说明函数 $f(x)$ 单调增;$f''(x)<0$,说明函数 $f(x)$ 为凸。

9. B. 解答如下:

$f(x) = x^{\frac{2}{3}}$ 在 $[-1,1]$ 上连续，但由于 $f'(x) = \dfrac{2}{3\sqrt{x}}$ 在 $x = 0$ 处导数不存在，所以 $f'(x)$ 在 $[-1,1]$ 上不可导，故不满足拉格朗日定理条件。

10. A. 解答如下：

$\sum\limits_{n=1}^{\infty} \dfrac{(-1)^n}{n}$ 是交错级数，当 $n \to \infty$ 时，$u_n = \dfrac{1}{n}$ 单调减小且趋于 0，由莱布尼兹定理，该级数收敛，但 $\sum\limits_{n=1}^{\infty} \left| \dfrac{(-1)^n}{n} \right| = \sum\limits_{n=1}^{\infty} \dfrac{1}{n}$ 发散，故条件收敛。

11. B. 解答如下：

$$\dfrac{1}{1+2x} = 1 - 2x + (2x)^2 - (2x)^3 + \cdots + (-2)^n x^n = \sum_{n=0}^{\infty} (-2)^n x^n$$

12. D. 解答如下：

由微分方程知识可得到。

13. B. 解答如下：

检验法，可知，B 项正确。

14. C. 解答如下：

由条件知：$y\mathrm{d}y = -x\mathrm{d}x$，则：$\dfrac{1}{2}y^2 = -\dfrac{1}{2}x^2 + C$，即：$y^2 + x^2 = C, C \geqslant 0$

15. B. 解答如下：

$$V = \int_0^\pi \pi[(\sin x)^{3/2}]^2 \mathrm{d}x = \pi \int_0^\pi \sin^3 x \mathrm{d}x = \dfrac{4}{3}\pi$$

16. A. 解答如下：

将方程组消去 x，即：$(a-z)^2 + 4y^2 + z^2 = 4$

17. A. 解答如下：

由旋转双曲面方程特点可得到。

18. C. 解答如下：

直线 L 的方向向量 $s = \begin{vmatrix} i & j & k \\ 1 & 3 & 2 \\ 2 & -1 & -10 \end{vmatrix} = -28i + 14j - 7k$，平面 π 的法向量为 $\{4, -2, 1\}$，可知两向量成比例，故直线 L 垂直于平面 π。

19. C. 解答如下：

$$|\lambda_0 E - A| = 0，则：\left| \dfrac{1}{2}(2\lambda_0 E - 2A) \right| = 0,$$

即：$\left| 2\lambda_0 \left(\dfrac{1}{2\lambda_0} E - A \right) \right| = 0, \left| \dfrac{1}{2\lambda_0} E - A \right| = 0$

20. B. 解答如下：

由于 α_2、α_3、β 线性无关，故 α_2、β 必线性无关；

又 α_1、α_2、β 线性相关，即 α_1 必可用 α_2、β 线性表示，故 α_1 必可用 α_2、α_3、β 线性表示。

21. B. 解答如下：

$$A = \begin{bmatrix} 1 & t & -1 \\ t & 1 & 1 \\ -1 & 1 & 2 \end{bmatrix}, 若使 f(x_1,x_2,x_3) 为正定的,则: \begin{vmatrix} 1 & t \\ t & 1 \end{vmatrix} = 1-t^2 > 0,$$

$$\begin{vmatrix} 1 & t & -1 \\ t & 1 & 1 \\ -1 & 1 & 2 \end{vmatrix} = -2t(t+1) > 0, 故可解得 -1 < t < 0。$$

22. C. 解答如下：

$$P(\overline{AB}) = 1 - P(A \cup B) = 1 - (p+q)$$

23. D. 解答如下：

$$E(XY) = E(X)E(Y) = \frac{0+2}{2} \times \frac{1}{3} = \frac{1}{3}$$

24. A. 解答如下：

由条件知：$H_0: \mu = \mu_0 = 0.0$，选取统计量 $T = \dfrac{\overline{x} - \mu_0}{s}\sqrt{n} = \dfrac{\overline{x} - 0}{s}\sqrt{n}$

$$s^2 = \frac{1}{n-1}\sum_{i=1}^{n}(x_i - \overline{x})^2 = \frac{1}{n-1}Q^2, 即: s = \frac{Q}{\sqrt{n-1}}$$

最终统计量 $T = \dfrac{\overline{x}}{s}\sqrt{n} = \dfrac{\overline{x}}{Q}\sqrt{n}\sqrt{n-1}$

27. C. 解答如下：

$$\Delta E = Q - A = 335 - 126 = 209J$$

则：$$Q = \Delta E + A = 209 + 42 = 251J$$

28. A. 解答如下：

$\Delta E = \dfrac{m}{M}\dfrac{i}{2}R\Delta T, \Delta T$ 相同, 故 ΔE 也相同;

等容过程, $Q_v = \dfrac{m}{M}C_v\Delta T$; 等压过程, $Q_p = \dfrac{m}{M}(C_v + R)\Delta T$

31. C. 解答如下：

声强级 I_L：$$I_L = 10\lg\frac{I}{I_0}, 则,$$

$$\frac{I_{L1}}{I_{L2}} = \lg\frac{I_1}{I_2} = \frac{80}{40} = 2, 故: I_1/I_2 = 10^2$$

34. B. 解答如下：

衍射光栅明条纹形成条件：$d\sin\varphi = \pm k\lambda$

求最大级次 k 时, $\sin\varphi = 1.0$, 故: $k = \dfrac{d}{\lambda} = \dfrac{2 \times 10^{-4} \times 10^{-2}}{550 \times 10^{-9}} = 3.6$, 取 $k = 3$

35. D. 解答如下：

由条件：$a\sin 30° = 3 \times \dfrac{\lambda}{2}$, 则: $a = 3\lambda$

41. A. 解答如下：

$K^{\ominus} = \dfrac{\dfrac{p(\mathrm{PCl}_5)}{p^{\ominus}}}{\dfrac{p(\mathrm{PCl}_3)}{p^{\ominus}} \cdot \dfrac{p(\mathrm{Cl}_2)}{p^{\ominus}}}$, 且已知 $p(\mathrm{PCl}_5) = p(\mathrm{PCl}_3), p^{\ominus} = 100\mathrm{kPa}$,

则：$p(\text{Cl}_2) = \dfrac{100}{0.767} = 130.38\text{kPa}$

43. D. 解答如下：

Au^+ 易发生歧化反应；Mn^{2+} 氧化性最弱。

此外，氧化性大小排序：$\text{Cu}^{2+} > \text{Fe}^{2+} > \text{Mn}^{2+}$。

49. C. 解答如下：

整体为研究对象，对 A 点取矩，则 C 点处：$F_{\text{cy}} = 150\text{kN}(\uparrow)$，由 $\Sigma Y = 0$，则 A 点处 $F_{\text{Ay}} = 50\text{kN}(\downarrow)$；由 $\Sigma x = 0$，则 $F_{\text{Ax}} = 100\text{kN}(\leftarrow)$。

50. D. 解答如下：

按 $G \to G_1 \to E \to E_1 \to D \to D_1 \to R$ 进行判别。

53. A. 解答如下：

由已知条件，$a_\tau = 0.5\text{m/s}^2$，$a = 3\text{m/s}^2 = \sqrt{a_n^2 + a_\tau^2}$，故 $a_n = 2.958\text{m/s}^2$

$a_n = r\omega^2$，则 $\omega = 3.44\text{m/s}^2$；$v = r\omega = 0.25 \times 3.44 = 0.86\text{m/s}$

57. B. 解答如下：

质心 C 处有切向加速度、法向加速度：

$$a_c = \sqrt{a_{c\tau}^2 + a_{cn}^2}$$
$$= \sqrt{\left(\dfrac{l}{2} \cdot \alpha\right)^2 + \left(\dfrac{l}{2}\omega^2\right)^2} = \dfrac{l}{2}\sqrt{\alpha^2 + \omega^4}$$

60. D. 解答如下：

AB 段受拉力 F；BC 段受力为 0.0，则：BC 段位移即 B 点处位移。

B 点：$\Delta l = \dfrac{FL}{EA}$

61. B. 解答如下：

$$\tau = \dfrac{F}{\pi dt} \leqslant [\tau_b]，\text{则}：d \leqslant \dfrac{F}{\pi t[\tau_b]} = \dfrac{300\pi \times 10^3}{\pi \times 0.01 \times 300 \times 10^6} = 0.1\text{m}$$

62. A. 解答如下：

$$\tau = \dfrac{F}{ab} = [\tau]；\sigma_{\text{bs}} = \dfrac{F}{bh} = [\sigma_{\text{bs}}]$$

67. A. 解答如下：

$f = \dfrac{M_{c1}L^2}{2EI_{c1}} = \dfrac{M_{c2}L^2}{2EI_{c2}}$，且 $I_{c1} = \dfrac{1}{12} \cdot ba^3$，$I_{c2} = \dfrac{1}{12} \cdot b(2a)^3$

则：$\dfrac{M_{c2}}{M_{c1}} = \dfrac{I_{c2}}{I_{c1}} = 8$

69. B. 解答如下：

$$\tau_\alpha = \dfrac{\sigma_x - \sigma_y}{2}\sin 2\alpha + \tau_x \cos 2\alpha$$
$$= \dfrac{50 - (-50)}{2}\sin(2 \times 45°) + (-30) \cdot \cos(2 \times 45°) = 50\text{MPa}$$

70. D. 解答如下：

$$F_{\text{cr}} = \frac{\pi^2 EI}{(\mu L)^2}, \text{由条件知};\mu = 2; I_{\min} = I_y = \frac{1}{12}hb^3$$

73. C. 解答如下：

$v_1 A_1 + v_2 A_2 = v_3 A_3$，代入数据，可求出 $v_3 = 7\text{m/s}$

77. A. 解答如下：

$$Q = \frac{\pi k(H^2 - h_0^2)}{\ln \dfrac{R}{r_0}} = \frac{3.14 \times 0.0005 \times (15^2 - 10^2)}{\ln \dfrac{375}{0.3}} = 0.0275 \text{m}^3/\text{s}$$

82. B. 解答如下：

将 A、B 两点开路后，电压源的两上方电阻 3Ω、6Ω 并联，即 2Ω；其两下方电阻 6Ω、6Ω 并联，即 3Ω；故等效内阻 $R_0 = 2 + 3 = 5\Omega$。

85. A. 解答如下：

副边电流：$I_2 = \dfrac{U_1}{U_2} \cdot I_1 = \dfrac{3300}{220} \cdot \dfrac{10 \times 10^3}{3300} = \dfrac{10 \times 10^3}{220}\text{A}$

一盏灯的额定电流：$I_0 = \dfrac{P}{\mu \cos\varphi} = \dfrac{40}{220 \times 0.44}$

总量数：$n = \dfrac{I_2}{I_0} = \dfrac{10 \times 10^3}{220} \cdot \dfrac{220 \times 0.44}{40} = 110$

86. D. 解答如下：

$$I_{\text{RL}} = \frac{12}{4 \times 10^3} = 3\text{mA}, \quad I_R = \frac{30 - 12}{2 \times 10^3} = 9\text{mA}$$

$$I_{\text{DZ}} = 9 - 3 = 6\text{mA}$$

二极管通过的电流平均值是电阻 R 中通过电流的一半。

87. B. 解答如下：

$$I_B = \frac{5 - 0.7}{R_X}, \frac{1}{\beta} I_{\text{cs}} = \frac{1}{40} \times \frac{15 - 0.3}{3 \times 10^3} = 0.1225\text{mA}$$

$I_B \geqslant \dfrac{1}{\beta} I_{\text{cs}}$，故：$\dfrac{5-0.7}{R_X} \geqslant 0.1225 \times 10^3$，即：$R_X \leqslant 35.1\text{k}\Omega$

91. A. 解答如下：

题目图(b)温度信号为非连续信号。

96. A. 解答如下：

小数点前、后分别按 4 位转换，即：

$$(1101\ 0010.0101\ 0100)_2 \longrightarrow (13)\quad 2.5\ 4 \longrightarrow (D2.54)_H$$

108. D. 解答如下：

根据当年借款支用额按半年计息，上年借款按全年计息，则：

$$I = \frac{1}{2} \times 1000 \times 6\% + \left(1000 + \frac{1}{2} \times 1000 \times 6\%\right) \times 6\%$$

$$= 91.8 \text{万元}$$

109. A. 解答如下：

$$K = \frac{10\% \times (1 - 25\%)}{1 - 0} = 7.5\%$$

110. D. 解答如下：

$$IRR = i_1 + \frac{NPV_1}{NPV_1 + |NPV_2|} \cdot (i_2 - i_1)$$
$$= 12\% + \frac{130}{130 + |-50|} \times (14\% - 12\%) = 13.44\%$$

112. D. 解答如下：

设盈亏平衡时销售 Q_0 件，则：$500Q_0 = 300Q_0 + 1000 \times 1000$，故 $Q_0 = 50000$ 件 销售收入 $= 50000 \times 500 = 2500$ 万元。

2013年真题(上午卷)答案与解答

(上午卷)

1. C	2. C	3. A	4. B	5. A	6. C	7. C	8. C	9. D	10. B
11. D	12. A	13. C	14. A	15. C	16. D	17. D	18. B	19. C	20. B
21. A	22. C	23. B	24. D	25. B	26. C	27. A	28. A	29. D	30. A
31. A	32. A	33. B	34. B	35. D	36. B	37. A	38. B	39. C	40. B
41. C	42. C	43. A	44. C	45. D	46. C	47. B	48. A	49. A	50. A
51. C	52. D	53. D	54. C	55. C	56. D	57. A	58. D	59. B	60. B
61. C	62. A	63. D	64. C	65. A	66. A	67. C	68. B	69. B	70. A
71. C	72. B	73. B	74. C	75. B	76. D	77. C	78. A	79. B	80. C
81. C	82. D	83. B	84. A	85. C	86. D	87. A	88. B	89. C	90. B
91. D	92. A	93. C	94. C	95. A	96. C	97. C	98. D	99. C	100. B
101. B	102. B	103. D	104. D	105. A	106. A	107. C	108. A	109. C	110. D
111. D	112. A	113. D	114. C	115. B	116. D	117. B	118. B	119. D	120. A

1. C. 解答如下：

$$\boldsymbol{\alpha} \times \boldsymbol{\beta} = \begin{vmatrix} i & j & k \\ -3 & -2 & 1 \\ 1 & -4 & -5 \end{vmatrix} = 14i - 14j + 14k$$

$$|\boldsymbol{\alpha} \times \boldsymbol{\beta}| = \sqrt{14^2 + (-14)^2 + 14^2} = 14\sqrt{3}$$

2. C. 解答如下：

因为 $x^2 + x - 2 = (x+2)(x-1)$，所以 $2x^2 + ax + b$ 中必含有 $(x-1)$ 因子，则有 $2 \times 1^2 + a \times 1 + b = 2 + a + b = 0$，即：$a + b = -2$，选 C。

3. A. 解答如下：

$$\frac{dy}{dx} = \frac{\dfrac{dy}{dt}}{\dfrac{dx}{dt}} = \frac{-\sin t}{\cos t} = -\tan t。$$

4. B. 解答如下：

$$\left[\int f(x)dx\right]' = f(x)。$$

5. A. 解答如下：

举例：$f(x) = x^2$，$\int x^2 dx = \dfrac{1}{3}x^3 + c$，

当 $c = 0$ 时，为奇函数；

当 $c = 2$ 时，$\int x^2 dx = \dfrac{1}{3}x^3 + 2$ 为非奇非偶函数。

6. C. 解答如下：

$\lim\limits_{x \to 1^-} 3x^3 = 3$，$\lim\limits_{x \to 1^+} (4x - 1) = 3$，$f(1) = 3$，故在 $x = 1$ 处连续。

$$f'_+(1)=\lim_{x\to 1^+}\frac{4x-1-3\times 1}{x-1}=\lim_{x\to 1^+}\frac{4(x-1)}{x-1}=4$$

$$f'_-(1)=\lim_{x\to 1^-}\frac{3x^2-3}{x-1}=\lim_{x\to 1^-}\frac{3(x+1)(x-1)}{x-1}=6$$

$f'_+(1)\neq f'_-(1)$ 故在 $x=1$ 处不可导。

故 $f(x)$ 在 $x=1$ 处连续不可导。

7. C. 解答如下：

$$y'=(-1)\cdot x^{\frac{2}{3}}+(5-x)\frac{2}{3}x^{-\frac{1}{3}}=\frac{10-5x}{3x^{\frac{1}{3}}}$$

可知，$x=0$，$x=2$ 为极值可疑点。

8. C. 解答如下：

A 项：$\int_0^{+\infty}e^{-x}dx=-\int_0^{+\infty}e^{-x}d(-x)=-e^{-x}\big|_0^{+\infty}=-(\lim_{x\to+\infty}e^{-x}-1)=1$

B 项：$\int_0^{+\infty}\frac{1}{1+x^2}dx=\arctan x\big|_0^{+\infty}=\frac{\pi}{2}$

C 项：$\int_0^{+\infty}\frac{\ln x}{x}dx=\int_0^1\frac{\ln x}{x}dx+\int_1^{+\infty}\frac{\ln x}{x}dx=\int_0^1\ln x\,d\ln x+\int_1^{+\infty}\ln x\,d\ln x$

$$=\frac{1}{2}(\ln x)^2\big|_0^1+\frac{1}{2}(\ln x)^2\big|_1^{+\infty}=+\infty$$

D 项：$\int_0^1\frac{1}{\sqrt{1-x^2}}dx=\arcsin x\big|_0^1=\frac{\pi}{2}$。

9. D. 解答如下：

如图 4-3-9 所示，阴影部分为积分区域，根据积分的定义可知，应选 D 项。

10. B. 解答如下：

$$x\frac{dy}{dx}=y\ln y,\quad \frac{1}{y\ln y}dy=\frac{1}{x}dx,\quad \ln\ln y=\ln x+\ln c$$

$\ln y=cx$，$y=e^{cx}$，由条件 $y(1)=e$，则：$c=1$

故：$y=e^x$。

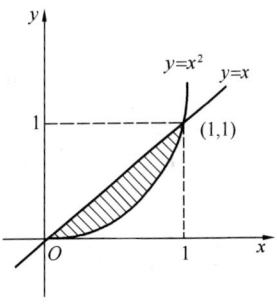

图 4-3-9

11. D. 解答如下：

$F(x,y,z)=xz-xy+\ln(xyz)$

$F_y=-x+\dfrac{xz}{xyz}=-x+\dfrac{1}{y}$

$F_z=x+\dfrac{xy}{xyz}=x+\dfrac{1}{z}$

$$\frac{\partial z}{\partial y}=-\frac{F_y}{F_z}=-\frac{-xy+1}{\dfrac{xz+1}{z}}=-\frac{(1-xy)z}{y(xz+1)}=\frac{z(xy-1)}{y(xz-1)}$$

12. A. 解答如下：

正项级数 $\sum\limits_{n=1}^{\infty}u_n$ 收敛的充分必要条件是，它的部分和数列 $\{S_n\}$ 有界。

13. C. 解答如下：

由条件可知，$f(x)$是奇函数，其图形关于原点对称，即图形在原点两侧的单调性不变、凹凸性改变。

14. A. 解答如下：

特征方程：$r^2-3r+2=0$，$r_1=1$，$r_2=2$

由于$r_1=1$是特征方程的单根，故特解形式：$y=x(Ax+B)\cdot e^x$。

15. C. 解答如下：

直线过点$(0,-1,3)$，其方向向量$\vec{s}=(3,-1,2)$，平面的法向量$\vec{n}=(-2,2,1)$，故点在平面上，并且$\vec{s}\cdot\vec{n}\neq 0.0$，故$\vec{s}$与$\vec{n}$不垂直。

16. D. 解答如下：

$L：y=x-1$，其参数方程 $\begin{cases} x=x \\ y=x-1 \end{cases}$ $0\leqslant x\leqslant 1$，见图4-3-16。

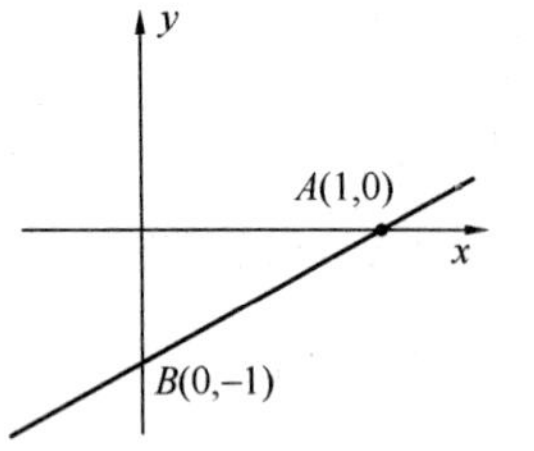

图4-3-16

$ds=\sqrt{1^2+1^2}dx=\sqrt{2}dx$

故 $\int_L(y-x)ds=\int_0^1(x-1-x)\sqrt{2}dx=-\sqrt{2}\cdot 1=-\sqrt{2}$。

17. D. 解答如下：

$R=3$，则：$\rho=\dfrac{1}{3}$

A项：$\sum\limits_{n=0}^{\infty}3x^n$，$\lim\limits_{n\to\infty}\left|\dfrac{a_{n+1}}{a_n}\right|=1$，错误。

B项：$\sum\limits_{n=1}^{\infty}3^n x^n$，$\lim\limits_{n\to\infty}\dfrac{3^{n+1}}{3^n}=3$，错误。

C项：$\sum\limits_{n=0}^{\infty}\dfrac{1}{3^{\frac{n}{2}}}x^n$，$\lim\limits_{n\to\infty}\dfrac{\frac{1}{3^{\frac{n+1}{2}}}}{\frac{1}{3^{\frac{n}{2}}}}=\lim\limits_{n\to\infty}\dfrac{1}{3^{\frac{n+1}{2}}}\cdot 3^{\frac{n}{2}}=\lim\limits_{n\to\infty}3^{\frac{n}{2}-\frac{n+1}{2}}=3^{-\frac{1}{2}}$，错误。

D项：$\sum\limits_{n=0}^{\infty}\dfrac{1}{3^{n+1}}x^n$，$\lim\limits_{n\to\infty}\dfrac{\frac{1}{3^{n+2}}}{\frac{1}{3^{n+1}}}=\lim\limits_{n\to\infty}\dfrac{3^{n+1}}{3^{n+2}}=\dfrac{1}{3}$，正确。

18. B. 解答如下：

由条件，$y=\varphi(x)$，则：$\dfrac{dz}{dx}=\dfrac{\partial f}{\partial x}\cdot 1+\dfrac{\partial f}{\partial y}\cdot\dfrac{d\varphi}{dx}$。

19. C. 解答如下：

$\boldsymbol{\alpha}_3=0\boldsymbol{\alpha}_1+\dfrac{1}{3}\boldsymbol{\alpha}_2$，$\boldsymbol{\alpha}_4=0\boldsymbol{\alpha}_1+2\boldsymbol{\alpha}_2$，又$\boldsymbol{\alpha}_1$、$\boldsymbol{\alpha}_2$对应坐标不成比例，故$\boldsymbol{\alpha}_1$、$\boldsymbol{\alpha}_2$线性无关，即：$\boldsymbol{\alpha}_1$、$\boldsymbol{\alpha}_2$是一个极大线性无关组。

20. B. 解答如下：

因非齐次线性方程组$\boldsymbol{Ax}=\boldsymbol{b}$中方程个数少于未知量个数，则齐次方程组$\boldsymbol{Ax}=\boldsymbol{0}$系数

矩阵的秩一定小于未知量的个数，所以齐次方程组 $Ax=0$ 必有非零解。

21. A. 解答如下：

矩阵 A 和 B 相似，则有相同的特征值，则：

$$|A-\lambda E|=\begin{vmatrix} 1-\lambda & -1 & 1 \\ 2 & 4-\lambda & -2 \\ -3 & -3 & 5-\lambda \end{vmatrix}=(\lambda-2)(\lambda^2-8\lambda+12)=0$$

解得矩阵 A 的特征值为 $\lambda_1=\lambda_2=2$，$\lambda_3=6$，故有 $\lambda=6$。

22. C. 解答如下：

A、B 相互独立，则 $P(AB)=P(A)P(B)$，$P(A\bigcup B)=P(A)+P(B)-P(AB)$。

23. B. 解答如下：

分布函数 $Q(x)$ 性质为：(1) $0\leqslant Q(x)\leqslant 1,Q(-\infty)=0,Q(+\infty)=1$；(2) $Q(x)$ 是非减函数；(3) $Q(x)$ 是右连续的。

$\Phi(+\infty)=-\infty$，故 A 项错误。$F(x)$ 满足分布函数的性质(1)、(2)、(3)，故 B 项正确。

$G(-\infty)=+\infty$，故 C 项错误；$x\geqslant 0$ 时 $H(x)>1$，故 D 项错误。

24. D. 解答如下：

因为 $E(X)=\mu=0,E(X^2)=D(X)-[E(X)]^2=\sigma^2$，所以 $\hat{\sigma}^2=\dfrac{1}{n}\sum\limits_{i=1}^{n}X_i^2$。

25. B. 解答如下：

由 $\bar{\varepsilon}_{平动}=\dfrac{3}{2}kT$，若平动动能相同，则温度相同。分子的平均动能＝平均（平动动能＋转动动能）$=\dfrac{i}{2}kT$。

He 的 $i=3$，N_2 的 $i=5$。

26. C. 解答如下：

根据 v_P 的定义，应选 C 项。

27. A. 解答如下：

气体做等压膨胀，体积增大，温度升高，气体对外做正功。

28. A. 解答如下：

等温过程吸收的热量 $Q=P_1V_1\ln\dfrac{V_2}{V_1}=0$

29. D. 解答如下：

$$y=-0.02\cos\pi(4x-50t)=0.02\cos\left[50\pi\left(t-\dfrac{x}{\dfrac{50}{4}}\right)+\pi\right]$$

$A=0.02\text{m},u=\dfrac{50}{4}=\dfrac{25}{2},T=\dfrac{2\pi}{\omega}=\dfrac{2\pi}{50\pi}=\dfrac{1}{25},\lambda=uT=\dfrac{1}{2}\text{m}=0.5\text{m}$。

30. A. 解答如下：

平衡位置处，动能、势能均为最大，故总机械能最大。

31. A. 解答如下：

在波长为 λ 的驻波中，两个相邻的波腹或波节之间的距离均为 $\frac{\lambda}{2}$。

32. A. 解答如下：

根据马吕斯定律：$I_1 = I\cos^2\varphi$

$I_2 = I_1\cos^2\left(\frac{\pi}{2}-\varphi\right) = I\cos^2\varphi\cos^2\left(\frac{\pi}{2}-\varphi\right) = I\cos^2\varphi\sin^2\varphi = \frac{I}{4}\sin^2 2\varphi$

要使透射光强达到最强，令 $\sin^2\varphi = 1$，得 $\varphi = \frac{\pi}{4}$，透射光强的最大值为 $\frac{I}{4}$。

入射光的振动方向与前后两偏振片的偏振化方向夹角分别为 45°和 90°。

33. B. 解答如下：

光的干涉和衍射反映了光的波动性；光的偏振反映了光的横波性。

34. B. 解答如下：

$\Delta d = K \cdot \frac{\lambda}{2}$，则：$\lambda = \frac{2 \times 0.62 \times 10^6}{2300} = 539\text{nm}$。

35. D. 解答如下：

对暗纹 $a\sin\varphi = k\lambda = 2k\frac{\lambda}{2}$，今 $k=3$，故半波带数目为 6。

36. B. 解答如下：

由公式，$e = \frac{2k-1}{4n}\lambda$，则：$e_5 = \frac{2\times 5-1}{4n}\lambda$，$e_3 = \frac{2\times 3-1}{4n}\lambda$

$e_5 - e_3 = \frac{4}{4n}\lambda = \frac{\lambda}{n}$。

37. A. 解答如下：

一组允许的量子数 n、l、m 取值对应一个合理的波函数，即可以确定一个原子轨道。

38. B. 解答如下：

中心原子 P 以不等性 sp^3 杂化轨道与三个 Cl 原子成键，形成空间几何构型为：三角锥型。

39. C. 解答如下：

由已知条件知：

$\text{Fe}^{3+} + 1e = \text{Fe}^{2+}$

$+)\text{Fe}^{2+} + 2e = \text{Fe}$

―――――――――――

$\text{Fe}^{3+} + 3e = \text{Fe}$

$E^{\ominus}(\text{Fe}^{3+}/\text{Fe}) = \frac{1E^{\ominus}(\text{Fe}^{3+}/\text{Fe}^{2+}) + 2E^{\ominus}(\text{Fe}^{2+}/\text{Fe})}{3}$

$= \frac{1\times 0.771 + 2\times(-0.44)}{3} = -0.036$。

40. B. 解答如下：

在 BaSO_4 饱和溶液中，存在 $\text{BaSO}_4 = \text{Ba}^{2+} + \text{SO}_4^{2-}$ 平衡，加入 BaCl_2，溶液中 Ba^{2+} 增加，平衡向左移动，SO_4^{2+} 的浓度减小。

41. C. 解答如下：

催化剂之所以加快反应的速率，是因为它改变了反应的历程，降低了反应的活化能，增加了活化分子百分数。

42. C. 解答如下：

此反应为气体分子数减小的反应，升压，反应向右进行；反应的 $\Delta_r H_m < 0$，为放热反应，降温，反应向右进行。

43. A. 解答如下：

负极 氧化反应：$Ag + Cl^- = AgCl + e$

正极 还原反应：$Ag^+ + e = Ag$

电池反应为：$Ag^+ + Cl^- = AgCl$

原电池负极能斯特方程式为：$E_{AgCl/Ag} = E^{\ominus}_{AgCl/Ag} + 0.059 \lg \dfrac{1}{c(Cl^-)}$

由于负极中加入 NaCl，Cl^- 浓度增加，则负极电极电势减小，正极电极电势不变，则电池的电动势增大。

44. C. 解答如下：

乙烯与氯气混合，可以发生加成反应 $C_2H_4 + Cl_2 = CH_2Cl - CH_2Cl$。

45. D. 解答如下：

C_6H_5OH 为苯酚，不属于醇类物质。

46. C. 解答如下：

在加聚反应过程中，没有产生其他副产物，故高聚物具有与单体相同的成分。甲醛 HCHO 加聚反应为：$nH_2C = O \longrightarrow \text{—}[CH_2\text{—}O]_n\text{—}$。

47. B. 解答如下：

E 处是光滑面约束，约束力必然是一个压力，方向是垂直于接触面，指向物体。故 E 处约束力的方向与 x 轴正向所成的夹角为 $45°$。

48. A. 解答如下：

F 力和均布力 q 的合力作用线均通过 O 点，故合力矩为零。

49. A. 解答如下：

取构架整体为研究对象，列平衡方程：$\sum M_A = 0$，$F_B \cdot 4 - F_P \cdot 3 = 0$。

50. A. 解答如下：

根据斜面的自锁条件，斜面倾角小于摩擦角时，物体静止。

51. C. 解答如下：

将 $t = x$ 代入 $y = 2t^2$。

52. D. 解答如下：

对运动方程 x、y 求时间 t 的一阶、二阶导数，并且再令 $t = 0$，则，

$v = \sqrt{\dot{x}^2 + \dot{y}^2} = v_0$，$a_x = \ddot{x} = 0$，$a_y = \ddot{y} = -g$。

53. D. 解答如下：

两轮啮合点 A、B 的速度相同，且 $v_A = R_1\omega_1$；$v_B = R_2\omega_2$。

54. C. 解答如下：

如图 4-3-54 所示，物块 A 为研究对象：

x 轴方向：$F_s\cos\theta - F_N\sin\theta = ma$，并且 $F_s = f \cdot F_N$

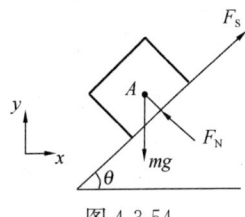

图 4-3-54

则：$fF_N\cos\theta - F_N\sin\theta = ma$ (1)

y 轴方向：$F_N\cos\theta + F_s\sin\theta - mg = 0$ (2)

由上述式(1)、式(2)可得：$a = \dfrac{g(f\cos\theta - \sin\theta)}{\cos\theta + f\sin\theta}$。

55. C. 解答如下：

物块 A 上的摩擦力水平向右，使其向右运动，故做正功。

56. D. 解答如下：

杆位于铅垂位置时，$J_B = M_B = 0$，故角加速度 $= 0$，由动能定理：$\dfrac{1}{2}J_B\omega^2 = mgl$，得 $\omega^2 = \dfrac{3g}{2l}$，则质心的加速度为：$a_{Cx} = 0$，$a_{Cy} = l\omega^2$。根据质心运动定理，有：$ma_{Cx} = F_{Bx}$，$ma_{Cy} = F_{By} - mg$。

57. A. 解答如下：

根据定义，惯性力系主矢的大小为 $R' = ma_C = m\dfrac{R}{2}\omega^2$；主矩的大小为 $M_1 = J_O\varepsilon = 0$。

58. D. 解答如下：

发生共振时，机器的工作频率与系统的固有频率相等，即：$\sqrt{\dfrac{k}{m}} = \sqrt{\dfrac{2\times 10^6}{110}} = 134.8\text{rad/s}$。

59. B. 解答如下：

取节点 C，画 C 点的受力图，如图 4-3-59 所示。

$\sum F_x = 0$：$F_1\sin 45° = F_2\sin 30°$

$\sum F_y = 0$：$F_1\cos 45° = F_2\cos 30° = F$

可得：$F_1 = \dfrac{\sqrt{2}}{1+\sqrt{3}}F$，$F_2 = \dfrac{2}{1+\sqrt{3}}F$，故 $F_2 > F_1$；又 A 相等，故 $\sigma_2 > \sigma_1$，所以杆 2 最先达到许用应力。

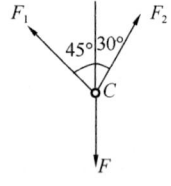

图 4-3-59

60. B. 解答如下：

受力是对称的，故 $F_1 = F_2 = \dfrac{F}{2}$

由杆 1 得：$\sigma_1 = \dfrac{F_1}{A_1} = \dfrac{\frac{F}{2}}{A} = \dfrac{F}{2A} \leqslant [\sigma]$，故 $F \leqslant 2A[\sigma]$

由杆 2 得：$\sigma_2 = \dfrac{F_2}{A_2} = \dfrac{\frac{F}{2}}{2A} = \dfrac{F}{4A} \leqslant [\sigma]$，故 $F \leqslant 4A[\sigma]$

从两者取最小的，所以 $[F] = 2A[\sigma]$。

61. C. 解答如下：

将 F 向 A、B 螺钉的中央处平移，则等效为：力 F、力矩 $F\cdot\dfrac{5}{4}L$

B 螺钉：由力 F 产生的剪力：$V_{1B} = \dfrac{F}{2}$

由力矩 $F \cdot \frac{5}{4}L$ 产生的剪力：$V_{2B} \cdot \frac{L}{2} = F\frac{5}{4}L$，则：$V_{2B} = \frac{5}{2}F$

$$\tau_{max,B} = \frac{V_{1B}+V_{2B}}{A} = \frac{\frac{F}{2}+\frac{5}{2}F}{\frac{\pi}{4}d} = \frac{12F}{\pi d^2}。$$

62. A. 解答如下：

螺钉头与钢板之间的接触面是一个圆环面，故挤压面 $A_{bs} = \frac{\pi}{4}(D^2-d^2)$

则：$\sigma_{bs} = \frac{F_{bs}}{A_{bs}} = \frac{F}{\frac{\pi}{4}(D^2-d^2)}$。

63. D. 解题如下：

$$\tau_{max} = \frac{T}{I_p} \cdot \frac{d}{2}；又 \theta = \frac{T}{GL_p}$$

$$则：\tau_{max} = \theta G \cdot \frac{d}{2}。$$

64. C. 解答如下：

设实心圆直径为 d，空心圆外径为 D，空心圆内外径之比为 α，因两者横截面积相同，则：

$$\frac{\pi}{4}d^2 = \frac{\pi}{4}D^2(1-\alpha^2)，即：d = D(1-\alpha^2)^{\frac{1}{2}}$$

$$\frac{\tau_a}{\tau_b} = \frac{\frac{T}{\frac{\pi}{16}d^3}}{\frac{T}{\frac{\pi}{16}D^3(1-\alpha^4)}} = \frac{D^3(1-\alpha^4)}{d^3} = \frac{D^3(1-\alpha^2)(1+\alpha^2)}{D^3(1-\alpha^2)(1-\alpha^2)^{\frac{1}{2}}} = \frac{1+\alpha^2}{\sqrt{1-\alpha^2}} > 1。$$

65. A. 解答如下：

AB 段的斜直线，对应 AB 段 $q=0$；BC 段的抛物线，对应 BC 段 $q \neq 0$，即应有 q。而 B 截面处有一个转折点，应对应于一个集中力。

66. A. 解答如下：

弯矩图中 B 截面的突变值为 $10kN \cdot m$，故 $m = 10kN \cdot m$。

67. C. 解答如下：

题目中(a)图的跨中弯矩：$M_a = \frac{1}{8}ql^2$

题目中(b)图的跨中弯矩 M_b，按叠加法，如图 4-3-67 所示。

$$M_b = \frac{1}{16}ql^2$$

故：

$$\frac{M_a}{M_b} = \frac{\frac{1}{8}ql^2}{\frac{1}{16}ql^2} = 2。$$

68. B. 解答如下：

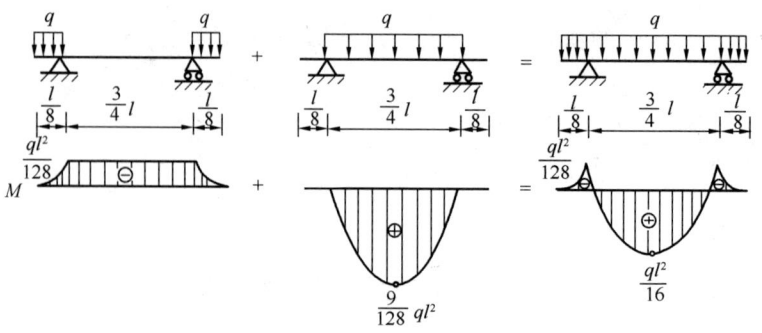

图 4-3-67

题目中图(a):$\sigma_{r3}=\sigma_1-\sigma_3=150-0=150\mathrm{MPa}$;

图(b):$\sigma_{r3}=\sigma_1-\sigma_3=100-(-100)=200\mathrm{MPa}$。

69. B. 解答如下:

设杆1受力为F_1,杆2受力为F_2,则

$$F_1+F_2=F$$

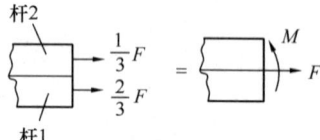

图 4-3-69

$\Delta l_1=\Delta l_2$,即:$\dfrac{F_1 l}{E_1 A}=\dfrac{F_2 l}{E_2 A}$,故:$\dfrac{F_1}{F_2}=\dfrac{E_1}{E_2}=2$

得到:$F_1=\dfrac{2}{3}F$,$F_2=\dfrac{1}{3}F$。

相当于偏心受拉,如图 4-3-69 所示,$M=\dfrac{F}{3}\cdot\dfrac{h}{2}=\dfrac{Fh}{6}$。

70. A. 解答如下:

一端固定、一端自由,取 $\mu=2.0$。

本题目细长压杆 AB 一端自由、一端固定在简支梁上,其杆端约束比一端固定、一端自由时更弱,故 μ 比 2 更大。

71. C. 解答如下:

切应力 $\tau=\mu\dfrac{\mathrm{d}u}{\mathrm{d}y}$,而 $y=R-r$,$\mathrm{d}y=-\mathrm{d}r$,故 $\dfrac{\mathrm{d}u}{\mathrm{d}y}=-\dfrac{\mathrm{d}u}{\mathrm{d}r}$

由已知条件 $u=2\left(1-\dfrac{r^2}{R^2}\right)$,故 $\dfrac{\mathrm{d}u}{\mathrm{d}y}=-\dfrac{\mathrm{d}u}{\mathrm{d}r}=\dfrac{2\times 2r}{R^2}=\dfrac{4r}{R^2}$

当 $r_1=0.2R$ 时,$\tau_1=\mu\left(\dfrac{4\times 0.2R}{R^2}\right)=\mu\cdot\dfrac{0.8}{R}$

当 $r_2=R$ 时,$\tau_2=\mu\dfrac{4R}{R^2}=\mu\cdot\dfrac{4}{R}$

故:$\dfrac{\tau_1}{\tau_2}=\dfrac{0.8}{4}=\dfrac{1}{5}$。

72. B. 解答如下:

对断面 1-1 及 2-2 中点写能量方程:$Z_1+\dfrac{p_1}{\rho g}+\dfrac{\alpha_1 v_1^2}{2g}=Z_2+\dfrac{p_2}{\rho g}+\dfrac{\alpha_2 v_2^2}{2g}$ 管道水平,故 $Z_1=Z_2$;又 $d_1>d_2$,由连续方程知 $v_1<v_2$。

可知：$p_1 > p_2$。

73. B. 解答如下：

由动量方程可得 $\Sigma F_x = \rho Q v = 1000 \text{kg/m}^3 \times 0.2 \text{m}^3/\text{s} \times 50 \text{m/s} = 10 \text{kN}$。

74. B. 解答如下：

由均匀流基本方程可知沿程损失：$h_f = \dfrac{\tau L}{\rho g R}$。

75. B. 解答如下：

由并联长管水头损失相等可知：$h_{f1} = h_{f2} = h_{f3} = \cdots = h_f$，总流量 $Q = \sum\limits_{i=1}^{n} Q_i$。

76. D. 解答如下：

矩形断面水力最佳宽深比 $\beta = 2$，即 $b = 2h$。

77. A. 解答如下：

由达西定律 $v = kJ = k\dfrac{H}{l}$，应选 A 项。

78. A. 解答如下：

按雷诺模型律，$\dfrac{\lambda_v \lambda_L}{\lambda_v} = 1$，故流速比尺 $\lambda_v = \dfrac{\lambda_v}{\lambda_L}$

按题设 $\lambda_v = \dfrac{60 \times 10^{-6}}{15 \times 10^{-6}} = 4$，长度比尺 $\lambda_L = 5$，故流速比尺 $\lambda_v = \dfrac{4}{5} = 0.8$

$\lambda_v = \dfrac{v_{烟气}}{v_{空气}}$，则：$v_{空气} = \dfrac{v_{烟气}}{\lambda_v} = \dfrac{3\text{m/s}}{0.8} = 3.75 \text{m/s}$

79. D. 解答如下：

静止的电荷产生电场，不会产生磁场，并且电场是有源场，其方向从正电荷指向负电荷。

80. B. 解答如下：

电路消耗的功率 $P = I^2 R_总$，则：$2 = I^2(8 + R)$；

根据基尔霍夫电压定律，$\Sigma U = 0, 10 + 8I + IR = 0$，则：$10 = -(8 + R)I$。

81. C. 解答如下：

当电路中 a-b 开路时，电阻 R_1、R_2 相当于串联：

$$U_{abk} = \dfrac{R_2}{R_1 + R_2} U_s。$$

82. D. 解答如下：

在直流电源作用下电感等效于短路，电容等效于开路。

83. B. 解答如下：

根据已知条件（电阻元件的电压为0）可知，该电路处于谐振状态，电感支路与电容支路的电流大小相等，方向相反，可以写成 $I_L = I_C$，或 $i_L = -i_C$。

84. A. 解答如下：

三相电路中，电源中性点与负载中点等电位，说明电路中负载也是对称负载，三相电路负载的阻抗相等条件成立，即：$z_1 = z_2 = z_3, \varphi_1 = \varphi_2 = \varphi_3$。

85. C. 解答如下：

变压器的阻抗变换公式 $K = \dfrac{N_1}{N_2} = \sqrt{\dfrac{R_1}{R_2}}$，$2 = \sqrt{\dfrac{R_1}{100}}$，得：$R_1 = 400\Omega$。

$I_1 = \dfrac{U}{100+400} = 0.002U$，变压器的电流变换公式 $\dfrac{I_1}{I_2} = \dfrac{1}{K}$，得：$I_2 = 2I_1 = 0.004U$。

86. D. 解答如下：

绕线式的三相异步电动机转子串电阻的方法适应于不同接法的电动机，并且可以起到限制启动电流、增加启动转矩以及调速的作用。

三相异步电动机满载起动不能采用降压起动，而 Y-△ 起动方案和自耦调压器降压起动都属于降压起动，显然 A、B、C 都不能采用。

87. A. 解答如下：

信号是信息的表现形式，信号是具体的，可以对它进行加工、处理和传输。

88. B. 解答如下：

题目中的非周期信号是连续时间信号，在时间域中可以用连续的时间函数加以描述，即由 $1(t-1)$、$1(t-2)$、$1(t-3)$ 进行叠加。

89. C. 解答如下：

该放大器出现了非线性问题，即：电子器件的非线性特性无法严格保持信息放大过程的线性变换关系，这导致信号放大之后出现波形的畸变。

90. B. 解答如下：

$ABC + A\overline{BC} + B = A(BC + \overline{BC}) + B = A + B$。

91. D. 解答如下：

根据给出的 X、Y 波形，写出 $F = \overline{XY}$ 的波形，该波形与非门波形相同，即选项 D 的波形。

92. A. 解答如下：

BCD 码是用二进制数表示的十进制数，属于无权码，此题的 BCD 码是用四位二进制数表示的，即：

$$(0011\ \ 0010)BCD = 32$$

93. C. 解答如下：

D 为理想二极管，导通时当短路，截止时为开路，当 $u_i > 5V$ 时，二极管导通，u_o 的输出电压等于 u_i；当 $u_i < 5V$ 时，二极管截止，u_o 的输出电压，$u_o = \dfrac{R}{R+R}U_s = \dfrac{1}{2} \times 5 = 2.5V$。

94. C. 解答如下：

根据三极管的微变等效电路分析可见，增加电容 C_E 以后发射极电阻被短路，故放大倍数提高，输入电阻减小。

95. A. 解答如下：

此电路是组合逻辑电路（异或门）与时序逻辑电路（D 触发器）的组合应用，电路的初始状态由复位信号 R_D 确定，输出状态在时钟脉冲信号 CP 的上升沿触发。

96. C. 解答如下：

此电路是组合逻辑电路（与非门）与时序逻辑电路（JK 触发器）的组合应用，输出状态在时钟脉冲信号 CP 的下降沿触发。

107. C. 解答如下：

$$i = \left(1 + \frac{r}{m}\right)^m - 1 = \left(1 + \frac{8\%}{4}\right)^4 - 1 = 8.24\%。$$

108. A. 解答如下：

经营成本包括外购原材料、燃料和动力费、工资及福利费、修理费等，不包括折旧、摊销费和财务费用。流动资金投资不属于经营成本。

109. C. 解答如下：

$$P_t = 6 - 1 + \frac{|-60|}{240} = 5.25\text{ 年}$$

110. D. 解答如下：

根据题意：$NPV = -5000 + A(P/A, 15\%, 10)(P/F, 15\%, 1) = 0$

则：$A = 5000 \div (5.0188 \times 0.8696) = 1145.65$ 万元。

111. D. 解答如下：

项目经济费用效益分析中要遵循实际价值的原则，为了反映投入物和产出物真实经济价值，经济费用效益分析不能使用市场价格。

112. A. 解答如下：

两个寿命期相同的互斥项目的选优应采用增量内部收益率指标，ΔIRR（乙－甲）为 13%，小于基准收益率 14%，应选择投资较小的方案。

113. D. 解答如下：

改扩建项目财务分析，在项目层次上，以盈利能力分析，遵循"有无对比"原则。

114. C. 解答如下：

价值工程中的成本是指寿命周期成本，包括产品在寿命期内发生的全部费用。

2014年真题（上午卷）答案与解答

（上午卷）

1. A	2. D	3. B	4. C	5. B	6. D	7. B	8. C	9. B	10. A
11. C	12. A	13. D	14. B	15. B	16. A	17. C	18. A	19. A	20. C
21. C	22. B	23. A	24. B	25. A	26. B	27. B	28. D	29. A	30. C
31. C	32. C	33. A	34. B	35. D	36. A	37. A	38. D	39. A	40. D
41. B	42. A	43. A	44. C	45. A	46. C	47. A	48. D	49. B	50. A
51. A	52. C	53. A	54. C	55. D	56. C	57. A	58. A	59. B	60. A
61. D	62. A	63. A	64. B	65. B	66. B	67. A	68. A	69. D	70. A
71. D	72. B	73. C	74. D	75. B	76. A	77. C	78. A	79. B	80. C
81. C	82. D	83. D	84. C	85. C	86. B	87. A	88. C	89. D	90. C
91. D	92. C	93. C	94. C	95. D	96. D	97. B	98. D	99. A	100. C
101. D	102. A	103. A	104. A	105. A	106. A	107. B	108. C	109. C	110. A
111. D	112. B	113. B	114. C	115. B	116. B	117. A	118. B	119. C	120. A

1. A. 解答如下：

$$\lim_{x \to 0}(1-x)^{\frac{k}{x}} = [\lim_{x \to 0}[1+(-x)]^{\frac{1}{-x}}]^{-k} = e^{-k} = 2$$

则：$k = -\ln 2$

2. D. 解答如下：

椭圆抛物面公式为：$\dfrac{x^2}{a^2} + \dfrac{y^2}{b^2} = z$

3. B. 解答如下：

当 $x \to -0$、$x \to +0$ 时，左右极限存在但不相等，所以 $x=0$ 是间断点。

又函数在 $x=0$ 产生跳跃现象，所以 $x=0$ 是跳跃间断点。

4. C. 解答如下：

$$\text{原式} = \frac{-1}{dx}\int_0^{2x} e^{-t^2} dt = (-1) \cdot e^{-t^2}|_{t=2x} \cdot (2x)'$$

$$= (-1)e^{-4x^2} \cdot 2 = -2e^{-4x^2}$$

5. B. 解答如下：

$$\frac{d(\ln x)}{d\sqrt{x}} = \frac{\frac{1}{x}dx}{\frac{1}{2}\frac{1}{\sqrt{x}}dx} = \frac{2}{\sqrt{x}}$$

6. D. 解答如下：

$$\text{原式} = \frac{1}{3}\int (1+x^3)^{\frac{1}{3}} d(1+x^3) = \frac{1}{2}(1+x^3)^{\frac{2}{3}} + C$$

7. B. 解答如下：

当取 $n=1, 2, 3$，可知：$a_1 = 2$，$a_2 = \dfrac{9}{4}$，$a_3 = \dfrac{64}{27}$，单调增；又 $\lim\limits_{n \to \infty}\left(1+\dfrac{1}{n}\right)^n = e$，所

以数列有上界。

8. C. 解答如下：

当导数为零的点，还要判别其左右两边的单调性，只有左右单调性不一致时，该点才是极值点。

9. B. 解答如下：

直线 L_1 的方向向量 $=(1,-2,1)$；直线 L_2 的方向向量 $=(-1,-1,2)$

由直线夹角分式：

$$\cos\varphi = \frac{|m_1m_2+n_1n_2+p_1p_2|}{\sqrt{m_1^2+n_1^2+p_1^2}\sqrt{m_2^2+n_2^2+p_2^2}} = \frac{|1\times(-1)+(-2)\times(-1)\times 1\times 2|}{\sqrt{1^2+(-2)^2+1^2}\sqrt{(-1)^2+(-1)^2+2^2}} = \frac{1}{2}$$

所以 $\varphi = \frac{\pi}{3}$

10. A. 解答如下：

令：$xy'-y=0$，则：$\frac{1}{y}\mathrm{d}y = \frac{1}{x}\mathrm{d}x$

可得：$\ln y = \ln x + c$，即：$y = Cx$

又令：$y = C(x)\cdot x$，$y' = C'(x)x + C(x)$，代入原方程，则：

$C'(x) = \mathrm{e}^{2x}$，故：$C(x) = \frac{1}{2}\mathrm{e}^{2x} + C$

$y = C(x)\cdot x = x(\frac{1}{2}\mathrm{e}^{2x} + C)$

11. C. 解答如下：

$$体积\ V = \int_0^3 \pi(2\sqrt{x})^2\mathrm{d}x = \pi\int_0^3 4x\mathrm{d}x$$

12. A. 解答如下：

根据莱布尼兹判别法判别。

13. D. 解答如下：

函数 y 不满足通解和特解的形式，故排除 A、B 项。

但函数 y 代入微分方程成立，故 D 项正确。

14. B. 解答如下：

作出图像，可知直线方程为 $y=x-2$，化为对 x 的定积分，则：

$$\int_L \frac{1}{x-y}\mathrm{d}x + y\mathrm{d}y = \int_0^2 \left(\frac{1}{2}+x-2\right)\mathrm{d}x = -1$$

15. B. 解答如下：

令 $F(x,y,z) = x^2+y^2+z^2-4z$，$F_x=2x$，$F_y=2y$，$F_z=2z-4$，则：

$$\frac{\partial z}{\partial x} = \frac{x}{2-z},\ \frac{\partial z}{\partial y} = \frac{y}{2-z}$$

$$\mathrm{d}z = \frac{\partial z}{\partial x}\mathrm{d}x + \frac{\partial z}{\partial y}\mathrm{d}y = \frac{x}{2-z}\mathrm{d}x + \frac{y}{2-z}\mathrm{d}y = \frac{1}{2-z}(x\mathrm{d}x+y\mathrm{d}y)$$

16. A. 解答如下：

令：$x = \rho\cos\theta$，$y = \rho\sin\theta$，则：

$$\iint\limits_{D} \mathrm{d}x\mathrm{d}y = \int_{0}^{\frac{\pi}{4}} \int_{0}^{a} \rho \mathrm{d}\rho \mathrm{d}\theta = \int_{0}^{\frac{\pi}{4}} \left[\frac{\rho^2}{2}\right]_{0}^{a} \mathrm{d}\theta = \int_{0}^{\frac{\pi}{4}} \frac{a^2}{2} \mathrm{d}\theta = \frac{1}{8}\pi a^2$$

17. C. 解答如下：

$$\rho = \lim_{n \to \infty} \left|\frac{a_{n+1}}{a_n}\right| = \lim_{n \to \infty} \frac{n}{n+1} = 1$$

所以 $R=1$，收敛区间为：$-1 < 2x+1 < 1$，$-1 < x < 0$。

当 $x=-1$ 时，级数为 $\sum\limits_{n=1}^{\infty} \frac{(-1)^n}{n}$，此时级数收敛。

当 $x=0$ 时，级数为 $\sum\limits_{n=1}^{\infty} \frac{1}{n}$，此时级数发散。

18. A. 解答如下：

$$\frac{\partial z}{\partial x} = e^{xe^y} e^y, \quad \frac{\partial^2 z}{\partial x^2} = e^y (e^{xe^y} e^y) = e^{xe^y + 2y}$$

19. A. 解答如下：

$$|\boldsymbol{A}^*| = \left(-\frac{1}{2}\right)^2, \text{ 则：} |2\boldsymbol{A}^* \boldsymbol{B}^{-1}| = 2^3 |\boldsymbol{A}^*| \cdot |\boldsymbol{B}^{-1}| = 8 \times \left(-\frac{1}{2}\right)^2 \times 2^{-1} = 1$$

20. C. 解答如下：

所有顺序主子式都小于零，矩阵 $\boldsymbol{A}$ 可能是半负定矩阵，故排除 A 项。

实对称矩阵为正定矩阵的充要条件是所有特征值大于零，故排除 B 项。

D 项中的矩阵应为：$\begin{bmatrix} 1 & \frac{1}{2} & \frac{1}{2} \\ \frac{1}{2} & 1 & \frac{1}{2} \\ \frac{1}{2} & \frac{1}{2} & 1 \end{bmatrix}$

21. C. 解答如下：

$\boldsymbol{\alpha}_2 - \boldsymbol{\alpha}_1$、$\boldsymbol{\alpha}_2 - \boldsymbol{\alpha}_3$ 是对应的齐次线性方程组的特解，故根据非齐次线性方程组解的结构，可确定 C 项正确。

22. B. 解答如下：

A、B 互不相容，则：$P(AB) = 0, P(A \mid B) = \dfrac{P(AB)}{P(B)} = 0$

23. A. 解答如下：

由已知条件：$\iint\limits_{D} f(x, y) = 1$，即 $\int_{0}^{1} \int_{0}^{x} k \mathrm{d}x \mathrm{d}y = 1$

则：$\int_{0}^{1} [ky]_{0}^{x} \mathrm{d}x = \frac{1}{2} kx^2 \Big|_{0}^{1} = \frac{1}{2} k = 1$，故 $k=2$

$E(XY) = \int_{0}^{1} \int_{0}^{x} xy \cdot 2 \mathrm{d}x \mathrm{d}y = 2 \int_{0}^{1} \left[\frac{x}{2} y^2\right]_{0}^{x} \mathrm{d}x = 2 \cdot \frac{x^4}{8} \Big|_{0}^{1} = \frac{1}{4}$

24. B. 解答如下：

$S^2 = \dfrac{1}{n-1} \sum\limits_{i=1}^{n} (x_i - \bar{x})^2$，且 $\dfrac{(n-1)S^2}{\sigma^2} \sim \chi^2(n-1)$，则：

$$\frac{\sum\limits_{i=1}^{n}(x_i-\overline{x})^2}{\sum\limits_{i=1}^{n}(y_i-\overline{y})^2}=\frac{\frac{(n-1)S_x^2}{\sigma^2}}{\frac{(n-1)S_y^2}{\sigma^2}}=\frac{\chi_x^2(n-1)}{Y_y^2(n-1)}=F(n-1,n-1)$$

25. A. 解答如下：

根据内能计算公式 $E=\frac{i}{2}pV$，氢气的自由度 $i=5$；氦气的自由度 $i=3$。

26. B. 解答如下：

根据速率分布函数的定义。

27. B. 解答如下：

$$pV=nRT，又 W=\int p\mathrm{d}V=p\Delta V_1 则：$$

$$W=nR\Delta T=1\cdot R\Delta T,即：\Delta T=\frac{W}{R}$$

28. D. 解答如下：

根据热力学第一定律。

29. A. 解答如下：

当 $t=0.25\mathrm{s}$，则：$y=2\times10^{-2}\cos(5\pi-0.4\pi x)$

由条件，知：$5\pi-0.4\pi x=2k\pi$

即：$x=12.5-5k$ ($k=0$, ±1, ±2, $\cdots$)

故离原点最近的波峰位置为：$x=\pm2.5\mathrm{m}$

30. C. 解答如下：

根据波的特点进行确定。

31. C. 解答如下：

根据声波的分类进行确定。

32. C. 解答如下：

空气中时： $$\Delta x=\frac{D}{d}\lambda$$

水中时： $$\Delta x'=\frac{D}{d}\lambda_n=\frac{D}{d}\frac{\lambda}{n}，则：$$

$$\frac{\Delta x'}{\Delta x}=\frac{1}{n}，即：\Delta x'=\frac{\Delta x}{n}=\frac{1.33}{1.33}=1\mathrm{mm}$$

33. A. 解答如下：

根据可见光的波长的定义进行确定。

34. B. 解答如下：

$$I_2=I_1\cos^2\alpha，则：I_1=\frac{I_2}{\cos^2\alpha}=\frac{I}{\cos^245°}=2I$$

35. D. 解答如下：

中央明纹的宽度为：$\Delta x_0=2\frac{f\lambda}{a}=\frac{2\times0.5\times400\times10^{-9}}{1\times10^{-4}}=4\times10^{-3}\mathrm{m}$。

36. A. 解答如下：

由已知条件：$a=b$，则 $\dfrac{a+b}{a}=2$，故存在明条纹缺级，即 $2k$ 级（$k=1,2,3,4,\cdots$）缺级，所以明纹级次分别是：0 级、1 级、3 级、-1 级、-3 级。

37. A. 解答如下：

根据元素周期表进行确定。

38. D. 解答如下：

一般地，正离子电荷越高，半径越小，离子势越大，则离子极化作用越强。

39. A. 解答如下：

$$物质的量 = \dfrac{质量}{摩尔质量} = \dfrac{100 \times 1.84 \times 98\%}{98} = 1.84 \text{mol}$$

$$物质的量浓度 = \dfrac{物质的量}{体积} = \dfrac{1.84}{0.1} = 18.4 \text{mol} \cdot \text{L}^{-1}$$

40. D. 解答如下：

$$K_1^\ominus = \dfrac{[\text{H}_2\text{S}]^1}{[\text{H}_2]^1}, \quad K_2^\ominus = \dfrac{[\text{SO}_2]^1}{[\text{O}_2]^1}, \quad 则：$$

$$K_3^\ominus = \dfrac{[\text{O}_2]^1}{[\text{H}_2]^1} \cdot \dfrac{[\text{H}_2\text{S}]^1}{[\text{SO}_2]^1} = K_1^\ominus / K_2^\ominus$$

41. B. 解答如下：

通入硫化氢后，$[\text{Cu}^{2+}]$ 减小，由能斯特公式，可知电动势 E 变小。

42. A. 解答如下：

电解 NaCl 水溶液时，阴极发生还原反应：$2\text{H}^+ + 2e \rightleftharpoons \text{H}_2$；$\text{Na}^+$ 不参与氧化还原反应。

43. A. 解答如下：

根据吉布斯公式进行确定。

44. C. 解答如下：

（1）碳碳双键中的两个碳以及与这两个碳直接相连的原子可共平面。

（2）碳碳三键中的两个碳以及与这两个碳直接相连的原子可共平面。

（3）苯环里所有原子在一个平面上。

45. A. 解答如下：

A、B 项有双键，可发生加成反应，故排除 C、D 项。

A 项含羧基（—COOH）能发生酯化反应，故选 A 项。

46. C. 解答如下：

根据结构简式进行确定。

47. A. 解答如下：

按平行四边形法则，把力 F 沿 x、y 轴方向分解，得到两分力 F_x、F_y 如图 5-3-47 所示。

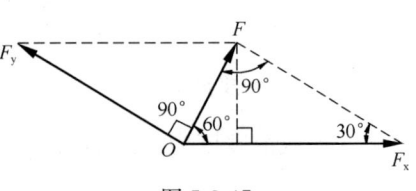

图 5-3-47

48. D. 解答如下：

边 OA、OC 均通过 O 点，则其上力 F_1、F_4 不产生力矩，力 F_2 产生顺时针力矩 $M_2 = Fa$，力

F_3 产生顺时针力矩 $M_3=Fa$，再加之力偶矩 $M_1=M_2=Fa$，但方向相反，则主矩 $M_O=2Fa$（↶）。

49. B. 解答如下：

$$\sum M_H=0，则：F_P \cdot \left(\frac{L}{2}+r\right)=F_{Ay} \cdot L$$

即：$F_P \cdot \left(\frac{2}{2}+0.5\right)=F_{Ay} \cdot 2$，故：$F_{Ay}=0.75F_P$

水平方向：$\sum H_X=0$，则：$F_{Ax}=0$

50. A. 解答如下：

由已知条件，杆1垂直于 BDC，根据零杆判别规则，可知杆1为零杆。

51. A. 解答如下：

令 $x_A=x_B$，$y_A=y_B$，则：$t=0\text{s}$，或 $t=1\text{s}$。

52. C. 解答如下：

根据刚体作瞬时平动的特点进行确定。

53. A. 解答如下：

由已知条件，则：$a_n=a\cos\alpha=a\cos90°=0$，即：$\omega=0$

$a_t=a\sin\alpha=a\sin90°=l\varepsilon$，即：$\varepsilon=\dfrac{a}{l}$

54. C. 解答如下：

$$a_n=g\tan\alpha$$

55. D. 解答如下：

质点系的动量等于质点系的质量与其质心的速度的乘积，此时，系统质心的速度为0，故系统的动量为0。

56. C. 解答如下：

设圆柱体在 $\theta=90°$ 时，其角速度为 ω，其速度则为 $v=R\omega$

转动惯量为：$J_z=\dfrac{1}{2}mR^2$

根据机械能守恒定理：

$$mgR=\frac{1}{2}mv^2+\frac{1}{2}J_z\omega^2，即：mgR=\frac{1}{2}m \cdot (R\omega)^2+\frac{1}{2}mR^2\omega^2$$

解得：$\omega=\sqrt{\dfrac{4g}{3R}}$

57. A. 解答如下：

根据惯性力的定义可确定。

58. A. 解答如下：

$\omega_0=\sqrt{\dfrac{k}{m}}$，$\omega=40\text{rad/s}$，$\dfrac{\omega}{\omega_0}=1.27$，则：

$k=\left(\dfrac{40}{1.27}\right)^2 \times 100=9.9\times10^4\approx1.0\times10^5\text{N/m}$

59. B. 解答如下：

变形结果如图 5-3-59 所示，可知杆 AC 轴力 $N_{AC}=0$。

60. A. 解答如下：

AB 段：$\sigma_1 = \dfrac{200\pi \times 10^3}{\dfrac{\pi}{4} \times (2 \times 100)^2} = 20\text{N/mm}^2 = 20\text{MPa}$

BC 段：$\sigma_2 = \dfrac{100\pi \times 10^3}{\dfrac{\pi}{4} \times 100^2} = 40\text{N/mm}^2 = 40\text{MPa}$

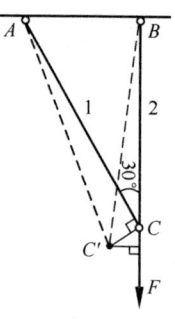

图 5-3-59

61. D. 解答如下：

从材料的强度考虑，选铸铁材料作为受压材料，钢材作为受拉材料，故排除 B、C 项。从结构的稳定性考虑，应尽可能地使受压杆件的长度短些，以减小压杆的柔度，则选项 D 比较合理。

62. A. 解答如下：

$F = \tau_b \cdot \pi dt = 300 \times 10^3 \times \pi \times 0.1 \times 0.01 = 300\pi\text{kN}$

63. A. 解答如下：

螺钉帽：$\tau = \dfrac{F}{\pi dh} = [\tau]$

螺钉杆：$\sigma = \dfrac{F}{\dfrac{\pi}{4}d^2} = [\sigma]$

又 $[\sigma] = 2[\tau]$，则：

$d = 2h$

64. B. 解答如下：

受扭空心圆轴横截面上的切应力分布与半径成正比，与实心圆轴截面分布相同，但其空心范围内不可能有应力分布。

65. B. 解答如下：

根据扭矩、功率、转速的相关公式进行确定。

66. B. 解答如下：

根据微分关系式：$V = \dfrac{dM}{dx} = 0$，可知图中 B 截面的 $V = 0$。

67. A. 解答如下：

原图 (a)：$\sigma_a = \dfrac{F}{3ab} + \dfrac{F \cdot \dfrac{a}{2}}{\dfrac{1}{6}b \cdot (3a)^2} = \dfrac{2F}{3ab}$（压应力）

原图 (b)：$\sigma_b = \dfrac{F}{2ab}$（压应力）

则：$\dfrac{\sigma_b}{\sigma_a} = \dfrac{3}{4}$

68. A. 解答如下：

根据 $M = W\sigma$，当 σ 相同时，W 越大，则 M 越大。

又 W 与截面高度的平方成正比，故应选 A 项。

69. D. 解答如下：

根据第三强度理论：

图（a）：$\sigma_{r_3}=2\sqrt{\left(\dfrac{\sigma_x-\sigma_y}{2}\right)^2+\tau_x^2}$

$\qquad\qquad =2\sqrt{\left(\dfrac{200-0}{2}\right)^2+0^2}=200\text{MPa}$

图（b）：$\sigma_{r3}=2\sqrt{\left(\dfrac{100-0}{2}\right)^2+100^2}=223.6\text{MPa}$

70. A. 解答如下：

$\alpha=45°$时：$\sigma_2=\dfrac{F_x}{A}+\dfrac{M_y}{W_y}=\dfrac{F\cos45°}{a^2}+\dfrac{F\sin45°\cdot a}{\dfrac{1}{6}a^2}=\dfrac{7\sqrt{2}F}{2a^2}$

$\alpha=0°$时：$\sigma_1=\dfrac{F}{a^2}$

则：$\dfrac{\sigma_2}{\sigma_1}=\dfrac{7\sqrt{2}}{2}$

71. D. 解答如下：

作用于半球盖上水平方向的静水压力合力等于作用在半球形侧盖上总压力的水平分力，则：$p_x=\rho gh\pi R^2=10^3\times9.8\times5\times3.14\times0.1^2=1.54\text{kN}$。

72. B. 解答如下：

绝对压强：$p_A=p_0+\rho gh=88+1\times9.8\times2=107.6\text{kN/m}^2$

相对压强：$p=p_A-p_a=107.6-101=6.6\text{kN/m}^2$

73. C. 解答如下：

根据不可压缩流体二维流动的连续性方程$\dfrac{\partial u}{\partial x}+\dfrac{\partial v}{\partial y}=0$，将各选项代入进行验证。

74. D. 解答如下：

根据圆管层流的阻力损失的计算公式进行确定。

75. B. 解答如下：

阻抗：$S=\dfrac{\lambda l}{d}\cdot\dfrac{1}{2gA^2}=\dfrac{8\lambda l}{\pi^2gd^5}$

$\dfrac{Q_1}{Q_2}=\sqrt{\dfrac{S_2}{S_1}}=\sqrt{\dfrac{l_2}{l_1}\cdot\left(\dfrac{d_1}{d_2}\right)^5}=\sqrt{\dfrac{3000}{1800}\cdot\left(\dfrac{150}{200}\right)^5}=0.629$

故 B 项正确。

76. A. 解答如下：

$v=C\sqrt{Ri}$，又 $C=\dfrac{1}{n}R^{\frac{1}{6}}$，则：

$v=\dfrac{1}{n}R^{\frac{2}{3}}i^{\frac{1}{2}}=\dfrac{1}{0.05}\times0.8^{\frac{2}{3}}\times0.0006^{\frac{1}{2}}=0.422\text{m/s}$

77. C. 解答如下：

根据定义进行确定。

78. A. 解答如下：

当按黏性力相似准则，由动力相似要求，则雷诺数相同，可知流速比尺与几何比尺成反比，故选 A 项。

79. B. 解答如下：

根据库仑定律：$F=\dfrac{q_1q_2}{4\pi\varepsilon_0 r_{12}^2}\cdot r_{12}$，又 q_2 的电场力的全力为零。

则：$q_1=q_3=|q_2|$

80. C. 解答如下：

根据基尔霍夫电流定律，则：$I_1+I_2=I_3$

$$I_3=(-4)+(-3)=-7\text{A}$$

81. C. 解答如下：

响应电流 I 在电压源单独作用时的分量，应把图中的理想电流源作开路处理，则：

$$I=\dfrac{1}{2}\times\dfrac{15}{40+\dfrac{40\times 40}{40+40}}=0.125\text{A}$$

82. D. 解答如下：

$I=\dfrac{I_m}{\sqrt{2}}=\dfrac{0.1}{\sqrt{2}}=0.0707\text{A}=70.7\text{mA}$，故：$\dot{I}=70.7\angle 10°\text{mA}$

$U=\dfrac{U_m}{\sqrt{2}}=\dfrac{10}{\sqrt{2}}=7.07\text{V}$，故：$\dot{U}=7.07\angle -10°\text{V}$

83. D. 解答如下：

$P=I^2R=10^2\times 10=1000\text{W}=1\text{kW}$，$Q=I^2(X_L-X_C)=10^2\times(8-6)=200\text{Var}$

$$S=\sqrt{P^2+Q^2}=\sqrt{1^2+0.2^2}=1.02\text{kVA}$$

84. C. 解答如下：

开关断开后，右侧电路进入暂态过程，由于电容器中的电场能不能跃变，即电容上的电压不能跃变，故右边电路中的电流 i_2 只能由 $\dfrac{1}{2}i_s$ 逐步衰减到 0。

85. C. 解答如下：

变压器为理想器件，则：$\dfrac{U_1}{U_2}=K=2$，故 $U_2=\dfrac{1}{2}U_1$，排除 A、D 项。

原边绕组的电流通过 R 时产生电压降，故 $u_1\neq u$，故选 C 项。

86. B. 解答如下：

电动机作星形连接时，其起动电流为全压起动的 $\dfrac{1}{3}$，每相绕组所加电压为全压起动的 $\dfrac{1}{\sqrt{3}}$，又起动转矩与 U^2 成正比，故应选 B 项。

87. A. 解答如下：

根据连接时间信号的定义进行确定。

88. C. 解答如下：

将原图中 $u(t)$ 分解为：$u(t)=u_1(t)+u_2(t)$
$$=5\varepsilon(t)-4\varepsilon(t-t_0)$$

其中，$-4\varepsilon(t-t_0)$ 是指当 $t\geq t_0$ 时，电压为 -4V。

89. D. 解答如下：

信号经线性放大器放大处理，应确保放大前后的信号是同一个信号，即要求信号的波形或频谱结构保持不变，而只改变信号的幅值。

90. C. 解答如下：

分配律：（A＋B）（A＋C）＝A＋B·C

91. D. 解答如下：

波形图 A、B 的变量按 0 或 1 值进行真值表的计算，即可得相应波形。

92. C. 解答如下：

将真值表分别代入选项进行验证。

93. C. 解答如下：

从原图 5-93（a）可知为半波整流电器，从原图 5-93（b）可知其交流电压的最大值为 10V，则：输出电压的平均值为：$U_0 = -\frac{10}{\sqrt{2}} \times 0.45 = -3.18\text{V}$

94. C. 解答如下：

输入信号在"A"端时为反相输入：

$$u_0 = -\frac{R_F}{R_1} u_i，则：\frac{R_F}{R_1} = -\frac{u_0}{u_i} = -\frac{-8}{2} = 4$$

输入信号在"B"端时为同相输入：

$$u_0 = \left(1 + \frac{R_F}{R_1}\right) u_i，则：u_0 =（1＋4）\times 2 = 10\text{V}$$

95. D. 解答如下：

原图所示为一个 D 触发器。

96. D. 解答如下：

原图所示电路为一个 JK 触发器和与非门的逻辑电路。

100. C. 解答如下：

以小数点为界，整数部分除 16，求余数；小数部分向右，乘 16 并取整数部分；最后将其连在一起。

107. B. 解答如下：

每年可回收 A：$A = P$（A/P, 10%, 5）＝ 100 × 0.2638 ＝ 26.38 万元

108. C. 解答如下：

年总成本费用＝年经营成本＋年折旧费和摊销费＋维简费＋利息支出

故年总成本费用大于 5000＋2000＝7000 万元。

109. C. 解答如下：

根据财务评价指标的内容进行确定。

110. A. 解答如下：

$NPV = -5000 + A$（P/A, 12%, 10）＋ 100（P/F, 12%; 10）＝ 0

即：$-5000 + A \times 5.6500 + 100 \times 0.3220 = 0$

解之得：$A = 879.26$ 万元

111. D. 解答如下：

$$盈亏平衡点 = \frac{10000}{40000 \times 1 - (30000 - 10000)} \times 100\% = 50\%$$

112. B. 解答如下：

$$NPV_甲 < NPV_乙，故选乙项目。$$

113. B. 解答如下：

当互斥方案计算期不同时，可采用年值法、最小公倍数法和研究期法进行互斥方案的比选。

114. C. 解答如下：

成本改进期望值＝现实成本－目标成本，则：

0.5万元＝现实成本－10×0.3，故现实成本＝3.5万元

2016年真题（上、下午卷）答案与解答

（上午卷）

1. B	2. C	3. C	4. A	5. A	6. B	7. D	8. A	9. D	10. A
11. B	12. D	13. C	14. D	15. B	16. C	17. A	18. D	19. B	20. C
21. B	22. A	23. D	24. A	25. B	26. B	27. B	28. C	29. C	30. B
31. D	32. D	33. B	34. A	35. C	36. C	37. D	38. D	39. B	40. B
41. D	42. B	43. A	44. C	45. B	46. C	47. A	48. A	49. C	50. A
51. B	52. D	53. B	54. A	55. C	56. B	57. C	58. B	59. A	60. B
61. D	62. B	63. D	64. B	65. A	66. B	67. C	68. B	69. B	70. A
71. A	72. A	73. D	74. C	75. A	76. B	77. B	78. B	79. B	80. C
81. B	82. A	83. B	84. B	85. B	86. C	87. D	88. A	89. B	90. A
91. A	92. A	93. D	94. C	95. A	96. A	97. B	98. B	99. D	100. A
101. C	102. D	103. C	104. A	105. D	106. A	107. B	108. C	109. C	110. D
111. C	112. B	113. D	114. C	115. C	116. C	117. C	118. B	119. D	120. D

1. B. 解答如下：

$$\lim_{x \to 0} \frac{x - \sin x}{\sin x} = \lim_{x \to 0} \frac{1 - \cos x}{\cos x} = 0$$

2. C. 解答如下：

$$\frac{\mathrm{d}x}{\mathrm{d}t} = \frac{t^2}{1+t^2}, \frac{\mathrm{d}y}{\mathrm{d}t} = \frac{2t}{1+t^2}, 则：$$

$$\frac{\mathrm{d}y}{\mathrm{d}x} = \frac{\frac{\mathrm{d}y}{\mathrm{d}t}}{\frac{\mathrm{d}x}{\mathrm{d}t}} = \frac{2t}{t^2}, \frac{\mathrm{d}y}{\mathrm{d}x}\bigg|_{t=1} = \frac{2}{t}\bigg|_{t=1} = 2$$

3. C. 解答如下：

$\frac{\mathrm{d}x}{\mathrm{d}y} = xy + y^3$，$\frac{\mathrm{d}x}{\mathrm{d}y} - yx = y^3$，为一阶线性微分方程。

4. A. 解答如下：

向量 $\boldsymbol{\alpha}$、$\boldsymbol{\beta}$ 的夹角为 θ，则：$\boldsymbol{\alpha} \cdot \boldsymbol{\beta} = |\boldsymbol{\alpha}| |\boldsymbol{\beta}| \cos\theta = 2 \times \sqrt{2} \times \cos\theta = 2$

故 $\theta = \frac{\pi}{4}$；$|\boldsymbol{\alpha} \times \boldsymbol{\beta}| = |\boldsymbol{\alpha}| |\boldsymbol{\beta}| \sin\theta = 2 \times \sqrt{2} \times \sin\frac{\pi}{4} = 2$

5. A. 解答如下：

$f(x)$ 在点 x_0 处的左、右极限存在且相等，是 $f(x)$ 在点 x_0 连续的必要非充分条件。

6. B. 解答如下：

$\int_0^x f(t) \mathrm{d}t = \frac{\cos x}{x}$ 两边求导，可得：$f(x) = \frac{-x \sin x - \cos x}{x^2}$

$$f\left(\frac{\pi}{2}\right) = \frac{-\frac{\pi}{2} \cdot 1 - 0}{\frac{\pi^2}{4}} = -\frac{2}{\pi}$$

7. D. 解答如下：
$$\int xf(x)dx = \int xd\sec^2 x = x\sec^2 x - \int \sec^2 x dx = x\sec^2 x - \tan x + C$$

8. A. 解答如下：
$\begin{cases} y^2+z=1 \\ x=0 \end{cases}$ 表示在 yOz 平面上曲线绕 z 轴旋转，得曲面方程 $x^2+y^2+z=1$。

9. D. 解答如下：
$f'_x(x_0,y_0), f'_y(x_0,y_0)$ 在点 $P_0(x_0,y_0)$ 处连续仅是函数 $z=f(x,y)$ 在点 $P_0(x_0,y_0)$ 可微的充分条件，反之不一定成立，即：$z=f(x,y)$ 在点 $P_0(x_0,y_0)$ 处可微，不能保证偏导 $f'_x(x_0,y_0), f'_y(x_0,y_0)$ 在点 $P_0(x_0,y_0)$ 处连续。

10. A. 解答如下：
$$\int_{-\infty}^{+\infty}\frac{A}{1+x^2}dx = A\int_{-\infty}^{+\infty}\frac{1}{1+x^2}dx = A\left[\int_{-\infty}^{0}\frac{1}{1+x^2}dx + \int_{0}^{+\infty}\frac{1}{1+x^2}dx\right]$$
$$= A(\arctan x \mid_{-\infty}^{0} + \arctan x \mid_{0}^{+\infty}) = A\left(\frac{\pi}{2}+\frac{\pi}{2}\right) = A\pi = 1$$
故：$A = \dfrac{1}{\pi}$

11. B. 解答如下：
$f(x)$ 在 $[0,1]$ 连续，在 $(0,1)$ 可导，且 $f(0)=f(1)$
由罗尔定理可知，存在 $f'(\xi_1)=0, \xi_1$ 在 $(0,1)$ 之间。
$f(x)$ 在 $[1,2]$ 连续，在 $(1,2)$ 可导，且 $f(1)=f(2)$
由罗尔定理可知，存在 $f'(\xi_2)=0, \xi_2$ 在 $(1,2)$ 之间。
因为 $f'(x)=0$ 是二次方程，所以 $f'(x)=0$ 的实根个数为 2。

12. D. 解答如下：
方程对应的特征根方程为：$r^2-2r+1=0, r_1=r_2=1$
其通解为：$y=(c_1+c_2 x)e^x$
线性无关的特解为：$y_1=e^x, y_2=xe^x$

13. C. 解答如下：
由函数极值存在的必要条件，$f(x)$ 在 (a,b) 内可微，即 $f(x)$ 在 (a,b) 内可导，且在 x_0 处取得极值，那么 $f'(x_0)=0$。题目条件不满足，故选 C 项。

14. D. 解答如下：
因为：$\left|\dfrac{\sin\frac{3}{2}n}{n}\right| \leqslant \dfrac{1}{n^2}$

$\sum_{n=1}^{\infty}\dfrac{1}{n^2}, p=2>1$，收敛，由比较审敛法知 $\sum_{n=1}^{\infty}\left|\dfrac{\sin\frac{3}{2}n}{n^2}\right|$ 收敛，故 $\sum_{n=1}^{\infty}\dfrac{\sin\frac{3}{2}n}{n^2}$ 绝对收敛。

15. B. 解答如下：
积分区域如图 6-3-15 所示，则：
$$\iint_D x^2 y dx dy = \int_0^{\frac{\pi}{2}}\cos^2\theta\sin\theta d\theta\int_0^1 r^4 dr$$

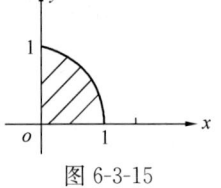

图 6-3-15

$$= \frac{1}{5}\int_0^{\frac{\pi}{2}} \cos^2\theta \sin\theta d\theta = -\frac{1}{5}\int_0^{\frac{\pi}{2}} \cos^2\theta d\cos\theta$$

$$= -\frac{1}{5} \cdot \frac{1}{3}\cos^3\theta \Big|_0^{\frac{\pi}{2}} = \frac{1}{15}$$

16. C. 解答如下：

$$\int_L x dx + y dy = \int_1^0 x dx + x^2 \cdot 2x dx = -\int_0^1 (x + 2x^3) dx$$

$$= -\left(\frac{1}{2}x^2 + \frac{2}{4}x^4\right)\Big|_0^1 = -\left(\frac{1}{2} + \frac{1}{2}\right) = -1$$

17. A. 解答如下：

由于 $|x| < 2$，则：$\left|\dfrac{x}{2}\right| < 1$。令 $q = -\dfrac{x}{2}$，则：

和函数 $s(x) = \dfrac{1}{1-q} = \dfrac{1}{1+\dfrac{x}{2}} = \dfrac{2}{2+x}$

18. D. 解答如下：

$$\frac{\partial z}{\partial y} = \frac{1}{x} 3^{xy} \cdot \ln 3 \cdot x + xF'(u)\frac{1}{x} = 3^{xy}\ln 3 + F'(u)$$

19. B. 解答如下：

$\boldsymbol{\alpha}_1, \boldsymbol{\alpha}_2, \boldsymbol{\alpha}_3$ 线性相关的充要条件：$\begin{vmatrix} 6 & 4 & 4 \\ t & 2 & 1 \\ 7 & 2 & 0 \end{vmatrix} = 0$

$6\begin{vmatrix} 2 & 1 \\ 2 & 0 \end{vmatrix} - t\begin{vmatrix} 4 & 4 \\ 2 & 0 \end{vmatrix} + 7\begin{vmatrix} 4 & 4 \\ 2 & 1 \end{vmatrix} = 0$

$6 \times (0-2) - t \times (0-8) + 7 \times (4-8) = 0$，故：$t = 5$

20. C. 解答如下：

若 n 阶方阵 $\boldsymbol{A}$ 的秩小于 n，则矩阵 $\boldsymbol{A}$ 的行列式必等于零。

21. B. 解答如下：

由已知条件，可得矩阵的特征方程为：

$\begin{vmatrix} 5-\lambda & -3 & 2 \\ 6 & -4-\lambda & 4 \\ 4 & -4 & a-\lambda \end{vmatrix} = 0$，及 $\lambda = 1$，则：$\begin{vmatrix} 4 & -3 & 2 \\ 6 & -5 & 4 \\ 4 & -4 & a-1 \end{vmatrix} = 0$

$4 \times [-5(a-1) + 16] - 6 \times [-3(a-1) + 8] + 4 \times [-12 + 10] = 0$

解之得：$a = 5$，故选 B 项。

另：$\lambda_1 + \lambda_2 + \lambda_3 = a_{11} + a_{22} + a_{23}$，即：$1 + 3 + \lambda_3 = 5 + (-4) + 5$，则：$\lambda_3 = 2$

22. A. 解答如下：

$P(AB) = P(B)P(A|B) = 0.7 \times 0.8 = 0.56, P(A)P(B) = 0.8 \times 0.7 = 0.56$，则：$(AB) = P(A)P(B)$，即 A 与 B 独立。

23. D. 解答如下：

$$P(X=1) = \frac{C_5^2 C_2^1}{C_7^3} = \frac{\frac{5\times 4}{1\times 2}\times 2}{\frac{7\times 6\times 5}{1\times 2\times 3}} = \frac{4}{7}$$

$$P(X=2) = \frac{C_5^1 C_2^2}{C_7^3} = \frac{5}{\frac{7\times 6\times 5}{1\times 2\times 3}} = \frac{1}{7}$$

$$E(X) = 1\times P(X=1) + 2\times P(X=2) = \frac{6}{7}$$

24. A. 解答如下：

总体 $X \sim N(0, \sigma^2)$，σ^2 的无偏估计量为：$\hat{\sigma}^2 = \frac{1}{n-1}\sum_{i=1}^{n}X_i^2$，所以 $\tilde{\sigma}^2 = \frac{1}{n}\sum_{i=1}^{n}X_i^2$ 不是 σ^2 的无偏估计量。

25. B. 解答如下：

$\bar{v} = \sqrt{\frac{8RT}{\pi M}}$，$T_O = 2T_{O_2} = 2T$，则

$$\frac{\bar{v}_O}{\bar{v}_{O_2}} = \frac{\sqrt{\frac{8R\cdot 2T}{\pi\cdot 16}}}{\sqrt{\frac{8RT}{\pi\cdot 32}}} = 2$$

26. B. 解答如下：

平均碰撞频率 $Z_0 = \sqrt{2}n\pi d^2 \bar{v} = \sqrt{2}n\pi d^2\sqrt{\frac{8RT}{\pi M}}$

平均自由程为 $\bar{\lambda}_0 = \frac{\bar{v}}{\bar{Z}_0} = \frac{1}{\sqrt{2}n\pi d^2}$

当 $T' = \frac{1}{4}T$ 时，则：$\bar{\lambda} = \bar{\lambda}_0$，$\bar{Z} = \frac{1}{2}\bar{Z}_0$

27. B. 解答如下：

根据 p-V 图可知，相同的 dV 变化，等温膨胀曲线比绝热膨胀曲线平缓，即：
$$dp_T < dp_Q，故：p_1 > p_2$$

28. C. 解答如下：

由热力学第一定律：$Q = \Delta E + W$，绝热过程 $Q=0$，两个绝热过程高低温热源温度相同，温差相等，内能差相同。卡诺循环过程中，一个绝热过程为绝热膨胀，另一个绝热过程为绝热压缩，$W_2 = -W_1$，一个内能增大，一个内能减小，$\Delta E_2 = -\Delta E_1$。

29. C. 解答如下：

波的能量密度是指介质中单位体积所贮存的能量。

30. B. 解答如下：

在中垂线上各点：$r_1 = r_2$ 波程差为零，初相差为 π，则：
$$\Delta\varphi = \alpha_2 - \alpha_1\frac{2\pi(r_2-r_1)}{\lambda} = \pi$$

符合干涉减弱，故振幅 $A = |A_2 - A_1| = 0$

31. D. 解答如下：

由条件 $x=2.5\text{m}$，$t=0.25\text{s}$，代入波动方程：

$$y=2\times10^{-2}\cos2\pi\left(10\times0.25-\frac{2.5}{5}\right)=0.02\text{m}$$

为波峰位置，故动能及势能均为零。

32. D. 解答如下：

$$i_0+r=\frac{\pi}{2}，则：r=\frac{\pi}{2}-i_0$$

33. B. 解答如下：

自然光（I_0）通过第一个偏振片后，其光强为$\frac{I_0}{2}$；

由马吕斯定律：$I=\frac{I_0}{2}\cos^2\frac{\pi}{4}=\frac{I_0}{4}$。

34. A. 解答如下：

中央明条纹的宽度$=\frac{2\lambda}{a}f$，半宽度$=\frac{f\lambda}{a}$。

35. C. 解答如下：

最小分辨角 $\theta=\frac{1.22\lambda}{D}=\frac{1.22\times550\times10^{-6}}{3}=2.24\times10^{-4}\text{rad}$

36. C. 解答如下：

单缝衍射暗纹条件：$a\sin\varphi=k\lambda$（$k=1,2,\cdots$）

光栅衍射明纹条件：$(a+b)\sin\varphi=k'\lambda$（$k'=1,2,\cdots$）

$$\frac{a\sin\varphi}{(a+b)\sin\varphi}=\frac{k\lambda}{k'\lambda}=\frac{1}{2},\frac{2}{4},\frac{3}{6},\cdots\text{（整数比）}$$

则：$2a=a+b$，$a=b$

37. D. 解答如下：

同一电子层中的原子轨道 n 相同，l 越大，则能量越高。

38. D. 解答如下：

CO 为极性分子，N_2 为非极性分子，故：CO 与 N_2 间的分子间力有色散力、诱导力。

39. B. 解答如下：

$$[OH^-]=\sqrt{K_b^\ominus\cdot C}=\sqrt{1.8\times10^{-5}\times0.1}\approx1.34\times10^{-3}\text{mol/L}$$

$$[H^+]=\frac{10^{-14}}{[OH^-]}\approx7.46\times10^{-12}$$

则：$pH=-\lg[H^+]\approx11.13$

40. B. 解答如下：

它们都属于平衡常数，平衡常数是温度的函数，与温度有关。它们与分压、浓度、催化剂均无关系。

41. D. 解答如下：

$$MnO_4^-+8H^++5e=Mn^{2+}+4H_2O$$

根据电极电势的能斯特方程式，MnO_4^-/Mn^{2+} 电对的电极电势与 H^+ 的浓度有关。

42. B. 解答如下：

若溶液中只有含氧根离子（如 SO_4^{2-}、NO_3^-），则溶液中 OH^- 在阳极放电析出 O_2。

43. A. 解答如下：

根据公式 $\Delta G = \Delta H - T\Delta S$，当 $\Delta H < 0$ 和 $\Delta S > 0$ 时，ΔG 在任何温度下都小于零，都能自发进行。

44. C. 解答如下：

根据系统命名法，仅 C 项正确。

45. B. 解答如下：

仅山梨酸能与溴水发生加成反应。

46. C. 解答如下：

线性和支链型高分子化合物具有热塑性。

47. A. 解答如下：

(1) 分析杆 DE，对 D 点取力矩平衡：$R_E = \dfrac{Fa}{2a\cos 45°} = \dfrac{F}{2 \times \dfrac{\sqrt{2}}{2}} = \dfrac{F}{\sqrt{2}}$

(2) 整体分析，对 B 点取力矩平衡，其中杆 CA 为二力杆，R_A 指向 AC 方向，则：

$$M + F \cdot 2a - R_E \cdot d - R_A \cdot a\cos 45° = 0, d = \dfrac{2a}{\cos 45°} + a\cos 45°$$

$$Fa + 2Fa - \dfrac{F}{\sqrt{2}} \cdot \left(\dfrac{2a}{\cos 45°} + a\cos 45°\right) - R_A \cdot a\cos 45° = 0$$

$$3Fa - \dfrac{Fa}{\sqrt{2}}\left(\dfrac{2}{\dfrac{\sqrt{2}}{2}} + \dfrac{\sqrt{2}}{2}\right) - R_A \cdot a\cos 45° = 0$$

$$3Fa - 2.5Fa - R_A a\cos 45° = 0, \text{即}: R_A = \dfrac{0.5F}{\cos 45°}$$

所以 R_A 的作用线与 x 轴正向所成夹角为 135°。

48. A. 解答如下：

主动力系对 B 点取矩：$M_B = M - \dfrac{1}{2}qa^2 = 20 - \dfrac{1}{2} \times 10 \times 2^2 = 0$

49. C. 解答如下：

解法一：分别对 A、B 点取力矩平衡。

解法二：外部均布荷载形成逆时针方向力偶，则：A、B 点的约束力形成顺时针方向力偶。

50. A. 解答如下：

$$F_{下滑} = F\cos\alpha - W\sin\alpha = 0.2F$$
$$F_{摩擦} = f \cdot (F\sin\alpha + W\cos\alpha) = 0.28F > F_{下滑}$$

51. B. 解答如下：

$\dot{x} = 9t^2 + 1 = 9 \times 4^2 + 1 = 145 \text{m/s}$

$\ddot{x} = 18t = 18 \times 4 = 72 \text{m/s}^2$

52. D. 解答如下：

切向加速度为弧坐标 s 对时间的二阶导数，即 $a_t = 6 \text{m/s}^2$。

53. B. 解答如下：

根据定义，$a_n = \omega^2 l$，则：$a_n = a\cos\alpha = \omega^2 l$，即：$\omega = \sqrt{\dfrac{a\cos\alpha}{l}}$

$a_t = \alpha l$，则：$a_t = a\sin\alpha = \alpha l$，即：$\alpha = \dfrac{a\sin\alpha}{l}$

54. A. 解答如下：

铅垂方向：$ma = F_R - mg = Kv^2 - mg$

当 $a=0$ 时，v 为最大，即：$Kv^2 - mg = 0$

$v = \sqrt{\dfrac{mg}{K}}$

55. C. 解答如下：

$$W_{12} = \dfrac{k}{2}(0.06^2 - 0.04^2) = 1.96\text{J}$$

$$W_{32} = \dfrac{k}{2}(0.02^2 - 0.04^2) = -1.176\text{J}$$

56. B. 解答如下：

根据动量矩守恒：$I\omega = (I + mR^2)\omega_B$，即：

$$\omega_B = \dfrac{I\omega}{I + mR^2}$$

57. C. 解答如下：

根据定轴转动刚体惯性力系的简化结果，则：

$$F_I = ma_0 = 0，\quad M_{I_0} = J_0\varepsilon = \dfrac{1}{2}mr^2\varepsilon$$

58. B. 解答如下：

$$\omega_n^2 = \dfrac{k}{m}，\text{则：} k = \omega_n^2 m = 30^2 \times 5 = 4500\text{N/m}$$

59. A. 解答如下：

直杆最右端段为拉力，其他段均为压力。

60. B. 解答如下：

剪切强度条件：$\tau = \dfrac{F_s}{A_s} = \dfrac{F}{\dfrac{\pi}{4}d^2} = [\tau]$，可得：$\dfrac{4F}{\pi d^2} = [\tau]$

挤压强度条件：$\sigma_{bs} = \dfrac{F_{bs}}{A_{bs}} = \dfrac{F}{dt} = [\sigma_{bs}]$，可得：$\dfrac{F}{dt} = [\sigma_{bs}]$

同时满足上述两个条件，则：$\dfrac{\pi d}{4t} = \dfrac{[\sigma_{bs}]}{[\tau]}$，即：$d = \dfrac{4t}{\pi}\dfrac{[\sigma_{bs}]}{[\tau]}$

61. D. 解答如下：

$\tau = \dfrac{T}{\dfrac{\pi}{16}d^3}$，$\tau_1 = \dfrac{\tau}{2} = \dfrac{T}{\dfrac{\pi}{16}d_1^3}$，则：

$\dfrac{1}{2} \cdot \dfrac{T}{\dfrac{\pi}{16}d^3} = \dfrac{T}{\dfrac{\pi}{16}d_1^3}$，即：$d_1 = \sqrt[3]{2}\,d$

62. B. 解答如下：

$$T = 9.55 \frac{N}{n}$$

可知，在功率 N 相同的情况下，转速 n 越小，其扭矩 T 越大。

63. D. 解答如下：

$$I_z = \frac{1}{12} a \cdot a^3 - I_{开孔z}$$

题目图 (a)、(b) 的 $I_{开孔z}$ 是相等的，而图 (c) 的开孔面积距 z 轴较远，即 $I_{开孔z}$ 大于图 (a)、(b) 的 $I_{开孔z}$。

64. B. 解答如下：

对于 C 点：$m = 10\text{kN} \cdot \text{m}$；$BC$ 段为纯弯曲，剪力为零，故 $R_C = 0$。

整体力矩平衡：$F \cdot 2 = m$，即：$F = \frac{m}{2} = \frac{10}{2} = 5\text{kN}$

65. A. 解答如下：

题目图示单元体的最大主应力 σ_1 的方向，可视为 σ_x 的方向（沿 x 轴正方向），纯剪切单元体的最大拉应力的主方向（在第一象限沿 45°方向上），两者叠加后的合应力的指向。

66. B. 解答如下：

AB 段是轴向受压：$\sigma_{AB} = \dfrac{F}{ab}$

BC 段是偏心受压：$\sigma_{BC} = \dfrac{F}{2ab} + \dfrac{F \cdot \dfrac{a}{2}}{\dfrac{b}{6}(2a)^2} = \dfrac{5F}{4ab}$

则：$\sigma_{AB} = 0.8 \sigma_{BC}$

67. C. 解答如下：

从剪力图看梁跨中有一个向下的突变，对应于一个向下的集中力，其值等于突变值 100kN；从弯矩图看梁的跨中有一个突变值 50kN·m，对应于一个外力偶矩 50kN·m。

故选 C 图。

68. B. 解答如下：

$$\sigma_{\max} = \frac{M_{\max}}{W_z} = \frac{\dfrac{F}{4}l}{\dfrac{1}{6}bh^2} = \frac{\dfrac{100}{4} \times 4 \times 10^6}{\dfrac{1}{6} \times 100 \times 200^2} = 150\text{N/mm}^2 = 150\text{MPa}$$

69. B. 解答如下：

将力 F 平移到形心轴 x，将产生两个平面内的双向弯曲，及 x 轴方向的轴向拉伸的组合变形。

70. A. 解答如下：

本题图中所示压杆的杆端约束比两端铰支压杆（$\mu = 1$）强，又比一端铰支、一端固定压杆（$\mu = 0.7$）弱，故 $0.7 < \mu < 1$。

71. A. 解答如下：

$$p = p_0 + \rho g h = 101.3 + 9.8 \times 1 = 111.1\text{kPa} = 0.11\text{MPa}$$

72. A. 解答如下：

流速 $v_2 = v_1 \times \left(\dfrac{d_1}{d_2}\right)^2 = 9.55 \times \left(\dfrac{0.2}{0.3}\right)^2 = 4.24\text{m/s}$

流量 $Q = v_1 \times \dfrac{\pi}{4}d_1^2 = 9.55 \times \dfrac{\pi}{4}(0.2)^2 = 0.3\text{m}^3/\text{s}$

73. D. 解答如下：

$Re = \dfrac{v \cdot d}{\nu} = \dfrac{2 \times 900}{0.0114} = 157895 > 2300$，为紊流。

其转变为层流时的流速 v：

$v = \dfrac{Re \cdot \nu}{d} = \dfrac{2300 \times 0.0114}{2} = 13.1\text{cm/s}$

74. C. 解答如下：

边界层分离增加了潜体运动的压差阻力。

75. A. 解答如下：

由能量方程：

$$H + \dfrac{p}{\rho g} = \dfrac{v^2}{2g} + h_\text{f} = \dfrac{v^2}{2g}\left(1 + \lambda \dfrac{L}{d}\right)，则：$$

$$2 + \dfrac{19600}{9800} = \dfrac{v^2}{2g}\left(1 + 0.02 \times \dfrac{100}{0.2}\right)$$

解得：$v = 2.67\text{m/s}$

$$Q = v \cdot \dfrac{\pi}{4}d^2 = 2.67 \times \dfrac{\pi}{4} \times 0.2^2 = 0.08384\text{m}^3/\text{s} = 83.8\text{L/s}$$

76. B. 解答如下：

根据满宁公式：$Q = A \cdot \dfrac{1}{n} R^{\frac{2}{3}} i^{\frac{1}{2}}$

可知，当 A、n、i 均相同时，Q 取决于水力半径 R。

方形：$R_1 = \dfrac{a^2}{a + 2a} = \dfrac{a}{3}$

矩形：$R_2 = \dfrac{2a \times 0.5a}{2a + 2 \times 0.5a} = \dfrac{a}{3}$

故：$Q_1 = Q_2$

77. B. 解答如下：

$$v = KJ = 0.012 \times \dfrac{1.5 - 0.3}{2.4} = 0.006\text{cm/s}$$

78. B. 解答如下：

雷诺数的物理意义是反映了惯性力与黏性力之比。

79. B. 解答如下：

点电荷电场作用的方向分布为：始于正电荷，终止于负电荷。

80. C. 解答如下：

当取电路元件中电压电流正方向一致时，则有：

电阻：$u_R = R \cdot i_R$

电压：$u_L = L\dfrac{di_L}{dt}$

电容：$i_C = C\dfrac{du_C}{dt}$

81. B. 解答如下：

电流源的端电压 $U_{I_{s2}}$ 与 I_{s2} 取一致方向时，则：
$$U_{I_{s2}} = I_2 R_2 + I_3 R_3 \neq 0$$

82. A. 解答如下：

由题目相量图可知：$u(t) = 10\sqrt{2}\sin(\omega t - 30°)\text{V}$

83. B. 解答如下：
$$\dot{I} = \dfrac{\dot{U}}{20+(j20\,/\!/\,-j10)} = \dfrac{100\,/\,0°}{20-j20}$$
$$= \dfrac{5}{\sqrt{2}}\,/\,45° = 3.5\,/\,45°\ \text{A}$$

84. B. 解答如下：

题目电路图为提高功率因素，其相应的相量图如图 6-3-84 所示。开关 S 闭合后即增加电容，φ_1 变为 φ，即 $\cos\varphi_1$ 变为 $\cos\varphi$，功率因素变大；同时，图中 $\dot{I}$ 则变小。

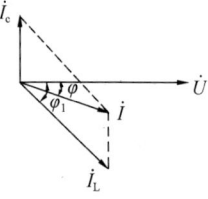

图 6-3-84

85. B. 解答如下：
$$\dfrac{u_1}{u_2} = k = 2, u_1 = u = \sqrt{2}U\sin\omega t$$

则：
$$\dfrac{U}{u_2} = 2$$

86. C. 解答如下：

电动机采用 Y-△法时，由于 Y 启动时，其启动电流和启动转矩都下降至△法的 1/3。

87. D. 解答如下：

题目信号波形在时间轴上是连续的。

88. A. 解答如下：

选项 A、B、C、D 中，仅 A 项满足：$\mu(t) = 10.1(t) - 10.1(t-1)$

89. B. 解答如下：

低通滤波器可以使低频模拟信号畅通，而高频的干扰信号淹没。

90. A. 解答如下：
$$\overline{AB} + \overline{BC} = \overline{A} + \overline{B} + \overline{B} + \overline{C} = \overline{A} + \overline{B} + \overline{C}$$

91. A. 解答如下：

$F = A\overline{B} + \overline{A}B$ 为异或关系。

由输入量 A、B 和输出的波形分析可见：

当输入 A 与 B 相异时，输出 F 为"1"。

当输入 A 与 B 相同时，输出 F 为"0"。

92. A. 解答如下：
$$(10)_{10} = (0001\ 0000)_{BCD}$$

93. D. 解答如下：
由全波整流电路可知：

$$u_o = -0.9u_i, \quad u_i = \frac{10}{\sqrt{2}}V, \quad 则：$$

$$u_o = -0.9 \times \frac{10}{\sqrt{2}} = -6.36V$$

94. C. 解答如下：
将电路"A"端接入 $-2.5V$ 的信号电压，"B"端接地，则构成反相比例运算电路，则：

$$u_o = -\frac{R_2}{R_1}u_i, \quad 即：\frac{R_2}{R_1} = -\frac{u_o}{u_i} = 4$$

当"A"端接地，"B"端接信号电压，就构成同相比例电路，则：

$$u_o = \left(1 + \frac{R_2}{R_1}\right)u_i = -12.5V$$

又因为运算放大器输出电压为 $-11 \sim 11V$，故其输出电压极限值为 $-11V$。

95. A. 解答如下：
左侧电路为与门：$F_1 = A \cdot 0 = 0$
右侧电路为或非门：$F_2 = \overline{B+0} = \overline{B}$

96. A. 解答如下：
题目条件可知：JK 触发器、与门构成的时序逻辑电路。其中，
$J = Q \cdot A$。

97. B. 解答如下：
计算机发展的人性化的重要方面是使用上的"傻瓜化"。此外，计算机发展将更加智能化。

98. B. 解答如下：
一个存储单元是 1 个字节（即 8 位二进制信息）。

99. D. 解答如下：
操作系统是控制其他程序运行，管理系统资料并为用户提供界面的系统软件的集合，它能够管理和使用各种资源、统一管理调度软硬件资源。

100. A. 解答如下：
计算机的支撑软件是计算机软件系统内的一个组成部分，它是支援其他软件的编写制作和维护的软件，如数据库、汇编语言汇编器等。

101. C. 解答如下：
操作系统中的进程与处理器管理的主要功能是负责将 CPU 的运用时间合理地分配给各个程序，使计算机系统的软硬件资源得以充分利用。

102. D. 解答如下：
影响计算机图像质量的主要参数是：分辨率、颜色深度、图像文件的尺寸、文件保存格式等。

103. C. 解答如下：

计算机操作系统中的设备管理是指对除 CPU 和内存储器以外的输入输出设备的管理。

104. A. 解答如下：

数字签名技术的作用包括 B、C、D 项，但不包括 A 项权限管理。

105. D. 解答如下：

实现计算机网络化后的最大好处是实现资源共享，资源共享包括硬件资源共享、软件资源共享、数据共享。

106. A. 解答如下：

校园网属于局域网。

107. B. 解答如下：

$$i=(1+8\%/4)^4-1=8.243\%$$

$$P=300/(1+8.243\%)^3=236.55 \text{ 万元}$$

108. C. 解答如下：

工程经济评价中，工程项目的建设投资＝工程费用＋工程建设其他费用＋预备费

工程项目的总投资＝建设投资＋建设期利息＋流动资金

109. C. 解答如下：

每年应偿还的本金：2400/6＝400 万元

第 1 年应还利息 I_1＝2400×8%＝192 万元，本息和 A_1＝400＋192＝592 万元

第 2 年应还利息 I_2＝2000×8%＝160 万元，本息和 A_1＝400＋160＝560 万元

第 3 年应还利息 I_3＝1600×8%＝128 万元，本息和 A_1＝400＋128＝528 万元

第 4 年应还利息 I_4＝1200×8%＝96 万元，本息和 A_1＝400＋96＝496 万元

110. D. 解答如下：

动态投资回收期是把投资项目各年的净现金流量按基准收益率折成现值，再推算投资回收期，因此，应选 D 项。

111. C. 解答如下：

进口原材料的影子价格（到岸价）＝到岸价×影子汇率＋进口费用
＝150×6.5＋240＝1215 元人民币/吨

112. B. 解答如下：

当增量内部收益率 ΔIRR 大于基准收益率 i_c 时，应选投资额大的方案；

当增量内部收益率 ΔIRR 小于基准收益率 i_c 时，应选投资额小的方案。

113. D. 解答如下：

改扩建项目财务分析应遵循"有无对比"的原则。

114. C. 解答如下：

价值系数＝功能评价系数/成本系数

甲方案：0.85/0.92＝0.924；乙方案：0.6/0.7＝0.857

丙方案：0.94/0.88＝1.068；丁方案：0.67/0.82＝0.817

丙方案最接近 1，故为最优方案。

115. C. 解答如下：

根据《中华人民共和国建筑法》规定，发包单位应当将建筑工程发包给具有资质证书的承包单位。注意，"应当"与"可以"的区别。

116. C. 解答如下：

根据《中华人民共和国安全生产法》第四十条规定："生产经营单位进行爆破、吊装以及国务院安全生产监督管理部门会同国务院有关部门规定的其他危险作业，应当安排专门人员进行现场安全管理，确保操作规程的遵守和安全措施的落实。"

117. C. 解答如下：

根据《中华人民共和国招标投标法》第十九条规定："招标人应当根据招标项目的特点和需要编制招标文件。招标文件应当包括招标项目的技术要求、对投标人资格审查的标准、投标报价要求和评标标准等所有实质性要求和条件以及拟签订合同的主要条款。"

118. B. 解答如下：

水泥厂的要求时间是18：00前回复，而甲施工单位是在16：00发出承诺，故符合水泥厂的要求，因此，应选B项。

119. D. 解答如下：

根据《中华人民共和国环境保护法》第十条规定："国务院环境保护主管部门，对全国环境保护工作实施统一监督管理；县级以上地方人民政府环境保护主管部门，对本行政区域环境保护工作实施统一监督管理。"

120. D. 解答如下：

根据《中华人民共和国建筑法》第三十二条规定："建筑工程监理应当依照法律、行政法规及有关的技术标准、设计文件和建筑工程承包合同，对承包单位在施工质量、建设工期和建设资金使用等方面，代表建设单位实施监督。"

(下午卷)

1. A	2. B	3. C	4. D	5. D	6. C	7. B	8. A	9. D	10. A
11. D	12. C	13. A	14. C	15. A	16. B	17. C	18. D	19. D	20. A
21. A	22. C	23. D	24. B	25. B	26. D	27. C	28. A	29. C	30. C
31. C	32. C	33. D	34. A	35. C	36. C	37. A	38. D	39. D	40. A
41. B	42. B	43. A	44. D	45. B	46. B	47. C	48. A	49. B	50. B
51. C	52. A	53. C	54. B	55. A	56. C	57. D	58. A	59. D	60. C

1. A. 解答如下：

考虑尺寸的影响，混凝土的棱柱体强度小于其立方体强度，应选 A 项。

《混凝土结构设计规范》4.1.3 条条文说明，对于 C50 及以下，混凝土的棱柱体强度是其立方体强度的 0.76。

2. B. 解答如下：

砂的含水率计算公式：$w=(500-475)/475=5.26\%$

3. C. 解答如下：

水泥浆体的初凝是指水泥加水拌合成为标准稠度净浆开始，失去可塑性所经历的时间。

4. D. 解答如下：

混凝土的徐变是指结构承受的外力不变（即应力不变），而应变随时间增长的现象，因此，选 D 项。

5. D. 解答如下：

混凝土配合比设计的三个参数是：水胶比（或水灰比）、砂率、单位用水量。

6. C. 解答如下：

衡量钢材的塑性高低的技术指标是断后伸长率。

7. B. 解答如下：

测定沥青的延度和针入度时，应保持试件所处的水浴的温度。一般取 25℃试验温度。

8. A. 解答如下：

工程测量中，正、反坐标方位角相差 180°。

9. D. 解答如下：

按观测值的改正值计算中误差的计算公式，应选 D 项。

10. A. 解答如下：

纵坐标的增量为 x 轴向的增量，坐标正算方位角是从 A 到 B，即 α_{AB}，因此，选 A 项。

11. D. 解答如下：

比例尺精度是传统地形图上 0.1mm 所代表的实地水平距离（长度）。

此外，数字地形图不受比例尺精度的限制。

12. C. 解答如下：

AB 间实地距离 $=25.6\times500=12800$mm$=12.8$m

13. A. 解答如下：

我国环境污染防治法规定的承担民事责任的方式有：排除危害、赔偿损失、恢复原状。

14. C. 解答如下：

根据《建设工程勘察设计管理条例》第二十六条规定："编制初步设计文件，应当满足编制施工招标文件、主要设备材料订货和编制施工图设计文件的需要。"可见，C项的表达错误。

15. A. 解答如下：

根据《中华人民共和国建筑法》第三十条规定："国家推行建筑工程监理制度。国务院可以规定实行强制监理的建筑工程的范围。"

16. B. 解答如下：

根据《建设工程安全生产管理条例》第二章规定：

（1）建设单位应当向施工单位提供施工现场及毗邻区域内供水、排水、供电等地下管线资料，气象和水文观测资料，相邻建筑物和构筑物、地下工程的有关资料，并保证资料的真实、准确、完整。

（2）建设单位不得对勘察、设计、施工、工程监理等单位提出不符合建设工程安全生产法律、法规和强制性标准规定的要求，不得压缩合同约定的工期。

（3）建设单位在编制工程概算时，应当确定工程安全作业环境及安全施工措施所需费用。

（4）建设单位不得明示或者暗示施工单位购买、租赁、使用不符合安全施工要求的安全防护用具、机械设备、施工机具及配件、消防设施和器材。

（5）建设单位在申请领取施工许可证时，应当提供建设工程有关安全施工措施的资料。

（6）建设单位应当将拆除工程发包给具有相应资质等级的施工单位。

17. C. 解答如下：

预制桩打桩过程中，当贯入度减小时，表明桩下端可能遇到障碍物。

18. D. 解答如下：

根据《混凝土结构工程施工规范》GB 50666—2011 第 10.2.12 条规定：强度等级等于或高于 C50 的混凝土，其受冻临界强度不宜低于设计混凝土强度等级值的 30%，则：$50 \times 30\% = 15 N/mm^2$。

19. D. 解答如下：

根据《砌体结构设计规范》GB 50003—2011 第 3.1.3 条，普通砌筑砂浆的强度等级为：M15、M10、M7.5、M5、M2.5。

20. A. 解答如下：

描述流水施工的空间参数包括：施工层、施工段、施工面。

21. A. 解答如下：

工程进行工期-费用优化的主要目的是确定工程总成本最低时的工期。

22. C. 解答如下：

在横向约束下，混凝土竖向受压性能是：受压强度不断提高，变形能力得到改善，如：抗震设计的框架柱柱端加密区箍筋，能提高柱端的抗震性能。

23. D. 解答如下：

相对受压区高度大于 1 时，可能为小偏心受压或轴心受压，其破坏时的特点是：受拉钢筋一定处于受压，可能屈服或不屈服，故排除 A、B 项。当出现"反向破坏"时，远离 N 较远侧的混凝土先压溃，排除 C 项。因此，选 D 项。

24. B. 解答如下：

弯矩调幅系数为 β，$M_支 = M_中$，则：
$$\beta q l^2/12 = q l^2/8 - q l^2 \beta/12，可得：\beta=0.75$$

25. B. 解答如下：

抗震设计时，钢筋混凝土结构中轴压比限值的作用是：确保结构的延性。

26. D. 解答如下：

Q235A 钢材，其含碳量不作为交货条件。

27. C. 解答如下：

焊接工字形钢梁设置腹板横向加劲肋的目的是提高腹板的局部稳定性。

28. A. 解答如下：

钢结构螺栓连接超长时，需要对螺栓的抗剪承载力进行折减，这主要考虑螺栓受剪的剪力分布不均匀的影响。

29. C. 解答如下：

简支平行弦钢屋架的下弦杆为拉杆，根据《钢结构设计标准》GB 50017—2017 表 7.4.7，一般的受拉杆件，其容许的长细比为 350。

30. C. 解答如下：

组合砖砌体在轴向压力下，钢筋混凝土面层与砌体共同承担轴压力，并对砌体有横向约束作用。此外，A、B、D 项均错误。

31. C. 解答如下：

刚性方案的砌体结构房屋，其刚度大，故空间性能影响系数小。

32. C. 解答如下：

构造柱不能减少墙的截面尺寸，因此，应选 C 项。

33. D. 解答如下：

砌体在轴心受压时，块体的受力状体是复合受力，即：弯矩、剪力、压力、拉力。

34. A. 解答如下：

如图 6-4-34 所示，故选 A 项。

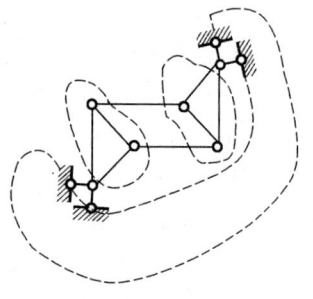

图 6-4-34

35. C. 解答如下：

静定结构在支座移动时，不产生内力、应力、变形。

36. C. 解答如下：

作 K 点弯矩影响线，见图 6-4-36。

图 (a)：$M = \left(\dfrac{12-4}{12} \times 3 + \dfrac{12-2}{12} \times 3 + 3\right) \times 20 = 150 \text{kN} \cdot \text{m}$

图 (b)：$M = \left(\dfrac{12-2}{12} \times 3 + 3 + \dfrac{4-2}{4} \times 3\right) \times 20 = 140 \text{kN} \cdot \text{m}$

故取 $M=150$ kN·m

37. A. 解答如下：

取整体分析：$\Sigma M_A=0$，则：$Y_B=(10\times 4-40+8\times 8\times 12)/16=48$ kN（↑）

$\Sigma Y=0$，则：$Y_A=8\times 8+10-48=26$ kN（↑）

取 AC 为对象，$\Sigma M_C=0$，则：$N_{AB}=(26\times 8-10\times 4)/4=42$ kN

对 BC，对 D 点取力矩，则：

$$M_D=42\times y_D+8\times 4\times 2-Y_B\times 4$$
$$=42\times \frac{4\times 4}{16\times 16}\times 12\times (16-12)+64-48\times 4$$
$$=42\times 3+64-192=-2 \text{ kN·m}(\curvearrowleft)$$

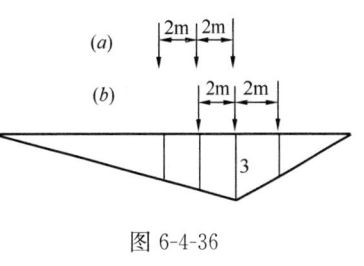

图 6-4-36

38. D. 解答如下：

节点法：$N_2\cdot \sin\alpha=P$，$\sin\alpha=\dfrac{1.5a}{\sqrt{(1.5a)^2+(2.5a)^2}}=\dfrac{1.5}{\sqrt{8.5}}$

$N_2=P\cdot \dfrac{\sqrt{8.5}}{1.5}=1.94P$（拉力）

39. D. 解答如下：

AC 杆 EI 变大后，AC 部分位移变小为：$\dfrac{\Delta}{2}\times \dfrac{1}{2}=\dfrac{\Delta}{4}$

右边 BC 杆未变，其位移仍为：$\Delta/2$

故：$\Delta_{CH}=\dfrac{\Delta}{4}+\dfrac{\Delta}{2}=0.75\Delta$

40. A. 解答如下：

对称结构，将 P 等效为一对反对称荷载：$P/2$，如图 6-4-40 所示，则：$N_{CD}=-N_{CE}$

$2N_{CD}\cos 45°=P$

$N_{CD}=\dfrac{P}{2\cos 45°}$（压力）

$M_k=N_{CD}\cdot \overline{KW}=\dfrac{P}{2\cos 45°}\cdot 2d\cdot \cos 45°$

$=Pd$（内侧受拉）

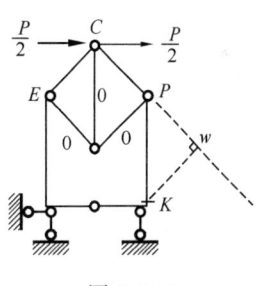

图 6-4-40

41. B. 解答如下：

铰接点处，左、右弯矩图的斜率相同（或为一个连线直线），故 C 项错误。

最左端为固定约束，故其弯矩为 $\dfrac{Pl}{2}$ 的一半，同时，与中间支座处弯矩为同一方向即逆时针，故选 B 项。

42. B. 解答如下：

位移法，$M_{BA}=4i\theta_B-6i\dfrac{\Delta}{l}$，$M_{BC}=i\theta_B$

$\sum M_B = 0$，则：$4i\theta_B - 6i\dfrac{\Delta}{l} + i\theta_B = 0$

即：$\theta_B = 1.2\dfrac{\Delta}{l}$

43. A. 解答如下：

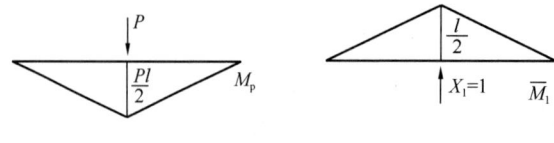

图 6-4-43

去掉 B 支座，用反力 X_1 代替，作 M_P、$\overline{M}_1$ 图，见图 6-4-43。

$$\delta_{11} = \dfrac{1}{EI} \cdot \dfrac{1}{2} l \cdot \dfrac{l}{2} \cdot \left(\dfrac{2}{3} \cdot \dfrac{l}{2}\right) \times 2 = \dfrac{l^3}{6EI}$$

$$\Delta_{1P} = -\dfrac{1}{EI} \cdot \dfrac{1}{2} \dfrac{Pl}{2} \cdot l \cdot \left(\dfrac{2}{3} \cdot \dfrac{l}{2}\right) \times 2 = \dfrac{-Pl^3}{6EI}$$

$$X_1 \delta_{11} + \Delta_{1P} = -\dfrac{X_1}{k}，可得：X_1 = \dfrac{P}{2}$$

B 点位移：$X/k = \dfrac{P/2}{\dfrac{6EI}{l^3}} = \dfrac{Pl^3}{12EI}$

44. D. 解答如下：

整体分析，对右支座取力矩平衡，则：左支座 $Y = P$（拉力）

杆 AB 视为一排架柱：抗剪刚度（抗侧移刚度）为 $\dfrac{3i}{l^2}$；两支座间的水平柱视为框架柱，抗剪刚度为 $\dfrac{12i}{l^2}$

$$V_{AB} = \dfrac{3}{3+12} \cdot P = \dfrac{P}{5}$$

$$M_{BA} = \dfrac{P}{5} l$$

45. B. 解答如下：

B 点加刚臂，其转角为 Z，位移法计算：$r_{11}Z + R_{1P} = 0$

$$r_{11} = 3i_{AB} + 3i_{BC} = \dfrac{3EI_{AB}}{3} + \dfrac{3EI_{BC}}{6}$$

$$= EI_{AB} + \dfrac{EI_{BC}}{2}$$

$$R_{1p} = -(M_{BC}^F - M_{BA}^F) = -\left(\dfrac{1}{8} \times 1 \times 6^2 - \dfrac{1}{8} \times 1 \times 3^2\right) = -\dfrac{27}{8} \text{kN} \cdot \text{m}$$

由基本方程可得：$Z = \dfrac{27}{8EI_{AB} + 4EI_{BC}}$

BC 跨跨中弯矩：$M_{BC}^{\text{中}} = Z \cdot 3i_{BC} \times \dfrac{1}{2} + \dfrac{1}{2} M_{BC}^F$

$$=\frac{27}{8EI_{AB}+4EI_{BC}} \cdot \frac{EI_{BC}}{4}+\frac{1}{2} \cdot \frac{36}{8}$$

B 支座处弯矩：$M_B^{\bar{z}}=Z \cdot 3i_{BC}-M_{BC}^F=\frac{27}{8EI_{AB}+4EI_{BC}} \cdot \frac{EI_{BC}}{2}-\frac{36}{8}$

又 $|M_{BC}^{\text{中}}|=|M_B^{\bar{z}}|$，可得：$\frac{EI_{AB}}{EI_{AC}}=\frac{5}{8}$

46. B. 解答如下：

$S_{AB}=4EI/4=EI$，$S_{AC}=4 \times \frac{2.5EI}{5}=2EI$

$S_{AD}=\frac{2EI}{4}=0.5EI$

$\mu_{AC}=\frac{2}{1+2+0.5}=\frac{2}{3.5}=\frac{4}{7}$

47. C. 解答如下：

$\omega=\sqrt{\frac{1}{M\delta}}$，故 B 项错误。

δ 与 EI 成反比，增大 EI，则 ω 变大，选 C 项。

48. A. 解答如下：

当 $t=0$ 时，撤掉 P，此时位移最大，故 B、D 项错误。

如图 6-4-48 所示，该结构的 $\delta=\frac{1}{EI} \cdot \frac{l}{2} \cdot l \cdot \frac{2l}{3}=\frac{l^3}{3EI}$

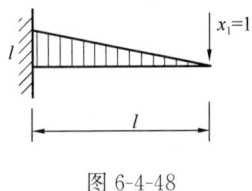

图 6-4-48

$y_{\max}=P\delta=\frac{Pl^3}{3EI}$

故选 A 项。

49. B. 解答如下：

加载装置的强度应满足试验最大荷载量的要求，并保证足够的安全储备。试验设计时，加载装置的承载力要提高 100% 左右。根据《混凝土结构设计规范》第 4.1.3 条条文说明，棱柱体的强度与相应的立方体强度之比是：0.76～0.82，当立方体强度为 300kN 时，相应的棱柱体强度为：（0.76×300）～（0.82×300）kN=228～246kN，再考虑提高 100%，即：456～492kN，因此，选 B 项。

50. B. 解答如下：

低周反复加载试验，其加载制度包括：控制位移加载法、控制作用力加载法、控制作用力和位移混合加载法。

51. C. 解答如下：

物理学中质量系统的基本量纲是：质量、长度、时间。

工程学中力学系统的基本量纲是：力、长度、时间。

结构模型试验包括物理学中的基本量纲，也包括工程学中的基本量纲。

52. A. 解答如下：

结构动力试验中，结构的阻尼比由试验测得。此外，结构的固有振型、固有频率由计算所得。

53. C. 解答如下：

超声波遇到钢筋会发生"短路"现象,故无法检测混凝土内部的钢筋直径和位置。

54. B. 解答如下：

$p_0 = \bar{\sigma}_z = 30\text{kPa}$，$s = \dfrac{a}{1+e} p_0 H$，则：

$$\frac{a}{1+e} = \frac{s}{p_0 H} = \frac{0.040}{30 \times 5.1} = 0.261 \times 10^{-3} \text{kPa}^{-1}$$

$$C_v = \frac{k(1+e)}{a\gamma_w} = \frac{0.0004}{0.261 \times 10^{-3} \times 10} = 0.153 \text{m}^2/\text{d}$$

主固结完成即 $U_t = 1$，故取 $T_v = 1.0$

$$t = \frac{T_v H^2}{C_v} = \frac{1.0 \times 5.1^2}{0.153} = 170\text{d}$$

55. A. 解答如下：

$\sigma_{cz} = 25.60 + 1.20 \times 15.9 + 0.6 \times 17 + (3.5 - 1.8) \times (17 - 10) = 66.78\text{kPa}$

56. C. 解答如下：

地基基础工程，是否排水与地基渗透性有关，是否固结与施工速率有关，而与加载或卸载无关。

57. D. 解答如下：

地基承载力 $= 5.14 C_u = 5.14 \times 50 = 257\text{kPa}$

58. A. 解答如下：

工程地质勘察中，坑探能够直接观测地层的结构和变化。

59. D. 解答如下：

建筑体型及荷载复杂的结构，减少基础底面的沉降的措施是采取整体式基础，而不是采用单独基础。

60. C. 解答如下：

$R_a = 4 \times 0.4 \times (20 \times 3 + 40 \times 4 + 65 \times 2) + 6000 \times 0.4^2 = 1520\text{kN}$

2017 年真题（上、下午卷）答案与解答

（上午卷）

1. C	2. A	3. C	4. B	5. D	6. D	7. B	8. D	9. D	10. C
11. B	12. B	13. D	14. A	15. C	16. D	17. C	18. B	19. C	20. D
21. A	22. B	23. A	24. B	25. D	26. C	27. C	28. A	29. B	30. B
31. B	32. B	33. C	34. D	35. B	36. D	37. D	38. C	39. A	40. A
41. B	42. D	43. B	44. D	45. D	46. B	47. D	48. C	49. A	50. B
51. A	52. C	53. B	54. D	55. A	56. C	57. D	58. C	59. B	60. B
61. D	62. D	63. A	64. B	65. B	66. B	67. C	68. B	69. C	70. A
71. B	72. C	73. D	74. C	75. C	76. C	77. D	78. C	79. D	80. C
81. D	82. D	83. A	84. B	85. A	86. B	87. C	88. B	89. C	90. A
91. B	92. B	93. B	94. D	95. A	96. C	97. B	98. C	99. B	100. C
101. B	102. D	103. D	104. D	105. C	106. B	107. C	108. D	109. D	110. C
111. D	112. A	113. A	114. C	115. D	116. B	117. B	118. C	119. C	120. A

1. C. 解答如下：

$$原式 = \lim_{x \to 1} \frac{(x\ln x)'}{(1-x)'} = \lim_{x \to 1} \frac{1 \cdot \ln x + x \cdot \frac{1}{x}}{-1} = -1$$

则：$a = f(1) = -1$

2. A. 解答如下：

$-1 \leqslant \sin\frac{1}{x} \leqslant 1$，故 B 项错误。

当 $x \to 0$ 时，$\frac{1}{x} \to \infty$，故 $\sin\frac{1}{x}$ 的值不是单调函数，也不是周期函数，故选 A 项。

3. C. 解答如下：

$$|\boldsymbol{\alpha} \times \boldsymbol{\beta}| = |\boldsymbol{\alpha}| \cdot |\boldsymbol{\beta}| \cdot \sin\theta$$

当 $\boldsymbol{\alpha} \times \boldsymbol{\beta} = 0$，且 $\boldsymbol{\alpha}$、$\boldsymbol{\beta}$ 为非零，则：$\sin\theta = 0$，故 $\boldsymbol{\alpha} /\!/ \boldsymbol{\beta}$，选 C 项。

4. B. 解答如下：

采用验证法，将 A、B、C、D 项代入 $y' - y = 0$，仅 B 项满足。

5. D. 解答如下：

$f(x) = -\int_2^x \sqrt{5+t^2} \, \mathrm{d}t$，则：

$$f'(x) = -\sqrt{5+x^2}, \quad f(1) = -\sqrt{5+1^2} = -\sqrt{6}$$

6. D. 解答如下：

对原方程式两边求导：

$$e^y \cdot y' + y + xy' = 0$$

$$y' = \frac{-y}{x + e^y}$$

当 $x=0$，由原方程式，$e^y+0 \cdot y=e$，故：$y=1$
$$y' = \frac{-1}{0+e} = -\frac{1}{e}$$

7. B. 解答如下：

由已知方程式，则：$f(x) = \frac{1}{x}$
$$\int \cos x f(\cos x) dx = \int \cos x \cdot \frac{1}{\cos x} dx = x + C$$

8. D. 解答如下：

函数可偏导与函数连续，两者不相关。

9. D. 解答如下：

直线平行于 z 轴，其方向向量可取为 $(0, 0, 1)$，则：
$$\frac{x+1}{0} = \frac{y+2}{0} = \frac{z-3}{1}$$

10. C. 解答如下：

$$\text{原式} = \int_1^2 \left(\frac{1}{x} - 1\right) d\left(\frac{1}{x}\right) = \int_1^2 \frac{1}{x} d\left(\frac{1}{x}\right) - \int_1^2 1 d\left(\frac{1}{x}\right)$$
$$= \frac{1}{2}\left(\frac{1}{x}\right)^2 \bigg|_1^2 - \frac{1}{x}\bigg|_1^2 = \frac{1}{8}$$

11. B. 解答如下：

采用验证法，可知，B 项，$f(x) = -1$，为最小值点。

12. B. 解答如下：

$$dx = -a\sin\theta d\theta, \theta \text{ 为：从 } \pi \text{ 到 } 0$$
$$\int_L y^2 dx = \int_\pi^0 (b\sin\theta)^2 (-a\sin\theta) d\theta = \int_0^\pi ab^2 \sin^3\theta d\theta$$
$$= \int_0^\pi ab^2 \sin^2\theta d(-\cos\theta) = -\int_0^\pi ab^2(1-\cos^2\theta) d\cos\theta = \frac{4}{3}ab^2$$

13. D. 解答如下：

根据交错级数收敛的判别法，D 项满足。

14. A. 解答如下：
$$f'(x) = e^{-x} - xe^{-x}$$
$$f''(x) = -e^{-x} - (e^{-x} - xe^{-x}) = xe^{-x} - 2e^{-x} = 0$$

则：$x=2$，故选 A 项。

15. C. 解答如下：

采用验证法，仅 C 项满足。

16. D. 解答如下：

令 $x = r\cos\theta, y = r\sin\theta$，则：$x^2 + y^2 = r^2$，$dxdy = rdrd\theta$

$$\text{原式} = \int_0^{2\pi} d\theta \int_0^1 \frac{1}{1+r^2} r dr$$
$$= \int_0^{2\pi} d\theta \int_0^1 \frac{1}{2} \frac{1}{1+r^2} d(1+r^2)$$

$$= \int_0^{2\pi} d\theta \cdot \frac{1}{2}\ln(1+r^2)\Big|_0^1 = 2\pi \cdot \frac{1}{2} \cdot (\ln 2 - 0) = \pi\ln 2$$

17. C. 解答如下：

由于：$e^x = 1 + \frac{x}{1!} + \frac{x^2}{2!} + \cdots$

则：$\sum_{n=1}^{\infty} \frac{x^n}{n!} = e^x - 1$

18. B. 解答如下：

$$\frac{\partial z}{\partial x} = y \cdot \varphi'\left(\frac{x}{y}\right) \cdot \frac{1}{y} = \varphi'\left(\frac{x}{y}\right)$$

$$\frac{\partial z}{\partial x \partial y} = \varphi''\left(\frac{x}{y}\right) \cdot \left(\frac{x}{-y^2}\right)$$

19. C. 解答如下：

采用验证法，$\boldsymbol{AA}^{-1} = \boldsymbol{E}$，仅 C 项满足。

20. D. 解答如下：

令 $R(\boldsymbol{A}) = r$，当 $r < n$ 时，即：$R(\boldsymbol{A}) < n$，则：齐次线性方程组有无穷多解（或有非零解）。

21. A. 解答如下：

实对称矩阵，其不同特征值的特征向量是正交的，将 A、B、C、D 项进行正交验证：

对 A 项：$(1, -1, 1)\begin{bmatrix}-1\\0\\1\end{bmatrix} = 0$，$(1, -1, 1)\begin{bmatrix}1\\2\\1\end{bmatrix} = 0$

故选 A 项。

22. B. 解答如下：

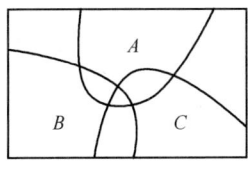

图 7-3-22

如图 7-3-22 所示，A、B、C 三个事件和全集 U。

A 项：$\overline{B \cup C}$，与 A 有交集，不满足。

B 项：$\overline{A \cup B \cup C}$，与 A 无交集，互斥的，满足。

23. A. 解答如下：

$\int_{-\infty}^{+\infty}\int_{-\infty}^{+\infty} f(x,y)dxdy = 1$，则：

$\int_0^{+\infty}\int_0^{+\infty} e^{-2ax+by} dxdy = \int_0^{+\infty} e^{-2ax}dx \int_0^{+\infty} e^{by}dy = 1$

当 $a > 0$，$b < 0$ 时，上式变为

$$\frac{-1}{2a}e^{-2ax}\Big|_0^{+\infty} \cdot \frac{1}{b}e^{by}\Big|_0^{+\infty} = \frac{1}{2a} \cdot \frac{-1}{b} = 1$$

即：$ab = -\dfrac{1}{2}$

24. B. 解答如下：
$$E[(\hat{\theta})^2] = D(\hat{\theta}) + [E(\hat{\theta})]^2 = D(\hat{\theta}) + \theta^2 > 0 + \theta^2 = \theta^2$$
故 $(\hat{\theta})^2$ 不是 $\hat{\theta}$ 的无偏估计量。

25. D. 解答如下：

由理想气态方程 $pV = \dfrac{M}{\mu}RT$，则：
$$\dfrac{\mu_1}{\mu_2} = \dfrac{p_2}{p_1}$$

26. C. 解答如下：
$$\overline{Z} = \sqrt{2}\pi d^2 \overline{v} n, \quad \overline{v} = \sqrt{\dfrac{8RT}{\pi M}}, \quad n = \dfrac{p}{kT}$$

可知：$\overline{Z}$ 与 $\sqrt{T}$ 成反比。

27. C. 解答如下：

$Q = W + \Delta E$，则：$\Delta E = -W = -500\text{J}$

28. A. 解答如下：

根据开尔文表述。

29. B. 解答如下：

$y = A\cos B\left(t - \dfrac{x}{B/C}\right)$，则：
$$\omega = B, u = B/C$$
$$T = \dfrac{2\pi}{\omega} = \dfrac{2\pi}{B}, \lambda = uT = \dfrac{B}{C} \cdot \dfrac{2\pi}{B} = \dfrac{2\pi}{C}$$

30. B. 解答如下：

波长 λ 反映波在空间上的周期性。

31. B. 解答如下：

$\dfrac{\lambda}{3} = \dfrac{2\pi}{\pi/6}$，则：$\lambda = 36\text{m}$

$u = \dfrac{\lambda}{T} = \dfrac{36}{4} = 9\text{m/s}$

32. B. 解答如下：

光的波程差 δ 为 $\dfrac{\lambda}{2}$ 的 5 倍即奇数倍，故变为暗条纹。

33. C. 解答如下：
$$\dfrac{I_1}{I_2} = \dfrac{\dfrac{1}{2}I_0\cos^2\alpha_1}{\dfrac{1}{2}I_0\cos^2\alpha_2} = \dfrac{\cos^2\alpha_1}{\cos^2\alpha_2}$$

34. D. 解答如下：

光栅常数越小，光栅越精致。

35. B. 解答如下：
$$\Delta x = \frac{D}{d}\lambda = \frac{3000}{2} \times 600 \times 10^{-6} = 0.9 \text{mm}$$

36. D. 解答如下：
$$\frac{n_2}{n_1} = \tan 60° = \sqrt{3}$$

37. D. 解答如下：
核外电子排布式：$1s^2 2s^2 2p^6 3s^2 3p^3$
由洪特规则，有 3 个未成对电子。

38. C. 解答如下：
SiN 是原子晶体，故熔点最高。

39. A. 解答如下：
$\alpha = \sqrt{\dfrac{K_a}{C}}$，当 C 减小，电离度 α 将增大。

40. A. 解答如下：
混合后的 NH_4Cl 的溶液浓度 $0.1 \text{mol} \cdot L^{-1}$
$$[H^+] = \sqrt{C\frac{K_w}{K_b}} = \sqrt{0.1 \times \frac{10^{-14}}{1.8 \times 10^{-5}}} = 7.5 \times 10^{-6}$$
$$pH = -\lg[H^+] = 5.12$$

41. B. 解答如下：
$\Delta H < 0$，为放热反应，故选 B 项。

42. D. 解答如下：
E 值越大，其氧化态的氧化能力越强越易得电子，做正极；反之，E 值越小，其还原态的还原能力越强，失去电子，做负极。

43. B. 解答如下：
$$2Na(s) + Cl_2(g) = 2NaCl(g)$$
可知，气体分子数减小，故熵值减小。

44. D. 解答如下：
D 项，2，3 位碳碳间有双键，故能生成 2，3-二溴-2-甲基丁烷。

45. D. 解答如下：
根据同系物的概念，选 D 项。

46. B. 解答如下：
根据烃的衍生物的概念，选 B 项。

47. D. 解答如下：
销钉 C 处的约束力应垂直于光滑直槽 AB。

48. C. 解答如下：
由题目图示，简化后，其主矢为零，其主矩为一合力偶。

49. A. 解答如下：
如图 7-3-49 所示，取 F_{N_2} 方向的力平衡：

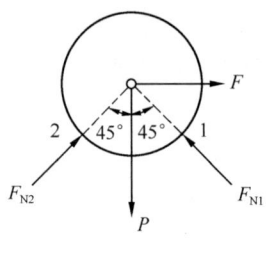

图 7-3-49

$$F_{N2} = P\cos 45° - F\cos 45° = \frac{\sqrt{2}}{2}(P-F)$$

50. B. 解答如下：

B 点处的摩擦力沿杆 AB 方向，指向向上。

51. A. 解答如下：

采用验证法，仅 A 项满足。

52. C. 解答如下：

$$a_n = \omega^2 l = a, \quad 则: \omega = \sqrt{a/l}$$
$$a_t = \varepsilon l = 0, \quad 则: \varepsilon = 0$$

53. B. 解答如下：

绳上 A、D 的加速度均为 a；轮缘上 B、C 的加速度为：

$$\sqrt{a^2 + a_n^2} = \sqrt{a^2 + \left(\frac{v^2}{r}\right)^2}$$

54. D. 解答如下：

$F_N - W = ma$，则：

$$F_N = W + ma = W + \frac{W}{g} \cdot \frac{v^2}{\rho} = 2800 + \frac{2800}{10} \cdot \frac{10^2}{5} = 8400 \text{N}$$

55. A. 解答如下：

由动量的定义：$K = \sum m_i v_i = 0 + \frac{W}{g} \cdot v$

由动能的计算公式：$T = \frac{1}{2} m v^2 + \frac{1}{2} J_z v^2$

$$= \frac{1}{2} \frac{W}{g} v^2 + \frac{1}{2} \cdot \frac{1}{2} m r^2 \cdot v^2$$

56. C. 解答如下：

系统在水平方向的受力为零，故水平方向质心守恒。

57. D. 解答如下：

由条件，可知，$\varepsilon = 0$

$$F^I = ma_c = m \cdot \frac{1}{2} l \cdot \omega^2, \quad M_0^I = J_0 \varepsilon = 0$$

58. C. 解答如下：

单摆运动的固有频率 $= \sqrt{g/l}$。

59. B. 解答如下：

$$\varepsilon' = -\mu\varepsilon = -\mu\frac{\sigma}{E} = -\mu\frac{F}{AE}$$
$$= -0.3 \times \frac{20 \times 10^3}{100 \times 200 \times 10^3} = -0.3 \times 10^{-3}$$

60. B. 解答如下：

此时，偏心受拉，考虑弯矩作用。

61. D. 解答如下：

$$\sigma = \frac{P}{\frac{1}{4}\pi d^2} \leqslant [\sigma], 则: P \leqslant \frac{1}{4}\pi \times 20^2 \times 120 = 37680\text{N}$$

故选 D 项。

62. D. 解答如下：

当轮 a 放置在轮 b、轮 c 的中间时，轴内扭矩较小。

63. A. 解答如下：

$$F = 8/1 = 8\text{kN}$$
$$m = 8 + 6 = 14\text{kN} \cdot \text{m}$$

64. B. 解答如下：

开裂前： $M \leqslant [\sigma]W = [\sigma] \cdot \frac{b(3a)^2}{6} = \frac{3}{2}ba^2[\sigma]$

开裂后： $M_1 \leqslant 3M_0 = 3[\sigma] \cdot W_0 = 3[\sigma] \cdot \frac{ba^2}{6} = \frac{1}{2}ba^2[\sigma]$

65. B. 解答如下：

P 主要由两侧翼缘承担，其最大切应力在 2 点。

66. B. 解答如下：

$$f = \frac{m_g L^2}{2EI}, \quad 即: f 与 L^2 成正比。$$

67. C. 解答如下：

$f_c = \frac{Fl^3}{48EI}$, 则：

$$\frac{f_a}{f_b} = \frac{I_a}{I_b} = \frac{\frac{1}{12}bh^3}{\frac{1}{12}b^3h} = \frac{h^2}{b^2} = 4$$

68. B. 解答如下：

$\sigma_1 = \sigma, \sigma_2 = \tau, \sigma_3 = -\tau$, 则：

$$\sigma_{r3} = \sigma_1 - \sigma_3 = \sigma + \tau$$

69. C. 解答如下：

$$\sigma_1 = \frac{P}{A} = \frac{P}{bh}$$

$$\sigma_2 = \frac{P}{b \cdot \frac{h}{2}} + \frac{P \cdot \frac{h}{4}}{\frac{1}{6} \cdot b\left(\frac{h}{2}\right)^2} = \frac{8P}{bh}$$

则：$\frac{\sigma_2}{\sigma_1} = 8$

70. A. 解答如下：

$$F_{cr} = \frac{\pi^2 EI}{(\mu L)^2}，则：$$

$$\frac{F_{cr,a}}{F_{cr,b}} = \frac{\left(\mu \frac{L}{2}\right)^2}{(\mu L)^2} = \frac{1}{4}$$

71. B. 解答如下：

水的运动黏性系数随温度的升高而减小。

72. C. 解答如下：

$$p_v = p_a - p = 101 - (90 + 1 \times 9.8 \times 1) = 1.2 \text{kN/m}^2$$

73. D. 解答如下：

流线表示同一时刻的流动趋势。

74. C. 解答如下：

1~3 管段：$v_1 = \frac{Q}{A} = \frac{0.04}{\frac{\pi}{4} \times 0.2^2} = 1.27 \text{m/s}$

$$h_{w1} = \left(\lambda_1 \frac{l_1}{d_1} + \Sigma \xi_i\right) \frac{v_1^2}{2g} = (0.019 \times \frac{10}{0.2} + 0.5 + 0.5 + 0.024) \times \frac{1.27^2}{2 \times 9.8}$$
$$= 0.162 \text{m}$$

同理，4~6 管段：$v_2 = \frac{0.04}{\frac{\pi}{4} \times 0.1^2} = 5.1 \text{m/s}$

$$h_{w2} = \left(0.018 \times \frac{10}{0.1} + 0.5 + 0.5 + 1\right) \times \frac{5.1^2}{2 \times 9.8} = 5.042 \text{m}$$

$$H = h_{w1} + h_{w2} = 5.204 \text{m}$$

75. C. 解答如下：

长管水力计算时，速度水头和局部水头损失均可忽略不计。

76. C. 解答如下：

$$R = \frac{A}{\chi} = \frac{5 \times 3}{5 + 2 \times 3} = 1.36 \text{m}$$

77. D. 解答如下：

由潜水完全井流量 Q 的计算公式，Q 与土体渗透系数 k 成正比。

78. C. 解答如下：

F 量纲：$g \cdot m/s^2$

$\rho v^2 l^2$ 量纲：$\frac{g}{m^3} \cdot \frac{m^2}{s^2} \cdot m^2 = g \cdot m/s^2$

79. D. 解答如下：

按右手螺旋法则。

80. C. 解答如下：

不考虑电流源时，通过 10Ω 的电流 I_{10} 为：

$$I_{10} = \frac{2-4}{10} = -0.2\text{A}$$

考虑电流源：$I = I_{10} + 0.1 = -0.2 + 0.1 = -0.1\text{A}$

81. D. 解答如下：

仅考虑电流源，则15V电压源为断开：

$$I = \frac{1}{3} \times (-6) = -2\text{A}$$

82. D. 解答如下：

$$\dot{U} = 10\angle(-180° + 10°) = 10\angle -170°(\text{V})$$

83. A. 解答如下：

$$P = UI\cos\varphi = 110 \times 1 \times \cos 30° = 95.3\text{W}$$
$$Q = UI\sin\varphi = 110 \times 1 \times \sin 30° = 55\text{var}$$
$$S = IU = 1 \times 110 = 110\text{V}\cdot\text{A}$$

84. B. 解答如下：

开关未断开前：$U_c(0_-) = \frac{1}{2} \times 6 = 3\text{V}$

开关断开后，进行稳压时：$U_c(\infty) = \frac{1}{3} \times 6 = 2\text{V}$

85. A. 解答如下：

$$I_2 = \sqrt{\frac{P^2}{R^2}} = \sqrt{\frac{40}{10}} = 2\text{A}$$

$\frac{N_2}{N_1} = \frac{I_1}{I_2} = \frac{1}{2}$，即：$N_2 = 100 \times \frac{1}{2} = 50$ 匝

86. B. 解答如下：

还应将热断电器的常闭触点串接在控制电路中。

87. C. 解答如下：

模拟信号(如曲线1、2)，是随时间速度变化的物理信号。

88. B. 解答如下：

根据周期信号的定义、特点，选B项。

89. C. 解答如下：

根据题目图示，当 $f > f_H$ 时，放大倍数 $<A$，则：$u_2(t)$ 的有效值 $U_2 < AU_1$

90. A. 解答如下：

$AC + DC + \overline{AD} \cdot C = (A + D + \overline{AD}) \cdot C = (A + D + \overline{A} + \overline{D}) \cdot C = 1 \cdot C = C$

91. B. 解答如下：

$F = \overline{A+B}$，表示：或非关系。

当 $A + B$ 为 1，则 $\overline{A+B}$ 为 0，即：有 1 则 0

可知：A项、C项、D项错误。

92. B. 解答如下：

$$(88)_{10} = (1000 \quad 1000)_{BCD}$$

93. B. 解答如下：

当 $u_i>0$ 时，二极管截止，故 $u_o=0$，选 B 项。

94. D. 解答如下：

当 u_{i1} 增大后，由题目图示，可知：U_{oM}（正值）的时间段变小，而 $-U_{oM}$（负值）的时间段变大，故两者的平均值将降低。

95. A. 解答如下：

由题目条件，第 1 个时钟脉冲的下降沿时刻，输出 $Q=0$，第 2 个时钟脉冲的下降沿时刻，输出 $Q=0$。

96. C. 解答如下：

题目图示为异步三位二进制加法计数器。

97. B. 解答如下：

计算机硬件系统包括主机和外设，主机包括系统总线、内存储器、微处理器，外设包括输入输出设备、通信设备、外存储器。

98. C. 解答如下：

根据冯·诺依曼结构原理，计算机硬件系统包括运算器、存储器、控制器、输入/输出设备（I/O 设备）。

99. B. 解答如下：

微处理器与存储器以及外围设备之间的数据传送操作通过总线进行。

100. C. 解答如下：

操作系统的随机性是指在操作系统控制下的多个作业的执行顺序、每个作业的执行时间是不确定的，即在一个随机的环境中进行的。

101. B. 解答如下：

Windows2000 以及今后更新的操作系统版本是一个多任务的操作系统。

102. D. 解答如下：

将十进制数变为二进制数，$256=(100000000)B$，$0.625=(0.101)B$，即：$256.625=(100000000.101)B$；再将二进制数的每三位划分为八进制的，即：$(100\ 000\ 000.101)B=400.5$。

103. D. 解答如下：

$1kB=1024B$，$1MB=1024kB$，$1GB=1024MB$，$1TB=1024GB$

104. D. 解答如下：

计算机病毒特点不包括人机共患性、细菌传播性，其特点包括 A、C 项。

105. C. 解答如下：

按计算机网络作用范围的大小，可将网络划分为：局域网、城域网、广域网。

106. B. 解答如下：

局域网拓扑结构可分为：星形、环形、总线型、以及它们的混合型。

107. C. 解答如下：
$$i=(1+6\%/2)^2-1=6.09\%$$
$$6.09\%-6\%=0.09\%$$

108. D. 解答如下：

第一年贷款利息：$400/2\times6\%=12$ 万元

第二年贷款利息：(400+12+800/2)×6％=48.72万元

建设期总贷款利息：12+48.72=60.72万元

109. D. 解答如下：

股利必须在企业税后利润中支付，故不能抵减所得税的缴纳：

$K_c=8000×10％/[8000×(1-3％)]+5％=15.31％$

110. C. 解答如下：

第10年的净现金流量=25+20=45万元

111. D. 解答如下：

社会折现率能反映资金占用的机会成本，应选D项。

112. A. 解答如下：

根据题目条件，产品价格变化相对最小的，其就使项目净现值为零，因此，产品价格为最敏感因素。

113. A. 解答如下：

当差额的内部收益率（亦称增量内部收益率）大于基准收益率时，选投资大的方案；当差额的内部收益率小于基准收益率时，选投资小的方案，因此，题目A、B两方案优劣相等时的基准收益率等于差额的内部收益率，即13％。

114. C. 解答如下：

$F_3=4/(3+5+4+1+2)=0.27$

115. D. 解答如下：

根据《中华人民共和国建筑法》第二十七条规定："大型建筑工程或者结构复杂的建筑工程，可以由两个以上的承包单位联合共同承包。共同承包的各方对承包合同的履行承担连带责任。两个以上不同资质等级的单位实行联合共同承包的，应当按照资质等级低的单位的业务许可范围承揽工程。"

116. B. 解答如下：

根据《中华人民共和国安全生产法》规定，A、C、D项属于权利，因此，选B项。

117. B. 解答如下：

根据《中华人民共和国招标投标法》规定："投标人应当在招标文件要求提交投标文件的截止时间前，将投标文件送达投标地点。招标人收到投标文件后，应当签收保存，不得开启。投标人少于三个的，招标人应当依照本法重新招标。在招标文件要求提交投标文件的截止时间后送达的投标文件，招标人应当拒收。"

118. C. 解答如下：

根据《中华人民共和国民法典》，行使撤销权的有效期限是：自知道或者应当知道撤销事由之日起一年内。

119. C. 解答如下：

根据《建设工程质量管理条例》第三十九条规定："建设工程实行质量保修制度。建设工程承包单位在向建设单位提交工程竣工验收报告时，应当向建设单位出具质量保修书。质量保修书中应当明确建设工程的保修范围、保修期限和保修责任等。"

第四十条规定："在正常使用条件下，建设工程的最低保修期限为：（一）基础设施工程、房屋建筑的地基基础工程和主体结构工程，为设计文件规定的该工程的合理使用年限;(二)屋面防水工程、有防水要求的卫生间、房间和外墙面的防渗漏,为5年;(三)供热与供冷系统,为2个采暖期、供冷期;(四)电气管线、给水排水管道、设备安装和装修工程,为2年。其他项目的保修期限由发包方与承包方约定。建设工程的保修期,自竣工验收合格之日起计算。"

120. A. 解答如下:

根据《建设工程安全生产管理条例》第八条规定:"建设单位在编制工程概算时,应当确定建设工程安全作业环境及安全施工措施所需费用。"

(下午卷)

1. B	2. C	3. B	4. D	5. D	6. B	7. B	8. B	9. C	10. A
11. C	12. A	13. A	14. A	15. A	16. A	17. D	18. B	19. D	20. B
21. D	22. A	23. D	24. A	25. C	26. C	27. A	28. B	29. D	30. B
31. D	32. C	33. C	34. D	35. D	36. C	37. A	38. D	39. B	40. A
41. D	42. B	43. B	44. B	45. D	46. D	47. D	48. D	49. B	50. D
51. B	52. D	53. A	54. B	55. B	56. A	57. A	58. C	59. A	60. C

1. B. 解答如下：

材料的孔隙率变化，其密度不变，排除 C、D 项。

材料的开口孔隙率增加时，其抗冻性、抗渗性、耐腐蚀性降低、导热系数提高。

2. C. 解答如下：

当外力增大到一定限度后，材料突然破坏，并且破坏时无明显的塑性变形的性质称为脆性。

3. B. 解答如下：

影响硬化水泥浆体的强度的因素有：水泥的强度、水灰比，以及自身的毛细孔隙率。当自身的毛细孔隙率越大，硬化水泥浆体的强度越低。

4. D. 解答如下：

盐类化学反应是指盐类离子（如氯离子）对混凝土的化学腐蚀。

5. D. 解答如下：

混凝土材料的强度与拌合水的品质无关。

6. B. 解答如下：

石材的工艺性质是指加工性、磨光性、抗钻性等，而耐腐蚀性是石材的物理性质。

7. B. 解答如下：

乳化沥青是沥青微粒分散在有乳化剂的水中而成的乳胶体。

8. B. 解答如下：

根据坐标方位角的定义，当 $\Delta X_{AB}<0$，$\Delta Y_{AB}<0$ 时，可知，其方位角大于 180°，因此选 B 项。

9. C. 解答如下：

根据《国家基本比例尺地形图分幅和编号》（2012 年版）规定，地形图的编号以 1∶100 万为基础，大于该比例尺的地形图（如：1∶50 万、1∶25 万）应在 1∶100 万地形图编号之后加比例尺代号，其次加行号、列号。如 J50B001001 表示：J50 为 1∶100 万的基本图、B 为 1∶50 万比例尺、001 为图幅行号、001 为图幅列号。

10. A. 解答如下：

用经纬仪测量水平角，当测量两个方向所夹的水平角时一般采用测回法。

此外，方向观测法、全圆方向法适用于 2 个及以上方向的水平角测量。

11. C. 解答如下：

布设矩形方格网，纵横两条主轴要与建筑物的轴线平行，主轴线上主点的个数不少于 3 个。

12. A. 解答如下：

视距测量水平距离的计算公式：$D=Kl\cos^2\alpha$，K 为视距常数，应选 A 项。

13. A. 解答如下：

《中华人民共和国城市房地产管理法》第三十四条规定："国家实行房地产价格评估制度。"

14. A. 解答如下：

根据《中华人民共和国节约能源法》第二条规定："本法所称能源，是指煤炭、石油、天然气、生物质能和电力、热力以及其他直接或者通过加工、转换而取得有用能的各种资源。"

15. A. 解答如下：

根据《中华人民共和国建筑法》第七条规定："建筑工程开工前，建设单位应当按照国家有关规定向工程所在地县级以上人民政府建设行政主管部门申请领取施工许可证；但是，国务院建设行政主管部门确定的限额以下的小型工程除外。按照国务院规定的权限和程序批准开工报告的建筑工程，不再领取施工许可证。"

16. A. 解答如下：

根据《建设工程质量管理条例》第七十四条规定："建设单位、设计单位、施工单位、工程监理单位违反国家规定，降低工程质量标准，造成重大安全事故，构成犯罪的，对直接责任人员依法追究刑事责任。"

17. D. 解答如下：

沉桩采用桩尖设计标高控制为主时，一般是摩擦桩，其桩尖土层为软土层。

18. B. 解答如下：

根据《混凝土结构工程施工规范》（2011 年版）第 10.2.1 条规定："冬期施工混凝土宜采用硅酸盐水泥或普通硅酸盐水泥；当蒸汽养护时，宜采用矿渣硅酸盐水泥。"

19. D. 解答如下：

当层数在 10 层及以下，平面呈板式的房屋结构吊装时，采用轨道式塔式起重机最经济合理。

20. B. 解答如下：

某工作最早完成时间与其紧后工作的最早开始时间之差的最小值，称为自由时差，即自由时差是某一项工作（如：G 工作）的紧后工作的最早开始时间减去本工作（G 工作）的最早完成时间。

21. D. 解答如下：

由于施工单位的原因导致工期延长，不应通过办理工期签证予以扣除。

22. A. 解答如下：

根据《混凝土结构设计规范》规定，构件受到扭矩、剪力共同作用下，其受扭承载力的计算公式含参数 β_t（抗扭承载力降低系数，即考虑剪力的不利影响），因此，应选 A 项。

23. D. 解答如下：

根据混凝土受弯构件的斜截面承载力计算公式，它与 A、B、C 项有关，但与 D 项无关。

24. A. 解答如下：

题目图示板的长宽比为 1.5，按双向板设计，四边固定的双向板，其塑性铰线为 A 项。

25. C. 解答如下：

钢筋混凝土剪力墙的边缘构件分为构造边缘构件和约束边缘构件，构造边缘构件和约束边缘构件内均应设置箍筋。

26. C. 解答如下：

高强度低合金钢按冲击韧性划分质量等级。

27. A. 解答如下：

普通钢轴心受压构件的整体稳定性计算时，应计算稳定系数 φ，而稳定系数与构件的长细比有关。

28. B. 解答如下：

计算角焊缝受剪承载力时需要限制焊缝的计算长度，主要考虑焊缝剪应力分布的不均匀影响，这是针对侧面角焊缝的受剪。

29. D. 解答如下：

钢屋盖中横向水平支撑的主要作用是提供屋架侧向支承点，此外，它也保证在施工和使用阶段屋盖结构的空间几何稳定性、空间整体性、承受和传递水平荷载。

30. B. 解答如下：

在其他条件相同的情况下，墙体受压承载力为 $\varphi A f$，φ 与高厚比有关。当高厚比越增加时，意味着构件的"长细比"越大，φ 越小，导致承载力越小。

31. D. 解答如下：

影响砌体结构房屋空间工作性能的主要因素是：房屋屋盖、楼盖的类别；横墙的间距。

32. C. 解答如下：

《砌体结构设计规范》（2011 年版）第 7.3.12 条规定：承重墙梁的支座处应设置落地翼墙，当不能设置翼墙时，应设置落地且上下贯通的混凝土构造柱。

33. C. 解答如下：

《建筑抗震设计规范》（2016 年版）第 7.1.4 条及其条文说明：多层砌体房屋一般可以不做整体弯曲验算，但为了保证房屋的稳定性，应限制其高宽比。

34. D. 解答如下：

去掉三根支座链杆，再去掉四个角部的二元体，其简化为图 7-4-34 所示，三根链杆平行，故为常变体系。

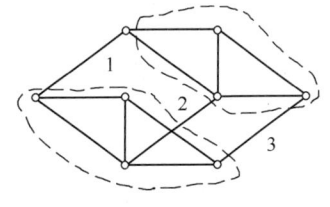

图 7-4-34

35. D. 解答如下：

水平方向力平衡，$X_C = 8 \times 3 = 24 \text{kN}$

E 点力矩平衡，$M_{ED} = X_C \cdot 3 = 24 \times 3 = 72 \text{kN} \cdot \text{m}$

36. C. 解答如下：

由结构荷载为正对称，故 $M_{CF} = ql^2/36$，$F_{N,CF} = -5ql/12$，

对 B 点取力矩：$M_{BC} = \dfrac{5ql}{12} \cdot l - \dfrac{ql^2}{36} - \dfrac{1}{2} ql^2 = -\dfrac{ql^2}{9}$

37. A. 解答如下：

当 $P=1$ 作用在 C 点时，支座反力均为 1，取 CK 段分析，如图 7-4-37 所示，

$$M_K = 1 \times 4 - 1 \times \overline{CD}$$
$$= 4 - 1 \times (8 - 8\cos30°)$$
$$= 4\sqrt{3} - 4 = 4(\sqrt{3} - 1)$$

38. D. 解答如下：

由整体分析，对 A 点取力矩，$Y_B=0$；再分析 BC 段，如图 7-4-38 所示：

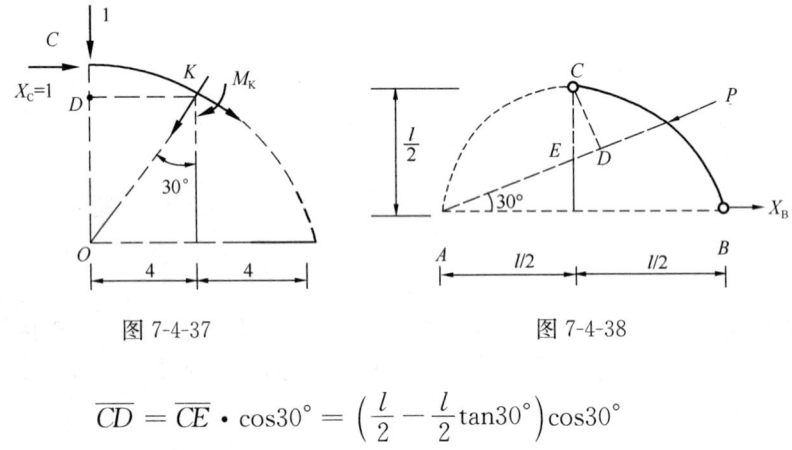

图 7-4-37　　　　　　图 7-4-38

$$\overline{CD} = \overline{CE} \cdot \cos30° = \left(\frac{l}{2} - \frac{l}{2}\tan30°\right)\cos30°$$
$$= \frac{l}{2}(\cos30° - \sin30°) = \frac{l}{2}\left(\frac{\sqrt{3}}{2} - \frac{1}{2}\right)$$

$$P \cdot \overline{CD} = X_B \cdot \frac{l}{2}, \text{则}: X_B = \frac{\sqrt{3}-1}{2}P$$

39. B. 解答如下：

弹簧刚度增大，其整个结构的抗侧刚度变大，故 A 点水平位移减小。

40. A. 解答如下：

结构对称、荷载反对称，支座的反力为反对称，由水平方向力平衡，$H_A=P$。

41. D. 解答如下：

用位移法，B 点向下有位移 Δ，则：

$$\left(\frac{3EI}{l^3} + \frac{3EI}{l^3}\right)\Delta + k\Delta = P$$

解之得：$\Delta = \dfrac{Pl^3}{18EI}$

$$M_{BC} = -3i_{BC}\theta_{BC} = -3i_{BC}\left(\frac{-\Delta}{l}\right) = 3\frac{EI}{l} \cdot \frac{Pl^3}{18EI} \cdot \frac{1}{l} = \frac{Pl}{6}$$

42. B. 解答如下：

用力法，支座 B 的弹簧力设为 X，由力法方程：

$$\frac{Xl^3}{3EI} - \frac{ql^4}{8EI} = -\frac{X}{k}$$

C 点弯矩为 0，则由 BC 段力矩平衡：$X = \dfrac{ql}{4}$，代入上式，则：

$$k = \frac{6EI}{l^3}$$

43. B. 解答如下：

题目图（a），当升温时，各杆件将伸长，任何一根杆件的伸长量受到其他两根杆件的约束，不能自由伸长，故产生杆件的内力。

题目图（b），当升温时，各杆件伸长时，能自由伸长，并且伸长量是变形协调的，故杆件无内力。

44. B. 解答如下：

整体分析，水平方向力平衡，支座的水平反力为零，故结构为对称结构。将荷载分解为对称、反对称荷载，如图 7-4-44 所示。

可知，$M_{BA} = -\dfrac{Pl}{4}$

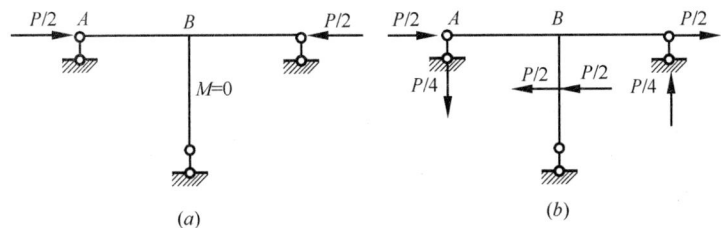

图 7-4-44

45. D. 解答如下：

$$\mu_{A1} = \frac{4 \times 3}{1 \times 2 + 4 \times 4 + 3 \times 1 + 4 \times 3} = \frac{12}{33} = \frac{4}{11}$$

46. D. 解答如下：

在质点 m 处施加单位力，求出 $\delta = \dfrac{1}{4k}$，则：

$$\omega = \sqrt{\frac{1}{m\delta}} = \sqrt{\frac{4k}{m}}$$

47. D. 解答如下：

$$\mu = \frac{1}{1 - \left(\dfrac{\theta}{\omega}\right)^2} = \frac{1}{1 - 2^2} = -\frac{1}{3}$$

48. D. 解答如下：

$$\xi = \frac{1}{2\pi n} \ln \frac{y_k}{y_{k+n}} = \frac{1}{2\pi \times 5} \ln \frac{1}{0.04} = 0.1025$$

49. B. 解答如下：

试验前计算最大加载值和相应变形值应取实际材料性能指标进行计算。

50. D. 解答如下：

用电阻应变片（计）测量混凝土构件的应变时，为得到标距范围内的平均应变，电阻应变片（计）的标距应至少大于骨料颗粒粒径的 4 倍。

51. B. 解答如下：

按位移控制加载时，应使骨架曲线出现下降段，墙体至少应加载到荷载下降为极限荷载的85%，方可结束试验。

52. D. 解答如下：

脉动法假设脉动激励信号是白噪声信号，建筑物的脉动是一种平稳的各态历经的随机过程。

53. A. 解答如下：

检测混凝土内部钢筋锈蚀可采用电位差法。

54. B. 解答如下：

$$m_v = \frac{\Delta h/h}{\Delta p} = \frac{0.043/21.7}{40 \times 10^{-3} - 10 \times 10^{-3}} = 6.60 \times 10^{-2} \text{MPa}^{-1}$$

55. B. 解答如下：

黏性土处于可塑状态时，土中水主要是弱结合水。

56. A. 解答如下：

孔隙水压力增量：$\Delta u = B \cdot [\Delta \sigma_3 + A(\Delta \sigma_1 - \Delta \sigma_3)]$

饱和土，取 $B=1$，土近似视为弹性时，取 $A=1/3$

$$\Delta u = 1 \times (40 + 1/3 \times 37.7) = 52.57 \text{kPa}$$

57. A. 解答如下：

近似按下式计算：

$$K_0 = 1 - \sin 30° = 0.5$$

58. C. 解答如下：

软土上的建筑物为减少地基的变形和不均匀沉降，增大基础的强度是无效措施。

此外，基础的强度、基础的刚度是不同的概念。

59. A. 解答如下：

群桩数量 $= 4 \times 4 = 16$ 根，桩间距5m大于桩径的2倍，不考虑群桩效应。

群桩承载力 $= 16 \times 2000 = 32000 \text{kN}$

60. C. 解答如下：

加筋法属于土的补强，即将强度较高的土工合成材料埋设在土层中，起到改善土的力学性能、提高土的强度和稳定性、减少变形等作用。

2018年真题（上、下午卷）答案与解答

（上午卷）

1. B	2. D	3. C	4. A	5. B	6. D	7. B	8. B	9. C	10. B
11. D	12. A	13. C	14. B	15. C	16. B	17. C	18. D	19. D	20. B
21. C	22. C	23. B	24. D	25. C	26. B	27. C	28. D	29. C	30. A
31. D	32. A	33. D	34. C	35. A	36. B	37. C	38. A	39. A	40. A
41. B	42. C	43. C	44. D	45. A	46. B	47. B	48. A	49. D	50. D
51. C	52. B	53. C	54. C	55. C	56. C	57. C	58. D	59. B	60. A
61. C	62. D	63. A	64. A	65. A	66. D	67. C	68. B	69. C	70. C
71. C	72. B	73. B	74. D	75. D	76. B	77. C	78. B	79. B	80. D
81. B	82. C	83. D	84. A	85. C	86. B	87. A	88. B	89. C	90. C
91. B	92. B	93. B	94. D	95. C	96. A	97. A	98. A	99. B	100. D
101. B	102. C	103. D	104. D	105. D	106. A	107. B	108. B	109. A	110. D
111. B	112. A	113. C	114. D	115. B	116. A	117. B	118. A	119. A	120. B

1. B. 解答如下：

当 $x \to \infty$ 时，$\dfrac{1}{x}$ 是无穷小，而 $\sin x$ 是有界函数，则：

$$\lim_{x \to \infty} \frac{\sin x}{x} = 0$$

2. D. 解答如下：

采用验证法，A、B、C 项均不满足，故选 D 项。

3. C 解答如下：

$$\text{原式} = \lim_{x \to x_0} \frac{xf(x_0) - x_0 f(x_0) - x_0 f(x) + x_0 f(x_0)}{x - x_0}$$

$$= \lim_{x \to x_0} \left\{ \frac{(x-x_0)f(x_0)}{x-x_0} + \frac{-x_0[f(x) - f(x_0)]}{x-x_0} \right\}$$

$$= f(x_0) - x_0 f'(x_0)$$

4. A. 解答如下：

$$\text{原式} = \varphi'(x) e^{[\varphi(x)]^2} - \varphi'(x^2) \cdot 2x \cdot e^{[\varphi(x^2)]^2}$$

5. B. 解答如下：

$$\int xf(1-x^2)\mathrm{d}x = -\frac{1}{2}\int f(1-x^2)\mathrm{d}(1-x^2) = -\frac{1}{2}F(1-x^2) + C$$

6. D. 解答如下：

$y' = 4x + a = 0$，则：$4 \times 1 + a = 0$，$a = -4$

7. B. 解答如下：

如图 8-3-7 所示。

$$|\boldsymbol{\alpha} + \boldsymbol{\beta}| = \sqrt{\left(2 + 1 \cdot \cos\frac{\pi}{3}\right)^2 + \left(1 \cdot \sin\frac{\pi}{3}\right)^2}$$

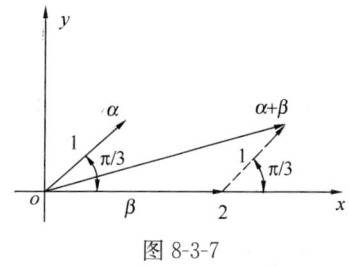

图 8-3-7

$$= \sqrt{2.5^2 + \frac{3}{4}}$$
$$= \sqrt{7}$$

8. B. 解答如下：

对微分方程进行积分：$y' = \int \sin x dx = -\cos x + C_1$

$y = \int(-\cos x + C_1)dx = -\sin x + C_1 x + C_2$

9. C. 解答如下：

令 $W(x) = f(x)g(x)$

$W'(x) = f'(x)g(x) + f(x)g'(x) > 0$，故 $W(x)$ 为单调递增。

$f(a)g(a) < f(x)g(x) < f(b)g(b)$

10. B. 解答如下：

如图 8-3-10 所示，取 y 轴积分：

$A = \int_{\ln a}^{\ln b} e^y dy = e^y \big|_{\ln a}^{\ln b} = b - a$

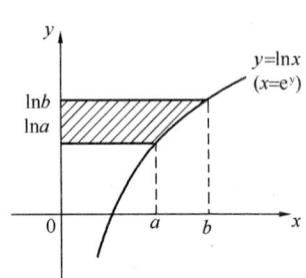

图 8-3-10

11. D. 解答如下：

验证法，仅 D 项满足。

12. A. 解答如下：

一阶偏导数存在是该函数可微分的必要条件，但不是充分条件。

13. C. 解答如下：

根据级数收敛的必要条件：$\lim\limits_{n \to \infty} u_n = 0$

对 C 项：$\lim\limits_{n \to \infty} u_n = \lim\limits_{n \to \infty} \left(\frac{n}{2n+1}\right)^2 = \frac{1}{4} \neq 0$，故级数发散。

14. B. 解答如下：

$r_1 = -1$, $r_2 = 4$，则 $(r+1)(r-4) = 0$

$r^2 - 3r - 4 = 0$，故：$y'' - 3y' - 4y = 0$

15. C. 解答如下：

如图 8-3-15 所示，直线 L 的方程为：

$$\begin{cases} x = x \\ y = -x + 1 (0 \leqslant x \leqslant 1) \end{cases}$$

$ds = \sqrt{1^2 + (-1)^2}dx = \sqrt{2}dx$

$\int_L \cos(x+y)ds = \int_0^1 \cos(x-x+1)\sqrt{2}dx$

$= \sqrt{2}\int_0^1 \cos 1 dx = \sqrt{2}\cos 1 \cdot x \big|_0^1$

$= \sqrt{2}\cos 1$

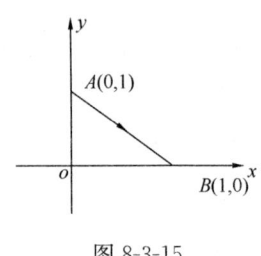

图 8-3-15

16. B. 解答如下：

利用对称性，取第 1 象限，$0 \leqslant x \leqslant 1$，$0 \leqslant y \leqslant 1$，则：

$$\iint\limits_D (x^2+y^2)\mathrm{d}x\mathrm{d}y = 4\iint\limits_{D_1}(x^2+y^2)\mathrm{d}x\mathrm{d}y = 4\int_0^1 \mathrm{d}x\int_0^1(x^2+y^2)\mathrm{d}y$$

$$= 4\int_0^1 \left(x^2 y + \frac{1}{3}y^3\right)\Big|_0^1 \mathrm{d}x = 4\int_0^1 \left(x^2 + \frac{1}{3}\right)\mathrm{d}x$$

$$= 4\times\left(\frac{1}{3}x^3 + \frac{1}{3}x\right)\Big|_0^1 = 4\times\left(\frac{1}{3}+\frac{1}{3}-0\right) = \frac{8}{3}$$

17. C. 解答如下：

$f'(x) = a^x \ln a$，$f'(0) = \ln a$

$f''(x) = a^x (\ln a)^2$，$f''(0) = (\ln a)^2$

故选 C 项。

18. D. 解答如下：

$$\frac{\partial z}{\partial x} = 2xy f'(x^2 y)$$

$$\frac{\partial^2 z}{\partial x \partial y} = 2x \cdot \left[f'(x^2 y) + y f''(x^2 y) \cdot x^2\right]$$

19. D. 解答如下：

$$|-2\mathbf{A}^\mathrm{T}\mathbf{B}^{-1}| = (-2)^3 |\mathbf{A}^\mathrm{T}\mathbf{B}^{-1}| = (-8) \cdot |\mathbf{A}^\mathrm{T}| \cdot |\mathbf{B}^{-1}|$$

$$= (-8) \cdot |\mathbf{A}| \cdot \frac{1}{|\mathbf{B}|} = (-8)\times 1 \times \left(\frac{1}{-2}\right) = 4$$

20. B. 解答如下：

由题目条件，可知：

$$\begin{vmatrix} a & 1 & 1 \\ 1 & a & 1 \\ 1 & 1 & a \end{vmatrix} = 0$$

当 $a=1$ 时，上式满足，故选 B 项。

21. C. 解答如下：

矩阵 $\mathbf{A}$ 的二次型：

$$f(x_1, x_2, x_3) = x_1^2 - 2x_1 x_2 + 3x_2^2$$

$$= (x_1 - x_2)^2 + 2x_2^2$$

令 $y_1 = x_1 - x_2$，$y_2 = x_2$，则：

$$f(x_1, x_2, x_3) = y_1^2 + 2y_2^2$$

22. C. 解答如下：

事件 A、B 独立：

$$P(A\cup B) = P(A) + P(B) - P(AB)$$

$$= P(A) + P(B) - P(A)P(B)$$

$$= (1-0.4) + (1-0.5) - (1-0.4)\times(1-0.5)$$

$$= 0.8$$

23. B. 解答如下：

概率密度函数 $f(x)$ 为：

$$f(x) = F'(x) = \begin{cases} 3x^2 & (0 < x \leqslant 1) \\ 0 & \text{(其他)} \end{cases}$$

$$E(x) = \int_0^1 x \cdot 3x^2 \, dx$$

24. D. 解答如下：

$P(x=3, y=1) = P(x=3) \cdot P(y=1)$，则：

$$\frac{1}{18} = \left(\frac{1}{18} + \alpha\right) \cdot \left(\frac{1}{6} + \frac{1}{9} + \frac{1}{18}\right) = \left(\frac{1}{18} + \alpha\right) \times \frac{1}{3}$$

可得：$\alpha = \frac{1}{9}$，选 D 项。

25. C. 解答如下：

由分子的平均平动动能公式，可得 $\frac{3}{2}kT$。

26. B. 解答如下：

平均自由程 $\bar{\lambda} = \dfrac{1}{\sqrt{2}\pi d^2 n}$

n 为单位体积的分子数，故取决于体积 V。

27. C. 解答如下：

由题目条件，可知，C 项正确。

28. D. 解答如下：

$T_2 = T_1$，故气体的内能保持不变。

29. C. 解答如下：

$y = 0.01\cos 10\pi(25 \times 0.1 - 2) = -0.01$

30. A. 解答如下：

$A = 0.02\text{m}$，$T = \dfrac{2\pi}{\omega} = \dfrac{2\pi}{50\pi} = 0.04\text{s}$

31. D. 解答如下：

当媒质质元在其平衡位置处，其有最大形变量。

32. A. 解答如下：

$\delta = (r - d + n_2 d) - (r - d + n_1 d) = (n_2 - n_1)d$

33. D. 解答如下：

此时，原 k 级条纹向环中心移动，即环状干涉条纹向中心收缩。

34. C. 解答如下：

$\Delta\varphi = \dfrac{2\pi}{\lambda}\delta = \dfrac{2\pi}{\lambda} \cdot nl$

当 $\Delta\varphi = 3\pi$，则：$3\pi = \dfrac{2\pi}{\lambda}nl$，$l = \dfrac{3\lambda}{2n}$

35. A. 解答如下：

由条件，则：$\delta = 2nd + \dfrac{\lambda}{2} = k\lambda$（$k$ 取整数）

可见光范围 λ 为：400~760nm

$\lambda=400\text{nm}$：$2\times1.5\times0.4\times10^{-6}\times10^9+\dfrac{\lambda}{2}=k\lambda$，则 $k=3.5$

$\lambda=760\text{nm}$：$2\times1.5\times0.4\times10^{-6}\times10^9+\dfrac{\lambda}{2}=k\lambda$，则 $k=2.1$

故取 $k=3$，$\lambda=480\text{nm}$

36. B. 解答如下：

$l\sin\theta=\dfrac{\lambda}{2n}$，取 $\sin\theta=\theta$，则：

$$n=\dfrac{\lambda}{2l\theta}=\dfrac{589\times10^{-9}\times10^3}{2\times2.4\times8\times10^{-5}}=1.533$$

37. C. 解答如下：

该元素的基态核外电子排列为：$1s^22s^22p^63s^23p^64s^2$

38. A. 解答如下：

离子半径越小，其极化力越大。

39. A. 解答如下：

NH_4Cl 为强酸弱碱盐，排除 B、D 项。

Na_3PO_4 的碱性大于 $NaOAc$，故选 A 项。

40. A. 解答如下：

由 $2A(g)+B(g)\rightleftharpoons 2C(g)$，可知：

平衡时，$p(A)=200\text{kPa}$，$p(B)=300-\dfrac{100}{2}=250\text{kPa}$

$$K^{\ominus}=\dfrac{\left(\dfrac{100}{100}\right)^2}{\left(\dfrac{200}{100}\right)^2\cdot\left(\dfrac{250}{100}\right)}=0.1$$

41. B. 解答如下：

配平后的方程式为：

$$2MnO_4^-+5SO_3^{2-}+6H^+=2Mn^{2+}+5SO_4^{2-}+3H_2O$$

42. C. 解答如下：

电极电势越大，则电对中氧化态的氧化能力越强。

43. C. 解答如下：

根据标准摩尔焓变 $\Delta_fH_m^{\ominus}$ 的定义，为单质的情况，故 C（石墨）为单质，其生成稳定的单质 CO_2，选 C 项。

44. D. 解答如下：

D 项：乙酸乙酯不含醛基，不会发生银镜反应，故选 D 项。

45. A. 解答如下：

蔗糖为：$C_{12}H_{22}O_{11}$，不是天然高分子。

46. B. 解答如下：

采用验证法，仅 B 项满足。

47. B. 解答如下：

$F_x=F\cos\alpha$，当 $\alpha=0°$，$F_x=F$

当 $\alpha = 90°$，$F_x = F = 0$
故选 B 项。

48. A. 解答如下：

主矢 $F^I = F_1 + F_2 + F_3 = 30\text{N}(\uparrow)$

主矩 $M_O^I = F_3 a - (M_1 + M_2) = -10\text{N} \cdot \text{m}(\curvearrowright)$

49. D. 解答如下：

对 C 点取力矩平衡：$F_A \cdot 2r = F_P \cdot 3r$，$F_A = \dfrac{3}{2} F_P$

50. D. 解答如下：

对 C 点分析，BC 杆为零杆。

51. C. 解答如下：

$v = 4t^3 - 9t^2 + 4t = 4 \times 2^3 - 9 \times 2^2 + 4 \times 2 = 4\text{m/s}$

$a = 12t^2 - 18t + 4 = 12 \times 2^2 - 18 \times 2 + 4 = 16\text{m/s}^2$

52. B. 解答如下：

$a_n = \dfrac{v^2}{r} = \dfrac{15^2}{10/2} = 45\text{m/s}^2$

53. C. 解答如下：

杆 AB 为平动，故点 M、点 A 的速度、加速度相同：

$v_m = v_A = r\omega$，$a_n = r\omega^2$，$a_\tau = r\alpha$

54. C. 解答如下：

$F = ma$，则：

$\mu mg = m\dfrac{v^2}{r}$，即：$v = \sqrt{\mu g r}$

55. C. 解答如下：

重力方向的位移为零，故其做功为零。

摩擦力：$W = F \times \Delta = (10 \times 0.3) \times 4 = 12\text{N} \cdot \text{m}$

56. C. 解答如下：

由动量矩定理：$J\alpha_1 = 1 \times r$

$$J\alpha_2 + m_2 r^2 \alpha_2 + m_3 r^2 \alpha_2 = (m_2 g - m_3 g) \times r = 1 \times r$$

$$J\alpha_3 + m_3 r^2 \alpha_3 = m_3 g r = 1 \times r$$

可知：$\alpha_1 > \alpha_3 > \alpha_2$

57. C. 解答如下：

由动量矩定理：$J_0 \alpha = mg \dfrac{l}{2}$，$J_0 = \dfrac{1}{3}ml^2$

则：$\alpha = \dfrac{3g}{2l}$

施加于杆 OA 的附加动反力 F_{0y}：

$F_{0y} = -ma_c = -m \cdot \alpha \cdot \dfrac{l}{2} = -m \cdot \dfrac{3g}{2l} \cdot \dfrac{l}{2} = -\dfrac{3}{4}mg(\uparrow)$

58. D. 解答如下：

题目图（a）：$\omega = \sqrt{k/m}$

题目图（b）：$\omega = \sqrt{\dfrac{k/2}{m}} = \sqrt{\dfrac{k}{2m}}$

59. B. 解答如下：

截面法，可知：$N_{max} = 5kN$

60. A. 解答如下：

$\Delta_c = \Delta l_{AB} + \Delta l_{BC} = \dfrac{(-F) \cdot l}{E \cdot 2A} + \dfrac{F \cdot l}{EA} = \dfrac{Fl}{2EA}$

61. C. 解答如下：

由题目条件，$q = \dfrac{F}{A} = \dfrac{1000 \times 10^3}{\dfrac{\pi}{4} \times 1000^2} = \dfrac{4}{\pi} N/mm^2$

作用在剪切面上的力 Q：

$$\dfrac{Q}{A_Q} = \dfrac{Q}{\pi dt} = \dfrac{q \cdot \dfrac{\pi}{4} \times (1000^2 - 500^2)}{\pi \times 500 t} \leqslant [\tau] = 1.5$$

解之得：$t \geqslant 318.3 mm$

62. D. 解答如下：

$\varphi = \dfrac{M_T l}{G I_P} = \dfrac{M_T l}{G \cdot \dfrac{\pi d^4}{32}}$

故 φ 与 d^4 成反比。

63. A. 解答如下：

$$I_z = I_{圆} - I_{矩} = \dfrac{\pi d^4}{64} - \left[\dfrac{1}{12}bh^3 + bh \cdot \left(\dfrac{h}{2}\right)^2\right]$$

$$= \dfrac{\pi d^4}{64} - \dfrac{bh^3}{3}$$

64. A. 解答如下：

$\tau_A = \dfrac{T}{W_T}$，又 $\tau_A = Gr$，则：

$$T = Gr W_T$$

65. A. 解答如下：

$\rho = \dfrac{M_1}{EI_1} = \dfrac{M_2}{EI_2}$，则：$\dfrac{M_1}{M_2} = \dfrac{I_1}{I_2} = \dfrac{\dfrac{ba^3}{12}}{\dfrac{b(2a)^3}{12}} = \dfrac{1}{8}$

又由 $M_1 + M_2 = m$，则：$M_1 = \dfrac{m}{9}$

66. D. 解答如下：

F 未通过截面的弯曲中心，必产生扭转，同时，在 xy' 平面内、xz' 平面内发生双向弯曲。

67. C. 解答如下：

$$\tau = \frac{T}{W_T} = \frac{T}{\frac{1}{16}\pi d^3} = \frac{16T}{\pi d^3}$$

$$\sigma = \frac{F}{A} = \frac{F}{\frac{1}{4}\pi d^2} = \frac{4F}{\pi d^2}$$

$$\sigma_{eq3} = \sqrt{\sigma^2 + 4\tau} = \sqrt{\left(\frac{4F}{\pi d^2}\right)^2 + 4\left(\frac{16T}{\pi d^3}\right)^2}$$

68. D. 解答如下：

题目图 A：$\sigma_1 = \sigma$，$\sigma_2 = \sigma$，$\sigma_3 = 0$，$\tau_{\max} = \frac{\sigma - 0}{2} = \frac{\sigma}{2}$

图 B：$\sigma_1 = \sigma$，$\sigma_2 = 0$，$\sigma_3 = -\sigma$，$\tau_{\max} = \frac{\sigma - (-\sigma)}{2} = \sigma$

图 C：$\sigma_1 = 2\sigma$，$\sigma_2 = 0$，$\sigma_3 = -\frac{\sigma}{2}$，$\tau_{\max} = \frac{2\sigma + \sigma/2}{2} = \frac{5}{4}\sigma$

图 D：$\sigma_1 = 3\sigma$，$\sigma_2 = \sigma$，$\sigma_3 = 0$，$\tau_{\max} = \frac{3\sigma - 0}{2} = \frac{3}{2}\sigma$

故选 D 项。

69. C. 解答如下：

A 点：F 产生 σ，T 产生 τ，故选 C 项。

70. C. 解答如下：

$$F_{cr} = \frac{\pi^2 EI}{(\mu l)^2}$$

图 a：$\mu l = 1 \times 5 = 5$；图 b：$\mu l = 2 \times 3 = 6$；图 c：$\mu l = 0.7 \times 6 = 4.2$

故：$F_{cr,c} > F_{cr,a} > F_{cr,b}$

71. C. 解答如下：

压力表测出的压强为相对压强。

72. B. 解答如下：

$$Q = v \cdot \frac{\pi}{4} d^2$$

$$d = \sqrt{\frac{4Q}{\pi v}} = \sqrt{\frac{4 \times 0.015}{\pi \times 20}} = 0.0309 \text{m} = 30.9 \text{mm}$$

73. B. 解答如下：

$\lambda = \frac{64}{Re}$，$Re = \frac{vd}{v}$，则：

$$\lambda = \frac{64}{\frac{10 \times 5}{0.18}} = 0.23$$

74. D. 解答如下：

$$Q = \mu_n A \sqrt{2gH_0}$$
$$= 0.82 \times \frac{\pi}{4} \times (0.04)^2 \times \sqrt{2 \times 9.8 \times 7.5}$$
$$= 0.0125 \text{m}^3/\text{s}$$

75. D. 解答如下：
由题目条件，可知，流量系数相等、流量相等。

76. B. 解答如下：
$v = C\sqrt{Ri}$，$C = \frac{1}{n}R^{\frac{1}{6}}$，则：
$$v = \frac{1}{0.02} \times 1^{\frac{1}{6}} \times \sqrt{1 \times 0.0008} = 1.41 \text{m/s}$$

77. C. 解答如下：
达西定律适用于均匀土壤层流渗流。

78. B. 解答如下：
运动相似是几何相似、动力相似的表象。

79. B. 解答如下：
由安培环路定律：$\oint_L H\mathrm{d}l = \Sigma I = NI$，则
$$H \cdot 2\pi r = NI$$
按右手螺旋法则，为顺时针方向。

80. D. 解答如下：
$U = -2 \times 2 - 2 = -6\text{V}$

81. B. 解答如下：
KCL 独立方程数＝节点数－1＝$n-1$＝4－1＝3
KVL 独立方程数＝$m-n+1$＝6－4＋1＝3
其中，④、⑤不属于 KVL 独立方程。

82. C. 解答如下：
采用验证法，仅 C 项满足。

83. D. 解答如下：
由题图示：$U_{o1}/u_{i1}=1$，则：$U_{o1}=1\times10=10\text{V}$
$U_{o2}/u_{i2}=0.1$，则：$U_{o2}=0.1\times10=1\text{V}$

84. A. 解答如下：

由题目条件，则：$\dot{I}_1 = \dot{I}_N + \dot{I}_{C1}$，$\dot{I}_2 = \dot{I}_N + \dot{I}_{C2}$
其相量图，如图 8-3-84 所示。

可知，$|\dot{I}_{C1}| > |\dot{I}_{C2}|$，又 $I_C = \dfrac{U}{X_C} = \dfrac{U}{\dfrac{1}{\omega C}} = U\omega C$

故：$C_1 > C_2$

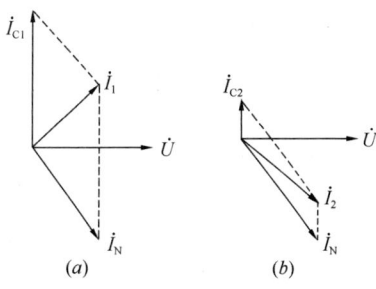

图 8-3-84

85. C. 解答如下：
$\dfrac{N_1}{N_{21}} = \dfrac{u_1}{u_2}$，则：$N_{21} = 550 \times \dfrac{10}{100} = 55$ 匝

同理，$N_{22} = 550 \times \dfrac{20}{100} = 110$ 匝

86. C. 解答如下：

根据电动机的过载保护知识，应选 C 项。

87. A. 解答如下：

题目图 (b) 是图 (a) 的模拟信号。此外，图 (c) 是采样信号。

88. B. 解答如下：

根据周期信号的定义和特性，可知，三次谐波分量为 $U\sin3\times10^3 t$，并且 $U<5V$。

89. C. 解答如下：

当 $f>f_H$ 时，$u_2(t)$ 的有效值 $<AU_1$，故选 C 项。

90. C. 解答如下：
$$\overline{AD+\overline{A}\,\overline{D}}=\overline{AD}\cdot\overline{\overline{A}\,\overline{D}}=(\overline{A}+\overline{D})\cdot\overline{\overline{A}+\overline{D}}=(\overline{A}+\overline{D})\cdot(A+D)$$
$$=\overline{A}D+A\overline{D}$$

91. B. 解答如下：

$F=\overline{A+B}$，即：或非关系

$A+B$ 为 1，则 $\overline{A+B}$ 为 0，即：有 1 则 0

可知：A、C、D 项错误。

92. B. 解答如下：

$(16)_{10}(0001\ 0110)_{BCD}$

93. B. 解答如下：

由题目条件，可知，二极管为反向截止状态，则
$$U_F=U_B=5V$$

94. D. 解答如下：

题目图示为积分运算，$u_o=\dfrac{-1}{RC}\int u_i dt=\dfrac{-1}{1\times10^6\times1\times10^{-6}}\int u_i dt=-\int u_i dt$

当 $u_i=1V$，$u_o=-t$

当 $t<10s$ 时，$u_o=-t$

当 $t\geq10s$ 时，反向饱和，$u_o=-10V$

95. C. 解答如下：

由题目图示，输出 Q 与输入信号 A 的关系为：
$$Q_{n+1}=D=A\cdot\overline{Q_n}$$

输入信号在时钟脉冲的上升沿触发，可知，在时钟脉冲的两个下降沿时刻，Q 分别为：1、0。

96. A. 解答如下：

题目图示为 3 个 D 触发器组成，在时钟脉冲的作用下，存储数据依次向左循环移位，其初始化为：$Q_0=0$、$Q_1=1$、$Q_2=0$。

97. A. 解答如下：

计算机按用途可分为专业计算机和通用计算机。

98. A. 解答如下：

当前微机的内存储器大多是半导体存储器。

99. B. 解答如下：

批处理操作系统的功能是将用户的一批作业有序地排列起来，计算机指令系统会自动

地顺序执行作业,以节省人工操作时间、提高计算机的使用效率。

100. D. 解答如下:

杀毒软件具有的功能是检查病毒、消除病毒,以及防止病毒的入侵。

101. B. 解答如下:

目前,微机系统中普通使用的字符信息编码是ASCⅡ码,即美国国家信息交换标准代码。

102. C. 解答如下:

Windows的特点是:友好的图形用户界面、使用方便,系统稳定可靠,同时,是一个多任务的操作环境。

103. D. 解答如下:

虚拟存储技术是把内存与外存有机结合起来,利用大容量的外存储器来扩充内储存器,产生一个比内存空间大很多、逻辑上的虚拟存储空间。

104. D. 解答如下:

利用计算机网络的数据通信功能,可以在计算机系统之间传递各种信息。

105. D. 解答如下:

因特网提供的服务有:电子邮件、远程登录、信息搜索、文件传输、WWW服务等。

106. A. 解答如下:

按网络传输技术的不同,可分为广播式网络、点到点式网络。

此外,按网络传输介质的不同,可分为:双绞线网、同轴电缆网、光纤网、无线网。

按线路上所传输信号的不同,可分为:基带网、宽带网。

107. B. 解答如下:

$A = F(A/F, i, n) = 600(A/F, 5\%, 5) = 600 \times 0.18097 = 108.58$ 万元

108. B. 解答如下:

项目经济评价中,增值税属于价外税,不进入企业成本也不进入销售收入。

但是,按新的《中华人民共和国增值税暂行条例》及其实施细则等规定,项目经济评价中,应考虑增值税,财务分析才能正确计算固定资产原值。

109. A. 解答如下:

每年年末还本金利息为A:$A = P(A/P, i, n) = 150 \times 0.2505 = 37.575$万元

第1年年末还利息:$150 \times 8\% = 12$万元,还本金$= 37.575 - 12 = 25.575$万元

第2年年末还利息:$(150 - 25.575) \times 8\% = 9.954$万元

110. D. 解答如下:

项目内部收益率属于动态指标,常规投资项目只存在一个内部收益率。

计算项目内部收益率不必事先知道准确的基准收益率。

111. B. 解答如下:

影子价格是反映市场供需状况和资源稀缺程度的价格。

112. A. 解答如下:

盈亏平衡点生产能力利用率越低,项目抗风险能力越强。

113. C. 解答如下:

$P_{c甲} = 25 + 4(P/A, 20\%, 20) - 8(P/F, 20\%, 20)$

$$=25+4\times 4.8696-8\times 0.02608=44.27 \text{ 万元}$$

$$P_{cZ}=12+6(P/A,20\%,20)-6(P/F,20\%,20)$$

$$=12+6\times 4.8696-6\times 0.02608=41.06 \text{ 万元}$$

114. D. 解答如下：

价值指数 $=0.140/(880/10000)=1.591$

115. B. 解答如下：

根据《中华人民共和国建筑法》第三十四条规定："工程监理单位应当在其资质等级许可的监理范围内，承担工程监理业务。工程监理单位应当根据建设单位的委托，客观、公正地执行监理任务。"

116. A. 解答如下：

根据《建设工程安全生产管理条例》第六十七条规定："施工单位取得资质证书后，降低安全生产条件的，责令限期改正；经整改仍未达到与其资质等级相适应的安全生产条件的，责令停业整顿，降低其资质等级直至吊销资质证书。"

117. B. 解答如下：

根据《中华人民共和国招标投标法》第三十一条规定："两个以上法人或者其他组织可以组成一个联合体，以一个投标人的身份共同投标。联合体各方均应当具备承担招标项目的相应能力；国家有关规定或者招标文件对投标人资格条件有规定的，联合体各方均应当具备规定的相应资格条件。由同一专业的单位组成的联合体，按照资质等级较低的单位确定资质等级。"

118. A. 解答如下：

根据《中华人民共和国民法典》规定："价款或者报酬不明确的，按照订立合同时履行地的市场价格履行；依法应当执行政府定价或者政府指导价的，按照规定履行。"

119. A. 解答如下：

根据《中华人民共和国环境保护法》第三十五条规定："城乡建设应当结合当地自然环境的特点，保护植被、水域和自然景观，加强城市园林、绿地和风景名胜区的建设与管理。"

120. B. 解答如下：

根据《建设工程安全生产管理条例》第二十一条规定："施工单位主要负责人依法对本单位的安全生产工作全面负责。施工单位应当建立健全安全生产责任制度和安全生产教育培训制度，制定安全生产规章制度和操作规程，保证本单位安全生产条件所需资金的投入，对所承担的建设工程进行定期和专项安全检查，并做好安全检查记录。

施工单位的项目负责人应当由取得相应执业资格的人员担任，对建设工程项目的安全施工负责，落实安全生产责任制度、安全生产规章制度和操作规程，确保安全生产费用的有效使用，并根据工程的特点组织制定安全施工措施，消除安全事故隐患，及时、如实报告生产安全事故。"

(下午卷)

1. D	2. C	3. C	4. C	5. B	6. C	7. B	8. A	9. A	10. A
11. A	12. C	13. A	14. A	15. C	16. B	17. D	18. B	19. B	20. D
21. B	22. A	23. A	24. A	25. C	26. D	27. C	28. B	29. A	30. D
31. C	32. B	33. A	34. A	35. D	36. C	37. B	38. A	39. C	40. A
41. D	42. B	43. B	44. D	45. B	46. B	47. D	48. C	49. D	50. B
51. C	52. C	53. D	54. A	55. B	56. A	57. A	58. D	59. A	60. C

1. D. 解答如下：

韧性材料如木材、钢材等；脆性材料如砖、混凝土砌块、石材、高强度混凝土等。

2. C. 解答如下：

轻质无机材料吸水后，其密实度不变，孔隙率不变，但导热系数增大（因为水的导热系数比空气大）、绝热性能降低。

3. C. 解答如下：

硬化的水泥浆体，当水化硅酸盐凝胶的层间孔隙中的水及其结合水一旦失去，会导致凝胶颗粒相互靠近，表面出现明显的体积减小，水泥浆体发生显著收缩。

4. C. 解答如下：

混凝土配合比设计通常满足的基本要求是：新拌混凝土和易性、混凝土强度、混凝土耐久性、混凝土经济性即成本要求。

5. B. 解答如下：

混凝土的徐变是在外力的作用下，混凝土中的凝胶体向毛细孔中转移产生的收缩；混凝土的干燥收缩是混凝土中的毛细孔和凝胶孔中的水分失去产生的，因此，骨料含量增大，可以抑制徐变、干燥收缩。

6. C. 解答如下：

衡量钢材的塑性变形能力的技术指标是断后延长率。

7. B. 解答如下：

在测定沥青的延度和针入度时，按试验要求，需要保持沥青试样的温度。

8. A. 解答如下：

图根导线测量中，导线全长相对闭合差精度为：$K \leqslant 1/2000$。

9. A. 解答如下：

测站检核方法有：双面尺法、变动仪器高法。

10. A. 解答如下：

相同等高距下，等高线平距越小，表明地势越陡。

11. A. 解答如下：

测量坐标中，以纵轴为 x，横轴为 y，因此，施工坐标中点 P 按下式进行转化：

$$x_P - x_0 = \cos\alpha\, A_P - \sin\alpha\, B_P$$
$$y_P - y_0 = \sin\alpha\, A_P + \cos\alpha\, B_P$$

12. C. 解答如下：

偶然误差的特性是单个误差的出现没有一定的规律性，或没有任何规律性。

13. A. 解答如下：

根据《中华人民共和国消防法》第十一条规定："国务院住房和城乡建设主管部门规定的特殊建设工程，建设单位应当将消防设计文件报送住房和城乡建设主管部门审查，住房和城乡建设主管部门依法对审查的结果负责。前款规定以外的其他建设工程，建设单位申请领取施工许可证或者申请批准开工报告时应当提供满足施工需要的消防设计图纸及技术资料。"

14. A. 解答如下：

根据《建设工程质量管理条例》第四十条规定："建设工程的保修期，自竣工验收合格之日起计算。"

15. C. 解答如下：

根据《注册建造师管理规定》，应选 C 项。

16. B. 解答如下：

根据《建设工程质量管理条例》第十六条规定："建设单位收到建设工程竣工报告后，应当组织设计、施工、工程监理等有关单位进行竣工验收。"

17. D. 解答如下：

基坑回填土压实质量应以干密度作为检测指标。

18. B. 解答如下：

根据《混凝土结构工程施工规范》（2011年版）第 6.4.12 条，先张法预应力筋的放张顺序，应符合下列规定：（1）宜采取缓慢放张工艺进行逐根或整体放张；（2）对轴心受压构件，所有预应力筋宜同时放张；（3）对受弯或偏心受压构件，应先同时放张预压应力较小区域的预应力筋，再同时放张预压应力较大区域的预应力筋；（4）当不能按本条第（1）～（3）款的规定放张时，应分阶段、对称、相互交错放张；（5）放张后，预应力筋的切断顺序，宜从张拉端开始依次切向另一端。

19. B. 解答如下：

最小工作面是指满足操作规程和安全施工技术规程所需的最小活动空间，其所对应安排的施工人数和机械数量是最多的。

20. D. 解答如下：

关键线路是指总持续时间最长的线路。

21. B. 解答如下：

根据《建设工程质量管理条例》第四十条规定："在正常使用条件下，建设工程的最低保修期限为：（一）基础设施工程、房屋建筑的地基基础工程和主体结构工程，为设计文件规定的该工程的合理使用年限；（二）屋面防水工程、有防水要求的卫生间、房间和外墙面的防渗漏，为 5 年；（三）供热与供冷系统，为 2 个采暖期、供冷期；（四）电气管线、给水排水管道、设备安装和装修工程，为 2 年。其他项目的保修期限由发包方与承包方约定。"

22. A. 解答如下：

根据《混凝土结构设计规范》第 6.7 节规定，受弯构件的正截面疲劳应力验算，基本假定是：①截面应保持平面；②受压区混凝土的法向应力图形取为三角形；③钢筋混凝土构件，不考虑受拉区混凝土的抗拉强度，拉力全部由纵向钢筋承受；④采用换算截面。此外，荷载应采用标准值。

23. A. 解答如下：

钢筋混凝土小偏心受压构件，其破坏是受压破坏，即从混凝土受压区边缘开始，因此，采用高强度等级的混凝土。

24. A. 解答如下：

该板的长宽比=4，属于单向板，取单位宽度1m计算板跨中的弯矩M：

$$M=ql^2/8=8\times1^2/8=1\text{kN}\cdot\text{m}$$

25. C. 解答如下：

除底层柱外，反弯点位于柱高的中点；底层柱，反弯点位于距柱脚嵌固端2/3底层层高处。

26. D. 解答如下：

单向拉伸试验可检测钢材的伸长率、屈服强度、抗拉强度（即极限强度）。

27. C. 解答如下：

《钢结构设计标准》（2017年版）的柱弯矩平面内稳定性计算公式是基于构件弯矩为均匀分布推导得到的，当构件弯矩为非均匀分布时，引入等效弯矩系数β_{mx}，因此，β_{mx}是考虑构件弯矩的非均匀分布的影响而引进的参数。

28. B. 解答如下：

根据《钢结构工程施工质量验收标准》（2020年版）第5.2.7条，三级焊缝只需进行外观检测。

29. A. 解答如下：

刚性系杆是既可受拉也可受压，按压杆设计，根据《钢结构设计标准》（2017年版）表7.4.6，刚性系杆按压杆设计，其容许长细比是200。

30. D. 解答如下：

过梁与其上部墙体的工作机理实质是墙梁组合作用，即墙、梁间的相互作用。

31. C. 解答如下：

根据《砌体结构设计规范》（2011年版）第10.2.5条，构造柱可不单独设置基础，但应伸入室外地面以下500mm，或与埋深不小于500mm的基础圈梁相连。

32. B. 解答如下：

根据《砌体结构设计规范》（2011年版），当砂浆强度为0时（即施工阶段尚未硬化的砂浆），砖砌体的抗压强度均大于0，因此，②错误。其他项，均正确。

33. A. 解答如下：

因为楼梯间处的墙的层高较大（特别是顶层），当楼梯间设在房屋尽端时，导致地震破坏严重，对抗震不利。

34. A. 解答如下：

超静定结构是有多余约束的几何不变体系。

35. D. 解答如下：

整体分析，水平方向力平衡，$X_B=12\times3=36\text{kN}$

$$M_{EB}=36\times3=108\text{kN}\cdot\text{m}$$

36. C. 解答如下：

对 AB 段分析：
$$M_{BA} = \frac{5ql}{12} \cdot l - \frac{ql^2}{36} - \frac{1}{2}ql^2 = -\frac{ql^2}{9}$$

37. B. 解答如下：

对称结构对称荷载，两支座的竖向反力均为 0，对铰取力矩平衡：
$$F_H = -\frac{M}{L}$$

38. A. 解答如下：

弹簧刚度减小，整个结构的抗侧刚度减小，故 A 点水平位移将增大。

39. C. 解答如下：

对称结构反对称荷载，水平方向力平衡，$H_A = H_B = P$（向左），$V_A = -V_B$；对 A 点取力矩平衡：
$$V_A = -V_B = -(2Pl + 2P \cdot 2l)/(2l) = -3P$$

40. A. 解答如下：

整体分析，对 B 点取力矩：$Y_A = \frac{F_P}{4}$（向上）

取 AC 段分析，对 C 点取力矩：
$$F_H \cdot f = \frac{F_P}{3} \cdot f = Y_A \cdot \frac{L}{2} = \frac{F_P}{4} \cdot \frac{L}{2}，则：$$
$$\frac{f}{L} = \frac{3}{8}$$

41. D. 解答如下：

用位移法计算，设 B 点向下的位移为 Δ，则：
$$\left(\frac{3EI}{l^3} + \frac{3EI}{l^3}\right) \cdot \Delta + k\Delta = P$$

可得：
$$\Delta = \frac{Pl^3}{18EI}$$

$$M_{BC} = -3i_{BC}\theta = -3i_{BC}\left(\frac{-\Delta}{l}\right) = -3\frac{EI}{l} \cdot \left(\frac{-\Delta}{l}\right) = \frac{Pl}{6}$$

42. B. 解答如下：

题目图 (a)，当各杆收缩时，其中任何一根杆件变形量（收缩量）受到其他两根杆件的约束，即：不能自由收缩；受到约束，必产生杆件的内力。

题目图 (b)，当各杆收缩时，能自由收缩，并且收缩量是变形协调的，故杆件无内力。

43. B. 解答如下：

整体分析，水平方向力平衡，支座的水平反力为 0，故为对称结构。

将荷载分解为对称、反对称荷载，如图 8-4-43 所示，故 $F_{Q,BA} = -\frac{P}{4}$。

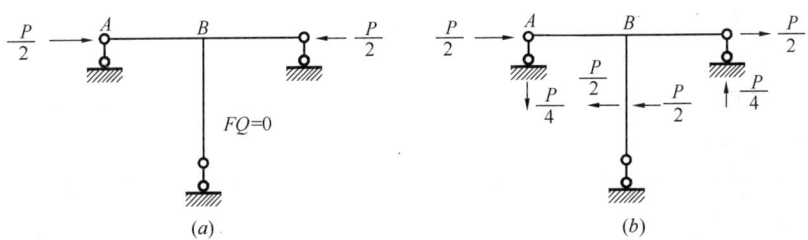

图 8-4-43

44. D. 解答如下：

当单位荷载位于 C 点处，支座反力均为 1；取 CK 段分析，如图 8-4-44 所示。

$$F_{N,K} = -1 \times \cos60° - 1 \times \cos30°$$
$$= -\frac{1}{2} - \frac{\sqrt{3}}{2}$$
$$= -\frac{\sqrt{3}+1}{2}$$

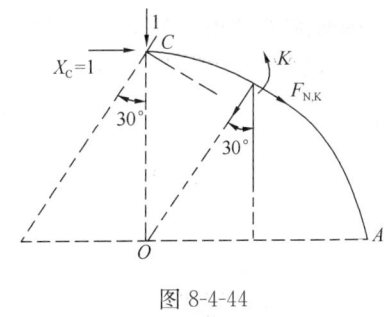

图 8-4-44

45. B. 解答如下：

$$\mu_{A4} = \frac{4 \times 3}{1 \times 2 + 4 \times 1 + 3 \times 1 + 4 \times 3} = \frac{4}{7}$$

47. D. 解答如下：

$$\mu = \frac{1}{1+\left(\frac{\theta}{\omega}\right)^2} = \frac{1}{1-2^2} = -\frac{1}{3}$$

48. C. 解答如下：

质点 m 的位移由惯性力 $(-m\ddot{y})$ 和动荷载 $[M\sin(\theta t)]$ 构成，如图 8-4-48（a）所示，故采用叠加法，如图 8-4-48（b）、（c）所示，分别求出 δ_{11}、δ_{12}。

$$\delta_{11} = \frac{l}{2EI} \times l \times \frac{2}{3}l = \frac{l^3}{3EI}$$

$$\delta_{12} = \frac{l^2}{2EI}$$

建立运动微分方程：

$$y = \delta_{11}(-m\ddot{y}) + \delta_{12}M\sin(\theta t)$$
$$= -m\ddot{y}\frac{l^3}{3EI} + \frac{l^2}{2EI}M\sin(\theta t)$$

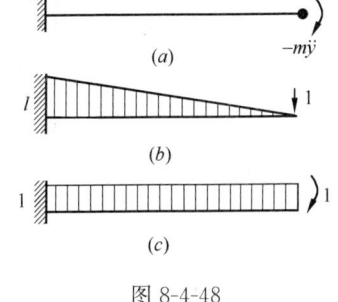

图 8-4-48

可得：$m\ddot{y} + \frac{3EI}{l^3}y = \frac{3}{2l}M\sin(\theta t)$

49. D. 解答如下：

为了测定结构材料的实际物理力学性能指标，应包括：强度（如钢材的屈服强度、抗拉强度）、变形（如轴向应力-应变曲线确定伸长率）、弹性模量等。

50. B. 解答如下：

$$\varepsilon = \Delta L/L = 3 \times 0.001/200 = 15 \times 10^{-6} = 15\mu_\varepsilon$$

51. C. 解答如下：

测量值是实测值的 2 倍。

52. C. 解答如下：

结构动力特性的试验，可采用振动法（分为自由振动法和强迫振动法）、脉动法（即环境随机振动法）。锤击激励属于自由振动法。

53. D. 解答如下：

检测混凝土内部钢筋锈蚀的方法是电位差法。此外，超声波法可用于检查混凝土内部缺陷。

54. A. 解答如下：

$$x/0.0112 = \lg t/\ln t = (\ln t/\ln 10)/\ln t = 1/\ln 10$$

则：

$$x = 0.0112/\ln 10 = 4.864 \times 10^{-3}$$

55. B. 解答如下：

$T_v = c_v t/H^2$，则：$t_1/H_1^2 = t_2/H_2^2$，$H_1 = 4.6/2 = 2.3\text{m} = 2300\text{mm}$，即：

$$t_1 = t_2/H_2^2 \cdot H_1^2 = 11/25^2 \times 2300^2 \times 1/(24 \times 60) = 64.7\text{d}$$

56. A. 解答如下：

临界水力梯度 $i_{cr} = \gamma_{sat}/\gamma_w - 1 = \gamma'/\gamma$，$\gamma'$ 为有效重度。

57. A. 解答如下：

由模型试验相似原理：$\alpha = L_p g/L_m$，则：

$61g = L_p g/0.1$，故取 $L_p = 6.1\text{m}$

58. D. 解答如下：

减少地基不均匀沉降的措施不包括 D 项。

59. A. 解答如下：

此时，由于群桩效应，摩擦群桩产生的应力叠加，使得桩端下的土的附加应力增大，导致群桩的沉降量比单桩的沉降量大。

60. C. 解答如下：

土工聚合物在地基处理中的作用包括排水、反滤、加筋，但对土没有挤密作用。

2019 年真题（上、下午卷）答案与解答

（上午卷）

1. D	2. C	3. B	4. D	5. B	6. B	7. A	8. D	9. C	10. C
11. D	12. A	13. D	14. B	15. B	16. D	17. C	18. A	19. B	20. B
21. C	22. B	23. A	24. C	25. B	26. C	27. A	28. D	29. C	30. A
31. A	32. D	33. C	34. B	35. C	36. B	37. D	38. B	39. D	40. C
41. A	42. B	43. C	44. C	45. D	46. C	47. D	48. C	49. B	50. A
51. A	52. B	53. D	54. C	55. D	56. B	57. A	58. D	59. A	60. A
61. A	62. D	63. C	64. D	65. C	66. C	67. D	68. B	69. C	70. D
71. B	72. A	73. B	74. B	75. B	76. C	77. A	78. B	79. A	80. D
81. A	82. A	83. B	84. A	85. C	86. C	87. A	88. C	89. D	90. A
91. A	92. B	93. A	94. A	95. B	96. C	97. A	98. A	99. C	100. C
101. B	102. C	103. D	104. A	105. A	106. B	107. D	108. A	109. B	110. C
111. B	112. D	113. A	114. A	115. C	116. C	117. D	118. C	119. D	120. D

1. D. 解答如下：

$$\lim_{x \to 0^-} \frac{3+e^{\frac{1}{x}}}{1-e^{\frac{2}{x}}} = 3$$

$$\lim_{x \to 0^+} \frac{3+e^{\frac{1}{x}}}{1-e^{\frac{2}{x}}} = \lim_{x \to 0^+} \frac{e^{\frac{1}{x}}\left(-\frac{1}{x^2}\right)}{-e^{\frac{2}{x}}\left(-\frac{2}{x^2}\right)} = \lim_{x \to 0^+} \frac{1}{-2e^{\frac{1}{x}}} = 0$$

故不存在

2. C. 解答如下：

一元函数，函数可微与可导等价，可导必连续，但连续不一定可导。

3. B. 解答如下：

$$\lim_{x \to 0} \frac{\sqrt{1-x^2}-\sqrt{1+x^2}}{x^k} = \lim_{x \to 0} \frac{(1-x^2)-(1+x^2)}{x^k(\sqrt{1-x^2}+\sqrt{1+x^2})}$$
$$= \lim_{x \to 0} \frac{-2x^2}{x^k(\sqrt{1-x^2}+\sqrt{1+x^2})}$$

令 $k=2$，则上式 $=-1$

4. D. 解答如下：

$y' = \dfrac{\cos x}{\sin x} = \cot x$

$y'' = -\csc^2 x$

5. B. 解答如下：

根据罗尔中值定理，应选 B 项。

6. B. 解答如下：

$x=0$ 处导数不存在，x_1 两侧、x_2 两侧均为：由负到正，故 x_1、x_2 是极小值点。0 两侧、x_3 两侧均为：由正到负，故 0、x_3 是极大值点 。

7. A. 解答如下：

原式 $=\dfrac{1}{2}\int \dfrac{1}{\sin^2(x^2+1)}d(x^2+1)=-\dfrac{1}{2}\cot(x^2+1)+C$

8. D. 解答如下：

当 $x\to -1$ 时，$\lim\limits_{x\to -1}\dfrac{1}{(1+x)^2}=+\infty$，则：

$\int_{-2}^{-1}\dfrac{1}{(1+x)^2}dx=\int_{-2}^{-1}\dfrac{1}{(1+x)^2}d(x+1)=-\dfrac{1}{1+x}\Big|_{-2}^{-1}=\infty$

故原积分为发散。

9. C. 解答如下：

设 $\boldsymbol{\beta}=\lambda\boldsymbol{\alpha}$，则：$\boldsymbol{\alpha}\cdot\boldsymbol{\beta}=\boldsymbol{\alpha}\cdot\lambda\boldsymbol{\alpha}=\lambda(\boldsymbol{\alpha}\cdot\boldsymbol{\alpha})$
$=\lambda[2\times 2+1\times 1+(-1)\times(-1)]=6\lambda$

又 $\boldsymbol{\alpha}\cdot\boldsymbol{\beta}=3$，则：$\lambda=3/6=\dfrac{1}{2}$

$\boldsymbol{\beta}=\dfrac{1}{2}\boldsymbol{\alpha}=\left(1,\dfrac{1}{2},-\dfrac{1}{2}\right)$

10. C. 解答如下：

所求直线的方向向量 $\vec{S}=(0,0,1)$，故选 C 项。

11. D. 解答如下：

$\dfrac{\ln y}{y}dy=\dfrac{\ln x}{x}dx$，则：$\dfrac{1}{2}\ln^2 y=\dfrac{1}{2}\ln^2 x+C_1$

$\ln^2 y=\ln^2 x+C_2$

又 $y(1)=1$，则：$C_2=0$

故：$\ln^2 x-\ln^2 y=0$

12. A. 解答如下：

该二重积分为 D 的面积，如图 9-3-12 所示：

$\iint\limits_{D}dxdy=\dfrac{1}{2}\times 1\times 2=1$

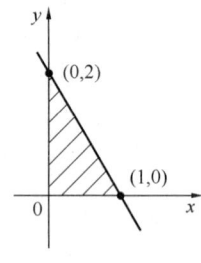

图 9-3-12

13. D. 解答如下：

特征方程 $r^2-2r-3=0$

则：$r=-1,3$，其通解为：$y=C_1 e^{-x}+C_2 e^{3x}$

$y=C_1 C_2 e^{-x}\xrightarrow{\text{令 }C_1C_2=C}Ce^{-x}$，则：$y'=-Ce^{-x}$，$y''=Ce^{-x}$

代入微分方程：$Ce^{-x}-2(-Ce^{-x})-3Ce^{-x}=0$

故选 D 项。

14. B. 解答如下：

$x=\cos\theta$，$y=\sin\theta$

原积分式 $=\int_0^{2\pi}\dfrac{\sin\theta(-\sin\theta)-\cos\theta\cos\theta}{\sin^2\theta+\cos^2\theta}d\theta$

$$=-\int_0^{2\pi}\mathrm{d}\theta=-2\pi$$

15. B. 解答如下：

$f_x(x,y)=y, f_y(x,y)=x$，则：原点$(0,0), f_x(0,0)=0, f_y(0,0)=0$

$A=f''_{xx}(x,y)=0, B=f''_{xy}(x,y)=1, C=f''_{yy}(x,y)=0$

$AC-B^2=-1<0$，故选 B 项。

16. D. 解答如下：

当 $p>1$ 时，$\sum\limits_{n=1}^{\infty}(-1)^{n-1}\dfrac{1}{n^p}$ 是绝对收敛，故 B 项错误。

当 $0<p\leqslant 1$ 时，$\sum\limits_{n=1}^{\infty}\dfrac{1}{n^p}$ 是发散，故 C 项错误。

当 $0<p\leqslant 1$ 时，根据交错级数审敛法：

令 $u_n=\dfrac{1}{n^p}, u_{n+1}=\dfrac{1}{(n+1)^p}$，则：

$u_n>u_{n+1}, \lim\limits_{n\to\infty}u_n=0$，故原级数为条件收敛。

17. C. 解答如下：

$z=\left(\dfrac{y}{x}\right)^x$，则：$\ln z=x\ln\dfrac{y}{x}$

对 x 求导，$\dfrac{1}{z}z_x=\ln\dfrac{y}{x}-x\cdot\dfrac{1}{\dfrac{y}{x}}\cdot y$

即：$z_x=\left(\ln\dfrac{y}{x}-1\right)\cdot z$

$z_x(1,2)=(\ln 2-1)\cdot 2$

对 y 求导，$\dfrac{1}{z}z_y=x\cdot\dfrac{1}{\dfrac{y}{x}}\cdot\dfrac{1}{x}=\dfrac{x}{y}$

$z_y=\dfrac{x}{y}\cdot z$

$z_y(1,2)=\dfrac{1}{2}\cdot 2=1$

$\mathrm{d}z\,|_{\substack{x=1\\y=2}}=z_x\mathrm{d}x+z_y\mathrm{d}y=2(\ln 2-1)\mathrm{d}x+\mathrm{d}y$

18. A. 解答如下：

验证法，$x=1, -1$ 时，原幂级数均收敛。

19. B. 解答如下：

$\boldsymbol{AA}^*=|\boldsymbol{A}|\boldsymbol{E}$，则：$|\boldsymbol{A}^*|=|\boldsymbol{A}|^{n-1}=b^{n-1}$

20. B. 解答如下：

$|\boldsymbol{A}|=\lambda_1\cdot\lambda_2$，即：$|\boldsymbol{A}|=1\cdot\lambda_2$，又 $|\boldsymbol{A}|=-1$，则：$\lambda_2=-1$，A、D 项错误。

根据特征向量的正交性，分别对 B、C 项验证，故选 B 项。

21. C. 解答如下：

二次型对应矩阵 $\boldsymbol{A} = \begin{vmatrix} 1 & 1 & 0 \\ 1 & t & 0 \\ 0 & 0 & 3 \end{vmatrix}$

又 $R(\boldsymbol{A}) = 2$,则:$|\boldsymbol{A}| = 0$,即:$3(t-1) = 0$,$t = 1$

22. B. 解答如下:

$$P(A \mid B) = \frac{P(AB)}{P(B)} = \frac{P(A)P(B \mid A)}{P(B)} = \frac{\frac{1}{3} \times \frac{1}{6}}{\frac{1}{4}} = \frac{2}{9}$$

23. A. 解答如下:

$$\frac{1}{4} + \frac{1}{4} + \frac{1}{6} + a = 1$$

则:$a = \frac{1}{3}$

24. C. 解答如下:

$E(X) = \frac{1+\theta}{2}$,$\theta = 2E(X) - 1$,则:

$\hat{\theta} = 2\overline{X} - 1$

25. B. 解答如下:

根据气体的温度的物理知识,(4) 错误,(1)、(2)、(3) 正确。故选 B 项。

26. C. 解答如下:

$\overline{v} \approx 1.60\sqrt{\frac{RT}{M}}$,$v_p \approx 1.41\sqrt{\frac{RT}{M}}$,$\sqrt{\overline{v^2}} \approx 1.73\sqrt{\frac{RT}{M}}$

27. A. 解答如下:

理想气体向真空作绝热膨胀,故温度不变;体积增大,则压强减小。

28. D. 解答如下:

热机效率:$\eta = 1 - \frac{T_2}{T_1}$,题目中 T_1、T_2 不同,故 A 错误。

$W = Q_1 - Q_2$,由题目条件 $W_1 = W_2$,故选 D 项。

29. C. 解答如下:

$C_v = \frac{i}{2}R$,$C_p = C_v + R = \frac{i+2}{2}R$

$C_p / C_v = \frac{(i+2)/2}{i/2} = \frac{i+2}{i} = \frac{5+2}{5} = \frac{7}{5}$

(双原子分子 $i = 5$)

30. A. 解答如下:

$y = 0.05 \cos 10\pi \left(t - \frac{x}{2.5} \right)$

$u = 2.5 \text{m/s}$;$\omega = 10\pi = 2\pi\nu$,$\nu = 5 \text{Hz}$

$\lambda = \frac{u}{\nu} = \frac{2.5}{5} = 0.5 \text{m}$

31. A. 解答如下：

火车驶来：$v'_{来}=\dfrac{u}{u-v_s}v_s$

火车离去：$v'_{去}=\dfrac{u}{u+v_s}v_s$

32. D. 解答如下：

根据波的强度公式：$I=\dfrac{1}{2}\rho A^2\omega^2 u$ 当 A 增加 1 倍，则 I 增加 4 倍。

33. C. 解答如下：

根据驻波的定义，可知，应选 C 项。

34. B. 解答如下：

$\delta=2n_2e$，由题目条件则：$\delta=2n_2e=(2k+1)\dfrac{\lambda}{2}$

取 $k=0$，$e=\dfrac{\lambda}{4n_2}=\dfrac{500}{4\times 1.38}=90.6$mm

35. C. 解答如下：

单缝衍射明纹条件为：光程差为半波长的奇数倍。

36. B. 解答如下：

偏振片仅使光强度减为原来的 1/2，不改变波长，故干涉条纹的间距不变。

37. D. 解答如下：

根据元素的第一电离能在元素周期表中变化规律，选 D 项。

38. B. 解答如下：

共价单价均为 σ 键；共价双键中含 1 个 σ 键、1 个 π 键。此外，共价三键中含 1 个 σ 键，2 个 π 键。

39. D. 解答如下：

离子半径越小、带电荷越多，其极化能力越强。

40. C. 解答如下：

pH=2，$c(OH^-)=\dfrac{10^{-14}}{10^{-2}}=10^{-12}$

pH=4，$c(OH^-)=\dfrac{10^{-14}}{10^{-4}}=10^{-10}$

倍数：$K=\dfrac{10^{-12}}{10^{-10}}=0.01$

41. A. 解答如下：

当 $\Delta_rH_m^{\ominus}>0$，$\Delta_rS_m^{\ominus}>0$，高温下正方向能自发反应。

42. B. 解答如下：

B 项为强碱弱酸，水解后，溶液显碱性。

43. C. 解答如下：

在电对对应的半反应中，当有 H^+ 参与时，酸度对电对的电极电势有影响，$E^{\ominus}(MnO_4^-/Mn^{2+})$ 有 H^+ 参与，而 $E^{\ominus}(Fe^{3+}/Fe^{2+})$ 无 H^+ 参与。

44. C. 解答如下：

C_5H_{12} 有 3 个异构体，即：

(1) $H_3C-CH_2-CH_2-CH_2-CH_3$ 2 个甲基，3 种一氯代物

(2) $H_3C-CH-CH_2-CH_3$ 3 个甲基，4 种一氯代物
        |
        CH_3

(3) $H_3C-\underset{\underset{CH_3}{|}}{\overset{\overset{CH_3}{|}}{C}}-CH_3$ 4 个甲基，1 种一氯代物

45. D. 解答如下：

D 项，催化加氢后生成：3-甲基戊烷。

46. C. 解答如下：

当羟基与碳链端点的碳原子相连时，可以氧化为醛。

47. D. 解答如下：

如图 9-3-47（a）所示，取整体分析，$\sum M_B=0$，则：

$$Y_A=\frac{Fd}{l} \quad (\uparrow)$$

取 AC 分析，$\sum M_C=0$，则：

$$X_A=\frac{Y_A \cdot \frac{l}{2}}{h}=\frac{Fd}{2h} \quad (\rightarrow)$$

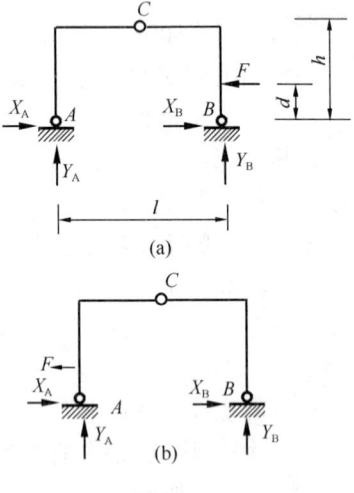

图 9-3-47

可得：

$$X_C=-X_A=-\frac{Fd}{2h} \quad (\leftarrow)$$

$$Y_C=-Y_A=-\frac{Fd}{l} \quad (\downarrow)$$

取整体分析：$Y_B=-Y_A=-\frac{Fd}{l} \quad (\downarrow)$

$$X_B=F-X_A \quad (\rightarrow)$$

如图 9-3-47（b）所示，取整体分析：

$\sum M_A=0$，则：$Y_B=\frac{Fd}{l} \quad (\downarrow)$

取 AC 分析，$\sum M_C=0$，则：$X_B=\frac{Y_B \frac{l}{2}}{h}=\frac{Fd}{2h} \quad (\rightarrow)$

可得：$X_C=-X_B=-\frac{Fd}{2h} \quad (\leftarrow)$

$$Y_C=-Y_B=-\frac{Fd}{l} \quad (\uparrow)$$

可知，只有 C 处约束力的大小不改变。

48. A. 解答如下：

主动力系向 A 点简化：主矩 $M_A=M=4\text{N}\cdot\text{m}$

49. B. 解答如下：

$$M_A = F_p \times \left(\frac{a}{2} + r\right) \quad (\curvearrowleft)$$

50. A. 解答如下：

如图 9-3-50 所示，零杆数为 3 根。

51. A. 解答如下：

$a = \dfrac{5-0}{10} = 0.5 \text{m/s}^2$

$s = v_0 t + \dfrac{1}{2} a t^2 = 0 + \dfrac{1}{2} \times 0.5 \times 10^2 = 25 \text{m}$

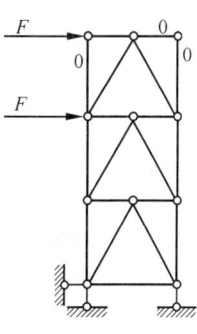

图 9-3-50

52. B. 解答如下：

$\omega = \dot{\varphi} = 4 - 6t$

$\varepsilon = \ddot{\varphi} = -6$

$v = \omega r = (4-6t) \, r = (4-6 \times 1) \times 0.5 = -1 \text{m/s}$，选 B 项。

53. D. 解答如下：

常角速度转动，则：$a_A^\tau = 0$

$a_A = a_A^n = \omega^2 r$，$v_A = \omega r$

$v_B = v_A \sin\theta = r\omega \sin\omega t$

$a_B = a_A \cos\theta = r\omega^2 \cos\omega t$

54. C. 解答如下：

电梯加速下降：$m_a = W - F_1$

电梯匀速下降：$0 = W - F_2$

电梯减速下降：$m_a = F_3 - W$

55. D. 解答如下：

动量矩 $L_0 = J_0 \omega = (J_c + mR^2)\omega = \left(\dfrac{1}{2}mR^2 + mR^2\right)\omega = \dfrac{3}{2}mR^2\omega$

56. B. 解答如下：

动能定理：$T_2 - T_1 = W$

$T_1 = 0$，$T_2 = \dfrac{1}{2} J_0 \omega^2 = \dfrac{1}{2}\left(\dfrac{1}{2}mR^2 + mR^2\right)\omega^2 = \dfrac{3}{4}mR^2\omega^2$

$W = mg(R - R\cos\theta)$

则：$\omega = \sqrt{\dfrac{4g(1-\cos\theta)}{3R}}$

57. A. 解答如下：

$F_I = -ma$，方向与其加速度方向相反。

58. D. 解答如下：

发生共振，则：$\omega_1 = \sqrt{\dfrac{k}{m}} = 6$

$\omega_2 = \sqrt{\dfrac{k}{m+1}} = 5.86$

联解：$m=20.68\text{kg}$，$k=744.53\text{N/m}$

59. A. 解答如下：

A 曲线的极限强度最大，故选 A 项。

60. A. 解答如下：

AB 段：$\Delta L_{AB}=\dfrac{FL}{EA}$

BC 段：$\Delta L_{BC}=\dfrac{-FL}{EA}$

$$\Delta L=\Delta L_{AB}+\Delta L_{BC}=0$$

61. A. 解答如下：

根据剪力为 F，剪切面为 ab，则名义切应力 $=F/(ab)$。

62. D. 解答如下：

题目的扭转切应力公式仅适用于 D 项情况。

63. C. 解答如下：

$$\tau_1=\dfrac{T}{W_{P_1}}=\dfrac{T_1}{\dfrac{\pi D_1^3}{16}}\leqslant[\tau]$$

$$\tau_2=\dfrac{T_2}{\dfrac{\pi D_2^3}{16}}\leqslant[\tau]$$

又 $A_1=\dfrac{1}{2}A_2$，$\dfrac{\pi}{4}D_1^2=\dfrac{\pi}{4}D_2^2\cdot\dfrac{1}{2}$，即：$\dfrac{D_2}{D_1}=\sqrt{2}$

$$\dfrac{T_2}{T}=\dfrac{D_2^3}{D_1^3}=(\sqrt{2})^3=2\sqrt{2}$$

64. D. 解答如下：

根据平面图形的几何性质，可知，A、B、C 项均正确，D 项错误。

65. C. 解答如下：

集中力偶的移动，对剪力图无影响，对弯矩图有影响。

66. C. 解答如下：

$$\sigma=\dfrac{My}{I}=\dfrac{Fl\cdot y}{I},\tau=\dfrac{FS}{Ib}$$

当 l 增加一倍：$\sigma_2/\sigma_1=2$

$\tau_2/\tau_1=1$

67. D. 解答如下：

取整体分析，左、右支座反力为零，故左、右支座到集中力偶之间的弯矩为零。

68. B. 解答如下：

根据平面应力计算公式，可知：图（a）与图（b）的主应力，大、小值相等，但方向不相同，即：图（a）的 σ_1 位于 $0\sim90°$；图（b）的 σ_1 位于 $90°\sim180°$。

69. C. 解答如下：

第三强度理论：$\sigma_{r3}=\sqrt{\sigma_x^2+4\tau_x^2}\leqslant[\sigma]$

$$\sigma_x = \frac{F_N}{A} + \frac{M}{W}$$

$$\tau_x = \frac{T}{W}$$

70. D. 解答如下：

题目图示（a）、（b）、（c）、（d）的长度系数分别为：1、0.7、2、0.5。

71. B. 解答如下：

连续介质假设，其意味着流体的物理费可用连续函数表达。

72. A. 解答如下：

相对压强：$p_1 = 0$

$p_2 = \rho g \Delta h_{12} = 1000 \times 9.8 \times (0.9 - 0.4) = 4.90\text{kPa}$

$p_3 = p_2 - \rho g \Delta h_{23} = 4900 - 1000 \times 9.8 \times (1.1 - 0.4) = -1960\text{Pa}$

$p_4 = p_3 = -1960\text{Pa}$

$p_5 = p_4 - \rho g \Delta h_{45} = -1960 - 1000 \times 9.8 \times (1.33 - 0.75) = -7644\text{Pa}$

73. B. 解答如下：

流体的连续性方程适用于不可压缩流体。

74. B. 解答如下：

在紊流光滑区，当 Re 增大时，沿程阻力系数将减小。

75. B. 解答如下：

根据薄壁小孔口流量公式、圆柱形外管嘴流量公式，可知，应选 B 项。

76. C. 解答如下：

$$R = \frac{\pi r_0^2 / 2}{\pi r_0} = \frac{r_0}{2} = \frac{4}{2} = 2\text{m}$$

77. A. 解答如下：

$$Q = 1.366 \frac{k(H^2 - h^2)}{\lg \frac{R}{r_0}}$$

$$0.0276 = 1.366 \frac{k(15^2 - 10^2)}{\lg \frac{3.75}{0.3}}$$

则：$k = 0.005\text{m/s}$

78. D. 解答如下：

由沿程阻力损失公式：$h_f = \lambda \frac{l}{d} \frac{v^2}{2g}$ 可知，λ 无量纲。

79. A. 解答如下：

$\frac{d\phi}{dt} = 0$，则：$U = IR$

80. D. 解答如下：

$u = u_R + u_L = iR + L\frac{di}{dt}$

81. A. 解答如下：

$I_s + 0.2 = I_R$,则：

$I_s = I_R - 0.2 = \dfrac{u_s}{R} - 0.2 = \dfrac{-6}{10} - 0.2 = -0.8\text{A}$

82. A. 解答如下：

$$I = \dfrac{I_m}{\sqrt{2}} = \dfrac{3}{\sqrt{2}} = 2.12\text{A}, U = \dfrac{U_m}{\sqrt{2}} = 7.07\text{V}$$

$$\dot{I} = 2.12\underline{/90°} = j2.12\text{A}, \dot{U} = 7.07\underline{/-90°} = -j7.07\text{V}$$

83. B. 解答如下：

$$I = \dfrac{P}{U\cos\varphi} = \dfrac{8000}{220 \times 0.6} = 60.6\text{A}$$

84. A. 解答如下：

根据换路定则：$u_C(0_-) = u_C(0_+) = 0\text{V}$

$\qquad\qquad\quad i_L(0_-) = i_L(0_+) = 0\text{A}$

则：$U_{R1}(0_+) = 0, U_{R2}(0_+) = 0$

电路的回路电压为：

$u_L(0_+) + u_C(0_+) + u_{R1}(0_+) + u_{R2}(0_+) = 10\text{V}$

$u_L(0_+) + 0 + 0 + 0 = 10\text{V}$

$u_L(0_+) = 10\text{V}$

85. C. 解答如下：

将题目条件等效为如图 9-3-85 所示。

S 闭合时，$2R_1 /\!/ R'_L = R$，则：$R'_L = 2R_1$

S 断开时，$u_1 = \dfrac{R'_L}{R_1 + R'_L} u_s = \dfrac{1}{1+2} \times 90\sqrt{2}\sin\omega t = 60\sqrt{2}\sin\omega t$

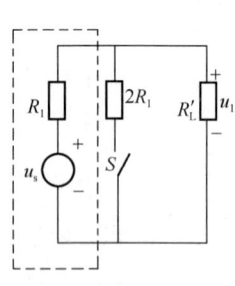

图 9-3-85

86. C. 解答如下：

A、B、D 项均为降压启动，这导致启动力矩下降，不满足满载启动的要求，故选 C 项。

87. A. 解答如下：

模拟信号、采样保持信号属于连续时间信号。采样信号属于离散时间信号。

88. C. 解答如下：

首先，排除 A 项。$u_1(t)$、$u_2(t)$ 的幅位频谱均满足周期性连续时间函数的特征。

89. D. 解答如下：

放大器是对信号的幅值进行放大，便于后续处理。

90. A. 解答如下：

$ABC + A\overline{B} + AB\overline{C} = AB(C+\overline{C}) + A\overline{B} = AB + A\overline{B}$
$\qquad\qquad = A(B+\overline{B}) = A$

91. A. 解答如下：

$F = \overline{A+B}$，如图 9-3-91 所示，故选 A 项。

92. B. 解答如下：

验证法，首先选用真值表中 F=1 的相应真值，分别验证选项，A 项错误、B 项正确。

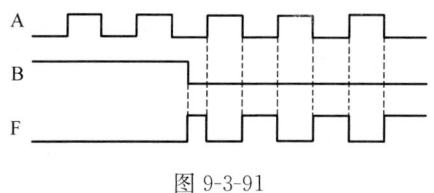

图 9-3-91

93. A. 解答如下：

当 D_2 导通时，$u_f = 5V$，导致 D_1 截止。

$$i_R = \frac{u_B}{R} = \frac{5}{1000} = 5\text{mA}$$

94. A. 解答如下：

根据运算放大器的基本知识，可知，题目图 (a) 是反相加法运算电路；图 (b) 是同相加法运算电路；图 (c) 是减法运算电路。

95. B. 解答如下：

清零信号 $\overline{R}_0 = 0$ 时，题目图中两个触发器同时为零。D 触发器在时钟脉冲 CP 的上升沿触发，在 t_1 时刻之前，仅有一次上升沿，故 D 触发器触发，$Q_D = 1$。

JK 触发器在时钟脉冲 CP 的下降沿触发，同理，在 t_1 时刻之前，仅有一次上升沿，故 JK 触发器未触发，故 $Q_{JK} = 0$。

96. C. 解答如下：

由输出波形，可知：

CP	Q_2	Q_1	Q_0	对应十进制数
0	0	0	0	0
1	0	0	1	1
2	0	1	0	2
3	1	0	0	3
4	0	0	0	0

故为四进制计数器。

97. A. 解答如下：

计算机的 CPU 是由运算器、控制器组成。

98. A. 解答如下：

需要总线将计算机硬件系统中的各个部件连接起来。

99. C. 解答如下：

分布式操作系统是由若干计算机相互协作完成同一任务的操作系统。

100. C. 解答如下：

计算机可以直接执行的程序是机器语言编制的程序。

101. B. 解答如下：

汉字的国标码是将两个字节的最高位（即每个字节的最高位）都设置为 1。

102. C. 解答如下：

1GB = 1024MB；　1TB = 1024GB。

103. D. 解答如下：
防范计算机病毒的方法，有效方法包括 A、B、C 项，不包括 D 项。

104. A. 解答如下：
操作系统与其他软件明显不同的特征是：并发性、共享性、随机性。

105. A. 解答如下：
构成信息化社会的主要技术支柱是：计算机技术、通信技术、网络技术。

106. B. 解答如下：
防火墙技术可以有效地防范网络的非法访问等威胁。

107. D. 解答如下：
$i=(1+\gamma_名/2)^2-1$，即：$8.6\%=(1+\gamma_名/2)^2-1$，可得：$\gamma_名=8.42\%$

108. A. 解答如下：
在财务评价中，先征后返的增值税，记作项目的补贴收入。

109. B. 解答如下：
政府投资属于项目资本金的筹集方式。

110. C. 解答如下：
偿债备付率＝用于计算还本付息的资金/应还本付息金额
　　　　　＝(200+30-20)/100＝2.1

111. B. 解答如下：
融资前，项目投资现金流量应包括流动资金（它属于现金流出）。

112. D. 解答如下：
$BEP_Q=F/(P-C-T)=1000\times10^4/(1000-800)=5\times10^4$
$BEP_Y=BEP_Q/Q=5\times10^4/(6\times10^4)=83.3\%$

113. A. 解答如下：
$\Delta NPV=NPV_乙-NPV_甲=-1000+250(P/A,10\%,10)-[-500+140(P/A,10\%,10)]$
　　　　$=-500+110(P/A,10\%,10)=-500+110\times6.1446=175.9$ 万元

114. A. 解答如下：
提供价值工程的途径，采用了功能不变、成本降低。

115. C. 解答如下：
依据《中华人民共和国建筑法》第八条规定："申请领取施工许可证，应当具备下列条件：（一）已经办理该建筑工程用地批准手续；（二）依法应当办理建设工程规划许可证的，已经取得建设工程规划许可证；（三）需要拆迁的，其拆迁进度符合施工要求；（四）已经确定建筑施工企业；（五）有满足施工需要的资金安排、施工图纸及技术资料；（六）有保证工程质量和安全的具体措施。"

116. C. 解答如下：
根据《中华人民共和国安全生产法》第十八条规定："生产经营单位的主要负责人对本单位安全生产工作负有下列职责：（一）建立、健全本单位安全生产责任制；（二）组织制定本单位安全生产规章制度和操作规程；（三）组织制定并实施本单位安全生产教育和培训计划；（四）保证本单位安全生产投入的有效实施；（五）督促、检查本单位的安全生

产工作，及时消除生产安全事故隐患；（六）组织制定并实施本单位的生产安全事故应急救援预案；（七）及时、如实报告生产安全事故。"

117. D. 解答如下：

根据《中华人民共和国招标投标法》第三条规定："在中华人民共和国境内进行下列工程建设项目包括项目的勘察、设计、施工、监理以及与工程建设有关的重要设备、材料等的采购，必须进行招标：（一）大型基础设施、公用事业等关系社会公共利益、公众安全的项目；（二）全部或者部分使用国有资金投资或者国家融资的项目；（三）使用国际组织或者外国政府贷款、援助资金的项目。"

118. C. 解答如下：

根据《中华人民共和国民法典》规定，要约是指希望和他人订立合同的意思表示。该意思表示应符合：（1）内容具体确定；（2）表明经受要约人承诺，要约人即受该意思表示约束。

119. D. 解答如下：

依据《中华人民共和国行政许可法》第三十二条规定："行政机关对申请人提出的行政许可申请，应当根据下列情况分别作出处理：（一）申请事项依法不需要取得行政许可的，应当即时告知申请人不受理；（二）申请事项依法不属于本行政机关职权范围的，应当即时作出不予受理的决定，并告知申请人向有关行政机关申请；（三）申请材料存在可以当场更正的错误的，应当允许申请人当场更正；（四）申请材料不齐全或者不符合法定形式的，应当当场或者在五日内一次告知申请人需要补正的全部内容，逾期不告知的，自收到申请材料之日起即为受理。"

120. D. 解答如下：

依据《建设工程质量管理条例》第九条规定："建设单位必须向有关的勘察、设计、施工、工程监理等单位提供与建设工程有关的原始资料。原始资料必须真实、准确、齐全。"

(下午卷)

1. B	2. D	3. B	4. B	5. A	6. B	7. A	8. B	9. D	10. A
11. D	12. A	13. D	14. B	15. D	16. C	17. A	18. B	19. A	20. A
21. C	22. C	23. A	24. C	25. A	26. C	27. C	28. B	29. D	30. B
31. A	32. B	33. D	34. B	35. D	36. D	37. A	38. D	39. B	40. C
41. B	42. A	43. D	44. C	45. B	46. B	47. C	48. D	49. C	50. B
51. A	52. A	53. B	54. A	55. D	56. D	57. D	58. D	59. A	60. B

1. B. 解答如下：

亲水材料的湿润角≤90°，憎水材料的湿润角＞90°。

2. D. 解答如下：

水量 m_0，根据含水率的定义：$m_0/(250-m_0)=5\%$，可得：$m_0=11.9g$

3. B. 解答如下：

为降低水泥水化温升，针对水泥的措施有：优先选用水化热低的水泥、降低水泥用量、掺入适量的粉煤灰，以及降低水泥的细度。

4. B. 解答如下：

粉煤灰的主要活性成分是二氧化硅、三氧化二铝。

5. A. 解答如下：

混凝土的养护条件主要是指环境温度、湿度。

6. B. 解答如下：

石油沥青的软化点反映了沥青的温度敏感性（亦称稳定性）。

7. A. 解答如下：

钢材的含碳量减低，会降低钢材的强度，提高塑性、韧性、可焊性。

8. B. 解答如下：

两点间的坡度是指两点的高程差与其水平距离的百分比。

此外，对于 A 项，其正确的表达是：$i_{AB}=(h_{AB}/D_{AB})\times 100\%$

9. D. 解答如下：

水准测量仪器是利用水准仪提供的一条水平视线，获取地面两点间的高程差。

10. A. 解答如下：

比例尺精度是传统地形图上 0.1mm 所代表的实地长度（实地水平距离）。

此外，数字地形图不受比例尺精度的限制。

11. D. 解答如下：

钢尺量距时，其三项改正分别是：尺子改正（或尺长改正）、温度改正、倾斜改正。

12. A. 解答如下：

根据《建筑变形测量规范》JGJ 8—2016 第 5.2.1 条规定："特等、一等沉降观测，基准点不应少于 4 个；其他等级沉降观测，基准点不应少于 3 个。基准点之间形成闭合环。"

13. D. 解答如下：

依据《中华人民共和国建筑法》第十条规定："在建的建筑工程因故中止施工的，建设单位应当自中止施工之日起一个月内,向发证机关报告,并按照规定做好建筑工程的维护管理工作。建筑工程恢复施工时,应当向发证机关报告;中止施工满一年的工程恢复施工前,建设单位应当报发证机关核验施工许可证。"

14. B. 解答如下:

该规定体现了《中华人民共和国招标投标法》的公平原则。

15. D. 解答如下:

依据《中华人民共和国环境影响评价法》第二十条规定:"任何单位和个人不得为建设单位指定编制建设项目环境影响报告书、环境影响报告表的技术单位。"因此,选D项。

《中华人民共和国环境影响评价法》第十八条规定:"建设项目的环境影响评价,应当避免与规划的环境影响评价相重复。作为一项整体建设项目的规划,按照建设项目进行环境影响评价,不进行规划的环境影响评价。已经进行了环境影响评价的规划包含具体建设项目的,规划的环境影响评价结论应当作为建设项目环境影响评价的重要依据,建设项目环境影响评价的内容应当根据规划的环境影响评价审查意见予以简化。"

16. C. 解答如下:

根据《注册结构工程师执业资格制度暂行规定》第十一条规定,有下列情形之一的,不予注册:(一)不具备完全民事行为能力的。(二)因受刑事处罚,自处罚完毕之日起至申请注册之日止不满5年的。(三)因在结构工程设计或相关业务中犯有错误受到行政处罚或者撤职以上行政处分,自处罚、处分决定之日起申请注册之日止满2年的。(四)受吊销注册结构工程师注册证书处罚,自处罚决定之日起至申请注册之日止不满5年的。(五)建设部和国务院有关部门规定不予注册的其他情形的。

17. A. 解答如下:

检验填土压实质量的控制指标是土的干密度。

18. B. 解答如下:

混凝土初凝后抽管才能保证所留孔道不塌陷,终凝后导致钢管难以拔出。

19. A. 解答如下:

设置脚手架剪刀撑的目的是增加脚手架抵抗风荷载的能力、提高脚手架的整体稳定性。

20. A. 解答如下:

当移出的该项工作为非关键线路上的工作时,总工期不变。

21. C. 解答如下:

施工组织总设计是针对整个建设项目或建筑群的施工全过程的各项施工活动的综合技术经济文件。

22. C. 解答如下:

建筑结构用的碳素钢,其强度越高、延性越低。

23. A. 解答如下:

钢筋混凝土受弯构件界限受压区高度确定的依据:(1)平截面假定;(2)纵向受拉钢筋达到屈服、受压区边缘混凝土达到极限压应变。

24. C. 解答如下:

依据活荷载最不利布置原则，选 C 项。

25. A. 解答如下：

高层筒中筒、框架-核心筒结构设置加强层，其作用是：增大抗侧移刚度，降低结构侧向位移，同时，使得内筒弯矩减小。

26. C. 解答如下：

钢材通过拉伸试验，可以检验其屈服强度、抗拉强度、伸长率，而伸长率反映钢材塑性。

27. C. 解答如下：

支撑压杆，其受压整体稳定承载力计算公式：$N/(\varphi A f) \leqslant 1$，稳定系数 φ 与长细比有关。

28. B. 解答如下：

采用引弧板后，计算焊缝强度时，无需折减焊缝计算长度。

29. D. 解答如下：

结构钢材的碳当量指标反映了钢材的可焊性优劣。

30. B. 解答如下：

砌体的抗压强度随砂浆强度的提高而提高。

31. A. 解答如下：

砌体受压承载力计算公式：$N \leqslant \varphi A f$，系数 φ 与高厚比、e/h 有关，当为短柱时，系数 φ 仅与 e/h 有关。当 e/h 越小、系数 φ 越大时，则承载力越大。题目图示的 e/h 分别是：0.17、0.3、0.2、0.27，因此，选 A 项。

32. B. 解答如下：

根据《砌体结构设计规范》（2011 年版），其设计原则包括：①③④。

33. D. 解答如下：

当水泥砂浆强度等级小于 M5 时，其抗压强度设计值应考虑折减。

34. B. 解答如下：

超静定结构的约束数大于刚片自由度数，故结构的计算自由度小于 0。

35. B. 解答如下：

整体分析，$\sum M_A = 0$，则：

$N_{BC} \cdot \sin 45° \times 2 = F_P \times 4$

$$N_{BC} = \frac{2F_P}{\frac{\sqrt{2}}{2}} = 2\sqrt{2} F_P \text{（压力：—）}$$

36. D. 解答如下：

取 BC 分析：$Y_B \times 4 = X_B \times 4$，即：$Y_B = X_B$，$Y_B$（↑），$X_B$（←）

取整体分析，$\sum M_A = 0$，则：

$20 \times 4 + 5 \times 4 \times \dfrac{4}{2} = X_B \cdot 4 + Y_B \cdot 8$

即：$X_B = Y_B = 10 \text{kN}$

取 DCB 分析：$M_{DC} = 5 \times 4 \times 2 + 10 \times 4 - 10 \times 8 = 0$

37. A. 解答如下：

取整体分析，$\sum M_B=0$，则：$Y_A=\dfrac{F_p\cdot\dfrac{L}{4}}{L}=\dfrac{F_p}{4}$

取 AC 分析，$\sum M_C=0$，则：$F_H=\dfrac{\dfrac{F_p}{4}\cdot\dfrac{L}{2}}{f}=\dfrac{F_p}{4}$

38. D. 解答如下：

截面法，如图 9-4-38 所示，对 E 点取力矩平衡：

$N_1\cdot 3a+P\cdot a+P\cdot 2a=3P\cdot 3a$

$N_1=2P$（拉力）

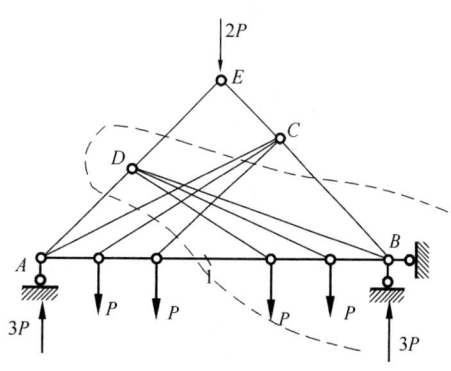

图 9-4-38

39. B. 解答如下：

取整体分析，$\sum M_B=0$，则：

$Y_A=P\cdot l\sin 30°/l=\dfrac{P}{2}$

40. C. 解答如下：

位移法，$3i\theta_B=Pl$，$\theta_B=\dfrac{Pl}{3i}=\dfrac{Pl^2}{3EI}$

41. B. 解答如下：

$\dfrac{1}{k_e}=\dfrac{1}{k_1}+\dfrac{1}{k_2}$，则：

$k_e=\dfrac{k_1k_2}{k_1+k_2}$

42. A. 解答如下：

力法计算，作 M_p、$\overline{M}_1$ 图，见图 9-4-42。

$\delta_{11}=\dfrac{1}{EI}\cdot\dfrac{1}{2}l\cdot l\cdot\dfrac{2l}{3}=\dfrac{l^3}{3EI}$

$\Delta_{1p}=-\dfrac{1}{EI}\cdot\dfrac{1}{3}\cdot\dfrac{ql^2}{2}\cdot l\cdot\dfrac{3}{4}l=-\dfrac{ql^4}{8EI}$

$\delta_{11}X_1+\Delta_{1p}=-\dfrac{X_1}{k}$

可得：$X_1=\dfrac{ql}{4}(\uparrow)$

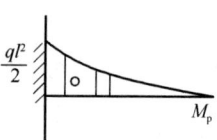

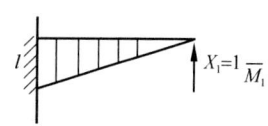

图 9-4-42

取 CB 分析：$M_{CB}=\dfrac{ql}{4}\cdot\dfrac{l}{2}-q\dfrac{l}{2}\cdot\dfrac{l}{4}=0$

43. D. 解答如下：

位移法，$M_{BA}=4i\theta_B+2i\theta$，$M_{BC}=i\theta_B$

$M_{BA}+M_{BC}=0$，则：$\theta_B=-\dfrac{2}{5}\theta$

44. C. 解答如下：

$S_{AB}=4EI/4=EI$，$S_{AC}=4\times\dfrac{2.5EI}{5}=2EI$，$S_{AD}=0$

$$\mu_{AC}=\frac{2}{1+2}=\frac{2}{3}$$

45. B. 解答如下：

位移法，B 节点的剪力：$\frac{3EI}{l^3}\cdot\Delta$

$\frac{3EI}{l^3}\cdot\Delta+k\cdot\Delta=P$，即 $\left(\frac{3EI}{l^3}+\frac{3EI}{l^3}\right)\Delta=P$

可得：$\Delta=\frac{Pl^3}{6EI}$

46. B. 解答如下：

作 K 点的弯矩影响线，见图 9-4-46。

$y_1=\frac{8-2}{8}\times 4=3$

$M_K=(3+4)\times 20=140\text{kN}\cdot\text{m}$

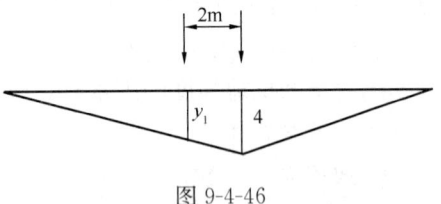

图 9-4-46

47. C. 解答如下：

动力系数 $\mu=\dfrac{1}{1-\dfrac{\theta^2}{\omega^2}}$

题目图（a）、（b）中 θ 相同。

$\delta_a=2\delta_b$，$\omega_a=\sqrt{\dfrac{1}{m\delta_a}}$，$\omega_b=\sqrt{\dfrac{1}{2m\delta_b}}$

则：$\omega_a/\omega_b=1$

故：$\mu_a=\mu_b$

48. D. 解答如下：

$\xi=\dfrac{1}{2\pi n}\ln\dfrac{y_k}{y}=\dfrac{1}{2\pi\times 10}\ln\dfrac{1}{0.0016}$

$=0.1025$

49. C. 解答如下：

激振法主要用于建筑结构的抗震性能评估、结构的动力特性测试，而结构的疲劳试验一般采用疲劳试验机，也可采用电液伺服加载系统。

50. B. 解答如下：

根据《混凝土结构试验方法标准》GB/T 50152—2012 第 5.3.1 条规定："混凝土结构预加载应控制试件在弹性范围内受力，不应产生裂缝及其他形式的加载残余值。"可知，当预加载超过开裂荷载后，试件将发生非弹性变形，即不在弹性范围内。

51. A. 解答如下：

对原结构损伤较小的情况下，评定混凝土强度时，较理想的方法是回弹法。

52. A. 解答如下：

应变片的灵敏系数是指在单向应力下，应变片电阻的相应变化与沿其轴向的应变的比值，反映电阻变化与应变的关系。

53. B. 解答如下：

在惠更斯电桥中接入任意一个可变电阻，调节电阻，使电桥恢复平衡，这个可变电阻调节值与电阻应变计的电阻变化有对应关系，通过测量这个可变电阻调节值来测量应变的方法称为零位测定法。因此，电阻应变计（长标距电阻应变计）在使用过程中总需要平衡、清零。

54. A. 解答如下：
$\sigma_{cz}=4\times17+(6-4)\times20=108\text{kPa}$

55. D. 解答如下：
p_{cz}的计算应当从地表算起。

56. D. 解答如下：
$n=e/(1+e)=47.71\%/(1+41.71\%)=32.30\%$

57. D. 解答如下：
影响岩土的抗剪强度的因素有：应力路径、加载速度、剪胀性。

58. D. 解答如下：
碎石土宜采用重型或超重型圆锥动力触探进行原位测试。

59. A. 解答如下：
$b=3\text{m}$，故不考虑宽度的修正；
$\gamma_m=[16\times2+(20-10)\times1]/3=14\text{kN/m}^3$
$f_a=100+1.45\times14\times(3-0.5)=150.75\text{kPa}$

60. B. 解答如下：
打入式敞口钢管桩在其成桩过程中不排土，敞口桩有部分挤土作用，因此，属于部分挤土桩。

模拟试题（一）答案与解答

（上午卷）

1. A 2. C 3. B 4. D 5. C 6. A 7. B 8. D 9. B 10. B
11. B 12. D 13. A 14. B 15. D 16. C 17. B 18. A 19. B 20. C
21. A 22. D 23. C 24. A 25. D 26. C 27. A 28. B 29. D 30. B
31. C 32. D 33. A 34. C 35. C 36. B 37. D 38. A 39. B 40. B
41. D 42. B 43. B 44. B 45. B 46. D 47. D 48. B 49. B 50. D
51. C 52. B 53. C 54. B 55. B 56. D 57. C 58. A 59. B 60. D
61. B 62. A 63. B 64. C 65. B 66. C 67. B 68. D 69. C 70. B
71. C 72. A 73. B 74. A 75. C 76. B 77. A 78. B 79. C 80. B
81. C 82. D 83. D 84. C 85. B 86. C 87. B 88. C 89. D 90. B
91. C 92. C 93. D 94. A 95. D 96. B 97. D 98. C 99. C 100. D
101. C 102. B 103. A 104. B 105. C 106. C 107. A 108. C 109. B 110. C
111. A 112. C 113. B 114. B 115. A 116. D 117. B 118. B 119. C 120. C

1. A. 解答如下：
$$d = \frac{|1\times1+2\times2+2\times1+(-10)|}{\sqrt{1^2+2^2+2^2}} = \frac{3}{3} = 1$$

2. C. 解答如下：

设向量 $\boldsymbol{a}=(x,y,z)$，则：$\cos\alpha=\dfrac{x}{|\boldsymbol{a}|}=0$，$\cos\beta=\dfrac{y}{|\boldsymbol{a}|}=0$

即向量 $\boldsymbol{a}=(0,0,z)$，故向量 $\boldsymbol{a}$ 平行于 z 轴。

3. B. 解答如下：

该平面的法向量 $=\boldsymbol{a}\times\boldsymbol{b}=\begin{vmatrix} \boldsymbol{i} & \boldsymbol{j} & \boldsymbol{k} \\ 2 & -1 & 3 \\ -1 & 1 & -2 \end{vmatrix}=-\boldsymbol{i}+\boldsymbol{j}+\boldsymbol{k}$

由点法式可得该平面的方程为：$-(x-2)+(y+3)+(z-1)=0$
即：$\qquad\qquad\qquad\qquad x-y-z-4=0$

4. D. 解答如下：

母线平行于 z 轴的柱面方程 $\begin{cases} z=2x^2+y^2 \\ z=4-2x^2-3y^2 \end{cases}$ 进行整理，

可得 $x^2+y^2=1$，即为该曲线关于 xoy 平面的投影柱面，$z=0$。

5. C. 解答如下：

当 $x\to 0$ 时，$(1+x^2)^{\frac{1}{3}}-1 \sim \dfrac{1}{3}x^2$，$\cos x-1 \sim -\dfrac{1}{2}x^2$

所以，$\lim\limits_{x\to 0}\dfrac{(1+x^2)^{\frac{1}{3}}-1}{\cos x-1}=\lim\limits_{x\to 0}\dfrac{\frac{1}{3}x^2}{-\frac{1}{2}x^2}=-\dfrac{2}{3}$

6. A. 解答如下：
$$f'(x) = -\frac{1}{3} \cdot 3\sin3x + a\sin x$$
$$f'\left(\frac{\pi}{6}\right) = 0, 即 -\sin\left(3 \times \frac{\pi}{6}\right) + a\sin\frac{\pi}{6} = 0, 解之得 a = 2$$

7. B. 解答如下：
$$F(x,y,z) = 3x^2 + y^2 - z^2 - 27$$
$$\boldsymbol{n} = (F_x, F_y, F_z) = (6x, 2y, -2z) = (18, 2, -2)$$
所以，法线方程为：
$$\frac{x-3}{18} = \frac{y-1}{2} = \frac{z-1}{-2}$$
即：
$$\frac{x-3}{9} = \frac{y-1}{1} = \frac{z-1}{-1}$$

8. D. 解答如下：
$$y = \ln\sqrt{\frac{1-x}{1+x}} = \frac{1}{2}[\ln(1-x) - \ln(1+x)]$$
则
$$y' = \frac{1}{2}\left[\frac{-1}{1-x} - \frac{1}{1+x}\right] = \frac{1}{2}\left[\frac{1}{x-1} - \frac{1}{x+1}\right]$$
$$y'' = \frac{1}{2}\left[-\frac{1}{(x-1)^2} + \frac{1}{(x+1)^2}\right]$$
$x = 0$ 时，$y'' = 0$

9. B. 解答如下：
由条件知，$f(x) = \left(\frac{\sin x}{1+x\sin x}\right)' = \frac{\cos x + x\sin x\cos x - \sin x(\sin x + x\cos x)}{(1+x\sin x)^2}$
$$= \frac{\cos x - \sin^2 x}{(1+x\sin x)^2}$$
又
$$\int f(x)f'(x)dx = \int f(x)d[f(x)] = \frac{1}{2}[f(x)]^2 + C$$
$$= \frac{1}{2} \cdot \left[\frac{\cos x - \sin^2 x}{(1+x\sin x)^2}\right]^2 + C$$

10. B. 解答如下：
闭区域 D 在极坐标系中为：$D = \{(\rho, \theta) / 0 \leqslant \rho \leqslant a, 0 \leqslant \theta \leqslant 2\pi\}$
所以
$$\iint_D e^{-x^2-y^2}dxdy = \iint_D e^{-\rho^2}\rho d\rho d\theta = \int_0^{2\pi}\left[\int_0^a e^{-\rho^2}\rho d\rho\right]d\theta$$
$$= \int_0^{2\pi}\left[-\frac{1}{2}e^{-\rho^2}\right]_0^a d\theta = \frac{1}{2}(1-e^{-a^2})\int_0^{2\pi}d\theta$$
$$= \pi(1-e^{-a^2})$$

11. B. 解答如下：
Ω 在极坐标系下为：$\Omega = \{(\rho, \theta, z) \mid 0 \leqslant z \leqslant \sqrt{1-\rho^2}, 0 \leqslant \rho \leqslant 1, 0 \leqslant \theta \leqslant 2\pi\}$
所以

$$\iiint_\Omega z\,dx\,dy\,dz = \iiint_\Omega z\rho\,d\rho\,d\theta\,dz = \int_0^{2\pi} d\theta \int_0^1 \rho\,d\rho \int_0^{\sqrt{1-\rho^2}} z\,dz$$

$$= \frac{1}{2}\int_0^{2\pi} d\theta \int_0^1 \rho(1-\rho^2)\,d\rho$$

$$= \frac{1}{2} \cdot 2\pi \cdot \left[\frac{\rho^2}{2} - \frac{\rho^4}{4}\right]_0^1 = \frac{\pi}{4}$$

12. D. 解答如下：

$$\int_L (x+y)\,ds = \int_{L_1}(x+y)\,ds + \int_{L_2}(x+y)\,ds + \int_{L_3}(x+y)\,ds$$

如图 10-3-12 所示 L_1、L_2、L_3。

$$\int_{L_1}(x+y)\,ds = \int_0^1 (x+0)\sqrt{1+0^2}\,dx$$

$$\int_{L_2}(x+y)\,ds = \int_0^1 (1+y)\sqrt{1+0^2}\,dy$$

$$\int_{L_3}(x+y)\,ds = \int_0^1 (x+x)\sqrt{1+1^2}\,dx$$

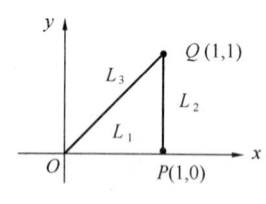

图 10-3-12

所以 $\int_L (x+y)\,ds = 2+\sqrt{2}$

13. A. 解答如下：

当 $0<p\leqslant 1$ 时，$\sum_{n=1}^{\infty}\frac{(-1)^{n-1}}{n^p}$ 为交错级数；令 $u_n=\frac{1}{n^p}$，$u_{n+1}=\frac{1}{(n+1)^p}$

有：$\frac{u_n}{u_{n+1}} = \frac{(n+1)^p}{n^p} = (1+\frac{1}{n})^p > 1$，即 $u_n > u_{n+1}$，

且 $\lim_{n\to\infty} u_n = 0$，故该级数收敛。

但 $\sum_{n=1}^{\infty}\left|\frac{(-1)^{n-1}}{n^p}\right| = \sum_{n=1}^{\infty}\frac{1}{n^p}$，当 $0<p\leqslant 1$ 时，

因 $\lim_{n\to\infty} n \cdot u_n = \lim_{n\to\infty} n^{1-p} = +\infty$，即 $\sum_{n=1}^{\infty}\frac{1}{n^p}$ 发散。

所以，当 $0<p\leqslant 1$ 时，$\sum_{n=1}^{\infty}\frac{(-1)^{n-1}}{n^p}$ 为条件收敛。

14. B. 解答如下：

因为 $\lim_{n\to\infty}\left|\frac{a_{n+1}}{a_n}\right| = \lim_{n\to\infty}\left|\frac{(n+1)!}{n!}\right| = \lim_{n\to\infty}|n+1| = +\infty = \rho$

所以 $R = \frac{1}{\rho} = 0$

15. D. 解答如下：

因为
$$\ln(1+x) = x - \frac{x^2}{2} + \frac{x^3}{3} - \frac{1}{4}x^4 + \cdots$$

$$\ln(1-x) = x + \frac{x^2}{2} + \frac{x^3}{3} + \frac{1}{4}x^4 + \cdots$$

所以 $\ln\frac{1-x}{1+x} = \ln(1-x) - \ln(1+x) = 2\left(\frac{x^2}{2} + \frac{x^4}{4} + \frac{x^6}{6} + \cdots\right)$

$$= \sum_{n=1}^{\infty} \frac{2 \cdot x^{2n}}{2n} = \sum_{n=1}^{\infty} \frac{x^{2n}}{n} \quad (|x|<1)$$

16. C. 解答如下：

$x=1$ 处函数 $f(x)$ 收敛于 $\frac{1}{2}[f(1^-)+f(1^+)] = \frac{1}{2}[2+1^3] = \frac{3}{2}$

17. B. 解答如下：

由条件知，$r=-1,-1,1$ 为所求齐次线性微分方程对应的特征方程的 3 个根，又 $(r+1)^2(r-1)=r^3+r^2-r-1$。

18. A. 解答如下：

设 $A=$"恰有两人击中目标"，$A_1=$"甲、乙击中，丙没有"

$A_2=$"乙、丙击中，甲没有"，$A_3=$"甲、丙击中，乙没有"

则 $P(A)=P(A_1+A_2+A_3)=P(A_1)+P(A_2)+P(A_3)$

$$=\frac{1}{3}\times\frac{1}{2}\left(1-\frac{1}{4}\right)+\left(1-\frac{1}{3}\right)\times\frac{1}{2}\times\frac{1}{4}+\frac{1}{3}\times\left(1-\frac{1}{2}\right)\times\frac{1}{4}=\frac{1}{4}$$

19. B. 解答如下：

由条件，$\overline{E}\cup F=\overline{E}$，所以 $P(\overline{E}\cup F)=P(\overline{E})=1-P(E)=1-p$

20. C. 解答如下：

根据 F 分布的定义，其自由度为 S_1^2、S_2^2 的自由度，

又 $S_1^2=\frac{1}{n_1-1}\sum_{i=1}^{n}(x_i-\overline{x})^2, S_2^2=\frac{1}{n_2-1}\sum_{i=1}^{n}(x_i-\overline{x})^2$

即 S_1^2、S_2^2 的自由度为 n_1-1, n_2-1，故应选 C。

21. A. 解答如下：

$$|BA^{-1}|=|B||A^{-1}|=\frac{|B|}{|A|}=\frac{3}{2}$$

22. D. 解答如下：

由条件知，$\mu=2, \sigma=3, \Phi(-1)=1-\Phi(1)=1-a$

$P(-1<x<5)=\Phi\left(\frac{5-2}{3}\right)-\Phi\left(\frac{-1-2}{3}\right)=\Phi(1)-\Phi(-1)=a-(1-a)$

$\qquad =2a-1$

23. C. 解答如下：

由方阵的行列式运算定律，$|AB|=|A||B|$，$|BA|=|A||B|$，故选 C。

24. A. 解答如下：

由条件知 $\begin{bmatrix} x_1 \\ x_2 \end{bmatrix} = A\begin{bmatrix} y_1 \\ y_2 \end{bmatrix}$，

所以 $\begin{bmatrix} y_1 \\ y_2 \end{bmatrix} = A^{-1}\begin{bmatrix} x_1 \\ x_2 \end{bmatrix}, A=\begin{bmatrix} 2 & 1 \\ -5 & 3 \end{bmatrix}$

故可求出 $A^{-1}=\begin{bmatrix} 3 & -1 \\ -5 & 2 \end{bmatrix}$

25. D. 解答如下：

由理想气体状态方程，对等压压缩过程：$\frac{V}{T}=$ 恒量

设 V_1、T_1 为始态的体积与温度；V_2、T_2 为终态的体积与温度，则：$V_1 > V_2$，$T_1 > T_2$。

$$Q_p = \frac{m}{M} \cdot C_p \cdot (T_2 - T_1) < 0$$

$$\Delta E = \frac{m}{M} \cdot C_V (T_2 - T_1) < 0$$

$$A = \frac{m}{M} \cdot R(T_2 - T_1) < 0$$

26. C. 解答如下：

$$\frac{E}{V} = \frac{\frac{m}{M} \cdot \frac{i}{2} RT}{V} = \frac{\frac{i}{2} pV}{V} = \frac{i}{2} p$$

H_2 的 $i=5$，He 的 $i=3$，所以，$\left(\frac{E}{V}\right)_{H_2} : \left(\frac{E}{V}\right)_{He} = 5:3$

$\frac{E}{m} = \frac{iRT}{2M}$，所以，$\left(\frac{E}{m}\right)_{H_2} : \left(\frac{E}{m}\right)_{He} = \frac{5}{2} : \frac{3}{4} = \frac{10}{3}$

27. A. 解答如下：

自由膨胀时，$A=0$；绝热时，$Q=0$，故 $\Delta E = Q - A = 0$
所以温度 T 不变。又绝热膨胀为不可逆过程，所以 $\Delta S > 0$。

28. B. 解答如下：

$$\eta = 1 - \frac{T_2}{T_1} = 1 - \frac{300}{500} = 40\%$$

29. D. 解答如下：

$$pV = \frac{m}{M} RT, \quad M = \frac{m}{p} \frac{RT}{V}$$

$$\frac{M_1}{M_2} = \frac{m_1 RT_1}{p_1 V_1} \cdot \frac{p_2 V_2}{m_2 RT_2} = \frac{p_2}{p_1}$$

30. B. 解答如下：

$$\Delta \varphi = \frac{\omega x}{u} = \frac{2\pi x}{Tu} = \frac{2\pi \times 5}{2 \times 15} = \frac{\pi}{3}$$

31. C. 解答如下：

驻波方程： $y = y_1 + y_2 = 12 \times 10^{-2} \cos \frac{\pi x}{2} \cos(20\pi t)$

当 $\frac{\pi x}{2} = (2k+1)\frac{\pi}{2}$ 时，即 $x = 2k+1$，形成波节，即 $y=0$。

32. D. 解答如下：

由明(或暗)条纹距离公式：$\Delta x = \frac{D\lambda}{d}$

33. A. 解答如下：

由公式： $a\sin\varphi = \pm k\lambda$，则 $\sin\varphi = \pm \frac{k\lambda}{a}$

当 a 变大时，$\sin\varphi$ 变小，φ 变小。

35. C. 解答如下：

当入射角等于布儒斯特角时，反射光成为完全偏振光，振动方向与入射面垂直。

36. B. 解答如下：
$$i_入 + i_折 = 90°, 所以, i_折 = 30°$$

40. B. 解答如下：
$$K_b(NH_3 \cdot H_2O) = 1.8 \times 10^{-5}, 得: K_a(NH_4^+) = \frac{10^{-14}}{1.8 \times 10^{-5}} = 5.56 \times 10^{-10}$$

根据缓冲溶液中[H$^+$]计算公式，及[NH$_4^+$]=[NH$_3 \cdot$H$_2$O]

有： $$[H^+] = K_a(NH_4^+) \cdot \frac{[NH_4^+]}{[NH_3 \cdot H_2O]} = K_a(NH_4^+) = 5.56 \times 10^{-10}$$

41. D. 解答如下：
体积变为原来的 1/2，C_A、C_B 分别都变为原来的 2 倍，
$$v' = k \cdot (C_A \times 2)^2 \cdot (C_B \times 2) = 8 \cdot kC_A^2 C_B = 8v$$

42. B. 解答如下：
当反应体系中引入催化剂时，它与反应物形成一种势能较低的活化配合物。

43. B. 解答如下：
因为 $$E^\ominus_{Cu^{2+}/Cu} > E^\ominus_{Fe^{2+}/Fe}$$
所以 $$Fe + Cu^{2+} = Fe^{2+} + Cu$$

44. B. 解答如下：
根据能斯特方程：
$$E = E^\ominus + \frac{0.059V}{4} \lg\left\{\left(\frac{P_{O_2}}{P^\ominus}\right) \cdot [H^+]^4\right\}$$
$$= E^\ominus + \frac{0.059V}{4} \lg\{1 \cdot [H^+]^4\} = E^\ominus - 0.059\text{pH}$$

45. B. 解答如下：
电极反应为： $$AgCl(s) + e \rightleftharpoons AgCl(s) + Cl^-$$
根据能斯特方程式：
$$E_{AgCl/Ag} = E^\ominus_{AgCl/Ag} + \frac{0.059V}{1} \lg \frac{1}{[Cl^-]}$$

所以 $E_{AgCl/Ag}$ 仅与[Cl$^-$]有关。

47. D. 解答如下：
设三角形 ADE 面积为 A_1，四边形 ABCD 面积为 A_2，小圆面积为 A_3。
$$X_c = \frac{-\frac{a}{3} \cdot A_1 + \frac{a}{2}(A_2 - A_3)}{A_1 + A_2 - A_3} = 0$$

则有： $$\pi r^2 = a^2 - \frac{2}{3} \cdot \frac{1}{2}a^2 = \frac{2a^2}{3}, \quad r = \frac{\sqrt{2}a}{\sqrt{3\pi}}$$

48. B. 解答如下：
该板在水平方向、竖直方向的力的合力为 0，由质心运动守恒定理，板的质心保持原有位置，但外力产生了扭转。

49. B. 解答如下：
对整体分析， $$\sum x = 0, 则: X_A = 0,$$

$$\sum M_B(F)=0, 则: Y_A=62.5\text{kN}$$

取 ADG 为对象，用截面法，$\sum M_G(F)=0$，则：$S_{DE}=\dfrac{-Y_A\times 2}{1}=-125\text{kN}$

50. D. 解答如下：

$$\varepsilon=\frac{a_\tau}{R}=\frac{a\sin 60°}{R}=\frac{2\sqrt{5}\times\frac{\sqrt{3}}{2}}{2}=\frac{\sqrt{15}}{2}$$

51. C. 解答如下：

动点为小球，动系为水平管，则：$v_a=v_e+v_r$

又 $v_e=r\omega$，$v_r=v=r\omega$，

所以 $v_a=\sqrt{v_e^2+v_r^2}=\sqrt{2}r\omega$

52. B. 解答如下：

$v_A=v_B$，又 $a_\tau=\dfrac{\mathrm{d}v}{\mathrm{d}t}$，则：$a_{A\tau}=a_{B\tau}$

又 $a_n=\dfrac{v^2}{R}$，则：$a_{An}\neq a_{Bn}$。

54. B. 解答如下：

圆环的动能 T_1：$\quad T_1=\dfrac{1}{2}J_c\omega^2=\dfrac{1}{2}(J_0+mR^2)\omega^2$

$$=\frac{1}{2}(mR^2+mR^2)\omega^2=mR^2\omega^2$$

质点 A 的动能 T_2：$T_2=\dfrac{1}{2}mv_A^2=\dfrac{1}{2}m\cdot(\omega R)^2=\dfrac{1}{2}mR^2\omega^2$

系统的动能 T：$\quad T=T_1+T_2=\dfrac{3}{2}mR^2\omega^2$

55. B. 解答如下：

水平方向质心运动守恒定理：$2m\times 0+m\cdot l\sin\varphi=(2m+m)x_t$

$$\Delta x=x_t=\frac{ml\sin\varphi}{3m}=\frac{l\sin\varphi}{3}$$

56. D. 解答如下：

$$H_0=H_A+H_B+H_{轮}=mvR+mvR+J\omega$$
$$=\frac{2P}{g}mv+\frac{1}{2}\frac{Q}{g}\cdot R^2\cdot\omega=\frac{2P}{g}mv+\frac{Q}{2g}R\cdot v$$
$$=\frac{(4P+Q)Rv}{2g}$$

57. C. 解答如下：

给 OA 杆一个向下的虚位移 $\delta\theta$，则：$\delta r_C=l\delta\theta$

$$\delta r_A=\delta r_B=\delta r_D=2l\delta\theta$$

所以 $\delta r_C:\delta r_D:\delta r_B=1:2:2$

58. A. 解答如下：

图(a) 系统中，弹簧为串联，则：$k_a=\dfrac{k_1k_2}{k_1+k_2}$

$$\omega_1 = \sqrt{\frac{k_a}{m}} = \sqrt{\frac{k_1 k_2}{(k_1+k_2)m}}$$

图(b)、(c)系统中，弹簧为并联，则：$k_b = k_c = k_1 + k_2$

$$\omega_2 = \omega_3 = \sqrt{\frac{k_b}{m}} = \sqrt{\frac{(k_1+k_2)}{m}}$$

所以 $\omega_1 < \omega_2 = \omega_3$

59. B. 解答如下：

Ⅰ－Ⅰ截面： $\sigma_1 = \frac{P}{A_1} = \frac{20 \times 10^3}{0.24 \times 0.24} = 0.347 \times 10^6 \text{Pa}$

Ⅱ－Ⅱ截面： $\sigma_2 = \frac{3P}{A_2} = \frac{3 \times 20 \times 10^3}{0.37 \times 0.37} = 0.438 \times 10^6 \text{Pa}$

60. D. 解答如下：

$$\Delta l_{AB} = \sqrt{2} a\varepsilon, \quad \Delta Y_D = 2 \cdot \frac{\Delta l_{AB}}{\cos 45°} = 4a\varepsilon$$

61. B. 解答如下：

设 BD 杆的长度为 a，BD 杆为二力构件，则：$\sum M_A(F) = 0$，

$$Fl - N_{BD} \cdot \sin\theta \cdot a\cos\theta = 0,$$

$N_{BD} = \frac{2Fl}{a\sin 2\theta}$，所以当 $\theta = \frac{\pi}{4}$ 时，N_{BD} 为最小。

62. A. 解答如下：

$$\tau = \frac{T}{I_p} \cdot \frac{D}{2} = \frac{T}{\frac{1}{32}\pi(D^4 - d^4)} \cdot \frac{D}{2} = \frac{T}{\frac{1}{16}\pi \cdot D^3(1-\alpha^4)}$$

63. B. 解答如下：

正方形惯性矩的性质，则：$I_z = I_{z1} - I_{z2} = \frac{1}{12} \cdot (3a)^4 - \frac{1}{12} \cdot (2a)^4$

64. C. 解答如下：

$$\sum M_B(F) = 0, 则：Y_A = \frac{ql \cdot \frac{l}{2} - ql^2}{l} = -\frac{ql}{2}(\downarrow)$$

$$V_C = -\left(\frac{ql}{2} + \frac{ql}{2}\right) = -ql$$

$$M_C = -\left(\frac{ql}{2} \cdot \frac{l}{2} + \frac{ql}{2} \cdot \frac{l}{4}\right) = -\frac{3ql^2}{8}$$

65. B. 解答如下：

$$\sigma = \frac{6M}{bh^2}, 则：\frac{\sigma_a}{\sigma_b} = \frac{h \cdot b^2}{b \cdot h^2} = \frac{h \cdot \left(\frac{h}{2}\right)^2}{\left(\frac{h}{2}\right) \cdot h^2} = \frac{1}{2}$$

66. C. 解答如下：

因为轴向拉伸、扭转、弯曲的应变能彼此独立，可以叠加；图(b)中 P_1、P_2 引起的应变能彼此相关，不能叠加。

67. B. 解答如下：

从应力圆可知 $\sigma_1>0$，$\sigma_3<0$，故选 B。

68. D. 解答如下：

A 端为危险截面，$\sigma=\dfrac{Pl}{W}$，$\tau=\dfrac{Pa}{W_t}$，$W_t=\dfrac{\pi}{16}d^3=2W$

$$\sigma_{r3}=\sqrt{\sigma^2+4\tau^2}=\sqrt{\left(\dfrac{Pl}{W}\right)^2+4\cdot\left(\dfrac{Pa}{2W}\right)^2}$$
$$=\sqrt{\left(\dfrac{Pl}{W}\right)^2+\left(\dfrac{Pa}{W}\right)^2}$$

69. C. 解答如下：

$$\sigma=\dfrac{P}{A}+\dfrac{6P\cdot e}{bh^2}=\dfrac{250\times 10^3}{0.5\times 0.5}+\dfrac{6\times 250\times 10^3\times 0.3}{0.5\times 0.5^2}$$
$$=4\text{MPa}$$

70. B. 解答如下：

$$\lambda=\dfrac{l_0}{i},\ i=\sqrt{\dfrac{I_z}{A}}=\sqrt{\dfrac{\frac{1}{12}h\cdot b^3}{bh}}=\dfrac{b}{\sqrt{12}}$$

所以 $\lambda=\dfrac{\sqrt{12}l}{b}$

72. A. 解答如下：

当假定容器内液面上压力与外界压力相等时，1 管的液面与容器内液面平行。由图可知：
$$\rho gh_1+\rho' gh_2=\rho' gh，且 \rho'>\rho$$

则：
$$\dfrac{\rho}{\rho'}\cdot h_1+h_2=h$$

$$h_1+h_2>\dfrac{\rho}{\rho'}\cdot h_1+h_2=h，故选 A。$$

73. B. 解答如下：

$$Q=\mu K\sqrt{12.6\Delta h}$$
$$K=\dfrac{1}{4}\pi d^2\sqrt{\dfrac{2g}{\left(\dfrac{d_1}{d_2}\right)^4-1}}=\dfrac{\pi}{4}\times 0.1^2\cdot\sqrt{\dfrac{2\times 9.8}{\left(\dfrac{0.1}{0.05}\right)^4-1}}=0.008978$$

所以 $Q=\mu K\sqrt{12.6\Delta h}$
$$=0.95\times 0.008978\times\sqrt{12.6\times 0.3}=0.01658\text{m}^3/\text{s}=16.58\text{L/s}$$

75. C. 解答如下：

在层流区，$\lambda=\dfrac{64}{Re}=\dfrac{64\nu}{vd}$，当 Q 增大，v 必增大，则 λ 减小；

又 $h_f=\lambda\cdot\dfrac{l}{d}\cdot\dfrac{v^2}{2g}=\dfrac{32\nu vl}{gd^2}$，当 Q 增大，v 变大，则 h_f 增大。

76. B. 解答如下：

$$Q = \mu A \sqrt{2gH_0} = 0.82 \times \frac{1}{4} \times \pi \times 0.02^2 \times \sqrt{2 \times 9.8 \times 5}$$
$$= 2.55 \times 10^{-3} \mathrm{m^3/s}$$

88. C. 解答如下：

FTP 协议是用来实现 Internet 上的文件传输功能。HTTP 协议（超文本传输协议）是专门为实现 www 服务器和 www 浏览器之间交换数据而设计的网络协议。

90. B. 解答如下：
$$\Phi = \int_s B \cdot \mathrm{d}s = B \cdot \pi r^2, \mathscr{E} = -\frac{\mathrm{d}\Phi}{\mathrm{d}t} = -\frac{\mathrm{d}B}{\mathrm{d}t} \cdot \pi r^2 = \frac{\pi}{2}\mathrm{V}$$

所以 $i = \frac{\mathscr{E}}{R} = \frac{\pi}{10}\mathrm{A}$

91. C. 解答如下：
$$I = \frac{E_1 - E_2}{R_1 + R_2}, U_{\mathrm{DA}} = U_{\mathrm{DB}} = U_{\mathrm{D}} - U_{\mathrm{A}} = E_2 + I \cdot R_2$$

所以 $U_{\mathrm{D}} = U_{\mathrm{A}} + E_2 + I \cdot R_2 = \frac{E_1 - E_2}{R_1 + R_2} \cdot R_2 + E_2 + U_{\mathrm{A}}$

92. C. 解答如下：

将电压源视为短路，则 R 与 $2R$ 并联，$2R$ 与 R 并联，两者串联后再与 $\frac{4}{3}R$ 并联，即：

$$\frac{1}{R_1} = \frac{1}{1R} + \frac{1}{2R} = \frac{3}{2R}, R_1 = \frac{2R}{3}, R_2 = \frac{2R}{3} + \frac{2R}{3} = \frac{4R}{3}$$

$$\frac{1}{R_0} = \frac{1}{\frac{4R}{3}} + \frac{1}{\frac{4R}{3}}, \text{所以 } R_0 = \frac{2}{3}R$$

93. D. 解答如下：

由条件可知，$X_{\mathrm{C}} = R$，则：$\frac{1}{2\pi f C} = R$

$$C = \frac{1}{2\pi f R} = \frac{1}{2\pi \times 10^3 \times 8 \times 10^3} = 1.99 \times 10^{-4} = 0.02 \mu\mathrm{F}$$

94. A. 解答如下：
$$Z_{\mathrm{L}} = \mathrm{j}5, Z_{\mathrm{c}} = -\mathrm{j}4, Z_0 = \frac{Z_{\mathrm{L}} \cdot Z_{\mathrm{c}}}{Z_{\mathrm{L}} + Z_{\mathrm{c}}} = \frac{20}{\mathrm{j}} = -20\mathrm{j}$$

$Z = R + Z_0 = 15 - 20\mathrm{j}$，所以应选 A 项。

95. D. 解答如下：
$$\tau = \frac{L}{R} = \frac{1}{20}, -\frac{t}{\tau} = -20t$$

$$u_s = 30, i(0_+) = \frac{u_s}{R_1 + R_2} = \frac{30}{10 + 20} = 1\mathrm{A}，则：$$

$$i(t) = \frac{30}{20} + (1 - \frac{30}{20})\mathrm{e}^{-20t}，即：$$

$$1.2 = 1.5 - 0.5\mathrm{e}^{-20t}，$$

解之得：$t = 0.0255\mathrm{s}$

97. D. 解答如下：

由条件知，R_2 上电压为稳定管电压，即 8V，$I_{R2}=\dfrac{8}{1250}=6.4\text{mA}$

$U_{R1}=20-U_{R2}=20-8=12\text{V}$，$I_{R1}=\dfrac{U_{R1}}{R_1}=\dfrac{12}{1200}=10\text{mA}$

所以 $I_D=I_{R1}-I_{R2}=3.6\text{mA}$

98. C. 解答如下：

为避免放大电路产生饱和失真和截止失真，则应尽量避免工作在饱和区和截止区，而改变 I_B 就能使三种状态变化；又 $I_B\approx\dfrac{U_{CC}}{R_B}$，当题目条件 u_0 波形为截止失真，故要增大 R_B，但又要保证电路不工作在饱和区，故减小 U_{CC}。

99. C. 解答如下：

同相输入，$A_{uf}=1+\dfrac{R_F}{R_1}=1+\dfrac{50\times10^3}{25\times10^3}=3$

100. D. 解答如下：

JK 触发器，当 $J=K=1$ 时，CP 下降沿到来后，翻转。

图中 J、K 均悬空，即 $J=K=1$，故有：

(1)在 F_0 中，CP_1 下降沿来后，Q_0 翻转(0→1)，$\overline{Q}_0$(1→0)；

(2)在 F_1 中，CP_2 即 $\overline{Q}_0$ 下降沿来后，Q_1 翻转(0→1)，$\overline{Q}_1$(1→0)；

(3)在 F_2 中，CP_3 即 $\overline{Q}_1$ 下降沿来后，Q_2 翻转(0→1)。

故 $Q_2Q_1Q_2$ 状态为(111)。

108. C. 解答如下：

由条件知，半年利率=4%，连续三年每季度末借款 10 万元，等效为连续三年每半年借款 20 万元，计息 $2\times3=6$ 次，则第三年末本利和为：$I=20(F/A,4\%,6)=20\times6.633=132.66$ 万元。

112. C. 解答如下：

盈亏平衡点=$2000\times10^4/(200-140-20)=5\times10^5$

114. B. 解答如下：

价值系数=$(5.6/20)\div(50/300)=1.68$

(下午卷)

1. C	2. B	3. B	4. C	5. A	6. B	7. D	8. D	9. B	10. A
11. A	12. B	13. C	14. B	15. C	16. C	17. A	18. A	19. B	20. B
21. C	22. C	23. C	24. C	25. D	26. D	27. A	28. C	29. D	30. B
31. C	32. D	33. B	34. C	35. A	36. D	37. D	38. A	39. B	40. D
41. D	42. B	43. B	44. A	45. D	46. B	47. C	48. B	49. A	50. B
51. C	52. A	53. C	54. D	55. B	56. C	57. B	58. D	59. A	60. B

9. B. 解答如下：

$$\alpha = 1/2(\alpha_左 + \alpha_右) = 1/2(L - 90° + 270° - R)$$
$$= 1/2(93°44'00'' - 90° + 270° - 266°15'40'')$$
$$= 3°44'20''$$

11. A. 解答如下：

角度中误差 $= \pm 6 \times \sqrt{2} = \pm 8.48''$

33. B. 解答如下：

依据《钢结构设计标准》6.3.6 条两侧配量加劲肋：

$$b_s \geq \frac{h_0}{30} + 40 = \frac{1800}{30} + 40 = 100\text{mm}$$

$$t_s \geq \frac{b_s}{15} = \frac{100}{15} = 6.67\text{mm}，所以取 2 块 — 100 \times 8$$

34. C. 解答如下：

铰 A 可视为地基上的一个两元片，如图 10-4-34 所示，则地基、DB、EC 三个刚片构成几何不变体系。

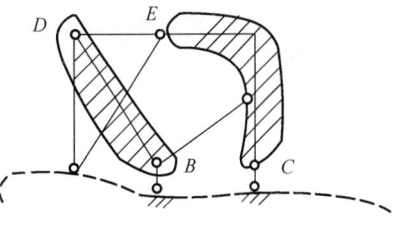

图 10-4-34

35. A. 解答如下：

$\Sigma Y = 0$，则：$Y_B = Y_F = \frac{F}{2}$，故：$N_{AB} = N_{FE} = -\frac{F}{2}$

对铰 A，$\Sigma X = 0$，N_{AD} 与 N_{AC} 的大小相等，方向相向，故：垂直方向，$Y_{AD} = \frac{F}{4}$，

同理，$Y_{DE} = -\frac{F}{4}$。

对铰 D 分析；则：$N_1 = \frac{F}{4} \times 2 = \frac{F}{2}$

36. D. 解答如下：

对称结构，反对称荷载，则 $N_{CD} = 0$。

37. D. 解答如下：

对称结构，反对称荷载，则内力、位移均为反对称，所以 C 处的竖向位移为零。

38. A. 解答如下：

取 ABC 为脱离体，$\Sigma M_c=0$，则：$F_A=\dfrac{q\cdot 2a\cdot a}{a}=2qa(\uparrow)$，

则 $V_{CB}=2qa(\downarrow)$；$V_{CD}=V_{CB}$，但方向向上。

取 CDE 为脱离体，$M_c=V_{CD}\cdot a-qa\cdot a=22a\cdot a-qa^2=qa^2$，
左边受拉。

39. B. 解答如下：

求出支座 A、B 反力：$X_B=\dfrac{m}{l}(\leftarrow)$；$Y_A=0$，$X_A=\dfrac{m}{l}(\rightarrow)$，

所以 $M_{CA}=X_A\cdot l=\dfrac{m}{l}\cdot l=m$，左边受拉

$$V_{CB}=0$$

40. D. 解答如下：

作出 $\overline{M}_1$、M_P 图见图 10-4-40。

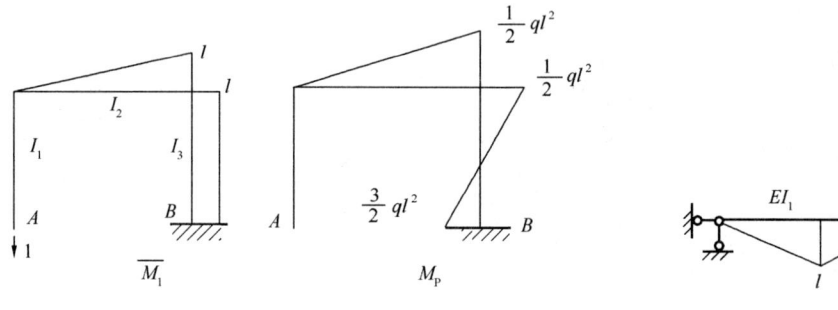

图 10-4-40　　　　　　　　　图 10-4-41

$$\Delta_{1P}=\dfrac{1}{EI_2}\left(\dfrac{1}{3}\cdot\dfrac{1}{2}ql^2\cdot l\cdot\dfrac{3}{4}l\right)+\dfrac{1}{EI_3}\left(\dfrac{1}{2}\cdot\dfrac{1}{2}ql^2\cdot l\cdot l-\dfrac{1}{2}\cdot\dfrac{3}{2}ql^2\cdot l\cdot l\right)$$

令 $\Delta_{1P}=0$，解之得：$I_3=4I_2$

41. D. 解答如下：

作出 $\overline{M}_1$ 图，见图 10-4-41。

$\delta_{11}=\dfrac{l^3}{3EI_1}+\dfrac{l^3}{3EI_2}$

当 I_1 变大，I_2 减小时，δ_{11} 的变化无法确定。

42. B. 解答如下：

在 EF、G、H、I、J 处加刚臂，则该体系角位移数为 6，用"铰代结点，增设链杆"的方法，在 E、I、H 处设三根支链杆，则该体系独立的结点线位移为 3。

43. B. 解答如下：

$K_{11}=4i_{AB}+3i_{AC}+i_{AD}=4\dfrac{EI}{l}+3\cdot\dfrac{EI}{l}+\dfrac{2EI}{l}=\dfrac{9EI}{l}$

44. A. 解答如下：

$$S_{BC}=0,\ S_{BA}=i,\ S_{BD}=3i,\ S_{BE}=4i$$

所以 $$\mu_{BA}=\dfrac{S_{BA}}{\Sigma S}=\dfrac{1}{8}$$

45. D. 解答如下：

因为力矩分配法只适用于无未知线位移的结构，故 D 不对。

46. B. 解答如下：

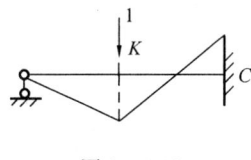

图 10-4-46

F 作用在 K 处时，梁的弯矩图见图 10-4-46，

$$M_C = \frac{3Pl}{16} = \frac{3 \times 1 \times 4}{16} = 0.75 \text{m}$$

47. C. 解答如下：

用机动法作出 M_C 的影响线见图 10-4-47。

可知，当 20kN 的力作用在 B 处时，M_C 最大，

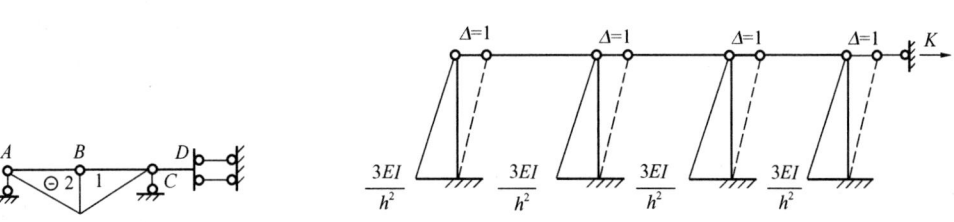

图 10-4-47 图 10-4-48

$M_C = 20 \times 2 + 10 \times 1 = 50 \text{kN} \cdot \text{m}$

48. B. 解答如下：

作出该体系的弯矩图见图 10-4-48。

$$V_1 = \frac{3EI}{h^2} \cdot h, \quad K = 4 \times \frac{3EI}{h^3}$$

$$\omega = \sqrt{\frac{K}{m}} = \sqrt{\frac{4 \times 3EI}{h^2} \cdot \frac{1}{3m_0 l}} = \sqrt{\frac{4EI}{m_0 l h^3}}$$

55. B. 解答如下：

$$I_L = \frac{w - w_p}{w_L - w_p} = \frac{25 - 15}{35 - 15} = 0.5$$

$$I_p = w_L - w_p = 35 - 15 = 20$$

59. A. 解答如下：

$e = 0.4\text{m} < b/6 = 3/6 = 0.5\text{m}$，所以基底反力为梯形分布

$$P_{k\max} = \frac{N_k}{A} + \frac{M_k}{W} = \frac{N_k}{b} + \frac{6M_k}{b \times l^2} = \frac{1000}{3} + \frac{6 \times 300}{3 \times 1 \times 1} = 933.3 \text{kPa}$$

1451

模拟试题（二）答案与解答

（上午卷）

1. C	2. D	3. A	4. C	5. A	6. D	7. B	8. A	9. D	10. B
11. C	12. C	13. C	14. B	15. D	16. A	17. C	18. C	19. B	20. A
21. B	22. C	23. D	24. B	25. D	26. D	27. B	28. C	29. C	30. B
31. C	32. D	33. C	34. B	35. D	36. D	37. B	38. D	39. D	40. B
41. D	42. C	43. C	44. C	45. D	46. C	47. A	48. D	49. A	50. D
51. A	52. C	53. A	54. A	55. D	56. B	57. A	58. D	59. D	60. B
61. D	62. B	63. A	64. A	65. C	66. B	67. D	68. C	69. B	70. A
71. C	72. A	73. D	74. C	75. B	76. C	77. A	78. D	79. C	80. B
81. B	82. C	83. A	84. D	85. C	86. A	87. D	88. C	89. B	90. B
91. C	92. C	93. D	94. A	95. C	96. C	97. B	98. A	99. D	100. B
101. D	102. C	103. A	104. D	105. A	106. D	107. D	108. C	109. B	110. D
111. B	112. C	113. A	114. A	115. B	116. B	117. C	118. C	119. C	120. A

1. C. 解答如下：

$$a \times b = \begin{vmatrix} i & j & k \\ 2 & 1 & -1 \\ 1 & -1 & 2 \end{vmatrix} = i - 5j - 3k$$

2. D. 解答如下：

直线 L 的方向向量 $S_1 = n_1 \times n_2 = \begin{vmatrix} i & j & k \\ 1 & 1 & 3 \\ 1 & -1 & -1 \end{vmatrix} = 2i + 4j - 2k$

又已知平面的法向量 S_2 为 $(1, -1, -1)$，S_1 与 S_2 的夹角 α，$\cos\alpha = 0$，所以直线 L 与平面平行或在平面上，夹角为 0。

3. A. 解答如下：

曲线 $z^2 = 4x$ 绕 x 轴旋转，将 $z = \pm\sqrt{y^2 + z^2}$ 代入，即有：
$$y^2 + z^2 = 4x$$

4. C. 解答如下：

将 xoy 面上的双曲线 $x^2 - \dfrac{y^2}{4} = 1$ 绕 y 轴旋转，即得旋转单叶双曲面：$x^2 + z^2 - \dfrac{y^2}{4} = 1$。

5. A. 解答如下：

由条件知，$1 + a = 0$，$b = -2$，所以，$a = -1$，$b = -2$

6. D. 解答如下：

$$\ln y = \frac{1}{x}\ln(1+x)，求导则有：\frac{y'}{y} = -\frac{1}{x^2}\ln(1+x) + \frac{1}{x(1+x)}$$

即：
$$y'(1) = y(1)\left[-\frac{1}{1^2} \cdot \ln(1+1) + \frac{1}{1 \cdot (1+1)}\right]$$

$$=2\left[\frac{1}{2}-\ln 2\right]=1-2\ln 2=1-\ln 4$$

7. B. 解答如下：

由条件知，$f'(x_0)=a\cos x_0+\cos^3 x_0=0$，$x_0=\frac{2}{3}$ 代入，

解之得，$a=2$

8. A. 解答如下：

令 $f(x,y)=x^2+y^2-1$，则 $\boldsymbol{n}=(f_x,\ f_y,\ -1)=(2x,\ 2y,\ -1)=(2,\ -2,\ -1)$

所以，点 $(1,\ -1,\ 1)$ 处的切平面方程为：
$$2(x-1)-2(y+1)+(-1)(z-1)=0$$
即：
$$2x-2y-z-3=0$$

9. D. 解答如下：

由 $x=2\cos t$，则当 $x=2$ 时，有 $t=0$；$x=-2$ 时，有 $t=\pi$

所以
$$I=\int_\pi^0 (2\cos t)^2 \cdot \sqrt{4-4\cos^2 t}\,\mathrm{d}(2\cos t)$$
$$=\int_\pi^0 4\cos^2 t \cdot 2\sin t \cdot (-2\sin t)\,\mathrm{d}t$$
$$=16\int_0^\pi \sin^2 t \cdot \cos^2 t \cdot \mathrm{d}t$$

10. B. 解答如下：

$$I=x\cdot\arctan\sqrt{x}\Big|_0^2-\int_0^2 x\,\mathrm{d}[\arctan\sqrt{x}]=x\arctan\sqrt{x}\Big|_0^2-\int_0^2 \frac{x}{1+x}\mathrm{d}(\sqrt{x})$$
$$=x\arctan\sqrt{x}\Big|_0^2-\int_0^2\left[1-\frac{1}{1+x}\right]\mathrm{d}(\sqrt{x})=x\arctan\sqrt{x}\Big|_0^2-\int_0^2 \mathrm{d}\sqrt{x}+\int_0^2 \frac{2\mathrm{d}(\sqrt{x})}{1+x}$$
$$=x\arctan\sqrt{x}\Big|_0^2-\int_0^2 \frac{1}{2\sqrt{x}}\mathrm{d}x+\int_0^2 \mathrm{d}(\arctan\sqrt{x})$$
$$=(x+1)\arctan\sqrt{x}\Big|_0^2-\int_0^2 \frac{\mathrm{d}x}{2\sqrt{x}}$$

11. C. 解答如下：

由条件知，积分区域 D（如图 11-3-11 所示）为：
$$D=\{(x,y)\mid 0\leqslant y\leqslant 1-x^2, x\in[0,1]\}$$
$$\iint_D 3x^2 y^2\,\mathrm{d}\sigma=\int_0^1\left[\int_0^{1-x^2} 3x^2 y^2\,\mathrm{d}y\right]\mathrm{d}x$$
$$=\int_0^1 \left[x^2 y^3\right]_0^{1-x^2}\mathrm{d}x$$
$$=\int_0^1 x^2(1-x^2)^3\,\mathrm{d}x=\frac{16}{315}$$

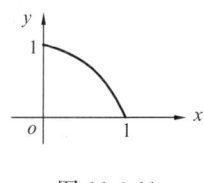

图 11-3-11

12. C. 解答如下：

由于 Ω_1 是上半球，Ω_2 是 Ω_1 的 $\frac{1}{4}$，所以，被积函数对 x,y 都是偶函数，则有
$$\iiint_{\Omega_1} f(x,y,z)\mathrm{d}v=4\iiint_{\Omega_2} f(x,\ y,\ z)\mathrm{d}v$$

所以，C 项满足。

13. C. 解答如下：

因为
$$\sum_{n=1}^{\infty}\frac{(-1)^n(k+n)}{n^2}=\sum_{n=1}^{\infty}\frac{(-1)^n\cdot k}{n^2}+\sum_{n=1}^{\infty}\frac{(-1)^n\cdot n}{n^2}$$
$$=\sum_{n=1}^{\infty}\frac{(-1)^n\cdot k}{n^2}+\sum_{n=1}^{\infty}(-1)^n\cdot\frac{1}{n}$$

上述两者均为收敛，但 $\sum_{n=1}^{\infty}\left|(-1)^n\cdot\frac{k+n}{n^2}\right|=\sum_{n=1}^{\infty}\frac{k+n}{n^2}$

又 $\lim_{n\to\infty}n\cdot\left(\frac{k+n}{n^2}\right)=1$，所以 $\sum_{n=1}^{\infty}\frac{k+n}{n^2}$ 为发散，故原级数为条件收敛。

14. B. 解答如下：

因为 $\frac{1}{1-x}=\sum_{n=0}^{\infty}x^n(|x|<1)$，两边求导，有：

$$\left(\frac{1}{1-x}\right)'=\sum_{n=1}^{\infty}nx^{n-1}(|x|<1)$$

所以 $\sum_{n=1}^{\infty}nx^{n-1}=\frac{1}{(1-x)^2}(|x|<1)$

15. D. 解答如下：

$$\rho=\lim_{n\to\infty}\left|\frac{a_{n+1}}{a_n}\right|=\lim_{n\to\infty}\left|\frac{a^{n+1}-b^{n+1}}{a^{n+1}+b^{n+1}}\cdot\frac{a^n+b^n}{a^n-b^n}\right|$$
$$=\lim_{n\to\infty}\frac{\left[a\cdot\left(\frac{a}{b}\right)^n-b\right]\cdot\left[\left(\frac{a}{b}\right)^n+1\right]}{\left[a\cdot\left(\frac{a}{b}\right)^n+b\right]\cdot\left[\left(\frac{a}{b}\right)^n-1\right]}$$
$$=\frac{(-b)\cdot 1}{b\cdot(-1)}=1$$

所以，收敛半径 $R=\frac{1}{\rho}=1$

16. A. 解答如下：

由于 $f(x)$ 为偶函数，所以 B 项不对，同时 $b_n=0$，

$$a_0=\frac{2}{\pi}\int_0^{\pi}(\pi^2-x^2)dx=\frac{4}{3}\pi^2$$
$$a_n=\frac{2}{\pi}\int_0^{\pi}(\pi^2-x^2)\cos nx\,dx=\frac{4(-1)^n}{n^2}(n=1,2,\cdots)$$
$$f(x)=\frac{a_0}{2}+\sum_{n=1}^{\infty}a_n\cdot\cos nx$$
$$=\frac{2\pi^2}{3}+4\sum_{n=1}^{\infty}\frac{(-1)^n}{n^2}\cos nx$$

17. C. 解答如下：

由于 $f(x)=\sin x$，特解中应含 $\cos x$ 与 $\sin x$，故 A、B 不对；

又特征根 $r_{1,2}=-1\pm i$，而 $f(x)=\sin x$ 对应 $\lambda=i$ 不是微分方程的特征根，故应选 C。

18. C. 解答如下：

设 A = "至少命中 4 次"，由二项概率知，

$$P(A) = \sum_{k=4}^{5} P(K) = P(4) + P(5) = C_5^4 (0.7)^4 \cdot (1-0.7)^1 + C_5^5 \cdot 0.7^5 \cdot (1-0.7)^0$$
$$= 0.53$$

19. B. 解答如下：

$$P\{|x| \leq 1\} = P\{-1 \leq x \leq 1\} = \Phi(1) - \Phi(-1) = \Phi(1) - [1 - \Phi(1)]$$
$$= 2\Phi(1) - 1 = 0.78 \times 2 - 1 = 0.56$$

20. A. 解答如下：

只有 A 项 $X_1 + X_2$ 不含未知参数。

21. B. 解答如下：

由矩阵的秩的性质，即两个矩阵的和的秩不大于两个矩阵的秩之和，故选 B。

22. C. 解答如下：

由于 $AA^* = |A|E$，故 A 不对；

若 $|A| = 0$，则 A 不是可逆阵，故 B 不对；

$|AA^*| = |A||A^*| = ||A|E| = |A|^n$，即有 $|A^*| = |A|^{n-1}$

所以，若 $|A| \neq 0$，则 $|A^*| \neq 0$，故选 C。

23. D. 解答如下：

由 $|A - \lambda E| = 0$，可得 $\begin{vmatrix} 3-\lambda & -1 \\ -1 & 3-\lambda \end{vmatrix} = 0$，解之得 $\lambda = 2, 4$

当 $\lambda = 2$ 时，特征向量 $A - 2E = \begin{bmatrix} 1 & -1 \\ -1 & 1 \end{bmatrix} \sim \begin{bmatrix} 1 & -1 \\ 0 & 0 \end{bmatrix}$

基础解系为 $\boldsymbol{p}_1 = \begin{pmatrix} 1 \\ 1 \end{pmatrix}$

同理，$\lambda = 4$ 时，基础解系为 $\boldsymbol{p}_2 = \begin{pmatrix} 1 \\ -1 \end{pmatrix}$

24. B. 解答如下：

因为 $\boldsymbol{\eta}_1, \boldsymbol{\eta}_2$ 是非齐次线性方程组的两个解，故 $\boldsymbol{\eta}_1 - \boldsymbol{\eta}_2$ 是齐次线性方程组的解，则 $k_1(\boldsymbol{\eta}_1 - \boldsymbol{\eta}_2)$ 也为齐次线性方程组的解，所以，非齐次线性方程组的通解为：

$$\boldsymbol{x} = k_1(\boldsymbol{\eta}_1 - \boldsymbol{\eta}_2) + \boldsymbol{\eta}_2$$

25. D. 解答如下：

$$\sqrt{\overline{v^2}} = \sqrt{\frac{3RT}{M}}$$

所以 $\sqrt{\overline{v^2}}$ 增至 3 倍时，T 增至 9 倍，$T_2 = 9T_1 = 9 \times 100 = 900K$

26. D. 解答如下：

$$\overline{Z} = \sqrt{2}\pi d^2 \, n \, \overline{v}, \quad n = \frac{p}{KT}, \quad \overline{v} = \sqrt{\frac{8RT}{\pi M}}$$

所以，$$\overline{Z} = \sqrt{2}\pi d^2 \cdot \frac{p}{KT} \sqrt{\frac{8RT}{\pi M}}$$

当 T 一定时，$\overline{Z}$ 与 p 成正比。

27. B. 解答如下：

对于绝热过程，$pV^\gamma=$恒量，

$$p_0V_0^\gamma=p_2(2V_0)^\gamma, 则：p_2=p_0\cdot\frac{1}{2^\gamma}$$

28. C. 解答如下：

$$\eta=1-\frac{Q_2}{Q_1}=1-\frac{T_2}{T_1}=1-\frac{T_2}{nT_2}=1-\frac{1}{n}$$

故：
$$\frac{Q_2}{Q_1}=\frac{1}{n}$$

29. C. 解答如下：

因为 $Q=\Delta E+A$，当吸热时，$Q>0$，又 A 未知，则 ΔE 正负未知，所以，该系统的温度变化情况无法确定。

30. B. 解答如下：

质元在负的最大位移处时，其速度为 0，即动能为 0，故其势能也为 0。

31. C. 解答如下：

将 $x=x_0$ 代入四个选项，则 A、B 项不对。

波沿 x 轴正方向，在 $x=x_0$ 处的前方，且距离 x_0 处的距离为 $x-x_0$ 处有 P 点，则 P 点落后于 x_0 处点的振动时间为：$\frac{x-x_0}{c}$，所以波的振动方程为：$y=A\cos\omega\left(t-\frac{x-x_0}{c}\right)$

32. D. 解答如下：

设薄膜厚度为 e，则：$\delta=\gamma'_2-\gamma_1=[\gamma_1-(n-1)e]-\gamma_1=2k\cdot\frac{\lambda}{2}$，将 $k=3$ 代入，

则：
$$e=\frac{3\lambda}{n-1}=\frac{3\times600\times10^{-7}}{1.5-1}=3.6\times10^{-4}\text{mm}$$

34. B. 解答如下：

在折射率为 n_1 的介质中，牛顿圆明环半径为：

$$r=\sqrt{\left(k-\frac{1}{2}\right)R\lambda\cdot\frac{1}{n_1}}$$

当 n 变为 n_1（$n_1>n$）时，r 减小，干涉条纹变密。

35. D. 解答如下：

由公式：$(a+b)\sin\varphi=\pm k\lambda$，当光栅常数 $a+b$ 越小，则各级明条纹的衍射角越大，分是越开，测量精度越高。

36. D. 解答如下：

$$I_1=I_0\cos^2\alpha_1, \quad I_2=I_0\cos^2\alpha_2$$

则：
$$\frac{I_2}{I_1}=\left(\frac{\cos\alpha_2}{\cos\alpha_1}\right)^2=\left(\frac{\sqrt{2}/2}{\sqrt{3}/2}\right)^2=\frac{2}{3}$$

39. D. 解答如下：

$$K_a=\frac{[H^+]\cdot[A^-]}{[HA]}=\frac{10^{-4.55}\times10^{-4.55}}{10^{-2}-10^{-4.55}}=8.0\times10^{-8}$$

40. B. 解答如下：

设 Ag^+、Ca^{2+}、Ba^{2+} 的浓度为 $0.1mol/L$，则生成 Ag_2SO_4、Ca_2SO_4、Ba_2SO_4 沉淀所需的 SO_4^{2-} 的最小浓度分别为：

$$[SO_4^{2-}]_1 = \frac{K_{sp1}}{[Ag^+]^2} = 1.2 \times 10^{-3}$$

$$[SO_4^{2-}]_2 = \frac{K_{sp2}}{[Ca^{2+}]} = 7.1 \times 10^{-4}$$

$$[SO_4^{2-}]_3 = \frac{K_{sp3}}{[Ba^{2+}]} = 1.07 \times 10^{-9}$$

所以，生成 $BaSO_4$ 所需 $[SO_4^{2-}]$ 最小，生成 Ag_2SO_4 所需 $[SO_4^{2-}]$ 最大。

41. D. 解答如下：

$\Delta T_{fp} = K_{fp} \cdot m$，知 m 越小，ΔT_{fp} 越小，凝固点温度越高。

42. C. 解答如下：

加入 N_2 后不影响反应物和生成物的分压，所以平衡不移动。

43. C. 解答如下：

升温时，平衡向吸热反应的方向移动，则逆反应为吸热反应，所以正反应为放热反应。

44. C. 解答如下：

阴极上先析出的是电极电势最大的，即 Cu^{2+}。

45. D. 解答如下：

该电解池实际为电镀池，阳极金属镍失去电子；阴极金属镍在铁上析出。

47. A. 解答如下：

AC 杆、BC 杆为二力构件，M 在 AC 杆上时，R_B、R_A 沿 B、C 连线，M 在 BC 杆上时，R_A、R_B 沿 A、C 连线。

48. D. 解答如下：

由三力汇交平衡条件可得 $\alpha = 60°$。

49. A. 解答如下：

$$M_x(F) = F_z a = \frac{\sqrt{2}}{2} Fa, M_y(F) = -F_z a = -\frac{\sqrt{2}}{2} Fa,$$

$$M_z(F) = F_x a = \frac{\sqrt{2}}{2} Fa$$

50. D. 解答如下：

对铰 A 各力沿力 P 方向投影，合力为零：$S_{AB} \cdot \cos 45° + P = 0$

所以 $S_{AB} = -\dfrac{P}{\cos 45°}$

52. C. 解答如下：

图示位置，块 $CABD$ 作瞬时平动，则：

$$v_C = v_A = a\omega, \quad a_C = a_A = a\omega^2$$

53. A. 解答如下：

以 AB 杆 A 端为动点，动系固结在凸轮上，则对 A 速度分析见图 11-3-53。 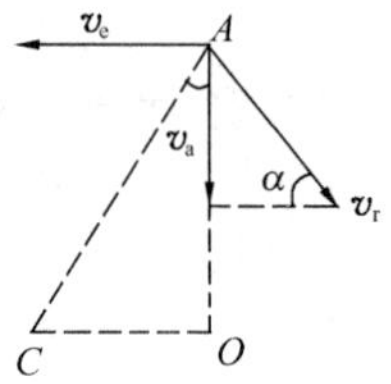
$$v_e = \omega \cdot \overline{OA}, \quad v_a = v_e \tan\alpha = \omega_{AB} \cdot l$$
则：$v_a = \omega \cdot \overline{OA} \cdot \tan\alpha = \omega \cdot e = \omega_{AB} \cdot l$

所以
$$\omega_{AB} = \frac{\omega e}{l}$$

图 11-3-53

55. D. 解答如下：

速度投影定理：$v_c = v_A \cdot \cos 45° = \frac{\sqrt{2}}{2}v$

AB 杆的动量：$K_{AB} = mv_c = \frac{\sqrt{2}}{2}mv$

56. B. 解答如下：
$$T = \frac{1}{2}mv_c^2 + \frac{1}{2}J_c\omega^2 = \frac{1}{2}m \cdot \left(\frac{\sqrt{2}}{2}v\right)^2 + \frac{1}{2} \cdot \frac{1}{12}ml^2 \cdot \left(\frac{\frac{\sqrt{2}}{2}v}{\frac{l}{2}}\right)^2$$
$$= \frac{1}{4}mv^2 + \frac{1}{12}mv^2 = \frac{1}{3}mv^2$$

57. A. 解答如下：

$M_0^I = J\varepsilon = \frac{1}{2}mr^2 \cdot \frac{a_0}{r}$，逆时针方向

58. D. 解答如下：

(a) 系统为两弹簧串联：$k_1 = \frac{k \cdot k}{k+k} = \frac{k}{2}$

$$\omega_1 = \sqrt{\frac{k_1}{m}}, \quad T_1 = \frac{2\pi}{\omega_1} = 2\pi\sqrt{\frac{m}{k_1}} = 2\pi\sqrt{\frac{2P}{gk}}$$

(b) 系统为两弹簧并联：$k_2 = k + k = 2k$

$$\omega_2 = \sqrt{\frac{k_2}{m}}, \quad T_2 = \frac{2\pi}{\omega_2} = 2\pi\sqrt{\frac{m}{k_2}} = 2\pi\sqrt{\frac{P}{2gk}}$$

所以：$T_1 \neq T_2$。

59. D. 解答如下：
$$\Delta = \Delta_1 + \Delta_2 + \Delta_3 = \frac{Pl}{EA} + \frac{3Pl}{EA} + \frac{2Pl}{EA} = \frac{6Pl}{EA}$$

61. D. 解答如下：

柱子对板的剪力 V：$V = 200 \times 10^3 - \frac{200 \times 10^3}{1 \times 1} \times 0.2 \times 0.2 = 192 \times 10^3$ N

又 $\tau = \frac{V}{A} \leq [\tau]$，则：$\frac{192 \times 10^3}{0.2 \times 4 \times 6} \leq 1.5 \times 10^6$

解之得：$t \geq 160$ mm

62. B. 解答如下：

根据扭转方向，判定主拉应力、主压应力方向。

63. A. 解答如下：
$$\Delta I = 2 \times \left[\frac{1}{12} \cdot bt^3 + bt \cdot \left(\frac{h+t}{2}\right)^2\right] = \frac{bt^3}{6} + \frac{bt(h+t)^2}{2}$$

64. A. 解答如下：
$$M_C = \frac{qa^2}{2}, M_A = qa \cdot \frac{3}{2}a - qa \cdot \frac{a}{2} = qa^2$$

所以 $M_A > M_C$

65. C. 解答如下：
$$I = I_1 - I_2 = \frac{a^4}{12} - \frac{\pi d^4}{64}, \text{ 则：}$$
$$W_z = \frac{I}{\frac{a}{2}} = \frac{a^3}{6} - \frac{\pi d^4}{32a}$$

66. B. 解答如下：

由挠曲线方程可知，$\ddot{v} = -\frac{M(x)}{EI} = 0$ 为拐点，则：
$$M(x) = \frac{m_1 + m_2}{l} \cdot \frac{l}{4} - m_1 = 0, \text{ 即：} 3m_1 = m_2$$

67. D. 解答如下：
$$M_C = \frac{1}{8}ql^2 - \frac{1}{12}ql^2 = \frac{1}{24}ql^2$$

又 $\ddot{v} = -\frac{M(x)}{EI}$，即挠度 v 与跨度 l 的四次方成正比，所以当 $l_0 = 2l$，$v_0 = 2^4 \cdot v = 16v$。

68. C. 解答如下：
$$\sigma_{r3} = \sigma_1 - \sigma_3 = 10P - (-2P) = 12P$$

69. B. 解答如下：
$$\sigma_x = 30\text{MPa}, \sigma_y = -10\text{MPa}, \tau_{xy} = -20\text{MPa}$$
$$\begin{matrix}\sigma_{\max}\\\sigma_{\min}\end{matrix} = \frac{\sigma_x + \sigma_y}{2} \pm \sqrt{\left(\frac{\sigma_x - \sigma_y}{2}\right)^2 + \tau_{xy}^2} = \begin{matrix}38.3\\-18.3\end{matrix}\text{MPa}$$

所以 $\sigma_1 = 38.3\text{MPa}$，$\sigma_2 = 0$，$\sigma_3 = -18.3\text{MPa}$

70. A. 解答如下：

图 (a) 中，$\mu = 1.0$，$i_z = \sqrt{\frac{I_z}{A}} = \sqrt{\frac{h^2}{12}} = 23.09\text{mm}$，$\lambda_z = \frac{\mu l}{i_z} = 108.27$

图 (b) 中，$\mu = 0.8$，$i_y = \sqrt{\frac{b^2}{12}} = 11.55\text{mm}$，$\lambda_y = \frac{\mu l}{i_y} = 173.16$

所以取 λ_y 进行计算，又 $\lambda_p = \pi\sqrt{\frac{E}{\sigma_p}} = 101.7$，故 $\lambda_y > \lambda_p$

$$P_{cr} = \sigma_{cr} \cdot A = \frac{\pi^2 E}{\lambda_y^2} \cdot bh$$
$$= \frac{\pi^2 \times 210 \times 10^9}{173.16^2} \times 80 \times 40 \times 10^{-6} = 220.97\text{kN}$$

71. C. 解答如下：
$$p_1 = p_{水面} + \rho g h = -p_v + \rho g h = 0$$

72. A. 解答如下：

水平方向受力 P_x： $P_x = p_c A_x = \dfrac{1}{2} R \cdot \rho g \cdot 2R = \rho g R^2$

铅直方向受力 P_z： $P_z = \rho g V_A = \rho g \left(R^2 - \dfrac{\pi R^2}{4} \right) \times 2 = 0.43 \rho g R^2$

合力 P： $P = \sqrt{P_x^2 + P_z^2} = 1.089 \rho g R^2 = 1.089 \times 9.8 \times 10^3 \times 2^2$
$= 42.69 \times 10^3 \text{N}$

73. D. 解答如下：
$$v_1 = \dfrac{Q}{A_1} = \dfrac{4Q}{\pi \cdot d_1^2} = 1.019 \text{ m/s}, \quad v_2 = \dfrac{Q}{A_2} = \dfrac{4Q}{\pi d_2^2} = 1.592 \text{m/s}$$

列出能量方程：
$$0 + \dfrac{p_1}{\rho g} + \dfrac{v_1^2}{2g} = 0 + \dfrac{p_2}{\rho g} + \dfrac{v_2^2}{2g} + h_w$$

式中 $p_1 = 500 \text{kPa}$，$h_w = 0$，解之得： $p_2 = 499.25 \text{kPa}$

根据动量方程： $p_1 A_1 - p_2 A_2 - R = \rho Q (v_2 - v_1)$

则有： $R = p_1 A_1 - p_2 A_2 - \rho Q (v_2 - v_1)$

$= 500 \times 10^3 \times \dfrac{\pi}{4} \times 1^2 - 499.25 \times 10^3 \times \dfrac{\pi}{4} \times 0.8^2$

$- 10^3 \times 800 \times 10^{-3} \times (1.592 - 1.019) = 141.22 \times 10^3 \text{N}$

74. C. 解答如下：
$$v_{平} = \dfrac{1}{2} v_{max} = 0.4 \text{m/s}$$

75. B. 解答如下：
$$D = C_D A \cdot \dfrac{\rho v^2}{2} = 0.88 \times (1 \times 6) \times \dfrac{10^3 \times 3^2}{2} = 23.76 \times 10^3 \text{N}$$

76. C. 解答如下：

对淹没出流，$H_0 = \Delta H + \dfrac{p_1 - p_2}{\rho g} + \dfrac{\alpha_1 v_1^2 - \alpha_2 v_2^2}{2g}$，对于 2 和 3 孔均有： $v_1 = v_2 = 0$，且 ΔH、$\dfrac{p_1 - p_2}{\rho g}$ 也相等，故 2、3 孔的作用水头相等，故 A、D 项不对；对于 1 孔，由于 $H_{01} < H_{02}$，所以 $Q_1 < Q_2 = Q_3$。

77. A. 解答如下：

$A = (b + mh)h = (2 + 1 \times 0.8) \times 0.8 = 2.24 \text{m}^2$

$x = 6 + 2h\sqrt{1 + m^2} = 2 + 2 \times 0.8 \times \sqrt{1 + 1^2} = 4.26 \text{m}$

$R = \dfrac{A}{x} = 0.53 \text{m}$

$Q = AC \cdot \sqrt{Ri} = A \cdot \dfrac{1}{n} \cdot R^{\frac{2}{3}} \cdot i^{\frac{1}{2}} = \dfrac{1}{0.02} \times 2.24 \times 0.53^{\frac{2}{3}} \times 0.001^{\frac{1}{2}}$

$= 2.318 \text{m}^3/\text{s}$

88. C. 解答如下：

访问 Internet 上的 Web 站点首先见到的第一画面称为主页。

89. B. 解答如下：

由高斯定理，$\oint E \cdot dA = \dfrac{1}{\varepsilon_0} \cdot \Sigma q$，则：

$$E \cdot 2\pi \cdot r \cdot l = \dfrac{1}{\varepsilon_0} \cdot \eta \cdot l,\ E = \dfrac{\eta}{2\pi r \varepsilon_0}$$

91. C. 解答如下：

叠加原理：$I = -\dfrac{2}{2} - \dfrac{4}{2} = -1 - 2 = -3\text{A}$

92. C. 解答如下：

$$I = \dfrac{U_{ab}}{R} = \dfrac{6}{4} = 1.25\text{A}$$

93. D. 解答如下：

$\dot{I} = \dot{I}_1 + \dot{I}_2$，由已知条件可作出电流的相位图，则：

$$I_1 = I - I_2 = 5 - (-1) = 6\text{A}$$

94. A. 解答如下：

串联谐振时，$f_0 = \dfrac{1}{2\pi\sqrt{LC}}$，则：

$$C = \dfrac{1}{(2\pi f_0)^2 \cdot L} = \dfrac{1}{(2\pi \times 4000)^2 \times 60 \times 10^{-3}} = 0.0264\mu\text{F}$$

95. C. 解答如下：

R 为 4Ω 与 4Ω 并联，再与 2Ω 串联的等效电阻：$\dfrac{1}{R} = \dfrac{1}{2} + \dfrac{1}{2} = 1$

$$\tau = R \cdot C = 1 \times C = 1C$$

97. B. 解答如下：

因为 $U = \dfrac{R_L}{R + R_L} \times 12 > 0$，$U_{Dz2} = U - U_{Dz1}$

故 D_{z1} 反偏，工作在稳压状态；D_{z2} 工作在正向导通状态。
所以 $U = U_{Dz1} + U'_{Dz2} = 7 + 0.7 = 7.7\text{V}$

98. A. 解答如下：

因为 $U_{BE} = 0.7\text{V} > 0$，即发射结正偏，故三极管的状态只可能是饱和或放大状态。又 $I_B = \dfrac{5 - U_{BE}}{50 \times 10^3} = \dfrac{4.3}{50}\text{mA}$，假设电路工作在放大区，则：$I_C = \beta I_B = 50 \times \dfrac{4.3}{50} = 4.3\text{mA}$
$U_{CE} = U_{cc} - I_c \cdot R_c = 5 - 4.3 \times 10^{-3} \times 2.5 \times 10^3 < 0$，故假设不成立。
所以该电路工作在饱和状态。

99. D. 解答如下：

由积分电路可得：$u_0 = -\dfrac{1}{R_1 C_F} \int u_i dt$，则

$$-8 = -\dfrac{1}{50 \times 10^3 \times 1 \times 10^{-6}} \times 0.8t$$

$$t = 0.5\text{s}$$

100. B. 解答如下：

该触发器为 D 触发器，且 A 为时钟，上升沿有效，即：

上升沿翻转，输入 $B=0$，则 $Q=0$；输入 $B=1$，则 $Q=1$，所以应选 B。

108. C. 解答如下：

每半年计息一次，现在应存入银行 P 万元，则：

年有效利息为：$(1+12\%/2)^2-1=12.36\%$

$P=1000\,(1+12.36\%)^{-5}+1000\,(1+12.36\%)^{-10}+1000\,(1+12.36\%)^{-15}$

$\quad =1000\,(0.5583+0.3118+0.1741)=1044.2$ 元

109. B. 解答如下：

投资利润率＝$(200-50-30)\div(400+40+50)\times100\%=24.489\%$

111. B. 解答如下：

甲、乙方案比较，容易知道乙方案较优，故排除 A 项；

丙、丁方案比较，容易知道丙方案较优，故排除 D 项；

乙方案净现值＝$-1200+250(P/A,10\%,8)=336.15$

丙方案净现值＝$-1000+210(P/A,10\%,8)=290.37$

所以，乙方案最优。

113. A. 解答如下：

最大可能盈利＝$6000\times50\times(1-10\%)-36600-6000\times28=65400$ 元

（下午卷）

1. A	2. D	3. C	4. C	5. A	6. A	7. A	8. B	9. B	10. B
11. C	12. B	13. C	14. B	15. C	16. C	17. C	18. B	19. A	20. B
21. D	22. C	23. D	24. D	25. C	26. C	27. D	28. A	29. D	30. C
31. B	32. C	33. C	34. C	35. A	36. C	37. C	38. D	39. C	40. B
41. A	42. B	43. B	44. C	45. C	46. B	47. D	48. B	49. B	50. B
51. C	52. C	53. A	54. D	55. D	56. C	57. C	58. D	59. B	60. C

9. B. 解答如下：

普通水准测量的容许高差闭合差 $=\pm 40\sqrt{L}$ mm。

31. B. 解答如下：

$$a_0 = 10\sqrt{\frac{h_c}{f}} = 10\sqrt{\frac{900}{1.5}} = 244.9\text{mm} > a = 240\text{mm}$$

所以 a_0 取为240mm

$$e = \frac{240}{2} - 0.4a_0 = 120 - 0.4 \times 240 = 24\text{mm}$$

34. C. 解答如下：

如图11-4-34所示，将地基、AB、CD 各视为一刚片。

图 11-4-34

35. A. 解答如下：

过1杆作水平线取截面，取上部为脱离体，$\Sigma X = 0$，

则 $N_1\cos 45° = -P$，$N_1 = -\sqrt{2}P$

36. C. 解答如下：

图中外部三铰 ABC 部分为基本结构，内部三铰为其附录部分，所以作用在基本结构上的力不会在附录部分中产生内力。

38. D. 解答如下：

$$\Sigma X = 0, 则: X_c = 8 \times 6 = 48\text{kN}(\leftarrow),$$

$$\Sigma M_B = 0, 则: 12 + 18 \times 3 + 48 \times 4 - 48 \times 3 = Y_A \cdot 12$$

$$Y_A = 9.5\text{kN}(\uparrow)$$

所以 $M_{DA} = 9.5 \times 6 - 12 = 45\text{kN} \cdot \text{m}$（下拉）

39. C. 解答如下：

求支座 A 反力，$\Sigma M_B = 0$，则：$Y_A = \dfrac{q \cdot 3a \cdot \dfrac{3a}{2} - qa \cdot a}{2a} = \dfrac{7}{4}qa$（↓）

过 DC、FC 取截面，取左部分为脱离体，$\Sigma Y = 0$

$$N_{FC} \cdot \cos 45° = \frac{7}{4}qa, \quad N_{FC} = \frac{7\sqrt{2}qa}{4}$$

40. B. 解答如下：

外力 P 只作用在基本部分 ABC 上，只在其上产生内力，

所以 $R_B = P(\uparrow)$, $M_E = 0$

41. A. 解答如下：

对称结构，对称荷载，内力、反力、位移、变形均对称，所以跨中截面处不会有水平位移。

42. B. 解答如下：

作出 $\overline{M}_i$、M_p 图见图 11-4-42。

$$\overline{M}_i = x - l \quad (l \leqslant x \leqslant 2l)$$

$$M_p = -\frac{1}{2}qx^2 \quad (0 \leqslant x \leqslant 2l)$$

$$\Delta_{1p} = \frac{1}{EI}\int \overline{M}_i \cdot M_p \mathrm{d}x$$

$$= \frac{1}{EI}\int_l^{2l} -\frac{1}{2}qx^2 \cdot (x-l) \mathrm{d}x$$

$$= \frac{1}{EI}\left(-\frac{1}{2}q\right) \cdot \left[\frac{x^4}{4} - \frac{x^3 l}{3}\right]_l^{2l} = -\frac{17ql^4}{24EI}$$

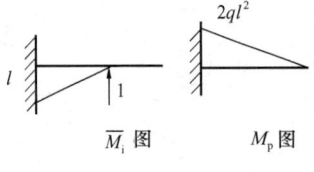

图 11-4-42

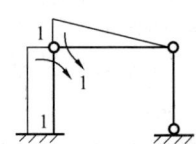

图 11-4-43

43. B. 解答如下：

作 $\overline{M}_i$ 图见图 11-4-43。

$$\delta_{11} = \frac{1}{EI} \cdot \left(\frac{1}{2} \times 1 \times l \times \frac{2}{3} + 1 \times l \times 1\right) = \frac{4l}{3EI}$$

44. C. 解答如下：

$$S_{BA} = 3i_{BA} = \frac{3 \times 2EI}{4} = \frac{3EI}{2}$$

$$S_{BC} = 4i_{BC} = \frac{4 \times 3EI}{6} = 2EI$$

$$S_{CB} = S_{BC} = 2EI, \quad S_{CD} = 3i_{CD} = \frac{3 \times 2EI}{3} = 2EI$$

所以 $\mu_{BC} = \dfrac{2}{\frac{3}{2}+2} = \dfrac{4}{7}$, $\mu_{CB} = \dfrac{2}{2+2} = \dfrac{1}{2}$

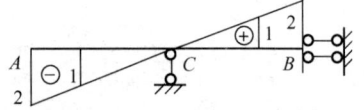

图 11-4-46

46. B. 解答如下：

用机动法作出 M_B 的影响线见图 11-4-46，可知当 40kN 的力作用于 A 处时，M_c 的绝对值最大：

$$M_c = 40 \times 2 + 20 \times 1 = 100 \mathrm{kN} \cdot \mathrm{m}$$

47. D. 解答如下：

在 m_2 处加一个垂直向上的支链杆。

48. B. 解答如下：

作出弯矩图见图 11-4-48。

$$\delta_{11} = \frac{1}{EI} \cdot \left(\frac{1}{2} \cdot h \cdot l\right) \cdot \frac{2}{3}h = \frac{h^2 l}{3EI}$$

$$\omega = \sqrt{\frac{1}{\delta_{11}m}} = \frac{1}{h} \cdot \sqrt{\frac{3EI}{ml}}$$

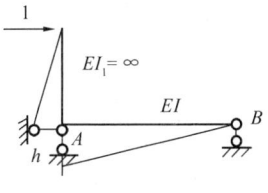

图 11-4-48

57. C. 解答如下：

$$\sigma_1' = \sigma_3' \cdot \tan^2\left(45° + \frac{\varphi'}{2}\right) + 2c' \cdot \tan\left(45° + \frac{\varphi'}{2}\right)$$

$$\sigma_1' = \sigma_1 - u = (\sigma_3 - u)\tan^2 60° + 2 \times 20\tan 60°$$

$$175 + 210 - u = (210 - u)\tan^2 60° + 2 \times 20\tan 60°$$

解之得：$u = 157.14\text{kPa}$

60. C. 解答如下：

$$G_k = \gamma_G \cdot A \cdot d = 20 \times 4 \times 6 \times 2 = 960\text{kN}$$

$$Q_{ik} = \frac{F_k + G_k}{6} = \frac{3000 + 960}{6} = 660\text{kN}$$

模拟试题（三）答案与解答

（上午卷）

1. B	2. A	3. D	4. C	5. A	6. D	7. A	8. C	9. D	10. B
11. A	12. B	13. B	14. C	15. A	16. A	17. B	18. A	19. C	20. A
21. D	22. C	23. D	24. A	25. C	26. D	27. B	28. B	29. A	30. D
31. B	32. C	33. B	34. C	35. C	36. B	37. D	38. A	39. B	40. C
41. B	42. D	43. A	44. A	45. D	46. C	47. C	48. C	49. A	50. C
51. B	52. C	53. C	54. D	55. B	56. D	57. D	58. A	59. B	60. D
61. A	62. B	63. A	64. B	65. C	66. B	67. C	68. B	69. C	70. C
71. D	72. C	73. B	74. A	75. B	76. D	77. D	78. C	79. D	80. C
81. B	82. A	83. C	84. D	85. A	86. C	87. B	88. D	89. B	90. D
91. C	92. D	93. D	94. C	95. C	96. D	97. D	98. B	99. A	100. D
101. B	102. B	103. C	104. C	105. A	106. C	107. A	108. D	109. A	110. B
111. B	112. D	113. B	114. B	115. C	116. B	117. D	118. A	119. B	120. C

1. B. 解答如下：

设该点的投影点为 (x_0, y_0, z_0)，又因该平面的法向量 $\boldsymbol{n} = (1, 2, -1)$，故有：$\dfrac{x_0+1}{1} = \dfrac{y_0-2}{2} = \dfrac{z_0-0}{-1}$

同时，投影点 (x_0, y_0, z_0) 也满足平面方程：$x_0 + 2y_0 - z_0 + 1 = 0$

联解之，$x_0 = -\dfrac{5}{3}$，$y_0 = \dfrac{2}{3}$，$z_0 = \dfrac{2}{3}$

2. A. 解答如下：

三角形面积

$$S = \frac{1}{2} |\overrightarrow{AB}| \cdot |\overrightarrow{AC}| \sin\angle A = \frac{1}{2} |\overrightarrow{AB} \times \overrightarrow{AC}|$$

$$\overrightarrow{AB} = (2, 2, 2), \overrightarrow{AC} = (1, 2, 4)$$

$$\overrightarrow{AB} \times \overrightarrow{AC} = \begin{vmatrix} \boldsymbol{i} & \boldsymbol{j} & \boldsymbol{k} \\ 2 & 2 & 2 \\ 1 & 2 & 4 \end{vmatrix} = 4\boldsymbol{i} - 6\boldsymbol{j} + 2\boldsymbol{k}$$

$$S = \frac{1}{2} |4\boldsymbol{i} - 6\boldsymbol{j} + 2\boldsymbol{k}| = \frac{1}{2} \sqrt{4^2 + (-6)^2 + 2^2} = \sqrt{14}$$

3. D. 解答如下：

直线 L 的方向向量为：$(3, -2, 7)$，平面 π 的法向量为 $(3, -2, 7)$，因两者方向平行，故直线 L 与平面 π 垂直。

4. C. 解答如下：

已知方程变形为：$z = \dfrac{x^2}{4/3} + \dfrac{y^2}{3}$，即为椭圆抛物面。

5. A. 解答如下：

由罗必塔法则，$\lim\limits_{x\to a}\dfrac{x\int_a^x f(t)\mathrm{d}t}{x-a}=\lim\limits_{x\to a}\dfrac{\int_a^x f(t)\mathrm{d}t+xf(x)}{1}=af(a)$

6. D. 解答如下：

令 $f(x)=2x^3+3x^2-12x+14$，$f'(x)=6x^2+6x-12=0$

解之得 $x_1=-2$，$x_2=1$，计算 $f(-3)=23$，$f(-2)=34$，$f(1)=7$，$f(4)=142$，所以选 D。

7. A. 解答如下：

$y=f(x+y)$，对 x 求导有：$y'=f'(x+y)(1+y')$

即：$y'=\dfrac{f'}{1-f'}$，两边再对 x 求导，则：

$$y''=-\dfrac{-f''(1+y')}{(1-f')^2}=\dfrac{f''\left(1+\dfrac{f'}{1-f'}\right)}{(1-f')^2}=\dfrac{f''}{(1-f')^3}$$

8. C. 解答如下：

由条件 $f'(\cos x)=\sin x$，有：$f'(\cos x)(-\sin x)=-\sin^2 x$

即：$[f(\cos x)]'=-\sin^2 x$，$d[f(\cos x)]=-\sin^2 x\mathrm{d}x$

两边积分有：$f(\cos x)=\int -\sin^2 x\mathrm{d}x+C=\dfrac{1}{2}\left(\dfrac{\sin 2x}{2}-x\right)+C$

9. D. 解答如下：

$$\int_0^3 |x-1|\mathrm{d}x=\int_1^3 (x-1)\mathrm{d}x+\int_0^1 (1-x)\mathrm{d}x=\dfrac{5}{2}$$

10. B. 解答如下：

因为 $\left(\dfrac{\sin x}{x}\right)'=\dfrac{x\cos x-\sin x}{x^2}=\dfrac{x-\tan x}{x^2\cos x}<0\left(\text{当}\dfrac{\pi}{4}\leqslant x\leqslant\dfrac{\pi}{2}\right)$

所以 $\left(\dfrac{\sin x}{x}\right)_{\max}=\dfrac{\sin\dfrac{\pi}{4}}{\dfrac{\pi}{4}}=\dfrac{2\sqrt{2}}{\pi}$，$\left(\dfrac{\sin x}{x}\right)_{\min}=\dfrac{\sin\dfrac{\pi}{2}}{\dfrac{\pi}{2}}=\dfrac{2}{\pi}$

则 $\dfrac{1}{2}\leqslant\int_{\frac{\pi}{4}}^{\frac{\pi}{2}}\dfrac{\sin x}{x}\mathrm{d}x\leqslant\dfrac{\sqrt{2}}{2}$

11. A. 解答如下：

$$\Omega=\{(x,y,z)\mid 0\leqslant z\leqslant 1-x-2y,(x,y)\in D\}$$

又 $D=\left\{(x,y)\mid 0\leqslant y\leqslant\dfrac{1-x}{2},0\leqslant x\leqslant 1\right\}$，则有：

$$\iiint_\Omega x\mathrm{d}x\mathrm{d}y\mathrm{d}z=\int_0^1 \mathrm{d}x\int_0^{\frac{1-x}{2}}\mathrm{d}y\int_0^{1-x-2y}x\mathrm{d}z$$

$$=\int_0^1 x\mathrm{d}x\int_0^{\frac{1-x}{2}}(1-x-2y)\mathrm{d}y$$

$$=\dfrac{1}{4}\int_0^1 (x-2x^2+x^3)\mathrm{d}x=\dfrac{1}{48}$$

12. B. 解答如下：

L 的参数方程为：$x=a\cos\theta$，$y=a\sin\theta$

$$\int_L y^2 dx = \int_0^\pi a^2 \sin^2\theta(-a\sin\theta)d\theta$$
$$= a^3 \int_0^\pi (1-\cos^2\theta)d(\cos\theta)$$
$$= a^3 \left[\cos\theta - \frac{\cos^3\theta}{3}\right]_0^\pi = -\frac{4}{3}a^3$$

13. B. 解答如下：

因为对 A 项有：$\lim\limits_{n\to\infty} n^{\frac{3}{2}} \cdot \dfrac{1}{\sqrt{n(n^2+1)}} = \lim\limits_{n\to\infty}\sqrt{\dfrac{n^3}{n^3+n}}=1$，故 A 项级数收敛。

对 C 项有：$\lim\limits_{n\to\infty}\dfrac{u_{n+1}}{u_n}=\lim\limits_{n\to\infty}\dfrac{n+1/2^{n+1}}{n/2^n}=\lim\limits_{n\to\infty}\dfrac{n+1}{2n}=\dfrac{1}{2}$，故 C 项级数收敛。

对 D 项有：因 $\sum\limits_{n=1}^{\infty} 2^n \cdot \sin\dfrac{x}{3^n} = \sum\limits_{n=1}^{\infty}\pi\cdot\left(\dfrac{2}{3}\right)^n\cdot\dfrac{\sin\dfrac{\pi}{3^n}}{\dfrac{\pi}{3^n}}$

又 $\lim\limits_{n\to\infty}\dfrac{u_{n+1}}{u_n}=\lim\limits_{n\to\infty}\dfrac{\pi\left(\dfrac{2}{3}\right)^{n+1}\cdot\dfrac{\sin\dfrac{\pi}{3^{n+1}}}{\pi/3^{n+1}}}{\pi\left(\dfrac{2}{3}\right)^n\cdot\dfrac{\sin\dfrac{\pi}{3^n}}{\pi/3^n}}=\dfrac{2}{3}$，故 D 项级数收敛。

14. C. 解答如下：

$$\rho = \lim_{n\to\infty}\left|\dfrac{a_{n+1}}{a_n}\right| = \lim_{n\to\infty}\left|\dfrac{\dfrac{1}{(n+1)\cdot 2^{n+1}}}{\dfrac{1}{n\cdot 2^n}}\right| = \lim_{n\to\infty}\left|\dfrac{n}{2(n+1)}\right| = \dfrac{1}{2}$$

所以收敛半径 $R = \dfrac{1}{\rho} = 2$

15. A. 解答如下：

因为 $\dfrac{1}{x} = \dfrac{1}{3+x-3} = \dfrac{1}{3}\cdot\dfrac{1}{1+\dfrac{x-3}{3}}$

又 $\dfrac{1}{1+\dfrac{x-3}{3}} = \sum\limits_{n=0}^{\infty}(-1)^n\cdot\left(\dfrac{x-3}{3}\right)^n = \sum\limits_{n=0}^{\infty}(-1)^n\cdot\dfrac{(x-3)^n}{3^n}$

所以 $\dfrac{1}{x} = \sum\limits_{n=0}^{\infty}(-1)^n\cdot\dfrac{(x-3)^n}{3^{n+1}}\ (0<x<6)$

16. A. 解答如下：

$x=\pi$ 处 $f(x)$ 收敛于：$\dfrac{1}{2}[f(\pi^-)+f(\pi^+)] = \dfrac{1}{2}[1+\pi^2+(-1)] = \dfrac{\pi^2}{2}$

17. B. 解答如下：

令 $x=e^t$，即 $t=\ln x$，原微分方程为：

$$e^t\cdot e^{-t}\cdot\dfrac{dy}{dt} - y\ln y = 0, \quad \dfrac{dy}{y\ln y} = dt$$

所以取积分有：$\ln(\ln y) = t + \ln C = \ln x + \ln C$

即 $\ln y = Cx$，$y = e^{Cx}$

又 $y\big|_{x=1} = e$，所以，$e = e^{C \times 1}$，即有 $C = 1$

故原微分方程的解为 $y = e^x$。

18. A. 解答如下：

设 $A_i =$ "第 i 次抽得次品"，则由全概率公式得：

$$P(A_2) = P(A_1)P(A_2|A_1) + P(\overline{A_1}) \cdot P(A_2|\overline{A_1})$$

$$= \frac{2}{12} \cdot \frac{1}{11} + \frac{10}{12} \cdot \frac{2}{11} = \frac{11}{66} = \frac{1}{6}$$

19. C. 解答如下：

由条件知，$E(X) = \frac{1}{\lambda}$，$D(X) = \frac{1}{\lambda^2}$

所以，$E(\overline{X}) = E(X) = \frac{1}{\lambda}$

20. A. 解答如下：

由条件知 $E(X) = 2, D(X) = 2^2 = 4$，

又　$D(X) = E(X^2) - E^2(X)$，故 $E(X^2) = D(X) + E^2(X) = 4 + 2^2 = 8$

$E(Y^2) = E[(3-X)^2] = E(9 - 6X + X^2) = 9 - 6E(X) + E(X^2)$

$= 9 - 6 \times 2 + 8 = 5$

21. D. 解答如下：

方法一：行列式

$D = M_{11} - M_{21} + M_{31} = (xy^2 - xz^2) - (x^2y - yz^2) + (zx^2 - zy^2)$

$= x(y^2 - z^2) - y(x^2 - z^2) + z(x^2 - y^2)$

$= (x-y)(y-z)(z-x)$

方法二：可将行列式第 2、3 行分别减去第 1 行，再按第 1 列展开。

22. C. 解答如下：

由条件知，$Ax = 0$ 仅有零解，则 $R(A) = n$，即 A 的列向量组的秩为 n，也即 A 的列向量组线性无关，故选 C。

23. D. 解答如下：

$(A+E)^2 = (A+E)(A+E) = A(A+E) + E(A+E)$

$= A^2 + AE + A + E = A^2 + 2A + E$

24. A. 解答如下：

该二次型 f 对应的实对称矩阵为：$A = \begin{bmatrix} 2 & 0 & 0 \\ 0 & 3 & 2 \\ 0 & 2 & 3 \end{bmatrix}$，

A 的特征根为：$|A - \lambda E| = \begin{vmatrix} 2-\lambda & 0 & 0 \\ 0 & 3-\lambda & 2 \\ 0 & 2 & 3-\lambda \end{vmatrix} = 0$

解之得，$\lambda = 2, 1, 5$，故选 A。

25. C. 解答如下：

由 $pV=\dfrac{m}{M}RT$，则：

$$\rho=\dfrac{m}{V}=\dfrac{pM}{RT}=\dfrac{1.01\times10^5\times2\times10^{-3}}{8.31\times(270+273)}=4.47\times10^{-2}\,\text{kg/m}^3$$

26. D. 解答如下：

由 $\Delta E=\dfrac{m}{M}\dfrac{i}{2}R\cdot\Delta T$，若 ΔE 增大，则 ΔT 为正，即温度升高；对于等压过程，V 与 T 成正比，故等压膨胀，则温度升高，ΔE 增大。

27. B. 解答如下：

$$A=\int_{V_1}^{V_2}p\mathrm{d}V=\dfrac{1}{2}(p_1+p_2)(V_2-V_1)$$

$$\Delta E=\dfrac{i}{2}R\Delta T=\dfrac{3}{2}R(T_2-T_1)$$

$$Q=\Delta E+A=\dfrac{3}{2}R(T_2-T_1)+\dfrac{1}{2}(p_1+p_2)(V_2-V_1)$$

28. B. 解答如下：

理想气体分子的平均动能为：$\dfrac{i}{2}KT$

29. A. 解答如下：

自发过程都有方向性，其逆过程则为非自发过程。

30. D. 解答如下：

此时刻 O 点处质点振动方向向上，$\varphi_{初}=\dfrac{3}{2}\pi$。

31. B. 解答如下：

依据多普勒效应，$\nu_R=\left(1+\dfrac{u_R}{u}\right)\nu_s$，$u_R=60\text{km/h}=16.7\text{m/s}$，

$$u=340\text{m/s},\ \nu_s=2\text{Hz},\ 则\ \nu_R=2.1\text{Hz}$$

所以，每分钟听到的响声为：$2.1\times60=126$ 次。

32. C. 解答如下：

由薄膜干涉公式：$2n_2e=\dfrac{\lambda}{2}$，

$$e=\dfrac{\lambda}{4n_2}=\dfrac{5\times10^{-7}}{4\times1.25}\approx1.0\times10^{-4}\,\text{mm}$$

33. B. 解答如下：

牛顿环明纹公式：$r=\sqrt{\left(k-\dfrac{1}{2}\right)R\lambda}$

当 k 一定时，紫光的 λ 最小，故紫光的 r 最小，紫光最靠近中心。

34. C. 解答如下：

由单缝衍射中央明纹宽度公式：$l=\dfrac{2f\lambda}{a}$

所以：$\frac{l_1}{l_2} = \frac{\lambda_1}{\lambda_2}$，则 $l_1 = \frac{\lambda_1}{\lambda_2} \cdot l_2 = \frac{4420}{5890} \times 4 = 3.0 \text{mm}$

35. C. 解答如下：

$$\tan i_0 = \frac{n_2}{n_1}$$

(1) 当光从水中射向玻璃时，$\tan i_{01} = \frac{1.5}{1.33}$，$i_{01} = 48°26'$

(2) 当光从玻璃射向水中时，$\tan i_{02} = \frac{1.33}{1.5}$，$i_{02} = 41°34'$

36. B. 解答如下：

根据部分偏振光或椭圆偏振光的特点。

39. B. 解答如下：

体积和pH值相同时，两种酸溶液中 H^+ 的物质的量相同，但因醋酸为弱酸，故：$n_{醋酸} > n_{盐酸}$，所以醋酸放出的 CO_2 气体体积比盐酸多。

40. C. 解答如下：

设两种强酸的体积为 $1L$，则：

$$n_{H^+1} = 1 \times 10^{-2} \text{mol}, \quad n_{H^+2} = 1 \times 10^{-4} \text{mol}, \quad n_{H^+总} = (10^{-2} + 10^{-4}) \text{mol}$$

$$[H^+] = \frac{10^{-2} + 10^{-4}}{2 \times 1} = 0.5 \times 10^{-2} \text{mol/L}$$

$$pH = -\lg[H^+] = 2.3$$

41. B. 解答如下：

$$CH_3COOH \rightleftharpoons CH_3COO^- + H^+$$

加入少量 NaOH 后，溶液中 $[H^+]$ 下降，pH 值上升，平衡右移，所以醋酸电离度增大。

42. D. 解答如下：

从两个反应中可以看出：$\Delta_r G_m^\ominus(2) = -\frac{1}{2} \Delta_r G_m^\ominus(1)$

由标准平衡常数公式：$\lg K^\ominus(T) = -\frac{\Delta_r G_m^\ominus(T)}{2.303RT}$

可得：$\frac{\lg K_2^\ominus}{\lg K_1^\ominus} = -\frac{1}{2}$，所以：$K_2^\ominus = (K_1^\ominus)^{-1/2} = 3.54$

43. A. 解答如下：

因为 $\Delta_r H_m^\ominus > 0$，升高温度，化学反应平衡向右移动，即增大生成物 Cl_2 平衡时的浓度。

44. A. 解答如下：

阳极 Fe 失去 2 个电子变为 Fe^{2+}。

45. D. 解答如下：

$$E_{Cu^{2+}/Cu} > E_{Fe^{2+}/Fe} > E_{Zn^{2+}/Zn} > E_{H^+/H_2}$$

阴极上电极电势越正的越先放电。

47. C. 解答如下：

R_A 与 R_B 形成一力偶与外力偶平衡，则：

$$Ph = R_A \cdot L\cos 45°, R_A = \frac{\sqrt{2}Ph}{L}$$

48. C. 解答如下：

$\Sigma X=0$，则：$X_A=0$；$\Sigma Y=0$，则：$Y_A=\frac{1}{2}q_0 l$，铅直向上

$\Sigma M_A(F)=0$，则：$M_A=\left(\frac{1}{2}q_0 l\right)\cdot\frac{1}{3}l=\frac{1}{6}q_0 l$，逆时针方向

49. A. 解答如下：

无论向何点简化，主矢 $R_2\neq 0$，故 B、C 项不对；当点 1 与点 2 的连线与 1 点的主矢方向重合时，该力系向点 2 简化时，$M_2=0\neq M_1$，故 D 项不对，应选 A。

51. B. 解答如下：

以杆 O_2A 端点 A 为动点，动系固结在 O_1A 杆上，$\overline{O_2A}=\sqrt{3}a$，$A$ 的速度分析图见图 12-3-51：

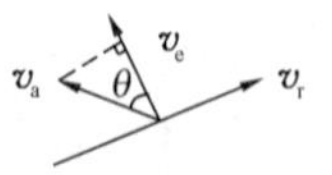

$$v_e=\omega_1\cdot\overline{O_1A}=\omega_1 a,\quad v_a=\overline{O_2A}\cdot\omega_2=\sqrt{3}a\cdot\omega_2$$

又 $\quad v_a=v_e/\cos 30°$，则：$\sqrt{3}a\omega_2=\dfrac{\omega_1\cdot a}{\cos 30°}$

图 12-3-51

所以 $\qquad \omega_2=\dfrac{2}{3}\omega_1=4\mathrm{rad/s}$，逆时针方向

52. B. 解答如下：

$\boldsymbol{a}_k=2\boldsymbol{\omega}_e\times\boldsymbol{r}_r=2\omega_e\cdot v_r\sin\theta$，本题中 ω_e 方向平行 z 轴向上

对点 M_1，$\theta_1=\alpha$，则：$a_{1k}=2\omega v_1\sin\alpha$

对点 M_2，$\theta_2=0$，则：$a_{2k}=0$

53. C. 解答如下：

由速度投影定理：$v_c=v_B\cos 45°=\omega\cdot\overline{AB}\cdot\dfrac{\sqrt{2}}{2}$

又 $\qquad v_c=\omega_{CD}\cdot\overline{CD}$，则：$\omega_{CD}\cdot\overline{CD}=\omega\cdot\overline{AB}\cdot\dfrac{\sqrt{2}}{2}$

所以 $\omega_{CD}=\omega\dfrac{\sqrt{2}}{2}\times l/(\sqrt{2}\times 2l)=\dfrac{\omega}{4}$，顺时针方向

54. D. 解答如下：

$$\frac{1}{2}J_0\omega^2=mg\cdot\frac{l}{2},\text{ 且 } J_0=\frac{1}{3}ml^2$$

则： $\qquad \dfrac{1}{2}\cdot\dfrac{1}{3}ml^2\cdot\omega^2=mg\cdot\dfrac{l}{2}$,

所以 $\qquad \omega=\sqrt{\dfrac{3g}{l}},\ v_A=\omega l=\sqrt{3gl}$

55. A. 解答如下：

$$mg-T=ma_C=m\cdot\varepsilon R$$

$$TR=J\cdot\varepsilon=\frac{1}{2}mR^2\varepsilon$$

联解上式可得：$a_c = \dfrac{2}{3}g$，$T = \dfrac{1}{3}P$

56. D. 解答如下：

AB 杆中点 C 的加速度：$a_n = \dfrac{v^2}{\sqrt{2}R} = \dfrac{(\sqrt{2}R\omega)^2}{\sqrt{2}R} = \sqrt{2}R\omega^2$

$$a_\tau = \sqrt{2}R \cdot \varepsilon$$

$$a_C = \sqrt{a_n^2 + a_\tau^2} = R \cdot \sqrt{2(\varepsilon^2 + \omega^4)}，则主矢：R' = mR\sqrt{2(\varepsilon^2 + \omega^4)}$$

AB 杆绕 O 点的转动惯量：$J_O = J_C + m(\sqrt{2}R)^2 = \dfrac{1}{3}mR^2 + 2mR^2 = \dfrac{7}{3}mR^2$

所以，主矩 $M_O' = J_O\varepsilon = \dfrac{7}{3}mR^2\varepsilon$

57. D. 解答如下：

取 CD 方向为 x 轴正方向，C 为原点，垂直向上为 y 轴正方向。

$$x_D = 2L\cos\theta，则：\delta r_D = -2L\sin\theta\delta\theta，\delta r_B = -L\delta\theta$$

则有：$$\delta r_D = -2\sin\theta\delta r_B，即：\delta r_B = \dfrac{\delta r_D}{2\sin\theta}$$

又 δr_A 与 δr_B 在 x 轴上的投影相等，则：

$$\delta r_A \cos\theta = \delta r_B \cos2\theta = \dfrac{\delta r_D}{2\sin\theta} \cdot \cos2\theta$$

得 $$\tan2\theta \delta r_A = \delta r_D$$

58. A. 解答如下：

分析 B 项，量纲不和谐，故 B 项不对。

取沿斜面平行方向为 x 轴方向，原点 O 为自由振动的平衡位置，则：

$$m\ddot{x} = -kx，所以 \omega = \sqrt{\dfrac{k}{m}}$$

60. D. 解答如下：

$$\sigma_{BC} = \dfrac{P}{\dfrac{1}{2}a^2} + \dfrac{P \cdot \dfrac{a}{4}}{\dfrac{1}{6} \cdot a\left(\dfrac{a}{2}\right)^2} = \dfrac{8P}{a^2}$$

$$\sigma_{AB} = \sigma_{CD} = \dfrac{P}{a^2} \quad 所以 \quad \sigma_{BC} = 8\sigma_{AB}$$

61. A. 解答如下：

$$N_{AB} = 2P, \quad N_{BC} = -\sqrt{3}P$$

$$\dfrac{N_{AB}}{A_1} = \dfrac{2P}{600 \times 10^{-6}} \leqslant [\sigma] = 180 \times 10^6，则：P \leqslant 54\text{kN}$$

$$\dfrac{N_{BC}}{A_2} = \dfrac{\sqrt{3}P}{1000 \times 10^{-6}} \leqslant [\sigma] = 80 \times 10^6，则：P \leqslant 46.24\text{kN}$$

所以 $[P] \leqslant 46.24\text{kN}$

62. B. 解答如下：

$$T = Pl = 4 \times 1.2 = 4.8\text{kN} \cdot \text{m}$$

$$\tau = \frac{T/D}{A} = \frac{4.8 \times 10^3}{65 \times 10^{-3} \times \frac{1}{4}\pi \times d^2} \leqslant [\tau] = 200 \times 10^6$$

解之得：$d \geqslant 0.0216\text{m}$

63. A. 解答如下：

由条件知：
$$\frac{1}{\rho} = \frac{M_A}{E_A I_A} = \frac{M_B}{E_B I_B}$$

又
$$\frac{\sigma_A}{\sigma_B} = \frac{M_A \cdot \frac{d}{2}}{I_A} \cdot \frac{I_B}{M_B \cdot \frac{3d}{2}} = \frac{E_A}{E_B} \cdot \frac{1}{3} = \frac{1}{6}$$

64. B. 解答如下：

$I_{x'} \neq I_{y'}$，故选 B 项。

65. C. 解答如下：

P 移动到 C 点时，M_B 为最大弯矩：$M_B = Pl = 1\text{kN} \cdot \text{m}$；

$$\sigma = \frac{6M_B}{bh^2} = \frac{6 \times 1 \times 10^3}{40 \times 100 \times 10^{-6}} = 15\text{MPa}$$

$$\tau = \frac{3V}{2bh} = \frac{3 \times 1 \times 10^3}{2 \times 40 \times 100 \times 10^{-6}} = 0.375\text{MPa}$$

66. B. 解答如下：

首先 A、C 项排除。

B 点处拉应力：
$$\sigma_B = \frac{\frac{1}{4} \cdot P \times 8}{I} \cdot y_c = 2\frac{Py_c}{I}$$

C 点处拉应力：
$$\sigma_C = \frac{P \times 4}{I} \cdot \frac{y_c}{3} = \frac{4}{3} \cdot \frac{Py_c}{I}$$

$$\sigma_B > \sigma_C$$

67. B. 解答如下：

$$U = \frac{P^2 l}{2EA} + \frac{P^2 l}{2 \times 2EA} = \frac{3P^2 l}{4EA}$$

68. B. 解答如下：

对于图(a)：
$$\sigma_{\max} = \frac{6M}{2a \cdot (2a)^2} = \frac{3M}{4a^3}$$

对于图(b)：
$$\sigma_{\max} = \frac{6 \cdot \frac{M}{2}}{a \cdot (2a)^2} = \frac{3M}{4a^3}$$

对于图(c)：
$$\sigma_{\max} = \frac{6 \cdot \frac{M}{2}}{2a \cdot a^2} = \frac{3M}{2a^3}$$

69. C. 解答如下：

对(a)图： $\sigma_{r3} = \sigma_1 - \sigma_3 = 80 - 0 = 80$

对(b)图： $\sigma_{r3} = 60 - (-10) = 70$

对(c)图： $\sigma_{r3} = 80 - (-80) = 160$

对 (d) 图： $\sigma_{r3}=60-(-20)=80$

70. C. 解答如下：

图(a)， $l_a=1\times 4=4\text{m}$；图(b)， $l_b=0.7\times 6=4.2\text{m}$；图$(c)$， $l_c=0.5\times 7=3.5\text{m}$，所以，图$(c)$的承载力最大。

71. D. 解答如下：

$$\nu=\frac{\mu}{\rho}=\frac{1.83\times 10^{-5}}{1.205}=1.52\times 10^{-5}\text{m}^2/\text{s}$$

72. C. 解答如下：

$$p=(1.5+\frac{1}{2})\rho g=2\rho g$$
$$P=p\cdot A=2\rho g\times 1\times 2=4\rho g$$

73. B. 解答如下：

列出能量方程：

$$H+\frac{p}{\rho g}+0=h_c+\frac{p}{\rho g}+\frac{v_2^2}{2g}$$
$$v_2=\sqrt{2g(H-h_c)}=\sqrt{2\times 9.8\times (4-0.8)}=7.92\text{m/s}$$

74. A. 解答如下：

$$Re=\frac{vd}{\nu}, \text{又 } d=\frac{A}{\chi}=\frac{1\times 1.5}{(1+1.5)\times 2}=0.3$$

所以
$$v=\frac{Re\cdot \nu}{d}=\frac{2300\times 1.3\times 10^{-5}}{0.3}=0.0997\text{m/s}$$

76. D. 解答如下：

$$v=\frac{Q}{A}=1.11\text{m/s}$$
$$h_f=\lambda\cdot\frac{l}{d}\cdot\frac{v^2}{2g}=\frac{64}{Re}\cdot\frac{l}{d}\cdot\frac{v^2}{2g}=\frac{64\nu}{vd}\cdot\frac{l}{d}\cdot\frac{v^2}{2g}=\frac{32\nu\cdot lv}{gd^2}$$

所以
$$h_f=\frac{32\times 1.4\times 1500\times 1.11\times 10^{-4}}{9.8\times 0.22}=19.03\text{m}$$

77. D. 解答如下：

$$Q=AC\cdot\sqrt{RJ}=\frac{1}{n}\cdot A\cdot R^{\frac{2}{3}}\cdot J^{\frac{1}{2}}$$

又
$$J_1=J_2=\frac{\Delta H}{L}, n_1=n_2=n, \text{则有：}$$

$$\frac{Q_1}{Q_2}=\left(\frac{A_1}{A_2}\right)^2\cdot\left(\frac{R_1}{R_2}\right)^{\frac{2}{3}}=\left(\frac{d_1}{d_2}\right)^2\cdot\left(\frac{d_1}{d_2}\right)^{\frac{2}{3}}=\left(\frac{d_1}{d_2}\right)^{\frac{8}{3}}=2^{\frac{8}{3}}=6.35$$

78. C. 解答如下：

由雷诺准则：

$$\frac{v_p\cdot l_p}{\gamma_p}=\frac{v_m\cdot l_m}{\gamma_m}$$

又 $\gamma_p=\gamma_m$，则有： $\frac{v_p}{v_m}=\frac{l_p}{l_m}$

$$v_p = \frac{l_m}{l_p} \cdot v_m = \frac{0.1}{1.2} \times 6 = 0.5 \text{m/s}$$

80. C. 解答如下：

$(0.011)_2 = 0 + 0 \times 2^{-1} + 1 \times 2^{-2} + 1 \times 2^{-3} = (0.375)_{10}$

88. D. 解答如下：

Outlook Express 中可进行的操作有：阅读、接收、回复。

89. B. 解答如下：

$$\oint_L B \cdot dl = u_0 \sum I，则：B \cdot 2\pi r = u_0 I，B = \frac{u_0 I}{2\pi r}$$

又 $H = \frac{B}{u}$，所以 $H = \frac{I}{2\pi r}$

90. C. 解答如下：

$$I_4 + 4 + 3 = 13，则：I_4 = 6\text{A}，$$

对节点 A： $I_1 - I_3 - 3 = 0$

对节点 C： $I_3 - I_2 - 4 = 0$

对 ABC 环路电压方程：$I_1 R + I_2 R + I_3 R = 0$

上述三式联解：$I_1 = \frac{10}{3}$，$I_2 = -\frac{11}{3}$，$I_3 = \frac{1}{3}$

91. C. 解答如下：

两个 4Ω 与一个 2Ω 电阻均串联：$4 + 4 + 2 = 10\Omega$；

两个 4Ω 并联，再与一个 2Ω 电阻串联：$\frac{4 \times 4}{4 + 4} + 2 = 4\Omega$；

两个 4Ω 与一个 2Ω 电阻均并联：$\frac{1}{4} + \frac{1}{4} + \frac{1}{2} = 1$，则 $R = 1\Omega$。

93. D. 解答如下：

(1) 求等效内阻 R_0 时，电压源短路，3Ω 与 6Ω 并联，6Ω 与 6Ω 并联，最后两者串联，即：$\frac{3 \times 6}{3 + 6} + \frac{6 \times 6}{6 + 6} = 2 + 3 = 5\Omega$

(2) 求 U_{AB}，$U_A = 6 - \frac{6}{3 + 6} \times 3 = 6 - 2$，$U_B = 6 - \frac{6}{6 + 6} \times 6 = 6 - 3$

$$E_s = U_{AB} = (6 - 2) - (6 - 3) = 1\text{V}$$

94. C. 解答如下：

$\dot{U}_2 = \dot{U}_1 + \dot{U}_3$，则由复相量计算可得：$|\dot{U}_3| = \sqrt{80^2 + 60^2} = 100\text{V}$

95. C. 解答如下：

$$Z = R - jX_C = 40 - j30，|Z| = \sqrt{40^2 + (-30)^2} = 50\Omega$$

$\cos\varphi = \frac{40}{50} = \frac{4}{5}$，

所以 $P = 3U_p I_p \cdot \cos\varphi = 3 \cdot \frac{U_p^2}{|Z|} \cdot \cos\varphi = 3 \cdot \frac{(380/\sqrt{3})^2}{50} \cdot \frac{4}{5} = 2323.2\text{W}$

96. D. 解答如下：

$U_C(0_+) = U_C(0_-) = 0.2U_s$，又 $U_R(0_+) = U_s - U_c(0_+) = U_s - 0.2U_s$
    $= 0.8U_s$

97. B. 解答如下：

$I = \dfrac{12 - V_Y}{3 \times 10^3}$，又由条件可知：$V_Y = V_A = 3V$

所以 $I = \dfrac{12 - 3}{3 \times 10^3} = 3\text{mA}$

98. B. 解答如下：

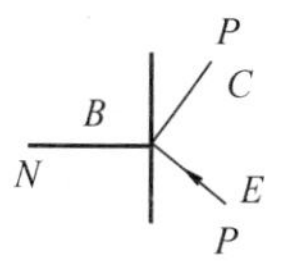

如图 12-3-98 所示，

$V_{BC} = V_B - V_C = -3.7 - (-9) = 5.3V$

$V_{BE} = V_B - V_E = -0.7V$，$V_{CE} = V_C - V_E = -6V$，

图 12-3-98

可知发射结：$V_{EB} = 0.7V > 0$，正偏；集电结：$V_{BC} > 0$，反偏，且 $V_{EC} > 0$，所以三极管处于放大状态。

99. A. 解答如下：

经过第一个运算放大器：$u_{i1} = -\dfrac{R_F}{R_1}u_i = -\dfrac{4}{1} \times u_i = -4u_i$

经过第二个运算放大器：$u_{i2} = -\dfrac{R_F}{R_1}u_{i1} = -\dfrac{1}{1} \cdot u_{i1} = 4u_i$

$$u_0 = 4u_i - (-4u_i) = 8u_i$$

所以 $\qquad u_0 = 8 \times 6\sqrt{2}\sin\omega t = 48\sqrt{2}\sin\omega t$

107. A. 解答如下：

5 年后利息 $= 100[(1+10\%)^5 - 1] = 61.05$ 万元

110. B. 解答如下：

甲方案的费用值 $= -100 - 25(P/A, 7\%, 10) = -280.1$ 万元

乙方案的费用值 $= -80 - 27(P/A, 7\%, 10) = -274.51$ 万元

丙方案的费用值 $= -60 - 31(P/A, 7\%, 10) = -283.324$ 万元

所以，方案优劣的排序为：乙、甲、丙。

111. B. 解答如下：

设产量至少应达到 Q 件，则：$50000 = Q \times 60 \times (1 - 10\%) - 30000 - Q \times 30$，解之得 $Q = 3333.3$ 件

113. B. 解答如下：

资金成本 $= \dfrac{r_b(1-T)}{1-f_b} = \dfrac{8\%(1-33\%)}{1-1\%} = 5.41\%$

114. B. 解答如下：

甲方案的价值系数 $= 0.85/0.92 = 0.923$；乙方案的价值系数 $= 0.65/0.7 = 0.928$；

丙方案的价值系数 $= 0.82/0.90 = 0.911$；丁方案的价值系数 $= 0.80/0.88 = 0.909$。

所以应选 B。

（下午卷）

1. D	2. B	3. B	4. A	5. B	6. C	7. A	8. C	9. B	10. A
11. C	12. B	13. D	14. C	15. C	16. C	17. A	18. C	19. A	20. A
21. C	22. B	23. C	24. C	25. A	26. B	27. C	28. C	29. D	30. A
31. A	32. B	33. C	34. A	35. D	36. B	37. B	38. A	39. D	40. A
41. A	42. D	43. A	44. C	45. B	46. C	47. B	48. C	49. B	50. B
51. C	52. C	53. C	54. A	55. B	56. B	57. A	58. A	59. D	60. C

11. C. 解答如下：

由和差函数的中误差计算公式，$m_C = \pm\sqrt{m_A^2 + m_B^2} = \pm\sqrt{15^2 + 10^2} = \pm 18.0''$

31. A. 解答如下：

$$f = 1.5 \text{MPa}$$

$$\beta = \gamma_\beta \cdot \frac{H_0}{h} = 1.2 \times \frac{3.7}{0.37} = 12$$

$$\varphi_0 = \frac{1}{1 + \alpha\beta^2} = \frac{1}{1 + 0.0015 \times 12^2} = 0.822$$

$$A = 0.37 \times 0.49 = 0.1813, \text{故 } \gamma_a = A + 0.7 = 0.8813$$

$$\varphi f A = 0.822 \times (0.8813 \times 1.5) \times 370 \times 490 = 197.0 \text{kN}$$

34. A. 解答如下：

将地基连同杆件 ACD、BIJ 作为刚片 I，则刚片 I 与刚片 EF、刚片 GH 构成三个虚铰并在同一直线上，见图 12-4-34。

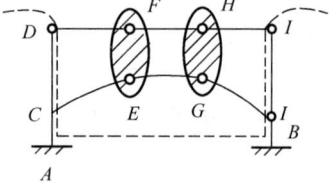

图 12-4-34

35. D. 解答如下：

对称结构，反对称荷载，对称杆件的内力为反对称，所以1杆的内力为零。

36. B. 解答如下：

$\Sigma M_A = 0$，则 $X_B = 2F$，

过 CD、EF、BA 取截面，则：$\Sigma X = 0$，$N_1 = 2F$，拉力

37. B. 解答如下：

$$\Sigma M_A = 0, \quad Y_B = \frac{\left(ql \cdot \frac{3}{2}l + ql \cdot \frac{l}{2}\right)}{2l} = ql \ (\uparrow)$$

$$\Sigma M_C = 0, \quad X_B = \frac{ql \cdot l - ql \cdot \frac{l}{2}}{l/2} = ql \ (\leftarrow)$$

所以 $M_k = Y_B \cdot \frac{l}{2} - X_B \cdot \frac{3}{8}l = ql \cdot \frac{l}{2} - ql \cdot \frac{3}{8}l = \frac{ql^2}{8}$

38. A. 解答如下：

由条件在支座 B 附近取脱离体，见图 12-4-38，
$R_B = 8 + 2 = 10\text{kN}$，方向向上

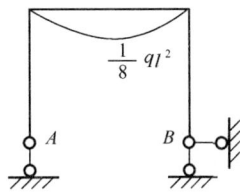

图 12-4-38

40. A. 解答如下：

求出支座反力：$Y_B = 0$；$X_A = 1$（→），$Y_A = 0$
$\Delta_{1C} = -\sum \overline{R}_i C = -[1 \times (-a) + 0 \times b] = a$

41. A. 解答如下：

取力法基本体系如图 12-4-41，作出 $\overline{M}_1$、M_p 图。

$\delta_{11} = \dfrac{5l^3}{3EI}$，$\Delta_{1p} = \dfrac{1}{EI} \cdot \dfrac{2}{3} \cdot \dfrac{1}{8} q l^2 \cdot l \cdot l = \dfrac{q l^4}{12 EI}$，$X_1 = -\dfrac{ql}{20}$，方向向右，

所以 $M_k = \dfrac{q l^2}{20}$，左侧受拉。

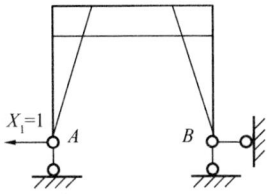

图 12-4-41

42. D. 解答如下：

解法一：$\sum M_B = 0$，则：$Y_A = \dfrac{3P}{4}$（↑），且 $X_A = 0$，

过 AE、CD 取截面，$\sum M_E = 0$，$N_{CD} = \left(\dfrac{3}{4} P \cdot 2a - P \cdot a \right) / a = \dfrac{P}{2}$

取铰 C 分析，$N_1 = -\dfrac{P}{2}$

解法二：利用结构对称性，将 P 分解为 $\dfrac{P}{2}$，$\dfrac{P}{2}$ 与 $\dfrac{P}{2}$，$-\dfrac{P}{2}$ 作用于结构。在反对称荷载下，1 杆的内力为零。

在对称荷载下，$Y_A = Y_B = \dfrac{P}{2}$，

取铰 A 分析：$Y_A = N_{AC} \cdot \cos 45°$

取铰 C 分析：$N_1 = -N_{AC} \cdot \cos 45° = -Y_A = -\dfrac{P}{2}$

43. A. 解答如下：

令 $\dfrac{EI}{l} = i$，则：$S_{AB} = i$，$S_{AC} = 3i$，$S_{AD} = 4i$

$$\mu_{AB} = \dfrac{1}{1 + 3 + 4} = \dfrac{1}{8}$$

对节点 A 加刚臂，$R_{1p} = -24\text{kN} \cdot \text{m}$，分配弯矩值 $M = -R_{1p} = 24\text{kN} \cdot \text{m}$

$$M_{AB} = \mu_{AB} \cdot M = \dfrac{1}{8} \times 24 = 3\text{kN} \cdot \text{m}$$

44. C. 解答如下：
$$K_{11} = \frac{12i_1}{h^2} + \frac{12 \cdot (2i_1)}{h^2} = \frac{36i_1}{h^2}$$
$$\Delta = \frac{P}{K_{11}} = \frac{Ph^2}{36i_1}$$

45. B. 解答如下：
解除 A、B、C 三处链杆，原结构变为静定结构。

47. B. 解答如下：
在结构 D 处设一根水平链杆，用位移法求 K_{11}。
$$K_{11} = \frac{3EI}{h^3} + \frac{12EI}{h^3} = \frac{15EI}{h^3}$$

所以
$$\omega = \sqrt{\frac{K_{11}}{m}} = \sqrt{\frac{15EI}{m_0 h^3 l}}$$

48. C. 解答如下：
作出单位力下的弯矩图见图 12-4-48，
$$\delta_{11} = 2 \cdot \left(\frac{1}{2} \cdot \frac{l}{4} \cdot \frac{l}{2}\right) \frac{2}{3} \cdot \frac{l}{4} \cdot \frac{1}{EI} = \frac{l^3}{48EI}$$
$$\omega^2 = \frac{1}{\delta_{11}m} = \frac{48EI}{ml^3}$$

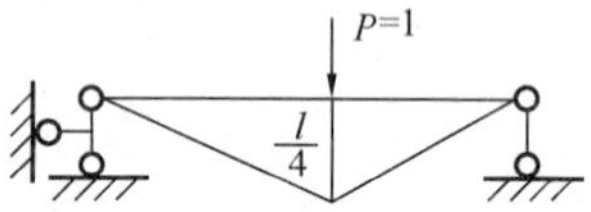

图 12-4-48

$$\mu = \left[\left(1 - \frac{\theta^2}{\omega^2}\right)^2 + \frac{4\zeta^2 \cdot \theta^2}{\omega^2}\right]^{-\frac{1}{2}} = 2.835$$

$$M_{\max} = \mu \cdot \frac{Pl}{4} = 0.70875Pl$$

56. B. 解答如下：
$$\sigma_1' = \sigma_1 - u = \sigma_3' \tan^2\left(45° + \frac{\varphi'}{2}\right) + 2c' \cdot \tan\left(45° + \frac{\varphi'}{2}\right)$$
$$\sigma_1 = u + (\sigma_3 - u)\tan^2 60° + 2c' \cdot \tan 60°$$
$$= 100 + (150 - 100)\tan^2 60° + 2 \times 20\tan 60°$$
$$= 100 + 150 + 69.28 = 319.28\text{kPa}$$

58. A. 解答如下：
$$E_a = \frac{1}{2}\gamma H^2 \cdot K_a = \frac{1}{2} \times 20 \times 6^2 \times \tan^2(45° - 30°/2) = 120\text{kN/m}$$

模拟试题（四）答案与解答

（上午卷）

1. B	2. C	3. A	4. B	5. D	6. D	7. B	8. B	9. C	10. A
11. C	12. D	13. C	14. B	15. A	16. B	17. C	18. D	19. D	20. C
21. C	22. C	23. B	24. B	25. A	26. C	27. C	28. D	29. C	30. D
31. D	32. C	33. B	34. A	35. C	36. C	37. D	38. B	39. B	40. C
41. D	42. C	43. D	44. B	45. B	46. A	47. A	48. B	49. A	50. A
51. C	52. C	53. B	54. B	55. D	56. C	57. A	58. A	59. B	60. A
61. D	62. B	63. A	64. A	65. A	66. C	67. C	68. C	69. C	70. C
71. B	72. C	73. A	74. C	75. D	76. B	77. B	78. A	79. C	80. C
81. B	82. C	83. A	84. B	85. C	86. A	87. D	88. B	89. B	90. B
91. B	92. D	93. C	94. A	95. D	96. B	97. B	98. A	99. B	100. C
101. B	102. D	103. A	104. C	105. A	106. A	107. C	108. B	109. A	110. B
111. A	112. D	113. A	114. D	115. C	116. A	117. C	118. A	119. C	120. A

1. B. 解答如下：

$(a+b)(a-b) = a \cdot (a-b) + b \cdot (a-b) = a \cdot a - a \cdot b + b \cdot a - b \cdot b = |a|^2 - |b|^2$

2. C. 解答如下：

由平面平行于 x 轴知，平面方程中 x 的系数为 0，故 A、B 不正确，由平面经过两已知点，知 C 项满足。

3. A. 解答如下：

$\overrightarrow{AB} = (9, 3, 5)$，又根据平面的点法式方程有：

$9(x-3) + 3(y-5) + 5(z-10) = 0$

即：$9x + 3y + 5z = 92$

4. B. 解答如下：

曲线 C 绕 x 轴旋转，只需将 C 的方程中的 y 换成 $\pm\sqrt{y^2+z^2}$，故应选 B。

5. D. 解答如下：

$$原式 = \lim_{x \to 0} \frac{(\sqrt{2+\tan x} - \sqrt{2+\sin x}) \cdot (\sqrt{2+\tan x} + \sqrt{2+\sin x})}{x^3(\sqrt{2+\tan x} + \sqrt{2+\sin x})}$$

$$= \lim_{x \to 0} \frac{\tan x - \sin x}{x^3} \cdot \frac{1}{(\sqrt{2}+\sqrt{2})} = \lim_{x \to 0} \frac{\tan x}{x} \cdot \frac{1-\cos x}{x^2} \cdot \frac{1}{2\sqrt{2}}$$

$$= 1 \cdot \frac{1}{2} \cdot \frac{1}{2\sqrt{2}} = \frac{1}{4\sqrt{2}}$$

6. D. 解答如下：

由条件，知 $f'_-(0) = f'_+(0)$

又 $f'_-(0) = -e^0 = -1$，$f'_+(0) = a$，则 $a = -1$

7. B. 解答如下：

因为 $x=x_0$ 是 $f(x)$ 的驻点，又 $f''(x_0)=\dfrac{1}{x_0}(1-\mathrm{e}^{-x_0})>0$，

故 $f(x_0)$ 是 $f(x)$ 的极小值。

8. B. 解答如下：

$$\dfrac{\partial z}{\partial x}=\dfrac{\partial z}{\partial u}\cdot\dfrac{\partial u}{\partial x}+\dfrac{\partial z}{\partial v}\cdot\dfrac{\partial v}{\partial x}=\mathrm{e}^u\sin v\cdot y+\mathrm{e}^u\cos v\cdot 1$$

$$=\mathrm{e}^{xy}[y\sin(x+y)+\cos(x+y)]$$

9. C. 解答如下：

$$\text{原积分}=\int_0^{\frac{\pi}{2}}\mathrm{d}x\int_0^{\frac{\pi}{2}}\sqrt{1-\sin^2(x+y)}\,\mathrm{d}y$$

$$=\int_0^{\frac{\pi}{2}}\mathrm{d}x\int_0^{\frac{\pi}{2}}\cos(x+y)\,\mathrm{d}y$$

$$=\int_0^{\frac{\pi}{2}}\mathrm{d}x[\sin(x+y)]_0^{\frac{\pi}{2}}$$

$$=\int_0^{\frac{\pi}{2}}[\sin(x+\dfrac{\pi}{2})-\sin x]\mathrm{d}x=\pi$$

10. A. 解答如下：

$$\text{原积分}=\int\dfrac{1+\mathrm{e}^x}{\sqrt{1-\mathrm{e}^{2x}}}\mathrm{d}(\mathrm{e}^x)\xrightarrow{\text{令}\,\mathrm{e}^x=t}\int\dfrac{1+t}{\sqrt{1-t^2}}\mathrm{d}t$$

$$=\int\dfrac{1}{\sqrt{1-t^2}}\mathrm{d}t+\int\dfrac{t}{\sqrt{1-t^2}}\mathrm{d}t$$

$$=\arcsin t-\sqrt{1-t^2}+C$$

$$=\arcsin\mathrm{e}^x-\sqrt{1-\mathrm{e}^{2x}}+C$$

11. C. 解答如下：

将 D 区域转化为极坐标 $x=a\rho\cos\theta,y=b\rho\sin\theta$，

$$\iint_D\dfrac{|xy|}{x^2+y^2}\mathrm{d}\sigma=\iint_D\dfrac{|ab\rho^2\sin\theta\cos\theta|}{a^2\rho^2\cos^2\theta+b^2\rho^2\sin^2\theta}ab\rho\mathrm{d}\rho\mathrm{d}\theta$$

$$=\dfrac{2}{a^2+b^2}\ln\dfrac{a}{b}$$

12. D. 解答如下：

由条件知，$x=3+\cos\theta,y=\sin\theta$

$$I=\int_{2\pi}^0[\sqrt{(3+\cos\theta)^2+\sin^2\theta}+4\cdot(3+\cos\theta)+2\sin\theta]\mathrm{d}(3+\cos\theta)$$

$$+[\sin\theta\ln(3+\cos\theta+\sqrt{(3+\cos\theta)^2+\sin^2\theta})+3\cdot(3+\cos\theta)-2\sin\theta]\cdot$$

$$\mathrm{d}(\sin\theta)$$

$$=-\pi$$

13. C. 解答如下：

原级数是公比为 $-x^2$ 的等比数列，求其和取极限。

14. B. 解答如下：

因为 $\sum_{n=1}^{\infty}(u_n+v_n)^2 = \sum_{n=1}^{\infty}(u_n^2+v_n^2+2u_nv_n)$,

又 $|u_nv_n| \leqslant \frac{1}{2}(u_n^2+v_n^2)$, 所以 $\sum_{n=1}^{\infty}2u_nv_n$ 也收敛。

15. A. 解答如下：

因为函数 $f(x)$ 是偶函数，$f(x)$ 的傅里叶级数是余弦函数，故 B 不对。

又因为 $a_0 = \frac{2}{\pi}\int_0^{\pi}x\mathrm{d}x = \pi \neq 0$, 故 C、D 不对。

16. B. 解答如下：

令 $1-x=t$, 则 $\sum_{n=1}^{\infty}a_n(1-x)^n = \sum_{n=1}^{\infty}a_nt^n$, 其收敛均为 $(-2, 2]$,

所以 $1-x \in (-2, 2]$, 即有 $x \in [-1, 3)$

17. C. 解答如下：

原方程对应的齐次方程的通解为：

$y = Ce^{-\int p(x)\mathrm{d}x} = Ce^{\int \frac{2}{x+1}\mathrm{d}x} = C(x+1)^2$

所以，原微分方程的通解为：$y = C(x+1)^2 + \frac{2}{3}(x+1)^{\frac{7}{2}}$

18. D. 解答如下：

设 $A=$"抽到甲袋"，$B=$"抽取的2支笔都是红笔"，则由全概率公式可得：

$P(B) = P(A)P(B/A) + P(\bar{A})P(B/\bar{A})$

$= \frac{1}{2} \cdot \frac{C_3^2}{C_7^2} + \frac{1}{2} \cdot \frac{C_2^2}{C_5^2} = \frac{17}{140}$

19. D. 解答如下：

$D(2X-Y) = 2^2 \cdot D(X) + (-1)^2 D(Y) = 4 \times 2 + 1 \times 3 = 11$

20. C. 解答如下：

$E(x) = \int_{-\infty}^{+\infty}xp(x)\mathrm{d}x = \int_0^1 x \cdot 3x^2\mathrm{d}x = \left[\frac{3}{4}x^4\right]_0^1 = \frac{3}{4}$

又由于 $E(x^2) = \int_{-\infty}^{+\infty}x^2p(x)\mathrm{d}x = \int_0^1 x^2 \cdot 3x^2\mathrm{d}x = \left[\frac{3}{5}x^5\right]_0^1 = \frac{3}{5}$

所以，$D(x) = \frac{3}{5} - \left(\frac{3}{4}\right)^2 = \frac{3}{80}$

21. C. 解答如下：

$AE = \begin{bmatrix} 2 & 1 & 1 & 0 \\ 5 & 3 & 0 & 1 \end{bmatrix} \underbrace{r_2 - \frac{5}{2}r_1}_{} \begin{bmatrix} 2 & 1 & 1 & 0 \\ 0 & \frac{1}{2} & -\frac{5}{2} & 1 \end{bmatrix}$

$\underbrace{r_2 \times 2}_{} \begin{bmatrix} 2 & 1 & 1 & 0 \\ 0 & 1 & -5 & 2 \end{bmatrix} \underbrace{r_1 - r_2}_{} \begin{bmatrix} 2 & 0 & 6 & -2 \\ 0 & 1 & -5 & 2 \end{bmatrix}$

$\underbrace{r_1 \times \frac{1}{2}}_{} \begin{bmatrix} 1 & 0 & 3 & -1 \\ 0 & 1 & -5 & 2 \end{bmatrix} = EA^{-1}$

所以 $A^{-1} = \begin{bmatrix} 3 & -1 \\ -5 & 2 \end{bmatrix}$

22. C. 解答如下：

$|A|=0$ 是 A 的 n 行（列）线性相关的充分必要条件，只有 C 项是充分必要条件，其余选项为充分条件。

23. B. 解答如下：

$$|-(A'B^{-1})^2|=(-1)^4|A'B^{-1}|^2=(-1)^4\left[\left|\frac{A}{B}\right|\right]^2=(-1)^4\cdot\left[\frac{3}{-2}\right]^2=\frac{9}{4}$$

24. B. 解答如下：

由 $|A+4E|=0$，即 $\begin{vmatrix} 5 & -2 & -4 \\ -2 & x+4 & -2 \\ -4 & -2 & 5 \end{vmatrix} = \begin{vmatrix} 1 & -2 & -4 \\ -4 & x+4 & -2 \\ 1 & -2 & -5 \end{vmatrix}$

$= \begin{vmatrix} 1 & -2 & -4 \\ 0 & x-4 & -18 \\ 0 & 0 & 9 \end{vmatrix} = 0$

解之得 $x=4$。

25. A. 解答如下：

$f(v)\mathrm{d}v$ 表示分布在 $v \rightarrow v+\mathrm{d}v$ 区间内分子数占总分子数的百分数；

$N_0 f(v)\mathrm{d}v$ 表示分布在 $v \rightarrow v+\mathrm{d}v$ 区间内分子数；

$\dfrac{N_0 f(v)\mathrm{d}v}{v}=nf(v)\mathrm{d}v$ 表示分布在 $v \rightarrow v+\mathrm{d}v$ 区间内的分子数密度。

26. C. 解答如下：

$p=nKT$，当 p、T 相同时，则 n 相同，故 A、B 项不对；

$pV=\dfrac{m}{M}RT$，则：$\rho=\dfrac{m}{V}=\dfrac{pM}{RT}$

因为 M 不相同，则 ρ 不相同，故 D 项不对。

27. C. 解答如下：

$E=\dfrac{m}{M}\dfrac{i}{2}RT=\dfrac{5}{2}RT$

28. D. 解答如下：

$\bar{v}=\sqrt{\dfrac{8RT}{\pi M}}$，当 $\bar{v}$ 为原来 2 倍时，T 为原来的 4 倍；

$\dfrac{p_1}{T_1}=\dfrac{p_2}{T_2}$，则 $\dfrac{p_2}{p_1}=\dfrac{T_2}{T_1}=4$，$p_2$ 为原来 p_1 的 4 倍。

29. C. 解答如下：

$pV=\dfrac{m}{M}RT$，则 $p_1 V_1=\dfrac{m_1}{M_1}RT_1$，$p_2 V_2=\dfrac{m_2}{M_2}RT_2$

且 $p_1=p_2$，$V_1=V_2$，$T_1=T_2$，则：

$\dfrac{m_1}{M_1}=\dfrac{m_2}{M_2}$，$m_2=\dfrac{m_1}{M_1}\cdot M_2=\dfrac{0.1}{2}\times 32=1.6\mathrm{kg}$

30. D. 解答如下：

由条件知，$r_1=r_2$，$\Delta\varphi=\varphi_2-\varphi_1-\dfrac{2\pi}{\lambda}(r_2-r_1)=\varphi_2-\varphi_1=\pi$

则两波干涉减弱，P 点合振幅 $=4-4=0$。

31. D. 解答如下：

$$\Delta\varphi = \varphi_2 - \varphi_1 - \frac{2\pi}{\lambda}(r_2 - r_1) = 2k\pi$$

即：$\varphi_2 - \varphi_1 + 2\pi(r_1 - r_2)/\lambda = 2k\pi$

32. C. 解答如下：

因红光和蓝光的 λ 不同，则 $\Delta x = \dfrac{D\lambda}{d}$ 也不同。

33. B. 解答如下：

$l\sin\theta = \dfrac{\lambda}{2n}$，则：$\sin\theta = \dfrac{\lambda}{2nl}$

34. A. 解答如下：

根据公式：$\Delta d = \dfrac{\lambda}{2}N$

$$\lambda = \frac{2\Delta d}{N} = \frac{2 \times 0.3220 \times 10^{-3}}{1024} = 6.287 \times 10^{-7}\text{m}$$

35. C. 解答如下：

由暗纹条件：$a\sin\varphi = \pm k\lambda$

$a\sin\dfrac{\pi}{6} = \lambda$，则：$a = 2\lambda$

36. C. 解答如下：

由条件知：$I_{出} = \dfrac{I_0}{2}\cos^2 60° = \dfrac{I_0}{8}$

39. B. 解答如下：

设 HCl 与 NaOH 的体积均为 1L，则：

$n_{H^+} = 0.01\text{mol}$，$n_{OH^-} = 0.1\text{mol}$，$n_{OH^-(剩余)} = 0.09\text{mol}$

混合后溶液中 $[OH^-]$ 为：$\dfrac{0.09}{2 \times 1} = 0.045\text{mol/L}$

混合后溶液中 $[H^+]$ 为：$\dfrac{10^{-14}}{[OH^-]} = \dfrac{10^{-14}}{0.045} = 2.2 \times 10^{-13}$

所以有：$pH = -\lg[H^+] = -\lg(2.2 \times 10^{-13}) = 12.65$

40. C. 解答如下：

$K_a^\ominus = \dfrac{C \cdot \alpha^2}{1-\alpha} = \dfrac{0.1 \times (10^{-3})^2}{1 - 10^{-3}} = 1.0 \times 10^{-7}$

41. D. 解答如下：

四种溶液中只有 Na_2SO_4 所含的微粒数目最多。

42. C. 解答如下：

反应速率常数是一个与浓度无关的比例系数。

43. D. 解答如下：

设 NO_2 的转化率为 α，则：

$2NO_2 \rightleftharpoons 2NO + O_2$

	开始：	1	0	0

转化：α α $\dfrac{\alpha}{2}$

平衡：$1-\alpha$ α $\dfrac{\alpha}{2}$

所以 $(1-\alpha)+\alpha+\dfrac{\alpha}{2}=1.3$，得 $\alpha=0.6$

转化率 $=\dfrac{0.6}{1}\times 100\%=60\%$

44. B. 解答如下：

$$E^{\ominus}_{Fe^{3+}/Fe^{2+}} > E^{\ominus}_{Sn^{4+}/Sn^{2+}}$$

所以 Fe^{3+} 能氧化 Sn^{2+}，即 Fe^{3+} 和 Sn^{2+} 不能共存于同一溶液中。

45. B. 解答如下：

在阴极，E 值较大的电对中氧化物质首先被还原。

47. A. 解答如下：

由力的合成原理，$F_1+F_2+F_3-F_4=0$

48. B. 解答如下：

整体为对象：$\Sigma M_B(F)=0$，则 $Y_A=0$，

所以 $R_A=X_A$，即沿 A、B 连线。

50. A. 解答如下：

对 $DEGF$ 部分分析，$\Sigma X=0$，则：$S_{AD}=0$，即 AD 杆为零杆。对铰 D 分析，则：$S_{DE}=P$；再对铰 E 分析，则：$S_{BE}=P$。

51. C. 解答如下：

外力 P 和 Q 的合力为 F，F 与竖直方向的夹角为 $\theta=15°$，$\theta<\phi_m=20°$，所以物块保持静止。

52. C. 解答如下：

$a_n=\dfrac{v^2}{\rho}$，$a_n=a\sin 30°$，则：

$$\rho=\dfrac{v^2}{a\sin 30°}=\dfrac{8^2}{8\times\dfrac{1}{2}}=16m$$

53. B. 解答如下：

速度投影定理，$v_A=v_B\cos 30°$，即：$\overline{O_1A}\cdot\omega_1=\overline{O_2B}\cdot\omega_2\cdot\dfrac{\sqrt{3}}{2}$

所以 $\omega_1=\sqrt{3}\omega_2$

54. B. 解答如下：

$v_B=\omega\cdot\overline{OB}=4\times\sqrt{40^2+30^2}=200cm/s$

55. D. 解答如下：

取任意夹角 θ 为对象：$S=2R\cos\theta$，$a=\dfrac{mg\cos\theta}{m}=g\cos\theta$

又 $\frac{1}{2}at^2 = S$，则：$t = \sqrt{\frac{2S}{a}} = \sqrt{\frac{2 \cdot 2R\cos\theta}{g\cos\theta}} = \sqrt{4R/g}$

所以，下滑时间与夹角无关。

56. C. 解答如下：

$$T = \frac{1}{2}mv^2 + \frac{1}{2}J_c\omega^2 = \frac{1}{2}mv^2 + \frac{1}{2} \cdot \frac{1}{2}mR^2 \cdot \left(\frac{v}{R}\right)^2 = \frac{3}{4}mv^2$$

57. A. 解答如下：

$P_1\delta_{c1} = P_1\delta x_{c1}, P_2\delta_{c2} = -P_2\delta x_{c2},$

$Q\delta_{c3} = -Q\delta y_{c3}$

由虚位移原理：$P_1\delta x_{c1} - P_2\delta x_{c2} - Q\delta y_{c3} = 0$

58. A. 解答如下：

设弹簧一半的刚度系数为 K，对（a）图：$K_a = \frac{K}{2}$，

$\omega_a = \sqrt{\frac{K_a}{m}} = \sqrt{\frac{K}{2m}}$；对（b）图：$K_b = K, \omega_B = \sqrt{\frac{K}{m}}$

所以 $\frac{T_a}{T_b} = \frac{\omega_b}{\omega_a} = \sqrt{2}$

59. B. 解答如下：

$$\sum M_A(F) = 0, 则 N_{BD} = \frac{q \cdot l \cdot \frac{1}{2}l}{l} = \frac{ql}{2}$$

$$\sigma = \frac{N_{BD}}{A} = \frac{ql}{2 \cdot \frac{1}{4}\pi d^2} = \frac{2ql}{\pi d^2}$$

60. A. 解答如下：

$$\sigma_{bs} = \frac{P}{\frac{\pi}{4}(R^2 - D^2)} = \frac{4P}{\pi(R^2 - D^2)}$$

61. D. 解答如下：

AB 段扭矩最大，其大小为：$4T$，则：$\tau = \frac{4T}{W_p} = \frac{4T}{\frac{\pi}{16}d^3} = \frac{64T}{\pi d^3}$

62. B. 解答如下：

由条件知：$\frac{1}{4}\pi d^2 = \frac{1}{4}\pi(D^2 - d_0^2) = \frac{1}{4}\pi D^2(1 - \alpha^2) = \frac{1}{4}\pi D^2(1 - 0.8^2)$

所以 $\left(\frac{d}{D}\right)^2 = 1 - 0.8^2, \frac{d}{D} = 0.6$

$$\frac{\tau_A}{\tau_B} = \frac{T \cdot \frac{d}{2} \cdot \frac{\pi}{32}(D^4 - d_0^4)}{\frac{\pi}{32}d^4 \cdot T \cdot \frac{D}{2}} = \left(\frac{D}{d}\right)^3(1 - \alpha^4)$$

$$= \left(\frac{1}{0.6}\right)^3 \cdot (1 - 0.8^4) = 2.75 > 1$$

所以 $\tau_A > \tau_B$

63. A. 解答如下：

因为：$I_y = I_c + A \cdot \left(\dfrac{h}{3}\right)^2$，$I_{y1} = I_c + A \cdot \left(\dfrac{2h}{3} - \dfrac{h}{3}\right)^2$

所以 $I_{y1} = I_y = \dfrac{1}{12}bh^3$

64. A. 解答如下：

正方形的任意两对称轴的惯性矩相等，则 $I_1 = I_2$，

$$\dfrac{\sigma_{\max 1}}{\sigma_{\max 2}} = \dfrac{M \cdot \dfrac{a}{2}}{I} \cdot \dfrac{I}{M \cdot \dfrac{\sqrt{2}}{2}a} = \dfrac{1}{\sqrt{2}} = \dfrac{\sqrt{2}}{2}$$

65. A. 解答如下：

移动荷载在 D 点时，其弯矩图见图 13-3-65（a）；在 BC 中点时，其弯矩图见图 13-3-65（b）。

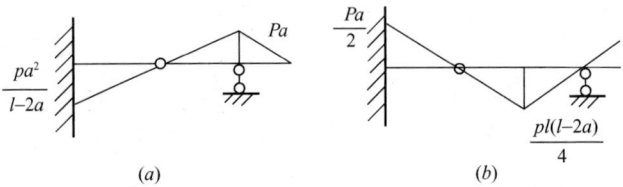

图 13-3-65

所以由两者最大弯矩应相等有：$Pa = \dfrac{P(l-2a)}{4}$，$a = \dfrac{l}{6}$

66. A. 解答如下：

$$f_c = \dfrac{Pl^3}{3EI} + \dfrac{Pl \cdot \dfrac{l}{3} \cdot l}{3EI} = \dfrac{4Pl^3}{9EI}$$

67. C. 解答如下：

由公式 $\varepsilon_z = \dfrac{1}{E}[\sigma_z - \nu(\sigma_x + \sigma_y)]$，可知 ε_z 不变。

68. C. 解答如下：

图（a）中的 σ_1、σ_3 分别为：$\sigma_1 = \dfrac{\sigma_x + \sigma_y}{2} + \sqrt{\left(\dfrac{\sigma_x - \sigma_y}{2}\right)^2 + \tau_{xy}^2} = \tau$

$\sigma_3 = -\tau$，所以图（a）与图（c）等价。

69. C. 解答如下：

P_1 产生向下 M_1：$M_1 = \dfrac{P_1 l}{4} = 4\mathrm{kN \cdot m}$

P_2 产生水平 M_2：$M_2 = \dfrac{1}{2} \cdot P_2 l_0 = 4\mathrm{kN \cdot m}$

由于截面为圆形截面，则发生纯弯曲，$M = \sqrt{M_1^2 + M_2^2} = 4\sqrt{2}\,\mathrm{kN \cdot m}$

$$\sigma = \dfrac{M}{W_z} = \dfrac{4\sqrt{2} \times 10^3}{20 \times 10^{-6}} = 2\sqrt{2} \times 10^2\,\mathrm{MPa}$$

70. C. 解答如下：

$\sigma = \dfrac{\pi^2 E}{\lambda}, \lambda = \dfrac{l_0}{i}, i = \sqrt{\dfrac{I}{A}}$，当 A 一定，I 越大，则承载力越大。

71. B. 解答如下：

$\beta = \dfrac{-\dfrac{dV}{V}}{dp} = \dfrac{2 \times 10^{-3}}{10 \times (400-98) \times 10^3} = 6.62 \times 10^{-10}$

73. A. 解答如下：

$p_A + \rho g a + \rho_{Hg} \cdot gh = p_B$

$p_B - p_A = \rho g a + \rho_{Hg} \cdot gh = 9.8 \times 10^3 \times 0.6 + 13.6 \times 10^3 \times 9.8 \times 0.3$

$\qquad = 45.864 \times 10^3 \text{Pa}$

74. C. 解答如下：

列出能量方程：$0 + \dfrac{p_a}{\rho_\text{油} g} + 0 = \dfrac{p_b}{\rho_\text{油} g} + \dfrac{v^2}{2g}$

又 $p_a - p_b = \rho_{CCl_4} \cdot gh$

则有：$\dfrac{v^2}{2g} = \dfrac{\rho_{CCl_4} \cdot gh}{\rho_\text{油} \cdot g} = \dfrac{\gamma_{CCl_4} \cdot h}{\gamma_\text{油}}$

所以 $v = \sqrt{2gh \cdot \dfrac{\gamma_{CCl_4}}{\gamma_\text{油}}} = 1.657 \text{m/s}$

75. D. 解答如下：

$Q = \pi \left(\dfrac{d}{2}\right)^2 v$，则：$v = \dfrac{4Q}{\pi d^2}$

又 $Re = \dfrac{vd}{\nu} = \dfrac{4Q}{\pi d \nu}$，且 ν 均相同，

所以 $Re_1 : Re_2 : Re_3 = 1 : 1 : 1$

76. B. 解答如下：

由 $Q = \mu A \sqrt{2gH_0}$，可知流量恒定，则作用水头一定要相等。当管口下降 2m 时，若 B 水箱也降低 1m，则 B 中作用水头增加 1m，此时，A 水箱中作用水头也增加 1m，流量保持恒定，所以，应选 B。

77. B. 解答如下：

$Q = \dfrac{1}{n} \cdot A R^{\frac{2}{3}} \cdot i^{\frac{1}{2}} = \dfrac{1}{n} \cdot \dfrac{\pi d^2}{4} \cdot \left(\dfrac{d}{4}\right)^{\frac{2}{3}} \cdot i^{\frac{1}{2}}$

又 $i = \Delta H / l = \dfrac{2}{2000} = 0.001$

则有：$Q = \dfrac{1}{0.014} \times \dfrac{\pi}{4} \times 0.5^2 \times \left(\dfrac{0.5}{4}\right)^{\frac{2}{3}} \times 0.001^{\frac{1}{2}} = 0.1121 \text{m}^3/\text{s}$

$Q_m = Q \cdot \rho = 112.1 \text{kg/s} = 9.68 \times 10^6 \text{kg/d}$

所以 $n = \dfrac{2.8 \times 10^7}{9.68 \times 10^6} = 2.89$，取 n 为 3 根。

78. A. 解答如下：

由 Fr 准则，则：$\dfrac{v_p^2}{g_p \cdot l_p} = \dfrac{v_m^2}{g_m \cdot l_m}$，且 $g_p = g_m$

又 $v_p = \dfrac{Q}{A} = \dfrac{48}{(10+1\times 2)\times 2} = 2.0\text{m/s}$

$v_m = \dfrac{v_p}{\sqrt{\dfrac{l_p}{l_m}}} = \dfrac{2}{\sqrt{10}} = 0.632\text{m/s}$

89. B. 解答如下：
$$F = \dfrac{q_1 q_2}{4\pi\varepsilon_0 r^2}$$

90. B. 解答如下：

$\oint_L B \cdot \text{d}l = u_0 \Sigma I$，则：$B \cdot 2\pi \cdot r = u_0 \Sigma I$，

$B = \dfrac{u_0 \Sigma I}{2\pi r}$，又 $B = B_1 + B_2 = \dfrac{u_0 I_1}{2\pi r_a} - \dfrac{u_0 I_2}{2\pi r_a}$

所以
$$B = \dfrac{u_0 \cdot 30}{2\pi \times 0.05} - \dfrac{u_0 \cdot 20}{2\pi \times 0.05} = \dfrac{100 u_0}{\pi}$$

91. B. 解答如下：

等效内阻 R_0：$R_0 = 3\Omega$；

等效电压源电压：$U_s = 3\times 3 = 9\text{V}$

93. C. 解答如下：

$I_1 = 3\text{A}$，$I_2 = \dfrac{I_1 \cdot R_1}{X_L} = \dfrac{3\times 10}{7.5} = 4\text{A}$

$\dot{I} = \dot{I}_1 + \dot{I}_2$，由复相量计算可得：$|\dot{I}| = \sqrt{3^2 + 4^2} = 5\text{A}$

94. A. 解答如下：

令 $U_A = 220\sqrt{2}\sin\omega t$，则：$U_B = 220\sqrt{2}\sin(\omega t - 120°)$，

$U_C = 220\sqrt{2}\sin(\omega t + 120°)$，所以有：$I_R = 10\sqrt{2}\sin\omega t$

$I_C = 10\sqrt{2}\sin(\omega t - 120° + 90°)$，$I_L = 10\sqrt{2}\sin(\omega t + 120° - 90°)$

又 $\dot{I}_0 = \dot{I}_R + \dot{I}_C + \dot{I}_L$，由复相量计算可得：

$|\dot{I}_0| = 10\cdot\sqrt{2} + 10\cdot\sqrt{2}\cdot\cos(-30°) + 10\sqrt{2}\cos(30°)$

$\quad = (10 + 10\cdot\sqrt{3})\cdot\sqrt{2} = 27.32\sqrt{2}$，

故电流表读数(有效值)为 27.32A。

95. D. 解答如下：

(1) 求标准的 RC 电路中 R 值：R 由 $10\text{k}\Omega$ 与 $25\text{k}\Omega$ 串联，再与 $5\text{k}\Omega$ 并联等效得到：

$\dfrac{1}{R} = \dfrac{1}{35} + \dfrac{1}{5}$，则 $R = \dfrac{35\times 10^3}{8}\Omega$

$\tau = R\cdot C = \dfrac{35\times 10^3}{8}\times 100\times 10^{-12} = \dfrac{35}{8}\times 10^{-7} - \dfrac{t}{\tau} = -\dfrac{8\times 10^7}{35}t$

$$= -2.286 \times 10^6 t$$

(2) 求 $u_c(\infty)$、$u_c(0_+)$：$u_c(0_+) = \dfrac{12}{(5+25) \times 10^3} \times 5 \times 10^3 = 2\text{V}$

$$u_c(\infty) = \dfrac{24}{(10+5+25) \times 10^3} \times 5 \times 10^3 = 3\text{V}$$

所求：$u_c = 3 + (2-3)\text{e}^{-2.3 \times 10^6 t}$

96. B. 解答如下：

$$P = \sqrt{3} U_L \cdot I_L = \sqrt{3} U_L \cdot \dfrac{I_2}{K} = \sqrt{3} \times 10 \times 10^3 \times \dfrac{130}{25} = 90.06 \times 10^3 \text{VA}$$

98. A. 解答如下：

放大电路条件是：发射结正向偏置，集电结反向偏置。

A 项中，集电结正偏，发射结可实现反偏；

B 项中，$V_{BC} = V_B - V_C < 0$，但其交流通路输出短路；

C 项中，发射结不满足正偏，$V_{BE} = V_B - V_E < 0$；

D 项中，集电结不满足反偏，$V_{BC} = V_B - V_C > 0$。

99. B. 解答如下：

$$A_{uf} = 1, u_0 = u_{i0} = -\dfrac{10}{(3+2) \times 10^3} \times 2 \times 10^3 = -4\text{V}$$

100. C. 解答如下：

A 项，$F = AB + \overline{A}\,\overline{B}$

B 项，$F = \overline{\overline{AB} + \overline{A\overline{B}}} = \overline{AB} \cdot A\overline{B}$

C 项，$F = \overline{\overline{AB} \cdot \overline{A\overline{B}}} = \overline{AB} + A\overline{B}$

D 项，$F = \overline{\overline{AB} \cdot \overline{A}\,\overline{B}} = AB + \overline{A}\,\overline{B}$

所以应选 C 项。

107. C. 解答如下：

$500 = A(F/A, 10\%, 5) = A \times 6.1051$，解之得：$A = 81.899$ 万元

110. B. 解答如下：

内部收益率 $\text{IRR} = 12\% + \dfrac{450}{450 + |-150|} = 12.75\%$

（下午卷）

1. B	2. C	3. B	4. C	5. D	6. D	7. B	8. D	9. C	10. B
11. C	12. C	13. B	14. C	15. A	16. D	17. A	18. D	19. D	20. D
21. A	22. A	23. B	24. D	25. B	26. D	27. C	28. D	29. A	30. D
31. B	32. C	33. B	34. B	35. A	36. D	37. C	38. A	39. B	40. B
41. D	42. B	43. B	44. B	45. C	46. D	47. A	48. A	49. B	50. C
51. C	52. B	53. D	54. A	55. B	56. C	57. B	58. B	59. D	60. C

11. C. 解答如下：

由等精度观测，三角形内角和的中误差 $=m\sqrt{3}=\pm 2''\sqrt{3}$

29. A. 解答如下：

根据《钢结构设计标准》11.3.5 条：$h_\mathrm{f} \geqslant 5\mathrm{mm}$

30. D. 解答如下：

$$h_\mathrm{T}=3.5i=3.5\sqrt{\frac{I}{A}}=367.96\mathrm{mm}$$

34. B. 解答如下：

铰接杆系与地基间恰为三根支杆约束，故仅对铰接杆系进行分析，见图 13-4-34，三刚片 AB、FE、DC 构成瞬变体系。

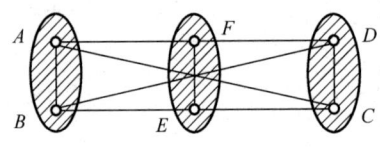

图 13-4-34

35. A. 解答如下：

求出支座应力：$Y_B=0$，$X_A=0$，故轴力图、剪力图均为零。

36. D. 解答如下：

首先可判定 AC、BC 杆为零杆；对称结构，反对称荷载，则 $N_1=N_2=0$

37. C. 解答如下：

在 B 点作用单位力，求出支座反力：$X_A=1(\rightarrow)$；$Y_A=0$，$M_A=l(\downarrow)$

所以 $\Delta_{BH}=-\sum \overline{R}i \cdot C=-(-1 \times a+l\varphi)=a-l\varphi$

38. A. 解答如下：

$$\sum M_A=0, 则：Y_B=\left(\frac{1}{2}qa \cdot \frac{a}{4}+qa \cdot \frac{3}{4}a\right)/a=\frac{7}{8}qa$$

过 CB、DE 作截面，取左部分为脱离体，$\sum M_C=0$，则：

$$qa \cdot \frac{a}{4}+N_{DE} \cdot \frac{a}{3}=\frac{7}{8}qa \cdot \frac{a}{2}$$

解之得：$N_{DE}=\frac{9}{16}qa$

39. B. 解答如下：

作出单位力 $m=1$，荷载 P 的弯矩图，见图 13-4-39。

$$\varphi_{CD}=\frac{1}{EI}\left(\frac{1}{2}Pl\cdot l\times 1+1\times l\times Pl\right)$$

$$=\frac{3Pl^2}{2EI}$$

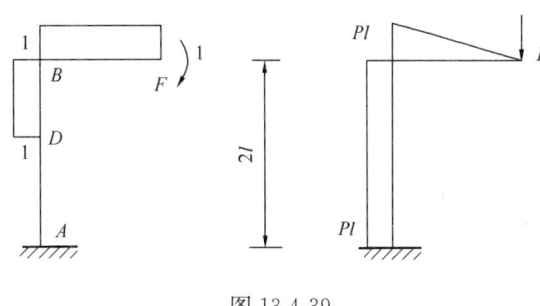

图 13-4-39

40. B. 解答如下：

分别作出 $X_1=1$，$X_2=1$，$X_3=1$ 的弯矩图见图 13-4-40。

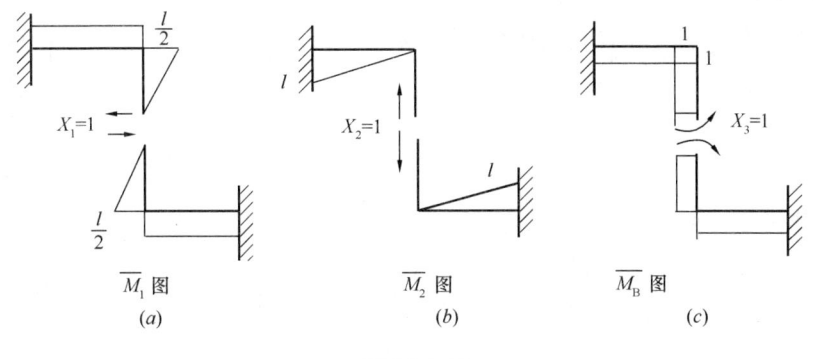

图 13-4-40

可见，$\delta_{12}<0$，故 B 项错误，选 B 项。

41. D. 解答如下：

在 D、E、F、G 处加刚臂，故体系有 4 个独立的结点角位移。

在 D、G 处加支链杆，故有 2 个独立的线位移。

42. B. 解答如下：

C 支座实质对杆 AC 形成固定支座，则

$$M_{AC}=\frac{-ql^2}{12}=-16$$

$$M_{AB}=\frac{Pl}{2}=\frac{15\times 4}{2}=30,\ M_{AD}=(18\times 2)/2=18$$

所以 $R_{1p}=30+18-16=32\text{kN}\cdot\text{m}$

43. B. 解答如下：

设 $i=\dfrac{EI}{12}$，则：$i_{AB}=3i$，$i_{AD}=4i$，$i_{AC}=12i$

$S_{AB}=4i_{AB}=12i$，$S_{AD}=3i_{AD}=12i$，$S_{AC}=i_{AC}=12i$

当力偶矩为 $36\text{kN}\cdot\text{m}$ 时，刚臂 $R_{1p}=-36$，则分配弯矩 $M=-R_{1p}=36$

所以 $M_{AB}^u=M\cdot\mu_{AB}=36\times\dfrac{12}{12+12+12}=12\text{kN}\cdot\text{m}$

44. B. 解答如下：

在定向（滑动）支座处将原结构断开，见图 13-4-44，求出反力：

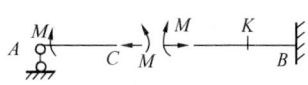

图 13-4-44

$N_c=0$，$Y_A=0$

所以 $M_K=M$，下侧受拉。

46. D. 解答如下：

作出 B 支座的反力影响线，则右边的 80kN 作用于 B 处时，R_B 为最大值：

$$R_B=120\times\left(\frac{5}{6}+1\right)=220\text{kN}$$

48. A. 解答如下：

由图可知，$K_a>K_b>K_c$，又 $\omega=\sqrt{\frac{K}{m}}$，

所以 $\omega_a>\omega_b>\omega_c$

52. B. 解答如下：

$\sigma=E\varepsilon$，$\varepsilon=\Delta L/L$，所以，$\sigma=E\cdot\Delta L/L=206\times10^3\times6\times0.001/200=6.18\text{N/mm}^2$

57. B. 解答如下：

$$s=\frac{\sigma_z}{E_s}\cdot h=\frac{0.06}{3.1}\times2=0.0387\text{m}=38.7\text{mm}$$

59. D. 解答如下：

$$\begin{aligned}f_a&=f_{ak}+\eta_b\cdot\gamma\cdot(b-3)+\eta_d\cdot\gamma_m\cdot(d-0.5)\\&=200+0.3\times18\times(4-3)+1.6\times17\times(2-0.5)\\&=200+5.4+40.8=246.2\text{kPa}\end{aligned}$$

附录一：

一级注册结构工程师执业资格考试基础考试大纲

上 午 段

Ⅰ. 工程科学基础

一、数学

1.1　空间解析几何

向量的线性运算；向量的数量积、向量积及混合积；两向量垂直、平行的条件；直线方程；平面方程；平面与平面、直线与直线、平面与直线之间的位置关系；点到平面、直线的距离；球面、母线平行于坐标轴的柱面、旋转轴为坐标轴的旋转曲面的方程；常用的二次曲面方程；空间曲线在坐标面上的投影曲线方程。

1.2　微分学

函数的有界性、单调性、周期性和奇偶性；数列极限与函数极限的定义及其性质；无穷小和无穷大的概念及其关系；无穷小的性质及无穷小的比较极限的四则运算；函数连续的概念；函数间断点及其类型；导数与微分的概念；导数的几何意义和物理意义；平面曲线的切线和法线；导数和微分的四则运算；高阶导数；微分中值定理；洛必达法则；函数的切线及法平面和切平面及切法线；函数单调性的判别；函数的极值；函数曲线的凹凸性、拐点；偏导数与全微分的概念；二阶偏导数；多元函数的极值和条件极值；多元函数的最大、最小值及其简单应用。

1.3　积分学

原函数与不定积分的概念；不定积分的基本性质；基本积分公式；定积分的基本概念和性质（包括定积分中值定理）；积分上限的函数及其导数；牛顿—莱布尼兹公式；不定积分和定积分的换元积分法与分部积分法；有理函数、三角函数的有理式和简单无理函数的积分；广义积分；二重积分与三重积分的概念、性质、计算和应用；两类曲线积分的概念、性质和计算；求平面图形的面积、平面曲线的弧长和旋转体的体积。

1.4　无穷级数

数项级数的敛散性概念；收敛级数的和；级数的基本性质与级数收敛的必要条件；几何级数与 p 级数及其收敛性；正项级数敛散性的判别法；任意项级数的绝对收敛与条件收敛；幂级数及其收敛半径、收敛区间和收敛域；幂级数的和函数；函数的泰勒级数展开；函数的傅里叶系数与傅里叶级数。

1.5　常微分方程

常微分方程的基本概念；变量可分离的微分方程；齐次微分方程；一阶线性微分方程；全微分方程；可降阶的高阶微分方程；线性微分方程解的性质及解的结构定理；二阶常系数齐次线性微分方程。

1.6　线性代数

行列式的性质及计算；行列式按行展开定理的应用；矩阵的运算；逆矩阵的概念、性质及求法；矩阵的初等变换和初等矩阵；矩阵的秩；等价矩阵的概念和性质；向量的线性表示；向量组的线性相关和线性无关；线性方程组有解的判定；线性方程组求解；矩阵的特征值和特征向量的概念与性质；相似矩阵的概念和性质；矩阵的相似对角化；二次型及其矩阵表示；合同矩阵的概念和性质；二次型的秩；惯性定理；二次型及其矩阵的正定性。

1.7 概率与数理统计

随机事件与样本空间；事件的关系与运算；概率的基本性质；古典型概率；条件概率；概率的基本公式；事件的独立性；独立重复试验；随机变量；随机变量的分布函数；离散型随机变量的概率分布；连续型随机变量的概率密度；常见随机变量的分布；随机变量的数学期望、方差、标准差及其性质；随机变量函数的数学期望；矩、协方差、相关系数及其性质；总体；个体；简单随机样本；统计量；样本均值；样本方差和样本矩；χ^2 分布；t 分布；F 分布；点估计的概念；估计量与估计值；矩估计法；最大似然估计法；估计量的评选标准；区间估计的概念；单个正态总体的均值和方差的区间估计；两个正态总体的均值差和方差比的区间估计；显著性检验；单个正态总体的均值和方差的假设检验。

二、物理学

2.1 热学

气体状态参量；平衡态；理想气体状态方程；理想气体的压强和温度的统计解释；自由度；能量按自由度均分原理；理想气体内能；平均碰撞频率和平均自由程；麦克斯韦速率分布律；方均根速率；平均速率；最概然速率；功；热量；内能；热力学第一定律及其对理想气体等值过程的应用；绝热过程；气体的摩尔热容量；循环过程；卡诺循环；热机效率；净功；制冷系数；热力学第二定律及其统计意义；可逆过程和不可逆过程。

2.2 波动学

机械波的产生和传播；一维简谐波表达式；描述波的特征量；阵面，波前，波线；波的能量、能流、能流密度；波的衍射；波的干涉；驻波；自由端反射与固定端反射；声波；声强级；多普勒效应。

2.3 光学

相干光的获得；杨氏双缝干涉；光程和光程差；薄膜干涉；光疏介质；光密介质；迈克尔逊干涉仪；惠更斯—菲涅尔原理；单缝衍射；光学仪器分辨本领；衍射光栅与光谱分析；X射线衍射；布喇格公式；自然光和偏振光；布儒斯特定律；马吕斯定律；双折射现象。

三、化学

3.1 物质的结构和物质状态

原子结构的近代概念；原子轨道和电子云；原子核外电子分布；原子和离子的电子结构；原子结构和元素周期律；元素周期表；周期族；元素性质及氧化物及其酸碱性。离子键的特征；共价键的特征和类型；杂化轨道与分子空间构型；分子结构式；键的极性和分子的极性；分子间力与氢键；晶体与非晶体；晶体类型与物质性质。

3.2 溶液

溶液的浓度；非电解质稀溶液通性；渗透压；弱电解质溶液的解离平衡；分压定律；

解离常数；同离子效应；缓冲溶液；水的离子积及溶液的 pH 值；盐类的水解及溶液的酸碱性；溶度积常数；溶度积规则。

3.3 化学反应速率及化学平衡

反应热与热化学方程式；化学反应速率；温度和反应物浓度对反应速率的影响；活化能的物理意义；催化剂；化学反应方向的判断；化学平衡的特征；化学平衡移动原理。

3.4 氧化还原反应与电化学

氧化还原的概念；氧化剂与还原剂；氧化还原电对；氧化还原反应方程式的配平；原电池的组成和符号；电极反应与电池反应；标准电极电势；电极电势的影响因素及应用；金属腐蚀与防护。

3.5 有机化学

有机物特点、分类及命名；官能团及分子构造式；同分异构；有机物的重要反应：加成、取代、消除、氧化、催化加氢、聚合反应、加聚与缩聚；基本有机物的结构、基本性质及用途：烷烃、烯烃、炔烃、芳烃、卤代烃、醇、苯酚、醛和酮、羧酸、酯；合成材料：高分子化合物、塑料、合成橡胶、合成纤维、工程塑料。

四、理论力学

4.1 静力学

平衡；刚体；力；约束及约束力；受力图；力矩；力偶及力偶矩；力系的等效和简化；力的平移定理；平面力系的简化；主矢；主矩；平面力系的平衡条件和平衡方程式；物体系统（含平面静定桁架）的平衡；摩擦力；摩擦定律；摩擦角；摩擦自锁。

4.2 运动学

点的运动方程；轨迹；速度；加速度；切向加速度和法向加速度；平动和绕定轴转动；角速度；角加速度；刚体内任一点的速度和加速度。

4.3 动力学

牛顿定律；质点的直线振动；自由振动微分方程；固有频率；周期；振幅；衰减振动；阻尼对自由振动振幅的影响—振幅衰减曲线；受迫振动；受迫振动频率；幅频特性；共振；动力学普遍定理；动量；质心；动量定理及质心运动定理；动量及质心运动守恒；动量矩；动量矩定理；动量矩守恒；刚体定轴转动微分方程；转动惯量；回转半径；平行轴定理；功；动能；势能；动能定理及机械能守恒；达朗贝尔原理；惯性力；刚体作平动和绕定轴转动（转轴垂直于刚体的对称面）时惯性力系的简化；动静法。

五、材料力学

5.1 材料在拉伸、压缩时的力学性能

低碳钢、铸铁拉伸、压缩实验的应力—应变曲线；力学性能指标。

5.2 拉伸和压缩

轴力和轴力图；杆件横截面和斜截面上的应力；强度条件；虎克定律；变形计算。

5.3 剪切和挤压

剪切和挤压的实用计算；剪切面；挤压面；剪切强度；挤压强度。

5.4 扭转

扭矩和扭矩图；圆轴扭转切应力；切应力互等定理；剪切虎克定律；圆轴扭转的强度条件；扭转角计算及刚度条件。

5.5 截面几何性质

静矩和形心；惯性矩和惯性积；平行轴公式；形心主轴及形心主惯性矩概念。

5.6 弯曲

梁的内力方程；剪力图和弯矩图；分布载荷、剪力、弯矩之间的微分关系；正应力强度条件；切应力强度条件；梁的合理截面；弯曲中心概念；求梁变形的积分法、叠加法。

5.7 应力状态

平面应力状态分析的解析法和应力圆法；主应力和最大切应力；广义虎克定律；四个常用的强度理论。

5.8 组合变形

拉/压——弯组合、弯——扭组合情况下杆件的强度校核；斜弯曲。

5.9 压杆稳定

压杆的临界载荷；欧拉公式；柔度；临界应力总图；压杆的稳定校核。

六、流体力学

6.1 流体的主要物性与流体静力学

流体的压缩性与膨胀性；流体的黏性与牛顿内摩擦定律；流体静压强及其特性；重力作用下静水压强的分布规律；作用于平面的液体总压力的计算。

6.2 流体动力学基础

以流场为对象描述流动的概念；流体运动的总流分析；恒定总流连续性方程、能量方程和动量方程的运用。

6.3 流动阻力和能量损失

沿程阻力损失和局部阻力损失；实际流体的两种流态—层流和紊流；圆管中层流运动；紊流运动的特征；减小阻力的措施。

6.4 孔口管嘴管道流动

孔口自由出流、孔口淹没出流；管嘴出流；有压管道恒定流；管道的串联和并联。

6.5 明渠恒定流

明渠均匀水流特性；产生均匀流的条件；明渠恒定非均匀流的流动状态；明渠恒定均匀流的水平力计算。

6.6 渗流、井和集水廊道

土壤的渗流特性；达西定律；井和集水廊道。

6.7 相似原理和量纲分析

力学相似原理；相似准则；量纲分析法。

Ⅱ．现代技术基础

七、电气与信息

7.1 电磁学概念

电荷与电场；库仑定律；高斯定理；电流与磁场；安培环路定律；电磁感应定律；洛仑兹力。

7.2 电路知识

电路组成；电路的基本物理过程；理想电路元件及其约束关系；电路模型；欧姆定

律；基尔霍夫定律；支路电流法；等效电源定理；叠加原理；正弦交流电的时间函数描述；阻抗；正弦交流电的相量描述；复数阻抗；交流电路稳态分析的相量法；交流电路功率；功率因数；三相配电电路及用电安全；电路暂态；R-C、R-L 电路暂态特性；电路频率特性；R-C、R-L 电路频率特性。

7.3 电动机与变压器

理想变压器；变压器的电压变换、电流变换和阻抗变换原理；三相异步电动机接线、启动、反转及调速方法；三相异步电动机运行特性；简单继电—接触控制电路。

7.4 信号与信息

信号；信息；信号的分类；模拟信号与信息；模拟信号描述方法；模拟信号的频谱；模拟信号增强；模拟信号滤波；模拟信号变换；数字信号与信息；数字信号的逻辑编码与逻辑演算；数字信号的数值编码与数值运算。

7.5 模拟电子技术

晶体二极管；极型晶体三极管；共射极放大电路；输入阻抗与输出阻抗；射极跟随器与阻抗变换；运算放大器；反相运算放大电路；同相运算放大电路；基于运算放大器的比较器电路；二极管单相半波整流电路；二极管单相桥式整流电路。

7.6 数字电子技术

与、或、非门的逻辑功能；简单组合逻辑电路；D 触发器；JK 触发器；数字寄存器；脉冲计算器。

7.7 计算机系统

计算机系统组成；计算机的发展；计算机的分类；计算机系统特点；计算机硬件系统组成；CPU；存储器；输入/输出设备及控制系统；总线；数模/模数转换；计算机软件系统组成；系统软件；操作系统；操作系统定义；操作系统特征；操作系统功能；操作系统分类；支撑软件；应用软件；计算机程序设计语言。

7.8 信息表示

信息在计算机内的表示；二进制编码；数据单位；计算机内数值数据的表示；计算机内非数值数据的表示；信息及其主要特征。

7.9 常用操作系统

Windows 发展；进程和处理器管理；存储管理；文件管理；输入/输出管理；设备管理；网络服务。

7.10 计算机网络

计算机与计算机网络；网络概念；网络功能；网络组成；网络分类；局域网；广域网；因特网；网络管理；网络安全；Windows 系统中的网络应用；信息安全；信息保密。

Ⅲ．工程管理基础

八、法律法规

8.1 中华人民共和国建筑法

总则；建筑许可；建筑工程发包与承包；建筑工程监理；建筑安全生产管理；建筑工程质量管理；法律责任。

8.2 中华人民共和国安全生产法

总则；生产经营单位的安全生产保障；从业人员的权利和义务；安全生产的监督管理；生产安全事故的应急救援与调查处理。

8.3 中华人民共和国招标投标法

总则；招标；投标；开标；评标和中标；法律责任。

8.4 中华人民共和国合同法

一般规定；合同的订立；合同的效力；合同的履行；合同的变更和转让；合同的权利义务终止；违约责任；其他规定。

8.5 中华人民共和国行政许可法

总则；行政许可的设定；行政许可的实施机关；行政许可的实施程序；行政许可的费用。

8.6 中华人民共和国节约能源法

总则；节能管理；合理使用与节约能源；节能技术进步；激励措施；法律责任。

8.7 中华人民共和国环境保护法

总则；环境监督管理；保护和改善环境；防治环境污染和其他公害；法律责任。

8.8 建设工程勘察设计管理条例

总则；资质资格管理；建设工程勘察设计发包与承包；建设工程勘察设计文件的编制与实施；监督管理。

8.9 建设工程质量管理条例

总则；建设单位的质量责任和义务；勘察设计单位的质量责任和义务；施工单位的质量责任和义务；工程监理单位的质量责任和义务；建设工程质量保修。

8.10 建设工程安全生产管理条例

总则；建设单位的安全责任；勘察设计工程监理及其他有关单位的安全责任；施工单位的安全责任；监督管理；生产安全事故的应急救援和调查处理。

九、工程经济

9.1 资金的时间价值

资金时间价值的概念；利息及计算；实际利率和名义利率；现金流量及现金流量图；资金等值计算的常用公式及应用；复利系数表的应用。

9.2 财务效益与费用估算

项目的分类；项目计算期；财务效益与费用；营业收入；补贴收入；建设投资；建设期利息；流动资金；总成本费用；经营成本；项目评价涉及的税费；总投资形成的资产。

9.3 资金来源与融资方案

资金筹措的主要方式；资金成本；债务偿还的主要方式。

9.4 财务分析

财务评价的内容；盈利能力分析（财务净现值、财务内部收益率、项目投资回收期、总投资收益率、项目资本金净利润率）；偿债能力分析（利息备付率、偿债备付率、资产负债率）；财务生存能力分析；财务分析报表（项目投资现金流量表、项目资本金现金流量表、利润与利润分配表、财务计划现金流量表）；基准收益率。

9.5 经济费用效益分析

经济费用和效益；社会折现率；影子价格；影子汇率；影子工资；经济净现值；经济内部收益率；经济效益费用比。

9.6 不确定性分析

盈亏平衡分析（盈亏平衡点、盈亏平衡分析图）；敏感性分析（敏感度系数、临界点、敏感性分析图）。

9.7 方案经济比选

方案比选的类型；方案经济比选的方法（效益比选法、费用比选法、最低价格法）；计算期不同的互斥方案的比选。

9.8 改扩建项目经济评价特点

改扩建项目经济评价特点。

9.9 价值工程

价值工程原理；实施步骤。

下 午 段

十、土木工程材料

10.1 材料科学与物质结构基础知识

材料的组成：化学组成　矿物组成及其对材料性质的影响

材料的微观结构及其对材料性质的影响：原子结构　离子键　金属键　共价键和范德华力　晶体与无定形体（玻璃体）

材料的宏观结构及其对材料性质的影响

建筑材料的基本性质：密度　表观密度与堆积密度　孔隙与孔隙率特征：亲水性与憎水性　吸水性与吸湿性　耐水性　抗渗性抗冻性　导热性　强度与变形性能　脆性与韧性

10.2 材料的性能和应用

无机胶凝材料：气硬性胶凝材料　石膏和石灰技术性质与应用　水硬性胶凝材料：水泥的组成　水化与凝结硬化机理　性能与应用

混凝土：原材料技术要求　拌合物的和易性及影响因素　强度性能与变形性能　耐久性-抗渗性、抗冻性、碱-骨料反应　混凝土外加剂与配合比设计

沥青及改性沥青：组成、性质和应用

建筑钢材：组成、组织与性能的关系　加工处理及其对钢材性能的影响　建筑钢材的种类与选用

木材：组成、性能与应用

石材和黏土：组成、性能与应用

十一、工程测量

11.1 测量基本概念

地球的形状和大小　地面点位的确定　测量工作基本概念

11.2 水准测量

水准测量原理　水准仪的构造、使用和检验校正　水准测量方法及成果整理

11.3 角度测量

经纬仪的构造、使用和检验校正　水平角观测　垂直角观测

11.4　距离测量
卷尺量距　视距测量　光电测距

11.5　测量误差基本知识
测量误差分类与特性　评定精度的标准　观测值的精度评定　误差传播定律

11.6　控制测量
平面控制网的定位与定向　导线测量　交会定点　高程控制测量

11.7　地形图测绘
地形图基本知识　地物平面图测绘　等高线地形图测绘

11.8　地形图应用
地形图应用的基本知识　建筑设计中的地形图应用　城市规划中的地形图应用

11.9　建筑工程测量
建筑工程控制测量　施工放样测量　建筑安装测量　建筑工程变形观测

十二、职业法规

12.1　我国有关基本建设、建筑、房地产、城市规划、环保等方面的法律法规

12.2　工程设计人员的职业道德与行为准则

十三、土木工程施工与管理

13.1　土石方工程　桩基础工程
土方工程的准备与辅助工作　机械化施工　爆破工程　预制桩、灌注桩施工　地基加固处理技术

13.2　钢筋混凝土工程与预应力混凝土工程
钢筋工程　模板工程　混凝土工程　钢筋混凝土预制构件制作　混凝土冬、雨季施工　预应力混凝土施工

13.3　结构吊装工程与砌体工程
起重安装机械与液压提升工艺　单层与多层房屋结构吊装　砌体工程与砌块墙的施工

13.4　施工组织设计
施工组织设计分类　施工方案　进度计划　平面图　措施

13.5　流水施工原则
节奏专业流水　非节奏专业流水　一般的搭接施工

13.6　网络计划技术
双代号网络图　单代号网络图　网络计划优化

13.7　施工管理
现场施工管理的内容及组织形式　进度、技术、全面质量管理　竣工验收

十四、结构设计

14.1　钢筋混凝土结构
材料性能：钢筋　混凝土　粘结
基本设计原则：结构功能　极限状态及其设计表达式　可靠度
承载能力极限状态计算：受弯构件　受扭构件　受压构件　受拉构件　冲切　局压　疲劳

正常使用极限状态验算：抗裂　裂缝　挠度

预应力混凝土：轴拉构件　受弯构件

构造要求

梁板结构：塑性内力重分布　单向板肋梁楼盖　双向板肋梁楼盖　无梁楼盖

单层厂房：组成与布置　排架计算　柱　牛腿　吊车梁　屋架　基础

多层及高层房屋：结构体系及布置　框架近似计算　叠合梁剪力墙结构　框-剪结构　框-剪结构设计要点　基础

抗震设计要点：一般规定　构造要求

14.2 钢结构

钢材性能：基本性能　影响钢材性能的因素　结构钢种类　钢材的选用

构件：轴心受力构件　受弯构件（梁）　拉弯和压弯构件的计算和构造

连接：焊缝连接　普通螺栓和高强度螺栓连接　构件间的连接

钢屋盖：组成　布置　钢屋架设计

14.3 砌体结构

材料性能：块材　砂浆　砌体

基本设计原则：设计表达式

承载力：受压　局压

混合结构房屋设计：结构布置　静力计算　构造

房屋部件：圈梁　过梁　墙梁　挑梁

抗震设计要求：一般规定　构造要求

十五、结构力学

15.1 平面体系的几何组成

名词定义　几何不变体系的组成规律及其应用

15.2 静定结构受力分析及特性

静定结构受力分析方法　反力、内力的计算与内力图的绘制

静定结构特性及其应用

15.3 静定结构的位移

广义力与广义位移　虚功原理　单位荷载法　荷载下静定结构的位移计算　图乘法　支座位移和温度变化引起的位移　互等定理及其应用

15.4 超静定结构受力分析及特性

超静定次数　力法基本体系　力法方程及其意义　等截面直杆刚度方程　位移法基本未知量　基本体系　基本方程及其意义　等截面直杆的转动刚度　力矩分配系数与传递系数　单结点的力矩分配　对称性利用　半结构法　超静定结构位移　超静定结构特性

15.5 影响线及应用

影响线概念　简支梁、静定多跨梁、静定桁架反力及内力影响线　连续梁影响线形状　影响线应用　最不利荷载位置　内力包络图概念

15.6 结构动力特性与动力反应

单自由度体系周期、频率、简谐荷载与突加荷载作用下简单结构的动力系数、振幅与最大动内力　阻尼对振动的影响　多自由度体系自振频率与主振型　主振型正交性

十六、结构试验

16.1 结构试验的试件设计、荷载设计、观测设计、材料的力学性能与试验的关系

16.2 结构试验的加载设备和量测仪器

16.3 结构静力（单调）加载试验

16.4 结构低周反复加载试验（伪静力试验）

16.5 结构动力试验

结构动力特性量测方法、结构动力响应量测方法

16.6 模型试验

模型试验的相似原理 模型设计与模型材料

16.7 结构试验的非破损检测技术

十七、土力学与地基基础

17.1 土的物理特性及工程分类

土的生成和组成 土的物理性质 土的工程分类

17.2 土中应力

自重应力 附加应力

17.3 地基变形

土的压缩性 基础沉降 地基变形与时间关系

17.4 土的抗剪强度

抗剪强度的测定方法 土的抗剪强度理论

17.5 土压力、地基承载力和边坡稳定

土压力计算 挡土墙设计、地基承载力理论 边坡稳定

17.6 地基勘察

工程地质勘察方法 勘察报告分析与应用

17.7 浅基础

浅基础类型 地基承载力设计值 浅基础设计 减少不均匀沉降损害的措施 地基、基础与上部结构共同工作概念

17.8 深基础

深基础类型 桩与桩基础的分类 单桩承载力 群桩承载力 桩基础设计

17.9 地基处理

地基处理方法 地基处理原则 地基处理方法选择

附录二：

一级注册结构工程师执业资格考试基础试题配置说明

上 午 段

Ⅰ．工程科学基础（共78题）
数学基础　　　24题　　　理论力学基础　　12题
物理基础　　　12题　　　材料力学基础　　12题
化学基础　　　10题　　　流体力学基础　　8题

Ⅱ．现代技术基础（共28题）
电气技术基础　　　12题　　　计算机基础　　　10题
信号与信息基础　　6题

Ⅲ．工程管理基础（共14题）
工程经济基础　　8题　　　法律法规　　6题

注：试卷题目数量合计120题，每题1分，满分为120分。考试时间为4小时。

下 午 段

土木工程材料　　　　　　7题
工程测量　　　　　　　　5题
职业法规　　　　　　　　4题
土木工程施工与管理　　　5题
结构设计　　　　　　　　12题
结构力学　　　　　　　　15题
结构试验　　　　　　　　5题
土力学与地基基础　　　　7题

注：试卷题目数量合计60题，每题2分，满分为120分。考试时间为4小时。

参 考 文 献

1. 同济大学编. 高等数学(上、下册)(第6版). 北京：高等教育出版社，2007.
2. 同济大学编. 高等数学附册——学习辅导与习题选解(第6版). 北京：高等教育出版社，2007.
3. 张传义等编著. 工科数学分析. 北京：科学出版社，2001.
4. 褚宝增，王祖朝主编. 线性代数. 北京：北京大学出版社，2009.
5. 王玺等编著. 线性代数. 上海：同济大学出版社，2009.
6. 同济大学编. 工程数学——概率统计简明教程. 北京：高等教育出版社，2003.
7. 陈家鼎等编. 概率统计讲义(第二版). 北京：高等教育出版社，2004.
8. 同济大学编. 概率统计复习与习题全解(第三版). 上海：同济大学出版社，2005.
9. 东南大学等七所工科院校编. 物理学(第五版). 北京：高等教育出版社，2006.
10. 程守洙，江之永编. 普通物理学(第六版). 北京：高等教育出版社，2007.
11. 严导淦. 大学物理教学导论. 上海：同济大学出版社，2007.
12. 浙江大学编. 普通化学(第五版). 北京：高等教育出版社，2002.
13. 同济大学编. 普通化学. 上海：同济大学出版社，2004.
14. 徐崇泉，强亮生主编. 工科大学化学. 北京：高等教育出版社，2003.
15. 姚素梅主编. 基础化学. 北京：海洋出版社，2009.
16. 宋兆成，李秋英编著. 有机化学(第二版). 哈尔滨：哈尔滨工业大学出版社，2006.
17. 哈尔滨工业大学编. 理论力学(第七版)(Ⅰ). 哈尔滨：哈尔滨工业大学出版社，2009.
18. 浙江大学编. 理论力学. 北京：高等教育出版社，1999.
19. 谭广泉等编. 理论力学. 广州：华南理工大学出版社，1995.
20. 王铎，程勒主编. 理论力学解题指导及习题题集(第三版). 北京：高等教育出版社，2005.
21. 刘鸿文主编. 材料力学(第四版). 北京：高等教育出版社，2004.
22. 孙训方等编著. 材料力学(第四版). 北京：高等教育出版社，2002.
23. 秦惠民，王秋生，刘钊修订. 建筑力学第二分册. 材料力学. 北京：高等教育出版社，2002.
24. 张如三等主编. 材料力学. 北京：中国建筑工业出版社，1997.
25. 刘鹤年编著. 流体力学(第二版). 北京：中国建筑工业出版社，2004.
26. 伍悦滨主编. 工程流体力学. 北京：中国建筑工业出版社，2006.
27. 吕文舫等编. 水力学. 上海：同济大学出版社，1990.
28. 蔡增基编. 流体力学学习辅导与习题精解. 北京：中国建筑工业出版社，2007.
29. 站德臣，孙大烈主编. 大学计算机基础. 北京：电子工业出版社，2006.
30. 刘卫国等编. 大学计算机基础. 北京：高等教育出版社，2009.
31. 秦曾煌主编. 电工学(上、下册). 北京：高等教育出版社，2009.
32. 毕淑娥编著. 电工学. 哈尔滨：哈尔滨工业大学出版社，2001.
33. 唐介主编. 电路基本理论. 哈尔滨：哈尔滨工业大学出版社，2009.
34. 林孔元主编. 模拟电子技术. 哈尔滨：哈尔滨工业大学出版社，2009.
35. 朱承高，崔葛瑾主编. 数字电子技术. 哈尔滨：哈尔滨工业大学出版社，2009.
36. 赵春山等编. 电气与信息技术基础. 北京：机械工业出版社，2009.
37. 唐竞新. 数字电子技术基础解题指南. 北京：清华大学出版社，1993.
38. 秦曾煌主编. 电工学简明教程学习辅导与习题解答(第二版). 北京：高等教育出版社，2007.
39. 孙韬主编. 电工学(Ⅰ、Ⅱ)学习辅导与习题解答. 北京：高等教育出版社，2009.
40. 国家发展改革委、建设部组编. 建设项目经济评价方法与参数(第三版). 北京：中国计划出版社，2006.
41. 刘晓君主编. 工程经济学(第三版). 北京：中国建筑工业出版社，2015.
42. 付家骥，全允恒编著. 工业技术经济学. 北京：清华大学出版社，2001.
43. 同济大学编. 一级注册结构工程师基础考试复习教程. 北京：中国建筑工业出版社，2010.
44. 中华人民共和国行业标准. 高层建筑混凝土结构技术规程(JGJ 3—2010). 北京：中国建筑工业出版社，2011.
45. 中华人民共和国国家标准. 岩土工程勘察规范(GB 50021—2001)(2009年版). 北京：中国建筑工业出版社，2009.
46. 中华人民共和国国家标准. 建筑抗震设计规范(GB 50011—2010)(2016年版). 北京：中国建筑工业出版社，2016.
47. 中华人民共和国国家标准. 混凝土结构设计规范(GB 50010—2010)(2015年版). 北京：中国建筑工业出版社，2016.
48. 中华人民共和国国家标准. 砌体结构设计规范(GB 50003—2011). 北京：中国建筑工业出版社，2012.
49. 中华人民共和国国家标准. 建筑地基基础设计规范(GB 50007—2011). 北京：中国建筑工业出版社，2012.
50. 中华人民共和国国家标准. 建筑结构可靠性设计统一标准(GB 50068—2018). 北京：中国建筑工业出版社，2019.
51. 中华人民共和国国家标准. 建筑结构荷载规范(GB 50009—2012). 北京：中国建筑工业出版社，2012.
52. 中华人民共和国国家标准. 钢结构设计标准(GB 50017—2017). 北京：中国建筑工业出版社，2018.
53. 重庆大学，同济大学，哈尔滨工业大学合编. 土木工程施工(第三版). 北京：中国建筑工业出版社，2016.
54. 顾孝烈，鲍峰，程效军编著. 测量学. 上海：同济大学出版社，2016.
55. 东南大学，天津大学，同济大学合编. 混凝土结构. 北京：中国建筑工业出版社，2012.
56. 包世华，张桐生编著. 高层建筑结构设计和计算. 北京：清华大学出版社，2005.
57. 戴国欣主编. 钢结构. 第3版. 武汉：武汉理工大学出版社，2007.
58. 龙驭球，包世华等编著. 结构力学Ⅰ、Ⅱ. 北京：高等教育出版社，2006.
59. 沈祖炎，陈扬骥，陈以一编著. 钢结构基本原理. 北京：中国建筑工业出版社，2005.
60. 陈绍蕃，顾强主编. 钢结构. 北京：中国建筑工业出版社，2003.
61. 彭小芹等编著. 土木工程材料. 重庆：重庆大学出版社，2002.
62. 符芳等编著. 建筑材料. 南京：东南大学出版社，2002.
63. 吴科如等编著. 建筑材料. 北京：中国建筑工业出版社，1999.
64. 肖允微，张来仪主编. 结构力学Ⅰ、Ⅱ. 北京：机械工业出版社，2007.
65. 郭仁俊编著. 结构力学. 北京：中国建筑工业出版社，2007.
66. 张文全等主编. 土木工程测量. 北京：中国建筑工业出版社，2005.
67. 刘祖文编著. 土建工程测量. 北京：中国建筑工业出版社，2009.
68. 易伟建等编著. 建筑结构试验. 北京：中国建筑工业出版社，2005.
69. 熊仲明等编著. 土木工程结构试验. 北京：中国建筑工业出版社，2006.

增 值 服 务

读者在阅读过程中，如果遇到什么疑难问题或对本书有任何意见、建议的，可直接与作者联系，联系方式：LanDJ2020@163.com，我们将及时回答您的问题。

有关最新的考试信息和本书的勘误表见：兰定筠博士网（www.LanDingJun.com）。